CHEMISCHES ZENTRALBLATT

VOLLSTÄNDIGES REPERTORIUM
FÜR ALLE ZWEIGE DER REINEN UND ANGEWANDTEN CHEMIE

1830 gegründet

1897—1945 von der Deutschen Chemischen Gesellschaft fortgeführt

133. JAHRGANG

Im Auftrage der Deutschen Akademie der Wissenschaften zu Berlin,
der Chemischen Gesellschaft in der DDR,
der Akademie der Wissenschaften zu Göttingen
und der Gesellschaft Deutscher Chemiker (in der BRD)

herausgegeben von

Prof. Dr. **Heinrich Bertsch** und Prof. Dr. Dr. h. c. **Wilhelm Klemm**

FORMELREGISTER

1962

Teil I · C_1—C_9-Gruppe

Chefredakteure: Dr. Eugen Klever und Prof. Dr.-Ing. Eberhard Leibnitz

1964

AKADEMIE-VERLAG GMBH · BERLIN
VERLAG CHEMIE · GMBH · WEINHEIM/BERGSTR.

Verantwortliche Manuskriptbearbeitung:

Dr. Walther Schicke

Mitarbeiter:

Dipl.-Chem. Joachim Günther

Dipl.-Chem. Christel Hemmann

Dipl.-Chem. Günther Lietz

Dipl.-Chem. Brigitte Lukanoff

Dipl.-Chem. Asta Reisner

Dipl.-Chem. Horst Rochow

Herausgeber: Prof. Dr. Heinrich Bertsch, Berlin, und Prof. Dr. Dr. h. c. Wilhelm Klemm, Münster. Chefredakteure und verantwortlich für den Inhalt: Dr. Eugen Klever, 1 Berlin 30, Geisbergstraße 39, Fernsprecher: 24 95 41, und Prof. Dr.-Ing. Eberhard Leibnitz, 104 Berlin, Schiffbauerdamm 19, Fernsprecher: 42 55 71.

Verlag: Akademie-Verlag GmbH, 108 Berlin, Leipziger Straße 3 – 4 (Fernsprecher: 22 04 41, Telex-Nr. 01 17 73, Postscheckkonto Berlin 3 50 21), und Verlag Chemie, GmbH, Weinheim/Bergstr. (Fernsprecher: Weinheim 36 35 [Sammelnummer]; Fernschreiber: 04 655 16 chemieverl wnh; Postscheckkonten: Frankfurt/M. 14 53 14 und Berlin [West] 74 30). Bestellnummer 1007/133.

Das Chemische Zentralblatt erscheint wöchentlich. Preis des Jahrganges einschl. Autoren-, Patent-, Sach- und Formelregister 1200,–: einseitig bedruckte Ausgabe: 1350,–. Abgabe der Zeitschrift nur mit sämtlichen Registern.

Abbestellungen nur bis spätestens 6 Wochen vor Ablauf des Kalenderjahres.

VEB Druckerei „Thomas Müntzer" Bad Langensalza.

Veröffentlicht unter der Lizenz-Nr. 202 – 1273. Printed in Germany.

Formelregister

der organischen Verbindungen, geordnet nach dem System von Hill

Diejenigen Verbindungen, bei denen nicht mit Kursivschrift auf den Registerort im Sachregister hingewiesen ist, finden sich lediglich im Formelregister

$CClN_3O_6$ Chlortrinitromethan, Dipolmoment 16 262.

CCl_2 Dichlorcarben (Dichlormethylen), Bldg. 3050; Rk. 4888, 15 571.

CCl_2F_2 Dichlordifluormethan (Arcton, Freon 12), Darst. 9513* [2 Reff.], 15 880; Bldg. Rk. 3623*; Trenn. v. — u. Difluorchlormethan 1791*; neue Bezieh. zwischen d. physikal. Konst. v. — 3402; abs. Intensitäten d. Grundschwingungsbanden im IR 12 230; Extinkt. v. O_3, O_2F_2 u. O_3F_2 in einer Misch. v. — u. Freon 13 8510; Bezieh. zwischen Druck, Temp. u. Dichte 12 235; Temp.-Abhängigk. d. spezif. Wärme 13 672; Druckverteil. für — in porösen Medien 10 754; gaschromatograph. Best. d. Aktivitäts-Koeff. 10 407; Widerstands-Koeff. v. sphär. Körpern bei Ultraschall-Geschw. in — 18 744; Verflüssig. u. Verfestig. v. O_3 in — 12 579; Erhitzen v. — u. H_2 in Ggw. v. Kontakten 12 455*; Wrkg. auf d. Cilienaktivität d. Atmungsepithels 18 193; anästhet. Eig. 13 856; Verw.: in Blasenkammern 7778; bei d. Äthylenoxid-Sterilisat. 7246; Grundeigg. v. — im Hinblick auf seine Anwend. in d. Kältetechnik 250; Verw.: als Kühlmittel 600*, 10 593*; zur Herst. v. wärmedämpfendem Material 6229*; bei d. Herst. v. Schaumkörpern 5869*; zur Herst. v. Polyurethanschaum 2194*.

CCl_2NO_2P Dichlorphosphorylisocyanat ($Kp._3$ 20 bis 25°) 9569*.

CCl_2O s. *Phosgen* [*Carbonylchlorid*].

CCl_2S Thiophosgen, UV-,sichtbares u. IR-Spektrum 10 026; Chemismus d. Rk. v. Dichlon u. Captan mit — 9399; Rk.: mit N-Heterocyclen, o-Phenylendiamin bzw. Na-Phenolat 4903; mit Aminen 1382*; mit Deriv. d. Anilins 18 643*; mit Aminodimethylaminoazobenzol 4887; mit Phenylhydrazin-Deriv. 4170; mit Phenolen 7622*; mit ggf. substituiertem Phenolat 3911*; mit dl-trans-2-Aminocyclohexanol 9701; mit p-Alkoxyphenylaminen u. p-Alkoxyphenylhydrazinen 6585*; mit p-Äthylsulfonylanilin 1771*; Verw. 4732*.

CCl_3 Trichlormethyl s. unter *Radikale* (*Spezielle Radikale*).

CCl_3F Trichlorfluormethan (Freon 11), Darst. 15 880; Reinig. 2537*; neue Bezieh. zwischen d. physikal. Konst. v. — 3402; Absorpt.-Spektrum (Abhängigk. d. Relaxationsfrequenz v. d. Temp.) 2680; Mikrowellenabsorpt. 11 451; abs. IR-Intensitäten d. Grundschwing. v. — 430; Bezieh. zwischen Druck, Temp. u. Dichte 12 235; Einfl. v. Gasdichte u. allmähl. Verdampf. bei gleichzeit. Ström. v. Gas u. Fl. in horizontalen Röhren 16 343*; gaschromatograph. Best. d. Aktivitätskoeff. 10 407; Bezieh. zwischen spezif. Wärme u. Hochfrequenz-Viscosität aus d. Ultraschallfortpflanz. 5982; Abschätz. d. Löslichk. v. O_3 in — 12 579; Bldg. v. positiven u. negativen Ionen in — 10 782; Einfl. auf ausgehärtete Polyesterharze 3835.

CCl_3F_3Ge Trifluormethyltrichlorgerman 16 247.

CCl_3J Trichlormonojodmethan 1537.

CCl_3NO_2 s. *Chlorpikrin.*

CCl_4 s. *Tetrachlorkohlenstoff.*

CCl_4O_2S Trichlormethansulfonylchlorid (F. 140 bis 141°) 4878.

CCl_4S Trichlormethansulfenylchlorid (Perchlormethylthiochlorid), Oxydat. 4878; Anlager. an d. Äthylenbind. 15 552; Rk.: mit Heptachlorpropan, Hexachlorpropen oder 1.1.1-Trifluor-2.3.3-trichlorpropen 13 209*; mit Cyclohexan im UV-Licht 6735; mit Benztriazolen 15 772*; mit Aminen 1382*, 8037*; mit Alkoholen 3605*; mit Grignard-Reagentien 18 440; mit 2-Aminoäthylmercaptanhydrochlorid 5625; mit Mercapto-Mg-Halogeniden 1030*; mit Amiden 3605*; mit 3.6-Endoxohexahydrophthalsäureimiden 1598.

CCl_6Si Trichlormethyltrichlorsilan (F. 118°), Darst., Rk. 16 647; Rk. 16 648.

CCl_8Si_2 Bis-[trichlorsilyl]-dichlormethan (Oktachlordisilylmethan), Rk. 417, 13 571*, 16 648.

$CCl_{10}Si_3$ Tris-[trichlorsilyl]-methylchlorid, Rk. 13 571*.

$CCl_{12}Si_4$ Tetrakis-[trichlorsilyl]-methan, 13 571*, 16 647.

CFJO Carbonylfluorojodid, neue Bezieh. zwischen d. physikal. Konst. v. — 3402.

$CFNO_3S$ *N*-Carbonylsulfamidsäurefluorid s. unter *Schwefelverbindungen: SO_2FNCO.*

CF_2 Difluormethylen, Absorpt.-Spektrum 5603.

CF_2O Carbonylfluorid (Kp. —83 bis —80°), Darst., Rk. 13 727; Bldg. 11 122, 13 321; Herst. 15 880; Berechn. d. Bindungsordn. u. Ladungsdichten d. Carbonylgruppe 16 984.

CF_3GeJ_3 Trifluormethyltrijodgerman (F. 8,4°, $Kp._{0,001}$ 40—42°) 16 247.

CF_3HgNO_3S Trifluormethylthioquecksilber(II)-nitrat 16 961.

CF_3J Trifluorjodmethan, Darst. (Rk.) 3432; (Mechanismus d. Addit. an Äthylen) 17 363; Absorptionsspektrum im fernen UV 1931; Ionenaustausch-Vers. mit $^{131}J^-$ (Kinetik) 3406; Stör. d. Rk. v. (n, γ)-aktiviertem ^{128}J mit CH_4 durch — 17 302; Rk.: mit Hexafluorbutin-(2) 3057; mit d. K-Salz v. Di-n-butylboran 3785; mit $(CH_3)_3P$ 10 020; mit Phosphinen bzw. Arsinen 3431; mit $NaMn(CO)_5$ 4111; mit Tricarbonyltriphenylphosphincobaltat(I) 10 389; mit $C_5H_5Co(CO)_2$ (Komplex-Bldg.) 18 399; mit Hexaalkyldigermanen u. -disilanen 16 246; mit Enoläther- bzw. cycl. Ketal-Gruppen v. Steroiden 13 136*; mit 17α-Acetoxyprogesteron-3-enoläthyläther 18 843.

CF_3Mn Trifluormethylmangan(I), UV-Spektrum d. Pentacarbonylkomplexes 18 361.

CF_3NO Trifluornitrosomethan 2700.

CF_4 Kohlenstofftetrafluorid (Tetrafluorkohlenstoff, Tetrafluormethan), Darst. 9513*, 13 565*, 16 279, 18 438; Bldg. 3623*, 8411; Berechn. d. IR-Intensitäten 430; Best. d. Atompolarisat. aus d. IR-Intensität 11 140; IR-Spektrum v. H_2/—-Misch. 8871; Ramanspektrum v. gasförm. — 5606; Schwing.-Polarisat. 7411 [2 Ref.]; Übergangswahrscheinlichk. für d. Übertrag. v. Schwing.-Energie in — 1135; P-V-T u. zwischenmol. Potential-Energie-Bezieh. 11 858; chem. Verschieb., Kernquadrupol-Koppl.-Konst. u. Bind.-Abstände 8568; Wärmeübergangsdaten für d. Suspens. —-Graphit (Kühlmittel in Reaktoren) 16 565; Sorpt.-Wärmen 5574; physikal. Zustand d. eingeschlossenen — im Faujasit 5573; CH_4/CH_4- u. CF_4/CF_4-Wechselwrkg. 10 756; partielles molares Vol. v. — in Lsg. 16 584; Targetgefäß für d. Beschuß v. — in gasförm. oder fester Form 14 399; Erhitzen im Gemisch mit KW-Stoffen 650*; Einfl. auf d. Rk. v. hochenerget. angeregtem ^{128}J mit CH_4 17 302; Verw. 5058*, 16 565; gaschromatograph. Trenn. v. NF_3 3919, 6900; gaschromatograph. Nachw. 6160.

CF_4O Trifluormethylhypofluorit 13 727.

CF_5N Trifluormethyldifluoramin 18 437, 18 438.

CF_5NS Trifluormethyliminoschwefeldifluorid 16 842*.

CF_6Ge Trifluormethyltrifluorgerman 16 247.

CF_6GeK_2 Dikaliumtrifluormethylpentafluorogermanat 16 247.

CF_8S Trifluormethylschwefelpentafluorid, IR-Spektrum 4425.

CH Methin s. unter *Radikale* (*Spezielle Radikale*).

$CHBrCl_2$ Dichlorbrommethan, ^{13}C-Kernresonanzspektroskopie 8201; Blitzlichtphotolyse 16 639; Kinetik d. Hydrolyse (u. Solvolyse) 7101; (u. d. Deuteriumaustausches) 7100.

$CHBrF_2$ Difluorbrommethan, Bldg., Rk. 3623*; anästhet. Eig. 13 856.

$CHBrN_2O_4$ Bromdinitromethan, Rk. d. K-Salzes 6750.

$CHBr_2Cl$ Dibromchlormethan, Blitzlichtphotolyse 16 639; Kinetik d. Hydrolyse (u. Solvolyse) 7100; (u. d. Deuteriumaustausches) 7100; Rk. mit Diazofluoren 10 819.

$CHBr_2F$ Dibromfluormethan ($Kp._{739}$ 63°), Darst., Hydrolyse u. Deuteriumaustausch (Kinetik) 7100; Blitzlichtphotolyse 16 639; Rk. mit Diazofluoren 10 819.

$CHBr_3$ s. *Bromoform* [*Tribrommethan*].

$CHCl_2$ Chlorcarben s. unter *Radikale* (*Spezielle Radikale*).

$CHClF_2$ Chlordifluormethan (Freon 22, „Refrigerant-22"), Bezieh. zwischen Druck, Temp. u. Dichte 12 235; örtl. Wärmeübertrag. u. Druckabfall bei d. Kondensat. in horizontalen Rohren 15 354; gaschromatograph. Best. d. Aktivitäts-Koeff. 10 407; Grundeig. v. — im Hinblick auf seine Anwend. in d. Kältetechnik 250; Pyrolyse 9513*, 18 277*; Erhitzen v. — u. H_2 in Ggw. v. Kontakten 12 455*; Rk. mit Br_2 bzw. HBr 3623*; anästhet. Eig. 13 856; Verflüssig. u. Verfestig. v. O_3 in — 12 579; Trenn. v. Difluordichlormethan 1791*; Verw. 2194*, 10 593*.

$CHClJ_2$ Dijodchlormethan, Kinetik d. bas. Hydrolyse u. Solvolyse 7100.

$CHClO_2$ Chlorameisensäure (Chlorkohlensäure). — **Ester,** Darst. v. — 5470*; (aus Polyalkoholen) 9148*; (v. einwert. Phenolen) 14 321*; IR-Spektrum 2679; Stereochemie d. Substitut. u. d. Eliminier. 16 637; Umlager. bei d. Eliminier.-Rk. 16 638; Mechanismus d. Hydrolyse u. Solvolyse 11 862; Zers. gasförm. — 16 637 [2 Ref.], 16 638; (Geschwindigk.) 16 637; Rk.: mit HN_3, prim. oder sek. Aminen 8811*; mit einem Imin 9521*; v. — d. β-substituierten 1.3-Propandiols mit cycl. diprim. Diaminen 16 865*; mit Hexamethylendiamin 11 219; mit organ. Dihydroxy-Verb. 9540*; mit Nortropanderiv. in Ggw. säurebindender Mittel 14 619*; mit Säuren 5096*; mit einer Monocarbonsäure 9518*; mit Fettsäuren 1329* [2 Ref.]; mit aromat. o-Mercaptocarbonsäuren bzw. Amiden 3192*; mit Penicillinsalzen 4266*; mit d. Na-Salz d. N.N-Dimethyldithiocarbaminsäure 5265; mit Aminosulfon- bzw. -carbonsäureestern 17 968*.

$CHCl_2$ Dichlormethylen s. unter *Radikale* (*Spezielle Radikale*).

$CHCl_2F$ Dichlormonofluormethan (Freon 21), neue Bezieh. zwischen d. physikal. Konst. v. — 3402; Bezieh. zwischen Druck, Temp. u. Dichte 12 235; gaschromatograph. Best. d. Aktivitäts-Koeff. 10 407; Rk. 10 819; Verw. 2194*.

$CHCl_2J$ Dichlorjodmethan, Kinetik d. bas. Hydrolyse u. Solvolyse 7100.

$CHCl_2NO_2$ 1.1-Dichlor-1-nitromethan, Verw. 11 340*.

$CHCl_3$ s. *Chloroform* [*Trichlormethan*].

$CHCl_3OS$ Trichlormethylsulfensäure, Deriv. 3606*.

$CHCl_3O_3S$ Trichlormethansulfonsäure, Verw. 6965*.

$CHCl_3S$ Trichlormethylmercaptan (Perchlormethylmercaptan), Darst., Verw. v. Deriv. 15 741*; Rk. 4506, 13 209*, 17 860*.

Dichlormethylschwefelchlorid, Rk. 13 209*.

$CHFJ_2$ Fluordijodmethan Hydrolyse u. Deuteriumaustausch (Kinetik) 7100.

$CHFO$ Formylfluorid (Kp. —29°), Darst., Rk. 1951, 16 996; IR-Spektren v. — u. deuteriertem — 17 350; halbempir. Berechn. d. ersten Elektronenenergieniveaus d. — 3772; Berechn. d. Bindungsordn. u. Ladungsdichten d. Carbonylgruppe 16 984.

CHF_3 Fluoroform (Trifluormethan), Darst. 3432, 13 565*, 14 834, 18 437; (v. deuteriertem —) 91; Bldg. 7082, 12 628, 16 246; Absorptionsspektrum (Abhängigk. d. Relaxationsfrequenz v. d. Temp.) 2680; abs. IR-Intensitäten d. Grundschwing. v. — 430; Best. d. Atompolarisat. aus d. IR-Intensität 11 140; Mechanismus d. Kernrelaxat. in gasförm. u. fl. — 10 781; Schwing.-Polarisat. v. — 7411; dielektr. Polarisat. v. gasförm. — 14 408; gaschromatograph. Best. d. Aktivitäts-Koeff. 10 407; Solvolyse in fl. NH_3 18 425; Rk. mit Br_2 3623*; anästhet. Eig. 13 856; gaschromatograph. Nachw. 6160.

CHF_3O_3S Trifluormethansulfonsäure, Rk. 7724*.

CHF_3S Trifluormethylmercaptan, Darst. d. Ag-Salzes 12 222, 16 961; Rk. d. Hg-Salzes 16 961.

CHJ_3 s. *Jodoform* [*Trijodmethan*].

CHN s. *Cyanwasserstoff* [*Blausäure*].

$CHNO$ s. *Cyansäure*; *Isocyansäure*.

$CHNS$ s. *Isothiocyansäure*; *Rhodanwasserstoff* [*Thiocyansäure*].

$CHNSe$ s. *Selenocyansäure*.

CHN_3O_6 Trinitromethan (Nitroform), Rk. 5253; Verw. 12 896*.

CHN_3S 1.2.3.4-Thiatriazol, Deriv. 6406.

CHO Formyl s. unter *Radikale* (*Spezielle Radikale*).

CHP Methinophosphid 1201.

CH_2 Methylen (Carben) s. unter *Radikale* (*Spezielle Radikale*).

CH_2BrCl Chlorbrommethan (Halon 1011), ^{13}C-Kernresonanzspektroskopie 8201; gaschromatograph. Best. d. Aktivitäts-Koeff. 10 407; Dampfdruck u. Gefrierpunkt 14 082; Lsgm.-Effekt bei d. Extrakt. v. Co(II) aus wss. HCl-Lsg. mit Tri-n-hexylamin in — 13 687; Verw. 9847 [2 Ref.], 10 225*, 18 228*.

CH_2BrNO_2 Bromnitromethan, Rk. 2717, 6750.

CH_2Br_2 Dibrommethan (Methylenbromid) (Kp. 98°), Bldg. 452, 11 152; neue Bezieh. zwischen d. physikal. Konst. v. — 3402; UV-Spektrum 7826; Einfl. d. Komplexbldg. mit gelöstem J_2 auf d. sichtbare u. UV-Spektrum v. J_2 3761; ^{13}C-Kernresonanzspektroskopie 8201; ^{13}C-Protonen-Spin-Spin-Koppl.-Konst. 5979; spektroskop. Unters. d. Rk. v. atomarem O oder akt. N mit — 17 346; mehrfache Schwingungsrelaxat. in gasförm. — 3771; induktiver Effekt 8568; chem. Verschieb., Kernquadrupol-Koppl.-Konst. u. Bind.-Abstände 8568; gaschromatograph. Best. d. Aktivitäts-Koeff. 10 407; Rk. 2718, 5272, 5448*, 18 076.

CH_2ClF Chlorfluormethan, Wrkg. d. —-Deriv. auf d. Cilienaktivität d. Atmungsepithels 18 193.

CH_2ClJO_3S Chlorjodmethansulfonsäure, Konstit.-Einfl. auf d. opt. Dreh. 68.

CH_2ClNO Carbaminsäurechlorid (Carbamoylchlorid, „Harnstoffchlorid"), Rk.: v. — bzw. N-Deriv. mit Iminodibenzylen 9442*; mit Diäthylaminoäthanol 9311; mit Glykolen 948*; mit 1-Alkyl-2.3-alkylpropandiolen-(1.3) 12 018*; mit Di-[chlor- bzw. [phenylkohlensäure]-estern v. Diolen 17 848*; Verw. 15 693*.

CH_2ClNO_2 Chlornitromethan, Rk. 6750.

CH_2Cl_2 Methylenchlorid (Dichlormethan), Darst. 4716*, 15 020*, 16 838*; Reinig. 9145*; Stabilisier. 8781*; neue Bezieh.

mit γ-Pyron 11 170; mit 1.1-Dimethyl-1-[5-methylfuryl-(2)]-butanon-(3) 1598; mit 2-Piperidinopenten-(2)-on-(4) 10 270*; mit β-Piperidinobutyrophenon 1232; mit 6H-Indeno-[2.1:b]-chinolinon-(6) 5668; mit 11H-Indeno-[1.2:b]-chinolinon-(11) 5668; mit 11H-Indeno-[1.2:b]-chinoxalinon-(11) 17 403; mit β-Ketoalkoholen 7698*; mit 5-Isopropyl-6-methoxytetralon-(1) 3440; mit 6.6-Äthylendioxy-$\Delta^{1,9}$-oktalon-(2) 13 738; mit 3-Isopropyl-7-methyl-1.2.3.4-tetrahydrophenanthrenon-(1) 14 850; mit 8-Methyl- bzw. 6.7-Dimethyl-1-oxo-1.2.3.4-tetrahydrophenanthren 14 851; mit Steroidketonen 11 207; mit 2α-Bromcholestan-3-on 12 306; mit 16-Ketoöstradiol-3-monoäthyläther 2466*; mit 2-Methylöstron 7536; mit Bicyclo-[2.2.1]-heptyl-(2)-methylketon 11 293*; mit (+)-Nopinon 17 769; mit 4-Chlorisatin 16 663; mit 2-Benzal-4.4-dimethyltetralon-(1)-oxid bzw. 2-Hydroxy-2-benzyl-4.4-dimethyltetralon-(1) 18 102; mit Benzoin 18 198; mit 4-Methyl-1-oxoindan-[2-spiro-1']-cyclohexanon-(4') 3076; mit Androstan-11.17-dion 13 871*; mit 5.6-Oxido-17α-hydroxypregnan-3.20-dion-3.20-bis-äthylenketal 18 208*; mit 2-Thioketo-4-benzylidenthiazolidonen-(5) bzw. 4-Benzyliden thiazolidindionen-(2.5) 5664; mit N-Benzyliden-α-methylbenzylamin 11 889; mit β-Cyanäthyltrichlorsilan 10 065; mit Benzonitril 2708; mit α.α.α-Trifluoracetoncyanhydrin 10 800; mit Δ^2-3-Cyan-20.20-äthylendioxy-5α-pregnen 2005; mit 2-[2'-Cyanäthyl]-cyclohexanon 11 921; mit Bicyclo-[2.2.1]-heptyl-(2)-essigsäure 11 293*; mit o-[4-Fluor-α-naphthoyl]-benzoesäure 18 827; mit ungesätt. Estern 11 874; mit Fluoressigsäureäthylester 15 185; mit 2-Phenoxy-3.3-dimethylcyclopropan-1-carbonsäureäthylester 9686; mit 12-Oxo-cis-octadecen-(9)-säuremethylester 14 470; mit Δ^{16}-Pregnen-3α-ol-11.20-dionacetat in Ggw. v. CuCl u. $CdCl_2$ 15 698*; mit 21-Acetoxy-3.3;20.20-bis-[äthylendioxy]-5α.6α-oxido-$\Delta^{9,11,16}$-pregnadien 14 878; mit 1-[o-Carboxybenzoyl]-naphthalin bzw. substituierten Benzoesäuren 14 855; mit Hecogeninacetat 9445*; mit Chlordifluoressigsäurechlorid 12 455*; mit 2.6-Diäthylbenzoesäurechlorid 12 998; mit 2-Methoxy-6-methylbenzoylchlorid 6006; mit Carbonsäuredimethylamiden 7480; mit Dichlorphosphorsäuredimethylamid 12 629; — als Katalysator bei d. Polymerisat. v. ε-Caprolactam 2756.

CH_3BrN_2 **Bromformamidin,** Hydrochlorid 14 076.

CH_3Br_2P **Methyldibromphosphin,** Darst. (Verw.) 15 380*, 17 562*; (v. Mo-Carbonylkomplexen mit — als Ligand) 3029.

CH_3Br_3OSi **Methoxytribromsilan** (Kp. 145°) 10 805.

CH_3Br_3Si **Methyltribromsilan** (Kp. 131°), Bldg. 16 607; Darst. v. Addit.-Verb. mit Harnstoffen 11 123.

CH_3Cl **Methylchlorid (Chlormethan),** Darst. 9891*, 15 020*; Bldg. 3774, 4717*, 5852*, 9522*, 12 828*, 14 836, 16 838*, 17 562*; neue Bezieh. zwischen d. physikal. Konst. v. — 3402; IR-Absorptionsspektrum (Rotationsstör.) 12 968; Spektren im fernen IR v. — u. D_3-— 18 057; IR-Intensitäten 430; (v. — u. D_3-—) 7826, 11 500; Best. d. Atompolarisat. aus d. IR-Intensität 11 140; Flammenemiss.-Spektrum im Sichtbaren u. UV 6340; Massenspektrum 14 814; spektroskop. Unters. d. Rk. v. atomarem O oder akt. N mit — 17 346; intermol. Kopplung v. Schwing. in Mol.-Kristallen, eine Schwingungsexcitonenannäher. 1932; Schwing.-Polarisat. v. — 7411 [3 Ref.]; dielektr. Verh. v. an porösem Vycor-Glas adsorbiertem— bei tiefen Temp. 13 338; Unters. d. induktiven Effektes 8568; ^{13}C-Kernresonanzspektroskopie 8201; chem. Verschieb. 5978, 9286; (Kernquadrupol-Koppl.-Konst. u. Bind.-Abstände) 8568; Valenzwinkel u. Bindungsabstände; Polarität d. Bind. in Abhängigk. v. Hybridisierungsparameter 14 083; Berechn. d. diamagnet. Magnetisier.-Koeff. v. —-Mol. 389; Aktivierungsenergie 4490; gaschromatograph. Best. d. Aktivitäts-Koeff. 10 407; Modell für d. Transport-Eig. v. gasförm. — 13 671; Berechn. d. Parachors 6346; Bezieh. zwischen Druck, Temp. u. Dichte 12 235; Berechn. v. Konst. d. Antoine-Gleich. 4122; dipolare aprot. Lsgm. als Medien für nucleophile Substitut.-Rk. 5614; Löslichk. in Polyäthylen, hydriertem Polybutadien u. Naturkautschuk 16 699; H-Bind.-Wechselwrkg. zwischen — u. Oberflächenhydroxylgruppen an SiO_2 12 978; Konkurrenzphotochlorier. (Kinetik) 17 710; Dehydrohalogenier. 7109; Rk.: mit Al 14 650* [2 Ref.]; mit angeregtem Hg-Dampf (Unters. d. ^{198}Hg- u. ^{202}Hg-Anreicher.) 5958; mit rotem P 17 562*; mit PCl_3 u. $AlCl_3$ 14 325* [2 Ref.]; mit Benzol-KW-Stoffen 9954*; mit Toluol (Kinetik) 9662; mit $CHCl_3$ 12 613; mit 3-Isopropylpyridin 3092; mit Aminen 18 637*; mit einem gesätt. sek. Amin aus Tallölfettsäuren 5847*; mit Baumwollcellulose 15 076; Einfl. v. Monomer-Konz. u. — als Verdünn.-Mittel auf d. Polymerisat. v. Isobuten 14 160; Faktoren d. Prothrombinkomplexes bei akuten Intoxikat. nach Inhalat. v. — 7983; Verw. 2194*, 15 775*; gaschromatograph. Nachw. 7620.

CH_3ClFOP **Methylphosphonsäurechloridfluorid** (Kp.$_{760}$ 126—126,5°) 15 930.

CH_3ClFO_2P **Fluorochlorophosphorsäuremethylester,** Rk. 52.

CH_3ClHg **Methylquecksilberchlorid,** Verteil.-Konst. zwischen W. u. Toluol 11 484.

CH_3ClMg **Methylmagnesiumchlorid,** Verh.: gegen B_2O_3 10 054; gegen 1.3.5.7-Tetrachlor-1.3.5.7-tetrasilaadamantan 5297; Rk.: mit $(Cl_3Si)_2CCl_2$ 417; mit Hexen-(5)-ylmethyldichlorsilan bzw. Hexen-(1)-ylmethyldichlorsilan 10 054; mit Methylcyclopropylketon 10 067; mit β-Cyanäthyltrichlorsilan 2711; mit β-[γ-(Trichlorsilyl)-allyloxy]-propionitril 8221; mit rac.-2-Phenyl-2-dimethylaminopropionsäuremethylester 1947.

CH_3ClN_2 **Chlorameisensäureamidin (Aminoformimidchlorid, Chlorformamidin),** Darst. (IR-Spektrum d. Hydrochlorids) 14 076; (Verw. d. Nitrats) 361; (v. Deriv.) 19 006*.

CH_3ClO_2S **Methansulfonsäurechlorid (Mesylchlorid)** (Kp.$_{13}$ 51,5°), Darst., Rk. 10 803; Kinetik d. term. Zerfalls 5247; HCl-Abspalt. 8600; Rk.: mit KHS 5624; mit NaN_3 11 884; mit Phenthiazinderiv. 8348*; mit 10-[3'-Piperazinopropyl]-phenthiazin 17 140*; mit Enaminen 8600; mit Morpholinenaminen 10 824; mit Polymethylendiaminen bzw. Benzylamin 10 423; mit Alkoholen 15 184; mit Diphenyläthylcarbinol 833; mit Aminoalkoholen 2458*; mit Butan- u. Cyclohexandiolen 13 002; mit 3-Chlor-10-[3'-hydroxypropyl]-phenthiazin 10 569*, 16 496*; mit Tropin 11 199; mit Glykoläthern 1323*; mit 2-Phenyl-4.5-[5.6-O-isopropyliden-D-glucofurano]-Δ^2-oxazolin 14 510; mit Methyl-α-D-glucopyranosid bzw. dessen 3.4.6-Tri-O-methyl-Deriv. 15 603; mit Quecksilberbis-acetaldehyd 12 271; mit 5-Benzoyl-2.4-benzyliden-D-ribosediäthylmercaptal 3819; mit Epiandrosteron 16 775*; mit 11-α-Hydroxy-A-norprogesteron 4266*;

mit 16-Methyl-Δ^4-pregnen-17α.21-diol-3.20-dion 18 570*; mit 11β.17α.21-Trihydroxy-16α-methyl-Δ^4-pregnen-3.20-dion 17 857*; mit 2α.6α-Dimethyl-11β.17α.21-trihydroxy-Δ^4-pregnen-3.20-dion 5397*; mit 6α-Methyl-9-fluor-11β.17α.21-trihydroxy-$\Delta^{1.4}$-pregnadien-3.20-dion 1717*; mit 6α-Fluor-11β.17α.21-trihydroxy-Δ^4-pregnen-3.20-dion 17 857*, 18 207*; mit 6α.9α-Difluor-11β.17α.21-trihydroxy-$\Delta^{1.4}$-pregnadien-3.20-dion 17 496*, 17 857*; mit 2-Methylhydrocortison 6144*; mit 1-Dehydro-6α-methylhydrocortison 1717*; mit 6α-Methylcortison 3630*; mit 6α-Methyl-17α.21-dihydroxy-$\Delta^{1.4}$-pregnadien-3.11.20-trion 17 857*; mit 2.5-Dihydroxychinon in Pyridin 1577; mit 3′-O-Acetylthymidin 142; mit 17β-Acetoxymethyl-16α.17α-dihydroxy-D-homo-Δ^4-androsten-3.17a-dion 14 881; mit Methyl-3-acetamido-3.6-didesoxy-L-glucopyranosid 7155; mit 3-Acetamido-1.6-anhydro-3-desoxy-β-D-gulopyranose 2742; mit Na-9-Aldo-1.2;8.9-di-O-isopropyliden-L-xylo-L-ido-nono-1.4;9.6-difurano-4-C-carbonat 853; mit 3-Dimethylsulfamido-10-[γ-piperazinopropyl]-phenthiazin 18 568*; mit N.N-Bis-[hydroxyäthyl]-aminophenylalkanphosphonsäureverb. 16 136*; mit Aminonucleosiden 2462*; mit 17α-[2-Carboxyäthyl]-11α.17β-dihydroxy-Δ^4-androsten-3-onlacton 1328*; Verw. 3907*.

$CH_3ClO_2S_2$ Chlorthiolsulfonsäuremethylester, Darst., IR- u. Ramanspektrum 3036.

CH_3ClO_3S Chlorsulfonsäuremethylester, relative Verseif.-Geschw. 15 152; Rk. mit Hexamethyldisiloxan 2710.

CH_3ClS Methylsulfenylchlorid, Verw. 13 230*.

CH_3ClTi Methyltitanmonochlorid 4001*.

CH_3Cl_2N Dichlormethylamin 6736.

CH_3Cl_2OP Methylphosphonsäuredichlorid (Methyldichlorphosphinoxid) (F. 34,5, Kp.$_{11}$ 50°), Darst., Rk. 15 896; Bldg. 17 334; IR-Spektrum 9283; kernmagnet. Resonanz u. IR-Absorptionsunters. 8203; Rk. 12 639, 17 056, 17 362; volumetr. Best. 8733.

Methylphosphorigsäuredichlorid (Methoxydichlorphosphin), kernmagnet. Resonanz u. IR-Absorpt. 8203; Rk. 1796*, 5271.

CH_3Cl_2OPS Dichlorthionophosphorsäuremethylester, IR-Spektrum 9283.

$CH_3Cl_2O_2P$ Dichlorophosphorsäuremethylester (Kp.$_{11,5}$ 52—54°) 3380.

CH_3Cl_2P Methyldichlorphosphin (Kp.$_{747}$ 79 bis 80°), Darst. 1202, 5590, 14 325*, 15 380*; (Verw.) 17 562*; kernmagnet. Resonanz u. IR-Absorpt. 8203; Rk. 12 639, 17 334.

CH_3Cl_2PS Methylthiophosphonsäuredichlorid (Methyldichlorphosphinsulfid), kernmagnet. Resonanz u. IR-Absorpt. 8203; Rk. 5590, 16 655, 17 334.

CH_3Cl_3OSi Methoxytrichlorsilan, Addit.-Verb. mit Harnstoff 11 123.

CH_3Cl_3OSn Methoxytrichlorstannan, Schwing.-Spektrum 17 300.

CH_3Cl_3OZr Methoxyzirkoniumtrichlorid 12 194.

$CH_3Cl_3O_3SSi$ Methyldichlorsilylchlorosulfat (Kp.$_{12}$ 66° Zers.) 15 882.

CH_3Cl_3Si Methyltrichlorsilan (Kp. 66°), Bldg. 7486, 16 607, 17 722, 17 333; Herst. 5475*; (v. Addit.-Verb. mit Harnstoff) 11 123; Reinig. 5474*; Theorie d. IR-Bandenintensitäten 14 030; Dipolmoment v. — 6686; Druck u. Dampfdichte d. Syst. —/Trimethylchlorsilan 5240; Dissoziat. in Acetonitril 17 356; Chlorier. 16 647; Hydrolyse 4564; (Struktur d. Prod.) 11 585; Cyclisier. bei d. gemeinsamen Hydrolyse v. — u. Dimethyldichlorsilan 2015; Rk.: mit SO_3 15 881; mit $SiCl_4$ u. Äthylaluminiumdichlorid 5475*; mit KNCO in einer KCl/LiCl-Schmelze 15 521; mit Styrolen 18 443; mit Tetrahydropyran 5624; mit tert. Phosphinen u. Phosphinoxiden 16 243; mit Silanen 4883; mit Chlorsilanen 16 647; mit $AlCl_3$ u. einem Organopolysiloxan 5477*; mit $(CH_3)_3SiN(CH_3)_2$ 4338; Verh. gegen Phthalonitril 17 409; Wrkg. auf d. Durchlässigk. v. Gas und W. bei Sandsteinen 6264; Verw. 14 275*.

CH_3Cl_3Sn Methylzinntrichlorid (Methyltrichlorstannan), Sn-Proton-Spin-Spin-Koppl. in — 3354; Hybridisier.-Effekte 2. Ordn. bei d. protonenmagnet. Resonanz v. — 18 736; Rk. 18 397.

CH_3Cl_3Ti Methyltitantrichlorid, Darst., Verh. als Katalysator 5313; Rk. 18 396.

$CH_3Cl_5Si_2$ Trichlorsilyldichlorsilylmethan 17 333.

CH_3Cu Kupfermethyl [Methylkupfer(I)], therm. Zers. 18 038.

CH_3F Methylfluorid (Fluormethan), Massenspektrum 14 814; Best. d. Atompolarisat. aus d. IR-Intensität 11 140; Schwing.-Polarisat. v. — 7411 [3 Ref.]; Valenzwinkel u. Bindungsabstände, d. Polarität d. Bind. in Abhängigk. v. Hybridisierungsparameter 14 083; chem. Verschieb. 5978, 9286; (Kernquadrupol-Koppl.-Konst. u. Bind.-Abstände) 8568; DK v. komprimierten Ar/—-Misch. 7416; diamagnet. Susceptibilität 5979; nichtresonante Absorpt. in Gasen v. symm. Kreisel-Mol. (Abhängigk. d. Relaxationsfrequenz v. d. Temp.) 2680; Bezieh. zwischen Druck, Temp. u. Dichte 12 235; Berechn.: d 2. Virial-Koeff. für — aus d. Lichtstreuung 10 350; d. Kraft-Konst. u. Normalkoordinaten 18 770; Konst. d. Antoine-Gleich. 4122.

CH_3F_2NOS Methyliminoschwefeloxiddifluorid (Kp. 39°) 5219.

CH_3F_2OP Methylphosphonsäuredifluorid (Methyldifluorphosphinoxid) (Kp. 98,25°), Darst. 15 930; (Rk.) 15 896; kernmagnet. Resonanz u. IR-Absorptionsunters. 8203; volumetr. Best. 8733.

CH_3F_2PS Methylthiophosphonsäuredifluorid (Kp.$_{760}$ 59—60°) 16 654.

CH_3F_3Si Methylsiliciumtrifluorid, kernmagnet. Resonanz v. ^{19}F in — 11 464.

CH_3GeNO Germyl-*N*-cyanat (Kp. 71,5°) 16 962.

CH_3GeNS Germylisothiocyanat (F. 18,6 °) 16 962.

CH_3HgJ Methylquecksilberjodid (F. 144°), Darst., Rk. 2834*; Verteil.-Konst. zwischen W. u. Toluol 11 484; Kinetik d. Austauschrk. zwischen ^{203}Hg-Salzen u. — 7102.

CH_3HgNO_3 Methylquecksilbernitrat (Methylmercurinitrat) (F. 58—59°), Darst., Kinetik d. Austauschrk. zwischen ^{203}Hg-Salzen u. — 7102; Einfl. auf d. Abspalt. d. an Actin gebundenen Nucleotids 5330.

CH_3J Methyljodid (Jodmethan) (Kp. 43°), Darst. 17 160; Bldg. 14 796; (v. CD_3J) 18 397; neue Bezieh. zwischen d. physikal. Konst. v. — 3402; Schwing.-Polarisat. v. — 7411 [3 Ref.]; UV-Spektrum 7826; IR-Absorptionsspektrum 12 967; (vergleichende Unters. d. senkrechten Banden d. ersten Harmonischen d. antisymm. Valenzschwing. d. CH_3-Gruppe) 12 968; Spektren im fernen IR v. — u. D_3-— 18 057; IR-Intensitäten v. — u. D_3-— 7826, 11 600; Quadrupolresonanzfrequenzen 14 080; Frequenzen u. Intensitäten d. Hyperfeinstrukturlinien v. — 18 008; Massenspektrum 14 814; Best. d. Atompolarisat. aus d. IR-Intensität 11 140; ^{13}C-Kernresonanzspektroskopie 8201; Einfl. v. Druck auf d. Protonenspingitterrelaxat. in — 7463; ^{13}C-Isotopen-Effekt in d. Protonen-Resonanzspektren v. — 16 978; chem. Verschieb. 5978, 9286; Berechn. d. diamagnet. Magnetisier.-Koeff. v. —-Mol. 389; Be-

Nitro-2-[6'-methoxyindolyl-(3')]-äthen 7907, 12 839*; mit 2-[β-Cyclohexyliden-äthyl]-dihydroresorcinmethyläther bzw. 1.2.3.4.5.6.7.8-Oktahydrophenanthron-(1) 10 441; mit 4-[4-Methoxy-3.5-dimethylphenoxy]-3.5-dimethylphenylbromid 18 803; mit Stilbenyl-(4)-arsindichlorid bzw. mit Stilbenylen-(4.4')-bis-[arsindichlorid] 4515; mit Bis-[2.1-borazaronaphthyl-(2)]-äther 475; mit 2-Methoxy-3-halogen-2.1-borazaronaphthalinen 8617; mit Alkyltrichlorsilanen 10 805; mit kernchlorierten Phenylmethyldichlorsilanen 17 722; mit Brom- bzw. Chlorphenyltrichlorsilanen 3067; mit 2.5-Endomethylen-Δ^{3}-cyclohexen-aldehyd 6590*; mit 2-[p-Methoxyphenyl]-propanal 6369; mit Mesityloxid 7110; mit Analoga d. β-Jonons 11 893; mit Cycloketonen 7493; mit γ-Pyron 11 170; mit 2.2-Dimethylcyclohexanon 12 642; mit 2.4.4-Trimethylcyclopentanon 107; mit Benzophenon u. Pinakolin (Kinetik) 8211; mit Dicyclopropylketon 9686; mit α-Tetralon 6017; mit 2-Methyltetralon-(1) 8599; mit trans-4β.9β-Dimethyl-6β-acetyldekalin 4934; mit 3.3-Dimethylindanon-(1) 2369; mit Anthronen bzw. 2-Benzoyl-3-fluorbenzoesäure 1971; mit 3-Fluor-9-methyl-1.2-benzanthron-(10) 18 827; mit 1-Keto-9.10-dimethyl-1.2.3.4-tetrahydrophenanthren 14 126; mit 3.5-Cyclocholestan-6-on 18 842; mit Benzobicyclo-[4.1.0]-hepten-(3)-on-(2) 2341; mit 4'-Methylbenzo-[2'.1';3.4]-bicyclo-[4.1.0]-hepten-(3)-on-(2) 2343; mit 5-Phenylbenzobicyclo-[4.1.0]-hepten-(3)-on-(2) 6399; mit Indeno-[1'.2':3.4]-isocumarin 14 861; mit 4.5.6.7.8.8a-Hexahydro-3.8-dimethyl-2H-cyclohepta-[b]-furanon-(2) 15 972; mit 4-Oxo-1.2.3.4.5.6.7.8-oktahydrodibenzofuran 17 739; mit 1-Morpholinobutanon-(3) 6747; mit Isopropyl-[β-morpholinovinyl]-keton 3073; mit ω-Diäthylaminoacetophenonhydrochlorid 17 721; mit β-Dimethylaminobutyrophenon 1232; mit Benzoin 18 448; mit Tropolonen 18 096; mit 2.4-Dimethylcyclopentanol-(2)-on-(1) 17 380; mit 1-Acetylnaphthol-(2) 1593; mit 2-Methyldekalol-(9)-on-(3) 12 279; mit 3β-Hydroxy-17-oxo-Δ^{5}-B-norandrosten 13 044; mit 3.3-Dimethyl-6-isobutoxymethylencyclohexanon 5647; mit 2-Prehnyl-3-methoxycyclohexen-(2)-on-(1) bzw. 9-Methyldecen-(8)-on-(5)-säure bzw. 1-Methoxy-2.3.4.6.7.8-hexahydro-6-ketonaphthalin 15 198; mit 2-[Bis-p-methoxyphenylmethylen]-6-oxo-1.2.3.4.6.7.8.8a-oktahydronaphthalin 17 020; mit 7-Methoxyindanon-(1) 102; mit 5.6-Dimethoxytetralon-(1) 4932; mit 4'.5'-Dimethoxy-1-oxo-2.3;6.7-dibenzocycloheptadien 14 859; mit 6.6-Äthylendioxy-$\Delta^{1,9}$-oktalon-(2) 13 738; mit 1.5-Epoxyoctanon-(7) 6031; mit 3β-Methylmercaptocholestan-6-on 10 847; mit 2.9-Diketo-1.1.4a.8-tetramethyl-7-methylenperhydrophenanthren 17 042; mit Androstan-3β-ol-11.17-dion 8628; mit 3.5-Cyclo-16α-isopropylpregnan-6.20-dion 11 579; mit Anthrachinon-Deriv. 9736; mit 1-Hydroxyanthrachinon-(9.10) bzw. 4-Methyl-1-hydroxyanthron 15 949; mit Homologen d. Äthisterons 2378; mit Apoaromadendron 18 482; mit ( ) Bisnoronocerandion 15 227; mit Nopinon 857; mit Acetaldehydacetalen 8231; mit 1-Methyl-Δ^{1}-androsten-3.17-dion-3-äthylenketal 18 208*; mit N-Benzylidenaminodiäthylacetalen 128; mit Formaldehyd-N'.N'-dimethylhydrazon 12 625; mit 2-Cyanpyridinen 7523; mit 2.6-Dimethylpyrimidin-4-carbonitril 5670; mit 1-Cyan-3-[6-methoxynaphthyl-(2)]-cyclohexan 114; mit β-[2.5-Dimethylpiperidino]-propionsäureäthylester 18 113; mit rac.-2-Phenyl-2-aminopropionsäureäthylester 1947; mit Methoxyarylsäureäthylestern 8594; mit β-Trichlorsilylpropionsäuremethylester 12 630; mit Oxomalonsäurediäthylester 8959; mit 4-Acetoxy-3.5-dimethylcyclohexanon 3782; mit 2-[β-Phenäthyl]-3-methyl-3-carbomethoxycyclohexanon 18 840; mit 2-[3-Isopropylphenäthyl]-3-methyl-3-carbomethoxycyclohexanon 7532; mit Indol-3-glyoxylsäureäthylester bzw. verwandten Verb. 11 180; mit 3β-Acetyl-A.19-dinorandrostan-17β-ol-acetat 14 149; mit 3β-Acetoxyallopregnan-20-on 15 228; mit 3β-Acetoxy-6-methyl-$\Delta^{5,16}$-pregnadien-20-on 15 239; mit 3β-Acetoxy-5α-hydroxycholestan-6-on bzw. verwandten Verb. 2382; mit 16α-Acetoxy-3-methoxy-$\Delta^{1,3,5,10}$-östratrien-17-on bzw. 17β-Hydroxy-3-methoxy-$\Delta^{1,3,5,10}$-östratrien-16-on 14 879; mit 3β-Acetoxy-16α.17α-isopropylidendioxy-5α.6α-epoxypregnan-20-on bzw. 16α.17α-Isopropylidendioxy-3.5-cyclopregnan-6.20-dion 15 230; mit γ-{3-Oxo-4-methylcyclohexeno-[1.2:7'.8']-phenanthryl-(2')}-valeriansäuremethylester 12 665; mit 2-Methyl-5-carbäthoxycyclohexanon-äthylenketal 17 041; mit β-[p-Methylmercaptobenzoyl]-propionsäureäthylester 11 534; mit 3α-Acetoxyätiocholan-11.17-dion 12 673; mit 3β-Acetoxy-5β-methyl-A-homo-B-norandrostan-4a.17-dion 2385; mit 11-Oxotigogeninacetat 15 237; mit 1-[β-Cyan-β-carbäthoxyvinyl]-isoguajazulen 7882; mit Bernsteinsäuremonoestern 14 487; mit β-Acetylglutarsäurediäthylester 18 795; mit Formylfluorid 16 997; mit (+)-2-Phenylpropionsäurechlorid 1946; mit 2.6-Diäthylbenzoesäurechlorid 12 998; mit Meso-3.5-dimethylpimelinsäurechlorid-methylester 13 360; mit Isobuttersäuredimethylamid 7480; mit 3.5-Dimethoxybenzamid 13 388.

CH_3JMn Methylmanganjodid 2667.

CH_3JZn Methylzinkjodid, Rk. 8415*.

CH_3J_2N *N.N*-Dijodmethylamin 8181.

CH_3J_2P Methyldijodphosphin ($Kp._5$ 73—75°) 15 380*, 17 562*.

CH_3Li Methyllithium, IR-Spektrum 3346; Rk.: mit MnJ_2 2667; mit $PbCl_2$ in Ggw. v. CH_3J 17 684; mit Cyclopropanen 16 657; mit 4.8-Dimethylazulen, 4.8-Diphenylazulen bzw. 6-Methylazulen 13 740; mit CH_3J + Difluorenyliden-(9.9') 8965; mit CH_2Cl_2 1967; (bzw. Tropyliumchlorid) 16 293; mit Heptafluor-n-propyljodid u. Tri-B-chlor-tri-N-phenylborazol 12 628; mit α.α-Dimethylfulven 17 728; (u. Tricarbonyltropyliumchromperchlorat) 3752; mit Diazocyclopentadien 17 729; mit 2.6-Di-tert.-butylphenol 15 767*; mit Borazarophenanthrenen 473; mit $(Cl_3Si)_2CCl_2$ 417; mit 1.6-Dibromdodekaphenylhexasilan 7863; mit $C_5H_5TiCl_3$ 8187; mit CO_2 u. Ferrocenylacetylen 14 117; mit 9-Keto-7-methyl-Δ^{10}-ergolen 3813, 7627*; mit Benzhydryl-[2-methylindolyl-(3)]-keton 16 304; mit 1.2;7.8-Dibenzofluorenon 8970; mit Steroidketonen 11 207; mit β-Dimethylaminobutyrophenon 1231; mit 1 [1-Methylindolyl-(3)]-2 hydroxy-2-methylpropanon-(1) 11 181; mit D-Homo-18-nor-5β-androstan-3α-ol-17a-on 15 970; mit Androstan-3β-ol-11.17-dion bzw. Adrenosteron-3.17-bis-[cycloäthylenketal] 8628; Abbau v. Trimethylcycloheptylammoniumbromid mittels — 18 077; Rk.: mit Triphenylsulfoniumbromid 4132; mit 2-Cyanpyridin 9344; mit 9.10-Dicyananthracen 17 022; mit 3-Propylhexen-(4)-säure 17 714; mit rac.-3-Phenyl-3-methylpentansäure bzw. verwandten Verb. 1942;

nem — u. — mit CCl_4) 17 350; (innere Rotat. d. Methylgruppe) 12 967; (d. Mol.-Verb. mit $AlBr_3$) 13 703; (v. Dimethylsulfoxidkomplexen in —) 14; Lumineszenzspektrum d. komplexen Salzes mit $UO_2(NO_3)_2$ 13 659; Elektronenstruktur 7096; Bldg. v. negativen Ionen bei d. Elektrolyse v. — 3042; kinet. Parameter u. d. elektrochem. Mechanismus für d. polarograph. Red. v. — 7831; kernmagnet. Resonanz 7832; hochaufgelöstes N-Kernresonanzspektrum 12 975; chem. Verschieb. 5978, 9286; thermodynam. u. spektroskop. Konst. für d. —-Komplex in CCl_4, n-C_7H_{16}, CH_3OH 17 346; zweiter Virial-Koeff. 1175; Berechn. azeotroper Daten in bin. Syst. mit Ketonen, Ester bzw. KW-Stoffen 73; Mess. d. Stoßadiabaten 17 626; Parameter d. Detonat.-Welle v. — 7428; Temp. d. Detonat.-Front v. — 17 626; Hydrier. 5250; oxydative Nitrier. 1186; Rk.: mit NaH 7691*, 12 988; mit 1-[Cyclohexen-(1')-yl]-piperidin bzw. Cyclohexanon 15 571; mit Bis-[1.3-diphenylimidazolidinyliden-(2)] 1984; Wechselwrkg. zwischen — u. Diisopropylcarbinol in CCl_4 18 410; Rk.: mit 2-Hydroxytetrahydropyran 6406; v. ^{14}C-— mit Erythrose 15 918; mit CH_2O in Ggw. eines bas. Kondens.-Mittels 15 764*; v. ^{14}C-— mit Acetaldehyd 16 304; mit Benzaldehyden 3979*, 7894; mit 2.5-Methylenhydrobenzaldehyden 5654; mit 2-Nitro-4-fluorbenzaldehyd 18 108; mit 2-Nitro-4-aminobenzaldehyd 9708; mit 5-Fluor-2-nitrobenzaldehyd 17 388; mit 3-Methyl-4-methoxybenzaldehyd 8227; mit 4-Benzyloxybenzaldehyd 7256*; mit 3-Benzyloxy-4-methoxybenzaldehyd 3822; mit Vanillin 6751; mit α.α-Dimethyl-β-hydroxypropion- bzw. α.α-Dimethyl-β-hydroxybutyraldehyd 8942; mit 3-Formyl-6-methoxyindol 7907, 12 839*; mit 5-Brom- bzw. 5-Chlorselenophen-2-aldehyd 11 558; Cyclisat. v. Dialdehyden mit — 476, 2741, 2742; Rk.: mit Pentandial-(1.5) 3070; mit Vinylmethylketon 14 116; mit 2-[N.N-Dimethylaminomethyl]-cyclohexanon 9687; mit Kodeinon 3823; mit 4-Cyan-2.2-dimethylbutyraldehyd bzw. 5-Methoxy-2.2-dimethylvaleraldehyd 13 362; mit β-Aroylacrylsäuren 9691; mit ungesätt. Carbonsäurcestern 16 643; Einfl. auf d. Kinetik d. Chlorier. v. Benzol, Toluol, tert. Butylbenzol u. p-Xylol 10 792; konkurrierende Nitrier. v. Toluol u. tert.-Butylbenzol in — 8210; Kinetik d. Rk. v. Cyclopentadien u. CCl_3. CO_2H in — 7472; Verw. 6222*; Tüpfeltest auf — 8732; Best. 10 322; analyt. Verw. 3685.

Methylnitrit, Bldg. (Kinetik) 1103; Unters. an —-Flammen 11 105; Eig. v. —-Flammen 16 983; Pyrolyse 5619; (Kinetik) 14 095; Rk.: mit 4-Formyl-2-phenyloxazol 3450; mit 1-Cyclohexyl-2-dimethylaminomethylindanon-(3) u. $NaOCH_3$ 11 654*; v. Benzaldehyd mit Stickstoffoxiden in Ggw. v. — 3774.

Formhydroxamsäure, Bldg. aus Formiat in Ggw. v. Formokinase 5329; IR-Spektrum v. — u. D-— 9282; photometr. Best. 14 719.

CH_3NO_3 Methylnitrat, neue Bezieh. zwischen d. physikal. Konst. v. — 3402; Unters. an —-Flammen 11 105; Detonat. v. — mit geringer Geschw. 15 095; Temp. d. Detonat.-Front v. — 17 626.

CH_3NSSi Silylrhodanid 8906.

CH_3NS_2 Dithiocarbaminsäure („Dithioformamid"), Darst. (v. Deriv.) 1205; 11 563, (v. Vinyl-N.N-dialkylderiv.) 95; (v. Arylthiocarbamoyldithiocarbonaten) 5265; (v. —-Estern) 11 175; (Verw. v. —-Estern) 2827*; IR-Spektren u. Struktur v. Deriv. 787; Anwend. d. anomalen opt. Rotationsdispers. auf — 68; Isotopenaustausch v. S in —-Estern 151, 2693; S-Austausch zwischen Vulkanisat.-Beschleunigern v. Typ d. Aminsalze d. N-disubstituierten — u. elementarem S 18 665; Rk. d. NH_4-Salzes: mit 5-Chlormethyl-2.3-dichlorthiophen 5660; mit 1-Hydroxycyclohexylhydroperoxid 18 436; Rk. mit Benzalacetophenon 15 602; Rk. d. NH_4-Salzes: mit α-Chlorketonen 4532; mit 3-Brom-6-methylheptanon-(2) 7168; mit N-Chlormethylphthalimid 4529; bakteriostat. Wirksamk. 6828; Aralkyldithiocarbamate mit antimykot. Wrkg. 18 796; Art d. Einw. v. Deriv. auf Schimmelpilze u. Bakterien 1277; Wrkg.-Mechanismus v. Dithio carbaminat-Verb. auf d. Verlauf d. Acetatoxydat. in Hefe 15 265; teilweise Maskier. v. Blutserum zugesetztem Cu gegen —-Verb. 13 459; Verw.: v. Deriv. für Nährmedien 13 500*; v. Dialkyl-— zur Herst. v. gegen Mikroorganismen widerstandsfäh. plast. Massen 8443*; als Mittel zur Nematodenbekämpf. 2880*; v. N-Halogenalkenylderiv. als Vulkanisat.-Beschleuniger u. Fungicide 3626*; v. —-Salzen in Masse zur Bekämpf. d. Schleimbldg. in Papierstoff 4386*; d. Zn-Salze für Festtreibstoffe 2966*; d. Zn-Salzes für Kautschukklebemassen 15 099*; v. Estern v. substituierten — mit quart. Aminoalkoholen als Allgemeinsensibilisatoren 10 334*; v. Schwermetallsalzen v. — u. —-Deriv. als Stabilisatoren gegen d. Photodegradat. v. Farbstoffen 4002*; analyt. Unters. an Aminsalzen 4390; volumetr. Best. 3925, 4279; jodometr. Best. v. wasserlösl. Dithiocarbamaten 3925; analyt. Verw. 12 757. *Bibl.*: The dithiocarbamates and related compounds [17 773].

CH_3N_3 Methylazid, Bandenzuordn. im IR-Spektrum 6715.

$CH_3N_3O_2S$ Methansulfoazid (Kp.$_{17}$ 59—60°) 11 884.

$CH_3N_3O_3$ Nitroharnstoff, Rk. 3054, 18 085; Verw. v. Salzen 8809*.

CH_3N_5 2-Aminotetrazol, tuberkulostat. Wrkg. 16 733.

5(„1")-Aminotetrazol, Rk. 13 690; (v. —-Hydrat) 16 678; Verw. v. diazotiertem — zum Nachw. v. Phosphatasen 9759.

CH_3Na Methylnatrium, Verw. 10 998*.

CH_3O_5P Formylphosphat, Aktivier. v. Formiat zu — durch Formokinase 5329.

CH_4 s. *Methan.*

CH_4AlNO *N*-Methylamidoaluminiumoxid 3026.

CH_4AlNS *N*-Methylamidoaluminiumsulfid 3026.

CH_4ClN *N*-Chlormethylamin, Darst., Rk. 12 287, 18 105; Rk. 4900, 13 202*.

CH_4ClNO_2S *N*-Methylamidosulfonylchlorid (Kp.$_{0,1}$ 80°) 14 323*.

CH_4ClO_3P Chlormethylphosphonsäure, Bldg. d. Ba-Salzes 8948; Rk. 1077, 5848*, 15 085*.

$CH_4Cl_2N_2$ Verb. $CH_4Cl_2N_2$ aus $NCN(SiH_3)_2$ u. HCl 8906.

CH_4Cl_2Si Methyldichlorsilan (Kp.$_{761}$ 41,1°), Darst. 5475*; (v. Addit.-Verb. mit Harnstoffen) 11 123; Druck u. Dampfdichte (d. Syst. —/$SiCl_4$) 5240; (d. Syst. —/Trimethylchlorsilan) 5239; Rk.: mit Br_2 16 607; mit Mg u. CH_3Br 5589; mit Dien- u. Acetylenverb. 10 054; mit Olefinen 8583; (u. Chlorolefinen) 13 728; mit α-Olefinen in Ggw. v. $Fe(CO)_5$ 11 883; mit Äthylen in Ggw. v. $TiCl_4$ 10 805; mit Allyl- bzw. Methallylchlorid 7485; mit 3.3-Difluorpropen-(1) 17 562*; mit 1.1-Bis-[trifluormethyl]-äthylen 16 134*; mit Chlorbenzol 12 613; (bzw. Fluorbenzol) 12 638; mit Styrol 5477*; mit Fluoralkylallyläthern 8947; mit Methyl-MgBr 16 647; mit Silanen 4883; mit Dimethyldichlorsilan 1201; mit Allylcyanid 10 065; mit Acrylnitril 1958, 16 134*; mit Acrylsäuremethylester 12 630.

$CH_4Cl_4Si_2$ **Trichlorsilylmonochlorsilylmethan** 17 333.

Bis-[dichlorsilyl]-methan 17 333.

CH_4FO_2P **Methylphosphonsäurefluorid** (Kp.$_2$ 69—72°), Darst., Rk. 15 930; Best. 8733.

CH_4FO_3P **Fluorophosphorsäuremonomethylester** (Kp.$_{0,005}$ 60—63°) 53.

CH_4N **Methylamin-Radikal** s. unter *Radikale* (*Spezielle Radikale*).

CH_4NO_5P **Carbamoylphosphat,** Darst., Rk. d. Triäthylammoniumsalzes 8630; verstärkte —-Synth. durch Carbamylphosphatsynthetase aus Froschleber durch Präinkubat. mit Acetylglutamat 2771; Hydrolyse durch Carbamylphosphatase 14 545; Einfl. auf d. Acetylcholinesterase aus d. elektr. Organen v. Electrophorus electricus 6448; Wrkg. d. Acylphosphatase d. Muskels auf — 10 129; Bedeut. für d. Citrullin-Bldg. bei Endomycopsis vernalis u. Torulopsis utilis 17 454.

$[CH_4NO_5P]x$ *polymeres N*-**Carboxyphosphorsäureimid** 16 648.

CH_4N_2 **Diaziridin (Diazacyclopropan),** Darst. v. Deriv. 4900; 12 287; (Rk.) 12 287, 12 288; Rk. 16 846*.

Formamidin, Darst., Rk. d. Trichlormercurat-Adduktes 13 028; Bldg. d. Acetats (F. 157—158°) 1998; Rk. 16 848*, 17 213*; (d. Acetats) 2734, 3460.

CH_4N_2O (s. *Harnstoff* [*Carbamid*]).

Ameisensäurehydrazid (Formylhydrazin) (F. 54°), Darst. 9310; IR-Spektrum v. — u. D_3(N.N'.N') -— 8561; Rk. 132, 8131*.

$CH_4N_2O_2$ **Carbazinsäure (Hydrazincarbonsäure),** Rk. mit Ni-Salze 3757; Verw. v. Estern 7300*.

$CH_4N_2O_2S$ **Formamidinsulfinsäure (Thioharnstoffdioxyd),** Darst. 5092*; Rk. 10 637*; Polymerisat. v. mit Phenothiazin stabilisiertem 2-Chlorbutadien in Ggw. v. — 325*; Fixieren tier. Fasern in Lsg. v. — 11 417; Verw. 9538*, 12 885*, 18 793, 19 061*.

$CH_4N_2O_3S$ **Sulfoformamidin** 18 793.

$CH_4N_2O_3S_2$ **Sulfothiocarbamid,** Identifizier. 11 286.

CH_4N_2S s. *Thioharnstoff* [*Thiocarbamid*].

$CH_4N_2S_2$ **Dithiocarbazinsäure (Hydrazindithiocarbonsäure),** Herst., Verw. v. Deriv. 4345*; Rk. 11 881.

Dithiocarbaminsäureamid, Darst. v. Deriv. 11 563; Vulkanisat.- Wrkg. v. Deriv. 18 133.

CH_4N_2Se **Selenoharnstoff,** analyt. Verw. 7642.

CH_4N_4 s. *Formazan.*

CH_4N_4O **Nitrosoguanidin,** polarograph. Verh. 13 708.

$CH_4N_4O_2$ **Nitroguanidin** (F. 234—236°), Darst. 10 804; protonenmagnet. Resonanz-Unters. d. Struktur 14 817; polarograph. Verh. 13 708; Rk. 3054; Verw. 10 330*.

$CH_4N_4O_4$ **Methylendinitramin,** Darst. 9894*; Rk. 6029.

CH_4O s. *Methylalkohol* [*Methanol*].

CH_4O_2 **Methylhydroperoxid,** Bldg. 12 240; Bindungsdissoziationsenergie 3772.

CH_4O_2S **Methansulfinsäure,** Rk. d. Na-Salzes 5770*, 17 565*.

$CH_4O_2S_2$ **Methanthiolsulfonsäure,** K-Salz (F. 203° korr.) 5624.

CH_4O_3 s. *Orthoameisensäure.*

CH_4O_3S **Methansulfonsäure** (Kp.$_{12}$ 168°), Darst., Rk. 10 803; Raman- u. IR-Spektren v. — u. Salzen 16 974; Rk. 17 930*; (d. Ag-Salzes) 13 762; (d. Na-Salzes) 8056*; biolog. Bedeut. d. Desoxyribonucleinsäure v. mit — behandelten Zellen 14 903; Verw.: d. Komplex-Verb. mit SO_3 zum Sulfonieren 2167*; bei d. säurekatalysierten Addit. v. Phosphin an Olefine 12 618; bei d. Darst. v. Acrylsäureestern 15 765*.

Formaldehydsulfoxylsäure, Verw. 19 061*; (d. Kondensat.-Prod. mit NH_3) 14 688*. Na-Salz (**Rongalit, Rongalit C**), Polymerisat.-Anreg. durch d. Redox-Syst. —/H_2O_2 16 703; Verw. 1718*, 6218*, 15 457*.

$CH_4O_3S_2$ *S*-**Methylthiosulfat,** Darst., IR- u. Ramanspektrum d. Na- u. K-Salzes 3036.

CH_4O_3Se **Methylselenige Säure,** Raman-Spektren d. Na- u. K-Salzes in Methanol bzw. A. 14 797; Rk. 14 797.

CH_4O_4S **Formaldehydschweflige Säure,** Rk. d. Na-Verb. 4540.

Monomethylsulfat, Bldg. d. Ba-Salzes 7548; IR-Spektrum d. K-Salzes 11 854; Rk. 6581*, 7866; (d. Na-Salz-Hydrats) 8056*; Tüpfeltest auf — 8732.

$CH_4O_6S_2$ **Methandisulfonsäure (Methionsäure),** Darst. d. Ba-Salzdihydrats 12 283; Rk. 10 566*.

CH_4S **Methylmercaptan (Methanthiol)** (Kp. 7,6°), Darst. 2586, 10 637*, 11 000*; Bldg. 2698, 3788, 14 496, 19 007*; Entfern. aus Isobutylen 6962*, 11 728; neue Bezieh. zwischen d. physikal. Konst. v. — 3402; Bezieh. zwischen Massenspektrum u. Mol.-Struktur 9285; Leitfähigk. in wasserfreiem fl. HCl 390; magnet. Protonenresonanz 3354; Abschätz. d. Höhe d. Potentialschwelle d. gehemmten Rotat. im —-Mol. mit Hilfe d. Streuung therm. Neutronen 11 855; Bildungswärme 3045; (u. Verbrenn.-Wärme) 14 083; Bezieh. zwischen Druck, Temp. u. Dichte 12 235; Komplex-Bldg. mit GeF_4 16 247; Rk.: mit Cyanurchlorid 8258; mit Acetylen u. CO 3625*; d. Na-Salzes mit Trichloräthylen 5092*; d. Na-Verb. mit 3.6-Dichlorpyridazin 6410; mit Äthylenimin bzw. ω-Chloralkanolen 1192; d. Na-Verb. mit 4-Chlor-6-methoxypyrimidin 1608; mit Alkylaryläthern 3261*; mit Methylaryläthern 2167*; mit Tris-[dimethylamino]-boran 3062; mit $(CH_3)_3$-$N{\cdot}SiH_3J$ 14 063; mit Aldehyden bzw. Ketonen 15 921; mit Acrolein 13 946*; mit Isovaleraldehyd 15 557; mit Glyoxal 1407*; mit D-Mannose 6419; mit o- bzw. p-Halogenphenonen 9896*; mit Δ^4-Dehydro-Deriv. v. Steroidhormonen 6787; d. Na-Verb. mit einem Gemisch aus 2-[Chlormethyl]- u. 3-Chlor-2-methylacrylnitril bzw. verwandten Verb. 3419; mit p-Fluorbenzonitril 7490; mit 4-o-Chloranilino-2-chlor-5-carbäthoxypyrimidin 3096; d. Na-Verb. mit Phenylpropylessigsäure-[2-chloräthyl]-ester 17 927*; v. Alkalisalzen mit N-[β-Halogenpropionyl]-anilinen 223*, 3554*; mit sulfatisiertem Monoäthanolamin 16 842*; d. Na-Verb. mit Cortison-21-mesylat 9358; mit 6-Methylcholesteryl-p-toluolsulfonat 10 848; mit Methyl-2.3-O-isopropyliden-5-O-p-toluolsulfonyl-β-D-ribofuranosid 8638; enzymat. Methylier. 8664; Verw. v. ^{35}S-— u. —-Na-Salz durch Saccharomyces cerevisiae zur Biosynth. v. Thiamin 7973; — als Ursache v. Fehlgeschmack d. Milch 687; — in bestrahlter Magermilch 5137; Vork. im Rindfleischextrakt 19 045; Verw. 15 401*, 17 559* [2 Ref.]; Identifizier. 14 634.

CH_5AsO_2 **Methylarsonigsäure,** Deriv. 3954*.

CH_5AsO_3 **Methylarsinsäure,** Na-Salz 17 160.

CH_5BO_2 **Monomethylborsäure,** Dikaliumsalz 9638.

CH_5ClSi **Methylchlorsilan,** Rk. 4883, 11 002*.

CH_5N **Methylamin,** Darst. 7278*, 15 017; (v. Salzen) 11 881; (d. Hydrobromids) 14 837; (Rk. v. — u. ^{14}C -—-Hydrochlorid) 3416; (Rk. v. ^{14}C- —-Hydrochlorid) 2370; Bldg. 15 189; (v. ^{14}C-— bei d. Neutronenbestrahl

v. 1-Cyanguanidin) 15 550; (Rk.) 12 287; Trenn. mittels Austauscherharzen 6961*; Reinig. 5098*; neue Bezieh. zwischen d. physikal. Konst. v. — 3402; IR-Spektrum d. Hydrochlorids in Alkalihalogenidpreßlingen 1169; Ramanspektrum 9283; Elektronenstoß-Ionisationspotential 433; Cyclotronresonanz d. Prod. einer elektrodenlosen Entlad. in — 5930; Bindungsdissoziationsenergie 3772; mittlere Lebensdauer d. Amin-W.-H-Bind. in wss. Lsg. 15 167; magnet. Kernresonanz in NH_3CH_3Al-Alaun 9615; chem. Verschieb. 5978; Spin-Entkoppl. u. relative chem. Verschieb. d. Aminprotonen einer sauren Lsg. v. — 16 211; B-N-Donator-Acceptor-Bind. in $H_2(CH_3)N$-BF_3 1523; verzerrte Koordinat.-Polyeder u. d. elektrostat. Valenzregel v. Pauling in (CH_3NH_3). $Al(SO_4)_2 \cdot 12 H_2O$ 5950; chem. Thermodynamik d. Bldg.-Rk. v. — 3403; Berechn. d. thermodynam. Gleichgew. d. —-Synth. 4480; Thermodynamik: d. Komplex-Bldg.-Gleichgew. zwischen NiDBH u. — in Bzl. 5242; d. Koordinat. v. — an eine nichtsolvatisierte Stelle in Bis-[2.4-pentandionato]-oxovanadin (IV) 5200; pK-Best. 3040; Ionenaustausch u. andere Eig. v. — 17 317; Sorpt. v. Mischungen u. Selektivität in Monomethylammoniumbentonit 1521; Kinetik d. Rk. v. — mit Salzen v. Koss-Typ 414; Vakuum-UV-Blitzlichtphotolyse v. — 17 677; photochem. Rk. zwischen Methylenblau u. — in Ggw. v. O_2 10 044; Rk.: mit atomarem N, H u. O 11 142; mit Fluor 18 437; mit SOF_4 5219; mit $NJ_3 \cdot NH_3$ 8181; v. $[CH_3NH_3]CN$ mit B_2H_6 8181; mit BCl_3 2542*, 17 681; mit PCl_3 13 322; d. Hydrochlorids mit PCl_5 6328; mit $AsCl_3$ 14 438; mit AlOJ bzw. AlSJ 3026; Anlager.-Verb. mit Molybdatocer(IV)-säure 2296; Rk.: mit KCN + CH_2O 1982; mit Acetylenchloriden 7481; mit Äthylenchlorid 12 618; mit 2-Phenylcyclopropyljodid 15 568; mit 5.5.6.6-Tetrafluorcycloheptadien-(1.3) 7496; mit Spiro-[3.3]-heptanen 1596; mit Halogenpyrimidinen 7150; mit 4-Chlor-5-arylpyrimidinen 18 469; mit 2-Methyl-4-amino-6-chlorpyrimidin 9345; mit 4.6-Dichlor-2-aminopyrimidin 5672; d. Acetats mit 2.4-Dichlor-5-nitropyrimidin 8250; mit 2-Chlor-4-[p-fluoranilino]-6-methyl-5-nitropyrimidin 10 095; mit 4-[β-Chloräthyl]-imidazol 12 661; mit 6-Chlor-9-[tetrahydropyranyl-(2)]-purin 14 513; mit 6-Chlor-9-[tetrahydrofuryl-(2)]-purin 15 247; mit halogenierten Pteridinen 14 245*; mit Chloriden substituierter Pyrimido-[5.4:d]-pyrimidine 17 855*; mit Halogenphenazinen 136; mit o- bzw. p-Nitrofluorbenzol 12 999; mit Methyl-β-chloräthylamin 1194; mit Benzylamin, CS_2 u. Formalin 2831*; mit N-Chlormethylamin 18 105; mit Pentandiolen 11 373*; mit 1.2-Dihydroxybenzolen 304*; mit 2-Chlor-3.4-oxidobuten-(1) 17 368; mit halogenalkoxysubstituierten Triphenyläthanolen 15 332*; mit 3-[m-Methoxyphenyl]-3-propylpentandiol-(1.5) 7991*; mit Bis-[β-hydroxyäthyl]-sulfon 16 495*; mit 1-Methyl-6-methylsulfonylpyrazolono-[3.4:d]-pyrimidin 17 760; mit Bis-[trifluormethyl]-chlorphosphin 14 834; mit 2-Chlor-4-methyl-1.3.2-dioxaborolan 7331*; mit Tris-[sek.-butylamino]-boran 12 264; mit $C_6H_5B[N(CH_3)_2]_2$ 14 436; mit Biuret 5097*; (u. Harnstoff) 5097*; d. Nitrats mit Dicyandiamid bzw. $CaCN_2$ bzw. $CaCN_2$-Harnstoff-Gemisch 11 882; mit aromat. Aldehyden 5646; mit p-Anisaldehyd u. Oxalessigsäurediäthylester 18 457; mit Phoron 16 062*; mit Methylbenzylketon 8264, 12 834*; mit Vinylphenylketon bzw. Mannich-Rk. d. Hydrochlorids mit CH_2O u. Acetophenon 7144; mit β-Jonon 8791*, 13 128*; mit α-Bromchalkonen 14 856; mit 2.6-Dimethylpyron-(4) 8978; mit 3-Methyl-4-benzoyl-5-chlorisoxazol 13 386; mit 4-Oxo-4.5.6.7-tetrahydrocumaronen bzw. -1.2.3.4.5.6.7.8-oktahydrodibenzofuranen 18 109; d. Hydrochlorids mit Dehydracetsäure bzw. 3-Acetyl-4-hydroxycumarin 6768; mit 4-Chlor-2-amino-6-oxodihydropyrimidin 8254; mit Chloracetylbrenzcatechin 10 189*; mit Polyketonen 8789*; mit 1-β-Chloräthyltheobromin 5770*; d. Hydrochlorids mit 2-Acetylnaphthochinon-(1.4) 1594; mit N-[2-Bromäthyl]-diäthylammoniumbromid 8952; mit 1-Methyl-4-cyan-5-[äthoxymethylenamino]-pyrazol, 1-Methyl-4-chlorpyrazolo-[3.4:d]-pyrimidin, 6-Chlor-7-methylpurin bzw. 1-Methyl-4-[äthoxymethylenamino]-5-cyanimidazol 2736; mit Na-2-Alkoxy-1.1.3.3-tetracyanpropenid 1795*; mit α.δ-Dichlorvaleriansäure bzw. ihrem Methylamid 306*; mit Pyromellitsäure-Deriv. 10 813; mit β-Aroylacrylsäuren 9691; mit Acetondicarbonsäure (+ Dialdehyden) 480; (+ Maleindialdehyd) 5299; (+ Succindialdehyd) 17 404; (+ Glutaraldehyd) 4547; (+ 2-Acetoxyglutardialdehyd) 11 568; mit Polymethylmethacrylat 13 967*; mit Essigsäuremethylestern 6748; mit 15-Brompentadecansäuremethylester 137; mit 2-Methylmercapto-4-chlor-5-carbäthoxypyrimidin 3096; mit Oximinocyanessigsäureäthylester 1951; mit Kohlensäureestern 8789*; mit 2.5-Dibromkorksäurediäthylester 17 404; mit cis-Cyclopentan-1.2-dicarbonsäureanhydrid 17 386; mit 1.4-Bis-[N-methylanilino]-pyromellitsäuredianhydrid 13 731; mit trans-2-Carboxycycloheptylessigsäureanhydrid 8982; mit Undecin-(10)-säurechlorid 10 050; mit β-[Furyl-(2)]-acrylsäurechlorid 7507; mit 4-Dimethylamino-2.2-diphenylvalerylchloridsulfat 2826*; mit p-Alkoxybenzoylchloriden 11 165; mit 5-Alkoxymethylfuran-2-carbonsäurechloriden 11 178; mit Tere- bzw. Isophthalsäurechlorid 14 114; mit Bis-[2-chlorcarbonylphenyl]-disulfid 14 868; mit [Anthrachinonyl-(2)-carbonylchlorid]-[anthrachinonyl-(2)-methylen]-hydrazon 3439; mit 2-Methyl-4-chloracetamido-6-äthoxypyrimidin 9346; mit 6-Acetamido-7-chlorchinolinchinon-(5.8) 4261*; mit 2-[o-Nitrobenzamido]-benzoesäure 849; mit Acetessigsäure-p-chloranilid u. H_2 7987*, 11 652*; mit α-Acetyl-β-äthoxy-N-carbäthoxyacrylamid 10 466; mit α-Chlor-N.N'-bis-[2.6-dimethylphenyl]-acetamidin 1583; mit 2-Hydroxyäthansulfonsäure 13 568*; mit einem S-Thiuroniumalkansulfonat 15 021*; mit Dimethylsulfat u. Dimethylformamid 15 557; mit 4.6-Dichlorbenzoesäure-3-sulfochlorid 13 573*; mit o-Cyanbenzolsulfonylchlorid 6418; mit Alkan-ω.ω'-disulfonylhalogeniden 10 423; mit substituierten Benzol-2.4-disulfonsäurechloriden 9816*; mit 4-Amino-6-trifluormethylbenzol-m-disulfochlorid 11 929; mit 1.3-Diaminobenzol-4.6-disulfochlorid 5674; mit Alkylmercaptophenylphosphorsäuredichloriden 16 109*; mit Butansulton-(1.4) 6400; mit Pseudodiosgenin-27-jodid u. verwandten Azaoxaspiransteroidalkaloiden 9354; Hydrier. v. 3β-Hydroxy-11.20-allopregnandion in Ggw. v. — 5773*; Einfl.: auf d. Red. v. Ag^+ durch CO 4839; auf d. Oxydat. v. Äthan 8571; selektives Red.-Vermögen v. Li in — 14 117; korrosionsinhibierende Wrkg. auf Armco-Fe 4086; Austausch d. proteingebundenen Glutamin-Amidgruppe gegen — in Ggw. v. Transglutaminase 18 506; —-induzierte Spalt. Perjodatoxydierter Nucleotid-Reste 7552; Vernetz. v. Nucleoprotein nach Einw. v. — 13 426; Bldg.: aus 6-Methylaminopurin durch E. coli 4968; beim Nicotinabbau durch Achromobacter nicotinophagum 14 915; Isolier. u. Charakterisier. d. —-verwertenden Pseudomonas AM 1-Stammes 17 452; Wrkg. auf d. adaptive Assimilat. v. Nitrit u. Nitrat durch ein Mycobacterium 897; — als Metabolit d. enzymat. Abbaus v. Methylharnstoff durch Mycobacterium phlei 13 432; Biogenese bei Ephedra 9031; Geh. im Mutterkorn im Verlauf d. Sklerotienreif. 14 238; Vork.: in d. Geruchsstoffen v. Süßwasserfischen 189; im menschl. Harn 9416; Einfl. auf d. Elektroretinogramm v. Kopffüßlern 7233; Eign. v. Cu-Komplexen mit — als Lichtfilter 3199; Verw.: d. Kondens.-Prod. mit einem Aldehyd zum Stabilisieren v. chlorierten aliphat. Lsgm. 15 020*; bei d. Herst. v. lichtleitfäh. Schichten 8855*; v. fl. — bei d. Darst. v. Alkalimetallsaccharaten, Monolithiumsaccharose- — -Solvat 10 474; zum Aminieren v. Ionenaustauschern 17 877*; bei der Herst. von Gipsbinden 17 139*; v. — u. —-Salzen in Raketentreibstoff 1856*, 6272*; Trenn. (v. anderen Aminen) 6161; (v. Dimethylamin u. Äthylamin) 3574; Best. 7643.

CH_5NO **N-Methylhydroxylamin,** Rk. d. Hydrochlorids 7114.

O-Methylhydroxylamin (Methoxyamin) (Kp. 47—48°), Darst., Rk., Hydrochlorid 6380; Rk.: mit Toluol 460; mit Ferrocen u. C_4H_9Li 18 046; mit d. Grignard-Verb. v. $D_3(1.1.1)$-2-[D_3-Methyl]-2-chlorbutan 1183; Rk. d. Hydrochlorids: mit 2.6-Di-tert.-butyl-4-formylphenol 6389; mit 16α-Methyl-20β.21-isopropylidendioxy-$\Delta^{1.4.9,11}$-pregnatrien-17α-ol-3-on bzw. verwandten Verb. 11 939; mit Anthrachinonoximmethyläther 12 646.

Aminomethanol (Methylolamin), Rk. v. Deriv. 950*; Verw. 11 435*.

CH_5NO_2S **Methansulfonsäureamid** (F. 92°), Darst., Rk. 10 803; Rk. 10 423, 11 503.

CH_5NO_3 s. *Orthocarbaminsäure.*

CH_5NO_3S **Aminomethansulfonsäure,** wachstumshemmende Wrkg. bei Bakterien 14 602.

CH_5NO_4S **N-Methylhydroxylamin-O-sulfonsäure,** Rk. 4900.

CH_5N_3 s. *Guanidin.*

CH_5N_3O **Semicarbazid,** Rk.: mit ungesätt. Nitro-Verb. 14 840; d. Hydrochlorids mit Polynitrobenzolen 7861; mit 2.5-Diamino-1.4-dithian bzw. N.N'-Bis-[carbobenzoxy]-2.6-diamino-1.4-dithian 473; mit 2.3-Dimethyl-6-chlor-2-hydroxy-benz-1.4-oxazin 16 320; mit Orthoameisensäuretriäthylester 15 952; d. Acetats mit α.β-Dimethyllävulinaldehyd 16 066*; mit 4-Dibutylamino-2-methylpyrimidin-5-aldehyd 5671; d. Hydrochlorids mit Phenylvinylketon 14 131; d. Acetats mit Isopiperitenon bzw. mit Piperiton 10 846; mit 6-α-Chlorprednison 3557*; mit 3α.17α-Dihydroxy-16α-methylpregnan-11.20-dion 16 774*; mit endo-2-Benzoylcyclopentanon-Enolmethyläther bzw. 2-Benzoylcyclopentanon 14 842; mit p-Nitrophenyl-β-brom-β-cyanäthylsulfon 14 107; d. Hydrochlorids mit Tetracyanäthylen 17 929*; d. Hydrochlorids mit 5-O-Methyl-L-arabonsäure 18 474; v. 4-Arylderiv. mit Estern 11 185; d. Hydrochlorids mit 12α-Chlorcortisonacetat 8630; mit 20-Keto-21-acyloxysteroiden d. Pregnanreihe 16 416*; v. 1.1-disubstituiertem — mit Malonylchlorid 3905*; mit substituierten Säurehydraziden u. -amiden bzw. -nitrilen 15 951; mit 3-Hydroxymethyl-5-hydroxy-6-methylpyridyl-(4)-α-hydroxymethansulfonsäure 14 243*; mit d. Rk.-Prod. v. 4.4'-Diaminostilben 2.2'-disulfonsäure u. Cyanurchlorid 13 256*; mit 2-Halogentetralon-(1)-sulfonsäuren-(3) 6589*; d. Hydrochlorids mit α-Cyanbenzylbenzolsulfonat 3452; Einfl. auf d. Mooney-Viscosität v. Naturkautschuk-Latex 11 585; antioxydierende Eig. u. physiolog. Bedeut. 11 952; — als Donator v. H bei Redox-Rk. unter Beteilig. v. Riboflavin 13 816; Bedeut. bei d. enzymat. Best. v. L(+)-Milchsäure 2029; Hemmwrkg.: auf d. Peroxydase-Aktivität v. Acetobacter Peroxydans 7930; auf d. enzymat. Decarboxylier. in d. Spadix v. Arum 11 235; auf d. Hyaluronsäurespalt. durch Leukocyten 4226; auf d. Histamingeh. verschied. Organe u. d. Entw. d. Foeten tragender Ratten 4984; durch — hervorgerufene Xanthurensäureausscheid. u. mögl. Pyridoxinmangel 1312; Einfl.: auf d. Palmitinsäuresynth. mit Leberenzympräp. 175; auf d. Aminosäurenspiegel im Gehirn 5755; auf d. Stoffwechsel v. γ-Aminobuttersäure 14 218; lathyrogene Aktivität in vitro 12 001; experimentelle, degenerative Nervenschädig. durch —-Hydrochlorid 10 915; Verw.: zur Stabilisier. v. Mikroorganismen u. Vaccine 3910*; für aus d. Lsg. verformbare hochelast. Polymere 13 597*; bei d. Herst. v. Naphthosulfonsäuren 11 005*; für Treibstoff 16 194*; v. — oder Deriv. in Schmiermitteln 12 157*; Best. 10 953.

CH_5N_3S **Thiosemicarbazid,** Darst. 5471*; (v. Deriv.) 4908, 4909, 6585*; Komplexe: mit Metallchloriden 1144; mit Ni-Salzen 777; Kristalldaten v. Bis-(—)-Ni(II)-Sulfat 12 942; Extrakt. v. Po in Ggw. v. — 6700; Rk.: mit CS_2 13 020, 16 678; mit 3-Methyl-6-chlorpyridazin 1989; mit 1-Nitrocyclohexen 14 840; mit 2-Amino-4-chlor-6-methylpyrimidin 1992; mit Isothiocyanaten 953*; mit Aldehyden bzw. Ketonen 13 369; mit Diformylbenzol 14 954*; d. Hydrochlorids mit Phenylvinylketon 14 131; mit 3-Oxo-2.3-dihydrobenzofuran 12 654; mit Arylglyoxalen 9348; mit α-Diketonen 2724; mit 4-Formylpyridinmethojodid 2732; mit p-Nitrophenyl-β-brom-β-cyanäthylsulfon 14 107; von 4-substituiertem — mit Carbonsäureestern, Imidoestern oder Formamid 2350; mit Orthoameisensäuretriäthylester 4907; v. Deriv. mit Diäthylcarbonat 8243; mit Benzylxanthogenessigsäure 7252*; mit Undecin-(10)-säurechlorid 10 050; mit Acetyl-4-aminodialkylaminobenzaldehyden 1412*; mit 1-Brom-4-phthalimidobutanon-(2) 4171; mit 2-Halogentetralon-(1)-sulfonsäuren-(3) 6589*; Strahlenschutz an Pflanzenzellen durch — 15 678; durch — hervorgerufene Xanthurensäureausscheid. u. mögl.Pyridoxinmangel 1312; Nachw. v.—- Convuls. bei Ratten mit erhöhtem γ-Aminobuttersäure-Geh. im Hirn 558; Verw.: bei d. biolog. Gewinn. v.Tetracyclin 16 066*; zur Stabilisier. v. Polymeren 5115*; v. Deriv. (zur Herst. v. Gebilden aus Viscose) 12 147*; (als Vulkanisat.-Beschleuniger für Chlorbutadienpolymere u. -copolymere) 6612*; bei d. Herst. v. Naphtholsulfonsäuren 11 005*; v. — oder —-Deriv. in Schmiermitteln 12 157*; Best. 9461; analyt. Verw. 17 136.

CH_5N_3Se **Selenosemicarbazid,** Unters. über — u. Deriv. 2677; Isomerisier. v. Hydrazinselenocyanat zu — 13 712.

$CH_5N_5O_2$ **Nitroaminoguanidin,** Rk. 14 131.

CH_5O_2PS **Methanthionophosphonsäure,** Deriv. 12 639.

CH_5O_3P **Methylphosphonsäure** (F. 105°), Darst. (Anilinsalz) 12 266; (v. Deriv.) 12 639; Bldg. 15 930; kernmagnet. Resonanz u.

IR-Absorpt. 8202; Ramanspektrum, Kraftkonst. v. — u. —-Salzen 16 974 [3 Ref.].

Monomethylphosphit (Methylhydrogenphosphit), Darst. d. NH_4-Salzes (F. 108°) 5590; IR-Spektrum d. Na-Salzes 15 164.

CH_5O_4P Monomethylphosphorsäureester (Methylphosphat), Kristallstruktur d. Ca-Salzes 6685; R_F-Wert 8635; innerkristalline Quell. u. Schichteinschluß-Verb. d. Ca-Verb. u. d. Ca-Monoäthylderiv. 11 109; Rk. 9174*; Verw. 6980*.

CH_5P Methylphosphin, Darst., Verw. 15 380*; Mikrowellenspektrum u. innere Barriere v. — 13 337.

CH_6N_2 Methylhydrazin ($Kp._{193}$ 51—58°), Darst. 11 367*; (Verw.) 15 097*; Bldg. (Sesquihydrochlorid) 1603; (v. ^{14}C— bei d. Neutronenbestrahl. v. 1-Cyanguanidin) 15 550; Bindungsdissoziationsenergie 3772; Rk.: mit 5-Amino-4.6-dichlorpyrimidin 10 463; d. Sulfats mit 2-Methylmercapto-6-hydroxy-4-methylpyrimidin 12 298; mit Halogentrialkoxysilanen 6210*; mit 2-[β-Chloräthyl]-benzaldehyd 12 287; mit 5-Nitrofurfurol 4268*; mit 6-Chlor-3H-pyrimidinonen-(4) 17 415; mit N-Methylpiperidon-(4) 6511*, 11 294*; mit Kojisäure 17 028; mit Cycloheximid 4646*; mit 4-Phenyl-1.2-dithioliumbromid 1179; mit Tetracyanäthylen 17 929*; mit 2-Methyl-4-chlor-5-carbäthoxypyrimidin 17 759; d. Sulfats mit Dithiocarbonsäurecarboxymethylestern 6744; d. Sulfats mit N-[Carbamoylcyanmethyl]-acetimidoäthylester 10 468; Komplex-Bldg. mit Hämoproteinen 9748; Prüf. auf blutdrucksenkende Wrkg. 18 549; experimentelle, degenerative Nervenschädig. durch —-Sulfat 10 915; Verw. 6272*.

$CH_6N_2O_4S_2$ Diaminomethandisulfinsäure, Rk. d. K-Salzes 10 637*.

$CH_6N_2Si_2$ Disilylcyanamid 8906.

CH_6N_4 Aminoguanidin, Darst., Verw. v. Deriv. 3187*; Rk. (v. — bzw. v. Deriv.) 1715*; (d. Nitrats) 14 131; (d. Bicarbonats) 14 139; Wrkg.: d. Bicarbonats auf d. Morphologie peritonealer Mastzellen 3841; d. Histaminasehemmstoffes —-Sulfat auf gravide u. nichtgravide Ratten 7972; partielle Zerstör. u. Wiedererhol. d. Leber v. Kükenembryonen nach Injekt. v. —-Sulfat in d. Dotter 9426.

CH_6N_4O Kohlensäuredihydrazid (Carbohydrazid) (F. 154°), Darst. 9310, 18 461; (v. Deriv.) 3427; Rk. 17 930*; Verw. 1455*, 16 194*.

CH_6N_4S Thiocarbohydrazid (F. 169—170°), Darst. 11 881, 14 478; Rk. 8242, 15 952, 16 678; Strahlenschutz an Pflanzenzellen durch — 15 678; durch — hervorgerufene Xanthurensäureausscheid. u. mögl. Pyridoxinmangel 1312; Prüf. auf blutdrucksenkende Wrkg. 18 549.

CH_6O_3Si Methylsilantriol, Verw. d. Na-Salzes 1760*.

$CH_6O_6P_2$ Methylendiphosphonsäure („Bis-[dihydroxyphosphinyl]-methan") (F. 200°) 3785, 13 323.

CH_6SSi Methylmercaptosilan 14 063.

CH_6Si Methylsilan, Bandenzuordn. im Schwingungsspektrum u. Potentialenergie-Konst. v. — u. D— 5231; Potentialfunkt. 18 065.

CH_6Sn Methylstannan, Mikrowellenspektrum u. Sperre für d. innere Rotat. 12 551.

$CH_8O_4Si_4$ Methoxysiloxen, Fluorescenz u. Farbe 15 485.

$CH_{11}B_5$ Methylpentaboran 15 866.

$CH_{16}B_{10}$ 2-Methyldekaboran (F. 4—6°) 417.

CJN Jodcyan, Bldg. 14 794; Bestrahl. —-halt. organ. Fl. 10 421; — als Fängersubstanz bei d. Radiolyse v. Bzl. 11 519.

CJN_3O_6 Jodtrinitromethan, Dipolmoment 16 262.

CJ_4 Tetrajodmethan (Kohlenstofftetrajodid), UV-Spektrum 7826; thermodynam. Funkt. v. — 16 629; Verw. 14 012.

CN_4O_8 Tetranitromethan, elektr. Leitfähigk. d. Mol.-Komplexe mit Benzidin u. Tetramethylbenzidin 12 973; Temp. d. Detonat.-Front v. — 17 626; Verw. 5162*, 11 340*.

CO s. *Kohlenoxid* [*Kohlenmonoxid*].

COS Kohlenoxysulfid (Kp. —48°), Darst. 7326*, 18 967*; (Rk.) 4530; Bldg. 3788, 4563, 7646, 19 007*; neue Bezieh. zwischen d. physikal. Konst. v. — 3402; Best. d. Atompolarisat. aus d. IR-Intensität 11 140; SCF–LCAO–MO-Wellenfunkt. für d. Grundzustand d. COS-Mol. 15 507; Übergangswahrscheinlichk. für d. Übertrag. v. Schwing.-Energie in — 1135; thermodynam. Funkt. für — 4441, 12 195; Berechn. d. 2. Virial-Koeff. für — aus d. Lichtstreuung 10 350; Dampfdrücke, Übergangspunkte, F., Kp. sowie Phasenumwandl.-Wärmen v. — 9619; Austausch v. radioakt. S 2693; Ionen-Rk. mit Mol. in N_2, O_2, CO, SO_2, CO_2, — u. CS_2 2289; Rk.: mit atomarem H bei —195° 7443; mit substituierten Aminen 9148*; mit einem prim. Arylamin in Ggw. eines bas. Katalysators 3987*; mit Alkenoxiden 467; v. Alkenoxiden mit H_2S in Ggw. v. — 4721*; mit Aryl- oder heterocycl. Mg-Chloriden in Ggw. einer heterocycl. O-Verb. 8781*; Einfl. auf d. durch $TiCl_3/Al(C_2H_5)_3$ katalysierte Polymerisat. v. Propylen 11 943; Best. 5041, 16 959; (in CO_2) 10 946.

CO_2 s. *Kohlensäure* [*Kohlendioxid*].

CS Kohlenstoffmonosulfid, Rotat.-Analyse d. Absorpt.-Spektrums 13 285.

CS_2 s. *Schwefelkohlenstoff.*

$[CS_4]_x$ Verb. $[CS_4]_x$ aus H_2CS_3 mit Chlorsulfanen 50.

$[CS_5]_x$ Verb. $[CS_5]_x$ aus H_2CS_3 mit Chlorsulfanen 50.

$[CS_6]_x$ Verb. $[CS_6]_x$ aus H_2CS_3 mit Chlorsulfanen 50.

$[CS_7]_x$ Verb. $[CS_7]_x$ aus H_2CS_3 mit Chlorsulfanen 50.

$[CS_8]_x$ Verb. $[CS_8]_x$ aus H_2CS_3 mit Chlorsulfanen 50.

$[CS_9]_x$ Verb. $[CS_9]_x$ aus H_2CS_3 mit Chlorsulfanen 50.

C_2-Gruppe

C_2AsF_6J Jod-bis-[trifluormethyl]-arsin 3431.

$C_2BCl_2F_3$ Trifluorvinylbordichlorid, chem. u. spektroskop. Beweise für d. Vorliegen v. π-Charakter in d. C-B-Bind. 1177.

C_2BF_5 Trifluorvinylbordifluorid, chem. u. spektroskop. Beweise für d. Vorliegen v. π-Charakter in d. C-B-Bind. 1177.

C_2BrClF_2 1.1-Difluor-2-brom-2-chloräthylen ($Kp._{625}$ 38,0°), IR- u. Ramanspektrum 13 703.

C_2BrClF_4 Tetrafluorbromchloräthan 15 401*.

C_2BrF_3 1-Brom-1.2.2-trifluoräthylen, Darst., Rk. 1568; Rk. 1591, 17 339.

C_2BrF_3Mg Perfluorvinylmagnesiumbromid, Rk. 17 339.

C_2BrF_3O Trifluoressigsäurebromid, Berechn. d. Bindungsordn. u. Ladungsdichten d. Carbonylgruppe 16 984.

C_2BrF_5 Pentafluoräthylbromid (Pentafluorbromäthan), IR- u. Ramanspektrum 69, 14 809.

$C_2BrN_3O_4$ Bromdinitroacetonitril ($Kp._4$ 35 bis 36°) 12 991.

$C_2Br_2ClF_3$ 1.1.1-Trifluor-2.2-dibrom-2-chloräthan, Rk. 18 932*.

1.2-Dibrom-1.1.2-trifluor-2-chloräthan, NMR-F-F-Kopplungskonstanten 7092; Rk. 3780.

$C_2Br_2Cl_2$ Dichlordibromäthylen, Rotat.-Schwing.-Energie 8556.

9513*, 12 828*, 13 940*, 15 020*, 17 559*, 18 631* [3 Ref.], 18 632*, 19 003*; Flammenemiss.-Spektrum im Sichtbaren u. UV 6340; mol. Kerr-Konst. 8197; gaschromatograph. Best. d. Aktivitäts-Koeff. 10 407; Bezieh. zwischen Druck, Temp. u. Dichte 12 235; Adsorpt. v. Polymethylmethacrylat aus —-Lsg. 11 946; Metallextrakt. mit TTA in — 14 057; Wrkg. v. γ-Strahl. auf — 15 182; Oxydat. 18 795; Photochlorier. (Kinetik) 11 870; (Bldg. angeregter Chloräthylradikale) 15 181; Rk.: mit $CHCl_3$ 12 613; mit Trichlorgerman 8222; mit Silanen 13 728; mit Mercaptanen 5092*; Stoffwechsel-Prod. v. ^{14}C-— im Urin d. Maus 4240; hepatotox. Wrkg. auf Mäuse 14 601; d. Einw. v. —-Dämpfen ausgesetzte Menschen 4621; Piperazin u. — bei d. Behandl. d. Hakenwurminfekt. 941; Einsatzmöglichk. u. physiolog. Verträglichk. als Treibmittel in kosmet. Aerosolpack. 15 059; Verw.: zur Dampftrockn. 12 043; in d. chem. Reinig. 16 180; zur Herst. einer Feuerlöschfl. 18 228*; bei d. Herst. v. Vinylacetylen aus C_2H_2 15 021*; bei d. Polymerisat. v. Propylen 17 945*; zur Kontrastregel. bei d. Flüssigk.-Entw. latenter xerograph. Bilder 2975*; Best. in Luft 5784.

$C_2Cl_4F_2$ 1.2-Difluortetrachloräthan, Molekularstruktur u. Rotationsisomerie 7838; — als Verdünn.-Mittel in Mehrphasensystemen 18 758.

C_2Cl_4O Trichloracetylchlorid (Kp. 116—120°), Darst., Rk. 18 795; Bldg. 13 944*; Berechn.: d. Bindungsordn. u. Ladungsdichten d. Carbonylgruppe 16 984; v. Ladungsverteil. u. Dipolmoment 10 404; Dampfdruck u. Gefrierpunkt 14 082; Hydrolyse (Kinetik) 2693; Rk.: mit Aminen 6875*; mit N-[β-Aminoäthyl]-morpholin 7257*; mit 3-[Cyclopentadien-(2.4)-yl]-cyclopentanol 3774.

$C_2Cl_4O_2$ Trichlormethylchlorcarbonat, Rk. 1433*.

C_2Cl_6 Hexachloräthan, Darst. 3414; Bldg. 89, 3474, 4873, 8564, 11 152, 15 182, 17 559*; Normalschwing. u. innere Rotat. 8568; Lösch. d. Fluorescenz d. Pyrens durch — 16 971; Rk. 12 220; Verw. 14 012.

$C_2Cl_6S_2$ Hexachlordimethyldisulfid 6735.

C_2Cl_6Si Trichlorvinyltrichlorsilan (Trichlorsilyltrichloräthen) ($Kp._{760}$ 193—194°) 13 728, 16 648.

$C_2Cl_6Si_2$ Bis-[trichlorsilyl]-äthin (Bis-[trichlorsilyl]-acetylen, Hexachlordisiläthin) (Kp. 173—174°), Darst., Rk. 16 647; Herst. 13 571*; Raman-Spektrum 14 811; Bromier. 16 648.

C_2Cl_8Si Trichlorsilylpentachloräthan (F. 62°) 16 648.

$C_2Cl_8Si_2$ 1.2-Dichlor-1.2-bis-[trichlorsilyl]-äthen (Oktachlordisiläthen) (F. 43—45°), Darst., Rk. 13 571*, 16 647; Rk. 16 648.

$C_2Cl_{10}Si_2$ 1.1.2.2-Tetrachlor-1.2-bis-[trichlorsilyl]-äthan (Dekachlordisiläthan) (F. 50 bis 51°), Darst. 16 647; Rk. 13 571*, 16 648.

$C_2Cl_{12}Si_4$ Tetrakis-[trichlorsilyl]-äthen (Dodekachlortetrasiläthen) (F. 170°) 13571*, 16 648.

$C_2F_2N_2O_2$ Difluornitroacetonitril 8412*.

$C_2F_2O_4$ Bis-[monofluorcarbonyl]-peroxid, Verw. 15 084.

C_2F_3JO Trifluoressigsäurejodid, Berechn. d. Bindungsordn. u. Ladungsdichten d. Carbonylgruppe 16 984.

C_2F_3Li Perfluorvinyllithium, Rk. 17 684.

C_2F_3MnO Trifluoracetylmangan(I), UV-Spektrum d. Pentacarbonylkomplexes 18 361.

C_2F_3N Trifluoracetonitril (Trifluormethylcyanid), Darst. 3263*, 18 438; thermodynam. Eig. v. 12° K bis zum Kp. 3044; Rk. 3774.

$C_2F_3NO_2$ Trifluoracetylnitrit ($Kp._{750}$ 101°) 2700.

C_2F_4 Tetrafluoräthylen (Perfluoräthylen, Tetrafluoräthen), Darst. 1187, 9513* [2 Ref.], 12 455* [2 Ref.], 14 828, 18 277*; Bldg. 8411, 10 635*; Hydrier. 10 047; (Konstit.-Einfl.) 18 431; Rk.: mit JF_5/J_2 1187; mit $SClF_5$ 14 101; mit $S_2O_6F_2$ 13 321; mit SO_3 1793*; mit H_2S 12 623; mit Nitrosylfluorid 12 248; mit HgF_2 3749; mit $Fe(CO)_5$ 7082; mit CCl_4 bzw. CBr_4 3056; mit Bromäthylen bzw. Butin-(1) 1591; Telomerisat. mit 1.2-Dichlorjodperfluoräthan 5624; Rk.: mit o-Fluorbrombenzol 6364; mit Bicyclo-[2.2.1]-heptadien 16 299; mit Pyrrol 9519*; mit Alkalialkoholat 1792*; mit Trimethylhydroxymethyl- bzw. -β-hydroxyäthyl- bzw. -γ-hydroxypropylsilan 16 291; mit Cyclopentadienyl-$Co(CO)_2$ 5966; mit Dicyclopentadienyl-Ni 16 616; mit Trialkylphosphiten 12 996; Verw.: zur Herst. v. Trifluoressigsäure 17 560*; v. Styrol, Phenol u. Pyrogallol als Polymerisat.-Inhibitoren für — 17 202*; gaschromatograph. Nachw. 6160; Verw. zur Verhinder. v. Störeffekten durch CO_2 bei d. Gasanalyse 18 227*; Polymerisat. u. Polymerisate s. auch *Plaste* (*Olefinpolymerisate*) bzw. *Seide-Kunstseide*(*Polyolefinfasern*).

C_2F_4O Trifluoracetylfluorid (Trifluoressigsäurefluorid), Bldg., Rk. 17 560*; Berechn. d. Bindungsordn. u. Ladungsdichten d. Carbonylgruppe 16 984; Rk. 5597.

$C_2F_4O_3S$ Fluorsulfonyldifluoracetylfluorid (Kp. 29°) 1793*.

2-Hydroxytetrafluoräthansulfonsäuresulton (3.3.4.4-Tetrafluor-2.2-dioxo-1.2-oxathiacyclobutan) (Kp. 42°) 1793*.

C_2F_5J Pentafluoräthyljodid (Pentafluorjodäthan), Darst. 1187; (Verw.) 15 401*; IR- u. Ramanspektrum 69; Rk. 18 399.

C_2F_5N Perfluor-2-azapropen-(2) 18 438.

C_2F_5NO Perfluornitrosoäthan 12 248.

C_2F_6 Hexafluoräthan (Perfluoräthan), Darst. 1187, 12 248, 18 437; Bldg. 650*, 8411, 10 390; Best. d. Atompolarisat. aus d. IR-Intensität 11 140; Schwing.-Polarisat. 7411; Ionisat.-Potential 17 302; Einschluß v. — im Faujasit (physikal. Zustand d. eingeschlossenen Mol.) 5573; (Sorpt.-Wärmen) 5574; Rk. 5058*; Verw. 3343.

$C_2F_6GeJ_2$ Bis-[trifluormethyl]-dijodgerman 16 247.

C_2F_6Hg Pentafluoräthylquecksilber(II)-fluorid (F. 97°) 3749.

Bis-[trifluormethyl]-quecksilber, Darst. 10 012; Rk. 12 628.

$C_2F_6HgS_2$ Bis-[trifluormethylmercaptoquecksilber (Bis-[trifluormethylthio]-quecksilber), Ramanspektren v. — u. Deriv. 1119; Rk.: mit KJ (Kinetik) 2309; mit Salzen v. Sauerstoffsäuren (spektroskop. Unters.) 16 961.

C_2F_6JP Bis-[trifluormethyl]-jodphosphin, Darst. 3432; Rk. 14 834.

$C_2F_6N_2$ Hexafluorazomethan 11 367*.

$C_2F_6O_6S_2$ Tetrafluor-1.2-bis-[fluorosulfato]-äthan (Kp. 102,7°) 13 321.

$C_2F_6S_2$ Bis-[trifluormethyl]-disulfid 12 222, 16 279.

$C_2F_6S_3$ Bis-[trifluormethyl]-trisulfid (Kp. 78 bis 80°) 16 279.

C_2F_7N Pentafluoräthyldifluoramin 18 437.

Bis-[trifluormethyl]-fluoramin 18 438.

$C_2F_8N_2$ 1.2-Bis-[difluoramino]-perfluoräthan 18 437.

C_2F_8S Trifluorvinylschwefelpentafluorid (Kp. 19°) 14 101.

C_2HBr Monobromacetylen, IR-Spektrum 3763.

$C_2HBrClF_3$ (s. *Halothane* [*Fluothane, 2-Brom-2-chlor-1.1.1-trifluoräthan*]).

1-Brom-2-chlor-1.1.2-trifluoräthan (Kp. 52,5°), Darst., Rk. 797; NMR-Spektrum 14 816; NMR-F-F-Kopplungskonstanten 7092.

$C_2HBrCl_2F_2$ 2-Brom-1.2-dichlor-1.1-difluoräthan, Rk. 1708*, 16 130*.
C_2HBrF_2 1(2)-Brom-2.2(1.1)-difluoräthylen, Darst., Rk. 1568; Vers. d. Cycloaddit. 1591.
C_2HBrF_4 1.1.1.2-Tetrafluor-2-bromäthan, anästhet. Eig. 13 856.
C_2HBrMg Äthinylmagnesiumbromid, Rk. 2381, 3417, 5289, 7509, 18 435.
C_2HBrN_2OS 5-Brom-2-hydroxy-1.3.4-thiadiazol bzw. **5-Brom-1.3.4-thiadiazolon-(2)** (F. 106—108°), Darst., Best. v. H-Bind. u. Tautomerie aus d. UV- u. IR-Spektrum 1934; IR-Spektrum u. Tautomerie v. — u. —-Metallsalzen 8199.
$C_2HBr_2Cl_3$ 1.2-Dibrom-1.1.2-trichloräthan, Rk. 16 129*.
$C_2HBr_2F_3$ 1.1(2.2)-Dibrom-2.2.2(1.1.1)-trifluoräthan (Kp.$_{745}$ 71—72°), Darst., Kinetik d. H/D-Austausches 5616; Dehydrohalogenier. (Kinetik u. Mechanismus) 5617.
1.2.2-Trifluor-1.2-dibromäthan (Kp. 76°), Darst. 10 047; Rk. 1568.
C_2HBr_3 Tribromäthylen, Rk. 5093*.
$C_2HBr_3F_2$ 1.2.2-Tribrom-1.1-difluoräthan, Rk. 1568.
C_2HBr_3O Bromal, Berechn. v. Ladungsverteil. u. Dipolmoment 10 404.
$C_2HBr_3O_2$ Tribromessigsäure, Darst., Rk., Na-Salz 91; Intensität d. ν(CO) 430; NMR-Spektrum 3768.
C_2HCl Chloracetylen, IR-Spektrum 3763; Rk. 10 436, 16 650; Cu-Verb. 10 424.
C_2HClF_2 Difluorvinylchlorid (1(2)-Chlor-2.2 (1.1)-difluoräthylen), Reinig. 2537*; Rk. 14 829; Vers. d. Cycloaddit. 1591.
C_2HClF_4 1.1.1.2(1.2.2.2)-Tetrafluor-2(1)-chloräthan, Bldg. 3749; anästhet. Eig. 13 856.
1.1.2.2-Tetrafluor-2-chloräthan 9513*.
C_2HClF_8S 2-Chlor-1.2.2-trifluoräthylschwefelpentafluorid 14 101.
C_2HClMg Äthinylmagnesiumchlorid, Rk. 14 320*.
C_2HClN_2OS 3-Chlor-1.3.4-thiadiazolon-(2) (F. 104—105°), Darst., Best. v. H-Bind. u. Tautomerie aus d. UV- u. IR-Spektrum 1934.
C_2HClO Chlorketen, Rk. 11 543.
C_2HClO_3 Oxalsäuremonochlorid, Solvolyse (Kinetik) 2693.
$C_2HCl_2FO_2$ Fluordichloressigsäure (Kp. 162°) 10 052.
$C_2HCl_2F_3$ 1.1(2.2)-Dichlor-2.2.2(1.1.1)-trifluoräthan, Kinetik d. H/D-Austausches 5616; Dehydrohalogenier. (Kinetik u. Mechanismus) 5617.
C_2HCl_2N Dichloracetonitril, ^{13}C-Protonen-Spin-Spin-Koppl.-Konst. 5979; Berechn. v. Ladungsverteil. u. Dipolmoment 10 404; Rk. 14 871.
C_2HCl_2NO Dichlormethylisocyanat, Gemisch mit Chlor- u. Trichlormethylisocyanat 13 945*.
C_2HCl_3 Trichloräthylen (Trichloräthen, Trielin) (Kp.$_{760}$ 87°), Darst. 8781*, 9891*; (Rk.) 8781*; Darst. im Gemisch mit Perchloräthylen 650*, 5468*, 10 271*, 14 319* [2 Ref.], 17 202*; Bldg. 3774, 13 940*, 17 559*; Gewinn. 13 940*; Reinig. 9145*, 17 920; Entfernen v. W. aus — 5844*; Stabilisier. 1792*, 2901* [2 Ref.], 3979*, 5843*, 8781*, 9512*, 9513*, 12 828*, 13 940*, 15 020*, 18 631* [4 Ref.], 18 632*, 19 003* [2 Ref.]; neue Bezieh. zwischen d. physikal. Konst. v. — 3402; Konfigurat.-Best. aus Dipolmoment, NMR- u. IR-Daten 11 138; Flammenemiss.-Spektrum im Sichtbaren u. UV 6340; NMR-Spektrum 5607; gaschromatograph. Best. d. Aktivitäts-Koeff. 10 407; Adsorpt. v. Polymethylmethacrylat aus —-Lsg. 11 946; Extrakt. v. Metall-Verb. mit Di-n-butylarsinsäure aus wss. Lsg. in — 7442; Lsgm.-Effekt bei d. Extrakt. v. Co(II) aus wss. HCl-Lsg. mit Tri-n-hexylamin in — 13 687; Einw. v. —-Dämpfen auf d. Luftspitzenzähler 12 174; Bestrahl. v. — 3054; Wrkg. v. γ-Strahl. auf — 15 182; Photochlorier. (Bldg. angeregter Chloräthylradikale) 15 181; 15 181; Draper-Benson-Effekt bei Photochlorierungsrk. v. — 10 797; Dehydrochlorier. 91; Rk.: mit H_2F_2 9513*; mit Trichlorgerman 8222; mit Na-Äthylat 12 256; mit Mercaptanen 5092*; (Mechanismus) 16 635; mit Thiophenolen 16 650; mit Silanen 13 728; Wrkg.: auf d. Verh. v. Vers.-Tieren 9059; auf d. Anbahn. u. experimentelle Lösch. einer bedingten Flucht-Rk. v. Ratten 18 188; experimentelle Vergift. durch — 9059; (v. Meerschweinchen) 6119; (Zus. d. P-halt. Fette d. Rattenleber) 13 114; Faktoren d. Prothrombinkomplexes bei akuten Intoxikat. nach Inhalat. v. — 7983; hepatotox. Wrkg. auf Mäuse 14 601; Einsatzmöglichk. u. physiolog. Verträglichk. als Treibmittel in kosmet. Aerosolpack. 15 059; Verw. 12 140*, 14 722*, 15 088, 18 228*; Nachw. in Chlf. 7620; Best.: in Lacken 8075; in Luft 14 645; Ausfäll. v. Zn-Oxinat mit — 11 121; Papierchromatographie d. —-Extraktes v. Maté 17 251.
$C_2HCl_3Hg_3O$ Trichlormercuriacetaldehyd 4875.
C_2HCl_3O (s. *Chloral*).
Dichloracetylchlorid, Berechn. v. Ladungsverteil. u. Dipolmoment 10 404; IR-Absorptionsspektrum v. —·$TiCl_4$ 7840; Hydrolyse (Kinetik) 2693; Rk.: mit Cl_2 unter Bestrahl. 13 944*; mit Decen-(1) u. Peroxid 12 620; mit substituierten Anilinen 10 190*; mit 5-Nitroimidazol-Deriv. 18 204*; mit D-Ribosylamin 11 930; mit Cysteinestern 3550*.
$C_2HCl_3O_2$ Trichloressigsäure (TCA) (Kp. 190 bis 195°), Darst. 18 795; (d. Vinyl-Hg-Salzes) 17 718; Herst., Verw.: v. Salzen 3982*, 5817*; v. Alkali- u. Erdalkalisalzen 7690*, 16 486*; —-Salze v. Alkaloiden 8993; Spektrum d. Lsg. u. Kristallstruktur v. Ni-1.2-Diphenyläthylendiamintrichloracetat 1542; Einfl. auf d. Absorptionsspektrum v. 3-Methyllumiflavin 8207; Intensität d. ν(CO) 430; NMR-Spektrum 3768; Best. d. Dimerisat. aus d. IR-Spektrum v. — u. D-— 12 598; Hydroniumionenaktivität 5608; pK-Wert 9656; Dampfdruck u. Gefrierpunkt 14 082; Beweis d. Mol.-Assoziat. durch kryoskop. u. kinet. Mess. 10 038; Kryometrie im Eis/KNO_3-Eutektikum 10 750; Kryoskopie v. wss. Lsg. v. — in Na_2SO_4 · 10 H_2O 7427; physikal.-chem. Unters. d. Syst. Diphenylamin-— 17 702; Dissoziat. v. Ca-Trichloracetat 6322; Rk.: mit Polaronen (H_2O^-) 9267; mit SF_4 13 565*; Komplex-Bldg. im Syst. $SnCl_4$ · 2 CH_3 · COOH-— bzw. $SnCl_4$ · 2 C_6H_5COOH-— 11 490; Rk.: mit Halogenen u. Perfluorolefinen 16 282; mit Cyclopentadien (Kinetik u. Mechanismus) 7472; mit KCN u. 3-Methylpentanol-(3) 11 652*; mit einem Alkindiol 14 998*; mit Alkoxyacetylenen (Mechanismus d. Anhydrid-Bldg.) 442; v. Na-— mit Cyclopentadienyl-dibutoxy-Ti-monochlorid oder Di-(indenyl)-Ti-dichlorid 18 654*; mit $(CH_3Hg)_2O$ 12 953; mit Dichlorphosphorsäure-N.N-dimethylamid 18 440; Wrkg.: auf d. Dimerisier. v. Cyclopentadien 3774; auf d. Zers. v. o-Jod-p'-nitrodibenzoylperoxid 1184; auf d. Aktivität u. Wirksamk. v. Raney-Ni 14 466; d. Hydrolyse (v. Äthoxy-3-(1-äthoxy-2-methylpropyl)-tetrahydropyran) 19 006*; (v. Benzoesäureorthotrimethylestern) 10 793; auf d. Herst. konjugierter Diolefine 14 319*; Stabilisier. v. wss. Lsg. v. L-Ascorbinsäure mit — 15 689; Verw. zur Reinig.: v „O"Streptolysin 7572; v. Tetanus-Toxo-

iden 9391; Abbau durch Bakterien 6827; Einfl. d. NH_4-Salzes auf d. Bodenmikroflora 4307; Rest-Wrkg. d. Na-Salzes im Boden u. sein Einfl. auf d. Folgefrucht 6935; Einfl. einer vor d. Keimen ausgeführten —-Behandl. v. Erbsen auf d. submkr.Struktur d.Blattoberfläche18160;Anwend. zur Vernicht. unerwünschten Pflanzenwuchses 12 803; 15 738; Wrkg. d. Na-Salzes auf Gurkenkeimlinge 14 926; Na-— im Baumwollbau 4308; Behandl. v. Baumwollsaatgut oder -pflanzen mit — 8389*; Verw. zur Bekämpf.: v. Nassella trichotoma 8029, 9121; v. Spergula arvensis 15 377; v. Unkraut bei Zuckerrüben 17 244; Bekämpf. v. Quecken mit *Na-TCA (3 Ef)* 12 803; Verhinder. d. Schossens v. Teakholzbaumstubben mit Na- — 3236; Verw. v. Alkylestern in Schädlingsbekämpfungsmittel 280*; Einfl. auf d. Werte d. gesamten Nichtprotein-N 1635; Auftreten v. ^{14}C-— als Stoffwechsel-Prod. v. ^{14}C-Tetrachloräthylen im Urin d. Maus 4240; Entfern. v. Glykogen aus Geweben durch Extrakt. mit kalter —-Lsg. 2048; R_F-Wert 5792; Best. d. Na-Salzes in einem NPK-Dünger 17 180; analyt. Verw. 12 788, 15 505, 17 142*; Wrkg. bei d. Papierchromatographie v. Gewebeaminen 13 094.

C_2HCl_4F 1.1.2.2-Tetrachlor-1-fluoräthan, Unters. d. Rotationsisomerie in — mit Hilfe d. protonenmagnet. Resonanz 18 419.

C_2HCl_5 Pentachloräthan 9891*, 13 940*, 17 559*.

C_2HCl_5Si β.β-Dichlorvinyltrichlorsilan 13 728.

$C_2HCl_6O_2P$ Di-[trichlormethyl]-phosphinsäure, Verw. d. Ester 16 540.

C_2HCl_7Ge α.α.β.β-Tetrachloräthyltrichlorgerman ($Kp._{25}$ 123°) 8222.

C_2HF Monofluoracetylen, IR-Spektrum v. — 3763; (u. D-—) 3762.

$C_2HF_2NO_4$ Nitrodifluoressigsäure ($Kp._{25}$ 70°) 12 248.

C_2HF_3 1.1.2-Trifluoräthylen, Darst. 18431; (Rk.) 797, 10 047; Reinig. 2537*; IR-Absorpt.-Spektren zur Unters. v. Struktur-Änder. v. Poly- — 13 050; Vers. d. Cycloaddit. 1591; Rk.: mit S ClF_5 14 101; mit Nitrosylfluorid 12 248; freie Radikaladdit. an Dibromdifluormethan 15 553; Rk.: mit Äthylmercaptan 5093*; mit Essigsäuren u. Halogenen 16 282; Polymerisat. u. Polymerisate s. *Plaste (Olefinpolymerisate)*.

$C_2HF_3J_2$ 1.1(2.2)-Dijod-2.2.2(1.1.1)-trifluoräthan, Kinetik d. H/D-Austausches v. D- — 5616; Dehydrohalogenier. (Kinetik u. Mechanismus) 5617.

C_2HF_3O Trifluoracetaldehyd, Bldg., 2.4-Dinitrophenylhydrazon 12 248; Herst. 15 022*; Berechn. d. Bindungsordn. u. Ladungsdichten d. Carbonylgruppe 16 984; Rk. 8207.

$C_2HF_3O_2$ Trifluoressigsäure (Perfluoressigsäure) (Kp. 72°), Darst. 11 878, 17 560*; (CF_3—CCl=CCl—CF_3 als Zwischenprod.) 4717*; Bldg. 12 248; (d. Na-Salzes) 4112; Darst., Verw. d. Bleisalzes 16 862*; Darst., physikal. Eig. d. Nd- u. La-Salzes 5222; Unters. über — 13 016; Anwend. d. Theorie v. Kirkwood-Bauer-Magat zum Nachw. v. Mol.-Assoziat. v. — 5242; Intensität d. ν(CO) 430; UV-absorptionsspektroskop. Messungen über d. Elektronenstruktur v. —-Dimeren u. über d. Natur d. H-Brückenbind. 15 894; Raman-Spektren u. Schwingungszuordn. für d. —-Ion 18 771; Mikrowellenrotationsspektrum v. —-HCOOH, H-Bind. 11 507; NMR-Spektrum 3768; ^{19}F-Kernspinresonanz 14 774; chem. Verschieb. d. magnet. Protonenresonanz im Syst. —/Perfluormethylcyclohexan 15 167; Hydroniumionenaktivität 5608; Elektrolytcharakter 5608; spezif. Leitfähigk. 5236; polarograph. Red. v. positiven Ionen aromat. KW-Stoffe in —/BF_3 16 629; Kinetik d. H/T-Austausches mit Toluol 4870; Oxydat. 11 530; Rk.: mit H-Atomen 18 393; mit Pb_3O_4 oder $Pb(CH_3)_4$ 16 862*; mit $LiAlH_4$ 15 022*; mit SF_4 13 565*; mit Hydrazin u. Dehydratisier. 6406; mit Halogenen u. Perfluorolefinen 16 282; mit Tetramethyläthylen 13 206*; d. Hg- u. Ag-Salzes mit $Hg(SCF_3)_2$ 16 961; Rk. d. Ag-Salzes: mit Dimethylchlorarsin 10 805; mit Vinyltrichlorsilan 2711; mit n-Heptyltrichlorsilan 3062; Rk.: v. Acyltrifluoracetaten mit Acetalen 14 829; mit Chinaldinsäure 1603; Wrkg.: auf d. Herst. konjugierter Diolefine 14 319*; auf d. Hydrolyse v. Äthoxy-3-(1-äthoxy-2-methylpropyl)-tetrahydropyran 19 006*; auf d. Acylier. v. Cumarinen 8245; auf d. Addit. v. PH_3 an Olefine 12 618; auf d. Rk. v. Lactonen mit Pyronen 3089; R_F-Wert 5792.

$C_2HF_3O_3$ Trifluorperoxyessigsäure (Trifluorperessigsäure), Rk. 3448, 6400, 11 530, 16 657; Verw. 3448.

$C_2HF_3O_3S_2$ Fluorsulfonyldifluorthiolessigsäure ($Kp._8$ 57—65°) 1794*.

$C_2HF_3O_4S$ Fluorsulfonyldifluoressigsäure ($Kp._{45}$ 88—90°) 1793*.

C_2HF_5 Pentafluoräthan, Darst. 1187; Bldg. 7082, 12 248; anästhet. Eig. 13 856.

C_2HF_6N Bis-[trifluormethyl]-amin 11 367*, 18 438.

Trifluormethyldifluormethylfluoramin 18 438.

C_2HF_6OP Bis-[trifluormethyl]-phosphinoxid 3773.

Bis-[trifluormethyl]-phosphinigsäure 3773.

$C_2HF_6O_2P$ Bis-[trifluormethyl]-phosphinsäure 3773.

C_2HF_6P Bis-[trifluormethyl]-phosphin, Darst. 14 834; Bldg. 55; Rk. 3773; Verw. 17 518*.

C_2HJ Monojodacetylen, Darst., IR-Spektrum 3762.

$C_2HJ_3O_2$ Trijodessigsäure (F. 154—155° Zers.), Darst., Salze, Rk. 3422; Einfl. auf d. O_2-Aufnahme v. Nierenrindenschnitten thyreoidektomierter Ratten 5735.

C_2HK s. *Acetylen, K-Verb.* [*K-Acetylid*].

C_2HLi s. *Acetylen, Li-Verb.* [*Li-Acetylid*].

C_2HNO Formylcyanid, Vers. d. Darst., Stabilität d. Formylpseudohalogenide 15 186.

C_2HNO_2 Cyanameisensäure, Rk.: v. — u. Deriv. 4342*; v. —-Alkylestern oder ihren Deriv. 4343*.

C_2HN_3 Diazoacetonitril, Rk. 7329*, 15 567.

Dicyanamid, IR-Spektrum v. —-Anion u. —-Salzen 12 550; Rk. d. Na-Salzes 13 474.

$C_2HN_3O_4$ Dinitroacetonitril (F. 188—190°), Darst. (v. — u. —-Salzen) 12 990; (v. Deriv.) 12 993; Rk. 12 991; (v. Alkali-—) 12 993.

C_2HN_5 Tetrazol-5-carbonsäurenitril (F. 103 bis 104° Zers.) 5658.

C_2HN_5S Tetrazolo-[5.1:*b*]-1.3.4-thiadiazol, Deriv. 4909.

C_2HNa s. *Acetylen, Na-Verb.* [*Na-Acetylid*].

C_2HO_4 Oxalsäureradikal s. unter *Radikale (Spezielle Radikale)*.

C_2H_2 s. *Acetylen*.

$C_2H_2BCl_3$ 2-Chlorvinyldichlorboran (2-Chlorvinylborchlorid) ($Kp._{70}$ 34°), Darst., Rk. 15 561; Best. d. an B gebundenen Cl in — 1726.

$C_2H_2BF_6P$ Bis-[trifluormethyl]-phosphinboran 17 518*.

C_2H_2BrClO Bromessigsäurechlorid (Bromacetylchlorid), Rk. 3550*, 8256, 10 936*, 14 511, 17 204*.

$C_2H_2BrCl_2OP$ α-Bromvinylphosphonsäuredichlorid (F. 36—39°) 13 366.

$C_2H_2BrFO_2$ Bromfluoressigsäure 16 283.

$C_2H_2BrF_3$ 1.1.1-Trifluor-2-bromäthan, anästhet. Eig. 13 856.

1-Brom-1.1.2-trifluoräthan 797.

C_2H_2BrN **Monobromacetonitril**, Hemmwrkg. auf Vermehr. u. Enzymtätigk. v. Saccharomyces cerevisiae 12 334.

$C_2H_2Br_2$ **1.1-Dibromäthen**, Anwend. d. vollständigen Isotopenregel auf — 8557.

cis-**1.2-Dibromäthylen**, IR- u. Raman-Spektren v. — u. D_2-— 4866; Ionisationspotential 8200, 11 142.

trans-**1.2-Dibromäthylen**, Ionisationspotential 8200, 11 142.

$C_2H_2Br_2F_2$ **1.2-Dibrom-1.1-difluoräthan**, Rk. 1568.

$C_2H_2Br_2O$ **Bromacetylbromid**, Rk. 1570, 5027*.

$C_2H_2Br_4$ **1.1.2.2(*symm.*)-Tetrabromäthan (Acetylentetrabromid)**, Darst., Rk. v. ^{14}C-— 12 989; Lösch. d. Fluorescenz v. Pyren durch — 16 971; Fallgeschwindigk. v. —-Tropfen in ruhenden fl. Phasen 13 519; Sedimentat. u. Diffus. im Syst. —/Triolein 13 342; Rk. 8781*; Verw. 3594, 5961; Best. 8363.

C_2H_2ClF **1.1-Chlorfluoräthylen**, Rk. 6600*.

cis-**1-Chlor-2-fluoräthylen**, Mikrowellenspektrum 12 970.

C_2H_2ClFO **Fluoracetylchlorid**, Rk. 12 260.

Chloracetylfluorid (Kp. 77°) 16 283.

C_2H_2ClFOS **Fluorchlorthionessigsäure** ($Kp._3$ 43°) 12 623.

$C_2H_2ClF_3$ **1(2)-Chlor-2.2.2(1.1.1)-trifluoräthan**, Darst. 9513*; Rk. 13 567*, 18 932*.

$C_2H_2ClF_3S$ **1.1.2-Trifluor-2-chloräthylmercaptan** (Kp. 64°) 12 623.

$C_2H_2ClF_5S$ **2-Chlorvinylschwefelpentafluorid** (Kp. 66°) 14 101.

C_2H_2ClJO **Jodessigsäurechlorid**, Rk. 17 204*.

C_2H_2ClN **Chloracetonitril**, Darst. 3263*; konjugierte Strukturen d. Prod. aus d. elektr. Entlad. v. — 17 054; ^{13}C-Protonen-Spin-Spin-Koppl.-Konst. 5979; Berechn. v. Ladungsverteil. u. Dipolmoment 10 404; Verester. 59; Rk.: mit Pyridinderiv. 6135*; mit N-Methylpiperazin 16 285; mit p-Chlorbenzhydrylpiperazin 1950; mit Phenyldiäthoxyphosphin 19 007*; mit CH_3MgJ u. 2.3-Dimethylindol 1600; mit 6-Chlorpurin 10 464; mit Phenylacetonitril 6746; mit 1-[3'-(3''-Cyanphenthiazinyl-10'')-propyl]-piperazin 7257*; mit Glutaminsäurederiv. 14 104; mit Piperidin-2-carbonsäureäthylester 2358; mit N-Tritylglycylglykolsäure 6001; mit Phenylmalonsäurediäthylester 5018*; mit N-Cbo-L-valin 6375; mit Phosphorigsäureestern 10 273*; mit Sultamen 12 254.

C_2H_2ClNO **Chlormethylisocyanat** ($Kp._{760}$ 81 bis 82°) 13 944*.

$C_2H_2ClN_3O$ **Azidoacetylchlorid**, Rk. 13 491*.

$C_2H_2ClN_3O_6$ **1-Chlor-2.2.2-trinitroäthan** ($Kp._4$ 59—61°) 10 048.

$C_2H_2ClO_2$ **Carboxychlormethyl** s. unter *Radikale (Spezielle Radikale)*.

$C_2H_2Cl_2$ **1.1-Dichloräthylen (1.1-Dichloräthen, Vinylidenchlorid)**, Darst. 9891*; Bldg. 3774; NMR-Spektrum 5607; Stark-Effekt in starken Feldern bei — 17 698; Rk. 2169*, 4339*, 8781*, 13 728; Verw. 3331*; Polymerisat. u. Polymerisate s. *Plaste (Vinylpolymerisate)*.

1.2(*symm.*)-Dichloräthylen, Darst. 9891*; Stabilisier. 8781*; Summenregeln d. Schwingungsfrequenzen v. — u. D-— 14 810; Obertonlinien in d. Raman-Spektren 1549; Chlorier. 9891*; (Behandl. u. Reaktivier. v. SiO_2/Al_2O_3-Katalysatoren) 3979*; Rk.: mit salzart. Polysulfiden 4721*; mit Methyldichlorsilan 13 728; Einsatzmöglichk. u. physiolog. Verträglichk. in kosmet. Aerosolpack. 15 059.

cis-**1.2-Dichloräthylen (*cis*-1.2-Dichloräthen, *cis*-Acetylendichlorid)** ($Kp._{760}$ 60°), neue Bezieh. zwischen d. physikal. Konst. v. — 3402; Anwend. d. vollständigen Isotopenregel auf — 8557; Berechn. d. Mol.-Struktur aus IR-Daten 75; Konfigurat.-Best. aus Dipolmoment, NMR- u. IR-Daten 11 138; NMR-Spektrum v. — u. D-— 5607; Mikrowellenspektrum 16 260; Flammenemiss.-Spektrum im Sichtbaren u. UV 6340; Ionisationspotentiale 8200, 11 142; Adsorpt. v. Polymethylmethacrylat aus —-Lsg. 11 946; Wrkg. v. γ-Strahl. auf — 15 182; Best. d. Aktivitäts-Koeff. 10 407; Rk. 4133, 7879, 12 966, 15 181; Nachw. in Chlf. 7620.

trans-**1.2-Dichloräthylen (*trans*-1.2-Dichloräthen)**, neue Bezieh. zwischen d. physikal. Konst. v. — 3402; Anwend. d. vollständigen Isotopenregel auf — 8557; NMR-Spektrum v. — u. D-— 5607; Rotat.-Schwing.-Energie 8556; Ionisationspotentiale 8200, 11 142; Adsorpt. v. Polymethylmethacrylat aus —-Lsg. 11 946; Wrkg. v. γ-Strahl. auf — 15 182; Best. d. Aktivitäts-Koeff. 10 407; Rk. 8222; Nachw. in Chlf. 7620.

$C_2H_2Cl_2F_2$ **Dichlordifluoräthan** (Kp. 46,64°), Bezieh. zwischen Druck, Temp. u. Dichte 12 235.

$C_2H_2Cl_2Hg$ **β-cis-Chlormercurivinylchlorid** (Kp. 78—79°) 4875.

$C_2H_2Cl_2N_2O_2$ **Dichlorglyoxim**, Rk. 5289.

$C_2H_2Cl_2O$ **Dichloracetaldehyd** (Kp. 89,2°), Bldg. 8564; (2.4-Dinitrophenylhydrazon) 2328; Darst., IR-Spektrum, Dipolmoment 8197; Berechn.: v. Ladungsverteil. u. Dipolmoment 10 404; d. Bindungsordn. u. Ladungsdichten d. Carbonylgruppe 16 984.

Chloracetylchlorid (Chloressigsäurechlorid) (Kp. 105—106°), Bldg. 12 257; Berechn. v. Ladungsverteil. u. Dipolmoment 10 404; Dampfdruck u. Gefrierpunkt 14 082; Hydrolyse (Kinetik) 2693; Rk.: mit Cl_2 unter Bestrahl. 13 944*; mit SF_4 13 565*; mit Diphenyl bzw. Naphthalin 6761; mit 1-Morpholinoisobuten 11 543; mit 3-Oxa-9-azabicyclo-[3.3.1]-nonan 2737; mit 2.2-Pentamethylenbenzthiazolin 15 960; mit Benzo-[a]- bzw. -[b]-phenoxazin 4921; mit Aminen 1710*, 18 438; mit Polyaminen 17 204*; mit 3-Phenylpropylamin 1957; mit 2-[3'.3'-Diphenylpropyl-1'-amino]-1-phenylpropan 10 565*; mit Benzylaminen 10 804; mit p-Chlorbenzhydrylamin 7151; mit 4-Chlor-2.6-dimethylanilin 13 127*; mit 2.4.6-Trimethyl-5-aminopyrimidin bzw. 2.5-Diamino-4.6-dimethylpyrimidin 3815; mit Aminotriazol 12 267; mit 2-Aminothiazolen 3087, 4905; mit 2-Amino-5-phenyl-1.3.4-thiadiazol 12 293; mit 2-Aminobenzothiazolen 4905; mit 3-Aminoisocamphan 2004; mit 2-Amino- u. 2.7-Diaminofluoren 18 813; mit Diäthylamin 17 722; mit N.N'-Dibenzyläthylendiamin 18 797; mit N-disubstituierten Benzhydrylaminen 2826*; mit 1.2-Diisopropylhydrazin 7251*; mit Steroid- oder Terpenalkoholen u. Trimethylamin 5025*; mit Menthol 2083; (bzw. Borneol) 18 482; mit N-Methyläthanolamin 4508; mit D-Ribosylamin 11 930; mit 2.6-Dimethyl-4-äthoxyanilin 1581; mit 4-tert.-Alkylguajacol 18 798; mit 3-Mercaptopropylensulfid 5390*; mit 10-Äthyl-3-aminophenothiazin-5.5-dioxid 2739; mit Anilinomethylferrocen 2719; mit Biguaniden 18 830; mit 3-Acetylphenothiazin 8256; mit 16α-Methyl-9α-fluorprednisolon 8925*; mit 1.3.6-Trialkyl-5-aminouracilen 4539; mit Hydrazonen 96; mit 2-Amino-5-chlorbenzophenon-α-oxim 13 133*; mit trans-Crotylglycin 5255; mit Glycinmethylesterhydrochlorid 12 267; mit 3-Methyl-2-aminobenzoesäuremethylester 14 616*; mit 2-Amino-3-methylbenzoesäure-n-propylester 11 653*; mit DL-threo-p-Nitrophenylserinäthylester 13 492*; mit Chloramphenicol 10 936*.

$C_2H_2Cl_2O_2$ Dichloressigsäure, Bldg. 17 204*; (Anilid) 2328; Darst.: d. Dipropylaminsalzes (F. 120—121°) 3184*; d. Vinyl-Hg-Salzes 17 718; Spektrum d. Lsg. u. Kristallstruktur d. Ni-1.2-Diphenyläthylendiaminsalzes 1542; NMR-Spektren 3768; Intensität d. ν(CO) 430; UV-absorptionsspektroskop. Messungen über d. Elektronenstruktur v. —-Dimeren u. über d. Natur d. H-Brückenbind. 15 894; Best. d. Dimerisat. aus d. IR-Spektrum v. — u. D-— 12 598; protonenmagnet. Resonanz u. Fl.-Struktur 8202; Kryoskopie d. wss. Lsg. v. — in $Na_2SO_4 \cdot 10\ H_2O$ 7427; Kryometrie im Eis/KNO_3-Eutektikum 10 750; pK-Wert in Eisessig 9656; Rk. 5846*, 6887*, 7630*, 8959, 14 998*; Wrkg.: v. Lsgm. auf d. Rk. mit Cyclohexenoxid (Kinetik) 11 146; auf d. Hydrier. v. N-Benzylidenbutylamin 9669; auf d. Kinetik d. basenkatalysierten Bromier. v. Äthylnitroacetat 446; auf d. Hydrolyse v. Benzoesäureorthotrimethylestern 10 793; Abbau durch Bakterien 6827; — als Stoffwechsel-Prod. v. ^{14}C-Tetrachloräthylen im Urin d. Maus 4240; Best. 16 078; R_F-Wert 5792; Einfl. auf d. colorimetr. Best. v. Glykolat in Carboxymethylcellulose 15 812.

$C_2H_2Cl_3FSn$ α-Fluorvinylzinntrichlorid 4343*.

$C_2H_2Cl_3NO$ Trichloracetamid (F. 141°), Bldg. 7849, 7851; IR-Absorptionsspektrum 8198; Rk. 84, 4161, 17 035.

$C_2H_2Cl_3OP$ α-Chlorvinylphosphonsäuredichlorid (F. 28—30°) 13 367.

$C_2H_2Cl_4$ 1.1.1.2-Tetrachloräthan (Kp. 128,0°), IR-spektroskop. Best. 13 514.
1.1.2.2(*symm.*)-Tetrachloräthan (*gewöhnl.* **Tetrachloräthan**) (Kp. 143,5—144,5°), Darst. 9891* [2 Ref.]; Reinig. 8781*, 9145*, 17 920; Entfernen v. W. aus — 5844*; ^{13}C-Protonen-Spin-Spin-Koppl.-Konst. 5979; Viscosität v. Polyäthylenterephthalat in —/Phenol-Gemischen 15 623; Pyrolyse 650*; katalyt. Oxydat. 2165*, 5468*, 13 940*, 14 319*; Enthalogenier. 8781*; Dehydrochlorier. 10 271*, 17 558*; Rk. mit Oktaphenylcyclotetrasilan 13 733; Verw. 1464*, 5961, 12 096*, 16 344; IR-spektroskop. Best. 13 514; Best. in Luft 5784.

$C_2H_2Cl_4Ge$ α-Chlorvinyltrichlorgerman (Kp.$_{753}$ 151°) 8222.
β-Chlorvinyltrichlorgerman (Kp. 164—165°) 8222.

$C_2H_2Cl_4O$ Bis-[dichlormethyl]-äther 13 353.

$C_2H_2Cl_4O_2S$ $\beta.\beta.\beta$-Trichloräthansulfochlorid, Rk. 8418*.

$C_2H_2Cl_4Si$ Trichlor-α-chlorvinylsilan, Darst. 13 728; Mol.-Refr. 5233.
Trichlor-β-chlorvinylsilan, Mol.-Refr. 5233.

$C_2H_2Cl_6Ge$ $\alpha.\beta.\beta$-Trichloräthyltrichlorgerman (Kp.$_9$ 92°) 8222.

C_2H_2FN Fluoracetonitril, Mikrowellenspektrum 4476.

$C_2H_2F_2$ 1.1-Difluoräthylen (**1.1-Difluoräthen, Vinylidenfluorid**), Bldg. 7082, 10 635*; Anwend. d. vollständ. Isotopenregel auf — 8557; Rk. 1187, 3779, 12 248, 16 282; Polymerisat. bzw. Polymerisate s. *Plaste* (*Vinylpolymerisate*).
1.2-Difluoräthylen, Mikrowellenspektrum v. cis-— u. isotopen Deriv., Dipolmoment 5607; Thermodynamik d. cis-trans-Isomerisat. 797.

$C_2H_2F_2OS$ Difluorthioessigsäure (Kp.$_5$ 70°) 12 623.

$C_2H_2F_2O_2$ Difluoressigsäure (F. 128—130°), Darst. 10 047; Intensität d. ν(CO) 430; Rk. 4924, 16 283.

$C_2H_2F_2O_5S$ Sulfodifluoressigsäure (F. d. 1½-Hydrats 45—47°) 1793*.

$C_2H_2F_3J$ 1.1.1-Trifluor-2-jodäthan 1187.

$C_2H_2F_3NO$ Trifluoracetamid (F. 75°), IR-Absorptionsspektrum 8198; Rk. 5617.

$C_2H_2F_4$ 1.1.2.2-Tetrafluoräthan (**Acetylentetrafluorid**), Darst. 10 047; IR- u. Ramanspektrum 14 809; Rk. 8781*.

$C_2H_2F_4O_3S$ 1.1.2-Trifluoräthylfluorsulfonat (Kp.$_{747}$ 80,5—81°), Verw. 10 613*.

$C_2H_2F_4S$ 1.1.2.2-Tetrafluoräthylmercaptan (Kp. 31°) 12 623.

$C_2H_2F_6NP$ Bis-[trifluormethyl]-aminophosphin (Kp. 67,1°) 14 834.

$C_2H_2J_2O_2$ Dijodessigsäure (F. 110—111°) 3422.

$C_2H_2N_2O$ (s. *Oxdiazol* [*Oxadiazol*]).
Cyanameisensäureamid, Rk. 4343*.

$C_2H_2N_2OS$ 5-Mercapto-1.3.4-oxadiazol bzw. **1.3.4-Oxadiazolinthion-(5)**, Rk. 6874*; Einfl. v. 2-Alkylderiv. auf d. Farbe d. entwickelten Silbers v. fl. photograph. Emulsionen 11 068.
Thiadiazolon-(2), Best. v. H-Bind. u. Tautomerie aus d. UV- u. IR-Spektrum 1933.

$C_2H_2N_2O_2$ (s. *Furoxan*; *Sydnon*).
1.2.4-Oxadiazolon-(5), Rk. 10 451.
1.3.4-Oxdiazolon, biolog. Spektrum v. tuberkulostat. Deriv. 14 562.
Nitroacetonitril, Rk. 847, 19 055.
Diazoessigsäure, Rk. v. —-Estern 7329*.

$C_2H_2N_2O_4$ 1.1-Dinitroäthylen 1186.
Azodicarbonsäure, Rk. 13 348.

$C_2H_2N_2S$ s. *Thiadiazol* [*Thiodiazol*].

$C_2H_2N_2S_3$ (s. *Bismuthiol I* [*Wismuthiol*, *2.5-Dimercaptothiodiazol* (*1.3.4*) *bzw. 5-Mercapto-1.3.5-thiadiazolthion-*(*2*) *bzw. 2.5-Dithiono-1.3.4-thiodiazolidin*, *1.3.4-Thiadiazol-3.5-dithiol*]).
Xanthanhydrid [**5-Thiono-3-amino-1.2-dithia-4-azacyclopenten-(3)**], Struktur 15 543.

$C_2H_2N_4$ s. *Tetrazin*.

$C_2H_2N_4O_2S$ 2-Nitramino-1.3.4-thiadiazol (F. 177° Zers.) 4907.
2-Amino-5-nitro-1.3.4-thiadiazol, Verw. 313*.

C_2H_2O (s. *Keten*).
Hydroxyacetylen, Linienprofile d. CH-Radikals aus — 784.

$C_2H_2O_2$ s. *Glyoxal*.

$C_2H_2O_2S$ Thioglyoxylsäure, Darst., Konstit.-Einfl. auf d. UV-Spektrum, Bezieh. zur Alkalispalt. 14 074.

$C_2H_2O_2S_2$ Dithiooxalsäure, colorimetr. Mikrobest. v. Ni als Triphenylmethylarsonium-bis-[dithiooxalato]-niccolat(II) 964.

$C_2H_2O_2S_4$ Xanthogendisulfid (**Bis-[hydroxythioformyl]-disulfid**), Darst. v. Deriv. 15 187.

$C_2H_2O_3$ s. *Glyoxylsäure* [*Glyoxalsäure*].

$C_2H_2O_4$ s. *Oxalsäure*.

$C_2H_2O_5$ s. *Pyrokohlensäure*.

$C_2H_2S_2$ 1.2-Dithieten, fluorierte —-Deriv. u. verwandte heterocycl. Verb. 3057.

C_2H_3 Vinyl s. unter *Radikale* (*Spezielle Radikale*).

$C_2H_3Al_2J_7O$ Acetylheptajododialuminat 1531.

$C_2H_3BCl_2$ Vinyldichlorboran (**Vinylbordichlorid**) (Kp.$_{760}$ 45,4°), Darst., Rk. 6003; chem. u. spektroskop. Beweise für d. Vorliegen v. π-Charakter in d. C-B-Bind. 1177.

$C_2H_3BF_2$ Vinyldifluorboran (**Vinylbordifluorid**), Darst., Rk. 6003; chem. u. spektroskop. Beweise für d. Vorliegen v. π-Charakter in d. C-B-Bind. 1177.

$C_2H_3BJ_4O$ Acetyltetrajodoborat (F. 60—62°) 1531.

$C_2H_3BO_2$ 1.3.2-Dioxaborol, Deriv 15 209.

C_2H_3Br Vinylbromid (**Bromäthylen**), Bldg. 2711; Rotationsspektrum v. — 14 813; (u. D-—) 13 336; kernmagnet. Resonanz-Kopplungs-Konst. 4477; Bezieh. zwischen d. Äthylen-Protonenkopplungs-Konst. u. d. Elektronegativität 12 607; Enthalogenier. 8781*; Hydrolyse 16 840*; Rk.: mit Tetrafluoräthylen 1591; mit Hexachlorcyclopentadien 16 494*; mit Anisol 17 733; mit Tri-B-chlortri-N-phenylborazin 12 686; Polymerisat. bzw. Polymerisate s. *Plaste* (*Vinylpolymerisate*).

$C_2H_3BrClNO_2$ 1-Brom-1-nitro-2-chloräthan (Kp.$_3$ 59—61°) 10 048.

C_2H_3BrMg Vinylmagnesiumbromid, Darst., Rk. 106, 18 105; Rk.: mit Propargylbromid 11 526; mit Dimethyl- bzw. Diphenyldichlorsilan 2710; mit Triäthylbromgerman 106; Rk.: mit Triäthylzinnchlorid 4343*; mit CF_3CHO 8207; mit β-Jonon bzw. 8-[2.6.6-Trimethylcyclohexen-(1)-yl-(1)]-6-methyloctadien-(5.7)-on-(2) 10 484; mit 6-Methoxytetralon-(1) 7876; mit 3-Keto-7-methoxy-1.2.3.9.10.10a-hexahydrophenanthren 9734; mit Tropyliumbromid 18 044; mit Vinylboronsäuredibutylester 16 687.

$C_2H_3BrN_2O_4$ 1-Brom-1.1-dinitroäthan, Dipolmoment 16 262.

$C_2H_3BrN_2O_5$ 2-Brom-2.2-dinitroäthanol ($Kp._2$ 88—93°) 15 465*.

C_2H_3BrO Bromacetaldehyd, Darst., Rk. 9333; Rk. 3396.

Acetylbromid, Bldg. 10 436; Mikrowellenspektrum 10 782; Ladungsverteil. u. Dipolmoment 10 404; Appearancepotentiale 3765; Leitfähigk. 1512; potentiometr. Titrat. mit K-Acetat 13 685; Hydrolyse (Kinetik) 2694; Rk.: mit Tetrahydrofuranen 14 127; mit Bis-[methylbenzylamino]-methan 8067*; mit 9-Methylfluorenol-(9) 8965; mit 4.4'-Dihydroxy-2''-brommethyltriphenylmethan 6400; mit 5-Amino-5-desoxyneoinosit 15 197; mit 4-Dimethylaminosulfolanol-(3) 15 955; mit Tetraisopropoxytitan 13 692; mit Tetrahydrofurfuryl-(2)-acetat bzw. Methyltetrahydrofuran 14 127; mit 1.5-Epoxydecandiol-(6.9)-diacetat 8245.

$C_2H_3BrO_2$ Bromessigsäure (F. 49°), Darst. v. $^{14}C_{(1\cdot 2)}$-— 12 989; Bldg. 16 283; Intensität d. ν(CO) 430; physikal.-chem. Unters. d. Syst. Diphenylamin/— 17 702; Kryoskopie v. wss. Lsg. v. — in $Na_2SO_4 \cdot 10\,H_2O$ 7427; Kryometrie im Eis/KNO_3-Eutektikum 10 750; kinet. Salzeffekt v. Tetraalkylammonium-Verb. auf d. Rk. d. Na-Salzes mit $Na_2S_2O_3$ (Geschw.-Konst. im Vgl. zur KNO_3-Wrkg.) 4838; Oxydat. 15 928; Hydrolyse v. — u. —-Na-Salz im W. (Kinetik) 5244; Telomerisat. v. —-Estern mit Äthylen 5093*; Rk.: mit teilweise hydrolysierten Arylhalogeniden 15 025*; mit Triphenylphosphin 10 436; mit 4-Mercapto-6-tert.-butyl-o-kresol 12 836*; mit 2-Methylhypoxanthinthiol-(8) 9720; mit Aryl-2-mercaptoimidazolen 17 742; v. — bzw. —-Li-Salz mit Ketonen 15 935; Rk.-Fähigk. d. —-Anions bei d. säurekatalysierten Enolisat. v. Aceton 18 425; Rk.: mit Chalkonen 8068*; mit 2-Mercaptoimidazolcarbonsäuren bzw. -ester 15 958; v. —-Estern mit 4-Acyloxybutanon-(2) 17 561*; mit Ammonium-N-aryldithiocarbamaten 4906; mit Thiobenzpiperididen 6381; inaktivierende Wrkg. auf Ribonuclease 8286; Carboxymethylier.: v. Katalyse mit — 14 582; v. Hämoglobin mit — 14 581; Abbau durch Bakterien 6827; Wechselwrkg. v. Zn-, Cd- u. Hg-Ionen mit mit — behandeltem menschl. Serumalbumin 543; Bedeut. eines Insulin-Antiinsulin-Kontrollmechanismus für d. Glykolyse-Rk. auf Bromacetat 15 632; Glykolyse-Hemm. durch Bromacetat bei Speichelsedimenten 7192; Wrkg. d. Injekt. v. — in d. Linse auf d. Transparenz u. d. Peptidaseaktivität d. Kaninchenlinse 8293; herbicide Wrkg. d. Na-Salzes auf Gurkenkeimlinge 14 926; Tüpfeltest auf — 8732; R_F-Wert 5792; papierchromatograph. Identifizier. in Wein 18 307.

Acetylhypobromit, Rk. 17 709.

$C_2H_3Br_2Cl_2OP$ α.β-Dibromäthylphosphonsäuredichlorid (F. 33—34°) 13 366.

$C_2H_3Br_2Cl_3Si$ 1.2-Dibromäthyltrichlorsilan, Rk. 2711.

$C_2H_3Br_2P$ Vinyldibromphosphin 15 380*.

$C_2H_3Br_3O$ s. *Avertin* [*Tribromäthanol*].

C_2H_3Cl Vinylchlorid (Monochloräthylen), Darst. 1791*, 1792*, 2165*, 4718* [3 Ref.], 5469*, 9891*, 13 157*, 13 940*, 14 828, 15 020*, 16 837*; (v. reinem —) 13 198*; (Art d. Inaktivier. d. Hg-Kontakts) 4875; Bldg. 13 945*, 19 001; (Chlorier.) 15 020*; Gewinn. 17 202*; —-Produkt. (Anwend. d. Meß- u. Regeltechnik) 14 270; Stabilisier. 1792*, 12 091* [2 Ref.]; (v. —-halt. Monovinylacetylen) 15 402*; neue Bezieh. zwischen d. physikal. Konst. v. — 3402; Raman- u. IR-Spektrum v. deuteriertem — 17 350; NMR-Spektrum 5607; NMR-chem. Verschieb., Kern-Quadrupol-Koppl.-Konst. u. Bindungsabstände 8568; kernmagnet. Resonanz-Kopplungs-Konst. 4477; Bindungslängen, Kernquadrupolkoppl. 12 606; Bindungsberechn. 12 237; Äthylen-Protonenkopplungs-Konst. u. Elektronegativität 12 607; Dampfdruck u. Gefrierpunkt 14 082; Photochlorier. (Bldg. angeregter Chloräthylradikale) 15 181; Rk.: mit O_2 15 249; mit Mg 3259*; (u. O-Heterocyclen) 11 361* [2 Ref.]; mit $SClF_5$ 14 101; mit salzart. Polysulfiden 4721*; mit Siliciumhydriden 13 728; mit Toluol bzw. Anisol 17 733; mit 2-Chloralkanen 15 554; mit $CHCl_3$ 12 613; mit tert.-Butylchlorid 16 642; mit Hexachlorcyclopentadien 16 494*; mit Organo-Mg-Komplexverb. 7322*; mit Trichlorgerman bzw. Trichlorsilan 8222; mit Äthandithiol 9301; mit Methyl-α-D-glucopyranosid 13 766; Einfl. v. Monomer-Konz. u. — als Verdünn.-Mittel auf d. Polymerisat. v. Isobuten 14 160; akute Inhalationstoxizität v. — bei Versuchstieren 18 551; Verw. 2931, 17 162*; Polymerisat. bzw. Polymerisate s. *Plaste* (*Vinylpolymerisate*).

$C_2H_3ClF_2O$ Fluorchlormethylfluormethyläther, anästhet. Eig. 13 856.

C_2H_3ClHg Vinylquecksilberchlorid, Rk. 14 485, 16 288.

C_2H_3ClHgO Chlormercuriacetaldehyd, Bldg. 12 271; Rk. 1963.

C_2H_3ClMg Vinylmagnesiumchlorid, Darst. 1405*, 3259*; (v. Komplexen mit Heterocyclen) 11 361*; Rk.: mit $AlCl_3$ 14 800; d. Tetrahydrofuran-Komplexes mit $ZnCl_2$ 4715*; mit O, S, Se, Te bzw. deren Verb. 7691*; mit anorgan. u. organ. Borverb. 15 766*; mit CO_2 8781*; mit 1.2.4-Trichlorbenzol 7321*; mit Diphenylchlorphosphin 15 189; mit Dimethyl- bzw. Diphenyldichlorsilan 2710; mit 1.5-Dichlorhexamethyltrisiloxan 9895*; mit Ketonen 678; mit 4-Propylhepten-(5)-on-(2) 17 714; mit Methyl-tert.-butylketon 4134; mit Trimethylborat 17 925*.

$C_2H_3ClN_2O_2$ Monochlorglyoxim, Rk. 469.

$C_2H_3ClN_2O_4$ 1-Chlor-1.1-dinitroäthan, Dipolmoment 16 262.

C_2H_3ClO Chloräthylenoxid 9151*.

Chloracetaldehyd (Kp. 85°), Bldg. 13 345; Darst., IR-Spektrum u. Dipolmoment 8197; Berechn.: v. Ladungsverteil. u. Dipolmoment 10 404; d. Bindungsordn. u. Ladungsdichten d. Carbonylgruppe 16 984; Rk. 10 274*, 17 204*.

Acetylchlorid (Essigsäurechlorid) (Kp. 52 bis 53°), Darst., Rk. v. D_3-— 13 351; Bldg. 7475, 8277, 12 256; (Rk.) 18 798; neue Bezieh. zwischen d. physikal. Konst. v. — 3402; Intensität d. UV-Spektrums 6713; IR-Absorptionsspektrum d. Verb. $CH_3COCl \cdot TiCl_4$ 7840; Wechselwrkg. im Syst. $CH_3COCl \cdot AlCl_3$ (IR-Spektrum) 9660; Lsgm.-Einfl. auf d. IR-Spektrum 10 400; Mikrowellenspektrum v. —-Isotopen 432; Berechn.: v. Ladungsverteil. u. Dipolmoment 10 404; d. Bindungs-

Dibromphenolat 17 004; mit Na-2.4.5-Trichlorphenolat 17 208*; Verh. d. Na-Salzes gegen 4.6-Dinitro-2-methylphenol 17 004; Rk.: mit N-Methylisopropanolamin 15 217; (bzw. Diisopropanolamin) 12 627; mit 4.4'-Dihydroxydiphenylmethan bzw. dessen Deriv. 18 799; mit einem Alkindiol 14 998*; mit einem Dihydroxyamin 17 900*; mit 2.2'-Diaminodiäthyläther 17 206*; mit α-Naphthyl-MgBr + CS_2 7903; d. Na-Salzes mit Bis-[cyclopentadienyl]-Ti-dichlorid 18 654*; mit Thiophenolen 4130; d. Na-Salzes mit β-o-Tolyläthanthiol 1999; mit d. Li-Salz v. 2-Thiophenthiol 14 493; mit 2-Mercaptoimidazolin bzw. -benzimidazol + Aldehyden 14 132; mit 5.6-Dimethyl-2-mercaptobenzimidazol 3064; mit Aryl-2-mercaptoimidazolen 17 742; mit 4(5)-Phenyl-2-mercaptoimidazol u. A. 17 743; mit 8-Mercaptohypoxanthin 4543; mit 2-Methylhypoxanthinthiol-(8) 9719; mit 3-Mercapto-4-phenyl-1.2.4-triazol 2350; mit 5-Mercapto-7-methyl-symm.-triazolo-[4.3:a]-pyrimidin bzw. -tetrazolo-[1.5:a]-pyrimidin 6414; mit 2-Mercaptodibenzofuran 7137; mit 2-Mercapto-4-[2-hydroxyäthylamino]-pyrimidin 9346; mit 4-[Bis-(2-hydroxyäthyl)-amino]-2-mercaptopyrimidin bzw. 4-[Bis-(2-chloräthyl)-amino]-2-mercaptopyrimidin 11 193; mit 2.7-Dimercaptofluoren 1224; mit 6.8-Dimercaptopurin 4543; mit Bis-[o-äthylphenyl]-disulfid 120; mit 4.4'-Diaminodiphenylsulfoxid 14 618*; mit Thioharnstoff 15 958; mit Benzylthioharnstoffen 8602; mit N.N'-Diarylthioharnstoffen 5290; mit symm.-Di-o-tolylthioharnstoff 8603; mit N.N'-Bis-[m-tolyl]-thioharnstoff 13 018; mit 1.3-Bis-[4-isopentyloxyphenyl]-thioharnstoff 6509*; mit 1.3-Bis-[4'-propoxyphenyl]-thioharnstoff 7254*; mit Ketonen 15 935; mit Chalkonen 8068*; Rk.-Fähigk. d. Anions v. — bei d. Rk. d. säurekatalysierten Enolisat. v. Aceton 18 425; Rk.: mit p-Aminoacetophenon 6334; mit 2-[p-Mercaptophenyl]-3-phenylindon 13 010; mit 5-Phenyl-1.2-dihydro-1.2.4-triazinthion-(3) 9348; mit Keten 14 113 [2 Reff.], 18 089; mit d. Thiosemicarbazonen v. 5-Brom- bzw. 5-Chlorselenophen-2-aldehyd 11 558; mit 2-Nitro-4-aminobenzaldehydthiosemicarbazon 9708; mit 2-Mercapto-4-amino-5-cyanpyrimidin 4641*; mit Dithiosäuren 6380; mit d. Dianion aus 1.4-Dihydrobenzoesäure u. KNH_2 in fl. NH_3 18 808; mit N-[Vinylbenzyl]-asparaginsäure bzw. d. Na-Salzes mit 2-[p-Vinylphenyl]-glycin 12 461*; mit 1.3-Dihydroxybenzol-4-carbonsäure 2551*; mit 2-Mercapto-4-nitrobenzoesäure 4528; mit 2-Äthyl-5-methoxyisophthalsäure 14 111; mit Diarylcarbonaten 9512*; mit Benzylmalonsäure-bis-[2.4-dichlorphenyl]-ester 11 154; d. Na-Salzes mit p-Methylmercaptobenzylcarbaminsäure 7490; mit d. Na-Salzen v. N.N-Dialkyldithiocarbaminsäuren 11 176; d. Na-Salzes (mit Ammonium-p-tolyldithiocarbamat) 8609; (mit N- oder N'-Acyl-N-[2-hydroxyäthyl]-äthylendiamin) 16 174*; mit Na-p-Toluolsulfonat 7544; Überführ. in Chloracetylpolyglykolsäure 13 790; Wrkg.: auf d. Herst. konjugierter Diolefine 14 319*; auf d. Kinetik d. basenkatalysierten Bromier. v. Äthylnitroacetat 446; auf d. Zers. v. o-Jod-p'-nitrodibenzoylperoxid 1184; auf d. Hydrolyse v. Benzoesäureorthotrimethylestern 10 793; auf d. Aktivität u. Wirksamk. v. Raney-Ni 14 466; Abbau durch Bakterien 6827; herbicide Wrkg. d. Na-Salzes auf Gurkenkeimlinge 14 926; Wrkg. d. Injekt. v. — auf d. Transparenz u. d. Peptidaseaktivität d. Kaninchenlinse 8293; tox. Wrkg. v. Monochloracetat auf Gänse 10 183; Verw.: zur Herst. (v. Ionenaustauscherharzen) 15 717*; (v. Stärke-Deriv.) 14 710*; (v. Carboxyalkylcellulosen) 15 812*, 17 259; zur Aufheb. d. Knitterfestausrüst. 18 689*; zur Behandl. v. Baumwolle 15 085*; v. Kondens.-Prod. mit Chlorphenolen oder -kresolen 6980*; Tüpfeltest auf — 8732; Nachw.: in Nahrungs- u. Genußmitteln 14 357; in Weinen 18 307; R_F-Wert 5792; Best. 16 078; Einfl. auf d. colorimetr. Best. v. Glykolat in Carboxymethylcellulose 15 812.

Ameisensäurechlormethylester ($Kp._{760}$ 95,7 bis 95,8°), Kinetik d. säurekatalysierten Hydrolyse 1182.

Chlorameisensäuremethylester (Chlorkohlensäuremethylester, Methylchloroformiat, Methylchlorcarbonat) (Kp. 71—72°), Darst. 18 632*; (Rk.) 12 660; (Kinetik d. Solvolyse) 11 862; IR-Spektrum 2679; Kinetik (d. Zers.) 16 637; (d. Solvolyse) 2693; Rk.: mit 1-[3'-Chlor-4'-methylphenyl]-piperazin 3191*; mit Aminopyrimidinen 13 030; mit Hydroxylaminen 7114; mit Cyclopentadienyl-Na 17 727; mit Aminoferrocen 17 730; mit Methyl-α-D-mannopyranosid 3820; mit Dimedon-Na-Enolat 10 855; mit Benzylcyanid 18 087; mit K-Butylxanthogenat 17 714; mit Amidsäuren 2704; mit Trialkylphosphiten 15 931.

$C_2H_3ClO_5$ Acetylperchlorat, Leitfähigk. in Essigsäureanhydrid 1512; potentiometr. Titrat. 13 685.

$C_2H_3ClS_2$ Chlordithioameisensäuremethylester (Methylchlordithioformiat) (Kp. 156 bis 159°), Darst. 4882; Rk. 4881.

$C_2H_3Cl_2F_5S$ 1.2-Dichloräthylschwefelpentafluorid (Kp. 111°) 14 101.

2.2-Dichloräthylschwefelpentafluorid (Kp. 108°) 14 101.

$C_2H_3Cl_2NO$ Chlormethylcarbaminsäurechlorid 13 944*.

Dichloracetamid (F. 98°), IR-Absorptionsspektrum 8198; Vers. d. Rk. mit Xanthydrolen 4161.

$C_2H_3Cl_2NO_2$ 1.2-Dichlor-1-nitroäthan, Rk. 16 154*.

Dichloracethydroxamsäure, Best. v. Dextrosulphenidol als — 16 769.

$C_2H_3Cl_2OP$ Vinylphosphonsäuredichlorid, Rk. 13 366, 13 367.

$C_2H_3Cl_2PS$ Vinylthionophosphonsäuredichlorid ($Kp._{12}$ 54—55°) 13 367.

$C_2H_3Cl_3$ 1.1.1-Trichloräthan (Methylchloroform), Darst. 4339*; Stabilisier. 8781*, 15 020*; ^{13}C-Kernresonanzspektroskopie 8201; Einfl. v. Druck auf d. Protonenspingitterrelaxat. in — 7463; dielektr. Relaxat. 13 338; (u. freies Vol.) 16 266; Stoffwechsel bei Ratten 9059; Einfl. v. — Dämpfen auf d. Menschen 9811; Verw. 2240*.

1.1.2-Trichloräthan (β-Trichloräthan) (Kp. 113,7—114,1°), Darst. 15 020*; Reinig. 9145*; Berechn. d. Normalschwing. 7459; Dampf-Fl.-Gleichgewichtsdaten für —-halt. bin. Mischungen 18 776; Adsorpt. v. Polymethylmethacrylat aus —-Lsg. 11 946; IR-spektroskop. Best. in techn. Trichloräthan 13 514.

x.x.x-Trichloräthan, Stabilisier. 13 940*; Rheochorwerte aus Molgew., Dichte u. Zähigk. 794; Bezieh. zwischen Einwirkungszeit, Temp. u. Höhe d. Gabe für — gegen Tribolium confusum 8032.

$C_2H_3Cl_2NO_3Sn$ Dichlor-[β-nitrato-α-chloräthyl]-stannan 1574.

$C_2H_3Cl_3N_6$ Trichlorazodicarbonsäureamidin, Verw. 4648*.

$C_2H_3Cl_3O$ 2.2.2-Trichloräthanol (Kp. 151°), Darst. 9514*; (p-Nitrobenzoat) 15 019*; Bldg. 15 549; Rk. 1793*.

Methyltrichlormethyläther (Kp. 108 bis 109°), Darst., Solvolyse (Kinetik) 83.

$C_2H_3Cl_3OS$ **Methyltrichlormethylsulfenat** (Kp.$_{30}$ 63°) 3606*.
$C_2H_3Cl_3O_2$ s. *Chloralhydrat.*
$C_2H_3Cl_3O_2S$ **β.β-Dichloräthansulfochlorid**, Rk. 8418*.
$C_2H_3Cl_3Si$ **Vinyltrichlorsilan** (Kp. 91—92°), Darst. 13 728, 16 647; Rk.: mit Halogen oder Halogenwasserstoff 418; mit A. bzw. Methyl-MgBr 17 778; mit C_6H_5MgBr 2710; mit Vinylquecksilberchlorid 16 288; mit Ag-Salzen v. Säuren 2711; mit Perfluoroctansulfonylchlorid 4744*; Verw. v. — oder Poly-— 16 184*.
$C_2H_3Cl_3Sn$ **Vinylzinntrichlorid** 4343*, 4716*.
$C_2H_3Cl_4NO_3Si$ **Trichlor-[β-nitrato-α-chloräthyl]-silan** (Kp.$_{0,05}$ 42°) 1574.
$C_2H_3Cl_4OP$ **α.α-Dichloräthylphosphonsäuredichlorid** 7858.
α.β-Dichloräthylphosphonsäuredichlorid (Kp.$_3$ 84—85°) 13 367.
$C_2H_3Cl_5Ge$ **α.β-Dichloräthyltrichlorgerman** (Kp.$_{12}$ 88°) 8222.
$C_2H_3Cl_6P$ **α.α-Dichloräthylphosphortetrachlorid**, PCl_5-Komplex 7858.
C_2H_3F **Vinylfluorid**, Katalysator für d. —-Gewinn. 15 763*; Mikrowellenspektrum u. Molekularstruktur v. — u. isotopem — 14 079; IR-Absorptionsspektren v. deuterierten Vinylfluoriden 14 810; Bindungslängen, Kernquadrupolkoppl. 12 656; kernmagnet. Resonanz-Kopplungs-Konst. 4477; Äthylen-Protonenkopplungs-Konst. u. Elektronegativität 12 607; Polymerisat. bzw. Polymerisate s. *Plaste (Vinylpolymerisate).*
C_2H_3FO **Acetylfluorid** (Kp. 23°), Bldg. 1951, 16 283; neue Bezieh. zwischen d. physikal. Konst. v. — 3402.
$C_2H_3FO_2$ **Fluoressigsäure** (Kp. 167—168°), Bldg. 16 283; Intensität d. ν(CO) 430; Rk. 476; durch — katalysierter H/T-Austausch v. $T_{(2)}$-1.3.5-Trimethoxybenzol 13 349; Einfl. v. — u. Fluoracetat: auf d. oxydative Phosphorylier. mit endogenen Substraten d. Mitochondrien 3499; auf d. Glycin-Oxydat. durch einen Pseudomonasstamm 17 455; auf d. Alloisocitronensäure-Fermentat. durch Penicillium purpurogenum 9381; auf d. Einbau v. Glucose in Patulin durch Penicillium patulum 13 811; auf d. Verhältnis d. Germinationselbsthemm. zum oxydativen Stoffwechsel d. Uredosporen v. Rostpilzen 4966; auf d. aerobe Respirat. v. Echinococcus granulosis 3166; Wrkg. d. Na-Salzes: als Insekticid bei gepanzerten Gliederfüßlern 12 067; als Rattengift 9487; Stoffwechselbeeinfluss. bei mit Na-— vergifteten Ratten 941 [2 Ref.]; Wrkg. v. — u. Fluoracetat: auf d. Transparenz u. d. Peptidaseaktivität d. Kaninchenlinse 8293; auf d. Hämoglobin-Synth. v. Hundereticulocyten 13 456; Mechanismus d. Herzversagens durch Fluoracetat am Herz-Lunge-Präp. d. Hundes 4246; Toxizität v. Muskel, Leber u. Herz v. mit Na-— vergiftetem Hirsch 13 848; Einfl. v. — u. Fluoracetat: auf d. $^{14}CO_2$-Bldg. aus $^{14}C_{(1)}$-A. in Leber u. Niere 9013; auf d. p-Aminohippursäure-Inkorporat. in Nierenschnitte in vitro 7568; auf Glykolyse u. Tricarbonsäure-Cyclus d. Haut 9761; Serotonin-Geh. während d. Fluoracetat-Krampfes u. d. Wrkg. v. Reserpin 7966; Strahlenschutz durch Na-— 3537.
$C_2H_3F_2NO$ **Difluoracetamid** (F. 54°), IR-Absorptionsspektrum 8198.
N.N-**Difluoracetamid** (Kp. 45—47°) 10 429.
$C_2H_3F_3$ **1.1.1-Trifluoräthan**, Rk. 11 878.
1.1.2-Trifluoräthan 18 431.
x.x.x-Trifluoräthan 10 047.
$C_2H_3F_3N_2$ **Trifluoracetamidin**, Rk. 6411, 17 758.
$C_2H_3F_3N_2O$ **Trifluoracetylhydrazid** (F. 143 bis 144°) 6405.
$C_2H_3F_3O$ **2.2.2-Trifluoräthanol** (**2.2.2-Trifluoräthylalkohol**, *gewöhnl.* **Trifluoräthanol**), Darst. 13 567*; Dublettcharakter d. OH-Absorpt. 8558; Rk.: mit C_2H_2 16 411*; mit 1.2-Epoxybuten-(3) 7475; d. Na-Verb. (mit Tetrafluoräthylen) 1792*; (mit Allylchlorid) 8947; mit Thioglykolen u. CH_2O 7693*; mit Cyanurchlorid 13 032; Einfl. auf d. Assoziat. in d. Perfluorsäuren 8931.
$C_2H_3F_3O_2$ **Trifluoracetaldehydhydrat** 15 022*.
$C_2H_3F_3S$ **2.2.2-Trifluoräthylmercaptan** (Kp. 34 bis 35°) 17 182*.
Trifluormethylmethylthioäther 12 222.
$C_2H_3F_5S$ **Vinylschwefelpentafluorid** (Kp. 41°) 14 101.
C_2H_3HgN **Methylquecksilbercyanid** (**Methylquecksilbernitril**) 2834*, 8037*.
C_2H_3JO **Acetyljodid**, Berechn. v. Ladungsverteil. u. Dipolmoment 10 404; Leitfähigk. in Essigsäureanhydrid 1512; Löslichk. in fl. HJ 1531; Solvolyse (Kinetik) 2694; Additionsverb. mit BJ_3 u. Al_2J_6 in fl. HJ 1531.
$C_2H_3JO_2$ **Jodessigsäure** (F. 84°), Intensität d. ν(CO) 430; physikal.-chem. Unters. d. Syst. Diphenylamin-— 17 702; Oxydat. 15 928; Carboxymethylier. 14 087; Rk.-Fähigk. d. —-Anions bei d. säurekatalysierte Enolisat. v. Aceton 18 425; Hemmwrkg. v. — u. Jodacetat: auf Hefe-Aldolase 4577; auf Adenylsäuredesaminase aus Erbsensämlingen 4199; auf Vitamin-A-Esterase u. Cholesterinesterase d. Ratten- u. Hühnerleber 4203; auf d. Furcatin-hydrolysierende Glykosidase aus Viburnum furcatum Blume 16 364; auf Fibrinase 12 702; Einfl.: auf d. Lipase aus P. chrysogenum 10 874; auf d. Hexokinase in menschl. Blutzellen 3130; auf Ribonuclease 8286; Verh. d. reaktiven Sulfhydrylgruppen in Kreatinphosphokinase gegen Jodacetat (Zahl d. katalyt. Zentren) 17 444; Wrkg. v. — u. Jodacetat: auf d. enzymat. Dephosphorylier. v. Synkavit 16 367; auf Brenztraubensäureoxydase u. Cocarboxylase 18 142; auf d. Glutamyltranspheraseaktivität in Zellen v. Säugetieren 12 704; auf d. Dehydrogenasen menschl. Leukocyten 161; auf δ-Aminolävulinsäuredehydrogenase 5328; auf Reisalkoholdehydrogenase 17 788; auf Bernsteinsäuresemialdehyddehydrogenase aus Torulopsis utilis 10 516; auf d. Stoffwechsel d. Harnstoffs bei Torulopsis utilis 17 454; auf d. Synth. v. Diphosphopyridinnucleotid in lebenden Hefezellen 6066; auf d. Zellvermehr. v. Hefe 11 602; auf d. Oxydat. v. o-Phthalat durch Backhefe 17 439; auf Vermehr. u. Enzymtätigk. v. Saccharomyces cerevisiae 12 334; auf d. Atmung u. d. Geh. v. Hefezellen an Coenzym A, anorgan. Phosphat u. Adenosinphosphaten 9758; auf d. Phagen-Bldg. u. Lysis bei drei Phagen-Syst. 6831; auf d. Wachstum v. Aspergillus niger 12 711; bei d. Gär. mit Aspergillus niger 16 877; auf d. Riboflavinbldg. in Lactobacillus plantarum 17 803; auf d. Oxydat. v. Glucose zu Brenztraubensäure durch — u. KF beim Stoffwechsel v. Streptomyces griseus 17 800; auf d. Segmentregenerat. v. Eisenia foetida 3118; auf d. Biosynth. v. Fett aus organ. Säuren in Submerskulturen v. Penicillium spinulosum 12 337; auf d. oxydativen Umsatz v. Staphylococcus aureus u. einer Mutante 16 014; auf d. Einbau v. markiertem Phosphat in d. Phospholipide d. Affen-Tuberkelbacillus 3502; auf d. Säurebldg. durch Spirochäta recurrentis 509; auf d. Atmung u. Protoplasmaströmung. in Plasmodien v. Myxomyceten 18 862; Rk. mit Sulfhydrylen in Pflanzen 901; Einfl. auf d. Jarowisat. d. Pflanzen 12 717; Anwend. v. — beim Studium d. Vernali-

7523; mit Trifluoracetylcarbäthoxycarben 95; mit Thioamiden 6008; mit Säurehydrazidbenzolsulfonaten 15 962; Einfl.: auf d. Herst. v. aliphat. Alkoholen 2538*; auf d. Rk. v. n-Pentan, Isopentan, Cyclopentan u. Cyclopenten mit Cl_2 3989*; auf d. Rk. v. $NaBH_4$ mit Aceton 14 058; Kinetik d. Rk.: v. Phenylisocyanat mit Thiolen in — 13 350; v. Phenylazid mit 1.2.3.6-Tetrahydro-3.6-methylenpyrazindicarbonsäure-(1.2)-diäthylester in — 14 094; Einfl. auf d. Kinetik: d. Chlorier. v. Benzol, Toluol, tert. Butylbenzol u. p-Xylol 10 792; d. Austausches v. J zwischen $Na^{131}J$ u. n-Butyljodid 7472; d. Rk. zwischen Aceton u. HCN 5621; Verw. 9537*; gaschromatograph. Abtrenn. v. anderen Nitrilen 13 150; Jodometrie in — 5036; Titrat. d. Solvate v. Sc-, Th- u. U-Komplexen in — 10 770.

Methylisonitril (Methylisocyanid), Molekularstruktur, bes. Bindungslänge, -ordnung u. -winkel v. — 3772; Kernresonanzspektrum 12 233; Anwend. d. statist. Thermodynamik auf — mit ^{12}C, ^{13}C u. ^{14}C 14 777; polarograph. Red. v. $[Fe(CH_3NC)_6]^{2+}$ 8160.

C_2H_3NO **Methylisocyanat** (Kp. 37,5—38,5°), neue Bezieh. zwischen d. physikal. Konst. v. — 3402; Adhäs. v. Elastomeren an mit — modifizierten Cellulosefasern u. -folien 11 586; Rk.: mit Cl_2 13 944*; mit HCl 11 587; mit 1-[3'-Chlorpropyl]-4-formylpiperazin 8349*; mit 1- bzw. 2-Methyl-(bzw. 1-Isopropyl-)-3-amino-4-carbäthoxypyrazol 949*, 1324*, 1325*; mit β-Hydroxycarbonsäureestern 7694*.

Glykolsäurenitril (Glykolnitril, Formaldehydcyanhydrin), Darst. 3263*; Adsorpt. an Anionenaustauschern 794; Rk. 4900, 4911, 12 458* [2 Ref.], 15 186.

Acetonitriloxid, Rk. 16 305.

C_2H_3NOS **1.4.2-Oxathiazol**, Deriv. 14 095.

$C_2H_3NOS_2$ **Thiocarbamoyldithiokohlensäure**, Deriv. 5265.

$C_2H_3NO_2$ **1.3.4-Dioxazol**, Deriv. 14 095.

Nitroäthylen ($Kp._{100}$ 36°), Dipolmoment, Konfigurat. 12 972; Bezieh. zwischen d. Äthylen-Protonenkopplungs-Konst. u. d. Elektronegativität 12 607; Rk.: mit Isopren 15 196; mit Bis-[cyclohexen-(1)-yl-(1)] 14 488; mit Diphenyldiazomethan 16 305; mit 5.6-Dibenzyloxyindol 14 494; mit Indolyl-(1)-magnesiumjodiden 7885; mit cycl. Ketonen 6394.

Diformamid, Rk. 13 028.

$C_2H_3NO_2S_2$ **Thiocarbamoylmonothiokohlensäure**, Deriv. 5265.

$C_2H_3NO_3$ **Oxamsäure (Oxamidsäure, Oxalsäuremonoamid)**, Decarboxylier. (Kinetik) 2323, 4134; Rk. v. Deriv. mit Alkylmagnesiumhalogeniden 1709*; Bind. v. Oxamat durch Milchsäuredehydrogenase-Coenzym-Komplexe 2768; Wrkg. v. Oxamat auf d. Aktivitäten v. Milchsäuredehydrogenase-Präp. 17 440.

$C_2H_3NO_4$ **Acetylnitrat**, Verw. 1561.

$C_2H_3NO_5$ **Peroxyacetylnitrat**, Wechselwrkg. v. Licht u. — in d. Pflanze 17 090.

C_2H_3NS **Methylthiocyanat (Methylrhodanid)**, IR-Spektrum 17 351; Vgl. d. IR-Spektren v. — u. $P(CN)_3$ 1118; Raman- u. IR-Spektrum 6343; Rk. 11 153, 19 014*; fungistat. Eig. (Vgl.) 9436.

Methylisothiocyanat (Methylsenföl, Methylsenerol) (F. 35°), Darst. Rk. 9675; (v. — bzw. ^{35}S—) 9672; IR-Spektrum 17 351; (u. Raman-Spektrum) 6343; Rk. 2365, 4542, 14 623*, 17 772; Abgabe v. ^{35}S— aus d. Boden an d. Luft u. seine Aufnahme in d. Tomatenpflanze 5725; Verw. in Mittel zur Bekämpf. v. Nematoden 11 340*; s. auch *Schädlingsbekämpfung-Spezialmittel* (*Trapex*).

$C_2H_3NS_4$ **Thiocarbamoyltrithiokohlensäure**, Deriv. 14 111.

C_2H_3NSe **Methylselenocyanat** (Kp. 155°), Bldg. (Kinetik) 16 635.

$C_2H_3N_3$ s. *Triazol.*

$C_2H_3N_3O$ **2(5)-Amino-1.3.4-ox(a)diazol**, Darst., Rk., Verw. 10 089; Rk. 470; Einfl. v. 2-Alkylderiv. auf d. Farbe d. entwickelten Silbers v. fl. photograph. Emulsionen 11 068.

5(3)-Hydroxy-1H-1.2.4-triazol bzw. **1.3.4-Triazolon-(2)** (F. 247—248°), Darst. 15 952; (Best. v. H-Bind. u. Tautomerie aus d. UV- u. IR-Spektrum) 1934; Aufnahme u. Transport in Pflanzen 13 444.

1.2.3-Triazol-1-oxid, Deriv. 14 328*.

Cyanharnstoff, Darst. 15 766*; Rk. 16 848*.

$C_2H_3N_3OS$ **5-Sulfhydro-3-hydroxy-1.2.4-triazol**, Wrkg. auf d. Wachstum d. Keimlinge v. Sinapsis alba L. 8674.

$C_2H_3N_3O_2$ s. *Urazol* [*1.2.4-Triazolidindion-(3.5)*].

$C_2H_3N_3O_3S$ **1.3.4-Oxadiazol-5-sulfonamid** 6873*.

$C_2H_3N_3O_5$ **Dinitroacetamid** (F. 86—87°) 12993.

$C_2H_3N_3O_6$ **1.1.1-Trinitroäthan**, Dipolmoment 16 262; Rk. 3427.

$C_2H_3N_3O_7$ **2.2.2-Trinitroäthanol**, Darst., Rk. 10 049; Rk. 6029, 7027*, 9957*, 11 061*, 12 528*; Verh. gegen Cyanurchlorid 13 032.

$C_2H_3N_3S$ **1.2.4.6-Thiatriazin** 10 841.

2(5)-Amino-1.3.4-thiadiazol (F. 191—192°), Darst., Rk. 4907; Darst., Verw. v. Deriv. 10 832, 15 332*; Rk. 18 567*; (v. Deriv.) 17 850*; Wrkg. v. Nicotinamid u. verwandten Verb. auf d. antileukäm. Aktivität v. — 10 504.

3-Mercapto-1.2.4-triazol (F. 216°) 4908.

$C_2H_3N_3S_2$ **Thiuret**, Rk. v. Deriv. 8604.

2-Amino-5-mercapto-1.3.4-thiadiazol [**2-Amino-1.3.4-thiodiazolthiol-(5)**] (F. 233,8 bis 234° Zers.), Darst. 16 678; (Beseitig. d. negativen Einfl. v. Fe-Verb.) 17 557; Darst., Rk. 13 020; Rk. 1985; Best. 568.

5-Methylmercapto-1.2.3.4-thiatriazol (F. 34°), Darst., Erkennen v. Methylazidodithiocarbonat als — 13 020.

Methylazidodithiocarbonat, Erkennen als 5-Methylmercapto-1.2.3.4-thiatriazol 13 020.

C_2H_3Na **Vinylnatrium**, Darst. 12 795*; Rk. 14 800.

$C_2H_3NaO_2$ **α-Natriumessigsäure**, Darst., Rk. v. Salzen 8784*; Verw. d. Na-Salzes 3988*.

C_2H_3O **Acetyl** s. unter *Radikale* (*Spezielle Radikale*).

$C_2H_3O_2$ **Carboxymethyl** s. unter *Radikale* (*Spezielle Radikale*).

$C_2H_3O_3$ **Carboxylathydroxymethyl** s. unter *Radikale* (*Spezielle Radikale*).

C_2H_4 s. *Äthylen* [*Äthen*].

$C_2H_4BBrO_2$ **2-Bromäthylmetaborat** (F. 64 bis 68°), Bldg. (Mechanismus) 17 708.

$C_2H_4BClO_2$ **2-Chlor-1.3.2-dioxaborolan**, Darst. (Molgew., Polymerisationsgrad) 2344; (Rk.) 7331*; Rk. 13 210*.

$C_2H_4BClS_2$ **2-Chlor-1.3.2-dithiaborolan** 7331*.

$C_2H_4B_2Cl_4$ **Bis-[dichlorborino]-äthan** ($Kp._{9-11}$ 24°) 1410*.

C_2H_4BrCl **1-Chlor-2-bromäthan (Äthylenchlorbromid, β-Bromäthylchlorid)**, protonenmagnet. Resonanzspektrum 3770; Lsgm.-Effekt bei d. Extrakt. v. Co(II) aus wss. HCl-Lsg. mit Tri-n-hexylamin 13 687; Rk. 10 464, 11 159, 11 291*; Giftigkeit gegen d. schwarzen Getreidenager Tenebroides mauritanicus 6998; Verw. 15 332*.

C_2H_4BrNO **Bromacetamid** (F. 91°), Darst. 11 553; Rk. v. Deriv. 18 569*.

N-**Bromacetamid**, Rk.: mit Steroiden + HF 10 853; mit $\Delta^{9,11}$-Corticoiden 14 877; mit 3-Hydroxypregnan-Deriv. 7994*; mit

12-Methylenprogesteron 18 936*; mit $\Delta^{4,9,11}$-Androstadien-3.17-dion 18 936*; mit D-Homoätiocholan-3α-ol-11.17α-dion 7996*; mit 3α-Hydroxypregnan-11.20-dion 17 496*; mit 6α-Methyl-11β.17α.21-trihydroxy-Δ^4-pregnen-3.20-dion 17 857*; mit 6α-Methyl-17α.21-dihydroxy-$\Delta^{1,4,9,11}$-pregnatrien-3.20-dion-21-acetat 5774*; mit 6α-Fluor-$\Delta^{4,9,11}$-pregnadien-17α.21-diol-3.20-dion-21-acetat 4645*; mit 16α.21-Diacetoxy-17α-hydroxy-$\Delta^{1,4,9,11}$-pregnatrien-3.20-dion 4264*; mit 17α-[2-Carboxyäthyl]17β-hydroxy-$\Delta^{4,9,11}$-androstadien-3-onlacton 13 28*; Wrkg. auf die Halogenier. einfach ungesätt. Fettsäureketten (Vgl.) 16 988.

$C_2H_4BrNO_2$ **1-Brom-1-nitroäthan,** Dipolmoment 16 262.

$C_2H_4BrNO_2$ **2-Brom-2-nitroäthanol-(1)** (Kp.$_8$ 95—97°) 10 048.

$C_2H_4BrN_3O_4$ **2-Brom-2.2-dinitroäthylamin,** Hydrobromid (F. 129—129,5° Zers.) 3428.

$C_2H_4BrO_3P$ **α-Bromvinylphosphonsäure** 13366.

$C_2H_4Br_2$ **1.1-Dibromäthan,** Bldg. 11 152; (v. ^{82}Br-—) 15 181; ^{13}C-Kernresonanzspektroskopie 8201.

1.2-Dibromäthan (Äthylendibromid, Äthylenbromid, EDB) (Kp. 131,6°), Darst. 3415, 8941; Bldg. 11 152, 17 708; (v. ^{82}Br-—) 15 181; Übergänge im festen Zustand in Mischkristallen v. Äthylendichlorid u. — 8206; Einfl. d. Komplexbldg. mit gelöstem J_2 auf d. sichtbare u. UV-Spektrum v. J_2 3761; Summenregeln d. Schwingungsfrequenzen v. — u. D-— 14 810; ^{13}C-Protonen-Spin-Spin-Koppl.-Konst. 5978; Mol.-Rotat. in — 15 537; Azeotropismus im Syst. —-p-Xylol 4480; Adsorpt.-Wärme 6723; Rk.: mit NaN_3 1588; mit $UCl_5 \cdot PCl_5$ 12 220; mit $NaS_2 \cdot 9\,H_2O$ 1247, 4940; mit $CS_2 + Na_2S$ 17 715; mit tert. Aminen 9311; mit Enaminen 15 940; mit {1-Methyl-3-[2'.6'.6'-trimethylcyclohexen-(1')-yl-(1')]-propyl}-N.N'-dimethylamin 8971*, 13 128*; mit 2-Nitro-4-dimethylaminoanilin 14 688*; mit N.N-Dimethylhydrazin 16 645; mit Chlorphenolen 5260; mit o-Fluorphenol 18 203*; mit o-Phenylen-bis-[diäthylphosphin] 10 816; mit 1.3-Bis-[4'-isopentyloxyphenyl]-2-thioharnstoff 6509*; mit 6-Hydroxy-2-methylindanon-(1) 11 653*; mit dl-trans-Hexahydrobenzoxazolthion 9701; mit p-Aminobenzonitril 10 432; mit Malonester 17 366; mit Mg u. Malonsäurediäthylester 17 013; mit p-Sulfonamidobenzylaminen 6133*, 16 337; mit Saccharin bzw. K-Saccharin 1194; mit 5-Chlor-6-sulfamylsaccharin 15 694*; mit Phosphonigsäureäthylestern 15 189; Bromfestleg. in Böden u. Bromaufnahme durch Pflanzen nach Bodenbegas. mit — 6553; Wrkg.: v. *Dowfume W-85* auf d. Qualität v. Tabakblättern 12 064; auf d. mikrobiellen Verderb v. feuchter Mohrenhirse bei luftdichter Lager. 13 611; Verw. d. quaternären Salzes aus 2.2'-Dipyridyl u. — als Herbicid 3239*; Verw. zur Bekämpf.: v. Araecerus fasciculatus (Deg.) in Monsun-Kaffee 14 356; d. Fusariose an Baumwolle 3950; v. Nematoden 1002; (in Böden) 10 975; (bei Ananas) 1380, 8032; d. mexikanischen Fruchtfliege Anastrepha ludens 8034; v. Lagerschädlingen an Getreide 1827; Giftigkeit gegen d. schwarzen Getreidenager Tenebroides mauritanicus 6998; Wrkg. auf einige Stadien d. Reismehlkäfers Tribolium confusum 4310; Einwirkungszeit, Temp. u. Höhe d. Gabe v. — gegen Tribolium confusum 8032; Verteil. u. Beständigk. v. — in Begasungsgemischen gegen Tribolium für Weizen u. Mehl 333; Verw. in Motorkraftstoff 14 006*; Identifizier. 13 514; Best. 8363; Extrakt. u. Best. in Böden 13 545; Best. v. CH_3Br, — u. CCl_4 in Gemischen mit Luft 279.

x.x-Dibromäthan, Bldg. 11 519; Zustandsgleich. für fl. — bei konst. Vol. 17 312; spektroskop. Unters. d. Rk. v. atomarem O oder akt. N mit — 17 346.

$C_2H_4Br_2O$ **α.α'-Dibromdimethyläther,** Rk. 12 295.

$C_2H_4ClF_5S$ **2-Chloräthylschwefelpentafluorid** (Kp. 92°) 14 100.

C_2H_4ClNO **(α-)Chloracetamid** (F. 120°), Darst. 17 366; IR-Absorptionsspektrum 8198; Schichteinschlußverb. v. Kaolinit mit — 7063; Rk.: mit 2.3-Dihydropyran 8977; mit Xanthydrol 4161; v. Deriv. mit Tropin 18 569*; mit Aldehyden 14 615*; mit Aceton 4899; v. N-substituierten Deriv. mit Alkalisalzen v. 2-Mercapto-2-thiono-5.5-dimethyl-1.3.2-dioxaphosphorinan 18 833; mit Phthaloylchlorid 12 267.

N-**Chloracetamid** (F. 110°), IR-Spektrum 1170; Rk. 14 476.

Methylcarbaminsäurechlorid (Methylcarbamylchlorid) (F. 90°), Darst., Adhäs. v. Karkassengummi an mit — modifizierten Viscosereifencord 11 587; Rk. 13 944*.

$C_2H_4ClNO_2$ **1-Chlor-2-nitroäthan** (Kp.$_{20}$ 74 bis 76°) 10 047.

Chloracethydroxamsäure, IR-Spektrum 9282.

C_2H_4ClOPS **2-Chlor-1.3.2-oxathiaphospholan** 6272*.

$C_2H_4ClO_2P$ **Chlorphosphorigsäureäthylenglykolester (Äthylenchlorphosphit),** Rk. 2170*, 9675, 12 267.

$C_2H_4ClO_3P$ **α-Chlorvinylphosphonsäure** (F. 33 bis 34°) 13 367.

Äthylenphosphorsäurechlorid (Kp.$_{0,8}$ 89 bis 91°) 9675.

$C_2H_4Cl_2$ **1.1-Dichloräthan,** neue Bezieh. zwischen d. physikal. Konst. v. — 3402; Einfl. d. Komplexbldg. mit gelöstem J_2 auf d. sichtbare u. UV-Spektrum v. J_2 3761; ^{13}C-Kernresonanzspektroskopie 8201; Assoziat.-Konst. v. $[(n\text{-}C_4H_9)_4N] \cdot ClO_4$ in — 8542; Nachw. in Chlf. 7620.

1.2 (*symm.*)-Dichloräthan (Äthylenchlorid, Äthylendichlorid, *gewöhnl.* Dichloräthan) (Kp. 83,5°), Darst. 9674, 14 318*; (Rk.) 13 940*, 14 828; Bldg. 17 708, 19 001; (Rk.) 16 837*; Dest. v. Bzl./—-Gemischen 16 437; Auffangen v. —-Dämpfen bei d. Gelatine-Gewinn. aus Knochen 18 310; Reinig. 9145*; (v. Äthylendiamin aus NH_3 u. —) 13 945*; Stabilisier. 13 940; neue Bezieh. zwischen d. physikal. Konst. v. — 3402; Kristallstruktur 18 780; Übergänge im festen Zustand in Mischkristallen v. — u. Äthylendibromid 8206; Einfl. d. Komplexbldg. mit gelöstem J_2 auf d. sichtbare u. UV-Spektrum v. J_2 3761; Obertonlinien im Raman-Spektrum 1549; Indicatrix d. Raman-Lichtes 15 534; ^{13}C-Protonen-Spin-Spin-Koppl.-Konst. 5978; Berechn. d. Parachors 6346; Zustandsgleich. für fl. — bei konst. Vol. 17 312; Assoziat.-Konst. v. $[(n\text{-}C_4H_9)_4N] \cdot ClO_4$ in — 8542; Bezieh. zwischen Druck, Temp. u. Dichte 12 235; Dampf-Fl.-Gleichgewichtsdaten für d. Misch. —/1.1.2-Trichloräthan 18 776; Guldbergsche Regel u. Temp.-Verlauf d. Schall-Geschw. in fl. — 18 375; Adsorpt.-Wärme 6723; Adsorpt. v. Polymethylmethacrylat aus —-Lsg. 11 946; relative Viscosität d. Misch. —-Essigsäure 4124; Einfl. auf d. Viscosität v. Polyvinylchlorid u. Perchlorvinyl 3472; Quell. d. Tone Weißrußlands mit — 11 110; Grenz-Konz. u. empir. Gleich. d. Gleichgew.-Verteil. für —-halt.-Syst. 17 675; Extrakt. v. Metallen mit quart. Ammoniumhalogeniden in — 10 763; Lsgm.-Effekt bei d. Extrakt. v. Co(II) aus wss. HCl-Lsg. mit Tri-n-hexylamin 13 687; Löslichk. v. H_2SO_4 in — 5956; gaschromatograph. Best. d. Aktivitäts-Koeff. 10 407; Photolyse 10 420; Bldg. v. —-Radikalen bei ^{60}Co-Bestrahl. 13 689; Pyrolyse 5469*; Polykondensat. 150; Austausch-Rk. mit radioakt. Cl 2693; Abtrenn. v. HCl bei d. Chlorier. v. — 5468*; Dehydrochlorier. 2165*, 4718*, 13 198*, 19 001; Enthalogenier. 8781*; Rk.: mit NH_3 13 945*; mit CH_2N_2 7110; mit CH_3NH_2 12 618; mit N.N-Dimethylhydrazin 16 645; mit Allylphenolen 1797*; mit Diäthanolamin 7108; mit Na-β-Hydroxyäthylmercaptid 9300; mit Methyldichlorsilan 13 728; mit Trinatriumsaccharat 7527; mit Dimethylformamid 17 404; kation. Polymerisat. v. Styrol in —-halt. Systemen 14 162; Bromier. v. Phenetol in — (Kinetik) 11 516; Zers. v. Dibenzoylperoxid in — 1564; Einfl. auf. d. Nitrier. v. p-Chlortoluol 15 028*; Desinfekt. d. Bodens mit Rückständen d. —-Herst. 6936; Einw. v. „Rindite" (—-halt. Gemisch) auf Weinknospen 2935, 13 543; Begas. v. Sonnenblumensamen mit — 19 051; Verw. zur Bekämpf. v. Lagerschädlingen an Getreide 1827; Einwirkungszeit, Temp. u. Höhe d. —-Gabe gegen Tribolium confusum 8032; Vergift. durch —-Dämpfe 942; tödl. Vergift. durch Einatmen v. —-Dämpfen 12 012; Verw. 11 009*, 11 090, 11 732*, 14 332*, 18 596*; Nachw. in Chlf. 7620; Best. 13 514; (in Luft) 5784.

$C_2H_4Cl_2N_6$ **Dichlorazodicarbonsäureamidin,** Verw. 4648*.

$C_2H_4Cl_2O$ **Dichlordimethyläther (Bis-[chlormethyl]-äther),** Darst., Rk. 12 738; NMR-Spektrum 14 816; Rk. 1422*, 7694*, 9683.

Dichlormethylmethyläther, Bldg. 13 353; Solvolyse (Geschw.) 83.

$C_2H_4Cl_2O_2S$ **β-Chloräthansulfonsäurechlorid (β-Chloräthansulfochlorid),** Rk. 3995*, 4721*, 8418*.

$C_2H_4Cl_2S$ **Bis-[chlormethyl]-sulfid,** Rk. 1247, 4721*, 4940.

2-Chloräthylsulfenylchlorid, Verw. 13 230*.

$C_2H_4Cl_2S_2$ **Bis-[chlormethyl]-disulfid** ($Kp._{12,5}$ 93—94°) 4721*.

$C_2H_4Cl_3OP$ **β-Chloräthanphosphonsäuredichlorid (β-Chloräthylphosphonsäuredichlorid)** ($Kp._{5,5}$ 82—84°), Darst. 303*, 13 203*; Rk. 13 367.

$C_2H_4Cl_3O_2P$ **β-Chloräthylphosphorsäuredichlorid,** Rk. 5476*.

$C_2H_4Cl_3P$ **Bis-[chlormethyl]-phosphinigsäurechlorid** ($Kp._{22}$ 76°) 102.

Methyldichlormethylphosphinigsäurechlorid ($Kp._{100}$ 90°) 102.

$C_2H_4Cl_3PS$ **β-Chloräthylthiophosphonsäuredichlorid** ($Kp._9$ 85—86°) 13 367.

$C_2H_4Cl_4Ge$ **β-Chloräthyltrichlorgerman** ($Kp._{15}$ 75°) 8222.

$C_2H_4Cl_4Si$ **1(α)-Chloräthyltrichlorsilan** (Kp. 136 bis 139°), Darst. 8222; Rk. 4838; Vers. d. Dehydrochlorier. 16 647.

β-Chloräthyltrichlorsilan (Kp. 152—153°), Rk. 16 647.

Methyldichlormethyldichlorsilan ($Kp._{760}$ 149,0°), Dampfdruck u. -dichte im Syst. Dimethyldichlorsilan/Methylchlormethyldichlorsilan/— 3043.

$C_2H_4Cl_6Si_2$ **1.2-Bis-[trichlorsilyl]-äthan** (Kp. 201—203°), Darst. 16 287; Rk. 16 647.

C_2H_4FNO **Fluoracetamid (Monofluoracetamid)** (F. 108°), IR-Absorptionsspektrum 8198; Verteil. d. F bei d. Maus nach Verabfolg. v. —-Lsg. 12 001; Phytotoxizität 9122; insekticider Effekt d. — bei gepanzerten Gliederfüßlern 12 067; Verw. zur Rattenbekämpf. 9487; Toxizitätsminder. durch Ersatz v. O durch S 16 046.

C_2H_4FNS **Thiofluoracetamid,** Toxizität (Vgl.) 16 046.

$C_2H_4F_2$ **1.1-Difluoräthan,** Darst. 13 565*; (Katalysator) 15 763*; Stark-Effekt u. Dipolmoment 3397; anästhet. Eig. 13 856.

1.2-Difluoräthan, IR- u. Ramanspektrum 14 810.

x.x-Difluoräthan, gaschromatograph. Nachw. 6160.

$C_2H_4F_3N$ **2.2.2-Trifluoräthylamin.** — **Hydrochlorid,** Darst., Rk. 5617; Rk. 6029.

$C_2H_4F_3OPS$ **[β-Fluoräthyl]-difluormonothiophosphat** 7697*.

C_2H_4JNO **Jodacetamid,** Wrkg.: auf d. Kautschuk-Bldg. aus $^{14}C_{(1)}$-Isopentylpyrophosphat 10 136; auf d. enzymat. Einbau v. Aminosäuren in d. Ribonucleinsäure 7194; auf d. Umwandl. d. Squalens in Sterin mit Rattenleberenzymen 4205; auf d. Proteinaseaktivität in Lymphknoten d. Ratte 6823; auf d. oxydative Phosphorylier. mit endogenen Substraten d. Mitochondrien 3499; auf d. Glykolyse bei Speichelsedimenten 7192; auf d. CO_2-Fixier. durch Chloroplasten 14 569; auf d. Photosynth. v. Polytrichum attenuatum 13 816; auf d. Aufnahme v. ^{86}RbCl durch Vallisneriablätter 12 720; auf d. Verteil. v. Radio-Co in d. Organen u. Zelluntereinh. d. Maus 9099; auf d. Hämoglobin-O_2-Gleichgewicht 6849; Rolle d. mit SH reagierenden — bei d. Anheft. v. Enteroviren an Erythrocyten 3143; Bezieh. d. Struktur v. Cardenoliden u. Butadienoliden zur Wrkg. bei Herzschädig. durch — 11 646; Beeinfluss. d. Acetylcholin-Wrkg. am Herzen durch — 11 989; Harnstoff-Hemm. d. Muskelkontraktur durch — 4614.

***N*-Jodacetamid,** Rk. 17 858*.

$C_2H_4J_2O$ **α.α'-Dijoddimethyläther,** Rk. 12 295.

$C_2H_4NNaO_2$ **Nitroäthannatrium,** Rk. 14 116.

$C_2H_4N_2$ **Diazoäthan,** Darst. 7853; Zers. u. Polymerisat. 12 679; Oxydat. eines Polyolefins aus Diazomethan u. — (Kinetik) 12 981; Rk.: mit Pseudolycorin 5302; mit aromat. Aldehyden 14 110; mit β-Resorcylaldehyd 18 807; mit Diazoketonen 14 835; mit α-Naphthochinonen 13 376; mit [2-Hydroxy-3.5-dimethylphenyl]-cyanessigsäure 9681.

Aminoacetonitril (Glycinnitril), Darst. 3263*; Rk. 7690*; (v. N-substituierten Deriv.) 3460; (d. Sulfats) 3479, 5664; Abfall d. enzymat. Synth. v. Hexosamin in epiphysealen Plättchen v. —-behandelten Kaninchen 4240; Hexosamin- u. Hydroxyprolin-Geh. d. Frakturenkallus bei normalen u. —-behandelten Ratten 15 293; Wrkg. auf d. Knorpel rachit. Ratten 3895.

$C_2H_4N_2O$ **1.2.4-Oxadiazolin,** Deriv. 14 095.

1.2-Diazacyclobutanon, Darst. 3054.

$C_2H_4N_2O_2$ **Glyoxim** (F. 175°), Darst. 4494; röntgenograph. Unters. an Metallkomplexen mit — 9628.

Oxamid (Oxalsäurediamid), Bldg. 14 061; Elektronenstruktur 7096; IR-Spektren v. Deriv. 3037; relative calorimetr. Best. einiger physikal. Eig. 3692; Rk. 18 636*; (v. Deriv.) 4879; Wrkg. oral zugeführter Mucopolysaccharide auf d. experimentell durch — erzeugte Steinentsteh. in d. Ratte 9402; Verw. 1048*.

1.2-Diformylhydrazin (Diformylhydrazid), Darst., Rk. 17 860*; Rk. 13 356.

$C_2H_4N_2O_3$ s. *Allophansäure.*

$C_2H_4N_2O_4$ **1.1-Dinitroäthan** ($Kp._{4,5}$ 55,5—56°), Darst. 1187; Dipolmoment 16 262; Rk. 13 754, 15 918.

$C_2H_4N_2O_5$ **2.2-Dinitroäthanol,** Darst., K-Salz 1186.

***aci*-2.2-Dinitroäthanol,** Rk. d. K-Salzes 5994.

$C_2H_4N_2O_6$ **Äthylenglykoldinitrat [(Di)nitroglykol, Glykoldinitrat, 1.2-Dinitratoäthan],** Dipolmoment 7462; Temp. d. Detonat.-Front v. — 17 626; Wrkg. auf d. Zers. v. Nitroglycerin 5247; Verw. 13 634*.

$C_2H_4N_2S$ **1.3.4-Thiodiazolin,** Deriv. 1985, 11 916, 14 095.

$C_2H_4N_2S_2$ s. *Rubeanwasserstoff* [*Dithiooxamid, Rubeansäure, Rubeanwasserstoffsäure*].

$C_2H_4N_2S_4$ **Thiuramdisulfid (Dithiocarbaminsäuredisulfid),** Austausch (v. ^{35}S) zwischen Dialkyldithiocarbamaten u. Tetraalkyl-— 151; gärhemmende Wrkg., partieller Abbau bei d. Gär. 14 354; Verw. 16 467; (v. Dialkylderiv.) 8443*.

$C_2H_4N_4$ **5-Methyltetrazol** (F. 145—146°), Darst. 12 626; Rk. 4159.

5(3)-Amino-1.2.3(5)-triazol, Verw. in Unkrautvertilg.-Mittel 17 538*; Titrat. v. substituierten Isomeren 9099.

3-Amino-1.2.4-triazol (*gewöhnl.* **Aminotriazol, Amizole**), Bldg. v. Deriv. 470 [2 Ref.]; Rk. 12 267; (v. Deriv.) 5536*; Verw. zur Best. d. Geschwindigk. d. Synth. u. d. Zerstör. v. Katalase in vivo 3493; Wrkg. auf Katalase (Mechanismus) 10 125; (in d. regenerierenden Schwanzspitze d. Xenopuslarven) 13 427; (im Körper bei Krebsunters.) 7928; (u.Bldg. v. H_2O_2 in isolierten Chloroplasten) 6470; potenzierende Wrkg. d. Katalasegiftes — auf Wasserstoffperoxid 18 179; Rolle d. Phosphorylase bei d. pflanzenwachstumshemmenden Wrkg. v. — 11 233; Aktivier. u. Indukt. d. Tryptophanpyrrolase durch — 14 180; chem. Aktivität eines Glucose- — -Addduktes 9016; — in Pflanzen (Translokat.) 1652; (Aufnahme u. Transport) 13 444; (Leukophyllie durch —) 6840; Eindringen v. ^{14}C-— in d. Blatt 6835; Wrkg.: auf d. Wachstum (d. Chlorella) 13 092; (d. Keimlinge v. Sinapsis alba L.) 8674; auf d. Wurzeln d. Linse (Vgl.) 15 291; Verw.: als Herbicid 276, 6938*, 7668*; zur Bekämpf. v. Paspalum distichum L. 12 064; v. *Weedazol* zur Unkrautvertilg. 9865; Verringer. d. —-Phytotoxizität 7957; v. — abgeleitete Fungicide, Insekticide u. Acaricide 11 185; Wrkg.: auf d. Adenin- u. Histidin-Stoffwechsel v. Mikroorganismen 517; auf d. peroxydativen Stoffwechsel v. Methanol 2404; auf d. Methanol-Stoffwechsel d. Rattenleber 14 178; Verw. als Stabilisator 16 864*; Papierchromatographie 2515; Best. (in biolog. Syst.) 17 899; (in Ernte-Prod.) 14 358.

4-Amino-1.2.4-triazol (F. 76—77°), Darst., Rk. 13 754; Prüf. d. Wrkg. auf d. Wachstum d. Keimlinge v. Sinapsis alba L. 8674.

5-Amino-1.3.4-triazol, Rk. 3443.

Dicyandiamid (Cyanguanidin) (F. 205°), Darst., Rk., Verw. 9868*; Elektronenstruktur 7096; Ionisat.-Konst. 8204; Löslichk. v. Melamin in Lsg. v. — in fl. NH_3 18 290; ^{14}C-halt. Verb. durch Neutronenbestrahl. v. — 15 549; Hydroxalkylier. 15 019*; Rk.: mit NH_3 13 365; mit H_3BO_3 16 607; mit Alkalimetallverb. 12 104*; v. Deriv. mit Tetrahydroisochinolin 4641*; mit Aminen 947*; (u. Aldehyden oder Ketonen) 571*; mit Amin-Salzen 2091*, 11 881, 16 842*; mit aromat. Aminen 17 007 [2 Ref.], 17 008; mit p-Chloranilin u. 4-Methylcyclohexanon 6511*; mit Alkoholen 7853; (u. Cu-Acetat) 5967; mit Xanthydrolen (Vers.) 4161; mit Hydroxyalkyl- oder Alkoxyaminen 10 773; mit Aldehyden 9542*; Polykondens. mit CH_2O 12 315; Rk.: mit 3-Aminopyrazolonen-(5) 7138; mit Benzoin 3054; mit Vinyloxyalkannitrilen 316*; mit Trialkylcyanmethylammoniumsalzen 17 144*; mit salzart. Verb. aus Formamiden, anorgan. Säurechloriden u. Vinyläthern 16 848*; Verh. in Sand- u. Lehmböden 622; Verw.: zur Darst. v. Melamin 11 008*, 13 953*, 18 290, 18 471; zur Herst. (v. —-CH_2O-Harzen) 8445*; (v. synthet. Gerbstoffen) 1478*, 9218*; (v. Feuerlöschmitteln) 17 880*; (eines Kristallisat.-Hilfsmittels für Harnstoff) 19 008*; als Zusatz für Bad zum Glänzen v. Al u. Al-Leg. 14 314*; zur Verhinder. d. Formaldehydentw. bei mit Dimethyloläthylenharnstoff ausgerüsteten Geweben 17 263; in Veredl.-Mittel für Papier, Textilien, Leder 16 177*; zur Erhöh. d. Hitzebeständigk. v. Cellulosefasern 9567; zur Herst. eines luftdurchläss. Faservlieses 16 183*; für Vulkanisier-Verf. 1053*; als Imprägnier.-Mittel für Holz 12 047*; für Farbstoffe 17 218*; v. Deriv. beim Färben v. Polyacrylnitrilfasern 658*; v. Kondens.-Prod. aus Formaldehyd u. — zur Stabilisier. v. Farbfilmen 5167*; Mikronachw. 1346; Best. 3925.

1-Cyanformimidsäurehydrazid (F. 84—86°) 5657.

$C_2H_4N_4O$ **Methylcarbaminsäureazid** 11 881.

$C_2H_4N_4O_2$ **4-Amino-3.5-dihydroxy-1.2.4-triazol,** Wrkg. auf d. Wachstum d. Keimlinge v. Sinapsis alba L. 8674.

Azodicarbonamid, Verw. 667.

$C_2H_4N_4O_2S_2$ **2-Amino-5-aminosulfonyl-1.3.4-thiadiazol,** Prüf. auf antikonvulsive Wrkg. 2078.

$C_2H_4N_4O_3$ **Nitrosobiuret,** Deriv. 2330.

$C_2H_4N_4O_4$ **Nitrobiuret,** Deriv. 2330.

$C_2H_4N_4O_4S_3$ **1.3.4-Thiadiazol-2.5-disulfonamid,** Deriv. 7990*.

$C_2H_4N_4S$ **2.5-Diamino-1.3.4-thiadiazol,** Rk. 1934; (v. Deriv.) 4639*.

1-Amino-1.3.4-triazol-5-thiol, photograph. Verw. 1102*.

5-Methylmercaptotetrazol (F. 144—146°), Darst., Konstit.-Einfl. auf UV-, IR-Spektrum u. pK-Wert 10 402.

$C_2H_4N_4S_2$ **3.6-Dithionohexahydro-1.2.4.5-tetrazin (Dithio-*p*-urazin),** Vers. d. Darst. 8242; Erkennen d. — v. Guha u. De als 3.5-Dimercapto-4-amino-4.1.2-triazol 16 678.

3.5-Dimercapto-4-amino-4.1.2-triazol bzw. **4-Amino-3.5-dithiono-1.2.4-triazolidin** (F. 222° Zers.), Darst. (Erkennen d. „Dithio-p-urazin" v. Guha u. De als —) 16 678; (Rk.) 8242.

$C_2H_4N_6$ **3.6-Diamino-1.2.4.5-tetrazin,** Elektronenstruktur, UV-Spektrum 784.

1.2-Diazidoäthan ($Kp._{11}$ 54—55°) 1588.

C_2H_4O (s. *Acetaldehyd* [*Äthanol*]).

Äthylenoxid, Darst. 1221, 7331*, 7443, 9898*, 9899*, 10 278*, 12 102*; (v. $^{14}C_{(1)}$-—) 3055; Bldg. 90, 13 943*; neue Bezieh. zwischen d. physikal. Konst. v. — 3402; Elektronenstoß-Spektroskopie v. — 4120; Dampfdruck u. NMR-Spektrum d. Addit.-Verb. mit BF_3 10 786; Dampfdruck u. Gefrierpunkt 14 082; katalyt. Hydratisier. 5623, 11 842, 18 434; (u. Verester.) 9670; Oxydat. 3989*; Hydroxyalkylier. 10 270*, 15 019*; Rk.: mit Cl_2 9151*; mit NH_3 2903*, 2904*; mit PBr_3 7697*; (bzw. $POCl_3$) 7697*; mit H_2S 4721*; mit SO_2 7323*; mit Alkalimetallen 10 636*; mit GeF_4 16 247; mit K_2CO_3 9539*; mit Wassergas 1597; mit COS 467; mit Verb. mit akt. H-Atom 15 019*, 16 532*; mit Polydienen 3473; mit Perfluorpropyljodid 3780; mit Propylenoxid 8085*; mit 2-Benzylpyridin 6135*; mit 2-[1'-Phenyltridecyl-(1')]-piperidin 6514*; mit 2-Diphenylmethylpiperidin 6510*; (u. 2-[Phenyl-p-chlorphenylmethyl]-piperidin) 10 933*; mit 3.4-Dihydroisochinolin 5663; mit 3-Azabicyclo-[3.3.1]-nonan 16 313; mit 1.4-Diazabicyclo-[4.4.0]-decan 2358; mit 2-Chlortetrahydrofuran 3115; mit Aminen 6402; mit prim. Monoaminen 2179*; mit Anilin 18 092; mit Dihydro-β-jonylamin 827; mit 5-Methylfurfuryl-(2)-amin 1599; mit 6-Aminopurin 1007*; mit Aminosteroiden 11 203; mit sek. Aminen 17 206*; mit N-Methylaralkylaminen 5646; mit Trimethylamin u. Dialkylxanthinen 2830*; mit Diaminen 16 498*, 18 564*; mit m-Phenylendiamin 15 790*; mit Diäthylentriamin 12 458*; mit Salzen substituierter Hydrazine 15 026*; mit 5(4)-Nitro-2-methylglyoxalin 16 773*; mit Alkoholen 3315, 16 528*; mit 3β- bzw. 3α-Nortropanol 17 768; mit 2-Hydroxymethylpyrrolidin 2353; mit Phenol (Mechanismus d. Basenkatalyse) 7473; mit Nonylphenol 16 067*; (u. Laurylalkohol, Verteil. d. Polymerisat.-Grades) 13 052; mit Monoäthanolamin 2540*, 8059*, 17 206*; mit hydroxyäthylierten Alkylendiaminen 11 002*; mit mehrwert. Alkoholen 5315; mit Diolen 10 999*; mit Brenzcatechin, Hydrochinon oder Resorcin 17 209*; mit 6-Anilino-6-desoxy-3.5-O-benzyliden-1.2-O-isopropyliden-α-D-glucofuranose 3102; mit 1.3-Glycerindialkyläthern 19 052*; mit 1.4-Dimethoxybenzol 6799; mit Dialkalialkadienen 10 272*; mit Na-Vinylacetylid bzw. Na-Acetonitril 1952; mit 1.1.2-Triphenyläthylkalium 18 099; mit Alkenyl-MgBr 18 793; Verh. gegen tert.-Butyl-MgCl 16 642; Rk.: mit Tetramethylen-bis-MgBr bzw. -MgCl 8941; mit Δ^2-Cyclopentenyl-MgBr 3050; mit Phenyl-MgCl 19 005*; mit o-Tolyl-MgBr 1999, 14 851; mit α-Naphthyl-MgBr 16 322; mit Propargyl-$Al_{2/3}$Br bzw. Allyl-$Al_{2/3}$Br 11 526; mit d. Grignard-Verb. v. 3-Methoxy-2-isopropyljodbenzol 9316; mit Triäthyl-p-bromphenylgerman u. Mg 106; mit Isocyanaten 15 409*; mit Cyanursäure 15 037*; mit Chalkonen 8068*; mit ω-Methylolalkylacetophenonen 15 448*; mit Acetylaceton u. Methylbenzylketon 16 642; mit Keten 15 926; mit Monocarbonsäuren 5479*, 17 561*; mit Thioessigsäure 5642; mit α-Aminosäuren 15 217; mit N-substituierten DL-Glutaminsäuren 15 560; mit Terephthalsäure 653*; (oder Isophthalsäure) 1798*; mit Fettsäureestern 5765*; mit Trimethyloläthanmonofettsäureestern 19 053*; mit Aminosäureestern 3069; mit Aminozimtsäureäthylestern 3069; mit ω-[p-Aminophenyl]-carbonsäureestern 5269; mit Benzoldicarbonsäuremonoalkylestern 11 733*; mit Xylitestern v. Carbonsäuren 12 093*; mit Saccharosediestern 14 715; mit Kondens.-Prod. aus ungesätt. Carbonsäuren u. Polyalkylenpolyaminen 5100*; mit 7-Formylaminobenzimidazol 11 195; mit α-Benzoylamino-3-amino-4-hydroxyzimtsäureäthylester 18 441; mit Benzoylhydrazin 7115; mit substituierten Perfluoralkylsulfamidoalkanolen 14 695*; mit Aminophenylalkanphosphonsäureverb. 16 136*; mit Ricinusöl 15 816*; mit sauren Rückständen der Alkalibehandl. v. Ricinusöl 19 053*; mit Wollfett 15 085*; Beständigk. v. Kunststoffen gegen — 8803; Einfl.: auf d. Selbstentzünd. v. Acetylen 16 982; auf d. mikrobiellen Verderb v. feuchter Mohrenhirse 13 611; Verw. v. Deriv. bei d. Behandl. v. Weinstöcken 6556*; Giftigkeit gegen d. schwarzen Getreidenager Tenebroides mauritanicus 6998; Wrkg. d. durch —-Sterilisier. gebildeten Äthylenglykols auf Blutgerinn.-Faktoren eines Mäuse-Inzuchtstamms 16 751; immunolog. Unters. mit —-behandeltem menschl. Serum 1657; pharmakodynam. Unters. eines aus — gebildeten Polyätheroxides 17 121; Stabilität gewisser B-Vitamine gegen — 5362; Verw.: zur Sterilisat. (in d. Pharmazie) 1821*, 7246, 13 125; (v. Catgut) 2081, 2468*, 18 932*; (fl. Medien) 17 805; (v. Kunststoffverpackungsmaterial) 4631; (Wrkg. auf Plaste) 11 384; zur Herst. (oberflächenakt. Verb.) 2190*; (nichtionogener Waschrohstoffe) 16 886; d. bei d. —-Zers. gebildeten Gases als Antriebsmittel 8478*; v. Deriv. in d. Photographie 5536*, 15 831; Verw. v. Rk.-Prod.: mit Aminen (in d. Färberei) 9907*, 9908* [2 Ref.], 9909*; (als Haarwaschmittel) 12 493*; (als Imprägniermittel) 17 609*; mit Alkoholen (in d. Färberei) 5106*; (als Emulgiermittel) 9526*, 9922*; mit Phenolen (als Stabilisator) 1411*; (zur Behandl. synthet. Filme, Fasern u. Gewebe) 17 268*; mit p-Nonylphenol in opt. Bleichverf. für Polyacrylfasern 17 613*; mit Fettalkoholen, Fettsäuren oder Phenolen als Schaumbildner 8849*; mit Di- oder Tetrahydroabietinsäure in der Textilindustrie 13 999*; mit Estern mehrwert. Alkohole als Imprägniermittel 5888*; mit Oleylamid in Textilhilfsmitteln 15 455*; toxikolog. Analyse 16 432; analyt. Kontrolle d. —-Erzeug. 18 952; gaschromatograph. Abtrenn. 10 224*; Best.: in Gasgemischen 11 056; in d. Luft v. Betriebsräumen 12 780; d. Oxäthylier.-Grades v. Fettalkohol-Polyglykoläthern durch IR-spektroskop. Meth. 12 884; Polyäthylenoxide s. unter *Glykole*; s. auch *Plaste* (*Weitere CO-Plaste*).

Bibl.: Ossido di etilene. Proprietà generali e di impiego. Norme di sicurezza e di pronto soccorso [3268].

Vinylalkohol, Polymerisat. bzw. Polymerisate s. *Plaste* (*Vinylpolymerisate*); *Seide-Kunstseide* (*Polyvinylfasern*).

C_2H_4OS **Mercaptoacetaldehyd**, Rk. 3443.

Thionessigsäure bzw. **Thiolessigsäure** (Kp.94 bis 96°), Darst., Rk. 9363; (d. Vinyl-Hg-Salzes) 17 718; Sulfonier. mit — 2537; Rk.: mit HN_3 11 881; mit Äthylenoxid 5642; Addit. als Radikal an 2-Chlorbuten-(2) 5991; Rk.: mit Vinylbenzylchlorid 10 277*; mit Anthracen u. O_2 11 551; mit 2-Aminothiazolinen 12 292; v. Salzen mit 2-Amino-6-jodpurin 1326*; mit β-Nitrostyrol 6004; mit 1-Halogen-1-desoxyglucosamin-Deriv. 8992; mit Harnstoff 7326*; mit 5-[β-Chloräthylamino]-uracil 9719; d. K-Salzes mit α,β-ungesätt. Carbonylverb. 10 837; mit Aceton bzw. Aldehyden 7475; mit Methylvinylketon 13 866*; v. — bzw. d. K-Salzes mit Δ^4-Dehydro-Deriv. v. Steroidhormonen 6788; Einw. auf Anile u. Azobenzol 5652; Rk.: mit ω-Undecylensäure 10 573*; mit 2-Methylhexen-(2)-säure-(6) bzw. 2.3-Dimethylhexen-(2)-säure-(6) 11 903; mit Carboxymethylthioharnstoffen 12 292; mit Acetylendicarbonsäure 449; mit Isopropenylacetat 9301; mit Glycidestern 13 382 [2 Ref.]; mit 3-Acetoxy-1-methyl-$\Delta^{1.3.5,10.6}$-östratetraen-17-on 6145*; d. K-Salzes (mit Meso-α.α'-dibromglutarsäuredimethylester) 8241; (mit 6-O-Tosyl-1.3.4-tri-O-acetyl-N-[p-methoxybenzyliden]-β-D-glucosamin) 8992; (mit N-Bromacyl-1.3.4.6-tetra-O-acetyl-2-desoxy-2-amino-D-glucopyranosen) 14 511; Einfl. auf Struktur u. Eig. v. galvan. abgeschiedenem Ni, Co, Zn oder Cu 8160; Verw. v. ^{35}S-— durch Saccharomyces cerevisiae zur Biosynth. v. Thiamin 7973.

Thioameisensäure-S-methylester (Kp.$_{760}$ 88°) 7477.

$C_2H_4OS_2$ **Dithioglykolsäure**, Strahlensensibilisier. v. Muskel-Glyceraldehyd-3-phosphatdehydrogenase durch — 13 471.

Methylxanthogensäure bzw. **Methylxanthogenat**, Darst., Rk. 15 187; Redoxpotential 12 828*; Rk. v. Salzen 5642, 10 803; Verw. d. K-Salzes 6924*.

$C_2H_4O_2$ (s. *Essigsäure*).

Äthylenperoxid, Poly-— 5996.

Vinylenglykol, —-Anthracen-Addukt 3447.

Glykolaldehyd, Bldg. 14 471, 17 455; Rk. 3811, 10 274*, 15 586, 17 037; enzymat. Bldg. 1266; mögl. Mechanismus d. Oxydat. v. Acetat zu Glykolat über — in Hefezellen 18 503; Reinig. u. Eig. v. Glykolaldehyddehydrogenase mit Spezifität für — 2767; Prüf. auf aktivierende Wrkg. bei d. Bldg. d. Atmungsenzyme bei Hefen 16 008.

Ameisensäuremethylester (Methylformiat) (Kp. 32°), Darst. 1952, 8945, 14 317*, 16 997, 18 632*; Bldg. 5620, 5846*, 13 199*; neue Bezieh. zwischen d. physikal. Konst. v. — 3402; Molekularstruktur 3772; Veränder. d. IR-Absorpt.-Spektrums bei Anlager.-Verb. 10 028; Kernresonanz u. Protonisierungsort 8202; Berechn. d. Parachors 6346; Bezieh. zwischen Druck, Temp. u. Dichte 12 235; Fl.-Dampf-Gleichgew. in KW-Stoff-—-Syst. 11 511; Photolyse 8936; Kinetik d. säurekatalysierten Hydrolyse 1182; Rk.: mit NH_3 8945; mit KSCN u. N-Formylglycinäthylester 9333; mit Dodekahydrocarbazol 4152; mit D-Glucosamin 8622; mit Cyclooctanon 14 845; mit 2.4-Dihydroxy-3.6-dimethoxyphenylbenzylketon 1229; mit 20-Äthylendioxy-Δ^4-pregnen-17α.21-diol-3.11-dion 16 415*.

$C_2H_4O_2S$ **Thioglykolsäure (Mercaptoessigsäure),** Darst., Verw. v. Deriv. 668*; Bldg. 8577, 8603, 13 018; polarograph. Verh. 14 818; Stabilitäts-Konst. d. UO_2^{++}-Chelats 18 389; Oxydat. 6998; (Carboxymethylier. (Kinetik), pK_{HS}-Wert) 14 087; Rk.: mit Anthracen u. O_2, bzw. α-Methylstyrol 11 551; mit Dibenzofuran bzw. Pyren 13 790; mit 4.6.8-Trichlorpyrimido-[5.4:d]-pyrimidin 17 854*; d. Molybdänverb. mit organ. Aminen 3321*; mit β-Bromäthylaminhydrobromid 15 559; mit p-Chlornitrobenzol 4129; mit p.p'-Dinitrodiphenylmethylchlorid 11 547; v. — oder —-Estern mit Naphtholen, Alkoxy- oder Dihydrooxynaphthalinen 1413*; d. Na-Salzes mit Bis-(cyclopentadienyl)-Ti-dichlorid 18 654*; mit Arylisothiocyanaten 4906; mit N-Pyrimidyl-(2)-N'-[β-methoxy-γ-mercuri-propyl]-harnstoffacetat 7626*; mit 5-Halogen-6-aminouracilen 5023*; v. Deriv. mit α.β-ungesätt. α-Halogenketonen oder α.β-ungesätt. β-Halogen-γ-ketocarbonsäureestern 8062*; mit 2-Chlortropon 14 839; mit Cholestan-3-on + $(NH_4)_2CO_3$ 12 306; d. Na-Salzes mit 2-Chlor-5-nitrobenzophenon 18 456; mit β-Ketoaldehyden 13 577*; mit C_8-Oxoaldehyd u. C_8-Oxoalkohol 7694*, mit Phenylhydrazonen v. disubstituierten aromat. Aldehyden 15 209; mit Azomethinen 9703; mit diazotiertem p-Toluidin 5486*; mit Chlorpivalinsäure 7508; mit 2-Chlor-5-nitrobenzoesäure 4527; mit 3- u. 5-Bromlävulinsäure 11 880; mit β-Acetylacrylsäure 11 880; mit Pyridoxal-5-phosphat 8211; mit Acetylphosphaten 10 414; mit o-Nitrobenzolsulfenylchlorid 9149*; mit p-Carboxymethylmercaptophenylstibonigsäuredichlorid 11 538; Mechanismus d. Oxydat. v. Styrol in — 12 613; Einfl.: auf d. Oxydat. v. Fe^{2+}-Ionen 2659; d. Na-Salzes auf d. Photooxydat. v. Dihydroxyphenylalanin 16 708; enzymat. Methylier. 8664; Einfl. v. — u. Mercaptoacetat: auf Cytochromoxydase 15 262; auf d. Wrkg. d. Formokinase 5329; auf d. inaktivierende Wrkg. v. Cu auf gereinigte Säugetier-β-glucuronidase 16 366; auf d. Strahlensensiblisier. v. Muskel-Glyceraldehyd-3-phosphatdehydrogenase 13 471; auf d. Dehydrogenasen d. Rattenleber 6073; auf d. durch Cu^{2+} aktivierte Tyrosinase d. Haut 9763; auf d. Bromat-Rk. im Teig 15 066; auf d. Hemmwrkg. v. Sulfhydryl-Inhibitoren auf Vermehr. u. Enzymtätigk. v. Saccharomyces cerevisiae 12 334; auf d. Wachstum einer Bierhefe (Saccharomyces cerevisiae) 17 306; auf d. Ergosteringehalt v. Hefe 8453*; Verw.: v. ^{35}S-— durch Saccharomyces cerevisiae zur Biosynth. v. Thiamin 7973; v. Thioglykolat-Bouillon zur Prüf. d. Keimfreiheit v. Injektions-Fl. 17 135; Einfl. v. — u. Thioglykolat: auf d. Thiaminaktivität v. S-Benzoylthiamin-O-monophoshat 10 879; auf d. bakteriostat. Wrkg. d. Benzoesäure 11 248; auf d. Stabilisier. v. Poliovirus durch Cystin 5720; auf d. Aktivität v. Tuberkulin-Protein 17 806; auf d. Abbau v. β-Mercaptobrenztraubensäure durch E. coli 7566; auf d. Photosynth. u. d. Dunkelstoffwechsel v. Pupurschwefelbakterien 11 972; auf d. Äthylen-Entw. durch Tomatenpartikel-Präp. 16 376; auf d. Überwind. d. W.-Empfindlichk. v. Gerstensamen durch Behandl. mit K-Ferricyanid 18 894; auf d. Verteil. v. ^{60}Co in Albinoratten 16 045; auf d. biolog. Aktivität menschl. Gonadotropine 7583; auf d. Haut d. Unterlippe beim Menschen 12 864; auf d. Histamin-Freisetz. bei d. anaphylakt. Rk. 8319; Behandl. d. Proteine d. menschl. Serums mit Thioglykolat 16 036; Ersatz v. Asparagin durch Thioglykolat beim Jensen-Sarkom 155; Gleichgew. zwischen d. Disulfidbind. in d. Wolle u. Mercaptoacetat 10 155; mit — behandelte Wolle 13 625; (polarograph. Best. v. Sulfhydrylgruppen) 7380; (Einfl. d. atmosphär. Oxydat. auf d. Superkontrakt.) 2588; Verw. d. NH_4-Salzes: zum Plissieren v. Wolle enthaltenden Textilien 1465*; zum Faltenbeständigmachen v. Wollgeweben 4392*; Filzfreiausrüst. v. Wolle mit — 13 625; (Beeinfluss. durch Verunreinig. d. Oberfläche) 13 625; Verw.: in Mitteln zur Haarverformung 679, 7731*, 16 516*, 17 594*, 18 305*, 18 668*; in Dauerwell- bzw. Enthaar.-Mittel 1056*; bei d. Herst. v. Chloropren 3624*, 16 130*, 19 005*; bei d. Fraktionier. v. 3.4-Dichlorbuten-(1) 17 559*; in Stabilisatoren 5532*, 13 221*, 15 401*; mercurimetr. Best. 13 149; Einfl. v. HCHO auf d. p_H-Titrat. d. Ca-Salzes 16 628; analyt. Verw. 11 772, 17 469; (v. Mo-—) 7640.

Vinylsulfinsäure 3260*.

$C_2H_4O_2S_2$ **1.2.3-Oxadithiolan-2-oxid** ($Kp._{0,5-0,6}$ 56—57° korr.), Darst., Rk. 9301; Rk. 9301.

$C_2H_4O_2Se$ **Selenoglykolsäure,** polarograph. Verh. 14 818.

$C_2H_4O_3$ (s. *Glykolsäure* [*Hydroxyessigsäure*]).

1.2.3-Trioxolan, Deriv. 14 095.

1.2.4-Trioxolan, Deriv. 14 095.

Peressigsäure (Peroxyessigsäure, Acetpersäure), Darst. 2168*, 12 091*, 14 323*, 17 560*, 17 923*; (Rk.) 13 382; (d. Ca-Salzes) 16 486*; Darst., Verw. v. Salzen 11 386*; Stabilisier. 13 998*; Oxydat. mit — 6398; Epoxydier. mit — 7718*; (Kinetik) 4129; Hydroxylier. mit — 2692; Rk.: mit Olefinen 13 950*; mit Cyclododecatrien 5850*; mit Cyclohexen-Deriv. 7502; mit Cyclopentadien 15 771*; mit Oktalin-Deriv. 7503; mit Trifluormethylphenthiazinderiv. 3263*; mit Bis-[Δ^3-tetrahydrobenzyl]-amin-Verb. 13 577*; mit tert. dreiwert. Alkoholen d. Äthylenreihe 15 939; mit 1-Methylnorborneol 12 982; mit Allylmercaptoalkanolen 15 022*; mit Arylsulfiden u. -sulfoxiden (Kinetik) 4129; mit Aminosilanen oder -siloxanen 5101*; mit Polyacrolein 3834; mit 4-Methoxy-2- bzw. -3-benzyloxybenzaldehyd bzw. 2.5-Dimethoxybenzaldehyd 7895; mit Pregnenolon 17 858*; mit 16α.17α-[2'.2'-Dimethyl-4'.5'-dioxolan]-3β-hydroxy-Δ^5-pregnen-20-on 17 856*; mit Benzil 13 718; mit Phenyldithiolthionen 1178; mit Δ^3-Tetrahydrobenzylacetalen 15 408*; mit 11-Dehydrocorticosteron-3.20-bisäthylenketal 17 856*; v. —-Estern aus ungesätt. Carbonsäuren u. ungesätt. Alkoholen 17 232*; mit Erucasäure 5470*; mit Ölsäure 6208*, 9890; mit Pyridincarbonsäure 18 643*; mit 4.4'-[Thiodiäthylen-(β.β')]-dibenzoesäure 652*; mit syn-cis-Δ^4-Oktalin-1.2-dicarbonsäure (Stereochemie) 7501; mit α.β-ungesätt. Carbonsäureestern 10 638*; mit alkylsubstituierten ungesätt. Estern 5850*; mit Crotonsäuremethylester 8238; mit $\Delta^{17,20}$-20-Enolacetaten d. Pregnan- bzw. Allopregnanreihe 3906*; mit 3β-Acetoxy-16α.17α-epoxy-Δ^5-pregnen-20-on 6143*; mit 3α-Acetoxy-11.17-diketotestan 6880*; mit 6α-Methyl-17α-hydroxyprogesteron-17-acetat-3.20-bis-äthylenketal 18 208*; mit Δ^3-Cyclohexen-1.1-dimethanoldialkensäureester 13 950*; mit N.N-Bis-(Δ^3-tetrahydrobenzyl)-formamid u. dgl. 17 233*; Einfl.: auf d. Mechanismus d. Photooxydat. v. Acetaldehyd 8575; auf d. enzymat. Verdauung verschied. Mucopolysaccharide 874; Behandl. v. Wolle mit — 13 625; Verw. 2944*, 12 516* [2 Ref.], 15 457*, 15 815, 18 318*.

Methylcarbonat, Bldg. d. Na-Salzes 12 831*; Röntgenbeug.-Pulverdiagramme 5952.

$C_2H_4O_3S$ **Äthylensulfonsäure,** elektrochem. Eig. u. Mol.-Form v. —-halt. Copolymeren 11 216; elektronenmikroskop. Unters. d. Struktur v. —-halt. polyelektrolyt. Makromol. 14 165.

Äthylensulfit (Äthylenglykolsulfit) (Kp.$_{20}$ 66—67°), Herst. 7323*; Rk.: mit Alkalicarbonat oder -bicarbonat 9892*; mit H_2SO_4 650*; Cytotoxizität gegenüber menschl. u. tier. Zellen 4195, 4196; Verw. 17 968*.

$C_2H_4O_4S$ **Äthylensulfat** (F. 96—97°), Darst. 650*; (Rk.) 17 989.

$C_2H_4O_6S_2$ **Carbylsulfat,** Deriv. 15 768*.

$C_2H_4O_7S_2$ **Acetaldehyddisulfonsäure,** Herst., Verw. 13 521*; Verw. 15 717*, 16 086*.

C_2H_4S **Äthylensulfid (Thiiran)** (Kp. 55—56° korr.), Darst. 467, 9305; Bldg. 9301; (intermediär) 9303; Ionisat.-Potential 17 302; Rk. 7133, 7697* [2 Ref.], 10 046; Verw. 12 880*.

Thioacetaldehyd, Darst. 7691*.

$[C_2H_4S]_x$ **Polyäthylensulfid** (F. 187°), Darst. 9304; (Rk.) 4940; Bldg. 467; F. u. Kristallisationsgeschw. (Vgl.) 1247; Verw. 4749*.

$C_2H_4S_2$ **Dithioessigsäure,** Einfl. auf d. Oxydat. v. Fe^{2+}-Ionen durch Röntgenstrahlen 2659.

$C_2H_4S_3$ **1.2.4-Trithiolan,** Deriv. 2546*.

C_2H_5 **Äthyl** s. unter *Radikale* (*Spezielle Radikale*).

$C_2H_5AgO_3Se$ **Silberäthylselenit** 14 797.

C_2H_5Al **Vinylaluminiumhydrid** 14 800.

$C_2H_5AlBrCl$ **Äthylaluminiumbromidchlorid** 17 680.

$C_2H_5AlBr_2$ **Äthylaluminiumdibromid,** katalyt. Wrkg. eines —-halt. Syst. bei d. Polymerisat. v. Olefinen 4557.

$C_2H_5AlCl_2$ **Äthylaluminiumdichlorid (Äthylaluminiumsesquichlorid),** Darst. 14 650*; (d. Ätherats) 18 235*; Rk. 5101*, 5474*, 18 396; cis-trans-Isomerisier. v. Naturkautschuk unter Einw. v. HCl u. — 9746; Rk. v. $SiCl_4$ mit Tetraäthylsilan in Ggw. v. — 5477*; Verw. für d. Polymerisat.: v. Olefinen 1813*, 4557, 5493*, 7351*, 9535*; v. Isopren 11 586; v. Vinyläthern 17 267*.

$C_2H_5AlJ_2$ **Äthylaluminiumdijodid,** katalyt. Wrkg. eines —-halt. Syst. bei d. Polymerisat. v. Olefinen 4557.

$C_2H_5AsF_2O$ **Difluoroarsenigsäureäthylester,** Rk. 17 681.

$C_2H_5AsS_2$ **2-Arsa-1.3-dithiolan,** Deriv. 15 769*.

C_2H_5BClF **Äthylborchloridfluorid,** π-Charakter d. C-B-Bind. 1177.

$C_2H_5BCl_2$ **Äthyldichlorboran (Äthyldichlorborin, Äthylbordichlorid)** (Kp.$_{759}$ 50,5°), Herst. 1410*; π-Charakter d. C-B-Bind. 1177; Rk. 7120; Best. d. an B gebundenen Cl 1726.

$C_2H_5BCl_2O$ **Äthoxybordichlorid,** Rk. 13 370.

$C_2H_5BF_2$ **Äthylbordifluorid,** π-Charakter d. C-B-Bind. 1177.

$C_2H_5BO_2$ **1.3.2-Dioxaborolan,** Deriv. 10 644*.

Vinylboronsäure (Äthylenboronsäure) (F. 74°), Darst. 7326*, 15 766*; Herst. 17 925*; π-Charakter d. C-B-Bind. 1177.

Metaborsäureäthylester, Darst., Mol.-Refr., Dipolmoment u. magnet. Susceptibilität 15 903.

$C_2H_5BO_3$ **Borsäureglykolester,** Rk. 5909*.

C_2H_5Br **Äthylbromid** (Kp. 40°), Darst. 17 160; Bldg. 2712, 11 152, 12 259, 12 828*, 19 007*; Proton-chem. Verschieb. 5978; relative chem. C- bzw. H-Verschieb. 9286; ^{13}C-Protonen-Spin-Spin-Koppl.-Konst. 5978; ^{13}C-Kernresonanzspektroskopie 8201; Massenspektrum 14 814; Einfl. d. Komplexbldg. mit J_2 auf d. sichtbare u. UV-Spektrum v. J_2 3761; dielektr. Messungen mit Hilfe eines linearen abstimmbaren Hohlraums 17 698; Berechn. d. DK u. d. dielektr. Verlustes aus d. Mikrowellenspektrum 433; Dissoziat. in selbstlöschenden Geiger-Müller-Zählrohren 11 446; induktiver Effekt 8568; Parachor 6346, 10 035; Bezieh. zwischen Druck, Temp. u. Dichte 12 235; Konst. d. Antoine-Gleich. 4122; Adsorpt.: v. 8-mm-Wellen in — 15 898; v. Polymethylmethacrylat aus —-Lsg. 11 946; Fallgeschwindigk. 13 519; Einfl. d. KW-Stoffkette auf d. Löslichk. in W. 439; Bestrahl. v. —-Gemischen mit Neutronen 11 519 [2 Ref.]; Blitzlichtphotolyse v. J_2 in — (Bldg. v. J-Atomkomplexen) 15 878; Pyrolyse v. $B_{10}H_{14}$ in Ggw. v. — (Bldg. v. 2-Äthyldekaboran) 11 839; Enthalogenier. 8781*; Rk.: mit Br im Röntgenstrahlenfeld 15 181; mit atomarem O oder akt. N (spektroskop. Unters.) 17 346; mit Al 2697; mit Pb/Na-Leg. 4401*; mit Mg u. K_2SiF_6 13 203*; mit rotem P 17 562*; Kinetik d. Alkylier. 9662; Rk.: mit Chlorstyrolen 18 443; mit Picolinen 18 112; mit p-Chlor-2-benzylpyridin 6135*; mit 3-Dimethylamino-3-methylbutin-(1) bzw. 3-Pyrrolidino-3-methylbutin-(1) 7484; mit N.N-Dimethylaminomethylferrocen 17 731; mit o-Brombenzyldimethylamin 18 088; mit 2.6-Dimethyl-4-hydroxybrombenzol 1578; mit 3-Methyl-1-phenylhexin-(1)-diol-(3.6) 16 655; mit 3-Methoxy-3-methylbutin-(1) 11 876; mit Organomagnesiumkomplexverbindungen 7322*; mit Triäthylaluminium u. Tetraäthylblei unter d. Einfluß v. Metallhalogeniden 17 708; mit Bleitetraäthyl (Austausch d. Äthylrestes) 3047, 15 180; mit Kaliumäthylphenylphosphid 1208; mit Thiolen 4881; 2-Hydroxy-7-mercapto- bzw. mit 2.5- bzw. 2.7-Dimercaptothiazolo-[5.4:d]-pyrimidin 6774; mit Äthylenthioharnstoff 13 514; mit Pentanon-(2) u. Al 11 525; mit Chalkonen 8068*; mit Mg u. 9-Keto-7-methyl-Δ^{10}-ergolen 7627*; mit Bis-[4-oxothiazolidinyliden-(2)]-hydrazin 1002; mit N-[β-Hydroxyäthyl]-pyrrolidon-(2) 17 763; mit 2-Methylmercapto-6-methylpyrimidon-(4) 4538; mit 5-n-Butyl-6-methyluracil 4541; mit 5-Methylamino-3-cyclohexyl-1.6-dimethyluracil 4540; mit 2-Phenylpropionitril 6740; mit 4-Methoxybiphenylyl-(3)-acetonitril 18 100; mit Methionin 17 369; mit Salzen v. Acetessigester bzw. α-Alkylacetessigsäureäthylester 12 987; mit 1-Methylbutylcyanessigsäureäthylester 3458; mit

Phenylcyanessigsäureäthylester 18 087; mit [Thienyl-(2)]-cyanessigester 10 084; mit Malonsäuredialkylestern + Brombenzol + $NaNH_2$ 18 801; mit aromat. Thioamiden 6007; mit K-β-Phthalimidothiopropionat 7251*; mit Tetramethylammonium-O-methyl-O-n-propylphosphat 9675; — als Initiator d. Rk. v. Mg mit $(C_6H_5)_3SnCl$ 1537; Verw. als Polymerisat.-Katalysator 6989*, 8082*.

C_2H_5BrHg Äthylquecksilberbromid (F. 188 bis 190°) 9663, 10 384.

C_2H_5BrMg Äthylmagnesiumbromid, Löslichk. in verschiedenen Lsgm. 1181; Mechanismus d. Hydrolyse 1181; Rk.: mit $HgBr_2$ 9663; mit $CdCl_2$ 1204, 10 427; mit $PSCl_3$ 15 563; mit MnJ_2 2667; mit Alkinen + Ketosteroiden 2380; mit Acetylen 8941, 10 424; (u. Äthyldimethylchlorsilan) 10 054; (u. Methacrolein) 8265; (u. Orthoameisensäureäthylester) 17 403; mit Vinylacetylen 10 820; mit Phenylacetylen 8243; mit 5-Äthinyl-3.3'-biisooxazol u. Orthoameisensäuretriäthylester 5289; mit Propin-(1) 11 295*; mit Heptin-(1) bzw. 2-[Pentin-(4)-yl-(1)]-1.3-dioxolan 7852; mit Tetradecin-(1) u. Triäthylorthoformiat 3184*; mit Cyclopentadienen 10 078; mit Cyclopentadien (u. $FeCl_3$) 12 277; (u. tert. Butylchlorid) 10 077; mit Spiropentan u. Chlorameisensäureäthylester 466; mit Piperidin u. cycl. Butandiol-(1.3)-sulfat 15 188; mit 3-Bromcyclohexen 18 416; mit Δ^4-Pregnen-3β-chlor-20-on-20-äthylenglykolketal 16 773*; mit Diisopropylamin 11 905; mit 3-Dimethylamino- bzw. 3-Pyrrolidino-3-methylbutin-(1) 7484; mit Diaziden 1589; mit Dieninolen 17 407; mit Methyläthyläthinylcarbinol 11 884; mit Dimethylarylcarbinolen 10 074; mit Propargylalkohol u. Trimethylchlorsilan bzw. Essigsäure-γ-[dichlormethylsilyl]-propylester 8221; mit 2-Methylepichlorhydrin 16 657; mit 1-Phenylbutin-(3)-ol-(1) + Aldehyden bzw. Ketonen 7863; mit Pentadiin-(1.4)-ol-(3) bzw. 5.5-Dimethylhexadiin-(1.3) 3417; mit 1-[2.3.6-Trimethylphenyl]-3-methylhexen-(1)-in-(5)-ol-(3) 6782; mit Hepten-(1)-diin-(4.6)-ol-(3) 4938; mit 10-[2.6.6-Trimethylcyclohexen-(1)-yl]-4.8-dimethyldecatrien-(4.6.8)-in-(1)-ol-(3) 15 031*; mit 17α-Äthinyl-3β-hydroxy-16α-methyl-Δ^5-androsten-17β-ol 15 980; mit Allyläthern 14 467; mit 3-Methoxy-3-methylbutin-(1) 11 876; mit 2-Isopropyl-4-bromanisol 10 808; mit 2-[1-Äthinyl-1-methylheptyloxy]-tetrahydropyran 17 389; mit 9-[Tetrahydropyranyl-(2)-oxy]-nonin 6737; (u. CO_2) 3059; mit Propargylaldehyddiäthylacetal 468; mit 1.1-Diäthoxy-2-methylpenten-(2)-in-(4) u. mit 1.1.3-Triäthoxy-4-methylhepten-(4)-in-(6) 15 071*; mit Orthoameisensäureester u. Isopropenylacetylen 18 794; mit Di-n-butylborchlorid 14 833; mit Tripropyl-2.3-epoxypropylsilan 3431; mit Triphenyl- bzw. Tribenzyl-1.2-epoxyäthylsilan 2710; mit Sn(IV)-Alkoxiden 12 587; mit Äthylmercaptoacetylen 12 296; mit Dimethylsulfoxid 10 432; mit p-Tolylsulfonyldimethylacetal 6380; mit Aldehyden 15 548; mit Acrolein 1967; mit Crotonaldehyd 15 966; mit 2.3-Dichlor-2-methylpentanal 18 790; mit 2.5-Endomethylen-Δ^3-cyclohexenaldehyd 6590*; mit 6-Formyl-Δ^2-dihydropyran 12 622; mit 1-[N-Methylanilino]-propenal-(3) 10 270*; mit dimeren Ketenen 3074; mit Ketonen 15 548; mit 1.3-Dichloraceton 18 084; mit Diisopropylketon 9673; mit 2.4-Dimethylpentanon-(3) (Kinetik) 14 093; mit 1.5-Epoxyoctanon-(7) 6031; mit 2-Oxononin-(7) 8945; mit β-Piperidinobutyrophenon 1232; mit Analoga d. β-Jonons 11 893; mit 2.6-Dimethylpyron-(4) 13 740; mit α-Tetralon 6017; mit 1.2.3.4-Tetrahydro-6-isopropylphenanthrenon-(1) 14 849; mit 8-Methyl- bzw. 6.7-Dimethyl-1-oxo-1.2.3.4-tetrahydrophenanthren 14 851; mit Benzobicyclo-[4.1.0]-hepten-(3)-on-(2) 2341; mit 4'-Methylbenzo-[2'.1':3.4]-bicyclo-[4.1.0]-hepten-(3)-on-(2) bzw. 1-Oxo-3-hydroxymethyl-7-methyl-1.2.3.4-tetrahydronaphthalin 2343; mit 9-Keto-7-methyl-Δ^{10}-ergolen 3813; mit ω-Diäthylaminoacetophenonhydrochlorid 17 722; mit 24-Oxocholesterin bzw. 24-Oxo-20-isocholesterin 10 482; mit 3-Isobutoxy-2.5.5-trimethylcyclohexen-(2)-on 7864; mit 2-[p-Methoxyphenäthyl]-cyclopentanon 2002; mit 3-Methoxy-$\Delta^{1.3.5,10}$-östradien-17-on 3557*; mit p-Methoxy-α-methyl-β-dimethylaminopropiophenonhydrochlorid 1206; mit 7-Methoxy-2-[p-methoxybenzyl]-tetralon-(1) 8236; Vers. d. Rk. mit Isatin 17 740; Rk.: mit 2-Thioketo-4-benzylidenthiazolidonen-(5) 5664; mit Formaldehyd-N'N'-dimethylhydrazon 12 625; mit Propionitril 10 045; mit Isobutyronitril 3081; mit 3-Äthyl-3-methyloctansäurenitril 3779; mit 3-Cyanpyridin 8979; mit 2-[N-1'.1'-Diphenyl-1'-cyanpropyl-(3')-N-methyl-amino]-3-phenylpropanhydrochlorid 4258*; mit 9.10-Dicyananthracen 17 022; mit ungesätt. Estern 11 874; mit Chloroformylcarbonsäuremethylestern 3983*; mit 3-Brom-2-acetoxycyclobuten-(1) 11 894; mit α-Ketocarbonsäureestern 10 061; mit substituierten Bernsteinsäureestern 14 487; mit Korksäurediäthylester 10 053; mit 3β.17β-Diacetoxyandrostan-6-on 2381; mit 4-Chlorbuttersäurechlorid u. $CdCl_2$ 8215; mit o-Veratroylchlorid 113; mit Säureamiden bzw. -nitrilen 17 713; mit Carbonsäuredimethylamiden 7480; mit Oxalsäuremonoamid-Deriv. 1709*; Stabilisier. v. Ge-Oberflächen durch Äthylier. mit — 12 555; — als Katalysator bei d. Polymerisat. v. ε-Caprolactam 2756.

C_2H_5BrO Äthylenbromhydrin (Äthylenepibromhydrin, β-Bromäthylalkohol, 2-Bromäthanol, 2-Hydroxyäthylbromid) (Kp. 149°), Darst. 11 526; Bldg. 8941; Red. 8941; Rk.: mit BCl_3 2331; mit 3.4-Dihydroisochinolin 5663; mit Äthylenthioharnstoff 13 514; mit 6-Chlorpurin 10 464; mit 6-Aminopurin 1007*; mit Cystein 18 439; mit Benzilsäure bzw. Mandelsäure 10 837; mit Isonicotinsäuremethylester 9712; mit Benzoylchlorid u. Triäthanolamin 16 645; mit Chlorthiophosphorsäure-O.O'-diäthylester 12 268; Verw. 12 881*; Identifizier. 13 149; Best. 8363.

$C_2H_5BrO_3S$ β-Bromäthansulfonsäure, Rk. d. Na-Salzes 10 049, 13 358, 18 490.

$C_2H_5Br_2O_3P$ α.β-Dibromäthylphosphonsäure (F. 115—116°) 13 366.

$C_2H_5Br_2P$ Äthyldibromphosphin 17 562*.

C_2H_5CdCl Äthylcadmiumchlorid, Rk. 10 427.

C_2H_5Cl Äthylchlorid, Herst. 9513*, 10 634*; Bldg. 5246, 5253, 12 828*, 16 609, 18 041; Proton-chem. Verschieb. 5978; relative chem. C- bzw. H-Verschieb. 9286; ^{13}C-Kernresonanzspektroskopie 8201; Massenspektrum 14 814; IR-Spektren v. Addit.-Verb. mit Metallhalogeniden 8146; Einfl. d. Komplexbldg. mit J_2 auf d. sichtbare u. UV-Spektrum v. J_2 3761; Flammenemiss.-Spektrum im sichtbaren u. UV 6340; Kinetik d. Dissoziat. in selbstlöschenden Geiger-Müller-Zählrohren 11 446; induktiver Effekt 8568; dielektr. Verh. v. an porösem Vycor-Glas adsorbiertem — bei tiefen Temp. 13 338; Adsorpt. u. dielektr. Eig. an d. Syst. Al_2O_3/— bei 35° 11 859; Parachor 6346; neue Bezieh. zwischen d. physikal. Konst. v. — 3402; Bezieh. zwischen Druck, Temp. u. Dichte 12 235; Konst. d. Antoine-Gleich. 4122; Millimeterwellendispers. in —

15 898; Modell für d. Transport-Eig. v. gasförm. — 13 671; Einfl. d. KW-Stoffkette auf d. Löslichk. in W. 439; Löslichk. u. Hydratgleichgew. im Syst. H_2O/C_2H_5Cl 15 875; Rk.: mit Al 14 650* [2 Ref.]; mit Li-Pb-Leg. 5475*; mit rotem P 17 562*; mit PCl_3 u. $AlCl_3$ 14 325*; mit KNCO in einer KCl/LiCl-Schmelze 15 521; mit $(C_2H_5)_3B$ u. Na 2663; mit d. Alkalisalz v. Phenylacetonitril 2172*; mit 1-Methylbutylmalonsäurediäthylester 17 558*; Alkylieren v. Benzol-KW-Stoffen mit — 9954*; Kinetik d. Alkylier. v. Toluol mit — 9662; — als Lsgm. bei Polymerisat-Rk. 14 160 [2 Ref.]; — als Treibmittel in kosmet. Aerosolpack. 15 059; Verw. zur Herst. v. Polyurethanschaum 2194*; gaschromatograph. Nachw. in Chloroform 7620; Verw. zur gaschromatograph. Best. v. leichteren Komponenten in Olefin-freiem Erdöl als innerer Standard 4039.

$C_2H_5ClFO_2P$ **Chlorofluorophosphorsäureäthylester** ($Kp._{55}$ 53—55°), Darst. 53; Rk. 52.

C_2H_5ClHg **Äthylmercurichlorid**, Verw. als *Ceresan* bzw. *Granosan* s. dort.

C_2H_5ClHgO **β-Hydroxyäthylmercurichlorid**, Wrkg. auf d. Entw. v. Bac. acetoethylicus u. Bact. coli 16 370.

C_2H_5ClMg **Äthylmagnesiumchlorid**, Rk. 2711, 15 563.

$C_2H_5ClN_2$ **2-Chloracetamidin**, Hydrochlorid (F. 95—99°) 7111.

$C_2H_5ClN_4$ **Guanylchlorformamidin**, Hydrochloride v. Deriv. 10 275*.

$C_2H_5ClN_6$ **Monochlorazodicarbonsäureamidin**, Verw. 4648*.

C_2H_5ClO **Äthylenchlorhydrin (Glykolchlorhydrin, β-Chloräthylalkohol, 2-Chloräthanol, β-Hydroxyäthylchlorid)** (Kp. 129°), Darst. 8055, 14 828; Bldg. 9151*; Gewinn. aus Gasen mit geringer Konz. v. Äthylen 19 001; Dublettcharakter d. OH-Absorpt. 8558; Wechselbezieh. d. H-Brückengleichgew. mit d. Acidität bei Säure-Basen-Rk. v. — 3404; Vers. d. Red. 8941; Rk.: mit KF 17 767; mit Dihydropyran 13 029; mit Pyrrolidin, Piperidin bzw. Morpholin 450; mit Piperidin-Deriv. bzw. mit 2.2.6.6-Tetramethylpiperidin 3552*; mit Piperazin 7108, 18 205*; mit 6-Aminopurin 1007*; mit sek. Aminen 14 498; mit N-Methylaralkylaminen 5646; mit 2-Methyl-4-nitroimidazol 1713*; mit 2-Nitro-4-dimethylaminoanilin 14 688*; mit Isobutanol 8580; mit Phenol 5281; mit 5.6.7.8-Tetrahydro-α-naphthol 16 664; mit Ephedrin bzw. Norephedrin-Deriv. 2090*; mit Norephedrin 4642*; mit 2.4-Dichlor-5-nitrophenol 9673; mit Diol $C_{20}H_{23}NO_2$ 14 518; mit Brenzcatechin, Hydrochinon oder Resorcin 17 209*; mit 1.2;5.6-Di-O-isopropyliden-D-glucofuranose-Na-Salz 4927; mit Phenyl-α-methylvinyläther 8581; mit bicycl. Äthern 8065*; mit Triphenylphosphin 10 436; mit Thiolen 17 716; mit Thioglykolen u. CH_2O zu Thioformalen 7693*; mit 2-Methylhypoxanthinthiol-(8) 9720; mit Na-Propylmercaptid 8258; mit n-Butylisocyanat 9303; mit [2-Phenyloxazolyl-(4)]-isocyanat 3451; mit K-Butylxanthogenat 17 714; mit Äthylenthioharnstoff 13 514; mit Cyanursäure 850; mit Chalkonen 8068*; mit 4-Propionyl-4-phenylpiperidin 8248; mit 4-Chlorbenzophenondichlorid 1712*; mit Hydantoinen 9332; mit 2-Chlormethylanthrachinon 13 011; mit 8-Hydroxymethyltheophyllin 223*; mit Pyridin-2-aldoxim 8720*; mit Benzylcyaniden 10 814; mit Salzen v. Carbon- bzw. Dithiosäuren 5642; mit Bernsteinsäure 9676; mit d. Hydrochlorid v. 2.2-Diphenyl-2-chloressigsäure-[β-dimethylaminoäthylester] 7872; mit Benzoylchlorid 1564; (u. Triäthanolamin) 16 645; mit 2.6-Dimethylbenzoylchlorid 1581; mit 3.4.5-Trimethoxybenzoylchlorid 8226; mit N-[3.4-Dimethoxyphenäthyl]-α.α-diäthyl-α-carboxyacetamid 4914; mit Alkensulfonsäureestern 14 318*; mit Methansulfochlorid 15 184; mit K-Saccharin 1194; Einfl.: auf d. Mol.-Gestalt u. d. enzymat. Aktivität v. Myosin 8287; eines —-halt. Gemisches (*Rindite*) auf die Winterknospen v. Reben 2935, 13 543; Verw.: zur Herst. v. Tetrahydrodioxopyridazinen 5395*; als Alkylierungsmittel 5100*; als Dispers.-Mittel für Getreideproteine 14 358; in gelatinehalt. Haftlsg. zum Substrieren v. Terephthalsäurepolyester-Folie 8485*; zum Härten v. Schwammstoffen aus regenerierter Cellulose 12 881*; Best. in Luft 5784.

Monochlordimethyläther (α-Chlormethylmethyläther), Herst. 12 456*; Bldg. 13 353; NMR-Spektrum 14 816; neue Bezieh. zwischen d. physikal. Konst. v. — 3402; Rk.-Geschw. d. Solvolyse 83; Rk.: mit AgNO 9514*; mit Alkali-Verb. v. konjugierten Diolefinen 10 635*; mit Butadien 14 102; mit 2-Chlorbutadien-(1.3) 2701; mit Cyclohexen 12 277; mit 1-Dicyclohexylamino-2-äthylhexen-(1) 15 941; mit Hydrochinon u. Na 2011; mit 4-Nitrobrenzcatechin 4636*; mit Triphenylphosphin 10 806; mit Mercaptoäthanol 7352*; mit Thioharnstoff 3911*; mit K-Butylxanthogenat 17 714; mit 4-Hydroxy-6-methylpyron-(2) bzw. Protocatechualdehyd 10 455; mit Östronmethyläther 16 775*; mit 2-Mercaptopyridin-1-oxid 9336; mit Pentanatriumsaccharat 7527; mit Trichlorlactamid 17 140*; mit 3-Chloranilin-4.6-disulfonsäuredichlorid 15 028*.

$C_2H_5ClO_2S$ **Äthansulfochlorid (Äthansulfonylchlorid, Äthansulfonsäurechlorid)** ($Kp._{18}$ 70°), Darst., Rk. 10 803; Kinetik d. therm. Zerfalls 5247; Rk.: mit Phenol 6370; mit 7-[Piperazinomethyl]-5-chlor-8-hydroxychinolin 15 593; mit Butan- u. Cyclohexandiolen 13 002; mit 3-Dimethylsulfamido-10-[3'-piperazino-2-methylpropyl]-phenothiazin 17 140*.

$C_2H_5ClO_2S_2$ *O*-**Chlorsulfinyl-2-mercaptoäthanol** 9301.

Chlorthiolsulfonsäureäthylester, Darst., IR- u. Ramanspektrum 3036.

$C_2H_5ClO_3S$ **2-Chloräthan-1-sulfonsäure**, Rk. d. Na-Salzes 5845*.

Chlorsulfonsäureäthylester (Chloroschwefelsäureäthylester), Rk. 2710, 15 151.

C_2H_5ClS **2-Chloräthylmercaptan**, Rk. 9301.

Chlormethylmethylsulfid ($Kp._{760}$ 109—112°), Darst. 1558, 7476; Rk. 2540*, 6962*, 10 806.

Äthylsulfenylchlorid, Verh. gegen 1-Phenyl-3-diazoaceton 11 178; Rk. mit $^{14}C_{(\alpha)}$-ω-Diazoacetophenon 5993; Verw. 13 230*.

$C_2H_5Cl_2OP$ **Äthylphosphitdichlorid**, mol. magnet. Rotat. 12 233; Mo-Carbonylkomplexe mit — als Ligand 3029.

Äthylphosphonsäuredichlorid ($Kp._{10}$ 71 bis 72°), Darst. 12 266; kernmagnet. Resonanz u. IR-Absorptionsunters. 8203; Rk. 7858, 13 205*.

Chlormethylmethylphosphoroxidchlorid, Rk. 17 334.

$C_2H_5Cl_2OPS$ **Dichlorthionophosphorsäureäthylester (Äthylthionphosphatdichlorid)**, IR-Spektrum 9283; mol. magnet. Rotat. 12 233; Rk. 10 565*, 15 190, 15 930, 16 654.

$C_2H_5Cl_2O_2P$ **Phosphorsäureäthylesterdichlorid (Dichlorphosphorsäureäthylester, Äthyldichlorphosphat, Äthoxyphosphoryldichlorid)** ($Kp._{12}$ 54—56°), Bldg. 3380; Rk.: mit $Ba(OH)_2$ 9638; mit Aminen 16 538*; mit Dialkylaminen 5475*; mit 2.2'-{Isopropyliden-bis-[2.6-dichlor-p-phenylenoxy]}-diäthanol 17 209*; mit Äthylmercaptan 6738; mit p-Chlorphenylphosphat 7851.

$C_2H_5Cl_2P$ **Äthyldichlorphosphin**, Herst. 14 325*; (Verw.) 15 380*, 17 562*; Bldg. 10 767; (Rk.) 12 629; kernmagnet. Resonanz u. IR-Absorptionsunters. 8203.

Methylchlormethylphosphinigsäurechlorid (Kp.$_{98}$ 67°) 102.

$C_2H_5Cl_2PS$ **Äthylthiophosphonsäuredichlorid**, IR-Spektrum 9283; kernmagnet. Resonanz u. IR-Absorptionsunters. 8203.

Chlormethylmethylphosphorsulfidchlorid (Kp.$_{3-4}$ 68—70°) 17 334.

$C_2H_5Cl_2Ti$ **Äthyltitandichlorid**, Verw. 9536*.

$C_2H_5Cl_3Si$ **Äthyltrichlorsilan** (Kp. 98—103°), Darst. 8222; (Rk.) 10 805; Bldg. 13 728; Herst. 5475*; NMR-Spektrum 434; Rk. 11 585, 15 189, 16 648.

Methylchlormethyldichlorsilan (Kp.$_{760}$ 119,5°), Dampfdruck u. -dichte in —-halt. Syst. 3043; Rk. 4564, 8584, 18 804.

$C_2H_5Cl_3Sn$ **Äthyltrichlorzinn** (Kp. 196—198°), chromatograph. Abtrenn. 16 426.

$C_2H_5Cl_3Ti$ **Äthyltitantrichlorid**, Bldg. 18 396; Verw. 9536*, 12 115*.

$C_2H_5Cl_4OSb$ **Metatetrachloroantimonsäureäthylester** (F. 147—148°) 7815.

$C_2H_5Cl_7Si_2$ **Trichlorsilylmethyldichlorsilylmethyldichlorsilan** 17 333.

C_2H_5F **Äthylfluorid (1-Fluoräthan)**, Molekularstruktur, Bindungslänge, -ordnung u. -winkel 3772; relative chem. C- bzw. H-Verschieb. 9286; Massenspektrum 14 814; Kernresonanzspektrum 5979; neue Bezieh. zwischen d. physikal. Konst. v. — 3402; Konst. d. Antoine-Gleich. 4122.

$C_2H_5F_2OPS$ **Difluorthiophosphorsäure-*O*-äthylester** (Kp. 78—78,5°) 1569, 16 654.

$C_2H_5F_3Si$ **Äthyltrifluorsilan (Äthylsiliciumtrifluorid)**, Darst. 15 189; Herst. 5101*; kernmagnet. Resonanz v. ^{19}F in — 11 464.

C_2H_5HgCl **Äthylquecksilberchlorid**, Vergift. v. Crustaceen durch — 9425.

C_2H_5J **Äthyljodid** (Kp. 72°), Bldg. 2712, 5473*; Proton-chem. Verschieb. 5978; relative chem. C- bzw. H-Verschieb. 9286; ^{13}C-Protonen-Spin-Spin-Koppl.-Konst. 5978; Mikrowellenspektrum 6716, 9653; ^{13}C-Kernresonanzspektroskopie 8201; Massenspektrum 14 814; (Ionen-Molekülrk.) 9285; Einfl. d. Komplexbldg. mit J_2 auf d. sichtbare u. UV-Spektrum v. J_2 3761; Einfl. d. Stärke d. elektr. Feldes auf d. Leit- u. Photo-Leitfähigk. v. — 16 262; Dissoziat. in selbstlöschenden Geiger-Müller-Zählrohren 11 446; Konst. d. Antoine-Gleich. 4122; Parachor 10 035; Bezieh. zwischen Druck, Temp. u. Dichte 12 235; Temp.-Abhängigk. d. inneren Drucks 14 082; Zusammenhang zwischen d. Guldbergschen Regel u. d. Temp.-Verlauf d. Schall-Geschw. in fl. — 18 375; Einfl. d. KW-Stoffkette auf d. Löslichk. in W. 439; Rekombinat. v. J-Atomen in gasförm. — (Temp.-Effekt) 9636; Blitzlichtphotolyse v. J_2 in — 15 878; J-Austausch mit ^{131}J (Kinetik) 18 786; Rk.: mit atomarem H 7443 mit HJ (Kinetik) 5989; mit AgNO 9514*; mit Mg 18 761; mit LiCl (Kinetik) 16 635; mit Toluol (Kinetik) 9662; mit 9-Methylfluoren 8965; mit Lutidin 18 421; mit 2-[β-Phenäthyl]-1.2.3.4-tetrahydrochinolin, α-[2-Äthoxy-3-methoxyphenyl]-bzw. α-[4-Methoxyphenyl]-β-[1.2.3.4-tetrahydrochinolyl-(2)]-äthan 13 392; mit 2-Chlorpyridin 12 293; mit 6-Chlorpurin 10 464; mit Enaminen 10 438; mit o-Phenylendiamin 13 000; mit o-Brombenzyldimethylamin 18 088; mit Dimethylaminomethyl-1.4-dioxan 3904*; mit α-Phenyl-β-trimethylsilylhydrazin 7076; mit 1-Phenylaminobutanol-(3) 15 188; mit Phenyl-[1-benzylpiperidyl-(2)]-methanol 5021*; mit K-Dihydrocarveolat 18 482; mit Vitamin-A-aminoverb. 8720*; mit 6-Äthylhexahydropyren-1-lithium 4897; mit Äthylenthioharnstoff 13 514; mit Phenylthioharnstoffen 18 462; mit 1.3-Bis-[trimethylsilyl]-harnstoff u. Phenyllithium 14 062; mit Chalkonen 8068*; mit 4.6-Dimethylmorpholon-(2) 15 217; mit K u. Testosteron bzw. dessen 17α-Alkyl-Deriv. 1326*; mit 16-Ketoöstradiol 2466*; mit 7.8-Dimethoxy-2-keto-1.2.3.4-tetrahydronaphthalin bzw. 1-Methyl-7.8-dimethoxy-2-keto-1.2.3.4-tetrahydronaphthalin 113; mit 3.5-Di-tert.-butyl-4-hydroxybenzaldoxim 6389; mit Phenyl-p-chlorphenylacetonitril 15 202; mit Nucleinsäuren 10 499; mit Ag-Undecin-(10)-säuremethylester 12 620; mit O-Acetylgranatanol 8264; mit K-o-Nitrobenzoylessigsäuremethylester 11 191; mit Triphenylphosphincarbäthoxymethylen 10 436; mit [1-Methylbutyliden]-cyanessigester 3459; mit Phenylcyanessigsäureäthylester 8587; mit Na-Bimalonester 3058; mit aromat. Thioamiden 6007; mit K-Saccharin 1195; mit Zn u. Diäthylsulfat 5473*; durch — sensibilisierte Äthylenpolymerisat. 11 213; Verw. für Polymerisat.-Katalysator-Syst. 1046*.

C_2H_5JMg **Äthylmagnesiumjodid**, Rk.: mit BF_3 9314; mit C_2H_2 8941; mit 1-Nitro-2-[6-methoxyindolyl-(3)]-äthan 7907; mit Stilbenyl-(4)-arsindichlorid bzw. mit Stilbenylen-(4.4')-bis-[arsindichlorid] 4515; mit 2-Äthyl-1-keto-1.2.2a.3.4.5.hexahydropyren 4897; mit Tropolonen 18 096; mit Isobutyronitril 3081; mit Bibenzyl-4-glyoxylsäureäthylester 18 100; mit 3β-Acetoxy-16α.17α-isopropylidendioxy-5α.6α-epoxypregnan-20-on 15 240; mit p-Benzoylbenzoesäure-2-diäthylaminoäthylester bzw. Phenyl-p-tolylketon 9323.

C_2H_5JZn **Äthylzinkjodid**, Rk. 5473*, 6007.

C_2H_5Li **Äthyllithium (Lithiumäthyl)** (F. 95°), Darst., Rkk. 6385, 17 710; IR-Spektrum 3346; Massenspektrum v. dampfförm. — 412; Unters. über d. strukturellen Bau mittels Dipolmessungen 1908; IR-Spektrum u. kernmagnet. Resonanz 17 300; Rk.: mit MnJ_2 2667; mit 4.8-Dimethylazulen bzw. 4.6-Dimethylazulen 13 740; mit 10-Methyl-10.9-borazarophenanthren 474; mit 1-n-Alkyl-2.5-dimethylpiperidonen-(4) 18 112; mit β-Dimethylaminobutyrophenon 1232; katalyt. Wrkg. auf d. Polymerisat. v. Vinylchlorid (Vgl.) 13 053; Mechanismus d. Polymerisat. v. Styrol u. α-Methylstyrol in Ggw. v. — 18 854; Unters. d. Anlager.-Geschw. v. — an Styrol u. Isopren während d. Polymerisat. 11 581; Verw. als Polymerisat.-Katalysator 9917*.

C_2H_5N **Aziridin (Äthylenimin)** (Kp. 54—57°), Darst. 9302; Herst. v. Deriv. 4347*; Chemie d. — 3077, 3078, 9696; Ionisat.-Potential 17 302; polarograph. Best. d. Geschwindigk. d. Bldg. v. Äthylenimonium-Ionen aus Stickstofflost-Verbb. 13 864; Gegenionenaktivität u. Gegenionenbind. in Salzlsg. v. Poly-— 2014; Koordinat.-Verb. mit SiF_4 17 333; Rk.: mit Hydrazin 2540*; mit Meso-1.2;3.4-diepoxybutan 6400; mit 6-Chlor-9-[tetrahydropyranyl-(2)]-purin 14 513; mit Phenylhydrazin 6213*; mit 2.4-Dichlor-6-methyl-5-nitropyrimidin 10 094; mit Grignardverb. 837; mit Methylmercaptan 1192; mit Benzylmercaptan 9719; mit Arylisocyanaten 7886; v. techn. Poly-— mit KCNO 1419*; mit Carbonyl-Verb. 13 751; mit Acetaldehyd, Propionaldehyd bzw. Butyraldehyd 11 555; v. Poly-— mit Polyacrolein 18 855; mit Chalkonen 8068*; mit 2-Hydroxy-1.4-naphthochinon u. Formaldehyd 10 442; mit Diäthoxy-

O-**Aminoglykolsäure**, Rk. d. Hydrochlorids 10 106.

Carboxymethoxylamin, Verw. zur Isolier. v. Aldehyden aus tier. Geweben 9459.

Äthylnitrat, Herst. 18 632*; Bldg. 10 043; Proton-chem. Verschieb. 5978; Dipolmoment 7462; Unters. an —-Flammen 11 105, 16 983.

$C_2H_5NO_4$ **2-Hydroxyäthylnitrat (Nitroglykol)** ($Kp._1$ 57,5°), Darst., Rk. 15 170; Stabilität d. sauren —-Syst. 1091.

$C_2H_5NO_4S_2$ **Carboxamidomethylthiosulfat**, Rk. 1413*.

C_2H_5NS **Thioacetamid**, Bldg. 11 888; Rk.: mit Cycloheptatrienmolybdäntricarbonyl 14 803; mit α-Chlorcyclohepten 9960*; mit 2-Bromcycloheptanon 11 196; mit-Monobrommenthon 7393*; mit 7-Chlor-6-ketospiro-(4.5)-decan 7394*; mit 2-Brom-spiro-(4.4)-nonanon-(1) 9961*; mit 3-Brom-2.3.5.6-tetrahydro-1-thiopyranon-(4) 7394*; mit 3-Bromtropolon bzw. 3-Brom-2-methoxytropon 14 840; mit 5-Bromacetyluracil 5270; mit Acetonitril bzw. Benzoylcyanamid 6008; mit N-Sulfinyl-p-toluolsulfonamid 10 799; Strahlenschutz an Pflanzenzellen durch — 15 678; biolog. Wrkg. bei d. Ratte mit fettreicher Ernähr. 14 173; histolog. Unters. über d. Wrkg. d. Linolsäure auf d. —-Hepapathie d. Ratte 555; Stoffwechsel isolierter Rattenleberkerne während d. Carcinogenese durch — 2022; Veränder. im Rattenleber-Ca u. -Mg durch —-Zufuhr 927; Leberveränder. durch — bei gleichzeitiger Belast. mit blutzuckersenkenden Substanzen d. Biguanidreihe 4602; — als ein Hemmstoff d. Schilddrüse 3156; Stimulier. d. Ausscheid. v. Ascorbinsäure durch — 1300; antitox. Effekt v. — bei d. experimentellen Tl-Vergift. 14 235; Verw. zur Stabilisier. v. Polymeren 5115*; analyt. Verw. 2840, 17 872.

$C_2H_5NS_2$ *N*-**Methyldithiocarbaminsäure**, Methylammoniumsalz (F. 110°) 9675; Na-Salz s. *Vapam*.

$C_2H_5N_3$ **2.3-Dihydro-1.2.3-triazol (Triazolin)**, Deriv. 8063*, 9900*, 14 095.

$C_2H_5N_3OS$ **Thiobiuret**, Darst. 2330; Rk. 14 497; Verw. 18 304* [2 Ref.].

$C_2H_5N_3O_2$ (s. *Biuret*).

N-**Nitroso-*N*-methylharnstoff**, Darst., Rk. 3416; spontane u. alkohol. Zers. 6365; Photolyse in KW-Stoffe 12 985; Wrkg. auf 1-Methyl-3-nitro-1-nitrosoguanidin-resistente E. coli-Stämme 18 510; cytostat. Wrkg. 12 694; anatom. Verteil. leukäm. Zellen u. Versagen v. Chemotherapie durch — bei Mäusen 18 871.

$C_2H_5N_3O_4$ **2.2-Dinitroäthylamin** (F. 122,4° Zers.) 3427.

$C_2H_5N_3S$ **2-Amino-1.2.4-thiadiazol**, Cytotoxizität in menschl. Zellkulturen 4195.

$C_2H_5N_3S_2$ **Dithiobiuret**, Darst. 2330; Bldg. 3462; Rk. 14 497; Verw.: zur Stabilisier. v. Polymeren 5115*; bei d. biolog. Gewinn. v. Tetracyclin 16 066*; in kosmet. Haarpflegemittel 18 304* [2 Reff.].

$C_2H_5N_5$ **Guanazol (2.5-Diamino-1.3.4-triazol)**, Erhöh. d. Hitzebeständigk. v. Cellulosefasern durch — 9567; tuberkulostat. Wrkg. 16 733.

$C_2H_5N_5O_3$ *N*(1)-**Methyl-*N*(1)-nitroso-*N'*(3)-nitroguanidin**, Rk. 16 286; Wrkg. Diazoalkan-bildender Verb. auf —-resistente E. coli-Stämme 18 510; Wirksamk. gegenüber Ascitestumoren in Mäusen 3124; anatom. Verteil. leukäm. Zellen u. Versagen v. Chemotherapie durch — bei Mäusen 18 871.

Nitrodicyandiamidin, relative calorimetr. Best. einiger physikal. Eig. 3692.

$C_2H_5N_5O_4$ **1-Methyl-1.3-dinitroguanidin**, Wirksamk. gegenüber Ascitestumoren in Mäusen 3124.

C_2H_5Na **Äthylnatrium**, Dipolmessungen (Struktur) 1908; Rk. 2663; Verw. als Polymerisat.-Katalysator 9917*.

$C_2H_5O_2P$ **1.3.2-Dioxaphospholan**, Deriv. 18 832.

$C_2H_5O_2PS$ **Vinylthionophosphonsäure** 13 367.

$C_2H_5O_3P$ **Vinylphosphonsäure**, Lösungseig. eines Styrol-—-Copolymeren 16 705; Polymerisat. 5852*.

$C_2H_5O_5P$ **Glykolaldehyd-2-phosphat**, Reinig. u. Eig. v. Glykolaldehyddehydrogenase mit Spezifität für — 2767.

Acetylphosphat, Änder. d. freien Energie bei hydrolyt. Rk. v. — 15 902; Kinetik d. Acylier. mit — 10 414; enzymat. Bldg. 4575, 6071; Hydrolyse durch Carbamylphosphatase 14 545; Indukt. u. Verstärk. d. Phosphatase-Aktivität gegenüber — in d. Nucleoli d. Muskel-Nuclei durch Denervier. u. durch Injekt. v. Nucleotiden 15 995; Rolle beim Stoffwechsel v. Acetoacetyl-Coenzym A in Athiorhodaceae 14 556.

$C_2H_5O_6P$ **Phosphoglykolsäure**, Einbau v. ^{14}C in — nach Behandl. v. Bäckerhefe mit ^{14}C-Glucose 2410.

C_2H_6 s. *Äthan*.

C_2H_6AlCl **Dimethylaluminiumchlorid**, Rk. 17 683.

$C_2H_6AlCl_2N$ **Dimethylaminoaluminiumdichlorid** (F. 151°) 4463, 10 013.

C_2H_6AsBr **Dimethylbromarsin** (Kp. 129°), Darst. 10 806; Rk. 1154.

C_2H_6AsCl **Dimethylchlorarsin** (Kp. 107°), Darst., Rk. 10 806; Bldg., Rk. 2713, Rk. 1154.

$C_2H_6AsClO_3$ **β-Chloräthylarsonsäure**, Rk. 3786.

C_2H_6AsF **Dimethylfluorarsin** ($Kp._{760}$ 75°) 10 806.

C_2H_6AsJ **Dimethyljodarsin**, Rk. 1154, 3431, 10 805.

$C_2H_6BBr_2N$ **Dimethylaminodibromboran** ($Kp._1$ 49—51°) 14 437.

$C_2H_6BClO_2$ **Dimethoxyborchlorid (Monochlorborsäuredimethylester)**, Darst. 390; Rk. 11 728*, 14 436.

$C_2H_6BCl_2N$ **Dimethylaminodichloroboran** ($Kp._{80}$ 44—46°) 4463, 14 437.

C_2H_6BF **Dimethylborfluorid**, Charakter d. C-B-Bindungen 1177; Rk. 773.

$C_2H_6BF_2N$ ***N.N*-Dimethylaminodifluorboran** 3022.

$C_2H_6BNO_2$ **2-Amino-1.3.2-dioxaborolan**, Deriv. 13 210*.

C_2H_6Be **Dimethylberyllium**, farb. Dipyridyl-Komplexe 6329.

C_2H_6BrN **2(β)-Bromäthylamin (2-Aminoäthylbromid)**, Darst., Rk. d. Hydrobromids 450; Einfl. auf d. Polarisat. v. Fe-Elektroden 9247; Red. d. Hydrochlorids 8941; Rk. d. Hydrobromids: mit Schwefel-Verb. 5624; mit α-n-Butyl-α-äthylmercaptoessigsäure bzw. -acetamid 3462; Rk.: mit 2.6-Dimethylbenzoylchlorid 8952; d. Hydrochlorids bzw. d. Hydrobromids mit Benzyloxycarbonylchlorid bzw. Thioglykolsäure 15 559; d. Hydrobromids mit Diphenylcarbamylchlorid 6019.

Dimethylbromamin, Rk. 2291.

C_2H_6BrP **Dimethylbromphosphin** 15 380*, 17 562*.

C_2H_6BrSb **Dimethylbromstibin** ($Kp._{90}$ 107°), Herst. 10 768; Rk. 2713.

$C_2H_6Br_2NP$ **Dimethylaminodibromphosphan** 53.

$C_2H_6Br_2O_2Si$ **Dimethoxydibromsilan** (Kp. 136°) 10 805.

$C_2H_6Br_3NSi$ **Dimethylaminotribromsilan** ($Kp._{65}$ 89—90°) 10 805.

C_2H_6Cd **Dimethylcadmium**, Darst., Rk. 13 360; Rotat.-Spektrum 4426; Bldg.-Wärme 8164; Antoine-Dampfdruck-Gleich. u. Verdampf.-Wärme 12 566; Komplex mit Dipyridyl 6329; Rk.: mit Fluoracetylchlorid 12 260; mit 1-Methylcyclohexancarbonsäurechlorid 12 281; mit

Dimethylaminradikal s. unter *Radikale* (*Spezielle Radikale*).

$C_2H_6N_2$ **Azomethan (Azo-bis-methan)**, Synth. v. vollständig deuteriertem — 13 356; Kristallstruktur d. Komplexes mit CuCl 12 943; Appearancepotentiale d. Radikalionen 16 261.

Acetamidin, Darst. d. Pikrats (F. 248°) 3783; Bldg. v. ^{14}C— 15 550; Rk. v. — bzw. —-Hydrochlorid: mit α-Alkyl-β-dimethylaminoacroleinen 3443; mit 3-Methylpyrazolon-(5) 11 903; mit Benzolazoacetylaceton 3815; mit α-Allylformylessigsäureäthylester 17 758; mit Äthoxymethylenmalonsäure bzw. Formylbernsteinsäurediäthylester 3095; mit Acetessigsäureäthylester 12 297; mit Picolinoylessigester 9344; mit Cyanessigester 8986; mit 2.2-Diäthoxyäthylcyanessigsäureäthylester 17 213*; mit salzart. Verb. aus Formamiden, anorgan. Säurechloriden u. Vinyläthern 16 848*.

$C_2H_6N_2O$ **1.2.4-Oxadiazolidin**, Deriv. 7114, 14 095.

1.3.4-Oxdiazolidin, Deriv. 13 760.

Dimethylnitrosamin, Herst. 5098*; Best. d. cis-trans-Isomeren aus d. IR-Spektrum 13 706; Bindungsdissoziationsenergie 3772; elektrolyt. Red. 302*; Red. 3327, 5848*, 18 637*; Mechanismus d. hepatox. Wrkg. 10 550; Diphosphopyridinnucleotidpyrophosphorylase in Zellkernen aus —-vergifteter u. sich regenerierender Rattenleber 6812; Wrkg.: auf d. Schwell. u. enzymat. Eig. v. Rattenlebermitochondrien 9751; auf d. Pyridinnucleotidstoffwechsel d. Leber 11 957; Methylier. v. Proteinen v. Rattenleberschnitten durch ^{14}C— in vitro 17 434; Methylier. v. Rattenlebernucleinsäuren durch ^{14}C— in vivo 17 435; Gegenwrkg. v. Cystein auf d. durch — hervorgerufene Glykogenolyse u. Hemm. d. mikrosomalen Proteinsynth. 18 499; Wrkg. auf d. Größe d. Zellkerne u. d. Desoxyribonucleinsäuregeh. d. Leberzellen in Rattenlebern 3895; carcinogene Aktivität 11 590; experimentelle Produkt. v. Tumoren bei d. Ratte mit — 5324; Verhinder. d. Hemmwrkg. d. carcinogenen — auf d. Einbau v. Aminosäuren in Rattenleber durch Cysteamin 11 591.

1(*N*)-Methylharnstoff, Rk.: mit 1.2.3.4-Tetrahydronaphthylamin-(2) 13 207*; mit Halogensilanen 11 123; mit β-Ureidoaldehydacetalen 15 215; mit Aldehyden bzw. deren Kondensat.-Prod. 16 685; mit Bromacetaldehyd (Mechanismus) 3397; mit 1.3-Dimethylbarbitursäure 5651; mit Nitroacetonitril u. Orthoameisensäuretriäthylester 847; mit 5-Nitro-3-amino-benzoesäure 18 571*; mit 5-Aminouracilcarbonsäure-(4) 2362; mit Cyanessigsäure 6355; mit Acetessigester 4537; Methylamin als Metabolit d. enzymat. Abbaus v. — durch Mycobacterium phlei 13 432; Sorpt. an Boden 14 660.

***O*-Methylisoharnstoff (2-Methylpseudoharnstoff)**, Rk. 16 315; Cytotoxizität d. Hydrochlorids in menschl. Zellkulturen 4196.

Glycinamid, Bldg. d. Hydrochlorids (F. 215 bis 217°) 4927; Wellenlänge maximaler Absorpt. u. Extinkt.-Koeff. v. Komplex mit Co 12 589; Rk. 10 429, 15 597; Aktivität v. Formamidase aus Mycobakterien gegenüber — 5343.

Acethydrazid (Acetylhydrazin, Essigsäurehydrazid) (F. 67°), Darst. 9310; (Rk. d. Benzolsulfonats) 15 962; IR-Spektrum v. — u. $D_{3(N.N'.N')}$— 8561; Rk.: mit Hydrazinhydrat u. BrCN 3427; mit substituierten Aminoalkylhalogeniden bzw. Aminoketonen 17 850*; mit Pyridoxal 13 783; mit Tetracyanäthylen 17 929*; mit substituierten Malonylchloriden 13 129*; Prüf. auf Wachstumshemm. bei Sarkom 180 bei Mäusen 5698; Verw. 1455*.

$C_2H_6N_2O_2$ **Bisnitrosomethan**, Bldg. 3775; therm. Zers. v. trans-— 5622.

Äthylnitramin, Rk. 8574, 9307.

***N.N*-Dimethylnitramin**, Bindungsdissoziationsenergie 3772.

***O.N*-Dimethylnitramin**, Kinetik d. basenkatalysierten Zers., IR-Spektrum 8573.

Monomethylolharnstoff (Hydroxymethylharnstoff), Darst., Rk., R_F-Wert 13 364; polarograph. Unters. d. Bldg. 7548.

Glycinhydroxamsäure, Rk. 12 957.

Glykolsäurehydrazid, Thermolyse 7514.

$C_2H_6N_2O_3$ **Salpetersäureaminoäthylester (2-Aminoäthylnitrat)**, Herst. v. haltbarem — 15 766*; p-Toluolsulfonat s. *Itramintosylat.*

$C_2H_6N_2S$ **1.3.4-Thiodiazolidin**, Deriv. 14 095.

***N*-Methylthioharnstoff** (F. 119—120°), Darst. v. — bzw. ^{35}S— 9673; Rk. 5472*, 12 216; Strahlenschutz an Pflanzenzellen durch — 15 678; Verw. zur Stabilisier. v. Polymeren 5115*; papierchromatograph. Nachw. 15 438; Farb-Rk. mit Nitroprussidnatrium 7249.

***S*-Methylisothioharnstoff**, Darst., Salze 15 559; Rk.: d. Nitrats mit 3-Aryl-Δ^2-pyrazolinen 14 131; d. Hydrochlorids mit 2-Amino-4.5-dimethylthiazol 14 496; v. —-Salzen mit Diaminen 16 068*; mit Äthylendiaminhydrochlorid 10 829; d. Chlorids mit N-Decyl-1.2-diaminoäthan 1330*; d. Sulfats mit 4-Methyl-6-hydrazinopyrimidin 12 300; Formylier. d. Hydrochlorids 15 603; Rk.: d. Sulfats mit α-Methyl-β-dimethylaminoacrolein 3443; mit Äthoxymethylenmalodinitril 15 696*; Rk. d. Sulfats: mit Äthoxymethylenmalodinitril 4641*; mit Mucochlorsäure 7626*; mit α-Allylformylessigsäureäthylester 17 758; Rk.: mit Äthoxymethylencyanessigsäureäthylester 15 696*; mit Formylbernsteinsäurediäthylester 3095; d. Sulfats mit 2-Desoxystreptamin 18 846; Strahlenschutz an Pflanzenzellen durch — 15 678; Verw. d. Chlorids v. ^{35}S— durch Saccharomyces cerevisiae zur Biosynth. v. Thiamin 7973.

$C_2H_6N_2S_2$ **Dithiocarbazinsäuremethylester (Hydrazindithiocarbonsäuremethylester)** (F. 81—82°), Rk. 2724, 6027, 13 020.

$C_2H_6N_3O_2P$ **Dimethylazidophosphat** ($Kp._{10}$ 79,5 bis 81°) 11 884.

$C_2H_6N_4$ **Dimethylaminazid (1.1-Dimethyltetrazin)** ($Kp._{11}$ 32°) 16 606.

$C_2H_6N_4O$ **Guanylharnstoff (Dicyandiamidin)**, Bldg. 12 315; spektroskop. Unters. d. Molekülbaues 4856; IR-Spektren von Metallkomplexen 17 674; Metallkomplexe v. — u. —-Deriv. 4837, 7853; Rk. mit salzart. Verb. aus Formamiden, anorgan. Säurechloriden u. Vinyläthern 16 848*; Cytotoxizität in menschl. Zellkulturen 4196; Verw. 5167*; Mikronachw. 1346.

$C_2H_6N_4O_2$ **Methylnitroguanidin** 11 882.

Aminobiuret, Deriv. 2330.

Oxdiamiddioxim (F. 203°) 3778.

Oxalyldihydrazid (Oxalsäuredihydrazid, Semioxamazid) (F. 243—244°), Darst., Rk. 9308; Rk. 7135, 15 951; Verw. zur Cu-Best. 4226, 4296, 5793, 13 885, 14 357.

$C_2H_6N_4O_2S$ **Dimethylsulfamoylazid**, Herst., Verw. 4341*; Verw. 1045*.

$C_2H_6N_4O_4$ **Äthylendinitramin**, Rk. 6029, 15 919.

$C_2H_6N_4O_6P_2S_2$ **3.6-Dioxohexahydro-1.2.4.5-tetrazin-1.4-bis-[thionophosphonsäure]**, Ester 1772*.

$C_2H_6N_4S$ **Guanylthioharnstoff**, Rk. 14 496, 14 497.

Bis-[formamidino]-sulfid, Dihydrochlorid 6008.

$C_2H_6N_4S_2$ **Formamidindisulfid**, Verw. 14 314*.

Hydrazodithiocarbonamid (Hydrazindicar-

bothioamid, *N.N'*-Bisthiocarbamylhydrazin, 1.2-Dithiocarbamoylhydrazin, *N.N'*-Bis-aminothiocarbonylhydrazin) (F. 205 bis 209°), Darst., Rk. 13 020; Darst., Verw. v. Deriv. 953*; Rk. 1602, 17 557; tuberkulostat. Wrkg. 10 552; Verw. bei d. biolog. Gewinn. v. Tetracyclin 16 066*.

$C_2H_6N_{10}$ „Tetracen" (1-Guanyl-4-[tetrazolyl-(5')]-tetrazen), polarograph. Best. d. Hydrats 8567.

C_2H_6NaP Dimethylphosphinnatrium 62.

C_2H_6O (s. *Äthylalkohol* [*Äthanol*, „*Alkohol*"]).
Dimethyläther (Kp. 24,9°), Darst. 7325*; Bldg. 3052, 5846*, 6362, 9663; Protonchem. Verschieb. 5978; relative chem. C- bzw. H-Verschieb. 9286; kernmagnet. Resonanz 8201; zweiter Virialkoeff. für —-halt. System 16 264; Leitfähigk. in wasserfreiem fl. HCl 390; Appearence-potentiale v. —-Ionen, Bldg.-Wärme 13 342; Bindungsdissoziationsenergie 3772; pK$_\alpha$-Wert d. Oxoniumions 16 979 [2 Ref.]; Einfl. v. —-Gas auf d. Oberflächenphotostrom v. Anthracen 8565; Parachor 6346; Modell für d. Transport-Eig. v. gasförm. — 13 671; neue Bezieh. zwischen d. physikal. Konst. v. — 3402; Bezieh. zwischen Druck, Temp. u. Dichte 12 235; Dampfdruck d. BF_3-Addit.-Verb. 10 786; Löslichk. v. Alkalimetallen in — 2656; Gasphasenchlorier. 13 353; Addit.-Verb.: mit $BeCl_2$ 18 395; mit BCl_3 390, 6579*; Rk.: mit $ZrCl_4$ 5852*, 9522*; mit GeF_4 16 247; mit Benzoldicarbonsäuren 13 204*; — als Alkylier.-Mittel 18 278*; Verw.: als Dispersionsmittel für Alkalimetalle 2166*; d. BF_3-Ätherats als Katalysator für d. Dimerisier. v. Olefinen 2165*.

C_2H_6OS β-Hydroxyäthylmercaptan (Hydroxyäthanthiol, 2-Mercaptoäthanol, Thioglykol), Bldg. 9305; Rheochorwerte aus Molgew., Dichte u. Zähigk. 794; —-Polymere 14 526 [2 Ref.], 14 527; Copolymerisat. mit Thiodiglykol bzw. Glycerin 14 527; Oxydat. 14 087; Rk.: mit PCl_3 6272*; mit $SOCl_2$ 9301; mit C_2H_2 + CO 3625*; mit Chlormethylmethyläther 7352*; mit Isocyanaten bzw. Chlorameisensäure-n-hexylester 9303; mit Isovaleraldehyd 15 557; mit Vinylestern, p-Toluolsulfochlorid, bzw. d. Na-Verb. mit 1.2-Dichloräthan 9300; mit Chlorameisensäureäthylester bzw. -isobutylester 9304; mit Chloressigsäureäthylester 5447*; d. Na-Verb. mit 2-Chloräthylthioacetat 9301; mit 3-Oxo-17β-acetoxy-5α-androstan 10 105; mit 3α-Acetoxy-D-homoätiocholan-11.17-dion 7996*; mit sulfatisiertem Monoäthanolamin 16 842*; mit Pyridoxal-5-phosphat 8211; enzymat. Methylier. 8664; Bedeut. v. —: für d. Wrkg. d. Formokinase 5329; für d. Umwandl. d. Squalens in Sterin mit Rattenleberenzymen 4205; Einfl. auf d. Palmitinsäuresynth. mit Leberenzympräp. 175; Hemmwrkg. auf d. Methylübertragenden Enzym-Syst. in Mikrosomen bei d. Biosynth. v. Lecithin 8664; Aufheb. d. durch Hydroxymercuribenzoat bewirkten Hemm. d. Carbamylphosphatsynthetase aus Froschleber 2771; Kristallisat. v. Urease aus Jackbohnen mit Hilfe v. — 4581; Einfl.: auf d. Biosynth. v. Valin u. Isoleucin in Pflanzenextrakten 14 550; auf d. Folsäure-Synth. durch zellfreie Extrakte v. E. coli 14 555; auf d. Inkorporat. v. Adenylsäure u. Cytidylsäure in Ribonucleinsäure 8281; Vitamin-B_{12}-Deriv. u. d. CO_2-Brenztraubensäureaustausch-Rk. in Ggw. v. — 13 805; Isolier. v. Desoxyribonucleinsäure aus „Vaccinia"-Viren mittels — 18 511; Prüf. auf Strahlenschutz 1682; — als Maskierungsmittel bei d. Fäll. v. Schwermetallhydroxiden u. -sulfiden 3568; analyt. Rk. mit Metallionen 3567; mercurimetr. Best. 13 149; Best. d. Sulfhydrylgruppen 7942.
Dimethylsulfoxid (Kp. 190°), Darst. 15 555, 18 270*; IR-Spektrum 14 812; (v. —-Komplexen) 14; pKa-Wert für d. Syst. —/W./Tetramethylammoniumhydroxid 15 539; dielektr. Eig. v. Gemischen mit Bzl. 16 972; Dichte, Viscosität, Brechungsindex u. Hygroskopizität v. Gemischen mit W. 17 703; Dampfdrücke u. Aktivitäten in d. Syst. —-Bzl. 10 786; Mischungswärme in —-halt. bin. Syst. 14 819; nucleophile Verdräng. in wss. —-Lsg. 15 911; Solvatisier. v. Ionen in — 15 493; Vers. d. Diimid-Red. 13 348; Umwandl. v. $(C_6H_5)_2 \cdot SnH_2$ in $[(C_6H_5)_2 \cdot Sn]_n$ durch — 18 043; Oxydat. v. Epoxiden mit — 15 184; Oxydat. v. Bromessigsäureäthylester mit — 15 928; Disproportionier. 11 370*; Komplexe: mit Metallen 14 055; mit Übergangsmetallen 7820; (Vgl.) 17 342; mit $V(CO)_6$ 5225; Rk.: mit $B_{10}H_{14}$ 8182; mit Schwefelsäure oder Acetylchlorid 15 554; mit Halogeniden 1558; mit Phenol u. HCl 3986*; mit Grignard-Reagentien 10 432; mit O-Acetylglykosylbromiden 18 475; mit Aryl- bzw. Alkylsulfonaten bzw. Halogeniden 2698; mit 5-Benzyloxy-2-p-toluolsulfonyloxymethylpyron-(4) 16 679; mit o-Sulfamylanilin 15 334*; Darst. v. Glycidyläther in Ggw. v. — 19 012*; Kinetik d. Isotopenaustausches zwischen Cyclohexylchlorid u. Chloridionen in — 5990; Decarboxylier. v. Oxamidsäure in — 2323; Bromier. v. Aminen u. Phenolen in — 1568; Kinetik d. durch — katalysierten Rk. v. Phenylisocyanat mit Thiolen 13 350; katalyt. Wrkg. bei Alkylierungs-Rk. 12 984, 17 558*; Präservier. v. Trypanosomen mit — (Vgl. mit Glycerin) 14 557; Konservier. v. Mäuseknochenmark bei —79° mit — 3174; Permeabilität v. auf —79° gefrorenem Mäuseknochenmark in Ggw. v. — 2763; Wrkg. auf d. Gefriertoleranz v. Mitochondrien 7181; Wechselwrkg. zwischen Lipiden u. Trypsin im —-W.-Syst. 10 134; Cytotoxizität in menschl. Zellkulturen 4196; photograph. Verw. 10 713*; Verw.: zur Gewinn. v. Trimethylborat aus seinen methanol. Lsg. 12 456*; zur Abtrenn. v. Acetylen aus Gasgemischen 5844*; zur Extrakt. v. Alkoholen aus Gemischen mit KW-Stoffen 13 199*; Verw. als Lsgm.: bei d. Rk. v. CuCN mit cycl. halogenhalt. Verb. 8060*; für N-halt. Polykondensat.-Prod. 13 630*; für d. Polymerisat. v. Acrylnitril u. anderen Monomeren 17 977*; Verw. zur Herst. verspinnbarer Lsg. v. Acrylnitrilpolymerisaten u. -mischpolymerisaten 14 000*, 14 373*; Verhinder. d. korrodierenden Wrkg. auf Eisen 5093*; analyt. Verw. 9813.

C_2H_6OSn Dimethylzinnoxid, IR-Spektrum 13 289; Rk. v. Poly-— 8548.

$C_2H_6O_2$ (s. *Glykol* [*Äthylenglykol*, *Äthandiol-(1.2)*]).
Äthylhydroperoxid, Rk. 13 209*.
Dimethylperoxid, Bindungsdissoziationsenergie 3772; Zers. 5619; Einfl. auf d. Pyrolyse v. Methylnitrit (Kinetik) 14 095.
Methylmethylenoxoniumhydroxid, Hexachloroantimonat (F. 90°) 18 079.

$C_2H_6O_2S$ Dimethylsulfon (F. 109—111°), Herst. 11 370*; Bldg. 10 824; Bezieh. zwischen IR-Intensitäts- u. Reaktivitätsindex 17 696; Verw. 18 631*.

$C_2H_6O_2S_2$ Methanthiolsulfonsäuremethylester (Kp.$_{0,09}$ 73°), Darst., IR- u. Ramanspektrum 3036.

$C_2H_6O_3$ 1-Hydroxyäthylhydroperoxid, Wrkg. auf d. Mäuse-Ascitescarcinom in vivo 2403.

$C_2H_6O_3S$ **Äthansulfonsäure,** Darst. (Rk.) 10 803; (d. Acrylsäureesters) 15 765*; Bldg., Phenylhydrazinsalz 1199; Rk. 17 930*; Verw. d. Komplex-Verb. mit SO_2 2167*; volumetr. Best. d. —-Salze v. N-halt. Basen 594.

Methansulfonsäuremethylester (Methylmethansulfonat), Rk. 1233, 10 499; Spezifität d. mutagenen Wrkg. 7550.

Dimethylsulfit, Bldg. 10 766; Rk. 8941.

$C_2H_6O_3S_2$ **β-Mercaptoäthansulfonsäure** 15 021*.

***S*-Äthylthiosulfat,** Darst., IR- u. Ramanspektrum v. Salzen 3036.

Thioschwefelsäure-*S.O*-dimethylester, Darst., IR- u. Ramanspektrum 1933.

$C_2H_6O_3Se$ **Äthylselenit.—Salze,** Darst. 14 797; Raman-Spektrum 14 797.

Dimethylselenit, Rk. 14 797.

$C_2H_6O_4$ **Bis-hydroxymethylperoxid,** Wrkg. auf d. Mäuse-Ascitescarcinom in vivo 2404.

$C_2H_6O_4S$ (s. *Isäthiensäure [2-Hydroxyäthan-1-sulfonsäure]*).

Acetaldehydbisulfit, Einfl. d. Na-Verb. auf d. Glycerin-Gär. 16 163; jodometr. Best. 16 429.

Äthylsulfat (Äthylschwefelsäure), Bldg., Rk. 7691*; Spin-Gitter-Relaxat. in Nd-— 381; Rolle d. 3d-Orbitale bei π-Bind. in — 15 508; Taylor-Reihen-Entw. für d. mittlere Niveau d. Koppl.-Energie d. Enneahydrats v. Er-— 8509; Kristallstruktur v. K-— 76; IR-Spektrum v. K-— 11 854; Absorpt.-Spektrum u. Zeeman-Effekt d. Enneahydrats v. La- u. Tm-— 4807; Kristallfeldparameter: v. Nd-— 8509; d. Enneahydrats v. Er-— 9232; magnet. Rotat.-Vermögen v. — u. —-Salzen 12 931; Faraday-Effekt bei Nd-— 10 405; Differentialthermoanalysen v. Salzen mit Seltenerdmetallen 11 121; Einfl. v. Na-— auf d. Krafft'schen Punkt v. C_{12}-Alkylsulfat 8924; Rk. 7866, 10 499, 14 460; Permeabilitätsdefekt bei E. coli durch — als mutagen alkylierendes Agens 11 247; Schaum-Bldg.-Vermögen d. Na-Salzes 8924; Best. 9458.

Dimethylsulfat ($Kp._{11}$ 69—71°), Darst., Rk. v. D_6-— 13 356; Kinetik d. Methanolyse 9663; Rk.: mit $(NH_4)_2SO_3$ 10 803; mit $K^{14}CN$ 18 077; mit 2-Chlorpyridin 11 190; mit 3.4-Dihydroisochinolin 7492; mit Benzotrithion 7468; mit 6-Chlorgramin 12 102*; mit Alkoholen 18 793; mit Vitamin-A-aminoverb. 87 20*; mit N-Methyl-2-{bicyclo-[2.2.1]-heptyl-(2)}-1.1-dimethyläthylamin 11 293*; mit Bicyclo-[2.2.1]-heptyl-(2)-dimethylcarbinamin 11 293*; mit Brenzcatechin 12 998; mit Chalkonen 8068*; mit Polyfluorperhalogenketonen 6582*; mit substituierten Chinolon-(4)-deriv. 11 657*; mit 16-Ketoöstradiol 18 570*; mit Diacetylen u. Na 11 522; mit substituierten Aminoanthrachinonen 12 648; mit 6-Amino-7-chlorchinolin-5.8-chinon u. Na_2S 18 204*; mit Benzylidenaminoantipyrin 6135*; mit Anthrachinonoximen 12 647; mit Fe(II)-Acetat 12 956; mit 3-Hydroxy-2-methylbenzoesäure 7874; mit Zuckersäure 16 284; mit Pyrrolidon-(4)-dicarbonsäure-(1.2)-diäthylester 9700; mit Dimethylformamid u. Aminen 15 557; Komplexe mit Säureamiden 18 083; Verw. zur Herst. v. Tetrahydropyridazinen 5395*; Tüpfeltest auf — 8732.

$C_2H_6O_4SSi$ **Dimethylsilylsulfat** (F. 100—105°) 15 882.

$C_2H_6O_4SeSi$ **Selensäuredimethylsilylester** (F. 69 bis 79° Zers.) 9271.

$C_2H_6O_5S$ **Monohydroxyäthylsulfat** 650*.

$C_2H_6O_6S_2$ **Äthan-1.2-disulfonsäure,** Verw. v. Salzen 10 566*.

$C_2H_6O_7S_2$ **Methylpyrosulfat,** Rk. 2171*.

$C_2H_6O_8S_2$ **Glyoxalbisulfit (1.2-Dihydroxyäthan-1.2-disulfonsäure),** Rk. 1236; Verw. 17 215*.

C_2H_6Pb **Dimethylblei** 15 155.

C_2H_6S **Äthylmercaptan (Äthanthiol)** (Kp. 35,05°), Bldg. 15 555; Darst. v. Alkalisalzen 18 793; relative chem. C- bzw. H-Verschieb. 9286; IR-Spektrum u. H-Brückenbldg. 7828; pK-Wert 5608; Parachor 10 035; neue Bezieh. zwischen d. physikal. Konst. v. — 3402; Bezieh. zwischen Massenspektrum u. Mol.-Struktur 9285; Bezieh. zwischen Druck, Temp. u. Dichte 12 235; Bildungswärme 3045; thermodynam. Daten d. Komplexbldg. mit J_2 14 084; Oxydat. 4714*; Rk.: mit $Rh(CO)_2Cl_2$ 61; mit C_2H_2 u. CO 3625*; mit Äthylbromid 4881; mit Trifluoräthylen 5093*; v. — bzw. Na-— mit Trichlormethylverb. 15 552; mit halogenierten Pteridinen 14 245*; mit Tetrachlorpyrimido-[5.4:d]-pyrimidin 17 853*; mit Tetrachlorpyrimidino-[5.4:d]-pyrimidin 17 854*; d. Na-Verb. mit 5-Chlorthiazolo-[5.4:d]-pyrimidinen bzw. 2-Hydroxy-7-chlorthiazolo-[5.4:d]-pyrimidin 6774; mit 4-Aminopyrimidinen 16 316; mit 2.4-Dinitrochlorbenzol 15 559; mit 1-Äthoxypropin-(1) 16 281; mit Äthinylvinylalkyläther 11 529; mit 1.1-Diazido-1-äthoxyäthan bzw. -propan 12 626; mit Acetaldehyddibutylacetal bzw. 5-Äthylmercaptopenten-(4)-in-(2)-aldiäthylacetal 9306; mit Alkylacryläthern 2167*; mit 1.1.2.2.-Tetrafluoräthylmercaptan bzw. 1.1.2-Trifluor-2-chloräthylmercaptan 12 623; mit Bis-[methylmercapto]-chlormethan 7476; mit Diäthyltrisulfid 14 100; mit Cyanurchlorid 8258; mit Aldehyden bzw. Ketonen 15 920; mit D-Glucose 15 969; mit hydrolysierter 1.2;3.4-Di-O-isopropyliden-6-desoxy-6-jod-α-D-galaktopyranose 17 765; mit Glyoxal 1407*; mit o- oder p-Halogenphenonen 9897*; mit 4-substituierten 2-[Trifluormethyl]-oxazolonen-(5) 1571; mit Diazoaceton bzw. Diazoacetophenon 3055; mit Δ^4-Dehydro-Deriv. v. Steroidhormonen 6787; mit Testosteron bzw. verwandten Verb. 10 105; d. Na-Verb. mit β-Chlor-cis-crotonsäureäthylester 7843; mit 3β-Acetoxy-18.20-epoxy-$\Delta^{5,20}$-pregnadien 6879*; mit [Bis-(äthylmercapto)-methylen]-brenztraubensäurechlorid 12 262; mit 3-Acetamido-3-desoxy-D-altrose 9350; mit 3-Acetamido-3-desoxy-1.2;5.6-bis-[O-isopropyliden]-α-D-allofuranose 13 035; mit α.β-Dihalogen-α-acylaminopropionsäuren 3086; mit β-Phthalimidopropionylchlorid 7251*; d. Na-Salzes mit Colchicosid 3555*; mit Cortison-21-mesylat 9358; mit 2'.3'-O-Isopropyliden-5'-O-[p-toluolsulfonyl]-guanosin 3101; mit N-Sulfinylanilin u. Thiophenol 10 799; d. Mg-Bromids mit Sulfensäurehalogeniden 1030*; mit Vinylboronsäuredibutylester 16 687; mit Phosphorsäureäthylesterdichlorid 6738; mit (+)-Ambreinolid 17 042; mit N-Allyl- bzw. N-Vinyllactamen 6418; Wrkg.: als Katalysatorgift für d. Seide-Pd-Katalysator 8578; auf d. durch $TiCl_3/Al(C_2H_5)_3$ katalysierte Polymerisat. v. Propylen 11 943; Fraktionier. v. 3.4-Dichlorbuten-(1) in Ggw. v. — 17 559*; Vork. im Rindfleischextrakt 19 045; Mitwrkg. bei d. biochem. Thiaminsynth. 7973; Wrkg. als Lockstoff für d. Stubenfliege Musca domestica 7667; Verw.: zum Stabilisieren v. Monochlorbutenen 15 401*, 17 559*; zur Herst. v. Tetrahydrodioxopyridazinen 5395*; bei d. Herst. v. Aminonucleosiden 2463*; Identifizier. 14 634.

Dimethylsulfid (2-Thiapropan) (Kp. 37 bis 37,5°), Darst. 10 637*, 11 000*, 11 370*, 17 258; Bldg. 2586, 2698, 10 806, 13 718, 15 184, 15 554, 15 928; Proton-chem. Verschieb. 5978; Kristallstruktur des Komplexes mit $B_{10}H_{12}$ 11 833; IR-

Spektrum 1501; UV-Spektrum d. J_2-Komplexes 14 084; Mikrowellenspektrum 4476; (Dipolmoment, Struktur u. innere Rotat. v. — u. isotopem —) 4119; Leitfähigk. in wasserfreiem fl. HCl 390; polarograph. Oxydat. 12 976; neue Bezieh. zwischen d. physikal. Konst. v. — 3402; Bezieh. zwischen Massenspektrum u. Mol.-Struktur 9285; Bezieh. zwischen Druck, Temp. u. Dichte 12 235; Bildungswärme 3045; Dampfdruck d. Syst. Dimethylsulfid/BF_3 9268; gaschromatograph. Abtrenn. 5041; Oxydat. 18 270*; Rk.: mit H-Atomen 18 393; mit $B_{10}H_{14}$ 8182; mit BCl_3 390; mit GeF_4 16 247; mit $NbCl_5$, $NbBr_5$, $TaCl_5$ u. $TaBr_5$ 16 248; mit $[C_5H_5Fe(CO)_2]_2$ bzw. $C_5H_5Co(CO)_2$ 18 400; mit Cycloheptatrienmolybdäntricarbonyl (Ligandenaustausch) 14 803; mit chlormethylierten Styrol-Divinylbenzol-Colpolymeren 2755; mit 3.5-Cyclosteroiden 10 847; mit Diphenylessigsäure-[2-jodäthyl]-ester 17 927*; mit Hydroxylamin-O-sulfonsäure bzw. Chloramin u. NH_3 15 555; Einfl. auf d. durch $TiCl_3/Al(C_2H_5)_3$ katalysierte Polymerisat. v. Propylen 11 943; Vork. im Rindfleischextrakt 19 045; — als Ursache v. Fehlgeschmack d. Milch 687, 5136.

C_2H_6SSn **Dimethylzinnsulfid,** IR-Spektrum v. trimerem — 13 289.

$C_2H_6S_2$ **Äthandithiol-(1.2) (1.2-Dimercaptoäthan, Äthylendithioglykol),** Rk.: mit Bortrichlorid 7331*; mit Vinylchlorid 9301; mit 7.7.10-Trimethyl-$\Delta^{1,9}$-oktalon-(2) 17 381; mit 1-Desoxy-β-dihydrolycorinon-(2) 7159; mit 2-Keto-1.2.8.9.10.10a-hexahydrocyclohepta-[k.l.m]-benz-[e]-inden 13 750; mit 3-Ketosteroiden 11 577; mit Undecen-(10)-säure bzw. 11-Bromundecansäure 4495; mit D-Glucuronsäure u. D-Galakturonsäure 17 766; mit erythro-3.5-Dimethyl-7-oxotrikosansäuremethylester 13 360; mit 2-Methyl-6-oxo-9-äthoxycarbonyldekahydroisochinolin 1606; mit Testosteronacetat 10 105; mit $\Delta^{9,11}$-3β-Acetoxy-12-oxo-22-isoallospirosten u. HCl 9446*; mit Benzoylchlorid 3115; mit 6-O-Tosylhexosen 17 765; mit 2-Acetamidoäthanthiolsulfonsäure-2-acetamidoäthylester 15 932; mit d. Chinidin-Verb. v. (S-)Warfarin 13 755; Polyaddit. v. Poly-— u. Polymethylen-bis-[N.N-äthylenurethan] 149; Vulkanisat. v. chloriertem Butylkautschuk mit — 12 123.

Dimethyldisulfid (2.3-Dithiabutan) (Kp. 108 bis 111°), Darst. 10 809; Bldg. 2698, 15 554; UV-Spektrum (Bezieh. zur Alkalispalt.) 14 074; (d. J_2-Komplexes) 14 084; Bildungswärme 3045; Photolyse 8213; Gleichgewichtseinstell. beim Syst. —/Diäthylsulfid 10 040; Disproportionier.-Gleichgew. 4488; Einfl. auf d. reduktive Dehydroxymethylier. u. Dehydroxylier. primärer Alkohole 8939; — als flücht. Geruchsbestandteil v. Zwiebeln 2574; — als Ursache v. Fehlgeschmack d. Milch 687, 5137.

$C_2H_6S_3$ **Methyltrisulfid,** — als flücht. Geruchsbestandteil v. Zwiebeln 2574.

C_2H_6Se **Selenoäthan,** Rk. 16 281.

Dimethylselenid, IR-Spektrum 1501.

C_2H_6Si **Vinylsilan,** Mikrowellenspektrum, Struktur, Dipolmoment u. innere Barriere v. — u. isotopen Verb. 13 336.

C_2H_6Te **Dimethyltellurid,** IR-Spektrum 1501.

C_2H_6Zn **Dimethylzink,** Darst. v. Dipyridylkomplex 6329; Rotat.-Spektrum 4426; Unters. über d. strukturellen Bau v. — mittels Dipolmessungen 1908; Antoine-Dampfdruck-Gleich. u. Verdampf.-Wärme v. — 12 566; Bldg.-Wärme 8164; Kinetik d. Pyrolyse 2323; Rk.: mit $TiCl_4$ 18 397; mit 2.6-Di-tert.-amylphenol 15 767*; mit Hexen-(3)-disäure-(1.6)-dichlorid 8415*.

C_2H_7Al **Monoäthylaluminiumdihydrid,** Verw. 5101*.

C_2H_7AlClN **Dimethylaminohydridoaluminiumchlorid** (F. 83°) 10 013.

$C_2H_7AsO_2$ s. *Kakodylsäure (Dimethylarsinsäure).*

C_2H_7B **Äthylborhydrid** 3749, 12 835*.

$(C_2H_7BClN)x$ *polymeres N.N*-**Dimethylaminochlorborin** 12 655.

$C_2H_7BO_2$ **Dimethoxyboran (Dimethoxyborin),** Darst., Verw. 4401*; Rk. 9895*.

$C_2H_7BO_3$ **Dimethylborsäure,** Darst. d. K-Salzes 9637; Rk. 9637.

C_2H_7Cl **Dimethylchlorsilan,** Rk. 6358.

$C_2H_7ClN_2$ **Diaminoäthylchlorid,** Rkk. 12 389*

$C_2H_7ClN_2O$ *N*-**Methylchlorformamidiniumhydroxyd,** Darst., IR-Spektrum d. Chlorids 14 076.

C_2H_7ClSi **Dimethylchlorsilan** (Kp. 35,5°), Darst. 5475*, 5477*; (Rk.) 5589, 16 647; Schwingungsspektrum u. Bindungsverhältnisse 15 895; Rk. 4883, 7485.

C_2H_7N **Äthylamin** (F. 96—98°), Darst. 6209*; (v. alkylsubstituierten Pikraten) 3777; Bldg. 11 881, 13 569*, 15 555; (Benzoyl-Deriv.) 8941; Proton-chem. Verschieb. 5978; Mikrowellenabsorpt. v. Mischungen mit Ar bzw. NH_3 11 090; IR-Spektrum (v. Salzen) 6715; (d. Tetrachloroborats) 3717; Ramanspektrum 9283; Druckabhängigk. d. Brech.-Index 6713; Elektronenstoß-Ionisationspotential 433; Bindungsdissoziationsenergie 3772; neue Bezieh. zwischen d. physikal. Konst. v. — 3402; Bezieh. zwischen Druck, Temp. u. Dichte 12 235; Grenz-Konz. u. empir. Gleich. d. Gleichgew.-Verteil. für Fl-Fl.-Syst. mit — 17 675; Trenn. v. anderen Aminen durch Hochspannungs-Papierelektrophorese 6161; gaschromatograph. Trenn. v. anderen Aminen 3574; Thermodynamik d. Komplex-Bldg.-Gleichgew. zwischen NiDBH u. — 5242; Thermodynamik d. Koordinat. v. — an eine nichtsolvatisierte Stelle in Bis-[2.4-pentandionato]-oxovanadin(IV) 5200; spontane Zünd. v. — 14 819; Einfl. v. an PbJ_2 chemisorbiertem — auf d. keimbildende Wrkg. d. PbJ_2 4448; katalyt. Hydrier. 11 149; Oxydat. 4494; Rk.: mit U, UO_3 oder U_3O_8 4110; mit $(PNCl_2)_3$ 18 041; mit Salzen v. Koss-Typ (Kinetik) 414; v.trans-$[PtCl_2(NH_2C_2H_5)]Cl$· mit Cl_2 426; mit CO_2 unter Bestrahl. 12 095*; mit Acetylenchloriden 7481; mit 2-Chlor-3.4-oxidobuten-(1) 17 368; mit substituierten Chlorbenzolen 4530; mit 6-Chlorpurin 16 318; mit 7-Benzyl-6-chlorpurin 10 464; mit 2.8-Dichlorphenazin 136; mit 2-Methyl-4-amino-6-chlorpyrimidin 9345; mit Methyl-β-chloräthylamin 1194; mit Tris-[diäthylamino]-triäthylborazol 10 766; mit N-Chloräthylamin 18 105; mit o- bzw. p-Nitrofluorbenzol 12 999; mit 7-[β-Chloräthyl]-8-chlormethyltheophyllin 223*; mit 9-[p-(β-Chloräthoxy)-benzal]-fluoren 11 291*; mit oxydiertem 6.7-Dimethoxy-3.4-dihydroisochinolin 13 772; mit tert.-Butyl- bzw. Cumolhydroperoxid u. CH_2O 1027*; mit Dimethyldichlorsilan 13 963; mit 2.4-Dimercaptopyrimidin 848; mit Harnstoff, Ammoniumcyanat oder Biuret 5097*; mit Biuret 5097*; mit Cyanurchlorid 18 279*; d. Nitrats mit Cyanamiden 11 157; mit Zn-Cellulosexanthogenat 497; mit 5-Hydroxymethylfurfurol während d. Red. 13 577*; mit Dipropinylketon 10 429; mit 6-[2-Bromäthoxy]-2-methylindanon-(1) 11 653*; mit 1-[3'.4'-Dimethoxyphenyl]-propanon-(2) u. H_2 7255*; mit 1-Methyl-6-methylsulfonylpyrazolono-[3.4:d]-pyrimidin

butin-(3)-ol-(1)] 11 882; (u. Dialkyl- bzw.
Diaryl-äthinylcarbinolen) 8220; (u. Phe-
nol) 7874; (u. p-Alkylphenol) 8957; (u. 2-
n-Tetradecylphenol) 18 201*; (u. 4-
Hydroxypyrrolo-[2.3:d]-pyrimidin)
11 927; (u. 5.6-Dibenzyloxyindol) 14 494;
(u. tert.-Butyl- bzw. Cumolhydroper-
oxid) 1027*; (u. Ketonen) 17 033; (u. 3-
Acetylindolizin) 3455; (u. 2-Propionyl-
thiophen) 14 955*; (u. 2-Acetylseleno-
phen) 9698; (u. Cyclodecanon) 13 207*;
[u. cis-1.2.3.4.4a.10a-Hexahydro-10H-
phenanthron-(9)] 5653; (u. $\Delta^{1.4}$-Cholesta-
dien-3-on) 863; (u. 8-Nitro-α-naphthyl-
methylketon) 11 550; (u. p-Methoxy-
isobutyrophenon) 1206; (u. Östron-3-
methyläther) 2466*; (u. 4.4'-Dimethoxy-
phenylbenzylketon) 15 034*; (u. 4-
Hydroxybenzoesäureäthylester) 18 802;
(u. Ketonsäuren) 16 284; (u. Acetyl-
aminomalonsäurediäthylester) 18 078;
(u. Caprolactam) 4496; Rk.: mit aliphat.
Aldehyden u. aromat. Ketonen 3441; mit
Cedrenal 16 330; mit 1.1-Pentamethylen-
1-cyclohexyl-4-methylpenten-(3)-on-(2)
bzw. 2.2.5-Trimethylhexen-(4)-on-(3)
12 281; mit Acetylferrocen u. S 17 725;
mit 9-[β-Chlorpropionyl]-3-oxa-9-aza-
bicyclo-[3.3.1]-nonan 2737; mit 10-[α-
Brompropionyl]-2.7-dichlorphenthiazin
5674; mit 2-Chlormethyl-5-acetyl- bzw.
-5-propionylselenophen 11 559; mit 4-
Chlor-1.6-dihydro-1-methyl-6-oxopyrimi-
din bzw. 4.6-Dichlorpyrimidin 7150; mit
2-Phenyl-4-[2.3-dichlorthenyliden-(5)]-
oxazolon-(5) 12 652; mit 1-Aza-2.4.9-
trimethyl-6-[β-chloräthylamino]-thioxan-
thon 3551*; d. Hydrochlorids mit p-
Hydroxyacetophenon bzw. p-Hydroxy-
desoxybenzoin 14 479; mit 1-Dimethyl-
amino-5-methoxyhexanon-(3) 7855; mit
1.5-Dimethoxypentanon-(3) bzw. 1-
Methoxybutanon-(3) 8217; mit 1.4-Bis-
[γ-chlorcarbonylpropoxy]-benzol 12 270;
mit 6.7-Dichlorchinolin-5.8-chinon
18 204*; mit 1-Amino-2-[α-chlor-p-
tolyloxy]-4-hydroxyanthrachinon 1422*;
mit β-[2-Thioxoimidazolidinyl-(1)]-äthyl-
isothiocyanat 4530; mit [Anthrachinonyl-
(2)-carbonylchlorid]-[anthrachinonyl-(2)-
methylen]-hydrazon 3439; mit N-[2.4-
Dinitrophenyl]-4-methylpyridinium-
chlorid 11 170; mit 1-[β-Bromäthyl]-1.1-
dimethylhydraziniumbromid 16 645; mit
4-Chlor-3-methylpyridin-N-oxid 3094;
mit Acrylonitril 17 035; mit 3-[3'-Meth-
oxyphenothiazinyl-(10)]-2-methylpro-
pionitril 18 205*; mit 2-Methylmercapto-
4-amino-5-cyanpyrimidin 15 696*; mit
2-Methylmercapto-4-hydroxy-5-cyan-
pyrimidin 15 696*; mit Na-2-Alkoxy-
1.1.3.3-tetracyanpropenid 1795*; mit Di-
fluoressigsäure 4924; mit Morpholino-
bzw. Piperidinodithioameisensäure
11 563; mit 5-Benzyloxyindolcarbonsäure
8346*; mit 6-Chlorpyrimidinyl-(2)-
aminosäuren 15 967; mit Glyoxylsäure
bzw. deren Deriv. 3627*; mit 1-Cyclo-
hexyl-3-oxoindanyl-(2)-essigsäure
11 654*; mit Chlorameisensäureestern
8811*; mit 5-Carbomethoxytetrahydro-
furanen 11 197; mit 5-Chlormethylbenzo-
furancarbonsäureestern 1978; mit 6 β-
Bromcortison-21-acetat 17 142*; mit 6-
Chlor-9-[2.3.5-tri-O-benzoyl-β-D-ribofura-
nosyl]-purin 16 323; mit 2-Methyl-3.3-
dimethoxy-5-carbomethoxytetrahydro-
furan 11 198; mit Acetessigsäureäthyl-
ester 11 157; mit Polymethylmethacrylat
13 967*; mit Säurechloriden 7480,
13 748; mit 8-Bromoctansäurechlorid
12 261; mit Xanthenyl-(9)-acetylchlorid
5295; mit 3.5-Dimethylbenzoylchlorid
8953; mit D(α)-Hexahydrobenzoyl-
chlorid 13 351; mit Cyclopropancarbon-
säurechlorid 16 656; mit Bicyclo-[2.1.1]-
hexan-5-carbonsäurechlorid 15 223; mit
5-Nitroselenophen-2-carbonsäurechlorid
15 206; mit 2.4-Dihydroxybenzoylchlorid
9318; mit 5-Fluorindolyl-(3)-glyoxyl-
chlorid 17 388; mit 6-Fluorindol-3-gly-
oxylsäurechlorid 18 108; mit α-Carb-
äthoxy-α-phenylbuttersäurechlorid
6133*; mit Adipinsäuredichlorid 17 366;
mit Spiro-[3.3]-heptan-2.5-dicarbonsäure-
dichlorid 1595; mit cis-trans-cis-Cyclo-
butantetracarbonsäure-(1.2.3.4)-tetra-
chlorid 17 732; mit N.N'-Diphenyl- bzw.
N.N'-Dibenzyl-N.N'-äthylendicarbamin-
säuredichlorid 810; mit N-Dialkyl-β-
halogenäthylcarbamaten 10 189*; mit Di-
methylformamid u. Dimethylsulfat
15 557; mit 5-[2-Halogenacylamino]-1.3.
6-trialkyluracilen 4539; mit 2-Methyl-4-
chloracetamido-6-äthoxypyrimidin 9346;
mit N.N'-Bis-[chloracetyl]-N.N'-di-
benzyläthylendiamin bzw. N.N'-Bis-[β-
chloräthoxycarbonyl]-N.N'-dibenzyl-
äthylendiamin 18 797; mit Acetyldi-
thiourethan 12 292; mit Dichlorpyro-
mellitsäuredimethylimid 13 731; mit
Molybdatocer(IV)-säure 2296; mit o-
Brommethylbenzolboronsäureanhydrid
4510; mit N.N'-Bis-[p-sulfobenzyl]-N.N'-
diacetyläthylendiamin 16 337; mit ali-
phat. Sulfonsäureestern v. 3-Chlor-10-
[3'-hydroxypropyl]-phenthiazin 950*;
mit 3-[3'-Chlorphenothiazinyl-(10')]-
propanolmesylat 1609; mit 3-Chlor-10-
[3'-mesyloxypropyl]-phenthiazin 10 569*,
16 496*; mit Benzol-1.3-disulfochlorid
bzw. p-Aminosulfonylbenzolsulfochlorid
815; mit Sulfonimido- bzw. Sulfonamido-
phosphorsäurechloriden 18 093; mit
Phosphoryl- oder Thiophosphorylhalo-
geniden 5475*; mit Thionphosphor-
säureäthylesterdichlorid 15 190; mit
Alkylmercaptophenylphosphorsäure-
dichloriden 16 109*; mit Tetramethylen-
[dimethylamino]-phosphinigsäurechlorid
12 654; mit Diallylphosphit 2393; mit
Butansulton-(1.4) 6400; Elektrolyse v.
Alkali- oder Erdalkalimetallborhydriden
in Dimethylamin 5474*; selektives Red.-
Vermögen v. Li in — 14 117; Wrkg. d.
Hydrochlorids auf negatives AgJ-Sol
7798; Vork.: in d. Geruchsstoffen v. Süß-
wasserfischen 189; im menschl. Harn
9416; Wrkg. auf d. adaptive Assimilat. v.
Nitrit u. Nitrat durch ein Mycobacterium
897; — als Stoffwechselprod. v. Tetra-
methylthiuramdisulfid im Verdauungs-
trakt wiederkäuender Tiere 13 475; Einfl.
auf d. Elektroretinogramm v. Kopffüßlern
7233; Verwendbark. v. Cu-Komplexen
als Lichtfilter für ramanspektroskopische
Zwecke 3199; Verw.: zur Herst. herbici-
der Mischungen 1006*, 18 980*; d.
Salzes mit Maleinsäurehydrazid zur Herst.
bakterICIder u. keimverhindernder Klebe-
mittelpasten 18 678*; zur Herst. v. Farb-
stoffen 8430*; bei d. Herst. v. lichtleit-
fäh. Schichten 8855*; bei Viscosespinn-
verf. 18 325*; Trenn. v. anderen Aminen
(durch Hochspannungspapierelektro-
phorese) 6161; (durch Gaschromatogra-
phie) 3574; Charakterisier. als saures (—)-
Di-O-p-toluyltartrat 3778; Best. (als Rei-
neckat) 13 151; (durch Polarographie)
10 952; (durch Gaschromatographie)
7643.

**C_2H_7NO Äthanolamin (2(β)-Aminoäthanol, 2-
Hydroxyäthylamin, 1-Amino-2-hydroxy-
äthan, Colamin)** ($Kp._{10}$ 74°), Darst.
10 815; (Rk., Hydrochlorid) 9302; (v.
Deriv.) 1193; (v. sulfonsauren Salpeter-
säureestern d. —) 15 766*; Bldg. 850;
(Rk.) 13 034; Regenerier. nach Reinig.
v. Kokereigas 9208; pK_H-Wert 14 081;
Leitfähigk. v. Säuren u. Salzen 2-wert.
Metalle in wasserfreiem — 5936; Selbst-
assoziat. u. intermol. π-Effekt aus d.
NMR-Spektrum 9655; Dampfdruck u. Ge-
frierpunkt 14 082; Gefrierpunktskurven

metr. Titrat. u. Best. d. pKBH 9091; Best. v. CO_2 in Proben aus —-Gasbehandl.-Anlagen 9093.
N-Äthylhydroxylamin, Hydrochlorid 7114.
O-Äthylhydroxylamin, Bldg. d. Hydrochlorids 6389; neue Bezieh. zwischen d. physikal. Konst. v. — 3402.
O.N-Dimethylhydroxylamin, Rk. 460.
N.N-Dimethylhydroxylamin, Hydrochlorid 5102*.

$C_2H_7NO_2S$ (s. *Hypotaurin [2-Aminoäthansulfinsäure]*).
Äthansulfonsäureamid (F. 62°) 10 803.

$C_2H_7NO_2S_2$ s. *Thiotaurin [2-Aminoäthanthiosulfonsäure]*.

$C_2H_7NO_3S$ s. *Taurin [2-Aminoäthylsulfonsäure, S-Sulfocysteamin]*.

$C_2H_7NO_3S_2$ Cysteamin-S-sulfonsäure (S-Sulfocysteamin), Darst. 174; radiochem. Zers. 6732; — als Vorläufer d. Thiosulfate im Harn 6108.
2-Aminoäthylthioschwefelsäure, Rk. 11 529.

$C_2H_7NO_4S$ β-Aminoäthylschwefelsäure 6964*.

$C_2H_7NO_7S_2$ 2-Hydroxyäthylsulfaminsäurehydrogensulfat, Di-Na-Salz (F. d. Trihydrats 220—221°) 2759.

C_2H_7NS (s. *Cysteamin [Mercamin, β-Mercaptoäthylamin, 2-Aminoäthylmercaptan, 2-Aminoäthanthiol]*).
Dimethylsulfimin (Kp.$_{0,4}$ 39°), Darst. (Rk., Salze) 15 555; (v. Salzen) 15 555.

$C_2H_7NS_2$ Thiocysteamin, Nachw. u. d. Verteil. v. —-oxydierenden Fermenten aus Schweinenieren 13 069.
Dimethyldithiocarbaminsäure, Zn-— als schimmel- u. fäulnisverhütender Wirkstoff 12 143.

C_2H_7NSi 2-Cyanäthylsilan (Kp.$_{15}$ 38°) 12 982.

$C_2H_7N_3$ Triazolidin, Deriv. 14 095.
Methylguanidin, Nitrat (F. 149—150°) 11 882.

$C_2H_7N_3O$ 2-Methylsemicarbazid, Rk. 10 467;

$C_2H_7N_3S$ Aminomethylisothioharnstoff, Schutz-Wrkg. d. Hydrobromids gegen Stickstofflost u. Röntgenbestrahl. bei Mäusen 17 072.
N-Amino-S-methylisothioharnstoff, Rk. d. Hydrojodids 16 286.
2-Methylthiosemicarbazid, Rk. 9348.

$C_2H_7N_5$ Biguanid, Darst. v. Deriv. 16 842*; Darst., Rk. v. Salzen 13 365; Darst., Verw. v. Deriv. 566, 947*; Komplex-Verb.: mit Metallen (Übersicht) 4837; mit Fe 15 887; mit Co 11 127; mit Ni, Cu(II) u. Co(III) 17 674; mit $PtCl_2$ 14 068; Rk.: v. —-Deriv. mit Pyridincarbonsäuren 6778; v. —-Deriv. mit Halogencarbonsäureäthylestern 6776; mit O.O-Diäthyl-S-carbäthoxymethyldithiophosphat 7669*; —-Deriv. als hypoglykäm. Stoffe (Übersicht) 7986; Wrkg. hypoglykäm. wirkender —-Verb. auf d. oxydative Phosphorylier. 18 904; Leberveränder. durch Thioacetamid bei gleichzeitiger Belast. mit blutzuckersenkenden Substanzen d. —-Reihe 4602; photograph. Verw. 5167*; Verw. v. Chlorderiv. in Desinfektions- u. Bleichmitteln 4648*; Mikronachw. 1346; colorimetr. Best. 3925.

$C_2H_7N_5O_2$ Diaminobiuret, Cytotoxizität in menschl. Zellkulturen 4195; Riditanalyse d. Wrkg. v. — auf d. Wachstumsindices d. Nelson-Mäuseascitestumors 2766.
1-Aminoformylcarbohydrazid (F. 237—240°) 3427.

$C_2H_7N_5S$ Guanidinothioharnstoff 8604.

C_2H_7OP Dimethylphosphinoxid 3773.
Dimethylphosphinigsäure 54, 3773.

$C_2H_7O_2P$ Dimethylphosphinsäure (F. 91°), Darst., Rk. 12 629; Bldg. 54, 3773; Ramanspektrum, Kraftkonst. 16 974.

$C_2H_7O_2PS$ Dimethylthiophosphit (Kp.$_9$ 56 bis 57°) 12 623.

$C_2H_7O_2PS_2$ Dithiophosphorsäure-O.O-dimethylester (O.O-Dimethyldithiophosphat), IR-Spektrum 9283; Rk. 12 266; (d. Na-Salzes) 7669*; Wrkg. v. O-Äthyl-O-[p-nitrophenyl]-phenylthionophosphat auf d. Bldg. v. — im Stoffwechsel v. Malathion bei Ratten u. Hunden 4621.

$C_2H_7O_3P$ Äthylphosphit, Ammoniumsalz (F. 94°) 5590.
Äthylphosphonsäure, Darst., biolog. Aktivität v. Deriv. 4884.
Methylphosphonsäuremethylester, Darst. d. Na-Salzes (F. 435—440°) 12 266; Rk. 15 896, 17 057.
Dimethoxyphosphinoxid, kernmagnet. Resonanz u. IR-Absorptionsunters. 8202.
Dimethylphosphit (Kp.$_{26}$ 72—77°), Darst. 12 456*; (Rk.) 9300, 12 622; Struktur aus d. ^{31}P-Kernresonanz 15 125; IR-Spektrum d. Na-Salzes 15 164; Rk.: mit NH_4SCN 5590; d. Na-Verb. mit Myrtenylchlorid 10 845; mit Aminen 2707; mit Aldehyden 2170*; mit Salicyl- u. 2.4-Dihydroxybenzaldehyd 9745; mit 5-Formyl-4-amino-2-methylmercaptopyrimidin 17 398; mit N.N-Dichlorbenzolsulfonamid 13 723; d. Na-Verb. mit Methylphosphonsäuredimethylester 12 266; colorimetr. Best. 18 583.

$C_2H_7O_3PS$ Thiophosphorsäuredimethylester (O.O-Dimethylthiophosphat), IR-Spektrum 9283; Rk. d. Na-Salzes 7669*; Wrkg. v. O-Äthyl-O-[p-nitrophenyl]-phenylthionophosphat auf d. Bldg. v. — im Stoffwechsel v. Malathion bei Ratten u. Hunden 4621.

$C_2H_7O_4P$ Äthylphosphat, Bldg. d. Ba-Salzes 9638; Kristallstruktur 6685; innerkristalline Quell. u. Schichteinschluß-Verb. v. Ca-— 11 109; Zers. v. Salzen 9638.
Dimethylphosphat, Darst. [Imidazoliumsalz (F. 123°)] 8635 [2 Ref.]; (d. Ammoniumsalzes) 5590; Kinetik d. Hydrolyse 14 823; Wrkg. v. O-Äthyl-O-[p-nitrophenyl]-phenylthionophosphat auf d. Bldg. v. — im Stoffwechsel v. Malathion bei Ratten u. Hunden 4621.

$C_2H_7O_5P$ β-Hydroxyäthylphosphat, Ba-Salz 9675.

C_2H_7P Äthylphosphin 12 629.
Dimethylphosphin (Kp. 24°), Darst. 15 563; Bldg. 12 630; (Rk.) 3773; Rk. 54.

$C_2H_7PS_2$ Dimethylthionothiolphosphinat, K-Salz, Rk. mit 2.3-Dialkylmercapto-1-halogenpropanen 2146*.

C_2H_8AlN Dimethylaminalan (F. 89°), Darst. 4463; Rk. 10 013.

C_2H_8BN N.N-Dimethylaminoborin, Bldg. 12 630, 12 654; Rk. 19 016*.

C_2H_8BSb Dimethylstibinoborin 12 584.

$C_2H_8ClN_2OP$ Chlorphosphorsäurebismethylamid (F. 95°) 15 911.

$C_2H_8Cl_2OSi_2$ 1.3-Dimethyl-1.3-dichlordisiloxan, Rk. 1958.

$C_2H_8Cl_4N_5P_3$ trimeres Bis-[methylamino]-phosphornitriltetrachlorid, IR-Spektrum 18 364.

$C_2H_8NO_4P$ Phosphoäthanolamin (Phosphoryläthanolamin, Phosphatidyläthanolamin, Phosphocolamin, Äthanolaminphosphat, 2-Aminoäthyldihydrogenphosphat) (F. 236 bis 237°), Darst. v. $^{14}C_{2(1.2)}$-— 10 423; Einw. v. Metall-Ionen unter physiolog. Beding. 9415; in vitro-Einbau v. ^{32}P-—in Phospholipide v. Meerschweinchengewebe 18 885; Vork.: in d. Lipoiden d. Eidotters 906; in d. Phospholipiden d. Kuhmilch 7737; Isolier. aus Hirncephalin 17 092; — im peripheren Nervensyst. 1677; — in Leukocyten normaler Personen 13 825; Konz. in Leukocyten v. Leukämiepatienten 13 798; Wrkg. auf d. Wachstum experimentell transplantablen Krebses 15 633; Einfl. auf d. Glykogenolyse 917; Wrkg. v. Arzmeimitteln auf d. —-Spiegel im Gehirn 5755; papierchromatograph. Nachw. 8727.

C_2H_8NP Aminodimethylphosphin 54.

$C_2H_8N_2$ Äthylendiamin (1.2-Diaminoäthan), Darst. 2903*, 7690*, 13 945*, 17 205*; (v. Deriv.) 1193; Darst., Verw. v. Deriv. 9338, 12 394*; Bldg. 1589, 17 212*, 18 433; (Rk.) 13 034; Reinig. 11 730*, 13 945*; IR-Spektrum (v. — u. $D_{4(N.N.N.N)}$-—) 14 810; (d. Dihydrochlorids) 1169; Fluorescenz d. —-Deriv. v. Epinephrin u. Norepinephrin 9654; Gegenionenaktivität u. Gegenionenbind. in —-Dihydrochlorid 2014; Fixier. d. Äthylendiammonium-Gegenions in Alginaten 8529; pKa-Wert 15 539; Einfl. d. pH auf —-Elektrolyte bei d. Verkupfer. u. Verzink. 2269; Wärmen d. schrittweisen Neutralisat. 3044; Löslichk. v. Alkalimetallen in — 2656; Wrkg.: auf d. Wachstum v. AgBr-Mikrokristallen 14 387; d. —-Kations auf d. Stabilität v. negativem AgJ-Sol 16 586; Abtrenn. aus Misch. mit Piperazin 8370*; Oxydat. 4494; Fluorier. 18 437; Red. v. Vitriten mit hohem C-Geh. bzw. v. Graphit mit Li-— 7018; Rk.: mit Benzylchlorid 6213*; mit Hexachlorbenzol 10 277*; mit p-Nitrobenzylchlorid bzw. p-Chlornitrobenzol 810; mit p-Nitrofluorbenzol 12 999; mit Pyridylmethylchloriden 1160; mit 6-Chlorpurin 17 400; mit 1-Oxa-4-thiacyclohexan-4.4-dioxid 16 496*; mit einem Copolymeren aus Dicyclopentadien u. Leinöl 15 781*; mit OH-Gruppen enthaltenden Verb. 17 900*; mit Brenzcatechinderiv. 18 091; mit 7-[β-Chloräthyl]-theophyllin 6770*; mit Adrenalin u. Noradrenalin 1236; mit Noradrenalin (oder 3.4-Dihydroxymandelsäure bzw. Brenzcatechin bzw. Adrenalin) 5673; (Vgl. mit d. Kondensat.-Prod. mit Brenzcatechin) 11 986; mit 1.2-Dichlor-1.2-diäthoxyäthan 8988; mit γ-Chlorpropyltrimethoxysilan 6210*; v. Salzen mit Harnstoff bzw. Harnstoffabkömmlingen 10 829; d. Hydrochlorids mit Formaldehyd u. KCN 1199; mit Formaldehyd u. HCN 3263*, 12 835*, 19 009*; mit 5-Brom- bzw. 5-Chlorselenophen-2-aldehyd 11 558; mit 1.2-Dihydroxy-4-benzaldehyd 16 425; mit Glyoxalmono-[diäthylacetal] 10 823; mit 2-Chlor-5-nitrobenzophenon 4933; mit Furil 7898; mit vicinalen Diketonen 10 189*; mit Glykolonitril 12 458*; mit α,β-ungesätt. Säurenitrilen 4171; mit Acrylnitril 4171; d. Mono-p-toluolsulfonats mit [2-Methylbenzothienyl-(3)]-acetonitril 10 933*; mit 3-Methylamino-1.1-diphenylbutylcyanid 17 026; d. Mono-p-toluolsulfonats mit 2.6-Dimethyl-3-hydroxy-4-tert.-butylbenzylcyanid 12 392*; mit Ameisensäure u. HCN 9895*; v. Schiffschen Basen aus — u. aromat. Aldehyden mit Ameisensäure 456; mit substituierten Essigsäuren bzw. Propionsäuren 5671; mit Chloressigsäure 12 146*; mit Crotonsäure bzw. deren Estern 13 033; mit Aminosäuren 6373; mit ε-Aminocapronsäure u. CS_2 5471*; mit Diphenolsäure 18 642*; (u. einer Carbonsäure) 18 641*; mit Dopa 18 086; mit 8.12-Eicosadien-1.20-disäure 4357*; mit 3.6-Dioxaoctandisäure 15 624; mit Pinsäure 5498*; mit ungesätt. Ester 2091*; mit Cellulosecrotonaten 13 054; mit epoxidierten Methylestern v. Tallölfettsäuren 6232*; mit 5-[Benzothiazolyl-(2)]-α-thiomilchsäuremethylester 470; mit Oximinocyanessigsäureäthylester 1951; mit α-Poly-L-glutaminsäure-γ-methilester 9390; mit Bis-[β-chloräthyl]-terephthalat 15 252; mit Äthylenmonothiolcarbonat 9303; mit Dicarbonsäuredichloriden 13 793; mit α.β-Dichlor-γ.γ.γ-trifluorcrotonsäurechlorid 16 841*; mit Imidoätherhydrochloriden 12 839*; mit Chinolin-8-sulfonsäurechlorid 15 595; mit p-[2.2.2-Trifluor-1.1-dichloräthyloxy]-benzolsulfochlorid, bzw. p-[2.2.3.3.3-Pentafluor-1.1-dichlorpropyloxy]-benzolsulfochlorid 8950; mit β-Chloräthylarsonsäure 3786; basenkatalysierter H-Austausch zwischen W. u. H_2 in konz. wss. —-Lsg. 8904; selektives Red.-Vermögen v. Li in — 14 117; Zus. u. Struktur v. Salzen aus — u. Dicarbonsäuren 10 489; Einfl. auf d. Red. v. Ag^+ durch CO 4839; Verw.: bei d. Herst. v. lichtleitfäh. Schichten 8855*; v. Äthylendinitramin in Sprengstoff 2965*; Verw. zum Stabilisieren: v. Alkylphenolen 1411*; v. Phenol-CH_2O-Harzen 19 031*; v. Isopropyläther 2899; Verw.: als Härter für Polyvinylchlorid 8441*; zum Aminieren v. Ionenaustauschern 17 877*; eines Rk.-Prod. mit Propylenoxid als Bestandteil eines Reinigungsmittels 16 529*; v. Kondens.-Prod v. polymerem — mit Sulfochloriden in Wasch- u. Reinigungsmitteln 17 968*; zum Antistatischmachen v. synthet. Fasern 16 184*; bei d. Kunstharzausrüst. v. nativen Cellulosetextilien 18 324*; bei d. Filzfreiausrüst. v. Wolle 13 625; d. Hydrochlorids in Rectiole Antiasthmaticum 14 949; in Tefamin 9790; Trenn. v. anderen Aminen durch Hochspannungspapierelektrophorese 6161; mkr. Nachw. als dibenzofuran-2-sulfonsaures Salz 17 513; Analyse v. — u. Polyamin-Gemischen 3574; Best. über d. bei d. Oxydat. mit JO_4^- gebildeten CH_2O u. NH_3 5416; thermogravimetr. Best. mit Dilitursäure 244; Best. v. Piperazin in Ggw. v. — 2849.

Komplexverbindungen, „Entropie-Effekt" bei Chelat-Bldg.-Prozessen (Austausch v. NH_3 mit —) 2655; Zuordn. v. IR-Absorpt.-Banden zu d. Grundschwing. in Metall/—-Komplexen 6669; Ionenaustausch bei Metall-—-Komplexen 9635; Spann.-Korrektur für d. Halbwellenpotential v. Metallionen in — 5940; Darst.: v. Bis-[äthylendiamin]-Cu(II). SO_4 5226; v. Metallchelaten aus Cu^{2+}, Ni^{2+}, Co^{2+}, Mn^{2+} bzw. UO_2^{2+} 12 958; Bldg. v. Komplexen mit Cu(II) u. Cd(II) 15 515; Absorpt.-Spektren u. Konfigurat. v. Komplexen mit Cu(II) 15 845; Grundviscosität v. Holzschliff in Cu(II)-—-Lsg. 15 137; Verwendbark. v. Cu-Komplexen als Lichtfilter für d. Ramanspektroskopie 3199; Mikrobest. d. Polymerisationsgrades v. Cellulose in Cu-—-Lsg. 16 534; Stabilität v. Ag-Komplexionen mit — 17 673; (Ionenaustausch-Unters.) 9636; Charge-transfer-Spektrum d. Au (III)-Komplexes 14 762; polarograph. Verh. v. Au, Pd u. Pt in Lsg. v. — 5040; Komplex mit CdJ_2 3026; thermodynam. Bldg.-Konst. d. Komplexionen mit Hg(II) 15 515; Komplex mit B_2Cl_4 1154; Darst. u. therm. Stabilität v. Komplexen mit $GaCl_3$, $InCl_3$ oder $TlCl_3$ 772; Komplex-Bldg.: mit GeF_4 16 247; mit SnJ_4 10 411; Absorpt.-Spektren v. in — gelösten V(V)-Komplexen 18 005; Kristallstruktur v. Cr(III)-Komplexen 9259; Rotat.-Dispers. v. Trisäthylendiamin-Cr(III)-Komplexen 15 118; elektronenparamagnet. Relaxat. in Triäthylendiamino-Cr(III)-Ionen-Lsg. 17 308; magnet. Eig. v. Cr(III)-Komplexsalzen 9989; Kinetik d. Hydratisier. u. d. Austausch d. Hydratwassers durch Cl^- bei Chloraquo-bis-[äthylendiamin]-chrom(III)-Kationen 18 038; Verw. v. cis-Dichlor-bis-[äthylendiamin]-chrom(III)-chlorid zur photometr. Best. organ. Säuren 6160; Komplexbldg. mit $[Mn(CO)_5]_2$ 4465; Fe(II)-—-Sulfat als Red.-Mittel 6521; thermometr. Titrat. v. — u. Äthylendiammoniumeisen(II)-sulfat 9091; Darst.: v. Co(III)-Komplexen d. — 11 846; v. ringsubstituierten cis- u. trans-Dibenzoato-bis-[äthylendiamin]-Co(III)-Ionen 10 390; v. Sulfato-bis-[äthylendiamin]-Co(III)-Salzen 10 390; v. Bis-[oxalato]- u. Bis-[malonato]-äthylendiamincobaltat(III)-Anionen 5594; Darst. u. IR-Spektrum v. Sulfito-bis-[äthylendiamin]-kobalt(III)-Komplexen 1926; Röntgenstrukturanalyse d. trans-Dichlorodiäthylendiamincobalt (III)-chlorids 7437; IR-Spektren v. Co(III)-— -Komplexen 1119; Absorpt.-Spektrum v. trans-Dihalogeno-bis-[äthylendiamin]-kobalt(III)-Komplexen 12 549; Absorpt.-Spektren u. Elliptizität v. opt.-akt. diedr. Co(III)-Komplexen d. — 14 402; Rotat.-Dispers. v. —-Co(III)-Komplexen 4424; Geschw. d. Elektronenübergangs zwischen Tris-[äthylendiamin]-Co(II)- u. -CO(III)-Ionen 4839; polarograph. Unters. v. Co(III)—-Komplexen 13 670; Dichroismus: v. Komplexen mit Co(III) 15 118; v. Tris-[äthylendiamin]-Co(III) u. -Cr(III)18 723; spektrophotometr.Unters. über cis- und trans-Dichloro-bis-[äthylendiamin]-kobalt(III)-chlorid 2289; therm. Verh. v. [Tris-(äthylendiamin)-kobalt-(III)]-bromid 11 300; Trenn. v. cis- u. trans-Dichloro-bis-[äthylendiamin]-kobalt (III)-nitrat durch Ionenaustausch 16 964; Einfl. v. Elektrolyten auf d. katalyt. Racemisier. d. Tris-[äthylendiamin]-Co(III)-Ions 17 331; therm. Zers. v. Co-Komplexen d. — 12 213; Umwandl. v. Dinitroäthylendiamindiamminkobalt (III)-nitriten beim Erhitzen 776; Austausch d. Hydratwassers bei Cr(III)-— -Komplexen 18 039; zeolith. Dehydratat. v. DL-Tris-[äthylendiamin]-Co(III)-chlorid-Hydrat 1518; Aquotier. v. cis- u. trans-Dichloro- u. cis- u. trans-Chloro-hydroxo-bis-[äthylendiamin]-Co(III)-Salzen 18 758; Wasseranlager. u. bas. Hydrolyse v. Azido-bis-[äthylendiamin]-kobalt(III)-Salzen 5585; Hydrolyse v. ringsubstituierten cis- u. trans-Dibenzoato-bis-[äthylendiamin]-Co(III)-Ionen 10 384; Orientier.-Effekte bei d. oktaedr. Hydratat. v. Co(III)-Äthylendiaminkomplexen 5956; hydrolyt. Oxydat. d. Bis-[isothiocyanato]-diamminäthylendiaminkobalt(III)-Ions 17 341; Assoziat. v. Co(III)-Komplexen d. — mit Chondroitinsulfat 2757; Aktivität v. Radiobrom in neutronenbestrahlten —-Co-Komplexen 6698; Chelateffekt im Syst. Ni(II)-— (Vgl.) 1530; Kristallstruktur v. Tris-[äthylendiamin]-nickel(II)-nitrat 8539; Druckabhängigk. d. Absorpt.-Spektrums v. Ni [Äthylendiamin]$_2$ [SCN]$_2$ 4071; Rk. v. [Ni(en)$_3$]Cl_2 3756; Trisäthylendiaminnickel(II)-thiosulfat als Eichsubstanz bei Susceptibilitätsmess. 9989; IR-Komplexe d. — 18 401; Darst. v. Pt/NO-Komplexen d. — 2670; opt. Aktivität v. Pt-Komplexen d. — 382; Geschw. d. Basenhydrolyse v. trans- [(Pt en$_2$Cl$_2$)]$^{2+}$ u. [Pt en$_2$Cl(OH)]$^{2+}$ 16 957; Pt-Austausch zwischen [Pt(en)Br_4] u. [Pt(en)Br_2] 1153; Nitritsubstitut. bei trans-[Pt(en)$_2$·Cl_2)$^{2+}$ 7071; Stabilität d. Cellulose-Komplexes mit — 2016; Additions-Verb. mit Theophyllin s. *Aminophyllin.*

Äthylhydrazin, Darst. [d. Oxalats (F. 170 bis 171° korr.)] 12 288; (Verw.) 15 097*; Rk. 4268*; Beschleunig. d. Blühens d. Ananas durch — 8675.

N.N(1.1)**-Dimethylhydrazin** (*asymm.*-**Dimethylhydrazin**), Darst. 302*, 5848*; (Verw.) 3327, 18 637*; Bindungsdissoziationsenergie 3772; Kinetik d. therm. Zers. 2324; Oxydat. 1195; Rk.: mit CS_2 5625; mit Äthylendihalogeniden 16 645; Rk. d. Hydrochlorids: mit Epoxiden 15 026*; mit Methylstyroloxid 12 762*; Rk.: mit Mannich-Basen 15 593; mit 3-Brom-7-methoxy-9-chloracridin 17 036; mit $(C_4H_9)_2BCl$ 14437; mit $(CH_3)_3SiCl$ 7076; mit $(C_6H_5)_2SiCl_2$ 7076; mit Isoindolinoacetaldehyd 7146; d. Hydrochlorids mit K-Dithioformiat 6745; mit Dithiocarbonsäurecarboxymethylester 6745; mit N-[Carbamoylcyanmethyl]-imidoestern 10 467; mit Allyloxamidsäureallylestern 1409*; mit Dithiophosphorsäure-O.O'-dimethylester-S-carboxymethylester 12 267; Verbrenn. 14 978; Löschen v. brennendem — 14 979; Komplex-Bldg. mit Hämoproteinen 9748; carcinogene Aktivität 11 590; Verw. d. Salze in Raketentreibstoff 1856*; potentiometr. Best. v. Gemischen aus Hydrazin u. — 2478; W.-Best. in — 1344.

1.2-Dimethylhydrazin (*symm.*-**Dimethylhydrazin**), Darst. v. — u. D_6-— 13 356; Bindungsdissoziationsenergie 3772; Verw. in Raketentreibstoff 6272*.

$C_2H_8N_2O$ *N*-**Hydroxyäthylendiamin**, Polymerisat. v. Cu(II)-Chelaten d. — 16 239.

β-**Hydroxyäthylhydrazin**, Rk. 2095*, 5847*; Beschleunig. d. Blühens d. Ananas durch — 8675.

$C_2H_8N_2O_2$ *N.N'*-**Dihydroxyäthylendiamin**, Polymerisat. v. Cu(II)-Chelaten d. — 16 239.

$C_2H_8N_2O_4S_2$ *N.N'*-**Dimethylsulfonyldiamid**, Rk. 14 323*.

$C_2H_8N_4O_2$ **Hydrazindicarbonsäuredihydrazid** (F. 265—267° Zers.) 18 827.

$C_2H_8N_{10}O$ **Tetracen** $C_2H_8N_{10}O$, elektrometr. Titrat. mit Cr^{2+}-Lsg. 8732.

C_2H_8OSi **Dimethylsilanol,** Polymerisat. v. Oktamethylcyclotetrasiloxan in Ggw. v. Tetramethylammoniumdimethylsilanolat 7546.

$C_2H_8O_3Si$ **Äthyltrihydroxysilan,** Auflös. v. UCl_5 · PCl_5 unter Rk. in — 12 220.

$C_2H_8O_5P_2$ **Methylphosphonsäureanhydrid,** Rk. 15 896; volumetr. Best. 8733.

$C_2H_8O_6P_2$ **Dimethylendiphosphonsäure** (F. 220 bis 223°) 13 323.

$C_2H_8O_7P_2$ **Äthylpyrophosphat,** Wrkg. v. — nach Injekt. in d. dritten Ventrikel bei nichtnarkotisierten Hunden 18 182.

P^1.*P*^{2}-**Dimethyldiphosphat** 8634.

$C_2H_8S_2Sn$ **Dimethyldimercaptostannan** 8548.

C_2H_8Si **Dimethylsilan,** Bldg. 14 437; IR- u. Ramanspektrum 1169; Potentialfunkt. 18 065.

C_2H_9BMg **Äthylmagnesiumborhydrid** 7077.

C_2H_9BNNa **Natriumdimethylaminoborhydrid** 8181.

C_2H_9BNaP **Natriumdimethylphosphinoborhydrid** 8181.

$C_2H_9B_2NO_3$ **Trihydroxodimethylaminodibor** 11 489.

$C_2H_9N_2P$ **Dimethylphosphinohydrazin** 54.

$C_2H_9N_3$ **Diäthylentriamin,** Verw. 16 438*.

2(β)-Aminoäthylhydrazin (Kp.$_{14}$ 86—87°), Herst. 2540*; Rk. d. Dioxalats 13 494*.

$C_2H_9O_{10}P_3$ *P*^{1}.*P*^{3}-**Dimethyltriphosphat,** R_F-Wert 8635.

$C_2H_{10}BN$ **Dimethylaminboran** (F. 36°), Darst. 5474*; (v. stabilem —) 11 731*; Röntgenbeug.-Pulverdiagramme 5952; Rk. 9514*, 15 019*; Verw. zur Reinig. v. Alkoholen 3980*, 18 269*; Verw. zur Stabilisier.; v. chlorierten KW-Stoffen 9513*; v. Alkoholen 12 830*.

Methylaminomethylboran, Verw. zur Stabilisier. v. chlorierten KW-Stoffen 9513*.

Amindimethylboran, Verw. als Red.-Mittel 9514*.

$C_2H_{10}B_2$ **Monoäthyldiboran,** IR-Spektrum 11 089.

1.2-Dimethyldiboran, IR-Spektrum 11 089.

$C_2H_{10}N_4$ **Äthylen-bis-hydrazin,** blutdrucksenkende Wrkg. d. Dihydrochlorids 18 549.

$C_2H_{10}OSi_2$ **1.3-Dimethyldisiloxan** (Kp. 34,5°) 4883.

$C_2H_{10}O_5Si_4$ **Dimethoxysiloxen,** Fluorescenz u. Farbe 15 485.

$[C_2H_{10}O_{12}P_2Si_2]_x$ **Verb.** $[C_2H_{10}O_{12}P_2Si_2]_x$, Darst., Struktur 5691.

$C_2H_{10}Zn$ **Diäthylzink,** NMR-Spektrum 434.

$C_2H_{11}B_2N$ **Dimethylaminodiboran,** Bldg. 14 437; Rk. 8182.

$C_2H_{12}Si_3$ **Bis-[silylmethyl]-silan** 17 333.

$C_2H_{13}B_5$ **Äthylpentaboran**, Darst., Verw. 2231*, 8849*; Struktur 15 866.

$C_2H_{16}B_9N$ **Verb. $C_2H_{16}B_9N$**, Molekularstruktur 3404.

$C_2H_{18}B_{10}$ **2-Äthyldekaboran** 11 839.
1.2-Dimethyldekaboran 417.
2.4-Dimethyldekaboran (F. 43,5—44,5°) 417.

C_2J_2 **Dijodacetylen**, Vers. d. Polymerisier. (Katalysator-Syst.) 18 851.

$C_2J_2Mg_2$ **Acetylendimagnesiumdijodid**, Darst., Rk. 8941; Rk. 860.

C_2J_4 **Tetrajodäthylen**, bakteriostat. Wrkg. 1278.

C_2N_2 s. *Cyan* [*Dicyan*].

$C_2N_2S_2$ s. *Rhodan* [*Dirhodan*].

$C_2N_4O_6$ **Trinitroacetonitril** 12 991.

$C_2N_6O_{12}$ **Hexanitroäthan**, Verw. 12 896*.

C_3-Gruppe

C_3AsF_9 **Tris-[trifluormethyl]-arsin** 3431.

$C_3AsN_3S_3$ **Arsentriisothiocyanat** 15 883.

C_3BrClF_4 **2-Brom-3-chlor-1.1.3.3-tetrafluor-1-propen** (Kp.$_{742}$ 63,5°) 8038*.

C_3BrCl_3O **2.3.3-Trichloracrylsäurebromid** (Kp.$_{18,5}$ 70—71°) 11 877.

$C_3Br_2Cl_2O$ **2-Brom-3.3-dichloracrylsäurebromid** (Kp.$_{17,5}$ 79—80°) 11 877.

$C_3Br_2F_6$ **1.2-Dibromhexafluorpropan** (Kp.$_{728}$ 71°) 5092*.

$C_3Br_2J_9Sb$ **Tris-[trijodmethyl]-antimondibromid** 10 768.

C_3Br_3ClO **α.β-Dibrom-β-chloracrylsäurebromid** (Kp.$_{17,5}$ 96—97°) 8942.
2-Chlor-3.3-dibromacrylsäurebromid (Kp.$_{16}$ 98°) 11 877.

$C_3Br_3F_2N$ **1.1-Difluor-1.2.2-tribrom-2-cyanäthan**, gehinderte innere Rotat., kernmagnet. Resonanz 8202.

$C_3Br_3N_3$ **Cyanurbromid (2.4.6-Tribrom-1.3.5-triazin)**, Rk. 10 640*; Verw. 19 020*.

$C_3Br_4F_4$ **1.1.1.3-Tetrabromtetrafluorpropan** (Kp.$_{25}$ 90—93°) 3056.

$C_3ClF_2N_3$ **Cyanurchloriddifluorid** (Kp. 100 bis 110°) 11 367*.

C_3ClF_5 **Perfluorallylchlorid**, Rk. 5092*, 5597, 7447, 18 400.
2-Chlorperfluorpropen, F-Resonanz 4857.

C_3ClF_5O **Pentafluorpropionylchlorid**, Rk. 5597, 6405.

C_3ClF_6J **1-Chlor-1-jodperfluorpropan**, NMR-F-F-Kopplungskonstanten 7092.

C_3ClF_7 **Perfluorpropylchlorid**, Rk. 18 401.

C_3ClF_7Hg **Heptafluorisopropylquecksilber(II)-chlorid** (F. 77,7—78,1°) 3750.

$C_3ClF_{11}S$ **2-Chlorhexafluorpropylschwefelpentafluorid**, Gemisch mit d. Isopropyl-Verb. 14 101.
2-Chlorhexafluorisopropylschwefelpentafluorid, Gemisch mit d. n-Propyl-Verb. 14 101.

$C_3Cl_2F_3N$ **α.β-Dichlor-α.β.β-trifluorpropionitril** 3263*.

$C_3Cl_2F_4$ **2.3-Dichlor-1.1.1.3-tetrafluorpropen-(2)**, Kernresonanzspektrum 17 355; F-Resonanz v. cis- u. trans-— 4857.

$C_3Cl_2F_4O$ *symm.* **Tetrafluordichloraceton** (Kp. 44°), Herst., Verw. 3982*; Rk. 6582*, 18 393.

$C_3Cl_2F_6$ **1.2-Dichlorhexafluorpropan** (Kp. 25 bis 30°) 14 101.

$C_3Cl_2OS_2$ **5-Oxo-3.4-dichlor-1.2-dithiol** (F. 59 bis 60°) 13 209*.

$C_3Cl_3F_2N$ **α.α.β-Trichlor-β.β-difluorpropionitril** 3263*.

$C_3Cl_3F_3$ **1.1.1-Trifluortrichlorpropen-(2)** (Kp. 88°), Herst., Verw. 4717*; Rk. 13 209*.

$C_3Cl_3F_3O$ **Trifluordichlorpropionylchlorid**, Rk. 14 694*.

$C_3Cl_3F_5$ **1.2.3-Trichlorpentafluorpropan** 5092*.
2.3.3-Trichlorpentafluorpropan 4717*.

$C_3Cl_3MgN_3$ **Dichlortriazinylmagnesiumchlorid** 11 361*.

$C_3Cl_3N_3$ **Cyanurchlorid (2.4.6-Trichlor-1.3.5-triazin, Cyanursäurechlorid)**, Darst. 309*, 3627*; IR-Spektrum 8199; Resonanzspektrum 12 971; Substitut.-Rk. (Kinetik) 801; Hydrolyse (Kinetik) 11 148; Phosphorylier. mit — 18 079; Dehydratisier. v. substituierten Formamiden durch — 18 085; Rk.: mit Mg 11 361*; mit $NaHCO_3$ 16 496*; mit Indol 3954*; mit 5-Phenyltetrazol 4159; mit Aminen 8617; mit Äthylamin 18 279*; mit Alkoholen 12 104*, 13 032; (Phenolen u. Mercaptanen) 8257; mit Methanol 14 449; mit Epoxyalkanolen u. d. entsprechenden Chlorhydrinen 7718*; mit β-Aminoäthylvinyläther bzw. Aminoäthanol 15 218; mit γ-Aminopropylsilan 17 235*; mit CH_3MgBr 11 929; mit Ketendiäthylacetal 6417; mit Iminodiessigsäure 3201; mit sek. N-Formylaminen 10 639*; mit 4.4′-Diaminostilben-2.2′-disulfonsäure 13 256*, 17 612*; mit Na-m-Aminobenzolsulfonat 8067*, 9521*; Hautschädig. durch — 5760; Verw.: zur Herst. v. Herbiciden 6938*; als Härt.-Mittel für Polykondens.-Prod. 5116*; zur Herst. v. trüben Polymeren 17 578*; zur Verbesser. v. Phenol-CH_2O-Harzen 4740*; für opt. Weißtöner 11 779*; für Farbstoffe 659*, 2915*, 3993* [2 Ref.], 4731* [2 Ref.], 5486*, 5857*, 5859*, 6219*, 6974*, 6975*, 7335*, 7336* [2 Ref.], 7337*, 7706*, 8272*, 9909*, 9910*, 9911*, 10 288*, 10 649*, 10 652* [2 Ref.], 11 017*, 11 378* [2 Ref.], 11 379*, 11 380*, 13 215*, 14 332*, 14 687*, 16 142*, 16 500*, 17 571*, 17 935*, 17 937*, 18 286*, 18 648*, 19 020*.

$C_3Cl_3N_3O_3$ *N.N′.N″*-**Trichlorisocyanursäure (Isocyanursäurechlorid, „Trichlorcyanursäure“)** (F. 246—247°), Darst. 9902*, 11 737*; IR-Spektrum 1170; Rk. 3627*, 13 780; Verw. 1836, 15 809*.

C_3Cl_4 **Tetrachlorpropin** (Kp.$_{50}$ 58—60°) 91.

$C_3Cl_4F_2$ **1.1-Difluortetrachlorpropen-(2)** (Kp. 128°) 4717*.

$C_3Cl_4F_4$ **1.1.1.3-Tetrachlortetrafluorpropan** (Kp. 112—114°) 3056.

$C_3Cl_4O_3$ **Tetrachloräthylencarbonat**, Rk. 1433*.

C_3Cl_5F **1-Fluorpentachlorpropen-(2)** (Kp. 171°) 4717*.

C_3Cl_5NO **Pentachloräthylisocyanat**, Gemisch mit chlorierten Äthylisocyanaten 13 945*.

C_3Cl_6 **Hexachlorpropen**, Rk. 4717*, 13 209*; Benetz. v. Tetrafluoräthylen-Hexafluorpropylen-Copolymeren durch — 492.

C_3Cl_6O **Hexachloraceton**, Bindungsordn. u. Ladungsdichten d. Carbonylgruppe 16 984; Vakuum-UV-Absorptionsspektrum 5603; Photolyse 89; Rk. 3982*.

$C_3Cl_{12}Si_4$ **Tetrakis-[trichlorsilyl]-allen** (Kp.$_2$ 124°) 16 648.

$C_3F_2N_2$ **Difluormalondinitril** 8412*.

C_3F_3N **Perfluoracrylonitril** (Kp. 16,4—16,5°) 15 024*.

$C_3F_3NO_3S_2$ **Fluorsulfonyldifluoracetylthiocyanat** (Kp.$_{106}$ 87°) 1794*.

$C_3F_3N_3$ **Cyanurfluorid (2.4.6-Trifluor-1.3.5-triazin)** (Kp. 68—85°), Darst. 11 367*; Rk. 13 919*, 16 566*.

C_3F_4 **Tetrafluorallen** 8999.

C_3F_4O **Perfluoracrylylfluorid** 8999.

C_3F_6 **Hexafluorpropen (Hexafluorpropylen, Perfluorpropen)** Darst. 5092*, 9513*, 18 277*; (Verw.) 4718*; Bldg. 1187, 8411, 12 628; (Rk. mit JF_5/J_2) 1187; F-Resonanz 4857; Hydrier. 10 047; (Konstit.-Einfl.) 18 431; Rk.: mit SO_3 1794*, 6736; mit $SClF_5$ 14 101; mit Nitrosylfluorid 12 248; mit HgF_2 12 795*; (u. AgF) 3749; mit Methanol bzw. Diäthylamin 15 024*; mit Trialkylphosphiten 12 996; Verw. 1799*; gaschromatograph. Nachw. 6160; Polymerisat. bzw. Polymerisate s. unter *Plaste* (*Olefinpolymerisate*).

$C_3F_6HgO_2S$ **Trifluormethylthioquecksilber(II)-trifluoracetat** (F. 100—101°) 16 961.

$C_3F_6N_2O_3$ **x-Nitroso-x-nitroperfluorpropan** (Kp. 53—54°) 12 248.

C_3F_6O **Perfluoraceton (Hexafluoraceton)** (Kp.$_{80}$ d. Hydrats 55°), Darst., Deriv. 10 047, 12 248; Vakuum-UV-Absorptionsspektrum 5603; Bindungsordn. u. Ladungsdichten d. Carbonylgruppe 16 984; photochem. Dissoziat. 5623; Rk.: mit CF_3-Radikalen (Kinetik) 17 711; mit 2-Phenyl-oxazolon-(5) bzw. Hippursäure 9334; mit Äthylenimin 13 751.

$C_3F_6O_3S$ **2-Hydroxy-1-trifluormethyl-1.2.2-trifluoräthansulfonsäuresulton (3-Trifluormethyl-3.4.4-trifluor-2.2-dioxo-1.2-oxathiacyclobutan, Hexafluorpropylensulton, 3-Trifluormethyl-3.4.4-trifluor-1.2-oxathietan-2-dioxid)** (Kp. 47—48°), Darst., Verw. 1794*, 6736; Rk. 14 321*.
α-Fluorsulfonylperfluorpropionsäurefluorid (Kp. 42°) 6736.

C_3F_7J **Heptafluorjodpropan (*n*-Perfluorpropyljodid, Heptafluor-*n*-propyljodid)**, Darst., Verw. 15 401*; Ionenaustausch-Vers. mit $^{131}J^-$ (Kinetik) 3406; Überführ. in d. Mono-, Di- bzw. Trisulfid 4495; Rk. mit $Fe(CO)_5$ 7082, 18 400; Dicarbonylcyclopentadienylcobalt 18 399; Rk.: mit 1.1.5-Trihydroperfluorpenten-(1) 16 701; mit Äthylenoxid 3780; mit Methyl-Li u. Tri-B-chlortri-N-phenylborazol 12 628.
Heptafluor-2-jodpropan (2-Jodperfluorpropan) (Kp.$_{740}$ 40,6°), Darst. 3750; (Rk.) 1187; Rk. 1799*.

C_3F_7NO **Heptafluornitrosopropan** (Kp. —9,7°) 2700.
2-Nitrosoperfluorpropan 12 248.

$C_3F_7NO_2$ **Perfluorisopropylnitrit** (Kp.$_{740}$ 25°) 12 248.

C_3F_7Li **Heptafluor-*n*-propyllithium**, Rk. 12 628.

C_3F_8 **Oktafluorpropan (Perfluorpropan)**, Darst. 1187, 18 438; Einschluß v. — im Faujasit 5573, 5574; Einfl. v. —-Beimeng. zum N_2 im Kabelpapier auf d. Ionisat.-Spann. 4428; Verw. 3343.

$C_3F_8N_2$ **Perfluor-2.3-diazapenten-(2)** 18 437.

C_3F_9N **Tris-[trifluormethyl]-amin** 18 438.
Pentafluoräthyltrifluormethylfluoramin 18 437.
Perfluor-*n*-propylstickstoffdifluorid, NMR-F-F-Kopplungskonstante 7092.

C_3F_9P **Tris-[trifluormethyl]-phosphin**, Darst. 3431, 3432, 10 020; Rk. 10 012, 14 834.

$C_3HBrCl_2F_2$ **1-Brom-1.1-difluor-3.3-dichlorpropen-(2)** (Kp. 116,1—116,3°) 3780.

C_3HBrCl_2O **2.3-Dichlor-3-brompropenal** (Kp.$_{17,5}$ 83—84°) 11 877.
α-Brom-β.β-dichloracrolein (3.3-Dichlor-2-brompropenal) (Kp.$_{17}$ 75,5—76°) 8942, 11 876.
3.3-Dichloracrylsäurebromid (Kp.$_{760}$ 164 bis 166°) 11 877.

$C_3HBrCl_2O_2$ **2-Brom-3.3-dichloracrylsäure** (F. 71—72° u. 81—82°) 11 877.
2.3-Dichlor-3-bromacrylsäure (F. 74—75° u. 77—78°) 11 877.

C_3HBrF_6 **1.1.1.3.3.3-Hexafluor-2-brompropan** (Kp. 31°) 3750.

C_3HBrJ_2O **3.3-Dijod-2-brompropenal** (F. 107,5 bis 108,5°) 11 877.

$C_3HBrJ_2O_2$ **2-Brom-3.3-dijodacrylsäure** (F. 179 bis 182° Zers.) 11 877.

C_3HBrO_2 **3-Brompropiolsäure**, Rk. 9307.

C_3HBr_2ClO **α.β-Dibrom-β-chloracrolein (3-Chlor-2.3-dibrompropenal)** (F. 47,5 bis 48,5°) 8942, 11 877.
2-Chlor-3.3-dibrompropenal (Kp.$_{17}$ 98—99°) 11 877.

$C_3HBr_2ClO_2$ **α.β-Dibrom-β-chloracrylsäure (2.3-Dibrom-3-chloracrylsäure)** (F. 95—96°) 8942, 11 877.
2-Chlor-3.3-dibromacrylsäure (F. 94—95°) 11 877.

$C_3HBr_2F_5$ **1.1.2.2.3-Pentafluor-1.3-dibrompropan**, Gemisch mit 1.1.2.3.3-Pentafluor-1.3-dibrompropan 15 553.
1.1.2.3.3-Pentafluor-1.3-dibrompropan, Gemisch mit 1.1.2.2.3-Pentafluor-1.3-dibrompropan 15 553.

$C_3HBr_2NO_2$ **Dibrommalonsäuremononitril**, Rk. 1213.

$C_3HBr_2N_3O_3$ ***N.N'*-Dibromisocyanursäure**, IR-Spektrum 1170.

C_3HBr_3O **α.β.β-Tribromacrolein (Tribrompropenal)** (F. 63—64°) 8942, 11 877.

$C_3HBr_3O_2$ **Tribromacrylsäure** (F. 119—120°) 11 877.

C_3HClF_6 **1.1.1.3.3.3-Hexafluor-2-chlorpropan**, anästhet. Eig. 13 856.
techn. **Hexafluorchlorpropan** 9513*.

C_3HClJ_2O **3.3-Dijod-2-chlorpropenal** (F. 75,6 bis 76,5°) 11 877.

$C_3HClJ_2O_2$ **2-Chlor-3.3-dijodacrylsäure** (F. 130 bis 132° u. 138—139°) 11 877.

$C_3HCl_2F_3$ **1.3-Dichlor-2.3.3-trifluorpropen** 12 091*.

$C_3HCl_2N_3$ **Dichlor-*symm.*-triazin** 3954*.

$C_3HCl_2N_3O$ **Dichlorcyanursäure (2-Hydroxy-4.6-dichlor-1.3.5-triazin)**, Darst. 9902*, 11 737*; Darst. (Rk. v. Salzen) 16 496*; (Verw.) 701*, 3627*; stabilisierte Poly-— 15 809*.

$C_3HCl_2N_3O_3$ ***N.N'*-Dichlorisocyanursäure** (F. 226,4—226,7°), Darst. v. — u. —-halt. Gemischen 309*; IR-Spektrum 1170.

$C_3HCl_3F_2$ **1.1.1-Trichlor-3.3-difluorpropen-(2)** (Kp. 96—97°) 3780.

C_3HCl_3O **Trichlorpropenal (Trichloracrolein)** (Kp. 162,5—163,5°), Darst., Rk., Deriv. 11 876; Rk. 15 925.

$C_3HCl_3O_2$ **2.3.3-Trichloracrylsäure** (F. 76 bis 76,5°), Darst. 11 877; Best. d. Cytotoxizität d. Na-Salzes in menschl. Zellkulturen 4196; Verw. 8389*.

$C_3HCl_4F_3$ **1.1.2.3-Tetrachlor-2.3.3-trifluorpropan**, Rk. 12 091*.

C_3HCl_4NO **1.1.2.2-Tetrachloräthylisocyanat** (Kp.$_{12}$ 70—72°) 13 944*.

C_3HCl_4NSi **2-Chlor-2-cyanvinyltrichlorsilan** (Kp.$_{750}$ 181°) 15 028*.

C_3HCl_5 **1.1.1.2.3-Pentachlorpropen** (Kp.$_6$ 56°) 91.

C_3HCl_7 **Heptachlorpropan**, Rk. 13 209*.

$C_3HF_2NO_2$ **α.α-Difluormalonsäuremononitril** 8412*.

C_3HF_3 **Trifluormethylacetylen**, Mikrowellenspektrum 10 403.

C_3HF_4N **α.β.β.β-Tetrafluorpropionitril** (Kp.$_{775}$ 40,5—40,7°) 15 024*.

$C_3HF_4NO_4$ **α-Nitroperfluorpropionsäure** (Kp.$_{35}$ 56°) 12 248.

C_3HF_5 **1.1.3.3.3-Pentafluorpropen [1.1.1.3.3-Pentafluorpropen-(2)]**, Rk. 3749, 10 047.
1.2.3.3.3-Pentafluorpropen-(1) (1.1.1.2.3-Pentafluorpropen), Darst., Rk. 10 047; Konstit.-Einfl. auf d. katalyt. Hydrier. 18 431.

C_3HF_5O **Perfluorpropionaldehyd** 15 022*.

$C_3HF_5O_2$ **Pentafluorpropionsäure (Perfluorpropionsäure)**, NMR-F-F-Kopplungskonstanten 7092; spezif. Leitfähigk. 5236; Rk. 1187, 6406, 15 022*; (d. Ag-Salzes) 2711.

C_3HF_6N **α-Hydroperfluoräthylcarbylaminfluorid** (Kp. 24°) 11 530.

$C_3HF_6N_3$ **β-Hydroperfluorpropylazid**, Rk. 11 530.

C_3HF_7 **Heptafluorpropan** 3432, 7082, 12 628.
1H-Perfluorpropan, NMR-F-F-Kopplungskonstanten 7092; zweiter Virialkoeff. für d. Syst. Dimethyläther u. — 16 264.
2H-Heptafluorpropan 1187, 3750.

C_3HN **Propiolnitril** (F. 60—61°), Lewis-Basizität gegenüber Säureamiden, Äthern bzw. Phenol 4865.

C_3H_2BrCl **3-Brom-1-chlor-1-propin** 15 379*.

C_3H_2BrClO **α-Chloracrylsäurebromid**, Rk. 7693*.

$C_3H_2BrCl_2F$ **1-Fluor-1.1-dichlor-2-brompropen-(2)** (Kp.$_{70}$ 53°) 10 052.

1-Fluor-1.2-dichlor-3-brompropen-(1) (Kp.$_{35}$ 58°) 10 053.
$C_3H_2BrCl_2NO$ **2-Brom-3.3-dichloracrylsäureamid** (F. 127—128°) 11 877.
$C_3H_2BrCl_3$ **2-Brom-3.3.3-trichlorpropen-(1)**, Rk. 10 800.
$C_3H_2BrCl_3F_2$ **1.1.1-Trichlor-3-brom-3.3-difluorpropan** (Kp.$_{100}$ 85°) 3779.
$C_3H_2BrF_3$ **1.1.1-Trifluor-2-brompropen-(2)** (Kp. 35°), Darst., Rk. 16 283; anästhet. Eig. 13 856.
C_3H_2BrN **α-Bromacrylonitril**, Rk. 14 107.
C_3H_2BrNO **4-Bromisoxazol** (F. 43—44°) 8601.
Bromcyanacetaldehyd, Na-Enolat 8601.
$C_3H_2BrN_3O_2$ **4-Brom-5-nitroimidazol**, Rk. 15 697*.
5-Brom-6-azauracil, Wrkg. auf Keimpflanzen 904.
$C_3H_2Br_2ClNO$ **2.3(α.β)-Dibrom-3(β)-chloracrylsäureamid** (F. 138—140°) 8942, 11 877.
2-Chlor-3.3-dibromacrylsäureamid (F. 124 bis 124,5°) 11 877.
$C_3H_2Br_2Cl_2O$ **2.3(α.β)-Dibrom-3.3(β.β)-dichlorpropanal** 8942, 11 877.
$C_3H_2Br_2F_3NO$ **α.β-Dibrom-α.β.β-trifluorpropionamid** (F. 62—62,5°) 15 024*.
$C_3H_2Br_2F_4$ **1.3-Dibrom-1.1.3.3-tetrafluorpropan** 3779.
$C_3H_2Br_2Mg_2$ **Propargyldimagnesiumbromid-(1.3)**, Rk. 3041.
$C_3H_2Br_2N_4O_8$ **1.3-Dibrom-1.1.3.3-tetranitropropan** (F. 67—69°) 3428, 5994.
$C_3H_2Br_2O$ **3.3-Dibrompropenal** (Kp.$_{37}$ 87 bis 88°) 11 877.
$C_3H_2Br_2O_2$ **3.3-Dibromacrylsäure** (F. 86—88°) 11 877.
$C_3H_2Br_3F_3$ **1.1.1-Trifluor-2.2.3-tribrompropan** (Kp.$_{18}$ 53°) 16 283.
$C_3H_2ClF_3$ **1.1.1(3.3.3)-Trifluor-2-chlorpropen**, Darst. 16 998; Rk. 6222*.
C_3H_2ClN **2(α)-Chloracrylonitril** (Kp. 87—89°), Darst. 11 530, 14 462; (v. Mischpolymeren) 2564*; Rk. 14 107.
C_3H_2ClNO **Cyanacetylchlorid**, Rk. 17 367.
C_3H_2ClNS **2-Chlorthiazol**, Deriv. 7254*.
$C_3H_2Cl_2$ **1.3-Dichlorpropin** 15 379*.
$C_3H_2Cl_2F_2$ **1.1-Difluor-1.2-dichlorpropen**, Rk. 16 998.
$C_3H_2Cl_2N_2O_2$ **Dichlorhydantoin**, Verw. 4648*.
$C_3H_2Cl_2N_3O_4P$ **2-Phosphato-4.6-dichlor-1.3.5-triazin** 18 079.
$C_3H_2Cl_2N_4$ **2-Amino-4.6-dichlor-1.3.5-triazin** 13 215*.
$C_3H_2Cl_2N_4O_8$ **1.3-Dichlor-1.1.3.3-tetranitropropan** (F. 35—35,5°) 5994.
$C_3H_2Cl_2O$ **3.3-Dichlorpropenal (β.β-Dichloracrolein)** (Kp. 125°), Darst. Rk., Deriv. 11 876; Rk. 8942, 15 925.
α-Chloracrylsäurechlorid, Rk. 7693*, 12 844*.
$C_3H_2Cl_2O_2$ **3.3-Dichloracrylsäure** (F. 61—62° u. 76—77°) 11 877.
Malonsäuredichlorid (Malonyldichlorid), Ladungsverteil. u. Dipolmoment 10 404; Rk: mit Azulen 117; mit N.N-Bis-[β-chloräthyl]-hydrazinhydrochlorid 17 367; mit Semicarbazid-Deriv. 3905*; mit Aminobenzoesäuren 17 055; mit Aminosäureestern 6371; mit Mg-Acetessigester 653*; mit Thiobenzamid 3788; mit Dithiophosphorsäure-O.O-diallylester 7849.
$C_3H_2Cl_2O_3$ **Dichlorbrenztraubensäure** (F. d. Hydrats 118—120°) 2328.
1.2-Dichloräthylencarbonat (Kp.$_{19}$ 78 bis 79°) 4562.
$C_3H_2Cl_3F$ **1-Fluor-1.1.2-trichlorpropen** (Kp.$_{742}$ 98,5—98,7°) 16 998.
$C_3H_2Cl_3N$ **2.2.3-Trichlorpropionitril** (Kp.$_{100}$ 96°) 14 462.
$C_3H_2Cl_3NO$ **Trichloräthylisocyanat**, Gemisch mit chlorierten Äthylisocyanaten 13 945*.
2.3.3-Trichloracrylsäureamid (F. 91,5 bis 92,5° u. 97,5—98,5°) 11 877.
$C_3H_2Cl_4$ **1.1.2.3-Tetrachlorpropen-(1)** (Kp.$_{766}$ 165,5—166,5°) 16 998.
1.1.1.2-Tetrachlorpropen, Rk. 16 998.
$C_3H_2Cl_4N_6$ **Tetrachlormelamin**, Verw. 4648*.
$C_3H_2Cl_4O$ *symm.*-**Tetrachloraceton**, Bindungsordn. u. Ladungsdichten d. Carbonylgruppe 16 984.
$C_3H_2Cl_5NSi$ **2.2-Dichlor-2-cyanäthyltrichlorsilan** (Kp.$_{750}$ 205°) 15 028*.
$C_3H_2F_3NO$ **Perfluoracrylamid** (F. 120,5—121°) 15 024*.
$C_3H_2F_4$ **1.3.3.3-Tetrafluorpropen-(1)** 10 047.
2.3.3.3-Tetrafluorpropen-(1), Darst. 10 047; Rk. 6600*.
$C_3H_2F_4N_2O_2S$ **4-Trifluormethyl-4-fluor-3-imino-1.1-dioxo-1.2-thiazetidin** (F. 54 bis 60°) 14 321*.
$C_3H_2F_4O_2$ **α.β.β.β-Tetrafluorpropionsäure** 15 024*.
$C_3H_2F_5NO_3S$ **α-Fluorsulfonylperfluorpropionamid** (F. 55—56°) 6736.
$C_3H_2F_6$ **1.1.1.2.3.3-Hexafluorpropan (1.1.2.3.3.3-Hexafluorpropan)** (Kp. 4—5°) 10 047, 18 431.
$C_3H_2J_2O$ **3.3-Dijodpropenal** (F. 82,5—83,5°) 11 877.
$C_3H_2J_2O_2$ **3.3-Dijodacrylsäure** (F. 132—132,5°) 11 877.
$C_3H_2J_2O_4$ **Dijodmalonsäure** (F. 110° Zers.) 3422.
$C_3H_2N_2$ **3-Diazopropin-(1)** 12 625.
Malonsäuredinitril (Malo[di]nitril), Molekularstruktur 11 859; Kraft-Konst. u. Schwingungsfrequenzen 13 701; Lage d. C ≡ N-Dehn.-Frequenz 5206; Rk.: mit $FClO_3$ 8412*; mit Cyclohexadien 10 445; mit Chinolin + Benzoylchlorid 18 825; mit p-Nitrosodiäthylanilin 15 774; mit Aldehyden 5108*, 10 042; mit 4-Chlor-3-nitrobenzaldehyd u. Anilin 7089; mit 4-Hydroxy-3.5-di-tert.-butylbenzaldehyd 6754; mit 2-Phenylcyclohexanon 5653; mit Cyclohexylidencyclohexanon 9693; mit Fluorenon 6388; mit 5-Nitroso-2.4-diamino-6-isopropyloxypyrimidin 5673; mit 6-[m-Nitrobenzoyl]-cumarin 8246; mit α-Oxomercaptanen 3443; mit Chinonen 9328; mit 7-Dicyanmethylen-3.4-bis-[p-tolylamino]-cycloheptatrien-(1.3.5) 7497; mit Tetracyanäthylen u. NH_3 1795*; mit [2-(3-Äthylbenzothiazol)]-[5-(3-äthyl-4-methylmercaptothiazolin-2-on)]-dimethinmerocyaninjodid 3694*; mit 3-Methylcyclohexanonessigsäure-(3)-methylester 12 285; Verw. 8429*, 12 885*.
$C_3H_2N_2O$ **Pyrazol-5-on**, Vinylverb. mit —-Ring als Schlafmittel 3625*.
$C_3H_2N_2O_2$ **Methylendiisocyanat**, Rk. 7027*.
$C_3H_2N_2O_2S$ **Thioparabansäure**, Deriv. 6508*.
$C_3H_2N_2O_3$ (s. *Parabansäure*).
4-Nitroisoxazol (F. 46—47°) 8601.
$C_3H_2N_4O_7$ **2.2-Dinitro-2-cyanäthanolnitrat** (Kp.$_{0,1}$ 46—51°) 12 993.
$C_3H_2N_4S$ *symm.*-**Triazolo-[3.4:*b*]-1.3.4-thiadiazol**, Deriv. 4908.
$C_3H_2N_4S_3$ **2.4-Dimercapto-4.1.2-triazolo-[3.4:*b*]-1.3.4-thiadiazol** (F. 193—193,2° Zers.) 16 678.
$C_3H_2N_6O$ **5-Diazo-*vic.*-triazolcarbonsäure-(4)-amid** 10 448.
2.8-Diazahypoxanthin 10 449.
C_3H_2O **Propargylaldehyd (Propinal, Propiolaldehyd)**, Darst. 9890; Molekularstruktur 3772; IR-Spektrum 17 350; Rk. 10 274*, 11 561, 12 094*, 16 305, 18 435; Einfl. v. NO auf d. therm. Zers. v. — 3747.
$C_3H_2OS_2$ **1.2-Dithiacyclopentenon-(5)**, Rk. 18 468.
$C_3H_2O_2$ s. *Propiolsäure* [*Propinsäure*].
$C_3H_2O_3$ **Mesoxaldialdehyd**, Bldg., 1.2-Bisphenylhydrazon 8621; Verw. 5166.
Vinylencarbonat (F. 20,5°), Darst. 4562; Reinig. 15 787*; Rk. 3447, 7880, 11 735*.
$C_3H_2O_4$ **Mesoxalsäurehalbaldehyd** 14 471.
$C_3H_2O_4S$ **β-Sulfoacrylsäureanhydrid** (F. 90 bis 92° korr.) 12 250.
$C_3H_2O_5$ s. *Mesoxalsäure* [*Oxomalonsäure*].

$C_3H_2S_3$ **Trithion** (F. 79—81° korr.) Unters. in d. —-Reihe 7468; Darst. 18 110.
C_3H_3 **Allenyl** s. unter *Radikale* (*Spezielle Radikale*).
$C_3H_3AsF_6$ **Methyl-bis-[trifluormethyl]-arsin** 3431.
C_3H_3Br **Propargylbromid** (Kp. 82—84°), Darst., Rk. 11 525; Lewis-Basizität gegenüber Säureamiden, Äthern bzw. Phenol 4865; Rk.: mit NaOCl 15 379*; mit N-Alkenylpyrrolidinen 10 425; mit Chinaldin-Na 9339; mit Normorphin-deriv. 14 620*; mit Enaminen 15 941; mit Grignard-Verb. 11 155; mit C_2H_5MgBr u. 2-[Pentin-(4)-yl-(1)]-1.3-dioxolan 7852; mit 4-Alkyl-1.4-thiazan-1.1-dioxiden 18 471; mit Δ^1-Tetrahydrobenzaldehyd 11 895; mit 2-Formyltestosteron 2379; mit Hepten-(2)-al-(7)-säuremethylester 450; mit Bernsteinsäurehalbaldehydmethylester 4935; mit Diäthylmalonesterderiv. 3184*; positiv-inotrope Wrkg. auf d. Papillarmuskel d. Katze 18 191.
Bromallen, chem. Verschieb. u. Spinkoppl.-Konst. 14 080.
$C_3H_3BrClFO_2$ **α-Fluor-α-chlor-β-brompropionsäure** (F. 47—49°) 3424.
$C_3H_3BrCl_2O_2S$ **1.2-Dichlor-2-bromäthenylmethylsulfon** 5093*.
C_3H_3BrMg **Propin-(1)-yl-(1)-magnesiumbromid (Methylacetylenmagnesiumbromid)**, Darst. 2700; (Rk.) 11 295*; Rk. 1589.
Propargylmagnesiumbromid, Darst., Rk. 2700; Rk. 2379, 3418, 6782, 11 526, 11 882; Verw. 13 359.
Allenylmagnesiumbromid 11 526.
$C_3H_3BrN_2OS$ **3-Methyl-5-brom-1.3.4-thiadiazolon-(2)** (F. 72—73°), Darst., H-Bind. u. Tautomerie aus d. UV- u. IR-Spektrum 1934.
C_3H_3BrO **Brompropinol**, Rk. 9308.
$C_3H_3BrO_2$ **Brommalondialdehyd** (F. 145°) 2168*, 13 030.
α-Bromacrylsäure, Rk. 12 250, 16 840*.
$C_3H_3BrO_3$ **Brombrenztraubensäure** (F. 58°), Darst., Rk. v. —, $^{14}C_{(3)}$-— u. $^{14}C_{(2)}$-— 14 471; Rk. 8986.
$C_3H_3Br_2Cl_2F$ **1-Fluor-1.1-dichlor-2.3-dibrompropan** (Kp.$_{17}$ 80°) 10 052.
$C_3H_3Br_2F_3$ **1.1.1-Trifluor-2.3-dibrompropan** (Kp. 114°) 16 283.
$C_3H_3Br_2N$ **α.β-Dibrompropionitril**, bakteriostat. Wrkg. 1278.
$C_3H_3Br_3O_2S$ **Tribromäthenylmethylsulfon** 5093*.
C_3H_3Cl **Methylchloracetylen**, Valenzwinkel u. Bindungsabstände, Polarität d. Bind. in Abhängigk. v. Hybridisierungsparameter 14 083.
Propargylchlorid [3-Chlorpropin(1)] (Kp. 55—57°), Darst., Rk. 14 469; Lsgm.-Effekte u. Intensitäten d. Raman-Banden v. — 18 771; Verschieb. d. Acetylen-H in Lsgm. 3767; Rk. 6210*, 14 620*, 16 842*, 18 851; Verw. 2901*, 15 379*.
Chlorallen, chem. Verschieb. u. Spinkoppl.-Konst. 14 080.
$C_3H_3ClF_2$ **1.1(3.3)-Difluor-3(1)-chlorpropen**, Bldg. 3624*; Rk. 16 998.
$C_3H_3ClN_2O_2$ ***N*-Chlorhydantoin**, Rk. 14 476; Verw. v. Deriv. 4648*.
$C_3H_3ClN_2S$ **5-Chlor-3-methyl-1.2.4-thiadiazol**, Rk. 16 061*.
2-Chlor-5-methyl-1.3.4-thiadiazol (F. 70 bis 71°) 4907.
C_3H_3ClO **Acrylsäurechlorid (Acryloylchlorid)** (Kp. 125—135°), Darst. 15 764*; (Rk.) 5998, 12 256; Reinig. 1432*; Red. v. Poly-— 3837; Copolymerisat. 18 127; Rk.: mit Hexachlorcyclopentadien 17 564*; mit Aminen 5260; v. Poly-— mit Aminen 3836, 10 863; mit Benzylamin 9309; mit Alkoholen 17 205*; mit Pentachlorthiophenol 9539*; mit Grignard-Verb. v. sek. Aminen 19 076*; mit p-Hydroxyphenylisothiocyanat 12 831*; mit Pyrrolidon-Na 13 753; mit 2.2-Dinitro-2-cyanäthanol 12 991; mit Na-Isäthionat 7692*; mit L-Glutaminsäure 17 060; mit Dialkyl-1-hydroxyalkylphosphonaten 2170*; mit d. Na-Verb. v. Hydroxymethylphosphonsäurediäthylester 9314; mit 1-Cyanformimidsäurehydrazid 5658; mit Farbstoffen 12 844*; mit Erythromycin 9447*.
$C_3H_3ClO_2$ **Chlormalondialdehyd** (F. 144°), Darst. 2168*; papierchromatograph. Abtrenn. 10 215.
α-Chloracrylsäure, Darst. v. Poly-— 15 989; Rk. 7693*.
***cis*-β-Chloracrylsäure**, Rk. 12 250.
***trans*-β-Chloracrylsäure** (F. 85,5—86°), Darst. 805; Rk. 12 250.
$C_3H_3ClO_3$ **Chlorbrenztraubensäure** (F. 82 bis 88°) 18 809.
Malonsäurehalbchlorid, Rk. 5399*.
Chloräthylencarbonat (Kp.$_{18}$ 121—123°) 4562.
$C_3H_3Cl_2F$ **1-Fluor-1.1-dichlorpropen** (Kp. 57,5 bis 58°), Darst., Rk. 16 998; (Deriv.) 14 468; Rk. 10 052.
1-Fluor-1.2-dichlorpropen-(2) (Kp. 84°) 14 468.
1-Fluor-1.3-dichlorpropen-(1) (Kp. 88,6 bis 98,3°), Darst. 16 998; Rk. 10 052.
$C_3H_3Cl_2FO_2$ **α-Fluor-α.β-dichlorpropionsäure** (Kp.$_{20}$ 110—115°) 3424.
$C_3H_3Cl_2F_3$ **1.1.1-Trifluor-2.3-dichlorpropan**, anästhet. Eig. 13 856.
$C_3H_3Cl_2F_3O$ **1.1.2-Trifluor-2-chloräthylchlormethyläther**, anästhet. Eig. 13 856.
$C_3H_3Cl_2N$ **2.3(α.β)-Dichlorpropionitril** (Kp.$_{100}$ 108°), Darst. 14462; Rk. 7331*.
$C_3H_3Cl_2NO$ **α.β-Dichloräthylisocyanat**, Gemisch mit chlorierten Äthylisocyanaten 13 945*.
β.β-Dichloräthylisocyanat, Gemisch mit chlorierten Äthylisocyanaten 13 945*.
3.3-Dichloracrylsäureamid (F. 111—112°) 11 877.
$C_3H_3Cl_3$ **Trichlorpropene** 19 003*.
1.1.1-Trichlorpropen (Kp. 101°), Rk. 14 468, 16 998, 17 023.
1.1.3-Trichlorpropen-(1) (Kp. 131—131,5°) 16 998.
1.2.3-Trichlorpropen, Bldg. v. $^{36}Cl_{(1)}$-— 7107.
1.3.3-Trichlorpropen-(1) 19 003*.
$C_3H_3Cl_3F_2$ **1.1-Difluor-1.2.3-trichlorpropan** (Kp. 113,5—114,5°) 16 998.
$C_3H_3Cl_3O$ **1.1.3-Trichloraceton** (Kp.$_2$ 59—60°) 2328.
$C_3H_3Cl_3OS_2$ **Trichlormethyldithioglykolsäure**, bakteriostat. Wrkg. 1278.
$C_3H_3Cl_3O_2$ **2.2.3(α.α.β)-Trichlorpropionsäure**, Herbicid-Wrkg. d. Na-Salzes **(Omnidel)** 12 803 [2 Ref.]; Verw. 1006*; (v. Estern) 8761*.
Trichloressigsäuremethylester, Best. d. Rotationsisomerie aus d. IR-Spektrum 5233; Lage u. Intensität d. ν(C=O)-Bande 8558; Rk. 10 819, 15 552.
$C_3H_3Cl_3O_2S$ **Trichloräthenylmethylsulfon** 5093*.
$C_3H_3Cl_3O_3$ **Trichlormilchsäure**, Auflösen in Mineralsäuren (Mechanismus) 6351.
$C_3H_3Cl_4F$ **1-Fluor-1.1.2.3-tetrachlorpropan** (Kp. 154—155°) 16 998.
$C_3H_3Cl_5$ **1.1.1.2.3-Pentachlorpropan**, Rk. 16 998.
C_3H_3F **Propargylfluorid** (Kp.$_{760}$ 15°), Mikrowellenspektrum 10 403.
$C_3H_3FO_3$ **Fluorbrenztraubensäure**, Wrkg. partikelgebundener γ-Glutamyltranspeptidase auf d. Rk.-Prod. aus Fluorpyruvat u. Glutathion 1270; Wrkg. v. Fluorpyruvat auf d. oxydative Phosphorylier. 17 076, 17 077.
$C_3H_3F_3$ **3.3.3-Trifluorpropen [1.1.1-Trifluorpropen-(2)]** 3624*, 13 565*, 16 283, 16 998.
$C_3H_3F_3HgO_2S$ **Trifluormethylthioquecksilber (II)-acetat** (F. 80—85°) 16 961.

$C_3H_3F_3N_2O_4S$ Fluorsulfonyldifluoracetylharnstoff (Fluorsulfonyldifluoressigsäureureid) (F. 150—152°) 1794*.

$C_3H_3F_3O$ Trifluorvinylmethoxid (Kp. 10,5 bis 12,5°) 1792*.

1.1.1(α.α.α)-Trifluoraceton, Bldg. 13 722; Bindungsordn. u. Ladungsdichte d. Carbonylgruppe 16 984; Fluorescenz u. Phosphorescenz 3764; Appearancepotentiale 3765; Energiebezieh. für Gas-Rk. mit CH_3- bzw. CF_3-Radikalen 16 994; Rk. mit Malonsäure 10 800.

$C_3H_3F_3O_2$ Trifluoressigsäuremethylester (Kp. 39°) 5845*.

$C_3H_3F_3O_2S$ Trifluoräthenylmethylsulfon 5093*.

$C_3H_3F_3O_4S$ Methylfluorsulfonyldifluoracetat (Kp. 118°) 1794*.

$C_3H_3F_4NO$ α.β.β.β-Tetrafluorpropionamid (F. 58 bis 60°) 15 024*.

$C_3H_3F_5$ 1.1.1.2.3(1.2.3.3.3)-Pentafluorpropan (Kp. 20°) 10 047, 18 431.

1.1.1.3.3-Pentafluorpropan (Kp. 12°) 10 047.

$C_3H_3F_5N_2O$ Pentafluorpropionylhydrazid (F. 63 bis 64°) 6405.

$C_3H_3F_5S$ Propin-(1)-yl-schwefelpentafluorid 14 101.

2.2.3.3.3-Pentafluorpropylmercaptan 17 182*.

$C_3H_3F_6P$ Methyl-bis-[trifluormethyl]-phosphin 3432, 10 020.

C_3H_3J Propargyljodid, Rk. 14 620*.

Jodallen, chem. Verschieb. u. Spinkoppl.-Konst. 14 080.

C_3H_3N Acrylsäurenitril (Acryl(o)nitril, Vinylcyanid), Darst. 2900, 3262*, 3623, 3982* [2 Ref.], 4724* [2 Ref.], 5095*, 9515*, 10 274*, 10 996, 11 001*, 12 457*, 12 832*, 13 569*, 13 943*, 14 322*, 16 840*; Bldg. 3412, 12 688, 13 721; Katalysatoren zur Darst. v. — 12 832*; (Regenerier.) 2903*, 5094*, 12 832*; Regel. v. —-Produkt.-Anlagen 14 270; Reinig. 4342*, 13 944* [4 Ref.], 14 322*, 17 561*; Trenn. einer Misch. v. —, Acetonitril u. Propionitril 2168*; Abtrenn. v. Divinylacetylen 13 200*; Molekularstruktur 3772, 7838; konjugierte Strukturen v. Prod. aus d. elektr. Entlad. v. — 17 054; Lsgm.-Effekte u. Intensitäten d. Raman-Banden v. — 18 771; Berechn. d. Kraft-Konst. u. Schwingungsfrequenzen 13 701; kernmagnet. Resonanz-Kopplungs-Konst. 4477; Bezieh. zwischen d. Äthylen-Protonenkopplungs-Konst. u. d. Elektronegativität 12 607; dipolarophiles Verh. 14 094; Unters. v. im festen Zustand röntgenbestrahltem — durch paramagnet. Elektronenresonanz 3835; Methylaffinität 14 463; Hydrier. 1029*, 8578, 13 943*; (Promotoreffekte an Raney-Co) 15 880; Rk. mit H_2 + CO 6209*; Oxork. 10 275; Abbau 11 323; Polymerisat.-Vers. 1184; Hydrolyse (Abtrenn. v. Acrylamid aus d. Rk.-Gemisch) 17 924*; Verseif. 2903*, 13 568*; Hypochlorier. 11 529; Addit. v. Cl_2 (Mechanismus) 14 462; Rk.: mit HCl 14 108; mit S u. H_2S oder Mercaptanen 3624*; mit $Na_2S_2O_4$ 10 637*; mit HCN 10 274*, 16 133*; mit Acetylen 3423; mit Isopren 7495; mit 1.3-Dimethylbutadien 824; mit 1.1.3-Trimethylbutadien-(1.3) 7495; mit Cyclopentadien 10 076, 10 444; (Kinetik) 15 914; mit Chlf. 3979*; mit Hexamethylenimin 15 038*; mit 1-[Cycloalken-(1')-yl]-piperidinen 15 571; mit Dodekahydrocarbazol 4152; mit 3-Azabicyclo-[3.3.1]-nonan 16 314; mit 1-Methylpiperazin 15 594; (bzw. Cyclanolen) 1950; mit Hexahydronicotin 7257*; mit 3.6-Bis-[pyridyl-(2)]-1.2.4.5-tetrazin 9345; mit 2.2-Pentamethylenbenzthiazolin 15 961; mit Phenoxazin 3813; mit 1-Azaphenothiazin 13 496*; mit Aminen 9717; mit tert.-Alkylaminen 16 491*; mit Dimethylamin 17 035; mit Vinylbenzylamin 12 461*; mit 9-Aminofluoren 2721; mit Äthylendiaminen 4171 [2 Ref.]; mit 1.4-Dinitrobutan 14 115; mit Dinitrodiaminoalkanen 1029*; mit Phenylhydrazin bzw. Methyl- bzw. Phenylglyoxal-1-phenylhydrazon, Verh. gegen Benzaldehydphenylhydrazon 17 006; mit Alkoholen 14 498; (u. W.) 17 924*; mit Metallsalzen v. Phenolen 15 767*; mit Na-Salzen v. 2.6-Di-tert.-alkylphenolen 16 492*; mit Bis-[4-hydroxyphenyl]-methan bzw. 2.2-Bis-[4-hydroxyphenyl]-propan 4144; mit 2-Methyldihydroresorcin 13 758; mit Hexantriol-(1.2.6) 15 187; mit 4-Hydroxy-7-methylpteridin 15 601; mit Phenylphosphin bzw. Phosphorwasserstoff 4503; mit Methyldichlorsilan 16 134*; (bzw. Trichlorsilan) 1958; mit Phenyldichlorsilan 15 406*; mit γ-[Diäthylmethylsilyl]-allylalkohol 8221; mit Propenyl-(1)-MgBr 9320; mit Triphenylgerman 422; mit Nitrothiophenolen 14 107; mit Δ^2-Thiazolinthiol-(2) 11 914; mit 1.2;5.6-Di-O-isopropyliden-D-glucofuranose bzw. 1.2;3.4-Di-O-isopropyliden-D-galaktopyranose 4927; mit Cyclohexanonen 1606, 13 005; mit Acetophenon 12 275; mit 4-Methylindanon-(1) 3075; mit α-Ketolen 5275, 11 171; mit p-Methoxydesoxybenzoin 8065*; mit 1-[3.4-Dimethoxy]-n-alkylaminen 8228; mit Sydnonen 11 562; mit 3-Äthyl- bzw. 3-Phenyl-4-methylsydnon 17 741; mit Dihydro-5.6-benz-1.4-thiazinon-3 13 869*; mit 2.3.4-Trimethoxybenzocycloheptanon-(6) 10 843; mit 1-Anilinopyridiniumbetainen 18 113; mit 2-[N.N-Diäthylamino]-2-phenylacetonitril 1233; mit Pyridyl-(2)-acetonitril 13 758; mit 1-[3'-(3''-Cyanphenthiazinyl-(10''))-propyl]-piperazin 7257*; mit 3.4-Dimethoxyphenylacetonitril 1607; mit Nitrilylid $C_{14}H_{10}N_2O_2$ 11 562; mit Lävopimarsäure 15 245; mit L-Alanin 478; mit Kojisäure u. verwandten Verb. 5290; mit Malonsäure bzw. Cyanessigsäure-Deriv. 12 263; mit Ameisensäureester 6963*; mit α-Halogenestern 18 097; mit Decylmalonsäurediäthylester 11 156; mit Methylmalonsäuredibenzylester bzw. Diphenylacetonitril 5625; mit Bimalonester 3059; mit 2-Carbäthoxycyclohexyl-(1)-cyanessigsäureäthylester 8596; mit Benzoylhydrazin 17 851*; mit Diazosulfonamiden 10 659*; mit Phosphorigsäurediäthylester 13 949*; mit Di-O-äthylselenochlorphosphat 13 728; mit Wolle 13 625; mit cyanäthylierter Baumwolle nach Bestrahl. 8469; mit Flachsfasern 17 975*; mit Alkalicellulose 12 688; mit Stärke 14 710; Verh.: gegen Tetramethylfuran 2345; gegen 3.4-Bis-[trifluormethyl]-1.2-dithieten 3057; gegen Dinitroacetonitril 12 991; Rk. v. n-Pentan, Isopentan, Cyclopentan u. Cyclopenten mit Cl_2 in Ggw. v. — 3989*; Anlager. an Kautschuk u. analoge Polymere 18 133; Umwandl. v. Alkydharzen mit — 5317; Pfropfen auf nicht geformte oder geformte feste Polymere 13 591*; Bezieh. zwischen Einwirkungszeit, Temp. u. Höhe d. Gabe für — gegen Tribolium confusum 8032; Giftigkeit gegen d. schwarzen Getreidenager Tenebroides mauritanicus 6998; Bekämpf. v. Araecerus fasciculatus in Monsun-Kaffee mit — 14 356; positiv-inotrope Wrkg. auf d. Papillarmuskel d. Katze 18 191; Gesundh.-Gefährd. durch — 13 485, 16 408; Verw. 3331*, 6911*, 11 920, 16 839*, 17 009; Abtrenn. v. Nitrilen (gaschromatograph.) 13 150; Best. v. nichtumgesetztem — in wss. Emuls. v. Polymeren 13 602; s. auch *Krilium*; Polymerisat. bzw. Polymerisate s. *Plaste* (*Acrylpolymerisate*) bzw. *Seide-Kunstseide* (*Polyacrylfasern*); Mischpoly-

merisat mit Butadien s. *Kautschuk* (*Butadien-Acryl-Elastomere*).
C_3H_3NO (s. *Isoxazol* [*Isooxazol*]; *Oxazol*).
Vinylisocyanat (Kp. 38—39°), Darst., Rk. 18 432; Rk. 5999, 14 495.
β-Cyanvinylalkohol 16 414*.
Cyanacetaldehyd, Rk. d. K-Verb. 14 508.
Brenztraubensäurenitril (Acetylcyanid), Darst., Deriv. 16 839*; Molekularstruktur 3772.
Propiolamid, Rk. 9308.
C_3H_3NOS **Thiazolinon**, bakteriostat. Aktivität 15 282.
Oxazolthion-(2), Darst. 14 131; (v. Deriv.) 3054.
Acetylrhodanid, spezif. Leitfähigk. 1512.
$C_3H_3NOS_2$ (s. *Rhodanin* [*4-Oxothiazolidinthion-(2)* bzw. *2-Mercapto-4-hydroxythiazol*]).
2-Thioketothiazolidon-(5), Rk. v. Deriv. 5663.
$C_3H_3NO_2$ **Oxazolidon-(2)**, Konstit.-Einfl. auf UV-Spektrum u. ν(CO), Dipolmoment 10 401.
Oxazolon-(5) [Dihydroxazolon-(5)], spektroskop. Unters. v. Deriv. im nahen UV 6340; Rk. v. Deriv. 6053, 15 331*, 17 000, 17 740; Verw. 18 609*.
Isoxazolon-(3), Deriv. 11 182.
Isoxazolon-(5), Rk. v. Deriv. 11 902.
Acetylisocyanat, Rk. 10 855, 10 856.
Cyanessigsäure, Darst., Rk. v. $^{14}C_{(1,2,3)}$— 12 989; Darst. v. Deriv. 12 466*; Kryoskopie v. wss. Lsg. v. — in $Na_2SO_4 \cdot 10\ H_2O$ 7427; Nitrier. 12 990; Rk.: v. Deriv. mit o-Chlornitrobenzolen 11 911; mit 2-Mercapto-4.5.6-triaminopyrimidin 4542; v. $^{14}C_{(CO)}$—mit Methyl- bzw. Phenylharnstoff 6355; mit N-[2-Methylallyl]-N'-methylthioharnstoff 5670; v. —-Alkylestern mit Formaldehyd 5095*; mit aromat. Aldehyden 17 725; mit 2-Methylhepten-(2)-on-(6) 12 994; mit Cyclanonen 17 749; mit Cycloheptanon 8982; mit Chinonen 9327; mit p-Benzochinon 17 734; mit α-Cyanzimtsäuren 11 164; mit Oxocarbonsäuremethylestern 3983*; —-Ausscheid. beim Stoffwechsel v. Aminonitrilen u. verwandten Verb. in d. Ratte 12 002.
Cyanameisensäuremethylester, Rk. 4342*, 4343*.
$C_3H_3NO_2S$ **2.4-Dihydroxythiazol bzw. 2-Oxothiazolidon-(4) (2.4-Thiazolidindion)** (F. 125—126°), Darst. 1602; Rk. 14 131, 15 060*; pharmakolog. u. toxikolog. Eig. (Vgl.) 10 551.
Thiazolidindion-(2.5), Rk. v. Deriv. 5663.
Isothiocyanessigsäure, Verw. 12 390*.
$C_3H_3NO_3$ ***N*-Carboxyglycinanhydrid**, Mechanismus d. Polymerisat., Isotopie-Effekt 5693, 5694; Polymerisat. u. Copolymerisat. 5320.
$C_3H_3NO_4$ **Nitromalondialdehyd**, Verw. 5166.
$C_3H_3NO_4S$ **Isoxazol-4-sulfonsäure**, Salze 8601.
C_3H_3NS s. *Isothiazol*; *Thiazol*.
$C_3H_3NS_2$ **2-Mercaptothiazol**, Verw. 16 529*.
C_3H_3NSe **Selenazol**, Unters. über —-Deriv. 13 751, 17 744, 17 746, 17 747; Rk. v. Deriv. 3696*.
$C_3H_3N_3$ s. *Triazin*.
$C_3H_3N_3O$ **Acrylsäureazid** 5998.
$C_3H_3N_3OS$ **4-Thioazauracil**, Wrkg. auf Keimpflanzen 904.
$C_3H_3N_3O_2$ **4-Nitropyrazol**, Verw. 6508*.
4(5)-Nitroimidazol, Deriv. 1713*, 18 204*.
6(„4")-Azaurazil, Darst. v. Deriv. 15 602; Konstit.-Einfl. auf d. kernmagnet. Resonanzspektrum, Protonenbeweglichk. 18 421; Rk. mit Uridin- u. Desoxyuridinphosphorylasen aus d. Ehrlich-Ascites-Tumor 6814; Pyrimidinbedarf in d. ersten Minuten d. T 2-Bakteriophagen-Entw. nach —-Behandl. 11 252; bakteriostat. Wrkg. 18 150; Wrkg.: auf Zellen u. subcelluläre Präp. v. Escherichia coli 11 955; auf Keimpflanzen 904; durch — induzierte Chromosomeneliminier. bei Wurzelspitzen v. Allium cepa 4192; Eliminier. v. Orotsäure u. Orotidin durch d. Harn beim Menschen nach Verabreich. v. — 3884; Einfl. auf d. Glycidmetabolismus d. Erythrocyten 15 996; Verwert. v. ^{14}C-— durch Sarkom-180-Zellen in Kultur (Vgl.) 18 869; Hemm. d. Synth. spezif. Myelomproteine im Serum v. Plasmazellentumor (5563)-tragenden Mäusen durch — 10 123; chemotherapeut. Prüf. 13 063.
2.4-Dihydroxy-*symm.*-triazin 15 603.
4-Nitrosopyrazolon-(5), Verh. bei d. Acyllacton-Umlager. 11 903.
4-Isonitrosopyrazolon-(5) [4-Oximinopyrazolon-(5)], Rk. 12 586, 12 589; Verh. v. Deriv. bei d. Acyllacton-Umlager. 11 903.
1.2.4-Triazolcarbonsäure-(3), Ester 126.
Oximinocyanacetamid (Cyanisonitrosoacetamid, Desoxyfulminursäure), Rk. 12 990, 18 116.
$C_3H_3N_3O_2S$ (s. *Enheptin* [*2-Amino-5-nitrothiazol*]).
2-Nitraminothiazol (F. 180° Zers.), IR- u. UV-Spektrum, Tautomerie 8199.
4-Mercapto-5-nitroimidazol, Rk. 15 697*.
$C_3H_3N_3O_3$ s. *Cyamelid*; *Cyanursäure*[*2.4.6-Trihydroxy-1.3.5-triazin*]; *Fulminursäure* [*Cyannitroacetamid*]; *Isocyanursäure*.
$C_3H_3N_3O_4$ **Dinitroacetonitril-*O*-methyläther** (F. 62—64°) 12 992.
$C_3H_3N_3O_5$ **2.2-Dinitro-2-cyanäthanol** 12 991.
$C_3H_3N_3S$ **2.3-Dihydro-1.2.4-triazinthion-(3)**, Deriv. 9348.
$C_3H_3N_3S_3$ **Trithiocyanursäure**, Ionisat.-Konst. 8204.
$C_3H_3N_5S$ **6-Methyltetrazolo-[5.1:*b*]-1.3.4-thiadiazol** (F. 92—93°) 4910.
C_3H_3Na **Propinnatrium**, Rk. 108.
C_3H_3O **Acrylyl** s. unter *Radikale* (*Spezielle Radikale*).
$C_3H_3O_4$ **Dicarboxymethyl** s. unter *Radikale* (*Spezielle Radikale*).
C_3H_4 **Propin (Methylacetylen, Allylen)**, Darst. 7843, 12 090*, 16 130*; (Rk.) 8580; Bldg. 12 827, 16 648, 18 851; Abtrenn.: aus Gasen 6580*; v. KW-Stoffen 8057*; v. Olefinen 10 634; neue Bezieh. zwischen d. physikal. Konst. v. — 3402; Molekularstruktur, bes. Bindungslänge, -ordnung u. -winkel 3772; Valenzwinkel u. Bindungsabstände; Polarität d. Bind. in Abhängigk. v. Hybridisierungsparameter 14 083; Mikrowellenspektrum 10 403; IR-Absorptionsspektren hoher Auflös. im Bereich 1,65 für Mol. d. Symmetrie C_{3v} 12 967; (vergleichende Unters. d. senkrechten Banden d. ersten Harmonischen d. antisymm. Valenzschwing. d. CH_3-Gruppe) 12 968; Druck-Vol.-Temp.-Eig. 13 709; Löslichk.: in W. 12 980; in Polyäthylen, hydriertem Polybutadien u. Naturkautschuk 16 699; —/Propadien-Umlager. an Aktivkohle 7109; Trimerisier. 8950, 17 928*; Rk.: mit W. 7324*; mit salzart. Polysulfiden 4721*; mit $SClF_5$ 14 100; Herst.: eines —-freien Reinpropylens 1406*; v. Propen aus einem — enthaltenden Gemisch 17 922*; v. Acetylen aus einem aus CH_4 erhaltenen — enthaltenden Gasgemisch 15 402*; Rk.: mit Divinylacetylenen 8790*, 11 538, 15 031*; mit einer Hydroxyaryl-Verb. 6969*; mit Phenol bzw. o-Isopropenylphenol 4884; mit C_2H_5-MgBr 11 295*; (u. Ketosteroiden) 2380; mit 3-Methoxy-$\Delta^{1,3,5(10)}$-östradien-17-on-äthylmagnesiumbromid 3557*; mit Aceton 11 526; mit Methyläthylketon 11 522; Verw. 5912.
Propadien (Allen), Darst. 12 090*, 16 130*; Bldg. 1535, 13 345; (Kinetik) 14 097; (Rk.) 16 648; Entfern. aus Propylen 10 634; Molekularstruktur. Bindungslänge, -ordnung u. -winkel 3772; Raman-

Spektrum 16 972; Elektronenlad. d. Bind. in — 9290; Durchfluß v. — durch Polyäthylen 7912; Propin/—-Umlager. an Aktivkohle 7109; Cyclisier. 11 020*; Polymerisat. (Katalysator-Syst.) 18 852; durch Hg photosensibilisierte Zers. 12 986; Rk.: mit einer Unterhalogenigsäure 15 023*; mit B_2H_6 5473*; Herst. v. Propen aus —enthaltenden Gemischen 17 922*; Rk.: mit Methylradikalen (Geschw.-Konst.) 13 357; mit Methylen 3053; mit Dehydrobenzol 6364; mit einem einwert. aliphat. Alkohol 9147*; mit einer Hydroxyaryl-Verb. 6969*; mit Maleinsäureanhydrid 3056; Nachw. im Auspuffgas 12 525; Best. v. —-Spuren in Propen v. gecracktem Petroleum 16 542.

Cyclopropen, Darst. v. Deriv. 3773; IR-, UV- u. NMR-Spektrum 15 900; Synth. u. Stabilität v. Triarylcyclopropeniumionen in d. Phenyl-p-anisyl-Reihen 6347.

C_3H_4BrCl **2-Brom-3-chlorpropen-(1),** NMR-Spektrum 433.

2-Chlor-3-brompropen-(1), NMR-Spektrum 433.

techn. **Chlorbrompropen** s. *Schädlingsbekämpfung-Spezialmittel (CBP-55).*

$C_3H_4BrClF_2O$ **1.1-Difluor-2-chlor-2-bromäthylmethyläther,** anästhet. Eig. 13 856.

C_3H_4BrClO **α-Brompropionylchlorid,** Rk. 2739, 14 616*, 15 567.

β-Brompropionylchlorid, Rk. 15 960.

$C_3H_4BrClO_2S$ **1-Brom-2-chloräthenylmethylsulfon** 5093*.

1-Chlor-2-bromäthenylmethylsulfon 5093*.

$C_3H_4BrCl_2F$ **1-Fluor-1.1-dichlor-3-brompropan** (Kp. 136°) 14 468.

1-Fluor-1.2-dichlor-3-brompropan (Kp. 161°) 14 468.

$C_3H_4BrCl_3$ **1.1.1-Trichlor-3-brompropan,** Rk. 14 468.

1.1.2-Trichlor-3-brompropan ($Kp._{16}$ 84 bis 85°) 14 468.

$C_3H_4BrF_3HgO$ **3.3.3-Trifluor-2-brommercuripropanol-(1)** (F. 65—67°) 16 283.

$C_3H_4BrF_3Mg$ **3.3.3-Trifluorpropylmagnesiumbromid,** Rk. 12 982.

$C_3H_4BrF_3O$ **2-Brom-1.1.2-trifluoräthylmethyläther** ($Kp._{760}$ 88,8°) 1568.

C_3H_4BrN **α-Brompropionitril,** Konstit.-Einfl. auf d. opt. Drehung 68.

β-Brompropionitril, Lage d. C≡N-Dehn.-Frequenz 5206.

$C_3H_4Br_2$ **1.1-Dibrompropen-(1)** 12 248.

cis-**1.2-Dibrompropen-(1)** 12 248.

trans-**1.2-Dibrompropen-(1)** 12 248.

cis-**1.3-Dibrompropen-(1),** Nicht-Bldg. 12 248.

trans-**1.3-Dibrompropen-(1),** Nicht-Bldg. 12 248.

2.3-Dibrompropen-(1), Darst. 12 248; NMR-Spektrum 433; Rk. 809, 2329, 16 274, 16 839*.

3.3-Dibrompropen-(1), Nicht-Bldg. 12 248.

$C_3H_4Br_2F_2$ **1.2-Dibrom-3.3-difluorpropan** ($Kp._{29}$ 63,5°) 17 562*.

$C_3H_4Br_2F_2O$ **2.2-Dibrom-1.1-difluoräthylmethyläther** ($Kp._{130}$ 55,8°) 1568.

$C_3H_4Br_2N_6$ ***N.N*-Dibrommelamin** 5842*.

$C_3H_4Br_2O$ *trans*-**1.2-Dibrompropen-(1)-ol-(3)** ($Kp._7$ 86°) 9299.

2.3-Dibrompropionaldehyd, Rk. 9735, 11 007*, 13 342.

α-Brompropionylbromid, Rk. 807, 5673, 9676, 13 127*.

3(β)-Brompropionylbromid, Rk. 3995*, 12 267.

$C_3H_4Br_2O_2$ **2.3-Dibrompropionsäure,** R_F-Wert 5792.

$C_3H_4Br_2O_2S$ **1.2-Dibromäthenylmethylsulfon** 5093*.

$C_3H_4Br_4$ **Tetrabrompropan** (($Kp._{18}$ 124—125°) 16 648.

1.1.2.2-Tetrabrompropan ($Kp._{18}$ 116—117°) 8580.

$C_3H_4ClFHgO_2$ **Fluorchlormercuriessigsäuremethylester** (F. 181—182° Zers.) 16 283.

C_3H_4ClFO **1-Chlor-3-fluoraceton** (Kp. 142 bis 144°) 15 185.

C_3H_4ClFOS **Fluorchlorthionessigsäuremethylester** ($Kp._{60}$ 59°) 12 623.

$C_3H_4ClFO_3$ **α-Fluor-α-chlor-β-hydroxypropionsäure** (F. 78—79,5°) 3424.

$C_3H_4ClF_3HgO$ **3.3.3-Trifluor-2-chlormercuripropanol-(1)** (F. 62—66°) 16 283.

$C_3H_4ClF_3O$ **2-Chlor-1.1.2-trifluoräthylmethyläther,** anästhet. Eig. 13 856.

$C_3H_4ClF_5S$ **2-Chlorpropenylschwefelpentafluorid** (Kp. 92°) 14 100.

C_3H_4ClJ **2-Chlor-3-jodpropen-(1),** NMR-Spektrum 433.

C_3H_4ClN **α(2)-Chlorpropionitril,** Darst. 3263*; Rk. 7111; Verw. 5018*.

β-Chlorpropionitril ($Kp._{100}$ 110°), Darst. 3263*, 5094*, 14 462; Lage d. C≡N-Dehn.-Frequenz 5206; Rk. 10 573*.

C_3H_4ClNO **α-Chlor-β-hydroxypropionitril** ($Kp._{11}$ 112°) 11 529.

β-Chloräthylisocyanat, Rk. 96, 13 944*.

C_3H_4ClNS **2-Chloräthylthiocyanat** ($Kp._{10-12}$ 96°) 8785*.

$C_3H_4ClN_5$ **2.4-Diamino-6-chlor-*symm.*-triazin,** Rk. 7723*, 8617.

$C_3H_4Cl_2$ **1.1-Dichlorpropen,** Gaschromatographie 1345.

1.2-Dichlorpropen, Rk. 10 019; Gaschromatographie v. cis- u. trans-— 1345.

1.3-Dichlorpropen, Rk. 6967*, 10 019, 16 839*, 17 562*; Gaschromatographie v. cis- u. trans-— 1345; Verw. im Gemisch mit 1.2-Dichlorpropan s. *DD.*

2.3-Dichlorpropen (Kp. 95°), Darst., Rk. 3419; NMR-Spektrum 433; Rk. 457, 6967*; (v. $^{36}Cl_{(3)}$-—) 7107; Gaschromatographie 1345; Identifizier. 13 514.

3.3-Dichlorpropen, Gaschromatographie 1345.

$C_3H_4Cl_2F_2$ **1.1-Difluor-1.3-dichlorpropan** (Kp. 80,5—81°) 16 998.

$C_3H_4Cl_2F_2O$ **1.1(2.2)-Dichlor-2.2(1.1)-difluor-2(1)-methoxyäthan (1.1-Difluor-2.2-dichloräthylmethyläther),** Kinetik d. H/D-Austausches v. $D_{(1)}$-— 5617; Carbanionmechanismus für d. Dehydrohalogenier. (Kinetik) 5617; anästhet. Eig. 13 856.

$C_3H_4Cl_2N_2O$ **1.3-Dichlorimidazolidon-(2)** 15 036*.

$C_3H_4Cl_2N_6$ **Dichlormelamin,** Verw. 4648*.

$C_3H_4Cl_2O$ **2.3-Dichlorpropionaldehyd,** Rk. 11 007*.

1.3(*symm.*)-Dichloraceton (F. 40—41°), Darst., Rk., Deriv. 1196; Bindungsordn. u. Ladungsdichten d. Carbonylgruppe 16 984; Konstit.-Einfl. auf d. Ionisationspotential 15 166; Bldg. v. 2 verschied. H-Radikalen bei ^{60}Co-γ-Bestrahl. v. wss. —-Lsg. 13 689; Rk. 11 168; 12 257, 18 083.

α-Chlorpropionylchlorid, Rk. 302*, 10 795.

β(3)-Chlorpropionylchlorid (β-Chlorpropionsäurechlorid) (Kp. 144—145°), Darst. 14 108, 15 764*; Rk.: mit NH_3 12 267; mit Benzol 18 452; mit 3.4-Dichloranilin 1957; mit 2-Aminodiphenyl- bzw. 4-Amino-2-nitrodiphenyläther 17 377; mit 8-Amino-6-methoxychinolin 9714; mit Cyclohexyl-MgBr 570*; mit 3-Methyl-2-aminobenzoesäuremethylester 14 616*; mit Azofarbstoffen 6219*, 11 379*, 11 380*; Verw. 3995*, 11 017*.

$C_3H_4Cl_2O_2$ **2.2(α.α)-Dichlorpropionsäure** ($Kp._{30}$ 108°), Herst., Verw. d. Diisopropylaminsalzes 3184*; Reinig. 14 322*; Abbau durch Bakterien 6827; Wrkg. v. *Omnidel-Spezial* auf Bodenmikroorganismen 12 803; Resorpt. v. *Dalapon*: durch Wurzeln 18 159; in Baumwollpflanzen (Unters. mit ^{14}C) 13 448; Mechanismus u. Umkehr. d. gametociden Wrkg. v. *Dalapon* bei Baumwolle (Unters. mit ^{14}C)

C_3H_5Br **1-Brompropen-(1) (Propenylbromid, Crotylbromid)** (Kp. 60,2°), Darst. 9321; neue Bezieh. zwischen d. physikal. Konst. v. — 3402; Rk. 678, 13 029, 16 839*.
Allylbromid (1-Brompropen-(2)) (Kp. 71°), Kinetik: d. Epoxydat. 4129; d. Hydrolyse 5245; Rk.: mit N_2O_4 3416; mit Pd 2300; mit Sn 15 524; mit CuCN 8573; mit KSCN 6037; Darst. v. Methylglyoxal aus — 16 839*; Rk.: mit N-Alkenylpyrrolidinen 10 425; mit 1-Piperidinobuten-(1) 10 424; mit 2.2.6.6-Tetramethylpiperidin 3552*; mit 2.3-Diphenylpiperidin 8065*; mit Na-Indolen 12 290; mit 6.7-Dihydro-5H-dibenz-[c.e]-azepin 951*; mit Morphinderiv. 6143*; mit Normorphin 14 956*; mit Normorphinderiv. 14 620*; mit Enaminen 3442, 10 438; mit Tetrahydro-β-naphthylamin 222*; mit Allylalkohol bzw. Oligoäthylenglykolen 8580; mit Butandiol-(2.3) 3904*; mit d. Na-Verb. v. fluorierten Alkoholen 8947; mit Phenolen 10 791, 12 656; mit o.o'-disubstituierten Phenolen 6967*; mit 4-tert.-Alkylguajacol 18 798; mit p-Methoxyphenol 8932; mit Alkyläthylphenylarsinen 12 276; mit Alkenylmagnesiumbromiden bzw. Fenchon 11 526; mit Vinylmagnesiumbromid 678; mit Allylmagnesiumbromid 2700; mit Methylmagnesiumjodid 6735; mit 2-tert.-Butylphenylmagnesiumbromid 5644; mit Trialkylgermanylmagnesiumbromid 15 562; mit Trichlorgerman 8584; mit $C_5H_5Co(CO)_2$ 60; mit 1.2-Cyclohexyliden-d-xylose 8259; mit d. Grignard-Verb. v. 2.5-Endomethylen-Δ^3-tetrahydrobenzaldehyd 18 854; mit 4-Alkyl-1.4-thiazan-1.1-dioxiden 18 471; mit 3-Allylhexen-(5)-on-(2) bzw. 3-Propylhexanon-(2) 18 082; mit Isophoron 7864; mit Cyclohexen-(2)-on bzw. Cyclohexanon 7864; mit 7.7.10-Trimethyl-$\Delta^{1,9}$-oktalon-(2) 8996; mit 2.2.7.7-Tetramethyl-5-oxo-1.4-diazacycloheptan 18 566*; mit 1.1.12-Trimethyl-7-furfuryliden-8-oxoperhydrophenanthren 13 040; mit Polyfluorperhalogenketonen 6581*; mit 1-[p-Hydroxyphenyl]-butanon-(3) 15 191; mit 5-Chlor-2-hydroxybenzophenon 9868*; mit Alkyl(aryl)-2-hydroxy-5-fluorphenylketonen 10 809; mit Noratropin 1327*; mit Cyclohexandion-(1.3) 1967; mit 5-n Butyl-6-methyluracil 4 541; mit 5-Methylamino-3-cyclohexyl-1.6-dimethyluracil 4540; mit Ag-Dinitrocyanmethid 12 992; mit 3-Carbäthoxypiperidin 9712; mit [1-Methylbutyl]-cyanessigester 3459; mit Malonestern 3458; mit Na u. Malonsäurediäthylester 12 017*; mit Diäthylmethoxymalonat 18 833; mit Na-[β-(α-Tetradropyranyloxy)-äthyl]-malonsäurediäthylester 13 029; mit Na-Bimalonester 3059; mit 5-Acetamidonaphthol-(2) 10 074; mit N-Tetrahydronaphthyl-β-alanindialkylamiden 11 655*; mit $^{35}S(SH)$-Na-Allylthiosulfonat 1562; mit N-p-Toluolsufonyl-naphthylamin 12 239; mit K-Saccharin 1194; mit 2.4-Dimethylbutadien-(1.3)-sultam-(1.4) 3420; Verw. 3275*; Identifizier. 13 514.
2-Brompropen-(1) (Kp. 47,4°), Darst. 9321; NMR-Spektrum 433; Rk. 5649.
Cyclopropylbromid, (Kp. 68—68,5°), Darst., Rk. 8565; Solvolyse (Kinetik) 14 090.

$C_3H_5BrF_2O$ **2-Brom-1.1-difluoräthylmethyläther** (Kp.$_{760}$ 98°) 1568.

C_3H_5BrMg **Propenyl-(1)-magnesiumbromid,** Rk. 9320, 15 766*, 17 713.
Allylmagnesiumbromid, Darst. 2700; IR-Spektrum 1168; Rk.: mit $POCl_3$ 11 531; mit $PSCl_3$ bzw. verwandten Verb. 15 562; mit Propargylbromid bzw. n-Butyraldehyd bzw. Ketonen 11 526; mit β-Bromäthylbenzol 18 466; mit ungesätt. Steroidepoxiden 11 935; mit Trialkyl(-aryl)-halogensilanen 3431; mit $(C_6H_5)_3GeH$ 5224; mit Piperidinoaceton bzw. Morpholinoaceton bzw. p-Aminoacetophenon bzw. 1.2.6-Triphenylpiperidon-(4) 843; mit 17-Keto-$\Delta^{5,10}$-östren 2466*; mit 9-Keto-7-methyl-Δ^{10}-ergolen 3813, 7627*; mit β-Piperidino- bzw. β-Dimethyl- bzw. β-Diäthylaminopropiophenon bzw. Methyl-[β-dialkylaminoäthyl]-ketonen 844.
1-Methylvinylmagnesiumbromid, Rk. 15 766*.

C_3H_5BrO **Epibromhydrin,** Darst. 4129; NMR-Spektrum 14 816; Polymerisat. (Katalysatoren) 494; Rk. mit $AgClO_4$ 10 114.
α-Brompropionaldehyd (α-Brompropanal), Rk. 807; (d. Hydrats) 14 496, 17 744.
Bromaceton (Kp.$_{30}$ 48°), Bldg. 2329; Ladungsverteil. u. Dipolmoment 10 404; Rk.: mit $LiAlH_4$ 807; mit Trimethylamin 7848; mit Na-Phenolat 8247; mit Dihydroresorcinderiv. 15 584; mit β.β-Diphenyläthenylmagnesiumbromid 4892; mit Thiocarbamidodiphenyläthern 4534; mit Äthylphosphonigsäurediäthylester 10 055; mit Triäthyl- u. Na-Diäthylphosphit 1933; mit Verb. $C_{21}H_{19}O_2P$ 456; Verh. v. Äthylenketalen v. — gegen KF 15 185.

$C_3H_5BrO_2$ **α(2)-Brompropionsäure,** Darst. v. 2-Deutero-— (Kp.$_{20}$ 101—103°) 15 553; Rk. 1603, 3097, 5661; (d. Na-Verb.) 10 428; Glykolyse-Hemm. durch Brompropionat bei Speichelsedimenten 7192; R_F-Wert 5792.
β(3)-Brompropionsäure, Rk. 469, 10 092, 18 824; Wechselwrkg. v. Zn-, Cd- u. Hg-Ionen mit mit — behandeltem menschl. Serumalbumin 543; R_F-Wert 5792.
Monobromessigsäuremethylester (α-Brommethylacetat), Lage u. Intensität d. ν(C=O)-Bande 8558; Rk.: mit Ag- u. Pb-Hyponitrit 321*; mit Äthylen 5094*; mit 4-[2-Hydroxyäthyl]-8-methoxy-1.2.3.4-tetrahydrobenz-[f]-isochinolin 15 614; mit Triphenylphosphin 3983*; mit Guajazulen-3-aldehyd 7882; mit 5-[β-Cyanäthyl]-2.3.4-trimethoxybenzocycloheptanon-(6) 10 843; mit 2-Mercaptoimidazol-5(4)-carbonsäuremethylester bzw. Thioharnstoff 15 958; mit Triphenylphosphincarbomethoxymethylen 16 654; mit 2-Methacrylamidoäthyldimethylamin 2541*; mit N-Benzolsulfonyl-3-amino-2.4.6-trimethylpyridin 15 592.

C_3H_5BrZn **Allylzinkbromid,** IR-Spektrum 1169.

$C_3H_5Br_2Cl$ **1.2-Dibrom-3-chlorpropan (DBCP),** Verw.: zur Bekämpf. v. Citrus-Nematoden 10 244; 10 244; v. *OS-1897* bzw. *Nemagon* zur Bekämpf. v. Nematoden 1002 8032; 10 975.

$C_3H_5Br_2Cl$ s. auch *Schädlingsbekämpfung — Spezialmittel (Nemagon).*

$C_3H_5Br_2NO_2$ **1-Nitro-2.3-dibrompropan** (Kp.$_2$ 115°) 3416.
1.3-Dibrom-2-nitropropan (Kp.$_3$ 110°) 3416.

$C_3H_5Br_3$ **1.1.2-Tribrompropan,** Rk. 12 248.
1.2.3-Tribrompropan (Kp.$_3$ 73—75°) 3416.

C_3H_5Cl **1-Chlorpropen(Propenylchlorid),** Darst., Rk. v. cis- u. trans-— 7843; neue Bezieh. zwischen d. physikal.Konst. v. — 3402; Rk. 11 361*; Gaschromatographie v. cis- u. trans-— 1345.
2-Chlorpropen (2-Chlorpropylen), neue Bezieh. zwischen d. physikal. Konst. v. — 3402; NMR-Spektrum 433; Rk. 11 361*; 16 839*; Gaschromatographie 1345.
Allylchlorid [3-Chlorpropen, 1-Chlorpropen-(2)] (Kp. 44,5—45,5°), Darst. 13 940*, 16 837*; Bldg. 3058; neue Bezieh. zwischen d. physikal. Konst. v. — 3402; Fl.-Dampf-Gleichgew. d. Syst. Isopropylchlorid/— 5239; Red. 6205*; Autoxydat. 13 345; Kinetik: d. Epoxydat. 4129; d. Hydrolyse 5245; Austausch v. radioakt. Cl 2693; Rk.: mit Cl_2 11 363*, 19 003*; (+W.) 11 363*, 12 456*; mit Br_2 10 795; mit N_2O_4 3416; mit $BHCl_2$ 1410*; mit Si-Hydriden 7485; mit Tri-

chlorsilan 6210*; (bzw. Methyldichlorsilan) 13 728; (bzw. Trichlorgerman) 8584; mit Pd 2300; mit $SnCl_4$ u. Cycloheptatrien 10 771; mit $PdCl_2$ 10 017; mit $CrSO_4$ oder $TiCl_3$ 14 823; mit CO (u. C_2H_2) 8415*, 11 360; (u. Methanol) 13 725; v. Deriv. mit CO u. C_2H_2 14 469 [2 Ref.]; mit HCN 8943; Darst. v. Methylglyoxal aus — 16 839*; Rk.: mit Cyclopentadien 15 578; (u. Hydrochinon) 18 854; mit einem Morpholinderiv. 13 132*; mit Piperazin 7151; mit 10-Phenyldekahydrochinolin 1606; mit $CHCl_3$ 12 613; mit Triphenylchlormethan 3431; mit Anilin bzw. Anilinderiv. 836; mit Alkoholen 9316; mit d. Na-Verb. v. fluorierten Alkoholen 8947; mit Pentaerythrit 300*; mit Phenolen 16 135*; mit o,o'-disubstituierten Phenolen 6967*; mit Normorphin 14 956*; mit Normorphinderiv. 14 620*; mit [3-Hydroxybutyl-(2)]-[2-hydroxy-2-phenyläthyl]-amin 13 132*; mit Triarylsilanen 10 435; mit Organomagnesiumkomplexverbindungen 7322*; mit tert.-Butyl-MgCl 16 642; mit d. T_2-markierten Grignard-Verb. v. 1-Brompentan 7109; mit $LiMn(CO)_5$ 10 019; mit Natriumsaccharaten 7527; mit α-Ketolen 11 171; mit Pentanon-(2) u. Al 11 526; mit 1-Hydroxyxanthon 5294; mit d. K-Salz v. 2-Mercaptotropon 14 840; mit Tris-[2-cyanäthyl]-phosphin 4504; mit Peressigsäure 13 950*; mit α-Na-Essigsäure-Na 8785*; mit d. K-Salz d. 3-Phenyldithiocarbazinsäure 4346*; mitMercaptobuttersäuremethylester 3419; mit α-Alkylcyanessigsäureäthylestern 8582; mit Alkali- oder Erdalkali-Deriv. v. Malonestern 17 558*; mit α-Phenyläthylmalonsäurediäthylester 12 017*; mit Trichlormethylsulfenylchlorid 15 553; Gaschromatographie 1345; Identifizier. 13 514; Best. 16 077; s. auch *Plaste* (*Olefincopolymerisate*).

C_3H_5ClHgO **Chlormercuriaceton** (F. 102 bis 102,5°) 12 990.

C_3H_5ClMg **Propen-(1)-yl-(1)-magnesiumchlorid**, Darst. d. Tetrahydrofuran-Komplexes 11 361*; Rk. 7322*, 7691*, 8781*.

Allylmagnesiumchlorid, IR-Spektrum 1168; Rk. 5224, 6333, 10 019.

Propen-(2)-yl-(2)-magnesiumchlorid, Darst. 3259*; (d. Tetrahydrofuran-Komplexes) 11 361*; Rk. 7322*, 7691*, 8781*; (v. K-Komplexen) 4716*.

$C_3H_5ClN_2O_2$ ***N*-Chlor-*N'*-acetylharnstoff**, Rk. 14 476.

$C_3H_5ClN_2O_4$ **1-Chlor-2.2-dinitropropan** (Kp.$_4$ 63 bis 65°) 10 048.

C_3H_5ClO **α-Chlorpropenoxid** (Kp. 70—80°) 9151*.

Epichlorhydrin (Kp. 117,9°), Darst. 13 950*; NMR-Spektrum 13 339; Rk.: mit NH_4OH 12 510*; (bzw. Anilin bzw. Diäthanolamin) 6384; mit Säuren unter Bldg. v. Diglycidylestern 4738*; mit $POCl_3$ 7697* [2 Ref.]; mit KF 13 346; mit KHF_2 15 185; mit KCN 15 186, 18 083; mit 2.3-Dichlortetrahydrofuran bzw. 2.3-Dichlordioxan 5865; mit Azepin- bzw. Dihydroazepinderiv. 14 246*; mit Iminostilben 13 134*; mit Iminostilben- bzw. Iminodibenzylderiv. 17 494*; mit Alkoholen 11 193; mit mehrwert. Alkoholen 15 033*; mit einem acetylen. Alkohol 13 567*; mit n-Butanol 16 137*; mit Phenolen 3648*, 6584*, 11 531, 13 203*, 15 032*; mit Resorcin 17 564*; mit 2.2-Bis-[4'-hydroxyphenyl]-propan 9519*; mit 1.1-Bis-[hydroxymethyl]-cyclohexen-(3) 13 950*; mit 4-tert.-Butylguajacol 18 798; mit Na-Acetylid 15 242; (bzw. Phenylacetylen-Na) 16 309; mit Alkalimetallderiv. v. Äthoxy- u. Äthylmercaptoacetylen 15 920; mit Na-4-Triphenylsilylphenolat 14 837; mit Thioharnstoff 8258; mit Salicylaldehyd 15 564; mit Na-Saccharaten 7527; mit Keten 15 926; mit Benzoin 7512; mit Trimethylessigsäure 11 561; mit quart. Ammoniumsalzen zweibas. Carbonsäuren 2172*; mit Na-Methacrylat bzw. K-Acrylat 2391; mit O.O-Di-[2-methylpentyl-(4)]-dithiophosphorsäure 710*; mit Dextran 14 953*; Quarternisier. v. Polyoxyalkylenaminodiamiden mit — 5100*; Verw. 1006*, 1102*, 5843*, 12 093*, 12 829*, 13 940*, 18 632*; Best. (in techn. —) 11 677; (in Luft) 17 155; Polymerisat. bzw. Copolymerisat. v. — s. unter *Plaste* (*CO-Plaste*).

2-Chlorpropen-(2)-ol-(1), NMR-Spektrum 433.

Chloraceton [1-Chlorpropanon-(2)] (Kp.$_{748}$ 119—119,5°), Darst. (Rk.) 3419; (2.4-Dinitrophenylhydrazon) 15 023*; Bldg. 13 345, 14 109; Lage u. Intensität d. ν(C=O)-Bande 8558; Bindungsordn. u. Ladungsdichten d. Carbonylgruppe 16 984; Ladungsverteil. u. Dipolmoment 10 404; Konstit.-Einfl. auf d. Ionisationspotential 15 166; Wechselbezieh. d. H-Brückengleichgew. mit d. Acidität bei Säure-Basen-Rk. v. — 3404; Verh. v. — Äthylenketalen gegen KF 15 185; Rk.: mit KF 13 346; mit Morpholin 844; mit Thymol 2714; mit Dihydroresorcin-Deriv. 15 584; mit d. Na-Sulfinat v. $C_5H_5Mn(CO)_3$ 2297; mit Äthylmercaptan 15 921; mit Aminodiphenylsulfiden 4534; mit 2-Methylhypoxanthinthiol-(8) 9719; mit substituierten Thioharnstoffen 12 018*, 17 492*; mit Guanylthioharnstoff 14 496; mit symm. Diaryl- oder Arylacylthioharnstoffen 13 753; mit Thiocarbamidodiphenyläthern 4533; mit Alkalisalzen v. o-hydroxylierten aromat. Aldehyden oder Alkylphenonen 2086*, 10 566*; mit Salicylaldehyden 5284; mit o-Vanillin 17 737; mit 1-Hydroxyxanthon 5294; mit N[1]-[3'-Methylpyridazyl-(6')]-thiosemicarbazid 1989; mit Aceton- bzw. Benzaldehydselenosemicarbazon 17 744; mit Na-Cyanessigsäureäthylester 17 739; mit Thiohydroximsäuren 8976; mit d. Na-Salz v. p-Chlorbenzthiohydroximsäure 9319; mit 2-Mercaptoimidazol-5-carbonsäureäthylester 9333; mit Äthylphosphonigsäurediäthylester bzw. d. Na-Salz v. Äthylphosphonigsäureäthylester 10 055; mit Säurechloriden 12 257; mit NH_4-Phenyldithiocarbamat 7890; Addukt-Bldg. mit N'-alkylsubstituierten Pyridinbasen u. ihre biolog. Bedeut. 8570; Einfl. auf d. Schwell. v. Leber- u. Hepatommitochondrien 6807; carcinogene Wirksamk. v. — (Zigarettenrauchteere) 13 425.

Propionylchlorid (Propionsäurechlorid) (Kp. 80°), Darst., Rk. 10 055; neue Bezieh. zwischen d. physikal. Konst. v. — 3402; IR-Absorptionsspektrum v. —-$TiCl_4$ 7840; magnet. Mol.-Rotat. 9287; Hydrolyse (Kinetik) 2693; Dehydrochlorier. eines Gemisches v. Acylchloriden u. — 13 724; Rk.: mit Acetylen (+$AlCl_3$) 12 023*; mit Äthylen 15 698*; mit 1-Morpholinoisobuten 3073; mit Benzol 16 652; mit Hexahydropyren 4897; mit Chinolin + Cyanessigsäuremethylester 18 825; mit Thiophen bzw. 3-Methylthiophen 12 652; mit 2.7-Dichlorphenthiazin 5673; mit 2.2'-Bithienyl 10 828; mit 3-Oxa-9-azabicyclo-[3.3.1]-nonanen 2737; mit Aminen 11 543; mit Dimethylamin 13 748; mit 2.6-Dimethylanilin 1581; mit Piperidyl-(2)-phenylmethanol [Form B] 12 840*; mit 5-Benzyl-5-hydroxy-6-dimethylaminomethylbenzocyclohepten 9693; mit m-[2-(Benzylmethylamino)-äthylamino]-phenol 18 565*; mit Erythromycin 9447*; mit 4-Methoxybiphenyl 8592; mit 4-Phenoxyanisol 5267; mit Cyclopentadienyl- u.

Methylcyclopentadienyl-tetracarbonylvanadin 9271; mit Pentanatriumsaccharat 7527; mit 4.4-Dimethyl-19-nortestosteron 14 150; mit 9β.10α-Δ⁴-Androsten-17β-ol-3-on + Benzol 15 977; mit Hydroxy-α-[2.3-dichlorthienyl-(5)]-acetonitril 12 651; mit α-Hydroxyisovaleriansäure-tert.-butylamid 10 930*; mit p-Acetamidophenol 15 569; mit Salicylamid 7526; Verw. 19 011*.

C_3H_5ClOS **Äthylmercaptoformylchlorid,** Rk. 1198.

Methylmercaptoacetylchlorid, Rk. 7251*.

$C_3H_5ClO_2$ **α(2)-Chlorpropionsäure,** Bldg. d. —-Radikals 13 689; Rk.: mit teilweise hydrolysierten Arylhalogeniden 15 025*; mit Hexamethylentetramin 13 570*; mit Phenolen 18 272*; mit Diäthanolamin 15 217; mit Thioharnstoff 7509; mit Thioharnstoffen 9703; Abbau durch Bakterien 6827; R_F-Wert 5792.

β(3)-Chlorpropionsäure (F. 314° Zers.), Bldg. 14 108; (d. —-Radikals) 13 689; Rk. 9719, 18 272*, 18 470; durch — katalysierte Hydrolyse v. Benzoesäureorthotrimethylestern 10 793; Verw. 7299*; R_F Wert 5792.

Ameisensäure-α-chloräthylester, Kinetik d. säurekatalysierten Hydrolyse 1182.

Ameisensäure-β-chloräthylester (β-Chloräthylformiat) ($Kp._{749}$ 131,0—131,3°), Kinetik d. säurekatalysierten Hydrolyse 1182; Rk. mit Hexamethylenimin 8618.

Chlorameisensäureäthylester (Chlorkohlensäureäthylester, Äthylchlorformiat, Äthylkohlensäurechlorid, Äthylchlorcarbonat) (Kp. 93—94°), Darst., Rk. 12 660; IR-Spektrum 2679; Intensität d. ν(CO) 12 599; Kinetik: d. Zers. 16 637; d. Solvolyse 11 862; Rk.: mit Hydrazinhydrat 11 869; mit 10-Äthyl-9.10-dihydrophenazin 2363; mit 1-[3'-Chlor-4'-methylphenyl]-piperazin 3191*; mit Iminodibenzyl 8619; mit Theophyllidin 18 461; mit α-Phenylallylamin bzw. α-Phenyl-α-vinylessigsäure 11 539; mit Anilin 16 316; mit Aminopyrimidinen 13 030; mit N-substituierten 2.6-Xylidinen 8599; mit 2-Äthylamino-5-phenyl-1.3.4-thiadiazol 12 293; mit 2-Brom-3-amino-5-chlorpyridin 10 461; mit Bis-[dimethylamino]-benzyliden 8067*; mit N.N-Bis-[β-chloräthyl]-hydrazinhydrochlorid 17 368; mit Hydroxylaminen 7114; mit α-Diphenylmethyl-α.2-dimethylindol-3-methanol 16 304; mit 4-Chlormethyl-4-hydroxy-1-azacyclohexanhydrochlorid 4162; mit Aminoäthanolen 7888; mit 2.3-trans-Flavandiolen-(3.4) 13 756; mit 4-Äthyl- bzw. 4-[2-Hydroxyäthyl]-8-methoxy-1.2.3 4-tetrahydrobenz-[f]-isochinolin 15 614; mit N-[γ-Alkoxypropyl]-N-[dialkylaminoäthyl]-aminen 14 498; mit 1.1.3.3-Tetramethoxypropan 13 030; mit 1.1'-Diaminoferrocen 17 730; mit 9-Li-Verb. v. 10.9-Borazarophenanthrenen 8616; mit C_2H_5MgJ u. Hexahydrocarbazol 14 146; mit d. Grignard-Reagens v. Spiropentylchlorid 466; mit Pyrryl-(2)-MgBr 17 404; mit Indolyl-3-MgJ 17 741; mit 2-Mercaptoäthanol 9304; mit Monothiolglycerin bzw. Na-3-Hydroxypropylmercaptid 9305; mit D-Ribosylamin 11 930; mit Methyl-α-D-mannopyranosid 3820; mit 2.4-Benzyliden-D-ribosediäthylmercaptal 3819; mit 1-Benzyl-1-azacycloheptanon-(4)-hydrochlorid 11 196; mit 5.6-Dihydro-7-oxo-7H-5.6a.12-triazabenz-[a]-anthracen 850; mit Hydrocortison 11 941; mit Anilidoximen 10 452; mit 4-[p-Nitrobenzalhydrazino]-5-amino-6-methylpyrimidin 7901; mit N-[2-Benzalaminoäthyl]-N'-benzalhydrazin 13 494*; mit 4-Phenylsemicarbazid 11 916; mit 4-Phenylthiosemicarbazid 8243; mit ¹⁴C(COOH)-Phenylessigsäure bzw. ¹⁴C(COOH)-Benzoesäure 16 641; mit Alanin 14 155; mit N.N-Diäthylglycin 9518*; mit N-Benzylanthranilsäure 135; mit Thiosalicylsäure u. Hydrazinhydrat 3192*; mit d. Salz aus Triäthylamin u. Picolinsäure 6136*; mit cis-2-Hydroxymethyl-trans-4-[3.4-dimethoxyphenyl]-6.7-dimethoxytetralol-(1)-cis-3-carbonsäure bzw. dessen Lacton 5684; mit 5-Benzyloxy-10-methoxy-8-chlor-4-oxo-1.2.3.4-tetrahydroanthryl-(2)-essigsäure 5311; mit Diketosäuren 5096*; mit 2-Phenylcyclobutan-1.1-dicarbonsäure 1212; mit Vitamin C u. 5.6-Isopropylidenascorbinsäure 10 935*; mit 1-α-Naphthylglyoxal-2-hydrazoncarbonsäureäthylester 18 083; mit Chenodesoxycholsäuremethylester 486; mit Dihydrokainsäuredimethylester 2347; mit β-Amanitin 14 523; mit Thiobenzamid 3788; mit Amidsäuren 2704; mit Methyl-18-O-[4'-aminobenzoyl]-reserpat 5772*; mit O-Syringoylreserpsäurealkylestern 5772*; mit 3.4-Dichlordithiocarbaminsäure 13 873*; mit d. Di-Na-Salz v. N.N'-Dibenzyl-N.N'-äthylen-bis-[dithiocarbaminsäure] 18 796; mit Xanthogenaten 14 478; mit Benzyldithiocarbamaten 5019*; mit Na-β-[2-Thioxoimidazolidinyl-(1)]-äthyldithiocarbamat 4529; mit Phthalimid-K 3085; mit Bixin 13 245*; Verw. 1620.

Chloressigsäuremethylester (Methylchloracetat), Best. d. Rotationsisomerie aus d. IR-Spektrum 5233; Lage u. Intensität d. ν(C=O)-Bande 8558; kernmagnet. Resonanz 7832; Oxydat. 15 928; Rk.: mit p-Toluidin 1982; mit Äthylendiamin 12 146*; mit Organophosphorverb. 1832; mit Phenyldiäthoxyphosphin 16 132*; mit 1.2;3.4-Di-O-isopropyliden-D-galaktopyranose 4927; mit aromat. Aldehyden 6740; mit Phenylacetonitril 6746; mit 2-Methacrylamidoäthyldimethylamin 2541*; herbicide Wrkg. auf Gurkenkeimlinge 14 926; Best. d. Cytotoxizität in menschl. Zellkulturen 4195.

Chlormethylacetat (Essigsäurechlormethylester, Acetoxymethylchlorid), Kinetik d. alkal. Hydrolyse 14 823; Rk.: mit Ag- u. Pb-Hyponitrit 321*; mit Cyclohexen 12 277; mit Acetaten ungesätt. Alkohole 2328.

Methoxyessigsäurechlorid (Methoxyacetylchlorid), Rk. 7251*, 9447*.

$C_3H_5ClO_2S$ **Allylsulfochlorid,** Rk. 1562.

$C_3H_5ClO_3$ **β-Chlormilchsäure,** Einfl. auf d. enzymat. Best. v. L(+)-Milchsäure 2029.

α-Chlorperpropionsäure 302*.

$C_3H_5ClO_5$ **Perchlorsäureglycidylester (Epiperchloratohydrin)** 10 114.

C_3H_5ClPd **π-Allylpalladiumchlorid,** Rk. 10 020.

C_3H_5ClS **Epithio-3-chlorpropan** 8258.

$C_3H_5ClS_2$ **Chlordithioameisensäureäthylester (Äthylchlordithioformiat)** ($Kp._{5,8}$ 63°) 4881.

$C_3H_5Cl_2NSi$ **Dichlor-β-cyanäthylsilan** ($Kp._2$ 50 bis 52°) 4786*.

$C_3H_5Cl_3$ **1.2.3-Trichlorpropan** (Kp. 153—156°), Rk. 3419, 12 093*, 12 682; IR-spektroskop. Best. in techn. Epichlorhydrin 11 677.

$C_3H_5Cl_3Ge$ **Allyltrichlorgerman** ($Kp._{756}$ 155,5°) 8584.

$C_3H_5Cl_3N_2$ ***N*-Methyltrichloracetamidin,** IR-Spektrum d. Hydrochlorids 6343.

$C_3H_5Cl_3N_2O_2$ **Chloralharnstoff,** Rk. 15 216.

$C_3H_5Cl_3O$ **1.1.1-Trichlorpropanol-(2)** 15 549.

$C_3H_5Cl_3O_2S$ **1.2-Dichlorpropan-3-sulfochlorid,** Rk. 4721*.

1.3-Dichlorpropan-2-sulfochlorid, Rk. 4721*, 8418*.

$C_3H_5Cl_3S_2$ **Äthyltrichlormethyldisulfid** ($Kp._{14}$ 91 bis 92°) 1030*.

$C_3H_5Cl_3Si$ **Propenyltrichlorsilan** (Kp. 126°), Darst. 16 647; Bldg. 13 728; Mol.-Refr. 5233.

Allyltrichlorsilan (Kp. 117—118°), Darst. 13 728, 16 647; Mol.-Refr. 5233; Rk. 3430.
[β-Chlorvinyl]-methyldichlorsilan 13 728.
$C_3H_5Cl_3Sn$ **[Propen-(2)-yl-(2)]-zinntrichlorid** 4716*.
$C_3H_5Cl_4OP$ **α.α-Dichlor-*n*-propylphosphonsäuredichlorid** 7858.
$C_3H_5Cl_4O_2P$ **[β.γ-Dichlorpropyl]-dichlorphosphat** 7697*.
$C_3H_5Cl_5Si$ **Methylchlormethyltrichlormethylchlorsilan,** Bldg. (Mechanismus), Raman-Spektrum 4474.
$C_3H_5Cl_6P$ **α.α-Dichlor-*n*-propylphosphortetrachlorid,** PCl_5-Komplex 7858.
C_3H_5FO **Epifluorhydrin** (Kp. 86—88°), Darst. 15 185; (Rk.) 13 346; stereospezif. Polymerisat. 11 216; Vers. d. Copolymerisat. mit Propylenoxid 11 217.
α-Fluoraceton [1-Fluorpropanon-(2)] (Kp. 80°), Darst. (Dinitrophenylhydrazon) 3782, 15 185; (Rk.) 12 260; Darst., Bromier. (Kinetik), Deriv. 13 346.
Propionylfluorid (Kp. 44—45°), Darst. 16 293; neue Bezieh. zwischen d. physikal. Konst. v. — 3402.
$C_3H_5FO_2$ **α-Fluorpropionsäure** ($Kp._{30}$ 82—83°) 15 185.
$C_3H_5F_3N_2$ ***N*-Methyltrifluoracetamidin,** IR-Spektrum d. Hydrochlorids 6343.
$[C_3H_5F_3OSi]_x$ **Poly-[3.3.3-trifluorpropylsiloxan]** 8947.
$C_3H_5F_5S$ **Propenylschwefelpentafluorid** 14 101.
Allylschwefelpentafluorid 14 101.
C_3H_5J **Allyljodid [1-Jodpropen-(2)]** (Kp. 103,0°), neutrale Hydrolyse (Kinetik) 5245; Rk.: mit N_2O_4 3416; mit Normorphin 14 956*; mit Normorphinderiv. 14 620*; mit $Ni(CO)_4$ 4467; mit $Cr(C_5H_5)_2$ 15 886; mit Pentanon-(2) u. Al 11 526; Verw. 6210*; Identifizier. 13 514.
2-Jodpropen, NMR-Spektrum 433.
C_3H_5JMg **Allylmagnesiumjodid,** IR-Spektrum 1168; Rk. 11 526.
C_3H_5JO **Epijodhydrin (3-Jod-1.2-propylenoxid)** ($Kp._{24}$ 62°), Rk. mit PJ_3 7697* [2 Ref.]; Vers. d. stereospezif. Polymerisat. 11 217.
Jodaceton, Rk. 6040, 9724.
$C_3H_5JO_2$ **2-Jodpropionsäure,** R_F-Wert 5792.
β(3)-Jodpropionsäure, Quadrupolresonanzfrequenzen 14 080; Rk. 15 602; R_F-Wert 5792.
Jodessigsäuremethylester, Rk. 467, 2541*.
α-Jodmethylacetat, Rk. 321*.
C_3H_5Li **Allyllithium,** Rk. 17 684.
C_3H_5N **Propargylamin** 18 471.
Propionitril (Äthylcyanid) (Kp. 94—100°), Darst. 1029*, 5095*, 7111, 13 721, 13 943*, 14 322*, 18 634*; Darst., Rk. v. $^{14}C_{(1)}$-— 14 457; Bldg. 445, 6769, 8578, 11 153; Trenn. einer Misch. v. Acrylsäurenitril, Acetonitril u. — 2168*; neue Bezieh. zwischen d. physikal. Konst. v. — 3402; Lsgm.-Einfl. auf d. IR-Frequenz u. -intensität d. Nitrilschwing. v. — 15 896; Intensitäten v. Raman-Linien 12 598; Massenspektrum 14 815; Lage d. C≡N-Dehn.-Frequenz in — 5206; C≡N-Valenzfrequenz in Koordinat.-Verb. v. Metallhalogeniden mit — 8512; chem. Verschieb. 5978, 9286; Bezieh. zwischen Druck, Temp. u. Dichte 12 235; konjugierte Strukturen v. Prod. aus d. elektr. Entlad. v. — 17 054; Einfl. auf d. gemeinsame Abscheid. v. H mit Ni 12 934; Rk.-Vermögen mit NaH 12 988; Rk.: mit methanol. HCl 2708; v. β-substituierten Deriv. mit Anilin 18 091; mit o-Chlormethylanilinhydrochlorid 7897; mit 1-Brom-4-phenoxy- bzw. -4-äthoxybutan 3094; mit 2-Brom-1-[3.4-dimethoxyphenyl]-propan bzw. 2-Brom-1-[3.4-methylendioxyphenyl]-propan oder β-Halogenäthylbenzolen 7896; mit Organomagnesiumverb. 10 045; mit Naphthyl-(1)-MgBr 13 378; mit Acrylsäureäthylester 7521; mit Thioamiden 6008; mit Benzhydrazidbenzolsulfonat 15 962; v. n-Pentan, Isopentan, Cyclopentan u. Cyclopenten mit Cl_2 in Ggw. v. — 3989*; gaschromatograph. Abtrenn. v. anderen Nitrilen 13 150.
Äthylisocyanid, Effekt d. Röntgenstrahlen auf d. Bindungsfähigk. v. Oxyhämoglobin mit — 555.
C_3H_5NO **Δ^2-Oxazolin,** Darst. v. Deriv. 12 26, 7625*, 7888, 14 095, 15 959, 15 960; Rk. (v. — u. Deriv.) 10 815; (v. Deriv.) 11 310; Verw. v. Deriv. 4735*.
Isoxazolin, Darst. v. Deriv. 14 095; Verw. v. Deriv. 9512*.
Milchsäurenitril (Lactonitril, Acetaldehydcyanhydrin, Acetocyanhydrin), Darst. 3263*; Vers. zur Darst. v. opt. akt. — mit polarisierter β-Strahl. 18 770; Gewinn. v. reinem Acrylsäurenitril aus — enthaltenden Roh-Prod. 14 323*; Adsorpt. an Anionenaustauschern 794; Rk. 3982*, 9515*, 11 323, 16 326.
Äthylencyanhydrin (Hydracrylsäurenitril, β-Hydroxypropionitril), Darst. 3263*; Lage d. C≡N-Dehn.-Frequenz in — 5206; Rk. 7514, 7693*, 10 058, 10 465; Stoffwechsel in d. Ratte 12 002; Verw. d. Cu-Komplexes 658*.
Methoxyacetonitril, Rk. 7896, 7897.
Äthylisocyanat (Isocyansäureäthylester), neue Bezieh. zwischen d. physikal. Konst. v. — 3402; Rk.: mit einem Alkylenoxid 15 409*; mit N.N-Dimethyl-1.3-propandiamin 1192; mit 2.2-Dinitropropanol 9307; mit m-Trifluormethylphenol 4636*; mit 1-[N-Äthyl-N-β-hydroxyäthyl]-amino-3-methylbenzol 6506*; mit Prednison 11 941; mit 4-Allylthiosemicarbazid 953*; mit Piperidin-2-carbonsäureäthylester 2360; mit o-Kresotinsäuremethylester 7695*; mit 2-Isopropyl-3-amino-4-carbäthoxypyrazol 1324*.
Acryl(säure)amid (F. 85°), Darst. 13 568*; (v. Deriv.) 301*; Reinig. 11 365*; Stabilisier. 18 634*; Abtrenn. aus d. Rk.-Gemisch d. Hydrolyse v. Acrylnitril 17 924*; IR-Spektrum 15 534; IR- u. Raman-Spektren u. d. Struktur v. — u. D-— 11 137; Rk.: mit $Na_2S_2O_4$ 10 637*; mit CO 12 624; v. Deriv. mit Pyrrolidin oder Pyrrolin 12 018*; mit Triphenylgerman 422; mit Tetrakishydroxymethylphosphoniumchlorid 1458*; mit Benzoldiazoniumsalzen 9685; mit Na-Dinitrocyanmethid 12 992; mit Malonsäure bzw. Cyanessigsäure-Deriv. 12 263; mit Methylmalonsäuredibenzylester 5625; mit Dinitroacetamid 12 993; positiv-inotrope Wrkg. auf d. Papillarmuskel d. Katze 18 191; Gesundh.-Gefährd. durch — 16 408; Verw. 3699*, 6234*, 14 271*, 18 960*; (v. — u. Deriv.) 13 491*; mkr. Identifizier. 17 874; Polymerisat. u. Polymerisate s. *Plaste (Acrylpolymerisate)*.
Azetidinon-(2) (β-Aminopropionsäurelactam), Darst. v. Deriv. 18 202*, 19 012*; Rk. d. Na-Verb. 17 762; Veränder. d. bedingten Schutzreflexe erster u. zweiter Ordn. bei d. Ratte durch — Deriv. 3897.
C_3H_5NOS **Thiooxazolidone,** Best. v. substituiertem — u. Isothiocyanat nebeneinander 4383.
Thiazolidone, pharmakolog. Wrkg. 9703.
Thiazolidon-(2) (F. 50—52°) 13 494*.
Thiazolidon-(4), Darst., Rk., Stereochemie, Verw. physikal. Eig. u. Mol.-Spektren v. Deriv. (Übersicht) 2350; Darst. v. Deriv. 3086, 5289, 8602, 15 209; (mit biolog. Interesse) 14 131, 14 132; (antibakterielle Wrkg. in vitro) 9703; (Verw.) 14 606; Rk. v. Deriv. 12 306.
Methoxymethylisothiocyanat, Rk. 6209*.
$C_3H_5NO_2$ **1-Nitropropen-(1)** ($Kp._{8-10}$ 37—45°), Darst. v. $^{14}C_{(1)}$-—, Rk. v. — 16 304.

1-Nitropropen-(2) (Nitroallyl) ($Kp._{180}$ 79 bis 80°) 3416.
Nitrocyclopropan, KMR-Spektren v. Deriv. 11 509.
Oxazolidon-(2), Darst. v. Deriv. 15 409*; Bldg., IR-Spektrum 850; Verw. v. Deriv. 7690*.
Isoxazolidon, Deriv. 9520*.
Isonitrosoaceton (Oximinoaceton, Methylglyoxalaldoxim), Einfl. auf d. Chemoluminescenz v. Luminol 7829; Red. 18 794; Rk. v. Hydroxylion u. — mit Organofluorphosphor-Verb. (Kinetik) 1561; Einfl. v. Elektrolyten auf d. Reaktivier. v. phosphorylierter Cholinesterase durch — 6448; Neutralisier. d. mitot. Wrkg. v. Diisopropylfluorphosphat durch — 7234; Antinikotinwrkg. 3175; Kombinat. v. — mit N-Methylpyridinium-2-aldoximmethansulfonat beim Schutz d. Ratte vor d. Sarinvergift. 5759.
Methoxymethylisocyanat, Rk. 1434*.
Äthyleniminocarbonsäure, Rk. v. Estern 9520*.
Glycidamid, physiolog. Wrkg. 3087.
***N*-Methyldiformamid** (F. 14°), Dipolmoment, IR-Spektrum, Kernresonanz u. UV-Spektrum 18 419.

$C_3H_5NO_2S_2$ **Glycindithiocarbaminsäure,** Verw. d. NH_4-Salzes 5034.

$C_3H_5NO_3$ **Brenztraubensäureoxim (α-Hydroxyiminopropionsäure),** Einfl. auf d. Chemoluminescenz v. Luminol 7829; Einw. v. elektr. Entlad. auf — in H-T-Gas 18 791; — als N-Quelle für Aspergillus niger 5711.
α-Formamidoessigsäure (*N*-Formylglycin) (F. 151—153°) 11 930.

$C_3H_5NO_3S$ **Thiazolidinon-(2)-*S.S*-dioxid,** Deriv. 10 088.

$C_3H_5NO_4$ **Nitromilchsäurealdehyd,** Verw. 5166.
Bovinocidin (β(3)-Nitropropionsäure), Antibioticum 14 917; Prüf. auf Vork. in gewöhnl. ind. Hülsenfrüchten u. Gemüsen 14 922; Verw. 16 170*; spektrophotometr. Best. in Pflanzenextrakten 3210.
Aminomalonsäure, Unters. d. Eign. v. Cu-Komplexen mit — u. —-Ester als Lichtfilter 3199.

$C_3H_5NO_5S$ **5-Nitro-1.3.2-dioxathiacyclohexan-*S*-oxid** (F. 95—96°) 1196.

C_3H_5NS **Δ^2-Thiazolin,** Darst. v. Deriv. 450; Rk. v. Deriv. 10 415; Verw. 19 008*; (v. Deriv.) 9512*.
Äthylthiocyanat (Äthylrhodanid) (Kp. 144,5°), Darst. 15 521, 18 436; IR-Spektrum 17 351; Rk. 11 154.
Äthylisothiocyanat (Äthylsenföl) (F. 129 bis 131°), Darst., Rk. v. — bzw. ^{35}S— 9673; Bldg. 15 521; IR-Spektrum 17 351; Isotopenaustausch v. S in — 2693; Rk. mit N.N-Dimethyl-1.3-propandiamin 1192.

$C_3H_5NS_2$ **Δ^2-Thiazolinthiol-(2) (2-Mercapto-Δ^2-thiazolin)** (F. 102,5—104,5°), Darst., Rk. 9302; Rk. 11 914; Prüf. auf Strahlenschutzwrkg. 1683.

$C_3H_5N_2O_3P$ **Monoimidazolyl-(1)-phosphonsäure (Orthophosphorsäuremonoimidazolid),** Darst. d. Imidazoliumsalzes 8633, 10 278*; Rk. v. Deriv. 8635; R_F-Wert 8635.

$C_3H_5N_3$ **1.2-Dihydro-1.3.5-triazin,** Deriv. 571*, 9348.
3-Methyl-1.2.4-triazol, Rk. 16 677.
3(5)-Aminopyrazol, Darst. v. Deriv. 15 409*, 18 567*; Rk. v. Deriv. 10 192*.
2-Aminoimidazol, Rk. 1951.
4-Aminoimidazol, Verringer. d. 3-Amino-1.2.4-triazol-Phytotoxizität durch — 7957.

$C_3H_5N_3O$ (s. *Reazid* [*Cyanacethydrazid, Cyanessigsäurehydrazid*]).
3-Aminopyrazolon-(5), Rk. v. Deriv. 7138.
Glykocyamidin, Darst. v. Deriv. 7513; Acylwander. im Glykocyamin-—-Syst. 15 640.
α-Amino-α-cyanacetamid, Rk. 10 467.

$C_3H_5N_3OS$ **3-Thiono-5-oxohexahydro-1.2.4-triazin,** Darst. v. Deriv. 4170; (Struktur) 13 763.
1-Amino-2-thiohydantoin, Darst., Rk. 1226; Rk. 7135.
2-Hydrazonothiazolidon-(4), Darst., Rk. 3806; Rk., Hydrochlorid 1602.
Rhodanessigsäurehydrazid, Deriv. 96.

$C_3H_5N_3O_2$ **5.6-Dihydroazauracil,** Wrkg. auf Keimpflanzen 904.
1-Aminohydantoin (F. 195°), Darst., Rk. 1226, 7135; (Hydrochlorid) 10 451; Darst., Rk. v. Derivv. 9519*.

$C_3H_5N_3O_6$ **1.1.3-Trinitropropan** 11 527.
2.2-Dinitro-2-carbamyläthanol (F. 104 bis 107°) 12 993.

$C_3H_5N_3O_9$ s. *Nitroglycerin* [*Glycerintrinitrat*].

$C_3H_5N_3S$ **2-Amino-5-methyl-1.3.4-thiadiazol,** Bldg. 1934; Rk. 4907.
2.3.4.5-Tetrahydro-1.2.4-triazinthion-(3) (F. 200—202° Zers.) 9348.
5-Methyl-1.3.4-triazolthion-(2) (F. 261 bis 262°), Darst., Best. v. H-Bind. u. Tautomerie aus d. UV- u. IR-Spektrum 1934.
2-Amino-4-iminothiazolin, strahlenprotektive Wrkg. 1683.
Cyanomethylisothioharnstoff, Prüf. d. Hydrochlorids auf Strahlenschutz 1682.

$C_3H_5N_3S_2$ **2-Amino-5-methylmercapto-1.3.4-thiodiazol** (F. 176—178°) 1985.

$C_3H_5N_3Se$ **Selenazolyl-(2)-hydrazin,** Deriv. 17 744.

$C_3H_5N_5$ s. *Guanamin* [*Formoguanamin, 2.4-Diamino-symm.(1.3.5)-triazin*].

$C_3H_5N_5O$ (s. *Ammelin* [*6-Hydroxyguanamin*]).
***N*(4)-Amino-6-azacytosin** 10 840.
2.3-Dihydro-3-oxo-5.6-diamino-*asymm.*-triazin 5657.
1.2.4-Triazolylharnstoff (F. 173°), Beeinfluss. d. Pflanzenwachstums durch — 9866*.
5-Amino-1.2.3-triazolcarbonsäure-(4)-amid, Rk. 10 448.
1-Cyanformimidsäure-β-carbamoylhydrazid 5658.

$C_3H_5N_5O_3$ **1-Nitroso-2-nitramino-Δ^2-imidazolin,** Wirksamk. gegenüber Ascitestumoren in Mäusen 3124.

$C_3H_5N_5S$ s. *Thioammelin* [*2.4-Diamino-6-mercapto-1.3.5-triazin* bzw. *4.6-Diamino-2-thiono-1.2-dihydro-1.3.5-triazin*].

C_3H_5Na **Allylnatrium,** spektroskop. Unters. 3833; Rk. 3830; Verw. 2191*.

$C_3H_5O_2$ **α-Carboxyäthyl** s. unter *Radikale* (*Spezielle Radikale*).

$C_3H_5O_3S_2Sb$ **1-Hydroxy-3-carboxy-1-stibia-2.5-dithiacyclopentan,** Screening-Test an — zur Prophylaxe v. Schistosomiasis japonica bei Mäusen 13 120.

$C_3H_5O_6P$ **Phosphobrenztraubensäure (Phosphoenolpyruvat, Phosphoenolbrenztraubensäure),** Einfl. auf d. Geschw. d. Pyruvatkinase-Rk. 8658; — benötigendes Phosphoenolpyruvatcarboxylase-Kinase-Syst. in Aspergillus niger zur Kohlendioxidfixier. 176; Einfl. auf d. Succinat-Tetrazoliumreduktase u. Adenosintriphosphatase d. Mitochondrien d. Muskels 6813; Katalysier. d. Bldg. v. Oxalessigsäure aus — durch —-Carboxytransphosphorylase 3134; Verw. bei einem opt. Test zur Best. d. alkal. Phosphatase im Serum 9759; carboxylatives Syst. zur Transhydrogenier. v. Coenzymen in Leukocyten (Bezieh. zu Atmung u. Glykolyse) 11 961; Einbau v. ^{14}C in — nach Behandl. v. Bäckerhefe mit ^{14}C-Glucose 2410; Bldg. durch Phosphorylierungsprozesse bei d. Photosynth. höhererPflanzen 5347; Einfl.: v. Mg-, K- u. N-Ernähr. auf d. durch — stimulierte CO_2-Fixier. 10 528; v. Salzen auf d. $^{14}CO_2$-Fixier. mit — als Substrat in zellfreien Präp. aus Süßorangeblättern 16 377; Wrkg.: v. CO_2 auf d. — im Blattstoffwechsel v. Bryophyllum daigremon-

$C_3H_6N_2OS$ **N-Acetylthioharnstoff,** Strahlenschutz an Pflanzenzellen durch — 15 678; Verw. 5115*.

$C_3H_6N_2OS_2$ **N-Carbamylmethyldithiocarbaminsäure,** Carbamylmethylammoniumsalz (F. 138—139° Zers.) 5664.

$C_3H_6N_2O_2$ (s. *Cycloserin* [*Oxamycin, Seromycin, 4-Aminoisoxazolidon-(3)*]).

4-Oxotetrahydro-1.3.5-oxadiazin, Deriv. 15 410*.

3-Aminooxazolidon-(2), Darst., Rk. v. Deriv., 2095*; Rk. 8423*.

N-Nitroso-N-methylacetamid, Rk. 18 078.

N-Acetylharnstoff, Rk. 14 475, 17 001; Hemm-Wrkg. auf d. Rous-Sarkom (Bezieh. zur Vogelmalaria) 12 322; Toxizität für Haustiere u. Pflanzen 6552.

Methylendiformamid, Dipolmoment 2681; Rk. 9894*.

Malonsäurediamid (Malonamid), Darst. 4138; (v. Deriv.) 1189, 13 201*; polarograph. Unters. d. Biuret-Rk. v. — 10 367; Rk. mit Orthoameisensäuretriäthylester 15 952; Verw. als Substrat für Acylamidasen in Mycobakterien 4579.

$C_3H_6N_2O_2S$ **N-Carboxymethylthioharnstoff,** Rk. 12 292.

Isothioureidoessigsäure, Wachstumshemm. v. Pflanzen durch — 14 572.

$C_3H_6N_2O_3$ (s. *Hydantoinsäure*).

2-Nitro-2-nitrosopropan (Propylpseudonitrol) (F. 76° Zers.), Bldg. 1187; (Rk.) 14 817.

Nitrosoäthylurethan, Rk. 14 110.

4.5-Dihydroxyimidazolidon-(2), Verw. 6257.

N-Nitrososarkosin (F. 73—74°) 1603.

Oxalsäuremethylesterhydrazid (F. 115—116°) 9308.

$C_3H_6N_2O_4$ **1.1-Dinitropropan,** Darst. 1186; Rk. 15 919.

1.3-Dinitropropan ($Kp._1$ 108—110°), Bldg. 2901*; UV-Absorptionsspektrum 11 852.

2.2-Dinitropropan (F. 53°), Darst. 1186; Lsgm.-Einfl. auf d. UV-Spektrum 13 701; Red. 14 817; Verw. 13 988*.

$C_3H_6N_2O_5$ **2.2-Dinitropropanol-(1),** Darst. 1186; (v. —-Ester) 9306; Rk. 5997, 18 438; Verw. 13 988*.

γ.γ-Dinitropropanol-(1), K-Salz (F. 147° Zers.) 12 994.

1.1-Dinitropropanol-(2) 1186.

1.3-Dinitropropanol-(2) (F. 73—74°) 3416.

$C_3H_6N_2O_6$ **2.2-Dinitropropandiol-(1.3),** Darst., Rk. 1186; UV- u. IR-Absorpt.-Spektren 7455; Rk. 5253, 6029; Verw. 13 988*.

1.2-Dinitratopropan, Dipolmoment 7462.

1.3-Dinitratopropan, Dipolmoment 7462.

$C_3H_6N_2S$ **2-Aminothiazolin,** Darst. d. Hydrobromids (F. 175—176°) 451; Rk. 12 292; strahlenprotektive Wrkg. 1683.

2-Mercaptoimidazolin, Rk. 14 132; Verw. 5501*, 17 953*.

Imidazolidinthion-(2) (Äthylenthioharnstoff), Kristallstruktur v. Bis-[äthylenthioharnstoff]-Cd-thiocyanat 5952; Rk. 451, 839, 3054, 3452; Verw. 5115*; Charakterisier. v. Alkylhalogeniden mit — 13 513.

$C_3H_6N_2S_2$ **2-Thiontetrahydro-1.3.5-thiadiazin (Carbothialdin),** Darst., Verw. v. Deriv. 2831*; wachstumsfördernde Eig. v. Deriv. 18 182.

$C_3H_6N_4$ **1-Äthyltetrazol,** Elektronenstruktur 7096; NMR-Spektrum 435.

2-Äthyltetrazol, Elektronenstruktur 7096.

5-Äthyltetrazol, NMR-Spektrum 435.

1.5-Dimethyltetrazol, Elektronenstruktur 7096.

1.5-Diaminoimidazol, Pikrat (F. 150° Zers.) 10 467.

Methyldicyandiamid, Rk. 4641*.

$C_3H_6N_4O$ **Azidoacetimidomethyläther,** Rk. d. Hydrochlorids 13 492*.

Methyloldicyandiamid, Bldg., Rk. 12 315; Verw. 16 535*.

Äthylcarbaminsäureazid 11 881.

$C_3H_6N_4O_2$ **2-Nitroaminoimidazolin,** Rk. 16 285.

Verb. $C_3H_6N_4O_2$ (F. 180°) aus Phenylvinylketon u. Nitroaminoguanidin 14 131.

$C_3H_6N_4O_3$ s. *Triuret.*

$C_3H_6N_4O_4$ **1-Carboxymethyl-2-nitroguanidin** (F. 166—167°) 11 158.

$C_3H_6N_4O_5$ **1.3-Dinitro-1.3-dimethylharnstoff** 1091*, 6272*.

$C_3H_6N_4O_6$ **3.3.3-Trinitro-n-propylamin,** Darst. d. Hydrochlorids (F. 161—163°) 10 052; Rk. 12 528*; (d. Hydrochlorids) 6029.

$C_3H_6N_4S$ **2-Hydrazino-5-methyl-1.3.4-thiadiazol** (F. 158° Zers.), Darst., Rk. 4907; Rk. 4909.

5-Äthylmercaptotetrazol (F. 86—88°), Konstit.-Einfl. auf UV, IR-Spektrum u. pK-Wert 10 402.

$C_3H_6N_4S_2$ **S-Methyl-3.5-dimercapto-4-amino-4.1.2-triazol** (F. 182—182,5°) 16 678.

$C_3H_6N_6$ (s. *Melamin* [*2.4.6-Triamino-1.3.5-triazin*]).

1.2-Diazidopropan ($Kp._6$ 36—37°) 1588.

1.3-Diazidopropan ($Kp._2$ 48—50°) 1588.

$C_3H_6N_6O_6$ **Hexahydro-1.3.5-trinitrotriazin (Cyclotrimethylentrinitramin, Hexogen)** isotherme Kompressibilität bei Drücken bis 22 000 kg/cm² 3771; Unters. vakuumgegossener —/Trinitrotoluol-Lad. 1855; Mess. d. Stoßadiabaten 17 626; Temp. d. Detonat.-Front v. — 17 626; Parameter d. Detonat.-Welle 7428; Flammentemp.-Mess. 11 430; Verbrenn. unter hohem Druck 11 471; Rk. 3054.

C_3H_6O (s. *Aceton*; *Allylalkohol*; *Propionaldehyd* [*Propanal*]).

Oxetan (Oxacyclobutan, Trimethylenoxid), Darst. 834; (Deriv.) 8972; Bldg. 10 795; Ionisat.-Potential 17 302; Dampfdruck u. NMR-Spektrum d. Addit.-Verb. mit BF_3 10 786; Löslichk. v. Alkalimetallen in — 2656; Rk. 1597, 8085*, 8579, 14 532, 15 177; (v. Deriv.) 3433.

Propylenoxid (Kp. 73°), Darst. 8062*, 9899*, 13 950*; Bldg., Rk. 15 185; IR-Absorpt.-Spektrum v. Poly-— 13 052; Elektronenstoß-Spektroskopie 4120; Dampfdruck u. Gefrierpunkt 14 082; Verbrenn.-, Bldg.- u. Verdampf.-Wärme 17 358; Eig. eines Copolymeren v. — u. Äthylenoxid in wss. Lsg. 5687; Isomerisat. 7325*; Radikalumlager. u. Verschieb. v. — 2691; Polymerisat. 1628, 13 224*, 14 532, 14 892, 15 425*; (Katalysatoren) 5688; Theorie über d. stereospezif. Polymerisat. v. — in Ggw. v. $FeCl_3$ 6052; Polyaddit-Rk. mit Alkoholen 3315; Copolymerisat.: mit Epichlorhydrin bzw. Epifluorhydrin 11 217; mit Tetrahydrofuran 15 052*; mit Triäthylenglykol-CH_2O-polyacetal 14 342*; Copolyester aus —, Allylglycidyläther u. Phthalsäureanhydrid 149; Vernetz. v. Nucleoprotein nach Einw. v. — 13 426; Dampfphasenhydratat. an Tricalciumphosphat 5623; Rk.: mit S u. H_2S 301*; mit H_2S 4721*; mit P-Trihalogeniden bzw. Phosphoryl- oder Thiophosphorylhalogeniden 7697*; mit PCl_3 9538*; bzw. ($POCl_3$) 7697*; mit Alkalimetallen 10 636*; mit COS 467; Hydroxyalkylier. organ. Verb. mit — 10 270*; Rk.: mit Äthylen-, Trimethylen-, Tetramethylen- oder Butylenoxid 8085*; mit tert.-Butylperoxid + Toluol, Octen-(1) bzw. Cyclohexan 2691; mit 3-Azabicyclo-[3.3.1]-nonan 16 314; mit 2.2-Pentamethylenbenzthiazolin 15 961; mit 3-Äthylphenothiazin 18 205*; mit Diäthylamin 8952; mit Trimethylamin u. Theophyllin 2830*; mit Diaminen 18 564*; mit N-substituierten Trimethylendiaminen 12 493*; mit m-Phenylendiamin 15 790*; mit 5(4)-Nitro-2-methylglyoxalin 16 773*; mit Alkoholen 11147; mit CH_3OH 8060*; mit Isopropanolamin 8059*, 16 491*; mit L-Ephedrin 13 132*; mit hydroxyäthylierten Alkylendiaminen

11 002*; mit Brenzcatechin, Hydrochinon oder Resorcin 17 209*; mit Tetrachlorhydrochinon 15 789*; mit Dipropylenglykol bzw. Fettsäuren 15 019*; mit Phenylglycidyläther (Kinetik) 8574; mit Propin-Na 108; mit Di-Na-Octadien 10 273*; mit Grignard-Verb. 2000, 10 794; mit Dicyandiamid 15 019*; mit Isocyanaten 15 409*; mit Saccharose 12 014; mit ω-Methylolalkylacetophenonen 15 448*; mit Keten 15 926; mit Acetonazin 15 026*; mit Monocarbonsäuren 17 561*; mit Na-Salzen v. α-Aminosäuren 12 627, 15 217; mit Hydroxysäuren 3324*; mit d. Kondens.-Prod. aus Polyalkylenpolyaminen u. ungesätt. Fettsäuren 5100*; mit Terephthalsäure oder Isophthalsäure 1798*; mit Trimethyloläthanmonostearinsäureester 19 053*; mit substituierten Perfluoralkylsulfamidoalkanolen 14 695*; mit O.O-Di-[2-äthylhexyl]-dithiophosphorsäure 710*; mit p-Äthoxyphenyldithiophosphonsäureanhydrid 13 575*; starre Urethan-Schäume auf Basis v. Rk.-Prod. aus Sorbit u. — 13 417; Verw.: in Heizgas für d. Metallbearbeit. 1084*; zur Herst. v. oberflächenakt. Stoffen 2190*; zur Herst. v. Gefrierschutzmitteln 14 975*; eines Rk.-Prod. mit Äthylendiamin in sprühgetrocknetem Reinig.-Mittel 16 529*; bei d. Stabilisier. v. Trichloräthylen 1792*, 19 003*; zum Sterilisieren v. Talkum 1821.

Cyclopropanol, Darst. v. Deriv. 16 656; durch freie Radikale katalysierte Umlager. v. — 8932.

Vinylmethyläther (F. 144°), Struktur v. Poly-— 13 789; kernmagnet. Resonanz-Kopplungs-Konst. 4477; Appearancepotentiale d. Ionen aus — (Bldg.-Wärme) 13 342; Polymerisate v. — 6428; Copolymerisat.: mit Cyclopentadien 17 947*; mit Maleinsäureanhydrid 5115*; Rk.: mit 1.1.5.5-Tetramethoxypentan 16 131*; mit salzart. Polysulfiden 4721*; mit Aldehyden 3080; mit 5-Nitrofurfural-(2) 2175*; mit Formamiden u. anorgan. Säurechloriden 16 848*; Verw. v. Poly-— 16 896*, 17 952*.

C_3H_6OS Thiacyclobutanol-(3) [Thietanol-(3)] 7134, 18 454.

Hydroxymethyläthylensulfid ($Kp._1$ 45—49°) 9305.

***S*-Methylthioacetaldehyd** (F. 126—128°) 13 438.

Mercaptoaceton (F. 102—108°), Darst. 7973; Rk. 3443, 4531, 8976.

Thioessigsäure-*S*-methylester (Thiolessigsäuremethylester) ($Kp._{760}$ 95—98°) 7476, 15 554.

Äthylthiolformiat (Kp. 94—95°) 1952.

$C_3H_6OS_2$ s. *Xanthogensäure* [*Äthylxanthogensäure, Äthylxanthogenat*].

$C_3H_6O_2$ (s. *Glycid* [*Glycidol*]; *Propionsäure* [*Propansäure*]).

1.2-Dioxacyclopentan, Deriv. 13 208*.

1.3-Dioxolan (Glykolformal) (Kp. 75—76°), Darst. v. Deriv. 14 095; Schwing.-Spektrum, Struktur u. Stabilität 11 137; Rk. 8065*, 17 706; Einfl. auf d. Kinetik d. Alkylier. d. Na-Verb. v. n-Butylmalonsäurediäthylester 12 984; pharmakolog. Unters. zur Wrkg.-Weise d. Verb. 9064; (auf d. Zentralnervensyst.) 15 316; analget. Wirksamk. v. Deriv. 9808; Wrkg. v. Deriv. gegenüber d. Veratramin-Intoxikat. bei d. Albino-Maus 7618; Verw. 2166*.

Lactaldehyd, Wirksamk. v. Alkoholdehydrogenase aus Leber auf d. Aldehyd-Keton-Isomerisier. v. — 2028.

***β*-Hydroxypropionaldehyd**, Rk. 7693*.

Methoxyacetaldehyd 18 474.

Acetol [Hydroxypropanon-(2), Hydroxyaceton], Bldg. 518, 2028, 7512; Reaktivität v. — mit Tetrazoliumblau (Kinetik) 15 545; Rk. mit Thioglykolen u. CH_2O 7693*; Verw. 11 795*.

Essigsäuremethylester (Methylacetat) (Kp. 57°), Darst. 13 200*, 14 317*, 18 632*; (v. ^{18}O-—) 3408; (im Gemisch mit Essigsäure) 14 321*; Bldg. 218, 442, 3775, 8973, 10 414; (Umester.) 2168*; neue Bezieh. zwischen d. physikal. Konst. v. — 3402; IR-Spektrum (Best. d. Rotationsisomerie) 5233; (Lsgm.-Einfl.) 10 400; Intensitäten v. Raman-Linien 12 598; Lage u. Intensität d. ν(C=O)-Bande 8558; Best. d. Dipolmomentes u. d. Relaxationszeit aus Mikrowellenmessungen 13 705; Berechn. d. Parachors 6346; Bezieh. zwischen Druck, Temp. u. Dichte 12 235; Frequenzabhängigk. d. Ultraschallabsorpt. 9658; Modell für d. Transport-Eig. v. gasförm. — 13 671; Unters. d. Wechselwrkg. zwischen gelösten Polymeren u. — durch Viscositäts-Mess. 17 052; aufeinanderfolgende differentielle Absorpt. v. —-Dämpfen durch glas. Polymere 490; Löslichk. in W. 439; Wechselbezieh. d. H-Brücken-Gleichgew. mit d. Acidität bei Säure-Basen-Rk. v. — 3404; quant. Abtrenn. d. Hyperkonjugationseffekte v. d. ster. Substituenten-Konst. bei d. Hydrolyse (Kinetik) 16 988; Photolyse 8936; alkal. Hydrolyse (Kinetik) 799; Hydrolyse d. Azeotrops mit Methanol 17 052; Rk.: mit H-Atomen 18 393; mit 2.5-Dimethoxy-2.5-dihydro-2-furansäuremethylester 4725*; mit Apoyohimbin 5773*; Polymerisat. v. Vinylacetat in — 15 988; Verbleib d. — bei dessen Eintritt in d. Organismus 1684; Toxikologie u. Reiz-Wrkg. 2815; höchstzuläss. Konz. in d. Luft 7280; Verw. 2233*, 15 818*, 16 888*, 16 897*.

Ameisensäureäthylester (Äthylformiat) ($Kp._{750}$ 54,2—54,5°), Darst. 1952, 14 317*, 16 997, 18 632*; (Rk.) 8229; (v. $ZrCl_4$-Komplexen d. —) 8548; Bldg. u. Überführ. in Formhydroxamsäure beim Nachw. v. Ameisensäure u. Formiaten 14 719; neue Bezieh. zwischen d. physikal. Konst. v. — 3402; Intensität d. ν(CO) 12 599; magnet. Mol.-Rotat. 9287; Appearancepotentiale d. Ionen aus —(Bldg.-Wärme) 13 342; Bezieh. zwischen Druck, Temp. u. Dichte 12 235; Berechn. d. Parachors 6346; Unters. d. Wechselwrkg. zwischen gelösten Polymeren u. — durch Viscositäts-Mess. 17 052; Abweich. d. Vol., d. Viscosität u. d. DK v. additiven Werten bin. Mischungen v. Bzl. mit — 18 064; Löslichk. in W. 439; Abtrenn. d. U v. Spalt-Prod. unter Anwend. v. Al_2O_3 u. — 14 783; Photolyse 8936; säurekatalysierte Hydrolyse (Kinetik) 1182; Umester. 2168*; Rk.: mit Azulenen 13 746; mit Androstanderiv. 4645*; mit 1-Methylpyrazol u. n-Butyllithium bzw. 1-Methylpyrazolyl-(4)-lithium 5663; mit trans-2-Phenylcyclopropylamin 15 568; mit Trimethylendiamin 13 028; mit Na-Butylat + Methylundecylketon 6134*; mit Resorcinderiv. 10 440; mit Äthinyl-MgBr 3417; mit 2-Ferrocenyläthylamin 17 726; Stelle d. Angriffs v. — auf unsymm. Ketone 11 914; Rk.: mit Methyläthylketon 14 495; mit Acetophenonen 14 132; mit Phenylpropanon-(2) 8984; mit Cyclohexanon bzw. verwandten Verb. 3098; mit 3.3-Dimethylcyclohexanon 5647; mit d. Gemisch aus 2.3.3- u. 2.6.6-Trimethylcyclohexanon 13 371; mit 3-Methyl-7-oxo-7.8.9.10-tetrahydroaceanthren bzw. 7-Oxo-7.8.9.10-tetrahydroaceanthren 8598; mit 1-Hydroxy-2.5-dimethyldekalon-(6) u. Methylanilin 4149; mit 2.3-Dihydroxydesoxybenzoin 843; mit 2-Hydroxy-3-methyl-4.6-dimethoxyphenylbenzylketon 18 111; mit 2-Hydroxy-3.4.6.4'-tetramethoxyphenylbenzylketon 1228; mit 2-Hydroxy-4.5.3'.4'-

Aufnahme v. ^{14}C in — in d. Blättern v. Bryophyllum daigremontianum im Dunkeln 9395; Wrkg. v. Salicylat v. 2.4-Dinitrophenol auf d. Einbau v. ^{14}C aus markiertem Pyruvat in — im Stoffwechsel v. isoliertem Rattengewebe 2410; —-Geh. d. Schweißes bei cyst. Pankreasfibrose 190; Best. 7202.

$C_3H_6O_4S$ **Propanon-(2)-sulfonsäure-(3)(Aceton-ω-sulfonsäure)**, Darst., Rk. d. NH_4-Salzes 94; Rk. 94.

Propylensulfat (Kp.$_6$ 108°) 17 989.

Trimethylensulfat (F. 57—59°) 650*, 17 989.

$C_3H_6O_4S_2$ **1.3-Dithiacyclopentan-*S.S'*-bis-dioxid** (F. 210—211°), Rk. 4125.

$C_3H_6O_4S_3$ **Trimethylenthiodisulfon**, Rk. 6222*.

$C_3H_6O_5S$ **β-Sulfopropionsäure**, Einfl. auf d. Biosynth. v. Fett in Submerskulturen v. Penicillium spinulosum 12 337.

$C_3H_6O_6S_3$ **Trimethylentrisulfon**, Rk. 6222*.

C_3H_6S **Propylensulfid (2-Methylthiiran)**, Darst. 467; Rk. 7697*, 15 585; Prüf. auf Strahlenschutzwrkg. 1682.

Trimethylensulfid (Thiacyclobutan, Thietan) (Kp. 72—75°), Darst. 9305; Unters. über —-Deriv. 10 824; UV-Spektrum d. J_2-Komplexes 14 084; Ionisat.-Potential 17 302; Bildungswärme 3045.

Allylmercaptan, Rk. 6789, 10 105.

Methylvinylsulfid (Kp. 68—69°) 4562.

Thioaceton 7475.

$C_3H_6S_2$ **1.2-Dithiolan**, Spann. im —-Ring 14 821.

1.3-Dithiacyclopentan, Synth. v. Deriv. (Übersicht) 3054.

3-Mercaptopropylensulfid, Darst., Verw. v. Deriv. 5390*; Rk. 12 761*.

$C_3H_6S_3$ **1.3.5-Trithian** (*symm.* **Trithian, 1.3.5-Trithiacyclohexan**) (F. 219—220° korr.), Bldg. 49, 4940; Darst. (Konformat.-Best. aus d. NMR-Spektrum) 11 141; (v. Deriv.) 11 374*; Rk. 4721*.

Äthyltrithiocarbonat, Rk. v. Salzen 4881.

Trithiokohlensäuredimethylester (Kp.$_{5,4}$ 86 bis 88°) 4881.

C_3H_7 **Propyl** s. unter *Radikale* (*Spezielle Radikale*).

Isopropyl s. unter *Radikale* (*Spezielle Radikale*).

$C_3H_7AsJ_2$ **Propyldijodarsin(?)** (Kp.$_{11,5}$ 131°) 6739.

$C_3H_7BCl_2$ **Propyldichlorborin** (Kp.$_{154-157}$ 32 bis 33°) 1410*.

$C_3H_7BF_2$ ***n*-Propyldifluorboran** (Kp. 1,1°) 6003.

$C_3H_7BO_2$ **Propenylboronsäure** (F. 86—87°) 15 766*.

Propenyl-(2)-boronsäure (Isopropenboronsäure, 1-Methylvinylboronsäure) (Kp.$_{18}$ 78 bis 80°), Darst. 15 766*, 17 925*; π-Charakter in d. C—B-Bind. 1177.

Metaborsäureisopropylester (F. 52,5°), Darst., Mol.-Refr., Dipolmoment u. magnet. Susceptibilität 15 903.

C_3H_7Br ***n*-Propylbromid (1-Brompropan)** (Kp.$_{771}$ 71,5—71,6°), Bldg. 11 152, 12 259; neue Bezieh. zwischen d. physikal. Konst. v. — 3402; Massenspektrum 14 814; Berechn. d. DK u. d. dielektr. Verlustes aus d. Mikrowellenspektrum 433; Dipolmoment 11 508; Einfl. d. Stärke d. elektr. Feldes auf d. Leit- u. Photoleitfähigk. 16 262; Ultrachochfrequenzabsorpt. in fl. Mischungen —-Isobutanol 10 032; chem. Verschieb. 5978; Konst.: d. Tait-Gleich. 16 268; d. Antoine-Gleich. 4122; Bezieh. zwischen Druck, Temp. u. Dichte 12 235; Einfl. d. KW-Stoffkette auf d. Löslichk. in W. 439; Radikalketten-Chlorier. (Mechanismus) 6351; Dehydrohalogenier. 444; Solvolyse u. Umlager. v. — unter d. Einfl. v. Hg-Salzen in wss. Ameisensäure (Kinetik) 5615; Rk.: mit Mg in KW-Stoffen 18 761; mit LiCl (Kinetik) 16 635; Auflös. v. $UCl_5 \cdot PCl_5$ unter Rk. in — 12 220; Rk.: mit 7-[Pyridyl-(4)]-heptin-(1) bzw. 4-[Pyridyl-(4)]-butin-(1) 13 390; mit Normorphinderiv. 14 620*; mit Methylpyrazin 18 469; mit N-Methylanilin 5622; mit Isochavibetol 13 001; mit d. K-Salz v. Bis-[di-n-hexylphosphinyl]-methan 3785; mit Chinaldyl-Li 9339; mit 2-Mercapto-4-methyl-5-[β-hydroxyäthyl]-thiazol 4532; mit 1.3-Bis-naphthyl-(1)-harnstoff 10 420; mit 2.6-Dimethyl-4-hydroxybenzaldehyd 1578; mit 2.5-Dimethylpiperidon-(4) 18 112; mit 2-Methylmercapto-6-methylpyrimidon-(4) 4538; mit Diphenylacetonitril 8792*; mit Alkali- oder Erdalkalideriv. v. β-Ketoestern 17 558*; mit Salzen v. Acetessigester bzw. α-Alkylacetessigsäureäthylester 12 987; mit α-Cyancarbonsäureestern 4912; mit O-Hexadecyl-(1)-N-naphthyl-(1)-carbamat 10 420; mit Phenylmalonsäurediäthylester 8585; mit Tetramethylammonium-O.O-dimethylphosphat 9675; mit K-Saccharin 1195; Unterscheid. v. Isopropylbromid 9458; Identifizier. 13 514.

Isopropylbromid (2-Brompropan) (Kp. 59°), Bldg. 11 152; neue Bezieh. zwischen d. physikal. Konst. v. — 3402; ^{13}C-Kernresonanzspektroskopie 8201; Massenspektrum 14 814; Parachor 10 035; chem. Verschieb. 5978; Radikalketten-Chlorier. (Mechanismus) 6351; Hydrolyse in D_2O (Kinetik) 4488; Rk. v. angeregtem Hg-Dampf mit — (Unters. d. ^{199}Hg- u. ^{202}Hg-Anreicher.) 5958; Auflös. v. $UCl_5 \cdot PCl_5$ unter Rk. in — 12 220; Rk.: mit Benzol 12 996; mit Naphthalin bzw. 1.4-Dibromnaphthalin + Na 6756; mit Picolinen 18 112; mit Tetraäthylstannan bzw. -silan bzw. -german 18 797; mit 3-Methyl-4-isopropylmercaptobenzylalkohol 14 107; mit Furfurol 16 671; mit Dihydrorcin 12 997; mit ω-[p-Aminophenyl]-propionsäuremethylester 5269; mit Salzen v. Acetessigester bzw. α-Alkylacetessigsäureäthylester 12 987; mit Alkali- oder Erdalkalideriv. v. Malonestern 17 558*; mit K-Saccharin 1195; Unterscheid. v. n-Propylbromid 9458; Identifizier. 13 514.

C_3H_7BrHg ***n*-Propylquecksilberbromid** 10 384.

C_3H_7BrMg ***n*-Propylmagnesiumbromid**, Darst., Rk. 6385; Rk.: mit $PSCl_3$ 7487, 15 563; mit $CdCl_2$ 10 427; mit 2-Methyl-3-chlorpropen 3048; mit Propylenoxid 10 794; mit Diaziden 1589; mit Dimethylsulfoxid 10 432; mit Acrolein 1967; mit 1-[N-Methylanilino]-propenal-(3) 10 270*; mit p-Hydroxybenzaldehyd 15 191; mit 1.5-Epoxyoctanon-(7) 6031; mit 3-Äthyl-3-methylheptansäurenitril 3779; mit 2-[p-Chlorphenyl]-1-pyrrolidinopropionitril 17 852*; mit ungesätt. Estern 11 874; mit Methyl-5-chloroformylvalerat 3983*; mit Thiosulfinsäureestern 8951.

Isopropylmagnesiumbromid [Propyl-(2)-magnesiumbromid], Rk.: mit $PSCl_3$ 7487; mit $CdBr_2$ 8239; mit $^{14}CO_2$ 5252; mit 3-Bromcyclohexen 18 416; mit Diaziden 1589; mit 1-(N-Methylanilino)-propanol-(3) 10 270*; mit Stilbenyl-(4)-arsindichlorid 4515; mit 2.5-Endomethylen-Δ^3-cyclohexenaldehyd 6590*; mit 3-Methylbutanon-(2) (Kinetik) 14 093; mit 6-Äthyl-1.2.3.4-tetrahydrophenanthrenon-(1) 14 850; mit 2-Thioketo-4-benzylidenthiazolidonen-(5) 5664; mit 2.3-Dimethoxybenzonitril 9316; mit ungesätt. Estern 11 874; mit tert.-Butylessigsäuremethylester 16 642; mit Oxalsäuremonoamid-Deriv. 1709*; mit N.N-Diäthyloxamidsäureäthylester 4899.

C_3H_7BrO **2-Brompropanol-(1)** (Kp. 58,5—60°), Darst. 807; Rk. 809.

3-Brompropanol-(1) (Trimethylenbromhydrin) (Kp. 213—215°), Darst. 807; Rk. 809, 835, 3816, 10 795.

1-Brompropanol-(2) (Kp. 145—150°), Darst. 807; (Rk.) 10 795; Rk. 809.
Methoxyäthylbromid, Rk. 8065*.
$C_3H_7BrO_2$ **Glycerinmonobromhydrin** 2902*.
$C_3H_7Br_2N$ **1-Amino-2.3-dibrompropan,** Dehydrobromier. d. Hydrobromids 18 471.
$C_3H_7Br_3OTi$ **Isopropoxytitantribromid** 13 692.
C_3H_7CdCl ***n*-Propylcadmiumchlorid,** Rk. 10 427.
C_3H_7Cl ***n*-Propylchlorid (1-Chlorpropan)** ($Kp._{760}$ 46—48°), Bldg. 12 259; neue Bezieh. zwischen d. physikal. Konst. v. — 3402; Massenspektrum 14 814; NMR-Spektrum 5978; Unters. d. induktiven Effektes 8568; chem. Verschieb. 5978; Bezieh. zwischen Druck, Temp. u. Dichte 12 235; Wärmeleitfähigk. (Änder. mit d. Temp.) 10 037; 2. Virial-Koeff. 10 035; (Diskussion) 10 036; Konst.: d. Antoine-Gleich. 4122; d. Tait-Gleich. 16 268; Einfl. d. KW-Stoffkette auf d. Löslichk. in W. 439; H—D-Austausch 1567; Radikalchlorier. 82; Dehydrohalogenier. 444; Rk.: mit $GaCl_3$ 5222; mit CH_2N_2 7110; mit Normorphinderiv. 14 620*; mit Anilin 5476*; mit Na_2-Tetraphenyläthylen (Arrhenius-Parameter) 10 794; mit Salzen v. Acetessigester 12 987; Gaschromatographie 1345; Unterscheid. v. Isopropylchlorid 9458.
Isopropylchlorid (2-Chlorpropan), Bldg. 5246; neue Bezieh. zwischen d. physikal. Konst. v. — 3402; ^{13}C-Kernresonanzspektroskopie 8201; Massenspektrum 14 814; Unters. d. induktiven Effektes 8568; dielektr. Relaxat. 13 338; chem. Verschieb. 5978; Wärmeleitfähigk. (Änder. mit d. Temp.) 10 037; 2. Virial-Koeff. 10 035; (Diskussion) 10 036; Fl.-Dampf-Gleichgew. d. Syst. —/Allylchlorid 5239; Rk.: v. angeregtem Hg-Dampf mit — (Unters. d. ^{198}Hg- u. ^{202}Hg-Anreicher.) 5958; mit CH_2N_2 7110; mit Tetraäthylsilan, -stannan bzw. -german 18 797; mit Na-Acetessigester 12 987; Gaschromatographie 1345; Unterschied. v. n-Propylchlorid 9458.
$C_3H_7ClFOPS$ **Methylthionophosphonsäure-*β*-fluoräthylesterchlorid,** IR-Spektrum 9283.
C_3H_7ClHgS **Chlormercuriisopropylmercaptid** 11 151.
C_3H_7ClMg ***n*-Propylmagnesiumchlorid,** Rk. 417, 13 741, 14 320*.
Isopropylmagnesiumchlorid, Rk. 2371, 12 618, 12 624, 17 015; Verw. 827.
$C_3H_7ClN_2$ **2-Chlorpropionamidin,** Hydrochlorid (F. 130—131°) 7111.
$C_3H_7ClN_2O$ ***α*-Chlor-*β*-aminopropionsäureamid,** Hydrochlorid (F. 145—146°) 3263*, 5473*.
$C_3H_7ClN_2O_2$ **D-*α*-Amino-*β*-chlorpropiohydroxamsäure,** Hydrochlorid (F. 197—198°) 7332*.
DL-*α*-Amino-*β*-chlorpropiohydroxamsäure, Hydrochlorid (F. 184—187°) 7332*.
***N*-Carbamoylmethyl-2-chloracetamid,** Rk. 12 266.
C_3H_7ClO **2-Chlorpropanol-(1)** ($Kp._{76}$ 70—71°) 10 795.
3-Chlorpropanol-(1) (3-Hydroxypropylchlorid), durch Cernitrat/—-Redox-Syst. initiierte Polymerisat. v. Acrylamid 13 419; Rk. 8226, 8258; Identifizier. 13 149.
1-Chlorpropanol-(2) (Propylenchlorhydrin) ($Kp._{75}$ 65—67°), Darst., Rk. 10 795; Rk. 2328, 7693*, 15 185, 17 209*, 17 714.
1(*α*)-Chloräthylmethyläther (Kp. 74°), Darst. 12 456*; therm. Zers. (Kinetik) 88; Rk. mit 2-Chlorbutadien-(1.3) 2702.
Methyl-*β*-chloräthyläther (Kp. 91—92°) 9674.
Chlormethyläthyläther ($Kp._{760}$ 80—82°), Darst. 7476; Rk.: mit 2-Chlorbutadien-(1.3) 2701; mit Cyclohexen 12 277; mit 1-Arylcyclohexenen-(1) 8959; mit Cyclopentadien 15 570; mit N-Alkenylpyrrolidinen bzw. 1-Piperidino-2-phenylpropen-(1) 10 426; mit *β*-Hydroxyäthylmercaptan 5447*; mit d. Na-Salz v. 2-Mercaptopyridin-1-oxid 9336; mit Acetaten ungesätt. Alkohole 2328; mit K-Butylxanthogenat 17 714; Verw. 7322*.
$C_3H_7ClO_2$ **Glycerinmonochlorhydrin,** Darst. 2902*; Rk. 5100*, 8068*, 12 093*.
3-Chlorpropandiol-(1.2) (2.3-Dihydroxypropylchlorid, *α*-Monochlorhydrin, Glycerin-*α*-chlorhydrin), Rk.: mit NH_3 18 438; mit KCN 15 186; mit 2.5-Di-[benzimidazolyl-(2)]-furan 17 612*; mit Na-Phenolat 8247; mit 4-tert.-Butylguajacol 18 798; mit Benzoin 7512; mit Methansulfochlorid 15 184; Identifizier. 13 149; IR-spektroskop. Best. 11 677.
$C_3H_7ClO_2S$ **Propan-1-sulfochlorid** (*prim.* **Propansulfochlorid, Propansulfonsäurechlorid)** ($Kp._{12}$ 92°), Darst., Rk. 10 803; Kinetik d. therm. Zerfalls 5247; (u. Mechanismus) 5247; Rk. mit Enaminen 8600.
Propan-2-sulfochlorid (*sek.*-**Propansulfochlorid)** ($Kp._{12}$ 66°), Kinetik d. therm. Zerfalls 5247; (u. Mechanismus) 5247.
$C_3H_7ClO_3S$ **3-Chlorpropansulfonsäure-(1),** Rk. 308*; (d. Na-Salzes) 13 359.
Methansulfonsäure-2-chloräthylester (*β*-Chloräthylmethansulfonat) ($Kp._{10}$ 126°), Darst. 15 184; Wrkg. auf d. Einbau v. $^{14}C_{(1)}$-Glycin in d. Gewebeproteine in vitro 10 504.
C_3H_7ClS **1-Chlor-2-methylmercaptoäthan (Methyl-[2-chloräthyl]-sulfid, 2-Methylmercaptoäthylchlorid),** Rk. 3459, 6416, 8065*, 17 927* [2 Ref.].
$C_3H_7ClS_2$ **Bis-[methylmercapto]-chlormethan** ($Kp._{10}$ 70—73) 7476.
$C_3H_7Cl_2N$ **2-Amino-1.3-dichlorpropan,** Darst. d. Oxalats (F. 166—167°) 1196; Cl-Abspaltbark. u. Wirksamk. 1196.
Methyl-[2.2-dichloräthyl]-amin (Mechloretamin), Einfl. auf d. Nucleotid- u. Protein-Geh. d. Leberzellen 8284.
Dimethylaminodichlormethan 2179*, 11 373*.
$C_3H_7Cl_2OP$ ***n*-Propylphosphonsäuredichlorid** ($Kp._{50}$ 75—77°), Darst. 16 491*; Rk. 7858.
$C_3H_7Cl_2OPS$ **Dichlorthionophosphorsäure-*n*-propylester (*n*-Propoxydichlorphosphinsulfid),** IR-Spektrum 9283; (u. kernmagnet. Resonanz) 8203.
Dichlorthionophosphorsäureisopropylester, IR-Spektrum 9283.
$C_3H_7Cl_2O_2P$ **Phosphorsäureisopropylesterdichlorid,** Rk. 11 186.
$C_3H_7Cl_2O_2P$ **Phosphorsäure-[2-methoxyäthylester]-dichlorid** ($Kp._{12}$ 98°) 8631.
$C_3H_7Cl_2P$ **Propylphosphordichlorid** 10 767.
$C_3H_7Cl_3Si$ **Dimethyldichlormethylchlorsilan** ($Kp._{760}$ 149°), Bldg. (Mechanismus), Raman-Spektrum 4474; Dampfdruck u. -dichte in — enthaltenden Syst. 3044.
Methyl-bis-[chlormethyl]-chlorsilan ($Kp._{760}$ 172°), Bldg. (Mechanismus), Raman-Spektrum 4474.
Propyltrichlorsilan (Kp. 122—123°) 7486.
Isopropyltrichlorsilan, Deriv. 11 123.
C_3H_7F ***n*-Propylfluorid (1-Fluorpropan),** Massenspektrum 14 814; Konst. d. Antoine-Gleich. 4122.
Isopropylfluorid, Darst. 16 282; Massenspektrum 14 814.
C_3H_7FO **2-Fluorpropanol-(1)** (Kp. 109—110°) 13 346.
1-Fluorpropanol-(2) (1-Fluorisopropanol) (Kp. 103—105°), Darst. (Rk.) 15 185; (Kinetik d. Oxydat. v. —, $D_{(2)}$-— u. $D_{(OH)}$-—) 13 346.
***β*-Fluoräthylmethyläther** (Kp. 57°) 11 365*.
$C_3H_7FO_3S$ **Fluorsulfinsäure-*β*-methoxyäthylester,** therm. Zers. 11 365*.

$POCl_3$ u. gesätt. oder ungesätt. cycl. Ketonen) 10 645*; mit Methylbromid 10 052; mit Äthylendichlorid 17 404; mit Cyanurhalogeniden 10 639*; mit 3-Bromthiophen 9697; mit 1-Pikryl-2-methylindolizin 2729; mit-Nitrochlorbenzol 17 205*; mit Phenolen u. Phenoläthern 9317; mit 3.6-Dihydroxysteroiden 13 497*; mit o-Methylanisol 7873; mit 6-Äthoxybenzothiophen 119; mit 5.6-Methylendioxy- bzw. 5.6-Dimethoxybenzothiophen 119; mit Li-Arylen 10 058; mit grignardiertem 5.5-Dimethylhexadiin-(1.3) 3418; mit Vinylphenyl-Mg-halogeniden 7492, mit $(C_6H_5)_2SnCl_2$ 12 954; Umwandl. v. $(C_6H_5)_2 . SnH_2$ in $[(C_6H_5)_2Sn]_n$ durch — 18 043; Rk.: mit 2-Acetylthiophendiäthylketal bzw. dessen 4-Brom-Deriv. 10 827; mit 2-Methyl-5-formylfuran-3-carbonsäureäthylester 15 035*; mit o-Sulfamylanilin 15 334*; mit Dimethylsulfat 18 083; (u. Aminen) 15 557; Vernetz.-Rk. v. Baumwolle mit 1.3'-Dimethylol-3-methylolureidohexahydropyrimidon-(2) in Ggw. v. — 14 369; katalyt. Wrkg. bei Rk. v. Phosphorsäureesterchloriden 7850; durch γ-Strahlen induzierte Polymerisat. in — als Lsgm. 14 160; Abscheid. v. Mg aus — 8547; Oxydat. mit CrO_3 in — 8269; präparative Alkylier. in — 12 987; Einfl. auf d. Kinetik d. Alkylier. d. Na-Verb. v. n-Butylmalonsäurediäthylester mit n-Butylbromid 12 984; Unters. aliphat. Aldehyde in — 15 901; Dismutat. v. $CH_3SiBrCl_2$ in Ggw. v. — 16 607; Pt-Austausch zwischen $[Pt(en)Br_4]$ u. $[Pt(en)Br_2]$ in — 1153; Kinetik d. durch — katalysierten Rk. v. Phenylisocyanat mit Thiolen 13 350; Einfl.: auf d. Rk. v. $NaBH_4$ mit Aceton 14 058; auf d. Hydrier. v. 2-Äthylanthrachinon am Ni-Katalysator 13 721; Zers. v. Dibenzoylperoxid in — 1563; —-Extraktstoffe aus Weizenstroh 13 784; Behandl. v. Baumwollgeweben mit — zur Vernicht. cellulose- u. pektinabbauender Pilze 17 266*; Gesundh.-Gefährd. durch — 16 408; Verw.: zur Abtrenn. v. NH_3 aus Misch. mit CO_2 11 374*; zum Abtrennen v. Acetylen aus Gasgemischen 5844*, 9514*, 10 271*; zur Gewinn. v. Trimethylborat aus seinen methanol. Lsg. 12456*; bei d. Darst. v. $LiBH_4$ 987*; bei d. Darst. v. W.-freien Alkalimetallthiosulfaten 8379*; bei d. Rk. v. CuCN mit cycl. halogenhalt. Verb. 8060*, 11 885; Verw. bei d. Darst.: bes. reiner Ammoniumsalze v. ungesätt. aliphat. u. aromat. Mono- u. Polycarbonsäuren 9518*; v. 3.5-Dichloranthranilsäure 2545*; v. Säurechloriden aus α.β-ungesätt. Säuren 15 764*; v. Chlorameisensäureamidinchloriden aus Harnstoffen 19 007*; Rk. d. Alkali- oder Erdalkali-Deriv. eines Malonesters, β-Ketoesters oder α-Cyanesters mit einem Alkyl-, Alkenyl-,Aryl- oderAralkylhalogenid oder -sulfat in Ggw. v. — 17 558*; Verw. eines —-halt. Katalysators zur Darst. v. Acrylnitril aus HCN u. C_2H_2 3982*; Verw. als Lsgm.: für N-halt. Polykondensat.-Prod. 13 630*; bei d. Polymerisat. v. Acrylonitril mit BF_3 3476; für Acrylnitrilpolymere 14 374*; Verspinnen v. Polyacrylnitrillsg. in — 19 061*; Verw.: zur Herst. v. spinnfäh. Lsg. aus Polyacrylonitril enthaltenden Mischpolymerisaten oder Polymerisatgemischen 12 885*, 17 976*; als Verdünnungsmittel für CH_2J_2 als Schwerefl. 12 784; in Elektrolytkondensator 6917*; zur Herst. v. Mehrschichtmembranelektroden 10 367; als Antieismittel in Treibstoffen 4043*; in lichtempfindl. Schichten 19 072*; bei nichtwss. Titrat. 11 649; als Lsgm. für d. Verteil.-Gaschromatographie 18 378; zur polarograph. Best. v. Styrol in Polystyrol 1812; bei d. Herst. neuer Diazonium-Komponenten zum Nachw. v. Phosphatasen 9759.

C_3H_7NOS Monothiourethan (Äthylthiocarbamat), Rk. 5020*; Einfl. auf d. enzymat. Äthylcarbamat-Abbau 18 866; cancerogene Wirksamk. 11 956; Best. 4279.

Xanthogenamid (*O*-Äthylxanthogenamid), Bldg. 7479, 10 803; Einfl. auf d. enzymat. Äthylcarbamat-Abbau 18 866.

$C_3H_7NOS_2$ s. *Cuprethol* [*2-Hydroxyäthyldithiocarbamat*].

$C_3H_7NO_2$ (s. *Alanin*; *Sarkosin*; *Urethan* [*Äthylcarbaminat, Äthylurethan, Carbaminsäureäthylester*]).

1-Nitropropan, Best. d. H-Bind. aus d. IR-Spektrum 787; kernmagnet. Resonanz 7832; NMR-Spektrum 5978; chem. Verschieb. 5978; Löslichk. v. $UCl_5 \cdot PCl_5$ in — 12 220; Bldg. v. negativen Ionen bei d. Elektrolyse v. — 3042; Red. 7114; Radikalchlorier. 82; Rk.: mit N_2H_4 4043*; mit p-Toluidin u. CH_2O 5296; mit 2-Nitrobuten-(2) 15 918; mit 2.5-Methylen-1.2.5.6-tetrahydrobenzaldehyd 5654; mit Vinylmethylketon 14 116.

2-Nitropropan, Darst. d. Fe-Salzes u. oxydative Dimerisier. 1187; Best. d. H-Bind. aus d. IR-Spektrum 787; ^{13}C-Kernresonanzspektroskopie 8201; chem. Verschieb. 5978; Bldg. v. negativen Ionen bei d. Elektrolyse v. — 3042; Hydrier. 6587*; Rk.: mit N_2H_4 4043*; mit p-Toluidin u. CH_2O 5296; mit 2-Nitrobuten-(2) u. verwandten Verb. 15 918.

1-Oximinopropanol-(2), Cu-Salz 18 794.

Dimethylcarbaminsäure, Hemmwrkg. v. Dimethylcarbamat auf atyp. Humanserumcholinesterase 17 080.

Glykokollmethylester (Glycinmethylester), Darst. 2708; Darst. d. Hydrochlorids 9333; (Kinetik d. Hydrolyse) 14 089; Rk. 11 368*, 14 105; (d. Hydrochlorids) 12 267, 17 404.

Propionhydroxamsäure, polarograph. Red. 14 818.

Milchsäureamid (Lactamid), Rk. 3982*, 17 140*; Verw. 12 767*.

***N*-Methylolacetamid,** Rk. 12 434*, 12 992, 16 844*.

β-Hydroxyäthylformamid (*N*-Formyläthanolamin), Darst., Rk. 11 000*; Rk 5022*.

***n*-Propylnitrit,** Darst. 18 632*; Rotationsisomerie in — durch kernmagnet. Resonanz 13 706.

Isopropylnitrit, neue Bezieh. zwischen d. physikal. Konst. v. — 3402; Rotationsisomerie in — durch kernmagnet. Resonanz 13 706; Pyrolyse 5622.

$C_3H_7NO_2S$ (s. *Cystein*).

3-Aminothiacyclobutan-1.1-dioxid (F. 93 bis 96°) 10 824.

1-Methansulfonylaziridin, Dimerisier. 6020.

Verb. $C_3H_7NO_2S$ (F. 114° Zers.) aus Dimethylsulfimin u. CO_2 15 555.

$C_3H_7NO_2Se$ Selenocystein, Verw. 18 912.

$C_3H_7NO_3$ (s. *Isoserin*; *Serin*).

2-Nitropropanol-(1), Best. d. H-Bind. aus d. IR-Spektrum 787; Rk. 7693*, 10 048.

1-Nitropropanol-(2), Darst. v. $^{14}C_{(1)}$-— 16 304.

α-[Hydroxyamino]-propionsäure 7857.

***N*-Hydroxyurethan,** Rk. 7114.

β-Hydroxyäthylcarbamat, Einfl. auf d. enzymat. Äthylcarbamatabbau 18 866.

***N*-Carbomethoxy-*N*-methylhydroxylamin** ($Kp._{18}$ 93°) 7114.

***n*-Propylnitrat,** NMR-Spektrum 5978; chem. Verschieb. 5978; Theorie über d. Verbrenn. v. —-Tropfen eines selbstantreibenden Brennstoffes 18 743.

Isopropylnitrat, relative calorimetr. Best. v. physikal. Eig. 3692, chem. Verschieb. 5978.

$C_3H_7NO_3S$ **5-Amino-1.3.2-dioxathiacyclohexan-*S*-oxid**, Hydrochlorid (F. 158—160°) 1196.

$C_3H_7NO_4$ **2-Nitropropandiol-(1.3)**, Rk. 15 919.
2-Methoxyäthylnitrat (Kp.₂₂ 57°) 15 170.

$C_3H_7NO_4S$ **Cystein-*S*-dioxid** 5702.
Cysteinsulfinsäure, Bldg. 11 531; Rk. 15 554, 18 884; enzymat. Bldg. v. S-Sulfocystein 174; enzymat. Transaminier. d. Alaninsulfonsäure bei — 5708; Einfl.: auf d. Arylsulfatase-Aktivität in Pilzen 8291; d. —-Vorbehandl. auf d. durch Succinat bedingte Red. v. Pyridinnucleotid in Mitochondrien 2026; auf d. Oxydat. v. Bernsteinsäure durch Mitochondrien d. menschl. Skelettmuskels 4191; relatives Wachstum v. Hefen auf mit L-— ergänzten Nährböden 12 335; Wrkg. v. Sulfit auf d. Stoffwechsel v. Sulfat u. dessen Umwandl. in — in abgeschnittenen Blättern 17 090; — als Stoffwechselprod v. Cystein bei d. Hausfliege Musca domestica 4994; — als Vorläufer d. Thiosulfate im Harn 6108.
Acetylaminomethansulfonsäure, wachstumshemmende Wrkg. bei Bakterien 14 602.

$C_3H_7NO_4S_2$ **Alaninthiosulfonsäure**, Bldg. 18 884; Rk. 15 554; Transaminier. (enzymat.) 5708; (durch Rattenlebermitochondrien) 3136; — als Vorläufer d. Thiosulfate im Harn 6108.

$C_3H_7NO_5S$ s. *Cysteinsäure.*

$C_3H_7NO_5S_2$ **Cystein-*S*-sulfonsäure(*S*-Sulfocystein)**, Bldg. 5702; Transaminier. 14 911; — als Vorläufer d. Thiosulfate im Harn 6108.

$C_3H_7NO_6S$ **L-Serin-*O*-sulfat**, Darst., Verh. 15 271; intracelluläre Lokalisat. d. Enzyms d. Desulfurier. v. ^{35}S-— 17 441.

C_3H_7NS **Thiazolidin**, Darst., Rk. v. Deriv. 4906; Rk. v. Deriv. 5663, 12 306.
Thiopropionamid (F. 41—42°), Darst., Rk. 7178; Rk. 6008.
***N.N*-Dimethylthioformamid**, Rk. 8182.

$C_3H_7NS_2$ **2-Mercaptothiazolidin** 10 952.
Äthyldithiocarbaminsäure, Prüf. d. Na-Salzes auf tuberkulostat. Wrkg. 10 552.
***N.N*-Dimethyldithiocarbaminsäure**, Darst. d. Dimethylammoniumsalzes (F. 127 bis 128°), Rk. d. Na-Salzes 9676; Best. d. C—N-Bindungsordn. aus d. IR-Spektren d. Na-, Ba- u. Dimethylammoniumsalze 788; Austausch (v. ^{35}S) zwischen Dimethyldithiocarbamaten u. Tetraalkylthiuramdisulfiden 151; Rk. d. Dimethylammoniumsalzes mit S-1.3-Dimethylbuten-(2)-ylisothiuroniumbromid 3052; Rk. d. Na-Salzes: mit 2-Bromäthylaminhydrobromid 5625; mit Chlorthion- bzw. Chlorameisensäurearylestern 5265; mit Chlordithioameisensäure-p-tolylester bzw. Chlorthiolameisensäure-p-tolylester 14 111; mit N-Chlormethylphthalimid 4529; Art d. Einw. d. Na-Salzes auf Schimmelpilze u. Bakterien 1277; Wrkg.-Mechanismus v. Dithiocarbaminat-Verb. auf d. Verlauf d. Acetatoxydat. in Hefe 15 265; Hemm. v. Wachstum u. Photosynth. in submersen Pflanzen mit —-Na-Salz u. d. Aufheb. d. Hemm. d. Photosynth. 12 346; Bekämpf. d. durch Piricularia oryzae bewirkten Reiswelke mit —-Fe-Salz 17 178; Umbldg. d. Na-Salzes in andere fungitox. Komponenten in d. Pflanze 12 345; fungicide Wrkg. d. Zn-Salzes 8389; Prüf. d. Na-Salzes auf tuberkulostat. Wrkg. 10 552; Verw. d. Zn-Salzes 7007*, 13 919*, 14 665*, 17 590; s. auch *Schädlingsbekämpfung-Spezialmittel (Ferbam, Fermate, Fuc(k)lasin, Fuc(k)lasin-Ultra, Zerlate, Ziram).*
Dithiourethan (Äthyldithiocarbamat), Siderose d. Milz bei mit — behandelten Mäusen 9803; Best. 4279.

C_3H_7NSi **β-Cyanäthylsilan** (Kp.₁₆ 39°) 8947.

$C_3H_7N_3$ **2-Aminoimidazolin bzw. 2-Iminoimidazolidin**, Darst. v. — u. Deriv. 10 829, 16 068*; Desaminier.-Geschw. 10 484; Rk. mit Oximinocyanessigsäureäthylester 1951; Verw.: v. Deriv. 10 667*; v. Harzen aus —-Deriv. 15 775*.
Diaminopropionitril, Herst. v. synthet. Gelen für d. Chromatographie v. Makromol. in Ggw. v. — 14 165.
***N*-[β-Cyanäthyl]-hydrazin** 17 851*.

$C_3H_7N_3O$ **4-Ketohexahydro-1.3.5-triazin**, Deriv. 309*.
1-Aminoimidazolidon-(2) (F. 111,5—112°) 13 494*.
Monoacetylguanidin (F. 188—190° korr.), Darst., Rk. 8220; Rk. 16 848*.
Malonsäureamidamidin, Rk. 2356; (d. Hydrochlorids) 4542.

$C_3H_7N_3OS_2$ **4-Mercaptoacetylthiosemicarbazid** 15 060*.

$C_3H_7N_3O_2$ s. *Glykocyamin [Guanidinoessigsäure, 1-Carboxymethylguanidin].*

$C_3H_7N_3O_2S$ **4-Mercaptoacetylsemicarbazid** (F. 132°) 15 060*.

$C_3H_7N_3O_3$ **1.3-Bis-[hydroxylamino]-3-iminopropanon-(1)** (F. 152—153°) 11 183.
2-Semicarbazidoessigsäure, Rk. 10 451.

$C_3H_7N_3S$ **1-Aminoimidazolidinthion**, Rk. 17 859*

$C_3H_7N_5$ **2-Methyl-5-methylaminotetrazol**, Elektronenstruktur 7096.
1.4-Dimethyl-5-iminotetrazolin, Elektronenstruktur 7096.
3.4-Diamino-5-methyl-1.2.4-triazol, Rk. 10 096.

$C_3H_7N_5O_3$ **1-Äthyl-3-nitro-1-nitrosoguanidin**, Wrkg.: auf 1-Methyl-3-nitro-1-nitrosoguanidin-resistente Escherichia coli-Stämme 18 510; gegenüber Ascitestumoren in Mäusen 3124.
1-Formyl-5-aminoformylcarbohydrazid (F. 222°) 3427.

$C_3H_7N_5O_4$ **1-[2'-Hydroxyäthyl]-3-nitro-1-nitrosoguanidin**, Wirksamk. gegenüber Ascitestumoren in Mäusen 3124.

$C_3H_7O_2P$ **1.3.2-Dioxaphosphorinan** 18 832.

$C_3H_7O_4P$ **Methyläthylenphosphat** (Kp.₀,₆ 89 bis 92°), Verseif.-Wärmen 9289.

$C_3H_7O_6P$ **α-Glycerinaldehydphosphorsäure**, Verw. zur Unters. d. Mechanismus d. Fermentaktivier. bei d. Wechselwrkg. d. gereinigten Proteine 14 541.
Glycerinaldehyd-3-phosphat (3-Phosphoglycerinaldehyd, Glyceraldehyd-3-phosphat), enzymat. Bldg. 12 326; Bldg.: v. D-— nach d. Transaldolase-Mechanismus 11 234; v. ungleich markiertem Fructose-6-phosphat durch eine v. Transaldolase katalysierte Austausch-Rk. mit — 6068; Aldehyd-Keton-Isomerisier.-Wirksamk. v. Alkoholdehydrogenase aus Leber gegenüber — 2028; Verwert. durch ein Enzymsyst. v. Mitochondrien aus Mäuse-Gehirn u. -Leber 9761; —-Stoffwechsel bei Agrobacterium tumefaciens 15 639; Bedeut. für d. α-Glycerinphosphat-Synth. in Homogenaten v. adipösem Gewebe 16 363.
Dihydroxyacetonphosphat [1.3-Dihydroxypropanon-(2)-phosphat], Rk. 8993; Bldg.: aus L-α-Glycerophosphat durch L-α-Glycerophosphatdehydrogenase in Trypanosoma rhodesiense 3847; durch d. Aldehyd-Keton-Isomerisier.-Wirksamk. v. Alkoholdehydrogenase aus Leber gegenüber Glyceraldehyd-3-phosphat 2028; durch d. mitochondriale α-Glycerophosphatdehydrogenase in d. Skelettmuskulatur 6815; v. ungleich markiertem Fructose-6-phosphat durch eine v. Transaldolase katalysierte Austausch-Rk. mit $^{14}C_{(2)}$-— 6069; Best. v. — als Zwischenprod. d. Kohlenhydratstoffwechsels in lebenden Hefezellen beim Übergang v. anaeroben zu aeroben Beding. 17 794; Biosynth. v. Kreatinin aus Phosphokreatin in Ggw.

v. — 2770; Best. im Herzmuskel 929; — im Stoffwechsel v. Ascitestumorzellen nach Zugabe v. Glucose 2765.

Triosephosphat (Phosphotriose), Einfl. v. Colamin u. seinen Abkömmlingen auf d. —-Bldg. bei d. Glykogenolyse 917; Katalyse d. Rk. v. Indol mit — durch genet. veränderte Tryptophansynthetase aus Neurospora crassa 11 968; Austausch-Rk. v. ^{32}P-— u. ^{14}C-Indol in Ggw. v. Tryptophansynthetase aus E. coli 18 882; Oxydat.: in Hefezellen 18 503; in Hämolysaten v. Erythrocyten normaler Personen u. an Favus Erkrankter 14 582; — im Zentralnervensyst. bei d. Gammabestrahl. mit ^{60}Co 16 044; Steiger. d. Kapazität d. Rattengewebes zur Bldg. v. Heptulosephosphat bei Thiaminmangel durch — 9792; Einw. organ. Persauerstoff-Verb. auf d. —-Konz. im Mäuse-Ascitescarcinom in vivo 2403; Veränder. d. —-Umsatzes bei Ratten in Abhängigk. v. verschied. Insulindosen 3522.

α-Hydroxy-α-phosphonopropionsäure, Di-Na-Salz, Diuresevers. mit — an Hunden 9810; Angriffsort u. Wrkg.-Weise d. diuresefördernden — 9810; tox. Eig. (Vgl.) 9810.

$C_3H_7O_7P$ **2-Phosphoglycerinsäure,** Einbau v. ^{32}P-Orthophosphat in — durch Erbsenpflanzen 12 344.

3-Phosphoglycerinsäure (3-Phosphoglycerat, *gewöhnl.* **Phosphoglycerinsäure),** photosynthet. Bldg. 5347, 10 528; —als Frühprod. d. Photosynth. u. d. Meth. ihrer Isolier. 18 518; Einbau v. Tritium in — bei d. Photosynth. 16 378; ^{14}C-Verteil. in d. Glucose bei d. Photosynth. mit Chloroplasten bei ^{14}C(COOH)-—-Angebot 16 378; Wrkg. v. Monojodessigsäure auf d. Bldg. v. — bei Chlorella 185; katalyt. Wrkg. v. Th- u. Zr-Ionen auf — 12 000; Bedeut. v. Na_2-D-— für d. Löslichmach. anorgan. Substanzen in d. Natur 13 796; Stimulier. v. Phosphodesoxyribomutase durch — 11 963; Bldg. v. ungleich markiertem Fructose-6-phosphat durch eine v. Transaldolase katalysierte Austausch-Rk. mit $^{14}C_{(1)}$-— 6068; Hydrolyse durch ein Phosphatasepräp. aus Erbsensamen 887; Spalt. v. — durch d. alkal. Phosphatase aus menschl. Leukocyten 13 072; Aktivitäten menschl. alkal. Phosphatasen aus verschied. Geweben gegenüber — als Substrat (Differenzier.) 9016; Radioaktivität v. — v. auf Methanol gewachsenen Pseudomonas nach Inkubat. mit ^{14}C-Methanol u. ^{14}C-Bicarbonat 15 648; Hydroxybrenztraubensäurebldg. bei Aspergillus niger aus — 12 711; Austritt v. — aus UV-bestrahlten Hefezellen (Unters. mit ^{32}P) 4191; Einbau v. ^{14}C in — nach Behandl. v. Bäckerhefe mit ^{14}C-Glucose 2410; Rolle bei d. Biosynth. v. Kreatinphosphorsäure 3501; — im P-Stoffwechsel in menschl. Erythrocyten 3873; Bldg. v. Adenosintriphosphat in d. Kristallinse nach Inkubat. mit ADP u. — 9761; Einfl. d. Diät auf Bldg. v. Brenztraubensäure aus — bei d. Ratte 509; Hemm. d. —-Gär. d. Macerationssaftes durch d. Mitochondrien d. Rattenleber 10 518.

C_3H_8 s. *Propan.*

$C_3H_8BClO_2$ **Chlorpropyldihydroxyboran** (F. 81 bis 83°) 4401*.

C_3H_8BrN **1-Brom-3-aminopropan (3-Aminopropylbromid, 3-Brompropylamin),** Darst., Rk. d. Hydrobromids (F. 163° korr.) 450, 8952; Rk. 15 602.

C_3H_8BrPS **Methyläthylphosphorthiobromid,** Rk. 5590.

C_3H_8ClN **2-Chlorpropylamin,** Hydrochlorid 6587*.

3-Aminopropylchlorid, Hydrochlorid 450.

β-Chlorisopropylamin, Rk. 1040*.

2-Methylaminoäthylchlorid (Methyl-β(2)-chloräthylamin) (F. 109—112°), Darst., Rk. 1194; (Hydrochlorid) 450; Nachw. 7269.

C_3H_8ClNO ***N*-[3-Chlor-2-hydroxypropyl]-amin** 6384.

C_3H_8ClOP **Äthylmethylchlorphosphinoxid,** kernmagnet. Resonanz u. IR-Absorpt. 8203.

C_3H_8ClOPS **Methylthionophosphonsäureäthylesterchlorid** (Kp.$_{12}$ 63°), IR-Spektrum 9283; (u. kernmagnet. Resonanz) 8203; Rk. 6557* [2 Ref.].

$C_3H_8ClO_2P$ **Äthylphosphonsäuremethylesterchlorid** (Kp.$_{0,2}$ 38—40°), Konstit.-Einfl. auf d. Hydrolyse (Arrhenius-Parameter) 17 362.

Methylphosphonsäureäthylesterchlorid (Kp.$_1$ 40—41°), Darst., Konstit.-Einfl. auf d. Hydrolyse (Arrhenius-Parameter) 17 362; kernmagnet. Resonanz u. IR-Absorpt. 8203; Lsgm.-Einfl. auf d. Hydrolyse (Kinetik) 17 362; Rk. mit p-Methylmercaptophenol 16 109*.

$C_3H_8ClO_2PS$ **Methyläthylthiophosphorylchlorid,** Rk. 11 707*.

$C_3H_8ClO_2PS_2$ ***O.O*-Dimethyldithiophosphorsäure-*S*-chlormethylester** (Kp.$_{10}$ 100°) 630*.

$C_3H_8Cl_2OSi$ **Methyläthoxydichlorsilan,** Rk. 6054, 18 494.

$C_3H_8Cl_2Si$ **Äthylmethyldichlorsilan** (Kp. 100,5°), Darst. 5477*, 8583, 10 805; Bldg. 13 728; Rk. 8584.

Dimethylchlormethylchlorsilan (Kp.$_{760}$ 114,5°), Bldg. (Mechanismus), Raman-Spektrum 4474; Dampfdruck u. -dichte in — enthaltenden Syst. 3043; Rk. 871, 12 982, 14 837, 18 803.

$C_3H_8FO_2P$ ***O*-Methyläthylphosphonylfluorid** (Kp.$_{20}$ 58°), Rk. 1561.

$C_3H_8FO_3P$ ***O*-Methyl-*O*-äthylphosphorylfluorid** (Kp.$_{15}$ 53—54°) 53.

C_3H_8Hg **Methyläthylquecksilber,** Rk. mit festem $^{203}HgBr_2$ (Hg-Austausch-Unters.) 10 384.

C_3H_8JN **(+)-1-Methyl-2-jodäthylamin,** Hydrojodid (F. 153—156° Zers.) 15 195.

(—)-1-Methyl-2-jodäthylamin (F. 153 bis 156,5° Zers.) 15 195.

rac.-**1-Methyl-2-jodäthylamin,** Hydrojodid (F. 128—130° Zers.) 15 195.

$C_3H_8NO_6P$ ***O*-Phosphorylserin (Serinphosphat, Phosphatidylserin),** Vork. im aktiven Zentrum v. Phosphoglucomutase 3502; (umgebende Aminosäuresequenz) 3129; Isolier. v. ^{32}P-— aus einer mit radioakt. anorgan. Phosphat behandelten hochgereinigten alkal. Kalbsintestinalphosphatase 886; Vork.: in d. Phosphoproteinen (d. Plasmas v. Legehennen) 15 669, 17 473; (v. Erythrocyten) 5739; im peripheren Nervensyst. 1677; Isolier. aus Hirncephalin 17 092; —-Geh. d. Kuhmilch 7737; Dephosphorylier. v. D-, L- u. DL-— durch alkal. Intestinalphosphatase 887; in vitro-Einbau v. ^{32}P-— in Phospholipide v. Meerschweinchengewebe 18 885; Einfl. auf d. cytotox. Wrkg. v. Kaninchenantikörpern gegen Ehrlich-Ascitestumorzellen 2764; Größe d. freien Energie bei d. Hydrolyse 9380.

$C_3H_8N_2$ **Pyrazolidin,** Darst., Rk. 18 105, Darst. v. Deriv. 7989*, 14 095; Verw. v. Deriv. 16 837*.

Imidazolidin, Deriv. 14 095.

3.3-Dimethyldiaziridin (F. 44°) 4900.

Formaldehyd-*N'.N'*-dimethylhydrazon, Rk. 12 625.

Propionamidin, Rk. d. Hydrochlorids 8986.

***N.N'*-Dimethylformamidin** 2363.

$C_3H_8N_2O$ ***N*-Äthylharnstoff,** Rk. 848, 3397, 18 571*; Äthylamin als Metabolit d. enzymat. Abbaus v. — durch Mycobacterium phlei 13 432.

N.N(1.1)-**Dimethylharnstoff**, Herst. v. Addit.-Verb. mit Halogensilanen 11 123; Rk. 5651, 8977, 18 572*.
N.N'(1.3)-**Dimethylharnstoff** (F. 105,5°), Darst. 5097* [2 Ref.], 5254; Bldg. 15 189; Rk.: mit HNO_3 1091*, 6272*; mit 1.3-Dimethylbarbitursäure 5651; mit 5-Aminouracilcarbonsäure-(4) bzw. deren 1-Methyl-Deriv. 2362; mit Malonester 6355; mit 2-Chlorphenylessigsäurechlorid 17 694; Sorpt. an Böden 14 660.
akt. **Alaninamid** 5472*.
DL-**Alaninamid**, opt. Spalt. 5472*; Rk.: mit Dipropinylketon 10 429; mit Ninhydrin 15 597.
β-**Alaninamid**, Darst. u. Prüf. d. Hydrochlorids auf Spaltbark. durch Trypsin 15 645; Rk. 5472*.
Sarkosinamid, Bezieh. zwischen Protonen- u. Metallbind. in —-Komplexen 11 514; Rk. 5289.
Propionsäurehydrazid, Rk. 3427, 15 961.
$C_3H_8N_2OS$ **Methyl-[isothioharnstoffmethyl]-äther** (F. 93—94° Zers.) 3911*.
$C_3H_8N_2O_2$ *n*-**Propylnitramin**, Rk. d. Ag-Salzes 8574.
O-**Methyl**-*N*-**äthylnitramin**, basenkatalysierte Zers. (Kinetik), IR-Spektrum 8574.
O-**Äthyl**-*N*-**methylnitramin**, basenkatalysierte Zers. (Kinetik), IR-Spektrum 8573.
N-**Äthyl**-*N*-**methylnitramin** (Kp.$_{30}$ 100 bis 102°), Darst., basenkatalysierte Zers. (Kinetik) 8574.
3-Nitrazabutylamin, Rk. d. Hydrochlorids 6029.
N-**Methoxymethylharnstoff**, Darst., R_F-Wert 13 364.
α.β-**Diaminopropionsäure**, Bldg. 517; Unters. d. Eign. v. Cu-Komplexen mit — als Lichtfilter 3199.
β(2)-**Aminoäthylcarbamat**, Darst. v. Deriv. 10 189*; Rk. 1409*.
Hydrazincarbonsäureäthylester (Carbazinsäureäthylester, Carbäthoxyhydrazin, Aminourethan, Kohlensäureäthylesterhydrazid), Rk.: mit 2-Chlorchinolin 11 923; mit Isocyanaten 11 916; mit S-Methylisothioharnstoffen 6027; mit bicycl. Ketonen 12 392*; mit *α*-Ketoaldehyden 18 083; mit *Δ*^{4}-Pregnen-20-onen 15 240; mit Tetracyanäthylen 17 930*; mit Thioamiden 3087.
$C_3H_8N_2O_3$ **Dimethylolharnstoff** (*N.N'*-**Bis-[hydroxymethyl]-harnstoff)**, Darst., R_F-Wert, Rk. 13 364; polarograph. Unters. d. Bldg. 7548; Rk. 12 992, 14 369, 15 411*, 17 264; Verw. 12 515*, 14 369, 19 060*.
$C_3H_8N_2O_3S_2$ 2(*β*)-*S*-**Thiuroniumäthansulfonat**, Rk. 15 021*; Verw. 3331*.
$C_3H_8N_2S$ **Thiadiazan**, Deriv 18 470.
N-**Äthylthioharnstoff**, Rk. 5472*, 12 216; Verw. 5115*.
1.3-Dimethylthioharnstoff, Anlauf-Rk. v. Cu in —-Lsg. 15 858; Verw. 12 881*.
S-**Äthylisothioharnstoff**, Darst. v. Salzen 15 559; Rk. d. Hydrobromids (*S*-**Äthylisothiuroniumbromid**) 3443, 11 529, 16 068*.
N^1-**Methylthioessigsäurehydrazid** (F. 79 bis 80°) 6744.
N^2.*N*^{2}-**Dimethylthioformhydrazid** (F. 84 bis 86°) 6745.
$C_3H_8N_2S_2$ **1-Thio-2-thioureidoäthan**, Prüf. d. Hydrochlorids auf Strahlenschutzwrkg. 1682.
3.3-Dimethyldithiocarbazinsäure, Na-Salz (F. d. Hemihydrats 216° Zers., korr.) 5625.
β-**Aminoäthyldithiocarbamat**, Best. 4279.
$C_3H_8N_3O_5P$ **Phosphoglykocyamin**, Vork. in Meerestieren 15 659.
$C_3H_8N_4$ **Äthylenaminoguanidin**, Rk. d. Hydrobromids 1715*.
$C_3H_8N_4O$ *N*-**Methyl**-*N'*-**guanylharnstoff**, Darst.: d. Hemisulfatmonohydrats bzw. Hydrochlorids u. v. Metallkomplexen 7853; v. Cu-Komplexen 5967; v. Ni-Komplexen 6333; v. Co(III)-Komplexen 18 763.
Aminomalonamidamidin, Rk. d. Dihydrochlorids 2735.
$C_3H_8N_4O_2$ **1-Äthyl-2-nitroguanidin** (F. 147 bis 148°) 11 157.
Methylendiharnstoff, Darst., R_F-Wert 13 364.
Malondiamiddioxim, Dihydrochlorid (F. 171°), Cu-Verb. 3778.
Malonsäuredihydrazid (F. 154°), Darst. 9310, 11 191; Prüf. auf Wachstumshemm. bei Sarkom *180* bei Mäusen 5699.
C_3H_8O (s. *Isopropylalkohol* [*Isopropanol, 2-Propylalkohol, Propanol-(2), β-Hydroxypropan, Dimethylcarbinol, X-77*; *Propylalkohol* [*Propanol*]).
Methyläthyläther, Darst. 3415; neue Bezieh. zwischen d. physikal. Konst. v. — 3402; pK$_a$-Wert d. Oxoniumions v. — 16 979; Bezieh. zwischen Druck., Temp. u. Dichte 12 235; Verw. 2166*; (d. BF_3-Ätherats) 2165*.
C_3H_8OS **1-Mercaptopropanol-(2) (1-Methyl-2-mercaptoäthanol)** (Kp.$_{46-48}$ 75—79° korr.), Darst., Rk. 9301; Rk. 17 392.
3-Hydroxypropylmercaptan, Rk. d. Na-Verb. 9305.
2-Mercaptopropanol-(1), Rk. 17 392.
Methoxyäthanthiol (*O*-Methylmercaptoäthanol), Rk. mit C_2H_2 + CO 3625*; enzymat. Methylier. 8664.
2-Methylmercaptoäthanol, Rk. 17 927*.
$C_3H_8OS_2$ (s. *BAL* [*Dimercaprol, Dithiopropanol, 1.2-Dithioglycerin, 2.3-Dimercaptopropanol-(1)*]).
1.3-Dithioglycerin 13 358.
$C_3H_8O_2$ (s. *Methylal* [*Dimethylformal, Formaldehyddimethylacetal, Dimethoxymethan*]).
Propylenglykol (Propan-1.2-diol), Darst. 16 488*; Bldg. bei d. Dampfphasenhydratat. v. Propylenoxid an Tricalciumphosphat 5623; Vers. d. Bldg. bei d. photosentivierten Oxydat. v. Propan mit Röntgenstrahlen 13 354; Gewinn. 15 079*; Fluorescenzerschein. mit Gitaloxin 13 489; komplexe DK 7829; Papierionophorese v. — 11 513; Bezieh. zwischen Druck, Temp. u. Dichte 12 235; Diffus. v. Proteinen durch mittels — lipophil gemachte Agargele 1252; Photolyse 12 246; Chlorier. 2328; Rk.: mit Bortrichlorid 7331*; mit P-Sulfiden 11 364*; mit $PSCl_3$ 18 832; Vers. d. Komplex-Bldg. mit Molybdationen 1924; Rk.: mit Kohlensuboxid 18 131; mit Tetrachlorpyrimido-[5.4:d]-pyrimidin 17 853*; mit Phenylglyoxal 6007; mit 1 Methylpiperidon-(4)-hydrochlorid 17 392, mit Diacetyl 17 024; mit Carbonsäurenitrilen 8419*; mit mehrbas. Säuren 13 639*; mit Bicyclo-[2.2.1]-5-hepten-2.3-dicarbonsäure 5117*; mit gemischten Anhydriden d. Bixins u. Norbixins 13 245*; mit Tetrajodphthalsäureanhydrid 9436; Lsgm. für Deriv. 14 953*; Verw. bei d. Aufbereit. v. Salzwasser 2864; Verh. v. Borsäure in —-Lsg. 3546; Einfl. auf d. Stabilität v. Barbituratlsg. 565; stabilisierende Wrkg. auf d. alkal. Zers. v Hexobarbital in wss. Lsg. 16 409; Verw.: als Stabilisator für Steroidhormone 12 017*; als Lsgm. für Östrogene 9404; Eign. als Lsgm. in Lippenstiften 10 671; — als Salbengrundlage 12 758; Einfl. auf d. Eig. pharmazeut. Salben (Vgl.) 14 239; Verw.: in Cerumenex 4251; in Cortiment-Dermale 9072; als Zusatz zu hitzebeständ. Milchschokolade 10 310*; zur Herst. v. oberflächenakt. Stoffen 2190*; für block- oder stangenförm. Reinig.-Mittel 8107*; Feststell. v. Korros. in — enthaltenden Gefrierschutzmitteln 15 358*; Verw.: d. Esters

mit Alginsäure als Hilfsmittel in d. keram. Industrie 2505; für Insekticide 17 539*; d. Alkydharzes aus — u. Adipinsäure für abwaschbare Papiertapeten 17 262*; bei d. Auflad. v. photoleitenden Schichten in d. Xerographie 6652*; v. — u. Deriv. in fl. oder plast. Hochbrisanzsprengstoff 11 430*; Umwandl. in Propionaldehyd in Ggw. eines Cobamidcoenzyms 7930; Einfl. auf nichtspezif. Cholinesterase 14 182; Anwend. als Kühlmittel u. Einfl. auf d. Bier während d. Gär. 7360; Rolle als C-Quelle für Darmbakterien 13 810; Resorpt. u. Stoffwechsel v. — u. einem Gemisch aus — u. Stearinsäure 14 593; Bldg. bei d. in vitro-Hydrolyse u. Resorpt. v. Propylenglykoldistearat 14 593; Blut- u. Rumenveränder. nach intraruminaler Anwend. v. Glucose-erzeugendem — 10 165; durch — bei Schafen hervorgerufene Hämoglobinurie 13 473; Wrkg. auf d. Haut 1684; chromatograph. Analyse 13 515; Papierchromatographie (R_F-Wert) 18 649; Best. 1734, 5416; Nachw. in Fettsubstanzen 16 172; Poly-— s. unter *Glykole.*

Trimethylenglykol [Propandiol-(1.3)] ($Kp._{12}$ 110—112°), Darst. (intramol. H-Bind., IR-Spektrum) 16 973; (Rk.) 807; (v. Deriv.) 14 099; Gewinn. aus Holzzuckerwürzen 15 079*; Darst., Verw. v. Deriv. 3980*, 12 018*; IR-OH-Banden u. intramol. H-Bind. 16 622; Einfl. intramol. H-Bind. auf d. IR-Spektrum 1932; IR-Spektrum, Thorpe-Ingold-Hypothese d. Valenzwinkelabweich. u. intramol. H-Bind. bei in 2-Stell. substituierten — 18 415; Papierionophorese v. — 11 513; Bezieh. zwischen Druck, Temp. u. Dichte 12 235; Chromsäureoxydat. (Kinetik) 13 715; stufenweise Dehydratisier. 4493; Rk.: mit BCl_3 2344, 7331*; mit P-Sulfiden 11 364*; Vers. d. Komplex-Bldg. mit Molybdationen 1924; Polyverester. 11 218; Rk.: mit α.α-Dichlordiphenylmethan bzw. Pentaerythrit 13 355; mit 3-Acetylphenthiazin 6970*; mit Kohlensäurediäthylester 8972; Bldg. beim Stoffwechsel v. Glycerin bei einem Acroleinbildenden Lactobacillus 14 558; Lsgm. für —-Deriv. 14 953*; Best. im Glycerin 16 078.

Äthylenglykolmonomethyläther (Methylcellosolve, Methylglykol, Glykolmonomethyläther, 2-Methoxyäthanol) ($Kp._{760}$ 122°), Darst., intramol. H-Bind., IR-Spektrum 16 973; Rk. mit $POCl_3$ 8631; Herst. deuterierter Komplexe v. Os- u. Ru-Halogeniden mit $(C_6H_5)_3P$ u. — 5228; Rk.: d. Na-Verb. mit 2.6-Dichlor-4-aminopyrimidin 16 316; mit Thioglykolen u. CH_2O 7693*; mit 2-Chlormethylanthrachinon 13 011; mit Isocinchomeronsäure 1800*; Verw. zur Herst. v. Tetrahydrodioxopyridazinen 5395*; Kinetik d. Addit. v. Phenylazid an 1.2.3.6-Tetrahydro-3.6-methylenpyridazindicarbonsäure-(1.2)-diäthylester in — 14 094; Gesundh.-Gefährd. durch — 16 408; tox. Gefahren bei d. Formulier. d. Insekticides Dimethoate in — 1308; Verw. 4674*.

***n*-Propylhydroperoxid**, Rk. 2703.

Methyläthylidenoxoniumhydroxid, Hexachloroantimonat (F. 94—96° Zers.) 18 080.

$C_3H_8O_2PS$ **Methylthionphosphonsäuremonoäthylester**, intramol. H-Bind., IR-Spektrum 16 973.

$C_3H_8O_2S$ **1-Mercaptopropandiol-(2.3) [3-Mercaptopropandiol-(1.2)]**, Oxydat. (Mechanismus), Carboxymethylier. (Kinetik), pK_{HS}-Wert 14 087; Darst., Verw. v. ^{35}S-— durch Saccharomyces cerevisiae zur Biosynth. v. Thiamin 7973.

Monothiolglycerin, Rk. 9305; Verw. 3910*.

$C_3H_8O_2S_2$ **Äthanthiolsulfonsäuremethylester** ($Kp._{0,025}$ 58°), Darst., IR- u. Ramanspektrum 3036.

Methanthiolsulfonsäureäthylester ($Kp._{0,08}$ 65°), Darst., IR- u. Ramanspektrum 3036.

$C_3H_8O_3$ (s. *Glycerin*).

2-Hydroperoxypropylalkohol 14 098.

Hydroperoxymethyläthyläther ($Kp._{11}$ 51 bis 52°) 5995.

$C_3H_8O_3S$ **Propansulfonsäure** ($Kp._{0,05}$ 147°), Darst., Rk. 10 803; Verw. d. Komplex-Verb. mit SO_3 2167*.

Methansulfonsäureäthylester (Äthylmethansulfonat), Rk. mit Nucleinsäuren 10 499; Vernetz. v. Nucleoprotein nach Einw. v. — 13 426; Spezifität d. mutagenen Wrkg. 7550; Mutat. d. T 2-Bakteriophagen als Folge d. in vitro-Alkylier. durch — 17 458; Wrkg.-Vgl. zwischen — u. Röntgenstrahlen im Mutationsvers. mit Arabidopsis thaliana 14 898; Wrkg. auf d. Einbau v. $^{14}C_{(1)}$-Glycin in d. Gewebeproteine in vitro 10 504.

$C_3H_8O_3S_2$ **Thioschwefelsäure-*S*-äthylester-*O*-methylester**, Darst., IR- u. Ramanspektrum 1933.

Thioschwefelsäure-*S*-methylester-*O*-äthylester, Darst., IR- u. Ramanspektrum 1932.

$C_3H_8O_3S_3$ **2.3-Dimercaptopropan-1-sulfonsäure**, Na-Salz s. *Unithiol.*

1.3-Dimercaptopropan-2-sulfonsäure, Darst., Rk. v. Salzen 13 358; Na-Salz s. *Isounithiol.*

$C_3H_8O_3Se$ **Äthylmethylselenit** ($Kp._{11}$ 69—71°) 14 797.

$C_3H_8O_4S$ **2-Hydroxy-1-propansulfonsäure (β-Methylisäthionsäure)**, Rk. 7692*; (v. — bzw. —-Na-Salz) 18 318*.

3-Hydroxypropan-1-sulfonsäure, Verw. d. Na-Salzes 1465*.

1-Hydroxy-2-propansulfonsäure, Rk. 7692*.

Propylsulfat, IR-Spektrum d. K-Salzes 11 854.

Isopropylsulfat, IR-Spektrum d. K-Salzes 11 854.

$C_3H_8O_4S_2$ **Methylen-bis-methylsulfon**, Verw. 18 631*.

$C_3H_8O_5S$ **Mono-[γ-hydroxypropyl]-sulfat** 650*.

$C_3H_8O_7P_2$ **Allylpyrophosphat**, Biosynth. d. Terpene aus — 3513.

$C_3H_8O_{10}P_2$ **1.3-Diphosphoglycerinsäure**, Bldg. v. ungleich markiertem Fructose-6-phosphat durch eine v. Transaldolase katalysierte Austausch-Rk. mit $^{14}C_{(1)}$-— 6068; Rolle bei d. Biosynth. v. Kreatinphosphorsäure 3501.

2.3-Diphosphoglycerinsäure, Spalt. durch d. alkal. Phosphatase aus menschl. Leukocyten 13 072; Wrkg. als Accelerator d. Fermentat. d. Hexosediphosphats durch einen stabilen Hefeextrakt 16 364; — im P-Stoffwechsel in menschl. Erythrocyten 3873; ^{32}P-Einbau in — durch menschl. Erythrocyten 15 298; Einfl. v. Thiamin auf d. Aktivitätsverhältnis d. ATP + ADP- zur —-Frakt. in Erythrocyten 13 835; Verh. in Erythrocyten bei Aufbewahr. in Citronensäure-Citrat-Dextrose-Medium, ohne u. mit Inosin-Zusatz 15 298; Wrkg. v. Inosin auf d. —-Geh. d. menschl. Erythrocyten bei d. Lager. in saurer Citratdextrose 12 357.

C_3H_8S ***n*-Propylmercaptan (1-Mercaptopropan, Propan-1-thiol)** (Kp. 65,5—68,5°), Darst. 9892*; Darst., Rk. 10 824; neue Bezieh. zwischen d. physikal. Konst. v. — 3402; Bezieh. zwischen Massenspektrum u. Mol.-Struktur 9285; Beweis d. H-Brücken in — aus NMR-Messungen 17 700; IR-Spektrum u. H-Brückenbldg. 7828; polarograph. Oxydat. 12 976; Bildungswärme 3045; Berechn. azeotroper Daten im Syst. —-Ketone bzw. —-Ester 73; Rk.: mit C_2H_2 u. CO 3625*; v. Alkalisalzen mit Halogenäthylenen 5092*; mit 2.5-Bis-[chlormethyl]-furan 1600; mit

Chlornitro-7-methylchinolinen 15 594; d. Na-Salzes mit 3-Chlorpropanol-(1) 8258; mit Alkylaryläthern 2167*; mit o- oder p-Halogenphenonen 9897*; mit 6-Dehydrotestosteronacetat 6789; mit Pyridoxal-5-phosphat 8211; d. Na-Salzes mit Colchicosid 3555*; Darst. v. Chloropren aus 3.4-Dichlorbuten-(1) in Ggw. v. —-Salzen 3624*, 16 130*, 19 005*; Verw. zur Stabilisier. v. Monochlorbutenen 15 401*, 17 559*; Fraktionier. v. 3.4-Dichlorbuten-(1) in Ggw. v. — 17 559*; gaschromatograph. Trenn. v. anderen organ. S-Verb. 5041; Identifizier. 14 634.

Isopropylmercaptan (Propan-2-thiol), Darst. 9892*; neue Bezieh. zwischen d. physikal. Konst. v. — 3402; UV-Spektrum d. J_2-Komplexes 14 084; IR-Spektren v. — im Bereich *15—35* µ17 352; Bezieh. zwischen Massenspektrum u. Mol.-Struktur 9285; Parachor 10 035; Bildungswärme 3045; Rk.: mit α-2-Methoxycyclohexyl-HgCl 11 151; mit Bis-[1.3-dimethylbuten-(2)-yl]-trisulfid 14 100; mit Glyoxal 1407*; mit 6-Dehydrotestosteronacetat 6789; mit S-[1.3-Dimethylbuten-(2)-yl]-thiosulfat 14 100; mit Pyridoxal-5-phosphat 8211; d. Na-Salzes mit Colchicosid 3555*; Verw. zum Stabilisieren v. Monochlorbutenen 15 401*, 17 559*; Fraktionier. v. 3.4-Dichlorbuten-(1) in Ggw. v. — 17 559*; gaschromatograph. Trenn. v. anderen organ. S-Verb. 5041; Identifizier. 14 634.

Methyläthylsulfid (2-Thiabutan), UV-Spektrum d. J_2-Komplexes 14 084; Bezieh. zwischen Massenspektrum u. Mol.-Struktur 9285; Bildungswärme 3045; gaschromatograph. Trenn. v. anderen organ. S-Verb. 5041.

$C_3H_8S_2$ **1.3-Dimercaptopropan [Propandithiol-(1.3)],** Oxydat. (Mechanismus) 14 087; Rk.: mit S 18 110; d. Bis-p-thiosulfonats mit cis-7.7.10-Trimethyldekalon-(2) 17 382; mit 1-Acetyl-6-oxo-8a-methyl-3.4.6.7.8.8a-hexahydronaphthalin 831; mit 3.20-Diketo-Δ^4-19-norpregnen 14 248*; mit Testosteronacetat bzw. verwandten Verb. 10 105; mit Cannogenin 9725; mit Peruvosid 9728; Vulkanisat. v. chloriertem Butylkautschuk mit — 12 123; Best. d. Sulfhydrylgruppen 7942.

2.4-Dithiapentan 8585.

Äthylmethyldisulfid, Gleichgew.-Unters. 4488, 10 040.

Formaldehyddimethylmercaptal, Rk. 7476.

C_3H_9Al **Monopropylaluminium** 5988.

Trimethylaluminium, Darst. 5474*, 17 683; Rk. d. $AlCl_3$-Verb. v. — mit B_2O_3 u. $Na_2B_4O_7$ bzw. Borsäuretributylester 10 054; Darst. d. gelben Dipyridylkomplexes v. — 6329; Rk. mit Vinyldifluorboran 6003; Einfl. auf d. Carbonyl-Bldg. aus Metallsalzen 1925; Verw.: als Polymerisat.-Katalysator 1628, 1814*, 6987*; (Rk.-Prod. aus — u. $TiCl_3$) 6607*; als Katalysator für die Darst. v. Organohalogensilanen 5477*; v. $Li[Al(CH_3)_4]$ u. $Na[Al(CH_3)_4]$ zur Reinig. v. konjugierten Olefinen 10 998*; Best. v. Alkoxyverunreinig. in — 5415.

$C_3H_9AlCl_2OSi$ **Trimethylsiloxyaluminiumdichlorid** (F. 87—88°) 6004.

C_3H_9As **Trimethylarsin,** protonenmagnet. Resonanz 18 749; Sorpt. v. Gasen durch d. leere Clathrat-Verb. $[(CH_3)_3As \cdot PdCl_2]_2$ 7059; Komplex-Bldg. im Syst. PCl_3-— 418.

C_3H_9AsO **Methoxydimethylarsin** (Kp. 79°) 1155.

$C_3H_9AsO_3$ **Trimethoxyarsin,** Komplex-Bldg. mit $Mo(CO)_6$ bzw. $Ni(CO)_4$ 17 341.

C_3H_9B **Trimethylbor (Bortrimethyl, Trimethylboran)** (Kp. —21,8°), Darst. 1030*, 6003, 10 054; Bldg. 9638; UV-Spektrum 12 595; massenspektroskop. Unters. 16 975; Rk. 8061*, 14 437, 15 520, 17 003; [v. $H_2NB(CH_3)_2$] 773; Verw. 8790*, 15 031*.

$C_3H_9BF_4Sn$ **Trimethylzinntetrafluoroborat** 773.

$C_3H_9BN_2$ *B*-**Methyl-1-bora-2.5-diazacyclopentan** (Kp.$_{718}$ 102°) 14 436.

$C_3H_9BO_2$ **Propylboronsäure** (F. 107°), Darst., Mol.-Refr., Dipolmoment u. magnet. Suszeptibilität 15 903.

Propan-2-boronsäure, Rk. 15 209.

$C_3H_9BO_3$ **Borsäuretrimethylester (Trimethylborat)** (Kp. 68,5°), Darst. 2542* [2 Ref.], 9892*, 11 728*, 12 093* [2 Ref.], 12 831*, 13 199* [3 Ref.], 13 942*, 16 488*, 18 632*; Darst. (v. ^{18}O-—) 3408; (Mol.-Refr., Dipolmoment u. magnet. Suszeptibilität) 15 903; (magnetoopt. Drehung) 2306; Bldg. 303*, 10 385, 10 434, 14 836; Anreicher. in einer Lsg. mit Methanol 18 272*; Gewinn. aus seinen methanol. Lsg. 12 094*, 12 456*, 13 567* [2 Ref.]; neue Bezieh. zwischen d. physikal. Konst. v. — 3402; Dipolmoment u. DK 11 140; Kerr-Konst., scheinbares Dipolmoment, Konformat. 14 450; kryoskop. u. spektroskop. Eig. d. — u. seines Azeotropen mit Methanol 3043; Rk.: mit HF 8414*; mit NH_3 u. CH_3OH 9268; mit LiH oder NaH u. Olefinen 8418*; Umester. 3984*, 5909*; Rk.: mit n-Butylamin 15 037*; mit Tri-n-decylbor 11 731*; mit Dimethoxyborin 9895*; mit Grignardverb. 4509; mit Komplexen aus Organo-Mg-chloriden u. O-halt. Heterocyclen 4716*, mit Vinyl-MgBr 16 687; mit Vinyl-MgCl 17 925*; mit Propenyl-MgBr 15 766*; mit Phenyl-MgBr 14 836; mit o-Tolyl-MgBr 4510; mit Tetramethylendi-MgCl 15 766*; mit p-Phenylendi-MgBr 2335; mit m-Dimethoxyphenyl-Li 6359; v. Tributylamin u. BCl_3 in Ggw. v. — 4343*; Verw. 2130*.

$C_3H_9BS_3$ **Tris-[methylmercapto]-boran** (Kp.$_{18}$ 102—103°) 3062.

$C_3H_9B_2Cl_8N_3P_2$ **Verb.** $C_3H_9B_2Cl_8N_3P_2$ aus Phosphoritri-N-methylimid u. BCl_3 13 323.

$C_3H_9B_3Br_3N_3$ **1.3.5-Trimethyl-2.4.6-tribromborazol,** intermediäre Bldg. 14 837.

$C_3H_9B_3Cl_3N_3$ *N.N.N*-**Trimethyl-***B.B.B*-**trichlorborazol** (F. 153—156°), Darst. 17 681; Konstit.-Einfl. auf d. kernmagnet. Resonanzspektrum 5236; Rk. 14 837.

$C_3H_9B_3N_3$ *N.N'.N''*-**Trimethylborazol,** Rk. 12 238.

$C_3H_9B_3O_3$ **2.4.6-Trimethylboroxin (Methylboronsäureanhydrid),** Darst., IR-Spektrum 3038; Massenspektrum 10 403.

$C_3H_9B_3O_6$ **2.4.6-Trimethoxyboroxin (Trimethoxyboroxol, Methylmetaborat),** Darst., IR-Spektrum 3038; therm. Zers. 14 836; Verw. 2130*.

C_3H_9Bi **Trimethylwismut,** protonenmagnet. Resonanz 18 749; Pyrolyse (Kinetik) 2324.

$C_3H_9BrO_3$ **Trimethoxybromsilan,** Vers. d. Darst. 10 805.

C_3H_9BrPb **Trimethylbromplumban,** Rk. 18 397.

C_3H_9BrSi **Trimethylbromsilan** (Kp. 78—80°), Darst. 3067; Bldg. 418, 17 722; Konstit.-Einfl. auf d. ν(SiC) 11 504.

C_3H_9BrSn **Trimethylzinnbromid,** protonenmagnet. Resonanz 18 736.

C_3H_9ClGe **Trimethylchlorgerman** (Kp.$_{725}$ 95°), Darst. 6004; Bldg. 3382; Rk. 3381, 3382, 9270.

$C_3H_9ClN_2$ *N*-**Monochlor-1.3-diaminopropan** 18 105.

$C_3H_9ClN_2O$ *N.N*-**Dimethylchlorformamidiniumhydroxyd,** Darst., IR-Spektrum d. Chlorids 14 076.

$C_3H_9ClO_3SSi$ **Chlorschwefelsäuretrimethylsilylester** (Kp.$_{12}$ 66°), Darst. 15 881; Rk. 2710, 15 152.

C_3H_9ClPb **Trimethylchlorplumban,** Syst. —/KBH_4/fl. NH_3 15 155 [2 Ref.]; spektrophotometr. Best. 13 881.

C_3H_9ClSi Chlormethyldimethylsilan (Kp.$_{741}$ 81°), Darst., Hydrolyse (Kinetik) 12 982.

Äthylmethylchlorsilan (Kp.$_{769}$ 69,0°), Darst. 5475*; Kinetik d. Adsorpt. an einen Pt-Kohle-Katalysator 11 513; Rk. mit Vinylchlorid 13 728.

Trimethylchlorsilan (Kp. 55—56,5°), Darst. 2710, 5477*, 8948, 9679; (Rk.) 4503; Bldg. 418, 2332, 2713, 3380, 3382, 9314, 14 437, 16 253, 16 287, 17 333; Reinig. 5474*, Theorie d. IR-Bandenintensitäten 14 030; Konstit.-Einfl. auf d. ν(SiC) 11 504; Schwingungsspektren v. Photochlorier.-Prod. d. — 4474; Dipolmoment 6686; Dissoziat. in Acetonitril 17 356; Berechn. thermodynam. Eig. 1554; Druck u. Dampfdichte —-halt. bin. Syst. 3043, 5239, 5240; Adsorpt.-Wärme u. -entropie v. Hexan- u. Bzl.-Dämpfen an Aerosilen mit einer chem. durch — modifizierten Oberfläche 2645; Fluorier. 15 880; Rk.: mit SO_3 15 881; eines Gemisches v. — u. $(CH_3)_2SiCl_2$ mit H_2SO_4 3381; mit Na bzw. K oder Na-K-Leg. 3431; mit $LiAlH_4$ 6358; mit $SiCl_4$ unter Hochdruck 5297; mit SbF_3 16 243; mit Na_2S 8221; mit NH_4NO_3 in NH_3 13 203*; mit Ag-Salzen u. Pyridin 3380; mit Ag_2SeO_4 3381; (bzw. Ag_3AsO_4) 9270; mit KCN, KOCN bzw. KSCN 15 521; Verh. gegen CS_2 + Benzole 8584; Selbstkondensat. 814; Rk.: mit C_2H_5Br 18 443; mit Piperazin 2757; mit Trihalogendiphenylamin 9269; mit 4-Chlorbutanol-(2) 12 638; mit Diolen 18 850; mit 1.4-Dimethylbutindiol-(1.4) 15 562; mit chlorierten Phenolen 1207; Vers. d. Rk. mit tert. Phosphinen u. Phosphinoxiden 16 243; Rk.: mit Alkaliacetyliden 11 733*; mit $AgSCF_3$ 12 222; mit Chlorsilanen 4883, 16 647; mit 3-Chlorpropyltrichlorsilan 7486; mit Heptamethylchlorcyclotetrasiloxan 1201; mit $[NHSi(CH_3)_2]_2$ 7076; mit $[(CH_3)_3SiNH]_2CO$ u. LiC_6H_5 14 062; mit $[(CH_3)_3Si]_2NLi$, $[(CH_3)_3Si]_2$.NNa bzw. K-Bis-[trimethylsilyl]-amid-bis-dioxan 14 062; mit $[-N(Li)-Si(CH_3)_2-]_4$ 7444; Cohydrolyse: mit Halogenalkyldichlorsilanen 17 724; mit [β-Aryläthyl]-methyldichlorsilanen 17 723; mit R_2SnCl_2 6702; (bzw. Tetraalkyl-1.3-dichlordistannoxan) 4845; Rk.: mit Vinyl-MgBr 106; mit C_2H_5MgBr u. Propargylalkohol 8221; mit 2-Chlorpenten-(3) u. Mg 10 054; mit p-Bromphenyl-MgBr 16 653; mit d. Grignard-Verb. v. Methyläthyläthinylcarbinol 11 884; mit Trialkylzinnchloriden 15 524; Verh. gegen Natriumsaccharate 7527; Rk.: mit Aminosäuren 15 560; mit Na-Acetessigester 8948; mit Diäthylammonium-N.N-diäthyldithiocarbamat 12 265.

C_3H_9ClSn Trimethylchlorstannan (Trimethylzinnchlorid), Sn-Proton-Spin-Spin-Koppl. in — 3354; Hybridisier.-Effekte 2. Ordn. bei d. protonenmagnet. Resonanz v. — 18 736; Rk. 2713, 4362*, 18 397.

$C_3H_9Cl_2GeO_2P$ Trimethylgermanyldichlorophosphat (F. 61°) 3382.

$C_3H_9Cl_2O_2PSi$ Trimethylsilyldichlorophosphat (Kp.$_1$ 63—64°) 3380, 3382.

$C_3H_9Cl_2Sb$ Trimethylantimondichlorid 2713.

$C_3H_9Cl_3OSiTi$ Trimethylsiloxytrichlortitan (Kp.$_8$ 62—63°) 9679.

$C_3H_9Cl_3Si_2$ Trimethyltrichlordisilan, Hydrolyse 17 612*.

C_3H_9FSi Trimethylfluorsilan (Trimethylsiliciumfluorid) (Kp. 16°), Darst. 2710, 15 880, 15 882; Bldg. 12 222, 14 437; kernmagnet. Resonanz v. ^{19}F in — 11 464.

C_3H_9Ga Trimethylgallium, Bldg.-Wärme 8164; Darst. d. gelben Dipyridylkomplexes v. — 6329.

$C_3H_9GeO_3V$ Trimethylgermanylmetavanadat 3382.

$C_3H_9GeO_4Re$ Trimethylgermanylperrhenat (F. 108°) 3382.

C_3H_9JSi Trimethyljodsilan 418, 14 437.

C_3H_9JTl Trimethyltelluroniumjodid, IR-Spektrum 1501.

C_3H_9LiMn Trimethylmanganlithium 2667.

C_3H_9N *n*-Propylamin, Bldg. 11 881, 13 721; Darst. d. Hydrochlorids (F. 156—157°) 12 287; neue Bezieh. zwischen d. pyhsikal. Konst. v. — 3402; pK-Best. 3040; Ramanspektrum 9283; NMR-Spektrum 5978; chem. Verschieb. 5978; Phasengeschw. v. US-Wellen in — 3403; Thermodynamik d. Komplex-Bldg.-Gleichgew. zwischen NiDBH u. — in Bzl. 5242; Einfl.: auf d. Assoziat. in d. Perfluorsäuren 8931; auf d. Glasritzeffekt 8891; UV-Bestrahl. 11 871; Darst., Umlager. d. aus $^{14}C_{(1)}$—-Perchlorat mit HNO_2 gebildeten Kations 14 457; Oxydat. 4494; Rk.: mit NH_2Cl (Kinetik) 14 824; mit BCl_3 2542*; mit $Na_2[Fe(CN)_5NO] \cdot 2\,H_2O$ 7448; mit Acetylenchloriden 7481; mit 2.3-Dibrompropen 16 274; mit 2.8-Dichlorphenazin 136; mit 4.6.8-Trichlorpyrimido-[5.4:d]-pyrimidin 17 845*; mit 1-Isopropyl-4-chlor-pyrazolo-[3.4:d]-pyrimidin 6876*; mit 2-Methyl-4-amino-6-chlorpyrimidin 9345; mit 2-Chlor-3.4-oxidobuten-(1) 17 368; d. Nitrats mit Cyanamiden 11 157; mit Harnstoff, Ammoniumcyanat oder Biuret 5097*; mit Aldehyden 4879, 13 204*; mit D-Glucose 14 512; mit 1-β-Chloräthyl-2-chlormethylpyrrolidonhydrochlorid 2359; mit 8-Nitrotheophyllin-7-essigsäure 13 763; mit Trichloressigsäureäthylester 7850; mit 4-Hydroxycumarin-3-carbonsäureäthylester 4639*; mit Maleinsäure bzw. Citraconsäureanhydrid 1189; mit 1.2.3.6-Tetrahydrophthalsäureanhydrid 468; mit α-Brompropion-o-toluidid 9676; mit Brenztraubensäure-N-cyclohexylimidchlorid (Kinetik) 11 148; mit p-Acetylaminobenzolsulfonylalkylurethanen bzw. -thiourethanen 9816*; Geh. im Mutterkorn im Verlauf d. Sklerotienreif. 14 238; Vork. in Milch 1065; antioxydierende Eig. u. ihre physiolog. Bedeut. 11 952; suchterzeugende Eig. v. Deriv. 5006; lathyrogene Aktivität in vitro 12 001; korrosionsinhibierende Wrkg. auf Armco-Fe 4086; Verw. bei d. Herst. v. lichtleitfäh. Schichten 8855*; Eign. v. Cu-Komplexen mit — als Lichtfilter 3199; Trenn. v. anderen Aminen 6161; Charakterisier. 3778; Best. 7643.

Isopropylamin, Bldg. 4901; (Hydrochlorid) 10 057; neue Bezieh. zwischen d. physikal. Konst. v. — 3402; Absorpt.-Spektren v. V(V)-Komplexen in — 18 005; Bindungsdissoziationsenergie 3772; kernmagnet. Resonanz 8201; chem. Verschieb. 5978; Thermodynamik d. Komplex-Bldg.: mit NiDBH in Bzl. 5242; v. — an eine nichtsolvatisierte Stelle in Bis-[2.4-pentandionato]-oxovanadin(IV) 5200; Oxydat. 4494; Rk. mit BCl_3 2542*; N-Acylier. 18 475; Rk.: mit Alkinen 5629; mit Acetylenchloriden 7481; mit 2-Phenylcyclopropyljodid 15 568; mit o-Chlorphenyläthylenoxid u. o-Chlorphenyläthylen-β-bromhydrin 5767*, 9817*; mit 2-Vinylpyridin 7522; mit Pyrazolo-[3.4:d]-pyrimidinen 6877*; mit 2-Methyl-4-amino-6-chlorpyrimidin 9345; mit 2.8-Dichlorphenazin 136; mit 2-Mercaptobenzothiazol 4155; d. Nitrats mit Dicyandiamid bzw. $CaCN_2$ bzw. $CaCN_2$-Harnstoff-Gemisch 11 882; mit Dipropinylketon 10 429; mit 8-Nitrotheophyllin-7-essigsäure 13 763; mit Äthylacrylat 13 493*; mit Äthylenmonothiolcarbonat 9303; Verh. gegen Oximinocyanessigsäureäthylester 1951; Rk.: mit Sorbinsäurechlorid 7478; mit α-Brompropion-o-toluidid 9676; mit Carbonsäureimidchloriden (Kinetik) 11 148; mit Na-2-Hydroxyäthan-1-sulfonat 5845*; mit p-Chlorbenzolsulfonylglycinchlorid 6742; mit 2.4-Dimethylbutadien-(1.3)-sulton-(1.4) bzw. Pulegonsulton 3420; selektives Red.-Vermögen v. Li in — 14 117; Geh. im Mutterkorn im Verlauf d. Sklerotienreif. 14 238; Verw.: v. Kondens.-Prod. mit Aldehyden als Stabilisier.-Mittel 15 020*; d. Salzes mit H_2S_7 zur Kautschuk-Vulkanisat. 17 241*; Eign. v. Cu-Komplexen mit — als Lichtfilter 3199; Charakterisier. 3778; Best. 7643.

Trimethylamin, Darst. 15 017; (Hydrochlorid) 4715*; Bldg. 8423*, 8973, 15 189, 16 755; (Thermodynamik) 3403, 4480; (Pikrat) 11 868, 18 076; Trenn.: aus Mischungen mit NH_3 12 786; v. Dimethylamin 15 400*; Isolier. v. Methylamin aus —-halt. Misch. 5098*; neue Bezieh. zwischen d. physikal. Konst. v. — 3402; Spektren v. Komplexen mit Organoborverb. 1177; IR-Spektrum d. —-Hydrochlorids 431; (in Alkalihalogenidpreßlingen) 1169; Druckabhängigk. d. Brech.-Index 6713; mittlere Lebensdauer d. Amin-W.-H-Bind. in wss. Lsg. 15 167; Bindungsdissoziationsenergie 3772; Elektronenstoß-Ionisationspotential 433; Einfl. v. —-Gas auf d. Oberflächenphotostrom v. Anthracen 8565; kernmagnet. Resonanz 8201; protonenmagnet. Resonanz 18 749; relative chem. C- bzw. H-Verschieb. 9286; Bezieh. zwischen Druck, Temp. u. Dichte 12 235; spontane Zünd. v. — 14 819; Thermodynamik d. Wechselwrkg. mit NiDBH in Bzl. 5242; Sorpt. an chlormethyliertes Styrol/Divinylbenzol-Copolymeres 18 290; Wrkg. d. Hydrochlorids auf negatives AgJ-Sol 7798; Ionenaustausch u. andere Eig. d. 12-Molybdatophosphats 17 317; Löslichk. u. thermolyt. Verh. d. Diliturats 244; Rk. mit atomarem N, H u. O 11 142; Oxydat. mit H_2O_2 in Ggw. v. Ameisensäureestern 1049*; Rk.: mit Chloramin (Kinetik) 4131; mit $BrNO_3$ 2291; Komplex-Bldg. im Syst. PBr_3-— 418; Addit.-Verb. mit $LiAlH_4$ 3626*; Bldg.-Konst. v. Komplexen mit AlH_3 4108; Rk. v. $AlH_3 \cdot N(CH_3)_3$ mit $HN(CH_3)_2$ 4463; Alkylier. v. Trimethylaminalan 10 013; Addit.-Verb. mit B_2Cl_4 1154; Rk. mit Alkaliboranat 8059*; Hydrolyse v. $BF_3 \cdot N(CH_3)_3$ (Kinetik) 18 391; Rk.: mit $CH_3NH_2 \cdot BCl_3$ 17 681; mit $(CH_3)_4NB_3H_8$ 10 386; v. $[(CH_3)_3NH]CN$ mit B_2H_6 8181; mit trans-1-Chlorhexen-(4) 14 869; mit Eikosyljodid 31; mit 1.3-Dibrompropan 450; mit Tetramethylendijodid 3091; mit α-Brom-m-xylol bzw. Benzylbromiden 3410; mit β-[p-Chlormethylphenyl]-äthylbromid bzw. p-Vinylbenzylchlorid 2015; mit Alkylenoxiden u. Dialkylxanthinen 2830*; d. Hydrochlorids mit Äthylenoxid 2904*; mit 2-Jodmethyl-1.4-dioxanen 3904*; mit 6-Chlor-9-[tetrahydrofuryl-(2)]-purin 15 247; mit Steroid- oder Terpenalkoholen u. Chloressigsäurechlorid 5025*; mit 4.4'-Dihydroxy-2''-brommethyltriphenylmethan 3795; mit 2-Methoxybenzylalkohol 7874; mit 2-Methyl-3.3-dimethoxy-5-jodmethyltetrahydrofuran 11 198; mit $PH_2OR \cdot BH_3$ 51; mit $(PCF_3)_4$ 55; mit $(CH_3)_2PN \cdot (CH_3)_2$ u. PCl_3 54; mit Si_2H_5J 14 063; v. $(CH_3)_3N \cdot SiH_3J$ mit CH_3SH 14 063; mit Trivinylaluminium 14 799; Addukte mit Vinyldichlorboran u. Vinyldifluorboran 6003; Rk.: mit Ketonen 11 861; mit ω-Bromacetophenon bzw. Bromaceton 7848; mit 1-Amino-2-(α-chlor-p-tolyloxy)-4-hydroxyanthrachinon 1422*; mit Methylenblau in Ggw. v. O_2 10 044; mit 1.1.3.3-Tetracyanpropenen 1795*; mit Bernsteinsäure-bis-[2-chloräthyl]-ester 9676; mit Polymethylen-bis-[N-β-jodäthylcarbamaten] 96; mit Oximinocyanessigsäureäthylester 1951; mit 2-Chloracetamido bzw. 2.7-Bis-[chloracetamido]-fluoren 18 813; mit organ. Phosphaten 9675; mit [2.4-Dichlorphenoxyäthyl]-dimethylphosphat (Kinetik) 17 709; mit Acetylphosphaten (Kinetik) 10 414; mit Butansulton-(1.4) 6400; Bldg. v. $R_4N^+ \cdot HCl_2^-$ im Syst. Alkohol/HCl in Ggw. v. — 10 385; Solvolyse v. Carbonsäurehalogeniden in — (Kinetik) 2694; Einfl.: auf d. Photolyse v. Azo-n-propan 2325; auf d. Ester-Bldg. 10 086; d. Hydrobromids auf d. Verseif.-Geschw. v. Benzocain 12 384; Vork. im Schwamm Calix nicacensis 13 094; —-Geh.: bei span. Fischen u. Sectieren 17 600; bei Fischen d. Schwarzen u. Asowschen Meeres 12 501; Best. d. Frischgrades v. frischem Seefisch u. dessen Filet durch Best. d. —-Geh. 689; Bldg. bei d. Zers. (v. Pollock u. Weißfisch) 19 048; (v. Seebarsch) 19 048; Entfern. v. — zur Verbesser. d. Geruchs u. Geschmacks v. Walfleischextrakten 8104*; Einfl. auf d. Elektroretinogramm v. Kopffüßlern 7233; —-Ausscheid. im Cholinstoffwechsel bei d. keimfreien Ratte 16 043; Verw.: als Katalysator bei d. Herst. v. Halogenalkylestern v. Halogenphosphorsäuren 7697*; zur Herst. v. Ionenaustauschern 16 795*; bei d. Herst. v. lichtleitfäh. Schichten 8855*; in Herbicid 1006*; Eign. v. Cu-Komplexen mit — als Lichtfilter 3199; Trenn. v. anderen Aminen 6161; Best. 7643; (v. Carnitin als —) 2806.

C_3H_9NO **2-Aminopropanol-(1) (Alaninol)**, Darst., Rk. 7888; (v. akt.- u. dl-—) 2540*; Rk. 7693*; (v. L(+)-—) 13 038; (v. *S*(+)-—) 15 185; Verw. 11 435*, 12 054*.

3-Aminopropanol-(1) (γ-Hydroxypropylamin, *gewöhnl.* **Propanolaminn)**, Darst. v. Deriv. 1193; Rk.: mit 2.4-Dichlor-6-methyl-5-nitropyrimidin 10 094; mit Dicyandiamid in Ggw. v. $CuSO_4$ 10 774; mit Isothiocyanaten 2366; mit Benzaldehyd 10 058, 10 083; mit 8-Nitrotheophyllin-7-essigsäure 13 763; mit Glykolcarbonat 7902; mit fetten Ölen 1408*; mit 3-Chlorphenothiazin-10-carbonsäurechlorid 3627*; mit p-Toluolsulfonylchlorid 10 058; mit p.p'-Sulfonyldibenzoesäurederiv. 8787*; mit N.N'-Bis-[β-chloräthyl]-thiophosphorsäureamiddichlorid 7989*; mit [Butansultam-(1.4)-yl]-essigsäurecyanmethylester 12 254; Verw. 11 435*, 15 994; Nachw. 7269.

1-Aminopropanol-(2) (β-Hydroxypropylamin, 1-Amino-2-hydroxypropan, Isopropanolamin) (Kp. 159°), Darst. 10 815; (Hydrochlorid) 17 925*; bimol. Cyclisier. 13 031; Rk.: mit Propylenoxid 2540*, 8059*, 16 491*; mit Dicyandiamid 10 773; mit 8-Nitrotheophyllin-7-essigsäure 13 763; mit Chlorameisensäureäthylester 7888; mit fetten Ölen 1408*; mit β-[Furyl-(2)]-acrylsäurechlorid 7508; chem. Partialsynth. u. biolog. Eig. v. B_{12}-Faktoren III m u. A mit DL-— als Baustein 548; Verwert. v. DL-— durch ein Bodenbakterium 12 712; Verw. zur Isolier. d. Radula 15 991; Nachw. 7269.

N-**Methyl-β-aminoäthylalkohol (2(β)-Methylaminoäthanol, [2-Hydroxyäthyl]-*N*-methylamin)**, Darst., Rk. d. Pikrats (F. 147—149°) 1194; asymm. Synth. mit — bei β-Bestrahl. 14 809; Rk.: mit Sulfolen-(3) 15 955; mit Benzaldehyd 18 771; mit p-Benzochinon 2545*; mit Diphenylacetylchlorid 13 374; mit 2-Methylmercaptobenzoylchlorid 5646; mit N.N-Bis-[β-chloräthyl]-thiophosphoramiddichlorid 7989*; Biosynth. v. — u. dessen

Bezieh. zum Phospholipidstoffwechsel 6856; Bezieh. zwischen d. Lipidlöslichk. v. — u. d. Oxydat. durch Lebermikrosomen 13 473; Verwert. zum Wachstum einer cholinfreien Mutante v. Neurospora crassa 16 729; Wrkg. auf d. Wachstum experimentell transplantablen Krebses 15 633; Verw. 6140*, 8430*; Nachw. 7269.

N-*n*-**Propylhydroxylamin**, Hydrochlorid 7114.

Isopropylhydroxylamin (F. 85—86°) 6587*.

O.N.N-**Trimethylhydroxylamin**, Rk. 460.

Methoxyäthylamin, Rk. 4641*, 10 774.

Trimethylamin-*N*-oxid (Trimethylstickstoffmonoxid), Darst., Rk. 18 435; Darst., Verw. d. Hydrochlorids 1049*; OCl-Abstand d. Hydrochlorids 10 781; Anwend. d. Patterson-Diagramms d. Hydrochlorids in zweidimensionalem Raum auf Strukturen mit zwei Atomen in d. asymm. Elementarzelle 7064; hochaufgelöstes N-Kernresonanzspektrum 12 975; katalyt. Spalt. 5243; Addukt-Bldg. mit Si(IV)-Halogeniden 16 243; Schwermetallkomplexe d. — 15 890; Vork. im Muskel v. Harpodon nehereus 6857; —-Geh. d. wss. Körperflüssigk. d. Hais 6102; Verw. 3262*.

C_3H_9NOS L-**Cysteinol**, Hydrochlorid (F. 77,2 bis 77,7° korr.) 1571.

$C_3H_9NO_2$ **3-Aminopropandiol-(1.2) (2.3-Dihydroxypropylamin)** ($Kp._{0,1-0,15}$ 80 bis 106°), Darst., Rk. 18 438; Rk. v. DL-— 14 472.

2-Aminopropandiol-(1.3) ($Kp._4$ 145—148°), Darst. v. Deriv. 18 085; Rk. 1196.

2-Methylolaminoäthanol, Verw. 11 435*.

$C_3H_9NO_2S$ **Propansulfonsäureamid** (F. 56—58°) 10 803.

$C_3H_9NO_2S_2$ **1-Methylsulfonylmercapto-2-aminoäthan**, Hydrobromid (F. 115° korr.) 5624.

$C_3H_9NO_3$ **Trimethylolamin**, Verw. 11 435*.

$C_3H_9NO_3Pb$ **Trimethylbleinitrat**, therm. Zers. v. $CuCH_3$ in CH_3OH in Ggw. v. — 18 038.

$C_3H_9NO_3S$ **3-Amino-1-propansulfonsäure**, potentielle Wrkg. auf Säugetierneuronen 9426.

N-**Methyltaurin**, Darst. v. reinem — 13 568*; Rk. 16 529*; (d. Na-Salzes) 12 094*, 17 204*; (d. Na- bzw. K-Salzes) 13 942*; Verw. v. Na-Salzen v. N-Acylderiv. 3656*; erstmal. Vork. in d. Tierwelt 16 027; Vork. im Schwamm Calix nicacensis 13 094.

C_3H_9NS **3-Mercaptopropylamin**, Rk. 14 511; Prüf. auf Strahlenschutzwrkg. 1682.

2(β)-Methylmercaptoäthylamin (*S*-Methylcysteamin) (Kp. 148—149°), Darst. 1192, 16 842*; Redoxpotential v. Cu-Komplexen 16 936; Rk. 4641*; Schutz-Wrkg. gegen Stickstofflost u. Röntgenbestrahl. bei Mäusen 17 072.

$C_3H_9N_3$ **Hexahydro-1.3.5-triazin**, Darst., Verw. v. Triacylderiv. 7393*; Verw. v. Trialkylderiv. 15 020*.

1-Äthylguanidin, Nitrat (F. 108—109°) 11 157.

N.N-**Dimethylguanidin**, Rk. 1992, 17 213*.

2-Guanyläthylamin, Dihydrochlorid (F. 164 bis 167°) 18 845.

$C_3H_9N_3O$ **4.4-Dimethylsemicarbazid**, Rk. 17 930*.

$C_3H_9N_3O_2$ **1-[β-Hydroxyäthyl]-semicarbazid**, Darst. d. Hydrochlorids 5847*; (Verw.) 5071*.

2-[β-Hydroxyäthyl]-semicarbazid, Darst. d. Hydrochlorids (F. 163—170°) 5847*; (Verw.) 5071*; Beschleunig. d. Blühens d. Ananas durch — 8675.

$C_3H_9N_3O_2P_2$ **Verb. $C_3H_9N_3O_2P_2$** aus Phosphortri-N-methylimid u. O_2 13 323.

$C_3H_9N_3O_3S$ s. *Taurocyamin.*

$C_3H_9N_3O_3S_2$ **2-Guanidinoäthylthioschwefelsäure** (F. 181—183°) 11 529.

$C_3H_9N_3S$ ***N*-[2-Mercaptoäthyl]-guanidin**, Darst. 450; strahlenprotektive Wrkg. d. Hydrochlorids u. Hydrobromids 1683; Strahlenschutz bei Mäusen durch — 3538.

N-**Äthylaminothioharnstoff**, Verw. 16 066*.

S-**[2-Aminoäthyl]-isothioharnstoff**, Darst., Rk. d. Dihydrobromids (***S*-[2-Aminoäthyl]-isothiuroniumbromidhydrobromid, AET, Surrectan**) (F. 193—194°) u. Dihydrochlorids 450; Hydrolyse v. N.N-Dialkylderiv. d. Dihydrochlorids 2825*; Einfl. d. Dihydrobromids: auf d. Photooxydat. v. Dihydroxyphenylalanin in Ggw. v. 8-Methoxypsoralen 16 708; auf d. Resistenzübertrag.-Aktivität d. Desoxyribonucleinsäure v. Diplococcus pseumoniae 7183; auf d. Cholinesterase im Blut d. Ratte 930; auf d. Geh. v. red. Glutathion, Brenztraubensäure, Glutamin-Brenztraubensäure-Transaminase u. Prothrombin im Blut 15 313; auf d. Blutdruck d. Kaninchens nach Sympathicomimeticis, Sympathicolyticis, Neuroplegicis u. Ganglioplegicis 15 310; auf d. durch Dinitrophenol bewirkte Zunahme d. O_2-Verbrauchs bei d. Ratte 15 313; auf d. magensekretor. Aktivität 10 182; auf d. Aktivität d. Schilddrüse bei unbestrahlten u. bei röntgenbestrahlten Ratten 3870; neuere Entw.-Arbeiten auf d. Gebiet d. Strahlenschutzes u. d. Rückbldg. v. Strahlenschäden durch d. Dihydrobromid 7232; Strahlensensibilisier. v. Muskel-Glyceraldehyd-3-phosphatdehydrogenase durch d. Dihydrobromid 13 471; Bestrahl. v. frischer Synovia u. Schutzwrkg. v. —-Dihydrobromid als Modell für d. Depolymerisier. v. Mucopolysacchariden 10 911; energet. Niveaus metastabiler Zustände biolog. Objekte u. Wirkungsmechanismus v. — als Radioschutzstoff 18 544; Strahlenschutzwrkg. auf Pflanzenzellen 15 678; Strahlenschutzwrkg.: d. Dihydrochlorids (enzymat. Best.) 6494; d. Dihydrobromids (bei Gewebekulturzellen) 10 911; (bei Ratten-Thymocyten) 13 471; (bei Röntgenstrahlen) 13 112; (gegen d. Epilat. nach Röntgenbestrahl.) 6117; Wrkg. auf d. Überlebenszeit röntgenbestrahlter Ratten (Vgl.) 16 045; kombinierte Wrkg. d. chem. Strahlenschutzes v. — mit Chlorpromazin u. mit Chloralose 9057; Prophylaxe d. experimentellen akuten Strahlenkrankh. durch — 13 112; Bedeut. für d. cytostat. Tumorbehandl. 7929; Wrkg. d. Dihydrochlorids auf d. Toxizität v. Endoxan 13 064.

$C_3H_9N_3Si$ **Trimethylsilylazid** (Kp. 92—93°), Darst. 13 690.

$C_3H_9N_5$ **1.3-Dimethyl-5-iminotetrazolidin**, Elektronenstruktur 7096.

1-Methylbiguanid, Darst. v. Dicyanokobaltkomplexen 11 128; Cyclisier. 7669*.

Aminomalondiamidin, Rk. d. Dihydrochlorids 2735.

$C_3H_9N_7$ **Triguanid**, Darst. v. — u. Deriv. 13 365.

C_3H_9NaSn **Natriumtrimethylzinn**, Rk. 773.

C_3H_9OP **Trimethylphosphinoxid**, Darst. v. Cu(II)-Komplexen d. — 3031; Kristallstruktur v. $SbCl_5 \cdot PO(CH_3)_3$ 7804; IR-Spektrum (Vgl.) 1118.

$C_3H_9O_2P$ **Methyläthoxyphosphinoxid**, kernmagnet. Resonanz u. IR-Absorpt. 8202.

$C_3H_9O_2PS$ ***O*-Äthylmethylthiolphosphonat**, Rk. d. NH_4-Salzes 2146*.

Methylthionophosphonsäuremonoäthylester, IR-Spektrum v. — u. —-Triäthylammoniumsalz 9283; kernmagnet. Resonanz u. IR-Absorptionsunters. 8202.

Methanthionophosphonsäuredimethylester ($Kp._8$ 52—52,5°) 12 639.

$C_3H_9O_3B$ **Trimethylborat**, Verw. 11 327.

$C_3H_9O_3P$ Tris-[hydroxymethyl]-phosphin 8421*.
Methylphosphonsäuremonoäthylester (Kp.$_{0,2}$ 105—110°), Bldg. (Mechanismus) 17 362; H-Bind., IR-Spektrum 16 974; Umester. 17 057.
Methylphosphonsäuredimethylester (Kp.$_{10}$ 58—59°), Darst. 12 639; Rk. 2712, 12 266.
Isopropylhydrogenphosphit (Monoisopropylphosphit), Darst. d. NH_4-Salzes (F. 37°) 5590; IR-Spektrum d. Na-Salzes 15 164.
Trimethylphosphit (Kp.$_{760}$ 52°), Darst. 12 831*; (Verw.) 4002*; Darst.: v. Mo-Carbonylkomplexen 3029; v. Addit.-Verb. mit α-Dicarbonylverb. 18 272*; Struktur aus d. ^{31}P-Kernresonanz 15 125; Verseif. (Kinetik) 18 425 [2 Ref.]; Rk.: mit HN_3 11 884; mit Myrtenylchlorid 10 845; mit p-Xylylendichlorid 5479*; mit Alkoholen 18 087; mit Benzylthiocyanat 11 153; mit Carbonylverb. 1832; mit p-Chinonen 1575; mit Acenaphthenchinon 18 813; mit 7-Bromcholesterylacetat 10 571*; mit Phthalsäureanhydrid 10 450; mit 1-Chlorbenzoldisulfonsäure-(2.4)-dichlorid 15 768*; mit Dialkylazidophosphat bzw. Methansulfoazid 11 884; Verw. d. Nickeldicarbonyl-Komplexe als Katalysatoren 10 642*.

$C_3H_9O_3PS$ *O.O.O*-Trimethylthiophosphat 8581.
***O.O*-Dimethyl-*S*-methylthiophosphat** (Kp.$_{2,5}$ 77—78°) 8581.

$C_3H_9O_3PSi$ Trimethylsilylmetaphosphat 3380.

$C_3H_9O_4P$ Tris-[hydroxymethyl]-phosphinoxid, Cu(II)-Komplexe 3031.
Mono-*n*-propylphosphorsäureester, Kristallstruktur d. Ca-Salzes 6685.
Methyläthylorthophosphorsäureester, Tetramethylammoniumsalz (F. 190°) 10 423.
Phosphorsäuretrimethylester (Trimethylphosphat), Darst. 8635; Bldg. 15 917, 18 813; R_F-Wert 8635; Verseif.-Wärme 9289; Rk.: mit $SiCl_4$ 4883; mit Trimethylamin 9675; mit Organo-Li-Verb. bzw. Grignard-Reagentien 1203; mit Triphenylsilyllithium (Mechanismus) 18 428; mit Thioharnstoff 15 559; mit Tripropylthiophosphat 7692*.

$C_3H_9O_5P$ Mono-[2(β)-methoxyäthyl]-phosphat, Darst., Rk. 8631; R_F-Wert 8635; Rk. 8633.

$C_3H_9O_6P$ Glycerophosphat (Phosphoglycerin, Glycerophosphorsäure, Glycerinphosphorsäure), Vork.: in d. Gehirnlecithinen (d. Spermwals) 9777; (v. Theragra chalcogramma) 9777; v. Poly-— (in Fisch-Lipoproteinen) 4214; (in Teichosäuren) 15 653; — als Spaltprod. d. Glycerinteichosäure 8297; Bldg.: in Blattextrakten v. Tetragonia expansa 1644; v. ^{14}C-— bei d. $NaH^{14}CO_3$-Inkubat. v. Chromatium 2417; Einfl.: auf d. Phosphatase-Aktivität in Hefeextrakten 1264; einiger Faktoren auf d. Phosphataseaktivität v. Bac. megatherium mit — als P-Quelle 10 509; Phosphatase-Aktivität in d. Larve v. Bufo vulgaris mit — als Substrat 13 429; Stimulat. mit Ca-— (v. biochem. Standpunkt) 4590; (v. Pflanzen) 18 512; Poly-— als Hämagglutinationsinhibitoren (Vgl.) 14 563; Verh. in d. Stubenfliege Musca domestica bei Anoxie 13 841; in vitro-Einbau v. ^{32}P-— in Phospholipide v. Meerschweinchengewebe 18 885; Einfl. v. Ca-— auf d. experimentelle Caries bei weißen Ratten 12 754; Isolier. d. Ribonucleinsäure-Frakt. in Zellkernen durch Saccharose-— 8281; Verw.: in Ominal 4251; d. Mg-Salzes in Lipogeron 5386; d. Na-Salzes bei d. Herst. einer Manganfluorid-Lsg. 17 139*.
α-Glycerophosphat [α-Glycerinphosphat, Glycerin-1(3)-phosphat], Aktivität v. α-Glycerophosphatdehydrogenase u. Glycerokinase im Kaninchengewebe bei d. —-Bldg. (Vgl.) 3847; —-Synth. u. -Abbau in Homogenaten v. adipösem Gewebe 16 362: Darst. v. markiertem — mit Hilfe eines stabilen Hefeextraktes 16 364, 17 790; — im Stoffwechsel v. Ascitestumorzellen nach Zugabe v. Glucose 2765; —-Geh. in Küchenschabennerven (Unters. mit ^{32}P) 8697; Bldg. v. ungleich markiertem Fructose-6-phosphat durch eine v. Transaldolase katalysierte Austausch-Rk. mit $^{14}C_{(2)}$-— 6069; Bestandteile d. bes. —-Oxydase-Syst. bei d. Oxydat. v. L-— 18 874; Oxydat.: durch Rindermuskel-Bernsteinsäureoxydase unter Einfl. verschied. Ionen 3495; v. L-— durch L-α-Glycerophosphatdehydrogenase in Trypanosoma rhodesiense 3847; durch Atmungssyst. in Trypanosomiden 3847; Reinig. u. Eig. d. —-oxydierenden Enzyms v. Streptococcus faecalis *10 C 1* 10 871; Oxydat.: durch Mitochondrien v. Karottengewebe 17 449; in d. Flugmuskelmitochondrien v. Lucilia cuprina u. Musca domestica unter Einfl. v. ADP 10 545; durch Sarkosomen v. Musca domestica (Geschwindigk.) 9013; erhöhte Oxydat. v. L-— durch Mitochondrien schilddrüsengefütterter Ratten 18 163; Einfl.: v. ATP auf d. Atmungskette in atmenden Mitochondrien mit — als Substrat 11 963; auf d. Wrkg. v. ATP auf d. Atmungskette in atmungsgehemmten Mitochondrien 11 964; auf d. durch Succinat bedingte Red. v. Pyridin-Nucleotid durch Glutamat-vorbehandelte Muskelmitochondrien v. Musca domestica 2025; Triglyceridbiosynth. aus — in Bindegewebehomogenaten 7940; Hemm. d. Phosphatase in d. Zahnpulpa durch Na-— 4199; Wrkg. auf d. Hämagglutinat. 14 563; Trenn. v. — u. β-Glycerinphosphat 18 218; Best. im Herzmuskel 929.
β-Glycerophosphat (β-Glycerinphosphat), Phosphomonoesteraseaktivität v. Präp. aus Mäuseleber bei pH 5,9 gegenüber — 17 443; Indukt. u. Verstärk. d. Phosphatase-Aktivität gegenüber — in d. Nucleoli d. Muskel-Nuclei durch Denervier. u. durch Injekt. v. Nucleotiden 15 995; Aktivitäten menschl. alkal. Phosphatasen gegenüber — als Substrat (Differenzier.) 9016; —-Na-Salz als Substrat d. sauren Phosphatase d. Lutz- u. d. Walker-256-Tumors 15 632; Verw. d. Di-Na-Salzes als Substrat zur Best. d. Phosphataseaktivität in Rinderzähnen 15 637; historadiograph. Identifizier. alkal. Phosphatase mit Hilfe v. —-Na-Salz 13 429; Wrkg. auf d. Hämagglutinat. 14 563; Trenn. v. — u. α-Glycerinphosphat 18 218.

C_3H_9P Trimethylphosphin, Darst. 8421*, 17 562*; IR-Spektren v. — u. $P(CN)_3$ (Vgl.) 1118; kernmagnet. Resonanz u. IR-Absorpt. 8202; protonenmagnet. Resonanz 18 749; Geschw. u. Mechanismen d. Protolyse d. Trimethylphosphoniumions in wss. Lsg. 1174; Bldg.-Kinetik koordinativer Bindungen 8902; Komplex-Bldg.: mit GeF_4 16 247; mit $PtCl_2$ 10 020; mit Mo-Carbonylen 3029; Rk. mit $(PCF_3)_4$ 55.

$C_3H_9PS_3$ Trimethyltrithiophosphit, Verw. 4788*.

C_3H_9Sb Trimethylantimon (Trimethylstibin), Bldg. 10 768; protonenmagnet. Resonanz 18 749; Pyrolyse (Kinetik) 2324.

$C_3H_{10}AlBr_2NSi$ Trimethylsilazylaluminiumdibromid (F. 152°) 2332.

$C_3H_{10}AlCl_2NSi$ Trimethylsilazylaluminiumdichlorid (F. 272°) 2332.

$C_3H_{10}AsCl_2NSi$ Trimethylsilazylarsendichlorid 2332.

$C_3H_{10}BCl_2NSi$ Trimethylsilazylbordichlorid 2332.

$C_3H_{10}BF_2NSi$ Trimethylsilazylbordifluorid 2332, 14 437.

Einschluß v. — im Faujasit 5573; Rk. 10 658*, 12 996.

$C_4F_6J_2$ **2.3-Dijodhexafluorbuten-(2)** [cis-trans-Gemisch] 3057 [2 Ref.].

$C_4F_6N_2O$ **2.5-Bis-[perfluormethyl]-1.3.4-oxadiazol** (Kp. 65,0°) 6405, 6406.

$C_4F_6O_3$ **Trifluoressigsäureanhydrid (Trifluoracetanhydrid)**, Rk. mit Pb_3O_4 16 862*; Komplex-Bldg. mit $Mn_2(CO)_{10}$ 4112; Rk.: mit Na-Carbonylmetallaten 4112; mit phosphinsubstituierten Na-Carbonylmanganaten 11 492; mit substituierten Tetrahydrofuranen 5845*; mit Piperazinen 18 938*; mit trans-2-Phenylcyclopropylamin 15 568; mit 1-Amino-7-iminocycloheptatrien-(1.3.5)-hemihydrat 7497; mit trans-2-Phenylcyclopropylcarbinol 12 244; im Gemisch mit Essigsäure mit Acetalen v. D-Sorbit 14 829; mit Hydroxypregnandionen 15 232; mit Aminosäuren bzw. 2-Phenyloxazolon-(5) 13 016; mit p-[2-Acetylaminohydroxy-5.6.7.8-tetrahydrochinazolinyl-(6)-methylamino]-benzoesäure 142; Nitrier. in Ggw. v. — 9894*; analyt. Verw. 1345.

$C_4F_6S_2$ **3.4-Bis-[trifluormethyl]-1.2-dithieten** (Kp. 93—94°) 3057.

$C_4F_7NO_2$ **Heptafluorbutyrylnitrit** (Kp.$_{14}$ 38°) 2700.

C_4F_8 **Perfluorbuten-(1)** 15 024*.

Perfluorbuten-(2) [Oktafluorbuten-(2)], Herst. 5092*; Rk. 3749.

Perfluorisobutylen (Perfluorisobuten), Bldg. 8411; Hydrier. 10 047; (Konstit.-Einfl.) 18 431; Rk.: mit Nitrosylfluorid 12 248; mit Diäthylamin 15 024*; mit Trialkylphosphiten 12 996; gaschromatograph. Nachw. 6160.

Perfluorcyclobutan, Bldg. 1187, 8411; Herst. 9513*, 18 277*; Konstit.-Einfl. auf d. Massenspektrum 1171; Toxizitätsprüf. 18 545; gaschromatograph. Nachw. 6160.

C_4F_8O **Perfluor-*n*-butyrylfluorid**, Photolyse 11 362*.

Heptafluorisobutyrylfluorid, Rk. 5597.

C_4F_9NO **Perfluor-2-äthyl-1.2-oxazetidin** (Kp.$_{737}$ 24°) 12 248.

***tert*.-Nitrosoperfluorisobutan** (Kp.$_{760}$ 24°) 12 248.

C_4F_{10} ***n*-Perfluorbutan (*n*-Dekafluorbutan)**, Darst. 18 438; zweite Virialkoeff. für d. Syst. Butan — 16 264; Bezieh. zwischen Druck, Temp. u. Dichte 12 235; Einschluß v. — im Faujasit (physikal. Zustand d. eingeschlossenen Mol.) 5573; (Sorpt.-Wärmen) 5574; Verw. in Gasblasenkammer 3343.

Perfluorisobutan, NMR—F—F-Kopplungskonstanten 7092.

$C_4F_{10}Hg$ **Bis-[pentafluoräthyl]-quecksilber**, Rk. 12 628.

$C_4F_{10}O$ **Perfluordiäthyläther**, NMR—F—F-Kopplungskonstanten 7092.

$C_4F_{11}N$ **Perfluordimethyläthylamin**, NMR—F—F-Kopplungskonstanten 7092.

$C_4F_{12}N_2$ ***N*¹-Bis-[trifluormethyl]-*N*²-bis-[trifluormethyl]-hydrazin**, Darst. 18 438.

$C_4F_{12}P_2$ **Tetrakis-[perfluormethyl]-diphosphin**, Rk. 55, 3431, 15 049*.

$C_4F_{12}P_4$ **Tetrakis-[trifluormethyl]-cyclotetraphosphin**, Rk. 55.

$C_4HBrCl_2N_2O$ **1-Brom-4.5-dichlorpyridazon-(6)** (Zers. ab 200°) 12 841*.

$C_4HBrCl_3F_3O_2$ **2-Brom-1.1.2-trifluoräthyltrichloracetat** (Kp.$_7$ 55°) 16 283.

C_4HBrF_6 **α-Bromperfluorisobuttersäure** (F. 117 bis 121°) 11 155.

C_4HBrMg **Diacetylenmagnesiumbromid**, Rk. 4936, 5289.

C_4HBrO_3 **Brommaleinsäureanhydrid**, Rk. 2345.

$C_4HBr_2NO_2S$ **4.5-Dibrom-2-nitrothiophen** (F. 72 bis 74°) 9697.

2.5-Dibrom-3-nitrothiophen (F. 59—60°) 9697.

2.3-Dibrom-4-nitrothiophen (F. 99°) 9697.

C_4HClO_3 **Chlormaleinsäureanhydrid**, Rk.-Geschw. d. Diels-Alder-Rk. mit Dienen 4871; Copolymerisat. mit Styrol u. Acrylonitril 14 697*; Rk. mit Tetramethylfuran 2345; Verw. für Farbstoffe 11 015*.

$C_4HCl_2F_3$ **1.4-Dichlor-3.3.4-trifluorcyclobuten** (Kp. 91—92°) 2169*.

$C_4HCl_2F_3O_2$ **α.β-Dichlor-γ.γ.γ-trifluorcrotonsäure** (Kp.$_{11}$ 83—85°) 11 662*, 16 841*.

$C_4HCl_2NO_2$ **Dichlormaleinimid**, Rk. v. Deriv. 6939*.

$C_4HCl_2N_3O_2$ **2.4-Dichlor-5-nitropyrimidin**, Rk. 8249, 9346.

4.6-Dichlor-5-nitropyrimidin, Rk. 7901, 8252, 15 697*, 18 116.

$C_4HCl_3N_2$ **3.4.5-Trichlorpyridazin**, Rk. 131.

3.4.6-Trichlorpyridazin, Rk. 6410.

2.4.6-Trichlorpyrimidin (Kp.$_{750}$ 211—213°), Darst., Rk. 9717; Rk. 8612, 11 361*; Verw. für Farbstoffe 2179*, 3633*; (Alkylderiv.) 11 016*.

$C_4HCl_3N_2O$ **1.4.5-Trichlorpyridazon-(6)** (F. 140 bis 141°) 12 841*.

$C_4HCl_3N_2O_2S$ **4.5.6-Trichlorpyrimidylsulfinsäure** 7691*.

$C_4HCl_3O_4S_3$ **2-Chlorthiophen-3.5-disulfochlorid** (F. 80—82°) 5767*, 8346*.

C_4HCl_3S **2.3.5-Trichlorthiophen**, Rk. 12 651.

$C_4HCl_7O_2$ **Heptachlordioxan vom F. 56°** 1414*, 2176*.

Heptachlordioxan vom F. 123° 1414*.

C_4HF_5 **1.1.2.3.4-Pentafluorbutadien**, Rk. 5861*.

1.1.2.4.4-Pentafluorbutadien, Rk. 5861*, 9922*.

C_4HF_6N **α.β.β.γ.γ.γ-Hexafluorbutyronitril** 15 024*.

C_4HF_6NO **α-Hydroperfluorisopropylisocyanat** 11 530.

C_4HF_7 **4H-Heptafluorbuten-(1)**, Rk. 12 795*.

1.3.3.3-Tetrafluor-2-trifluormethylpropen-(1) (2-Trifluormethyl-1.1.1.3-tetrafluorpropen) (Kp. 17—18°), Darst., Rk. 10 047; Konstit.-Einfl. auf d. katalyt. Hydrier. 18 431.

C_4HF_7O **Perfluorbutyraldehyd** 15 022*.

$C_4HF_7O_2$ **Perfluorbuttersäure (Heptafluorbuttersäure)**, Darst. 15 924; Herst., Verw. d. Pb-Salzes 16 862*; NMR—F—F-Kopplungskonstanten 7092; spezif. Leitfähigk. 5236; therm. Spalt. 1187; Rk.: mit LiAlH 15 022*; mit Olefinen 13 206*; d. Ag-Salzes mit Vinyltrichlorsilan 2711; schmutzabweisende Eig. v. Cr-Komplexen v. — 13 255; Verw. v. Deriv. 14 726.

$C_4HF_7O_3$ **β-Perfluormethoxyperfluorpropionsäure** (Kp. 123—124°), Herst. 17 205*; Red. 17 205*.

C_4HF_8N **α-Hydrofluorisopropylcarbylaminfluorid** (Kp. 36°) 11 530.

$C_4HF_8N_3$ **β-Hydrofluorisobutylazid**, Rk. 11 530.

C_4HF_9 **1.1.1.2.3.3.4.4.4-Nonafluorbutan** 3750.

C_4HJ_4N **2.3.4.5-Tetrajodpyrrol** (F. 140—150°) 11 230.

C_4HN_3 s. *Cyanoform*.

C_4H_2 **Diacetylen**, Bldg. 12 827; Abtrennen v. Aceton 5469*; Gewinn. v. reinem Acetylen aus —-halt. Gemischen 15 402*; Konjugat. in — u. seine doppelte Rk.-Fähigk. 8568; Molekularstruktur, bes. Bindungslänge, -ordnung u. -winkel, v. — 3772; Tricopolymerisat. v. ^{14}C-— 3423; kinet. Daten d. Carbonisier. v. — bei *1200°* 15 915; —-Verb. d. aromat. substituierten Elemente Ge, Sn, Pb u. Sb 16 247; Rk.: mit 5-Brompentin-(4)-ol-(1), 5-Brompenten-(2)-in-(4)-ol-(1) bzw. Bromphenylacetylen 4934; mit Dimethylsulfat u. Na 11 622; Stabilisier. v. —-Lsg. 14 320*.

$C_4H_2BrClHgS$ **3-Brom-2-chlormercurithiophen** (F. 121—123°) 9697.

$C_4H_2BrClN_2O$ **4-Chlor-5-brompyridazinol-(3)** (F. 208°) 131.

$C_4H_2BrClO_3$ **α-Chlor-β-brom-β-formylacrylsäure**, Rk. 131.

$C_4H_2BrCl_2N_3$ **2-Amino-4.6-dichlor-5-brom-pyrimidin** (F. 235—236°) 10 093.
2.4-Dichlor-6-amino-5-brompyrimidin (F. 155—157°) 10 093.
$C_4H_2BrCl_3F_2O_2$ **2-Brom-1.1-difluoräthyltri-chloracetat** (Kp.$_7$ 63°) 16 283.
$C_4H_2BrF_6NO$ **α-Bromperfluorisobuttersäure-amid** (F. 126—127°) 11 155.
$C_4H_2BrNO_2$ **Brommaleinsäureimid** (F. 152 bis 153°) 9700.
$C_4H_2BrNO_2S$ **3-Brom-2-nitrothiophen** (F. 81 bis 83°) 9697.
4-Brom-2-nitrothiophen (F. 46—47°) 9697.
5-Brom-2-nitrothiophen, Rk. 9697.
2-Brom-3-nitrothiophen (F. 77—78°) 9697.
2-Brom-4-nitrothiophen (F. 38—40°) 9697.
3-Brom-4-nitrothiophen (F. 79—80°) 9697.
$C_4H_2BrNO_3$ **5-Brom-2-nitrofuran**, polarograph. Verh. 10 785.
$C_4H_2Br_2F_4$ **3.4-Dibrom-1.1.2.2-tetrafluorcyclo-butan** (Kp.$_{79}$ 63—64°) 1591.
$C_4H_2Br_2N_2O_2$ **4.5-Dibrom-3-hydroxy-6-oxo-1.6-dihydropyridazin** (F. 325°) 6036.
$C_4H_2Br_2N_2O_3$ **5.5-Dibrombarbitursäure**, Wrkg. auf Keimpflanzen 904.
$C_4H_2Br_2O_2$ **2.3-Dibrom-γ-hydroxybuten-(2)-säure-γ-lacton**, positiv-inotrope Wrkg. auf d. Papillarmuskel d. Katze 18 191.
$C_4H_2Br_2S$ **2.3-Dibromthiophen**, Kernresonanz-spektrum 7831; Red. 18 773.
2.4-Dibromthiophen, Red. 18 773.
2.5-Dibromthiophen (Kp.$_{11}$ 77°), Darst., Rk. 4945; Kernresonanzspektrum 7831; Red. 18 773; Debromier. 9697.
3.4-Dibromthiophen, Kernresonanzspek-trum 7831.
$C_4H_2ClF_3O_4$ **Chlortrifluorbernsteinsäure** (F.55°) 2169*.
$C_4H_2ClF_6NO$ **α-Hydroperfluorisobutyrohydr-oxamsäurechlorid**, Ätherat (Kp.$_{38}$ 58°) 11 530.
$C_4H_2Cl_2F_3NO$ **α.β-Dichlor-γ.γ.γ-trifluorcroton-säureamid** (F. 123—124°) 16 841*.
$C_4H_2Cl_2F_4$ **3.4-Dichlor-1.1-dihydroperfluor-buten-(1)** (Kp. 79°) 14 829.
$C_4H_2Cl_2F_5J$ **1-Jod-3.4-dichlor-2.2.3.4.4-penta-fluorbutan** (Kp.$_{70}$ 86—87°) 14 829.
$C_4H_2Cl_2F_6S$ **Bis-[2-chlor-1.1.2-trifluoräthyl]-sulfid** (Kp.$_{40}$ 71,5°) 12 623.
$C_4H_2Cl_2F_6S_2$ **Bis-[2-chlor-1.1.2-trifluoräthyl]-disulfid** (Kp.$_2$ 70°) 12 623.
$C_4H_2Cl_2MgS$ **5-Chlorthienyl-(2)-magnesium-chlorid (2-Chlorthiophenyl-(5)-magnesi-umchlorid)**, Herst. 3259*; (Komplex-bldg.) 11 361*; Rk. 7322*, 7691*, 8781*; (d. —-Komplexe mit O-halt. Heterocyclen) 4716*.
$C_4H_2Cl_2Mg_2S$ **2.5-Thienylendimagnesiumchlorid (Thiophen-2.5-bis-[magnesiumchlorid])**, Herst. 8781*; (Komplexbldg.) 11 361*.
$C_4H_2Cl_2N_2$ **3.5-Dichlorpyridazin**, Rk. 3191*.
3.6-Dichlorpyridazin (F. 69°), Darst., Rk. 1990, 6037, 13 027; Red. 1235; Rk.: mit Piperidin bzw. β-Piperidinoäthanol 7147; mit Alkoholaten u. Mercaptiden 6409; mit Mercaptopurinen 15 697*; mit Na-Glykolsäureäthylester 13 027; Einfl. auf Pflanzenwachstum u. -Entw. 7578.
2.4-Dichlorpyrimidin, Rk. 7526, 13 028; Einfl. auf d. Synth. d. induzierten En-zyms „Cyanase" in Escherichia coli 4581.
2.6-Dichlorpyrimidin, Rk. 12 298; Hemm. d. Virusvermehr. durch — (Vgl.) 13 813.
4.6-Dichlorpyrimidin, Rk. 1608, 7150.
2.5-Dichlorpyrazin, Rk. 15 697*.
2.6-Dichlorpyrazin, Rk. 3191*.
$C_4H_2Cl_2N_2O$ **5.6-Dichlorpyridazinol-(3)** (F. 203 bis 204°), Rk. 131.
$C_4H_2Cl_2N_4O_2$ **2.6-Dichlor-5-nitro-4-amino-pyrimidin**, Rk. 9346.
$C_4H_2Cl_2O_2$ **Fumarsäure(di)chlorid (Fumaryl-chlorid)**, Rk.: mit Cyclohexadien-(1.3) 1216; mit 9.10-Dimethylanthracen (Kine-tik) 15 914; mit N-Methylanilin 6023; mit Diaminen oder Diphenolen an d. Phasengrenzfläche 14 895; mit Phenolen 10 819; mit 2.2-Dinitro-2-cyanäthanol 12 991; Verh. gegen Natriumsaccharate 7527.
$C_4H_2Cl_2O_2S$ **3.4-Dichlorthiophen-1.1-dioxid** (F. 112—113°) 1223.
$C_4H_2Cl_2O_2S_2$ **2-Chlorthiophen-5-sulfochlorid** (Kp.$_{0,05}$ 64—66°) 5767*, 8346*.
$C_4H_2Cl_2O_3$ **Mucochlorsäure** (F. 126,5°), Herst., Verw. 15 765*; Rk. 7626*; Hemm. d. Glykolyse durch 2411; Verw. 6650*.
$C_4H_2Cl_2O_4$ **Dichlormaleinsäure** (F.120—120,5°), Darst., Rk. 18 446; Verw. v. Alkylestern 16 099*.
$C_4H_2Cl_2O_4S_3$ **2.4-Bis-[chlorsulfonyl]-thiophen** (F. 76—77°), Kernresonanzspektrum 7831.
2.5-Bis-[chlorsulfonyl]-thiophen (F. 44 bis 45°), Kernresonanzspektrum 7831.
$C_4H_2Cl_2S$ **2.3-Dichlorthiophen**, Darst. S-halt. Deriv. 5660; Rk. 12 651.
2.5-Dichlorthiophen, Rk. 3259*, 11 361*.
$C_4H_2Cl_3F_3$ **1.1.2-Trichlor-2.3.3-trifluorcyclo-butan** (Kp. 120—121°) 2169*.
$C_4H_2Cl_3F_3O_4S$ **2.2.2-Trichloräthylfluorsulfonyl-difluoracetat** (Kp.$_{5,5}$ 111—113°) 1793*.
$C_4H_2Cl_3NO_3S$ **N-Thiotrichlormethyloxazolidin-dion**, Verw. 10 201*; (v. — u. Deriv.) 11 662*.
$C_4H_2Cl_3N_3OS$ **2-Trichloracetylamino-1.3.4-thiadiazol** (F. 202—203°), IR- u. UV-Spektrum u. Tautomerie 8199.
$C_4H_2Cl_4$ **1.2.3.4-Tetrachlorbutadien** (F. 49,5°) 12 620.
isomeres **1.2.3.4-Tetrachlorbutadien** (Kp. 188°) 12 620.
$C_4H_2Cl_4F_4$ **Tetrachlortetrafluorbutan** (Kp. 135°) 12 621.
$C_4H_2Cl_4N_4O_2$ **Tetrachloracetylendiureid [2.4.6.8-Tetrachlor-2.4.6.8-tetraazabicyclo-[3.3.0]-octadion-(3.7)]**, Herst., Verw. 11 419*; Verw. 4648*, 16 778*.
$C_4H_2Cl_4SSn$ **[5-Chlorthienyl]-zinntrichlorid** 4716*.
$C_4H_2Cl_6$ **Hexachlorbuten(?)** (Kp.$_{0,01}$ 41°) 15 182.
$C_4H_2Cl_6Hg_6O_2$ **Dichlormercuri-[β.β-dichlor-α.α-dichlormercuriäthylmercurioxymer-curi]-acetaldehyd** 4875.
$C_4H_2Cl_6N_2O_2S_2$ **N.N'-Diformyl-N.N'-bis-[tri-chlormethylmercapto]-hydrazid** (F. 106 bis 108°) 17 860*.
$C_4H_2Cl_6O_2$ **Hexachlordioxan** (F. 94°), Herst. 1414*.
$C_4H_2F_2$ **4.4-Difluorbuten-(3)-in-(1)** 10 635*.
$C_4H_2F_2O_4$ **Difluorfumarsäure** (F. 268—270°) 2169*.
Difluormaleinsäure (F. 219—220°) 2169*.
$C_4H_2F_3N$ **α-Trifluormethylacrylonitril** (Kp. 78 bis 79°) 10 800.
$C_4H_2F_4$ **1.1.2.3-Tetrafluorbutadien-(1.3)** (Kp.$_{300}$ —12°) 14 829.
1.1.4.4-Tetrafluorbutadien-(1.3), Rk. 15 466*.
3.3.4.4-Tetrafluorcyclobuten (Kp.$_{634}$ 50,4 bis 50,5°), Darst., Rk. 1591; Rk. 16 299.
$C_4H_2F_4O_4$ **Perfluorbernsteinsäure**, Rk. 13 206*.
$C_4H_2F_6$ **1.1-Dihydroperfluorbuten-(1)**, Rk. 16 701.
1.1-Bis-[trifluormethyl]-äthylen, katalyt. Hydrier. (Einfl. d. Konstit.) 18 431; Rk. mit Silanen in Ggw. v. Pt-Katalysatoren 16 134*.
cis-**1.1.1.4.4.4-Hexafluorbuten-(2)** (Kp. 34 bis 36°) 3056.
3.3.3-Trifluor-2-trifluormethylpropen-(1) (Kp. 13—14°) 10 047.
$C_4H_2F_6N_2O_2$ **N.N'-Bis-[perfluoracetyl]-hydr-azin** (F. 176°) 6405.
$C_4H_2F_6O$ **Trifluorvinyl-2.2.2-trifluoräthoxid** (Kp. 40—41,5°) 1792*.
$C_4H_2F_6O_2$ **β.β.β.β'.β'.β'-Hexafluorisobutter-säure** 15 024*.
$C_4H_2F_6S_2$ **1.2-Dimercapto-1.2-bis-[trifluor-methyl]-äthylen**, Hg-Salz 3058.
$C_4H_2F_7NO$ **Heptafluorbuttersäureamid**, Rk. 6405.

α-Hydroperfluorisobutyrohydroxamsäure-fluorid, Rk. 11 530.

$C_4H_2F_8$ **1.1.3.3.3-Pentafluor-2-trifluormethyl-propan (1.1-Bis-[trifluormethyl]-2.2-difluoräthan)** (Kp. 33—34°) 10 047, 18 431.

$C_4H_2F_8S$ **Bis-[1.1.2.2-tetrafluoräthyl]-sulfid** (Kp. 100—102°) 12 623.

$C_4H_2JNO_2S$ **2-Nitro-5-jodthiophen** (F. 75°), Konstit.-Einfl. auf d. UV-Spektrum 10 025; Dehalogenier. 9697.

$C_4H_2J_2S$ **2.5-Dijodthiophen,** Kernresonanzspektrum 7831; Rk. 10 827.

$C_4H_2N_2$ **Maleinsäuredinitril,** Rk. mit Cyclopentadien (Kinetik) 15 914.

Fumarsäuredinitril (Fumarodinitril), Bestrahl. mit UV-Licht 3436; Photodimerisier. bzw. Bldg. eines Adduktes mit Aceton 17 732; Verseif. in Ggw. v. Äthylenglykol 8419*; Copolymerisat. (Theorie) 4559; Rk.: mit Cyclohexadien 10 444; mit Cyclopentadien (Kinetik) 15 914; mit Tetramethylfuran 2345; mit 2-Acetoxy-5-methylfuran 18 816; Verw. v. Copolymeren aus — u. Styrol 17 583*.

Vinylidencyanid, Herst. 5098*; Verw. v. Mischpolymerisaten aus — 17 267*.

$C_4H_2N_2O$ **3-Cyanisoxazol** (Kp.$_{25}$ 70°) 1984, 2175*.

$C_4H_2N_2O_2$ **3.6-Dioxo-1.2.3.6-tetrahydropyridazin,** Deriv. 5394*.

$C_4H_2N_2O_4$ s. *Alloxan.*

$C_4H_2N_2O_4S$ **2.4-Dinitrothiophen,** Elektrodenpotential 14 452.

2.5-Dinitrothiophen, Kernresonanzspektrum 7831.

1.2.5-Thiadiazol-3.4-dicarbonsäure (F. 184°) 9901*.

$C_4H_2N_2O_4Se$ **2.4-Dinitroselenophen** (F. 78,5 bis 79°) 9698.

3.5-Dinitroselenophen, polarograph. Verh. 10 786.

$C_4H_2N_2O_5$ **2.5-Dinitrofuran,** Elektrodenpotential 14 452.

1.2.5-Oxadiazol-3.4-dicarbonsäure (F. 178° Zers.) 13 020.

$C_4H_2N_2O_6$ **Furoxandicarbonsäure,** —-Ester 12 994.

$C_4H_2N_2S$ **4-Cyanthiazol,** IR-Spektrum 10 030.

$C_4H_2N_2S_2$ **1.2-Dicyan-1.2-dimercaptoäthylen,** Rk. 2910*.

$C_4H_2N_4O_3$ **5.7-Dihydroxy-3.1.2-oxadiazol-[*d*]-pyrimidin,** Cytotoxizität in menschl. Zellkulturen 4196.

$C_4H_2O_3$ **Maleinsäureanhydrid** (F. 53—54°), Darst. 1409*, 3262* [2 Ref.], 4714*, 8058*, 9893*, 12 096*, 12 833*, 13 361, 19 008*; Darst., Rk. v. ^{14}C-— 5252; Darst. v. Arylderiv. 6010; Reinig. 16 841*; Schmelzen oder Konzentrieren 3626*; Absorptionsmaxima v. Mol.-Komplexen v. — mit aromat. KW-Stoffen 18 054; IR- u. Raman-Spektren v. — u. D_2-— 4866; Lösch. d. Fluorescenz v. Pyren durch — 15 971; Elektronenaffinität v. — in Ladungsübertragungskomplexen 13 341; Copolymere aus — u. N-Vinylpyrrolidon-(2) bzw. Vinylacetat als Kettenmodell für Polyelektrolyte (Unters. d. Einfl. örtlicher Lad.-Dichte) 7917; Syst. 9-Phenylanthracen/— in o-Dichlorbenzol 9294; Bestrahl. mit UV-Licht 3436; Photodimerisier. 5249; Hydrier. 16 129*; Verh. gegen Oxydat. 3071; Einw. v. NH_3 2705; Rk.: mit Hydrazin 1990; mit HN_3 11 905; Solvolyse-Geschw. 5989; Hydrolyse d. Adduktes mit Abietinsäure 10 795; Rk.: mit SF_4 13 565*; mit Allen 3056; mit $^{14}C_{(1)}$-Propen 17 366; mit 1.3-Dienen (Geschwindigk.) 4134; Addukte mit Piperylen u. Isopren 804; Rk.: mit deuterierten Butadienen-(1.3) 16 641; mit 1.2-Dimethylbutadien-(1.3) 7131, 18 810; Vers. d. Rk. mit 1-Phenylbutadien 16 317; Rk.: mit 1-Phenylbutadienen-(1.3) (σ-Werte) 9293; mit Hexadien-(2.4) 17 407; mit 6-Methylheptadien-(2.4) 17 418; mit p-Xylol 2342; mit Cumol 1972; mit α-Cyclopropylstyrol 18 098; mit α-Terpinen 12 304 [2 Ref.]; mit 1-Vinylcyclopenten-(1) 7872; mit 2-Methyl-5-[cyclopenten-(1)-yl]-hexen-(4) bzw. 2-[1-Hydroxycyclopentyl]-4-[cyclopenten-(1)-yl]-buten-(3)-ol-(2) 15 939; mit Cyclopentadienen 8237; mit Cyclopentadien (Kinetik) 15 914; mit 1-Äthylcyclopentadien-(1.3) 10 078; mit 1-tert.-Butylcyclopentadien-(1.3) 10 077; mit Triarylcyclopentadienen 10 079; mit Bis-[cycloalken-(1)-yl]-Verb. 1220; mit Bis-[5-methylcyclohexen-(1)-yl] 10 823; mit Bis-[cyclodecen-(1)-yl] 1220; mit cis-Biindenyl-(3.3′) bzw. cis-Bis-[2.3-benzocycloheptadien-(2.7)-yl-(1)] 1217; mit 1-Vinylnaphthalin 7883; Vers. d. Rk. mit Anthracenderiv. 12 647; Rk.: mit Pyrolyseprod. d. Anthracens 13 381; mit 9.9′;10.10′-Diäthylendianthracen 14 490; mit Phenanthren 6513*; mit Periflanthen u. Chloranil 11 902; mit arylierten Cycloheptatrienen 17 730; mit 4.5-Benzocycloheptatrienen 5655; mit Perylenen u. Coronenen 7881; mit einem Gemisch aus cis- u. trans-1-Chlorbutadien-(1.3) bzw. 1-Brombutadien-(1.3) 3417; mit Hexachlorbutadien 13 733; mit 1.2.3.4-Tetrachlor-5.5-dibromcyclopentadien-(1.3) 3070; mit Hexachlorcyclopentadien 4004*, 12 101* [2 Ref.]; mit 1.1.2-Trifluor-2-chlor-3-[cyclohexen-(1)-yl]-cyclobuten 8233; Verh. gegen N-Phenyl-1.4- bzw. -1.2-dihydropyridin 18 465; Rk.: mit Piperidazin 18 827; mit 2-Methylindazol 14 095; mit Furan 15 771*; mit Furanen 18 816; mit 2.2-Dimethyl-1.3-dioxol 3447; mit Isothionaphthen 14 857; mit Aminen 1189, 6582*, 13 014; (u. Methanol) 17 370; v. Deriv. mit Aminen 18 643*; mit 4.4′-Diamino-3.3′-dimethyldiphenylmethan bzw. 4.4′-Bis-[äthylamino]-3.3′-dimethyldiphenylmethan 4562; mit 2.4-Dinitrophenylhydrazin 9722; mit Butandiol-(1.3) 16 059*; mit 1-Methoxy-4-phenylbutadien 10 806; mit 1-Vinyl-6-methoxy-3.4-dihydronaphthalin 7875; Vers. d. Rk. mit dimerem Äthoxymethylcyclopentadien 15 571; Rk.: mit 1-Vinyl-6-methoxy-3.4-dihydronaphthalin 13 736; v. Deriv. mit metallorgan. Verb. 17 210*; mit Bicyclo-[4.2.0]-octa-2.4-dienyl-$Fe(CO)_3$ 7082; mit Organohalogensilanen 3681*; mit Dimethylbenzylchlorsilan 16 292; mit 1-Alkoxy-4-äthyl-(phenyl)-mercaptobutadienen-(1.3) bzw. Butin-(2)-al-(4) 11 529; mit trans-1-Vinyl-6-keto-9-methyl-Δ^1-oktalin 13 736; mit 3-Methyl-o-benzochinondibenzimid 13 380; mit ungesätt. Carbonsäuren 14 470; mit nichtkonjugierten ungesätt. Fettsäuren 13 359; mit 3.4-Dihydrobenzoesäure 18 807; mit 8.12-Eikosen-1.20-dicarbonsäure 14 343*; mit 1-Acetoxybutadien u. Dimethylfumarat 7130; mit 2-Acetoxy-5-methylfuran 18 815; mit o-Chinolacetaten 116; mit β-Hydroxybuttersäure-2-[m-methoxyphenyl]-2-äthylbutyl-(1)-amid 5018*; mit N-[2-Hydroxyäthyl]-phthalimid 2583*; mit Phenylphosphonsäuredichlorid u. Äthylenglykol 8445*; mit 5.6-Cyclohexenopyron-(2) bzw. seinem 3-Nitroderiv. 18 464; mit α-[Aminoäthoxymethylen]-lactonen 17 735; Behandl. trocknender Öle mit — u. Pentaerythrit 7339; Verw.: zur Herst. v. Ausflock.-Mitteln 18 590*; zur Herst. v. Emuls. v. KW-Stoffpolymeren 5797*; Herst. v. Weichmachern aus Tallöl u. — für Kunststoffe 16 510*; Einfl. v. — (als Härt.-Mittel) auf d. spannungsopt. Eig. v. Epoxidharzen 6603; Verw. v. Diels-Alder-Addukten mit Harzen 17 176*; Modifikat. v. Kautschuk durch

Rk. mit — 675; Anlager. an Kautschuk u. analoge Polymere 18 133; Kautschuk/—-Rk. in fester Phase 14 348; Papierleim aus Kolophonium u. — 3308*; Polymerisat. bzw. Polymerisate s. *Plastc* (*Alkydharze* bzw. *Weitere CO-Plaste*).

$C_4H_2O_4$ **Acetylendicarbonsäure**, Rk. v. D_2-— mit D_2 4866; Umlager. bei d. Rk. v. Äthoxyacetylen mit — 15 927; Rk.: v. Estern mit Ni(CH_2=CHCN)$_2$ bzw. Bis-[acrolein]-Ni (0) 16 965; mit Thiolessigsäure 449; v. Estern mit 2-[α-Acylaminoäthyl]-furanen 12 838*; Cytotoxizität in menschl. Zellkulturen 4196; positiv-inotrope Wrkg. auf d. Papillarmuskel d. Katze 18 191.

$C_4H_2O_6$ **Dioxobernsteinsäure**, Hemm. d. Äpfelsäuredehydrogenase durch Dioxosuccinat 17 076.

$C_4H_3BrF_4$ **3-Brom-1.1.2.2-tetrafluorcyclobutan** (Kp.$_{632}$ 85,5°) 1591.

C_4H_3BrMgS **Thienyl-(2)-magnesiumbromid (α-Thienylmagnesiumbromid)**, Rk. 799, 10 270*, 14 485.

Thienyl-(3)-magnesiumbromid, Rk. 10 826.

$C_4H_3BrN_2$ **5-Brompyrimidin** (F. 75—76°), Darst. 13 030; Reaktivität v. Deriv. 7152.

$C_4H_3BrN_2O$ **5-Brom-6-hydroxypyrimidin**, bakteriostat. Wrkg. 18 150.

$C_4H_3BrN_2O_2$ **5-Bromuracil (2.4-Dihydroxy-5-brompyrimidin)** (F. 294° Zers.), Darst. 10 093; Konstit.-Einfl. auf d. kernmagnet. Resonanzspektrum u. Protonenbeweglichk. 18 421; Spektren d. paramagnet. Elektronenresonanz v. — 6060; strahlensensibilisierende Wrkg. 13 421; Rk. 1990, 9719; Rk. mit Uridin- u. Desoxyuridinphosphorylasen aus d. Ehrlich-Ascites-Tumor 6814; Einfl. auf d. Synth. d. induzierten Enzyms „Cyanase" in Escherichia coli 4581; Auslös. v. Bakteriophagen-T2-Mutanten durch — 6804, 6805; —-Indukt. v. Mutat. in d. Desoxyribonucleinsäuren v. in Ggw. v. Chloramphenicol synthetisierten T2-Phagen 11 609; durch — in Ggw. v. Chloramphenicol induzierte Mutat. d. Bakteriophagen T*2* 11 609; spezif. Mutat. durch Einw. v. — bei Phagen T *4* 7181; bakteriostat. Wrkg. 18 150; Wuchsstoff-Wrkg. u. Mutagenität v. — bei Proteus mirabilis 2419; Wrkg. auf Keimpflanzen 904; Umwandl. v. — in Gurkenkeimlingen 875; Einw. v. — auf d. Metabolismus v. Pyrimidinen in Gurkenkeimlingen 876; Hemm. d. Bldg. v. Wurzelhalsgallen durch — 15 998; Trenn. leichter u. schwerer Stränge v. —-substituierter Säugetier-Desoxyribonucleinsäure 17 068; akt. Transport durch d. Darmwand 550; Riditanalyse d. Wrkg. v. — auf d. Wachstumsindices d. Nelson-Mäuseascitestumors 2766; antagonist. Wrkg. auf Uridylabkömmlinge bei d. Entsteh. d. Stimulatoreffektes als Rk. auf d. Reiz d. Vagusnervs 18 551; Potenzier. bei Kombinat. v. — mit biochem. verwandten Antimetaboliten 6079.

4.6-Dihydroxy-5-brompyrimidin (F. 264° Zers.) 10 093.

$C_4H_3BrN_2O_3$ **5-Brombarbitursäure**, Wrkg. auf Keimpflanzen 904.

$C_4H_3BrO_2$ **2-Brom-5-oxo-2.5-dihydrofuran** 18 815.

$C_4H_3BrO_3$ **α-Bromotetronsäurelacton**, Wrkg. auf d. Kationentransport kalt konservierter Erythrocyten d. Menschen bei Inkubat. 14 941.

$C_4H_3BrO_4$ **Brommaleinsäure** (F. 128° Zers.) 16 643.

C_4H_3BrS **2-Bromthiophen** (Kp. 148—151°), Darst. 9697; (v. D$_{(5)}$-—) 18 773; Konstit.-Einfl. auf d. UV-Spektrum 10 025; Kernresonanzspektrum 7831; Kernresonanz-Spin-Spin-Koppl.-Konst. 2309; Rk. 8242, 12 652, 17 739.

3-Bromthiophen (Kp.$_{31}$ 66—68,5°), Darst. (Rk.) 9697; (v. D$_{(2)}$-—) 18 773.

4-Bromthiophen (Kp. 159—160°), Darst. v. D$_{(2)}$-— 18 773.

$C_4H_3BrS_2$ **3-Brom-4-mercaptothiophen**, Rk. 13 385.

$C_4H_3Br_2F_2N$ **1.1-Difluor-1.2-dibrom-2-cyanpropan**, gehinderte innere Rotat. u. kernmagnet. Resonanz 8202.

$C_4H_3Br_2F_3$ **2.3-Dibrom-1.1.2-trifluorcyclobutan** (Kp.$_{50}$ 76°) 1591.

$C_4H_3Br_2F_5$ **1.1.2.4.4-Pentafluor-2.3-dibrombutan** (Kp. 146—148°) 10 047.

$C_4H_3Br_2N_3$ **2-Amino-3.5-dibrompyrazin** 12 103*.

C_4H_3ClFN **γ-Fluor-γ-chlorvinylacetonitril** (Kp.$_{21}$ 61—62°) 16 998.

C_4H_3ClHgO **2-Chlormercurifuran (α-Furylmercurichlorid, α-Furylquecksilberchlorid)**, Rk. 3078, 6971*, 16 846*.

3-Chlormercurifuran, Rk. 3079.

C_4H_3ClHgS **2-Chlormercurithiophen** (F. 183°), Darst. 9697; Rk. 6971*, 16 846*.

$C_4H_3ClMgN_2$ **Pyrimidyl-(2)-magnesiumchlorid** 3259*.

C_4H_3ClMgO **Furyl-(2)-magnesiumchlorid**, Rk. 7322*, 7691*.

C_4H_3ClMgS **Thienylmagnesiumchlorid**, Darst. 1405*, 3259*; (Rk.) 8781*; (v. Komplex mit Tetrahydrofuran) 11 361*; Rk. 7322*, 7691*; (d. Komplexe mit O-halt. Heterocyclen) 4716*.

$C_4H_3ClN_2$ **2-Chlorpyrimidin**, Rk. 12 298.

2-Chlorpyrazin, Rk. 3191*.

$C_4H_3ClN_2O$ **3(6)-Hydroxy-6(3)-chlorpyridazin** bzw. **3-Chlorpyridazon-(6) [6-Chlorpyridazon-(3)]** (F. 144—144,5°), Darst. 6409, 13 027; Darst., Rk. 6037; Rk. 13 027.

4-Chlor-6-hydroxypyrimidin (F. 192—193°) 7150.

$C_4H_3ClN_2O_2$ **4-Chlor-3-hydroxy-6-oxo-1.6-dihydropyridazin** (F. 269—272° Zers.) 6036.

4-Chloruracil (4-Chlor-2.6-dihydroxypyrimidin), Rk. 223*, 4642*, 8252, 9820*.

5-Chloruracil, Auslös. v. Bakteriophagen-T2-Mutanten durch — 6805; Wuchsstoff-Wrkg. u. Mutagenität v. — bei Proteus mirabilis 2419.

Isoxazolyl-(3)-formhydroximsäurechlorid (3-[Chlorformyl]-isoxazoloxim), Rk. 468, 5289.

$C_4H_3ClN_2O_4S$ **Uracil-5-sulfochlorid** 7992*.

$C_4H_3ClN_2S$ **3-Mercapto-6-chlorpyridazin** (F. 136—138°) 1990.

$C_4H_3ClN_4O_2$ **2-Chlor-4-amino-5-nitropyrimidin**, Rk. 8250.

4-Amino-6-chlor-5-nitropyrimidin, Rk. 18 115.

4-Chlor-5-nitro-6-aminopyrimidin, Rk. 3461.

C_4H_3ClO **2-Chlorfuran**, Rk. 11 361*.

$C_4H_3ClO_2S_2$ **2-Chlorsulfonylthiophen** (F. 32 bis 33°), Kernresonanzspektrum 7831.

$C_4H_3ClO_4$ **Chlorfumarsäure**, enzymat. Bldg. 12 327.

Monochlormaleinsäure, Verw. v. Allylestern 16 099*.

C_4H_3ClS **2-Chlorthiophen**, Kernresonanzspektrum 7831; Kernresonanz-Spin-Spin-Koppl.-Konst. 2309; Rk. 3259*, 5767*, 8346*, 11 361*, 12 652.

C_4H_3ClSe **2-Chlorselenophen** (Kp.$_{740}$ 152—153° Zers.), Darst., Rk. 11 559; Rk. 9699.

$C_4H_3Cl_2F_5O$ **2.2.3.4.4-Pentafluor-3.4-dichlorbutanol-(1)** (Kp.$_{760}$ 149—150°) 14 829.

$C_4H_3Cl_2N_3$ **4.6-Dichlor-2-methyl-1.3.5-triazin** 11 929.

3.6-Dichlor-4-aminopyridazin (F. 203°) 131.

3.4-Dichlor-5-aminopyridazin (F. 176 bis 178°) 131.

2-Amino-4.6-dichlorpyrimidin, Konstit.-Einfl. auf d. IR-Spektrum 14 812; Rk. 5672.

4(6)-Amino-2.6(2.4)-dichlorpyrimidin (F. 265° Zers.), Darst., Rk. 16 315; Konstit.-

Einfl. auf d. IR-Spektrum 14 812; Rk. 16 316.
4.6-Dichlor-5-aminopyrimidin (F. 146 bis 147° korr.), Darst., Rk. 7902; Konstit.-Einfl. auf d. IR-Spektrum 14 812; Rk. 5297, 10 463.

$C_4H_3Cl_2N_3O$ **2(6)-Methoxy-4.6(2.4)-dichlor-1.3.5(*symm.*)-triazin** (F. 88—89°), Darst. 8258; Verw. 6975*, 9912*, 14 687*, 19 020*.

$C_4H_3Cl_2N_3OS$ **2-Dichloracetylamino-1.3.4-thiadiazol** (F. 169—170°), IR- u. UV-Spektrum u. Tautomerie 8199.

$C_4H_3Cl_2N_3S$ **2(6)-Methylmercapto-4.6(2.4)-dichlor-1.3.5-triazin** (F. 57—59°), Darst. 8258; Verw. 6975*.

$C_4H_3Cl_3$ **1.1.2-Trichlorbutadien-(1.3)**, Rk. 15 619, 17 023.

$C_4H_3Cl_3FN$ **γ-Fluor-β.γ.γ-trichlorbutyronitril** (Kp.$_8$ 87—88°) 16 998.

$C_4H_3Cl_3HgO_2$ **Vinylquecksilbertrichloracetat** (F. 184—185°) 17 718.

$C_4H_3Cl_3N_2O_2S$ **3-Thiotrichlormethylhydantoin**, Verw. v. — u. Deriv. 10 201*, 11 662*.

$C_4H_3Cl_3O_2$ **Trichloressigsäurevinylester** (Kp.$_5$ 38 bis 40°) 17 718.

$C_4H_3Cl_3O_2S$ **3.3.4-Trichlor-2.3-dihydrothiophen-1.1-dioxid** (F. 108,5—109,5°) 1223.

$C_4H_3Cl_3O_4$ **Acetyltrichloracetylperoxid**, Verw. 10 294*.

$C_4H_3Cl_3SSn$ **[α-Thienyl]-zinntrichlorid** 4716*.

$C_4H_3Cl_4FO$ **γ-Fluor-β.γ.γ-trichlorbuttersäurechlorid** (Kp.$_8$ 62—63°) 16 998.

$C_4H_3FN_2OS$ **2-Thio-5-fluoruracil**, Wrkg. auf d. Vermehr. d. Tabakmosaikvirus 521.

$C_4H_3FN_2O_2$ **5-Fluoruracil**, Herst., Verw.: v. N-Glykosiden d. — 951*; v. N-Ribosiden d. — 10 934*; Konstit.-Einfl. auf d. kernmagnet. Resonanzspektrum u. Protonenbeweglichk. 18 421; Hemm. photoperiod. Indukt. durch — 18 518; Wrkg. auf d. Eig. eines in Ggw. v. — synthetisierten Enzymproteins 17 790; Synth. einer modifizierten Phosphatase in Ggw. v. — durch E. coli 12 700; Einfl.: auf Thymidylatsynthetase 15 268; auf d. hepat. induzierten Anstieg d. Tryptophanpyrrolase 7196; auf d. Vermehr. d. Tabakmosaikvirus 521; bakteriostat. Wrkg. 18 150; Mechanismus d. v. — hervorgerufenen Bakterienbrüchigk. 17 086; Einfl. auf eine Uracil-heterotrophe Mutante v. Escherichia coli 2776; —-Stoffwechsel in Pharmaca-empfindl. u. Pharmaca-resistenten Bakterien 11 955; Hemm. d. Bldg. v. Wurzelhalsgallen durch — 15 998; Abbau im Körper 17 070; akt. Transport durch d. Darmwand 550; Einfl.: auf d. Einbau v. exogenem Thymidin u. 5-Bromdesoxyuridin in Desoxyribonucleinsäure v. Säugetierzellen in vitro 18 863; auf d. Aufnahme d. Vorläufer d. Nucleinsäurestoffwechsels v. normalen u. leukäm. menschl. Leukocyten 18 864; Rolle bei bösart. Erkrank. 14 906; Bewert. bei bösart. Erkrank. 14 906; Prüf. auf antimitot. Wirksamk. mittels in vitro kultivierter Yoshida-Sarkom-Zellen 18 871; Wrkg.: auf d. Transplantabilität v. Sarkom *180* (Ascites) 16 001; in Kombinat. mit 5-Joddesoxyuridin auf d. Wachstum transplantabler Nagetiertumore 3490; in vivo-Unters. über —-resistente Tumoren 1638; Potenzier. bei Kombinat. mit biochem. verwandten Antimetaboliten 6079; Bedeut. in d. Chemotherapie d. Krebses 18 872; Veränder. d. Serumproteine v. Patienten mit metastat. Carcinom d. Brust bei Therapie mit — 16 353; Bezieh. zwischen d. klin. Erfolg u. d. Rk. in d. Gewebekultur gegenüber — gegen Krebs d. Menschen 17 072; anatom. Verteil. leukäm. Zellen u. Versagen v. —-Chemotherapie bei Mäusen 18 871; Umkehr. d. Toxizität v. — für Candida albicans durch Pyridoxin u. Pyridoxamin 14 561.

$C_4H_3FO_5$ **α-Keto-β-fluorbernsteinsäure (β-Fluoroxalessigsäure)** (F. d. 1,5-Hydrats 86—87°), Rk. mit Äpfelsäuredehydrogenase 17 075; nichtenzymat. Rk. mit Pyridinnucleotiden 18 878.

$C_4H_3F_2N$ **γ.γ-Difluorvinylacetonitril** (Kp. 122 bis 124°) 16 999.

$C_4H_3F_2NO_2$ **α.α-Difluormalonsäuremethylestermononitril** 8412*.

$C_4H_3F_3$ **1.1.2-Trifluorbutadien**, Rk. 6600*.
1.1.3-Trifluorbutadien, Rk. 6600*.
2.3.3-Trifluorcyclobuten (Kp.$_{631}$ 26,8°) 1591.

$C_4H_3F_3N_2O_2$ **5-Trifluormethylhydantoin**, Prüf. v. —-Deriv. auf pharmakolog. Wrkg. 12 370.

$C_4H_3F_3O_2$ **α-Trifluormethylacrylsäure**, Rk. 9307.

$C_4H_3F_3O_4$ **Trifluorbernsteinsäure** (F. 111 bis 112°) 2169*.

$C_4H_3F_5$ **1.1.2.3.3-Pentafluorbuten-(1)** (Kp.$_{333}$ 9°) 14 829.
1.1.2.4.4-Pentafluorbuten-(2) (Kp. 56°) 10 047.
1.1-Difluor-2-trifluormethylpropen-(1) (Kp. 12—13°) 10 047.

$C_4H_3F_5O$ **Methylperfluorallyläther** 15 024*.
Pentafluoräthylmethylketon, IR-Spektrum 2679.

$C_4H_3F_6NO$ **α.β.β.γ.γ.γ-Hexafluorbutyramid** 15 024*.
***N.N*-Bis-[trifluormethyl]-acetamid**, protonenmagnet. Resonanz d. gehinderten inneren Rotat. in — 18 420.

$C_4H_3F_6NO_2$ ***N.N*-Bis-[trifluormethyl]-carbaminsäuremethylester**, protonenmagnet. Resonanz d. gehinderten inneren Rotat. in — 18 420.

$C_4H_3F_7$ **1.3.3.3-Tetrafluor-2-trifluormethylpropan** (Kp. 39—40°) 10 047.

$C_4H_3F_7N_2O$ **Heptafluorbutyrhydrazid** (F. 73 bis 74°) 6405.

$C_4H_3F_7O$ **1.1-Di-H-perfluorbutanol (2.2.3.3.4.4.4-Heptafluor-*n*-butanol)**, Rk. 15 924; (d. Na-Verb.) 8947; Einfl. auf d. Assoziat. in Perfluorsäuren 8931.

$C_4H_3F_7O_2$ **Perfluorbutyraldehydhydrat** 15 022*.
β-Perfluormethoxy-1.1-dihydroperfluorpropanol (Kp. 99°), Herst. 17 205*; Rk. 17 205*.

$C_4H_3F_7S$ **2.2.3.3.4.4.4-Heptafluorbutylmercaptan** 17 182*.

C_4H_3JMgS **2(α)-Thienylmagnesiumjodid**, Rk. 5285, 10 046, 14 955*.

$C_4H_3JN_2O_2$ **5-Joduracil**, Konstit.-Einfl. auf d. kernmagnet. Resonanzspektrum u. Protonenbeweglichk. 18 421; Auslös. v. Bakteriophagen-T2-Mutanten durch — 6805; Wrkg.: auf Keimpflanzen 904; einer Kombinat. mit 5-Joddesoxyuridin auf d. Wachstum transplantabler Nagetiertumoren 3490.

C_4H_3JS **2-Jodthiophen** (Kp.$_{15}$ 72—74°), Kernresonanzspektrum 7831; Kernresonanz-Spin-Spin-Koppl.-Konst. 2309; Rk. 10 827, 17 739.

C_4H_3LiO **Furyl-(2)-lithium** 13 383.

C_4H_3LiS **[Thienyl-(2)]-lithium**, Rk. 10 826, 13 740.
[Thienyl-(3)]-lithium, Rk. 10 826.

C_4H_3N **1-Cyanpropadien-(1.2)**, Rk. 15 409*.

C_4H_3NO **β-Formylacrylnitril**, Bldg., Deriv. 17 714.

C_4H_3NOS **Thiazol-2-aldehyd (Thiazol-2-methanal)** (Kp.$_3$ 37°), Darst., pH-Abhängigk. d. polarograph. Red.-Stufe 7833; analyt. Verw. v. Deriv. 16 787.
Thiazol-4-aldehyd (F. 63—65°) 7235.

$C_4H_3NO_2$ **Isoxazol-3-aldehyd** (Kp.$_{40}$ 60°) 1984, 2175*.
1.4-Oxazinon-(2), Deriv. 18 829.
α-Cyanacrylsäure, Herst., Verw. (v. Deriv.) 18 567*; (v. Alkylestern) 5095*; Polymere u. Copolymere aus — 18 491.
Maleinsäureimid, Bromier. 9700; Rk. mit Cyclopentadien (Kinetik) 15 914; Herst.

u. Verw. —-modifizierter Öle 1808*; Einfl. auf Pflanzenwachstum u. -Entw. 7578; Deriv. s. unter *Säureimide.*

$C_4H_3NO_2S$ **2-Nitrothiophen** (F. 45—46°), Darst. 9697; Kernresonanzspektrum 7831; Kernresonanz-Spin-Spin-Koppl.-Konst. 2309; Elektrodenpotential 14 452.
3-Nitrothiophen (F. 76—78°) 9697.
Thiazol-4-carbonsäure, IR-Spektrum 10 030.
Thiazol-5-carbonsäure (Kp.$_{10}$ 107—108°) 7235.

$C_4H_3NO_2Se$ **2-Nitroselenophen**, Darst. im Gemisch mit 3-Nitroselenophen 11 558; polarograph. Verh. v. Deriv. 10 786.
3-Nitroselenophen (F. 77,5—78°), Darst. 9698; (im Gemisch mit 2-Nitroselenophen) 11 558.

$C_4H_3NO_3$ **Nitrofurane**, antimikrobielle Aktivität in Kombinat. mit Antibioticis 16 371; Antagonismus v. — u. a. antibakteriellen Heilmitteln 9806.
2-Nitrofuran, Herst., Verw. v. Deriv. 17 849*; Elektrodenpotential 14 452; polarograph. Verh. 10 786; Rk. v. Deriv. 2095*.
Oxazol-4-carbonsäure, Deriv. 3086.
Isoxazol-3-carbonsäure (F. 149°), Darst., Rk. 1984; Rk. 12 835*.
α-Cyan-β-oxopropionsäure, Rk. v. Deriv. 18 567*.
α-Ketosuccinimid, Bldg., 2.4-Dinitrophenylhydrazon (F. 230° Zers.) 9700.

$C_4H_3N_3O$ **2-Cyanmethyl-1.3.4-oxadiazol** 15 952.
4-Cyan-5-aminoisoxazol (F. 146—147°) 8602.
Aminocarbonylmalonsäuredinitril, Deriv. 8602.

$C_4H_3N_3O_3$ **Fumarsäuremonoazid** (Zers. bei 109 bis 110°) 11 905.

$C_4H_3N_3O_3S$ **2-Thio-6-azauracil-5-carbonsäure**, Wrkg. auf Keimpflanzen 904.
4-Carboxamido-1.2.5-thiadiazol-3-carbonsäure (F. 219—220,5°) 9901*.

$C_4H_3N_3O_3Si$ **Methylsiliciumtriisocyanat**, Rk. 15 187.

$C_4H_3N_3O_4$ (s. *Violursäure*).
5-Nitrouracil, Darst., Prüf. auf tumorhemmende Wrkg. 11 592; Wrkg. auf Keimpflanzen 904; Umwandl. in Gurkenkeimlingen 875; Einw. auf d. Metabolismus v. Pyrimidinen in Gurkenkeimlingen 876.
6-Nitrouracil, Red. 15 588.
3.5-Dioxo-2.3.4.5-tetrahydro-1.2.4-triazin-6-carbonsäure (6-Azauracil-5-carbonsäure) 15 603.

$C_4H_3N_3O_5$ **Dilitursäure (5-Nitrobarbitursäure)**, Herst. d. Salzes mit 8-Amino-3-hydroxytropiniumhydroxyd (F. 280°) 10 195*; Verw. bei d. Aufbereit. v. Mineralgemischen 15 368*; Hemm. d. renalen Ausscheidungstransportes organ. Säuren durch — 13 478; thermogravimetr. Unters. 12 016; Verw. zur thermogravimetr. Best. v. Äthylendiamin u. Chinin 244.

$C_4H_3N_3O_6$ **Dinitrocyanessigsäuremethylester** (Kp.$_{0,2}$ 41—43°) 12 994.

$C_4H_3N_3O_8$ *trans*-**4.4.4-Trinitrobuten-(2)-säure**, Kinetik d. Rk. mit Diphenyldiazomethan 10 043.

$C_4H_3N_3S_3Si$ **Methyltrithiocyanatosilan** (Kp. 267°) 15 521.
Methylsiliciumtriisothiocyanat (F. 73°) 15 883.

$C_4H_3N_5$ **8-Azapurin**, Basenstärke 15 260.
Triazolo-[4.5:*d*]-pyridazin, Deriv. 17 399.
Tetrazolo-[1.5:*a*]-pyrimidin, Deriv. 6414.

$C_4H_3N_5O$ **2-Hydroxytriazolopyrimidin**, antiphlogist. Wrkg. 1686.
7-Hydroxy-1H-*vic*.-triazolo-[*d*]-pyrimidin 3461.
2-Azahypoxanthin (F. 201—204°), Darst. 18 821; (d. Monohydrats) 10 449.
8-Azahypoxanthin, — im Oxydat.-Red.-Cyclus bei Chlorella vulgaris unter N-Hunger 2769; Einfl. auf d. Richt. v. Erschein. im Lebenscyclus d. Chlorella 14 900.
5-Diazoimidazolcarbonsäure-(4)-amid 10 448, 18 821.

$C_4H_3N_5O_2$ **8-Azaxanthin**, Basenstärke 15 260; Widerstandsfähigk. gegen — bei Streptococcus faecalis 4199; Einfl.: auf d. Richt. v. Erschein. im Lebenscyclus d. Chlorella 14 900; auf d. Ureidbiosynth. in höheren Pflanzen 9774; Potenzier. bei Kombinat. mit biochem. verwandten Antimetaboliten 6079; Best. d. Cytotoxizität in menschl. Zellkulturen 4195.
5.6.7.8-Tetrahydro-*symm*.-triazolo-[4.3:*b*]-1.2.4-triazindion-(6.7), Deriv. 10 095.

C_4H_3Na **Vinylacetylennatrium**, Rk. 1952.

C_4H_4 **Vinylacetylen [Buten-(1)-in-(3)]**, Darst. 1406*, 12 830*, 14 322*, 15 021*, 16 838*; (v. D_4-—) 16 641; Bldg. 10 635*, 12 827, 15 618; Gewinn. aus —-halt. Gasen 6580*, 15 402*; Entfern. aus KW-Stoffen 8057*; Stabilisier. 15 402*; IR-Spektrum u. H-Bind. in —-$(C_2H_5)_3N$-Gemischen 16 623; Einfl. d. Natur d. M^+-Kationen in Komplexen CuCl—M^+Cl^- auf d. Ionisierungsgrad v. — 15 538; Löslichk. in Bzl., Toluol u. p-Xylol 13 345; Chemie d. — 1197, 2700, 2701, 2702, 7854, 7855, 7856, 8216; Synth. v Pyridinbasen aus — 6769 [2 Ref.] Polymerisat. u. Copolymetisat. 6427; Trimerisier. 11 538; Hydrier. 7756; Oxydat. (Kinetik) 4484; Wasseranlager. 7324*; Rk. mit HCl 10 998*; Herst. v. Propen aus — enthaltenden fl. KW-Stoff-Gemischen 17 922*; Methylaffinität 14 463; Rk.: mit Alkaliacetyliden 5842*; mit salzart. Polysulfiden 4721*; mit Diphenylacetylcarbinol 10 820; mit Dimethylbenzoylcarbinol in Ggw. v. $NaNH_2$ in fl. NH_3 14 480; mit p-Benzochinon in Ggw. eines Alkalimetalls 13 949*; mit Orthoameisensäureester 18 794; Einfl. auf d. Polymerisat. v. Vinylacetat 15 251.
Butatrien, Molekularstruktur, bes. Bindungslänge, -ordnung u. -winkel v. — 3772; Stabilisier. v. —-halt. Monovinylacetylen 15 402*.
Cyclobutadien, Energieberechn. 17 693; Valenzbindungs-Resonanzstrukturen beim Triplettzustand d. — 3045; Struktur v. Lagidse's —-Deriv. 13 011; mögl. Existenz v. Übergangsmetallkomplexen v. — als Reaktionszwischenstufen 3423.

$[C_4H_4]_x$ **Polydimethylenacetylen [Polybutin-(2)-ylen-(1.4)]** 13 049.

$C_4H_4BCl_3$ **Bis-[2-chlorvinyl]-chlorboran** (Kp.$_2$ 32°), Darst., Rk. 15 561; Bldg. 7120; Best. d. an B gebundenen Cl in — 1726.

C_4H_4BrCl **1-Chlor-4-brombutin-(2)**, Polymerisat. 13 049.

$C_4H_4BrF_3$ **1.1.2-Trifluor-4-brombuten-(1)**, Rk. 17 927*.

$C_4H_4BrHgNO$ **3-Methyl-4-brommercuriisoxazol** (F. 151—154°) 8601.
5-Methyl-4-brommercuriisoxazol 8601.

C_4H_4BrMgN **Pyrryl-(2)-magnesiumbromid**, Rk. 17 404.

C_4H_4BrN **γ-Bromcrotonsäurenitril**, Rk. 19 007*.
3-Brombuten-(3)-säurenitril (Kp.$_{17}$ 62—63°) 2329.

C_4H_4BrNO **3-Methyl-4-bromisoxazol** (Kp. 143 bis 145°) 8601.
3-Brom-5-methylisoxazol (Kp.$_{18}$ 67°) 10 045.
4-Brom-5-methylisoxazol (Kp. 147—148°) 8601.

$C_4H_4BrNO_2$ ***N*-Bromsuccinimid (*N*-Brombernsteinsäureimid)** (F. 174°), Herst. 5842*; Kristallstruktur 15 174; IR-Spektrum 1170; Rk.: mit Isopren 6400; mit Diallyl 6370; mit 1-Methyl-1-tert.-butyläthylen 8932; mit $\Delta^{1,4,9}$-Androstatrien 16 775*; mit Fluortoluolen 7499; mit Tritylbromid

121; mit Dekahydrochinolin 4165; mit Pyrimidinen 10 093; mit 1.2.3-Oxadithiolan-2-oxid 9301; mit Alkoholen 1186; mit 3-Hydroxypregnanderiv. 7994*; mit 1.5-Diphenyl-3-hydroxymethyl-1.2.4-triazol 16 677; mit 4-Hydroxy-6-methylpyrimidinen 17 758; mit 2.5-Bis-[hydroxymethyl]-furan 13 951*; mit 5-Nitro-2-hydroxymethylthiophen 1980; mit p-Bromphenylbenzyläther 15 585; mit Tricarbonyltriphenylphosphincobaltat(I) 10 389;; mit Tris-[malonaldehydato]-Cr(III) 14 065; mit Progesteronderiv. 10 853; mit 3'-Jod-5.7.4'-trimethoxyflavanon 14 502; mit cycl. 1.3-Diketonmonoenolaten 4890 [2 Ref.], 4891; mit Pyridonen-(2) bzw. Chinolonen-(2) 10 092; mit Crotonsäurederiv. 10 837; Halogenier. einfach ungesätt. Fettsäureketten in Allylstell. mit —(Vgl.). 16 988; gekoppelte Anlager. v. — u. Eisessig an Ölsäure (Stereochemie) 3051; Rk.: mit Arylessigsäuren 8224; mit 1β-Methoxycarbonyl-1α.4aβ-dimethyl-5α-brom-trans-anti-cis-perhydrophenanthron-(6) 12 676; mit Δ^{2}-7α-Acetoxy-4-keto-2.4bβ-dimethyl-4aα.8aβ-dodekahydrophenanthryl-(1β)-essigsäure 6880*; mit 3.6-Diacyloxy-24.24-diphenylcholenen-(23) 3629*; mit 4-Methoxy-Δ^{4}-pyrrolin-1.2-dicarbonsäurediäthylester 9700; mit 6α-Methyl-11β.17α.21-trihydroxy-$\Delta^{1.4}$-pregnadien-3.20-dion-21-acetat 5774*; mit 3β.21-Diacetoxy-Δ^{16}-pregnen-20-on 1717*; mit 3α-Acetoxypregnan-11.20-dion-$\Delta^{17,20}$-enolacetat 12 672; mit Δ^{16}-Pregnen-3α.21-diol-20-on-3-formiat-21-acetat 5774*; mit N-Aminonaphthalimid 15 948; mit Hydrazindiphosphonsäuretetraphenylester 52; Verw.: bei d. Mikrobest. v. Hydrochinon 15 328; in d. pharmazeut. Analyse 6129; Farbrk. mit Ascorbinsäure 2063.

$C_4H_4BrN_3$ **2-Amino-5-brompyrimidin** (F. 239 bis 240°) 10 093.

$C_4H_4BrN_3O$ **5-Bromcytosin** (F. 240—242° Zers.) 7151.

5-Bromisocytosin, Rk. 1990.

2-Amino-4-hydroxy-5-brompyrimidin (F. 275° Zers.) 10 093.

4-Amino-6-hydroxy-5-brompyrimidin (F. 268°) 7151.

$C_4H_4Br_2Cl_2$ **1.4-Dichlor-2.3-dibrombuten-(2)** (F. 59,5—60°) 9299.

$C_4H_4Br_2Cl_4$ **1.2-Dibrom-1.3.4.4-tetrachlorbutan** (F. 102—103°) 15 182.

$C_4H_4Br_2N_2O_3$ **5.5-Dibrom-6-hydroxydihydrouracil** (F. 136°), Red. 14 826.

$C_4H_4Br_2N_6O_9$ *N*-**Nitroso-2.2'-dibrom-2.2.2'.2'-tetranitrodiäthylamin** (F. 117—118°), Darst., Rk., Verw. 9216*.

$C_4H_4Br_2N_6O_{10}$ *N*-**Nitro-2.2'-dibrom-2.2.2'.2'-tetranitrodiäthylamin** (F. 165—167° Zers.) 9216*.

$C_4H_4Br_2O_2$ **1.4-Dibrombutandion-(1.3)**, Rk. 13 482.

$C_4H_4ClFO_2$ **γ-Fluor-γ-chlorvinylessigsäure** (Kp.$_{10}$ 95—96°) 16 998.

$C_4H_4ClFO_2S$ **Fluorchlorthionessigsäureessigsäureanhydrid** (Kp.$_2$ 60°) 12 623.

$C_4H_4ClF_3$ **γ-Trifluormethylallylchlorid** (Kp. 82,5—83°) 8208.

1-Chlor-1.2.2-trifluorcyclobutan (Kp.$_{634}$ 75°) 1591.

$C_4H_4ClF_3O_2$ **2-Chlor-1.1.2-trifluoräthylacetat** (Kp.$_{110}$ 54°) 16 283.

$C_4H_4ClF_3O_2S$ **α-Trifluormethylallylchlorsulfinat** (Kp.$_{39}$ 52°) 8208.

γ-Trifluormethylallylchlorsulfinat (Kp.$_6$ 55°) 8208.

C_4H_4ClHgN **2-Chlormercuripyrrol**, Rk. 6971*, 16 846*.

C_4H_4ClN *cis*-**γ-Chlorcrotonsäurenitril**, IR-Spektrum 15 534.

trans-**γ-Chlorcrotonsäurenitril** [*trans*-**3-Chlor-1-cyanpropen-(1)**] (Kp.$_{11}$ 73°), Darst., Rk. 15 187; IR-Spektrum 15 534.

1-Cyan-2-chlorpropen-(2), Rk. 15 409*.

cis-**Chlorvinylacetonitril**, IR-Spektrum 15 534.

trans-**Chlorvinylacetonitril**, IR-Spektrum 15 534.

3-Chlor-2-methylacrylnitril (Kp.$_{20}$ 58—61°) 3419.

2-[Chlormethyl]-acrylnitril 3419.

C_4H_4ClNO **3-Chlor-5-methylisoxazol** (Kp.$_{30}$ 74 bis 75°) 10 045.

$C_4H_4ClNO_2$ *N*-**Chlorsuccinimid**, Kristallstruktur 15 174; IR-Spektrum 1170; Rk.: mit anorgan. Bromiden 5842*; mit 1.2.3-Oxadithiolan-2-oxid 9302; mit Progesteron u. Deriv. 10 852; Halogenier. einfach ungesätt. Fettsäureketten in Allylstell. mit — (Vgl.) 16 988; Rk.: mit 3-Äthoxy-16α.17α-isopropylidendioxy-9α-fluor-$\Delta^{3.5}$-pregnadien-11β.21α-diol-20-on-21-acetat 14 247*; mit N-p-Nitrobenzolsulfenylacetamid 14 476.

$C_4H_4ClN_3$ **2-Amino-4-chlorpyrimidin**, Rk. 17 758.

4-Amino-6-chlorpyrimidin (F. 204—205°) 7150.

3-Chlor-2-aminopyrazin, Rk. 12 103*.

$C_4H_4ClN_3O$ **4-Amino-6-chlorpyridazinol-(3)** (F. 286°) 10 839.

4-Chlor-5-aminopyridazinol-(3) 131.

5-Amino-6-chlorpyridazinol-(3) (F. 278 bis 280°) 131.

3-Chlor-4-hydroxy-5-aminopyridazin (F. 259° Zers.) 131.

4-Chlor-2-amino-6-oxodihydropyrimidin, Rk. 8254.

Brenztraubensäurenitrilchlorcarbonylhydrazon (F. 112°) 10 086.

Verb. $C_4H_4ClN_3O$ (F. 237—238°) aus 7-Hydroxy-1H-vic.-triazolo-[*d*]-pyrimidin 3461.

$C_4H_4ClN_3O_2$ **1-Methyl-4-chlor-5-nitroimidazol**, Rk. 2736.

5-Chlor-1-methyl-4-nitroimidazol, Rk. 15 697*, 18 115.

$C_4H_4ClN_3O_3S_2$ **2-Acetylamino-1.3.4-thiodiazol-5-sulfochlorid**, Darst., Rk. 13 020; intermediäre Bldg. 1986.

$C_4H_4ClN_3O_4S$ **6-Aminouracil-5-sulfochlorid** 7992*.

$C_4H_4ClN_3O_7$ **4.4.4-Trinitrobutyrylchlorid** (Kp.$_{0,5}$ 65—66°) 10 052.

$C_4H_4ClN_3S$ **2-Chlor-4-mercapto-5-aminopyrimidin**, Rk. 6774.

4-Mercapto-5-amino-6-chlorpyrimidin, Rk. 6774.

4-Chlor-5-amino-6-mercaptopyrimidin (F. 196—200° korr.) 7902.

$C_4H_4Cl_2$ **1.4-Dichlorbutin-(2)** (Kp.$_{22}$ 68—69°), Ramanspektrum Stereochemie 12 230; Rk. 7852, 9299, 16 247, 16 641.

2.3-Dichlorbutadien-(1.3) (Kp.$_{85}$ 43°), Darst., Rk. 16 641; Rk. mit Maleinsäureanhydrid (Kinetik) 4134; Pfropf. auf Polychloropren oder Chloroprenmischpolymere 5124*; Wärmestabilisier. v. polymerem — 17 946*.

$C_4H_4Cl_2HgO_2$ **Vinylquecksilberdichloracetat** 17 718.

$C_4H_4Cl_2N_2O_2$ **1.3-Dichlor-5-methylhydantoin** 15 036*.

$C_4H_4Cl_2N_4$ **2.6-Dichlor-4.5-diaminopyrimidin**, Rk. 10 462.

$C_4H_4Cl_2N_4O_2$ **Dichloracetylendiureid** [**Dichlor-2.4.6.8-tetraazabicyclo-[3.3.0]-octadien-(3.7)**], Herst., Verw. 11 419*; Verw. 4648*, 16 778*.

$C_4H_4Cl_2O$ **3.3-Dichlor-2-methylacrolein**, Rk. 17 182*.

$C_4H_4Cl_2O_2$ **Dichloressigsäurevinylester** (Kp.$_{15}$ 46—48°) 17 718.

Succinylchlorid (Bernsteinsäuredichlorid) (Kp.$_{15}$ 88—91°), Bldg., Dianilid 12 256; Rk.: mit 1-[2'-Hydroxyäthyl]-2-methyl-5-nitroimidazol 3189*; mit 4.4'-Dihydroxydiphenylpropan 3281*; mit Al-Tris-

[p-kresolat] 16 289; mit Dimethylglyoxim 2391; mit x-Acetyl-1-methylcyclopentadienylmangantricarbonylhydrazon 60; mit 2.2-Dinitro-2-cyanäthanol 12 991; mit Aminobenzoesäuren 17 056; mit Cysteinestern 3551*; mit Mg-Acetessigester 653*; mit Thiobenzamid 3789; mit Dithiophosphorsäure-O.O-diallylester 7849; Verw. zur Darst. v. peptidartigen Verb. 6371; Vernetz. v. Formkörpern aus Polyäthylenmittels — 13 966*.

$C_4H_4Cl_2O_3$ **Chloressigsäureanhydrid** (F. 49°), Darst. 13 724; Darst., Rk. 18 089; Rk. 9345.

Diglykolsäuredichlorid, Rk. 3789.

$C_4H_4Cl_2O_4$ **Dichlorbernsteinsäure,** Verw. 8389*.

Acetyldichloracetylperoxid, Verw. 10 294*.

$C_4H_4Cl_2Si$ **1.1-Dichlorsilacyclopentadien** (Kp. 130° Zers.), Darst., Rk. 2729; Red. 13 711.

$C_4H_4Cl_3FO_2$ **γ-Fluor-β.γ.γ-trichlorbuttersäure** (F. 29—30°) 16 998.

$C_4H_4Cl_3N$ **Trichlorbutyronitril** 3979*.

$C_4H_4Cl_3NO_2$ **2-Trichlormethyloxazolidon-(4)** (F. 184—185°) 17 140*.

5-Trichlormethyloxazolidon-(4) (F. 229 bis 231°), Herst., Verw. 17 140*; (v. Deriv.) 2827*.

$C_4H_4Cl_4$ ***cis*-1.3.4.4-Tetrachlorbuten-(1)** ($Kp._{760}$ 193—195°) 15 182.

***trans*-1.3.4.4-Tetrachlorbuten-(1)** ($Kp._{760}$ 197 bis 198°) 15 182.

$C_4H_4Cl_4O$ **2.3.4.5-Tetrachlortetrahydrofuran,** Polymere aus — 3115.

$C_4H_4Cl_4OS$ **α.β.β.β-Tetrachloräthylacetylsulfid** ($Kp._{0,01}$ 62—68°) 7476.

$C_4H_4Cl_4O_2$ **Tetrachlordioxan** ($Kp._{12}$ 98—102°) 1414*.

α.γ.γ.γ-Tetrachlorbuttersäure ($Kp._{05}$ 105 bis 109°), Darst., Verw. 10 699*; Verw. 710*.

$C_4H_4Cl_4O_2S$ **3.3.4.4-Tetrachlortetrahydrothiophen-1.1-dioxid** (F. 178,5—179,5°) 1223, 18 642*.

C_4H_4FN **α-Fluormethylacrylonitril** ($Kp._{43}$ 47,7 bis 48,1°) 12 260.

$C_4H_4F_2O_2S$ **Difluorthionessigsäureessigsäureanhydrid** ($Kp._4$ 55°) 12 623.

$C_4H_4F_3N$ **4.4.4-Trifluorbutyronitril** (Kp. 139 bis 140°) 3774, 16 999.

$C_4H_4F_3NO$ **α.α.α-Trifluoracetoncyanhydrin,** Rk. 10 800.

$C_4H_4F_3NO_3$ ***N*-Trifluoracetylglycin** (F. 118°), Herst. 7696*; Rk. 97.

$C_4H_4F_3N_3$ **γ-Trifluormethylallylazid** ($Kp._{65}$ 53°) 8208.

$C_4H_4F_4O_2$ **α.β.β.β-Tetrafluorpropionsäuremethylester** (Kp. 95—95,3°) 15 024*.

$C_4H_4F_6$ **1.1.2.3.4.4-Hexafluorbutan** (Kp. 63 bis 65°) 10 047.

1.1.1-Trifluor-2-trifluormethylpropan (1.1-Bis-[trifluormethyl]-äthan) (Kp. 21°) 10 047, 18 431.

$C_4H_4F_6N_2O_2$ **2-[β.β.β-Trifluoräthyl]-3-trifluormethyl-4-hydroxy-1.2.4-oxadiazacyclobutan** (?) (Kp. 79—80°) 12 248.

$C_4H_4F_6O$ (s. *Indoklon* [*Hexafluordiäthyläther*]).

Methyl-bis-[trifluormethyl]-carbinol (Kp. 61 bis 62°) 13 722.

Methyl-1.1.2.3.3.3-hexafluorpropyläther 15 024*.

$C_4H_4F_6S$ **Bis-[2.2.2-trifluoräthyl]-sulfid** (Kp. 82 bis 86°) 17 182*.

$C_4H_4F_6S_2$ **Bis-[2.2.2-trifluoräthyl]-disulfid** (Kp. 130—180°) 17 182*.

$C_4H_4F_6S_3$ **Bis-[2.2.2-trifluoräthyl]-trisulfid** (Kp. 180—200°) 17 182*.

C_4H_4JNO **5-Methyl-4-jodisoxazol** (F. 28—29° Subl.) 15 209.

$C_4H_4JNO_2$ ***N*-Jodsuccinimid,** IR-Spektrum 1170; Rk. 5774*, 11 209.

$C_4H_4N_2$ (s. *Pyrazin*; *Pyridazin*; *Pyrimidin*).

Succinodinitril (Bernsteinsäuredinitril), Herst. 10 274*, 16 133*; Lage d. CN-Dehn.-Frequenz in — 5206; Gefrierpunktskurven im bin. Syst. mit — 73; Rk. 4156, 5660, 15 253; Stoffwechsel in d. Ratte 12 002; Verw. 12 885*.

$C_4H_4N_2O$ **2-Hydroxypyrimidin,** IR-Spektrum 789.

4-Hydroxypyrimidin, Methylier. 132; Wrkg. auf Keimpflanzen 904.

5-Hydroxypyrimidin (F. 211—212° Zers.) 7148, 13 030.

2-Hydroxypyrazin, Methylier. 132.

Imidazol-4-aldehyd, pH-Abhängigk. d. polarograph. Red.-Stufe 7833.

1-Oxo-1.2-dihydro-2.3-diazin [Pyridazon-(3)], Herst., Verw. v. Deriv. 12 841*; Rk. 132; (v. Deriv.) 222*; Verw. v. Deriv. 13 918*.

1-Oxo-1.2-dihydro-2.4-diazin, Rk. v. Deriv. 222*.

Pyrazinoxid-(1) (F. 113—114°), Verh. gegen Umlager. 8250.

Bis-[cyanmethyl]-äther 3412.

$C_4H_4N_2OS$ **2-Hydroxy-4-mercaptopyrimidin,** Rk. 15 697*.

2-Thiouracil, Konstit.-Einfl. auf d. kernmagnet. Resonanzspektrum u. Protonenbeweglichk. 18 421; Polarographie 7837; Vers. d. Rk. mit α-Cyanbenzylbenzolsulfonat 3452; Einfl.: auf d. Amylase-Bldg. bei Bacillus amyloliquefaciens Fukumoto 2035; auf d. Exoamylse-Bldg. durch Bac. subtilis 12 330; auf d. Aktivität d. Monoaminooxydase in d. Schilddrüse v. Ratten 18 141; auf d. Phenolase aus Larven v. Tenebrio molitor 11 594; auf d. durch L-Thyroxin verursachten Anstieg d. alkal. Phosphatase im Serum d. Kükens 2032; auf d. Virusvermehr. (Vgl.) 13 813; auf d. Synth. v. Influenzavirus 5719; auf d. Entw. v. Lactobacillus arabinosus, Lactobacillus leichmannii u. Escherichia coli 14 916; d. O_2-Druckes auf d. antibakterielle Aktivität v. — 7571; selektive Blockier. eines an d. Blühindukt. beteiligten Ribonucleinsäure-Eiweiß-Syst. durch — (Unters. an Streptocarpus wandlandii) 10 889; Wrkg.: auf d. Richt. v. Erschein. im Lebenscyclus d. Chlorella 14 900; auf Keimpflanzen 904; auf Differenzier. u. Blüte bei Cannabis sativa 17 816; auf Wachstum u. Virusprodukt. isolierter Tomatenwurzeln 1650; auf d. Biosynth. v. Griseofulvin 6462; Stoffwechsel 17 128; Einfl.: auf d. Aktivität d. Bindegewebes 10 550; auf d. in vitro-Aufnahme v. ^{131}J durch Speicheldrüse, Magen u. Placenta 551; auf d. Sialsäurekonz. in d. Schilddrüse 3156; Schilddrüsenunterfunkt. durch — u. lipotrope Wrkg. v. Diäthylstilböstrol bei Cholin-Mangelratten 14 590; biolog. Bewert. d. schilddrüsenhemmenden — durch Best. d. Cytochromoxydaseaktivität im Homogenat 10 895; Einfl.: auf d. Einbau v. $^{14}C_{(2)}$-Uracil in d. Leber-Ribonucleinsäure d. Ratte 18 864; auf d. Lebervergrößer. bei tumortragenden Ratten 7555; Wrkg.: d. Verabreich. v. Thiocyanat u. — an Schafe 9784; v. Nahrungsfetten u. synthet. Glyceriden mit best. —-Geh. auf d. Entsteh. v. Arteriosklerose u. Thrombose in Ratten 202.

2-Amino-4-formylthiazol 1602.

Thiazol-4-carbonsäureamid, IR-Spektrum 10 030.

$C_4H_4N_2OS_3$ **Bis-[thiocyanatomethyl]-sulfoxid** (F. 122—124°) 1383*.

$C_4H_4N_2O_2$ (s. *Uracil* [*2.4-Dihydroxypyrimidin* bzw. *2.4-Diketo-1.2.3.4-tetrahydropyrimidin*]).

Pyridazindiol-(3.6) (3.6-Dihydroxypyridazin) (F. 297° Zers.), Darst., Rk. 1990; Verw. 8180.

2.6-Dihydroxypyrimidin, Deriv. 13 501*.

4.6-Dihydroxypyrimidin 15 952.

5-Oxo-Δ²-pyrazolin-4-aldehyd, Deriv. 5286.

Pyrazindioxid-(1.4), Verh. gegen Umlager. 8250.

Imidazol-4(5)-carbonsäure, Darst. 9333; Rk. v. Deriv. 2546*.

Isoxazol-3-carbonsäureamid (F. 134—135°) 1984.

Maleinsäurehydrazid [3.6-Dioxo-1.2.3.6-tetrahydropyridazin bzw. 2.3-Dihydro-3-oxopyridazinol-(6) { 3-Hydroxy-6-oxo-1.6-dihydropyridazin } bzw. 3.6(p)-Dihydroxypyridazin] (F. 305,5° Zers.), Darst., Rk. 6036; Bldg. 6410; Darst. v. Deriv. 9344; Darst., Verw. v. Deriv. 6139*, 10 568*; IR-Spektrum u. Tautomerie v. — u. —-Metallsalzen 8199; Verw. als Wirts-Mol. für d. Clathrat-Bldg. mit Edelgasen 8180; Rk. mit *β*-Nitrobutylacetat 15 919; Einfl.: auf d. Pflanzenwachstum 7578; (Übersicht) 12 722; auf Pflanzenhöhe, Internodienlänge u. Blühvorgang v. Alfalfa 18 607; Resorpt. v. *MH* durch Wurzeln 18 159; Inkorporat. v. ^{14}C-— in Wurzelspitzenzellen v. Allium cernuum, Vicia faba u. Tradescantia paludosa 15 257; Wrkg. auf d. Entw. v. Sclerotium rolfsii 10 882; Einfl.: d. —-Behandl. vor d. Ernte auf d. Ascorbinsäure-Geh. v. Mango 14 196; v. — u. in Kombinat. mit Gibberellsäure auf d. *β*-Indolylessigsäure-Geh. v. Mais 16 740; auf Samenruhe, Zellteil. u. Zellvergrößer. v. Lattichsamen 188; auf d. Auskeimen v. Zwiebeln u. Knoblauch 3601; auf d. Bewurzel. v. Sultaninenstecklingen 6936; v. *MH-30* auf d. vorzeit. Fruchtabfall bei Citrus tamurana im Winter 6180; Einsatzmöglichk. bei d. Unkrautbekämpf. auf Sportplätzen 5443; Wrkg. v. — im Baumwollbau 4308; Bekämpf. d. Alternanz bei Apfelbäumen durch — 4689; *MH-30* in Kombinat. mit Dieselöl als mögl. Hilfe bei d. Auslese kranker Saatkartoffelpflanzen 9121; Verw. v. Salzen 18 678*; Best. 2578, 5417; 6624.

$C_4H_4N_2O_2S$ (s. *Thiobarbitursäure*).

2-Amino-5-nitrothiazol, Elektrodenpotential 14 452.

5-Mercaptouracil, Herst., Oxydat., Verw. 7992*; Polarographie 7837; Auswert. d. Hemm. v. Tumorgewebe d. Menschen durch — 17 073.

2-Aminothiazol-4-carbonsäure 1602.

2-Mercaptoimidazol-5(4)-carbonsäure (F. 228—229° Zers.), Darst., Verester., Na-Salz 9333; Rk. v. —-Estern 15 958.

$C_4H_4N_2O_2S_3$ **Bis-[thiocyanatomethyl]-sulfon** (F. 183—185°) 1384*.

$C_4H_4N_2O_3$ (s. *Barbitursäure*).

***N*-Methylparabansäure** 6355.

Oximinocyanessigsäuremethylester (F. 122 bis 124°) 12 994.

$C_4H_4N_2O_4$ (s. *Dialursäure*; *Orotsäure*).

1.4-Dinitrobutadien-(1.3) (F. 147—148°), Dipolmoment, Konfigurat. 12 972.

Uracilcarbonsäure-(5), Konstit.-Einfl. auf d. kernmagnet. Resonanzspektrum u. Protonenbeweglichk. 18 421.

$C_4H_4N_2O_4S_4$ **Bis-[nitrothioacetyl]-disulfid**, bakteriostat. Wrkg. 1278.

$C_4H_4N_2O_5$ s. *Alloxansäure*.

$C_4H_4N_2O_5S$ **Uracil-5-sulfonsäure** 7992*.

$C_4H_4N_2O_6$ ***α.α*-Dinitroketenäthylenacetal** 12 994.

***α.α*-Dinitro-*γ*-butyrolacton** (F. 64,5 bis 65,5°) 12 994.

$C_4H_4N_2S$ **2-Mercaptopyrimidin** (F. 228—230° Zers., korr.) 132, 16 848*.

4-Mercaptopyrimidin, Rk. 15 697*.

3-Thiocyanpropionitril (Kp.$_{19}$ 160°) 10 573*.

2-Cyanäthylisothiocyanat (Kp.$_{0,07}$ 84°) 14 622*.

$C_4H_4N_2S_2$ **3.6-Dimercaptopyridazin** (F. 237° Zers.) 1990.

2.4-Dimercaptopyrimidin bzw. Dithiouracil, Rk. 848, 7151, 11 193; Prüf. auf tuberkulostat. Wrkg. 10 552.

Äthylendithiocyanat (1.2-Dirhodanäthan) (F. 85—86°), Darst. 6370; Wrkg. auf d. Entw. v. Bac. acetoethylicus u. Bact. coli 16 370; Best. d. Cytotoxizität in menschl. Zellkulturen 4195.

Thiazol-4-carbonsäurethioamid, IR-Spektrum 10 030.

$C_4H_4N_2S_3$ **Bis-[thiocyanatomethyl]-sulfid** (F. 58 bis 60°) 1383*.

2-Thiazolyldithiocarbaminsäure, tuberkulostat. Wrkg. v. —-Salz 10 552.

$C_4H_4N_4$ **1.2.5.6-Tetrazacyclooctatetraen-(2.4.6.8)**, Herst., Verw. 2974*.

5-Methyl-*symm.*-triazol-3-carbonsäurenitril (F. 135—136°) 5658.

3-Amino-4-cyanpyrazol, Herst., Verw. v. Deriv. 7625*; Rk. 7900.

2.3-Diaminomaleinsäuredinitril (F. 185 bis 186°), Bldg. 18 129; Auffass. d. tetrameren HCN als — 12 607.

$C_4H_4N_4O_2$ **2-Amino-5-nitropyrimidin**, Konstit.-Einfl. auf d. IR-Spektrum 14 812.

$C_4H_4N_4O_2S$ **2-Mercapto-4(6)-hydroxy-5-nitroso-6(4)-aminopyrimidin**, Darst., Rk. 2734; Verw. 18 347*; Farb-Rk. mit Nitroprussidnatrium 7249.

1.2.5-Thiadiazol-3.4-dicarboxamid (F. 240°) 9901*.

$C_4H_4N_4O_3$ **5-Nitrocytosin**, Darst. 8250; antiphlogist. Wrkg. 1686.

4-Amino-5-nitro-6-hydroxypyrimidin 4542.

4-Amino-5-nitrosouracil (4-Amino-2.6-dihydroxy-5-nitrosopyrimidin), Rk. v. Deriv. 8065*; Verw. 18 347*.

2-Amino-4.6-dihydroxy-5-nitrosopyrimidin, Auswert. d. Hemm. v. Tumorgewebe d. Menschen durch — 17 073; Verw. 18 347*.

5-Diazouracil, Wrkg. auf Keimpflanzen 904; cytostat. Wrkg. 12 694; Prüf. auf tumorhemmende Wrkg. 9377; Verw. d. —-Probe zum Nachw. v. Saccharose in Most u. Wein 17 598.

1-Cyan-1-nitro-2-ureidoäthylen (F. ca. 155° Zers.) 848.

$C_4H_4N_4O_4$ **2-Amino-4.6-dihydroxy-5-nitropyrimidin** 18 117.

6-Amino-5-nitrouracil 18 116.

4-Nitroimidazol-5-hydroxamsäure (F. 220° Zers., korr.) 2734.

Furoxan-3.4-dicarbonamid (F. 233°) 12 991.

$C_4H_4N_4O_4S$ **3.5-Dinitro-2-hydrazinothiophen** (F. 180—181°) 11 178.

$C_4H_4N_4O_7$ **3.3.3-Trinitropropylisocyanat** (Kp.$_{1\,\mu}$ 73—75°), Darst., Rk. 10 052; Rk. 9216*.

$C_4H_4N_4S$ **2-Methyl-*symm.*-triazolo-[3.4:*b*]-1.3.4-thiadiazol** (F. 144°) 4908.

$C_4H_4N_6$ **2-Azaadenin**, Einfl. auf d. Wachstum v. Tetrahymena 12 716.

8-Azaadenin (7-Amino-1H-*vic.*-triazolo-[*d*]-pyrimidin), Basenstärke 15 260; Rk. 3461; Katalysier. d. Übertrag. v. Desoxyribose v. Thymidin auf — durch trans-N-Glykosidase aus Thermobacter acidophilus 13 430; Widerstandsfähigk. v. Streptococcus faecalis gegen — 4199; Einfl. auf d. Wachstum v. Tetrahymena 12 716; —-Stoffwechsel in Rhodospirillum 7944.

$C_4H_4N_6O$ **4-Hydroxy-5-methyl-1.2.3.6.7.9-hexazainden** (F. 222°) 4170.

8-Azaguanin, Basenstärke 15 260; elektronenspektroskop. Bilder v. Krebszellen unter d. Einw. v. — 10 124; Einfl.: auf d. Enzym-Synth. in Bakterienzellen mit Guaninmangel 7188; d. Na-Verb. auf d. Amylase-Bldg. bei Bacillus amyloliquefaciens Fukumoto 2035; auf d. Synth. d. induzierten Enzyms „Cyanase" in Escherichia coli 4581; v. trans-N-Glykosidase aus Thermobacter acidophilus auf d. Übertrag. v. Desoxyribose v. Thymidin auf — 13 430; auf d. Glutamyltranspheraseaktivität in Zellen v. Säugetieren 12 704; auf d. Virusvermehr. (Vgl.) 13 813; auf d. Bldg. v. Virulenzfaktoren durch Pasteurella pestis 11 248; auf d. Vermehr. d. Bakteriophagen T4r 2779; d. O_2-Druckes auf d. antibakterielle Aktivität v. — 7571; auf d. Ribonucleinsäure d. Ribosomen in Bacillus cereus 17 068; auf d. Umbau v. ^{32}P aus RNS in

DNS in d. Receptorzellen v. Bacillus cereus 4569; Widerstandsfähigk. v. Streptococcus faecalis gegen — 4199; Einfl. auf d. Richt. v. Erschein. im Lebenscyclus d. Chlorella 14 900; — im Oxydat.-Red.-Cyclus bei Chlorella vulgaris unter N-Hunger 2769; Einfl.: auf d. Wachstum v. Tetrahymena 12 716; auf d. Morphologie peritonealer Mastzellen 3841; — beim experimentellen Schock d. Ratte 7604; Prüf. auf antimitot. Wirksamk. mittels in vitro kultivierter Yoshida-Sarkom-Zellen 18 871; Best.: d. Cytotoxizität in menschl. Zellkulturen 4195; d. Antitumorwrkg. 1126; — (?) als Ursache für d. Bldg. anomaler Proteine 17 070; Wrkg.: auf d. Synth. spezif. Myelomproteine im Serum v. Plasmazellentumor (5563)-tragenden Mäusen 10 123; einer kombinierten Behandl. durch Bestrahl. u. — gegen experimentelle Tiertumoren 9376; auf d. Wachstumsindices d. Nelson-Mäuseascitestumors (Riditanalyse) 2766; auf d. Galliera-Sarkom d. Ratte 13 800; Potenzier. bei Kombinat. v. — mit biochem. verwandten Antimetaboliten 6079; anatom. Verteil. leukäm. Zellen u. Versagen v. Chemotherapie durch — bei Mäusen 18 871.

$C_4H_4N_6S$ **2.4-Diamino-6-thiocyan-*symm.*-triazin (Diaminorhodan-1.3.5-triazin)**, Herst., Verw. 5818*; Ionisat.-Konst. 8204.

$C_4H_4N_8O_{14}$ **Bis-[2.2.2-trinitroäthyl]-nitramin**, Verh. bei sehr hohen Temp. 1090.

$C_4H_4N_{12}$ **3.6-[Ditetrazolyl-(5)]-1.2-dihydro-*symm.*-tetrazin**, Verw. 447.

C_4H_4O (s. *Furan*).

Butin-(3)-al, Darst. im Gemisch mit Butadien-(2.3)-al 11 525.

Tetrolaldehyd [Methylpropiolaldehyd, Butin-(2)-al-(4)], IR-Spektrum 11 529; Rk. 10 274*.

Butadien-(2.3)-al, Darst. im Gemisch mit Butin-(3)-al 11 525.

Butin-(1)-on-(3) (Acetylacetylen), Appearancepotentiale 3765; Rk. 10 274*.

$C_4H_4O_2$ **Maleindialdehyd**, Rk. 5299, 10 274*, 14 371.

Cyclobutandion-(1.2), Bldg., Bis-2.4-dinitrophenylhydrazon (F. 280—280,5°) 11 894.

Tetrolsäure (F. 76—77°), Darst. 6734, 9675; Rk. 4128, 15 928.

Butin-(3)-säure 14 469.

Butadien-(2.3)-säure (F. 66°) 14 469, 16 842*.

Propiolsäuremethylester, Rk.: mit 9.10-Dimethylanthracen (Kinetik) 15 914; mit Azomethiniminen 14 094; mit Nitrilylid $C_{14}H_{10}N_2O_2$ 11 562.

γ-Crotonolacton (4-Hydroxycrotonsäurelacton, Dihydrofuranon, $\Delta^{\alpha,\beta}$-Butenolid) ($Kp._{14}$ 94—98°), Darst. 17 714, 18 815; [Konstit.-Einfl. auf d. ν(CO)] 9653; (Copolymerisat.-Charakteristika) 4562; Herst., Verw. v. Deriv. 17 210*; Chemie d. — 11 863, 15 186; Anlager. an Kautschuk u. analoge Polymere 18 133.

Diketen, Herst. v. sehr reinem — 4723*; Elektronenbeug.-Unters. an — 2686; protonenmagnet. Resonanzspektrum 5979; Polymerisat. 11 217; Kinetik d. strahlungsinduzierten Polymerisat. im festen Zustand 145; Dimerisier. 11 006*; Rk.: mit NH_3 5096*, 7325*, 13 569*; mit 1-Phenyl-2-äthylpropylamin 9816*; mit 2-[1'.1'-Diphenylpropyl-(3')-amino]-3-phenylpropan 18 934*; mit Alkoholen 5983; mit β-Sitosterin 12 466*; mit Aminoalkoholen 18 611*; mit 2-[m-Methoxyphenyl]-2-äthylbutylamin 5018*; (u.2-[m-Methoxyphenyl]-2-cyclohexylbutyl-(1)-amin) 12 388*; mit Pinakon 17 367; mit Weinsäure 8058*; Verw.: zum Stabilisieren v. Arylaminen 12 100*; beim Färben 18 284*.

$C_4H_4O_2S$ **Thiophen-*S.S*-dioxid**, Herst., Verw. v. Deriv. 14 729*; Photooxydat. 9667.

$C_4H_4O_2S_2$ **2(α)-Thienylsulfinsäure** 3260*, 7691*.

$C_4H_4O_3$ **5-Methylen-1.3-dioxolanon-(2)**, Darst. v. Deriv. 12 464*; therm. Spalt. v. Deriv. 4723*.

Tetronsäure, Synth. v. Deriv. aus Diazoketonen (Übersicht) 3054; Biosynth. v. — in Schimmelpilzen 16 730, 16 731.

β-Formylacrylsäure (F. 53,5—55°), IR- u. UV-Spektrum, Struktur 15 163; Rk. v. — u. —-Estern 10 274*.

Bernsteinsäureanhydrid (Succinanhydrid) (F. 118,5—120°), Darst. 9671, 15 025*; Bldg. 12 256; Gewinn. aus Gemischen 15 025*, 18 635*; Rk.: mit SF_4 13 565*; mit Bzl. 11 870; mit Benzolderiv. 6752; mit p-Xylol 131; mit Isopropylbenzol bzw. Äthylbenzol bzw. rac.-1-[2-Bromäthyl]-7-isopropyltetralin bzw. Toluol 14 849; mit Diphenylmethanderiv. 18 934*; mit 1.2-Dimethylnaphthalin 14 126; mit 6-Methyltetralin 4896; mit 2-Methylindan 14 852; mit Fluoren bzw. Dibenzofuran 11 556; mit CH_2N_2 15 211; mit 4-Phenylpiperidinen 5392*; mit Dodekahydrocarbazol 4152; mit 1.2.3.6-Tetrahydropyridazin 847; mit 2-Äthylbenzofuran 3799; mit 2.3-Dihydrobenzo-[b]-thiophen 16 671; mit 2-Äthylthianaphthen 15 207; mit 2.3-Diäthylthianaphthen 7137; mit Aminen 121; (unter Druck) 15 170; mit Arylaminen (kinet. Unters.) 14 461; mit p-Toluidin (Kinetik) 1249; mit α-[2.5-Endomethylen-Δ^3-cyclohexenyl]-äthanol 6590*; mit Östriol 9447*; mit Pentaerythrit 13 357; mit Hydroxyäthylimidazolhydrochlorid 12 616; mit Nitrobenzhydrolen 16 659; mit o-Kresylmethyläther bzw. verwandten Verb. 8227; mit 2-Isopropenylanisol 8595; mit 2.4-Dimethylphenylmethyläther 14 848; mit 3.4-Dimethoxy-n-butylbenzol 8588; mit 2.3-Diamino-1.4-dimethoxybenzol 124; mit 2.5.2'.5'-Tetramethoxybiphenyl 13 376; mit Bis-[m-methoxyphenyl]-Cd 453; mit Tetradecyl-MgBr 12 629; mit Ferrocen 14 482; mit o-Aminothiophenol 4156; mit Phenylmethyl- bzw. Chlorphenylmethylsulfiden 11 535; mit 4.4'-Diaminodiphenylsulfoxid 14 618*; mit Glucosamin 14 622*; mit 1-Keto-6-hydroxyspiro-[4.4]-nonan 11 901; mit 3α-Hydroxy-11.20-diketopregnan 5773*, 7994*, 16 415*; mit Δ^4-Pregnen-11β.17α.21-triol-3.20-dion 5025*; mit 16α.17α-Oxido-11-epicorticosteron 15 236; mit 6α-Fluorprednisolon 18 209*; mit 7-β-Hydroxyäthyltheophyllin 1326*; mit 2-Nitro-4-aminobenzaldehydthiosemicarbazon 9708; mit Glycyrrhetinsäure 3629*; mit Phenylcarbonsäureäthylester 11 175; mit oxyalkylierten Säureamiden, Estern oder Äthern 13 998*; mit β-Hydroxybuttersäure-2-phenyl-2-äthylbutyl-(1)-amid 7987*; mit β-Hydroxybuttersäure-2-[m-methoxyphenyl]-2-äthylbutyl-(1)-amid 5018*, 12 388*; mit p-Acylaminobenzaldehyd 2181*; mit (±) cis-5.8-Dihydroxy-1.4.5.8.9.10-hexahydronaphthoesäurelacton-(1→8) 13 038; mit Erythromycin 3558*; mit Spiculigenin 3909*; Verw. 6512*; (v. Deriv.) 5436*; Unters. v. — als analyt. Standard 16 786.

Acetoxyketen, Abfangen v. — durch Cycloaddit. an Enamine 11 543.

$C_4H_4O_3S$ **Thiodiessigsäureanhydrid** 6027.

$C_4H_4O_3S_2$ **Thiophensulfonsäure**, Verw. d. NH_4-Salzes in Protitis 3546*.

$C_4H_4O_4$ (s. *Fumarsäure*; *Maleinsäure*).

Diglykolsäureanhydrid (F. 91—93°), Darst., Rk. 6027; Rk. 13 872*.

$C_4H_5BrN_2S$ **2-Amino-4-methyl-5-bromthiazol,** Rk. 12 292.

$C_4H_5BrN_4$ **5-Brom-2.4-diaminopyrimidin** 1990.
4.6-Diamino-5-brompyrimidin (F. 213°) 7150.

$C_4H_5BrN_4O$ **2.6-Diamino-4-hydroxy-5-brompyrimidin** (F. 244° Zers.), Rk. 7152.

$C_4H_5BrN_4O_8$ **1-Brom-1.1.3.3-tetranitrobutan** (F. 46°) 11 527.

C_4H_5BrO **2-Brom-3.4-epoxybuten-(1)** 12 838*.
2-Bromcyclobutanon-(1), Bldg., 2.4-Dinitrophenylhydrazon (F. 127—127,5°) 11 894.

$C_4H_5BrO_2$ **α-Bromcrotonsäure** (F. 107—108° korr.) 13 382, 15 925.
β-Brom-*cis*-crotonsäure (F. 55°), Konfigurat., Dipolmoment 4119.
β-Brom-*trans*-crotonsäure (F. 94°), Konfigurat., Dipolmoment 4119.
4-Bromcrotonsäure, positiv-inotrope Wrkg. auf d. Papillarmuskel d. Katze 18 191.
3-Brombuten-(3)-säure (F. 46—47°) 2329.
α-Bromacrylsäuremethylester, Rk. 12 600.
α-Brom-γ-butyrolacton (Kp.$_{14}$ 125°), Darst., Rk. 4562; Rk. 7857; Wrkg. auf d. Kationentransport kalt konservierter Erythocyten d. Menschen bei Inkubat. 14 941.

$C_4H_5BrO_4$ **Brommethylmalonsäure** 15 553.

$C_4H_5Br_2N_5O_8$ **Bis-[2-brom-2.2-dinitroäthyl]-amin (2.2'-Dibrom-2.2.2'.2'-tetranitrodiäthylamin)** (F. 69—70°), Darst. 3428; Rk. 9216*.

$C_4H_5Br_3O$ **α.γ-Dibrombuttersäurebromid,** Hydrolyse 7857.

$C_4H_5Br_3O_2$ **Äthyltribromacetat,** lipotrope Wrkg. 2815.

$C_4H_5Br_3O_2S$ **Tribromäthenyläthylsulfon** 5093*.

C_4H_5Cl **1-Chlorbutadien-(1.3),** Darst. v. cis-— u. eines Gemisches v. cis- u. trans-— 3417; Rk. 87, 16 641.
Chloropren (2-Chlor-1.3-butadien) (Kp. 59°), Herst. 3624*, 5092*, 5843* [2 Ref.], 16 130*, 18 268*, 18 631*, 19 005* [3 Ref.]; Isolier. u. Reinig. 10 998*; Stabilisier. 2166*; (v. —-halt. Monovinylacetylen) 15 402*; Dampf-Fl.-Gleichgew. im Syst. mit 1.3-Butadien 13 709; Mechanismus d. Inhibier. d. Polymerisat. v. — mit 1.4-Dinitro-2-chlorbuten-(2) 8277; reduktive Dechlorier. 16 641; Rk.: mit salzart. Polysulfiden 4721*; mit $HMn(CO)_5$ 10 019; Addit. v. Methylradikalen an — (Geschw.-Konst.) 13 357; Rk.: mit 2-Chlorpenten-(3) 14 076, 17 720, 17 721; v. Addukten v. tert.-Butylchlorid an — 1187; mit Chlormethyl- bzw. α-Chloräthylalkyläthern 2701; mit Formaldehyd u. HCl 7854; mit Acrylsäure oder Styrol 87; mit Maleinsäureanhydrid (Kinetik) 4134; mit N-Alkylmaleinsäureimiden 14 839; mit Arylsulfinsäuren+Alkylnitrit 10 810; mit Propylenglykolphosphorigsäurechlorid 14 473; Einfl.: auf d. Cholinesteraseaktivität d. Gehirns v. weißen Ratten 16 055; auf d. Geh. an Eiweiß, Eiweißfrakt., Cholesterin u. Glucose im Blut v. Arbeitern 16 055; Verw. in Bindemittel für Halogensilberschichten 3331*; Polymerisat. u. Polymerisate s. unter *Kautschuk (Halogenbutadien-Elastomere)* bzw. *Plaste (Olefinpolymerisate)*.

$C_4H_5ClF_2$ **1.1-Difluor-1-chlor-2-methylpropen-(2)** (Kp.$_{760}$ 46°) 12 455*.

$C_4H_5ClF_2O_2$ **2-Chlor-1.1-difluoräthylacetat** (Kp.$_{11}$ 24°) 16 283.
Difluorchloressigsäureäthylester (Kp. 96°) 14 099.

$C_4H_5ClHgO_2$ **Vinylquecksilbermonochloracetat** (F. 67—69°) 17 718.

C_4H_5ClMg **$\Delta^{1,3}$-Butadien-yl-(1)-magnesiumchlorid,** Rk. 8781*.

$C_4H_5ClN_2$ **4-Chlormethylimidazol,** Hydrochlorid (F. 139—141°) 6765.

$C_4H_5ClN_2O$ ***N*-Methyl-*N*-cyanmethylcarbamoylchlorid** (Kp.$_{17-18}$ 124—137°), Rk. 9867*.

$C_4H_5ClN_2O_4$ **1.4-Dinitro-2-chlorbuten-(2),** Mechanismus d. Inhibier. d. Polymerisat. v. Chloropren mit — 8277.

$C_4H_5ClN_2O_4S_3$ **2-Chlorthiophen-3.5-disulfamid** (F. 219—220°) 5767*, 8346*.

$C_4H_5ClN_2S$ **5-Chlor-3-äthyl-1.2.4-thiodiazol,** Rk. 16 061*.
5-Äthyl-2-chlor-1.3.4-thiadiazol (Kp.$_{15}$ 98 bis 99°) 4908.
4-Chlormethyl-2-aminothiazol (F. 123°) 4905.

$C_4H_5ClN_4$ **4.5-Diamino-2-chlorpyrimidin,** Rk. 10 462.
6-Chlor-2.4-diaminopyrimidin (F. 200 – 201°) 9720.
6(4)-Chlor-4.5(5.6)-diaminopyrimidin (F. 153—154° Zers.), Bldg. 15 247; Rk. 3461, 10 462, 13 580*.
3-Hydrazino-6-chlorpyridazin (F. 140,5°) 1990.

$C_4H_5ClN_4O$ **2-Chlor-*N*-[triazolyl-(3)]-acetamid** (F. 272°), Darst. 12 267.

C_4H_5ClO **Chloroprenoxid [2-Chlor-3.4-oxidobuten-(1), 2-Chlor-3.4-epoxybuten-(1)]** (Kp. 108—110°), Herst. 8422*, 19 012*; Herst., Rk. 12 837*; Rk. 10 048, 17 368.
4-Chlorbutin-(2)-ol-(1) (Kp.$_{0,5}$ 57—58°), Rk. 11 155.
α-Methyl-β-chloracrolein, Rk. 10 274*.
Methyl-α-chlorvinylketon 10 048.
Methyl-β-chlorvinylketon [1-Chlorbuten-(1)-on-(3)], Rk. 805, 8589, 9320, 10 274*; katalyt. Eig. v. Polymeren aus — 18 490.
Crotonsäurechlorid (Crotonylchlorid) (Kp. 122—126°), Bldg. 12 256; Kinetik: d. Hydrolyse 2693; d. Rk. mit 9.10-Dimethylanthracen 15 914; Rk.: mit 2-Alkyl-4.6-dinitrophenolen 16 649; mit 2-[m-Methoxyphenyl]-2-[β-piperidinoäthyl]-n-butylamin 4259*; mit Pentanatriumsaccharat 7527; mit Di-O-isopropyliden-D-glucofuranose 13 033.
Vinylacetylchlorid, Hydrolyse (Kinetik) 2693.
Methacrylsäurechlorid (Methacrylylchlorid) (Kp. 97—99°), Herst. 15 764*; Rk.: mit Aminen bzw. Phenolen 1629; mit Pentachlorthiophenol 9539*; mit Pyrrolidon-Na 13 753; mit m-Aminobenzaldehydäthylenglykolacetal 1867*; mit 2.2-Dinitro-2-cyanäthanol 12 993; mit Methacrylsäure 8218; mit Aminosäuren 17 060; mit Hydroxysulfonsäuren 7692*; mit Dialkyl-1-hydroxyalkylphosphonaten 2170*; mit d. Na-Verh. v. Hydroxymethylphosphonsäurediäthylester 9314; Verw. 15 619.
Cyclopropancarbonsäurechlorid (Kp.$_{84}$ 46 bis 48°), Darst., Rk. 16 656; Rk. 7251*, 13 723.

C_4H_5ClOS **Thiochlorkohlensäureallylester,** Rk. 14 619*.

$C_4H_5ClO_2$ **α-Chlorcrotonsäure,** Rk. 16 839*.
β-Chlor-*cis*-crotonsäure (β-Chlorisocrotonsäure) (F. 60,3—60,6°), Darst., Rk. 7843; Konfigurat., Dipolmoment 4119; Rk. 4260*, 4488.
β-Chlor-*trans*-crotonsäure (F. 94,0°), Darst., Rk. 7843; Konfigurat., Dipolmoment 4119; Rk. 4488.
***trans*-γ-Chlorcrotonsäure** (F. 81,5°) 15 187.
α-Chloracrylsäuremethylester (Methyl-α-chloracrylat) (Kp.$_{55}$ 57—60°), Darst. 11 529, 11 729*; Rk. 5473*, 16 512*.
β-Chloracrylsäuremethylester, Rk. 2705.
Chloressigsäurevinylester (Kp.$_{20}$ 44—46°) 17 718.
Chlorameisensäureallylester (Chlorkohlensäureallylester, Allylchlorformiat, Allylchlorcarbonat), IR-Spektrum 2679; Rk. 2391, 4357*, 14 619*.

$C_4H_5ClO_2S$ **3-Chlor-2.3-dihydrothiophen-1.1-dioxid** (F. 82—84°) 1223.

$C_4H_5ClO_3$ **3-Chlorpropylen-(1.2)-carbonat,** Rk. 15 028*.
α-Chloracetessigsäure, Rk. v. —-Estern 9 490*.

Bernsteinsäuremonochlorid, Rk. 11 534.
Oxalsäureäthylesterchlorid (Äthoxallylchlorid), Rk.: mit Diphenyläthan 18 100; mit Anisol, Brombenzol bzw. Toluol 11 887; mit 2.3-Dihydroxydesoxybenzoin 843; mit 2.4.6-Trihydroxy-3-methyldesoxybenzoin 18 111; mit 2.4.6.3'-Tetrahydroxy-3.4'.5'-trimethoxydesoxybenzoin bzw. 2.4.6.4'-Tetrahydroxy-3-methoxydesoxybenzoin 15 591; mit 2.4.5-Trimethoxybenzyl-2.4.6-trihydroxy-3-methoxyphenylketon 14 502.
Acetoxyacetylchlorid, Rk. 1713*, 6142*, 11 543.
Essigsäurechloressigsäureanhydrid ($Kp._{110}$ 118—120°), Darst., Rk. 14 113; Rk. 14 113.

$C_4H_5ClO_4$ **Chlorbernsteinsäure**, Verwert. v. L- u. D-— als Substrat v. Bernsteinsäuredehydrogenase 12 327.

$C_4H_5Cl_2FO_2$ **Dichlorfluoressigsäureäthylester** (Kp. 131°), Darst. 14 099; Rk. 6776.

$C_4H_5Cl_2N$ **α.β-Dichlorbutyronitril**, Herst. 3263*;Rk. 7331*.
β.γ-Dichlorbutyronitril 3263*.
α.β-Dichlorisobutyronitril, Herst. 3263*; Rk. 7331*.

$C_4H_5Cl_2NO_3$ **Dichloracetylglycin**, Acylaseaktivität v. Ascitestumorzellen auf — 9373.

$C_4H_5Cl_2O_4P$ **2.2-Dichlorvinyläthylenphosphat** ($Kp._{21}$ 110—170°) 5475*.

$C_4H_5Cl_3$ **1.1.3-Trichlorbuten-(1)** 18 411.
trans(cis)-**1.1.1-Trichlorbuten-(2)**, Darst., Struktur 18 411.

$C_4H_5Cl_3O$ **2.3.5-Trichlortetrahydrofuran**, Polymere aus — 3115.

$C_4H_5Cl_3OS$ **Allyltrichlormethylsulfenat** ($Kp._{10}$ 110°) 3606*.

$C_4H_5Cl_3O_2$ **Trichlordioxan** ($Kp._{12}$ 80°) 1414*.
2.2.3-Trichlor-*n*-buttersäure, Verw. 8389*.
α.β.β'-Trichlorisobuttersäure, Verw. v. — u. Deriv. 10 976*.
Trichloressigsäureäthylester (Äthyltrichloracetat) (Kp. 167—167,5°), Bldg. 15 924; Lage u. Intensität d. ν(C=O)-Bande 8558; elektr. Eig. d. Syst. aus $TiCl_4$ u. — 7816; Hydrolyse (Kinetik) 2318; Rk.: mit 2H-1-Benzothiopyran u. $NaOCH_3$ 17 390; mit n-Propylamin 7850; mit Divinyläther 11 541; mit substituierten Biguaniden 6777; lipotrope Wrkg. 2815.

$C_4H_5Cl_3O_2S$ **3.3.4-Trichlortetrahydrothiophen-1.1-dioxid** (F. 110—111°) 1223.
Trichloräthenyläthylsulfon 5093*.
α-Hydroxy-β.β.β-trichloräthylacetylsulfid (F. 40—41°) 7476.

$C_4H_5Cl_5S$ **Verb.** $C_4H_5Cl_5S$ ($Kp._{0,1}$ 77—81°) aus Allylchlorid u. Trichlormethylsulfenylchlorid 15 553.

$C_4H_5Cl_6O_2P$ **Bis-[α-hydroxy-β-trichloräthyl]-phosphin**, Auswert. d. Hemm. v. Tumorgewebe d. Menschen durch — mittels eines in vitro-Tests 17 073.

$C_4H_5CrNO_3$ ***N*-Methylaminochromtricarbonyl** (F. 122,5—124°) 13 205*.

C_4H_5F **Fluoropren (2-Fluorbutadien)**, Rk. 6222*, 15 424*, 15 984.

$C_4H_5FN_2O_2$ **Dihydrofluoruracil**, biolog. Bldg. 17 070.

$C_4H_5FO_2$ **4-Fluorcrotonsäure**, positiv-ionotrope Wrkg. auf d. Papillarmuskel d. Katze 18 191.
Methyl-α-fluorarylat, Rk. 9538*.

$C_4H_5FO_3$ **Fluoracetessigsäure**, Enzymhemm. durch Fluoracetoacetat 1262.

$C_4H_5FO_5$ **Fluoräpfelsäure**, Enzymhemm. durch Fluormalat 1262.

$C_4H_5F_2NO_4$ **2.2-Difluor-2-nitroessigsäureäthylester** 8412*.

$C_4H_5F_3O$ **α-Trifluormethylallylalkohol** (Kp. 91,5°), Darst., Rk. 8207; Rk. 8208.
γ-Trifluormethylallylalkohol, Rk. 8207, 8208.
2.2.2-Trifluoräthylvinyläther, Herst., Verw. 16 411*; Polymerisat.; krist. Poly-— 6428; Copolymerisat. mit 1.1.2.3-Tetrafluorbutadien-(1.3) 14 829.
Äthyltrifluormethylketon, IR-Spektrum 2679.

$C_4H_5F_3O_2$ **4.4.4-Trifluorbuttersäure** (Kp. 162°) 3774.
Trifluoressigsäureäthylester (Äthyltrifluoracetat), Rk. 6776; lipotrope Wrkg. 2815.

$C_4H_5F_3O_2S$ **Trifluoräthenyläthylsulfon** 5093*.

$C_4H_5FeNaO_2$ **Natriumäthyleisendicarbonyl**, Rk. 18 400.

$C_4H_5JO_2$ **β-Jod-*cis*-crotonsäure** (F. 66°), Konfigurat., Dipolmoment 4119.
β-Jod-*trans*-crotonsäure (F. 113°), Konfigurat., Dipolmoment 4119.
4-Jodcrotonsäure positiv-inotrope Wrkg. auf d. Papillarmuskel d. Katze 18 191.

$C_4H_5LiN_2$ **1-Methylpyrazolyl-(4)-lithium**, intermediäre Bldg. 5663.

C_4H_5N (s. *Pyrrol*).
Crotonsäurenitril [Crotononitril, Buten-(2)-nitril] (Kp. 117°), Darst. 2699, 9515*; Bldg. 8943; Berechn. d. Kraft-Konst. u. Schwingungsfrequenzen 13 701; Methylaffinität 14 463; Rk.: mit 9.10-Dimethylanthracen (Kinetik) 15 914; mit tert.-Alkylaminen 16 491*; mit Äthylendiamin 4171; mit 3-Phenylsydnon 17 742; Mischpolymerisat. mit Äthylidenmalonsäuredinitril 11 729*; Rk. mit N-Bromsuccinimid 10 837.
Isocrotononitril (*cis*-Crotonsäurenitril), Berechn. d. Kraft-Konst. u. Schwingungsfrequenzen 13 701; Oxydat. 17 714.
Allylcyanid [Vinylacetonitril, Buten-(3)-säurenitril] (Kp. 115°), —-Geh. d. äther. Öles d. Samens v. Descurainia Sophia (Linn), Weble Exprantl, Syn. Sisymbrium Sophia (Linn) 3656; Darst. (Deriv.) 8943; (Hydrolyse v. $^{14}C_{(1)}$-—) 8573; Polymerisat. 16 684; Kinetik d. Epoxydat. 4129; Acetoxydier. 17 714; Rk.: mit Hexachlorcyclopentadien 11 736*; mit Methyldichlorsilan 10 065; mit Dimethylchlorsilan 6358; mit Heptamethyltrisiloxan 15 027*.
Methacrylonitril (Methacrylsäurenitril, 2-Cyanpropen) (Kp. 89—89,5°), Darst., Rk. 16 685; Herst. 3982*, 9515*; NMR-Spektrum 433; Berechn. d. Kraft-Konst. u. Schwingungsfrequenzen 13 701; Unters. v. im festen Zustand röntgenbestrahltem— durch paramagnet. Elektronenresonanz 3835; Methylaffinität 14 463; Rk.: mit Diisobutylen 15 770*; mit 9.10-Dimethylanthracen (Kinetik) 15 914; mit CH_2N_2 14 090; Verh. gegen Phenoxazin 3813; Rk.: mit tert.-Alkylaminen 16 491*; mit Äthylendiamin 4171; mit Alkoholen u. W. 17 924*; mit 3-Phenylsydnon 17 741; Mischpolymerisat. mit Äthylidenmalonsäuredinitril 11 729*; Verw. als Rk.-Komponente bei d. Herst. v. kautschukart. Dien-Terpolymeren 6991*; gaschromatograph. Trenn. v. anderen Nitrilen 13 150.

C_4H_5NO **1.4-Oxazin**, Unters. über —-Deriv. 18 828, 18 829; Verw. d. Heptaschwefelwasserstoff-Salzes 17 241*.
3-Methylisoxazol, Spalt. mit Na-Amid 8601; Mercurier. 8601.
4-Methylisoxazol ($Kp._{750}$ 120,5—121,5°) 3443.
5-Methylisoxazol, Jodier. 15 208; Mercurier. 8601; Rk. mit Benzaldehyd 15 208.
2-Aminofuran, Rk. 341*.
Allylisocyanat, Rk. 7626*, 7888, 10 193*.
cis-**3-Hydroxy-1-cyanpropen-(1)** ($Kp._{11}$ 97 bis 98,5°) 15 187.
trans-**3-Hydroxy-1-cyanpropen-(1) (4-Hydroxycrotonsäurenitril)** ($Kp._{12}$ 122 bis 122,5°) 15 187, 18 084.
Vinyloxyacetonitril, Rk. 316*.
β-Cyanpropionaldehyd 6209*, 10 275*.
Acetylessigsäurenitril, Rk. v. Deriv. 5391*.
Methylpropiolsäureamid (F. 147°) 15 934.

$C_4H_6Br_2Cl_2$ **1.2-Dibrom-3.3-dichlorbutan** (Kp.$_4$ 79—80°) 10 800.
1.3-Dichlor-2.3-dibrombutan (Kp.$_8$ 88°) 10 800.

$C_4H_6Br_2F_2O$ **2.2-Dibrom-1.1-difluoräthyläthyläther** (Kp.$_{26}$ 65°) 1568.

$C_4H_6Br_2O$ **3.4-Dibrom-1.2-epoxybutan**, Dehydrohalogenier. 12 837*.
1.2-Dibromvinyläthyläther, Darst., Rk. v. ^{14}C-— 12 989.
α-Bromisobutyrylbromid, Rk. 15 567.

$C_4H_6Br_2O_2$ **2.3-Dibrombuten-(2)-diol-(1.4)** (F. 113—114°) 9299.
α.β-Dibrompropionsäuremethylester(Methyl-α.β-dibrompropionat), Rk. 3262*, 4348*.
Dibromessigsäureäthylester (Kp. 189—190°), Lage u. Intensität d. ν(C = O)-Bande 8558; Hydrolyse (Kinetik) 2318; Rk. mit Biguaniden 6776.

$C_4H_6Br_2O_2S$ **2.2-Dibromäthenyläthylsulfon** 5093*.

$C_4H_6Br_2O_3$ *trans*-**1.4-Dibrombuten-(2)-ozonid** (F. 28—30°) 2329.

$C_4H_6Br_2O_4S_2$ **Bis-[methylsulfonyl]-1.2-dibromäthylen** 5093*.

$C_4H_6Br_4$ **1.2.3.4-Tetrabrombutan** (F. 116,5°) 18 828.

C_4H_6ClFOS **Fluorchlorthionessigsäureäthylester** (Kp.$_{60}$ 71°) 12 623.

$C_4H_6ClFO_2$ **Fluorchloressigsäureäthylester**, Rk. 7478.

$C_4H_6ClFS_2$ **Fluorchlordithioessigsäureäthylester** (Kp.$_{40}$ 60°) 12 623.

$C_4H_6ClF_5S$ **2-Chlorbuten-(3)-ylschwefelpentafluorid** (Kp.$_{26}$ 78—80°) 14 100.

C_4H_6ClN **γ(„3")-Chlorbutyronitril**, Darst., Rk. 17 035; Bldg. 8943; Lage d. C ≡ N-Dehn.-Frequenz in — 5206; Rk. 12 270, 15 594, 16 656.

C_4H_6ClNO **2-Chlorpropylisocyanat** (Kp.$_{760}$ 131 bis 132°) 7888.
2-Chlor-1-methyläthylisocyanat (Kp.$_{760}$ 141 bis 142°) 7888.
α-Chlor-β-hydroxybutyronitril 3263*.
β(3)-Hydroxy-γ(4)-chlorbutyronitril, Bldg. 18 084; Rk. 15 186.
β-Chlor-α-hydroxyisobutyronitril (Chloracetoncyanhydrin), Herst. 3263*; Rk. 7395*.
trans-**γ-Chlorcrotonsäureamid (4-Chlorcrotonamid)**, IR-Spektrum 15 534; Rk. 9869*.
cis-**Chlorvinylacetamid**, IR-Spektrum 15 534.
trans-**Chlorvinylacetamid**, IR-Spektrum 15 534.

$C_4H_6ClNO_3$ **Chloracetylglycin (*N*-Carboxymethylchloracetamid)**, Darst., Rk. 18 439; Rk. 4542.

$C_4H_6ClN_5$ **2-Chlormethyl-4.6-diamino-1.3.5-triazin**, Rk. 7669*.
4-Chlor-6-hydrazino-5-aminopyrimidin (F. 184°) 10 463.

$C_4H_6Cl_2$ **Dichlorbutene**, Herst. 4717*, 5469*, 12 829*, 19 003*.
3.3-Dichlorbuten-(1) (Kp.$_{105}$ 45°) 10 800.
3.4-Dichlorbuten-(1), Bldg. 17 559*; Red. 18 434; Autoxydat. (Kinetik) 13 345; Dehydrochlorier. 3624*, 5092*, 5843* [2 Ref.], 16 130*, 18 268*, 19 005* [2 Ref.].
1.3-Dichlorbuten-(2) (Kp. 127—129°), Darst., Rk. 16 280; Rk. 306*, 457, 3063, 9662, 10 800.
1.4-Dichlorbuten-(2), Darst. v. trans-— 18 434; Darst., Rk. 17 559*, 18 434; (v. cis-—) 120, 5256; Autoxydat. (Kinetik) 13 345; Dehydrochlorier. 3417; Rk.: mit Anilin, N-[2-Methoxyäthyl]-anilin bzw. 1-Phenylpiperazin 457; mit Dimethyldichlorsilan u. Li 8972; Verwendbark. zur Herst. v. Plasten 17 941; Verw. bei d. Herst. v. Klebemitteln usw. 5105.
α-Chlormethallylchlorid, Rk. 3476, 6210*.

$C_4H_6Cl_2N_2O_2$ ***N.N'*-Bis-[chloracetyl]-hydrazin** (F. 161°) 97.

$C_4H_6Cl_2N_3OPS$ ***N*-Äthyl-*N*-[1.3.4-thiadiazolyl-(2)]-amidophosphorylchlorid** 3453.

$C_4H_6Cl_2O$ **2.3-Dichlortetrahydrofuran**, Darst. 13 012; Darst., Rk. 12 288; Rk. 5864.
2.5-Dichlortetrahydrofuran (Kp.$_{12}$ 61—64°), Darst., Rk. 13 012; Polymere aus — 3115.
1.2(3.4)-Dichlor-3.4(1.2)-epoxybutan, Dehydrochlorier. 8422*, 12 837*, 19 012*.
1.4-Dichlor-2.3-epoxybutan, Verh. gegen KCN 18 084.
x.x-Dichlorepoxybutan (Kp.$_{10}$ 73—75°) 13 346.
2-Chlormethylepichlorhydrin (Kp.$_{23}$ 78°) 18 084.
α.β-Dichlorvinyläthyläther (1-Äthoxy-1.2-dichloräthylen), Darst., Rk. 12 256; (v. cis-—) 16 650.
Dichlorbutanon-(2), Komplex-Verb. mit $AlCl_3$ 12 841*.
α-Chlorbutyrylchlorid 13 353.
β-Chlorbutyrylchlorid (β-Chlorbuttersäurechlorid) (Kp.$_{40}$ 67—70°) 13 353, 15 764*.
γ-Chlorbutyrylchlorid (4-Chlorbuttersäurechlorid) (Kp.$_{15}$ 73—74°), Darst., Rk. 9684, 13 353; Rk. 8215.

$C_4H_6Cl_2O_2$ **2.3-Dichlor-*p*-dioxan**, NMR-Spektrum 14 816; Rk. 5864.
2.5-Dichlor-1.4-dioxan 2176*.
α.α-Dichlorbuttersäure (Kp.$_{30}$ 126°), Reinig. 14 322*; Best. 11 338.
2.3-Dichlorisobuttersäure, Hemm. d. enzymat. Synth. v. Pantothenat durch Dichlorisobutyrat 4963; gametocide Wrkg. d. Na-Salzes (*FW-450*) Mechanismus u. Umkehr d. gametociden Wrkg. v. *FW-420* — bei Baumwolle (Unters. mit ^{14}C) 14 199; —-Behandl. v. Baumwollsaatgut oder -pflanzen zur Erziel. einer besseren Baumwollausbeute 8389*; herbicide Wrkg. d. Na-Salzes auf Gurkenkeimlinge 14 926.
α.β-Dichlorpropionsäuremethylester, Rk. 5472, 11 729*.
Dichloressigsäureäthylester (Äthyldichloracetat) (Kp. 156—157°), Hydrolyse (Kinetik) 2318; Rk. mit Olefinen 14 839; lipotrope Wrkg. 2815.
2-Chloräthoxyacetylchlorid, Rk. 1581.

$C_4H_6Cl_2O_2S$ **3.4-Dichlortetrahydrothiophen-1.1-dioxid (Butadiensulfon-3.4-dichlorid)** (F. 129,5—130°), Darst., Rk. v. cis- u. trans-— 1223; Bldg., Rk. 18 631*; Herst., Verw. v. cis- u. trans-— 5818*.

$C_4H_6Cl_2O_4S_2$ **Bis-[methylsulfonyl]-1.2-dichloräthylen** 5093*.

$C_4H_6Cl_2Si$ **Divinyldichlorsilan** (Kp. 116—117°), Darst., Rk. 16 288; Rk. 4743*.

$C_4H_6Cl_2Sn$ **Divinylzinndichlorid** (F. 14,8—15°) 4343*, 4716*, 12 954.

$C_4H_6Cl_3F_5S$ **2.4.4-Trichlorbutylschwefelpentafluorid** (Kp.$_9$ 72°) 14 101.

$C_4H_6Cl_3NO$ ***N*-[2.2.2-Trichlor-1-hydroxyäthyl-(1)]-äthylenimin** (F. 83,5—84°) 13 751.
Äthyltrichloracetimidat, Umlager. 7849.
***N*-Äthyltrichloracetamid** (F. 73—74°) 7850.
***N.N*-Dimethyltrichloracetamid (Trichloressigsäure-*N.N*-dimethylamid)** (Kp.$_5$ 85,2°), Darst. 18 440; protonenmagnet. Resonanz d. gehinderten inneren Rotat. in — 18 420; thermodynam. Daten d. Addukt-Bldg. mit J_2 18 066.

$C_4H_6Cl_3NO_2$ **2-Nitro-2-chlormethyl-1.3-dichlorpropan** (F. 103°) 1196.

$C_4H_6Cl_3NSi$ **β-Cyanpropyltrichlorsilan** (Kp.$_3$ 74 bis 77°) 4786*.
γ-Cyanpropyltrichlorsilan (Kp.$_{0,5-0,7}$ 55 bis 65°), Darst., Verw. 4787*; Rk. 6233*.

$C_4H_6Cl_3N_3O_2$ ***N*-[Methylcarbamoyl]-trichloressigsäurehydroxyamidin** (F. 167—169°) 2880*.

$C_4H_6Cl_4$ **1.1.1.3-Tetrachlorbutan**, Rk. 18 411.
1.2.3.4-Tetrachlorbutan, Rk. 16 641.
TCB (x.x.x.x-Tetrachlorbutan), Standorteinfl. auf d. Effekt v. — zur Bekämpf. d. Kartoffelnematoden (Heterodera rostochiensis Woll.) 625.

$C_4H_6Cl_4O$ **2.4.4.4-Tetrachlorbutanol** (Kp.$_{6,5}$ 74°) 10 699*.

$C_4H_6Cl_4O_2$ **2.2.3.3-Tetrachlorbutandiol-(1.4)** (F. 256°) 15 765*.

$C_4H_6Cl_4Si$ **[β.β-Dichlorvinyl]-äthyldichlorsilan** 13 728.
Tetrachlorsilacyclopentan [Isomerengemisch] (Kp.$_{2,5}$ 63—70°) 2729.

$C_4H_6Cl_6N_2S_2$ ***N.N'*-Bis-[trichlormethylsulfenyl]-äthylendiamin** (F. 43—44°) 8037*.

$C_4H_6FJO_2$ **Fluorjodessigsäureäthylester** (Kp.$_{12}$ 60—63°) 7478.

C_4H_6FNO **α-Fluoracetoncyanhydrin** (Kp.$_{15}$ 89 90°) 12 260.
α-Fluormethylacrylsäureamid (F. 81,5 bis 82,5°) 12 261.

$C_4H_6F_2$ **1.1-Difluor-2.2-dimethyläthylen** (Kp. 13°) 12 455*.

$C_4H_6F_2N_2$ **α-[Difluoramino]-isobutyronitril** (Kp.$_{150}$ 71—72°) 10 429.

$C_4H_6F_2OS$ **Difluorthioessigsäureäthylester** (Kp. 105°) 12 623.

$C_4H_6F_2O_2S$ **1.2-Difluoräthenyläthylsulfon** 5093*.

$C_4H_6F_2O_4S_2$ **Bis-[methylsulfonyl]-1.2-difluoräthylen** 5093*.

$C_4H_6O_2S$ **1.2-Difluoräthenyläthylsulfid** 5093*.

$C_4H_6F_2S_2$ **Difluordithioessigsäureäthylester** (Kp.$_{60}$ 80°) 12 623.

$C_4H_6F_2Sn$ **Divinylzinndifluorid** 4343*.

$C_4H_6F_3NO$ ***N.N*-Dimethyltrifluoracetamid**, protonenmagnet. Resonanz d. gehinderten inneren Rotat. in — 18 420.

$C_4H_6F_3NO_3$ **β-Amino-α-hydroxy-α-trifluormethylpropionsäure** (F. 310° Zers.) 13 016.
Trifluorthreonin 95.

$C_4H_6F_6NP$ **Bis-[trifluormethyl]-dimethylaminophosphin** (Kp. 83,2°) 14 834.

C_4H_6Hg **Divinylquecksilber**, Herst. 3260*; IR-Spektrum 1119; Rk.: mit Alkalimetallen 12 795*; mit Al 11 692*, 14 799; mit Mg 10 703*; mit BF_3 6002; mit Trimethylaminalan 10 013; mit Carbonsäuren, Phenolen u. Thiophenol 17 718.

C_4H_6HgOS **Vinylquecksilberthioacetat** (F. 154 bis 154,5°) 17 718.

$C_4H_6HgO_2$ **Quecksilber-bis-acetaldehyd**, Rk. 12 271.
Vinylquecksilberacetat (F. 92—93°) 17 718.

$C_4H_6HgO_4Se_2$ **Mercuri-bis-[selenoglykolsäure]**, polarograph. Verh. 14 818.

$C_4H_6JN_5$ **2-Jodmethyl-4.6-diamino-1.3.5-triazin** (F. 182—184°), Rk. 7669*.

$C_4H_6J_2O_2$ **Dijodessigsäureäthylester**, Rk. 14 839.

$C_4H_6J_2Sn$ **Divinylzinndijodid** 4343*.

C_4H_6Mg **Divinylmagnesium**, Darst., Verw. 10 703*; Rk. 14 520.

C_4H_6N **Cyanisopropyl** s. unter *Radikale* (*Spezielle Radikale*).

$C_4H_6NO_3P$ *cycl.* **Cyanmethylphosphonsäureäthylenglykolester**, Rk. 10 274*.

$C_4H_6N_2$ **3.4-Dihydropyrimidin**, Deriv. 308*.
4-5-Dihydropyrimidin, Rk. v. Dev. 12 533*.
1-Methylpyrazol, Rk. 5663.
3(5)-Methylpyrazol (Kp.$_{25}$ 111°), Darst. 11 525; (antikonvulsive Wirksamk.) 1699.
4-Methylpyrazol (Kp.$_{16}$ 107—109°) 3443.
***N*(1)-Methylimidazol** (F. 198°), IR-Spektrum, Dipolmoment 14 821; NMR-Spektrum 18 063; Rk.: mit Acetylchlorid 10 415; mit Acetylphosphaten (Kinetik) 10 414.
2-Methylimidazol, NMR-Spektrum 18 063; Rk. 2354.
4(5)-Methylimidazol (F. 56°), IR-Spektrum, Dipolmessungen, Protonenresonanz-Unters. 14 821; NMR-Spektrum 18 063; Wrkg.: gegenüber Histidindecarboxylase 3137; v. Trichloressigsäure bei d. Papierchromatographie v. — im Gemisch mit anderen Gewebeaminen 13 094.
Diacetonitril (**β-Imino-*n*-butyronitril**) (F. 55 bis 56°), Darst. 3783; Rk. 11 002*.

$C_4H_6N_2O$ **2.5-Dimethyl-1.3.4-oxdiazol** (F. 161 bis 163°) 8064*.
2-Methylaminooxazol (Kp.$_7$ 66—77°), Darst., Konstit.-Best. aus d. IR-Spektrum, Pikrat 3397.
1-Hydroxymethylpyrazol, Deriv. 6134*.
4-Hydroxymethylimidazol, Rk. 7833; (d. Hydrochlorids) 5621, 6765.
3-Methylpyrazolon-(5) (F. 215°), Darst. 9682; IR-Spektrum, Tautomerie 5975; Rk. 11 903, 16 675; Prüf. auf Antituberkulose-Wrkg. 14 227.
3-Diazobutanon-(2) 5268.
α-Methylenamino-β-hydroxypropionitril (F. 64°) 2330.
Acetamidoacetonitril, Vers. d. Mannich-Rk. mit Piperidin bzw. Morpholin 18 820.

$C_4H_6N_2OS$ **2-Amino-4-hydroxymethylthiazol** 1602.
2-Amino-4-hydroxy-5-methylthiazol, Hydrochlorid (F. 200°) 7509.
Pyrazolin-1-thiocarbonsäure, Deriv. 18 818.

$C_4H_6N_2O_2$ **3-Methyl-4.5-dihydroxypyrazol**, photograph. Verw. 11 795*.
DL-*threo*-**5-Methyl-4-amino-3-isoxazolidon** (Zers. 280—300°) 9818*.
DL-**Allo-5-methyl-4-amino-3-isoxazolidon** (Zers. 160—170°) 9818*.
3-Methylenaminooxazolidon-(2), Rk. 9084*.
1-Nitrosopyrrolidon-(2) 13 494*.
Bernsteinsäurehydrazid, Einfl. auf Pflanzenwachstum u. -Entw. 7578; Prüf. auf Antituberkulose-Wrkg. 14 226.
Dihydrouracil (**2.4-Diketohexahydropyrimidin**) (F. 274° korr.), Darst. 10 448; Bldg. 17432; Wrkg. auf d. Wachstum u. d. Vitamin-B_2-Bldg. bei Eremothecium ashbyii 13 435.
Piperazindion-(2.5) (*gewöhnl.* **Diketopiperazin, Glycinanhydrid**), Bldg. 12 264; Darst. v. Deriv. 4542; zur —-Theorie d. chem. Struktur d. Eisenins 11 910, 11 911; Löslichk. in wss. Harnstoff-Lsg. 15 906; Radiolyse 1566; Ergebnisse mit dreißig —-Deriv. gegen frische Isolate v. Mäusemammatumoren 9377.
1-Methylhydantoin, IR-spektroskop. Best. d. Struktur 17 697.
3-Methylhydantoin, IR-spektroskop. Best. d. Struktur 17 697; Rk. 10 087, 18 820.
5-Methylhydantoin (F. 150°), Darst. 12 293; IR-spektroskop. Best. d. Struktur 17 697; Chlorier. 15 036*.
3-Äthylsydnon, Rk. 17 741.
Dimethylfuroxan (Kp.$_{10}$ 102°) 4742*.
β-Cyano-L-alanin (F. 218—218,5° Zers., korr.), Isolier. aus d. gemeinen Wicke 17 122; Darst., Rk. 9677.
Diazoessigsäureäthylester, Bestrahl. 3415; Zers. in Cyclohexen 12 985; Rk.: mit 2.5-Dimethylhexadien-(2.4) 10 643*; mit Benz-in 12 293; mit Styrolderiv. 6752; mit Naphthalin bzw. 1.2-Dihydronaphthalin 7883; mit 2.3-Dimethyl- bzw. 2-Methylnaphthalin 3795; mit 2.6-Dimethylnaphthalin 10 418; mit 2-Brompropen 5649; mit 9-Phenyl- u. 9-p-Tolyl-9-bromfluoren 11 553; mit Isopropylpyrrolen 3081; mit Aryl-β.β-dimethylvinyläthern 9686; mit 1-[p-Methoxyphenyl]-1-phenyläthylen 12 612; mit 3-Chlorpyridazon-(6) 13 027; mit N-geschützten Aminosäuren 6001; mit β.β-Dimethylacrylsäure-(—)-methylester bzw. α-Isopropylacrylsäure-(—)-methylester 4144; mit Fumarsäuredimethylester 11 896; (bzw. Acetanhydrid) 16 644.
α-Amino-α-cyanessigsäuremethylester 7903.
Glycincyanmethylester, Rk. 6002.
Maleinsäureamid, Einfl. auf Pflanzenwachstum u. -Entw. 7578.

$C_4H_6N_2O_2S$ **2-Aminothiazolincarbonsäure-(4)**, Rk. 12 292 [2 Ref.]; Prüf. auf Strahlenschutzwrkg. 1683.

$C_4H_6N_2O_2S_2$ **2-Amino-5-methansulfonylthiazol**, Verw. v. diazotiertem — 11 015*.

13 132*; Verh. gegen Kollagen 16 347; Verw. v. polymerem — 1102*.
Butin-(2)-ol-(1) [**1-Hydroxybutin-(2)**] (Kp. 141,2—142,3°), Darst., Rk. 9662; Rk. 4128, 6734, 8217.
Butin-(3)-ol-(2) [**Butin-(1)-ol-(3)**] (Kp. 107°), Darst. 10 799; (Rk.) 11 525; Rk. 16 130*.
1-Methoxypropin-(1) (Kp. 65,7—66,3°), Darst. 15 922; Rk. 15 927, 16 295.
Propargylmethyläther, Rk. 5842*, 13 949*.
Äthoxyacetylen (Äthoxyäthin), Rk. mit HCl 12 256; heterocycl. Synth. mit — 11 915; Rk.: mit Epichlorhydrin 15 920; mit Selenoäthan 16 281; mit aromat. Isocyanaten 12 296; mit Carbonylverbindungen 15 926; d. Li-Verb. mit 5-Methoxy-2.2-dimethylvaleraldehyd 13 363; mit Benzophenonanil 15 952; mit Diphenylketen 7506, 10 080, 16 295; mit Acetylendicarbonsäure 15 927; mit Phosphorsäureestern 17 378; Verw. bei d. Herst. v. Steroiden 6883*.
Divinyläther, neue Bezieh. zwischen d. physikal. Konst. v. — 3402; kernmagnet. Resonanz-Kopplungs-Konst. 4477; Rk. 11 541.
Buten-(3)-al, Bldg., 2.4-Dinitrophenylhydrazon 11 525.
Methacrolein (α-Methylacrolein, α-Methylacrylaldehyd), Herst. 2168*, 4341*, 15 022*; Bldg. 12 828*; (2.4-Dinitrophenylhydrazon) 9730, 10 017, 16 839*; NMR-Spektrum 433; Polymerisat. 17 940*; Dimerisier. 10 642*; Oxydat. 798, 17 924*; Rk.: mit O_2 in Ggw. v. NH_3 12 457*; mit H_2O_2 12 838*; mit Acetylen 10 799; (+ C_2H_5MgBr) 8265; mit Cumol 15 029*; mit Pentaerythrit 1407*, 17 423; mit CH_3MgJ 14 091; mit Cyanmethylphosphonsäureestern 10 274*; Verw. 5476*.
Cyclopropanaldehyd (Kp.$_{740}$ 97—100°) 13 723.
Methylvinylketon [Acetyläthylen, Buten-(3)-on-(2)] (Kp. 82—83°), Darst. (Rk.) 6769, 16 275; (Semicarbazon) 8217; Herst. 7324*; Abtrenn. v. 2-Chlorbutadien-(1.3) 10 998*; Reinig. v. Acrylnitril v. — 4342*, 13 944*; Appearancepotentiale 3765; Hydrier. 17 922*; Red. 15 023* [2 Ref.]; Methylaffinität 14 463; Rk.: mit Äthylenverb. 17 383; mit Isopren 15 196; mit Styrol bzw. Acrylonitril 5314; mit Cyclopentadien 12 387*; mit 2-Methylfuran 2346; mit Aminothiophenen 3455; mit Nitroalkanen 14 115; mit o-Nitranilin bzw. 8-Aminochinolinen 15 965; mit 2.4-Dinitrophenylnitramin 15 919; mit Hydrazinen 5286; mit Na-tert.-Amylat 10 067; mit Phenolen 7330*; mit Phenol 6996*, 17 593*; mit Dialkalialkadienen 10 273*; mit Organophosphorverb. 1832; mit Styryl-Li 11 170; mit Triphenylgerman 422; mit Trialkylsilanen 8584; mit o-Aminothiophenolen 1611; mit Isobutanal 7864; mit Äthylphenyl- bzw. Benzylphenylketon 11 547; mit 7-Oxo-8-hydroxymethylen-7.8.9.10-tetrahydroaceanthren bzw. dessen 3-Methylderiv. 8598; mit 2-Hydroxymethylen-3-ketosteroiden 15 239; mit 7-Methoxy-1-methyltetralon-(2) 7169; mit 6-Methoxy-2-hydroxymethylentetralon-(1) bzw. 2-Hydroxymethylen-3-keto-7-methoxy-1.2.3.9.10.10a-hexahydrophenanthren 9734; mit Diketonen 18 277*; mit Dihydroresorcin bzw. $\Delta^{4a,5}$-5-Methyloktalindion-(1.6) 12 023*; mit 2-Methylcyclohexandion-(1.3) 831; mit Dinitroacetonitriltetrahydrat 12 992; mit Thioessigsäure 13 866*; mit Äthylacrylat 10 296*; mit β-Licansäuremethylester 11 897; mit α-Halogenestern 18 097; mit 4-Carbomethoxycyclohexen-(1)-ylpyrrolidin 17 020; mit 4.4-Äthylendioxy-2-carbomethoxycyclohexanon 13 738; mit trans-syn-cis-3β-Acetoxy-3aβ.6β-dimethyl-7-ketoperhydrobenz-[e]-indanl4 155; mit 3′-Carbäthoxy-4′-oxo-1′.2′.3′.4′-tetrahydro-3.4-benzpyren 3441; mit 1-Acetyl-2-alkyl(arylalkyl)-3-carbalkoxypiperidonen-(4) 10 834; mit 9aβ-Methyl-1.6-dioxoperhydrobenz-[e]-indan-7α-carbonsäuremethylester 2377; mit d. Na-Verb. v. Methylmalonsäurediäthylester 13 004; mit Acetamidomalonsäurediäthylester 1225; mit Cyanmethylphosphonsäurediäthylester 10 274*; positivinotrope Wrkg. auf d. Papillarmuskel d. Katze 18 191; Verw. zur Herst. v. Mischpolymeren 4003*.
Cyclobutanon (Kp. 98—99°), Darst. (Rk.) 11 893; (2.4-Dinitrophenylhydrazon) 5274; (v. Deriv.) 3073; Bldg., kernmagnet. Resonanzspektrum 12 615; IR-, UV- u. NMR-Spektrum 15 900; Schwingungsspektren u. Normalkoordinatenbehandl. v. — u. $D_{4(\alpha.\alpha.\alpha'.\alpha')}$-— 15 535; Rk. 6581*, 14 091.
Dimethylketen, Rk. 5623, 9003, 15 943.

C_4H_6OS **Divinylsulfoxid** 7691*.
γ-Thiobutyrolacton, Rk. 4130, 12 462*; Ringöffnungs-Geschw. 11 904.
Thiophanon-(3), Synth. (Übersicht) 3054.
Vinylacetylsulfid (Kp.$_{40}$ 44—46°) 7476.
Methylthiolacrylat 3625*.
Thioessigsäurevinylester (Kp. 122—123°) 17 718.

$C_4H_6O_2$ (s. *Crotonsäure* [*Buten-(2)-säure*]; *Isocrotonsäure*; *Methacrylsäure*).
p-Dioxen, Polymerisat. 15 251.
Ketenäthylenacetal, Rk. 5995.
Butadiendioxid (1.2;3.4-Diepoxybutan) (Kp.$_{50}$ 65—66°), Darst. 13 950*; (u. Strukturwirksamk.-Bezieh. für d. Leukämie d. Maus) 18 868; Rk. 5117*, 14 953*; Wrkg.: auf d. Einbau v. $^{14}C_{(1)}$-Glycin in d. Gewebeproteine in vitro 10 504; auf d. Blut 15 312; Verw. v. polymerem — 1102*.
Meso-1.2;3.4-diepoxybutan, Rk. 6400.
Butin-(2)-diol-(1.4) (F. 57—58°), Fabrikat. u. Verw. (Überblick) 17 557; Darst. 5844*; Darst., Rk.: v. D_4(OH.OH)-— 13 345; v. $^{14}C_{(2.3)}$-— 4620; Ramanspektrum, Stereochemie 12 230; Hydrier. 4877, 5980, 6733, 11 520, 12 092* [2 Ref.]; (Katalysator) 13 942*; Red. 10 799; Chlorier. 15 765*; Rk.: mit D_2O 13 345; mit $(NH_4)_2S$ u. S 4721*; d. Na-Verb. mit 1.6-Dibromhexan 9299; mit Triäthylsilanen 15 561; mit 3.3.3-Trinitropropylisocyanat 9216*; mit Essigsäureanhydrid 13 011; (bzw. HOBr) 9299; Wrkg. auf Vorgänge an Ni-Elektroden 13 670; Verw.: als Glanzmittelzusatz für galvan. Ni-Bäder 11 358*; zur Pflanzenvertilg. 4691*.
Glycidylaldehyd, Verw. 19 075*.
Epoxyisobutyraldehyd 12 838*.
Succindialdehyd, Bldg., Deriv. 13 013, 15 248; —-Alkalibisulfitaddukte 7694*; Rk. 2371, 17 404; Bldg. beim Stoffwechsel v. 2-Pyrrolidon u. γ-Aminobuttersäure durch Pseudomonas aeruginosa 894; Glykolyse-Hemm. durch — 2411; Verw. 13 999*.
Methylmalondialdehyd 15 031*.
Formylaceton, Synth. d. Cr(III)-Chelate v. — 14 064; Rk. v. Metallverb. d. — 1029*.
1-Hydroxybuten-(3)-on-(2), Additionsprodd. v. O-Acylderiv. 15 417*.
β-Acetylvinylalkohol, Telomere 13 417.
Diacetyl [Butandion-(2.3)], Bldg. 8210, 15 209, 15 917, 16 276; (Deriv.) 11 870; Darst. 10 189*; Synth. v. Deriv. 13 482; Anreg. v. — durch d. Triplettzustand v. Bzl. 16 975; Lösch. d. Phosphorescenz u. prim. Dissoziat. v. —-Dampf bei 4358 Å u. hoher Temp. 16 975; Appearancepotentiale 3765; Fehlen d. magnet. Rotat. 17 349; Einfl. auf d. Glasritzeffekt

8891; Photolyse 4128, 11 518; (in Ggw. v. Tetrafluorhydrazin) 10 429; prim. photochem. Prozeß bei — 2325; Addit.-Verb. mit Verb. d. 3-wert. P 18 272*; Rk.: mit o-Diaminopyridinen 128; mit 3.4-Diaminopyridin 17 402; mit 2.4.5-Triamino-6-[p-chloranilino]-pyrimidinsulfat 8613; mit o-Aminophenol 6026; mit 4-Nitro-2-aminophenol bzw. 1-Amino-naphthol-(2) 16 319; mit 3-Hydrazino-5-hydroxy-6-methyl-1.2.4-triazin 4170; mit Diolen 17 024; mit 2.4.5-Triamino-6-alkoxypyrimidinen 9720; mit Bis-[m-bzw. p-methoxyphenyl]-cadmium 453; mit 4.5-Diamino-1.6-dihydro-1-methyl-6-oxopyrimidin 7150; mit 4.5-Diamino-3-methylpyrimidon-(2) 848; mit 5-Amino-4-alkylaminouracilen 8252; mit Diphenylnitrilimin u. Benzonitril 14 094; mit m-Carboxyphenylhydrazin 3805; mit Thiodiglykolsäureester 12 652; mit Nicotinsäurehydrazid-N-oxid 12 294; mit 1-Cyanformimidsäurehydrazid 5657; mit Oxalsäuredihydrazid 9309; mit 2.4.5-Triaminodihydropyrimidin-6-sulfonsäure 17 212*; mit Dimethylrumadin 4644*; Bldg.: durch Rahmsäuer.-Kulturen (Chemismus) 1066; bei verschied. Milchsäurebakterienarten in Abhängigk. v. Medium, d. Temp. u. d. Inkubationstemp. 2203; Auftreten v. — produzierenden Bakterien in wss. Extrakten aus Orangenpulpe 3298; Vork. in Bier 19 043; (u. ihre Verhüt.) 2570; Bldg.: bei d. Vergär. v. Bierwürze mit Sacch. carlsbergensis 12 129; in biolog. reinen untergär. deutschen Bieren 14 712; Geh.: in zu lange gelagertem Bier 13 237; in deutschen Weinen 3661; Einfl. auf d. Schwell. v. Leber- u. Hepatommitochondrien 6807; Verw.: als Photopolymerisationskatalysator 720*, 3699*, 8492*, 13 640*, 19 073*; zur Härt. v. Gelatinen 5166, 12 535*; Best.: in Säureweckern 4765; in Molkereiprod. 1069; in Bier 9932; in Wein 3661.

Vinylessigsäure [Buten-(3)-säure] ($Kp._{20}$ 72 bis 77°), Darst. 5094*, 8943; Darst., Red. v. $^{14}C_{(1)}$-— 8573; Rk. 6208*, 11 735*, 12 243, 18 634*; (v. Deriv.) 17 714.

Cyclopropancarbonsäure ($Kp._{3,8}$ 64—65°), Darst., Rk. 16 656; (v. $^{13}C(CO)$-—) 8565; (Deriv.) 6753; pK_{α}-Wert 85; Red. 12 243, 12 615; — als Antimetabolit d. Acetats in Tetrahymena 17 807; Best. d. Cytotoxizität in menschl. Zellkulturen 4196.

Acrylsäuremethylester (Methylacrylat) (Kp. 78—82°), Herst. 1833, 7325*, 13 568* [2 Ref.], 16 490*, 17 924*, 18 271*, 19 007*; Gewinn. aus Gemischen mit wasserlösl. Alkoholen 13 943*; Molekularstruktur 9291; Unters. v. im festen Zustand röntgenbestrahltem — durch paramagnet. Elektronenresonanz 3835; Hypochlorier. 11 529; Rk.: mit S 2724; (u. H_2S oder Mercaptanen) 3624*; mit SCl_2 473, 4919; Oxork. 6209*; Umester. 4342*; Methylaffinität 14 463; Rk.: mit Isopren 7495; mit trans-1.2-Dimethylbutadien 830; mit 1.3-Dimethylbutadien 824; mit 1.1.3-Trimethylbutadien 7495; mit Cyclopentadien (Kinetik) 15 914; (Mechanismus) 18 428; mit 1-[Cycloalken-(1')-yl]-piperidinen 15 571; mit Diphenyldiazomethan 12 612; mit m-Toluidin bzw. Cyclohexylamin 11 913; mit Cocosnußamin 15 448*; mit Nitroalkanen bzw. Nitrocarbonsäureestern 16 643; mit 1.4-Dinitrobutan 14 115; mit d. Di-K-Salz v. aci-1.1.3.3-Tetranitropropan 5994; Verh. gegen 2.2-Dinitroäthylamin 3427; Rk.: mit Diäthanolamin bzw. 8-Amino-6-methoxychinolin 9714; mit Hydridsilanen 12 630; mit Triäthylsilan 8584; mit Bis-[trimethylsiloxy]-methylsilan 15 027*; mit Heptamethyltrisiloxan 6992*; mit Triphenylgerman 422; mit Mercaptoäthylaminhydrochlorid 16 865*; mit p-Nitrothiophenol 14 108; mit Acetophenon 2544*, 5095*; mit Cyclohexanol-(1)-on-(2) 5275, 11 171; mit Diphenylacetonitril 9690; mit Dinitroacetonitriltetrahydrat bzw. 4.4-Dinitrobuttersäuremethylester 12 992; mit Nitrilylid $C_{14}H_{10}N_2O_2$ 11 562; mit Lävopimarsäure 15 245; mit α-Desoxykojisäure 5290; mit Malonsäure- bzw. Cyanessigsäure-Deriv. 12 263; mit Cyclohexanoncarbonsäureäthylester 4148; mit Cyclohexanon-(3)-carbonsäuremethylester 2339; mit Prolinestern 16 326; mit Methylmalonsäureäthylester 12 639; mit Dithiocarbamaten 15 602; mit Phosphorigsäurediäthylester 13 949*; Umwandl. v. Alkydharzen mit — 5317; Verw.: zur Herst. v. Dispergiermitteln 14 271*; in Treibmittel 12 159*, 13 269*; Nachw. in Pyrolysaten v. Polymethacrylsäuremethylester 868; Polymerisat u. Polymerisate s. *Plaste* (*Acrylpolymerisate*) bzw. *Seide-Kunstseide* (*Liste*),.

Essigsäurevinylester (Vinylacetat) (Kp. 71 bis 73°), Darst. 5846*, 13 157*, 17 718, 17 560*, 18 632; (Übersicht) 16 836; (nach d. Wirbelschicht-Verf.) 18 435; (Kinetik in Ggw. v. Zn-Aluminat) 11 521; heterogen-katalyt. Synth. v. — (Verweilzeit d. Komponenten in d. Kontaktzone) 8214; (Katalysator-Konz.) 8214; Bldg. 10 436; Wechselwrkg. zwischen gelösten Polymeren u. — durch Viscositäts-Mess. 17 052; Hydrier. in elektrolythalt. Puffer-Lsg. (Kinetik) 72; Rk.: mit O_2 15 249; mit salzart. Polysulfiden 4721*; kinet. Unters. d. Addit. d. Äthylradikals an — 1183; Dien-Synth. 8266; Rk.: mit Äthylen bzw. dimerem 2.5-Dimethyl-3.4-diphenylcyclopentadienon 15 572; mit Cyclopentadien 6046; mit Dicyclopentadien 13 492*; mit Anthracen 442; mit Haloalkanen 3780; mit tert.-Butylhydroperoxid bzw. H_2O_2 5996; mit Heptamethyltrisiloxan 6992*; mit Bis-[trimethylsiloxy]-methylsilan 15 027*; mit Triphenylgerman 422; mit Tetrabutyltitanat 17 056; mit Mono- bzw. Dicarbonsäuren 17 558*; mit Fluorcarbonsäuren 6208*; mit Lävopimarsäure 15 245; mit Salicylsäure 18 492; mit Acylaminosäureestern 17 001; mit Dialkylphosphonaten 2537; mit Diäthoxyoxophosphoransulfenylchlorid 18 798; Pfropfen v. — auf nicht geformte oder geformte feste Polymere 13 591*; höchstzuläss. Konz. in d. Luft 7280; biolog. Oxydat. in Abwässern 10 961; Toxikologie u. Reiz-Wrkg. 2815; Verw. 3331*, 16 897*, 17 162*; Polymerisat. bzw. Polymerisate s. *Plaste* (*Vinylpolymerisate*) bzw. *Seide-Kunstseide* (*Polyvinylfasern*).

Carbäthoxycarben s. unter *Radikale* (*Spezielle Radikale*).

β-Butyrolacton, Rk. 5018*, 12 388*.

γ-Butyrolacton (*gewöhnl.* **Butyrolacton)** ($Kp._3$ 55—57°), Darst. 15 186, 15 926; Darst., Kinetik d. O-Austausches v. ^{18}O-— 18 787; Bldg. 9388; Synth. v. Deriv. 10 814; Reinig. v. N-Methylpyrrolidon v. kleinen Mengen — 13 578*; Red. 6579*; Rk.: mit Hydrazinhydrat 10 428; mit Hydroxylamin 2321; chlorierende Spalt. 9684; Rk.: mit äthanol. HCl 6752; mit Aminen 710*; mit Polyaminen 16 490*; mit Alkaliphenolaten 7861; mit Thiophenolaten 4130; mit Pyronen 3089; mit K-Phthalimid 7857; Wrkg. auf d. Kationentransport kalt konservierter Erythrocyten d. Menschen bei Inkubat. 14 941; positiv-inotrope Wrkg. auf d. Papillarmuskel d. Katze 18 191; Verw.: in Kondensatorelektrolyt 6917*; zum Abtrennen v. Acetylenen aus diese enthaltenden Gasen 4718*; zur Gewinn. v. reinem bes. 99,2 %ig. Acetylen aus dieses enthaltenden Gasen 9514*; bei der Lsgm.-Extraktion v. KW-Stoffen 16 190*; zum Trennen v. Aromaten u. Paraffinen 9576*; zur Extrakt. fl., mit W. nicht mischbarer Alkohole aus Misch. mit KW-Stoffen 18 639*; zum Stabilisieren (v. chlorierten KW-Stoffen gegenüber Al, dessen Leg. oder Salzen) 18 631*; (wss. Lsg. v. Panthenol) 3549*; Stabilisier. v. Diacetylen-Lsg. in — 14 320*; Verw.: bei d. Polymerisat. v. Lactamen 3648*; zur Erhöh. d. Bügeltemp. v. Cellulosetriacetat-Textilien 16 897*.

[$C_4H_6O_2$]x *polymeres* **Butadien-(1.3)-peroxid,** Darst., Struktur, Rk. 15 248.

$C_4H_6O_2S$ **Divinylsulfon,** neue Rk.-Prod. v. — mit prim. Aminen 18 471; Rk. mit Organozinndihydriden 8646; Verknüpf. v. akt. Wasserstoff tragenden Verb. mit Hilfe v. — 2949; chem. Modifizier. v. Baumwolle mit —-Deriv. 14 369; Verw. für Knitterfestausrüst. 5521.

Δ^2-Sulfolen, Bezieh. zwischen IR-Intensitäts- u. Reaktivitätsindex 17 696.

Δ^3-Sulfolen (Butadiensulfon, 2.5-Dihydrothiophen-1.1-dioxid), Bldg., Rk. 18 631*; Bezieh. zwischen IR-Intensität u. Reaktivitätsindex 17 696; Pyrolyse 3419; Chlorier. 1222; Darst. v. Butadien-(1.3) aus — 13 718; Rk.: mit Alkoholen 3278*; mit Alkoholen, Mercaptanen, Aminen bzw. Hg-Acetat u. CH_3OH 15 954.

Thiodiacetaldehyd 4919.

Diacetylsulfid (Kp.$_7$ 43—45°) 5652.

β-Methylmercaptoacrylsäure (F. 138—141°) 11 212.

4-Mercaptobutyrolacton, Rk. 3419.

$C_4H_6O_2S_2$ **Diacetyldisulfid** (Kp.$_7$ 83—85°) 5652.

Dithioessigsäurecarboxymethylester (F. 80 bis 81°), Darst. 6381; Rk. 6744, 6767.

$C_4H_6O_2S_4$ **Dimethylxanthogendisulfid (Dimethyldixanthogen, Bis-[methoxythiocarbonyl]-disulfid)** (F. 22,5—23°), Darst. 15 187, 17 714; Darst., Rk. 84; Best. d. scheinbaren Übertrag.-Konst. v. — bei d. Emuls.-Polymerisat. v. Butadien mit Styrol bei niedr. Temp. 493; bakteriostat. Wrkg. 1278.

$C_4H_6O_3$ (s. *Acetessigsäure*).

Oxydiacetaldehyd, intermediäre Bldg. 479.

Methoxymalondialdehyd 13 056.

trans-**γ(4)-Hydroxycrotonsäure** (F. 107°), Darst. 17 714; positiv-inotrope Wrkg. auf d. Papillarmuskel d. Katze 18 191.

β-Formylpropionsäure (Succinaldehydsäure, Bernsteinsäurehalbaldehyd), Darst., Rk. 3804; Bldg., Deriv. 3071, 3481; Rk. 18 817; Katalysier. d. Oxydat. v. — durch DPN+ durch Bernsteinsäuresemialdehyddehydrogenase aus Torulopsis utilis 10 516; Oxydat. v. — durch eine lösl. Dehydrogenase d. Gehirns 10 878.

α-Ketobuttersäure (α-Oxobuttersäure), Darst. 2707; Rk. 3800, 8787*, 15 955; Isolier. aus vitaminfreienCaseinhydrolysaten 12 336; Hemmwrkg. v. Oxamat auf d. Aktivität v. Milchsäuredehydrogenase-Präp. mit α-Ketobutyrat als Substrat 17 440; Transaminier. v. Aminosäuren auf — in Zellfrakt. d. Rattenleber 10 131; Wrkg.: auf d. Atmung v. Rattenleberhomogenaten 3134; eines Thiaminmangels u. v. Thiaminantagonisten auf d. Oxydat. v. — durch Rattengewebe 9379.

Glyoxylsäureäthylester (Kp. 133—135°), Darst. 5623, 18 435; (Deriv.) 15 928, 16 643; Rk. 4935, 13 867*.

Brenztraubensäuremethylester, Bldg., Rk., p-Nitrophenylhydrazon 2329; Rk. 8252, 8254.

Propylencarbonat, Rk. 6583*; Zers. v. 1.1-Diphenylazoäthan u. 2.2'-Azo-bis-[2-methylpropionitril] in — 4492; Verw. 4006*, 6917*, 10 278*, 10 664*, 12 885*, 15 419*.

1.3-Dioxanon-(2) (F. 47—48°) 8972.

Essigsäureanhydrid (Acetanhydrid) (Kp. 139,5°), Darst., Rk. 13 724; (v. $^{14}C(CO)$-—) 13 715; Bldg. 3412, 8388, 15 917; Reinig. v. β-Propiolacton v. — 6209*; neue Bezieh. zwischen d. physikal. Konst. v. — 3402; Leitfähigk. in Essigsäure 4121; Dampfdruck u. Gefrierpunkt 14 082; Dampf-Fl.-Gleichgew. in bin. Syst. mit — 13 709; Gefrierpunktskurven im bin. Syst. mit — 73; Gleichgew. zwischen zwei fl. Phasen in tern. Syst. d. Typs —/Dekahydronaphthalin (cis oder trans) 14 085; — als nichtwss. ionisierendes Lsgm. 1512, 13 685; Hydrier. (Re als Katalysator) 16 641; Rk. mit atomarem H bei —*195*° 7443; Chlorier. eines Gemisches v. Essigsäure u. — 9893*, 11 001*; Kinetik: d. Hydrolyse (in Dioxan-W.-Mischungen) 13 716; (in Deuteriumoxid-Lsg.) 10 040; d. basenkatalysierten Solvolyse in Methanol-W.-Misch. 10 413; Rk.: mit H_2O_2 3625*, 13 382; mit HN_3 11 881; mit $B(OH)_3$ 18 318*; mit $HClO_4$ + Olefinen 14 499; mit H_3PO_4 u. phosphorsauren Salzen 10 386; Anhydrisier. v. Phosphaten mit — 8184; Rk. mit SF_4 13 565*; Komplex-Bldg. mit MoO_2Cl_2 6704; Rk. mit U(IV)-Oxocarbonat 423; Darst. v. Keten aus — 13 718; Acetoxylier. u. Nitrier. mit HNO_3-—-Gemischen 7859; Acetylier. v. Alkenen mit — (stereochem. Aspekt) 13 723; Rk.: mit cycl. Olefinen 17 749; mit Allylbenzol 17 749; mit o-Xylol 10 063; mit Cumol 12 271; mit 1.3.5-Triphenylbenzol 13 373; mit Fluortoluolen 13 369; mit Pyridin + p-Benzochinon 17 753; mit Indol 3083; mit 2.3-Diphenylpiperidin 8065*; mit 3.5.5-Trimethylpyrazolin 1602; mit 1.5;6.9-Diepoxydecan 8245; mit 2-Chlorselenophen 9699; mit 1.3.4-Thiodiazolderiv. 1985; mit α-Pinen- bzw. Δ^3-Carenoxid 16 690; mit Aminen in Ggw. v. Pyridin u. Phosphorsäure 7106; mit Arylaminen (kinet. Unters.) 14 461; mit Anilin (Kinetik) 1249, 15 180; mit 2.5-Dimethylanilin 1587; mit 2.4-Dichloranilin 3548; mit 5-Aminotetralin 17 021; mit N-Arylnaphthylaminen-(2) 9343; mit N-Tolyl-4-fluor-α-naphthylaminen 18 826; mit N-(2-Aminophenyl)-piperidin 3448; mit 2-Phenylthiazolin 12 292; mit 2-Amino-10-methylphenthiazin 8991; mit N-Benzyl-N-methyl-N'-phenyläthylendiamin 18 565*; mit 4-Amino-4'-dimethylaminostilben 15 946; mit 4.5-Diamino-1.3-bis-[trifluormethyl]-benzol 4530; mit 4.5-Diaminopyrimidinen u. Orthoameisensäureestern 13 580*; mit Hydroxyl- u. Phenolationen (Kinetik) 15 180; mit Alkanolen, Alkylchloriden bzw. 2-Methylbuten-(2) 17 748; mit cis-1-Hydroxymethyl-4-tert.-butylcyclohexanol 7100; mit Pyridyl-(2)-phenylcarbinol 17 565*; mit Piperidyl-(2)-phenylmethanol [Form B] 5769*, 12 840*; mit threo-Phenyl-1-benzylpiperidyl-(2)-methanol 9078*; mit 2-Hydroxy-1.2.3.4.6.7.12.12b-oktahydroindolo-[2.3:a]-chinolizin 13 580*; mit rac.-Inosamin-(5) 8590; mit 2-[o-Aminophenyl]-4-hydroxychinazolin 849; mit 4-Hydroxymethylimidazolhydrochlorid 5621; mit 5-Hydroxymethylfurfurylamin 308*; mit 3-Hydrazino-5-hydroxy-6-methyl-1.2.4-triazin 4170; mit 1.1.11-Tri-H-perfluorundecylalkohol 15 924; mit Butin-(2)-diol-(1.4) 13 011; mit 1-[3'.4'-Dihydroxyphenäthyl]-4-phenyl-1.2.3.6-tetrahydropyridinhydrobromid 12 019*; mit Tris-[hydroxymethyl]-aminomethan (Kinetik) 5246; mit 1.4-Didesoxy-1.4-dinitroneoinosit 2742; mit Bis-[2-hydroxymethyltetrahydrofuryl-(5)-methyl]-äther

17 564*; mit Veratrol 12 998; mit Resorcindimethyläther 8956; mit 1-Methyl-6.7-dimethoxy-3.4-dihydroisochinolin 6214*; mit Homoveratrylamin u. verwandten Verb. 7528; mit 6-Äthoxybenzothiophen 119; mit 5.6-Dimethoxybenzothiophen 119; mit p-Aminobenzylmethyläther 1228; mit Bis-[β.β-diäthoxyäthyl]-amin 3099; mit 3-Chlor-10-[3'-(4''-hydroxyäthoxyäthylpiperazino)-propyl]-phenthiazin 7993*; mit Bis-[m-methoxyphenyl]-Cd 453; mit d. Grignard-Verb. v. 5-Brom-2-methylpenten-(2) 12 995; mit 2-Äthylphenyl-MgBr 5643; mit 2-tert.-Butylphenyl-MgBr 5644; mit 3-Alkyl-3-[tetrahydropyranyl-(2)-oxy]-propin-(1)-yl-MgBr 17 389; mit [Thienyl-(3)]-Li bzw. -MgBr 10 826; mit Tetrabutylorthotitanat 18 133; mit o-Aminothiophenol 14 132; mit Harnsäure 14 093; v. $^{14}C_{2(1.1')}$— mit Isocyanaten 7099; mit 2-Äthylcrotonaldehyd 10 189*; mit D-Allose 11 931; mit Pentanatriumsaccharat 7527; mit 2.3-Dichlorthiophen-5-aldehyd 12 650; mit Salicylaldehyd 7321; mit 3-Aminooxazolidinon-(2) 8423*; mit 2-Methyl-4-benzoylphenol 14 122; v. — + Acetylchlorid mit 16α-Chlormethyl-20-ketopregnanen 14 246*; mit 10-Hydroxy-$\Delta^{1.4}$-östradien-3-onen 2467*; mit 2-Isonitroso-4-methylpentanon-(3) 3081; mit 4-Hydroxy-5-isonitroso-2.2.7.7-tetramethyloctandion-(3.6) 3079; mit Pyrrolidindion-(2.3)-deriv. 3800; mit 7-Fluorflavonol bzw. 7-Fluor-4'-methoxyflavonol 1987; mit 3-Amino-4-isopropyltropolon 12 291; mit 17α-[Tetrahydropyranyl-(2)-oxy]-Δ^4-pregnen-3.20-dion 13 782; mit (+)-1.5.7-Tribromdihydrothebainon u. (+)-1.7-Dibromdihydrokodeinon 2744; mit substituierten Chinonen 12 389*; mit Bromnaphthazarin 13 376; mit N-Alkylaldiminen 4879; mit 2.6-Dimethyl-4-n-propoxybenzaldoxim 1578; mit 5-Nitrofurfurol-2-[β-hydroxyäthyl]-semicarbazon 17 849*; mit 1-Alkyl-2-[5-nitrofurfuryliden]-hydrazin 4268*; mit Diäthoxy- bzw. Dibutoxyacetonitril 15 186; mit Pyrazin-N-oxiden 8250; mit ungesätt. Fettsäuren u. H_2O_2 1028*; mit 4-Methylnicotinsäure u. Formaldehyd 4917; mit Glycin bzw. Hippursäure u. Hydroxybenzaldehyden 841; mit Anthranilsäure bzw. 2-Amino-4'-fluorbenzophenon 464; mit β-[5-Nitrofuryl-(2)]-acrylsäure 835; mit 1-Amino-2-hydroxy-1.2.3.4-tetrahydronaphthoesäure-(1) 6758; mit β-Aroylpropionsäuren 6727; mit α-Nitro-α-phenylacetophenon-o-carbonsäure 7844; mit α.α-Diphenyl-α'-methyl- bzw. -α'-äthylpimelinsäure 15 201; mit Dihydroxybernsteinsäure 18 397; mit Imidazolyl-(2)-mercaptoessigsäuren u. ihren Estern 17 743; mit Diazoessigsäureäthylester 16 644; mit isomerem 3.4-Methylendioxy-3'.4'.5'-trimethoxydiphenylitaconsäuremonomethylester 17 021; mit 4-Keto-6-carbäthoxyoktahydroindol 6138*; mit 3β-Acetoxy-Δ^5-pregnen-20-on 18 935*; mit 5α.6β-Dihydroxy-21-acetoxyallopregnan-3.11.20-trion 12 766*; mit Acetamid 18 418; mit Hippursäurenitrilen 3449; mit Hippursäure bzw. Opiansäure 11 187; mit β-Hydroxybuttersäure-2-phenyl-2-äthylbutyl-(1)-amid 7987*; mit Thiobenzamid 3788; mit 5-Amino-1-carbamyl-3.4-dicyanpyrazol 17 930*; mit 2-Benzoylimino-3.4-diphenyl-4-hydroxythiazolidin 13 753; mit 2-[p-Nitrobenzolsulfonamido]-3-methoxypyrazin 12 103*; mit N^4-Aralkyliden-3-sulfanilamido-6-methoxypyridazin 12 841*; mit 2-Methyl-6-chlor-7-sulfamyl-3.4-dihydrobenzo-1.2.4-thiadiazin-1.1-dioxid 6142*; mit γ-Phenyltetronsäure 16 274; mit cardioton. Glykosiden 18 121; mit Ouabagenin-1.19-acetonid 6513*; mit Cephalosporin N 16 776*; mit Kainsäure (bzw. deren Deriv.) 3083; (bzw. Dihydrokainsäure) 836; mit Hydroxytetracyclin 7257*; mit Thyrotrophin 4266*; Einfl. auf d. Kinetik d. Chlorier. v. Benzol, Toluol, tert. Butylbenzol u. p-Xylol 10 792; Anomerisier. in — 803; Nitrier.: mit d. Urannitrat-Distickstofftetroxid-W.-Komplex in Ggw. v. — 10 431; v. Formamiden in Ggw. v. — 9894*; konkurrierende Nitrier. v. Toluol u. tert.-Butylbenzol in — 8210; Rk. v. Diosgeninacetat mit HCl in — 10 103; niedere, fl. alicycl. Polymere durch cycl. Polymerisat. v. 1.3-Dienen in Ggw. eines Katalysators aus CrO_3, — u. Al-Alkylen 19 011*; —-$ZnCl_2$ als Katalysator bei d. Rk. v. Azulenen mit Aminoaldehyden 17 929*; Polymerisat. v. α-Piperidon durch Alkalimetall u. — 9004; Decarboxylier. v. Oxidpicolinsäuren in Ggw. v. — 3454; Rk. v. Phthalsäureanhydrid mit Phenylessigsäure in einer Lsg. v. Triäthylamin u. — 17 380; Verw. zum Entwässern v. $HClO_4$ 12 016; Behandl. v. Wolle mit — 13 625; Herst. v. Handwaschpaste aus anoxydiertem Paraffin u. — 11 046*; Verw. als Oxydationskatalysator in einem fl. Wasch- u. Bleichmittel 12 877*; Titrat. v. — mit Fe(III)-Hydroxamat als Indicator 6899; Best. in Essigsäure 3548.

β-Hydroxy-γ-butyrolacton 15 186.

$C_4H_6O_3S$ **Sulfolen-3.4-epoxid** (F. 123—125°, F. 157—159° korr.) 15 955.

Divinylsulfit (Kp. 127°) 12 271.

$C_4H_6O_3S_2$ **Milchsäurexanthogenat,** Rk. v. Estern 19 007*.

$C_4H_6O_4$ (s. *Bernsteinsäure* [*Dihydromaleinsäure, Butandisäure*]).

2.5.7.8-Tetroxabicyclo-[4.2.0]-octan (Kp. 63°) 8065*.

Benzotropolonchinon-(1'.2') (F. 130° Zers.) 15 582.

α-Keto-β-hydroxybuttersäure, Spektrum d. 2.4-Dinitrophenylhydrazons 11 588.

Methylmalonsäure, Bldg. 13 047; Rk. 4167, 11 188, 15 553; Vitamin-B_{12}-Mangel u. d. Ausscheid. v. — beim Menschen (Unters. mit ^{14}C) 17 477.

2-O-Formyl-D-glycerinaldehyd 14 142.

Monomerperoxid v. Vinylacetat 15 249.

Oxalsäuremonoäthylester (Kp.$_2$ 76—80°), Darst., Rk. 15 199; Bldg. 18 435; Elektrolyse v. Butadien in Ggw. v. K-Äthyloxalat 7853; kinet. Salzeffekte v. Tetraalkylammonium-Verb. auf d. Rk. d. K-Salzes mit NaOH 4838.

Glykoldiformiat (Äthylenglykoldiformiat), Rk. 8064*; Verw. 15 069.

Monomethylmalonat, intramol. H-Bind. in — 17 350.

Oxalsäuredimethylester (Dimethyloxalat) (F. 51—53°), Herst. 12 096*; ν(OH)- u. ν(CO)-IR-Absorpt. v. — 17 697; Rk.: mit Hexamethylenimin 5675; mit α.α.ω-Trihydroperfluoramylalkohol 15 924; mit 4-Oxoperhydroazulen 467; mit trans-2-Keto-6-methoxy-12-methyl-1.2.9.10.11.12-hexahydrophenanthren 7169; mit dl-Δ^5-Äthylendioxy-11β.18-dihydroxy-20-oxopregnen 6879*; mit 3.5.7-Trimethylxanthopterin 1617; mit 3α-Acetoxy-11.20-dioxopregnan 18 843; mit Phenylessigsäuredimethylamid 7128; mit dl-Δ^5-3.3-Äthylendioxy-11β-hydroxy-20-oxopregnen-18-säure-18.11β-lacton 6881*.

Glycerincarbonat, Verw. 4006*.

Diacetylperoxid (Acetylperoxid), Isotopeneffekte bei d. Alkylier. v. deuteriertem Bzl. mit — 1182; kinet. Behandl. d. Polymerisat.-Geschw. bei Verw. v. —-halt. Peroxid-Misch. als Initiatoren 7542; synerget. oder komplementäre Wrkg. v. *Trigonox-RM-25* 12 114; Abspalt. v. N-

Oxid aus tert.-Butylnitrit durch Methylradikale in Ggw. v. — 3775.

$C_4H_6O_4S$ **Thioäpfelsäure (α-Mercaptobernsteinsäure)**, Mechanismus d. Oxydat. mit verschied. Oxydat.-Mitteln, Kinetik d. Carboxymethylier., pK_{HS}-Wert 14 087; Stabilitäts-Konst. d. UO_2^{+}-Chelats v. — 18 389; Verester. 8258; Rk.: mit C_7-Oxoalkohol + Paraformaldehyd 7694*; mit o-Hydroxyaminoacrylverb. 12 464*; mit N.N-Diphenylcarbamoylchlorid 7490; Hemm. d. Elektronentransports durch — 160; Wrkg. v. Mercaptosuccinat auf d. Wachstum einer Bierhefe (Saccharomyces cerevisiae) 18 306; Äthylen-Entw. durch Tomatenpartikel-Präp. in Ggw. v. Thiomalat 16 376; Hemmeffekt v. — bzgl. einiger Prozesse d. tier. Entw. 4989; Verw. als Maskierungsmittel bei d. Fäll. v. Schwermetallhydroxiden u. -sulfiden 3568.

Thiodiglykolsäure (2.2'-Thiodiessigsäure), Darst., Verester. 19 023; Elektronenspinresonanz in einem γ-bestrahlten Einkristall 5979; Stabilität d. Komplexe v. — mit zweiwert. Metallen 2655; Anhydrid-Bldg. bzw. Verester. 6027; Rk.: mit Benzil 12 653; mit Chloramin-T (Mechanismus) 14 088; prakt. Einsatz auf kosmet. Gebiet. 15 431; Antikrebseig. 1639.

Thiodiameisensäuredimethylester (F. 36°) 17 715.

Isobuttersäure-β-sulfonsäureanhydrid, Rk. 14 363*.

$C_4H_6O_4S_2$ **2.3-Dimercaptobernsteinsäure** (F. 127 bis 128° korr.), Darst. v. akt.- u. rac.— 449; Rk. v. Salzen 15 769*; Einfl. d. Na-Salzes: auf d. durch Brechweinstein verursachten Hemmungszustand im Zentralnervensyst. 14 946; auf Verteil., Ausscheid. u. therapeut. Aktivität v. Brechweinstein bei Kaninchen 14 946; Behandl. d. Harnwege- u. Intestinalbilharziosis mit Sb-Dimercaptosuccinat u. krit. Prüf. seiner tox. Nebenwrkg. 14 234; Strahlenschutzwrkg. 18 180; Best. d. Sulfhydrylgruppen v. Dithiotartrat 7942.

Meso-2.3-dimercaptobernsteinsäure (F. 210 bis 211° Zers., korr.), Darst. 449; Strahlenschutzwrkg. 17 121.

Dithiodiglykolsäure (Dithiodiessigsäure, Bis-[carboxymethyl]-disulfid) (F. 107°), Darst. 11 880; Bldg. 12 613; Konstit.-Einfl. auf d. UV-Spektrum, Bezieh. zur Alkalispalt. 14 074; polarograph. Verh. 14 818; Rk. 2322, 8577.

$C_4H_6O_4Se_2$ **Diselendiessigsäure (Diselendiglykolsäure)**, polarograph. Verh. 14 818.

$C_4H_6O_4Zn$ **α-Zinkessigsäure**, Pb-Salz 8784*.

$C_4H_6O_5$ (s. *Äpfelsäure*).

Diglykolsäure, Elektronenspinresonanz in einem γ-bestrahlten Einkristall v. — Monohydrat 16 978; Stabilität d. Komplexe v. — mit zwei wert. Metallen 2655; Rk. 6027, 15 624.

Pyrokohlensäuredimethylester, Rk. 12 105*.

$C_4H_6O_6$ (s. *Mesoweinsäure*; *Traubensäure* [DL-*Weinsäure*]; *Weinsäure*).

Perbernsteinsäure, spezif. mutagene Wrkg. auf d. Rückmutat. zweier Loci v. E. coli *15* T *9—13* 12 318.

$C_4H_6O_7S$ **Sulfobernsteinsäure**, —-Ester als synthet. Detergentien 7729; Antikometwrkg. d. —-Ester u. ihr Einfl. auf d. kinet. Benetz. photograph. Emuls. 2971; Verw. v. Salzen oder Salzgemischen v. —-Deriv. 6599*.

$C_4H_6O_8$ **Dihydroxyweinsäure**, p_H-Abhängigk. d. polarograph. Grenzströme d. — 4479; Anwend. zur Trenn. u. Best. v. Th 10 213.

C_4H_6S **2.3-Dihydrothiophen** ($Kp._{100}$ 48°), Bldg. 94; Rk. 15 246.

1-Methylmercaptopropin-(1) (Kp. 114 bis 116°) 15 921.

Äthylmercaptoacetylen, Rk. 12 296, 15 920, 16 281.

Divinylsulfid (Kp. 92—93°), Herst. 7691*; Rk. 18 249*.

$C_4H_6S_2$ **Divinyldisulfid** 7691*.

$C_4H_6S_3$ **Propylentrithiocarbonat** ($Kp._{0,7}$ 105 bis 107°) 17 715.

C_4H_6Si **1-Silacyclopentadien-(2.4)** (Kp. 60 bis 62°) 2729, 13 711.

C_4H_6Zn **Divinylzink**, Darst. 4715*; IR-Spektrum 1119; Rk. 6002.

$C_4H_7BCl_2$ **[2-Chlorvinyl]-äthylchlorboran** ($Kp._{30}$ 35°), Darst., Rk. 7120; Disproportionier. 15 561; Best. d. an B gebundenen Cl in — 1726.

C_4H_7Br **1-Brombuten-(1)** (Kp. 60—61°) 18 793.

3-Brombuten-(1) (α-Methylallylbromid, Methylvinylcarbinylbromid), Darst., Red. 18 434; Rk. 11 526, 15 524; (im Gemisch mit d. γ-Methylverb.) 10 425 [2 Ref.].

4-Brombuten-(1), Rk. 9686.

1-Brombuten-(2) (Crotylbromid, γ-Methylallylbromid) (Kp. 100—103°), Darst., Rk. 1967; Raman-Banden u. Charakter d. chem. Bind. 13 288; Umlager. 18 434; Rk. mit Sn unter Allylumlager. 15 524; Überführ. in 2-Aminohexen-(4)-säure 5255; Rk.: eines Gemisches v. — u. α-Methylallylbromid (mit N-Alkenylpyrrolidinen bzw. N-Alkenylpiperidinen) 10 425; [mit 1-Morpholinobuten-(1)] 10 425; mit Anilin 836; mit Enaminen 10 438, 15 941; mit tert.-Butyl-MgCl 4491; mit Di-O-isopropyliden-D-glucofuranose 13 033; mit Pentanon-(2) u. Al 11 526; mit Cyclohexanon 18 082; mit N.N-Dimethylacetamid 11 526.

β.β-Dimethylvinylbromid [Bromisobuten-(1)] (Kp. 92°), Darst., Rk. mit C_2H_5ONa (Kinetik) 4489; Rk. 678*.

1-Brom-2-methylpropen-(2), NMR-Spektrum 433.

1-Methylcyclopropylbromid ($Kp._{740}$ 77,2 bis 78,0°), Darst., Solvolyse (Kinetik) 14 090.

$C_4H_7BrCl_2$ **1-Brom-3.3-dichlorbutan**, Rk. 10 800.

$C_4H_7BrF_2O$ **2-Brom-1.1-difluoräthyläthyläther** ($Kp._{975}$ 70°) 1568.

C_4H_7BrMg **Isocrotylmagnesiumbromid**, Rk. 15 766*, 17 713.

C_4H_7BrO *cis-trans*-**2-Brom-1-methoxypropen-(1)** ($Kp._{73}$ 58—76°) 15 921.

trans-trans-**2-Brom-1-methoxypropen-(1)** ($Kp._{72}$ 74—76°) 15 921.

Äthylbrommethylketon (Kp. 152—155°), Darst., Rk. 11 560; Rk. 1933, 15 971.

Methyl-α-bromäthylketon [3-Brombutanon-(2)] ($Kp._{150}$ 86,5—88,5°), Darst. 94; (Rk.) 8953; Rk.: mit Diäthylamin 8952; mit 2.5-Dimethyl-4-äthylphenylthiol 13 014; mit Thioharnstoffderiv. 14 496; mit Dihydroresorcin 15 584; mit 1-Methylcyclohexandion-(3.5) 18 109; mit 3-Methyl-2-oxocycloheptancarbonsäureäthylester 15 971; mit Phthalimid-K 11 912; mit Triäthyl- u. Na-Diäthylphosphit 1933.

Methyl-β-bromäthylketon, Rk. 1611.

$C_4H_7BrO_2$ **α(2)-Brombuttersäure**, Rk. 3458, 5661; (v. —-Phenylestern) 102; R_F-Wert 5792.

β-Brombuttersäure, Rk. 12 302.

4-Brombutansäure, Rk. 8934.

α-Bromisobuttersäure (2-Brom-2-methylpropionsäure), Darst., Rk. 7509; Rk. 470; (v. —-Phenylestern) 102.

β-Bromisobuttersäure (2-Methyl-3-brompropionsäure), Darst. v. D- u. L-— 3423; Bldg. 2338; Rk. v. (+)-— 10 803.

Essigsäure-β-bromäthylester, Rk. 10 464.

α-Brompropionsäuremethylester, Rk. 3982*, 5661.

Bromessigsäureäthylester (Äthylbromacetat) (Kp. 159—160°), Bldg. 18 809; (Rk.) 11 553; Lage u. Intensität d.

ν(C = O)-Bande 8558; Best. d. Rotationsisomerie aus d. IR-Spektrum 5233; kernmagnet. Resonanz 7832; Oxydat. mit Dimethylsulfoxid 15 928; Hydrolyse (Kinetik) 2318; Rk.: mit Äthylen bzw. Propylen 5094*; mit Pyrrolidin 18 832; mit N-Alkenylpyrrolidinen 10 426; mit 1-Cycloheptenylpyrrolidin 8983; mit 3-[Indolyl-(2)]-pyridin 10 835; mit 3-Pyrrolidinoinden 4146; mit 6-Chlorpurin 10 464; mit sek. Aminen 8238; mit 2-Phenyl-tert.-butylamin 822; mit Enaminen 10 856; mit Benzylalkohol bzw. Na-Benzylat 5299; mit 3α-Nortropanol 17 768; mit β-Phenoxyäthanolen 18 799; mit Triphenylphosphin 3983*, 10 436; mit β-[Naphthyl-(1)]-äthylmercaptan 16 322; mit Ketonen 13 866*; mit Mesityloxid 15 558; mit 2-Methylhexen-(2)-on-(5) 6752; mit Dimethylundecanon 945*; mit Methylbenzylketon 1973, 3077; mit Isobutyrophenon 6752; mit p-Acetylcumol 12 271; mit 1-Oxo-3-isopropylcyclohexen-(2) 7532; mit Cyclohexanon bzw. d. Na-Verb. v. 2-Ketocyclohexylglyoxylsäureäthylester 5291; mit 3-Methylcyclohexanon 78; mit Acetylnaphthalin 18 452; mit 5-Methyltetralon-(1) bzw. 6.7-Dimethyltetralon-(1) 14 851; mit 7-Isopropyltetralon-(1) 14 849; mit Chinuclidon-(3) 18 114; mit 2- bzw. 4-Methoxyacetophenon 103; mit p-Methoxyacetophenon 6369; mit 3.4-Methylendioxy-3'.4'.5'-trimethoxybenzophenon 18 450; mit 7-Methoxytetralon-(1) 10 081; mit 6-Methoxy-β-tetralon 1217; mit Oktalonen 8995; mit 2-Methylhypoxanthinthiol-(8) 9720; mit 20-Formyl-11-oxo-Δ^{20}-5β-pregnen-3α.20-diol 8997; mit 3.5-Dioxopyrrolizidin bzw. N-Methylphthalimid 14 128; mit 5-Methyl-5-phenylhydantoin 9331; mit Trimethylaminoxid 18 435; mit Diphenylacetonitril 12 283; mit β-[Pyridyl-(2)]-propionsäureäthylester 1234; mit Salicylsäureäthylestern 12 653; mit 2-Carbäthoxy-3-methyl-7-methoxyindanon-(1) 4519; mit 4-Acetoxybutanon-(2) 17 561*; mit 12-Ketotridecan-1-carbonsäureäthylester 1794*; mit β-Phenyl-β-cyanpropionsäureäthylester 6746; mit L-Glutaminsäurediäthylester 2353; mit 3β.21-Diacetoxy-15β-hydroxy-14α-brompregnan-20-on 1717*; mit Brassylsäuresemialdehydäthylester 5470*; mit 2-Methacrylamidoäthyldimethylamin 2541*; mit Acetessigsäureanilid 2355; mit Alkylphosphonsäuredialkylestern 2712.

$C_4H_7BrO_2S$ **2-Bromäthenyläthylsulfon** 5093*.

$C_4H_7BrO_4S_2$ **Bis-[methylsulfonyl]-1-bromäthylen** 5093*.

C_4H_7BrS **1-Methylmercapto-2-brompropen-(1)** (Kp.$_{20}$ 76—77°) 15 921.
[**β-Bromvinyl]-äthylsulfid,** Rk. 15 920.
2-Bromäthenyläthylsulfid, Oxydat. 5093*.

$C_4H_7Br_2Cl_2O_4P$ **Dimethyl-1.2-dibrom-2.2-dichloräthylphosphat** (F. 25,5—26,5°), Darst. (insekticide Toxizität) 4620; (Verw.) 2881*; s. auch *Schädlingsbekämpfung-Spezialmittel* (*Dibrom*).
Dimethyl-1.2-dichlor-2.2-dibromäthylphosphat, Darst., insekticide Toxizität 4620.

$C_4H_7Br_2NO_2$ **2.3(„1.2")-Dibrom-*n*-propylcarbamat** (F. 89°) 11 194.

$C_4H_7Br_2O_4P$ ***O.O*-Dimethylphosphorsäure-2.2-dibromvinylester,** Darst., insekticide Toxizität 4620.

$C_4H_7Br_3$ **1.2.3-Tribrom-2-methylpropan** (Kp.$_{11}$ 103°) 7850.

$C_4H_7Br_4O_4P$ ***O.O*-Dimethylphosphorsäure-1.2.2.2-tetrabromäthylester,** Darst., insekticide Toxizität 4620.

C_4H_7Cl **Monochlorbutene,** Bldg. 12 829*.
1-Chlorbuten-(1), Rk. 11 361*.
3-Chlorbuten-(1) (1-Methylallylchlorid, Methylvinylcarbinylchlorid) (Kp. 64°), Darst. 18 434; (Rk.) 9662; Stabilisieren 15 401*; [d. Gemisches aus — u. 1-Chlorbuten-(2)] 17 559*; Rk. 5255, 10 019, 13 725, 14 469.
Allylcarbinylchlorid, Bldg. 12 614; (v. $^{13}C_{(\gamma)}$- —) 8565.
cis-**Crotylchlorid** (Kp. 85,0—85,8°), Darst., Rk. 4128, 9662; Rk. 5255.
trans-**Crotylchlorid** [*trans*-**1-Chlorbuten-(2)**] (Kp. 85,0—85,8°), Darst. 18 434, 19 003*; Darst., Rk. 4128, 9662; Stabilisieren 15 401*; [d. Gemisches aus — u. 1-Chlorbuten-(2)] 17 559*; Rk.: mit CO (u. C_2H_2) 8416*, 14 469; (u. Methanol) 13 725; mit $NaMn(CO)_5$ 10 019; mit Anilin bzw. o-Toluidin 836; mit Triphenylphosphin 11 168; mit Pentanatriumsaccharat 7527; mit p-Aminobenzoesäure-n-butylester 11 293*; mit d. Na-Salzen v. Thiophosphorsäuredialkylestern 8581.
2-Chlorbuten-(2), Darst., Rk. v. cis- u. trans- — 5991; Rk. 11 361*.
1-Chlor-2-methylpropen-(1) (**β.β-Dimethylvinylchlorid**), Bldg. 10 017; Rk. 13 728, 16 839*.
β(2)-Methylallylchlorid [*gewöhnl.* **Methallylchlorid, 2-Chlormethylpropen, 2-Methyl-3-chlorpropen, 1-Chlor-2-methylpropen-(2)**] (Kp. 72°), Darst. 19 003*; NMR-Spektrum 433 [2 Ref.]; Autoxydat. 13 345; Oxydat. v. — mit Isobuten 10 017; Rk. mit Br_2 10 795; HBr-Addit. 15 958; Rk. mit Mg 13 739; Addit. v. Si-Hydriden an — u. verwandte Verb. 7485; Rk.: mit Trichlorsilan 6210*; mit HCN 8943; mit $NaMn(CO)_5$ 10 019; mit CO + C_2H_2 14 469; Überführ. in α-Methylacrolein 16 839*; Rk.: mit Bzl. 6741; mit 1-Pyrrolidinoisobuten 10 425; mit Phenolen 16 135*; mit Phenol 8932; mit 2.6-Dimethylphenol 18 802; mit Propyl-MgBr 3048; mit Methyldichlorsilan 13 728; mit [Diäthyl-2-pyridyl-(2)]-äthylmalonat 9820*; mit Steroiden 6883*; Identifizier. 13 514.
Cyclobutylchlorid 8565, 12 614.
Cyclopropylcarbinylchlorid (Kp.$_{740}$ 85,5°), Darst., Solvolyse 12 614; Bldg. v. $^{13}C_{(\alpha)}$- — 8565.

$C_4H_7ClF_2O$ **Difluorchlormethyldimethylcarbinol** (Kp.$_{750}$ 106,5°) 12 455*.

C_4H_7ClMg **Buten-(1)-yl-(1)-magnesiumchlorid,** Rk. 7322*, 7691*, 11 361*; (d. —-Komplexe mit O-halt. Heterocyclen) 4716*.
Buten-(2)-yl-(2)-magnesiumchlorid, Rk. 7322*, 7691*, 11 361*; (d. —-Komplexe mit O-halt. Heterocyclen) 4716*.
Δ^1-Isobutenylmagnesiumchlorid, Rk. 8781*; (d. —-Komplexe mit O-halt. Heterocyclen) 4716*.

$C_4H_7ClN_2O_3$ **4-Nitrazapentanoylchlorid,** Rk. 16 549*, 16 550*.

C_4H_7ClO **2-Chlortetrahydrofuran** (Kp.$_9$ 28—31°), Darst. 13 012; Polymere aus — 3115.
2-Methylepichlorhydrin [1.2(2.3)-Epoxy-3(1)-chlor-2-methylpropan] (Kp.$_{200}$ 78 bis 79°), intermediäre Bldg. 13 346; Rk. 16 657, 18 084.
γ-Chlorcrotylalkohol (Kp.$_{680}$ 157—163°) 16 280.
Äthyl-β-chlorvinyläther, Darst. v. cis- u. trans- — 10 281; Rk. 15 020.
2(β)-Chloräthylvinyläther (F. 150°), Polymerisat.; krist. Poly- — 6428; Geschw.-Konst. d. Wachstums-Rk. v. —/Jod-Syst. 6428; Copolymerisat. 10 115, 11 947; Rk. mit Na-Alkylmalonsäurediäthylestern 13 029.
α-Chlor-*n*-butanal, Rk. 11 856.
γ(4)-Chlorbutyraldehyd (Kp.$_{12}$ 52—54°), Darst., Rk. 5301; Rk. 15 596.
2-Methyl-2-chlorpropanal (Kp. 89°), Rk. 440.

Äthylchlormethylketon, Rk. 2086*, 10 566*, 14 320*.
Methyl-α-chloräthylketon [3-Chlorbutanon-(2)], Darst., Rk. 14 495; Rk.: mit 4-Hydroxythianaphthen 15 207; mit Aceton- bzw. Benzaldehydselenosemicarbazon 17 744; mit HC ≡ CMgCl 14 320*; mit 2-Mercaptoimidazol-5-carbonsäureäthylester 9333; mit Na-Cyanessigsäureäthylester 17 739; mit Thiobenzhydroximsäure 8976.
β-Chloräthylmethylketon [4-Chlorbutanon-(2)], Rk. 3440, 13 565*, 14 320*.
Buttersäurechlorid (Butyrylchlorid) (Kp. 101 bis 103°), Bldg. 12 256; magnet. Mol.-Rotat. 9287; Photochlorier. 2696, 13 353; Dehydrochlorier. eines Gemisches v. Acetylchlorid u. — 13 724; Hydrolyse (Kinetik) 2693; Rk.: mit SF_4 13 565*; mit $MoO_2Cl_2(CH_3CO)_2O$ 6704; mit Isobutylen 16 655; mit 4′-Methylbenzo-[1′.2′:1.2]-cyclohepten 18 454; mit Benzo-[1′.2′:4.5]-1-thiacyclohepten 16 321; mit N-Methylbenzylamin 6733; mit nitriertem 2-[1′-Methylheptyl]-phenol 16 649; mit 4-Phenoxyanisol 5268; mit 1.4-Dimethoxynaphthalin 1594; mit Pentanatriumsaccharat 7527; mit Chloraceton 12 257; mit 2-Methyl-4-benzoylphenol 14122; mit 1.4-Diamino-2-nitroanthrachinonen 5858*; mit Mg-Acetessigester 1197; mit 2-Ketocyclopentancarbonsäureäthylester 17 561*; mit Salicylamid 7526; mit p-Toluolsulfonsäurevinylester 12 271; α-Bromier. v. Fettsäureestern in Ggw. v. — 12 995; Verw. in Katalysator zur cycl. Polymerisat. v. 1.3-Dienen 19 011*.
Isobuttersäurechlorid (Isobutyrylchlorid) (Kp. 90—93°), Darst., Rk. 3081; Red. mit Pyridinboran 18 800; Hydrolyse (Kinetik) 2693; Bromier., Verester. 11 523; Rk.: mit Isobutylen 16 656; mit Benzol 16 652; mit Chlorbenzol 9696; mit 1-Morpholinoisobuten 3073, 11 543; mit 6-[2′-Dimethylaminoäthoxy]-2-methylindanol-(1) 11 653*; mit Resorcindimethyläther 13 390; mit Ferrocen 16 845*; mit L-Glutaminsäure 17 060; mit α-Hydroxybuttersäurediäthylamid 10 930*; mit Dithiophosphorsäure-O.O-diallylester 7849.

C_4H_7ClOS **α-Chloräthylacetylsulfid,** Rk. 7476.
2-Chloräthylthioacetat (Kp.₁₂ 70—72° korr.) 9301.

$C_4H_7ClO_2$ **α-Chlorbuttersäure** ($Kp._4$ 72—74°), Darst. 6734; Rk. 15 025*, 18 272*.
α-Chlorisobuttersäure, Rk. 2714.
β-Chlorpropionsäuremethylester, Rk. 13 568*.
β-Chloräthylacetat, Rk. 8618, 10 436.
Chloressigsäureäthylester (Äthylchloracetat) (Kp. 142—144°), Bldg. 12 256; Intensität d. ν(C = O)-Bande 8558, 12 599; Best. d. Rotationsisomerie aus d. IR-Spektrum 5233; kernmagnet. Resonanz 7832; Best. d. Äquivalentgew. 9098; Oxydat. 15 928; Hydrolyse (Kinetik) 2318; Rk.: mit Äthylenverb. 18 097; mit 4.4′-Dipyridyl 7299*; mit Phenäthylamin 1957; mit sek. Aminen 8238; mit 2-Nitro-4-dimethylaminoanilin 14 688*; mit Benzylalkohol 7149; mit Phenolen 15 917; mit p-Chlorphenol bzw. α-Naphthol 10 428; Verh. gegen 4.6-Dinitro-2-methylphenolat 17 004; Rk.: mit Bis-stilbenyl-(4)-quecksilber(II) 4515; mit β-Hydroxyäthylmercaptan 5447*; mit 4-Chlorthiophenol 1991; mit β-p-Tolyläthanthiol 1999; mit 4(5)-Phenyl-2-mercaptoimidazol 17 743; mit Thiobenzophenon 13 382; mit Harnstoffen bzw. Thioharnstoffen 4904; mit Carbonylverb. 1832; mit Aldehyden bzw. Glykolsäurenitril 4899; mit Aceton 3059; (bzw. Cyclohexanon) 4898; mit Pseudojonon 11 660*; mit 1-Methylpiperidon 8608; mit 3-Chlorpyridazon-(6) 13 027; mit 2-Methylhypoxanthinthiol-(8) 9720; mit 6-Alkylsulfonyl-2H-pyridazonen-(3) 7525; mit 1-Indolino-3-amino-2-azapropandion-(1.3)-diimin 18 830; mit Semicarbazonen 10 451; mit Thiosemicarbazonen 3806; mit Phenylacetonitril 6746; mit Äthyl-β-isopropylaminopropionat 13 493*; mit Cyanessigsäure-tert.-butylester 3816; mit Malonsäuredi-tert.-butylester 6792; mit 2-Methacrylamidoäthyldimethylamin 2541*; mit Hydrazodithiodicarbamid 1602; mit Cellulose 16 532*; herbicide Wrkg. auf Gurkenkeimlinge 14 926.
Chlorameisensäurepropylester (Chlorkohlensäure-n-propylester, n-Propylchlorcarbonat)(Kp. 115—116°), Darst., Rk. 12 660; IR-Spektrum 2679; Rk. 5096*, 12 637.
Chlorameisensäureisopropylester (Isopropylchlorformiat, Isopropylchlorcarbonat) (Kp. 104—105°), Darst., Solvolyse (Kinetik) 11 862; IR-Spektrum 2679; Zers. (Kinetik) 16 637; Rk. mit Na-β-[3-Thioxoimidazolidinyl-(1)]-äthyldithiocarbamat 4530.

$C_4H_7ClO_3$ **Methyl-α-chlor-β-hydroxypropionat** ($Kp._{20}$ 106°) 11 529.
β-Methoxyäthylchlorformiat ($Kp._{118}$ 98 bis 99°) 661*.
Methyl-3-chloroformylpropionat, Rk. 3983*.

$C_4H_7ClO_3S$ **4-Chlorsulfolanol-(3),** Rk. 15 954.
3-Chlorbuten-(2)-sulfonsäure, K-Salz 6370.

$C_4H_7ClO_4S_2$ **Bis-[methylsulfonyl]-1-chloräthylen** 5093*.

$C_4H_7Cl_2N$ **3.3-Dichlor-2-methylallylamin,** Deriv. 10 977*.

$C_4H_7Cl_2NO$ **α-Chlorbutyrhydroxamsäurechlorid** ($Kp._4$ 77—78°) 6734, 6735.

$C_4H_7Cl_2NO_2$ **2-Nitro-2-methyl-1.3-dichlorpropan** ($Kp._3$ 80°) 1196.
1.3-Dichlorisopropylcarbamat (F. 76°) 11 194.

$C_4H_7Cl_2NSi$ **[β-Cyanäthyl]-methyldichlorsilan (β-[Methyldichlorsilyl]-propionitril)** ($Kp._{750}$ 215°), Darst. 1958, 2711, 16 134*; (Rk.) 10 065, 11 002*; (Verw.) 4786*, 11 389*; Rk. 6233*, 12 982.

$C_4H_7Cl_2O_4P$ **DDVP (Dimethyl-2.2-dichlorvinylphosphat, β.β-Dichlorvinylphosphorsäuredimethylester),** Darst. (insekticide Toxizität) 4620; (Verw.) 3955*; Wrkg. v. —-Aerosolen auf d. Blutcholinesterase bei Arbeiten mit Verneblern 2820; — als Schutzmittel gegen Schädlinge in gelagertem Getreide und Samen 1828; — zur Bekämpf. d. Apfelmade Rhagoletis pomonella Walsh 7664; — gegen Stubenfliegen 2142, 4311, 12 067; Einfl. v. —-Gaben an Hühner auf d. Giftigk. d. Hühnerfaeces für Stubenfliegen 7667; erhöhte Widerstandsfähigk. v. diazinonresistenten Musca domestica gegen — 8388; Verw. zur Bekämpf.: v. Musca autumnalis (an Vieh) 8034; (an Schlachtrindern) 8034; d. Mexikanischen Fruchtfliege Anastrepha ludens 8034; v. Pectinophora gossypiella u. anderen Baumwollschädingen. 16 814; Widerstandskraft d. Stechmücke Culex tarsalis gegen — 16 106; — gegen Vollkerfe v. Hippelates-Augenmücken 2142; Wrkg. im Dampfzustand auf Macrosiphum gobonis Matsumura Panonychus citri McGregor 13 914; Verw. zur Bekämpf.: d. Gelbjacke Vespula pennsylvanica in öffentl. Anlagen 8032; v. normalen u. resistenten Schaben Blattella germanica L. 278; d. Japankäfers Popillia japonica 12 429; Möglichk. einer Gegenmaßnahme gegen Insekticidresistenz gegen — 6937; toxikolog. Aspekte v. — bei Rindern, Pferden u. weißen Ratten 18 920; Insekticide aus — 630*.

$C_4H_7Cl_3N_2$ **N-Äthyltrichloracetamidin,** IR-Spektrum d. Hydrochlorids (F. 224 bis 225° Zers.) 6343.

N.N-**Dimethyltrichloracetamidin,** IR-Spektrum d. Hydrochlorids (F. 175—176° Zers.) 6343.

$C_4H_7Cl_3O$ (s. *Chlorobutanol [Chlorbutanol, Chlorbutol, Chloreton, Acetonchloroform, Trichlor-tert.-butanol, 2-Trichlormethylpropanol-(2), 1.1.1-Trichlor-2-hydroxy-2-methylpropan*).

1.1.1-Trichlorbutanol-(2) 15 549.

1.3.4-Trichlorbutanol-(2) (Kp.$_1$ 80°) 13 345.

α.α.β-Trichlordiäthyläther (Kp.$_{13}$ 51—52°) 12 256.

1.2.2-Trichlordiäthyläther, Bldg. 8564.

$C_4H_7Cl_3OS$ ***n*-Propyltrichlormethylsulfenat** (Kp.$_1$ 36,5—37,5°) 3606*.

Isopropyltrichlormethylsulfenat (Kp.$_{16}$ 70 bis 72°) 3606*.

$C_4H_7Cl_3O_2$ **Chloralhemiacetal,** Rk. 8792*.

$C_4H_7Cl_3O_2S$ **2.3-Dichlorbutan-1-sulfochlorid,** Rk. 4721*, 8418*.

$C_4H_7Cl_3O_2Si$ **β-Trichlorsilylpropionsäure-methylester** (Kp.$_{25}$ 90—92°) 12 630.

$C_4H_7Cl_3Si$ **Crotyltrichlorsilan** (Kp. 143—144°) 16 647.

Isobuten-(1)-yltrichlorsilan, Mol.-Refr. 5233.

$C_4H_7Cl_3Sn$ **Isocrotylzinntrichlorid** 4716*.

$C_4H_7Cl_4OP$ **α.α-Dichlor-*n*-butylphosphonsäure-dichlorid** 7858.

$C_4H_7Cl_6P$ **α.α-Dichlor-*n*-butylphosphortetra-chlorid,** Komplex mit PCl_5 7858.

$C_4H_7FN_2O_3$ **α-Fluor-β-ureidopropionsäure,** biolog. Bldg. 17 070.

$C_4H_7FN_2O_5S$ **Carboxymethyliminocarboxy-methylaminoschwefeloxidfluorid** 5219.

C_4H_7FO **Buttersäurefluorid,** Rk. 8067*.

$C_4H_7FO_2$ **Fluoressigsäureäthylester** (Kp. 119,5°), Hydrolyse (Kinetik) 2318; Anwend. in d. Darzens-Rk. 1209; Rk. mit CH_3MgBr 15 185.

$C_4H_7FO_3$ **α-Methyl-α-hydroxy-β-fluorpropion-säure** (F. 101,5—102°) 12 260.

$C_4H_7FO_4S_2$ **Bis-[methylsulfonyl]-1-fluor-äthylen** 5093*.

$C_4H_7F_2NO$ **Difluor-*N.N*-dimethylacetamid** (Kp.$_{12,0}$ 101—102°) 4924.

$C_4H_7F_3N_2$ ***N*-Äthyltrifluoracetamidin** (F. 189 bis 191° Zers.), IR-Spektrum 6343.

$C_4H_7F_3O$ **4.4.4-Trifluorbutylalkohol** (Kp.$_{70}$ 68°) 8208.

1.1.1-Trifluorbutanol-(2) (Kp. 90°) 8208.

Dimethyltrifluormethylcarbinol (Kp. 82°) 13 722.

$C_4H_7F_6OP$ **Dimethyl-bis-[trifluormethyl]-phos-phoniumhydroxid,** Jodid 10 020.

C_4H_7J **Methallyljodid [1-Jod-2-methylpropen-(2)],** NMR-Spektrum 433; Rk. 6883*.

$C_4H_7JO_2$ **α-Jodpropionsäuremethylester,** Rk. 2541*.

Jodessigsäureäthylester, Rk. 2541*, 4162, 4896, 8238, 14 515; Hemmwrkg. auf Vermehr. u. Enzymtätigk. v. Saccharomyces cerevisiae 12 334.

$C_4H_7LiO_2$ **Lithiumessigsäureäthylester,** intermediäre Bldg. 461.

C_4H_7N **Pyrroline,** Darst. 14 095, 18 456; protonenmagnet- Resonanzspektrum 16 263; Rk. 4513, 7989*, 11 310, 12 018*; Bldg. aus Spermidin durch Extrakte v. Serratia marcescens 18 886.

Δ^1-Pyrrolin 18 105.

Δ^3-Pyrrolin (Kp. 91°) 120.

Butyronitril (*n*-Propylcyanid), Darst. 3263*, 7111, 15 521; Bldg., Rk. 8601; Intensitäten d. Raman-Linien 12 598; Massenspektrum 14 815; NMR-Spektrum 5978; C ≡ C-Valenzfrequenz in Koordinat.-Verb. v. Metallhalogeniden mit — 8512; chem. Verschieb. 5978; Einfl. v. — u. d. austauschfäh. gebundenen Ionen auf d Ausbldg. thixotroper Gele 2644; Photochlorier. 2696; Radikalchlorier. mit tert.-Butylhypochlorit 82; Rk.: mit Na 14 844; v. $[PtCl_2(C_3H_7CN)_2]$ mit NH_3 1543; mit o-Chlormethylanilinhydrochlorid 7897; mit α-Chlor-β-[2.5-dimethoxyphenyl]-äthan 7896; mit Propenyl-(1)-MgBr 9321; Einfl. auf d. gemeinsame Abscheid. v. H mit Ni 12 934.

Isobutyronitril (Isobuttersäurenitril, Isopropylcyanid) (Kp. 104°), Darst. 3263*, 7111; (Rk.) 3081; Massenspektrum 14 815; chem. Verschieb. 5978; Rk. 85, 7896, 8085*.

Isopropylisonitril (Isopropylisocyanid), Kernresonanzspektrum 12 233; Komplex-Bldg. mit Cyclopentadienylcyclohexenyl-Pd 16 617.

C_4H_7NO **3.6-Dihydro-1.2-oxazin,** N-Arylsulfonylderiv. 10 809.

2-Methyl-Δ^2-oxazolin (Kp. 108—110°), Rk. 8209, 16 269.

Propylisocyanat, Rk. 10 930*.

Isopropylisocyanat (Kp. 70—75°), Darst., Adhäs. v. Elastomeren an mit — modifizierten Cellulosefasern u. -folien 11 586; Rk. 1192, 11 587, 17 772.

α(2)-Pyrrolidon (*gewöhnl.* **Pyrrolidon, ω-Butyrolactam)** (F. 26°), Darst. 12 839*; (Rk.) 6733, 16 672; (v. gereinigten —) 13 951*; Herst., Verw. thermostabiler Polypyrrolidone 4364*; Reinig. 13 578*; Dipolmoment, Konstit.-Einfl. auf UV- u. IR-Spektrum 10 400; Schwing.-Spektrum d. cis-CONH-Gruppe in — 11 137; Polymerisat. 2561*; Polymerisationsenthalpie 4480; Nitrosier. 13 494*; Rk.: mit C_2H_2 12 463*; mit *β.β'*-Dichlordiäthyläther 17 763; (u. -thioäther) 9159*; v. Aminoderiv. mit 5-Nitrofurfurol-(2) 13 494*; d. Na-Verb. mit Acrylsäurechlorid bzw. Methacrylsäurechlorid 13 735; mit Oxalsäurediestern 14 327*; mit Dithiooxamid 4880; Abbau durch Bakterien d. Rinderpansens 13 436; Stoffwechsel v. — durch Pseudomonas aeruginosa 894; Wrkg. auf d. Kationentransport kalt konservierter Erythrocyten d. Menschen bei Inkubat. 14 941; Verw.: v. Phytinsäure u. deren Salzen als Lsgm. für Polypyrrolidone 8813*; bei d. Herst. v. Monovinylacetylen aus C_2H_2 15 021*; in einem Katalysator zur Herst. v. Acrylnitril 3982*; zur Herst. v. lichtempfindl. Material für d. Herst. v. Flachdruckformen 19 078*; v. N-substituiertem — zur Herst. v. Pigmentpaste für Überzugsmittel 6597*; für Polyamidfasern 16 895; in Zusatzmittel für Ottomotoren-Treibstoffe 9955*.

Pyrrolidon-(3), Rk. 16 772*; (v. Deriv.) 13 493*.

α-Hydroxybutyronitril (α-Hydroxybuttersäurenitril), Darst. 3263*; W.-Abspalt. 9515*.

β-Hydroxybutyronitril 3263*.

γ-Hydroxybutyronitril (Kp. 235—240°) 1952, 3263*.

Acetoncyanhydrin (α-Hydroxyisobutyronitril), Darst. 1954, 3263*; Bldg. 5621; Adsorpt. an Anionenaustauschern 794; W.-Abspalt. 3982*, 9515*; Einführ. d. CN-Gruppe mittels — 4141; Gewinn. v. Methylmethacrylat aus Rk.-Misch. v. —, H_2SO_4 u. CH_3OH durch Wasserdampf-Dest. 5846*; Rk.: mit Thioglykolen u. CH_2O 7693*; mit 3-Methoxy-2.4-diphenylcyclohexen-(2)-on-(1) bzw. verwandten Verb. 4143; mit Ketosteroiden 10 106; mit 3-Keto-21-desoxysteroiden 18 206*; mit 20.20-Äthylendioxy-5α-pregnan-3-on 2005; mit 17α-Hydroxypregnan-3.11.20-trion 9079*; mit 3α-Acetoxy-D-homoätiocholan-11.17α-dion 7997*; mit 3β.17β-Diacetoxy-5α-androstan-7-on 1623; Vergift. durch — 13 485; Fall v. langsamer HCN-Vergift. durch — 13 484.

α-Methoxypropionitril, Herst. 3263*.

β-Methoxypropionitril (Kp.$_{20}$ 84°), Darst. 3263*; (Rk.) 14 498; Verw. 12 486*, 15 426*.

Äthoxyacetonitril, Darst. 3263*; Rk. 2700.

1-Acetylaziridin, Red. 11 555.
Crotonsäureamid (Crotonamid) (F. 158°), Darst. 13 725, 17 366; Rk. 12 624, 13 789, 16 839*; positiv-inotrope Wrkg. auf d. Papillarmuskel d. Katze 18 191.
Methacrylsäureamid (Methacrylamid), Reinig. 1432*, 11 365*; Dehydratat. 16 685; Acetylier. 1250; Darst. v. Propionaldehyd aus — 16 839*; Gewinn. v. Methylmethacrylat aus Rk.-Misch v. — u. CH_3OH 5846*; Rk.: mit höheren aliphat. Alkoholen 16 133*; mit Diphenylacetonitril 9690; mit Paraformaldehyd (u. Dinitroacetonitril) 12 992; (u. Dinitroacetamid) 12 993; Gesundh.-Gefährd. durch — 16 408; Verw. 3699*, 11 318*, 14 271*; (v. — u. Deriv.) 13 491*; Polymerisat. bzw. Polymerisate s. *Plaste (Acrylpolymerisate).*
Ameisensäureallylamid (*N*-Allylformamid), Darst. 1952; Rk. 18 564*.

C_4H_7NOS **1.3-Thiazanon-(4),** Verw. v. Deriv. 15 037*.
Thiamorpholinon, Deriv. 2091*.
Perhydro-1.3-oxazinthion-(2), Deriv. 15 611.
***N*-Thioacetylacetamid** (F. 60°) 11 888.
Homocysteinthiolacton, Darst. d. Hydrochlorids 10 275*; Rk. d. Hydrochlorids 6371; relatives Wachstum v. fünf Hefen auf einem S-freien, mit — ergänzten Nährboden 12 335; Wrkg. auf d. Kationentransport kalt konservierter Erythrocyten d. Menschen bei Inkubat. 14 941; Leberschutzwrkg. (Vgl.) 5381.

$C_4H_7NO_2$ **1-Nitrobuten-(1),** Darst. 16 305; Rk. 16 644.
2-Nitrobuten-(2), Darst., Rk. 15 918; Bezieh. zwischen physikal. Eig. v. trans-— 16 981.
α-Nitroisobuten [1-Nitro-2-methylpropen-(1)], Herst. 12 092*; Rk. 14 840, 16 644.
Oxazinidinon-(2) [*N.O*-Trimethylencarbamat, 3.4.5.6-Tetrahydro-1.3-oxazinon-(2)] (F. 83°), Darst., Rk. 7902; Konstit.-Einfl. auf UV-Spektrum u. ν(CO), Dipolmoment 10 401; Rk. 9521*.
Morpholon-(2), Deriv. 12 627, 15 216, 18 828.
Morpholinon-(3), Rk. d. K-Salzes 3269*.
4-Methyloxazolidon-(2) ($Kp._2$ 109—111°) 7888.
5-Methyloxazolidon-(2) ($Kp._{11}$ 155—160°), Darst. 7888; Rk. 9521*.
α-Amino-γ-butyrolacton, Hydrobromid (F. 223—224°) 1573.
Diacetylmonooxim [2-Hydroximinobutanon-(3)], Einfl. auf d. Chemoluminescenz v. Luminol 7829, 10 877; partielle Red. 18 794; Wrkg.: auf d. Cholinesterase-Aktivität im Gehirn 18 885; auf d. quergestreifte Muskulatur u. d. Atemzentrum 936; antikonvulsive Eig. 1699; prophylakt. u. therapeut. Wrkg. v. — gegen Vergift. durch Organophosphorverb. 13 484; Kombinat. v. — mit N-Methylpyridinium-2-aldoximmethansulfonat beim Schutz v. Maus u. Ratte vor d. Sarinvergift. 5759; Wrkg.-Weise v. — als Antidot gegen Sarin bei d. Ratte 12 003; Best. 12 040; Verw. zur Best. v. N-Carbamoyl-Deriv. v. Aminosäuren 13 150.
β.γ-Dihydroxybutyronitril ($Kp._4$ 161—163°) 15 186.
Azetidin-2-carbonsäure, Einfl. auf d. Biogenese d. Actinomycine 18 887.
Äthyleniminearbonsäuremethylester ($Kp._{11}$ 50—65°) 4348*.
Methyl-*N*-vinylcarbamat (F. 48°) 18 432.
***N*-Methylolacrylamid (*N*-Hydroxymethylacrylamid),** Mechanismus d. Radikal-Polymerisat. in Substanz 2014; Copolymerisat. 12 314, 18 690*; wärmeinduzierte Vernetz. v. Copolymerisaten aus — u. Äthylacrylat 8276; Rk. mit Phosphorsäurechloriden 12 434*; Best. d. Cytotoxizität in menschl. Zellkulturen 4196; Verw. 13 627*.
α-Ketobuttersäureamid, Red. v. Deriv. 3184*.
Acetessigsäureamid (F. 53°), Darst. 7325*; (v. konz. —-Lsg.) 5096*, 13 569*; Rk. v. Arylderiv. 2182*.
Diacetamid (Diacetylamin) (F. 81°), Darst., Dipolmoment, IR-Spektrum 18 418; Summenregeln d. Schwingungsfrequenzen v. trans.trans-— u. D-— 14 810.

$C_4H_7NO_2S$ **Thiazolidincarbonsäure-(4),** Unters. über — u. —-Deriv. 12 291; Verw. v. ³⁵S-— durch Saccharomyces cerevisiae zur Biosynth. v. Thiamin 7972; Einfl. v. Zusätzen v. —-Deriv. auf d. Nährwert v. Heringsmehleiweiß 15 803; Einw. organ. Persauerstoff-Verb. auf d. Mäuse-Ascitescarcinom in vitro in Ggw. v. — 2403.
Thiazolidin-5-carbonsäure, Deriv. 17 388.
Thioformhydroximsäure-*S*-acetonylester 8976.

$C_4H_7NO_2S_2$ **α-Dithiocarbaminopropionsäure („α-Aminodithiopropionsäure"),** Spalt. durch Cysteindesulfhydrase 7938.

$C_4H_7NO_3$ **Methyl-β-nitroäthylketon** ($Kp._2$ 86°) 10 045.
Oximinoessigsäureäthylester ($Kp._{10}$ 105 bis 106°) 4494.
***O*-Acetylacethydroxamsäure,** IR-Spektrum 9282.
***N*-Formyl-D-alanin,** Dicyclohexylaminsalz (F. 181—183°) 5637.
***N*-Formyl-L-alanin** (F. 130—131°), Darst. (Rk.) 11 930; (d. Dicyclohexylaminsalzes) 5637.
***N*-Formyläthylcarbaminsäure,** antimitot. Wrkg. 6442.
***N*-Acetylglycin (Acetylaminoessigsäure, Acetursäure),** Bldg. 10 414; Herst., Verw. v. —-Salzen organ. Sn-Verb. 2880*; Elektronenspinresonanz eines bestrahlten Einkristalls v. — 5607; oxydative Radiolyse durch γ-Strahlen 11 588; Rk. 140, 7529, 14 330, 18 820.
Succinamidsäure (Bernsteinsäuremonoamid) (F. 153—157°), Rk. 1326*, 2704.

$C_4H_7NO_3S$ ***N*-Methylmercaptocarbonylglycin** (F. 118—119°) 11 730*.

$C_4H_7NO_3S_2$ **α-Dithiocarbamino-β-hydroxypropionsäure („α-Amino-β-hydroxydithiopropionsäure"),** Spalt. durch Cysteindesulfhydrase 7938.

$C_4H_7NO_4$ (s. *Asparaginsäure*).
4-Nitrobuttersäure, Hydrier. v. Estern 16 672.
Iminodiessigsäure, Darst. 12 458*; Rk. 2552*, 3201, 12 460*, 17 207*; Wechselbezieh. v. Indolyl-(3)-essigsäure u. — auf d. Wachstum v. Weizenwurzeln u. Blattscheideschnitten 4975; Verw. 981*; Unters. d. Eign. v. Cu-Komplexen mit — als Lichtfilter 3199.
Nitroessigsäureäthylester ($Kp._{10}$ 92—95°), Darst., Rk. 7139; Kinetik d. basenkatalysierten Bromier. 446.
α-Nitratoisobutyraldehyd 2539*.

C_4H_7NS **2-Methylthiazolin,** Bldg. 11 144; Hydrolyse (Kinetik), pK-Wert 10 415; Strahlenschutzwrkg. 1683.
4-Methylthiazolin, Deriv. 17 492*.
Propylrhodanid (Kp. 162—163°) 18 436.
Isopropylsenföl (Isopropylsenerol), Rk. 14 623*.
β-Cyanäthylmethylsulfid, Rk. 18 091.

$C_4H_7NS_2$ **2-Methylmercapto-Δ²-thiazolin,** Darst., Verw. 14 998*; Rk. 676*.
2-Thioketo-1.3-thiazan (F. 131°) 15 602.
2-Methylmercaptoäthylisothiocyanat ($Kp._2$ 85°) 1193.

$C_4H_7N_2O_3P$ ***O*-[Methyl]-imidazolyl-(1)-phosphonat,** Darst. 8635; R_F-Wert 8635.

$C_4H_7N_3$ **3(5)-Methyl-5(3)-aminopyrazol** ($Kp._{0,05-0,1}$ 135—139°), Darst. 15 409*; Rk. v. Deriv. 5391*.

Isopropylcarbamylchlorid (F. 89—90°), Adhäs. v. Karkassengummi an mit — modifiziertem Viscosereifencord (Darst.) 11 587.
3-Chlor-*N*-methylpropionamid (F. 65—65,5°) 12 267.
Chloressigsäuredimethylamid (*N.N*-Dimethylchloracetamid) ($Kp._{14}$ 104—105°), Darst. 18 440; thermodynam. Daten: d. Addukt-Bldg. mit J_2 18 066; für d. Assoziat. v. Phenol mit —, Bldg.-Wärme 17 706; Rk. 222*, 2725.

$C_4H_8ClNO_2$ **1-Nitro-2-chlorbutan** ($Kp._4$ 56,5°) 6734.
2-Chlor-3-nitrobutan ($Kp._{17}$ 68—72°) 10 048.
1-Chlor-2-nitro-2-methylpropan ($Kp._{10}$ 62 bis 65°) 10 048.
γ-Chlor-α-aminobuttersäure, Aminier. v. —-Hydrohalogenid 7857.
***l*-α-Amino-β-chlorpropionsäuremethylester.** — **Hydrochlorid** (F. 156°), Darst., Verw. 14 323*; Acylier. 3060.
α-Chlor-β-aminopropionsäuremethylester, Hydrochlorid (F. 101—103°) 3263*, 5473*.

$C_4H_8ClNO_2S$ **„5-Chlor-3-thia-3-oxovaleramid"** (F. 158°), Rk. 9869*.

$C_4H_8ClNO_3S$ **„5-Chlor-3-thia-3.3-dioxovaleramid"** (F. 137°), Rk. 9869*.
Morpholinosulfonylchlorid ($Kp._{0,3}$ 76°) 3422, 4341*.

$C_4H_8ClN_5O_3$ **1-[γ-Chlorpropyl]-3-nitro-1-nitrosoguanidin,** Wrkg.: auf 1-Methyl-3-nitro-1-nitrosoguanidin-resistente Escherichia coli-Stämme 18 510; gegenüber Ascitestumoren in Mäusen 3124.

C_4H_8ClOPS **Vinylthionophosphonsäuremonoäthylesterchlorid** ($Kp._{12}$ 71—73°) 13 367.

$C_4H_8ClO_3P$ **α-Chlorvinylphosphonsäuredimethylester** ($Kp._3$ 60—61°) 13 367.

C_4H_8ClP **Tetramethylenphosphinigsäurechlorid** (Kp. 165°) 12 654.

$C_4H_8Cl_2$ **Dichlorbutane,** Bldg. 12 829*; Abtrenn. v. 2-Chlorbutadien-(1.3) 10 998*.
1.1-Dichlorbutan (Butylidendichlorid), Radikalchlorier. mit tert.-Butylhypochlorit 82; Nitrier. v. p-Chlortoluol in Ggw. v. — 15 028*.
1.2-Dichlorbutan (α-Butylendichlorid) ($Kp._{40}$ 41,5—42°), Darst. 6734, 6735; Nitrier. v. p-Chlortoluol in Ggw. v. — 15 028*.
1.4-Dichlorbutan ($Kp._{730}$ 152,0—152,2°), Darst. 11 362*; Rückgewinn. v. Tetrahydrofuran aus d. Gemisch mit —, Tetramethylenchlorhydrin, HCl u. W. 3989*; Dipolmoment 7462; dielektr. Relaxat. 13 338; Rk.: mit NaCN 16 490*; mit Pyrrolidin 120; mit Piperidazin 18 827; mit Alkylenpolyaminen 150; mit Äthanolamin 15 409*; mit Allylphenolen 1797*; mit Triphenylsilyl-Li 12 638; Vers. d. Rk. mit Dimethyldichlorsilan u. Li 8972; Rk. mit p-Chlorthiophenol 14 508; Dehydrochlorier. v. 3.4-Dichlorbuten-(1) in Ggw. v. — 19 005*; Verw. zur Herst. v. aminoalkoxysubstituierten Triphenyläthanolen 15 332*; Identifizier. 13 514.
***dl*-2.3-Dichlorbutan** (Kp. 116—117,2°) 5991.
Meso-2.3-dichlorbutan (Kp. 113—113,7°) 5991.
x.x-Dichlorbutan (Butylenchlorid), Verw. 14 332*.

$C_4H_8Cl_2F_2Si$ **3.3-Difluorpropylmethyldichlorsilan** (Kp. 149,5—151°) 17 562*.

$C_4H_8Cl_2Mg_2$ **Tetramethylen-bis-magnesiumchlorid,** Rk. 8941, 15 766*.

$C_4H_8Cl_2N_2$ ***N.N'*-Dichlorpiperazin** (F. 71 bis 71,5°), Dipolmoment 2681.

$C_4H_8Cl_2O$ **1.1-Dichlorbutanol-(2),** Rk. 2731.
1.1-Dichlor-*tert.*-butanol, Rk. 2731.
1.3-Dichlor-2-methylpropanol-(2) ($Kp._{14}$ 62,8°) 13 345.
1.3-Dichlor-1-methoxypropan, Rk. 2344.
α.α-Dichlordiäthyläther (Kp. 104,5—105,5° korr.) 12 256.
α.β(1.2)-Dichlordiäthyläther (1.2-Dichloräthyläthyläther), Bldg. 8564; NMR-Spektrum 14 816; Rk. 4533, 4534.
β.β'-Dichlordiäthyläther (Bis-[β-chloräthyl]-äther, Chlorex), Nichtbldg. 1601; NMR-Spektrum 14 816; Extrakt. v. Co(II)-Thiocyanat-Komplexen mit — 16 240; Verw. bei d. Extrakt. v. Pa aus KCl-Lsg. 3017; Rk. 7322*; Rk.: mit Allylalkohol bzw. Äthylenglykolmonoallyläther 8580; mit Aminoäthanol 13 211*; mit Diäthylphenylessigsäure 4637*, 7250*; mit Xanthogenaten 3319*; mit Lactamen 9159*, 17 762; Verw. zur Best. v. Al in unlegiertem Stahl 3204.

$C_4H_8Cl_2O_2$ **Glykolbis-[chlormethyl]-äther (1.2-Bis-[chlormethoxy]-äthan)** ($Kp._{3,0}$ 87°), Bldg. 17 708; Rk. 7322*.

$C_4H_8Cl_2O_2S$ **4-Chlorbutan-1-sulfochlorid,** Rk.: mit Aminen 12 251, 12 253, 12 255; mit Anilin 7323*; mit Glykokolläthylester·HCl 12 254; mit DL-Alaninäthylester 12 254; mit L-Glutaminsäure- bzw. L-Asparaginsäureestern 15 556; mit p-Aminobenzolsulfonamid 3186*.
4-Chlorbutan-2-sulfochlorid ($Kp._{0,08}$ 79°), Darst., Rk. 12 253; Rk. 12 256.

$C_4H_8Cl_2O_4S$ **Bis-[2-chloräthyl]-sulfat,** Rk. 8785*.

$C_4H_8Cl_2O_4S_2$ **Butan-1.4-disulfonylchlorid** (F. 86°), Rk. 10 424.

$C_4H_8Cl_2Pb$ **Äthylvinylbleidichlorid** 4716*.

$C_4H_8Cl_2S$ s. *Lost [Senfgas, Yperit, Bis-(2-chloräthyl)-sulfid, β.β'-Dichlordiäthylsulfid, symm.-Dichlordiäthylthioäther].*

$C_4H_8Cl_2S_2$ **Bis-[2-chloräthyl]-disulfid** ($Kp._{0,8}$ 80—87° korr.) 9302.

$C_4H_8Cl_2Si$ **1.1-Dichlorsilacyclopentan,** Chlorier. 2729.
Propenylmethyldichlorsilan, Bldg. 13 728; Darst. im Gemisch (mit Methylallyldichlorsilan) 16 647; (mit Methylpropyldichlorsilan) 11 883.
Allylmethyldichlorsilan, Darst. 13 728; (im Gemisch mit Methylpropenyldichlorsilan) 16 647.
Vinyläthyldichlorsilan 13 728.

$C_4H_8Cl_3N$ **2-Amino-2-chlormethyl-1.3-dichlorpropan,** Hydrochlorid (F. 215—220°) 1196.

$C_4H_8Cl_3NO$ **2-[*N*-Hydroxylamino]-2-chlormethyl-1.3-dichlorpropan** (F. 80—81°) 1196.

$C_4H_8Cl_3O_2P$ **Methyl-[trichlormethyl]-äthoxyphosphinoxid,** kernmagnet. Resonanz u. IR-Absorption 8203.
α.α-Dichloräthylphosphonsäurechloridäthylester ($Kp._4$ 82—83°) 7858.

$C_4H_8Cl_3O_3P$ **Bis-[β-chloräthyl]-chlorphosphat,** Herst. 7697*; Rk. 16 797*.

$C_4H_8Cl_3O_4P$ **[β.β.β-Trichlor-α-hydroxyäthyl]-phosphonsäuredimethylester („Varopal")** (F. 73—77°), Herst. (Reinig.) 17 562*; (Verw.) 1008*, 1009*, 3955*, 5447*, 7300*; Kernresonanzspektrum 1935; s. auch *Schädlingsbekämpfung-Spezialmittel (Bayer-L-13/59, Chlorophos, Dipterex, Neguvon).*

$C_4H_8Cl_4NPS$ ***N.N*-Bis-[β-chloräthyl]-thiophosphoramiddichlorid** (F. 34°) 7989*.

$C_4H_8Cl_4N_2O_6Si$ **Dichlor-bis-[β-nitrato-α-chloräthyl]-silan** 1574.

$C_4H_8Cl_4Si$ **β-Chlorbutyltrichlorsilan** (Kp. 186 bis 187°), Dehydrochlorier. 16 647.
γ-Chlorbutyltrichlorsilan (Kp. 190—191°), Dehydrochlorier. 16 647.
δ-Chlorbutyltrichlorsilan (Kp. 207—209°), Dehydrochlorier. 16 647.
3-Chlor-2-methylpropyltrichlorsilan ($Kp._{750}$ 194°) 7486.

$C_4H_8Cl_4Si_2$ **1.2-Bis-[methyldichlorsilyl]-äthylen** 13 728.

$C_4H_8FN_3O_2$ **α-Fluor-β-guanidopropionsäure,** biolog. Bldg. 17 070.

$C_4H_8F_3NS$ **Trifluoracetaldehydsemiäthylmercaptalamin (1.1.1-Trifluor-2-amino-2-äthylmercaptoäthan),** Hydrobromid 1571.

$C_4H_8F_2PS_2$ **Bis-[β-fluoräthyl]-fluordithiophosphit** 7697*.
C_4H_8Hg **Äthylvinylquecksilber**, IR-Spektrum 1119.
$C_4H_8JNO_2$ **γ-Jod-α-aminobuttersäure**, Aminier. v. —-Hydrohalogenid 7857.
$C_4H_8J_2$ **1.4(α.ω)-Dijodbutan (Tetramethylendijodid)** (Kp.$_8$ 109—111°), Darst., Rk. 7144; Rk. 3091, 12 295, 13 391, 15 940.
$C_4H_8J_2O$ **β.β'-Dijoddiäthyläther**, Rk. 12 295.
$C_4H_8J_3OP$ **[β-Jodbutyl]-dijodphosphit** 7697*.
$C_4H_8Li_2$ **1.4-Dilithiumbutan**, Rk. 8972.
$C_4H_8NO_2P$ **2-Äthylenimino-1.3.2-dioxaphospholan**, Addit.-Verb. mit Butandion-(2.3) 18 273*.
$C_4H_8N_2$ **Δ⁴-Tetrahydropyridazin (1.2.3.6-Tetrahydropyridazin)** (Kp.$_{22}$ 72—75°), Darst., Rk. 18 828; Rk. v. — u. Deriv. 846.
1.4.5.6-Tetrahydropyrimidin (Kp.$_{0,5}$ 80 bis 82°), Darst., Rk., Salze 13 028; Darst., Verw. v. Deriv. 2228*.
2-Methyl-Δ²-imidazolin, Hydrolyse (Kinetik) 10 415; Rk. mit Aralkylhalogeniden 18 110.
Diazo-n-butan 7853.
4-Amino-4-azacyclopenten-(1) oder **4.5-Diazacyclohexen** (Kp.$_{65}$ 98—100°) 15 957.
Acetaldehydazin, Verw. 8781*.
α-Aminobutyronitril 3263*.
3-Aminobutyronitril, Rk. 14 622*.
4(γ)-Aminobutyronitril, Herst. 3263*; Rk. 14 622*; Stoffwechsel v. — in d. Ratte 12 002.
α-Aminoisobutyronitril, Verw. zur Nematodenbekämpf. 10 247*.
β-Aminoisobutyronitril 3263*.
2-Methyl-3-aminopropionitril, Rk. 14 622*.
Dimethylaminoacetonitril, Darst., Rk. 17 035; Verh. gegen 2-Vinylpyridin 16 684.
$C_4H_8N_2O$ **2-Methylamino-Δ²-oxazolin** (F. 106 bis 108°) 10 830.
1.4.5.6-Tetrahydro-2-hydroxypyrimidin bzw. **Hexahydropyrimidinon-(2)** (*N.N'*-**Trimethylenharnstoff**) (F. 258—262°), Darst. 13 028; (Rk.) 4541; (v. Deriv.) 12 841*; Rk. 6590*.
Piperazinon-(2), Deriv. 5671.
Allylharnstoff (F. 85°), Darst. 15 187; Copolymerisat. mit Methacrylsäureanhydrid 11 947; Wirksamk. als Antioxydans für Polyäthylen 11 580.
α-Hydroxyaminobutyronitril, Rk. 4882.
α-Hydroxyaminoisobutyronitril, Rk. 4883.
Crotonsäurehydrazid, Prüf. auf Wachstumshemm. bei Sarkom *180* bei Mäusen 5698.
$C_4H_8N_2O_2$ **Succindialdoxim** 4494.
Äthylglyoxim (F. 130°) 2731.
Dimethylglyoxim (Diacetyldioxim), Darst., Rk. 6388; Bldg. 12 294; Bldg., Rk. v. — u. Deriv. 2391; Neutronenbeugungsverfeiner. d. Kristallstruktur v. — 8927; Ni—Ni-Bind. in Bis-[dimethylglyoximato]-Ni(II) 17 313; direkter Beweis für d. ebene Koordinat. v. 2 Dimethylglyoximationen in Bis-(dimethylglyoximato)-kobalt(III)-Komplexen 9606; Absorpt.-Spektren v. Bis-[dimethylglyoximato]- u. Bis-[O-methyldimethylglyoximato]-Co(III)-Komplexen 8188; Einfl. auf d. Chemoluminescenz v. Luminol 7829; polarograph. Charakteristika u. Elektro-Red. bei kontrolliertem Potential v. — 17 701; Lsg.-Chemie v. Cu- u. Ni-Komplexen mit — (Verteil.-Unters. mit Chlf.) 46; Lsg.-Wärme d. Ni(II)- u. Cu(II)-Komplexe 15 501; Gleichgew.-Extrakt. im Syst. Bis-[dimethylglyoximato]-nickel(II)/Chlf. (Übersicht) 8178; Vers. d. Hydrier. am Seide-Pd-Katalysator 8578; Herst. v. Co(III)-Komplexen d. — 11 846; Fäll. v. Ni mit — aus homogener Lsg. 4409; Kinetik d. Hydratat. v. Halogeno-bis-[dimethylglyoxymato]-aquokobalt(III) (Hochfrequenz-Meth.) 16 956; Rk. mit Benzoin 3054; Verw.: als Stabilisator für α-Tocopherylhydrochinon 5394*; zur Ausscheid. v. Ni u. Co aus Lsg., bes. aus $ZnSO_4$-Lsg. 6957*; v. Ni-— (in einer anorgan. Membranelektrode) 9616; (zum Schutz v. Kautschuk gegen Atmosphärilien) 9746; (in Farbschicht für hektograph. Druckverf.) 19 057*; zur Co-Best. 6897; zur Fäll. v. Ni in Ggw. v. Co 8731; zum Nachw. v. Orotsäure 17 136; v. —-Ni zur Feststell. v. sauren u. bas. Rückständen auf Textilfasern 14 728.
N-**Äthyl-*N*-nitrosoacetamid**, Umlager. 13 726.
Succinamid (Bernsteinsäurediamid) (F. 241 bis 242°), Darst., Rk. 18 440; relative calorimetr. Best. einiger physikal. Eig. 3692; Rk. 15 207; — als Substrat für Acylamidasen in Mycobakterien 4579.
N-**Äthyloxamid** (F. 198,5°) 13 726.
N.N'-**Dimethyloxamid**, Rk. 7854.
N.N'-**Diformyläthylendiamin** 457.
N.N'(*symm.*)-**Diacetylhydrazin** (F. 139 bis 140°), Darst. 1602; Kristall- u. Molekularstruktur v. wasserfreiem — 8928; kernmagnet. Resonanz 2683.
$C_4H_8N_2O_2S$ *N*-**[α-Carboxyäthyl]-thioharnstoff**, Rk. 12 292.
2-Carboxyäthylisothioharnstoff, Prüf. d. Hydrobromids auf Strahlenschutzwrkg. 1682.
$C_4H_8N_2O_2S_2$ *N.N'*-**Bis-[hydroxymethyl]-dithiooxamid**, IR-Spektrum 3037.
$C_4H_8N_2O_3$ (s. *Asparagin* [*Asparaginsäureamid*]).
Methylhydantoinsäure, Cyclisier. 12 293.
Allophansäureäthylester 6365.
N-**Methylnitrosourethan**, Rk. 13 718; Wechselwrkg. mit SH-Gruppen 6806.
Glycylglycin (Diglycin), Darst., Rk. 4542, 17 010; Abtrenn. u. Reinig. 13 945*; systemat. u. willkürl. Fehler bei d. Verfeiner. d. Kristalstruktur d. Hydrochlorids 7433; Wellenlängen maximaler Absorpt. u. Extinkt.-Koeff./Mol Co v. Komplexen mit — 12 589; Absorpt.-Spektren im nahen UV- u. Mol.-Struktur d. Ninhydrinrk.-Prod. v. — 10 024; Ramanspektren v. Addit.-Verb. v. —-Salzen 17 351; Isotopeneffekt auf d. pK-Wert 5237; Radikalausbeute bei d. Bestrahl. v. — 13 059; oxydative Radiolyse durch γ-Strahlen 11 588; Änder. d. freien Energie bei hydrolyt. Rk. v. — 15 902; Verh. gegen Br_2 11 065; Rk.: mit Dipropinylketon 10 429; mit α-Acetyl-β-äthoxy-N-carbäthoxyacrylamid 10 467; d. Hydrochloridhydrats mit Äthylmercaptoformylchlorid 1199; mit Phthalsäureanhydrid 3085; mit Acetylphosphaten (Kinetik) 10 414; elektrostat. Wechselwrkg. mit Kationenaustauscherharz (Zeocarb-*225*) 3834; Einfl. auf d. Mechanismus d. enzymat. Acetylierungs-Rk. v. p-Aminoazobenzol 17 819; Best. d. γ-Glutamyltranspeptidase-Aktivität in Humanserum u. -Geweben in Ggw. v. — 18 882; Aktivität d. Dipeptidasen v. Saccharomyces cerevisiae ellipsoideus gegenüber — 10 515; Verwert. durch ammoniakassimilierende Stämme v. Mycobacterium tuberculosis 15 276; Wrkg. auf d. Glutathionreceptor d. Hydra 3170; Glykogensynth. aus Uridindiphosphoglucose im Gehirn in Ggw. v. 169; R_F-Wert 3926.
D-**Äpfelsäurediamid** (F. 155—157°) 8607.
L-**Äpfelsäurediamid** (F. 154—155° korr.) 4535, 8607.
$C_4H_8N_2O_3S$ *S*-**Carbamylcystein** (F. 162° Zers.), Darst. 883; Einfl. auf d. Aufnahme u. Retent. v. Methionin u. Äthionin durch Ehrlichsche Ascitescarcinomzellen 505.
$C_4H_8N_2O_4$ **1.4-Dinitrobutan**, Bldg. 2901*; UV-Absorptionsspektrum, Anionenbldg. 11 852; Rk. 14 115, 15 919.

2.2-Dinitrobutan ($Kp._{10}$ 78°), Darst. 1186; Verw. 13 988*.
α.β-Diaminobernsteinsäure, Eign. v. Cu-Komplexen mit — u. —-Estern als Lichtfilter 3199.
O-Carbamyl-D-serin (F. 226—234°) 16 066*.
Tartramid, relative calorimetr. Best. einiger physikal. Eig. 3692.
N-Acetyläthanolamin-nitrat ($Kp._{0,5}$ 170 bis 175°) 946*.
1.4-Butylendinitrit, Rotationsisomerie in — durch kernmagnet. Resonanz; Best. d. cis-trans-Isomeren aus d. IR-Spektrum 13 706.

$C_4H_8N_2O_5$ **2.2-Dinitrobutanol,** Rk. 5997; Verw. 13 988*.
3.3-Dinitrobutanol-(1) 5997.
3.3-Dinitrobutanol-(2) ($Kp._2$ 73—75°) 1186.

$C_4H_8N_2O_6$ **1.4-Dinitratobutan,** Dipolmoment 7462.

$C_4H_8N_2S$ **2-Aminopenthiazolin** 450.
2-Amino-5-methylthiazolin, Rk. 12 292.
1.4.5.6-Tetrahydro-2-mercaptopyrimidin (F. 209—211°) 13 029.
2-Methylmercapto-Δ^2-imidazolin (S-Methyl-2-mercapto-4.5-dihydroglyoxalin), Rk. d. Hydrojodids 10 830, 16 285; polyaracycl. —-Deriv. als Blattfungicide 3856; Identifizier. v. Methylhalogeniden als —-Salze 13 514.
Allylthioharnstoff (Allylthiocarbamid), Rk. 451, 5472*; Einfl. auf d. Struktur u. Eig. v. galvan. abgeschiedenem Ni, Co, Zn oder Cu 8160; Nachw. in mit NH_3 umgesetzten Senfölextrakten aus mit Geschmacksenzymen behandeltem getrocknetem Kohl 15 438; Wechselbezieh. zwischen —, J u. Thyroxin 6096; Verw. 5115*; Farb.-Rk. mit Nitroprussidnatrium (spektrophotometr. Unters.) 7249; Perchlorsäure-Titrat. v. — 2456; Best. v. Allylsenföl als — 2456.
2-Imino-3.4.5.6-tetrahydro-1.3-thiazin, Deriv. 2366.
1-Thiocarbamoylazetidin, Rk. v. Deriv. 2366.
β-Iminothio-n-butyramid (F. 140—141°) 11 002*.
[N-Thioacetyl]-acetamidin. — Hydrochlorid (F. 170° Zers.), Darst. 6008; Rk. 11 888.

$C_4H_8N_2S_3$ **N.N'-Dimethylthiurammonosulfid** (F. 78—80°) 9675.

$C_4H_8N_2S_4$ **Äthylenbisdithiocarbaminsäure (Äthylenbisdithioamidocarbonat),** Darst., Rk. u. analyt. Verw. d. Na-Salzes 17 154; Darst., Verw. v. Deriv. 577*; Prüf. d. Na-Salzes auf tuberkulostat. Wrkg. 10 552; Ni-— zum Schutz v. Kautschuk gegen Atmosphärilien 9746; Unters. d. Best. v. aus d. Zers. v. Zn-— stammenden Substanzen im Tabakrauch 7739; s. auch *Schädlingsbekämpfung-Spezialmittel* (*Dithan(e), Maneb, Manzate, Nabam, Parzate, Zineb*).
N.N'-Dimethylthiuramdisulfid (F. 103 bis 104°), Darst. 9676; (v. — bzw. ^{35}S-—) 9672.

$C_4H_8N_4$ **1-Isopropyltetrazol,** NMR-Spektrum 435.
2-Isopropyltetrazol, therm. Verh. v. — u. d. Dekaboran-—-Adduktes 11 300.
5-Isopropyltetrazol, NMR-Spektrum 435.
3.5-Dimethyl-4-amino-1.2.4-triazol (F. 195 bis 196°), Darst., Rk. 13 754; Wrkg. auf d. Wachstum d. Keimlinge v. Sinapsis alba L. 8674.

$C_4H_8N_4O$ **α-Azidopropionimidomethyläther,** Rk. d. Hydrochlorids (F. 79°) 7625*.
Propylcarbaminsäureazid 11 881.

$C_4H_8N_4O_2$ **4-Amino-3.5-bis-[hydroxymethyl]-1.2.4-triazol** (F. 207—208°), Darst. 7514; Wrkg. auf d. Wachstum d. Keimlinge v. Sinapsis alba L. 8674.

$C_4H_8N_4O_3S$ **Oxydiäthylensulfamoylazid,** Darst., Verw. 4341*; Verw. 1045*.

$C_4H_8N_4O_4$ (s. *Allantoinsäure*).
1-[α-Carboxyäthyl]-2-nitroguanidin (F. 153 bis 157°) 11 158.

$C_4H_8N_4O_4S_2$ **Tetramethylendisulfotetramin,** Verw. 11 340*.

$C_4H_8N_4O_8$ **Di-[β-nitroxyäthyl]-nitramin,** Verh. bei sehr hohen Temp. 1090.

$C_4H_8N_4S$ **5-Äthyl-2-hydrazino-1.3.4-thiadiazol** (F. 113—114°) 4908.
5-Isopropylmercaptotetrazol (F. 61—63°), Konstit.-Einfl. auf UV-, IR-Spektrum u. pK-Wert 10 402.
3-Amino-4-methylthiazolon-(2)-hydrazon, Rk. d. Dihydrochlorids 4174.

$C_4H_8N_4S_2$ **3.5-Bis-[methylmercapto]-4-amino-1.2.4-triazol (Bis-S-methyl-3.5-dimercapto-4-amino-4.1.2-triazol)** (F. 150 bis 151°) 8242, 16 678.

$C_4H_8N_6$ **Methylmelamin,** Ionisat.-Konst. 8204.
2.4.5.6-Tetraaminopyrimidin, Rk. (v. Salzen) 15 037*; (d. Sulfats) 9735; Prüf. d. Sulfats auf Antifolsäure-Wrkg. bei Streptococcus faecalis 10 519.
3.6-Dihydrazinopyridazin, blutdrucksenkende Wrkg. d. Nitrats 18 549.

$C_4H_8N_6O$ **1.1-Diazido-1-äthoxyäthan,** Rk. 12 626.

$C_4H_8N_6O_3$ **3-Guanidino-3-imino-2-nitropropionamid** 18 116.

$C_4H_8N_6S_2$ **Glyoxal-bis-[thiosemicarbazon]** (F. 300°), Darst. 13 370; (Prüf. auf Antiviruswirksamk.) 7236.

$C_4H_8N_8$ **N^2-Monoguanylmelamin,** pKa* u. UV-Spektrum 18 414.

C_4H_8O (s. *Butyraldehyd* [*Butanal*]; *Crotonalkohol* [*Crotylalkohol, γ-Methylallylalkohol, Buten-(2)-ol-(1), Buten-(2)-ol-(4)*]; *Isobutyraldehyd* [*Isobutanal, 2-Methylpropanal, 2-Methylpropionaldehyd*]).
Tetrahydrofuran (Furanidin, Tetramethylenoxid) (Kp. 66—69°), Darst. 4348*, 10 278*, 15 019*, 17 767; (v. mehrfach deuteriertem —) 4877; (v. Deriv.) 2344, 14 095, 14 487; (v. bas. Verb. d. —-Reihe) 7624*, 15 035*; Bldg. 4493, 9670, 17 724; Rückgewinn. aus d. Gemisch mit 1.4-Dichlorbutan, Tetramethylenchlorhydrin, HCl u. W. 3989*; Reinig. 16 839*; Stabilisier. 10 958*, 16 837*; Unters. über — 11 153; stereochem. Unters. in d. —-Reihe 14 126, 14 127; Monomere u. Polymere d. —-Reihe 3115; neue Bezieh. zwischen d. physikal. Konst. v. — 3402; Einfl. auf d. Absorptionsspektrum v. 3-Methyllumiflavin 8207; IR-Spektren (im Bereich *15—35 μ*) 17 352; (v. Grignard-Lsg. in —) 15 846; Ionisat.-Potential 17 302; pK_α-Wert: d. Oniumions 16 979; d. Oxoniumions 16 979; dielektr. Relaxat. u. freies Vol. 16 266; DK v. Aceton-— 10 404; NMR-Spektrum 14 816; (u. Dampfdruck d. Addit.-Verb. mit BF_3) 10 786; paramagnet. Resonanz d. Na-Adduktes v. Isopren in —-Lsg. 11 098; Löslichk.: v. Alkalimetallen in — 2656; v. Äthyl-MgBr in — 1180; Syst. $LiBH_4$/— 9268; Isomerisier. 7325*; (u. Dehydrier.-Rk. d. —-Ringes) 12 288; Ringspalt. 8968; (v. Deriv.) 6761; Herst. v. Polybutylenglykol aus — 1815*; Polymerisat. 1247, 14 532; therm. Zers. d. Rk.-Prod. mit Magnesiumjodiddiätherat u. MgJ_2 16 638; Oxydat. 4714*, 9894*, 15 019*; Chlorier. 12 288, 13 012; Rk. mit NH_3 7144; Sulfurier. 8941, 15 188; Herst. v. Chlorboran-—-Komplexen 6579*; Anlager.-Verb. mit $MgBr_2$ 9270; Komplex-Bldg.: mit GeF_4 16 247; mit MoO_2Cl_2 6704; Rk.: d. Vinyl-MgCl-Komplexes mit $ZnCl_2$ 4715*; mit Wassergas 1597; Verh. gegen Methylen 3415; Rk.: mit Octen-(1) 15 177; mit Propylenoxid 8085*; (bzw. Äthylenoxid) 15 052*; mit

o-substituierten Phenolen 12 979; Komplexbldg.: mit Organomagnesiumchloriden 11 361*; mit Vinyl-MgCl 11 361*; mit Aryl-MgCl 11 361*; mit $(C_6H_5)_3$GeMgCl 5224; Elementkomplex d. $YDipy_3 \cdot 3$— (Dipy = 2.2'-Dipyridyl) 9639; Rk.: d. Phenyl-MgCl-Komplexes mit Trioxymethylen 7327*; mit Perestern 1974; mit tert.-Butylperestern 2320; v. Deriv. mit dem Anhydrid einer Perfluorcarbonsäure 5845*; mit Iso- oder Terephthaloylchlorid 16 506*; Einfl.: v. Alkalimetallen u. — auf d. Bldg. v. Bzl.- u. Toluolanionenradikalen 18 062; auf d. Kinetik d. Alkylier. d. Na-Verb. v. n-Butylmalonsäurediäthylester mit n-Butylbromid 12 984; d. Temp. auf Polyvinylchlorid in —-Lsg. 18 853; blaue Lsg. v. K in — als Initiator d. anion. Polymerisat. 8640; Red.: konjugierter Doppelbind. in abs. — mit Alkalimetall 3629*; organ. reduzierbarer Verb. mit Alkaliborhydrid in Ggw. v. — 15 763*; Rk. v. $SiCl_4$ mit Ca-Al-, Mg-Al- oder Al-Hydrid in — 5430*; Verw. als Lsgm. bei d. Darst. v. Grignard-Verb. 1405*; Rk. v. CO mit einem Zwischenprod. z.B. aus $MnCl_2$ u. Benzyl-MgCl in — 8024*; Vers. d. Darst. v. Ferrocen aus Cyclopentadienyl-HgBr u. $FeCl_2$ in — 12 277; kinet. Unters. über d. Einfl. v. — als Lsgm. auf d. Rk.-Fähigk. v. Carbonsäuren u. Percarbonsäuren 11 146; Herst.: v. härtbarem Gemisch aus Epoxid-Verb., — u. Metallfluorborat 9921*; v. Polymerisatschaum aus — u. Polyisocyanat 6230*; Einfl. auf d. Rk. v. Phosphorylchlorid mit Gewebekomponenten 17 065; Gesund.-Gefährd. durch — 16 408; Nachw. v. Peroxidspuren in — 4662.

2-Methyloxetan (2-Methyloxacyclobutan), Darst. 8973; Rk. 8579, 14 532.

3-Methyloxetan 8973.

Butylenoxid, Darst. 6579*, 9899*; Rk. mit Phosphonat-Carbanionen 1203; Hydroxyalkylier. organ. Verb. mit — 10 270*; Rk.: mit Propylenoxid 8085*; mit 5(4)-Nitro-2-methylglyoxalin 16 773*; mit Polybutylenglykol 15 019*; mit Dicyandiamid 15 019*; mit Aminopolyalkylendiamiden 5100*; Verw. 1792*, 18 632*.

Butylenoxid-(1.2) (1.2-Epoxybutan) (Kp.62 bis 64°), Darst., Rk. 11 856; Rk. 7325*, 7697* [2 Ref.]; Verw. 19 003*.

2.3-Butylenoxid (2.3-Epoxybutan) ($Kp._{735}$ 53—54°), Darst., Rk. (v. DL-—) 7134; [v. (R.R)-—] 10 046; innere Rotat. v. cis-— aus d. Mikrowellenspektrum 15 898; kristalline Polymere v. cis-, trans- u. D(+)-—; Struktur u. Mechanismus 10 861; Rk. 7324*, 7697*; (v. cis- u. trans-—) 494; Verw. 19 003*.

Meso-2.3-epoxybutan ($Kp._{735}$ 58—60°) 7134.

Isobutylenoxid (1.1-Dimethyläthylenoxid), Darst. 13 950*; Rk. 7697* [2 Reff.], 15 185; Vers. d. Copolymerisat. mit Epichlorhydrin 11 217.

Buten-(3)-ol-(1) [Buten-(1)-ol-(4), Allylcarbinol] (Kp. 113—115°), Darst., Rk. 12 243; (v. $^{14}C_{(\alpha)}$-—) 8573; Bldg. 4493, 9670, 12 614; ν(OH) 4474; Rk. 4721*; Herst. v. Butadien aus Butylenglykol unter Zusatz v. — 19 004*.

Buten-(3)-ol-(2) [Buten-(1)-ol-(3), Methylvinylcarbinol, α-Methylallylalkohol] ($Kp._{770}$ 97°), Darst. (Rk.) 5315; (Deriv.) 9662; Herst., Verw. 7327*, 16 130*; Bldg. v. ^{14}C-— 8573; Rk. 6409, 7849, 8642, 12 457*; (d. Na-Verb.) 8581.

2-Methylpropenol (Methallylalkohol, β-Methylallylalkohol) (Kp.112—114°), Bldg., α-Naphthylurethan 8973; ν(OH) 4474; Rk. 6597*, 7849, 7991*, 8415*, 9898*, 10 639*; Verw. 5395*, 6991*.

Cyclobutanol (Kp. 124—126°), Darst. 12 243; u. (v. $D_{4(2\text{-}4)}$-—) 12 615; (Rk., p-Nitrobenzoat) 15 908; Bldg. v. ^{14}C-— 8573.

Cyclopropylcarbinol (1-Methylcyclopropanol) (Kp. 123°), Darst. 16 656; Darst., Rk. 12 243; (v. $D_{2(\alpha)}$-—) 12 615; Bldg. v. ^{14}C-— 8573; durch freie Radikale katalysierte Umlager. 8932.

Methylpropenyläther (1-Methyl-2-methoxyäthylen) (F. 210°), stereospezif. Polymerisat. v. trans-— 6052; krist. Polymere aus cis- u. trans-— 7175.

Vinyläthyläther (Kp. 36—38°), Darst. 803, 18 078; neue Bezieh. zwischen d. physikal. Konst. v. — 3402; Raman- u. UV-Spektrum 16 622; Ultraschallabsorpt. v. Poly-— 16 342; Polymerisat. 6428, 7350*, 17 267*; Hydrier. in elektrolythalt. Puffer-Lsg. (Kinetik) 72; Bromier. 11 525, 11 567; Rk. mit $B_{10}H_{14}$ 15 463*; Umäther. 13 371; Rk. mit CCl_4 17 758; Copolymerisat. mit Cyclopentadien 17 947*; Rk.: mit Hexachlorcyclopentadien 17 762; mit Bis-[trifluormethyl]-1.2-dithieten 3057; mit sek.-Butanol 4873; mit Δ^3-Cyclohexenol 78; mit trans-8,14-Dehydro-13-hydroxypodocarpan 9356; mit β-Nitroalkanolen 10 047; mit 13-[2.6.6-Trimethylcyclohexen-(1)-yl]-2.7.11-trimethyl-1.1-diäthoxytrideca-pentaen-(2.6.8.10.12)-in-(4) u. mit 1.1-Diäthoxy-2-methylpenten-(2)-in-(4) 15 071*; Copolymerisat. mit Sojavinyläther 10 115; Rk.: mit Acetalen aromat. Aldehyde u. Ketone 4893; mit Polyeninacetalen 19 050*; mit Äthylacetalen bzw. Orthoameisensäuretriäthylester bzw. Diäthylketalen 18 081; mit Acetondiäthylketal bzw. Äthoxyalkenen 7848; mit 6-Methylhepten-(5)-on-(2)-diäthylketal 16 281; mit 1.3.3-Triäthoxy-1-phenylbutan 4893; mit 1.1.5.5-Tetraäthoxypentan 16 131*; mit Benzaldehyddiäthylacetalen 1966; mit Cyclohexanoncyanhydrinen 8231; mit Essigsäure 12 656; Mischpolymerisat. mit (Meth-)Acrylsäure oder deren Amiden 671*; Rk.: mit Diazoessigester 12 985; mit 3β-Acetoxy-$\Delta^{5.16}$-pregnadien-20-on 5682; mit Formamiden u. anorgan. Säurechloriden 16 848*; mit Isobuttersäurediäthylamid 6966*; mit Diäthoxyoxophosphoransulfenylchlorid 18 798.

Allylmethyläther (Kp. 42—42,3°), Darst., Rk. 2166*, 6962*, 8057*, 10 636*; neue Bezieh. zwischen d. physikal. Konst. v. — 3402; Rk. 15 763*.

2-Methoxypropen, NMR-Spektrum 433.

Methyläthylketon [Butanon-(2)] (Kp. 79 bis 80°), Darst. 4341*, 6965*, 8415*, 15 022*, 16 489*, 16 839*; (v. $^{14}C_{(1)}$-—) 3055; (2.4-Dinitrophenylhydrazon) 8230; Bldg. 5246, 6366, 6581*, 8230, 8932, 13 720, 15 923, 16 670; (Oxydat.) 12 259; (2.4-Dinitrophenylhydrazon) 10 045, 10 477; Vers. d. Bldg. bei d. Photolyse v. Aceton 11 870; Gewinn. aus Misch. mit niedermol. Alkanolen u. Estern 4723*; Reinig. 15 023*, 15 403*; neue Bezieh. zwischen d. physikal. Konst. v. — 3402; spektrophotometr. Unters. v. UO_2-Acetat-Lsg. in — 16 924; Intensität d. UV-Spektrums 6713; IR-Spektrum 15 533; Best. d. wahren spektralen IR-Parameter 5973; Raman ν(CO) (Intensität) 1549; (Lsgm.-Einfl.) 12 598; Temp.- u. Konz.-Abhängigk. d. Frequenzen u. Intensitäten d. Raman-Linien v. Gemischen v. — mit Chlf. 12 969; Raman-Spektrum v. $KCrO_3Cl$ in — 17 300; Fluorescenz- u. Phosphorescenzausbeute 3764; Einfl. auf d. Fluorescenzlösch. v. Naphthalinderiv. 13 338; Konstit.-Einfl. auf d. Ionisationspotential 15 166; Appearancepotentiale 3765; Parachor 7094; magnet. Mol.-Rotat. 9287; Enthalpiedaten 16 630; Wärmekapazität d. Dampfes u. Verdampfungswärme 793; Einw. elektr.

Felder auf d. Wärmeübertrag. 16 983; Ultraschallabsorpt.-Koeff. 17 358; Rheochor bin. Misch. mit — 11 141; Viscosität d. Syst. mit Bzl. 8567; Einfl. auf d. Konstit. d. V-Minerale Hewettit u. Metahewettit 6685; Assoziat.-Konst. v. $[(n\text{-}C_4H_9)_4N]ClO_4$ in — (Konstanz d. a-Parameters) 8542; Wechselwrkg. zwischen gelösten Polymeren u. — durch Viscositäts-Mess. 17 052; Unters. d. Syst. Polystyrol-— mit d. Archibald-Ultrazentrifugen-Meth. 13 416; H-Brückenbind. in bin. Fl.-Gemischen 14 818; tern. Syst. W./—/Elektrolyt 597; Abweich. d. Vol., d. Viscosität u. d. DK v. additiven Werten bin. Mischungen v. Bzl. mit — 18 064; Berechn. azeotroper Daten im Syst. —-Dichlorbrommethan 73; Stoffaustausch v. — an d. Phasengrenze d. Syst. Chlf./Äthylenglykol/W./CCl_4 16 630; Extrakt. :v. Metallbromiden mit — 12 581; v. Te u. Re mit — 3377; Löslichk. v. CO_2 in —, Lsg.-Wärme u. Molvol. 9265; Löslichk. v. organ. Ag- u. Cs-Salzen in — 7070; Kinetik d. Austausches v. n-C_3H_7J u. KJ* in — 7842; Photolyse 8936, 12 246; prim. photochem. Prozeß bei — 2325; Red. 8933; Hydrier. 17 922*; (an einem Ni—Cr_2O_3-Katalysator; Einfl. bas. Substanzen) 802; (Vers. am Seide-Pd-Katalysator) 8578; Chlorier. bzw. Formylier. 14 495; Bromier. 8953; (bzw. Sulfonier.) 94; — als Stabilisator bei d. Abscheid. v. Pd auf Metallen 18 623; Rk.: mit H-Atomen 18 393; mit $NaBH_4$ (Konstit.-Einfl.) 17 707; mit SF_4 13 565*; Verh. gegen Hydroxymethylier. nach Olsen 9334; Cyanäthylier. 5274; Disproportionier. v. Chromaromatenkomplexbasen bei Einw. v. — 18 043; Überführ.: in 2-Aminobutan 17 695; in sek.-Butylhydrazin 7625*; Rk.: mit C_2H_2 9892*, 16 130*, 17 923*; mit Methylacetylen 11 522; mit Decen-(1) 16 999; Wechselwrkg. mit Trimethylamin 11 861; Rk.: mit Nitrophenylhydrazinen 16 291; mit Phenolen 7330*; mit 2-tert.-Butylphenol 8792*; mit Thymol 2714; mit p-Chlorphenol + Chlf. 12 633, mit 3-Hydrazino-5-hydroxy-6-methyl-1.2.4-triazin 4170; mit Methyl-2-phenylbutyläther 1942; mit Dialkalialkadienen 10 273*; mit C_2H_5MgBr 15 548; mit grignardiertem α-Chlor-p-xylol 16 623; mit 2-Hydroxytetrahydropyran 6031; mit Furyl-(2)-lithium 13 383; mit Triäthylsilan 7858; mit Phenylthioharnstoff u. J_2 8603; mit N-β-Dialkylaminoäthyl-N'-aminoguanidinen 16 286; mit CH_2O 2163; (u. Morpholin-HCl) 8255; mit Paraformaldehyd u. Methly-β-methoxyäthylamin 6747; mit Benzaldehyd + NH_4-Acetat 3456; mit p-Hydroxybenzaldehyd 15 192; mit Furfurol (Darst. hitzebeständ. Plaste) 16 147; mit Veratrumaldehyd 1205; mit Methylvinylketon u. NH_3 6769; mit 2-[1'-Aminocyclohexyl]-cyclohexanon + NH_3 18 469; mit 16α.17α.21-Trihydroxy-Δ^4-pregnen-3.20-dion 14 881; mit Bis-[tetralon-(1)-yl-(2)]-disulfid, NH_3 u. H_2S 4156; mit α-Cyanstyrol 3063; mit Benzonitril 12 275; mit α-Hydroxyaminovaleronitril 4882; mit Brenztraubensäure 17 000; mit Butylthioglykolat 668*; mit Cyanessigsäureäthylester 17 369; mit Äthyloxalat 17 493*; mit N-[Thiazolyl-(2)]-chloracetamid 3087; mit S-[Benzothiazolyl-(2)]-α-thiomilchsäurehydrazid 469; mit Oxalsäuredihydrazid 9309; mit Nitrobenzolsulfenylchloriden 7124; mit Cyanmethylphosphonsäureestern 10 274*; Vork.: in „pre-ferment"-Gäransätzen 13 982; in d. flücht. Ölen aus heißluftgetrocknetem Tabak 14 717; in bestrahlter Magermilch 5136; im Rindfleischextrakt 19 045; schädl. Wrkg. auf Tabak 7662; Einfl. auf d. bakteriostat. u. bactericide Wrkg. organ. Säuren 15 282; Spalt. d. Häm-. Protein-Bind. durch — 8685; Wrkg. auf d. Haut 1684; Verw. in Peroxid-Katalysator-Syst. *Isobutanox M-60* 12 114; Knäuel-Dimens. v. Polyhexen-(1)-sulfon in — u. —/Isopropanol 4560; Lsg.-Polymerisat. v. Vinylacetat in — 18 854; Einfl. als Lsgm. auf d. Gestalt v. Polymethylmethacrylat in Lsg. 8644; Verw.: beim Trennen v. KW-Stoff-Gemischen 11 732*; zur Gewinn. v. reinem Acetylen aus dieses enthaltenden Gasen 9514*; bei d. Oxydat. v. n-Butan in fl. Phase unter Druck 9510; bei d. Oxydat. d. im Ricinusöl enthaltenen Hydroxylgruppe zur Ketogruppe 5847*; bei d. Herst. v. Diaminen 6585*; bei d. Darst. v. konz. Acrylsäure 2168*; zur Abtrenn. v. Acrylamid aus d. Rk.-Gemisch d. Hydrolyse v. Acrylnitril 17 924*; zur Herst. v. Überzugsmasse 10 605*; für überzogene flammfeste, unverzerrte, lose gewebte Glasgewebe 16 539*; papierchromatograph. Trenn. als Cyanacethydrazon 10 215; Best. 8364.

$[C_4H_8O]_x$ **Polytetramethylenoxid (Polytetrahydrofuran)** (F. 36°), Darst. 13 793; [F. u. Kristallisat.-Geschw. (Vgl.)] 1247.

C_4H_8OS (s. *Thioxan*).

Vinyl-methoxymethylthioäther (Kp.$_{190}$ 78 bis 80°) 7352*.

Vinyläthylsulfoxid, relative dienophile Rk.-Fähigk. 17 734.

β-Methylmercaptopropionaldehyd (**β-Methylmercaptopropanal**) (Kp.$_{12}$ 60°), Herst., Rk. 13 946*; Rk. 4536, 10 639*, 14 615*, 15 557.

Äthylmercaptoacetaldehyd 16 281.

3-Mercaptobutanon-(2), Rk. 3443, 8976.

n-**Propylthiolformiat** (Kp. 125°) 1952.

Thioessigsäure-*S*-äthylester (Kp.$_{760}$ 114 bis 116°) 7476.

$C_4H_8OS_2$ **1.4-Dithian-1-oxid** 7670*.

n-**Propylxanthogensäure**, Redoxpotential v. Salzen 12 828*.

Isopropylxanthogensäure, Entzünd.-Temp. u. Explos.-Grenze d. Na-Salzes 3282; Rk. d. K-Verb. 14 478; Verw. d. Ni-Salzes 9745.

C_4H_8OSe **Äthylselenoacetaldehyd** 16 281.

$C_4H_8O_2$ (s. *Aldol* [*Acetaldol*]; *Buttersäure*; *Dioxan*; *Isobuttersäure*).

2-Methylglycid 8392*.

2.3-Epoxybutanol 8392*.

Buten-(3)-diol-(1.2) (Kp.$_{14}$ 94,5—96°) 15 248.

Buten-(2)-diol-(1.4), Darst. 6733; (Katalysator) 13 942*; Darst., Rk. (v. trans-—) 10 799; (v. $^{14}C_{(2.3)}$-cis-—) 4620; Bldg., Bis-α-naphthylurethan v. trans-— 15 248; Stereochemie d. Hydrier. v. cis- u. trans-— mit N_2H_2 9654; Chlorier. v. cis-— 120; stufenweise Dehydratisier. 4493; Darst.: v. Furan aus cis-— 6761; v. cis-1.4-Dichlorbuten-(2) aus cis-— 5256; Rk.: mit Al-Allylat 4357*; mit Formaldehyd 17 024; mit Bicyclo-[2.2.1]-5-hepten-2.3-dicarbonsäure 5117*; mit Alkensulfonsäureestern 14 318*.

Methylglycidyläther (Kp. 110,5°), chromatograph. Trenn. v. anderen Glycidyläthern 6532.

Glykolmonovinyläther 8415*.

2-Hydroxybutanal 15 248.

α-Hydroxy-α-methylpropionaldehyd 9730, 9731.

Äthoxyacetaldehyd, Darst. 9890; Rk. 4923, 6142*.

γ-Ketobutanol [**β-Acetoäthanol, Butanol-(1)-on-(3)**], Darst., Rk. 6769; Rk. 3063, 6736.

Acetoin [**Acetylmethylcarbinol, Butanol-(2)-on-(3), 3-Hydroxybutanon-(2)**], Bldg.: aus α-Elaterin 11 941; aus Carolsäure 9388; Rk. mit HSCN bzw. deren Salzen 14 131; Reaktivität v. — mit Tetrazoliumblau (Kinetik) 15 545; Rk.: mit Benzolbordichlorid 15 210; mit Propan-2- bzw. Benzolboronsäure 15 209; mit 2-Methylbuten-(1)-on-(3) bzw. Benzalaceton 12 278; mit Dimethylrumadin 4644*; enzymat. Bldg. 16 359; (v. ^{14}C-—) 8658; (Beeinfluss. durch verschied. Faktoren) 18 142; Bldg.: aus Acetaldehyd durch Schweineherz-Carboligase 16 358; durch Actinomyceten 7569; durch Rahmsäuer.-Kulturen (Chemismus) 1066; durch Streptococcus cremoris u. Leuconostokarten (Verlauf d. —Bldg.) 5883; neben Glycerin aus Glucose durch Hefemutanten 16 162; bei d. Vergär. v. Bierwürze mit Sacch. carlsbergensis 12 129; Vork. als flücht. Gär.-Prod. im Bier 19 043; Auftreten in biolog. reinen untergär. deutschen Bieren 14 712; Geh.: in Bieren 13 237; in zu lange gelagertem Bier 13 237; in deutschen Weinen 3661; u. Entsteh. bei d. Vergär. v. Wein zu Weinessig 683; „Framboisé" (Himbeergeschmack) genannte Apfelweinkrankh. durch Abbau d. Milchsäure v. Essigsäurebakterien zu — 3660; — als Zwischenprod. bei d. Biosynth. v. Valin u. Isoleucin in Pflanzen 14 550; Bezieh. zwischen d. 2.3-Butylenglykol- u. —-Geh. u. Reifegrad v. Früchten 2424; Bldg. während d. Kühllager. d. Filets v. Dorsch u. anderen Grundfischen 9190; pharmakolog. Unters. 14 594; Best.: im Wein 3661; in Säureweckern 4765; in Molkereiprod. 1069.

Methoxyaceton [1-Methoxypropanon-(2)], Rk. 5478*, 5656.

Propionsäuremethylester (Methylpropionat) (Kp. 79,7°), Darst. 8584, 12 096*, 12 630; Darst., Rk. v. $^{14}C_{(3)}$-— 3416; Bldg. 868; neue Bezieh. zwischen d. physikal. Konst. v. — 3402; Best. d. Rotationsisomerie aus d. IR-Spektrum 5233; Lage u. Intensität d. ν(C=O)-Bande 8558; Berechn. d. Parachors 6346; Bezieh. zwischen Druck, Temp. u. Dichte 12 235; Berechn. azeotroper Daten im Syst. mit Acetonitril 73; Einfl. d. KW-Stoffkette auf d. Löslichk. in W. 439; Photolyse 8936; quant. Abtrenn. d. Hyperkonjugationseffekte v. d. ster. Substituenten-Konst. bei d. Hydrolyse (Kinetik) 16 988; Umester. 2168*; Rk.mit H-Atomen 18 393.

Essigsäureäthylester (Äthylacetat) (Kp. 77,5 bis 78,5°), Darst. 1790*, 14 317*, 18 632*; Bldg. 1630, 2695, 8564, 12 246, 12 256; Gewinn. 2902*; Trenn. v. —-Äthanol-Wasser-Gemischen 17 557; Verhinder. d. Verdunst. v. — 600*; neue Bezieh. zwischen d. physikal. Konst. v. — 3402; physikal. Eig. v. Addit.-Verb. mit Mn-Halogeniden 3030; Absorpt.-Spektrum v. SnJ_4 in — 4424; IR-Spektrum 18 771; (Lsgm.-Einfl.) 10 400; (Änder. bei d. Komplex-Bldg. mit Halogeniden) 12 579; (Veränder. bei d. Anlager. v. $TiCl_4$, $SnCl_4$, $AlCl_3$ u. $AlBr_3$) 10 028; (v. Addit.-Verb. mit Metallhalogeniden) 8146; IR—CO-Frequenz 15 898; Best. d. Rotationsisomerie aus d. IR-Spektrum 5233; Luminescenzspektrum d. komplexen Salzes mit $UO_2(NO_3)_2$ 13 659; Intensität d. ν(CO)-Bande 1549, 12 599; (u. Lage) 8558; ν(OH)- u. ν(CO)-IR-Absorpt. v. — 17 697; Intensitäten v. Raman-Linien 12 598; DK v. ZnO in Cyclohexanol/—-Gemischen 7787; polarograph. Red. 14 818; Appearancepotentiale 3765; (d. Ionen aus —) 13 342; Dipolmoment d. Komplexes $TiCl_4$ · — 7816; Berechn. d. Parachors 6346; Modell für d. Transport-Eig. v. gasförm. — 13 671; Bldg.-Wärme 13 342; Bezieh. zwischen Druck, Temp. u. Dichte 12 235; Temp.-Abhängigk. d. inneren Drucks 14 082; Berechn. azeotroper Daten im Syst. —-Dichlorbrommethan 73; Frequenzabhängigk. d. Ultraschallabsorpt. 9658; Viscosität v. Mischungen aus Äthylalkohol, —, Essigsäure u. W. 7095; Unters. d. Wechselwrkg. zwischen gelösten Polymeren u. — durch Viscositäts-Mess. 17 052; Einfl. d. KW-Stoffkette auf d. Löslichk. in W. 439; Löslichk. Molvol. u. Lsg.-Wärme v. CO_2 in — 9265; Löslichk. v. $J_2(CSN)^-$ in — 18 388; Abtrenn. v. U v. Spalt-Prod. unter Anwend. v. Al_2O_3 u. — 14 783; Extrakt.: v. Metall-Verb. mit Di-n-butylarsinsäure aus wss. Lsg. in — 7442; v. Sb(V) in HCl-Lsg. mit — 10 763; v. Gallensäuren mit — 5044; Umwandl. v. monoklinem in rhomb. S durch Kristallisat. aus— 17 332; Phasengleichgew. Dampf/Fl.: im Syst. —/W. 5570; im bin. Syst. —/Bzl., —/Toluol u. —/p-Xylol 17 357; Aktivitäts-Koeff.: d. Komponenten bin. fl. Misch. mit — 11 141; im Syst. —/Furfurol 5569; Photolyse 8936; Verseif. (Kinetik u. Vol.-Änder.) 8900; Hydrolyse (Änder. d. freien Energie) 15 902; (Abtrenn. d. Hyperkonjugationseffekte v. d. ster. Substituenten-Konst.) 16 988; (v. α-Halogenessigsäureäthylestern in reinen u. gemischten Lsgm.) 2317; Rk.: mit PCl_5 12 303; mit SF_4 13 565*; Unters. auf Rk.-Vermögen mit NaH 12 988; Rk.: mit H-Atomen 18 393; mit $LiAlH_4$ 5252; Herst. v. $ZrCl_4$-Komplexen d. — 8548; Kondensat. 3979*, 18 796; Rk.: mit Brombenzol + NH_2Na 18 801; mit α-Alkylpyridinen 7893; mit Aminen u. Lactamen in Ggw. v. $LiAlH_4$ 17 391; mit Furyl-(2)-lithium 13 383; mit grignardiertem 1-Brom-4'-phenoxybutan 3093; mit Biguaniden 18 831; mit Benzophenon bzw. Aceton 461; mit Chalkon 15 943; mit 3.4-Dichloracetophenon bzw. 2-Chlor-5-methylacetophenon 11 167; mit 1.3-Dimethoxy-2-acetyl-4-hydroxynaphthalin 13 021; mit 4-Phenylthiosemicarbazid 2350; mit 3-Carboxymethyl-8.9-dimethoxy-1-oxo-5-chlor-10-methyl-1.2.3.4-tetrahydroanthracen 6793; Umester. im Gemisch mit Methylpropionat 2168*; Rk.: mit 3-Methylfuran-2-carbonsäuremethylester 12 274; mit $\alpha.\alpha$-Diäthoxypropionsäureäthylester 5270; mit 6-Methylnicotinsäureäthylester 9711; mit Pyridin-2.6-dicarbonsäurediäthylester 3454; Ketten-Übertrag. d. Polyvinylacetat-Radikals an — 9742; Rk. mit δ-Thiolcaprolacton u. Diisopropylamino-MgBr 11 905; Einfl.: auf d. durch $TiCl_3$/$Al(C_2H_5)_3$ katalysierte Polymerisat. v. Propylen 11 943; auf d. Rk.-Fähigk. v. Carbonsäuren u. Percarbonsäuren 11 146; Vork. u. Nachw. in „preferment"-Gäransätzen 13 982; Bldg.: bei d. Schnellessig-Gär. 16 877; durch d. Fadenpilz Chalaropsis thielavioides 9766; Geh.: in ober- u. untergär. Bier. 13 982; in amerikan. u. ausländ. Bieren 17 247; v. Whisky 3660; Einfl. auf d. Cuticula im Seidenwurm Bombyx mori (Verh. d.Lipide) 6475; hydrolyt. Aktivität gegenüber — beim Schweinemagen 1646; Verw. in Nobecutan, Nobekzem bzw. Nobepsor 9072; höchstzuläss. Konz. in d. Luft 7280; Toxikologie u. Reiz-Wrkg. 2815; Verw.: v. Alkylenoxiden u. — zum Stabilisieren v. Trichloräthylen 19 003*; bei d. Oxydat. v. n-Butan in fl. Phase unter Druck 9510; zur Entfern. v. bis zu 3 C-Atome enthaltenden Alkoholen aus ihren azeotrop siedenden Gemischen 14 322*; zur Abtrenn. v. Acrylamid aus d. Rk.-Gemisch d. Hydrolyse v. Acrylnitril 17 924*; zur Isolieren v. Gibberellsäure 14 330*; zur Herst. v. Dispers. photograph. Farbbildner 2974*; Best.: in

Wein 11 038; in Branntwein 9932; v. Önanthester neben — 17 247; Verw. beim chromatograph. Nachw. v. Spuren v. Rohöl 3684.

Ameisensäurepropylester (*n*-Propylformiat) (Kp. 81°), Darst. 1952, 8783*, 16 997; neue Bezieh. zwischen d. physikal. Konst. v. — 3402; Berechn. d. Parachors 6346; Appearancepotentiale d. Ionen aus —, Bldg.-Wärme 13 342; Bezieh. zwischen Druck, Temp. u. Dichte 12 235; Berechn. azeotroper Daten im Syst. —-Dichlorbrommethan 73; Einfl. d. KW-Stoffkette auf d. Löslichk. in W. 439; Photolyse 8936; Umester. 2168*.

Ameisensäureisopropylester (Isopropylformiat), Herst. 18 632*; Kinetik d. säurekatalysierten Hydrolyse 1182.

$C_4H_8O_2S$ **Sulfolan (Tetramethylensulfon, Tetrahydrothiophen-1.1-dioxid)**, Darst. v. Deriv. 15 954, 17 538*, 18 642*; H-Skala für d. Syst. —/W./-Tetramethylammoniumhydroxid 15 539; Verw. zur Mol.-Gew.-Best. v. Huminsäuren 7020; Komplex-Bldg. mit Co-Salzen 16 616.

Allylmethylsulfon, Pyrolyse 3420.

Methylisopropenylsulfon ($Kp._{0,3}$ 40—42°) 7476.

Vinyläthylsulfon, relative dienophile Rk.-Fähigk. 17 734.

γ-Mercaptobuttersäure ($Kp._{13}$ 132°) 11 905.

α-Mercapto-α-methylpropionsäure, Rk. 11 547.

(+)-β-Mercaptoisobuttersäure 10 803.

β-Mercaptopropionsäuremethylester, Rk. 3624*.

Thioglykolsäureäthylester (Mercaptoessigester), Rk.: d. Na-Verb. mit p-Chlorbenzylchlorid 17 005; mit Naphtholen, Alkoxy- oder Dihydroxynaphthalinen 1413*; mit Methylcyanid 4532; mit α.β-Dichlornitrilen 7331*; mit N-Allyl- bzw. N-Vinyllactamen 6418; mit N-Chlormethylphthalimid 4529.

Methylmercaptoessigsäuremethylester, Rk. 6748.

2-Mercaptoäthylacetat ($Kp._8$ 49°) 9304.

α-Hydroxyäthylacetylsulfid, Rk. 7475.

S-Acetylmonothioglykol (S-Acetylmercaptoäthanol) ($Kp._{26}$ 116—119°), Darst. 5642; intramol. S—O-Acetyl-Übertragungsrk. (Kinetik) 11 143.

$C_4H_8O_2S_2$ **2.5-Dihydroxy-1.4-dithian** 4919.

Diäthylendisulfoxid, Verw. 7670*.

Glykolmonomethylxanthogenat 5642.

$C_4H_8O_3$ **Glycerinformaldehydacetal-(1.3) (5-Hydroxy-1.3-dioxan)**, Rk. v. Deriv. 15 772*; Verw. 14 953*.

Glycerinformaldehydacetal-(1.2) [4(5)-Hydroxymethyl-1.3-dioxolan), Rk. v. Deriv. 15 772*; Wrkg. auf d. Zentralnervensyst. 15 316; therapeut. Verw. 14 953*.

2.5-Dihydroxytetrahydrofuran, Rk. v. Deriv. 7694*.

1.4-Anhydroerythrit ($Kp._{0,2-0,5}$ 105—107°) 10 449.

2.3-Epoxybutandiol-(1.4) (F. 52—53°) 1800*, 8392*.

Methylglycerinaldehyd 1953.

α-Hydroxybuttersäure (F. 39—40°), Darst. 6735; Bldg. 17 049; Rk. (v. Salzen) 12 837*; (v. Deriv.) 3184*; enzymat. Oxydat. 160, 4572, 11 959; Bedeut. v. D-— als Substrat für tier. D-α-Hydroxysäuredehydrogenase 17 438; Wrkg. v. Succinat u. Amytal auf d. Bldg. v. — aus Acetoacetat in tier. Geweben 10 516; Einfl. auf d. enzymat. Best. v. L(+)-Milchsäure 2029.

β-Hydroxybuttersäure, Darst. d. Na-Salzes 18 083; Rk. v. Deriv. 7987*; Vork. bzw. Geh.: in roher u. erhitzter Magermilch 4761; v. Poly-β-hydroxybutyrat (in d. Lipoiden v. Pseudomonas) 7569; (in einem Pseudomonas AM 1-Stamm) 17 452; (in Pseudomonas pseudomallei) 14 184; Bldg.: v. Poly-— bei Knallgasbakterien in Ggw. v. CO_2 10 140; bei d. Atmung im durchströmten Rattenherz 554; während d. Alkoholoxydat. in d. Leber 211; —-Geh.: im Blut bei Ratten u. Menschen (Wrkg. d. diätet. Therapie mit polyensäurereichen Ölen) 1297; im Urin bei Veränder. d. Säure-Basen-Gleichgew. beim Menschen 17 115; Gleichgewichtskonstante d. —-Dehydrogenase-Syst. 10 516; Einfl. v. β-Hydroxybutyrat auf d. Adenosintriphosphatase-Aktivität v. AsO_4^{3-} 885; Oxydat. v. — (durch eine lösl. u. eine unlösl. Proteinfrakt. d. Adenosintriphosphatase) 164; (Veränder. durch 2-Hydroxybenzamid u. 2-Allyloxybenzamid) 14 230; (Hemm. durch Fluorcitrat, Fluormalat u. Fluoracetoacetat) 1262; Einfl. v. hypoglykäm. wirkenden Sulfonylharnstoff-Verb. auf d. mitochondriale Oxydat. v. DL-β-Hydroxybutyrat 18 904; Oxydat. v. β-Hydroxybutyrat: durch Rattenlebermitochondrien (Wrkg. v. Arsenit in Kombinat. mit 2.3-Dimercaptopropanol) 7559; (Wrkg. v. Galaktoflavin) 3129; (Wrkg. v. Wachstumshormon d. Hypophysenvorderlappens auf d. P/O-Verhältnis) 4957; durch Mitochondrien v. Karottengewebe 17 449; Einfl.: auf d. aerobe Oxydat. v. Succinat in Lebermitochondrien 884; v. Arsenat auf d. oxydative Phosphorylier. u. verwandte Rk. mit — als Substrat 3502; Verw. als Substrat d. oxydativen Phosphorylier. in Mitochondrien v. thyreoidektomierten Ratten 15 638; Hemm. d. Phosphorylier. durch Atractylosid mit — als Substrat 6815; Phosphorylier. u. Atmung in Lebermitochondrien in Ggw. v. — 884; Abnahme d. Atmung u. d. Phosphorylier. im Herzmuskel bei experimenteller Myocarditis bei Verw. v. — als Substrat 9758; Einfl. v. β-Hydroxybutyrat: auf d. Wrkg. v. ATP auf d. Atmungskette in atmungsgehemmten Mitochondrien 11 964; auf d. Phosphofructokinase-Rk. im perfundierten Rattenherzen 17 444; auf d. durch Succinat bedingte Red. v. Pyridin-Nucleotid durch Rattenlebermitochondrien 2025; Red. v. DPN in Ggw. v. — in Rhodopseudomonas-Extrakten 14 556; Abbau v. — aus $^{14}C_{(1)}$-Acetat bei Diabetes 17 820; Hemm. d. —-Stoffwechsels in Tumoren durch 6-Aminonicotinamid u. Diäthylstilböstrol 15 633; Wrkg. v. Wachstumshormon u. β-Hydroxybutyrat auf d. Kohlenhydrat-Stoffwechsel im Diaphragma normaler hypophysektomierter Ratten 7585; Stimulier. d. Propionat-Stoffwechsels durch — 892; Einbaugeschw. v. ^{32}P in Milch u. Casein durch d. durchströmte Euter mit —-CaSalz als Substrat 907; Wrkg. d. Injekt. v. — auf d. Insulin-Rk. im normalen Kaninchen 9411.

γ(4)-Hydroxybuttersäure, Darst. d. Hydroxamsäure v. — 2321; Wrkg. d. Na-Salzes: auf d. Blutdruck beim Kaninchen (u. seine Veränder. durch Injekt. v. Hydrochinon) 15 320; (nach beiderseit. Pneumogastricus-Durchschneid. u. beiderseit. Novocain-Infiltrat. im Sinus caroticus-Bereich) 15 320; (Hypothese einer Hemm. d. Gefäßbaroreceptoren) 15 321; auf d. Überlebenszeit d. Gehirns unter asphykt. Anoxie beim Kaninchen 15 679; Wrkg.: v. Hydrochinon auf d. durch Fasten u. —-Na-Salz hervorgerufene Ketonurie 15 310; v. Glucose auf d. Schlaf u. d. Ketonurie infolge v. —-Na-Salz bei d. hungernden Ratte 15 319.

α-Hydroxyisobuttersäure (α-Hydroxy-α-methylpropionsäure) (F. 79°), Darst. 2539*, 8230; (Verw.) 9148*; Bldg. 92, 5846*, 8230, 11 877, 15 923; (Rk.) 6366; Komplex-Bldg.-Konst. v. —-Komplexen mit 9 Lanthanidenelementen u. Y 9640; Enfl. d. Molekülgröße d. NH_4-Salzes u. d. Temp. auf d. Trenn. radioakt. Seltenerdmetalle durch Ionenaustausch 16 943; Red. 6352; W.-Abspalt.: aus — u. —-Estern 3982*, 13 944*; aus —-Estern 12 457*, 17 560*.

β-Methoxypropionsäure ($Kp._{11}$ 100—102°), Darst. 2701; (Brucinsalz) 11 147; intramol. H-Bind. in — 17 350; elektrochem. Fluorier. 17 205*.

Äthoxyessigsäure ($Kp._{12}$ 95—96°) 2701.

Perbuttersäure ($Kp._{13}$ 27—32,5°) 13 724, 17 923*.

Glykolsäureäthylester (Äthylglykolat), IR-Spektrum 3763; Rk. 4263*, 15 598; (d. Na-Verb.) 13 027, 17 005.

Äthylenglykolmonoacetat (Glykolmonoacetat), Herst. 17 561*; Rk. 7693*; Toxikologie u. Reiz-Wrkg. 2815; Verw. 13 632*.

Methoxyessigsäuremethylester, Rk. 6748, 7 148.

Methyläthylcarbonat 18 087.

$C_4H_8O_3S$ **1.4-Thioxandioxid (1-Oxa-4-thiacyclohexan-4.4-dioxid)**, Rk. 13 633*, 16 495*.

Methallylsulfonsäure, Verw. 3699*.

Isopropensulfonsäuremethylester, Rk. 14 318*.

Äthensulfonsäureäthylester, Rk. 14 318*.

Äthansulfonsäurevinylester ($Kp._8$ 88°) 12 271.

1.2-Butylenglykolsulfit, Verw. 17 968*.

1.3-Butylenglykolsulfit [Butandiol-(1.3)-sulfit] ($Kp._7$ 68,5—69°), Darst., Rk. 8941; Verw. 17 968*.

Butandiol-(1.4)-sulfit ($Kp._{13}$ 90,5—91°) 8941.

***cis*-Butandiol-(1.4)-sulfit** ($Kp._{13}$ 86—86,5°) 8941.

Mesobutandiol-(2.3)-sulfit ($Kp._{14}$ 74—76°) 8941.

Butansulton-(1.3) 308*.

Butansulton-(1.4) (4-Hydroxybutan-1-sulfonsäuresulton), Darst. 308*; Halbwertszeiten d. Hydrolyse (Vgl.) 8215; Rk.: mit Aminen 7324*, 12 251; (bzw. Guanidin) 6400; mit Na-Bis-(2-äthylhexyl)-phosphit 19 010*.

Butansulton-(2.4) ($Kp._{0,02}$ 82°) 12 253.

$C_4H_8O_4$ (s. *Erythrose*; *Erythrulose*; *Threose*).

2.3-Dihydroxy-1.4-dioxan, Verw. 1864, 5166.

β.γ-Dihydroxybuttersäure 2369.

α-Methyl-ω-hydroperoxypropionsäure 14 098.

Acetaldehydmonoperacetat, Rk. 6970*, 14 327*.

$C_4H_8O_4S$ ***trans*-Sulfolandiol-(3.4)** (F. 159 bis 160° korr.) 15 955.

Butanon-(2)-sulfonsäure-(3), Salze 94.

Methansulfonylglycid (Methansulfonsäure-2.3-epoxypropylester), Verw. 3330*, 17 631, 19 075*.

Butandiol-(1.3)-sulfat (F. 45—46°) 8941.

Butandiol-(1.4)-sulfat (Tetramethylensulfat) (F. 44—45°) 8941, 17 990.

D-(—)-Butandiol-(2.3)-sulfat (F. 6,1—6,4°) 8941.

Mesobutandiol-(2.3)-sulfat (F. 48—49,5°) 8941.

$C_4H_8O_4S_2$ **1.4-Dithiantetroxid** 4919.

$C_4H_8O_5$ s. *Erythronsäure*; *Threonsäure*.

C_4H_8S **Tetrahydrothiophen (Thiophan, Thiacyclopentan)** (Kp. 117—120°), Darst. 5662; (v.Deriv.)1979,7508,15 953; UV-Spektrum d. J_2-Komplexes 14 085; IR-Spektren d. — u. seiner Homologen 788; Ionisat.-Potential 17 302; pK_α-Wert d. Oniumions 16 979; Bildungswärme 3045; Rk. mit $B_{10}H_{14}$ 8182; Komplex-Bldg.: mit GeF_4 16 247; mit $NbCl_5$, $NbBr_5$, $TaCl_5$, $TaBr_5$ u. TaJ_5 16 248; Rk.: mit Cycloheptatrienmolybdäntricarbonyl 14 803; mit Persäure-tert.-butylestern 94, 14 101; gaschromatograph. Trenn. v. anderen organ. S-Verb. 5041.

(*S.S*)-2.3-Dimethylthiiran ($Kp._{735}$ 88—89°) 10 046.

***cis*-2.3-Dimethylthiiran** ($Kp._{735}$ 98,5°) 7134.

DL-2.3-Dimethylthiiran, Rk. 7133.

1-Methylmercaptopropen-(1) (Kp. 102°) 15 921.

Methylisopropenylsulfid 7476.

Vinyläthylsulfid, Darst. 15 921; relative dienophile Rk.-Fähigk. 17 734; Rk. mit salzart. Polysulfiden 4721*.

$[C_4H_8S]_x$ **Polytetramethylensulfid** (F. 66°), F. u. Kristallisat.-Geschw. (Vgl.) 1247.

$C_4H_8S_2$ **1.2-Dithian (Tetramethylendisulfid)**, Darst., NMR-Spektrum, Isomerisier. v. $D_{4(4.4.5.5)}$-— ($Kp._{34}$ 87—88°) 13 345; Polymerisat.-Wärme 6429.

1.4(*p*)-Dithian (Thiadioxan) (F. 111—112° korr.), Darst. 9301, 9304; (v. Deriv.) 4919, 10 837; Bldg. 4940, 9301; Kristallstruktur d. 1:1-Addit.-Verb. mit Jodoform 14 456; Ionisat.-Potential 17 302; Rk. mit $B_{10}H_{14}$ 8182.

$C_4H_8S_3$ **Trithiokohlensäureäthylestermethylester** ($Kp._{0,5}$ 92—94°) 4881.

C_4H_8Si **Divinylsilan**, Vers. d. Rk. mit K 13 711.

C_4H_9 ***n*-Butyl** s. unter *Radikale* (*Spezielle Radikale*).

***sek.*-Butyl** s. unter *Radikale* (*Spezielle Radikale*).

***tert.*-Butyl** s. unter *Radikale* (*Spezielle Radikale*).

$C_4H_9BCl_2$ **Butyldichlorborin** ($Kp._{760}$ 92,5°) 1410*.

***tert.*-Butyldichlorboran**, Rk. 4484.

$C_4H_9BF_2$ ***n*-Butylbordifluorid (Difluor-*n*-butylboran)**, Darst., Rk. 3785, 6738; π-Charakter d. C—B-Bind. 1177.

C_4H_9BO ***tert.*-Butylboronsäureanhydrid**, Rk. 5988.

$C_4H_9BO_2$ **Isocrotonylboronsäure** (F. 87°) 15 766*.

Dimethyläthylenboronat (Vinylboronsäuredimethylester) (Kp. 74—78°) 7326*, 17 925*.

***n*-Butylmetaborat**, Rk. 474, 828.

C_4H_9Br ***n*-Butylbromid (1-Brombutan)** ($Kp._{760}$ 98—100°), Darst. 15 918, 17 558*; Massenspektrum 14 814; Berechn. d. DK u. d. dielektr. Verlustes aus d. Mikrowellenspektrum 433; Dipolmoment 11 508; Verbrenn.- u. Bldg.-Wärme 1936; Bezieh. zwischen Druck, Temp. u. Dichte 12 235; Berechn. v. Konst. d. Antoine-Gleich. 4122; Einfl. d. KW-Stoffkette auf d. Löslichk. in W. 439; Konst. d. Tait-Gleich. 16 268; Best. d. Äquivalentgew. mit Hilfe v. Kationenaustauscherharzen 9098; radiolyt. Isomerisat. 11 152; Hydrogenolyse (Mechanismus) 18 074; Dehydrohalogenier. 444; Fraktionier. d. Li-Isotope bei d. Rk. v. metall. Li mit — 15 876; Rk. mit Mg in verschied. KW-Stoffen 18 761; Gleichgew.-Konst. d. Rk. — + $Y^- \rightleftharpoons n\text{-}C_4H_9Y + Br^-$ 13 344; Rk. mit $(NH_4)_2SO_3$ 10 803; Auflös. v. $UCl_5 \cdot PCl_5$ unter Rk. in — 12 220; Rk. mit KCN 15 521; Überführ. in n-Octan 8974; Rk.: mit Benzolderiv. 3063; mit Pyridin (Kinetik) 16 635; mit 2.2.6.6-Tetramethylpiperidin 3552*; mit 3-Pyrrolidino-3-methylbutin-(1) bzw. 3-Dimethylamino-3-methylbutin-(1) 7484; mit Tetrahydro-β-naphthylamin 222*; mit Mono- bzw. Diäthylenglykol 8580; mit Na-β-Naphtholat 17 383; mit Tropenolhydrochlorid 18 569*; mit [3-Hydroxybutyl-(2)]-[2-hydroxy-2-phenyläthyl]-amin 13 132*; mit 4-tert.-Alkylguajacolen 814; mit Trityl-Na 7122; mit Chinaldyl-Li, ω-[Chinolyl-(2)]-alkinen-(1) bzw. ω-Chloralkinen-(1) 9339; mit Furyl-(2)-lithium

13 383; mit 2-Mercaptomethylbenzimidazol 5283; mit 2-Mercapto-4-methyl-5-[β-hydroxyäthyl]-thiazol 4532; mit Diphenylsulfid u. $AgBF_4$ 4132; mit o-Hydroxyacetophenon 14 135; mit N-[β-Hydroxyäthyl]-pyrrolidon-(2) 17 763; mit 2-Methylmercapto-6-methylpyrimidon-(4) 4539; mit 5-Alkyl-6-methyl-2-methylmercaptopyrimidonen-(4), 5-n-Butyl-6-methyluracil bzw. β-Oxocarbonsäureäthylestern 4541; mit Cyclohexandion-(1.3) 1968; mit 1.6- bzw. 3.6-Dimethyluracil 4539; mit α-Alkylnitrilen 4912; mit Benzylcyanid 3063; mit d. Ag-Salz d. Isoguajazulen-1-carbonsäure 7882; mit reduziertem Bis-[ω-carboxydecyl]-diselenid 3782; mit Benzocain 442; mit S-[2-Carbäthoxybenzofuryl-(5)-methyl]-isothioharnstoffhydrochlorid 1978; mit Salzen v. Acetessigester bzw. α-Alkylacetessigsäureäthylester bzw. Salzen v. Malonsäurediäthylester 12 987; mit 6-Methoxycarbonyl-2H-pyridazinon-(3) 8612; mit [Thienyl-(2)]-cyanessigester 10 084; mit Alkali- oder Erdalkaliderlv. v. Malonestern 17 558*; mit Methylmalonester 11 875; mit d. Na-Verb. v. n-Butylmalonsäurediäthylester (Kinetik) 12 984; mit [β-Vinyloxyäthyl]-malonsäurediäthylester 13 029; mit Propan-1.1.3.3-tetracarbonsäuretetraäthylester 16 999; mit Na-Bimalonester 3058; mit Arylessigsäure-N.N-dialkylamiden 7127; mit 2.6-Dimethyl-3-hydroxyacetanilid 1581; mit Phosphonat-Carbanionen 1203; mit Äthylphosphonsäurediäthylester 2712; mit Tetramethylammonium-O-äthyl-O-n-propylphosphat 9675; mit Di-n-butylphosphit 12 266; mit K-Saccharin 1195; Einw. v. wasserfreiem $CoCl_2$ auf Grignard-Verb. in Ggw. v. — 14 485; Stoffwechsel 6119.

sek.-**Butylbromid (2-Brombutan)** ($Kp._{751}$ 90 bis 92°), Darst., Rk. 7110; Konstit.-Einfl. auf d. opt. Drehung 68; Massenspektrum 14 814; radiolyt. Isomerisat. 11 152; HBr-Eliminier. 15 914; Rk.: mit N-Methylanilin 822; mit Isobutyronitril 85; mit Cyanessigsäureäthylester 17 369; mit Alkali- oder Erdalkaliderlv. v. Malonestern 17 558*; mit Methylmalonsäurediäthylester 5671; Verw. 14 319*; Identifizier. 13 514.

Isobutylbromid (1-Brom-2-methylpropan) (Kp. 93°), Massenspektrum 14 814; Best. d. Aktivitäts-Koeff. v. bin., fl. Syst. mit Hilfe v. ^{82}Br— 14 819; radiolyt. Isomerisat. 11 152; Radikalketten-Chlorier. 6351; Dehydrohalogenier. 444; Rk.: mit Isonicotinsäuremethylester 9713; mit Na-Acetessigester 12 987; mit Dithiophosphorsäure-O.O-diallylester 7849; Identifizier. 13 514.

tert.-**Butylbromid (2-Brom-2-methylpropan)**, Bldg. 15 585; Erkennen v. Carboniumionenbldg. aus d. UV-Spektrum 12 595; Valenzwinkel u. Bindungsabstände, Polarität d. Bind. in Abhängigk. v. Hybridisierungsparameter 14 083; ^{13}C-Kernresonanzspektroskopie 8201; Mikrowellenspektrum v. ^{79}Br— u. ^{81}Br— im Bereich im 20 000 MHz 12 970; dielektr. Relaxat. u. freies Vol. 16 266; magnet. Moment d. Ni^{2+}-Ions in $(Ph_3P)_2NiBr_2$·— 7791; Massenspektrum 14 814; ^{13}C-Protonen-Spin-Spin-Koppl.-Konst. 5978; radiolyt. Isomerisat. 11 152; Radikalketten-Chlorier. (Mechanismus) 6351; Rk. mit H_2O_2 2174*; Vers. d. Saytzeff-Rk. 11 526; Rk.: mit Furan bzw. 2-Chlormercurifuran 3078; mit Enaminen 10 438; mit Cyclopentadien-Na 10 077; mit Ag-Dinitrocyanmethid 12 992; mit alkylierten Acetessigestern 12 987.

C_4H_9BrCd *n*-**Butylcadmiumbromid**, Rk. 3428.

C_4H_9BrHg *n*-**Butylquecksilberbromid** 10 384.
sek.-**Butylquecksilberbromid**, Kinetik d. Austausch-Rk. zwischen — u. ^{203}Hg 7101; (in Ggw. v. Li-Salzen) 7102.
tert.-**Butylquecksilberbromid**, Rk. 11 526.

C_4H_9BrMg *n*-**Butylmagnesiumbromid**, Darst. 4843; Rk.: mit $PSCl_3$ 7487, 15 563; mit $SiBr_4$ 8546; mit $CdCl_2$ 10 427; mit γ-Dihydropyran 11 525; mit Diaziden 1589; mit 1.5-Epoxyhexen-(1)-al-(6) 8245; mit 2.4.6-Tribrom- bzw. 2.4.6-Trichlorborazin 13 766; mit Dimethylchlormethylchlorsilan 14 837; mit [N-Methylanilino]-substituierten ungesätt. Carbonylverb. 10 270*; mit Acrolein 1967; mit Benzaldehyd 18 466; mit Cycloalkyl-β-halogenäthylketonen 570*; mit Cyclohexen-(2)-onen 7864; mit dimeren Ketenen 3074; mit ungesätt. Estern 11 874; mit Acetylencarbonsäureestern 6733; mit Sorbinsäure-sek.-butylester 11 874; mit α-Ketocarbonsäureestern 10 061; mit 2-Cyan-3-methylpenten-(2)-säureäthylester 3779; mit Methyl-5-chloroformylvalerat 3983*; mit Dialkyloxalaten 8944; mit Glutarsäuremethylimid 7470; mit Phosphorigsäureestern 4347*; mit cycl. Butandiol-(1.3)-sulfat 15 188; mit Benzolboronsäuredibutylester 15 195.
sek.-**Butylmagnesiumbromid**, Rk. 8546.
Isobutylmagnesiumbromid, Rk.: mit $PSCl_3$ 7487; mit $SiBr_4$ 8546; mit 1-[N-Methylanilino]-propenal-(3) 10 270*; mit Methylbenzoat 8229; mit Methyl-5-chlorformylvalerat 3983*.
tert.-**Butylmagnesiumbromid**, Darst. 2700, 11 526; Rk.: mit $PSCl_3$ 7487; mit $SiBr_4$ 8546; mit 1-[N-Methylanilino]-propenal-(3) 10 270*; mit Crotonsäure-sek.-butylester 11 875.

C_4H_9BrO **3-Brombutanol-(1)** ($Kp._{14}$ 60—61°) 15 188.
4-Brombutanol-(1), Rk. 17 767.
4-Brombutanol-(2) ($Kp._{12}$ 74°) 8580.
2-Methoxypropylbromid ($Kp._{115}$ 67°), Darst., Hydrolyse 10 038; Hydrolyse (Kinetik) 11 147.
β-**Bromdiäthyläther (2-Bromäthyläthyläther, 1-Brom-2-äthoxyäthan)**, NMR-Spektrum 14 816; Rk. 5295, 6135*, 9339.

C_4H_9BrS **2-Äthylmercaptoäthylbromid**, Rk. 17 717.

$C_4H_9Br_3Si$ *n*-**Butyltribromsilan**, Darst., Brech.-Index 8546.
sek.-**Butyltribromsilan** ($Kp._{768}$ 192—193°), Darst., Brech.-Index 8546.
Isobutyltribromsilan ($Kp._{740}$ 190°), Darst., Brech.-Index 8546.
tert.-**Butyltribromsilan** ($Kp._{768}$ 179—181°), Darst., Brech.-Index 8546.
Tribrommethyltrimethylsilan (F. 201—203°) 452.

C_4H_9CdCl *n*-**Butylcadmiumchlorid**, Rk. 10 427.

C_4H_9Cl **Monochlorbutane**, Bldg. 12 829*.
n-**Butylchlorid (1-Chlorbutan)** (Kp. 76 bis 80°), Darst. 3416; (v. $D_{(1)}$-—) 8563; Darst., Rk. 7110; Bldg. 5246, 15 518, 16 609; Massenspektrum 14 814; dielektr. Relaxat. 13 338; Bezieh. zwischen Druck, Temp. u. Dichte 12 235; 2. Virial-Koeff. 10 035, 10 036; Wärmeleitfähigk. (Änder. mit d. Temp.) 10 037; Berechn. v. Konst. d. Antoine-Gleich. 4122; Zusammenhang zwischen d. Guldberg-schen Regel u. d. Temp.-Verlauf d. Schall-Geschw. in fl. — 18 375; Einfl. d. KW-Stoffkette auf d. Löslichk. in W. 439; Konst. d. Tait-Gleich. 16 268; Radikalchlorier. v. — 82; Austausch v. radioakt. Cl 2693; Dehydrohalogenier. 444; Fraktionier. d. Li-Isotope bei d. Rk. v. metall. Li mit — 15 876; Rk.: mit Na 2663; (u. $SnCl_4$) 5101*; mit Mg in verschied. KW-Stoffen 18 761; v. $D_{(1)}$-— mit Phenyl-Li (Kinetik) 8563;

mit Na-Acetessigester 12 987; Vers. d. Rk. mit Äthylphosphonsäurediäthylester 2712.

sek.-**Butylchlorid (2-Chlorbutan)** ($Kp._{750}$ 68,1°), Darst. 7110; neue Bezieh. zwischen d. physikal. Konst. v. — 3402; Massenspektrum 14 814; dielektr. Relaxat. 13 338; Kinetik d. therm. Zerfalls in d. Gasphase 15 914 [2 Ref.]; Rk.: mit H_2O_2 2174*; mit Vinylchlorid 15 554.

Isobutylchlorid (2-Methylchlorpropan), Darst. 7110; Massenspektrum 14 814; 2. Virial-Koeff. 10 035, 10 036; Wärmeleitfähigk. (Änder. mit d. Temp.) 10 037; Dehydrohalogenier. 444; Rk.: mit Benzol 16 651; mit CH_2N_2 7110.

tert.-**Butylchlorid** (Kp. 52,0°), Bldg. 11 148; Erkennen v. Carboniumionenbldg. aus d. UV-Spektrum 12 595; Valenzwinkel u. Bindungsabstände; Polarität d. Bind. in Abhängigk. v. Hybridisierungsparameter 14 083; Massenspektrum 14 814; dielektr. Relaxat. 13 338; (u. freies Vol.) 16 266; mikrowellenspektroskop. Unters. an — u. D-— 12 970; ^{13}C-Kernresonanzspektroskopie 8201; Viscosität in CCl_4 3398; HCl-Abspalt. 18 268*; Kinetik d. Solvolyse 11 863; (u. H-Austausch v. — in Ameisensäure) 5616; Änder. d. Geschw.-Konst. d. Solvolyse in A. u. W. auf Grund elektrostat. Wechselwrkg. zwischen Lsgm. u. Gelösten 15 148; Austausch v. radioakt. Cl 2693; Rk. mit H_2O_2 2174*; Überführ. in Di-tert.-butyläther 2685; Rk.: mit Äthylen 16 642; mit aromat. KW-Stoffen 6379; Halogenid-Hydrid-Austausch-Rk. zwischen Cycloheptatrien u. — in Ggw. v. $SnCl_4$, $SnBr_4$, $AlCl_3$, BCl_3, $FeCl_3$, $TiCl_4$, $SiCl_4$ u. PCl_3 10 771; Rk.: mit 1.3.5-Tri-tert.-butylbenzol 13 739; mit Naphthalin 10 643*; mit CH_2N_2 7110; mit Phenol (Kinetik) 84; mit m-Kresolmethyläther 104; mit Äthyl-MgBr u. Cyclopentadien 10 077; mit Cyclopentadienyl-Mg- oder -Zn-Halogeniden 8790*; mit Trimethylchlorsilan 3431; mit Trimethylaminoxid 18 434; Verh. gegen Na-Acetessigester 12 987; Rk. mit Acetanhydrid bzw. Acetylchlorid 17 748; Darst. v. Aldehyden u. Ketonen aus d. Additions-Prod. v. — an Divinyl u. Chloropren 1187; Verw. bei d. Darst.: v. Diolefinen aus HCHO oder CH_3CHO mit Isobuten, 2-Methylbuten-(2) oder -(1) 14 319*; v. 2.6-Dialkylphenolen aus Phenol 3985*.

$C_4H_9ClFOPS$ **Methylthionophosphonsäure-γ-fluorpropylesterchlorid,** IR-Spektrum 9283.

$C_4H_9ClFO_2P$ **Fluorochlorophosphorsäure-*n*-butylester,** Rk. 52.

C_4H_9ClHg *sek.*-**Butylquecksilberchlorid** (F. 29°), Darst., Austauschrk. zwischen — u. ^{203}Hg(II)-Salzen in Ggw. v. Li-Salzen (Kinetik) 7103.

C_4H_9ClMg *n*-**Butylmagnesiumchlorid,** Rk.: mit 2.4.6-Tribrom- bzw. 2.4.6-Trichlorborazin 13 765; mit Dimethylsulfoxid 10 432; mit 2.6-Dimethylpyron-(4) 13 741; mit 2-Hydroxybutyrophenon 16 649; mit 3-Cyanpyridin 8979; mit Äthoxyacetonitril 2700; katalyt. Wrkg. bei d. Alkylier. v. aromat. KW-Stoffen 6379; Verw. als Polymerisat.-Katalysator 6987*.

tert.-**Butylmagnesiumchlorid,** Rk.: mit BF_3 5988; mit $ZnBr_2$ 6010; mit 1-Brom-3-methylbuten-(2) bzw. 1-Chlor-2.3-dimethylbuten-(2) 13 356; mit Allylchlorid 16 642; mit Crotylbromid 4491; mit Crotonaldehyd 4134; mit aromat. α-Enonen 17 015; mit [1-Methylcyclohexyl]-methylketon 12 281; mit Isatin 17 740; (bzw. 5-Methylisatin) 4150; mit ungesätt. Estern 11 874; mit Crotonsäure-sek.-butylester 11 875; mit Propionsäure- u. Buttersäureäthylester 12 618; mit Azodicarbonsäuredi-tert.-butylester 14 478.

C_4H_9ClO **2-Chlorbutanol** ($Kp._{13}$ 52°) 11 856.

3-Chlorbutanol-(1), Rk. 9895*.

4-Chlorbutanol [1-Chlorbutanol-(4), Tetramethylenchlorhydrin], Bldg. (Mechanismus) 17 710; Rückgewinn. v. Tetrahydrofuran aus d. Gemisch mit 1.4-Dichlorbutan, —, HCl u. W. 3989*; Rk. 5301, 6749, 11 362*.

4-Chlorbutanol-(2), Rk. 12 638.

x-Chlorbutanol, Verw.: für ophthalmolog. Lsg. 7245, 14 238; in Optef 1319; in Prednefrin 1320; störende Wrkg. bei d. Best. d. Blutharnstoff-N 14 930.

Methyl-[α-chlorpropyl]-äther ($Kp._{710}$ 93°) 18 078.

1-Methoxy-3-chlorpropan (Kp. 110—111°), Rk. 10 795.

Methyl-[α-chlorisopropyl]-äther ($Kp._{720}$ 65 bis 70° Zers.) 18 078.

n-**Propylchlormethyläther,** Rk. 2702, 12 277.

Chlormethylisopropyläther, Rk. 5448*.

α-**Chlordiäthyläther (Äthyl-α-chloräthyläther),** Vers. zur Darst. v. opt. akt. — 18 770; Rk. 2702.

[β-**Chloräthyl]-äthyläther (2-Äthoxyäthylchlorid),** Rk. 7322*, 12 020*.

tert.-**Butylhypochlorit** (Kp. 79,4—79,6°), Darst. 81; Photolyse 12 984; (u. Thermolyse) 17 710; Abspalt. v. Cl-Atomen aus gasförm. — durch CH_3-Radikale 4135; Radikalchlorier. v. KW-Stoffen mit — 81, 82; Rk.: mit NH_3 u. Schiffschen Basen 13 201*; mit trans-1-Phenylpropan 440; mit Cyclopentadien 11 170; mit Diphenylbenzylphosphinoxid 17 011; mit 3-Keto-$\Delta^{4,6}$- bzw. 3-Keto-$\Delta^{4,9,11}$-steroiden 2832*; Halogenier. einfach ungesätt. Fettsäureketten in Allylstell. mit — (Vgl.) 16 988.

C_4H_9ClOS **2-Chlor-2'-hydroxydiäthylsulfid (2-Hydroxyäthyl-2'-chloräthylsulfid)** ($Kp._{0,25-0,3}$ 82—83° korr.), Darst., Rk. 9300; Rk. v. ^{35}S-— 10 499.

$C_4H_9ClO_2$ **2-[2'-Chloräthoxy]-äthanol (1-Chlor-2-[2'-hydroxyäthoxy]-äthan),** Rk. 222*, 6874*, 7255*, 7993*; Verw. 8348*.

1-Methoxy-3-chlorisopropanol, Rk. 11 194.

Dimethylchloracetal (Chloracetaldehyddimethylacetal) ($Kp._{760}$ 130—131°), Darst. 16 281; Rk. 479, 6380.

$C_4H_9ClO_2S$ *n*-**Butansulfonsäurechlorid (Butansulfochlorid)** ($Kp._{13}$ 98°), Darst., Rk. 10 803; Rk. 8600.

Butyl-(1)-chlorsulfit, Darst., Rk. v. $D_{(1)}$-— 8563.

C_4H_9ClS **1-Chlor-3-methylmercaptopropan,** Rk. 6416.

Äthyl-β-chloräthylsulfid (2-Chlordiäthylthioäther), Rk. 7491, 12 988.

tert.-**Butylsulfenylchlorid,** Verw. 13 230*.

$C_4H_9ClS_2$ **2-Chlor-2'-meraptodiäthylsulfid** ($Kp._4$ 91—94° korr.) 9301 [2 Ref.].

C_4H_9ClSi **Dimethylvinylchlorsilan,** Rk. 11 733*, 16 287.

$C_4H_9Cl_2N$ **2-Amino-2-methyl-1.3-dichlorpropan,** Hydrochlorid (F. 189—192° Zers.) 1196.

Bis-[2(β)-chloräthyl]-amin (β.β'-Dichlordiäthylamin), Darst. v. — u. Deriv. 4506; Rk.: d. Hydrochlorids mit $PSCl_3$ 7989*; mit Silvan 1599; mit 2.4.6-Trichlorpyrimidin bzw. 2.4.5.6-Tetrachlorpyrimidin 8612; mit 2.4.6-Trichlor-5-nitropyrimidin 8613; mit CH_2O (u. Uracilderiv.) 847; (u. Lawson) 10 442; mit Benzylcyanid 12 020*; v. ^{14}C-— mit Nucleinsäuren 10 499; mit Säurechloriden 18 450; mit Phthaloylglycinchlorid 17 369; Wrkg. d. Hydrochlorids auf d. Einbau v. $^{14}C_{(1)}$-Glycin in d. Gewebeproteine in vitro 10 504; antimitot. Aktivität cycl. Phosphorsäureesteramide d. — 15 629.

$C_4H_9Cl_2NO$ **2-[*N*-Hydroxylamino]-2-methyl-1.3-dichlorpropan** ($Kp._3$ 73—75°) 1196.

$C_4H_9Cl_2OP$ **n-Butylphosphonsäuredichlorid** ($Kp._{15}$ 96—97°), Darst. 12 266; Rk. 7858.
n-Butylphosphitdichlorid, mol. magnet. Rotat. 12 233.
$C_4H_9Cl_2OPS$ **Dichlorthionophosphorsäure-n-butylester**, IR-Spektrum 9283; kernmagnet. Resonanz u. IR-Absorptionsunters. 8203; mol. magnet. Rotat. 12 233.
$C_4H_9Cl_2O_2P$ **Butylphosphorsäuredichlorid**, Rk. 5475*.
$C_4H_9Cl_2O_3P$ **Di-β-chloräthylphosphit**, Rk. 12 630.
$C_4H_9Cl_2O_4P$ **O.O-Dimethyl-O-1.2-dichloräthylphosphat**, Verw. 17 539*.
$C_4H_9Cl_3N_2O_2S_2$ **N-Trichlormethylmercapto-N.N'.N'-trimethylsulfamid** (F. 55—60°) 15 741*.
$C_4H_9Cl_3Si$ **n-Butyltrichlorsilan** (Kp. 146°), Darst., Rk. 10 805; Rk. 17 377.
Methyl-[α-chlorpropyl]-dichlorsilan (Kp.158 bis 159°), Vers. d. Dehydrochlorier. 16 647.
Methyl-[β-chlorpropyl]-dichlorsilan (Kp. 163°), Dehydrochlorier. 16 647.
Methyl-[γ-chlorpropyl]-dichlorsilan (Kp. 187°), Darst., Rk. 7486; Dehydrochlorier. 16 647.
$C_4H_9Cl_3Sn$ **Butyltrichlorzinn** ($Kp._{10}$ 93°), chromatograph. Trenn. v. anderen Organozinnverb. 16 427.
C_4H_9F **n-Butylfluorid (1-Fluorbutan)**, Darst. 11 365*; Massenspektrum 14 814; Berechn. v. Konst. d. Antoine-Gleich. 4122.
2-Fluorbutan 16 282.
tert.-Butylfluorid, Valenzwinkel u. Bindungsabstände, Polarität d. Bind. in Abhängigk. v. Hybridisierungsparameter 14 083.
C_4H_9FO **1-Fluor-2-methylpropanol-(2)** (Kp. 96—98°) 15 185.
$C_4H_9FO_2S$ **Fluorsulfinsäure-n-butylester**, therm. Zers. 11 365*.
$C_4H_9F_2N$ **1.1-Difluoräthyldimethylamin** 13 565*.
tert.-Butyl-N.N-difluoramin (Kp. 54—55°) 10 429.
$C_4H_9F_2OPS$ **Difluorthiophosphorsäure-O-tert.-butylester** ($Kp._{20}$ 47—48°) 1569.
$C_4H_9F_3NP$ **Addukt** $C_4H_9F_3NP$ aus $N(CH_3)_3$ u. $(PCF_3)_4$ 55.
$C_4H_9F_3P_2$ **Addukt** $C_4H_9F_3P_2$ aus $(PCF_3)_4$ u. $(CH_3)_3P$ 55.
$C_4H_9F_3SSi$ **Trimethylsilyltrifluormethylthioäther** 12 222.
C_4H_9HgJ **sek.-Butylquecksilberjodid** (F. 52°), Austauchrk. zwischen — u. $^{203}Hg(II)$-Salzen in Ggw. v. Li-Salzen (Kinetik) 7103.
C_4H_9J **n-Butyljodid** (Kp. 130°), Bldg. 11 213; Darst. v. $D_{(1\cdot1)}$-— 7122; Konst. d. Tait-Gleich. 16 268; Massenspektrum 14 814; polarograph. Verh. 1553; Bezieh. zwischen Druck, Temp. u. Dichte 12 235; Berechn. v. Konst. d. Antoine-Gleich. 4122; Einfl. d. KW-Stoffkette auf d. Löslichk. in W. 439; Dehydrohalogenier. 444; J-Austausch mit ^{131}J (Kinetik) 7472, 18 786; Rk.: mit Mg in verschied. KW-Stoffen 18 761; mit Isoamyljodid 17 712; mit 1.3.5.7-Tetramethyl-2.4.8-trioxa-6-phosphaadamantan 1610; mit d. Na-Salz v. 1-Methyl-2-naphthol 17 384; mit 2-Amino-5-mercapto-1.3.4-thiodiazol 1985; mit Benzylcyanid-Na u. Diäthylcarbonat 454; Verh. gegen aromat. Thioamide 6007; Rk.: mit 1-p-Toluolsulfonyl-2-thiohydantoin 4904; mit Äthylphosphonsäurediäthylester 2712; Identifizier. 13 514.
ek.-Butyljodid (Kp. 120°), Massenspektrum 14 814; HJ-Eliminier. 15 914; Identifizier. 13 514.
Isobutyljodid (Kp. 121°), Massenspektrum 14 814; polarograph. Verh. 1553; Dehydrohalogenier. 444; Identifizier. 13 514.
tert.-Butyljodid, Valenzwinkel u. Bindungsabstände, d. Polarität d. Bind. in Abhängigk. v. Hybridisierungsparameter 14 083; Massenspektrum 14 814; ^{13}C-Kernresonanzspektroskopie 8201; Verw. 6989*.
C_4H_9JMg **tert.-Butylmagnesiumjodid**, Rk. 11 875.
C_4H_9JO **3-Jodbutanol-(1)** ($Kp._5$ 69—70°) 15 188.
β-Äthoxyäthyljodid (F. 218—220°), Rk. 7299*.
C_4H_9Li **n-Butyllithium**, Darst. 4843, 5223; Bldg. (Fraktionier. d. Li-Isotope) 15 876; IR-Spektrum 15 846; Rk.: mit $AlCl_3$ 18 234*; mit $TiCl_4$ u. $(CH_3)_2NH$ 56; mit Cyclopentadien 10 020; (u. Tricarbonyltropyliumchromperchlorat) 3753; mit 1.2.3-Triphenylcyclopentadien 6012; mit 1.1-Diphenyläthylen 4134; mit Azulenen 13 746; mit 4.8-Dimethyl- bzw. 4.8-Diphenylazulen 13 741; mit 1.1'-Dihydro-2.3.5.2'.3'.5'-hexaphenylfulvalen 6012; mit Polyvinylhalogeniden 10 112; mit 1-Chlor-2.3-dimethylbuten-(2) 3773; mit Heptafluor-2-jodpropan 1187; mit Arylbromiden 10 056; mit Poly-p-halogenstyrol 12 482*; mit Polybromstyrolen 6427, 12 682; mit o-Chlorbrombenzol 13 949*; mit o-Dibrombenzol u. Phosphinen 10 816; mit 4-Joddiphenyl bzw. 4-Jod-3.3'-bitolyl 10 860; mit 4'-Brom-m-terphenyl 11 545; mit β-Chlor-α.β-difluorvinyl-x-brombenzolen 17 378; mit 1.8-Dibromnaphthalin bzw. 5.6-Dibrom- bzw. 5.6-Dichloracenaphthen 14 124; mit 9.10-Dibromanthracen u. N-Methylformanilid 8971; mit 9-Chlormethylenfluoren 10 075; mit 1-Brombenzo-[c]-phenanthren 3077; mit Chinolin 9339; mit α-Brompyridin 15 576; (u. $^{14}CO_2$) 12 247; mit 1-Methylpyrazol bzw. 1-Methyl-4-brompyrazol 5663; mit N-Methylindol 2084*; mit 1.2-Dimethylindol + Benzophenon 11 180; mit Furan 13 383; mit Thiophen + S + Chloressigsäure 14 493; mit 4-Methylthiazol 469; mit 2.2'-Dibromdiarylaminen 6416; mit N.N-Bis-[o-brom-p-tolyl]-methylamin + n-Butylmeta- bzw. -orthoborat 474; mit 1-Methoxy-2(4)-bromnaphthalin u. Acridon 16 315; mit m-Dimethoxybenzol 6359; mit Triäthylperfluorvinylsilan 17 684; mit Cyclotrisilazanen 1573; mit Dimethylaminoalan 10 013; mit Phenylcalciumjodid 9921*; mit Ferrocen u. Methoxyamin 18 046; mit Diferrocenylquecksilber 16 615; mit $[Co(III)(C_5H_5)_2]ClO_4$ 1158; mit 3-Brom-4-mercaptothiophen u. S 13 385; mit N.N-Dimethylpyrrolidiniumbromid 18 077; mit Triphenyl-[methoxymethyl]-phosphoniumchlorid bzw. Chlormethyltriphenylphosphoniumchlorid 10 806; mit Triphenylsulfoniumbromid 4132; mit dimerem Methylketen 3074; Verw.: als Katalysator bei d. Darst. v. o-Divinylbenzolen 8790*, 15 031*; als Polymerisat.-Katalysator 320*, 2929*, 7173, 9925 [2 Ref.], 10 664*, 13 053 [2 Ref.], 15 619, 16 152*, 16 509*; Kinetik d. Polymerisat. v. Isopren u. Styrol mit — als Katalysator 6426; cokatalyt. Einfl. v. O_2 auf d. durch — katalysierte Polymerisat. v. Vinyl-Verb. 12 313.
tert.-Butyllithium, Rk. 13 740, 14 091.
C_4H_9N **Pyrrolidin** (Kp. 88,5°), Darst. 5660, 8994, 13 578*; (Rk.)7144; (v.Deriv.)7331*, 16 674; Herst. 7989*, 9899*, 11 006*, 11 736*, 14 095, 17 849*, 18 278*; Darst. v. — u. —-Basen 13 014; Unters. über Deriv. d. — 14 137; Lsg.Abhängigk. d. ν(N—H) 10 028; Ionisat.-Potential 17 302; dielektr. Relaxat. u. freies Vol. 16 266; Austausch v. H gegen T 1566; Spalt. d. Pikrats 3055; Komplex-Bldg.

mit GeF_4 16 247; Rk.: mit S 7669*; mit CS_2 11 176; N-Methylier. 18 077; Quaternisier. 3912*; Acylier. 16 324; Überführ. d. Hydrochlorids in N-3-[Thienyl-(2)]-propyl-(1)-Deriv. 14 955*; Rk.: mit 1-Phenylpenten-(1) in Li 1712*; mit Styrolen oder Benzylalkylketonen 9440*, 15 333*; mit 3-Chlor-1-phenylpropen-(1) 10 447; mit 1.4-Dichlorbutan 120; mit 4-Brommethylstilben 4513; mit 2-Chlormethylbicyclo-[2.2.1]-heptan 15 578; mit halogenierten Pteridinen 14 245*; v. Halogenalkylderiv. mit 4-Azaphenothiazin 19 016*; mit Nitrochlorbenzol- bzw. -toluol-Deriv. 3448; mit 2.5-Bis-[chlormethyl]-furan 2345; mit Alkylenoxiden 13 952*; mit 2-Chlor-4-methyl-1.3.2-dioxaboran 7331*; mit 2.4-Dichlor-6-methyl-5-nitropyrimidin 10 094; Verh. gegen A. bei d. Hydrier. 17 739; Rk.: mit β-Halogencarbinolen 570*; mit ω-Halogenalkoholen 450; mit Phenylglycidyläther 13 495*; (bzw. o-Chlorphenyl- bzw. o-Tolylglycidäther) 3189*; mit Aldehyden 10 425; mit HCHO (u. 3-Dimethylamino- bzw. 3-Pyrrolidino-3-methylbutin-(1)) 7484; (u. Tetracyclin) 3558*; mit Paraformaldehyd u. α-tert.-Acetylenäthern 11 876; mit Butyraldehyd 14 483; mit Ketonen u. H_2 bzw. HCOOH 1712*; mit Desoxybenzoin bzw. Acetophenon 3442; mit cycl. Ketonen 10 438; mit Cyclohexanon 4898, 10 856; mit Cyclopentanon 16 685; mit β-Tetralon 10 844; mit Hydrindon-(1) 4146; mit Bicyclo-[3.3.1]-nonandion-(2.6) 3454; mit 17β-Hydroxyandrostan-3-on 14 250*; mit Δ^4-Androsten-3.17-dion 12 024*; mit 11α-Methyl-Δ^4-androsten-11β-ol-3.17-dion 8628; mit Progesteron 5397*; mit 11-Keto-16-dehydroprogesteron 10 571*; mit 17α-Methyl-11β-hydroxytestosteron 18 936*; mit 8-Chlormethylxanthinen 15 597; mit γ-Chlorbutyronitril 15 594; mit 2-Methylmercapto-4-amino-5-cyanpyrimidin 4641*; v. N-Alkanolen mit Dicarbonsäuren bzw. deren Anhydriden 8717*; mit Äthylacetat u. $LiAlH_4$ 17 391; mit Halogenessigsäureäthylestern 8238; mit α-Bromfettsäuremethylestern 1975; mit Bromessigester 18 832; mit 4.17α-Dihydroxyprogesteron-4-acetat 2093*; v. — u. Alkyl-— mit 3.11-Diketo-$\Delta^{4,7,10}$-pregnadien-21-säuremethylester u. dessen Deriv. 7629*; mit 12α-Fluor-$\Delta^{4,17,10}$-pregnadien-11β-ol-3-on-21-säuremethylester 8630; mit Xanthenyl-(9)-acetylchlorid 5295; mit Bicyclo-[2.2.1]-hepten-(5)-2-endo- u. exo-carbonsäurechlorid 10 932*; mit 9-Äthyl-9.10-dihydrophenazin-10-carbonsäurechlorid 2363; mit 2-Hydroxynaphthalincarbonsäurechlorid 6134*; mit 5-Nitroselenophen-2-carbonsäurechlorid 15 206; mit N-β-disubstituierten Acrylamiden 12 018*; mit α-ungesättigten Carbonsäureaniliden 7989*; mit 5-Diazoimidazolcarbonsäureamid-(4) 18 821; mit 2-Methyl-6-carbomethoxy-N-[chloracet]-anilid 14 616*; mit N-Crotonyl-p-aminobenzoesäure-n-butylester u. -isopropylester 11 293*; mit Arylsulfonylisocyanaten, N-Arylsulfonylcarbamylchloriden, N-Alkoxycarbonylarylsulfamiden bzw. Arylsulfonylharnstoffderiv. 7623*; mit 3.4-Dimethylbenzolsulfonylisocyanat 6506*; mit Dialkylchlorphosphaten 11 736*; v. n-Pentan, Isopentan, Cyclopentan u. Cyclopenten in Ggw. v. — mit Cl_2 3989*; Biosynth. v. —-Alkaloiden 3862; neue Vorstufen d. —-Ringes bei d. Biogenese d. Nicotins 3862; Synth. d. —-Ringes d. Nicotins aus ^{14}C-markierten Stoffwechselprod. durch Nicotiana rustica 13 815; Einbau v. ^{14}C-Ornithin in d. —-Ring d. Nicotins bei Tabakpflanzen 9031; Vork. im menschl. Harn 9416; Stoffwechsel v. — 10 878; Verw. 6140*, 8430*; (d. Salzes mit H_2S_7) 17 241*; Charakterisier. als saures (—)-Di-O-p-toluyltartrat 3778.

2-Methylazetidin ($Kp._{755}$ 72—76°) 10 083.

2-Äthylaziridin, Rk. 6019.

2.2-Dimethyläthylenimin (**[1.1-Dimethyläthylen]-imin**), Darst. 8994; Rk. 9696, 15 930.

Allylcarbinylamin [**Buten-(3)-ylamin**], Darst., Rk. v. $^{14}C_{(\alpha)}$-— (Kp. 75—77°) 8573.

Cyclopropylcarbinylamin, Rk. v. $^{14}C_{(\alpha)}$-— 12 614.

Methylallylamin (Kp. 61—66°) 1194.

Acetaldehydäthylimin (**N-Äthyläthylidenamin**), Rk. 2393, 11 871, 12 288.

Methyläthylketimin, Vers. d. Darst. 10 045.

C_4H_9NO (s. *Morpholin*).

Tetrahydro-1.3-oxazin, Rk. v. Deriv. 6209*.

2-Methyl-1-nitrosopropan, therm. Zers. 5622.

2-Methyl-2-nitrosopropan 3412, 17 359.

Pyrrolidinol-(3) (**3-Hydroxypyrrolidin**), Darst., klin. Prüf. 4241; Darst. v. Deriv. 13 493*, 16 772*; (Rk.) 4240; Rk. v. Deriv. 7624*, 10 931*, 13 493*.

1-Aziridinoäthanol ($Kp._{30}$ 30°) 11 555.

β(2)-Aminoäthylvinyläther (Kp. 117—119°), Darst., Rk. 15 218; Rk. 1434*, 6209*, 15 218; Besonderh. d. Copolymerisat. mit Methacrylsäuremethylester 9367.

γ-Aminobutyraldehyd 18 106.

Dimethylaminoacetaldehyd, Rk. d. Hydrochlorids 7147.

4-Aminobutanon-(2), Rk. 16 275.

n-Butyraldoxim (Kp. 152°), Darst. 4494; Rk. 4882; Verw. 15 402*.

Isobutyraldoxim, gehinderte innere Rotat. u. kernmagnet. Resonanz 8202.

Butanonoxim, Verw. 15 402*.

Propionsäureimidomethylester, Hydrochlorid 2708.

Essigsäureimidoäthylester (**Äthylacetimidat, Acetiminoäthyläther, Acetimidoäthylester**) (Kp. 91°), Darst. 12 626; Darst., Rk., Hydrochlorid 1997; IR-Spektrum u. Imid-Enamid-Tautomerie v. — u. —-HCl 18 771; Rk. 1998; (d. Hydrochlorids) 2350, 8064*, 11 185.

Buttersäureamid (**Butyramid**) (F. 115 bis 116°), Darst. 6733, 11 878, 14 469; Bldg. 14 842; N-H-Valenzfrequenzen 787; magnet. Mol.-Rotat. 9287; Hydrolyse v. α-halogeniertem — bzw. Deriv. 3184*; Rk.: mit 2.3-Dihydropyran 8977; mit Aldehyden 822; Verw. 15 021*, 19 072*; mkr. Identifizier. 17 874.

Isobuttersäureamid (**Isobutyramid**) (F.128°), Darst. 10 084; (Rk.) 3081; Dissoziat.-Konst. in Essigsäure 4861; Rk. mit 2.3-Dihydropyran 8977; Gleichgewichtskonst. bin. u. tern. Komplexe v. Enzym, Coenzym, Caprat, — u. Imidazol 15 264; Einfl. auf d. Kinetik d. Leberalkoholdehydrogenase-Coenzym-Substrat-Syst. 15 264; mkr. Identifizier. 17 874.

N-Methylpropionamid, Zers. v. 1.1-Diphenylazoäthan u. 2.2'-Azo-bis-[2-methylpropionitril] in — 4492.

N-Äthylacetamid ($Kp._{96,4}$ 144,0—144,2°), Darst. 17 712; Dissoziat.-Konst. in Essigsäure 4861.

Dimethylacetamid ($Kp._8$ 98—101°), Darst., Bis-thioharnstoffaddukt v. $D_{3(\alpha,\alpha,\alpha)}$-— 13 351; Reinigen 14 374*; Entfernen v. Essigsäure aus ihren Gemischen mit — 12 832*; Einfl. auf d. Absorptionsspektrum v. 3-Methyllumiflavin 8207; Struktur d. Hydrochlorids, IR-Spektrum 9282; Lsgm.-Einfl. auf d. IR-Spektrum 10 400; Lsgm. in d. Protonenresonanz-Spektren v. — 6717; protonenmagnet. Resonanz d. gehinderten inneren Rotat. in — 18 420; Bindungsdissoziationsenergie

chlorids 2708; Rk.: v. L-— 3061, 3429, 6372; d. Hydrochlorids v. L-— 9678.
β-Alaninmethylester, Hydrochlorid (F. 91°) 15 645.
Glycinäthylester (Glykokolläthylester), Darst. d. Hydrochlorids (F. 144°) 9333; Massenspektrum 13 705; Oxydat. 4494; Rk. v. — bzw. —-Hydrochlorid: mit Phosgen 2169*, 10 448; mit 2-Chlormethylbenzimidazol 18 821; mit Succindialdehyd + Acetondicarbonsäure 17 404; mit Dipropinylketon 10 429; mit 4-Isopropyliden-2-phenyloxazolon-(5) 17 000; mit 2-Phenyl-4-hexafluorisopropylidenoxazolon-(5) 9334; mit Trityl-L-phenylalanin bzw. Carbobenzoxy-L-phenylalanin 9678; mit N-[Äthylmercaptoformyl]-DL-phenylalanin 1199; mit Methylcyclopentadienylmangantricarbonylcarbonsäure 59; mit Oximinocyanessigsäureäthylester 1951; mit Dicarbonsäurediäthylestern 6371; mit Polyacrylsäurechlorid 3836; mit Cinnamoylchlorid 5260; mit Tetraacetylschleimsäuredichlorid 15 331*; mit Phenoxazin-1-carbonsäurechloriden 11 565; mit Brenztraubensäurenitrilchlorcarbonylhydrazon 10 086; mit Acetyl-L-leucin 5258; Rk. d. Hydrobromids mit N-[tert.-Butyloxycarbonyl]-L-leucin 6210*; Rk. v. — bzw. —-Hydrochlorid: mit Nα-Cbo-N(Im)-benzyl-L-histidin 3084; mit Carbobenzoxyglycyl-L-phenylalanin 812; mit carbäthoxyliertem N-Benzyl-N-cbo-leucylalanylphenylalanin 8582; mit N-Carbobenzoxy-L-pyroglutaminsäuredicyclohexylaminsalz 5635; mit Carbobenzoxy-S-benzyl-L-cystein-p-nitrophenylester 3062; mit N-Carbobenzoxy-S-p-nitrobenzyl-L-cysteinyl-L-alaninkohlensäureisobutylesteranhydrid 3429; mit N-Phthaloyl-L-phenylalanin bzw. N-Tosyl-S-benzyl-L-cystein 17 370; mit N-Phthalylglycylglykolsäure 6002; mit O-Peptiden d. Serins u. Threonins 14 114; mit Chloralkansulfochloriden 12 254; mit Dehydracetsäure 6768; mit α-Benzamido-γ-butyrolacton 1573; durch — hervorgerufene Neomorphosen bei Keimpflanzen 6835; Einfl. v. — im Injektionsmedium auf d. biolog. Rk. gegenüber parathyroidem Hormon 6097; cancerogene Wirksamk. 11 956.
Äthyl-*N*-methylcarbamat, cancerogene Wirksamk. 11 956.
***O*-Acetyläthanolamin** ($Kp._{0,1}$ 118—120°), Bldg. (Kinetik) 16 269; (Hydrochlorid) 8209.
***N*-Acetyläthanolamin (Essigsäure-2-hydroxyäthylamid)** ($Kp._{0,03}$ 120°), Bldg. 8209; (Kinetik) 16 269; Herst., Verw. 3550*; Verester. mit HNO_3 946*.
α-Hydroxybuttersäureamid, Deriv. 3184*.
β-Hydroxybuttersäureamid, Deriv. 7987*.
α-Methoxypropionamid, Red. 11 148.
Methoxyessigsäuremethylamid ($Kp._{28}$ 109 bis 111°) 6748.
***N*-Formyl-β-methoxyäthylamin**, Rk. 11 004*.
Butyrhydroxamsäure, polarograph. Red. 14 818.
***n*-Butylnitrit**, Rotationsisomerie in — durch kernmagnet. Resonanz; Best. d. cis-trans-Isomeren aus d. IR-Spektrum 13 706; Rk.: mit Fluoren 15 204; mit 2-Propionylphenanthren 116; mit 4-Methylpentanon-(3) 3081; mit 1-Cyclohexylindanon-(3) 11 654*; mit Mesitylacetylchlorid 3049; mit Sulfanilamiden 12 016; Verw. 2562*, 8062*.
Isobutylnitrit, Rotationsisomerie in — durch kernmagnet. Resonanz; Best. d. cis-trans-Isomeren aus d. IR-Spektrum 13 706.
***tert.*-Butylnitrit**, Rotationsisomerie in — durch kernmagnet. Resonanz; Best. d. cis-trans-Isomeren aus d. IR-Spektrum 13 706; gehinderte innere Rotat. u. kernmagnet. Resonanz 8202; Pyrolyse 5622; Abspalt. v. N-Oxid aus — durch Methylradikale (Kinetik) 3775.

$C_4H_9NO_2S$ **Tetrahydro-1.4-thiazindioxid (1-Aza-4-thiacyclohexan-4.4-dioxid)** (F. 68 bis 72°) 13 633*, 16 495*.
3-Aminotetrahydrothiophen-1.1-dioxid, Verw. 2182*.
Homocystein, Darst. d. Hydrochlorids 10 275*; Elektronenspin-Resonanzspektrum d. S in bestrahltem — u. seine Nachweisbark. im niederen Strahlendosisbereich 2682; Einfl. v. pH u. Gruppenwechselwrkg. auf d. Reaktivität v. — 6865; Vork. in d. Pansen-Fl. 15 305; enzymat. Abbau v. Cystathion zu — bei E. coli 2414; Einfl. auf d. Thiaminaseprodukt. durch Clostridium thiaminolyticum 4202; Strahlensensibilisier. v. Muskel-Glyceraldehyd-3-phosphatdehydrogenase durch — 13 471; enzymat. Methylier. v. — durch ein synthet. Tetrahydrofolsäure-Deriv. 7195; enzymat. Synth. v. Methionin aus — in Escherichia coli 13 077; (Identifizier. d. beteiligten Enzyme u. Cofaktoren) 3852; (Regenerat. d. Enzymaktivität) 2776; (Einfl. v. Cobalamin) 891; (Einfl. v. Cobalaminanalogen) 891; Umwandl. in Methionin durch einen Vitamin B_{12} enthaltenden Faktor aus Escherichia coli 2773; relatives Wachstum v. fünf Hefen auf einem S-freien, mit kleinen Mengen v. L-— ergänzten Nährboden 12 335; Verw. v. ^{35}S-— durch Saccharomyces cerevisiae zur Biosynth. v. Thiamin 7973; Indukt. vererbl. Atmungsunfähigkeit bei Saccharomyces durch Allylglycin u. ihre Umkehr. durch — 7921; Wrkg.: v. DL-— auf d. Wachstum einer cholinfreien Mutante v. Neurospora crassa 16 728; auf d. Thiaminaktivität v. S-Benzoylthiamin-O-monophosphat 10 879; Aufheb. d. Äthioninhemm. v. abgeschnittenen Tomatenwurzeln durch — 10 529; Deck. d. endogenen S-Verbrauchs bei d. ausgewachsenen Ratte durch — in Ggw. v. Cholin 205; Strahlenschutzwrkg. bei in-vitro-Bestrahl. v. Ratten-Thymocyten 13 471; Einfl. eines Zusatzes v. — auf d. Eig. v. Mehlteig 16 166.
Carboxymethyl-2-aminoäthylsulfid (F. 150°) 15 559.
Cysteamin-*N*-essigsäure, Strahlenschutzstoff 16 045.
***S*-Methylcystein**, Bldg., Oxydat. 13 438; Konformat. v. synthet. Poly-L-— 5320; relatives Wachstum v. fünf Hefen auf einem S-freien, mit kleinen Mengen v. L-— ergänzten Nährboden 12 335; gaschromatograph. Trenn. als N-Acetyl-n-amylester 11 678.
Cysteinmethylester, Darst., Rk. 3550*; Rk. 9722; Best. v. Sulfhydrylgruppen in — 3149.
Methansulfonazetidid (F. 81—82°) 10 083.
Butansultam-(1.4) 12 252, 15 556.
Butansultam-(2.4) ($Kp._{0,02}$ 128—130°) 12 253.

$C_4H_9NO_2Se$ **Selenohomocystein**, — als Antioxydans in Schweineschmalz u. Triolein 18 912.

$C_4H_9NO_2Si$ **Methyl-[β-cyanäthyl]-silandiol** (F. 75—76°) 10 065.

$C_4H_9NO_3$ (s. *Allothreonin*; *Threonin* [*α-Amino-β-hydroxybuttersäure*]).
2-Nitrobutanol-(1) ($Kp._3$ 90—92°), Darst. 15 919; Best. d. H-Bind. aus d. IR-Spektrum 787; Rk. 7693*, 13 032.
1-Nitrobutanol-(2), Hydrier. 9302.
3-Nitrobutanol-(2), Verw. 1708*.
2-Nitro-2-methylpropanol-(1), Darst. v. Deriv. 8942; Best. d. H-Bind. aus d. IR-Spektrum 787; Rk. 10 048, 13 032; Verw. 1708*.

$C_4H_9O_3P$ Vinylphosphonsäuredimethylester (Kp.$_4$ 53,5—54°) 14 529, 16 154*.
$[C_4H_9O_3P]_x$ Metaphosphorsäurebutylester, Verw. 17 615*.
$C_4H_9O_4P$ Methylallylorthophosphorsäureester, Tetramethylammoniumsalz (F. 151°) 10 423.
n-**Butyrylphosphonsäure** 7858.
$C_4H_9O_4PS_2$ Dithiophosphorsäure-*O.O'*-dimethyl-*S*-carboxymethylester (F. 42—43°) 12 267.
$C_4H_9O_7P$ Tetrose-4-phosphat, enzymat. Spalt. 13 072.
Erythrose-4-phosphat, vorl. Identifizier. v. — auf d. Weg d. C bei d. Photosynth. 17 813; Rolle bei d. Bldg. v. Fructose-6-phosphat in einem Sedulosediphosphatasehalt. Enzym-Syst. 166, 11 965.
C_4H_9P Tetramethylenphosphin (F. 88°), Darst., Rk., Hydrochlorid 12 654; Chemie d. —-Ringes 12 654.
C_4H_{10} s. *Butan*; *Isobutan* [*2-Methylpropan*].
$C_4H_{10}AlBr$ Diäthylaluminiumbromid, Darst., Rk. 11 363*; Rk. 17 680; Verw. 4557, 10 998*.
$C_4H_{10}AlCl$ Diäthylaluminiumchlorid, Elektronenspinresonanzstudien am Syst. $TiCl_4$/— 18 370; Rk.: mit Na 17 683; mit 1-Alkenen 5474*; Red. v. $TiCl_4$ mit — u. katalyt. Aktivität d. Red.-Prod. auf d. Polymerisat. v. Isopren 11 586; Verw. in Polymerisat.-Katalysatoren (mkr. Unters.) 15 247; —-halt. hochstereospezif. wirksame katalyt. Syst. für d. Polymerisat. v. α-Olefinen zu isotakt. Polymeren 4557; Polymerisat. v. Propylen an $TiCl_3$/— (Einfl. d. Struktur v. $TiCl_3$) 6426; — + Co-Diacetylacetonat als Copolymerisat.-Katalysator 19 035; Verw. als Polymerisat.-Katalysator 675*, 1813*, 3276*, 5493*, 6608*, 6990* [2 Ref.], 7344*, 7345*, 7351*, 9535* [2 Ref.], 12 475*, 15 049*, 15 425*, 16 507*, 17 267*, 18 292*, 19 028*; Verw.: v. — u. $TiCl_4$ als Polymerisat.-Katalysator 16 507*, 16 843*; als Katalysator bei d. Darst. v. Organohalogensilanen 5477*; Best. v. Alkoxyverunreinig. in — 5415.
$C_4H_{10}AlCl_2P$ Diäthylphosphinoaluminiumdichlorid 10 769.
$C_4H_{10}AlF$ Diäthylaluminiumfluorid 12 796*.
$C_4H_{10}AlJ$ Diäthylaluminiumjodid, Verw. 4557, 7346*.
$C_4H_{10}AsBr$ Diäthylarsinbromid, Rk. 1154.
$C_4H_{10}AsCl$ Diäthylarsinchlorid, Rk. 1154.
$C_4H_{10}AsFO_2$ Fluoroarsenigsäurediäthylester, Rk. 17 681.
$C_4H_{10}AsJ$ Diäthylarsinjodid, Rk. 1154.
$C_4H_{10}As_2F_6O_3$ Hexafluorodiarsensäurediäthylester 17 681.
$C_4H_{10}Au_2Br_4$ Di-μ-bromodiäthylgold(III)-dibromogold(III), Farbigk. 16 210.
$C_4H_{10}BCl$ Diäthylchlorboran, Rk. 15 561; Best. d. an B gebundenen Cl 1726.
$C_4H_{10}BCl_2N$ Diäthylaminobordichlorid 15 930.
$C_4H_{10}BNO_2$ 2-Methylamino-4-methyl-1.3.2-dioxaborolan (Kp.$_{10}$ 38°) 7331*, 13 210*.
2-Dimethylamino-1.3.2-dioxaborolan (Kp.$_{60}$ 55—62°), Darst. 7331*; (Molgew., Polymerisationsgrad) 2344; Verw. 13 210*.
$C_4H_{10}BNS_2$ 2-Dimethylamino-1.3.2-dithiaborolan 7331*.
$C_4H_{10}Be$ Diäthylberyllium, Darst. v. Komplex-Verb. 6329, 7077, 12 952; Verw. 4557, 10 998*.
$C_4H_{10}BrClO_7P_2$ Trimethylchlorbrommethylpyrophosphat 7670*.
$C_4H_{10}BrN$ 4-Brombutylamin, Hydrobromid (F. 146—146,5°) 450.
β-Dimethylaminoäthylbromid [**2(β)-Bromäthyl-*N.N*-dimethylamin**] (Kp.$_{14}$ 33—35°), Darst., Rk. 11 882; Rk. 8065*; (d. Hydrobromids) 5624, 9331.
$C_4H_{10}BrO_3P$ Dimethyl-2-bromäthylphosphonat (Kp.$_{0,15}$ 68—69°) 16 154*.
$C_4H_{10}BrP$ Diäthylbromphosphin 17 562*.
$C_4H_{10}BrSb$ Diäthylantimonbromid (Kp.$_{15}$ 78 bis 80°) 10 768.
$C_4H_{10}Br_2AlK$ Kaliumdibromdiäthylalanat, Rk. 11 363*.
$C_4H_{10}Br_2Ge$ Diäthyldibromgerman (Kp.$_{12}$ 82°) 17 338.
$C_4H_{10}Br_2Si$ Dibrommethyltrimethylsilan (Kp.$_{15}$ 57—59°) 452.
$C_4H_{10}Br_3P$ Diäthylphosphorpentabromid (F. 103,5°) 10 767.
$C_4H_{10}Cd$ Diäthylcadmium, Darst., Rk. 112, 1204; IR-Spektrum 1119; Bldg.-Wärme 8164; Verbrenn.-Wärme 8885; Rk. 3781, 8975, 15 767*; Verw. 6989*, 17 775.
$C_4H_{10}ClHgNO$ 3-Chlormercuri-2-methoxypropylamin, Acetat (F. 122—125°) 12 053*.
$C_4H_{10}ClN$ 1-Amino-2-chlorbutan 9302.
2(β)-Dimethylaminoäthylchlorid (**1-Dimethylamino-2-chloräthan, 2(β)-Chloräthyldimethylamin**), Darst., Rk. d. Hydrochlorids 450; Rk.: mit CS_2 u. Phenthiazin 2828*; mit α-Picolin bzw. 2-Benzylpyridin 7891; mit Methylpyrazin 18 469; mit N-Propargyl-1.2.3.4-tetrahydroisochinolin u. $NaNH_2$ 12 393*; d. Hydrochlorids mit 1.3-Dichlorphenothiazin 6141*; mit 1-Azaphenothiazin 13 496*; mit Anilinomethylferrocen 2719; mit p-Methylbenzhydrol 4637*; mit Pentachlorthiophenol 453; mit 9-[p-Hydroxybenzal]-fluoren 11 291*; mit 3-Hydroxypiperidin 7519; mit Hydrochinon 12 270; d. Hydrochlorids mit d. Na-Verb. v. p.p'-Dimethyldiphenylcarbinol 221*; mit β-Piperidinoäthylmercaptan 10 567*; mit d. Na-Deriv. v. Benzyläthylsulfon 9666; d. Hydrochlorids mit hydrolysiertem 2-Dimethylaminoäthylisothiuroniumchloridhydrochlorid 2825*; mit 5-[β-Methylpropyl]-hydantoin bzw. 5-[α-Brom-β-methylpropyliden]-hydantoin 9331; mit 2-Äthyl-5.5-diphenyl-2-thiohydantoin 17 388; mit Barbitursäuren 9718; mit 3-Acetylindol bzw. 3-Phenylacetylindol 2459*; mit 3.3-Diphenyl-5-methylpyrrolidon-(2) 9700; mit 2-Äthyl-6-hydroxyindanon u. a. Indan-Deriv. 11 653*; d. Hydrochlorids mit Acetonoxim 8719*; mit α-[Biphenylyl-(4)]-essigsäure 18 100; mit 3-Chlorpyridazon-(6)-yl-(1)-essigsäure bzw. 3-Chlorpyridazinyl-(6)-oxyessigsäure 13 027; mit β.β-Diphenylacrylsäureäthylester bzw. 1.1-Diphenylpentanon-(3) bzw. 4.4-Diphenylbutanon-(2) 9692; mit 4-Carbäthoxypiperidin 9712; mit o-Kresotinsäuremethylester 13 495*; mit 6-Äthoxycarbonyl-2H-pyridazinon-(3) 8612; mit α-Phenyl-α-[thenyl-(2)]-essigsäurediäthylamid 10 568*; mit α-Naphthylessigsäurediäthylamid 7127; mit α.α-Diphenyl-α'-methylglutarimid bzw. α.α-Diphenylglutarimid 9690; Vernetz. v. Nucleoprotein nach Einw. v. — 13 426; Verw. 15 332*.
n-**Butylchloramin,** Rk. 13 202*.
Diäthylchloramin, Rk. 2291, 2336.
$C_4H_{10}ClNO_2S$ Diäthylsulfamoylchlorid, Rk. 4341*.
4-Chlorbutansulfonsäureamid (F. 47°) 12 252.
4-Chlorbutan-2-sulfonsäureamid (F. 69 bis 70°) 12 253.
N-**[3-Chlorpropyl]-methansulfonamid** (Kp.$_{0,3}$ 150—153°) 10 083.
$C_4H_{10}ClOP$ Diäthylphosphinsäurechlorid (Kp.$_{16}$ 108—109,5°), Darst. 7487; Einfl. d. Konstit. auf d. Kinetik d. Hydrolyse 17 362.
$C_4H_{10}ClOPS$ Methylthionophosphonsäureisopropylesterchlorid (Methylisopropoxychlorphosphinsulfid), IR-Spektrum 9283; (u. kernmagnet. Resonanz) 8203.
$C_4H_{10}ClO_2P$ Äthylphosphonsäureäthylesterchlorid (Äthyläthoxychlorphosphinoxid)

(Kp.₂ 52°), Darst., Konstit.-Einfl. auf d. Kinetik d. Hydrolyse 17 362; kernmagnet. Resonanz u. IR-Absorpt. 8203.
Methyl-*n*-propoxychlorphosphinoxid, kernmagnet. Resonanz u. IR-Absorpt. 8203.
Methylphosphonsäureisopropylesterchlorid ($Kp._3$ 47°), Darst., Konstit.-Einfl. auf d. Kinetik d. Hydrolyse 17 362; Lsgm.-Einfl. auf d. Kinetik d. Hydrolyse 17 362; Rk. 6557*; Best. 8733.
Diäthylphosphitchlorid (Chlorophosphorigsäurediäthylester, Diäthylchlorphosphit), Bldg. 9639; mol. magnet. Rotat. 12 233; Rk. 4139, 14 325*.

$C_4H_{10}ClO_2PS$ *O.O*-Diäthylthio(no)phosphorsäurechlorid (Thiophosphorsäurediäthylesterchlorid Chlorthiophosphorsäure-*O.O*-diäthylester, Diäthylthionochlorphosphat) ($Kp._8$ 68—71°), Darst. 12 623; kernmagnet. Resonanz u. IR-Absorpt. 8203; mol. magnet. Rotat. 12 233; Allylier. 8581; Rk.: mit Dioxolanen bzw. Dioxanen 15 772*; mit Na-β-Diäthylaminoäthylat bzw. Äthylenbromhydrin 12 267; mit 5-Hydroxymethyl-4-amino-2-methylmercaptopyrimidin 17 398; mit Äthylenglykolmonoestern 5642; mit β-Hydroxyäthylmercaptoessigsäureäthylester 5447*; mit N-Methylolsäureamiden 12 434*; mit cycl. Maleinsäurehydrazid 9344.
***P*-Äthoxy-*P*-äthyloxophosphoransulfenylchlorid,** Darst. v. (+)- u. (—)-— 16 648.

$C_4H_{10}ClO_2PSe$ Di-*O*-äthylselenochlorphosphat ($Kp._1$ 62°) 13 728.

$C_4H_{10}ClO_3P$ β-Chloräthylphosphonsäuredimethylester ($Kp._4$ 78—79°) 14 529.
Diäthylphosphorsäurechlorid (Diäthylchlorphosphat, Phosphorsäurediäthylesterchlorid, Chlorphosphorsäurediäthylester) ($Kp._{12}$ 95°), Darst. 13 723; (Rk.) 9300; Bldg. 16 609; kernmagnet. Resonanz u. IR-Absorpt. 8203; Rk.: mit NaN_3 11 884; mit H_2Se 13 728; mit Pyrrolidin 11 736*; mit Dioxolanen bzw. Dioxanen 15 772*; mit Naphthalin- bzw. Naphthochinon-Deriv. 832; mit Aminen 5476*, 16 538*; mit Äthylamin 11 884; mit N-Methylcyclohexylamin 2707; mit (Diarylhydroxymethyl)-piperidinen 14 504; mit 2-Diäthylaminoäthanol 6738; mit Hydroperoxiden 9172*; mit 9-[2'.3'-O-Isopropyliden-β-D-ribofuranosyl]-6-mercaptopurin 10 465; mit β-[Diäthylamino]-äthanthiol 12 267; mit 5-Hydroxymethyl-4-amino-2-methylmercaptopyrimidin 17 398; mit Na-2.2-Diäthoxyäthylmercaptid 18 798; mit Thioharnstoff 15 559; mit β-Dicarbonyl-Verb. 4139; mit Benzoesäure 7851; mit 2-Hydroxyäthylmethacrylat 8440*; mit N-Methylolsäureamiden 12 434*; mit $P(O)(OC_2H_5)F(OH)$ 52.

$C_4H_{10}ClO_3PS$ Diäthoxyoxophosphoransulfenylchlorid, Rk. 18 798.

$C_4H_{10}ClP$ Diäthylchlorphosphin (Diäthylphosphorchloridit) (Kp. 130—132°), Darst. (Rk.) 12 629; (Verw.) 15 380*; Rk. 10 816, 15 563; Verw. 13 895*; Best. 18 583.
Methylisopropylphosphinigsäurechlorid ($Kp._{208}$ 82—85°) 102.

$C_4H_{10}ClPPd$ Diäthylphosphinopalladium(II)-chlorid, Rk. 11 847.

$C_4H_{10}ClPS$ Diäthylthiophosphinsäurechlorid, Rk. 15 562.

$C_4H_{10}Cl_2NPS$ Diäthylamidothiophosphorsäuredichlorid, IR-Spektrum 9283.

$C_4H_{10}Cl_2N_2$ 1.1(*N.N*)-Bis-[2(β)-chloräthyl]-hydrazin. — Hydrochlorid (F. 131—134°), Darst., Rk. 1215; (antitumoraktive Wrkg.) 7115; Rk. 8581, 17 367.

$C_4H_{10}Cl_2OSi$ Äthyläthoxydichlorsilan, Rk. 6054.

$C_4H_{10}Cl_2O_7P_2$ Trimethyldichlormethylpyrophosphat 7670*.

$C_4H_{10}Cl_2Pb$ Diäthylbleidichlorid, Best. 13 881.

$C_4H_{10}Cl_2Si$ Propylmethyldichlorsilan ($Kp._{755}$ 125 bis 127°), Darst. 7486; (Rk.) 8583; (im Gemisch mit Methylpropenyldichlorsilan) 11 883.
Diäthyldichlorsilan, Darst. 5475*, 5477*; NMR-Spektrum 434; Rk. 17 724; Verh. gegen CS_2 + Benzole 8584.

$C_4H_{10}Cl_2Sn$ Diäthylzinndichlorid (Diäthyldichlorstannan, Diäthyldichlorzinn) (Kp. 220°), Rk. 4845, 5591, 6702, 11 118, 14 896; Pharmakologie v. — 14 224; chromatograph. Abtrenn. v. anderen Organozinn-Verb. 16 426.

$C_4H_{10}Cl_3NSi$ Diäthylaminotrichlorsilan ($Kp._7$ 45—46°) 13 722.

$C_4H_{10}Cl_3O_2Sb$ Trichloroantimonsäurediäthylester 7815.

$C_4H_{10}Cl_3P$ Diäthylphosphortrichlorid 10 767.

$C_4H_{10}Cl_4Si_2$ 1.2-Bis-[methyldichlorsilyl]-äthan (F. 32—33°) 16 287.

$C_4H_{10}FOP$ Diäthylphosphinylfluorid ($Kp._9$ 72°), Rk. mit OH^- bzw. Isonitrosoaceton (Kinetik) 1561.

$C_4H_{10}FO_2P$ s. *Sarin* [*Isopropylmethylfluorphosphonat, Isopropylmethylphosphonofluoridat, Methylfluorphosphonsäureisopropylester, Methylisopropoxyfluorphosphinoxid, Methylphosphonsäureisopropylesterfluorid*].

$C_4H_{10}FO_2PS$ Methylthiophosphonsäuremono-β-fluorpropylester, IR-Spektrum 9283.
Methylthiophosphonsäuremono-γ-fluorpropylester, IR-Spektrum 9283.

$C_4H_{10}FO_3P$ Fluorophosphorsäure-*n*-butylester 53.
Isopropylmethylfluorphosphat, Hemmwrkg. auf wahre u. Pseudocholinesterase 11 238.
Monofluorophosphorsäurediäthylester (Diäthylfluorphosphat), Rk. 52; Verw. 11 340*.

$C_4H_{10}F_2O_5P_2$ *symm.*-Difluordiphosphorsäurediäthylester 52.

$C_4H_{10}F_2Si$ Diäthyldifluorsilan (Diäthylsiliciumdifluorid), Darst. 5101*; kernmagnet. Resonanz v. ^{19}F in — 11 464.

$C_4H_{10}Hg$ Methyl-*n*-propylquecksilber, Rk. 10 384.
Diäthylquecksilber, Struktur 1908; IR-Spektrum 1119; Bldg.-Wärme 8164; Verbrenn.-Wärme 8885; Rk. 2663, 8213.

$C_4H_{10}HgO$ *sek.* Butylquecksilberhydroxid, Rk., Salze 7101, 7103.

$C_4H_{10}Hg_2S$ Diäthylmercurisulfid, Antitumor-Wrkg. 14 906.

$C_4H_{10}JNO_2S$ 4-Jodbutansulfonsäureamid (F. 84 bis 85°) 12 252.

$C_4H_{10}JPPd$ Diäthylphosphinopalladium(II)-jodid 11 847.

$C_4H_{10}J_2Te$ Diäthyltellurdijodid, IR-Spektrum 1501.

$C_4H_{10}LiN$ Lithiumdiäthylamid, Rk. 88, 11 388*, 15 332*.

$C_4H_{10}LiP$ Lithiumdiäthylphosphid, Rk. 10 769.

$C_4H_{10}Mg$ Diäthylmagnesium, Darst. 2293; Rk. 7077, 18 791; Verw. 10 998*, 16 509*, 17 583*.

$C_4H_{10}NO$ Mono-*tert.*-butylstickoxid s. unter *Radikale* (*Spezielle Radikale*).

$C_4H_{10}NO_2PS$ Thiophosphorsäuredimethylester-*N.N*-äthylenamid ($Kp._1$ 50°) 15 930.

$C_4H_{10}NO_3P$ *N.N*-Dimethylamidoäthylenphosphat, Kernresonanzspektrum 1935.

$C_4H_{10}NO_3PS_2$ Dithiocarbaminsäurepropan-ω-phosphorsäure, Verw. d. Na-Salzes 3975*.

$C_4H_{10}NO_6P$ Homoserinphosphat, — als Zwischenprod. bei d. Biosynth. v. Threonin in Escherichia coli 11 236.

$C_4H_{10}N_2$ (s. *Piperazin* [*Diäthylendiamin*]; *Piperidazin*).
3-*n*-Propyldiaziridin 12 288.
1-Äthyl-3-methyldiaziridin ($Kp._{760}$ 103,5 bis 104°) 12 288.
1(*N*)-Aminopyrrolidin (Kp. 120—122°), Rk. 5647, 13 129*.

Azoäthan, Appearancepotential d. Radikalions 16 261; Photolyse 8936.
N-**Methyl**-*N*-**allylhydrazin** (Kp. 110—112°) 6744.
n-**Butyramidin,** Rk. d. Hydrochlorids 8986.
Trimethylformamidin ($Kp._{740}$ 108°) 15 557.

$C_4H_{10}N_2O$ *N*-**Aminomorpholin,** Rk. 6746, 7146, 15 026*; (d. Hydrochlorids) 12 762*.
Diäthylnitrosamin ($Kp._{30}$ 79—82°), Darst. 5098*; Rk. 302*; Wrkg. d. Geschlechtshormone bei Behandl. v. Goldhamstern mit — 9752; Prüf. auf carcinogene Aktivität 11 590; Cysteamin als —-Antagonist 11 591.
N-**Aminoäthyläthanolamin,** Verw. 18 623.
Mono-*n*-**propylharnstoff** (F. 101°) 5097*.
α-**Aminobuttersäureamid,** Rk. v. Deriv. 3184*.
4-Aminobuttersäureamid, Deriv. 2825.
N-**Acetyläthylendiamin,** Bldg., Rk. 13 034; Rk. 13 033.
Sarkosinmethylamid, Protonen- u. Metallbind. in —-Komplexen 11 514.
3-Formamidopropylamin, Pikrat (F. 137,5 bis 139°) 13 028.
Buttersäurehydrazid, Rk. 3427, 15 961.

$C_4H_{10}N_2OS$ *N*-**[2-Hydroxyäthyl]**-*N'*-**methylthioharnstoff** (F. 73°) 10 830.
3-Hydroxypropylisothioharnstoff, Prüf. d. Hydrochlorids auf Strahlenschutzwrkg. 1682.
β-**Methylmercaptopropionsäurehydrazid,** Rk. 17 929*.

$C_4H_{10}N_2O_2$ **1-Nitroaminobutan,** Rk. 15 919.
Diäthylnitramin, Bldg. 2291.
O-**Methyl**-*N*-*n*-**propylnitramin** ($Kp._{35}$ 71 bis 83°), Darst., basenkatalysierte Zers. (Kinetik), IR-Spektrum 8574.
O-**Methyl**-*N*-**isopropylnitramin,** basenkatalysierte Zers. (Kinetik), IR-Spektrum 8574.
O-**Isopropyl**-*N*-**methylnitramin,** basenkatalysierte Zers. (Kinetik), IR-Spektrum 8573.
2.4(*α*.*γ*)-Diaminobuttersäure, Bldg. 9677, 10 109; (Salze) 3481, 17 782 [2 Ref.]; Darst. v. Salzen 7857; Darst., Rk. v. Salzen d. L-— (F. 229,5—230°) 18 485; Vork. in Lathyrus-Arten 15 654; Isolier. u. neurotox. Wrkg. v. L-— 522; nichtenzymat. Rk. zwischen *α*-Ketosäuren u. — 1269; Wrkg.: v. L-— auf Transport u. Austauschdiffus. v. L-Tryptophan in Ehrlich-Zellen 8282; v. Trypsin u. Papain auf —-Deriv. 15 643.
Hydrazinoessigsäureäthylester, Rk. d. Hydrochlorids 1226, 7135.
4(*γ*)-Hydroxybuttersäurehydrazid (F. 91 bis 92°), Darst., Rk. 10 428; Rk. 17 977*.
Untersalpetrigsäureäthylester 9514*.

$C_4H_{10}N_2O_2S$ **4-Aminotetrahydro-1.4-thiazindioxid** (*N*-**Amino-1-aza-4-thiacyclohexan-4.4-dioxid**) (F. 100°), Darst. 16 495*; (Verw.) 13 633*.
Sulfolanyl-(3)-hydrazin (**3-Hydrazino-1-thiacyclopentyl-1.1-dioxid**), Darst., Rk., Hydrochlorid (F. 191—192° korr.) 15 955; Rk. 15 409*.
N-**Methansulfonyl**-*N'*.*N'*-**dimethylformamidin** (F. 80—81°), Darst., IR-Spektrum 11 503.

$C_4H_{10}N_2O_3S$ **Piperazin-(1)-sulfonsäure,** Rk. v. Deriv. 5023*.
β-**Methylsulfonylpropionsäurehydrazid,** Rk. 17 929*.

$C_4H_{10}N_2O_4$ **Methoxymethylhyponitrit,** Verw. 5494*.

$C_4H_{10}N_2O_4S$ **Aminosulfonylisopropylurethan,** Rk. 12 760*.

$C_4H_{10}N_2S$ **Propylthioharnstoff,** Verw. 5115*.
N^1-**Methylthiopropionsäurehydrazid,** Hydrochlorid (F. 134—137°) 6744.
$N^2.N^2$-**Dimethylthioacethydrazid** (F. 96 bis 97°) 6745.

$C_4H_{10}N_2S_2$ **2.5-Diamino-1.4-dithian,** Dihydrobromid 473, 4919.
2.6-Diamino-1.4-dithian, Dihydrobromid 4919.
N-**[2-Methylmercaptoäthyl]-thioharnstoff** (F. 68°) 1193.
Methyl-3.3-dimethyldithiocarbazat (F. 97° korr.) 5625.

$C_4H_{10}N_3O_3P$ **Diäthylazidophosphat** ($Kp._{4,5}$ 76 bis 77°) 11 884.

$C_4H_{10}N_3O_5P$ s. *Phosphagen* [*Kreatinphosphat, Kreatinphosphorsäure, Phosphokreatin, N-Phosphorylkreatin*].

$C_4H_{10}N_4O$ *N'*-**Guanyl**-*N*-**äthylharnstoff,** Darst.: v. Komplexen (mit Cu) 5967; (mit Ni) 6333; (mit Co) 18 763; v. Salzen 7853.

$C_4H_{10}N_4O_2$ **Guanyl**-*N*-**hydroxyäthylharnstoff,** Cu-Komplexe 5967.
1-Propyl-2-nitroguanidin (F. 99—100°) 11 157.
Isopropylnitroguanidin 11 882.
Succindiamiddioxim, Dihydrochlorid (F. 148°) 3778.
Bernsteinsäure-bis-[hydrazid] (F. 166°), Rk. 9310, 15 952.

$C_4H_{10}N_4O_2S$ **Diäthylsulfamoylazid,** Darst., Verw. 4341*; Verw. 1045*.

$C_4H_{10}N_4O_3$ **1-Monomethoxymethylendiharnstoff,** Darst., R_F-Wert 13 364.
Bis-[carbamidomethyl]-äther, Darst., R_F Wert 13 364.
5-[Hydroxyäthyl]-semioxamazid, Rk. 7135.

$C_4H_{10}N_4S$ **Isopropylidenthiocarbohydrazid,** Rk 16 678.

$C_4H_{10}O$ (s. *Butylalkohol* [*n-Butanol-(1), 3-Methylpropanol*]; *sek.-Butylalkohol* [*Butanol-(2* oder *3), Äthylmethylcarbinol*]; *Isobutylalkohol* [*Isobutanol, 2-Methylpropanol-(1)*]; *tert.-Butylalkohol* [*tert.-Butanol*]; *Diäthyläther* [„*Äther*"]).
Methyl-*n*-**propyläther,** Darst. 18 793; neue Bezieh. zwischen d. physikal. Konst. v. — 3402; pK*α*-Wert d. Oxoniumions 16 979.
Methylisopropyläther, Bldg. 16 276; pK*α*-Wert d. Oxoniumions 16 979; Verw. 2166*.

$C_4H_{10}OS$ **2-Äthoxyäthylmercaptan** (Kp. 125 bis 126°), Rk. 8258.
3-Methylmercaptopropanol, Best. d. Cytotoxizität in menschl. Zellkulturen 4196.
β-**Hydroxydiäthylsulfid** (**2(*β*)-Äthylmercaptoäthanol**), Rk. 1569, 13 367, 15 190.
Diäthylsulfoxid ($Kp._{760}$ 211°), Darst. 15 555, 18 633*; Bldg.-Wärme 10 787.

$C_4H_{10}OS_2$ **Äthanthiolsulfinsäureäthylester** ($Kp._{0,05}$ 41—43°), Darst., Rk. 11 169; R_F-Wert 18 953.

$C_4H_{10}O_2$ **Butandiole,** Rk. 11 364*.
Butandiol-(1.2) (**Äthylglykol**) ($Kp._{727}$ 195°), Darst. 15 021*; Bldg. 15 248; Rk. 9077*; Verw. v. — u. Deriv. 2824*.
Butandiol-(1.3) [**Butylenglykol-(1.3)**], Darst. 13 941*; (Bis-phenylurethan) 8942; Einfl. intramol. H-Bind. auf d. IR-Spektrum 1932; Hertzsche Orientier.-Spektren 11 140; katalyt. Hydrier. 7847; Rk.: mit Oleum oder HSO_3Cl 15 188; mit BCl_3 7331*; Vers. d. Komplexbldg. mit Molybdationen 1924; Rk.: mit Tetraalkoxid-Ti-Verb. 15 885; mit 2.2.4.4-Tetramethylolpentanon-(3)-2.2;4.4-bis-formal 9334; mit Diacetyl 17 025; mit Adipinsäure bzw. Dibutyladipat 649*; mit Acetessigester 12 471; eines Polyesters aus Maleinsäureanhydrid u. — mit Äthylenimin 16 059*; mit Methansulfochlorid 15 184; Verw. 1322*; (v. — u. Deriv.) 2824*; Papierionophorese 11 513; titrimetr. Best. 5416.
Butandiol-(1.4) (**Butylenglykol-(1.4), Tetramethylenglykol**) ($Kp._{727}$ 229°), Darst. 6579* [2 Ref.], 6581*, 10 636*, 12 092* [2 Ref.], 15 021*; (v. Zwischen-Prod. für —) 5844*; (Bis-phenylurethan) 8942; (v. Poly-—) 1815*; Darst., Rk. v. D_6(OH.ON.2.2.3.3)-— 13 345; Darst., intramol. H-Bind., IR-Spektrum

16 973; Bldg. 15 248; Oxydat. 9894*; katalyt. Dehydrier. 15 186; Dehydratisier. 4493, 9670, 19 004*; Rk. mit P-Sulfiden 11 364*; Vers. d. Komplexbldg. mit Molybdationen 1924; Copolykondensat. 15 991; Rk.: mit Kohlensuboxid 18 131; mit 2.6-Dimethylol-4-methylphenol 14 705*; mit 2.2-Dimethoxypropan 10 097; mit Butandiol-1.4-divinyläther 15 051*; mit Bis-[trimethylsiloxy]-dichlorsilan 17 724; mit Hexamethylendiisocyanat 1250, 15 253; mit Tolylen-2.4-diisothiocyanat 4506; 4.4'-Methylen-bis-[phenylisocyanat] 6431; mit Diacetyl 17 025; mit Carbonsäurenitrilen 8419*; mit 4.4-Bis-[4'-hydroxyphenyl]-pentansäure 18 641*; mit mehrbas. Carbonsäuren 13 639*; Polyesterharze: mit Fumar- bzw. Adipinsäure (Zus.) 9743; mit Maleinsäureanhydrid u. Adipinsäure (Zus. u. Aufbau) 11 584; Rk.: mit Bicyclo-[2.2.1]-5-hepten-2.3-dicarbonsäure 5117*; mit Acetessigester 12 471; mit ω.ω'-Bis-[N-(3-isocyanoto-4-methyl-phenyl)-carbamoyloxy]-polyformaldehyd-bis-[3-thiapentylenacetal] 11 218; d. Na-Verb. mit Äthylenglykol-bis-benzolsulfonsäureester 1322*; mit Alkylsulfonylchloriden 13 002; mit Tosylchlorid 4507; — als Sekundär-Prod. d. alkohol. Gär. 16 875; Verw. 8087*, 9180*, 10 334*, 14 730*; Papierionophorese 11 513; gaschromatograph. Nachw. 16 172.

Butandiol-(2.3) (2.3-Butylenglykol), Bldg. 5250; Rk. 1924, 3904*; (v. R.R-—) 10 046; gärungschem. Darst. 13 981; Bldg.: in Bierwürze 12 129; bei d. Wein-Gär. 15 798; Vork. u. Geh. in Bieren 13 237, 19 043; —-Geh. u. Reifegrad v. Früchten 2424; pharmakolog. Unters. 14 594; Verw. 12 465*; Papierionophorese v. erythro- u. L-threo-— 11 513.

Mesobutandiol-(2.3) (F. 33,5—34,0°), Rk. 7134.

1.1-Dimethyläthylenglykol [2-Methyl-propandiol-(1.2)] ($Kp._{10}$ 70°), Darst., Umlager. v. — u. D-— (Kinetik) 6351; Bldg. 7911.

2-Methylpropandiol-(1.3), IR-Spektrum u. Thorpe-Ingold-Hypothese d. Valenzwinkelabweich. 18 415.

2-Methoxypropanol-(1) 10 038, 11 147.

3-Methoxypropanol-(1) Darst. 1597; (intramol. H-Bind., IR-Spektrum) 16 973.

1-Methoxypropanol-(2) 10 038, 11 147.

Äthylenglykolmonoäthyläther (Äthylglykoläther, *gewöhnl.* **Cellosolve, Äthylcellosolve, 2(β)-Äthoxyäthanol),** Wechselbezieh. d. H-Brückengleichgew. mit d. Acidität bei — 3404; numer. Integrat.-Meth. zur Überprüf. d. thermodynam. Gleichgew.-Daten d. Syst. n-Octan/Äthylbenzol/— 15 133; Schleiffestigk. u. spezif. Freie Grenzflächenenergie v. Alkalihalogeniden in — 18 756; Rk.: mit 1.2-Dibrom-1-(2-brom-4.5-methylendioxyphenyl)-propan 7487; mit p-Nitrophenol-Na u. 1-Brom-5-benzoylpentan 8715*; mit 2-Chlormethyl-anthrachinon 13 011; mit Diäthylamino-methylmethacrylsäureamid 13 596*; mit 5-Phthalimidopentylbromid u. 2-Methoxy-4-nitrophenol 4636*; mit Phenylboronsäureanhydrid 14 836; Verw. 359*, 5395*, 5532*, 8463*, 13 214*.

Dimethylacetal (Acetaldehyddimethyl-acetal, 1.1-Dimethoxyäthan) (Kp. 63,5°), Darst. 7325*; NMR-Spektrum 14 816; Alkoholyse (Kinetik u. Thermodynamik) 7103; Überführ. in Polyacetale 8783*; Extrakt. v. Gibberellsäure mit — 14 330*.

Äthylenglykoldimethyläther (Monoglyme, 1.2-Dimethoxyäthan) (Kp. 84,5°), Reinig. 16 839*; NMR-Spektrum 14 816; pK_α-Wert d. Oxoniumions 16 979; Elektronenspinresonanzspektren v. N_4S_4 in einer Lsg. v. K in — 5194; Löslichk. v. Alkalimetallen in — 2656; blaue Lsg. v. K in — als Initiator d. anion. Polymerisat. 8640; Addit.-Verb. mit $BeCl_2$ 18 395; H-Bind.-Eig. v. Acetylenen mit — 4865; Rk. mit tert.-Butylperbenzoat u. tert.-Butanol 1974; Einfl.: auf d. Kinetik d. Alkylier. v. n-Butylmalonsäurediäthylester 12 984; v. — u. Alkalimetallen auf d. Bldg. v. Bzl.- u. Toluolanionenradikalen 18 062.

Methyläthylformal, NMR-Spektrum 14 816.

sek.-**Butylhydroperoxid** 2174*.

tert.-**Butylhydroperoxid** (*tert.* **Butylperoxid**) ($Kp._{19}$ 36°), Darst. (Rk.) 809, 1565, 13 728, 16 651; (Verw.) 2174*, 4720*; Bldg. u. Zerfall (Kinetik) 15 544; paramagnet. Elektronenresonanz-Unters. d. instabilen freien Radikale bei d. Rk. v. — u. Alkylaminen 16 262; Übertrag.-Konst. bei d. Styrol-Polymerisat. 14 891; chemorheolog. Unters. v. mit — vulkanisierten fl. Polysulfidpolymeren 12 682; Austausch v. H gegen T 1566; Zers. (in Ameisensäure) 12 981; (katalyt. Wrkg. v. $CoSO_4$) 14 439; Verester. mit — 18 127; Rk.: mit Metallionen 4128; mit 3-Hydroxy-3.5.5-trimethyl-1.2-dioxacyclopentan 13 209*; mit Thiodiäthanol (Kinetik) 14 089; mit Organoborverb. 13 727; mit Trimethylchlorstannan 4362*; mit o-Phthaldialdehyd 8424*; mit Ketonen 16 651; mit Benzil 13 718; mit Acetalen 7348*, 17 925*; (bzw. Essigsäure-[α-äthoxyäthyl]-ester) 2703; mit Acetaldehyddiäthylacetal bzw. verwandten Verb. 5996; mit Ketendiäthylacetal 5995; mit 1-Cyanchinoliniumfluoborat 17 755; mit Bicyclo-[2.1.1]-5-carbonsäurechlorid bzw. 1-Chlorbicyclo-[2.1.1]-hexan-5-carbonsäurechlorid 15 223; mit Diäthylchlorphosphat 9172*; Wrkg.: auf d. Zers. v. Zn-Dialkyldithiophosphat-Filmen 5947; auf Mol.-Veränder. u. Mutat. bei Salmonella typhimurium 500; auf d. Mäuse-Ascitescarcinom in vivo 2403; Verw. 1027*; spektrophotometr. Best. 4662.

Diäthylperoxid, neue Bezieh. zwischen d. physikal. Konst. v. — 3402; Einfl. auf d. Pyrolyse v. Methylnitrit (Kinetik) 14 096; pharmokolog. Unters. d. Verunreinig. v. „Aether ad narcosim" mit — 9429.

Methylpropylidenoxoniumhydroxid, Hexachloroantimonat (F. 61° Zers.) 18 080.

Methylisopropylidenoxoniumhydroxid, Hexachloroantimonat (F. 123° Zers.) 18 080.

$C_4H_{10}O_2S$ **Thiodiäthylenglykol (Thiodiglykol, 2.2'-Thiodiäthanol, Bis-[2-hydroxy-äthyl]-sulfid),** Autokondensat. 14 526 [2 Ref.]; Oxydat. (Kinetik) 14 089; Copolymerisat. mit aliphat. hydroxylgruppenhalt. Verb. 14 527; Rk.: mit CH_2O u. Alkoholen 7693*; mit Benzaldehyd bzw. Paraformaldehyd 11 218; mit mehrbas. Carbonsäuren 13 639*; mit Säurechloriden 9300; mit Cellulosegewebe 9569*; Verw. 3270*, 6218*, 18 296*, 18 623.

[β-Hydroxyäthyl]-[methoxymethyl]-sulfid ($Kp._1$ 57—58°), Darst., Rk. 7352*; Rk. 5447*.

Diäthylsulfon, IR-Intensität u. Reaktivitätsindex 17 696; Verw. 18 631*.

n-**Butylsulfinsäure** 15 151.

$C_4H_{10}O_2S_2$ **β.β'-Diäthanoldisulfid (Bis-[2-hydroxyäthyl]-disulfid, 2.2'-Dihydroxy-diäthyldisulfid),** Darst., Verw. d. Diester 16 546*; Autokondensat. 14 526; Copolymerisat. mit Thiodiglykol 14 527; Prüf. auf Strahlenschutzwrkg. 1682.

Äthanthiolsulfonsäureäthylester ($Kp._{0,09}$ 74°), Darst., IR- u. Ramanspektrum 3036; R_F-Wert 18 953; Isotopenaustausch d. S 1562 [2 Ref.].

$C_4H_{10}O_3$ **Butantriol-(1.2.4)** ($Kp._{0,15}$ 131—132°), Darst., intramol. H-Bind., IR-Spektrum 16 973; Verw. (v. — u. Deriv.) 2824*; (v. Deriv.) 17 423.

Diäthylenglykol (Diglykol) ($Kp._{10}$ 147°), Darst., Verw. v. Deriv. 9179; Gewinn. v. Deriv. 12 092*; IR-Spektrum v. — u. d. Co^{2+}- u. Ni^{2+}-Komplexen 382; Bezieh. zwischen Druck, Temp. u. Dichte 12 235; Adsorpt. aus wss. Lsg. an Montmorillonit 13 307; Polyverester. 11 218; Kondensat. mit mehrbas. Säuren 13 639*; Rk. mit Phthalsäureanhydrid u. Methacrylsäure 16 343; Kinetik d. Copolymerisat. v. Polyestern aus — u. Sebacin- u. Maleinsäure mit Vinylmonomeren 8275; viscoelast. Eig. v. Polyestern aus Fumarsäure u. — 15 991; Härt. v. Poly-—-Maleat 15 990; thixotrope Syst. aus d. Polyesterharz PN-1 aus — mit Malein- u. Phthalsäureanhydrid u. „weißem Ruß" 11 217; Eig. v. Copolymerisaten aus —, Terephthalsäure u. Äthylenglykol 10 489; Kristallisat. v. Copolymeren v. Äthylenglykol- u. —-Terephthalat 18 131; Rk.: mit P-Sulfiden 11 364*; mit $IrCl_3$, $(NH_4)_2IrCl_5$ u. $(C_6H_5)_3P$ 1928; mit Allylbromid 8580; mit n-Butylbromid 8580; mit Äthylenoxid 15 019*; mit Äthanolamintartrat u. Paraformaldehyd 9516*; mit Dithioketalen + Hydrazin 14 099; mit 1'-Keto-3'-carboxy-9.10-cyclopentenophenanthren 6513*; mit Acetessigester 12 471; Einfl. auf d. Rk. v. Monoäthanolamin u. H_2SO_4 6964*; Dosier. u. Tumorhäufigk. 8283; Verw.: in Insekticiden 17 539*; zur Herst. (v. wasserlösl. Polyvinylalkohol-Prod.) 5479*; (v. Monovinylacetylen) 16 838*; zur Gewinn. v. α-Methylbenzyläther 16 492*; als Lsgm. 10 230*; v. Dialkyläthern in Lsgm. 6543*; zur Extraktion 2962*, 7330*; bei d. Härt. v. Gelatineemuls.-Schichten 17 991*; in Formier.-Lsg. für Elektrolytkondensatoren 6539; in einem Schneidöl 10 326*; v. Polymerisaten 12 516* [2 Ref.]; Papierchromatographie (R_F-Wert) 18 649; Best. 1734; (v. —-Spuren in Triäthylenglykol) 15 348; (d. W.-Geh. in —) 8119.

Bis-methoxymethyläther (Oxatrimethylenglykoldimethyläther) (Kp. 105°), physikal. Eig. 9363; Verw. 4741*.

2-Hydroxybutyl-(2)-hydroperoxid (2-Hydroxy-2-hydroperoxybutan), Darst. 18 270*; (Rk.) 12 259; Rk. 18 435, 18 436.

α-Hydroperoxydiäthyläther ($Kp._{14}$ 62—64°) 5995.

Glykolaldehyddimethylacetal ($Kp._{31}$ 74—77°) 479.

Orthoameisensäuretrimethylester (Trimethylorthoformiat), NMR-Spektrum 14 816; Kernresonanz u. Protonisierungsort 8202; Rk.: mit B_2O_3 13 199*; mit Aldehyden 3080; mit 2-Oxo-3-methyl-9.10-dimethoxy-1.2.3.4.6.7-hexahydro-11bH-benzo-[a]-chinolizin 4167; mit 2-Methyl-5-carbomethoxytetrahydrofuranon-(3) 11 198; mit 2.2-Dimethyl-5-carbomethoxytetrahydrofuranon-(3) 11 197; mit Acetanhydrid u. 4.5-Diaminopyrimidinen 13 580*; Verw. 2166*.

$C_4H_{10}O_3S$ **Bis(Di)-[2-hydroxyäthyl]-sulfoxid (2.2'-Sulfinyldiäthanol)**, Best. d. Cytotoxizität in menschl. Zellkulturen 4196; Verw. 12 884*, 17 974*.

***n*-Butansulfonsäure (*n*-Butylsulfonsäure)** ($Kp._{0,05}$ 151°), Darst., Rk., NH_4-Salz 10 803; Adsorpt. an d. Grenzfläche Hg/wss. Säure-Lsg. 12 978; Verw. d. Komplex-Verb. mit SO_3 2167*.

Isobutansulfonsäure, Verw. d. Komplex-Verb. mit SO_3 2167*.

2-Methyl-2-propansulfonsäure, Verw. 3699*.

Diäthylsulfit ($Kp._{763}$ 157°) 11 888.

$C_4H_{10}O_3S_2$ ***S*-*n*-Butylthioschwefelsäure**, Darst., NH_4-Salz 15 151; Bldg. d. Na-Salzes 15 151.

Thioschwefelsäure-*S.O*-diäthylester, Darst., IR- u. Ramanspektrum 1933.

$C_4H_{10}O_3Se$ **Diäthylselenit**, Rk. 14 797.

$C_4H_{10}O_4$ s. *Erythrit* [*Mesoerythrit*]; *Threit*.

$C_4H_{10}O_4S$ **Bis(Di)-[2(β)-hydroxyäthyl]-sulfon**, Rk. 13 633*, 16 495*; Verw. 12 884*, 17 974*.

Isobutyraldehydbisulfit, Fäll. als Benzylthiuroniumsalz 16 078.

2-Hydroxy-1-butansulfonsäure, Rk. 18 318*.

2-Hydroxy-3-butansulfonsäure, Rk. 18 318*.

4-Hydroxybutan-2-sulfonsäure 12 252.

***n*-Butylsulfat**, IR-Spektrum d. K-Salzes 11 854; Rk. 18 204*; Schaum-Bldg.-Vermögen d. Na-Salzes 8924.

Diäthylsulfat, Bldg., Rk. 7692*; Hydrolyse 14 460; Rk.: mit NH_3 6209*; mit $(NH_4)_2$-SO_3 10 803; mit 1.3.4-Thiodiazolen 1986; mit Chlorbenzol 2172*; mit Alkoholen 18 793; mit Zn u. Diäthyl-Zn 5100*; mit C_2H_5ZnJ 5473* [2 Ref.]; mit Thianaphthenyl-(2)-Li 7135; mit Chalkonen 8068*; mit 6-[n-Butylamino]-7-chlorchinolin-5.8-chinon 18 204*; mit Zuckersäure 16 284; mit Alkali- oder Erdalkaliderivv. eines Malonesters, β-Ketoesters oder α-Cyanesters 17 558*; mit Pipecolylxylidid 4640*; mit 2.6-Dimethyl-4-acetoxyacetanilid 1581; Mutat. d. T 2-Bakteriophagen als Folge d. in vitro-Alkylier. durch — 17 458; Best. in Gemischen 9458.

$C_4H_{10}O_4SZn$ **Äthylzinkäthylsulfat**, Darst. 5100*; (Verw.) 5473*.

$C_4H_{10}O_4SZn_2$ **Bis-[äthylzink]-sulfat**, Tetrahydrofuranätherat 5473*.

$C_4H_{10}O_6S_2$ **Äthylen-bis-methansulfonat** (F. 44 bis 45°) 15 184.

$C_4H_{10}O_8S_5$ **2.2'-Sulfonyl-bis-[*S*-äthylthioschwefelsäure]**, chem. Modifizier. v. Baumwolle mit —-Salzen 14 369.

$C_4H_{10}O_{10}S_3$ **2.2'-Sulfonyl-bis-[äthylschwefelsäure]**, chem. Modifizier. v. Baumwolle mit —-Salzen 14 369.

$C_4H_{10}Pb$ **Diäthylblei**, Rk. 18 763; Best. 9836.

$C_4H_{10}S$ ***n*-Butylmercaptan [1-Mercaptobutan, Butanthiol-(1)]**, Massenspektrum u. Mol.-Struktur 9285; Theorie v. Kirkwood-Bauer-Magat zum Nachw. v. Mol.-Assoziat. v. — 5242; UV-Spektrum d. J_2-Komplexes 14 084; Bildungswärme 3045; Berechn. azeotroper Daten in —-halt. Syst. 73; Adsorpt. an d. Grenzfläche Hg/wss. Säure-Lsg. 12 978; Rk.-Fähigk. freier Radikale gegenüber — 17 774; Rk.: mit SO_3 15 151; mit PCl_3 12 831*; d. K-Salzes mit Trichloräthylen 5092*; mit α-Vinylnaphthalin 8964; d. Na-Salzes mit 2-Jodthiophen 17 739; mit Hexamethyldisilthian 8222; mit Methylaryläthern 2167*; mit Vinylbornyläther 17 041; mit Vinylmenthyläther 17 041; mit Phenylisocyanat (Kinetik) 13 350; mit 9-Methyl-cis-dekalon-(2) bzw. 9-Methyl-6.6-äthylendioxy-3-hydroxymethylen-cis-dekalon-(2) 13 738; d. Na-Salzes mit Chlordithioformiaten 4881; mit Formamiden + $POCl_3$ 11 154; mit Triäthylphosphit 18 087; mit N-Allyl- bzw. N-Vinyllactamen 6418; Fraktionier. v. 3.4-Dichlorbuten-(1) in Ggw. v. — 17 559*; Verw.: v. — u. —-Salzen bei d. Darst. v. Chloropren 3624*, 16 130*, 19 005*; zum Stabilisieren v. Monochlorbutenen 15 401*, 17 559; in spinnbaren Lsg. v. Polyacrylonitril enthaltenden Mischpolymerisaten 12 885*; gaschromatograph. Abtrenn. 5041; Identifizier. 14 634.

***sek.*-Butylmercaptan [Butyl-(2)-mercaptan, *sek.* Butylthiol, Butanthiol-(2)]**, Darst. 9892*; Darst., Rk. v. (2 S · 3 R) — $D_{(3)}$-—

(Kp.$_{735}$ 82—82,5°) 10 046; Massenspektrum u. Mol.-Struktur 9285; Bildungswärme 3045; Rk.: mit C_2H_2 u. CO 3625*; mit Phenylisocyanat (Kinetik) 13 350.

Isobutylmercaptan (Isobutanthiol, 2-Methylpropan-1-thiol), Massenspektrum u. Mol.-Struktur 9285; Bildungswärme 3045; Rk. 3625*, 11 154; gaschromatograph. Abtrenn. 5041; Identifizier. 14 634.

***tert.*-Butylmercaptan (*tert.*-Butanthiol, 2-Methylpropan-2-thiol, 1.1-Dimethyläthanthiol),** Massenspektrum u. Mol-Struktur 9285; Parachor 10 035; Bildungswärme 3045; Rk. 1566, 3625*, 11 154, 15 932, 18 393; gaschromatograph. Abtrenn. 5041; Identifizier. 14 634; Best. 16 430.

***n*-Propylmethylsulfid (2-Thiapentan)** (Kp.94 bis 95°), Darst., Rk. 10 432; Massenspektrum u. Mol.-Struktur 9285; UV-Spektrum d. J_2-Komplexes 14 084; Bildungswärme 3045.

Methylisopropylsulfid (3-Methyl-2-thiabutan), Massenspektrum u. Mol.-Struktur 9285; UV-Spektrum d. J_2-Komplexes 14 084; Bildungswärme 3045.

Diäthylsulfid (3-Thiapentan) (Kp. 92,1°), Bldg. 12 626, 15 555; Herst., Verw. 4721*; neue Bezieh. zwischen d. physikal. Konst. v. — 3402; Massenspektrum u. Mol.-Struktur 9285; chem. Verschieb. 5978, 9286; Bildungswärme 3045; Bezieh. zwischen Druck, Temp. u. Dichte 12 235; Rk.: mit J_2 (thermodynam. Daten) 14 084; mit $B_{10}H_{14}$ 10 385; mit Nb- u. Ta-Halogeniden 16 248; mit Cycloheptatrienmolybdäntricarbonyl 14 803; mit Persäure-tert.-butylestern 94, 14 101; mit Hydroxylamin-O-sulfonsäure 15 555; Vergift. d. Pt-Hydrierkatalysators durch — 15 520; gaschromatograph. Abtrenn. 5041.

$C_4H_{10}S_2$ Butandithiol-(1.4) (1.4-Dimercaptobutan, Tetramethylendimercaptan), Darst., Rk. v. $D_{4(2\cdot2\cdot3\cdot3)}$— 13 345; Rk, 6430; (v. Poly.—) 149; Verw. 12 123.

β-Mercaptodiäthylsulfid (β-Äthylmercaptoäthylmercaptan) (Kp.$_{12}$ 69—70°), Darst., Rk. 15 190; Rk. 949*.

Methyl-*n*-propyldisulfid, Vork. 2574.

Methylisopropyldisulfid, Disproportionier.-Gleichgew. 4488.

Diäthyldisulfid (3.4-Dithiahexan) (Kp. 154 bis 156°), Darst. 10 809; Bldg. 1571, 14 100, 15 555; Bildungswärme 3045; Gleichgewichtsunters. 10 040; Disproportionier.-Gleichgew. 4488; Rk.: mit J_2 (thermodynam. Daten) 14 084; v. markiertem — (mit Disulfoxiden) 1562; (mit Thiosulfonsäureestern) 1562; mit Formamidin-1-sulfinsäure 18 793.

$C_4H_{10}S_3$ Methyl-*n*-propyltrisulfid, Vork. 2574.

Diäthyltrisulfid, Darst., Verw. 4721*; Rk. 14 100.

Trithioorthoameisensäuretrimethylester (Kp.$_{10}$ 97°) 7476.

$C_4H_{10}S_x$ Diäthylpolysulfid, Sulfurier. v. Cu in — 13 303.

$C_4H_{10}Si$ Dimethylvinylsilan 870.

Tetramethylensilan 5662.

$[C_4H_{10}Si]_x$ Polydimethylsilyläthyl 16 287.

$C_4H_{10}Te$ Diäthyltellurid, IR-Spektrum 1501.

$C_4H_{10}Zn$ Diäthylzink, Struktur 1908; IR-Spektrum 1119; Bldg.-Wärme 8164; Verbrenn.-Wärme 8885; Rk. 5100*, 6003; katalyt. Wrkg. bei d. Herst. v. o-Divinylbenzolen 8790*, 15 031*; Verw.: in Polymerisat.-Katalysatoren 7344*, 10 664*, 13 054; (cokatalyt. Wrkg. v. O_2) 12 313; zur Reinig. v. konjugierten Olefinen 10 998*.

$C_4H_{11}Al$ Diäthylaluminiumhydrid, Darst. 5101*, 10 231*; (Verw.) 14 651*; Rk. 5473*, 5474*; Einfl.: auf d. Carbonyl-Bldg. aus Metallsalzen 1925; auf d. cycl. Polymerisat. v. 1.3-Dienen 19 011*; Verw. 5101*, 10 798, 10 998*; (im Gemisch mit $TiCl_4$) 1627; spektrophotometr. Best. 962; analyt. Verw. eines —-halt. Komplexes 1343.

$C_4H_{11}AsO_2$ Diäthylarsinsäure, Unters. d. analyt. Fällungs-Eig. 13 143.

$C_4H_{11}B$ Diäthylboran 3749, 7077.

$C_4H_{11}BO_2$ *n*-Butylboronsäure (*n*-Butyldihydroxyboran) (F. 93°), Darst., Mol.-Refr., Dipolmoment u. magnet. Susceptibilität 15 903; Rk. 14 461.

Äthylboronsäuredimethylester (Äthyldimethoxyboran) 4401*, 9895*.

$C_4H_{11}BO_3$ *n*-Butyl(ortho)borat, Rk. 474, 2335.

$C_4H_{11}BrSi$ Brommethyltrimethylsilan (Kp. 114 bis 117°) 452.

$C_4H_{11}Br_2P$ Dimethyläthylphosphordibromid (Kp.$_{720}$ 128—129°) 5590.

$C_4H_{11}ClMgSi$ Dimethyläthylsilylmagnesiumchlorid, Rk. 14 837.

Trimethylsilylmethylmagnesiumchlorid, Rk. 8948, 14 837.

$C_4H_{11}ClNOP$ Äthyldimethylamidochlorphosphit, Rk. 4139.

$C_4H_{11}ClNOPS$ Dimethylamidothionphosphorsäureäthylesterchlorid (Dimethylamidochlorthionophosphorsäureäthylester) (Kp.$_2$ 72—73°), Darst., Rk. 15 190; IR-Spektrum 9283.

$C_4H_{11}ClNO_2P$ Dimethylamidophosphorsäureäthylesterchlorid, IR-Spektrum 9283.

$C_4H_{11}ClN_2$ *N*-Monochlor-1.4-diaminobutan 18 105.

$C_4H_{11}ClO_7P_2$ Trimethylchlormethylpyrophosphat (Kp.$_{1,5}$ 87—89°) 7670*.

$C_4H_{11}ClSi$ Diäthylchlorsilan, Darst. 5477*; Rk. 12 630.

Äthyldimethylchlorsilan, Darst. 5477*; Rk. 10 054.

Trimethylchlormethylsilan, Rk. 8584.

$C_4H_{11}Cl_2PSi$ Trimethylsilylmethyldichlorphosphin (Kp.$_{1,5}$ 50°) 8948.

$C_4H_{11}Hg_2O_4P$ Bis-[äthylquecksilber]-phosphat, Rk. 10 573*.

$C_4H_{11}JSi$ Jodmethyltrimethylsilan (Kp.$_{743,5}$ 140,5°), Darst., Konstit.-Einfl. auf d. polarograph. Verh. 1553.

$C_4H_{11}N$ Butylamin (Kp. 88,4—89,5°), Darst. 5014; Bldg. 17 365; (Salze) 7125; Trenn. v. —-halt. Gemischen 6961*; neue Bezieh. zwischen d. physikal. Konst. v. — 3402; IR-Spektrum 3766; (v. Hydrohalogeniden) 6715; Ramanspektrum 9283; Dipolmoment 790; Komplexe mit 1- u. 2-Butanol (Assoziations-Konst.) 6726; (H-Bind.) 6726; Phasengeschw. v. US-Wellen in — 3403; Rheochorwerte aus Molgew., Dichte u. Zähigk. 794; Adsorpt. (an d. Grenzfläche Hg/wss. Säure-Lsg.) 12 978; (an Raney-Ni) 437; Verw. zur Best. (d. Hammett-Aciditäten v. CrO-Katalysatoren) 2660; (d. Oberflächenacidität v. katalyt. akt. Al_2O_3) 3748; innerkrist. Quellung v. Ca-Mono-n-propylphosphorsäureester unter — 6685; Einfl.: auf d. Glasritzeffekt 8891; auf d. spezif. Dreh. pharmazeut. Stoffe 2455; auf d. Metallextrakt. mit Komplexbildnern 17 329; d. Hydrochlorids auf d. Absorpt. v. K-Ionen durch Vermiculit 11 829; v. — u. austauschfäh. gebundenen Ionen auf d. Ausbldg. thixotroper Gele 2644; UV-Bestrahl. 11 871; Rk. mit atomarem H 7443; Oxydat. 4494; Rk.: mit NH_3 11 521; mit NH_2Cl (Kinetik) 14 824; mit $B_{10}H_{14}$ 12 216; mit BCl_3 2542*; Komplex-Bldg.: mit SnJ_4 10 411; mit $[Mn(CO)_5]_2$ 4465; mit NiDBH (Thermodynamik d. Gleichgew.) 5242; Darst., Rk. v. Na_3 $[Fe(CN)_5 \cdot C_4H_9NH_2]$ 7448; Rk.: mit CO u. H_2 14 827; mit CO_2 18 564*; Methylier. 16 656; Acetylier. 7106; Rk.: mit Halogen-KW-Stoffen 16 701; mit chlorierten Octadienen-(2.6) bzw. 2-Chlor-6-methylnonadien-(3.7)

17 721; mit Acetylenchloriden 7481; mit Pyridin bzw. Chinolin 15 212; mit Chlorpurinen 15 600; mit 2-Chlor-3.4-oxidobuten-(1) 17 368; mit 2-Chlormethylthiophen 18 455; mit p-Nitrofluorbenzol 12 999; mit 4.4'-Dihydroxy-2''-brommethyltriphenylmethan 3794; mit Phenylglycidyläther (Kinetik) 8574; mit 2.4-Dimercaptopyrimidin 848; mit Hexamethylborazol 12 265; mit Hexamethyldisilthian bzw. Äthylmercaptotrimethylsilan 8222; mit Alkylguanylharnstoffen 17 008; mit Arylguanylharnstoffen 17 007, 17 008; mit Aldehyden 13 204*, 15 032*; mit 4-Isopropylbenzaldehyd 9894*; mit 5-Ketohexanol-(2) u. H_2 7255*; mit 1-Thiophthalid bzw. Dibenzylsulfid-o.o'-dicarbonsäure 122; mit 6.7-Dichlorchinolin-5.8-chinon 18 204*; mit 5.8-Diamino-1(N)-methylnaphthotriazol-4.9-chinon u. Monoäthanolamin 4355*; mit Tris-[imidazolyl-(1)]-phosphinoxid 8635; mit 1-Methyl-4-cyan-5-[äthoxymethylenamino]-pyrazol 2736; mit 8-Nitrotheophyllin-7-essigsäure 13 763; mit Glyoxylsäure u. Verb. mit akt. Methyl-, Methylen- oder Methingruppen 13 867*; mit α,β-ungesätt. α-Nitroestern 7139; mit β-Isocyanato-β-phenylpropionsäureäthylester 17 716; mit Uracil-5- bzw. -6-carbonsäure-n-butylester 6412; mit Maleinsäuremonomethylester 17 370; mit Äthylenmonothiolcarbonat 9303; mit 2-Aminoäthylcarbamat 1409*; mit α.δ-Dichlorvaleriansäure-n-butylamid 306*; mit α-Brompropion-o-toluidid 9676; mit α-Chloracetyl-2.6-dichloranilin 7252*; mit N-[β-Bromäthyl]-2.6-dimethylbenzamid bzw. mit 2.6-Dimethylbenzoesäure-β-chloräthylester 1580; mit Imidazolcarbonsäure-(1)-n-butylamid bzw. N.N'-Carbonyldiimidazol 8973; mit 2-Methyl-6-carbomethoxy-N-[chloracet]-anilid 14 616*; mit Tribenzoyl-6-aza-4-thiouridin 10 840; mit Thiobenzamidmethojodid 6746; mit Maleinsäureanhydrid-Deriv. 18 643*; mit cis-1.2-Cyclobutandicarbonsäureanhydrid 9328; mit 1.2.3.6-Tetrahydrophthalsäureanhydrid 468; mit Carbonsäurehalogeniden (Kinetik) 2694; mit 4-Dimethylamino-2.2-diphenylvalerylchloridsulfat 2826*; mit 2.3-Bis-[mesyloxymethyl]-1.4-benzodioxan 3814; mit Chinolin-8-sulfonsäurechlorid 15 595; mit p-Chlorbenzolsulfonylisocyanat 3550*; mit Arylsulfonylharnstoffen 18 933*; v. — u. —-Hydrochlorid mit p-Toluolsulfonylharnstoff 10 190*, 10 642*; d. Hydrochlorids mit p-Acetylaminobenzolsulfonylharnstoff 10 642*; mit Aminosulfonylisopropylurethan 12 760*; mit 2-Hydroxytetrafluoräthansulfonsäuresulton 1794*; mit Methylborat 15 037*; mit Acetylphosphaten (Kinetik) 10 414; mit Phosphorsäurephenylestercyclohexylimid 15 404*; mit [N-n-Butylcarbamoyl]-O-phenylphosphat 8631; Verw. 6140*, 8430*, 8855*; (d. Salzes mit H_2S_7) 17 241*; Trenn. v. anderen Aminen 6161; Adsorpt. an Kationenaustauschern 4662; mkr. Nachw. 17 513; Charakterisier. 3778; Best. 7643, 16 430; analyt. Verw. 6902; (d. Hydrojodids) 1812; (v. Cu-Komplexen) 3199.

sek.-**Butylamin (2-Aminobutan)** ($Kp._{744}$ 61,7°), Darst., Rk. 17 695; Darst., Rotationsdispers. v. (+)-— 17 695; Darst., Rk., Deriv. v. (+)-—-Hydrochlorid 18 085; Bldg. 17 365; neue Bezieh. zwischen d. physikal. Konst. v. — 3402; IR-Absorpt.-Spektren d. Hydrohalogenide 6715; Rk.: mit NiDBH (Thermodynamik d. Gleichgew.) 5242; mit Acetylenchloriden 7481; mit Tris-[isopropylamino]-boran 12 264; Vork. in d. Geruchsstoffen v. Süßwasserfischen 189; Charakterisier. 3778.

Isobutylamin, Darst. d. Hydrochlorids (F. 177°) 17 925*; neue Bezieh. zwischen d. physikal. Konst. v. — 3402; IR-Absorpt.-Spektren d. Hydrohalogenide 6715; Assoziations-Konst. mit 1- u. 2-Butanol 6726; UV-Bestrahl. 11 871; Rk.: mit NiDBH (Thermodynamik d. Gleichgew.) 5242; mit atomarem H 7443; mit CO u. S 5254; d. Nitrats mit Dicyandiamid bzw. $CaCN_2$ bzw. $CaCN_2$-Harnstoff-Gemisch 11 882; mit Acetylenchloriden 7481; mit 2-Methyl-4-amino-6-chlorpyrimidin 9345; mit 8-Nitrotheophyllin-7-essigsäure 13 763; mit α-Brompropion-o-toluidid 9676; d. Hydrochlorids (mit p-Toluolsulfonylharnstoff) 10 642*; (mit p-Acetylaminobenzolsulfonylharnstoff) 10 642*; mit N-[p-Fluorbenzolsulfonyl]-carbaminsäuremethylester 3550*; Einfl. auf d. Peroxydat. in vitro u. d. experimentelle Umwandl. v. Eugenol zu Lignin 1654; Geh. im Mutterkorn im Verlauf d. Sklerotienreif. 14 238; Darst. u. Prüf. d. Salzes mit Sorbinsäure auf antifungielle Wrkg. 5715; Verw. 2462*, 8855*, 10 666*; analyt. Verw. v. Cu-Komplexen 3199.

tert.-**Butylamin,** Darst. 8059*; Bldg. 11 168; IR-Absorpt.-Spektren d. Hydrohalogenide 6715; kernmagnet. Resonanz 8201; Einfl. v. — u. austauschfähig gebundenen Ionen auf d. Ausbldg. thixotroper Gele 2644; thermodynam. Unters. d. Komplexbldg. [mit Bis-{2.4-pentandionato}-oxovanadin(IV)] 5200; (mit NiDBH) 5242; Darst., Verw. d. Salzes mit H_2S_7 (F. 137—140°) 7669*; Rk.: mit $B_{10}H_{14}$ 12 216; mit BCl_3 2542*; Methylier. 12 268; Acylier. 10 930*; Rk.: d. Li-Verb. mit Alkinen 5629; mit Acetylenchloriden 7481; mit Anilin 18 435; mit Diphenylchlorphosphin 8589; mit Acrylnitril bzw. Methacrylsäuremethylester 16 491*; mit α-Hydroxy- bzw. α-Acyloxycarbonsäure-Deriv. 1709*; mit Äthylenmonothiolcarbonat 9303; mit Brenztraubensäure-N-cyclohexylimidchlorid (Kinetik) 11 148; mit p-Toluolsulfochlorid 13 717; Verw. 7698*; (d. Salzes mit H_2S_7) 17 241*; (d. Komplex-Verb. mit Triphenylaluminium) 10 998*; Trenn. v. anderen Aminen 6161.

Methylpropylamin, Hydrochlorid (F. 145 bis 147°) 1195.

N-**Methyl-*N*-isopropylamin,** Darst., Pikrat 1195; Rk. d. Hydrochlorids 17 852*.

Diäthylamin (Kp. 55,9°), Bldg. 460, 10 559, 11 149, 12 625; Abtrenn. aus Rk.-Gemischen 13 569*; Darst. v. Deriv. 3777; Darst., Verw. v. Salzen 1385*, 7669*; neue Bezieh. zwischen d. physikal. Konst. v. — 3402; IR-Absorpt.-Spektren d. Hydrohalogenide 6715; Druckabhängigk. d. Brech.-Index 6713; hochaufgelöstes N-Kernresonanzspektrum 12 975; Bindungsdissoziationsenergie 3772; Elektronenstoß-Ionisationspotential 433; polarograph. Oxydat. 12 976; Bezieh. zwischen Druck, Temp. u. Dichte 12 235; spontane Zünd. 14 819; Assoziations-Konst. mit 1- u. 2-Butanol 6726; Thermodynamik d. Syst. —/Triäthylamin 18 776; Einfl. d. Hydrochlorids auf d. Gleichgew.-Potentiale an einer Kationenaustauschermembran 3008; Vol., Viscosität u. DK bin. Mischungen v. Bzl. mit — 18 064; Entmisch. d. Syst. —-Chloralhydrat 2685; Löslichk. v. Alkalimetallen in — 2656; Einfl. auf d. Glasritzeffekt 8891; UV-Bestrahl. 11 871; katalyt. Umwandl. 17 712; Rk.: mit NO (Kinetik) 17 363; (u. NO_2) 5098*; mit U, UO_3 oder U_3O_8 4110; mit $B_{10}H_{14}$ 12 216; mit BCl_3 15 930; mit $SiCl_4$ 13 722; mit $(PNCl_2)_3$ 18 041; mit $P_2O_3Cl_2F_2$ 53; mit CS_2 11 176; (u. C_2H_2) 96; (u. Äthylenchlorhydrin) 5642; d. Nitrats mit Dicyandiamid bzw. $CaCN_2$ bzw. $CaCN_2$-Harnstoff-Gemisch 11 882; Acetylier. 7106; Cyanäthylier.,

Red. u. Rk. mit 3-Brombutanon-(2) 8953; Rk.: d. Na-Verb. mit Azulen 13 745; mit Halogen-KW-Stoffen 16 701; mit Perfluorolefinen 15 024*; mit Chlf. 18 794; mit chlorierten Octadienen-(2.6) bzw. Nonadienen-(3.7) 17 721; mit cis-1.4-Dichlorbuten-(2) 120; mit Halogen-Deriv. v. 1-Fluorpropen-(1) 10 052; mit Dichlormethylxylolen 18 275*; mit Chlorindanen 12 391*; mit 4-Brommethylstilben 4513; mit Äthylenoxid 17 206*; mit 2-Chlor-3.4-oxidobuten-(1) 17 368; mit 2.5-Bis-[halogenmethyl]-furanen 13 951*; mit 2.5-Dimethyl-1.2;5.6-dioxidohexin-(3) 15 929; mit 5-[2'.3'-Epoxypropyl]-iminostilben 13 134*; mit N.N'-Bis-[β-chloräthyl]-piperazin 18 205*; mit 2.4-Dichlorchinazolin 14 138; mit 1-Cyclohexyl-4-chlorpyrazolo-[3.4:d]-pyrimidin 6877*; mit 5-Chlor-7-methyl-symm.-triazolo-[4.3:a]-pyrimidin bzw. -tetrazolo-[1.5:a]-pyrimidin 6414; mit 5-Chlor-7-methyl-symm.-triazolo-[4.3:c]-pyrimidin 1715*; mit 6-Halogenpurinen 10 462; mit 7-Benzyl-6-chlorpurin 10 464; mit 5-[2.3-Epoxypropyl]-dibenzo-[b.f.]-azepin 17 494*; mit 2-Methyl-5-chlormethylbenzthiazol 1228; mit 2-Methyl-4-amino-6-chlorpyrimidin 9345; mit Methyl-β-chloräthylamin 1194; mit N.N-Alkyl-β-chloräthylaminen 9325; mit p-Nitrofluorbenzol 12 999; mit 2-Chlor-8-nitro-7-methylchinolin 15 595; mit 1.3.5-Trinitrobenzol (Kinetik) 6725; mit β-Halogencarbinolen 570*; mit 4-Chlorbutanol 6749; mit 4.4'-Dihydroxy-2''-brommethyltriphenylmethan 3794; mit tert.-Butylhydroperoxid 16 262; mit $(C_6H_5)_2SnCl_2$ u. $LiAlH_4$ 18 042; mit 1.1.2-Trifluor-2-chloräthylmercaptan 12 623; mit Äthylmercaptoacetylen 16 281; mit CH_2O bzw. Paraformaldehyd [u. 3-Dimethylamino- bzw. 3-Pyrrolidino-3-methylbutin-(1)] 7484; (u. Dialkyl(diaryl)äthinylcarbinolen) 8220; [u. 1.1-Diphenyl- bzw. 1-Phenyl-1-cyclohexylbutin-(3)-ol-(1)] 11 882; (u. 5-Chlor-8-hydroxychinolin) 15 593; [u. 3-Methoxy-3-methylbutin-(1)] 11 876; (u. 1-Indolyl-(2)-6.7-dimethoxy-3.4-dihydroisochinolin) 10 836; (u. Isobutyraldehyd) 8954; (u. dl-trans-Hexahydrobenzoxazolthion bzw. N-Chlormethyl-dl-trans-hexahydrobenzoxazolthion) 9702; mit Paraldehyd 10 425; mit α-Chlorphenylacetaldehyd 9684; mit 5-Hydroxymethylfurfurol 13 577*; mit 2-Chlormethyl-5-acetyl- bzw. -5-propionylselenophen 11 559; mit N.N'-Carbonyldiimidazol 468, 8974; mit 2-Brommethyl-7-methyl-10.11-thiopegadien-(2.9)-on-(4) 6037; mit 2-Phenyl-4-[2.3-dichlorthenyliden-(5)]-oxazolon-(5) 12 652; mit p-Nitrophenacylbromid 3812; mit 2.7-Dimethylocten-(6)-in-(3)-on-(5)-ol-(2) 18 816; mit 4-Hydroxymethylen-2.2.5.5-tetramethylfuranidon 13 384; mit Acetylaceton 8202; mit Rk.-Prod. aus Propionylchlorid u. Acetylen 12 023*; mit 1-Amino-2-[α-chlor-p-tolyloxy]-4-hydroxyanthrachinon 1422*; mit Nitrilen 8955; mit 1.1.3.3-Tetracyanpropenen 1796*; mit Furan-2-carbonsäure 11 910; mit 2-[Chlormethyl]-cyclopentanon-3-carbonsäure 575*; mit Äthyl-β-chlorcrotonat 9675; mit 1-[3'-Chlor-4'-methylphenyl]-piperazin-4-carbonsäure-β-chloräthylester 3191*; mit 4-tert.-Butylguajacolchloracetat 18 798; mit 1-Phenylcyclopentan-1-carbonsäure-2-chloräthoxyäthylester 19 009*; mit α.α-Diäthylphenylessigsäure-2-[β-chloräthoxy]-äthylester 4637*, 7250*; mit α.α-Diäthyl-α-[6.7-dimethoxy-3.4-dihydroisochinolyl-(1)]-essigsäure-β-chloräthylester 4914; mit Morpholin-4-carbonsäure-2-mercaptoäthylester bzw. 2-Mercaptoäthylcarbamaten 9303; mit 16α-Methyl-9α-fluorprednisolon-21-chloracetat 9825*; mit Oximinocyanessigsäureäthylester 1851; mit N-Dialkyl-β-halogenäthylcarbamaten 10 189*; mit 3.4.5.6-Tetrachlor-3.6-endomethylen-Δ^4-tetrahydrophthalsäureanhydrid 8237; mit Polyacrylsäurechlorid 3836; mit Chloracetylchlorid bzw. ω-Bromacetophenon 17 721; mit substituierten Benzoylchloriden 1964; mit 2-Phenyloxazol-4-carbonsäurechlorid 3449; mit 10-Äthyl-9.10-dihydrophenazin-9-carbonsäurechlorid 2363; mit 1β-Chlorcarbonyl-3α-[N-methylpiperididyl-(2)]-chinolizidin 14 137; mit 3.3-Pentamethylenglycidsäurechlorid bzw. Oxalsäurediäthylester bzw. Lävulinsäure 4898; mit 2-Methoxy-3-methylphenoxyacetylchlorid 2458*; mit 2-Benzyloxybenzoylchlorid 456; mit 5-Methyl-5-phenyl-3-[β-chlorcarboxyäthyl]-hydantoin 9332; mit 6-Fluorindol-3-glyoxylsäurechlorid 18 108; mit 6-Chlorcarbonyl-2-methylpyridazinon-(3) 8612; mit α-Acetoxymethyl-α-phenylbutyrylchlorid 5389*; mit Bernsteinsäuremonochlorid-7-β-hydroxyäthyltheophyllinmonoester 1326*; mit Oxalylchlorid 4880; mit 3-Chlorbenzo-[f]-chinolin-2.6-dicarbonsäuredichlorid 8986; mit N.N'-Diphenyl- bzw. N.N'-Dibenzyl-N.N'-äthylendicarbaminsäuredichlorid 810; mit 2-[α.β-Dibrompropionylamido]-toluol 8789*; mit 10-[α-Brompropionyl]-2.7-dichlorphenthiazin 5674; mit Halogenessigsäureaniliden 13 127*; mit 2-[3'.3'-Diphenylpropyl-1'-chloracetylamino]-1-phenylpropan 10 565*; mit N-α-Chloracetyl-3-aminoisocamphan 2004; mit 1-Chloracetyl-2-diphenylmethylpiperidin 5393*; mit 10-Chloracetylphenoxazin 4921; mit N-Halogenalkylbenzamiden 8951; mit 2.4.6-Trimethyl- bzw. 2-Amino-4.6-dimethyl-5α-chloracetamidopyrimidin 3815; mit Chloramphenicolbromacetat 5027*; mit 3-[Chloracetylamino]-bzw. 3-[α-Brompropionylamino]-10-äthylphenothiazin-5.5-dioxid 2739; mit Tylophorinbromcyanamid 13 772; mit 2-Carbomethoxy-6-methyl-N-[chloracet]-anilid 14 616*; mit N.N'-Bis-[chloracetyl]-N.N'-dibenzyläthylendiamin 18 797; mit dem Rk.-Prod. aus 2-Amino-3-methylbenzoesäure-n-propylester u. Chloracetylchlorid 11 653*; mit O-[ω-Bromvaleryl]-benzamidoxim 9706; mit N-[2-Chloräthyl]-benzimidchlorid 11 886; mit Iminothioestersalzen 6746; mit α-Chlor-N-[2.6-dimethylphenyl]-N'-[4-äthoxyphenyl]-acetamidin bzw. mit N.N'-Bis-[2.6-dimethylphenyl]-thioharnstoff 1582; mit Morpholino-bzw.Piperidinodithioameisensäure 11 563; mit Äthylenmonothiolcarbonat 9303; mit Äthyl-2-hydroxyäthylthiolcarbonat 9304; mit Diallylphosphit bzw. Acrolein u. Diallylphosphit 2393; mit Thiophosphorsäure-O.O'-diäthyl-O''-[β-bromäthyl]-ester 12 268; mit Difluorodiphosphorsäurediäthylester 53; mit Phosphoryl- oder Thiophosphorylhalogeniden 5475*; mit Thionphosphorsäureäthylesterdichlorid 15 190; mit Benzaldehydbisulfit u. NaCN 1233; mit Chinolin-8-sulfonsäurechlorid 15 595; mit Benzol-1.3-disulfochlorid bzw. p-Aminosulfonylbenzolsulfochlorid 815; mit p-Tosylglycylchlorid 11 160; mit Sulfonimido- bzw. Sulfonamidophosphorsäurechloriden 18 093; mit [α-Chlorbenzylidenamido]-phosphorsäurediarylestern 18 092; mit Sultonen bzw. Fluorsulfonylcarbonsäurefluoriden 1794*; mit Butansulton-(1.4) 6400; Hydrier. v. Pyridin in Ggw. v. — 1414*; Decarboxylier. v. Hydroxyarylcarbonsäuren in Ggw. v. — 10 641*; reduktive Aminier. v. 5-Hydroxymethylfurfurol in Ggw. v. —

6971*; durch — ausgelöste Copolymerisat. v. N-Carboxy-α-aminosäureanhydriden 5320; Wrkg.: auf d. Red. v. Ag^+ durch CO 4839; d. Hydrochlorids auf negatives AgJ-Sol 7798; Verw. 3023, 6140*, 7698*, 8430*, 8855*; (d. Salzes mit H_2S_8) 7669*, 17 240*; Abtrenn. v. anderen Aminen 6161; Nachw. 7269; Farb-Rk. mit Na-Nitroprussiat u. K-Hexacyanoferrat(III) 9460; Best. (polarograph.) 10 952; (gaschromatograph.) 7643; (titrimetr. mit Pyromellithsäuredianhydrid) 5416; (als Reineckat) 13 151; analyt. Verw. 13 142; (v. Cu-Komplexen) 3199; (d. diäthyldithiocarbaminsauren Salzes) 16 883.

Trimethylammoniummethylid, Darst., Rk. d. LiBr-Komplexes 7848.

$C_4H_{11}NO$ ***N.N*-Diäthylhydroxylamin**, Rk. 460.

2-Aminobutanol-(1), Darst.: v. (+)- u. (±)-— 2540*; v. akt. — aus (±)-— 14 495; Rk. 7888; Prüf. auf Verw. zur Isolier. d. Radula 15 994; thermometr. Titrat. u. Best. d. pK_{BH} 9091.

4-Aminobutanol-(1) (Monobutanolamin), Rk. 1408*, 14 816; Verw. 11 435*.

1-Aminobutanol-(2) ($Kp._{20}$ 77—79°) 9302, 17 368.

3-Aminobutanol-(2) (3-Hydroxybutyl-(2)-amin), Darst. v. erythro- (F. 43°) u. threo-— ($Kp._{20}$ 69—70°) 11 912; Nachw. 7269.

4-Aminobutanol-(2), Rk. 9895*, 10 083.

2-Hydroxymethylpropylamin, Vers. d. Darst. 518.

2-Amino-2-methylpropanol-(1) (α.α-Dimethyl-β-hydroxyäthylamin), Rk. 8787*, 12 268; Wrkg.: auf d. Phospholipid-Stoffwechsel d. Rattenleber 16 759; auf d. Cholin-Biosynth. de novo 8325; Best. d. Cytotoxizität in menschl. Zellkulturen 4196; Prüf. auf Verw. zur Isolier. d. Radula 15 994; Verw. 13 627*; (d. Hydrochlorids) 5902*; thermometr. Titrat. u. Best. d. pK_{BH} 9091.

***N*-Methylisopropanolamin**, Rk. 12 627, 15 217.

***N*-Äthyl-β-aminoäthylalkohol (Äthylaminoäthanol, *N*-Äthyl-*N*-äthanolamin, *N*-Äthyl-β-hydroxyäthylamin)**, Darst. d. Pikrats (F. 125—126°) 1194; Rk. 1408*, 1422*, 15 955, 18 832; Verw. 8430*.

***N.N*-Dimethyl-2-aminoäthanol (2(β)-Dimethylhydroxyäthylamin, *N.N*-Dimethyläthanolamin, Dimethylcolamin)** ($Kp._{760}$ 135—136°), Darst. 3784; (Rk.) 18 071; (v. W.-lösl. Salzen) 18 566*; Stabilitäts- u. Dissoziat.-Konst. d. Ag-Komplexe 10 382; Chromsäureoxydat. 810; Bromier. 11 882; Rk.: mit 5-Chlordibenzo-[a.d]-cycloheptadienen 9341; mit Sulfolen-(3) 15 954; mit substituierten Phthalazinen 14 956*; Verh. gegen 4-Phenylchlormethyl-3.5-dimethylisoxazol 15 208; Rk.: mit p-Butylmercaptobenzhydrylchlorid 17 849*; mit 3.4-Dichlorphenylisocyanat 6887*; mit Theophyllin-7-essigsäure 13 763; mit Dicarbonsäuren bzw. deren Anhydriden 8717*; mit 10.11-Dihydrodibenzo-[b.f]-azepin-5-carbonsäuredimethylaminoäthylester 17 494*; mit Äthylcarbamat 9311; mit 3-Phenylglutarsäureanhydriden 6008; mit 1-Phenylcyclopentan-1-carbonsäurechlorid 5275; mit Cinnolincarbonsäure-(4)-chlorid bzw. mit 4-Chlorcinnolin 8987; mit Thiophenylpyridylaminocarbonsäurechlorid 12 464*; mit 5-[Chlorcarbonyl]-iminodibenzyl 14 246*; mit 5-Alkoxymethylbenzofuran-2-carbonsäurechloriden 1979; mit Meso-α.α'-diphenylbernsteinsäuredichlorid bzw. α.α-Diphenylbernsteinsäure 12 282; mit Spiro-[3.3]-heptan-2.5-dicarbonsäuredichlorid 1596; mit Divinylborinsäurebutylester 16 687; mit Phosphonsäureesterchloriden 6557*; Einfl. auf d. Glykogenolyse 917; Verwert. zum Wachstum einer cholinfreien Mutante v. Neurospora crassa 16 729; Biosynth. v. — u. dessen Bezieh. zum Phospholipidstoffwechsel 6856; Lipidlöslichk. v. — u. d. Oxydat. durch Lebermikrosomen 13 473; Wrkg.: auf d. Stoffwechsel v. cerebralen Phospholipiden 5000; auf d. Lipidüberbelast. u. d. Pantothensäure d. Rattenleber 2440; v. 2-Amino-2-methylpropanol auf d. ^{14}C-—-Einbau in Leberphospholipide in vivo 16 759; auf d. renale Hämodynamik 562; Best. d. Cytotoxizität in menschl. Zellkulturen 4196; Wrkg. auf d. Wachstum experimentell transplantablen Krebses 15 633; Verw.: zur Isolier. d. Radula 15 994; in Stabilisationslsg. 16 067*; als Stabilisator für aromat. Vinylpolymerisate 17 947*; d. Gemisches aus — u. Diäthylaminoäthanol als Härt.-Mittel für Glycidylpolyäther 6229*; analyt. Verw. d. Orotats 9833.

1-Amino-2-methoxypropan (Kp. 105 bis 106°), Darst., Pikrat 11 148; Rk. 11 147.

3(γ)-Methoxypropylamin (Methyl-γ-aminopropyläther) ($Kp._{752}$ 114°), Darst. 1951; (Rk.) 14 498; Rk. 4732*, 7481, 10 774; Best. d. Cytotoxizität in menschl. Zellkulturen 4196; Verw. 8430*.

β-Äthoxyäthylamin (Kp. 140°) 2813.

Methyl-2(β)-methoxyäthylamin (Kp. 85 bis 90°), Darst. 6748; Rk. d. Hydrochlorids 6747; Nachw. 7269.

$C_4H_{11}NOS$ **2-Hydroxyäthyl-2-mercaptoäthylamin** (F. 61—63°) 9305.

Aminoäthylmercaptoäthanol ($Kp._8$ 147 bis 150°) 16 842*.

Diäthylsulfoximin 15 555.

$C_4H_{11}NO_2$ **1.4-Dihydroxy-2-aminobutan**, Verw. 8430*.

2-Amino-2-methylpropandiol-(1.3) (1.1-Dimethylol-1-aminoäthan), Darst., Rk. 1196; Rk. 5848*, 15 959; Puffersyst. mit — für enzymat. Unters. 11 958; Verw. 17 243; thermometr. Titrat. u. Best. d. pK_{BH} 9091.

2-Methylaminopropan-1.3-diol, Rk. 1408*.

Diäthanolamin (2.2'-Iminodiäthanol, Bis-[β-hydroxyäthyl]-amin) ($Kp._{10}$ 155°), Darst. 2540*, 8059*, 10 815, 16 491*; Rückgewinn. 2904*; pK_H-Wert 14 081; polarograph. Verh. v. Eriochromviolett B u. seinen Lanthanidenkomplexen in mit — gepufferter Lsg. 15 858; Dampfdruck u. Gefrierpunkt 14 082; S/N-Verhältnis v. Carragheenaten 11 950; Stabilität v. Ag-Komplexionen mit — 17 673; Rk.: mit NH_3 309*; mit Borsäure 16 704; mit $[Mn(CO)_5]_2$ 4465; mit Organohalogen-Verb. bzw. Acrylsäuremethylester 9714; mit Dichloräthan 7108; mit 4-Brommethylstilben 4513; mit 2.4.6-Trichlorpyrimidin 8612; mit Chinolin- u. Naphthalin-Deriv. 10 443; mit halogenierten Pteridinen 14 245*; mit 10-[2-Chloräthyl]-phenoxazin bzw. -phenthiazin 3456; mit 12-[2-Chloräthyl]-benzo-[b] (bzw. [a])-phenoxazin 4921; mit 2.6-Dichlor-4.8-dipiperidino-pyrimidino-[5.4:d]-pyrimidin 17 854*; mit 6-Brommethyl-1.7-phenanthrolin 14 506; v. Estern mit Diazo- oder Tetrazo-Verb. 9900*; mit Tetrakis-[chlormethyl]-Cu-phthalocyanin 8430*; mit 4-Nitrobenzylbromid 4507; mit Epichlorhydrin 6384; mit 2-Chloräthylphenyläther-Deriv. u. Thionylchlorid 12 020*; mit Glycidaryläthern 15 936; mit 2-Chlormethyl-5.6-dimethoxybenzimidazol 125; mit 2.4-Dimercaptopyrimidin 11 193; mit N-substituierten Harnstoffen oder Thioharnstoffen 10 644*; mit 5-Chloruracil 3101; Verh. gegen 5-[o-Chlorphenyl]-hydantoin 6402; Rk.: mit 7-[β-Chloräthyl]-8-chlormethyltheophyllin 223*; mit 8-Chlormethylcoffein 17 761; d. Hydroxyacetats mit Aldehyden u. Polyolen 9516*; mit Formaldehyd u. Lawson 10 442; mit 5-Bromacetyluracil 5270; mit 3.7-Dibrom-5-brommethyltropolon 7494; mit p-Benzochinon 2545*; mit 1-Amino-2-[α-chlor-p-tolyloxy]-4-hydroxyanthrachinon 1422*; mit Glykolonitril 12 458*; mit Fettsäuren 15 076*; mit α-Methyl- u. α.α-Dimethylcarbonsäuren 15 075*; mit α-Chlorpropionsäure 15 217; mit N-[6-Chlorpyrimidinyl-(2)]-aminosäuren 15 967; mit 4.4-Bis-[4'-hydroxyphenyl]-pentansäure 18 641*; mit Meso-α.α'-bis-[2.4.6-trijodphenoxy]-adipinsäure 9084*; mit N-Tritylglycinestern 17 368; mit Steroidestern 11 203; mit 2-Acetoxy- bzw. 2-Hydroxymethylen-17β-acetoxy-5α-androstan-3-on 5681; mit Phthalsäureanhydrid 18 302*; mit 2-Phenyloxazol-4-carbonsäurechlorid 3449; mit Chlormethylphosphonsäure 5848*; mit Benzylboronsäure 8420*; mit Butylboronsäureestern 5988; mit d. Rk.-Prod. aus Cyanurchlorid, 4.4'-Diaminostilbendisulfonsäure-(2.2')-Di-Na-Salz u. Metanilsäure-Na-Salz 17 612*; mit 8.15-Dichlor-$\Delta^{13,14}$-sclaren bzw. 15-Chlor-$\Delta^{8,20,13,14}$-sclarodien 17 771; mit Cocosöl 1408*; Einfl. auf d. Glykogenolyse 917; Prüf. auf Verw. zur Isolier. d. Radula 15 994; Verw.: zur Abtrenn. v. Al_2O_3 aus Suspens. 12 054*; zur Reinig. d. Erdgases 13 631; in einem fl. Reinig.-Mittel 16 529*; für Lötmittel 5464*; in Elektrolytkondensatoren 5054; in Imprägniermitteln 6961*; d. —-Salzes v. Maleinsäurehydrazid zur Herst. baktericider Klebemittelpasten 18 678*; zur Herst. (injizierbarer Lsg. v. Tetracyclinen 12 767*; (v. Lsg. v. Azofarbstoffkomponenten) 3270*; zur CO_2-Absorpt. 16 540; Abtrenn. v. anderen Aminen 6161; polarograph. Best. 10 952.

Hydroxymethoxypropylamin, Rk. 8788*.

***N.N*-Dimethylformamid-*O*-methyloxoniumhydroxid**, Methylsulfat 15 557, 18 083.

$C_4H_{11}NO_2S$ *n*-Butansulfonsäureamid (F. 48°) 10 803.

***N*-Äthyläthansulfonamid** (Kp.$_2$ 123°), Bezieh. zwischen d. opt. Aktivität u. UV-, IR-Spektrum bzw. d. Dipolmoment 1548.

$C_4H_{11}NO_3$ 2-Amino-2-[hydroxymethyl]-propandiol(1.3) (Tris-[hydroxymethyl]-aminomethan, Trimethylolaminomethan) (F. 172°), Kristallstruktur 17 360; Methylier. 1196; Rk.: mit CO_2 3567; mit substituierten Benzoesäuren 15 960; mit Phenylestern 5245; mit Chlormethylphosphonsäure 5848*; Einfl. auf d. Kinetik d. Phenylhydrazonbldg. v. Benzo- u. Thiobenzophenon 5990; Hemmwrkg.: auf d. D- u. L-Milchsäure-Cytochrom c-Reduktasen d. Hefe 12 695; auf d. Red. v. TPN durch Rattenleberhomogenisate 6068; Verw. zur Unters. d. Latenzphase bei d. Salzaufnahme v. Depotgewebe 6086; Kreislauf-Rk. auf — nach letalen Endotoxininjekt. 3542; Verw. 717*, 7715*, 7970, 18 936*; thermometr. Titrat. u. Best. d. pKBH 9091; Verw.: in d. Chelatometrie 18 575; bei d. spektrophotometr. Best. v. Trypsin 5333.

$C_4H_{11}NO_3S$ *N*-Äthyltaurin, Rk. 17 204*.

Dimethyltaurin, Vork.: in d. Tierwelt 16 027; im Schwamm Calix nicacensis 13 094.

$C_4H_{11}NO_6S_2$ Bis-[2-sulfoäthyl]-amin, Verw. 15 085*.

$C_4H_{11}NO_8S_2$ Diäthanolamindischwefelsäureester, Rk. d. Na-Salzes 9900*.

$C_4H_{11}NS$ 2-Mercapto-1-aminobutan 9302.

4-Mercaptobutylamin, Prüf. auf Strahlenschutzwrkg. 1682.

Äthyl-2-mercaptoäthylamin (Kp.$_{43}$ 75°) 9304.

2-Dimethylaminoäthylmercaptan-(1) (*N*-Dimethylcysteamin), Darst. d. Hydrochlorids (F. 157°) 3785; Rk. 2829*; Prüf. auf Strahlenschutzwrkg. 1682; Schutz-Wrkg. gegen Stickstofflost u. Röntgenbestrahl. bei Mäusen 17 072.

3-Methylmercaptopropylamin 1192.

Methyl-β-methylmercaptoäthylamin, Darst. d. Hydrochlorids (Kp. 140—148°) 6748.

Diäthylsulfimin, Darst., (Rk., Deriv.) 15 555; (v. Salzen) 15 555; Rk. 11 122.

$C_4H_{11}N_3$ 5-Aminohexahydropyrimidin, Verw. 10 692*; (v. Deriv.) 13246*.

1-Propylguanidin, Darst. Rk. d. Nitrats (F. 93—94°) 11 157; Rk. d. Sulfats 4642*.

Isopropylguanidin, Nitrat (F. 119—121°) 11 882.

$C_4H_{11}N_3O$ Dimethylaminoacethydrazid (*N.N*-Dimethylglykokollhydrazid) (Kp.$_5$ 108°), Darst., Rk. 11 185; Wrkg. d. Hydrochlorids (*Reagens D*) auf d. katalyt. Hydrier. d. Nitrile 17 375.

$C_4H_{11}N_3OS$ *N.N*-Dimethyl-*N'*-thiocarbamylformamidiniumhydroxid, Chlorid (F. 145 bis 148°) 5097*.

$C_4H_{11}N_3O_2$ *N.N*-Dimethyl-*N'*-carbamylformamidiniumhydroxid, Chlorid (F. 190 bis 192°) 5097*.

$C_4H_{11}N_3S$ *S*-[3-Aminopropyl]-isothioharnstoff, Darst., Rk. v. Salzen 450; Prüf. d. Dihydrobromids auf Strahlenschutzwrkg. 7232.

2-Aminoäthyl-*N*-methylisothioharnstoff, Dihydrobromid (F. 214—215°) 451.

***S*-[2-Methylaminoäthyl]-isothioharnstoff**, Dihydrobromid (F. 164—166°) 451.

3-Mercaptopropylguanidin, Darst. 450; strahlenprotektive Wrkg. v. Salzen 1683.

2-Mercaptoäthyl-*N*-methylguanidin, strahlenprotektive Wrkg. d. Hydrochlorids 1683.

$C_4H_{11}N_5$ (s. *Glucophage* [*LA 6023, N.N(1.1)-Dimethylbiguanid*{ *hydrochlorid* }]).

Äthylbiguanid, Darst. v. Dicyanokobaltkomplexen 11 128; Rk. 7669*.

1.5-Dimethylbiguanid, Rk. 7669*.

$C_4H_{11}N_5O$ Äthanolbiguanid, Darst., Rk. v. Cu-Komplexen 10 773; Rk. 11 494.

$C_4H_{11}N_5S$ *S*.2-Guanidinoäthylisothioharnstoff, strahlenprotektive Wrkg. d. Hydrobromids 1683.

$C_4H_{11}OPS$ Methylisopropoxyphosphinsulfid, kernmagnet. Resonanz u. IR-Absorptionsunters. 8202.

$C_4H_{11}OPS_2$ *O*-Äthyläthanthionothiolphosphonat, Rk. d. K-Salzes 2146*.

$C_4H_{11}O_2P$ Methyl-*n*-propoxyphosphinoxid, kernmagnet. Resonanz u. IR-Absorptionsunters. 8202.

Diäthylphosphinsäure, Bldg. 10 767; Darst., Rk. d. Ag-Salzes 7487.

Äthylphosphonigsäureäthylester, Rk. d. Na-Salzes 10 055, 10 069.

$C_4H_{11}O_2PS$ Äthylthiophosphonsäuremono-*O*-äthylester (*O*-Äthyläthylthiolphosphonat), Darst., Rk. v. (+)- u. (—)-— aus rac.-— 16 648; Rk. d. NH_4-Salzes 2146*.

Äthylthionophosphonsäureäthylester, kernmagnet. Resonanz u. IR-Absorpt. 8202.

Diäthylthiophosphit (Kp.$_7$ 67—68°), Darst., Rk., Na-Salz 12 623; kernmagnet. Resonanz u. IR-Absorpt. 8202.

$C_4H_{11}O_2PS_2$ Dithiophosphorsäure-*O.O*-diäthylester (*O.O'*-Diäthyldithiophosphat, Diäthyldithiophosphorsäure), Darst. v. Salzen 12 623; Darst., Best. v. — u. —-Na-Salz 9092; IR-Spektrum v. — u. —-Na-Salz 9283; kernmagnet. Resonanz u. IR-Absorpt. 8202; Rk. 10 999*; (d. Na-Salzes) 7669*; (d. NH_4-Salzes) 2146*; Verw. 13 943*; (d. Na-Salzes) 14 972; analyt. Verw. d. Ni-Salzes 12 038.

***O.S*-Diäthyldithiophosphat**, Rk. d. Na-Salzes 10 845.

Dimethyläthyldithiophosphat (Kp.$_{0,1}$ 58 bis 59°) 17 901*.

$C_4H_{11}O_2PSe$ **Di-O-äthylselenophosphit** (Kp.$_{0,6-0,7}$ 42—43°) 13 728.

$C_4H_{11}O_3P$ ***n*-Butylphosphonsäure** (F. 104—106°) 12 266.

Äthylphosphonsäuremonoäthylester, Darst. v. Salzen 12 266; kernmagnet. Resonanz u. IR-Absorpt. 8202.

Äthylphosphonsäuredimethylester, Rk. 2712.

Methylphosphonsäuremonoisopropylester, volumetr. Best. 8733.

Methylphosphonsäureäthylmethylester (Kp.$_{20}$ 87—89°) 17 362.

***n*-Butylhydrogenphosphit**, NH_4-Salz (F. 87°) 5590.

Diäthylphosphit (Diäthylhydrogenphosphit, Diäthylphosphorigsäure, Phosphorigsäurediäthylester) (Kp.$_{10}$ 71°), Darst. 12 456*; (Rk.) 9300, 12 622; Darst., Verw. v. Hg-halt. Salzen 7299*; IR-Spektrum d. Na-Salzes 15 164; kernmagnet. Resonanz u. IR-Absorpt. 8202; Umester. 13 008, 17 057; Rk.: mit ungesätt. Verb. 13 948*; d. Na-Verb. mit Myrtenylchlorid 10 845; mit Äthyleniminomethylpolystyrol 2393; mit Aminen u. CH_2O 8589; mit 4-Methyl-$\Delta^{1,3,5(10)}$-östratrien-2.17β-diol 14 154; mit Aldehyden 2170*; mit Paraformaldehyd bzw. Acetaldehyd 9314; mit Salicylaldehyd 9745; mit 5-Formyl-4-amino-2-methylmercaptopyrimidin 17 398; d. Na-Salzes mit α-Halogenketonen (Struktur u. IR-Spektren d. Rk.-Prod.) 1933, 8958; mit Diazoketonen 3054; mit 2-Methyl- bzw. 2.3-Dimethylnaphthochinon-(1.4) 832; mit Phthalaldehydsäure 10 450; mit 2-Methoxyöstra-3.17β-diol-17β-acetat 10 848; d. Na-Verb. mit Äthylphosphonsäurediäthylester 12 266; mit β-Chloräthylphosphonsäurediäthylester u. K 13 323; mit cycl. 2.2-Dimethyl-1.3-propandiolphosphat 18 632*; mit β-[Diäthylamino]-äthyl-thiocyanat 12 268; d. Na-Salzes mit Hexadecansulton 19 010*; Teilnahme an Phosphorylier.-Rk. in Ggw. v. Peroxydase 11 230; Best. 18 583.

$C_4H_{11}O_3PS$ ***O.O*-Diäthylthiophosphorsäure (Thiophosphorsäure-*O.O'*-diäthylester, *O.O*-Diäthylthio(l)phosphat)**, Darst., Rk. v. Estern 12 267; IR-Spektrum d. Triäthylammoniumsalzes 9283; kernmagnet. Resonanz u. IR-Absorpt. 8202; Rk. (d. Na-Salzes) 7669*, 10 845; (d. NH_4-Salzes) 2146*, 2712; Bldg. als Stoffwechselprod. v. Co-Ral (Bayer 21/199) in Geflügel 14 603 [2 Ref.].

***O.S*-Diäthylthiophosphorsäure**, Rk. d. Na-Salzes 6738.

***O.O*-Diäthylthionophosphorsäure**, K-Salz 6738.

***O.O*-Dimethyl-*S*-äthylthiolphosphat** (Kp.$_{0,03}$ 35°) 14 667*.

$C_4H_{11}O_4P$ **Mono-*n*-butylphosphat (Monobutyldihydrogenphosphat, Mono-*n*-butylphosphorsäure)**, Bldg. 15 518; kernmagnet. Resonanz u. IR-Absorpt. 8202; Assoziat. 797; Unters. d. Verw.-Möglichk. für Extrakt. 13 687; Verw. zur Extrakt. d. Actiniden aus salpetersaurer Lsg. 3016, 9636, 13 686; Trenn. v. Dibutylphosphat 961, 9458.

***tert.*-Butylphosphat**, Extrakt. v. Nitrosylnitratoruthenium(III)-Komplexen aus wss. HNO_3 mit — 15 517.

Methyl-*n*-propylorthophosphorsäureester 10 423.

Diäthylphosphat (Diäthylphosphorsäure, Phosphorsäurediäthylester), Darst. 8388 [2 Ref.]; (d. NH_4-Salzes) 5590; Bldg. d. Ba-Salzes 9639; Struktur v. — u. — Salzen aus d. ^{31}P-Kernresonanz 15 125; Rk. 52, 10 278*, 18 633*; (v. Salzen) 6738, 9638; Bldg. als Stoffwechselprod. v. Co-Ral (Bayer 21/199) in Geflügel 14 603 [2 Ref.].

Dimethyläthylphosphat (Äthyldimethylphosphorsäureester) (Kp.$_{15}$ 87°) 9675, 10 423.

Dimethyl-1-hydroxyäthylphosphonat 2170*.

$C_4H_{11}O_5P$ **Dimethyl-β-hydroxyäthylphosphat** (Kp.$_{10^{-4}}$ 50°), Verseif.-Wärmen 9289.

$C_4H_{11}O_7P$ **L-Erythrit-1-phosphat**, biolog. Bldg. 12 701.

$C_4H_{11}P$ ***n*-Butylphosphin** (Kp. 76°), IR-Spektrum 14 447.

Isobutylphosphin, Rk. 1609.

***tert.*-Butylphosphin** (Kp. 54°), IR-Spektrum 14 447.

Diäthyldiphosphin (Kp. 85—85,5°), Darst. 15 563; (v. Pd-Komplexen mit P-Brücken) 11 847; (Verw.) 2122*; Bldg. 12 629; Rk. 4743*, 9516*, 16 288.

$C_4H_{11}PS$ **Diäthylphosphinsulfid**, Rk. 16 288.

$C_4H_{11}PS_2$ **Diäthyldithiophosphinsäure**, Rk. d. Na-Salzes 7491.

$C_4H_{12}AlClN_2$ **Bis-[dimethylamino]-monochloroalan** (F. 55—57°) 4463.

$C_4H_{12}AlNa$ **Natriumaluminiumdiäthylhydrid** 14 651*.

Natriumtetramethylaluminat 10 769.

$C_4H_{12}Al_2Cl_2$ **Tetramethyldialuminiumdichlorid**, IR- u. Ramanspektrum 2257.

$C_4H_{12}AsN$ **Dimethylaminodimethylarsin** (Kp.$_{760}$ 112°) 10 806.

$C_4H_{12}As_2$ **Tetramethyldiarsin**, Rk. 3431.

$C_4H_{12}BBrN_2$ **Bis-[dimethylamino]-bromboran** (Kp.$_3$ 36—38°) 14 437.

$C_4H_{12}BClN_2$ **Bis-[dimethylamino]-borchlorid** (Kp.$_{12}$ 43°), Darst. 14 437; Rk. 14 435.

$C_4H_{12}BKO_4$ **Kaliumtetramethoxyborat**, Rk. 303*.

$C_4H_{12}BLiO_4$ **Lithiumtetrametoxyborat** 303*.

$C_4H_{12}BN$ **Dimethylaminodimethylboran**, Rk. 14 436.

$C_4H_{12}BNO$ **Morpholinboran** (F. 93°) 16 843*.

$C_4H_{12}BNa$ **Natriumtetramethylborat** 10 769.

$C_4H_{12}BNaO_4$ **Natriumtetramethoxyborat (Natriumborattetramethylester)**, Röntgenbeug.-Pulverdiagramm 5952; Rk. 303*, 11 728*.

$C_4H_{12}B_2O_2$ **Diäthyldiboronsäure** (?), Gemisch mit Äthylphenyldiboronsäure 13 371.

$C_4H_{12}B_2O_4$ **Tetramethylendiboronsäure** 15 766*.

Tetramethoxydiboran (Hypoborsäuremethylester) (Kp.$_{25}$ 46—47°), Darst. 14 436; Schwing.-Spektrum u. Struktur 15 487.

$C_4H_{12}BrN_2P$ **Bis-[dimethylamino]-bromphosphan** 53.

$C_4H_{12}BrSb$ **Tetramethylantimonbromid**, Rk. 2713.

$C_4H_{12}Br_2N_2Si$ **Bis-[dimethylamino]-dibromsilan** (Kp.$_{65}$ 110°) 10 805.

$C_4H_{12}ClNSi$ ***N.N*-Dimethylamino-dimethylmonochlorsilan**, Rk. 3022, 14 437.

$C_4H_{12}ClN_2OP$ **Phosphorsäuretetramethyldiamidchlorid (Phosphorsäure-bis-[dimethylamid]-chlorid, Bis-[dimethylamido]-chlorphosphat)** (Kp.$_6$ 98—105°), Darst. 5475*, 10 999*; kernmagnet. Resonanz u. IR-Absorpt. 8203; Rk. 11 186, 15 190.

$C_4H_{12}ClN_2P$ **Tetramethyldiamidochlorphosphit [Bis-[dimethylamino]-chlorphosphan]** (Kp.$_1$ 29°), Darst. 54; Rk. 4140.

$C_4H_{12}ClN_2PS$ **Bis-[dimethylamido]-thionphosphorsäurechlorid (Thiophosphorsäuretetramethyldiamidchlorid)** (F. 22°) 5475*, 11 186, 15 190.

$C_4H_{12}Cl_2N_2Si$ **Bis-[*N.N*-dimethylamino]-dichlorsilan (Tetramethyldiamino-dichlorsilan)** (Kp.$_{20}$ 59—61°), Darst. 16 287; Dipolmoment 6686; Rk. 3022.

$C_4H_{12}Cl_2N_2Ti$ **Bis-[dimethylamido]-titan(IV)-dichlorid** 56.

$C_4H_{12}Cl_2OSi_2$ **1.1-Dimethyl-3-äthyl-1.3-dichlordisiloxan**, Rk. 1959.

Methyl-[trimethylsiloxy]-dichlorsilan, Rk. 18 494.

1.3(ω.ω')-Dichlortetramethyldisiloxan, Rk. 151, 1958.

$C_4H_{12}Cl_2OSn_2$ **1.3-Dichlor-1.1.3.3-tetramethyldistannoxan,** IR-Spektrum 13 289; Rk. 4845.

$C_4H_{12}Cl_3NSi_2$ **Trimethyltrichlor-*N*-methyldisilazan** (Kp.$_{27}$ 75—77°) 16 288.

$C_4H_{12}Cl_4N_5P_3$ **Verb.** $C_4H_{12}Cl_4N_5P_3$ (F. 102°) aus $(PNCl_2)_3$ u. $(CH_3)_2NH$ (Bldg.) 18 041; (IR-Spektrum) 18 364.

$C_4H_{12}FNSi$ *N.N*-**Dimethylamino-dimethylmonofluorsilan** (Kp.$_{760}$ 78,5°) 3022.

$C_4H_{12}FN_2OP$ s. *Pestox-XIV* [*Dimefox, Bisdimethylaminofluorphosphinoxid*].

$C_4H_{12}F_2N_2Si$ **Bis-[*N.N*-dimethylamino]-difluorsilan** (Kp.$_{760}$ 96°) 3022.

$C_4H_{12}Ge$ **Tetramethylgerman,** mol. Susceptibilität 15 538; relative chem. C- bzw. H-Verschieb. 9286.

$C_4H_{12}GeO_4$ **Orthogermaniumsäuretetramethylester,** Dampfdruck u. Viscosität 3369.

$C_4H_{12}NOP$ **Dimethylphosphinsäuredimethylamid** (Kp.$_2$ 89—91°) 12 629.

$C_4H_{12}NOPS$ **Dimethylamidothiophosphorsäuremonoäthylester,** IR-Spektrum 9283.

$C_4H_{12}NO_2P$ **Dimethylamidoäthylphosphit,** Rk. 4139.

$C_4H_{12}NO_3P$ **Amidodiäthylphosphat (Amidophosphorsäurediäthylester)** (F. 53,5—54,5°), Darst. 11 884; IR-Spektrum 9283.

$C_4H_{12}NO_4P$ **Phosphoryldimethylaminoäthanol,** Wrkg. v. 2-Dimethylaminoäthanol auf d. —-Geh. im Gehirn 5000.

$C_4H_{12}NP$ **Dimethylaminodimethylphosphin,** Darst., Rk. 6234*; Bldg., Rk. eines BH_3- bzw. B_2H_6-Adduktes 12 629; Rk. 54.

$C_4H_{12}N_2$ (s. *Putrescin* [*Tetramethylendiamin, 1.4-Diaminobutan, Butylendiamin-(1.4)*]).
1.2-Tetramethylendiamin, Rk. 18 641*.
2.3-Butylendiamin 9902*.
1.2-Diamino-2-methylpropan, Verw. 16 184*.
N-**Methyl-1.3-diaminopropan,** Rk. 12 841*; Verw. zur Isolier. d. Radula 15 994.
N-**Äthyläthylendiamin,** Dihydrochlorid (F. 165—167°) 1194.
N.N-**Dimethyl-2-aminoäthylamin (*N.N*-Dimethyläthylendiamin, 2(*β*)-[Dimethylamino]-äthylamin, 1-Amino-2-dimethylaminoäthan)** (Kp.$_{755}$ 103—108°), Darst. 1950, 8953, 16 285, 17 035; Rk.: mit Pyridin, *α*-Picolin bzw. Chinolin 15 212; mit Sulfolen-(3) 15 955; mit 3-Brom-7-methoxy-9-chloracridin 17 036; mit 2-Amino-4-chlor-5-[p-chlorphenylmercapto]-pyrimidin 1991; mit Formylferrocen 2719; mit 5-Amino-4-formyl-2-phenyloxazol 3451; mit 12-Ketoelaidinsäurederiv. 9084*; mit Salicylsäuremethylester u. a. Salicylsäurederiv. 7254*; mit 3-Methyl-2-oxopyrrolidin-5-carbonsäureäthylester 2725; mit Trichloracetylchlorid 6875*; mit Alkensulfonsäureestern 14 318*.
N.N'-**Dimethyläthylendiamin,** Darst. v. Salzen 1194, 14 886; Rk. v. Deriv. 16 239.
n-**Butylhydrazin,** Darst. d. Oxalats (F. 165°) 12 288; (Verw.) 13 201*; Rk. 1409*.
sek.-**Butylhydrazin (Butyl-(2)-hydrazin)** (Kp. 104—108°), Darst., Rk. 7625*; Rk. 1714*, 11 656*, 12 763*, 15 696*; Reserpin-antagonist. Wrkg. 18 549; Verw. 6877*.
tert.-**Butylhydrazin,** Hydrochlorid (F. 191 bis 194° Zers.) 14 478.
N-**Methyl-*N*-propylhydrazin** (Kp. 106 bis 108°) 0744.
1(*N*)-Methyl-1(*N*)-isopropylhydrazin (Kp. 104—106°), Darst., Rk. 6744; Rk. 1409*.
symm.-**Diäthylhydrazin,** Beschleunig. d. Blühens d. Ananas durch — 8675.
asymm. **Diäthylhydrazin** 302*.
N'-**Äthyl-*N.N*-dimethylhydrazin** (Kp.$_{747}$ 74,9—75°) 12 625.
Tetramethylhydrazin, Bindungsdissoziationsenergie 3772.

$C_4H_{12}N_2O$ *β*-**Dimethylaminoäthoxyamin** (Kp.$_{13}$ 48—50°), Rk. 8719*.
N-[2(*β*)-**Hydroxyäthyl]-äthylendiamin (*N*-Aminoäthyläthanolamin)** (Kp.$_{10}$ 120 bis 130°), Darst. 18 272*; Rk.: mit Hexachlorbenzol 10 277*; mit HCNO u. HCN 9895*, 12 835*; mit Fettsäuren 16 174*; mit Chlormethylphosphonsäure 5848*; mit *γ*-Lactonen 16 490*; Verw. 1411*.
N-**Methyl-*β*-amino-*α*-hydroxyisopropylamin,** Konstit. u. Aktivität 13 475.
4-Hydrazinobutanol-(1), Rk. 17 849*.
2.2'-Diaminodiäthyläther (Bis-[2-aminoäthyl]-äther), Rk. 17 206*, 17 615*; Verw. 16 184*.

$C_4H_{12}N_2O_2$ *N.N*(*asymm.*)-**Bis-[*β*-hydroxyäthyl]-hydrazin,** Rk. 1215; Beschleunig. d. Blühens d. Ananas durch — 8675.

$C_4H_{12}N_2O_2S_2$ **Cystamin-*S*-dioxid,** Rk. 6732.
2-Aminoäthanthiolsulfonsäure-2'-aminoäthylester, Dihydrochlorid (F. 165 bis 166°) 15 932.

$C_4H_{12}N_2S$ **Bis-[*β*-aminoäthyl]-sulfid** (Kp.$_{22}$ 127 bis 130°), Darst. 16 842*; Rk. 10 977*; (v. Deriv.) 2825*; Verw. 16 184*.

$C_4H_{12}N_2S_2$ s. *Cystamin* [*3.4-Dithiahexamethylendiamin, 2.2'-Dithio-bis-*[*äthylamin*], *Bis-*[*2-aminoäthyl*]*-disulfid*].

$C_4H_{12}N_4$ **Tetramethyltetrazen** (Kp.$_{15}$ 33—34°), Darst., Rk. 1195; Bindungsdissoziationsenergie 3772.
trans.trans.trans-**1.2.3.4-Tetraaminocyclobutan** 17 732.

$C_4H_{12}N_4O$ *N.N*-**Dimethyl-*N'*-amidinoformamidiniumhydroxid,** Chlorid (F. 164 bis 166°) 5097*.

$C_4H_{12}N_4O_2$ *N.N*-**Dimethyl-*N'*-hydrazinocarbonylformamidiniumhydroxid,** Chlorid (F. 115°) 5097*.

$C_4H_{12}N_4O_4S_2$ *N.N'*-**Bis-[sulfamido]-piperazin** (F. 241—243°) 3422.

$C_4H_{12}N_5OP$ **Azidophosphorsäurebisdimethylamid** 15 911.

$C_4H_{12}N_6$ **Äthylendiguanidin** (F. d. Sesquihydrats 165°) 10 829.

$C_4H_{12}OSi$ **Dimethyläthylsilanol,** Rk. 1799*.
Trimethylhydroxymethylsilan, Rk. 16 291.
Trimethylsilylmethyläther, Rk. 3380.

$C_4H_{12}O_2Si$ **Diäthylsilandiol,** Rk. 1201.
Äthyldimethoxysilan, Rk. 8584.
Dimethoxydimethylsilan, Konstit.-Einfl. auf d. IR-Spektrum 5606; Copolymere v. — u. Diphenyldimethoxysilan 16 704 [2 Ref.]; (spektrale Unters.) 16 705.

$C_4H_{12}O_3Si$ **Trimethoxymethylsilan,** Konstit.-Einfl. auf d. IR-Spektrum 5606; Verbrenn-. u. Bldg. Wärme 10 408.

$C_4H_{12}O_4P_2S_3$ **Tetramethyldithionothiopyrophosphat** (Kp.$_{0,01}$ 82—83°) 4315*.

$C_4H_{12}O_4Si$ **Tetramethoxysilan (Tetramethylorthokieselsäureester)** (Kp.$_{768}$ 128 bis 129,5°), Darst. 6207*, 9314, 15 881; (Rk. v. ^{18}O-—) 3408; Konstit.-Einfl. auf d. IR-Spektrum 5606; (u. Ramanspektrum) 5234; Schwing.-Spektrum 12 921; Rolle d. 3 d-Orbitale bei *π*-Bind. in — 15 508; Rk. 5691 [2 Ref.], 10 817.

$C_4H_{12}O_4Sn$ *n*-**Butylstannonsäure,** Nachw. in Polyvinylchlorid 11 385.

$C_4H_{12}O_4Ti$ *n*-**Butyltitanat,** Ti-Best. in — 239.

$C_4H_{12}O_5P_2S_2$ **Dimethyläthyldithiopyrophosphat** (Kp.$_{0,1}$ 106,5°) 17 901*.

$C_4H_{12}O_6P_2$ **Tetramethylendiphosphonsäure** (F. 217—220°) 13 323.

$C_4H_{12}O_7P_2$ *P*[1].*P*[1]-**Diäthylpyrophosphat** 8632.

$C_4H_{12}O_8S_2Si_2$ **dimeres Dimethylsilylensulfat** (F. 101—118°) 2710, 3381.

$[C_4H_{12}O_{11}P_2Si_2]_x$ **Verb.** $[C_4H_{12}O_{11}P_2Si_2]_x$ aus Tetraäthoxysilan u. P_2O_5 5691.

$C_4H_{12}P_2$ **Tetramethyldiphosphin** (Kp. 138°) 54, 12 630, 15 563.

$C_4H_{12}P_2S_2$ **Tetramethyldiphosphindisulfid** (F. 228—229°), Darst., Rk. 15 562; Syst. $OP(CH_3)_2Cl$-— 17 334; Red. 14 076.

$C_4H_{12}Pb$ **Bleitetramethyl (Tetramethylplumban),** Darst. 17 684; Bldg. 15 155 [2 Ref.], 16 958; Elektronenstoßspektroskopie 14 034; relative chem. C- bzw. H-

Verschieb. 9286; Verbrenn.-Wärme 8885; Methylradikale aus — u. $AuCl_3$ 10 011; therm. Zers. v. $CuCH_3$ in CH_3OH in Ggw. v. — 18 038; Verw. 4397; Best. in Bzn. 5906, 17 271.

$C_4H_{12}Si$ **n-Butylsilan** (Kp. 55—56°), Darst. 17 378; Mol.-Refr. 5233; Rk. mit Alkoholen (Kinetik) 18 070.

Diäthylsilan, Rk. 3730.

Dimethyläthylsilan, Darst., Hydrolyse (Kinetik) 6357.

Tetramethylsilan (Tetramethylsilicium) (Kp. 26—27°), Bldg. 4188, 16 287; neue Bezieh. zwischen d. physikal. Konst. v. — 3402; Konstit.-Einfl. (auf UV-, IR- u. Raman-Spektrum) 5234; [auf d. ν(SiC)] 11 504; IR-Bandenintensitäten 14 030; Massenspektrum 418; Elektronenstoßspektroskopie 14 034; ^{13}C-Kernresonanzspektroskopie 8201; temperaturabhäng. chem. Verschieb. in d. NMR-Spektren v. — 7092; relative chem. C- bzw. H-Verschieb. 9286; Ionisat.-Potential 17 302; Verbrenn.-Wärme 8885; Selbstdiffus. 794; (Koeffizient) 4481; Potentialfunkt. 18 065; Rk. 452, 5477*, 16 243, 17 334.

$C_4H_{12}Sn$ **Tetramethylzinn (Tetramethylstannan)**, Bldg. 773, 16 958; Elektronenstoßspektroskopie 14 034; ^{13}C-Kernresonanzspektroskopie 8201; Sn-Proton-Spin-Spin-Koppl. 3354; Hybridisier.-Effekte 2. Ordn. bei d. protonenmagnet. Resonanz 18 736; temperaturabhäng. chem. Verschieb. im NMR-Spektrum v. — 7092; relative chem. C- bzw. H-Verschieb. 9286; Ionisat.-Potential 17 302; Verbrenn.-Wärme 8885.

$C_4H_{12}Tl$ **Titantetramethyl** 13 167*.

$C_4H_{13}AlN_2$ **Bis-[dimethylamino]-alan** (F. 62°), Darst. 4463.

$C_4H_{13}AsO$ **Tetramethylarsoniumhydroxid**, Trijodid (F. 133°) 3431.

$C_4H_{13}BMg$ **Äthylmagnesiumäthylborhydrid** 7077.

Magnesiumdiäthylborwasserstoff 7077.

$C_4H_{13}BN_2$ **Piperazinboran** 16 843*.

2-Aminoäthylaminodimethylborin (Kp.$_{20}$ 28 bis 30°) 14 436.

Bis-[dimethylamino]-borin 12 630, 12 654, 14 437.

$C_4H_{13}BO_4$ **Tetramethyloxyborwasserstoff**, Rk. d. Na-Salzes 12 831*.

$C_4H_{13}BrN_2O$ **1-[β-Bromäthyl]-1.1-dimethylhydraziniumhydroxid**, Bromid (F. 137,5 bis 139,5°) 16 645.

$C_4H_{13}Br_2NSi_2$ **Bis-[dimethylbromsilyl]-amin (Tetramethyldibromdisilazan)** (Kp.$_{2,5}$ 64°), Darst., Hydrolyse-Verh. 5589; Schwingungsspektren u. Bindungsverhältnisse 15 895.

$C_4H_{13}Cl_2NSi_2$ **Bis-[dimethylchlorsilyl]-amin (Tetramethyldichlordisilazan)** (Kp. 111°), Darst., Hydrolyse-Verh. 5589; Schwingungsspektren u. Bindungsverhältnisse 15 895.

$C_4H_{13}NO$ **Tetramethylammoniumhydroxid**, Bldg.: d. Bromids 10 052; d. Jodids 7480, 18 077; Darst.: d. Triphenylsilyltriphenylborats u. d. Triphenylgermanyltriphenylborats 18 092; v. Oxazahydridoboraten 4461; Darst., Rk. v. Phosphaten 9675; Darst., Verw. v. Salzen mit 1.1.3.3-Tetracyanpropenen 1795*; Bldg. v. $[(CH_3)_4N]_2(CNBCl_3)_2$ 1154; Absorpt.-Spektrum u. Elektronenstruktur d. Tetrachloromanganats 11 448; Absorpt.-Spektrum d. Tetrachloro- u. Tetrabromoniccolats(II) u. d. Tetrabromozinkats 381; ^{13}C-Kernresonanzspektroskopie d. Chlorids 8201; Kernquadrupolresonanz v. Br im Hexabromotellurat 11 811; Brechungsindices u. Dichten d. Chlorids 2308; Dichte v. Lsg. d. Nitrats in HNO_3 16 223; Leitfähigk.: d. Chlorids in $SbCl_3$ 5980; v. Cyankohlenstoffsalzen 15 900; d. Pikrats (in Methanol/n-Butanol-Gemischen) 18 774; (in Gemischen v. W. u. Methylalkohol) 2683; Aktivitäts-Koeff. d. Jodids in wss. Lsg. 15 494; Abhängigk. d. Ionenbeweglichkeit d. Nitrats v. d. DK d. Lsgm. 7831; H^--Skala für d. Syst. —/W. 15 539; Neutralisat.-Kurven für $H_5P_3O_{10}$/— in Ggw. v. Metallionen 16 601; spezif. Adsorpt. d. Hydrojodids an d. Grenzfläche Hg-W. u. d. Struktur d. elektr. Doppelschicht 11 106; Sorpt. v. KW-Stoffen an Tetramethylammoniummontmorillonit 1521; Einfl. d. Hydrochlorids auf d. Absorpt. v. K-Ionen durch Vermiculit 11 829; Wrkg. d. Chlorids auf negatives AgJ-Sol 7798; Extrakt. v. Metallionen mit —-Chlorid in 1.2-Dichloräthan 10 763; kinet. Salzeffekte durch —-Ionen 4838; Ionenaustausch d. 12-Molybdatophosphats 17 317; Löslichk. d. Chlorids in fl. HJ 1531; HBr-Abspalt. aus d. Bromid 7848; Rk.: v. —-Halogeniden mit $(SCF_3)_2Hg$ 1119; d. Chlorids (mit $Cs[\pi\text{-}C_6F_6Fe(CO)_3]$) 16 250; (mit. $NaB_{10}H_{12}CN \cdot (CH_3)_2S$) 8182; d. Jodids mit $H_2[Ni_4(CO)_9]$ 3756; v. $(CH_3)_4NC(CN)_3$ bzw. $(CH_3)_4NSCN$ mit $B_{10}H_{14}$ 8181; mit $(C_2H_5)_2SB_9H_{13}$ 10 385; d. Azids mit 4-Fluornitrobenzol (Kinetik) 82; mit Dimedon 6014; mit Oximinocyanessigsäureäthylester 1951; d. Chlorids mit Δ^6-Pregnen-3β-glykolyl-20-on-3β-tosylester 16 773*; Einfl.: d. Chlorids auf d. Kinetik d. Rk. zwischen Thiosulfat u. α-Chlortoluolen 5989; d. Sulfats auf d. Elektrored. v. Anionen 5566; auf d. Geschw. d. Benzilsäure-Umlager. 1560; d. Bromids (auf Trypsin) 15 645; (auf d. atyp. Humanserumcholinesterase) 17 080; d. Chlorids auf d. Erreg.-Leit. in myelinfreien Säugetiernervenfasern 12 006; v. Ganglienblockern (auf d. Dosis-Wrkg.-Kurven v. —) 11 644; (auf durch —-Bromid hervorgerufene Schmerz- u. Entzündungsempfind.) 2449; auf d. Wrkg. v. Angiotensin auf glatte Muskulatur 13 456; auf d. Nebennieren-Medulla 16 763; Verw. (v. — u. —-Silanolat) 9005; (v. —-Dimethylsilanolat) 7546; (v. Polystyrolsulfonaten) 17 053; (d. Jodids als Fällungsmittel) 4109; Abtrenn. d. Jodids v. anderen Aminen 6161; Polarographie v. Papaverin-Deriv. in — 7837; analyt. Verw. 5689 [2 Ref.].

$C_4H_{13}NO_7P_2$ **Äthanolamino-bis-[N-methylphosphonsäure]**, Tetra-Na-Salz 5848*.

$C_4H_{13}NP_2$ **Bis-[dimethylphosphino]-amin** 54.

$C_4H_{13}NSi$ **Trimethylsilylmethylamin (Aminomethyltrimethylsilan)**, Rk. 15 189; (d. Hydrochlorids) 6029.

Dimethylaminodimethylsilan 14 437.

$C_4H_{13}N_2OP$ **Phosphorigsäuredi-[dimethylamid]** (Kp.$_{1,5-2}$ 72°) 14 666*.

$C_4H_{13}N_2O_2P$ **Phosphorsäurebisdimethylamid** 15 910.

$C_4H_{13}N_3$ **Diäthylentriamin**, Darst. 17 212*; Struktur d. Cellulose-Komplexes 8277; Gegenionenaktivität u. Gegenionenbind. in —-Trihydrochlorid 2014; thermodynam. Bldg.-Konst. d. Komplexionen zwischen Hg(II) u. — 15 515; Neutralisationswärmen 3044; Rk.-Wärmen u. -entropien v. Ionen d. Übergangsmetalle mit — 395, 10 371; Verbrenn. 14 978; Polymerisat. v. Cu(II)-Chelaten d. — 16 239; Überführ. in 1.4-Diazo-[2.2.2]-bicyclooctan u. Piperazine 3189*; Komplex-Bldg.: mit $CrCl_3$ 7446; mit Carbonylcycloheptatrienylchrom-Verb. 3754; mit $[Mn(CO)_5]_2$ 4465; Rk.: mit Äthylenoxid 12 458*; mit Styroloxid 15 790*; mit Triphenylchlormethan 7391*; mit d. Trichlorhydrinäther v. Trimethylolpropan 3647*; mit Halogenalkyltrialkoxysilanen 6210*; mit CH_2O u. HCN 9895*, 12 835*, 19 009*; mit

Salicylaldehyd-Deriv. 14 441; mit Stearinsäure 18 697*; mit ungesätt. Fettsäuren oder deren Estern 5100*; mit Diphenolsäure 18 642*; (u. Carbonsäuren) 18 641*; mit 8.12-Eicosadien-1.20-disäure 4357*; mit Chloressigsäurechlorid 17 204*; mit γ-Lactonen 16 490*; Verw.: zur Isolier. d. Radula 15 994; als Stabilisator 2899; als Härtungsmittel 8441*, 9542*, 15 033*; in Mitteln zur Ausrüst. v. Fasern 15 457*, 16 184*, 18 324*; Abtrenn. aus Gemischen mit Ionenaustauschern 6961*; W.-Best. in — 1344; Best. v. Piperazin in Ggw. v. — 2849.

2-Dimethylaminoäthylhydrazin, Rk. 7147.

$C_4H_{13}OP$ **Tetramethylphosphoniumhydroxid**, Darst. v. Salzen 10 767; Bldg. d. Jodids 10 020, 14 437; Verw. v. — u. —-Silanolat 9005.

$C_4H_{13}OSb$ **Tetramethylantimonhydroxid** 2713.

$C_4H_{13}O_5P$ **Tetrakis-[hydroxymethyl]-phosphoniumhydroxid. — Chlorid (THPC)**, Rk. 1458*, 8421*; Einw. auf Wolle u. Haar 2588, 19 058; Verw. 347, 7351*.

$C_4H_{14}BN$ **Isobutylaminboran** (F. 76°) 16 843*.

Dimethyläthylaminboran (F. 17,7°) 357*.

Trimethylaminmethylboran, Verw. 9513*.

$C_4H_{14}B_2$ **1.1-Diäthyldiboran**, Bldg. 11 090.

1.2-Diäthyldiboran, Darst., Verw. 8849*; Bldg. 11 089; IR-Spektrum 11 089.

Tetramethyldiboran 17 003.

$C_4H_{14}B_2N_2$ **Hydrazino-*N.N'*-bis-[dimethylboran]** (Kp. 95—97°) 14 437.

$C_4H_{14}Cl_2O_2Si_3$ **1.1.3.5-Tetramethyl-1.5-dichlortrisiloxan**, Rk. 1959.

$C_4H_{14}N_2O_2$ **1.1-Dimethyl-1-[2'-hydroxyäthyl]-hydraziniumhydroxid**, Salze 15 026*.

$C_4H_{14}N_4$ ***N.N*-Bis-[β-aminoäthyl]-hydrazin** ($Kp._{14}$ 116—118°) 2540*.

$C_4H_{14}OSi_2$ **1.1.3.3(*symm.*)-Tetramethyldisiloxan** (Kp. 71,5°), Darst. 16 647; Lewis-Basizität gegenüber Phenol bzw. Pyrrol 4864; Rk. mit Vinyldimethylchlorsilan 16 287.

$C_4H_{14}O_3Si_2$ **Tetramethyl-1.3-dihydroxydisiloxan (Tetramethyldisiloxandiol-(1.3), „Methyldimerdiol")** (F. 67°), Darst. 1958; Darst. u. Vernetz.-Eig. v. $SiCl_4$-—-Kondensat.-Prod. 12 687; Rk. 1201.

$C_4H_{15}NSi_2$ **Bis-[dimethylsilyl]-amin (Tetramethyldihydrodisilazan)** (Kp. 99—100°), Darst., Hydrolyse-Verh. 5589; Schwingungsspektren u. Bindungsverhältnisse 15 895.

$C_4H_{16}BNO_4$ **Ammoniumtetramethoxyborat** 9268.

$C_4H_{16}B_2N_2$ **dimeres Dimethylaminoboran** 14 437.

$C_4H_{16}N_2OSi_2$ **Tetramethyl-1.3-diaminodisiloxan**, Vers. d. Darst. 1958.

$C_4H_{16}O_4Si_4$ **1.3.5.7-Tetramethylcyclotetrasiloxan** (Kp. 134,5°), Darst. 1958; (Lewis-Basizität gegenüber Phenol bzw. Pyrrol) 4864; Polymerisat.-Fähigk. 1251.

x.x.x.x-Tetramethylcyclotetrasiloxan 1201.

$[C_4H_{16}O_{15}P_2Si_3]_x$ **Verb.** $[C_4H_{16}O_{15}P_2Si_3]_x$ aus Tetra-n-butoxysilan u. $POCl_3$ 5691.

$C_4H_{17}B_5$ ***tert.*-Butylpentaboran** 8476*.

$C_4H_{20}B_3N$ **Tetramethylammoniumtriborhydrid** 10 386.

$C_4H_{20}B_{10}N_2$ **Bis-[acetonitril]-dekaboran**, Röntgenbeug.-Pulverdiagramm 5952.

$C_4H_{20}O_4Si_5$ **Tetrakis-[methylsiloxy]-silan** (Kp. 159,5°) 4883.

$C_4H_{22}B_{10}$ **1.2.3.4-Tetramethyldekaboran** (F. 178 bis 179°) 417.

1.2.3.5(oder 8)-Tetramethyldekaboran (F. 70—71°) 417.

$C_4H_{22}B_{10}O$ **β-Äthoxyäthyldekaboran** ($Kp._{0,9}$ 80 bis 109°) 15 463*.

$C_4H_{22}B_9S$ **Diäthylsulfidnonaboran-(13)** (F. 50 bis 51°) 10 386.

$C_4H_{24}B_9N$ **Tetramethylammoniumnonaborhydrid-(12)** 10 386.

C_4J_2 **Dijoddiacetylen**, Rk. 16 248.

C_4KN_3 **Tricyanomethylkalium**, Rk. 8182.

$C_4N_4O_2$ **3.4-Dicyanfuroxan** (F. 42°) 12 991.

$C_4N_4O_4Si$ **Tetraisocyanatosilan (Siliciumtetraisocyanat)** (Kp. 188°), Darst. 2711; Rk. 15 187.

$C_4N_4S_4Si$ **Siliciumtetrathiocyanat (Siliciumtetrarhodanid)** (F. 141°), Darst. 15 521; Rk. 12 275.

Tetraisothiocyansilan (Siliciumtetraisothiocyanat) (F. 146°) 2711, 15 883.

C_4Na_2 **Dinatriumdiacetylid**, Rk. 16 247.

C_5-Gruppe

$C_5Br_2Cl_2O_2$ **1.2-Dichlor-4.4-dibromcyclopenten-(1)-dion-(3.5)** (F. 86—88°) 18 446.

$C_5Br_2Cl_4$ **1.2.3.4-Tetrachlor-5.5-dibromcyclopentadien-(1.3)** ($Kp._{0,08-0,1}$ 80—83°) 3070.

$C_5Br_2J_2O_2$ **4.4-Dibrom-1.2-dijodcyclopenten-(1)-dion-(3.5)** (F. 162—164° Zers.) 18 446.

$C_5Br_3ClO_2$ **1-Chlor-2.4.4-tribromcyclopenten-(1)-dion-(3.5)** (F. 104—106°) 18 446.

$C_5Br_4O_2$ **Tetrabromcyclopenten-(1)-dion-(3.5)** 18 445.

C_5Br_5N **2.3.4.5.6-Pentabrompyridin** 12 657.

$C_5ClF_{11}O_2S$ **Perfluorpentansulfonylchlorid**, Rk. 6208*.

$C_5Cl_2F_3N_3O_2$ **2.4-Dichlor-5-nitro-6-trifluormethylpyrimidin**, Red. 6411.

4.6-Dichlor-5-nitro-2-trifluormethylpyrimidin (F. 49—50°) 6411.

$C_5Cl_2F_6O_2$ **Perfluorglutarylchlorid**, Rk. 4876.

$C_5Cl_2F_8$ **1.2-Dichloroktafluorpenten-(4)** 1559.

$C_5Cl_2F_8O$ **ω-Chlorperfluorpentansäurechlorid** (Kp. 98°), Darst. 15 924; Rk. 5597.

$C_5Cl_4F_2$ **1.2.3.4-Tetrachlor-5.5-difluorcyclopentadien** ($Kp._{10}$ 58—60°) 10 658*.

$C_5Cl_4F_8$ **1.1.1.5-Tetrachloroktafluor-*n*-pentan** ($Kp._{140}$ 98—100°) 3056.

Perfluorpentadien-(1.3)-tetrachlorid (Kp. 151—152°) 1559.

1.2.4.5-Tetrachlorperfluorpentan ($Kp._{742}$ 153,7°) 1559.

Perfluorpentadien-(2.3)-tetrachlorid (Kp. 151—152°) 1559.

$C_5Cl_4O_2$ **Perchlorcyclopenten-(1)-dion-(3.5)** (F. 64,5—65°) 18 446.

C_5Cl_6 **Hexachlorcyclopentadien** ($Kp._{20}$ 120 bis 122°), Darst. 3988*, 3989*, 16 844*; (d. Adduktes mit Cyclohepten 18 077; (Rk.) 2339, 3070; Bldg. 9297, 18 445; Chemie d. — (Übersicht) 14 837; Rk. mit Cu 2718; Überführ. in 1.2.3.4.7.7-Hexachlorbicyclo-[2.2.1]-heptadien-(2.5) 10 643*; Rk.: mit Acetylen 9151*; mit Spiro-[4.2]-heptadien-(4.6) 10 078; mit 1-Phenylcyclopentadien 10 080; mit Triarylcyclopentadienen 10 079; mit 1.1-Diphenylsilacyclopentadien 2729; mit Vinylchlorid oder -bromid 16 494*; mit Alkandiolen bzw. Äthern oder Estern 4363*; mit α-Allylglycerinäther 10 659*; mit 1.1-Bis-[hydroxymethyl]-cyclohexen-(3)-diglycidäther 13 950*; Verh. gegenüber Vinyläthylsulfid bzw. -sulfoxid bzw. -sulfon 17 734; Rk.: mit ungesättigten Säuren 11 735*; mit dienophilen Monocarbonsäureestern (Hochdruckschmieröl) 3688*; mit Vinylencarbonat 11 735*; mit Acrylsäurechlorid 17 564*; mit Maleinsäureanhydrid 4004*, 12 101* [2 Ref.]; Verh. gegen N-Vinyllactame, bzw. Rk. mit Vinyläthern oder N-[β-Vinyloxyäthyl]-pyrrolidon 17 762; Rk. mit Synth.-Kautschuk 10 670*; Verw.: zur Bekämpf. d. Reblaus Phylloxera vitifoliae Fitch 627; für d. Gewinn. feuerfester u. wärmebeständ. Polymerer (Literaturübersicht) 8435; zur Herst. v. flammfesten Polyurethanschaumstoffen 7721*; Verarbeit. v. —-Naphthalin-Addukten 16 494*.

$C_5Cl_6F_2$ **Difluorhexachlorcyclopenten** ($Kp._{10}$ 95°) 10 660*.

C_5Cl_6O **2.2.3.4.5.5-Hexachlor-3-cyclopentenon** 9488*.

2.3.4.4.5.5-Hexachlor-2-cyclopentenon 9488*.

$C_5Cl_6O_2$ Perchlorcyclopentandion-(1.3) (F. 68 bis 69°) 18 446.

C_5Cl_8 Oktachlorcyclopenten, Bldg. 9297; Chemie d. — (Übersicht) 14 837.

$C_5Cl_8O_4$ Bis-trichlormethyldichlormalonat, Rk. 1433*.

$C_5CoF_3O_4$ Trifluormethylkobalttetracarbonyl (F. 13°) 4112, 5597.

$C_5F_3FeJO_4$ Tetracarbonylperfluormethyleisenjodid (F. 91—94° Zers.) 18 400.

$C_5F_5FeJO_3$ Tricarbonylperfluoräthyleisenjodid (F. 110—112° Zers.) 18 401.

C_5F_8 Perfluorpentin-(2) (Kp. 3—4°) 1559.
Perfluorpentadien-(1.3) (Kp. 28,4°) 1559.
Perfluorpentadien-(1.4) (Kp.$_{725}$ 33,5—34,0°) 1559.
Perfluorpentadien-(2.3) (Kp. 17°) 1559.
Oktafluorcyclopenten, Rk. 13 321.

C_5F_9J Tris-[trifluormethyl]-vinyljodid (Kp.$_{180}$ 56°) 3057.

C_5F_{10} Perfluorcyclopentan, Konstit.-Einfl. auf d. Massenspektrum 1171; Ionisationspotential 17 701.

$C_5F_{10}O_3S$ 3-Perfluorpropyl-3.4.4-trifluor-2.2-dioxo-1.2-oxathiacyclobutan, Rk. 1794*.

$C_5F_{10}O_6S_2$ Oktafluor-1.2-bis-[fluorosulfato]-cyclopentan (Kp. 148,0°) 13 322.

$C_5F_{11}NO$ *N*-Trifluormethylperfluormorpholin, NMR—F—F-Kopplungskonstante 7092.
N-Perfluoräthylperfluoroxazolidin, NMR—F—F-Kopplungskonstante 7092.

C_5F_{12} Perfluorpentan, Rotat.-Schwing.-Spektren in — 2628; — als Füllstoff einer Gasblasenkammer 3343.
Perfluorneopentan, Nichtbldg. 4495.

$C_5F_{12}O$ Perfluor-*tert.*-butylmethyläther 17 711.

$C_5F_{13}N$ Perfluordiäthylmethylamin, NMR—F—F-Kopplungskonstante 7092.

$C_5F_{15}P_5$ Pentakis-[trifluormethyl]-pentacyclophosphin, Bldg. 55; Mol.- u. Kristallstruktur 10 003.

C_5HBr_4N 2.3.4.6-Tetrabrompyridin 12 658.
2.3.5.6-Tetrabrompyridin 12 657.

C_5HClF_8O 5H-Oktafluorvalerylchlorid (5H-Perfluorpentanoylchlorid) (Kp. 86—88°), Darst. 15 924, 3056; Rk. 4876, 5597, 6405.

$C_5HClJ_2N_4$ 2-Chlor-6.8-dijodpurin (F. 223 bis 224°) 17 400.

$C_5HCl_2F_3N_2$ 4.6-Dichlor-2-trifluormethylpyrimidin (Kp.$_1$ 38°) 6411.

$C_5HCl_2JN_4$ 2.8-Dichlor-6-jodpurin 17 740.

$C_5HCl_3N_4$ 2.6.8-Trichlorpurin, Rk. 8988, 15 600, 16 686, 17 400; Hemm. d. Virusvermehr. durch — (Vgl.) 13 813.

C_5HCl_3OS 2.3.5-Trichlor-4-formylthiophen (F. 58°) 12 652.
2.3-Dichlorthenoyl-(5)-chlorid (Kp.$_{13}$ 116°) 12 650.

C_5HCl_4Na 1.2.3.4-Tetrachlorcyclopentadienylnatrium 7691*, 16 486*.

C_5HF_9O ω-Hydroperfluorvalerylfluorid (5H-Oktafluorpentanoylfluorid), Photolyse 11 362*.

$C_5HF_9O_2$ Perfluorvaleriansäure, —-halt. Cr-Komplexe u. schmutzabweisende Eig. d. damit präparierten Textilfasern 13 255.

C_5HF_{11} Undekafluorneopentan (F. 69°) 4495.

C_5HN_3O Tricyanvinylalkohol, Leitfähigk. d. Na-Salzes 15 900.

$C_5HN_5S_3$ Dirhodanmercapto-1.3.5-triazin 5818*.

$C_5H_2BrClOS$ 5-Bromthiophen-2-carbonsäurechlorid, Rk. 7252*.

$C_5H_2BrClO_2$ 5-Brombrenzschleimsäurechlorid, Rk. 3799.

$C_5H_2BrNO_3S$ 3-Brom-4-nitrothiophenaldehyd-(2) (F. 108—110°) 9697.

$C_5H_2BrNO_4S$ 2-Brom-3-nitrothiophencarbonsäure-(5) (F. 172—173°) 9697.
3-Brom-4-nitrothiophencarbonsäure-(2) (F. 214—215°) 9697.

$C_5H_2Br_2OS$ 2-Formyl-3.4-dibromthiophen (F. 109—110°), Konstit.-Einfl. auf d. UV-Spektrum 10 026.

$C_5H_2Br_2O_2$ 1.2-Dibromcyclopenten-(1)-dion-(3.5) (F. 156,5—157,5° Zers.) 18 445.

$C_5H_2Br_2O_2S$ 4.5-Dibromthiophencarbonsäure-(2), Rk. 9697.

$C_5H_2Br_3N$ 2.3.6-Tribrompyridin 12 657.
2.4.6-Tribrompyridin 12 657.

$C_5H_2Br_3NO$ 2.3.6-Tribrompyridin-*N*-oxid 18 824.
2.4.5-Tribrompyridin-*N*-oxid 18 824.
3.4.5-Tribrompyridin-*N*-oxid 18 824.

$C_5H_2ClF_3N_2$ 4-Chlor-2-trifluormethylpyrimidin (Kp.$_4$ 45°), Darst., Rk. 6411; Rk. 17 758.

$C_5H_2ClF_8NO$ 5-Chlorperfluorpentansäureamid (F. 124,5°) 15 925.

$C_5H_2ClNO_3S$ 2-Formyl-4-nitro-5-chlorthiophen (F. 101—102°), Konstit.-Einfl. auf d. UV-Spektrum 10 026.

$C_5H_2ClNO_3Se$ 5-Nitroselenophen-2-carbonsäurechlorid (F. 53—53,5°) 15 206.

$C_5H_2ClN_3$ 6-Cyan-3-chlorpyridazin (F. 90 bis 91,5°) 8612.

$C_5H_2ClN_3OS$ 2-Hydroxy-5-chlorthiazolo-[5.4:*d*]-pyrimidin (F. 247—248° Zers.) 6775.
2-Hydroxy-7-chlorthiazolo-[5.4:*d*]-pyrimidin (F. 225° Zers.) 6775.

$C_5H_2ClN_3O_4$ 2-Chlor-3.5-dinitropyridin, Elektrodenpotential 14 452.

$C_5H_2ClN_3S$ 5-Chlorthiazolo-[5.4:*d*]-pyrimidin (F. 126°) 6774.

$C_5H_2Cl_2F_3N_3$ 5-Amino-2.4-dichlor-6-trifluormethylpyrimidin (F. 72°) 6412.
5-Amino-4.6-dichlor-2-trifluormethylpyrimidin (F. 56—59°) 6411.

$C_5H_2Cl_2N_2O_2$ 2.6-Dichlor-3-nitropyridin, Rk. 13 496*.

$C_5H_2Cl_2N_4$ 2.6-Dichlorpurin (F. 180—181,5°), Darst. 13 580*; Rk. 2462*, 8988, 15 600, 16 686, 17 400.
2.8-Dichlorpurin (F. 145—148°) 17 400.

$C_5H_2Cl_2N_4O$ 6-Hydroxy-2.8-dichlorpurin, Rk. 17 400.

$C_5H_2Cl_2OS$ 2.3-Dichlorthiophen-5-aldehyd (2.3-Dichlor-5-formylthiophen), Rk. 12 649 [2 Ref.], 12 651.

$C_5H_2Cl_2O_2$ 1.2-Dichlorcyclopenten-(1)-dion-(3.5) (F. 162—163°) 18 445.

$C_5H_2Cl_2O_2S$ 2.3-Dichlorthiophen-5-carbonsäure (F. 196—197°), Darst. 5660; Rk. 12 650.

$C_5H_2Cl_4$ 1.2.3.4-Tetrachlorcyclopentadien-(1.3), Darst., Rk. 18 445; Rk. 3070, 7691*, 11 736*.

$C_5H_2Cl_4S$ 4-Chlormethyl-2.3.5-trichlorthiophen (Kp.$_{15}$ 131°) 12 652.

$C_5H_2Cl_6$ 1.2.3.3.5.5-Hexachlorcyclopenten-(1) 18 445.

$C_5H_2F_3NO_3$ 2-Trifluormethyl-5-nitrofuran (Kp.$_{102}$ 108°) 8239.

$C_5H_2F_3N_3O_4$ 4.6-Dihydroxy-5-nitro-2-trifluormethylpyrimidin (F. 148—150° Zers.) 6411.

$C_5H_2F_3N_3O_6$ 2.2-Dinitro-2-cyanäthanoltrifluoracetat (Kp. $_{,15}$ 39°) 12 992.

$C_5H_2F_6$ 1.1.3.3.5.5-Hexafluorpentadien-(1.4) (Kp. 44,6—45,1°) 3779.

$C_5H_2F_6O_2$ Hexafluoracetylaceton, IR-Spektrum d. Cu- u. Ni-Chelate 16 572.

$C_5H_2F_8O_2$ 5-Hydrooktafluorvaleriansäure, Rk. 6406.

$C_5H_2F_8O_3$ ω-Hydroperfluoräthoxypropionsäure (Kp.$_{740}$ 155°) 7325*.

$C_5H_2J_2N_4$ 2.6-Dijodpurin, Rk. 16 686.

$C_5H_2J_2O_2$ 1.2-Dijodcyclopenten-(1)-dion-(3.5) (F. 145,5—148,5° Zers.) 18 445.

$C_5H_2N_2O_2S$ 2-Nitro-3-cyanthiophen (F. 85 bis 86°), Konstit.-Einfl. auf d. UV-Spektrum 10 026.
2-Cyan-3-nitrothiophen (F. 90—91°), Konstit.-Einfl. auf d. UV-Spektrum 10 026.
5-Nitrothiophen-2-carbonsäurenitril, Rk. 806.

C_5H_2O Diäthinylketon 18 435.

$C_5H_2O_5$ s. *Krokonsäure.*

$C_5H_2S_4$ Thieno-[3.4:*d*]-1.3-dithiolanthion-(2) (F. 141—141,5°) 13 386.

C_5H_3Br **1-Brompentadiin-(1.3)** 3418.
C_5H_3BrClN **4-Chlor-3-brompyridin**, Rk. 17 756.
$C_5H_3BrClNO$ **3-Brom-4-chlorpyridin-*N*-oxid** (F. 153,5—154,5°) 3093.
$C_5H_3BrCl_2N_2$ **5-Brom-2.4-dichlor-6-methylpyrimidin** (F. 42°) 10 095, 17 759.
$C_5H_3BrCl_2S$ **2.3-Dichlor-5-brommethylthiophen** (Kp.$_{12}$ 129°) 12 650.
$C_5H_3BrCl_3F_3O_2$ **3.3.3-Trifluor-2-brompropyl-(1)-trichloracetat** (Kp.$_8$ 82°) 16 283.
$C_5H_3BrF_3NO_2$ **2-[Trifluormethyl]-4-methyl-4-bromoxazolon-(5)** 1571.
$C_5H_3BrF_6$ **5-Brom-1.1.3.3.5.5-hexafluorpenten-(1)** (Kp.$_{738}$ 104—106°) 3779.
$C_5H_3BrF_6O_2$ **α-Bromperfluorisobuttersäuremethylester** (Kp. 119,5—120°) 11 155.
3.3.3-Trifluor-2-brompropyl-(1)-trifluoracetat (Kp.$_{15}$ 48°) 16 283.
C_5H_3BrMg **Methyldiacetylenmagnesiumbromid**, Rk. 4938.
$C_5H_3BrN_2O_2$ **3-Brom-4-nitropyridin** (Kp.$_{0,1}$ 66 bis 68°) 3093.
5-Brom-2-nitropyridin, UV- u. IR-Spektrum 18 059.
$C_5H_3BrN_2O_3$ **3-Brom-4-nitropyridin-*N*-oxid** (F. 156—157°) 3093.
$C_5H_3BrN_4$ **6-Brompurin**, Herst. 16 139*; Rk. 15 247.
C_5H_3BrOS **3-Bromthiophenaldehyd-(2)** (Kp.$_3$ 91—92°) 9697.
5-Bromthiophen-2-aldehyd 12 652.
C_5H_3BrOSe **5-Bromselenophen-2-aldehyd** (Kp.$_6$ 112—113°) 11 559.
$C_5H_3BrO_2$ **5-Brompenten-(2)-in-(4)-säure**, Rk. 9307.
$C_5H_3BrO_2S$ **3-Bromthiophencarbonsäure-(2)** (F. 188—190°) 9697.
4-Bromthiophencarbonsäure-(2) (F. 113 bis 114°), Darst. 9697; Konstit.-Einfl. auf d. UV-Spektrum 10 025; Konstit.-Einfl. auf d. pK-Wert u. Kinetik d. Verester. 16 986.
5-Bromthiophencarbonsäure-(2) (F. 141 bis 142°), Darst., Rk. 4945; Konstit.-Einfl. auf d. UV-Spektrum 10 025; Rk. 9697.
$C_5H_3BrO_3$ **2-Bromfuran-5-carbonsäure** (F. 187°) 4944.
$C_5H_3Br_2N$ **2.6-Dibrompyridin** 12 657.
$C_5H_3Br_2NO$ **2.3-Dibrompyridin-*N*-oxid** 18 824.
2.5-Dibrompyridin-*N*-oxid 18 824.
3.4-Dibrompyridin-*N*-oxid 18 824.
3.5-Dibrompyridin-*N*-oxid, Nicht-Bldg. 18 824.
$C_5H_3Br_2N_3O_3Si$ **1.2-Dibromäthyltriisocyanatosilan** (Kp. 264° Zers.) 2711.
$C_5H_3ClF_3N_3$ **6-Amino-4-chlor-2-trifluormethylpyrimidin** (F. 148—151°) 6411.
$C_5H_3ClF_3N_3S$ **5-Amino-2-chlor-4-mercapto-6-trifluormethylpyrimidin** (F. 132° Zers.) 6412.
5-Amino-6-chlor-4-mercapto-2-trifluormethylpyrimidin (F. 175—176° Zers.) 6412.
$C_5H_3ClHgN_4$ **6-Chlormercuripurin** 2462*.
$C_5H_3ClN_2O$ **Pyrimidin-4-carbonsäurechlorid**, Rk. v. —-Deriv. 7626*.
$C_5H_3ClN_2O_2$ **2-Chlor-3-nitropyridin**, Rk. 13 496*.
2-Chlor-5-nitropyridin, Elektrodenpotential 14 452; Rk. 4159.
5-Chlor-2-nitropyridin, UV- u. IR-Spektrum 18 059.
6-Chlorpyrimidyl-4-carbonsäure 8781*.
$C_5H_3ClN_2O_3$ **4-Carboxy-6-chlorpyridazinol-(3)** (F. 216°) 6036.
5-Carboxy-6-chlorpyridazinol-(3) (F. 245° Zers.) 6036.
$C_5H_3ClN_2O_3S$ **4-Carbomethoxy-1.2.5-thiadiazol-3-carbonylchlorid** (Kp.$_{0,5}$ 88—92°) 9901*.
$C_5H_3ClN_4$ **2-Chlorpurin** (F. 231—232°), Darst. 15 600; (4.4'-Dichlorbenzoldisulfimidsalz) 8988; (Rk.) 17 400; enzymat. Oxydat. 4574.
6-Chlorpurin (F. 178—180° Zers.), Herst. 13 580*; (Verw.) 1006*; Hydrier. 8988; Alkylier. 10 464; Rk.: mit HBr bzw. HJ 16 139*; mit $HgCl_2$ 2462*; mit 2.3-Dihydrofuran bzw. 2.3-Dihydrothiophen 15 246; mit 2.3-Dihydro-4H-pyranen 14 513; mit α.ω- u. α.β-Diaminen bzw. Piperazin 17 400; mit Aminen 15 600; mit ω-[Puryl-(6)]-alkylaminen 17 401; mit heterocycl. Mercaptanen 15 697*; mit Aminosäuren 16 318; Einfl. auf d. Wachstum v. Tetrahymena 12 716; Stoffwechsel v. $^{14}C_{(8)}$-— bei d. Ratte 17 481; Cytotoxizität in menschl. Zellkulturen 4195; Wrkg. auf d. Wachstumsindices d. Nelson-Mäuseascitestumors 2766; in vivo-Wrkg. gegenüber Sarkom 180-Ascites-Zellen 14 539; Stoffwechsel vorgebildeter Purine in mit — behandelten Sarkom 180- oder Heptatom 134-Zellen 158; Einfl. auf d. Aufnahme d. Vorläufer d. Nucleinsäurestoffwechsels v. normalen u. leukäm. menschl. Leukocyten 18 864· Hemm. d. de novo-Biosynth. v. Purinen durch — bei empfindl. u. v. Natur aus resistenten Asciteszellen 158.
$C_5H_3ClN_4O$ **2-Chlor-6-hydroxypurin**, Darst., Rk. 17 400; enzymat. Bldg. 4574.
2-Chlor-8-hydroxypurin, enzymat. Bldg. 4574.
$C_5H_3ClN_4O_2$ **2-Chlor-6.8-hydroxypurin**, enzymat. Bldg. 4574.
„6-Chlorharnsäure", Ausscheid. v. — als Stoffwechsel-Prod. v. $^{14}C_{(8)}$-6-Chlorpurin bei d. Ratte 17 482.
$C_5H_3ClN_4S_2$ **2-Chlor-6.8-dimercaptopurin**, Rk. 17 740.
C_5H_3ClOS **5-Chlorthiophen-2-aldehyd** (Kp.$_{5,2}$ 77,5°) 12 652, 18 455.
Thenoyl-(2)-chlorid (**α-Thenoylchlorid**), Rk. 3799, 7252*.
Thiophencarbonsäure-(3)-chlorid (F. 50 bis 52°) 9698.
C_5H_3ClOSe **5-Chlorselenophen-2-aldehyd** (Kp.$_{15}$ 109°) 9699, 11 559.
$C_5H_3ClO_2$ **Furan-2-carbonsäurechlorid** (**Furoyl-(2)-chlorid, α-Furoylchlorid, Furoesäurechlorid, Brenzschleimsäurechlorid**) (Kp.$_{25}$ 72°), Darst., Rk. 3799; IR-Spektrum 3396; Rk. 3799, 4259*, 7251, 7527, 8608.
Furan-3-carbonsäurechlorid, Rk. 14 866.
$C_5H_3ClO_2S$ **5-Chlorthiophen-2-carbonsäure** (**2-Chlor-5-carboxythiophen**) (F. 154°), Darst. 11 557; Konstit.-Einfl. auf d. UV-Spektrum 10 025.
$C_5H_3ClO_2Se$ **5-Chlorselenophen-2-carbonsäure** (F. 172°) 9699.
$C_5H_3ClO_5S$ **Furan-2-sulfonsäure-5-carbonsäurechlorid**, Verw. 18 647*.
$C_5H_3Cl_2F_3O_2$ **α.β-Dichlor-γ.γ.γ-trifluorcrotonsäuremethylester** (Kp.$_{743}$ 141—143°) 16 841*.
$C_5H_3Cl_2JS$ **2.3-Dichlor-5-jodmethylthiophen** (F. 48°) 12 650.
$C_5H_3Cl_2N_3O_2$ **2.4-Dichlor-6-methyl-5-nitropyrimidin**, Rk. 10 094.
$C_5H_3Cl_2N_3O_3$ **3.5-Bis-[chlorformyl]-isoxazoldioxim** (F. 188° Zers.) 469.
$C_5H_3Cl_2N_3O_3Si$ **1.2-Dichloräthyltriisocyanatosilan** (Kp. 248° Zers.) 2711.
$C_5H_3Cl_2N_5$ **2.8-Dichloradenin** (**6-Amino-2.8-dichlorpurin**), Rk. 8988, 17 400.
$C_5H_3Cl_3N_2$ **5-Methyl-2.4.6-trichlorpyrimidin**, Verw. 11 016*.
6-Methyl-2.4.5-trichlorpyrimidin (Kp.$_{0,2}$ 55 bis 56°) 10 095.
$C_5H_3Cl_3N_2O$ **2.4.6-Trichlor-5-methoxypyrimidin** (F. 68°) 8704.
$C_5H_3Cl_3N_2OS$ **2-Trichloracetylaminothiazol** (F. 194—195°), IR- u. UV-Spektrum u. Tautomerie 8199.
$C_5H_3Cl_3O_2$ **1.1.4-Trichlorpentadien-(1.3)-säure-(5)** (F. 128—130°) 15 925.
$C_5H_3Cl_3S$ **5-Chlormethyl-2.3-dichlorthiophen**, Bldg. 12 652; Rk. 5660, 12 650.
$C_5H_3FN_2O_4$ **5-Fluororotsäure**, Bldg. beim Abbau v. 5-Fluoruracil im Körper 17 070; Wrkg. auf d. Vermehr. d. Tabakmosaik-

C_5H_4BrN **2(α)-Brompyridin,** Darst. 12 657; Elektronenspektrum 8196; Rotationsdispers. d. Addukts mit $Δ^4$-Cholestenosmiat 786; Einfl. d. Komplexbldg. mit Halogenen bzw. Halogenverb. auf d. IR-Spektrum 11 138; Rk.: mit 2-Picolin 17 028; mit 3-[2'-Bromäthyl]-indol 8610; mit Phenolen 6040; mit n-Butyllithium 15 576; (u. $^{14}CO_2$) 12 247; mit Thiophenolen 9724; mit 4.4'-Dimethoxydiphenylacetonitril 7631*, 17 565*; mit 2-Aminonicotinsäure 9722.
3-Brompyridin (Kp. 169—171°), UV-, IR-Spektrum u. Basenstärke 10 035; Elektronenspektrum 8196; Dipolmoment 16 976; Rk. 6033, 14 504, 15 584; Verw. d. Komplexes mit Nickeldithiocyanat 308*.
4-Brompyridin, Dipolmoment 16 976.

C_5H_4BrNO **2-Brompyridin-*N*-oxid** 18 824.
3-Brompyridin-*N*-oxid (F. 43—44°), Darst., Rk. 18 824; (d. Pikrats) 3092; Analyse d. ν(NO) 7091; Dipolmoment 16 976.
4-Brompyridin-*N*-oxid (F. 142° bzw. 147°), Darst., Red. 18 824; Protonenresonanzspektrum 3040; Analyse d. ν(NO) 7091; Dipolmoment 16 976.

$C_5H_4BrNO_2$ **3-Brom-4-hydroxypyridon-(2)** (F. 263—264° korr.) 14 862.
5-Brom-4-hydroxypyridon-(2), Rk. 14 862.

$C_5H_4BrN_3O_2$ **2-Amino-3-nitro-5-brompyridin,** Red. 10 461.

$C_5H_4BrN_3O_6$ **Dinitrocyanessigsäure-β-bromäthylester** (Kp.$_{0,21}$ 80°) 12 994.

$C_5H_4BrN_5$ **8-Bromadenin,** Rk. 9719.

$C_5H_4Br_2F_6$ **1.5-Dibrom-1.1.3.3.5.5-hexafluorpentan** 3779.

$C_5H_4Br_2N_2O_2$ **1-Methyl-4.5-dibrom-3-hydroxy-6-oxo-1.6-dihydropyridazin** (F. 226 bis 228°) 6036.

$C_5H_4Br_2N_6O_8$ ***N*-Cyan-2.2'-dibrom-2.2.2'.2'-tetranitrodiäthylamin** (F. 157—158°) 9216*.

$C_5H_4ClF_3N_4$ **2-Chlor-4.5-diamino-6-trifluormethylpyrimidin** (F. 226—227°) 6412.
4.5-Diamino-6-chlor-2-trifluormethylpyrimidin (F. 243—244°) 6412.

$C_5H_4ClF_3O$ **β-Trifluormethylcrotonsäurechlorid** (Kp. 99,5—100,5°) 10 800.

$C_5H_4ClHgNO$ **2-[Chlormercurioxy]-pyridin** 5676.

$C_5H_4ClHgN_3$ **1-Chlormercuriimidazol-4-acetonitril** 15 616.

C_5H_4ClMgN **α-Pyridylmagnesiumchlorid (Pyridyl-(2)-magnesiumchlorid),** Darst. 1405*, 3259*; (Rk.) 8781*; Rk. 4716*, 7322*, 7691*.
Pyridyl-(3)-magnesiumchlorid 11 361*.

$C_5H_4ClMnO_2S$ **Chlorsulfonylcyclopentadienylmangan(I),** UV-Spektrum d. Tricarbonylkomplexes 18 361.

C_5H_4ClN **2(α)-Chlorpyridin,** Einfl. d. Komplexbldg. mit Halogenen bzw. Halogenderiv. auf d. IR-Spektrum 11 138; Rk.: mit Mg 3259*; mit Alkyljodiden 12 293; mit 3-[2'-Bromäthyl]-indol 8610; mit Aminen 4714*; mit Anilin u. Salicylsäuremethylester 13 947*; mit 3.4-Dihydroxyphenacylchlorid 15 584; mit Dimethylsulfat 11 190.
3-Chlorpyridin (Kp. 148°), Darst. 8607; Dipolmoment 16 976; Rk. 11 361*, 15 584.
4-Chlorpyridin (F. 138—139°), Darst. 1230; Dipolmoment 16 976; Rk. 779.

C_5H_4ClNO **2-Chlorpyridin-1-oxid,** Rk. 3041.
3-Chlorpyridin-1-oxid (F. 60°), Darst., IR-Spektrum 3038; ν(NO) 7091; Dipolmoment 16 976.
4-Chlorpyridin-1(*N*)-oxid (F. 167—168°), Darst. 16 312; ν(NO) 7091; Protonenresonanzspektrum 3040; Dipolmoment 16 976; Rk. 3042.

C_5H_4ClNOS **4-Methylthiazol-5-carbonsäurechlorid,** Rk. 7252*.
5-Chlorthiophen-2-carbonsäureamid (F. 168°) 11 557.

$C_5H_4ClNOSe$ **5-Chlorselenophen-2-carbonsäureamid** (F. 117°) 9699.

$C_5H_4ClNO_2S$ **5-Nitro-2-chlormethylthiophen** (Kp.$_{0,6}$ 121°) 1980.

$C_5H_4ClN_3O$ **3-Chlorpyridazincarbonsäureamid** (F. 249°) 16 062*.

$C_5H_4ClN_3O_2$ **2-Amino-3-nitro-5-chlorpyridin** (F. 191—192°) 129.
4-Carboxy-6-chlorpyridazinol-(3)-amid [4-Carbamoyl-6-chlorpyridazinol-(3)] (F. 253°) 6036.

$C_5H_4ClN_3O_3$ **4-Methoxy-5-nitro-6-chlorpyrimidin** (F. 65—66° korr.) 7902.

$C_5H_4ClN_3O_4$ **6-Chlor-2-hydroxy-3-methyl-5-nitro-3H-pyrimidinon-(4)** (F. 195 bis 197°) 17 415.

$C_5H_4ClN_5$ **5-Chlor-7-methyltetrazolo-[1.5:*a*]-pyrimidin** (F. 115—116°) 6414.
2-Chloradenin 17 400.
6-Chlor-2-aminopurin, Darst., Rk., Hydrochlorid 10 464; Rk. 1326*.

$C_5H_4Cl_2N_2$ **4-Methyl-3.6-dichlorpyridazin** (F. 86°) 6036, 12 296.
2.4-Dichlor-6-methylpyrimidin, Darst., Rk. 9717; Rk. 1992, 6772.
2.6-Dichlor-4-methylpyrimidin (Kp.$_{14}$ 100°), Darst., Rk. 12 298; Rk. 7147, 15 967.

$C_5H_4Cl_2N_2O$ **2-Methoxy-4.6-dichlorpyrimidin** 9717.
4-Methoxy-3.6-dichlorpyridazin, Rk. 6410.
2.4-Dichlor-5-methoxypyrimidin (F. 66 bis 68°) 7148.

$C_5H_4Cl_2N_2OS$ **2-Methylmercapto-5-chlorpyrimidin-4-carbonsäurechlorid** 7626*.
2-Dichloracetylaminothiazol (F. 180 bis 180,5°), IR- u. UV-Spektrum u. Tautomerie 8199.

$C_5H_4Cl_2N_2O_2$ **1.5-Dichlor-4-methoxypyridazon-(6)** (F. 159° Zers.) 12 841*.

$C_5H_4Cl_2N_2O_4S_2$ **2-Aminopyridin-3.5-disulfonsäuredichlorid** (F. 137,5—139° Zers., korr.) 10 096.
4-Aminopyridin-3.5-disulfonsäuredichlorid (F. 123—125° korr.) 10 097.

$C_5H_4Cl_2N_2O_5S_2$ **6-Hydroxy-2-aminopyridin-3.5-disulfonsäuredichlorid** 10 097.

$C_5H_4Cl_2N_2S$ **2-Methylmercapto-4.6-dichlorpyrimidin** (F. 41—42°) 8704, 15 597.

$C_5H_4Cl_2OS$ **2.3-Dichlorthenyl-(5)-alkohol** (F. 46°) 12 650.

$C_5H_4Cl_2O_2$ **2.2-Dichlorcyclopentandion-(1.3)** (F. 83,5°) 15 242.
Itaconylchlorid, Rk. 5253.

$C_5H_4Cl_2O_4S_3$ **2.4-Bis-chlorsulfonyl-3-methylthiophen** (F. 96°), Kernresonanzspektrum 7831.
2.5-Bis-chlorsulfonyl-3-methylthiophen, Kernresonanzspektrum 7831.
2-Methylthiophen-3.5-disulfochlorid 5768*, 8346*.

$C_5H_4Cl_2S_2$ **2.3-Dichlor-5-mercaptomethylthiophen** (Kp.$_{14,5}$ 136—138°) 5660.

$C_5H_4Cl_3N_3OS$ **3-Methyl-1.3.4-thiadiazolon-(2)-trichloracetylimin** (F. 83—86°), IR- u. UV-Spektrum 8199.

$C_5H_4Cl_4N_4$ **2.4-Bis-[dichlormethyl]-6-amino-1.3.5-triazin** (F. 142°) 18 981*.

$C_5H_4Cl_4O_2$ **2.4.4.4-Tetrachlorcrotonsäuremethylester** (Kp.$_{12}$ 87—90°) 15 925.

C_5H_4FN **2-Fluorpyridin** (Kp. 126°) 13 919*, 17 566*.

$C_5H_4FN_5$ **2-Fluoradenin,** Widerstandsfähigk. gegen — bei Streptococcus faecalis 4199.

$C_5H_4F_2$ **1.1-Difluorcyclopentadien** 8412*.

$C_5H_4F_3NO_2$ **4-Methyl-2-[trifluormethyl]-oxazolon-(5)** 1571.

$C_5H_4F_3N_3$ **4-Amino-2-trifluormethylpyrimidin** (F. 180—181°) 6411.

$C_5H_4F_3N_3O$ **6-Amino-4-hydroxy-2-trifluormethylpyrimidin** (F. 252°) 6411.

$C_5H_4F_3N_3O_2$ **5-Amino-4.6-dihydroxy-2-trifluormethylpyrimidin** (F. 257—259° Zers.) 6411.

$C_5H_4F_3N_3S_2$ **5-Amino-2.4-dimercapto-6-trifluormethylpyrimidin** 6412.
$C_5H_4F_3N_5O_2$ **4.6-Diamino-5-nitro-2-trifluormethylpyrimidin** (F. 293°) 6411.
$C_5H_4F_6O_2$ **α.β.β.γ.γ.γ-Hexafluorbuttersäuremethylester** (Kp. 118°) 15 024*.
$C_5H_4F_6O_3$ **β.β-Bis-[trifluormethyl]-β-hydroxypropionsäure**, therm. Zerleg. d. K-Salzes 13 722.
$C_5H_4F_7J$ **1-Jod-3.3.4.4.5.5.5-heptafluorpentan** (Kp.$_{108}$ 64,0—64,2°) 3780.
$C_5H_4F_8$ **1.1-Bis-[trifluormethyl]-2.2-difluorpropan** 18 431.
$C_5H_4F_8O$ **1.1.5-Tri-H-perfluorpentanol** (*n*-**2.2.3.3.4.4.5.5-Oktafluorpentanol, α.α.ω-Trihydroperfluoramylalkohol**), Rk. 1794*, 15 924 [2 Ref.].
1.1.5-Tri-H-perfluorpentanol-(5) (Kp.$_{20}$ 58°) 15 924.
Methyl-1.1.2.3.3.4.4.4-oktafluorbutyläther (Kp. 75°) 15 024*.
$C_5H_4F_8S$ **2.2.3.3.3-Pentafluorpropyl-2′.2′.2′-trifluoräthylsulfid** 17 183*.
$C_5H_4F_8S_2$ **2.2.3.3.3-Pentafluorpropyl-2′.2′.2′-trifluoräthyldisulfid** 17 183*.
C_5H_4JN **3-Jodpyridin** (F. 53—54°), Dipolmoment 16 976.
C_5H_4JNO **3-Jodpyridin-1-oxid** (F. 131°), Dipolmoment 16 976.
$C_5H_4JN_5$ **2-Amino-6-jodpurin**, Rk. 1326*.
C_5H_4LiN **α-Pyridyllithium (Pyridyl-(2)-lithium)**, Rk.: mit Azulen 13 740; mit Chlortriphenylsilan 9713; mit Indanon-(1) 17 032; mit Aminoketonen 17 033; mit β-Aminopropiophenonen 17 029; mit [4′-Methoxybiphenylyl-(4)]-propanon-(2) 3808; mit Anthrachinon en 15 576.
$C_5H_4N_2$ **5-Äthinylpyrazol** (F. 55°) 12 626.
Diazocyclopentadien, Rk. 17 729.
Äthylidenmalonsäuredinitril (Methylvinylidencyanid) (Kp.$_1$ 65—68°) 5098*, 11 729*.
Glutaconsäuredinitril, IR-Spektrum 15 534.
Pyrrol-2-carbonitril (Kp.$_{1,5}$ 89—90°) 4902.
$C_5H_4N_2O_2$ **2-Nitropyridin** (F. 71°), UV-Spektrum 14 446; (u. IR-Spektrum) 18 059; Elektrodenpotential 14 452; polarograph. Reduzierbark. 7835.
3-Nitropyridin (F. 40°), polarograph. Reduzierbark. 7835; Rk. 15 588; (v. Derivv.) 13 496*.
4-Nitropyridin (F. 52°), Darst. 1230, 1231; (v. Deriv.) 3092; Elektrodenpotential 14 452; Dipolmoment, Wechselwrkg. mit Bzl. u. CCl_4 790; polarograph. Reduzierbark. 7835.
Pyrazincarbonsäure (F. 225°), Darst. 8986; Rk. v. Deriv. 3191*; Entfern. v. — u. verwandten Verunreinig. aus Pyrazinamid-Lsg. 6130; Best. 9814; (in Misch. mit Pyrazinamid) 6532.
Pyrimidin-4-carbonsäure, Ester 7626*.
Pyrimidin-5-carbonsäure, Darst., therapeut. Verw. v. Deriv. 4641*; Cytotoxizität in menschl. Zellkulturen 4196.
Methyldicyanacetat, pKa-Wert 11 510.
$C_5H_4N_2O_3$ **2-Hydroxy-5-nitropyridin**, Elektrodenpotential 14 452.
2-Nitro-4-hydroxypyridin, Elektrodenpotential 14 452.
3-Nitro-4-hydroxypyridin, Rk. 15 588.
4-Nitropyrrol-2-aldehyd, polarograph. Verh., UV-Spektrum 3395.
5-Nitropyrrol-2-aldehyd, polarograph. Verh., UV-Spektrum 3395.
3-Nitropyridin-1-oxid (F. 172°), Darst., IR-Spektrum 3038; ν(NO) 7091; Rk. 7894.
4-Nitropyridin-1(*N*)-oxid (F. 160°), IR-Spektrum 4871; ν(NO) 7091; Protonenresonanzspektrum 3040; Elektrodenpotential 14 452; Rk. 1230 [2 Ref.], 1231, 16 312.
4-Carboxypyridazinol-(3) (F. 196—197°) 6036.
Pyridazon-(3)-6-carbonsäure (F. 256—257°) 16 062*.
$C_5H_4N_2O_3S$ **5-Carboxythiouracil**, Hemm. d. Virusvermehr. durch — (Vgl.) 13 813.

$C_5H_4N_2O_4$ (s. *Isoorotsäure [Uracil-5-carbonsäure, 5-Carboxyuracil]; Nifuroxim [5-Nitrofurfuroloxim]; Orotsäure [Uracil-(6(„4„))-carbonsäure]*).
1-Methylalloxan, Darst., Rk. 6355; Rk. 8207.
4-Nitropyrrol-2-carbonsäure (F. 210 bis 212°) 4902.
5-Nitropyrrol-2-carbonsäure (F. 159—161°) 4902.
Pyrazol-3.4(4.5 bzw. „2.3")-dicarbonsäure (F. 255—260° Zers.), Darst. 17 742; (Salze mit Diaminen) 4945; Rk. 11 658*.
Pyrazol-3.5-dicarbonsäure (F. 289°) 4945.
Imidazol-4.5-dicarbonsäure (F. 289° Zers.) 10 448, 15 958.
$C_5H_4N_2O_4S$ **2-Mercaptoimidazol-4.5-dicarbonsäure** (F. 245—246° Zers.) 15 958.
4-Carbomethoxy-1.2.5-thiadiazol-3-carbonsäure (F. 80—81°) 9901*.
$C_5H_4N_2O_6$ **5-Nitrofurfuryl-(2)-nitrat** (F. 36,5°) 3911*.
Imidazolo-[2.1:*b*]-thiazol, Deriv. 9333.
$C_5H_4N_4$ (s. *Purin*).
Pyrazolo-[3.4:*d*]-pyrimidin, Darst. v. Deriv. 17 759; Herst., therapeut. Verw. v. Deriv. 949*, 3553*, 6877* [2 Ref.], 10 194*, 11 658*, 13 867*, 15 696* [3 Ref.].
symm.-**Triazolo-[4.3:*a*]-pyrimidin**, Deriv. 6414.
symm.-**Triazolo-[4.3:*b*]-pyridazin**, pharmakodynam. Eig. 13 480.
Imidazo-[4.5:*d*]-pyridazin, Deriv. 571*, 17 399.
1.2.3a.4-Tetrazainden, photograph. Verw. v. Deriv. 5536*.
1.3.3a.7-Tetrazainden, photograph. Verw. v. Deriv. 5536*.
1.4.7.9-Tetrazainden, Verw. v. Deriv. 14 139.
Pyrimidyl-(2)-cyanamid (F. 261°) 16 848*
2-Amino-5-cyanpyrimidin, Rk. v. Deriv 15 696* [2 Ref.].
4-Amino-5-cyanpyrimidin, Deriv. 4641*.
$C_5H_4N_4O$ (s. *Hypoxanthin*).
4-Hydroxypyrazolo-[3.4:*d*]-pyrimidin bzw. **4-Oxo-4.5-dihydropyrazolo-[3.4:*d*]-pyrimidin**, Herst., therapeut. Verw. 11 658*; (v. Deriv.) 1324*, 15 696*; — als Stoffwechsel-Prod. v. 4-Aminopyrazolo-(3.4:d)-pyrimidin in normalen u. neoplast. Geweben 18 867.
Pyrrazolono-[3.4:*d*]-pyrimidin, Deriv. 17 759.
$C_5H_4N_4OS$ **4-Mercapto-6-hydroxy-1H-pyrazolo-[3.4:*d*]-pyrimidin** (F. 360°) 11 658*, 19 015*.
2-Mercapto-6-hydroxypurin, Polarographie 7836; Farb-Rk. mit Nitroprussidnatrium 7249.
6-Mercapto-2-hydroxypurin, Polarographie 7836; Farb-Rk. mit Nitroprussidnatrium 7249.
8-Mercaptohypoxanthin (F. d. Hemihydrats 235° Zers.) 4543.
$C_5H_4N_4O_2$ (s. *Isoxanthin*; *Xanthin*).
4.6-Dihydroxypyrazolo-[3.4:*d*]-pyrimidin (F. 320°) 11 658*, 19 015*.
Hypoxanthin-1-*N*-oxid 2734.
1-Methyl-4-nitro-5-cyanimidazol (F. 141 bis 143° korr.), Darst. 2737; Rk. 2734.
$C_5H_4N_4O_2S$ **6-Thioharnsäure**, enzymat. Bldg. 5702; — als Stoffwechselprod. v. 6-Mercaptopurin u. seines 6-Methyl-Analogen bei Ratten 3845.
$C_5H_4N_4O_3$ s. *Harnsäure*.
$C_5H_4N_4O_4$ **4.4-Dinitro-4-cyanbutyronitril** 12 991.
$C_5H_4N_4O_5$ **Diazoorotsäure**, tumorhemmende Wrkg. 9377.
$C_5H_4N_4O_9$ **Dinitrocyanessigsäure-β-nitratoäthylester** (Kp.$_{0,05-0,15}$ 95°) 12 994.
$C_5H_4N_4S$ (s. *Mercaptopurin [6-Mercaptopurin 6-Purinthiol, Purinethol, Thiomerin]*).

5-[Pyrryl-(2')]-1.2.3.4-thiatriazol (F. 130 bis 131°) 6406.
7-Aminothiazolo-[5.4:*d*]-pyrimidin (F. 209 bis 210°) 4543.
2-Mercaptopurin, IR-Spektrum 3397; Cytotoxizität in menschl. Zellkulturen 4195; Hemm. d. Virusvermehr. durch — (Vgl.) 13 813.
2-Mercapto-4-amino-5-cyanpyrimidin 4641*.
$C_5H_4N_4S_2$ **4.6-Dimercapto-1H-pyrazolo-[3.4:*d*]-pyrimidin** (F. 320°) 11 658*, 19 015*.
2.6-Dimercaptopurin, Polarographie 7836.
6.8-Dimercaptopurin (F. 310—350° Zers.) 4543.
$C_5H_4N_4Se$ **6-Selenopurin**, biolog. Wrkg. bei Mäusen (Vgl.) 3845; Wrkg. auf Lactobacillus casei u. Ehrlich-Ascitestumor (Vgl.) 17 073.
Carbonylditriazole, Herst. v. Estern in Ggw. v. — 3978*.
***N.N'*-Carbonyldi-[1.2.3-triazol]**, Rk. 10 278*.
***N.N'*-Carbonyldi-[1.2.4-triazol]**, Rk. 8974, 10 278*.
$C_5H_4N_6O_2$ **2.4-Dihydroxy-7-amino-6-azapteridin**, tuberkulostat. Wrkg. d. Hydrochlorids 16 732.
C_5H_4O **Pentadiin-(1.4)-ol-(3) (Diäthinylcarbinol)** (F. 55°) 3417, 18 435.
Penten-(4)-in-(2)-al-(1), 2.4-Dinitrophenylhydrazon (F. 119,5—120,5°) 18 794.
Pentin-(4)-en-(2)-al-(1) (Kp.$_{60}$ 62—63°) 16 309.
C_5H_4OS **Thiophenaldehyd-(2) [α-Thiophenaldehyd, 2-Formylthiophen, Thienal-(2)]** (Kp.$_3$ 78°), Bldg. 9317, 18 455; Kernresonanz-Spin-Spin-Koppl.-Konst. 2309; Kernresonanzspektrum 7831; Konstit.-Einfl. auf d. UV-Spektrum 10 025; Nitrier. 9697; Rk.: mit Dimethylanilin 12 652; mit [Thienyl-(3)]-Li 10 826; mit 2-Methylbutyl-MgBr 17 712; mit Acetylferrocen 7834; mit 2.2.5.5-Tetraalkylfuranidonen-(3) 13 013; mit 2.4-Dimethoxybenzalaceton 13 384; mit 5-Phenylamino-2.3-dimethyl-1.3.4-thiadiazoliumjodid 10 832; mit Phosphoniumchloriden 16 303; mit Chloracetamid 14 615*; mit 4-Nitro-1-methylbenzol-2-sulfonsäure 13 575*; mit 5-Chlor-2.4-disulfamylanilin 6142*; mit m-Xylylendiphosphonsäuretetraalkylestern 5478*; Best. 16 078.
Thiophenaldehyd-(3) (Kp.$_{18}$ 89—89,5°) 9698.
α-Thiapyron, Einfl. v. Deriv. auf d. Gewebeatmung 14 179.
1-Thio-γ-pyron (F. 110—110,2°), Spektren im UV- u. sichtbaren Bereich 2306.
4-Thio-γ-pyron (F. 49,2—49,5°), Spektren im UV- u. sichtbaren Bereich 2306; Rk. 9706.
$C_5H_4OS_2$ **Dithiofurancarbonsäure** 8781*.
Selenophen-2-aldehyd (α-Selenophenaldehyd), Rk. 9698, 11 558, 13 013, 16 303.
$C_5H_4O_2$ (s. *Furfurol [Furfural, Furfuraldehyd, 2-Furaldehyd]*; *Protoanemonin [2-Methylen-5-keto-Δ³-dihydrofuran]*; *Pyron*).
Cyclopentendion-(1.3{ 3.5 }) (F. 35—36°), Darst., Rk. 8235, 15 242; Rk.: mit Cyclopentadien (Kinetik) 15 914; mit Harnstoff 5651; mit Benzoldiazoniumchlorid 18 445.
Pentin-(4)-en-(2)-säure-(1) (F. 94°), Darst., Rk. 16 309; Rk. 9308.
$C_5H_4O_2S$ **Thiophencarbonsäure-(2) (Thiophen-α-carbonsäure, 2-Carboxythiophen, α-Thenoesäure)** (F. 128°), Darst. (Rk., K-Salz) 4945; (v. Deriv.) 8062*; Bldg. 3799; Kernresonanz-Spin-Spin-Koppl.-Konst. 2309; Konstit.-Einfl. auf d. UV-Spektrum 10 025; Konstit.-Einfl. auf d. pK-Wert u. Kinetik d. Verester. 16 986; Rk. 8940, 12 464*, 18 455.
Thiophencarbonsäure-(3) (3-Carboxythiophen) (F. 138—139°), Darst. 10 826; (Rk.) 9697; Konstit.-Einfl. auf d. UV-Spektrum 10 025.
$C_5H_4O_2Se$ **Selenophen-2-carbonsäure**, Rk. 9699.
$C_5H_4O_3$ (s. *Brenzschleimsäure [α-Furoesäure, Furan-2-carbonsäure]*; *Pyromekonsäure [3-Hydroxy-γ-pyron]*).
5-Hydroxy-2-furaldehyd, Effekt auf d. Wachstum v. Escherichia coli (Vgl.) 4582.
2.3-Dihydropyran-2.4-dion [Pyronon-(2.4)] bzw. **4-Hydroxy-α-pyron**, Darst. v. Deriv. 6029; Darst., Rk. v. Deriv. 3806; Unters. über —-Deriv. 1604; Rk. 4639*.
Citraconsäureanhydrid (Methylmaleinsäureanhydrid) (Kp. 215°), Darst., Rk. 12 296; Solvolyse-Geschw. 5989; Rk.: mit 9.10-Dimethylanthracen (Kinetik) 15 914; mit Tetramethylfuran 2345; mit Aminen 4901; mit prim. Aminen 1189; mit 1-Acetoxybutadien-(1.3) 7500.
Itaconsäureanhydrid, Herst. 12 458*; Copolymerisat. mit Styrol 11 947.
Cyclopropan-1.2-dicarbonsäureanhydrid (F. 58°) 81, 18 098.
$C_5H_4O_5$ **Dihydrokrokonsäure**, Konstit.-Einfl. auf d. pK-Wert, UV-Spektrum 10 406.
$C_5H_4S_2$ **1.4-Dithio-γ-pyron** (F. 46,2—46,6°), Spektren im UV- u. sichtbaren Bereich 2306.
C_5H_5Br **1-Brompenten-(2)-in-(4)**, Rk. 3418.
$C_5H_5BrClN_3$ **2-Amino-4-chlor-5-brom-6-methylpyrimidin**, Rk. 10 094.
$C_5H_5BrClN_3S$ **2-Methylmercapto-4-chlor-6-amino-5-brompyrimidin** (F. 164—165°) 10 093.
C_5H_5BrMg **Cyclopentadienylmagnesiumbromid**, Rk. 8790*, 10 077, 10 078, 12 277, 18 934*.
$C_5H_5BrN_2$ **5-Brom-2-aminopyridin**, UV- u. IR-Spektrum 18 058.
4-Amino-3-brompyridin (F. 69—70°), UV-, IR-Spektrum u. Basenstärke 10 035.
$C_5H_5BrN_2O$ **5-Brom-4-methoxypyrimidin**, Konstit.-Einfl. auf d. IR-Spektrum 14 812.
6-Methyl-4-brompyridazinon-(3) (F. 190 bis 192°) 16 062*.
$C_5H_5BrN_2OS$ **5-Brom-6-methyl-2-thiouracil** (F. 256° Zers.) 17 759.
2-Methylmercapto-4-hydroxy-5-brompyrimidin (F. 252°) 10 093.
$C_5H_5BrN_2O_2$ **5-Brom-6(„4")-methyluracil (5-Brom-2.4-dihydroxy-6-methylpyrimidin)** (F. 251° Zers.), Darst. 10 093; (Rk.) 10 095, 17 758: Rk. 3460.
$C_5H_5BrN_2O_3$ **5-Brom-5-methylbarbitursäure** (F. 190°) 5669.
Oximinocyanessigsäure-β-bromäthylester (F. 113,5—115,5°) 12 994.
C_5H_5BrO **5-Brompenten-(2)-in-(4)-ol-(1)**, Darst., Rk. v. trans-— 8637; Rk. 4935, 9307.
5-Bromcyclopenten-(2)-on 17 731.
$C_5H_5BrO_2$ **1-Brompentin-(1)-säure-(5)**, Rk. 9307.
$C_5H_5BrO_3$ **α-Brom-γ-methyltetronsäure**, Biosynth. 9388.
C_5H_5BrS **2-Brom-3-methylthiophen** (Kp.$_{4,8}$ 34,5 bis 35,0°), Kernresonanzspektrum 7831.
$C_5H_5Br_2F_3O_2$ **α.β-Dibrom-α.β.β-trifluorpropionsäureäthylester** (Kp.$_{18}$ 82—84°) 15 024*.
$C_5H_5Br_3Ti$ **Cyclopentadienyltitantribromid** 18 968*.
$C_5H_5ClN_2$ **3-Methyl-6-chlorpyridazin**, Rk. 1989.
2-Chlor-4-methylpyrimidin, Rk. 12 298.
2-Methyl-4-chlorpyrimidin, Rk. 17 758.
4(6)-Chlor-6(4)-methylpyrimidin, Rk. 1992, 6035, 12 297.
5-Chlor-2-aminopyridin, UV- u. IR-Spektrum 18 058; Rk. 128; (d. Hydrochlorids) 15 550.
$C_5H_5ClN_2O$ **4-Methyl-6-chlorpyridazinol-(3)** (F. 149—151°) 6036.

5-Methyl-6-chlorpyridazinol-(3) (F. 225°) 6036.
3-Chlor-6-methoxypyridazin (F. 90,5°) 1190, 6409.
2-Chlor-4(6)-methoxypyrimidin (F. 55°) 7526, 12 298.
2-Chlor-5-methoxypyrimidin (F. 75—77°) 7149.
4-Chlor-5-methoxypyrimidin (F. 71°) 7148, 8704.
4-Chlor-6-methoxypyrimidin (F. 34,5—35° korr.) 1608, 7150.
4-Methyl-3-chlor-6-oxo-1.6-dihydropyridazin (F. 222°) 12 297.
5-Methyl-3-chlor-6-oxo-1.6-dihydropyridazin (F. 170°) 12 297.
4-Chlor-1.6-dihydro-1-methyl-6-oxopyrimidin (F. 87—88°) 7150.

$C_5H_5ClN_2OS$ **2-Methylmercapto-4-chlor-6-hydroxypyrimidin** (F. 215—216°) 15 596.
N-**[Thiazolyl-(2)]-chloracetamid** (F. 173°) 3087.

$C_5H_5ClN_2O_2$ **5-Chlormethyluracil**, Rk. 3101.
5-Chlor-6-methyluracil, Konstit.-Einfl. auf d. kernmagnet. Resonanzspektrum u. Protonenbeweglichk. 18 421; Rk. 10 094.
4-Chlor-5-methyl-2.6-dihydroxypyrimidin (F. 266—267°), Rk. 223*.
6-Chlor-2-hydroxy-3-methyl-3H-pyrimidin-on-(4) (F. 277—279°) 17 415.

$C_5H_5ClN_2O_2S$ **3-Chlor-6-methansulfonylpyridazin**, Rk. 7525.

$C_5H_5ClN_2S$ **3-Mercapto-4(bzw. -5)-methyl-6-chlorpyridazin** (F. 147° Zers.) 1990.
3(6)-Methylmercapto-6(3)-chlorpyridazin (F. 102°), Darst., Rk. 1990; Rk. 7525.
2-Methylmercapto-4-chlorpyrimidin, Rk. 17 758.

$C_5H_5ClN_2S_2$ **3-Allylmercapto-5-chlor-1.2.4-thiadiazol** (Kp.$_{15}$ 115—117°) 8761*.

$C_5H_5ClN_4O_2$ **4-Amino-2-chlor-6-methyl-5-nitropyrimidin**, Rk. 6038, 9720.
2-Methylamino-4-chlor-5-nitropyrimidin (F. 122°) 8250.
2-Chlor-4-methylamino-5-nitropyrimidin (F. 85—86°) 8250.
4-Carboxy-6-chlorpyridazinol-(3)-hydrazid (3-Hydroxy-6-chlorpyridazin-4-carbonsäurehydrazid) (F. 236—237° Zers.) 6036.

C_5H_5ClO **Furfurylchlorid (2-Chlormethylfuran)** (Kp.$_{15}$ 52°), Darst., Rk. 2353, 15 557; Rk. 1600, 16 303.
Methylencyclopropancarbonsäurechlorid (Kp.$_{30}$ 47—48°) 5649.

$C_5H_5ClO_2$ **3-Chlorcyclopentandion-(1.2)**, Rk. 3071.
Propargylmonochloracetat 14 998*.

$C_5H_5ClO_2S_2$ **2-Chlorsulfonyl-3-methylthiophen** (Kp.$_3$ 98—100°), Kernresonanzspektrum 7831.
2-Chlorsulfonyl-5-methylthiophen, Kernresonanzspektrum 7831.

$C_5H_5ClO_3$ *trans*-*β*-**[Methoxycarbonyl]-acrylchlorid (Fumarsäuremonomethylesterchlorid)**, Rk. 17 209*.

C_5H_5ClS **α-Tenylchlorid (2-Chlormethylthiophen)** (Kp.$_{9,5}$ 63—64°), Darst., Rk. 2353, 11 154; Rk. 1980, 16 303, 18 203*, 18 455.

C_5H_5ClSe **Chlormethylselenophen**, Rk. 16 303.

$C_5H_5Cl_2NS$ **2.3-Dichlorthenyl-(5)-amin** (Kp.$_{13}$ 126°) 12 651.

$C_5H_5Cl_2N_3$ **2.3-Diamino-5.6-dichlorpyridin** (F. 167°) 129.

$C_5H_5Cl_2N_3O$ **2(6)-Äthoxy-4.6(2.4)-dichlor-1.3.5-triazin** (Kp.$_{12-13}$ 114—116°), Darst. 8258; (Rk.) 15 219; Verw. 19 020*.

$C_5H_5Cl_2N_3O_4S_2$ **2.6-Diaminopyridin-3.5-disulfonsäuredichlorid** (F. 213—214,5° Zers., korr.) 10 096.

$C_5H_5Cl_2N_3S$ **2-Äthylmercapto-4.6-dichlor-1.3.5-triazin** (Kp.$_{0,07}$ 79—80°) 8258.

$C_5H_5Cl_3OS_2$ **3-Trichloracetylmercaptopropylensulfid** (Kp.$_{0,04}$ 111°) 5390*.

$C_5H_5Cl_3O_2$ **Trichloressigsäureallylester**, Rotationsisomerie aus d. IR-Spektrum 5233; Lage u. Intensität d. ν(C=O)-Bande 8558.

$C_5H_5Cl_3O_4$ **Propionyltrichloracetylperoxid**, Verw. 10 294*.

$C_5H_5Cl_3Si$ **Cyclopentadienyltrichlorsilan**, Rk. 3681*.

$C_5H_5Cl_3Ti$ **Cyclopentadienyltitantrichlorid**, Herst. 18 968*; Rk. 6608*, 8187.

$C_5H_5Cl_4OP$ **2-Chlor-3-chlormethylbutadien-(1.3)-phosphonsäuredichlorid** (Kp.$_2$ 121°) 8949.

C_5H_5Co **Cyclopentadienylkobalt**, Darst. v. Komplexen 18 399; Rk. 1159.

$C_5H_5F_2NO_2$ **α.α-Difluormalonsäureäthylestermononitril** 8412*.

$C_5H_5F_3$ **1.1.2-Trifluorpentadien-(1.4)** (Kp. 37 bis 38°) 3780.
2-Trifluormethylbutadien-(1.3) (Kp. 36°), Darst. 10 800; Mischpolymerisat. 4748*, 6222*.

$C_5H_5F_3N_2O_2$ **5-Methyl-5-trifluormethylhydantoin** (F. 139°), Darst. 8242; Prüf. auf pharmakolog. Wrkg. 12 370.

$C_5H_5F_3N_2O_6$ **Trifluoressigsäure-2.2-dinitropropylester** (Kp.$_{0,07}$ 46—48°) 9307.

$C_5H_5F_3N_4$ **4.6-Diamino-2-trifluormethylpyrimidin** (F. 243°) 6411.

$C_5H_5F_3O_2$ **Trifluoracetylaceton**, IR-Spektren d. Cu- u. Ni-Chelate 16 572; Verw. v. Bis-[trifluoracetylaceton]-Cu 10 714*.
β-**Trifluormethylcrotonsäure** (Kp. 160 bis 166°) 10 800.
Perfluoracrylsäureäthylester (Kp. 100°) 15 024*.

$C_5H_5F_5O_2$ **Pentafluorpropionsäureäthylester**, Rk. 6776.

$C_5H_5F_6NO$ *N*-**[1.1.1.3.3.3-Hexafluor-2-hydroxypropyl-(2)]-äthylenimin** (F. 147—149,5°) 13 751.

$C_5H_5JN_2$ **2-Jod-4-aminopyridin**, Rk. 17 027.

$C_5H_5JO_2$ **3-Jodcyclopenten-(2)-ol-(2)-on-(1)** (F. 155°) 3071.

C_5H_5JS **2-Jod-3-methylthiophen** (Kp.$_{15}$ 90°) 10 827.

C_5H_5K **Cyclopentadienylkalium**, Rk. 8420*, 18 398.

C_5H_5Li **Cyclopentadienyllithium**, chem. Verschieb. 434; Rk. 8420*, 10 019.

C_5H_5Mn **Cyclopentadienylmangan(I)**, UV-Spektrum d. Tricarbonylkomplexes 18 361.

C_5H_5N (s. *Pyridin*).
Pentin-(1)-säure-(5)-nitril (Kp.$_{18}$ 75—78°) 6386.
1-Cyanbutadien-(1.3), Herst. 9515*; Rk. 17 924*.
2-Cyanbutadien-(1.3), Herst. 9515*; Mischpolymerisat. 11 729*.

C_5H_5NO **Hydroxypyridine** bzw. **Pyridone**, Lsgm.-Effekt bei d. Identifizier. d. Carbonylabsorpt. in — 70; Ausscheid. als Tryptophan-Abbau-Prod. im Harn beim Menschen unter gleichbleibender Ernähr. 2442; Verw. zur Herst. v. Schädlingsbekämpfungsmitteln 14 297*.
2-Hydroxypyridin (α-Pyridol) bzw. **Pyridon-(2{6})**, Darst. 7691*, 16 649; Darst., Verw. v. Deriv. 2086*; Bldg. 6078; (Rk.) 3454; IR-Spektrum u. Tautomerie v. — u. —-Metallsalzen 3764, 8199; Unters. d. aromat. Charakters durch kernmagnet. Resonanzspektroskopie 18 420; kernmagnet. Resonanzspektren v. Deriv. 18 420; Rk. mit Quecksilberhalogeniden 5676; Bromier. v. —-Deriv. 10 092; Rk.: mit 2.4.6-Trifluor-1.3.5-triazin 13 919*, 17 566*; d. Ag-Verb. mit α-Acetobromglucose 5676; Einfl.: auf d. Kinetik d. Rk. v. Cyanurchlorid mit primären Aminen 801; d. N-Zufuhr auf d. Ausscheid. v. — im Harn 3161; Verw. zum Trennen v. KW-Stoffen 15 401*.
3-Hydroxypyridin, Rk. 18 831; (d. Hydrochlorids) 15 030*.
4-Hydroxypyridin bzw. *γ*-**Pyridon** (F. d. Monohydrats 66°), Darst., Pikrat

1230 [2 Ref.], 1231 [2 Ref.]; IR-Spektrum u. Tautomerie v. — u. —-Metallsalzen 3764, 8199; — als Wirts-Mol. für d. Clathrat-Bldg. mit Edelgasen 8180; Rk. 6720.
Pyrrol-2-aldehyd (α-Pyrrolaldehyd), oscillograph. Red. 7834; polarograph. Verh. d. Kondensat.-Prod. mit Acetylferrocen 7834; Rk. 4902.
Pyridin-*N*(1)-oxid (F. 66—67°), Darst., Rk. v. —-Deriv. 3090, 5666; Darst. u. spektralphotometr. Charakterisier. v. —-Komplexen mit Übergangsmetallen 17 342; Bldg., Rk. 3454; UV-Spektrum, H-Brücken-Bldg.-Energie d. Syst. —/Phenol bzw. —/Methanol 14 808; Raman-Spektrum 10 031; ^{14}N-Kernresonanzspektrum 12 975; protonenmagnet. Resonanzspektrum v. —-Deriv. 3040; OCl-Abstand in —-Hydrochlorid 10 781; Donator-Eig. 9284, 17 686; Tautomerie v. —-Deriv. 3041; Dipolmoment 16 976; (Wechselwrkg. mit Bzl. u. CCl_4) 790; freie Radikalsubstitut. 4871; Red. 1229; Desoxydat. 1231; Bromier. v. —-Deriv. 18 824; Rk.: mit Schwermetallsalzen 15 890; mit Si(IV)-Halogeniden 16 243; mit $K[C_2H_4PtCl_3]$ bzw. $[C_2H_4PtCl_2]_2$ 10 020; mit Triphenylphosphit 1231; katalyt. Wrkg. bei Aminoxydat. 15 592; Verhinder. v. Gefrierschäden lebender Zellen durch — 18 531.
C_5H_5NOS **4-Methylthiazol-2-aldehyd** 7235.
4-Methylthiazol-5-aldehyd (F. 74,5—75,3°) 7235.
trans-**Thiophen-2-aldoxim** (F. 132—132,5°), Ionisat.-Konst., Löslichk. 2310.
2-Mercaptopyridin-1-oxid [1-Hydroxypyridthion-(2)] (F. 63—64°), Darst., Rk. 3042; (v. Deriv.) 9336; Herst., Verw. v. —-Deriv. 5447*.
4-Mercaptopyridin-1-oxid [1-Hydroxypyridthion-(4)] (F. 140° Zers.) 3042.
$C_5H_5NO_2$ **Nitrocyclopentadien,** Vers. d. Überführ. in 1.1′-Dinitroferrocen 6013.
2.4-Dihydroxypyridin [4-Hydroxypyridon-(2)], Rk. 14 861.
2.5-Dihydroxypyridin, Konstit.-Einfl. auf d. pK-Wert 12 603.
3-Methylisoxazolaldehyd-(5) (F. 47—48°) 16 305.
5-Methylisoxazol-3-aldehyd, Rk. 5478*.
trans-**Furan-2-aldoxim** (F. 92—92,5°), Ionisat.-Konst., Löslichk. 2310.
4-Hydroxypyridin-*N*-oxid, Desoxydat. 1230, 1231 [2 Ref.].
Pyrrol-2(α)-carbonsäure (F. 203—204° Zers.), Darst. 4902; Bldg. 10 084, 15 069; Vork. in Hauthydrolysaten u. Einfl. auf d. papierchromatograph Best. v. Hydroxyprolinen 17 277.
α-Cyanacrylsäuremethylester (Methyl-2-cyanacrylat) (Kp.$_8$ 74—77°), Darst., Polymerisat. 5096*, 18 491; Verw. v. Eastman 910 Adhesive bei d. Mess. d. Adhäs. v. Anstrichfilmen nach d.Schmidt-Test 1425.
cis-**β-Cyanacrylsäuremethylester** (F. 30 bis 31° korr.), Darst. 2705; Kinetik d. Rk. mit 9.10-Dimethylanthracen 15 914.
trans-**β-Cyanacrylsäuremethylester** (F. 32 bis 34° korr.) 2705.
2-Furoesäureamid (F. 141—141,5°), Darst. 17 366; IR-Spektrum 3396.
***N*-Methylmaleinimid (*N*-Methylmaleinsäureimid)** (F. 90°), Darst. 1190; Reinig. 1432*; Kinetik d. Rk. mit Cyclopentadien 15 914; Anlager. an Kautschuk u. analoge Polymere 18 133; Bind. v. — an Actin 18 521; Einfl. auf Pflanzenwachstum u. -Entw. 7578; Bezieh. d. Struktur v. Cardenoliden u. Bufadienoliden zur Wrkg. bei Herzschädig. durch — 11 646.
α-Cyan-γ-butyrolacton (Kp.$_{0,1}$ 94—100°) 17 736.
$C_5H_5NO_2S$ **2-Carboxy-4-methylthiazol** (Zers. 95 bis 97°) 469.
3-Aminothiophen-2-carbonsäure 7331*.
Thiazol-4-carbonsäuremethylester, IR-Spektrum 10 030.
Thiazol-5-carbonsäuremethylester (F. 74,5 bis 75,5°) 7235.
3-Pyridinsulfinsäure, Rk. 2827*.
$C_5H_5NO_3$ **2-Methyl-5-nitrofuran,** Elektrodenpotential 14 452.
Methoxymaleinsäureimid (F. 168°) 9700.
***N*-Acetyloxazolidon,** Konstit.-Einfl. auf UV-Spektrum u. ν(CO), Dipolmoment 10 401.
$C_5H_5NO_3S$ **5-Nitro-2-hydroxymethylthiophen** (Kp.$_{0,15}$ 117—137°) 1980.
Pyridinsulfotrioxid, Rk. 2759.
Pyridin-2-sulfonsäure, Tüpfelnachw. 18 218.
Pyridin-3-sulfonsäure, Cytotoxizität d. Na-Salzes in menschl. Zellkulturen 4196; Mottenfest-Ausrüst. mit — 8114*.
Pyridin-4-sulfonsäure (F. 330°) 14 135.
$C_5H_5NO_3S_2$ **Rhodanin-3-essigsäure (3-Carboxymethylrhodanin),** Rk. 472; desensibilisierende Wrkg. d. Ammoniumsalzes 2446; antithyreoide Wrkg. d. Ammoniumsalzes u. Wrkg. auf d. Metamorphose v. Kaulquappen 914.
$C_5H_5NO_4$ **3-Acetoximinoacrylsäure,** positiv-inotrope Wrkg. auf d. Papillarmuskel d. Katze 18 191.
$C_5H_5NO_6$ *trans*-**1-Nitro-*cis*-1-*cis*-2-dicarboxycyclopropan (*trans*-1-Nitrocyclopropan-*cis*-1.2-dicarbonsäure)** (F. 147—151° Zers.), Darst., Rk. 11 541; KMR-Spektrum, Konstit. 11 509.
C_5H_5NS **2-Mercaptopyridin bzw. Pyridthion-(2)** (F. 130—132°), Darst., Rk., pK-Wert 6719; Rk. 3041, 15 697*.
3-Mercaptopyridin (F. 81°), Darst., pK-Wert 6719.
4-Mercaptopyridin (Pyridinthiol-(4) bzw. Pyridthion-(4) (F. 179—189° Zers.), Darst., Rk., pK-Wert 6720; Rk. 3041, 14 134.
$C_5H_5N_3$ **Imidazol-4-acetonitril,** Rk. 15 616.
$C_5H_5N_3O$ (s. *Pyrazinamid* [*Eprazin*]).
Pyridazincarbonsäureamid, Deriv. 16 062*.
Pyrimidin-4-carbonamid (F. 191—192° korr.) 13 031.
Pyrimidin-5-carbonsäureamid (F. 215°) 13 030.
$C_5H_5N_3O_2$ **2-Amino-3-nitropyridin,** UV- u. IR-Spektrum 18 058; Elektrodenpotential 14 452.
2-Amino-5-nitropyridin (F. 189°), UV- u. IR-Spektrum 18 058; Elektrodenpotential 14 452; Rk. 12 603.
4-Amino-3-nitropyridin, Elektrodenpotential 14 452.
2-Nitraminopyridin (F. 184°), IR- u. UV-Spektrum u. Tautomerie 8199.
2-Aminopyrazin-5-carbonsäure, Deriv. 2357.
4-Hydroxypyrimidin-5-carbonsäureamid, Deriv. 4642*.
6-Aminocarbonyl-2H-pyridazinon-(3), Rk. 8612.
$C_5H_5N_3O_3$ **4.6-Dihydroxy-2-methyl-5-nitrosopyrimidin,** Verw. als Desensibilisator 18 347*.
2-[5′-Nitrofurfuryliden]-hydrazin, Deriv. 4267*.
4-Nitropyrrol-2-aldoxim, Rk. 4902.
5-Nitropyrrol-2-aldoxim, Rk. 4902.
3.5-Diformylisoxazoldioxim (F. 178—180°) 469.
5-Formylaminouracil (F. 310° Zers.), Darst. u. Prüf. auf tumorhemmende Wrkg. 11 592.
$C_5H_5N_3O_3S$ **4-Methoxy-5-nitro-6-mercaptopyrimidin** (F. 165—166° korr.) 7902.
2-Thio-6-azauracil-5-essigsäure (3-Mercapto-5-hydroxy-6-carboxymethyl-1.2.4-triazin), Wrkg. auf Keimpflanzen 904; Verw. als Stabilisator für Halogensilberschichten 6277*.

2-Methylmercapto-6-azauracil-5-carbonsäure, Wrkg. auf Keimpflanzen 904.

5-Amino-3-cyanpyrrol-2-sulfonsäure 15 025*.

$C_5H_5N_3O_4$ **5-Nitro-6-methyluracil,** Darst. u. Prüf. auf tumorhemmende Wrkg. 11 592; Konstit.-Einfl. auf d. kernmagnet. Resonanzspektrum u. Protonenbeweglichk. 18 421.

4.4-Dinitro-4-cyanbuten-(1) ($Kp._{0,4}$ 38 bis 40°) 12 992.

5-Aminoorotsäure [5-Aminouracilcarbonsäure-(4)], Rk. 2361; tumorhemmende Wrkg. 9376; diazotierte — s. $C_5H_4N_4O_5$.

4-Nitroimidazol-5-carbonsäuremethylester 2734.

5-Carbamoylbarbitursäure 5651.

$C_5H_5N_3O_4S$ **3-Nitro-5-carboxy-2-hydrazinothiophen** (F. 210—211° Zers.) 11 179.

$C_5H_5N_3O_6$ **4.4-Dinitro-4-cyanbuttersäure** (F. 73 bis 74°) 12 992.

2.2-Dinitro-2-cyanäthanolacetat ($Kp._{1,25}$ 73 bis 75°) 12 993.

Dinitrocyanessigsäureäthylester ($Kp._{2,5}$ 55°) 12 994.

Oximinocyanessigsäure-β-nitratoäthylester (F. 98—98,5°) 12 994.

α.α-Dinitroglutarimid (F. 150—151°) 12 992.

$C_5H_5N_5$ (s. *Adenin [6-Aminopurin]; Angustmycin B*).

2-Aminopurin, IR-Spektrum 3397; Bezieh. zwischen Basizität, Ionisationspotential u. Aktivität als Tumorantagonist 15 260; Aktivität d. DPN- u. TPN-Nucleosidase d. Gehirns nach Einw. v. — 11 595; Wrkg. auf Mol.-Veränder. u. Mutat. bei Salmonella typhi-murium 500; 6-Deriv. als Arzneimittel 1326*.

8-Aminopurin, Bezieh. zwischen Basizität, Ionisationspotential u. Aktivität als Tumorantagonist 15 260.

9-Aminopurin, Darst. 10 463; (v. Deriv.) 7901.

4-Aminopyrazolo-[3.4:*d*]-pyrimidin, Darst., v. Deriv. 7899; Darst. therapeut. Verw. 11 658*, 13 868*; —-Stoffwechsel in normalen u. neoplast. Geweben 18 867; Wrkg. auf d. Nucleinsäure-Purin-Stoffwechsel in Ascitestumoren 8651; Hemm. d. Ascitestumor-Wachstums durch — in Kombinat. mit Azaserin, 6-Mercaptopurin u. Thioguanin 11 227.

4-Aminoimidazo-[4.5:*d*]-pyridazin, Hydrochlorid (F. 334—337°) 571*.

$C_5H_5N_5O$ (s. *Guanin [2-Amino-6-hydroxypurin]; Isoguanin*).

5-Methyl-6-hydroxy-1.2.4.7.9-pentazainden (F. 276°) 4170.

5-Hydroxy-7-methyltetrazolo-[1.5:*a*]-pyrimidin, Rk. 6414.

4-Amino-6-hydroxy-1H-pyrazolo-[3.4:*d*]-pyrimidin, Herst., therapeut. Verw. 11 658*, 13 868*.

6-Amino-4-hydroxy-1H-pyrazolo-[3.4:*d*]-pyrimidin, Herst., therapeut. Verw. 11 658*, 13 868*.

9-Aminohypoxanthin 10 464.

2-Amino-8-hydroxypurin 848.

Adenin-*N*-oxid 10 494, 11 951.

α-Cyan-β-semicarbazidoacrylonitril 15 952.

$C_5H_5N_5OS$ **2.5-Diamino-7-hydroxythiazolo-[4.5:*d*]-pyrimidin,** Dihydrat 7152.

$C_5H_5N_5O_2$ **3-Methyl-5.6.7.8-tetrahydro-*symm.*-triazolo-[4.3:*b*]-1.2.4-triazindion-(6.7)** 10 096.

$C_5H_5N_5S$ **5-Mercapto-7-methyltetrazolo-[1.5:*a*]-pyrimidin** (F. 189° Zers.) 6415.

4-Amino-6-mercapto-1H-pyrazolo-[3.4:*d*]-pyrimidin, Herst., Rk., therapeut. Verw. 11 658*, 13 868*.

6-Amino-2-mercaptopurin, IR-Spektrum 3397.

6-Thioguanin (2-Amino-6-mercaptopurin), Herst., therapeut. Verw. 1326*; Rk.: mit Cl_2 10 464; mit halogenierten heterocycl. Verb. 15 697*; mit 4-[β-Chloräthyl]-imidazol 17 400; mit Methyltosylat 17 037; — als Wachstumsinhibitor v. Milchsäurebakterien (Wechselwrkg. mit Folsäureanalogen) 5716; tumorhemmende Wrkg. 9376; (Mechanismus) 16 714; Einfl. auf d. Aufnahme d. Vorläufer d. Nucleinsäurestoffwechsels v. normalen u. leukäm. menschl. Leukocyten 18 864; Wrkg. auf d. Wachstumsindices d. Nelson-Mäuse ascitestumors 2766; Hemm. d. Ascitestumor-Wachstums durch — in Kombinat. mit 4-Aminopyrazolo-[3.4:*d*]-pyrimidin 11 227; cytolog. Best. einer Kombinat.-Therapie bei 6C3HED-Lymphosarkom mit — 10 504; Farb-Rk. mit Nitroprussidnatrium 7249.

$C_5H_5N_5S_2$ **2-Amino-6.8-dimercaptopurin** 15 773*.

$C_5H_5N_6$ **2.6-Diaminopurin,** Cytotoxizität d. Hydrats in menschl. Zellkulturen 4195; Einfl. auf d. Aufnahme d. Vorläufer d. Nucleinsäurestoffwechsels v. normalen u. leukäm. menschl. Leukocyten 18 864.

C_5H_5Na **Cyclopentadienylnatrium,** chem. Verschieb. 434; Rk.: mit $TaCl_5$, $MoCl_5$ bzw. WCl_6 7817; mit $NbCl_5$ bzw. $TaCl_5$ 1538; mit $MoCl_5$ 10 014; mit Mn(II)-Salzen u. CO 8420*; mit $Os(CO)_3Cl_2$ bzw. $Os(CO)_4Cl_2$ 18 046; mit $[Rh(CO)_2Cl]_2$ 778; mit Tricarbonyltropylium-Cr- bzw. -Mo-Salzen 3753; mit Dimethylbutylchlorid 16 772*; mit 2.4.6-trisubstituierten Pyryliumsalzen 13 740; mit Halogenalkoxysilanen 6587*; mit $NiBr_2$ u. 3-Cyclopentenyl-MgCl 5597; mit $[C_3H_5NiBr]_2$ 4468; mit $(C_3H_5PdCl)_2$ 16 617; mit Tetramethylcyclobutadiennickelchlorid 424.

$(C_5H_5O_3)_x$ **Verb. $(C_5H_5O_3)_x$** (F. 178°) aus Malonsäurediäthylester u. Na-Äthylcarbonat 10 061.

C_5H_6 **Penten-(1)-in-(4)** (Kp. 42—45°) 11 522, 11 525.

Penten-(2)-in-(4) [Penten-(3)-in-(1)], Darst. 11 522; Hydrierungswärme v. cis- u. trans-— 16 265.

Pentatrien-(1.3.4) (Kp. 49°) 11 526.

2-Methylbuten-(1)-in-(3) (Isopropenylacetylen), Polymerisat. u. Copolymerisat. 6427; Rk.: mit PCl_5 8948; mit Trifluorchloräthylen 8233; mit 3-Isopropyl-2-phenyl- bzw. 3-Benzyl-2-n-propyltetrahydrooxazin 6210*; Verh. gegen Amine 7481; Rk.: mit 1-Acetylcyclopentanol-(1) 15 939; mit 1-Brompentin-(1)-säure-(5) 9308; mit Orthoameisensäureester u. Äthyl-MgBr 18 794.

Cyclopentadien-(1.3) (Kp. 40—42°), Darst. 12 090*, 17 201*, 18 268*, 18 439; (d. Siliciumanalogen v. —) 2729; Darst., Rk. 2339, 9294, 15 027*; (v. ^{14}C-—) 9673, 18 433; (v. Deriv.) 10 077, 10 078, 10 079, 10 080; chem. Verschieb. v. Salzen u. Deriv. d. —-Anions 434; Struktur d. Anions 18 433; Elektronenstruktur 18 065; (v. —-Verb. mit CO, NO u. Übergangsmetallen) 9624; (v. Ferrocenanalogen Verb. mit —) 13 676, 17 666; Struktur v. Tricyclopentadienyluran 2282; Bind.-Verhältnisse in Cyclopentadienyl-Verb. 2648, 16 242; Herzberg-Teller-Absorpt. d. —-Ions 17 693; IR-Absorpt. v. $[C_5H_5V(CO)_3]^{2-}$ u. $[C_5H_5Cr(CO)_3]^-$ 11 450; neue Bezieh. zwischen d. physikal. Konst. v. — 3402; Näher.-Darst. d. LCAO—MO—ω-Technik 16 985; über Cyclopentadiene 6011, 6012, 6013; Isomerisier. in d. —-Reihe 1596; Dimerisier. 3774, 6970*; Polymerisat. 14 162, 16 145*; Polymerisat. bzw. Copolymerisat. v. — u. —-Deriv. mit Olefinen 317*; Copolymerisat.: mit Isobutylen u. Isopren 6992*; mit Alkylvinyläther 17 947*; mit Vinylacetat 15 424*; mit ungesätt. Diester 13 218*; Kinetik v. Diels-Alder-Rk. (Aktivitätsvergleich v. Dienophilen)

15 914; über π-Cyclopentadienyl-Cyclopentadien-Komplexe d. Rh u. Co (Vortrag) 12 589; selektive Hydrier. 19 003*; katalyt. Luftoxydat. 13 361; Chlorier. 3989*, 16 844*; Rk.: mit Na 1538, 3753, 10 014; (u. Tc_2O_7) 4848; mit Na- bzw. $LiBH_4$ (Kinetik) 4458; mit Erdalkalimetallen oder Erdalkalihydriden 771; mit Mg 1536; mit Metall-Verb. 5849*; v. Alkali-— mit Ti-Tetrahalogeniden 18 968; mit $TiCl_4$ u. Butyltitanat 1410*; mit $Fe/FeCl_3$ bzw. $CoBr_2$ 6013; v. Deriv. mit Fe-Halogeniden 18 934*; mit K u. UCl_4 18 399; mit NH_2OH oder dessen Salzen 8417*; mit $NaNH_2$, CO u. $(C_5H_5)_2 \cdot TiCl_2$ 5223; Methylaffinität 14 463; Rk.: mit Hexadien-(1.5) u. Hydrochinon 18 854; eines —-halt. Gemisches mit Äthylen 17 930*; mit Äthylenverb. 17 023; mit isomeren 1.2-Bis-[arylsulfinyl]-äthylenen bzw. isomeren 1.2-Bis-[phenylsulfonyl]-äthylenen 11 162; mit Allylchlorid 15 578; mit 3.3.4.4-Tetrafluorcyclobuten 16 299; mit Arylresten 11 005*; mit 3.4-Dichlorthiophen-1.1-dioxid 1223; mit Nitroolefinen 15 919; mit Halbacetalchloriden 15 570; mit n-Butyl-Li 10 020; mit Phenyl-Li u. p-Fluorbenzoylchlorid 14 481; d. Li-Verb. mit Phenylazocyclopentadienyllithium 17 729; mit Äthyl-MgBr u. $FeCl_3$ 12 277; mit Na u. Tetramethylcyclobutadien-Ni-Chlorid 425; mit Vinyläthylsulfid bzw. -sulfoxid bzw. -sulfon 17 734; mit Acrolein 5654; (u. Methylvinylketon) 12 387*; mit Methylvinylketon 17 383; mit 1-Methoxypenten-(4)-on-(3) 14 102; mit Cyclopentendion-(1.3) 8236; d. Na-Verb. mit 2.6-Dimethyl-4-[β-phenyläthyl]-pyryliumperchlorat 13 746; mit Acrylnitril 10 076, 10 444; mit Trichloressigsäure 7472; d. Na-Verb. mit Chlorameisensäuremethylester bzw. Acetylchlorid 17 727; mit Vinylacetat 6046, 8266; mit Isopropenylacetat 8267; mit Acrylsäureestern 18 428; mit cis-1-Äthoxy-2-acetoxyäthen 11 567; mit 2-Methyl-o-chinolacetat 116; mit Azodicarbonsäurediäthylester 11 869; mit Azodicarbonsäureditert.-butylester 14 478; mit Benzoyloxyradikalen 8951; v. — bzw. —-Deriv. mit Maleinsäureanhydrid 8237; (Kinetik) 4134; mit N.N'-Hexamethylendimaleinamid 9364; v. Alkali-— mit N.N'-Dimethyl-N.N'-diphenylformamidiniumsalzen bzw. deren vinylogen Verb. 6756; mit Peressigsäure 15 771*; mit β-Sulfoacrylsäureanhydrid bzw. cis- bzw. trans-Sulfoacrylsäure 12 250; mit tert.-Butylhypochlorit 11 170; mit Divinylborinsäurebutylester 16 687; Verh. gegen N-Vinyllactame, Rk. mit N-[β-Vinyloxyäthyl]-pyrrolidon 17 762; Rk. mit trocknenden Ölen 315, 665*; Erhitzen v. Dicyclopentadien- oder Dimethyldicyclopentadiendicarbonsäure in Ggw. v. — 2175*; gaschromatograph. Best. 18 219.

$C_5H_6AsF_7$ **Heptafluorpropyldimethylarsin** (Kp. 93°) 3432.

$C_5H_6BrF_3O_2$ **3.3.3-Trifluor-2-brompropyl-(1)-acetat**, Rk. 16 283.

$C_5H_6BrHgNO$ **3.5-Dimethyl-4-brommercuriisoxazol** (F. 171—172°) 8602.

$C_5H_6BrMgNO_2$ **1-Methyl-2-oxo-Δ⁴-pyrrolin-5-oxymagnesiumbromid**, Ätherat 7470.

C_5H_6BrN **γ-Brom-β-methylcrotonsäurenitril**, Rk. 19 007*.

C_5H_6BrNO **3-Brom-5-äthylisoxazol** ($Kp._{21}$ 80°) 10 045.

3.5-Dimethyl-4-bromisoxazol ($Kp._9$ 53 bis 56°) 15 209.

$C_5H_6BrN_3$ **3-Brom-pyrazolo-[2.3:a]-imidazolidin** (F. 110—111°) 10 192*.

5-Brom-2.3-diaminopyridin (F. 158—160°), Darst., Rk. 10 461; Rk. 8988.

$C_5H_6BrN_3O$ **2-Amino-4-hydroxy-6-methyl-5-brompyrimidin** (F. 249—250° Zers.), Darst. 10 093, 17 759; Rk. 1991.

3-Methoxy-5-brom-2-aminopyrazin, Rk. 12 103*.

$C_5H_6BrN_3OS$ **2-Methylmercapto-4-hydroxy-6-amino-5-brompyrimidin** 10 093.

$C_5H_6BrN_3S$ **2-Amino-4-mercapto-5-brom-6-methylpyrimidin** (F. 205° Zers.) 10 094.

$C_5H_6Br_2$ **3.5-Dibromcyclopenten** 18 433.

$C_5H_6Br_2N_2O_2$ ***N.N*-Dibromdimethylhydantoin (1.3-Dibrom-5.5-dimethylhydantoin)** (F. 188°), Darst. 5842*; IR-Spektrum 1170; Rk. mit aromat. KW-Stoffen 11 913; Bromier. v. Phenetol mit — 11 516; Verw. 3289*.

$C_5H_6Br_2N_2O_3$ **5.5-Dibrom-6-hydroxy-6-methyldihydrouracil [5.5-Dibrom-6-hydroxy-6-methylhexahydropyrimidindion-(2.4)]** (F. 234—235° Zers.) 10 095.

$C_5H_6Br_2O_2$ **α.β-Dibromacrylsäureäthylester**, Rk. 12 250.

***trans*-1.2-Dibrompropen-(1)-ol-(3)-acetat** ($Kp._7$ 89,5—91°) 9299.

3.4-Dibrom-4-hydroxyvaleriansäure-γ-lacton, Rk. 2175*.

$C_5H_6Br_2O_3$ **3.5-Dibromlävulinsäure** (F. 111 bis 113°), Darst. 14 104; R_F-Wert 5792.

$C_5H_6Br_2O_4$ **α.α'-Dibromglutarsäure vom F. 136°**, Darst. 7477; Rk. 8241.

Meso-α.α'-dibromglutarsäure (F. 172°), Darst., Rk. 7477; Rk. 8241.

$C_5H_6ClF_3HgO_2$ **3.3.3-Trifluor-2-chlormercuripropyl-(1)-acetat** (F. 95,5°) 16 283.

$C_5H_6ClF_3O$ **2-Chlor-1.1.2-trifluoräthylallyläther**, Rk. 11 513, 16 291, 17 949*.

$C_5H_6ClF_3O_2$ **3.3.3-Trifluor-2-chlorpropyl-(1)-acetat** (Kp. 136°) 16 283.

C_5H_6ClMgN ***N*-Methylpyrryl-(2)-magnesiumchlorid**, Herst. 3259*; Rk. 7322*, 7691*.

C_5H_6ClN ***N*-Methyl-2-chlorpyrrol**, Rk. 3259*.

1-Chlor-4-cyanbuten-(2) (*gewöhnl.* **Chlorcyanbuten**), Hydrolyse 9515*; Rk.: mit C_2H_2 u. CO 11 360, 13 945*, 14 323*, 14 469; (u. Methylalkohol) 8415*; mit CO u. Alkoholen bzw. Dimerisier. 13 725.

γ-Chlor-β-methylcrotononitril 11 729*.

γ-Chlor-β-methylallylcyanid, Rk. 11 729*.

C_5H_6ClNO **3-Chlor-5-äthylisoxazol** ($Kp._{20}$ 68 bis 70°) 10 045.

$C_5H_6ClNO_2$ **α-Chlor-β-acetoxypropionitril** ($Kp._5$ 77,5—79°) 11 529.

$C_5H_6ClN_3$ **4-Methyl-6-amino-3-chlorpyridazin (3-Amino-5-methyl-6-chlorpyridazin)** (F. 187°), Darst. 12 297; Rk. 7525.

5-Methyl-6-amino-3-chlorpyridazin (3-Amino-4-methyl-6-chlorpyridazin) (F. 137°), Darst., Rk. 12 297; Verh. gegen N-Acetylsulfanilylchlorid 7525.

2-Methyl-4-amino-6-chlorpyrimidin (F. 189°), Darst. 8987, 9345; Konstit.-Einfl. auf d. IR-Spektrum 14 812; Rk. 9345.

2-Chlor-4-methyl-6-aminopyrimidin, Rk. 8250, 12 298.

2-Amino-4-methyl-6-chlorpyrimidin (2-Amino-4-chlor-6-methylpyrimidin), Konstit.-Einfl. auf d. IR-Spektrum 14 812; Rk. 1992, 8250, 10 094, 11 905, 11 907.

4-Chlor-5-amino-6-methylpyrimidin (F. 98 bis 99° korr.) 7901.

2.3-Diamino-5-chlorpyridin (F. 172—173°) 129.

$C_5H_6ClN_3O$ **2-Methoxy-6-chlor-4-aminopyrimidin** (F. 130°) 16 316.

4-Amino-2-chlor-5-methoxypyrimidin (F. 181—182° Zers.) 7148.

$C_5H_6ClN_3O_2$ **2-Chlor-4.6-dimethoxy-*symm.*-triazin**, Röntgen-Pulveraufnahme 10 790.

$C_5H_6ClN_3O_3S_2$ **5-Acetylimino-4-methyl-Δ²-1.3.4-thiodiazolin-2-sulfonylchlorid** 1986.

$C_5H_6ClN_3S$ **2-Methylmercapto-4(6)-chlor-6(4)-aminopyrimidin**, Darst., Rk. 15 596; Konstit.-Einfl. auf d. IR-Spektrum 14 812; Prüf. d. Sulfats auf Antifolsäure-Wrkg. bei Streptococcus faecalis 10 519.

Pyrrol-2-aldoxim (F. 163—164,5°) 4902.
6-Methylpyrimidin-*N*-oxid, Deriv. 6035.
3-Methylpyrazinoxid-(1) (F. 89—90°), Verh. gegen Umlager. 8250.
2-Aminopyridin-1-oxid, Analyse d. ν(NO) 7091; Rk. 16 312.
3-Aminopyridin-1-oxid, Analyse d. ν(NO) 7091.
4-Aminopyridin-1(*N*)-oxid, Analyse d. ν(NO) 7091; Protonenresonanzspektrum 3040; Desoxydat. 1230, 1231 [2 Ref.]; Acetylier. 3042; Vers. d. Benzoylier. v. — 3041.
3-Hydroxyglutarsäuredinitril ($Kp._{0,22}$ 156°) 18 084.
***N*-Acetylimidazol** (F. 104°), Darst., Rk. 16 661; Kinetik d. Solvolyse 10 415; Rk. mit Hydroxylaminhydrochlorid 18 461.

$C_5H_6N_2OS$ **5-Methylthiouracil (2-Thiothymin),** Polarographie 7837, 12 297; Hemm. d. Virusvermehr. durch — (Vgl.) 13 813; cytolog. Best. einer Kombinat.-Therapie bei 6C3HED-Lymphosarkom mit — 10 504.
6(4)-Methyl-2-thiouracil (Metacil, Methiocil, *gewöhnl.* **Methylthiouracil, 2-Mercapto-4-hydroxy-6-methylpyrimidin),** Rk. 848, 17 758; (v. —-Deriv.) 4538; Transaminasenaktivität nach —-Behandl. 14 576; Einfl.: auf d. durch Cu^{2+} aktivierte Tyrosinase d. Haut 9763; auf Keimpflanzen 904; auf d. Mucopolysaccharid (Hexosamin)-Spiegel bei Hunden 538; antiphlogist. Wrkg. 1686; antithyreoidale Wrkg. (v. — u. —-Deriv.) 13 454; (u. Wrkg. auf d. Metamorphose v. Kaulquappen) 914; Einfl.: auf d. Wachstum d. weißen Ratten 7964; auf d. J-Umsatz bei Meerschweinchen 923; auf d. J-Vorrat in d. fötalen Thyreoidea 18 529; auf d. intrauterinen J-Stoffwechsel 8681; Bezieh. zwischen Protein-gebundenen Sulfhydryl-Gruppen u. d. thyreoiden Aktivität nach —-Behandl. bei Meerschweinchen 11 620; Einfl. auf d. Empfindlichk. d. Maus bei Überschuß u. Mangel an Schilddrüsenhormon gegen Histamin u. 5-Hydroxytryptamin 9041; Erhöhung d. durch — hervorgerufenen Hypertrophie d. Schilddrüse durch Vitamin A 10 542; Behandl. d. Thyreotoxikose mit — (Vgl.) 7592; Wrkg. d. —-Behandl. auf d. Hormonsekret. d. Nebennierenrinde 6844; antiphlogist. Wrkg. 1686; Prüf. auf tumorhemmende Wrkg. 9377; Potenzier. d. medikamentösen Schlafes durch — 18 552.
2-Methylmercapto-4(6)-hydroxypyrimidin, Rk. 15 966.
2-Methylmercapto-5-hydroxypyrimidin (F. 177°) 8704.
4-Hydroxy-6-methylmercaptopyrimidin, Rk. 7150.
3-Methoxypyridazinthiol-(6) (F. 200°) 1990.
4-Mercapto-5-methoxypyrimidin (F. 209 bis 211°) 7148.
2-Mercapto-4-methylglyoxalin-5-aldehyd, Rk. 5478*.
2-Acetamidothiazol (F. 202—203°), Darst. 12 292; IR- u. UV-Spektrum u. Tautomerie 8199.
Thio-α-furoesäurehydrazid (Furan-2-thiocarbonsäurehydrazid) (F. 130—131°), Darst., Rk. 6382; Rk. 6767.

$C_5H_6N_2O_2$ (s. *Thymin* [*5-Methyluracil*]).
1-Methyluracil, Rk. 7151.
3-Methyluracil, IR-Spektrum 789; Rk. 848; Wrkg. auf Keimpflanzen 904.
4-Methyluracil, Darst., Rk., K-Salz 2362; Bldg. 15 966; IR-Spektrum 789; Prüf. auf tumorhemmende Wrkg. 9377.
6-Methyluracil, Darst., Rk. 4539; Konstit.-Einfl. auf d. kernmagnet. Resonanzspektrum u. Protonenbeweglichk. 18 421; photochem. Rk. in gefrorenen —-Lsg. 3776; Bromier. 10 094; Chlorier. 9717; Rk.: mit Paraformaldehyd u. β,β'-Dichlordiäthylaminhydrochlorid 847; mit N-Bromsuccinimid 17 758; Wrkg. auf Keimpflanzen 904; Einfl.: auf d. Schilddrüse v. Ratten bei gleichzeitiger Verabfolg. v. Vitamin A u. Jod 18 164; auf d. Antikörperbldg. 2786.
Propylen-1.2-diisocyanat, Verw. 5902*.
4-Hydroxy-5-methoxypyrimidin (F. 210 bis 211°) 7148.
4-Methylpyridazindiol-(3.6), Rk. 6036.
1-Methyl-3-hydroxy-6-oxo-1.6-dihydropyridazin (F. 213,5—215°) 6036.
4-Methyl-3-hydroxy-6-oxo-1.6-dihydropyridazin (F. 286,5—287°) 6036.
4-Methyl-1.2.3.6-tetrahydropyridazindion-(3.6) 12 296.
4-Acetylpyrazolon-(5), Verh. bei d. Acyllacton-Umlager. 11 903.
3-Diazopentandion-(2.4), Rk. 17 389.
4-Methoxypyrimidin-1-oxid (F. 132—134°) 7526.
2-Methylpyrazindioxid-(1.4), Rk. 8250.
Imidazolyl-4(5)-essigsäure, — als Stoffwechselprod. v. ^{14}C-Histamin in Herz-Lunge-Leber-Präp. v. Katzen 4986.
3-Methylpyrazol-5-carbonsäure (F. 238,5°) 4945.
***N*-Nitroso-*N*-acetylpropargylamin** ($Kp._{10^{-4}}$ 23°) 12 626.
Furoesäure-(2)-hydrazid (Furoyl-(2)-hydrazid, Brenzschleimsäurehydrazid) (F. 77°), Darst., Rk. 4536; Rk. 7135, 13 210*; Prüf. auf Wachstumshemm. bei Sarkom 180 bei Mäusen 5698.
Citraconsäurehydrazid (Methylmaleinsäurehydrazid), Einfl. auf Pflanzenwachstum u. -Entw. 7578; Prüf. auf Antituberkulose-Wrkg. 14 226.

$C_5H_6N_2O_2S$ **5-Nitro-2-aminomethylthiophen,** Pikrat (F. 204°) 1980.
4-Hydroxy-2-mercapto-5-methoxypyrimidin (F. 280—281° Zers.) 7148.
2-Methylmercapto-4.6-dihydroxypyrimidin, Rk. 9717.
2-Aminomethylthiazol-4-carbonsäure, IR-Spektrum d. Hydrochlorids 10 030.
Imidazolyl-(2)-mercaptoessigsäure, Synth. v. —-Deriv. 17 742; Einw. v. Essigsäureanhydrid auf —-Deriv. 17 743.
2-Mercaptoimidazol-4(5)-carbonsäuremethylester (F. 182—183°), Darst., Rk. 9333; Rk. 15 958.
2-Acetamido-5-hydroxythiazol, Rk. d. Hydrobromids 12 292.

$C_5H_6N_2O_3$ **5-Hydroxymethyluracil,** Wrkg. auf Keimpflanzen 904.
2.4-Dihydroxy-5-methoxypyrimidin (F. 341 bis 345° Zers.) 7148, 8704.
1-Hydroxymethyl-3-hydroxy-6-oxo-1.6-dihydropyridazin (F. 170° Zers.) 6036.
1-Methylbarbitursäure, Hemm. d. renalen Ausscheidungstransportes organ. Säuren durch — 13 478.
6-Carboxy-4.5-dihydro-2H-pyridazinon-(3), Rk. 8611.
Oximinocyanessigsäureäthylester (F. 129 bis 131°), Darst., Rk. 12 994; Rk. 1951.
2-Acetyl-5-aminoisoxazolon-(3), IR-Spektrum, Konstit. 11 137.
1-Acetylhydantoin, IR-spektroskop. Best. d. Struktur 17 697; Rk. 18 820.
Acetamidocyanessigsäure, Rk. v. —-Deriv. 12 263.

$[C_5H_6N_2O_3]_x$ **Polydimethylglyoximcarbonat** 2392.

$C_5H_6N_2O_3S$ **6-Methansulfonyl-2H-pyridazon-(3)** (F. 202°) 7525.

$C_5H_6N_2O_4$ **Dihydroorotsäure,** Prüf. auf Bldg. v. — durch Lactobacillus brevis 17 798.
Hydantoyl-(3)-essigsäure, Deriv. 11 182.
Nitrocyanessigsäureäthylester 12 994.

$C_5H_6N_2O_4S$ **3-Amino-4-hydroxypyridinsulfonsäure-(2)** (F. d. Hydrats 253° Zers.) 15 588.

$C_5H_6N_2O_5$ **Cyanessigsäure-β-nitratoäthylester** (Kp.$_{0,035}$ 105—106°) 12 994.
$C_5H_6N_2O_6$ *trans*-**4.4-Dinitropenten-(2)-säure,** Kinetik d. Rk. mit Diphenyldiazomethan 10 043.
$C_5H_6N_2S$ **5-Methyl-2-mercaptopyrimidin** (F. 234 bis 235°) 3443.
2-Methylmercaptopyrimidin (Kp.$_{10}$ 91—92°) 132.
1-Methyl-2-cyanäthylisothiocyanat (Kp.$_{0,085}$ 67—69°) 14 622*.
2-Cyanpropylisothiocyanat (Kp.$_{0,09}$ 71—72°) 14 622*.
3-Cyanpropylisothiocyanat (Kp.$_{0,05}$ 106°) 14 622*.
$C_5H_6N_2S_2$ **1-Methyldithiouracil** (F. 255—260°) 7151.
3-Methyldithiouracil (F. 213°) 848.
2.4-Dithiothymin, Polarographie 7837.
2.4-Dimercapto-6-methylpyrimidin 848.
Thio-α-thenoylhydrazin (F. 155—156°) 6382.
$C_5H_6N_2S_3$ **4-Methyl-2-thiazolyldithiocarbaminsäure,** Prüf. d. Salzes mit N-Äthylpiperidin auf tuberkulostat. Wrkg. 10 552.
$C_5H_6N_4$ **1-Methyl-4-cyan-3-aminopyrazol** (F. 135—136°) 18 567*.
1-Methyl-4-cyan-5-aminopyrazol, Rk. 2736, 7900.
1-Methyl-4-amino-5-cyanimidazol (F. 178 bis 179°), Darst. 2734; Rk. 2736, 7900.
$C_5H_6N_4O$ **Pyrimidyl-(2)-harnstoff** (F. 231°) 16 848*.
1-Methyl-4-hydroxylamino-5-cyanimidazol (F. 178°) 2734.
Pyrimidin-(4)-carbonsäurehydrazid, Rk. 13 030.
Pyrimidin-5-carbonsäurehydrazid (F. 124°) 13 030.
Pyrazincarbonsäurehydrazid, Deriv. 3191*.
1-Cyanformimidsäure-β-acryloylhydrazid 5658.
$C_5H_6N_4O_2$ **3.4-Diamino-5-nitropyridin** 129.
2-Hydrazino-5-nitropyridin (F. 204° Zers.) 4159.
4-Amino-6-hydroxy-2-methyl-5-nitrosopyrimidin, Verw. 18 347*.
Pyrazol-3.4-dicarbonsäureamid (F. 327° Zers.) 11 658*.
4.5-Imidazoldicarboxamid, Verw. 2468*.
$C_5H_6N_4O_2S$ **5-Thioureidouracil** (F. 320°), Darst. u. Prüf. auf tumorhemmende Wrkg. 11 592.
$C_5H_6N_4O_3$ **4-Amino-3-methyl-5-nitropyrimidon-(2) (3-Methyl-5-nitrocytosin)** 848.
4-Methylamino-5-nitro-1H-pyrimidon-(2) (F. 325° Zers.) 8250.
2-Methylamino-5-nitro-3H-pyrimidon-(4) (F. 326° Zers.) 8250.
4-Amino-1.6-dihydro-1-methyl-5-nitro-6-oxopyrimidin (F. 184°) 7150.
1-Cyan-1-nitro-2-[3'-methylureido]-äthylen (Methylureidomethylennitroacetonitril) (F. 177—178° Zers.) 848.
Uracil-5-carbonsäurehydrazid 6412.
Orotsäurehydrazid 6412.
$C_5H_6N_4O_5$ **4.4-Dinitro-4-cyanbutyramid** (F. 62 bis 63°) 12 992.
N-**[2.2-Dinitro-2-cyanäthyl]-acetamid** (F. 76,5—77,5°) 12 992.
$C_5H_6N_4S$ **2-Äthyl-*symm.*-triazolo-[3.4:*b*]-1.3.4-thiadiazol** (F. 62°) 4908.
2.5-Dimethyl-*symm.*-triazolo-[3.4:*b*]-1.3.4-thiadiazol (F. 102°) 4909.
$C_5H_6N_4S_2$ **Thiazol-2-aldehydthiosemicarbazon,** Wrkg. gegen Viren 6831.
Thiazol-4-aldehydthiosemicarbazon (F. 185 bis 185,5° Zers.), Darst. u. Prüf. auf Antiviruswirksamk. 7235.
$C_5H_6N_4S_3$ **Bis-*S*-methyl-2.4-dimercapto-4.1.2-triazolo-[3.4:*b*]-1.3.4-thiadiazol** (F. 168 bis 169°) 16 678.
$C_5H_6N_6$ **5-Amino-7-methyltetrazolo-[1.5:*a*]-pyrimidin** (F. 270° Zers.) 6415.
2.6-Diaminopurin, IR-Spektrum 3397; Wrkg. auf Keimpflanzen 904; — als Wachstumsinhibitor v. Milchsäurebakterien (Wechselwrkg. mit Folsäureanalogen) 5716; Hemm. v. Wachstum u. Synth. d. Citrovorumfaktors aus Streptococcus faecalis durch — 14 214; Einfl. auf d. Abbau v. 6-Methylaminopurin durch E. coli 4968; Verhinder. d. Hemmwrkg. v. Urethan, Formamid u. N-Methylformamid auf d. Wachstum v. E. coli durch — 181; Wrkg. d. O_2-Druckes auf d. antibakterielle Aktivität v. — 7571; Wrkg. auf d. Morphologie peritonealer Mastzellen 3841; Hemm. d. Virusvermehr. durch — (Vgl.) 13 813; Unters. über d. Elektronenstruktur v. — u. Bezieh. zur Aktivität als Tumorantagonist 15 260; Wrkg. auf d. Wachstumsindices d. Nelson-Mäuseascitestumors 2766.
6-Hydrazinopurin, Rk. 13 762.
$C_5H_6N_6O$ **4-Hydroxy-7-amino-6-methyl-7H-imidazo-[4.5:*d*]-1.2.3-triazin** 10 468.
$C_5H_6N_6O_3$ **4-Amino-5-nitro-6-ureidopyrimidin** 18 117.
$C_5H_6N_6O_8$ *N*-**Cyan-2.2.2'.2'-tetranitrodiäthylamin** (F. 88°) 9216*.
$C_5H_6N_6O_{10}$ **1.3.3.5.5-Pentanitropiperidin** (F. 120 bis 125° Zers.) 6028, 7027*.
C_5H_6O (s. *Pyran*).
2(α)-Methylfuran (Silvan) (Kp. 62—64°), Darst. 2353, 4715*, 12 288, 13 157*; (Rk.) 12 289, 16 670; Kernresonanz-Spin-Spin-Koppl.-Konst. 2309; IR-Spektrum 3396; NMR-Spektrum 16 263; protonmagnet. Resonanzspektrum 2683; Konstit.-Einfl. auf d. PMR-Spektrum 10 034; Polymerisat. 3476; elektrolyt. Oxydation 18 816; therm. Umwandl. bei hohen Wasserstoffdrücken 10 044; Rk. mit Magnesiumjodiddiätherat u. Magnesiumjodid 16 638; Überführ. in 2-Acetoxy-5-methylfuran 18 815; Formylier. 11 909; Methoxylier. + Hydrier. 1222; Rk.: mit Dihydropyran 8244; mit Bis-[β-chloräthyl]-amin 1599; mit α.β-ungesätt. Ketonen 2345; mit Mesityloxyd 1598; Verw. 2240*.
Penten-(2)-in-(4)-ol-(1), Rk. 4935, 9307; (v. trans-—) 8637.
Pentin-(4)-en-(2)-ol-(1) (Vinyläthinylcarbinol) (Kp.$_{21}$ 73—76°), Darst., Rk. 15 242, 16 309; Rk. 8217.
Penten-(1)-in-(4)-ol-(3) (Kp.$_{97}$ 74°) 12 387*.
2-Methylbutin-(3)-ol-(2) 16 130*.
1-Methoxybuten-(1)-in-(3), Rk. 5842, 11 522, 13 949*.
Pentadien-(2.4)-al 4497.
Pentin-(4)-on-(2) 11 525.
Divinylketon, Verw. 5166.
Cyclopenten-(1)-on-(3) (Kp.$_{14}$ 49—51°), Darst., Rk. 10 080; Rk. 5654, 15 613.
C_5H_6OS **2-Methylthiophen,** Kernresonanz-Spin-Spin-Koppl.-Konst. 2309.
2-Thenylalkohol (Thienyl-(2)-methanol), Herst., Verw. 7327*; Rk. 2353.
5-Methyl-2-hydroxythiophen, Rk. 18 816.
3-Methoxythiophen, protonenmagnet. Resonanz 18 773.
Furfurylmercaptan (Kp.$_{67}$ 80—85°), Darst., Rk. 15 557.
α-Furfurylmercaptan, polarograph. Verh. 6721; Rk. 1600.
$C_5H_6O_2$ **Propargylaldehydglykolacetal** 12 095*.
Furfurylalkohol (2-Hydroxymethylfuran) (Kp.$_{15}$ 75—76°), Darst. 7320, 13 157*, 18 454; (v. stabilen —-Imprägnat.-Lsg.) 668; (Rk.) 2353; IR-Spektrum 3396; NMR-Spektrum 16 263; Aktivitäts-Ko-Koeff. im Syst. —/Furfurol 5569; Polykondensat. 11 910; Oxydat. 1186; Rk.: mit $SOCl_2$ 15 557; mit Kieselsäure 17 235*; mit Thioglykolen u. CH_2O zu Thioformalen 7693*; mit P-Sulfiden 11 364*; mit Cyanurchlorid u. Glycid 12 104*; Verhärt.-Rk. v. —-Harz 10 490; Kondens.- u. Polymerisat.-Prod. d. — (Furanharze) 9916; synthet. Harze aus

— u. Dialkyldiaminosilanen 2186*; thermoreakt. Harz aus — u. Furfurol 16 702; Verw.: als Bindemittel für Graphitkörper 18 227*; zur Verminder. d. Gasdurchlässigk. v. C-halt. Körpern 3219*.
2-Methoxyfuran (Kp.$_{750}$ 108—109°) 1977, 18 816.
Glutacondialdehyd, Rk. 1592, 10 433, 18 113; analyt. Verw. 7620.
α-Methylen-γ-butyrolacton 10 274*.
α-Angelicalacton (**$Δ^{β,γ}$-Angelicalacton**) (Kp.$_{15}$ 60,5°), Darst. (Rk.) 127; [Konstit.-Einfl. auf d. ν(CO)] 9653; Rk. 2175*; 6386; Wrkg. auf d. Kationentransport kalt konservierter Erythrocyten d. Menschen bei Inkubat. 14 941; positiv-inotrope Wrkg. auf d. Papillarmuskel d. Katze 18 191; Verw. 18 631*.
β-Angelicalacton [**$Δ^2$-Pentenolid-(1.4)**] (Kp.$_{15}$ 91,5°), Darst. (Rk.) 127; [Konstit.-Einfl. auf d. ν(CO)] 9653; Verseif.-Geschw.-Konst. (Vgl.) 15 558; Wrkg. auf d. Kationentransport kalt konservierter Erythrocyten d. Menschen bei Inkubat. 14 941; positiv-inotrope Wrkg. auf d. Papillarmuskel d. Katze 18 191.
5.6-Dihydro-α-pyron (Kp.$_7$ 105°), Darst., Konstit.-Einfl. auf d. ν(CO) 9653.
Cyclopenten-(2)-ol-(2)-on-(1), Rk. 3071.
Cyclopentandion-(1.2) (F. 54—55°), $^{14}C_{(4)}$-— 18 433.
Cyclopentandion-(1.3) (F. 151,5—152,5°), Darst. 18 446; (Rk.) 15 242; (d. Bis-[2.4-dinitrophenylhydrazons]) 9671; Rk. 5651.
Pentin-(4)-säure, Rk. 9307.
Pentadien-(3.4)-säure, Rk. 5649.
β-Vinylacrylsäure (F. 72°) 8781*, 13 725.
Methylencyclopropancarbonsäure (Kp.$_{22}$ 94 bis 98°) 5649.
Butadien-(2.3)-säuremethylester 14 469.
Methylpropiolsäuremethylester 15 934.
Propiolsäureäthylester (**Äthylpropiolat**) (Kp. 119°), Darst., Lewis-Acidität bzw. -Basizität 4865; Polymerisat. 18 851; alkal. Hydrolyse 3405; Rk.: mit Hexachlorcyclopentadien 11 735*; mit 1-[3'-Methylbenzyl]-piperazin 9313; mit 2-Äthoxybutadien 14 118; mit Thiophenolen 11 149.
Propargylacetat (Kp. 123—125°) 9299.
Acrylsäurevinylester (**Vinylacrylat**) (Kp. 90 bis 92°), Darst. 17 718; Verw. 18 323*.

$C_5H_6O_2S$ **Dihydrothiophen-3-carbonsäure**, Ester 12 462*.
α-Formyl-γ-thiabutyrolacton (F. 72—74°) 12 462*.

$C_5H_6O_3$ (s. *Reduktinsäure* [*2.3-Dihydroxycyclopenten-(2)-on-(1)*]; *Tetrinsäure*).
4-Hydroxymethylenfuranidon-(3), Deriv. 13 383.
2-Hydroxy-3-methyl-$Δ^2$-butenolid-(4.1) (F. 88—90°) 518.
β-Formylcrotonsäure, Rk. v. Estern 10 274*.
β(3)-Acetylacrylsäure (**Acetoacrylsäure**) (F. 136°), Darst., Rk. 5845*; (IR- u. UV-Spektrum, Struktur) 15 163; Bldg. 14 512; Rk. 11 880, 14 103; positiv-inotrope Wrkg. auf d. Papillarmuskel d. Katze 18 191.
Acrylsäureepoxyäthylester, Verw. 19 075*.
4-Hydroxytetrolsäuremethylester, positiv-inotrope Wrkg. auf d. Papillarmuskel d. Katze 18 191.
Methacrylsäureameisensäureanhydrid (Kp.$_1$ 26—27°) 8218.
Glutarsäureanhydrid (**2.6-Dioxotetrahydropyran**) (F. 55—56°), Darst. 15 025*; Darst. v. $^{14}C_{(3)}$-—, Rk. 18 433; Überführ. in δ-Oxoazelainsäuredilacton 1211; Rk.: mit N-Methylanilin 4496; mit 3-Methyl-1.5-pentandiol 14 696*; mit 2-Methoxynaphthalin 114; mit 3.4-Dimethoxyphenäthylamin 13 025; mit 1.2.4-Trimethoxybenzol 4140; mit β-Hydroxybuttersäure-2-[m-methoxyphenyl]-2-äthylbutyl-(1)-amid 5018*.
Methylbernsteinsäureanhydrid, Rk. 5018*, 7861, 12 665; Verw. 14 698*.

$C_5H_6O_3S$ **Thioparaconsäure**, Verw. 17 243.

$C_5H_6O_4$ (s. *Citraconsäure*; *Glutaconsäure*; *Itaconsäure*; *Mesaconsäure*; *Paraconsäure*).
Acetylbrenztraubensäure (**Acetobrenztraubensäure, 2.4-Dioxopentansäure**), cycl. Verb. aus —-Estern 14 110; Rk. 3082; Spalt. durch Pseudomonas-Metapyrocatechase 14 183; positiv-inotrope Wrkg. auf d. Papillarmuskel d. Katze 18 191.
Cyclopropan-1.1-dicarbonsäure (**1.1-Dicarboxycyclopropan**) (F. 136—138°) 10 078, 17 736.
cis-**Cyclopropan-1.2-dicarbonsäure** (F. 139°) 18 098.
trans-**Cyclopropan-1.2-dicarbonsäure** (F. 147°) 15 912, 18 098.
Maleinsäuremonomethylester, Rk. 17 370.
Fumarsäuremethylester, — als Ligand in Co-Pentamminkomplexen 2658.
α-Hydroxyglutarsäurelacton (**4-Carboxy-γ-butyrolacton, Pyrrolidon-(5)-2-carbonsäure**), Darst. 12 996; Rk. v. L-— 15 805*; Abbau v. L-— durch Bakterien d. Rinderpansens 13 436.

$C_5H_6O_4S$ **Thienal-2-bisulfit**, Fäll. als Benzylthiuroniumsalz 16 078.

$C_5H_6O_4S_2$ (+)-**1.2-Dithiolan-3.5-dicarbonsäure** (F. 185—187°) 8241.
(—)-**1.2-Dithiolan-3.5-dicarbonsäure** (F. 185 bis 187°) 8241.
rac.-**1.2-Dithiolan-3.5-dicarbonsäure** (F. 194 bis 195°) 7477, 8241.

$C_5H_6O_5$ **Tetrahydrokrokonsäure**, Konstit.-Einfl. auf d. pK-Wert, UV-Spektrum 10 406.
α-Ketoglutarsäure (**α-Oxoglutarsäure**), Darst. v. —-Estern 7695*; Bldg., Dinitrophenylhydrazon 3071; (Spektrum) 11 588; IR-Spektrum 17 696; polarograph. Grenzstrom 4479; katalyt. Hydrier. 8578; Vork. bzw. Geh.: in Gerste 17 088; in Saké 3661; in d. Samen v. Pinus thunbergii 18 517; in Holzsaftausscheid. v. Gurken- u. Tomatenpflanzen 5344; in Rinde u. Kern verschied. alter Rinderlinsen 9021; in roher u. erhitzter Magermilch 4761; als gelöstes Intermediärprod. d. postmortalen Abbaues v. Süßwasser-Zooplankton 3890; im Substrat bei d. Biosynth. d. Glutaminsäure durch Essigsäurebakterien 4583; im thyroxinbehandelten Tier 2431; in Ergüssen beim Menschen 16 391; im Urin d. Menschen bei gewissen Veränder. d. Säure-Basen-Gleichgew. 17 115; im suffizienten u. insuffizienten Herzmuskel 3178; Änder. d. —-Geh. im Blut durch Reizmittel d. Zentralnervensyst. 10 174; Einfl. v. Priscol auf d. durch Adrenalin verursachten Anstieg d. —-Geh. im Blut bei Kaninchen 10 174; Isolier. aus vitaminfreien Caseinhydrolysaten (sauer) 12 335; mykolog. Bldg. aus Rohrzuckermelassen 12 130; Bldg.: durch extramitochondriale Isocitratdehydrogenase 3496; in Ggw. v. N-Succinyl-L-diaminopimelinglutamintransaminase 891; im aeroben Kohlenhydratstoffwechsel v. E. coli 14 918; in Dihydrostreptomycin-behandelten E. coli 16 734; aus Glucose (durch Acetobacter melanogenum) 1267; (durch eine Kultur v. Act. violaceus, Stamm *719*) 5713; im Stoffwechsel d. Glutaminsäure durch Act. violaceus 6459; durch Actinomyces violaceus 7944; durch Pseudomonas fragi 1271; beim enzymat. Abbau d. Citronensäure durch Aspergillus niger 510; als endogenes Zwischenprod. d. Citronensäurecyclus in d. Mitochondrien verschied. tier. Gewebe 16 361; als tox. Zwischenprod. d. Stoffwechsels im Blut

17 441; durch Desaminier. d. Glutamins im Gehirn 9762; durch bes. Behandl. d. Avocadomesocarps 8294; Unters. mit Alanin-Amino-Transpherase u. — 9383; Indukt. v. Oxalacetatdecarboxylase in drei Milchsäurebakterien durch — 16 359; Einfl.: auf Asparaginase aus Mycobakterien 7565; auf Asparaginsäuredecarboxylase 17 792; auf d. CO_2-Abspalt. aus Asparaginsäure durch ω-Asparaginsäuredecarboxylase 4622; auf Erythrocyten-Glutaminase 6820; Hemmwrkg.: auf d. Katalase-Aktivität 5700; auf δ-Aminolävulinsäuredehydrogenase 5328; auf d. D- u. L-Milchsäure-Cytochrom c-Reduktasen d. Hefe 12 695; Verwert. durch Enzymsyst. v. Mitochondrien aus Mäuse-Gehirn u. -Leber 9761; Mitochondrienoxydaseaktivität gegenüber — in d. Spadix v. Arum 6064; Bedeut. v. — für d. Aktivier.-Prozesse d. Fettsäureoxydase-Syst. d. Meerschweinchenleber 5709; Einfl. v. Arsenat auf d. Aktivier.-Prozesse d. Fettsäurenoxydase-Syst. d. Meerschweinchenleber durch — 5709; durch Cu(II)-Ionen u. Pyridin katalysierte Transaminierungs-Rk. mit α-Aminosäuren 1269; nichtenzymat. Transaminier. mit Pyridoxaminphosphat 174; enzymat. Transaminierungs-Rk. v. —: mit verschied. Aminosäuren 15 064*; mit Pyridoxamin 14 554; mit S-Sulfocystein 14 911; mit Alaninthiosulfonsäure 5708; Transaminierungs-Rk. mit —: bei anaeroben Mikroben 8662; im Gewebe d. Seidenraupe 10 513; Transaminier.: zwischen L-Alanin u. — in verschied. Rattengewebehomogenaten 17 792; zwischen Aminosäuren u. — in Zellfrakt. d. Rattenleber 10 131; mit γ-Aminobuttersäure im Herzmuskel, Zwerchfell u. Skelettmuskel 6452; enzymat. Umwandl. v. α-Ketoglutarat in Glutaminsäure durch Keimlinge d. Sojabohnen 514; Glutaminsäuresynth. durch Aeromonas aus —-Verb. 332*; Gewebeatmung u. Aminier. v. — in mit Codehydrasen angereichertem Lebergewebe in vivo 13 806; Einfl. auf d. Desaminier. natürl. Aminosäuren in Rattengeweben 9018; — bei Transaminierungsvorgängen in vivo im Dünndarm 9419; Isonicotinsäurehydrazid-Wrkg. auf d. Transaminier. zwischen L-Alanin u. — 9017; Transaminier. u. damit verbundene Oxydationsrk. d. — im Gehirn 9762; —-Oxydat. 16 733; (durch lyophilisierte Mitochondrien) 11 223; (durch Mitochondrien d. menschl. Skelettmuskels) 4191; (durch Mitochondrien d. Brustdrüse d. Meerschweinchens) 10 517; Hemm. d. Ketoglutaratoxydat. in Rattenleberhomogenaten durch Pflanzenglykoside 7563; Wrkg. v. Arsenit u. 2.3-Dimercaptopropanol auf d. Oxydat. v. α-Ketoglutarat durch Rattenlebermitochondrien 7559; Einfl. v. Vitamin E auf d. Oxydat. v. 2-Ketoglutarat in Rattenleberhomogenaten 17 450; durch 2-Hydroxybenzamid u. 2-Allyloxybenzamid bewirkte Veränder. in d. —-Oxydat. bei d. Ratte 14 230; kombinierte Wrkg. v. Coenzym I u. Isonicotinsäurehydrazid gegenüber d. oxydat. Abbau v. α-Ketoglutarat durch Mycobacterium tuberculosis 9024; Oxydat.-Fähigk. in Cytoplasmapartikeln d. Alligatorenhirne 10 873; Bezieh. d. α-Ketoglutarat-Oxydat. zum Succinatbedarf bei d. Red. v. Pyridinnucleotid in Mitochondrien 2026; katalyt. Wrkg. v. Ascorbinsäure auf d. Oxydat. v. Fettbestandteilen in Lebergewebe in Ggw. v. — 3854; — als Substrat bei d. endogenen Atmung 14 546; Stimulier. d. endogenen Atmung v. Karottenschnitten durch α-Ketoglutarat 17 449; Einfl. auf d. Atmungskette in atmungsgehemmten Mitochondrien 11 964; Phosphorylier. u. Atmung in Lebermitochondrien in Ggw. v. — 884; Einfl.: v. 2.4-Dinitrophenol auf d. Veratmung v. α-Ketoglutarat durch Kaninchen-Reticulocyten u. Hühner-Erythrocyten 15 266; auf d. Glucose-Hemm. d. Atmung v. Reticulocyten 17 079; auf d. O_2-Aufnahme u. NH_3-Bldg. v. Kaninchenreticulocyten 6849; auf d. Atmung v. Kaninchen-Reticulocyten in Ggw. v. 2.4-Dinitrophenol 12 330; v. α-Ketobuttersäure auf d. Atmung v. Rattenleberhomogenaten in Ggw. v. α-Ketoglutarat 3134; Abnahme d. Atmung u. d. Phosphorylier. in d. Homogenaten d. Herzmuskels bei experimenteller Myocarditis bei Verw. v. — als Substrat 9758; Abnahme d. Phoshor-Sauerstoff-Verhältnisses durch Dinitrophenol in vivo in Ggw. v. Ketoglutarat als Substrat 7556; Zers. durch ein Photosynth.-Bacterium 10 881; Einfl.: v. Dihydrostreptomycin oder Chloramphenicol auf d. α-Ketoglutarat-Fermentat. durch E. coli oder Pseudomonas fluorescens 11 604; auf d. bakteriostat. Wrkg. d. Benzoesäure 11 248; Quellen v. isolierten Mitochondrien unter Verw. v. α-Ketoglutarat als Substrat in Ggw. v. 2.4-Dinitrophenol 16 718; chem. Weg d. —-Gär. durch Kluyvera citrophila nov. sp. (Unters. mit ^{14}C) 11 597; Einfl.: auf d. Abbau v. Kohlenhydraten bei Schizophyllum commune Fr. 13 430; Einfl. v. NH_4^+-Zusatz auf d. —-Konz. bei Glucoseoxydierenden Hefezellen 10 126; Markier. v. — durch Endomycopsis vernalis u. Torulopsis utilis in Ggw. v. $NaH^{14}CO_3$ 17 454; —-Stoffwechsel: in Pasteurella multocida 7934; in Pseudomonas aeruginosa 894; in Rhodospirillum 7944; in Darmbakterien bei mit Terramycin gefütterten Ratten 14 563; in Bacillus aneurinolyticus Kimura et Aoyama (unter d. Einfl. v. Alkalimetallionen) 180; (unter d. Einfl. verschiedener Kohlenhydrate) 180; Wrkg. v. Benzoesäure u. Salicylsäure auf d. —-Stoffwechsel bei Pseudomonas fluorescens 11 247; Fähigk. v. Flavobacterium extorquens Bassalik, — als Kohlenstoffquelle zu verwerten 10 137; fördernde Wrkg. v. Licht auf d. reduktive Carboxylier. v. — bei Blastocladiella 17 797; Umwandl. v. Ammonium in Aminogruppen bei E. coli in Ggw. v. — 7565; —-Stoffwechsel bei d. Herst. v. Apfel- u. Birnenweinen 7734; Bldg.: v. Adenosintriphosphat in d. Kristallinse nach Inkubat. mit ADP u. — 9761; v. Malondialdehyd bei Rattenleberhomogenaten in Ggw. v. — 13 108; v. Glutaminsäure (in d. Hirnhaut d. Ratte in Ggw. v. —) 16 012; (in Organhomogenaten d. Albinoratte in Ggw. v. —) 16 012; Einfl. auf d. Synth. v. Fettsäuren aus Acetat durch eines lösl. Frakt. aus d. lactierenden Rattenmilchdrüse 6825; Fettsynth. in zellfreien Präp. d. Heuschreckenfettkörper in Ggw. v. — 17 084; Wrkg.: auf d. Red. v. Acetoacetat in tier. Geweben 10 516; v. Dinitrophenol u. Amytal auf d. Red. v. Acetoacetat in Ggw. v. — 14 542; v. α-Ketoglutarat auf d. K-Akkumulier. durch d. Kaninchennierenrinde 8695; auf d. Glutathionreceptor d. Hydra 3170; v. Imidalin auf d. Veränder. d. — im Blut durch Purinderiv. 10 174; Einbau v. ^{14}C in — im Stoffwechsel v. isoliertem Rattengewebe 2410; klin. Unters. über d. —-Stoffwechsel 3535; — als Substrat für Hirngewebe u. ihre Wrkg. auf Gewebephosphate 4958; —-Stoffwechsel d. Haut 9761; — im myocardialen Stoffwechsel 3887; —-Verwert. in tetan. u. ton. Muskeln 4614; α-Ketoglutarat-Bedarf für d. Wachstum v. Lungenkulturen v. Vögeln 15 257; Be-

zieh. zwischen Aufnahme verschied. Zucker u. Ausscheid. v. — im Harn 551; Hemm.: d. Oxalacetat-Verwert. durch Gewebehomogenisate aus Nieren, Gehirn, Leber u. Herz durch — 888; d. —-Stoffwechsels in Tumoren durch 6-Aminonicotinamid u. Diäthylstilböstrol 15 633; Einbau v. ^{14}C-Acetat in — bei verschied. Tumorgeweben 17 436; Bedeut. v. — bei d. Best.-Meth. d. Asparaginsäure-Ketoglutarsäure- u. d. Alanin-Ketoglutarsäuretransaminase im Gewebe 17 447; Identifizier. v. — als Zwischenprod. d. Tricarbonsäurecyclus in Pflanzenmitochondrien 17 447; Nachw. in d. Pansen-Fl. d. Hornviehs 4236.

Acetondicarbonsäure, Darst. 3743, 15 025*; (Rk.) 3055; Bldg. 15 150; Kinetik d. Decarboxylier. 2684; Rk.: mit Methylamin (u. Dialdehyden) 480; (u. Maleindialdehyd) 5299; (u. Glutardialdehyd) 4547; (u. 2-Acetoxyglutardialdehyd) 11 568; mit Succindialdehyd (u. Aminen bzw. α-Aminosäureestern) 17 404; (u. ^{14}C-Methylaminhydrochlorid) 2371; mit Sterinen 12 466*; mit Fettsäureanhydriden 1604; mit S-Methylbenzotrithioniummethylsulfat 7468.

Dioxancarbonat (Kp. 120°) 8065*.

$C_5H_6O_5S$ **Furfuraldehydbisulfit,** Fäll. als Benzylthiuroniumsalz 16 078.

C_5H_6S (s. *Thiopyran*).

2-Methylthiophen (Kp. 108—113°), Darst. 2353; Trenn. v. Toluol 307*; gaschromatograph. Trenn. v. anderen organ. S-Verb. 5041; Kernresonanzspektrum 7831; Konstit.-Einfl. auf d. PMR-Spektrum 10 034; Rk. 8346*, 12 652.

3-Methylthiophen (Kp. 114—115°), Darst., Rk. 12 652; gaschromatograph. Trenn. v. anderen organ. S-Verb. 5041; Kernresonanzspektrum 7831; Konstit.-Einfl. auf d. PMR-Spektrum 10 034, 10 827; Rk. 10 827; Identifizier. in Rohöl 16 542.

$C_5H_6S_2$ **3-Methylthiophenthiol-(2),** Rk. 15 585.

5-Methylthiophenthiol-(2) 15 585.

C_5H_6Se **2-Methylselenophen,** Rk. 11 559.

C_5H_7 **Pentadienyl** s. unter *Radikale* (*Spezielle Radikale*).

C_5H_7Br **1-Brompentin-(1),** Rk. 9307.

3-Brompentin-(1) (Kp. 116°), Darst. 11 525; Rk. 11 526.

1-Brompentadien-(2.4), Rk. 6210*.

$C_5H_7BrClFO_2S$ **1-Chlor-2-fluor-2-bromäthenyl-*n*-propylsulfon** 5093*.

C_5H_7BrMg **Pentin-(1)-ylmagnesiumbromid,** Rk. 2381.

1-Äthylallenylmagnesiumbromid, Rk. 11 526.

Δ^2-Cyclopentenylmagnesiumbromid, Rk. 3050.

$C_5H_7BrN_2O_2$ ***N*(3)-Brom-5.5-dimethylhydantoin,** Bldg. 11 516; Rk. 11 913.

$C_5H_7BrN_2O_3$ **5-Brom-6-hydroxydihydrothymin** 5669.

$C_5H_7BrN_4O_8$ **1-Brom-1.1.3.3-tetranitropentan** 11 527.

C_5H_7BrO **2-Brom-3.4-epoxypenten-(1)** 12 838*.

1-Brompentin-(1)-ol-(4), Rk. 9308.

1-Brompentin-(1)-ol-(5) [**5-Brompentin-(4)-ol-(1)**], Rk. 4935, 9307.

1-Brom-3-methylbutinol-(3), hypnot. Wrkg. 14 943.

α-Äthylacrylsäurebromid, Rk. 7693*.

C_5H_7BrOS **3-Brom-2.3.5.6-tetrahydro-1-thiopyranon-(4)** 7394*.

$C_5H_7BrO_2$ **3-Brompentandion-(2.4),** Rk. 5596; (Wechselbezieh. d. H-Brückengleichgew. mit d. Acidität) 3404.

γ(4)-Bromcrotonsäuremethylester, Rk. 7873, 13 750; positiv-inotrope Wrkg. auf d. Papillarmuskel d. Katze 18 191.

α-Bromacrylsäureäthylester, Rk. 4348*.

Bromessigsäureallylester, herbicide Wrkg. auf Gurkenkeimlinge 14 926.

$C_5H_7BrO_3$ **5-Brompentin-(4)-triol-(1.2.3)** (F. 64—65° Zers.) 4936.

2-Bromlävulinsäure, Erkennen d. — v. Wolff als 5-Bromlävulinsäure 14 103.

3-Bromlävulinsäure (F. 52—54°), Darst., Rk. 14 104, 15 163; Rk. 11 880.

3-Bromlävulinsäure, R_F-Wert 5792.

5-Bromlävulinsäure (F. 78—79°), Darst., Erkennen d. 2-Bromlävulinsäure v. Wolff als — 14 104; Rk. 11 880; R_F-Wert 5792.

3-Brom-3.3-dimethylbrenztraubensäure (F. 50°) 18 933*.

Brombrenztraubensäureäthylester, Rk. 8636; Rk. 18 109.

$C_5H_7BrO_4$ **α-Bromglutarsäure,** Rk. 15 805*.

Brommalonsäuredimethylester, Rk. 5661.

$C_5H_7Br_2ClO$ **1.2-Dibrom-3-chlorpentanon-(4)** (Kp.$_{15}$ 115—116°) 12 989.

$C_5H_7Br_2FO_2$ **α.β-Dibrom-α-fluorpropionsäureäthylester** (Kp.$_{3,2}$ 67—67,5°) 3061.

$C_5H_7Br_3O$ **α.δ-Dibromvaleriansäurebromid** 467.

$C_5H_7Br_3O_2$ **α.α.β-Tribrompropionsäureäthylester,** Rk. 3061.

$C_5H_7Br_3O_2S$ **Tribromäthenyl-*n*-propylsulfon** 5093*.

C_5H_7Cl **5-Chlorpentin-(1),** Rk. 9339, 9340, 18 097.

1-Chlorpentadien-(2.4), Rk. 9674.

3-Methyl-3-chlorbutin-(1) [**2-Chlor-2-methylbutin-(3)**] (Kp. 73—76°), Darst. 7483; Rk.: mit $AgNO$ 9514*; mit Aminen 7481; mit Dimethylamin bzw. Pyrrolidin 7484; mit tert. Aminen 5629; mit K-Alkoholaten 11 875.

3-Chlor-m-Methylbutadien-(1.3), Rk. mit Maleinsäureanhydrid (Kinetik) 4134.

1-Chlorcyclopenten-(1), Rk. 17 718.

3(„2")-Chlorcyclopenten (**Cyclopenten-(2)-ylchlorid**), Herst., Rk. 15 027*; Rk. 14 469, 17 734.

Spiropentylchlorid (**Chlorspiropentan**) (Kp. 93—99°), Darst., Rk. 11 554; Rk. 466.

C_5H_7ClMg **Chlorpentin-(4)-ylmagnesiumchlorid,** Rk. 11 155.

3-Cyclopentenylmagnesiumchlorid, Rk. 5597.

$C_5H_7ClN_2$ **4-[β-Chloräthyl]-imidazol,** Rk. 12 661, 17 400.

$C_5H_7ClN_2O_2$ **1-Chlor-5.5-dimethylhydantoin,** IR-Spektrum 1170; Rk. 14 476.

***N*-[α-Chloracetyl]-*N.N'*-äthylenharnstoff,** Rk. 1048*.

$C_5H_7ClN_2O_5$ **4.4-Dinitropentanoylchlorid,** Darst., Rk. 10 052; Rk. 18 637*.

$C_5H_7ClN_2S$ **5-[*n*-Propyl]-2-chlor-1.3.4-thiadiazol** (Kp.$_{20}$ 121—122°) 4908.

$C_5H_7ClN_2S_2$ **Isopropylmercapto-5-chlor-1.2.4-thiadiazol** (Kp.$_{14}$ 110—112°) 8761*.

$C_5H_7ClN_4$ **2-Amino-4-methylamino-6-chlorpyrimidin** (F. 162—164°), Darst., Rk. 5672; Konstit.-Einfl. auf d. IR-Spektrum 14 812; Rk. 13 395.

4-Chlor-6-methylamino-5-aminopyrimidin (F. 167°) 10 463.

3-Hydrazino-4 (**bzw.-5**)**-methyl-6-chlorpyridazin** (F. 149°) 1990.

$C_5H_7ClN_4O$ **2-Chlor-4-hydrazino-5-methoxypyrimidin** (F. 148—150°) 7149.

$C_5H_7ClN_4O_4S_2$ **6-Chlor-2-aminopyridin-3.5-disulfonsäurediamid** (F. 275° Zers., korr.) 10 097.

C_5H_7ClO **2-Chlor-3.4-epoxypenten-(1)** 12 838*.

3-Chlor-4.5-epoxypenten-(2) 12 838*.

2-Chlor-3-methyl-3.4-epoxybuten-(1) 12 838*.

2-Methoxy-3-chlorbutadien-(1.3) (Kp.$_{40}$ 55 bis 60°) 10 048.

Äthyl-β-chlorvinylketon, Rk. 8589, 9320.

2(α)-Chlorcyclopentanon-(1) (Kp.$_{14,5}$ 78,5°), Darst., Rk. 10 080; Carbonyl-Valenzschwing. 8559; Hydrolyse (Kinetik) 4870; Rk.: mit HC≡CMgCl 14 320*; mit Na-Cyanessigsäureäthylester 17 740; mit Na-Diäthylphosphit 8958; Toxizität 17 482.

Penten-(4)-säurechlorid, Rk. 9147*.
2-Methylcrotonsäurechlorid, Rk. 4259*.
β-Methylcrotonsäurechlorid, Rk. 4259*.
α-Äthylacrylsäurechlorid, Rk. 7693*.
β.β-Dimethylacrylsäurechlorid (Kp.$_{14}$ 47 bis 50°), Darst. 15 764*; (Rk.) 8247; Rk. 10 090, 11 918.
Cyclobutancarbonsäurechlorid, Rk. 11 536.

$C_5H_7ClOS_2$ **3-Chloracetylmercaptopropylensulfid** (Kp.$_{0,2}$ 88°) 5390*, 12 761*.

$C_5H_7ClO_2$ **α-Chloracetylaceton**, Rk. 4139.
3-Chlorpentandion-(2.4) (Diacetylchlormethan), Rk. 3696*, 4155, 9333, 13 753.
5-Chlorpenten-(3)-säure, Rk. 14 469.
β-Chlor-α-methylcrotonsäure 7843.
β-Chlorcrotonsäuremethylester, Rk. 6509*, 17 027.
α-Chloracrylsäureäthylester, Rk. 5473*.
3-Chlorpropen-(1)-ylacetat 12 257.
α-Chlorallylacetat (Kp.$_{760}$ 106—107°) 9540*.
Chloressigsäureallylester (Allylchloracetat), Best. d. Rotationsisomerie aus d. IR-Spektrum 5233; Lage u. Intensität d. ν(C=O)-Bande 8558; Copolymerisat. mit Methacrylsäureanhydrid 11 947; herbicide Wrkg. auf Gurkenkeimlinge 14 926.
β-Äthoxyacryloylchlorid, Rk. 1242, 13 394.
α-Methyl-β-methoxyacryloylchlorid, Rk. 1242.
Lävulinsäurechlorid (Kp.$_{15}$ 80°) 3444.
γ-Chlormethyl-γ-butyrolacton 15 926.

$C_5H_7ClO_2S$ **3-Chlorsulfenylpentandion-(2.4)**, Metallkomplexe 5596.

$C_5H_7ClO_3$ **3(β)-Chlorlävulinsäure**, Darst. 14 104; (Rk.) 5845*; R$_F$-Wert 5792.
5-Chlorlävulinsäure, R$_F$-Wert 5792.
3-Chlor-3.3-dimethylbrenztraubensäure (F. 37—38°) 18 933*.
α-Chloracetessigsäuremethylester (Methyl-α-chloracetoacetat) (Kp.$_{625}$ 195,5°), Darst. 7235; (Rk.) 9313; Rk. 3696*, 4139.
Bernsteinsäuremethylesterchlorid (β-Carbomethoxypropionylchlorid), Rk.: mit NaN_3 10 448; mit 4′-Methylbenzo-[1′.2′:1.2]-cyclohepten 18 454; mit 3-Oxa-9-aza-bicyclo-[3.3.1]-nonan 2737; mit Thiophen 811, 18 471; mit Benzo-[1′.2′:4.5]-1-thiacycloheptan 16 321; mit Thiachroman 10 091; mit Pentaerythrit 13 357; mit Bis-[m-methoxyphenyl]-Cd 453.
Malonsäureäthylesterchlorid (Carbäthoxyacetylchlorid, Äthoxycarbonylacetylchlorid), Darst., Rk. 10 448; Rk. 1581, 2737, 4167, 7906.
Acetylmilchsäurechlorid, Rk. 7251*.

$C_5H_7ClO_3S$ **Thiodiessigsäuremonomethylesterchlorid** (Kp.$_{24}$ 133°) 6027.

$C_5H_7ClO_4$ **α-Chlorglutarsäure**, Herst. 18 635*; Rk. 15 805*.
Dimethyl-α-chlormalonat, Rk. 3696*.

$C_5H_7ClO_5S$ **2-Sulfoäthyl-α-chloracrylat** 7693*.

$C_5H_7Cl_2NO_2$ **4.4-Bis-[chlormethyl]-oxazolidon-(2)** (F. 156—157°) 18 086.

$C_5H_7Cl_2NO_3$ **Dichloracetyl-DL-alanin**, Acylaseaktivität v. Ascitestumorzellen auf — 9373.

$C_5H_7Cl_2NO_4$ **Dichloracetyl-DL-serin**, Acylaseaktivität v. Ascitestumorzellen auf — 9373.

$C_5H_7Cl_3$ **1.1.5-Trichlorpenten** 16 271.
1.1.2-Trichlorcyclopentan (Kp.$_8$ 61—62°), „Rotations"-Isomerie, IR-Spektrum 12 969.

$C_5H_7Cl_3F_4OSi$ **3′-Trichlorsilylpropyl-1.1.2.2-tetrafluoräthyläther**, Rk. 16 291.

$C_5H_7Cl_3O$ **α.δ-Dichlorvaleriansäurechlorid**, Rk. 306*.

$C_5H_7Cl_3O_2$ **2-Trichlormethyl-1.4-dioxan** (F. 136 bis 138°) 18 789.
Essigsäure-α.β.β′-trichlor-*sek.*-propylester (Kp.$_{2,5}$ 55—56°) 12 257.

$C_5H_7Cl_3O_2S$ **Trichloräthenyl-*n*-propylsulfon** 5092*.

$C_5H_7Cl_3S$ **Trichloräthenyl-*n*-propylsulfid** (Kp.$_{18}$ 110—115°) 5092*.

$C_5H_7Cl_4NO_2$ **N-[2.2.3-Trichlor-1-hydroxypropyl]-chloracetamid** (F. 155°), Synth. u. pharmakolog. Wrkg. 5005.

$C_5H_7FO_2$ **1-Fluorpentandion-(2.4)** (Kp.$_{18}$ 41 bis 46°) 3782.
α-Fluoracrylsäureäthylester (Kp.$_{728}$ 110°) 3061.
α-Fluormethylacrylsäuremethylester (Kp.$_{41}$ 47,1—47,3°) 12 261.

$C_5H_7F_3O$ **β-Trifluormethylcrotylalkohol** (Kp. 144—146°) 10 800.
2.2.2-Trifluoräthylallyläther (Kp.$_{746}$ 75,5°) 8947.
Trifluorvinylpropoxid (Kp. 63°) 1792*.
***n*-Propyltrifluormethylketon**, IR-Spektrum 2679.
Isopropyltrifluormethylketon, IR-Spektrum 2679.

$C_5H_7F_3O_2$ **3-Oxo-2-trifluormethyl-2-hydroxybutan** (Kp. 118,0°) 10 800.

$C_5H_7F_3O_2S$ **Trifluoräthenyl-*n*-propylsulfon** 5093*.

$C_5H_7F_3O_3$ **β-Hydroxy-β-trifluormethylbuttersäure** (Kp.$_8$ 100—115°) 10 800.

$C_5H_7F_3O_4S$ **Isopropylfluorsulfonyldifluoracetat** (Kp. 132—134°) 1793*.

$C_5H_7F_7O$ **3.4.4.4-Tetrafluor-2-methyl-3-trifluormethylbutanol-(2)** 1187.

C_5H_7J **5-Jodpentin-(1)** (Kp.$_{12}$ 51—53°) 9339.

$C_5H_7JO_2$ **4-Jodcrotonsäuremethylester**, positiv-inotrope Wrkg. auf d. Papillarmuskel d. Katze 18 191.
Jodessigsäureallylester, herbicide Wrkg. auf Gurkenkeimlinge 14 926.

C_5H_7N **1(N)-Methylpyrrol**, IR-Spektrum 17 352; Rk. 5108*; Verw. 9513*.
2-Methylpyrrol, NMR-Spektrum 16 263; PMR-Spektrum 10 034.
γ-Methylcrotonsäurenitril (β-Äthylacrylonitril) (Kp.$_{90}$ 68—72°) 9515*, 10 273*.
1-Cyanbuten-(2) (Kp. 142—144°) 15 909.
Penten-(4)-säurenitril, Rk. 6358.
β.β-Dimethylacrylsäurenitril, Methylaffinität 14 463.
Methylallylcyanid (3-Methylbuten-(3)-nitril) (Kp.$_{100}$ 76,5°), Darst. 8943; Verh. gegen 2-Vinylpyridin 16 684.
2-Äthylacrylnitril (Kp.$_{100}$ 56°) 3420.
1-Methylcyclopropancarbonsäurenitril (Kp.$_{765}$ 127,7—128,5°) 14 090.
[2-Methylcyclopropyl]-carbonsäurenitril (Kp. 143—146°) 15 908.

C_5H_7NO **4-Äthylisoxazol** (Kp.$_{16}$ 48°) 3443.
3.5-Dimethylisoxazol, Rk. 8601, 15 208 [2 Ref.].
4.5-Dimethylisoxazol 14 495.
Furfurylamin (2-Aminomethylfuran), Kernresonanz-Spin-Spin-Koppl.-Konst. 2309; Rk.: mit Pyrimidinen, Purinen bzw. Pterinen 3460; mit 1-Phenyl-4-chlor-pyrazolo-[3.4:d]-pyrimidin 3554*; mit 5-Chlor-7-methyl-symm.-triazolo-[4.3:a]-pyrimidin bzw. -tetrazolo-[1.5:a]-pyrimidin 6414; mit Chlorpurinen 15 600; mit 6-Chlor-9-[tetrahydropyranyl-(2)]-purin 14 513; mit 2.4-Dichlor-6-methyl-5-nitropyrimidin 10 094; mit 2-Methylmercapto-4-chlor-5-carbäthoxypyrimidin 3096; mit 4-Chlorbutan-1-sulfochlorid 12 253; Verw. bei d. Herst. v. Aminonucleosiden 2463*.
Crotonaldehydcyanhydrin, Wasserabspalt. 9515*; Adsorpt. an Anionenaustauschern 794.
Methylvinylketoncyanhydrin, Wasserabspalt. 9515*.
β-Äthoxyacrylnitril, Rk. 1990, 16 414*.
β-Cyanäthylvinyläther, Verw. v. Poly-— 18 327*.
5-Oxopentansäurenitril, Rk. v. 4.5-Diaryl-— 8064*.
γ-Ketovaleronitril 2707.
α-Acetylpropionitril (Kp.$_{10}$ 75—77°) 14 495.
α-Methylacetylacetonitril (Methylacetessigsäurenitril), Rk. 5391*, 16 315.
***N*-Acetylpropargylamin**, Rk. 12 626.

2-[Methylmercaptomethyl]-acrylnitril ($Kp._5$ 67°) 3419.

$C_5H_7NS_2$ **2-Mercapto-4.5-dimethylthiazol,** — als Zusatz zum Nährboden für Streptomyces 3558*.

4-Methyl-2-methylmercaptothiazol ($Kp._{12-14}$ 113—115°), Darst., Best. v. H-Bind. u. Tautomerie aus d. UV- u. IR-Spektrum 1934.

2-[Vinylmercapto]-äthylisothiocyanat 7668*.

$C_5H_7N_3$ **2-Äthyl-*symm.*-triazin** ($Kp._{35}$ 50—65°) 1998.

2.4-Dimethyl-*symm.*-triazin 1998.

Pyrazolo-[2.3:*a*]-imidazolidin, Deriv. 10 191*.

2-Amino-4-methylpyrimidin (F. 192—193°), Herst. 16 848*; Rk. 1951, 6414.

2.5-Diaminopyridin, Darst., Konstit.-Einfl. auf d. pK-Wert 12 603.

2.6-Diaminopyridin (F. 121°), pH-Abhängigk. d. UV-Spektrums 12 226; Rk. 139, 10 097; Cytotoxizität in menschl. Zellkulturen 4196.

3.4(4.5)-Diaminopyrimidin, Rk. 8988, 17 402.

α(2)-Pyridylhydrazin, Rk. 4173, 4647*.

β-Pyridylhydrazin 13 215*.

Glutaminodinitril, Lage d. C≡N-Dehn.-Frequenz in — 5206.

Bis-[cyanmethyl]-methylamin ($Kp._{11}$ 130°) 1982.

$C_5H_7N_3O$ **2-Amino-4(6)-hydroxy-6(4)-methylpyrimidin,** Rk. 17 758; antiphlogist. Wrkg. 1686.

4-Hydroxy-5-amino-6-methylpyrimidin (F. 221—222,5° korr.) 7901.

2-Methyl-4-amino-6-hydroxypyrimidin, Darst., Rk. 8987; (Rk.) 9345.

4-Hydroxy-6-methylaminopyrimidin (F. 251°) 7150.

2-Amino-4-methoxypyrimidin, Konstit.-Einfl. auf d. IR-Spektrum 14 812.

2-Methoxy-4-aminopyrimidin (F. 169°) 16 316.

4-Amino-6-methoxypyrimidin (F. 150 bis 151°) 7150.

3-Methoxy-2-aminopyrazin 12 103*.

1-Methylcytosin bzw. **1-Methyl-4-iminouracil,** Rk. 15 627*, 17 212*.

3-Methylcytosin, IR-Spektrum 789.

5-Methylcytosin, Konstit.-Einfl. auf d. kernmagnet. Resonanzspektrum u. Protonenbeweglichk. 18 421; Geh. d. Roggenkorn-Desoxyribonucleinsäure an — 10 122; Wrkg. auf Keimpflanzen 904; —-Stoffwechsel in Rhodospirillum 7944; Einfl. auf d. spontane Autoxydat. v. K-Linolenat 18 680.

6(4)-Methylcytosin, antiphlogist. Wrkg. 1686.

4-Amino-1.6-dihydro-1-methyl-6-oxopyrimidin 7150.

6-Amino-1.4-dihydro-1-methyl-4-oxopyrimidin, Vers. d. Darst. 7150.

$C_5H_7N_3OS$ (s. *Thioprim* [*2-Mercapto-4-amino-5-hydroxymethylpyrimidin*]).

3-Mercapto-5-hydroxy-6-äthyl-1.2.4-triazin, Verw. 6277.

2-Mercapto-4-hydroxy-5-amino-6-methylpyrimidin (F. 230—232° Zers., korr.) 7901.

2-Methylmercapto-4-amino-6-hydroxypyrimidin, Prüf. d. Sulfats auf Antifolsäure-Wrkg. bei Streptococcus faecalis 10 519.

4-Methoxy-5-amino-6-mercaptopyrimidin (F. 214—215° korr.) 7902.

3-Mercapto-4-methyl-5-oxo-6-methyltriazin-(1.2.4), photograph. Verw. 719*.

2-Mercapto-6-amino-1.4-dihydro-1-methyl-4-oxopyrimidin (6-Amino-1-methyl-2-thiouracil), Rk. 7150.

4-Methylthiazol-2-carbonsäurehydrazid (F. 148,5—149,3°) 7235.

4-Methylthiazol-5-carbonsäurehydrazid (F. 167—167,8°) 7235.

$C_5H_7N_3OS_2$ **2-Acetylamino-5-methylmercapto-1.3.4-thiodiazol** (F. 213—215°) 1985.

$C_5H_7N_3O_2$ **2-Äthyl-5-nitroimidazol,** Rk. 18 204*.

1-Methyl-*N*⁴-hydroxycytosin, Hydrochlorid 15 627.

5-Hydroxymethylcytosin, Rolle v. — bei Stoffwechselvorgängen in bakteriophageninfizierten E. coli-Kulturen 2031, 2407, 16 734.

5-Methylaminouracil (F. 290° Zers.) 7151.

2.4-Dimethoxy-1.3.5-triazin (F. 168—169°) 7152.

1-Carbamoyl-3-methylpyrazolon-(5), Rk. 13 355.

α-Acetamidocyanacetamid, Rk. 12 263.

$C_5H_7N_3O_3$ ***N*-[2-Hydroxyäthyl]-4-nitropyrazol** 6508*.

2.6-Dimethyloltriazinon, Verw. 15 084*.

Malonsäureäthylesterazid 10 448.

$C_5H_7N_3O_3S$ **2.3-Diaminopyridin-5-sulfonsäure,** Verh. gegen o-Diketone 129.

$C_5H_7N_3O_3S_2$ **2-Acetylamino-5-methylsulfonyl-1.3.4-thiodiazol** (F. 247—248° Zers.) 1985.

$C_5H_7N_3O_4$ **Azaserin (*O*-Diazoacetyl-L-serin),** Wrkg.: auf d. Genitalentw. beim Kaninchen 4570; auf d. Synth. v. Desoxyribonucleinsäure 14 903; auf d. Biosynth. v. Diphosphopyridinnucleotid in Mäusen 3486; auf d. Aufnahme d. Vorläufer d. Nucleinsäurestoffwechsels v. normalen u. leukäm. menschl. Leukocyten 18 864; auf d. Aufnahme v. L-Tryptophan durch Ehrlich-Zellen 8282; cytolog. Eig. v. — als Nucleinsäurestoffwechselhemmstoff 10 497; Hemm. d. Purinbiosynthese in Ascitestumoren durch — 5698; Hemm. d. de novo-Biosynth. v. Purinen durch — bei empfindl. u. v. Natur aus resistenten Asciteszellen 158; Verwert. vorgebildeter Purine durch mit — vorbehandelte Sarkom 180- oder Hepatom 134-Zellen 158; Einfl. auf d. in vitro-Bldg. v. Cytosin-Verb. aus Orotsäure durch Novikoff-Tumor 504; Mechanismus d. antineoplast. Wrkg. v. — 17 073; Prüfung auf Cytotoxizität gegenüber normalen menschl. u. tier. Zellen 4195; Wrkg. in menschl. Geweben 4195, 6809; anatom. Verteil. leukäm. Zellen u. Versagen v. Chemotherapie durch — bei Mäusen 18 871; in vivo-Wrkg. v. — gegenüber Sarkom 180-Ascites-Zellen (Vgl.) 14 539; Wrkg. auf d. Wachstumsindices d. Nelson-Mäuseascitestumors 2766; Hemm. d. Ascitestumor-Wachstums durch — in Kombinat. mit 4-Aminopyrazolo-[3.4:d]-pyrimidin 11 227; Wrkg. auf d. Transplantabilität v. Sarkom 180 (Ascites) 16 001; Kombinat.-Therapie mit — u. 6-Mercaptopurin bei Tumoren 3845; Wrkg. einer kombinierten Behandl. durch Bestrahl. u. mit — gegen experimentelle Tiertumoren 9376.

2-Aminoimidazolin-4.5-dicarbonsäure, Desaminier.-Geschw. 10 484.

$C_5H_7N_3O_5$ **3.3-Dinitrobutylisocyanat** ($Kp._1$ 106 bis 110°) 10 052, 18 637*.

$C_5H_7N_3O_7$ **4.4-Dinitro-4-carbamylbuttersäure** (F. 115—117°) 12 992, 12 993.

2.2-Dinitro-2-carbamyläthanolacetat (F. 60 bis 62°) 12 993.

$C_5H_7N_3S$ **2-Amino-4-mercapto-6-methylpyrimidin** 10 093.

4-Mercapto-5-amino-6-methylpyrimidin (F. 305—306° Zers., korr.) 7901.

2-Methylmercapto-5-aminopyrimidin (F. 105°) 8705.

Pyrrol-2-thiocarbonsäurehydrazid (F. 121 bis 122°) 6382.

$C_5H_7N_3S_2$ **2.6-Dimercapto-5-amino-4-methylpyrimidin,** antiphlogist. Wrkg. 1686.

2.4-Bis-[methylmercapto]-1.3.5-triazin (F. 59—60°) 7152.

***S*.4′.2′-Thiazolylmethylisothioharnstoff,** Prüf. d. Hydrobromids auf Strahlenschutz 1683.

$C_5H_7N_5O$ **4.6-Diamino-5-formamidopyrimidin,** Rk. 18 838.
4-Amino-6-imino-5-formamidodihydropyrimidin, Deriv. 18 838.
3-Hydrazinpyridazin-6-carbonsäureamid („1-Hydrazino-4-carboxamidopyridazin", 1325) (F. 249—250°), Herst., therapeut. Verw. 16 062*; pharmakolog. Prüf. 938.

$C_5H_7N_5OS$ **2-Mercapto-4.6-diamino-5-formamidopyrimidin,** Rk. v. —-Deriv. 11 007*.

$C_5H_7N_5O_2$ **2.4-Diamino-6-methyl-5-nitropyrimidin,** Rk. 6039.
2-Amino-4-methylamino-5-nitropyrimidin (F. 249—250°) 8250.
2-Methylamino-4-amino-5-nitropyrimidin 8250.
5-Nitroso-2.4-diamino-6-methoxypyrimidin (F. 217—224° Zers.), Darst. 9721; Red. 8253.
4.6-Diamino-*symm.*-triazinyl-(2)-essigsäure, Ionisat.-Konst. 8204.
2.4-Diamino-5-formylamino-6-oxodihydropyrimidin, Rk. 8253, 9721.

$C_5H_7N_5O_4S_2$ **2-Acetylamino-5-[ureidosulfonyl]-1.3.4-thiadiazol,** Prüf. auf antikonvulsive Wrkg. 2078.

$C_5H_7N_5O_8$ **3.3.5.5-Tetranitropiperidin** (F. 123 bis 127° Zers.), Darst., Rk. 6028; Rk. 7027*, 12 528*.

$C_5H_7N_5O_{10}$ ***N*-Nitro-*N*-äthyl-2.2.2-trinitroäthylcarbamat** (F. 50—51°) 7027*.

$C_5H_7N_5S$ **6-*n*-Propyltetrazolo-[5.1:*b*]-1.3.4-thiadiazol** (Kp.$_1$ 77°) 4910.

$C_5H_7N_7$ **5-Hydrazino-7-methyltetrazolo-[1.5:*a*]-pyrimidin** (F. 237—238° Zers.) 6415.

$C_5H_7N_7O_2$ **4-Amino-6-guanidino-5-nitropyrimidin** 18 116.

C_5H_8 (s. *Isopren* [*2-Methylbutadien-(1.3)*]; *Piperylen* [*Pentadien-(1.3), 1-Methylbutadien-(1.3)*]).
Pentin-(1) (Kp. 40°), Darst., Rk. 10 417; magnet. Mol.-Rotat. 9287, 10 026; neue Bezieh. zwischen d. physikal. Konst. v. — 3402; Rk. 2381, 9307, 15 544, 18 851.
Pentin-(2) (Methyläthylacetylen), Rk. 12 616, 15 544.
Pentadiene, Bldg. 4493; Dimerisier. 2166*, 10 273*.
Pentadien-(1.2), neue Bezieh. zwischen d. physikal. Konst. v. — 3402; Kinetik d. Addit. v. Methylradikalen an — 13 357.
Pentadien-(1.4), Darst. 2707, 3260*, 7321*; Bldg. 1560, 13 718; neue Bezieh. zwischen d. physikal. Konst. v. — 3402; isotakt., opt. akt. trans-Poly-— 19 025; Rk. mit $Fe_3(CO)_{12}$ 15 527; Kinetik d. Addit. v. Methylradikalen an — 13 357; Rk. mit Trifluorperoxyessigsäure 6400.
Pentadien-(2.3), neue Bezieh. zwischen d. physikal. Konst. v. — 3402; Kinetik d. Addit. v. Methylradikalen an — 13 357.
3-Methylbutin-(1) [2-Methylbutin-(3)] (Kp. 28°), Darst. 15 554; (Rk.) 10 417; Rk. 779.
3-Methylbutadien-(1.2) [2-Methylbutadien-(2.3)] (Kp. 39—39,5°), Darst., Rk. 15 554; neue Bezieh. zwischen d. physikal. Konst. v. — 3402; Rk. 16 656.
Cyclopenten (Kp. 44—45°), Darst. 8232, 12 090*, 17 201*, 19 003*; (v. $^{14}C_{(4)}$-—) 18 433; Darst., Rk. 18 439; (v. $^{14}C_{(1)}$-—) 9673; Bldg. 89, 8932, 10 046, 17 020; (Kinetik) 1559; (Rk.) 18 076; IR-, UV- u. NMR-Spektrum 15 900; Mikrowellen-Unters. 18 059; Best. d. Molekularbeweg. aus d. Kernresonanz 3399; neue Bezieh. zwischen d. physikal. Konst. v. — 3402; Cracken v. — an einem SiO_2—Al_2O_3-Katalysator 7108; Oxydat. 2723; Dehydrier. 18 268*; Temp.-Abhängigk. d. Geschw. d. Addit. v. O-Atomen an — 7471; Hydroborier., Dimerisat. 5252; Addit. v. Br-Atomen an — (Analyse v. Radikalspektren) 16 626; Rk. mit Cl_2 in Ggw. eines Katalysators 3988*, 3989*; Kinetik d. Addit. v. CCl_3-Radikalen an — 3051; Rk.: mit B_2H_6 100; mit Alkaliborhydrid 15 763*; mit $NaBH_4$ 98; Methylaffinität 14 463; Rk.: mit Bzl. 6387, 18 466; mit Xylolen 13 368; mit 9.10-Dimethylanthracen (Kinetik) 15 914; mit Dodecylmercaptan 8057*; mit Bis-[3-methylbutyl-(2)]-boran 6378; mit Sydnonen 11 562; mit Azomethinimin 14 094; mit Benzoesäureanhydrid 14 843.
Methylencyclobutan (Kp.$_{739}$ 41,0—42,0°), Darst. 18 805; (Rk.) 5274; (Kinetik d. therm. Zers.) 15 915; Kinetik d. Bldg. 13 345; IR-, UV- u. NMR-Spektrum 15 900; Kinetik d. therm. Zers. 14 097; Gleichgew.-Isomerisier. 14 822; Hydratisier. 14 091; Bromier. 18 485; Methylaffinität 14 463.
1-Methylcyclobuten, Bldg. 13 345; Gleichgew.-Isomerisier. 14 822.
Vinylcyclopropan (Kp.$_{745}$ 40—41°), Darst., Polymerisat. 2389; Bldg. 13 718; Isomerisier. 13 354; (Kinetik) 1559; Polymerisier. 13 787; konjugative 1.5-Addit.-Rk. d. —-Syst. 18 098.
3.3-Dimethylcyclopropen 3773.
Spiropentan (Spirobicyclopropan), Darst. (Kinetik d. Isomerisier.) 13 345; (v. Deriv.) 5648; Kinetik d. Bldg. 14 097; Chemie d. — 466; Chlorier. 11 554.
Verb. C_5H_8 aus CO_2 u. H_2 (Bldg. durch grüne Blätter) 12 720.

C_5H_8BN **Pyridinboran,** Herst. 17 562*; Rk. 15 019*; Verw. 3980*, 18 269*.

$C_5H_8BrClN_2S$ ***S*-[2-Brom-3-chlorbuten-(2)-yl-(1)]-isothioharnstoff,** Pikrat (F. 185° Zers.) 10 800.

C_5H_8BrClO **α-Bromisovalerylchlorid,** Rk. 15 567.
β-Bromisovalerylchlorid, Rk. 11 918.

$C_5H_8BrF_3O$ **2-Brom-1.1.2-trifluoräthyl-*n*-propyläther** (Kp.$_{130}$ 75,2°) 1568.

C_5H_8BrN **δ-Bromvaleronitril** (Kp.$_8$ 102—103°), Darst., Rk. 8968; Rk. 1715*.

$C_5H_8Br_2$ **1.2-Dibromcyclopentan,** Darst., Rk. (v. $^{14}C_{(1)}$-—) 9673; (v. trans-$^{14}C_{(4)}$-—) 18 433; Bldg. 18 076.
1.1-Dibrom-*cis*-2.3-dimethylcyclopropan 7098.

$[C_5H_8Br_2]_x$ **Verb. $[C_5H_8Br_2]_x$** (F. 140—150°) aus Polyvinylcyclopropan u. Br_2 13 787.

$C_5H_8Br_2F_2O$ **2.2-Dibrom-1.1-difluoräthyl-*n*-propyläther** (Kp.$_{23}$ 72,2°) 1568.

$C_5H_8Br_2O$ **3.3-Bis-[brommethyl]-1-oxacyclobutan,** Rk. 14 532.
4.5-Dibrom-2.3-epoxypentan, Rk. 12 837*.
1.2-Dibrom-3-methylbutenol-(2), hypnot. Wrkg. 14 943.

$C_5H_8Br_2O_2$ **2.5-Dibrompentansäure** (Kp.$_2$ 134 bis 136°) 14 102.
α.β-Dibrompropionsäureäthylester, Rk. 826, 4348*; bakteriostat. Wrkg. 1278; Hemmwrkg. auf Vermehr. u. Enzymtätigk. v. Saccharomyces cerevisiae 12 334.

$C_5H_8Br_2O_2S$ **1.2-Dibromäthenyl-*n*-propylsulfon** 5093*.

$C_5H_8Br_2O_3S$ **Bis-[brommethyl]-bis-[hydroxymethyl]-methan-sulfit,** Rk. 10 067.

$C_5H_8Br_4$ **Pentaerythrityltetrabromid** (F. 159 bis 160°), Darst., Rk. 5274; Rk. 1595, 13 345, 15 915.

$C_5H_8ClF_3HgO$ **3.3.3-Trifluor-2-chlormercuri-1-äthoxypropan** (F. 37—38°) 16 283.

C_5H_8ClN **δ-Chlor-*n*-valeronitril** (Kp.$_{10}$ 92°) 5094*.
1-Cyan-3-chlor-2-methylpropan (Kp.$_{11,7}$ 74 bis 79°) 15 908.

C_5H_8ClNO **2-Chlor-1-äthyläthylisocyanat** (Kp.$_{760}$ 152—154°) 7888.
***N*-Chlormethylpyrrolidon-(2),** Rk. 17 763.
Chlorpentensäureamid 9515*.

2-[Carboxymethylamino]-2-thiazolin (F. 224 bis 225°) 676*.

$C_5H_8N_2O_2S_2$ **3-Methylthiazolon-(2)-methansulfonylimin** (F. 148—150°), IR- u. UV-Spektrum 8199.

$C_5H_8N_2O_3$ **3-[β-Hydroxyäthyl]-hydantoin** (F. 102—104°), Darst., Unters. auf antikonvulsive Wrkg. 9332.

Diacetylharnstoff, Hemm-Wrkg.. auf d. Rous-Sarkom (Bezieh. zur Vogelmalaria) 12 322.

Methylen-L-asparagin [**4-Ketohexahydropyrimidincarbonsäure-(6)**] (F. 210 bis 260° Zers.) 1200.

N-Acetylaminooxazolidinon-(2) (F. 117°), Herst. 8423*; Rk. 9152*.

$C_5H_8N_2O_3S$ **N-Carboxymethyl-N'-acetylthioharnstoff,** Rk. 12 292.

$C_5H_8N_2O_3S_2$ **Dithiocarbaminobernsteinsäuremonoamid** („**α-Aminodithiosuccinamidsäure**"), Spalt. durch Cysteindesulfhydrase 7938.

$C_5H_8N_2O_4$ **1-Cyclopropyl-1.1-dinitroäthan** (Kp.$_{10}$ 99°) 1186.

N'-Acetylhydantoinsäure, Verh. gegen Thioessigsäure 12 292.

$C_5H_8N_2O_4S_3$ **2-Methyl-thiophen-3.5-disulfamid** (F. 195—197°) 5768, 8346*.

$C_5H_8N_2O_5$ **Thyminperoxid,** spezif. mutagene Wrkg. v. — auf d. Rückmutat. zweier Loci v. E. coli *15* T^{-}*9*—*13* 12 318.

4.4-Dinitropentanal 1186.

Ureidobernsteinsäure (**Carbamylasparaginsäure**), Prüf. auf Bldg. v. — durch Lactobacillus brevis 17 798; enzymat. Hydrolyse 10 135; enzymat. Bldg. v. Harnstoff aus — 3507 [2 Ref.], 11 237.

$C_5H_8N_2O_6$ **γ.γ-Dinitrovaleriansäure** (**4.4-Dinitropentansäure**), Überführ. ins Säurechlorid 10 052; Kinetik d. Rk. mit Diphenyldiazomethan 10 043.

4.4-Dinitrobuttersäuremethylester (Kp.$_{0,03}$ 46—47°), Darst., Rk. 12 993; Rk. 10 052.

Essigsäure-2.2-dinitropropylester (Kp.$_{0,5}$ 75°) 9307.

$C_5H_8N_2O_7P_2$ **Hydroxymethylpyrimidindiphosphat,** Best. 2438, 2439.

$C_5H_8N_2S$ **4.5-Dimethyl-2-aminothiazol** (F. 131°), Darst., Rk. 4905; Rk. 14 496.

$C_5H_8N_2S_2$ **5.5-Dimethyldithiohydantoin** 9586*.

$C_5H_8N_3O_5P$ [**4-Amino-2-hydroxypyrimidyl-(5)**]**-hydroxymethylphosphonsäure** (F. 300 bis 303° Zers.) 17 398.

$C_5H_8N_4$ **Tetrahydropurin,** Dihydrochlorid 15 600.

3-Amino-5.6-dimethyl-*asymm.*-triazin, Ionisat.-Konst. 8204.

2.4-Dimethyl-6-amino-1.3.5-triazin (F. 170 bis 171°) 18 981*.

4-Amino-5-[aminomethyl]-pyrimidin, Deriv. 4642*.

2.4(6)-Diamino-6(4)-methylpyrimidin, Konstit.-Einfl. auf d. IR-Spektrum 14 812; antiphlogist. Wrkg. 1686.

2.5-Diamino-4-methylpyrimidin, Konstit.-Einfl. auf d. IR-Spektrum 14 812.

4.5-Diamino-6-methylpyrimidin, Konstit.-Einfl. auf d. IR-Spektrum 14 812.

3.4.5-Triaminopyridin 129.

3-Methyl-6-hydrazinopyridazin (F. 75—76°) 1989.

2-Hydrazino-4-methylpyrimidin (F. 89—91°) 12 298, 12 300.

2-Methyl-6-hydrazinopyrimidin 12 297.

4(6)-Methyl-6(4)-hydrazinopyrimidin (F. 140—141°) 1992, 12 297, 12 300.

5-Methyl-6-hydrazinopyrimidin (F. 205 bis 206°) 12 297.

2-Methylpyridazon-(3)-hydrazon, Hydrochlorid 132.

1-Methylpyrimidon-(2)-hydrazon, Hydrochlorid 132.

1-Methylpyrimidon-(4)-hydrazon, Hydrochlorid 132.

1-Cyanformimidsäureisopropylidenhydrazid (F. 112—114°) 5657.

$C_5H_8N_4O$ **4.5-Diamino-6-hydroxy-2-methylpyrimidin,** Rk. d. Sulfats 9719.

5-Amino-2-hydroxy-4-methylaminopyrimidin, Rk. 848.

5-Amino-4-hydroxy-6-methylaminopyrimidin, Rk. 7150.

2-Hydroxy-6-hydrazino-4-methylpyrimidin (F. 285° Zers.), Darst. 12 298; (Rk.) 12 299.

2-Hydrazino-4-methyl-6-hydroxypyrimidin (F. 240—242°) 12 298 [2 Ref.].

2-Hydrazino-5-methyl-6-hydroxypyrimidin (F. 224° Zers.) 12 298, 12 299.

2.4-Diamino-6-methoxypyrimidin (F. 162 bis 163°) 9720.

2-Hydrazino-6-methoxypyrimidin (F. 120 bis 121°) 12 298, 12 299.

4-Hydrazino-5-methoxypyrimidin (F. 184 bis 185°) 7149.

4.5-Diamino-1-methylpyrimidon-(2), Rk. 848.

4.5-Diamino-3-methylpyrimidon-(2) (**5-Amino-3-methylcytosin**) 848.

4.5-Diamino-1.6-dihydro-1-methyl-6-oxopyrimidin (F. 195°) 7150, 8252.

2-Amino-4-methylamino-6-oxodihydropyrimidin (F. 265—266°) 8254.

6-Hydrazino-3-methylpyrimidon-(2) (F.173° Zers.) 12 297.

1-Methyl-4-carbamyl-3-aminopyrazol (F. 178°) 18 567*.

4-Amino-1-methylimidazolcarbonsäure-(5)-amid, Rk. 8616.

2-Methyl-4-aminoimidazol-5-carbonamid, Hydrochlorid (F. 258—259°) 2735.

$C_5H_8N_4OS$ **2-Methylmercapto-4.5-diamino-6-hydroxypyrimidin,** Prüf. d. Sulfats auf Antifolsäure-Wrkg. bei Streptococcus faecalis 10 519.

1-Methyl-2-mercapto-4-oxo-6-methylaminotriazin-(1.3.5), photograph. Verw. 719*.

$C_5H_8N_4O_2$ **3-Methyl-4.5-diaminouracil,** Rk. 15 597.

5-Amino-4-methylaminouracil, Rk. d. Hydrochlorids 8253.

2-Hydrazino-4-hydroxymethyl-6-hydroxypyrimidin (F. 230° Zers.) 12 298, 12 299.

4-Methyl-5-hydrazinouracil (F. 267° Zers.) 3460.

4-Hydrazino-5-methyl-2.6-dihydroxypyrimidin (F. 275—276° Zers.) 223*.

4-[N$_{(1)}$-Methylhydrazino]-2.6-dihydroxypyrimidin (**N-Methyl-N-2.6-dihydroxypyrimidyl-(4)-hydrazin**) (F. 284—285° Zers.) 223*, 9820*.

3-Oxo-4.5-diamino-6-methoxy-2.3-dihydropyridazin (F. 226—227° Zers.) 17 399.

$C_5H_8N_4O_3S_2$ (s. *Methazolamid* [*Neptazan, 2-Aminosulfonyl-4-methyl-5-acetylimino-4.5-dihydro-1.3.4-thiadiazol, 5-Acetylimino-4-methyl-Δ²-1.3.4-thiodiazolin-2-sulfonamid*]).

2-[N-Methylacetamido]-1.3.4-thiadiazol-5-sulfonamid 6874*.

$C_5H_8N_4O_4S_2$ **2-Aminopyridin-3.5-disulfonsäurediamid** (F. 229,5—231° Zers., korr.) 10 096.

4-Aminopyridin-3.5-disulfonsäurediamid (F. 284,5—285,5 Zers., korr.) 10 097.

$C_5H_8N_4O_5S_2$ **6-Hydroxy-2-aminopyridin-3.5-disulfonsäurediamid** (F. 282—283,5° Zers., korr.) 10 097.

$C_5H_8N_4O_6$ **4.4-Dinitro-4-carbamylbuttersäureamid** (F. 110—111°) 12 993.

$C_5H_8N_4O_8$ **1.1.1.3-Tetranitropentan,** Isomerisier. 11 527.

1.1.3.3-Tetranitropentan, K-Salz (F. 135° Zers.) 11 527.

2.2.4.4-Tetranitropentan (F. 87,5°) 1186.

N-Äthyl-2.2.2-trinitroäthylcarbaminat 9957*.

2.2-Dinitro-1.3-propandioldicarbamat, Verw. 13 988*.

$C_5H_8N_4O_{10}$ **2.2.4.4-Tetranitropentandiol-(1.5)** (F. 97—99° Zers.), Darst. 5994; Rk. 6028, 12 528*.

$C_5H_8N_4O_{12}$ s. *Pentaerythrittetranitrat* [*Nitropentaerythrit, Pentrit, Vasotrate unicelles, TEN*].

$C_5H_8N_4S$ 2-Methylmercapto-4.6-diaminopyrimidin (F. 185—186°), Darst., Rk. 3821; Prüf. d. Sulfats auf Antifolsäure-Wrkg. bei Streptococcus faecalis 10 519.
4-Methylthiazolyl-(2)-guanidin (F. 132 bis 133°) 14 496.
5-Methylthiazolyl-(2)-guanidin (F. 172 bis 173°) 14 496.

$C_5H_8N_4S_2$ Isopropyliden-5-mercapto-1.3.4-thiadiazolyl-(2)-hydrazin (F. 216—217°) 16 678.

$C_5H_8N_6O_2$ 5-Guanidino-1-methyl-4-nitroimidazol 18 116.

$C_5H_8N_6O_4$ 4-[2'.2'-Dinitropropyl-(1')-amino]-1.2.4-triazol (F. 140,5°) 13 754.

$C_5H_8N_6O_5$ Carbonyldibiuret 2330.

C_5H_8O 5.6-Dihydro-α-pyran, Deriv. 3088.
2.3-Dihydro-4H-pyran (**Δ^2-Dihydropyran, γ-Dihydropyran**, *gewöhnl.* **Dihydropyran**) (Kp.$_{758}$ 86—87°), Darst. 1414*; (Rk.) 4500, 7144, 8976; UV-Spektrum 14 809; IR-Spektrum 18 771; Hydrier., Chlorier. bzw. Kondensat. mit 2-Hydroxytetrahydropyran 5677; Rk. mit Br_2 11 148; HCl-Anlager. 8243; Überführ. in 2-Hydroxy-3-chlortetrahydropyran 1604; Rk.: mit wss. $NH_2OH \cdot HCl$ 16 132*; mit Androstenderiv. 574*; mit Purinen 14 513; mit Silvan 8244; mit Tetrahydropyranen bzw. Hydratisier. 6030; mit 2-n-Propyl-5-bromanilin 10 791; mit tert.-Butanol 1974; (+ Benzoe- bzw. Essigsäure) 2321; mit Äthylenchlorhydrin 13 029; mit 7-Chlorheptanol-(1) 6737; mit 17-Hydroxysteroiden 13 781; mit 3.17-Diolen d. Androstanreihe 9446*; mit 17α-Äthinyl-Δ^4-androsten-3β.17β-diol 2377; mit Organomagnesiumchloriden 11 361*; mit C_4H_9MgBr bzw. Dimerisier. 11 524; mit Octadecen-(1)-yl-(1)-MgCl 11 361*; mit Isobutyraldehyd 18 632*; mit Oktalonen 8995; mit Δ^5-Androsten-3β-ol-17-on 11 209; mit 5β-Pregnan-3α-ol-11.20-dion 11 210; mit Malonsäure 3060, 11 576; mit Tetradecylmalonsäure 810; mit (20R)-18.20-Diacetoxy-3β-hydroxy-Δ^5-pregnen 12 670; mit Amiden 1228; mit Benzamiden 15 596; mit Phthalylperoxid (Kinetik) 7845; Verw.: als Lsgm. bei d. Darst. v. Grignard-Verb. 1405*, 2700, 11 361*; zur Reinig. v. Spielfilmen 2240*.
2-Methyl-2.5-dihydrofuran (Kp.$_{750}$ 77—78°) 12 288.
1.2-Oxidopenten-(3), Verh. gegen HCl 12 989.
3.4-Oxidopenten-(1), Rk. 12 989.
Isoprenoxid, Verh. gegen Amine 17 368.
Epoxycyclopenten (**6-Oxabicyclo-[3.1.0]-hexan**) (Kp. 99—100°) 2723, 15 771*.
Pentin-(4)-ol-(1), Rk. 1709*, 9308.
Pentin-(4)-ol-(2), Vers. d. Bldg. v. Harnstoffeinschlußverb. 15 544.
Pentin-(1)-ol-(3) (Kp. 124°), Darst. 11 525; Vers. d. Bldg. v. Harnstoffeinschlußverb. 15 544.
2-Methylbutin-(3)-ol-(2) (**3-Methylbutin-(1)-ol-(3), Dimethyläthinylcarbinol**), Darst. 9892*, 17 923*; (Rk. v. ^{18}O-—) 8935; IR-Spektrum 11 854; Rk.: mit NOCl 16 131*; mit CO_2 12 464*; (u. W.) 16 489*; mit 3-Pyrrolidino-3-methylbutin-(1) bzw. 3-Dimethylamino-3-methylbutin-(1) 7484; mit 3-Benzyloxazolidin 14 242*; mit sek. Aminen + CO_2 11 366*; mit Triphenylgerman 422; mit Formalin u. Diäthylamin 8220; mit β-Methylcrotonaldehyd 18 816; mit 1-Brompentin-(1)-säure-(5) bzw. 1-Brompentin-(1)-ol-(4) 9308; hypnot. Wrkg. 14 943; Prüf. auf Wirksamk. als Tranquillizer u. Muskelrelaxans 9429; Verw. zur Stabilisier. chlorierter KW-Stoffe 3979*, 18 631*.
Cyclopenten-(2)-ol 17 734.
2-Methylencyclobutanol 467.
3-Methylencyclobutanol 467.
1-Methoxybutin-(1) (Kp. 88—89°), Darst. 15 922; Rk. 15 927.
1-Methoxybutin-(2), Rk. 8216.
1-Äthoxypropin-(1), Dimerisier. bzw. Rk. mit Diphenylketen 16 294; Rk.: mit HN_3 12 626; mit Iminen 15 953; mit Äthylmercaptan 16 281; mit Formaldehyd 15 927; mit Diphenylketen 16 295.
1-Methoxybutadien-(1.3), Darst., Rk. v. trans-— 4134; Herst., Verw. 10 272*; kristallines Poly-trans-— 6426; Glasumwandlungstemp. v. Poly-— 496; Rk.: mit Methylradikalen (Kinetik) 13 357; mit Acrylsäure 87.
2-Methoxybutadien-(1.3) (Kp. 75—77°), Darst. 18 079; (Rk.) 141, 4134; Rk. 87, 9736.
Allylvinyläther, Umlager.-Geschw. 8208; Kinetik d. Claisen-Umlager. u. Berechn. d. Bindungsordn. 12 239.
Vinylpropenyläther (Kp. 69—71°) 18 078.
Vinylisopropenyläther (Kp. 61—62°) 18 078.
α-Äthylacrolein, Rk. 12 838*.
β-Äthylacrolein [**γ-Methylcrotonaldehyd, Penten-(2)-al-(1)**] (Kp.127—129°), Darst. 10 270*; (2.4-Dinitrophenylhydrazon) 18 079, 18 082; (Deriv.) 9305.
Tiglinaldehyd [**Methylbuten-(2)-al-(1)**] (Kp.115—116°), Darst., 2.4-Dinitrophenylhydrazon 18 082; katalyt. Red. 4719*.
Senecioaldehyd (**β-Methylcrotonaldehyd, 3-Methylbuten-(2)-al**) (Kp. 133—136°), Darst., 2.4-Dinitrophenylhydrazon 109, 18 082; (Rk.) 18 079; Bldg. 9731; (d. 2.4-Dinitrophenylhydrazons) 9730, 12 626; Rk. 18 816; (d. Tosylhydrazons) 3773.
Isopropylketen, Rk. 11 543.
Äthylvinylketon (Kp.$_{734}$ 98—100°), Herst., Rk. 12 023*; Rk. 9323, 13 738.
Penten-(4)-on-(2) 11 525.
Methylpropenylketon [**Äthylidenaceton, Penten-(3)-on-(2), Penten-(2)-on-(4)**], Bldg. bzw. Reaktivität v. cis- u. trans-— 14 465; Oxydat. 9694; Rk.: mit 2-Methylfuran 2346; mit o-Aminothiophenolen 1610; mit α.β-ungesätt. Ketonen 8415*; mit Acetylaceton 18 277*; positiv-inotrope Wrkg. auf d. Papillarmuskel d. Katze 18 191.
Methylisopropenylketon [**2-Methylbuten-(1)-on-(3), 3-Methylbuten-(3)-on-(2)**] (Kp. 97°), Darst. 10 046; (Verw.) 4723*; Bldg. 14 465; Dimerisier. 12 387*, 14 326*; Terpolymerisat. mit Butadien u. Acrylnitril 6992*; Polymerisat. 17 583*; Copolymerisat. mit p-Vinylbenzyltrialkylammoniumsalzen 2015; Radiolyse v. Poly-— 15 621; Rk.: mit 2-Methylfuran 2346; mit Butan- bzw. Pentanol-(2)-on-(3) 12 278; mit Benzylphenylketon 11 548; (bzw. Äthylphenylketon) 11 547; mit Cyclohexanol-(2)-on bzw. 4-Methylcyclohexanol-(2)-on 12 279; mit Acetylaceton 18 277*; mit Benzylcyanid 3063; mit Acetamidomalonsäurediäthylester 1225; positiv-inotrope Wrkg. auf d. Papillarmuskel d. Katze 18 191; Verw. 12 044*; (v. Copolymeren) 18 295*.
Methylcyclopropylketon, Darst. (Rk.) 109; (d. 2.4-Dinitrophenylhydrazons) 109; Reaktivität bei d. Radiolyse 14 465; Vers. d. Umlager. 8932; Rk.: mit Methylmagnesiumchlorid 10 067; mit 2-Äthyl-n-hexylaldehyd 16 656; mit Oxalsäuredihydrazid 9309.
Cyclopentanon (Kp. 145—146°), Darst. 10 818, 18 435; (Rk.) 6392; (Rk. v. $^{14}C_{(1)}$-—) 9673; (Massenspektrum v. — u. $D_{4(2.2.5.5)}$-—) 17 354; Bldg. 4915, 5246; (2.4-Dinitrophenylhydrazon) 8230; mol. Anisotropie 5978; Carbonyl-Valenzschwing. 8559; Carbonylvalenzfrequenz 17 697; IR-Spektrum 15 533; IR-, UV- u. NMR-Spektrum 15 900; Konstit.-Einfl. auf d. Ionisationspotential 15 166;

polarograph. Verh. in NH_3-Lsg. 5609; tern. Syst. —-W.-Bernsteinsäure 7465; Hydrier. 17 922*; Oxydat. 14 102; Autoxydat. 9671; Peroxydation 18 437; Chlorier. 10 080; Radikalchlorier. mit tert.-Butylhypochlorit 82; Ringerweiter. 3407; Desulfurier. v. Thiazolidin-Deriv. d. — 12 306; Rk.: mit SF_4 13 565*; mit Hydrazinhydrat 1601, 4637*; mit $COCl_2$ oder $POCl_3$ u. $HCON(CH_3)_2$ 10 645*; mit HCN 8231; Überführ. in Cyclopentylhydrazin 7625*; Rk.: v. Enaminen d. — mit Propargylbromid 15 941; mit Piperidinhydrochlorid u. NaCN 18 792; mit Pyrrolidin 16 685; mit Bis-[1.3-diphenylimidazolidinyliden-(2)] 1984; Wechselwrkg. mit Trimethylamin 11 861; Rk.: mit Allylalkohol 18 082; v. —-Deriv. mit mehrwert. Alkoholen 1800*; mit Myoinosit 15 197; mit Grignard-Reagens 6393; mit CH_3MgJ 7493; mit o-Chlorphenylmagnesiumbromid 111; mit Furfurol 13 751; mit Benzaldehyden 16 658; Vers. d. Kondens. mit Nitrilen 12 275; Rk.: mit Cyanessigsäure 17 749; mit Oxalsäuredihydrazid 9309.

C_5H_8OS **Tetrahydrothiapyranon-(3)**, Dipolmoment, UV-Spektrum, transanulare O-S-Wechselwrkg. 15 172.

Tetrahydrothiapyranon-(4) [Penthiophanon-(4), 4-Thiacyclohexanon, 2.3.5.6-Tetrahydro-1-thiopyranon-(4)] (F. 59—60°), Darst., Rk. 16 310; Dipolmoment, UV-Spektrum, transanulare O-S-Wechselwrkg. 15 172; Rk. 7394*, 13 389.

Allylthioessigsäure ($Kp._{18}$ 61°) 11 904.

Thiolmethacrylsäuremethylester, antibakterielle u. antifungielle Aktivität 15 316.

Äthylthiolacrylat ($Kp._{40}$ 59°), Herst. 3625*; Polymerisat. 1248.

δ-Thiolvalerolacton 11 904.

γ-Methyl-γ-thiolbutyrolacton ($Kp._{18}$ 90°) 11 904.

$[C_5H_8OS]_x$ **Polythioester** $[C_5H_8OS]_x$ aus Hepten-(1)-thiosäure-(7) 11 904.

$C_5H_8OS_2$ **3-Acetylmercaptopropylensulfid**, Antituberkulosewirksamk. 17 123.

$C_5H_8O_2$ (s. *Angelicasäure*; *Tiglinsäure* [*trans-α-Methylcrotonsäure*]).

1.3-Dioxacyclohepten-(5) (Kp. 125—126°) 17 024.

2.2-Dimethyl-1.3-dioxol (Kp. 72,5—73,8°) 3448.

2.6-Dioxaspiro-[3.3]-heptan (F. 83—86°), Bldg. 18 290; Verw. 8843*.

1.2;4.5-Diepoxypentan ($Kp._{26}$ 63—67°) 6400.

1.2;3.4-Diepoxy-2-methylbutan ($Kp._{70}$ 75 bis 77°) 6400.

2-Hydroxy-3.4-dihydro-2H-pyran, Rk. v. —-Deriv. 11 001*.

Dihydropyranol-(5), Oxydat. v. Deriv. 8230.

1.2-Epoxycyclopentanol-(3) ($Kp._6$ 78—78,5°) 1800*.

Pentin-(4)-diol-(1.2) 4935.

Cyclopenten-(2)-diol-(1.3) ($Kp._{0,7}$ 107—108°) 8235.

Cyclopentendiol-(3.5), Rk. 15 242.

Propargylaldehyddimethylacetal ($Kp._{170}$ 70°), Herst., Verw. 12 094*; Rk. 652*.

Formaldehyddivinylacetal (Divinylformal) (Kp. 90°), Darst., Rk. 14 527, 15 621; Glas-Bldg. v. Poly-— u. Luminescenz 4560.

3-Methyl-3-hydroperoxybutin-(1), Hydrier. (Kinetik) 0668.

Tetrahydrofurfurol (Kp. 143—145°), Darst. (Rk.) 16 302; (Deriv.) 1604; Eig. v. tetrahydrofurfuroxyacetalisiertem PVA 14 728.

β-Äthoxyacrolein, Rk. 10 274*.

Glutardialdehyd (Pentandial-(1.5), 5-Oxopentanal), Herst. v. —-Acetalen 11 779*; Oxydat. 4724*; Kondensat. nach Ziegler u. Wilms 8263; Rk.: mit Phosphin 14 338*; v. —-Deriv. mit NH_3 oder Amin u. Hydrier. 8064*; mit NH_2-CH_3 + Acetondicarbonsäure 4547; mit Nitromethan 3070; mit Pentaerythrit 8089*; mit Carbomethoxymethylentriphenylphosphoran 450; Verw.: als Gerbmittel 4405*; als Vernetzungsmittel bei Knitterfestausrüst. 14 369; zur Erhöh. d. Bügelfestigk. v. Textilien 13 999*.

3-Oxotetrahydropyran ($Kp._{12}$ 55°) 11 568.

Tetrahydro-γ-pyron ($Kp._{680}$ 165—168°) 2762, 8217.

3.4-Epoxypentanon-(2) ($Kp._{11}$ 44—45°) 9694.

Methyl-α-[hydroxymethylen]-äthylketon 14 495.

β-Methoxyvinylmethylketon, Rk. 10 274*.

Acetylpropionyl [Pentandion-(2.3)], Bldg., Bis-[2.4-dinitrophenylhydrazon] 16 696; Herst. d. Addit.-Verb. mit Triäthylphosphit 18 273*; Rk. 4170, 16 319.

Acetylaceton [Pentandion-(2.4)] ($Kp._{102}$ 61°), Darst.: v. Peroxiden d.—8600; v. Mo(VI)-Komplexen d. — 6704; v. kristallisiertem Chrom-tri-acetylacetonat 9893*; Bldg. 17 000; (v. —-Deriv.) 11 870; (d. Monoacetylacetonatokupfer(II)-Ions) 8903; neue Bezieh. zwischen d. physikal. Konst. v. — 3402; physikal. Eig. v. —-Chelaten mit Seltenerdmetallen 11 485; Isotopenaustausch zwischen Zn-Oxinat u. markiertem Zn-Acetylacetonat 11 121; chem. Bind. in Acetylacetonaten dreiwert. Metalle 16 230; mol. Assoziat. u. elektron. Struktur d. Ni(II)-Komplexes mit — 10 772; Elektronenstruktur d. Vanadylions im Komplex mit — 17 319; Elektronenspinresonanz d. Cu-Komplexes 2266; Protonenresonanz-Unters. d. Tautomerie-Gleichgew. 3046; kernmagnet. Resonanz u. Keto-Enol-Gleichgew. 8201; Röntgenpulverdaten u. Strukturen v. Metall(II)-bis-[acetylacetonat]-Verb. 1910; Absorpt.-Spektren v. Komplexen mit Ti, Cr, Mn, Fe u. Co 11 089; IR-Spektren v. Metallchelat-Verb. 10 351; Einfl.: auf d. Fluorescenzlösch. v. Naphthalin-Deriv. 13 338; auf d. Glasritzeffekt 8891; Dipolmomente v. Bis-[trifluoracetylacetonato]-Komplexen 11 814; Aciditätsänder. v. — in Abhängigk. v. d. Temp. 15 900; potentiometr. Best. d. DK 11 510; potentiometr. Titrationskurven v. gemischten Zr-Komplexen mit — u. anderen Komplexbildnern 12 587; magnet. Eig. d. Cr(III)-Komplexes 9989; magnet. Eig. v. —-Chelaten mit Seltenen Erden 7791; Thermochemie v. Innerkomplexsalzen 15 501; DTA v. Bis-[acetylacetonato]-U(VI)-Solvaten 3363; Oberflächenspann. für d. Syst. Chloral-— 794; Adsorpt. v. — aus wss. Lsg. an Montmorillonit 13 307; Extrakt.-Verh. v. Metallacetylacetonaten 14 056; Berechnung v. Gleichgewichtskonst. für —-Komplexe mit Th(IV), U(IV) u. Pu(IV) nach der Methode d. kleinsten Quadrate 15 874; Löslichk. v. Acetylacetonaten d. Fe(III), Th(IV), VO^{2+} u. Cr(III) (Thermodynamik) 17 328; Rk.: mit H_2O_2 92, 15 199; mit $FClO_3$ 8412*; mit Phosphin 1609; d. Cu-Verb. mit KSCN, Br_2 u. $NaHCO_3$ 5596; v. Metallchelaten d. — mit SCl_2 5595; d. Co-Verb. mit CO u. H_2 1541; Methylier. 14 838; Überführ. d. Di-K-Verb. in 1.1-Diphenyl-1-hydroxyhexandion-(3.5) 8593; Rk.: mit Benzylchlorid 15 208; mit Äthylenoxid 16 642; mit Chinolin + Benzoylchlorid 18 825; mit Urotropin 15 203; v. Bis-[2.4-pentandionato]-oxovanadin(IV) mit Aminen (Thermodynamik) 5200; d. Cu-Verb. mit heterocycl. Basen 2300, 14 441; mit o-Phenylendiamin 572*; mit 2.4.6-Triaminopyrimidin 1325*, 6875*; mit 4-Hydrazino-5-phenylpyrimidin 18 468; mit Nitrostyrolen 16 664; mit 1-Fluor-2.4-dinitrobenzol 4142; mit 1-Dimethylaminomethylnaphthol-(2) 16 665; mit

Tropyläthyläther + HCl 4866; mit Tetraalkoxid-Ti-Verb. 15 885; mit N³-[p-Äthoxyphenyl]-semicarbazid 9682; d. Fe-Verb. mit Biguanid 15 887; mit Thiazolyl-2-guanidinen bzw. Guanylthioharnstoff 14 497; mit 5-Guanidino-1-methyl-4-nitroimidazol 18 116; mit 2.3-Dichlorthiophenaldehyd-(5) 12 649; mit o-Aminobenzaldehyd 13 024; mit Theophyllin-8-aldehyd 15 599; mit Glykosylaminen 14 493; mit Glucosamin 3989*, 12 463*; mit 1-Amino-1-desoxy-D-fructose 11 179; mit 1-Arylamino-1-desoxy-D-fructosen 11 179; mit Glyoxal 4526; mit o-Phthalaldehyd 5655; mit α,β-ungesätt. Ketonen 18 277*; mit 1-Amino-3-methylbutanon-(2) 3082; mit 2.2'-Diaminobenzophenon 13 027; v. Cu-Acetylacetonat mit Tetracyanäthylen 7450; mit HCHO u. Acetamidomalonsäuredimethylester bzw. Nitromalonsäuredimethylester 8413*; mit β-Benzoyl- bzw. β-Tetraloylacrylsäure 9691; mit Chinolacetaten 9681; mit Phenyljodosoacetat 13 713; mit p-Nitrobenzoylchlorid 6212*; mit Cyanacetamid 8979, 14 862; mit Aminosäurehydraziden 8786*; mit Orotsäurehydrazidmonohydrat bzw. Uracil-5-carbonsäurehydrazid 6412; mit Cyanessigsäurehydrazid 11 001*; mit Benzothiazol-2-sulfenamid 4155; mit Phenylphosphonsäurecyclohexylimid 15 404*; mit Diäthylchlorphosphat bzw. verwandten Verb. 4139; Einfl. auf d. Schwell. v. Leber- u. Hepatommitochondrien 6807; verschied. Verwendungsmöglichk. v. Metallchelaten d. — 17 200; Verw.: als Stabilisator für α-Tocopherylhydrochinon 5394*; zur Härt. v. Gelatine 5166; als Brennelement für Reaktoren 17 162*; v. Ni-— zum Schutz v. Kautschuk gegen Atmosphärilien 9746; d. Fe-Verb. in Farbschicht für hektograph. Druckverfahren 19 057*; v. Metallchelaten d. — in Katalysatorsyst. für Polymerisat.-Rk. 675*, 4556, 5688, 8437*, 9545*, 17 557; titrimetr.Best.d.Enol-Geh. 6724;Verw.: als Indicator bei d. komplexometr. Titrat. v. Fe (III) mit EDTA 5413; zur Best. v. Hydrochinonen u. Chinonen 15 690; zur photometr. Best. u. Trenn. v. Ru 7267.

Pentensäure, Ester 7853.

Δ^2-Pentensäure (Penten-(2)-säure, β-Äthylacrylsäure), Darst. (Rk. v. trans-—) 18 792; (d. S-Benzylisothiuroniumsalzes) 15 927; Rk. 651*, 11 518, 16 839*.

Δ^4-Pentensäure (Penten-(4)-säure, Allylessigsäure), Darst. 8416*; (v. Estern) 9147*; Rk. 6208*, 18 634*; blutzuckersenkende Wrkg. 17 107.

β-Methylcrotonsäure (β.β(3.3)-Dimethylacrylsäure, Isopenten-(2)-säure) (F. 68 bis 69°), Darst. 8781*, 12 625; (Rk.) 1570, 8247; Bldg. aus Cucurbitacin B 143; Rk.: mit Br_2 10 795; mit Phosgen 15 764*; mit Benzol 1972; mit substituierten Butylaminen 4260*; mit Resorcin bzw. Phloroglucin 472; mit cycl. Hydroperoxiden 651*; v. Estern mit Aldehyden 17 563*; Assoziat. mit α- u. β-Cyclodextrinen 9747; Abbau durch Pseudomonas citronellolis n. sp. 179; — als Antimetabolit d. Acetats in Tetrahymena 17 807.

α-Äthylacrylsäure, Bldg. 6366; Rk. v. polymeren Alkalimetallsalzen v. — mit $AgNO_3$ 17 677; Verester. mit Hydroxysulfonsäuren 7693*.

Cyclobutancarbonsäure, pKα-Wert 85.

1-Methylcyclopropancarbonsäure (F. 32,4 bis 34,3° korr.), Darst. Rk. 109; (v. — u. $^{14}C(CO)$-—) 14 090.

2-Methylcyclopropancarbonsäure ($Kp._{17,6}$ 97 bis 98°) 6753, 15 908.

Crotonsäuremethylester, Darst. 13 725; (Rk. v. trans-—) 18 428; Oxydat. 17 714; Methylaffinität 14 463; Rk.: mit SCl_2 4920; mit 9.10-Dimethylanthracen (Kinetik) 15 914; mit Äthylendiamin 13 033; mit Peressigsäure 8238.

Vinylessigsäuremethylester 13 725.

Methacrylsäuremethylester (Methylmethacrylat) (Kp. 100°), Darst. 3982*, 5846*, 12 457*, 15 765*, 15 927, 16 490*, 18 271*; Bldg., Rk. 12 302; Molekularstruktur 9291; dielektr. Eig. v. γ-bestrahltem — 3477; Dipolmoment v. — in verd. Lsg. 3477; protonmagnet. Resonanz 17 424; paramagnet. Elektronenresonanz 3835; Einfl. auf d. Phosphorescenz d. Silicagel-Trypaflavin-Leuchtstoffs 7461; Wechselwrkg. zwischen gelösten Polymeren u. — (Viscositäts-Mess.) 17 052; — als reaktionsfäh. Zusatz bei d. radiolyt. Bldg. reakt. H-Atome 769; Kinetik d. Hydrier 72; Rk.: mit O_2 15 249; mit SCl_2 4920; Methylaffinität 14 463; Rk.: mit Butadien-(1.3) 78; mit 1.3-Dimethylbutadien 824; mit Isopren 7495; mit Cyclopentadien 18 428; mit 9.10-Dimethylanthracen (Kinetik) 15 914; mit tert.-Butylamin 16 491*; mit Cyclohexylamin 11 913; mit CH_2N_2 14 090; mit Nitroalkanen bzw. Nitrocarbonsäureestern 16 643; Umester. 2963*; (mit Laurylalkohol) 10 274*; (mit Chloralkylallylaryläthern) 1797*; Rk.: mit Triäthylsilan 12 630; mit Acetophenon 5095*; mit Diphenylacetonitril 9690; mit 2-Mercapto-2-methylpropionsäuremethylester 7509; mit Malonsäurediäthylester 13 361; Pfropfen v. — auf feste Polymere 13 591*; biolog. Oxydat. in Abwässern 10 961; Verw.: in d. Färberei 18 283*; in Bindemittel fürUmhüll. v.Hartlötstäben 5464*; Best. v. Verunreinig. in techn., monomerem — 1430; gaschromatograph. Nachw. in Pyrolysaten v. Poly-— 868; Polymerisat. bzw. Polymerisate s. *Plaste (Acrylpolymerisate)*.

Acrylsäureäthylester (Äthylacrylat) (Kp. 97 bis 100°), Darst. 5094*, 8058*, 13 568*, 13 943* [3 Ref.], 15 927, 17 561*, 17 924* [2 Ref.], 18 271*, 19 007*; Bldg. 10 436, 14 508; NMR-Spektrum 18 773; Raman-Linien d. ν(CO) (Intensität) 1549; (Lsgm.-Einfl.) 12 598; Wechselwrkg. zwischen gelösten Polymeren u. — (Viscositäts-Mess.) 17 052; Rk. mit HCN 10 274*; Umsetz. nach d. Meth. d. Oxo-Synth. 8783*; Umester. 4342*; Rk.: mit Isopropylamin 13 493*; mit Nitromethan 16 643; mit Methylvinylketon 10 296*; mit Malonsäure- bzw. Cyanessigsäure-Deriv. 12 263; mit α-Halogenestern 18 097; mit (—)-Menthylmonochloracrylat (Stereochemie) 15 912; mit α-Methyl-β-benzylaminopropionsäureäthylester 2732; mit 1-Äthoxycarbonylmethyl-6.7-dimethoxy-1.2.3.4-tetrahydroisochinolin 4166; mit Cyanessigsäureäthylester bzw. Propionitril 7521; positiv-inotrope Wrkg. auf d. Papillarmuskel d. Katze 18 191; Verw.: zur Herst. v. Emuls. 18 960*; zur Herst. v. Dispergiermitteln 14 271*; zur Herst. v. chemisch modifiziertem Papier 19 072*; zur Herst. F-halt. Mischpolymerer 669*; in copolymeren Latices 316; Polymerisat. bzw. Polymerisate s. *Plaste (Acrylpolymerisate)*.

Vinylpropionat, Darst. 13 157*; Polymerisat. 8439*.

Essigsäureallylester (Allylacetat), Darst. v. Poly-— 3837; Best. d. Rotationsisomerie aus d. IR-Spektrum 5233; Lage u. Intensität d. ν(C=O)-Bande 8558; Emuls.-Polymerisat. 7348*; Einfl. d. Druckes auf d. einzelnen Stufen d. Radikal-Polymerisat. 15 249; Copolymerisat. mit Acrylonitril 12 312; Kinetik d. Hydrier. 72; Oxydat. 6579*; Rk.: mit Haloalkanen 3780; mit CCl_4 10 699*; Überführ. in γ-Acetoxypropyl-bis-[trimethylsiloxy]-methylsilan 15 02 7*

Rk.: mit Trichlorsilan 17 939*; mit Heptamethylsiloxan 6992*; mit Methylendiacetat bzw. Chlormethyläthylacetat 2328; mit Trichlormethylsulfenylchlorid 15 553; Cytotoxizität in menschl. Zellkulturen 4196; Toxikologie u. Reiz-Wrkg. 2815; Verw. 16 897*.
Essigsäureisopropenylester (Isopropenylacetat) (Kp. 120—126°), Darst. 1408*, 17 718; Lsgm.-Einfl. auf d. IR-Spektrum 10 400; NMR-Spektrum 433; Copolymerisat. mit Maleinsäureanhydrid 4559; Rk.: mit Cl_2 3419; mit CH_3J 16 657; mit Cyclopentadien 8267; mit Cyclobutanon 11 893; mit 3β-Hydroxy-$\Delta^{9,10}$-östren-17-on 2094*; mit Östron-3-methyläther 2466*; mit Thiolessigsäure 9301; mit Diäthoxyoxophosphoransulfenylchlorid 18 798; Verw. 3331*.
Cyclopropylacetat, Vers. d. Umlager. 8932.
γ-Valerolacton ($Kp._{13}$ 85—86°), Darst. 15 188, 15 926; Spalt. 15 920; Überführ. in γ-Chlorvaleriansäuremethylester 5632; Rk.: mit Polyaminen 16 490*; mit äthanol. HCl 6752; mit substituierten Benzaldehyden 6386; mit Kojisäure 3089; mit in Äthylacetat gelöster Peressigsäure 2692; Wrkg. auf d. Kationentransport kalt konservierter Erythrocyten d. Menschen bei Inkubat. 14 941; Verw.: zum Stabilisieren v. chlorierten KW-Stoffen 18 631*; in Kondensatorelektrolyt 6917*.
δ-Valerolacton (Tetrahydro-α-pyron) ($Kp._7$ 107°), Darst. 1597, 8783*, 16 271; (Rk.) 14 102; [Konstit.-Einfl. auf d. ν(CO)] 9653; Rk. 467, 2321; Wrkg. auf d. Kationentransport kalt konservierter Erythrocyten d. Menschen bei Inkubat. 14 941.
α-Methyl-γ-butyrolacton, IR-Spektrum 18 771.
γ-Methylbutyrolacton (γ-Methyl-γ-butanolid), Darst., Konstit.-Einfl. auf d. ν(CO) 9653; Bldg., Rk. v. S(—)-— 12 663.

$C_5H_8O_2S$ Äthylpropargylsulfon 12 249.
Tetrahydrothiophen-2-carbonsäure, Rk. 14 088.
Tetrahydrothiophen-3-carbonsäure, Rk. 14 088.

$C_5H_8O_2S_2$ (—)-1.2-Dithiancarbonsäure-(4), Konstit.-Einfl. auf d. Rotationsdispers. 12 227.
Dithiopropionsäurecarboxymethylester (F. 51 bis 52°) 6382.
3-Methoxycarbonylmercaptopropylensulfid ($Kp._{0,25}$ 65°) 5390*.

$C_5H_8O_3$ (s. *Lävulinsäure* [*Acetonylessigsäure*]; *Sarracinsäure* [*α-(1-Hydroxyäthyl)-acrylsäure* oder *α-Hydroxymethylcrotonsäure*]).
Cyclopentendiol-(3.4)-epoxid 1800*.
Cyclopentendiol-(3.5)-epoxid 1800*.
Pentin-(4)-triol-(1.2.3), Darst., Rk. 15 242; Rk. 4936.
***erythro*-2.3-Dihydroxypenten-(4)-al-(1)** 15 242.
4-Methyl-1.3-dioxanon-(2) ($Kp._8$ 100—110°) 8972.
5-Methyl-1.3-dioxanon-(2) ($Kp._{0,05}$ 121 bis 125°) 8972.
5-Methyl-3.4-dihydrotetron, Vers. zum Abbau v. — durch Bakterien 14 913.
DL-α.β-Oxidovaleriansäure 3059.
3.3-Dimethylglycidsäure, Na-Salz 4898.
γ-Hydroxy-β-methylcrotonsäure (F. 113 bis 115°) 1570.
α-Methoxycrotonsäure, Rk. 16 839*.
β-Methoxycrotonsäure (F. 139°) 4488.
4-Methoxycrotonsäure, positiv-inotrope Wrkg. auf d. Papillarmuskel d. Katze 18 191.
α-Keto-*n*-valeriansäure ($Kp._{12}$ 81°), Darst. 12 625; Rk. 3811; Wrkg. v. Thiaminmangel u. v. Thiaminantagonisten auf d. Oxydat. v. — durch Rattengewebe 9379; Transaminier. v. verschied. Aminosäuren auf — in Zellfrakt. d. Rattenleber 10 131.
α-Ketoisovaleriansäure (Oxoisovaleriansäure, 3.3-Dimethylbrenztraubensäure,) Darst., 2.4-Dinitrophenylhydrazon 3059; Bldg., 2.4-Dinitrophenylhydrazon (Spektrum) 11 588; Rk. 18 933*; Bldg. aus Cephalosporin C 517; intermediäre Bldg. bei d. Synth. v. Valin im Apfel 15 798; Biosynth. v. α-Ketopantosäure aus — durch Zellsuspens. u. zellfreie Extrakte v. E. coli 10 522; Biosynth. v. Valin aus — in Pflanzen 14 549; Nachw. in d. Pansen-Fl. d. Hornviehs 4236; Wrkg. v. Thiaminmangel u. v. Thiaminantagonisten auf d. Oxydat. v. — durch Rattengewebe 9379; Transaminier. v. verschied. Aminosäuren auf — in Zellfrakt. d. Rattenleber 10 131.
2.3-Epoxybuttersäuremethylester ($Kp._{49}$ 84 bis 85°) 8238.
2.3-Epoxypropansäureäthylester ($Kp._{10-13}$ 66 bis 78°) 4900.
4-Hydroxycrotonsäuremethylester, positiv-inotrope Wrkg. auf d. Papillarmuskel d. Katze 18 191.
Acrylsäure-2(β)-hydroxyäthylester, Herst. 1408*; (Verw.) 6606*, 15 403*; Rk. 2170*.
Essigsäure-1-methoxyvinylester ($Kp._{85}$ 79°), Rk. 442.
4-Oxobuttersäuremethylester (Bernsteinsäurehalbaldehydmethylester), Herst. 6209*; Rk. 4935.
Formylessigsäureäthylester, Rk. 6411, 7139, 18 835.
Essigsäureacetonylester (Acetoxyaceton), Bldg. 3775; IR—CO-Frequenz u. CO—CO-Wechselwrkg. 15 898.
Acetessigsäuremethylester, Oxydat. 18 436; Chlorier. bzw. Rk. mit Benzamid 9313, Rk.: d. Na-Verb. mit Stearoylchlorid 7537; mit o-Nitrobenzoylchlorid 11 191; mit Nitromalonsäuredimethylester u. HCHO 8413*; mit Diäthylchlorphosphat bzw. verwandten Verb. 4139.
Brenztraubensäureäthylester, ν(OH)- u. ν(CO)-IR-Absorpt. 17 697; Rk.: mit o-Aminothiophenol bzw. 2-Mercaptoäthylamin 18 822; mit 2.4.5-Triamino-6-alkoxy- bzw. 2.5-diamino-4-alkylamino-6-alkoxypyrimidinen 5672; mit 2.5-Diamino-6-benzyloxypyrimidinen 13 395; mit 3.4-Diaminobenzoesäureäthylester 3097.
Essigsäurepropionsäureanhydrid, Rk. 11 881.

$C_5H_8O_3S$ β-Mercapto-α-oxoisovaleriansäure 518.
α-Keto-γ-methylmercaptobuttersäure, Spektrum d. 2.4-Dinitrophenylhydrazons 11 588; Bldg. bei d. Verwert. v. Methionin durch Myceldecken v. Fusarium culmorum 6078.
1.1-Bis-[hydroxymethyl]-cyclopropansulfit 10 067.

$C_5H_8O_4$ (s. *Brenzweinsäure* [*α-Methylbernsteinsäure*]; *Glutarsäure*).
3.6-Dimethyl-3.6-endomethylen-1.2.4.5-tetroxan (F. 123°) 92, 8600.
3.5-Anhydro-D-xylofuranose, Wrkg. auf d. Bldg. d. Atmungsenzyme bei Hefen 16 008.
α-Keto-γ-hydroxyvaleriansäure, — im Brenzcatechinstoffwechsel 14 183.
Äthylmalonsäure, Rk. 11 153.
2.2-Dimethylmalonsäure, Bldg. 17 049; Rk. 18 461.
Äthylenglykolmonoepoxypropionat 8392*.
β-Hydroxy-α-methoxyacrylsäuremethylester, Na-Verb. 7148.
Monomerperoxid v. Methacrylsäuremethylester 15 249.
α-Acetomilchsäure, Biosynth. v. Valin aus — in Pflanzen 14 549.
Malonsäuremonoäthylester, Rk. 6754, 10 041, 10 448, 15 558, 17 404.
Methylendiacetat (Kp. 170,0°), kernmagnet. Protonenresonanz 9288; Dampf-Fl.-

Gleicjgew. in —-halt. bin. Syst. 13 709; Rk. 2328.
Malonsäuredimethylester, Rk.: d. Na-Verb. mit Br_2 3058; mit Brombenzol + $NaNH_2$ 18 801; mit Chloral bzw. Trichloräthylidenmalonsäuredimethylester1972;mit 2.3-Dichlorthiophenaldehyd-(5) 12 649; mit Benzalacetophenon bzw. Benzaldehyd 15 917; mit Tris-[formylamino]-methan 13 030.
Xyloisosaccharinsäurelacton (F. 94—96°) 10 118.
Gemisch aus 2 Xylometasaccharinolactonen (3-Desoxy-*erythro*-- u. *threo*-pentonsäurelacton) 10 118.
Dihydroxyvalerolacton 1953.
$[C_5H_8O_4]x$ s. *Xylan.*
$C_5H_8O_4S$ **2.6.8-Trioxa-7-thiaspiro-[3.5]-nonan-*S*-oxid**, Rk. 9674.
Thioltamalsäure, Bldg. v. Halbamidsalzen in Kaltwellmitteln 17 243.
β-Methylthioäpfelsäure (F. 189—190°) 13 727.
Thiodiessigsäuremonomethylester ($Kp._{25}$ 178 bis 185°) 6027.
$C_5H_8O_4S_2$ **Methylendimercaptodiessigsäure**, Wirksamk. v. —-Deriv. gegen Bakterien u. Protozoen 5342.
(+)-α.α'-Dimercaptoglutarsäure (F. 84 bis 86°) 8241.
(—)-α.α'-Dimercaptoglutarsäure (F. 84 bis 86°) 8241.
rac.-**α.α'-Dimercaptoglutarsäure** (F. 135 bis 136°) 8241.
rac.- u. **Meso-α.α'-dimercaptoglutarsäure** [Gemisch] 8241.
$C_5H_8O_5$ (s. *Citramalsäure*).
L-*arabo*-**Trihydroxyglutarsäuredialdehyd**, Diphenylhydrazon (F. 129—130°) 3100.
α-Hydroxyglutarsäure, enzymat. Überführ. v. *l*-— in *l*-Glutaminsäure 15 805*; Wrkg. v. Insulin auf d. Einbau v. ^{14}C-— in d. Protein v. isolierten Rattendiaphragmen 197.
D-**Arabinoson**, — im bakteriellen L-Ascorbinsäureabbau 14 913.
L-**Xyloson**, Bldg. aus Ascorbinsäure 10 542; — im bakteriellen L-Ascorbinsäureabbau 14 913.
L-**Arabono-γ-lacton**, Bldg. durch Pseudomonas fragi 1261.
D-**Ribono-γ-lacton (D-Ribono-1 → 4-lacton)**, Darst. v. Deriv. 10 428; Red. 8068*; Bldg. durch Pseudomonas fragi 1261.
δ-Ribonolacton, Wrkg. auf d. Kationentransport kalt konservierter Erythrocyten d. Menschen bei Inkubat. 14 941.
D-**Xylono-γ-lacton**, Bldg. durch Pseudomonas fragi 1261.
$C_5H_8O_5S$ **2-Sulfäthylacrylat** 7692*.
$C_5H_8O_6$ **Ketoxylonsäure**, bakterielle Bldg. 16 015.
$C_5H_8O_6S_2$ **2.4.8.10-Tetraoxa-3.9-dithiaspiro-[5.5]-undecan-3.9-dioxid**, Rk. 9674.
$C_5H_8O_7$ **Trihydroxyglutarsäure**, Verw. d. Na-Salzes bei d. Käsebereitung 12 872, 16 168; analyt. Verw. d. Cu-Verb. 4282.
C_5H_8S **1-Äthylmercaptopropin-(1)** ($Kp._{760}$ 136°) 12 249, 15 921.
1-Äthylmercaptopropin-(2) ($Kp._{76}$ 67°) 12 249.
Cyclopentanthion (Thionocyclopentan) ($Kp._8$ 63—65°), Darst., 2.4-Dinitrophenylhydrazon 12 278; Nicht-Bldg. 12 278.
C_5H_9 **Cyclopentyl** s. unter *Radikale* (*Spezielle Radikale*).
$C_5H_9AsO_3$ **1-Methyl-4-arsa-3.5.8-trioxabicyclo-[2.2.2]-octan**, Dipolmoment 7830.
$C_5H_9BO_2$ **1-Methylvinyläthylenboronat** (Kp. 127—128°) 15 766*.
C_5H_9Br **1-Brompenten-(1)** ($Kp._{130}$ 70—71°) 18 793.
1-Brompenten-(2) ($Kp._{15}$ 38—40°) 1967.
1-Brompenten-(4) ($Kp._{75}$ 56°), Darst. 12 621; Rk. 16 840*.
4-Brompenten-(1) (Kp. 67—70°) 108.
1-Brom-3-methylbuten-(2) (**γ.γ-Dimethylallylbromid**) ($Kp._{63}$ 62—65°), Darst., Rk. 13 356; Rk.: mit (—) bzw. (+)-3-Hydroxy- bzw. -Methoxymorphinan 2092*; mit Triphenylphosphin 17 409; mit Phlorisobutyrophenon bzw. Phlor-α-methylbutyrophenon 9359; mit 4-Isopropyltropolon 14 117; mit 1-Hydroxybenzol-4-carbonsäureäthylester 12 024*.
Cyclopentylbromid (Kp. 139°), Darst., Rk. 18 070; Massenspektrum 14 814; Rk. 4637*, 17 020, 18 435; Identifizier. 13 514.
$[C_5H_9Br]x$ **Polymeres** $[C_5H_9Br]x$ (F. 115—140°) aus Polyvinylcyclopropan u. HBr 13 787.
C_5H_9BrMg **Penten-(4)-yl-(1)-magnesiumbromid**, Rk. 12 621.
Cyclopentylmagnesiumbromid, Rk. 17 354.
C_5H_9BrO **3-Bromtetrahydropyran** ($Kp._{11}$ 53°), Kinetik d. Hydrolyse 11 148.
2.2-Äthylen-3-brompropanol-(1), Nichtbldg. 834.
1-[Brommethyl]-allylmethyläther (Kp. 140 bis 142°) 141.
cis-trans-**2-Brom-1-methoxybuten-(1)** ($Kp._{48}$ 64—83°) 15 921.
n-**Propylbrommethylketon**, Hemmwrkg. auf Vermehr. u. Enzymtätigk. v. Saccharomyces cerevisiae 12 334; bakteriostat. Wrkg. 1278.
Methyl-β-brompropylketon, Rk. 1610, 1611.
[γ-Brompropyl]-methylketon [5-Brompentanon-(2)], Herst. 16 840*; Rk. 15 173.
Methyl-α-bromisopropylketon, Rk. 8958.
Isovaleriansäurebromid, Rk. 17 561*.
$C_5H_9BrO_2$ **2-Methyl-2-brommethyl-1.3-dioxolan** ($Kp._{18}$ 73—74°) 3448.
Dimethylbromacetylcarbinol ($Kp._{12}$ 106 bis 109°) 9732.
2-Bromvaleriansäure, RF-Wert 5792.
δ-Bromvaleriansäure (5-Brompentansäure) (F. 39—41°), Darst. 12 258, 14 102; Rk. 18 435; (v. —-Estern) 13 025.
α(2)-Bromisovaleriansäure ($Kp._{13-15}$ 120 bis 125°), Darst., Rk. 8247; Rk. 13 570*, 18 272*; RF-Wert 5792.
α-Brom-*n*-buttersäuremethylester ($Kp._{10}$ 53°), Darst. 12 995; Rk. 1974, 3910*.
ω-Brombuttersäuremethylester ($Kp._{16}$ 86°) 5094*.
α-Bromisobuttersäuremethylester, Rk. 2330.
β-Bromisobuttersäuremethylester (2-Methyl-3-brompropionsäuremethylester), Darst., Rk. v. D- u. L-— 3423; Rk. 12 302.
Brommethylisobutyrat, Rk. 321*.
α(2)-Brompropionsäureäthylester, kernmagnet. Resonanz 7832; Oxydat. 15 928; Rk. mit KF 13 346; Überführ. in Crocetindiäthylester 3983*; Rk.: mit Diäthylstilböstrol bzw. Hexöstrol 3188*; mit o-Chlor- bzw. 2.5-Dichloranilin 17 715; mit 2.6-Dimethylanilin 1603; mit 5-Methylfurfurol 11 910; mit Benzaldehyden 11 538; mit 2-Methylmercapto-5-methylbenzaldehyd 12 656; mit Mesityloxid 15 558; mit Norcholylmethylketon 2749; mit 1-Propionylnaphthalin 13 378; mit 2-Propionyl-6-methoxynaphthalin 13 377; mit 2-n-Butyryl-6-methoxynaphthalin 13 379; mit Thiosemicarbazonen 3806; mit Diphenylacetonitril 14 486; mit Cyclopentanon-2-carbonsäureäthylester 5650; mit Bernsteinsäurediäthylester 2330; mit α-Methylkorksäurediäthylester 15 971; mit α-{2-[1-Methylnaphthyl-(2)]-äthyl}-malonsäurediäthylester 3441; mit 3β.16α-Diacetoxyandrostan-(17)-on 15 607; mit 2-Methacrylamidoäthyldimethylamin 2541*; mit 3-Amino-4-acetamidobenzoesäure bzw. deren Äthylester 3098.
β(3)-Brompropionsäureäthylester, Rk. 7537, 7852, 10 436, 17 028.
γ-Brompropylacetat, Rk. 13 638*.
$C_5H_9BrO_3$ **α-Brom-β-äthoxypropionsäure** 2709.
Methyl-α-brom-β-methoxypropionat 3262*.

$C_5H_9BrO_6S_3$ **Tris-[methylsulfonyl]-bromäthylen** 5093*.
C_5H_9BrS **1-Äthylmercapto-2-brompropen-(1)** ($Kp._{12}$ 79—81°) 15 921.
C_5H_9BrSi **Trimethylsilylbromacetylen** ($Kp._{50}$ 48°), Darst., Schwingungsspektrum 18 771.
$C_5H_9Br_2ClO$ **1.2-Dibrom-3-chlorpentanol-(4)** ($Kp._{15}$ 137—139°) 12 989.
$C_5H_9Br_2ClO_2$ **1-Methoxy-3-chlor-3.4-dibrom-butanol-(2)** ($Kp._5$ 124°) 10 049.
$C_5H_9Br_2NO_4$ **2-Nitro-3.4-dibrom-2-[hydroxy-methyl]-butanol-(1)** (F. 92°) 3416.
$C_5H_9Br_3O$ **Pentaerythrityltribromid** (F. 90 bis 95°) 5274.
C_5H_9Cl **1-Chlorpenten-(3)** **[5-Chlorpenten-(2)]** 9312, 9686.
1-Chlorpenten-(4) **[5-Chlorpenten-(1)]** ($Kp._{754}$ 104°) 7321*, 9312, 10 437.
2-Chlorpenten-(3) **[4-Chlorpenten-(2)]**, Rk.: mit CO + C_2H_2 14 469; mit Dienen 14 076; mit Divinyl bzw. Methylbutadienen 17 720; mit Divinyl bzw. Isopren bzw. Chloropren 17 721; mit Trimethylchlorsilan u. Mg 10 054.
Isoprenhydrochloride, Rk. 3103.
1-Chlor-3-methylbuten-(2) (Kp. 106—113°), Herst. 4717*, 18 268*; (Rk.) 8415*; Rk. 8627, 8784*, 14 469.
[β-Methylallyl]-carbinylchlorid ($Kp._{739}$ 101,0 bis 102,7°) 14 091.
Cyclopentylchlorid ($Kp._{760}$ 113,5°), Darst., Rk. 89; Massenspektrum 14 814; Rk. 6387.
1-Methylcyclobutylchlorid ($Kp._{742}$ 90,8 bis 91,3°) 14 091.
[1-Methylcyclopropyl]-carbinylchlorid ($Kp._{735}$ 83,0—83,9°) 14 091.
1-Chlor-2.2-dimethylcyclopropan 2322.
1-Chlor-*trans*-2.3-dimethylcyclopropan 2322.
C_5H_9ClHgO **1-Chlormercuripentanon-(2)** 12 990.
$C_5H_9ClHgO_3S$ **3-Chlormercuri-4-methoxysulfolan** (F. 170° korr.) 15 955.
C_5H_9ClMg **Δ¹-Pentenyl-(1)-magnesiumchlorid**, Rk. 8781*.
Δ¹-Pentenyl-(2)-magnesiumchlorid, Rk. 8781*.
Δ²-Pentenyl-(3)-magnesiumchlorid, Rk. 8781*.
2-Methyl-Δ²-butenyl-(3)-magnesiumchlorid, Rk. 8781*.
$C_5H_9ClN_2O$ **2-[β-Chloräthylamino]-Δ²-oxazolin** (F. 81—84°) 12 290.
$C_5H_9ClN_2S$ ***S*-[3-Chlorbuten-(2)-yl-(1)]-isothioharnstoff**, Pikrat (F. 168,5—170°) 10 800.
C_5H_9ClO **2-Chlortetrahydropyran** ($Kp._{20}$ 49 bis 50° korr.) 5677, 8243.
2-Äthylepichlorhydrin **(1.2-Epoxy-2-chlormethylbutan)** (Kp. 137°) 18 083.
3-Chlorpenten-(1)-ol-(4) ($Kp._{13}$ 49—50°) 12 989.
1-Chlorpentanon-(2), Rk. 16 650.
1-Chlorpentanon-(3) ($Kp._1$ 40°) Herst., Rk. 15 698*; Rk. 3440.
α-Chloräthyläthylketon, Rk. 14 320*.
Valeriansäurechlorid (Valeroylchlorid, Valerylchlorid), Darst., Rk. v. deuteriertem — 8940; magnet. Mol.-Rotat. 9287; Rk. 1614, 13 353.
α-Methylbuttersäurechlorid (α-Methylbutyrylchlorid), Rk. 9359; (v. (+)-—) 5678, 13 768.
Isovaleriansäurechlorid (Isovaleroylchlorid, Isovalerylchlorid), Dehydrochlorier. im Gemisch mit Acetylchlorid 13 724; Rk.: mit Äthylen 2345; mit 1-Piperidinoisobuten 11 543; mit tert.-Butylamin 5630; mit 4-Phenoxyanisol 5268; mit 9-Hydroxynonansäure 13 726; mit β-Resorcylsäuremethylester 9708; mit Cbo-Glycin 6765; mit Dithiophosphorsäure-O.O-diallylester 7849.
Pivalinsäurechlorid (Pivaloylchlorid, Pivalylchlorid, Trimethylacetylchlorid, Trimethylessigsäurechlorid) (Kp. 103 bis 104°), Darst., Rk. 9321; Solvolyse (Kinetik) 2693; Rk.: mit Ferrocen bzw. Ferrocenderivv. 16 771* [3 Ref.], 16 845*; mit 1.2-Diisopropylhydrazin 7251*; mit 1-[2'-Hydroxyäthyl]-2-methyl-5-nitroimidazol 3189*; mit 2-Amino-2-methylpropandiol-(1.3) 15 960; mit 16α.17α-Epoxyallopregnan-3β-ol-20-on 952*; mit 21-Dehydroaldosteron 14 250*; mit Aminosäuren 17 060; mit Reserpsäuremethylester 8350*.
C_5H_9ClOS **α-Chlor-α-äthylmercaptoaceton** ($Kp._{14}$ 87°) 3055.
β-Chlorthiolpropionsäureäthylester, Rk. 14 834.
Thiochlorkohlensäurebutylester, Rk. 14 619*.
$C_5H_9ClO_2$ **2-Hydroxy-3-chlortetrahydropyran** (F. 60—61,5°), Darst., Rk. 1604; Einw. nucleophiler Reagentien auf — 16 999.
1-Methoxy-3-chlorbuten-(3)-ol-(2) ($Kp._{20}$ 77 bis 78°) 10 048.
2-Methoxy-3-chlorbuten-(3)-ol-(1) ($Kp._{20}$ 82 bis 83°) 10 048.
γ-Chlor-γ-acetylpropylalkohol, Rk. 1989, 1993, 4532.
2-Chlorvaleriansäure ($Kp._8$ 105°) 16 271.
5(δ bzw. ω)-Chlorvaleriansäure ($Kp._{13}$ 130 bis 132°), Herst. 1409*, 3625*, 12 258; (Rk.) 16 271; Rk. 18 436.
Chlorpivalinsäure, Rk. 7508.
Buttersäurechlormethylester, Rk. 12 277.
α-Chlorpropionsäureäthylester ($Kp._{757}$ 145,8 bis 146,6°), Intensität d. ν(CO) 12 599; Rk. 18 831.
β-Chlorpropionsäureäthylester ($Kp._{757}$ 163,6 bis 164,8°), Intensität d. ν(CO) 12 599; Rk. 4635*, 14 834.
Chloressigsäure-*n*-propylester, herbicide Wrkg. auf Gurkenkeimlinge 14 926.
Chloressigsäureisopropylester, herbicide Wrkg. auf Gurkenkeimlinge 14 926.
Chlorameisensäure-*n*-butylester (Chlorkohlensäurebutylester, *n*-Butylchlorcarbonat, *n*-Butylchlorformiat), IR-Spektrum 2679; v. — u. D-— 16 638; Rk.: mit Nortropanderiv. 14 619*; mit 1-[3'-Chlor-4'-methylphenyl]-piperazin 3191*; mit Na-β-[2-Thioxoimidazolidinyl-(1)]-äthyldithiocarbamat 4530; mit Cyclohexylmethansulfonsäureamid 17 928*.
Chlorameisensäurebutyl-(2)-ester (*sek.*-Butylchlorcarbonat), IR-Spektrum 2679; Zers. 16 637 [2 Ref.].
Chlorameisensäureisobutylester (Chlorkohlensäureisobutylester, Isobutylchlorcarbonat) (Kp. 128—129°), Darst., Rk. 12 660; IR-Spektrum 2679; Rk.: mit Ketosäuren 5096*; mit 12-Ketoelaidinsäure 9084*; mit 12-Keto-10.11-octadecensäure 1329*; mit 12-Keto-10.11-epoxystearinsäure 1329*; mit 2-Mercaptoäthanol 9304; mit p-Methoxycarbobenzoxy-L-glutaminsäure-α-benzylester u. L-Glutaminsäure-α-benzylester 17 372; mit N-Cbo-L-asparaginyl-L-tyrosin 3430; mit N-Carbobenzoxy-L-valin bzw. N-Carbobenzoxy-S-p-nitrobenzyl-L-cysteinyl-L-alanin 3429.
Chlorameisensäure-*tert.*-butylester 5470*.
$C_5H_9ClO_3$ **Chlorameisensäureäthoxyäthylester (β-Äthoxyäthylchlorformiat)** ($Kp._{100}$ 103°), Herst., Rk. 661*; Rk. 15 025*.
$C_5H_9ClO_5S$ **2-Sulfoäthyl-β-chlorpropionat**, Na-Salz 7692*.
$C_5H_9ClO_6S_3$ **Tris-[methylsulfonyl]-chloräthylen** 5093*.
$C_5H_9Cl_2NO$ **2-Chlor-5-aminovaleriansäurechlorid**, Rk. d. Hydrochlorids 1713*.
α-Chlorisovalerhydroxamsäurechlorid ($Kp._1$ 65—67°) 6735.
$C_5H_9Cl_2NO_2$ **Bis-[β-chloräthyl]-carbaminsäure**, Bedeut. als Cystostaticum 7186.
$C_5H_9Cl_2NSi$ **Methyl-[γ-cyanpropyl]-dichlorsilan** ($Kp._{50}$ 152°), Darst., Rk. 10 065; Rk. 6233* [2 Ref.].

Phase 769; Nachw. v. cis- u. trans-— im Auspuffgas 12 525; Best. in Automobilauspuffgasen durch spektrometr. Titrat. 14 742.

Isopentene (Isopentylene, Isoamylene, *tert.*-Amylene, Methylbutene), Herst. 17 201*; Extrakt. mit Furfurol u. Kerosin 14 640; Dehydrier. 18 268*, 18 631*; Gewinn. v. Isopren aus —-halt. Gemischen 8779; Herst. v. cis-1.4-Polyisopren in Ggw. v. — 2929*.

2-Methylbuten-(1) (Methyläthyläthylen) (Kp. 31—32°), Darst. 4340*, 5091*, 5994, 12 090*, 13 941*; (v. $D_{(3)}$-—) 9294; (Rk.) 14 499; Bldg. 1183, 1949, 3419, 6364, 7469, 8780, 8937, 11 554; (Kinetik) 7098, 11 515; magnet. Mol.-Rotat. 9286; Löslichk. in Cu^+-Salicylat-Lsg. 9292; Dehydrier. 13 720, 15 017; W.-Anlager. 6578; Nieder-Temp.-Chlorier. 18 628; Hydroborier. 101; Rk.: mit Bis-[3-methylbutyl-(2)]-boran u. Oxydat. 6378; mit tert.-Butyl-MgCl u. BF_3 4484; mit Aldehyden 5092*, 13 566*, 14 319* [2 Ref.]; mit 2.2'.4.4'-Tetrahydroxybenzophenon 6969*; Oxydat. v. Aldehyden in Ggw. v. — 4720*; Nachw. im Auspuffgas 12 525; spektrophotometr. Best. 244.

3-Methylbuten-(1) (2-Methylbuten-(3), Isopenten, Isoamylen, Isopropyläthylen) ($Kp._{767}$ 20,5—21,5°), Darst. 5091*, 12 090*; (Rk.) 6734; Bldg. 1949, 3052, 7469, 8780, 10 798, 14 098; neue Bezieh. zwischen d. physikal. Konst. v. — 3402; protonenmagnet. Resonanz v. — u. Poly-— 3109; dynam.-mechan. Verh. v. Poly-— 7541; Polymerisat. 321*, 1431*, 7346*; Oxydat. 16 486*; Dehydrier. 4347*, 9288, 13 566*, 13 720, 17 203*, 18 268*; Chlorier. 15 554; Hydroborier. 101; Rk. mit Bis-[3-methylbutyl-(2)]-boran u. Oxydat. 6378; Rk.: mit Phenol 2715; mit m-Kresol 2696; Nachw. im Auspuffgas 12 525.

2(3)-Methylbuten-(2) (Trimethyläthylen), (Kp. 38°), Darst. 5994, 12 090*, 13 941*; (Rk.) 14 460, 14 499, 17 361, 17 748; Bldg. 1183, 1949, 6364, 7469, 8780, 8937; (v. $D_{(3)}$-—) 9294; (Kinetik) 7098, 11 515; Abtrenn. v. anderen Olefinen 6206*; Erkennen v. Carboniumionenbldg. aus d. UV-Spektrum 12 595; magnet. Mol.-Rotat. 9286; Bezieh. zwischen Druck, Temp. u. Dichte 12 235; Fl.-Dampf-Gleichgew. in — Methylformiat-Syst. 11 511; Dehydrier. 13 720; durch $CoSO_4$ katalysierte Oxydat. 14 439; Kinetik d. Oxydat. 10 039; (Temp.-Abhängigk.) 7471; Nieder-Temp.-Chlorier. 18 628; W.-Anlager. 6578; Hydroborier. 101, 5252, 6378; Rk.: mit $NaBH_4$ 98; mit Phenol 10 432; mit m-Kresol 2696; mit Chlorcarben 2322; mit Aldehyden 13 566*, 14 319* [2 Ref.], 17 923*; mit Acetylchlorid 16 655; Oxydat. v. Aldehyden in Ggw. v. — 4720*; Nachw. im Auspuffgas 12 525.

Cyclopentan ($Kp._{754}$ 49,5°), Darst. (Rk.) 18 439; (v. Deriv.) 5650; Bldg. 7108; (Rk.) 17 618; Schwing.-Spektren v. — u. D-— 11 500, 12 225; (Aktions-Koeff.) 18 054; IR-, UV- u. NMR-Spektrum 15 900; NMR-Spektrum 7092; Massenspektrum v. D_1-— 17 354; Konstit.-Einfl. auf d. Massenspektrum 1171; Konformationsenergie 13 343; Bind.-Energie v. C-Atomen d. — an Metalle 9267; kernmagnet. Resonanz 8201; neue Bezieh.: zwischen d. physikal. Konst. v.— 3402; zwischen Druck, Temp. u. Dichte 12 235; Gefrierpunktskurven im bin. Syst. mit — 73; Dampfdruck-Konst. d. Frost-Kalkwarf-Gleich. 18 064; Verdampfungsentropie u. Hildebrand-Regel 1176; minimale Explosionstemp. 10 037; Gas-Fl.-Chromatographie v. —-halt. Gemischen 12 237, 15 902, 18 378; Löslichk. in Methanol 12 980; Löslichk.-Temp.-Kurven im Syst. —/Pentaerythrittetrakis-[perfluorborat] 5239; Cracken an einem SiO_2—Al_2O_3-Katalysator 14 462; Dehydrier. 12 090*, 17 201*; (u. Aromatisier.) 11 872; Rk.: mit Cl_2 3988*, 3989*; mit HCl, NO u. NO_2 8061*; mit CH_3- bzw. CF_3-Radikalen (Energiebezieh.) 16 994; mit Olefinen 13 721; mit Bzl. 4486; — als Lsgm. bei d. radiolyt. Bldg. reakt. H-Atome 769; Verw. zur Herst. v. Katalysatoren 2164*.

Methylcyclobutan, Zers. (Kinetik) 12984; Verw. 5114*.

Äthylcyclopropan, Bldg. 444; IR- u. Ramanspektrum 67; Isomerisat. 13 354.

1.1-Dimethylcyclopropan ($Kp._{738}$ 19,0 bis 20,0°), Darst. 7109; (v. Deriv.) 9686; (Rk.) 14 091; Bldg. 6364; Schwingungsspektrum 67.

1.2-Dimethylcyclopropan, Darst. v. cis-— 7109; Bldg. v. trans-— 17 711; Kinetik d. therm. Isomerisier. v. cis- u. trans-— 7098, 11 515.

$C_5H_{10}BClO_4$ **2-Chlormethoxyäthyläthylenborat** ($Kp._{0,3}$ 96—98°) 17 708.

$C_5H_{10}BrClN_2O$ **1-[β-Bromäthyl]-3-[β-chloräthyl]-harnstoff** (F. 109—111°) 12 291.

$C_5H_{10}BrNO_2$ **2-Nitro-2-brompentan**, bakteriostat. Wrkg. 1278.

3-Nitro-3-brompentan, bakteriostat. Wrkg. 1278.

$C_5H_{10}BrNO_4$ **3-Brom-3-nitropentandiol-(2.4)** (F. 110°), UV-Spektrum 7455.

$C_5H_{10}Br_2$ **1.3-Dibrompentan**, Vers. d. Rk. mit Dimethyldichlorsilan u. Li 8972.

1.5(α.ω)-Dibrompentan (Pentamethylendibromid) (Kp. 224°), Dipolmoment 11 508; Rk.: mit Na_2S 10 423; mit $K^{14}CN$ 14 457; mit 3.4-Benzofluoren u. Phenyl-Li 8970; mit Piperidazin 18 827; Einw. auf Enamine 15 940; Rk.: mit 1-Phenyl-2-aminopentan 15 695*, 17 852*; mit (1-Methyl-3-[2'.6'.6'-trimethylcyclohexen-(1')-yl-(1')]-propyl)-dimethylamin 8791*, 13 128*; mit 3-Methoxy-4-methylanilin 11 166; mit 2-Methoxy-4-nitrophenol 8715*; mit Dimethyldichlorsilan u. Li 8972; mit Hexaäthyldistannan 5591; mit 2.2-Dimethyl-4.6-dioxo-1.3-dioxan 3457; mit d. K-Verb. v. Cyclopentanon-o-carbonsäureäthylester 13 740; Identifizier. nach Rk. mit Äthylenthioharnstoff 13 514.

2.3-Dibrompentan ($Kp._{14}$ 59—61°) 4497.

α-2.4-Dibrompentan ($Kp._{14,5}$ 64°) 11 944.

β-2.4-Dibrompentan ($Kp._{18}$ 70°) 11 944.

$C_5H_{10}Br_2Mg_2$ **Pentan-1.5-dimagnesiumbromid**, Rk. 8423*, 14 834.

$C_5H_{10}Br_2O_2$ **1.3-Dibrom-2.4-dihydroxy-2(oder 3)-methylbutan** (F. 80—84°) 6400.

Bis-[brommethyl]-bis-[hydroxymethyl]-methan (Pentaerythritdibromhydrin), Rk. 10 067.

1.3-Dibromacetondimethylketal, Rk. 18 454.

$C_5H_{10}ClNO$ **4-Methylamino-2-chlorbuten-(1)-ol-(3)** (F. 38—39°) 17 368.

1-Imino-2-chlorpropyläthyläther (Äthyl-α-chlorpropionimidat) ($Kp._{60}$ 70—75°) 1997, 7111.

Isopropylchloracetamid, Rk. 17 398.

Diäthylcarbamylchlorid (Diäthylcarbaminsäurechlorid, *N.N*-Diäthylcarbamidsäurechlorid, Chlorameisensäurediäthylamid), Rk. 8973, 9311, 11 194, 14 246*.

$C_5H_{10}ClNO_2$ **2-Chlor-3-nitro-3-methylbutan** ($Kp._8$ 58—62°) 10 048.

4-Nitro-3-chlor-2-methylbutan ($Kp._2$ 58 bis 61°) 6735.

Chlorserinäthylester (α-Amino-β-chlorpropionsäureäthylester), Hydrochlorid (F. 141°) 4348*, 14 323*.

Isochlorserinäthylester (α-Chlor-β-aminopropionsäureäthylester), Hydrochlorid (F. 104—106°) 3263*, 4348*, 5473*.

Dimethylcarbaminsäure-β-chloräthylester, Rk. 1327*.
N-**[β-Methoxyäthyl]-α-chloracetamid** ($Kp._{0,9}$ 84—88°) 9150*.
$C_5H_{10}ClNO_2S$ **Cysteinchloräthylester** 3550*.
$C_5H_{10}ClNO_3$ **1-Nitro-1-chlorpentanol-(2),** Rk. 7455.
1-Methoxy-3-chlorisopropylcarbamat (F. 35°) 11 194.
$C_5H_{10}ClNO_3S$ **„*N*-Methyl-5-chlor-3-thia-3.3-dioxovaleramid"** (F. 115°), Rk. 9869*.
$C_5H_{10}ClNO_4$ **3-Chlor-3-nitropentandiol-(2.4)** (F. 118°), UV-Spektrum 7455.
$C_5H_{10}ClNSi$ **Dimethyl-β-cyanäthylchlorsilan (β-Dimethylchlorsilylpropionitril)** ($Kp._{15}$ 93°) 2711, 6358, 11 002*.
$C_5H_{10}ClO_2PS$ **2-Chlor-2-thiono-5.5-dimethyl-1.3.2-dioxaphosphorinan** (F. 90,5—91,5°) 18 832.
$C_5H_{10}Cl_2$ **1.5-Dichlorpentan** ($Kp._{735}$180—180,4°), Darst. 5624; (Rk.) 4500; Dipolmoment 7462; Rk. 1797*; Identifizier. nach Rk. mit Äthylenthioharnstoff 13 514.
α-2.4-Dichlorpentan (Kp. 141—142°) 11 944.
β-2.4-Dichlorpentan (Kp. 141—142°) 11 944.
3.3-Dichlorpentan, dielektr. Relaxat. 13 338.
Methyläthyläthylenchlorid 18 629.
1.1-Dichlor-3-methylbutan, Rk. 15 554.
1.2-Dichlor-3-methylbutan (Kp. 143—144°) 6735, 15 554.
Trimethyläthylenchlorid 18 629.
$C_5H_{10}Cl_2N_2O$ **1.1-Bis-[β-chloräthyl]-harnstoff,** Rk. 5472*.
1.3-Bis-[β-chloräthyl]-harnstoff (F. 126,5 bis 128°) 12 291.
$C_5H_{10}Cl_2O_2$ **Ditalid (Bis-[β-chloräthyl]-formal, Formaldehyd-bis-[β-chloräthylacetal])** ($Kp._{20}$ 113°), Darst., Rk. 15 621; Polykondensat.: mit Na-Polysulfid 2536; mit 1.2.3-Trichlorpropan 12 682; Verw. 15 426*.
Pentaerythritdichlorhydrin [2.2-Bis-[chlormethyl]-propandiol-(1.3)], Herst., Verw. 1048*; Verw. 12 484*.
$C_5H_{10}Cl_2O_2Si$ **1-Methyldichlorsilyloxy-1-methoxypropen-(1)** ($Kp._{25}$ 68—68,5°) 12 630.
α-Methyldichlorsilylpropionsäuremethylester ($Kp._{25}$ 81—81,5°) 12 630.
β-Methyldichlorsilylpropionsäuremethylester ($Kp._{24}$ 96—97°) 12 630.
$C_5H_{10}Cl_2O_4S_2$ **Pentan-1.5-disulfonylchlorid** (F. 66°) 10 423.
$C_5H_{10}Cl_2Si$ **[β.β-Dimethylvinyl]-methyldichlorsilan** 13 728.
[β-Methylallyl]-methyldichlorsilan 13 728.
$C_5H_{10}Cl_3O_2P$ **α.α-Dichloräthylphosphonsäurechloridisopropylester** ($Kp._{2,5}$ 68—70°) 7858.
$C_5H_{10}FNO$ *N*-**Fluormethylmorpholin,** BF_3-Komplex 8067*.
$C_5H_{10}F_3N$ *N*-**Trifluormethyldiäthylamin** (Kp. 73 bis 75°) 6961*, 16 279.
$C_5H_{10}F_3O_2PS$ **Trifluormethylthiophosphonsäurediäthylester,** IR-Spektrum 9283.
$C_5H_{10}Hg_2O_3$ **Bis-[äthylquecksilber]-carbonat** (F. 98°) 12 954.
$C_5H_{10}J_2$ **1.5(α.ω)-Dijodpentan** ($Kp._{10}$ 130 bis 132°), Darst., Rk. 7144; Rk. 12 295, 15 940; Identifizier. nach Rk. mit Äthylenthioharnstoff 13 514.
1.1-Dijodneopentan ($Kp._{0,3}$ 100°) 17 414.
$C_5H_{10}J_2O_2$ **2.2-Bis-[jodmethyl]-propandiol-(1.3)** (F. 129—130°) 9674.
$C_5H_{10}NO_3P$ **Cyanphosphonsäurediäthylester** ($Kp._4$ 82°) 15 931.
$C_5H_{10}N_2$ **2.3.4.5-Tetrahydrodiazepin,** Deriv. 572*.
1.4.5.6-Tetrahydro-1-methylpyrimidin, Pikrat (F. 104—106°) 13 028.
2.3-Diazabicyclo-[2.2.1]-heptan 11 870.
Diäthylcyanamid, Herst. v. Peptiden in Ggw. v. — 14 324*.
5(δ)-Aminovaleronitril, Herst. 2905*; Rk. 14 622*; Stoffwechsel v. — in d. Ratte 12 002.
α-Methylaminoisobutyronitril, Verw. 10 247*.
N-**[β-Cyanäthyl]-äthylamin,** Rk. 18 091.
β-Dimethylaminopropionitril 17 035.
$[C_5H_{10}N_2]_x$ *polymeres* **Methylenpiperazin,** Rk. 3816.
$C_5H_{10}N_2O$ **2-Methylallylharnstoff** (F. 105 bis 115°) 5670.
N-**Vinyl-*N'*-äthylharnstoff,** Copolymerisat.-Verh. 2392.
N-**Tetramethylenisocarbamid,** Rk. v. Deriv. 6506*.
1-Methylperhydropyrimidinon-(2) (F. 90°) 12 841*.
***N.N'*-Dimethyläthylenharnstoff** ($Kp._{12}$ 95 bis 97°), Einfl. auf d. Kinetik d. Alkylier. v. n-Butylmalonsäurediäthylester 12 984.
Aminopiperidone (3-Aminopiperidone) 1232.
Acetylhydrazonaceton (1-Acetyl-2-isopropylidenhydrazin), Red. 12 387*; Wrkg. auf d. Entw. v. Bac. acetoethylicus u. Bact. coli 16 370.
α-Hydroxyaminovaleronitril, Rk. 4882.
N-**[β-Cyanäthyl]-äthanolamin,** Rk. 18 091.
Pyrrolidin-2-carbonsäureamid, Herst., Verw. v. Deriv. 305*, 1713*, 4260*.
***cis*-2-Aminocyclobutancarbonsäureamid** (F. 253—255°) 15 550.
Essigsäureisopropylidenhydrazid (F. 138,5 bis 140°) 9310.
$C_5H_{10}N_2OS$ *S*-**β-Hydroxyäthyl-2-mercapto-4.5-dihydroglyoxalin,** Identifizier. v. β-Hydroxäthylhalogeniden als —-Salze 13 514.
2-Methoxymethylmercapto-Δ^2-imidazolin, Rk. 14 369.
N-**Acetyl-*N'*-äthylthioharnstoff** (F. 107 bis 108°) 12 292.
$C_5H_{10}N_2OS_2$ *S*-**Carbamoylmethyl-*N.N*-dimethyldithiocarbaminat** (F. 124—125°), Darst. u. pflanzenwachstumsregulierende Aktivität 14 198.
$C_5H_{10}N_2O_2$ *N*-**Nitroso-3-hydroxypiperidin** 7519
β-Ureidobutyraldehyd (F. 145°) 15 215.
β-[1-Methylureido]-propionaldehyd (F. 118°) 15 215.
N-**[β-Hydroxyäthyl]-imidazolidon-(2),** Rk. 18 272*.
2-Imino-3-[β-hydroxyäthyl]-oxazolidin, Rk. 10 815.
5-Oxopentanaldioxim, Rk. v. Deriv. 8064*.
Methyläthylglyoxim, Ni(II)-Komplex (Struktur) 9628; (Bindungsverhältnisse) 17 313.
Piperazin-4-carbonsäure, Ester 3191*.
Malonesteramidin, Rk. 2356.
$C_5H_{10}N_2O_3$ (s. *Glutamin*; *Isoglutamin*).
***N.N'*-Dimethylol-*N.N'*-äthylenharnstoff (*N.N'*-Dimethyloiglyoxalmonourein, DMEU),** Unters. d. Katalysators bei d. Cellulose-—-Rk. 14 370; Verhinder. d. Formaldehydentw. bei mit — ausgerüsteten Geweben 17 263; physikal. Eig. v. mit — behandelter Baumwolle 13 252, 14 370; Verw.: in d. Färberei 10 649*, 13 956*; bei d. Muster. v. synthet. Textilien 11 014*; zur Knitterfestausrüst. v. Textilien 14 369, 15 084*, 16 536*, 19 058.
1.3-Dimethyl-4.5-dihydroxyimidazolidon-(2), Verw. 6257.
β-Ureidopropionsäuremethylester 10 448.
(+)-Homoasparagin [(+)-α-Amino-α-methylbernsteinsäure-β-amid] (F. 240 bis 241°) 15 929.
(—)-Homoasparagin [(—)-α-Amino-α-methylbernsteinsäure-β-amid] (F. 240 bis 241° Zers.) 15 929.
DL-*C*-Methylasparagin (DL-Homoasparagin, DL-α-Amino-α-methylbernsteinsäure-β-amid), Aufspalt. in d. opt. Antipoden 15 929.
β-Methylasparaginat, durch — induzierte Reticulocytose 550.
Glycyl-DL-alanin, Rk. 10 467.
DL-Alanylglycin, oxydative Radiolyse durch γ-Strahlen 11 588; enzymat. Spalt.

2415; Aktivität d. Dipeptidasen v. Saccharomyces cerevisiae ellipsoideus gegenüber — 10 515; Änder. d. freien Energie bei hydrolyt. Rk. v. — 15 902.
Glycylglycinmethylester, Unters. d. Spektrums d. Co-Komplexes 12 589.

$C_5H_{10}N_2O_3S$ Cysteinylglycin, Komplexverb. mit Pyridoxal-5-phosphat 8211; Strahlensensibilisier. v. Muskel-Glyceraldehyd-3-phosphatdehydrogenase durch *l*-— 13 471.
[Propansultam-(1.3)-yl]-essigsäureamid (F. 105—106°) 12 254.

$C_5H_{10}N_2O_4$ 1.5-Dinitropentan (Kp.$_{1,2}$ 134°), Bldg. 2901*; UV-Absorptionsspektrum 11 852; Rk. 14 115.
3.3-Dinitropentan, Verw. 13 988*.
Propandiol-(1.3)-dicarbamat, Deriv. 10 930*.

$C_5H_{10}N_2O_5$ 3.3-Dinitro-1-pentanol, Verw. 13 988*.

$C_5H_{10}N_2O_6$ 1.2-Dinitratopentan, Dipolmoment 7462.
1.5-Dinitratopentan, Dipolmoment 7462.

$C_5H_{10}N_2S$ *S*-Äthyl-2-mercapto-4.5-dihydroglyoxalin, Identifizier. v. Äthylhalogeniden als —-Salze 13 514.
3-Butenylthioharnstoff, papierchromatograph. Nachw. 15 438.
Methylallylisothioharnstoff, Strahlenschutz an Pflanzenzellen durch — 15 678.
2-Dimethylaminoäthylthiocyanat, Hydrobromid (F. 148° korr.) 5625.
Methioninnitril 13 946*.

$C_5H_{10}N_2S_2$ 3.5-Dimethyltetrahydro-1.3.5-thiadiazinthion-(2), Verw.: zur Bekämpf. d. wurzelparasit. Nematoden Pratylenchus penetrans mit — 12 805; v. *Mylone* zur Nematodenbekämpf. im Möhrenbau 12 065; v. *Mylone* zur Bekämpf. v. Zwergbrand bei Winterweizen 16 813; v. *N*-521 zur Bekämpf. v. Urocystis gladiolocola Ainsw. an Gladiolen 12 065.
1.6-Dithia-4.9-diazaspiro(4.4')nonan, -Prüf. d. Dihydrobromids auf Strahlenschutz 1683.
2-[2'-Aminoäthyl]-mercaptothiazolin, Prüf. d. Dihydrobromids auf Strahlenschutz 1683.
Piperazin-1-dithiocarbonsäure 1609.
$[C_5H_{10}N_2S_2]_x$ s. *Safersan* [*polymere Piperazin-1-dithiocarbonsäure*].

$C_5H_{10}N_2S_3$ *N.N.N'*-Trimethylthiurammonosulfid (F. 70—71°) 9676.

$C_5H_{10}N_3O_3P$ Histaminphosphat, Vgl. v. saurem — mit Bradykinin als Vasidilator beim Menschen 5738.

$C_5H_{10}N_4O$ α-Azidopropionsäuredimethylamid, Deutung d. Cotton-Effekts 67.

$C_5H_{10}N_4O_2$ 2-Oxo-4-ureidohexahydropyrimidin (F. 209°) 15 215.

$C_5H_{10}N_4O_2S$ Thioformhydroximsäure-*S*-acetonylestersemicarbazon (F. 178°) 8976.

$C_5H_{10}N_4O_3$ 1-Methyl-2-oxo-4.6-dihydroxylamino-1.2.5.6-tetrahydropyrimidin 15 627.

$C_5H_{10}N_4O_4$ 1-[α-Carboxypropyl]-2-nitroguanidin 11 158.
1-Carbäthoxymethyl-2-nitroguanidin (F. 149 bis 150°) 11 158.

$C_5H_{10}N_4O_6$ *N*-Nitro-*N*-[3-nitrazabutyl]-methylcarbaminat 9958*.

$C_5H_{10}N_4O_7$ *N*-[2.2-Dinitropropyl]-*N*-nitroäthanolamin (3.5.5-Trinitro-3-azahexanol) (F. 59—60°), Darst., Rk. 5997; Rk. 10 049.

$C_5H_{10}N_4S$ 5-*n*-Butylmercaptotetrazol (F. 96 bis 97°), Darst., Konstit.-Einfl. auf UV-, IR-Spektrum u. pK-Wert 10 402.
5-[*n*-Propyl]-2-hydrazino-1.3.4-thiadiazol (F. 72°) 4908.

$C_5H_{10}N_4S_2$ Hydrazin-*N.N'*-bis-[thiocarbonsäuremonoallyldiamid], Verwendbark. als H_2S-Ersatz 4658.

$C_5H_{10}N_6$ 2.6-Dihydrazino-4-methylpyrimidin (F. 216—217° Zers.) 12 298, 15 967.

$C_5H_{10}N_6O$ 1.1-Diazido-1-äthoxypropan (Kp.$_9$ 46—47°) 12 626.

$C_5H_{10}N_{10}$ 2.5.8-Trihydrazinopurin (F. 209° Zers.) 15 600.
***N*²*.N*⁴-Diguanylmelamin,** UV-Spektrum u. pK$_a$-Wert 18 414.

$C_5H_{10}O$ (s. *Isovaleraldehyd* [*Isopentanal, 3-Methylbutanal, 3-Methylbutyraldehyd*]; *Valeraldehyd* [*n-Pentanal*]).
Tetrahydropyran (Kp.$_{752}$ 88°), Darst. 7144; (Rk.) 4500; Bldg. 4493; Ionisat.-Potential 17 302; pK$_α$-Wert d. Oxoniumions 16 979; Verbrenn.-Wärme 10 408; Dampfdruck u. NMR-Spektrum d. Addit.-Verb. mit BF_3 10 786; mol. Assoziat. in bin. Syst. v. — mit Phenolen 18 066; Löslichk. v. Alkalimetallen in — 2656; Isomerisier. 7325*; Oxydat. 16 489*; Überführ. in Alkoxyhydroxycarbonsäuren 18 635*; Komplexbldg.: mit $BeCl_2$ 18 395; mit GeF_4 16 247; mit Chlorboranen 6579*; mit Organo-MgCl-Verb. 11 361*; mit Aryl-MgCl-Verb. 11 361*; mit α-Methyl-β-phenylvinyl-MgCl 11 361*; Rk.: mit Chlorsilanen 5624; mit Octen-(1) 15 177; mit tert.-Butylperbenzoat 1974, 2320; Vork. v. —-Verb. im äther. Geraniumöl 126; Verw. 1405*.
Tetrahydrosilvan (**α{2}-Methyltetrahydrofuran**) (Kp. 86°), Darst. 14 127, 16 671; (eines Gemisches mit d. β-Verb.) 3416; Darst., Rk. 12 289; (v. (+)- u. (—)-—) 14 127; NMR-Spektrum 14 816; pK$_α$-Wert d. Oxoniumions 16 979; Löslichk. v. Alkalimetallen in — 2656; Isomerisat. 7325*; Oxydat. 16 489*; Rk. mit B_2H_6 6762; Komplexbldg.: mit Aryl-MgCl-Verb. 11 361*; mit α-Phenylvinyl-MgCl 11 361*; Rk. mit Acetylbromid 14 127; Verw. 1405*.
β(3)-Methyltetrahydrofuran, Darst. eines Gemisches mit d. α-Verb. 3416; Oxydat. 16 489*.
3-Äthyloxetan (Kp. 98,5—99°) 835.
2.4-Epoxypentan, Rk. 7325*.
3.3-Dimethyloxetan (3.3-Dimethyl-1-oxacyclobutan) (Kp. 80—81°), Darst. 835, 8973; Rk. 14 532.
1.2-Pentylenoxid, Rk. 5391*.
cis-**Penten-β-oxid** 10 043.
trans-**Penten-β-oxid** 10 043.
Pentenole 4493.
Penten-(3)-ol-(1) (Crotylcarbinol) (Kp. 134 bis 134,5°), Darst. 15 909; Rk. 9312, 12 634.
Penten-(4)-ol-(1) [Penten-(4)-ylalkohol, 1-Hydroxypenten-(4)], Chlorier. 10 437; Verester. 9312; Rk.: mit PBr 12 621; d. Na-Verb. mit Tetrafluoräthylen 1792*; mit Triphenylgerman 422; mit 2.3-Epoxybuttersäureäthylester 8238.
Penten-(3)-ol-(2) (Methylpropenylcarbinol) (Kp. 117—122°), Darst. 15 909; Rk. 3458.
Allylmethylcarbinol [Penten-(1)-ol-(4)] (Kp. 114—117°) 108, 15 909.
Penten-(1)-ol-(3) (Kp. 112—114°) 1967, 15 909.
2-Äthylallylalkohol [2-Methylenbutanol-(1)] (Kp. 130—135°) 835.
Prenol (2-Methylbuten-(2)-ol-(4), 3-Methylbuten-(2)-ol-(1), β.β-Dimethylallylalkohol) (Kp.$_{22}$ 62°), Darst. 925; (Rk.) 3780; Analyse d. ν(OH) 4474; Isolier. aus Himbeeröl 10 670.
α.β-Dimethylallylalkohol (Kp.$_{59,9-60,4}$ 54,6 bis 56,8°) 14 091.
β.γ-Dimethylallylalkohol (Kp. 137,6 bis 137,9°) 14 091.
[β-Methylallyl]-carbinol [β-{Propen-(2)-yl-(2)}-äthanol, 3-Methylbuten-(3)-ol-(1)] (Kp.$_{741}$ 127,9—130,4°), Darst. 3260*; (Rk.) 14 091; (Verw.) 19 006*; ν(OH) 4474.
Dimethylvinylcarbinol [2-Methylbuten-(3)-ol-(2), 3-Methylbuten-(1)-ol-(3)] (Kp. 97 bis 99°), Herst. 419; (Verw.) 7327*;

Bldg. 18 762; Rk. 3780, 16 488*; Vork. in Lavandinöl 7357; Isolier. aus Lavendelöl 10 670.
Cyclopentanol (Kp.$_{742}$ 139—141°), Darst. 98, 99; (Rk.) 9673; Konstellationsanalyse aus d. IR-Spektrum 14 448; Absorpt. v. Mikrowellen in — u. —-Lsg. 18 059; Dublettcharakter d. OH-Absorpt. 8558; Hydroperoxid-Bldg. bei UV-Bestrahl. 809; Oxydat. 10 818; (Kinetik) 13 715; Dehydratisier. 18 439; Rk.: mit H_3BO_3 8232; mit HCl 89; mit Bzl.-Deriv. 6387.
Cyclobutylcarbinol (Cyclobutylmethanol), Rk. 11 364, 18 805.
1-Methylcyclobutanol (Kp.$_{765}$ 118,3°) 14 091.
2-Methylcyclobutanol (Kp. 131°) 15 908.
3-Methylcyclobutanol (Kp. 133—134°) 15 908.
Methylcyclopropylcarbinol (Kp. 122—124°), Darst., Rk., p-Nitrobenzoat 15 908; Rk. 9686, 10 067.
[1-Methylcyclopropyl]-carbinol (Kp.$_{730}$ 125,8 bis 126,3°) 14 090.
[2-Methylcyclopropyl]-carbinol (Kp. 133°) 108, 15 908.
***trans*-1-Äthyl-2-methoxyäthylen** (F. 217°), Polymerisat. 6052.
Allyläthyläther, Darst. 7321*; Rk. 99, 6205*, 16 291.
Propenyläthyläther (1-Methyl-2-äthoxyäthylen), kristalline Polymere aus — 7175; Polymerisat. v. trans-— 6052; Rk.: mit 1.1.3-Triäthoxy-3-phenylpropan 4893; mit Orthoameisensäuretriäthylester 15 031*; (bzw. mit Acetalen oder Ketalen) 18 081; mit Formamiden u. anorgan. Säurechloriden 16 848*.
Isopropenyläthyläther (Äthylpropenyl-(2)-äther) (Kp. 61—62°), Darst., Rk. 7849; Raman- u. UV-Spektrum 16 622; Rk. 4893, 11 894.
***n*-Propylvinyläther** (F. 76°), Polymerisat. 6428.
Isopropylvinyläther (F. 190°), Raman- u. UV-Spektrum 16 622; Polymerisat. 6428, 7543, 17 267*, 18 295*, 18 652; Struktur v. Poly-— 13 790; Rk. mit Hexachlorcyclopentadien 17 762.
2(α)-Methylbutyraldehyd (2-Methylbutanal, Methyläthylacetaldehyd) (Kp. 90—91°), Herst. 3981*; Bldg. (Deriv.) 12 984; (Rk., 2.4-Dinitrophenylhydrazon) 804; Rk. 650*, 11 364*, 14 615*; Vork. bzw. Nachw.: in „pre-ferment"-Gäransätzen 13 982; in Sulfit-u. Getreidesprit 9187; in autoxydierten Trockenkartoffeln 3662.
Pivalinaldehyd (Trimethylacetaldehyd) (Kp.$_{744}$ 81—82°), Darst. 13 723; (2.4-Dinitrophenylhydrazon) 14 467; asymm. Red. v. D$_{(1)}$-— 9294; Überführ. in Trimethyläthylidenoxoniumhexachloroantimonat 18 080; Rk. mit Hydrazinhydrat 17 414; Verh. gegen dl-1.2-Dianilino-1.2-diphenyläthan 123; Rk. mit Chloressigsäureäthylester 4900.
Pentanon-(2) (2-Oxopentan, Methyl-*n*-propylketon) (Kp. 100—104°), Darst. 6963*, 7325*, 12 289, 13 724, 16 839*, 16 999; (Semicarbazon) 16 671; (Rk.) 3459; Bldg. 10 043, 12 616; (Deriv.) 10 045; (Rk.) 12 259; neue Bezieh. zwischen d. physikal. Konst. v. — 3402; IR-Spektrum 15 533; Fluorescenz- u. Phosphorescenzausbeute 3764; Appearancepotentiale 3765; Konstit.-Einfl. auf d. Ionisationspotential 15 166; dielektr. Relaxat. 13 338; magnet. Mol.-Rotat. 9287; Ultraschallabsorpt.-Koeff. 17 358; Berechn. azeotroper Daten im Syst. —-Dichlorbrommethan 73; Wärmekapazität d. Dampfes u. Verdampfungswärme 793; Löslichk. v. organ. Ag- u. Cs-Salzen in — 7070; Reaktivität bei d. Radiolyse 14 465; Rk.: mit H-Atomen 18 393; mit S u. H_2S 2546*; mit Hydrazinhydrat 5848*, 6505*; (u. Hydrier.) 4256*; Cyanäthylier. 5274; Überführ. in Butyrylbrenztraubensäureäthylester 17 493*; Rk. mit Acetylen 9892*, 16 130*; Überführ. in 2-Hydrazinopentan 7625*; Rk.: mit Phenolen 7330*; mit 2-tert. Butylphenol 8792*; mit 2-Hydroxytetrahydropyran 6031; mit 1.2.3.4-Tetrahydro-6.7-dimethoxyisochinolin u. Formaldehyd 13 867*; mit Alkenylaluminiumbromiden bzw. Propargyl-MgBr 11 526; mit C_2H_5MgBr 15 548; mit Acetaldehyd 10 427; mit Paraformaldehyd 9335; mit α-Cyanstyrol 3064; mit Cyanessigester 3458, 3459; — als Extraktionsmittel: für Co(II)-Thiocyanat-Komplexe 16 240; für bestrahltes Uran 767; für Gibberellsäure 14 330*; Verw. zur Herst. v. Kohlepapier 717*; photograph. Verw. 2974*; papierchromatograph. Abtrenn. als Cyanacethydrazon 10 215; Best. 8364.
Pentanon-(3) (Diäthylketon) (Kp. 101 bis 102°), Darst. 3981*; (Deriv.) 3074, 10 045; (Rk.) 16 651; Bldg. 12 616; (Rk.) 12 259; neue Bezieh. zwischen d. physikal. Konst. v. — 3402; IR-Spektrum 15 533; Raman-Spektrum v. KCr. O_3Cl in — 17 300; magnet. Mol.-Rotat. 9287; kernmagnet. Resonanz 8201; dielektr. Relaxat. 13 338; mol. Kerr-Konst., Dipolmoment, Polarisat. u. Konformat. 14 450; Ultraschallabsorpt.-Koeff. 17 358; Berechn. azeotroper Daten im Syst. —-Dichlorbrommethan 73; H-Bind. zwischen d. Carbonylgruppe u. Wyoming Bentonit 14 993; prim. photochem. Prozeß bei — 2325; Photolyse 1183, 8936, 11 870; (v. deuteriertem —) 2324; Rk.: mit H-Atomen 18 393; mit S u. H_2S 2546*; mit $LiAlH_4$ 15 549; Konstit.-Einfl. auf d. Rk. mit $NaBH_4$ 17 707; Rk. mit $(CN)_2$ 18 634*; Überführ. in Pentyl-(3')-hydrazin 7625*; Rk.: mit Acetylen 9892*, 16 130*; mit Dialkalialkadienen 10 273*; Wechselwrkg. mit Trimethylamin 11 861; Rk.: mit Allylalkohol 18 082; mit 2-tert.-Butylphenol 8792*; mit 1.2.3.4-Tetrahydro-6.7-dimethoxyisochinolin u. Formaldehyd 13 867*; mit Anthracen-Li-Deriv. 3439; mit C_2H_5-MgBr 15 548; mit Acetaldehyd 10 427; mit Formaldehyd 4720*; mit Paraformaldehyd 9334; mit Bis-[tetralon-(1)-yl-(2)]-disulfid, NH_3 u. H_2S 4156; mit Cyanessigester 3459; mit 2-Methylpyridyl-(4)-carbonsäurehydrazid 6875*; mit Oxalsäuredihydrazid 9309; Lsg.-Polymerisat. v. Vinylacetat in — 18 854; papierchromatograph. Abtrenn. als Cyanacethydrazon 10 215.
3-Methylbutanon-(2) (2-Methyl-3-oxobutan, Methylisopropylketon) (Kp.$_{734}$ 93,2°), Darst. 10 818; (Semicarbazon) 8958; Herst. v. lagerfäh. — durch Überführ. in d. cycl. Dimere 4723*; Bldg. 1559, 3073, 5246, 18 485; IR-Spektrum 15 533; azeotrope Daten im Syst. —-Dichlorbrommethan 73; Red. 8933; Azin-Bldg. 1601; Rk.: mit H-Atomen 18 393; mit $NaBH_4$ 17 707; mit Hydrazinhydrat 6505*; (u. Hydrier.) 4256*, 7625*; mit 2-tert.-Butylphenol 8792*; mit Vinyl-MgCl 4134; mit Propyl-(2)-MgBr (Kinetik) 14 093; mit Paraformaldehyd 9335; mit p-Apo-L-carotinal 15 698*; mit p-Hydroxybenzaldehyd 15 193; mit m-Methoxybenzaldehyd 9356; mit Nitrobenzolsulfenylchloriden 7124; Lsg.-Polymerisat. v. Vinylacetat in — 18 854; — als Extraktionsmittel: für Co(II)-Thiocyanat-Komplexe 16 240; für Uran 14 783; Best. 8364.

$C_5H_{10}OS$ Penthiophanol-(4) (F. 49°) 13 389.
Methoxymethylisopropenylthioäther 7352*.
***cis*-2-Mercaptocyclopentanol** (Kp.$_{6-7}$ 75 bis 85°) 5269.
Allyläthylsulfoxid (Kp.$_{0,02}$ 40°), Bldg.-Wärme 10 787.
α-Äthylmercaptopropionaldehyd 16 281.

2-Mercaptopentanon-(3), Verw. 669*.
Äthylmercaptoaceton ($Kp._{14}$ 58—59°) 15 921.
Thiopropionsäure-*S*-äthylester (Kp. 137 bis 145°) 15 921.
n-**Butylthioformiat** (Kp. 146—148°) 1952.

$C_5H_{10}OS_2$ **Methylmethylthiothiolpropionat** 3625*.
n-**Butylxanthogensäure** (*n*-**Butylxanthogenat**), Redoxpotential 12 828*; Rk. d. K-Salzes 4529, 17 714; Verw. 14 972.
sek.-**Butylxanthogensäure**, Entzünd.-Temp. u. Explos.-Grenze d. Na-Salzes 3282.
tert.-**Butylxanthogensäure**, K-Salz 14 478.
Dithiokohlensäure-*S.O*-diäthylester ($Kp._{760}$ 196—198°) 18 437.
Diäthyldithiolcarbonat, therapeut. Verw. 3904*.

$C_5H_{10}O_2$ (s. *Isovaleriansäure*; *Pivalinsäure* [*2.2-Dimethylpropionsäure, Trimethylessigsäure*]; *Valeriansäure*).
4-Monomethyl-1.3-dioxan 10 271*.
2.2-Dimethyl-1.3-dioxolan, Rk. 3448.
3-Hydroxytetrahydropyran ($Kp._{18}$ 88°), Darst. 11 148, 14 127; (v. (+)-—) 14 127.
Tetrahydrofurfurylalkohol ($Kp._{18}$ 79°), Darst. 14 127, 14 128; (Rk.) 4500; absol. Konfigurant., Rk. v. (+)-, (—)- u. inakt. — 14 127; Oxydat. 4714*, 16 302; Rk. mit P-Sulfiden 11 364*; —als Ausgangssubstanz für Synthesen 1603; Überführ.: in Dihydropyran 1414*; in Δ^2-Dihydropyran 7144; Rk.: mit Acetessigester 12 471; mit Diäthylphosphit 13 008; Verw.: zur Lederimprägnier. 11 792*; zur Herst. v. Epoxyharz-Misch. 17 585*; in Reinig.-Mittel 8107*.
cis-**Cyclopentandiol-(1.2)**, Kinetik d. Chromsäureoxydat. 13 715; Chelat-Rk. mit Cu (Best. d. Bind.-Verhältnisses zwischen Cu u. —) 13 326; Rk. mit Formaldehyd 17 024.
trans-**Cyclopentandiol-(1.2)** ($Kp._{1,2}$ 80—82°), Darst. v. $^{14}C_{(4)}$-— 18 433; Kinetik d. Chromsäureoxydat. 13 715; Rk. mit Formaldehyd 17 024.
1.1-Bis-[hydroxymethyl]-cyclopropan [**Cyclopropan-1.1-dimethanol, 2.2-Äthylenpropandiol-(1.3)**], Darst., Rk. 834, 10 067; IR-Spektrum u. Thorpe-Ingold-Hypothese d. Valenzwinkelabweich. 18 415.
Äthylglycidyläther (Kp. 123,5°), Rk. 13 132*; chromatograph. Abtrenn. 6532.
1.2-Propylenglykolmonovinyläther, Rk. 8782*.
1.3-Propandiolmonovinyläther, Rk. 8783*.
Äthylenglykolmonoallyläther (Kp. 159°) 8580.
2-Methoxyäthylvinyläther (**2-Methoxyäthoxyäthylen**) (F. 73°), Polymerisat. (kristalliner Poly-—) 6428; Copolymerisat. 10 115; Rk. mit Bis-[trimethylsiloxy]-methylsilan 15 027*.
β-**Hydroxyvaleraldehyd**, 2.4-Dinitrophenylhydrazon (F. 94—95°) 9305.
γ-**Hydroxyvaleraldehyd** (F. 122—123°) 15 920.
δ(*ω*)-**Hydroxyvaleraldehyd** (**5-Hydroxy-*n*-valeraldehyd, 5-Hydroxypentanal**) bzw. **2-Hydroxytetrahydropyran** [**Tetrahydropyranol-(2)**] ($Kp._{10}$ 63—66°), Darst., Rk. 5677, 18 771; (Dinitrophenylhydrazon) 8244; Bldg. 8977; (Rk.) 1604; (2.4-Dinitrophenylhydrazon) 1228; Rk.: mit $NaBH_4$ 16 973; mit Nitromethan 6406; mit Methylketonen bzw. Selbstkondensat. 6030; mit Malonsäure 3059, 6737; mit n-Pentadecylmalonsäure 13 360; mit Benzamiden 15 596; enzymat. Oxydat. 10 878.
Formisobutyraldol 4724*.
α,α-**Dimethyl-*β*-hydroxypropionaldehyd** (**Hydroxypivalinaldehyd**) (F. 90—92°), Herst., Rk. 10 196*; Kinetik einer anomalen Tischtschenko-Rk. 442; Kondensat. mit Nitroalkanen 8942.
Pentanon-(4)-ol-(1), Rk. 16 655.
Pentanol-(2)-on-(3), Rk. 5275, 11 171, 12 278.
Pentanol-(2)-on-(4) [**4-Hydroxypentanon-(2)**] ($Kp._{0,06}$ 44—47°), Darst., 2.4-Dinitrophenylhydrazon 17 037; Kinetik d. Rk. mit Tetrazoliumblau 15 545.
Dimethylacetylcarbinol [**2-Hydroxy-2-methylbutanon-(3), 3-Hydroxy-3-methylbutanon-(2)**] (Kp. 141—143°), Darst. (Semicarbazon) 8230; (Rk.) 16 489*; Bldg. 15 923; (Rk., 2.4-Dinitrophenylhydrazon) 11 877; Bromier. 9732; Methylier. 6352; Rk.: mit p-Chlorphenylmagnesiumhalogeniden 1709*; mit Tetrazoliumblau (Kinetik) 15 545.
4-Hydroxy-3-methylbutanon-(2), Kinetik d. Rk. mit Tetrazoliumblau 15 545.
Äthylmethoxymethylketon (Kp. 128—135°) 10 049.
1-Methoxybutanon-(3) [**4-Methoxybutanon-(2)**] ($Kp._{680}$ 134—136°) 8217, 16 275.
2(*α*)-**Methylbuttersäure** (**2-Äthylpropionsäure, Methyläthylessigsäure**), Darst. 4138, 16 282; (d. Na-Salzes) 17 924*; Bldg. 218; (v. (+)-—) 13 768; (Rk.) 5678; Stereochemie d. Elektrolyse d. K-Salzes 6345; biolog. Bldg. 4207; Vork. in Hopfen 7362; Hemm. d. Phosphofructokinase-Rk. im perfundierten Rattenherzen durch Respirat. v. DL-*α*-Methyl-n-butyrat 17 444; Nachw. in Convolvulaceenharzen 14 236.
n-**Buttersäuremethylester** (**Methylbutyrat**) (Kp. 102,7°), Intensitäten v. Raman-Linien 12 598; magnet. Mol.-Rotat. 9287; neue Bezieh. zwischen d. physikal. Konst. v. — 3402; Bezieh. zwischen Druck, Temp. u. Dichte 12 235; Parachor 6346; Wechselwrkg. zwischen gelösten Polymeren u. — durch Viscositäts-Mess. 17 052; gaschromatograph. Nachw. in Pyrolysaten v. Polymethacrylsäuremethylester 868; Einfl. d. KW-Stoffkette auf d. Löslichk. in W. 439; azeotrope Daten im Syst. —-Dichlorbrommethan 73; Entfern. v. Alkoholen aus ihren azeotrop siedenden Gemischen mit — 14 322*; Photolyse 8936; Photochlorier. v. — 2696; Rk.: mit H-Atomen 18 393; mit SF_4 13 565*; Kinetik d. Verseif. 16 988; Umester. 2168*; — als Substrat bei d. Unters. d. Esterasen bei d. Spinnmilbe Tetranychus urticae Koch (Acari, Trombidiformes, Tetranychidae) 11 966.
Isobuttersäuremethylester (**Methylisobutyrat**) (Kp. 92,4°), neue Bezieh. zwischen d. physikal. Konst. v. — 3402; Bezieh. zwischen Druck, Temp. u. Dichte 12 235; Parachor 6346; Wechselwrkg. zwischen gelösten Polymeren u. — durch Viscositäts-Mess. 17 052; Entfern. v. Alkoholen aus ihren azeotrop siedenden Gemischen mit — 14 322*; Kinetik d. Verseif. 16 988.
Propionsäureäthylester (**Äthylpropionat**) (Kp. 99,1°), Herst. 12 096*, 13 200*; Bldg. 2168*, 14 477; Intensität d. *ν*(CO) 12 599; Dipolmoment d. Komplexes mit $TiCl_4$ 7816; neue Bezieh. zwischen d. physikal. Konst. v. — 3402; Bezieh. zwischen Druck, Temp. u. Dichte 12 235; Parachor 6346; Einfl. d. KW-Stoffkette auf d. Löslichk. in W. 439; azeotrope Daten im Syst. —-Nitromethan 73; Entfern. v. Alkoholen aus ihren azeotrop siedenden Gemischen mit — 14 322*; Photolyse 8936; polarograph. Red. 14 818; Rk.: mit H-Atomen 18 393; mit Brombenzol + $NaNH_2$ 18 801; mit *α*-Picolin bzw. 2-Benzylpyridin 7892; mit *α*-Picolinderiv. 7892; mit Grignard-Reagens 6392; mit Isopropyl- u. tert.-Butyl-MgCl 12 618; mit Hept-

Kulturen durch Extrakt. mit — 14 330*; Verw. als Zusatz zu Organopolysiloxanmassen 4006*.
tert.-**Butylperoxyformiat** ($Kp._{24}$ 41°) 17 710.
3-Methyl-3.5-dihydroxypentansäurelacton 17 561*.

$C_5H_{10}O_3S$ **2-Hydroxy-2-äthoxy-1.3-oxathiolan** 9304.
Pentandiol-(2.4)-sulfit ($Kp._{13}$ 74—77°) 8941.
2.2-Dimethylpropandiol-(1.3)-sulfit (5.5-Dimethyl-1.3.2-dioxathian-*S*-oxid) ($Kp._{16}$ 74—74,5°), Darst., Rk. 8941, Rk. 9674.
3-Methoxysulfolan 15 954.
3-Äthoxythiacyclobutan-1.1-dioxid (F. 50 bis 52°) 10 824.
Äthyl-2-mercaptoäthylcarbonat ($Kp._9$ 84°), Darst., Rk. 9304 [3 Ref.]; Rk. 9305.
Äthyl-2-hydroxyäthylthiolcarbonat ($Kp._9$ 111)°, Darst., Rk. 9304; Rk. 9304 [2 Ref.], 9305.

$C_5H_{10}O_3S_2$ **Tetrahydrofurfurylthiosulfonsäure**, Rk. d. Na-Salzes 4264*, 8720*.

$C_5H_{10}O_4$ (s. *Cordycepose*).
3.5-Dimethyl-3.5-dihydroxy-1.2-dioxolan (F. 80—82°) 92, 8600.
1.4-Anhydro-L-arabit 18 473.
1.4-Anhydroribit, Darst. v. D-— 18 473; Bldg. bei d. Hydrolyse: v. Teichosäure aus d. Zellwänden v. Staphylococcus aureus H. 17 453; v. Ribitteichosäure aus d. Zellwänden v. Lactobacillus arabinosus 17 453.
2-Desoxy-D-ribose (*gewöhnl.* **Desoxyribose**), Darst. v. $^{14}C_{(1)}$-— 15 918; Rk. mit Carbonsäurechloriden 851; Biosynth.: in E. coli-Zellen 11 598; in Phagen-infizierten E. coli-Zellen 11 598; in leukäm. Zellen 9754; Alkali-Stabilität v. — in Desoxyguanosin (Best. d. phosphorolyt. Spalt. v. Desoxyguanosin in Leberhomogenisaten v. Ratten) 6067; Verw. in d. chem. Industrie (Übersicht) 1439; Identifizier. als Zuckerbestandteil v. Desoxyribonucleosiden 17 432; differentialcolorimetr. Analyse v. —-Deriv. 2762.
Desoxy-*l*-ribose, IR-Spektrum 789.
α.β-Dihydroxyisovaleriansäure, Darst., Rk. 3059; Biosynth. v. Valin aus — in Pflanzen 14 549.
2-Methyl-2.3-dihydroxybuttersäure (F. 100 bis 101°), Vork. in Apfelsäften u. -weinen 15 798.
α.α-Bis-[hydroxymethyl]-propionsäure (F. 184 – 185°) 15 927.
Glycerinmonoacetat, Toxikologie u. Reiz-Wrkg. 2815.

$C_5H_{10}O_4S$ **D-Xylothiapyranose** (F. 122—123°) 8619 [2 Ref.].
5-Methyl-5-hydroxymethyl-1.3.2-dioxathian-*S*-oxid, Rk. 9674.
Pentandiol-(2.4)-sulfat (F. 40°) 8942.
2.2-Dimethylpropandiol-(1.3)-sulfat (F. 81 bis 82°) 8941.
Pentanon-(3)-sulfonsäure-(4), Salze 94.

$C_5H_{10}O_5$ (s. *Apiose* [*3-C-Hydroxymethyltetrose*]; *Arabinose*; *Lyxose*; *Ribose*; *Ribulose*; *Xylose*; *Xylulose*).
3-Hydroxy-5-hydroperoxy-3.5-dimethyl-1.2-dioxolan (F. 112—113°) 8600.
D-*erythro*-**Pentulose**, Papierionophorese 11 513.
D-*threo*-**Pentulose**, Bldg. 17 037; Papierionophorese 11 513.
DL-*threo*-**Pentulose** 17 037.
Xyloisosaccharinsäure 10 118.
2-Hydroxy-3-methoxycarbonylpropyl-(2)-hydroperoxid, Rk. 18 435.

$C_5H_{10}O_5S$ **4-Carboxybutansulfonsäure**, Ba-Salz 18 437.

$C_5H_{10}O_6$ (s. *Arabonsäure*; *Lyxonsäure*; *Xylonsäure*).
3.5-Bis-[hydroperoxy]-3.5-dimethyl-1.2-dioxolan (F. 109—111°) 8600.

$C_5H_{10}O_6S_3$ **Tris-[methylsulfonyl]-äthylen** 5093*.

$C_5H_{10}O_{10}P_2$ **5-Phosphoryl-D-ribofuranose-1.2-cyclophosphat** 16 688.

$C_5H_{10}S$ **Thiacyclohexan (Tetrahydrothiapyran Pentamethylensulfid)**, Darst. v. Deriv. 16310; (IR-Spektrum) 15 591; UV-Spektrum d. J_2-Komplexes 14 085; Ionisat.-Potential 17 302; komplexe DK u. Phasenumwandl. im festen Zustand 16 976; Bildungswärme 3045; Austausch v. H gegen T 1566; Komplex-Bldg. mit GeF_4 16 247.
2-Methylthiacyclopentan, Bildungswärme 3045.
3-Methylbuten-(2)-ylmercaptan (γ.γ-Dimethylallylmercaptan) ($Kp._{15}$ 35—36°), Rk. 8258; Bldg. v. — als Ursache für d. „Sonnenlicht"-Geschmack d. Bieres 5880.
1-Äthylmercaptopropen-(1) (Kp. 120—122°) 7843, 15 920.
Cyclopentylmercaptan (Cyclopentanthiol) ($Kp._{100}$ 80—82°), Darst. 17 020; IR-Spektrum 17 352; Bildungswärme 3045; chem.-thermodynam Eig. 3044.

$C_5H_{10}S_2$ **Pentamethylendisulfid**, Polymerisat.-Wärme 6429.
4.4-Dimethyl-1.2-dithiacyclopentan, Herst. v. Harnstoffen in Ggw. v. — 5096*.
1.1-Dimercaptocyclopentan ($Kp._{10}$ 70—72°) 12 278.
Dithioisobuttersäuremethylester ($Kp._{50}$ 86°) 6382.

$[C_5H_{10}S_2]_X$ **Polysulfid** $[C_5H_{10}S_2]_X$ (F. 72°), F. u. Kristallisat.-Geschw. (Vgl.) 1247.

$C_5H_{10}S_3$ **Trithiokohlensäurediäthylester** ($Kp._{2,6}$ 90,5°) 4881.

$C_5H_{10}Si$ **Trimethylsilylacetylen (Trimethyläthinylsilan)** (Kp. 53,5—54°), Darst. 11 733*; (Rk.) 5974; (Schwingungsspektrum v. — u. D-—) 14 447; Rk. 16 251, 18 771.

C_5H_{11} *n*-**Amyl (Pentyl)** s. unter *Radikale* (*Spezielle Radikale*).
Isoamyl s. unter *Radikale* (*Spezielle Radikale*).
Neopentyl s. unter *Radikale* (*Spezielle Radikale*).

$C_5H_{11}B$ **Monocyclopentylboran** 100.

$C_5H_{11}BF_2$ *n*-**Amyldifluorboran**, Rk. 4484.
Isoamylbordifluorid (Kp. 58°) 6738.

$C_5H_{11}BO_2$ *n*-**Propylborsäureglykolester** (Kp. 127°) 5909*.

$C_5H_{11}BO_3$ **Cyclopentylborat**, Rk. 8232.
α-**Pentandiol-(2.4)-borsäureester** (F. 86,5 bis 87,5°), Darst., Konfigurat. 11 944.
β-**Pentandiol-(2.4)-borsäureester** (F. 38,5 bis 39,5°), Darst., Konfigurat. 11 944.
n-**Propyl-[äthylen]-borat** ($Kp._{16}$ 75°), Darst., magnetoopt. Drehung 2306.

$C_5H_{11}Br$ **1-Brompentan (*n*-Amylbromid, *n*-Pentylbromid)** (Kp. 130°), Massenspektrum 14 814; DK u. dielektr. Verlust aus d. Mikrowellenspektrum 433; Konst. d. Antoine-Gleich. 4122; Verbrenn.- u. Bldg.-Wärme 1936; Rk.: mit 3-[Tetrahydropyranyl-(2)-oxy]-propin-(1) 5627; mit 4-tert.-Amylguajacoläther 814; mit Chinaldyl-Li 9339; mit 1-[p-Hydroxyphenyl]-butanon-(3) 15 191; mit d. Na-Salz v. α-Na-Essigsäure 8785*; mit Salzen v. Acetessigester bzw. α-Alkylacetessigsäureäthylester 12 987; mit Pipecolyl-2.4.6-mesidid 10 567*; Stoffwechsel 6119; Identifizier. nach Rk. mit Äthylenthioharnstoff 13 514.
2-Brompentan (Pentyl-(2)-bromid, 1-Methylbutylbromid) (Kp. 115—118°), Darst., Rk. 3458, 7110; Massenspektrum 14 814; Rk.: mit Hydrazinhydrat 4256*, 5848*, 6505*; mit Na-Acetessigester 12 987; mit Cyanessigester 3458; mit Malonsäurediäthylester 17 558*; — als Alkylier.-Mittel 15 690.
3-Brompentan ($Kp._{752}$ 118—119°), Darst., Rk. 7110; —-Geh. d. als Alkylier.-Mittel verwendeten 2-Brompentans 15 690.

tert.-**Pentylbromid (1.1-Dimethylpropylbromid)** (Kp.$_{160}$ 68—71°), Massenspektrum 14 814; Rk. 5994.
2-Methylbutylbromid (2-Äthylpropylbromid), Massenspektrum 14 814.
3-Methylbutylbromid (Isoamylbromid) (Kp. 123°), Massenspektrum 14 814; dielektr. Relaxat. 1551; Rk.: mit Trimethylaminoxid 18 435; mit Alkali- oder Erdalkalideriv. v. Malonestern 17 558*; mit Phenylessigsäurediäthylamid u. Natriumamid 7127; mit Dithiophosphorsäure-O.O-diallylester 7849; Identifizier. nach Rk. mit Äthylenthioharnstoff 13 514.
2-Methyl-3-brombutan (2-Methylbutyl-(3)-bromid), Rk. 4256*, 6505*.
Neopentylbromid, Rk. 6364.

$C_5H_{11}BrHg$ **Neopentylquecksilberbromid** (F. 95 bis 96°), Kinetik d. Rk. mit $^{203}HgBr_2$ 9663.

$C_5H_{11}BrMg$ *n*-**Amylmagnesiumbromid** (*n*-**Pentylmagnesiumbromid**), Bildungsmöglichk. 4843; Rk.: mit $PSCl_3$ 7487; mit $CdCl_2$ 10 427; v. T_2-markiertem — mit 3-Chlorpropen 7109; mit 1-[N-Methylanilino]-propenal-(3) 10 270*; mit Säurenitrilen 17 713; mit 2-Cyan-3-äthylpenten-(2)-säureäthylester 3779.
Pentyl-(2)-magnesiumbromid, Rk. 10 427.
Isoamylmagnesiumbromid, Rk.: mit Acetaldehyd 108; mit Cycloalkyl-β-halogenäthylketonen 570*; mit 3β-Acetoxy-Δ^5-bisnorcholen-22-al 10 483; mit Dialkyloxalaten 8944; mit Diaziden 1589.
2-Methylbutylmagnesiumbromid, Rk. 17 712.

$C_5H_{11}BrO$ **2-Äthyl-3-brompropanol-(1)** (Kp.$_4$ 60—65°) 834.
2.2-Dimethyl-3-brompropanol-(1) (Kp.$_{13}$ 76 bis 80°) 834.
2(β)-Methoxybutylbromid (Kp.$_{15}$ 50°), Darst., Umlager. bei d. Hydrolyse 10 038; Kinetik d. Hydrolyse 11 147.
4-Methoxybutylbromid, Rk. 4499.
2-Äthoxypropylbromid (Kp.$_{61}$ 62°), Darst., Umlager. bei d. Hydrolyse 10 038; Kinetik d. Hydrolyse 11 147.
3-Brompropyläthyläther, Rk. 5295.

$C_5H_{11}BrO_3$ **Pentaerythritbromhydrin**, Rk. 17 494*.

$C_5H_{11}BrS$ **2-Propylmercaptoäthylbromid** (Kp.$_{20}$ 95°) 8258, 17 717.

$C_5H_{11}BrSi$ **1-Trimethylsilyl-1-bromäthylen** 418.

$C_5H_{11}CdCl$ *n*-**Amylcadmiumchlorid**, Rk. 10 427.

$C_5H_{11}Cl$ **1-Chlorpentan** (*n*-**Amylchlorid**), Darst. 7110; Massenspektrum 14 814; dielektr. Relaxat. 13 338; Konst. d. Antoine-Gleich. 4122; Rk. 444, 8584, 12 987; Verw. 6989*.
2-Chlorpentan (1-Methylbutylchlorid), Massenspektrum 14 814; Rk. 15 554.
1-Äthylpropylchlorid, Massenspektrum 14 814.
(+)-(*S*)-1-Chlor-2-methylbutan 7079.
3-Methylbutylchlorid, Massenspektrum 14 814.
tert.-**Amylchlorid** (*tert.*-**Pentylchlorid, 2-Methyl-2-chlorbutan, 1.1-Dimethylpropylchlorid**) (Kp. 86—89°), Darst. 17 748; Bldg. 16 642; Massenspektrum 14 814; β-Deuterium-Isotopeneffekt bei d. Solvolyse v. $D_{3(1\cdot1\cdot1)}$-— 1183; Rk. 2715, 5994, 8790*.
Neopentylchlorid (2.2-Dimethylchlorpropan), Darst. 7110; Bldg. 5246; Rk. 6364.

$C_5H_{11}ClHg$ *n*-**Amylquecksilberchlorid**, Vergift. v. Maia squinado (Herbst) durch — 13 472.

$C_5H_{11}ClHgN_2O_2$ s. *Chlormerodrine* [*Asahydrin, 3-Chlormercuri-2-methoxypropylharnstoff*].

$C_5H_{11}ClMg$ **Isoamylmagnesiumchlorid**, Verw. 6228*.
tert.-**Amylmagnesiumchlorid**, Rk. 13 356.
Neopentylmagnesiumchlorid, Rk. 4491, 9663.

$C_5H_{11}ClNO_2$ *N.N*-**Dimethyl-β-alanin**, Darst., IR-Spektrum d. Hydrochlorids (F. 186 bis 188°) 431.

$C_5H_{11}ClO$ **5-Chlorpentanol-(1)** (Kp.$_2$ 69—70°) 5624.
1-Chlor-3-methoxybutan (Kp. 123°) 2344.
Methyl-[α-chlorisobutyl]-äther (Kp.$_{710}$ 98°) 18 078.
Chlormethyl-*n*-butyläther (Kp.$_{743}$ 132°), Darst., Rk. 17 715; Rk. 2702, 12 277.
Chlormethyl-*sek.*-butyläther, Rk. 5448*.
1-Chlorpropyläthyläther, Rk. 7322*.
1(3)-Äthoxy-3(1)-chlorpropan (Kp. 128 bis 129°), Rk. 10 795, 12 020*.
n-**Propyl-α-chloräthyläther**, Rk. 2702.
n-**Propyl-β-chloräthyläther** (Kp. 130—131°) 9674.

$C_5H_{11}ClO_2$ **1-[2'-Chloräthoxy]-2-methoxyäthan**, Rk. 7993*.

$C_5H_{11}ClO_2S$ *n*-**Amylchlorsulfinat** (Kp.$_4$ 55—58°) 8208.
Isopentansulfonsäurechlorid (Kp.$_{12}$ 97°) 10 803.

$C_5H_{11}ClO_6S_2$ **1-Chlor-2.3-propylen-bis-methansulfonat** (F. 67—68°) 15 184.

$C_5H_{11}ClS$ **Butylchlormethylsulfid**, Rk. 6962*.

$C_5H_{11}ClS_2$ **2.3-Dimethylmercapto-1-chlorpropan** 2146*.

$C_5H_{11}ClSi$ **Vinyläthylmethylchlorsilan** 13 728.
Trimethyl-α-chlorvinylsilan, Bldg. 418; Mol.-Refr. 5233.
Trimethyl-β-chlorvinylsilan, Mol.-Refr. 5233.

$C_5H_{11}Cl_2N$ **Mechloräthylamin** (*N*-**Methyl-bis-[2(β)-chloräthyl]-amin**), Rk. 137, 14 863; (d. Hydrochlorids) 4508; Eig. v. mit — behandelten Coliphagen T 2 17 457; Wrkg. auf Desoxyribonucleinsäure u. Guanylsäure 7919; Einfl. einer langen Einw. v. *Embichin* auf d. Radioempfindlichk. d. Mikroorganismen 5715; Einbau radioakt. Substanz als Anzeige für Stoffwechseländer. d. Leber nach Anwend. v. *Dichloren* 8653; antimitot. Aktivität d. Hydrochlorids: auf d. Meristemzellen v. Allium sativum L. 12 322; auf Yoshida-Sarkom-Zellen 18 871; Einfl. auf d. Nucleotid- u. Protein-Geh. d. Leberzellen 6063; physiolog. Wrkg. u. Best. d. Hydrochlorids 6504; cancerogene Wirksamk. v. *N-Lost* 11 956; Bedeut. v. *Stickstofflost* in d. Chemotherapie d. Krebses 18 871; Erfahr. bei d. klin. Applikat. v. — 506; Wrkg.: v. *Embichin* auf Krebszellen u. Bakteriophagen 5326; auf d. O_2-Verbrauch d. normalen Leukocyten d. Menschen 7186; auf d. O_2-Verbrauch d. Leukocyten bei chron. u. lymphat. Leukämie 7187; auf d. O_2-Verbrauch d. Leukocyten d. chron. myeloischen Leukämie 7187; v. *Embichin* auf d. Wachstum v. heterologen Geschwülsten 15 998; Riditanalyse d. Wrkg. v. — auf d. Wachstumsindices d. Nelson-Mäuseascitestumors 2766; Hemm. v. Tumorgewebe d. Menschen durch —-Hydrochlorid 17 073; kombinierte Behandl. eines transplantablen Mäusetumors unter Verw. v. *Stickstofflost* (*HN 2*) 17 072; Kombinat.-Therapie bei 6C3HED-Lymphosarkom unter Verw. v. *Stickstofflost* 10 504; Mechanismus d. Schutzwrkg. v. Sulfhydrylverb. u. Aminen gegen *Stickstofflost* bei Mäusen 17 072; Cytotoxizität d. Hydrochlorids in menschl. Zellkulturen 4195; Unterdrück. Virus-induzierter Cornea-Toxizität bei Kaninchen durch Vorbehandl. mit *N-Lost* 9028; Durchlässigk. v. Blutcapillaren d. Kaninchenhaut für koll. Au durch lokale Schädig. durch *N-Lost* 18 921; Verw. als *Chloramin* 14 648.
2-Dimethylamino-1.3-dichlorpropan, Oxalat (F. 134—137°) 1196.

$C_5H_{11}Cl_2NO$ s. *Nitromin* [*Mitomen, N-Lost-oxid, Methyl-bis-[β-chloräthyl]-amin-N-oxid*].

$C_5H_{11}Cl_2OP$ *n*-**Amylphosphonsäurechlorid** (Kp.$_2$ 66—67°) 16 491*.

$C_5H_{11}Cl_3Si$ **Isoamyltrichlorsilan**, Rk. 17 377.
3-Chlor-2-methylpropylmethyldichlorsilan ($Kp._{40}$ 106°) 7486.
$C_5H_{11}Cl_3Sn$ **Isoamylzinntrichlorid**, chromatograph. Trenn. v. anderen Organozinnverb. 16 427.
$C_5H_{11}Cl_3Ti$ **Neopentyltitantrichlorid** 18 397.
$C_5H_{11}F$ **1-Fluorpentan**, Konst. d. Antoine-Gleich. 4122.
$C_5H_{11}F_3Si$ **Dimethyl-3.3.3-trifluorpropylsilan**, Hydrolyse (Kinetik) 12 982.
$C_5H_{11}J$ **1-Jodpentan** (*n*-**Amyljodid**) (Kp. 156°), Massenspektrum 14 814; Konst. d. Antoine-Gleich. 4122; Rk.: mit P_2O_5 4714*; mit 4-Nitrothiophenol 14 107; mit Benzylcyanid-Na u. Diäthylcarbonat 454; mit Phthalylperoxid (Kinetik) 7845; Identifizier. nach Rk. mit Äthylenthioharnstoff 13 514.
2-Jodpentan (*sek.*-**Amyljodid**) ($Kp._{51-52}$ 63 bis 65°), Darst., Rk. 3458; Massenspektrum 14 814; Rk. 3459.
Isoamyljodid (**3-Methylbutyljodid**) (Kp. 148°), Massenspektrum 14 814; Rk. 17 712; Identifizier. nach Rk. mit Äthylenthioharnstoff 13 514.
tert.-**Amyljodid**, Massenspektrum 14 814.
$C_5H_{11}JO$ **2.2-Dimethyl-3-jodpropanol-(1)** ($Kp._{35}$ 106—110°) 9674.
$C_5H_{11}JO_2$ **2-Methyl-2-hydroxymethyl-3-jodpropanol-(1)** 9674.
$C_5H_{11}K$ *n*-**Amylkalium**, Anreg. d. stereospezif. Polymerisat. v. Styrol durch — 5686.
$C_5H_{11}Li$ *n*-**Amyllithium**, — als Polymerisat.-Katalysator 9918*, 13050 [2 Ref.].
tert.-**Amyllithium**, Rk. 14 091.
$C_5H_{11}N$ (s. *Piperidin*).
N-**Methylpyrrolidin** (Kp. 78—80°), Darst., Deriv. 7144; (Rk.) 18 077; Herst., Verw. d. heptaschwefelwasserstoffsauren —-Salzes 7669*; Rk. 8059*.
2-Methylpyrrolidin 13 014.
Crotylcarbinylamin [**Penten-(3)-ylamin**] (Kp. 104,5—106,5°) 15 909.
Allylmethylcarbinylamin 15 909.
[*β*-**Methylallyl**]-**carbinylamin** ($Kp._{101}$ 47,6 bis 48,5°) 14 091.
Cyclopropylmethylcarbinylamin 15 908.
[**1-Methylcyclopropyl**]-**carbinylamin** ($Kp._{764}$ 95,0—96,8°) 14 090.
[**2-Methylcyclopropyl**]-**carbinylamin** (Kp. 102—102,5°) 15 909.
Cyclopentylamin (**Aminocyclopentan**), Darst. v. Deriv. 12 306; pK-Best. 3040; Rk. 2708, 4154, 15 038*.
1-Methylcyclobutylamin ($Kp._{764}$ 85,5—86,0°) 14 091.
2-Methylcyclobutylamin (Kp. 92°) 15 908.
3-Methylcyclobutylamin (Kp. 94—95°) 15 908.
Methylbuten-(3)-ylamin, Rk. 2374.
Allyläthylamin, Rk. 3189*, 13 496*.
Allyldimethylamin, Bldg.-Konst. v. Komplexen mit AlH_3 4108; Polymerisat. 13 597*; Rk.: mit Alkaliborhydrid 15 763*; mit o-Fluorphenyl-MgBr 821.
Diäthylketimin ($Kp._{730}$ 86,5°) 10 045.
N-**Propylacetaldimin** (Kp. 74—76°) 4879.
$C_5H_{11}NO$ *N*-**Methylmorpholin**, Darst.: d. Pikrats 3817; d. Salzes mit 3.4-Dihydroxyphenacylchlorid 15 584; Komplexbldg.: mit Organomagnesiumchloriden 11 361*; mit Vinyl-MgCl 11 361*; mit Phenyl-MgCl 11 361*; Rk.: mit BCl_3 4343*; mit *α*-Brom-p-phenylisobutyrophenon (Kinetik) 443; mit 1-Amino-2-[*α*-chlor-p-tolyloxy]-4-hydroxyanthrachinon 1422*; Verw. 4719*.
α-**Aminotetrahydropyran**, Rk. 1228.
N-[**Tetrahydrofurfuryl**]-**äthylamin**, Verw. 6140*.
3-Hydroxypiperidin [**Piperidinol-(3)**], Rk. 5023*, 7519, 12 840*; (v.Deriv.) 12 392*.
4-Hydroxypiperidin [**Piperidinol-(4)**], Herst., Rk. 7256*; Benzylier. 7519; Rk.: mit Halogenaldehydacetalen 12 840*; v. Deriv. mit substituierten Benzoesäureestern 17 493*; mit 5-[3′-(p-Toluolsulfonyloxy)-propyl]-iminodibenzyl 8349*; mit 3-Cyan-10-[3′-(p-toluolsulfonyloxy)-propyl]-phenthiazin 5023*; Stereochemie u. anästhesierende Wrkg. v. —-Deriv. 9338.
2-Hydroxymethylpyrrolidin (**Pyrrolidyl-(2)-methanol**), Darst. (Rk.) 2353; (v. Benzilsäureestern mit —-Deriv.) 8063*; Rk. 7519.
Pyrrolidyl-(3)-methylalkohol, Rk. v. Deriv. 14 242*.
1-Methylpyrrolidinol-(3) ($Kp._{33}$ 101—102°), Darst. u. klin. Prüf. 4240; Rk. 7624*.
1-Aziridinopropanol-(1) ($Kp._{25}$ 33°) 11 555.
cis-**2-Aminocyclopentanol**, Rk. 5297; (d. Hydrochlorids) 11 912.
trans-**2-Aminocyclopentanol**, Rk. 5297.
1-Amino-3-methylbutanon-(2), Darst., Rk., Salze 2728; Rk. 3082; (d. Hydrobromids) 3081.
Dimethylaminoaceton, Rk. 1197, 17 851*.
n-**Valeriansäureamid** (**Valeramid**), Darst.: v. deuteriertem — 8940; (v. Poly-*δ*-—) 9003; magnet. Mol.-Rotat. 9287; Verw. 19 072*; mkr. Identifizier. 17 874.
dl-**2-Methylbutyramid**, mkr. Identifizier. 17 874.
Isovaleriansäureamid (F. 136—137°), Darst. 11 878; mkr. Identifizier. 17 874.
Pivalinsäureamid (**Trimethylacetamid**) (F. 153—154°), Darst., Rk. 9321; Dissoziat.-Konst. in Essigsäure 4861; mkr. Identifizier. 17 874.
N-**Methylbutyramid** ($Kp._{17}$ 116—117°), Darst. 6733; Rk. 13 565*.
N-**Äthylpropionamid**, Bldg. 11 881; Radikalbldg. 4136.
N.N-**Dimethylpropionamid** (**Propionsäuredimethylamid**) ($Kp._{14}$ 66—67°), Darst., Rk. 13 748; protonenmagnet. Resonanz d. gehinderten inneren Rotat. 18 420; Solvatisier. v. Ionen in — 15 493; thermodynam. Daten d. Addukt-Bldg. mit J_2 18 066.
N-**Propylacetamid**, Bldg. 4879; Assoziat. v. — in Bzl. 4102.
N-**Isopropylacetamid** ($Kp._{98}$ 142,2°), Darst. 17 712; Dissoziat.-Konst. in Essigsäure 4861.
N-*n*-**Butylformamid** (*N*-**Formylbutylamin**, **Ameisensäure**-*n*-**butylamid**), Rk. 8585, 11 004*, 14 322*, 18 564*.
N-*sek.*-**Butylformamid**, Rk. 17 205*.
N-**Isobutylformamid** (*N*-**Formylisobutylamin**), Darst. 1952; Rk. 11 004*, 18 564*.
N-*tert.*-**Butylformamid** 8059*.
Diäthylformamid (*N*-**Formyldiäthylamin**), Darst. 18 794; Rk. 17 205*, 10 639*; Herst. v. Acrylnitril über einem —-halt. Katalysator 3982*; Herst. v. Chlorameisensäureamidinchloriden in Ggw. v. — 19 007*; Verw.: als Lsgm. 5844*; in lichtempfindl. Schichten 19 072*.
Äthylpropionimidat (**Propionsäureimidoäthylester**) (Kp. 110—111°), Darst. 1997; Rk. 1998.
Isopropylacetimidat, Rk. 1996.
$C_5H_{11}NOS$ **Methional** 12 870.
2-Methyl-Δ^2**-thiazolin-***N***-methohydroxid**, Kinetik d. Hydrolyse d. Perchlorats 10 415.
S-**Acetyl**-*γ*-**mercaptopropylamin**, Rk. 10 416.
Isopropyl-*N*-**methylthiocarbamat**, Verw. 17 233*.
N.N-**Dimethylmethylthioacetamid**, Verw. 10 298*.
$C_5H_{11}NO_2$ (s. *Betain*; *Isovalin* [*2-Methyl-2-aminobuttersäure*]; *Norvalin* [*α-Aminovaleriansäure*]; *Valin*).
δ-**Hydroxyvaleraldehydoxim** (F. 87—88°) 16 132*.
4-Aminopentansäure (F. 220—222° Zers.) 16 674.
5(*δ*)-Aminovaleriansäure (F. 157—158°), Darst. 1572, 12 260; (Rk.) 6733, 9744;

tier. Zellen 4195, 4196; gaschromatograph. Abtrenn. als N-Acetyl-n-amylester 11 678.

$C_5H_{11}NO_3S_2$ **6-Methylperhydro-1.2.3.6-oxa-dithiazocin-2.2-dioxid** (F. d. Hemihydrats 224° Zers.) 137.

$C_5H_{11}NO_4$ **2-Nitro-2-hydroxymethylbutanol-(1)**, H-Bind. aus d. IR-Spektrum 787.

D-Lyxosamin, Hydrochlorid 1611.

D-Ribosylamin (F. 128—129° Zers.), Darst., Rk. 10 472; Rk. 11 930.

5-Amino-5-desoxy-D-ribose, Deriv. 3101.

***N.N*-Dimethylolcarbaminsäureäthylester**, Verw. 9947.

$C_5H_{11}NO_4S$ **Methioninsulfon (Methionin-*S.S*-dioxid)** (F. 254—255°), Darst. v. DL-— 17 717; Vork. in d. Endospermen d. Palmen im Amazonas 14 566; Isolier. aus hydrolysierten Huminsäuren 13 784; Bldg. bei Phallusia mamillata 10 899; Wachstum v. Hefen auf einem — enthaltenden Nährboden 12 335; —-Stoffwechsel bei Blattella germanica 206; statist. Analyse über d. Anordn. v. — im Protein v. E. coli 10 520; gaschromatograph. Abtrenn. als N-Acetyl-n-amylester 11 678.

***N*-Formyl-α.β-dimethyltaurin**, S-Benzylisothiuroniumsalz (F. 152—152,5°) 94.

$C_5H_{11}NO_5$ **D-Riboseoxim**, Red. 8252.

$C_5H_{11}NO_5S$ (s. *Penicillaminsäure*).

***N*-[3-Sulfopropyl]-glykokoll** (F. 269—274° Zers.) 12 255.

***N*-[1-Carboxyäthyl]-taurin** (F. 258°), — als eine neue ninhydrinempfindl. Substanz aus Rotalgen 10 526.

$C_5H_{11}NO_5S_2$ ***N*-Methyldimesylacetamid** (F. 210 bis 212°) 13 357.

$C_5H_{11}NS$ **3-*N.N*-Dimethylaminothiacyclobutan** 10 824.

Allyl-2-mercaptoäthylamin (Kp.$_{19}$ 68°) 9304.

$C_5H_{11}NS_2$ **5-Methyltetrahydro-1.2.5-dithiazepin**, Pikrat (F. 209°) 137.

***n*-Butyldithiocarbaminsäure**, Prüf. d. Na-Salzes auf tuberkulostat. Wrkg. 10 552.

Diäthyldithiocarbaminsäure, Struktur u. Analyse v. Komplexen mit Au u. Pd 8550; Best. d. C—N-Bindungsordn. aus d. IR-Spektren v. —-Salzen 788; Extrakt. v. Po in Ggw. d. Na-Salzes 6700; ^{35}S-Austausch 151; Rk.: d. Na-Verb. mit β-Chloräthylamin 96; d. Diäthylaminsalzes mit Trimethylchlorsilan 12 265; d. Triäthylaminsalzes mit Kodeinon 3823; Einfl.: auf d. katalyt. Ascorbinsäureoxydat. durch Cu-Ionen 9385; d. Na-Salzes auf d. Oxydat. d. Cysteins 13 069; auf d. Phenolase in Zuckerrübenblättern 5327; d. Na-Salzes auf zwei Formen d. Tyrosinase aus Neurospora crassa 9763; d. Na-Salzes auf d. *l*-Tyrosinase-Aktivität im Pigmentepithel d. Netzhaut 515; auf d. Phenolase aus Larven v. Tenebrio molitor 11 593; auf d. Katalase-Aktivität u. d. Bldg. v. H_2O_2 in isolierten Chloroplasten v. Spinat unter d. Einfl. v. Licht 6470; Reinig. d. Aminoxydase aus Erbsenkeimlingen mit —-Na-Salz 3496; Einfl. auf d. Jarowisat. d. Pflanzen 12 717; Wrkg. d. Na-Salzes auf d. Wachstum v. Wurzeln u. Blattscheideschnitten (Wechselbezieh. mit Indolyl-(3)-essigsäure) 4975; Einfl. d. teilweisen Atmungshemm. v. Aspergillus oryzae durch — auf d. Biomassesynth., d. P-Geh. u. d. amylolyt. Aktivität 11 244; Einfl.: d. Na-Salzes auf d. Biosynth. v. Griseofulvin 6462; auf d. Hämoglobin-Synth. v. Hundereticulocyten 13 456; Strahlenschutzwrkg.: bei Bestrahl. v. Gewebekulturzellen 10 911; bei in-vitro-Bestrahl. v. Ratten-Thymocyten 13 471; Vers. mit — zur Verhinder. u. zur Behandl. v. Strahlenschäden bei Küken 10 549; Einfl. d. Na-Salzes: auf d. Verteil. v. ^{60}Co in Albinoratten 16 045; auf d. Einbau v. markiertem Phosphat in d. Phospholipide d. Affen-Tuberkelbacillus 3502; Prüf. d. Na-Salzes auf tuberkulostat. Wrkg. 10 552; Anwend. v. Na-— in d. Therapie 5759; Einfl. d. Zn-Salzes auf d. Eig. v. Latices mit niedr. NH_3-Geh. 10 302; Verw.: d. Zn-Salzes als Porenbildner zur Herst. eines luftdurchläss. Faservlieses 16 183*; d. Na-Salzes bei d. Herst. scharfkant. NaCl-Großkristalle aus Lsg. 2869*; v. — bzw. —-Triäthylaminsalz als Vulkanisat.-Beschleuniger 8093*, 17 590; volumetr. Best. v. —-Salzen 3925; Verw.: zur Trenn. v. In u. Ga 4275; d. Na-Salzes zur qual. Mikrotrenn. v. Kationen 10 945; polarograph. Verh. an d. Hg-Tropfelektrode 18 945; Verw. d. Na-Salzes: zur potentiometr. Titrat. v. Metallen 1336; zu amperometr. Titrat. bei gleichzeitiger Verw. v. Pb 12 034; zur Best. v. Cu in Lebensmitteln 6624; Verw.: v. *Cupral* zur Best. v. Cu 5786; zur colorimetr. Te-Best. 14 256; zur Extrakt. v. As(III) bei d. Best. v. Mikrogramm-Mengen As 16 883.

Methyl-*N*-isopropyldithiocarbamat, Verw. 17 233*.

***N.N*-Dimethyldithiocarbaminsäureäthylester**, Isotopenaustausch v. S 2693.

$C_5H_{11}NSi$ **Dimethyl-2-cyanäthylsilan** (Kp.$_{15}$ 62°), Darst. (Kinetik d. Hydrolyse) 6358; Kinetik d. Hydrolyse 12 982.

$C_5H_{11}N_2O_2P$ s. *Tabun* [*Äthyl-N.N-dimethylphosphoramidocyanidat, O-Äthyl-N.N-dimethylphosphoramidocyanid*].

$C_5H_{11}N_2O_7P$ ***O*-Phosphoryl-DL-serylglycin**, Dephosphorylier. durch alkal. Intestinalphosphatase 887.

Glycyl-*O*-phosphoryl-DL-serin, Dephosphorylier. durch alkal. Intestinalphosphatase 887.

$C_5H_{11}N_3$ **Piperidon-(4)-hydrazon**, Deriv. 6510*.

***N*-[2-Cyanäthyl]-äthylendiamin** (Kp.$_{1,0}$ 106 bis 108°) 4171.

$C_5H_{11}N_3O$ **1-Äthyl-4-ketohexahydro-1.3.5-triazin** 309*.

***N.N*-3-Oxapentamethylenguanidin** 9303.

***n*-Butyraldehydsemicarbazon**, Rk. 306*.

Methyläthylketonsemicarbazon, Rk. 5851*.

$C_5H_{11}N_3OS$ **1-[2'-Hydroxyäthyl]-3-aminoimidazolidinthion-(2)**, Rk. 17 860*.

***S*-[2-Acetamidoäthyl]-isothioharnstoff**, Hydrochlorid (F. 193—194°) 451.

$C_5H_{11}N_3O_2$ **4-Oxydäthylensemicarbazid**, Rk. 17 930*.

1-[α-Carboxypropyl]-guanidin (F. 234 bis 235°) 11 158.

γ(4)-Guanidinobuttersäure, Vork. im Säugetierhirn 3170; Bldg. 13 091, 18 847; antagonist. Effekt auf d. blutdrucksenkende Wrkg. v. γ-Aminobuttersäure u. Tetraäthylammoniumchlorid bei anästhesierten Hunden 3177.

$C_5H_{11}N_3O_2S$ ***N*¹-Thiocarbamoylhydrazinoessigsäureäthylester**, Rk. 1226.

$C_5H_{11}N_3O_3$ ***N*¹-Nitro-*N*³-*n*-butylharnstoff**, Rk. 1413*.

1.3-Dimethylolhexahydro-1.3.5-triazon-(2), Deriv. 16 181*.

Glutaminsäure-γ-hydrazid (γ-Glutamylhydrazin), Darst. 9148*; Darst., Rk. v. L-— 14 324*; Stoffwechsel v. L-— 2446.

***N*¹-Carbamoylhydrazinoessigsäureäthylester**, Rk. 1226.

$C_5H_{11}N_3O_3S$ **[Propansultam-(1.3)-yl]-essigsäurehydrazid** (F. 118—119°) 12 255.

$C_5H_{11}N_3S$ **1-Thia-4.6.9-triazaspiro-(4.4')-nonan**, Prüf. d. Dihydrobromids auf Strahlenschutz 1683.

2-Aminoäthyl-*N.N'*-äthylenisothioharnstoff, Dihydrobromid (F. 121—125°) 451.

2-Mercaptoäthyl-*N'.N''*-äthylenguanidin, strahlenprotektive Wrkg. d. Hydrobromids 1683.

Essigsäureisopropylhydrazid (1-Acetyl-2-isopropylhydrazin) (F. 59—60°), Darst. 9310; (therapeut. Verw.) 12 387*; Rk. 18 567*; Reserpin-antagonist. Wrkg. 18 549.

$C_5H_{12}N_2OS$ **Hydrazin-*N*-thionocarbonsäure-*tert.*-butylester** (?) 14 478.
β-Alanylaminoäthylmercaptan, Prüf. auf Strahlenschutz 1682.

$C_5H_{12}N_2O_2$ (s. *Ornithin*).
***O*-Methyl-*N*-*tert.*-butylnitramin**, Kinetik d. basenkatalysierten Zers., IR-Spektrum 8574.
***N*-Äthyl-*N'*-methoxymethylharnstoff**, Vernetz.-Rk. mit Baumwolle 14 369.
Dimethylaminoäthylcarbamat ($Kp._{16}$ 135°) 9311.
***tert.*-Butyloxycarbonylhydrazin (Hydrazincarbonsäure-*tert.*-butylester)** (F. 36—38°), Darst. 6765; Rk. 1620, 7117, 14 477.
γ-Methyl-γ-hydroxybuttersäurehydrazid (F. 91,5—92,5°) 12 663.
δ-Hydroxyvaleriansäurehydrazid (F. 106 bis 106,5°) 9671.

$C_5H_{12}N_2O_2S$ ***N*-[β-Alanyl]-2-aminoäthylmercaptan** 11 731*.
***S*-[2(β)-Aminoäthyl]-L-cystein**, Darst. d. Hydrochlorids (F. 195° Zers.) 15 559; Einfl. v. DL-— auf d. Lysin-Nutz. in Bakterien 7570.

$C_5H_{12}N_2O_3$ **Dihydroxyäthylharnstoff**, Bedeut. für d. Knitterfest-Ausrüst. v. Baumwollgeweben 6257.
***N.N'*-Bis-[methoxymethyl]-harnstoff (Dimethylolharnstoffdimethyläther)**, Darst., R_F-Wert 13 364; Vernetz.-Rk. mit Baumwolle 14 369; Verw. in Textilausrüst.-Mittel 19 059*.
δ-*N*-Hydroxy-L-ornithin (L-2-Amino-5-hydroxylaminovaleriansäure) 2750.
DL-2-Amino-5-hydroxylaminovaleriansäure 2751.

$C_5H_{12}N_2O_3S$ **Methioninsulfoximin** (F. 212° Zers.), Darst. v. DL-— u. DL-—-Deriv. 17 717; Inhibit. d. enzymat. Inaktivier. v. Oxytocin durch — 910; Einfl.: auf d. Wachstum v. Chlorella 154; v. DL-— auf d. Protein-Synth.d. Erbse 13 817; v. DL-— auf d. Eiweißstoffwechsel bei Erbsen 4593; —-Stoffwechsel in Bezieh. zur Funkt. d. Zentralnervensystems 12 000.

$C_5H_{12}N_2O_4$ **β-Hydroxyäthylhydrazincarbonsäure-β-hydroxyäthylester**, Beschleunig. d. Blühens d. Ananas durch — 8675.

$C_5H_{12}N_2S$ ***sek.*-Butylthioharnstoff**, papierchromatograph. Nachw. 15 438.
***N.N'(symm.)*-Diäthylthioharnstoff**, Rk. 5472*, 12 216; Verw. bei d. biolog. Gewinn. v. Tetracyclin 16 066*.
***N.N.N'.N'*-Tetramethylthioharnstoff** (F. 78°), Herst. 8785*; Strahlenschutz an Pflanzenzellen durch — 15 678; Verw. für Farbstoffe 14 331*.
***S*-*n*-Butylisothioharnstoff**, Salze 15 559.
***N.N.N'.S*-Tetramethylisothioharnstoff** ($Kp._{11}$ 68°) 9516*.
Thiopivalinsäurehydrazid (F. 93—94°) 6382.
N^1-Methylthioisobuttersäurehydrazid, Hydrochlorid (F. 170—172°) 6744.
N^2-Methylthioisobuttersäurehydrazid, Hydrochlorid (F. 177—178°) 6745.

$C_5H_{12}N_2S_2$ ***N*-[3-Methylmercaptopropyl]-thioharnstoff (ω-Methylsulfid-*n*-propylthioharnstoff)** (F. 66—67°), Darst. 1193; papierchromatograph. Nachw. 15 438.
2-Aminoäthyl-*N.N*-dimethyldithiocarbamat, Hydrobromid (F. 158° korr.) 5625.

$C_5H_{12}N_4$ ***N*-[Δ^2-Imidazolinyl-(2)]-äthylendiamin** 10 830.

$C_5H_{12}N_4O$ **Guanyl-*N*-isopropylharnstoff**, Komplexverb.: mit Cu 5967; mit Ni 6333.

$C_5H_{12}N_4OS_2$ **2.3-Bis-[isothioureido]-propanol**, Prüf. d. Dihydrochlorids auf Strahlenschutz 1682.

$C_5H_{12}N_4O_2$ **Isobutylnitroguanidin** 11 882.
α-Amino-γ-guanidinobuttersäure, Wrkg. v. Trypsin u. Papain auf —-Deriv. 18 145.
Glutarsäuredihydrazid (F. 176°) 9671.
Oxalsäurehydrazid-2-isopropylhydrazid (F. 180,5—182°) 9308.

$C_5H_{12}N_4O_3$ (s. *Canavanin*).
Nitro-*tert.*-butylsemicarbazid (F. 132,5 bis 133°) 14 840.
1-Monomethoxymethylmethylendiharnstoff, Darst., R_F-Wert 13 364.
***N.N*-Dimethyl-*N'*-ureidocarbonylformamidiniumhydroxid**, Chlorid (F. 158—160°) 5097*.

$C_5H_{12}N_4O_4$ **3.3-Dinitro-1.5-diaminopentan**, Rk. 1029*.
1.7-Bis-[hydroxymethyl]-methylendiharnstoff, Darst., R_F-Wert 13 364.

$C_5H_{12}N_4O_6S_2$ ***N.N'*-Dimethyl-*N.N'*-dinitrosopropan-1.3-disulfonamid** (F. 108° Zers.) 10 424.
***N.N'*-Trimethylen-bis-[*N*-nitrosomethansulfonamid]** (F. 77° Zers.) 10 424.

$C_5H_{12}N_6O_3$ **Dimethylentriharnstoff**, Darst., R_F-Wert 13 364.

$C_5H_{12}N_8$ **Brenztraubenaldehyd-bis-[aminohydrazon]**, cytostat. Wrkg. 12 694.

$C_5H_{12}O$ (s. *n-Amylalkohol* [*n-Pentylalkohol, Pentanol-(1)*]; *Isoamylalkohol* [*Isopentylalkohol, Isopentanol, 3-Methylbutanol-(1)*]).
Amylalkohole, Gewinn. aus einem rohen C_{10}-KW-Stoff-Gemisch 15 021*.
Pentanol-(2) (Methyl-*n*-propylcarbinol, *sek.*-Amylalkohol) ($Kp._{750}$ 118—119°), Darst. 98, 101, 6578, 6762, 16 671; (v. (+)- u. (—)-—) 14 127; (d. Sn-Verb.) 12 587; (Rk.) 3458; Bldg. 10 045, 16 489*; Abtrenn. v. Pentanol-(1) 9514*; Einfl. intramol. H-Bind. auf d. IR-Spektrum 1932; Dublettcharakter d. OH-Absorpt. 8558; Rk. 80, 4138, 9892*, 17 209*.
Pentanol-(3) (Diäthylcarbinol) ($Kp._{745}$ 116 bis 119°), Darst. 101, 15 548; (Ester) 4491; Bldg. 98, 15 548; Einfl. intramol. H-Bind. auf d. IR-Spektrum 1932; Dublettcharakter d. OH-Absorpt. 8558; azeotrope Dest. d. Gemisches Styrol/Äthylbenzol in Ggw. v. — 9145; Rk. 10 793, 17 715; Vork. in Fuselölen 16 875.
2-Methylbutanol-(1) (*akt.*-Amylalkohol) (Kp. 131—132°), Darst. 101, 804; (v. (—)-—) 7079; Bldg. 10 043; Abtrenn. v. 3-Methylbutanol-1 8739; Konfigurat. (Bezieh. zu (—)-α-Methyl-β-alanin) 10 031; Rk. 6356, 15 764*; Vork. bzw. Geh.: in Fuselölen 16 875; in d. Fuselölen brit. Biere 19 043; als flücht. Gär.-Prod. im Bier 19 043; Stabilisieren v. Chlor-KW-Stoffen mit einem —-halt. Gemisch 19 003*.
2-Methylbutanol-(2) (*tert.*-Pentylalkohol, *tert.*-Amylalkohol, Amylenhydrat, 1.1-Dimethylpropanol, Dimethyläthylcarbinol) (Kp. 101,5—102,5°), Darst. 6578; (d. Sn-Verb.) 12 587; (Verw.) 13 206*; Bldg. 101; (v. $D_{(3)}$-—) 9294; quantitative IR-spektrometr. Unters. d. Mol.-Assoziat. 14 810; Erkennen v. Carboniumionenbldg. aus d. UV-Spektrum 12 595; ν(OH) 11 505; Dublettcharakter d. OH-Absorpt. 8558; DK u. dielektr. Verluste 3398; Hydrolyse d. Zr-Verb. 13 686; Rk. mit CS_2 4873; Überführ. in tert.-Pentylchlorid 17 748; Rk.: d. Na-Verb. mit 1.1-Dichlor-3.3-dimethylbutan 16 642; mit Guajacol 814; mit Acyliumperchloraten 14 499; mit Sebacinsäurediisopropylester 11 154; mit Nitrobenzoylchloriden 9684; Wrkg. auf d. Zellteil. bei Allium sativum L. 13 796; Wirksamk. als Tranquillizer u. Muskelrelaxans 9429; Verw. zur Stabilisier. chlorierter KW-Stoffe 3979*; polarograph. Best. 8355.
3-Methylbutanol-(2) (Isopropylmethylcarbinol) ($Kp._{742}$ 109,5—110,5°), Darst. 101, 6378; (3.5-Dinitrobenzoat) 98; Bldg. 8933; Best. d. Rotationsisomeren aus d.

ν(OH) 11 505; Dublettcharakter d. OH-Absorpt. 8558; Rk. 10 818; Vork. in Fuselölen 16 875; Nachweis 66 19.

2.2-Dimethylpropanol (*tert.*-**Butylcarbinol, Neopentylalkohol**) (Kp. 111—113°), Darst. 6581*; (p-Brombenzolsulfonat) 85; Darst., Rk. v. $D_{(1)}$-— 9294; Bldg. 14 468; ^{13}C-Protonen-Spin-Spin-Koppl.-Konst. 5978; Best. d. Rotationsisomeren aus d. ν(OH) 11 505; Dublettcharakter d. OH-Absorpt. 8558; Kinetik d. Chromsäureoxydat. 13 716; Dehydrier. 15 764*; Rk. mit Phenylisothiocyanat 14 478.

Methyl-*n*-butyläther (Kp. 70°), Darst. 3416, 14 318*, 18 793; pK_{α}-Wert d. Oxoniumions 16 979; neue Bezieh. zwischen d. physikal. Konst. v. — 3402.

Methyl-*tert.*-butyläther, kernmagnet. Resonanz 8201; pK_{α}-Wert d. Oxoniumions 16 979; Bldg.-, Rk.- u. Verbrennungswärmen 2685; katalyt. Verw. d. BF_3-Ätherats 2165*.

Äthyl-*n*-propyläther (Kp. 63,7°), Darst. 3415, 18 793; neue Bezieh. zwischen d. physikal. Konst. v. — 3402; Bezieh. zwischen Druck, Temp. u. Dichte 12 235; Parachor 6346; Extrakt. v. HNO_3 u. W. mit — 18 757.

Äthylisopropyläther, Darst. 3415; neue Bezieh. zwischen d. physikal. Konst. v. — 3402.

$C_5H_{12}OS$ **3-Mercapto-2.2-dimethylpropanol-(1)** 1953.

2-Propylmercaptoäthanol ($Kp._{15}$ 94°), Darst., Rk. 8258; Rk. 17 717.

Äthoxymethyläthylsulfid, Rk. 7476.

$C_5H_{12}OS_2$ **2.3-Dimethylmercapto-*n*-propanol** ($Kp._{11}$ 120—121°) 2146*.

$C_5H_{12}OSi$ **1.1-Dimethyl-1.2-siloxacyclopentan** (Kp. 103—104°) 15 027*.

Trimethyl-1.2-epoxyäthylsilan (Kp. 100 bis 101°) 2710.

$C_5H_{12}O_2$ **Pentandiol-(1.2)**, Darst. (v. (—)-—) 14 127; (Rk.) 14 127.

Pentandiol-(1.4) (**2.5-Pentandiol**), Darst., Rk. 14 127; (v. (+)-—) 14 128; Rk. 18 641*.

Pentandiol-(1.5) (**Pentamethylenglykol**) ($Kp._{0,2}$ 92—93°), Darst. (IR-Spektrum) 16 973; (Rk.) 14 127; Einfl. intramol. H-Bind. auf d. IR-Spektrum 1932; komplexe DK 7829; Papierionophorese 11 513; Adsorpt. aus wss. Lsg. an Montmorillonit 13 307; stufenweise Dehydratisier. 4493; Oxydat. 14 102; Verh. gegen Molybdationen 1924; Polyverester. mit Kohlensuboxid 18 131; Rk.: d. Mononatriumverb. mit 1-[p-Chlorbenzhydryl]-4-[2-chloräthyl]-piperazin 8348*; mit Glutarsäure 19 026*; mit Thiodivaleriansäure 14 893; Verw. 10 334*.

Pentandiol-(2.4), Darst. 2691; (Fraktionier. eines Isomerengemisches) 11 944; Darst., Rk., Konfigurat. v. α- u. β-— 11 944; Einfl. intramol. H-Bind. auf d. IR-Spektrum v. α- u. β-— 1932; Papierionophorese v. erythro- u. threo-— 11 513; Rk. 17 025, 17 715.

2-Methylbutandiol-(2.3), Kinetik d. Umlager. v. — u. D-— 6351.

2-Äthylpropandiol-(1.3) ($Kp._{16}$ 124—127°), Darst., Rk. 834; IR-Spektrum u. Thorpe-Ingold-Hypothese d. Valenzwinkelabweich. 18 415.

2.2-Dimethylpropandiol-(1.3) (**Neopentylglykol**) (F. 127°), Darst. 16 839*; (Rk.) 14 099; Elementarzelle u. Raumgruppe 8927; Einfl. intramol. H-Bind. auf d. IR-Spektrum 1932; IR-Spektrum u. Thorpe-Ingold-Hypothese d. Valenzwinkelabweich. 18 415; Kinetik d. Chromsäureoxydat. 13 715; Rk.: mit NaJ 9674; mit PBr_3 14 091; mit P_2S_5 bzw. mit $PSCl_3$ 18 832; mit Äthylenoxid 5315, 10 999*; mit Diacetyl 17 024; mit einem Gemisch aus Sebacin- u. Adipinsäure 12 457*; mit Hydroxypivalinsäure 443; mit 4.4-Bis-[4-hydroxyphenyl]-pentansäure 18 641*; mit 4.4'-Dimethylbibenzoat u. Äthylenglykol 11 027*.

1-Methoxybutanol-(2) (Kp. 137,6°) 10 038, 11 147.

2-Methoxybutanol-(1) (Kp. 150°) 10 038, 11 147.

3-Methoxybutanol-(1), Verw. 3272*, 5395*.

4-Methoxybutanol ($Kp._{12}$ 71—72°), Darst., IR-Spektrum 16 973.

1-Äthoxypropanol-(2) (**2-Hydroxypropyläthyläther**) (Kp. 132—133°) 10 038, 11 147.

2-Äthoxypropanol-(1) (**β-Äthoxypropylalkohol**) (Kp. 140°) 10 038, 11 147.

2-Methoxy-2-methylpropanol-(1) ($Kp._{20}$ 49,5 bis 49,9°), Darst., Kinetik d. Umlager. v. — u. D- — 6352.

Propionaldehyddimethylacetal, Herst. 18 270*; Rk. 2704.

1.2-Dimethoxypropan, Löslichk. v. Alkalimetallen in — 2656.

1.3-Dimethoxypropan (**Trimethylenglykoldimethyläther**), Löslichk. v. Alkalimetallen in — 2656; Verw. als Dispersionsmittel für Alkalimetalle 2166*.

2.2-Dimethoxypropan (**Acetondimethylketal**) ($Kp._{75}$ 80°), Darst. 9147*; Rk.: mit B_2O_3 13 199*; mit Trialkylboraten 9893*; mit Butandiol-(1.4) 10 097; mit Propionsäure 12 096*; mit Acetamid 17 712; mit 4-Amino-6-trifluormethylbenzol-m-disulfonamid 11 929.

Methyläthylacetal (Kp. 84,5°), NMR-Spektrum 14 816; Thermodynamik u. Kinetik d. Alkoholyse 7103.

1-Methoxy-2-äthoxyäthan (**Äthylenglykoläthylmethyläther**), Löslichk. v. Alkalimetallen in — 2656; Einfl. auf d. Bldg. v. Bzl.- u. Toluolanionenradikalen 18 062.

Diäthoxymethan (**Äthylal, Diäthylformal, Formaldehyddiäthylacetal**), ^{13}C-Kernresonanzspektroskopie 8201; NMR-Spektrum 14 816; azeotrope Daten im Syst. —/Dichlorbrommethan 73; Rk. 5995, 13 716, 17140*.

tert-**-Amylhydroperoxid**, Rk. 4128.

Methylisobutylidenoxoniumhydroxid, Hexachloroantimonat (F. 63—64° Zers.) 18 080.

$C_5H_{12}O_2S$ [**β-Hydroxyäthyl**]-[**äthoxymethyl**]-**sulfid** ($Kp._2$ 71°) 5447*.

$C_5H_{12}O_2S_2$ **Bis-[β-hydroxyäthylmercapto]-methan** ($Kp._{0,02}$ 145°) 5448*.

$C_5H_{12}O_2Sn$ **Trimethylacetoxystannan**, IR-Spektrum 18 364.

$C_5H_{12}O_3$ **Pentantriol-(1.2.5)** (**1.2.5-Trihydroxypentan**), Darst., Rk. 14 127; (v. (+)-—) 14 128.

Pentantriol-(1.3.5) ($Kp._4$ 133°), IR—OH-Banden u. intramol. H-Bind. 16 622; Einfl. intramol. H-Bind. auf d. IR-Spektrum v. dl-— 1932.

2-Methyl-2-hydroxymethylpropandiol-(1.3) (**1.1.1-Tris-[hydroxymethyl]-äthan, Trimethyloläthan**) (F. 199—200°), Darst., Rk. 9674; Darst. v. Harzen mit — 17 423, 18 653; Hydroxalkylier. 15 019*; Verester. 19 053*; Rk.: mit Äthylenoxid 5315; mit ungesätt. Acetalen 12 104*; mit dem Hydrat eines Trihalogenacetaldehyds 2830*; mit Aceton 11 192; mit 4.4-Bis-[4-hydroxyphenyl]-pentansäure 18 641*; Verw. in Anstrichmitteln 17 221; Papierchromatographie 18 649.

2-Methoxybutandiol-(1.4) ($Kp._{12}$ 136 bis 137°), Darst., IR-Spektrum 16 973.

4-Methoxybutandiol-(1.2) ($Kp._{12}$ 123 bis 124°), Darst., Rk., IR-Spektrum 16 973.

4-Methoxybutandiol-(1.3) ($Kp._{12}$ 130°), Darst., Rk., IR-Spektrum 16 973.

Äthylenglykolmono-[2-hydroxy]-propyläther, Verw. zum Trennen v. KW-Stoffen 9896*.

Diäthylenglykolmonomethyläther (2-[2'(β)-Methoxyäthoxy]-äthanol), Dichten u. Brechungsindices wss. —-Lsg. 4118; Rk. 1928; Verw. 8016*; Cytotoxizität in menschl. Zellkulturen 4196.
Orthoessigsäuretrimethylester, NMR-Spektrum 14 816; Rk. 11 903.
2-Hydroxypentyl-(2)-hydroperoxid, Darst., Rk. 12 259; Rk. 18 435.
3-Hydroxypentyl-(3)-hydroperoxid, Darst., Rk. 12 259; Rk. 18 435.
***n*-Butyl-hydroxymethylperoxid,** Einw. auf d. Mäuse-Ascitescarcinom in vivo 2404.
***tert.*-Butyl-hydroxymethylperoxid,** Einw. auf d. Mäuse-Ascitescarcinom in vivo 2404.
Methyl-α-hydroperoxy-*n*-butyläther ([α-Hydroperoxybutyl]-methyläther) (Kp.$_{0,015}$ 40°), Darst., Rk. 5995; Rk. 2704.
Äthyl-α-hydroperoxypropyläther (Kp.$_{0,02}$ 35 bis 36°) 5995.

$C_5H_{12}O_3S$ **2-Propansulfonyläthanol** (Kp.$_{0,7}$ 144°) 8258.
Pentansulfonsäure, Verw. d. Komplex-Verb. mit SO_3 zum Sulfonieren 2167*.
Isopentansulfonsäure (Kp.$_{0,05}$ 134°) 10 803.
Methansulfonsäure-*n*-butylester, Rk. 1561.

$C_5H_{12}O_3S_4$ **2-[β.β'-Dimercaptoisopropylmercapto]-äthansulfonsäure,** Salze 13 358.

$C_5H_{12}O_3Si$ **1.1-Dimethyl-4-hydroxy-1-sila-2.6-dioxacyclohexan** 9902*.

$C_5H_{12}O_4$ (s. *Pentaerythrit*).
5-Desoxy-D-ribit (F. 65—69°) 10 429.
Dioxapentamethylenglykoldimethyläther (Kp. 155,9°), physikal. Eig. 9363.

$C_5H_{12}O_4S$ **Isoamylsulfat,** IR-Spektrum d. K-Salzes 11 854.

$C_5H_{12}O_4S_2$ **2.2-Bis-[methylsulfonyl]-propan** (F. 117°) 7476.
Bis-[äthylsulfonyl]-methan 13 035.

$C_5H_{12}O_5$ (s. *Adonit*; *Arabit*; *Ribit*; *Xylit*).
Pentit 16 488*.

$C_5H_{12}O_5S$ **5-Hydroxypentanalbisulfit,** Rk. d. Na-Salzes 6511*.

$C_5H_{12}O_6S_2$ **Propan-1.3-disulfonsäuredimethylester** (F. 46—47°) 10 424.
α.ω-Bis-[methansulfonyloxy]-propan, Konstit.-Einfl. auf F., opt. Eig., Löslichk. u. Kristallstruktur 11 136.

$C_5H_{12}O_6S_3$ **Bis-[methylsulfonyl]-äthylsulfonylmethan** (F. 275—276°) 7476.

$C_5H_{12}O_7P_2$ **Isopentenylpyrophosphat,** Biosynth. d. Terpene aus — 3513.
3-Methyl-Δ³-butenyl-(1)-pyrophosphat, prim. Wechselwrkg. v. — als „akt. Isopren" mit einem einfachen Nucleotid unter Verlust d. Pyrophosphats 10 867.
β.β-Dimethylallylpyrophosphat, Darst. 925; Hydrolyseprod. d. — als Bestandteile äther. Öle 10 670.

$C_5H_{12}O_{10}P_2$ **Desoxyribose-1.5-diphosphat** 16 687.

$C_5H_{12}O_{11}P_2$ **Ribose-1.5-diphosphat,** Darst., Rk. v. α-D-— 16 688; Rk. 16 687; — als Aktivator für Phosphodesoxyribomutase 3498.
Ribulosediphosphat, Rolle v. — bei d. Aufnahme v. C durch Zellen v. Chlorella pyrenoidosa während d. Photosynth. 11 980; Bldg.: durch Phosphorylierungsprozesse bei d. Photosynth. höherer Pflanzen 5347; bei d. Photosynth. v. mit Monojodessigsäure behandelten Chlorella-Arten 185; ^{14}C-Verteil. in d. Glucose bei d. Photosynth. mit Chloroplasten bei ^{14}C-—-Angebot 16 378; photosynthet. Carboxylier. 10 528; — als Kohlendioxid-acceptor bei d. Photosynthet. v. Polytrichum attenuatum 13 816; — aus d. CO_2-Assimilat. durch Blattextrakte aus Tetragonia expansa 1644.

$C_5H_{12}S$ ***n*-Amylmercaptan (*n*-Pentylmercaptan, Pentan-1-thiol),** UV-Spektrum d. J_2-Komplexes 14 084; Bezieh. zwischen Massenspektrum u. Mol.-Struktur 9285; Bildungswärme 3045; Rk.: mit Borhalogeniden 3062; mit o- oder p-Halogenphenonen 9897*; Herst. v. Chloropren (in Ggw. v. —) 3624*; (in Ggw. eines Alkali- oder Erdalkalimercaptids v. —) 16 130*; Herst. v. 2-Chlorbutadien-(1.3) in Ggw. eines —-Salzes 19 005*· Fraktionier. v. 3.4-Dichlorbuten-(1) in Ggw. v. — 17 559*; Verw.: zum Stabilisieren v. Monochlorbutenen 15 401*, 17 559*; gaschromatograph. Abtrenn. v. anderen organ. S-Verb. 5041; Identifizier. durch Röntgenbeug. als 2.4-Dinitrophenylthioäther 14 634.
Pentyl-(2)-mercaptan (*sek.*-Amylmercaptan), Herst. 9892*; Bezieh. zwischen Massenspektrum u. Mol.-Struktur 9285.
Pentyl-(3)-mercaptan, Bezieh. zwischen Massenspektrum u. Mol.-Struktur 9285.
2-Methylbutanthiol-(1) (2-Methylbutylmercaptan), Bezieh. zwischen Massenspektrum u. Mol.-Struktur 9285; Austausch v. H gegen T 1566; Identifizier. 14 634.
3-Methylbutanthiol-(1) (3-Methylbutylmercaptan), Bezieh. zwischen Massenspektrum u. Mol.-Struktur 9285; Bildungswärme 3045; Austausch v. H gegen T 1566; gaschromatograph. Abtrenn. v. anderen organ. S-Verb. 5041.
2-Methylbutanthiol-(2) (2-Methylbutyl-(2)-mercaptan, *tert.*-Amylmercaptan), Bezieh. zwischen Massenspektrum u. Mol.-Struktur 9285; IR-Spektrum 17 352; Bildungswärme 3045.
3-Methylbutyl-(2)-mercaptan, Bezieh. zwischen Massenspektrum u. Mol.-Struktur 9285.
2.2-Dimethylpropylmercaptan, Bezieh. zwischen Massenspektrum u. Mol.-Struktur 9285.
Methyl-*n*-butylsulfid (2-Thiahexan) (Kp. 123 bis 124°), Darst. 2167*; (Rk.) 10 432; Bezieh. zwischen Massenspektrum u. Mol.-Struktur 9285; thermodynam. Eig. 16 630; Bildungswärme 3045.
Methylisobutylsulfid, Bezieh. zwischen Massenspektrum u. Mol.-Struktur 9285.
Methyl-*tert.*-butylsulfid (3.3-Dimethyl-2-thiabutan), Bezieh. zwischen Massenspektrum u. Mol.-Struktur 9285; IR-Spektrum 17 352; Bildungswärme 3045; Rk. 4872.
Äthyl-*n*-propylsulfid (3-Thiahexan), Bezieh. zwischen Massenspektrum u. Mol.-Struktur 9285; thermodynam. Eig. 16 630; Bildungswärme 3045.
Äthylisopropylsulfid, Bezieh. zwischen Massenspektrum u. Mol.-Struktur 9285.

$C_5H_{12}S_2$ **Pentandithiol-(1.5),** Rk. mit Schwefelchloriden 869; Vulkanisat. v. chloriertem Butylkautschuk mit — 12 123.
2.2-Dimethyl-1.3-dimercaptopropan (Dimercaptoneopentan) 6431.
Propylmercaptoäthylmercaptan (Kp.$_{13}$ 83°) 8258.
Propionaldehyddimethylthioacetal 15 921.
Acetondimethylmercaptol 7476.
Methyl-*n*-butyldisulfid (Kp.$_4$ 45°), Konstit.-Einfl. auf d. UV-Spektrum 14 074.
Methyl-*sek.*-butyldisulfid (Kp.$_1$ 21°), Konstit.-Einfl. auf d. UV-Spektrum 14 074.
Methyl-*tert.*-butyldisulfid (Kp.$_{68}$ 79°), Konstit.-Einfl. auf d. UV-Spektrum 14 074; Disproportionier.-Gleichgew. 4488.
Äthylisopropyldisulfid, Disproportionier.-Gleichgew. 4488.

$C_5H_{12}S_3$ **Trithioorthoameisensäuredimethyläthylester** (Kp.$_{10}$ 102—103°) 7476.

$C_5H_{12}Si$ **Trimethylvinylsilan** (Kp. 55°), Darst. 106; (Rk.) 2710; Bldg. 418; Massenspektrum 418; Konstit.-Einfl. auf UV-, IR- u. Raman-Spektrum 5234; Konstit.-Einfl. auf d. ν(SiC) 11 504; protonmagnet. Resonanzspektrum 13 340; Mol.-Refr. 5233; Dimerisier. 12 638; Copolymerisat.-Charakteristik 17 778.

$C_5H_{13}AlO$ **Diäthylmethoxyaluminium**, Verw. 10 998*.

$C_5H_{13}B$ **Monopentylboran** 100.

$C_5H_{13}BO_2$ ***n*-Amyldihydroxyboran** (F. 92—93°) 10 430.

$C_5H_{13}BO_3$ **[Äthoxypropyl]-dihydroxyboran** 4401*.

$C_5H_{13}ClNOPS$ **Dimethylamidochlorthionophosphorsäure-*n*-propylester**, IR-Spektrum 9283.

$C_5H_{13}ClNO_2P$ **Phosphorsäureisopropylesterdimethylamidchlorid** 11 186.

$C_5H_{13}ClN_2O$ ***N.N.N'.N'*-Tetramethylchlorameisensäureamidiniumhydroxid. — Chlorid** (F. 110—112°), Herst., Verw. 19 007*; Rk. 8785*, 11 366*.

$C_5H_{13}ClOSi$ **Chlormethyldimethyläthoxysilan** (Kp.$_{745}$ 131—132°), Darst., Lewis-Basizität gegenüber Phenol bzw. Pyrrol 4864.

$C_5H_{13}ClO_2Si$ **Methylchlordiäthoxysilan**, Rk. 7129, 8228.

$C_5H_{13}ClSi$ **Diäthylmethylchlorsilan** 5475*.

$C_5H_{13}Cl_3Si_2$ **1-Trimethylsilyl-2-trichlorsilyläthan** (Kp. 180—182°) 16 287.

$C_5H_{13}FO_4P_2$ **Anhydrid v. Methylphosphonsäurefluorid u. Methylphosphonsäuremonoisopropylester**, volumetr. Best. 8733.

$C_5H_{13}JTe$ **Methyldiäthyltelluroniumjodid**, IR-Spektrum 1501.

$C_5H_{13}N$ ***n*-Amylamin (*n*-Pentylamin)**, Dipolmoment 16 262; Absorpt.-Spektren v. in — gelösten V(V)-Komplexen 18 005; Phasengeschw. v. US-Wellen in — 3403; innerkrist. Quellung u. zeolithische —-Aufnahme v. Ca-Mono-n-propylphosphorsäureester 6685; Rk.: mit NiDBH (Thermodynamik d. Komplex-Bldg.-Gleichgew.) 5242; mit Manganpentacarbonylchlorid 12 847*; mit 2-n-Propylpyrrolidin 13 014; mit 2.8-Dichlorphenazin 136; d. Nitrats mit Dicyandiamid bzw. $CaCN_2$ bzw. $CaCN_2$-Harnstoff-Gemisch 11 882; mit Zn-Cellulosexanthogenat 497; mit d. Hydrochlorid v. 1-*β*-Chloräthyl-2-chlormethylpyrrolidon 2359; mit aliphat. Carbon- oder Hydroxycarbonsäuren 18 633*; mit Theophyllin-7-essigsäure bzw. ihrem 8-Nitro-Deriv. (Salzbldg.) 13 763; Abtrenn. v. anderen Aminen durch Hochspannungspapierelektrophorese 6161.

2-Aminopentan, Rk. 6505*.

Isoamylamin, Darst. d. Hydrochlorids (F. 215°) 17 925*; Dipolmoment 16 262; Rk.: mit NiDBH (Thermodynamik d. Komplex-Bldg.-Gleichgew.) 5242; mit aliphat. Carbon- oder Hydroxycarbonsäuren 18 633*; d. Hydrochlorids mit p-Toluolsulfonylharnstoff 10 642*; Geh. im Mutterkorn im Verlauf d. Sklerotienreif. 14 238.

***tert.*-Pentylamin** (Kp. 77—78°), Desaminier. 5994; (Isotopeneffekt) 1183.

2-Methyl-3-aminobutan, Rk. 6505*.

Neopentylamin (Kp. 79—82°), Darst., Rk., Pikrat 5994; Rk. 13 717.

Methyl-*n*-butylamin, Darst. v. Salzen 1195; neue Bezieh. zwischen d. physikal. Konst. v. — 3402.

Methyl-*sek.*-butylamin 1195.

Methylisobutylamin 1195.

Äthylisopropylamin, thermolyt. Wrkg. d. — bei Fettsucht 11 282.

Dimethylpropylamin, Strukturunters. v. unter Verw. v. Polydimethylpropylammoniumhydroxid gebildeten Makromol. 14 165.

Dimethylisopropylamin 8181.

Methyldiäthylamin, Komplexbldg. mit AlH_3 4108.

$C_5H_{13}NO$ **5-Hydroxyamylamin (Monopentanolamin)**, Rk. 1408*, 8787*.

4-Aminopentanol, photograph. Verw. 11 435*.

Valinol (Kp.$_1$ 66—73°) 13 019.

***γ*(3)-Dimethylaminopropanol-(1) [1-Dimethylaminopropanol-(3), *N.N*-Dimethyl-3-aminopropanol-(1)]** (Kp. 163—164°), Darst. 3785; Rk.: mit $COCl_2$ 9521*; mit 5-Chlordibenzo-[a.d]-cycloheptadienen 9341; mit substituierten Phthalazinen 14 956*; mit Dicarbonsäuren bzw. deren Anhydriden 8717*; mit 5-[Chlorcarbonyl]-iminostilbenen 14 246*; mit 5-Alkoxymethylbenzofuran-2-carbonsäurechloriden 1978; mit 3-Acetyl-10-phenthiazinylcarbonsäurechlorid 4262*; mit 3-Propionylphenthiazin-N-carbonsäurechlorid 17 856*.

1-Dimethylaminopropanol-(2) (*N.N*-Dimethyl-1-aminopropanol-(2), Dimethylaminoisopropanol, *α*-Methyl-*β*-dimethylaminoäthanol) (Kp. 124—126°), Darst. 817, 3785; (Rk.) 18 071; Rk.: mit substituierten Phthalazinen 14 956*; mit 5-Chlorcarbonyldibenzo-[b.f]-azepin 17 494*; mit 5-[Chlorcarbonyl]-iminostilben 14 246*; mit 3-Acetyl-10-phenthiazinylcarbonsäurechlorid 4262*; Verw. als Stabilisator für aromat. Vinylpolymere 17 947*.

2-Isopropylaminoäthanol, Darst., Rk. 450; Rk. 14 816.

***N*-Methyl-*N*-äthyl-2-aminoäthanol** (Kp. 149 bis 150°) 3785.

Diäthylhydroxymethylamin, Rk. 3558*.

3(*γ*)-Äthoxypropylamin (Kp. 133°), Darst., Rk. 14 498; Rk. 4732*; Prüf. auf Verw. zur Isolier. d. Radula (Bezieh. zwischen Wirksamk. u. chem. Struktur) 15 994.

$C_5H_{13}NOS$ **Methyl-2-hydroxyäthyl-2-mercaptoäthylamin** (Kp.$_{0,9}$ 78°) 9305.

***S*-Äthylcysteinol**, Hydrochlorid (F. 96 bis 97° korr.) 1571.

$C_5H_{13}NO_2$ **[2-Hydroxyäthyl]-[2-hydroxypropyl]-amin [1-[2'-Hydroxyäthylamino]-propanol-(2)]**, Rk. 5022*; Nachw. 7269.

[2-Hydroxyäthyl]-[3-hydroxypropyl]-amin, Nachw. 7269.

3-Dimethylamino-1.2-propandiol, photograph. Verw. 11 435*.

***N*-Methyldiäthanolamin (Methyl-bis-[hydroxyäthyl]-amin)**, Rk. 2589*, 4508; Verw. v. Estern bei d. Herst. v. gasundurchlässigen Cellulosederiv. 12 467*; Verw. als Stabilisator für aromat. Vinylpolymere 17 947*.

***β*-Hydroxyäthoxypropylamin**, Rk. 8788*.

***β*-Aminopropionaldehyd-dimethylacetal**, Verw. 9920*.

***N*-Methylaminoacetaldehyddimethylacetal**, Verw. 9920*.

Dimethylaminodimethoxymethan (Kp. 104°) 10 275*.

***N.N*-Dimethylacetamid-*O*-methyloxoniumhydroxid**, Methylsulfat 18 083.

$C_5H_{13}NO_2S$ **Isopentansulfonsäureamid** 10 803.

Schwefligsäuremethylester-*N.N*-diäthylamid, Rk. 446.

$C_5H_{13}NO_3$ (s. *Betain*).

Tris-[hydroxymethyl]-aminoäthan, Einfl. auf d. Xanthinoxydase 14 543.

$C_5H_{13}NO_3S$ **5-Aminopentansulfonsäure** (F. 312 bis 314°) 4496.

***α*-Aminoisovalerylsulfonsäure**, wachstumshemmende Wrkg. bei Bakterien 14 602.

4-Methylaminobutan-1-sulfonsäure (F. 178 bis 179° Zers.) 6400.

***N*-Isopropyltaurin** (F. 264°) 5845*.

***N.N.N*-Trimethyltaurinbetain (Taurobetain)** s. *$C_5H_{15}NO_4S$*.

$C_5H_{13}NO_4$ **D-Ribitylamin (D-Ribamin)**, Darst., Rk. 8253; Rk. 2736.

$C_5H_{13}NO_6S_4$ ***N*-Methyl-bis-[2-sulfonylmercaptoäthyl]-amin**, Di-Na-Salz 137.

$C_5H_{13}NO_8S_2$ ***N*-Methyldiäthanolamin-*O.O'*-bis-[hydrogensulfat]**, Salze 4508.

$C_5H_{13}NS$ **4-Methylmercapto-*n*-butylamin** 1192.

***N*-Propylcysteamin (*n*-Propyl-2-mercaptoäthylamin)** (Kp.$_{46}$ 82°), Darst. 9304;

Schutz-Wrkg. gegen Stickstofflost u. Röntgenbestrahl. bei Mäusen 17 072.
N-**Isopropylcysteamin (Isopropyl-2-mercaptoäthylamin)** (F. 34—35°), Darst. 9304; Schutz-Wrkg. gegen Stickstofflost u. Röntgenbestrahl. bei Mäusen 17 072.
2-Mercaptopropyldimethylamin, Verw. 16 438*.

$C_5H_{13}NS_2$ *N*-**Methyl-bis-[2-mercaptoäthyl]-amin,** Hg-Deriv. 137.
Dimethylformamiddimethylmercaptal (Kp.$_{10}$ 80—82°) 7477.

$C_5H_{13}N_2O_6P$ **Serinäthanolaminphosphorsäurediester** (*O*-[*β*-**Aminoäthyl]-phosphorylserin),** Verteil. u. Biosynth. 15 306; ^{32}P-— im Regenwurm 12 366.

$C_5H_{13}N_3$ **1-Amino-4-methylpiperazin,** Rk. 7519, 13 129*.
Piperidyl-(4)-hydrazin, Rk. v. Deriv. 948*, 3551*, 5020*.
n-**Butylguanidin,** Rk. 15 603; (d. Sulfats) 4642*.
Isobutylguanidin, Nitrat (F. 83—84°) 11 882.
Diäthylguanidin, Nitrat (F. 170—171°) 11 882.
N-**[Dimethylaminoisopropyliden]-hydrazin** 17 851*.

$C_5H_{13}N_3O$ **1-Diäthylsemicarbazid,** Rk. 3905*.
N'-**Acetyl-*N*-[*γ*-amino-*n*-propyl]-hydrazin** (Kp.$_{0,003}$ 124—125°) 17 851*.

$C_5H_{13}N_3O_2$ **2-Aminoäthyläthylcarbazat** (Kp.$_2$ 131—131,5°) 13 494*.

$C_5H_{13}N_3O_3S$ *N*-**Aminosulfonyl-*N'*-[*n*-butyl]-harnstoff** (F. 148—149°) 12 760*.
4-Guanidinobutan-1-sulfonsäure (F. 118°) 6400.

$C_5H_{13}N_3S$ *S*-**[4-Aminobutyl]-isothioharnstoff. — Dihydrobromid** (F. 187—188°), Darst., Rk. 450; Prüf. auf Strahlenschutz 1682.
S-**[2-Dimethylaminoäthyl]-isothioharnstoff,** Darst. d. Dihydrobromids (F. 181—183°) 451; Rk. d. Dihydrochlorids 2825*; Prüf. d. Dihydrochlorids auf Strahlenschutz 1682.
2-Aminoäthyl-*N*-äthylisothioharnstoff, Dihydrobromid (F. 141—144°) 451.
2-Aminoäthyl-*N.N'*-dimethylisothioharnstoff, Dihydrobromid (F. 121—125°) 451.
4-Mercaptobutylguanidin, strahlenprotektive Wrkg. d. Hydrobromids 1683.

$C_5H_{13}N_3S_2$ **2-Aminoäthyl-*N.N*(3.3)-dimethyldithiocarbazinsäure,** Hydrobromid (F. 166° Zers., korr.) 5625.

$C_5H_{13}N_5O$ **Propanolbiguanid,** Komplexverb.: mit Cu 10 774; mit Ni u. Pd 11 495.
Isopropanolbiguanid, Komplexverb.: mit Cu 10 773; mit Ni u. Pd 11 495.
Methoxyäthylbiguanidin, Komplexverb.: mit Cu 10 774; mit Ni u. Pd 11 495.

$C_5H_{13}N_7$ **1.1-Dimethyltriguanid** 13 365.

$C_5H_{13}O_2PS$ **Methylthionophosphonsäurediäthylester** (Kp.$_8$ 66—68°), Darst. 12 639; IR-Spektrum 9283.

$C_5H_{13}O_2PS_3$ *S*-**Methylmercaptoäthylthiolthionophosphorsäuredimethylester** s. *Schädlingsbekämpfung-Spezialmittel* (*M-82*).

$C_5H_{13}O_3P$ **Methylphosphonsäurediäthylester** (Kp.$_{17}$ 92—94°), Darst. 12 639; Bldg. 17 362; Rk. 2712.

$C_5H_{13}O_3PS$ *O.O*-**Diäthyl-*S*-methylthiophosphat** (Kp.$_{18}$ 122°) 11 153.

$C_5H_{13}O_4P$ **Dimethyl-1-hydroxypropylphosphonat** (Kp.$_{0,5}$ 111—113°) 2170*.
Diäthylhydroxymethylphosphonat (Hydroxymethylphosphonsäurediäthylester) (Kp.$_{1,5}$ 112—115°) 2170*, 9314.
Monoamylphosphat, Verw. 10 296*.
Methyl-*n*-butylorthophosphorsäureester, Tetramethylammoniumsalz 10 423.
Methyl-*n*-butyl-(2)-orthophosphorsäureester, Tetramethylammoniumsalz 10 423.
Methyl-*tert.*-butylorthophosphorsäureester, Tetramethylammoniumsalz 10 423.
n-**Propyldimethylphosphorsäureester (Dimethyl-*n*-propylphosphat)** (Kp.$_{14}$ 98°) 9675, 10 423.
Diäthylmethylphosphat (Kp.$_{8-10}$ 88—95°) 18 633*.

$C_5H_{13}O_7P$ **2-Desoxy-D-ribit-5-phosphat,** Dicyclohexylammoniumsalz (F. 165°) 3100.

$C_5H_{13}O_{14}P_3$ **5-Phosphoribosyl-1-pyrophosphat,** Darst. 16 688; — als Baustein: bei d. enzymat. Histidinbiosynth. 513; bei d. enzymat. Biosynth. v. Nicotinsäuremononucleotid 14 909; enzymat. Rk. v. 6-Mercaptopurin in Ggw. v. — 13 429; Rk. mit Uracil u. 5-Fluoruracil in Pharmacaempfindl. u. Pharmaca-resistenten Bakterien 11 955; Mechanismus d. Synth. v. Purinnucleotiden in Herzmuskelextrakten in Ggw. v. — 12 698.

$C_5H_{13}P$ *n*-**Amylphosphin** (Kp.$_{760}$ 104°) 12 619.

$C_5H_{13}PS_3$ *S*-**Äthylmercaptomethyldimethyldithiophosphinat** (Kp.$_{0,01}$ 83°) 8038*.

$C_5H_{14}BN$ **Piperidinboran** (F. 61°), Herst. 16 843*; Rk. 15 019*.
N-**Methylpyrrolidinborin** (Kp.$_{12}$ 96°) 8059*.

$C_5H_{14}BNO$ *N*-**Methylmorpholinborin** 4343*.

$C_5H_{14}BNO_2$ **Aminopropyldimethoxyboran** 4401*.

$C_5H_{14}B_2O_4$ **Pentamethylendiboronsäure** 15 766*.

$C_5H_{14}BrNO$ **Bromcholin (2-Bromäthyltrimethylammoniumhydroxid, *N.N.N*-Trimethyl-*N*-[*β*-bromäthyl]-ammoniumhydroxid),** Darst., Rk. d. Bromids 450, 9311; Rk.: mit Pyridin-N-oxiden 5666; d. Pikrats mit d. Ag-Salz v. Benzyl-[*β*-oleoyl-*γ*-stearoyl-L-*α*-glycerin]-hydrogenphosphat 16 646; Wrkg. d. Bromids auf Wachstum u. Blühen d. Tomaten 904.

$C_5H_{14}ClNO$ **Chlorcholin (CCC, 2-Chloräthyltrimethylammoniumhydroxid. — Chlorid),** Wachstumshemm. v. Pflanzen durch — (Vgl.) 8675, 17 815; Wrkg.: auf Wachstum u. Blühen d. Tomaten 903; auf d. Empfindlichk. v. Sojabohnen gegenüber tox. Mengen NPK-Dünger 9121; Nachw. in Pflanzen 11 611.

$C_5H_{14}ClN_2OP$ **Monochlormethyl-di-[dimethylamino]-phosphinoxid,** Verw. 14 696*.

$C_5H_{14}NO_5P$ *N*-**Diäthanolaminomethylphosphonsäure,** Di-Na-Salz 5848*.

$C_5H_{14}NO_5PS$ **Diäthyl-*N*-[methansulfonyl]-amidophosphat** (F. 96,0—96,5°), Darst. 11 884; (v. deuteriertem —) 14 106; (Rk.) 14 105.

$C_5H_{14}NO_6P$ **Glycerophosphoryläthanolamin,** Isolier. eines —-Deriv. aus Rindererythrocyten 13 102; — im peripheren Nervensyst. 1677.

$C_5H_{14}N_2$ (s. *Cadaverin* [*Amylendiamin, Pentamethylendiamin, 1.5-Diaminopentan*]).
N-**Methylputrescin,** enzymat. Synth. d. Alkaloide Hygrin u. Cuskhygrin aus — 12 707.
1.3-Bis-[methylamino]-propan, Pikrat (F. 193—195°) 13 028.
3(*γ*)-Dimethylaminopropylamin (*N.N*-Dimethylpropylendiamin-(1.3), *N.N*-Dimethyl-1.3-diaminopropan) (Kp. 133—133,5°), Darst. 17 035; Überführ. in N-*γ*-Dimethylaminopropyl-9.12-diketo-10.11-epoxystearamid 5096*; Rk.: mit Acrylpolymeren 13 177*; mit 2-Phenyloxazol-Deriv. 3449; mit Chinizarin bzw. Leukochinizarin 12 648; mit d. Hydrochlorid v. 1-*β*-Chloräthyl-2-chlormethylpyrrolidin 2359; mit 3-Brom-7-methoxy-9-chloracridin 17 036; mit 4-Hydroxy-5-[p-chlorphenylmercapto]-pyrimidin 1992; mit Isothiocyanaten bzw. Isocyanaten 1192; mit 2.2.6.6-Tetramethylpiperidon-(4) 5021*; mit 3-Methyl-2-oxopyrrolidin-5-carbonsäureäthylester 2725; mit 12-Ketoölsäure 9084*; mit Cinnolincarbonsäure-(4)-chlorid 8987; mit cis-Cyclopentandicarbonsäure-(1.3)-anhydrid 15 219; mit Hexahydroisophthalsäureanhydrid 16 314; mit 2.3-Dinitroacetanilid 11 195;

Verwendbark. zur Isolier. d. Radula (Bezieh. zwischen Wirksamk. u. chem. Struktur) 15 994; Verw.: zum Antistatischmachen v. synthet. Fasern 16 184*; als Zusatz für schnell härtende Misch. aus Epoxy- u. Polyamidharz 5119*.
N-Methyl-*N'*-äthyläthylendiamin (Kp. 130 bis 133°) 1194.
Dimethylaminoäthylmethylamin (β-Methylaminoäthyldimethylamin, *N.N.N'*-Trimethyläthylendiamin) (Kp. 135—140°), Darst., Dipikrat 1194; Rk.: mit 1-Chlormethylnaphthalin 9325; mit 5-[2'.3'-Epoxypropyl]-iminodibenzyl 14 246*; mit Trichloracetylchlorid 6875*; mit Tetraacetylschleimsäuredichlorid 6132*.
Bis-[dimethylamino]-methan, Rk. 14 479.
Pentyl-(2)-hydrazin (2-Hydrazinopentan) ($Kp._{11}$ 56—60°), Darst. 5848*; (Rk.) 7625*; (therapeut. Verw.) 4256*, 6505*; Reserpin-antagonist. Wrkg. d. Hydrochlorids 18 549.
Pentyl-(3)-hydrazin (Kp. 102—109°), Herst., Hydrochlorid, Rk. 7625*; Rk. 15 696*; Reserpin-antagonist. Wrkg. d. Hydrochlorids 18 549; Verw. 6877*.
2-Methylbutyl-(3)-hydrazin (3-Hydrazino-2-methylbutan) ($Kp._{11}$ 39—44°), Darst. (Rk.) 7625*; (therapeut. Verw.) 4256*, 6505*; Rk. 7625*, 15 696*; Reserpin-antagonist. Wrkg. 18 549; Verw. 6877*.
N-**Methyl-*N*-butylhydrazin** (Kp. 130—132°) 6744.
N.N'-**Methyl-*n*-butylhydrazin** 13 202*.
N-**Äthyl-*N*-propylhydrazin** (Kp. 125—126°) 6744.
N'-*n*-**Propyl-*N.N*-dimethylhydrazin** ($Kp._{748}$ 101,5—101,8°) 12 625.
$C_5H_{14}N_2O$ *N*-[β-**Hydroxypropyl]-äthylendiamin**, Rk. 16 495*.
1.3-Dimethylaminopropanol-(2), Rk. 13 132*.
N.N.N'.N'-**Tetramethylformamidiniumhydroxid**, Methylsulfat 15 557.
$C_5H_{14}N_2O_2$ *N*-**2-Aminoäthyl-2.3-dihydroxypropylamin** ($Kp._7$ 186°) 17 900*.
$C_5H_{14}N_2O_4$ **Tetrahydroxypropyläthylendiamin**, Verw. zur Isolier. d. Radula (Bezieh. zwischen Wirksamk. u. chem. Struktur) 15 994.
$C_5H_{14}N_2O_4S_2$ *N.N'*-**Trimethylen-bis-[methansulfonamid]** (F. 115°) 10 424.
N.N'-**Dimethylpropan-1.3-disulfonamid** (F. 120°) 10 424.
$C_5H_{14}N_4$ s. *Agmatin.*
$C_5H_{14}N_4S$ *S*-**2-Aminoäthylaminoäthylisothioharnstoff**, Strahlenschutzwrkg. d. Dihydrobromids 1682.
$C_5H_{14}N_6$ **Trimethylendiguanidin** 10 829.
$C_5H_{14}OS$ **Dimethyl-*n*-propylsulfoniumhydroxid**, Jodid (F. 97—98°) 9305.
$C_5H_{14}OSi$ **Trimethyl-β-hydroxyäthylsilan**, Rk. 16 291.
Äthoxytrimethylsilan (Kp. 75°), Darst. 8222; Konstit.-Einfl. auf d. chem. Verschieb. 11 856; Lewis-Basizität gegenüber Phenol bzw. Pyrrol 4864; Rk. 3380.
$C_5H_{14}O_2P_2$ **Bis-[dimethylphosphinyl]-methan** (F. 132—134°) 3785.
$C_5H_{14}O_2Si$ **Diäthoxymethylsilan**, Rk. 17 234*.
$C_5H_{14}O_3S$ **1-Desoxy-1-dimethylsulfonio-D-glycerin** 8638.
1-Desoxy-1-dimethylsulfonio-L-glycerin 8638.
rac. **1-Desoxy-1-dimethylsulfonioglycerin** 8638.
$C_5H_{14}O_3Si$ **Äthyltrimethoxysilan**, Verw. 1093*.
$C_5H_{14}O_4P_2S_4$ **Methylen-bis-[*O.O*-dimethylthionothiolphosphat]** ($Kp._{0,01}$ 116°) 1386*.
$C_5H_{14}O_6P_2$ **Pentamethylendiphosphonsäure** (F. 155°) 13 323.
$C_5H_{14}O_7P$ **Isopentylpyrophosphat**, Inkubat. v. frischem Latex mit $^{14}C_{(1)}$-— 10 136.
$C_5H_{14}P_2$ **1.3-Bis-[methylphosphino]-propan**, Rk. 8475*.

$C_5H_{14}Pb$ **Trimethyläthylblei**, gaschromatograph. u. spektrophotometr. Best. in Bzn. 5906.
$C_5H_{14}SSi$ **Äthylmercaptotrimethylsilan**, Rk. 8221.
$C_5H_{14}Si$ **Isoamylsilan** (Kp. 75,4—76°) 17 378.
n-**Propyldimethylsilan**, Hydrolyse (Kinetik) 12 982.
Diäthylmethylsilan ($Kp._{748,5}$ 78°), Darst., Kinetik d. Hydrolyse 6357; Kinetik d. Adsorpt. an einen Pt-Kohle-Katalysator 11 513; Rk.: mit Propargylalkohol 8221; mit Acrylsäuremethylester 12 630.
Äthyltrimethylsilan (Kp. 62°), Darst. 10 805; Konstit.-Einfl. auf d. ν(SiC) 11 504.
$C_5H_{15}AsN_2$ **Methylarsonigsäurebisdimethylamid**, Rk. 3954*.
$C_5H_{15}AsOSi$ **Pentamethylarsinosiloxan** ($Kp._{720}$ 116°) 2713.
$C_5H_{15}As_4J_2N_5$ **Tetraarsenpentakis-[methylimid]-dijodid** (F. 162°) 14 438.
$C_5H_{15}BN_2$ *N*-**Methylpyrrolidinborazan** ($Kp._{12}$ 96°) 3688*.
Bis-[dimethylamino]-methylboran, Rk. 14 436.
$C_5H_{15}ClN_2Si$ **Tetramethyldiaminomethylchlorsilan**, Dipolmoment 6686.
$C_5H_{15}ClOSi_2$ **Pentamethylchlordisiloxan**, Rk. 151.
$C_5H_{15}ClSi_2$ **Pentamethylchlordisilan** 814.
$C_5H_{15}Cl_3O_4Si_4$ **Pentamethyl-1.3.5-trichlorcyclotetrasiloxan** (F. 36°) 1201.
$C_5H_{15}NO$ **Äthyltrimethylammoniumhydroxid**, Jodid v. $D_{3(\beta.\beta.\beta)}$-— 13 351.
O-**Methyltetramethylammoniumhydroxid**, — als Katalysator für d. Polymerisat. v. Organosiloxanen 9005.
$C_5H_{15}NO_2$ s. *Cholin* [*Trimethyl-2-hydroxyäthylammoniumhydroxid*].
$C_5H_{15}NO_4S$ *N.N.N*-**Trimethyltaurinbetain (Taurobetain)**, Darst. 9312; Vork. in Gorgonaceae 16 029.
$C_5H_{15}NO_6P_2$ *N*-[**Dimethylphosphoryl]-imidophosphorsäuretrimethylester** ($Kp._{0,2}$ 104 bis 106°) 11 884.
$C_5H_{15}NSi$ **Trimethylsilyldimethylamin (Dimethylamino-trimethylsilan)**, Dipolmoment 6686; Rk. 4838, 14 437, 16 287.
$C_5H_{15}N_2OP$ **Bis-[dimethylamino]-methylphosphinoxid**, kernmagnet. Resonanz u. IR-Absorptionsunters. 8203.
$C_5H_{15}N_3$ *N*-[**2-Aminoäthyl]-propandiamin-(1.3)** ($Kp._1$ 72°) 4171.
N.N-**Bis-[2-aminoäthyl]-methylamin**, Rk. 5099*.
N-[**Dimethylaminoisopropyl]-hydrazin** ($Kp._{11}$ 54—56°) 17 851*.
$C_5H_{15}N_3O_2$ s. *Girard-Reagens T* [*Chlorid v. Betainhydrazid, Trimethylammonioacetohydrazid, Carboxymethyltrimethylammoniohydrazid, Hydrazidocarboxymethyltrimethylammoniumhydroxid*].
$C_5H_{15}N_5$ **4-Amino-6-anilino-1.2-dihydro-2.2-dimethyl-*symm.*-triazin**, Cytotoxizität in menschl. Zellkulturen 4195.
$C_5H_{15}OSbSi$ **Pentamethylstibiosiloxan** 2713.
$C_5H_{15}O_5Ta$ **Pentamethoxytantal**, Rk. 13 686.
$C_5H_{15}PSi$ **Trimethylsilyldimethylphosphan**, Rk. 14 437.
$C_5H_{16}AsOP$ **Dimethylarsinotrimethylphosphoniumhydroxid** 1155.
$C_5H_{16}BN$ **Diäthylmethylaminboran** 357*.
$C_5H_{16}NO_4PS$ **Thiophosphorsäure-*O.O'*-dimethyl-*S*-[methylaminocarbonylmethyl]-ester** ($Kp._{0,001}$ 100—110°) 12 267.
$C_5H_{16}NO_5P$ **Phosphorylcholin (Cholinphosphat, Phosphatidylcholin)**, Darst., Rk. (v. markiertem —) 10 423; (v. Deriv.) 4257*; Darst., pharmakolog. Unters. v. —-Salzen 7980; Vork.: in d. Lipoiden d. Eidotters 906; in d. Phospholipiden d. Kuhmilch 7737; in d. Phospholipiden d. peripheren Nervensyst. 1677; Einbau: v. ^{32}P-Phosphat in — in Salatsamen während d. Keim. 3861; v. ^{32}p-Orthophosphat in — durch Erbsenpflanzen 12 344; in Phospholipide in vivo 6856; v. ^{32}P-— in Phospho-

lipide v. Meerschweinchengewebe 18 885; v. ³²P-Orthophosphat in d. Phosphatester d. Haut 17 443; durch — induzierte Veränder. bei d. serolog. Funktionsprüf. d. Leber v. Lungentuberkulosekranken 6860; Wrkg. auf Oxydat.-Prozesse in d. Leber 4610.

$C_5H_{16}N_2O_3$ **1.1-Dimethyl-1-[2'.3'-dihydroxypropyl]-hydraziniumhydroxid**, Salze 15 026*.
1.1-Bis-[2-hydroxyäthyl]-1-methylhydraziniumhydroxid, Salze 15 026*.

$C_5H_{16}N_2O_7P_2$ **2-Hydroxy-1.3-propylendiamin-bis-*N.N'*-methylphosphonsäure**, Tetra-Na-Salz 5848*.

$C_5H_{16}N_2Si$ ***N.N*-Dimethyl-*N'*-trimethylsilylhydrazin** (Kp. 98—100°) 7076.

$C_5H_{16}OSi_2$ **Pentamethyldisiloxan** (Kp. 85,7°), Darst. 4883; Rk. 15 027*.

$C_5H_{17}B_3K_2O_4$ **Verb. $C_5H_{17}B_3K_2O_4$** aus Dimethylborsäure, NH_3 u. K 9638.

$C_5H_{17}ClN_2$ **1.3-Bis-dimethylamino-2-chlorpropan**, Rk. 2826*.

$C_5H_{18}O_2Si_3$ ***symm.*-Pentamethyltrisiloxan** (Kp. 119°) 4883.

$C_5H_{18}O_4Si_4$ **1.1.3.5.7-Pentamethylcyclotetrasiloxan** (Kp.₅₀ 69°) 1201.

$C_5H_{19}NPb_2$ **Ammoniumpentamethyldiplumban** 15 155.

$C_5H_{20}B_2P_2$ **1.3-Trimethylen-*P.P'*-bis-[methylphosphinoborin]** (F. 28—30°) 8475*.

$C_5H_{20}O_5Si_5$ **1.3.5.7.9-Pentamethylcyclopentasiloxan**, Rk.-Fähigk. (Polymerisat.) 1251.

C_6-Gruppe

C_6BF_9 **Tris-[trifluorvinyl]-bor**, chem. u. spektroskop. Beweise für d. Vorliegen v. π-Charakter in d. C-B-Bind. 1177.

$C_6BrCl_3O_2$ **3-Brom-4.5.6-trichlor-*o*-benzochinon** 8788*.

C_6BrCl_5Mg **2.3.4.5.6-Pentachlorphenylmagnesiumbromid** 1405*.

C_6BrCl_5O **1.2.4.4.5-Pentachlor-6-bromcyclohexadien-(1.5)-on-(3)** (F. 46°) 12 640.

C_6BrCl_5S **Pentachlorbenzolsulfenylbromid** (F. 50°) 11 003*.

$C_6Br_2Cl_4O$ **2.4.4.6-Tetrachlor-1.5-dibromcyclohexadien-(1.5)-on-(3)** (F. 96—97°) 12 640.
2.4.6.6-Tetrachlor-1.5-dibromcyclohexadien-(1.4)-on-(3) (F. 95) 12 640.

$C_6Br_2F_4$ **1.4-Dibrom-2.3.5.6-tetrafluorbenzol**, — als Katalysator für d. strahlungsinduzierte Polymerisat. v. Styrol 13 788.

$C_6Br_3ClO_2$ **3-Chlor-4.5.6-tribrom-*o*-benzochinon** 8788*.

$C_6Br_4F_8$ **1.3.4.6-Tetrabromoktafluorhexen-(3)** (Kp.₅ 83—88°) 3056.

$C_6Br_4N_4$ **2.4.6.7-Tetrabrompteridin**, Rk. 14 245*.

$C_6Br_4O_2$ (s. *Bromanil* [*Tetrabrom-p-benzochinon*]).
***o*-Bromanil (Tetrabrom-*o*-benzochinon, Isobromanil)**, Darst. 8788*, 13 437, 16 649; Rk. 16 669.

C_6Br_5ClO **1.2.4.5.6.-Pentabrom-4-chlorcyclohexadien-(1.5)-on-(3)** 12 640.
1.2.5.6.6-Pentabrom-4-chlorcyclohexadien-(1.4)-on-(3) (F. 122°) 12 640.

C_6ClF_5Mg **Pentafluorphenylmagnesiumchlorid**, Rk. 7322*, 7691*.

C_6ClF_{11} **Chlorundekafluorcyclohexan**, NMR-Spektrum 3770.

$C_6ClF_{17}S$ **6-Chlordodekafluorhexylschwefelpentafluorid** (Kp. 142°) 14 101.

$C_6Cl_2F_8$ **1.6-Dichloroktafluorhexin-(3)** (Kp. 82 84°), Darst. 3056; Rk. 3056, 3057.

$C_6Cl_2F_8S_2$ **3.4-Bis-[2-chlortetrafluoräthyl]-1.2-dithieten** (Kp.₄₀ 98°), Darst. 3057; Rk. 3058.

$C_6Cl_2F_{11}J$ **1.2-Dichlor-6-jodperfluorhexan** (Kp.₃₅ 81—82°) 5624.

$C_6Cl_2J_2N_4$ **2.6-Dichlor-4.8-dijodpyrimido-[5.4:*d*]-pyrimidin** 2361, 17 853*.

$C_6Cl_3FN_2O_4$ **1.3.5-Trichlor-2-fluor-4.6-dinitrobenzol** (F. 146—147°) 8585.

$C_6Cl_3N_3O_6$ **1.3.5-Trichlor-2.4.6-trinitrobenzol** (F. 198—200°), Darst., Rk. 12 273; Rk. 15 567.

$C_6Cl_4F_6O_4$ **Bis-[trifluordichlorpropionyl]-peroxid** 14 694*.

$C_6Cl_4F_8$ **1.3.4.6-Tetrachloroktafluorhexen-(3)** (Kp.₁₀₀ 95—98°) 3056.

$C_6Cl_4N_2O$ **Tetrachlorbenzol-*o*-diazooxid**, therm. Zers. 14 095.

$C_6Cl_4N_4$ **2.4.6.8-Tetrachlorpyrimido-[5.4:*d*]-pyrimidin** (F. 256—258°) 2360, 17 853*.
2.4.6.7-Tetrachlorpteridin, Rk. 14 245*.

$C_6Cl_4O_2$ (s. *Chloranil* [*TCPB*, *2.3.5.6-Tetrachlor-p-benzochinon*]).
Tetrachlor-*o*-benzochinon (Isochloranil, *o*-Chloranil), Darst. 8788*, 13 437, 16 649; (v. Deriv.) 16 846*; Rk. 15 546, 15 547, 15 582, 16 669.

$C_6Cl_5FO_3$ **2.4.5.6-Tetrachlor-3-fluorperchlorylbenzol** 8780*.

$C_6Cl_5NO_2$ **Pentachlornitrobenzol (PCNB)**, Wirksamk. gegen Tilletia foetida (Vgl.) 9486; Verw.: als Beizmittel gegen Weizensteinbrand 9486; zur Saatgut-Behandl. gegen Schneeschimmel bei Herbstroggen u. -weizen 18 608; Verw. zur Bekämpf.: v. Zwergbrand bei Winterweizen 16 813; d. Stengelfäule d. Tabaks durch Sclerotinia sclerotiorum u. Botrytis cinerea 5814; d. Kartoffelkrankh. Rhizoctonia solani unter schwed. Verhältnissen 14 292; Verw. v. *Brassicol* zur Bekämpf.: d. Rhizoctonia-Krankh. v. Gewürzpaprika 3601; v. Peronospora tabacina Adam an Tabakpflanzen im Treibhaussaatbeet 7662; v. Urocystis gladiolicola Ainsw. an Gladiolen 12 065; Best. 1771; Rückstandsbest. v. — 629.

C_6Cl_6 **Hexachlorbenzol** (F. 227—228°), Darst. 111, 2332, 7326, 9149*, 11 152; Bldg. 17 559*; Verschieb.-Polarisat. 11 141; Hydrolyse 17 207*; Rk.: mit NaOH in CH_3OH 12 836*; mit Alkalihydrosulfiden 11 732*, 17 207*; mit Aminen 10 277*; mit Glykol 9149*; mit einem prim. β-Monoalkanolamin 2908*; Wirksamk. gegen Tilletia foetida (Vgl.) 9486; therapeut. Wrkg. v. Adenosin-5-monophosphorsäure bei durch — hervorgerufener Porphyrie 5383, 15 680; nervöse u. biochem. Stör. nach —-Vergift. 5753; Verw. als Beizmittel gegen Weizensteinbrand 9486.

C_6Cl_5Mg **Pentachlorphenylmagnesiumchlorid**, Rk. 7322*, 7691*.

C_6Cl_6O **1.2.4.4.5.6-Hexachlorcyclohexadien-(1.5)-on-(3)** (F. 51°) 12 640.
Hexachlorcyclohexadien-(2.5)-on-(1) [1.2.4.5.6.6-Hexachlorcyclohexadien-(1.4)-on-(3)] (F. 106—107°), Darst. 12 639, 12 640; Rk. 11 735*.

$C_6Cl_5O_3$ **Pentachlorperchlorylbenzol** 8780*.

C_6Cl_6S **Pentachlorbenzolsulfenylchlorid** (F. 102 bis 103°) 11 003*, 19 010*.

C_6Cl_7OPS ***O*-Pentachlorphenylthiophosphorsäuredichlorid** 10 613*.

C_6Cl_8 **Hexachlor-4-dichlormethylencyclopenten** (F. 182—183°) 15 182.

$C_6Cl_9N_3$ **2.4.6-Tris-[trichlormethyl]-*symm.*-triazin** 1997, 9154*.

$C_6CoF_3O_5$ **Trifluoracetylkobalttetracarbonyl** (F. 4°) 4112.

$C_6CoF_5O_4$ **Perfluoräthylkobalttetracarbonyl** (Kp.₇₆₀ 110°) 5597.

$C_6F_3MnO_5$ **Trifluormethylmanganpentacarbonyl** (F. 85°), Darst. 4112, 5597; IR-Spektrum 17 648.

$C_6F_3N_3O_6$ **1.3.5-Trifluor-2.4.6-trinitrobenzol** (F. 87°) 8585.

$C_6F_3O_5Re$ **Trifluormethylrheniumpentacarbonyl**, IR-Spektrum 17 648.

$C_6F_4J_2$ **1.2-Dijodtetrafluorbenzol**, Verschieb.-Polarisat. 11 141.
1.4-Dijodtetrafluorbenzol (1.2.4.5-Tetrafluor-3.6-dijodbenzol), Verschieb.-Polarisat. 11 141; — als Katalysator für d.

strahlungsinduzierte Polymerisat. v. Styrol 13 788.
$C_6F_4O_2$ (s. *Fluoranil*).
Isofluoranil (F. 125—150° Zers.), Darst., amöbicide, fungicide u. tuberkulostat. Wirksamk. 13 437.
$C_6F_5FeJO_4$ **Tetracarbonylperfluoräthyleisenjodid** (F. 15—16°) 18 400.
C_6F_6 **Hexafluorbenzol**, Darst. 1211; Verschieb.-Polarisat. 11 141; Schwing.-Polarisat. 7411; Rk. 18 799; — als Katalysator für d. strahlungsinduzierte Polymerisat. v. Styrol 13 788; Verw. 4788*.
$C_6F_7FeJO_3$ **Tricarbonylperfluorpropyleisenjodid** (F. 140—142° Zers.) 18 401.
C_6F_8 **Oktafluorcyclohexadien-(1.3)**, Bldg. 16 293; therm. Umlager. 1211; Verw. 669*.
Oktafluorcyclohexadien-(1.4), Darst. 16 293, therm. Umlager. 1211.
$C_6F_8J_2O_3$ **Perfluoroxydipropionsäuredijodid** (Kp.$_{740}$ 137°) 7325*.
C_6F_{10} **Perfluorhexin-(2)**, Darst. im Gemisch mit Perfluorhexin-(3) 1559.
Perfluorhexin-(3), Darst. im Gemisch mit Perfluorhexin-(2) 1559.
Perfluorhexadien-(1.5) (Kp. 59,6°), Umlager. 1559.
Dekafluorcyclohexen (Kp.$_{762}$ 53°) 1211, 16 293.
$C_6F_{10}N_2O$ **2.5-Bis-[perfluoräthyl]-1.3.4-oxdiazol** (Kp. 88—88,5°) 6405, 6406.
$C_6F_{10}N_2S$ **2.5-Bis-[pentafluoräthyl]-1.3.4-thiadiazol** (Kp. 116—118°) 6406.
$C_6F_{10}O_3$ **Pentafluorpropionsäureanhydrid**, Rk. 13 016.
Perfluoroxydipropionsäurefluorid (Kp. 60 bis 70°) 7325*.
C_6F_{12} **Perfluorcyclohexan**, Konstit.-Einfl. auf d. Massenspektrum 1171; Ionisationspotential 17 701; physikal. Eig. d. Syst. —/Cyclohexan 16 265; therm. Zers. v. trans-dimeren Nitrosoalkanen in — 5622.
cis-**Perfluor-1.2-dimethylcyclobutan** 1799*.
trans-**Perfluor-1.2-dimethylcyclobutan** 1799*.
cis-**Perfluor-1.3-dimethylcyclobutan** 1799*.
trans-**Perfluor-1.3-dimethylcyclobutan** 1799*.
$C_6F_{13}J$ **2-Jodperfluorhexan** 1799*.
$C_6F_{13}N$ ***N*-Trifluormethylperfluorpiperidin**, NMR-F-F-Kopplungskonstanten 7092.
C_6F_{14} **Perfluor-*n*-hexan** (Kp. 53—57°), Darst. 11 362*; Mischungswärmen —/n-Hexan 5982; innere Drücke bei —, n-Hexan u. deren Mischungen 16 264.
$C_6F_{14}Hg$ **Bis-[heptafluorisopropyl]-quecksilber** (F. 21°) 3750, 12 795*.
$C_6F_{14}S$ **Bis-[perfluorpropyl]-sulfid** (Kp. 88°) 4495.
$C_6F_{14}S_2$ **Bis-[perfluorpropyl]-disulfid** (Kp. 123°) 4495.
$C_6F_{14}S_3$ **Bis-[perfluorpropyl]-trisulfid** (Kp. 155,5°) 4495.
$C_6F_{15}N$ **Perfluortriäthylamin**, NMR-F-F-Kopplungskonstanten 7092.
$C_6HBrCl_2N_2O_4$ **1.3-Dichlor-2-brom-4.6-dinitrobenzol**, Rk. 16 291.
$C_6HBr_2ClN_2O_4$ **1.3-Dibrom-2-chlor-4.6-dinitrobenzol**, Rk. 16 308.
$C_6HBr_2Cl_3O$ **2.6-Dibrom-3.4.5-trichlorphenol**, Rk. 8788*.
$C_6HBr_2Cl_3O_3$ **2.5-Dichlor-3.4-dibromperchlorylbenzol** 8780*.
$C_6HBr_3N_2O_4$ **1.2.3-Tribrom-4.6-dinitrobenzol**, Rk. 16 291.
$C_6HBr_3O_2$ **2.3.5-Tribrom-*p*-benzochinon**, IR-Spektrum 17 351.
$C_6HBr_3O_3$ **Tribromhydroxybenzochinon-(1.4)**, pK-Wert 2319.
C_6HBr_4ClO **2-Chlor-3.4.5.6-tetrabromphenol**, Oxydat. 8788*.
C_6HBr_5O **Pentabromphenol**, Rk. 7690*, 8788*, 16 486*.
C_6HClF_4Mg **Tetrafluorphenylmagnesiumchlorid**, Rk. 7322*.
$C_6HClF_6N_2$ **4-Chlor-2.6-bis-[trifluormethyl]-pyrimidin** (Kp.$_{15}$ 43—44°) 6411.
$C_6HClJ_2N_4$ **2(6)-Chlor-4.8-dijodpyrimido-[5.4:*d*]-pyrimidin**, Darst. 2361; Rk. 17 853*.
$C_6HCl_2FN_2O_4$ **2.4-Dichlor-3.5-dinitrofluorbenzol** (F. 74—74,5°) 7859.
$C_6HCl_2F_2NO_2$ **2.6-Dichlor-3.5-difluornitrobenzol** (F. 42°) 7859.
$C_6HCl_2F_3$ **1.3.5-Trifluor-2.6-dichlorbenzol**, chem. Verschieb. u. elektronengekoppelte Spin-Spin-Wechselwrkg. 8203.
$C_6HCl_2N_3O_6$ **1.3-Dichlor-2.4.6-trinitrobenzol** (F. 130—131°) 3065.
$C_6HCl_3FNO_2$ **2.3.6-Trichlor-5-fluornitrobenzol** (F. 64—64,5°) 7859.
$C_6HCl_3F_2O_3$ **2.5-Difluor-3.4-dichlorperchlorylbenzol** 8780*.
$C_6HCl_3F_8O_2$ **2.4.6-Trichloroktafluorcapronsäure**, Pyrolyse d. Na-Salzes 1559.
$C_6HCl_3N_2O_4$ **1.2.3-Trichlor-4.6-dinitrobenzol**, Rk. 16 308.
$C_6HCl_3N_4$ **2.4.8(4.6.8)-Trichlorpyrimido-[5.4:*d*]-pyrimidin** (F. 181°), Darst., Rk. 2360; (Verw.) 17 853*; Rk. 17 855*.
$C_6HCl_3N_4S$ **4.6.8-Trichlor-2-mercaptopyrimidopyrimidin**, Rk. 17 854*.
$C_6HCl_3O_2$ **2.3.5-Trichlor-*p*-benzochinon**, IR-Spektrum 17 351.
$C_6HCl_3O_3$ **Trichlorhydroxybenzochinon-(1.4)**, pK-Wert 2319.
C_6HCl_4F **2.3.4.5-Tetrachlorfluorbenzol** (F. 66,5°) 7859.
$C_6HCl_4FO_3$ **2.3.5-Trichlor-4-fluorperchlorylbenzol** 8780*.
$C_6HCl_4JO_3$ **2-Jod-3.4.5-trichlorperchlorylbenzol** 8780*.
$C_6HCl_4NO_2$ **Tetrachlornitrobenzol**, Bekämpf. v. Schädlingen u. Krankh. bei Gewächshausweintrauben mit — 17 178.
$C_6HCl_4NO_3$ **2.3.5.6-Tetrachlor-4-nitrophenol**, Antifungusaktivität 17 805.
C_6HCl_5 **Pentachlorbenzol**, Bldg. im Gemisch mit Tetrachlorbenzol 17 722; Rk. 11 732*.
C_6HCl_5Mg **Tetrachlorphenylmagnesiumchlorid**, Rk. 7322*, 7691*.
C_6HCl_5O **Pentachlorphenol (PCP)**, Darst. 9149*, 12 459*, 12 836*, 17 207*; (Mischkristalle mit 2.3.4.6-Tetrachlorphenol) 8787*; Stabilisier. 4772*; Einfl. auf d. Absorptionsspektrum v. 3-Methyllumiflavin 8207; IR-Spektrum 3764· Dampfdruck u. Gefrierpunkt 14 082; Oxydat. 8788*; Chlorier. d. Na-Salzes 12 639; Rk.: mit 1-Aziridinylphosphinoxid oder -sulfid 6222*; mit d. Na-Salz v. 9.10-Epoxystearinsäure 15 406*; mit Alkensulfonsäureestern 14 318*; Einfl. in Ggw. v. NaOH auf Latices mit niedr. NH_3-Geh. 10 302; Teilnahme einer lösl. Adenosintriphosphatase an d. oxydativen Phosphorylier. u. d. Einfl. v. — 164; Wrkg.: auf d. Milchsäuredehydrogenase v. Propionibacterium pentosaceum 13 067; auf d. oxydative Phosphorylier. mit endogenen Substraten d. Mitochondrien 3499; auf d. ^{32}P-Einbau in Phosphoenolbrenztraubensäure u. Adenosintriphosphat durch d. Mitochondrien d. Rattenleber 13 074; auf d. Entw. v. Bac. acetoethylicus u. Bact. coli 16 370; auf Honigbienen 10 610; Pathogenese d. Hyperthermie durch — bei Ratten 17 831; Giftigk. v. Kreosot-—-Misch. gegenüber Rindvieh 694; fungitox. Wrkg. 12 723; fungicide Wrkg. v. Na-— 8389; Verw.: in Fungiciden 18 981*; v. Na-— als herbicides u. fungicides Mittel 12 808*; in Unkrautbekämpf.-Mittel 629*; v. —u. —-Salzen in kombiniertem Unkrautbekämpf.-Mittel mit Geh. an Chloralkylaminotriazinen 16 464*; zur Unkrautbekämpf. im Zukkerrübenbau 13 232; als Herbicid im Baumwollbau 4308, 18 607; zur Entblatt. v. Kulturpflanzen 5069; Emuls. zur Schädlings-Bekämpf. aus —, Lsgm. u.

2.6-Dichlor-*p*-benzochinon, IR-Spektrum 17 351; Rk. 952*, 5261; Inhibier. d. Polymerisat. v. Methylmethacrylat 9002; Einfl.: auf d. Succinatoxydase v. mit Aceton extrahierten Rinderherzmitochondrien 3492; auf d. Red. v. Tetrazoliumsalzen durch mit Aceton extrahierte Rinderherzmitochondrien 3493.

$C_6H_2Cl_2O_2S$ **2.3-Dichlor-4.5-diformylthiophen** (F. 96°) 12 652.
Thiophen-2.5-dicarbonsäuredichlorid (F. 45°) 4945.

$C_6H_2Cl_2O_3$ **Dehydroschleimsäuredichlorid (Furan-2.5-dicarbonsäuredichlorid)** (F. 79 bis 80°), Darst., Rk. 7546; Rk. 4944.

$C_6H_2Cl_2O_4$ **Chloranilsäure,** pK-Wert 2319; Inaktivier. d. Herpes simplex-Virus durch — 3511; Verw.: als Wirts-Mol. für d. Clathrat-Bldg. mit Edelgasen 8180; bei d. Best. kleiner S-Geh. in Gläsern u. Glasrohstoffen 271; zur Sulfat-Best. in W. 16 801; bei d. Papierchromatographie (v. Schwermetallen) 235; (d. Na-Salze organ. Säuren) 3573; d. Ba-Salzes zur spektralphotometr. B-Best. 11 306; zur Ca-Best. 5044; zum Pb-Nachw. 2844; d. Na-Salzes zur Pb-Best. 1731, 8360.

$C_6H_2Cl_3F$ **2.3.5-Trichlorfluorbenzol** (F. 32°) 17 003.
2.4.5-Trichlorfluorbenzol, Darst. 7859, 17 003; Rk. 7859.
3.4.5-Trichlorfluorbenzol (F. 52°) 17 003.
x.x.x-Trichlorfluorbenzol 8585.

$C_6H_2Cl_3FO_3$ **2.5-Dichlor-3-fluorperchlorylbenzol** 8780*.

$C_6H_2Cl_3FO_4S_2$ **5-Chlor-2.4-bis-[chlorsulfonyl]-fluorbenzol** (F. 105—107°) 14 140.

$C_6H_2Cl_3NO$ **2.4.6-Trichlornitrosobenzol** (F. 152°) 16 288.
2.6-Dichlorchinonchlorimid, Farb-Rk. mit PAS 18 199; Best. v. Theophyllin mittels — 15 328.

$C_6H_2Cl_3NO_2$ **2.4.5-Trichlornitrobenzol,** Rk. 8717* [2 Ref.].
1.3.5-Trichlornitrobenzol, Rk. 8585.

$C_6H_2Cl_3NO_3$ **2-Nitro-3.4.6-trichlorphenol,** Verw. v. Deriv. 10 976*.

$C_6H_2Cl_3NO_6S_2$ **5-Chlornitrobenzol-2.4-disulfonylchlorid** 8717*.

$C_6H_2Cl_4$ **Tetrachlorbenzole,** Bldg. 9149*, 18 273*; Rk. 9897*.
1.2.3.4-Tetrachlorbenzol, Trenn. v. 1.2.3.5-Tetrachlorbenzol 8370*.
1.2.3.5-Tetrachlorbenzol, Darst. 111; Trenn. v. d. 1.2.3.4-Isomeren 8370*.
1.2.4.5-Tetrachlorbenzol (F. 132—138°), Darst. 111; Bldg. 17 722; (Rk.) 18 273*; Verschieb.-Polarisat. 11 141; Rk. 7322*, 15 025*; — als Katalysator für d. strahlungsinduzierte Polymerisat. v. Styrol 13 788.

$C_6H_2Cl_4Mg$ **Trichlorphenylmagnesiumchlorid,** Rk. 7322*, 7691*.

$C_6H_2Cl_4N_2O_2$ **2.3.5.6-Tetrachlor-4-nitroanilin,** Antifungusaktivität 17 805.

$C_6H_2Cl_4O$ **Tetrachlorphenole,** Verw.: in kombiniertem Unkrautbekämpf.-Mittel 16 464*; als Holzkonservier.-Mittel 11 775*; in Holzimprägniermittel mit besonderer Tiefen-Wrkg. 12 509*; d. Na-Salzes in d. Färberei 17 572*; Best. in techn. Chlorphenolen 14 264.
2.3.4.5-Tetrachlorphenol, IR-Spektrum 3764.
2.3.4.6-Tetrachlorphenol, Darst., Mischkristalle mit Pentachlorphenol 8787*; IR-Spektrum 3764; spektroskop. Unters. d. freien Hydroxyl-Valenzschwing. 7091; Rk. 12 640.
2.3.5.6-Tetrachlorphenol, IR-Spektrum 3764.
2.4.4.6-Tetrachlorcyclohexadien-(1.5)-on-(3) (Kp.$_{0,2}$ 105°) 12 640.
2.4.6.6-Tetrachlorcyclohexadien-(1.4)-on-(3) (F. 117°) 12 640.

$C_6H_2Cl_4O_2$ **Tetrachlorbrenzcatechin** (F. 194 bis 195°) 13 437.
Tetrachlorhydrochinon, Rk. 15 789*; Verw. 8180.

$C_6H_2Cl_4O_2S$ **2.4.5-Trichlorbenzolsulfochlorid,** Rk. 17 925*.

$C_6H_2Cl_4O_3$ **3.4.5-Trichlorperchlorylbenzol** 8780*.

$C_6H_2Cl_4O_4S_2$ **4.5-Dichlorbenzol-1.3-disulfonylchlorid** 1709*, 5766*.

$C_6H_2Cl_5N$ **Pentachloranilin** 10 277*.

$C_6H_2Cl_5OPS$ ***O*-[2.4.5-Trichlorphenyl]-thiophosphorsäuredichlorid** (Kp.$_{10}$ 171—180°), Darst., Verw. 16 938*; (Rk.) 10 613*; Rk. 10 248*.
***O*-[2.4.6-Trichlorphenyl]-thiophosphorsäuredichlorid** (Kp.$_3$ 140—144°), Darst., Verw. 10 938*; Rk. 10 248*.

$C_6H_2FN_3O_6$ **1-Fluor-2.4.6-trinitrobenzol** (F. 122 bis 123° u. 131—132°), Darst. 8585; Verh. gegen Aldite 14 100.

$C_6H_2F_2N_2O_4$ **1.3-Difluor-4.6-dinitrobenzol (4.6-Difluor-1.3-dinitrobenzol)** (F. 75—76°), Darst., Rk. 15 931; Rk. 7858, 8585.

$C_6H_2F_2O_2$ **2.5-Difluor-1.4-benzochinon** (F. 171 bis 172°) 13 437.

$C_6H_2F_2O_4$ **2.5-Difluor-3.6-dihydroxybenzochinon-(1.4) (Fluoranilsäure),** (Zers. bei 230°) 2319.

$C_6H_2F_3NO_2$ **2.4.5-Trifluornitrobenzol** (Kp. 190 bis 192°), Darst., Rk. 13 437; Vers. d. Chlorier. 7858.
1.3.5-Trifluor-2-nitrobenzol (Kp.$_{20}$ 70—85°) 8585.

$C_6H_2F_4$ **1.2.3.4-Tetrafluorbenzol,** Verschieb.-Polarisat. 11 141.
1.2.3.5-Tetrafluorbenzol 1211.
1.2.4.5-Tetrafluorbenzol (Kp. 88—89°) 13 437.

$C_6H_2F_4O_2$ **Tetrafluorhydrochinon** (F. 161°) 18 799.

$C_6H_2F_6$ **1H.5H-Hexafluorcyclohexadien-(1.4),** Bldg. 12 631; Rk. 1211.

$C_6H_2F_6N_2O$ **4-Hydroxy-2.6-bis-trifluormethylpyrimidin** (F. 117—118°) 6411.

$C_6H_2F_6S$ **2.3-Bis-[trifluormethyl]-thiophen** (Kp.$_{150}$ 69—70°) 3058.

$C_6H_2F_6S_2$ **2.3-Bis-[trifluormethyl]-*p*-dithiin** (Kp.$_{10}$ 48°) 3058.

$C_6H_2F_8O_5$ **Perfluoroxydipropionsäure** (Kp.$_2$ 104 bis 106°) 7325*.

$C_6H_2F_{10}$ ***cis*-1H.2H-Dekafluorcyclohexan** (Kp. 90,8°), NMR-Spektrum 3770; Konformat.-Analyse aus d. chem. Verschieb. 10 032.
***trans*-1H.2H-Dekafluorcyclohexan** (Kp. 70°), NMR-Spektrum 3770; Konformat.-Analyse aus d. chem. Verschieb. 10 032.
***cis*-1H.3H-Dekafluorcyclohexan** (Kp. 90,9°), NMR-Spektrum 3770; Konformat.- Analyse aus d. chem. Verschieb. 10 032.
***trans*-1H.3H-Dekafluorcyclohexan,** NMR-Spektrum 3770; Konformat.-Analyse aus d. chem. Verschieb. eines Gemisches v. — u. trans-1H.4H-— 10 032.
***cis*-1H.4H-Dekafluorcyclohexan** (Kp. 85,4°), NMR-Spektrum 3770; Konformat.-Analyse aus d. chem. Verschieb. 10 032.
***trans*-1H.4H-Dekafluorcyclohexan** (Kp. 79°), NMR-Spektrum 3770; Konformat.-Analyse aus d. chem. Verschieb. eines Gemisches v. — u. trans-1H.3H-— 10 032.

$C_6H_2F_{10}N_2O_2$ ***N.N'*-Bis-[perfluorpropionyl]-hydrazin** (F. 142—143,5°) 6405.

$C_6H_2F_{12}Hg$ **Bis-[1.1.1.3.3.3-hexafluorisopropyl]-quecksilber** (F. 38,8—39,0°) 3750.

$C_6H_2J_2O_2$ **2.6-Dijodbenzochinon,** — als vermutl. Zwischenprod. im Thyroxin-Stoffwechsel d. Schilddrüse 14 205.

$C_6H_2J_3NO_2$ **3.4.5-Trijodnitrobenzol** (F. 165 bis 166°) 10 064.

$C_6H_2J_3NO_3$ **2.4.6-Trijod-3-nitrophenol** (F. 137°) 800.

$C_6H_2J_4O$ **2.3.4.5-Tetrajodphenol** (F. 223—225°) 800.
2.3.4.6-Tetrajodphenol (F. 169—170°) 800.

$[C_6H_2N_2O_4S]_x$ *polymeres* **Sulfid** $[C_6H_2N_2O_4S]_x$ (Zers. bei 300°) aus 4.6-Dinitro-1.3-dichlorbenzol, Na_2S u. S 11 183.

$C_6H_2N_4$ **1.1.2.2-Tetracyanäthan,** Elektronenspinresonanz-Unters. v. elektrolyt. red. — 4121.

$C_6H_2N_4S_2$ **2-Thiocyanthiazolo-[5.4:*d*]-pyrimidin** 6775.

$C_6H_2O_3S$ **Thiophen-2.4-dicarbonsäureanhydrid,** Darst. 2725.

$C_6H_2O_6$ s. *Rhodizonsäure.*

$C_6H_3BrCl_2$ **2.4-Dichlorbrombenzol** 7110.
2.5-Dichlorbrombenzol (1.4-Dichlor-2-brombenzol) (F. 34°), Darst. 7110; Rk. 7322*.
2.6-Dichlorbrombenzol (F. 65°) 7110.
3.5-Dichlorbrombenzol (F. 75°) 7110.
x.x-Dichlorbrombenzol ($Kp._{11}$ 108—111,5°) 17 722.

$C_6H_3BrCl_2O$ **2-Brom-4.5-dichlorphenol,** IR-Spektrum 3764.
2-Brom-4.6-dichlorphenol, spektroskop. Unters. d. freien Hydroxyl-Valenzschwing. 7091.

$C_6H_3BrCl_2O_5S_2$ **5-Brom-4-hydroxybenzol-1.3-disulfonylchlorid** (F. 117—120°) 1709*, 13 573*.

$C_6H_3BrN_2O_4$ **2.4-Dinitrobrombenzol** (F. 72°), Darst. 7862; Chlorier. 7858; Kinetik d. Rk.: mit NH_3 6358; mit LiJ bzw. KJ 83; mit N-Methylanilin 8572; Rk. mit Mono-Na-indandion-(1.3) 11 913.
1-Brom-3.4-dinitrobenzol, Rk. 16 290.

$C_6H_3BrN_4O_2$ ***o*-Nitro-*p*-bromphenylazid,** Rk. 11 916.
***m*-Nitro-*p*-bromphenylazid,** Rk. 11 916.

$C_6H_3BrO_2$ **2-Brom-*p*-benzochinon** (F. 56—57°), IR-Spektrum 17 351.

$C_6H_3Br_2ClO$ **2.4-Dibrom-5-chlorphenol,** IR-Spektrum 3764.
2.4-Dibrom-6-chlorphenol, bakteriostat. Wrkg. 1278.

$C_6H_3Br_2ClO_3$ **2.5-Dibromperchlorylbenzol** 8780*.
3.4-Dibromperchlorylbenzol 8780*.

$C_6H_3Br_2ClO_3S$ **Dibrom-*p*-phenolsulfochlorid,** Rk. 11 172.

$C_6H_3Br_2F$ **2.5-Dibromfluorbenzol** (F. 35°) 17 003.
2.6-Dibromfluorbenzol (F. 53°) 17 003.
3.4-Dibromfluorbenzol ($Kp._{13}$ 87°) 17 003.

$C_6H_3Br_2FO$ **4.6-Dibrom-2-fluorphenol,** spektroskop. Unters. d. freien Hydroxyl-Valenzschwing. 7091.
2.6-Dibrom-4-fluorphenol, spektroskop. Unters. d. freien Hydroxyl-Valenzschwing. 7091.

$C_6H_3Br_2JO$ **4.6-Dibrom-2-jodphenol,** spektroskop. Unters. d. freien Hydroxyl-Valenzschwing. 7091.

$C_6H_3Br_2NO_2$ **2.4-Dibromnitrobenzol,** Rk. 8717*.
2.5-Dibromnitrobenzol, Rk. 136.
β.β'-Dibromisonicotinsäure (F. 62—64°) 16 313.

$C_6H_3Br_2NO_3$ **2.4-Dibrom-5-nitrophenol,** bakteriostat. Wrkg. 1278.
2.4-Dibrom-6-nitrophenol, bakteriostat. Wrkg. 1278.
2.6-Dibrom-4-nitrophenol (F. 138—140° Zers.), Darst. 12 632; bakteriostat. Wrkg. 1278.

$C_6H_3Br_3$ **Tribrombenzole,** Rk. 9897*.
1.3.5-Tribrombenzol, Rk. 8798*; — als Katalysator für d. strahlungsinduzierte Polymerisat. v. Styrol 13 788.

$C_6H_3Br_3F_4$ **Tribrom-3-äthyl-1.1.2.2-tetrafluorcyclobuten** ($Kp._6$ 88—90°) 1591.

$C_6H_3Br_3N_2O$ **2.3.5-Tribrombenzoldiazoniumhydroxid,** Borfluorid (Zers. bei 295°) 17 003.
2.4.5-Tribrombenzoldiazoniumhydroxid, Borfluorid (Zers. bei 192°) 17 003.
2.4.6-Tribrombenzoldiazoniumhydroxid, Borfluorid (Zers. bei 243°) 17 003.
3.4.5-Tribrombenzoldiazoniumhydroxid, Borfluorid (Zers. bei 198°) 17 003.

$C_6H_3Br_3N_2O_2$ **3-Nitro-2.4.6-tribromanilin** (F. 102° korr.) 17 005.

$C_6H_3Br_3O$ **2.4.6-Tribromphenol** (*gewöhnl.* **Tribromphenol**) (F. 95°), Darst. 6739, 7865, 14 469, 14 473; Bldg. 12 644; spektroskop. Unters. d. freien Hydroxyl-Valenzschwing. 7091; Einfl.: in d. Polarographie v. aromat. Verb. 7833; auf d. Kinetik d. Austausches v. J zwischen $Na^{131}J$ u. n-Butyljodid 7472; Wismutsalz s. *Xeroform.*

$C_6H_3Br_3O_2$ **2.4.5-Tribromresorcin,** Oxydat. durch Enzyme v. Piricularia oryzae 15 266.

$C_6H_3ClFNO_2$ **3-Chlor-4-fluornitrobenzol** (F. 41,5°) 7858.
2-Fluor-5-chlornitrobenzol ($Kp._{25}$ 112 bis 114°) 7858.

$C_6H_3ClF_2Mg$ **Difluorphenylmagnesiumchlorid,** Rk. 7322*, 7691*.

$C_6H_3ClF_2O_3$ **2.5-Difluorperchlorylbenzol** 8780*.

$C_6H_3ClF_6$ **2-Vinylchlorhexafluorcyclobutan** (Kp. 83°) 17 927*.

C_6H_3ClHgO **Furyl-(2)-äthinylquecksilberchlorid,** polarograph. Daten in Dioxan 746.

$C_6H_3ClJ_2O$ **2.4-Dijod-6-chlorphenol,** bakteriostat. Wrkg. 1278.

$C_6H_3ClN_2O$ **3-Chlorchinon-(1.2)-diazid-(2),** Darst., IR-Banden, Rk. 15 547.
4-Chlorchinon-(1.2)-diazid-(2), Darst., IR-Banden, Rk. 15 547.
5-Chlorchinon-(1.2)-diazid-(2), Darst., IR-Banden, Rk. 15 547.
6-Chlorchinon-(1.2)-diazid-(2) (F. 99 bis 100°), Darst., IR-Banden, Rk. 15 547.

$C_6H_3ClN_2O_4$ **2.4-Dinitrochlorbenzol** (*gewöhnl.* **Dinitrochlorbenzol**) (F. 53°), Darst. 7862; IR-Spektrum 10 522; Rk.-Geschw.-Konst. für d. Rk. m- u. p-substituierter Phenolationen mit — 4131; Salzeffekt bei d. aromat. nucleophilen Substitut.-Rk. v. — mit Methylat in Methanol-Benzol 4131; Chlorier. 7858; Rk.: mit Ammoniak (Kinetik) 6358; mit Alkalisulfit 1411*; Verh. gegen Azulene 116; Rk.: mit γ-Picolin 11 169; mit Pyrrolidin 3448; mit Δ^2-Pyrazolinen 5286; mit Morpholin + Red. 16 687; mit Aminen 12 290; mit N-Methylanilin (Kinetik) 8572; mit 4-Amino-4'-dimethylaminostilben 15 946; mit Benzidinderiv. 3074; mit 1-Amino-4-hydroxyäthoxybenzol 7089; mit Äthylmercaptan 15 559; mit d. Na-Salz v. 2-Mercapto-1.3-diazaazulen 15 959; mit Aminodiphenyldisulfiden 16 320; mit 4.4'-Diaminostilben-2.2'-disulfonsäure 14 840; mit N.N-Di-n-propyl-p-brombenzolsulfonamidhydrochlorid 16 275; mit Butansultam-(1.4) 12 252; bakteriostat. Wrkg. 1278; Stoffwechsel d. Haut bei durch — hervorgerufener Dermatitis 9762; Explos.-Gefährlichk. 8852.
2.6-Dinitrochlorbenzol, Rk. 8060*, 11 195.
4-Chlor-1.2-dinitrobenzol (1-Chlor-3.4-dinitrobenzol), Rk. 136, 16 290.

$C_6H_3ClN_2O_4S$ **2.4-Dinitrobenzolsulfenylchlorid,** Darst. d. Adduktes mit 2-Äthylbuten-(1) (F. 86—87°) 835; lichtkatalysierte hydrolyt. Rk.v. — 17 005; Rk.: mit Diphenylacetylen 18 812; mit Cyclohexenen u. Norbornenen (Geschwindigk.) 11 150; mit cis- u. trans-Stilben 7473; mit trans-Stilben bzw. 1.1-Diphenyläthylen 11 545; mit Vinylcyclopenten 13 787; mit 2-[Phenyläthinyl]-tetrahydropyran 8243; mit Thiophen-Deriv. 15 585; mit Ketonen 7124; mit 1.4-Benzochinonoxim bzw. 2.5-Thymochinon-2-oxim 12 272; Verw. 13 230*.

$C_6H_3ClN_2O_5$ **2.6-Dinitro-4-chlorphenol,** bakteriostat. Wrkg. 1278.
x.x-Dinitrochlorphenol, Verw. 10 639*.

$C_6H_3ClN_2S$ **5-Chlor-2.1.3-benzothiadiazol** (F. 54 bis 55° korr.) 13 020.

$C_6H_3ClN_4$ **6-Chlorpyrimido-[5.4:*d*]-pyrimidin,** Deriv. 17 853*.

$C_6H_3ClN_4O_2$ **2(6)-Chlor-4.8-dihydroxypyrimido-[5.4:*d*]-pyrimidin,** Darst., Rk., Na-Salz, Monohydrat 2361; Rk. 17 853*.

$C_6H_3ClO_2$ **3-Chlor-*o*-chinon,** Rk. 15 547.
4-Chlor-*o*-chinon, Rk. 15 547.
2-Chlor-*p*-benzochinon, IR-Spektrum 17 351; Rk. 5260.

$C_6H_3ClO_3$ **Perchloryldehydrobenzol** 1184.

$C_6H_3Cl_2F$ **2.4-Dichlorfluorbenzol** (Kp.$_{745}$ 169°), Darst. 7858, 17 003; Rk. 7859.
2.5-Dichlorfluorbenzol (Kp. 155—156°) 17 003.
2.6-Dichlorfluorbenzol (F. 35°) 17 003.
3.4-Dichlorfluorbenzol (Kp. 168°) 17 003.
3.5-Dichlorfluorbenzol (Kp. 160°) 17 003.
x.x-Dichlorfluorbenzol 8585.

$C_6H_3Cl_2FO$ **2-Fluor-4.6-dichlorphenol,** spektroskop. Unters. d. freien Hydroxyl-Valenzschwing. 7091; chem. Verschieb. u. elektronengekoppelte Spin-Spin-Wechselwrkg. 8203.

$C_6H_3Cl_2FO_3$ **2-Chlor-5-fluorperchlorylbenzol** 8780*.

$C_6H_3Cl_2F_2N$ **2.6-Dichlor-3.5-difluoranilin** (F. 73°) 7859.

$C_6H_3Cl_2J$ **Dichlorjodbenzol** 4131.

$C_6H_3Cl_2JO$ **2-Jod-4.5-dichlorphenol,** IR-Spektrum 3764.
4.6-Dichlor-2-jodphenol, spektroskop. Unters. d. freien Hydroxyl-Valenzschwing. 7091.

$C_6H_3Cl_2NOS$ **α-Hydroxy-α-[2.3-dichlorthienyl-(5)]-acetonitril** (F. 81°) 12 651.

$C_6H_3Cl_2NO_2$ **2.3-Dichlornitrobenzol,** Rk. 431, 8060*, 11 911.
2.4-Dichlornitrobenzol, Rk. 1995, 8717*, 18 471.
2.5-Dichlornitrobenzol (1.4-Dichlornitrobenzol) (F. 54—55°), Darst. im Gemisch mit 3.4-Dichlornitrobenzol 7859; Red., Alkoxylier. bzw. Rk. mit Morpholin 16 686; Rk.: mit p-Chloranilin 136; mit Alkoholen 17 715; Rk.-Geschw.-Konst. für d. Rk. m- u. p-substituierter Phenolationen mit — 4131; Rk.: mit o-Bromphenol-Na 1995; mit K-Diphenylmethylmercaptid 105.
3.4-Dichlornitrobenzol, Darst. im Gemisch mit 2.5-Dichlornitrobenzol 7859; Rk. 8717*, 11 533; enzymat. Konjugat. v. — mit Glutathion 3506.

$C_6H_3Cl_2NO_3$ **2.4-Dichlor-5-nitrophenol** (F. 106°), Darst., Rk. 9673; Rk. 8717*.
2.6-Dichlor-4-nitrophenol (F. 124—125°), Darst. 12 632; Antifungusaktivität 17 805.

$C_6H_3Cl_2NO_5$ **2-Chlor-5-nitroperchlorylbenzol** 8780*.

$C_6H_3Cl_2NO_6S_2$ **Nitrobenzol-2.4-disulfonylchlorid,** Deriv. 8717*.

$C_6H_3Cl_2NS_2$ **2.3-Dichlor-5-rhodanmethylthiophen** (F. 70°) 5660.

$C_6H_3Cl_2N_3O$ **2-Propargyloxy-4.6-dichlor-1.3.5-triazin** (Kp.$_{11}$ 134—135°) 8258.

$C_6H_3Cl_3$ **Trichlorbenzole (*techn.* Trichlorbenzol),** Darst. 9517*; Metallextrakt. mit TTA in — 14 057; Rk. 8798*, 9897*, 15 025*, 18 273*; Verarbeit. d. Ballastisomeren d. Hexachlorcyclohexans zu — 5070; Verw. 9158.
1.2.3-Trichlorbenzol, Spektrum d. Kernquadrupolresonanz v. 12 232; Rk. 8798*.
1.2.4-Trichlorbenzol (Kp.$_{80}$ 134—136°), Darst. 7858; kryoskop. Best. d. Aktivitäts-Koeff. v. —-n-Hexan 10 407; Rk. 7321*, 8798*; gaschromatograph. Trenn. v. anderen Chlorbenzolen 6530.
1.3.5(*symm.*)-Trichlorbenzol (F. 63—64°), Darst., Rk. 12 273; Zeeman-Effekt beim Kernquadrupol-Resonanzspektrum in — 6717; Phenylier. (Kinetik) 5619; Rk.: mit Organo-Mg-Komplexen 7322*; mit 4-Aminoanthrachinonacridonen 8797*.

$C_6H_3Cl_3FN$ **2.3.6-Trichlor-5-fluoranilin** (F. 64°) 7859.

$C_6H_3Cl_3F_8O$ **1.1-Dihydro-3.5.6-trichlorperfluorhexylalkohol,** Rk. 7390*.

$C_6H_3Cl_3Mg$ **2.4-Dichlorphenylmagnesiumchlorid,** Komplexe mit O-heterocycl. Verb. 11 361*.
3.4-Dichlorphenylmagnesiumchlorid 1405*.
3.5-Dichlorphenylmagnesiumchlorid, Komplexe mit O-heterocycl. Verb. 11 361*.
x.x-Dichlorphenylmagnesiumchlorid, Rk. 7322*, 7691*.

$C_6H_3Cl_3NO_3PS$ ***O*-[2-Chlor-4-nitrophenyl]-thiophosphorsäuredichlorid,** Rk. 10 248*.

$C_6H_3Cl_3N_2O$ **2.3.5-Trichlorbenzoldiazoniumhydroxid,** Borfluorid (Zers. bei 270°) 17 003.
2.4.5-Trichlorbenzoldiazoniumhydroxid, Borfluorid (Zers. bei 290°) 17 003.
3.4.5-Trichlorbenzoldiazoniumhydroxid, Borfluorid (Zers. bei 212°) 17 003.

$C_6H_3Cl_3N_2O_2$ **2.4.6-Trichlor-3-nitroanilin,** Antifungusaktivität 17 805.

$C_6H_3Cl_3O$ **Trichlorphenole,** Herst. 7691*; (hauptsächl. 2.4.5-Isomeres enthaltender —-Gemische) 17 207*; (Rk.) 8787*; kontinuierl. Beizen v. Saatgut mit Zinktrichlorphenolat 17 900*; Verw. in Holzkonservier.-Mittel 11 775*.
2.3.4-Trichlorphenol, IR-Spektrum 3764.
2.3.6-Trichlorphenol, IR-Spektrum 3764.
2.4.5-Trichlorphenol (Kp. 246°), Darst. (d. Na-Salzes) 16 486*; (hauptsächl. — enthaltender Trichlorphenolgemische) 17 207*; IR-Spektrum 3764; Rk.: mit NaH 7690*; mit 1.3-Dibrompropan 5260; mit Piperazin 1715*, 9443*; mit chlormethylierten Phenolen 15 771*; mit CH_2O 4691*; (in Ggw. v. perhalogenierten, aliphat. KW-Stoffen) 8061*; v. Na-— mit $ClCH_2COOH$ 17 208*; mit α-Chlorpropionsäure 18 272*; mit d. Na-Salz v. 9.10-Epoxystearinsäure 15 406*; mit Phosphorsäure-N-äthylamidodichlorid 4647*; — als Zwischen-Prod. zur Herst. d. 2.4.5-Trichlorphenoxyessigsäure 18 273*; Einfl. auf d. W.- u. Proteinbeweg. durch d. Darm 15 674; bactericide Wrkg. in d. Dampfphase 5754; gaschromatograph. Retentionszeit 7270.
2.4.6-Trichlorphenol (F. 65—67°), Bldg. 10 457; spektroskop. Unters. d. freien Hydroxyl-Valenzschwing. 7091; Rk. 1976, 12 640, 14 318*; (d. Na-Verb.) 4511; gaschromatograph. Retentionszeit 7270; gaschromatograph. Best. in techn. Chlorphenolen 14 264.

$C_6H_3Cl_3O_2S$ **2.5-Dichlorbenzolsulfochlorid,** Rk. 17 926*.
3.4-Dichlorbenzolsulfonylchlorid, Rk. 7382*.

$C_6H_3Cl_3O_3$ **3.4-Dichlorperchlorylbenzol** 8780*.
***trans*-Cyclopropantricarbonsäure-(1.2.3)-trichlorid** (Kp.$_{0,3}$ 90°) 11 896.

$C_6H_3Cl_3O_3S$ **2.4.5-Trichlorbenzolsulfonsäure** 8223.

$C_6H_3Cl_3O_4$ **3.4-Dichlor-5-hydroxyperchlorylbenzol** 8780*.

$C_6H_3Cl_3O_4S_2$ **1-Chlorbenzoldisulfonsäure-(2.4)-dichlorid,** Rk. 15 768*.

$C_6H_3Cl_3O_5S_2$ **5-Chlor-4-hydroxybenzol-1.3-disulfonylchlorid** (F. 112—115°) 1709*, 13 573*.

$C_6H_3Cl_3S$ **2.4.6-Trichlorthiophenol,** Einw. auf Divinylkautschuk in Ggw. v. SO_2 16 702.
x.x.x-Trichlorthiophenol, Verw. d. Zn-Salzes 13 976*.

$C_6H_3Cl_4N$ **2.3.5.6-Tetrachloranilin** (F. 108°) 7859.

$C_6H_3Cl_4OPS$ ***O*-[2.4-Dichlorphenyl]-thiophosphorsäuredichlorid** (Kp.$_{10}$ 154°), Herst., Verw. 10 938*; (Rk.) 10 613*; Rk. 10 248*.
***O*-[3.4-Dichlorphenyl]-thiophosphorsäuredichlorid** 10 938*.

6-Chlornicotinsäure, Wrkg. auf d. antileukäm. Aktivität v. 2-Amino-1.3.4-thiadiazol 10 504.
Isonicotinsäure-*N*-oxidchlorid, Rk. d. Hydrochlorids 2460*.
$C_6H_4ClNO_2S$ o(2)-Nitrobenzolsulfenylchlorid (*S*-Chlor-*o*-nitrothiophenol), Rk. 105, 2544*, 7124, 12 272.
p-Nitrobenzolsulfenylchlorid, Rk. 2544*, 14 475 [2 Ref.].
$C_6H_4ClNO_2S_2$ 2.4-Dimercapto-5-chlornitrobenzol 8717*.
$C_6H_4ClNO_2Se$ 5-Chlor-2-[β-nitrovinyl]-selenophen (F. 106—107°) 11 559.
$C_6H_4ClNO_3$ 2-Chlor-4-nitrophenol (F. 109 bis 111°), Darst. 7858, 12 632; Rk. 14 476; Antifungusaktivität 17 805.
3-Chlor-4-nitrophenol, IR-Spektrum 3764.
2-Nitro-5-chlorphenol, IR-Spektrum 3764.
4-Chlor-2-nitrophenol (F. 87—88°), Darst. 7858; Konstit.-Einfl. auf d. UV-Spektrum, pK-Wert 1166; Rk. 14 476; antimykot. Wrkg. 10 183.
4-Chlornicotinsäure-1-oxid, Konstit.-Einfl. auf d. pK-Wert 13 708.
$C_6H_4ClNO_3S$ 2-Chlor-3-nitro-5-acetylthiophen (F. 85—87°), Konstit.-Einfl. auf d. UV-Spektrum 10 026.
$C_6H_4ClNO_3S_2$ *N*-Sulfinyl-*p*-chlorbenzolsulfonamid (F. 52—53°) 10 799.
$C_6H_4ClNO_3Se$ 2-Chloracetyl-5-nitroselenophen (F. 131—131,5°) 15 206.
$C_6H_4ClNO_4S$ *m*-Nitrobenzolsulfonylchlorid, Rk. 6019, 9344.
4(*p*)-Nitrobenzolsulfochlorid (F. 79,5°), Darst., Rk. 1548; Verester. 4507; Rk.: mit Fluoranilinen 7488; mi N.N.N'-Trimethyl-m-phenylendiamin 11 163; mit 4-Amino-4'-dimethylaminostilben 15 946; mit 4-Methylamino-4'-dimethylaminostilben 11 164; mit N.N-Bis-[β-hydroxyäthyl]-anilin 4507; mit 3-Methoxy-2-aminopyrazin 12 103*; mit 1.2;5.6-Bis-[O-isopropyliden]-α-D-glucofuranose 13 035; mit o-Thioanisidin 11 164; mit ω-Aminocapronitril 1951; mit N.N'-Äthylen-bis-glycin 1199; mit 5'-O-Acetyladenosin 6424.
$C_6H_4ClNO_5$ 3-Nitroperchlorylbenzol (F. 49 bis 50°) 8780*.
$C_6H_4ClNO_5S$ 1-Chlor-4-nitrobenzolsulfonsäure-(2), Rk. 15 191.
4-Chlor-3-nitrobenzolsulfonsäure, Rk. 15 190.
$C_6H_4ClNO_8S_2$ 5-Chlornitrobenzol-2.4-disulfonsäure 8717*.
$C_6H_4ClN_3$ 5-Chlorbenzotriazol, IR-Spektrum 14 812.
2-Chlorimidazolo-[4.5 :*b*]-pyridin (F. 232° Zers.) 2357.
6-Chlorimidazo-[*b*]-pyridin (F. 237—238°), Darst., Rk. 129; Rk. 10 461.
4-Chlor-6-methylpyrimidin-2-carbonsäurenitril (F. 65°) 6772.
$C_6H_4ClN_3O$ 6-Chlorimidazo-[*b*]-pyridin-$N_{(4)}$-oxid 130.
$C_6H_4ClN_3O_4$ 2-Chlor-4.6-dinitroanilin, Antifungusaktivität 17 805.
$C_6H_4ClO_2$ 2-Chlor-1.4-benzosemichinon, s. unter *Radikale* (*Spezielle Radikale*).
$C_6H_4ClO_2Sb$ Chlorantimonigsäure-*o*-phenylenester, Darst. 4885; Rk. 18 443.
$C_6H_4Cl_2$ Dichlorbenzole, Bldg. 16 649; Rk. 9897*, 15 025*; Best. d. carcinogenen Wirksamk. v. — an d. Mäusehaut 13 425.
o(1.2)-Dichlorbenzol (Kp.$_{750}$ 180—185°), Darst. 7859, 9517*; Bldg. 8575; (Mechanismus) 4131; Trenn. d. Isomeren 307*, 6530, 8370*, 15 158; protonenmagnet. Resonanzspektrum 3770; Röntgenbestrahl. 3054; Berechn. v. Energieniveaus u. Wellenfunkt. v. — nach d. Meth. d. „Metallmodells" 18 054; Koppl.-Konst. u. chem. Verschieb. 14 081; Einfl. d. Substituentengruppen auf d. Ionisationspotential 18 061; Dampfdruck u. Gefrierpunkt 14 082; dielektr. Eig. v. Tetra-n-butyl-ammoniumpikrat, -bromid u. -tetraphenylborat in — 19; Assoziat.-Konst. v. [(n-C_4H_9)$_4$N]ClO_4 in — (Konstanz d. a-Parameters) 8542; Löslichk. v. $PNBr_2 \cdot PBr_5$ in — 5962; Metallextrakt. mit TTA in — 14 057; Isomerisier. 77; (Katalysatoren) 16 996; ster. Einfl. bei d. Gomberg-Rk. mit — 16 636; Rk.-Geschw.-Konst. für d. Bldg. d. Addukts aus 9-Phenylanthracen u. Maleinsäureanhydrid in — 9294; Rk.: mit HCOONa 17 208*; mit Phthalsäureanhydrid 5857*; mit Propionylchlorid 10 055; mit Acylsulfonsäurealkylester u. SO_3 2172*; — als Katalysator für d. strahlungsinduzierte Polymerisat. v. Styrol 13 788; Verw. 8433*, 12 066, 12 476*, 15 021*, 16 848*.
m-Dichlorbenzol (Kp. 172°), Darst. 7859, 9517*; Bldg. (Mechanismus) 4131; Berechn. v. Energieniveaus u. Wellenfunkt. v. — nach d. Meth. d. „Metallmodells" 18 054; ster. Einfl. bei d. Gomberg-Rk. mit — 16 636; Rk. 77, 3986*, 10 055, 16 996; — als Katalysator für d. strahlungsinduzierte Polymerisat. v. Styrol 13 788; gaschromatograph. Trenn. v. anderen Chlorbenzolen 6530.
p(1.4)-Dichlorbenzol (F. 55—58°), Darst. 9145*, 9517*; (v. Poly-—) 18 489; Bldg. 1184, 17 722; (Mechanismus) 4131; Trenn. d. Isomeren 307*, 6530, 8370*, 15 158; Kernquadrupolresonanz (in fester Lsg.) 1552; (Einfl. v. Verunreinig.) 17 353; Kernquadrupol-Resonanzunters. d. Strahlungsschadens in krist. — 10 798; Zeeman-Effekt d. Kernquadrupolresonanzspektrums in krist. — 12 971; Berechn. v. Energieniveaus u. Wellenfunkt. v. — nach d. Meth. d. „Metallmodells" 18 054; linearer Einfl. d. elektr. Feldes auf d. ^{35}Cl-Quadrupol-Wechselwrkg. in — 5235; Verschieb.-Polarisat. 11 141; Dampfdruck u. Gefrierpunkt 14 082; Sublimationsdruck u. -wärme, Umwandl.-Wärme der α- u. β-Form 12 976; Sublimationsdrücke d. Syst —-p-Dibrombenzol, —-p-Chlorbrombenzol bei 50° 7465; freie Überschußenergien kondensierter Phasen bei d. maximalen u. minimalen F. im Syst. —/p-Dibrombenzol bzw. —/p-Chlorbrombenzol 5240; Isomerisier. 77; (Katalysatoren) 16 996; Nitrier. 11 195; Rk. mit CuCN 11 885; Alkylier. mit Propylen in Ggw. v. Schwefelsäure 15 931; Phenylier. (Kinetik) 5619; Rk.: mit $CHCl_3$ 12 613; mit Dichlorsilan 16 291; mit Triarylsilanen bei hohen Temp. 10 435; mit HCOONa 17 208*; mit Propionylchlorid 10 055; — als Katalysator für d. strahlungsinduzierte Polymerisat. v. Styrol 13 788; baktericide Wrkg. v. 2.4.5-Trichlorphenol u. — 5754; Kontaktgift-Wrkg. auf Callosobruchus chinensis im Haushalt 8034; Verw. zur Bekämpf.: v. Peronospora tabacina Adam an Tabakpflanzen 7662 [3 Ref.]; d. Cocosnußschädlings Melittomma insulare (Coleoptera, Lymexylidae) auf d. Seychellen 10 610; v. Lachnosterna consanguinea Blanc., einem Zuckerrohrschädling 14 352; Mottenschutz aus kleinen Cellophanstückchen mit — u. Polyvinylacetat 10 692*.
$C_6H_4Cl_2FN$ 2.4-Dichlor-5-fluoranilin (F. 70°) 7859.
2.6-Dichlor-4-fluoranilin (F. 33°) 17 004.
$C_6H_4Cl_2FNO_4S_2$ 5-Fluoranilin-2.4-disulfonyldichlorid (F. 131—132°) 8060*.
$C_6H_4Cl_2FOPS$ Chlorfluorthiophosphorsäure-*O*-*p*-chlorphenylester (Kp.$_7$ 100,5—101°) 1569.
$C_6H_4Cl_2Hg_2$ *O*-Phenylendiquecksilberchlorid 16 640.
$C_6H_4Cl_2JN$ 3.5-Dichlor-4-jodanilin 9735.

$C_6H_4N_2O_2S$ **Benzthiadiazol-*S*-dioxid** 1603. **Benzoldiazonium-*o*-sulfinat** 1603.

$C_6H_4N_2O_3$ **2-Nitronitrosobenzol** (F. 125°) 16289.

$C_6H_4N_2O_3S$ ***o*-Nitrothionylanilin**, Rk. 11 888. ***p*-Nitrothionylanilin** (***N*-Sulfinyl-*p*-nitranilin**), Rk. 10 799, 11 888.

$C_6H_4N_2O_3S_2$ ***N*-Sulfinyl-*o*-nitrobenzolsulfenamid** F. 127—128°) 10 799.

$C_6H_4N_2O_4$ **Dinitrobenzole**, Explos.-Gefährlichk. 8852.

o(**1.2**)-**Dinitrobenzol** (F. 118,1°), UV-Absorptionsspektrum 17 346; IR-Spektrum 431; Berechn. d. Energieniveaus u. Wellenfunkt. v. — nach d. Meth. d. „Metallmodells" 18 054; Koppl.-Konst. u. chem. Verschieb. 14 081; Rk. 11 910.

m(**1.3**)-**Dinitrobenzol** (F. 90—91° korr.), Bldg. 8950; dreidimensionale Analyse d. Kristallstruktur v. — 13 712; UV-Absorptionsspektrum 17 346; (d. Rk.-Prod. mit Aceton) 15 164; IR-Spektrum 431; Absorpt.-Spektren v. — u. Mol.-Komplexen mit Dimethylanilin 9280; Depolarisat. d. Raman-Linien 5974; Berechn. v. Energieniveaus u. Wellenfunkt. 18054; Elektrodenpotential 14 452; elektrolyt. Red. (Mechanismus) 2311; Einfl. auf d. Bldg. photoelektr. Ladungsträger in Anthracen 18 772; Wander.-Geschw. an Kieselsäure-Celite-*503* 10 409; katalyt. Hydrier. 15 406*; Red. 3987*, 10 815; Chlorier. 7859; Rk. mit Verb. mit 2.5-Diketopiperazin-Struktur bzw. Eisenin 11 910; inhibierender Einfl. auf d. Polymerisat.-Prozeß 3112; Inhibier. d. Polymerisat. v. Methylmethacrylat durch — 9002; Bedeut. als Substrat d. Nitroarylreduktase aus Aspergillus niger 2030; bakteriostat. Wrkg. 1278; Anwend. v. — bei Richardsons biochem. Test bei Schwangerschaft 10 159; Geschwindigk. d. Farbrk. mit NaOH in Aceton 9296.

p-**Dinitrobenzol** (F. 174,3°), UV-Absorptionsspektrum 17 346; (Konstit.-Einfl.) 15 532; IR-Spektrum d. Mol.-Verb. mit $AlBr_3$ 13 703; Absorpt.-Spektren v. — u. Mol.-Komplexen mit Dimethylanilin 9280; Berechn. v. Energieniveaus u. Wellenfunkt. 18 054; Wander-Geschw. an Kieselsäure-Celite-*503* 10 409.

2.4-Dinitrosoresorcin (F. 161° Zers.) 1962.

3-Nitropyridincarbonsäure-(2) (F. 122 bis 123°) 8248.

Pyrazin-2.3-dicarbonsäure, Rk 8986; getrennte Best. v. Chinoxalin u. — 6532.

Pyrazin-2.5-dicarbonsäure (F. 255—260°), Darst., Rk. 2358, 8986; (Ba-Salz) 4545; Rk. 17 615*, 18 329*.

Pyrazindicarbonsäure-(2.6), Deriv. 8066*.

$C_6H_4N_2O_5$ **5-[*β*-Nitrovinyl]-2-nitrofuran (1-Nitro-2-[5'-nitrofuryl]-äthylen)**, Elektrodenpotential 14 452; polarograph. Verh. 10 785.

2.4-Dinitrophenol (***α*-Dinitrophenol, DNP,** *gewöhnl.* **Dinitrophenol)** (F. 114°), Darst. 4141, 17 004; (Rk.) 10 457; (Verw. v. Deriv.) 1712*; Bldg. 15 564, 15 565; Konstit.-Einfl. auf d. UV-Spektrum, pK-Wert 1166; IR-Spektrum, Dipolmoment 3766; pK-Wert in Eisessig 9656; Löslichk. d. Cs-Salzes in nichtwss. Lsgm. 7070; Adsorpt. an Wolle 7467; Explos.-Gefährlichk. 8852; Red. 10 815; Kinetik d. Bromier. 800; Rk.: mit WCl_6 14 065; mit Divinyl-Hg 17 719; Einfl.: auf d. Synth. v. Anthranilsäureester d. *β*-Glucose 10 875; v. KCN u. — auf d. biolog. Aktivität v. Ryanodin 18 184; auf d. enzymat. Eig. v. Rattenlebermitochondrien 9751; auf d. oxydative Phosphorylier. 8288; (mit endogenen Substraten d. Mitochondrien) 3499; (frischer u. gefrorener Hirnmitochondrien) 9016; durch Rattenlebermitochondrien) 2024, 17 444; (durch Sarkome d. Schweineuterus) 12 699; Wärmebldg. im tier. Organismus bei d. Entkoppel. d. oxydativen Phosphorylier. in d. Geweben durch — 10 509; Einfl.: auf Phosphorylier. u. Atmung in Lebermitochondrien 884; auf d. enzymat. Fettsäureoxydat. durch Meerschweinchenlebermitochondrien 16 724; auf d. aerobe Oxydat. v. Succinat in Lebermitochondrien 884; auf d. Abbau v. Nucleotiden durch Lebermitochondrien 17 077; Hemm. d. —-Gär. d. Macerationssaftes durch d. Mitochondrien d. Rattenleber 10 518; Wrkg.: auf d. Red. v. Acetoacetat 10 516; (in Ggw. v. Succinat) 14 542, 17 450; auf d. enzymat. Umwandl. v. Glucose in *α*-Ketoglutarat bei Acetobacter melanogenum 1267; als Enzyminhibitor bei d. Gär. mit Aspergillus niger 16 877; auf d. Acetylcoenzym-A-Desacylase in einem Citronensäurebildenden Stamm v. Aspergillus niger 16 361; auf. d. Atmungsenzyme d. Seidenspinnerraupe während d. Diapause (neue Deut. für d. Co-Empfindlichk. d. Atmung) 16 004; Aktivier. d. Bernsteinsäuredehydrogenase durch — 1258; evtl. Aufheb. d. Repress. v. *β*-Galaktosidase in nichtwachsenden E. coli durch — 2772; Einfl.: auf Erythrocyten-Glutaminase 6820; auf d. Adenosintriphosphatase-Aktivität (v. AsO_4^{3-}) 885; (v. Mitochondrien u. submitochondriellen Teilchen) 163; (im Schwanzhomogenat v. Xenopuslarven während Wachstum u. Metamorphose) 9014; (v. Rattenlebermitochondrien) 4576; (d. Herzmitochondrien v. Meerschweinchen mit experimentell erzeugter Stauungsinsuffizienz) 18 879; Reinig. u. Eig. d. lösl., durch — stimulierten Adenosintriphosphatase 163; oxydative Phosphorylier. d. durch — aktivierten Adenosintriphosphatase in d. Lebermitochondrien diabet. Hunde 3850; Einfl.: auf d. Actomyosin-Adenosintr phosphatase aus frischem, gefrorenem u. gefriergetrocknetem Rindfleisch (Vgl.) 17 443; auf d. Succinat-Tetrazoliumreduktase u. Adenosintriphosphatase d. Mitochondrien d. Muskels 6813; auf d. Phosphofructokinase-Rk. im perfundierten Rattenherzen 17 444; auf d. Xanthinoxydase 14 543; auf d. Entfalt. d. Poliovirus in HeLa-Zellen 12 342; auf d. Adapt. v. einem Corynebacterium-erythrogenes-Stamm u. d. Oxydat. v. Intermediärverb. d. Tricarbonsäurecyclus 18 886; auf d. Eintritt u. d. Akkumulat. v. Galaktose in E. coli 17 801; auf d. H_2-Aufnahme durch Hydrogenomonas in Abwesenh. v. CO_2 15 279; auf d. Oxydat. v. Hexadecan durch einen Pseudomonaden 4588; auf eine mit Nitratred. gekuppelte Phosphorylier. in einem zellfreien Extrakt v. Pseudomonas aeruginosa 18 501; auf d. Einbau v. markiertem Phosphat in d. Phospholipide d. Affen-Tuberkelbacillus 3502; bakteriostat. Wrkg. 1278; Mechanismus d. Synth. u. d. Ausnutz. d. Polyphosphate in Hefe in Ggw. v. — 14 914; Wrkg.: auf d. Glucose-Stoffwechsel in Bäckerhefe 2409; auf d. Produkt. v. pentosehalt. Polysacchariden durch Torulopsis flavescens 5712; d. Hydroxylier. v. Steroiden durch Pilze d. Gatt. Curvularia 14 913; auf d. Biosynth. v. Benzylpenicillin durch Mycelsuspens. v. Penicillium chrysogenum 9767; Verhältnis d. Germinationsselbsthemm. zum oxydativen Stoffwechsel d. Uredosporen v. Rostpilzen in Ggw. v. — 4966 [2 Ref.]; Anwend. beim Studium d. Vernalisationsphysiologie 6833; Problem d. Kernaktivität bei durch — gesenktem Zellstoffwechsel 14 924; transmembrane Potentialmessungen an Zellen höherer Pflanzen in Bezieh. zur Aufnahme v. — 10 149; Einfl.: auf d. Oxydat. v. L-Glutaminsäure in Pflanzenmitochondrien 17 447; auf Adsorpt.-, Austausch- u. Transporterschein. v. Ionen in Pektocellulosegeweben 17 812; auf Aufnahme u. Stoffwechsel v. Sulfat durch Chlorella (Sulfatanreicher. u. akt. Sulfat) 10 523; Entkoppeln d. Phosphorylier. bei Chlorella durch — 9015; Spaltungsstoffwechsel v. anaerob keimfäh. Gramineensamen in Ggw. v. — 18 517; Einfl.: auf d. Phosphatstoffwechsel d. Avena-Koleoptile 9775; auf d. Rb-Akkumulat. in d. Gerste 4973; auf d. Phosphorylier. durch Gerstenwurzelmitochondrien 15 268; auf d. Cyanid-Hemm. d. O_2-Aufnahme im Gewebe v. Weizenwurzeln 5725; auf d. Glucose-Abbau in Maiswurzeln 18 154; auf d. Zuckeranreicher. in Gewebeschnitten v. Zuckerrohr 9773; auf Atmung u. a. Stoffwechselwerte v. Karottenscheiben 6811; Biosynth. d. Serinäthanolaminphosphorsäurediesters in Ggw. v. — 15 306; Einfl. auf d. Energie- u. Elektronenübertrag.-Rk. in Mitochondrien 2027; Bezieh. zwischen Temp. u. Wrkg. v. — auf d. Anschwellen isolierter Mitochondrien 6437; Abnahme d. Phosphor-Sauerstoff-Verhältnisses durch — in vivo 7556; Bedeut. d. Bilanz d. energiereichen Verb. für d. Tätigk. d. Atemzentrums bei —-Vergift. 9804; Einfl. auf d. Wrkg. v. Adenosintriphosphat auf d. Atmungskette (in atmenden Mitochondrien) 11 963; (in atmungsgehemmten Mitochondrien) 11 964; O_2-Elektrode zur Mess. d. Atmung v. Gewebeschnitten unter Einw. v. — 11 951; Einfl.: auf d. Desaminier. v. Aminosäuren u. d. Glucosehemm. d. endogenen Atmung 14 546; v. 2-Aminoäthylisothiuroniumhydrobromid u. v. Hydrochinon auf d. durch — bewirkte Zunahme d. O_2-Verbrauchs bei d. Ratte 15 313; auf d. Einbau v. ^{14}C aus $NaH^{14}CO_3$ in d. lösl. Stoffwechselintermediärsubstanzen d. tier. Gewebes 9765; auf d. Verwert.-Geschw. v. Glucose 4222; auf d. Stoffwechsel v. ^{14}C-Glucose u. $^{14}C_{(2)}$-Acetat in isolierten Rattengeweben 11 965; auf d. Einbau v. ^{14}C aus markiertem Pyruvat in d. lösl. Zwischenprod. d. Stoffwechsels v. isoliertem Rattengewebe 2410; auf d. J-Stoffwechsel 14 205; auf d. Gewebe-Konz. jodhalt. Verb. bei intakten Ratten im Isotopengleichgew. 11 621; auf d. Hemm. d. mitochondrialen ^{32}P-Orthophosphat-Adenosin-5'-triphosphat-Austauschs durch Biguanide 18 905; Verteil. v. gelösten —-Deriv. v. Proteinen zwischen Pufferlsg. u. Hyaluronsäure enthaltenden Lsg. 9400; Induzier. v. aerober Glykolyse bei d. lymphat. Zellen in vitro durch — 16 749; Wrkg.: auf Säuretiernerven 4998; auf d. Membranpotential d. markhalt. Nervenfaser 5749; auf d. Austausch v. Na-Ionen im Zentralnervensyst. eines Insekts (Periplaneta americana L.) 8696; auf d. Beweg. v. Na-Ionen im isolierten abdominalen Nervenstrang d. Schabe Periplaneta americana 9052; auf d. Elektroretinogramm v. Kopffüßlern 7233; auf d. Einbau v. ^{14}C-Glycin u. DL-Glutaminsäure in d. Protein durch Rattenhirn 3139; auf d. Aufnahme v. Tyrosin in vitro durch Rattenhirn 16 721; auf d. Stoffwechsel d. Sulfatiden in Hirngeweben 17 441; auf d. Verlänger. d. Überlebenszeit d. Gehirns durch Na-4-Hydroxybutyrat unter asphykt. Anoxie beim Kaninchen 15 679; auf d. aerobe Glykolysehemm. v. Rattenhirnmitochondrien 503; auf d. Einschluß v. ^{14}C-Glycin in d. Eiweißstoffe d. cavernösen Fl. d. Seidenspinners 9790; auf d. Geh. v. K im Blut 6491; Verh. d. Rk. S-P-Vanillin im Plasma d. Kaninchens vor u. nach Behandl. mit — 10 538; Einfl.: auf Atmung u. NH_3-Bldg. bei d. Erythrocyten-Reif. 13 102; auf d. Häm-Synth. in d. lösl. Präp. aus Vogelerythrocyten 12 733; auf d. Phosphorsäureester u. d. $^{32}PO_4$-Turnover in Menschen- u. Tauben-Erythrocyten 11 596; auf d. Aufnahme v. markierten Schilddrüsenhormonen durch Erythrocyten u. Rattenzwerchfell 11 621; auf d. Veratmung v. Substraten d. Citronensäurecyclus durch Kaninchen-Reticulocyten u. Hühner-Erythrocyten 15 266; auf d. Wrkg. v. Glutamin, Glutaminsäure u. α-Ketoglutarsäure auf d. O_2-Aufnahme v. Kaninchenreticulocyten 6849; auf d. Substratverbrenn. in Kaninchen-Reticulocyten 12 330; auf d. Hämoglobin-Synth. v. Hundereticulocyten 13 457; Glucose-Hemm. d. Atmung v. Reticulocyten in Ggw. v. — 17 079; Wrkg.: v. Glucose u. Inosit auf d. Oxalacetatabbau unter d. Einfl. v. — in Kaninchen-Reticulocyten 15 269; auf glycerinextrahierte, mittels Relaxat.-Faktor entspannte Muskelfaser 17 129; auf d. durch Physostigmin bewirkte Hemm. d. durch K im Muskel induzierten erhöhten O_2-Verbrauchs 5331; auf d. Permeabilität v. D-Xylose im Rattendiaphragma-Muskel 6475; anaerobe Glykolyse d. Zwerchfellmuskels d. Meerschweinchen bei Fieber durch — 208; (u. durch Bakterienlipopolysaccharid) 11 998; Wrkg.: auf d. Atmung u. Phosphorylier. bei Mitochondrien d. menschl. Skelettmuskels 4192; auf d. Aufnahme freier Fettsäuren durch d. Skelettmuskel 14 224; auf d. isolierte Katzenherz 14 599; auf d. O_2-Aufnahme durch d. durchströmte Rattenherz 9422; Herzstoffwechsel u. Coronardurchblut. bes. bei —-Vergift. 17 119; Luciani-Perioden an mit — vergifteten Froschherzen 14 938; Mechanismus d. Herzversagens nach — am Herz-Lunge-Präp. d. Hundes u. d. Wrkg. sympathomimet. Amine darauf 4246; Einfl.: auf menschl. Embryoleber in Gewebekultur 6121; auf d. Schwell. v. Lebermitochondrien bei Einw. v. Succinat u. Adeninnucleotiden 9751; auf d. ^{32}P-Einbau in Phosphoenolbrenztraubensäure u. Adenosintriphosphat durch d. Mitochondrien d. Rattenleber 13 074; Aufnahme v. ^{32}P durch Leber u. Muskel vor, während u. nach —-induziertem Fieberanfall 17 790; Pyridinnucleotid-Verteil. in Leber u. Muskel v. mit — behandelten Meerschweinchen 9051; Einfl.: auf d. p-Aminohippursäure-Inkorporat. in Nierenschnitte in vitro 7568; auf d. Akkumulat. v. K unter anaeroben Beding. durch Nierenmarkschnitte 10 546; auf d. W.- u. Proteinbeweg. durch d. Darm 15 674; auf d. Transport v. Vitamin A durch d. menschl. Darm in vitro 11 631; auf d. Aufnahme v. Fettsäure durch d. Darmschleimhaut in vitro 13 109; auf d. Aufnahme v. Aminosäuren durch isolierte Abschnitte d. Rattendarmes 6821; auf d. Durchtritt v. α-Aminoisobuttersäure durch d. Darm 17 478; auf d. in vitro-Resorpt. v. Gallensalzen durch d. Dünndarm v. Ratten u. Meerschweinchen 16 041; auf d. Aktivität d. Bindegewebes 10 550; auf d. durch Calciferol induzierte Calcifizier. v. bestimmten Geweben 4611; auf d. akt. Na-Transport durch d. Froschhaut 14 945; auf d. Durchlässigk. v. Blutcapillaren d. Kaninchenhaut für koll. Au 18 921; Hauttest. mit —-Deriv. v. nicht offensichtl. Immunogenität 16 029; Strahlenschutz d. Haut d. Ratte durch — 9802; Wrkg.: auf d. Linse d. Küken-Embryos 7610; auf d. Wachstumshormongeh. d. Hypophyse nach Thyreoidektomie 3870; auf d. ^{14}C-Glucoseeinbau in Charoninschwefelsäuren durch Schleimdrüsenschnitte v. Charonia lampas 6492; auf d. O_2-Verbrauch u. d. Geh. an energiereichen

C_6H_5 Phenyl s. unter *Radikale* (*Spezielle Radikale*).

$C_6H_5Al_2Cl_8Ti$ Komplex $C_6H_5Al_2Cl_8Ti$, Bldg., Erkennen v. $Al_2Ti(III)Cl_8(C_6H_5)$ als $Al_2 \cdot Ti(II)Cl_8(C_6H_6)$ 3750.

$C_6H_5AsCl_2O$ Dichlorarsenigsäurephenylester (Kp.$_3$ 130—134°) 4885.

$C_6H_5AsJ_2$ Dijodphenylarsin, Rk. 3432.

$C_6H_5BBr_2O$ Borsäurephenylesterdibromid 16 653.

$C_6H_5BCl_2$ Phenyldichlorboran (Phenylbordichlorid) (Kp.$_{40}$ 86—88°), Darst. (Rk.) 8419*; (Addukt-Bldg. mit p-Phenylendiamin) 13 765; chem. u. spektroskop. Unters. über d. Vorliegen v. π-Charakter in C—B-Bindungen 1177; Bromier. 2335; Rk.: mit Aminen 8616; mit 1.8-Diaminonaphthalin 8618; mit organ. Phosphinen 10 435; mit $C_6H_5PH_2$ 8088*; mit $[(CH_3)_3 \cdot Si]_2PC_6H_5$ 14 437; mit Acyloinen bzw. α-Hydroxysäureestern 15 209.

$C_6H_5BF_2$ Phenylbordifluorid, chem. u. spektroskop. Unters über d. Vorliegen v. π-Charakter i. d. C—B-Bind. 1177.

$C_6H_5BJ_2$ Phenylbordijodid 8419*.

C_6H_5BO Phenylboronsäureanhydrid (F. 216°), Darst., Rk. 10 434; Rk. 8616; Verw. 1473*.

C_6H_5Br Brombenzol (Kp. 156,1°), Bldg. 2715, 8575, 11 519, 18 076; neue Bezieh. zwischen d. physikal. Konst. v. — 3402; Konstit. u. Raumgruppe v. —-Einkristallen 18 780; Massenspektrum 14 815; Quadrupolresonanzfrequenzen 14 080; Einfl. d. π-Komplexbldg. v. — mit gelöstem J_2 auf d. sichtbare u. UV-Spektrum v. J_2 3761; IR-Spektrum 10 352; Konstit.-Einfl. auf d. IR-Intensitäten 14 811; Einfl. d. Temp. auf d. IR-Absorpt. v. — im Gebiet d. C-H-Valenzschwing. 16 624; Frequenz u. Intensität d. Absorptionsbanden im Gebiet d. ν(C-H$_{aromat.}$) 15 535; Näher.-Meth. für d. dielektr. Mess. im Bereich d. Zentimeter-Wellen 10 404; Lsgm.-Einfl. auf d. relative Lage d. Ringprotonenresonanzlinien v. — 10 033; Berechn. d. Energieniveaus u. Wellenfunkt. 11 500; spektroskop. Best. thermodynam. Daten d. Komplex-Bldg. mit J 1181; Bindungsberechn. 12 237; mol. Kerr-Konst. 8197; Einfl. d. Substituentengruppe auf d. Ionisationspotential 18 061; dielektr. Relaxat. u. freies Vol. 16 266; dielektr. Eig. v. Tetra-n-butyl-ammoniumpikrat, -bromid u. -tetraphenylborat in — 19; Temp.-Abhängigk. d. komplexen DK d. — bei 11,5 cm 18 061; relative chem. C- bzw. H-Verschieb. 9286; Thermodynamik d. Syst. —-Chlorbenzol 7095; Bezieh. zwischen Druck, Temp. u. Dichte 12 235; Temp.-Abhängigk. d. inneren Drucks 14 082; Dampf-Fl.-Gleichgew. im Syst. —-Cyclohexanol bei Drücken unterhalb Atmosphärendruck 437; Gleichgew.-Eig. v. Mischungen aus Bzl. u. — 2684; Berechn d. Parachors 6346; Oberflächenspann. v. J_2-Lsg. in — 10 790; Fallgeschwindigk. v. —-Tropfen durch ruhende fl. Phasen 13 519; Löslichk. d. J in —, thermodynam. Daten d. Komplex-Bldg. 10 790; Positronium-Bldg. 13 333; Vers. d. Saytzeff-Rk. 11 526; Hydrogenolyse (Mechanismus) 18 074; Sulfonier. v. ^{14}C-— 10 792; Rk.: mit Li 7076, 7077; mit Li_3Sb 7329*; mit n-Butyl-Li u. N.N-Dimethylformamid bzw. N.N-Dimethylacetamid 10 058; mit $LiN(C_6H_5)_2$ u. Li 9269; mit Mg in verschied. KW-Stoffen 18 761; mit $Ni(CO)_4$ u. Perfluorbutyrylchlorid 4876; Chlorier. mit Antimonpentachlorid (Mechanismus) 4131; Rk.: mit Phenylphosphindilithium 16 293; mit d. Anion v. 1-Silacyclopentadien-(2.4) 13 711; Alkylier. 3063; Rk.: mit $CHCl_3$ 12 613; mit α-Picolin 6874*; mit Methylpyrazin 18 469; Phenylier. 18 801; (Kinetik) 5619; Rk.: mit Cyclohexanol 6387; mit 1-Phenyl-2.2.2-trichloräthanol 14 121; Substitut.-Rk. mit C_2H_5ONa (Kinetik) 4489; Austausch d. Phenyl-Restes v. markiertem — mit Phenyl-HgBr 3047 Rk.: mit Dimethylphthalid 17 025; mit Trifluoracetylcarbäthoxycarben 95; mit Oxalsäuremonochlordiäthylester 11 887; mit Lävulinsäureäthylester 798; mit Bernsteinsäureanhydrid 6752; mit Phthalsäureanhydrid 5857*; mit Acetylchlorid 16 652; mit Lävulinsäurechlorid 3443; mit Formaniliden 13 948*; mit 5-Methoxy-2.4-dimethylacetanilid 11 167; mit p-Toluolsulfonsäurehexylester 10 070; Oxydat.-Mechanismus v. Styrol in — 12 613; — als Katalysator für d. strahlungsinduzierte Polymerisat. v. Styrol 13 788; enzymat. Konjugat. v — mit Glutathion 3506; Stimulier. d. Ausscheid. v. Ascorbinsäure durch — 1300; Vitamin-A-Haushalt d. Organismus im Verlauf d. —-Vergift. 14 216; Leberschutzwrkg. v. Cystein, Homocysteinthiolacton u. Acetylhomocysteinthiolacton gegen — (Vgl.) 5381; Verw. zur Reinig. v. Chlorpromazin 16 848*; gaschromatograph. Identifizier. 10 585.

C_6H_5BrClN 2-Brom-4-chloranilin 14 113.
4-Brom-2-chloranilin, Darst. 14 113; Rk. 11 535.

$C_6H_5BrF_4$ x-Brom-3-äthyl-1.1.2.2-tetrafluorcyclobuten (Kp.$_{50}$ 73—74°) 1591.

$C_6H_5BrF_6O_2$ α-Bromperfluorisobuttersäureäthylester (Kp.$_{65}$ 63—65°) 11 155.

C_6H_5BrHg Phenylquecksilberbromid (Phenylmercuribromid) (F. 280°), Darst. 102; Bldg. 10 384; Austausch d. Phenyl-Restes v. — mit markiertem Brombenzol 3047.

$C_6H_5BrHgO_2S$ 2-Brom-5-acetoxymercurithiophen (F. 134—135°) 9697.

C_6H_5BrMg Hexadiin-(1.3)-yl-(1)-magnesiumbromid, Rk. 15 562.
Phenylmagnesiumbromid, Darst. 18 761; Solvatat. in äther. Lsg. (IR-spektroskop. Unters.) 15 846; Rk.: mit D_2O 10 797; mit $MnCl_2$ 3386; mit MnJ_2 2667; mit $PbBr_2$ 7079; mit $TiCl_4$ bzw. mit Bis-[methylcyclopentadienyl]-Mn u. $MnCl_2$ 7700*; mit $^{14}CO_2$ 8938; v. —-Deriv. mit Hexin-(1) (Geschw.-Konst.) 3408; mit 2-Chloro-2.5.5-trimethylhexin-(3) 779; mit Heptafluor-2-jodpropan 1187; Vers. d. Austausches d. Phenyl-Restes v. — mit markiertem Benzol bzw. Jodbenzol 3047; Rk.: mit Polyphenylen 11 544; mit Azulenen 13 744; mit Fluoren-Deriv. 8964; mit 3α-Chlortropan 11 200; mit Chinaldin, Pyridin bzw. Picolinen 15 212; mit 3.3-Pentamethylendiazirin 4901; mit Äthylendiamin bzw. N-Methyläthylenimin 837; mit Diaziden 1589; mit m-Tolylphenylcarbinol 4869; mit 2-Methyl-4-cyclohexylcyclohexanol 15 200; mit 2-Hydroxy-3-chlortetrahydropyran bzw. 5-Phenylpentanol-(1)-on-(5) 16 999; mit Allyläthern 14 466; mit [m-Methoxyphenyl]-diphenylmethylchlorid 3792; mit Bis-[3.6.9-trimethyl-10.9-borazaroanthryl-(10)]-äther 474; mit 5-Äthoxymethyl-3-chlorcyclopenten 15 571; mit Propylenoxid 10 794; mit 5α.6α-Oxidosteroiden-3.20-bis-cycloäthylenketalen 10 851; mit Borazolen 8067*; mit 10-Chlor-10.9-boroxaphenanthren 13 763; mit BCl_3 bzw. Äthoxybordichlorid u. Borsäuretributylester 13 370; mit Dialkyl- bzw. Diarylaminodichlorboranen 10 434; mit Borsäureestern 14 836; mit Vinyltrichlorsilan bzw. Triphenyl-1.2-epoxyäthylsilan 2710; mit 1.1-Dichlorsilacyclopentadien 2729; mit Bis-[dichlorphosphinyl]-methan 3785; mit Cyclohexyldichlorphosphin 1208; mit p-Methoxyphenyl-

Brommethyl-[furyl-(2)]-keton (F. 33—34°) 18 106.
Methyl-[5-bromfuryl-(2)]-keton, Rk. 9899*.
$C_6H_5BrO_2S$ **5-Bromthiophencarbonsäure-(2)-methylester** (F. 60—62°) 9697.
$C_6H_5BrO_3$ **6-Brom-α-desoxykojisäure** (F. 181 bis 183°), Verh. gegen Acrylnitril 5290.
$C_6H_5BrO_3S$ ***p*(4)-Brombenzolsulfonsäure**, Bezieh. zwischen Struktur u. Stabilität d. Komplexe mit Cd 46; Kinetik d. Acetolyse v. —-Estern 85.
C_6H_5BrPb **Phenylblei(II)-bromid**, Bldg. 7079; Rk. 16 247.
C_6H_5BrS ***o*(2)-Bromthiophenol**, Rk. 4263*, 4526, 12 022*.
$C_6H_5Br_2N$ **2.4-Dibromanilin** 14 113.
2.5-Dibromanilin, Rk. 17 003, 17 004.
2.6-Dibromanilin, Konstit.-Einfl. auf d. IR-Spektrum 14 812; Rk. 17 003.
3.4-Dibromanilin, Rk. 17 003.
$C_6H_5Br_2NO$ **3.5-Dibrom-2-hydroxyanilin**, Rk. 1965.
3.5-Dibrom-4-hydroxyanilin, Rk. 11 536.
3.5-Dibrom-1-methylpyridon-(2) (F. 185 bis 187°) 10 093.
3.5-Dibrom-4-methylpyridon-(2) (F. 196 bis 197°) 10 093.
$C_6H_5Br_2NO_3S$ **4-Amino-3.5-dibrombenzolsulfonsäure**, Rk. d. Diazoniumsalzes 2084*.
$C_6H_5Br_2N_3O_2$ **3.4-Dibrom-6-nitrophenlhydrazin** (F. 204°) 16 291.
$C_6H_5Br_2OP$ **Phosphorigsäurephenylesterdibromid** ($Kp._{11}$ 120—130°) 16 653.
$C_6H_5Br_3OSi$ **Phenoxytribromsilan** ($Kp._{260}$ 207 bis 209°) 7444.
C_6H_5CaJ **Phenylcalciumjodid**, Rk. 9921*.
C_6H_5Cl **Chlorbenzol** (Kp. 130—132°), Darst. 3067, 7859, 9517*; Bldg. 145, 5219, 5617, 8575, 13 352, 14 836, 16 649, 17 722; (Geschw.) 5245; neue Bezieh. zwischen d. physikal. Konst. v. — 3402; Konstit. u. Raumgruppe v. Einkristallen v. — 18 780; Absorpt. u. Emissionsspektren u. Rk. bei elektr. Entlad. 5977; Frequenz u. Intensität d. Absorptionsbanden im Gebiet d. $\nu(C\text{-}H_{aromat})$. 15 535; Temp.-Effekt auf d. UV-Spektrum 12 595; Einfl. d. π-Komplexbldg. mit gelöstem J_2 auf d. sichtbare u. UV-Spektrum v. J_2 3761; IR-Spektrum 10 352; Konstit.-Einfl. auf d. IR-Intensitäten 14 811; Einfl. d. Temp. auf d. IR-Absorpt. v. — im Gebiet d. C-H-Valenzschwing. 16 624; Obertonlinien im Raman-Spektrum 1549; Spektrum in d. Glimmentlad. 1934; Sonoluminescenzintensität 12 601; Massenspektrum 14 814; Bestrahl. v. —-Gemischen mit Neutronen 11 519; Positronium-Bldg. 13 333; Lsg.-Einfl. auf d. relative Lage d. Ringprotonenresonanzlinien 10 033; Berechn. d. Energieniveaus u. Wellenfunkt. 11 500; Glimmentlad. in —-Dämpfen 10 032; Kerr-Konst. u. Dipolmoment 16 259; Bindungsberechn. 12 237; dielektr. Relaxat. 13 338; (Temp.-Abhängigk.) 13 705; (u. freies Vol.) 16 266; Näher.-Meth. für d. dielektr. Mess. im Bereich d. Zentimeter-Wellen 10 404; Temp.-Abhängigk. d. komplexen DK d. — bei 11,5 cm 18 061; dielektr. Eig. v. Tetra-n-butyl-ammoniumpikrat, -bromid u. -tetraphenylborat in — 19; Einfl. d. Substituentengruppe auf d. Ionisationspotential 18 061; relative chem. C- bzw. H-Verschieb. v. — u. D-— 9286; Bezieh. zwischen Druck, Temp. u. Dichte 12 235; Temp.-Abhängigk. d. inneren Drucks 14 082; spektroskop. Best. thermodynam. Daten d. Komplexbldg. mit J 1181; Thermodynamik d. Syst. —-Brombenzol 7095; Berechn. d. Parachors 6346; Oberflächenspann v. J_2-Lsg. in — 10 790; Viscosität in CCl_4 3398; Fallgeschwindigk. v. —-Tropfen durch ruhende fl. Phasen 13 519; micellare Dispers. v. α-Monoglyceriden in Bzl. u. — 12 236; Löslichk. d. J_2 in —, thermodynam. Daten d. Komplex-Bldg. 10 790; Löslichk. v. $UCl_5 \cdot PCl_5$ in — 12 220; Metallextrakt. mit TTA in — 14 057; Extrakt. v. Metall-Verb. mit Di-n-butylarsinsäure aus wss. Lsg. in — 7442; Effekt v. Aminen auf d. katalyt. Hydrier. v. — (Kinetik) 14 098; Chlorier. mit $SbCl_5$ (Mechanismus) 4131; Perchlorylier. (Bldg. v. Dehydrobenzol-Zwischenstoffen aus —) 1184; Hydrolyse u. Rk. mit α-Halogencarbonsäuren 15 025*; Dampfphasenhydrolyse 12 099*; Verseif. mit NaOH 7689; Rk.: mit Hydroxylamin-O-sulfonsäure (Geschw.-Konst.) 460; mit Mg in verschied. KW-Stoffen 18 761; mit $CrCl_3$, Al, $AlCl_3$ u. aromat. Verb. (Komplex-Bldg.) 18 398; Komplex-Bldg. mit $Cr(CO)_6$ 2296; Rk.: mit Dichlorsilan 16 291; mit Trichlorsilan 13 732; (u. Siliciumhydriden) 12 613; mit CS_2 + Silanen 8584; Alkylier. 3063; theoret. Unters. über d. Mechanismus d. aromat. Substitut. v. — 9296; Phenylier. (Kinetik) 5619; p-Methylphenylier. 12 241; Verh. gegen Azulene 116; Rk.: mit α-Chlormethylnaphthalin 6395; mit 1-[p-Bromphenyl]-2.2.2-trichloräthanol 14 121; mit Cyclohexanol 6387; mit $(C_2H_5)_3B$ u. Na 2663; mit Vinylmethyldichlorsilan 14 479; mit Alkyldichlorsilanen 12 638; mit Triarylsilanen 10 435; mit Triphenylsilyllithium (Mechanismus) 18 428; mit D-Glucose 16 139*; mit Ketonen 3986*; mit 2-Phenyl-4-benzyliden-4H-oxazolon-(5) 105; mit 4-Chlorbenzylcyanid 15 201; mit 1.2.3.4.5.6.7.8-Oktahydroanthracen-9-carbonsäure 17 926*; mit Trifluoracetylcarbäthoxycarben 95; mit Bernsteinsäureanhydrid 6752; mit Methylbernsteinsäureanhydrid 7861; mit Phthalsäureanhydrid 5857*; mit 4.5-Dichlorphthalsäureanhydrid 5857*; mit Benzoylperoxid 5618; mit Acetylchlorid 16 651, 16 652; mit Isobutyrylchlorid 9696; mit Isonicotinsäurechloridhydrochlorid 5769*; mit p-Toluolsulfonsäure 2172*; mit p-Toluolsulfonsäurehexylester 10 070; mit Halogenbenzolsulfohalogeniden 17 925*; mit Toluol-α-sulfonsäuredibenzylamid 7123; mit Glucuronsäurelacton 16 849*; Einfl.: auf d. Kinetik d. Chlorier. v. Benzol, Toluol, tert. Butylbenzol u. p-Xylol 10 792; als Lsgm. auf d. Rk.-Fähigk. v. Carbonsäuren u. Percarbonsäuren (kinet. Unters.) 11 146; auf d. Pyrolyse v. Chlordifluormethan 18 277*; als Lsgm. auf d. Synth. v. N-Phenylchinaldiniumperchlorat 17 395; als Lsgm. auf d. Viscosität v. Polyäthylen, Polyvinylchlorid u. Perchlorvinyl 3472; Benzyloxyl-Radikale bei Pyrolysen v. Benzylnitrit in — 3773; therm. Zers. v. Cyclohexylnitrit in — 12 245; — als Katalysator für d. strahlungsinduzierte Polymerisat. v. Styrol 13 788; Verw.: als Quellmittel bei d. Herst. v. Kationenselektivmembranen 16 795*; zur Verbesser. d. Vernetz. v. Polyäthylen u. dgl. durch Bestrahl. 12 476*; zur Verbesser. v. Celluloseacetatfolien 8433*; zum Entfernen v. Essigsäure aus ihren Gemischen mit N.N-Dimethylacetamid durch azeotrope Dest. 12 832*; zur Reinig. v. U-Salzen 6923*; zur Reinig. v. Chlorpromazin 16 848*; in Mitteln gegen d. Fußfäule d. Schafe 9083*; als Carrier 9158; gaschromatograph. Trenn. 6530; gaschromatograph. Identifizier. 10 585.
C_6H_5ClFN **3-Chlor-4-fluoranilin** (F. 46°) 7859.
$C_6H_5ClFOPS$ **Chlorfluorthiophosphorsäure-*O*-phenylester** ($Kp._5$ 60,5—61°) 1569.
$C_6H_5ClF_3N$ ***N*-[1.1.2-Trifluor-2-chloräthyl]-pyrrol** ($Kp._{100}$ 75°) 9519*.
$C_6H_5ClF_3N_3$ **4-Amino-5-chlormethyl-2-trifluormethylpyrimidin** (F. 191—192°) 3827.

C_6H_5ClHg **Phenylquecksilberchlorid (Phenylmercurichlorid)** (F. 260°), Darst. 102; R_F-Wert 12 407; Rk. 10 012; fungicide Aktivität 12 340; Verteil. v. ^{203}Hg-— im Gewebe d. jungen Nelke nach Verw. als Samenbeizmittel 12 346; Hemm. d. Furcatin-hydrolysierenden Glykosidase aus Viburnum furcatum Blume durch — 16 364; Verw.: in *Aaventa* als Fungicid 12 804; in Fungicid, Bakterieid u. Algicid 14 665*; zur Bekämpf. v. Birnenschorf 18 607.

$C_6H_5ClHgN_4S$ **6-Methylmercaptochlormercuripurin,** Rk. 2463*.

C_6H_5ClHgO ***o*-Chlormercuriphenol,** R_F-Wert 12 407.

***p*-Chlormercuriphenol,** R_F-Wert 12 407.

x-Chlorphenylmercurihydroxid s. *Schädlingsbekämpfung-Spezialmittel (Semesan-Bel).*

$C_6H_5ClHgO_3S$ ***p*-Chlormercuribenzolsulfonsäure,** Rk. mit normalem Erwachsenenhämoglobin 16 386.

C_6H_5ClMg **Phenylmagnesiumchlorid,** Darst. 1405*; (v. Komplexen mit O-Heterocyclen) 11 361*; (d. Tetrahydrofuran-Komplexes) 11 361*; (Rk.) 8781*; Rk.: mit O, S, Se oder Te bzw. solche enthaltenden Verb. 7691*; mit organ. Halogeniden, Sulfonaten, Sulfaten, α- oder β-Halogenestern 7322*; mit Äthylenoxid 19 005*; d. Tetrahydrofuran-Komplexes mit Trioxymethylen 7327*; mit β-Cyanäthyltrichlorsilan 10 065.

$C_6H_5ClN_2$ **Pyridin-2-aldehydchlorimin** (F. 54° Zers.) 3092.

Pyridin-3-aldehydchlorimin (F. 51—52° Zers.) 3092.

Pyridin-4-aldehydchlorimin (F. 104°, Zers. bei 175°) 3092.

$C_6H_5ClN_2O$ **2-Chlornicotinamid,** Wrkg. auf d. antileukäm. Aktivität v. 2-Amino-1.3.4-thiadiazol 10 504.

Isonicotinhydroximsäurechlorid (F. 139 bis 141,5° Zers.) 5667.

$C_6H_5ClN_2OS$ ***o*-Chlorphenylthionylhydrazin** (F. 42°) 15 936.

$C_6H_5ClN_2O_2$ **2-Chlor-3-nitro-γ-picolin** 17 396.

2-Chlor-5-nitro-γ-picolin 17 396.

2-Nitro-3-chloranilin (F. 108—108,5° korr.), Darst., Analyse d. ν(NH) 431.

4-Chlor-2-nitroanilin, Bldg. 14 825; pK-Wert 15 539; Rk. 1995, 4152, 6764; Antifungusaktivität 17 805; Verw. 9161*.

5-Chlor-2-nitroanilin 4152.

2-Nitro-6-chloranilin (F. 73,5—74° korr.), Analyse d. ν(NH) 431.

4-Chlor-3-nitroanilin, Rk. 7089.

2-Chlor-4-nitroanilin (1-Amino-2-chlor-4-nitrobenzol), Rk. 6764, 10 063; Antifungusaktivität 17 805; Verw. 1805*, 2240*, 13 586*.

6-Chlorcarbonyl-2-methylpyridazinon-(3) (F. 116°) 8612.

$C_6H_5ClN_2O_2S$ **[3-Chlorpyridazinyl-(6)-mercapto]-essigsäure** (Zers. bei 136°) 5446*.

2-Methylmercapto-5-chlorpyrimidin-4-carbonsäure (F. 169—170°) 7626*.

$C_6H_5ClN_2O_3$ **2-Amino-1-hydroxy-4-chlor-6-nitrobenzol,** Verw. 5858*, 13 956*.

[3-Chlorpyridazinyl-(6)-oxy]-essigsäure (Zers. 145°) 5446*, 13 027.

3-Chlorpyridazon-(6)-yl-(1)-essigsäure (F. 220°) 13 027.

$C_6H_5ClN_2O_4S$ **2-Nitro-4-chlorbenzolsulfamid,** Rk. 15 697*.

5-Chlor-2-nitrobenzolsulfonamid (F. 159 bis 160°) 18 471.

3-Nitro-4-chlorbenzolsulfonamid, Rk. 16 320.

$C_6H_5ClN_4$ **5-Chlor-7-methyl-*symm.*-triazolo-[4.3:*a*]-pyrimidin** (F. 154—155°) 6414.

5-Chlor-7-methyl-*symm.*-triazolo-[4.3:*c*]-pyrimidin 1715*.

1-Methyl-4-chlorpyrazolo-[3.4:*d*]-pyrimidin, Rk. 2736.

2-Methyl-6-chlorpurin (F. 206—207° Zers.), Darst. 13 580*; Rk. 10 462.

6-Chlor-7-methylpurin, Rk. 2736.

6-Chlor-8-methylpurin (F. 225—227° Zers., korr.) 10 463.

9-Methyl-6-chlorpurin, Rk. 16 318.

$C_6H_5ClN_4O$ **1-Methyl-6-hydroxy-3-chlorpyrazolo-[3.4:*d*]-pyrimidin** (F. 320° Zers.) 17 760.

6-Chlor-4-hydroxy-1-methylpyrazolo-[3.4:*d*]-pyrimidin, Rk. 135.

$C_6H_5ClN_4O_4$ **3-Chlor-4.6-dinitrophenylhydrazin (5-Chlor-2.4-dinitrophenylhydrazin)** (F.198°), Darst. 7862; (Rk.) 16 308; Rk. 6138*.

$C_6H_5ClN_4S$ **6-Methylmercapto-3-chlorpyrazolo-[3.4:*d*]-pyrimidin** (F. 234—235°) 17 760.

$C_6H_5ClN_6$ **2-Chlor-4.8-diaminopyrimido-[5.4:*d*]-pyrimidin** 2361.

C_6H_5ClO ***o*(2)-Chlorphenol** (Kp. 176°), Darst. 12 632; Bldg. 15 547; Ultrarotspektren in — 14 077; IR-Spektrum, Dipolmoment 3766; Best. d. Assoziat.-Konst. für d. Dimeren-Bldg. aus d. UV-Spektrum 12 595; spektroskop. Unters. d. freien Hydroxyl-Valenzschwing. 7091; Desassoziat. v. — in „inerten" Lsgm. durch kernmagnet. Resonanz 16 977; dielektr. Relaxat. 14 080; Bezieh. zwischen Halbstufenpotential u. Substitut 17 701; Konstit.-Einfl. auf d. pK-Wert 2310; Einfl. d. Substituentengruppen auf d. Ionisationspotential 18 061; Parachor 8204; gaschromatograph. Retentionszeit 7270; photochem. Rk. d. Lsg. v. — 10 421; Rk. mit Chlorsulfonsäure 1709*, 5766*, 13 573*; Orientier. bei d. Konkurrenz-Rk. mit Triphenylmethylchlorid bzw. -perchlorat im Syst. —/o-Chloranilin 16 991; Rk.: mit 3-Piperidino-1.2-epoxypropan 3189*; mit Ketonen in Ggw. v. Kationenaustauscherharzen 7330*; mit Cyclohexanon 14 327*, 15 407*; Vers. d. Rk. mit α-D-Glucosepentaacetat 12 244; Rk.: mit γ-Cyclohexylbutyrylchlorid 7869; mit Dibrom-p-phenolsulfochlorid 11 172; gaschromatograph. Best. 14 264.

***m*(3)-Chlorphenol** (F. 32,0—33,1°), Bldg. 15 547, 16 649; IR-Spektrum 3764; spektroskop. Unters. d. freien Hydroxyl-Valenzschwing. 7090; dielektr. Relaxat 14 080; Bezieh. zwischen Halbstufenpotential u. Substitut 17 701; Konstit.-Einfl. auf d. pK-Wert 2310; Thermodynamik d. Ionisat. v. wss. — 11 510; photochem. Rk. d. Lsg. v. — 10 421; Jodier. (Kinetik) 799; Kinetik u. Mechanismus d. Rk. v. Na- bzw. $LiBH_4$ mit — in Diglyme 4458; Rk.: mit SOF_4 5220; mit Dimethylanilin 5675; d. Na-Verb. mit 1-Chlor-2.4-dinitrobenzol u. 1.4-Dichlor-2-nitrobenzol (Kinetik) 4131; mit Ketonen in Ggw. v. Kationenaustauschern 7330*; Einfl. auf d. Kinetik d. Austausches v. J zwischen $Na^{131}J$ u. n-Butyljodid in CH_3CN u. CH_3OH 7472; Verw. 6873*.

***p*(4)-Chlorphenol** (Kp. 217°), Darst. 12 632; Bldg. 15 547; Berechn. d. UV-Maxima 9278; Substituenten- u. Lsgm.-Einfl. auf d. UV-Spektrum 4473; Einfl. auf d. Kernquadrupolresonanz in p-Dichlorbenzol 17 353; spektroskop. Unters. d. freien Hydroxyl-Valenzschwing. 7090; dielektr. Relaxat. 14 080; Bezieh. zwischen Halbstufenpotential u. Substitut 17 701; Einfl. d. Substituentengruppen auf d. Ionisationspotential 18 061; Konstit.-Einfl. auf d. pK-Wert 2310; Best. d. Assoziat.-Konst. aus d. UV-Spektrum 12 595; mol. Assoziat. in bin. Syst. —/Amine 18 066; Desassoziat. v.—in „inerten" Lsgm. durch kernmagnet. Resonanz 16 977; Schmelzwärme u. Wechselwrkg. v. Polyoxymethylen mit — 4560; gaschromatograph. Retentionszeit 7270;

photochem. Rk. d. Lsg. v. — 10 421; Kinetik u. Mechanismus d. Rk. v. Na- bzw. $LiBH_4$ mit — in Diglyme 4458; Rk.: mit $POCl_3$ 8631; mit $AsCl_3$ 4885; Sakaguchi-Rk. 6004; Rk.: mit 1.3-Dichlorpropan 8229; mit 3.6-Dichlorpyridazin 6409; d. Na-Verb. mit 1-Chlor-2.4-dinitrobenzol u. 1.4-Dichlor-2-nitrobenzol (Kinetik) 4131; mit Acetonchloroform bzw. Carbonsäure(estern) 12 632; mit Epichlorhydrin 11 531; mit d. Na Salz v. 9.10-Epoxystearinsäure 15 406*; mit Chloressigsäureäthylester bzw. Rk. d. Na-Verb. mit Na-α-Brompropionat 10 428; mit Undecin-(10)-säurechlorid 10 050; mit γ-Cyclohexylbutyrylchlorid 7869; mit Äthensulfonsäuremethylester 14 318*; mit d. Schwefligsäureesterchlorid d. 5-Hydroxymethylfurfuryliden-benzhydrazids 7134; d. Na-Salzes mit Nitrobenzolsulfonamidophosphorsäure-dichloriden 18 094; Einfl. auf d. Kinetik d. Austausches v. J zwischen $Na^{131}J$ u. n-Butyljodid in CH_3OH u. CH_3CN 7472; bakteriostat. Wrkg. 1278; Best. d. Cytotoxizität in menschl. Zellkulturen 4195; gaschromatograph. Best. 14 264.

4-Chlorcyclohexadien-(1.5)-on-(3), Deriv. 12 639.

C_6H_5ClOS **4-Hydroxy-2-chlorthiophenol**, Rk. 11 532.

4-Hydroxy-3-chlorthiophenol, Rk. 11 532.

2-Acetyl-5-chlorthiophen [5-Chlorthienyl-(2)-methylketon] (F. 47°), Darst. 3259*; (Rk.) 11 557; Rk. 9697.

Thienyl-(2)-essigsäurechlorid, Rk. 2092*, 2464*.

C_6H_5ClOSe **2-Chlor-5-acetylselenophen** (F. 57 bis 58°) 9699.

$C_6H_5ClO_2$ **4-Chlorresorcin (1-Chlor-2.4-dihydroxybenzol)** (F. 102—103°), Darst. 12 632; Rk. 7891, 15 211; Einfl. auf d. *l*-Tyrosinase-Aktivität im Pigmentepithel d. Netzhaut 515; Verw. 4789*; analyt. Verw. 6904.

Chlorhydrochinon, Clathrat-Bldg. mit Edelgasen 8180.

5-Chlormethylfurfurol, NMR-Spektrum 16 263.

5-Methylfuran-2-carbonsäurechlorid, Rk. 11 910.

Furyl-2-essigsäurechlorid, Rk. 2464*.

$C_6H_5ClO_2S$ ***p*-Chlorbenzolsulfinsäure** (F. 98°), Bldg. (Mechanismus) 5609; Rk. 10 810.

Benzolsulfonsäurechlorid (Benzolsulfochlorid), elektrolyt. Red. (Mechanismus) 5608; Rk.: mit Pyridinen 15 963; mit 1-Piperidinopropen 8600; mit 3-Amino-2.4.6-trimethylpyridin 15 592; mit 4-Amino-4'-dimethylaminostilben 15 946; mit N.N-Bis-[β-chloräthyl]-hydrazinhydrochlorid 17 368; mit 2-Hydroxybiphenyl 10 819; mit Aminoalkoholen 2458*; mit 3-Hydroxychinuclidin 18 114; mit 3-Methoxytoluol 3786; mit 2-Amino-5-benzylmercapto-1.3.4-thiadiazol 7990*; mit Quecksilber-bis-acetaldehyd 12 271; mit 2.4-Dimethylpyrrol-5-carbonsäureäthylester u. Hydrazinhydrat 17 025; mit 1-Myristoylpiperazindion-(2.5) 4542; mit cycl. Maleinsäurehydrazid 9344; mit Ferrocencarbonsäurehydrazid 17 727; mit 3-Dimethylsulfamido-10-[3'-piperazino-2-methylpropyl]-phenothiazin 17 140*.

$C_6H_5ClO_2Se$ **5-Chlorselenophen-2-carbonsäuremethylester** (F. 27—28°) 9699.

$C_6H_5ClO_3$ **Perchlorylbenzol** (Kp 232°), Darst., Rk. 8780*; Dehydrobenzol-Zwischenstoffe aus — 1184.

α-Chlor-α-desoxykojisäure, UV-Spektrum, Rk. 3806; Rk. 3089, 5290.

$C_6H_5ClO_3S$ ***p*(4)-Chlorbenzolsulfonsäure**, Darst. v. Deriv. 6742, 14 476; Bezieh. zwischen Struktur u. Stabilität d. Komplexe mit Cd 46.

$C_6H_5ClO_4$ **4-Hydroxyperchlorylbenzol** 8780*.

$C_6H_5ClO_4S$ ***o*-Chlorphenolmonosulfonsäure** 9517*.

$C_6H_5ClO_7S_2$ **5-Chlor-4-hydroxybenzol-1.3-disulfonsäure** 5766*.

C_6H_5ClS ***o*-Chlorthiophenol** ($Kp._{0,2}$ 82—84°), Darst. 4882; Rk. 11 535.

***m*-Chlorthiophenol** ($Kp._{2,4}$ 61—64°), Darst. 4882; Rk. 11 535.

***p*(4)-Chlorthiophenol (*p*-Chlorphenylmercaptan)**, Darst. v. Alkalisalzen 18 793; Bldg., Rk. 1991; Konstit.-Einfl. auf d. ν(SH) bzw. d. UV-Maximum 11 133; Oxydat. 1568; Methylier. 11 635; Rk.: mit 3.6-Dichlorpyridazin 6410; mit CH_2O bzw. 1.4-Dichlorbutan 14 508; Addit. an Phenylpropiolsäureäthylester (Kinetik) 4491; Rk.: mit N-Chlormethylphthalimid 4529; d. Na-Verb. mit Phenyldifluorthiophosphonsäure 2337.

Phenylsulfenylchlorid (Benzolsulfensäurechlorid), Rk.: mit 4.6.8-Trimethylazulen 13 743; mit Mercapto-Mg-Halogeniden 1030*; mit Phenylsulfonylthiophenolen 1576; mit N.N-Diarylguanidinen 10 841; mit Monobenzolsulfenylamidinen 2544*.

$C_6H_5Cl_2B$ **Dichlorphenylboran**, Komplex mit Phenylphosphin (F. 62—64°) 10 435.

$C_6H_5Cl_2FSi$ ***p*-Fluorphenyldichlorsilan**, Addit. an Allyläthyläther 16 291.

$C_6H_5Cl_2F_3O_2$ **α.β-Dichlor-γ.γ.γ-trifluorcrotonsäureäthylester** ($Kp._{742}$ 155—156°) 11 662*, 16 841*.

$C_6H_5Cl_2F_5O_2$ **2.2.3.4.4-Pentafluor-3.4-dichlorbuttersäureäthylester** ($Kp._{20}$ 63—65°) 14 829.

$C_6H_5Cl_2N$ **3.5-Dichlor-γ-picolin** (F. 48—49°) 8607.

2.3-Dichloranilin, Rk. 13 734; (v. diazotiertem —) 13 734.

2.4-Dichloranilin, Kernresonanzspektrum 17 356; ungewöhnl. Effekte im IR-Spektrum v. — 7460; Diazotier. 13 734; (u. Bromier.) 7110; Balz-Schiemann-Rk. 17 003; Rk.: mit CH_2O 6750; v. diazotiertem — mit 2.5-Dicarbäthoxycyclohexandion-(1.4) 2730; v. diazotiertem — mit Acetanhydrid bzw. mit 8-Äthoxynaphthol-(1)-disulfonsäure-(3,6) 3549; mit N-[Hydroxymethyl]-3-nitrophthalimid 6764.

2.5-Dichloranilin (F. 47—48,5°), Kernresonanzspektrum 17 356; ungewöhnl. Effekte im IR-Spektrum v. — 7460; Bezieh. zwischen Halbstufenpotential u. Substitut 17 702; Diazotier. 6042; Balz-Schiemann-Rk. 17 003; Rk.: mit Acetonyliden-2-methoxyphenylhydrazin 9644; v. diazotiertem — mit Poly-p-aminosalicylsäure 9161*; mit α-Brompropionsäureäthylester 17 715; v. diazotiertem — mit 6-Amino-4-[2.3-di-O-acetyl-5-desoxy-5-diäthylphosphono-D-ribofuranosylamino]-5-[2.5-dichlorphenylazo]-2-methylmercaptopyrimidin 3821.

2.6-Dichloranilin, Konstit.-Einfl. auf d. IR-Spektrum 14 812; Balz-Schiemann-Rk. 17 003.

3.4-Dichloranilin, Rk. 1957, 6010, 17 003.

3.5-Dichloranilin, Konstit.-Einfl. auf d. IR-Spektrum 14 812; Rk. 7252*, 9735, 17 003.

$C_6H_5Cl_2NO$ **2-Amino-4.6-dichlorphenol (1-Amino-2-hydroxy-3.5-dichlorbenzol)**, Rk. 137, 16 847*; (v. diazotiertem —) 1965; Verw. 7707*.

4-Hydroxy-3.5-dichloranilin, Rk. 11 533.

4-Hydroxy-3.6-dichloranilin, Rk. 11 533.

$C_6H_5Cl_2NO_2S$ **3.4-Dichlorbenzolsulfonamid**, Rk. d. Na-Salzes 7623*.

Benzolsulfonsäuredichloramid (*N.N*-Dichlorbenzolsulfamid), IR Spektrum 1170; Trockn. u. Reinig. 17 208*; Rk. 13 723, 18 628.

$C_6H_5Cl_2NO_3$ **2-Chlor-5-aminoperchlorylbenzol** 8780*.

$C_6H_5Cl_2NO_3S$ **1-Amino-3.4-dichlorbenzol-5-sulfonsäure**, Verw. 6218*.

4-Amino-3.5-dichlorbenzolsulfonsäure, Rk. v. diazotiertem — 2084*.
2.5-Dichlor-4-aminobenzolsulfonsäure (4-Amino-3.6-dichlorbenzolsulfonsäure), Bezieh. zwischen Struktur u. Stabilität v. Cd-Komplexen mit — 46; Rk. v. diazotiertem — 2084*.
$C_6H_5Cl_2NO_4S_2$ **Anilin-2.4-disulfonyldichlorid**, Darst. v. Deriv. 8060*; Rk. 13 497*; (v. Deriv.) 16 064*.
Chlorbenzol-2.4-disulfonsäureamid-(2)-chlorid-(4) (F. 173—176°), Rk. 3185*.
$C_6H_5Cl_2NS$ **3.5-Dichlor-4-aminothiophenol** (F. 74—75°) 17 838.
$C_6H_5Cl_2NS_3$ **2.3-Dichlorthenyl-(5)-dithiourethan** (F. 130°) 5660.
$C_6H_5Cl_2N_2O_5PS$ ***o*-Nitrobenzolsulfonamidophosphorsäuredichlorid**, Rk. 18 093.
***m*-Nitrobenzolsulfonamidophosphorsäuredichlorid**, Rk. 18 093.
***p*-Nitrobenzolsulfonamidophosphorsäuredichlorid**, Rk. 18 093.
$C_6H_5Cl_2N_3O$ **2-Allyloxy-4.6-dichlor-1.3.5-triazin** (Kp.$_{11}$ 126—127°) 8258.
2-Dichloracetylaminopyrimidin (F. 190 bis 192°), IR-, UV-Spektrum u. Tautomerie 8199.
$C_6H_5Cl_2N_3O_2$ **4.5-Dichlor-2-nitrophenylhydrazin** (F. 170°) 16 290.
$C_6H_5Cl_2N_3O_2S$ **2-[Carbomethoxymethylmercapto]-4.6-dichlor-1.3.5-triazin** (F. 52—54°), 6938*, 8258.
$C_6H_5Cl_2N_3O_8$ **2.2.2-Trinitroäthylsuccinylchlorid** (F. 41—42°) 5253.
$C_6H_5Cl_2N_3S$ **2-Allylmercapto-4.6-dichlor-1.3.5-triazin** (Kp.$_{0,25}$ 111°) 8258.
$C_6H_5Cl_2OP$ **Phenylphosphonsäuredichlorid (Phenylphosphoroxydichlorid, Phenyldichlorphosphinoxid)**, Bldg. 17 334; kernmagnet. Resonanz u. IR-Absorpt. 8203; amphoteres Verh. v. $AlCl_3$ in — 17 683; Rk.: mit Na_2SiF_6 7129; mit prim. Aminen 3781; mit Hexamethylendiamin 7699*, 13 205*; mit Äthylenglykol u. Maleinsäureanhydrid 8445*; mit Tetrahydroselaginol 16 327.
Dichlorphosphorigsäurephenylester, Bldg. 15 936; mol. magnet. Rotat. 12 233.
$C_6H_5Cl_2OPS$ ***O*-Phenylthiophosphorsäuredichlorid (Dichloromonothiophosphorsäurephenylester)** (Kp.$_{10}$ 116—125°), Herst., Rk., Verw. 10 613*; mol. magnet. Rotat. 12 233; Rk. 6327.
$C_6H_5Cl_2OSb$ **Dichlorantimonigsäurephenylester** (F. 71°) Darst. 4885; Rk. 18 443.
$C_6H_5Cl_2O_2P$ **Dichlorphosphorsäurephenylester (Phenylphosphorsäuredichlorid)** (Kp.$_8$ 105 bis 108°), Darst. (Rk.) 10 056; (d. Komplexes mit BCl_3) 2292; Rk.: mit Imidazol 8634; mit Aminen 13 205*; mit Dimethylamin 5476*; mit Stearylamin 16 538*; mit Hexamethylendiamin 7699*; v. Deriv. mit Alkoholen 4647*; mit 1.3.4.5.6-Pentaacetylmyoinosit u. 1.2-Isopropylidenglycerin 107; mit Phosphorsäureestern bzw. Phosphorsäure bzw. Alkoholen 7851.
$C_6H_5Cl_2P$ **Phenyldichlorphosphin (Phenylphosphonigsäuredichlorid)** (Kp.$_{10}$ 92,5°), Darst. 3435; Rk.: mit Schwefel 16 655; mit Li bzw. Phenylphosphindilithium 16 293; mit LiAlH· 15 890; (bzw. Na) 12 619; Disproportionier. 3790; Rk.: mit Isoamylalkohol 2336; mit n-Butyllithium u. o-Bromphenyldiäthylphosphin 10 816; mit Cyclohexyl-MgCl 1208; mit p-Methoxyphenyl-MgBr 2370.
$C_6H_5Cl_2PS$ **Phenylthiophosphonsäuredichlorid** (Kp.$_{13}$ 130—135°), Darst,. Rk. 16 655; kernmagnet. Resonanz u. IR-Absorptionsunters. 8203; Rk. 2337, 17 334; Verw. 12 156*.
$C_6H_5Cl_2Sb$ **Phenyldichlorstibin (Phenylantimondichlorid)**, Darst. 5591; Rk. 18 094.
$C_6H_5Cl_3F_2$ **Dien** $C_6H_5Cl_3F_2$ aus dimerem 1-Fluor-1.1-dichlor-2-brompropen-(2) 10 052.
$C_6H_5Cl_3N_2$ **1.2.3-Trichlor-4.5-diaminobenzol**, Rk. 13 952*.
2.4.6-Trichlorphenylhydrazin, Rk. 15 918.
$C_6H_5Cl_3N_2O$ **β-[4.5.6-Trichlor-2-pyrimidyl]-äthanol** 19 006*.
$C_6H_5Cl_3N_2OS$ **3-Methylthiazolon-(2)-trichloracetylimin** (F. 113—114°), IR- u. UV-Spektrum 8199.
$C_6H_5Cl_3N_2O_3$ **Trichloracetyldiazoessigester**, Umlager.-Rk. v. — bzw. $^{14}C_{(3)}$-— 1570.
$C_6H_5Cl_3O_3$ **Trichloracetylcarbäthoxycarben** 1570.
2.2.3-Trichlor-3-carbäthoxycyclopropanon 1570.
2.3-Dichlormaleinsäureäthylesterchlorid (Kp.$_{0,2}$ 54°) 1570.
Tricarballylchlorid, Rk. 8076*.
$C_6H_5Cl_3O_4$ **Trichlormethylparaconsäure** 14 470.
$C_6H_5Cl_3Si$ ***p*-Chlorphenyldichlorsilan** (Kp.$_{756}$ 209,5°) 16 291.
Phenyltrichlorsilan (Kp.$_{764}$ 198—201°), Darst. 7862, 13 732; (v. Addit.-Verb. mit Harnstoffen) 11 123; Bldg. 7486; katalyt. Halogenier. 3066; Nitrier. 6586*; Rk.: mit $SiCl_4$ u. organ. Al-Verb. 5477*; mit Dimethyldichlorsilan 18 494; mit Trialkylsilanen 17 377; mit $(CH_3)_3SiN(CH_3)_2$ (SiCl-/SiN-Austausch) 4838; mit Siloxanen 7547; Verh. gegen Phthalonitril 17 409.
$C_6H_5Cl_3Sn$ **Phenylzinntrichlorid**, Darst. 4716*; IR-Spektrum 13 658; Rk. 4716*.
$C_6H_5Cl_3Te$ **Phenyltellurtrichlorid**, IR-Spektrum 1501.
$C_6H_5Cl_3Ti$ **Phenyltitantrichlorid**, Verw. 6606*.
$C_6H_5Cl_4N_3O$ **2-[2'.3'-Dichlorpropoxy]-4.6-dichlor-1.3.5-triazin** (Kp.$_{0,003}$ 116—117°) 6938*.
$C_6H_5Cl_4N_3S$ **2-[Dichlorpropylmercapto]-4.6-dichlor-1.3.5-triazin** (Kp.$_{0,02}$ 140°) 6938*, 8258.
$C_6H_5Cl_4Sb$ **Phenyltetrachlorantimon** 18 094.
$C_6H_5Cl_6NSi_2$ **Bis-[trichlorsilyl]-phenylamin** (F. 29—30°) 9269.
$C_6H_5CoO_3$ **π-Allylkobalttricarbonyl** (Kp.$_{15}$ 39°) 10 019.
C_6H_5F **Fluorbenzol** (Kp. 85—87°), Bldg. 5220; Darst. d. Mo-Carbonylkomplexes 8549; neue Bezieh. zwischen d. physikal. Konst. v. — 3402; Konstit. u. Raumgruppe v. Einkristallen 18 780; Absorpt.- u. Emissionsspektren u. Rk. bei elektr. Entlad. 5977; Absorptionsspektren v. 3- u. 4-D-— im nahen UV 14 075; Konstit.-Einfl. auf d. IR-Intensitäten 14 811; IR- u. Raman-Spektrum v. pentadeuteriertem — 6715; Massenspektrum 14 814; protonenmagnet. Resonanz hoher Auflös. v. — 7830; Lsgm.-Einfl. auf d. relative Lage d. Ringprotonenresonanzlinien v. — 10 033; spektroskop. Best. thermodynam. Daten d. Komplex-Bldg. mit Jod 1181; Berechn. d. Energieniveaus u. Wellenfunkt. 11 500; Positronium-Bldg. 13 333; DK u. dielektr. Verluste 3398; relative chem. C- bzw. H-Verschieb. 9286; Bezieh. zwischen Druck, Temp. u. Dichte 12 235; krit. Temp. 9289; Berechn. d. Parachors 6346; Oberflächenspann. v. J_2-Lsg. in — 10 790; Löslichk. v. J in —, thermodynam. Daten d. Komplex-Bldg. 10 790; Chlorier. mit Antimonpentachlorid (Mechanismus) 4131; Rk.: mit $FClO_3$ 8780*; mit $CHCl_3$ 12 613; Phenylier. (Kinetik) 5619; Rk. mit Perchlorylbenzol 1184; Substitut. v. F durch $NbOCH_3$ (Kinetik) 14 824; Rk.: mit 2-Thionaphthenyl-Li 18 456; mit Methyldichlorsilan 12 638; — als Katalysator für d. strahlungsinduzierte Polymerisat. v. Styrol 13 788; Verw. 10 659*; gaschromatograph. Identifizier. 10 585.
C_6H_5FJN **3-Fluor-4-jodanilin** (F. 76—77°) 9735.
$C_6H_5FN_2O$ **2-Fluornicotinamid**, Wrkg. auf d. antileukäm. Aktivität v. 2-Amino-1.3.4-thiadiazol 10 504.

5-Fluornicotinamid, Wrkg. auf d. antileukäm. Aktivität v. 2-Amino-1.3.4-thiadiazol 10 504.
6-Fluornicotinamid, Wrkg. auf d. antileukäm. Aktivität v. 2-Amino-1.3.4-thiadiazol 10 504.
$C_6H_5FN_2O_2$ **2-Nitro-4-fluoranilin** (F. 92—93°) 13 437, 18 107.
C_6H_5FO ***o*-Fluorphenol** (Kp. 152°), Darst. 10 808; IR-Spektrum, Dipolmoment 3766; spektroskop. Unters. d. freien Hydroxyl-Valenzschwing. 7091; Konstit.-Einfl. auf d. pK-Wert 2310; Rk. 18 203*; Verw. 6873*.
***m*-Fluorphenol** ($Kp._{25}$ 87,5—88°), Darst. 15 768*; IR-Spektrum 3764; spektroskop. Unters. d. freien Hydroxyl-Valenzschwing. 7090; Konstit.-Einfl. auf d. pK-Wert 2310; Kinetik u. Mechanismus d. Rk. v. Na- bzw. $LiBH_4$ mit — in Diglyme 4458.
***p*-Fluorphenol** (Kp. 185—186°), Darst. 4344*, 10 808; (Rk.) 7861; (Verw.) 15 768*; Substituenten- u. Lsgm.-Einfl. auf d. UV-Spektrum 4473; spektroskop. Unters. d. freien Hydroxyl-Valenzschwing. 7090; Konstit.-Einfl. auf d. pK-Wert 2310; Rk. 8180, 10 809; Best. 16 430.
$C_6H_5FO_3S$ **Phenylfluorosulfat** (Kp. 175—180°) 5220.
C_6H_5FS ***m*-Fluorthiophenol** 7691*.
$C_6H_5F_2J$ **Phenyljodiddifluorid,** Rk. 18 807.
$C_6H_5F_2N$ **2.5-Difluoranilin (2-Amino-1.4-difluorbenzol)** ($Kp._{30}$ 84—85°) 13 437.
3.5-Difluoranilin, Rk. 7488, 9735.
$C_6H_5F_2NOS$ **Phenyliminoschwefeloxiddifluorid** ($Kp._{760}$ 153—155°) 5219.
$C_6H_5F_2NO_2S$ ***p*-Hydroxyphenyliminoschwefeloxiddifluorid** ($Kp._{0,01}$ 45°) 5219.
$C_6H_5F_2NO_3$ **2-[α.α-Difluoräthyl]-5-nitrofuran** ($Kp._{0,5}$ 58—60°) 8239.
$C_6H_5F_2NS$ **Phenyliminoschwefeldifluorid,** Rk. 3435.
$C_6H_5F_2OP$ **Phenyldifluorphosphonsäure (Phenylphosphoroxydifluorid, Phenyldifluorphosphinoxid)** ($Kp._{735}$ 83,5°), Darst. 7129; Rk. 2337.
$C_6H_5F_2OPS$ **Difluorthiophosphorsäure-*O*-phenylester** ($Kp._{14}$ 52—52,5°) 1569.
$C_6H_5F_2PS$ **Phenyldifluorthiophosphonsäure** (Kp. 187—188°) 2337, 16 655.
$C_6H_5F_3N_2O$ **4-Hydroxy-6-methyl-2-trifluormethylpyrimidin** (F. 140—141°) 6411.
$C_6H_5F_3N_2O_3$ **Trifluoracetyldiazoessigsäureäthylester,** Rk. 95, 3055.
$C_6H_5F_3N_2S$ **4-Mercapto-6-methyl-2-trifluormethylpyrimidin** (F. 86—87°) 6411.
$C_6H_5F_3O_3$ **Trifluoracetylcarbäthoxycarben** 95.
$C_6H_5F_3Si$ **Phenyltrifluorsilan** ($Kp._{737}$ 98—104°) 15 189.
$C_6H_5F_4N$ ***N*-[1.1.2.2-Tetrafluoräthyl]-pyrrol** ($Kp._{760}$ 102°) 9519*.
$C_6H_5F_4P$ **Phenyltetrafluorphosphor,** Rk. 16 293.
$C_6H_5F_5OS$ **Phenoxyschwefelpentafluorid,** kernmagnet. ^{19}F-Resonanz 5936.
$C_6H_5F_5O_2$ **Äthylperfluormethacrylat,** Rk. 11 155.
$C_6H_5F_7O_2$ **Heptafluorbuttersäureäthylester,** Rk. 6776.
C_6H_5HgJ **Phenylquecksilberjodid (Phenylmercurijodid)** (F. 270°) 102, 5591.
$C_6H_5HgNO_3$ **Phenylmercurinitrat,** Verw. 12 757; mikrobiolog. Best. in festem bakteriellen Nährmedium 4585.
C_6H_5J **Jodbenzol** (Kp. 188,45°), Darst. 7865; Bldg. 102, 17 685, 18 807; Konstit. u. Raumgruppe v. Einkristallen 18 780; Einfl. d. π-Komplexbldg. mit gelöstem J_2 auf d. sichtbare u. UV-Spektrum v. J_2 3761; IR-Spektrum 10 352; Konstit.-Einfl. auf d. IR-Intensitäten 14 811; Massenspektrum 14 815; Lsgm.-Einfl. auf d. relative Lage d. Ringprotonenresonanzlinien 10 033; relative chem. C- bzw. H-Verschieb. 9286; spektroskop. Best. thermodynam. Daten d. Komplexbldg. mit J 1181; Bezieh. zwischen Druck, Temp. u. Dichte 12 235; Berechn. d. Parachors 6346; Oberflächenspann. v. J_2-Lsg. in — 10 790; Bestrahl. v. —-Gemischen mit Neutronen 11 519; Positronium-Bldg. 13 333; Chlorier. mit Antimonpentachlorid (Mechanismus) 4131; Vers. d. Austausches d. Phenylrestes v. markiertem — mit 3 Phenyl-Verb. 3047; Phenylier. (Kinetik) 5619; Rk.: mit 2.2'-Dibromdiphenylamin 6417; mit Aminen 4714*; mit Cyclohexanol 6387; mit d. Li-Verb. v. Bis-[p-dimethylaminophenyl]-amin 2334; mit 3-Aminochinolin-4-carbonsäure 4918; mit Formaniliden 13 948*; mit p-Toluolsulfonsäurecyclohexylester 10 070; — als Katalysator für d. strahlungsinduzierte Polymerisat. v. Styrol 13 788; gaschromatograph. Identifizier. 10 585.
C_6H_5JMg **Phenylmagnesiumjodid,** Rk. 8965, 14 861.
C_6H_5JO **Jodosobenzol,** Rk. 7865, 18 806.
***o*-Jodphenol** (F. 42°), IR-Spektrum, Dipolmoment 3766; spektroskop. Unters. d. freien Hydroxyl-Valenzschwing. 7091; Konstit.-Einfl. auf d. pK-Wert 2310; Verw. 6873*; Best. 16 430.
***m*-Jodphenol,** Konstit.-Einfl. auf d. pK-Wert 2310; Jodier. (Kinetik) 799.
***p*-Jodphenol,** Substituenten- u. Lsgm.-Einfl. auf d. UV-Spektrum 4473; spektroskop. Unters. d. freien Hydroxyl-Valenzschwing. 7090; Konstit.-Einfl. auf d. pK-Wert 2310; Jodier. (Kinetik) 800; Rk. mit 4-Chlorbenzolsulfochlorid 14 476.
C_6H_5JOS **5-Jod-2-acetylthiophen,** Rk. 9697.
C_6H_5Li **Phenyllithium,** Bldg. 4132; IR-Spektrum 3037, 3346; Gleichgew. $Li_3Cr(C_6H_5)_6 \cdot 2{,}5$ Ae. $\rightleftharpoons Li_2[Cr(C_6H_5)_5Ae.] \cdot 2$ Ae. + LiC_6H_5 17 685; Polymerisat. v. Isopren mit — 7173; Vinylpolymerisat. mit — bzw. Komplex aus — u. Triäthyl-Al 13 053 [2 Ref.]; Rk.: mit NH_3 2715; mit $SnCl_2$ 18 042; mit $ZnBr_2$ 6010; mit CD_3Br 2699; mit Phenylbromid 8974; mit m-Xyloldibromid 4133; mit 2-Brom-p-cymol 17 373; mit aromat. Perchlorylverb. 1184; mit Cyclopentadienderiv. 6012; mit 1.2.3-Triphenylcyclopentadien 6012; mit Perfluorcyclobuten 13 372; mit Dimethylfulven bzw. Diphenylfulven 14 481; mit α.α-Dimethylfulven bzw. Cyclopentadienylidencyclohexan bzw. Azulen 17 728; mit 4.8-Dimethylazulen bzw. 4-Methyl-8-phenylazulen 13 741; mit 9-Chlormethylenfluoren 10 075; mit 3.4-Benzofluoren u. 1.5-Dibrompentan 8970; mit Difluorenyl-(9.9') bzw. 9-Methylfluoren 8965; mit 3-substituierten Pyridinen 8608; mit 3-Phenylpyridin bzw. Benzo-[f]-chinolin 6033; mit Aminen 9269; mit NH-Gruppen 7075; mit prim. bzw. sek. Aminen u. o-Benzochinolacetaten 11 166; mit Diazocyclopentadien bzw. p-Toluolsulfonylazid 17 729; mit 5-Diazophenylcyclopentadienen 6013; mit Borazarophenanthrenen 473; mit C_2H_5HgCl 443; mit $[Co(CO)_3P(C_6H_5)_3Br]$ 10 389; mit Triäthylperfluorvinylsilan 17 684; mit 1.4-Dichlorotetraphenyltetrasilan 13 733; mit Oktaphenylcyclotetrasilan bzw. Dodekaphenylcyclohexasilan 10 066; mit $(C_6H_5)_2SiCl_2$ u. Phenylhydrazin 7077; mit 5-Äthyl-10-phenyl-5.10-dihydrophenazasilin 6417; mit Disilazanen 14 061; mit $[(CH_3)_3SiNH]_2CO$ 14 062; mit $(CH_2{=}CH)_4Sn$ 18 762; mit Tetravinyl-Pb 4107; mit $Pb(C_6H_5)_2$ 7079; mit $[Co(III)(C_5H_5)_2]ClO_4$ 1158; mit 2-Methyl-2-chlorpropanal 440; mit behinderten Ketonen 16 298; mit Propiophenonen bzw. β-Halogenpropionsäureestern 7990*; mit Benzalaceton bzw. d. Bromhydrin aus Bromaceton u. β.β-

Diphenyläthenyl-MgBr 4892; mit p-Benzylphenyldurylketon 13 374; mit 4'-[3-Ketocyclohexen-(1)-yl]-m-terphenyl 11 545; mit 1-Methyl-4-phenyl-4-benzoylazacycloheptan 9666; mit cis-1.2.6-Trimethylpiperidon-(4) 8978; mit 1-Methyl-3-phenylpiperidon-(4) 9709; mit 3-Acylindolen 11 180; mit 11H-Indeno-[1.2:b]-chinolinon-(11) 5668; mit 3-Phenyltropolon 5647; mit Cyclohexandion-(1.2)-monoenoläthyläther 10 859; mit trans-1.5-Dioxodekalin 12 284; mit 9-Methyl-3-oxagranatanin-7-on 481; mit 4-Methyl-1-hydroxyanthrachinon-(9.10) 15 949; Abbau v. Trimethylcycloalkylammoniumbromiden mittels — 18 076; Rk.: mit Tricarbonyltropyliumchromperchlorat 3754; mit Triphenylphosphoniumchlorid 18 101; mit Methyltriphenylphosphoniumbromid 49, 11 892; v. ^{14}C-— mit Tetraphenylphosphoniumjodid 13 352; mit Trimethylfluorenylphosphoniumbromid 15 948; mit Triphenyl-[methoxymethyl]-phosphoniumchlorid bzw. [Methylmercaptomethyl]-triphenylphosphoniumchlorid 10 806; mit Acetylennitrilen 6386; mit 2-Benzoyl-1-cyan-1.2-dihydroisochinolin 15 214; mit (—)-2-Phenyl-2-methylbuttersäure bzw. verwandten Verb. 1941; mit Thiobenzoesäure bzw. Diaroyldisulfiden 10 060; mit (+)-2-Cyclohexyl-2-methylbuttersäuremethylester bzw. (+)-1.1.2-Triphenyl-2-methylbutanol-(1) 1944; mit β-[N-Alkylpiperidyl-(4)]-propionsäurealkylestern 5851*; mit Oxomalonsäurediäthylester 8959; mit 3β-Acetoxy-16.17-oxido-Δ^5-pregnen-20-on-20-äthylenketal 12 394*; mit Acetylchlorid 10 826; mit α.α.β-Trimethylisocrotonsäurechlorid 11 523; mit p-Fluorbenzoylchlorid u. Cyclopentadien 14 481; mit N-Nitroso-N-methylacetamid 18 078; mit Desoxodihydroannotinin 18 838; durch — induzierte Dehydrochlorier. d. isomeren Chlordiphenyläthene 11 867.

$C_6H_5Li_2N$ Dilithiumanilid 9269.

$C_6H_5Li_2P$ Phenylphosphindilithium 16 293.

C_6H_5NO Nitrosobenzol (F. 68°), Darst., Rk. 16 288; gemeinsame Disproportionier. v. — u. Aldehyden unter d. Einw. v Aluminiumalkoholat 4487; Rk.: mit Alkohol u. NaOH 18 411; mit 4-Methylnaphthol-(1) 15 944; mit 3-Äthyl-2-methylbenzothiazoliumjodid 16 306; mit 2-Aminopyridin-1-oxid 16 312; mit Nitrilylid $C_{14}H_{10}N_2O_2$ 11 562; mit Hämoglobin 542; extraerythrocytäre Einfl. auf d. Hämoglobin-Bldg. durch — in roten Zellen 11 625; K-Na-Verteil. u. Stoffwechsel d. Erythrocyten unter d. Einfl. v. — 11 626; Bind. v. — u. —-Deriv. an Hämoglobin u. Hämoglobin-Verb. 12 002; Red. durch Mikrosomen aus Rattenlebern 10 877.

α-Pyridinaldehyd [2-Formylpyridin, Picolinaldehyd, Pyridinaldehyd-(2)] (Kp.$_{19}$ 73°), Darst. 3259*; (Verw. d. Adduktes mit H_2O_2) 10 934*; Dipolmoment 1551; polarograph. Verh. 437; Säure-Dissoziat.-Konst. 18 774; Titrat. d. Metallchelate v. — 5986; Hydrier. 3551*; Rk.: mit H_2NCl 3091; mit α-Picolin 18 772; mit Diazoäthan 14 110; mit Aminen 14 434; mit Benzylamin u. H_2 10 933*; mit β-Dimethylaminoäthoxyamin 8719*; mit Aceton 13 729; Verh. gegen 2-Acylpyridine 7523; Rk.: mit 2-Hydroxyacetophenonen 11 918, 14 504; mit 3-Äthylrhodanin 473; Verh. gegen 1.2.3.4-Tetrahydroxanthyliumtetrachloroferrat 10 091; Rk.: mit [Pyridyl-(2)]-glykolsäure 11 006*, 12 840*; mit Carbäthoxymethyltriphenylphosphoniumbromid 2731; mit Säurehydraziden d. Pyridingruppe 1987; mit 4-Amino-6-trifluormethylbenzol-m-disulfonamid 11 929; mit Cyanmethylphosphonsäureestern 10 274*; mit m-Xylylendiphosphonsäuretetraalkylestern 5478*.

β-Pyridinaldehyd (Pyridin-3-aldehyd, 3-Formylpyridin, Nicotinaldehyd) (Kp.$_{23}$ 92°), Darst. 2547*, 18 113; (Phenylhydrazon) 1186; (Rk.) 1987; Dipolmoment 1551; polarograph. Verh. 437; Rk.: mit H_2NCl 3091; mit Hydroxylaminhydrochlorid 2699; mit Diazoalkanen 14 110; mit O-Alkylhydroxylaminen 8719*; mit 2-Hydroxyacetophenonen 11 918, 14 504; mit o-Nitrophenylessigsäure bzw. Oxindol 17 396; mit Carbäthoxymethyltriphenylphosphoniumbromid 2731; mit Isonicotinsäurehydrazid 4536; mit Cyanmethylphosphonsäureestern 10 274*.

γ-Pyridinaldehyd (4-Formylpyridin, Isonicotinaldehyd, Pyridin-4-aldehyd) (Kp.$_{17}$82°), Darst., Rk. 1987; Diplomoment 1551; polarograph. Verh. 437; Rk.: mit H_2NCl 3091; mit Diazoäthan 14 110; mit O-Alkylhydroxylaminen 8719*; mit Glykol 7141; mit 2-Hydroxyacetophenonen 14 504; mit 2-Phenylthiosemicarbazid 2732; Verh.: gegen 2-Acylpyridine 7523; gegen 1.2.3.4-Tetrahydroxanthyliumtetrachloroferrat 10 091; Rk.: mit heterocycl. quart. NH_4-Verb. 2973*; mit o-Nitrophenylessigsäure bzw. Oxindol 17 396; mit Carbäthoxymethyltriphenylphosphoniumbromid 2731; mit Acetylaminomalonsäuremonomethylester 14 617*; mit 5-Chlor-2.4-disulfamylanilin 6142*; mit Cyanmethylphosphonsäureestern 10 274*; mit m-Xylylendiphosphonsäuretetraalkylestern 5477*.

C_6H_5NOS Thionylanilin (*N*-Sulfinylanilin) (Kp.$_{21}$ 82°), Darst. (IR-Spektrum) 1170; (Rk.) 10 799, 11 888; Rk. 3435, 15 935.

$C_6H_5NO_2$ (s. *Isonicotinsäure* [*4-Carboxypyridin*]; *Nicotinsäure* [*Niacin, Vitamin PP*]; *Picolinsäure* [*Pyridin-2-carbonsäure*]).

Nitrobenzol (F. 67°), Darst. 5842*, 6739; Bldg. 15 945; UV-Spektrum 1166, 7827, 14 806; (Berechn. d. Maxima) 9278; (Konstit.-Einfl.) 15 532; (Substituenten- u. Lsgm.-Einfl.) 4473; Natur d. ersten UV-Absorptionsbande 14 446; Festkörper-UV-Spektrum 13 333; IR-Spektrum 431; (v. ^{15}N-—) 17 696; (Konstit.-Einfl.) 10 028, 14 811; (d. Mol.-Verb. mit $AlBr_3$, $AlCl_3$ u. $TiCl_4$) 13 703; Bezieh. zwischen IR-Intensität u. Reaktivitätsindex 17 696; Einfl. d. Temp. auf d. IR-Absorpt. v. — im Gebiet d. C–H-Valenzschwing. 16 624; Frequenz u. Intensität d. Absorptionsbanden im Gebiet d. $\nu(C{-}H_{aromat.})$ 15 535; Depolarisat. d. Raman-Linien 5974; hochaufgelöstes N-Kernresonanzspektrum 12 975; Molekülschwing. u. Geruch v. — 6861; Lsgm.-Einfl. auf d. relative Lage d. Ringprotonenresonanzlinien 10 033; Berechn.: d. Energieniveaus u. Wellenfunkt. 11 500; d. Resonanzenergien u. Bindungsabstände 5983; Elektronendichten verschied. Stellungen v. — 75; N-Koppl.-Konst. d. Anionradikals 2308; relative chem. C- bzw. H-Verschieb. v. — u. D-— 9286; Dipolmoment, Konfigurat. 12 972; Best. d. Dipolmomentes u. d. Relaxationszeit aus Mikrowellenmessungen 13 705; Dipolmoment v. — u. d. $AlBr_3$-Additionsverb. 4121; Kerr-Konst. u. Dipolmoment 16 259; Elektrodenpotential 14 452; elektr. Leitung u. Durchschlag 432; Einfl.: v. —-Spuren auf d. Leitfähigk. v. $LiClO_3$-Schmelzen 16 935; d. Substituentengruppe auf d. Ionisationspotential 18 061; Vordurchschlag-Erschein. in — auf Grund d. elektro-opt. Kerreffekts 1174; Bldg. v. negativen Ionen bei d. Elektrolyse v. — 3042; Temp.- u. Druck-Koeff. d. Leitfähigk. v. Tetra-n-butyl- u. Tetra-n-propylammoniumpikrat in — 15 492; Dichte, Viscosität u. Brechungsindex d. bin. Syst. mit n-Hexan 15 541, Bezieh. zwischen Druck, Temp. u. Dichte 12 235; Temp.-Abhängigk. d. inneren Drucks 14 082; Parachor in bin. Systemen mit Alkoholen 7094; Ultraschall-Geschw. in bin. Mischungen mit — 5610; elektrokinet. Verh. d. Grenzschicht-Ge— 11 107; Wander.-Geschw. an Kieselsäure-Celite-*503* 10 409; Kationenaustausch u. eindimensionales innerkrist. Quell.-Vermögen v. Polyvanadaten mit Schichtstruktur in — 5204; Quell. d. Tone Weißrußlands mit — 11 110; Einfl. auf d. Konstit. d. V-Minerale Hewettit u. Metahewettit 6685; Eindring.-Geschw. v. — in Polyvinylchlorid 11 580; Einfl. auf d. Glasritzeffekt 8891; Fallgeschwindigk. v. —-Tropfen durch ruhende fl. Phasen 13 519; Vers. d. Extrakt. v. — 16 979; — als Lsgm. für Tribenzylamin bei d. Extrakt. v. Pa aus HCl-Lsg. 3017; Extrakt.: v. Cs aus wss. Lsg. durch —-Lsg. v. Dipikrylamin 767; v. Th aus Nitrat-Lsg. mit Dibutylphosphonat in — 9265; Unters. d. Lsgm.-Effekts bei d. Extrakt. v. Co(II) aus wss. HCl-Lsg. mit Tri-n-hexylamin 13 687; Keim-Bldg. bei d. Entmisch. —/Hexan (Kinetik) 14 453; Protonenbeweglichk. d. H-Atome v. Acetylchlorid in — 7842; Verh. v Bis-[2.2'-bipyridyl]-Cu(II)-perchlorat, -hexafluorophosphat, Tris-[2.2'-bipyridyl]-Cu (II)-perchlorat u. d. analogen 1.10-Phenantrolinkomplex in — 9635; Red.: v. halt. Rk.-Gemischen (nach Adsorpt. an ein hochporöses Material) 16 129*; in elektrolythalt. Puffer-Lsg. (Kinetik) 72; elektrochem. Red. in 20%ig. H_2SO_4 in Ggw. v. Sn-Ionen 6585*; Basen-katalysierte homogene Hydrier. 15 551; alkal. Red. nach d. polarograph. Meth. 1553; Red.: mit Hydrazinhydrat in Ggw. v. Ru-Kohle 8956; mittels eines Cu-Katalysators 10 642*; mit einem Cu-SiO_2-Katalysator 5849*; mit Zn 16 288; am Ni-Katalysator 9315; (Kinetik) 9296 [2 Ref.]; (Änder. d. Aktivität u. Wirksamk. v. Raney-Ni) 14 466; Kinetik d Flüssig-Phasen-Hydrier. v. — über Raney-Ni- u. Ni-Pulver-Katalysatoren 15 545; Hydrier. (an Ni-MgO-Katalysatoren) 803; (mit Ni-aktiviertem span. Bentonit) 770; katalyt. Aktivität metall. Ni-, Pd- u. Pt-Hydrier.-Katalysatoren bei d. Hydrier. v. — nach Bestrahl. 17 680; Kinetik d. Red. v. — an Pd 90; Druckhydrier. am Seide-Pd-Katalysator 8577, 8578; Hydrier.: am Pt-Katalysator (Kinetik) 5251; eines Gemisches aus HF u. — in Ggw. v. PtO_2, PdO_2 oder Pd 17 208*; mit $NaBH_4$ bzw. $LiAlH_4$ 10 815; Vers. d. Diimid-Red. 13 348; Chlorier. 7859; Sulfurier. mit SO_3 14 723*; Rk. mit NaOH u. CH_3ONa 11 005*; Überführ.: in p-Aminophenol 17 921, 18 276*; in Cyclohexanol 6586*; theoret. Unters. über d. Mechanismus d. aromat. Substitut. v. — 9296; Vers. d. Alkylier. mit p-Toluolsulfonsäureestern 10 070; relative Geschw.-Konst. der Phenylier. v. — 5618; p-Methylphenarylier. 12 241; Rk. v. Polyvinylchlorid mit Anilin/— u. —/W. 14 891; Rk. mit Anilinen 4869; Komplexbldg. mit Tetrakis-[dimethylamino]-äthylen 18 066; Rk.: mit Alkoholen 17 715; mit Bis-[hydroxymethyl]-durol 6212*; mit p-Tolyldiazoniumchlorid 115; mit diazotierten Aminobiphenylen 5276; Zers. v. Benzoylperoxid in — 12 242; Kinetik: d. Rk. v. Cyclopentadien u. CCl_3COOH in — 7472; d. Rk. v. Phenylisocyanat mit Thiolen in — 13 350; Einfl.: auf d. Kinetik d. Chlorier. v. Benzol, Toluol, tert. Butylbenzol u. p-Xylol 10 792; auf d. Bldg. photoelektr. Ladungsträger in Anthracen 18 772; als Lsgm. auf d. Synth. v. N-Phenylchinaldiniumperchlorat 17 395; inhibierender Einfl. auf d. Polymerisat.-Prozeß 3112; — als Polymerisat.-Inhibitor bei der Oxydat. v. Olefinen mit Luft 8062*; Abbau v. Polyäthylenterephthalat in — bei *170°* 15 252; bakteriostat. Wrkg. 1278; Ort d. N-Oxydat. d. Anilins zu — im höheren Tier 11 637; experimentelle Unters. d. —-Vergift. 9060; Verw. 6923*, 10 649*; gaschromatograph. Identifizier. 10 585; IR-spektrophotometr. Best. v. — u. seinen Cl-Deriv. im Gemisch 1735.

p-Nitrosophenol (F. 139°), Bldg 5619, 15 545; Rk. 13 957*, 18 467; Verw. 19 013*; elektrometr. Titrat. mit Cr^{2+}-Lsg. 8732.

Aminobenzochinon, Bezieh. zwischen d. Redoxpotential d. — u. d. Energien d. beim Elektronentransport beteiligten Mol.-Bahnen 16 981.

p-Benzochinonmonoxim, Bldg. 5619; Rk. 12 272.

Furfurolcyanhydrin, Adsorpt. an Anionenaustauschern 794.

$C_6H_5NO_2S$ **α-[α'-Thienyl]-β-nitroäthylen**, Rk. 6394.

o-Nitrophenylmercaptan (o-Nitrothiophenol) (F. 53—54°), Darst. 7124; Bldg. 7124; Rk. 105, 9347, 14 107.

4-Nitrothiophenol (F. 76—77°), Darst. v. Deriv. 14 107; Konstit.-Einfl. auf d. ν(SH) bzw. d. UV-Maximum 11 133; Anlager. an α,β-ungesätt. Verb. 14 107; Rk.: mit Organochlor-Verb. 14 129; mit Dichlon u. Captan 9399; d. Na-Verb. mit 3-Methyl-4-benzoyl-5-chlorisoxazol 13 386; mit Methylchlordithioformiat 4881; mit Phenylpropiolsäureäthylester (Kinetik) 4491; mit Benzyloxycarbonyl-L-asparaginsäure-β-benzylester 5258; mit N.N-Diphenylcarbamoylchlorid 7490; mit 2-Acetamidoäthanthiolsulfonsäure-2-acetamidoäthylester 15 932.

$C_6H_5NO_2S_2$ **2.4-Dimercaptonitrobenzol**, Di-Na-Salze v. 5-substituiertem — 8717*.

$C_6H_5NO_3$ **2-[β-Nitrovinyl]-furan (1-[α-Furyl]-2-nitroäthylen)** (F. 75°), Konfigurat., Dipolmoment 12 972; Konjugat.-Einfl. auf d. Dipolmoment, Raman-Spektrum 12 972; Depolarisat. d. Raman-Linien 5974; Rk. 6394; bakteriostat. Wrkg. 1278.

o-Nitrophenol (F. 45—46°), Darst. 3063; Konstit.-Einfl. auf d. UV-Spektrum, pK-Wert 1166; IR-Spektrum 1549; (Konstit.-Einfl.) 10 028; (Dipolmoment) 3766; Deuteriumaustauschmeth. als Hilfsmittel bei d. IR-spektroskop. Unters. v. Mol.-Strukturen 11 137; Desassoziat. v. — in „inerten" Lsgm. durch kernmagnet. Resonanz 16 977; Anisotropie d. Polarisierbark. v. — aus d. Lichtstreuung in Lsg. 7829; Bezieh. zwischen Halbstufenpotential u. Substitut 17 701; Bldg. v. negativen Ionen bei d. Elektrolyse v. — 3042; eutekt. Gemisch mit p-Toluidin bzw. α-Naphthylamin 9590; Löslichk. d. Cs- u. Ag-Salzes in nichtwss. Lsgm. 7070; Nachw. d. Chelatisier. durch spektrale u. Dipolmomentmessungen 11 856; Einfl. d. H-Bind. auf d. Eig. u. Wrkg.-Weisen v. — 14 768; Chromatographie an einer Perlon-Säule 14 531; Zwischen-Prod. d. Umwandl. v. — 7498; Red. 10 815; Kinetik d. Hydrier. v. — u. d. Na-Verb. 9296; Rk.: mit $ZrCl_4$ 17 338; mit WCl_6 14 065; mit Cyanurchlorid 8259; mit 2-Chlornitrobenzol 4534; mit 1-Aziridinylphosphinoxid oder -sulfid 6222*; mit o-[2.4-Dihydroxybenzoyl]-benzoesäure 2730; Vers. d. Rk. mit α-D-Glucosepentaacetat 12 244; Rk. d. Na-Salzes mit Nitrobenzolsulfonamidophosphorsäurechloriden 18 094; Einfl. auf d. Synth v. Anthranilsäureester d. β-Glucose 10 875;

4-Hydroxy-α-pyroncarbonsäure-(3)-amid, Deriv. 4639*.

$C_6H_5NO_4S$ **4-Nitrothiophencarbonsäure-(2)-methylester** (F. 100—101°) 9697.

5-Nitrothiophencarbonsäure-(2)-methylester, Darst. im Gemisch mit 4-Nitrothiophencarbonsäure-(2)-methylester 9697.

p-**Nitrobenzolsulfinsäure,** Rk. 10 810.

$C_6H_5NO_4Se$ **2-Hydroxyacetyl-5-nitroselenophen** (F. 108—109°) 15 206.

4-Nitroselenophen-2-carbonsäuremethylester (F. 103,5—104°) 9698.

$C_6H_5NO_5$ **5-[Hydroxyacetyl]-2-nitrofuran,** polarograph. Verh. 10 785.

3-Nitro-6-methylpyronon-(2.4) (F. 165°) 6029.

$C_6H_5NO_5S$ *o*-**Nitrobenzolsulfonsäure,** Verw. als Katalysator 1408*.

m-**Nitrobenzolsulfonsäure,** Darst., Verw. 8429*; Rk. v. —-Na-Salz 17 566*; scheinbares Redoxpotential v. Viscose u. dessen Beeinfluss. durch —-Na-Salz 1842; Verw. 15 965.

p-**Nitrobenzolsulfonsäure,** — als Geschw.-Standard bei d. Papierionophorese 15150; Rk. 2695; Einfl. d. Arylsulfatase v. Proteus vulgaris auf d. K-Salz 17 078.

$C_6H_5NO_6S$ **2-Hydroxy-5-nitrobenzolsulfonsäure,** Einfl. d. Arylsulfatase v. Proteus vulgaris auf d. Di-K-Salz 17 078.

1-Hydroxy-2-nitrobenzol-4-sulfonsäure, Rk. 17 937*, 18 648*.

p-**Nitrophenylsulfat,** IR-Spektrum d. K-Salzes 11 854; Nachw. v. Arylsulfatase-Aktivität mit — 8291.

$C_6H_5NO_8S_2$ **Isonicotinsäure-β.β'-disulfonsäure** 16 313.

C_6H_5NS **Thiophen-2-acetonitril,** Rk. 569*.

$C_6H_5NS_2$ **Pyridindithiocarbonsäure-(2)** 3259*, 8781*.

$C_6H_5N_3$ **Benztriazol,** Darst. v. Deriv. 15 772*; 16 308; IR-Spektrum 14 812; Anreg.- u. Fluorescenzbanden 16 261; Adsorpt. an reinen, metall. Ag-Oberflächen 14 011; thermogravimetr. Pyrolyse v. —-Verb. d. Os 9273; Rk. 2354, 3384, 17 281*; Wrkg. auf Pflanzenwachstum u. -Entw. 13 449; Best. d. Cytotoxizität in menschl. Zellkulturen 4195; Einfl. auf d. Reifevorgang in photograph. Emuls. 17 282; Verw.: in hydraul. Fl. 5048*; in hydraul. Bremsfl. 9105*; zur Verhinder. d. Heißwasserkorros. 8410*; v. Deriv. zum Schutz v. vollsynthet. Fasern gegen UV-Strahlen 4393*; zur Übersensibilisier. photograph. Halogensilber-Emuls. 19 073*; in konz. Entwicklerlsg. 11 435*; als Beschleuniger für Farbenwicklerlsg. 3699*.

Pyrrolo-[2.3:*d*]-pyrimidin, Deriv. 17 213*.

Imidazo-[*b*]-pyridin (3.4-Diazaindol, Imidazolo-[4.5:*b*]-pyridin) (F. 126—128°), Darst. 2357; (v. Deriv.) 128; Anreg.- u. Fluorescenzbanden 16 261.

3.5-Diazaindol, Anreg.- u. Fluorescenzbanden 16 261.

8-Azapyrimidazol, Deriv. 6413.

Phenylazid, Bldg. 5219; Rk.: mit Benz-in 12 293; mit exo-3.4-Benzo-tricyclo-[4.2.1.0$^{2.5}$]-nonadien-(3.7) 6363; mit Äthoxyacetylen bzw. Ketendiäthylacetal 11 915; mit 5.8-Dihydroisochinolin-5.8-endoxid 17 756; mit Thiophenol 12 626; mit Benzthiadiazol-S-dioxid 1603; mit Benzalphenylhydrazin 4159; mit cycl. Nitrilen 10 444; mit 1.2.3.6-Tetrahydro-3.6-methylenpyrazindicarbonsäure-(1.2)-diäthylester (Kinetik) 14 094.

2-Aminonicotinonitril, Rk. 7900.

$C_6H_5N_3O$ **4-Hydroxypyrrolo-[2.3:*d*]-pyrimidin,** Rk. 11 927.

2-Hydroxyimidazolo-[4.5:*b*]-pyridin (F. 265 bis 266°) 2356.

3-Hydroxypyrido-[2.1:*c*]-*symm.*-triazol (F. 224—226°) 4647*.

4.5-Benz-1.2.3-triazol-1-oxid, Deriv. 306*, 14 328*.

4-Methoxypyrimidin-2-carbonsäurenitril (F. 53°) 7526.

2-Cyan-3-methoxypyrazin 12 103*.

6-Cyan-2-methylpyridazinon-(3) (F. 110 bis 111°) 8612.

$C_6H_5N_3OS$ **2-Methylmercapto-4-hydroxy-5-cyanpyrimidin** (F. 220—222°) 15 696*.

$C_6H_5N_3O_2$ **4-Nitro-1-methylpyrrol-2-carbonitril** (F. 157,5—158°) 4902.

5-Nitro-1-methylpyrrol-2-carbonitril (F. 86 bis 86,5°) 4902.

$C_6H_5N_3O_3$ *p*-**Nitrophenylnitrosamin,** Verw. 15 042.

$C_6H_5N_3O_3S$ **Imidazo-[*b*]-pyridin-6-sulfonsäure,** Verh. gegen Oxydat. 129.

N-**Sulfonylbenzotriazol,** Verw. v. Deriv. 6939*.

p-**Nitrophenylthionylhydrazin** (F. 209°) 15 936.

$C_6H_5N_3O_4$ **2.3-Dinitroanilin** (F. 128,5—129° korr.), Darst., Analyse d. ν(NH) 431.

2.4-Dinitroanilin (F. 180—181° korr.), Bldg. 3065, 18 113; Analyse d. ν(NH) 431; Best. v. H-Brücken aus d. IR-Spektrum 432; pK-Wert 15 539; pK_H-Wert 14 081; pK_a-Wert in Polyphosphorsäure 12 932; Explos.-Gefährlichk. 8852; Rk. 10 815; (v. diazotiertem —) 17 935*.

2.5-Dinitroanilin, Rk. 4153.

2.6-Dinitroanilin (F. 141,5—142° korr.), Analyse d. ν(NH) 431; Dipolmoment, IR-Spektren 3766.

2.4-Dioxo-1.2.3.4-tetrahydropyrimidyl-(5)-glyoxal-1-oxim (F. d. Hydrats >300°) 5270.

$C_6H_5N_3O_5$ **Pikraminsäure (4.6-Dinitro-2-aminophenol, 2-Hydroxy-3.5-dinitrophenylamin),** Bldg. 10 188; Explos.-Gefährlichk. 8852; Rk. 6594*; (d. Diazoniumchlorids) 1965; analyt. Verw. 6527.

$C_6H_5N_3O_6$ **1-Methyl-5-nitrouracilcarbonsäure-(4)** 2362.

5-Nitroorotsäuremethylester, Komplex-Bldg. mit zweiwert. Metallen (Bldg.-Konst.) 4455.

2.2-Dinitro-2-cyanäthanolacrylat (Kp.$_{0,1}$ 56 bis 60°) 12 993.

$C_6H_5N_3O_9$ **2.2.2-Trinitroäthylbernsteinsäureanhydrid** (F. 86—87°) 5253.

$C_6H_5N_3S$ **4-Amino-2.1.3-benzothiadiazol (4-Aminopiazthiol)** (F. 67—68°), Darst., Rk., Acetylderiv. 5283; Verw. 6974.

5-Aminopiazthiol, Verw. 6974.

$C_6H_5N_3Se$ **4-Amino-2.1.3-benzoselenadiazol,** Tüpfelnachw. 3575.

5-Amino-2.1.3-benzoselenadiazol, Tüpfelnachw. 3575.

$C_6H_5N_5$ **5-[Pyridyl-(2')]-tetrazol** (F. 212° Zers.) 10 454.

5-[Pyridyl-(3')]-tetrazol (?) (F. 236—237°), 10 454.

5-[Pyridyl-(4')]-tetrazol (F. 254° Zers.) 10 454.

7-Aminopyrimido-[4.5:*d*]-pyrimidin, Deriv. 15 696*.

1-Methyl-5-amino-3.4-dicyanpyrazol (F. 131,5—133°) 17 929*.

$C_6H_5N_5O$ **4-Hydroxy-8-aminopyrimido-[5.4:*d*]-pyrimidin** 2361.

2-Amino-4-hydroxypteridin (2-Amino-6-hydroxypteridin, 2-Amino-4-oxodihydropteridin, „Pterin"), Darst. 17 212*; (Rk.) 8253; Hydrier. 3815; Oxydat.: durch Xanthindehydrogenase d. Seidenraupe Bombyx mori L. 16 357; durch Fettkörperhomogenat d. Seidenraupe Bombyx mori L. 16 357; Elektronenstruktur v. — bei d. Unters. d. Antikrebsaktivität d. Antimetaboliten d. Folsäure 5699.

2-Amino-7-oxodihydropteridin (F. >350°) 8254.

2-Aminonicotinsäureazid 2356.

$C_6H_5N_5O_2$ s. *Isoxanthopterin [2-Amino-4.7-dioxotetrahydropteridin]*; *Xanthopterin.*

$C_6H_6ClF_3$ **3-Vinyl-2-chlor-1.1.2-trifluorcyclobutan** (Kp.$_{631}$ 109°) 1591.

C_6H_6ClJSi **Phenylchlorjodsilan** 5589.

C_6H_6ClN **2-Chlormethylpyridin** (**α-Picolylchlorid**), Darst., Rk. 2353; Rk.: d. Hydrochlorids mit NaCN 4536; d. Hydrochlorids mit Anilin 9338; mi Bis-[β-chloräthyl]-methylamin 14 863; d. Hydrochlorids mit 6-Mercaptopurin 15 246; d. Hydrochlorids mit Äthylmalonsäurediäthylester 13 393.

3-Chlormethylpyridin, Darst., Rk. 2353; Rk. 9338.

4(γ)-Chlormethylpyridin, Darst., Rk. 2353; (d. Hydrochlorids) 15 964; Rk. 1160, 2827*, 4142, 9338.

3-Chlor-γ-picolin (Kp.$_{74}$ 101°) 8607.

Chloraniline, Bldg. aus Chlorbenzol 460.

o-**Chloranilin** (Kp.$_{35}$ 109°), Struktur u. UV-Spektrum 18 411; IR-Spektrum, Isomerie 16 974; Best. d. Selbstassoziat. u. d. intermol. π-Effekts aus d. NMR-Spektrum 9655; Konstit.-Einfl. auf d. pK-Wert 2310; pK Wert, Ionisat.-Enthalpie 2310; Bezieh. zwischen Halbstufenpotential u. Substitut 17 701; dielektr. Absorpt. 13 339; diamagnet. Susceptibilität d. Pikrats 15 538; Konstit.-Einfl. auf d. chromatograph. Verh. an SiO_2 11 142; Orientier. bei d. Konkurrenz-Rk. mit Triphenylmethylchlorid bzw. -perchlorat im Syst. —/o-Chlorphenol 16 991; Rk.: mit Gramin 15 207; mit Glycerin 15 918; mit CH_2O 6750; mit 1-Thiophthalid 122; mit Campherchinon 6422; mit Acetonyliden-2-methoxyphenylhydrazin 9644; mit Phenanthridiniumsalz 2830*; mit Malonsäurediäthylester 10 802; mit α-Brompropionsäureäthylester 17 715; mit 4-Chlor-2-benzylmercapto- bzw. 2.4-Dichlor-5-carbäthoxypyrimidin 3096; mit Acetondicarbonsäurediäthylester 9713, 9714; mit Zimtsäurechlorid 18 805; mit N-[Hydroxymethyl]-3-nitrophthalimid 6764; Einfl. auf d. Kinetik d. Phenylhydrazonbldg. v. Benzo- u. Thiobenzophenon 5990; mkr. Nachw. als dibenzofuran-2-sulfonsaures Salz (F. 228—230°) 17 513.

diazotiertes —: Rk.: mit Acrylsäure 9686; mit Malonsäure bzw. Acetessigester 10 801; mit Acetamidomalonsäuremonoäthylester 126; Verw. für Azofarbstoffe 6975*, 11 013*, 16 666.

m-**Chloranilin**, Darst. 15 030*; Struktur u. UV-Spektrum 18 411; Konstit.-Einfl. auf d. IR-Spektrum 14 812; Best. d. Selbstassoziat. u. d. intermol. π-Effekts aus d. NMR-Spektrum 9655; Konstit.-Einfl. auf d. pK-Wert 2310; pK-Wert, Ionisat.-Enthalpie 2310; dielektr. Absorpt. 13 339; Bezieh. zwischen Halbstufenpotential u. Substitut. 17 701; diamagnet. Susceptibilität d. Pikrats 15 538; Konstit.-Einfl. auf d. chromatograph. Verh. an SiO_2 11 142; Rk.: mit Chlorsulfonsäure 2366, 18 933*; (u. NaCl) 8060*; mit Phosgen 17 926*; mit Polyvinylchlorid (Geschwindigk.) 14 892; mit Gramin 15 207; mit CH_2O 6751; mit Cu-Palmitat u. -Stearat 13 696; mit Orthocarbonsäuretriäthylestern 14 832; mit Acetondicarbonsäurediäthylester 9713, 9714; mit Essigsäurechloressigsäureanhydrid 14 113; mit Benzoylchlorid (Einfl. v. Säurezusätzen auf d. Kinetik) 86; mit N-[Hydroxymethyl]-3-nitrophthalimid 6764.

diazotiertes —: Kinetik d. therm. Zers. d. Salze 13 352; Rk.: d. Chlorids mit 1.2-Dichlorcyclopenten-(1)-dion (3.5) 18 446; mit Acrylsäure 9686; mit Poly-p-aminosalicylsäure 9161*; d. Chlorids mit 3.3′-Dichlor-4.4-di-(2″-hydroxy-3″-naphthoylamino)-1.1′-diphenyl 1808*, 17 222*.

p-**Chloranilin** (F. 70—71°), Darst., Rk. 7496; Bldg. 8585; Struktur u. UV-Spektrum 18 411; Substituenten- u. Lsgm.-Einfl. auf d. UV-Spektrum 4473; IR-Spektrum, Isomerie 16 974; ungewöhnl. Effekte im IR-Spektrum v. — 7460; Lsgm.-Abhängigk. d. ν(N-H) 10 028; Einfl. auf d. Kernquadrupolresonanz in p-Dichlorbenzol 17 353; Best. d. Selbstassoziat. u. d. intermol. π-Effekts aus d. NMR-Spektrum 9655; Konstit.-Einfl. auf d. pK-Wert 2310; pK Wert, Ionisat.-Enthalpie 2310; Bezieh. zwischen Halbstufenpotential u. Substitut 17 701; dieelektr. Absorpt. 13 339; diamagnet. Susceptibilität d. Pikrats 15 538; Parachor in bin. Systemen mit Nitrobenzolen 7094; Konstit.-Einfl. auf d. chromatograph. Verh. an SiO_2 11 142; Gleichgew.-Potentiale an einer permselektiven Kationenaustauschermembran aus sulfonierten Polystyrol in Ggw. v. — 3008; Oxydat. mit Silberjodiddibenzoat 10 063; Rk.: mit SiF_4 17 333; mit Dekaboran (Kinetik) 439; mit CS_2 1205; mit Cyanurchlorid 8617; mit Dicyandiamid 2091*; (u. 4-Methylcyclohexanon) 6511*; mit Acetylenchloriden 7481; mit Polyvinylchlorid (Geschwindigk.) 14 892; mit Allylchlorid 837; mit Cycloheptatrien 17 730; mit 2-Methyl-5-phenyltetrazol 4160; mit 2.5-Diphenyltetrazol 4159; mit 7-Benzyl-6-chlorpurin 10 464; mit Gramin 15 207; mit Nitrobenzol 4869; mit 2.5-Dichlornitrobenzol 136; mit p-Nitrodiphenyl 17 761; mit p- bzw. o-Nitrodiphenyl 12 303; mit Brenzcatechin u. $NaJO_3$ 9520*; mit 3.4-Dichlorphenylisothiocyanat 4648*, 5777*; mit Formalin 6751; (u. dl-trans-Hexahydrobenzoxazolthion) 9703; mit Benzaldehyden (Geschw.) 15 548; mit 1-[2-Chloräthyl]-4-propionyl-4-phenylpiperidin 8248; mit 1-Thiophthalid 122; mitCampherchinon 6422; mit Phenanthridiniumsalz 2830*; mit p-Nitrozimtsäure 18 805; mit Na-Glucuronat 18 476; mit Cu-Palmitat u. -Stearat 13 696; mit Acetondicarbonsäurediäthylester 9713, 9714; mit 4-Hydroxycumarin-3-carbonsäureäthylester 4639*; mit α.α′-Dipropylglutarsäureanhydrid 16 999; mit β-[5-Nitrofuryl-(2)]-acrylsäureanhydrid 836; mit α. δ-Dichlorvaleriansäurechlorid 306*; mit Homoterpenylsäurechlorid 10 845; mit N-[Hydroxymethyl]-3-nitrophthalimid 6764; mit γ- oder δ-Halogensulfonsäuren bzw. -halogeniden 7324*; mit p-Acetylaminobenzolsulfonylalkylurethanen 9817*; Einfl. auf d. Kinetik d. Phenylhydrazonbldg. v. Benzo- u. Thiobenzophenon 5990; N-Oxydat. v. — im höheren Tier 11 637; Farb-Rk. mit 1.2.3-Triacetyl- bzw. 1-Äthyl-2.3-diacetylbenzol 12 998; Charakterisier. als saures (—)-Di-O-p-toluyltartrat (F. 171,5 bis 173,5°) 3778.

diazotiertes —: Darst., Rk. d. Fluoroborats (F. 139° Zers.) 6010; photochem. Zers. d. Tetrafluoroborats 5250; Mechanismus d. Sandmeyer-Rk. d. Fluoroborats 13 353; Rk.: d. Chlorids mit Anthracen bzw. Phenylanthracen bzw. Anthrocsäure-(9) 13 739; d. Chlorids mit 6-Chlor-2-hydroxy-3-methyl-3H-pyrimidinon-(4) 17 415; mit 1-Phenyl-3-methyl-4-pyrazolon 659*; d. Chlorids mit 1.2-Dichlorcyclopenten-(1)-dion-(3.5) 18 446; d. Chlorids mit Chlor-p-benzochinon 5260; d. Fluoborats mit Benzonitril 19 014*; d. Chlorids mit 2.5-Dicarbäthoxycyclohexandion-(1.4) 2730; d. Chlorids mit 2-Acetanilidovinylbenzthiazolmethomethylsulfat 1984.

$C_6H_6ClNNiO$ **Benzolnickelnitrosylchlorid** 7700*.

C_6H_6ClNO *p*-**Chlorphenylhydroxylamin**, Rk. 5227.

m-**Chlor-*o*-aminophenol** (**5-Chlor-1-hydroxy-2-aminobenzol**), Rk. 11 565; Verw. 3633*.

1-Amino-2-hydroxy-5-chlorbenzol (4-Chlor-2-aminophenol), Darst. 18 089; Acetylier. 16 847*; Rk.: d. Diazoniumchlorids mit 4-Hexylresorcin 1965; mit 2.3-Dichlorpropionaldehyd 11 007*; mit 2-Hydroxy-naphthochinon-(1.4) 137; mit Hydroxysäuren 16 535*; mit Apfelsäure 13 579*; mit dl-Thioäpfelsäure 12 464*; Verw. für Azofarbstoffe 659*, 7707*, 11 743*, 15 416* [2 Ref.].
6-Chlor-2-aminophenol, Rk. 7145.
4-Chlor-2-methoxypyridin (F. 26°) 17 027.
3-Methyl-4-chlorpyridin-1-oxid (4-Chlor-β-picolin-*N*-oxid) (F. 124°), Darst., Rk. 16 683; Protonenresonanzspektrum 3040; Rk. 3093.
5-Cyanpenten-(3)-säurechlorid ($Kp._{10}$ 118 bis 120°) 13 725.

C_6H_6ClNOS ***syn*-2-Acetyl-5-chlorthiophenoxim** (F. 140°) 11 557.
***anti*-2-Acetyl-5-chlorthiophenoxim** (F. 184°) 11 557.
2-Acetylamino-5-chlorthiophen (F. 175 bis 176°), Darst. 11 558.

$C_6H_6ClNOSe$ **5-Chlorselenophen-2-carbonsäure-methylamid** (F. 163°) 9699.

$C_6H_6ClNO_2S$ (s. *Chloramin B* [„*Chloramin*", *Benzolsulfonchloramid*]).
2-Chlorthiazol-4-carbonsäureäthylester, Konstit.-Einfl. auf d. Hydrolyse (Kinetik) 16 986.
2-Chlorthiazol-5-carbonsäureäthylester, Konstit.-Einfl. auf d. Hydrolyse (Kinetik) 16 986.
***p*-Chlorbenzolsulfonamid** (F. 146,5°), Bezieh. zwischen d. opt. Aktivität, UV- u. IR-Spektrum bzw. d. Dipolmoment 1548; Konstit.-Einfl. auf d. UV-Spektrum 11 133; Rk.: mit $SOCl_2$ 10 799; mit Propylisocyanat 10 930*; d. Na-Salzes mit 1.3-Di-n-butylharnstoff 46 36*, 9077*; d. Na-Salzes mit trisubstituierten Harnstoffen 7623*.

$C_6H_6ClNO_3$ **3-Aminoperchlorylbenzol,** Rk. 8780*.
4-Aminoperchlorylbenzol 8780*.

$C_6H_6ClNO_3S$ **1-Amino-4-chlorbenzol-2-sulfonsäure,** Verw. 10 283*.
2-Chloranilin-4-sulfonsäure, Bezieh. zwischen Struktur u. Stabilität d. Komplexe v. — mit Cd 46.
2-Chloranilin-5-sulfonsäure, Bezieh. zwischen Struktur u. Stabilität v. Cd-Komplexen d. — 46.

$C_6H_6ClNO_4S$ **2-Amino-4-chlorphenol-6-sulfonsäure (4-Chlor-2-amino-1-hydroxybenzol-6-sulfonsäure),** Rk. 1036*, 3205, 19 018*.

$C_6H_6ClNO_4S_2$ ***p*-Aminosulfonylbenzolsulfochlorid** (F. 153—156°) 815.

C_6H_6ClNS **4-Chlor-2-aminothiophenol (*o*-Amino-*p*-chlorthiophenol)** (F. 44 bis 46°), Darst., Rk. 18 829; Rk. 13 496*; (d. Hydrochlorids) 4638*.
5-Chlor-2-aminothiophenol, Rk. 15 410*.

$C_6H_6ClN_3O$ **4-Chlor-6-methylpyrimidin-2-carbonsäureamid** (F. 177—178°) 6772.

$C_6H_6ClN_3O_2$ **5-Chlor-2-nitrophenylhydrazin** (F. 160°) 16 290.
3-Chlor-4-hydroxy-5-acetamidopyridazin (F. 258° Zers.) 131.

$C_6H_6ClN_3O_3$ **5-Chloracetylaminouracil** (F 274° Zers.), Darst. Prüf. auf tumorhemmende Wrkg. 11 592.
6-Chlor-5-formamido-2-hydroxy-3-methyl-3H-pyrimidinon(4) (F. 225—226°) 17 415.

$C_6H_6ClN_3O_6S_2$ **5-Chlor-2.4-disulfamylnitrobenzol** 8717* [2 Ref.].

$C_6H_6ClN_5$ **4-Amino-7-chlor-1-methylimidazo-[4.5:*d*]-pyridazin** (F. 273—275°) 571*.
4-Amino-6-chlor-1-methylpyrazolo-[3.4:*d*]-pyrimidin, Rk. 135.
6-Amino-1-methyl-3-chlorpyrazolo-[3.4:*d*]-pyrimidin (F. 230—231°) 17 760.

$C_6H_6ClN_7$ **2-Chlor-4.6.8-triaminopyrimido-[5.4:*d*]-pyrimidin** 2361.

$C_6H_6ClO_3P$ ***p*-Chlorphenylphosphonsäure** 1799*.
Phosphorsäuremonophenylestermonochlorid, Rk. 8636.

$C_6H_6ClO_4P$ **Phosphorsäure-*p*-chlorphenylester (Mono-[*p*-chlorphenyl]-phosphat)** (F. 125°), Darst., Rk. 8631; Rk.: mit Imidazol 8633; mit Trichloracetonitril u. Arylphosphaten 7851; mit N.N'-Carbamyldiimidazol 8634; mit Dichlorphosphorsäureestern 7850; mit Na-Tribenzylpyrophosphat 8631; mit Phosphorsäure-[α-äthoxy-β-carbäthoxyvinylester]-diäthylester 8633.

$C_6H_6Cl_2F_2$ **Dien** $C_6H_6Cl_2F_2$ aus dimerem 1-Fluor-1.1-dichlor-2-brompropen-(2) 10 052.

$C_6H_6Cl_2N_2$ **2.6-Dichlor-*p*-phenylendiamin,** colorimetr. Best. v. 2.6-Dichlor-4-nitranilin als — 13 175.
2.4-Dichlorphenylhydrazin, Rk. 6138*.
2.5-Dichlorphenylhydrazin, Rk. 1179.
3.4-Dichlorphenylhydrazin, Rk. 6138*.

$C_6H_6Cl_2N_2O$ **6-Äthoxy-2.4-dichlorpyrimidin** 9717.

$C_6H_6Cl_2N_2OS$ **4-Chlormethyl-2-chloracetyl-aminothiazol** (F. 121°) 4905.
3-Methylthiazolon-(2)-dichloracetylimin (F. 123,5—125°), IR- u. UV-Spektrum 8199.

$C_6H_6Cl_2N_2O_3$ **2.5-Diamino-3-chlorperchloryl-benzol** 8780*.

$C_6H_6Cl_2N_2O_4S_2$ (s. *Dichlorphenamid* [*4.5-Dichlorbenzol-1.3-disulfonamid*]).
6-Methyl-2-amino-3.5-disulfonsäuredichlorid (F. 132—133° Zers., korr.) 10 096.
1.3-Diaminobenzol-4.6-disulfochlorid (F. 274—275° Zers.) 5674.

$C_6H_6Cl_2N_4O$ **Acetonoxim-[2.4-dichlor-1.3.5-triazinyl-(6)]-äther** (F. 65,5—67°) 8259.

$C_6H_6Cl_2N_4O_2$ **2-Chlor-4-[2'-chloräthylamino]-5-nitropyrimidin** (F. 72—73°) 9346.

$C_6H_6Cl_2O$ **2.5-Bis-[chlormethyl]-furan** (F. 25 bis 27°), Darst., Rk. 13 951*; Rk. 1599, 2345.

$C_6H_6Cl_2OS$ **Methyl-[2.3-dichlorthenyl-(5)]-äther** ($Kp._{12}$ 113°) 12 650.

$C_6H_6Cl_2O_2$ **Hexen-(3)-disäure-(1.6)-dichlorid,** Rk 8415*.

$C_6H_6Cl_2O_4S_3$ **2-Äthylthiophen-3.5-disulfochlorid** 5768*, 8346*.

$C_6H_6Cl_2S$ **2.5-Bis-[chlormethyl]-thiophen** ($Kp._{17}$ 129—133°), Rk., Urotropinsalz 4945.

$C_6H_6Cl_2SSn$ **Thienyl-(2)-vinylzinndichlorid** 3260*, 4343*, 4716*.

$C_6H_6Cl_2Si$ **Phenyldichlorsilan,** Darst., Rk. 16 291; Rk. 7485, 12 613, 15 406*.

$C_6H_6Cl_3N_3$ **2.4.6-Tris-[chlormethyl]-*symm.*-triazin** (F. 78—79°) 1997, 9154*.

$C_6H_6Cl_3N_3O$ **2-[3'-Chlorpropoxy]-4.6-dichlor-1.3.5-triazin** ($Kp._{0,07}$ 114—116°) 6938*, 8258.

$C_6H_6Cl_4$ **2.2.2'.2'-Tetrachlorbicyclopropyl** (F. 79,5—80,5°) 4889.

$C_6H_6Cl_4N_2O_6P_2S_2$ **Phenylen-1.3-bis-[sulfamidophosphorsäuredichlorid]** (F. 152—154° Zers.) 815.
Phenylen-1.4-bis-[sulfamidophosphorsäuredichlorid] (F. 220° Zers.) 816.

$C_6H_6Cl_4O$ **Bis-[2.2-dichlorcyclopropyl]-äther** ($Kp._{0,2}$ 85—90°) 11 541.

$C_6H_6Cl_4O_3$ **1.1.3.3-Tetrachloracetessigsäure-äthylester,** Rk. 17 008.
Äthyl-α-chlortrichloracetoacetat, Rk. 3696*.

$C_6H_6Cl_4S$ **Bis-[2.3-dichlorpropenyl]-sulfid** 9868*.

$C_6H_6Cl_6$ **Hexachlorcyclohexan** s. *Schädlingsbekämpfung-Spezialmittel* [*Hexamittel*].

$C_6H_6Cl_6N_2O_2S_2$ ***N.N'*-Diacetyl-*N.N'*-bis-[trichlormethylmercapto]-hydrazid** (F. 96 bis 98°) 17 860*.

$C_6H_6Cl_8O$ **Oktachlordipropyläther,** verstärkende Wrkg. bei Carbamatinsekticiden 628.

C_6H_6FN ***o*-Fluoranilin** ($Kp._{750}$ 174—175°), Darst., Rk. 7859; Konstit.-Einfl. auf d. pK-Wert 2310; pK-Wert, Ionisat.-Enthalpie 2310.
***m*-Fluoranilin** ($Kp._{755}$ 186—188°), Darst., Rk. 7859; Konstit.-Einfl. auf d. pK-

Wert 2310; pK-Wert, Ionisat.-Enthalpie 2310; Jodier. 9735.
p-**Fluoranilin** (Kp.$_{760}$ 186—187°), Darst. 17 208*; (Rk.) 7859; Substituenten- u. Lsgm.-Einfl. auf d. UV-Spektrum 4473; Konstit.-Einfl. auf d. pK-Wert 2310; pK-Wert, Ionisat.-Enthalpie 2310; Pyrolyse v. diazotiertem — 8575; Chlorier. bzw. Bromier. 17 004; Nitrier. 28 107; Rk.: mit Allylchlorid 837; mit 1.4-Dichlor-6-methyl-5-nitropyrimidin 10 094; mit 6-Hydroxy-2-methylpurinyl-(8)-mercaptoessigsäure 9720; Best. d. Cytotoxizität in menschl. Zellkulturen 4196.

$C_6H_6FNO_2S$ **1-Aminobenzol-4-sulfofluorid**, Verw. 16 142*.
p-**Fluorbenzolsulfonamid**, Rk. d. Na-Salzes 7623*.

$C_6H_6F_2N_2$ **4.6-Difluor-1.3-diaminobenzol** 7859.
2.5-Difluor-1.4-diaminobenzol (F. 129 bis 130°) 13 437.

$C_6H_6F_2N_2OS$ *m*-**Aminophenyliminoschwefeloxiddifluorid**, Hydrochlorid 5219.

$C_6H_6F_2O_4$ **Difluormaleinsäuredimethylester** 2169*.
Difluorfumarsäuredimethylester 2169*.

$C_6H_6F_3N$ *N*-**[1.1.2-Trifluoräthyl]-pyrrol** (Kp. 121—125°) 9519*.

$C_6H_6F_3NO_2$ **α.α.α-Trifluoracetoncyanhydrinacetat**, Rk. 10 800.

$C_6H_6F_3NO_3$ *N*-**Trifluoracetylglycinvinylester** (F. 42,5°) 17 001.

$C_6H_6F_3N_3$ **4-Amino-6-methyl-2-trifluormethylpyrimidin** (F. 173—174°) 6411.

$C_6H_6F_3N_3O$ **4-Amino-2-trifluormethyl-5-hydroxymethylpyrimidin**, Rk. 3827.

$C_6H_6F_4$ **3-Äthyl-1.1.2.2-tetrafluorcyclobuten** (Kp.$_{100}$ 55°) 1591.

$C_6H_6F_6S_2$ **1.2-Bis-[methylmercapto]-1.2-bis-[trifluormethyl]-äthylen** (Kp.$_{20}$ 73°) 3058.

C_6H_6HgO **Phenylmercurihydroxid (Phenylquecksilberhydroxid)** (F. 224—227°), Ionisat.-Konst. in Essig- bzw. Propionsäure 10 746; Polarographie v. — u. Deriv. 8566; Hemm. d. gereinigten Säugetier-β-glucuronidase durch — 16 366; Rk. v. normalem Erwachsenenhämoglobin mit — 16 386; Einfl. auf d. normale Erwachsenenhämoglobin 16 387; Best. d. —-Protein-Bind. durch eine polarograph. Meth. 17 834.

C_6H_6JN *o*-**Jodanilin**, pK-Wert, Ionisat.-Enthalpie 2310; Konstit.-Einfl. auf d. pK-Wert 2310; Rk. v. diazotiertem — 14 492.
m-**Jodanilin**, pK-Wert, Ionisat.-Enthalpie 2310; Konstit.-Einfl. auf d. pK-Wert 2310; Rk. 5489*.
p-**Jodanilin** (F. 63°), Darst. [Mechanismus d. Protodejodier. (Kinetik)] 5989; (Acetylderiv.) 3065; Substituenten- u. Lsgm.-Einfl. auf d. UV-Spektrum 4473; pK-Wert, Ionisat.-Enthalpie 2310; Konstit.-Einfl. auf d. pK-Wert 2310; Teilnahme an Jodier.-Rk. in Ggw. v. Peroxydase 11 230.

C_6H_6JNO **4-Jod-2-methoxypyridin** (Kp.$_{15}$ 106°) 17 027.

$C_6H_6JN_3O_2$ **5-Jod-2-nitrophenylhydrazin** (F. 150°) 16 290.

$C_6H_6J_2N_2$ **3.4-Dijodphenylhydrazin**, Hydrochlorid (F. 162—163°) 14 498.

$C_6H_6J_2O_2$ **Dijod-1-methyl-2.3-diketocyclopentan** (F. 174° Zers.) 3071.

$C_6H_6J_2S$ **2.5-Dijod-3.4-dimethylthiophen** 10 827.

C_6H_6LiN α-**Picolyllithium**, Darst., Rk. 2088*; Rk.: mit Azulen 13 740; mit Bis-[β-chloräthyl]-methylamin 14 863; mit 5-Phenylpentadien-(2.4)-al 2720; mit Cinnamylidenacetophenon 4892; mit Aminoketonen 17 035; mit [4'-Methoxybiphenylyl-(4)]-propanon-(2) 3808; mit Carbonsäureestern 6407.
γ-**Picolyllithium**, Rk. 9336.
Monolithiumanilid, Rk. 9269.

C_6H_6MgO **Phenylmagnesiumhydroxyd**, Rk. v. Halogeniden 571*.

C_6H_6NNa **Picolyl-(2)-natrium**, Rk. 5295.
Picolyl-(3)-natrium, Rk. 5295.
Picolyl-(4)-natrium, Rk. 5295.

C_6H_6NO **Monophenylstickoxid** s. unter *Radikale* (*Spezielle Radikale*).

$C_6H_6NO_5Sb$ *p*-**Nitrophenylstibinsäure**, Tüpfelnachw. 18 218.

$C_6H_6NO_6P$ *p*-**Nitrophenylphosphat**, Hydrolyse durch ein Phosphatasepräp. aus Erbsensamen 887; Aktivitäten v. menschl. alkal. Phosphatasen gegenüber — als Substrat (Differenzier.) 9016; Aktivität d. Phosphomonoesterasen im Samenplasma d. Hahns gegenüber — 15 268; Dinatrium-— als Substrat bei d. Best. d. sauren Phosphatase in Rahm u. Magermilch 15 069; Best.: d. Phosphataseaktivität in Rinderzähnen mit d. Di-Na-Salz als Substrat 15 637; d. 5-Nucleotidase-Aktivität bei Weißmuskelerkrank. mit — als Substrat 12 699.

$C_6H_6N_2$ **Monophenyldiimid**, Nachw. d. Komplex-Bldg. mit Hämproteinen 9748.
1-Methylpyrrol-2-carbonitril (Kp.$_{11}$ 86—88°) 4902.
1.4-Dicyanbuten-(1) 17 924*.
1.4-Dicyanbuten-(2), Darst. 17 924*; Rk. 12 096*, 13 569*.
Isopropylidenmalodinitril, Rk. 15 549.

$C_6H_6N_2Ni$ **Bis-[acrylnitril]-nickel(0)**, Bind.-Problem 10 392; Rk. 16 965.

$C_6H_6N_2O$ (s. *Nicotinsäureamid* [*Niacinamid, Nicotinamid, Vitamin B_3, Vitamin PP*]).
p-**Nitrosoanilin**, Dipolmoment d. angeregten Mol. 15 537.
Diazoacetylmethylencyclopropan 5649.
Pyridin-2-aldoxim (F. 113°), IR-Spektren v. Komplexen d. — 10 352; Säure-Dissoziat.-Konst. 18 774; Komplexe v. Pt(II) mit — (cis-trans-Isomerie) 1928; Rk. 8719*, 8720*; Hemm. d. enzymat. Acetylier. v. p-Sulfanilamid u. v. p-Aminoazobenzol durch — 11 970.
Pyridin-4-aldoxim (Isonicotinaldehydoxim), Rk. 5667; Einfl. auf d. Chemoluminescenz v. Luminol 7829.
Äthoxymethylenmalonsäuredinitril, Rk.: mit $NH_2OH \cdot HCl$ 8602; mit 1-[3-Methylbenzyl]-piperazin 9313; mit Aminoazobenzolen 15 774; mit Hydrazinoalkanen 7625*; mit Methylisothioharnstoff 4641*, 15 696*; mit 1-Methyl-2-benzylidenhydrazin 18 567*; mit Benzhydrazid bzw. Semicarbazid 15 951; Verw. 6877*.
Picolinsäureamid 128.
Isonicotinsäureamid (Isonicotinamid), Darst. 14 329*; (Verw. v. Deriv.) 1714*; Rk. 4536, 14 243; (v. Deriv.) 14 618*; — als Substrat für Acylamidasen in Mycobakterien 4579; Aktivität v. Formamidase aus Mycobakterien gegenüber — 5343; Wrkg. auf d. antileukäm. Aktivität v. 2-Amino-1.3.4-thiadiazol 10 504; Verstärk. d. Wrkg. in Heilmitteln 1720*.

$C_6H_6N_2OS$ *m*-**Aminothionylanilin** (Kp.$_3$ 109 bis 110°) 11 888.
p-**Aminothionylanilin** (F. 67—68°) 11 888.
Phenylthionylhydrazin, Rk. 9679.

$C_6H_6N_2O_2$ (s. *Urocaninsäure* [*Urocansäure, Imidazolylacrylsäure*]).
3-Nitro-2-methylpyridin (F. 28,5°) 8248.
3-Methyl-4-nitropyridin, Rk. 3093.
3-Nitro-γ-picolin (3-Nitro-4-methylpyridin) (Kp.$_{3,5}$ 100°), Darst., Rk. 17 396; Protonenresonanzspektrum 3040.
o(2)-**Nitroanilin** (*o*-**Nitranilin**) (F. 72—72,5° korr.), Bldg. 13 765, 14 825; Struktur u. UV-Spektrum 18 411; Konstit.-Einfl. auf d. IR-Spektrum 10 028; Isomerie u. Absorptionsspektrum im nahen IR 1550; Best. v. H-Brücken aus d. IR-Spektrum 432; Analyse d. ν(NH) 12 599; (bzw. ν(ND) v. D-—) 431; Deuteriumaustausch als Hilfsmittel bei d. IR-spektroskop.

Unters. v. Mol.-Strukturen 11 137; inter- u. intramol. H-Bind. 10 781; Wrkg. d. Lsgm. auf d. Elektronenabsorpt.-Spektrum 16 621; diamagnet. Susceptibilität d. Pikrats 15 538; Dipolmoment 3766, 15 167; Einfl. d. Substituentengruppen auf d. Ionisationspotential 18 061; Bezieh. zwischen Halbstufenpotential u. Substitut 17 701; pK-Wert 15 539; (Ionisat.-Enthalpie) 2310; Konstit.-Einfl. auf d. pK-Wert 2310; Elektrored. (Einfl. d. Kathodenstromdichte) 8566; (Einfl. d. Temp.) 8566; Bldg. v. negativen Ionen bei d. Elektrolyse 3042; Konstit.-Einfl. auf d. chromatograph. Verh. an SiO_2 11 142; Red. 8956, 10 815; Rk.: mit SiF_4 17 333; mit $TeBr_4$ 16 242; Substitut. v. NH_2 durch CN 9318; Cyclisier. v. N-substituierten Deriv. 13 015; Verh. gegen Fructose 6020; Rk.: mit CH_2O 6751; mit Crotonaldehyd, Methylvinylketon bzw. Paraldehyd 15 965; mit 2.3-Dichlorthiophen-5-aldehyd 12 650; mit Methylglyoxalphenylhydrazon 9644; mit 2-Oxocyclopentancarbonsäureäthylester 4916; mit Essigsäurechloressigsäureanhydrid 14 113; mit N-[Hydroxymethyl]-3-nitrophthalimid 6764; mit Butansulton-(1.4) 12 252; Resorpt. durch d. kleine Intestinum v. Ratten 17 835; Verw. 4719*; Best. 16 430.

diazotiertes —: Bldg. 14 825; photochem. Zers. d. Chlorids 5250; Pyrolyse v. Salzen 8575; Spalt. d. Fluoroborats 6739; Rk.: mit Anilinen 4887; mit 1-Nitrohexan, Nitroäthan, Phenylnitromethan bzw. α-Nitro-α-phenylessigsäure 13 764; mit Cyclohexanon-Deriv. 3098; mit 2-Benzyldimedon 14 848; d. Chlorids mit 2.5-Dicarbäthoxycyclohexandion-(1.4) 2730; mit Acetamidomalonsäuremonoäthylester 126; mit d. Na-Salz d. 1.2-Diäthyl-4-aminobenzol-N-sulfonsäure 306*; Nachw. einer Wollschädig. durch Anfärben mit *Brentamine Fast Orange GR Salz* 17 264; Verw. für Azofarbstoffe 6975*; 17 217*, 18 286*.

m(**3**)**-Nitroanilin** (*m*-**Nitranilin**) (F. 114 bis 114,5° korr.), Struktur u. UV-Spektrum 18 411; Konstit.-Einfl. auf d. IR-Spektrum 10 028; Isomerie u. Absorptionsspektrum im nahen IR 1550; Analyse d. ν(NH) 431; Einfl. d. Substituentengruppen auf d. Ionisationspotential 18 061; Änder. d. freien Ionisationsenergie 3406; diamagnet. Susceptibilität d. Pikrats 15 538; Dipolmoment 15 167; Bezieh. zwischen Halbstufenpotential u. Substitut 17 701; pK-Wert, Ionisat.-Enthalpie 2310; Konstit.-Einfl. auf d. pK-Wert 2310; Bldg. v. negativen Ionen bei d. Elektrolyse 3042; Konstit.-Einfl. auf d. chromatograph. Verh. an SiO_2 11 142; Wander.-Geschw. an Kieselsäure-Celite-*503* 10 409; Red. 8956, 10 815; Rk. mit SOF_4 5219; Substitut. v. NH_2 durch CN 9318; Vers. d. Rk. mit Gramin 15 207; Verh. gegen Fructose 6020; Rk.: mit CH_2O 6751; (u. dl-trans-Hexahydrobenzoxazolthion) 9703; mit Aldehyden u. Oxalessigsäurediäthylester 18 458; mit Phenanthridiniumsalz 2830*; mit 1-Nitroanthrachinon-2-carbonsäure 13 580*; mit Essigsäurechloressigsäureanhydrid 14 113; mit N-[Hydroxymethyl]-3-nitrophthalimid 6764; mit γ- oder δ-Halogensulfonsäuren bzw. -halogeniden 7324*; mit 4-Chlorbutansulfochlorid bzw. Butansulton-(2.4) 12 251; bakteriostat. Wrkg. 1278; Verw. 4719*; mkr. Nachw. 17 513; Best. 16 430.

diazotiertes —: photochem. Zers. d. Pentachlorostannats 5250; Rk. mit Dimethylanilin 4887; Unters. an 1:2-Cr-Komplexen d. Azofarbstoffes — →β-Naphthol 7819; Rk.: mit Na-Thiophenolat 4534; mit 4-Hydroxycumarin 3453; mit 2-Benzyldimedon 14 848; d. Chlorids mit 1.2-Dichlorcyclopenten-(1)-dion-(3.5) 18 446; mit K-Äthylxanthogenat 14 088; d. Chlorids mit K-Äthyltrithiocarbonat 4881.

p(**4**)**-Nitroanilin** (**1-Amino-4-nitrobenzol**) (F. 147—147,5° korr.), Kristallstruktur 18 781; Struktur u. UV-Spektrum 18411; Konstit.-Einfl. auf d. UV-Spektrum 15 532; Isomerie u. Absorptionsspektrum im nahen IR 1550; ungewöhnl. Effekte im IR-Spektrum v. — 7460; Konstit.-Einfl. auf d. IR-Spektrum 10 028; Analyse d. ν(NH) 431; Best. d. Orientier. u. Oscillatorenlagen anisotrop adsorbierter Molekeln mittels UV- u. IR-Absorpt. im polarisierten Licht 15 535; Depolarisat. d. Raman-Linien 5974; Wrkg. d. Lsgm. auf d. Elektronenabsorpt.-Spektrum v. — 16 621; Einfl. d. Substituentengruppen auf d. Ionisationspotential 18 061; diamagnet. Susceptibilität d. Pikrats 15 538; Dipolmoment 15 167; Bezieh. zwischen Halbstufenpotential u. Substitut 17 701; Halbneutralisat.-Potential 8566; pK-Wert 15 539; (Konstit.-Einfl.) 2310; (Ionisat.-Enthalpie) 2310; Bldg. v. negativen Ionen bei d. Elektrolyse 3042; Konstit.-Einfl. auf d. chromatograph. Verh. an SiO_2 11 142; Wander.-Geschw. an Kieselsäure-Celite-*503* 10409; Red. 8956, 10 815; Hydrier. (Kinetik) 5251; Oxydat. mit Silberjodiddibenzoat 10 063; Vers. d. Rk. mit CS_2 1205; Substitut. v. NH_2 durch CN 9318; Rk.: mit Cycloheptatrien 17 730; mit Aldehyden u. Oxalessigsäurediäthylester 18 458; mit CH_2O 5856, 6751; mit p-Anisaldehyd u. 3.4-Dimethoxyphenylbrenztraubensäure 15 956; mit 2.3-Dichlorthiophen-5-aldehyd 12 650; Verh. gegen Fructose 6020; Rk.: mit α-Chlor-β-[1.2-dihydro-3H-xanthenyl-(4)]-acroleinsemicarbazon 10 090; mit 11-Bromundecansäure 6000; mit Na-Glucuronat 18 476; mit Cyclohexadien-(2.5)-carbonsäure-(1)-essigsäure-(1) 18 808; mit Essigsäurechloressigsäureanhydrid 14 113; mit Aminosäurechloriden 13 366; mit p-Nitrophenylacetylchlorid 12 638; mit N-[Hydroxymethyl]-3-nitrophthalimid 6764; bakteriostat. Wrkg. 1278; Resorpt. durch d. kleine Intestinum v. Ratten 17 835; Verw.: als Stabilisier.-Mittel 4719*; zur Best. d. Dissoziations-Geschw.-Konst. v. Säuren 3401; mkr. Nachw. 17 513; Best. 16 430; Verw. zum Nachw. v. Nitriten in Käse 12 874.

diazotiertes —: Darst., Rk. d. Fluoroborats (F. 154° Zers.) 6010; Berechn. d. Hydrolysen-Konst. d. —-Kations 11 515; photochem. Zers. d. Pentachlorostannats (F. 119° Zers.) 5250; Pyrolyse v. Salzen 8575; Zers. d. Hydrochlorids 11 005*; Mechanismus d. Sandmeyer-Rk. d. Fluoroborats 13 353; Rk.: d. Fluorborats mit Azulenen 13 742; d. Chlorids mit Anthracen bzw. 9-Phenylanthracen bzw. Anthroesäure-(9) 13 739; mit Pyridin 6034; mit Naphthofuran- bzw. Benzindolderiv. 12 649; Diazo-Austausch-Rk. v. ^{15}N-—-Chloridlsg. 2319; Rk.: mit Dimethylanilin 4887; mit d. o-, m- u. p-Isomeren d. Tetramethylphenylendiamins 13 000; Verh. gegen 5-Hydroxypyrimidin 7148; Kuppl. mit 3.5-Dihydroxycymol 12 997; Rk.: d. Chlorids mit 2-Phenyl-4.5-benzotropolon 5656; mit Cumarinderiv. 13 488; mit 4-Hydroxycumarin 3453; d. Chlorids mit 1.2-Dichlorcyclopenten-(1)-dion-(3.5) 18 446; d. Chlorids mit 2.4-Diamino-3-methoxy-6.11-dihydrobenzo-[b]-naphtho-[2.3:d]-furandion-(6.11) bzw. Verh. gegen 2-Amino-3-methoxy-6.11-dihydrobenzo-[b]-naphtho-[2.3:d]-furandion-(6.11) 4527; mit 2-Acetyl- bzw. 2-Benzyl-

6-Mercapto-7-methylpurin, Rk. 14 513.
6-Mercapto-8-methylpurin (F. 312—315° Zers.), Darst. 10 462; spektrophotometr. Best. 7249.
6-Mercapto-9-methylpurin, Rk. 14 513.
6-Methylmercaptopurin, Rk.: mit $HgCl_2$ 2463*; mit 2.3-Dihydro-4H-pyran 14 513; mit 2.3-Dihydrofuran bzw. 2.3-Dihydrothiophen 15 247; mit Aminen 1006*, 16 318, 16 319; Einfl. auf d. Abbau v. 6-Methylaminopurin durch E. coli 4968; Wechselwrkg. d. Folsäureanalogen u. — als Wachstumsinhibitor v. Milchsäurebakterien 5716; Stoffwechsel bei Ratten (Vgl.) 3845; tumorhemmende Wrkg. 9376; Riditanalyse d. Wrkg. d. Dihydrats auf d. Wachstumsindices d. Nelson-Mäuseascitestumors 2766.
2-Methylmercapto-4-amino-5-cyanpyrimidin (F. 235—237°) 4641*, 15 696*.
$C_6H_6N_6$ **4.8-Diaminopyrimido-[5.4:*d*]-pyrimidin,** Darst. (Salze) 2361; (Verw.) 17 854*.
2.4-Diaminopteridin, Elektronenstruktur u. Antikrebsaktivität 5699.
$C_6H_6N_6O$ **2-Hydroxy-4.8-diaminopyrimido-[5.4:*d*]-pyrimidin** 2361.
$C_6H_6N_6O_2$ **2.6-Dihydroxy-4.8-diaminopyrimido-[5.4:*d*]-pyrimidin,** Darst. (Sulfat) 2361; (Verw.) 17 854*.
$C_6H_6N_6O_{14}$ **2.2.2-Trinitroäthyl-4'.4'.4'-trinitrobutyrat,** Verh. bei sehr hohen Temp. 1090.
$C_6H_6N_6O_{18}$ **Inosithexanitrat,** Verw. 4255*.
$C_6H_6N_8O_{16}$ ***N*-Nitro-*N*-[3.3.3-trinitropropyl]-2.2.2-trinitroäthylcarbamat** (F. 96—97°) 7027*.
$C_6H_6N_{10}$ s. *Melem.*
C_6H_6O (s. *Phenol* [*Hydroxybenzol*]).
α-Vinylfuran, Photopolymerisat. in Abwesenh. v. O_2 2016.
Propargyläther, Vers. d. Bldg. v. Harnstoffeinschlußverb. 15 544.
4-Methylpenten-(4)-in-(2)-al-(1), Bldg., 2.4-Dinitrophenylhydrazon (F. 139,5°) 18 794.
Methyl-[vinylacetylenyl]-keton 10 820.
Cyclohexadienon, photochem. Spalt. v. Deriv. 12 623.
C_6H_6OS ***p*-Hydroxythiophenol,** Rk. 1557.
α-Thienylacetaldehyd [Thiophenyl-(2)-acetaldehyd], Rk. 6142*.
3-Methylthiophen-2-aldehyd 12 652.
5-Methylthiophen-2-aldehyd 12 652.
2-Acetothienon [2-Acetylthiophen, Methyl-thienyl-(2)-keton] (Kp. 209—212°), Darst. 10 826, 12 282, 14 476; (Red.) 12 652; (Oxydat.) 4945; (Oxim) 9697; (Oxim, Phenylhydrazon) 3777; Kernresonanzspektrum 7831; Konstit.-Einfl. auf d. Bromier. (Kinetik) 16 986; Chlormethylier., Acetalisier. 10 827; Rk.: mit Triphenylzinnhydrid 18 455; mit Isonicotinoylhydrazin 8608.
3-Acetothienon (3-Acetylthiophen) (F. 58 bis 59°), Darst., Rk. 10 826; Konstit.-Einfl. auf d. UV-Spektrum 10 025.
C_6H_6OSe **2-Acetylselenophen,** Rk. 9698 [2 Ref.], 11 559.
$C_6H_6O_2$ (s. *Brenzcatechin* [*o-Hydroxyphenol, 1.2-Dihydroxybenzol*]; *Hydrochinon* [*4-Hydroxyphenol, 1.4-Dihydroxybenzol*]; *Resorcin* [*3-Hydroxyphenol, 1.3-Dihydroxybenzol*]).
2.4-Hexadiin-1.6-diol, Rk. 4721*; Verw. 4691*.
3-Methylfurfurol, Rk. 15 205.
5-Methylfurfurol (Kp.$_{12}$ 80—81°), Darst. (Semicarbazon) 11 909; (d. Oxims) 1599; UV-Spektrum, Rk. 7457; Rk. 8608, 11 910, 15 205.
5-Methyl-α-pyron (F. 15—19°), Darst., Konstit.-Einfl. auf d. ν(CO) 9653.
2-Methylpyron-(4), Rk. 3807.
2-Acetylfuran [Methylfuryl-(2)-keton] (Kp.$_{18}$70—70,5°),Darst.3777; IR-Spektrum 3396; Kernresonanz-Spin-Spin-Koppl.-Konst. 2309; Rk. 4536, 5851*, 12 274, 18 106.
Methylprotoanemonin, Darst. 17 000; Rk. 5094*, 6582*, 9077*.
Chinol 4714*.
$C_6H_6O_2S$ **3-Formylthiothenol (3-Formyl-5-methyl-2-hydroxythiophen)** (F. 112°) 18 816.
2-Carboxymethylthiophen (F. 76°), Konstit.-Einfl. auf d. UV-Spektrum 10 025.
3-Carboxymethylthiophen (F. 80—81°), Konstit.-Einfl. auf d. UV-Spektrum 10 025.
3-Methylthiophen-2-carbonsäure (F. 144 bis 145°) 13 578*.
Thiophen-2-carbonsäuremethylester, Konstit.-Einfl. auf d Halbstufenpotential 16 986.
Benzolsulfinsäure (F. 83—84°), Darst. 7691*; (Salze) 3452; Bldg. (Mechanismus) 5608; Rk.: d. Na-Salzes mit γ-Chlormethylpyridin 15 963; mit Phenazin 16 319; d. Na-Salzes mit 1.2.4.4.5.6-Hexachlorcyclohexadien-(1.5)-on-(3) 12 639; d. Na-Salzes mit Methyl-4.6.-O benzyliden-α-D-glucosid-2.3-diacetat 18 475; mit Alkylnitriten 10 810; d. Ag-Verb. mit Methyl- bzw. Phenylsulfonylphenylsulfenylchloriden 1576; Verw. 12 386*; Tüpfelnachw. 18 218.
$C_6H_6O_2S_2$ **[Thienyl-(2)-mercapto]-essigsäure** (F. 47—48°) 14 493.
[Thienyl-(3)-mercapto]-essigsäure, Rk. 14 493.
$C_6H_6O_2Se$ **Benzolseleninsäure,** Best. v. Bi mit d. NH_4-Salz v. — 7265.
$C_6H_6O_3$ (s. *Maltol* [*3-Hydroxy-2-methylpyron-(4)*]; *Phloroglucin*; *Pyrogallol*).
Hydroxyhydrochinon (1.2.4-Trihydroxybenzol), Bldg. 9297; Oxydat. d. Komplexes —/H_3BO_3 (Rk.-kinet. Mess. mit Sägezahnimpulsen, Gleichgew.-Konst., Struktur) 16 956; Rk.: mit Ammoniak 15 569; mit 3.4-Dimethoxyphenylacetonitril 7518; mit Cyanameisensäureäthylester 5262; mit Äthoxymethylenmalonsäurediäthylester 4161; Verw. 7668*, 8180; (v. — u. Deriv.) 669*.
5-Hydroxymethylfurfurol, Vork. bzw. Geh.: in eingedostem malaischen Ananassaft 17 962; in Weinen u. Obstsäften 15 798; in Cognacalkoholen 17 246; in vakuumschaumgetrockneter Vollmilch 12 500; in Caramel 15 803; in Honig 12 135; (Best. u. Umwandl.) 1451; im Brot 16 524; Darst. 5851*, 9151*, 10 473; Bldg. 11 765, 15 065, 19 041, 19 042; Bldg.-Geschw. 7845; UV-Absorpt.-Spektrum in wss. Puffern 10 025; reduzierende Aminier. 308*, 6971*, 7331*, 13 577*, 16 137*; Rk.: mit aromat. Aminen 15 205; mit Alkoholen 8062*; papierchromatograph. Analyse 1334; Best. 4663; Nachw.: bei d. Zers. v. Dextroselsg. 15 327; in Mosten u. Weinen 1061, 1062; in Süßweinen u. konz. Mosten 15 434; in Honig 11 408, 18 312.
α-Desoxykojisäure, Rk. 5290.
3-Methoxy-γ-pyron (F. 85°), Einfl. intermol. H-Bind. auf d. UV-Spektrum 11 501.
2-Oxo-5-methoxymethylen-2.5-dihydrofuran (Kp.$_3$ 51—52°) 18 816.
6-Methylpyronon-(2.4) (Triacetlacton, 6-Methylpyronon-(2), 4-Hydroxy-6-methylpyron-(2), 6-Methyldihydropyrandion-(2.4), 6-Methyl-2.4-diketodihydropyran) (F. 188—189°), Darst., Rk. 6029; Methylier. 13 784; Rk.: mit Chlordimethyläther 10 455; mit Isocyanat, Azid bzw. Isothiocyanat 4639*; mit Harnstoff 5651; mit CH_2O 9707; mit Acylchloriden 3806.
2-Methylcyclopentantrion-(1.3.5), Rk. 5651.
5-Methylfuran-2-carbonsäure, Deriv. 11 177.
α-Furoesäuremethylester (Brenzschleimsäuremethylester, Furan-2-carbonsäuremethylester) (Kp.$_{25}$ 83°), Darst., Rk. 18 493; IR-Spektrum 3396; Konstit.-

Cd- u. Zn-Komplexen mit — in wss. Lsg. (Gleichgew.-Konst.) 18 035; Stabilität v. Co(III)- u. Ni-Komplexen d. — in wss. Lsg. 13 696; Solventextrakt.-Unters. am 1 : 1,5-Th(IV)/—-Syst. 4844; Mess. mit d. Ultrazentrifuge an 1 : 1,5-Th(IV)-Chelaten 4844; Mechanismus d. Autoxydat. v. Fe(II)-Chelaten d. — 16 241; Na-Salz s. *Tiron*; Sb-Na-Verb. s. *Neoantimosan* [*Fuadin*].

Resorcin-4.6-disulfonsäure (4.6-Disulforesorcin), Nitrier. 8950; Best. v. Hexosen in menschl. Blutserum mittels — 4993; Einfl.: auf d. Succinatoxydase v. mit Aceton extrahierten Rinderherzmitochondrien 3492; auf d. Red. v. Tetrazoliumsalzen durch mit — extrahierte Rinderherzmitochondrien 3493.

$C_6H_6O_9S_3$ **Benzoltrisulfonsäure,** Tri-Na-Salz 6584*.

$C_6H_6P_2$ **1.4-Diphosphabicyclo-[2.2.2]-octatrien-(2.5.7),** fluorierte Deriv. 3057.

C_6H_6S **Thiepin** 118.

2-Vinylthiophen 7322*.

Thiophenol (Phenylmercaptan) ($Kp._{10}$ 54 bis 57°), Darst. 7691*, 9679; (d. Li-Salzes) 16 486*; Bldg., Rk. 10 824; Reinig. 16 493*; Konstit.-Einfl. auf d. ν(SH) bzw. d. UV-Maximum 11 133; paramagnet. Resonanzabsorpt. 12 975; Beweis d. H-Brücken in — aus NMR-Messungen 17 700; Anwend. d. Theorie v. Kirkwood-Bauer-Magat zum Nachw. v. Mol.-Assoziat. v. — 5242; Dipolmoment 14 450; Leitfähigk. in wasserfreiem fl. HCl 390; Adsorpt. an d. Grenzfläche Hg/wss. Säure-Lsg. 12 978; Austausch v. H gegen T 1566; Rk.: mit SO_3 15 151; mit $AsCl_3$ 4885; d. Na-Verb. mit $CSCl_2$ 4881; mit $[Rh(CO)_2Cl]_2$ 61; Methylier. 11 535; Rk.: mit Hexen-(1) 8057*; mit Anthracen u. O_2 11 551; mit Organohalogen-Verb. 15 964; d. Na-Verb. mit 1.1.1-Trichlorpentan 16 650; mit cis- u. trans-1.6-Dibromcyclodecan 3048; mit ω-Brom-o-toluylbromid 11 566; mit m-Trifluormethylbrombenzol 104; mit ac-β-Chlortetulin 2339; mit 9-Bromfluoren 8967; mit 2.5-Diphenyltetrazol 4159; mit halogenierten Pteridinen 14 245*; mit Tetrachlorpyrimido-[5.4 : d]-pyrimidin 17 854*; mit Phenylazid 12 626; d. Na Salzes mit Chlornitrobenzolen 4534; mit p-Jodnitrobenzol (Kinetik) 16 635; mit 1-Nitro-2-chlornaphthalin bzw. 4-Brom-1-methoxynaphthalin 15 203; mit Tetrafluorhydrazin 10 429; mit 2.4.6-Tri-tert.-butylphenoxyl 1557; mit Äthinylvinylalkyläther 11 529; mit Methylaryläthern 2167*; d. Na-Verb. mit 2-Jod-5-methylanisol 3786; mit 1-Brom-5-[p-nitrophenoxy]-pentan 8715*, 18 275*; mit 1-Chlor-2-phenylsulfonyläthan 11 162; mit Divinyl-Hg 17 719; d. Na-Verb. mit Jodferrocen 14 117; mit Äthylbrommethylketon 11 561; mit 2-Phenyl-4-hexafluorisopropylidenoxazolon-(5) 9334; d. Na-Verb. mi 4-Phenoxy-6-methylpyrimidin-1-oxid 6771; d. Na-Verb. mit Säurenitrilen 6772; Anlager. an β-Cyanvinylketone 11 886; Rk.: mit Glutaminsäurederiv. 14 104; mit Na-Äthylcarbonat 10 061; Addit. v. Phenylpropiolsäureäthylester (Kinetik) 4491; Rk.: d. Na-Salzes mit β-Chlor-cis-crotonsäureäthylester 7843; v. — u. —-Na-Salz mit Trichloressigsäuremethylester 15 552; mit 1-Acetoxybuten-(3)-on-(2) 15 417*; mit Diacylessigsäureestern 8423*; mit Diacetylessigester 8064*, 15 410*; mit Testosteronacetat 10 105; mit Estern d. α-Methylen-α'-methyladipinsäure 8416*, 15 825*; mit Chlorthiolessigsäurephenylester 4900; mit Fluoren-4-carbonsäurechlorid 17 022; mit p-Anisoylchlorid 12 635; mit Fluorsulfonyldifluoracetylfluorid 1793*; mit N-Arylmaleinimiden 448; mit Carbobenzoxy-L-glutaminsäure-α-benzylester 17 373; mit tert.-Butylperbenzoat 2320; mit Sulfinsäuren 10 810; mit N-Sulfinyl-p-nitranilin bzw. N-Sulfinylanilin 10 799; d. Na-Salzes mit Cyclohexyltosylaten (Kinetik) 86; mit Äthensulfonsäuremethylester 14 318*; d. Na-Salzes mit 3-Methoxy-16-methansulfonyloxymethyl-D-nor-$\Delta^{1,3,5,10}$-östratrien 13 408; mit N-Allyl- bzw N-Vinyllactamen 6418; Einfl.: auf d. Bldg. v. in Brennstoffen unlösl. Sedimenten bei erhöhten Temp. 16 188; auf d. photochem. Red. v. Benzophenon zu Benzpinakon durch Isopropanol 14 465; auf d. Oxydat. v. Isopropylbenzol zum Hydroperoxid 9668; Chemismus d. Rk. v. Dichlon u. Captan mit — 9399; Einfl. auf d. Hemm. d. Coenzym A-Aktivität bei Pilzsporen durch Dichlon u. Captan 9398; experimentelle Unters. d. —-Vergift. 7243; Identifizier. 14 634.

C_6H_6Se **Selenophenol (Phenylhydroselenid),** Darst. 7691*; Rk. 11 886, 17 758.

C_6H_6Te **Phenyltellurhydrid** 7691*.

C_6H_7 **Cyclohexadienyl** s. unter *Radikale* (*Spezielle Radikale*).

C_6H_7Al **Dihydrophenylaluminium,** Verw. 1046*.

C_6H_7As **Phenylarsin,** Verteil. v. ^{76}As zwischen anorgan. As-Verb. u. —-Deriv. nach Neutronenbeschuß v. benzol. $AsCl_3$-Lsg. 14 059.

$C_6H_7AsO_3$ **Phenylarsonsäure,** Kristallstruktur 6723.

$C_6H_7BHgO_3$ s. *Merfen* [*Famosept*, *Merphen*, *Phenylmercuriborat*, *Phenylquecksilberborat*].

$C_6H_7BO_2$ **Phenylboronsäure** (F. 216°), Darst. 8419*, 14 836; Bldg. 10 435, 13 371, 15 195, 15 209; (Rk.) 10 434; UV Spektrum 11 501; temperaturabhäng. Protolyse 14 461; Kinetik d. Hydrolyse 6360; Komplex-Bldg. mit Polyolen 8615; Rk. mit 3-Hydroxybutanon-(2) 15 209; Hemm.: d. Konidienbldg. bei Aspergillus oryzae durch — 14 921; einzelner Blattanlagen an Caryophyllaceen-Sämlingen durch — 10 890; Blütenmißbldg. an Stiefmütterchen durch — 8676; Verw. 1473*.

$C_6H_7B_2NO_6$ **2-Nitrobenzol-1.4-diboronsäure,** Auswert. d. Verwendbark. v. — für d. Neutroneneinfangtherapie v. Hirntumoren (Tier-Vers.) 16 356.

C_6H_7Br **γ-Äthinyl-γ-methylallylbromid,** Rk. 2092*.

$C_6H_7BrN_2$ **5-Brom-2-amino-4-methylpyridin** 128.

3-Brom-4-methylaminopyridin (F. 92,5 bis 93,5°), Darst. 3094; UV-Spektrum u. Basenstärke 10 035.

***p*-Bromphenylhydrazin,** polarograph. Verh. 7833; Rk. 6138*, 14 478, 17 759.

$C_6H_7BrN_2O$ **3-Brom-4-methylaminopyridin-*N*-oxid,** Pikrat 3094.

$C_6H_7BrN_2OS$ **2-Methylmercapto-4-hydroxy-6-methyl-5-brompyrimidin** (F. 246° Zers.) 10 093.

2-Äthylmercapto-4-hydroxy-5-brompyrimidin (F. 185—187,5) 10 093.

2-Acetamido-4-methyl-5-bromthiazol (F. 205°) 12 292.

$C_6H_7BrN_2O_3$ **Äthylbrombarbitursäure,** Rk. 3905*.

$C_6H_7BrO_2$ **2-Bromcyclohexandion-(1.3)** (F. 166°) 4890.

2-Bromhexadien-(2.4)-säure-(1) (F. 153 bis 155°) 15 926.

3-Brom-2-acetoxycyclobuten-(1) ($Kp._4$ 44 bis 44,5°) 11 894.

$C_6H_7BrO_3$ **β-Brom-β-acetylacrylsäuremethylester,** Rk. 8063*.

$C_6H_7BrO_5$ **α-Bromoxalessigsäuredimethylester,** Rk. 8604.

C_6H_7BrSi **Phenylbromsilan** ($Kp._{60}$ 104—106°), Darst. 7129; Rk. 5589.

$C_6H_7Br_2ClN_4O_2$ **N-Chlor-N.N-dibrom-3a.6a-dimethylglycouril** 5842*.

$C_6H_7ClNO_3P$ **2-Amino-5-chlorbenzolphosphonsäure**, Rk. 18 580.

$C_6H_7ClN_2$ **2-Chlor-4.6-dimethylpyrimidin**, Rk. 7147.
2.4-Dimethyl-6-chlorpyrimidin 12 297.
4.5-Dimethyl-6-chlorpyrimidin 12 297.
4-Chlor-2-aminoanilin (4-Chlor-o-phenylendiamin, 2-Amino-5-chloranilin), Rk. 1994, 6025, 17 139*; Stell. d. Chlorgruppe im 1.2-disubstituierten Benzimidazol aus — u. Benzaldehyd 4152.
o-Chlorphenylhydrazin, Verw. 8856*.
m-Chlorphenylhydrazin, Verw. 8856*.
p-Chlorphenylhydrazin, Bldg. 11 916; polarograph. Verh. 7833; Rk. 6138*, 17 930*; Verw. 8856*.

$C_6H_7ClN_2O$ **3-Äthoxy-6-chlorpyridazin** (F. 62°) 1990.
4-Methyl-6-methoxy-3-chlorpyridazin (F. 66°) 12 297.
5-Methyl-6-methoxy-3-chlorpyridazin (F. 113°) 12 296.
2-Methyl-4-chlor-5-methoxypyrimidin (F. 99°) 8704.
2-Chlor-6-methoxy-4-methylpyrimidin (Kp.₃ 90°) 12 298.
N-Chlorformyl-3.5-dimethylpyrazol (F. 29 bis 32°) 16 661.

$C_6H_7ClN_2OS$ **2-Methylmercapto-4-chlor-5-methoxypyrimidin** (F. 82°) 8704.
2-Methylmercapto-4-chlor-6-methoxypyrimidin (F. 39°) 8704.
6-Chlor-3-methyl-2-methylmercapto-3H-pyrimidinon-(4) (F. 111—112°) 17 415.
4-Methyl-2-chloracetylaminothiazol (F. 211°) 4905.

$C_6H_7ClN_2O_2$ **2.6-Dimethoxy-4-chlorpyrimidin**, Darst., Rk. 9717; Rk. 1608.

$C_6H_7ClN_2O_2S$ **2-Amino-5-chlorbenzolsulfonamid** (F. 152—153°) 18 471.

$C_6H_7ClN_2O_3$ **3.6-Dimethoxy-4-chlorpyridazin-1-oxid** (F. 134°) 4169.

$C_6H_7ClN_2O_3S$ **2-Hydroxy-4-aminosulfonyl-5-chloranilin**, Verw. 17 217*.

$C_6H_7ClN_2O_4S_2$ **4-Chlorbenzol-1.3-disulfonamid**, Nachw. 18 930.

$C_6H_7ClN_2S$ **3-Methylmercapto-4(bzw.-5)-methyl-6-chlorpyridazin** (F. 98,5°) 1990.
3(6)-Äthylmercapto-6(3)-chlorpyridazin (F. 65°), Darst. 1990; Rk. 7525.
4(6)-Chlor-6(4)-methyl-2-methylmercaptopyrimidin, Rk. 4538, 12 297, 12 298.

$C_6H_7ClN_4O$ **5-Acetamido-4-amino-2-chlorpyrimidin** (F. 214—215° korr.) 10 463.
4-Amino-5-acetylamino-6-chlorpyrimidin 10 463.

$C_6H_7ClN_4O_4S_2$ **6-Chlor-7-sulfamoyl-3.4-dihydropyrido-[2.3:e]-1.2.4-thiadiazin-1.1-dioxid** (F. 280° Zers., korr.) 10 097.

C_6H_7ClO **Sorbinsäurechlorid**, Rk. 4259*, 7478.

$C_6H_7ClO_2$ **2-Methoxy-3-chlorcyclopenten-(2)-on-(1)** (Kp.₁₂ 99—100°) 3071.
Δ¹-2-Chlorcyclopentencarbonsäure (F. 116°), Darst., Konfigurat., Dipolmoment 4120.

C_6H_7ClSi **p-Chlorphenylsilan** (Kp. 162—163°), Darst. 17 378; Rk. mit Alkoholen (Kinetik) 18 070.
x-Chlorphenylsilan 15 195.
Phenylchlorsilan (Kp. 160—162°), Darst. 7129; Rk. 5589.

$C_6H_7Cl_2NO_5$ **Dichloracetyl-DL-asparaginsäure**, Acylaseaktivität v. Ascitestumorzellen auf — 9373.

$C_6H_7Cl_2N_3O$ **2-n-Propoxy-4.6-dichlor-1.3.5-triazin** (Kp.₁₂ 123—124°) 8258.
2-Isopropoxy-4.6-dichlor-1.3.5-triazin (Kp.₁₁ 116—117°) 8258.

$C_6H_7Cl_2N_3O_4S_2$ **2.3-Dichlor-4.6-disulfamylanilin**, Rk. 4924.

$C_6H_7Cl_2N_3S$ **2-n-Propylmercapto-4.6-dichlor-1.3.5-triazin** (Kp.₀,₀₁ 89—91°) 8258.
2-Isopropylmercapto-4.6-dichlor-1.3.5-triazin (Kp.₀,₂ 81°) 8258.

$C_6H_7Cl_2N_5O_2$ **2-Chlor-4-[2'-chloräthylamino]-5-nitro-6-aminopyrimidin** (Zers. bei 300 bis 310°) 9346.

$C_6H_7Cl_3O_2$ **2.2.2-Trichloräthylidenessigsäureäthylester** (Kp.₁₀ 86°) 1203.

$C_6H_7Cl_3O_3$ **Acetessigsäuretrichloräthylester** (Kp.₁₉ 115°), Enol-Geh. 5983.
Dichlorbrenztraubensäure-β-chlorisopropylester (Kp.₁₀ 115—117°) 2328.

$C_6H_7Cl_3O_4$ **Butyryltrichloracetylperoxid**, Verw. 10 294*.

$C_6H_7FN_2$ **4-Fluor-1.3-diaminobenzol**, Dihydrochlorid 7859.
p-Fluorphenylhydrazin, Rk. 6138*.

$C_6H_7FN_2O_3$ **5-Äthyl-5-fluorbarbitursäure** (F. 204—205,5°) 8412*.

$C_6H_7FO_7$ **Fluorcitronensäure (Fluorcitrat)**, chem. u. biochem. Eig. 7568; Wrkg. auf d. oxydative Phosphorylier. u. d. Abbau v. Nucleotiden durch Lebermitochondrien 17 077.

$C_6H_7F_3N_2O_3$ **Trifluoracetylglyoxylsäureäthylesterhydrazon** (F. 96—100°) 3055.

$C_6H_7F_3N_4$ **4-Amino-5-aminomethyl-2-trifluormethylpyrimidin**, Rk. 3827.

$C_6H_7F_3O$ **2-[2'.2'.2'-Trifluoräthoxy]-butadien-(1.3)** (Kp.₇₆₀ 93°) 7475.

$C_6H_7F_3O_2$ **4.4.4-Trifluorcrotonsäureäthylester**, Rk. 8208.
Cyclopropylcarbinyltrifluoracetat, Kinetik d. Solvolyse 12 243.

$C_6H_7F_3O_3$ **γ.γ.γ-Trifluoracetessigsäureäthylester** (Kp.₅₀ 49°), Darst. 3055; Bldg. 95; Rk. 4925, 6411.

$C_6H_7F_5O$ **Pentafluoräthyl-n-propylketon**, IR-Spektrum 2679.
Pentafluoräthylisopropylketon, IR-Spektrum 2679.

$C_6H_7HgNO_3$ **3-Methyl-4-acetoxymercuriisoxazol** (F. 154—155°) 8601.
5-Methyl-4-acetoxymercuriisoxazol (F. 124 bis 124,5°) 8601.

$C_6H_7JN_2$ **o-Jodphenylhydrazin**, Rk. 6138*.
m(3)-Jodphenylhydrazin, Darst., Rk. d. Hydrochlorids (F. 206—207° Zers.) 14 498; Rk. 6138*.
p(4)-Jodphenylhydrazin, Darst., Rk. d. Hydrochlorids (F. 192—193°) 14 498; Rk. 6138*.

$C_6H_7JO_2$ **Monojod-1-methyl-2.3-diketocyclopentan** (F. 119—120°) 3071.

C_6H_7JS **2-Jod-3.4-dimethylthiophen** (Kp.₁ 80 bis 82°) 10 827.

C_6H_7JSi **Phenyljodsilan**, Rk. 5589.

$C_6H_7J_2N_3O_2$ **L-2.4-Dijodhistidin**, Hemm.-Vermögen gegenüber Histidindecarboxylase 3137.
x.x-Dijodhistidin, Bldg. beim J-Stoffwechsel bei Periplaneta 17 105.

C_6H_7K **Methylcyclopentadienylkalium**, Rk. 8420*, 16 616.

C_6H_7Li **Methylcyclopentadienyllithium**, Rk. 8420*.

C_6H_7N (s. *Anilin* [*Phenylamin*]; *Picolin* [*Methylpyridin*]).
Azepin, Deriv. 13 134*.
Dipropargylamin, Vers. d. Bldg. v. Harnstoffeinschlußverb. 15 544.
Hexin-(1)-säure-(6)-nitril (Kp.₁₄ 87—93°) 6386.
Sorbinsäurenitril („1.3-Pentadiencarbonsäurenitril"), Rk. 15 528.
1-Cyancyclopenten (Cyclopenten-(1)-carbonsäure-(1)-nitril, Δ¹-Cyclopentenylcyanid) (Kp.₃₅ 75°), Darst. (Rk.) 8232, 15 622; (UV-Spektrum) 5603; Methylaffinität 14 463.
Cyclopenten-(2)-carbonitril (Kp.₁₂ 55—57°) 17 734.

C_6H_7NO (s. *Ronicol* [*β-Pyridylcarbinol, Pyridyl-(3)-methanol, 3-Hydroxymethylpyridin*]).
Pyridyl-(2)-methanol (2-Hydroxymethylpyridin, α-Pyridylcarbinol) (Kp.₁₄ 108,5°), Darst., Verw. 7327*; UV-Spektrum 5604; Dipolmoment 1551; Rk. 2353, 18 465.
Pyridyl-(4)-methanol (γ-[Hydroxymethyl]-pyridin) (F. 53—57°), Darst., Rk., Pikrat

15 964; UV-Spektrum 5604; Protonenresonanzspektrum 3040; Dipolmoment 1551; Überführ. in 4-Hydroxypiperidin 7256*.
6-Methyl-3-pyridinol (F. 168—170°) 308*.
Phenolamine, Einfl.: auf d. periphere cardiovasculäre Wrkg. v. Guanethidin bei Hunden 4246; v. Methylphenidat auf d. Gefäß-Syst. nach —-Gabe 4246.
o(2)**-Aminophenol** (F. 167—169°), Darst. 10 815; Bldg., Rk. 6026; Dissoziat.-Konst. d. Chlorids v. — u. Stabilitäts-Konst. v. Metallkomplexen 10 010; Unters. an 1:2-Cr-Komplexen d. Azofarbstoffes — →β-Naphthol 7819; Chloracetylier. 18 089; Rk.: mit $TeBr_4$ 16 242; mit substituierten Chlorbenzolen 4920; mit 1-Chlor-2-jod-3-methyl-4.6-dinitrobenzol 10 469; mit 1-Aminonaphthol-(2)-hydrochlorid bzw. 2.3-Dihydroxynaphthalin 4921; mit Brenzcatechin 9665; mit Diisopropoxyphenylboran bzw. Borsäuretriisopropylester 11 909; mit Phenylsenföl 5228; mit Crotonaldehyd 7145; mit 5-Brom- bzw. 5-Chlorselenophen-2-aldehyd 11 558; mit Acetonylidenphenylhydrazin 9645; mit α-Dicarbonylverb. 16 319; mit p-Bromphenacylaceton 3443; v. diazotiertem — mit Indandion-(1.3) 14 847; mit Hydroxy-p-benzochinon 18 135; mit 2-Hydroxynaphthochinon-(1.4) 136; mit 1-Aminoanthrachinonaldehyden-(2) 1040*; mit Äpfelsäure 16 534*; mit dl-Thioäpfelsäure 12 464*; mit Maleinsäurederiv. 16 847*; mit Salol 15 771*; mit Ketocarbonsäureestern 3990*; mit 2.3-Dichlorpropylidendiacetat 11 007*; mit Äthoxymethylenmalonsäurediäthylester 18 815; Isolier. v. *Questiomycin B* aus einer Streptomyces-Art, Auffass. als — 14 917; Aktivität d. Tuberkulin-Proteins nach Kuppl. mit — 15 283; bakteriostat. Wrkg. 1278; Einfl. auf d. Konjugat. v. exogener Glucuronsäure mit Morphin u. auf d. Morphin-Analgesie d. Maus 2819; Verw. 4719*, 10 281, 17 590; konduktometr. Titrat. 16 430; colorimetr. Best. 11 679.
m(3)**-Aminophenol (1-Amino-3-hydroxybenzol)** (F. 64°), Darst., Benzoyl-Deriv. 10 815; Bldg. (Einfluß d. Aufbewahrungstemp.) 9435; spektroskop. Unters. d. freien Hydroxyl-Valenzschwing. 7090; Konstit.-Einfl. auf d. pK-Wert 12 603; Adsorpt. an Baumwolle 11 777; Kinetik d. therm. Zers. v. Diazoniumsalzen 13 352; Jodier. (Kinetik), Rk. mit Buttersäure 799; Sulfonier. 17 374; Chloracetylier. 18 089; Rk.: mit Tetrakischlormethyl-Cu-phthalocyanin 3635*; mit Formaldehyd u. HCl 14 643*, 17 161*; mit Benzoin 10 085; mit $(CH_3CO)_2O$ 11 868; mit Phthalsäureanhydrid 17 752; Rk. mit Bortriacetat 17 203*; Verw. 3670*, 4719*, 6 218*; Farb-Rk. auf — 2840; Nachw. in PAS-Lsg. 18 199; konduktometr. Titrat. 16 430.
p(4)**-Aminophenol,** Darst. 15 401*; (Benzoylderiv.) 10 815; (Verw. v. Deriv.) 2085*, 8715* [2 Ref.]; Bldg. 15 545; Ni, Cu u. Al als Kathoden bei d. Erzeug. v. — durch kathod. Red. v. Nitrobenzol 17 921; spektroskop. Unters. d. freien Hydroxyl-Valenzschwing. 7090; Farberschein. bei Diacylderiv. d. — 4855; — als Wirts-Mol. für d. Clathrat-Bldg. mit Edelgasen 8180; Copolykondensat. 15 991; Rk.: mit SOF_4 5219; mit SiF_4 17 333; mit CS_2 1206; Chloracetylier. 18 089; Rk.: mit Polyvinylchlorid (Kinetik) 14 892; mit p-Nitrofluorbenzol 12 999; mit Di-(tert.-butoxy)-diaminosilan 16 150*; mit 2.3-Dichlorthiophen-5-aldehyd 12 650; mit Glyoxal 6026; d. Hydrochlorids mit Fructose 6020; mit Benzoin 5414; mit 4-Hydroxycumarin-3-carbonsäureäthylester 4639*; Hemmungsmechanismus bei d. Bldg. v. Pyocyanin durch — 6454; Aktivität d. Tuberkulin-Proteins nach Kuppl. mit — 15 283; bakteriostat. Wrkg. 1278; Verw. 4719*, 11 795*; (d. p-Sulfobenzoesäuresalzes) 12 903; coulometr. Titrat. 5417; konduktometr. Titrat. 16 430; amperometr. Best. 2108; colorimetr. Best. 11 679; Farbrk. mit Zuckern u. Zuckerderiv. 2821.
N-**Phenylhydroxylamin** (F. 83° korr.), Darst., Rk., Carbonylinfrarotabsorpt. v. Estern u. Amidderiv. v. — 17 005; Strukturen d. Addukte aus — u. Acetylendicarbonsäuredimethylester 8604; Rk. 5227, 5987; extraerythrocytäre Einfl. auf d. Hämoglobin-Bldg. durch — in roten Zellen 11 625; Red. durch Mikrosomen aus Rattenlebern 10 877; chem. Bau u. herbicide Aktivität v. —-Abkömmlingen 9776.
4-Methoxypyridin, Protonenresonanzspektrum 3040.
1-Methyl-1H-pyridon-(2) [*N*-**Methylpyridon-(2)**] ($Kp._{12}$ 125—131°), Darst. 11 190; (Pikrat) 12 293; (Kernresonanzspektrum) 18 421; IR-Spektrum, Tautomerie 3764; Lsgm.-Abhängigk. d. ν(CO) 70; Trenn. d. stärker ungesätt. v. weniger ungesätt. KW-Stoffen durch Behandeln mit — 15 401*; Auftreten als Stoffwechsel-Abbau-Prod. d. Pralidoximjodids (Pyridin-2-aldoximmethojodid) 13 114.
3-Methyl-1H-pyridon-(2) (F. 137—139°), Rk. 7520, 10 093, 18 421.
6-Methyl-2-pyridon, Darst. 16 327; Bldg. 3454, 16 327; Rk. 10 092.
N-**Methylpyridon-(4) (1.4-Dihydro-1-methyl-4-oxopyridin)** ($Kp._{0,05}$ 153—156°), Darst., Rk. 6720; Lsgm.-Abhängigk. d. ν(CO) 70.
2-Acetylpyrrol (Methyl-α-pyrrylketon), Konstellat. 5660; Verw. 18 561.
2-Methylpyridin-*N*-oxid (2-Picolin-*N*-oxid) ($Kp._{15}$ 123—124°), Darst., Rk. 5666; Analyse d. ν(NO) 7091; Rk. 10 457.
3-Methylpyridin-*N*-oxid (β-Picolin-*N*-oxid) (F. 37—38°), Isolier. 18 465; Darst. (IR-Spektrum, Pikrat) 3039; (Rk.) 5666, 16 683; IR-Spektrum 7091; Protonenresonanzspektrum 3040; Dipolmoment 16 976.
4-Methylpyridin-*N*-oxid (γ-Picolin-*N*-oxid) (F. 185—186°), Isolier., Rk., Pikrat 18 465; Darst. 16 683; (Rk.) 5666; Analyse d. ν(NO) 7091; Protonenresonanzspektrum 3040; Dipolmoment 16 976; (Wechselwrkg. mit Bzl. u. CCl_4) 790; kristallograph. Eig. 15 176; Rk. 10 457, 17 395.
β-Propargyloxypropionitril, Rk. 8221.
2-Cyancyclopentanon-(1) ($Kp._{10}$ 123—124°), Darst. 9511; Rk. 14 844.
3-Cyancyclopentanon 1413*.
N-**Acetylpyrrol,** Konstit.-Einfl. auf d. IR-Spektrum 10 400.

C_6H_7NOS **Cyclopentano-[*d*]-Δ⁴-thiazolinon-(2)** (F. 144—145,5°) 2909*.
1-Methoxypyridthion-(2), Nichtbldg. 3041.
1-Methoxypyridthion-(4), Nichtbldg. 3041.
Thiophen-2-acetoxim, Rk. 8720*.
γ-Acetylmercaptocrotonsäurenitril 10 838.
2-Acetamidothiophen (F. 160°), Darst., Rk. 12 652; Konstit.-Einfl. auf d. UV-Spektrum 10 025.
3-Acetylaminothiophen (F. 147—148°), Konstit.-Einfl. auf d. UV-Spektrum 10 025.

$C_6H_7NOS_2$ **4-Methyl-2-methylmercaptothiazol-5-aldehyd** (F. 101,6—102,1°) 7235.
3-Allylrhodanin, Rk. 472, 3694*.

$C_6H_7NO_2$ **6-Hydroxymethyl-3-pyridinol** (F. 123 bis 125°) 308*.
2.4-Dihydroxyanilin (4-Aminoresorcin), Darst., Rk., N.N.O-Triacetylderiv. 15 569; Wrkg. auf d. Milchsäuregär. 12 339; Glykosurie-Wrkg. an Ratten

$C_6H_7NO_4S$ **4-Amino-2-hydroxybenzolsulfonsäure,** Darst. (Deriv.) 17 374.
1-Hydroxy-2-aminobenzol-4-sulfonsäure (3-Amino-4-hydroxybenzolsulfonsäure, 2-Aminophenol-4-sulfonsäure), Dissoziat.-Konst. v. — u. Stabilitäts-Konst. v. Metallkomplexen 10 010; Rk. 3635*; Verw. 5858*, 10 650*, 10 652*, 11 380*.
m-**Aminophenylsulfat,** — als Stoffwechselprod. v. p-Aminosalicylsäure bei Kaninchen 15 312.
$C_6H_7NO_5$ *O*-**Acetyl-L-serin-***N*-**carboxyanhydrid,** Polymerisat. 18 861.
$C_6H_7NO_6S_2$ **1-Aminobenzol-2.5-disulfonsäure,** Verw. 8072*; (v. diazotierter —) 11 016*.
Anilin-x.x-disulfonsäure, Verw. v. diazotierter — 10 649*.
$C_6H_7NO_7S_2$ **1-Amino-2-hydroxybenzol-3.5-disulfonsäure,** Verw. 6976*.
C_6H_7NS *o*-**Aminothiophenol,** Darst., Rk. 14 132; Rk.: mit 2-Halogen-3-nitropyridin 13 496*; mit Paraformaldehyd 8242; mit bas. Äthern v. Hydroxybenzaldehyden 10 192*; v. Deriv. mit β-Aminoäthoxybenzaldehydderiv. 4638*; mit ungesätt. Ketonen 1610; mit 2-Halogentroponen 8257; mit Cyclohexanonen 15 960; mit 1-Aminoanthrachinonaldehyden-(2) 1040*; mit α-Bromphenylessigsäure 1996; mit Dicarbonsäuren bzw. Dicarbonsäurederiv. 4156; mit α-Ketocarbonsäureestern 18 822; mit Cumarin-3-carbonsäureäthylestern 15 409*; mit Brommalonsäureäthylester 13 869*; mit α-Cyanbenzylbenzolsulfonat 3452; Prüf. auf Strahlenschutzwrkg. 1682.
p(4)-**Aminothiophenol,** Konstit.-Einfl. auf d. ν(SH) bzw. UV-Maximum 11 133; —-Deriv. mit Antifunguswrkg. 14 107.
2-Methylmercaptopyridin ($Kp._{33}$ 100—104°), Darst., pK-Wert 6719.
3-Methylmercaptopyridin ($Kp._{17}$ 102°), Darst., pK-Wert, Hydrochlorid 6719.
4-Methylmercaptopyridin (F. 47°), Darst., pK-Wert 6720.
1.2-Dihydro-1-methyl-2-thionopyridin (F. 90°) 6719.
1.4-Dihydro-1-methyl-4-thionopyridin (F. 168.5—170°) 6720.
$C_6H_7N_3$ **Imidazolino-[1.2:***c***]-pyrimidin,** Deriv. 9346.
Pyrimidino-[1'.2':1.2]-Δ²-imidazolin, UV-Spektren v. Ketoderiv. 7459.
Pyridin-2-carbonsäureamidin (Picolinsäureamidin) (F. 149—151°) 7111, 9344.
Pyridin-3-carbonsäureamidin, Hydrochlorid (F. 192—194°) 7111.
$C_6H_7N_3O$ (s. *Isoniazid* [*INH, Rimifon, Tubazid, Isonicotinoylhydrazin, Isonicotinsäurehydrazid, Pyridin-4-carbonsäurehydrazid*]).
5-Hydroxyimidazolino-[1.2:*c***]-pyrimidin,** Salze 9347.
2-Methyl-4-aminopyrimidin-5-aldehyd (5-Formyl-2-methyl-4-aminopyrimidin), Rk. 4536; enzymat. Thiaminsynth. aus — 14 554.
N-**Crotonoyl-1.2.4-triazol** (F. 66—67°) 18 461.
Imidazo-[1.5:*c***]-5-oxo-5.6.7.8-tetrahydropyrimidin,** IR-Spektrum 12 231.
2-Acetylaminopyrimidin (F. 146—146,5°), IR- u. UV-Spektrum u. Tautomerie 8199.
2-Aminonicotinsäureamid, Hofmannscher Abbau 2356.
5-Aminonicotinamid, Wrkg. auf d. antileukäm. Aktivität v. 2-Amino-1.3.4-thiadiazol 10 504.
6-Aminonicotinamid, Rk. 6414; Verstärk. d. — -Antagonismus d. DPN-abhäng. enzymat. Syst. durch Diäthylstilböstrol 15 633; trübe Schwell. infolge v. — im Herzen u. in d. Leber d. Ratte 14 602; Verh. einiger Indices d. organ. Abwehr (bactericide Wirksamk., Properdinsyst.) bei Tieren nach Behandl. mit — 5753; Wrkg. auf d. antileukäm. Aktivität v. 2-Amino-1.3.4-thiadiazol 10 504.
Picolinsäurehydrazid (α-Pyridincarbonsäurehydrazid), Darst., Verw. v. Deriv. 9826*; Rk. 1987, 3443, 8131*, 9826*; experimentelle, degenerative Nervenschädig. durch — 10 915.
Nicotinsäurehydrazid (Nicotinoylhydrazin, Pyridin-3-carbonsäurehydrazid), Darst., Verw. v. Deriv. 1714*, 5393*, 11 656*; Rk.: mit Carbonylverb. 1987, 8131*, 8607; mit Ketonen 12 763*; mit Methylfuryl-(2)-keton 4536; mit γ-Diketonen 3443; mit Diacetylmononicotinoylhydrazon 12 294; Farbrk. v. Deriv. d. Colchicins in Ggw. v. — 6130*.
Picolinamidoxim, Hydrochlorid (F. 167°) 3778.
Nicotinsäureamidoxim (F. 115—117°), Darst. 13 023; analyt. Verw. (Übersicht) 17 153.
Isonicotinsäureamidoxim (F. 189—192°), Darst. 13 023; (d. Hydrochlorids) 3778.
$C_6H_7N_3OS$ **5-Formyl-4-amino-2-methylmercaptopyrimidin,** Rk. 17 398.
S-**[Pyridyl (2)]-isothioharnstoff-1-oxid** 3042.
S-**[Pyridyl-(4)]-isothioharnstoff-1-oxid** 3042.
Furfurolthiosemicarbazon (F. 160°) 13 369.
$C_6H_7N_3OS_2$ **4.6-Bis-[methylmercapto]-1.3.5-triazinaldehyd-(2),** Rk.-Fähigk. 7152.
$C_6H_7N_3O_2$ **4-Nitro-***o***-phenylendiamin (1.2-Diamino-4-nitrobenzol),** Stell. d. Nitrogruppe im 1.2-disubstituierten Benzimidazol aus — u. Benzaldehyd 4152; Rk. 2759, 6773, 11 907; Verw. 12 474*.
Nitro-*p***-phenylendiamin [2-Nitrophenylendiamin-(1.4)],** Darst. v. Deriv. 14 688*; Verw. v. Deriv. 1804* [2 Ref.].
o-**Nitrophenylhydrazin,** Rk. 3098, 6138*; Verw. 8856*.
m-**Nitrophenylhydrazin,** Rk. 6138*, 17 930*; Verw. 8856*.
p(4)-**Nitrophenylhydrazin,** Darst. 13 215*; polarograph. Verh. 7833; Rk.: v. — bzw. —-Salzen mit 2-Hydroxy-3-chlor- bzw. 2.3-Dihydroxytetrahydropyran 1603; mit 3-Desoxy-D-isoglucosamin 4545; mit Methoxyacetaldehyd 18 474; mit trans-Dekalon-(1) 6138*; mit N-n-Hexyliden-n-hexylamin 806; mit 4-Phenyl-1.2-dithioliumbromid 1179; mit Tetracyanäthylen 17 929*; mit Oxydat.-Prod. v. N-Acetyl-D-glucosylamin 852; bakteriostat. Wrkg. 1278; Verw. 8856*.
2-Amino-6-acetyl-3H-pyrimidinon-(4) 5270.
5-Propargyl-3-aminohydantoin (F. 168 bis 173°), Darst., Unters. auf antikonvulsive Wrkg. 9331.
1.6.8-Triazabicyclo-[4.3.0]-nonen-(3)-dion-(7.9), Darst., Rk. 846; Rk. 847.
1-Methylpyridon-(2)-*N***-nitroimin** (F. 157,5 bis 158,5°), IR- u. UV-Spektrum 8199.
5-Carboxy-2-methyl-4-aminopyrimidin, enzymat. Thiaminsynth. aus — 14 554.
3-Amino-5-methylpyrazin-2-carbonsäure (F. 210—212° Zers.) 15 601.
4-Hydroxy-6-methylpyrimidin-2-carbonsäureamid, Rk. 6772.
2-Carboxamido-3-methoxypyrazin, Rk. 12 103*.
6-Aminocarbonyl-2-methylpyridazinon-(3) (F. 198—200°) 8612.
Nicotinsäurehydrazid-*N***-oxid** (F. 221,5°) 12 295.
Pyrimidinyl-(2)-carbaminsäuremethylester (F. 134—136° korr.) 13 030.
Pyrimidinyl-(4)-carbaminsäuremethylester (F. 181—182° korr.) 13 030.
$C_6H_7N_3O_2S$ **2-Methylmercapto-5-aminopyrimidin-4-carbonsäure,** Rk. 3554*, 13 496*.
$C_6H_7N_3O_2S_2$ **4.6-Bis-[methylmercapto]-1.3.5-triazincarbonsäure-(2)** (F. 172—174° Zers.) 7152.

$C_6H_7N_3O_3$ **4.6-Dimethoxy-1.3.5-triazinaldehyd-(2)**, Rk.-Fähigk. 7152.
5-Glycyluracil (F. 224—225°) 5270.
1-Methyl-2-[5'-nitrofurfuryliden]-hydrazin (F. 143—143,5°) 4268*.
***N*-[6-Hydroxypyrimidyl-(2)]-glycin** (F. 270° Zers.) 15 966.
4-Nitro-1-methylpyrrol-2-carbonamid (F. 224—225°) 4902.
5-Formylamino-6-methyluracil (F. 290° Zers.), Darst., Prüf. auf tumorhemmende Wrkg. 11 592.
5-Methyl-1-acetyl-*symm.*-triazol-3-carbonsäure 5658.

$C_6H_7N_3O_4$ **1.3-Dimethylviolursäure**, thermogravimetr. Unters. 12 016.
1-Methyl-5-aminouracilcarbonsäure-(4) (**1-Methyl-5-aminoorotsäure**) (Zers. ab 250°) 2362.
3-Methyl-5-aminouracilcarbonsäure-(4), Vers. d. Synth. 2362.
2.4-Dioxo-1.2.3.4-tetrahydropyrimidinyl-(5)-carbaminsäuremethylester (F. 293 bis 294° Zers., korr.) 13 031.

$C_6H_7N_3O_4S$ **3-Nitro-5-carbomethoxy-2-hydrazinothiophen** (F. 171,5° Zers.) 11 179.
***p*-Nitrobenzolsulfonylhydrazin**, Rk. 304*.

$C_6H_7N_3O_5$ **3.6-Dimethoxy-4-nitropyridazin-1-oxid** (F. 114°), Darst., Rk. 4169; Rk. 17 399.
5.5-Dinitro-5-cyanpentanon-(2) (Kp.$_{0,2-0,5}$ 77°) 12 992.

$C_6H_7N_3O_6$ **4.4-Dinitro-4-cyanbuttersäuremethylester** (Kp.$_{0,12-0,15}$ 78—80°) 12 992.
Dinitrocyanessigsäureisopropylester (Kp.$_{0,3}$ 48—49°) 12 994.

$C_6H_7N_3O_6S_2$ **2.4-Disulfamylnitrobenzol**, Deriv. 8717*.

$C_6H_7N_3O_{10}$ **2.2.2-Trinitroäthylbernsteinsäure** (F. 175°) 5253.

$C_6H_7N_3S$ **5-Mercaptoimidazolino-[1.2:*c*]-pyrimidin** (Zers. bei 310—315°) 9347.
***S*-[Pyridyl-(2)]-isothioharnstoff**, Prüf. d. Bromidhydrobromids auf Strahlenschutzwrkg. 1683.
4.5-Dimethylthiazolyl-(2)-cyanamid (F. 195 bis 196°) 14 497.

$C_6H_7N_3S_2$ **1-Amino-3-imino-4.7-dithia-4.5.6.7-tetrahydroisoindolenin**, Verw. 3635*.

$C_6H_7N_4O_2P$ **Bis-[imidazolyl-(1)]-phosphinsäure**, Darst. d. Na-Salzes 8633; (u. Imidazoliumsalzes) 8634; Phosphorylierungs-Rk.: mit Salzen d. — (Rk. mit Phosphorsäuremonoestern) 8634; mit Monoestern d. — 8635.

$C_6H_7N_5$ (s. *Spongopurin* [*1-Methyl-6-iminodihydropurin*]).
1-Methyl-1.2-dihydropyrimido-[5.4:*e*]-*asymm.*-triazin (F. 202° Zers.) 10 464.
5-Methyl-1.2-dihydropyrimido-[5.4:*e*]-*asymm.*-triazin, Hydrochlorid (F. 308 bis 309° Zers., korr.) 7901.
1-Methyl-4-aminopyrazolo-[3.4:*d*]-pyrimidin (F. 270—272° korr.), Darst. 2736; Wrkg. auf d. Nucleinsäure-Purin-Stoffwechsel in Ascitestumoren 8651; Riditanalyse d. Wrkg. v. — auf d. Wachstumsindices d. Nelson-Mäuseascitestumors 2766; Hemm. d. Ascitestumor-Wachstums durch — in Kombinat. mit Azaserin, 6-Mercaptopurin u. Thioguanin 11 227.
4-Amino-6-methylpyrazolo-[3.4:*d*]-pyrimidin (F. 300°) 7900.
1-Methyladenin, Vork. 875.
2-Methyladenin (**6-Amino-2-methylpurin**), IR-Spektrum 3397; Einfl.: auf d. Abbau v. 6-Methylaminopurin durch E. coli 4968; v. —-halt. Vitamin B_{12}-Analoga auf d. intestinale Resorpt. v. Vitamin B_{12} 12 740.
3-Methyladenin (F. 302°) 18 838.
7-Methyladenin (F. 345° korr.) 2734, 2737, 18 838.
9-Methyladenin, IR-Spektrum 789.
6-Methyl-9-aminopurin 7901.
8-Amino-6-methyl-*symm.*-triazolo-[4.3:*b*]-pyridazin (F. 214°), pharmakodynam. Eig. 13 480.
4-Amino-1-methylimidazo-[4.5:*d*]-pyridazin (F. 288—290°) 571*.
5-Amino-7-methyl-*symm.*-triazolo-[4.3:*a*]-pyrimidin (F. 246—247°) 6414.
5-Amino-7-methyl-*symm.*-triazolo-[4.3:*c*]-pyrimidin (F. 233°) 1715*.
6-Methylaminopurin (F. 308°), Vork. 875; Darst., Unters. d. physiolog. Aktivität 16 319; Synth., Demethylier. durch E. coli 4968; Wechselwrkg. d. Folsäureanalogen u. — als Wachstumsinhibitor v. Milchsäurebakterien 5716.
4-[Methylamino]-imidazo-[4.5:*d*]-pyridazin (F. 298—300°) 571*.

$C_6H_7N_5O$ **2-Amino-4-hydroxypteridin**, Umwandl. v. $^{14}C_{(2)}$-Pteroyl-L-monoglutaminsäure in — in Drosophila melanogaster 7222.
4-Amino-6-hydroxy-1-methylpyrazolo-[3.4:*d*]-pyrimidin 135.
6-Amino-4-hydroxy-1-methylpyrazolo-[3.4:*d*]-pyrimidin 135.
1-Methyl-6-aminopyrazolono-[3.4:*d*]-pyrimidin (F. 330° Zers.) 17 760.
7-Methylguanin, Bldg. (?) 7919; Identifizier. v. ^{14}C-— nach Methylier. v. Rattenlebernucleinsäuren durch ^{14}C- Dimethylnitrosamin in vivo 17 435.
9-Amino-8-methylhypoxanthin (F. 335° Zers.) 10 467.
8-Methylaminohypoxanthin, Darst. 4543; Rk. 4543.
6-Methoxy-2-aminopurin 10 464.
7-Methyladenin-3-*N*-oxid 2734.

$C_6H_7N_5O_2$ **5-Amino-8-nitroimidazolino-[1.2:*c*]-pyrimdin**, Monohydrat (Zers. bei 205 bis 220°) 9346.
9-Amino-8-methylxanthin 10 467.
4.7-Dimethoxy-1H-*vic.*-triazolo-[4.5:*d*]-pyridazin (F. 183—184°) 17 399.
3-Äthyl-5.6.7.8-tetrahydro-*symm.*-triazolo-[4.3:*b*]-1.2.4-triazindion-(6.7) 10 096.
2-Carbamoylpyrazin-5-carbonsäurehydrazid (F. 299—299,5° Zers.) 2358.

$C_6H_7N_5O_2S$ **5-Mercapto-7-amino-8-nitroimidazolino-[1.2:*c*]-pyrimidin** 9346.

$C_6H_7N_5O_3$ **5-Amino-7-hydroxy-8-nitroimidazolino-[1.2:*c*]-pyrimidin** (Zers. bei 320 bis 340°) 9347.
5-Hydroxy-7-amino-8-nitroimidazolino-[1.2:*c*]-pyrimidin (Zers. bei 330—340°) 9346.
Guanofuracin, Einfl. auf d. Tyrosinaserk. 9763.
3.5-Diaminopyrazincarbonsäureamid-(2)-carbonsäure-(6), Deriv. 8066*.

$C_6H_7N_5O_4$ **2.4-Diamino-5-oxalylamino-6-oxodihydropyrimidin** 9721.

$C_6H_7N_5O_{16}$ ***β*-D-Glucopyranosepentanitrat**, Rk. 6779.

$C_6H_7N_5S$ **8-Methylamino-6-mercaptopurin** 4543.
6-Amino-2-methylmercaptopurin (**2-Methylmercaptoadenin**), IR-Spektrum 3397; Einfl. —-halt. Vitamin B_{12}-Analoga auf d. intestinale Resorpt. v. Vitamin B_{12} 12 740.
2-Amino-6-methylmercaptopurin, Rk. 3460, 17 400; Wechselwrkg. d. Folsäureanalogen u. — als Wachstumsinhibitor v. Milchsäurebakterien 5716.
5-Methylmercapto-7-methyltetrazolo-[1.5:*a*]-pyrimidin (F. 151—152°) 6415.

$C_6H_7N_7O$ **2-Amino-6-hydrazino-4-oxo-3.4-dihydropteridin** 13 396.

$C_6H_7N_7O_5S_4$ **2-[2'-Acetylamino-1'.3'.4'-thiadiazol-5'-sulfonamido]-5-aminosulfonyl-1.3.4-thiadiazol**, Prüf. auf antikonvulsive Wrkg. 2078.

$C_6H_7N_7O_{14}$ ***N*-[3.3.3-Trinitropropyl]-2.2.2-trinitroäthylcarbaminat** (F. 91—92°) 9957*.

C_6H_7Na **Methylcyclopentadienylnatrium**, Darst. 5476*; Elektrolyse an einer Mn-Anode 5849*; Rk. 3753, 8420*.

$C_6H_7O_2P$ **Phenylphosphinsäure (Benzolphosphinsäure)** (F. 86—87°), Darst., Rk. 3435; IR-Spektrum 5928; Verw. 10 296*.
$C_6H_7O_3P$ **Phenylphosphonsäure,** Bldg. 10 435; Darst. v. Deriv. 9898*; IR-Spektrum 5928; Rk. 7852; Best. d. Cytotoxizität in menschl. Zellkulturen 4196.
$C_6H_7O_3Sb$ **Phenylstibinsäure** 18 094.
$C_6H_7O_4P$ **Phenylphosphat (Phosphorsäuremonophenylester),** Darst. v. Deriv. 3781; Bldg. d. Bis-[cyclohexylammonium]-Salzes, Rk. mit Dichlorphosphorsäurephenylester 7851; R_F-Werte, Rk. mit Adenosin-5'-amidophosphaten 18 848; Rk.: mit NH_4OH 8634; mit Imidazol 8633; mit Isocyanaten 8631; mit Trichloracetonitril u. Arylphosphaten bzw. Alkoholen bzw. Carbonsäuren 7851; mit N-sek.-Butylbenziminochlorid 3988*; mit O-[Thymyl]-bis-[imidazolyl-(1)]-phosphinat bzw. Tris-[imidazolyl-(1)]-phosphinat 8635; mit 5-Bromuridin-5'-phosphoramidat 4178; mit Isopropylidenadenosin + Phosphorsäure-[α-äthoxy-β-carbäthoxyvinylester]-diäthylester 8632; Phosphomonoesteraseaktivität v. Präp. aus Mäuseleber bei pH 5,9 gegenüber — 17 443; Hydrolyse durch saure Mäuseleber-Phosphatase 3130; Verw. d. Di-Na-Salzes als Substrat (bei d. Best. d. alkal. u. sauren Phosphatase in Rahm u. Magermilch) 15 069; (bei d. Best. d. Phosphataseaktivität in Rinderzähnen) 15 637; Phosphatase-Aktivität in d. Larve v. Bufo vulgaris mit — als Substrat 13 429; α-Glycerinphosphat-Synth. in Homogenaten v. adipösem Gewebe in Ggw. v. Glycerin u. — 16 363.
$C_6H_7O_5P$ **o-Hydroxyphenylphosphat,** Oxydat. d. Cyclohexylammoniumsalzes 4877.
$C_6H_7O_6P$ **Phloroglucinphosphat,** Wundbehandl. mit Poly-— (*Dealydgel*) 14 227.
C_6H_7P **Phenylphosphin** (Kp.$_{760}$ 159—160°), Darst. (Rk.) 12 619; (v. Schwermetallkomplexen) 15 890; IR-Spektrum 14 447; Cyanäthylier. 4503; Einw. auf cis- u. trans-Buten-(2) in Ggw. v. Azoisobutyronitril 3051; Rk.: mit organ. Boranen 10 435; mit $C_6H_5BCl_2$ 8088*; mit Formaldehyd 3067; mit Pentandion-(2.4) 1609.
C_6H_8 **Hexen-(3)-in-(1)** (Kp.$_{300}$ 58—62°) 14 666*.
Hexen-(1)-in-(5) (Kp.$_{749}$ 71°), Darst. [im Gemisch mit Hexatrien-(1.2.5)] 11 526; (magnet. Mol.-Rotat.) 9287.
2-Äthyl-1-vinylacetylen, Rk. 6427.
4-Methylpenten-(3)-in-(1) (Kp.$_{760}$ 72—73°), Darst., Spin-Spin-Kopplungs-Konst. d. Konfigurat. d. Doppelbind., Hg-Deriv. 1173.
Hexatrien-(1.2.4), Bldg., UV-, IR- u. kernmagn. Resonanzspektrum 14 097.
Hexatrien-(1.2.5) [Hexatrien-(1.4.5)], Darst. 9287; [im Gemisch mit Hexen-(1)-in-(5)] 11 526.
Hexatrien-(1.3.5) (*gewöhnl.* **Hexatrien**) (Kp. 80,0°), Darst., Photochemie d. cis-trans-Isomeren 14 097; Bldg. 6730; (v. trans-—) 15 977; (UV- u. IR-Spektrum) 3414; Intensitäten in d. Raman-Spektrum v. — u. d. Metallmodell d. Mol. 16 620; Berechn. d. längstwell. π-π*-Überganges 7097; Synth. u. Identifizier. eines neuen Fe-Tricarbonyl-Hexatrien-Komplexes v. trans-— 424.
Cyclohexadien-(1.3) (*gewöhnl.* **Cyclohexadien**) (Kp. 80,5—81°), Darst. 4134, 16 486*; [katalyt. Dampfphasengewinn.] 10 422; (im Gemisch mit Benzol u. Cyclohexan) 13 372; (Rk.) 10 069, 15 977; Bldg. 77, 11 520, 14 097; NMR-Spektrum u. Struktur v. $(C_6H_8)_2Mo(CO)_2$ 5562; Stereochemie d. Elektrolyse v. K-Acetat in Ggw. v. — 6345; Mechanismus d. Umwandl. an Pt-Filmen 15 183; Polymerisat. 9002, 19 011*; Bldg. v. Photo-Adduktbiradikalen mit Bengalrosa 15 168; durch Rose Bengale photosensibilisierte Cyclodimerisat. v. — 15 181; Rk. mit NH_2OH oder dessen Salzen 8417*; Komplex-Bldg.: mit $PdCl_2$ 16 617; mit $Co_2(CO)_8$ bzw. $Co_2(CO)_6(C_6H_5C\equiv CC_6H_5)$ 14 804; Rk. mit $Fe(CO)_5$ 12 277; Methylaffinität 14 463; Rk.: mit Dehydrobenzol 6364; mit Äthylsilan u. Bortrichlorid 7330*; v. $C_5H_5Co \cdot C_6H_8$ mit $(C_6H_5)_3CBF_4$ 1159; mit $C_5H_5Co(CO)_2$ 18 399; mit $C_5H_5Mn(CO)_3$ 6705; mit 1-Methoxypenten-(4)-on-(3) 14 102; mit Tetracyanäthylen bzw. Fumarnitril 10 444; mit Azodicarbonsäurediäthylester 15 966; mit Maleinsäureanhydrid (Kinetik) 4134; mit Fumarylchlorid 1216.
Cyclohexadien-(1.4) (Kp.$_{751,5}$ 86,5—88°), Methylaffinität 14 463; Rk. 7848, 9291, 12 277.
1-Methylcyclopentadien-(1.3) 10 078, 17 201*.
2-Methylcyclopentadien-(1.3) 17 201*.
5-Methylcyclopentadien-(1.3) (*gewöhnl.* **Methylcyclopentadien**), Darst. 17 201*, 18 268*, 18 439; Bldg. 16 136*; Rk. 3753, 16 616, 17 930*; (v. Deriv.) 1158.
1.3-Dimethylencyclobutan, Methylaffinität 14 463.
$C_6H_8AsNO_3$ s. *Atoxylsäure* (*Arsanilsäure, Aminophenylarsonsäure*).
$C_6H_8B_2O_4$ **p-Phenylendiboronsäure** 2335.
$C_6H_8BrNO_2S$ **N-[2-Bromäthylmercapto]-succinimid** (F. 89—90,5° korr.) 9301.
C_6H_8BrNS **4-Methyl-5-[2'-bromäthyl]-thiazol,** Salze 7990*, 10 566*.
$C_6H_8BrN_3$ **N-Methyl-3-brompyrazolo-[2.3:a]-imidazolidin** (F. 52—53°) 10 192*.
2-Methyl-4-amino-5-brommethylpyrimidin, Rk. d. Hydrobromids 4533, 14 956*; Wrkg. d. Dihydrochlorids auf Glutaminsäuredecarboxylase u. andere Transaminasen d. Rattengewebe 8663.
2-Amino-4.6-dimethyl-5-brompyrimidin (F. 183—184°) 10 093.
2.3-Diamino-4-methyl-5-brompyridin (F. 161—162°) 129.
2.3-Diamino-5-brom-6-methylpyridin 129.
$C_6H_8BrN_3O_4S_2$ **5-Brom-2.4-disulfamylanilin (4-Amino-6-brombenzol-1.3-disulfonamid),** Rk. 2368, 6142*.
$C_6H_8BrN_3S$ **5-Brommethyl-4-amino-2-methylmercaptopyrimidin,** Rk. 17 398.
$C_6H_8BrO_5PS_2$ **2-[O.O-Dimethyldithiophosphato]-3-brom-3-formylacrylsäure** 9125*.
$C_6H_8Br_2$ **2-Methylen-3.3-dimethyl-1.1-dibromcyclopropan** (Kp.$_8$ 57,8—58°) 4889, 16656.
$C_6H_8Br_2F_2O_2$ **2.4-Dibrom-4.4-difluorbutylacetat** (Kp.$_2$ 71—73°) 3780.
$C_6H_8Br_2N_2O_3$ **5.5-Dibrom-1.3-dimethyl-6-hydroxydihydrouracil** (F. 134—136°), Rk. 14 826.
$C_6H_8Br_2N_2Se_2$ **p-Phenylendiamindiselendibromid** (F. 207°) 15 191.
$C_6H_8Br_2O_4$ **α.α'-Dibromadipinsäure,** Rk. 2903*.
$C_6H_8Br_4O_2$ **α.β.γ.δ-Tetrabromcapronsäure,** Verw. 3933*.
$C_6H_8ClF_3O$ **3-[2'.2'.2'-Trifluoräthoxy]-4-chlorbuten-(1)** (Kp.$_{55}$ 66°) 7475.
C_6H_8ClNO **1-Methyl-2-chlorpyridiniumhydroxid,** Salze 11 190.
$C_6H_8ClNO_2$ **2-Acetoxy-3-chlor-2-methylpropionitril,** Pyrolyse 3419.
C_6H_8ClNS **4-Methyl-5-[2'-chloräthyl]-thiazol,** Darst., Verw. v. Salzen 7990*, 10 566*; pharmakodynam. Eig. 15 320.
$C_6H_8ClN_2O_3PS$ **Dimethyl-[6-chlorpyrazinyl-(2)]-thionophosphat** 7301*.
$C_6H_8ClN_3$ **2-Methyl-4(6)-amino-5-chlormethylpyrimidin,** Herst., Verw. d. Hydrochlorids (F. 210—213°) 7994*; Rk. 7627*.
2-Äthyl-4-amino-6-chlorpyrimidin (F. 133°) 8987.
2-Dimethylamino-4-chlorpyrimidin, Konstit.-Einfl. auf d. IR-Spektrum 14 812.

4-Chlor-6-dimethylaminopyrimidin (F. 102 bis 103°) 7150.
2-Amino-3-methylamino-5-chlorpyridin (F. 122—124°) 10 461.

$C_6H_8ClN_3O_2$ **5-[β-Chloräthylamino]-uracil,** Rk. 9719.

$C_6H_8ClN_3O_3S_2$ **5-Acetylimino-4-äthyl-Δ^2-1.3.4-thiodiazolin-2-sulfochlorid** (F. 67—69°) 1986.

$C_6H_8ClN_3O_4S_2$ **5-Chlor-2.4-disulfamylanilin (5-Chlor-2.4-bis-[aminosulfonyl]-anilin, 6(4)-Amino-4(6)-chlorbenzol-1.3-disulfonamid, Salamid)** (F. 262°), Darst., (Rk.) 1998, 2366; (Verw.) 8717* [2 Ref.]; Bldg. 6871; polarograph. Red. 17 702; Cyclisier. 15 334*; Rk.: v. — u. Deriv. mit Hexamethylentetramin 14 616*; mit Guanidincarbonat 2092*; mit Aldehyden 4923, 6142*; mit Paraformaldehyd in Ggw. v. HCl 16 415*; mit Acetaldehyden 2368; v. diazotiertem — mit Chromotropsäure 10 562; pharmakolog. Eig. 14 945; Best. 10 562, 17 136.

$C_6H_8ClN_3O_5S_2$ **2-Chlor-4-amino-5-sulfamylbenzolsulfhydroxamsäure,** Deriv. 15 697*.

$C_6H_8ClN_3S$ **2-Äthylmercapto-6-chlor-4-aminopyrimidin** (F. 78—79°) 16 316.

$C_6H_8ClN_5O_2$ **2-Amino-4-[2′-chloräthylamino]-5-nitropyrimidin,** Rk. 9346.

$C_6H_8Cl_2$ **3.5-Dichlorhexadien-(1.3)** ($Kp._{12}$ 66 bis 68°) 7855.
1.3-Dichlorhexadien-(2.4) ($Kp._{11}$ 73—75°) 7855.
x.x-Dichlorhexadien, Rk. u. Verw. 15 741*.
1.1-Dichlor-2.2-dimethyl-3-methylencyclopropan ($Kp._{20}$ 39°) 16 656.
1.1-Dichlor-2-methyl-2-vinylcyclopropan ($Kp._{33}$ 60°) 4889.

$C_6H_8Cl_2FN_5$ **4-Dimethylamino-2-amino-6-dichlorfluormethyl-*symm.*-triazin** (F. 187 bis 190°) 6776.

$C_6H_8Cl_2F_4O_2$ **1.3-Dichlor-1.1.3.3-tetrafluor-2-methoxy-2-äthoxypropan** ($Kp._{51}$ 79—80°) 6582*.

$C_6H_8Cl_2N_3OPS_2$ **[4-Amino-2-methylmercaptopyrimidyl-(5)]-methylthionophosphorsäuredichlorid** (F. 231—234° Zers.) 17 398.

$C_6H_8Cl_2N_3O_2PS$ **[4-Amino-2-methylmercaptopyrimidyl-(5)]-methylphosphorsäuredichlorid** (F. 260° Zers.) 17 398.

$C_6H_8Cl_2N_4$ **2-Isopropylamino-4.6-dichlor-*symm.*-triazin,** Darst., herbicide Wirksamk. 18 160.

$C_6H_8Cl_2N_4O_2$ ***N.N′*-Dichlor-*C.C′*-dimethylacetylendiureid,** Verw. 4648*.

$C_6H_8Cl_2O$ **1-Chlor-2-[chlormethyl]-pentin-(4)-ol-(2),** Darst., hypnot. Wrkg. 17 485.
α.α(2.2)-Dichlorcyclohexanon, Konformat., UV- u. IR-Spektrum 10 032; polarograph. Verh. 12 604.
***cis*-α.α′(2.6)-Dichlorcyclohexanon,** Konformat., Dipolmoment, UV- u. IR-Spektrum 10 032; polarograph. Verh. 12 604.
***trans*-α.α′(2.6)-Dichlorcyclohexanon,** Konformat., Dipolmoment, UV- u. IR-Spektrum 10 032; polarograph. Verh. 12 604.

$C_6H_8Cl_2OTi$ **Cyclopentadienyltitandichlormethylat** (F. 89—90°) 6608*.

$C_6H_8Cl_2O_2$ **Dichlorpropionsäureallylester,** herbicide Wrkg. auf Gurkenkeimlinge 14 926.
2.3-Dichlorisobuttersäurevinylester, herbicide Wrkg. auf Gurkenkeimlinge 14 926.
5-Chlortetrahydrofuryl-(2)-acetylchlorid ($Kp._{10}$ 108°) 3115.
Adipinsäuredichlorid (Adipoylchlorid, Adipylchlorid) ($Kp._{18}$ 130—132°), Darst., Rk. 10 427, 14 842, 17 366; Rk. mit SF_4 13 565*; Polykondens.: mit Piperazin bzw. Diaminen 13 793 [2 Ref.]; mit Hexamethylendiamin 8076*, 9366, 10 864; Polyverester. v. —/Terephthalsäuredichlorid-Gemischen mit 2.2-Bis-[p-hydroxyphenylpropan] 18 131; Rk.: mit Al-Tris-[p-kresolat] 16 289; mit Cd-organ. Verb. 8946; Verh. gegen Natriumsaccharate 7527; Rk. mit α-Dioximen 2391; Polykondens. mit Aminobenzoesäuren 17 056; Rk.: mit Aminosäureestern 6371; mit Mg-Acetessigester 653*; mit Thiobenzamid 3789.
Tetramethylen-bis-[chloroformiat] (F. 47,5—48°) 6431

$C_6H_8Cl_2O_3$ **γ.γ-Dichloracetessigsäureäthylester,** Rk. 17 008.

$C_6H_8Cl_2O_4$ **Äthylenglykol-bis-chloracetat,** Rk. 11 168.
„Tetramethylen-bis-chlorformiat“ (1.4-Butandiol-bis-chlorkohlensäureester), Rk 2194*.

$C_6H_8Cl_2O_4S$ **α.α′-Dichlor-γ-thiapimelinsäure** 4919.

$C_6H_8Cl_2PbS$ **Äthylthienylbleidichlorid** 4716*.

$C_6H_8Cl_2S$ **Bis-[2-chlorpropenyl]-sulfid,** Verw. 9868*.

$C_6H_8Cl_3NO$ ***N*-α-Methylallyltrichloracetamid,** Darst. im Gemisch mit N-γ-Methylallyltrichloracetamid 7850.
***N*-γ-Methylallyltrichloracetamid (*N*-Crotyltrichloracetamid)** (F. 37—38°) 7850.
[α-Methylallyl]-trichloracetimidat ($Kp._{11}$ 77°) 7849.
[β-Methylallyl]-trichloracetimidat ($Kp._{11}$ 86 bis 87°) 7849.
[γ-Methylallyl]-trichloracetimidat ($Kp._{11}$ 90 bis 92°) 7850.

$C_6H_8Cl_3NOSi$ **β-[γ-(Trichlorsilyl)-allyloxy]-propionitril** ($Kp._7$ 140°) 8221.

$C_6H_8Cl_3NO_2$ **3-Äthyl-2-trichlormethyloxazolidon-(4)** (F. 59—60°) 17 140*.
2-Äthyl-5-trichlormethyloxazolidon-(4) ($Kp._{0,005}$ 100—101°) 17 140*.
2.2-Dimethyl-5-trichlormethyloxazolidon-(4) (F. 177—178°), Darst., Verw. 2827*; Rk. 17 140*.
3.5-Dimethyl-2-trichlormethyloxazolidon-(4) ($Kp._{0,5}$ 80°) 17 140*.

$C_6H_8Cl_4$ **Tetrachlorcyclohexan** 16 277.

$C_6H_8Cl_4N_2O_2$ ***N.N′*-Bis-[dichloracetyl]-äthylendiamin** (F. 207—210°), Darst., amöbicide u. spermaticide Wrkg. 2814.

$C_6H_8Cl_4O_2$ **Essigsäure-2.4.4.4-tetrachlorbutylester** ($Kp._1$ 93—95°) 10 699*.

$C_6H_8Cl_4O_2S$ **Verb. $C_6H_8Cl_4O_2S$** ($Kp._{0,1}$ 106—113°) aus Allylacetat u. Trichlormethylsulfenylchlorid 15 553.

$C_6H_8Cl_6N_2S_2$ ***N.N′*-Bis-[trichlormethylsulfenyl]-piperazin** (F. 166°) 8037*.

$C_6H_8FNO_2$ **α-Methyl-α-acetoxy-β-fluorpropionitril** ($Kp._{15}$ 94,5—95,5°) 12 260.

$C_6H_8FN_3O_4S_2$ **5-Fluor-2.4-disulfamylanilin,** Rk. 6142*.

$C_6H_8F_2HgO_4$ **2-Acetatomercuri-1.1-difluoräthylacetat** 16 283.

$C_6H_8F_2O_3$ **2.2-Difluoracetessigsäureäthylester** (Kp. 168°) 8412*.

$C_6H_8F_2O_4$ **α.α-Difluormalonsäuremethyläthylester** 8412*.

$C_6H_8F_3N$ **6.6.6-Trifluorcapronitril** 3774.

$C_6H_8F_3NO_4S$ **Fluorsulfonyldifluoracetylmorpholin (Fluorsulfonyldifluoressigsäuremorpholid)** (F. 72—73°) 1794*.

$C_6H_8F_3N_5$ **4-Dimethylamino-2-amino-6-trifluormethyl-*symm.*-triazin** 6776.

$C_6H_8F_4O$ **2.2.3.3-Tetrafluorpropylallyläther** ($Kp._{740}$ 110°) 8947.

$[C_6H_8F_6OSi]_x$ **Poly-[2-(trifluormethyl)-5.5.5-trifluorpentylsiloxan]** 8947.

C_6H_8JNO **1-Methyl-2-jodpyridiniumhydroxid,** Jodid (F. 197—199° Zers.) 12 293.

$C_6H_8JN_3O_2$ **Monojodhistidin,** Vork. 10 518; Hemm.-Vermögen v. D-— u. L-— gegenüber Histidindecarboxylase 3137; Verteil. u. Stoffwechsel bei Periplaneta 17 105.

$C_6H_8J_2O_4$ **Äthylenglykol-bis-[jodessigsäureester],** Hemmwrkg. auf Vermehr. u. Enzymtätigk. v. Saccharomyces cerevisiae 12 334.

$C_6H_8NO_2P$ **Phenylphosphonsäureamid,** Na-Salz (F. 164—165°) 18 805.

$C_6H_8NO_3P$ **Aminobenzolphosphonsäure,** Rk. v. diazotierter — 1325*.

Phosphorsäuremonophenylesteramid, Darst. d. Cyclohexylaminsalzes 8632, 8634; R_F-Werte 7852.

$C_6H_8NO_3Sb$ **p-Aminophenylstibonsäure,** Tüpfelnachw. 18 218.

$C_6H_8NO_5PS$ **Benzolsulfonamidophosphorsäure** (F. 149—150°), Hydrolyse (Kinetik) 12 241.

$C_6H_8N_2$ (s. *Phenylendiamin* [*Diaminobenzol*]; *Phenylhydrazin*).

1.2-Diazacyclooctatrien-(3.5.7), MO-Berechn. 4481.

2.5-Dimethylpyrimidin ($Kp._{15}$ 64—65°) 3443.

2.3-Diphenylpyrazin, tuberkulostat. Wrkg. 16 733.

2.5-Dimethylpyrazin (Kp. 153°), Darst. 13 031; Lsgm.-Einfl. auf n→π-Übergänge 3762; Säure-Basen-Eig. 15 895; Rk. 2357.

2.6-Dimethylpyrazin. Säure-Basen-Eig. 15 895.

2-Diazonorbornan, carbenoide Zers. 8932.

Methylazocyclopentadien, Li-Verb. 17 729.

2-Aminomethylpyridin (α-Picolylamin, Picolyl-(2)-amin, [**Pyridyl-(2)-methyl**]**-amin)** ($Kp._{17}$ 91,5°), Dipolmoment 1551; Rk. 3421, 3443, 12 253.

3-Aminomethylpyridin (β-Picolylamin) ($Kp._{18}$ 108—111°), Darst., Rk. 16 312; Dipolmoment 1551; Rk. 3443.

4-Aminomethylpyridin (γ-Picolylamin) ($Kp._{14}$ 105°), Dipolmoment 1551; Rk. 3443.

2-Amino-3-methylpyridin ($Kp._{12}$ 102°), pH-Abhängigk. d. UV-Spektrums 12 226; Rk. 18 115, 18 421; (Salze) 12 302.

2-Amino-4-methylpyridin (2-Amino-γ-picolin) (F. 99,2—99,8°), Best. d. innermol. Gruppenrotat., DK 3399; Bromier. 128; Sulfonier. 10 096; Überführ. in 3-Nitro-γ-picolin 17 396; Rk.: mit Styroloxid 18 115; mit β-Bromisobuttersäuremethylester (Salze) 12 302; mit Oximinocyanessigsäureäthylester 1951.

2-Amino-5-methylpyridin, Rk. 18 115, 18 421; (Salze) 12 302.

2(6)-Amino-6(2)-methylpyridin, Bromier., Nitrier. u. Red. 129; Rk.: mit Chlorsulfonsäure 10 096; mit Styroloxid 18 115; mit Carbon- oder Hydroxycarbonsäuren 18 633*; mit β-Bromisobuttersäuremethylester (Salze) 12 302.

3-Amino-4-methylpyridin (3-Amino-γ-picolin) (F. 105°) 8248, 17 396.

3(5)-Amino-6(2)-methylpyridin (F. 95 bis 97,3°), Bldg. 13 951*; Rk. 7324*.

4-Amino-3-methylpyridin (F. 108—109°), Darst. 3093; UV-, IR-Spektrum u. Basenstärke 10 035.

x-Aminopicolin, Rk. 5842*.

4-Methylaminopyridin (F. 124—125°), UV-, IR-Spektrum u. Basenstärke 10 035.

1-Amino-2-cyancyclopenten-(1), Reinig. v. —-halt. Adiponitril 9511.

1-Imino-2-cyancyclopentan, Reinig. v. —-halt. Adiponitril 9511.

Adipinsäuredinitril (Butyldicyanid) ($Kp._8$ 154—156°), Darst. 16 490*; (Rk. v. $^{14}C_{(1.6)}$-—) 9673; Reinig. 9511, 12 833*, 15 403*; Kristallstruktur v. Bis-[adiponitril]-Cu(I)-nitrat 15 141; Lage d. C≡N-Dehn.-Frequenz 5206; Einfl. auf d. gemeinsame Abscheid. v. H mit Ni 12 934; Abbau 11 323; Red. 99, 18 272*, 18 630*; partielle Hydrier. 12 098*; Halogenier. 2539*; Rk. mit HCl 18 795; (u. prim. Alkoholen) 17 205*; Verseif. in Ggw. v. Äthylenglykol 8419*; Rk. mit α-Bromisobuttersäureäthylester 2330; Verw. 3982*.

α-Methylglutarsäuredinitril (1.3-Dicyanbutan) ($Kp._{12}$ 135°) 13 361.

3-Methylglutaminodinitril, Lage d. C≡N-Dehn.-Frequenz in — 5206.

$C_6H_8N_2O$ **Cyclohexeno-[c]-1.2.5-oxadiazol** (F. 26°) 13 020.

4-[β-Hydroxyäthyl]-pyrimidin ($Kp._{10}$ 130 bis 135°) 7147.

2-Hydroxymethyl-5-methylpyrazin (F. 36 bis 39°) 8251.

2-Hydroxymethyl-6-methylpyrazin (F. 43 bis 45°) 8251.

5-Hydroxy-4.6-dimethylpyrimidin (F. 138 bis 139°) 7149.

2-Hydroxy-3.6-dimethylpyrazin 1567.

2.4-Diaminophenol, Darst., Benzoylderiv. 10 815; Einfl.: d. Hydrochlorids auf d. Absorpt. v. K-Ionen durch Vermiculit 11 829; v. *Amidol* auf d. Korros. v. Ag-Körnern 4408; bakteriostat. Wrkg. d. Hydrochlorids 1278; Verw.: d. Dihydrochlorids als Red.-Mittel für d. Molybdatophosphatkomplex 4274; d. Naphthalin-1.5-disulfonats in Entwicklersubstanz 12 903; mkr. Nachw. 17 513.

2.5-Diaminophenol, Konstit.-Einfl. auf d. pK-Wert 12 603.

p-Hydroxyphenylhydrazin, Rk. 6138*.

4-Methyl-6-methoxypyridazin (F. 15°) 12 297.

5-Methyl-6-methoxypyridazin (F. 34°) 12 297.

4-Methoxy-6-methylpyrimidin (Kp. 166 bis 168°) 6035, 6772.

4-Amino-2-methoxypyridin (F. 86°) 17 027.

2.4-Dimethylpyrimidon-(6) bzw. **2-Hydroxy-4.6-dimethylpyrimidin** (F. 194—197°), Bldg., Rk. 12 297; Best. d. Cytotoxizität d. Hydrochlorids in menschl. Zellkulturen 4196.

4.5-Dimethylpyrimidon-(6) (F. 201—203°) 12 297.

1-Methylpyrrol-2-aldoxim (F. 148,5—149,5°) 4902.

4.5-Dimethylpyridazon-(1), Rk. 222*.

2.5-Dimethylpyrazinoxid-(1) ($Kp._{0,5-1,5}$ 120 bis 134°) 8251.

2.6-Dimethylpyrazinoxid-(1) (F. 50°), Rk. 8250.

3.5-Dimethylpyrazinoxid-(1) (F. 130—132°), Darst., Verh. gegen Umlager. 8250.

2-Amino-6-methylpyridin-N-oxid, Rk. 10 096.

4-Amino-α-picolin-N-oxid, Skraup-Rk. 4917.

3-Methyl-4-aminopyridin-1-oxid, Analyse d. ν(NO) 7091.

2-Methylaminopyridin-1-oxid, Rk. 3042.

4-Methylaminopyridin-1-oxid, Rk. 3042.

3-Methyl-3-hydroxyglutarsäuredinitril ($Kp._{0,07}$ 131°) 18 084.

β.β'-Dicyanoäthyläther (β.β'-Oxypropionnitril, Oxydipropionitril), Adsorpt. aus wss. Lsg. an Montmorillonit 13 307; Abbau 11 323; Verw. d. Cu-Komplexes 658*.

Dihydronicotinamid, Rk. v. Deriv. 3809.

$C_6H_8N_2OS$ **5-Hydroxy-2-mercapto-4.6-dimethylpyrimidin** 7149.

2-Äthylmercapto-6-hydroxypyrimidin, Rk. 15 966.

2-Hydroxy-6-methylmercapto-4-methylpyrimidin, Rk. 12 298.

2-Methylmercapto-6-hydroxy-4-methylpyrimidin, Rk. 12 297, 15 966.

2-Methylmercapto-5-methyl-6-hydroxypyrimidin (F. 232—234°) 12 297.

3(6)-Methylmercapto-6(3)-methoxypyridazin (F. 84,5°), Darst. 1990; Rk. 7525.

2-Methylmercapto-5-methoxypyrimidin (F. 09°) 8704.

5-Methoxy-4-methylmercaptopyrimidin (F. 75°) 7148.

4-Methoxy-6-methylmercaptopyrimidin ($Kp._{0,06-0,07}$ 51—65°) 1608.

S-Furfurylisothioharnstoff, Hydrochlorid (F. 117—122°) 15 557.

1.4-Tetramethylenisocyanatsenföl ($Kp._{0,55}$ 96 bis 100°) 11 366*.

3-Methyl-2-methylmercaptopyrimidon-(4), Rk. 848.

2-Methylmercapto-6-methylpyrimidon-(4), Rk. 4538.

1.6-Dihydro-1-methyl-4-methylmercapto-6-oxopyrimidin (F. 172—175°) 7150.
1.4-Dimethyl-6-hydroxy-1.2-dihydropyrimidinthion-(2), Verw. 13 638*.
4.5(5.6)-Dimethyl-2-thiouracil, Rk. 4540, 12 297.
1.3-Dimethyl-4-thiouracil (F. 131—132°) 7151.
3.5-Dimethylpyrazol-1-thiocarbonsäure, Deriv. 4903.
2-Acetamido-4-methylthiazol 12 292 [2 Ref.].
Thienyl-(2)-essigsäurehydrazid, Prüf. auf Wachstumshemm. bei Sarkom 180 bei Mäusen 5698.
N^1-Methyl-α-thiofuroesäurehydrazid, Hydrochlorid (F. 142—144°) 6745.

$C_6H_8N_2OS_2$ **β.β'-Dithiocyandiäthyläther**, Best. d. Cytotoxizität in menschl. Zellkulturen 4195.

$C_6H_8N_2O_2$ **2.5-Dihydroxy-4.6-dimethylpyrimidin** 7149.
4.6-Diaminobrenzcatechin, Darst. u. Glykosuric-Wrkg. d. Dihydrochlorids an Ratten 15 569.
2.6-Diaminohydrochinon, Dihydrochlorid 15 569.
2-Methyl-4-hydroxy-5-methoxypyrimidin (F. 215°) 8704.
3.6-Dimethoxypyridazin (F. 106—107°), Darst. 1990, 6410; Rk. 4168.
2.4-Dimethoxypyrimidin ($Kp._{20}$ 100—110°) 7526.
4.6-Dimethoxypyrimidin (F. 30—31° korr.) 1608, 7150.
Tetramethylendiisocyanat ($Kp._{0,5}$ 65°), Darst., Rk. 11 366*; Rk. 4742*.
6-Methoxy-3-methylpyrimidon-(2), IR-Spektrum 789; Rk. 12 297.
5-Äthyluracil, Wrkg. auf Keimpflanzen 904.
1.3-Dimethyluracil, IR-Spektrum 789; π-Elektronen-Donor-Acceptor-Komplexe d. Procain-Hydrochlorids mit — 15 177; UV-Bestrahl. 14 826; photochem. Rk. in gefrorenen Lsg. v. — 3776; Rk. mit P_2S_5 7151.
x-Methylthymin, relative Wirksamk. v. Vitamin B_{12} u. Dimethylbenzimidazol-B_{12}-Coenzym bei d. —-Biosynth. durch Knochenmarkzellen 7222.
1.4(3.6)-Dimethyluracil (F. 261—263°), Darst. 2362, 4538 [2 Ref.]; (Rk.) 2362; Bldg. 12 297; Rk. 4539.
3.4(„1.6")-Dimethyluracil (F. 220°), Darst. 4538; Rk. 4539.
x.x-Dimethyluracil, Erhöh. d. Löslichkeit v. Riboflavin durch Komplexbldg. mit — 11 288.
5-[n-Propyl]-hydantoin (F. 133—135°) 306*.
3-Methyl-4-acetylpyrazolon-(5) 11 903.
4-Methoxy-6-methylpyrimidin-1-oxid (F. 134,5—136°) 6771.
2.5-Dimethylpyrazindioxid-(1.4), Rk. 8250.
2.6-Dimethylpyrazindioxid-(1.4), Rk. 8251.
1-Methylimidazolyl-(4)-essigsäure, — als Stoffwechselprod. v. ^{14}C-Histamin in Herz-Lunge-Leber-Präp. v. Katzen 4986.
Imidazolyl-(4)-methylacetat, Darst., Kinetik d. Hydrolyse d. Hydrochlorids (F. 137,5—139°) 5621.
Imidazol-5-carbonsäureäthylester (F. 162°) 9333.
Äthoxymethylencyanessigsäureamid, Rk. 7625*.
1'.2'.3'.4'-Tetrahydropyridino-[1'.2':3.4]-sydnon (4.5.6.7-Tetrahydropyrido-[1.2:c]-sydnon) (F. 104,5°), Darst. 1603; polarograph. Halbstufenpotential 14 818.

$C_6H_8N_2O_2S$ (s. *Sulfanilamid* [*Deseptyl, Prontosil album, Spreptocid, Sulfanilsäureamid, p-Aminobenzolsulfonsäureamid*]).
2-Methylmercapto-4-hydroxy-5-methoxypyrimidin (F. 198°) 8704.
2-Methylmercapto-4-methoxy-6-hydroxypyrimidin (F. 191°) 15 597.
6-Hydroxy-3-methyl-2-methylmercapto-3H-pyrimidinon-(4) (F. 195—197°) 17 415.
2-Thiazolalanin, Einfl. auf Nucleinsäure-Abbau in Mutanten v. Neurospora crassa 2775; Hemm. d. enzymat. Synth. v. Verb. III durch Rückkoppl. durch — (bakteriostat. Wrkg.) 16 722; induzierte phenotyp. Resistenz gegen — bei Escherichia coli 13 438.
2-[α-Aminoäthyl]-thiazolcarbonsäure-(4), Darst., Hydrochlorid 8636; IR-Spektrum d. Hydrochlorids 10 030.
2-Amino-4-methyl-5-carboxymethylthiazol (Zers. bei 256—258°) 14 104.
5-Aminothiazol-2-carbonsäureäthylester, Konstit.-Einfl. auf d. Hydrolyse (Kinetik) 16 986.
2-Aminothiazol-4-carbonsäureäthylester, IR-Spektrum 10 030; Konstit.-Einfl. auf d. Hydrolyse (Kinetik) 16 986.
2-Aminothiazol-5-carbonsäureäthylester, Konstit.-Einfl. auf d. Hydrolyse (Kinetik) 16 986.
2-Mercaptoimidazol-5-carbonsäureäthylester (F. 184,5—185,5°), Darst., Rk. 9333; Rk. 15 958.
2-Methansulfonylaminopyridin (F. 204 bis 206°), IR- u. UV-Spektrum u. Tautomerie 8199.
N-[Pyridyl-(3)]-methansulfonamid (F. 140 bis 141°), IR-Spektrum 3395.
2-Aminobenzolsulfonamid (Orthanilsäureamid, o-Sulfamylanilin), Rk. 15 334*; (v. Deriv.) 5395*, 14 616*.
m-Aminobenzolsulfamid (Metanilsäureamid), Rk. 2830*, 5769*, 12 255; Verw. 16 500*.
Benzolsulfonylhydrazin (Benzolsulfonsäurehydrazid), Rk. 10 057, 18 056; Best. d. Cytotoxizität in menschl. Zellkulturen 4195.

$C_6H_8N_2O_3$ **3.6-Bis-[hydroxymethyl]-pyridazon-(4)** 17 028.
2-Hydroxymethyl-5-hydroxy-N-aminopyridon-(4), Deriv. 17 028.
5-Äthylbarbitursäure, Rk. 13 393; Wrkg. auf Keimpflanzen 904.
1.3-Dimethylbarbitursäure, Rk. 5651 [2 Ref.], 15 599; Hemm. d. renalen Ausscheidungstransportes organ. Säuren durch — 13 478.
5.5-Dimethylbarbitursäure, Kristallstruktur 10 790; Verw. d. Na-Salzes 13 500*.
1-Acetylpiperazindion-(2.5), Alkylier. d. Na-Verb. 4542.
3.6-Dimethoxypyridazin-1-oxid (F. 154°) 4169.
2-Hydroxymethyl-5-methylpyrazindioxid-(1.4) (F. 229—230°) 8251.
6-Carboxy-2-methyl-4.5-dihydro-2H-pyridazinon-(3) (F. 159—160°) 8611.
Imidazolon-(4)-yl-(5)-propionsäure 16 727.
4-Äthoxycarbonyl-5-aminoisoxazol (F. 73 bis 74,5°) 8602.
6-Methoxycarbonyl-4.5-dihydro-2H-pyridazinon-(3) (F. 136—137°) 8611.
3-Carbäthoxypyrazolon-(5), Verw. 11 744*.
Oximinocyanessigsäureisopropylester (F. 105 bis 107°) 12 994.
α-Äthocyxarbonylcyanessigsäureamid (F. 162—163°) 8602.

$C_6H_8N_2O_3S$ **3-Methoxy-6-methansulfonylpyridazin** 7525.
4-Methoxy-6-methylsulfonylpyrimidin (F. 98,5—99,5° korr.) 1608.
6-Äthansulfonyl-2H-pyridazon-(3) (F. 151°) 7525.
2-Methyl-6-methansulfonyl-2H-pyridazon-(3) (F. 159,5°) 7525.
2-Oxo-3-[β-cyanäthyl]-thiazolidin-S.S-dioxid (F. 145,5—146,3°) 10 088.
1.3-Diaminobenzol-4-sulfonsäure (2.4-Diaminobenzolsulfonsäure), Rk. 10 651*; Verw.: für Azofarbstoffe 3993* [2 Ref.], 4731*, 5857*, 7336*, 11 378*, 11 379*,

5-Hydrazino-7-methyl-*symm.*-triazolo-[4.3:*c*]-pyrimidin (F. 223—224°) 1715*.
6-Hydrazino-7-methylpurin, Vers. d. Darst. 2736.
1-Amino-6-imino-7-methyl-1H-purin (F. 199—200° Zers., korr.) 2736.

$C_6H_8N_6O$ 4-Hydroxy-6.7-dimethyl-7.8-dihydro-1.2.4-triazino-[6.5:*d*]-1.2.3-triazin (?) (F. 194° Zers.) 10 468.
3-Methyl-4-oxo-7-amino-3.4-dihydro-6-methyl-7H-imidazo-[4.5:*d*]-1.2.3-triazin (F. 139°) 10 468.
Cyanacethydrazidcyanacethydrazon, papierchromatograph. Trenn. 10 215.

$C_6H_8N_6O_2$ 3.5-Diaminopyrazin-2.6-dicarbonsäureamid, Darst. v. Deriv. 8065*; Verw. 11 420*.

$C_6H_8N_6O_{18}$ Dulcithexanitrat (DL-Galaktithexanitrat) (F. 98—99°), Einw. v. Pyridin auf — 10 097.
Mannithexanitrat, Verw. 18 558.

$C_6H_8N_8$ 2.4.6.8-Tetraaminopyrimido-[5.4:*d*]-pyrimidin 2361, 17 853*.
4.8-Dihydrazinopyrimido-[5.4:*d*]-pyrimidin (F. 226°) 17 854*.

$C_6H_8N_{12}O_2$ Äthyl-bis-[5-tetrazolylazo]-acetat, analyt. Verw. d. Di-Na-Salzes 4296*.

C_6H_8O (s. *Sorbinaldehyd* [*Hexadienal-(2.4), 1.3-Pentadienaldehyd*]).
2(α)-Äthylfuran ($Kp._{756}$ 92,5°), Darst. 12 288; IR-Spektrum 3396; Rk. 1598.
2.3-Dimethylfuran, Rk. 11 909.
2.5-Dimethylfuran, Darst., Verw. v. Deriv. 13 951*; Trenn. v. Bzl. 307*; Konstit.-Einfl. auf d. PMR-Spektrum 10 034; protonmagnet. Resonanzspektrum 2683; Bldg. v. Photo-Adduktbiradikalen mit Bengalrosa 15 168; Diels-Alder-Rk. mit 3.3.4.4-Tetrafluorcyclobuten 16 299.
Epoxymethylcyclopenten ($Kp._{39,2-39,7}$ 44 bis 49,5°) 15 771*.
β-[Vinyläthinyl]-äthanol ($Kp._8$ 63—64°) 1952.
Methyl-[vinyläthinyl]-carbinol ($Kp._{18}$ 64°), Darst. 6769; Rk. 8217, 13 579*.
Hexen-(4)-in-(1)-ol-(3), Rk. d. Bis-MgBr-Verb. 17 407.
Hexen-(1)-in-(5)-ol-(3) ($Kp._{21}$ 66°), Darst., magnet. Mol.-Rotat. 9287.
cis-3-Methylpenten-(2)-in-(4)-ol-(1) ($Kp._{10}$ 63°), Rk. 17 045.
trans-3-Methylpenten-(2)-in-(4)-ol-(1) ($Kp._{10}$ 74°), Rk. 17 045.
3-Methylpenten-(1)-in-(4)-ol-(3) ($Kp._{76}$ 64°) 12 387*.
1-Äthinylcyclobutanol ($Kp._{35}$ 75—78°), IR-Spektrum 11 854.
1-Methoxypenten-(1)-in-(3) 11 522.
1-Methoxypenten-(4)-in-(2) ($Kp._{20}$ 37°) 8217.
α-Vinylcrotonaldehyd, Rk. 1867*.
Cyclopenten-(1)-aldehyd-(1) 18 808.
Cyclopenten-(2)-carboxyaldehyd, Verw. 10 189*.
Hexin-(1)-on-(3), positiv-inotrope Wrkg. auf d. Papillarmuskel d. Katze 18 191.
Hexadien-(1.2)-on-(4) ($Kp._{20}$ 49—50°) 13 359.
Δ^2-Cyclohexenon [Cyclohexen-(2)-on-(1)], Darst. (Rk.) 10 046; (2.4-Dinitrophenylhydrazon) 9671; Rk. 7864, 11 530; positiv-inotrope Wrkg. auf d. Papillarmuskel d. Katze 18 191.
2-Methylcyclopenten-(2)-on-(1) ($Kp._{15}$ 54°) 10 437.
Bicyclo-[3.1.0]-hexanon-(2), $\pi \rightarrow \pi^*$-Übergangsenergie 14 084.
Bicyclo-[2.1.1]-hexanon-(5) (Kp. 140 bis 141°) 15 223.

C_6H_8OS Methylthienyl-(2)-carbinol ($Kp._{5,7}$ 87 bis 88,4°) 18 455.
1-[Thienyl-(3')]-äthanol ($Kp._{1,5}$ 70—72°) 10 826.
β-[2-Thienyl]-äthanol 19 006*.
α-Thenylmethyläther ($Kp._{16}$ 66,7—68,4°) 9316.
2-Äthoxythiophen, protonenmagnet. Resonanz 18 773.

$C_6H_8OS_2$ 2.5-Bis-[mercaptomethyl]-furan ($Kp._5$ 100—102°) 1600.

$C_6H_8O_2$ (s. *Sorbinsäure* [*Hexadien-(2.4)-säure*]).
1.2:4.5-Diepoxycyclohexan, Verw. v. polymerem — 1102*.
β-[2-Furyl]-äthanol 19 006*.
Benzolglykol [5.6-Dihydroxycyclohexadien-(1.3)], Chemie d. — 8590.
α-Furfurylmethyläther ($Kp._{760}$ 135,5°), IR-Spektrum 3396; Rk. 18 815, 18 816.
2-Methoxy-5-methylfuran ($Kp._{750}$ 136 bis 137°) 18 816.
2.3-Dihydropyranyl-2-aldehyd (6-Formyl-Δ^2-dihydropyran, 1.5-Epoxyhexen-(1)-al-(6), 2-Formyl-2.3-dihydro-γ-pyran), Bldg. 12 984; Rk. 8245, 9084*, 12 622.
3-Methylcyclopenten-(2)-ol-(2)-on-(1) [1-Methylcyclopenten-(1)-ol-(2)-on-(3)] (F. 105—106°), Darst. 7494; Hydrier. 17 024; Reaktivität v. — mit Tetrazoliumblau (Kinetik) 15 545.
5-Methylcyclopenten-(2)-ol-(2)-on-(1) 15 811.
2-Formylcyclopentanon (F. 72—75°), Bldg. 1984; Rk. 14 483, 15 199.
1.2(α.β)-Diacetyläthylen [Δ^3-Hexendion-(2.5)] (F. 75,5—76,5°), Rk.: v. trans— mit Cyclopentadien (Kinetik) 15 914; mit 1-Acetoxybutadien-(1.3) 7488; selektive Hemm. d. N_2-Bind. bei Clostridium pasteurianum durch — 7570; positiv-inotrope Wrkg. auf d. Papillarmuskel d. Katze 18 191; antibakterielle Wrkg. 6828.
Methylenacetylaceton, Verw. 13 968*.
Cyclohexandion-(1.2) ($Kp._{7,0-7,5}$ 56—59°), Darst. (Rk.) 10 859; (Dinitrophenylhydrazon) 15 018*; Bldg. 8576; Rk. 3098, 7905, 10 067.
Cyclohexandion-(1.3) (Dihydroresorcin) (F. 105°), Bldg. 8576; Darst. (Rk.) 1867; (Bis-[2.4-dinitrophenylhydrazon]) 9671; (v. Deriv.) 5274, 10 440; Synth. u. bakteriostat. Aktivität v. Deriv. 10 439; strukturelle Beding. für d. Ersatz d. Alkoxyl- durch d. Cyangruppe in Enoläthern v. — 4141, 4143; Rk.: mit H_2O_2 14 483, 15 199; v. Deriv. mit H_3PO_4 15 198; Acetylier. 5281; Rk.: mit Na u. 1-Brom-2-cyclohexylidenäthan 10 440; mit 1-Dimethylaminomethylnaphthol-(2) 16 665; mit Resorcin 7870; mit ungesätt. Ketonen, mit CH_2N_2, mit quartären Ammoniumsalzen 12 023*; mit α-Halogenketonen 15 584; mit 2-Chlorcyclohexanon 17 739; mit Brombrenztraubensäureäthylester 18 109; Vinylverb. mit —-Ring als Schlafmittel 3625*.
Cyclohexandion-(1.4), IR-Carbonylabsorpt. 18 772; Dipolmoment u. Konformat. im Gaszustand 2308; Enthalpien d. verschied. Konformat. 5976; Rk. 6739.
1-Methyl-2.3-diketocyclopentan (F. 107°) 3071.
2-Methylcyclopentandion-(1.3), Verh. gegen Harnstoff 5651.
1.3-Dimethylcyclobutandion-(2.4) (F. 137°) 16 295.
4-Methylpyryliumhydroxid, Perchlorat 11 169.
Hexadien-(2.5)-säure ($Kp._{12}$ 95—105°) 8415*, 14 469.
Δ^1-Cyclopentencarbonsäure (F. 122—123°) 8232, 15 623.
Δ^3-Cyclopentencarbonsäure, Rk. 17 709.
3-Methylencyclobutancarbonsäure, Rk. 15 908.
Methylencyclopropylessigsäure (Kp. 85 bis 90°), Darst., Rk. 5649; blutzuckersenkende Wrkg. 17 107; Auftreten v. Hypoglykämie nach Verabreich. v. — 552.
Pentin-(4)-säuremethylester, enzymat. Hydrolyse 6825.
Tetrolsäureäthylester ($Kp._{13}$ 43—44°) 9675.
1-Acetoxybutin-(2) ($Kp._{680}$ 150—152°) 8217.

Pentadien-(3.4)-säuremethylester ($Kp._{15}$ 44 bis 46°) 5649.
Acrylsäureallylester (Allylacrylat), Darst. 15 765*; Rk. 13 591*; Verw. 4003*.
1-Acetoxybutadien-(1.3) ($Kp._{30}$ 51—52°), Rk. 7130, 7488, 7500.
1-Acetoxycyclobuten-(1) [Cyclobutanonenolacetat] ($Kp._{25}$ 45,5—47°) 11 894.
Δ^2-Dehydrocapronsäurelacton, Nichtbldg. 11 530.
γ.γ-Dimethyl-$\Delta_{\alpha,\beta}$-γ-butenolid ($Kp._{19}$ 80°), Darst., Konstit.-Einfl. auf d. ν(CO) 9653.
2-Methyl-4-hydroxypenten-(2)-säurelacton ($Kp._{11}$ 91—92°) 17 000.
α-Methylen-γ-valerolacton 10 274*.
Dimethyldiketen (dimeres Methylketen), Elektronenbeug.-Unters. 2686; Rk. 3074.

$C_6H_8O_2S$ **Tetrahydro-3aH-cyclopenta-1.3-oxathiolanon-(2)** 5269.
γ-Acetylmercaptocrotonaldehyd 10 838.
Dihydrothiapyran-3-carbonsäure, Deriv. 12 462*.
3-Carbomethoxy-4.5-dihydrothiophen ($Kp._{0,5}$ 43—46°) 12 462*.
α-Formyl-δ-thiavalerolacton (F. 60—62°) 12 463*.
α-Acetylthiabutyrolacton ($Kp._{0,05}$ 60°) 12 463*.

$C_6H_8O_3$ **2.5-Bis-[hydroxymethyl]-furan** (F. 79 bis 80°), Darst., Rk., Di-Na-Verb. 1599; Rk. 13 951*.
5-Methylen-4.4-dimethyl-1.3-dioxolanon-(2) (F. 32°), Darst., Verw. 12 464*; therm. Spalt. 4723*.
α-Äthyltetronsäure (F. 127—128°), UV-Spektrum, Best. d. Enolisier. aus d. IR-Spektrum 12 968; IR-Spektrum 15 905.
Dihydropyrogallol, Rk. 114.
Isomethylreduktinsäure, Rk. 3071.
2-Methoxy-3-methyl-4.5-dihydrofuranon-(4) („Tetrinsäure-1-methyläther") (F. 84 bis 85°) 9696.
4-Methoxy-3-methyl-2.5-dihydrofuranon-(2) („Tetrinsäure-3-methyläther") ($Kp._{0,6}$ 90°) 9696.
β-Formacrylsäurepseudoäthylester [2-Äthoxy-5-oxo-1-oxacyclopenten-(3)] ($Kp._{1,5-1,9}$ 70—70,5°), Darst., IR- u. UV-Spektrum, Struktur, Rk. 15 163.
2-Methoxy-3-hydroxycyclopenten-(2)-on-(1) (F. 135°) 3071.
3-Methoxy-2-hydroxycyclopenten-(2)-on-(1), Rk. 3071.
2-Methyl-2-formyltetrahydrofuranon-(5), Bldg., 2.4-Dinitrophenylhydrazon 16655.
α-Acetyl-γ-hydroxybuttersäure-γ-lacton (α-Acetylbutyrolacton), Rk. 109; Wrkg. auf d. Kationentransport kaltkonservierter Erythrocyten bei Inkubat. 14941; positiv-inotrope Wrkg. auf d. Papillarmuskel d. Katze 18 191.
α-Keto-γ-isocaprolacton ($Kp._{15}$ 115°) 8220.
γ-Hydroxy-α.α-dimethylacetessigsäurelacton ($Kp._5$ 72,5°), Darst., UV- u. IR-Spektrum 15 905; Best. d. Enolisier. aus d. IR-Spektrum, UV-Spektrum 12 968.
2.3-Dihydro-1.4-pyran-2-carbonsäure 8416*.
4-Hydroxy-4-methylpentin-(2)-säure, Rk. 8997.
Propionylacrylsäure, Deriv. 5094*, 6582*.
β-Methylenlävulinsäure (F. 67—68,5°) 16 284.
δ-Methylenlävulinsäure (F. 44—45,5°) 16 284.
Acetylmethacrylsäure (2-Methyl-4-ketopenten-(2)-säure), Darst. 17 000; Darst., Rk. v. cis-— 17 000.
2-Oxocyclopentancarbonsäure, Lsgm.-Einfl. auf d. Geschw.-Konst. d. Decarboxylier. 13 347; vermutl. pharmazeut. Interesse v. Deriv. 1990.
Cyclopentanon-3-carbonsäure (F. 64—65°), Darst. 1413*; (Rk., Deriv.) 826; Darst., Rk. v. akt.-— 461; Bldg. 9355.
Cyclopentanon-x-carbonsäure, Rk. v. Deriv. 8490*.
Glycidylacrylat (Acrylsäure-2.3-epoxypropylester) ($Kp._5$ 62—65°), Synth., Polymerisat. 2391; Verw. 3330*, 17 631, 19 075*.
β-Formylacrylsäureäthylester ($Kp._{14}$ 75 bis 75,5°) 17 714.
3-Acetoxy-2-methylpropen-(2)-al-(1) (α-Methyl-β-acetoxyacrolein) ($Kp._{10}$ 75 bis 77°), Darst. 15 031*; Rk. 10 274*, 19 049*.
3(β)-Acetylacrylsäuremethylester (F. 60°), Darst. 456; (IR- u. UV-Spektrum, Struktur) 15 163; positiv-inotrope Wrkg. auf d. Papillarmuskel d. Katze 18 191.
1-Acetoxybuten-(3)-on-(2), Rk. 15 417*.
β-Acetylvinylacetat ($Kp._{0,4}$ 60—61°), Darst., Verw. 1029*; Telomerisat. 13 417.
Adipinsäureanhydrid, Rk. 149, 13 357, 13 998*.
β-Methylglutarsäureanhydrid 811.
rac.α.β-**Dimethylbernsteinsäureanhydrid** (F. 91°), Rk. 7177.
Meso-α.β-dimethylbernsteinsäureanhydrid (F. 41—43°), Rk. 7177.
Methacrylsäureessigsäureanhydrid (Ep. —28°) 8218.

$[C_6H_8O_3]_x$ *polymeres* **Adipinsäureanhydrid,** Rk. 13 357.

$C_6H_8O_3S$ **α-Methoxy-α-thenyl-(2)-hydroperoxid** 9317.
2.4-Dimethylbutadien-(1.3)-sulton-(1.4) (2-Oxa-1-thia-3.5-dimethylcyclohexadien-(3.5)-*S.S*-dioxid), Radiolyse 14 098; Rk. 3420, 6375.

$C_6H_8O_3Si$ **Phenylsilantriol,** Rk. 1201, 16 653; Verw. d. Na-Salzes 1760*.

$C_6H_8O_4$ **Δβ-Dihydromuconsäure** (F. 197°), Darst. 13 725; (v. trans-—) 118; Rk. 1969.
cis-**β-Methylglutaconsäure** (F. 150°), KMR-Spektrum, Konfigurat., Erkennen d. trans-— v. F. 115—116° als Gemisch v. — u. trans-— 12 973.
trans-**β-Methylglutaconsäure** (F. 140°), Bldg. 2750, 5712; KMR-Spektrum, Konfigurat., Erkennen d. — v. F. 115—116° als cis-trans-Isomerengemisch 12 973.
Äthylmaleinsäure, Verw. d. Allylester 16 099*.
Dimethylmaleinsäure, Stereochemie d. Hydrier. mit N_2H_2 9654; Rk. mit Isobutylmethylketon 7866.
cis-**Cyclobutan-1.2-dicarbonsäure** (F. 138,5 bis 140,5° korr.), Darst. 1212, 17 013; Rk. 9329, 12 984.
trans-**Cyclobutan-1.2-dicarbonsäure,** Darst. im Gemisch mit cis-—, Rk. 17 013.
cis-**1-Methylcyclopropan-1.2-dicarbonsäure** (F. 141—142°) 18 098.
trans-**1-Methylcyclopropan-1.2-dicarbonsäure** (F. 170,5° korr.) 9650, 18 098.
trans-**3-Methylcyclopropan-1.2-dicarbonsäure** (F. 138° u. 149°) 18 098.
cis.trans-**3-Methylcyclopropan-1.2-dicarbonsäure** (F. 138—139°) 18 098.
Acetylbrenztraubensäuremethylester, Rk. 14 111.
Maleinsäuremonoäthylester, Elektrolyse d. K-Salzes mit Butadien 7853; Rk. mit Triäthylphosphit 1203.
γ-Acetoxycrotonsäure (F. 98°) 17 714.
Maleinsäuredimethylester (Dimethylmaleinat), Hydrier. 16 640; Rk.: mit S 2724; mit Cyclopentadien (Kinetik) 15 914; mit Diphenyldiazomethan (Kinetik) 13 350; mit Mercaptoäthylamin u. $COCl_2$ 16 865*.
Fumarsäuredimethylester, Bldg. 14 094; (v. Harnstoffeinschluß-Verb.) 13 344; Bestrahl. mit UV-Licht 3436; Copolymerisat. 9743; Rk.: mit S 2724; mit Cyclopentadien (Kinetik) 15 914; mit Diphenyldiazomethan (Kinetik) 13 350; mit 2.2'-[Isopropyliden-bis-(p-phenylenoxy)]-

bzw. Dihydroresorcin 17 739; mit 1-Methylcyclohexandien-(3.5) 15 585; mit Na-Cyanessigsäureäthylester 17 740; mit Na-Malonester 10 856; mit Benzothiazol-2-sulfenamid 4154; mit Estern d. phosphorigen Säure 8958; mit Äthylphosphonigsäurediäthylester u. d. Na-Salz d. Äthylphosphonigsäureäthylesters 10 069; Toxizität 17 482.
Hexen-(2)-säurechlorid, Rk. 4259*.
Isohexen-(2)-säurechlorid (Kp.$_{26}$ 61°) 11523.
DL-2-Methylpenten-(4)-oylchlorid, Rk. 3781.
α-Propylacrylsäurechlorid, Rk. 7693*.
Trimethylacrylsäurechlorid (Kp.$_{2,2}$ 61—62°) 2329.
Cyclopentancarbonsäurechlorid, Rk. 18 820.

$C_6H_9ClOS_2$ **3-[β-Chlorpropionylmercapto]-propylensulfid** (Kp.$_{0,2}$ 98°) 5390*.

$C_6H_9ClO_2$ **1-Propargyloxy-3-chlorisopropanol** [**1-Chlor-3-propargyloxypropanol-(2)**] (Kp.$_8$ 101—103°) 11 193, 13 567*.
5-Chlorpenten-(3)-carbonsäure, Rk. 8416*.
5-Chlorpenten-(3)-säuremethylester, Rk. 14 469.
β-Chlor-*cis*-crotonsäureäthylester (Kp.$_{10}$ 48,4—48,5°), Darst., NMR-Spektrum, Austausch mit Li**Cl, Rk. mit Äthylat u. Thioäthylat (Kinetik) 7843; Konfigurat., Dipolmoment 4119.
β-Chlor-*trans*-crotonsäureäthylester (**Äthyl-β-chlorcrotonat**) (Kp.$_{10}$ 69,5—69,7°), Darst. 9675; [NMR-Spektrum, Rk. mit Äthylat u. Thioäthylat (Kinetik)] 7843; Konfigurat., Dipolmoment 4119.
3-Chlorbuten-(3)-säureäthylester, Rk. 9675.
β-Chloräthylmethacrylat, Rk. 8618.
α-Chloracrylsäureisopropylester, Rk. 5473*.
1-Chlor-4-acetoxybuten-(2), Rk. 8416*.
3-Chlorbuten-(2)-ylacetat 9662.

$C_6H_9ClO_3$ **Acrylsäure-β-hydroxy-γ-chlorpropylester**, Verw. 3330*, 19 075*.
α-Chloracetessigsäureäthylester (Kp.$_{10}$ 79 bis 82°), Darst. 7235; (Rk.) 9313; Rk.: mit Phenolen 15 211; mit 1.4-Dihydroxynaphthalin bzw. 1.4-Dihydroxy-8-methylphenanthren 10 825; mit Guanylthioharnstoff 14 496; mit Aceton- bzw. Benzaldehydselenosemicarbazon 17 744; mit Na-Cyanessigsäureäthylester 17 739; mit Alkylphosphiten 14 297*.
3.3-Äthylendioxybuttersäurechlorid, Rk. 3812.
Glutarsäuremethylesterchlorid (**Methyl-4-chloroformylbutyrat**), Rk. 3983*, 18 471.
Bernsteinsäureäthylesterchlorid (**β-Carbäthoxypropionylchlorid**), Rk. 1581, 2737, 4523, 5776*, 7255*.
α-Acetoxybutyrylchlorid, Rk. 3184*, 10 930*.
Tetrahydrofurfurylchlorformiat (Kp.$_{1-1,2}$ 60 bis 64°) 661*.

$C_6H_9ClO_5S$ **3-Chlor-1-sulfo-2-propylacrylat** 7693*.
3-Chlor-2-sulfo-1-propylacrylat 7693*.

$C_6H_9ClO_6S$ **Methyl-4-chlor-4-desoxy-β-pentosid-2.3-sulfat**, Rk. 4544.

C_6H_9ClSn **Trivinylzinnchlorid** 4343*, 4716*.

$C_6H_9Cl_2NO$ **α.α-Dichlor-ε-caprolactam** (F. 124,5 bis 126,5°), Darst., Rk. 1415*; Rk. 9154*; Nichtidentität mit x.x-Dichlor-ε-caprolactam 9724.
x.x-Dichlor-ε-caprolactam (F. 80—81°) 9724.
3.3-Dichlor-5-methylpiperidon-(2) (F. 134°) 7521.

$C_6H_9Cl_2NO_3S$ ***N*-[Dichloracetyl]-cysteinmethylester** (F. 93°) 3550*.

$C_6H_9Cl_2NO_4$ **Dichloracetyl-DL-threonin**, Acylaseaktivität v. Ascitestumorzellen auf — 9373.

$C_6H_9Cl_3OS$ **4-Pentenyltrichlormethylsulfenat** (Kp.$_1$ 72°) 3606*.

$C_6H_9Cl_3OS_2$ **Trichlormethyldithioglykolsäure-*n*-propylester**, bakteriostat. Wrkg. 1278.

$C_6H_9Cl_3O_2$ **Trichloressigsäure-*n*-butylester**, elektr. Eig. d. Syst. mit $TiCl_4$ 7816.
Trichloressigsäureisobutylester, elektr. Eig. d. Syst. mit $TiCl_4$ 7816.

$C_6H_9Cl_3O_2S$ **Trichloräthenyl-*n*-butylsulfon** 5093*.
Trichloräthenyl-*sek.*-butylsulfon 5093*.
Trichloräthenylisobutylsulfon 5093*.
Trichloräthenyl-*tert.*-butylsulfon 5093*.

$C_6H_9Cl_3O_3$ **β-Hydroxy-γ.γ.γ-trichlorbuttersäureäthylester** 15 927.

$C_6H_9Cl_3Sn$ **[Cyclohexen-(1)-yl]-zinntrichlorid** 4716*.

$C_6H_9Cl_4O_4P$ **Bis-2-chloräthyl-2.2-dichlorvinylphosphat** 5475*.

$C_6H_9FO_3$ **Acetessigsäure-β-fluoräthylester**, Vers. d. Darst. 7113.
DL-α-Fluor-β-hydroxy-β-methyl-δ-valerolacton (F. 92—94°) 7478.
diastereoisomeres **DL-α-Fluor-β-hydroxy-β-methyl-δ-valerolacton** (Kp.$_{0,005}$ 100—105°) 7478.

$C_6H_9F_3N_2O$ **4-Trifluoracetylpiperazin**, Deriv. 18 938.

$C_6H_9F_3O$ ***n*-Butyltrifluormethylketon**, IR-Spektrum 2679.

$C_6H_9F_3O_2$ **2-[2'.2'.2'-Trifluoräthoxy]-buten-(3)-ol-(1)** (Kp.$_{55}$ 86°) 7475.
***sek.*-Butyltrifluoracetat**, Pyrolyse 4873.
Trifluoressigsäure-*tert.*-butylester, Rk. 13 206*.

$C_6H_9F_3O_2S$ **Trifluoräthenyl-*n*-butylsulfon** 5093*.
Trifluoräthenyl-*sek.*-butylsulfon 5093*.
Trifluoräthenylisobutylsulfon 5093*.
Trifluoräthenyl-*tert.*-butylsulfon 5093*.

$C_6H_9F_5S$ **Cyclohexenylschwefelpentafluorid** (Kp.$_{760}$ 161°) 14 101.

C_6H_9J **1-Jodhexin-(5)** [**6-Jodhexin-(1)**] (Kp.$_{35}$ 94—95°), Darst., Rk. 8945; Rk. 9339.

$C_6H_9JO_3$ **Acetessigsäure-β-jodäthylester** (Kp.$_{10}$ 140—144°) 7114.

C_6H_9Li **Cyclohexen-(1)-yllithium**, Rk. 452, 17 719.

C_6H_9N **2-Methyldihydropyridin**, Deriv. 6769.
2.3-Dimethylpyrrol, NMR-Spektrum 16 263; Charakterisier. als Hemipikrat 3081.
2.4-Dimethylpyrrol, Darst., Salze 17 386; Fluorescenz-Verh. nach Bestrahl. mit UV-Licht 13 338; NMR-Spektrum 16 263.
2.5-Dimethylpyrrol, Darst. d. Hydrochlorids (Kp.$_{11}$ 60°) 17 386; NMR-Spektrum 16 263; gaschromatograph. Identifizier. 10 585.
1-Cyanpenten-(3) (Kp. 166°) 9312.
Hexen-(5)-nitril (Kp.$_{752}$ 166°) 10 437.
2-Methylpenten-(4)-säurenitril (Kp.$_{760}$ 148°) 8582.
2.2-Dimethylcyclopropannitril, Rk. 108.

C_6H_9NO **3-Propylisoxazol** (Kp.$_{40}$ 74—75°) 8601.
2-[α-Aminoäthyl]-furan (Kp.$_{25}$ 62—63°) 5851*.
5-Methylfurfuryl-(2)-amin (Kp.$_7$ 55°) 1599.
***N*-Vinylpyrrolidon-(2)** (Kp.$_9$ 83,5—84,5°), Darst. 12 290, 12 463*, 17 763; Konfigurat. v. adsorbiertem Copolymeren aus Stearylmethacrylat u. — durch IR- u. Sedimentat.-Mess. 1249; Verh. gegen Cyclopentadien u. Hexachlorcyclopentadien, Dimerisier. 17 762; Copolymerisat.-Verh. 2392; Copolymere aus Maleinsäureanhydrid u. — als Kettenmodell für Polyelektrolyte (Unters. d. Einfl. örtlicher Lad.-Dichte) 7917; Pfropfcopolymerisat. d. Syst. Polymethacrylester/— mit Hilfe v. γ-Strahlen 146; Pfropfcopolymerisate v. — auf Dextran 18 495; Rk.: mit Alkoholen bzw. HCl 17 762; mit salzart. Polysulfiden 4721*; Verw.: als Hilfsmittel zur Pigment-Dispers. 3996, 11 318*; zum Verbessern d. Haftfestigk. v. PVC an Glas 617*; in d. Färberei 19 017; als Träger für lichtempfindl. Schichten 5539*; Polymerisat. u. Polymerisate s. *Kollidon.*
***N*-Methylpyridiniumhydroxid**, Vork. 16 047; Umwandl. v. Pyridin in — im Organismus v. Meerschweinchen 1302.

Cyclopentanoncyanhydrin (Kp.$_{26}$ 130°) 8232.
β-Cyanäthylallyläther, Rk. 18 091.
5-Cyanpentanon-(2) 18 463.
1.3-Pentadiencarbonsäureamid, Rk. 15528.
Hexadien-(3.5)-säure-(1)-amid (F. 101 bis 102°) 3048.
***N*-Allylacrylamid**, Verw. 6279*.
Methacryloyläthylenimin, Rk. 15 625.
Cyclopenten-(1)-carbonsäure-(1)-amid (F. 210)° 15 623.
3-Methylencyclobutancarbonsäureamid (F. 156,7—157,2°) 15 908.

C_6H_9NOS **2-[α-Hydroxyäthyl]-4-methylthiazol** (Kp.$_{2,9}$ 91—94°) 469.
5-[β-Hydroxyäthyl]-4-methylthiazol (Kp.$_4$ 125°), Darst. 4533; (Pikrat) 4532, 4533; IR-Spektrum 10 030; Rk. 3827, 7627*, 14 956*; (d. Hydrochlorids) 7994*; Bldg. bei d. Spalt. v. Thiamin durch Bakterienthiaminase II 16 367; Verw. v. ^{35}S-— durch Saccharomyces cerevisiae zur Biosynth. v. Thiamin 7972; Thiaminbldg. aus — mit Pyrimidinverb. durch Saccharomyces cerevisiae 10 880; bioautograph. Beobacht. über — als Intermediärprod. bei d. Thiaminbiosynth. durch E. coli-Mutanten 181; Thiamin-Ersatz durch — bei Thiamin- u. Nicotinsäure-benötigenden, streptomycinresistenten Mutanten v. Salmonella typhimurium 7921.
2-Mercapto-*N*-methylpyridiniumhydroxid, pK-Wert d. Halogenids 6719.
3-Mercapto-*N*-methylpyridiniumhydroxid, Darst., pK-Wert d. Chlorids (F. 183°) 6719.
4-Mercapto-*N*-methylpyridiniumhydroxid, pKa-Wert d. Halogenids 6719.

$C_6H_9NOS_2$ **5-[β-Hydroxyäthyl]-2-mercapto-4-methylthiazol** (F. 157°), Darst., Rk. 4532; Rk. 4532, 4533.
Dimethyloxothiotetrahydrothiazin, Verw. 1102*.

$C_6H_9NO_2$ **1-Nitrocyclohexen**, Rk. 14 840.
5-Hydroxymethylfurfurylamin (Kp.$_{0,1}$ 102 bis 105°) 308*.
***N*-Vinyloxazinidinon-(2)** (Kp.$_{2,2}$ 115°) 9591*.
***N*-Vinylmorpholinon-(3)** (Kp.$_5$ 95—95,5°), Darst., Rk. 3269*; Rk. 9538*, 17 978*.
***N*-Vinyl-5-methyloxazolidinon-(2)** (Kp.$_{1,3}$ 78—81°), Darst. 9521*; Rk. 8081.
2-Oximinocyclohexanon, Rk. 3435.
Δ¹-Piperidin-2-carbonsäure, — als Stoffwechselprod. v. markierter Pipecolinsäure bei Acacia phyllodes 2784.
Δ¹-Piperidin-6-carbonsäure, — als Stoffwechselprod. v. markiertem Lysin bei Acacia phyllodes 2783.
Δ¹-2-Methylpyrrolin-5-carbonsäure, Hydrochlorid (F. 189—190° Zers.) 1225.
4-Methylenprolin (F. 225° Zers.) 15 654.
4-Dimethylaminobutin-(2)-säure (F. 220 bis 222° Zers.) 8111.
α-[Methylencyclopropyl]-glycin, Vork. v. L-— (F. 202° Zers.), in Samen v. Litchi chinensis, Protonenresonanzspektrum u. Struktur 11 254; Protonenresonanzspektrum u. Struktur 15 900.
Propylcyanessigsäure, Rk. 9328.
ω(δ)-Cyanvaleriansäure (Kp.$_8$ 176°) 12 260, 17 205*, 18 795.
α-Äthyl-α-cyanessigsäuremethylester, Rk. 4912.
α.α-Dimethyl-α-cyanessigsäuremethylester (Kp. 185—190°) 4912.
3-Cyan-2-methylpropionsäuremethylester 10 274*.
α-Cyanpropionsäureäthylester, Rk. 13 361.
β-Cyanpropionsäureäthylester (Kp.$_{0,35}$ 54,3 bis 55,5°) 2705, 10 274*.
Allyl-*N*-vinylcarbamat (Kp.$_{0,1}$ 37—38°) 18 432.
***N*-Acetylpyrrolidon**, Dipolmoment, UV-Maxima u. IR-ν(C=O) 18 418; Rk. 9004.
***N*-Acetylmethacrylamid** (Kp.$_2$ 82°) 1250.
α-Methylglutarimid (F. 101—102°) 5626, 7521.
***N*-Methylglutarsäureimid** (Glutarsäuremethylimid), Addit.-Verb. mit Grignardreagentien 7470; Konstit.-Einfl. auf UV-Spektrum u. ν(CO), Dipolmoment 10 401.

$[C_6H_9NO_2]_x$ **Poly-*N*-vinyl-2-oxazinidinon**, Verw. 13 245*.
Poly-*N*-vinyl-3-morpholinon, Verw. 18 327*.
Poly-*N*-vinyl-5-methyl-2-oxazolidinon, Verw. 3657*, 13 245*.

$C_6H_9NO_2S$ **δ-Thiocyanatovaleriansäure** (Kp.$_1$ 155°) 18 436.
***n*-Propylthiocyanacetat**, bakteriostat. Wrkg. 1278.
Isothiocyanessigsäureisopropylester, Verw. 12 300*.
***N*-Acetylhomocysteinthiolacton**, Einfl. eines Zusatzes v. — auf d. Eig. v. Mehlteig 16 166; Leberschutzwrkg. (Vgl.) 5381.
2.4-Dimethylbutadien-(1.3)-sultam-(1.4) (F. 81—82°) 3420.

$C_6H_9NO_2S_2$ **2-[2'-Carboxyäthylmercapto]-Δ²-thiazolin** (F. 76,6—77,5° korr.) 11 915.
2-Thionothiazolidin-3-propionsäure (2-Thioxo-3-[β-carboxyäthyl]-thiazolidin) (F. 103,3—104,6° korr.), Darst., Rk. 11 915; Rk. 10 088.

$C_6H_9NO_3$ ((s. *Trimethadion* [*Tridion*, *3.5.5-Trimethyloxazolidindion-(2.4)*])).
5-Ketopipecolinsäure, Hydrochloridmethanolat bzw. Dihydrat 2353.
3-Carboxypiperidon-(2), Rk. v. Salzen 9442*, 12 102*.
3-Methyl-2-oxopyrrolidin-5-carbonsäure (F. 153—156°) 2725.
3-Hydroximino-1-carboxycyclopentan, Rk. 18 845.
Lävulinsäurecyanhydrin (γ-Hydroxy-γ-cyanvaleriansäure) 4500.
α-Isocyanatopropionsäureäthylester (Kp.$_1$ 69°) 10 448.
β-Isocyanatopropionsäureäthylester, Rk. 17 716.
x-Acetoxy-x-hydroxybutyronitril (Kp.$_4$ 144 bis 146°) 15 186.
γ-Methylglutaminsäureanhydrid, Verw. d. Mischpolymerisats mit N-Carbobenzyloxylysin 9960*.
Citraconsäuremethylamid (F. 126—127°) 4901.
***N*-Äthylmaleinamidsäure** (F. 123°) 1189.
Dimethylcarbamoylacrylsäure, Methylarsenbis-salze 3954*.
Acrylsäure-β-formylaminoäthylester (Kp.$_{12}$ 150°) 3261*.
Methacryloylaminoessigsäure (F. 104°) 12 856*.
***N*-[β-Hydroxyäthyl]-succinimid** (Kp.$_4$ 176°) 12 290.
γ-Valerolacton-α-carbonsäureamid (F. 79 bis 81°) 17 736.

$C_6H_9NO_4$ ***cis*-4-Nitro-4-methylpenten-(2)-säure**, Kinetik d. Rk. mit Diphenyldiazomethan 10 043.
***trans*-4-Nitro-4-methylpenten-(2)-säure**, Kinetik d. Rk. mit Diphenyldiazomethan 10 043.
γ-Methylenglutaminsäure, Inkorporat. v. mit ^{14}C markierten Substanzen in d. — v. Erdnußpflanzen (Arachis hypogaea) 16 023.
α-Nitrocrotonsäureäthylester 7139.
α-Isonitrosoacetessigsäureäthylester 446.
α.α-Dimethoxysuccinimid (α-Ketosuccinimiddimethylacetal) (F. 83—85°) 9700.
β-Carboxyvinylcarbaminsäureäthylester (F. 157—158°) 11 905.

$C_6H_9NO_4S$ ***S*-Oxalyl-*N*-acetylcysteamin** (F. 159 bis 160° Zers.) 14 472.

$C_6H_9NO_4S_2$ **β-[2-Oxazolyl]-mercaptopropansulfonsäure**, Verw. d. Na-Salzes 8488*.

$C_6H_9NO_4S_3$ **Rhodanin-*S*-propan-γ-sulfonsäure**, Na-Salz 6965*.

$C_6H_9NO_5$ **α-Amino-β-oxoadipinsäure** (Amino-β-ketoadipinsäure), Bedeut. bei d. Biosynth. v. Porphyrinen 8279; gesteigerte —-Ausscheid. bei erworbenen Anämien 2056.

17 709; Rk. eines Gemisches mit 3-Methylcyclopenten 6378.
x-Methylcyclopenten, Rk. 18 268*.
2-Methylmethylencyclobutan (Kp.$_{760}$ 59,5°) 18 805.
3-Methylmethylencyclobutan (Kp.$_{760}$ 61°) 18 805.
Isopropenylcyclopropan (Kp.$_{750}$ 70°) 10 067.
1-Methyl-1-vinylcyclopropan 4889.
1.3.3-Trimethylcyclopropen 3773.
Bicyclo-[3.1.0]-hexan, Darst. 15 223; therm. unimol. Isomerisier. (Kinetik) 18 073.
Bicyclo-[2.1.1]-hexan (Kp. 71,5—72,5°), Darst. 15 223; (v. Deriv.) 3054, 15 223.
$[C_6H_{10}]_x$ **Polydiisopropenyl** 17 775.
kautschukart. **Polydiisopropenyl**, Bldg., Eig., Ozonisier., chem. Struktur 17 775.
$C_6H_{10}BN$ **Anilinboran**, Rk. 9514*.
$C_6H_{10}BrCl$ ***trans*-1-Chlor-2-bromcyclohexan**, Dipolmoment u. Konformat. im Gaszustand 2308.
$C_6H_{10}BrF$ ***trans*-1-Fluor-2-bromcyclohexan** (Kp.$_{13}$ 30°) 11 206.
$C_6H_{10}BrNO$ ***N*-Brom-ε-aminocaprolactam** (F. 68—70°) 11 159.
$C_6H_{10}BrNO_3S$ ***N*-[Bromacetyl]-cysteinmethylester** (F. 56—57°) 3550*.
$C_6H_{10}BrN_3O$ **5-Brom-1.3-dimethyl-4-iminodihydrouracil** (F. 216—218°) 17 855*.
$C_6H_{10}Br_2$ **1.2-Dibromhexen-(5)** 6370.
1.5-Dibromhexen-(5) (Kp.$_{12}$ 97—99°) 12 622.
***cis*-1.4-Dibrom-2.3-dimethylbuten-(2)**, Rk. 2329.
***trans*-1.4-Dibrom-2.3-dimethylbuten-(2)** (F. 47—47,5°), Rk. 2329.
***trans*-1.1-Dibromcyclohexan**, Isomerisier. in Ggw. v. $AlBr_3$ (Mechanismus) 1182.
1.2-Dibromcyclohexan (Kp.$_{25}$ 108—112°), Darst., Rk. 3457; Dipolmoment u. Konformat. v. trans-— im Gaszustand 2308; Isomerisier. v. trans-— unter d. Einw. v $AlBr_3$ (Mechanismus) 1181; Rk.: mit Anilin, Methyl- u. Äthylanilin 13 372; mit Diphenyltellurid 3433.
***trans*-1.3-Dibromcyclohexan**, Bldg., Isomerisier. in Ggw. v. $AlBr_3$ (Mechanismus) 1182.
1.4-Dibromcyclohexan (F. 110—111°), Bldg. 15 223; [Isomerisier. v. trans-— in Ggw. v. $AlBr_3$ (Mechanismus)] 1182.
$C_6H_{10}Br_2Ni_2$ **Bis-[allylnickelbromid]**, Rk. 4468.
$C_6H_{10}Br_2O$ **1.2-Dibrom-3-methylpentenol-(3)**, hypnot. Wrkg. 14 943.
4.5-Dibromhexanal 13 087.
$C_6H_{10}Br_2O_2$ **α.β-Dibrombuttersäureäthylester** (Kp.$_{2-3}$ 70—71°), Bldg. 13 382; Rk. 4348*, 17 397.
α.γ-Dibrombuttersäureäthylester (Kp.$_{46}$ 136 bis 140°) 7857.
α.β-Dibrompropionsäureisopropylester, Rk. 4348*.
$C_6H_{10}Br_2O_2S$ **1.2-Dibromäthenyl-*n*-butylsulfon** 5093*.
2.2-Dibromäthenyl-*n*-butylsulfon 5093*.
$C_6H_{10}Br_2O_3$ ***cis*-1.4-Dibrom-2.3-dimethylbuten-(2)-ozonid(?)** (Kp.$_1$ 73—74°) 2329.
***trans*-1.4-Dibrom-2.3-dimethylbuten-(2)-ozonid** (F. 41—42°) 2329.
$C_6H_{10}Br_2O_4$ *dimeres* **Bromacetonperoxid(?)** (F. 115—117°) 2329.
$C_6H_{10}Br_2Pd_2$ **π-Allylpalladiumbromid** 2300.
$C_6H_{10}Br_2Sn$ **Bis-[propen-(1)-yl]-zinndibromid** 4343*.
Diallylzinndibromid (Kp.$_2$ 77—79°) 15 524.
$C_6H_{10}Br_4$ **2.3.4.5-Tetrabromhexan** (F. 180°) 17 407.
$C_6H_{10}ClF$ **1-Chlor-2-fluorcyclohexan** (Kp. 150 bis 152°) 14 100.
$C_6H_{10}ClFOS$ **Fluorchlorthionessigsäure-*n*-butylester** (Kp.$_{23}$ 81—83°) 12 623.
$C_6H_{10}ClF_3Sn$ **Diäthylperfluorvinylzinnchlorid**, Rk. 17 339.
$C_6H_{10}ClF_5S$ **1-Chlorcyclohexylschwefelpentafluorid**, Rk. 14 101.
2-Chlorcyclohexylschwefelpentafluorid (Kp. 188—190°) 14 100.
$C_6H_{10}ClNO$ **1-Chlor-1-nitrosocyclohexan**, photometr. Best. v. Cyclohexanonoxim als — 10 216.
DL-α-Chlorcaprolactam (F. 91—93°) 1415*.
ε-Chlor-ε-caprolactam (F. 154—155° Zers.) 9724.
***N*-Chlor-ε-aminocaprolactam** 9724, 11 159.
3-Methyl-3-chlorpiperidon-(2) (F. 120°) 7521.
5-Methyl-3-chlorpiperidon-(2) (F. 116°) 7521.
***N*-[β-Chloräthyl]-pyrrolidon-(2)**, Rk. 17 763.
***N*-Äthyl-4-chlorcrotonamid** (F. 80°), Rk. 9869*.
***N.N*-Dimethyl-4-chlorcrotonamid** (Kp.$_{3,5}$ 113—114°), Rk. 9869*.
Chlorameisensäurepiperidid, Solvolyse (Kinetik) 2693.
Chloracetopyrrolidid, Rk. 9079*.
Brenztraubensäure-*N*-isopropylimidchlorid, Hydrolyse, Rk. mit Isopropylamin (Kinetik) 11 148.
$C_6H_{10}ClNOS$ **2-Chlor-3-äthyl-4-methylthiazoliumhydroxid**, Fluoroborat (F. 213—215°) 16 301.
$C_6H_{10}ClNO_2$ **Chloressigsäuremorpholid** (***N*(4)-Chloracetylmorpholin**) (Kp.$_{18}$ 186—190°), Darst. 9150*, 18 439; Rk. 12 267.
$C_6H_{10}ClNO_3$ **4-Nitro-4-methylpentanoylchlorid**, Rk. 18 637*.
α-Acetamido-β-chlorpropionsäuremethylester 3060.
$C_6H_{10}ClNO_3S$ **β-*S*-Methylmercapto-α-chloracetylaminopropionsäure**, Antitumor-Wrkg. 14 906.
$C_6H_{10}ClNO_4$ **Chloracetyl-DL-threonin**, Hydrolyse durch Pilzacylasen 8292.
$C_6H_{10}ClN_3O$ **5-Chlor-1.3-dimethyl-4-iminodihydrouracil** 17 855*.
$C_6H_{10}ClN_5$ **2-Chlormethyl-4.6-bis-[methylamino]-triazin** (F. 228°), Rk. 7669*.
4(6)-Dimethylamino-2(4)-amino-6(2)-chlormethyl-*symm.*-triazin (F. 181—182°), Darst., Rk. 18 830; Rk. 7669*.
$C_6H_{10}Cl_2$ **2-Methyl-4.4'-dichlorpenten-(2)**, Rk. 9514*.
***trans*-1.2-Dichlorcyclohexan**, Dipolmoment u. Konformat. im Gaszustand 2308.
$C_6H_{10}Cl_2F_4OSi$ **3'-[Methyldichlorsilyl]-propyl-1.1.2.2-tetrafluoräthyläther** (**Methyl-[γ-(1.1.2.2-tetrafluoräthoxy)-propyl]-dichlorsilan**), Rk. 16 291, 17 724.
$C_6H_{10}Cl_2N_2$ **Adipinsäuredichloriddiimin**, Dihydrochlorid 18 795.
$C_6H_{10}Cl_2N_2O_2$ **Äthylen-bis-[chloracetamid]** (***N.N'*-Bis-[chlormethylcarbonyl]-äthylendiamin**) (F. 178°) 14 615*, 18 439.
$C_6H_{10}Cl_2O$ **5-Methoxy-1.3-dichlorpenten-(2)** (Kp.$_{20}$ 93—94°), Darst., Rk. 2701; Rk. 7855.
1.2-Dichlorbuten-(1)-yläthyläther, Erkennen d. — v. Ott als α-[1.2-Dichlorvinyl]-diäthyläther 91.
α-[1.2-Dichlorvinyl]-diäthyläther (Kp.$_{20}$ 57 bis 58°) 91.
2.3-Dichlor-2-methylpentanal (Kp.$_{16}$ 71 bis 73°) 18 790.
1.1-Dichlorhexanon-(3)(?) (Kp.$_{0,5}$ 52—53°) 12 271.
α-Chlorcaproylchlorid 13 353.
β-Chlorcaproylchlorid (Kp.$_{20}$ 87—90°) 13 353.
γ-Chlorcaproylchlorid (Kp.$_{20}$ 92—94°) 13 353.
δ-Chlorcaproylchlorid (Kp.$_{20}$ 99—102°) 13 353.
ε-Chlorcaproylchlorid (Kp.$_{20}$ 111—114°) 13 353.
$C_6H_{10}Cl_2O_2$ **2.3-Dichlor-2-methylpentansäure** (F. 72,5—73°) 18 791.
***sek.*-Butyldichloracetat**, Rk. 4873.
α.β-Dichlorpropionsäureisopropylester, Rk. 5473*.

$C_6H_{10}Cl_2O_2S$ 1.2-Dichloräthenyl-*n*-butylsulfon 5092*.
2.2-Dichloräthenyl-*n*-butylsulfon 5093*.
1.2-Dichloräthenyl-*sek.*-butylsulfon 5093*.
1.2-Dichloräthenyl-*tert.*-butylsulfon 5093*.

$C_6H_{10}Cl_2O_3$ Äthoxydichloressigsäureäthylester, Rk. 4724*, 8064*, 12 257.
1-Äthoxy-3-chlorisopropylchlorformiat (Kp.$_{30}$ 106°) 11 194.

$C_6H_{10}Cl_2O_3S$ 3-Chlorbuten-(2)-sulfonsäure-β-chloräthylester 6370.

$C_6H_{10}Cl_2O_4S_2$ Bis-[äthylsulfonyl]-1.2-dichloräthylen 5093*.

$C_6H_{10}Cl_2Pd$ Bis-[propenylpalladiumchlorid], Rk. 16 617.
Bis-[allylpalladium(II)-chlorid] (F. 160° Zers.), Bldg. 10 017; Kristallstruktur 14 050; IR-Spektrum 1501.

$C_6H_{10}Cl_2S$ 1.2-Dichloräthenyl-*n*-butylsulfid (Kp.$_{18}$ 83—86°) 5092*.

$C_6H_{10}Cl_2Sn$ Di-[propen-(2)-yl-(2)]-zinndichlorid 4716*.

$C_6H_{10}Cl_3F_3OSi$ Methyl-[γ-(2-chlor-1.1.2-trifluoräthoxy)-propyl]-dichlorsilan, Rk. 17 724.

$C_6H_{10}Cl_3N$ *N*-Trichlormethylpiperidin, Hydrochlorid 16 278.

$C_6H_{10}Cl_3NO$ *N*-*n*-Butyltrichloracetamid (F. 30 bis 31°) 7850.
N-*sek.*-Butyltrichloracetamid (F. 54—55°) 7850.
N-Isobutyltrichloracetamid (F. 59—60°) 7850.
N-*tert.*-Butyltrichloracetamid (F. 110—111°) 7850.
n-Butyltrichloracetimidat, Rk. 7850.
sek.-Butyltrichloracetimidat, Rk. 7849.
Isobutyltrichloracetimidat, Rk. 7850.
tert.-Butyltrichloracetimidat, Rk. 7850.

$C_6H_{10}Cl_3NS$ *N*-Trichlormethylsulfenylpiperidin (F. 28—29°) 8037*.

$C_6H_{10}Cl_3O_4P$ Trichloracetylphosphonsäurediäthylester 5475*.
O.O-Bis-[2-chloräthyl]-*O*-[2-chlorvinyl]-phosphat, Hemmwrkg. gegenüber Plasmakallikrein u. Phasmin 18 884.

$C_6H_{10}Cl_5O_4P$ β.β.β-Trichlor-α-hydroxyäthylphosphonsäure-bis-[β-chloräthyl]-ester (F. 88—93°) 12 630.

$C_6H_{10}FJ$ *trans*-1-Fluor-2-jodcyclohexan (Kp.$_6$ 64°) 11 206.

$C_6H_{10}FNO$ 1-Fluorcarbonylpiperidin (Kp.$_{11}$ 61°) 16 279.

$C_6H_{10}F_2$ 1.1-Difluorcyclohexan (Kp. 80°) 13 565*.

$C_6H_{10}F_2O_2S$ 1.2-Difluoräthenyl-*n*-butylsulfon 5093*.

$C_6H_{10}F_3N$ $N_{(1)}$-Trifluormethylpiperidin (Kp.$_{210}$ 70°) 6961*, 16 279.

$C_6H_{10}F_3NO_3S$ *N*-*n*-Butylfluorsulfonyldifluoracetamid (Kp.$_4$ 97—97,5°) 1794*.
N.N-Diäthylfluorsulfonyldifluoracetamid (Kp.$_{20}$ 120—121°) 1794*.

$C_6H_{10}F_3O_3P$ Perfluorvinylphosphonsäurediäthylester (Kp.$_7$ 81°) 12 996.

$C_6H_{10}F_6N_2S$ Bis-[*N*-trifluormethyläthylamino]-sulfid (Kp.$_{30}$ 44°) 8585.

$C_6H_{10}F_6Si$ 2-[Trifluormethyl]-5.5.5-trifluorpentylsilan (Kp.$_{749}$ 110—111°) 8947.
Bis-[3.3.3-trifluorpropyl]-silan (Kp.$_{735}$ 126°), Darst., Hydrolyse (Kinetik) 12 982.

$C_6H_{10}Hg$ Diisopropenylquecksilber, Rk. 17 718.
Dicyclopropylquecksilber, Rk. 17 718.

$C_6H_{10}Hg_2O_4$ 2.5-Bis-[methylquecksilber(II)-hydroxid]-1.4-dioxan, Assoziat.-Gleichgew. d. Halogenids mit menschl. Serummercaptalbumin im Syst. Toluol/W. 11 484.

$C_6H_{10}J_2Ni_2$ dimeres π-Allylnickeljodid 4468.

$C_6H_{10}J_5O_2P$ Bis-[β-γ-dijodpropyl]-jodphosphit 7697*.

$C_6H_{10}NO_4PS$ 4-Methyl-5-[β-hydroxyäthyl]-thiazolphosphat, bioautograph. Beobacht. über — als Intermediärprod. bei d. Thiaminbiosynth. durch E. coli-Mutanten 181.

$C_6H_{10}N_2$ 3-*n*-Propylpyrazol (Kp.$_{15}$ 115°), Darst. 7854; (antikonvulsive Wirksamk.) 1699.
1.3.5-Trimethylpyrazol, Rk. 18 818; (d. Hydrochlorids) 18 819.
3.4.5-Trimethylpyrazol (F. 137°) 18 820.
2.3-Diazabicyclo-[2.2.2]-octen-(2) (F. 146 bis 147°) 15 966.
3.3-Pentamethylendiazirin (Kp. 109°) 4900.
Diazocyclohexan, carbenoide Zers. 8932.
N.N-Tetramethylenaminoacetonitril (Kp.$_{11}$ 75°) 16 285.

$C_6H_{10}N_2O$ 2.5-Bis-[aminomethyl]-furan (Kp.$_6$ 105—106°), Darst., Rk., Deriv. 2345; Darst., Verw. 13 951*; Rk. 13 951*.
3-Methyl-5-äthoxypyrazol, IR-Spektrum 15 535.
N^3-Allyl-N^1-vinylharnstoff (F. 72°) 18 432.
N-Propenyl-*N.N'*-äthylenharnstoff (F. 123 bis 124°) 6590*.
N-Vinyl-*N.N'*-trimethylenharnstoff 6590*.
3-Propylpyrazolon-(5), IR-Spektrum, Tautomerie 5975.
3-Methyl-4-äthylpyrazolon-(5), IR-Spektrum, Tautomerie 5975.
3.4.4-Trimethylpyrazolon-(5), IR-Spektrum Tautomerie 5975.
ω-Cyanvaleramid (F. 67°) 18 795.
Cyclopentanonformylhydrazon (F. 125,5 bis 126°) 1602.
Spiropentancarbonsäurehydrazid (F. 115,5 bis 117°) 466.

$C_6H_{10}N_2OS$ 2-Acetamido-5-methylthiazolin (F. 151°) 12 292.

$C_6H_{10}N_2O_2$ 2-Amino-1-methoxypyridiniumhydroxyd, p-Toluolsulfonat (F. 123—124°) 3042.
4-Amino-1-methoxypyridiniumhydroxid, p-Toluolsulfonat (F. 126—127°) 3042.
3-*n*-Butylsydnon, UV-Spektrum 1603; polarograph. Halbstufenpotential 14 818.
Adipinsäurehydrazid, Prüf. auf Antituberkulose-Wrkg. 14 226.
1-Äthylpiperazindion-(2.5) (F. 172—173°) 4542.
Sarkosinanhydrid, Verw. 12 017*.
Alaninanhydrid, Rk. 1566.
5-Methyl-5-äthylhydantoin, Rk. 10 087.
1.5.5-Trimethylhydantoin, Rk. 10 088.
3.5.5-Trimethylhydantoin, Rk. 10 087.
α-Hydroximino-ε-caprolactam (F. 206 bis 208°) 9154*.
Cyclohexandion-(1.2)-dioxim 13 019.
Cyclohexandion-(1.4)-dioxim, Red. 12 642.
Diäthylfuroxan (Kp.$_{10}$ 110°) 4742*.
4-Nitro-4-methylvaleronitril, Rk. 6968*.
N-[2-Cyanäthyl]-L-alanin 478.
N-[β-Cyanäthyl]-alanin 17 010.
M3-ethyl-3-carbomethoxy-Δ^1-pyrazolin, Zers. 14 091.
1-Acetyl-3-methylimidazoliumhydroxid, Chlorid (F. 110°), Darst., Acetylübertrag.-Rk. (Kinetik) 10 415.
1.4(*N.N'*)-Diformylpiperazin (F. 127,5°), Deriv. 5401*; Dipolmoment 2681.

$C_6H_{10}N_2O_2S$ 5-[Äthylmercaptomethyl]-hydantoin 16 138*.
5-[β-Methylmercaptoäthyl]-hydantoin, Rk. 15 766*.
2-[β-Carboxyäthylamino]-2-thiazolin (F. 198 bis 199°) 676*.
2-Oxothiazolidin-3-propionamid (2-Oxo-3-[β-aminocarbonyläthyl]-thiazolidin) (F. 94,1—94,9° korr.), Darst. 11 915; Rk. 10 088.

$C_6H_{10}N_2O_3$ 3-[β-Hydroxyäthy] '.5-diketopiperazin (F. 162°) 1573.
1.3-Dimethyl-6-hydroxydihydrouracil (F. 107—108°) 14 826.
Monomethyloldimethylhydantoin, Verw. 7016*.
3-Nitro-3-methylbutylisocyanat (Kp.$_5$ 68°) 18 637*.
γ-Methylenglutamin, Inkorporat. v. mit ^{14}C markierten Substanzen in d. — v. Erdnußpflanzen (Arachis hypogaea) 16 023.
N-Nitrosopipecolinsäure (F. 99° Zers.) 1603.

$C_6H_{10}N_4O_4S_2$ **1.3-Diaminobenzol-4.6-disulfonamid (5-Amino-2.4-disulfamylanilin)** (F. 250,5—252°) 5674, 8717* [2 Ref.].
6-Methyl-2-aminopyridin-3.5-disulfonsäurediamid (F. 245,5—247° Zers., korr.) 10 096.
$C_6H_{10}N_4O_8$ **N-Äthyl-N-nitrocarbaminsäure-2.2-dinitropropylester** (F. 34—36°) 9307.
Äthyl-N-[3.3.3-trinitropropyl]-carbamat (N-[3.3.3-Trinitropropyl]-äthylurethan) (F. 65,5—66°), Darst. 10 052; Rk. 7027*.
Dinitrobutylenglykoldiurethan, relative calorimetr. Best. einiger physikal. Eig. 3692.
$C_6H_{10}N_4O_{14}$ **Mannittetranitrat**, Verw. 4255*.
$C_6H_{10}N_4S$ **4.5-Dimethylthiazolyl-(2)-guanidin** (F. 155—156°), Darst., Rk., Salze 14 496; Rk. 14 497.
2-Methylmercapto-6-hydrazino-4-methylpyrimidin (F. 142—143°) 12 298.
$C_6H_{10}N_6$ **N^1-[3'-Methylpyridazyl-(6')-amino]-guanidin**, Dihydrochlorid (F. 205° Zers.) 1989.
4-Methyl-6-[Nβ-amidinoformylhydrazino]-pyrimidin, Sulfat (F. 250° Zers.) 12 300.
$C_6H_{10}N_6O$ **5-Dimethyltriazenoimidazolcarbonsäureamid-(4)** (F. 250—255°) 18 821.
2-Methyl-4-hydrazinopyrimidin-5-carbonsäurehydrazid (F. 205—207° Zers.) 17 760.
$C_6H_{10}N_6O_{10}$ **N-Nitro-N-[2-nitraza-4.4-dinitropentyl]-methylcarbaminat** (F. 105—106°) 9958*.
$C_6H_{10}N_6S$ **2-Amino-4-thiosemicarbazido-6-methylpyrimidin** (F. 194°) 1992.
$C_6H_{10}N_8S_2$ **Äthylen-bis-[2-imino-5-thiourazol]**, Verw. 1102*.
$C_6H_{10}Ni$ **Bis-π-allyl-nickel** (F. 1°), Darst., Struktur 6333.
$C_6H_{10}O$ (s. *Cyclohexanon*; *Mesityloxid* [*2-Methylpenten-(2)-on-(4)*]: *Methylpentynol* [*Dormison, Pentinol, Quietal, 3-Methylpentin(1)-ol-(3), Methyläthyläthinylcarbinol*]).
1.2-Epoxycyclohexan (Cyclohexenoxid) ($Kp._{758}$ 131—132,5°), Darst. 820, 17 767; (Polymerisat.) 148; Einfl. v. Lösungsm. auf d. Kinetik d. Bldg. 11 146; Isomerisier. 7325*; Polymerisat. 495, 7718*; Oxydat. 15 184; Rk.: mit H_2S 4721*; (u. S) 301*; mit CoS 467; mit 2.2-Bis-(4-hydroxyphenyl)-propan 8442*; mit L-Ephedrin 13 132*; mit DL-trans-2-Aminocyclohexanol bzw. mit DL-2-Phenyl-cis-4.5-cyclohexanooxazolin 3071; mit Organo-Li-Verb. 10 859; mit Formaldehyd 17 024.
2.6-Epoxyhexen-(1) (Kp. 111°) 12 622.
2-Methyl-Δ^2-dihydropyran, Rk. 5677.
2-Methyl-2.3-dihydro-γ-pyran ($Kp._{745}$ 107°) 17 751.
2-Äthyl-2.5-dihydrofuran ($Kp._{750}$ 103,9 bis 104,5°) 12 288.
cis-**3.4-Epoxy-1-methylcyclopentan**, Bldg., Red. (Stereochemie) 17 709.
7-Oxabicyclo-[2.2.1]-heptan, pK_α-Wert d. Oxoniumions v. — 16 979.
Hexin-(1)-ol-(3), Vers. d. Bldg. v. Harnstoffeinschlußverb. 15 544; Verw. 3966.
Hexin-(1)-ol-(4) ($Kp._{25}$ 58—59°) 13 359.
Hexin-(5)-ol-(1), Rk. 1709*.
Hexin-(4)-ol-(2) ($Kp._{12}$ 55°) 108.
2-Methylpentin-(3)-ol-(2) ($Kp._{17}$ 45°) 11526.
2-Methylpentin-(4)-ol-(2) ($Kp._{115}$ 74°) 11 526.
Hexadien-(1.5)-ol-(3), Rk. 14 097.
β.β-Divinyläthanol 19 005*.
Cyclopenten-(2)-ylcarbinol ($Kp._{12}$ 50—51°) 17 734.
Tetrahydrophenole, Rk. 11 364*.
Cyclohexen-(1)-ol-(1), Rk. 10 422.
Cyclohexen-(1)-ol-(3) (3-Hydroxycyclohexen, Cyclohexen-(2)-ol-(1), Δ^2-Cyclohexenol) ($Kp._{3,0}$ 50—55°), Darst., Rk. 78, 11 868, 16 486*; Rk. 10 422, 13 719; positiv-inotrope Wrkg. auf d. Papillarmuskel d. Katze 18 191.
Cyclohexen-(3)-ol (Δ_3-Cyclohexenol), Bldg. 17 734; Bldg. u. Rk. d. Kations 9291.
Bicyclo-[3.1.0]-hexanol-(2) [Stereoisomerengemisch] 17 734.
endo-**Bicyclo-[2.1.1]-hexanol-(5)** (F. 71 bis 84°) 15 223.
exo-**Bicyclo-[2.1.1]-hexanol-(5)** (F. 51—60°) 15 223.
1-Methoxypentin-(1) ($Kp._{129}$ 62,5—63,5°), Darst. 15 922; Rk. 15 927.
1-Methoxyisopentin-(1) ($Kp._{147}$ 56°) 15 922.
3-Methoxy-3-methylbutin-(1) (Kp. 77—79°) 11 875.
1-Isopropoxypropin-(1) ($Kp._{130}$ 58—59°), Darst. 15 922; Rk. 15 927.
1-Äthoxybutadien-(1.3) (Kp. 112—115°), Darst. 7848, 18 078; Rk. 4893.
2-Äthoxybutadien-(1.3) (Kp. 92—96°), Darst. 18 079; Rk. 14 118.
Propen-(2)-yl-(3)-allyläther, Rk. 305*.
Diallyläther (Kp. 94—94,8°), Darst. 7321*, 8057*, 8580, 10 636*; (Rk.) 2166*; (Verw.) 10 636*; Rk. 6962* 1 2 457*.
Dicyclopropyläther, Deriv. 11 541.
Hexen-(2)-al-(1) (β-Propylacrolein, Δ^2-Hexenal, Blätteraldehyd) ($Kp._{50}$ 70—72°), Darst. 10 270*; (Rk., Deriv.) 9306; Isolier., Deriv. v. trans-— 17 088; Rk. 5997; (v. trans-—) 12 633; chem. Identifizier. d. „Luftphytoncides" in Blattpflanzen als trans-— 10 885.
Δ^4-Hexenal 13 087.
Hexen-(5)-al 11 868.
2-Methylpenten-(2)-al-(1) (Methyläthylacrolein), Darst. 17 203*; Bldg. 13 722, 15 549; Rk. 4719*, 12093*, 14 103, 16 685, 18 790; Nachw. in d. Aromastoffen d. Zwiebel (Allium cepa) 13 087.
2-Methylpenten-(3)-al-(5) (β-Isopropylacrolein) ($Kp._{48}$ 59—60°) 10 270*.
2-Äthylbuten-(2)-al-(1) (2-Äth ylcrotonaldehyd), Rk. 4719*, 10 189*.
2.2-Dimethylbuten-(3)-al 9687.
2-Propylacrolein, Verw. 10 189*..
α-Isopropylacrolein, Rk. 12 838*
Trimethylacrolein [2.3-Dimethylbuten-(2)-al] ($Kp._{16}$ 53—54°), Darst., Rk., Deriv. 2329; Rk. v. Deriv. 3773.
Cyclopentylformaldehyd (Cyclopentanaldehyd) (Kp. 135—136°), Rk. 8791*, 13 002.
[2.2-Dimethylcyclopropyl]-formaldehyd 108.
Hexen-(3)-on-(2) (Propylidenaceton), Rk. 2346, 8415*, 9695.
Hexen-(5)-on-(2) (Buten-(3)-ylmethylketon) ($Kp._{100}$ 71—71,5°) 3420, 18 082.
Propylvinylketon, Red. 8946.
2-Methylpenten-(1)-on-(3), Rk. 18 277*.
Isopropylvinylketon, Red. 2704.
3-Methylpenten-(3[2])-on-(2[4]) (Methylisobutenylketon) (Kp. 137—142°), Darst. (Rk.) 9184;* (Verw.) 4723*; Rk. 2346.
4-Methylpenten-(4)-on-(2), Rk. 14 499.
3(2)-Äthylbuten-(3[1])-on-(2[3]), Rk. 3064, 18 277*.
Methyl-[1-methylcyclopropyl]-keton (Kp. 126°) 109.
1-Acetyl-2-methylcyclopropan ($Kp._{100}$ 67 bis 69°) 108.
2(α)-Methylcyclopentanon (Kp. 141—143°), Darst. 6378, 7493, 10 817; (Deriv.) 10 437; IR-CO-Frequenz 15 898; Red. 8933; papierchromatograph. Abtrenn. als Cyanacethydrazon 10 215.
3-Methylcyclopentanon, Darst. 6378, 7493; (Deriv.) 10 085; Carbonyl-Valenzschwing. 8559; papierchromatograph. Abtrenn. als Cyanacethydrazon 10 215.
2-Äthylcyclobutanon-(1) ($Kp._{25}$ 72—76°) 11 894.
Butylketen, Rk. 11 543.
$C_6H_{10}OS$ **4-Oxothiepan (1-Thiacycloheptan-4-on)**, Dipolmoment 15 172.
2.2-Dimethyl-3-oxotetrahydrothiophen ($Kp._{18}$ 115—120°) 7510.
4.4-Dimethyl-3-oxotetrahydrothiophen ($Kp._{10}$ 62—63°) 7509.
2-Mercaptocyclohexanon, Rk. 3443.

Allylmercaptoaceton (Kp.10 70°) 3419.
Hexen-(1)-thiosäure-(6) (Kp.10 66°) 11 904.
2-Methylpenten-(2)-thiosäure-(5) (Kp.12 85°) 11 904.
n-Propylthiolacrylat (Kp.15 54°), Darst. 3625*; stereospezif. Polymerisat. 1248.
Isopropylthiolacrylat (Kp.4 30°), stereospezif. Polymerisat. 1248.
Thiolmethacrylsäureäthylester, antibakterelle u. antifungielle Aktivität 15 316.
Isobutenylacetylsulfid (Kp.11 58—60°) 7476.
δ-Thiolcaprolacton (Kp.13 110°) 11 905.
γ.γ-Dimethyl-γ-thiolbutyrolacton (Kp.12 103°) 11 904.

$[C_6H_{10}OS]_x$ **Polythioester** $[C_6H_{10}OS]_x$ aus Hexen-(1)-thiosäure-(6) 11 904.
Polythioester $[C_6H_{10}OS]_x$ aus γ-Methyl-γ-thiolbutyrolacton 11 904.

$C_6H_{10}OS_2$ (s. *Allicin* [*Allylthiosulfinsäureallylester*]).
3-Propionylthiopropylensulfid (3-Propionylmercaptopropylensulfid) (Kp.0,2 94—96°) 5390*, 12 761*.

$C_6H_{10}O_2$ **1.2;5.6-Dioxidohexan**, Vernetz. v. Nucleoprotein nach Einw. v. — 13 426.
2-Vinyl-4-methyl-1.3-dioxolan, Rk. 17234*.
4.5-Trimethylen-1.3-dioxolan (Kp.758 136 bis 138°) 17 024.
2-Hydroxymethyl-2.3-dihydro-4H-pyran, Verh. gegen 6-Chlorpurin 14 513.
cis-**3-Hydroxy-1.2-epoxycyclohexan** 13 719.
Hexin-(3)-diol-(2.5) [**1.4-Dimethylbutindiol-(1.4)**], Rk. 15 562, 17 407.
Propargylpropandiol-(1.3), Deriv. 3184*.
2-Methoxy-2.3-dihydro-4H-pyran, Rk. 14 513.
[**Tetrahydrofuryl-(2)**]**-vinyläther** (Kp.15 35 bis 38°) 3115.
Allylglycidyläther (2.3-Epoxypropylallyläther) (Kp. 155°), Rk. 148, 15 027*; Verh. gegen Kollagen 16 347; Wrkg. auf d. Blut 15 312; Verw. v. polymerem — 1102*; Trenn. v. anderen Glycidyläthern 6532.
1-Äthoxybutin-(1)-ol-(3), Rk. 12 626, 15 927.
3-Methylpentin-(1)-ylhydroperoxid-(3), IR-Spektrum 11 854.
Cyclohexenhydroperoxid, Rk. 9898*.
Cyclohexen-(2)-ylhydroperoxid, Hydrier. (Kinetik) 9668.
Cyclohexen-(3)-ylhydroperoxid 16 486*.
Cyclohexylidenperoxid (F. 70—72°) 12 278.
3(1)-Äthoxy-2-methylpropen-(2[1])-al-(1[3]) (α-Methyl-β-äthoxyacrolein) (Kp.13 78—81°), Darst. 15 031*; (Rk.) 8782*, 15 693*; Rk. 10 274*, 19 049*.
Adipindialdehyd, Bldg., Dinitrophenylhydrazon 9672, 15 018*.
β-Methylglutaraldehyd, Rk. 4724*; Verw. 13 999*.
3.4-Epoxyhexanon-(2) (Kp.14 60—61°) 9695.
2-Methyl-2.3-epoxypentanon-(4) 8392*.
2-Methyltetrahydropyron-(4) (Kp.14 60 bis 61°) 8217.
[**β-Isobutyryl**]**-vinylalkohol**, Rk. d. Na-Salzes 9711.
2-Hydroxycyclohexanon [2-Ketocyclohexanol, Cyclohexanol-(1)-on-(2)] (F. 113°), Darst., Deriv. 15 184; (Rk.) 9671; Bldg. 18 775; Rk. 5275, 6420, 11 171, 12 279, 14 131.
4-Hydroxycyclohexanon, Konformat. v. — u. D(OH)· 15 808.
2-Äthyl-2-hydroxycyclobutanon (Kp.4 75 bis 76°) 11 518.
1-Methoxypenten-(4)-on-(3) (Kp.17 59 bis 60°) 8246, 14 102.
Hexandion-(2.3) (Kp. 128—129°) 9695, 10 427.
Propionylaceton, polymerisationsauslösende Wrkg. d. Chelate d. Al u. Be v. — 17 223.
Hexandion-(2.5) (Acetonylaceton), Darst. 2691; Bldg. 3775, 16 489*; (Deriv.) 11 870, 17 775; IR-CO-Frequenz u. CO-CO-Wechselwrkg. 15 898; IR-Spektren: v. Metallchelatverb. 3347; v. Komplexen mit Ca-Montmorillonit 11 811; Adsorpt. v. — aus wss. Lsg. an Montmorillonit 13 307; H-Brückenbind. in bin. Fl.-Gemischen 14 818; Rk. 2724, 3443; Einfl.: v. innerkomplexen —-Verb. einiger Metalle auf d. Kinetik d. Polymerisat. v. Vinylverb. 14 163; auf d. Schwell. v. Leber u. Hepatommitochondrien 6807; positiv-inotrope Wrkg. auf d. Papillarmuskel d. Katze 18 191; Verw. 363*, 12 535*; Nachw. 3573.
Hexandion-(3.4) (Dipropionyl), Darst. (Verw.) 10 189*; (v. Deriv.) 18 273*; Bldg. 11 870; Rk. 11 518, 16 319.
1-Methyl-2-isopropylglyoxal, Rk. 16 320.
3-Methylpentandion-(2.4) (α-Methyl-α-acetylaceton) (Kp.20 68—70°), Darst. 14 838; Rk. 805, 2356, 8589; Aciditätsänder. v. — in Abhängigk. v. d. Temp. 15 900.
Acetaldehyddivinylacetal (Divinyläthanal) (Kp. 103°) 14 527, 15 621.
Hexen-(2)-säure [Penten-(1)-carbonsäure-(1)], Darst. 8416*, 8781*; Darst., Rk. v. trans-— 18 792; Assoziat. mit α- u. β-Cyclodextrinen 9747; Rk. 651*, 13 353, 16 839*.
Hexen-(3)-säure, Assoziat. mit α- u. β-Cyclodextrinen 9747.
Hexen-(5)-säure (Kp.11 100°) 10 437, 13 200*.
2-Methylpenten-(2)-säure, Darst. 8416*; Rk. 18 791.
β-Äthylcrotonsäure, Rk. 4260*.
Isohexen-(2)-säure (Kp.15 108°) 11 523.
2-Methylbuten-(2)-carbonsäure, Wrkg. auf d. experimentelle Arteriosklerose bei weißen Ratten 937.
(+)-α-Methyl-α-allylessigsäure [(+)-L-2-Methyl-Δ⁴-pentensäure] (Kp.21 100—102°) 3423, 16 700.
DL-**α-Methyl-α-allylessigsäure**, Rk. v. Deriv. 3423.
3-Methylpenten-(4)-säure (Kp.25 78—80°), Red. 15 608.
2-Äthylbuten-(2)-säure 8416*, 8781*.
α.β-Dimethylcrotonsäure (α.β.β-Trimethylacrylsäure), Darst. 8781*; Rk. 2329, 4260*.
α-Propylacrylsäure, Darst. 8781*; Rk. 7693*.
Cyclopentancarbonsäure (Kp.2,8 76°), Darst. 2709, 3435, 14 838; (Rk.) 15 199; Bldg. 6014; pKα-Wert 85; Rk. 8571, 13 016.
2-Methylcyclobutancarbonsäure, Darst., Rk. 15 908; Bldg. 12 985; Red. 14 096.
3-Methylcyclobutancarbonsäure, Rk. 15 908.
2.2-Dimethylcyclopropancarbonsäure (Kp.143 140°), Darst., Rk. 6753; Red. 108.
Penten-(3)-säuremethylester 13 725.
Tiglinsäuremethylester (Kp.740 136,9—137,1°) 14 091.
β-Methylcrotonsäuremethylester (β.β-Dimethylacrylsäuremethylester, 3-Methylbuten-(2)-säuremethylester, Seneciosäuremethylester) (Kp. 135—138°), Darst. (Rk.) 1570; (Verw.) 1832; Methylaffinität 14 463; Rk. 17 563*.
Crotonsäureäthylester (Äthylcrotonat), Darst. 15 765*; Bldg. 15 927; Promotoreffekte an Raney-Co bei d. Hydrier. v. — 15 880; Hydrier. in elektrolythalt. Puffer-Lsg. (Kinetik) 72; Einfl. v. Trägermaterialien auf d. katalyt. Aktivität v. Pt bei d. Hydrier. v. — 15 520; Oxydat. 17 714; Bromier. 3419; (Epoxydier.) 13 382; Rk. mit S u. H_2S oder Mercaptanen 3624*; Umsetz. nach d. Meth. d. Oxo-Synth. 8783*; Rk.: mit Aminen 13 033, 13 034; mit 2-Aminopyridin 12 302; mit Nitroalkanen bzw. 3-Methyl-4-nitrobuttersäureäthylester 16 644; Kinetik d. Addit. v. Diphenyldiazomethan mit cis- u. trans-— 13 350; Rk.: mit Triphenylphosphinäthylen 10 817; mit Peressig-

säure 13 950*; mit ungesätt. Monocarbonsäuremethylestern 11 896; mit Isovalerylessigester 12 997; v. trans-— mit α-Halogenestern 18 097; mit Cyclopentanon- bzw. -hexanon-2-carbonsäureäthylester 7878; mit β-Oxoglutarsäuredimethylester 5310; mit N-Bromsuccinimid 10 837.
Buten-(3)-säureäthylester (Vinylessigsäureäthylester), Darst. 3260*; Rk. 17 714.
α-Äthylacrylsäuremethylester 16 490*.
Methacrylsäureäthylester (Äthylmethacrylat), Darst. 13 943*; Bldg. 15 927; Rk. 2725, 2732, 18 097; Verw. in Nobepsor, Nobecutan bzw. Nobekzem 9072; Polymeriast. bzw. Polymerisate s. *Plaste (Acrylpolymerisate).*
n-**Propylacrylat,** Elastizität u. Konfigurat. v. mit Tetraäthylenglykoldimethacrylat vernetztem Poly-— 5316; Verw. 19 072*.
Acrylsäureisopropylester (Isopropylacrylat) (Kp. 107—110°), Darst. 13 943*, 19 007*; Mechanismus d. anion. Polymerisat. 147; Initiier. d. Polymerisat. u. Copolymerisat. 8644; Elastizität u. Konfigurat. v. mit Tetraäthylenglykoldimethacrylat vernetztem Poly-— 5316.
Allylpropionat, Rk. 10 795.
4-Acetoxybuten-(1), Verh. gegen Paraformaldehyd 2328.
Buten-(3)-yl-(2)-acetat, Rk. 8642.
Essigsäuremethallylester (Methallylacetat), Rk. 108, 2328.
1-Methylcyclopropylacetat 16 657.
Cyclopropancarbonsäureäthylester (Carbäthoxycyclopropan) ($Kp._{758}$ 130—131°), Darst., Rk. 6753; Kinetik d. alkal. Hydrolyse 85.
1-Methyl-1-carbomethoxycyclopropan ($Kp._{60,4-65,6}$ 55,9—57,1°) 14 090.
δ-**Caprolacton (4-Hydroxy-4-methylpentansäurelacton)** ($Kp._{11}$ 110—111°), Darst., Rk. 1954; Bldg. 8997; Rk. 13 353.
ε-**Caprolacton (ε-Hydroxycapronsäurelacton)** (F. —3°), Darst. 5116*; Bldg. 2174*; Rk. 4364*, 6604*, 11 527, 13 200*.
γ-**Äthylbutyrolacton** ($Kp._{14}$ 103°) 10 437.
γ.γ-**Dimethyl-γ-butanolid (γ-Methyl-γ-valerolacton, γ.γ-Dimethyl-γ-butyrolacton)** ($Kp._{10}$ 80°), Darst., Konstit.-Einfl. auf d. ν(CO) 9653; Rk. 6753.

$C_6H_{10}O_2S$ **Diallylsulfon,** Rk. 3420.
Bis-[propen-(2)-yl-(2)]-sulfon 7691*.
β.β'-**Thio-bis-propionaldehyd** 9515*.
Tetrahydrothiopyran-2-carbonsäure, Rk. mit Chloramin-T (Mechanismus) 14 089.
Tetrahydrothiopyran-3-carbonsäure, Rk. mit Chloramin-T (Mechanismus) 14 089.
Tetrahydrothiopyran-4-carbonsäure, Rk. mit Chloramin-T (Mechanismus) 14 089.
β-**Äthylmercapto-*cis*-crotonsäure** (F. 90,5°) 1191, 7843.
β-**Äthylmercapto-*trans*-crotonsäure** (F. 114 bis 114,3°) 7843.
2-Acetoxytetrahydrothiophen ($Kp._{0,1}$ 60 bis 62°) 94, 14 101.
2-Mercaptobuten-(2)-säureäthylester ($Kp._{11}$ 72°) 13 382.
β-**Acetylmercaptobutanon-(3)** ($Kp._{14}$ 103 bis 106°) 13 866*.
β-**Methyl-β-hydroxy-δ-mercaptovaleriansäurethiolacton** 13 866*.

$[C_6H_{10}O_2S]_x$ **Polyhexen-(1)-sulfon,** Knäuel-Dimens. in Θ-Lsgm. 4560.

$C_6H_{10}O_2S_2$ **3-Äthoxycarbonylthiopropylensulfid (3-Äthoxycarbonylmercaptopropylensulfid)** ($Kp._{0,01}$ 66°) 5390*, 12 761*.
Glykoldimercaptoacetat, Vulkanisat. v. chloriertem Butylkautschuk mit — 12 123.
Äthylidendithioacetat ($Kp._{13}$ 108—111°) 7475.
Dithioisobuttersäurecarboxymethylester (F. 48—49°) 6382.
Allylthiosulfonsäureallylester, Darst. v. ^{35}S(Thiol)-— 1562.

$C_6H_{10}O_2S_4$ **Dixanthogen (Diäthyldixanthogen), Diäthylxanthogendisulfid)** (F. 31,5°), Darst. 15 187, 17 714; scheinbare Übertrag.-Konst. v. — bei d. Emuls.-Polymerisat. v. Butadien mit Styrol bei niedr. Temp. 493; bakteriostat. Wrkg. 1278; jodometr. Best. 13 149.

$C_6H_{10}O_3$ (s. *Acetessigester [Acetessigsäureäthylester, Äthylacetoacetat]*).
2-[1'-Methyl-1'.2'-epoxyäthyl]-1.3-dioxolan, Rk. 10 189*.
4-Methyl-2.6.7-trioxabicyclo-[2.2.2]-octan, Vers. d. basenkatalysierten H-D-Austausches v. $^{2}H_{(1)}$-— 12 983.
Bis-(2.3-epoxypropyl)-äther (Diglycidyläther, 2.3;2'.3'-Dioxidodipropyläther), Rk. 5117*, 14 953*; Vernetz. v. Nucleoprotein nach Einw. v. — 13 426; Wrkg. auf d. Blut 15 311, 15 312; Gesundh.-Gefährd. durch — 16 408; Verw. 1102*, 14 369, 15 084*.
2.5-Dimethoxy-2.5-dihydrofuran ($Kp._{760}$ 158 bis 160°), Darst. 1222; (Rk.) 18 816; Rk. 1977, 5299.
Kethoxal, Inaktivier. d. Herpes simplex-Virus durch —-Hydrat 3511.
α-**Hydroxyadipinaldehyd,** Rk. 7693*; Verw. 13 999*.
5.5-Dimethyl-1.3-dioxanon-(2) (F. 115°) 8972.
α-**Methoxyacetylaceton,** Adsorpt. aus wss. Lsg. an Montmorillonit 13 307.
α-**Keto-γ-hydroxyisocypronaldehyd** ($Kp._4$ 101—105°) 8220.
2-Methyl-4-hydroxypenten-(2)-säure 17 000.
trans-**4-Hydroxy-4-methylpenten-(2)-säure** (F. 102—103°) 8997, 9730, 15 974, 18 485.
Cyclopentanol-(1)-carbonsäure-(1) (F. 102 bis 103°) 8230.
β-**Äthoxycrotonsäure** (F. 135°) 4488, 7843.
Adipinsäurealdehydsäure (Adipinsäurehalbaldehyd) (F. 130—131°), Bldg. 14 833; Darst. v. Deriv. 3425.
α-**Ketocapronsäure** ($Kp._6$ 78°) 12 625.
4-Oxohexansäure (β-Propionylpropionsäure) ($Kp._{0,4}$ 89°) 2330, 11 518.
δ(5)-**Ketocapronsäure,** IR-Spektrum, Konstit. 13 335; Rk. 16 284.
α-**Keto-β-methylvaleriansäure,** Biosynth. 14 550; — als Vorläufer bei d. Biosynth. v. Isoleucin im Weizen 16 022; Wrkg. v. Thiaminmangel u. Thiaminantagonisten auf d. Oxydat. v. — durch Rattengewebe 9379; Nachw. in d. Pansen-Fl. d. Hornviehs 4236.
α-**Ketoisocapronsäure,** Rk. v. α-Ketoisocapronat mit Asparagintransaminase 7937; Nachw. in d. Pansen-Fl. d. Hornviehs 4236.
β-**Ketoisocapronsäure,** Spektrum d. 2.4-Dinitrophenylhydrazons 11 588.
α-**Methyllävulinsäure (2-Methylpentanon-(4)-säure)** ($Kp._{16}$ 142—144°), Darst., Deriv. 18 084; (Rk.) 5628; Rk. 2724.
3-Methylpentanon-(4)-säure ($Kp._5$ 112 bis 115°) 18 084.
Trimethylbrenztraubensäure ($Kp._{10}$ 75°), Darst. (Deriv.) 3079; polarograph. Grenzströme) 4479; Rk. 14 459; nichtenzymat. Rk. zwischen α-Aminosäuren u. — 1269.
Dimethylacetessigsäure ($Kp._{21}$ 82—83°), Darst. (Kinetik d. Decarboxylier.) 13 346; (d. Ba-Salzes) 13 347; Kinetik d. Decarboxylier. v. D(COOH)-— 13 346.
2-Acetoxytetrahydrofuran ($Kp._{0,1}$ 34—40°) 1974.
2.3(α,β)-Epoxybuttersäureäthylester ($Kp._{50}$ 96°), Darst. 13 950*; (Rk.) 13 382; Rk. 8238.
4-Hydroxycrotonsäureäthylester, Rk. 17714.
γ-**Hydroxy-β-methylcrotonsäuremethylester(?)** 1570.
Methacrylsäure-β(2)-hydroxyäthylester (2-Hydroxyäthylmethacrylat, Glykolmonomethacrylat) ($Kp._{0,3-0,4}$ 55—65°), Darst. 1408*, 17 561*; (Verw.) 6606*, 15 403*; Rk. 2170*, 8440*.

cis-**1-Äthoxy-2-acetoxyäthen** (Kp.$_{12}$ 64°) 11 567.
trans-**1-Äthoxy-2-acetoxyäthen** (Kp.$_{12}$ 56°) 11 567.
Glutaraldehydsäuremethylester 9671.
α-**Formylpropionsäureäthylester**, Rk. 2356.
β-**Formylpropionsäureäthylester** (β-**Äthoxycarbonylpropionaldehyd**) (Kp.$_{10}$ 72°), Darst. (Rk.) 3418; (v. Deriv.) 12 985; Rk. 14 857.
Glyoxylsäure-*n*-butylester, Darst., Rk. 13 362; Rk. 17 047.
Lävulinsäuremethylester (Kp.$_{12}$ 80—83°), Darst. (Rk.) 15 164; (Deriv.) 15 212; Rk. 9078*.
1(4)-Acetoxybutanon-(3[2]) (Kp.$_{680}$ 176 bis 178°), Darst., Deriv. 8217; Rk. 7478, 15 918, 17 561*.
Propionsäureanhydrid (Kp. 166—167°), Darst. 13 724; (v. Mo(VI)-Komplexen) 6704; magnet. Mol.-Rotat. 9287; therm. Umsetz. zu β-Diketonen 8784*; Rk.: mit HN_3 11 881; mit SF_4 13 565*; mit o-Xylol 10 063; mit Methylencycloalkanen 17749; mit Phenanthren 116; mit 2-[p-Chlorbenzyl]-pyridin 17 032; mit 2-Methylindol 837; mit 2.2′-Bithienyl 10 828; mit Diaminen 18 565*; mit tert.-Butanol u. $HClO_4$ 14 499; mit $\Delta^{1.3.5(10)}$-Östradien-17β-ol 3557*; mit 2-[o-Aminophenyl]-4-hydroxychinazolin 849; mit 2-Dimethylaminomethyl-1-hydroxy-1-phenyl-1.2.3.4-tetrahydronaphthalin bzw. Benzyl-MgCl u. 2-Dimethylaminomethylchromanon-(4) bzw. -indanon-(1) bzw. -benzosuberon 9693; mit 1-[3′.4′-Dihydroxyphenäthyl]-4-phenyl-1.2.3.6-tetrahydropyridinhydrobromid 12 019*; mit 3β.17β-Dihydroxy-5α.6α-epoxy-17α-propin-(1)-ylandrostan 4265*; mit 2-Nitroresorcin 8950; mit 14-Hydroxynorkodein bzw. verwandten Verb. 7530; mit 2-[6-Methoxynaphthyl-(1)]-äthylamin 15 614; mit 1-Methyl-6.7-dimethoxy-3.4-dihydroisochinolin 6214*; mit Furfurol 19 023; mit Pentanatriumsaccharat 7527; mit 2-Methyl-4-benzoylphenol 14 122; mit 14-Hydroxykodeinon 1614; mit 3.3-Äthylendioxy-19-nortestosteron 6423; mit 9α-Fluor-16α-hydroxy-1-dehydrocortison 9447*; mit bas. Be-Acetat 16 244; mit Orthoameisensäuretriäthylester u. 4.5-Diaminopyrimidinen 13 580*; mit 2-Methyl-β-naphthothiazoläthо-p-toluolsulfonat u. Orthoessigsäuretriäthylester 5665; mit 3β-Acetoxy-6-methyl-17α-hydroxy-Δ^4-pregnen-20-on 2383; mit 1.3.4.6-Tetra-O-acetyl-2-amino-2-desoxy-β-D-glucose 476; mit Nα.Nω.Nω-Tricarbobenzoxy-L-arginin-p-nitrobenzylester bzw. N-Acetylharnstoff 17 001; mit α-Hydroxybuttersäurediäthylamid 10 930*; mit 1.3-Diaminobenzol-4.6-disulfonamid 5674; Verw. 6512*, 19 011*.
α.γ-**Dihydroxy-α-methyl-*n*-valeriansäurelacton** 17 000.
α.α-**Dimethyl-β-hydroxybutyrolacton** 6581*.
Mevalonsäurelacton (β-**Hydroxy-β-methyl-δ-valerolacton**, β.δ-**Dihydroxy-β-methylvaleriansäurelacton**), Rk. v. ^{14}C— 10 485; Darst. v. Gibberellinsäure aus — 15 436*; Biosynth. v. Cineol aus ^{14}C— in Eucalyptus 7576; — als Vorstufe bei d. Synth. v. β-Carotin durch Mucor hiemalis (Unters. mit ^{14}C) 17 455; Verw. 4725*.
Panto(yl)lacton [α(2)-**Hydroxy-β.β(3.3)-dimethyl-γ-butyrolacton**], Darst. 4724*, 10 196*; (v. d.(—)-—) 5396*; Reinig. 4724*, 19 008*; Rk. 6017; (v. d-(+)-— u. *l*-(—)-—) 6582*; Anhäuf. v. — im Stoffwechsel v. Kulturen Pantothenat benötigender Mutanten v. E. coli 5341; Verh. v. Pantothensäure-bedürft. E. coli-Mutanten gegenüber — 13 808; Wrkg. v. D(—)-— auf d. Kationentransport kalt konservierter Erythrocyten d. Menschen bei Inkubat. 14 941; Verw. v. DL-— 3549*.
α-**Methoxy-γ-valerolacton** 18 833.
diastereoisomeres α-**Methoxy-γ-valerolacton** 18 833.

$C_6H_{10}O_3S$ **Allylsulfonylaceton** (Kp.$_{1,2}$ 115°) 3419.
cis-**Cyclohexandiol-(1.2)-sulfit** (Kp.$_{14}$ 117 bis 119°) 8941.
cis-**1-Methylcyclopentandiol-(2.3)-sulfit** (Kp.$_{13}$ 97—98°) 8941.
trans-**Cyclohexandiol-(1.2)-sulfit** (Kp.$_{14}$ 116 bis 117°) 8941.

$C_6H_{10}O_3S_2$ (+)-β-*O*-**Methylxanthogenisobuttersäure** 10 803.
Carbmethoxyäthylxanthogensäuremethylester, Rk. 19 007*.

$C_6H_{10}O_4$ (s. *Adipinsäure* [*Hexandisäure*]; *Mevaldsäure*).
Naphthodioxan (Kp. 75—80°) 8065*.
Isoidid, Papierchromatographie v. —-Estern 2849.
Isomannid, Papierchromatographie v. —-Estern 2849.
Isosorbid, Papierchromatographie v. —-Estern 2849.
Methyl-3.5-anhydro-D-xylofuranosid, aktivierende Wrkg. auf Atmungsenzyme 16 008.
Mesityloxidozinid (Kp.$_1$ 37—39°) 2329.
3.3-Äthylendioxybuttersäure, Homoveratrylaminsalz (F. 115°) 3812.
2.2-Dimethyl-4-carboxy-1.3-dioxolan, kernmagnet. Resonanzspektrum d. K-Salzes 4477.
α-**Keto-γ-hydroxyisocapronsäure**, Bldg., Semicarbazon (F. d. Monohydrats 218°) 8220.
2-Hydroxy-2-methyllävulinsäure (F. 64°), Darst., Rk. Deriv. 17 000; Rk. 17 000.
α-**Ketopantosäure**, Biosynth. durch Zellsuspens. u. zellfreie Extrakte v. E. coli 10 522.
α-**Acetyl-α-hydroxybuttersäure**, enzymat. Bldg. in E. coli 10 131.
α(2)-**Methylglutarsäure** (F. 78°), Darst. 5626, 11 001*, 13 361, 13 784; Bldg. 17 048; pK-Wert v. Salzen 15 539.
S(+)-α-**Methylglutarsäure** (F. 85—86°) 12 663.
β(3)-**Methylglutarsäure** (F. 84—85°), Darst. 4724*, 8416*, 11 001*, 11 211, 17 380; Bldg. 8263; pK-Wert v. Salzen 15 539; H-D-Austausch (Kinetik) 18 426; Anhydrid-Bldg. 811.
α-**Äthylbernsteinsäure** (F. 100°) 18 084.
α.α(2.2)-**Dimethylbernsteinsäure** (F. 138°), Bldg. 11 540; — als Stoffwechselprod. v. 2.2-Dimethylstearinsäure beim Menschen 18 173.
α.α′-**Dimethylbernsteinsäure** (F. 141°) 18 085.
Propylmalonsäure, Rk. 16 847*.
2.3-Epoxybuttersäure-β-hydroxyäthylester 8238.
2.3-Dihydroxypropylacrylat 5846*.
Bernsteinsäuremonoäthylester, Rk. 6399.
D-(+)-**2-Methyl-3-carboxypropionsäuremethylester** (F. 32,3—33,0°), Darst. 3423; Coelektrolyse mit Palmitinsäure 10 049; Abbau d. Ag-Salzes 3423.
L-(—)-**2-Methyl-3-carboxypropionsäuremethylester** (F. 32,3—33,0°), Darst. 3423; Coelektrolyse mit Palmitinsäure 10 049; Abbau d. Ag-Salzes 3423.
rac.-**2-Methyl-3-carboxypropionsäuremethylester** (F. 42,1—42,7°) 3423.
Methylmalonsäureäthylester, Rk. 12 639.
Bernsteinsäuredimethylester, Bldg. 11 525, 15 212; Rk. 7499, 8239, 11 899, 17 020; (v. D_4-—) 4877.
Oxalsäurediäthylester (Diäthyloxalat) (Kp.$_{15}$ 80—95°), Bldg. 12 257; Darst. v. Mo(VI)-Komplexen 6704; Rk.: mit Harman bzw. homologen Verb. 2746; mit Diäthylamin 4899; mit 4.5-Diamino-1.2.4-triazolen 10 095; mit Hydrazinen

9308; mit Resorcin-Deriv. 10 440; mit 3-Chlor-4-methoxy-6-nitrotoluol 2459*; mit 2.4.5-Triamino-6-isopropyloxy- bzw. 2.5-Diamino-4-methylamino-6-isopropyloxypyrimidin 5673; mit Alkyl-MgBr 8944; mit 4.5-Diamino-6-mercaptopyrimidin 4543; mit Aceton bzw. Acetophenon 18 460; mit Methyläthylketon 17 493*; mit Methylamylketon 17 493*; mit Phenylpropanon-(2) 8984, 17 493*; mit Cyclohexanon 5291; mit 4-Cyclohexylcyclohexanon-(1) 11 919; mit 2-Cyclohexylidencyclohexanon 15 583; mit Cyclopentanon 6392; mit Pyrrolidon-(2) 14 327*; mit 3-[p-Methoxyphenyl]-cyclohexen-(2)-on-(1) 5282; mit 1-Acetyl-3-[6-methoxynaphthyl-(2)]-cyclohexan 114; mit 3-Äthylendioxy-Δ^5-androsten-17-on 16 692; mit 9β.10α-Δ^4-Androsten-17β-ol-3-on 15 977; mit 16α-Methylprogesteron 2379; mit 12α-Fluor-11β-hydroxyprogesteron bzw. 11β.12β-Oxidoprogesteron 8629; mit 11-Ketoprogesteron 7628*; mit 6α-Methyl-11-ketoprogesteron 9824*; mit methyliertem 9β.10α-Δ^4-Pregnen-3.20-dion 15 978; mit 3α-Hydroxy-16α-methylpregnan-11.20-dion 10 848; mit 11α-Hydroxy-$\Delta^{4.16}$-pregnadien-3.20-dion 9822*; mit 1.5-Diphenylpentantrion-(1.3.5) 10 839; mit Acetonitril 18 077; mit o-Methoxybenzylcyanid 15 245; mit 3.4-Dimethoxyphenylacetonitril 6011; mitCarbonsäureestern u. Aldehyden 824; mit Alkancarbonsäureäthylestern 12 625; mit Laurinsäuremethylester bzw. dessen $3D_{(12)}$-Verb. 12 620; mit Arylessigsäureäthylestern 5644; mit Pyrrolidyl-(2)-essigsäureäthylester 5286; mit $^{14}C_{(3)}$-Glutarsäurediäthylester 18 433; mit Pimelinsäurediäthylestern 11 894; mit O-Acetylglykolsäureester 1570; mit Cyclohexadien-(2.5)-carbonsäure-(1)-essigsäure-(1)-diäthylester 18 808; mit cis-Hexahydrohomophthalsäurediäthylester 9729; mit Arylaminodiessigsäureestern 1980; mit Phenylessigsäuredimethylamid 7128; mit β-[5-Carboxy-1.4-dihydroxy-2.5.9-trimethyldekalyl-(1)]-propionsäuredilacton 14 157; mit γ- oder δ-Thialactonen 12 462*; mit δ-Thiolcaprolacton 11 905.

Glykoldiacetat, Darst. 17 561*; Rk. 12 303; Toxikologie u. Reiz-Wrkg. 2815; Verw. 16 486*.

Acetoxyessigsäureäthylester (*O*-Acetylglykolsäureester) ($Kp._{15}$ 79—80°), Darst., Rk. 16 644; Rk. 1570.

Acetyl-*n*-butyrylperoxid ($Kp._2$ 37—37,5°) 13 724.

2.3-Dihydroxycapronsäurelacton, Nicht-Bldg. 11 530.

$C_6H_{10}O_4S$ **4-Thiapimelinsäure (3.3′(β.β′)-Thiodipropionsäure),** Rk.: mit o-Aminophenol 4156; mit Chloramin-T (Mechanismus) 14 088; Verw. 3910*.

2-Methylmercaptoäthylmalonsäure, Rk. 17 716.

Thiodiessigsäuredimethylester ($Kp._{25}$ 140 bis 143°) 6027.

cis-**Cyclohexandiol-(1.2)-sulfat** (F. 41—43°) 8942.

trans-**Cyclohexandiol-(1.2)-sulfat** (F. 60,5 bis 61,5°) 8942.

1-Methylcyclopentandiol-(2.3)-sulfat (F. 25 bis 26°) 8942.

$C_6H_{10}O_4S_2$ **α.α′-Dithiodipropionsäure (2.2′-Dimethyldithiodiessigsäure, Bis-[1-carboxyäthyl]-disulfid),** Konstit.-Einfl. auf d. Rotationsdispers. v. (+)-— 12 227; Rk. 2322.

β.β′-Dithiodipropionsäure (Bis-[2-carboxyäthyl]-disulfid, Dithiodiäthan-β.β-dicarbonsäure) (F. 156—157°), Darst. (Rk.) 2322; (Verw.) 3624*; Bldg. 11 546; Konstit.-Einfl. auf d. UV-Spektrum, Bezieh. zur Alkalispalt. 14 074; Hochdruckhydrier. 8577.

rac.-**2.3-Dimercaptobernsteinsäuredimethylester** ($Kp._{0,01}$ 80°) 449.

Meso-2.3-dimercaptobernsteinsäuredimethylester (F. 91—92° korr.) 449.

Bis-[mercaptoessigsäure]-äthylen-glykolester, Rk. 6431.

$C_6H_{10}O_4S_3$ **Bis-[3-thiacyclobutyl]-sulfid-1.1.1′.1′-tetroxid** (F. 226—227°) 10 824.

$C_6H_{10}O_4Se_2$ **(+)-α.α′-Diselenodipropionsäure,** Konstit.-Einfl. auf d. Rotationsdispers. 12 227.

Bis-[β-carboxyäthyl]-diselenid, Red. 3782.

$C_6H_{10}O_5$ **1.6-Anhydro-β-D-allopyranose** 11 931.

1.6-Anhydro-β-D-altropyranose, aktivierende Wrkg. auf Atmungsenzyme bei Hefen 16 008.

1.6-Anhydro-α-D-galaktopyranose, aktivierende Wrkg. auf Atmungsenzyme bei Hefen 16 008.

1.6-Anhydro-β-D-galaktopyranose (F. 223 bis 224°), Rk. 6802; aktivierende Wrkg. auf Atmungsenzyme bei Hefen 16 008.

3.4-Anhydro-α-D-galaktopyranosid (F. 117 bis 118°) 4544.

3.6-Anhydrogalaktose, — als Bestandteil d. gelatinösen Polysaccharids v. Furcellaria fastigiata 16 375.

3.6-Anhydro-L-galaktose, Bldg., Deriv. 7549; enzymat. Synth. 15 639; Vork. im Schleim v. Gloiopeltis furcata 18 890; Effekt v. — aus Agar-Säurehydrolysaten auf d. Wachstum v. E. coli 4582.

Lävoglucosan (1.6-Anhydro-β-D-glucopyranose) (F. 178—179°), Bldg. 3838, 14 462; Bind.-Verhältnis zwischen Cu u. — 13 326; Rk. 2741, 12 689, 13 055; Papierionophorese 11 513.

1.6-Anhydrogulopyranose 18 118.

1.6-Anhydro-β-D-gulopyranose, aktivierende Wrkg. auf Atmungsenzyme bei Hefen 16 008.

1.6-Anhydro-D-idopyranose 18 118.

1.6-Anhydro-β-D-idopyranose, aktivierende Wrkg. auf Atmungsenzyme bei Hefen 16 008.

1.6-Anhydro-β-L-idopyranose (F. 128—129°) 2426.

2.5-Anhydro-L-idose, Darst., Rk., Deriv. 10 473; aktivierende Wrkg. auf Atmungsenzyme bei Hefen 16 008.

1.6-Anhydro-β-D-mannopyranose, Bind.-Verhältnis zwischen Cu u. — 13 326; Rk. 4546; aktivierende Wrkg. auf Atmungsenzyme bei Hefen 16 008.

2.5-Anhydromannose 17 453.

Glucoseanhydrid, Bldg., Nachw. 2821.

Fructoseanhydrid, Bldg., Nachw. 2821.

Condurit-A-epoxid (F. 111—112°), Rk. 8590.

Condurit-B-epoxid (F. 153—154°), Rk. 8590.

Condurit-C-epoxid (1.2-Anhydroneoinosit), Darst., Rk. 16 294; Rk. 8590.

Condurit-E-epoxid, Rk. 8591.

Condurit-F-epoxid (2.3-Anhydroepiinosit), Rk. 8591.

L′-Methoxy-D-hydroxymethyldiglykolaldehyd 477.

Hexandion-(2.3)-triol-(1.5.6) 2369.

2-Hydroxyadipinsäure 11 530.

β-Hydroxy-β-methylglutarsäure, —-Abbau durch Pseudomonas citronellolis n. sp. 179.

Dimethyläpfelsäure (F. 126—128°) 17 049.

D-Äpfelsäuredimethylester ($Kp._7$ 109—111°) 8607.

L-Äpfelsäuredimethylester ($Kp._9$ 115—117°) 4535, 8607.

dl-**Hydroxybernsteinsäuredimethylester** 8604.

Dimethylenglykoldiacetat, kernmagnet. Protonenresonanz 9288.

Methoxyessigsäureanhydrid, Rk. 7251*.

D-Fuconolacton (F. 104—106°) 4578.

L-Fuconolacton (F. 104—106°) 4578.

1.4-Glucosaccharolacton 8417*.

3.6-Glucosaccharolacton, Rk. 8417*,

5-Bromhexen-(5)-ol-(1) (Kp.$_{18}$ 115°) 12 622.
2.2-Trimethylen-3-brompropanol-(1) (Kp. 75—78°) 835.
trans-**2-Bromcyclohexanol** (Kp.$_{12}$ 85°) 5996.
cis-trans-**2-Brom-1-methoxypenten-(1)** (Kp.$_{18}$ 61—78°) 15 921.
cis-trans-**2-Brom-1-methoxyisopenten-(1)** (Kp.$_{26}$ 60—80°) 15 921.
trans-**2-Brom-1-isopropoxypropen-(1)** (Kp.$_{26}$ 70—71°) 15 922.
α-**Brompinakolin**, Rk. 2717, 8932, 14 471.
Methyl-β-bromisobutylketon, Rk. 1610, 1611.

$C_6H_{11}BrOS$ γ-**Bromthiolbuttersäureäthylester**, Rk. 14 834.

$C_6H_{11}BrO_2$ α(2)-**Bromcapronsäure**, Rk. 14 458, 18 272*; R$_F$-Wert 5792.
ε-**Bromcapronsäure** (F. 36°), Darst. 1408*, 12 258; Rk. 18 435.
δ-**Brom-α-methylvaleriansäure** (Kp.$_2$ 142°) 15 200.
α-**Brom-*n*-valeriansäuremethylester** (Kp.$_{11}$ 69,5°) 12 995.
α-**Brom-*n*-buttersäureäthylester**, kernmagnet. Resonanz 7832; Rk.: mit NaCN 3458; mit 2.4-Bis-[tert.-amyl]-phenol 15 917; mit 4-Hydroxydiphenyläthan 18 100; mit Hexöstrol 3188*; mit 4-Keto-1.2.3.4-tetrahydrophenanthren 4896; mit 6-Methoxy-2-propionylnaphthalin 13 379; mit Diphenylacetonitril 14 486.
β-**Brombuttersäureäthylester**, Darst. 5094*; Rk. 12 302.
γ(4)-**Brombuttersäureäthylester** (Kp.$_4$ 65 bis 67°), Darst., Rk. 1234; Rk. 11 190, 14 834, 15 172; Verw. 7299*.
α-**Bromisobuttersäureäthylester** (Kp.$_{14}$ 51°), Darst., Rk. 11 523; Rk. 2330, 2338, 10 083, 12 632, 13 378.
δ-**Brombutylacetat**, Rk. 13 638*.

$C_6H_{11}BrO_3$ α-**Brom-β-hydroxybuttersäureäthylester** (Kp.$_{2,3}$ 78°) 13 382.

$C_6H_{11}BrO_5$ D(1.2.3/4.5.6)-**6-Bromquercit** (F. 227—229°) 16 294.
D(1.2.5/3.4.6)-**6-Bromquercit** (F. 201—203° Zers.) 16 294.
6-Brom-6-desoxy-D-galaktose 13 398.
6-Brom-6-desoxy-D-glucose 13 398.

$C_6H_{11}Br_2NO$ ε-**Aminocaprolactimperbromid** 11 158.

$C_6H_{11}Br_2O_4P$ **2.2-Dibromvinyldiäthylphosphat** 5475*.

$C_6H_{11}Cl$ **1-Chlorhexen-(4)** (Kp. 134°), Darst., Rk. 10 437; Rk. v. trans- — 14 869.
2-Chlor-4-methylpenten-(2), Rk. 11 361*.
3.3-Dimethyl-1-chlorbuten-(1) (Kp. 110 bis 112°) 15 642.
1-Chlor-2.3-dimethylbuten-(2), Darst., Rk. 13 356; Rk. 3773.
Cyclohexylchlorid (Chlorcyclohexan) (Kp. 142—142,3°), Darst. 1742; Bldg. 6735, 10 768; G-Werte d. —-Bldg. bei γ-Bestrahl. v. Cyclohexan u. HCl-Lsg. in Cyclohexan 5959; Massenspektrum 14 814; Einfl. d. Komplexbldg. mit gelöstem J_2 auf d. sichtbare u. UV-Spektrum v. J_2 3761; Best. d. beiden stabilen Isomeren v. — aus d. IR- u. Raman-Spektren 3037; komplexe DK u. Phasenumwandl. im festen Zustand 16 976; Leitfähigk. in $SbCl_3$ 5980; Kinetik d. Isotopenaustausches zwischen — u. Chloridionen 5990; Solvolyse (Kinetik) 14 091; Enthalogenier. 8781*; Rk.: mit Bzl. 6387, 16 651; mit Phenylessigsäurediisopropylamid 7126; Verw. 15 021*; gaschromatograph. Identifizier. 10 585.
1-Chlor-2.2.3-trimethylcyclopropan 2322.

$C_6H_{11}ClFNS$ **Fluorchlorthionessigsäurediäthylamid** (Kp.$_7$ 93°) 12 623.

$C_6H_{11}ClHgO$ α-**2-Hydroxycyclohexylmercurichlorid** (F. 153,0—153,6°), Kinetik d. Desoxymercurier. 11 151.
1-Chlormercurihexanon-(2) (F. 61—62°) 12 990.

$C_6H_{11}ClMg$ **4-Methylpenten-(1)-yl-(2)-magnesiumchlorid**, Rk. 7322*, 7691*.
4-Methylpenten-(2)-yl-(2)-magnesiumchlorid, Darst. 3259*; (d. Tetrahydrofuran-Komplexes) 11 361*.
Cyclohexylmagnesiumchlorid, Rk.: mit CO_2 8781*; mit Phenyldichlorphosphin 1208; mit β-Piperidinopropiophenon 14 618*; mit β-[2.5-Dimethylpiperidino]-propiophenon 18 113; mit β-Äthylaminopropiophenon 1413*; mit α-Cyanzimtsäuremethylester 15 201; mit Dialkyloxalaten 8944.

$C_6H_{11}ClO$ **2-Chlormethyltetrahydropyran** (Kp.$_{12}$ 53—54°) 12 621.
2-Chlor-2-methyltetrahydropyran (Kp.$_{18}$ 45 bis 48° korr.) 5677.
dl-trans-**2-Chlorcyclohexanol**, Rk. 9701.
Chlormethoxypentene 15 402*.
1-Methoxy-3-chlorpenten-(4) (Kp.$_8$ 31—32°) 14 102.
1-Methoxy-5-chlorpenten-(3) (Kp.$_8$ 51 bis 52°) 14 102.
n-**Butyl-β-chlorvinyläther** (Kp.$_{11}$ 50—60°) 16 281.
6-Chlorhexanon-(2) (Kp.$_{2,3}$ 52,5—54°) 16 642.
6-Chlorhexanon-(3) (Kp.$_{12}$ 67—70°) 8215.
1-Chlor-2-methylpentanon-(4) (Kp.$_{15}$ 68 bis 69°) 108.
3-Methyl-1-chlorpentanon-(4) 109.
Capronylchlorid (Capronsäurechlorid, Hexanoylchlorid) (Kp.$_{15}$ 85—86,5°), Bldg. 12 256; Hydrolyse (Kinetik) 2693; Photochlorier. 13 353; Dehydrochlorier. eines Gemisches v. Acetylchloriden u. — 13 724; Rk. mit 1-Piperidinoisobuten 11 543; Verw. 6512*.
Diäthylacetylchlorid (Diäthylessigsäurechlorid), Rk. 112, 5109*, 7480, 11 543.
tert.-**Butylacetylchlorid**, Rk. 16 772*.

$C_6H_{11}ClOS$ *erythro*-**2-Acetylmercapto-3-chlorbutan** 5991.
threo-**2-Acetylmercapto-3-chlorbutan** 5991.
α-**Chlorisobutylacetylsulfid**, Rk. 7476.

$C_6H_{11}ClOS_2$ **2-[2′-Chloräthylmercapto]-äthanthiolacetat** (Kp.$_{0,07}$ 70—80° korr.) 9301.

$C_6H_{11}ClO_2$ β-**Chloräthyl-[tetrahydrofuryl-(2)]-äther** (Kp.$_{15}$ 75°) 3115.
2-Äthoxy-3-chlorbuten-(3)-ol-(1) (Kp.$_{20}$ 87 bis 88°) 10 048.
1-Äthoxy-3-chlorbuten-(3)-ol-(2) 10 049.
1-Allyloxy-3-chlorisopropanol (Kp.$_{25}$ 103 bis 108°) 11 193.
α-**Chlorcapronsäure** (Kp.$_8$ 115,5—116,5°) 13 353.
β-**Chlorcapronsäure** (Kp.$_{3,5}$ 102—102,5°) 13 353.
δ-**Chlorcapronsäure**, Rk. 13 353.
ε-**Chlorcapronsäure** (F. 25°), Darst. 1408*, 12 257, 13 353; Rk. 18 436.
γ-**Chlorvaleriansäuremethylester** 5632.
Isovaleriansäurechlormethylester, Rk. 12 277.
α-**Chlorbuttersäureäthylester**, Rk. 3188*.
γ-**Chlorbuttersäureäthylester** 6752.
β-**Chloräthyl-*n*-butyrat**, Rk. 8618.
Chloressigsäure-*n*-butylester, kernmagnet. Resonanz 7832; herbicide Wrkg. auf Gurkenkeimlinge 14 926.
Chloressigsäure-*sek.*-butylester (*sek.*-**Butylmonochloracetat**), Rk. 4873; herbicide Wrkg. auf Gurkenkeimlinge 14 926.
Chloressigsäureisobutylester, herbicide Wrkg. auf Gurkenkeimlinge 14 926.
α-**Chlorbutylessigsäureester**, Rk. 3696*.
n-**Amylchlorcarbonat (Pentyl-(1)-chlorformiat)**, IR-Spektrum 2679; Rk. 13 030.
Chlorameisensäureisoamylester, Rk. 3191*.
Chlorameisensäureneopentylester (Neopentylchlorformiat) (Kp.$_{36}$ 54—56°), Darst., Solvolyse (Kinetik) 11 862; Zers. 16 638.

$C_6H_{11}ClO_2S$ **2-[2′-Chloräthylmercapto]-äthylacetat** (Kp.$_{1,6}$ 80° korr.) 9300.

$C_6H_{11}ClO_4$ **Methyl-4-chlor-4-desoxy-β-pentosid**, Rk. 4544.

$C_6H_{11}ClO_4S_2$ Bis-[äthylsulfonyl]-1-chloräthylen 5093*.
1-Methylsulfonyl-2-*n*-propylsulfonyl-1-chloräthylen 5093*.

$C_6H_{11}ClO_5S$ 2-Sulfoäthyl-*β*-chlorisobutyrat 7692*.

$C_6H_{11}ClPb$ Äthyldivinylbleichlorid 4716*.

$C_6H_{11}ClS$ Methylchlorpentenylsulfid 6962*.

$C_6H_{11}Cl_2F_3OSi$ *γ*-[2.2.2-Trifluoräthoxy]-propylmethyldichlorsilan (Kp.$_{23}$ 92°) 8947.

$C_6H_{11}Cl_2N$ 1-Dimethylamino-2.3-dichlorbuten-(2) (Kp.$_{20}$ 65—68°) 10 800.
stereoisomeres 1-Dimethylamino-2.3-dichlorbuten-(2) (Kp.$_{20}$ 75—77°) 10 800.

$C_6H_{11}Cl_2NO$ 2-Chlor-6-aminocapronsäurechlorid, Rk. v. Deriv. 1713*.
2-Chlor-5-amino-4-methylvaleriansäurechlorid, Rk. d. Hydrochlorids 1713*.
α.δ-Dichlorvaleriansäuremethylamid (Kp.$_1$ 108—112°), Rk. 306*.

$C_6H_{11}Cl_2NO_2$ x.x-Dichlor-*ε*-aminocapronsäure, Hydrochlorid (F. 189—190°) 9724.

$C_6H_{11}Cl_2OP$ Phosphorigsäurecyclohexylesterdichlorid (Kp.$_2$ 62°) 7699*.
Cyclohexylphosphonyldichlorid (Cyclohexylphosphonsäuredichlorid) (F. 39—40°), Darst. 16 491*; Red. 12 619.

$C_6H_{11}Cl_2O_2P$ Phosphorsäurecyclohexylesterdichlorid, Darst. 7699*; Rk. 13 205*.

$C_6H_{11}Cl_2O_3P$ Bis-[*β*-chloräthyl]-vinylphosphonat (Vinylphosphonsäure-bis-[2-chloräthyl]-ester), Darst. 1410*; (Verw.) 18 962*; Rk. 8440*; Verw. 12 156* [2 Ref.].
Äthylphosphonsäure-[2.2-dichlorvinyl]-äthylester (Kp.$_{0,2}$ 95—96°) 4884.

$C_6H_{11}Cl_2O_3PS$ Diäthyl-*S*-2.2-dichlorvinylmonothiophosphat (Kp.$_{0,5}$ 97—98°) 5475*.

$C_6H_{11}Cl_2O_4P$ Diäthyl-2.2-dichlorvinylphosphat (Kp.$_5$ 114,5—115,0°) 5475*.

$C_6H_{11}Cl_2O_5PS$ *O*-[Methylsulfinyläthyl]-*O*-methyl-*O*-*β.β*-dichlorvinylphosphat 6184*.

$C_6H_{11}Cl_2O_6PS$ *O*-[Methylsulfonyläthyl]-*O*-methyl-*O*-*β.β*-dichlorvinylphosphat 6184*.

$C_6H_{11}Cl_2P$ Cyclohexyldichlorphosphin, Rk. 1208.

$C_6H_{11}Cl_3$ 1.1.1-Tris-[chlormethyl]-propan, Rk. 14 868.

$C_6H_{11}Cl_3N_2$ *N.N*-Diäthyltrichloracetamidin, IR-Spektrum d. Hydrochlorids 6343.

$C_6H_{11}Cl_3N_2O$ *N*-Trichloracetamidoäthyldimethylamin 6875*.

$C_6H_{11}Cl_3O_2$ Trichloracetaldehydacetal 8564.

$C_6H_{11}Cl_3Si$ *trans*-1-Trichlorsilyl-3.3-dimethylbuten-(1) (Kp.$_{35}$ 79—81°) 10 417.

$C_6H_{11}Cl_3Sn$ [4-Methylpenten-(1)-yl-(2)]-zinntrichlorid 4716*.

$C_6H_{11}Cl_4O_3P$ Äthylphosphonsäure-[1.2.2.2-tetrachloräthyl]-äthylester (Kp.$_{0,2}$ 103,5 bis 104°) 4884.

$C_6H_{11}F$ Cyclohexylfluorid (Kp.$_{180}$ 58—59°), Darst. 18 434; Massenspektrum 14 814.

$C_6H_{11}FO_4$ DL-*α*-Fluor-*β*-methyl-*β.δ*-dihydroxyvaleriansäure (DL-*α*-Fluormevalonsäure) 7478.

$C_6H_{11}FO_6$ Fluor-D-galaktosid, — als Substrat u. Induktor d. *β*-Galaktosidase v. E. coli 3131.

$C_6H_{11}F_2NO_3S$ *ω*-Carboxypentyliminoschwefeloxiddifluorid (F. 0°) 5219.

$C_6H_{11}F_2NS$ Difluorthioessigsäurediäthylamid (Kp.$_{10}$ 70°) 12 623.

$C_6H_{11}F_2OPS$ Difluorthiophosphorsäure-*O*-cyclohexylester (Kp.$_5$ 42—43°) 1569.

$C_6H_{11}F_3N_2$ *N.N*-Diäthyltrifluoracetamidin, IR-Spektrum d. Hydrochlorids (F. 133 bis 135° Zers.) 6343.

$C_6H_{11}HgJO$ *cis*-2-Methoxycyclopentylmercurijodid, Desoxymercurier. (Kinetik) 16 993.
trans-2-Methoxycyclopentylmercurijodid, Desoxymercurier. (Kinetik) 16 993.

$C_6H_{11}J$ Cyclohexyljodid (Jodcyclohexan), Massenspektrum 14 814; Rk. 4714*; gaschromatograph. Identifizier. 10 585.

$C_6H_{11}JO$ *trans*-2-Jodcyclohexanol, Rk. 17 767.

$C_6H_{11}JO_2$ 6-Methyl-2-jodmethyl-1.4-dioxan (Kp.$_{18}$ 135—140°) 3904*.
ε-Jodcapronsäure (F. 42°) 1408*, 12 258.
γ-Jodvaleriansäuremethylester (Kp.$_{23}$ 85 bis 88°) 5632.
α-Jodbuttersäureäthylester, Rk. 4897.
Monojodessigsäure-*n*-butylester, bakteriostat. Wrkg. 1278; Hemmwrkg. auf Vermehr. u. Enzymtätigk. v. Saccharomyces cerevisiae 12 334.

$C_6H_{11}JO_3$ 2-[1'-Jodäthyl]-4-hydroxymethyl-1.3-dioxolan, UV-, IR-Spektrum 8572.
2-[2'-Jodäthyl]-4-hydroxymethyl-1.3-dioxolan, UV-, IR-Spektrum 8572.
techn. Jodpropylidenglycerin, physikal. u. ^{131}J-Austausch-Eig. 8572.
1.2-[2'-Jodpropyliden]-glycerin, Verw. 5400*.
1.2-[3'-Jodpropyliden]-glycerin, Verw. 5400*.

$C_6H_{11}Li$ Cyclohexyllithium, Rk. 1413*.

$C_6H_{11}LiO_2$ Lithiumessigsäure-*tert.*-butylester 462.

$C_6H_{11}N$ Azacyclohepten-(3 oder 4), Deriv. 9666.
5.5-Dimethyl-$Δ^1$-pyrrolin, NMR-Spektrum 16 263.
N-*n*-Propylallenimin (*n*-Propyl-2-methylenaziridin) (Kp. 104—106°), Darst., Rk. v. T$_{(3)}$-— 16 274.
3-Azabicyclo-[3.2.0]-heptan, Deriv. 9328.
1-Azabicyclo-[2.2.1]-heptan, Rk. 3816.
Cyclopenten-(2)-ylcarbinylamin (Kp.$_{12}$ 48 bis 50°) 17 734.
N-*n*-Propylpropargylamin 16 274.
3-Methylamino-3-methylbutin-(1) (Kp. 96 bis 98°) 7481.
Diallylamin, Rk. 3189*, 5476*, 13 496*, 15 187, 16 262; Myocarditis durch — 5752; Verw. 2463*, 16 797*; polarograph. Best. 10 952.
1-Dimethylaminobutin-(3) [4-Dimethylaminobutin-(1)] (Kp. 107—109°), Darst., Rk. 11 882; IR-Spektrum u. H-Bind. 16 623.
1-[Dimethylamino]-butadien-(1.3), Rk. 18 113.
Capronitril (*n*-Hexanonitril, Pentylcyanid, *n*-Amylcyanid) (Kp. 164°), Massenspektrum 14 815; Rk. 6579, 18 630*; Einfl. auf d. gemeinsame Abscheid. v. H mit Ni 12 934; Stoffwechsel in d. Ratte 12 002.
Isoamylcyanid, Massenspektrum 14 815.
α.α-Diäthylacetonitril (Kp. 144—148°) 4912.
tert.-Butylacetonitril (*β.β*-Dimethylbutyronitril), Darst. 3263*; Rk. 85.

$C_6H_{11}NO$ (s. *Tetramin* [*1-Äthylenimino-2-hydroxybuten-(3), 4-Äthylenimino-3-hydroxybuten-(1)*]).
2.5.5-Trimethyl-$Δ^2$-oxazolin (Kp. ca. 120°) 15 177.
3.3-Pentamethylenoxaziran 4900.
4-Dimethylaminobutin-(2)-ol-(1), Rk. 810.
2-Iminocyclohexanol, Red. 18 775.
α-Methyl-*β*-dimethylaminoacrolein, Rk. 3443.
ε(*ω*)-Caprolactam (*ε*-Aminocaprolactam, 2-Oxohexamethylenimin) (F. 68—70°), Darst. 9516*, 9521*, 12 260, 12 461*, 15 038*; (Rk.) 6733; (d. Perbromids) 11 159; Bldg. 9744, 17 762; Gewinn.: aus der d. Roh-Prod. enthaltenden Lsg. 16 139*; aus d. sauren Rk.-Gemisch d. Herst. v. — 13 571*; Wiedergewinn. v. monomerem — aus Polyamiden 1816*; Analoge u. Deriv. v. — 4496; Gewinn. v. *ε*-Aminocapronsäure: aus Abfallprod. d. —-Produkt. 7326*; durch Behandl. verd. wss. Lsg. v. — mit einem Ionenaustauscher u. Eluier. mit NH_4OH 15 027*; Abwässer d. 6-Caprolactam-Herst. 5056; (Toxikologie) 17 522; Reinig. 4337, 8445*; Kontrolle u. Steuer. v. Vakuumprozessen bei d. Trockn. v. —-Schnitzeln 974; Struktur 11 481; Raumgruppe v. — 17 705; Polymerisationsenthalpie 4480; Viscosi-

tätsmess. bei d. Polymerisat. 1429; Einfl. d. C-Substitut. auf d. unter Ringöffn. verlaufende Polymerisat.-Rk. 5690; Reaktivität d. Amidgruppe v. —-Deriv. 18 857; Hydrolyse 17 035; Dehydratisier. u. Rk. mit NH_3 2905*; Nitrosier. 13 353; Chlorier. v. — u. —-Hydrochlorid 9723; Anlager.-Komplexe mit Übergangsmetallchloriden 12 217; Adduktbldg. mit LiCl 7470; Acylier. 16 491*; Rk.: mit C_2H_2 12 463*; mit Dichlordiäthyläther u. -thioäther 9159*; mit Chloral 1957; mit Fettsäuren 16 888*; mit Dithiooxamid 4880; Wrkg. auf d. Kationentransport kalt konservierter Erythrocyten d. Menschen bei Inkubat. 14 941; Verw. 10 295*, 16 897*; (v. —-Metallhalogenid-Komplexen) 13 598*; Best. v. Cyclohexanonoxim in Ggw. v. — 10 216; Polymerisat. u. Polymerisate s. *Plaste (Polyamide und Polyurethane)*; *Seide-Kunstseide (Polyamidfasern)*.

***N*-Methylpiperidon-(2)**, Polymerisationsenthalpie 4480.

3-Methylpiperidon-(2) (F. 46°) 7520, 7521.

5-Methylpiperidon-(2) (F. 51°) 7521.

***N*(1)-Methylpiperidon-(4)**, Hydrier., Rk. mit Chloressigsäureäthylester 8608; Rk.: mit H_2S 12 294; mit Methylhydrazin 6511*, 11 294*; d. Hydrochlorids mit Glykolen u. Thioglykolen 17 392; mit Pyridyl-(2)-Li 17 035.

***N*-Äthylpyrrolidon**, IR-spektrophotometr. Unters. d. Assoziat. Jod-N-Äthylpyrrolidon 1939.

4-Äthylpyrrolidon-(2) (F. 42°) 16 673.

1-Äthylpyrrolidon-(3) 7624*.

1.5-Dimethyl-2-pyrrolidon, Verw. 11 020*.

3.5-Dimethylpyrrolidon-(2) ($Kp._4$ 101°) 16 672.

4.4-Dimethylpyrrolidon-(2) (F. 50—52°) 16 673.

4.5-Dimethylpyrrolidon-(2) ($Kp._3$ 96°) 16 672.

5.5-Dimethylpyrrolidon-(2), Dipolmoment, Konstit.-Einfl. auf UV- u. IR-Spektrum 10 400.

2(α)-Aminocyclohexanon, Darst. d. Hydrochlorids 2708; (Rk.) 3435; Rk. 2708; (d. Hydrochlorids) 7394*.

2-[Aminomethyl]-cyclopentanon, Deriv. 575*.

Acetylacetonmonomethylimin, Best. d. Keto-Enol-Tautomerie aus d. NMR-Spektrum 18 424.

2-Methylpenten-(2)-on-(4)-oxim (Mesityloxidoxim) ($Kp._{16}$ 92—94°), Darst., Selektivität bei d. Beckmannschen Umlager. 15 177.

Cyclohexanonoxim (Cyclohexyloxim) (F. 90°), Darst. 1742, 4494, 6587*, 8061*, 12 461*, 13 576*, 16 845*, 17 928*; Darst., Verw. 13 576*; Gewinn. aus Ablaugen 1031*, 6967*; H-Brücken-Best. aus d. IR-Spektrum 6716; Rk. 1591, 14 838; Verunreinig. d. Abwässer durch — 17 523; Verw. 15 402*; Abtrenn. v. Cyclohexanon als — 9511; photometr. Best. in Ggw. v. Caprolactam 10 216.

3.3-Dimethyl-Δ^1-pyrrolinoxid, NMR-Spektrum 16 263.

5.5-Dimethyl-Δ^1-pyrrolin-1-oxid, NMR-Spektrum 16 263.

β-Propoxypropionitril, Rk. 17 010; Verw. 12 486*.

β-Isopropoxypropionitril (β-Cyanäthylisopropyläther), Rk. 18 091; Verw. 12 486*, 15 426*.

***N*-Formylpiperidin** ($Kp._{17}$ 102°), Darst. 16 324; Rk. 10 640*.

***N*-Acetylpyrrolidin** (Kp. 224—225°), Darst. 16 324; Bldg. 17 031; Dipolmoment, UV-Maxima u. IR- ν(C=O) 18 418.

***N*-Butyrylaziridin**, Red. 13 723.

***N*-Isopropylacrylamid, (Acrylsäureisopropylamid)**, Reinig. 11 365*; positiv-inotrope Wrkg. auf d. Papillarmuskel d. Katze 18 191.

Cyclopentancarbonsäureamid (F. 178—179° korr.) 2709, 3435, 14 838, 15 199.

3-Methylcyclobutancarbonsäureamid (F. 154,5—163,0°) 15 908.

2.2-Dimethylcyclopropancarbonsäureamid (F. 172—173°) 6753.

***N.N*-Dimethylcyclopropancarbonsäureamid** ($Kp._{35}$ 102—105°), Darst., Rk. 16 656; (v. ^{14}C(CO)-—) 8565.

$C_6H_{11}NOS$ **2-Äthylthiamorphol{ in }on-(3)** (F. 59—61°) 2091*.

2.2-Dimethylthiamorphol{ in }on-(3) (F. 107—108°) 2091*.

2.5-Dimethylthiamorphol{ in }on-(3) (F. 93 bis 95°) 2091*.

β-Hydroxyäthyl-3-cyanpropylsulfid ($Kp._{2,0}$ 140°) 8943.

***N*-Sulfinylcyclohexylamin** ($Kp._{15}$ 78°)10 799.

$C_6H_{11}NO_2$ **2-Nitrohexen-(2)**, Bezieh. zwischen physikal. Eig. v. trans-— 16 981; Rk. 16 644.

***trans*-3-Nitrohexen-(2)**, Bezieh. zwischen physikal. Eig. 16 981.

***trans*-3-Nitrohexen-(3)**, Bezieh. zwischen physikal. Eig. 16 981.

2-Nitro-4-methylpenten-(2), Rk. 16 644.

Nitrocyclohexan, Hydrier. 6587*; Red. d. Alkalisalze 12 461*; Rk.: d. K- oder Na-Salzes mit Co u. Methanol oder A. 17 928*; mit p-Toluidin u. CH_2O 5296; d. Na-Salzes mit Aryl-β-chlorvinylketon 3435; mit Benzalacetophenon 14 506; Best. in Abwässern 3938, 18 595.

Butoxymethylisocyanat, Rk. 1434*.

Isobutoxymethylisocyanat, Rk. 1434*.

4.6-Dimethylmorpholon-(2) ($Kp._{20}$ 114 bis 116°) 12 627, 15 217.

***N*-[β-Hydroxyäthyl]-pyrrolidon-(2)** ($Kp._7$ 166°), Darst., Rk. 12 290; Rk. 17 762, 17 763.

***N*-Methoxymethylpyrrolidon-(2)** ($Kp._3$ 74 bis 77°) 17 763.

4-Hydroxycyclohexanonoxim ($Kp._{11}$ 161 bis 164°) 4494.

2-Isonitroso-4-methylpentanon-(3) (F. 92 bis 93°) 3081.

Formisobutyraldolcyanhydrin 4724*.

α.γ-Dihydroxy-β.β-dimethylbutyronitril 10 196*.

Diäthoxyacetonitril, Rk. 15 186.

β-Cyanäthyl-β′-methoxyäthyläther, Rk. 18 091.

Pipecolinsäure (Piperidin-2(α)-carbonsäure, α-Carboxypiperidin) (F. 279—280°), Darst. 16 311; (v. ^{14}C-carboxylmarkierter —) 12 247; (Rk.) 17 391; Rk. 1603; (v. Estern v. N-Alkylderiv.) 4260*; Isolier. u. Reinig. v. — aus Bohnen v. Vicia faba (Moench) 14 922; — in keimenden Leguminosen u. wachsenden Pflanzen 14 922; — in gewöhnl. ind. Hülsenfrüchten u. Gemüsen 14 923; — in d. Organen d. Mohnpflanze im Laufe d. Vegetationsperiode 17 809; Unters. d. —-Geh. d. Erdbeerpflanzen 16 379; Stoffwechsel v. ^{3}H-— bei Acacia phyllodes 2783; Einfl. auf d. Biogenese d. Actinomycine 18 887; gaschromatograph. Trenn. als N-Acetyl-n-amylester 11 678.

Nipecotinsäure (Piperidin-3(β)-carbonsäure, 3-Carboxypiperidin), Darst. 16 311, 17 391; Rk. v. Estern v. N-Alkylderiv. 4260*.

Isonipecotinsäure (Piperidin-4-carbonsäure) (F. 326—330°), Darst. 16 311, 17 391; Darst., Verw. v. Deriv. 4641*.

***N*-Methylprolin**, Hydrochlorid (F. 193°) 306*.

2-Methylprolin (F. 260°) 7521.

4-Methylprolin (F. 219° Zers.), Darst., Rk. 7521; protonenmagnet. Resonanzspektren v. cis- u. trans-— 10 785.

5-Methylprolin (F. 188—189°) 1225.

Dehydronorleucin [Gemisch aus cis- u. trans-Crotylglycin], Gemisch mit 2-Amino-3-methylpenten-(4)-säure 5255.
DL-2-Amino-*cis*-hexen-(4)-säure (***cis*-Crotylglycin**) (F. 272—273° Zers.) 5255.
DL-2-Amino-*trans*-hexen-(4)-säure (***trans*-Crotylglycin**) (F. 262°) 5255.
2-Amino-3-methylpenten-(4)-säure (**ω-Dehydroisoleucin** oder **ω-Dehydroalloisoleucin**), Gemisch mit Dehydronorleucin (F. 259° Zers.) 5255.
DL-2-Amino-3-methylpenten-(4)-säure (*diastereomeres* Gemisch aus **DL-ω-Dehydroisoleucin** u. **-alloisoleucin**) (F. 240—243° Zers.) 5255.
α-[Methylcyclopropyl]-glycin 11 254.
1-Aminocyclopentan-1-carbonsäure, Insulin-Wrkg. auf d. —-Aufnahme durch d. isolierte Zwerchfell 17 470; Durchtritt v. — durch d. Darm 17 478; tumorwachstumshemmende Aktivität 17 073.
2-Amino-1-carboxycyclopentan (F. 241 bis 243° Zers.) 18 845.
L-3-Amino-1-carboxycyclopentan (F. 250 bis 251° Zers.) 18 845.
DL-3-Amino-1-carboxycyclopentan (F. 240 bis 241° Zers.) 18 845.
Prolinmethylester ($Kp._8$ 64—66°), Darst., Rk. 16 326; (d. Hydrochlorids v. L-—) 1620; Rk. 6376; (v. L-—) 11 367*, 14 105; (d. Hydrochlorids v. L-—) 5636.
Äthyleniminearbonsäureisopropylester (**2-Carboisopropoxyäthylenimin**) ($Kp._{11}$ 52 bis 53°) 4348*, 9520*.
2-Methyl-3-carbäthoxyäthylenimin ($Kp._{12}$ 70 bis 75°) 4348*.
β-Aminocrotonsäureäthylester, IR-Spektrum 18 771; Rk. 4538, 9078*, 14 508.
2-Methylacetoacetiminomethyläther 16 316.
***N*(4)-Acetylmorpholin** (Kp. 242—243°), Darst. 16 324; IR-Spektrum 3037; Cytotoxizität in menschl. Zellkulturen 4196.
***N*-[Tetrahydropyranyl-(2)]-formamid** ($Kp._1$ 108°) 1228.
Acetessigsäure-*N*.*N*-dimethylamid, Verw. 6976*.
3-Acetamidobutanon-(2), Red. 11 912.
***trans-trans*-Dipropionylamin**, Summenregeln d. Schwingungsfrequenzen v. — u. D-— 14 810.
Cyclohexylnitrit, UV-, IR-Spektrum, Rk. 12 245.

$C_6H_{11}NO_2S$ **Äthyl-3-cyanpropylsulfon** 8943.
***N*-Allylcarbaminsäure-2-mercaptoäthylester** ($Kp._{0,06}$ 97°) 9302, 9303.
Desoxoalliin (***S*-Allylcystein**), Vork. 8827; (Rk.) 1198.
***N*.*S*-Diacetylcysteamin**, Prüf. auf Strahlenschutzwrkg. 1682.

$C_6H_{11}NO_2S_2$ **5-[β-Hydroxyäthyl]-4-methyl-4-hydroxythiazolidinthion-(2)** (F. 138 bis 139°) 4532.
α-Dithiocarbaminovaleriansäure („**α-Aminodithioisovaleriansäure**"), enzymat. Spalt. 7938.
***S*-[2-Carboxyäthyl]-*N*.*N*-dimethyldithiocarbaminat** (F. 142—144°), Darst., pflanzenwachstumsregulierende Aktivität 14 198.
***N*-Methyl-*N*-äthyldithiocarbaminsäurecarboxymethylester** (F. 126—128°), Darst., pflanzenwachstumsregulierende Aktivität 14 198.

$C_6H_{11}NO_2S_3$ **α-Dithiocarbamino-γ-methylmercaptobuttersäure** („**α-Amino-γ-methylmercaptodithiobuttersäure**"), enzymat. Spalt. 7938.

$C_6H_{11}NO_3$ **2.6-Epoxy-1-nitrohexan** (**α-Tetrahydropyranylnitromethan**) ($Kp._{15}$ 113,5°) 6406.
4-[2'-Hydroxyäthyl]-morpholon-(2) ($Kp._6$ 180—182°) 15 218.
3-[β-Hydroxyäthyl]-5-methyloxazolidon-(2), Verw. 7690*.
Morpholinoessigsäure, Darst., Bleitetraacetatspalt. (Mechanismus) 18 071.
4-Hydroxypipecolinsäure, charakterist. Komponente v. Acacia phyllodes 2783.
5-Hydroxypipecolinsäure 9338.
diastereoisomere **5-Hydroxypipecolinsäure** 9338.
4-Hydroxymethylprolin oder **4-Hydroxy-4-methylprolin**, protonenmagnet. Resonanzspektren 10 785.
***trans*-4-[Hydroxymethyl]-prolin**, massenspektrometr. Best. d. Struktur v. — aus Äpfeln 5723.
Norachillein [***N*-Methyl-4-hydroxypyrrolidincarbonsäure-(2)**], Konstit. 7158.
α-Aminoadipinsäure-δ-halbaldehyd, — als Stoffwechselprod. v. markiertem Lysin bei Acacia phyllodes 2783.
α-Keto-ε-aminocapronsäure, Spektrum d. 2.4-Dinitrophenylhydrazons 11 588; — als Stoffwechselprod. v. markiertem Lysin bei Acacia phyllodes 2783.
Adipinaldehydsäureoxim (F. 107—108°) 1572.
α-Oximino-*tert.*-butylessigsäure (F. 74—77°) 14 459.
***N*-Formyl-D-valin** Darst. d. Dicyclohexylaminsalzes 5637; Rk. 6001.
***N*-Formyl-L-valin** (F. 208—209°), Darst. d. Dicyclohexylaminsalzes 5637; Rk. 3429.
***N*-Acetyl-γ-aminobuttersäure**, stimulier.-hemmende Wrkg. auf d. Meerschweinchenileum 11 266.
***N*-Acetylglycinäthylester** (**Äthylaceturat**) (F. 47—48°), Darst. 12 626; Rk. 839.
***N*-Methyl-*O*-acetyl-D-lactamid** (F. 68—69°) 12 597.

$C_6H_{11}NO_3S$ (s. *Alliin*).
β-Hydroxyäthyl-3-cyanpropylsulfon 8943.
3-Methyl-5-carboxy-1.4-thiazan-1-oxid, Isolier., Struktur 14 139.
***N*-[Äthylmercaptoformyl]-L-alanin** (F. 150 bis 151°) 1199.
N*-Äthylmercaptocarbonyl-DL-alanin** (N*-[Äthylmercaptoformyl]-DL-alanin**) (F. 164 bis 165°) 1199, 11 730*.
***N*.*N*-Dimethylthioncarbaminsäure-(2)-carboxyäthylester** (F. 111—112°), Darst., pflanzenwachstumsregulierende Aktivität 14 198.
***N*-Methylmercaptocarbonylglycinäthylester** (F. 55—56°) 11 730*.
***N*-Acetyl-DL-homocystein**, Rk. 6371.
***N*-[Acetyl]-cysteinmethylester** (F. 80—81°) 3550*.

$C_6H_{11}NO_4$ ***trans*-2-Nitrocyclohexandiol-(1.3)** (F. 143—144°) 3070.
3-Amino-1.6-anhydro-3-desoxy-β-D-altropyranose, Hydrochlorid (F. 214° Zers.) 2741, 9349.
3-Amino-1.6-anhydro-3-desoxy-β-D-gulopyranose, Hydrochlorid (F. 229—230° Zers.) 2741.
3-Amino-1.6-anhydro-3-desoxy-β-D-idopyranose (F. 193—196° Zers.) 2741.
3.6-Anhydro-D-glucosamin, Deriv. 14 510.
α-Aminoadipinsäure, Bldg. 517, 3148; Vork. in Bodenhydrolysaten 8385; Isolier. eines —-halt. Tripeptids aus d. Mycel v. Penicillium chrysogenum 1274; Konstit. eines — enthaltenden, im Mycel v. Penicillium chrysogenum vorkommenden Peptids 1274; Einbau v. $^{14}C_{(6)}$-— in Weizenpflanzen 2783; — als Stoffwechselprod. v. markiertem Lysin bei Acacia phyllodes 2783; Biosynth. v. Lysin aus L-— durch Hefe 9023; gaschromatograph. Abtrenn 11 678.
γ-Aminoadipinsäure 3148.
3-Äthylasparaginsäure, — als Antimetabolit v. Asparaginsäure in d. Pyrimidinbiosynth. 162.
3.3-Dimethylasparaginsäure, — als Antimetabolit v. Asparaginsäure in d. Pyrimidinbiosynth. 162.
***N*-Äthylasparaginsäure** (F. 190°) 17 370.
***N*-[2-Carboxyäthyl]-L-alanin** (F. 220—221°) 478.

Bis-[β-carboxyäthyl]-amin (**β.β'-Iminodipropionsäure**) (F. 151—153°) 15 594.
4-Nitropentansäuremethylester (Kp.₄ 91°), Darst. 16 644; Rk. 16 672.
4-Nitrobuttersäureäthylester (Kp.₁₂ 123°) 16 643.
2-Methyl-4-nitrobuttersäuremethylester (Kp.₉ 109°), Darst., Rk. 16 643; Rk. 16 672, 18 084.
3-Methyl-4-nitrobuttersäuremethylester, Rk. 16 672.
Nitroessigsäure-*n*-butylester, Rk. 8785.
2-Nitrobutanol-(1)-acetat (**β-Nitrobutylacetat**) (Kp.₂ 72°), Darst., Rk. 15 918; Rk. 15 920.
1-Nitrobutyl-(2)-acetat, Rk. 16 305.
3-Nitrobutyl-(2)-acetat, Rk. 15 918, 15 919.
Asparaginsäure-β-äthylester (F. 194—195°), Darst. v. L-— 4501; Rk. 1570.
α-Methyl-L-glutamat, IR-Spektrum u. Konformat. v. Poly-— 6433.
L-Glutaminsäure-γ-methylester (**γ-Methyl-L-glutamat**) (F. 178°), Darst. 4501; (d. Cu-Komplexes) 9148*; Bldg. v. Poly-— 18 860; IR-Spektrum u. Konformat. v. Poly-— 6433; fl.-kristalline Strukturen in Poly-—-Lsg. 4946; Rk. 9516*, 13 946*, 14 324*; (v. α-Poly-—) 9390.
L-Asparaginsäuredimethylester, Rk. 3039.
Glycylglykolsäureäthylester, Hydrobromid (F. 135—137°) 6001.
***N*-Carbäthoxy-*O*-acetyl-*N*-methylhydroxylamin** (Kp.₁₆ 94°) 7114.
***N*-Acetyl-DL-threonin** (F. 132—133°) 4883.
2.3-Didesoxy-2-amino-D-galaktonsäurelacton (**3-Desoxy-D-galaktosaminsäurelacton**), Hydrochlorid 4545.
2.3-Didesoxy-2-amino-D-mannonsäurelacton (**3-Desoxy-D-mannosaminsäurelacton**), Hydrochlorid 4545.
Verb. $C_6H_{11}NO_4$ aus Antibioticum *PA 114 B-1* 2750.

$C_6H_{11}NO_4S$ ***S*-Carboxymethylhomocystein** 18 797.
***S*-[β-Carboxyäthyl]-cystein**, Verw. 14 748*.
***N*-[Äthylmercaptoformyl]-L-serin** (F. 62 bis 64°) 1199.
***N*-[Äthylmercaptoformyl]-DL-serin** (F. 79 bis 80°) 1199.
[Butansultam-(1.4)-yl]-essigsäure (F. 142 bis 143°) 12 254.
[Butansultam-(2.4)-yl]-essigsäure (F. 104 bis 106°) 12 255.

$C_6H_{11}NO_4S_2$ ***N*-Äthyl-2.2-dimethylsulfonylvinylidenamin**, Kristall- u. Mol.-Struktur 8206, 10 788.

$C_6H_{11}NO_5$ **Glucosaminredukton**, Best. d. —-Geh. in Hagebutten-Prod. 6487.
***N*-[2-Hydroxyäthyl]-iminodiessigsäure** (F. 191° Zers.), Darst. 5259; Zr-Komplexe d. — 12 587; Verh. als Chelatbildner in physiolog. Syst. 7230; Verw. 16 196*; (d. Mono-Mg-Salzes) 12 794*.
***N*-2-Hydroxyäthylasparaginsäure** (F. 182°) 17 370.
***N.O*-Bis-carbäthoxyhydroxylamin** (Kp.₂₀ 144°) 7114.
***N*-Carbäthoxy-*O*-carbomethoxy-*N*-methylhydroxylamin** (Kp.₁₄ 108°) 7114.
Mannosaminsäurelacton 15 968.

$C_6H_{11}NO_7P_2S$ **4-Methyl-5-[β-hydroxyäthyl]-thiazoldiphosphat**, bioautograph. Beobacht. über — bei d. Thiaminbiosynth. durch E. coli-Mutanten 181.

$C_6H_{11}NS$ **Äthyl-3-cyanpropylsulfid** (Kp.₂,₀ 69°) 8943.
Thiocaprolactam (F. 106—107°) 4496.

$[C_6H_{11}NS]_x$ *polymeres* **1-Methyl-4-thionopiperidin**, Hydrochlorid (F. 189—191°) 12 294.

$C_6H_{11}NS_2$ **2-[*n*-Propylmercapto]-Δ²-thiazolin** 14 998*.
2-Isopropylmercapto-Δ²-thiazolin 14 998*.
4-Methylmercaptobutylisothiocyanat (Kp.₁₂ 136°) 1193.
Piperidinodithioameisensäure (**Piperidindithiocarbonsäure, Pentamethylendithiocarbaminsäure**), Darst., Rk. d. Na-Salzes 11 563; Red. d. Cu-Verb. 3817; Prüf. d. Na-Salzes auf tuberkulostat. Wrkg. 10 552; Best. d. Pyridiniumsalzes 3925; Verw.: d. Na-Salzes zur Best. v. Metallen 12 400; d. Piperidinsalzes zur Cu-Best. 7266.

$C_6H_{11}N_2O_2PS$ **2-Cyanäthyl-2-thiocarbamyläthylphosphinsäure** (F. 142°) 4034*.

$C_6H_{11}N_2O_4P$ ***O*-[β-Methoxyäthyl]-imidazolyl-(1)-phosphonat** (**Monomethylglykolphosphorsäuremonoimidazolid**), Darst., Verw. v. Salzen 8633, 10 278*; R_F-Wert 8635.

$C_6H_{11}N_3$ ***N*-Methylhistamin** (**1-Methyl-4-[β(2')-aminoäthyl]-imidazol**), Darst., Rk., Salze 12 661; IR-Spektrum 9283; — als Stoffwechselprod. v. ¹⁴C-Histamin in Herz-Lunge-Leber-Präp. v. Katzen 4986.
***N*^α-Methylhistamin**, Dipikrat (F. 188—190°) 11 188.
Cyclohexylazid, Rk. 7125, 8994.
Cyanmethylpiperazin (Kp.₀,₇ 88—90°), Rk. 7257*.
***N*-[β-Cyanäthyl]-*N'*-isopropylidenhydrazin**, Hydrolyse 17 851*.

$C_6H_{11}N_3O$ **2-Butyl-5-amino-1.3.4-oxadiazol** (F. 136,5—137,5°) 10 095.
1.3-Dimethyl-4-iminodihydrouracil, Rk. 17 855*.

$C_6H_{11}N_3O_2$ **4-Butylurazol** (F. 168—168,5°) 11 916.
ε-Azidocapronsäure 12 260.
3-Methyl-2-oxopyrrolidin-5-carbonsäurehydrazid (F. 149—150°) 2725.

$C_6H_{11}N_3O_3$ **α-Keto-δ-guanidinovaleriansäure**, Spektrum d. 2.4-Dinitrophenylhydrazons 11 588.
Lävulinsäuresemicarbazon (F. 182—183°) 5304.

$C_6H_{11}N_3O_4$ **Triglycin** (**Glycylglycylglycin**), Bldg. 3479; Abtrenn. u. Reinig. 13 945*; Isotopeneffekt auf d. pK-Wert 5237; Rk. 1199; enzymat. Spalt. 2415.
Glycyl-L-asparagin, Wrkg. bei d. Synth. d. Äpfelsäureenzyms durch Lactobacillus arabinosus 13 076.

$C_6H_{11}N_3O_5$ ***N*-*tert*.-Butyl-α.α-dinitroacetamid** (F. 110,5—111° Zers.) 12 992.

$C_6H_{11}N_3O_6$ **2.2.4-Trinitrohexan** (F. 29—29,5°) 15 919.
5-Carboxy-3.3-dinitropentylamin, Hydrochlorid (F. 180—182°) 10 052.
Methyl-*N*-[3.3-dinitrobutyl]-carbamat (F. 48 bis 49°) 10 052.
***N*-Äthylcarbaminsäure-2.2-dinitropropylester** (F. 21°) 9307.

$C_6H_{11}N_3O_7P_2$ **2-Methyl-4-amino-5-hydroxymethylpyrimidinpyrophosphat**, Mechanismus d. enzymat. Bldg. 10 877; bioautograph. Beobacht. über — bei d. Thiaminbiosynth. durch E. coli-Mutanten 181.

$C_6H_{11}N_3O_8$ **Acetaldehydäthyl-β.β.β-trinitroäthylacetal**, Rk. 10 048.

$C_6H_{11}N_3S$ **2-Amino-5-isobutyl-1.3.4-thiadiazol**, Rk. 15 333*.
2-Amino-5-*tert*.-butyl-1.3.4-thiadiazol, Rk. 15 333*.
Isovaleraldehydthiosemicarbazon (F. 58°) 13 369.
Cyclopentanonthiosemicarbazon, Rk. 306*.

$C_6H_{11}N_3S_2$ **2-Amino-5-*n*-butylmercapto-1.3.4-thiodiazol** (F. 118,5—120,5°) 1985.

$C_6H_{11}N_3S_3$ **β-[2-Thioximidazolidinyl-(1)]-äthyldithiocarbaminsäure**, Rk. d. Na-Salzes 4529.

$C_6H_{11}N_4OPS$ **Dihydrazidothiophosphorsäurephenylester** (F. 96°) 6327.

$C_6H_{11}N_4O_3PS_2$ **Dithiophosphorsäure-*O.O'*-dimethylester-*S*-1.3.4-triazolyl-(2)-aminocarbonylmethylester** (F. 151—153°) 12 267.

$C_6H_{11}N_5$ **4-Dimethylamino-2-amino-6-methyl-*symm*.-triazin** (F. 192—193°) 18 831.
2-Dimethylamino-4.6-diaminopyrimidin, IR-Spektrum 14 812.
4-Dimethylamino-5.6-diaminopyrimidin, Sulfat (F. 164—165°) 3461.

$C_6H_{11}N_5O$ **2.4-Diamino-6-propyloxy-*symm*.-triazin**, Ionisat.-Konst. 8204.

2.5-Diamino-4-methylamino-6-methoxypyrimidin (F. 171—173°) 5672.
1-Methyl-2.5-diamino-4-methylamino-6-oxodihydropyrimidin, Darst. 8254; Rk. 9721.
4.5-Diamino-2-dimethylamino-6-oxodihydropyrimidin, Hydrochlorid (F. 286 bis 287°) 8253.
2.3-Dimethyl-5-aminocarbonyl-6-amino-1.2-dihydro-1.2.4-triazin(?) (F. 254° Zers.) 10 468.
1.5-Diamino-2-methyl-4-[methylaminocarbonyl]-imidazol (F. 182°) 10 467.
$C_6H_{11}N_5O_2$ **4-[1'-Hydrazinoformylbutin-(3')-yl]-semicarbazid** (F. 137—139°) 9331.
$C_6H_{11}N_5O_5$ **1-[3'(γ)-Acetoxypropyl]-3-nitro-1-nitrosoguanidin,** Wrkg.: gegenüber Ascitestumoren in Mäusen 3124; auf 1-Methyl-3-nitro-1-nitrosoguanidin-resistente E. coli-Stämme 18 510.
$C_6H_{11}N_7$ **2-Amino-4-guanidinoamino-6-methylpyrimidin,** Dihydrochlorid (F. 258°) 1992.
$C_6H_{11}NaO_2$ **α-Natriumcapronsäure,** Rk. d. Na-Salzes 8785*.
$C_6H_{11}O$ **Cyclohexyloxy** s. unter *Radikale (Spezielle Radikale).*
$C_6H_{11}O_2PS_2$ **Dithiophosphorsäure-O.O-diallylester** 7849.
$C_6H_{11}O_3P$ **Diallylphosphit (Phosphorigsäurediallylester)** (Kp.$_{0,5}$ 58—62°), Darst. 3984*; (Rk.) 872; Rk. 2393.
[1.1.1-Tris-(hydroxymethyl)-propan]-phosphit (F. 56—57°) 12 989.
$C_6H_{11}O_3PS$ **[1.1.1-Tris-(hydroxymethyl)-propan]-thionophosphat** (F. 179°) 12 989.
$C_6H_{11}O_4P$ **Phosphorsäurediallylester (Diallylphosphat)** 871.
[1.1.1-Tris-(hydroxymethyl)-propan]-phosphat (F. 207°) 12 989.
$C_6H_{11}O_5P$ **Dimethylphosphonomethylacrylat** 2170*.
$C_6H_{11}O_7P$ **Methyl-α-D-ribofuranosid-2.3-cyclophosphat,** Salze 13 400.
Methyl-β-D-ribofuranosid-2.3-cyclophosphat, Salze 13 400.
$C_6H_{11}O_8P$ **Bis-[1-methyl-1-carboxy-1-hydroxymethyl]-phosphinsäure** (F. 148—149°) 652*, 8787*.
β-D-Glucose-1.2-cyclophosphat 4178.
Inositmonophosphorsäurediester, Abbau v. Glyceroinositphosphatidsäure (Phosphatidylinosit) zu einem — 10 147.
$C_6H_{11}O_9P$ **2-Keto-3-desoxy-6-phosphogluconsäure,** —-Stoffwechsel bei Agrobacterium tumefaciens 15 639.
$C_6H_{11}O_{10}P$ **α-Glucuronsäure-1-phosphat,** Salze 854.
β-Glucuronsäure-1-phosphat, Rk. d. Triäthylammoniumsalzes 854.
2-Keto-6-phosphogluconsäure, Bldg. in Ggw. v. 2-Ketogluconokinase aus Aerobacter aerogenes 12 700; enzymat. Umwandl. in Brenztraubensäure durch Pseudomonas fluorescens 12 325.
$C_6H_{11}Sb$ **Diäthylantimonacetylid** (Kp.$_{73}$ 87°) 10 768.
C_6H_{12} (s. *Cyclohexan*).
Hexene (dimeres Propylen), Darst. 1405*, 2166*, 5091*, 17 201*; Isomerisier.-Wärmen d. 17 isomeren — 11 142; Rk. 2163, 3981*, 5094*, 7324*, 13 198*; Einfl. einer N-P-K-Düng. auf d. Schädig. durch ozonisiertes — bei Mangold u. Spinat 11 702.
n-**Hexen-(1) (α-Hexen)** (Kp. 60—68°), Darst. 2166*, 7321*, 15 554; (v. T-markiertem —) 7109; Bldg. 835, 10 796, 14 468; Trenn. v. —-halt. Gemischen 6206*; Raman- u. UV-Spektrum 16 622; Temp.-Abhängigk. d. Massenspektrums 5236; Dipolmoment 10 783; magnet. Mol.-Rotat. 9286; Frequenzabhängigk. d. Ultraschallabsorpt. 9658; krit. Temp. 9289; Hydrierungswärme 16 265; Best. d. Diffus.-Koeff. 5032; Berechn. d. chem. Gleichgew. d. Rk. 2 C_3H_6 ⇌ — 5613; Modifikat. v. krist. Poly-— 17 579*; Isophasenübergang v. Poly-— 15 984; therm. Expans.-Mess. u. Umwandl.-Temp. erster u. zweiter Ordn. v. Poly-— 13 794; Copolymerisat. 8438*; Dimerisier., Hydroborier. 1952; [im Gemisch mit 2-Methylpenten-(1) u. Penten-(1)] 5252; konkurrierende Oxydat. im Gemisch —-Cymol (kinet. Konst.) 11 146; Sulfonier. 7690*; Rk.: mit Borverb. u. LiH oder NaH 8418*; mit $NaBH_4$ 98; mit B_2H_6 99, 10 276*; (Rk.-Wärme) 6722; Oxork. 6581*; Überführ. in 2-Chlorhexanol-(1) 13 353; Rk.: mit Heptanol-(1) bzw. Nonanol-(1) bzw. Decanol-(1) 12 249; mit Methanol u. CO bzw. Äthanol u. CO 95; mit Thiophenol 8057*; mit Tri-n-pentylboran 101; mit Bis-[3-methylbutyl-(2)]-boran u. H_2O_2 6378; mit Aceton 16 999; mit Essigsäure 16 282; mit Trichlormethylsulfenylchlorid 15553; mit Isocyanatosulfonylchlorid 6206*; Einfl. v. Rk.-Prod. v. — auf d. Blätter d. Pintobohne u. d. Petunie 18 520; Verw. zur Herst. v. Isopren 14 320*; Gas-Fl.-Chromatographie v. —-KW-Stoffgemischen 15 902; Best. (spektrophotometr.) 244; (im Gemisch mit 2-Methylpenten) 967; (in Automobilauspuffgasen) 14 742.
Hexen-(2), Darst. 2166*; Trenn. v. —-halt. Gemischen 6206*; magnet. Mol.-Rotat. 9286; Hydroborier. 101; (v. cis- u. trans-—) 101; Zers. v. Alkylradikalen aus trans-— 16 995; Rk.: mit B_2H_6 99; mit Monochlorboranätherat 6579*; v. cis- u. trans-— mit Bis-[3-methylbutyl-(2)]-boran u. H_2O_2 6378; Verw. zur Herst. v. Isopren 14 320*; Best. 244; (in Automobilauspuffgasen) 14 742.
Hexen-(3), Darst. 2166*, 7322*; Bldg. v. cis- u. trans-— 11 507; Verw. zur Herst. v. Isopren 14 320*.
2-Methylpenten-(1) (Kp. 63°), Darst. 15 018*; (Rk.) 1404, 4340*, 13 941*, 14 320*, 15 017; Bldg. 8937; (Rk.) 17 559*; Abtrenn. (v. anderen Olefinen) 6206*; [v. Hexen-(1)] 967; Dehydrier. 1950; Hydroborier. 1952; (Dimerisat.) 5252; Oxork. 4342*; Rk.: mit Diboran 5474*, 16 487*; Verw. zur Herst. v. Isopren 15 763*; Gas-Fl.-Chromatographie v. —-KW-Stoffgemischen 15 903; Best. (gaschromatograph.) 13 513; (in Automobilauspuffgasen) 14 742.
3-Methylpenten-(1), Darst. (Rk.) 14 320*; (v. isotakt. (+)-Poly-(S)-—) 18 652; Bldg. (Stereochemie) 11 507; Trenn. v. —-halt. Gemischen 6206*; opt. Aktivität v. (+)-Poly-(S)-— 3830.
4-Methylpenten-(1), Darst. 2166*, 15 018* [2 Ref.]; (Rk.) 14 320*; protonenmagnet. Resonanz v. — u. Poly-— 3109; Poly-— (krist. Modifikat.) 17 579*; (Morphologie) 4556; (dynam.-mechan. Verh.) 7541; (dilatometr. Mess. d. Glas- u. Schmelzübergangstemp.) 8272; (Schraubenparameter in Abhängigk. v. d. Mol.-Struktur) 12 309; Polymerisat. 321*, 1431*, 7346*, 12 104*; Chlorier. v. Poly-— 13 787; Hydratat. 100; Rk. mit $HClO_4$ + Acetanhydrid 14 499.
2-Methylpenten-(2) (Dimethyläthyläthylen), Darst. 2166*, 15 018*; (Rk.) 1404; Darst., Rk. im Gemisch mit 3- u. 4-Methylpenten-(2) 17 367; Bldg. 6365, 8937; (Rk.) 13 941*, 17 559*; Abtrenn. v. anderen Olefinen 6206*; Rk. 5474*, 16 486*; Gas-Fl.-Chromatographie v. —-KW-Stoffgemischen 15 903.
3-Methylpenten-(2) [2-Äthylbuten-(2)], Darst. 7322*; Darst., Rk. im Gemisch mit 2- u. 4-Methylpenten-(2) 17 367; Bldg. v. cis- u. trans-— 6365; cis-trans-Isomerisier. 9544.
4-Methylpenten-(2), Darst. 2166*, 15 018* [2 Ref.]; (Rk.) 14 320*; Darst., Rk. im

Gemisch mit 2- u. 3-Methylpenten-(2) 17 367; Hydroborier. v. trans-— 101; Addit. d. CCl_3-Radikals an — u. Abspalt. v. H (Kinetik) 3051; Rk. v. cis- u. trans-— mit Bis-[3-methylbutyl-(2)]-boran u. Oxydat. 6378.

2-Äthylbuten-(1) (Kp. 65—70°), Darst. 8973; (Rk.) 835; Abtrenn. aus —-halt. Gemischen 6206*; Erkennen v. Carboniumionenbldg. aus d. UV-Spektrum 12 595.

2.3-Dimethylbuten-(1) (1-Methyl-1-isopropyläthylen) ($Kp._{760}$ 55,8—55,9°), Darst., Rk. 14 829; Bldg. 10 019; physikal. Konst. 3402; Rk. 13 566*; (v. — u. seinen Gemischen mit Tetramethyläthylen) 15 182.

3.3-Dimethylbuten-(1) (*tert.*-**Butyläthylen**) (Kp. 41—42°), Darst. 98; Bldg. 3054; physikal. Konst. 3402; kernmagnet. Resonanz-Kopplungs-Konst. 4477; Rk. 99, 101, 6378, 10 017.

x.x-Dimethylbuten-(1), Rk. 17 923*.

2.3-Dimethylbuten-(2) (Tetramethyläthylen) ($Kp._{760}$ 73,1—73,2°), Darst., Rk. 14 320*, 14 829; Bldg. 3054, 10 019; Abtrenn. v. anderen Olefinen 6206*; Temp.-Abhängigk. d. Geschw. d. Addit. v. O-Atomen an — 7471; Ozonisier. im Gemisch mit Brenztraubensäuremethylester 2329; Oxydat. 18 447; Dehydrier. im Gemisch mit Methylisopropyläthylen 15 182; Rk.: mit Chlorcarben 2322; mit Bis-[3-methylbutyl-(2)]-boran u. Oxydat. 6378; mit Bis-[trifluormethyl]-1.2-dithieten 3057; mit Trifluoressigsäure 13 206*; Einfl. auf d. Mechanismus d. Photooxydat. v. Acetaldehyd 8575.

Methylcyclopentan (Kp. 72°), Darst. 4890, 15 196; (Rk.) 18 439; Bldg. 2697, 7108, 9299, 10 422, 10 487, 12 247, 14 827, 15 552, 18 630*; (Mechanismus) 17 711; (Kinetik u. Thermodynamik) 10 412; (Rk.) 17 618; physikal. Konst. 3402; krit. Temp. 9289; Druck, Temp. u. Dichte 12 235; Dampfdruck-Konst. d. Frost-Kalkwarf-Gleich. 18 064; azeotrope Daten im Syst. —-1-Mercaptopropan 73; Gefrierpunktskurven in —-halt. bin. Syst. 73; Diffus. v. — in Polyisobutylen 4862; Gas-Fl.-Chromatographie 12 237; Löslichk. in Methanol 12 980; — als Lsgm. bei d. radiolyt. Bldg. reakt. H-Atome 769; Kinetik: d. katalyt. Isomerisat.-Dehydroisomerisat. 90; d. Ringspalt. v. — an Al_2O_3 18 431; Dehydrier. 17 201*; Umwandl. in Bzl. 11 058*; Rk. mit Olefinen bzw. Alkoholen + Ameisensäure 4138; Nachw. u. Best. in Koksofenbenzol 8119.

cis-**1.2-Dimethylcyclobutan** ($Kp._{748}$ 66,3 bis 67,1°) 12 984.

trans-**1.2-Dimethylcyclobutan**, Rk. 14 096.

Isopropylcyclopropan 4890.

1-Methyl-1-äthylcyclopropan 4889, 6365.

1-Methyl-2-äthylcyclopropan 4890.

1.1.2-Trimethylcyclopropan ($Kp._{745}$ 52,5°), Darst. 16 655; Bldg. 6365; Frequenzen, Linienbreite u. -intensität d. Raman-Spektren 6716.

$C_6H_{12}AsCl_3N_3O_9$ **Tris-[β-nitrato-α-chloräthyl]-arsin** 1574.

$C_6H_{12}BBr_3O_3$ **Tris-[2-bromäthyl]-borat** ($Kp._6$ 169—170°) 2331.

$C_6H_{12}BCl$ **[2-Chlorvinyl]-diäthylboran**, Vers. d. Darst. 7120.

$C_6H_{12}BCl_3O_3$ **Orthoborsäure-tris-[2-chloräthyl]-ester (Tris-[2-chloräthyl]-orthoborat)** ($Kp._{15}$ 144°), Darst., Mol-Refr., Dipolmoment u. magnet. Susceptibilität 15 903; Bldg. 17 708; Mol.-Konfigurat. 15 904.

$C_6H_{12}BCl_3O_4$ **Chlorborsäure-bis-[2-(chlormethoxy)-äthylester]** ($Kp._{0,15}$ 46°) 17 707.

$C_6H_{12}BNO_3$ *triptych*-**Boroxazolidin (Triäthanolaminborat)**, Bldg. 6726; Dipolmoment 14 815; Rk. 14 461.

$C_6H_{12}B_2O_7$ **Bis-[5-hydroxy-1.3.2-dioxaborinanyl-(2)]-oxid („Glycerinborat")**, Konstit. 11 876.

$C_6H_{12}B_3Cl_3O_6$ **2.4.6-Tris-[β-chloräthoxy]-boroxin**, Darst., IR-Spektrum 3038.

$C_6H_{12}BrN$ *N*-**Brommethylpiperidin** 12 841*.

1(*N*)-Methyl-4-brompiperidin, Rk. 6508*, 14 618*.

N-**[2-Bromallyl]-*n*-propylamin** ($Kp._{20}$ 53,0 bis 53,5°) 16 274.

$C_6H_{12}BrNO$ **α-Brombuttersäuredimethylamid**, Verw. 10 930*.

$C_6H_{12}BrNO_4$ **Acetaldehydäthyl-β-brom-β-nitroäthylacetal** ($Kp._3$ 85—86°) 10 048.

$C_6H_{12}BrO_3P$ **α-Bromvinylphosphonsäurediäthylester** ($Kp._2$ 78—78,5°) 13 367.

$C_6H_{12}Br_2$ **1.5-Dibromhexan** 12 622.

1.6(α.ω)-Dibromhexan, Darst. v. Deriv. 8228; Dipolmoment 11 508; Rk.: mit Cyclopentadien 9364; mit N-Methyl-2.6-dimethylanilin 16 060*; mit [1-Methyl-3-(2'.6'.6'-trimethylcyclohexen-(1')-yl-(1'))-propyl]-dimethylamin 8791*, 13 128*; mit d. Mono-Na-Verb. v. Butin-(2)-diol-(1.4) 9299; mit Isophoron 13 492*; mit p-Aminobenzonitril 10 433; mit 3.4-Dimethoxybenzoesäure-Na-Salz 7255*.

$C_6H_{12}Br_2O$ **5.6-Dibromhexanol-(1)** ($Kp._{14}$ 150°) 12 622.

$C_6H_{12}Br_2S_2$ **Bis-[2-brom-*n*-propyl]-disulfid** ($Kp._{0,8}$ 112—114° korr.) 9302.

$C_6H_{12}Br_2Si$ **1.1-Dimethyl-2.3-dibromsilacyclopentan** 10 082.

$C_6H_{12}Br_3O_3P$ **Tris-[β-bromäthyl]-phosphit** 7697*.

$C_6H_{12}Br_3O_3PS$ **Tri-[β-bromäthyl]-thionophosphat** 4044*, 7697*.

$C_6H_{12}Br_3PS_3$ **Tri-[β-bromäthyl]-trithiolphosphit** 4044*.

Bis-[β-brompropyl]-bromdithiothionophosphat 7697*.

$C_6H_{12}ClF_3OSi$ **Trimethylsilylmethyl-2-chlor-1.1.2-trifluoräthyläther** ($Kp._{751}$ 141°) 16 292.

$C_6H_{12}ClN$ *N*-**Chlormethylpiperidin** 4639*, 8067*, 12 841*.

Piperidyl-(2)-chlormethan (1-Chlor-1-[piperidyl-(2')]-methan), Darst., Verw. v. Deriv. 2086*; Rk. d. Hydrochlorids 9901*.

N-**Methyl-4-chlorpiperidin**, Solvolyse (Kinetik) 14 091.

2-Pyrrolidinoäthylchlorid (*N*-[2-Chloräthyl]-pyrrolidin), Darst., Rk. d. Hydrochlorids (F. 173—174°) 450; Rk. 7892; Verw. 15 332*.

1-Methylpyrrolidyl-(3)-methylchlorid ($Kp._{35}$ 75—76°), Darst. 11 736*; Rk. 5768*.

$C_6H_{12}ClNO$ **2(β)-Morpholinoäthylchlorid (1(*N*)-[2'(β)-Chloräthyl]-morpholin)** (Kp. 178°), Darst., Rk. d. Hydrochlorids 450, 14 498; Rk: mit Phenthiazin u. CS_2 2828*; mit O-Alkylhydroxylaminen 8719*; mit 4-tert.-Alkylguajacolen 814; mit Na-1-Heptyloxy-4-hydroxybenzol 2090*; mit Morphin u. Na-Äthylat 11 659*; d. Hydrochlorids mit 2-Methylmercapto-4.4-diphenyl-Δ^2-imidazolon-(5) 7513; mit substituierten Essigsäureamiden 10 568*; mit Toluol-α-sulfonsäuredimethylamid 7123; mit Phosphonsäureesterchloriden 6557*; Verw. 15 332*.

4-Chlormethyl-4-hydroxy-1-azacyclohexan, Hydrochlorid (F. 183,5—184°) 4162.

1-[β-Chloräthylamino]-2-hydroxybuten-(3), Darst., Verw., Hydrochlorid 6132*; Darst. d. Hydrochlorids 7326*.

4-Äthylamino-2-chlorbuten-(1)-ol-(3) (F. 36—37°) 17 368.

4-Dimethylamino-2-chlorbuten-(1)-ol-(3) ($Kp._{20}$ 79,5—80,5°) 17 368.

Leucylchlorid, Rk. d. Hydrochlorids 18 860.

δ-Chlorcapronamid (F. 80,5—81,5°) 13 354.

α-Chlorbuttersäuredimethylamid, Verw. 10 930*.

2-Chlor-*N*-isobutylacetamid, Rk. 12 266.
***N*-*tert.*-Butylmonochloracetamid** (F. 84°), Rk. 13 716.
***N.N*-Diäthyl-α-chloracetamid (Chloressigsäure-*N*-diäthylamid)** (Kp.$_{1,2}$ 72°), Darst. 9150*; Rk. 222* [2 Ref.], 4898, 7299*; Verw. 6938*.
1-Methylformamido-2-methyl-3-chlorpropan (Kp.$_{26}$ 138°), Rk. 18 206*.

$C_6H_{12}ClNOS$ **Äthyl-*N*-[3-chlorpropyl]-thiocarbamat** 5818*.

$C_6H_{12}ClNO_2$ **2-Chlor-6-aminocapronsäure** 4640*.
α-Chlor-β-aminopropionsäureisopropylester, Hydrochlorid (F. 91—92°) 3263*, 5473*.
γ-Dimethylaminopropylchlorformiat, Hydrochlorid 9521*.
***N*-[2-Chlorpropyl]-carbaminsäureäthylester** (Kp.$_{11}$ 107—108°) 7888.
***N*-[2-Chlor-1-methyläthyl]-carbaminsäureäthylester** (Kp.$_2$ 83—84°) 7888.

$C_6H_{12}ClNO_2S$ **„*N*-Methyl-5-chlor-3-thia-3-oxo-2-methylvaleramid"** (F. 84—86°), Rk. 9869*.

$C_6H_{12}ClNO_3$ **1-Äthoxy-3-chlorisopropylcarbamat** (F. 41°) 11 194.

$C_6H_{12}ClNO_3S$ **5-Dimethylamino-5-chlormethyl-1.3.2-dioxathiacyclohexan-*S*-oxid**, Hydrochlorid (F. 130—131°) 1196.

$C_6H_{12}ClNSi$ **γ-Dimethylchlorsilylbutyronitril (γ-Cyanpropyldimethylchlorsilan)** (Kp.$_{15}$ 109°) 6358, 7547.

$C_6H_{12}ClN_2OPS$ **Thiophosphorsäure-bis-[*N.N*-äthylenamid]-[β-chloräthylester]** (Kp.$_{0,03}$ 110°) 15 930.

$C_6H_{12}ClOPS$ **Isobutenylthionophosphonsäureäthylesterchlorid**, Rk. 6557*.

$C_6H_{12}ClO_2P$ **Isobutenylphosphonsäureäthylesterchlorid** (Kp.$_2$ 80°) 6557*.

$C_6H_{12}ClO_3P$ **α-Chlorvinylphosphonsäurediäthylester** (Kp.$_3$ 77°) 13 367.

$C_6H_{12}ClO_4P$ ***O*-[β-Chlorvinyl]-phosphorsäurediäthylester** s. *Schädlingsbekämpfung-Spezialmittel (Shell-OS-1836)*.

$C_6H_{12}Cl_2$ **1.6-Dichlorhexan** (Kp.$_{6,5}$ 74,0—74,5°), Dipolmoment 7462; dielektr. Relaxat. 13 338; Rk. 1797*.
1.1-Dichlor-3-methylpentan (Kp.$_{23}$ 58,5 bis 59°) 15 554.
2-Methyl-1.5-dichlorpentan (Kp.$_{21}$ 85—86°) 12 639.
1.1-Dichlor-3.3-dimethylbutan (Kp.$_{19}$ 45°) 16 642.

$C_6H_{12}Cl_2NOP$ ***N*-[Propen-(1)-yl]-*N*-propyldichlorphosphorsäureamid** (Kp.$_{0,6}$ 78—80°) 13 722.

$C_6H_{12}Cl_2NO_2PS$ ***N.N*-Bis-[β-chloräthyl]-*O.O'*-äthylenthiophosphorsäureamid** 7989*.

$C_6H_{12}Cl_2NO_3P$ **Phosphorsäure-di-[2-chloräthyl]-esteräthylenamid** (Kp.$_{0,01}$ 130°) 16 797*.

$C_6H_{12}Cl_2N_2$ ***N.N'*-Dichlor-*trans*-2.5-dimethylpiperazin** (F. 83,8°), Darst., Dipolmoment 2681.
α.α'-Dichlorazoisopropan (F. 59°) 12 996.

$C_6H_{12}Cl_2N_2O$ **Glycin-*N.N*-bis-[β-chloräthyl]-amid**, Hydrochlorid (F. 151—152° Zers.) 17 368.
Essigsäure-*N*[2].*N*[2]-bis-[β-chloräthyl]-hydrazid (1-Acetyl-2.2-bis-[2-chloräthyl]-hydrazin) (F. 79—80°) 7115, 17 367.

$C_6H_{12}Cl_2O$ **5.6-Dichlorhexanol-(1)** (Kp.$_{17}$ 125 bis 126°) 12 621.
2.3-Dichlor-2-methylpentanol-(1) (Kp.$_{15}$ 80 bis 91°) 18 791.

$C_6H_{12}Cl_2O_2$ **Acetaldehyd-bis-[β-chloräthylacetal]** (Kp.$_{27}$ 118°) 15 621.
Triglykoldichlorid (α.β-Bis-[β'-chloräthoxy]-äthan), Abtrenn. 10 636*; Rk. 12 300.
1.2-Dichlor-1.2-diäthoxyäthan, Rk. 5998, 8988, 10 804.
Dichloracetaldehyddiäthylacetal (Dichloräthylacetal, Dichloracetal) (Kp. 184°), Darst., Rk. 8198; Bldg. 8564; Rk. 4489, 4924.

$C_6H_{12}Cl_2O_2Si$ **3-[Methyldichlorsilyl]-2-methylpropionsäuremethylester**, Rk. 16 843*.
Essigsäure-γ-[dichlormethylsilyl]-propylester, Rk. 8221.

$C_6H_{12}Cl_2O_3$ **Di-α-chlorhydrinäther**, Verw. 1483*.
Di-[3-chlor-2-hydroxypropyl]-äther, Verw. 1483*.
Diäthylenglykol-bis-[chlormethyl]-äther, Rk. 7322*.

$C_6H_{12}Cl_2O_7P_2$ **2.2-Dichlor-1-dimethylphosphonovinyldimethylphosphat** 6185*.

$C_6H_{12}Cl_2Si$ **2-[Methyldichlorsilyl]-penten-(3)** (Kp. 163—165°) 10 054.

$C_6H_{12}Cl_2Sn$ **Butylvinylzinndichlorid** 4343*, 4716*.

$C_6H_{12}Cl_3N$ **2-Dimethylamino-2-chlormethyl-1.3-dichlorpropan**, Oxalat (F. 123—125°) 1196.
Tris-[β-chloräthyl]-amin (Trichlortriäthylamin), Darst., Rk. d. Hydrochlorids 16 645; Einfl.: auf d. therm. Denaturier. d. Desoxyribonucleinsäure 10 499; d. Hydrochlorids auf d. Glycidmetabolismus d. Erythrocyten 15 996; antimitot. Aktivität auf d. Meristemzellen v. Allium sativum L. 12 322.

$C_6H_{12}Cl_3O_2P$ **α.α-Dichloräthylphosphonsäurechloridbutylester** (Kp.$_4$ 104—105°) 7858.
Bis-[β-chlorpropyl]-monochlorphosphit 7697*.

$C_6H_{12}Cl_3O_2PS$ **Bis-[β-chlorpropyl]-chlorthionophosphat** 7697*.

$C_6H_{12}Cl_3O_3P$ **β-Chloräthylphosphonsäure-bis-[2(β)-chloräthylester]**, Darst., Verw. 18 962*; Verw. 1410*.
Bis-[β-chlorpropyl]-chlorphosphat 7697*.
Tri-[2-chloräthyl]-phosphit, Rk. 18 272*.

$C_6H_{12}Cl_3O_4P$ **Tris-[2(β)-chloräthyl]-phosphat**, Rk. 7692*; Verw. 12 047*.

$C_6H_{12}Cl_3PS_2$ **Bis-[β-chlorpropyl]-chlordithiophosphit** 7697*.

$C_6H_{12}Cl_4Si_4$ **1.3.5.7-Tetrachlor-1.3.5.7-tetrasilaadamantan** 5297.

$C_6H_{12}Cl_6OSi_2$ **Bis-[methylchlormethyldichlormethyl]-siloxan** (Kp.$_1$ 112—114°), Bldg., IR- u. Raman-Spektrum 4474.

$C_6H_{12}Cl_6Si_2$ **Bis-[x.x'-trichlorsilyl]-3.3-dimethylbutan** 10 417.

$C_6H_{12}CoN_3OS_4$ **Nitroso-[dimethylamidodithiocarbonato]-kobalt**, Kristallstruktur 15 870.

$C_6H_{12}FN$ ***N*-Fluormethylpiperidin**, BF_3-Komplex 8067*.

$C_6H_{12}F_3OPS_3$ **Tris-[β-fluoräthyl]-trithiophosphat** 7697*.

$C_6H_{12}F_3O_2P$ **Bis-[β-fluorpropyl]-fluorphosphit** 7697*.

$C_6H_{12}F_3PS_3$ **Tris-[β-fluoräthyl]-trithiophosphit** 7697*.

$C_6H_{12}Hg$ **Mercuracycloheptan**, Rk. mit HgJ_2 (Kinetik) 443.

$C_6H_{12}HgO_2$ ***sek.*-Butylquecksilberacetat** (F. 29°), Hg-Austausch-Rk. zwischen ^{203}Hg-II u. — 7101; (Darst.) 7102; (in Ggw. v. Li-Salzen) 7102.

$C_6H_{12}JN$ ***N*-Jodmethylpiperidin** 8067*, 12 841*.

$C_6H_{12}J_2$ **1.6(α.ω)-Dijodhexan**, Rk. 12 295, 13 392, 15 940.

$C_6H_{12}MoN_6O_3S_3$ **Tricarbonyl-tris-[thioharnstoff]-molybdän** 14 803.

$C_6H_{12}NNa$ **Natriumcyclohexylamid** 11 372*.

$C_6H_{12}NO_3P$ **Diäthylphosphonacetonitril (Cyanmethylphosphonsäurediäthylester)** (Kp.$_{0,4}$ 101—102°), Bldg., Rk. 10 273*; Rk. 1203.

$C_6H_{12}NO_4PS_2$ s. *Formothion [O.O-Dimethyldithiophosphorylessigsäure-N-methyl-N-formylamid]*.

$C_6H_{12}NO_5PS_2$ ***N*-[*O.O*-Dimethyldithiophosphatacetyl]-methylcarbamat** 9870*.

$C_6H_{12}N_2$ **3.6-Dimethyl-Δ[1]-tetrahydropyridazin** (Kp.$_{0,25}$ 27°) 15 966.
3.6-Dimethyl-Δ[2]-tetrahydropyridazin (Kp.$_7$ 65—67°) 15 966.
3.5.5-Trimethyl-Δ[2]-pyrazolin, Rk. 1602, 16 655, 18 819.

3.3-Pentamethylendiaziridin (Cyclohexanon-isohydrazon) (F. 103°) 4900.
1.2-Trimethylenpyrazolidin, Rk. 19 016*.
2.3-Diazabicyclo-[2.2.2]-octan 15 965.
Triäthylendiamin (1.4-Diazabicyclo-[2.2.2]-octan), Darst., Verw. 3188*; Abtrenn. u. Reinig. 15 026*; physikal., chem. u. katalyt. Eig. 2684; Rk.: mit Monochloramin 9444*, 12 276; mit Acetylphosphaten (Kinetik) 10 414; Einfl.: auf d. Bldg. v. O-Hexadecyl-(1)-N-naphthyl-(1)-carbamat 10 420; auf d. Umwandl. v. Isocyanaten zu Carbodiimiden (Kinetik) 5623; auf d. Rk. v. Phenylisocyanat mit Thiolen (Kinetik) 13 350; Verw. 9922*.
1.2-Bis-[aminomethyl]-1-cyclobuten, Verw. 4741*.
Propionaldehydazin, Verw. 8781*.
Acetonazin (Dimethylketazin) (Kp. 133 bis 135°), Darst., Rk. 15 097*; Bldg. 3021; Rk. 1601, 15 026*.
Diacetyl-bis-[methylimin], IR-Spektren v. Komplexen 10 352.
ε-Aminocapronsäurenitril (ω-Aminocapronitril, 5-Aminopentancarbonitril) ($Kp._{37}$ 126°), Darst. 2905*, 4500, 12 098*; Rk. 1951, 9145*, 14 622*, 18 272*.
γ-Dimethylaminobutyronitril 17 035.
α-Dimethylaminoisobutyronitril (1-Dimethylamino-1.1-dimethylacetonitril), Rk. 827, 12 280; Verw. 10 247*.
Diäthylaminoacetonitril, Rk. 9672, 11 293*, 12 280.

$C_6H_{12}N_2O$ ***N*-[2-Methylallyl]-*N'*-methylharnstoff** (F. 64,5—65,5°) 5670.
***O*-Methyl-*N*-tetramethylenisoharnstoff** ($Kp._{16}$ 92°), Rk. 7623*.
***N*-Aminoäthylpyrrolidon**, Rk. 16 490*.
1-Äthylpyrazolmethylhydroxid, Jodid (F. 97 bis 98°) 17 741.
Piperidinocarboxyamid (F. 89—96°) 6135*.
Piperidin-α-carbonsäureamid (2-Carbamoylpiperidin), Deriv. 1713*, 4260*, 10 566*.
Piperidin-β(3)-carbonsäureamid (3-Carbamoylpiperidin) (F. 110—111°), Darst. 16 311, 17 391; (v. Deriv.) 4260*.
4-Piperidincarbonsäureamid, Deriv. 14 243*.
α-Amino-ε-caprolactam (F. 73—74°), Darst.: v. DL-— 1415*, 9154*; v. L-(—)-— aus DL-— 12 458*; Hydrolyse v. *l*-— 14 324*.
β-[2-Aminoäthylamino]-buttersäurelactam (F. 113—114°) 13 033.

$C_6H_{12}N_2O_2$ ***N*-[α-Methoxyäthyl]-*N.N'*-äthylenharnstoff** 6590*.
***N*-Methyl-*N'*-methoxymethyl-*N.N'*-äthylenharnstoff**, Rk. 14 369.
1-[β-Hydroxyäthyl]-perhydropyrimidinon-(2) (F. 111—112°) 12 841*.
Hexandialdoxim (F. 168°) 4494.
***cis*-2.6-Diaminohexen-(4)-säure (*cis*-4.5-Dehydrolysin)**, Dihydrochlorid 5256.
***trans*-2.6-Diaminohexen-(4)-säure (*trans*-4.5-Dehydrolysin)**, Dihydrochlorid (F. 180 bis 185°) 5256.
1-Carbomethoxypiperazin, Rk. 18 938*.
***N*-Nitroso-*N*-methyl-(+)-α-methylbutyramid**, opt. Rotationsdispers., UV-Spektrum 12 596.
***N*-Isobutyl-*N*-nitrosoacetamid**, Rk. 13 726.
***N*-Formylamino-3-hydroxypiperidin** ($Kp._{1,2}$ 165°) 7519.
ε-Oximinocapronsäureamid (F. 154°) 4494.
Adipinsäurediamid (Adipindiamid, Adipamid) (F. 225—226°), Darst. 11 878, 18 440; (v. — u. Deriv.) 18 795; (Prüf. auf Spaltbark. durch Trypsin) 15 645; Konstit.-Einfl. auf d. IR-Spektrum 14 812; Rk. 15 207; therm. Analyse v. Copolymeren 3829.
***N*-Iobutyloxamid** (F. 198,5°) 13 726.
Diäthyloxamid (F. 178—180°) 1600.

$C_6H_{12}N_2O_2S_2$ ***N.N'*-Bis-[2-hydroxyäthyl]-dithiooxamid**, Rk. 4879; analyt. Verw. 12 038, 16 075.

$C_6H_{12}N_2O_3$ **6-Amino-6-hydroxyiminohexansäure** (F. 156—158° Zers.) 5099*.
***N*-Methylglutamin** (F. 203—205° Zers.), Synth., Prüf. auf antimikrobielle Wrkg. 12 339.
***N*⁴-Äthyl-L-asparagin**, Vork. 8304.
Alanylalanin, Dispers. d. opt. Aktivität bei LD- u. LL-— 3480; Rk. 11 588.
***N*-Äthylglycylglycin** (F. d. Hydrats 200 bis 202°) 4542.
Sarkosylsarkosin, Protonen- u. Metallbind. in —-Komplexen 11 514.
Glycylglycinäthylester (F. 89—90°), Darst., Rk., Hydrochlorid 4542; Rk. 3085; (d. Hydrochlorids) 8582, 14 114; Farbrk. 12 998.

$C_6H_{12}N_2O_3S$ ***S*-Äthylcarbamoyl-*l*-cystein** (F. 182 bis 183°), Darst., Toxizität gegenüber Streptococcus lactis *8039* 4585.
***N*-Carbamido-*S*-äthylcystein** 16 138*.
[Butansultam-(1.4)-yl]-essigsäureamid (F. 178°) 12 254.
[Butansultam-(2.4)-yl]-essigsäureamid (F. 110—112°) 12 255.

$C_6H_{12}N_2O_4$ **1.6-Dinitrohexan** (F. 36,5—37,5°), Bldg. 2901*; UV-Absorptionsspektrum 11 852; Rk. 14 115.
2.3-Dimethyl-2.3-dinitrobutan 1187.
ε-[Nitrosohydroxylamino]-capronsäure (F. 61°) 1572.
***N.N'*-Äthylen-bis-glycin**, Deriv. 1199.
***symm.*-Hydrazindicarbonsäurediäthylester (Hydrazodicarbonsäurediäthylester)** (F. 133—135°), Darst. 15 966; (Rk.) 11 869; Bldg. 18 083.
***N*⁴-[2-Hydroxyäthyl]-L-asparagin** (F. 202 bis 203°), Darst., Vork. 8304.
α-[Glycylamido]-γ-hydroxybuttersäure (F. 194—196° Zers.) 1573.
Adipinhydroxamsäure, Rk. 299*.

$C_6H_{12}N_2O_4S$ (s. *Lanthionin*).
β-D-Ribofuranosyl-(1)-thioharnstoff (F. 163 bis 164°) 1243.
Bis-[β-aminocarbonyläthyl]-sulfon (F. 224 bis 228°) 10 637.

$C_6H_{12}N_2O_4S_2$ s. *Cystin*.

$C_6H_{12}N_2O_4Se_2$ **Selenocystin (Diselenocystin)**, Konstit.-Einfl. auf d. Rotationsdispers. v. (—)-— 12 227; Unwirksamk. v. Faktor 3 akt. — bei d. Muskeldystrophie v. Kaninchen mit Vitamin E-freier Kost 10 543; Einfl. auf d. Aufnahme d. Vorläufer d. Nucleinsäurestoffwechsels v. normalen u. leukäm. menschl. Leukocyten 18 864.

$C_6H_{12}N_2O_5$ **D-Arabopyranosyl-(1)-harnstoff** (F. 193°) 1243.
β-D-Ribopyranosyl-(1)-harnstoff (F. 184°) 1243.

$C_6H_{12}N_2O_5S$ **L-Lanthioninsulfoxid**, enzymat. Hydrolyse 1269.

$C_6H_{12}N_2O_6$ **2.5-Dinitrohexandiol-(1.6)** (F. 163 bis 165°) 15 919.
isomeres **2.5-Dinitrohexandiol-(1.6)** (F. 112 bis 113°) 15 919.
1.6-Dinitratohexan, Dipolmoment 7462.

$C_6H_{12}N_2O_6S_2$ **Cystindisulfoxid**, Struktur, Rk. 11 530; — als Stoffwechselprod. v. Cystin bei d. Hausfliege Musca domestica 4994.

$C_6H_{12}N_2O_6S_4$ ***N.N'*-Bis-[2-sulfoäthyl]-dithiooxamid**, Darst. d. Di-Na-Salzes 4880; analyt. Verw. 12 038.

$C_6H_{12}N_2S$ **Mercaptotrimethylpyrazolenin**, Verw. 14 745.
***S*-*n*-Propyl-2-mercapto-4.5-dihydroglyoxalin**, Identifizier. v. *n*-Propylhalogeniden als —-Salze 13 514.
***S*-Isopropyl-2-mercapto-4.5-dihydroglyoxalin**, Identifizier. v. Isopropylbromid als —-Salze 13 514.
***N*-[2-Methylallyl]-*N'*-methylthioharnstoff** (F. 63—64°) 5670.
[*N*-Thiopropionyl]-propionamidin, Hydrochlorid (F. 82° Zers.) 6008.

$[C_6H_{12}N_2S]_x$ **Poly-[*N*-pentamethylenthioharnstoff]** 4904.

$C_6H_{12}N_2S_2$ ***N*-Methylpiperazin-*N'*-dithiocarbonsäure** 3817.
Dithioadipinsäurediamid (F. 180—182°) 7178.

N.N'-**Diäthyldithiooxamid,** analyt. Verw. 12 038.

$C_6H_{12}N_2S_3$ **Tetramethylthiurammonosulfid (Bis-[dimethylthiocarbamoyl]-sulfid)** (F. 107—109°), Darst. 4530; Rk. 2693, 16 279; Prüf. auf tuberkulostat. Wrkg. 10 552; Verw. 5071*, 13 500*, 13 919*, 18 634*.

$C_6H_{12}N_2S_4$ **Diäthylen-bis-dithiocarbaminsäure,** Prüf. d. Na-Salzes auf tuberkulostat. Wrkg. 10 552.

N.N'-**Diäthylthiuramdisulfid** (F. 69—71°), ^{35}S-— 9673.

N.N.N'.N'-**Tetramethylthiuramdisulfid (Thiuram, Thiram, TMTD),** Best. d. C—N-Bindungsordn. aus d. IR-Spektrum 788; Isotopenaustausch v. S 151, 2693; Wrkg.: auf d. Acetatoxydat. in Hefe 15 265; auf d. Bodenpilzflora 4689; chem. Konstit. u. fungicide Wrkg. 9121; Test. auf Ungefährlichk. v. *Fernasan*-gebeiztem Weizen für Schafe 10 163; Einfl. v. *Arasan* auf d. Keimfähigk. v. mit Phorate gebeiztem Weizen-Saatgut 1767; Beizen d. Leinsaat mit — (Zweck u. Meth.) 2581; (Einfl. auf d. Infekt. mit d. Pilz Colletotrichum lini Manns et Bolley) 9121; Verw. zur Bekämpf.: d. Botrytisinfekt. in Leinsamen 6180; v. Flachskrankh. 3950; v. Pilzen an Erdnüssen 3602; v. Peronospora tabacina Adam (an Tabakpflanzen) 7662; (an Tabaksetzlingen) 8031; d. Stengelfäule d. Tabaks 5814; d. Rhizoctonia-Krankh. (v. Kartoffeln) 14 292; (v. Gewürzpaprika) 3601; v. Pilzkrankh. im Maisbau 1379; d. Reiskrankh. 13 919*; Verw.: zur Beiz. v. Reissaat im Freiland 5814; v. *Pomarsol* zur Bekämpf. v. Verticilliumlecanii 12 804; v. *Arasan* u. *Fernasan A* gegen d. gedeckten Hirsebrand d. Jowarhirse 14 663; zum Schutz sprossender Zuckerrübenpflanzen vor Pegomyia Hyaoscyami Panz. 4754; zur Rübensamenbeizung 6616; Einfl.: auf Birnenschorf (Venturia pirina Ad.) 14 663; auf Wachstum u. Photosynth. in submersen Pflanzen 12 346; v. *Thiram* auf d. Aroma v. Früchten u. Sirupen u. d. Dosenkorrosion 1828; Bekämpf. v. Erdflöhen (auf Lein mit *Hermal*) 1003; (durch Saatgut-Behandl. v. Frühraps mit —) 17 179; Schicksal v. — im Verdauungstrakt wiederkäuender Tiere 13 475; bakteriostat. Wrkg. 1278; Prüf. auf tuberkulostat. Wrkg. 10 552; Verw.: in d. Pharmazie 12 769*; in Nobecutan 9072; in Seife 1330*; als Stabilisator 17 580*; in Tinte 8483*; in Kautschukklebemassen 15 099*; zur Vulkanisat. (v. Kautschuk) 3287, 8093*; (v. Naturgummi) 15 624; (Wechselwrkg. mit Ruß) 8817; Modell-Syst. d. Verstärk. v. Kautschuk aus Ruß, Squalen, — u. Laurex 19 036; Nachw. 17 240; (d. S d. aus vulkanisiertem Gummi stammenden Organoschwefelverb. als —) 15 688; Best. auf Mais u. Äpfeln 2577.

$C_6H_{12}N_2S_5$ **Tetramethylthiuramtrisulfid,** Isotopenaustausch v. S 2693; Verw. 3654*.

$C_6H_{12}N_2S_6$ **Tetron** (*N.N.N'.N'*-**Tetramethylthiuramtetrasulfid**), Isotopenaustausch v. S 2693.

$C_6H_{12}N_2Si$ *N*-**Trimethylsilylimidazol** 12 265.

$C_6H_{12}N_3OP$ *N.N'.N''*-**Triäthylenphosphoramid (Trisäthyleniminophosphinoxid, Triaziridinophosphinoxid, Tris-[1-aziridinyl]-phosphinoxid, Phosphorsäuretriaziridyl, APO, TEPA),** Rk. 6222*; antiglykolyt. Wrkg. u. strukturelle Veränder. 9375; Antimitosewrkg. 6441; cytostat. Wrkg. 12 694; (auf ein breites Tumorspektrum) 7555; Ausscheid.- u. Verteil.-Unters. mit ^{32}P-— bei Krebskranken 16 354; Verw.: zur Flammfestausrüst. v. Textilien 347, 17 264; zur Imprägnier. 13 630*; zur Knitterfestausrüst. 14 369; zum Härten photograph. Leim- u. Gelatineschichten 7395*; v. Polyäthylenglykol als Stabilisiermittel v. — 15 694*; s. auch *Schädlingsbekämpfung-Spezialmittel* (*Aphoxide*).

$C_6H_{12}N_3OPS_2$ **[Bis-äthyleniimidothiophosphoryl]-methylthionocarbamat** 9569*.

$C_6H_{12}N_3O_3P$ **[Bis-äthyleniimidophosphoryl]-methylcarbamat** (F. 119—121°) 9569*.

$C_6H_{12}N_3PS$ *N.N'.N''*-**Triäthylenthiophosphorsäureamid (Tris-[1-aziridinyl]-phosphinsulfid, Thio-TEPA),** Rk. 6222*; Indices d. organ. Abwehr bei Tieren nach —-Behandl. 5753; Unters. d. Antimitosewrkg. 6441; (mittels in vitro kultivierter Yoshida-Sarkom-Zellen) 18 871; Wrkg. auf Krebszellen u. Bakteriophagen 5326; tumorhemmende Wrkg. 9376; (Best.) 11 226; cytostat. Wrkg. auf ein breites Tumorspektrum 7555; Auswert. d. Hemm. v. Tumorgewebe d. Menschen durch — mittels eines in vitro-Tests 17 073; Prüf. auf Cytotoxizität gegenüber normalen menschl. u. tier. Zellen 4195; Einfl.: auf menschl. normale u. neoplast. Zellen in Gewebekulturen 14 172; auf d. Wachstum v. heterologen Geschwülsten 15 998; chemotherapeut. Unters. mit — an transplantierbaren Mäusetumoren 9378; Riditanalyse d. Wrkg. auf d. Wachstumsindices d. Nelson-Mäuseascitestumors 2766; Bedeut. in d. Chemotherapie d. Krebses 18 872; Behandl. v. Blasentumoren mit — 5325; Ausscheid.- u. Verteil.-Unters. mit isotop. markierten Heilmitteln bei Krebskranken nach Vorbehandl. mit — 16 354; Bezieh. zwischen d. klin. Erfolg u. d. Rk. in d. Gewebekultur gegenüber — gegen Krebs d. Menschen 17 072; Veränder. d. Serumproteine v. Patienten mit metastat. Carcinom d. Brust bei schmerzlindernder Therapie mit — 16 353; Wrkg.: auf d. Transplantabilität v. Sarkom ***180*** (Ascites) 16 001; auf d. Wachstum d. Galliera-Sarkoms d. Ratte 13 800; auf d. Zellteil. d. Hornhaut 16 000; auf d. Desoxyribonucleinsäure-Synth. durch Knochenmarkszellen in vitro 2398; auf d. Einbau v. ^{14}C-Formiat in d. Desoxyribonucleinsäure v. Knochenmarkszellen in vivo 14 538; Verw. v. Polyäthylenglykol als Stabilisiermittel für — 15 694*.

$C_6H_{12}N_4$ (s. *Hexamethylentetramin* [*Hexamin, Methenamin, Urotropin*]).

5-Butyl-3-amino-1.2.4-triazol (F. 129—131°) 11 186.

3.5-Diäthyl-4-amino-1.2.4-triazol (F. 165,5 bis 166,5°), Darst., Rk. 13 754; Wrkg. auf d. Wachstum d. Keimlinge v. Sinapsis alba L. 8674.

$C_6H_{12}N_4O_2$ **4-Amino-3.5-bis-[α-hydroxyäthyl]-1.2.4-triazol,** Wrkg. auf d. Wachstum d. Keimlinge v. Sinapsis alba L. 8674.

4-Amino-3.5-bis-[2(β)-hydroxyäthyl]-1.2.4-triazol (F. 141—142°), Darst. 7514; Wrkg. auf d. Wachstum d. Keimlinge v. Sinapsis alba L. 8674.

2-Oxo-1-methyl-4-ureidohexahydropyrimidin (F. 179°) 15 215.

2-Oxo-4-methyl-6-ureidohexahydropyrimidin (F. 245°) 15 215.

$C_6H_{12}N_4O_2S_2$ *trans*-**1.4-Dithian-2.5-dicarbonsäuredihydrazid** (F. 228° Zers.) 4919.

1.4-Dithian-2.6-dicarbonsäuredihydrazid (F. 218° Zers.) 473, 1919.

$C_6H_{12}N_4O_3$ s. *Streptolidin.*

$C_6H_{12}N_4O_4$ (s. *Anaflex*).

1-[α-Carbäthoxyäthyl]-2-nitroguanidin (F. 175—176°) 11 158.

$C_6H_{12}N_4O_8$ **4.6.6-Trinitro-4-azaheptandiol-(1.2)** (F. 60°) 18 438.

$C_{16}H_{12}N_4O_9$ s. *Vasomed* [*Metamine, Nitranol*].

$C_6H_{12}N_4S$ **5-Isobutyl-2-hydrazino-1.3.4-thiadiazol** (F. 60°) 4908.

$C_6H_{12}N_5O_2PS$ **[4-Amino-2-methylmercaptopyrimidyl-(5)]-methylphosphorsäurediamid** (F. 254—256° Zers.) 17 398.

$C_6H_{12}N_5O_2PS_2$ **2-[*O.O*-Dimethyldithiophosphatomethyl]-4.6-diamino-1.3.5-triazin** (F. 164—166°) 7669*.

$C_6H_{12}N_5O_3PS$ **2-[*O.O*-Dimethylthiolphosphatomethyl]-4.6-diamino-1.3.5-triazin** (F. 198°) 7669*.

$C_6H_{12}N_6$ *symm.*-**Trimethylmelamin** 11 007*.
3.6-Dihydrazino-4.5-dimethylpyridazin, blutdrucksenkende Wrkg. d. Sulfats 18 549.

$C_6H_{12}N_6O_2$ **1-Äthoxy-1.1-diazido-3-hydroxybutan** 12 626.
Diacetyldisemicarbazon (F. 279°) 16 320.

$C_6H_{12}N_6O_2S$ **β.β'-Thio-bis-[acetaldehydsemicarbazon]** 473.

$C_6H_{12}N_6O_3$ **Trimethylolmelamin,** Verw. 6650*; (v. Deriv.) 16 535*.

$C_6H_{12}N_8O_2$ **4-Amino-1.2.4-triazol-3.5-bis-[acethydrazid]** (F. 182°) 11 191.

$C_6H_{12}N_{12}$ $N^2.N^4.N^6$**-Triguanylmelamin,** pKa*-Wert u. UV-Spektrum 18 414.

$C_6H_{12}O$ (s. *Capronaldehyd* [*Hexanal, n-Hexaldehyd*]; *Cyclohexanol*; *Pinakolin* [*Methyl-tert.-butylketon*]).
Hexamethylenoxid (Kp. 119—120°), Bldg. 4493; pK$_\alpha$-Wert d. Oxoniumions 16 979.
2(α)-Methyltetrahydropyran (Kp.$_{750}$ 103°), Darst. 12 621, 17751; Bldg. 4494; Rk. 16 489*.
3-Methyltetrahydropyran, Rk. 15 591.
2(α)-Äthyltetrahydrofuran, Bldg. 4494; Rk. 8215.
2.2-Dimethyltetrahydrofuran, Rk. 16 489*.
2.5-Dimethyltetrahydrofuran (2.5-Dimethylfuranidin) (Kp. 91,6°), Darst., Rk. 788; pK$_\alpha$-Wert d. Oxoniumions v. cis- u. trans-— 16 979; Rk. 5845*, 7325*, 16 489*.
1.3-Epoxyhexan, Rk. 16 489*.
2.4-Epoxyhexan, Rk. 16 489*.
2.2.4-Trimethyloxetan 8973.
3.4-Epoxyhexan, Rk. 7325*.
Hexen-(2)-ol-(1) (γ-Propylallylalkohol) (Kp.$_{26}$ 69—71°), Darst., Rk. 9306, 9491*; Vork. v. trans-— in Blätteralkoholfrakt. 17 088; Rk. v. cis- u. trans-— 12 633; — als Anlock.-Mittel für Seidenraupenlarven 9791.
Hexen-(3)-ol-(1) (Kp.$_{14}$ 60°), Darst. 18 793; (Verw.) 19 006*; Rk. v. cis-— (Blätteralkohol) u. trans-— 12 633.
Hexen-(4)-ol-(1) (Kp.$_{16}$ 71°) 8579.
Hexen-(5)-ol-(1) (Kp.$_{25}$ 73°) 8579, 11 868, 12 621.
Hexen-(4)-ol-(2) Isomerengemisch (Kp.$_{13}$ 47—49°) 108.
cis-**Hexen-(4)-ol-(2)** 108.
trans-**Hexen-(4)-ol-(2)** 108.
Hexen-(5)-ol-(2), Rk. 12 621.
Hexen-(1)-ol-(3) (Propylvinylcarbinol) (Kp.$_{11}$ 45—46°) 1967, 7327*.
Hexen-(2)-ol-(4) (Kp.$_{16}$ 57—58°) 15 966.
2-Methylpenten-(2)-ol-(1) (Kp.$_{12}$ 59—60°) 4719*, 14 320*.
3-Methylpenten-(2)-ol-(1), ν(OH) 4474; Rk. 2196.
β-[2-Buten-2-yl]-äthanol 19 006*.
4-Methylpenten-(3)-ol-(1 (Kp.$_{44}$ 81°) 18 793.
3-Methylpenten-(4)-ol-(1) (Kp.$_{25}$ 63—64°) 15 608.
4-Methylpenten-(4)-ol-(1) (Kp.$_{15}$ 63°) 8579, 19 006*.
4-Methylpenten-(3)-ol-(2) 2-Methylpenten-(2)-ol-(4)] (Kp. 120—130°) 8973, 16 486*, 18 793.
2-Methylpenten-(4)-ol-(2) (Kp. 116°) 11 526.
3-Vinylbutanol-(2) 19 006*.
3-Methylpenten-(1)-ol-(3), Rk. 2196; Wirksamk. als Tranquillizer u. Muskelrelaxans 9429.
2.2-Dimethylbuten-(3)-ol-(3) (Pinakolinenolat) 12 281.
2.3-Dimethylbuten-(3)-ol-(2) (Kp. 117 bis 119°) 17 367.
Hydroxymethylcyclopentan 2173*.
1-Methylcyclopentanol-(1) (Kp.$_{50}$ 71—72°), Darst. (Verw.) 13 206*; (Rk. v. Hypochlorits) 16 642; intermediäre Bldg. 7493.
2-Methylcyclopentanol, Darst. (v. cis- u. trans-—) 7493; (Rk.) 6378; Bldg. v. cis- u. trans-— 8933.
3-Methylcyclopentanol (Kp.$_{740}$ 147—148°), Darst., Rk. 6378; Bldg. v. cis- u. trans-— (Stereochemie) 17 709.
Methylcyclobutylcarbinol, Dublettcharakter d. OH-Absorpt. 8558.
2-Methylcyclobutylcarbinol (2-Methylcyclobutylmethanol) (Kp.$_{18}$ 66°), Darst. 14 096; Rk. 18 806.
3-Methylcyclobutylmethanol (Kp.$_{15}$ 64°), Rk. 18 805.
Dimethylcyclopropylcarbinol (Kp.$_{755}$ 123°) 10 067.
1-[2'-Methylcyclopropyl]-äthanol-(1) (Kp. 131—135°) 108.
[2'.2'-Dimethylcyclopropyl]-methanol (Kp.$_{120}$ 95—96°) 108.
1-Äthoxybuten-(1), Rk. 18 081.
Allylcarbinyläthyläther 12 614.
Isobutenyläthyläther, Rk. 18 081.
[Buten-(2)-yl-(2)]-äthyläther, Rk. 11 894.
[Buten-(1)-yl-(3)]-äthyläther 7321*.
n-**Butylvinyläther (*n*-Butoxyäthylen)** (F. 64°), Darst. 803; Raman- u. UV-Spektrum 16 622; Polymerisat. 7350*, 7543; (kation.) 16 342; (krist. Poly-—) 6428; Copolymerisat. 10 115; Rk.: mit Chloroform bzw. Bromoform 11 876; mit Hexachlorcyclopentadien 17 762; mit Bis-[p-hydroxyphenyl]-amin 8980; mit p-Methoxydiphenylamin 17 393; mit 1-Trialkylsilylalkin-(1)-olen-(3) 17 717; mit 1-Trimethylsilyl-3-methylpentin-(1)-ol-(3) 11 884; mit Mercaptanen oder S u. H_2S 3625*; mit Aceton-di-n-butylketal 18 081; mit 3β-Acetoxy-$\Delta^{5.16}$-pregnadien-20-on 5682; Einfl. d. Initiatoren auf d. Copolymerisat. mit Methylacrylat 6429.
sek.-**Butylvinyläther** (Kp. 81—81,5°) 4873.
Isobutylvinyläther (F. 165°), Ultraschallabsorpt. v. Poly-— in Lsgm. 16 342; Polymerisat. 668*, 7350*, 7543, 17 267*, 18 295*; (krist. Poly-—) 6428; (Anreg. durch Elektrolyse) 10 862; (Geschw.-Konst. d. Wachstums-Rk. d. Syst. —/Jod) 6428; (Einfl. v. Bortrifluoridätherat) 17 423; Copolymerisat. 10 115, 17 947*; Rk. mit Formamiden u. anorgan. Säurechloriden 16 848*.
tert.-**Butylvinyläther** (F. 240—260°), Raman- u. UV-Spektrum 16 622; Polymerisat. krist. Poly-— 6428.
Propylpropenyläther, krist. Polymere aus cis- u. trans-— 7175.
trans-**1-Methyl-2-isopropoxyäthylen,** stereospezif. Polymerisat. 6052.
Allylisopropyläther, Kinetik d. Epoxydat. 4129.
Cyclobutyläthyläther 12 614.
Cyclopropylcarbinyläthyläther 12 614.
2-Methyl-*n*-valeraldehyd [2-Methylpentanal-(1)] (Kp. 114—125°), Darst. 1597, 17 203*; (Rk.) 12 093*; Bldg., 2.4-Dinitrophenylhydrazon 822; Rk. 11 364*.
Isocapronaldehyd (Isohexylaldehyd, Isohexanal), Bldg. 4548, 13 097; Rk. 17 563*.
2-Äthylbutyraldehyd (2-Äthylbutanal), Bldg. 10 043; Rk. 4720*, 10 425, 18 567*.
2.3-Dimethylbutanal (Kp.$_{160}$ 69—72°) 8997.
tert.-**Butylacetaldehyd** 16 642.
Hexanon-(2) (Methyl-*n*-butylketon) (Kp. 127°), Darst. 7325*, 16 839*; (Rk.) 18 082; Bldg. 5246, 12 616; (2.4-Dinitrophenylhydrazon)10 045;Temp.-Abhängigk. d. dielektr. Relaxat. 13705; Konstit.-Einfl. auf d. Ionisationspotential 15 166; Extrakt. v. bestrahltem U mit — 767; Löslichk. v. organ. Ag- u. Cs-Salzen in — 7070; Rk. 8792*; papierchromatograph.

Ketendiäthylacetal ($Kp._{170}$ 79—80°), Darst., Rk. 4941; Rk. 5995, 6417, 11 915, 14 491, 16 305.

1-Methylcyclopentyl-1-hydroperoxid, Rk. 651*.

6-Hydroxyhexanal, Rk. 12 994.

Propanalaldol (Propionaldol), Rk. 7847, 16 685.

2-Hydroxy-4-methylpentanal ($Kp._{17}$ 89 bis 94) 15 557.

α.α-Dimethyl-β-hydroxybutyraldehyd, Rk. 8942.

β-Äthoxybutyraldehyd ($Kp._{20}$ 47,5—49°), Darst., Rk. 18 082; Wrkg. gegen Viren 6831.

***n*-Butoxyacetaldehyd** ($Kp._{746}$ 130—132°) 14 466.

5-Hydroxyhexanon-(2) [5-Ketohexanol-(2)], Darst. 2691; Rk. 7255*.

Propioin [4-Hydroxyhexanon-(3)], Bldg. 11 518; Rk. 15 210.

2-Methyl-3-ketopentan-1-ol, Rk. 4341*.

2-Äthyl-3-ketobutan-1-ol, Rk. 4341*.

Methyläthylacetylcarbinol (Kp. 150°), Darst. (Rk.) 16 489*; (Semicarbazon) 8230; Rk. v. $^{18}O_{(CO)}$-— 8935.

Diacetonalkohol [4-Hydroxy-4-methylpentanon-(2)], Bldg. 4342*, 5845*, 9306, 13 720; IR-Spektrum 15 533; Hemm. d. Entfärb. v. Rhodamin B durch Ultraschall in Ggw. v. — 10 037; katalyt. Hydrier. 7847; (in Ggw. v. Raney-Co) 15 880; Oxydat. 8219; Rk.: mit H_2O_2 15 409*; mit $HClO_4$ + Acetanhydrid 14 499; mit 1-Chlor-3-methylbuten-(2) 8784*; mit Methyl-MgBr 7698*; Chelat-Bldg. mit Tetraalkoxid-Ti-Verb. 15 885; Komplexbldg. mit Titansäureestern u. Aminen 1816*; Rk.: mit Harnstoff 9902*; mit Furfurol 16 147; mit Benzonitril 12 275; Kinetik d. Rk. mit Tetrazoliumblau 15 545.

4-Äthoxybutanon-(2) (Kp. 150°) 16 275.

Äthyl-[äthoxymethyl]-keton ($Kp._{40}$ 70°), Darst., Rk., Deriv. 2701; Deriv. 10 049.

3-Methoxy-3-methylbutanon-(2) [2-Methoxy-2-methylbutanon-(3)] (Kp. 122°) 6352, 11 876.

2-Methylpentansäure, Darst., Rk. v. (+)- u. rac.-— 16 700; Bldg., Deriv. 6432; Rk. v. (—)-— 16 700.

3-Methylvaleriansäure 6048.

2(α)-Äthylbuttersäure (Diäthylessigsäure) (Kp. 191—193°), Darst. 6963*, 8416*; (Salze) 17 924*; Darst., Rk. (v. $D_{2(1\cdot2)}$-—) 6356; (IR-Spektrum) 7466; Rk. 15 960, 18 461.

2.2(α.α)-Dimethylbuttersäure 4138, 13 784, 17 049.

Trimethylpropionsäure (*tert.*-Butylessigsäure) (Kp. 182—187°) 4714*, 16 642.

***n*-Valeriansäuremethylester (Methyl-*n*-valerat),** Hyperkonjugationseffekte u. ster. Substituenten-Konst. 16 988; Parachor 6346.

α-Methylbuttersäuremethylester, Hyperkonjugationseffekte u. ster. Substituenten-Konst. 16 988.

Isovaleriansäuremethylester (Methylisovalerat, Methylisovalerianat), Bldg. 143; physikal. Konst. 3402; Hyperkonjugationseffekte u. ster. Substituenten-Konst. 16 988; Einfl. auf d. Gestalt v. Polymethylmethacrylat in —-Lsg. 8644.

Trimethylessigsäuremethylester (Pivalinsäuremethylester, Methylpivalat), IR-CO-Frequenz u. CO-CO-Wechselwrkg. 15 898; Hyperkonjugationseffekte u. ster. Substituenten-Konst. 16 988; Rk. 11 529.

***n*-Buttersäureäthylester (Äthyl-*n*-butyrat)** ($Kp._{758}$ 121,2—121,4°), Darst., Rk. 12 625, 13 009; Intensität (v. Raman-Linien) 12 598; [d. ν(CO)] 12 599; physikal. Konst. 3402; Druck, Temp. u. Dichte 12 235; Aktivitäts-Koeff. in wss. Lsg. v. Zuckern 11 861; KW-Stoffkette u. Löslichk. in W. 439; polarograph. Red. 14 818; Umester. 2168*; Rk.: mit H-Atomen 18 393; mit Hydrazobenzol u. Kohlensäurediäthylester 16 847*; mit 2-Hydroxy-1.2.3.4.6.7.12.12b-oktahydroindolo-[2.3:a]-chinolizin 13 580*; Vers. d. Rk. mit 8-Amino-6-methoxychinolin 9714; Rk.: mit Isopropyl-MgCl 12 618; mit Heptaldehyd 824; mit Aceton 9707.

Isobuttersäureäthylester (Äthylisobutyrat) ($Kp._{795}$ 110,2—110,6°), Darst. 12 096*; physikal. Konst. 3402; Intensität d. ν(CO) 12 599; Parachor 6346; Hydrolyse (Kinetik) 85; Rk.: mit 2-Benzylpyridin 7893; mit Benzylidenmalonsäurediäthylester 13 781.

Propionsäure-*n*-propylester (*n*-Propylpropionat) (Kp. 120—127°), Darst. 1186; magnet. Mol.-Rotat. 9287; KW-Stoffkette u. Löslichk. in W. 439; Rk. 2168*; 18 393.

Isopropylpropionat, Rk. 18 393.

Essigsäure-*n*-butylester (*n*-Butylacetat) (Kp. 126°), Darst. 18 629; Darst., Rk. v. $D_{(1)}$-— 2694; Bldg. 1630, 18 133; Dipolmoment d. Komplexes $TiCl_4$ · — 7816; magnet. Mol.-Rotat. 9287; Frequenzabhängigk. d. Ultraschallabsorpt. 9658; Hyperkonjugationseffekte u. ster. Substituenten-Konst. 16 988; Kationenaustausch u. Quell.-Vermögen v. Polyvanadaten in — 5204; Einfl. auf d. Konstit. d. V-Minerale Hewettit u. Metahewettit 6685; Gleichgewichtsverteil. für Adipinsäure-W.-— 7097; Gleichgew.-Daten für —/-n-Propylacetat/W. 13 709; Phasengleichgew. Dampf/Fl. im Syst. (—/W.) 5570; (Aceton-— u. Chlf.-—) 7095; KW-Stoffkette u. Löslichk. in W. 439; Wechselwrkg. zwischen gelösten Polymeren u. —(Viscositäts-Mess.) 17 052; Ketten-Übertrag. d. Polyvinylacetat-Radikals an — 9742; Einfl.: auf d. Gestalt v. Polymethylmethacrylat u. —-Lsg. 8644; auf d. Strecken v. polymeren KW-Stoffen 12 517*; Rk. 12 303, 13 692, 18 393; Einfl. auf d. Kinetik d. Rk. v. Phenylisocyanat mit Thiolen 13 350; Geh. in ober- u. untergär. Bier 13 982; höchstzuläss. Konz. in d. Luft 7280; Toxikologie u. Reiz-Wrkg. 2815; Verw.: zur Abtrenn. d. U v. Spaltprod. 14 783; zur Isolier. (v. Brenzcatechin) 2592, 14 316; (v. Gibberellsäure) 14 330*.

***sek.*-Butylacetat** (Kp. 104—108°), Darst., Rk. 16 489*; Bldg. 10 066; Hyperkonjugationseffekte u. ster. Substituenten-Konst. 16 988; Ketten-Übertrag. d. Polyvinylacetat-Radikals an — 9742; Rk. 4873, 15 914.

Isobutylacetat, Bldg. 10 066; (biolog.) 9766; physikal. Konst. 3402; Dipolmoment d. Komplexes $TiCl_4$ · — 7816; Parachor 6346; Hyperkonjugationseffekte u. ster. Substituenten-Konst. 16 988; Verteil. v. HNO_3, H_2SO_4 u. H_3PO_4 zwischen W. u. — 14 793; Ketten-Übertrag. d. Polyvinylacetat-Radikals an — 9742; Toxikologie u. Reiz-Wrkg. 2815; Verw. zur Abtrenn. d. U v. Spalt-Prod. 14 783.

Essigsäure-*tert.*-butylester (*tert.*-Butylacetat) (Kp. 97,5—98°), Darst. (Kinetik d. alkal. Hydrolyse) 799; (Rk.) 827, 14 499; Bldg. 10 066; Erkennen v. Carboniumionenbldg. aus d. UV-Spektrum 12 595; Hyperkonjugationseffekte u. ster. Substituenten-Konst. 16 988; Ketten-Übertrag. d. Polyvinylacetat-Radikals an — 9742; Rk. 462, 9622, 12 624, 18 801; Verw. zur Darst. v. tert.-Butylestern N-acylierter Aminosäuren 4501.

Ameisensäureamylester (*n*-Amylformiat), Darst. 1952; physikal. Konst. 3402; KW-Stoffkette u. Löslichk. in W. 439.

Ameisensäureisoamylester (Isoamylformiat), Darst. 1952; physikal. Konst. 3402; Parachor 6346; Kinetik d. säurekataly-

1.5-Dithiacyclooctan ($Kp._{0,1}$ 43—46°) 15 173.
1.1-Dimercaptocyclohexan ($Kp._{13}$ 70—72°) 12 278.
Ketendiäthylmercaptal ($Kp._{13}$ 79—81°), Darst. 7476; Rk. 12 262.
Dithiopivalinsäuremethylester ($Kp._{12}$ 65 bis 65,5°), Darst. 6382; Rk. 6382, 6745.
$[C_6H_{12}S_2]_x$ **Polysulfid** $[C_6H_{12}S_2]_x$ (F. 88°) aus Di-Na-alkylendimercaptiden u. ω.ω'-Dibromalkanen [F. u. Kristallisat.-Geschw. (Vgl.)] 1247.
$C_6H_{12}S_3$ **α-2.4.6-Trimethyl-1.3.5-trithian (α-Trithioacetaldehyd)** (F. 100,5—101°), Darst., Konformat.-Best. aus d. NMR-Spektrum 11 141.
β-2.4.6-Trimethyl-1.3.5-trithian (β-Trithioacetaldehyd) (F. 126—127°), Darst. 7475; (Konformat.-Best. aus d. NMR-Spektrum) 11 141.
γ-2.4.6-Trithian-1.3.5-trithian (γ-Trithioacetaldehyd) (F. 82—85°), Darst., Konformat.-Best. aus d. NMR-Spektrum 11 141.
3.5-Diäthyl-1.2.4-trithiolan ($Kp._1$ 77°) 2546*.
3.3.5.5-Tetramethyl-1.2.4-trithiolan ($Kp._{0,4}$ 34°) 2546*.
$C_6H_{12}S_4$ **Duplodithioaceton** (F. 95°) 2546*.
$C_6H_{12}Sb_2$ **Bis-[dimethylantimon]-acetylid** ($Kp._{19}$ 120°) 10 767.
$C_6H_{12}Si$ **Äthinyläthyldimethylsilan** ($Kp._{751}$ 83,2°) 10 054.
Dimethyldivinylsilan (Kp. 79—81°), Darst., Rk. 2710; protonmagnet. Resonanzspektrum 13 340; Mol.-Refr. 5233; Rk. 9516*, 16 288.
1.1-Dimethylsilacyclopenten-(2) (Kp. 98 bis 99°) 10 082.
C_6H_{13} **Methylisobutylcarbinyl** s. unter *Radikale (Spezielle Radikale)*.
$C_6H_{13}BF_2$ **n-Hexylbordifluorid** (Kp. 89—90°), Darst., Rk., Deriv. 6738; Rk. 13 727.
$C_6H_{13}BO_2$ **Cyclohexyldihydroxyboran** (F. 140°) 4401*.
$C_6H_{13}BO_2$. **2-Methylpentandiol-2.4-hydroborat,** Verw. 1088*.
2-n-Butoxy-1.3.2-dioxaborolan (Kp. 190°), Darst. (Molgew., Polymerisationsgrad) 2344; (magnetoopt. Dreh.) 2307.
$C_6H_{13}Br$ **n-Hexylbromid (1-Bromhexan)** (Kp. 156°), Darst., Rk. 11 156; Massenspektrum 14 814; Berechn.: d. DK u. d. dielektr. Verlustes aus d. Mikrowellenspektrum 433; v. Konst. d. Antoine-Gleich. 4122; Verbrenn.- u. Bldg.-Wärme 1936; Rk.: mit Chinaldyl-Li 9339; mit Trimethylaminoxid 18 435; mit 4-Phenylpiperidin-4-carbonsäureäthylester 5021*; mit K-Saccharin 1195; mit Alkylphosphonsäuredialkylestern 2712; Stoffwechsel 6119; Identifizier. 10 585, 13 514.
1-Methylamylbromid (2-Hexylbromid), Massenspektrum 14 814; Rk. 5021*.
3-Methylamylbromid, Massenspektrum 14 814.
2(4)-Brom-4(2)-methylpentan ($Kp._{35}$ 46 bis 47°), Darst. 8575; Rk. 6505*.
1-Äthylbutylbromid, Massenspektrum 14 814.
2-Äthyl-1-brombutan, Darst. v. $D_{(2)}$-— ($Kp._{70}$ 67—68°) 6357.
$C_6H_{13}BrMg$ **n-Hexylmagnesiumbromid,** Rk. 1967, 3785, 14 466, 16 297, 16 649.
2-Äthylbutylmagnesiumbromid, Rk. 3785.
$C_6H_{13}BrMgO_2S$ **α-[n-Propylsulfonyl]-n-propylmagnesiumbromid,** Rk. 6380.
$C_6H_{13}BrO$ **6-Bromhexanol-(1),** Rk. 12 261.
2-Äthoxybutylbromid ($Kp._{11}$ 48°), Hydrolyse (Kinetik) 11 147.
1-Brom-4-äthoxybutan ($Kp._{12}$ 63—65°) 3094.
$C_6H_{13}BrO_2$ **Bromacetal (Diäthylbromacetal, Bromacetaldehyddiäthylacetal, Diäthoxyäthylbromid),** HBr-Abspalt. 4941; Rk.: mit 1.2.3.4-Tetrahydroisochinolin 7146; mit N-Methyl-2-chlorbenzylamin 5646; mit 3-Hydroxypiperidin 7519, 12 840*; mit β-Äthylmercaptoäthylmercaptan 949*; Verh. gegen 2.2'-Dihydroxydesoxybenzoin 15 246; Rk.: mit Glykolaldehyddiäthylacetal 479; mit Phenylessigsäuredimethylamid 7127.
$C_6H_{13}Cl$ **n-Hexylchlorid (1-Chlorhexan),** Massenspektrum 14 814; dielektr. Relaxat. 13 338; Berechn. v. Konst. d. Antoine-Gleich. 4122; Austausch v. radioakt. Cl 2693; Rk. 2712; Knäuel-Dimens. v. Polyhexen-(1)-sulfon in — 4560; Identifizier. 10 585.
2-Chlorhexan, dielektr. Relaxat. 13 338; Rk. 15 554.
3-Chlorhexan, dielektr. Relaxat. 13 338.
(—)-1-Chlor-2-methylpentan ($Kp._{774}$ 127 bis 129°) 16 700.
rac.-**1-Chlor-2-methylpentan** ($Kp._{759}$ 127 bis 129°) 16 700.
3-Methylchlorpentan 7110.
2-Chlor-2-methylpentan, dielektr. Relaxat. 13 338.
2-Chlor-3-methylpentan, Rk. 8790*.
3-Chlor-3-methylpentan (1-Methyl-1-äthylpropylchlorid), dielektr. Relaxat. 13 338; Rk. 8790*, 18 934*.
Neohexylchlorid (1-Chlor-2.2-dimethylbutan) (Kp. 110—118°), Darst., Rk. 16 642; Rk. 6365.
3.3-Dimethylbutylchlorid, Rk. 16 772*.
$C_6H_{13}ClMg$ **Neohexylmagnesiumchlorid** 16 642.
$C_6H_{13}ClO$ **2-Chlorhexanol-(1),** Rk. 13 353.
6-Chlorhexanol, Rk. 1192, 16 644.
Chlormethylpentyläther (Chlormethylamyläther), Rk. 950*, 3911*, 7322*, 12 277.
Isoamylchlormethyläther, Rk. 2702.
1-Chlor-3-methoxypentan ($Kp._{16}$ 42°) 2344.
n-Butyl-β-chloräthyläther (Kp. 151,2 bis 151,5°) 9674.
Isobutyl-β-chloräthyläther (Kp. 140,5 bis 141,5°) 9674.
Isopropyl-β-chlorisopropyläther (Kp. 124 bis 125°) 9674.
$C_6H_{13}ClO_2$ **6-Chlorhexandiol-(1.5)** ($Kp._{10}$ 150 bis 155°) 12 621.
1-n-Propoxy-3-chlorisopropanol ($Kp._{10}$ 78 bis 80°) 11 193.
1-Isopropoxy-3-chlorisopropanol ($Kp._{10}$ 69 bis 72°) 11 193.
Monochloracetaldehyddiäthylacetal (Kp. 157°), Darst., Rk. 8197, 16 281; Bldg. 8564; Rk. 6135, 6142*, 18 812.
$C_6H_{13}ClO_3S$ **n-Butansulfonsäure-β-chloräthylester,** ($Kp._5$ 135°) 6369.
$C_6H_{13}ClO_7P_2$ **2-Chlor-1-dimethylphosphonovinyldimethylphosphat** 6185*.
$C_6H_{13}ClPb$ **Diäthylvinylbleichlorid** 4716*.
$C_6H_{13}ClSi$ **1-Chlormethyl-1-methylsilacyclopentan** (Kp. 156—157°) 10 082.
1.1-Dimethyl-2-chlorsilacyclopentan (Kp. 157—165°) 10 082.
1.1-Dimethyl-3-chlorsilacyclopentan (Kp. 145—150°) 10 082.
$C_6H_{13}Cl_2N$ **Bis-[γ-chlorpropyl]-amin,** Hydrochlorid (F. 215—218°) 2146*, 5848*.
2-Dimethylamino-2-methyl-1.3-dichlorpropan, Oxalat (F. 126—128°) 1196.
$C_6H_{13}Cl_2NO_2$ **Bis-[3-chlor-2-hydroxypropyl]-amin,** Gemisch mit 3-Chlor-2-hydroxypropylamin 6384.
$C_6H_{13}Cl_2N_2OPS$ ***N.N*-Bis-[β-chloräthyl]-*N'.O*-äthylenthiophosphorsäurediamid** (F. 66 bis 67°) 7989*.
$C_6H_{13}Cl_2N_2O_2P$ ***N.N*-Bis-[β-chloräthyl]-*N'.O*-äthylenphosphorsäureesterdiamid (B 485),** antimitot. Aktivität 15 629.
$C_6H_{13}Cl_3N_2O_2S_2$ ***N*-Trichlormethylmercapto-*N'.N'*-dimethyl-*N*-[n-propyl]-sulfamid** 15 741*.
***N*-Trichlormethylmercapto-*N*-methyl-*N'.N'*-diäthylsulfamid** 15 741*.
$C_6H_{13}Cl_3Si$ **n-Hexyltrichlorsilan** ($Kp._{30}$ 87°) 10 805.
$C_6H_{13}F$ **Hexylfluorid (1-Fluorhexan)** (Kp. 92°), Darst. 18 434; Berechn. v. Konst. d. Antoine-Gleich. 4122.

$C_6H_{13}F_3Si$ **Dimethyl-4.4.4-trifluorbutylsilan,** Hydrolyse (Kinetik) 12 982.

$C_6H_{13}HgO_5P$ **Acetoxymercuriphosphonsäurediäthylester** (F. 106,8 – 107,6°) 7299*.

$C_6H_{13}J$ ***n*-Hexyljodid (1-Jodhexan)** (Kp. 180°), Massenspektrum 14 814; Konst. d. Antoine-Gleich. 4122; Rk. 2712, 4714*, 18 435; Identifizier. 10 585, 13 514.

$C_6H_{13}JO$ **1-Jodhexanol-(6)** 15 327.

$C_6H_{13}Li$ **Neohexyllithium,** Verh. gegen O_2 16 642.

$C_6H_{13}N$ **Hexamethylenimin (Azacycloheptan),** Darst., Verw. v. Salzen 7669*; Ionisat.-Potential 17 302; Rk. 8618, 15 038*, 18 077; Verw. 6140*, 8429*; (v. Deriv.) 1317, 5674, 17 241*.

***N*(1)-Methylpiperidin,** Darst. 2707; (Pikrat) 3817; Bldg. 18 077; Rk. 443, 1422*; Wrkg. auf d. katalyt. Hydrier. v. Chlorbenzol (Kinetik) 14 098; Kinetik d. durch — katalysierten Rk. v. Phenylisocyanat mit Thiolen 13 350; Nicotin-ähnl. Wrkg. d. Hydrochlorids 12 379.

2-Methylpiperidin (α-Pipecolin) (Kp. 115 bis 117°), Darst. 16 311; (v. Salzen) 3091; Verh. gegen Piperidin-Deriv. 16 652.

3-Methylpiperidin (β-Pipecolin), Darst., Hydrochlorid 5626; Rk. 16 652; gaschromatograph. Identifizier. 10 585.

4-Methylpiperidin, Rk. 16 652; (d. Na-Verb.) 8963.

***N*-Äthylpyrrolidin** (Kp. 96°), Darst. 17 391; (Pikrat) 18 278*; Bldg. 18 077.

2.5-Dimethylpyrrolidin, Identifizier. 10 585.

1-Aminohexen-(4) (Kp. 134—135°) 9312.

1-Aminohexen-(5) (Kp. 132°) 9312.

4-Dimethylaminobuten-(1) (Kp. 94—96°) 18 077.

Äthyl-β-methylallylamin, Rk. 3189*, 13 496*.

***N.N*-Dimethylisobutenylamin,** Rk. 15 943.

***N*-Vinyldiäthylamin** ($Kp._{100}$ 47—52°) 10 425.

***N*-[Cyclopentylmethyl]-amin,** Rk. 4155.

Dimethylaminomethylcyclopropan (Kp. 99 bis 100°) 16 656.

Cyclohexylamin (Aminocyclohexan) (Kp. 130 bis 136°), Bldg. 6011, 6586*, 7125, 8994, 18 775; (Mechanismus) 17 712; Darst.: d. Hydrochlorids 12 287; d. Perchlorats v. $^{14}C_{(1)}$-—, Umlager. d. aus — mit HNO_2 gebildeten Kations 14 457; v. Deriv. 12 641; IR-Absorpt.-Spektren d. Hydrohalogenide 6715; Lsg.-Abhängigk. d. ν(N—H) 10 028; pK-Best. 3040; Gefrierpunktskurven in bin. Syst. mit — 73; therm. Dissoziat. (Kinetik) v. N-Phenylphenylcarbamat u. Rk. in — 5992; Oxydat. 4494, 10 643*; Chlorsubstitution 18 041; Rk. mit W. 4338*; Darst., Verw. d. Salzes mit H_2S_8 (F. 145—147°) 7669*; Rk.: mit Hypochloriten 2708; mit Sulfaminsäure 6586*; mit K_3PO_4 u. Cu-Chromit-Ni 806; mit $B_{10}H_{14}$ 12 216; mit CS_2 (bzw. $COCl_2$) 1192; (bzw. Kohlenoxysulfid) 4530; (u. Na_2S) 14 644*; mit Dicyandiamid 2091*; Acetylier. 7106; Chloracetylier. 18 089; Rk.: mit Acetylenchloriden 7481; mit Pyridin 15 212; mit o- bzw. p-Nitrofluorbenzol 12 999; mit α-Chlor-β-nitrostyrol 15 566; mit 4-Amino-2-chlor-6-methyl-5-nitropyrimidin 6039; mit Aminodesoxyzuckern u. Purinderiv. 2463*; mit tert.-Butyl- bzw. Cumolhydroperoxid u. CH_2O 1027*; mit Divinylsulfon 18 471; mit 1-Oxa-4-thiacyclohexan-4.4-dioxid 16 496*; mit aromat. Diisocyanaten 4155; mit Arylguanylharnstoffen 17 007, 17 008; mit Ketonen 8789*; mit Diäthylenimino-dichlorbenzochinonen-(1.4) 1962; mit N-Cyclohexylidencyclohexylamin u. NH_4Cl bzw. $NH_2 \cdot SO_3H$ 4900; mit 2-Methylmercapto-4-amino-5-cyanpyrimidin 4641*; mit Na-2-Allyloxy-1.1.3.3-tetracyanpropen 1796*; mit Theophyllin-7-essigsäure bzw. ihrem 8-Nitroderiv. 13 763; mit Methylacrylat bzw. Methylmethacrylat 11 913; mit Äthylenmonothiolcarbonat 9302; mit Maleinsäureanhydrid-Deriv. 18 643*; mit Fluorsulfonylcarbonsäurefluoriden 1794*; mit 2-Phenyloxazol-4-carbonsäurechlorid bzw. -azid 3449; mit 4-Dimethylamino-2.2-diphenyl-valerylchloridsulfat 2825*; mit 1-[N-Benzyloxycarbamoyl]-imidazol bzw. 1.3.5-Tribenzyloxy-2.4.6-trioxohexahydro-1.3.5-triazin 10 840; mit Brenztraubensäure-N-cyclohexylimidchlorid (Kinetik) 11 148; mit N.N'-Carbonyldiimidazol 468; (bzw. N.N'-Carbonyldibenzimidazol bzw. N.N'-Carbonyldi-1.2.4-triazol bzw. Cyclohexylisocyanat) 8974; mit Phosphorsäure-Deriv. 8634, 8636; mit Phosphorsäure- bzw. Pyrophosphorsäureestern 8632; mit Adenosin-5'-phosphat 18 847; Darst. v. Salzen mit Steroid-21-phosphaten 13 136*; Rk.: mit d. Dibenzylphosphorsäure-Benzoesäure-Anhydrid 17 378; mit Chlorphosphorsäureestern 7850; mit Phosphorsäureesterdichloriden 13 205*; mit Äthyldichlorphosphat 16 538*; mit Phosphorsäurecyclohexylesterdichlorid 7699*; mit symm.-Diphenylpyrophosphat bzw. mit [N-n-Butylcarbamoyl]-O-phenylphosphat 8631; mit Na-Tribenzylpyrophosphat 8632; mit Dimethylphosphit 2707; mit Diphenylphosphit bzw. Phosphorsäurediphenylesterchlorid 2709; mit Phosphonsäure- oder Phosphormonoesterimiden 15 404*; mit Alkylboraten 15 038*; mit 5-O-Benzyl-2.3-O-isopropyliden-D-ribonolacton-(1 → 4) 16 324; Einfl.: auf d. katalyt. Hydrier. v. Chlorbenzol (Kinetik) 14 098; auf d. Mooney-Viscosität v. Naturkautschuk-Latex 11 585; auf d. übermol. Struktur d. aus Viscose regenerierten Cellulose 12 513; Wrkg. v. Deriv. auf d. hippocampale Syst. v. Katzen während d. Dressurleist. 17 482; Toxikologie 1704; Verw. 6140*, 16 184*, 17 915, 18 276*, 18 633*; (v. Salzen) 6958*, 17 241*; mkr. Nachw. als dibenzofuran-2-sulfonsaures Salz (F. 214—216°) 17 513; Best. (gaschromatograph.) 7643; (volumetr. in wasserfreiem Medium) 594.

Capronaldimin 806.

***N*-Propylpropionaldimin (*N*-Propylpropanaldimin)** (Kp. 99—101°), Darst., Rk. 4879; Rk. 13 722.

Acetonisopropylimid, Rk. 12 288.

$C_6H_{13}NO$ **1-Äthylmorpholin,** Kinetik d. durch — katalysierten Rk. v. Phenylisocyanat mit Thiolen 13 350.

2.6-Epoxy-1-aminohexan ([α-Tetrahydropyranyl]-methylamin) ($Kp._{15}$ 65°) 6406.

Cyclohexylhydroxylamin (F. 133—134°) 6587*.

***N*-Hydroxymethylpiperidin,** Rk. 1027*, 9702.

Piperidyl-(2)-methanol, Darst., Verw. v. Deriv. 5021*; (d. Form B) 2086*; Rk. 5023*.

Piperidyl-(3)-methanol (3-Hydroxymethylpiperidin) ($Kp._{14}$ 130—132°), Rk. 5023*, 7256*.

Piperidyl-(4)-methanol (4-Hydroxymethylpiperidin), Darst., Rk. 7256*; Rk. 5023*.

***N*(1)-Methyl-3-hydroxypiperidin,** Rk. 9347, 12 392*.

1-Methyl-4-hydroxypiperidin [1-Methylpiperidinol-(4)] (Kp. 140—150°), Darst. (Deriv.) 2374; (Rk.) 8609; Rk. 9341, 17 493*.

α-Pipecolinol-(3), spektroskop. Unters. 2375.

α-Pipecolinol-(5), spektroskop. Unters. 2375.

***N*-Pyrrolidinoäthanol (*N*-[β-Hydroxyäthyl]-pyrrolidin)** (Kp. 187—189°), Darst. 15 409*; (Rk.) 450, 18 071; Rk. 9341.

3-[β-Hydroxyäthyl]-pyrrolidin 3815.
1-Methyl-2-hydroxymethylpyrrolidin (Kp.$_{4}$ 57—58°), Rk. 8063*.
1-Methylpyrrolidyl-(3)-methylalkohol (Kp.$_{10}$ 115—120°), Darst. 12 839*, 17 929*; (Rk.) 11 736*; (Verw.) 10 565*, 13 951*; Rk. 5768*, 10 932*, 14 138, 14 242*.
1-Äthylpyrrolidinol-(3) (Kp.$_{35}$ 107—110°), Darst. (klin. Prüf.) 4240; (Rk.) 7624*.
1-Aziridinobutanol-(1) (Kp.$_{20}$ 35°) 11 555.
2-Aminohexen-(5)-ol-(1) (Kp.$_{1,5}$ 80—81°) 6370.
2-Aminocyclohexanol (F. 67—68°), Darst., Rk. v. dl-trans-— 9701; Bldg. 18 775; Rk. 2908*; (v. DL-cis- u. trans-—) 3071.
3-Aminocyclohexanol (Kp.$_{13}$ 118—122°) 11 868.
4-Aminocyclohexanol, Rk. 4494.
cis-**1-Hydroxy-2-methylaminocyclopentan** [*cis*-**2-Methylaminopentanol**] (F. 48°), Darst., Best v. intramol. H-Brücken aus d. ν(OH) 13 336.
trans-**1-Hydroxy-2-methylaminocyclopentan** [*trans*-**2-Methylaminopentanol**] (F. 58 bis 59°), Darst., Rk., Best. v. intramol. H-Brücken aus d. ν(OH) 13 336.
2-Aminoisobutylvinyläther, Rk. 13 224*.
N-**Dimethylaminoäthylvinyläther**, Verw. 13 597*.
α-**Dimethylaminoisobutyraldehyd**, kernmagnet. Resonanzspektrum 11 856.
Diäthylaminoacetaldehyd, Hydrochlorid 7145.
2-Amino-4-methylpentanon-(3), Darst., Rk. d. Hydrochlorids 3081; Rk. d. Hydrochlorids 3082.
4-Dimethylaminobutanon-(2), Rk. 16 275.
1-Dimethylaminobutanon-(3) (**Methyl-[β-dimethylaminoäthyl]-keton**) (Kp.$_{22}$ 65 bis 67°), Darst., Pikrat 8217; Rk. 844, 17 851*.
Dimethylaminomethylcyclopropan-*N*-oxid 16 656.
Capronsäureamid, magnet. Mol.-Rotat. 9287; Temp.-Abhängigk. d. Kristallisat.-Geschw. v. Poly-6-— 12 315; Mechanismus d. Faden-Bldg. aus Schmelzen v. Poly-— 2392; mkr. Identifizier. 17 874.
4 Methyl-*n*-valeriansäureamid, mkr. Identifizier. 17 874.
N-**Äthylbutyramid**, Radikalstellenbldg. 4136.
N-**Butyryldimethylamin**, Red. 13 723.
Dimethylisobutyramid (**Isobuttersäuredimethylamid**), Rk. 7480, 11 181.
N-*n*-**Propylpropionamid**, Radikalstellenbldg. v. — u. N-D$_{2(?)}$-— 4136.
N-**Methyl-*N*-äthylpropionsäureamid**, Polymerisationsenthalpie 4480.
sek.-**Butylacetamid**, Rk. 4873.
N-*tert.*-**Butylacetamid** (F. 99—100,5°), Darst. 14 478; Dissoziat.-Konst. in Essigsäure 4861.
N.N-**Diäthylacetamid** (**Diäthylessigsäureamid**), Bldg. 13 201*; Verw. 15 021*, 19 072*.

$C_6H_{13}NOS$ **2-Morpholinoäthylmercaptan** (*N*-[**2-Mercaptoäthyl]-morpholin**, *N*-**Morpholylcysteamin**) (Kp.$_{26}$ 107—111°), Darst. 9302, 9303 [2 Ref.], 9304, 9305; Strahlensensibilisier. v. Muskel-Glyceraldehyd-3-phosphatdehydrogenase durch —-Hydrochlorid 13 471.
S-**Butyrylmercaptoäthylamin**, Rk. d. Hydrochlorids 15 331*.

$C_6H_{13}NOS_2$ **Diäthylaminomethylxanthogensäure**, Salze 2145*.

$C_6H_{13}NO_2$ (s. *Alloisoleucin*; *Isoleucin*; *Leucin*; *β-Leucin* [*β-Aminoisocapronsäure*]; *Norleucin* [*α-Aminocapronsäure*]).
1-Nitrohexan, Rk. 13 764.
β-**Hydroxyäthylmorpholin** [**β(2)-Morpholinoäthanol**] (Kp. 227—228°), Darst. 13 211*; (Rk.) 450, 14 498, 18 071; Rk. 1596, 7693*, 9341.
5-Aminomethyltetrahydrofurfurylalkohol (**5-Hydroxymethyltetrahydrofurfuryl-2-amin**) (Kp.$_{0,08}$ 76,6—81,8°), Darst. 6971*, 7331*, 13 577*; (Verw., Deriv.) 16 138*.
2-Hydroxy-3-allyloxypropylamin, Nachw. 7269.
3-Oximino-4-methylpentanol-(2) (F. 93 bis 94°) 18 794.
β-*N.N.N*-**Trimethylammonioacroleinhydroxid**, polarograph. Verh. d. Perchlorats 4479.
ε(**6**)-**Aminocapronsäure** (F. 200—204°), Darst. 1408*, 1409*, 1572, 2905*, 7326*, 15 027*; (Rk.) 12 260, 15 991; Darst., Spaltbark. v. Poly-— durch Trypsin 15 645; Darst., Rk. d. Hydrochlorids 17 036; Darst. v. Deriv. 4496, 11 158; Bldg., Rk. v. — u. —-Na-Salz 9744; über cycl. Oligamide aus — 10 489; Bezieh. zwischen Brechungsindex u. chem. Struktur 11 502; Komplexe d. Vermiculits mit — 4445; Rk. 810, 5219, 5471*, 11 158; Abbau v. Poly-ε-caprolactam in Ggw. v. — durch eine Austausch-Rk. zwischen Amid-Bind. 11 947; Polyamidierungsprozeß im festen Zustand 17 055; katalyt. Wrkg. auf d. Polymerisat. v. Caprolactam 7544; Polykondensat. v. ε-Caprolactam mit — als Initiator 18 687; — als Trypsin-Substrat 13 431; Einfl. auf spinale Reflexe 11 276; Hemm. d. lokalen Shwartzman-Phänomens durch — 8670; sympathicomimet. Wrkg. 8706; Wrkg. auf d. Blut. nach Prostatektomie 2068; antifibrinolyt. Aktivität (thromboelastograph. Unters.) 13 829; Mechanismus d. Lysis v. Blutgerinnsel durch Streptokinase u. Wrkg. d. — 13 829; antagonist. —-Effekt auf blutdrucksenkende Präparate 3177; Hemm. d. bei d. Ratte durch Dextran bewirkten Blutdruckabfalls durch — 16 751; Nachw. in Polyamiden 6225.
2-Methyl-4-aminopentansäure (F. 220 bis 223° Zers.) 16 674.
3-Methyl-4-aminopentansäure (F. 180 bis 183° Zers.) 16 674.
3-Äthyl-4-aminobuttersäure (F. 178—180° Zers.) 16 674.
α-**Methyl-DL-valin**, Einfl. auf d. Biogenese d. Actinomycine 18 887.
α-**Amino-*tert.*-butylessigsäure** (**Pseudoleucin**) 14 459.
3.3-Dimethyl-4-aminobuttersäure (F. 218 bis 220° Zers.) 16 674.
N-**Methylvalin** 182, 12 025*, 18 484.
4-Dimethylaminobuttersäure (F. 100°) 810.
α-*n*-**Propylaminopropionsäure**, Rk. d. Hydrochlorids 13 127*.
α-**Isopropylaminopropionsäure**, Rk. d. Hydrochlorids 13 128*.
Diäthylaminoessigsäure (*N.N*-**Diäthylglycin**), Darst., Rk. 18 071; Rk. 9518*; (v. — u. Deriv.) 16 412*.
Norvalinmethylester 2708.
δ-**Aminovaleriansäuremethylester**, Hydrochlorid (F. 138°) 15 645.
L-**Valinmethylester**, Rk.: mit Aminosäuren bzw. Peptiden 6376; mit Aminosäureestern 6372; mit Carbobenzoxyglycin in Ggw. v. Chlorkohlensäureisobutylester 3429; mit N-Carbobenzoxy-L-glutamyl-L-valinmethylester 7119; mit N-Carbobenzyloxy-L-valyl-L-tyrosin 14 325*; d. Hydrochlorids mit N-Trifluoracetyl-L-valinvinylester 17 001.
α-**Aminobuttersäureäthylester**, Darst., Rk. v. (—)-—-Hydrochlorid 14 458; Massenspektrum 13 705; Rk. 15 029*; (d. Hydrochlorids) 14 458.
β-**Aminobuttersäureäthylester**, Massenspektrum 13 705; Rk. 17 716.
γ-**Aminobuttersäureäthylester**, Massenspektrum 13 705.
β-**Alaninisopropylester**, Rk. 2169*.
β-**Methylaminopropionsäureäthylester**, Rk. 9709.

3-Methylamino-2-methylpropionsäure-methylester 18 206*.
Glycinisobutylester, Rk. 12 264.
Glycin-*tert.*-butylester (F. 136°), Darst. d. Hydrochlorids 4501, 4503; Rk. 4502.
Dimethylaminoäthylacetat, Wrkg. auf d. elektr. Aktivität einer Einzelelektroplax 18 553.
1-Imino-2-isopropoxyäthylmethyläther (Kp. 232—237°) 7111.
α-Hydroxycapronsäureamid (F. 142—144°) 15 558.
δ-Hydroxycapronsäureamid (F. 70°) 1954.
erythro-**3-Acetamidobutanol-(2)** (Kp.$_{1,5}$ 123°) 11 912.
***N.N*-Dimethyläthoxyacetamid**, Verw. 10 298*.
4-Methylpentyl-(2)-nitrit, Rk. 5622.

$C_6H_{13}NO_2S$ (s. *Äthionin* [*2-Amino-4-(äthylmercapto)-buttersäure*]).
2.6-Dimethyltetrahydro-1.4-thiazindioxid (2.6-Dimethyl-4(„1")-aza-1(„4")-thiacyclohexan-1.1(„4.4")-dioxid) (F. 72°) 13 633*, 16 495*.
3.5-Dimethyltetrahydro-1.4-thiazindioxid (Kp.$_1$ 130—135°) 13 633*.
3-Dimethylaminosulfolan (Kp.$_{1,5}$ 135°) 15 954.
Homocysteinäthylester, Einfl. v. pH u. Gruppenwechselwrkg. auf d. Reaktivität v. — 6865.
***S*-Äthylcysteinmethylester**, Wrkg. auf d. Stoffwechsel d. Ehrlich-Ascites-Carcinoms 10 869.
L-Methioninmethylester, Rk. 9679.
***N*-Isopropylcarbaminsäure-2-mercaptoäthylester** (Kp.$_{1,0}$ 93°) 9303.
Schwefligsäuremethylesterpiperidid, Rk. 446.
rac.-**2.4-Dimethylbutansultam-(1.4)** (F. 121 bis 123°) 3421.
isomeres rac.-**2.4-Dimethylbutansultam-(1.4)** (F. 53—56°) 3421.

$C_6H_{13}NO_3$ **4-Nitrohexanol-(3)**, therapeut. Verw. 1708*.
2-Äthoxy-3-nitrobutan (Kp.$_{1,5}$ 47—58°) 15 920.
α-Amino-β-hydroxycapronsäure (Hydroxynorleucin, β-*n*-Propylserin) (F. 228°), Darst., Deriv. v. threo- — u. erythro- — 1197; Darst. (Verw.) 14 616*; (v. Deriv.) 1226.
ε-Amino-α-hydroxycapronsäure, — als Stoffwechselprod. v. markierter Pipecolinsäure bei Acacia phyllodes 2784.
Hydroxyleucin, Abtrennen v. —-halt. Aminocarbonsäure-Gemischen aus ihren Roh-Lsg. 13 945*.
α-*n*-Propylserin (F. 290° Zers.) 9677.
β-[2-Hydroxyäthylamino]-buttersäure (F. 181,5—183,5°) 13 033.
β-Hydroxy-γ-dimethylaminobuttersäure (Norcarnitin), Wrkg. auf d. Fettsäureoxydat. durch d. Herzmuskel 18 876.
***N*-Methyl-*N*-[2-hydroxypropyl]-aminoessigsäure** (F. 147—149°), Darst. (Rk., Deriv.) 15 217; (d. Cu-Komplexes) 12 627.
2-Amino-4-äthoxybuttersäure, Verw. 14 998*.
Threoninäthylester, Massenspektrum 13 705.
***N*-[2-Hydroxypropyl]-carbaminsäureäthylester** (Kp.$_3$ 129°) 7888.
***N*-[2-Hydroxy-1-methyläthyl]-carbaminsäureäthylester** (Kp.$_5$ 128°) 7888.
***N*-Carbäthoxy-*N*-*n*-propylhydroxylamin** (Kp.$_{13}$ 106—108°) 7114.
α.γ-Dihydroxy-β.β-dimethylbutyramid („Pentamid"), Darst. v. d-(+), *l*-(—)- u. dl- — 6582*; Rk. 5396* [2 Ref.], 5472*.
4-Äthoxy-2-hydroxybutyramid, Verw. 14 998*.

$C_6H_{13}NO_3S$ **4-Hydroxyäthyltetrahydro-1.4-thiazindioxid (*N*-Hydroxyäthyl-1-aza-4-thiacyclohexan-4.4-dioxid)** (Kp.$_1$ 190 bis 197°) 13 633*, 16 495*.
4-Dimethylaminosulfolanol-(3) (F. 103 bis 104° korr.) 15 955.
DL-Äthioninsulfoxid (F. 227° Zers.) 17 717.
Dihydroalliin (*S*-Propylcysteinsulfoxid), Vork. 8827, 13 438.
Cyclohexylsulfaminsäure (Cyclaminsäure), Darst. d. Na-Salzes 6587*; Einfl. auf d. Hydrier. v. N-Benzylidenbutylamin 9669; Verw. v. *Cyclamat* als Süßstoff (Übersicht) 15 801; Vgl. v. *Cyclamate* bzw. *Sucaryl* mit anderen Süßstoffen 4632; Verw.: v. —-Salzen in stabiler fl. Süßstoffmisch. 15 805*; v. *Cyclamaten* (in künstl. Süßstoff für d. Herst. einer Gelatinespeise) 7740*; (beim Pökeln) 1069*, 6248*, 12 503*; als Vulkanisat.-Regler 9180*; Trenn. u. Erkenn. v. —, Dulcin u. Saccharin 4381; Nachw. 243; (Farbrk. d. Na-Salzes) 11 409.

$C_6H_{13}NO_3Si$ **4.6.11-Trioxa-1-aza-5-silatricyclo-[3.3.3.0]-undecan** (F. 253—256°) 126.
β-Cyanäthyltrimethoxysilan (Kp.$_{10}$ 103 bis 105°) 8948.

$C_6H_{13}NO_4$ (s. *Mycosamin* [*Mykosamin, 3-Amino-3.6-didesoxy-D-aldohexose*]).
1-Nitro-3.3-dimethylbutandiol-(2.4) (F. 57—57,5°) 8942.
2-Nitro-2-*n*-propylpropandiol-(1.3), Verw. 1708*.
2-Nitro-2-isopropylpropandiol-(1.3), Verw. 1708*.
Pneumosamin, Hydrochlorid (F. 162—163°) 5718.
3-Amino-3.6-didesoxy-L-glucose, Deriv. 7155.
2.3-Didesoxy-2-amino-D-mannose (3-Desoxy-D-mannosamin), Hydrochlorid 4545.
3-Amino-3.6-didesoxy-L-talose 7155.
Methyl-3-amino-3-desoxy-α-D-xylopyranosid, Rk. 16 322.
Methyl-3-amino-3-desoxy-β-D-xylopyranosid, Rk. 16 322.
Methyl-3-amino-3-desoxy-β-L-xylopyranosid, Rk. 16 322.
Methyl-3-amino-3-desoxy-α-D-arabinofuranosid, Rk. 16 322.
Methyl-3-amino-3-desoxy-β-D-ribofuranosid (F. 107—109°) 16 323.
3-Desoxy-D-galaktosamin, Konfigurat. d. Hydrochlorids 4545.
3-Desoxy-D-isoglucosamin, Darst., Rk. 4545; Bldg. im Gemisch mit D-Isoglucosamin 4544.
Acetaldehydäthyl-β-nitroäthylacetal, Rk. 10 047.
***N.N*-Bis-[2-hydroxyäthyl]-aminoessigsäure (*N.N*-Bis-[2-hydroxyäthyl]-glycin)** (F. 193—195°), Darst. 12 458*, 15 218; Verh. als Chelatbildner in physiolog. Syst. 7230; Verw.: d. Alkalisalze 985*; d. Na-Salzes 10 651*, 12 096*; als Maskierungsreagens bei d. Trenn. v. Sr u. Ca 14 629.

$C_6H_{13}NO_4S$ **1-Thio-D-glucosamin** 8992.
6-Thio-D-glucosamin, Deriv. 8992.
DL-Äthioninsulfon (F. 243° Zers.) 17 717.
***N*-Formyl-α-methyl-β-äthyltaurin**, S-Benzylisothiuroniumsalz (F. 178,5 bis 179°) 95.

$C_6H_{13}NO_5$ *rac.*-**Inosamin-(2)**, Rk. 8590.
rac.-**Inosamin-(5)** (F. 180—183°) 8591.
Myoinosamin-(2) (F. 175—195° Zers.) 8591.
Neoinosamin-(1) (F. 240° Zers.) 8591.
5-Amino-5-desoxyneoinosit, Rk. d. Hydrochlorids 15 197.
Scylloinosamin, Rk. 8590.
D-Allosamin, Methyläther v. — 5676.
D-Altrosamin, Methyläther v. — 5676.
D-Galaktosamin (Chondrosamin, 2-Amino-2-desoxygalaktose), Bldg. 2759; Methyläther v. — (Übersicht) 5676; Rk. 14 622*, 18 568*; (d. Hydrochlorids) 6780; Vork.: in Antibioticis (Übersicht) 16 056; in einem Polysaccharid aus Bacillus subtilis 177; Bind. in d. Mucopolysacchariden d.

$C_6H_{13}N_3S$ **2-Aminoäthyl-*N*-allylisothioharnstoff,** Dihydrobromid (F. 102—105°) 451.
2-Mercaptoäthyl-*N'*-allylguanidin, strahlenprotektive Wrkg. d. Hydrobromids 1683.
***n*-Valeraldehydthiosemicarbazon** (F. 64°) 13 369.
$C_6H_{13}N_4O_2PS$ **x-[*O.O*-Diäthylthiophosphoryl]-3-amino-1.2.-4-triazol** (F.82—85°) 11 187.
$C_6H_{13}N_4O_3P$ **x-[*O.O*-Diäthylphosphoryl]-3-amino-1.2.4-triazol** 11 187.
$C_6H_{13}N_5$ **5-Butyl-3.4-diamino-1.2.4-triazol** (F. 183,5—185°) 10 096.
$C_6H_{13}N_5O$ s. *ABOB* [*N.N'-Anhydro-bis-(β-hydroxyäthyl)-biguanid, 3-Oxapentamethylenbiguanid{ hydrochlorid }*].
$C_6H_{13}N_5O_3$ **1-*n*-Pentyl-3-nitro-1-nitrosoguanidin,** Wrkg.: auf 1-Methyl-3-nitro-1-nitrosoguanidin-resistente Escherichia coli-Stämme 18 510; gegenüber Ascitestumoren in Mäusen 3124.
1-*n*-Butyryl-5-aminoformylcarbohydrazid (F. 240°) 3427.
$C_6H_{13}N_5O_4$ **N^{ω}-Nitro-D-arginin** (F. 253—254°) 5638.
N^{ω}-Nitro-L-arginin (F. 252—254°), Darst. 5638; Bldg., Poly-— 13 057; Rk. 1200.
$C_6H_{13}N_7$ **4.6-Bis-[1'-methylhydrazino]-5-aminopyrimidin** (F. 180°) 10 463.
$C_6H_{13}Na$ ***n*-Hexylnatrium,** stereospezif. Polymerisat. v. Styrol mit — 3830.
$C_6H_{13}OPS_2$ **Dimethylthiolphosphinsäurevinylmercaptoäthylester** ($Kp._{0,01}$ 84°) 5819*, 18 249*.
$C_6H_{13}O_2PS$ **Vinylthionophosphonsäurediäthylester** ($Kp._{10}$ 75—76°) 13 367.
$C_6H_{13}O_2PS_2$ **2-Mercapto-2-thiono-4.4.5.5-tetramethyl-1.3.2-dioxaphospholan** (F. 67,5 bis 68,5°) 18 833.
$C_6H_{13}O_2PS_3$ ***O.O*-Dimethylthionothiolphosphorsäurevinylmercaptoäthylester** ($Kp._{0,01}$ 90°) 5819*, 18 249*.
$C_6H_{13}O_3P$ **Vinylphosphonsäurediäthylester** ($Kp._2$ 59—60,5°), Darst., Rk. 14 529; Bldg. 11 159; Rk. 8589, 16 705.
Butylphosphonsäurephostonäthylester ($Kp._1$ ca. 100°) 18 638*.
$C_6H_{13}O_3PS$ ***O.O*-Dimethyl-*O*-crotylthiophosphat** ($Kp._3$ 82—83°) 8581.
***O.O*-Dimethyl-*S*-[α-methylallyl]-thiophosphat**($Kp._3$ 95—96°) 8581.
***O.O*-Dimethyl-*S*-[γ-methylallyl]-thiophosphat** ($Kp._3$ 110°) 8581.
$C_6H_{13}O_4P$ **Cyclohexylphosphorsäure,** Rk. 10 278*.
$C_6H_{13}O_4PS$ **Thiophosphorsäurediäthyl-*S*-[formylmethyl]-ester** ($Kp._{0,04}$ 82°) 18 798.
$C_6H_{13}O_5P$ **Methyltetrahydrofurfurylorthophosphorsäureester** 10 423.
Carbäthoxymethylphosphonsäuredimethylester (Dimethylcarbäthoxymethylphosphonat), Darst., Rk. 1832; Rk. 1203.
Phosphonameisensäuremethylesterdiäthylester ($Kp._7$ 112—115°) 15 931.
Methylphosphonsäuremethyl-[carbäthoxymethyl]-ester ($Kp._{1,5}$ 97—98°) 2713.
$C_6H_{13}O_7P$ **Mevalonsäurephosphat,** Herst. v. Gibberellinsäure aus — 15 436*.
α.β-Methyl-2-desoxy-D-ribofuranosid-5-phosphat, Dicyclohexylammoniumsalz (F. 173° Zers.) 3099.
$C_6H_{13}O_8P$ **2-Desoxyglucose-6-phosphat,** Bldg. in Krebszellen 7928; Spalt. durch d. alkal. Phosphatase aus menschl. Leukocyten 13 072; Bezieh. zwischen Hexosemonophosphatase mit — als Substrat u. Gär. 3850.
Methyl-D-ribofuranosid-2-phosphat 13 400.
Methyl-D-ribofuranosid-3-phosphat 13 400.
L-Rhamnulosephosphat, Bldg. beim L-Rhamnosestoffwechsel v. E. coli 11 597.
$C_6H_{13}O_9P$ (s. *Hexosephosphorsäuren* [*Hexosephosphate*]).
Inositmonophosphat (Inositmonophosphorsäure[ester]), Darst. 13 444; Abbau v. Glyceroinositphosphatidsäure aus Getreidekörnern durch heiße Essigsäure zu einem — 10 147; — als enzymat. Hydrolysenprod. v. Phytin 12 363; enzymat. Hydrolyse 9050; Rolle bei d. Cytochrom-c-Oxydase-Aktivität 13 066.
Mesoinositmonophosphat, Bldg. durch chem. oder enzymat. Hydrolyse v. Phytinsäure 8660.
D-Myoinosit-1-phosphat, Darst., Konfigurat. d. Dicyclohexylammoniumsalzes 9687.
L-Myoinosit-1-phosphat, Konfigurat. 9687.
Inosit-2-monophosphat, Vgl. v. synthet. — mit Mesoinositmonophosphaten aus d. chem. oder enzymat. Hydrolyse v. Phytinsäure 8660.
(±)-Myoinosit-4-dihydrogenphosphat 15 197.
Myoinosit-5-dihydrogenphosphat 15 198.
Galaktose-1-phosphat, Bldg. aus Galaktose durch Stamm-L-Gewebezellkulturen 10 511; — im Stoffwechsel v. Galaktose in polymorphonuclearen Leukocyten v. Kaninchen 17 823; enzymat. Hydrolyse 887; Hemmwrkg. v. Galaktosiden auf d. Wachstum v. Escherichia coli durch fehlende —-Bldg. 3511; — als Inhibitor d. Wachstums verschied. Mutanten v. Escherichia coli 17 798; Vork. bei d. Milchsekret. während d. späten Schwangerschaft, in Colostrum u. Milch während d. frühen Lactat. bei Kühen u. Ziegen 15 294; Anwend. bei d. colorimetr. Meth. zur Entdeck. v. Überträgern d. Galaktosämie 16 363.
Galaktose-6-phosphat, enzymat. Bldg. 166; enzymat. Spalt. 13 072; Hemm. v. Phosphodesoxyribomutase durch — 11 963; —-Geh. d. Galaktogens aus Eiern v. Helix pomatia 10 891; Identifizier. in galaktosäm. Erythrocyten 8320.
Glucosemonophosphat, Einbau: v. ^{14}C in — nach Behandl. v. Bäckerhefe mit ^{14}C-Glucose 2410; v. ^{14}C-(5.10.15)-Farnesylpyrophosphat in Phycomycescarotinoide in Ggw. v. — 6825; Best. d. pH in —-Lsg. nach d. Chinhydronmeth. 16 786.
Glucose-1-phosphat, katalyt. Wrkg. v. Th- u. Zr-Ionen auf — 12 000; enzymat. Hydrolyse 887; Spalt. durch d. alkal. Phosphatase aus menschl. Leukocyten 13 072; enzymat. Dephosphorylier. v. — in d. Rattenleber bei Medinalschlaf 18 188; Verwert. durch d. Enzymsyst. v. Mitochondrien aus Mäuse-Gehirn u. -Leber 9761; Hemm. d. Phosphoglucomutase durch — 4576; enzymat. Synth. v. Thymidindiphosphoglucose aus — 6813; Best. d. nichtspezif. alkal. Phosphatase durch Einw. auf — 12 700; Rk. mit 3-Amino-1.2.4-triazol unter physiolog. Beding. d. Pflanze 11 233; Enzymaktivitäten in Wurzelmeristemzellen nach Behandl. mit — 2405; Phosphorylaseaktivität v. Fettgewebe in Ggw. v. — 165; Einfl. auf d. KF-Hemm. d. Produkt. v. pentosehalt. Polysacchariden durch Torulopsis flavescens 5712; Ersatz d. Ascites-Fl. bei d. Kultivier. v. Borrelia vincentii durch — 14 184; Bldg. durch Phosphorylierungsprozesse bei d. Photosynth. höherer Pflanzen 5347; —-Aufnahme in Schnitten d. reif u. unreif gelagerten Pflanzengewebes 12 344; Prüf. auf Beeinfluss. d. Wachstums abgeschnittener Tomatenwurzeln 10 151; Biosynth. v. Kreatinin aus Phosphokreatin in Ggw. v. — 2770; Bldg.: bei d. Glykogenolyse (Einfl. v. Colamin u. seinen Abkömmlingen) 917; v. 5-Ribouracildiphosphoglykosylverb. aus — 10 508; — beim Fructosestoffwechsel in tier. Geweben 8659; Kapazität d. Rattengewebes zur Bldg. v. Heptulosephosphat aus — bei Thiaminmangel 9792; Wrkg. auf d. Glykogenspeicher bei normalen u. diabet. Tieren 6097; Einfl. auf d. Glykolyse bei metabol. Myopathie 929; —-Geh. im Zentralnervensyst. bei d.

Gammabestrahl. mit ^{60}Co 16 044; durch — beim Bilirubin-Geh. d. Blutes induzierte Modifikat. 7226; Undurchlässigk. d. Erythocyten für — 1666; Bldg. bei d. Phosphorylier. d. Glucose im Hoden 11 233; Vork. bei d. Milchsekret. während d. späten Schwangerschaft, in Colostrum u. Milch während d. frühen Lactat. bei Kühen u. Ziegen 15 294; Einfl. auf d. mitosehemmende Wrkg. v. Röntgenstrahlen in Megaloblasten v. Hühnerembryonen 13 421.

α-D-Glucose-1-phosphat, Rk. d. Brucinsalzes mit 5-Bromuridin-5'-phosphoramidat 4178; Gleichgew.-Konst. d. Phosphorylübertrag. v. $C_{(1)}$ auf $C_{(6)}$ d. — 3502; — als Phosphat-Donator bei durch Glucose-1-phosphatphophotranspherase aus Escherichia coli katalysierten Transphosphorylier.-Rk. 16 010.

β-D-Glucose-1-phosphat, Darst., Rk. d. Brucinsalzes 4178 [2 Ref.;] für — spezif. Phosphoglucomutase 9760; enzymat. Rk. mit Glucosaminen 10 513; — als Phosphat-Donator bei durch Glucose-1-phosphatphosphotranspherase aus Escherichia coli katalysierten Transphosphorylier.-Rk. 16 010.

Glucose-6-phosphat (6-Phosphoglucose), Darst. 14 510; Hydrolyse (Geschw.) 1612; (Änder. d. freien Energie) 15 902; Rk. 3502, 14 514; katalyt. Wrkg. v. Th- u. Zr-Ionen auf — 12 000; Bldg. durch d. für β-Glucose-1-phosphat spezif. Phosphoglucomutase 9760; Hemm. v. Phosphodesoxyribomutase durch — 11 963; enzymat. Glucosaminsynth. aus — 11 235; Hydrolyse: durch ein Phosphatasepräp. aus Erbsensamen 887; durch Glucose-6-phosphatase d. Leber 16 010; mögl. Bldg. v. Phosphorylenzymen, katalysiert durch Glucosephosphatase in Ggw. v. — 10 510; Best. d. spezif. Glucose-6-phosphatase durch Einw. auf — 12 700; Bldg. v. ungleich markiertem Fructose-6-phosphat durch eine v. Transaldolase katalysierte Austausch-Rk. mit $^{14}C_{(4)}$-— 6069; Einfl. auf d. Hexokinase-Aktivität in Spirochäten 510; Bezieh. zwischen Enzymaktivitäten d. Shunt d. — u. Mitochondrien 6068; Enzymaktivitäten in Wurzelmeristemzellen nach Behandl. mit — 2405; Einfl. auf d. Uridindiphosphatglucose-Glykogen-Transferase in tier. Geweben 9761; enzymat. Meth. zur Best. v. Pyridinnucleotiden in Extrakten tier. Gewebe in Ggw. v. — 15 635; Hemm. v. Dehydrogenasen menschl. Leukocyten durch — 161; Spalt. durch d. alkal. Phosphatase aus menschl. Leukocyten 13 072; Verwert. durch Enzymsyst. v. Mitochondrien aus Mäuse-Gehirn u. -Leber 9761; Phosphomonoesteraseaktivität v. Präp. aus Mäuseleber gegenüber — 17 443; am —-Stoffwechsel d. Nebenniere beteiligte Enzym-Aktivitäten in d. Schwangerschaft 14 911; — als N-Acceptor bei d. enzymat. Synth. v. Glucosamin-6-phosphat bei Blastocladiella emersonii 4579; —-Stoffwechsel in Pasteurella multocida 7934; Rolle bei d. Red. v. Sulfat zu Sulfit durch Hefeextrakte 6820; Wrkg. v. Fe u. chelatbildenden Agentien auf d. Carboxylierungsrk. mit — in Pflanzenhomogenaten im Dunkeln 15 657; Bldg.: durch Phosphorylierungsprozesse bei d. Photosynth. höherer Pflanzen 5347; v. akt. — im lebenden Scutellum v. Weizenkeimlingen in radioakt. Glucose-Lsg. 2033; Oxydat. durch Mitochondrien v. Karottengewebe 17 449; Prüf. auf Beeinfluss. d. Wachstums abgeschnittener Tomatenwurzeln 10 151; Einbau v. ^{32}P-Orthophosphat in — durch Erbsenpflanzen 12 344; Einfl. auf d. Progesteron-Bldg. 18 525; — beim Fructosestoffwechsel in tier. Geweben 8659; Kapazität d. Rattengewebes zur Bldg. v. Heptulosephosphat aus — bei Thiaminmangel 9792; Oxydat. im Krebsgewebe 15 999; Bedeut. für d. α-Glycerinphosphat-Synth. in Homogenaten v. adipösem Gewebe 16 363; — im Stoffwechsel (v. Ascitestumorzellen nach Zugabe v. Glucose) 2765; (in durch Virus d. Rous-Sarkoms hervorgerufenen Tumoren) 17 069; —-Geh.: im Zentralnervensyst. bei d. Gammabestrahl. mit ^{60}Co 16 044; in Küchenschabennerven (Unters. mit ^{32}P) 8696; im Blut bei heterozygoten Trägern u. Patienten mit Glykogenspeicherungskrankh. (Gierkesche Krankh.) 6483 [2 Ref.]; d. menschl. Erythrocyten bei d. Lager. in saurer Citratdextrose (Wrkg. v. Inosin) 7218, 12 357; — im P-Stoffwechsel in menschl. Erythrocyten 3873; Hemm. d. O_2-Verbrauchs menschl. Erythrocyten durch Hexetidin in Ggw. v. — 17 110; Erhöh. d. —-Konz. im perfundierten Rattenherzen durch Respirat. v. Ketonkörpern, Fettsäuren u. Pyruvat 17 444; Aktivier. d. Glykogensynth. im Gehirn durch — 169; Fettsynth. in zellfreien Präp. d. Heuschreckenfettkörper in Ggw. v. — 17 084; Bldg.: v. Adenosintriphosphat in d. Kristallinse nach Inkubat. mit — 9761; bei d. Phosphorylier. d. Glucose im Hoden 11 233; Vork. bei d. Milchsekret. während d. späten Schwangerschaft, in Colostrum u. Milch während d. frühen Lactat. bei Kühen u. Ziegen 15 294: Einfl.: auf d. Synth. v. Fettsäuren aus Acetat durch eine lösl. Frakt. aus d. lactierenden Rattenmilchdrüse 6825; auf d. Glykolyse bei metabol. Myopathie 929.

Mannose-6-phosphat, Spalt. durch d. alkal. Phosphatase aus menschl. Leukocyten 13 072; Kapazität d. Rattengewebes zur Bldg. v. Heptulosephosphat aus — bei Thiaminmangel 9792.

Fructose-1-phosphat, Spalt.-Geschw. v. — durch Aldolase aus Serum 12 329; Verwert. durch d. Enzymsyst. v. Mitochondrien aus Mäuse-Gehirn u. -Leber 9761; Nachw. beim Fructosestoffwechsel in tier. Geweben 8659; Abtrenn. v. — durch Ionenaustausch mit Borat als Eluans 11 233.

Fructose-6-phosphat, katalyt. Wrkg. v. Th- u. Zr-Ionen auf — 12 000; Bldg.: v. ungleich markiertem — durch eine v. Transaldolase katalysierte Austausch-Rk. 6068; in einem Sedulosediphosphatase-halt. wiederhergestellten Mehr-Enzym-Syst. (Sedoheptulose-7-phosphat als Katalysator) 166, 11 965; v. nichtphosphorylierter Sedoheptulose nach d. Transaldolase-Mechanismus zwischen — u. D-Erythrose 11 234; durch Phosphorylierungsprozesse bei d. Photosynth. höherer Pflanzen 5347; v. akt. — im lebenden Scutellum v. Weizenkeimlingen in radioakt. Glucose-Lsg. 2033; Hydrolyse durch ein Phosphatasepräp. aus Erbsensamen 887; Spalt. durch d. alkal. Phosphatase aus menschl. Leukocyten 13 072; — als N-Acceptor bei d. enzymat. Synth. v. Glucosamin-6-phosphat bei Blastocladiella emersonii 4579; Hemm.: v. Phosphodesoxyribomutase durch — 11 963; v. Dehydrogenasen menschl. Leukocyten durch — 161; Katalysier. d. Aufnahme v. ^{14}C-Glykolaldehyd in — durch Transketolase 1266; Einbau v. ^{14}C in — nach Behandl. v. Bäckerhefe mit ^{14}C-Glucose 2410; Einbau v. ^{32}P-Orthophosphat in — durch Erbsenpflanzen 12 344; — beim Fructosestoffwechsel in tier. Geweben 8659; Kapazität d. Rattengewebes zur Bldg. v. Heptulosephosphat aus — bei Thiaminmangel 9792; Bldg. bei d. Glykogenolyse (Einfl. d. Colamins u. seiner Abkömmlinge) 917; hemmende Wrkg.

d. Lebermitochondrien auf d. Glykolyse bei Anwend. v. — als Substrat 10 519; Beeinfluss. d. Glykolyse v. Ehrlich-Ascitestumoren durch — 3489; — im Stoffwechsel v. Ascitestumorzellen nach Zugabe v. Glucose 2765; Glucosephosphat-Isomerase-Gleichgew. zwischen Glucosamin-6-phosphat u. — im Stoffwechsel d. Glucosamins in Ascitestumorzellen 17 434; —-Geh. im Zentralnervensyst. bei d. Gammabestrahl. mit ^{60}Co 16 044; — im P-Stoffwechsel in menschl. Erythrocyten 3873; Einfl. v. Thiamin auf d. — d. Erythrocyten 13 835; Erhöh. d. —-Konz. im perfundierten Rattenherzen durch Respirat. v. Ketonkörpern, Fettsäuren u. Pyruvat 17 444.

2-Keto-3-desoxy-6-phosphogluconat, enzymat. Bldg. 12 326.

$C_6H_{13}O_{10}P$ **6-Phosphogluconsäure (Gluconsäure-6-phosphat, 6-Phosphogluconat),**Bldg.: durch Oxydat. v. 6-Phosphoglucose im Krebsgewebe 15 999; aus 2-Keto-6-phosphogluconat durch Pseudomonas fluorescens 12 325; Spalt. durch d. alkal. Phosphatase aus menschl. Leukocyten 13 072; Hemm. d. Phosphoglucoseisomerase aus Larven v. Trichinella spiralis durch — 2409; Wrkg. d. krist. D-Gluconat-6-phosphatdehydrogenase gegenüber D-— 13 069; Einbau v. ^{14}C in — nach Behandl. v. Bäckerhefe mit ^{14}C-Glucose 2410; Stoffwechsel: in Pasteurella multocida 7934; bei Agrobacterium tumefaciens 15 639; Wrkg. v. Monojodessigsäure auf d. Glucoseabbau über — bei Chlorella 185; endogene Atmung u. Oxydat. v. — bei Serratia marcescens 2783; Bldg. v. Adenosintriphosphat in d. Kristallinse nach Inkubat. mit — 9761; Hemm. d. anaeroben Glucolyse in zwei transplantierten Tiertumoren durch d. Na-Salz 7185.

$C_6H_{13}P$ **Cyclohexylphosphin** (Kp.$_{760}$ 146°),Darst. 12 619; IR-Spektrum 14 447; Rk. 1609.

$C_6H_{13}PS_3$ **Dimethylthionothiolphosphinsäure-vinylmercaptoäthylester** (Kp.$_{0,01}$ 76°) 5819*, 18 249*.

C_6H_{14} (s. *Hexan*; *Isohexan* [*2-Methylpentan*]).

Methylpentane 18 630*.

3-Methylpentan, Darst. 4890; Bldg. 90, 3052, 10 422, 11 521; neue Bezieh. zwischen d. physikal. Konst. v. — 3402; Konstit.-Einfl. auf d. $\delta(CH_3)$ 3762; semiempir. Berechn. d. Stärken v. Einelektronenbind. in —-Ionen 15 903; Konst. d. Tait-Gleich. 16 268; Berechn. d. diamagnet. Susceptibilität 14 481; Bezieh. zwischen Druck, Temp. u. Dichte 12 235; azeotrope Daten im Syst. —-1-Mercaptopropan 73; gaschromatograph. Best. d. Aktivitäts-Koeff. 10 407; Diffus. in Polyisobutylen 4862; Löslichk. in Methanol 12 980; Radiolyse 11 152; Rk. 4138, 11 872, 17 922*; — als Lsgm. bei d. radiolyt. Bldg. reakt. H-Atome 769; Gas-Fl.-Chromatographie v. —-KW-Stoffgemischen 15 903; Nachw. im Auspuffgas 12 525.

Dimethylbutane, Verw. 5114*.

2.2-Dimethylbutan (Neohexan), Darst. 4890; Bldg. 8937, 8939, 10 798, 11 521, 18 630*; physikal. Konst. 2691; (neue Bezieh.) 3402; Best. d. Neopentylgruppe im Raman u. IR-Spektrum 2679; semiempir. Berechn. d. Stärken v. Einelektronenbind. in —-Ionen 15 903; diamagnet. Susceptibilität 14 451; Bezieh. zwischen Druck, Temp. u. Dichte 12 235; krit. Temp. 9289; minimale Explosionstemp. 10 037; Löslichk. in Methanol 12 980; Dehydrier. 3054; Radiolyse 11 152; — als Lsgm. bei d. radiolyt. Bldg. reakt. H-Atome 769; Gas-Fl.-Chromatographie (v. —-KW-Stoffgemischen) 15 903; (v. — in Dinonylphthalat) 14 820; Anwend. d. Theorie d. Lsg. auf d. Auswahl v. Lsgm. für d. Verteil.-Gaschromatographie v. — 18 378; gaschromatograph. Best. 13 513.

2.3-Dimethylbutan, Darst. 4890, 14 468; Bldg. 8939, 11 151, 18 630; physikal. Konst. 2691; (neue Bezieh.) 3402; Schwingungsspektren u. Rotationsisomerie 12 230; semiempir. Berechn. d. Stärken v. Einelektronenbind. in — 15 903; diamagnet. Susceptibilität 14 451; Bezieh. zwischen Druck, Temp. u. Dichte 12 235; krit. Temp. 9289; Berechn. azeotroper Daten im Syst. —-1-Mercaptopropan 73; Löslichk. in Methanol 12 950; Radiolyse 11 152; Dehydrier. 3054; (u. Aromatisier.) 11 872; Oxydat. 4714*; Photochlorier. 81; Energiebezieh. für Gas-Rk. mit CH_3- bzw. CF_3-Radikalen 16 994; Rk. mit Olefinen bzw. Alkoholen + Ameisensäure 4138; — als Lsgm. 769; Gas-Fl.-Chromatographie (v. —-KW-Stoffgemischen) 15 903; (Änder. d. Verteil.-Koeff. mit d. Trägergas) 12 237; Nachw. im Auspuffgas 12 525.

$C_6H_{14}AlCl$ **Di-*n*-propylaluminiumchlorid (Chlordipropylaluminium),** Rk. 11 363*; Verw. 1046*; Best. v. Alkoxyverunreinig. in — 5415.

$C_6H_{14}BCl$ **Dipropylchlorboran,** Rk. 14 437 [3 Ref.].

Diisopropylborinsäurechlorid 7543.

$C_6H_{14}BClO$ ***tert.*-Butyläthoxychlorboran** 4484.

$C_6H_{14}BClO_2$ **Dipropoxyborchlorid,** Red. 14 436.

$C_6H_{14}BN$ **1-Dimethylamino-1-boracyclopentan** (Kp. 48—50°) 19 016*.

Brommercuriphosphonsäuredi-*n*.-propylester (F. 70—70,4°) 7299*

$C_6H_{14}BrMgN$ **Diisopropylaminomagnesiumbromid,** Rk. 11 905.

$C_6H_{14}BrN$ **3-Isopropylaminopropylbromid,** Hydrobromid (F. 190—191°) 450.

β(2)-Bromäthyldiäthylamin Darst., Rk. 11 882; Rk. d. Hydrobromids 8952.

$C_6H_{14}BrO_3PS$ **Thiophosphorsäure-*O.O'*-diäthyl-*O''*-[β-bromäthyl]-ester,** Rk. 12 267.

Thiophosphorsäure-*O.O'*-diäthyl-*S*-[β-bromäthyl]-ester 12 268.

$C_6H_{14}BrSb$ **Diisopropylantimonbromid** 10 768.

$C_6H_{14}Br_2O_2Ti$ **Diisopropoxytitandibromid** 13 692.

$C_6H_{14}Br_5P$ **Dipropylphosphorpentabromid** (F. 87,5°) 10 767.

$C_6H_{14}Cd$ **Diisopropylcadmium,** Darst., Rk. 8239; Rk. 10 482.

Chlormercuriphosphonsäure di-*n*.-propylester (F. 80—81,5°) 7299*

Chlormercuriphosphonsäurediisorpropylester (F. 114,4—115,2°) 7299*

$C_6H_{14}ClN$ **1(3)-Chlor-2-methyl-3(1)-dimethylaminopropan,** Rk. 2828*, 9443*, 18 205*.

β-[*n*-Butylamino]-äthylchlorid 13 374.

β-[*tert.*-Butylamino]-äthylchlorid, Hydrochlorid (F. 201—202°) 13 374.

2-Diäthylamino-1-chloräthan (*N*-[β-Chloräthyl]-diäthylamin, β-[Diäthylamino]-äthylchlorid),Darst., Rk. 17206*;(Deriv.) 7891; Darst. d. Hydrochlorids 4508; (Rk.) 450; Aminier. d. Hydrochlorids 8952; Alkylier. mit — 3443; Rk.: d. Hydrochlorids mit KSCN 12 268; mit 6.8-Dimethyl-5-chlor-1.2.3.4-tetrahydrochinolin 17 494*; mit 2-[p-Methylbenzyl]-5.6-dimethylbenzimidazol 16 061*; mit 2-[p-Methylbenzyl]-5-chlorbenzimidazol 17 139*; mit 4-Azaphenothiazin 2461*; mit 1.3-Dichlorphenothiazin 6141*; mit Hexamethylentetramin 1571; mit N.N-Diäthyläthylendiamin 2457*; mit 2.2'-Dimethyldiphenylamin u. CS_2 2828*; mit N-Pyridylmethylanilinen 9338; d. Hydrochlorids mit 5-[p-Aminophenyl]-tetrazol 10 454; mit 2-Phenylaminobenzimidazolderiv. 15 694*; mit N-Methyltetrahydro-β-naphtylamin 222*; d. Hydrochlorids mit Tropin 18 569*; mit substituierten Phenolen 11 292*; mit Propandiolen-(1.3) 14 099; mit 2-[p-Äthoxybenzol]- 5.6-dimethylbenzimidazol 15 695*; mit 2-[p-Methoxybenzyl]-benzimidazyl 2085*; d. Hydrochlorids mit 4-tert.-Alkylguajacolen 814; mit 3-Mercapto-1.2.4-triazolen 2350; mit β-Piperidinoäthylmercaptan 10 567*; mit Dimethylaminoäthylmercaptan 2829*; mit β-Hydroxyäthylmercaptan 5447*; mit o.o'-Diaminodiphenyldisulfid 18 829; mit Barbitursäuren 9718; mit 5-Phenyl-5-piperidinobarbitursäure 3905*; mit N-[β-Piperidinoäthyl]-luminal 2090*; mit 3-Propionylindol 2459*; mit 2-Acetylcarbazol 6970*; mit 3-Phenylphthalid 12 988; mit 4-Hydroxybenzophenon 15 332*; mit 6-Hydroxyindanon u. a. Indanderiv. 11 653*; mit Lithium-dihydro-5.6-benz-1.4-thiazinon-(3) 13 868*; mit Morphanthridindion-(6.11) 8349*; mit 8-Amphetaminocoffein 8264; d. Hydrochlorids mit 5-Phenylhydantoin 9331; mit 5-[β-Methylpropyl]-hydantoin bzw. 5-[α-Brom-β-methylpropyliden]-hydantoin 9331; d. Hydrochlorids mit α.α-Diphenylpropionsäure 18 198; mit substituierten Tropasäuren 8586; mit 4-[α-Hydroxymethyl]-benzoesäuren 9323; mit [3-Hydroxy-2-naphthoesäure 8962; d. Hydrochlorids mit p-Aminosalicylsäure 442; mit Meso-α.α'-diphenylbernsteinsäure bzw. α.α-Diphenylbernsteinsäure 12 283; mit 3-Chlorpyridazon-(6)-yl-(1)-essigsäure bzw. 3-Chlorpyridazinyl-(6)-oxyessigsäure 13 027; mit Phenylessigsäurediisopropylamid 7126; mit Acetylhydrazin 17 851*; mit Phosphonsäureesterchloriden 6557*; mit O.O'-Diäthylphosphorthioat 10 999*; mit Myricitrin 4644*; mit Papaverin u. Deriv. 11 657*; mit d. Rk.-Prod. aus $NaNH_2$ u. 2-[p-Äthoxybenzyl]-5.6-dimethylbenzimidazol 14 242*; Best. d. Cytotoxizität d. Hydrochlorids in menschl. Zellkulturen 4195.

$C_6H_{14}ClNO$ **2-Chlorallyltrimethylammoniumhydroxid,** Wuchsstoffwrkg. d. Chlorids auf d. Pflanze (Vgl.) 17 815.

$C_6H_{14}ClNO_6P$ **Phosphorsäurediäthyl-[β-nitrato-α-chloräthyl]-ester** (Kp.$_{0,1}$ 114—115°) 1574.

$C_6H_{14}ClOP$ **Dipropylphosphinsäurechlorid** (Kp.$_{0,11}$ 56—57°) 7487.

Diisopropylphosphinsäurechlorid (Kp.$_{0,2}$ 50°) 7487.

$C_6H_{14}ClO_2PS$ **(+)-Äthylthiophosphonsäure-*O*-äthyl-*S*-[2-chloräthyl]-ester** (Kp.$_{0,05}$ 64 bis 66°) 16 648.

(—)-Äthylthiophosphonsäure-*O*-äthyl-*S*-[2-chloräthyl]-ester (Kp.$_{0,05}$ 64—66°) 16 648.

Thiophosphorsäurechloriddipropylester (Chlorthiophosphorsäuredipropylester), Rk. 6963*, 18 654*.

Chlorthionophosphorsäurediisopropylester, IR-Spektrum 9283.

$C_6H_{14}ClO_3P$ **β-Chloräthylphosphonsäurediäthylester** (Kp.$_3$ 87,5—88°), Darst. (Rk.) 14 529; (Reakionsfähigk. gegenüber NaJ) 11 159; Rk. 13 323.

Di-*n*-propylphosphorsäurechlorid (Kp.$_2$ 78°) 9300.

Diisopropylphosphorsäurechlorid (Chlorphosphorsäurediisopropylester) (Kp.$_{14}$ 92°) 9300, 13 723.

$C_6H_{14}ClO_3PS$ ***O.O*-Diäthyl-*S*-β-chloräthylthiolphosphat** (Kp.$_{0,01}$ 86°) 14 667*.

$C_6H_{14}ClP$ **Diisopropylphosphinigsäurechlorid** (Kp.$_{33}$ 69°) 102.

$C_6H_{14}Cl_2NOP$ ***N.N*-Dipropyldichlorphosphorsäureamid** (Kp.$_{16}$ 124—126°) 13 722.

$C_6H_{14}Cl_2Si$ **3-Chlor-2-methylpropyldimethylchlorsilan** (Kp.$_{25}$ 89°) 7486.

$C_6H_{14}Cl_2Sn$ **Di-*n*-propyldichlorstannan** (Kp.$_{25}$ 161°). Rk. 4845, 6702, 14 896; chromatograph. Trenn. v. Organozinnverb. 16 426.

Di-[isopropyl]-dichlorstannan (Kp.$_{50}$ 148°), chromatograph. Trenn. v. Organozinnverb. 16 427.

$C_6H_{14}Cl_3P$ **Dipropylphosphortrichlorid** 10 767.

$C_6H_{14}Cl_4OSi_2$ **Bis-[dimethyldichlormethyl]-siloxan** (Kp.$_1$ 54—56°), Bldg., IR- u. Raman-Spektrum 4474.

Bis-[methyl-(chlormethyl)]-siloxan, Bldg., IR- u. Raman-Spektrum 4474.

$C_6H_{14}FOPS_2$ **1.4-Dimethylbutylfluordithiophosphorsäure,** Zn-Salz 8122*.

$C_6H_{14}FO_3P$ s. *Fluostigmin [DFP, Dyflos, Floropryl, Diisopropylfluorphosphonat, Diisopropylphosphorylfluorid, Phosphorsäurediisopropylesterfluorid, Fluorphosphorsäurediisopropylester]*.

$C_6H_{14}Hg$ **Di-*n*-propylquecksilber,** Bldg.-Wärme 8164; Rk. mit HgJ_2 (Kinetik) 443.

Di-isopropylquecksilber, Bldg.-Wärme 8164; Pyrolyse (Kinetik) 14 095.

$C_6H_{14}HgJO_3P$ **Jodmercuriphosphonsäuredi-*u*.-propylester** (F. 72,5—76°) 7299*.

$C_6H_{14}Hg_2O$ **Bis-[propylquecksilber(II)]-oxid** (F. 98°) 12 953.

Bis-[isopropylquecksilber(II)]-oxid (F. 135°) 12 953.

$C_6H_{14}JO_3P$ **β-Jodäthylphosphonsäurediäthylester** 11 159.

$C_6H_{14}Mg$ **Di-*n*-propylmagnesium** 2293.

Diisopropylmagnesium 2293.

$C_6H_{14}NO_2PS$ **Thiophosphorsäurediäthylester-*N.N*-äthylenamid** (Kp.$_1$ 55°) 15 930.

$C_6H_{14}NO_2PS_2$ **Methylthiolphosphonsäure-*O*-äthyl-*S*-[*N.N*-dimethylthiocarbamyl]-ester** (F. 142°) 16 465*.

$C_6H_{14}NO_3P$ **[β-(Dimethylamino)-äthyl]-äthylenphosphat,** Kernresonanzspektrum 1935.

***N.N*-Diäthylamidoäthylenphosphat,** Kernresonanzspektrum 1935.

Acetamidodiäthylphosphit 14 105.

Acetamidoäthylphosphonsäureäthylester (Kp.$_{0,001}$ 84°) 14 105.

$C_6H_{14}NO_3PS_2$ **Dithiophosphorsäure-*O.O'*-dimethylester-*S*-äthylaminocarbonylmethylester (*S*-[*N*-Äthylcarbaminylmethyl]-thiolthionophosphorsäuredimethylester)** (F. 67—68°), Darst. 12 267; s. auch *Schädlingsbekämpfung-Spezialmittel (Verbindung-18 706 [Amer. Cyanamid])*.

Dithiophosphorsäure-*O.O'*-dimethylester-*S*-[α-(methylcarbamoyl)-äthylester] (F. 52,5 bis 53°) 12 267.

Dithiophosphorsäure-*O.O'*-dimethylester-*S*-[β-(methylcarbamoyl)-äthylester] (F. 56,5 bis 57°) 12 267.

Dithiophosphorsäure-*O.O'*-dimethylester-*S*-dimethylaminocarbonylmethylester (*O.O*-Dimethyl-*S*-[*N.N*-dimethylcarbamoylmethyl]-dithiophosphat) (Kp.$_{0,005}$ 106°), Darst. 12 267; Toxizität bei Lager. in Methylcellosolve 1308.

$C_6H_{14}NO_3PS_3$ ***O.O*-Dimethyldithiophosphatoessigsäuremethylmercaptomethylamid** (F. 39—40°) 3606*, 9489*.

$C_6H_{14}NO_4P$ ***O.O*-Diäthyl-*O*-äthylideniminylphosphat** 3240*.

Acetamidodiäthylphosphat (F. 49—49,5°) 14 105.

$C_6H_{14}NO_4PS$ ***O*-Formamidomethyl-*O.O*-diäthylthionophosphat** 12 434*.

$C_6H_{14}NO_8P$ **D-Galaktosamin-6-phosphat,** enzymat. Bldg. 166.

Glucosamin-6-phosphat (2-Aminodesoxy-D-glucose-6-dihydrogenphosphat), enzymat. Bldg. bei Blastocladiella emersonii 4578; Hemm. d. Phosphoglucoseisomerase aus Larven v. Trichinella spiralis durch — 2409; Auftreten während d. Stoffwechsels d. Glucosamins in Ascitestumorzellen 17 434; Hemm. d. anaeroben Glucolyse in zwei transplantierten Tiertumoren durch — 7185.

β-D-Glucose-1-phosphoramidat, NH_4-Salz 4178.

$C_6H_{14}NP$ **Tetramethylen-[dimethylamino]-phosphin** 12 654.

$C_6H_{14}N_2$ **1.5-Diazacyclooctan (3.3'-Imino-bis-propylamin)**, Darst. v. Deriv. 19 016*; Rk. 17 978*.
1-Methylhomopiperazin (Kp.$_{754}$ 164°) 4171, 4172.
2-Methylhomopiperazin (F. 28°) 4171.
5-Methylhomopiperazin (Kp.$_{745}$ 175—175,4°) 4171.
6-Methylhomopiperazin (Kp.$_{755}$ 181—181,3°) 4171.
3.6-Dimethylhexahydropyridazin (Kp.$_7$ 65°) 15 966.
1-Äthylpiperazin, Rk. 5389*, 8065*, 18 938*.
_N.N'_-Dimethylpiperazin (Kp.$_{758}$ 131—132°), Darst., Deriv. 3817; Umwandl.-Geschw. u. Häufigkeitsverteil. d. Konformat., Kernresonanzspektrum 15 168; Dipolmoment 2681.
2.3-Dimethylpiperazin 9902*.
2.5-Dimethylpiperazin (2.5-Dimethyl-1.4-diazin), Darst. v. cis- u. trans-— 13 031; optimale Beding. d. Darst. 2115; Dipolmoment v. trans-— 2681; Rk. 1794*, 8086*; Verw. 9513*; Trenn.: v. Mischungen aus cis- u. trans-Form durch fraktionierte Abkühl. 8370*; v. trans-— v. anderen Aminen 6161; Tartrat s. *Licetol.*
2.6-Dimethylpiperazin (F. 110—113°) 5022*, 12 465*.
1-Isopropyl-3.3-dimethyldiaziridin (Kp.$_{60}$ 54 bis 55°) 12 288.
2-Aminomethylpiperidin (Pipecolylamin), Darst. d. Dihydrochlorids 2360; Rk. 4920.
3-Aminomethylpiperidin (_β_-Piperidylmethylamin) (Kp.$_{18}$ 89°), Darst. 16 312; Rk. 7324*.
4-Aminomethylpiperidin (Kp.$_{8,5-9}$ 89—92°) 17 391.
1-Methyl-4-aminopiperidin, Rk. 7991*.
2-Pyrrolidinoäthylamin (_N.N_-Tetramethylen-2-aminoäthylamin) (Kp.$_{17-18}$ 58°), Darst. 16 285; Rk. 2826*.
1-Methylpyrrolidinyl-(3)-methylamin, Rk. 14 138.
_N_-Cyclopropyl-1.3-diaminopropan, Rk. 16 490*.
1.2-Diaminocyclohexan (1.2-Cyclohexylendiamin), Rk. 9895*; (d. Mono-p-toluolsulfonats) 10 830.
1.4-Diaminocyclohexan (Hexahydro-_p_-phenylendiamin) (Kp.$_{15}$ 84—88°), Darst., Dihydrochlorid 12 642; Rk. 11 366*.
Azo-_n_-propan, Photolyse 2325.
Azoisopropan, Appearancepotential d. Radikalions 16 261; Zers. 15 966.
Cyclohexylhydrazin (F. 43—50° Zers.), Darst., Rk., Hydrochlorid 7625*, 15 966; Darst. d. Oxalats 4901, 12 288; (Verw.) 13 202*; Rk. 6744, 6877*, 15 696*; Reserpin-antagonist. Wrkg. d. Hydrochlorids 18 549.

$C_6H_{14}N_2O$ **_N_-[_β_-Aminoäthyl]-morpholin (_β_(2)-Morpholinoäthylamin)** (Kp.$_{10}$ 85°), Rk.: mit Veratrumaldehyd 6875*; mit 3-Chlor-1.2.4-benzotriazin-1-oxid 3192*; mit heterocycl. Carbonsäureestern 9329; mit 3-Methyl-2-oxopyrrolidin-5-carbonsäureäthylester 2725; mit Trichloracetylchlorid 6875*, 7257*; mit 4-Dimethylamino-2.2-diphenylvalerylchloridsulfat 2826*; Verw. 7254*.
Äthylbutylnitrosamin (Kp.$_{18}$ 98—100°) 6744.
Dipropylnitrosamin, Rk. 302*.
_N_(4)-[2'-Hydroxyäthyl]-piperazin (_β_-Hydroxyäthyldiäthylendiamin), Rk. mit p-Chlorbenzhydrylchlorid 8348*; mit Iminodibenzylderiv. 8349*. 16 061*; mit 5'-[3'-Hydroxypropyl]-iminodibenzyl 8349*; mit 5-[_γ_-Chlorpropyl]-iminodibenzyl u. NaJ 17 495*; mit Tetracyclin 17 845; Verw. 6140*; Best. 594.
_N_-Methylamino-3-hydroxypiperidin (Kp.$_{1,2}$ 83—86°) 7519.
1.3-Dimethyl-1.4.5.6-tetrahydropyrimidiniumhydroxid, Jodid 13 028.
_α_-Cyanäthyltrimethylammoniumhydroxid, Rk. d. Jodids 17 144*.
_β_-Cyanäthyltrimethylammoniumhydroxid, Rk. d. Chlorids 17 144*.
_ε_-Aminocapronsäureamid, Darst. u. Spaltbark. d. Hydrochlorids durch Trypsin 15 644; Rk. 4494.
Leucinamid, Darst., Rk. v. L-— 18 797; Bezieh. zwischen Protonen- u. Metallbind. in Komplexen bei — 11 514; Rk. 10 429; (v. L-—) 3429; Hydrolyse durch Schwangerenserum u. Zellplasma d. Leber 11 262.
Monoacetylputrescin 16 369.
Diäthylaminoessigsäureamid, Rk. 16 412*.
Glycindiäthylamid, Rk. 17 397.
_n_-Capronsäurehydrazid, Rk. 3427, 10 096.
tert.-Butoxyacetamidin, Hydrochlorid (F. 157—159°) 7111.

$C_6H_{14}N_2O_2$ (s. *Lysin*).
4-Nitro-4-methylpentylamin (Kp. 62—64°) 6968*.
_N_-Butoxymethylharnstoff, Darst., R_F-Wert, Rk. 13 364.
_β_-[2-Aminoäthylamino]-buttersäure, Bldg. 13 054; Rk. d. Dihydrochlorids (F. 150—151°), Darst., 13 033.
_ε_-Hydroxycapronsäurehydrazid (F. 117 bis 118°) 9671.

$C_6H_{14}N_2O_2S$ **4-[_β_-Aminoäthyl]-tetrahydro-1.4-thiazindioxid (_N_-[2-Aminoäthyl]-1-aza-4-thiacyclohexan-4.4-dioxid)** (F. 92°) 13 633*, 16 495*.
1-Äthylsulfonylpiperazin, Rk. d. Hydrochlorids 15 593.
_N_-Methansulfonyl-_N'.N'_-diäthylformamidin, IR-Spektrum 11 503.

$[C_6H_{14}N_2O_2S]_x$ **Poly-_N_-hexamethylensulfamid** (F. 236—238°) 3422.

$C_6H_{14}N_2O_3$ **2-Desoxystreptamin** (F. 225—228°), Darst., Rk., Salze 13 007; —-Deriv., Rk. 18 846; — als Bestandteil d. Kanamycins 12 714; Nachw. bei d. Hydrolyse v. Monomycin 7200.
Hydroxylysin, —-Stoffwechsel in gesunden u. parasitenbefallenen Pflanzen (Vgl.) 17 464; Nachw. in Serumproteinen 5359.

$C_6H_{14}N_2O_3S$ **_N_¹-Methansulfonyl-_N_²-_n_-butylharnstoff** (F. 109—110°) 10 803.
DL-**Äthioninsulfoximin** (F. 197° Zers.) 17 717.

$C_6H_{14}N_2O_4$ (s. *Neosamin B*; *Neosamin C* [*2.6-Didesoxy-2.6-diamino-*D*-glucose*]).
Neoinosadiamin-(1.4) (F. 300°) 2742.

$C_6H_{14}N_2O_4S_2$ **1.4-Bis-[methansulfonyl]-piperazin** (F. 328° Zers.) 6020.

$C_6H_{14}N_2O_{11}P_2$ **_O_-Phosphoryl-L-seryl-(_O_-phosphoryl)-L-serin**, Dephosphorylier. durch alkal. Intestinalphosphatase 887.

$C_6H_{14}N_2S$ **_N_-Methyl-_N'_-_tert._-butylthioharnstoff**, Rk. 13 716.
_S_-Äthyl-_N.N.N'_-trimethylisothioharnstoff (Kp.$_{18}$ 79—82°) 9516*.
_N_-Äthyl-_N.N'.S_-trimethylisothioharnstoff (Kp.$_{18}$ 70—80°) 9516*.
_N'_-Äthyl-_N.N.S_-trimethylisothioharnstoff (Kp.$_{12}$ 69,2—69,5°) 9516*.
_N_²-Methylthiopivalinsäurehydrazid (F. 118 bis 120°) 6745.
_N_¹-Butylthioessigsäurehydrazid, Hydrochlorid (F. 120—121°) 6744.
_N_²-_tert._-Butylthioessigsäurehydrazid (F. 85 bis 86°) 6745.

$C_6H_{14}N_2S_2$ **_N_-[4-Methylmercaptobutyl]-thioharnstoff** (F. 53°) 1193.

$C_6H_{14}N_4$ **1.4.5.8-Tetraazadekalin („Naphthpipe-razin")** (F. 195°) 8988.

$C_6H_{14}N_4O$ **_N_-_n_-Butyl-_N'_-guanylharnstoff**, Darst., Rk. 17 008; Darst.: d. Hemisulfats 7853; v. Co(III)-Komplexen 1863; v. Cu-Komplexen 5967; v. Ni-Komplexen 6333.
Guanyl-_N_-isobutylharnstoff, Darst.: d. Hemisulfatmonohydrats bzw. Hydrochlorids 7853; v. Co(III)-Komplexen 1863; v.

Cu-Komplexen 5967; v. Ni-Komplexen 6333.

$C_6H_{14}N_4OS_2$ **2.2'-Bis-[isothioureido]-diäthyläther,** Prüf. d. Dichlorids auf Strahlenschutzwrkg. 1682.

$C_6H_{14}N_4O_2$ (s. *Arginin*).

n-**Amylnitroguanidin** 11 882.

N.N'-**Bis-[glycyl]-äthylendiamin,** Diacetat (F. 168—170°) 6373.

Adipinsäuredihydrazid (F.177—178°), Darst. 9671; Bldg. 11 584; Rk. 2194*.

Äthylbernsteinsäuredihydrazid 1953.

Oxalsäure-bis-[2-äthylhydrazid] (F. 203,5 bis 205,5°) 9309.

Oxalsäure-bis-[2.2-dimethylhydrazid] (F. 200°) 9309.

$C_6H_{14}N_4O_2S$ **Dipropylsulfamoylazid,** Darst., Verw. 4341*; Verw. 1045*.

$C_6H_{14}N_4O_3$ *γ*-**Hydroxyarginin,** Wrkg. v. Arginase u. Arginindecarboxylase auf — 18 882.

$C_6H_{14}N_4O_4$ N^{ω}-**Methoxymethyl-bis-[carbamidomethyl]-äther,** Darst., R_F-Wert 13 364.

$C_6H_{14}N_4O_5$ **1.1.7-Tris-[hydroxymethyl]-methylendiharnstoff,** Darst., R_F-Wert 13 364.

$C_6H_{14}N_4O_6P_2S_2$ **3.6-Dioxohexahydro-1.2.4.5-tetrazin-1.4-bis-[thionophosphonsäuredimethylester]** (F. 201—202°) 1772*.

$C_6H_{14}N_4O_6S_2$ *N.N'*-**Dimethyl-***N.N'*-**dinitroso-butan-1.4-disulfonamid** (F. 142° Zers.) 10 424.

N.N'-**Tetramethylen-bis-[***N***-nitrosomethansulfonamid]** (F. 114° Zers.) 10 424.

$C_6H_{14}N_5O_2P$ **x-[***O***-Äthyldimethylamidophosphoryl]-3-amino-1.2.4-triazol** (F. 57 bis 64°) 11 186.

$C_6H_{14}N_6O_3$ **1-[3'-Dimethylaminopropyl]-3-nitro-1-nitrosoguanidin,** Wirksamk. gegenüber Ascitestumoren in Mäusen 3124.

$C_6H_{14}O$ (s. *n-Hexylalkohol* [*Hexanol*]; *Pinakolinalkohol* [*Pinakolylalkohol, 2.2-Dimethylbutanol-(3), tert.-Butylmethylcarbinol*]).

Hexanol-(2) (Methylbutylcarbinol) (Kp. 140°), Darst. 101; [im Gemisch mit Hexanol-(3)] 99; (d. Sn-Verb.) 12 587; Bldg. 98, 6378; (Deriv.) 10 794; Trenn. v. Hexanol-(1) 9514*; tern. Gleichgew.-Daten d. Syst. W./— enthaltend Carbonsäuren 8205; Bezieh. zwischen d. gaschromatograph. Retentionsvol. v. — u. d. Trimethylsilyläther 4862; Wrkg. auf d. Stoffwechsel u. auf die Leit. in sympathet. Ganglien v. Ratten 11 280.

Hexanol-(3) ($Kp._{745}$ 135—138°), Darst. 101; [im Gemisch mit Hexanol-(2)] 99; (Deriv.) 4491.

2-Methylpentanol, Darst. 1406*, 16 487*; Darst., Rk. v. (—)- u. rac.— 16 700.

4-Methylpentanol-(1) ($Kp._{735}$ 151—153°) 100.

1.1-Dimethylbutanol, Prüf. auf Wirksamk. als Tranquillizer u. Muskelrelaxans 9429.

4-Methylpentanol-(2) (Methylisobutylcarbinol) (Kp. 131,5°), Darst. 101, 6205*, 6378; Gleichgewichtsverteil. für Adipinsäure-W.— 7097; Rk. 1204, 8575; toxikolog. Unters. v. — als Flotat.-Mittel 8377; Verw. 15 370, 16 436.

2-Methylpentanol-(3) ($Kp._{740}$ 127—128°) 101, 6378, 12 619.

3-Methylpentanol-(3) (Diäthylmethylcarbinol, 1-Methyl-1-äthylpropanol, *tert.*-**Hexylalkohol),** Darst. 15 548; Rk. 814, 11 652*; Prüf. auf Wirksamk. als Tranquillizer u. Muskelrelaxans 9429.

2-Äthylbutanol-(1) (Kp. 144—146°), Darst., Rk. 6356; Rk. 1414*, 6233*, 7693*, 8784*, 13 210*.

2.2-Dimethylbutanol-(1) ($Kp._{10}$ 43—44°) 85.

2.3-Dimethylbutanol ($Kp._{148,5}$ 101°) 8997.

3.3-Dimethylbutanol-(1) (Neohexylalkohol) (Kp. 140—145°), Darst. 99; (Deriv.) 98; (Rk.) 16 642; Rk. 8939.

2.3-Dimethylbutanol-(2) (Dimethylisopropylcarbinol) (Kp. 115—122°), Darst., Verw. 13 206*; Dublettcharakter d. OH-Absorpt. 8558.

Äthyl-*n***-butyläther,** Darst. 18 793; Bldg. 2695; pK_α-Wert d. Oxoniumions v. — 16 979; Verw. 2166*.

2-Äthoxybutan 17 353.

Äthyl-*tert.***-butyläther,** neue Bezieh. zwischen d. physikal. Konst. v. — 3402; pK_α-Wert d. Oxoniumions v. — 16 979; Lewis-Basizität gegenüber Phenol bzw. Pyrrol 4864.

Di-*n***-propyläther** (Kp.91°), Darst.1568; Bldg. 18 793; Analyse d. NMR-Spektrums v. Propylgruppen 5978; Berechn. azeotroper Daten im Syst. —-Dichlorbrommethan 73; pK_α-Wert d. Oxoniumions v. — 16 979; chem. Verschieb. 5978; Einfl. d. KW-Stoffkette auf d. Löslichk. in W. 439; Rk. 1974; Extrakt. v. Salpetersäure u. W. durch — 18 757.

Diisopropyläther (Kp. 70°), Darst. 1568; Bldg. 3980*; Stabilisier. 2899; IR-Spektren v. Grignard-Lsg. in — 15 846; chem. Verschieb. 5978; (Konstit.-Einfl.) 11 856; NMR-Spektrum 14 816; kernmagnet. Resonanz 8201; paramagnet. Resonanz v. $FeCl_4^-$ in — 6304; pK_α-Wert d. Oxoniumions v. — 16 979; Enthalpiedaten 16 630; Verdampf.-Wärme 2685; Rheochorwerte aus Molgew., Dichte u. Zähigk. 794; Grenz-Konz. u. empir. Gleich. d. Gleichgew.-Verteil. für Fl.-Fl.-Syst. mit — 17 675; Assoziat. v. o-substituierten Phenolen mit — 12 979; Löslichk.: v. Alkalimetallen in — 2656; v. Äthyl-MgBr in — 1180; Extrakt.: v. Phenolen mit — 8060*; v. At mit — aus HCl-saurer Lsg. 3376; v. Sb(V) im neutronenbestrahlten Syst. Sb/Sn mit — 17 678; Einfl. v. — auf d. Metallextrakt. mit *β*-Isopropyltropolon, Perfluoroctansäure u. Di-n-butylphosphat in Chlf. 17 329; Aktivität 14 819; Kinetik d. Alkoholabspalt. v. — an Tricalciumphosphat u. dessen Desaktivier. durch organ. Basen 11 866; Rk.: mit H_2S 9892*; mit $TiCl_4$ 3416; Verw. d. BF_3-Ätherats als Katalysator für d. Dimerisier. v. Olefinen 2165*; Ausfäll. v. Zn-Oxinat aus Dioxan-Lsg. v. Zn-Oxinat u. -Acetylacetonat mit — (Isotopenaustausch-Unters.) 11 121; Nachw. v. Peroxidspuren in — 4662; Best. d. —-Extraktes in Lebensmittelfarbstoffen 6246.

$C_6H_{14}OS$ **3-Propylmercaptopropanol-(1)** ($Kp._{17}$ 119°) 8258.

Butoxyäthanthiol, Rk. 3625*.

tert.-**Butyläthylsulfoxid** ($Kp._{760}$ 252°), Bldg.-Wärme 10 787.

Dipropylsulfoxid (F. 24,7°), Darst. 18 633*; Bldg.-Wärme 10 787.

$C_6H_{14}OS_2$ **Propan-(1)-thiolsulfinsäure-***n***-propylester** ($Kp._{0,05}$ 49—51°) 11 169.

$C_6H_{14}OSi$ **Trimethyl-2.3-epoxypropylsilan** (Kp. 112—114°) 3431.

$C_6H_{14}O_2$ (s. *Acetal* [*Acetaldehyddiäthylacetal, Diäthylacetal*]; *Pinakon* [*Pinakol*]).

Hexandiol-(1.6) (Hexylenglykol, Hexamethylenglykol) (F. 42°), Darst. 6406, 6581*, 13 355; Adsorpt. aus wss. Lsg. an Montmorillonit 13 307; innerkrist. Quell. u. zeolith. —-Aufnahme v. Ca-Mono-n-propylphosphorsäureester 6685; Diffus. v. Proteinen durch mittels — lipophil gemachte Agargele 1252; Polymerisat. 1247; stufenweise Dehydratisier. am Tricalciumphosphat-Katalysator 4493; keine Komplex-Bldg. mit Molybdationen 1924; Rk.: mit $SOCl_2$ 7462; mit KJ 15 327; mit Al-Alkoholaten 16 130*; mit Formaldehyd 17 024; mit mehrbas. Säuren 13 639*; mit Glutarsäure 19 026*; mit Vinylisocyanat 18 432; mit *β*-Chloräthylisocyanat 96; mit Diäthylcarbonat 3647*; mechan. Verh. d. Polyurethans mit Hexamethylendiisocyanat 15 253;

Verw. 3272*, 3281*, 4741*, 8016*, 9214*, 10 334*, 16 529*.
2.5-Hexandiol (Kp.₂ 103—105°), Darst. 5845*, 10 636*; mechan. Verh. d. Polyurethans mit Hexamethylendiisocyanat 15 253; Rk. 6431.
2-Methylpentan-1.3-diol, Papierionophorese 11 513.
2-Methylpentandiol-(1.5) (Kp.₁₉ 143—145°), Darst., Rk. 12 639; Rk. 14 696*.
3-Methyl-1.5-pentandiol, Rk. 14 696*.
2-Methylpentandiol-(2.4), Einfl. intramol. H-Bind. auf d. IR-Spektrum bei dl-— 1932; keine Komplex-Bldg. mit Molybdationen 1924; Rk. 7847, 15 885; Verw. 10 334*.
3-Methylpentantiol-(2.4), Verw. 14 975*.
asymm.-**Diäthylglykol** (F. 45°, Kp. 200°) 8961.
2.3-Dimethylbutandiol-(1.4) 10 636*.
2-*n*-Propylpropandiol-(1.3), IR-Spektrum u. Thorpe-Ingold-Hypothese d. Valenzwinkelabweich. 18 415.
2-Isopropylpropandiol-(1.3) [**2-Propyl-(2)-propandiol-(1.3)**] (Kp.₃₇ 151—156°), Darst., Rk. 14 099; IR-Spektrum u. Thorpe-Ingold-Hypothese d. Valenzwinkelabweich. 18 415.
2-Methyl-2-äthylpropandiol-(1.3), IR-Spektrum u. Thorpe-Ingold-Hypothese d. Valenzwinkelabweich. 18 415; Rk. 6648*.
5-Methoxypentanol (Kp.₁₂ 94—96°), Darst., intramol. H-Bind., IR-Spektrum 16 973.
2-Methoxy-2-methylbutanol-(3) (Kp. 138 bis 141°), Darst., Umlager. v. — u. D— (Kinetik) 6352.
1(2)-Äthoxybutanol-(1) (Kp. 157°) 11 147.
1(2)-Äthoxybutanol-(2) (Kp. 150°) 11 147.
Äthylenglykolmono-*n*-butyläther (**2-*n*-Butoxyäthanol**) (Kp. 171°), Darst., Rk. 8580; Trenn. v. Vinyl-2-butoxyäthyläther 9891*; Rk. 5392*; Verw. 5532*, 8016*, 16 130*.
Äthylenglykolmonoisobutyläther (Kp.₂₀ 67°), Darst., Rk. 8580; krit. Lsg.-Erschein. im Syst. W./— 6721.
Butyraldehyddimethylacetal, Rk. 5995.
2.3-Dimethoxybutan, Löslichk. v. Alkalimetallen in — 2656.
Äthylenglykolmethyl-*n*-propyläther, Löslichk. v. Alkalimetallen in — 2656.
1.2-Diäthoxyäthan (**Äthylenglykoldiäthyläther**), Reinig. 16 839*; Löslichk. v. Alkalimetallen in — 2656; Einfl. auf d. Bldg. v. Bzl.- u. Toluolanionenradikalen 18 062.
Diisopropylperoxid, Photolyse 16 276.

$C_6H_{14}O_2S$ **Äthoxyäthoxyäthanthiol**, Rk. 3625*.
Mercaptoacetaldehyddiäthylacetal (**2.2-Diäthoxyäthylmercaptan**) (Kp.₂₁ 72—73°), Darst. 18 798; Rk. d. Na-Verb. 18 798.
Bis-[2(β)-hydroxypropyl]-sulfid, Rk. 9569*, 13 633*.
[**β-Hydroxyäthyl**]-[**isopropoxymethyl**]-**sulfid** (Kp.₂ 89°) 5448*.
Di-*n*-propylsulfon, Verw. 18 631*.
***n*-Pentan-1-sulfinsäuremethylester** 15 932.

$C_6H_{14}O_2S_2$ ***n*-Propylthiolsulfonsäure-*S*-*n*-propylester**, R_F-Wert 18 953.

$C_6H_{14}O_2S_3$ **Bis-[hydroxypropyl]-trisulfid** 301*.

$C_6H_{14}O_2Si$ **β-Trimethylsilylpropionsäure** (Kp.₁₇ 113°) 12 630.
Trimethylsilylpropionat (Kp. 122°) 8222.

$C_6H_{14}O_3$ *techn.* **Hexantriol**, Verw. 4790*, 14 388, 17 521*.
Hexantriol-(1.2.6) (Kp.₁₅ 195—200°), Darst., Rk. 12 621; Wahl v. zwei Funkt. für d. Verteil. v. Relaxationszeiten in — 15 899; Rk. 11 218, 15 187, 17 423.
Hexantriol-(1.3.5), Verw. v. Deriv. 11 014*.
1.1.1 (*gewöhnl.*)-**Trimethylolpropan** (**1.1.1** (α.α.α)-**Tris-[hydroxymethyl]-propan**), IR-OH-Banden u. intramol. H-Bind. 16 622; Polymerisat. 17 423; Verester. 12 989; (v. Kondens.-Prod.) 5315; Rk.: mit Benzaldehyd 12 990; mit dem Hydrat eines Trihalogenacetaldehyds 2830*; mit ungesätt. Acetalen 12 104*; mit mehrbas. Säuren zu photopolymerisierbaren Verb. 13 639*; Verw. 667, 4790*, 8799, 17 221; Papierchromatographie (R_F-Wert) 18 649.
1.2.3-Trimethylolpropan, Rk. 11 218.
Dipropylenglykol, Fl.-Fl.-Verteil.-Gleichgew. für d. tern. Syst. —/n-Heptan/Aromaten 4861; Rk. 10 270*, 15 019*; visco-elast. Eig. v. Polyestern aus Fumarsäure u. — 15 991; Verw. 3940*, 7330*.
1.4-Dimethoxybutanol-(2) (Kp.₁₄ 80—81°), Darst., intramol. H-Bind., IR-Spektrum 16 973.
Diäthylenglykolmonoäthyläther (**Äthyldiglykol, Carbitol**), Dichten u. Brechungsindices wss. Lsg. 4119; Rk. 13 011; Verw. 600*, 8463*, 14 975*.
Diäthylenglykoldimethyläther (**Bis-[2-methoxyäthyl]-äther, Diglym**) (Kp. 158 bis 182,8°), Gewinn. 12 092*; NMR-Spektrum 14 816; Adsorpt. v. — aus wss. Lsg. an Montmorillonit 13 307; Löslichk. v. Alkalimetallen in — 2656; Rk. v. Deriv. 15 160; Red. organ. reduzierbarer Verb. mit Alkaliborhydrid in Ggw. v. — 15 763*; Einfl. auf d. Rk. v. $NaBH_4$ mit Aceton 14 058; Verw. 1088*, 6173*.
1.2.3-Trimethoxypropan (**Glycerintrimethyläther**), Löslichk. v. Alkalimetallen in — 2656; Verw. 2166*.
α-Hydroperoxydi-*n*-propyläther (Kp.₀,₁₇ 41 bis 42°) 5995.
α-Isobutoxyäthylhydroperoxid, Polymerisat. v. Styrol in Ggw. v. — 17 780.
1-Methoxy-1-methylperoxybutan (Kp.₁₉ 42 bis 44°) 2704.
Glykolacetal (**Glykolaldehyddiäthylacetal**) (Kp.₁₄ 72—73,5°) 479, 1597, 8415*.
Diol $C_6H_{14}O_3$ aus α-Methoxy-γ-valerolacton 18 833.

$C_6H_{14}O_3S$ **β-Acetoxyäthyldimethylsulfoniumhydroxid**, Wrkg. d. Sulfats auf d. elektr. Aktivität einer Einzelelektroplax 18 553.
Hexansulfonsäure, Na-Salz 7690*.
Pentan-1-sulfonsäuremethylester 15 932.
Di-*n*-propylsulfit (Kp.₇₆₀ 190—193°) 11 888.

$C_6H_{14}O_3S_4$ **3-[β.β'-Dimercaptoisopropylmercapto]-propansulfonsäure**, Salze 13 359.

$C_6H_{14}O_4$ (s. *Ascarylit* [*3.6-Didesoxy-*D*-mannit*]); *Colitit*; *Paratit* [*3.6-Didesoxy-*D*-ribohexit*]; *Tyvelit* [*3.6-Didesoxy-*D*-arabinohexit*]).
3.6-Didesoxy-D-galaktit (F. 92—93°) 13 398.
3.6-Didesoxy-L-lyxohexit (F. 75—77°) 16 323.
5.6-Didesoxy-D-xylohexit 8621.
3.3.3-Trimethylolisopropanol, Rk. 300*.
Hydroxypropylglycerin, Verw. 17 492*.
Triäthylenglykol (Kp.₀,₂ 118°), IR-Spektrum v. — u. Metallkomplexen 382; Fl.-Fl.-Verteil.-Gleichgew. für d. tern. Syst. —/n-Heptan/Aromaten 4861; Adsorpt. v. — aus wss. Lsg. an Montmorillonit 13 307; Trenn. —-halt. Gemische mittels Ionenaustauscherharze 6961*; Rk.: mit $IrCl_3$, $(NH_4)_2IrCl_5$ u. $(C_6H_5)_3P$ 1928; mit Allylbromid 8580; mit Dithioketalen u. Hydrazin 14 099; mit mehrbas. Säuren zu photopolymerisierbaren Verb. 13 639*; mit m-Toluylsäure 17 942*; mit Acetessigester 12 471; β-Aminoäthylschwefelsäure aus Monoäthanolamin u. H_2SO_4 in Ggw. v. — 6964*; — als C-Quelle für Darmbakterien 13 810; viscoelast. Eig. v. Polyestern aus Fumarsäure u. — 15 991; Verw.: als Lsgm. 7330*, 10 230*, 17 875; für Polymere 5479*; für keram. Isolierkörper 11 332*; zum Antistatischmachen v. synthet. Fasern 16 184*; zur Entaromatisier. v. Paraffinen 16 541; in Insekticiden 17 539*; zur Desinfektion d. Atmosphäre 944; Best. 1734; (v. Diäthylenglykol-Spuren in —) 15 348.
Äthylenglykolmonomethylätherformal, Verw. 15 426*.

4-Methylpentyl-(2)-mercaptan, Massenspektrum u. Mol.-Struktur 9285.
2-Methylpentyl-(3)-mercaptan, Massenspektrum u. Mol.-Struktur 9285.
Methyl-*n*-pentylsulfid (*n*-Amylmethylsulfid) (Kp. 156—157°), Darst., Rk. 10 432; Massenspektrum u. Mol.-Struktur 9285.
Äthyl-*n*-butylsulfid, Massenspektrum u. Mol.-Struktur 9285.
Äthyl-*sek.*-butylsulfid, Massenspektrum u. Mol.-Struktur 9285.
Äthylisobutylsulfid, Massenspektrum u. Mol.-Struktur 9285.
Äthyl-*tert.*-butylsulfid, Massenspektrum u. Mol.-Struktur 9285.
Di-*n*-propylsulfid (4-Thiaheptan), Massenspektrum u. Mol.-Struktur 9285; IR-Spektrum 7828; NMR-Spektrum v. Propylgruppen 5978; chem. Verschieb. 5978; thermodynam. Eig. 16 630; Bildungswärme 3045; Rk. 94, 8182, 14 101; gaschromatograph. Abtrenn. 5041.
***n*-Propylisopropylsulfid,** Massenspektrum u. Mol.-Struktur 9285.
Diisopropylsulfid (2.4-Dimethyl-3-thiapentan), Massenspektrum u. Mol.-Struktur 9285; IR-Spektrum im Bereich *15—35 μ* 17 352; Bildungswärme 3045; chem. Verschieb. 5978.

$C_6H_{14}S_2$ **1.6-Dimercaptohexan [Hexamethylendimercaptan, Hexandithiol-(1.6)],** Bldg. 4563; Rk. 6430; (v. Poly-—) 149.
2.5-Dimercaptohexan 6431.
1-Mercaptoäthyldiäthylsulfid 94.
3.4-Dithiaoctan, Rk. 1566.
Dipropyldisulfid (4.5-Dithiaoctan), Bldg. 13 348; NMR-Spektrum v. Propylgruppen 5978; chem. Verschieb. 5978; Bildungswärme 3045; Rk. 11 169; — als Geruchsbestandteil v. Zwiebeln 2574.
Äthyl-*tert.*-butyldisulfid (2.2-Dimethyl-3.4-dithiahexan), Disproportionier.-Gleichgew. 4488; Rk. 1566.
Diisopropyldisulfid ($Kp._{11}$ 58°), Darst. 14 100; Konstit.-Einfl. auf d. UV-Spektrum, Bezieh. zur Alkalispalt. 14 074; Disproportionier.-Gleichgew. 4488.
Acetaldehyddiäthylmercaptal (Acetaldehydthioacetal) ($Kp._{16}$ 78,5°), Darst. 9306, 14 101; Rk. 8783*, 15 921.

$C_6H_{14}S_3$ ***n*-Propyltrisulfid,** — als Geruchsbestandteil v. Zwiebeln 2574.
Trithioorthoameisensäuremethyldiäthylester ($Kp._{10}$ 107—108°) 7476.

$C_6H_{14}S_4$ **Tetrakis-(methylmercapto)-äthan** (F. 61—62°) 1407*.

$C_6H_{14}Si$ **1.1-Dimethylsilacyclopentan** (Kp. 103 bis 105°), Darst. 8972; (Rk.) 10 082; Konstit.-Einfl. auf d. *ν*(SiC) 11 504; Rk. 4188.
Dimethyl-[2-methylpropen-(2)-yl]-silan, Mol.-Refr. 5233.
Trimethylpropenylsilan, Darst. im Gemisch mit Trimethylpropylsilan 11 883; Konstit.-Einfl. auf d. *ν*(SiC) 11 504; Mol.-Refr. 5233.
Allyltrimethylsilan (Kp. 84—85°), Darst. 5102*; (Rk.) 3431; Konstit.-Einfl.: auf UV-, IR- u. Raman-Spektrum 5234; auf d. *ν*(SiC) 11 504; Mol.-Refr. 5233; Rk. 5425*, 6800, 12 638, 14 858.
Trimethyl-α-methylvinylsilan, Mol.-Refr. 5233.
Diäthylvinylsilan 870.

$[C_6H_{14}Si]_x$ **polymeres 1-[Dimethylsilyl]-butan** 4188.

$C_6H_{15}Al$ **Dipropylaluminium,** Bldg. 5988; Verw. 5477*, 19 011*.
Triäthylaluminium, Darst. 5474*, 17 683; (v. reinem —) 5101*; (Verw.) 2191*; struktureller Bau (Dipolmessungen) 1908; neuer Koordinat.-Typ d. F-Atoms in KF · $2Al(C_2H_5)_3$ 9257; IR- u. Ramanspektrum d. Ätherats 2257; komplexbildende Eig. (Vgl.) 7077; Hydrier. 14 651*; Rk.: mit $SOCl_2$ 18 633*; mit $B_2(C_4H_8)_3$ 1796*; mit PbO 2171*; mit PbO_2 5101*; mit Na_2SiF_6 5101*; Carbonyl-Synth. aus Metallsalzen u. — 1925, 7287*, 7655*; Rk.: mit 1-Alkenen 5474*; mit C_2H_4 11 363*, 13 566*; mit Propen 4340*; mit Butadien u. $TiCl_4$ 8420*; mit Äthylbromid (Einfl. v. Metallhalogeniden) 17 708; mit Äthylboroxol 303*; d. Ätherats mit $Si(OC_4H_9)_4$ 5848*; Verh. als Katalysator d. Rk. v. $(C_2H_5)_2Mg$ u. B_2H_6 7077; Verw. als Polymerisat.-Katalysator (Vorbehandl.) 6990*; Verw. als Katalysator für d. Polymerisat.: v. Olefinen 4001*, 5493*, 6226*, 7346*, 7351*, 8082*, 9171*, 9534*, 9917* [2 Ref.], 10 661*, 15 049*, 15 050*, 17 227*, 17 578*, 17 579*, 17 943*, 18 654*, 19 028*; v. Diolefinen 18 292*; v. konjugierten Alkenen 7345*; v. Äthylen 1814*, 6987*, 19 028*; (oder Propylen) 6990*; (mit Propylen) 17 228*; (mit Buten-[1]) 13 965*; (mit Isobutylen) 8438*; v. Styrol 3280*, 13 221*, 15 051*; v. Alkylenoxiden 7718*; v. 3.3-disubstituierten Oxetanen 3282*; v. Vinylchlorid 19 030*; v. Methylisopropenylketon 17 583*; Verw. als Katalysator zur Herst. v. o-Divinylbenzolen aus Divinylacetylen u. Acetylenen 8790*, 15 031*; Polymerisat. v. Pentadien-(1.3) in Ggw. v. —/VCl_3 4184; stereospetif. Polymerisat. in Ggw. v. —/$TiCl_3$: v. α-Olefinen zu isotakt. Polymeren 4557; v. Styrol 7914; v. Propylen (Mechanismus) 4183; Polymerisat. v. Propylen an $TiCl_3$/— (u. —/$TiCl_4$) 16 700; (Einfl. d. Struktur v. $TiCl_3$) 6426; (Einfl. v. Verunreinig. v. Donatortyp) 11 943; (Einfl. d. Herst.-Beding. d. Katalysatoren auf ihre Stereospezifität) 6425; Einfl. v. H_2 auf d. anion.-koordinative Polymerisat. v. Propylen u. Äthylen an Katalysatoren aus α-$TiCl_3$ u. — 13 786; Polymerisat. mit —/$TiCl_4$ als Katalysator: v. nichtkonjugierten Diinen 2752; v. Äthylen 6425; v. Butadien-(1.3) (Unters. d. niedermol. Prod.) 13 786; v. Isopren (Aktivität d.Katalysators) 11 585; v. Styrol (Kinetik) 12 681; v. Organo-Si-Verb. 6800; Red. v. $TiCl_4$ mit —u. katalyt. Aktivität d. Red.-Prod. auf d. Polymerisat. v. Isopren 11 586; Polymerisat.: v. α-Alkenen in Ggw. v. $NaAl(C_2H_5)_3F$ u. Ti-Verb. 3276*; v. Äthylen mit —/Ti $(O\text{-sek.-}C_4H_9)_4$ 491; v. Vinylverb. mit Komplexen aus — u. organ. Li-Verb. 13 053 [2 Ref.]; v. 1.3-Dienen in Ggw. eines Katalysators aus CrO_3, Säure-Deriv. u. — 19 011*; —/Acetylacetonate als Katalysatoren für d. Polymerisat. v. Propylenoxid 5688; Verw.: zur Aktivier. v. Al 5100*; v. NaF · $2Al(C_2H_5)_3$ zur Reinig. v. zur Herst. v. Metallalkylen dienenden Elektrolyten 4716*; d. Diäthylätherats zur Reinig. v. konjugierten Olefinen 10 998*; Best. 962; (v. Alkoxyverunreinig. in —) 5415.

$C_6H_{15}AlO$ **Diäthylaluminiumäthoxid,** Verw. als Polymerisat.-Katalysator 7345*; Best. d. Alkoxids in — 5415.

$C_6H_{15}AlO_2$ **Äthylaluminiumdiäthoxid,** Verw. als Polymerisat.-Katalysator 7345*.

$C_6H_{15}Al_2Cl_3$ **Äthylaluminiumsesquichlorid,** Rk. 12 796*.

$C_6H_{15}As$ **Triäthylarsin,** Einfl. auf d. IR-Spektren anorgan. Hydridkomplexe 8513; Verbrenn.-Wärme 8885; Rk. 17 341.

$C_6H_{15}AsO_2$ **Di-*n*-propylarsinsäure,** analyt. Fällungs-Eig. 13 143.

$[C_6H_{15}AsO_2]_x$ *polymeres* **Triäthylarsinperoxid** 1574.

$C_6H_{15}AsO_3$ **Triäthylarsenit,** Rk. 17 342; Verw. 17 614*.

$C_6H_{15}B$ **Bortriäthyl (Triäthylboran)** (Kp. 95°), Darst. 1030*, 6003, 11 368*, 12 835*, 15 763*; (im Halbmikromaßstab) 9313;

(Deriv.) 8418*; Bldg. 1796*, 3749; (v. $MgH_2 \cdot B(C_2H_5)_3$ 7077; kernmagnet. Resonanz v. ^{11}B in — 10 366; Rk.: mit NaH 2663; mit Oxiden v. Ag, Au u. Pt 5252; mit B_2O_3 303*; mit $NaBH_4$ bzw. $LiBH_4$ bzw. $LiAlH_4$ 17 003; mit Tris-[trimethylsilyl]-phosphin 4503; mit Borsäure-tri-n-hexylester 5909*; v. Triäthylamin u. BCl_3 in Ggw. v. —4343*; Toxizität 18 544.

$C_6H_{15}BN_4$ **Hexamethylentetraminboran** (Zers. ab 300°) 16 843*.

$C_6H_{15}BO$ **Di-*n*-propylborinsäure** 6386.

$C_6H_{15}BO_3$ **Borsäuretriäthylester (Triäthylborat)** (Kp. 117—118°), Darst. 2542* [2 Ref.], 3984*, 12 093*, 13 199* [2 Ref.], 13 942*, 16 488*; (magnetoopt. Drehung) 2306; (Mol.-Refr., Dipolmoment u. magnet. Susceptibilität) 15 903; Bldg. 10 435; Kerr-Konst., scheinbares Dipolmoment, Konformat. 14 450; Rk. 8418*, 11 731*, 11 909, 14 836.

$C_6H_{15}BO_6$ **Borsäureglykolester,** Rk. 11 731*.

$C_6H_{15}B_3Cl_3N_3$ ***N.N.N*-Triäthyl-*B.B.B*-trichlorborazol** (F. 55—57°), Darst. 17 681; Konstit.-Einfl. auf d. kernmagnet. Resonanzspektrum 5236.

$C_6H_{15}B_3O_3$ **Äthylboroxol (2.4.6-Triäthylboroxin, Äthylboronsäureanhydrid),** Darst. (IR-Spektrum) 3038; (Rk.) 303*.

$C_6H_{15}B_3O_6$ **2.4.6-Triäthoxyboroxin (Äthylmetaborat),** Darst. 9146*; (IR-Spektrum) 3038.

$C_6H_{15}Bi$ **Triäthylwismut,** Verbrenn.-Wärme 8885.

$C_6H_{15}BrGe$ **Triäthylbromgerman** (Kp. 189 bis 191°), Darst. 17 338, 18 797; (Rk.) 6801; Rk. 106, 15 562.

$C_6H_{15}BrSi$ **Triäthylbromsilan** (Kp. 159—164°) 18 797.

$C_6H_{15}BrSn$ **Triäthylbromstannan** ($Kp._{15}$ 104 bis 107°) 5591, 18 797.

$C_6H_{15}Br_2Sb$ **Tiäthylantimondibromid** ($Kp._{22}$ 167—169°) 10 768.

$C_6H_{15}ClGe$ **Triäthylchlorgerman** (Kp. 173 bis 177°) 18 797.

$C_6H_{15}ClNOPS$ **Diäthylamidothionphosphorsäureäthylesterchlorid** ($Kp._{10}$ 105—106°) 15 190.

$C_6H_{15}ClOSi$ **3-Chlorpropyldimethylmethoxysilan** ($Kp._{751}$ 169,5°) 7486.

$C_6H_{15}ClO_2Si$ **3-Chlorpropylmethyldimethoxysilan** ($Kp._{750}$ 185°) 7486.

Methylchlormethyldiäthoxysilan (Kp. 162 bis 164°) 18 804.

$C_6H_{15}ClO_3Si$ **γ(3)-Chlorpropyltrimethoxysilan** ($Kp._{750}$ 195°) 6210*, 7486.

Triäthoxychlorsilan, Rk. 6588*.

$C_6H_{15}ClPb$ **Triäthylbleichlorid,** Syst. —/KBH_4/ fl. NH_3 15 155; Rk. 2389; spektrophotometr. Best. 13 881.

$C_6H_{15}ClSi$ **3-Chlorpropyltrimethylsilan** ($Kp._{752}$ 151,5°) 7486.

Di-*n*-propylchlorsilan, Rk. 16 291.

Triäthylchlorsilan, Darst. 5475*, 5477*; Rk. 7076, 15 562.

$C_6H_{15}ClSn$ **Triäthylzinnchlorid (Triäthylchlorstannan)** (Kp.208—210°), Bldg. 5591; Rk.: mit $BrFC{=}CF_2$ 17 339; mit $CF_2{=}CFLi$ 17 684; mit Polylithiumstyrol 6427; mit β-Chlor-α.β-difluorphenyllithium 17 378; mit Vinyl-MgBr 106, 4343*; Pharmakologie v. — 14 224; chromatograph. Trenn. v. anderen Organozinnverb. 16 426.

$C_6H_{15}Cl_2O_3Sb$ **Dichloroantimonsäuretriäthylester** (F. 98—99°) 7815.

$C_6H_{15}FNO_2P$ **Fluorophosphorsäureäthylesterdiäthylanid** ($Kp._{11}$ 83—85,5°) 53.

$C_6H_{15}FO_6P_2$ **Monofluorodiphosphorsäuretriäthylester** 52.

$C_6H_{15}FSi$ **Triäthylsiliciumfluorid,** kernmagnet. Resonanz v. ^{19}F in — 11 464.

$C_6H_{15}In$ **Triäthylindium,** Verw. 10 998*.

$C_6H_{15}JSi$ **Jodmethyldiäthylmethylsilan** ($Kp._{50}$ 102,5°), Darst., Konstit.-Einfl. auf d. polarograph. Verh. 1553.

$C_6H_{15}JTe$ **Triäthyltelluroniumjodid,** IR-Spektrum 1501.

$C_6H_{15}LiMn$ **Triäthylmanganlithium** 2667.

$C_6H_{15}N$ ***n*-Hexylamin (Capronylamin)** (Kp. 130°), Darst. 6579, 18 630*; Bldg., Deriv. 7125; (Rk.) 806, 13 034; Ramanspektrum 9283; Dipolmoment 16 262; Phasengeschw. v. US-Wellen in — 3403; Thermodynamik d. Komplex-Bldg.-Gleichgew. zwischen NiDBH u. — in Bzl. 5242; innerkrist. Quellung u. zeolith. —-Aufnahme v. Ca-Mono-n-propylphosphorsäureester 6685; Rk.: mit 2.8-Dichlorphenazin 136; mit Chlorpurinen 15 600; mit Tris-[diäthylamino]-boran 12 264; mit 3.4.5.6-Tetrahydro-1.3-oxazinon-(2) 7903; mit 2-Methylmercapto-4-amino-5-cyanpyrimidin 4641*; mit 4-Hydroxycumarin-3-carbonsäureäthylester 4639*; mit β-Isocyanatopropionsäureäthylester 17 716; mit Äthyl- bzw. Isobutyl-2-hydroxyäthylthiolcarbonat 9304; mit Cellulosecrotonaten 13 054; Kinetik d. therm. Dissoziat. v. N-Phenylphenylcarbamat in — 5992; — als Lösungsm. zum Färben v. Wolle (Sorpt.) 656; Geh. im Mutterkorn im Verlauf d. Sklerotienreif. 14 238; Vork. in Milch 1065; Wrkg. auf d. Reiz. peripherer Nervenendig. 10 175; Trenn. v. anderen Aminen 6161; Verw.: zur Abtrenn. v. Aminocarbonsäure-Gemischen aus ihren Rohlsg. 13 945*; v. [Ni-(1-Hexylamin)$_4$(SCN)$_2$] zur Trenn. v. aromat. Verb. 308*.

2-Methylpentylamin, Rk. 3185*.

Isohexylamin, Dipolmoment 16 262; Rk. 15 595.

2-Methyl-4-aminopentan, Rk. 6505*.

***N*-Methylisoamylamin,** Hydrochlorid (F. 180°) 17 925*.

Di-*n*-propylamin, Bldg. 13 721; Darst.: v. $T_{(1)}$-— 16 275; v. $[(C_3H_7)_2NH_2]_2TiF_6$ u. seine therm. Zers. 11 844; neue Bezieh. zwischen d. physikal. Konst. 3402; Einfl. auf d. Polarisat. v. Fe-Elektroden 9247; Rk.: mit NH_2Cl (Kinetik) 14 824; mit CS_2 u. C_2H_2 96; mit Acetylenchloriden 7481; mit 4-Brommethylstilben 4513; mit Pyrazolo-[3.4:d]-pyrimidinen 6877*; mit 2.5-Dimethyl-1.2;5.6-dioxidohexin-(3) 15 929; mit tert.-Butylhydroperoxid (Radikalbldg.) 16 262; mit Acrylnitril 9717; mit Säurechloriden 13 722; Verw. bei d. Herst. v. Aminonucleosiden 2462*; Trenn. v. anderen Aminen 6161; Best. 7643, 10 952; Charakterisier. als saures (—)-Di-O-p-toluyltartrat (F. 170—171°) 3778.

Diisopropylamin (Kp. 83,5°), Bldg. 8181; Darst. v. $[(C_3H_7)_2NH_2]_2TiF_6$ u. seine therm. Zers. 11 844; Darst., Verw. (v. Salzen) 3184*; (v. Polysulfiden d. —) 7669*; Rk.: mit BCl_3 15 930; d. Hydrochlorids mit KBH_4 oder $NaBH_4$ 16 843*; mit $AlH_3 \cdot N(CH_3)_3$ 4463; mit S, CO u. Methylier. 4139; mit Phosgen 11 194; mit 1.1-Diphenyl-3-halogenpropanen 948*; mit Phenylglycidyläther (Kinetik) 8574; mit tert.-Butylhydroperoxid (Radikalbldg.) 16 262; mit 2-Chlor-1.3.2-dioxaborinan 7331*; mit C_2H_5MgBr 11 905; mit 1-Amino-2-(α-chlor-p-tolyloxy)-4-hydroxyanthrachinon 1422*; mit Fettsäuren 15 076*; mit β-[Furyl-(2)]-acrylsäurechlorid 7507; mit Toluol-α-sulfonsäurechlorid 7123; Verw. als Stabilisator 1792*, 13 575*; Best. 10 952.

***N.N*-Dimethylbutylamin** (Kp. 93—95°) 16 656.

***N.N*-Dimethyl-*tert.*-butylamin** (Kp. 90—91°) 12 268.

Methyläthylpropylamin 4715*.

Triäthylamin (Kp. 89,35°), Bldg. 11 149; Darst.: v. alkylsubstituierten Pikraten 3777; v. Carragheenaten (S/N-Verhältnis) 11 950; Darst., Rk. d. Bis-[triäthylammonium]-pyrophosphats 854; Abtrenn. aus Rk.-Gemischen 6582*; (d. hydrierenden Rk. v. CH_3-CHO, NH_3 u. H_2) 13 569*; neue Bezieh. zwischen d. physikal. Konst. v. — 3402; IR-Absorpt.-Spektren d. Hydrohalogenide 6715; IR-Spektrum u. H-Bind. in Gemischen v. — mit Acetylenen 16 623; Elektronenspinresonanz d. Ionenradikalsalzes mit TCNA 10 033; Dipolmoment, Wechselwrkg. mit Bzl. u. CCl_4 790; Elektronenstoß-Ionisationspotential 433; Wechselbezieh. d. H-Brückengleichgew. mit d. Acidität bei Säure-Basen-Rk. v. — 3404; Vgl. d. Reaktivitäten einer phenol. Säure u. einer Carbonsäure mit — im Säure-Basen-Gleichgew. 5986; relative chem. C- bzw. H-Verschieb. 9286; kernmagnet. Resonanz 8201; Bezieh. zwischen Druck, Temp. u. Dichte 12 235; Dichte, Viscosität u. Brechungsindex d. bin. Syst. –/W. 15 541; Thermodynamik: d. Syst. W./— 14 453; d. Syst. Diäthylamin/— 18 776; d. Wechselwrkg. zwischen — u. NiDBH in Bzl. 5242; Ableit. thermodynam. Potentiale für — aus d. Ultraschall-Relaxat. 15 503; Ultraschall in einer —-W.-Mischung 1937; Ultraschallrelaxationsprozesse in fl. — 1555; isotherme Verdampf d. fl. Phase im Syst. —/C_6H_5OH/H_2O 15 170; Assoziations-Konst. mit 1- u. 2-Butanol 6726; mol. Assoziat. in bin. Syst. —/Phenole 18 066; Wrkg. d. Hydrochlorids auf negatives AgJ-Sol 7798; Adsorpt. v. — an grobvernetzten Ionenaustauscherharzen 9622; Verh. v. — in Benzoylfluorid als ionisierendem Lsgm. 8523; Löslichk. v. Alkalimetallen in — 2656; Löslichk., Leitfähigk. u. Rk. v. — in S_2Cl_2 3015; UV-Bestrahl. 11 871; Oxydat. 11 862; (polarograph.) 12 976; spontane Zünd. 14 819; Rk. mit Chloramin (Kinetik) 4131; Bldg.-Konst. v. Komplexen mit AlH_3 4108; Spalt. d. Pikrats 3055; Rk.: mit $B_{10}H_{14}$ 12 216; mit BCl_3 4343*; mit Alkaliboranat 8059*; mit $NaBH_4$ 17 562*; mit Diboran bzw. $LiBH_4$ 18 468; mit $LiB_3S_2H_6$ 14 436; mit U, UO_3 oder U_3O_8 in fl. N_2O_4 4110; mit TiF_4 11 844; mit NiJ_2 15 529; mit Manganpentacarbonyljodid 12 847*; Acetylier. 7106; Rk.-Fähigk. freier Radikale gegenüber — 17 774; Rk.: mit Cyanursäurechlorid u. Aminopropylsilan 17 235*; mit 2-Jodmethyl-1.4-dioxan 3904*; mit Propyldiboranen 16 844*; mit $NaB_{10}H_{12}CN \cdot (CH_3)_2S$ 8182; v. Triäthylammoniumdekahydridodekaborat mit NO_2 bzw. NO 4461; mit $(C_6H_5)_2PH \cdot BX_3$ (X = Br, J) 8546; mit $(C_4H_9)_2SnCl_2$ 18 042; mit $(C_6H_5)_3SnCl$ u. H_2S 8548; mit 1-Amino-2-(α-chlor-p-tolyloxy)-4-hydroxyanthrachinon 1422*; mit Chloranil u. Äthylalkohol 1962; mit Allylsenföl (Kinetik) 16 627; mit Picolinsäure 6136*; mit 8-Nitrotheophyllin-7-essigsäure 13 763; mit 2-[2-Chloräthoxy]-äthanol u. 4-Phenyl-4-carbäthoxypiperidin 6874*; mit 1-Acetoxy-2-methylpyridiniumpikrat 10 457; mit Oximinocyanessigsäureäthylester 1951; mit Bixin 13 245*; mit Benzoylchlorid u. d. Rk.-Prod. aus α-[N-Carbobenzoxyisopropylamino]-propionsäure u. o-Toluidin 13 128*; mit 2-Chloracetamido- bzw. 2.7-Bis-[chloracetamido]-fluoren 18 813; eines Gemisches v. — u. Äthylenimin mit 2.5-Dichlor-3.6-bis-[acetamido]-p-benzochinon 10 564*; mit Brenztraubensäure-N-cyclohexylimidchlorid (Kinetik) 11 148; mit N-p-Nitrobenzylbenzimidoylchlorid 14 094; mit Perfluorhepten-(1)-sulton 14 321*; mit Dimethyl-2-bromäthylphosphonat 16 154*; durch γ-Strahlen induzierte Polymerisat. in — als Lsgm. 14 160; Ketten-Übertrag. durch — bei d. Radikal-Polymerisat. v. Styrol u. Vinylacetat 9741; — als Aktivator d. Block-Polymerisat. v. Methylmethacrylat 9365; Mechanismus d. —-Vernetz. v. Fluorelastomeren 16 700; Solvolyse v. Carbonsäurehalogeniden in — (Kinetik) 2694; — als Promotor bei d. Hydrier. v. Carbonylverb. an Raney-Co u. -Ni 15 880; Einfl.: auf d. Hydrier. v. Carbonyl-Verb. an einem Ni—Cr_2O_3-Katalysator 802; auf d. Kinetik d. Rk. (v. Cyanurchlorid mit primären Aminen) 801; (zwischen Aceton u. HCN) 5621; — als Kondens.-Mittel bei d. Herst. v. Organometall-Verb. d. IV. Nebengruppe 1410*; Rk. v. Alkylenoxid mit H_2S u. S in Ggw. v. — 301*; Bldg. v. 4-Chlor-2-diäthylaminochinazolin bei d. Chlorier. v. Chinazolindion-(2.4) in Ggw. v. — 14 137; Kinetik d. durch — katalysierten Rk. v. Phenylisocyanat mit Thiolen 13 350; antioxydierende Eig. u. ihre physiolog. Bedeut. 11 952; Einfl. d. Reihenfolge d. Einführ. v. — als Begleitstoff auf d. Wrkg. v. Papain 14 912; Verw.: d. Salzes mit H_2S_7 (zur Kautschuk-Vulkanisat.) 17 241*; (zur Schädlingsbekämpf.) 7669*; zur Herst. v. Viscosestapelfasern u. -fäden 18 325*; Verw. als Katalysator: bei d. Herst. v. Tris-[β-chlorpropyl]-phosphit 7697*; bei d. Herst. v. Mono- u. Bis-[β-halogenalkyl]-estern v. Halogenphosphorsäuren 7697*; bei d. Synth. v. Diallylzinndibromid 15 524; Verw.: bei d. Darst. v. N-Carboxy-L-prolinanhydrid 10 084; zur Stabilisier. (v. Halogen-KW-Stoffen) 18 631*; (v. Borkohlenwasserstoffen) 16 549*; in Sterilisationslsg. 16 067*; zur Reinig. v. Alkylarylsulfonsäuren 7698*; v. —-Salzen zur Reinig. v. Streptomycin 12 768*; als Raketentreibstoff 5912; Eign. v. Cu-Komplexen mit — als Lichtfilter 3199; Trenn. v. anderen Aminen 6161; Best. (gaschromatograph.) 7643; (als Reineckat) 13 151; (als saures (—)-Di-O-p-toluyltartrat) 3778.

$C_6H_{15}NO$ **6-Aminohexanol-(1)** (Kp.$_{29}$ 152 bis 158°), Darst., Rk. 15 991; Rk. 1408*, 1796*, 8417*.

2-Hydroxy-2-methylpentylamin, Nachw. 7269.

***N.N*-Dimethyl-4-aminobutanol-(1)** (Kp.186 bis 189°), Darst. 3785; (Rk.) 6749; Rk. 810.

4-Dimethylaminobutanol-(2) (**α-Methyl-γ-dimethylaminopropanol**) (Kp.$_{50}$ 75—79°) 818, 6409.

2-Dimethylamino-2-methylpropanol-(1) (Kp. 160—161°) 3785, 12 268.

2-Methyl-3-dimethylaminopropanol, Rk. 4262*.

Monobutyläthanolamin (**β-[*n*-Butylamino]-äthanol**), Rk. 1408*, 13 374.

***N*-Isobutyläthanolamin**, Rk. 14 242*.

2(β)-Diäthylaminoäthanol (***N.N*-Diäthyläthanolamin, *N.N*-Diäthyl-2-hydroxyäthylamin, Diäthylcolamin**) (Kp. 160 bis 162°), Darst., Rk. 6738, 17 206*, 18 071; Bldg. 18 929; IR-Spektrum u. H-Bind. 16 623; Stabilitäts- u. Dissoziat.-Konst. d. Ag-Komplexe v. — 10 382; Bromier. 11 882; Rk.: mit $SOCl_2$ 7891; d. Na-Verb. mit 3.6-Dichlorpyridazin 6410; mit 1-Chlor-4-benzylphthalazin 14 956*; mit 2.6-Dichlor-4.8-bis-[diäthylamino]-pyrimido-[5.4:d]-pyrimidin 17 854*; mit Theophyllin-7-essigsäure bzw. ihrem 8-Nitroderiv. 13 763; mit Dicarbonsäuren bzw. deren Anhydriden 8717*; mit Perfluor- u. Perfluorchlorcarbonsäuren 9533*; mit p-Aminobenzoesäureäthylester 8713; mit monosubstituierten Anästhesinen 1589; mit p-Amino- bzw. o-Chlor-p-aminobenzoesäuremethylester 2545*; Verh. gegen $\alpha.\alpha$-Diäthyl-α-[6.7-dimethoxy-3.4-dihydroisochinolyl-(1)]-essigsäureäthylester 4914; Rk.: mit 3-Phenylglutarsäureanhydriden 6008; mit 2-Phenyl-3-methylpentansäure-(1)-

chlorid u. CH_3Br 10 189*; mit 2.4.6-Trimethylbenzoylchlorid 10 564*; mit Cinnolincarbonsäure-(4)-chlorid 8987; mit Pyrimidin-4-carbonsäurechloriden 7626*; mit 1β-Chlorcarbonyl-3α-[N-methyl-piperidyl-(2)]-chinolizidin 14 137; mit 5-[Chlorcarbonyl]-iminostilben 14 246*; mit 3-Hydroxy-2-naphthoylchlorid 8962; mit 5-Alkoxymethylbenzofuran-2-carbonsäurechloriden 1978; mit α-[p-Chlorphenoxy]-isobuttersäurechlorid 12 633; mit 5.6-Dimethoxybenzothiophen-2-carbonsäurechlorid 6763; mit 6-Chlorcarbonyl-2-methylpyridazinon-(3) 8612; mit 3-Carbomethoxyphenthiazin-10-carbonsäurechlorid 2831*; mit Tosylchlorid 4507; mit 2-Butoxycinchoninsäureazid 15 965; mit N-substituierten Äthylcarbamaten bzw. Carbamoylchloriden bzw. Isocyanaten 9311; d. Na-Verb. mit Chlorthiophosphorsäure-O.O'-diäthylester 12 267; mit Phosphonsäureesterchloriden 6557*; Gruppensensibilisier. mit Procain nach — 18 925; Einfl. auf d. Glykogenolyse 917; Verw.: d. Hydrochlorids in Diae „Thilo“ 18 927; zum Reinigen v. Riboflavin-5'-phosphat 223*; in Sterilisationslsg. 16 067*; eines Gemisches aus — u. Dimethylaminoäthanol als Härt.-Mittel für Glycidylpolyäther 6229*; zur Herst. v. Lsg. v. Azofarbstoffkomponenten 3270*; d. Orotats zur gravimetr. Best. v. Na u. K 9833.

Di-*n*-propylhydroxylamin, Radikalbldg. bei d. Rk. mit tert.-Butylhydroperoxid 16 262.

3-Isopropoxypropylamin, Rk. 4732*.

***N.N*-Dimethylbutylamin-*N*-oxid,** Pikrat (F. 107,5—108°) 16 656.

Triäthylaminoxid, Hydrochlorid (F. 152°) 1049*.

***N.N*-Dimethylpyrrolidiniumhydroxid,** Salze 18 077.

Allyltrimethylammoniumhydroxid (Homoneurin), Wuchsstoffwrkg. d. Bromids auf Pflanzen (Vgl.) 17 815; Wrkg. d. Bromids: auf d. Entw. v. Pflanzen d. Gatt. Beta (Vgl.) 7956; auf Wachstum u. Blühen d. Tomaten 904; Einfl. v. —-Deriv. auf d. neuromuskuläre Erregbark. beim Frosch 9808.

$C_6H_{15}NOS$ **3-*N.N.N*-Trimethylammoniothiacyclobutan,** Methylsulfat (F. 166—170°) 10 824.

$C_6H_{15}NOS_2$ **5.5-Dimethyltetrahydro-1.2.5-dithiazepiniumhydroxid,** Jodid (F. 212° Zers.) 137.

$C_6H_{15}NOSi$ **β-Trimethylsilylpropionsäureamid** (F. 96—97°) 12 630.

$C_6H_{15}NO_2$ **[2-Hydroxyäthyl]-[2'-hydroxybutyl]-amin,** Nachw. 7269.

[2-Hydroxyäthyl]-[3'-hydroxybutyl-(2')]-amin, Nachw. 7269.

2-Dimethylamino-2-methylpropandiol-(1.3) (Kp.₂ 100—108°) 1196.

Dipropanolamin (Bis-[γ-hydroxypropyl]-amin), Darst., Rk. 5848*; (d. Hydrochlorids) 2146*; Rk. 1408*.

Diisopropanolamin (Bis-[β(2)-hydroxypropyl]-amin) (F. 41—44°), Darst. 8059*, 10 815, 16 491*; Bldg. 2540*; Rk. 1408*, 5022*, 12 465*, 12 627, 16 634; Verw. 8430*; Nachw. 7269.

Dimethylaminoäthoxyäthanol, Rk. 9341.

Bis-[2-methoxyäthyl]-amin, Nachw. 7269.

β-Aminobutyraldehyddimethylacetal, Verw. 9920*.

Aminoacetaldehyddiäthylacetal (Aminodiäthylacetal, Aminoacetal), Rk. 128, 4165, 4166, 13 394.

Trimethylacetonylammoniumhydroxid, Tetraphenylborat 7848.

$C_6H_{15}NO_3$ **2-Dimethylamino-2-hydroxymethylpropandiol-(1.3)** (F. d. Dihydrats 98—99°) 1196.

Triäthanolamin (Tris-[β-hydroxyäthyl]-amin, 2.2'.2''-Nitrilotriäthanol), Darst. 17 206*; (v. Mn-Komplexen) 6705; (u. elektr. Leitfähigk. d. Hydrohalogenide in W.) 3356; Absorpt.-Spektrum v. {Mn-[$(C_2H_5O)_3N$][$OH]_4$}⁻ 6668; pK_H-Wert 14 081; Bezieh. zwischen Druck, Temp. u. Dichte 12 235; Dampfdruck u. Gefrierpunkt 14 082; grenzflächenchem. Unters. v. Salzen 1176; Einfl. auf d. Glasritzeffekt 8891; Stabilität v. Ag-Komplexionen mit — 11 673; Salzbldg. 6726, 14 461; (v. Deriv.) 16 645; Verester. 13 246, 18 641*; Hydroxyalkylier. 10 270*; Rk.: mit Epoxiden 13 212*; mit Äthylenoxid 15 019*; mit Epichlorhydrin 6384; mit β-Halogenäthylalkoholen u. Benzoylchlorid 16 645; d. Tartrats mit Aldehyden u. Polyolen 9516*; mit 1-Amino-2-(α-chlor-p-tolyloxy)-4-hydroxyanthrachinon 1422*; mit Perfluor- u. Perfluorchlorcarbonsäuren 9533*; mit Triphenylphosphit 14 341*; mit Bleitetraacetat 18 071; mit d. Umsetz.-Produkt v. Stearinsäure mit Isopropyltitanat 8783*; katalyt. Wrkg. bei d. Synth. v. Diallylzinndibromid 15 524; Einfl. d. Hydrochlorids auf d. Bldg. v. ClO_3^- aus ClO_2^- 16 893; Darst. v. Carbonsäuren durch Oxydat. v. Aldehyden in Ggw. eines —-halt. Katalysatorgemisches 8416*; Einfl.: auf d. Glykogenolyse 917; auf d. Entw. v. Sclerotium rolfsii 10 882; Isolier. d. Radula mit — (Bezieh. zwischen Wirksamk. u. chem. Struktur) 15 994; Eindringen v. ^{14}C-—-Salzen in d. Blatt 6835; Sensibilisier. photograph. Emuls. mit — (Übersicht) 9583; hypersensibilisierende Wrkg. auf photograph. Schichten 1480, 16 922; Hypersensibilisier. v. Ilford-Kernemuls. durch — 380; Verw.: in Entwickler 11 435*; zur Trockn. v. photograph. Schichten 8131*; zum Antistatischmachen v. synthet. Fasern 16 184*; in Imprägniermitteln 599*, 13 160*; als Stabilisator für Vinylchlorid-(Co-)Polymere 7715*; im Elektrolytkondensator 5054*; in Desinfektionsmittel 16 777*; in Haarfestlegemittel 3657*; 17 955*; d. Laurylsulfats (*Maprofix TLS*) in Salben 7619; in Druckpaste 6218*; in Ätzpaste 6218*; in Wasserglasklebstoff 1860*; in hydraul. Zement 2873; in Treibstoffzusatz 12 156*; für Lötmittel 5464*; zur Herst. v. Lsg. v. Azofarbstoffkomponenten 3270*; zur Abtrenn. v. Al_2O_3 aus Suspens. 12 054*; zur Gewinn. v. krist. Insulin 18 936*; Trenn. v. anderen Aminen 6161; analyt. Verw. 1364, 5412.

β-[β'-Hydroxyäthoxy]-äthyl-β-hydroxyäthylamin (Kp.₃ 164°) 10 815.

1-Hydroxyäthylamino-2-methoxypropan-3-ol, Rk. 1408*.

***N.N*-Dimethylorthocarbaminsäuretrimethylester** (Kp. 130—132°) 11 366*.

$C_6H_{15}NO_3S$ **3-[*N.N*-Dimethylamino]-thiacyclobutan-1.1-dioxidmethylhydroxid,** Jodid (F. 188—190° Zers.) 10 824.

Methioninmethylsulfoniumhydroxid, Darst. v. Salzen 17 369; relatives Wachstum v. Hefen auf einem —-Chlorid-halt. Nährboden 12 335.

4-Äthylaminobutan-1-sulfonsäure 6400.

4-Dimethylaminobutan-1-sulfonsäure (F. 243—247° Zers.) 6400.

***N-sek.*-Butyltaurin** (F. 205—207°) 5845*.

***N*-Isobutyltaurin** (F. 282—284°) 5845*.

Dimethylaminopropanolmesylat, Rk. 1609.

$C_6H_{15}NO_4$ **Diglycerinmonoamin,** Rk. 1408*.

$C_6H_{15}NO_4S$ ***N*-[β-Hydroxyäthyl]-*N.N*-dimethyltaurinbetain** s. unter *$C_6H_{17}NO_5S$*.

$C_6H_{15}NO_5$ **D-Glucamin** (F. 125—127° korr.), Bldg., Rk., Deriv. 4880; Rk. 2736.

2-Amino-2-desoxy-D-glucit, Papierionophorese 11 513.

$C_6H_{15}NO_8S_2$ **Diisopropanolamindischwefelsäureester,** Rk. d. Na-Salzes 8063*.

$C_6H_{15}NS$ **2-*n*-Butylaminoäthylmercaptan** (***n*-Butyl-2-mercaptoäthylamin**) (Kp.$_{18}$ 81°) 9302, 9304.
sek.-**Butyl-2-mercaptoäthylamin** (Kp.$_{33}$ 83°) 9304.
Isobutyl-2-mercaptoäthylamin (Kp.$_{23}$ 76°) 9304.
tert.-**Butyl-2-mercaptoäthylamin** (F. 41 bis 43°) 9304.
1-Dimethylamino-2-methylpropanthiol-(2) (Kp.$_{95}$ 75—78°) 12 269.
β(2)-Diäthylaminoäthylmercaptan (***N*-[2-Mercaptoäthyl]-diäthylamin, β-Diäthylaminoäthanthiol**) (Kp.$_{29}$ 72°), Darst. 9302, 9303, 9304, 9305; Rk. 2829*, 6557*, 10 564*, 12 268, 15 954; Prüf. auf Strahlenschutzwrkg. 1682; prakt. Einsatz d. Hydrochlorids auf kosmet. Gebiet 15 431.

$C_6H_{15}NS_2$ **2-[*tert.*-Butyldisulfido]-äthylamin**, Hydrochlorid (F. 195° Zers.) 15 932.

$C_6H_{15}N_2O_3PS_2$ **2-[*O*-Methyldithiophosphoryl-acetyl]-1.1.1-trimethylhydrazinium-*O*-betain** (F. 170° Zers.) 12 267.

$C_6H_{15}N_2O_4PS$ ***O*-[2-Methyl-2-nitropropyl]-*O*-methyl-*N*-methylthiophosphorsäureamid-diester** 14 667*.

$C_6H_{15}N_3$ ***N*-[2-Aminoäthyl]-piperazin**, thermodynam. Unters. v. — u. d. Komplexen mit Ionen zweiwert. Metalle 15 516.
1-Äthyl-4-aminopiperazin, Rk. 13 129*.
1(*N*)-Methylpiperidyl-(4)-hydrazin (Kp.$_{0,3}$ 66—70°), Darst., Verw. 7991*; Rk.: v. — bzw. Deriv. mit aliphat. Oxoverb. 11 737*; mit Aceton 16 848*, 17 566*; mit Ketocarbonsäuren bzw. Deriv. 3551*; mit β-Chlor-trans-zimtsäureäthylester bzw. β-Brom-trans-zimtsäuremethylester u. Deriv. 948*; mit β-Chlor-α-alkyl-trans-zimtsäureäthylestern 5020*; mit α-Furoylessigsäureäthylester bzw. β-Indolyl-(3)-β-oxopropionsäureäthylester 3551*; mit Diphenylmalonylchlorid 13 129*.
***n*-Amylguanidin**, Nitrat (F. 71—72°) 11 882.

$C_6H_{15}N_3O$ **1-Aminobicyclo-[2.2.2]-1.4-diazacyclooctanhydroxid**, Salze 12 276.
3-Dimethylamino-2-azapropen-(2)-yliden-(1)-dimethylammoniumhydroxid, Hydrochlorid (F. 101—103°) 10 639*.
Diäthylaminoacethydrazid (***N.N*-Diäthylglycinhydrazid**) (Kp.$_2$ 105°), Darst., Rk. 11 185; Rk. 2350.

$C_6H_{15}N_3O_2$ **Serinisopropylhydrazid (Ro-4-1038)**, — als Monoaminooxydasehemmstoff (Übersicht) 5374; (Einfl. auf d. Ansprechen d.Gehirnrinde gegen Epinephrin) 12 374; klin. Ergebnisse u. psychopatholog. Wrkg.-Formen d. Therapie mit — 16 403.
***N.N*-Dimethyl-*N'*-äthylcarbamylformamidiniumhydroxid**, Chlorid (F. 176 bis 178°) 5097*.

$C_6H_{15}N_3S$ **2-Guanidino-3-methylbutanthiol**, Salze 13 019.
2-Mercaptoäthyl-*N*-isopropylguanidin, strahlenprotektive Wrkg. d. Hydrobromids 1683.
***S*-[2-Amino-3-methylbutyl]-isothioharnstoff**, Dihydrobromid (F. 118—121°) 13 019.
***S*-[2-Isopropylaminoäthyl]-isothioharnstoff**, Dihydrobromid (F. 103—106°) 450.
***S*-[1-Dimethylamino]-2-propylisothioharnstoff**, Prüf. d. Chloridhydrochlorids auf Strahlenschutzwrkg. 1682.

$C_6H_{15}N_4O_5P$ **Argininphosphat (Phosphoarginin)**, Vork.: in d. Muskel v. Spirographis spallanzanii Viviani u. d. Molluske Arca noae L. 10 156; in Küchenschabennerven (Unters. mit ^{32}P) 8697; in Meerestieren 15 659; Verh. in d. Stubenfliege Musca domestica bei Anoxie 13 841.

$C_6H_{15}N_4O_6P$ s. *Lombricin* [*O*-[*Guanidinoäthyl*]-*phosphorylserin*].

$C_6H_{15}N_5$ **1-*n*-Butylbiguanid**, Darst., Rk. v. Salzen 17 008; Darst., Verw. d. Nitrats 947*; Rk. 7669*; Leberveränder. durch Thioacetamid bei gleichzeitiger Belast. mit blutzuckersenkendem — 4602.
Diäthylbiguanid, Dicyanokobaltkomplex 11 128.
1.1-Dimethyl-5.5-dimethylbiguanid, Hydrochlorid (F. 227—230°) 18 830.

$C_6H_{15}N_5O$ **Methoxypropylbiguanidin**, Darst. v. Komplexen (mit Cu) 10 774; (mit Ni u. Pd) 11 495.
1-Aminohexamethylentetraminiumhydroxid (**1-Aminomethenaminiumhydroxid**), Salze 9443*.

$C_6H_{15}N_5O_2$ ***N*¹.*N*¹-Bis-[β-hydroxyäthyl]-biguanid**, Wrkg. gegen Viren 6831.

$C_6H_{15}N_5S$ ***S*-[4-Guanidinobutyl]-isothioharnstoff**, strahlenprotektive Wrkg. d. Bromidhydrobromids 1683.

$C_6H_{15}N_5S_2$ **β.β'-Isothioureidodiäthylamin**, Prüf. d. Dibromidhydrobromids auf Strahlenschutz 1682.

$C_6H_{15}N_6OP$ **Tris-[2-methylaziridinyl]-phosphinoxid („MAPO")**, Kernresonanzspektrum 1935.
x-[Bis-(dimethylamido)-phosphoryl]-3-amino-1.2.4-triazol (F. 136—138°) 11 186.

$C_6H_{15}N_6PS$ **x-[Bis-(dimethylamido)-thiophosphoryl]-3-amino-1.2.4-triazol** (F. 121 bis 122°) 11 186.

$C_6H_{15}OP$ **Triäthylphosphinoxid**, Rk. 16 243.

$C_6H_{15}OPS_2$ **Dimethylthiolphosphinsäure-*S*-β-äthylmercaptoäthylester** (Kp.$_{0,01}$ 83°) 16 110*.
***O*-Äthyl-*S*-äthylmercaptomethylmethylthiophosphinat (M-136)**, Darst., Cholinesteraseinhibitor 4619.

$C_6H_{15}O_2P$ **Dipropylphosphinsäure** 10 767.
Äthylphosphonigsäurediäthylester (Kp.$_{30}$ 53 bis 55°), Darst. 4347*; Rk. 10 054, 10 069.

$C_6H_{15}O_2PS$ **Di-*n*-propylthiophosphit** (Kp.$_6$ 93 bis 94°) 12 623.
Diisopropylthiophosphit (Kp.$_{12}$ 83—84°) 12 623.
Äthylthionophosphonsäurediäthylester, IR-Spektrum 9283.

$C_6H_{15}O_2PS_2$ **Dithiophosphorsäure-*O.O*-di-*n*-propylester**, IR-Spektrum 9283.
***O.O*-Diisopropyldithiophosphat (Diisopropylthiolthionphosphorsäure, Dithiophosphorsäure-*O.O*-diisopropylester, Diisopropyldithiophosphorsäure)**, Darst., Verw. d. Zn-Salze 7641, 17 624*; IR-Spektrum 9283; IR-Reflex.-Unters. v. an Metall-Oberflächen adsorbierten Filmen d. Zn-Salzes 5947; Verw. d. Zn-Salze 3689*.
Triäthyldithiolphosphat (Kp.$_{0,3}$ 102—103°) 6738.
***O.O.S*-Triäthylphosphorothiolothionat** (Kp.$_{0,8}$ 76°) 18 632*.
Methylthiolphosphonsäure-*O*-äthyl-*S*-äthylmercaptomethylester (Kp.$_{0,01}$ 70°) 16 465*.

$C_6H_{15}O_2PS_3$ **Äthylmercaptoäthylthiolthionophosphorsäuredimethylester (2-Äthylmercaptoäthyldithiophosphorsäuredimethylester, Äthylthioglykoldimethyldithiophosphorsäure)** s. *Schädligsbekämpfung-Spezialmittel* (*Bayer-23129, Ekatin, M 81, Thiometon*).
***S*-Äthylsulfenylthionothiolphosphorsäure-*O.O*-diäthylester** (Kp.$_{0,01}$ 62°) 4692*.

$C_6H_{15}O_2PS_4$ ***S*-[β-Äthylmercaptoäthylsulfenyl]-thionothiolphosphorsäure-*O.O*-dimethylester** 4692*.

$C_6H_{15}O_3P$ **Phosphonsäuredi-*n*-propylester**, IR-Spektrum 14 447.
Methylphosphonsäureäthylisopropylester (Kp.$_{20}$ 90—92°) 17 362.
Äthylphosphonsäurediäthylester (Diäthyläthylphosphonat) (Kp.$_{22}$ 93—95°), Darst. 10 069; Bldg. 10 055, 10 450, 11 153, 12 996; Rk. 2712, 12 266; Cytotoxizität in menschl. Zellkulturen 4196.

Dipropylphosphit (Di-*n*-propylphosphorigsäure) (Kp.$_{10}$ 100°), Darst. 12 456*; (Rk.) 9300, 12 622; Rk. d. Na-Verb. 10 845.

Diisopropylphosphit (Diisopropylphosphorigsäure) (Kp.$_{10}$ 71—73°), Darst. 12 456*; (Rk.) 9300, 12 622; IR-Spektrum d. Na-Salzes 15 164; kernmagnet. Resonanz u. IR-Absorptionsunters. 8202; Rk. 10 450; colorimetr. Best. 18 583.

Triäthylphosphit (Phosphorigsäuretriäthylester) (Kp.$_{23}$ 56°), Darst. 12 456*, 12 831*; (v. $Co(NO)[P(OC_2H_5)_3])$ 61; (v. Mo-Carbonylkomplexen mit — als Ligand) 3029; mol. magnet. Rotat. 12 233; Dipolmoment 7829; Verseif. (Kinetik) 18 425 [2 Ref.]; Rk.: mit S 6739; mit SCl_2 16 609; mit HN_3 11 884; mit Bromcyan bzw. Chlorkohlensäuremethylester 15 931; mit 1-Chlor-2-bromäthan 11 159; mit 1.3-Dibrompropan 18 638*; mit Perfluorolefinen 12 996; mit Benzylbromid 11 902; d. Na-Verb. mit Myrtenylchlorid 10 845; mit Xylylendichlorid 5477*; mit 1.4-Chlormethyl-2.5-dichlorbenzol 5479*; mit Chlorphenyl-ω-bromalkyläthern 5260; mit Butyl-MgBr 4347*; mit Carbonylverb. 1832; mit α-Dicarbonylverb. 18 272*; mit α-Halogenketonen (Struktur d. Prod.) 8958; (IR-Spektren d. Prod.) 1933; mit Alkyl- bzw. Arylthiocyanaten 11 153; mit p-Chinonen 1575; mit Metall-Verb. d. 3-Chlorsulfenyl-Verb. d. Pentandions-(2.4) 5596; mit Chloracetonitril 10 273*; mit γ-Brom-β-methylcrotonsäurenitril 19 007*; mit ω-Halogencarbonsäureestern oder -amiden 14 834; mit Acryl- oder Methacrylsäurehydroxyalkylestern 2170*; mit Maleinsäuremonoäthylester 1203; mit Phthalsäureanhydrid bzw. Tetrachlorphthalsäureanhydrid 10 450; mit Diäthylphosphat 18 633*; mit Tri-n-butylphosphit bzw. Alkoholen bzw. n-Butylmercaptan 18 087; mit Dialkylazidophosphat bzw. Methansulfoazid 11 884; Teilnahme an Phosphorylier.-Rk. in Ggw. v. Peroxydase 11 230.

$C_6H_{15}O_3PS$ **Di-*n*-propylthiophosphat (Thiophosphorsäure-di-*n*-propylester)**, IR-Spektrum d. Triäthylammoniumsalzes 9283; Rk. d. NH_4-Salzes 2712.

Diisopropylthiophosphat, Rk. d. NH_4-Salzes 2712.

***O.O.O*-Triäthylthiophosphat (Triäthylthionophosphat)** (Kp.$_{13}$ 98—100°), Darst. 6739, 8581, 18 087; Bldg. 16 609; mol. magnet. Rotat. 12 233; Syst. $OP(OC_2H_5)_2(CH_2Cl)$/ — 17 334; Rk. 11 153.

***O.O.S*-Triäthylthiophosphat (*O.O*-Diäthyl-*S*-äthylthiolphosphat, Triäthylthiolophosphat)** (Kp.$_{22}$ 132°) 6739, 8581, 11 153, 14 667*, 16 610.

$C_6H_{15}O_3PS_2$ ***O.O*-Dimethyl-*O*-[äthylmercaptoäthyl]-thionophosphat,** Darst., Verw. 13 546*; s. auch *Schädlingsbekämpfung-Spezialmittel* (*Metasystox, Methylsystox, Methyl-Demeton*).

$C_6H_{15}O_3PS_3$ ***S*-[β-Äthylsulfinyläthyl]-thiolthionophosphorsäuredimethylester** s. *Schädlingsbekämpfung-Spezialmittel* (*Thiometonsulfoxid*).

$C_6H_{15}O_3Sb$ **Antimon(III)-säuretriäthylester** 1757*.

$C_6H_{15}O_4P$ **Diäthyl-1(α)-hydroxyäthylphosphonat (α-Hydroxyäthylphosphonsäurediäthylester)** (Kp.$_{1,5}$ 116—119°), Darst. 2170*, 9314; Best. 18 583.

Methyl-*n*-pentylorthophosphorsäureester, Tetramethylammoniumsalz 10 423.

Dimethyl-*n*-butylphosphat (*n*-Butyldimethylphosphorsäureester) (Kp.$_{15}$ 107°) 9675, 10 423.

***n*-Butyl-(2)-dimethylphosphorsäureester** (Kp.$_{0,05}$ 62°) 10 423.

***tert.*-Butyldimethylphosphorsäureester** (Kp.$_{0,07}$ 60°) 10 423.

Di-*n*-propylphosphat (Orthophosphorsäuredipropylester), Kinetik d. Hydrolyse 3407; Rk. mit Tris-(trimethylsiloxy)-chlorsilan 2712.

Diisopropylphosphat (Orthophosphorsäurediisopropylester), IR-Spektrum d. Na-Salzes 9283; Kinetik d. Hydrolyse 3407; Rk. mit Tris-(trimethylsiloxy)-chlorsilan 2712.

Methyläthyl-*n*-propylphosphat (Kp.$_{14}$ 102°) 9675, 18 633*.

Triäthylphosphat (Phosphorsäuretriäthylester) (Kp.$_{10}$ 94—95°), Darst. 6738, 9675, 18 273*, 18 632*; (Rk.) 8958; (Verw.) 18 633*; Bldg. 1575, 9638, 10 450, 16 609; Struktur aus d. ^{31}P-Kernresonanz 15 125; Kristallstruktur d. Komplexes mit Uranylnitrat 17 321; Best. d. Äquivalentgew. v. — mit Hilfe v. Kationenaustauscherharzen 9098; Decarboxylier. v. Oxamidsäure in — (kinet. Unters.) 2323; Rk. 4883, 9297, 7692*, 15 559, 18 041.

$C_6H_{15}O_4PS_2$ **Thiolphosphorsäure-*S*-β-äthylsulfinyläthylesterdimethylester (*O.O*-Dimethyl-*S*-[äthylsulfoxyäthyl]-thiolphosphat),** Darst., Verw. 13 546*; s. auch *Schädlingsbekämpfung-Spezialmittel* (*Methylisosystoxsulfoxid*).

$C_6H_{15}O_4V$ **Triäthylvanadat,** Rk. 1799*.

$C_6H_{15}O_5P$ ***O.O*-Dimethyl-*O*-[*tert.*-butyl]-peroxyphosphat** (F. 24—25°) 9172*.

$C_6H_{15}O_5PS_2$ ***O.O*-Dimethyl-*S*-[äthylsulfonyläthyl]-thiolphosphat,** Darst., Verw. 13 546*; s. auch *Schädlingsbekämpfung-Spezialmittel* (*Methylisosystoxsulfon*).

$C_6H_{15}O_6PS$ **3-Phosphonopropansulfonsäuremonoisopropylester** 1008*.

$C_6H_{15}O_8P$ **Diglycerinphosphat,** — als Spaltprod. d. Glycerinteichosäure 8297.

$C_6H_{15}O_{15}P_3$ **Inosittriphosphorsäure** 13 444.

L-Myoinosit-1.4.5-triphosphat, Vork. 6841.

Myoinosit-2.4.5-triphosphat, Vork. 6841.

$C_6H_{15}P$ ***n*-Hexylphosphin** (Kp. 128°), Darst. 12 619; IR-Spektrum 14 447.

Triäthylphosphin, Darst. v. Metallkomplexen 61, 2301, 3029, 11 847; Kristall- u. Molekularstruktur d. Verb. v. — u. CS_2 2687; IR-Spektrum 1119; (v. durch — substituierten Mo-Carbonylen) 17 648; Einfl. auf d. IR-Spektren anorgan. Hydridkomplexe 8513; kernmagnet. Resonanz u. IR-Absorptionsunters. 8202; Dipolmomente v. Koordinat.-Verb. v. $ZnCl_2$ mit — 19; Verbrenn.-Wärme 8885; Thermodynamik d. Wechselwrkg. zwischen — u. NiDBH in Bzl. 5242; Rk. 1155, 6333, 16 243; (v. $Mn(CO)_4P(C_2H_5)_3$ bzw. $[Mn(CO)_4P(C_2H_5)_3]_2$) 11 492; Verw. 16 511*.

$C_6H_{15}PS$ **Triäthylphosphinsulfid (Triäthylthiophosphin)** (F. 96°), Darst. 15 563; Verfeiner. d. Struktur 4126.

$C_6H_{15}PSe$ **Triäthylselenophosphin** (F. 108°), Struktur 4126.

$C_6H_{15}Pb$ **Triäthylblei,** spektrophotometr. Best. 9836.

$C_6H_{15}Sb$ **Triäthylantimon,** Verbrenn.-Wärme 8885; Rk. 10 767.

$C_6H_{15}Sn$ **Zinntriäthyl,** Einfl. auf d. oxydative Phosphorylier. (^{32}P-Phosphat-Adenosintriphosphat-Austausch-Rk.) 3129.

$C_6H_{16}AlLiO_3$ **Lithiumtriäthoxyaluminiumhydrid,** — als Reagens für d. Umwandl. v. Nitrilen in Aldehyde 5252.

$C_6H_{16}AlN$ **Diisopropylamidoalan** (F. 130—131°) 4463.

$C_6H_{16}BF_2N$ ***n*-Propyldifluorboran-Trimethylamin-Addukt** 6003.

$C_6H_{16}BN$ **Butylaminodimethylboran** (Kp.$_{722}$ 114°) 14 436.

Diäthylaminodimethylboran (Kp.$_{712}$ 90 bis 92°) 14 436.

$C_6H_{16}BNa$ **Natriumtriäthylhydridoborat** 2663.

$C_6H_{16}B_2O_4$ Hexamethylendiboronsäure 15 767*.

$C_6H_{16}BrNO$ 3(γ)-Brompropyltrimethylammoniumhydroxid. — Bromid (F. 208°), Darst. 450; Verw. 7299*.

$C_6H_{16}BrNO_2$ *N.N*-Dimethyl-*N*-[β-hydroxyäthyl]-*N*-[β-bromäthyl]-ammoniumhydroxid, Bromid 9312.

$C_6H_{16}Br_2Si_2$ Dimethylbromsilyltrimethylsilylbrommethan 17 334.

$C_6H_{16}ClN_2O_2P$ β-Chloräthylphosphorsäuretetramethyldiamid ($Kp._9$ 126—130°) 5475*.

$C_6H_{16}Cl_2OSi_2$ 1.1-Dimethyl-3.3-diäthyldichlordisiloxan, Rk. 1958.

1.3(*symm.*)-Bis-[chlormethyl]-tetramethyldisiloxan (Bis-[dimethylchlormethyl]-siloxan) ($Kp._{21}$ 92°), Darst. (IR- u. Raman- Spektrum) 4474; (Lewis- Basizität gegenüber Phenol bzw. Pyrrol) 4864; Rk. 4563, 18 803.

$C_6H_{16}Cl_2Si_2$ 1-Trimethylsilyl-2-methyldichlorsilyläthan (Kp. 180—183°) 16 287.

1.2-Bis-[dimethylchlorsilyl]-äthan (F. 32 bis 34°) 16 287.

$C_6H_{16}FN_2OP$ *N.N'*-Diisopropylphosphodiamidfluorid [Bis-(isopropylamino)-fluorphosphinoxid)] s. *Schädlingsbekämpfung-Spezialmittel* (*Mipafox, Py(i)razinon*).

$C_6H_{16}J_2OSi_2$ 1.3-Bis-[jodmethyl]-tetramethyldisiloxan, Rk. 18 803.

$C_6H_{16}NOP$ Dimethylphosphinsäurediäthylamid ($Kp._{26}$ 131—142°) 12 629.

$C_6H_{16}NO_2PS$ Dimethylamidothionophosphorsäurediäthylester, IR-Spektrum 9283.

$C_6H_{16}NO_3P$ Amidodiisopropylphosphat (F. 57°) 11 884.

***N*-Äthylaminodiäthylphosphat** 11 884.

Dimethylamidophosphorsäurediäthylester, IR-Spektrum 9283.

$C_6H_{16}N_2$ Hexamethylendiamin (1.6-Diaminohexan), Darst. 9145*, 18 272*, 18 630*; (d. Dihydrochlorids) 99, 299*; Bldg. 12 098*; Regenerieren v. — aus Polyamidabfällen 9516*; Zus. u. Struktur v. Salzen mit Dicarbonsäuren 10 489; innerkrist. Quellung u. zeolith. —-Aufnahme v. Ca-Mono-n-propylphosphorsäureester 6685; flockende Wrkg. d. Hydrochlorids bei AgJ-Sol 16 586; Oxydat. 4494; Komplex-Bldg. mit $CrCl_3$ 4846; Rk.: mit Sulfamid bzw. Dimethylsulfamylchlorid 3422; mit BrCN 12 263; mit Tris-[tert.-butylamino]-boran 12 265; mit Halogenalkyltrialkoxysilanen 6210*; mit Bis-[β-hydroxyäthyl]-sulfon 16 496*; mit Bis-oxazolonen (Polymerisat.) 6053; mit Pyridindiisocyanat 18 329*; mit Adipinsäure bzw. deren Monomethylester 13 397; mit Diphenolsäure 18 642*; (u. Sojabohnenölfettsäuren) 18 641*; mit Trichlormethyl- oder Tetrachloräthylestern zweibas. Säuren 1433*; mit Diol-bis-chlorkohlensäureestern 11 219; mit Bis-chlorthiolformiaten 6431; mit Dithiooxamid 4880; mit Di-(2-chloräthyl)-chlorphosphat 16 797*; mit Phenylphosphonsäuredichlorid 13 205*; (bzw. Phosphorsäurephenylesterdichlorid) 7699*; mit Phosphorsäurephenylestercyclohexylimid 15 404*; mit Fluorsulfonylcarbonsäurefluoriden 1794*; mit Chinolin-8-sulfonsäurechlorid 15 595; mit PVC (Verw.) 17 170*; Abbau v. Poly-ε-caprolactam in Ggw. v. —-Adipat durch eine Austausch-Rk. zwischen Amid-Bind. 11 947; Einfl. auf d. Mooney-Viscosität v. Naturkautschuk-Latex 11 585; Verw. bei d. Kunstharzausrüst. v. nativen Cellulosetextilien 18 324*; Unters. d. Eign. v. Cu-Komplexen mit — als Lichtfilter 3199; Trenn. v. anderen Aminen 6161; Kondens. bzw. Kondens.-Prod. mit Dicarbonsäuren s. auch ***Plaste*** (*Polyamide und Polyurethane*).

***dl*-3.4-Diaminohexan** (Kp. 100°) 11 871.

Meso-3.4-diaminohexan (Kp. 180°) 11 871.

***N*-Methylpentamethylendiamin (*N*-Methylcadaverin),** enzymat. Synth. v. Alkaloiden aus — 12 707; Verw. 5501*.

4-Dimethylaminobutylamin (*N.N*-Dimethyltetramethylendiamin) (Kp. 64°), Darst. 1951, 17 035; Rk. 17 036.

***N*-Isopropyl-1.3-diaminopropan,** Rk. 16 490*; Verw. zur Isolier. d. Radula (Bezieh. zwischen Wirksamk. u. chem. Struktur) 15 994.

β(2)-Diäthylaminoäthylamin (*N.N*-Diäthyläthylendiamin) ($Kp._{680}$ 136—141°), Darst., Rk. 1571, 8952, 17 206*; (d. Pikrats) 9331; Rk.: mit 2.5-Dichlorbenzthiazol 457; mit 3-Nitro-4-chlortoluol 15 695* [2 Ref.]; mit 1-Phenyl-4-chlorpyrazolo-[3.4:d]-pyrimidin 3554*; mit 2-Diäthylaminoäthylchlorid 2457*; mit 2-Nitroaminoimidazolin 16 285; mit 5-[2'.3'-Epoxypropyl]-iminodibenzyl 14 246; mit 5-Amino-4-formyl-2-phenyloxazol 3451; mit Chinizarin bzw. Leukochinizarin bzw. Perylen-3.4.9.10-tetracarbonsäureanhydrid 12 648; mit 1-Aza-9-methylthioxanthonderiv. 6876*; mit S-substituierten 2-Mercapto-4-amino-5-cyanpyrimidin 4641*; mit Salicylsäuremethylester u. a. Salicylsäurederiv. 7254*; mit heterocycl. Carbonsäureestern 9329; mit 12-Ketoelaidinsäurederiv. 9084*; mit 3-Methyl-2-oxopyrrolidin-5.5-dicarbonsäurediäthylester 2725; mit 2-Methylbenzoylchlorid 8954; mit 2.4.6-Trimethylbenzoylchlorid 10 564*; mit 2-Naphthoylchloriden 8962; mit 5.6-Dimethoxybenzothiophen-2-carbonsäurechlorid 6763; Verw. 6140*.

***N.N'*-Diäthyläthylendiamin,** Darst. v. Salzen 1194, 14 886.

***N.N*-Dimethyl-*N'*-äthyläthylendiamin,** Rk. 9325; Verw. 6140*.

1.2-Bis-[dimethylamino]-äthan (*N.N.N'.N'*-Tetramethyläthylendiamin), Darst., Rk. 16 645; Bldg. v. Addit.-Verb. mit B_2Cl_4 1154; Polymerisat. v. Cu(II)-Chelaten in wss. —-Lsg. 16 239; Verw. 7028*; (d. Rk.-Prod. mit Dihalogenverb.) 13 214*.

2-Methyl-4-hydrazinopentan (2-Methylpentyl-(4)-hydrazin) ($Kp._{16}$ 59—61°), Darst., Verw. 6505*; Reserpin-antagonist. Wrkg. d. Hydrochlorids 18 549.

***N*-Äthyl-*N*-butylhydrazin** (Kp. 146—148°) 6744.

***asymm.*-Dipropylhydrazin** 302*.

1.2-Diisopropylhydrazin, Darst., Verw. v. Deriv. 7251*; Rk. 6963*, 12 388*, 14 954*.

***N'*-*n*-Butyl-*N.N*-dimethylhydrazin** ($Kp._{748}$ 127—128°) 12 625.

***N'*-*sek.*-Butyl-*N.N*-dimethylhydrazin** ($Kp._{757}$ 112—112,4°) 12 625.

$C_6H_{16}N_2O$ *N*-Methyl-*N*-äthyl-β-amino-α-hydroxyisopropylamin, Bezieh. zwischen Konstit. u. Aktivität 13 475.

Di-[3-aminopropyl]-äther, Verw. 4005,* 17 615*.

Bis-2-aminoisopropyläther, Verw. 17 615*.

Bis-[dimethylamino]-methoxymethan (Kp. 128°) 15 558.

β-Diäthylaminoäthoxyamin ($Kp._{13}$ 69—72°), Verw., Deriv. 8719*.

***N*-Methylpiperidazinmethylhydroxid,** Jodid (F. 204—205°) 18 827.

$C_6H_{16}N_2O_2$ *N.N'*-Bis-[2(β)-hydroxyäthyl]-äthylendiamin (1.2-Di-[β-hydroxyäthylamino]-äthan), Rk. 5848*, 9895*; Verw. 3632*, 9919*.

3.6-Dioxaoktamethylendiamin, wasserlösl. Polymerisat mit Adipinsäure 15 624.

$C_6H_{16}N_2O_3$ Diglycerindiamin, Rk. 1408*.

4-Amino-4-[2'-hydroxyäthyl]-morpholiniumhydroxid, Chlorid (F. 152—153°) 15 026*.

Carbamoylcholin. — Bromid (F. 228°), Darst. 9311.

Chlorid s. *Carbachol.*

$C_6H_{16}N_2O_4S_2$ ***N.N'*-Dimethylbutan-1.4-disulfonamid** (F. 177°) 10 424.
***N.N'*-Tetramethylen-bis-[methansulfonamid]** (F. 134°) 10 424.

$C_6H_{16}N_2S_2$ ***N.N'*-Dimethylcystamin**, Strahlensensibilisier. v. Muskel-Glyceraldehyd-3-phosphatdehydrogenase durch —-Dihydrochlorid 13 471.

$C_6H_{16}N_3O_3PS$ ***O*-[2-Methyl-2-nitropropyl]-*N.N'*-dimethylthiophosphorsäurediamidester** (F. 42,5—43,5°) 14 667*.

$C_6H_{16}N_4O_9P_2$ ***N*-Phosphoryllombricin**, in vivo-Einbau v. anorgan. ^{32}P-Phosphat in — d. Regenwurms 12 367.

$C_6H_{16}N_6$ (s. *Arcain*).
1.2-Bis-[äthyltriazeno]-äthan (F. 57—58°) 1589.

$C_6H_{16}N_6S_2$ **Bis-[2-guanidinoäthyl]-disulfid**, Darst., Rk. d. Dihydrobromids (F. 192 bis 193°) 11 529; strahlenprotektive Wrkg. d. Dihydrobromids 1683; Strahlenschutz bei Mäusen 3538.

$C_6H_{16}N_{10}$ **Äthylendibiguanid**, Dicyanokobaltkomplexe 11 128.

$C_6H_{16}OPb$ **Bleitriäthylhydroxid**, polarograph. Red. 4086.

$C_6H_{16}OS$ **Dimethyl-*tert.*-butylsulfoniumhydroxid**, Darst., Hydrolyse d. Jodids v. ^{14}C-— (Kinetik) 4872.

$C_6H_{16}OSSi_2$ **2.2.6.6-Tetramethyl-1-oxa-4-thia-2.6-disilacyclohexan** (Kp.$_{720}$ 186°) 4564.

$C_6H_{16}OSeSi_2$ **2.2.6.6-Tetramethyl-1-oxa-4-selena-2.6-disilacyclohexan** (F. 21—23°) 4564.

$C_6H_{16}OSi$ **Trimethyl-*γ*-hydroxypropylsilan**, Rk. 16 291.
Triäthylsilanol (Triäthylhydroxysilan) (Kp. 154—155°), Darst. 8584, 12 630; Bldg. 12 687; (Rk.) 1630; Mol.-Refr. 5233; Rk. 1200, 1799*, 6003.
Trimethylsilyl-*n*-propyläther, gaschromatograph. Retentionsvol. (Bezieh. zu n-Propanol) 4862.
Isopropoxytrimethylsilan (Kp. 88°) 8222.

$C_6H_{16}OSn$ **Triäthylzinnhydroxid**, Pharmakologie d. Sulfats 14 224.

$C_6H_{16}O_2$ **Triäthyloxoniumhydroxid**, Rk. d. Borfluorids 11 171, 13 742, 16 301.

$C_6H_{16}O_2Si$ **Dimethyldiäthoxysilan** (Kp. 112 bis 114°), Darst., Rk. 7547; Konstit.-Einfl. auf d. IR-Spektrum 5606; Diffus.-Maske für Ge aus — 4098; therm. Zers. zur Herst. v. SiO_2-Schichten auf Halbleiteroberflächen 6674; Lewis-Basizität gegenüber Phenol bzw. Pyrrol 4864; Rk. 1630, 2757, 7129; Verw. 1093*.

$C_6H_{16}O_3P_2S_2$ **Bis-[methylthionophosphonsäureäthylester]** kernmagnet. Resonanz u. IR-Absorptionsunters. 8202.

$C_6H_{16}O_3SSi$ **Triäthoxysilanthiol** 15 881.
2.2-Dimethyl-2-silapentan-5-sulfonsäure, Na-Salz 14 858.

$C_6H_{16}O_3SSi_2$ **2.2.6.6-Tetramethyl-1-oxa-4-thia-2.6-disilacyclohexan-*S*-dioxid** (F. 115 bis 116°) 4564.

$C_6H_{16}O_5P_2$ **Methylphosphonsäureäthylesteranhydrid**, kernmagnet. Resonanz u. IR-Absorptionssunters. 8202; Best. 8733.

$C_6H_{16}O_6P_2$ **Hexamethylendiphosphonsäure** (F. 206—208°) 13 323.

$C_6H_{16}O_9P_2$ ***P*¹.*P*²-Bis-[*β*-methoxyäthyl]-diphosphat**, R_F-Wert 8635.

$[C_6H_{16}O_{13}P_2Si_3]_x$ **Verb.** $[C_6H_{16}O_{13}P_2Si_3]_x$ aus Tetra-n-propoxysilan u. P_2O_5 5691.

$C_6H_{16}O_{18}P_4$ **Inosittetraphosphorsäure**, Darst. 13 444; — als enzymat. Hydrolysenprod. v. Phytin 12 363.

$C_6H_{16}P_2$ **Bis-[dimethylphosphino]-äthan** (Kp.$_{26}$ 81—82°), Darst., Rk. 62; Bldg. 54; Einfl. auf d. IR-Spektren anorgan. Hydridkomplexe 8513; Rk. 2301.

$C_6H_{16}Pb$ **Triäthylplumban** 15 155.
Dimethyldiäthylblei, gaschromatograph. u. spektrophotometr. Best. in Bzn. 5906.

$C_6H_{16}Si$ **Trimethyl-*n*-propylsilan** (Kp. 88,5 bis 89°), Darst. 8583; (im Gemisch mit Trimethylpropenylsilan) 11 883; Konstit.-Einfl. auf d. *ν*(SiC) 11 504.
Trimethylisopropylsilan, Konstit.-Einfl. auf d. *ν*(SiC) 11 504.
Triäthylsilan (Kp.$_{745}$ 107°), Darst., Hydrolyse (Kinetik) 6357; Massenspektrum 418; Kinetik d. Adsorpt. an einen Pt-Kohle-Katalysator 11 513; spontane Zünd. 3730; Hydrolyse (Kinetik) 12 982; Polymerisat. mit Äthylen in Ggw. v. $TiCl_4$ 10 805; Rk.: mit Bortrichlorid u. Cyclohexen 7329*; mit Äthylen in Ggw. v. $Fe(CO)_5$ 11 833; mit Alkyl- bzw. Arylhalogeniden 10 435; mit Acetylen-*γ*-glykolen 15 561; mit Alkyltrichlorsilanen 17 377; mit *α.β*-ungesätt. Ketonen, Aldehyden, Carbonsäuren bzw. -estern 8584; mit Aceton bzw. Methyläthylketon 7858; mit Acrylsäuremethylester 12 630; mit N-Carbobenzoxyaminosäuren bzw. -dipeptiden 2711; Verw. für Polymerisat.-Katalysatoren 8805*, 13 591*; (d. Rk.-Prod. mit $TiCl_4$) 6609*.
Dimethyldiäthylsilan, Konstit.-Einfl. auf d. *ν*(SiC) 11 504.

$C_6H_{16}Si_2$ **2.4.4-Trimethyl-2.4-disilapenten-(2)** (Kp.$_{745}$ 122,8°), Bldg. 17 334; Massenspektrum 418.

$C_6H_{17}BrSi_2$ **Trimethylsilyldimethylbromsilylmethan** 17 334.

$C_6H_{17}NO_2$ ***β*-Methylcholin**, Theophyllinsalz (F. 186,5—187,5°) 2830*.

$C_6H_{17}NO_3$ **Dimethyl-bis-[2-hydroxyäthyl]-ammoniumhydroxid (Methyldiäthanolaminmethylhydroxid)**, Darst., elektr. Leitfähigk. d. Jodids (F. 102—104°) in W. 3356; Rk. 9516*.

$C_6H_{17}NO_3Si$ ***γ*-Aminopropyltrimethoxysilan** (Kp.$_{15,5}$ 91—92°) 8948.

$C_6H_{17}NO_5S$ ***N*-[*β*-Hydroxyäthyl]-*N.N*-dimethyltaurinbetain** 9312.

$C_6H_{17}NO_8P_2$ **1.1-Dimethyloläthyl-1-amino-bis-*N*-methylphosphonsäure**, Tetra-N-Salz 5848*.

$C_6H_{17}NO_9P_2$ **Trimethylolmethylamino-bis-*N*-methylphosphonsäure**, Tetra-Na-Salz 5848*.

$C_6H_{17}NSi$ ***γ*-Aminopropyltrimethylsilan** (Kp.$_{27}$ 55°) 8948.

$C_6H_{17}N_2O_2P$ **Äthylphosphorsäuretetramethyldiamid** (Kp.$_{18}$ 103—104°) 5475*.

$C_6H_{17}N_3$ **Bis-[3-aminopropyl]-amin (3.3'-Diaminodipropylamin, 3.3'-Imino-bis-[propylamin])**, Rk. 150, 7446, 17 204*; Verw. 717*; (zur Isolier. d. Radula, Bezieh. zwischen Wirksamk. u. chem. Struktur) 15 994.
***N*-[1-Aminoisopropyl]-propandiamin-(1.3)** 4171.
***N*-[2-Aminopropyl]-propandiamin-(1.3)** 4171.
Bis-[1.2-propylen]-triamin, Rk. 9895*, 15 790*, 17 204*.
1-Methyl-*N*¹-[2-aminoäthyl]-propandiamin-(1.3) (Kp.$_{1,0}$ 69,3—69,4°) 4171.
2-Methyl-*N*¹-[2-aminoäthyl]-propandiamin-(1.3) (Kp.$_{1,0}$ 75—76°) 4171.
***N*-[2-Methylaminoäthyl]-propandiamin-(1.3)** 4171.
***N*-Methyl-*N*-[2-aminoäthyl]-propandiamin-(1.3)** 4171.
***N*-[1-Dimethylaminobutyl-(3)]-hydrazin** (Kp.$_{12}$ 80°) 17 851*.
***N*-[*β*-Diäthylaminoäthyl]-hydrazin** (Kp.$_9$ 76—77°), Darst., Verw. 17 851*; Rk. 2540*.

$C_6H_{17}N_3OS$ ***S*-[2-Dimethylaminoäthyl]-isothioharnstoffmethylhydroxid. — Bromidhydrobromid**, Darst. 451; Prüf. auf Strahlenschutzwrkg. 1682.

$C_6H_{17}O_{14}P_3$ **Diglycerintriphosphat**, — als Spaltprod. d. Glycerinteichosäure 8297.

$C_6H_{17}O_{21}P_5$ **Inositpentaphosphat (Inositpentaphosphorsäureester)**, Darst. 9049 [2 Ref.],

13 444; — als enzymat. Hydrolysenprod. v. Phytin 12 363.
Inositisopentaphosphat (Inositisopentaphosphorsäure), Darst. 9049, 13 444.

$C_6H_{18}AlN_3$ **Tris-[dimethylamido]-alan** (F. 87 bis 89°) 4463.

$C_6H_{18}Al_2$ **Hexamethyldialuminium**, IR- u. Ramanspektrum 2257.

$C_6H_{18}AsN_3$ **Arsen-tris-[dimethylamid]**, Rk. 14 438.

$C_6H_{18}As_2N_2O_6$ **Äthylendiamin-*N.N'*-bis-[äthylarsonsäure]** 3786.

$C_6H_{18}As_4N_6$ **Tetraarsenhexakis-[methylimid]** (F. 122—125°) 14 438.

$C_6H_{18}BN$ **Di-*n*-propylaminboran** (F. 30°) 16 843*.
Diisopropylaminboran (F. 21°) 16 843*.
***N*-Triäthylborazan (Boran-Triäthylamin-Addukt)**($Kp._{10}$96—98°) 357*, 3688*, 4343*, 8059*, 8061*, 8848*, 17 562*, 18 468.
Trimethylamintrimethylbor, Struktur 7064 [2 Ref.].

$C_6H_{18}BN_3$ **Tris-[dimethylamino]-boran**, Darst. 14 437; Bldg. 1154; Rk. 3062, 14 437.

$C_6H_{18}BN_3O_3$ **Orthoborsäure-2.2'.2''-aminotriäthylester** (F. 236°), Mol.-Refr., Dipolmoment u. magnet. Susceptibilität 15 903.

$C_6H_{18}B_2N_2$ **1.1.6.6-Tetramethyl-1.6-dibora-2.5-diazahexan** ($Kp._{22}$ 25—27°) 14 436.

$C_6H_{18}B_3Cl_6P_3$ **trimeres Dimethylphosphinodichlorborin** (F. 393—394°), Darst., IR-Spektrum 14 076.

$C_6H_{18}B_3N_3$ **Triäthylborazin** 17 333.
Hexamethylborazin (*B.B'.B''*-Trimethyl-*N.N'.N''*-trimethylborazol) (F. 99°), Darst. 17 333; Konstit.-Einfl. auf d. kernmagnet. Resonanzspektrum 5236; π-Mol.-Komplexe mit Tetracyanäthylen u. Chloranil, physikal. Konst. 12 238; Rk. mit Butylamin 12 265.

$C_6H_{18}B_3N_3O_3$ **2.4.6-Tris-[dimethylamino]-boroxin**, Darst., IR-Spektrum 3038.

$C_6H_{18}BrN_3Si$ **Tris-[dimethylamino]-bromsilan** (F. 26°) 10 805.

$C_6H_{18}ClN_3Ti$ **Tris-[dimethylamido]-titan(IV)-chlorid** (F. 60—62°) 56.

$C_6H_{18}Cl_2O_2Si_2Ti$ **Bis-[trimethylsiloxy]-dichlortitan** ($Kp._8$ 87—88°) 9679.

$C_6H_{18}Cl_2O_2Si_3$ **1.1-Dimethyl-3.5-diäthyl-1.5-dichlortrisiloxan**, Rk. 1959.
Hexamethyl-1.5(ω.ω')-dichlortrisiloxan, Rk. 151, 1958, 9896*.
Bis-[trimethylsiloxy]-dichlorsilan, Rk. 17 723.

$C_6H_{18}Cl_2O_4Si_4$ **Hexamethyl-1.5-dichlorcyclotetrasiloxan** ($Kp._{20}$ 93—95°), Darst., Rk. 1201; Rk. 2015.

$C_6H_{18}Cl_2Si_3$ **Hexamethyldichlortrisilan** 814.

$C_6H_{18}CrGeO_4Si$ **Trimethylgermanyltrimethylsilylchromat** 17 338.

$C_6H_{18}CrGe_2O_4$ **Bis-[trmethylgermanyl]-chromat** (F. 61°, $Kp._1$ 97—98,5°) 3382.

$C_6H_{18}Cr_2Hg_6O_9$ **Tris-[methylquecksilber(II)]-oxoniumdichromat** (F. 124° Zers.) 12 953.

$C_6H_{18}FN_3Si$ **Tris-[*N.N*-dimethylamino]-fluorsilan** ($Kp._{760}$ 144°) 3022.

$C_6H_{18}GeOSi$ **Hexamethylgermanosiloxan** (F. 116—117,5°), Darst. 17 338; Rk. 3382, 6003.

$C_6H_{18}GeO_4SSi$ **Trimethylgermanyltrimethylsilylsulfat** (F. 92—98°) 17 338.

$C_6H_{18}Ge_2O$ **Hexamethyldigermoxan (Bis-(trimethylgermanium)-oxid)**, Bldg. 3382; IR-Spektrum 13 289; Rk. 3381, 3382, 9270.

$C_6H_{18}Ge_2O_4S$ **Bis-[trimethylgermanyl]-sulfat**, Rk. 17 338.

$C_6H_{18}Ge_2O_4Se$ **Trimethylgermanylselenat (Selensäurebis-[trimethylgermanyl]-ester)** (F. 147—148°) 3381, 9271.

$C_6H_{18}Hg_6O_6S$ **Tris-[methylquecksilber(II)]-oxoniumsulfat** (F. 176° Zers.) 12 953.

$C_6H_{18}KNSi_2$ **Kalium-bis-[trimethylsilyl]-amid** 14 062.

$C_6H_{18}LiNSi_2$ **Lithium-bis-[trimethylsilyl]-amid** (F. 70—72°) 14 062.

$C_6H_{18}NNaSi_2$ **Natrium-bis-[trimethylsilyl]-amid** (F. 165—167°), Darst. 14 062; Rk. 14 062, 14 063.

$C_6H_{18}NP_3$ **Tris-[dimethylphosphino]-amin** 54.

$C_6H_{18}N_2O_2$ **1.1-Diäthyl-1-[2''-hydroxyäthyl]-hydraziniumhydroxid**, Salze 15 026*.

$C_6H_{18}N_2SSi_2$ **Schwefel(IV)-bis-[trimethylsilyl]-imid** ($Kp._{24}$ 73—74°) 14 063.

$C_6H_{18}N_2Si$ **Tetramethyldiaminodimethylsilan (Bis-[dimethylamino]-dimethylsilan)**, Dipolmoment 6686; Rk. 4838.

$C_6H_{18}N_3OP$ **Phosphorsäuretri-*N.N'.N''*-dimethylamid (Phosphorsäurehexamethyltriamid, Tris-[dimethylamido]-phosphat, Tris-[dimethylamino]-phosphinoxid)**, Darst. 5475*; Kernresonanzspektrum 1935; Rk. 5962; Verw. 324*, 2926*, 3476, 12 485*, 14 696*.

$C_6H_{18}N_3P$ **Phosphor-tris-(dimethylamid) (Tris-[dimethylamino]-phosphan)** ($Kp._{760}$ 161°), Darst. 54; Kernresonanzspektrum 1935; Rk. 14 438; Verw. 16 509*.

$C_6H_{18}N_3P_3$ **Hexamethylcyclotriphosphazatrien** (F. 195—196°), Bldg.-Wärme 4861.

$C_6H_{18}N_4$ **Triäthylentetramin (Tris-äthylendiamin, *N.N'*-Bis-(2-aminoäthyl)-äthylendiamin)**, opt. u. kistallograph. Eig. d. Disulfats 6349; Beständigk.-Konst. d. Fe(III)-—-Komplexes 3386; Thermochemie v. Komplexen mit Übergangsmetallen 10 371; Rk.-Wärmen u. -Entropien v. Übergangsmetallionen mit — 8163; Gegenionenaktivität u. Gegenionen-Bind. in—-Tetrahydrochlorid 2014; Polykondens. mit Alkylendichloriden 150; Polymerisat. v. Cu(II)-Chelaten d. — in wss. Lsg. 16 239; Komplex-Bldg. mit $CrCl_3$ 7446; Rk.: mit HCN u. Aldehyden 9895*; mit Bis-[salicylaldehyd]-5.5'-sulfon 14 441; mit ungesätt. Fettsäuren oder deren Estern 5100*; mit Diphenolsäure 18 642*; (u. Ölsäure) 18 641*; mit γ-Lactonen 16 490*; Einfl. d. —-Syst. während d. Polymerisat. 3112; system. Toxizität nach Einw. v. — 9070; Verw.: als chelatbildendes Mittel für Fe 5401*; zur Stabilisier. (v. Isopropyläther) 2899; (v. Dichlorstyrolen) 13 575*; zum Antistatischmachen v. synthet. Fasern 16 184*; zur Herst. (v. Schaumkörpern) 5869*; (v. Ionenaustauschern) 12 044*.
2.2'.2''(β.β'.β'')-Triaminotriäthylamin, Kristall- u. Mol.-Struktur v. —-Nickel (II)-dithiocyanat 11 834; thermodynam. Eig. d. Cu(II)-Chelats 10 751; Dissoziat. d. Protonkomplexe v. — 3401.
***N.N*-Bis-[aminopropyl]-hydrazin** ($Kp._{13,5}$ 84 bis 110°) 2540*.

$C_6H_{18}N_4O_4S_2$ ***N.N'*-Bis-[sulfamido]-hexamethylendiamin** (F. 157°) 3422.

$C_6H_{18}N_6P_4$ **Phosphortri-*N*-methylimid** (F. 122,0 bis 122,8°), Darst. 13 322; Rk. 14 438.

$C_6H_{18}OPbSi$ **Hexamethylplumbosiloxan** Darst. 18 397.

$C_6H_{18}OSiSn$ **Hexamethylstannosiloxan** (F. 59°) 2713, 18 397.

$C_6H_{18}OSi_2$ **Hexamethyldisiloxan (Bis-trimethylsilyloxid)** (Kp. 100°), Darst. 11 883, 12 265, 14 063, 15 189; Bldg. 452, 1573, 1630, 2713, 3380, 4845, 6702, 9314, 14 062, 15 152, 15 560, 17 724; IR-Spektrum 17 352; Konstit.-Einfl.: auf d. Raman-Spektrum 5234; auf Dipolmoment u. DK 12 232; auf d. chem. Verschieb. 11 850; Effekt d. Cyclisier. v. Siloxanen auf d. diamagnet. Susceptibilität 10 405; Lewis-Basizität gegenüber Phenol bzw. Pyrrol 4864; Selbstdiffus.-Koeff. 4481; viscosimetr. u. dielektr. Eig. v. — 18 803; Temp.-Abhängigk. (v. Dichte u. Viscosität) 5238; (d. Oberflächenspann.) 5241; Assoziat. v. o-substituierten Phenolen mit — 12 979; Sulfatier. 2710; Rk.: mit As_2O_5 9270; mit SeO_3 3381; mit Titantetrachlorid 9679; mit $POCl_3$ bzw. $P_2O_3Cl_4$ 3380; mit $HSiCl_3$ 16 647; mit 3-Chlorpropyldimethylchlorsilan bzw. Poly-[3-chlorpropylmethylsiloxan] 7486.

$C_6H_{18}OSn_2$ **Hexamethyldistannoxan**, Schwing.-Spektrum 17 300.

$C_6H_{18}O_2Si_2$ **α.ω-Dimethoxytetramethyldisiloxan**, Konstit.-Einfl. auf d. IR-Spektrum 5606.

$C_6H_{18}O_3Si_2Sn_2$ **Bis-[trimethylsiloxyzinn(II)]-oxid** (F. 150—168°) 4845.

$C_6H_{18}O_3Si_3$ **1.3.5-Triäthylcyclotrisiloxan**, Rk.-Fähigk. (Polymerisat.) 1250.

Hexamethylcyclotrisiloxan („Methyl-D_3") (F. 64—65°), Bldg. 1201; Konstit.-Einfl. auf d. chem. Verschieb. 11 856; Lewis-Basizität gegenüber Phenol bzw. Pyrrol 4864; Effekt d. Cyclisier. v. Siloxanen auf d. diamagnet. Susceptibilität 10 405; Rk.-Fähigk. (Polymerisat.) 1251; Polymerisat. (Katalysatoren) 9005; Rk. mit n-Octylalkohol 1201.

$C_6H_{18}O_4SSi_2$ **Bis-[trimethylsilyl]-sulfat** (F. 82°), Darst. 2710, 15 152, 17 338; Verw. 4007*.

$C_6H_{18}O_4SeSi_2$ **Selensäurebis-[trimethylsilyl]-ester** (F. 29,5°) 9271.

$C_6H_{18}O_5Si_2$ **Tetramethoxy-*Si.Si'*-dimethyldisiloxan**, Konstit.-Einfl. auf d. IR-Spektrum 5606; Verbrenn.- u. Bldg.-Wärme 10 408.

$C_6H_{18}O_6S_3Si_2$ **Trithionsäure-bis-[trimethylsilyl]-ester** 15 152.

$C_6H_{18}O_6S_4Si_2$ **Tetrathionsäure-bis-[trimethylsilyl]-ester** 15 152.

$C_6H_{18}O_6Si_2$ **Hexamethoxydisilan** 10 805.

$C_6H_{18}O_7Si_2$ **Hexamethoxydisiloxan**, Konstit.-Einfl. auf d. IR-Spektrum 5606; (u. Raman-Spektrum) 5234.

$C_6H_{18}O_{24}P_6$ s. *Phytinsäure* [*Mesoinosithexaphosphorsäureester*; Ca-Mg-Salz s. *Phytin*].

$C_6H_{18}Pb_2$ **Hexamethyldiplumban**15 155[2Ref.].

$C_6H_{18}SSi_2$ **Hexamethyldisilthian** (Kp. 163°) 8221.

$C_6H_{18}S_3Sn_3$ **trimeres Dimethylzinnsulfid** (F. 149,5—151°) 8548.

$C_6H_{18}Si_2$ **Dimethylsilyltrimethylsilylmethan**, Rk. eines —-halt. Gemisches 17 334.

Hexamethyldisilan (Kp.$_{750}$ 112,6—112,8°), Darst. 814, 3431; kernmagnet. Resonanz 11 465; Phasenumwandl. 1554.

$C_6H_{18}Sn_2$ **Hexamethyldistannan** 773.

$C_6H_{19}NSi_2$ **Hexamethyldisilazan** (Kp. 124 bis 126°), Darst. 13 203*; (Rk.) 12 265; Rk.: mit N_3H 13 690; mit Trihalogeniden v. Elementen d. 3. u. 5. Gruppe 2331; mit Borhalogeniden 14 437; mit $SiCl_4$ 16 288; d. Na- bzw. K-Verb. mit Alkylhalogeniden 9314; mit C_6H_5Li 14 062; mit Aminosäuren 15 560.

$C_6H_{19}N_3O$ **1-[β-Dimethylaminoäthyl]-1.1-dimethylhydraziniumhydroxid**, Bromid 16 645.

$C_6H_{20}N_2Si_2$ ***N.N'*-Bis-[trimethylsilyl]-hydrazin** (Kp. 153—154°), Darst. 12 265; Rk. 7076.

$C_6H_{20}O_2Si_3$ **1.5-Dihydrohexamethyltrisiloxan**, Rk. 4366*.

$C_6H_{20}O_4Si_3$ **Hexamethyl-1.5(α.ω)-dihydroxytrisiloxan**, Darst. 1958; Rk. d. Di-Na-Salzes 18 494.

$C_6H_{20}O_4Si_4$ **1.1.3.5.5.7-Hexamethylcyclotetrasiloxan** (Kp.$_{20}$ 58,5—59°) 1201, 1959.

$C_6H_{20}O_6Si_4$ **Hexamethyl-1.5-dihydroxycyclotetrasiloxan** (F. 120°) 1201.

$C_6H_{21}B_3N_6$ **1.3.5-Trimethyl-2.4.6-trimethylaminoborazol**, Darst., IR-Spektrum 3038.

$C_6H_{21}B_5$ **Hexylpentaboran** 8849*.

$C_6H_{21}N_3O_3$ **Acetaldehydammoniak**, IR-Spektrum v. — u. D-— 5973.

$C_6H_{21}N_3Si_3$ **Cyclohexamethyltrisilazan**, Darst. 17 612*; Rk. 14 438.

$C_6H_{22}N_4O_2$ **Äthylen-bis-[1.1-dimethylhydraziniumhydroxid]**, Dibromid (F. 202,5 bis 204,5°) bzw. Dichlorid (F. 212—214°) 16 645.

$C_6H_{22}O_3Si_4$ **Tris-[dimethylsiloxy]-silan** (Kp. 155°) 4883.

symm.-**Hexamethyltetrasiloxan** (Kp. 157°) 4883.

$[C_6H_{22}O_{21}P_4Si_3]_x$ **Verb.** $[C_6H_{22}O_{21}P_4Si_3]_x$ aus Tetramethoxysilan u. P_2O_5 5691.

$[C_6H_{23}B_3NP_2]_x$ **Verb.** $[C_6H_{23}B_3NP_2]_x$ aus Dimethyl-[dimethylamino]-phosphin-BH_3-Addukt 12 630.

$C_6H_{23}B_4N_2O_{12}$ **Prod.** $C_6H_{23}B_4N_2O_{12}$ aus Borsäure u. Diäthanolamin 16 704.

$C_6H_{24}B_3P_3$ **trimeres Dimethylphosphinylborin** (F. 88°), Darst. 12 629; (Rk., IR-Spektrum) 14 076; Bldg. 54, 14 437.

$C_6H_{24}O_6Si_6$ **1.3.5.7.9.11-Hexamethylcyclohexasiloxan** (Kp.$_2$ 47°), Darst. 1959; Rk.-Fähigk. (Polymerisat.) 1251.

$C_6J_4O_2$ s. *Jodanil.*

C_6N_4 **Tetracyanäthylen** (F. 198°), Bldg. v. Photo-Adduktbiradikalen 15 168; π-Komplexe mit — 1558; (Assoziat.-Konst., UV-Maxima) 12 238; (Ladungsübertragungsspektren) 18 413; Elektronenaffinität in Ladungsübertragungskomplexen 13 341; Elektronenspinresonanz-Unters. v. elektrolyt. red. — 4121; Rk.: mit 1.3-Dienen bzw. Monoolefinen (Übersicht) 3058; mit Cycloalkandienen 10 444; mit Bis-[cyclohexen-(1)-yl-(1)] 14 489; mit Azulenen 13 747; mit 4.5.6.7-Tetramethyl-8.9-dihydroinden 425; Gleichgewichte v. — mit Fulvenen bei d. Dien-Synth. 11 517; Rk.: mit CH_2N_2 17 388; mit Bis-[1.3-diphenylimidazolidinyliden-(2)] 1984; mit Aminen u. Phenolen 5108*; mit Tetrakis-[dimethylamino]-äthylen 18 066; mit 1-[p-Tolylamino]-7-[p-tolylimino]-cycloheptatrien-(1.3.5) 7497; mit monosubstituierten Hydrazinen 17 929*; mit 1.1-Diphenylsilacyclopentadien 2729; mit Cu-Acetylacetonat 7450; mit Na-Malonsäurenitril u. NH_3 oder einem Amin 1795*; mit 1.2-Bis-[carbomethoxymethylen]-benzocyclobuten (Vers.) 11 554; mit trans.trans-cis-$\Delta^{9,11,13}$-Octadecatriensäure 14 470.

$C_6N_6O_{18}P_4$ **Verb.** $C_6N_6O_{18}P_4$, Darst., Käfigstruktur 5623.

$C_6N_{12}O_6$ **Trinitrotriazidobenzol**, Rk.-Fähigk. 10 329.

C_7-Gruppe

$C_7ClF_{13}O$ **7-Chlorperfluorheptanoylfluorid** (Kp.$_{55}$ 46°) 15 924.

$C_7ClJ_4NO_2S$ **3-Thionylamino-2.4.5.6-tetrajodbenzoylchlorid**, Rk. 16 420*.

C_7ClJ_5O **2.3.4.5.6-Pentajodbenzoylchlorid**, Rk. 16 419*.

$C_7Cl_2F_{12}O$ **ω-Chlorperfluorhexancarbonsäurechlorid** (Kp 142°) 15 924.

$C_7Cl_4F_{12}$ **1.1.1.7-Tetrachlordodekafluor-*n*-heptan** (Kp.$_{25}$ 90—91°) 3056.

$C_7CoF_7O_4$ **Perfluor-*n*-propylkobalttetracarbonyl** (Kp.$_{16}$ 44°) 5597.

$C_7F_3MnO_6$ **Trifluoracetylmanganpentacarbonyl** (F. 57°), Darst. 5597; Bldg. 4111.

$C_7F_5MnO_5$ **Perfluoräthylmanganpentacarbonyl** (F. 15—17°), Darst. 7447; Rk. 7082.

$C_7F_5O_5Re$ **Perfluoräthylrheniumpentacarbonyl** (F. 39—40°) 7447.

$C_7F_7FeJO_4$ **Tetracarbonylperfluorpropyleisenjodid** (F. 69—70°) 7082, 18 400.

C_7F_8 **Perfluortoluol** (Kp. 102—103°) 1204.

C_7F_{14} **Perfluorhepten-(1)**, Darst., Verw. 4718*; Rk. 14 321*.

Perfluorhepten-(2) 4718*.

Perfluormethylcyclohexan (Trifluormethylundekafluorcyclohexan), Darst., Rk. 1204; NMR-Spektrum 3770; Konformat.-Analyse aus d. chem. Verschieb. 10 032; chem. Verschieb. d. magnet. Protonenresonanz im Syst. Trifluoressigsäure/— 15 167; physikal. Eig. d. Syst. —/Methylcyclohexan 16 265; Einschluß im Faujasit 5573.

$C_7F_{14}O_3S$ **2-Fluorsulfonylperfluorheptanoylfluorid (α-Fluorsulfonylperfluorheptansäurefluorid)** (Kp. 134,2—134,5°) 6736, 14 321*.

Perfluorhepten-(1)-sulton (3-Perfluorpentyl-3.4.4-trifluor-2.2-dioxo-1.2-oxa-

thiacyclobutan, 3-Perfluorpentyl-3.4.4-trifluor-1.2-oxathietan-2-dioxid, 3-Perfluorpentyl-3.4.4-trifluor-2.2-dioxo-1.2-oxathietan) (Kp. 134,5—136,5°) 1794*, 6735, 14 321*.

$C_7F_{15}J$ **Perfluorheptyljodid**, Rk. 3431, 4495.

C_7F_{16} ***n*-Perfluorheptan**, Molekülhaufen-Bldg. im krit Gebiet d. Syst. —-Isooctan 7470; Einfl. d. Komplexbldg. mit gelöstem J_2 auf d. sichtbare u. UV-Spektrum v. J_2 3761; Zellpotentiale u. Theorie d. Gaslöslichk. für Lsg. v. Gasen in — 15 875; Mischungswärme v. —/Isooctan 5982; partielles molales Vol. v. — in Lsg. 16 584; Löslichk. u. Lsg.-Entropie v. He, N_2, Ar, O_2, CH_4, C_2H_6, CO_2 u. SF_6 in — 1152; Viscosität v. Isooctan/— 17 662; Verhinder. d. Verdunst. v. — 600*; Verw. 13 788.

C_7HBrN_4 **2-Brom-1.1.3.3-tetracyanpropen**, 2 ½-Hydrat, Salze 1795*.

$C_7HClJ_3NO_2S$ **3-Thionylamino-2.4.6-trijodbenzoylchlorid** (F. 107—109°), Darst., Rk. 14 326*; Rk. 18 571*.

C_7HClJ_4O **2.3.4.6-Tetrajodbenzoylchlorid** (F. 109°), Darst., Rk. 15 029*; Rk. 16 419* [2 Ref.].

C_7HClN_4 **2-Chlor-1.1.3.3-tetracyanpropen**,Salze 1795*.

$C_7HF_5O_2$ **Pentafluorbenzoesäure** (F. 104—105°) 1204.

$C_7HF_{12}NO_3S$ **3-Perfluorpentyl-3-fluor-4-imino-2.2-dioxo-1.2-oxothietan** (F. 121 bis 123°) 14 321*.

4-Perfluorpentyl-4-fluor-3-oxo-1.2-thiazetidin-1-dioxid (F. 95—100°), Darst. 6736; (Verw.) 14 321*.

C_7HF_{13} **4-Hydroperfluorhepten-(3)** (Kp. 69 bis 70°) 16 701.

C_7HF_{15} **1H-*n*-Perfluorheptan**, thermodynam. Unters. d. Syst. — + Aceton 16 265.

$C_7H_2BrCl_5$ **2.3.4.5.6-Pentachlorbenzylbromid** (F. 116—117°) 13 370.

$C_7H_2Br_2Cl_6$ **1.4.5.6-Tetrachlor-2.3-dibrom-1.4-endodichlormethylen-Δ^5-cyclohexen** (F. 205—207°), Darst., Prüf. auf insekticide Wirksamk. 8702.

$C_7H_2Br_2F_{10}O_2$ **α.β-Dibrom-α.β.β-trifluorpropionsäure-2.2.3.3.4.4.4-heptafluorbutylester** (Kp.$_{10}$ 72°) 15 024*.

$C_7H_2ClF_{11}$ **Monochlormethylundekafluorcyclohexan**, Konformat.-Analyse aus d. chem. Verschieb. 10 032.

$C_7H_2ClJ_4NO$ **3-Amino-2.4.5.6-tetrajodbenzoylchlorid (2.3.4.6-Tetrajodaminobenzoesäurechlorid)**, Rk. 16 419*, 16 777*.

$C_7H_2ClN_3O_7$ **2.4.6-Trinitrobenzoylchlorid**, Solvolyse (Kinetik) 2694.

$C_7H_2Cl_2F_3NO_2$ **3-Nitro-4.5-dichlorbenzotrifluorid** (Kp.$_{13}$ 116—117°) 4531.

$C_7H_2Cl_2F_3NO_4S$ **3-Nitro-4.5-dichlorphenyltrifluormethylsulfon** (F. 83—84°) 4530.

$C_7H_2Cl_3N$ **2.3.6-Trichlorbenzonitril** 11 706*.

2.4.6-Trichlorbenzonitril, Verw. 1453*.

$C_7H_2Cl_6$ **1.2.3.4.7.7-Hexachlorbicyclo-[2.2.1]-heptadien-(2.5)**, Isolier. aus d. Gemisch mit Hexachlorcyclopentadien 10 643*; Darst. 8421*, 9151*, 16 494*; Rk. 6801, 14 295*.

$C_7H_2Cl_8$ **1.2.3.4.5.6-Hexachlor-1.4-endodichlormethylen-Δ^2-cyclohexen** (F. 171—188°), Darst., Prüf. auf insekticide Wirksamk. 8702.

$C_7H_2F_{10}O_2$ **Perfluoracrylsäure-2.2.3.3.4.4.4-heptafluorbutylester** (Kp.$_{50}$ 61—61,5°) 15 024*.

$C_7H_2F_{12}N_2O_2S$ **4-Perfluorpentyl-4-fluor-3-imino-1.2-thiazetidin-1-dioxid** (F. 176 bis 178°), Darst. 6736; (Verw.) 14 321*.

$C_7H_2F_{13}J$ **4.4-Dihydro-3-jodperfluorheptan** (Kp.$_{20}$ 40—42°) 16 701.

$C_7H_2F_{13}NO_3S$ **α-Fluorsulfonylperfluorheptansäureamid** (F. 108—110°) 6736, 14 321*.

$C_7H_2J_4O_2$ **2.3.4.5-Tetrajodbenzoesäure**, Deriv. 9436.

2.3.4.6-Tetrajodbenzoesäure (F. 259 u. F.298 bis 299°), Darst. v.— u. —-Estern 15 029*; Rk. 16 419* [2 Ref.].

$C_7H_2N_4$ **1.1.2.2-Tetracyancyclopropan**, Darst. 17 388; Elektronenspinresonanz-Unters. v. elektrolyt. red. — 4121.

$C_7H_2N_6$ **3.3.4.4-Tetracyan-Δ^1-pyrazolin** (F. 133°) 17 388.

4.4.5.5-Tetracyan-Δ^2-pyrazolin (F. 126° Zers.) 17 388.

2.2.3.3-Tetracyan-1.5-diazabicyclo-[2.1.0]-pentan (F. 120° Zers.) 17 388.

$C_7H_3BrCl_4$ **2.3.4.5-Tetrachlorbenzylbromid** (Kp.$_{13}$ 180—190°) 13 370.

$C_7H_3BrCl_6$ **5-Brom-1.2.3.4.7.7-hexachlorbicyclo-[2.2.1]-hepten-(2)**, Darst. 16 494*; Rk. 16 494*.

$C_7H_3BrF_3NO_2$ **2-Brom-5-nitrobenzotrifluorid** (Kp.$_{12}$ 125—130°) 1590.

$C_7H_3BrN_2O_2$ **2-Nitro-5-brombenzonitril** (F. 117 bis 119°) 2733, 7900.

3-Brom-4-nitrobenzonitril (F. 104—105°) 3098.

$C_7H_3Br_2N$ **2.6-Dibrombenzonitril** 6585*.

$C_7H_3Br_2NO$ **4.7-Dibrombenzofuroxan**, hochaufgelöstes Protonenresonanzspektrum 12 975.

$C_7H_3Br_2NO_3$ **3.7-Dibrom-5-nitrosotropolon**, Rk. 14 866.

$C_7H_3Br_2NO_4$ **3.7-Dibrom-5-nitrotropolon**, Rk. 14 867.

2.6-Dibrom-4-nitrobenzoesäure (F. 195 bis 198°) 1964.

$C_7H_3Br_3O$ **2.4.7-Tribromtropon** (F. 180—181°) 1592.

$C_7H_3Br_3O_2$ **3.5.7-Tribromtropolon** (F. 122 bis 123°), Darst. 7497; Rk. 18 097.

2.4-Dibromphenylbromformiat, Verw. 1792*, 12 091*.

$C_7H_3Br_3O_3$ **2.3.5-Tribrom-4-hydroxybenzoesäure** (F. 222—225°) 1964.

C_7H_3ClFJO **3-Fluor-4-jodbenzoylchlorid** 9735.

$C_7H_3ClF_3NO_2$ **2-Chlor-5-nitrobenzotrifluorid** (Kp.$_8$ 100°), Darst., Rk. 1590; Rk. 3066.

4-Chlor-3-nitrobenzotrifluorid (4-Chlor-3-nitro-ω.ω.ω-trifluortoluol), Rk. 3066, 11 929.

$C_7H_3ClF_3NO_2S$ **3-Nitro-4-chlorphenyltrifluormethylsulfid**, Rk. 4263*.

$C_7H_3ClF_3NO_3$ **3-Nitro-4-chlorphenyltrifluormethyläther** 12 022*.

$C_7H_3ClF_3NO_4S$ **3-Nitro-4-chlorphenyltrifluormethylsulfon** 4263*.

2-Nitro-4-trifluormethylbenzolsulfochlorid 11 929.

$C_7H_3ClJ_3NO$ **3-Amino-2.4.6-trijodbenzoylchlorid** (F.93,5—95°), Darst., Rk. 14 326*, 16 777*; Rk. : mit Aminosäuren 16 418*, 18 571*; (u. heterocycl. Carbonsäuren) 16 419*; mit Hydroxycarbonsäuren 16 419*; (bzw. d. Estern oder Esteralkoholaten) 16 419*; mit Hydroxy- bzw. Aminobenzoesäuren 16 777*.

$C_7H_3ClN_2O_2$ **2-Chlor-5-nitrobenzonitril**, Rk. 2733.

2-Chlor-6-nitrobenzonitril, Darst. 8060*; Rk. 11 732*.

$C_7H_3ClN_2O_5$ **2.4-Dinitrobenzoylchlorid**, Rk. 18 825.

3.5-Dinitrobenzoylchlorid (F. 65,6—67,5°), Bldg. 12 256; Darst., Konstit.-Einfl. auf d. ν(CO) 14 811; Hydrolyse (Kinetik) 2694; Rk.: mit Vitamin A 12 394*; mit o-Thioanisidin 11 164; mit α-Nitroacetophenon 15 566; mit 2.2-Dinitro-2-cyanäthanol 12 991; mit Glykokoll 3910*; mit Reserpsäuremethylester 7627*; mit 2-Carbäthoxy-3.4-diphenylcyclopentanon 1214.

$C_7H_3ClN_2O_6$ **2-Chlor-3.5-dinitrobenzoesäure**, Rk. 2729, 11 565.

$C_7H_3Cl_2F_3$ **4.5-Dichlorbenzotrifluorid** (Kp.$_{14}$ 63 bis 65°) 4531.

$C_7H_3Cl_2F_3O_2S$ **3.4-Dichlorphenyltrifluormethylsulfon** (F. 52—53°) 4530.

3-Trifluormethyl-4-chlorbenzolsulfonylchlorid, Rk. 7382*.

$C_7H_3Cl_2N$ **2.6-Dichlorbenzonitril** (F. 143°), Darst. 11 004*, 11 706*, 11 732*, 12 634; (Verw.) 6585*; Verh. bei Stephen-Red. 12 634.

$C_7H_3Cl_2NO$ **3.4-Dichlorphenylisocyanat** (Kp.$_{25}$ 131,8—133,2°), Darst. u. Kinetik d. Rk. mit 2-Äthylhexanol 8212; Rk.: mit 2.4.6-Trimethylpiperidin 6135*; mit Dimethylaminoäthanol 6887*; mit 2.2.4-Trimethyl-6-äthoxy-1.2-dihydrochinolin 6888*.

$C_7H_3Cl_2NO_2$ **5.6-Dichlor-2-benzoxazolon**, Verw. 8479; Best. in Leder 13 635.

Dipicolinsäuredichlorid, Rk. 6029.

Pyridin-3.5-dicarbonsäuredichlorid (Dinicotinsäuredichlorid) (F. 67—69°), Darst., Rk. 7546; Rk. 6029.

$C_7H_3Cl_2NO_4$ **2.6-Dichlor-4-nitrobenzoesäure** (F. 172—173° korr.) 1579.

$C_7H_3Cl_2NS$ **2.5-Dichlorbenzthiazol** (F. 64—66°) 458.

3.4-Dichlorphenylisothiocyanat, Rk. 4648*, 5777*; bakteriostat. Wirksamk. 6828.

$C_7H_3Cl_2N_3$ **6.7-Dichlorpyrido-[2.3]-pyrazin** (F. 162—164° Zers.) 129.

$C_7H_3Cl_3N_2$ **4.5.6-Trichlorbenzimidazol** 13 952*.

$C_7H_3Cl_3N_4$ **2.3.5-Trichlorphenyltetrazol**, Verw. 15 441.

$C_7H_3Cl_3O$ **2.3-Dichlorbenzoylchlorid**, Konstit.-Einfl. auf d. Rk. mit Anilin (Kinetik) 16 990.

2.4-Dichlorbenzoylchlorid, Konstit.-Einfl. auf d. Rk. mit Anilin (Kinetik) 16 990; Rk.: mit p-Xylol 11 900; mit 1.2-Diisopropylhydrazin 6964*, 14 954*; mit Pentanatriumsaccharat 7527.

2.5-Dichlorbenzoylchlorid, Konstit.-Einfl. auf d. Rk. mit Anilin (Kinetik) 16 990.

2.6-Dichlorbenzoylchlorid, Konstit.-Einfl. auf d. Rk. mit Anilin (Kinetik) 16 990; Rk. mit 1.2-Diisopropylhydrazin 14 954*.

3.4-Dichlorbenzoylchlorid, Konstit.-Einfl. auf d. Rk. mit Anilin (Kinetik) 16 990.

3.5-Dichlorbenzoylchlorid, Konstit.-Einfl. auf d. Rk. mit Anilin (Kinetik) 16 990.

$C_7H_3Cl_3OS$ **β-[2.3-Dichlorthienyl-(5)]-acrylsäurechlorid** 12 650.

$C_7H_3Cl_3O_2$ **2.4.6-Trichlor-3-hydroxybenzaldehyd**, Rk 822.

Trichlor-1.4-toluchinon, bakteriostat. Wrkg. 1278.

Trichlorbenzoesäure [Gemisch] 17 926*.

2.3.6-Trichlorbenzoesäure, Darst. 11 732*, 17 926*; Verf. zur Anreicher. v. — in Gemischen aus Polychlorbenzoesäuren 12 099*; (Verw. zur Pflanzenvertilg.) 5817* [2 Ref.]; Verw.: für Herbicide 6938*; zur Chemotherapie transplantierter u. spontaner Mäuse-Adenocarcinome 2403.

$C_7H_3Cl_3O_4S$ **4.6-Dichlorbenzoesäure-3-sulfochlorid** (F. 185°), Rk. 13 573*.

$C_7H_3Cl_4NO_3$ **2.3.5.6-Tetrachlor-4-nitroanisol**, Antifungusaktivität 17 805.

$C_7H_3Cl_5$ **Trichlorbenzylidenchlorid** 17 926*.

$C_7H_3Cl_5O$ **1.2.3.4.7-Pentachlor-7-hydroxybicyclo-[2.2.1]-2.5-heptadien**, Verw. v. Äthern d. — 14 295*.

Pentachloranisol, Wirksamk. gegen Tilletia foetida (Vgl.) 9486.

1.2.4.4.5-Pentachlor-6-methylcyclohexadien(1.5)-on-(3) (F. 48°) 12 640.

1.2.4.5.6-Pentachlor-6-methylcyclohexadien-(1.4)-on-(3) (F. 95°) 12 640.

$C_7H_3Cl_7$ **1.2.3.4.5.7.7-Heptachlorbicyclo-[2.2.1]-hepten-(2)**, Darst. 16 494*; Dehydrochlorier. 8421*, 16 494*.

$C_7H_3F_2JO_2$ **3.5-Difluor-4-jodbenzoesäure** (F. 223—235° Zers.) 9735.

$C_7H_3F_3O_3$ **Trifluormethoxybenzochinon-(1.4)** (F. 159°) 2319.

$C_7H_3F_{11}O_4S$ **n-2.2.3.3.4.4.5.5-Oktafluorpentylfluorsulfonyldifluoracetat** (Kp.$_{30}$ 98—99°) 1794*.

$C_7H_3F_{13}S$ **2.2.3.3.4.4.5.5.6.6.7.7.7-Tridecafluorheptylmercaptan** 17 183*.

$C_7H_3FeNO_4$ **Tetracarbonylacrylnitrileisen**, Kristallstruktur 10 377.

$C_7H_3J_3O_2$ **2.3.5-Trijodbenzoesäure (TIBA)**, Rk. 901; Resorpt. u. Transport v. $^{131}J_{(2)}$-— in Pflanzen 18 156; Resorpt. u. Akkumulat. v. ^{131}J-— durch Wurzeln u. Sprosse v.Lemna minor 10 889; Wachstumswrkg.: auf Kressewurzeln 3863; auf Foeniculum vulgare mill 9399; auf Erbsenwurzeln 16 026; Wrkg.: auf d. vegetative u. Vermehrungswachstum v. Avena sativa 17 814; auf drei Wintervarietäten v. Reis 16 026; auf Pflanzenhöhe, Internodienlänge u. Blühvorgang v. Alfalfa 18 607; Beeinfluss. d. morphoregulator. Wirksamk. v. — durch α-Naphthylessigsäure 6089.

$C_7H_3J_3O_3$ **3-Hydroxy-2.4.6-trijodbenzoesäure** (F. 206—208°) 800.

$C_7H_3J_4NO_2$ **Tetrajodanthranilsäure**, Darst., Verw. (d. K- bzw. Na-Salzes) 9083*; (d. Na-Salzes) 12 768*.

$C_7H_3MnO_6$ **Acetylmanganpentacarbonyl** (F. 54 bis 56°), Darst. 2905*; IR-Spektrum 17 648; Oxork. in Ggw. v. — 3981.

$C_7H_3NO_2$ **Cyanbenzochinon**, Bezieh. zwischen d. Redoxpotential d. — u. d. Energien d. beim Elektronentransport beteiligten Mol.-Bahnen 16 981.

$C_7H_3NO_3$ **2.3-Pyridindicarbonsäureanhydrid**, Rk. 9826*.

$C_7H_3NO_5W$ **Pentacarbonylacetonitrilwolfram** (F. 85°) 774.

$C_7H_3N_3$ **2.6-Dicyanpyridin**, Rk. 1411*, 8412*.

$C_7H_3N_3O_2$ **Pyridindiisocyanat**, Polykondensat. 18 329*.

$C_7H_3N_3O_4$ **2.6-Dinitrobenzonitril (2.6-Dinitrocyanbenzol)**, Darst. 8060*; Rk. 11 732*.

$C_7H_3N_3O_4S$ **2.4-Dinitrophenylthiocyanat (1-Rhodan-2.4-dinitrobenzol)** (F. 140°), Bldg. 83; Rk. 3054; bakteriostat. Wrkg. 1278; Bekämpf. v. Peronospora tabacina Adam an Tabakpflanzen im Treibhaussaatbeet mit *Nirit* 7662.

3.5-Dinitrophenylisothiocyanat, Verw. 12 390*.

$C_7H_3N_3O_5$ **5.6-Dinitrobenzofuroxan**, hochaufgelöstes Protonenresonanzspektrum 12 975.

$C_7H_3N_3O_7$ **2.4.6-Trinitrobenzaldehyd**, Rk. 3791.

$C_7H_3N_3O_8$ **2.4.6-Trinitrobenzoesäure**, Rk. 11 563; Verw. 9586*; (d. Ester v. aliphat. oder cycloaliphat. Alkoholen) 7647*.

$C_7H_3N_3S_2$ **4-Cyan-2.4′-bithiazolyl**, IR-Spektrum 10 030.

1.2.4-Tricyano-3.6-dithiacyclohexen-(1) (F. 165°), Darst. 2910*; Verw. 3636*.

$C_7H_3N_5$ **2-Amino-1.1.3.3-tetracyanpropen**, Dihydrat, Salze 1795*.

$C_7H_4AsClO_3$ **Chlorarsenigsäuresalicylester** (F. 120—122°), Darst. 4885; Rk. 18 443.

$C_7H_4BF_3O$ **m-Trifluormethylbenzolboronsäureanhydrid** (F. 160—162°) 6360.

C_7H_4BrClO **o-Brombenzoylchlorid** (Kp.$_{22}$ 150°) 6380.

p(4)-Brombenzoylchlorid, Darst., Konstit.-Einfl. auf d. ν(CO) 14 811; Rk.: mit Al-Phenolaten 16 289; mit 1-[N-Methylpiperidon-(4)]-2-methylhydrazon 6511*, 11 294*, 16 138*; mit Iresin 14 521.

p-Chlorbenzoylbromid, Rk. 10 196*.

$C_7H_4BrClO_2$ **2-Chlor-5-brombenzoesäure** (F. 155—156°) 15 931.

$C_7H_4BrCl_3$ **2.3.5-Trichlorbenzylbromid** (Kp.$_{12}$ 150—160°) 13 370.

2.3.6-Trichlorbenzylbromid (Kp.$_{10}$ 156 bis 160°) 13 370.

2.4.5-Trichlorbenzylbromid (Kp.$_{10}$ 158 bis 160°) 13 370.

2.4.6-Trichlorbenzylbromid (Kp.$_{11}$ 146 bis 150°) 13 370.

3.4.5-Trichlorbenzylbromid (Kp.$_9$ 154—170°) 13 370.

$C_7H_4BrCl_3S$ **3-Bromphenyltrichlormethylsulfid** (Kp.$_{1,1}$ 102—104°) 12 021*.

$C_7H_4BrF_3$ **m-Brombenzotrifluorid (m-Trifluormethylbrombenzol)** (Kp. 152—155°),

Darst., Rk. 15 913; Rk. 104, 3410, 17 014.
p-**Brombenzotrifluorid**, Rk. 16 293.
$C_7H_4BrF_3Mg$ *m*-**Trifluormethylphenylmagnesiumbromid**, Darst., Rk. 17 014; Rk. mit Hexin-(1) (Kinetik) 3408.
$C_7H_4BrF_3S$ **3-Bromphenyltrifluormethylsulfid** ($Kp._{760}$ 192—194°) 12 021*.
C_7H_4BrN *o*-**Brombenzonitril** (F. 52°) 12 634.
3-Brombenzonitril, Rk. 2733.
p-**Bromphenylisonitril**, Rk. 8585.
C_7H_4BrNO *m*-**Bromphenylisocyanat** ($Kp._{44}$ 127°), Darst., Kinetik d. Rk. mit 2-Äthylhexanol 8212.
p-**Brombenzonitriloxid**, Rk. 16 305.
$C_7H_4BrNO_3$ **3-Brom-5-nitrosotropolon**, Rk. 14 866.
4-Nitrobenzoylbromid, Darst., Konstit.-Einfl. auf d. ν(CO) 14 811.
$C_7H_4BrNO_3S$ β-**[5-Nitrothienyl-(2)]-α-bromacrolein**, Rk. 13 783.
4-Brombenzolsulfonylisocyanat, Rk. 7623.
$C_7H_4BrNO_4$ **3-Nitro-4-brombenzoesäure**, Rk. 3097.
2-Brom-4-nitrobenzoesäure (F. 162—164°) 1964.
3-Brom-4-nitrobenzoesäure (F. 200—202°) 3098.
$C_7H_4BrNO_5$ **5-Brom-3-nitrosalicylsäure**, Rk. 14 885.
C_7H_4BrNS *p*-**Bromphenylthiocyanat** (F. 53 bis 54°), Konstit.-Einfl. auf UV-, IR-Spektrum u. pK-Wert 10 402.
p-**Bromphenylsenföl** (*p*-**Bromphenylisothiocyanat**), Raman- u. IR-Spektrum 6343; Rk. 5227; Therapie oberflächl. Trichophytien d. unbehaarten Haut mit — 5010.
$C_7H_4BrN_3$ *p*-**Brombenzoldiazocyanid** (F.195 bis 197° Zers.), Rk. 7875.
$C_7H_4BrN_3O_2$ **6-Brom-7-carboxyimidazo-[*b*]-pyridin** (F. 254—255° Zers.) 129.
$C_7H_4Br_2O$ **2.5-Dibromtropon**, Rk. 1592.
2.7-Dibromtropon (F. 167—169°) 1592.
p-**Brombenzoylbromid**, Rk. 447.
$C_7H_4Br_2O_2$ **3.5-Dibromsalicylaldehyd**, Rk. 14 623*.
3.7-Dibromtropolon, Rk. 6014, 7494, 12641.
2.4-Dibrombenzoesäure (F. 174°) 9681.
2.5-Dibrombenzoesäure (F. 153°) 9681, 15 931.
3.4-Dibrombenzoesäure (F. 228°) 9680.
$C_7H_4Br_2O_3$ **2.5-Dibrom-4-hydroxybenzoesäure** (F. 218—220°) 1964.
3.5-Dibrom-4-hydroxybenzoesäure (F. 266°) 15 252.
$C_7H_4Br_4O$ **Tetrabrom-*p*-kresol**, Rk. 11 663*.
2.3.4.7-Tetrabrom-2.3-dihydrotropon 1592.
2.4.5.7-Tetrabrom-4.5-dihydrotropon (F. 156 bis 157° Zers.) 1592.
C_7H_4ClFO *o*-**Fluorbenzoylchlorid** ($Kp._{50-60}$ 48 bis 50°) 10 811.
p-**Fluorbenzoylchlorid** (*p*-**Fluorbenzoesäurechlorid**) ($Kp._5$ 42—44°), Darst., Rk. 10 811; Rk. 463, 14 481.
$C_7H_4ClFO_2$ **5-Fluorsalicylchlorid** (F. 64—68°) 1798*.
$C_7H_4ClF_3$ *o*-**Chlorbenzotrifluorid** (*o*-**Chlortrifluormethylbenzol**), IR- u. Absorptionsspektrum im nahen UV u. Ramanspektrum 3037; Rk. 1590, 11 361*.
m-**Chlorbenzotrifluorid** (*m*-**Chlortrifluormethylbenzol**) ($Kp._{770}$ 138—139°), Darst. 13 565*; Rk. 11 361*.
p-**Chlortrifluormethylbenzol**. Rk. 11 361*.
$C_7H_4ClF_3Mg$ *o*-**Trifluormethylphenylmagnesiumchlorid**, Darst. d. Tetrahydrofuran-Komplexes 11 361*; Rk. 7691*.
m-**Trifluormethylphenylmagnesiumchlorid**, Tetrahydrofuran-Komplex 11 361*.
p-**Trifluormethylphenylmagnesiumchlorid**, Tetrahydrofuran-Komplex 11 361*.
x-**Trifluormethylphenylmagnesiumchlorid**, Rk. 7322*.
$C_7H_4ClHgN_3O_2$ *C*-**Chlormercuri-*N*-[pyridyl-(3)]-sydnon** (F. 262—268° Zers.) 4911.
$C_7H_4ClJN_2O_4$ **1-Chlor-2-jod-3-methyl-4.6-dinitrobenzol**, Rk. 10 469.
C_7H_4ClJO *o*-**Jodbenzoylchlorid**, Rk. 1184.
$C_7H_4ClMgNO$ **Benzoxazolyl-(2)-magnesiumchlorid**, Darst., Rk. 8781*; Rk. 7322*; (d. —-Komplexe mit O-halt. Heterocyclen) 4716*.
$C_7H_4ClMgNS$ **Benzothiazolyl-(2)-magnesiumchlorid**, Darst. 1405*, 3259*; (Rk.) 8781*; Rk. 7322*, 7691*; (d. —-Komplexe mit O-halt. Heterocyclen) 4716*.
$C_7H_4ClMgOS$ **Benzoxazolyl-(2)-magnesiumchlorid**, Rk. 7691*.
$C_7H_4ClMnO_4$ **1-Chlor-π-allylmangantetracarbonyl** ($Kp._6$ 85°) 10 019.
C_7H_4ClN *o*-**Chlorbenzonitril** (F. 42°), Darst. 2699, 3263*; (Rk.) 12 634; Rk. 7898.
m-**Chlorbenzonitril** (F. 40°), Darst. 3263*; (Rk.) 12 634; Rk. 8419*.
p(4)-**Chlorbenzonitril** (F. 94°), Darst. 2699, 3263*, 9319; (Rk.) 12 634; Bldg. 6746; Bezieh. d. IR-Schwing. v. — zur antibakteriellen Wrkg. d. entsprechenden Thiocarbaminsäureamids 7199; Rk. 8419*, 18 630*.
C_7H_4ClNO **2-Chlorbenzoxazol**, Tetracyclingewinn. mittels Streptomycesarten in Ggw. v. — 227*.
m-**Chlorphenylisocyanat** ($Kp._{45}$ 111—112°), Darst. 17 926*; (Kinetik d. Rk. mit 2-Äthylhexanol) 8212.
p-**Chlorphenylisocyanat** ($Kp._{10}$ 93—95°), Darst., Kinetik d. Rk. mit 2-Äthylhexanol 8212.
x-**Chlorphenylisocyanat**, Verw. 15 817*.
$C_7H_4ClNO_2$ (s. *Chlorzoxazon* [*Paraflex*]).
m-**Nitrobenzoylchlorid**, Rk. 8245.
$C_7H_4ClNO_2S$ **Pseudosaccharinchlorid** (F. 141 bis 143°), Darst. 1195; Rk. 6766.
o-**Cyanbenzolsulfonylchlorid** (F. 69—69,5°) 6418.
$C_7H_4ClNO_3$ **4-Chlor-3-nitrobenzaldehyd**, Rk. 7089.
6-Hydroxychlorzoxazon, — als Stoffwechselprod. v. Chlorzoxazon 1314.
2-Chlor-4-nitrosobenzoesäure, Rk. 11 890.
o(2)-**Nitrobenzoylchlorid**, Hydrolyse (Kinetik) 2693; Rk.: mit p-Anisidin 9716; mit Acetessigsäuremethylester 11 191; mit d. Äthoxy-Mg-Deriv. v. Phenylmalonsäurediäthylester 4169; mit o-Aminobenzoesäuremethylamid 850.
m(3)-**Nitrobenzoylchlorid** ($Kp._{12}$ 153—154°), Rk.: mit 4-Amino-4′-dimethylaminostilben 15 946; mit Vitamin A 12 394*; mit 6-Methylpyronon-(2) 3806; mit 2-Amino-5-nitrobenzonitril 2733; mit Reserpsäuremethylester 5023*; mit Acetessigester u. Na 13 347.
p(4)-**Nitrobenzoylchlorid**, (F. 71,5—72°) Darst. (v. ^{18}O-—) 3049; (Konstit.-Einfl. auf d. ν(CO)) 14 811; Hydrolyse (Kinetik) 2693; Claisen-Umlager. 10 792; Rk.: mit Na_2O_2, Na-Salz 819; mit Azulenen 116; mit Cyclooctenimin 3078; mit 2-Äthylaziridin 6019; mit (±)-2-Benzylaziridin 3078; mit 1-Methyl-1.2.3.4.5.6.7.8-oktahydroisochinolin 5663; mit α-Phenyläthylamin 18 088; mit p-Nitrobenzylaminhydrochlorid 12 637; mit 4′-Nitro-2-aminobiphenyl 2089*; mit 1.2-Diisopropylhydrazin 6964*, 14 954*; mit Alkoholen 9684; mit β-Phenäthylalkoholen 7140; mit Diphenylcarbinolderiv. 18 934*; mit Al-Phenolaten 16 289; mit N-substituierten Pyrrolidinolen-(3) 10 931*; mit 1-[2′-Hydroxyäthyl]-2-methyl-5-nitroimidazol 3189*; mit tert.-Butylhydroperoxid 1565; mit 4-Dimethylaminosulfolanol-(3) 15 955; mit o-Thioanisidin 11 164; mit 1-Phenyl-2-chlorpropanal 441; mit 2-Desoxy-D-ribose 851; mit 2.3.5-Tri-O-benzylpentofuranosen 18 473; mit 6-Methylpyronon-(2) 3806; mit 3-Aminotropolon 12 291; mit α-Nitroacetophenon 15 566; mit Acetylaceton 6212*; mit 2-Aminobenzonitril 2733;

mit DL-Glutaminsäure 15 560; mit Methylreserpat 5772*; mit 1.5-Di-O-benzoyl- bzw. 1-O-Acetyl-5-O-benzoyl-α-L-arabinose 6041; mit 5-p-Toluyl-2-desoxy-D-ribose 4926; mit Acetaniliden 1213; mit p-Methoxybenzoylhydrazin 13 387.

$C_7H_4ClNO_3S$ **p-Chlorbenzolsulfonylisocyanat,** Rk. 3550*.

$C_7H_4ClNO_4$ **3-Nitro-5-chlorsalicylaldehyd,** IR-Spektrum 1549; Rk. 14 623*.

4-Chlor-2-nitrobenzoesäure, Rk. 6214*, 14 326*.

2-Chlor-4-nitrobenzoesäure 2172*.

3-Chlor-4-nitrobenzoesäure (F. 184—185°) 3098.

2-Chlor-5-nitrobenzoesäure, Darst., Rk. 18 456; Best. d. Valenzwinkel 3039; Rk. 4527.

Chlorameisensäure-p-nitrophenylester (p-Nitrophenylchlorformiat), Rk. 6210*, 17 371; Verw. 1792*.

β-[5-Nitrofuryl-(2)]-acryloylchlorid (F. 91°) 836.

p-Nitrosalicylsäurechlorid, Rk. 10 189*.

3-Nitro-4-hydroxybenzoesäurechlorid 1964.

$C_7H_4ClNO_4S$ **2-Nitro-4-carboxybenzolsulfonylchlorid,** Verw. 13 230*.

C_7H_4ClNS **2-Chlorbenzthiazol,** Rk. 457; Tetracyclingewinn. mittels Streptomycesarten in Ggw. v. — 227*.

p(4)-Chlorphenylthiocyanat (F. 36—38°), Konstit.-Einfl. auf UV-, IR-Spektrum u. pK-Wert 10 402; bakteriostat. Wrkg. 1278.

o-Chlorphenylisothiocyanat, Raman- u. IR-Spektrum 6343.

m-Chlorphenylsenföl, Rk. 5227.

p-Chlorphenylisothiocyanat, Raman- u. IR-Spektrum 6343.

$C_7H_4ClNS_2$ **5-Chlor-2-mercaptobenzthiazol,** Rk. 457.

C_7H_4ClNSe **2-Chlorbenzselenazol** (F. ca. 35°) 16 301.

$C_7H_4ClN_3$ **7-Chlorpyrido-[2.3]-pyrazin** (F. 159 bis 160,5°) 129.

***anti*-p-Chlorbenzoldiazocyanid,** Rk. 7875.

$C_7H_4ClN_3O$ **3-Chlor-1.2.4-benzotriazin-1-oxid,** Rk. 3192*.

$C_7H_4ClN_3O_3$ **[3.3'-Biisooxazolyl-(5)]-formhydroximsäurechlorid (5-Chlorformyl-3.3'-diisoxazoloxim)** (F. 219—221°) 468, 5289.

$C_7H_4ClN_3S$ **5-[m-Chlorphenyl]-1.2.3.4-thiatriazol** (F. 83—85°) 6406.

5-[p-Chlorphenyl]-1.2.3.4-thiatriazol (F. 101 bis 102°) 6406.

$C_7H_4ClN_5$ **6-Chlorpurinessigsäure-(9)-nitril** (F. 134—135° korr.) 10 464.

$C_7H_4ClO_2$ **o-Chlorbenzoyloxy** s. unter *Radikale (Spezielle Radikale).*

p-Chlorbenzoyloxy s. unter *Radikale (Spezielle Radikale).*

$C_7H_4Cl_2F_3NO_4S_2$ **4-Amino-6-trifluormethylbenzol-m-disulfochlorid** 11 929.

$C_7H_4Cl_2F_3OP$ **p-Trifluormethylphenylphosphonsäuredichlorid** 16 293.

$C_7H_4Cl_2F_3P$ **p-Trifluormethylphenyldichlorphosphin** (Kp.$_{14}$ 92—93°) 16 293.

$C_7H_4Cl_2F_3PS$ **p-Trifluormethylphenylthiophosphonsäuredichlorid** (Kp.$_3$ 89—90°) 16 293.

$C_7H_4Cl_2F_8O$ **[2-Hydro-4.5-dichloroktafluorpentyl]-methylketon,** Verw. 15 786*.

$C_7H_4Cl_2GaNO$ **Benzoxazolyl-(2)-galliumdichlorid** 4716*.

$C_7H_4Cl_2N_2O_2S_2$ **6-Chlorbenzo-2H-1.2.4-thiadiazin-7-sulfonylchlorid** 15 697*.

$C_7H_4Cl_2N_4S$ **6-Methylmercapto-2.4-dichlorpyrimido-[5.4:d]-pyrimidin,** Rk. 17 854*.

$C_7H_4Cl_2O$ **2.3-Dichlorbenzaldehyd** (F. 65—67°), Darst., Rk. 13 734; Rk. 18 449.

2.4-Dichlorbenzaldehyd (F. 70—71°), Darst., Rk. 6051, 13 734; Überführung in 2.4-Dichlormandelsäure 11 887; Rk.: mit n-Alkylaminen 13 204*; mit n-Butylamin 15 032*; mit 4-Methyl-o-phenylendiamin 2349; mi 4-Chlor-o-phenylendiamin 6025; mit 6-tert.-Butyl-m-kresol 12 769*; mit Hydroxyacetophenonen 18 449; mit 4-Chlorbenzylcyanid bzw. 2.4-Dichlorbenzylamid 4346*; mit Chloracetamid 14 615*; mit N-Carbonylsulfamidsäurechlorid 7328*.

2.5-Dichlorbenzaldehyd 1963.

2.6-Dichlorbenzaldehyd, Rk.: mit Organophosphorverb. 1832; mit Chloracetamid 14 615*; mit N-Carbonylsulfamidsäurechlorid 7328*; mit Cyanmethylphosphonsäureestern 10 274*; mit m-Xylylendiphosphonsäuretetraalkylester 5478*; mit 2.5-Dimethoxy-1.4-xylylentetraäthyldiphosphonat 5478*.

3.4-Dichlorbenzaldehyd, Bldg. 9317; Rk. 2349, 3475, 4346*, 5479*.

3.5-Dichlorbenzaldehyd, Rk. 8488*.

o-Chlorbenzoylchlorid (o-Chlorbenzoesäurechlorid) (Kp.$_{20}$ 110°), Darst., Rk. 11 887; Rk.: mit Ag_3PO_4 7701*; mit Xylolen 11 900; mit Anilin (Konstit.-Einfl.) 16 990; mit Al-Phenolaten 16 289; mit 1-[2'-Hydroxyäthyl]-2-methyl-5-nitroimidazol 3189*; mit Pentanatriumsaccharat 7527; mit 2-Amino-5-nitrobenzonitril 2733; mit Acetaniliden 1213.

m-Chlorbenzoylchlorid, Konstit.-Einfl. auf d. Rk. mit Anilin (Kinetik) 16 990; Rk.: mit Phenolen 4894; mit N-β-Hydroxyäthyl-N-methylanilin u. Tetracyanäthylen 5109*.

p-Chlorbenzoylchlorid, Konstit.-Einfl. auf d. Rk. mit Anilin (Kinetik) 16 990; Rk.: mit CuCN 11 887; mit Xylolen 11 900; mit 1.2-Diisopropylhydrazin 6964*, 14 954*; mit 2.7-Dimethyl-3.5-octadiin-2.7-diol 9867*; mit α.β-Isopropylidenbzw. α.γ-Benzylidenglycerin 447; mit Vitamin A 1239*; mit Naphthol-(1) 12 243; mit Ferrocen 5272; mit 2-Desoxy-D-ribose 851; mit Pentanatriumsaccharat 7527; mit p-Methoxybenzoylhydrazin 13 387.

$C_7H_4Cl_2OS$ **Chlorthionameisensäure-[4-chlorphenylester],** Rk. 5266.

$C_7H_4Cl_2O_2$ **2.6-Dichlor-3-hydroxybenzaldehyd,** Rk. 822.

3.5-Dichlor-4-hydroxybenzaldehyd, Rk. 822.

2.3-Dichlorbenzoesäure, Konstit.-Einfl. auf d. pK-Wert 16 990.

2.4-Dichlorbenzoesäure (F. 159°), Darst. 10 055; (Vers.) 7110; Konstit.-Einfl. auf d. pK-Wert 16 990; Verw. v. —-Alkylphenylestern 9489*.

2.5-Dichlorbenzoesäure (F. 152°), Darst. 10 055; (Vers.) 7110; Konstit.-Einfl. auf d. pK-Wert 16 990.

2.6-Dichlorbenzoesäure (F. 142—145°), Darst. v. $^{14}C(CO)$-— 7110; Konstit.-Einfl. auf d. pK-Wert 16 990.

3.4-Dichlorbenzoesäure (F. 208°), Darst. 10 055; (Verw. v. —-Alkylestern) 10 246*; Bldg. 9317, 15 946.

3.5-Dichlorbenzoesäure (F. 188—189°), Darst. v. $^{14}C(CO)$-— 7110; Konstit.-Einfl. auf d. pK-Wert 16 990.

2-Chlorphenylchlorformiat, Verw. 12 091*.

x-Chlorphenylchlorformiat, Verw. 1792*.

$C_7H_4Cl_2O_2S$ **β-[2.3-Dichlorthienyl-(5)]-acrylsäure** (F. 235—236°) 12 650.

$C_7H_4Cl_2O_3$ **3.5-Dichlorsalicylsäure,** Beeinfluss. d. Stoffwechsels wachsender Schweine durch — 3895.

x.x-Dichlorsalicylsäure 6585*.

$C_7H_4Cl_2O_3S$ **Benzol-1-carbonsäurechlorid-3-sulfonsäurechlorid,** Verw. 11 017*.

$C_7H_4Cl_3NO$ **3-Amino-2.5-dichlorbenzoylchlorid,** Verw. 16 464*.

$C_7H_4Cl_3NO_2S$ **Trichlormethyl-4-nitrophenylsulfid** 14 107.

2.4-Dichlorbenzalsulfamidsäurechlorid (F. 79—80°) 7328*.

2.6-Dichlorbenzalsulfamidsäurechlorid (F. ca. 55—60°) 7328*.

$C_7H_4Cl_3N_3$ **2.5.6-Trichlor-7-methylimidazolo-[4.5:b]-pyridin** (F. 228° Zers.) 2357.

$C_4H_4Cl_3N_?S$ **1-Trichlormethylmercapto-1.2.3-benzotriazol**, Darst. v. Deriv. 15 772*; Verw. 17 538*.

$C_7H_4Cl_3N_5$ **2-Methylamino-4.6.7-trichlorpteridin**, Austausch d. Halogens 14 245*.

$C_7H_4Cl_4$ **4-Chlorbenzotrichlorid**, Rk. 10 276*.
x-Chlorbenzotrichlorid 17 926*.
2.3.6-Trichlorbenzylchlorid, Rk. 457, 11 732*.
Tetrachlortoluol, Oxydat. 13 573*.

$C_7H_4Cl_4F_3P$ ***p*-Trifluormethylphenyltetrachlorphosphor** 16 293.

$C_7H_4Cl_4O$ **2.3.5.6-Tetrachlor-*p*-kresol**, Rk. 12 640.
2.4.4.6-Tetrachlor-1-methylcyclohexadien-(1.5)-on-(3) 12 640.
2.4.4.6-Tetrachlor-5-methylcyclohexadien-(1.5)-on-(3) 12 640.
2.4.6.6-Tetrachlor-5-methylcyclohexadien-(1.4)-on-(3) (F. 88°) 12 640.

$C_7H_4Cl_4O_3$ **2-Methyl-3.4.5-trichlorperchlorylbenzol** 8780*.
2-Methyl-3.5.6-trichlorperchlorylbenzol 8780*.

$C_7H_4Cl_4S_2$ **4-Chlorphenyltrichlormethyldisulfid** (F. 56—57°) 1030*.

$C_7H_4Cl_5N$ **2.3.4.5.6-Pentachlorbenzylamin** (F. 139—140°) 13 370.
***N*-Pentachlorphenylmethylamin** (F. 100 bis 101°) 10 277*.

$C_7H_4Cl_5OP$ ***p*-Trichlormethylphenylphosphonsäuredichlorid** ($Kp._{0,05}$ 129—131°) 16 293.

$C_7H_4Cl_6N_4$ **2.4-Bis-[trichlormethyl]-6-aziridino-1.3.5-triazin** (F. 98—99°) 18 981*.

$C_7H_4Cl_6O$ **1.4.5.6.7.7-Hexachlorbicyclo-[2.2.1]-5-heptenol-(2)** (F. 149—151°) 13 176*.

$C_7H_4Cl_6O_2$ **1.4.5.6.7.7-Hexachlorbicyclo-[2.2.1]-Δ^5-hepten-2.3-diol** (F. 240°) 11 735*.

$C_7H_4Cl_6Si$ **Tetrachlorphenylmethyldichlorsilan** (Kp. 287—290°) 17 722.

$C_7H_4FJO_2$ **3-Fluor-4-jodbenzoesäure** (F. 229 bis 230° Zers.) 9735.

C_7H_4FN ***p*-Fluorbenzonitril**, Rk. 7490.

$C_7H_4FNO_3$ **2-Nitro-4-fluorbenzaldehyd**, Deriv. 18 107.
5-Fluor-2-nitrobenzaldehyd (F. 94—95°) 17 388.

C_7H_4FNS ***p*-Fluorphenylthiocyanat** ($Kp._{14}$ 101 bis 103°), Darst., Konstit.-Einfl. auf UV-, IR-Spektrum u. pK-Wert 10 402.
***p*-Fluorphenylisothiocyanat**, Raman- u. IR-Spektrum 6343.

$C_7H_4F_3NO_3$ **2-Nitro-5-hydroxybenzotrifluorid**, Hydrier. 1590.

$C_7H_4F_4O$ **Tetrafluoranisol** (Kp. 145°) 12 631.

$C_7H_4F_5OP$ ***p*-Trifluormethylphenylphosphonsäuredifluorid** (Kp. 186—187°) 16 293.

$C_7H_4F_7P$ ***p*-Trifluormethylphenylphosphonsäuretetrafluorid (*p*-Trifluormethylphenyltetrafluorphosphor)** (Kp. 140—141°) 16 293.

$C_7H_4F_{11}NO_4S$ ***N*-Perfluorpentansulfonylglycin**, Rk. 16 533*.

$C_7H_4F_{12}N_2O_3S$ **α-Aminosulfonylperfluorheptansäureamid** (F. 210—215°) 6736.

C_7H_4JN ***o*-Jodbenzonitril** (F. 53°) 12 634.
***m*-Jodbenzonitril** (F. 40°) 12 634.
***p*-Jodbenzonitril** (F. 112—113°) 12 634.

$C_7H_4JNO_4$ **2-Jod-3-nitrobenzoesäure**, Rk. 6415.
4-Nitrophenyljodformiat, Verw. 12 091*.

C_7H_4JNS ***p*-Jodphenylisothiocyanat**, Mikrometh. für d. N-endständ. Aminosäure-Analyse v. Proteinen mittels — 15 286.

$C_7H_4J_2O_2$ **3.5-Dijodsalicylaldehyd**, Rk. 14 623*.
4-Hydroxy-3.5-dijodbenzaldehyd, Rk. 140.

$C_7H_4J_2O_3$ **3.5-Dijodsalicylsäure**, Salz-Bldg. mit Oxinestern 6034; Glykolyse-Hemm. durch — 2411; eiweißgebundenes J im Blut v. Milchvieh nach Verfütter. v. —-halt. Salz 10 163; Verw. zur Alkaloidfäll. 5762.

$C_7H_4J_2O_4$ **Dijod-β-resorcylsäure**, Verw. zur Alkaloidfäll. 5762.

$C_7H_4J_3NO_2$ **2.4.6-Trijod-3-aminobenzoesäure** (F. 194° Zers.), Darst. d. Na-Salzes 13 205*; Rk.: mit $SOCl_2$ 14 326*, 16 777*, 18 571*; v. diazotierter — mit KJ 15 029*; d. Na-Salzes mit Halogencarbonsäuren 16 419*; v. Salzen mit Halogencarbonsäureestern 16 419*; mit 5-Methyl-1-phenyl-1.2.3-triazol-4-carbonsäurechloriden 14 498; neue Röntgenkontrastmittel auf Basis — 16 418*.

$C_7H_4J_4N_2O$ **3-Amino-2.4.5.6-tetrajodbenzamid**, Deriv. 16 420*.

$C_7H_4NO_4$ ***o*-Nitrobenzoyloxy** s. unter *Radikale* (*Spezielle Radikale*).
***p*-Nitrobenzoyloxy** s. unter *Radikale* (*Spezielle Radikale*).

$[C_7H_4N_2]_x$ **Polybenzimidazolylen-(2.5 oder 2.6)** 7546.

$C_7H_4N_2O$ **Indazolon-(3)**, IR-Spektrum 14 812.

$C_7H_4N_2O_2$ **7-Pyrisatin**, Rk. 2732.
Imidazo-*p*-benzochinon 125.
***o*(2)-Nitrobenzonitril** (F. 110°), Darst. 2699, 3263*, 9318; Rk. 7896, 7898.
***m*-Nitrobenzonitril** (F. 116—117°), Darst. 2699, 3263*, 9318; Rk. 99, 1997, 7896, 7898, 8419*.
***p*(4)-Nitrobenzonitril** (F. 148,1°), Darst. 2699, 3263*, 9318; Bezieh. d. IR-Schwing. v. — zur antibakteriellen Wrkg. d. entsprechenden Thiocarbaminsäureamids 7199; Rk. 2733, 7111, 7900, 8419*, 18 630*.
***p*-Nitrophenylisonitril** (F. 119—120°) 14 477.
Chinolinimid, Verw. 17 156.

$C_7H_4N_2O_2S$ **4-Nitrobenzothiazol** 1563, 8604.
5-Nitrobenzothiazol (F. 164°), Darst. 1563; Rk. 8604.
6-Nitrobenzothiazol (F. 178°) 1563, 8604.
7-Nitrobenzothiazol (F. 155°) 1563, 8604.
3-Nitrophenylthiocyanat, bakteriostat. Wrkg. 1278.
4(*p*)-Nitrophenylthiocyanat (F. 131—132°), Darst., Konstit.-Einfl. auf UV-, IR-Spektrum u. pK-Wert 10 402; bakteriostat. Wrkg. 1278.
***p*-Nitrophenylisothiocyanat (*p*-Nitrophenylsenföl)**, Darst. 3088; Verh. gegen JF_5 8585; Rk. mit Mercaptofettsäuren 4906.

$C_7H_4N_2O_2S_2$ **Bisthiazolyl-(2.4′)-carbonsäure-(4)** (F. 231—232°), Darst., IR-Spektrum, Rk. 10 031.

$C_7H_4N_2O_3$ **5-Formyl-3.3′-diisoxazol** (F. 112 bis 114°) 468.
***m*-Nitrophenylisocyanat** ($Kp._{12}$ 136—137°), Darst., Kinetik d. Rk. mit 2-Äthylhexanol 8212; Rk. mit trans-Zimtsäureäthylester 16 306.
***p*-Nitrophenylisocyanat** ($Kp._{14}$ 145°), Darst., Kinetik d. Rk. mit 2-Äthylhexanol 8212; Rk.: mit W. in Ggw. v. Säureamiden 16 493*; mit 5-Tetrazol 4158; mit N-Methyl-p-nitroanilin 577*; mit N.N-Dimethylthiobenzamid 3088; mit Monophenylphosphat 8631.
x-Nitrophenylisocyanat, Verw. 15 817*.

$C_7H_4N_2O_3S$ **2-Mercapto-5-nitrobenzoxazol**, Rk. 11 907.

$C_7H_4N_2O_5$ **2.4-Dinitrobenzaldehyd** (F. 70—71°) 9315 [3 Ref.].
***p*-Nitrobenzoylnitrat**, Verw. 1562.

$C_7H_4N_2O_6$ **3.5-Dinitrosalicylaldehyd**, IR-Spektrum 1549.
3.5-Dinitrotropolon, Rk. 14 867.
2.4-Dinitrobenzoesäure (F. 181—183°), Darst. 6743, 9315; chromatograph. Trenn. im Gemisch v. Mono- u. Dinitrobenzoesäuren 6531.
2.5-Dinitrobenzoesäure, analyt. Verw. 3183.
2.6-Dinitrobenzoesäure, analyt. Verw. 3183.
3.5-Dinitrobenzoesäure, Auflösen in Mineralsäuren (Mechanismus) 6351; Rk. 4128, 6790, 11 659*; chromatograph. Trenn. im Gemisch v. Mono- u. Dinitrobenzoesäuren 6531; analyt. Verw. 3183.

$C_7H_4N_2O_7$ **3.5-Dinitrosalicylsäure**, Darst. d. W(VI)-Salzes 11 878; Salz-Bldg. mit Oxinestern 6034; Verw.: zur Extrakt. v.

assimilat. in Pseudomonas aeruginosa 2406; auf d. β-Amylase v. Wasabia wasabi 2035; auf d. Aldolase-Aktivität in Spirochaeta recurrentis 510; auf eine teilweise gereinigte Hefe-Carboxylase 6071; auf d. Carboxydismutase aus Blattextrakten v. Tetragonia expansa 1644; Rk. v. Glutaminsäuredecarboxylase mit — in Abhängigk. v. d. Temp. 2413; Hemmwrkg. v. — bzw. p-Chlormercuribenzoat: auf Reisalkoholdehydrogenase 17 788; auf L-Leucindehydrogenase v. Bacillus cereus 16 009; auf d. Äpfel- u. Milchsäuredehydrogenase aus menschl. Serum u. roten Blutkörperchen 1262; auf d. Bernsteinsäuresemialdehyddehydrogenase aus Torulopsis utilis 10 516; auf L-α-Glycerophosphatdehydrogenase v. Trypanosoma rhodesiense 3848; Einfl. v. p-Chlormercuribenzoat: auf d. Aktivier. d. Glucose-6-phosphatdehydrogenase v. Personen mit Enzymmangel 1641; auf Dehydrogenasen menschl. Leukocyten 161; Feststell. v. 2-SH-Gruppen pro Mol Dihydrolipoyldehydrogenase bei Red. mit DPNH durch Behandl. mit — 4573; Hemmwrkg. v. — bzw. p-Chlormercuribenzoat: auf Adenosindesaminase 2031; auf Histidindesaminase in d. Leber normaler u. tumorbefallender Tiere 3505; auf Vitamin-A-Esterase u. Cholesterinesterase d. Rattenleber u. d. Hühnerleber 4203; auf Fibrinase 12 702; auf gereinigte Säugetier-β-glucuronidase 16 366; Einfl. v. p-Chlormercuribenzoat: auf d. α-1.4-Exopolyglucosidase (γ-Amylase) d. Leber 10 510; auf d. Wechselwrkg. v. Cystin u. Cystein mit Rinderleberkatalase 16 004; auf d. Brenztraubensäurekinase aus Bäckerhefe 10 129, 13 430; auf d. Lipase aus P. chrysogenum 10 874; auf d. Taubenpankreaslipase 18 885; auf d. Monoaminooxydase d. Hirns 9756; auf d. Kaninchenleber-Chininoxydase 5752; auf Brenztraubensäureoxydase, Cocarboxylase u. Thiamin 18 142; auf d. Hydrolyse v. Phenylphosphat durch saure Mäuseleber-Phosphatase 3130; auf d. Phosphatidsäurephosphatase 2408; auf d. Pyrophosphatase in d. Habichtsmotte Celerio euphorbiae 4200; auf d. Pyrophosphatase u. Adenosintriphosphatase d. Bohnenkeimlinge 5330; auf Adenosintriphosphatase 164; (d. Zellfrakt. v. Bac. megatherium) 16 717; auf d. Teilnahme einer lösl. Adenosintriphosphatase an d. oxydativen Phosphorylier. 164; auf d. Myosin A-Adenosintriphosphataseaktivität 8288; Eig. d. durch — v. zweiwert. Kationen befreiten Myosin-A-Adenosintriphosphatase 6067; Einfl. v. pH, Temp. u. Harnstoff auf d. Aktivier. v. Myosin B-Adenosintriphosphatase durch p-Chlormercuribenzoat 5703; Einfl. v. p-Chlormercuribenzoat: auf d. Ribonuclease d. Rinderpankreas 4575; auf d. für Triphosphopyridinnucleotid spezif. Nitritreduktase aus E. coli 8284; Inaktivier. v. Nitroarylreduktase aus Aspergillus niger durch — 2030; Einfl. v. — bzw. p-Chlormercuribenzoat: auf d. Bind. v. Pyridinnucleotiden an Cytochrom-b_5-Aporeduktase 10 506; auf Mevaldreduktase aus Leber 4205; auf d. Glutathionreduktase v. Thiobacillus thiooxidans 13 069; auf d. Dihydrofolsäure-Reduktase aus Streptococcus faecalis R. 4203; Inaktivier. d. Herpes-simplex-Virus durch —-Na-Salz 3511; Einfl. v. — bzw. p-Chlormercuribenzoat: auf d. Stabilisier. v. Poliovirus durch Cystin 5720; auf d. Einbau v. markiertem Phosphat in d. Phospholipide d. Affen-Tuberkelbacillus 3502; auf d. CO_2-Fixier. durch Chloroplasten 14 569; auf d. Zuckeranreicher. in Gewebeschnitten v. Zuckerrohr 9773; auf d. Morphologie peritonealer Mastzellen 3841; elektronenspektroskop. Bilder v. Krebszellen unter d. Einw. v. — 10 124; Einfl. v. p-Chlormercuribenzoat: auf d. Freisetz. v. lösl. Protein aus Reticulocytenribosomen 9384; auf d. Phosphattransport in Erythrocyten d. Menschen 4604; Abwesenh. d. Boler-Effektes in mit p-Chlormercuribenzoat behandeltem Schafhämoglobin 15 298; Beeinfluss. d. Acetylcholin-Wrkg. am Herzen durch p-Chlormercuribenzoat 11 989; Hemm. d. Lipämie-Clearing-Faktors durch — 8688; Einfl. v. p-Chlormercuribenzoat auf d. hydrolyt. Aktivität gegenüber Äthylacetat u. Triacetin beim Schweinemagen 1646; Best.: d. —-Protein-Bind. durch eine polarograph. Meth. 17 834; d. Sulfhydrylgruppen v. Mono- u. Dimercaptanen u. d. Alkoholdehydrogenase aus Hefe mit — 7942; d. SH-Gruppen in Wolle mittels d. p-CMB-Meth. 7380.

$C_7H_5ClMgO_2$ **p-Carboxyphenylmagnesiumchlorid** 8781*.

$C_7H_5ClN_2$ **3-Chlorindazol,** Spektrum im nahen UV 16 971.
4-Chlorindazol, Spektrum im nahen UV 16 971.
5-Chlorindazol, Spektrum im nahen UV 16 971.
6-Chlorindazol, Spektrum im nahen UV 16 971.
7-Chlorindazol, Spektrum im nahen UV 16 971.
2-Chlorbenzimidazol, Rk. 10 830.
5(6)-Chlorbenzimidazol, Rk. 6024; Best. d. Cytotoxizität in menschl. Zellkulturen 4195.
p-Chlorphenyldiazomethan, Vers. d. Darst. 15 187.
o-Chlorphenylcyanamid (F. 105—106°) 4526.

$C_7H_5ClN_2O$ s. *Flexin* [*Zoxazolamin, 2-Amino-5-chlorbenzoxazol*].

$C_7H_5ClN_2O_2$ **2-Amino-6-hydroxy-5-chlorbenzoxazol,** Bldg., pharmakolog. Wrkg. beim Menschen 6499.

$C_7H_5ClN_2O_3$ **2-Chlor-5-nitrobenzamid,** Rk. 11 371*.

$C_7H_5ClN_2O_3S$ **5-Methylbenzochinon-(1.2)-diazid-(2)-sulfochlorid-(4)** (F. 111° Zers.), Rk. 5538*.
6-Methylbenzochinon-(1.2)-diazid-(2)-sulfochlorid-(4), Rk. 5538*.

$C_7H_5ClN_2O_4$ **2.4-Dinitrobenzylchlorid** (F. 34°), Rk. mit Alkali (Kinetik) 6365.
2.4-Dinitro-5-chlortoluol, Rk. 8615.
2-Chlor-3.5-dinitrotoluol, Rk. 8613.
2-Chlor-4.5-dinitrotoluol, Rk. 16 290.

$C_7H_5ClN_2O_4S$ **o-Nitrobenzalsulfamidsäurechlorid** (F. 78—82°) 7328*.
m-Nitrobenzalsulfamidsäurechlorid (F. 112 bis 115°) 7328*.

$C_7H_5ClN_2O_5S_2$ **6-Chlor-5-sulfamylsaccharin** 15 694*.
5-Chlor-6-sulfamylsaccharin (F. 273—275° Zers.) 15 694*.

$C_7H_5ClN_2S$ **4-Chlor-2-aminobenzothiazol** (F. 202°) 4905.
6-Chlor-2-aminobenzothiazol (F. 198°) 4905.

$C_7H_5ClN_2S_2$ **5-Chlor-2-benzothiazolsulfenamid,** Verw. 10 247*.

$C_7H_5ClN_4S$ **5-[p-Chlorphenylmercapto]-tetrazol** (F. 157—158°), Darst., Konstit.-Einfl. auf UV-, IR-Spektrum u. pK-Wert. 10 402.

C_7H_5ClO **o(2)-Chlorbenzaldehyd** ($Kp._{15}$ 119 bis 120°), Darst. 12 634; (Rk.) 13 724, 15 937; IR-Spektren v. Metallhalogenidkomplexen mit — 8872; Oxydat. durch O_2 u. Isotopenaustausch mit $H_2{}^{18}O$ (Mechanismus) 14 087; Rk.: mit Hydroxylaminhydrochlorid 2699; mit HCN 12 986; mit NaCN 6404; Semicarbazon-Bldg. (Kinetik) 14 092; Rk.: mit Diazoäthan 14 110; mit n-Butylamin 15 032*; mit 4-Methyl-o-phenylendiamin 2349; mit 4-

Chlor-o-phenylendiamin 6025; mit 6-tert.-Butyl-m-kresol 12 769*; mit Poly-[4-vinylacetophenon] 3475; mit Acetylferrocen 7493; mit Resacetophenonen 14 500; mit 5-Methyl-2-phenylimino-thiazolidon-(4) 9703; mit 4-Chlorbenzylcyanid 4346*; mit Cyanessigsäureäthylester 17 725; mit Bernsteinsäuredimethylester 11 899; mit Halogenacetamidderiv. 14 615*; mit 2-Hydroxy-5-acetamido-acetophenon 17 380; papierchromatograph. Trenn. als Cyanacethydrazon 10 215.

m(3)-**Chlorbenzaldehyd** ($Kp._{15}$ 120—121°), Darst. 12 634; (Rk.) 13 724; UV-Spektrum u. pK_{BH^+}-Wert 10 034; IR-Spektrum 1549; Rk.: mit Diazoäthan 14 110; mit Resacetophenon 14 501; mit 4-Chlorbenzylcyanid 4346*; mit Cyanessigsäureäthylester 17 725; mit Chloracetamid 14 615*.

p(4)-**Chlorbenzaldehyd** (F. 47°), Darst. 12 634; (Rk.) 13 724, 15 937; UV-Spektrum u. pK_{BH^+}-Wert 10 034; Semicarbazon-Bldg. (Kinetik) 14 092; Rk.: mit Hydroxylaminhydrochlorid 2699; mit HCN in Ggw. v. α-Cyclodextrin 12 986; Überführung in 4-Chlormandelsäure 11 887; Rk.: mit Anilinen (Geschw.) 15 548; mit β-Phenylisopropylamin u. NaCN 4257*; mit 1-Amino-2-phenyl-piperidinhydrochlorid 18 466; mit 4-Methyl-o-phenylendiamin 2349; mit 4-Chlor-o-phenylendiamin 6025; mit Poly-p-lithiumstyrol 11 583; mit Acetophenonen 16 662; mit Resacetophenon 14 501; mit 1-Amino-7-thioxoxycloheptatrien 3436; mit Butandion-(2.3)-methoxim-(2) 9518*; mit 4-Chlorbenzylcyanid 4346*; mit Anthranilsäure 8488*; mit Cyanessigsäureäthylester 17 725; mit Bernsteinsäuredimethylester 11 899; mit Formamid u. Arylmethylenalkylaminen 9683; mit Chloracetamid 14 615*; mit 2-[β-Acetylaminoäthyl]-4.5-dimethoxy-acetophenon 12 763*; mit N.N'-Diformyläthylendiamin u. HCOOH 457; mit 5-Chlor-2.4-disulfamylanilin 4924; mit 2.5-Dimethoxy-1.4-xylylentetraäthyldiphosphonat 5478*; papierchromatograph. Trenn. als Cyanacethydrazon 10 215.

x-Chlorbenzaldehyd, Verw. 18 939*.

2-Chlortropon, Rk. 7496, 8257, 14 839.

Benzoylchlorid ($Kp._{20}$ 88—89°), Bldg. 12 256, 14 136; Darst., Konstit.-Einfl. auf d. ν(CO) 14 811; Darst., Rk. v. ^{18}O— mit trans-Dekalyl-(9)-hydroperoxid 3049; IR-Absorpt. (v. ^{18}O—) 1549; (Lsgm.-Einfl.) 10 400; Red.: mit Pyridinboran 18 800; mit einem Aminoboran 15 019*; Oxydat. 12 634; Solvolyse (Kinetik) 2693; Rk.: mit H_2O_2 2164; (bzw. Na_2O_2) 3625*; mit SF_4 13 565*; mit $^{15}NH_4$-Salzen bzw. ^{15}N(1oder4)-5-Phenyltetrazol 3778; mit NaN_3 6179; Additionsverb. v. o-substituiertem — mit $TiCl_4$ u. $AlCl_3$ 4126; Rk.: mit Bzl. (in Ggw. v. $Al^{36}Cl_3$) 15 176; mit Methylencycloalkanen 17 749; mit N-Heterocyclen + nucleophilen Verb. 18 825; mit 2-Methyl-5-isopropyl-$Δ^4$-pyrrolin 18 457; mit 1-Methylpyrazol u. n-Butyllithium 5663; mit Chinolinen u. KCN 10 458; mit Chinolinen bzw. Isochinolin + KCN 10 457; mit Isochinolinen bzw. 1-Azapyren oder 2-Azafluoranthen u. KCN 13 758; mit 2-[β-Phenäthyl]-1.2.3.4-tetrahydrochinolin 13 392; mit red. 3-Phenylbenzo-1.2.4-triazin 13 765; mit 4.5-Diphenyl-1.2.3-triazol 4160; mit 2.7-Diäthylbenzofuran 5285; mit 1-Morpholinocyclopenten-(1) bzw. -hexen-(1) bzw. Cyclohexen 14 842; mit 3-Oxa-9-azabicyclo-[3.3.1]-nonanen 2737; mit Thionaphthenen 7136; mit 2.2-Pentamethylenbenzthiazolin 15 960; mit 1.3.4-Thiodiazolderiv. 1986; mit Aminen 5109*, 9897*; mit Neopentylamin 13 717; mit Aminooctanen 13 717; mit aromat. Aminen in einem inerten Lsgm. (Einfl. v. Säurezusätzen auf d. Kinetik) 86; mit 4-Chlorbenzylamin 12 637; mit Anilin (Konstit.-Einfl. auf d. Kinetik) 16 990; mit p-substituierten Anilinen u. NaSCN 3799; mit 1-[4.6.8-Trimethylazulenyl-(1)]-1-dimethylaminoäthylen 13 748; mit Aminopyridin 10 452; mit 3.4-Dichlor-5-aminopyridazin bzw. 3-Chlor-4-hydroxy-5-aminopyridazin 131; mit d. Na-Salz v. 2.6-Diisopropylphenol 15 767*, 16 492*; v. ^{18}O— mit $^{18}O_{(3)}$-$Δ^1$-Cholesten-3β-ol 16 280; mit 5-[1'-Methylpiperidyl-(4')]-pentanol-(2) 5392*, 12 393*; mit 3-Piperidinopropanolen 1604; mit Piperidyl-(2)-phenylmethanol 5769*; mit γ-1.2.5-Trimethyl-4-äthinylpiperidol-(4)-hydrochlorid 17 390; mit d. β- bzw. γ-Isomeren v. 1-[3-Phenylpropen-(2)-yl-(1)]-2.5-dimethyl-4-äthinylpiperidol-(4) 13 757; v. — u. Deriv. mit Pyrrolidinolen-(3) 12 762*; v. Deriv. mit N-Cycloalkylpyrrolidinolen-(3) 13 493*; mit 1-[2'-Hydroxyäthyl]-2-methyl-5-nitroimidazol 3189*; mit 8-Hydroxychinolinen 6034; mit Tropin 12 658; mit α.β-Isopropyliden- bzw. α.γ-Benzylidenglycerin 447; mit Aminoalkoholen 7622; mit β-Aminopropanolen 1232; mit Diaminen 8066*; mit N.N.N'.N'-Tetraäthyldiaminomethan 4639*; mit 4-Amino-4'-dimethylamino-stilben 15 946; mit 2.5-Bis-[amino-methyl]-furan 2345; mit 2-Nitromethyl-chinolin 3811; mit 4.4'-Dinitroaminobiphenyl 2089*; mit N.N-Bis-[β-chloräthyl]-hydrazinhydrochlorid 17 367; mit N.N-Diphenylhydrazin 4159; mit N'-Isopropyliden-N-[1-methylpiperidyl-(4)]-hydrazin 17 566*; mit 2-Hydrazino-5-nitropyridin 4159; mit β-Halogenäthyl-alkoholen u. Triäthanolamin 16 645; mit Äthylenchlorhydrin 1564; mit Pentanol-(3) 10 793; mit N.N-Dimethyl-2-phenyl-2-hydroxymethylbutylamin 6134*; mit Al-Phenolaten 16 289; mit 2-[o-Amino-phenyl]-4-hydroxychinazolin 850; mit 3-Hydrazino-5-hydroxy-6-methyl-1.2.4-triazin 4170; mit 1.2-Äthandiol 3115; mit 2.4-Dihydroxyanilin 15 569; mit 2-Nitroresorcin 8950; mit Anisol u. Ag_3PO_4 7701*; mit 4-tert.-Butylguajacol 18 799; mit 2-[m-Methoxyphenyl]-2-[β-piperidinoäthyl]-n-butylamin 4259*; mit 1.3-Dimethoxybenzol 2190*; mit Bis-[β.β-diäthoxyäthyl]-amin 3099; mit Na · $B_{10}H_{13}$ · $(CH_3)_2S$ [Bldg. v. $B_{10}H_{12}$ · $2(CH_3)_2S$] 8182; mit N.N-Bis-[trimethylsilyl]-n-butylamin 9314; mit α-Methoxy-1.2-diphenyläthyl-HgCl 11 151; mit Ferrocen 5272; mit $Co(C_5H_5)_2$ 1159; mit 4.6-Di-aminodithioresorcin 470; mit Luminal 1990; mit 1-Phenyl-1-desoxyxylose 2739; mit Glucosamin 14 623*; mit Methyl-4.6-O-benzyliden-3-desoxy-α-D-mannosid 14 509; mit Pentanatriumsaccharat 7527; mit 3-Desoxy-D-mannosedimethyl- bzw. -diäthylmercaptal 17 037; mit CH_2O u. KCN 3413; mit 2-Formyl-2.3-dihydro-γ-pyran u. KCN 9084*; mit 3.5-Di-tert.-butyl-4-hydroxybenzaldehyd 1557; mit Methylmalondialdehyd 15 031*; mit 6-Methylpyronon-(2) 3806; mit $Δ^4$-Oktalon-(3) bzw. 9-Methyl-$Δ^4$-oktalon-(3) 16 273; mit 1.2.3.4.9.10-Hexahydro-1-oxophenanthren 16 664; mit α-Nitroacetophenon 15 566; mit Desoxybenzoin 8227; mit γ-Phenyltetronsäure 16 274; mit 2-Methyl-4-benzoylphenol bzw. 2-Methyl-6-acyl-phenol 14 122; mit 2-Hydroxymethylen-4-chlortestosteron 5774*; mit 2-Hydroxymethylen-17α-methyldihydrotestosteron 4645*; mit 1-Benzoyl-6.7-diäthoxy-3.4-dihydroisochinolin 9716; mit 2-[p-Mercaptophenyl]-3-phenylindon 13 010; mit Phenyldimedonyl-(2)-jodon 7865; mit 4.6-Diacetylresorcin 14 296*; mit Dibenzoyldisulfid u. Phenyl-MgBr 10 060; mit N-Propylpropanaldimin bzw. Dipropylamin 13 722; mit N-[3-Hydroxypropyl]-benzaldimin 10 058; mit Schiffschen Basen aus Hydroxymethylfurfurol u. Arylaminhydrochloriden 6020; mit Azinen 1601; v. — bzw. $^{14}C(CO)$-— mit Trimethylammoniummethylid-LiBr-Komplex 7848; mit Benzthiazoliumsalzen 8126*; mit 8-Amino-3-hydroxytropaninmchlorid 10 195*; mit Chinolin-1-oxiden u. $AgNO_3$ 7893, 7894; mit α-Hydroxy-α-[2.3-dichlorthienyl-(5)]-acetonitril 12 651; mit Ameisensäure u. KHF_2 1951; mit D_4-Essigsäure 13 351; mit NH_4-Acetat 17 366; mit Isohomovanillinsäure 13 769; mit halogenierten o-[Naphthoyl]- bzw. o-[Benzoyl]-benzoesäuren 3797; mit Na-Diphenylessigsäureäthylester 12 988; mit 1-Carbäthoxycyclohexylaminen 11 190; mit Hydrazin-N-carbonsäure-tert.-butylester 14 478; mit L-α-Amino-β-[3-nitro-4-hydroxyphenyl]-propionsäureäthylester · HCl 18 441; mit Gallussäuremethylester 7156; mit α-Chlormagnesium-Na-α(β)-naphthylacetat 7503; mit Benzoylessigsäureäthylester bzw. Acetessigsäureäthylester u. Chinolin 15 196; mit Dihydrokainsäuredimethylester 3083; mit Trithioorthoameisensäuretrimethylester 7876; mit $MoO_2Cl_2(CH_3CO)_2O$ 6704; mit Acetaniliden 1213; mit Thiobenzamid 3788; mit Hexamethyleniminopropionamidoxim 15 038*; mit p-Toluolsulfonsäurevinylester 12 271; mit N-Tosyl-N-phenylhydroxylamin 17 006; mit Phosphorsäurediäthyl-[4-hydroxy-3-methylnaphthyl-(1)]-ester bzw. verwandten Verb. 832; mit Dithiophosphorsäure-O.O-diallylester 7849; mit Caprolactam 16 491*; mit Sphingosinen 838; mit Cephalosporin N 16 776*; mit d. Rk.-Prod. aus α-[N-Carbobenzoxyisopropylamino]-propionsäure mit o-Toluidin + Triäthylamin 13 128*; cytochem. Rk. für Nucleoproteine mit — als Blockier.-Mittel 14 904; Polymerisat.: v. 4-Methyl-7-isopropyl-2-oxohexamethylenimin in Ggw. v. — 5318; v. α-Piperidon durch Alkalimetall u. — 9004; Verw. 2463*, 19 011*; Best. d. Säurechloridgeh. 4282.

C_7H_5ClOS **p-Chlorthiolbenzoesäure** (F. 187°) 10 060.
Chlorthiolkohlensäurephenylester, Rk. 13 057 [2 Ref.].
Thionokohlensäurephenylesterchlorid 3911*.

$C_7H_5ClO_2$ **5-Chlorsalicylaldehyd**, Rk. 12 769*.
2-Chlor-3-hydroxybenzaldehyd, Rk. 822.
3-Chlor-4-hydroxybenzaldehyd 822.
2-Chlor-5-methyl-p-benzochinon, Rk. 10 789.
o(2)-Chlorbenzoesäure (F. 140—141°), Darst. 2172*, 8781*; Bldg. 12 282; Best. d. Valenzwinkel 3039; Konstit.-Einfl. auf d. Rotationsdispers. d. Chininsalzes 8921; Dipolmoment v. assoziierter — in Bzl. 10 404; Konstit.-Einfl. auf d. mol. Suszeptibilität 10 405; Oxydat. 16 649; Chlorier. 11 887; Dechlorier. 15 604; Amidomethylier. 12 637; Überführ. in Phthalsäure 6213*; Rk.: mit Aminen 4714*; mit prim. Amin u. einem o-Hydroxyarylcarbonsäureamid 13 947*; mit 4-Hydroxydiphenylmethan 3808; mit 4-Benzyloxy-2-hydroxyacetophenon 5294; Verh. gegen Schwefligsäuremethylester-N.N-diäthylamid 447; Einfl. auf d. Kinetik d. Phenylhydrazonbldg. v. Benzo- u. Thiobenzophenon 5990; Rolle v. —-Salzen bei d. Korros. v. weichem Stahl 12 195; chromatograph. Nachw. v. — in d. Benzoesäure-Gärungshemmstoffen neben D_3 1443.
m(3)-Chlorbenzoesäure, Darst. 8781*; Darst. v. Co-Äthylendiaminkomplexen 10 391; Konstit.-Einfl. auf d. Rotationsdispers. d. Chininsalzes 8921; alkal. Hydrolyse v. cis- u. trans-Di-m-chlorbenzoato-bis-[äthylendiamin]-Co(III)-Ionen in W. u. wss. Methanol 10 384; Rk. mit Diphenylcarbonat 9512*; Verw. als Sulfonier.-Mittel in Ggw. v. SO_3 18 590*.
p(4)-Chlorbenzoesäure (F. 243°), Darst. 106, 2708, 6739, 7699*, 8416*, 8781*, 10 060, 11 371*, 16 651, 17 208*; Bldg. 9696, 10 070, 10 431, 11 900, 12 282, 15 188; Darst. v. Co-Äthylendiaminkomplexen 10 391; Konstit.-Einfl. auf d. Rotationsdispers. d. Chininsalzes 8921; IR-Spektren v. Lsg. v. K-Hydrogen-bis-[p-chlorbenzoat] in Dimethylsulfoxid 18 771; Löslichk. d. Ag-Salzes in nichtwss. Lsgm. 7070; alkal. Hydrolyse v. cis- u. trans-Di-p-chlorbenzoato-bis-[äthylendiamin]-Co(III)-Ionen in W. u. wss. Methanol 10 384; Red. 99, 6579*; Oxydat. 16 649; Rk. mit 2-Amino-2-hydroxymethylpropandiol-(1.3) 15 960; Verh. gegen Schwefligsäuremethylester-N.N-diäthylamid 447; Verträglichk. 1685; Verw. als Sulfonier.-Mittel in Ggw. v. SO_3 18 590*; chromatograph. Nachw. v. — in d. Benzoesäure-Gärungshemmstoffen neben D_3 1443; Identifizier. in Wein 18 307.
x-Chlorbenzoesäure, Verw. 2138; Best. in Benzoesäure 8709.
α-Furylacrylsäurechlorid, Rk. 7693*.
β-[Furyl-(2)]-acrylsäurechlorid 7507.
Salicylsäurechlorid (Salicylylchlorid, Salicylchlorid) (F. 14—17°), Darst. 1798*; Rk. 455, 3550*, 5396*, 7254*, 18 204*.
Benzoylhypochlorit 1564.
Chlorameisensäurephenylester (Phenylchlorformiat) (Kp.$_{18}$ 88°), Darst. 14 321*; Vers. d. Zers. 16 637; Rk.: mit $AgNO_3$ 3063; mit 1-[3′-Chlor-4′-methylphenyl]-piperazin 3191*; mit 2- bzw. 4-Aminopyrimidin 13 030; mit ω-[1-Methylpiperidyl-(4)]-ω′-isopropylidenhydrazin 16 848*, 17 566*; mit Diolen 17 848*; mit 1-Alkyl-2.3-alkylpropandiolen-(1.3) 12 018*; mit Anisalkohol 17 371; mit Amidsäuren 2704; Verw. 1792*, 12 091*.

$C_7H_5ClO_3$ **4-Chlorsalicylsäure**, Rk. 3986*.
5-Chlorsalicylsäure (3-Chlor-6-hydroxybenzoesäure) (F. 172°), Bldg. 11 188; Salz-Bldg. mit Oxinestern 6034.
3-Chlor-4-hydroxybenzoesäure, Rk. 1964.
2.4-Dihydroxybenzoylchlorid 9318.

$C_7H_5ClO_4S$ **Benzoesäure-3-sulfochlorid (m-Carboxybenzolsulfochlorid)**, elektrolyt. Red. (Mechanismus) 5608; Verw. 12 843*, 16 498*, 18 648* [2 Ref.].

$C_7H_5ClO_5$ **Benzoylperchlorat**, Verh. in Benzoylfluorid als ionisierendes Lsgm. 8523 [2 Ref.].

C_7H_5ClS **Thiobenzoylchlorid**, Rk. 4159.

$C_7H_5ClS_2$ **p-Chlordithiobenzoesäure**, Rk. 9318.

$C_7H_5Cl_2F$ **Benzodichloridfluorid** 16 243.
3-Fluorbenzylidenchlorid (Kp. 202—204°) 17 387.

$C_7H_5Cl_2FNO_2P$ **p-Fluorbenzoylamidophosphorsäuredichlorid** (F. 103—104°) 8588.

$C_7H_5Cl_2FO_4S_2$ **2.4-Bis-[chlorsulfonyl]-5-methylfluorbenzol** (F. 97°) 14 140.

$C_7H_5Cl_2F_3O_2$ **α.β-Dichlor-γ.γ.γ-trifluorcrotonsäureallylester** (Kp. 170—172°) 16 841*.

$C_7H_5Cl_2JNO_2P$ **p-Jodbenzoylamidophosphorsäuredichlorid** (F. 112—114°) 8588.

$C_7H_5Cl_2JO_2$ **o-Jodbenzoesäuredichlorid**, Rk. 1184.

$C_7H_5Cl_2NO$ **N-Chlor-3-chlorbenzamid** (Kp.$_8$ 155 bis 180°) 11 371*.
N-Chlor-4-chlorbenzamid (F. 189,2—190,4° 11 371*.
2.5-Dichlorbenzamid, Rk. 11 371*.
2.6-Dichlorformanilid, Rk. 11 004*.

$C_7H_5Cl_2NOS$ **β-[2.3-Dichlorthienyl-(5)]-acrylsäureamid** (F. 153°) 12 650.

$C_7H_5Cl_2NO_2$ **3.5-Dichloranthranilsäure** (F. 228°) 2545*.

3-Amino-2.5-dichlorbenzoesäure, Verw. v. — u. Deriv. 16 464*.

$C_7H_5Cl_2NO_3$ **2.6-Dichlor-4-nitroanisol**, Antifungusaktivität 17 805.

$C_7H_5Cl_2NO_4S$ **3-Aminosulfonyl-4.6-dichlorbenzoesäure** (F. 233—235°) 13 573*.
p-[*N.N*-**Dichlorsulfamyl]-benzoesäure**, IR-Spektrum 1170.

$C_7H_5Cl_2NO_6S_2$ **5-Methylnitrobenzol-2.4-disulfonylchlorid** 8717*.

$C_7H_5Cl_2N_2O_4P$ *p*-**Nitrobenzoylamidophosphorsäuredichlorid** (F. 129—130°) 8588.

$C_7H_5Cl_2N_5O_5$ **2.3-Dichlor-4.6-dinitrophenylsemicarbazid** (F. 233° Zers.) 7862.

$C_7H_5Cl_3$ **Benzotrichlorid (Phenyltrichlormethan)**, Darst. 14 317*; Konstit.-Einfl. auf d. IR-Intensitäten 14 811; Rk.: mit $H_2{}^{18}O$ 3049; mit SbF_3 in Ggw. v. $AlCl_3$ 16 243; mit $[Co(CO)_4]^-$ 13 695; mit N-Alkyl-1.2.3.4-tetrahydrochinaldinen 14 864; mit aromat. Äthern 1031*; v. — oder —-Halogen-Deriv. mit Dialkoxybenzol in Ggw. v. wss. $ZnCl_2$ 10 276*; mit *α.β*-Dichlor-*γ.γ.γ*-trifluorcrotonsäure 16 841*; mit p-Nitrobenzoyl- u. Benzoylperoxid 5617; Verw. 14 012.
o-**Chlorbenzalchlorid** 13 724.
2.4-Dichlorbenzylchlorid, Rk. 814, 2946*, 4504, 11 168.
3.4-Dichlorbenzylchlorid, Rk. 18 798.
2.3.5-Trichlortoluol 13 370.
2.3.6-Trichlortoluol, Verw. 11 706*.
2.4.6-Trichlortoluol (F. 32—33°) 13 370.
x.x.x-Trichlortoluol, Rk. 13 573*, 17 926*.

$C_7H_5Cl_3MgO$ **Dichloranisylmagnesiumchlorid**, Rk. 7691*.

$C_7H_5Cl_3NO_2P$ *p*-**Chlorbenzoylamidophosphorsäuredichlorid** (F. 106—107°) 8588.

$C_7H_5Cl_3N_2$ **2-Allyl-4.5.6-trichlorpyrimidin** 7322*.

$C_7H_5Cl_3N_2O$ **2-Trichloracetylaminopyridin** (F. 84—85°), IR- u. UV-Spektrum u. Tautomerie 8199.
4-Trichloracetylaminopyridin (F. 161 bis 162°), IR- u. UV-Spektrum u. Tautomerie 8199.

$C_7H_5Cl_3O$ **2.4.6-Trichlor-*m*-kresol**, Rk. 12 640.
2.4.6-Trichloranisol (2.4.6-Trichlorphenylmethyläther) (F. 60°), Darst. 14 318*; gaschromatograph. Retentionszeit 7270.

$C_7H_5Cl_3O_2$ **3.5.6-Trichlorsaligenin**, Rk. 15 770*.
Dihydroxy-3.5.6-trichlorphenylmethan, Verw. 16 778*.
Trichlorguajacol (F. 103—106°) 12 270.

$C_7H_5Cl_3O_4S_2$ **5-Chlortoluol-2.4-disulfonylchlorid** (F. 125,5—126,5°), Darst., Rk. 4637*, 5767*, 6506*; Rk. 9816*.

$C_7H_5Cl_3S$ **Trichlormethylphenylsulfid**, Rk. 18 440.

$C_7H_5Cl_4N$ **2.3.4.5-Tetrachlorbenzylamin** (F. 90 bis 91°), Hydrochlorid 13 370.

$C_7H_5Cl_4OP$ **Phenyltrichlormethylphosphinsäurechlorid** (F. 87°) 5271.

$C_7H_5Cl_4O_2PS$ *O*-**[2.4.5-Trichlorphenyl]-*O*-methylthiophosphorsäurechlorid** (F. 37—38°) 10 248*.
O-**[2.4.6-Trichlorphenyl]-*O*-methylthiophosphorsäurechlorid** (F. 64—66°) 10 248*.

$C_7H_5Cl_4P$ **Phenyltrichlormethylchlorphosphin** (Kp.$_3$ 112—114°) 5271.

$C_7H_5Cl_5FOSb$ **Benzoylfluoropentachloroantimonat(V)**, Darst., Verh. in Benzoylfluorid als ionisierendes Lsgm. 8523.

$C_7H_5Cl_5OTi$ **Benzoylpentachlorotitanat (IV)** (F. 65—66°), Darst., Verh. in Benzoylfluorid als ionisierendes Lsgm. 8523 [2 Ref.].

$C_7H_5Cl_5Si$ **Trichlormethylphenyldichlorsilan** (Kp.$_{10}$ 123°) 10 065.
Trichlorphenylmethyldichlorsilan (Kp. 276 bis 280°) 17 722.

$C_7H_5Cl_6OSb$ **Benzoylhexachloroantimonat (V)** (F. 107°), Darst., Verh. in Benzoylfluorid als ionisierendes Lsgm. 8523.

$C_7H_5Cl_6P$ **Phenyltrichlormethyltrichlorphosphoran** (F. 202° Zers.), Komplex mit PCl_5 5271.

$C_7H_5CoF_3JO$ **Carbonylcyclopentadienyltrifluormethyljodidkobalt** 18 399.

$C_7H_5CoO_2$ **Cyclopentadienyldicarbonylkobalt** (Kp.$_{20}$ 71—73°), Vers. d. Acylier. 9271; Rk.: mit C_2F_4 5966; mit Allylbromid 60; mit Cyclodienen 18 399; mit C_8H_8 1927; mit 1.3-Cyclohexadien 1159; mit Dimethyldisulfid 18 400.

$C_7H_5FN_2O_5S_2$ **5-Fluor-6-sulfamylsaccharin** 15 694*.

$C_7H_5FN_4S$ **5-*p*-Fluorphenylmercaptotetrazol** (F. 142—143°), Darst., Konstit.-Einfl. auf UV-, IR-Spektrum u. pK-Wert 10 402.

C_7H_5FO *o*-**Fluorbenzaldehyd** (Kp.$_{60}$ 95°), Darst. (Rk.) 7496, 15 937; (Deriv.) 13 369.
m-**Fluorbenzaldehyd** (Kp.$_{30}$ 80—81°), Darst. (Rk.) 17 387; (Deriv.) 13 369.
p-**Fluorbenzaldehyd**, IR-Spektrum 1549.
Benzoylfluorid, — als ionisierendes Lsgm. 8523 [2 Ref.]; Rk. 3797, 13 565*, 14 798.

$C_7H_5FO_2$ *o*-**Fluorbenzoesäure** (F. 121—122°), Darst., Rk. 10 811; Dipolmoment v. assoziierter — in Bzl. 10 404.
m-**Fluorbenzoesäure** (F. 123—125°), Bldg. 17 387; Darst. v. Co-Äthylendiaminkomplexen 10 391; alkal. Hydrolyse v. cis- u.trans-Di-m-fluorbenzoato-bis-[äthylendiamin]-Co(III)-Ionen in W. u. wss. Methanol 10 384; Verw. 18 590*.
p-**Fluorbenzoesäure** (F. 184—185°), Darst., Rk. 10 811; Verw. 18 590*.

$C_7H_5FO_3$ **2-Hydroxyphenylfluorformiat**, Verw. 12 091*.

$C_7H_5F_3$ **Benzotrifluorid (Trifluormethylbenzol, Phenylfluoroform, [Perfluormethyl]-benzol)** (Kp. 100—101°). Darst. 13 565*; Bldg. 17 014; über Deriv. d. — 17 013; Konstit.-Einfl. auf d. IR-Intensitäten 14 811; polarograph. Red. in bezug auf d. Struktur 17 702; Löslichk. v. $UCl_5 \cdot PCl_5$ in — 12 220; Rk. 4876, 5617; gaschromatograph. Identifizier. 10 585.

$C_7H_5F_3N_2O$ **2-Trifluoracetylaminopyridin** (F. 98 bis 101°), IR-, UV-Spektrum u. Tautomerie 8199.

$C_7H_5F_3N_2O_2$ **2-Amino-5-nitrobenzotrifluorid** (F. 91,5—93°) 1590.

$C_7H_5F_3N_2O_3$ **3-Nitro-4-aminophenyltrifluormethyläther** 12 021*.

$C_7H_5F_3N_2O_4S$ **2-Nitro-4-trifluormethylbenzolsulfonamid** (F. 165—167°) 11 929.

$C_7H_5F_3O$ *o*-**Trifluormethylphenol** 7691*.
m-**Trifluormethylphenol**, Rk. 4636*.

$C_7H_5F_4O_2P$ *p*-**Trifluormethylphenylphosphonsäurefluorid**, Anilinsalz (F. 173—174°) 16 293.

$C_7H_5F_6N$ *N*-**[1.1.2.3.3.3-Hexafluorpropyl]-pyrrol** (Kp.$_{100}$ 55°) 9519*.

$C_7H_5F_7O_2$ **1.1-H-Perfluorbutylacrylat**, dynam.-mechan. Eig. v. Poly-— (3M Brand Fluororubber 1 F4) 3114; Kautschukmasse mit —-Polymerem als Hauptbestandteil 15 058*.

$C_7H_5F_7O_3$ **3-Trifluormethoxy-1.1-H-perfluorpropylacrylat ([3(„β")-Perfluormethoxy-1.1-dihydroperfluorpropyl]-acrylat)** (Kp.$_{50}$ 53—54°), Darst. 17 205*; dynam.-mechan. Eig. v. Poly-— 3114.

$C_7H_5F_{12}N_3O_2S$ *α*-**Sulfamylperfluorheptanamidin (*α*-Aminosulfonylperfluorheptansäureamidin)** (F. 143—147° Zers.) 6736, 14 321*.

$C_7H_5JN_2O_4$ **2-Jod-4.5-dinitrotoluol**, Rk. 16 290.

$C_7H_5JN_4S$ **5-*p*-Jodphenylmercaptotetrazol** (F. 190,5—191°), Darst., Konstit.-Einfl. auf UV, IR-Spektrum u. pK-Wert 10 402.

C_7H_5JO *o*-**Jodbenzaldehyd** (F. 37—37,5°) 12 634.
m-**Jodbenzaldehyd** (F. 57°) 12 634.
p-**Jodbenzaldehyd** (F. 77—78°) 12 634.
2-Jodtropon, Rk. 8257.
Benzoyljodid, Rk. 8067*.

$C_7H_5JO_2$ *o*-**Jodbenzoesäure**, Vork. im Teakholz 18 683; Bldg. 1184; Konstit.-Einfl. auf d. Rotationsdispers. d. Chininsalzes 8921; Dipolmoment v. assoziierter — in Bzl.

o-, -m- u. -p-chloranilidsäuren 1210; mit Acetylaminomalonsäureestern 14 616*; mit p-Aminobenzolsulfonamid bzw. -sulfonsäure-[thiazolyl-(2)-amid] 11 890; mit Carbomethoxymethylphenylphosphinsäureäthylester 16 132*; mit Cyanmethylphosphonsäureestern 10 274*; mit m-Xylylendiphosphonsäuretetraalkylestern 5478*; mit p-Xylylentetraäthyldiphosphonaten 5479*; mit Dimethylbenzoylcarbinolmethyllactolid 10 451; Einfl. auf d. Kinetik d. Rk. v. 4-Nitro- u. Benzylchlorid mit Alkali 6365; papierchromatograph. Trenn. als Cyanacethydrazon 10 215; Tüpfel-Rk. 11 678.

5-Nitrosotropolon (F. 185—187°), Darst. 7497; (Rk.) 14 866; Rk. 7899.

2-[α-Furyl]-oxazolon-(5), Konstit.-Einfl. auf d. UV-Spektrum 6341.

$C_7H_5NO_3S$ (s. *Saccharin* [*Kristallsüßstoff*]).

o-**Cyanbenzolsulfonsäure**, Na-Salz 6418.

$C_7H_5NO_3Se$ **β-[5-Nitroselenienyl-(2)]-acrolein**, Rk. 7135; polarograph. Verh. 10 786.

$C_7H_5NO_4$ (s. *Chinolinsäure* [*Pyridin-2.3-dicarbonsäure*]; *Cinchomeronsäure* [*Pyridin-3.4-dicarbonsäure*]; *Dipicolinsäure* [*Pyridin-2.6-dicarbonsäure*]; *Isocinchomeronsäure* [*Pyridin-2.5-dicarbonsäure*]; *Lutidinsäure* [*Pyridin-2.4-dicarbonsäure*]).

β-[5-Nitrofuryl-(2)]-acrolein (3-[5'-Nitro-2'-furyl]-acrolein, 5-[β-Formylvinyl]-2-nitrofuran) (F. 119°), Darst. 2175*; (Rk.) 3080; polarograph. Verh. 10 785; Rk. 1226, 17 849*, 17 859*.

3-Nitrosalicylaldehyd, IR-Spektrum 1549.

5-Nitrosalicylaldehyd, IR-Spektrum 1549; Rk. 2349, 6026; Glykolyse-Hemm. durch — 2411.

3-Hydroxy-4-nitrobenzaldehyd, Rk. 84, 4144.

6-Nitro-3-hydroxybenzaldehyd, Rk. 4144.

3-Nitro-4-hydroxybenzaldehyd, Rk. 4146, 18 441.

5-Nitrotropolon (F. 191°), Rk. 14 866.

o-**Nitrobenzoesäure** (F. 147—148°), Darst. 10 819; (Rk.) 6743; Bldg. 4169, 12 282; Darst. d. W (VI)-Salzes 11 878; Kristallstrukturen d. Rb- bzw. K-Salzes 2688; UV-Absorpt.-Spektrum 7827; Konstit.-Einfl. auf d. Rotationsdispers. d. Chininsalzes 8921; Dipolmoment 18 061; Konstit.-Einfl. auf d. mol. Susceptibilität 10 405; Adsorpt. an Aktivkohle 5610; Auflösen in Mineralsäuren (Mechanismus) 6351; Red. 10 815; Red. v. — u. —-Na-Salz (Kinetik) 9296; Rk. mit Benzylamin 12 301; Bedeut. als Substrat d. Nitroarylreduktase aus Aspergillus niger 2030; Resorpt. durch d. kleine Intestinum v. Ratten 17 835; chromatograph. Trenn. im Gemisch v. Mono- u. Dinitrobenzoesäuren 6531.

m-**Nitrobenzoesäure** (F. 139—140°), Bldg. 132, 12 282; Darst. v. Co-Äthylendiaminkomplexen 10 391; UV-Absorpt.-Spektrum 7827; Konstit.-Einfl. auf d. Rotationsdispers. d. Chininsalzes 8921; Dipolmoment 18 061; Druck-Einfl. auf d. Hammettsche Rk.-Konst. 5243; Adsorpt. an Aktivkohle 5610; Auflösen in Mineralsäuren (Mechanismus) 6351; alkal. Hydrolyse v. cis- u. trans-Di-m-nitrobenzoato-bis-[äthylendiamin]-Co(III)-Ionen in W. u. wss. Methanol 10 384; Red. 8956, 10 815; Red. v. — u. —-Na-Salz (Kinetik) 9296; Stabilisier. v. Vitamin A durch Verester. mit —-Halogeniden 11 659*; Bedeut. als Substrat d. Nitroarylreduktase aus Aspergillus niger 2030; Resorpt. durch d. kleine Intestinum v. Ratten 17 835; chromatograph. Trenn. im Gemisch v. Mono- u. Dinitrobenzoesäuren 6531.

p(**4**)-**Nitrobenzoesäure** (F. 240—242°), Darst. 2172*, 2709, 5656, 9315 [2 Ref.], 9317, 10 819, 14 329*, 15 195; (v. $^{18}O_2$-—) 3049; (Rk.) 10 815; Bldg. 2695, 3078, 5617, 9315, 12 282; Vers. d. Bldg. 12 243; Darst. d. W(VI)-Salzes 11 878; Darst., Rk. d. Ag-Salzes 1184; Kristallstrukturen d. Rb- bzw. K-Salzes 2688; UV-Absorpt.-Spektrum 7827; IR-Spektren v. Lsg. v. K-Hydrogen-bis-[p-nitrobenzoat] in Dimethylsulfoxid 18 771; IR- u. protonenmagnet. Resonanzspektrum v. KH-Di-[p-nitrobenzoat] 5927, 5928; Konstit.-Einfl. auf d. Rotationsdispers. d. Chininsalzes 8921; Ionisat.-Konst. 2310; Dipolmoment 18 061; Adsorpt. an Aktivkohle 5610; Auflösen in Mineralsäuren (Mechanismus) 6351; Löslichk. d. Cs- u. Ag-Salzes in nichtwss. Lsgm. 7070; Red. 99, 6579*, 8956; Kinetik d. Red. v. — u. —-Na-Salz 9296; Hydrier. (Kinetik) 5251; Oxydat. 16 649; Hydrolyse v. —-Estern (Kinetik) 7105; Verester. 12 626; Stabilisier. v. Vitamin A durch Verester. mit —-Halogeniden 11 659*; Rk.: mit 2-Methylaziridin 6019; mit Phenyldiazomethan 15 187; enzymat. Bldg. bei Heuschrecken nach Verabfolg. v. p-Nitrobenzylchlorid 13 808; Bldg. beim oxydativen Abbau eines Antibioticums aus Streptomyces IA *2814* 10 927; Kristallisat. d. Komplexes v. D-Aminosäureoxydase-Apoprotein, Flavinadenindinucleotid u. — 9013; Bedeut. als Substrat d. Nitroarylreduktase aus Aspergillus niger 2030; Stimulier. d. Wachstums v. Lactobacillus arabinosus 17-5 durch — 4209; chromatograph. Trenn. im Gemisch v. Mono- u. Dinitrobenzoesäuren 6531.

x-Nitrobenzoesäure, Rk. 18 934*.

p-**Nitrososalicylsäure**, Rk. 11 890.

Pyridin-3.5-dicarbonsäure (F. 322°), Darst., Verw. v. Salzen mit Diaminen 4945; Rk. 8980.

Benzoylnitrat, Rk. 7893, 18 467; Verw. 1562.

$C_7H_5NO_4Se$ **5-[β-Carboxyvinyl]-2-nitroselenophen**, polarograph. Verh. 10 786.

$C_7H_5NO_5$ (s. *Chelidamsäure*; *Cinnachinon*).

4-Hydroxy-5-nitrosalicylaldehyd, IR-Spektrum 1549.

β-[5-Nitrofuryl-(2)]-acrylsäure (F. 235° Zers.), Darst. 7507; (Rk., Na-Salz) 835; Antitumor-Wrkg. 14 906.

3-Nitrosalicylsäure, Rk. 14 885.

5-Nitrosalicylsäure (2-Hydroxy-5-nitrobenzoesäure) (F. 225—229°), Darst. 1590; (Rk.) 3066; Resorpt. durch d. kleine Intestinum v. Ratten 17 835.

4-Nitro-3-hydroxybenzoesäure, Rk. 1590.

4-Carboxy-2-nitrophenol (4-Hydroxy-3-nitrobenzoesäure) (F. 183—185°), Darst., Rk. 3066; Konstit.-Einfl. auf d. UV-Spektrum, pK-Wert 1166; Rk. 1964.

p-**Nitroperbenzoesäure** (F. 136—137°), Darst., Rk. 819; Rk. d. Na-Salzes 1184.

2.5-Pyridindicarbonsäure-1-oxid (Pyridin-2.5-dicarbonsäure-*N*-oxid) (F. 241—244°) 127, 18 643*.

2.6-Pyridindicarbonsäure-1-oxid (Pyridin-2.6-dicarbonsäure-*N*-oxid, Dipicolinsäure-*N*-oxid) (F. 155—157°), Darst. (Rk.) 127; (Verw.) 18 643*; Decarboxylier. 3454.

$C_7H_5NO_6$ **5-Nitro-β-resorcylsäure** (F. 215° Zers.) 1962.

Pyrrol-2.3.5-tricarbonsäure 14 128.

Pyrrol-2.4.5-tricarbonsäure 15 957.

$C_7H_5NO_7$ **4-Carboxymethylisoxazol-3.5-dicarbonsäure** (F. 177—178° Zers.) 7139.

C_7H_5NS **Benzothiazol**, Darst.: v. Deriv. 469; v. Bis-benzothiazolen 4156; v. Monoazofarbstoffen d. —-Reihe 12 107*; v. Alkoholen d. —-Reihe u. ihre Umwandl. 1227; Darst., Verw. v. Deriv. 350*, 10 192*; Nitrier. 1563; direkte Aminier. v. Deriv. 8604; Rk. mit 3.4-Dihydroxyphenacylchlorid 15 584; Abweich. d. aus — u. substituierten Rhodaninen dargestellten

Merocyanine 10 831; Wrkg. auf Pflanzenwachstum u. -Entw. 13 449; Verw. 8855*.
Phenylthiocyanat ($Kp._5$ 82—82,5°), Konstit.-Einfl. auf UV-, IR-Spektrum u. pK-Wert 10 402; Rk. 6431, 11 154.
Phenylisothiocyanat (Phenylsenföl, Phenylsenevol, Phenylisorhodanid, Benzolsulfoisocyanat), Darst. 3088; IR-Spektrum 17 351; (u. Ramanspektrum) 6343; Isotopenaustausch v. S 2693; Rk.: mit Pyrrolen 18 107; mit Kryptopyrrol-HCl 17 386; mit Piperidinen 4537; mit Arylpiperazinen 17 399; mit 5-Phenyltetrazol 4159; mit Tropanderiv. 11 199; mit Enaminen 14 484; mit prim. Aminen 11 536; mit Benzylaminen 18 201*; mit 4-Amino-2.1.3-benzothiadiazol 5283; v. Deriv. mit 2.5-Diamino-1.3.4-thiadiazolen 4639*; mit 2.5-Bis-[aminomethyl]-spiro-[3.3]-heptan 1596; mit Phenylhydroxylamin 5227; mit Äthanol 18 470; mit Neopentylalkohol 14 478; Verh. gegen Steroidalkohole 11 940; Rk.: mit Aminoalkoholen 2589*; mit Äthanolamin 10 830; mit Phenylalaninol 3078; mit N-[γ-Alkoxypropyl]-N-[dialkylaminoäthyl]-aminen 14 499; mit 6-Methylmercaptohexylamin 1193; mit 2-Methyl-4-phenylthiosemicarbazid 8243; mit p-Phenetylguanidin 8605; mit Aminoaldehyden u./oder -ketonen 14 623*; mit Galaktosamin u. Glucosamin (Trenn. d. Rk.-Prod.) 15 351; mit Glucosamin 14 623*; mit Methyl-3.5-O-isopropyliden-β-D-xylofuranosid 5269; mit 2-Hydrazinotropon 14 840; mit Deriv. d. 4-Hydroxy-α-pyron-(2) 4639*; mit 1-[β-Aminoäthyl]-imidazolidinthion-(2) 4530; mit N-Aminopyridiniumjodid 18 113; mit S-Äthyl-N-phenylisothiuroniumhydroxid 18 462; mit 2-Carbomethoxy-2.3-diazabicyclo-[2.2.1]-heptan 11 869; mit 2-Amino-3-carbomethoxy-4-methylthiophen 3443; mit verseiftem Spiropentylcarbaminsäure-β-naphthylester 467; mit Sarkosinamiden 5289; mit Thiobenzamid 3788; mit Benzhydrazid 2724; mit N-Acetyl-N-[dimethylaminoisopropyl]-hydrazin 17 852*; mit N.N-Diäthylglycinhydrazid 2350; mit dialkylphosphorigen Säuren 11 169; mit Verb. $C_6H_{14}N_4$ (aus 1.2-Dichlor-1.2-diäthoxyäthan + Äthylendiamin) 8988; Unters. v. Peptidstrukturen mit Hilfe v. — 97; Verw. zur Best. v. N-endständ. Aminosäuren in Peptiden 152, 9007.

C_7H_5NSSe **2-Mercaptobenzselenazol,** Rk. 16 301.

$C_7H_5NS_2$ **2-Mercaptobenzothiazol** (*gewöhnl.* **Mercaptobenzthiazol, Benzothiazolyl-(2)-mercaptan)** (F. 180—181°), Darst. 4526, 7691*; Darst., Rk. v. Salzen 4154; Struktur v. Deriv. (Dipolmomente) 18 419; Oxydat. 2546*, 14 087; Rk.: mit N-Chlordicycloalkylaminen in Ggw. v. NaOH 4749*; v. *Captax* mit Monoäthanolamin 18 302*; mit α-Bromisobuttersäure 470; mit N-Chlormethylphthalimid 4529; mit n-Butyl- bzw. „Lorol"-Zinnsäure 7349*; fungicide Wrkg. 8389; (v. Deriv.) 5716; antithyreoide Wrkg. u. Wrkg. auf d. Metamorphose v. Kaulquappen 914; Verw.: zum Stabilisieren v. Monochlorbutenen 15 401*, 17 559*; bei d. Fraktionier. v. 3.4-Dichlorbuten-(1) 17 559*; in einem Imprägniermittel 17 973*; als Verschleißinhibitor in Ölen 10 325*, 16 192*, 17 275*; *Captax* in d. Kautschuk-Vulkanisat. 3287; Vulkanisat. v. Naturkautschuk durch S in Ggw. v. — 18 859; Wechselwrkg. zwischen Ruß u. — bei d. Vulkanisat. 8817; Einfl. v. Diphenylguanidin auf d. Vulkanisat. in Misch. mit *Captax* 8647; Verw.: v. Co-Mercaptobenzothiazolat als Vulkanisat.-Beschleuniger u. Mittel zum Befestigen v. Kautschuk an Fe 6613*; v. Zn-— zur Konservier. v. Kautschukmilch 4748*; v. Aminomethyl-Deriv. v. — als Vulkanisat.-Beschleuniger 12 862; v. Ni-— zum Schutz v. Kautschuk gegen Atmosphärilien 9746; v. Na-— in Korrosionsschutzmisch. 18 590*; fällungschromatograph. Nachw. 17 240; Best. 11 032.

C_7H_5NSe **Benzselenazol,** Rk. v. Deriv. 3696*.

$C_7H_5N_3$ **Benzo-1.2.4-triazin,** Deriv. 13 764.
Pyrido-[2.3:*d*]-pyrimidin, Deriv. 1325*, 11 737*.
Pyrido-[3.2:*d*]-pyrimidin, Deriv. 950*.
Pyrido-[2.3]-pyrazin (1.4.5-Triazanaphthalin), Darst. v. Deriv. 128; stereospezif. $LiAlH_4$-Red. v. — 17 402.
Pyrido-[3.4]-pyrazin, Deriv. 128.

$C_7H_5N_3O$ **2-[γ(4')-Pyridyl]-1.3.4-oxadiazol** (F. 120—121°), Darst. 15 952; Wrkg. auf d. Wachstum d. Keimlinge v. Sinapsis alba L. 8674.
Triazolotropon, Wrkg. auf d. Zellteil. bei Seeigeln 5696.
Benzo-1.2.4-triazin-1-oxid, Deriv. 13 764.
α-Isonitrosopyridyl-(2)-acetonitril (F. 218 bis 221°) 5667.
α-Isonitrosopyridyl-(4)-acetonitril (F. 276 bis 278° Zers.) 5667.
2-Cyanpyridin-6-carbonsäureamid (F. 191 bis 192,5°) 1411*, 8412*.
Benzazid (F. 32°), Darst., Rk. 6180; Umlager. (Geschw.) 8208.

$C_7H_5N_3OS$ **5-[*p*-Hydroxyphenyl]-1.2.3.4-thiatriazol** (F. 152—153°) 6406.

$C_7H_5N_3OS_2$ **2.4'-Bithiazolyl-4-carbonsäureamid,** IR-Spektrum 10 030.

$C_7H_5N_3O_2$ **5-Nitroindazol,** IR-Spektrum 14 812; Elektrodenpotential 14 452.
6-Nitroindazol, IR-Spektrum 14 812; Elektrodenpotential 14 452.
5(6)-Nitrobenzimidazol, Darst. v. Deriv. 12 290; Darst., Verw. v. Salzen 15 336*; IR-Spektrum 14 812; Dissoziat.-Konst. 791; Elektrodenpotential 14 452; Rk. 6024.
x-Nitrobenzimidazol, Einfl. auf d. Reifevorgang in photograph. Emuls. 17 282.
Pyrido-[3.2:*d*]-pyrimidin-2.4-diol 950*.
1-Amino-2-cyan-4-nitrobenzol (2-Amino-5-nitrobenzonitril), Rk. 2732, 7900; Verw. 1805*.
Chinolinsäurehydrazid, Antituberkulose-Wrkg. 14 226.
***N*-[Pyridyl-(3)]-sydnon (3-[β-Pyridyl]-sydnon)** (F. 119—121°), Darst. 6028; (Rk., $HgCl_2$-Addukt) 4911; Photochromie, ESR-Spektrum 13 702; UV-Spektrum 1603; Rk. 11 562.

$C_7H_5N_3O_2S$ **2-Amino-4-nitrobenzthiazol** (F. 234 bis 235°) 8604.
2-Amino-5-nitrobenzthiazol 8604.
2-Amino-6-nitrobenzthiazol (F. 250—251°) 8604.
6-Nitrobenzimidazolthiol-(2), Elektrodenpotential 14 452.

$C_7H_5N_3O_3$ **2-Amino-5-nitrobenzoxazol** (F. 304° Zers.) 11 907.
3-Amino-6-nitro-1.2-benzisoxazol (F. 220 bis 224°) 11 907.
4-Hydroxy-6-nitrobenzimidazol, Wrkg. auf d. Viruswachstum 17 807.
4-Nitrobenzimidazolon (F. 308°) 11 905.
5-Nitrobenzimidazolon (F. 349—350°) 11 905.
3.3'-Biisooxazol-5-aldoxim (5-Formyl-3.3'-diisoxazoloxim) (F. 187—189°) 468, 5289.

$C_7H_5N_3O_3S$ **2.4-Dioxo-1.2.3.4-tetrahydropyrimidyl-(5)-carbonylmethylthiocyanat** 5270.

$C_7H_5N_3O_4$ **6.8-Dinitrochinolin,** Elektrodenpotential 14 452.
3-Diazo-2-oxid-6-hydroxyisonicotinsäuremethylester (F. 172—174°) 13 952*.

$C_7H_5N_3O_5$ **2.4-Dinitrobenzoesäureamid,** Vgl. d. Färb., Emiss.- u. Absorpt.-Spektren v. N-Arylderiv. 7827.

3.5-Dinitrobenzoesäureamid (3.5-Dinitrobenzamid) (F. 183°), Darst. 17 366; Vgl. d. Färb., Emiss.- u. Absorptionsspektren v. N-Arylderiv. 7827; Konstit.-Einfl. auf d. IR-Spektrum 14 812; Rk. 11 339*; therapeut. Verw. 1329*, 2834*.
x.x-Dinitrobenzamid, Verw. v. Deriv. 11 338*.
$C_7H_5N_3O_6$ 2.4.6(*symm.*)-Trinitrotoluol (TNT, Trotyl), Darst. 5842*; Mikrostrukturen v. aus d. Schmelze gegossenen Gemischen v. CE u. — (Ausbleiben v. Mol.-Verb.) 795; Kristallanordn. in aus d. Schmelze gegossenen Zylindern aus — u. ihre Bezieh. zur Farbe, Dichte u. zum Detonations-Verh. 795; UV-Spektrum: d. Pyridinkomplexes 12 237; d. Rk.-Prod. mit Aceton 15 164; isotherme Kompressibilität bei Drücken bis 22 000 kg/cm² 3771; Parameter d. Detonat.-Welle 7428; Mess. d. Stoßadiabaten 17 626; therm. Stabilität 17 626; Verh. bei sehr hohen Temp. 1090; Flammentemp.-Mess. 11 430; Unters. vakuumgegossener —/Hexogen-Lad. 1855; Verw. in Raketentreibstoff 1856*; Beurteil. d. Rk.-Fähigk. 10 329; Rk. mit Aminen 6726; Inhibier.: d. Styrolpolymerisat. durch — (Kinetik) 14 525; d. Polymerisat. v. Methylmethacrylat durch — 9002; Unters. d. Magenfunkt. bei d. Best. d. Schwellendosen v. — 13 845; elektrometr. Titrat. 8732.
$C_7H_5N_3O_7$ Methylpikrinsäure (2.4.6-Trinitro-*m*-kresol) (F. 108°), Darst. 15 564; Komplex-Bldg. mit aromat. KW-Stoffen bzw. Salzbldg. mit Aminen 3776.
2.4.6-Trinitroanisol (Methylpikryläther) (F. 67,8—68,5°), Darst. (Rk., IR-Spektrum) 6351; (d. Methoxyadditionskomplexes, IR-Spektrum) 6350; Best. d. innermol. Gruppenrotat., DK 3398; Kinetik d. Inhibier. d. Styrolpolymerisat. durch — 14 525.
$C_7H_5N_3O_7S_2$ 5-Nitro-6-sulfamylsaccharin 15 694*.
$C_7H_5N_3S$ 5-Phenyl-1.2.3.4-thiatriazol (F. 95 bis 96°) 6406.
$C_7H_5N_3S_3$ 2.4'-Bithiazolyl-4-carbonsäurethioamid, IR-Spektrum 10 030.
$C_7H_5N_5O$ 1-Acetyl-5-amino-3.4-dicyanpyrazol (F. 195—198° Zers.) 17 929*.
5-Acetamido-3.4-dicyanpyrazol (F. 269 bis 271°) 17 930*.
$C_7H_5N_5O_2$ 2-Amino-4-hydroxy-6-formylpteridin, Bldg. 12 696; Folsäure-Synth. durch zellfreie Extrakte v. E. coli in Ggw. v. — 14 555.
$C_7H_5N_5O_2S$ 5-*p*-Nitrophenylmercaptotetrazol (F. 189—191°), Darst., Konstit.-Einfl. auf UV-, IR-Spektrum u. pK-Wert 10 402.
$C_7H_5N_5O_3$ 2-Amino-4-hydroxypteridin-6-carbonsäure, Wechselwrkg. zwischen — u. Tryptophan bzw. Serotonin 4948.
$C_7H_5N_5O_3S$ 2-[5'-Nitrofurfuryliden-(2')-hydrazino]-1.3.4-thiadiazol (F. 239° Zers.) 4908.
$C_7H_5N_5O_4$ (s. *Cyprinopourpre B* [*Isoxanthopterin-6-carbonsäure*]).
2.4.6-Trioxo-1.2.3.4.5.6-hexahydropteridin-7-carbonsäureamid 13 395.
$C_7H_5N_5O_4S_2$ Pyrido-[2.3:*e*;6.5:*e'*]-bis-[1.2.4-thiadiazin]-1.1.9.9-tetroxid 10 097.
$C_7H_5N_5O_8$ *N*-Methyl-*N*.2.4.6-tetranitroanilin (*N*-Methyltrinitrophenylnitramin, 2.4.6-Trinitrophenylmethylnitramin, *N*.2.4.6-Tetranitromethylanilin, Tetryl, CE) (F. 129,5°), Darst. 6009; Mikrostrukturen v. aus d. Schmelze gegossenen Gemischen v. — u. TNT (Ausbleiben v. Mol.-Verb.) 795; Verh. bei sehr hohen Temp. 1090; krit. Beding. d. Wärmeexplos. v. — 7026; Flammentemp.-Mess. 11 430; Beurteil. d. Rk.-Fähigk. 10 329.
$C_7H_5N_5S$ 5-Thiocyanato-7-methyl-*symm.*-triazolo-[4.3:*a*]-pyrimidin (F. 170° Zers.) 6414.
$C_7H_5N_5S_2$ Äthyldirhodan-1.3.5-triazin 5818*.
$C_7H_5N_7OS$ 6-Mercaptopurinessigsäure-(9)-azid 10 465.
$C_7H_5O_2$ Benzoyloxy s. unter *Radikale* (*Spezielle Radikale*).
$C_7H_5O_2Rh$ Cyclopentadienylrhodiumcarbonyl (F. —11°), Darst. 778; Dimerisier. 6707.
C_7H_6 Phenylcarben s. unter *Radikale* (*Spezielle Radikale*).
$C_7H_6BF_3O_2$ *m*-Trifluormethylbenzolboronsäure, Hydrolyse (Kinetik) 6360.
C_7H_6BrCl 3-Chlorbenzylbromid, Rk. 3410.
p-Chlorbenzylbromid (F. 49,5—50,5°), Darst. 11 160; Rk. 11 531.
p-Brombenzylchlorid, Rk. 12 017*.
$C_7H_6BrClHgN_2S$ *p*-Chlormercuri-*m*-bromphenylthioharnstoff 1586.
C_7H_6BrClS 2-Chlor-4-bromphenylmethylsulfid ($Kp._{14}$ 160°) 11 535.
3-Chlor-4-bromphenylmethylsulfid ($Kp._{15}$ 155—160°) 11 535.
C_7H_6BrF *o*-Fluorbenzylbromid ($Kp._{20}$ 91—92°) 7499.
m-Fluorbenzylbromid ($Kp._{20}$ 91—92°), Darst., Rk. 7499; Struktur v. Ionen aus — an d. Appearance-Potential-Schwelle 16 975.
p-Fluorbenzylbromid ($Kp._{20}$ 92—94°), Darst., Rk. 7499; Struktur v. Ionen aus — an d. Appearance-Potential-Schwelle 16 975.
4-Brom-2-fluortoluol, Rk. 15 768*.
C_7H_6BrNO 2-Methyl-4-bromnitrosobenzol (F. 101°) 16 289.
2-Bromacetylpyridin, Rk. 5020*.
3-Bromacetylpyridin, Rk. 5020*.
4-Bromacetylpyridin, Rk. 5020*.
2-Brombenzamid, Rk. 11 548.
3-Brombenzamid, Rk. 7899.
$C_7H_6BrNO_2$ 3-Nitrobenzylbromid, Rk. 2694.
p(4)-Nitrobenzylbromid (F. 96° korr.), Darst., Rk. 1228; Rk.: mit Diäthanolamin 4507; mit Li-Thiophenolat bzw. Li-Methylat (Kinetik) 12 983; mit Benzoylmethylentriphenylphosphoran 2717; mit 2'-Hydroxychalkon 16 662; mit Acetoxymalonester bzw. Malonester 5998; mit 3-Pyridinsulfinsäure 2827*; mit α-Hydroxy-γ.γ-diphenyl-γ-butyrolacton 17 017; Identifizier. 13 514.
2-Brom-4-nitrotoluol (F. 77,5°), Darst., Rk. 17 036, 18 801; Rk. 1963.
3-Brom-4-nitrotoluol (F. 35—36°) 3098.
α-2-Brom-5-methyl-*p*-benzochinon-4-oxim (F. 170° Zers.), Kristallstruktur 2312.
β-2-Brom-5-methyl-*p*-benzochinon-4-oxim, Kristallstruktur 10 789.
2-Amino-5-brombenzoesäure (F. 217 bis 218° korr.) 2733.
2-Brom-4-aminobenzoesäure (F. 198—200°) 1964.
5-Bromsalicylamid, Wirkungssteiger. v. Isoniazid durch — 11 656*.
$C_7H_6BrNO_3$ 2-Nitro-3-bromanisol (F. 74°) 4505.
5-Bromsalicylhydroxamsäure, kombinierte Wrkg. v. T-2 (Natriumsalz d. Salicylhydroxamsäure) u. *T-40* (Na-Salz v. —) mit Isonicotinsäurehydrazid auf hydrazidresistente Tuberkelbakterien 4585.
$C_7H_6BrNO_3S$ 2-Bromacetylthiazol-4-carbonsäuremethylester, IR-Spektrum 10 030.
$C_7H_6BrNO_4$ 3-Brom-2-hydroxy-5-nitroanisol (F. 152° Zers.) 4505.
6-Brom-4-nitroresorcin-1-methyläther (F. 116°) 1961.
6-Brom-4-nitroresorcin-3-methyläther (F. 162°) 1961.
$C_7H_6BrN_3$ 5-Methyl-6-bromimidazo-[*b*]-pyridin 129.
6-Brom-7-methylimidazo-[*b*]-pyridin 129.
$C_7H_6BrN_3O$ 2-Hydroxy-5-methyl-6-bromimidazo-[*b*]-pyridin (6-Brom-5-methyl-2-hydroxyimidazolo-[4.5:*b*]-pyridin) (F. 251°) 129, 2357.
2-Hydroxy-6-brom-7-methylimidazo-[*b*]-pyridin 129.

5-Methyl-6-bromimidazo-[*b*]-pyridin-*N*$_{(4)}$-oxid (F. 263° Zers.) 130.
6-Brom-7-methylimidazo-[*b*]-pyridin-*N*$_{(4)}$-oxid (F. 263—264° Zers.) 130.

$C_7H_6BrN_3O_2$ **Phenylazobromnitromethan** (F. 135,5—136° Zers.) 6750.

$C_7H_6BrN_3S$ **2-Mercapto-5-methyl-6-bromimidazo-[*b*]-pyridin** 129.
2-Mercapto-6-brom-7-methylimidazo-[*b*]-pyridin 129.

$C_7H_6BrN_5O_5$ **4-Brom-2.6-dinitrophenylsemicarbazid** (F. 226° Zers.) 7862.
3-Brom-4.6-dinitrophenylsemicarbazid (F. 260° Zers.) 7862.

$C_7H_6Br_2$ **Benzalbromid (Benzylidenbromid)** (Kp.$_{23}$ 126°), Bldg. 3412; Rk. 10 819.
o-**Brombenzylbromid** (Kp.$_{12}$ 120—129°), Darst., Rk. 18 088; Rk. 454.
p-**Brombenzylbromid** (*α.p*-**Dibromtoluol**) (F. 60,5—61°), Darst. 11 160; (Rk.) 16 992; (v. Deriv.) 8228; Überführ. in *α*-[4-Chlorphenyl]-*β*-[4-bromphenyl]-propionitril 4346*; Rk.: mit 2-[*β*-(Methyläthylamino)-äthylamino]-pyridin 12 019*; mit 4-tert.-Amylguajacol 18 798; mit Li-Thiophenolat bzw. Li-Methylat (Kinetik) 12 983; mit Homatropin u. Tropin 10 196*.

$C_7H_6Br_2F_4$ **3.4-Dibrom-5.5.6.6-tetrafluorcyclohepten** (Kp.$_8$ 101—105°) 7497.

$C_7H_6Br_2HgN_2S$ *p*-**Brommercuri-*m*-bromphenylthioharnstoff** 1586.

$C_7H_6Br_2O$ **2-Methyl-4.6-dibromphenol** 7860.
2-Methyl-5.6-dibromphenol (F. 92—93,5°) 7860.
Dibrom-*m*-kresol 6740.
2.6-Dibrom-*p*-kresol (2.6-Dibrom-4-methylphenol) (F. 44—45°), Darst. 7860, 12 981; spektroskop. Unters. d. freien Hydroxyl-Valenzschwing. 7091; Rk. 10 438.
x.x-Dibrom-*p*-kresol 6740.

$C_7H_6Br_2OS$ **[4.5-Dibromthienyl-(2)]-äthylketon** (F. 54—55°) 8242.

$C_7H_6Br_2O_2$ **2.6-Dimethyl-3.5-dibrompyron-(4)** (F. 152°) 3807.

$C_7H_6Br_4O$ **2.3.6.7-Tetrabrom-2.3.6.7-tetrahydrotropon** 1591.

$C_7H_6Br_4Si$ *α*-**Brombenzyltribromsilan** (Kp. 323° Zers.) 10 065.

$C_7H_6Br_6O$ **Hexabromhexahydrotropon** 1592.

C_7H_6ClF **2-Fluorbenzylchlorid** (Kp.$_{10}$ 59°) 11 134.
3-Fluorbenzylchlorid (Kp.$_{10}$ 60°) 11 134.
4-Fluorbenzylchlorid (Kp.$_{10}$ 62°), Darst., Rk. 11 134; Rk. 4346*, 12 017*, 18 565*.

C_7H_6ClFMg *p*-**Fluorbenzylmagnesiumchlorid**, Rk. 5652.

$C_7H_6ClFO_2S$ **4-Chlorbenzylsulfonylfluorid** (F. 137—139°), Verw. 10 613*.

$C_7H_6ClF_3$ **1.1.2-Trifluor-2-chlor-3-methyl-3-äthinylcyclobutan** (Kp.$_{35,3-36}$ 44—49°) 8234.
1.1.2-Trifluor-2-chlor-3-isopropenylcyclobuten (Kp.$_{32-37}$ 60—65°) 8234.

C_7H_6ClJ *p*-**Chlor-*α*-jodtoluol**, Verw. 12 808*.
4-Chlor-2-jodtoluol (Kp.$_{10}$ 108—109°) 13 339.

C_7H_6ClNO *p*-**Chlorbenzaldoxim** 9319.
Benzhydroxamoylchlorid, Rk. 14 094.
p-**Aminobenzoylchlorid**, Rk. 11 891, 18 934*.
o-**Chlorformanilid**, Rk. 11 004*.
m-**Chlorformanilid**, Rk. 11 004*.
p-**Chlorformanilid**, Rk. 11 004*.
o-**Chlorbenzamid**, Vor-Auflauf-Herbicid-Wrkg. v. — 14 292.
3-Chlorbenzamid, Rk. 11 371*.
4-Chlorbenzamid, Rk. 11 371*.
N-**Chlorbenzamid**, Rk. 14 475, 14 476.

C_7H_6ClNOS *p*-**Chlorbenzthiohydroximsäure** (F. 93—94°) 9318.

$C_7H_6ClNO_2$ **2-Chlorphenylnitromethan**, Rk. 15 032*.
o(2)-**Nitrobenzylchlorid** (F. 49,5°), Rk.: mit Alkali (Kinetik) 6365; mit Na-Methanolat 2694; mit Phenanthrenchinon 130; mit *α*-Acetamidomalonsäurediäthylester 6404; Verw. 12 301.
m(3)-**Nitrobenzylchlorid** (F. 45,5°), Darst. 2694; Rk. mit Alkali (Kinetik) 6365; Identifizier. 13 514.
p(4)-**Nitrobenzylchlorid** (*p*-**Nitro-*α*-chlortoluol**) (F. 73°), Darst. 2694; Einfl. eines Austausches v. H gegen D auf d. IR-Spektrum v. D$_{(CH_2)}$— 4872; Inhibier. d. Einfl. d. Nitrogruppe auf d. *α*-Protonen-Abzug aus — 84; Rk.: mit Alkali (Kinetik) 6365; mit Thiosulfat (Mechanismus) 15 911; (Wrkg. d. Ionenstärke) 5989; mit Äthylendiamin 810; mit Acetylaminomalonsäuredimethylester 10 433; mit Carbobenzoxy-L-asparagin 3430; mit N$^{\alpha}$.N$^{\omega}$.N$^{\omega}$-Tricarbobenzoxy-L-arginin 17 001; Stoffwechsel v. — bei Heuschrecken 13 808; Identifizier. 13 514.
1-Chlor-2-methyl-6-nitrobenzol 6739.
2-Chlor-4-nitrotoluol, Rk. 2172*.
3-Chlor-4-nitrotoluol, Rk. 3098.
2-Nitro-4-chlortoluol 15 028*.
3-Nitro-4-chlortoluol (1-Chlor-4-methyl-2-nitrobenzol), Darst. 6739, 15 028*; Rk. 15 695* [2 Ref.].
α-**2-Chlor-5-methyl-*p*-benzochinon-4-oxim**, Kristallstruktur 2312.
β-**2-Chlor-5-methyl-*p*-benzochinon-4-oxim**, Kristallstruktur 10 789.
2-Chlor-6-methyl-4-carboxypyridin (F. 214 bis 216° korr.) 9711.
4-Chloranthranilsäure (4-Chlor-2-aminobenzoesäure) (F. 240°), Darst. 2908*, 6214*, 14 326*; Unters. an 1:2-Cr-Komplexen d. Azofarbstoffes — →*β*-Naphthol 7819; Rk. 5022*.
5-Chloranthranilsäure, Rk. 2545*, 6037.
1-Amino-2-chlorbenzol-5-carbonsäure, Verw. 6219*.
4-Chlorpicolinsäuremethylester, Rk. 7523.
5-Carbomethoxy-2-chlorpyridin, Rk. 8610.
p-**Aminosalicylsäurechlorid**, Rk. 10 189*.

$C_7H_6ClNO_2S$ *N*-**Benzalsulfamidsäurechlorid** (F. 95—96°) 7328*.

$C_7H_6ClNO_3$ **3-Hydroxy-4-nitrobenzylchlorid** (F. 48°), Darst., Hydrolyse (Kinetik) 84.
3-Methoxy-4-nitrochlorbenzol, Rk. 3787.
5-Methoxypyridon-(4)-carbonsäure-(2)-chlorid 9337.

$C_7H_6ClNO_3S$ **2-Chlor-4-formylbenzolsulfonsäureamid**, Rk. 5478*.

$C_7H_6ClNO_4S$ **4-Chlor-3-nitro-1-[methylsulfonyl]-benzol (Methyl-[*p*(4)-chlor-*m*(3)-nitrophenyl]-sulfon)** (F. 120—122°) 1382*, 15 190.
o-**Nitrotoluol-*α*-sulfonylchlorid**, Rk. 5395*.

$C_7H_6ClNS_2$ *N*-[*o*-**Chlorphenyl]-dithiocarbaminsäure**, Cyclisier. d. NH_4-Salzes 4525.
N-[*p*-**Chlorphenyl]-dithiocarbaminsäure**, Darst. d. NH_4-Salzes (F. 112°) 1205; Darst. u. herbicide Wrkg. d. Cyclohexylammoniumsalzes 15 291; tuberkulostat. Wrkg. d. Salzes mit N-Äthylpiperidin 10 552.

$C_7H_6ClN_3$ **2-Chlor-5-methylimidazolo-[4.5:*b*]-pyridin** (F. 208—210° Zers.) 2357.
6-Chlor-1-methyl-1H-imidazo-[*b*]-pyridin (F. 141°) 10 461.
6-Chlor-3-methylimidazo-[*b*]-pyridin (F. 203 bis 205°) 10 461.
4-Chlor-5-methylpyrrolo-[2.3:*d*]-pyrimidin (F. 227—228° Zers.) 11 927.

$C_7H_6ClN_3O_2$ **Phenylazochlornitromethan** (F. 143—147° Zers.) 6750.
6-Chlor-2.5-dihydroxy-7-methylimidazolo-[4.5:*b*]-pyridin (F. 257° Zers.) 2357.

$C_7H_6ClN_3O_2S$ **1-Chlormethansulfonylbenzotriazol** (F. 92—93°) 6939*.
1-Methansulfonyl-5-chlorbenzotriazol (F. 113—115°) 6939*.

$C_7H_6ClN_3O_2S_2$ **6-Chlor-7-sulfamylbenzo-1.2.4-thiadiazin** (F. 358,5°) 15 334*.

$C_7H_6ClN_3O_3$ *p*-**Nitro-*o*-chlorbenzoesäurehydrazid** (F. 147—149°) 4536.

$C_7H_6ClN_3O_4S$ **6-Chlor-7-sulfamyl-1.2.4-benzothiadiazindioxid-(1.1)**, Darst., Verw. v. Deriv. 15 697*; Rk. 16 415*.

$C_7H_6ClN_3O_4S_2$ s. *Chlorothiazid* [*Diuril, Salunil, 6-Chlor-7-sulfamyl-1.2.4-benzothiadiazin-1.1-dioxid, 6-Chlor-7-aminosulfonyl-1.2.4-benzthiadiazin-1.1-dioxid*].

$C_7H_6ClN_3O_5S_2$ **6-Chlor-7-aminosulfonyl-3-oxo-2H-3.4-dihydrobenzo-1.2.4-thiadiazin**, Rk. 14 141.

$C_7H_6ClN_5O$ **3-Methyl-7-chlor-2-amino-4-oxo-dihydropteridin** (F. 297° Zers.) 8254.
6-Chlorpurinessigsäure-(9)-amid (F. 229 bis 231° Zers., korr.) 10 464.
9-Acetamido-6-chlorpurin 10 463.

$C_7H_6ClN_5O_4$ **1-Nitro-1-methyl-3-[4'-chlor-2'-nitrophenyl]-triazen**, Struktur, Rk. 14 825.

$C_7H_6ClN_5O_5$ **2-Chlor-4.6-dinitrophenylsemicarbazid** (F. 218°) 7862.
3-Chlor-4.6-dinitrophenylsemicarbazid (F. 218°) 7862.
4-Chlor-2.6-dinitrophenylsemicarbazid (F. 217°) 7862.

$C_7H_6Cl_2$ **Benzalchlorid (Benzylidenchlorid)**, Darst. 14 317*; Konstit.-Einfl. auf d. IR-Intensitäten 14 811; Rk. 6347, 8976, 10 819, 11 541.
Dichlortoluole, Bldg. 4131; Rk. 13 573*.
α.*o*-Dichlortoluol (*o*-Chlorbenzylchlorid), Rk. 4526, 17 852*; gaschromatograph. Identifizier. 10 585.
α.*p*-Dichlortoluol (*p*-Chlorbenzylchlorid) ($Kp._{24}$ 114—115°), katalysierte Solvolyse (Kinetik) 4870; Rk. mit Thiosulfat in Dimethylsulfoxid 15 911; Cyanier. 12633; Rk.: mit KCN 9342; mit 4-tert.-Alkylguajacolen 814; mit Chlordiäthoxymethylsilan 8228; mit 8-Hydroxymethyltheophyllin 15 597; mit α-Piperidinovaleronitril 17 852*; mit 9.10-Dicyananthracen 17 023; mit α-[2-Methyl-5-methoxyindolyl-(3)]-propionsäure 13 579*; mit Allylacetessigsäureäthylester 12 017*; mit Na-Glykolsäure- bzw. Na-Thioglykolsäureäthylester 17 005; mit Phenylessigsäurepyrrolidid 7126; mit Methansulfonamid 10 423.
2.4-Dichlortoluol (Kp. 196—197°), Darst., Rk. 6051; Rk. 11 885.
2.6-Dichlortoluol, Temp.-Abhängigk. d. dielektr. Relaxat. 13 705; Verw. 11 706*.

$C_7H_6Cl_2Mg$ ***o*-Chlorbenzylmagnesiumchlorid**, Rk. 15 333*.
***p*-Chlorbenzylmagnesiumchlorid**, Rk. 5272, 7133, 10 797, 15 332*, 15 333*.
x-Chlortolylmagnesiumchlorid, Rk. 7322*, 7691*, 8781*.

$C_7H_6Cl_2MgO$ **Chloranisylmagnesiumchlorid**, Rk. 7322*.

$C_7H_6Cl_2NO_2P$ **Benzoylamidophosphorsäuredichlorid** 8588.

$C_7H_6Cl_2NO_4PS$ ***O*-[2-Chlor-4-nitrophenyl]-*O*-methylthiophosphorsäurechlorid** 10 248*.

$C_7H_6Cl_2N_2$ **Toluchinondichlordiimid**, Rk. 8613, 12 659.

$C_7H_6Cl_2N_2O$ **2-Dichloracetylaminopyridin** (F. 69 bis 70,5°), IR-, UV-Spektrum, Tautomerie 8199.

$C_7H_6Cl_2N_2O_2$ **3-Methyl-2.4-dichlor-6-nitroanilin**, Antifungusaktivität 17 805.
***N*-Methyl-2.4-dichlor-6-nitroanilin**, Antifungusaktivität 17 805.
***N*-Methyl-2.6-dichlor-4-nitroanilin**, Antifungusaktivität 17 805.
2.4-Dichlor-5-carbäthoxypyrimidin, Rk. 3095.

$C_7H_6Cl_2N_2S$ **1-[2'.5'-Dichlorphenyl]-thioharnstoff**, Verw. 11 338*.

$C_7H_6Cl_2N_4$ **9-[β-Chloräthyl]-6-chlorpurin** (F. 108° korr.) 10 464.

$C_7H_6Cl_2N_4O_2$ **1-Nitro-1-methyl-3-[2'.5'-dichlorphenyl]-triazen**, Struktur, Rk. 14 825.

$C_7H_6Cl_2O$ **2.4-Dichlorbenzylalkohol**, Verw. 9448*.
2.4-Dichlor-5-methylphenol, Rk. 6005, 7168.
2.4-Dichlor-6-methylphenol, bakteriostat. Wrkg. 1278.
2.6-Dichlor-4-methylphenol, bakteriostat. Wrkg. 1278.
2.4-Dichloranisol (Kp. 235°), gaschromatograph. Retentionszeit 7270.
2.5-Dichloranisol, — zur Chemotherapie transplantierter u. spontaner Mäuse-Adenocarcinome 2403.
2.6-Dichloranisol (Kp. 220°), gaschromatograph. Retentionszeit 7270.

$C_7H_6Cl_2OS$ **Methyl-[4-hydroxy-3.5-dichlorphenyl]-sulfid** ($Kp._{11}$ 162—163°) 11 531.
Methyl-[4-hydroxy-3.6-dichlorphenyl]-sulfid (F. 115°) 11 531.

$C_7H_6Cl_2O_2$ **3.5-Dichlorsaligenin**, Rk. 15 770*.
2.5-Dichlorhydrochinonmonomethyläther (F. 92—93°) 1575.
4.5-Dichlorguajacol (F. 71—73°) 12 270.
1-Methyl-1-cyclobuten-2.3-dicarbonsäuredichlorid, Rk. 3645*.

$C_7H_6Cl_2O_2S$ **Chlormethyl-*p*-chlorphenylsulfon**, Cytotoxizität in menschl. Zellkulturen 4196.
Methyl-2.4-dichlorphenylsulfon (F. 65°) 9680.
Methyl-3.4-dichlorphenylsulfon (F. 109°) 9680.
Methyl-3.5-dichlorphenylsulfon (F. 116°) 9680.
Essigsäure-[2.3-dichlorthenyl-(5)-ester] ($Kp._{13}$ 137°) 12 650.
5-Chlortoluol-(2 oder 4)-sulfonsäurechlorid ($Kp._{0,1}$ 98—100°) 5767*.
2-Methyl-6-chlorbenzolsulfonsäurechlorid, Rk. 15 333*.

$C_7H_6Cl_2O_2S_2$ **Carboxymethyl-2.3-dichlorthenylsulfid** (F. 95°) 5660.

$C_7H_6Cl_2O_3$ **4-Chlormethylperchlorylbenzol** 8780*.

$C_7H_6Cl_2O_3S$ **Methyl-[4-hydroxy-3.6-dichlorphenyl]-sulfon** (F. 148°) 11 532.

$C_7H_6Cl_2S$ ***p*-Chlorphenylchlormethylsulfid**, Rk. 14 508.
Methyl-2.4-dichlorphenylsulfid ($Kp._{20}$ 150°) 9680.
Methyl-3.4-dichlorphenylsulfid ($Kp._{29}$ 148°) 9680.
Methyl-3.5-dichlorphenylsulfid ($Kp._{20}$ 145°) 9680.

$C_7H_6Cl_3N$ **2.3.5-Trichlorbenzylamin** (F. 59 bis 59,5°) 13 370.
2.3.6-Trichlorbenzylamin (F. 43—44°) 13 370.
2.4.5-Trichlorbenzylamin (F. 59—60°) 13 370.
2.4.6-Trichlorbenzylamin (F. 62—63°) 13 370.
3.4.5-Trichlorbenzylamin 13 370.
3-Amino-2.4.6-trichlortoluol, Rk. 13 370.

$C_7H_6Cl_3N_3O$ **1-Methylpyrimidon-(2)-trichloracetylimin** (F. 176—177°), IR- u. UV-Spektrum 8199.

$C_7H_6Cl_3OPS$ ***O*-[2-Chlor-4-methylphenyl]-thiophosphorsäuredichlorid** 10 613*.

$C_7H_6Cl_3O_2P$ **Phenyltrichlormethylphosphinsäure** (F. 163—164°) 5271.

$C_7H_6Cl_3O_2PS$ ***O*-[2.4-Dichlorphenyl]-*O*-methylthiophosphorsäurechlorid** 10 248*.
***O*-[2.5-Dichlorphenyl]-*O*-methylthiophosphorsäurechlorid** 10 248*.

$C_7H_6Cl_4N_2O_4S_2$ ***N.N.N'.N'*-Tetrachlortoluol-2.4-bis-sulfonamid**, IR-Spektrum 1170.

$C_7H_6Cl_4Si$ **Dichlorphenylmethyldichlorsilan** (Kp. 257—258°) 17 722.

$C_7H_6Cl_6N_2O$ **Hexachlor-4.4.6-trimethyl-2-oxo-2.3.4.5-tetrahydropyrimidin** 9902*.

C_7H_6F **Fluorbenzyl** s. unter *Radikale* (*Spezielle Radikale*).

C_7H_6FNO ***p*-Fluorbenzamid** (F. 152—153°) 10 811.

$C_7H_6FNO_2$ **5-Nitro-2-fluortoluol** (F. 40°), Darst., Rk. 11 134; Rk. 13 369.
6-Nitro-2-fluortoluol ($Kp._{10}$ 87°) 11 134.
3-Fluor-4-nitrotoluol (F. 53—54°) 9735.
5-Fluor-2-nitrotoluol ($Kp._{2,5}$ 71—81°) 9735.
2-Nitro-4-fluortoluol ($Kp._{122}$ 104—105°) 11 134, 18 107.

4-Amino-3-fluorbenzoesäure (F. 212—214°) 9735.
$C_7H_6FNO_2S$ **N-Benzalsulfamidsäurefluorid** (F. 51°) 7328*.
$C_7H_6FN_3O_4S_2$ s. *Fluorothiazid.*
$C_7H_6F_2$ **α.α-Difluortoluol** (Kp. 130—135°) 13 565*.
2.4-Difluortoluol (Kp. 117°) 11 134.
2.5-Difluortoluol (Kp. 117°) 11 134.
2.6-Difluortoluol (Kp. 112°) 11 134.
$C_7H_6F_3N$ **o-Aminotrifluormethylbenzol**, polarograph. Red. 17 702.
m-Aminotrifluormethylbenzol (m-Trifluormethylanilin), polarograph. Red. 17 702; Tüpfelnachw. 3575.
$C_7H_6F_3NO$ **2-Amino-5-hydroxybenzotrifluorid** (F. 154,5—155,5° korr.) 1590.
m-Trifluormethoxyanilin, Ionisations-Konst. 12 976.
p-Trifluormethoxyanilin (4-Aminophenyltrifluormethyläther), Ionisat.-Konst. 12 976; Rk. 12 021*.
$C_7H_6F_3NO_2S$ **o-Aminosulfonyltrifluormethylbenzol**, polarograph. Red. 17 702.
m-Aminosulfonyltrifluormethylbenzol, polarograph. Red. 17 702.
p-Aminosulfonyltrifluormethylbenzol, polarograph. Red. 17 702.
$C_7H_6F_3NO_4$ **N-Trifluoracetyl-L-pyroglutaminsäure**, Dicyclohexylaminsalz (F. 169 bis 172°) 5637.
N-Trifluoracetyl-L-glutaminsäureanhydrid (F. 66—67°) 5634.
$C_7H_6F_3NS$ **m-Trifluormethylmercaptoanilin**, Ionisations-Konst. 12 976.
p-Trifluormethylmercaptoanilin, Ionisations-Konst. 12 976.
$C_7H_6F_3N_3O_3$ **5-Trifluoracetylamino-6-methyluracil** (F. 282° Zers.), Darst., Prüf. auf tumorhemmende Wrkg. 11 592.
$C_7H_6F_3O_3P$ **p-Trifluormethylphenylphosphonsäure** (F. 177—179°) 16 293.
$C_7H_6F_4$ **5.5.6.6(6.6.7.7)-Tetrafluorcycloheptadien-(1.3)**, Rk. 3436, 7496.
$C_7H_6F_7NO_4$ **2-Perfluorpropyl-2-acetoxy-1-nitroäthan**, Rk. 15 920.
$C_7H_6FeO_2$ **Dicarbonyl-π-cyclopentadienyleisen (II)-hydrid** 10 016.
$C_7H_6FeO_3$ **Butadieneisentricarbonyl**, Rk. 2298.
$C_7H_6HgO_3$ **o-Hydroxymercuribenzoesäure**, analyt. Verw. 4279, 6152.
p-Hydroxymercuribenzoesäure, Einfl. v. p-Hydroxymercuribenzoat: auf d. Palmitinsäuresynth. mit Leberenzympräp. 175; auf d. Adenylsäuredesaminase aus Erbsensämlingen 4199; auf d. Diphosphopyridinnucleotid(red.)-Diaphorase 17 789; auf d. Carbamylphosphatsynthetase aus Froschleber 2771; auf d. antidiuret. Wrkg. u. d. erhöhte Hämoglobinkonz. in d. Nieren v. Ratten nach Behandl. mit Mercaptomerin 216.
C_7H_6JNO **2-Methyl-4-jodnitrosobenzol** (F. 113°) 16 289.
$C_7H_6JNO_2$ **2(o)-Nitrobenzyljodid**, Rk. 2694; Hemmwrkg. auf Vermehr. u. Enzymtätigk. v. Saccharomyces cerevisiae 12 334.
2-Jod-4-nitrotoluol (F. 58°), Rk. 13 339.
$C_7H_6NO_2$ **Nitrobenzyl** s. unter *Radikale (Spezielle Radikale).*
$C_7H_6NO_7P$ **2-Carboxy-3-nitrobenzolphosphonsäure** (F. d. Monohydrats 204—215° Zers.) 9319.
2-Carboxy-4-nitrobenzolphosphonsäure (F. 192—194°) 9319.
2-Carboxy-5-nitrobenzolphosphonsäure (F. 192—194°) 9319.
3-Carboxy-4-nitrobenzolphosphonsäure (F. 190—206° Zers.) 9319.
3-Carboxy-5-nitrobenzolphosphonsäure (F. 230,5—233°) 9319.
4-Carboxy-5-nitrobenzolphosphonsäure (F. d. Monohydrats 228—238° Zers.) 9319.
4-Carboxy-3-nitrobenzolphosphonsäure (F. 213—217,5°) 9319.
5-Carboxy-2-nitrobenzolphosphonsäure (F. 208—218° Zers.) 9319.
$C_7H_6N_2$ (s. *Benzimidazol*; *Indazol*; *Pyrimidazol*).
Isoindazol, Anreg.- u. Fluorescenzbanden 16 261.
4-Azaindol, Anreg.- u. Fluorescenzbanden 16 261.
5-Azaindol, Anreg.- u. Fluorescenzbanden 16 261.
6-Azaindol, Anreg.- u. Fluorescenzbanden 16 261.
7-Azaindol, Anreg.- u. Fluorescenzbanden 16 261.
Azaindolizin, Einfl. auf d. Reifevorgang in photograph. Emuls. 17 282.
Phenyldiazomethan, Darst., Rk. 15 187; Bldg. 2699; Rk. 3415, 12 658.
Pyridyl-(2)-acetonitril (F. 25—26°), Darst., Rk. 4536, 13 758; Rk. 5667.
Pyridin-3-acetonitril, Rk. 17 396.
Pyridyl-(4)-methylcyanid ($Kp._{0,5}$ 92°) 4142.
2-Methyl-5-cyanpyridin (F. 90°) 4163.
α-Methylisonicotinsäurenitril (F. 46°) 3190*, 17 493*.
o(2)-Aminobenzonitril, Rk. 2733, 7900, 8616.
p(4)-Aminobenzonitril (1-Amino-4-cyanbenzol) (F. 85—87°), Darst. 11 885; (Rk.) 10 433; Bezieh. d. IR-Schwing. zur antibakteriellen Wrkg. d. entsprechenden Thiocarbaminsäureamids 7199; Mechanismus d. strahlungslosen Desaktivier. 12 965; Rk. 10 454; (d. Diazoniumchlorids) 11 005*; Verw. 7336*.
Phenylcyanamid, Rk. 10 829.
$C_7H_6N_2O$ **Benzo-4H-1.3.4-oxadiazin** 3054.
5-Hydroxybenzimidazol 5283, 9900*.
Benzopyrazolon (F. 244°) 10 087.
Benzimidazolon (Phenylenharnstoff) (F. 311 bis 312°), Darst. 11 905, 18 815; Verw. v. — u. Deriv. 16 464*.
4-Methylchinon-(1.2)-diazid-(2), Darst., Rk., IR-Banden 15 546.
5-Methylchinon-(1.2)-diazid-(2), Darst., Rk., IR-Banden 15 546.
2-Hydroxy-4-aminobenzonitril, Rk. 10 454.
4-Cyan-2-methoxypyridin (F. 95°) 17 027.
$C_7H_6N_2OS$ **2-Amino-5-hydroxybenzthiazol**, Verw. 5857*.
4-Rhodan-2-methoxypyridin (F. 62—63°) 17 027.
$C_7H_6N_2OS_2$ **4-Hydroxymethyl-2.4'-bithiazolyl**, IR-Spektrum 10 030.
$C_7H_6N_2O_2$ **4.7-Dihydroxybenzimidazol**, Hydrobromid 125.
5.6-Dihydroxybenzimidazol, Hydrobromid 125.
3-Methoxychinon-(1.2)-diazid-(2), Darst., Rk., IR-Banden 15 547.
4-Methoxychinon-(1.2)-diazid-(2), Darst., Rk., IR-Banden 15 546.
5-Methoxychinon-(1.2)-diazid-(2) (F. 103 bis 104°), Darst., Rk., IR-Banden 15 546.
6-Methoxychinon-(1.2)-diazid-(2) (F. 107 bis 108°), Darst., Rk., IR-Banden 15 547.
5-Methylbenzofuroxan, Protonenresonanzspektrum 4478, 12 975.
6-Methylbenzofuroxan, Protonenresonanzspektrum 4478, 12 975.
$C_7H_6N_2O_2S$ **Benzo-1.2.4-thiadiazin-1.1-dioxid**, Darst., Verw. 15 334*; (v.Deriv.) 13 497*,
$\Delta^{2(oder 3)}$-Benzo-1.2.4-thiadiazin-1.1-dioxid, polarograph. Red. 17 702.
Imidazolo-[2'.1':2.3]-thiazol-5'-carbonsäuremethylester (F. 151—152°) 9333.
p-Nitrothiobenzamid, Rk. 6008.
o-Cyanbenzolsulfonamid (F. 165—167°) 6418.
p-Cyanbenzolsulfonamid, Konstit.-Einfl. auf d. UV-Spektrum 11 133.
$C_7H_6N_2O_2S_2$ **2-Benzthiazolsulfonamid**, Wrkg. auf Schalenentw. u. Wachstum v. Balanus improvisus 3160.
$C_7H_6N_2O_3$ **5-Hydroxymethyl-3.3'-biisooxazol**, Rk. 5289.

2-Nitro-4-aminobenzaldehyd (F. 140—141°) 9708.
5-Furylhydantoin, Red. 7332*.
1.3-Divinylparabansäure (F. 116—117°) 14 495.
o-**Nitrobenzaldoxim** (F. 100—102°) 135.
m-**Nitrobenzaldoxim** (F. 121—122°), Rk. 4137.
p-**Nitrobenzaldoxim** (F. 132—133°), Rk. 4137; (d. syn-Verb.) 14 477.
Tropochinondioxim, Rk. 14 867.
o-**Nitrobenzamid** (F. 175—176°), Darst., Rk. 6413; Red. 8616.
m(3)-**Nitrobenzamid** (F. 141,5—142,5°), Bldg. 4137; Vgl. d. Färb., Emiss.- u. Absorpt.-Spektren v. N-Arylderiv. 7827.
p(4)-**Nitrobenzamid** (F. 200—201°), Darst. v. ^{18}O-— 3049; Bldg. 4137; Vgl. d. Färb., Emiss.- u. Absorpt.-Spektren v. N-Arylderiv. 7827; Rk. 8977; Cytotoxizität in menschl. Zellkulturen 4195.

$C_7H_6N_2O_3S$ **3-Diazo-4-hydroxyphenylmethylsulfon** 7706*.

$C_7H_6N_2O_4$ **Phenyldinitromethan** 1187.
o-**Nitrophenylnitromethan** (F. 67,5°) 2694.
m-**Nitrophenylnitromethan** (F. 95,5°) 2694.
p-**Nitrophenylnitromethan** (F. 91°), Darst. 2694; Rk. 3811.
Dinitrotoluole, Darst., Rk. 5842*; Explos.-Gefährlichk. 8852; Verw. 11 790*.
2.3-Dinitrotoluol, gaschromatograph. Abtrenn. 14 634.
2.4-Dinitrotoluol (F. 70°), Bldg. 17 733; UV-Spektrum d. Rk.-Prod. mit Aceton u. KOH 15 164; Einfl. eines Austausches v. H gegen D auf d. IR-Spektrum bei $D_{(CH_3)}$-— 4872; Photochromie 17 695; Rk. 3987*, 15 406*; bakteriostat. Wrkg. 1278; gaschromatograph. Abtrenn. 14 634.
2.5-Dinitrotoluol, gaschromatograph. Abtrenn. 14 634.
2.6-Dinitrotoluol, UV-Spektrum d. Rk.-Prod. mit Aceton u. KOH 15 164; Rk. im Gemisch mit 2.4-Dinitrotoluol 15 406*; gaschromatograph. Abtrenn. 14 634.
3.4-Dinitrotoluol (F. 58—59°), Bldg. 15 179; gaschromatograph. Abtrenn. 14 634.
3.5-Dinitrotoluol, gaschromatograph. Abtrenn. 14 634.
3-Nitro-4-methylpyridincarbonsäure-(2) (F. 138°) 8248.
3-Nitro-2-methylpyridincarbonsäure-(4) (F. 250—252°) 8248.
3-Nitro-2-methylpyridincarbonsäure-(6) (F. 126°) 8248.
4-Nitro-2-aminobenzoesäure (4-Nitroanthranilsäure) (F. 266—268° Zers.), Darst. 17 741; Unters. an 1:2-Cr-Komplexen d. Azofarbstoffs —→β-Naphthol 7819; Rk. 1589, 4528.
6-Nitroanthranilsäure, Rk. 9319.
5-Nitro-3-aminobenzoesäure, Rk. 18 571*.
β-**[5-Nitrofuryl-(2)]-acrylsäureamid** (F. 225° Zers.) 835.

$C_7H_6N_2O_4S$ **2.4-Dinitrothiophenolmethyläther (Methyl-2.4-dinitrophenylthioäther, 2.4-Dinitrophenylmethylsulfid)** (F.128—129°), Darst. 17 005; UV-Spektrum 9279; Identifizier. v. Methanthiol durch Röntgenbeug. v. — 14 634.

$C_7H_6N_2O_5$ *gewöhnl.* **Dinitrokresol (Dinitro-*o*-kresol, 4.6-Dinitro-*o*-kresol, 2-Methyl-4.6-dinitrophenol, 2.4-Dinitro-6-methylphenol, DNC, DNOC)** (F. 86—87°), Darst. 9689; (Verh. d. Salzes v. — gegen Chloressigsäureäthylester bzw. Na-Chloracetat) 17 004; Beseitig. d. Abwässer bei d. —-Darst. 5428; Anwend.-Möglichk. v. *Rafex* 1763; bakteriostat. Wrkg. 1278; Vers. zur Bekämpf. jeglicher Vegetat. mit — 15 738; Bezieh. zwischen Art d. Besprüh., d. Benetzungsgrad, d. Witterungsbeding. u. d. Herbicid-Wrkg. 8030; Wrkg. v. *Hedolit*: auf Bodenmikroorganismen 12 803; auf Hohlsamen (Bifora radians MB) 12 803; Wrkg. gegen Schistocerca gregaria Forsk 3951; Unkrautbekämpfungsvers. in Faserlein mit *Hedolit* 9486; Wrkg. v. NH_4-— auf Unkräuter, Ertrag, Strohgütemerkmale u. Faserwerte bei Faserlein 8030; Toxizität für d. weißen Senf (Sinapsis alba L.) 9121; Keim. v. Kressesamen in mit — behandelten Bodenmisch. 8030; Wrkg. auf Saatplatterbsen (Lathyrus sativus) 8030; Bekämpf. v. Unkraut im Hafer durch NH_4-— 4307; *Rafex* zur Unkrautbekämpf. in Mais 9864; Verw. im Zuckerrübenbau 13 232; (*Hedolit*) 17 244; Entblätter. v.Kulturpflanzen mit—5069; Auslichten v. Äpfeln u. Birnen mit — 4688; Einfl. auf d. Vork. v. Apfelmehltau Podosphaera leucotricha 18 245; Verw.: zur Bekämpf. d. Birnenblattsaugers Psylla pyricola 15 739; als Stabilisator für Polyolefine 12 474*; Nachw. 10 170; (in Lebensmitteln) 4021; Best. v. *Dinok* für d. sanitär-hygien. Beurteil. d. behandelten pflanzl. Prod. 9193.
2.4-Dinitro-*m*-kresol, Verw. 10 638*.
2.6-Dinitro-*p*-kresol (2.6-Dinitro-4-methylphenol (F. 80—81°), Darst. 9689; bakteriostat. Wrkg. 1278.
2.4-Dinitroanisol, Bldg. 15 585; Rk. 16 992, 17 005.
x.x-Dinitroanisol, Verw. 16 814.
2-Amino-1-hydroxy-4-nitrobenzol-6-carbonsäure, Verw. 5858*.

$C_7H_6N_2O_5S_2$ **6-Sulfamylsaccharin**, Deriv. 15 694*.

$C_7H_6N_2O_6$ **4.6-Dinitroresorcinmonomethyläther** (F. 111°) 1961.

$C_7H_6N_2O_6S$ **[4.5-Dicarboxyimidazolyl-(2)]-mercaptoessigsäure** (F. d. Hydrats 215 bis 216° Zers.) 15 958.

$C_7H_6N_2S$ **1.2.4-Benzothiadiazin**, Darst., Verw., Deriv. 16 064*; Pharmakologie v. Deriv. 939, 940; —-Deriv. in Bezieh. zu Herzgefäßerkrank. (Überblick) 3177; analyt. Charakteristica d. Diuretica mit —-Struktur (Vgl.) 18 561.
5-Methyl-2.1.3-benzothiadiazol 13 020.
Aminobenzothiazole, Chemie d. —-Verb. 18 462.
2-Aminobenzothiazol (F. 129°), Darst., Rk. 4905; Chemie d. —-Deriv. 11 915; Rk. 11 915; Verw. v. Deriv. 8855*, 11 744*, 12 107*.
4-Aminobenzthiazol (F. 122°) 8604.
7-Aminobenzthiazol (F. 123°) 8604.
Benzimidazolthion bzw. **2-Mercaptobenzimidazol (2-Benzimidazolthiol, Benzimidazolyl-(2)-mercaptan)** (F. 287°), Darst. 4903; Rk. 14 132; Wrkg.: auf d. Viruswachstum 17 807; auf d. Metamorphose v. Kaulquappen (u. antithyreoide Wrkg.) 914; Ni-— zum Schutz v. Kautschuk gegen Atmosphärilien 9746; Verw.: d. Zn-Salzes zur Konservier. v. Kautschukmilch 4748*; als Stabilisator für Polymere 5115*, 12 854*; zur Herst. eines luftdurchläss. Faservlieses 16 183*; als Glanzbildner für galvan. Ni-Bad 17 198*.
p(4)-**Aminophenylthiocyanat (4-Thiocyanatoanilin, 4-Rhodananilin)** (F. 58—59°), Darst., Konstit.-Einfl. auf UV-, IR-Spektrum u. pK-Wert 10 402; Schiffsche Basen d. — u. ihre fungistat. Eig. 8957; IR-Spektrum 17 351; bakteriostat. Wrkg. 1278; Tüpfelnachw. 3575.

$[C_7H_6N_2S]_x$ **Poly-[*N*-(*p*-phenylen)-thioharnstoff]** 4903.

$C_7H_6N_2S_2$ **6-Amino-2-mercaptobenzothiazol**, Diazotier. u. Verw. d. diazotierten — zum Nachw. v. Phosphatasen 9759.
4-Methyl-1.2-dicyan-3.6-dithiacyclohexen-(1) (F. 87—88°) 2910*.
Benzothiazol-2-sulfenamid, Deriv. 4153.

$C_7H_6N_4$ **4-Methylpteridin**, Verh. gegen Aldehyde 6038.

6-Methylpterin, Bldg., papierchromatograph. u. elektrophoret. Tronn. 13 342.
7-Methylpterin, Bldg., papierchromatograph. u. elektrophoret. Trenn. 13 342.
5-Phenyltetrazol (F. 215° Zers.), Darst., Rk. v. $^{15}N_{(1\ oder\ 4)}$— 3778; Rk. 4158, 4160.
4-Aminopyrido-[2.3:*d*]-pyrimidin, Deriv. 7899.
8-Aminopyrido-[3.4]-pyrazin (F. 149 bis 150°) 129.
1-Amino-3-imino-4(7)-azaisoindolenin, Verw. 8798*.
$C_7H_6N_4O$ 6-Hydroxymethylpterin, Bldg.,papierchromatograph. u. elektrophoret. Trenn. 13 342.
4-Hydroxy-6-methylpteridin, Red. 13 410.
4-Hydroxy-7-methylpteridin 15 601.
5-[2'-Hydroxyphenyl]-tetrazol (F. 222 bis 223°) 10 454.
1-Methylpteridon-(2) (F. d. Monohydrats ca. 153° Zers.) 848.
3.4-Dihydro-3-methyl-4-oxopteridin 7150.
3-Aminobenzo-1.2.3-triazinon-(4), Deriv. 11 659*.
6-Amino-4-oxo-3.4-dihydrobenzo-1.2.3-triazin, Verw. v. Deriv. 6594*.
3-Aminobenzotriazin-1-oxid, Deriv. 3192*.
9(7)-Acetylpurin (F. 167—168° korr.) 10 463.
Carbonyldipyrazol, Darst. v. Estern in Ggw. v. — 3978*.
N.N(1.1')-Carbonyldiimidazol (F. 113 bis 117°), Darst., Rk. 97, 16 661; Rk. mit H_3PO_4 oder Esterphosphaten 8633, 10 278*; Aminolyse 8973; Rk.: mit Aminen 468; mit O-Benzylhydroxylamin 10 840; mit tert.-Butanol 6765; mit Dihydroxydiphenylalkanen 671*; mit Carbonsäuren 18 460; (u. Aminen) 18 460; mit Isonicotinsäure 18 934*; Darst. v. Estern in Ggw. v. — 3978*.
Phenylcarbaminsäureazid 11 881.
$C_7H_6N_4OS$ 3-Mercapto-4-[pyridyl-(2')]-5-hydroxy-1.2.4-triazol (F. 215—216°) 2351.
2-Methylmercapto-10-hydroxyhomopurin (F. 284—285°) 3554*.
7-Methylmercapto-4-hydroxypyrimido-[4.5:*d*]-pyrimidin (F. 315—318°) 15 697*.
2-[Furfuryliden-(2')-hydrazino]-1.3.4-thiadiazol (F. 204°) 4908.
7-Acetylaminothiazolo-[5.4:*d*]-pyrimidin (F. 186,5—188°) 4543.
$C_7H_6N_4OS_2$ 2-Methylmercapto-6-thiono-8-oxo-5.6.7.8-tetrahydropyrimido-[5.4:*d*]-pyrimidin bzw. 2-Methylmercapto-8-mercapto-10-hydroxyhomopurin, Darst., Verw. 3554*; (v. Deriv.) 13 496*.
Bisthiazolyl-(2.4')-carbonsäure-(4)-hydrazid (F. 264—266°), Darst., IR-Spektrum 10 031.
$C_7H_6N_4O_2$ 2-Amino-5-nitrobenzimidazol (F. 222—223° Zers.) 11 907.
2.4-Dihydroxy-7-methylpteridin 6776.
3-Methyl-6-hydroxy-4-oxodihydropteridin 8252.
3-Methyl-7-hydroxy-4-oxodihydropteridin 8252.
5-Hydroxypyrazolyl-(4)-methin-(4')-pyrazolinon-(5'), Verw. v. Deriv. 12 847*.
Purinessigsäure (F. 256—257° Zers., korr.) 10 465.
N.N'-Bis-[cyanacetyl]-formamidin (F. 114°) 15 952.
$C_7H_6N_4O_2S$ 2-Methylmercapto-6.8(„8.10")-dihydroxyhomopurin 3554*.
5-[2'-Aminothiazolyl-(4')]-uracil 5270.
6-Mercaptopurinessigsäure-(9) 10 465.
Purinyl-(8)-mercaptoessigsäure, Wachstumshemm. v. Pflanzen durch — 14 572.
2-Carboxymethylmercapto-4-amino-5-cyanpyrimidin (F. 208—211°) 4641*.
$C_7H_6N_4O_3$ 2.4.6-Trihydroxy-7-methylpteridin 6776.
2.4.7-Trihydroxy-6-methylpteridin 6776, 14 868.
4-Amino-3-nitrophenylharnstoff 1804*.
3-Methylxanthin-8-aldehyd, Darst. 15 598; (d. Thiosemicarbazons) 15 599.
3-Methyl-2.4.8-trioxohexahydropyrimido-[5.4:*d*]-pyrimidin 2362.
7-Methyl-2.4.8-trioxohexahydropyrimido-[5.4:*d*]-pyrimidin 2363.
6-Hydroxypurinessigsäure-(9) 10 465.
$C_7H_6N_4O_3S$ 8-Carboxymethylmercaptohypoxanthin (F. 265° Zers.) 4543.
$C_7H_6N_4O_4$ 3-Methyl-2.4.6.8-tetraoxooktahydropyrimido-[5.4:*d*]-pyrimidin 2362.
1.3-Dimethyl-5-nitrosouracilnitriloxid-(4) (F. 167—168° Zers.) 2362.
Formaldehyd-2.3-dinitrophenylhydrazon 13 784, 17 751.
7-Acetylharnsäure 14 093.
$C_7H_6N_4O_4S$ 1-Methansulfonyl-5-nitrobenzotriazol (F. 137,5—138°) 6939*.
$C_7H_6N_4O_4S_3$ Bis-*S*-carboxymethyl-2.4-dimercapto-4.1.2-triazolo-[3.4:*b*]-1.3.4-thiadiazol (F. 174—174,5° Zers.) 16 678.
$C_7H_6N_4O_5$ (s. *Furamazone* [*Nifuraldezone, 5-Nitrofurfurolamidooxalylhydrazon*]).
1-[5'-Nitrofuryliden-(2')-amino]-hydantoin, Darst. (Zwischenprod.) 9520*.
$C_7H_6N_4S$ 2-Amino-5-[pyridyl-(4')]-thiadiazol (F. 226°) 2732.
1-Phenyl-5-mercaptotetrazol, Adsorpt. an metall. Oberflächen 14 011; photograph. Wrkg. 14 387.
4-[Pyridyl-(2')]-3-mercapto-1.2.4-triazol (F. 224°) 2350.
5-Phenylmercaptotetrazol (F. 92—93°), Darst., Konstit.-Einfl. auf UV-, IR-Spektrum u. pK-Wert 10 402; Verw. 1102*, 1866*, 14 745.
N.N'-Thiocarbonyldiimidazol (F. 95°), Darst., Rk. 4903; Rk. 18 460.
1-Phenyltetrazolinthion-(5), Prüf. auf tuberkulostat. Wrkg. 10 552.
$C_7H_6N_6O_2$ 2-Amino-6-hydroxypteridin-8-carbonamid 3815.
$C_7H_6N_6O_3$ 6-Amino-3.2-[2'.4'-dihydroxypyrimidino]-pyrazincarbonsäureamid-(5), Deriv. 8066*.
$C_7H_6N_6O_7$ 2.4.6-Trinitrophenylsemicarbazid (F. 220°) 7862.
$C_7H_6N_8O_9$ *N.N'*-Bis-[2.2-dinitro-2-cyanäthyl]-harnstoff (F. 136°) 12 992.
$C_7H_6N_{10}O_{20}$ Methylen-*N.N'*-dinitro-bis-[trinitroäthyldicarbaminat] (F. 95—96°) 8852*.
C_7H_6O (s. *Benzaldehyd*).
Hepten-(1)-diin-(4.6)-ol-(3) 4938.
trans-Hepten-(2)-diin-(4.6)-ol-(1) (F. 48 bis 49°) 8637.
Dipropinylketon, analyt. Verw. 10 429.
Bicyclo-[3.2.0]-heptatrienol, Molekularbahnberechn. d. Kations 6723.
Tropon (Cycloheptatrienon), Bldg. 10 771; Darst. v. Deriv. 1867, 14 839; (Übersicht) 2338; Rk. 1591; (v. Deriv.) 5647.
C_7H_6OS 1-[α-Thienyl]-propenal-(3) (Kp.$_2$ 101 bis 102°) 10 270*.
2-Mercaptotropon (F. 52—54°) 14 840.
Thio(l)benzoesäure, Bldg. 12 635; Rk.: mit HN_3 11 881; mit Anthracen u. O_2 11 551; mit 2-Bromäthylaminhydrobromid 5625; mit Aryllithium 10 060; mit $(C_4H_9)_2SnO$ 6228*; mit n-Dioctylzinndichlorid 17 229*.
Phenylthiolformiat (Kp.$_{15}$ 70—72°) 1952.
$C_7H_6OS_2$ 2-Hydroxydithiobenzoesäure, Rk. d. Hydrazoniumsalzes 6382.
Dithiosalicylsäure, Rk. 2544*.
C_7H_6OSe β-[Selenienyl-(2)]-acrolein (Kp.$_2$ 128 bis 129°) 9698.
$C_7H_6O_2$ (s. *Benzoesäure*; *Salicylaldehyd* [*2-Hydroxybenzaldehyd*]; *Tropolon*).
Methylendioxybenzol (1.3-Dioxaindan) (Kp. 173—175°), Darst.: v. — u. Deriv. 16 649; v. Deriv. 7152, 7487; Bromier. (Kinetik), UV-Spektrum 11 863.
β-[Furyl-(2)]-acrolein, Rk. 1226, 10 090.
m(3)-Hydroxybenzaldehyd (3-Formylphenol), spektroskop. Unters. d. freien

Hydroxyl-Valenzschwing. 7090; Wander.-Geschw. an Kieselsäure-Celite-*503* 10 409; Red. 7130; Jodier. (Kinetik) 799; Rk.: mit Fluoren 11 292*; mit 4-Methyl-o-phenylendiamin 2349; mit 4-Chlor-o-phenylendiamin 6025; mit Aceton 15 192; mit 2-[m-Tolylimino]-3-[m-tolyl]-thiazolidon-(4) 13 018; mit 2-[p-Tolylimino]-3-[p-tolyl]-thiazolidon-(4) 13 019; mit Butandion-(2.3)-methoxim-(2) 9518*; mit Anthranilsäure 8488*; mit 2-Hydroxy-5-acetamidoacetophenon 17 380; Glykolyse-Hemm. durch— 2411; papierchromatograph. Abtrenn. als Cyanacethydrazon 10 215.

p-**Hydroxybenzaldehyd (*p*(4)-Formylphenol)** (F. 118,5°), Darst. 7574; Bldg. 8951, 9199; (enzymat.) 184; (durch d. Schimmelpilz Polystictus versicolor) 1275; (bei d. CuO-Oxydat. v. Boden-Huminsäure) 17 428; (R_F-Wert) 16 698; Energie d. H-Bind. im Kristall 16 985; Berechn. d. UV-Maxima 9278; Energiedifferenz d. mesomeren Grenzzustände 3041; spektroskop. Unters. d. freien Hydroxyl-Valenzschwing. 7090; Wander.-Geschw. an Kieselsäure-Celite-*503* 10 409; Red. 10 416; Kinetik d. säurekatalysierten Peroxidoxydat. 9663; Isotopenaustausch mit $H_2^{18}O$ 14 087; Chlorier. 822; Substituenten-Einfl. auf d. Reimer-Tiemann-Rk. 3050; Rk.: mit Hydroxylaminhydrochlorid 2699; mit Fluoren 11 292*; mit Benzylchlorid 11 523; mit β-4-Methylpiperazinoäthylchlorid 11 292*; mit Aminen u. Oxalessigsäurediäthylester 18 458; mit 3.4-Dichloranilin 6010; mit 4-Methyl-o-phenylendiamin 2349; mit 4-Chlor-o-phenylendiamin 6025; mit Propylmagnesiumbromid bzw. Ketonen 15 191; mit [2-Acetyl-4-methylphenyl]-methylselenid 17 757; mit Acetophenonen 4144; mit 4-Hydroxyacetophenon 16 662; mit Poly-(4-vinylacetophenon) 3475; mit 5-Benzoyl-2-hydroxyacetophenon 2720; mit 2.5-Dihydroxy-4.6-dimethoxyacetophenon 10 456; mit Hydantoin 11 535; Semicarbazon-Bldg. (Kinetik) 14 092; Rk.: mit 4-Rhodananilin 8957; mit N-Arylchinaldiniumsalzen 17 395; mit Anthranilsäure 8488*; mit Perbenzoesäure 13 715; mit 2-Hydroxy-5-aminoacylbenzolen 15 570; Vork. bzw. Geh.: in Cerealien 15 655; in vitro gezüchtetem Baumgewebe 10 528; im Brot (Brotaroma) 16 524; Abtrenn. (dünnschicht-chromatograph.) 6531; (papierchromatograph.) 10 215.

4-Methyl-*o*-benzochinon, Rk. 15 546, 15 582.

p-**Toluchinon [Methylbenzochinon-(1.4)],** Darst. v. ³H— 925; Polarisat.-Kurven für d. Syst. —/Methylhydrochinon 12 935; Rk. 9328, 13 380, 15 157; „Hill-Rk." u. Bldg. v. ATP in Ggw. v. — 164; Einfl.: auf d. Succinatoxydase v. mit Aceton extrahierten Rinderherzmitochondrien 3492; auf d. Red. v. Tetrazoliumsalzen durch mit Aceton extrahierte Rinderherzmitochondrien 3493; auf d. Entw. v. Bac. acetoethylicus u. Bact. coli 16 370; Rk. v. Viren d. Newcastleschen Krankh. u. d. Geflügelpest gegenüber — 10 884; — als akt. Prinzip d. Abwehrstoffe v. Diplopoden 15 292.

Phenylformiat 1952.

$C_7H_6O_2S$ **4-Formyl-2-acetothienon (4-Formyl-2-acetylthiophen)** (F. 86—86,5°) 10 827.

5-Formyl-2-acetothienon (5-Formyl-2-acetylthiophen) (F. 104—105°) 10 827.

Thiosalicylsäure (*o*-Thiolbenzoesäure), Bldg. d. Th-Komplexes 18 762; Rk. 3192*, 6410, 7152, 8240; (v. Deriv.) 4643*; Hemm. d. β-Mercaptopyruvattranssulfurase durch — 3135; Verw. v. Salzen 3624*, 16 130*, 19 005*.

m-**Mercaptobenzoesäure (*m*-Thiolbenzoesäure)** (F. 146—147°), Darst., Rk. 11 133; Hemm. d. β-Mercaptopyruvattranssulfurase durch — 3136.

Monophenylthiocarbonat, Na-Verb. 10 061.

$C_7H_6O_2S_3$ **Dithio-α-thenoesäurecarboxymethylester** (F. 123—124°) 6381.

$C_7H_6O_3$ (s. *Protocatechualdehyd [3.4-Dihydroxybenzaldehyd, 1.2-Dihydroxy-4-benzaldehyd]; Resorcinaldehyd [β-Resorcylaldehyd, 4-Hydroxysalicylaldehyd, 2.4-Dihydroxybenzaldehyd]; γ-Resorcylaldehyd [2.6-Dihydroxybenzaldehyd]; Salicylsäure [o-Hydroxybenzoesäure];] Sesamol).*

3-Hydroxytropolon (F. 136°) 6014.

6-Hydroxytoluchinon, Konstit.-Einfl. auf d. pK-Wert 436.

3-Methoxy-*o*-benzochinon, Rk. 7489, 15 547.

4-Methoxy-*o*-benzochinon, Rk. 7489, 15 546.

2-Methoxy-*p*-benzochinon, Rk. 4140, 13 380.

β-**[Furyl-(2)]-acrylsäure** (F. 144°), Darst., Verw. 1832; Darst. v. Homologen d. —u. Eign. als Weichmacher 19 023; Rk. 835, 3262*, 7507, 10 062; Wrkg. auf d. Aufnahme v. Aminosäuren durch d. Wurzeln v. Pflanzen 16 380.

Hydroxybenzoesäuren, Rk. v. Deriv. 16 777*.

m(**3**)-**Hydroxybenzoesäure** (F. 199—201°), Darst. 2172*, 11 535, 12 337, 16 690; (v. —-Polyestern) 9002; Bldg. 8938, 16 277, 17 428; Konstit.-Einfl.: auf d. Rotationsdispers. d. Cinchonidinsalzes 8921; auf d. freie Oberflächenpotential in wss. Lsg. 5237; Adsorpt. an Aktivkohle 5610; Jodier. (Kinetik) 799; Bldg. (enzymat.) 6826; (durch Penicillium griseofulvum Dierckx) 179; enzymat. Rk. 16 009 [2 Ref.]; Einfl. auf Enzyme d. Gehirns 13 433; Vork. in fleisch. Früchten u. wachstumshemmende Wrkg. 15 658; Prüf.: auf glykogenolyt. Aktivität 6865; auf antiinflammator. Wrkg. 10 170; Stoffwechsel-Wrkg. 14 928; Verw. 18 590*; IR-spektroskop. Best. im Isomerengemisch 9461, 9841; photometr. Best. mit 4-Aminoantipyrin 5016.

p(**4**)-**Hydroxybenzoesäure** (F. 215°), Darst. 2172*, 7574, 10 061, 11 370*; (K-Salz) 18 274*; Bldg. 8938, 11 536, 14 365, 16 277, 17 428, 17 734, 19 055; (Deriv.) 18 478; (R_F-Wert) 16 698; Darst.: v. Polyestern d. — 9002; v. Bromderiv., $FeCl_3$-Rk. 1963; v. bactericid wirksamen Deriv. 12 024*; UV-Maxima 9278; Konstit.-Einfl.: auf d. Rotationsdispers. d. Cinchonidinsalzes 8921; auf d. freie Oberflächenpotential in wss. Lsg. 5237; Bezieh. zwischen Halbstufenpotential u. Substitut 17 701; Adsorpt. an Aktivkohle 5610; Löslichk. d. Ag-Salzes in nichtwss. Lsgm. 7070; Radikalfängereig. 9664; Oxydat. 16 649; Bromier. 1964; Decarboxylier. 10 641*; Copolykondens. 15 991; Rk.: mit Alkoholen 5644; mit Epichlorhydrin 16 150*; enzymat. Bldg. 6826; Hemmwrkg. auf Dehydroshikimisäurereduktase 6816; Einfl. auf d. Cystein-Desulfhydrase-Aktivität v. E. coli 15 270; Bldg. durch Penicillium griseofulvum Dierckx 179; bakterielle Oxydat. durch Pseudomonas fluorescens 14 559; Hemm. d. mikrobiellen Wachstums durch —-Ester (*Parabene*) 18 198 [2 Ref.]; Einfl. auf d. Hemm. v. Rickettsienstämmen durch p-Aminobenzoesäure 6460; Oxydat. v. p-Hydroxybenzoat durch Backhefe 17 439; Vork.: in Gerste 17 088; in Espenrinde 5145; in Blättern u. Wurzeln v. Astilbe chinensis 17 461; in Cerealien 15 655; in Wein (papierchromatograph. Identifizier.) 18 307; in Käse 1452; — als Keim.-Inhibitor (in d. Spelzen u. Keimwurzeln d. Gerste u. d. Malzes) 5505; (papierchromatograph. Unters. bei Haferspelze) 18 158; (chromatograph. Nachw. neben D_3) 1443; Stoffwechsel 14 928; (v.

Nitrothiophenol 105; mit Phosphinen 3068; mit Alkyläthylphenylarsinen 12 276; mit 2-Acetonylpyridin 6041; mit 4.4-Dimethylcyclohexen-(2)-on bzw. 4.4-Dimethylcyclohexanon 7864; mit 2-Methylindandion-(1.3)-imin 18 451; mit 1-[p-Methoxy]-phenylamino-7-thioxo-cycloheptatrien-(1.3.5) 3436; mit Aceton u. Al 11 526; mit Trimethylaminoxid 18 435; mit n-Propylmethylphenyl-ammoniumhydroxid 5622; mit d. Na-Salz v. 9-Cyananthranol-(10) 10 075; mit Phosphorigsäuretriäthylester 11 902; mit Triäthylthionophosphat 11 153; mit Triphenylphosphincarbomethoxymethylen 16 654; mit d. Na-Verb. v. 2-Ketocyclohexylglyoxylsäureäthylester bzw. Cyclohexanon 5291; mit N-Acetyl-DL-threonin 4883; mit Aniliden 18 565*; Identifizier. 10 585, 13 514.

o-**Bromtoluol (2-Methylphenylbromid)** (Kp.$_8$ 107°), Darst., Rk. 15 933, 15 937; Massenspektrum 14 815; ^{13}C-Kernresonanzspektroskopie 8201; Konstit.-Einfl. auf d. Singulett → Triplettabsorpt. 12 226; Rk. 4505, 10 058, 11 885, 14 502, 18 088.

m-**Bromtoluol (3-Methylphenylbromid)** (Kp.$_{68}$ 104°), Darst., Rk. 15 937; Massenspektrum 14 815; ^{13}C-Kernresonanzspektroskopie 8201; Rk. 3186*, 9816*, 14 121.

p-**Bromtoluol (4-Methylphenylbromid),** Darst., Rk. 9341; Bldg. 8575; Massenspektrum 14 815; ^{13}C-Kernresonanzspektroskopie 8201; Einfl. d. Substituentengruppen auf d. Ionisationspotential 18 061; Rk. 7532, 11 160.

x-**Bromtoluol** 11 519.

$C_7H_7BrClMgN$ **2-Methyl-6-chloranilinmagnesiumbromid,** Rk. 4260*.

$C_7H_7BrClN_3$ **4-Aziridino-5-brom-2-chlor-6-methylpyrimidin** (F. 127—128° Zers.) 10 095.

C_7H_7BrHg **Benzylquecksilberbromid** (F. 118°) 12 604.

C_7H_7BrHgO *p*-**Methoxyphenylquecksilberbromid** 10 384.

C_7H_7BrMg **Benzylmagnesiumbromid,** Rk. 2708, 10 815, 15 195, 15 207.

o-**Tolylmagnesiumbromid (2-Methylphenylmagnesiumbromid),** Rk.: mit Äthylenoxid 1999, 14 851; mit Dimethylsulfoxid 10 432; mit Paraformaldehyd 5644; mit 6-Methylheptanon-(2) 7168; mit Acetophenon 8229; mit Cyclohexanon 10 070; mit Borsäuremethylester 4510, 14 837.

m-**Tolylmagnesiumbromid,** Rk. 4869, 10 070.

p-**Tolylmagnesiumbromid,** Rk.: in D_2O 799; mit Hexin-(1) (Kinetik) 3408; mit Äthylenoxid 1999; mit Dimethylsulfoxid 10 432; mit Aldehyden 10 270*; mit Cyclohexanon 10 070; mit Anthron-(9) 115; mit 2-Thioketo-4-benzylidenthiazolidonen-(5) 5664; mit Dibenzoyldisulfid 10 060.

C_7H_7BrMgO *o*-**Methoxyphenylmagnesiumbromid,** Rk. 10 071, 10 833, 13 755, 16 297.

m-**Methoxyphenylmagnesiumbromid,** Rk. 453, 3791.

p-**Methoxyphenylmagnesiumbromid (*p*-Anisylmagnesiumbromid),** Rk.: mit PCl_3 2335; mit $CdCl_2$ 453; mit 1.1.2-Tris-[p-methoxyphenyl]-3-dimethylamino-propanol-(1) 15 034*; mit Dimethylsulfoxid 10 432; mit Phenyldichlorphosphin 2370; mit Aldehyden 10 270*; mit Flavanon bzw. Dimethoxychalkonen 10 833; mit 1-Phenyl-3-methyl-4-p-tolyl-azopyrazolon-(5) 5662; mit 6-Keto-1-methoxy-2.3.4.6.7.8-hexahydronaphthalin 5282; mit 1-Methyl-2-keto-5-methoxy-2.3.4.6.7.8-hexahydronaphthalin 5282; mit 4-Benzylidenthiazolidindion-(2.5) 5664; mit Isonicotinsäureäthylester 14 503; mit 3-Acetoxy- bzw. 3-Methoxy-cyclohexen-(2)-on-(1) 5281; mit 2-Carbomethoxy-6-oxo-1.2.3.4.6.7.8.8a-oktahydronaphthalinäthylenketal 17 020; mit p-Toluolsulfonsäureisopropylester 10 071; mit Dibenzoyldisulfid 12 635; mit Trimethylborat 14 837.

$C_7H_7BrMgO_2S$ **Phenylsulfonylmethylmagnesiumbromid,** Rk. 6379.

$C_7H_7BrN_2$ *p*-**Bromphenylformaldehydhydrazon,** Wrkg. auf d. Wurzelwachstum bei Mais u. Bohne 903.

N-**Brombenzamidin,** Rk. 10 841, 14 475.

$C_7H_7BrN_2O$ *p*-**Bromphenylharnstoff** (F. 220°), UV-Spektrum 1546.

$C_7H_7BrN_2S$ *m*-**Bromphenylthioharnstoff** (F. 138°) 1586.

$C_7H_7BrN_2S_2$ *β*-**[Bromphenyl]-dithiocarbazinsäure,** Salz mit p-Bromphenylhydrazin 11 119.

$C_7H_7BrN_4$ **6-Brom-5.7-dimethyl-1.2.3-triazolo-[4.5:*b*]-pyridin** (F. 264—267°) 2357.

$C_7H_7BrN_4O_2$ **8-Bromtheobromin** 8264.

8-Bromtheophyllin, Darst., Rk.8264; Darst., Verw. d. Cholinsalzes 2830*.

C_7H_7BrO *p*-**Brombenzylalkohol,** Darst. 18 800.

2-Methyl-5-bromphenol (F. 77—78°) 7860.

2-Methyl-6-bromphenol 7860.

2-Brom-3-methylphenol, Rk. 102; (d. Li-Verb.) 6006.

x-**Bromkresol,** Rk. 11 549.

o-**Bromanisol,** Kinetik d. Bromier. 800.

p(**4**)-**Bromanisol,** Darst., Rk. 18 801; Substituenten- u. Lsgm.-Einfl. auf d. UV-Spektrum 4473; Bindungsberechn. 12 237; Appearance-Potential u. Konstit. 16 975; Kinetik d. Bromier. 800; Alkylier. 10 807; Rk.: mit K-Phenolat 5267; mit Phenanthrenchinon-(9.10)-benzophenon-azin 6396; mit Myristoylchlorid 18 201*.

$C_7H_7BrO_2$ **2-Methoxy-4-bromphenol,** Verw. 6873*.

5-Bromresorcin-1-methyläther, Rk. 5263.

7-Brom-4-hydroxyheptin-(6)-säure-(1)-lacton (F. 65°) 4936.

2-Brom-3-hydroxycyclohexen-(5)-carbonsäure-(1)-lacton (F. 50°) 18 808.

$C_7H_7BrO_2S$ **Brommethylphenylsulfon,** Vers. d. Rk. mit Benzoylmethylentriphenylphosphoran 2717.

p-**Bromphenylmethylsulfon,** Verw. 8429*.

4-Bromthiophen-2-carbonsäureäthylester, Konstit.-Einfl. auf d. Hydrolyse (Kinetik) 16 986.

5-Bromthiophen-3-carbonsäureäthylester, Konstit.-Einfl. auf d. Hydrolyse (Kinetik) 16 986.

$C_7H_7BrO_6S$ *exo-trans*-**5-Hydroxy-6-brom-7-oxabicyclo-[2.2.1]-heptancarbonsäure-(2)-sulfonsäure-(3)-sulton** (F. 226—230° korr.) 12 251.

C_7H_7BrS **3-Bromphenylmethylsulfid,** Rk. 12 021*.

$C_7H_7Br_2N$ **3.5-Dibrom-4-methoxyanilin** 14 113.

$C_7H_7Br_2NO$ **3.5-Dibrom-1.4-dimethylpyridon-(2)** (F. 215—216°) 10 093.

3.5-Dibrom-1.6-dimethylpyridon-(2) (F. 153 bis 154°) 10 093.

$C_7H_7Br_3OTe$ *p*-**Methoxyphenyltellurtribromid,** Rk. 14 109.

C_7H_7Cl **Benzylchlorid (*α*-Chlormethylbenzol, *α*-Chlortoluol)** (Kp. 179°), Darst. 14 317*; Bldg. 81; (v. opt.-akt. $D_{(\alpha)}$-—) 8564; Konstit.-Einfl. auf d. IR-Intensitäten 14 811; Einfl. eines Austausches v. H gegen D auf d. IR-Spektrum v. $D_{(CH_2)}$-— 4872; Massenspektrum 14 815; Spektren in d. Glimmentlad. 1934; ^{13}C-Protonen-Spin-Spin-Koppl.-Konst. 5978; Einfl. d. Elektronenenergie auf Elektronenstoßprozesse 6717; DK u. dielektr. Verlust 7463; Leitfähigk. in $SbCl_3$ 5980; Einfl. auf d. Glasritzeffekt 8891; Oxydat. 1412*, 10 431; Hydrolyse (Kinetik) 5245; Solvolyse in Dimethylsulfoxid/W.-Mischungen 16 989; Radikalchlorier. 82; Kinetik d. Substitut.-Rk. d. Cl gegen J 4490; Nitrier. (Kinetik) 2694; Rk.: mit H_2O_2 2174*; mit Alkali (Kinetik) 6365; mit NaJ (Kinetik) 2318; mit $Li^{36}Cl$ (Kinetik) 16 989; mit Thiosulfat 15 911; (Wrkg. d. Ionenstärke) 5989; mit $CHCl_3$ 12 613; mit Benzolderiv. 3063; mit m-Xylol 7504; mit Δ^2-Imidazolinen 18 110; mit Methylpyrazin 18 469; mit 3.4-Dihydro-β-carbolin 13 760; mit 6-Chlorpurin 10 464; mit Thianaphthenen 7136; mit d. CS_2-Piperazin-Addukt 1609; mit Na-Indolen 12 290; mit α-Phenyläthylamin 17 695; mit Äthylendiaminmonohydrat 6213*; mit 4-Amino-3.5-dithiono-1.2.4-triazolidin 8242; mit 1-[4′.6′.8′-Trimethylazulenyl-(1′)]-1-dimethylaminoäthylen 13 747; mit 2-Nitro-4-dimethylaminoanilin 14 688*; mit 4-Chlor-2-nitroanilin 4152; mit 2.5-Dinitroanilin 4153; mit 1-Dodecyl-2-iminoimidazolidin 10 573*, 12 769*; mit Phenylpiperidyl-(2)-methanolen 5020*, 5021*; mit α-Naphthol bzw. Mesitol 14 474; mit Na-Phenolat (Kinetik) 85; mit 4-tert.-Butyl-2.6-dimethylphenolat (Homogenität als Richtungs-Einfl.) 18 426; mit 2-Methyl-4-hydroxychinazolin bzw. 2-Methyl-3.4-dihydro-4-ketochinazolin 12 301; mit 2-Aminoäthanol 1572; mit 3.4-Dihydroxybrombenzol 7110; mit α-Ketolen 11 171; mit Hydroxyisoflavonen 1229; mit Methylfuranosiden 18 473; mit Methyl-5-O-trityl-α- u. β-D-xylosid 18 477; mit 1.2; 4.5-Di-O-isopropyliden-D-fructose 4174; mit 4-tert.-Alkylguajacolen 814; mit 4-tert.-Butylguajacol 18 798; mit Pentaerythritdiallyläther 300*; mit Bis-[β.β-diäthoxyäthyl]-amin 3099; mit erythro-[3′.4′-Dimethoxyphenyl]-piperidyl-(2)-methanol 18 204*; mit 6-Mercapto-9-methylpurin 14 513; mit 2.5-Bis-[mercaptomethyl]-furan 1600; mit 4-Hydroxy-3.5 (bzw. 3.6)-dichlorthiophenol 11 531; mit 2-Mercapto-4-methyl-5-[β-hydroxyäthyl]-thiazol 4532; mit 2-Mercapto-4-hydroxy-6-methylpyrimidin 17 759; mit Dimethylsulfoxid 2698; mit tert.-Butylaminodiphenylphosphin 11 168; mit Metallacetyliden 10 071; mit Organo-Mg-Komplexverb. 7322*; mit Benzyl-MgCl u. Anthracenderiv. 10 075; mit Methylmagnesiumjodid u. 9-Cyan-10.10-dibenzyl-9.10-dihydroanthracen 17 022; mit Arylsulfonylmethylmagnesiumbromiden 6379; mit Organolithium-Verb. v. Elementen d. 4. u. 5. Hauptgruppe 12 954; mit Furyl-(2)-lithium 13 383; mit Hexaäthyldistannan 5591; mit $[(CH_3)_2SnS_2]^{2-}$ 8548; mit x-Acetyl-1-methylcyclopentadienylmangantricarbonylhydrazon 60; mit p-Hydroxybenzaldehyd 11 523; mit 4-Methoxy-2-hydroxybenzaldehyd bzw. 2.5-Dimethoxybenzol 7984; mit Aceton u. Al 11 526; mit Benzophenon u. Essigsäureäthylester bzw. β-Hydroxy-β.β-diphenylpropionsäure-tert.-butylester 462; mit o-Hydroxyacetophenon 12 615; mit 2′-Hydroxychalkon 16 662; mit [2.4-Dihydroxy-5-methylphenyl]-benzylketon 3090; mit 1-[3′-Methoxy-4′-hydroxyphenyl]-3-alkoxypropanon-(1) 17 375; mit Acetylaceton 15 208; mit Cyclohexandion-(1.2) 10 068; mit Cyclohexandion-(1.3) 4142; mit 2- bzw. 4-Nitroöstron 15 612; mit 2.2-Dimethyl-4.6-dioxo-1.3-dioxan 3456; mit d. Na-Salz v. 2.4.6.8-Tetraoxooktahydropyrimido-[5.4:d]-pyrimidin 2362; mit Trimethylaminoxid 18 435; mit 2-Methylaminopyridin-1-oxid 3042; mit N-Methylaminoacetonitril 1950; mit α-Na-Essigsäure-Na 8785*; mit 1.4-Dihydrobenzoesäure 18 809; mit 2.2-Dimethyl-3-[6′-hydroxynaphthyl-(2′)]-valeriansäure 9078*; mit Methionin 17 369; mit 5-Hydroxypyron-(4)-carbonsäure-(2) 16 679; mit Isonioctinsäuremethylester 9712; mit β-[p-Hydroxyphenyl]-propionsäuremethylester 12 291; mit p-Hydroxybenzoesäuremethylester 7156; mit Gallussäuremethylester 7157; mit Isoamylacetessigsäureäthylester 817; mit α-Äthylacetessigsäureäthylester bzw. Salzen v. Acetessigester 12 987; mit Alkali- oder Erdalkalideriv. v. Malonestern, β-Ketoestern oder α-Cyanestern 17 558*; mit Na-Bimalonester 3058; mit d. Na-Verb. v. n-Butylidenmalonsäurediäthylester 2340; mit Allylmalonsäurediäthylester 12 017*; mit Acetamidocyanessigsäureäthylester 9677; mit Aniliden 18 565*; mit K-Saccharin 1195; mit 6-Chlor-7-aminosulfonyl-3-oxo-2H-3.4-dihydrobenzo-1.2.4-thiadiazin 14 141; mit Sulfensäure-Salzen 8951; mit Vitamin-A-Aminoverb. 8720*; mit Isocaviunin 5666; — als Quaternierungsmittel 15 775*; (für Polyoxyalkylenaminodiamide) 5100*; Verw. zur Darst. v. Stärkederiv. 14 710*; Best. d. Äquivalentgew. v. — 9098; Identifizier. 10 585, 13 514.

o-**Chlortoluol (2-Methylphenylchlorid),** Bldg. 4131, 8575, 9670, 10 792; Isomerenverteil. bei d. Chlorier. v. Toluol 5245; Massenspektrum 14 814; ^{13}C-Kernresonanzspektroskopie 8201; Temp.-Abhängigk. d. dielektr. Relaxat. 13 705; Auflös. v. $UCl_5 \cdot PCl_5$ unter Rk. in — 12 220; Rk. 2172*, 11 885, 12 613, 13 724; Verw. 18 277*; Trenn. v. Isomeren 307*, 15 158.

m-**Chlortoluol (3-Methylphenylchlorid),** Bldg. 4131; Massenspektrum 14 814; ^{13}C-Kernresonanzspektroskopie 8201; Rk. 82, 3986*, 4636*, 5767*, 6506*; Trenn. v. isomeren Chlortoluolen 15 158.

p-**Chlortoluol (4-Methylphenylchlorid),** Bldg. 4131, 8575, 9670, 10 792; Isomerenverteil. bei d. Chlorier. v. Toluol 5245; Massenspektrum 14 814; ^{13}C-Kernresonanzspektroskopie 8201; Thermodynamik d. Syst. —/Bzl. 15 902; Einfl. auf d. Kernquadrupolresonanz in p-Dichlorbenzol 17 353; Singulett-Triplett-Übergang in — 18 417; Konstit.-Einfl. auf d. Singulett → Triplettabsorpt. 12 226; Einfl. d. Substituentengruppen auf d. Ionisationspotential 18 061; Relaxationszeit 15 169; Oxydat. 7699*; Nitrier. 15 028*; photochem. Bromier. 11 160; Radikalchlorier. 82; Rk.: mit $CHCl_3$ 12 613; mit Diäthylformamid 17 205*; mit Phthalsäureanhydrid 5857*; Verw. 16 848*, 18 277*; Trenn. v. Isomeren 307*, 15 158.

x-Chlortoluol, Rk. 12 837*.

$C_7H_7ClFOPS$ **Chlorfluorthiophosphorsäure-*O*-*o*-kresylester** (Kp.$_8$ 89—90°) 1569.
Chlorfluorthiophosphorsäure-*O*-*m*-kresylester (Kp.$_8$ 103—104°) 1569.
Chlorfluorthiophosphorsäure-*O*-*p*-kresylester (Kp.$_8$ 99—100°) 1569.

$C_7H_7ClFO_2PS$ **Chlorfluorthiophosphorsäure-*O*-*m*-methoxyphenylester** (Kp.$_8$ 110—111°) 1569.

$C_7H_7ClFeO_3$ **1-Methyl-π-allyleisentricarbonylchlorid** (F. 58—60°) 2298.

C_7H_7ClHg **Benzylquecksilberchlorid** (F. 103°), Darst. 12 604; Rk. 18 786.
Tolylquecksilberchlorid, R_F-Wert 12 407.

C_7H_7ClMg **Benzylmagnesiumchlorid,** Darst., Rk. 17 022; Rk.: mit MnJ_2 2667; mit $SiCl_4$ 10 065; mit $^{14}CO_2$ 2371, 5252; mit Polyenen 13 371; mit Anthracenderiv. 10 075; mit 1.3.3-Triäthoxy-1-phenylbutan 4893; mit Dimethylsulfoxid 10 432; mit Stilbenyl-(4)-arsindichlorid 4515; mit Isobutyraldehyd 11 537; mit 5-Phenylpentadien-(2.4)-al 2719; mit Durylphenylketonen 7133, 13 374; mit Pentadeuterobenzophenon 8940; mit 4-Benzoylpyridin 14 503; mit 2-Benzylidencyclopentanon 10 469; mit 1.1'-Dibenzoylferrocen 5272; mit 2-Cyanpyridin 7523; mit α.α-Diphenylbernsteinsäuremonomethylester 14 487; mit α-Chinolylazocarbonsäureäthylester 11 923; mit Thiolsulfinsäureestern 8951; mit cycl. Butandiol-(1.3)-sulfat 15 188; mit Propionsäureanhydrid u. 2-Dimethylaminomethylchromanon-(4) bzw. -indanon-(1) bzw. -benzosuberon 9693; mit $^{14}C_{(CO)}$-Benzamid 2699; mit 2-Brombenzamid 11 548; mit 2.3-Dimethoxybenzamid bzw. o-Methoxybenzamid 843.

o-**Tolylmagnesiumchlorid**, Darst. 1405*; Rk. 7322*, 7691*; (v. Deriv.) 4716*.

m-**Tolylmagnesiumchlorid**, Darst. 1405*; Rk. 7691*; (v. Deriv.) 4716*.

p-**Tolylmagnesiumchlorid**, Darst. 1405*; Rk. 7322*, 7691*, 8781*; (v. Deriv.) 4716*.

C_7H_7ClMgO *p*-**Anisylmagnesiumchlorid** (*p*-**Methoxyphenylmagnesiumchlorid**), Darst. d. Tetrahydrofuran-Komplexes 11 361*; Rk. 7322*, 7691*; (v. Deriv.) 4716*.

x-Anisylmagnesiumchlorid, Rk. 8781*.

$C_7H_7ClN_2$ *p*-**Chlorbenzamidin** 6746.

$C_7H_7ClN_2O$ *N*-**Methyl-*m*-chlor-*p*-nitrosoanilin** (F. 128—130° Zers.) 459.

3-Allyloxy-6-chlorpyridazin (F. 44°) 1990.

p-**Chlorphenylharnstoff**, Rk. 11 185.

1-Chlor-3-diazonorcampher (F. 77,8—79°) 15 224.

3-Chlorbenzamidoxim (F. 115—116°) 9704.

2-Acetamido-5-chlorpyridin, UV- u. IR-Spektrum 18 058.

N-**Chloracetyl-α-aminopyridin** (**2-Chloracetylaminopyridin**, *N*-**[Pyridyl-(2)]-chloracetamid**) (F. 112—114°), Darst., Rk. 18 089, 18 439; IR- u. UV-Spektrum, Tautomerie 8199.

o-**Chlorbenzoylhydrazin** (F. 170°), Darst., tuberkulostat. Wrkg. 14 863.

p-**Chlorbenzoesäurehydrazid** (F. 164—165°) 15 934.

$C_7H_7ClN_2O_2$ **2-Chlor-4-nitro-6-methylanilin** (**1-Amino-2-chlor-6-methyl-4-nitrobenzol**) (F. 171—173° korr.), Darst. 1579; Antifungusaktivität 17 805.

N-**Methyl-2-nitro-4-chloranilin**, Antifungusaktivität 17 805.

N-**Methyl-2-chlor-4-nitroanilin**, Antifungusaktivität 17 805.

3-Chlorpyridazin-6-carbonsäureäthylester (F. 152—155°) 16 062*.

4-Chlor-5-carbäthoxypyrimidin (Kp.$_{0,05}$ 74 bis 75°), Darst. 13 030; Rk. 13 030.

$C_7H_7ClN_2O_3$ **2-Chlor-4-nitro-6-methoxyanilin**, Antifungusaktivität 17 805.

4-Carboxy-6-chlorpyridazinol-(3)-äthylester (**4-Äthoxycarbonyl-6-chlorpyridazinol-(3)**) (F. 152,5°) 6036.

$C_7H_7ClN_2O_3S$ *N*-**[4-Chlorbenzolsulfonyl]-harnstoff**, Rk. 18 098.

$C_7H_7ClN_2O_4S$ **3-Aminosulfonyl-4-chlor-6-aminobenzoesäure** (F. 271,5° Zers.) 13 573*.

$C_7H_7ClN_2O_5$ **3-Amino-4-methyl-6-nitroperchlorylbenzol** 8780*.

$C_7H_7ClN_2O_6S_2$ **5-Chlor-2.4-disulfamylbenzoesäure**, Rk. 15 694*.

$C_7H_7ClN_2S$ **3-Allylmercapto-6-chlorpyridazin** (F. 66°) 1990.

o-**Chlorphenylthioharnstoff** (F. 144—146°), Darst., Rk. 4526; Verw. 11 338*.

p-**Chlorphenylthioharnstoff** (*N*-**[4-Chlorphenyl]-thiocarbamid**), Prüf. auf tuberkulostat. Wrkg. 10 552; Verw. 11 338*.

m-**Chlorthiobenzhydrazid** (F. 118—119°) 6382.

p-**Chlorthiobenzhydrazid** (F. 123—124°) 6382.

$C_7H_7ClN_4$ **7-Äthyl-6-chlorpurin** (F. 122—123° korr.) 10 464.

6-Chlor-8-äthylpurin (F. 170—172° Zers., korr.) 10 463.

9-Äthyl-6-chlorpurin (F. 81—84° korr.), Darst. 10 464; in vivo-Wrkg. gegenüber Sarkom 180-Ascites Zellen (Vgl.) 14 539.

6-Chlor-2.8-dimethylpurin, Rk. 10 462.

2-Dimethylamino-4-chlor-5-cyanpyrimidin (F. 149—150°) 15 696* [2 Ref.].

$C_7H_7ClN_4O$ **9-[β-Hydroxyäthyl]-6-chlorpurin** (F. 154—157° korr.) 10 464.

1.5-Dimethyl-6-chlor-4-oxo-4.5-dihydropyrazolo-[3.4:*d*]-pyrimidin (F. 177—178°) 949*, 1324*.

2.5-Dimethyl-6-chlor-4-oxo-4.5-dihydropyrazolo-[3.4:*d*]-pyrimidin (F. 199—200°) 950*, 1325*.

$C_7H_7ClN_4O_2$ **8-Chlortheophyllin**, Darst., Verw. d. Cholinsalzes 2830*; Salz: mit α-Dimethylaminoäthyl-β-benzhydryläther s. *Dimenhydrinat*; mit α-Methylbenzhydryl-2-dimethylaminoäthyläther s. *Theadryl*.

8-Chlortheobromin (F. 297°), Darst., Prüf. auf Curare-Wrkg. 12 752.

3-Methyl-8-chlormethylxanthin 15 597.

$C_7H_7ClN_4O_4S_2$ **3-Amino-6-chlor-7-aminosulfonyl-1.2.4-benzothiadiazin-1.1-dioxid** (F. 360°) 2092*.

$C_7H_7ClN_4S$ **1-Methyl-6-methylmercapto-3-chlorpyrazolo-[3.4:*d*]-pyrimidin** (F. 104 bis 105°) 17 760.

C_7H_7ClO *m*-**Chlorbenzylalkohol** (Kp.$_{0,22}$ 67 bis 78°), Bldg. 13 718; Best. d. Rotationsisomeren aus d. ν(OH) 11 506.

p-**Chlorbenzylalkohol** (F. 75°), Darst. 99, 6205*, 6579*, 15 763*, 18 800; Bldg. 15 188; Best. d. Rotationsisomeren aus d. ν(OH) 11 506.

p(4)-**Chlor-*o*-kresol**, Darst. 14 318*; Rk. 15 770*.

5-Chlor-2-methylphenol (F. 73°), Darst., Rk. 10 431; IR-Spektrum 3764.

p(4)-**Chlor-*m*-kresol** (**4-Chlor-3-methylphenol**), spektroskop. Unters. d. freien Hydroxyl-Valenzschwing. 7090; bakteriostat. u. fungistat. Aktivität v. Deriv. 181; Verw. 16 889*.

x-Chlorkresol, hämolyt. Wrkg. 12 757.

o(2)-**Chloranisol** (Kp. 196,6°), Ramanspektrum im festen Zustand bei *—180°* 6715; Einfl. d. dielektr. Relaxat. auf d. Rotat. d. Methoxygruppe 6717; Kinetik d. Bromier. 800; Rk. mit γ- oder δ-Aminocarbonsäuren 13 208*; gaschromatograph. Retentionszeit 7270.

p-**Chloranisol** (*p*-**Chlorphenylmethyläther**) (Kp. 198°), Darst. 14 318*; Substituenten- u. Lsgm.-Einfl. auf d. UV-Spektrum 4473; Ramanspektrum im festen Zustand bei *—180°* 6715; Bindungsberechn. 12 237; DK u. dielektr. Verluste 18 417; Rk. 11 361*, 17 208*; gaschromatograph. Retentionszeit 7270.

1.4-Dihydrobenzoesäurechlorid (Kp.$_{15}$ 82°) 18 808.

C_7H_7ClOS **4- u. 5-Chlormethyl-2-acetylthiophen**, Gemisch mit 5-Chlormethyl-2-acetylthiophen 10 827.

p-**Toluolsulfinylchlorid**, Rk. 11 169.

C_7H_7ClOSe **2-Chlormethyl-5-acetylselenophen** (Kp.$_8$ 144,5—145,5°) 11 559.

$C_7H_7ClO_2$ **5-Chlor-3-methylbrenzcatechin**, — als Stoffwechselprod. v. 4-Chlor-2-methylphenoxyessigsäure bei Bodenbakterien 1654.

2-Chlororcin, Rk. 8613.

5-Chlorguajacol 12 270.

1-Chlornorcampherchinon (F. 94,8—96,6°) 15 224.

$C_7H_7ClO_2S$ β-**[3-Chlorthienyl-(5)]-propionsäure** (F. 78°) 12 650.

5-Chloräthylthenoat 8781*.

Toluol-α-sulfonsäurechlorid (**Toluol-ω-sulfochlorid**, **Phenylmethansulfonsäurechlorid**), Rk. 7123, 8600, 15 333*.

o-**Toluolsulfochlorid**, Anomalie im Schwingungsspektrum 2680; Rk. 15 203, 16 061*.

p-**Toluolsulfochlorid** (*p*-**Toluolsulfonylchlorid**, *p*-**Tosylchlorid**, *p*-**Toluolsulfonsäurechlorid**, **4-Methylbenzolsulfonsäure-**

chlorid), elektrolyt. Red. 5608; Rk.: mit Tetralinen 17 021; mit Oktalyl- u. Dekalylderiv. 16 273; mit Norbornenen 7880; mit Pyridin u. 4-β-Hydroxyäthyl-1.4-diazabicyclo-[4.4.0]-decan 2358; mit γ-Äthylpyridin 15 963; mit Chinolin + Indol 18 825; mit 3-[Indolyl-(2)]-piperidin 10 835; mit 5-Phenyltetrazol 4159; mit tert.-Butylamin 13 717; mit 2-Amino-1.3.4-thiadiazolderiv. 15 333*; mit o-Phenylendiamin 572*; mit 5-[3'-Hydroxypropyl]-iminodibenzyl 16 061*; mit N.N-Bis-[β-chloräthyl]-hydrazin-hydrochlorid 17 368; mit sek.-Butylalkohol bzw. Isopropanol 10 070; mit Octanol 17 353; mit β-Hydroxy-α-phenylpropan 1588; mit D(α)-Benzylalkohol 8563; mit Cyclohexanol 10 057; mit 1-Hydroxymethyl-4-methylcyclohexan 17 012; mit 2-Tropyläthanol 4866; mit 3-Lupinen bzw. 3-Epilupinin 1607; mit 6-Methylcholesterin 18 842; mit Trimethylenbromhydrin 3816; mit 1.1-Dihydroperfluoralkanol 17 182*; mit Aminoalkoholen 2458*; mit trans-2-Amino-cis-4-tert.-butylcyclohexanol 13 006; mit Butandiol-(1.4) bzw. 4-[4-Bis-(β-hydroxyäthyl)-aminophenylazo]-benzolsulfonsäure 4507; mit 1.4-Bis-[hydroxymethyl]-cyclohexan 17 011; mit α.β-Isopropyliden- bzw. α.γ-Benzylidenglycerin 447; mit 1-Phenyl-1-desoxyglucose 2739; mit 4.6-Benzal-α-methyl-D-galaktosid 18 118; mit Methyl-2.3-isopropyliden-D-lyxopyranosid 11 930; mit 8-Alkoxy-1.2.3.4-tetrahydrochinolinen 954*; mit 5-Äthoxy-8-aminochinoxalin 3460; mit α-Methoxynaphthalin 15 203; mit 2-Methyl-3.3-dimethoxy-5-hydroxymethyltetrahydrofuran 11 198; mit Hexaäthyldistannan 5591; mit Mercaptoäthanol 9300; mit 3-Methansulfonyl-10-[3-hydroxypropyl]-phenthiazin 7993*; mit p-Amino-p'-nitro-m'-methoxydiphenylsulfon 3787; mit Diäthylsulfimin bzw. Dimethylsulfimin 15 555; mit p-Nitrophenylmethylsulfoximin 6742; mit O-Methyl-N-tetramethylenisoharnstoff 7623*; mit Pentanatriumsaccharat 7527; mit Quecksilber-bis-acetaldehyd 12 271; mit 4-Aminotropolonsulfat 7868; mit 3.6α-Dihydroxy-Δ^{16}-pregnen-20-on 7995*; mit 3.6.17α-Trihydroxypregnan-20-on 13 497*; mit 2.2'-Oxalyl-6-cyclohexylidencyclohexanon 15 583; mit Norcampheroxim 17 764; mit N-[3-Hydroxypropyl]-benzaldinin bzw. 3-Aminopropanol bzw. Äthylencyanhydrin 10 058; mit Zuckermercaptalen 17 765 [2 Ref.]; mit 3-Desoxy-D-galaktosedimethylmercaptal 14 510; mit D-Mannosedimethylmercaptal 6419; Adduktbldg. mit Chinolin-1-oxid 1605; Rk.: mit Kojisäurebenzyläther 16 679; mit L-α-Stearoylglycerin 16 646; mit 5α.20β.22α.25D-Spirostan-3β.20α.21-triol-3-acetat 12 666; mit 3.5-Dinitro-4-hydroxyphenylessigsäuremethylester 17 720; mit Acylglucose 8260; mit Phosphorsäurediäthyl-[4-hydroxy-2-methylnaphthyl-(1)]-ester bzw. verwandten Verb. 832; mit Cellulosederiv. 3178; mit Isorauncscin 12 769*; mit 5'-O-Acetyladenosin 6424; mit 3α-Acetoxy-16α.17aα-dihydroxy-17aβ-methyl-D-homoandrostan-11.17-dion 18 124; mit 3β.11α-Diacetoxy-1β.5β.19.21-tetrahydroxypregnan-20-on-1.19-acetonid 6513*; mit cycl. Maleinsäurehydrazid 9344; mit Diphenyläther-4-carbonsäurehydrazid bzw. stellungisomeren Verb. 4140; mit 2.3-O-Isopropyliden-D-ribono-1→4-lacton 10 429; mit N-[m-Aminophenyl]-butansultam-(1.4) 12 252.

$C_7H_7ClO_2S_2$ **o-Methylsulfonylphenylsulfenylchlorid** 1576.
m-Methylsulfonylphenylsulfenylchlorid 1576.
p-Methylsulfonylphenylsulfenylchlorid 1577.

$C_7H_7ClO_2Se$ **5-Chlorselenophen-2-carbonsäureäthylester** (Kp.$_{14}$ 120°) 9699.

$C_7H_7ClO_2Te$ **p-Methoxyphenyltelluroxochlorid** (F. 225—235° Zers.) 14 108.

$C_7H_7ClO_3$ **2-Methylperchlorylbenzol** 8780*.
4-Methylperchlorylbenzol 8780*.
2-Chlormethyl-5-methoxypyron-(4), Rk. 3807.
5-Chlormethylfuroesäure-(2)-methylester (5-Chlormethylfuran-2-carbonsäure-methylester) (F. 33°), Darst., Rk. 18 493; Rk. 11 910.
5-Methoxymethylfuran-2-carbonsäurechlorid, Rk. 11 178.

$C_7H_7ClO_3S$ **4-Methylmercaptoperchlorylbenzol** 8780*.
4-Chlor-3-methylbenzolsulfonsäure, Bezieh. zwischen Struktur u. Stabilität v. Cd-Komplexen 46.
p(4)-Methoxybenzolsulfochlorid (F. 41,5, Kp.$_{14}$ 173°), Darst. Rk. 1548; Rk. 15 333*, 16 135*.

$C_7H_7ClO_4$ **2-Methoxyperchlorylbenzol** 8780*.
4-Methoxyperchlorylbenzol 8780*.

C_7H_7ClS **5-Chlor-2-allylthiophen** 7322*.
Chlorthiokresol 7691*.
2-Chlorphenylmethylsulfid (Kp. 225—230°) 11 535.
3-Chlorphenylmethylsulfid (Kp. 244°) 11 535.
4-Chlorphenylmethylsulfid (Kp. 224°) 11 535.
Toluol-2-sulfenylchlorid, Rk. 1030*.
Toluol-4-sulfenylchlorid, Rk. 1030*.

$C_7H_7Cl_2FSi$ **Methyl-o-fluorphenyldichlorsilan**, Gemisch mit d. m- u. p-Fluorderiv. 12 638.
Methyl-m-fluorphenyldichlorsilan, Gemisch mit d. o- u. p-Fluorderiv. 12 638.
Methyl-p-fluorphenyldichlorsilan, Darst. d. Gemisches mit d. o- u. m-Fluorderiv. 12 638; Rk. 17 724.

$C_7H_7Cl_2F_3O_2$ **α.β-Dichlor-γ.γ.γ-trifluorcrotonsäureisopropylester** (Kp. 165°) 16 841*.

$C_7H_7Cl_2N$ **2.3-Dichlorbenzylamin** (Kp.$_{18}$ 136 bis 140°) 13 370.
2.4-Dichlorbenzylamin (Kp.$_{20}$ 132°), Darst., Deriv. 13 370; Rk. 1957, 5019*.
2.5-Dichlorbenzylamin (Kp.$_{13}$ 124—126°) 13 370.
2.6-Dichlorbenzylamin (Kp.$_{10}$ 117°) 13 370.
3.4-Dichlorbenzylamin (Kp.$_{15}$ 137—139°), Darst., Hydrochlorid 13 370; Rk. 5019*, 13 873*.
N.N-Dichlorbenzylamin 18 105.
2-Amino-3.5-dichlortoluol (1-Amino-2.4-dichlor-6-methylbenzol), Rk. 13 370; Verw. 17 937*.

$C_7H_7Cl_2NOS$ **N-Acetyl-2.3-dichlorthenyl-(5)-amin** (F. 79°) 12 651.

$C_7H_7Cl_2NO_2S$ **p-Aminophenyldichlormethylsulfon** (F. 94—98°) 1383*.
2-Methyl-6-chlorbenzolsulfonsäurechloramid, Rk. 18 564*.
Toluolsulfonsäuredichloramid (N.N-Dichlor-p-toluolsulfonamid), Trockn. u. Reinig. 17 208*; IR-Spektrum 1170.

$C_7H_7Cl_2NO_2Si$ **Nitrophenylmethyldichlorsilan** (Kp.$_{3,2}$ 118—122°) 6586*.

$C_7H_7Cl_2NO_3S_2$ **3-Amino-4.6-dichlorbenzylthioschwefelsäure** (F. 247°) 2907*.

$C_7H_7Cl_2NO_4S_2$ **5-Methylanilin-2.4-disulfonsäuredichlorid**, Rk. 16 064*.

$C_7H_7Cl_2NO_5S_2$ **5-Methoxyanilin-2.4-disulfonyldichlorid** (F. 129—130°), Darst. 8060*; Rk. 16 064*.

$C_7H_7Cl_2NS$ **Methyl-[3.5-dichlor-4-aminophenyl]-thioäther** (F. 54—56°) 17 838.

$C_7H_7Cl_2N_3$ **4-Aziridino-2.5-dichlor-6-methylpyrimidin** (F. 115—116°) 10 095.

$C_7H_7Cl_2N_3O_2$ **[2.4-Dichlor-symm.-triazinyl-(6)]-essigsäureäthylester** 6417.

$C_7H_7Cl_2N_3O_3$ **5-Dichloracetylamino-6-methyluracil** (F. 280° Zers.), Darst., Prüf. auf tumorhemmende Wrkg. 11 592.

2-[1'-Carbomethoxyäthoxy]-4.6-dichlor-1.3.5-triazin (2-[α-Methoxycarbonyläthoxy]-4.6-dichlor-1.3.5-triazin) ($Kp._{0,01}$ 104—106°) 6938*, 8258.

$C_7H_7Cl_2N_3O_4S_2$ **5.6-Dichlor-3.4-dihydro-7-sulfamyl-1.2.4-benzothiadiazin-1.1-dioxid** (F. 307—309°) 4923.

$C_7H_7Cl_2N_3S$ **2-[β-Methylallylmercapto]-4.6-dichlor-1.3.5-triazin** ($Kp._{0,01}$ 78°) 8258.

$C_7H_7Cl_2N_5$ **2.8-Dichlor-6-dimethylaminopurin** (F. 287—288°) 15 600.

$C_7H_7Cl_2OP$ ***p*-Methoxyphenyldichlorphosphin**, Rk. 2369.

***p*-Tolylphosphitdichlorid**, mol. magnet. Rotat. 12 233.

$C_7H_7Cl_2OPS$ ***p*-Tolylthionphosphatdichlorid**, mol. magnet. Rotat. 12 233.

$C_7H_7Cl_2OPS_2$ ***O*-[4-Methylmercaptophenyl]-dichlorthionophosphat** ($Kp._{0,5}$ 105—110°), Rk. 16 108*.

$C_7H_7Cl_2O_2P$ **Dichlorphosphorsäure-4-methylphenylester**, Rk. 7850.

$C_7H_7Cl_2O_2PS$ **4-Methylmercaptophenyldichlorphosphat** ($Kp._{1,3}$ 130—132°), Rk. 16 108*.

***O*-[4-Chlorphenyl]-*O*-methylthiophosphorsäurechlorid** 10 248*.

$C_7H_7Cl_2P$ ***p*-Tolyldichlorphosphin (*p*-Tolylphosphonigsäuredichlorid)** ($Kp._{10}$ 110 bis 113°), Darst. 3435; Rk. 3790, 16 293.

$C_7H_7Cl_3NO_2PS$ ***O*-Methyl-*O*-[2.4.5-trichlorphenyl]-thiophosphorsäureamid** s. *Schädlingsbekämpfung-Spezialmittel (Dow-ET-15).*

***O*-[2.4.6-Trichlorphenyl]-*O*-methylthiophosphorsäureamid** (F. 68,5°) 10 248*.

$C_7H_7Cl_3NO_3P$ **Amidophosphorsäuremethyl-2.4.5-trichlorphenyldiester** (F. 123 bis 124,5°) 4647*.

$C_7H_7Cl_3OSn$ **[*p*-Anisyl]-zinntrichlorid** 4716*.

$C_7H_7Cl_3OTe$ ***p*-Methoxyphenyltellurtrichlorid**, Rk. 14 108.

$C_7H_7Cl_3O_4$ **Trichloräthylidenmalonsäuredimethylester** (F. 66°) 1972.

$C_7H_7Cl_3Si$ **Benzyltrichlorsilan** (Kp. 215°) 10 065.

Chlormethylphenyldichlorsilan ($Kp._{11}$ 108°) 10 065.

Methyl-*o*-chlorphenyldichlorsilan, Gemisch mit d. m- u. p-Chlorderiv. 12 638.

***m*-Chlorphenylmethyldichlorsilan** (Kp. 231 bis 232°), Darst., Rk. 17 722; Darst. d. Gemisches mit d. o- u. p-Chlorderiv. 12 638.

***p*-Chlorphenylmethyldichlorsilan**, Darst. 13 732; (d. Gemisches mit d. o- u. m-Chlorderiv.) 12 638.

$C_7H_7Cl_3Sn$ **[*o*-Tolyl]-zinntrichlorid** 4716*.

$C_7H_7CoO_3$ **1-Methyl-π-allylkobalttricarbonyl** ($Kp._{4-5}$ 36°) 10 019.

C_7H_7F ***o*-Fluortoluol (2-Methylphenylfluorid)** (Kp. 114°), Darst., Rk. 7499, 11 134, 15 937; Massenspektrum 14 814; ^{13}C-Kernresonanzspektroskopie 8201; Dichte 2478; Rk. 13 369.

***m*-Fluortoluol (3-Methylphenylfluorid)** (Kp. 116°), Darst., Rk. 7499, 11 134; Bldg. 5220; Massenspektrum 14 814; ^{13}C-Kernresonanzspektroskopie 8201; Konstit.-Einfl. auf d. Singulett → Triplettabsorpt. 12 226; Struktur v. Ionen aus — an d. Appearance-Potential-Schwelle 16 975; Rk. 0735, 13 369, 17 387.

***p*-Fluortoluol (4-Methylphenylfluorid)** (Kp. 116°), Darst., Rk. 7499, 11 134; Bldg. 5220; Massenspektrum 14 814; ^{13}C-Kernresonanzspektroskopie 8201; Struktur v. Ionen aus — an d. Appearance-Potential-Schwelle 16 975; Rk. 13 369, 18 107.

$C_7H_7FN_2O_2$ **4-Fluor-5-nitro-*o*-toluidin** (F. 93 bis 95°) 9735.

C_7H_7FO **3-Fluor-*p*-kresol** ($Kp._{25}$ 105—110°; Ep. 30,1°) 15 768*.

***o*-Fluoranisol** ($Kp._{30-35}$ 70—75°) 10 808.

***m*-Fluoranisol**, Kinetik d. Bromier. 800.

***p*-Fluoranisol** (Kp. 155—157°), Darst., Rk. 10 808; Substituenten- u. Lsgm.-Einfl. auf d. UV-Spektrum 4473; IR-Spektrum 2679; Appearance-Potential u. Konstit. 16 975; Rk. 7861.

Fluortropyliumhydroxid, Bldg.-Wärmen für d. $FC_7H_6^+$-Ion 16 975.

$C_7H_7FO_3S$ ***m*-Tolylfluorosulfat** ($Kp._1$ 46°) 5220.

***p*-Tolylfluorosulfat** ($Kp._2$ 38—40°) 5220.

$C_7H_7FO_4S$ ***p*-Anisylfluorosulfat** ($Kp._2$ 75°) 5220.

$C_7H_7F_2OPS$ **Difluorthiophosphorsäure-*O*-*o*-kresylester** ($Kp._{10}$ 59—60°) 1569.

$C_7H_7F_2PS$ ***p*-Tolyldifluorthiophosphonsäure** (Kp. 208—209°) 2337.

$C_7H_7F_3N_2$ **2.5-Diaminobenzotrifluorid** (F. 55 bis 57°) 3066.

$C_7H_7F_3N_2O_2S$ **2-Amino-4-trifluormethylbenzolsulfonamid** (F. 143—146°) 11 929.

$C_7H_7F_3N_2O_6$ **α-Trifluormethylacrylsäure-2.2-dinitropropylester** (F. 38—39°) 9307.

$C_7H_7F_3N_4O$ **4-Amino-2-trifluormethyl-5-formylaminomethylpyrimidin** (F. 204,5 bis 205,5°) 3827.

$C_7H_7F_3N_4S$ **4-Amino-2-trifluormethyl-5-thioformylaminomethylpyrimidin** (F. 184 bis 185°) 3827.

$C_7H_7F_3Si$ **Benzyltrifluorsilan** (Kp. 138,3°) 10 065.

$C_7H_7F_7O$ **1H.1H-Heptafluorbutylallyläther** ($Kp._{747}$ 105,5°) 8947.

Heptafluorpropyl-*n*-propylketon, IR-Spektrum 2679.

Heptafluorpropylisopropylketon, IR-Spektrum 2679.

C_7H_7J **Benzyljodid (α-Jodtoluol)**, Darst. aus Benzylchlorid (Kinetik) 2318; Bldg. 88; Rk. 13 392; Identifizier. 10 585.

***o*-Jodtoluol (2-Methylphenyljodid)**, Massenspektrum 14 815; Rk. 3786.

***m*-Jodtoluol (3-Methylphenyljodid)**, Massenspektrum 14 815; ^{13}C-Kernresonanzspektroskopie 8201.

***p*-Jodtoluol (4-Methylphenyljodid)**, Bldg. 5250; Massenspektrum 14 815; ^{13}C-Kernresonanzspektroskopie 8201; Rk. 3786.

C_7H_7JMgO ***o*-Methoxyphenylmagnesiumjodid**, Rk. 6016.

***m*-Methoxyphenylmagnesiumjodid**, Rk. 800, 3791.

***p*-Anisylmagnesiumjodid**, Rk. 2667, 5285.

C_7H_7JO **Jodkresol**, Rk. 11 549.

2-Jodanisol, Rk. 2352.

***p*(4)-Jodanisol**, Substituenten- u. Lsgm.-Einfl. auf d. UV-Spektrum 4473; Rk. 1970, 1971 [2 Ref.], 2352.

$C_7H_7JO_2S$ **Jodmethylphenylsulfon** (F. 58 bis 59,5°) 6379.

$C_7H_7J_3Si$ **Benzyltrijodsilan** (Kp. 348°) 10 065.

C_7H_7K **Benzylkalium**, Rk. 5686, 7173.

C_7H_7Li **Benzyllithium**, Rk. 7122, 13 740.

***o*-Tolyllithium**, IR-Spektrum, Assoziat. 3037; Rk. 4132.

***p*-Tolyllithium (*p*-Methylphenyllithium)**, IR-Spektrum, Assoziat. 3037; Rk. 10 060, 14 480.

C_7H_7LiO **3-Methyl-2-lithiumphenol**, Protonisier. d. Li-Salzes durch 3-Methyl-2-bromphenol 6005.

***o*-Methoxyphenyllithium**, Bldg., Vers. d. Rk. mit Triphenylsulfoniumbromid 4132; Rk. mit Ketonen 16 297.

***p*-Methoxyphenyllithium**, Rk. 10 060, 17 018; Verw. 6989*.

C_7H_7N (s. *Pyrrolizin*).

Vinylpyridine, Rk. 17 929*; Verw. v. Mischpolymerisaten mit Styrol 13 588*.

2-Vinylpyridin ($Kp._{15}$ 55°), Darst. 14 328*; (Kinetik d. Hydrier. am Ni-Skelett-Katalysator) 2696; (Verw.) 18 278*; Rk.: mit KCN 1234; mit H-akt. Verb. 14 504; mit N-Heterocyclen 2354; mit Carbazolen 4151; mit Aminen 7522; mit akt. 3-Hydroxymorphinanen 2464*; mit Säurenitrilen 16 684; mit Äthylmalonsäurediäthylester 13 393; Stabilisier. 14 328*;

Best. 16 080, 18 954; Polymerisat. bzw. Polymerisate s. *Plaste, (Vinylpolymerisate).*

3-Vinylpyridin, Darst. 13 579*, 15 772*; UV- u. IR-Spektrum 5975; Polymerisat. bzw. Polymerisate s. *Plaste (Vinylpolymerisate).*

4-Vinylpyridin, Darst., Verw. 18 278*; UV- u. IR-Spektrum 5975; Rk.: mit N-Heterocyclen 2354; mit Carbazolen 4151; mit Aminen 7522; mit 3-Hydroxymorphinan 2092*, 2464*; mit 5-Phenyl- bzw. 5-Äthylbarbitursäure 13 393; mit 4-Phenylpiperidin-4-carbonsäureäthylester 3190*; mit 1-Aminocyclohexancarbonsäureäthylester 11 190; mit Na-Äthylacetoacetat 5392*, 12 393*; mit 3-Pyridinsulfinsäure 2827*; Verw. v. Ni-Tetra-(4-vinylpyridin)-dithiocyanat zur Trenn. v. aromat. Verb. 308*; Best. 18 954; Polymerisat. bzw. Polymerisate s. *Plaste (Vinylpolymerisate).*

Heptatrien-(2.4.6)-säurenitril 3423.

C_7H_7NO ***o*-Nitrosotoluol,** Bromier. 16 289; Rk. mit Hämoglobin 542; Bind. an Hämoglobin u. Hämoglobin-Verb. 12 002.

***m*-Nitrosotoluol,** Rk. mit Hämoglobin 542; Bind. an Hämoglobin u. Hämoglobin-Verb. 12 002.

***p*-Nitrosotoluol (4-Methylnitrosobenzol)** (F. 48°), Darst. 16 289; Rk.: mit 9-Methylacridin 18 467; mit Hämoglobin 542; Bind. an Hämoglobin u. Hämoglobin-Verb. 12 002.

4-Methylpyridin-2-aldehyd (Kp.$_{0,5}$ 41°) 7143.

2-Methylpyridin-4-aldehyd (Kp.$_{0,5}$ 53—54°) 7143.

***o*-Aminobenzaldehyd,** Rk.: mit NaCN u. $(NH_4)_2CO_3$ 6404; mit Tripyrrolin 18 106; mit 2-Hydrazino-4-methyl-6-hydroxypyrimidin 12 299; mit Indanon-(1) bzw. Indandion-(1.3) 5668 [2 Ref.]; mit Acetylverb. bei d. Friedländerschen Chinolinsynth. 13 024; mit Pyridyl-(2)- bzw. -(4)-essigsäureäthylester 10 836.

***m*-Aminobenzaldehyd** 13 724.

***p*(4)-Aminobenzaldehyd** (F. 70°), Diazotier. 8957; Rk.: mit NaCN u. $(NH_4)_2CO_3$ 6402; mit 2.4-Diamino-6-methyl-5-nitropyrimidinen 6038; mit 2-Hydrazino-4-methyl-6-hydroxypyrimidin 12 299; mit N-Arylchinaldiniumsalzen 17 393; v. Acylderiv. mit Bernsteinsäureanhydrid 2181*; papierchromatograph. Abtrenn. 10 215.

2-Acetylpyridin (Kp.$_{19}$ 81°), Darst., Rk., Deriv. 2731; Dipolmoment 1551; photochem. bzw. elektrolyt. Red. 845; Rk.: mit N-Methylindol 2085*; mit d. Li-Verb. v. N-Methylindol 8423*; mit β-Diäthylaminoäthoxyamin 8720*; mit Aminoguanidinen 7625*; mit p-Methoxybenzaldehyd bzw. Benzaldehyd 7523; mit Isonicotinoylhydrazin bzw. Nicotinoylhydrazin 8607; Polarographie 7836.

3-Acetylpyridin (Kp. 222°), Darst., Rk., Deriv. 2731; Rotationsdispers. d. Addukts mit Δ^4-Cholestenosmiat 786; Dipolmoment 1551; Rk. 845, 1713*, 7625*; Cytotoxizität in menschl. Zellkulturen 4196; Isolier. v. Diphosphoacetylpyridinnucleotid aus d. Gehirn bei d. —-Vergift. 12 746; antagonist. Wrkg. v. — zur Vergift. durch Schradan bei Mäusen 10 171; Wrkg. auf d. antileukäm. Aktivität v. 2-Amino-1.3.4-thiadiazol 10 504; Polarographie 7836.

4(γ)-Acetylpyridin (F. 15°), Darst., Rk., Deriv. 2731, 15 964; Protonenresonanzspektrum 3040; Dipolmoment 1551; Rk. 845, 7141, 7625*; Verw. v. Deriv. 308*, 12 464*; Polarographie 7836.

1.2-[3'-Oxotrimethylen]-pyrrol, Einfl. d. Ringgröße auf d. UV-Spektrum bzw. d. ν(CO) 5604.

4-Aminotropon (F. 218° Zers.) 7868.

Salicylaldehydimin (*o*-Hydroxybenzalamin), UV-Spektrum 15 532; Kristallspektrum d. Komplexes mit Ni 1117; Elektronenspinresonanz d. Cu-Komplexes 2266; Rk. 2393.

Benzaldoxim (F. 34,5°), Darst. 4494; (v. Tricarbonylbenzaldehydoximchrom) 8909; Rk. 4137, 6387; (v. α-—) 16 279; (v. syn-— 3433; (v. syn- u. anti-—) 14 477; Stabilisier. v. Monovinylacetylen mit — 15 402*.

2-Vinylpyridin-*N*-oxid 6033.

Benzimidsäure, IR-Spektrum 9282.

Formanilid (Kp.$_4$ 133—134°), Darst., Rk. 14 828; Rk. 11 004*, 13 948*; — als Substrat für Acylamidasen in Mycobakterien 4579.

Benzamid (F. 128—130°), Darst. 807, 3452, 3783, 11 878, 12 288 [2 Ref.], 17 366; (Rk.) 18 440; (Rk. v. ^{15}N-—) 3778; (v. Deriv.) 8953; Bldg. 1998, 4137, 4489, 9319, 11 881, 14 842; (Rk.) 8977; IR-Spektrum (Konstit.-Einfl.) 14 812; (Lsgm.-Einfl.) 10 400; Bezieh. zwischen d. N-H-Valenzfrequenzen prim. Amide 787; Dehydratisier. 16 279; Dampfphasenammonolyse 12 247; Diazotier. in H_2SO_4 (Anwend. d. H_R-Säurefunkt.) 8210; Rk.: mit $BeCl_2$ 15 153; mit Phosgen u. Alkohol 2705; mit Gramin 15 207; mit 2- bzw. 3-Chlorxanthydrol bzw. Xanthydrol 4161; mit N-tert.-1.2-Aminoalkoholen u. Pb(IV)-Acetat 12 286; v. $^{14}C_{(CO)}$-— mit Benzylmagnesiumchlorid 2699; mit Aldehyden 822; mit Tricarbonyltropyliumchromperchlorat 3754; mit Acetessigsäuremethylester bzw. α-Chloracetessigsäuremethylester 9313; mit Acethydrazidbenzolsulfonat 15 961; Bldg. v. Phenylboronsäureanhydrid aus Diphenylhydroxyboran in Ggw. v. — 13 719; Chlorier. v. Methylgruppen aromat. Verb. mit gasförm. Cl_2 unter Belicht. in Ggw. v. — 15 762*; Aktivität v. Formamidase aus Mycobakterien gegenüber — 5343; Stoffwechsel in Mycobakterien 17 082; Verw.: zur Reinig. v. Alkylarylsulfonsäuren 7698*; v. Polynitrobenzamidverb. zur Bekämpf. v. tier. Eingeweideparasiten 1329*.

C_7H_7NOS ***p*-Methylthionylanilin** (Kp.$_{25}$ 112 bis 113°) 11 888.

Thiobenzhydroxamsäure, Rk. 3087.

Thiobenzhydroximsäure, Rk. d. K-Salzes 8976.

Phenylmonothiocarbamat, volumetr. Best. 4279.

Thiosalicylsäureamid (2-Mercaptobenzamid), Darst., Rk. 14 868; Rk. 15 596.

$C_7H_7NO_2$ (s. *Anthranilsäure [Anilin-o-carbonsäure, o-Aminobenzoesäure, 2-Aminobenzolcarbonsäure]; Homarin [N-Methylpicolinsäure]; Trigonellin).*

Phenylnitromethan, Nitrier. (Kinetik) 2694; oxydative Nitrier. bzw. oxydative Dimerisier. 1187; Rk.: mit aromat. Aldehyden 4518; mit Benzalacetophenon 15 918; mit Schiffschen Basen 9150*; mit N-[2-Chlorbenzyliden]-n-butylamin 6588*, 15 032*; mit diazotiertem o-Nitroanilin 13 764; Hydrolysierbark. v. α-Nitro-α-phenylacetophenon-o-carbonsäure in — 7844.

***aci*-Phenylnitromethan,** Rk. 6388.

2-Methyl-4-nitrosophenol, Stabilisier. v. Vinylpyridinen mit — 19 013*.

Nitrotoluol [Gemisch] 5476*, 5842*.

***o*-Nitrotoluol (1-Methyl-2-nitrobenzol)** (Kp. 217,5°), Darst. 6739; Bldg. 9315; Trenn. v. Isomeren 307*; Konstit.-Einfl. auf d. IR-Spektrum 10 028; Photochromie v. — u. Deriv. 17 695; Parachor in bin. Systemen mit Alkoholen 7094; N-Koppl.-Konst. d. Anionradikals 2308; Fallgeschwindigk. v. —-Tropfen durch ruhende fl. Phasen 13 519; therm. Analyse

dat. durch menschl. Serum 5702; Vork. im Urin v. Patienten mit Virushepatitis 18 511; Wrkg. auf d. antileukäm. Aktivität v. 2-Amino-1.3.4-thiadiazol 10 504; krebserzeugende Wrkg. 7927; colorimetr. Best. im Harn 11 679.
5-Hydroxyanthranilsäure, enzymat. Bldg. 6826.
2-Hydroxy-5-carboxyanilin, Rk. d. Diazoniumchlorids 1965.
3-Carboxy-1-methyl-6-oxo-1.6-dihydropyridin (F. 241°), Darst., Konstit.-Einfl. auf d. pK-Wert 12 603.
1-Methyl-2-oxo-1.2-dihydroisonicotinsäure (F. 256—259°) 7142.
6-Methylpicolinsäure-*N*-oxid, Rk. 3454.
6-Hydroxypyridincarbonsäure-(3)-methylester (F. 166°), Darst., Konstit.-Einfl. auf d. pK-Wert 12 603.
4-Carbomethoxy-1H-pyridon-(2) (F. 210°) 7520.
3-Methoxycarbonylpyridin-1-oxid, Darst., IR-Spektrum 3038.
Isonicotinsäuremethylester-1-oxid (4-Carbomethoxypyridin-1-oxid) (F. 121°), Darst., Rk., Pikrat 7520; Protonenresonanzspektren 3040.
β-Resorcylsäureamid, Rk. 15 952.
Gentisinsäureamid (Gentisamid), Rk. 15 952; Auftreten v. — im Harn d. Ratte 214; bes. Empfindlichk. d. Katzenniere gegenüber — 11 638; gesteigerte Wrkg. v. Isoniazid durch — 11 656*; therapeut. Verw. 1720*.
2.6-Dihydroxybenzamid, Rk. 7867.
Salicylhydroxamsäure, Rk. 3384; kombinierte Wrkg. d. Na-Salzes (*T-2*) — u. T-40 (Natriumsalz d. 5-Bromsalicylhydroxamsäure) mit Isonicotinsäurehydrazid auf hydrazidresistente Tuberkelbakterien 4585.

$C_7H_7NO_3S$ ***p*-Nitrophenylmethylsulfoxid,** Rk. 6742.
2-Propionylthiazol-4-carbonsäure, IR-Spektrum 10 030.
2-Acetylthiazol-4-carbonsäuremethylester, IR-Spektrum 10 030.
***p*-Formylbenzolsulfonamid,** Konstit.-Einfl. auf d. UV-Spektrum 11 133.

$C_7H_7NO_3S_2$ ***N*-Sulfinyl-*p*-toluolsulfonamid,** Rk. 10 799.

$C_7H_7NO_3S_3$ ***N*-[*p*-Sulfophenyl]-dithiocarbaminsäure,** K-Salz 1206.

$C_7H_7NO_4$ **3-Hydroxy-4-nitrobenzylalkohol** (F. 97°) 84.
3-Nitro-2-hydroxyanisol (F. 63—64°) 4504.
2-Hydroxy-5-nitroanisol (*p*-Nitroguajacol, 2-Methoxy-4-nitrophenol) (F. 98—100°), Darst., Rk. 4504; chem. Rk.-Fähigk. u. Hydroxylvalenzfrequenz im IR 7828; Rk.: mit 1.5-Dibrompentan 8715*; mit 3-Phenylpropylbromid 6872*; d. K-Salzes mit 5-Phenylpentylbromid 2086*; (u. 5-Phenylpenten-(4)-ylbromid) 10 930*; mit 5-Phthalimidopentylbromid 16 493*; (u. 2-Äthoxyäthanol) 4636*; d. K-Salzes mit 4-Benzoyl-1-methansulfonyloxybutan 8716*.
4(6)-Nitroresorcin-1(3)-methyläther (F. 94°), Darst., Rk. 1961; Rk. 5265.
4-Nitroresorcin-3-methyläther (F. 144°) 1961.
4-Methoxy-2-nitrophenol (F. 81,5—83°), Konstit.-Einfl. auf d. UV-Spektrum, pK-Wert 1166.
3-Nitro-5.6-dimethylpyron-(2) (F. 96—97°) 18 464.
5-Methoxypyridon-(4)-carbonsäure-(2) (F. 251—253°) 9337.
4-Methoxynicotinsäure-1-oxid, Konstit.-Einfl. auf d. pK-Wert 13 708.
2.3.6-Trihydroxybenzoesäureamid 12 389*.
3.4.5-Trihydroxybenzoesäureamid, Deriv. 221*.
3-Carbamoyl-6-methyldihydropyrandion-(2.4) (F. 207—209°) 5651.

$C_7H_7NO_4S$ **5-Nitro-2-acetoxymethylthiophen** (F. 35°) 1980.
4-Nitrothiophen-2-carbonsäureäthylester, Konstit.-Einfl. auf d. Hydrolyse (Kinetik) 16 986.
5-Nitrothiophencarbonsäure-(2)-äthylester, Vers. d. selektiven Red. 1980.
2-Methyl-3-nitro-5-carbomethoxythiophen (F. 78—79°), Konstit.-Einfl. auf d. UV-Spektrum 10 026.
***o*-Carbamylbenzolsulfonsäure,** Nichtbldg. 6418.
***o*-Carboxybenzolsulfonamid** (F. 154—156°) 1195, 1588.
***p*-Sulfonamidobenzoesäure (*p*-Sulfamylbenzoesäure),** Darst. 7699*; Konstit.-Einfl. auf d. UV-Spektrum 11 133; IR-Spektrum 1170; analyt. Verw. 2846.
Benzolsulfonylcarbaminsäure, Rk. v. Deriv. 18 202*.

$C_7H_7NO_5$ **5-Carbäthoxy-2-nitrofuran,** polarograph. Verh. 10 785.

$C_7H_7NO_5S$ **2-Nitro-4-[methylsulfonyl]-phenol,** Deriv. 15 190.
4-Nitro-1-methylbenzol-2-sulfonsäure, Rk. v. Salzen 13 575*.
1-Aminobenzol-2-carbonsäure-5-sulfonsäure (1-Carboxy-2-aminobenzol-4-sulfonsäure), Verw. 1038*, 12 108*.
2-Aminobenzoesäure-5-sulfonsäure, Verw. 659*.

$C_7H_7NO_6S$ **2-Amino-1-hydroxy-6-carboxybenzol-4-sulfonsäure,** Verw. 5858*.

$C_7H_7NO_8S_2$ **5-Methylnitrobenzol-2.4-disulfonsäure** 8717*.

C_7H_7NS **Benzothiazolin** ($Kp._{18}$ 146—149°), Darst. 8242; (v. Deriv.) 8126*.
1-Amino-7-thioxocycloheptatrien-(1.3.5) (F. 137—138,5°) 3436.
Methyl-[thienyl-(2)]-acetonitril ($Kp._{20}$ 117°) 10 084.
Thiobenzamid, Komplexe mit Metallen 765; Polarographie u. Red. v. Deriv. 7832; Acylier. 3788 [2 Ref.]; Rk.: mit Säurenitrilen 6008; mit p-Bromacetylbenzoesäure 12 315; mit Phenylthioacetamid-S-oxid 11 888; mit Kohlensäureäthylesterhydrazid 3087; mit acylierten Chlorameisensäure-N.N'-dialkylamidinen 13 732.

$C_7H_7NS_2$ **Phenyldithiocarbaminsäure,** Darst., herbicide Wrkg. 15 291; Rk. d. NH_4-Salzes 4906, 7890, 15 602; tuberkulostat. Wrkg. d. Salzes mit N-Äthylpiperidin 10 552.
Phenyldithiocarbamat, volumetr. Best. 4279.

$C_7H_7N_3$ **1-Methylbenzotriazol,** Verw. als Übersensibilisator 19 074*.
5-Methylbenzotriazol, IR-Spektrum 14 812.
x-Methylbenzotriazol, Verw. in konz. Entwicklerlsg. 11 435*.
3-Methylpyrido-[2.1:*c*]-*symm.*-triazol (F. 126—128°) 4647*.
1-Desaza-6-methylpurin (7-Methyl-1.3.4-imidazopyridin) (F. 151,5—152° korr.), Darst., Wachstumshemm. v. Ciliate Tetrahymena pyriformis durch — 16 017; Einfl. auf d. Wachstum v. Tetrahymena 12 716.
3-Aminoindazol, Verw. v. Deriv. 10 288*.
4-Aminoindazol, Spektrum im nahen UV 16 971.
5-Aminoindazol, Spektrum im nahen UV 16 971; Rk. 15 816*.
6-Aminoindazol, Spektrum im nahen UV 16 971; Rk. 15 816*.
7-Aminoindazol, Spektrum im nahen UV 16 971.
2-Aminobenzimidazol (F. 222°) 10 830.
Benzylazid, Rk. 4160.
***p*-Tolylazid,** Rk. 11 916.
4.6-Dimethylpyrimidin-2-carbonsäurenitril, Rk. 6772.
2.6-Dimethylpyrimidin-4-carbonsäurenitril (2.6-Dimethylpyrimidin-4-carbonitril), Rk.-Fähigk. 5670; Rk. 6772.

$C_7H_7N_5O_4$ **8-Nitrotheophyllin,** Cholinsalz (F. 248°) 2830*.
1-Nitro-1-methyl-3-[*o*-nitrophenyl]-triazen, Struktur u. Umwandl. 14 825.

$C_7H_7N_5O_4Se$ **1-[5'-Nitroselenenal-(2')]-semioxamazid** (F. 252—253° Zers.) 7135.

$C_7H_7N_5O_5$ **2.4-Dinitrophenylsemicarbazid** (F. 207°) 7861.

$C_7H_7N_5S$ **5-[*p*-Aminophenylmercapto]-tetrazol** (F. 199—200°), Darst., Konstit., UV- u. IR-Spektrum, pK-Wert 10 402.

$C_7H_7N_7O_9S_3$ **Verb.** $C_7H_7N_7O_9S_3$ aus HCN u. SO_3 9516*.

C_7H_7Na **Benzylnatrium,** spektroskop. Unters. 3833; Rk. 2719, 4892, 7173.

$C_7H_7O_2$ **Toluolsemichinon** s. unter *Radikale* (*Spezielle Radikale*).

$C_7H_7O_5P$ ***m*-Carboxybenzolphosphonsäure,** Rk. 9319.
***p*-Carboxybenzolphosphonsäure,** Rk. 9319.

$C_7H_7O_6P$ **Salicylsäurephosphat (*o*-Carboxyphenylphosphorsäure)** (F. 162,5—163°), Darst., Verw., Deriv. 10 931*; Best. d. Phosphataseaktivität in Rinderzähnen mit — als Substrat 15 637.

C_7H_8 (s. *Toluol*).
Heptadiin-(1.3), Rk. 9307.
Heptadiin-(1.6), Vers. d. Bldg. v. Harnstoffeinschlußverb. 15 544; Polymerisat. 2752; (Katalysator-Syst.) 18 851.
1-Äthyl-4-methylbutadiin-(1.3), Rk. 18 107.
Methyldivinylacetylen (Vinylisopropenylacetylen), Darst. 16 838*; Rk. 7855.
Cycloheptatrien (Tropyliden) (Kp.$_{745}$ 107 bis 114°), Darst. 4475; (v. Deriv.) 7495; (Rk.) 17 730; Bldg. 10 771; (v. Photo-Addukt-biradikalen mit Bengalrosa) 15 168; Methylaffinität 14 463; durch schnelle Elektronen bedingte C-Umlager. 4857; Oxydat. v. — u. ^{14}C-— 80; —- u. Tropylium-Metall-Komplexe 3751, 3753, 3754; Komplex-Bldg. mit $Cr(CO)_6$ 2296; Rk. mit $V(CO)_6$ 10 770; Addit. v. Tropyliumionen an KW-Stoffe 7841; Halogenid-Hydrid-Austausch-Rk. zwischen — u. tert.-Butylchlorid in Ggw. v. Chloriden 10 771.
1-Äthinylcyclopenten-(1) (Cyclopenten-(1)-ylacetylen), Rk. 15 939, 18 794.
α-Methylfulven, Vers. d. Darst. v. Ferrocen-Deriv. aus — 17 728.
Bicyclo-[2.2.1]-heptadien-(2.5) (Norbornadien) (Kp. 89°), Darst. 12 461*; UV-Spektrum, Deriv. 12 966; NMR-Spektrum d. Norbornadienyl-(7)-carboniumions 434; Elektronenspektren v. — u. —-Carboniumion 1167; Methylaffinität 14 463; durch schnelle Elektronen bedingte C-Umlager. 4857; Kinetik d. therm. Zers. 18 073; Polymerisat. 8438*; Copolymerisat. 6801; Komplexbldg.: mit CuCl u. CuBr 10 393; mit $Co_2(CO)_8$ bzw. $Co_2(CO)_8 \cdot (C_6H_5C \equiv CC_6H_5)$ 14 804; mit $C_5H_5Co(CO)_2$ 18 399; mit $Ni(CO)_4$ u. Durochinon 12 220; Rk.: mit CH_2 3796; mit Dehydrobenzol 6363; mit Tetrafluoräthylen 16 299; mit Hexafluorbutin-(2) 3056; mit Phenolen 16 492*; mit 3.4-Dichlorthiophen-1.1-dioxid 1223; mit Säuren, Alkoholen u. Halogenen 10 278*; mit p-Toluolsulfochlorid 7880; Isolier. v. 1.2.3.4.7.7-Hexachlorbicyclo-[2.2.1]-heptadien-(2.5) aus d. Gemisch mit Hexachlorcyclopentadien durch dessen Rk. mit — 10 643*.
Norcaradien, Rk. v. Deriv. 15 567.
Bicyclo-[3.2.0]-heptadien-(2.6) (Kp.$_{745}$ 93 bis 99°), Bldg., Schwingungsspektrum 4475.
Spiro-[4.2(2.4)]-heptadien-[4.6(1.3)] (Kp.$_{14}$ 26—28°), Darst. 10 079; UV-Spektrum, Rk. 12 966; Koppl.-Konst. u. chem. Verschieb. 14 081; durch schnelle Elektronen bedingte C-Umlager. 4857.

$[C_7H_8]_x$ **Polyheptadiin-(1.6)** 2752.

C_7H_8AsJ **Jodmethylphenylarsin,** Rk. 3432.

$C_7H_8As_2$ **Benzaldiarsin** 14 798.

$C_7H_8BNO_4$ **3-Amino-4-carboxybenzolboronsäure,** Verw. für d. Neutroneneinfangtherapie v. Hirntumoren 16 356.

C_7H_8BrN **α-Äthyl-γ-brompyridin** (Kp.$_{30}$ 97 bis 98°) 1414*.
α-Brom-γ-äthylpyridin (Kp.$_{11}$ 118°) 15 964.
***p*-Brombenzylamin,** Rk. 4641*.
2-Brom-3-methylanilin (Kp.$_{10}$ 108°) 4526.
4-Brom-2-methylanilin, Rk. 571*.
ω-Brom-β-methylsorbinsäurenitril, Rk. 19 007*.

C_7H_8BrNO **3-Brom-4-methoxyanilin,** Rk. 10 836.
3-Brommethyl-1-methylpyridon-(2) (F. 98 bis 99°) 10 092.
5-Brommethyl-1-methylpyridon-(2) (F. 119°) 10 093.

$C_7H_8BrNO_2$ **3-Brom-4-äthoxypyridon-(2)** (F. 181—182° korr.) 14 862.
3-Brom-2-äthoxypyridon-(4) (F. 119 bis 119,5° korr.) 14 862.

$C_7H_8BrNO_2S$ ***p*-[Brommethylsulfonyl]-anilin** (F. 122—125°) 1383*.
2-Brom-4-methyl-5-carbäthoxythiazol, Rk. 14 496.
***N*-[*p*-Bromphenyl]-methansulfonamid** (F. 137—138°), IR-Spektrum 3395.
***N*-Brom-*N*-methylbenzolsulfonamid,** Wirksamk. v. N-Bromsuccinimid mit — bei d. Halogenier. (Vgl.) 16 988.
***p*-Toluolsulfonsäurebromamid,** Rk. 18 564*.

$C_7H_8BrNO_3S$ **4-Amino-3-brom-5-methylbenzolsulfonsäure,** Rk. d. Diazoniumsalzes 2084*.
***p*-Methoxybenzolsulfonsäurebromamid,** Rk. 18 564*.

$C_7H_8BrN_3O$ ***N*-Acetyl-3-brompyrazolo-[2.3:*a*]-imidazolidin** (F. 127—128°) 10 192*.

$C_7H_8BrN_3O_4S_2$ **6-Brom-7-aminosulfonyl-3.4-dihydrobenzo-1.2.4-thiadiazin-1.1-dioxid (6-Brom-7-sulfamyl-3.4-dihydro-1.2.4-benzothiadiazin-1.1-dioxid)** (F. 285°), Darst., Verw. 6142*, 16 064*; polarograph. Red. 17 702.

$C_7H_8Br_2$ **3.5-Dibromnortricyclen** 10 278*.

$C_7H_8Br_2ClF_3O_2$ **2.5-Dibrom-4-chlor-4.5.5-trifluorpentylacetat** (Kp.$_{3,5}$ 85—86°) 3780.

$C_7H_8Br_2Cl_2O_2$ **α.α'-Dibrompimelinsäuredichlorid** 7477.

$C_7H_8Br_2O$ **3.3-Dibromnorcampher** (F. 108 bis 109°) 8266, 8267.

$C_7H_8Br_2O_2$ **2.3-Dibromcyclohexen-(5)-carbonsäure-(1)** (F. 106—108°) 18 808.

$C_7H_8Br_2Si$ **Benzyldibromsilan** (Kp. 243,5°) 10 065.

$C_7H_8Br_4O_2$ **2.3.5.6-Tetrabromcyclohexancarbonsäure** (F. 213°) 18 808.

$C_7H_8ClHgN_5$ **6-Dimethylaminopurinylquecksilberchlorid,** Rk. 2463*.

C_7H_8ClN **1-[γ-Pyridyl]-1-chloräthan,** Hydrobromid 15 964.
2-[β-Pyridyl]-äthylchlorid (Kp.$_{14}$ 88—89°) 844.
2-Chlor-5-äthylpyridin (Kp.$_{35}$ 115°) 8610.
***o*(2)-Chlorbenzylamin** (Kp.$_{749}$ 219°), Darst. 13 370; Rk. 5019*, 10 838, 16 318.
***m*-Chlorbenzylamin** (Kp.$_{749}$ 226—228°) 13 370.
***p*(4)-Chlorbenzylamin** (Kp.$_{765}$ 222—224°), Darst. 12 637, 13 370, 18 630*; Rk. 2946*, 4641*, 5019*.
***N*-Chlorbenzylamin,** Rk. 18 105.
***o*-Chlormethylanilin,** Hydrochlorid (F. 250° Zers.) 7897.
2-Chlor-6-methylanilin, Rk. 1678.
4-Chlor-2-aminotoluol (1-Amino-2-methyl-5-chlorbenzol), Darst., Verw. 18 273*; Verw. 18 648*.
4-Chlor-2-methylanilin (1-Amino-2-methyl-4-chlorbenzol), Rk. 571*; Verw. 9526*.
***N*-Methyl-*m*-chloranilin,** Rk. 459.
***N*-Methyl-*p*-chloranilin,** Rk. 1206.

C_7H_8ClNO **1-Amino-2-methoxy-5-chlorbenzol (2-Methoxy-5-chloranilin, 4-Chlor-2-aminoanisol, 5-Chlor-2-anisidin),** Rk. 135, 1996, 9645, 13 015; Verw. 11 743*, 16 499*; (d. Hydrochlorids) 13 214*.

2-Chlor-5-methoxyanilin 10 085.
4-Chlor-3-methoxyanilin, Rk. 10 085.
4-Chlor-3-äthylpyridin-*N*-oxid (F. 86°) 3093.
4-Chlor-3.5-dimethylpyridin-*N*-oxid (F. 201 bis 202°) 3093.

C_7H_8ClNOS **5-Chlorthiophen-2-carbonsäureimidoäthylester** (Kp.$_{13}$ 122°) 806.

$C_7H_8ClNOSe$ **5-Chlorselenophen-2-carbonsäuredimethylamid** (Kp.$_{14}$ 110°) 9699.

$C_7H_8ClNO_2S$ (s. *Chloramin T* [„*Chloramin*", *N-Chlor-p-toluolsulfonamid*, *p-Toluolsulfonsäurechloramid* { *Na-Salz* }]).
Methyl-*m*-amino-*p*-chlorphenylsulfon (F. 99 bis 101°) 1383*.
1-Amino-2-chlorbenzol-4-methylsulfon, Verw. 1805*, 6219*.
3-Chlor-*p*-toluolsulfonamid, Rk. d. Na-Salzes 7623*.
***N*-[*p*-Chlorphenyl]-methansulfonamid** (F. 148—149°), IR-Spektrum 3395.

$C_7H_8ClNO_3$ **3-Amino-4-methylperchlorylbenzol** 8780*.

$C_7H_8ClNO_3S$ **1-Amino-4-chlor-5-methylbenzol-2-sulfonsäure(6-Chlor-*m*-toluidin-4-sulfosäure),** Rk. 1042*, 13 595*, 14 689*.

$C_7H_8ClN_2O_4PS$ ***O*-[2-Chlor-4-nitrophenyl]-*O*-methylthiophosphorsäureamid** (F. 41 bis 43°) 10 248*.

$C_7H_8ClN_3$ ***p*-Chlorphenylguanidin,** Rk. d. Sulfats 4642*; — als Stoffwechselprod. v. Chlorguanid 8704.

$C_7H_8ClN_3O$ **4-[*p*-Chlorphenyl]-semicarbazid** (F. 190°) 11 185.
4-Methyl-6-acetylamino-3-chlorpyridazin (F. 216°) 12 297.
5-Methyl-6-acetylamino-3-chlorpyridazin 12 297.
***p*-Amino-*o*-chlorbenzoesäurehydrazid** (F. 176—176,5°) 4536.

$C_7H_8ClN_3OS$ **2-Methylmercapto-4-chlorpyrimidin-5-essigsäureamid** (F. 168—170°) 3097.

$C_7H_8ClN_3O_2$ **4-Methyl-5-chlor-2-nitrophenylhydrazin** (F. 155°) 16 290.

$C_7H_8ClN_3O_3$ **5-Chloracetylamino-6-methyluracil** (F. 252° Zers.), Darst., tumorhemmende Wrkg. 11 592.
5-Acetamido-6-chlor-2-hydroxy-3-methyl-3H-pyrimidinon-(4) (F. 217—218°) 17 415.

$C_7H_8ClN_3O_4S_2$ s. *Hydrochlorothiazid* [*Dihydrochlorothiazid, Disalunil, Esidrex, Esidrix, Hydrodiuril, Hypothiazid, 6-Chlor-7-sulfonamido-1.2.4-benzodihydrothiadiazin-1.1-dioxid, 6-Chlor-7-aminosulfonyl-1.2.4-benzo-3.4-dihydrothiadiazin-1.1-dioxid, 6-Chlor-7-sulfamyl-3.4-dihydro-1.2.4-benzothiadiazin-1.1-dioxid*].

$C_7H_8ClN_3S$ **4-[*p*-Chlorphenyl]-thiosemicarbazid,** Rk. 2351, 8224.

C_7H_8ClOPS **Phenylthionophosphonsäuremethylesterchlorid,** Rk. 6557*.

$C_7H_8ClO_2P$ **Methylphosphonsäurephenylesterchlorid** (Kp.$_{0,5}$ 80°), Darst. (Rk.) 17 056; (Konstit.-Einfl. auf d. Hydrolyse) 17 362.

$C_7H_8ClO_2PS$ ***O*-Phenyl-*O*-methylthiophosphorsäurechlorid** 10 248*.

$C_7H_8ClO_4P$ **Phosphorsäuremono-[5-chlor-2-methylphenyl]-ester** (F. 184°) 10 431.

$C_7H_8Cl_2FN_5$ **4-Allylamino-2-amino-6-dichlorfluormethyl-*symm.*-triazin** (F. 105—107°) 6776.

$C_7H_8Cl_2F_2O_3$ **2.2-Difluor-3-oxo-6.6-dichlorcapronsäuremethylester** 8412*.

$C_7H_8Cl_2NO_2PS$ ***O*-[2.5-Dichlorphenyl]-*O*-methylthiophosphorsäureamid** (F. 61—62°) 10 248*.

$C_7H_8Cl_2N_2O$ **2.3-Dichlor-*p*-anisylhydrazin,** Rk. 6139*.
3.5-Dichlor-*p*-anisylhydrazin, Rk. 6138*.

$C_7H_8Cl_2N_4$ **2.4-Bis-[chlormethyl]-6-aziridino-1.3.5-triazin** (F. 60°) 18 981*.

$C_7H_8Cl_2N_4O$ **2.4-Dichlor-6-[β-vinoxyäthylamino]-1.3.5-triazin,** Vers. d. Darst. 15 218.

$C_7H_8Cl_2O$ **1-Chlorbicyclo-[2.1.1]-hexan-5-carbonsäurechlorid** (Kp.$_7$ 78°) 15 224.

$C_7H_8Cl_2OS$ **Äthyl-[2.3-dichlorthenyl-(5)]-äther** (Kp.$_{13}$ 124°) 12 650.

$C_7H_8Cl_2OS_2$ **Äthyl-2.3-dichlorthenyl-(5)-sulfoxid** (F. 92°) 5660.

$C_7H_8Cl_2O_2S$ **β-Hydroxyäthyl-[2.3-dichlorthenyl-(5)]-äther** (Kp.$_{12}$ 176°) 12 651.

$C_7H_8Cl_2S$ **5-Chlor-2-[γ-chlorpropyl]-thiophen** 7322*.

$C_7H_8Cl_2SSn$ **5-Methylthienylvinylzinndichlorid** 4343*.

$C_7H_8Cl_2S_2$ **Äthyl-2.3-dichlorthenyl-(5)-thioäther** (Kp.$_{15}$ 157°) 5660.

$C_7H_8Cl_2Si$ **Methylphenyldichlorsilan** (Kp. 201 bis 204°), Darst. 2331, 5474*, 13 732; Chlorier. 10 065, 17 722; Nitrier. 6586*; Rk.: mit Pentaerythrit 2757; mit N-substituierten 2.2'-Di-Li-diarylaminen 6416; Cohydrolyse mit Halogenalkyldichlorsilanen 17 724; Rk. mit Dimethyl-o-carboxybenzoylbenzyl- bzw. Dimethyl-[3-carboxypropen-(2)-on-(1)-yl-(1)-benzyl]-chlorsilan 16 292.

$C_7H_8Cl_3F_7OSi$ **γ-[1H.1H-Heptafluorbutoxy]-propyltrichlorsilan** (Kp.$_{32}$ 112°) 8947.

$C_7H_8Cl_4N_4O_2$ **1.5-Dimethyl-2.4.6.8-tetrachlor-2.4.6.8-tetraazabicyclo-[3.3.1]-nonadien-(3.7),** Darst., Verw. 11 419*; Verw. 16 778*.

C_7H_8FN **4-Fluor-*o*-toluidin (2-Amino-4-fluortoluol),** Darst., Rk. 11 134; (d. Sulfats) 9735.
6-Amino-2-fluortoluol (Kp.$_{18}$ 98°) 11 134.
2-Fluor-*p*-toluidin 9735.

$C_7H_8FNO_2S$ **Methylphenylaminoschwefeldioxidfluorid** (Kp.$_{1,5}$ 68°) 5219.

$C_7H_8FN_3O_4S_2$ **6-Fluor-7-sulfamyl-3.4-dihydrobenzo-1.2.4-thiadiazin-1.1-dioxid** (F. 229 bis 231°) 6142*.

C_7H_8FOPS **Phenylfluorthiophosphonsäuremethylester** (Kp.$_4$ 84—85°) 2337.

$C_7H_8FO_2P$ **Phenylfluormethylphosphinsäure** (F. 94—95°) 16 293.
Phenylfluorphosphonsäuremethylester (Kp.$_4$ 85—86°) 2337.

$C_7H_8F_2Si$ **Difluormethylphenylsilan** (Kp. 141 bis 142°) 12 276.

$C_7H_8F_3NOS$ **Methylphenylaminoschwefeloxidtrifluorid** 5219.

$C_7H_8F_3NO_2$ **4-Isopropyl-2-[trifluormethyl]-oxazolon-(5)** 1571.

$C_7H_8F_3N_3O_4S_2$ **5-Trifluormethyl-2.4-disulfamylanilin (4-Amino-6-trifluormethylbenzol-*m*-disulfonamid, 4-Trifluormethyl-6-aminobenzol-1.3-bis-[sulfonamid])** (F. 239,5 bis 241,5°), Darst., Rk. 11 929; polarograph. Red. 17 702; Rk. 2368, 6142*, 14 619*.

$C_7H_8F_3N_5$ **4-Allylamino-2-amino-6-trifluormethyl-*symm.*-triazin** (F. 116—118°) 6776.

$C_7H_8F_3N_5O_8$ **1-[2'.2'.2'-Trifluoräthyl]-3.3.5.5-tetranitropiperidin** (F. 95—96°) 6029.

$C_7H_8F_5N_5$ **4-Dimethylamino-2-amino-6-pentafluoräthyl-*symm.*-triazin** (F. 178—180°) 6777.

$C_7H_8HgO_2S$ **2-Methylthienyl-(5)-mercuriacetat,** Rk. 15 982.

$C_7H_8JN_3O_2$ **4-Methyl-5-jod-2-nitrophenylhydrazin** (F. 163°) 16 290.

$C_7H_8JN_3O_3$ **5-Jodacetylamino-6-methyluracil** (F. 236° Zers.), Darst., Prüf. auf tumorhemmende Wrkg. 11 592.

$C_7H_8J_2$ **3.5-Dijodnortricyclen** 10 278*.

$C_7H_8J_2Si$ **Benzyldijodsilan,** Gemisch mit Benzyltrijodsilan 10 065.

C_7H_8MgO **Benzylmagnesiumhydroxid,** Rk. v. Halogeniden 9439*.

$C_7H_8NO_4P$ ***N*-Benzoylphosphoramidsäure** (F. 157—158°), Kinetik d. Hydrolyse, Dissoziat.-Konst. 4489.

$C_7H_8NO_5P$ **5-Methyl-2-nitrobenzolphosphonsäure** (F. 128—146°) 9319.
4-Methyl-3-nitrobenzolphosphonsäure (F. 156—158°) 9319.
2-Methyl-4-nitrobenzolphosphonsäure (F. 225—228°) 9319.
3-Methyl-4-nitrobenzolphosphonsäure (F. 173—176°) 9319.

2-Methyl-5-nitrobenzolphosphonsäure (F. 222—225°) 9319.
***N*-Phenylcarbamoylphosphat** 8631.

$C_7H_8NO_6P$ ***p*-Nitrobenzylphosphorsäure**, Rk. 10 278*.
Methyl-*p*-nitrophenylorthophosphorsäureester, Tetramethylammoniumsalz (F. 196°) 10 423.

$C_7H_8N_2$ **4.5-Trimethylenpyrimidin** (F. 35—36°) 10 645*.
Benzaldehydhydrazon, Rk. 97, 10 463.
Pyridin-2-ald-*N*-methylimin, IR-Spektrum v. Metallkomplexen 10 352; Zers. d. Fe(II)-Komplexes 14 433.
Amino-(2)-troponimin [1-Amino-7-iminocycloheptatrien-(1.3.5)] (F. d. Hemihydrats 112—113°), Darst., Rk., Salze 7496; Elektronenspindichteverteil. in Deriv. 13 669.
2.5-Dimethyl-3-cyanpyrrol 14 508.
Benzamidin, Darst. 6746; Bldg. 10 841; (v. { $Pt[C_6H_5C(NH)NH_2]_2$ } · 3 H_2O) 1543; Formylier. 15 603; Rk.: d. Hydrochlorids mit α-Alkyl-β-dimethylaminoacroleinen 3443; d. Hydrochlorids mit Na-β-Hydroxy-α-methoxyacrylsäuremethylester 7149; mit α-Methylacetessigsäureäthylester 12 297; mit 2-Morpholinocyclohexen-(1)-thiocarbonsäureanilid bzw. Cyclohexanon-(2)-thiocarbonsäureanilid 14 491; mit salzart. Verb. aus Formamiden, anorgan. Säurechloriden u. Vinyläthern 16 848*.

$C_7H_8N_2O$ **3-[Furyl-(2')]-pyrazolin** 16 303.
4-Nitroso-*N*-methylanilin, Cd-Salz 460.
***N*-Nitroso-*N*-methylanilin** ($Kp._{11}$ 132—133°) 12 266.
Phenylharnstoff, Darst. 15 187; Rk. 3397, 4537, 6355, 10 830, 11 123.
***N*-[Pyridyl-(2)]-aminoacetaldehyd** 8979.
2.4-Diaminobenzaldehyd (F. 152°) 9708.
3-Diazonorcampher ($Kp._{1-2}$ 73—75°) 15 223.
2-Hydrazinotropon, Rk. 14 839.
2-Acetylpyridoxim, analyt. Verw. 6897; (Übersicht) 17 153.
Pyridin-3-acetoxim, Rk. 8720*.
Pyridin-4-acetoxim, Rk. 8720*.
***o*-Aminobenzaldoxim** (F. 134—135°) 135.
Salicylaldehydhydrazon (F. 97—98°), Rk. 97, 5389; analyt. Verw. 14 635.
2-Cyanopyridinmethylhydroxid, —-Jodid als Stoffwechselprod. v. Pralidoximjodid 13 114.
1-[Pyridyl-(2')]-1-iminodimethyläther ($Kp._{28}$ 118—122°) 7111.
2-Acetylaminopyridin (F. 71°), IR- u. UV-Spektrum, Tautomerie 8199.
3-Acetamidopyridin, Rk. 3042.
4-Acetylaminopyridin (F. 150°), IR- u. UV-Spektrum, Tautomerie 8199.
***N*-Methylnicotinamid**, biolog. Bldg. 3531; Wrkg. auf d. antileukäm. Aktivität v. 2-Amino-1.3.4-thiadiazol 10 504.
4-Methylnicotinamid, Wrkg. auf d. antileukäm. Aktivität v. 2-Amino-1.3.4-thiadiazol 10 504.
5-Methylnicotinamid, Wrkg. auf d. antileukäm. Aktivität v. 2-Amino-1.3.4-thiadiazol 10 504.
6-Methylnicotinsäureamid (F. 195—196°) 4163.
***N'*-Methylnicotinamid**, Einfl. v. Thiamin auf d. —-Ausscheid. 3528.
α-Methylisonicotinsäureamid (F. 163°) 3190*, 17 493*.
Anthranilsäureamid (*o*-Aminobenzamid) (F. 111—112°), Darst., Rk. 8616; Rk. 849, 1993, 13 761, 15 596, 15 952.
***m*-Aminobenzamid**, Rk. 2830*.
***p*(4)-Aminobenzamid**, Rk. 2830*; (v. Deriv.) 2910*; Verw. 17 217*.
α-Cyanacrylsäureallylamid 18 491.
Benzamidoxim, Hydrochlorid (F. 176 bis 177°) 3778.
Benzoesäurehydrazid (Benzhydrazid, Benzoylhydrazid) (F. 112°), Darst. 18 461; (Verw.) 18 934*; Darst., Rk. v. $^{14}C_{(CO)}$-— 8579, 16 641; IR-Spektrum v. — u. $D_{3(N.N'.N')}$-— 8561; Rk.: mit Hydrazinhydrat u. BrCN 3427; mit o-(β-Chloräthyl)-benzylchlorid 6771; mit Äthylenoxid 7115; mit 2-Methylmercaptopyrimidin 132; mit Phenylisothiocyanat 2724; mit Carbonylverb. 8131*; mit Aminoaldehyden 14 623*; mit N-Isopropylpiperidon-(4) 19 014*; mit Cyclopentadienchinon 13 210*; mit Tetrachlor-o-chinon 15 547; mit 5-Hydroxymethylfurfurylidenanilid 7134; d. Benzolsulfonats mit Nitrilen bzw. Dibenzoylhydrazin 15 962; mit Acrylnitril, Dimethylaminoaceton, Dimethylaminoisopropylchlorid 17 851*; mit Tetracyanäthylen 17 929*; mit Orthoameisensäuretriäthylester bzw. Säureamiden u. -nitrilen 15 951; mit Thioamiden 3087; mit Salzen v. Iminoäthern 8064*; antioxydierende Eig. u. ihre physiolog. Bedeut. 11 952; degenerative Nervenschädig. durch — 10 915.

$C_7H_8N_2OS$ ***N*-Phenyl-*N*-methylthionylhydrazin**, Verh. gegen Na 15 936.
***o*-Methylphenylthionylhydrazin**, Rk. 9679.
***m*-Methylphenylthionylhydrazin (*m*-Tolylthionylhydrazin)** (F. 90°), Darst. 15 936; Rk. 9679.
***p*-Methylphenylthionylhydrazin**, Rk. 9679.
5-Allylthiouracil 17 758.
***o*-Hydroxythiobenzhydrazid** (F. 101—102°) 6382.
***m*-Hydroxythiobenzhydrazid** (F. 146—147°) 6382.
***p*-Hydroxythiobenzhydrazid** (F. 200—201°) 6382.

$C_7H_8N_2O_2$ (s. *Bilamid [Cholamid, N-Hydroxymethylnicotinamid]*).
3-Äthyl-4-nitropyridin ($Kp._{0,25}$ 56—58°, 144,5—145,5°) 3092.
3-Nitro-2.4-dimethylpyridin ($Kp._{20}$ 113°) 8248.
3-Nitro-2.6-dimethylpyridin (3-Nitro-2.6-lutidin) (F. 38°) 8248.
3.5-Dimethyl-4-nitropyridin 3093.
***m*(3)-Nitrobenzylamin**, Darst. d. Hydrochlorids 99; Rk. d. Hydrochlorids 12 256.
***p*(4)-Nitrobenzylamin**, Darst. 18 630*; Rk. 5019*; (d. Hydrochlorids) 7324*, 12 637.
***o*-Methyl-*p*-nitranilin (2-Methyl-4-nitroanilin, 2-Amino-5-nitrotoluol)**, Rk. 14 121; (v. diazotiertem —) 126; Antifungusaktivität 17 805; Verw. d. Tetrafluoborats v. diazotiertem — 9319.
2-Methyl-5-nitroanilin, (4-Nitro-*o*-toluidin, 4-Nitro-2-aminotoluol) Bezieh. zwischen Halbstufenpotential u. Substitut. 17 702; Rk. 7128, 18 089; Verw. v. diazotiertem — 2185*.
2-Nitro-3-methylanilin (F. 107—107,5° korr.), Darst., Analyse d. ν(NH) 431; Rk. d. Fluoroborats v. diazotiertem — 6739.
2-Nitro-6-methylanilin (F. 96,5—97° korr.), Darst., Analyse d. ν(NH) 431; Rk. 4158; (d. Fluoroborats v. diazotiertem —) 6739.
3-Methyl-4-nitroanilin, Rk. 9319.
3-Amino-4-nitrotoluol, Rk. 3098.
2-Nitro-4-aminotoluol (F. 77°), Darst., Rk. 11 134; Rk. 9708, 18 273*.
2-Nitro-4-methylanilin (3-Nitro-4-aminotoluol, *o*-Nitro-*p*-toluidin), Rk. 15 179; (v. diazotiertem —) 6750; (d. Fluoroborats v. diazotiertem —) 6739; Antifungusaktivität 17 805; Verw. v. diazotiertem — 17 217*.
***N*-Methyl-*o*(2)-nitroanilin** (F. 34°), Darst. 12 999; Analyse d. ν(NH) 12 599; inter- u. intramol. H-Bind. 10 781; Dipolmoment 15 167.
***N*-Methyl-*m*-nitranilin**, Dipolmoment 15 167; Rk. 10 190*.
***N*-Methyl-*p*(4)-nitroanilin** (F. 152—152,5°), Darst. 12 999; Bldg. 3065; Analyse d.

stallstruktur v. Tropyliumperchlorat u. -jodid 2689; Hückel-MO's d. Tropylium-Kations 795; chem. Verschieb. in Salzen 434; Ladungsübertragungskomplexe Tropyliumion-aromat. KW-Stoff bei Salzen 7840; polarograph. Unters. d. Säure-Basen-Eig. d. Tropyliumions 7835; Schwing. d. Tropylium-Ions 4474; Herzberg-Teller-Absorpt. 17 693; Rk. (d. Perchlorats) 13 742; (d. Bromids) 18 044, 18 098; Isomerisier. v. Alkyltropilidenen in Ggw. d. Perchlorats 4866.

C_7H_8OS **2-Methyl-5-hydroxythiophenol** 13 713.
2-Mercaptoanisol, Rk. 14 088.
3-Mercaptoanisol (*m*-Methoxythiophenol) ($Kp._{2,0}$ 74,5°), Darst. 4882; Rk. 14 088.
4-Methoxythiophenol ($Kp._{0,01}$ 42°), Rk. 6557*.
***p*-Methylmercaptophenol (4-Hydroxy-1-methylmercaptobenzol)** (F. 86°), Darst. 3986*; Rk. 16 109*.
Methylphenylsulfoxid, Rk. 11 370*.
5-Äthylthiophen-2-aldehyd 12 652.
3.4-Dimethylthiophen-2-aldehyd 12 652.
4.5-Dimethylthiophen-2-aldehyd 12 652.
2-Propionylthiophen (Äthyl-α-thienylketon) ($Kp._5$ 82—83°), Darst. 12 282; Rk. 14 955*.
3-Propiothienon ($Kp._{81}$ 95—97°) 10 826.
5-Methyl-2-acetylthiophen, Rk. 8608.
2.6-Dimethyl-1-thio-γ-pyron (F. 102,6 bis 103,4°), Spektren im UV- u. sichtbaren Bereich 2306.
2.6-Dimethyl-4-thio-γ-pyron (F. 144,2 bis 144,9°), Spektren im UV- u. sichtbaren Bereich 2306; Absorptionsspektrum 785; Rk. 6349.

$C_7H_8OS_2$ **2.5-Dimethyldithiofurophthen [2.4-Epidithioheptadien-(2.4)-on-(6)]**, Kristallstruktur 9292.
3-Acetonyliden-5-methyl-1.2-dithiacyclopenten-(4) 6349.
Methyl-[5-methylmercaptothienyl-(2)]-keton 9899*.

C_7H_8OSe **2-Propionylselenophen**, Rk. 11 559.
5-Methyl-2-acetylselenophen ($Kp._{12}$ 114 bis 116°), Darst., Deriv. 11 560; Rk. 11 559.
2.6-Dimethyl-4-seleno-γ-pyron (F. 132,8 bis 134,4°), Absorptionsspektrum 785.

$C_7H_8O_2$ (s. *Guajacol* [*o-Hydroxyanisol, 2(o)-Methoxyphenol*]; *Orcin* [*5-Methyl-1.3-dihydroxybenzol*]; *Salicylalkohol* [*Saligenin, Saligenol, o-Methylolphenol, o-Hydroxybenzylalkohol*]).
3-Hydroxybenzylalkohol (F. 68,5—69°) 7130.
***p*-Hydroxybenzylalkohol (*p*-Methylolphenol)** (F. 108°), Bldg. 10 416; (Kinetik) 10 416; (als Abwehrstoff bei d. Infekt. v. Orchideen mit Rhizoctonia repens) 6461; Kinetik d. Rk. mit CH_2O 10 416.
3-Methylbrenzcatechin (2.3-Dihydroxytoluol) (F. 65—67°), Darst. 7121; (Rk.) 12 274; potentiometr. Titrat. in n-Butylamin 6902.
4-Methylbrenzcatechin (Homobrenzcatechin) (F. 61—64°), Darst. 7121; Lichtabsorpt. d. —-Mo(IV)-Chelats 16 248; Rk. 1236; enzymat. Bldg. 5327; Verh. gegenüber o-Diphenoloxydase 10 870; gaschromatograph. Retentionszeit 7270; potentiometr. Titrat. in n-Butylamin 6902; papierchromatograph. Best. 2484.
2-Methylresorcin (2.6-Dihydroxytoluol), Darst. 7860; Bldg. 13 713; gaschromatograph. Retentionszeit 7270.
Kresorcin 13 713.
Toluhydrochinon (2-Methylhydrochinon) (F. 124—126°), Darst. 7121; Bldg. 13 713; Polarisat.-Kurven für d. Syst. Toluchinon/— 12 935; Rk. 6799, 8262, 8263, 17 719; Verw. 8180, 11 795*; Best. 15 690.
Resorcinmonomethyläther (*m*-Hydroxyanisol, *m*(3)-Methoxyphenol) (Kp. 244°), Bldg. 16 649; IR-Spektrum 3764; spektroskop. Unters. d. freien Hydroxyl-Valenzschwing. 7090; Appearance-Potential u. Konstit. 16 975; Bezieh. zwischen Halbstufenpotential u. Substitut 17 701; Jodier. (Kinetik) 799; Nitrosier. bzw. Nitrier. 1961; Formylier. 9317; Rk.: mit o-Bromtoluol 4505; mit 1-Chlor-2.4-dinitrobenzol u. 1.4-Dichlor-2-nitrobenzol (Kinetik) 4131; mit Phenacylbromid 17 738; mit 2.3-Dichlornaphthochinonen-(1.4) 4527; mit Salicylsäuren 3986*; mit Phenylbrenztraubensäuren 12 643; mit Cyanameisensäureäthylester 5263; Verh. gegen α-Cyanphenylessigsäureäthylester 5292; Rk. mit Hippursäure 15 456*; gaschromatograph. Retentionszeit 7270.
Hydrochinonmonomethyläther (*p*-Methoxyphenol, *p*-Hydroxyanisol) (F. 56,4°), Darst. 1575, 7691*; (Rk.) 12 656; Bldg. 15 546; Energie d. H-Bind. im Kristall 16 985; Absorptionsspektrum 12 965; spektroskop. Unters. d. freien Hydroxyl-Valenzschwing. 7090; Appearance-Potential u. Konstit. 16 975; Bezieh. zwischen Halbstufenpotential u. Substitut 17 701; Halbneutralisat.-Potential 8566; chem. Rk.-Fähigk. u. Hydroxylvalenzfrequenz im IR 7828; Rk.: mit Na- bzw. $LiBH_4$ in Diglyme (Kinetik) 4458; mit Isobutylen 3985*; mit Bicyclo-[2.2.1]-heptadien-(2.5) 16 492*; mit Allylbromid 8932; mit Dichlormethylen 3051; mit Phenacylbromid 17 738; mit Fumarylchlorid 10 819; Einfl. auf d. Kinetik d. Austausches v. J zwischen Na ^{131}J u. n-Butyljodid in — 7472; Polymerisat. v. mit — stabilisierten Vinylmonomeren 7914; Prüf. auf Gruppensensibilisier. 18 895; Eign. als Wärmestabilisator für Nitrocellulosefilme 3839; Verw.: als Stabilisator für Polyoxyalkylenverb. 16 131*; als Härt.-Verzögerer für ungesätt. Polyesterharzmassen 4004*; gaschromatograph. Retentionszeit 7270; Best. 16 430.
Benzylhydroperoxid 2174*.
4.5-Dimethylfurfurol ($Kp._{12}$ 98—100°) 11 909.
2-Propionylfuran, Rk. 12 274.
3-Methyl-2-acetylfuran ($Kp._{11}$ 62°) 12 274.
2-Methyl-5-acetylfuran ($Kp._7$ 68—69°) 16 670.
***exo*-2.3-Epoxybicyclo-[2.2.1]-heptanon-(5)** (F. 139—140°) 15 579.
5.6-Dimethylpyron-(2), Rk. 18 464.
2.6-Dimethyl-γ-pyron [2.6-Dimethylpyron-(4)] (F. 130,5—132,5°), Darst., Rk. 8978; Spektren im UV- u. sichtbaren Bereich 2306; DK, Dichte u. Dipolmoment 18 061; π-Elektronen-Donor-Acceptor-Komplexe d. Procain-Hydrochlorids mit — 15 177; Rk. 3807, 13 740.
4-Methyl-*p*-chinol, Rk. 13 713.
Norcampherchinon, Rk. 15 223.
Norcampherchinon, Rk. 15 223.
Bicyclo-[2.2.1]-heptandion-(2.5) (F. 141,5 bis 143°) 18 814.
Propargylaldehydmethylpropargylacetal ($Kp._{30}$ 82°) 12 094*.
Cyclopentadienonäthylenketal 17 731.
***trans*-Hepten-(4)-in-(6)-säure** (F. 64—66°) 3418.
1.4-Dihydrobenzoesäure, Darst., Rk., Deriv. 18 808; Rk. 18 808.
3.4-Dihydrobenzoesäure (F. 26°) 18 808.
1-Acetoxypenten-(4)-in-(2) ($Kp._{16-17}$ 71 bis 75°) 8217.
Carbomethoxycyclopentadien, Na-Verb. 17 726.
4-Hydroxyheptin-(6)-säurelacton ($Kp._{0,02}$ 79—80°) 3418, 4936.
Cyclopenten-(3)-ol-(2)-essigsäurelacton ($Kp._{0,07}$ 39°) 15 579.

$C_7H_8O_2S$ **4-Hydroxymethyl-2-acetothienon (4-Hydroxymethyl-2-acetylthiophen)** 10 827.
5-Hydroxymethyl-2-acetothienon (5-Hydroxymethyl-2-acetylthiophen) 10 827.

Methyl-[5-methylmercaptofuryl-(2)]-keton 9899*.
Methyl-[thienyl-(2)]-essigsäure ($Kp._{16}$ 150,5°) 10 084.
3.4-Dimethylthiophen-2-carbonsäure (F. 187 bis 188°) 13 578*.
2-Acetoxymethylthiophen, Rk. 1980.
Thiophen-(2)-carbonsäureäthylester (Thienyl-(2)-carbonsäureäthylester), Darst. 8781*; Konstit.-Einfl. auf d. Hydrolyse 16 986.
Thiophen-3-carbonsäureäthylester, Konstit.-Einfl. auf d. Hydrolyse 16 986.
3-Methylthiophen-2-carbonsäuremethylester 13 578*.
5-Methylthiophen-2-carbonsäuremethylester, Konstit.-Einfl. auf d. Halbstufenpotential 16 986.
p-**Toluolsulfinsäure** (F. 83—85°), Darst., Rk. 6743, 6380; Bldg. 795, 5608, 15 546; Disproportionier. (Kinetik) 16 270; Rk.: d. Na-Salzes (mit 9-Bromfluoren bzw. 9-Brom-2-nitrofluoren) 8967; (mit Benzhydrolen) 16 659; mit Alkylnitriten u. Dienen 10 810; Verw. d. Na-Salzes 17 976*; potentiometr. Best. v. — u. —-Salzen 6530; Tüpfelnachw. 18 218.
Benzolsulfinsäuremethylester 15 932.

$C_7H_8O_2S_2$ *o*-**Methylsulfonylthiophenol,** Rk. 1576.
p-**Methylsulfonylthiophenol,** Rk. 1576.
p-**Toluolthiolsulfonsäure,** Rk. d. Na-Salzes 4529.

$C_7H_8O_3$ (s. *Sarkomycin* [*2-Methylencyclopentanon-3-carbonsäure*]).
Pyrogallol-1-methyläther (3-Methoxybrenzcatechin) ($Kp._{16}$ 144—146°), Darst., Rk. 1959; IR-OH-Banden u. intramol. H-Bind. 16 622; Rk. 5264, 15 606.
2.4-Dihydroxyanisol (F. 70°) 5265, 18 110.
Methoxyhydrochinon, Bestandteil eines Trisaccharid-Glykosids aus Weizenkeimen 10 147.
Pyrogallol-2-methyläther (F. 87°), IR-OH-Banden u. intramol. H-Bind. 16 622; Rk. 5264.
3.4-Dihydroxyanisol (4-Methoxybrenzcatechin) (F. 49—51°) 5265, 7984.
Phloroglucinmonomethyläther (*O*-**Methylphloroglucin, 3.5-Dihydroxyanisol),** Darst. 9030; Rk. 4911, 5263.
5-[Methoxymethyl]-furfurol ($Kp._5$ 89—90°), Darst. 8062*; Rk. 15 205.
3-Hydroxy-2.6-dimethyl-1.4-pyron, in vitro-Verester 3135.
6-Methyl-4-methoxy-α(2)-pyron, Darst. 13 784; Rk. 10 454, 10 455.
6-Methyl-2-methoxy-γ-pyron 13 784.
2.4-Dioxo-3.3-dimethyldihydropyran, spektroskop. Unters. (Vgl.) 14 521.
3-Oxocyclopentylglyoxal 2753.
2.5-Dimethylfurancarbonsäure-(4) (F. 138°) 118.
α-**Keto-β-methylencyclopropanpropionsäure (Methylencyclopropanbrenztraubensäure),** blutzuckersenkende Wrkg. 17 107; Hypoglykämie nach —-Verabreich. 552.
δ-**Acetylidenacetoacrylsäure** 5845*.
2-Methyl-3-oxocyclopenten-(1)-carbonsäure 10 485.
α-**Furfurylacetat** ($Kp._{25}$ 91°), IR-Spektrum 3396; Rk. 1222, 18 815.
2-Acetoxy-5-methylfuran ($Kp._{10}$ 72—73°) 18 815.
Furan-2-carbonsäureäthylester (Furoesäure-2-äthylester, Brenzschleimsäureäthylester) (F. 33,8—34°), IR-Spektrum 3396; Konstit.-Einfl. auf d. Verseif. v. Deriv. 16 986; Rk. 4536, 9330, 17 405.
3-Methylfuran-2-carbonsäuremethylester, Rk. 12 274.
2-Allylbernsteinsäureanhydrid ($Kp._{16}$ 133 bis 140°) 17 366.
Teraconsäureanhydrid (F. 44°) 8239.
cis-**Cyclopentan-1.2-dicarbonsäureanhydrid,** Rk. 17 386.
cis-**Cyclopentandicarbonsäure-(1.3)-anhydrid** 15 219.
2.3-Epoxycyclopentanol-(4)-essigsäurelacton (F. 107—108°) 15 579.

$C_7H_8O_3S$ **4-Hydroxyphenylmethylsulfon,** Rk. 7706*.
β-**Mercapto-β-[furyl-(2)]-propionsäure** (F. 89°) 10 062.
3-Hydroxy-5-methylthiophen-2-carbonsäuremethylester (F. 51°) 1191.
Tolylsulfonsäuren, Einfl. auf d. Werte d. gesamten Nichtprotein-N 1635.
ω-**Toluolsulfonsäure,** Rk. d. Na-Verb. 10 431.
o-**Toluolsulfonsäure,** Hydrolysegrad 10 793; Stabilität v. Cd-Komplexen d. — 46.
m-**Toluolsulfonsäure,** Hydrolysegrad 10 793.
p-**Toluolsulfonsäure (4-Methylbenzolsulfonsäure)** (F. 92°), Bldg. 5608; (Kinetik) 16 269; Struktur u. Stabilität d. Komplexe mit Cd 46; Kryoskopie v. wss. —-Lsg. in Na_2SO_4 7427; Kryometrie im Eis/KNO_3-Eutektikum 10 750; Aktivitäts- u. osmot. Koeff. v. Deriv. 3771; pK-Wert in Eisessig 9656; Säurestärke 9656; Hydrolysegrad 10 793; photometr. Unters. d. Säuren-Basen-Rk. mit p-Naphtholbenzein 6344; Oxydat. 4714*; Zers. v. Estern 10 057; Alkoholyse v. Estern 12 244; Rk.: v. Estern mit NH_3 in Ggw. v. $(NH_4)_2SO_4$ (Herst. prim. Alkylamine) 6209*; v. —-Estern mit Isoxazol 16 414*; mit Cholestanderiv. bzw. 3.5-Cyclocholestanderiv. u. Dimethylsulfat 10 847; mit α-Pinenoxid u. Chinaldin 1237; mit opt. akt. Cyclopropylcarbinolen u. -ketonen 12 612; mit 4.5.6.7-Tetramethyl-8.9-dihydroindenylcyclopentadienyl-Ni 425; mit 16-Phenyl-Δ^5-pregnen-3β.17α-diol-20-on-20-äthylenketal 12 394*; d. Na-Salzes mit Chloressigsäure 7544; mit Deriv. d. 2.5-Diaminoterephthalsäure 17 930*; d. Ag-Salzes mit 8-Acetoxy-1-bromoctan 6737; mit 14α-Hydroxyhydrocortison-21-acetat 2832*; mit Methylpyrosulfat u. aromat. Verb. 2171*; Einführ. v. sek.-Alkyl- u. Cyclohexylgruppen in d. aromat. Kern durch Umsetz. mit —-Estern 10 069; Serumtest mit — (Anwend. zur schnellen Abschätz. d. γ-Globulinspiegels) 14 931; Wrkg. auf Myosin B-Lsg. 3167; Verw.: als Katalysator 1408*, 6969*, 7323*, 8782, 10 272*, 15 765*, 19 006*; für Phthalocyaninpigmente 14 689*; d. Na- bzw. K-Salzes in Waschmittel 10 313*, 14 363*; als Härter für Epoxy-Aminoplast-Misch. 13 226*; papierchromatograph. Unters. v. —-Estern 2849; Charakterisier. als Benzylaminsalz (F. 186 bis 187,5°) 1345; Best. 5356; Best. v. p-Toluolsulfonaten N-halt. Basen (volumetr.) 594; (gravimetr.) 594; Verw. d. Salzes mit N-Methyl-β-carbohydrazidopyridiniumhydroxid zur Identifizier. v. Carbonylverb. 9459; —-Ester s. auch *Cellulosederivate-Tosylcellulose.*
Benzolsulfonsäuremethylester (Methylbenzolsulfonat), Kinetik d. Hydrolyse u. Solvolyse 10 041; Rk.: mit SO_3 2172*; mit 4-Acetylamino-4'-dimethylaminostilben 15 946; mit 4-[m-Nitrobenzoylamino]-4'-dimethylaminostilben-N(4')-methylbetain bzw. dessen Umlager.-Prod. 11 164.

$C_7H_8O_3S_2$ **2.2-Dimethyl-1.3-dithiolan-4.5-*cis*-dicarbonsäureanhydrid** (F. 140—142° korr.) 449.

$C_7H_8O_4$ (s. *Iretol*).
5-(1'.2'-Dihydroxyäthyl)-2-furaldehyd, papierchromatograph. Identifizier. 246.
2-Hydroxymethyl-5-methoxy-γ(4)-pyron (Kojisäuremonomethyläther) (F. 161°), Darst., Rk. 9337, 13 754; Rk. 840, 3089, 3807; Verh. gegen Acrylnitril 5290.

1(4)-Hydroperoxy-1.4-dihydrobenzoesäure 18 807.
Cyclopentanon-(2)-oxalylsäure-(1) (F. 63,5 bis 64° korr.) 6392.
Vinylcyclopropandicarbonsäure, Verw. 3699*.
α-Methyl-γ-carboxymethylen-Δ^{α}-butenolid, — als Stoffwechselprod. v. 4-Chlor-2-methylphenoxyessigsäure bei Bodenbakterien 1654.
4-Acetoxy-β-angelicalacton, positiv-inotrope Wrkg. auf d. Papillarmuskel d. Katze 18 191.
Verb. $C_7H_8O_4$ (F. 140°) aus Carvon 5680.

$C_7H_8O_4S$ **o-Kresolmonosulfonsäure,** p-Toluidinsalz (F. 202—204°) 9517*.
m-Kresol-6-sulfonsäure, Rk. 2754.
6-Hydroxy-m-toluolsulfonsäure 15 932.
Benzaldehydbisulfit, Fäll. als Benzylthiuroniumsalz 16 078.
Benzylsulfat, Darst., Rk. d. Na-Verb. (F. 183,5—184,5°) 10 430; IR-Spektrum d. K-Salzes 11 854.
p-Kresylsulfat, IR-Spektrum d. K-Salzes 11 854; Isolier. u. Identifizier. aus menschl. Harn 18 535.

$C_7H_8O_5$ **5-Dehydroshikimisäure,** Biosynth. aus Phykomyces blakesleeanus-Kulturen in Glucose-Lsg. 7158; Art d. Bind. v. — an d. Dehydroshikimisäurereduktase 6816; Hydrier. in Ggw. v. Dehydroshikimisäurereduktase 6816; Umwandl. v. Dehydrochinasäure in — durch Dehydrochinase 6816; — als Vorläufer d. Protocatechusäure bei Einw. v. m-Hydroxybenzoesäurehydroxylase A auf Shikimisäure 16009.
3-Carbäthoxytetrahydrofurandion-(4.5) 16 643.
2-Carboxyäthylbernsteinsäureanhydrid (F. 63—64°) 7111.

$C_7H_8O_5S$ **Guajacolsulfonsäure,** Darst. 9517*; (d. K-Salzes) 1411*; Verw. d. K-Salzes: in Codigesic 4250; in Dicodrine 3180; in tepresso-nervino 18 197; Best. d. K-Salzes 11 287, 17 135; (neben Na-Benzoat u. Codeinphosphat) 11 651.

C_7H_8S **2-Propenylthiophen** (Kp.$_7$ 51,5—52°) 16 303.
2-Allylthiophen 7322*.
2-Cyclopropylthiophen (Kp.$_6$ 44—44,5°) 16 303.
Benzylmercaptan (ω-Mercaptotoluol, Phenylmethanthiol), Bldg. 9318; Darst. v. Alkalisalzen 18 793; UV-Spektrum d. J_2-Komplexes 14 084; Beweis d. H-Brücken aus NMR-Messungen 17 700; Rk.: mit $COCl_2$ 9517*; mit Anthracen u. O_2 (Vers.) 11 551; mit 2.5-Bis-[chlormethyl]-furan 1600; mit 2.4-Dichlornitrobenzol 18 471; mit $(CH_3)_2SnCl_2$ 8548; mit Bis-[methylmercapto]-chlormethan 7477; mit 5-[β-Chloräthylamino]-uracilen 9719; d. Na-Verb. mit Pyridin-1-oxiden 3042; d. Na-Verb. mit Meso-α.α'-dibromglutarsäure u. Phosgen 8241; mit Hydrocortison-21-mesylat 9358; mit α.β-Dihalogen-α-acylaminopropionsäuren 3086; mit desacetylierter 1.2.3.4-Tetra-O-acetyl-6-O-tosyl-β-D-glucopyranose 17 765; d. Mg-Chlorids mit 4-Chlorbenzolsulfenylchlorid 1030*; Verw. 15 401*, 17 559* [2 Ref.]; (v. Salzen) 3624*, 16 130*, 19 005*; Identifizier. als 2.4-Dinitrophenylthioäther 14 634.
Thiokresole, Reinig. v. — v. beigemengten „Teersäuren" 16 493*; Best. 16 430.
o-Thiokresol (o(2)-Methylthiophenol, 2(α)-Mercaptotoluol) (Kp.$_{699,3}$ 193,9°), Darst. 7691*; Absorpt.-Spektrum im nahen UV 10 024; Dipolmoment 14 450; Rk. 3786, 8964, 18 824; (v. Alkyläthern) 8585; Identifizier. als 2.4-Dinitrophenylthioäther 14 634.
m-Thiokresol (m(3)-Methylthiophenol, m-Tolylthiol), Konstit.-Einfl. auf d. ν(SH) bzw. d. UV-Maximum 11 133; Absorpt.-Spektrum im nahen UV 10 024; Austausch v. H gegen T 1566; Rk.: mit NaOH u. $CSCl_2$ 4882; mit Phenylpropiolsäureäthylester (Kinetik) 4491; mit Äthylchlordithioformiat 4881; Identifizier. als 2.4-Dinitrophenylthioäther 14 634.
p-Thiokresol (p(4)-Methylthiophenol, p-Tolylmercaptan, p-Mercaptotoluol) (F. 43 bis 46°), Bldg. 6380, 11 161; Darst. v. Alkalisalzen 18 793; Konstit.-Einfl. auf d. ν(SH) bzw. d. UV-Maximum 11 133; Absorpt.-Spektrum im nahen UV 10 024; Stereochemie d. nucleophilen Addit. an 1-p-Toluolsulfonylcyclohexen 14 463; Methylier. 12 656; Rk.: d. Na-Salzes mit Phenylacetylen (Kinetik) 6729; mit α- bzw. β-Vinylnaphthalin 8964; mit Chloracetylen 10 436; d. Na-Salzes mit Trichloräthylen 16 635; mit 9-Bromfluoren 8967; mit 4.7-Dichlorchinaldin 3191*; mit 2.5-Diphenyltetrazol 4159; mit 2-Oxa-1.2-dihydro-endo-dicyclopentadien 5659; mit 2-Jod-5-methylanisol 3786; d. Na-Verb. mit 4-Brom-1-methoxynaphthalin 15 203; mit Jodferrocen 14 117; mit Triphenylsilan 9723; mit Phenylpropiolsäureäthylester (Kinetik) 4491; mit α-Methyl-β-äthoxyacrylsäureäthylester 13 390; mit 2-Acetamidoäthanthiolsulfonsäure-2-acetamidoäthylester bzw. 2-Aminoäthanthiolsulfonsäure-2-aminoäthylesterdihydrochlorid 15 932; mit N-Arylmaleinimiden 448; mit p-Toluolsulfinylchlorid 11 169; d. Mg-Bromids mit Toluol-2-sulfenylchlorid 1030*; mit ^{35}S-p-Toluolsulfonsäureanhydrid 794; Identifizier. als 2.4-Dinitrophenylthioäther 14 634.
Thioanisol (Phenylmethylsulfid, Thiophenolmethyläther) (Kp. 188—190°), Darst. 2167*, 14 318*; (UV-Spektrum) 9278; (Rk.) 11 535; Rk. 6015, 10 072, 11 534, 13 208*, 14 088, 18 440.

$C_7H_8S_2$ **3.4-Dimercaptotoluol (Toluol-3.4-dithiol, Dithiol),** Rk. 13 015; Stabilisier. 18 585*; Kationenabtrenn. durch Ionenaustauscher bei d. photometr. Mo-Best. mit — 5816.
Benzylhydrodisulfid, Rk. 104.
2.6-Dimethyl-1.4-dithio-γ-pyron (F. 114,2 bis 114,8°), Spektren im UV- u. sichtbaren Bereich 2306; Absorptionsspektrum 785.

$C_7H_8S_3$ **2.5-Dimethylthiothiophthen,** Kristallstruktur 6349.

C_7H_8Se **2-Propenylselenophen** (Kp.$_{18}$ 82—82,5°) 9699.
2-Cyclopropylselenophen (Kp.$_{13}$ 71—72°) 9698.
Benzylselenol, Rk. 11 886.

$C_7H_8Se_3$ **2.5-Dimethylselenoselenophen** 6349.

C_7H_8Te **Methylphenyltellurid,** IR-Spektrum 1501.

C_7H_9 **Trivinylmethyl** s. unter *Radikale (Spezielle Radikale).*

$C_7H_9AsN_2O_4$ s. *Carbarson.*

$C_7H_9BN_2O_3$ **m-Ureidobenzolboronsäure,** Verwendbark. für d. Neutroneneinfangtherapie v. Hirntumoren 16 356.

$C_7H_9BO_2$ **Benzylboronsäure** (F. 195—214°) 8419*.
o-Toluolboronsäure 4510, 14 837.
p-Toluolboronsäure, Hydrolyse (Kinetik) 6360.

$C_7H_9BO_3$ **p-Methoxyphenylboronsäure,** Darst. 14 837; Kinetik: d. Hydrolyse 6360; d. Substitut. d. Boronsäuregruppe durch H 6359 [2 Ref.].

$C_7H_9BrN_2$ **3-Brom-4-dimethylaminopyridin** (Kp.$_{0,5}$ 82—84°), Darst., Deriv. 3094; UV-, IR-Spektren, Basenstärke 10 035.
Brom-o-methylphenylhydrazin, Rk. 6138*.
Brom-p-methylphenylhydrazin, Rk. 6138*.

$C_7H_9BrN_2O$ **3-Brom-4-dimethylaminopyridin-N-oxid,** Pikrat (F. 160—161°) 3094.

$C_7H_9BrN_2O_2$ **5-Brom-2.4-dimethoxy-6-methylpyrimidin** (F. 76—77°) 10 095.
5-[α-Brom-β-methylpropyliden]-hydantoin (F. 250—253°) 9331.
$C_7H_9BrN_2O_2S$ **2-Amino-5-brombenzylsulfonamid** (F. 156—157°) 5396*.
$C_7H_9BrN_2O_4S_2$ **5-Bromtoluol-2.4-disulfonsäureamid** (F. 264—265°) 3186*, 6506*.
$C_7H_9BrN_4O_{10}$ **6-Brom-4.4.6.6-tetranitrohexansäuremethylester** (F. 65—66°) 5994.
C_7H_9BrO *endo*-**3-Bromnorcampher** (Kp.$_7$ 107,5°), Darst., Rk. 8266; Bldg. 8267; Dipolmoment u. Konfiguration 13 777; endo-exo-Isomerie 13 776.
exo-**3-Bromnorcampher** (F. 32—32,5°), Darst., Rk. 8266; Dipolmoment u. Konfigurat. 13 777; endo-exo-Isomerie 13 776.
$C_7H_9BrO_2$ **2-Brom-3-methoxycyclohexen-(2)-on-(1)** (F. 94—95°) 10 440.
2-Methyl-2-bromcyclohexandion-(1.3) (F. 17 bis 19°) 10 440.
2-Methyl-6-bromcyclohexandion-(1.3) (F. 106—108° Zers.) 10 440.
4-Bromcyclopenten-(2)-onäthylenketal 17 731.
5-Bromcyclopenten-(2)-onäthylenketal 17 731.
2-Bromhexadien-(2.4)-säure-(1)-methylester (Kp.$_{0,3}$ 75°) 15 926.
$C_7H_9BrO_4$ **4-Bromcyclopentandicarbonsäure-(1.2)** (F. 146—148°) 3059.
C_7H_9BrSi **Benzylbromsilan** (Kp. 208°) 10 065.
α-Brombenzylsilan (Kp. 213°) 10 065.
$C_7H_9Br_2N_5$ **4-Allylamino-2-amino-6-dibrommethyl-*symm.*-triazin** (F. 145—147°) 6777.
C_7H_9Cl **Dimethyl-[vinyläthinyl]-chlormethan**, Rk. 7856.
Dehydronorbornylchlorid (**Δ^3-2.5-Endomethylencyclohexenylchlorid**), Darst., Rk. d. endo-Verb. 8267; Rk. 222*.
C_7H_9ClMg **Δ^3-2.5-Endomethylencyclohexenmagnesiumchlorid**, Rk. 6590*.
$C_7H_9ClNO_2PS$ ***O*-[4-Chlorphenyl]-*O*-methylthiophosphorsäureamid** 10 248*.
$C_7H_9ClNO_3P$ **Amidophosphorsäuremethyl-*O*-chlorphenyldiester** (F. 92—94°) 4647*.
$C_7H_9ClN_2O$ **2-[4(6)-Chlorpyrimidyl-(6[4])]-propanol-(2)** 7327*.
3-Propoxy-6-chlorpyridazin (F. 65°) 1990.
3-Isopropoxy-6-chlorpyridazin (F. 84°) 1990.
4-Methyl-6-äthoxy-3-chlorpyridazin (F. 49°) 12 297.
5-Methyl-6-äthoxy-3-chlorpyridazin (F. 78°) 12 297.
2-Chlor-6-äthoxy-4-methylpyrimidin (Kp.$_2$ 82°) 12 298.
2-Chlor-5-methoxyphenylhydrazin (F. 70 bis 72,5°) 10 085.
Pyridin-4-aldehydchloriminmethylhydroxid, Methylsulfat (F. 58—60° Zers.) 3092.
$C_7H_9ClN_2OS$ **4.5-Dimethyl-2-chloracetylaminothiazol** (F. 119°) 4905.
$C_7H_9ClN_2O_3$ **2.5.6-Trimethoxy-4-chlorpyrimidin** (F. 73°) 8705.
2-Chlor-1-äthyl-5-nitropyridiniumhydroxid, Fluoroborat (F. 140—150°) 16 301.
$C_7H_9ClN_2O_4S_2$ **5-Chlortoluol-2.4-disulfonsäureamid** (F. 261—262°) 4637*, 5767*, 6506*.
$C_7H_9ClN_2S$ **3-Chlor-6-isopropylmercaptopyridazin**, Rk. 7525.
3-Äthylmercapto-4 (bzw. -5)-methyl-6-chlorpyridazin (F. 88°) 1990.
$C_7H_9ClN_4$ ***N*-[*p*-Chlorphenyl]-*N'*-aminoguanidin**, Rk. d. Hydrochlorids 7625*; Verw. 7252*.
$C_7H_9ClN_6$ **8-[β-Chloräthylamino]-adenin**, Dihydrochlorid (F. 215—224°) 9719.
C_7H_9ClO **2-[γ-Chlorpropyl]-furan** 3260*, 7322*.
2-Chlor-1-äthinylcyclopentanol (Kp.$_5$ 64°) 14 320*.
3-Chlor-5-hydroxynortricyclen 10 278*.
4-Chlornorcampher (F. 80,6—82°) 15 223.
syn-**7-Chlornorcampher**, Dipolmoment, Konfigurat. 13 777.
Cyclohexen-(1)-carbonsäurechlorid (Kp.$_{20}$ 98 bis 104°) 452, 9326.
Bicyclo-[2.1.1]-hexan-5-carbonsäurechlorid (Kp.$_{19}$ 68—70°) 15 223.
Cyclopenten-(1)-ylacetylchlorid (Kp.$_{10}$ 88 bis 100°) 2367.
C_7H_9ClOS **2-[5'-Chlor-2'-thienyl]-propanol-(1)** 19 006*.
$C_7H_9ClO_2$ **2-Acetyl-2-chlorcyclopentanon** (Kp.$_{13}$ 92—94°) 10 068.
1-Chlor-4(5)-carbocyclohexen-(1) [Isomerengemisch] (Kp.$_{17}$ 162—165°) 87.
1-Chlorbicyclo-[2.1.1]-hexan-5-carbonsäure (F. 101,1—103,9°) 15 224.
3-Acetoxy-5-chlorcyclopenten [Isomerengemisch] (Kp.$_2$ 57—61°) 11 171.
4-Acetoxy-5-chlorcyclopenten [Isomerengemisch] (Kp.$_2$ 57—61°) 11 171.
5-Acetoxy-4-chlorcyclopenten [Isomerengemisch] (Kp.$_2$ 57—61°) 11 171.
$C_7H_9ClO_3$ **2-[Chlormethyl]-cyclopentanon-3-carbonsäure**, Rk. 575*.
Terebinsäurechlorid (Kp.$_9$ 132°) 8239, 10 845.
C_7H_9ClS **2-[γ-Chlorpropyl]-thiophen** 7322*.
C_7H_9ClSi **Benzylchlorsilan** (Kp. 186°) 10 065.
Methylphenylchlorsilan, Rk. 11 002*, 16 291.
$C_7H_9Cl_2NO_5$ **Dichloracetyl-DL-glutaminsäure**, Acylaseaktivität v. Ascitestumorzellen auf — 9373.
$C_7H_9Cl_2N_3O$ **2(6)-Butoxy-4.6(2.4)-dichlor-1.3.5(*symm.*)-triazin** (Kp.$_{12}$ 139—140°), Darst. 8258; (herbicide Wirksamk.) 18 160; Verw. 19 020*.
2-[1'-Methylpropoxy]-4.6-dichlor-1.3.5-triazin (Kp.$_{12}$ 127—128°) 8258.
$C_7H_9Cl_2N_3OS$ **2-[β-Äthoxyäthylmercapto]-4.6-dichlor-1.3.5-triazin** (Kp.$_{0,07}$ 112—114°) 6938*, 8258.
$C_7H_9Cl_2N_3O_2$ **2(6)-[β-Äthoxyäthoxy]-4.6(2.4)-dichlor-1.3.5-triazin** (Kp.$_{0,01}$ 102—103°), Darst. 8258; (Verw.) 6938*; Verw. 19 020*.
$C_7H_9Cl_2N_3S$ **2-*n*-Butylmercapto-4.6-dichlor-1.3.5(*symm.*)-triazin** (Kp.$_{1,5}$ 116—119°), Darst. 8258; (herbicide Wirksamk.) 18 160.
2-*sek.*-Butylmercapto-4.6-dichlor-1.3.5-triazin (Kp.$_{0,7}$ 97°) 8258.
2-Isobutylmercapto-4.6-dichlor-1.3.5-triazin (Kp.$_{0,7}$ 98°) 8258.
2-*tert.*-Butylmercapto-4.6-dichlor-1.3.5-triazin (Kp.$_{0,01}$ 80°) 8258.
$C_7H_9Cl_3O_2$ **2.2.2-Trichlor-1-[1'.1'-dimethylpropin-(2)-oxy-(1)-äthanol (NC 1541)**, antikonvulsive Wrkg. 9809.
Trichloressigsäurecyclopentylester (Kp.$_{0,4}$ 60 bis 61°) 3774.
$C_7H_9Cl_3O_3$ **Trichloressigsäuretetrahydrofurfurylester**, herbicide Wrkg. 14 926.
$C_7H_9Cl_3O_5$ **Chloralmalonsäuredimethylester** (F. 87—88°) 1972.
$C_7H_9FN_2O_4S_2$ **5-Methyl-2.4-bis-[aminosulfonyl]-fluorbenzol** (F. 210°) 14 140.
$C_7H_9F_3N_2O_4$ ***N*-Trifluoracetyl-DL-alanylglycin** (F. 117—118°) 7697*.
$C_7H_9F_3O$ **Trifluorvinylpenten-(4)-oxid** (Kp.$_{96}$ 54—57°) 17 92*.
$C_7H_9F_3O_4$ **α-Methoxy-γ.γ.γ-trifluoracetessigsäureäthylester** 95.
$C_7H_9F_5O$ **Pentafluoräthyl-*n*-butylketon**, IR-Spektrum 2679.
$[C_7H_9F_7O_2Si]_x$ **Poly-[γ-(1H.1H-heptafluorbutoxy)-propylsiloxan]** 8947.
$C_7H_9HgNO_3$ **3.5-Dimethyl-4-acetoxymercuriisoxazol** (F. 104—105°) 8601.
$C_7H_9HgN_3O_3$ **Anhydro-3-hydroxymercuri-4-methoxy-1.6.8-triazabicyclo-[4.3.0]-nonandion-(7.9)** (F. d. Hydrats 295 bis 300° Zers., korr.) 846.
$C_7H_9JN_4$ **N^1-Amino-N^3-[*p*-Jodphenyl]-guanidin**, Verw. 7252*.
C_7H_9JSi **Benzyljodsilan** (Kp. 236,5°) 10 065.
C_7H_9N (s. *Lutidin* [*Dimethylpyridin*]; *Toluidin* [*Tolylamin, Aminotoluol, C-Methylanilin*]).

2(α)-Äthylpyridin, Darst. 18 279*; Rk. 1414*, 12 839*; gaschromatograph. Verh. 5417; Charakterisier. als saures (—)-Di-O-p-toluyltartrat (F. 147,5—148,5°) 3778.

3-Äthylpyridin (Kp. 164—166°), Bldg. 14 517; UV-, IR-Spektren u. Basenstärke 10 035; Dipolmoment 16 976; Oxydat. 3092, 14 329*, 15 963; Dehydrier. 12 839*, 13 579*, 15 772*; gaschromatograph. Verh. 5417.

4(γ)-Äthylpyridin, Bldg. 10 457; Protonenresonanzspektrum 3040; Rk. 4875, 6770, 15 963; Verw. d. Werner-Komplex-Verb. 308*, 12 464*; gaschromatograph. Verh. 5417; Charakterisier. als saures (—)-Di-O-p-toluyltartrat (F. 150—151°) 3778.

Benzylamin (Kp. 184°), Darst. 99, 3055, 4714*, 6579*, 18 630*; (Pikrat) 299*; (v. Deriv.) 3777; (d. Additions-Verb. mit Se_2Br_2) 15 191; Bldg. 10 799; (Rk.) 13 034; (Salze) 10 057; (d. Hydrochlorids) 8587; stereochem. Konfigurat. v. $D_{(\alpha)}$-— 8563; Absorpt.-Spektren v. in — gelösten V(V)-Komplexen 18 005; Lsg.-Abhängigk. d. ν(N—H) 10 028; Einfl. v. —-Dampf auf d. IR-Spektren v Metallphthalocyaninen 5929; Wander.-Geschw. an Kieselsäure-Celite-*503* 10 409; Oxydat. 4494, 10 643*; Rk.: mit SCl_2 3020; mit NiJ_2 15 528; mit WCl_6 12 219; Komplex-Bldg.: mit SnJ_4 10 411; mit $ThCl_4$ 15 885; mit $[Ni(SCN)_2]\cdot[(R_2—C_6H_4—CH(R_1)—NH_2)_4]$ 15 158; mit $K_2[Cd(CN)_4]$ 3749; mit $Na_2[Fe(CN)_5\cdot NO]$ 7448; Acetylier. 7106; Chloracetylier. 18 089; Rk.: v. Deriv. mit CS_2 5019*; d. Nitrats mit Cyanamiden 11 157; mit Acetylenchloriden 7482; mit 1.6-Dijod-3.4-bis-[jodmethyl]-hexan 1222; d. Na-Verb. mit α- bzw. β-Vinylnaphthalin 8964; mit Pyridin 15 212; mit 2.5-Diphenyltetrazol 4159; mit Purinderiv. 2463*; mit 7-[β-Chloräthyl]-8-chlormethyltheophyllin 223*; mit Styroloxiden 15 913; mit p-[1.2-Epoxyäthyl]-chlorbenzol bzw. -toluol 16 992; mit 3α-Chlortropan bzw. Tropinmesylat 11 199; mit p-Nitrofluorbenzol 12 999; mit α-Chlor-β-nitrostyrol 15 566; mit N-Chlorbenzylamin 18 105; mit 4-Amino-2-chlor-6-methyl-5-nitropyrimidin 6039; mit Siliciumisocyanaten 15 187; mit Allylisocyanat 7888; mit Benzolsulfoisocyanat bzw. N-Benzylcarbaminsäureestern bzw. Benzolsulfonylcarbaminsäurehalogeniden bzw. Benzolsulfonylharnstoffen 18 202*; mit ω-Methylmercaptoalkylisothiocyanaten 1193; mit 1-Oxa-4-thiacyclohexan-4.4-dioxid 16 495*; mit Divinylsulfon 18 471; mit N-Alkyl(alkylaryl)-N-guanylharnstoffen 17 008; mit HCHO 8789*; (u. HCN) 9895*; (u. CS_2) 2831*; mit Pyridyl-(2)-aldehyd u. H_2 10 933*; mit m-Nitrobenzaldehyd 11 890; mit 2.4-Di-O-methyl-D-glucose 9351; mit 3.4.5.6-Tetrahydro-1.3-oxazinon-(2) 7903; mit 2-Phenyl-4-[2′.3′-dichlorthenyliden-(5′)]-oxazolon-(5) 12 652; mit 2-Phenyl-4-hexafluorisopropylidenoxazolon-(5) 9334; mit 3.7-Dibrom-5-brommethyltropolon 7494; mit d. Hydrochlorid v. 1-β-Chloräthyl-2-chlormethylpyrrolidon 2358; mit 1-Phenylpropanol-(1)-on-(2) 14 615*; mit Pyrazolidindionen-(3.5) 8975; mit 2-Imino-1-methyl-3.3-diphenylpyrrolidinhydrochlorid 17 026; mit Diäthyleniminodichlorbenzochinonen-(1.4) 1962; mit D-Glucuronäthylenmercaptal 17 766; mit 2-Methylmercapto-4-amino-5-cyanpyrimidin 4641*; mit 2-Benzyloxazol-4-carbonsäure u. $SOCl_2$ 3086; mit Theophyllin-7-essigsäure bzw. ihrem 8-Nitro-Deriv. 13 763; mit α-Bromcarbonsäuren 8582; mit Aminosäuren bzw. Peptiden 6375; mit o-Nitrobenzoesäure bzw. Acetylanthranil 12 301; mit 2-Carboxyindolyl-(3)-essigsäure 13 759; mit Anissäure u. Bortriacetat 17 203*; mit Methylacetat 442; mit Methacrylsäureäthylester 2732; mit Phenyläthylaminoessigsäureäthylesterhydrochlorid 9332; mit 4-Hydroxycumarin-3-carbonsäureäthylester 4639*; mit Morpholin-4-carbonsäure-2-mercaptoäthylester bzw. 2-Mercaptoäthylcarbamaten 9303; mit Oximinocyanessigsäureäthylester 1951; mit Äpfelsäuredimethylester 4535; mit 2.2-Diäthoxy-3-carbäthoxy-5.5-dimethyltetrahydropyran 17 736; mit [Bis-(äthylmercapto)-methylen]-brenztraubensäureäthylthiolester 12 262; mit N-Carbobenzoxy-L-pyroglutaminsäure 5635; mit 2.3-Bis-[mesyloxymethyl]-1.4-benzodioxan 3814; mit Zn-Cellulosexanthogenat 497; mit Acrylsäurechlorid 9309; v. Deriv. mit Dihalogenacetylhalogeniden 7250*; mit 2-Phenyloxazol-4-carbonsäurechlorid 3449; mit Acrylsäureanilid 5260; mit Phthalid 3084; mit N-[p-Thiotoluyl]-succinimid 3789; mit Brenztraubensäure-N-cyclohexylimidchlorid (Kinetik) 11 148; mit Methansulfonylchlorid 10 424; mit 3-Chlorpropan-1-sulfochlorid 12 252; mit Chinolin-8-sulfonsäurechlorid 15 595; mit 1.3-Diaminobenzol-4.6-disulfochlorid 5674; mit 5-Chlor-2.4-bis-[chlorsulfonyl]-anilin 14 141; mit 4-Alkyl- bzw. 4-Alkoxybenzolsulfonylcarbaminsäuremethylestern 18 202*; mit N.O-Dimethansulfonylcalycotomin 10 478; mit 2.4-Dimethylbutadien-(1.3)-sulton-(1.4) 6370; mit Pulegonsulton 3421; mit Na-Tribenzylpyrophosphat 8632; mit Phosphorsäurephenylesterdichlorid 13 205*; Bestrahl. v. 2-Oxa-1-thia-3.5-dimethylcyclohexadien-(3.5)-S.S-dioxid in Ggw. v. — 14 098; therm. Dissoziat. (Kinetik) v. N-Phenylphenylcarbamat in Ggw. v. — 5992; amöbicide Wrkg. v. Deriv. 13 483; Verw. 4719*, 18 276*, 18 633*; Adsorpt. an Kationenaustauscher 4662; Tüpfel-Rk auf — 11 678; Charakterisier. als saures (—)-Di-O-p-toluyltartrat (F. 195—197°) 3778; Charakterisier. organ. Säuren durch ihre —-Salze 1345.

***N*-Monomethylanilin (Methylphenylamin),** (Kp. 194°), Darst. 7327*, 12 266; (Deriv.) 16 290; (v. alkylsubstituierten Pikraten) 3777; Bldg. 15 233, 17 929*, 18 113; (Rk.) 822, 4496; IR-Absorpt.-Spektren d. Hydrohalogenide 6715; H-Bind. in Pyridin (IR-Spektroskopie) 10 781; Analyse d. ν(NH) 12 599; (Lsg.-Abhängigk.) 10 028; Dipolmoment 15 167; magnet. Susceptibilität 3769; Selbstassoziat. u. intermol. π-Effekt aus d. NMR-Spektrum 9655; Konstit.-Einfl. auf d. chromatograph. Verh. an SiO_2 11 142; Oxydat. (Identifizier. radikal. Prod.) 4487; Komplex-Bldg. mit $ThCl_4$ 15 885; Rk.: mit SOF_4 5219; mit Dekaboran (Kinetik) 439; mit CS_2 1205; d. Na-Verb. mit Azulenen 13 745; mit Acetylenchloriden 7482; mit Polyvinylchlorid (Geschw.) 14 891; mit n-Propylbromid 5622; mit 1.2-Dibromcyclohexan 13 372; mit 5.5.6.6-Tetrafluorcycloheptadien-(1.3) bzw. o-Fluorbenzaldehyd 7496; Verh. gegen Pyridin 15 212; Rk.: mit Chlorbenzthiazolen 457; mit β-[2.4-Dinitrophenyl]-äthylchlorid 18 410; mit 2.4-Dinitrofluorbenzol (Basenkatalyse) 8572; mit 1.3.5-Trinitrobenzol u. Trinitrotoluol (Kinetik) 6726; mit 2-Chlor-1.3.2-dioxaborolan 7331*; mit Tris-[isopropylamino]-boran 12 264; mit HCHO 8789*; mit Paraldehyd 17 395; mit Furanaldehyden 15 205; mit Ferrocenaldehyd 15 943; mit 1-Hydroxy-2.5-dimethyldekalon-(6) u. Ameisensäureäthylester 4149; mit 2-Brom-2-[p-nitrophenyl]-indandion-(1.3) 18 102; mit ω.ω-Bis-[p-dimethylaminophenyl]-p-toluoldiazoniumhydroxid 463; mit 4-Methylpyryliumperchlorat bzw. γ-Picolin 11 169; mit Tetracyanäthylen 5108*; mit Diphenylamin-2-carbonsäuren 7329*; mit Na-Äthylcarbonat 10 061; mit Ameisensäureäthylester u. 2.5-Dimethyldekalindion-(1.6) 4150; mit 2.3.4-Tri-O-acetylglucopyranuronosylbromidmethylester 18 476; mit Cyanurchlorid (Kinetik) 801; mit Polyacrylsäurechlorid 3836; mit Fumarsäuredichlorid 6023; mit N.N'-Carbonyldiimidazol 468, 8974; mit Dichlorpyromellitsäuredimethylimid 13 731; mit Zn-Cellulosexanthogenat 497; mit Äthensulfonsäuremethylester 14 318*; mit 1-Acetylindolin-5-sulfonsäurechlorid 8240; mit 2-Hydroxytetrafluoräthansulfonsäuresulton 1794*; mit 2-Hydroxy-1-trifluormethyl-1.2.2-trifluoräthansulfonsäuresulton 1794*; mit Bortriacetat 17 203*; mit Phenylboronsäurediisobutylester 6385; Entmethylier. durch Mikrosomen aus Rattenlebern 10 877; Lipidlöslichk. v. — u. Oxydat. durch Lebermikrosomen 13 473; N-Oxydat. v. — im höheren Tier 11 637; korrosionsinhibierende Wrkg. auf Armco-Fe 4086; Initiier. d. Styrol-Polymerisat. mit — 12 311; Ketten-Übertrag. durch — bei d. Radikal-Polymerisat. v. Styrol u. Vinylacetat 9741; Verw. 4719*, 7697*; (Farbstoff) 8430*; gaschromatograph. Verh. 5417; Nachw. 7269, 17 513; Tüpfelnachw. 3575; Best. 5416, 10 952, 16 430; (im Gemisch mit Anilin u. Dimethylanilin) 4282.

1-Cyan-2-methylpentadien-(1.3) ($Kp._{24}$ 60 bis 62°) 10 274*.

Cyclopentylidenacetonitril, Darst., UV-Spektrum 5603.

Cyclopenten-(1)-ylacetonitril ($Kp._{10}$ 72 bis 73°) 2367.

Cyclopenten-(2)-ylacetonitril (Cyclopenten-3-acetonitril) ($Kp._{12}$ 62,5—63,5°), Darst., Rk. 17 764; Rk. 17 734.

1-Cyancyclohexen-(1) (Δ^1-Cyclohexenylcyanid, Cyclohexen-(1)-carbonsäure-(1)-nitril) ($Kp._{35}$ 99°), Darst. 9515*, 15 623; (Rk.) 8232, 9325; UV-Spektrum 5603.

4-Cyancyclohexen (Cyclohexen-(3)-carbonitril), Oxydat. 8944; Rk.: mit Peressigsäure 13 950*; mit 2.4-Dinitrobenzolsulfenylchlorid (Kinetik) 11 150.

Cyclohexenylisonitril, Rk. 16 617.

C_7H_9NO (s. *Anisidin* [*Aminoanisol, Methoxyanilin, Aminomethoxybenzol*]).

O-**Benzylhydroxylamin (Benzyloxyamin)**, Rk. 10 840, 11 183.

p-**Tolylhydroxylamin**, Rk. 5227, 18 467.

2-[2'(β)-Hydroxyäthyl]-pyridin (2-Pyridyl-(2')-äthanol, β-2-Pyridyläthanol), Darst., Verw. 19 006*; Bldg., Rk. 18 278*; Red. 6409; Hydrier. 3090, 16 311, 17 391; Dehydratisier. 2696, 14 328*; (v. Deriv.) 2087*; Chlorier. 844; Rk. mit Diphenylborinsäureanhydrid 18 465.

4-[1'-Hydroxyäthyl]-pyridin (1-[γ-Pyridyl]-äthanol) (F. 62—64°) 7520, 15 964.

4-[2'-Hydroxyäthyl]-pyridin 18 278*.

2-Methyl-3-hydroxymethylpyridin ($Kp._5$ 125 bis 127°) 3095.

6-Methylpyridin-2-carbinol, Rk. 18 465.

4-Äthyl-3-hydroxypyridin (F. 100°) 7520.

2.6-Dimethyl-4-hydroxypyridin (F. 229 bis 230°) 6767.

2-Aminobenzylalkohol, Rk. 6404.

Aminomethylphenol, Deriv. 18 201*.

2-Amino-3-hydroxytoluol (F. 151° korr.) 8614.

4-Hydroxy-2-methylanilin, Rk. 2335.

3-Amino-2-hydroxytoluol (2-Methyl-6-aminophenol), Rk. 7145, 8614.

3-Amino-4-hydroxytoluol (2-Amino-4-methylphenol, 2-Hydroxy-5-methylanilin, 1-Amino-2-hydroxy-5-methylbenzol), Selbstkondensat. 5673; Rk.: mit substituierten Chlorbenzolen 4920; mit 2-Chlor-3.5-dinitrotoluol 8614; d. Diazoniumchlorids mit 4-Hexylresorcin 1965; mit Crotonaldehyd 7145; mit Hexandion-(3.4) 16 320; mit 2-Hydroxynaphthochinon-(1.4) 136; mit Hydroxysäuren 16 535*; mit Äpfelsäure 13 209*; mit dl-Thioäpfelsäure 12 464*.

2-Methyl-5-aminophenol (F. 159—161°) 11 166.

4-Amino-3-hydroxytoluol (1-Amino-2-hydroxy-4-methylbenzol), Rk. 8614, 16 535*.

N-**Methyl-*p*-aminophenol (*p*(4)-Methylaminophenol)**, Adsorpt.-Isotherme für metall. Ag 1100; Adsorpt. v. *Metol* an einer Hg-Tropfelektrode 2608; —-Sulfat als Red.-Mittel für d. Molybdatophosphatkomplex 4274; Rk.: mit CS_2 1205; v. *Metol* mit Chlorochin u, BrCN 16 769; bakteriostat. Wrkg. 1278; Allergien gegenüber —-Sulfat (*Metol*) 13 096; d. Entw.-Geschw. v. *Metol* beeinflussende Faktoren 11 793; Verw. v. Salzen in Entwicklern 11 795*, 12 903; amperometr. Best. 2108; Verw. v. *Metol*: zur colorimetr. Best. d. Bodenphosphors 2143; bei d. Best. d. Antipellagra-Vitamins in Lebensmitteln 5364.

2-Äthoxypyridin, IR-Spektrum 3764.

4-Methoxy-β-picolin ($Kp._{12}$ 105—107°) 16 683.

3.5(2.4)-Dimethylpyrrol-2(5)-aldehyd (F. 89°), polarograph. Verh. 6345; Rk. 5478*.

2.4-Dimethylpyrrol-3-aldehyd (F. 126°), polarograph. Verh. 6346.

2.5-Dimethylpyrrol-3-aldehyd (F. 144°), polarograph. Verh. 6346.

N-**Äthylpyridon-(2) [1-Äthyl-1H-pyridon-(2)]**, Darst., Deriv. 12 294; Verw. 15 401*.

4-Äthyl-1H-pyridon-(2) (F. 126°) 7520.

1.3-Dimethylpyridon-(2) ($Kp._{30}$ 153—156°), Darst. (Kernresonanzspektrum) 18 421; (Rk.) 10 092.

1.4-Dimethylpyridon-(2) (F. 58—59°) 7142, 10 092.

1.5-Dimethylpyridon-(2) ($Kp._{29}$ 185—189°), Darst. 10 092; (Kernresonanzspektrum) 18 421.

1.6-Dimethylpyridon-(2) (F. 55—57°), Darst. 10 092; Kernresonanzspektrum 18 421.

5.6-Dimethylpyridon-(2) (F. 205—206°) 18 464.

Bicyclo-[3.2.0]-hepten-(2)-on-(6)-oxim ($Kp._{10}$ 112°) 4475.

3-Äthylpyridin-*N*-oxid ($Kp._{12}$ 123—125°), Darst., Pikrat 3092; Analyse d. ν(NO) 7091.

4-Äthylpyridin-1-oxid, Analyse d. ν(NO) 7091; Dipolmoment 16 976; Rk. 7520.

2.3-Dimethylpyridin-*N*-oxid ($Kp._4$ 118°) 15 962.

2.4-Dimethylpyridin-*N*-oxid (2.4-Lutidin-*N*-oxid) 5666, 7143, 15 962.

2.5-Dimethylpyridin-*N*-oxid ($Kp._{23}$ 149°) 5666, 15 962.

2.6-Dimethylpyridin-*N*-oxid (2.6-Lutidin-*N*-oxid) ($Kp._{12}$ 116—119°), Darst. 16 683; (Rk.) 5666; Isolier. 18 465; Protonenresonanzspektrum 3040.

4-Methyl-β-picolin-*N*-oxid (F. 85°) 16 683.

3.5-Dimethylpyridin-*N*-oxid ($Kp._{23}$ 166 bis 168°), Darst., Pikrat 3092; (Rk.) 5666; Analyse d. ν(NO) 7091.

3.4-Epoxycyclohexancarbonitril ($Kp._{0,3}$ 67°; $Kp._{0,4}$ 80°) 13 950*.

α-Allylacetylacetonitril, Rk. 5391*.

2-Cyancyclohexanon, Rk. 14 845.

1.4-Dihydrobenzoesäureamid (F. 152—154°) 18 808.

C_7H_9NOS 2-Formylmethylen-3.4-dimethylthiazolin, Rk. 5478*.

Cyclohexano-[*d*]-Δ^4-thiazolinon-(2) (F. 138 bis 140°) 2909*.

3-Methylcyclopentano-[*d*]-Δ^4-thiazolinon-(2) (F. 69—71°) 2909.
Methyl-[thienyl-(2)]-acetamid (F. 97°) 10 084.

$C_7H_9NOS_2$ 2-Methylmercaptomethylmercaptopyridin-1-oxid (F. 105—107°) 9336.
3-Äthyl-5-äthylidenrhodanin, Rk. 8127*.

$C_7H_9NO_2$ 2-*endo*-Nitronorbornen-(5), NMR-Spektrum, Konformat. 16 263.
Mono-[pyridyl-(2)]-glykol (F. 98°) 11 006*, 12 840*.
2-Äthoxypyridon-(4) (2-Äthoxy-4-hydroxypyridin) (F. 128—129° korr.) 14 862.
4-Äthoxypyridon-(2) (4-Äthoxy-2-hydroxypyridin) (F. 165,5—166,5° korr.) 14 862.
N-Acryloylpyrrolidon-(2) (Kp.$_{3\cdot10^{-3}}$ 55 bis 58°) 13 753.
N-*n*-Propylmaleinsäureimid (F. 80°) 1190.
Isopropylmaleinimid (F. 83°) 836, 2347, 2729, 3083 [2 Ref.].
Citraconsäureäthylimid (Kp.$_{10}$ 86—88°) 4901.
3.5(„3.4“)-Dioxopyrrolizidin (F. 180°) 14 128, 16 673.
3-Azabicyclo-[3.3.0]-octandion-(2.4) (F. 85 bis 87°) 17 386.
N-Methyl-3-azabicyclo-[3.2.0]-heptandion-(2.4) (F. 47,5—48,5°) 9328.
2.3-Dihydroisoxazolo-[2.3:*a*]-pyridiniumhydroxid, Rk. d. Bromids 6032.
2-[*β*-Hydroxyäthyl]-pyridin-*N*-oxid, Rk. 6033.
3-Äthoxypyridin-1-oxid (F. 85—86°), Darst., Pikrat, IR-Spektrum 3039.
4-Äthoxypyridin-1-oxid, IR-Spektrum 4871.
3-Methyl-4-methoxypyridin-1-oxid, Protonenresonanzspektrum 3040.
Pyridin-2-aldehydmethylhydroxid (2-Formyl-1-methylpyridiniumhydroxid), Rk. d. Jodids 9336; —-Jodid als Stoffwechsel-Abbau-Prod. d. Pralidoximjodids 13 114.
Pyridin-3-aldehydmethohydroxid, Adduktbldg. d. Jodids mit Chloraceton (Kinetik) 8570.
1-Methyl-4-formylpyridiniumhydroxid, Rk. d. Jodids 2732.
2-Carbäthoxypyrrol (F. 40—42°) 17 404.
Pyrrolcarbonsäure-(3)-äthylester, Deriv. 17 739.
1-Cyanbuten-(2)-4-carbonsäuremethylester (5-Cyanpenten-(3)-säuremethylester, *β*-Hydromuconsäuremononitrilmethylester) (Kp.$_{13}$ 135—140°) 9515*, 12 096*, 13 569*, 13 725.
1-Acetoxy-3-cyanbuten-(2), Gemisch mit 1-Acetoxy-3-cyanbuten-(3) (?) 6736.
1-Acetoxy-3-cyanbuten-(3), Gemisch mit 1-Acetoxy-3-cyanbutan-(2) 6736.
α-Cyan-*α*-methyl-*γ*-valerolacton (F. 73 bis 74°) 17 736.
α-Cyan-*γ*-methyl-*γ*-valerolacton, Rk. 17 735.

$C_7H_9NO_2S$ 2-Methoxymethylmercaptopyridin-1-oxid, Hydrochlorid (F. 129—133°) 9336.
3-Methansulfonyl-1-aminobenzol, Verw. 16 856*.
1-Aminobenzol-4-methylsulfon (*p*-Methansulfonylanilin), Rk. 11 745*; Verw. 1805*, 16 856*.
3-Hydroxymethylcyclopentano-[*d*]-Δ^4-thiazolinon-(2) (F. 104—105°) 2909*.
β-[Thienyl-(2)]-alanin, Darst. v. Deriv., Prüf. für d. Krebschemotherapie 11 591; Hemm. d. Entw. einer verstärkten Tryptophansyntheseaktivität durch zellfreie Extrakte v. Neurospora crassa durch — 11 236; Cytotoxizität in menschl. Zellkulturen 4195; patholog. Veränder. durch — bei Ratten 10 902.
β-[Thienyl-(3)]-alanin, Wrkg. auf d. Wachstum d. Murphy-Sturm-Lymphosarkoms 10 504.
4-Methylthiazol-2-carbonsäureäthylester (Kp.$_5$ 122°) 7235.
5-Methylthiazol-2-carbonsäureäthylester, Konstit.-Einfl. auf d. Hydrolyse 16 986.
2-Methylthiazol-4-carbonsäureäthylester, Konstit.-Einfl. auf d. Hydrolyse 16 986.
2-Methylthiazol-5-carbonsäureäthylester, Konstit.-Einfl. auf d. Hydrolyse 16 986.
4-Methylthiazol-5-carbonsäureäthylester (Kp.$_3$ 90—90,5°) 7235.
3-Aminothiophen-2-carbonsäureäthylester (F. 42—43°) 7331*.
4-Methyl-3-aminothiophen-2-carbonsäuremethylester (F. 84—85°) 7331*.
5-Methyl-3-aminothiophen-2-carbonsäuremethylester (F. 72°) 7331*.
2-Amino-3-carbomethoxy-4-methylthiophen 3443.
Toluol-*α*-sulfonamid, Rk. v. Deriv. 7122.
Methansulfanilid (*N*-Phenylmethansulfonamid) (F. 99—100°), IR-Spektrum 3395; Rk. 15 185.
Benzolsulfonsäuremethylamid, Konstit.-Einfl. auf d. UV-Spektrum 11 133; Rk. 14 114; Plastizier. v. Filmen aus Cellulosetriacetat mit — 8648.
o-Toluolsulfamid, Rk. 13 572*, 16 061*.
p-Toluolsulfonamid (4-Methylbenzolsulfonamid) (F. 138,5—139°), Darst. 4904, 11 161; Bezieh. zwischen opt. Aktivität, UV-, IR-Spektrum u. Dipolmoment 1548; Konstit.-Einfl. auf d. UV-Spektrum 11 133; IR-Spektrum 1170; säurekatalysierte Heterolyse v. —-Deriv. 13 716; Rk.: mit 2.3-Dihydropyran 8977; mit halogenierten aromat. Verb. 17 928*; mit 5-Chlor-1·2·4-thiodiazolderiv. 16 061*; mit p-Nitrophenylmethylsulfoxid 6742; mit $(C_6H_5)_2PCl_3$ 16 606; v. Salzen mit Harnstoffen 7623* [2 Ref.]; mit N[1]-Nitro-N[3]-n-butylharnstoff 1413*; mit n-Butylisothiocyanat 15 405*; mit 7-Brom-3-methoxy-6.11-dihydrobenzo-[b]-naphtho-[2.3:d]-furandion-(6.11) 4527; Erhöhung d. Glanzes v. stromlos erzeugten Ni-Überzügen durch — 3964; Best. 5356.

$C_7H_9NO_2S_2$ Δ^3-Pyrrolinodithiocarbonsäurecarboxymethylester (F. 183—185°), Darst., pflanzenwachstumsregulierende Aktivität 14 198.

$C_7H_9NO_3$ 2-Hydroxymethyl-5-methoxypyridon-(4), Darst., Rk. 9337; Rk. 13 754.
(+)-*trans*-2.3-Dihydro-3-hydroxyanthranilsäure (F. 190—191° Zers.) 12 337.
2-Carboxy-*N*-methylpyridiniumhydroxid, —-Jodid als Stoffwechsel-Abbau-Prod. v. Pralidoximjodid 13 114.
Cyanacetessigsäureäthylester, Unters. auf Rk.-Vermögen mit NaH 12 988.
2-Aminocarbonylcyclohexandion-(1.3) (F. 104—107°) 5276.

$C_7H_9NO_3S$ 2-Amino-1-hydroxy-4-methylsulfonylbenzol (2-Amino-4-methansulfonylphenol), Verw. 5858*, 14 689*.
Anilin-*N*-methylsulfonsäure (Phenylaminomethansulfonsäure), Struktur u. Stabilität v. Cd-Komplexen 46; wachstumshemmende Wrkg. bei Bakterien 14 602.
4-Amino-3-methylbenzolsulfonsäure, Struktur u. Stabilität d. Komplexe mit Cd 46; Rk. d. Diazoniumsalzes 2084*.
3(*m*)-Toluidin-4-sulfonsäure, Struktur u. Komplexstabilität v. — mit Cd 46; Rk. 13 597*.
4-Toluidin-2-sulfonsäure (4-Aminotoluol-3-sulfonsäure, 5-Methyl-2-aminobenzol-1-sulfonsäure), Struktur u. Stabilität d. Cd-Komplexes 46; Verw. 6976*; (v. diazotierter —) 17 935*.
N-Methylsulfanilsäure, Rk. 1205; Initiier. d. Styrol-Polymerisat. mit d. Na-Salz 12 311.
p(4)-Methoxybenzolsulfonamid (F. 113,5 bis 114°), Bezieh. zwischen opt. Aktivität, UV-, IR-Spektrum u. Dipolmoment 1548; Konstit.-Einfl. auf d. UV-Spektrum 11 133; Rk. 7623*; (d. Na-Salzes) 7623*.
β-Pyridinioäthansulfonsäurebetain 9312.

$C_7H_9NO_3S_2$ 3-Aminobenzylthioschwefelsäure (F. 224—225°) 2907*.

1-Isonicotinyl-2-sulfomethylhydrazin, Na-Salz (F. 168,5—170,5°) 7991*.

$C_7H_9N_3O_4S_2$ 7-Sulfamyl-3.4-dihydro-1.2.4-benzothiadiazin-1.1-dioxid (7-Aminosulfonyl-3.4-dihydro-1.2.4-benzothiodiazin-1-dioxid) (F. 199—200° korr.), Darst. 1998; (Verw.) 16 064*; Darst., Verw. v. Deriv. 6511*, 13 211*.

$C_7H_9N_3O_6$ Dinitrocyanessigsäure-*n*-butylester ($Kp._{0,06}$ 76—80°) 12 994.

$C_7H_9N_3S$ (s. *Zapotidin [6-Methylimidazo-[1.5:c]-tetrahydropyrimidinthion-(5)]*).

1-Phenylthiosemicarbazid, Bldg. 6700; volumetr. Best. 9461.

2-Phenylthiosemicarbazid, Rk. 2732, 9348, 13 129*.

4-Phenylthiosemicarbazid, Rk. 2350, 8224, 8243; Prüf. auf tuberkulostat. Wrkg. 10 552; Verw. 12 148*.

$C_7H_9N_5$ 1.6-Dimethyl-4-aminopyrazolo-[3.4:*d*]-pyrimidin (F. 260—261°) 7900.

4-[Äthylamino]-imidazo-[4.5:*d*]-pyridazin (F. 280—281°) 571*.

6-Methyl-8-methylamino-*symm.*-triazolo-[4.3:*b*]-pyridazin (F. 230°), pharmakodynam. Eig. 13 480.

1-Methyl-4-methylaminopyrazolo-[3.4:*d*]-pyrimidin (F. 196—197° korr.) 2736.

6-[*β*-Aminoäthyl]-purin (*β*-[Puryl-(6)]-äthylamin) 17 401.

2.8-Dimethyladenin (F. 342° Zers.) 2735.

6-Äthylaminopurin (F. 238—240°), Darst. (Vers. d. Bldg. v. Cu^{2+}-Komplexen) 16 318; (physiolog. Aktivität) 16 319; Wechselwrkg. d. Folsäureanalogen u. — als Wachstumsinhibitor v. Milchsäurebakterien 5716.

6-Methylamino-7-methylpurin (F. 311° korr.) 2737.

6-Dimethylaminopurin (F. 263—264°), Darst. 11 007*, 13 580*; (physiolog. Aktivität) 16 319; Stoffwechsel 4968; Einfl. auf d. Abbau v. 6-Methylaminopurin durch E. coli 4968; Wechselwrkg. d. Folsäureanalogen u. — als Wachstumsinhibitor v. Milchsäurebakterien 5716.

1-Methyl-6-imino-7-methyl-1H-purin (F. 170—171° korr.) 2736.

1.5-Dimethyl-4-imino-5H-pyrazolo-[3.4:*d*]-pyrimidin 2736.

2.6-Pyridindialdihydrazon, Elektronenisomerie u. Spinzustände d. Co^{2+}-Komplexes 1895.

2-Dimethylamino-4-amino-5-cyanpyrimidin (F. 233—235°) 15 696*.

1-Methyl-4-cyan-5-[methylaminomethylenamino]-pyrazol (F. 140—142° korr.) 2736.

$C_7H_9N_5O$ 1-Methyl-6-methylaminopyrazolono-[3.4:*d*]-pyrimidin (F. 259—260°) 17 760.

4-Dimethylamino-6-hydroxy-1H-pyrazolo-[3.4:*d*]-pyrimidin 11 658*, 13 868*.

2-Dimethylamino-6-hydroxypurin, Rk. 11 374*.

5-Äthoxy-7-methyltetrazolo-[1.5:*a*]-pyrimidin (F. 125—126°) 6414.

6-Äthoxy-2-aminopurin (F. 293° Zers.) 10 464.

$C_7H_9N_5O_2$ 2-Amino-4-hydroxy-6-hydroxymethyldihydropteridin, enzymat. Synth. v. Dihydrofolat aus — u. p-Aminobenzoylglutamat durch Extrakte d. Lactobacillus plantarum 14 185.

2-Amino-4-hydroxy-6-formyltetrahydropteridin, Folsäure-Synth. in Ggw. v. — 14 555.

8-Aminotheophyllin, pharmakolog. Rk. auf —-Na-Salz 1315.

$C_7H_9N_5O_3$ 2-Azido-1-äthyl-5-nitropyridiniumhydroxid, Fluoroborat (F. 152—155° Zers.) 16 302.

Brenztraubensäure-[5-hydroxy-6-methyl-1.2.4-triazinyl-(3)-hydrazon] (F. 253°) 4170.

1.5-Bis-[formamido]-2-methyl-4-[aminocarbonyl]-imidazol 10 468.

$C_7H_9N_5O_4$ 1.3-Dimethyl-2.4-dioxo-5-nitroso-6-formylhydrazino-1.2.3.4-tetrahydropyrimidin, Rk. 17 416.

$C_7H_9N_5O_4S_2$ 3.4.6.7-Tetrahydropyrido-[2.3:*e*; 6.5:*e'*]-bis-[1.2.4-thiadiazin]-1.1.9.9-tetroxid (F. 274—275° korr.) 10 097.

$C_7H_9N_5S$ 2-Dimethylamino-6-mercaptopurin 11 374*.

6-Mercapto-2-amino-7.9-dimethylpuriniumbetain 17 037.

$C_7H_9N_7O_{14}$ 3.5.5-Trinitro-3-azahexansäure-2'.2'.2'-trinitroäthylester (F. 121—121,5°) 10 049.

N-Nitro-*N*-[3.3-dinitrobutyl]-2.2.2-trinitroäthylcarbamat (F. 107—108°) 7027*.

N-Nitro-*N*-[3.3.3-trinitropropyl]-2.2-dinitropropylcarbamat (F. 71—72°) 7027*.

$C_7H_9N_9O_{16}$ *N*-Nitro-*N*-[2-nitraza-4.4-dinitropentyl]-2.2.2-trinitroäthylcarbaminat (F. 140—141°) 9958*.

$C_7H_9O_2P$ *p*-Tolylphosphinsäure, Rk. 3435.

$C_7H_9O_3P$ *o*- u. *p*-Tolylphosphonsäure [Gemisch] 1799*.

3-Methylbenzolphosphonsäure, Rk. 9319.

Monomethylphenylphosphonat, Ba-Salz 7852.

$C_7H_9O_4P$ Phosphorsäuremonobenzylester (Monobenzyldihydrogenphosphat, Benzylphosphorsäure) (F. 104—105°), Darst., Deriv. 7852; Bldg. 4877, 8631; Darst. v. Salzen 8632; Rk. 8633, 10 278*, 16 337.

p-Tolylphosphat (*p*-Methylphenylphosphat), Rk. 7850, 7851.

Phenylmethylphosphat (Methylphenylorthophosphorsäureester), Darst. 18 079; (Na-Salz) 8634; (v. Salzen) 7851, 10 423, 13 358.

$C_7H_9O_5P$ *α*.2-Dihydroxybenzylphosphonsäure 9745.

$C_7H_9O_6P$ *α*.2.4-Trihydroxybenzylphosphonsäure 9745.

C_7H_9P Tolylphosphin (Kp. 178°), IR-Spektrum 14 447.

Methylphenylphosphin ($Kp._{12}$ 60—62°) 3068.

C_7H_{10} 2-Äthyl-1-isopropenylacetylen, Rk. 6427.

Heptatrien-(1.3.5), Bldg. d. Isomeren v. —, UV- u. IR-Spektrum 3413.

1-Cyclopropylbutadien (Kp. 96—97°) 9686.

Cycloheptadien, Rk. 10 445, 16 617.

3-Methylencyclohexen 77.

1-Methylcyclohexadien-(1.3) 77.

2-Methylcyclohexadien-(1.3) 77, 16 486*.

1-Vinylcyclopenten-(1) (Kp. 113—114°) 7873.

1-Äthylcyclopentadien-(1.3) ($Kp._{12-15}$ 10 bis 12°) 10 078.

5.5-Dimethylcyclopentadien, UV-Spektrum 12 966.

Bicyclo-[3.2.0]-hepten-(2), IR- u. Raman-Spektrum 4475.

Norbornen [Norbornylen, Bicyclo-[2.2.1]-hepten-(2)] (F. 46—47°), Darst. 11 008*, 17 930*; (Rk.) 15 038*; Bldg. 8267; Darst., Rk. v. Deriv. 15 038*, 18 854; Methylaffinität 14 463; Polymerisat. 18 132; Oxydat. 13 776, 15 219, 16 845*; (Hydroborier.) 7492; Epoxydat. 7878; Hydratat. 100; Überführ. in Norcampher 17 763; Aminomethylier. 7877; Rk.: mit Ameisensäure 4137; mit Phthaloylperoxid 7844; Freie-Radikal-Addit. v. p-Toluolsulfonylchlorid 7880; Addit. v. 2.4-Dinitrobenzolsulfenylchlorid (Kinetik) 11 150; Dehydrobenzol aus o-Fluorbrombenzol u. Mg in Ggw. v. — 6363.

Nortricyclen, Bldg. 8932; Wechselwirkungskurve für nichtgebundene C- u. H-Atome u. ihre Anwend. 7096.

$C_7H_{10}BrHgN_3O_3$ 3-Brommercuri-4-methoxy-1.6.8-triazabicyclo-[4.3.0]-nonandion-(7.9) (F. 177—178° Zers., korr.) 847.

$C_7H_{10}BrNO$ 5.6-Dimethyl-5-brom-Δ^{3}-dihydropyridon-(2) (F. 91—93°) 18 464.

N-[β-Bromäthyl]-pyridiniumhydroxid, Bromid 9312.
2-Brom-1-äthylpyrimidiniumhydroxid, Fluoroborat (F. 102—104°) 16 301.
$C_7H_{10}BrN_3$ 5-Brom-2.3-diamino-4.6-dimethyl-pyridin (F. 239°) 129, 2357.
$C_7H_{10}Br_2$ 2-Methylen-3-propyl-1-dibromcyclopropan (Kp.3,5 44—50°) 4889.
2-Äthylen-3.3-dimethyl-1-dibromcyclopropan (Kp.4 39—40°) 4889.
2(3)-Methylen-3(2)-methyl-3(2)-äthyl-1.1-dibromcyclopropan (Kp.1,7 46—49°) 4889, 16 656.
exo-2.*syn*-7-Dibromnorbornan, Dipolmoment u. Konfigurat. 13 777.
exo-2.*endo*-3-Dibromnorbornan, Dipolmoment u. Konfigurat. 13 777.
7.7-Dibromnorcaran, IR-Spektrum 9283.
$C_7H_{10}Br_2N_2O$ Dibrom-4.4.6-trimethyl-2-oxo-2.3.4.5-tetrahydropyrimidin 9902*.
$C_7H_{10}Br_2O$ 3.3-Dibrom-*endo*-norborneol (F. 65 bis 66°) 8267.
2.5-Dibromcycloheptanon (Kp.0,05 98 bis 100°) 17 405.
$C_7H_{10}Br_2O_2$ 2.3-Dibrom-3-methoxycyclohexanon-(1) 10 440.
$C_7H_{10}Br_2O_4$ (+)-α.α'-Dibrompimelinsäure (F. 60—61°) 7477.
(—)-α.α'-Dibrompimelinsäure (F. 59—61°) 7477.
rac. α.α'-Dibrompimelinsäure (F. 95,5 bis 97°), Darst., Rk. 7477; Rk. 7479.
Meso-α.α'-dibrompimelinsäure (F. 152 bis 154°), Darst., Rk. 7477; Rk. 7479.
Meso-α.α'-dibromglutarsäuredimethylester 8241.
Dibrommalonsäurediäthylester, Rk. 1213.
$C_7H_{10}ClHgN_3O_3$ 3-Chlormercuri-4-methoxy-1.6.8-triazabicyclo-[4.3.0]-nonandion-(7.9) (F. d. Monohydrats 144—147° Zers., korr.) 847.
$C_7H_{10}ClN$ 2-Chlor-1-cyancyclohexan (Kp.11,5 118—120°) 9325.
$C_7H_{10}ClNO$ 1-Cyan-3-chlor-5-methoxypenten-(2) (Kp.13 116—119°) 7855.
$C_7H_{10}ClN_3$ 2-*n*-Propyl-4-amino-6-chlorpyrimidin (F. 126°) 8987.
2-Methyl-4-amino-5-äthyl-6-chlorpyrimidin, Konstit.-Einfl. auf d. IR-Spektrum 14 812.
4(5?)-Methyl-6-dimethylamino-3-chlorpyridazin (F. 122°) 12 297.
2-Chlor-4-dimethylamino-6-methylpyrimidin (Castrix), Verw. 13 178*.
$C_7H_{10}ClN_3O$ 2-Amino-4-chlor-6-isopropyloxypyrimidin (F. 85—86°) 5672.
$C_7H_{10}ClN_3O_2$ 2.4-Diäthoxy-6-chlor-1.3.5-triazin (F. 42°) Rk. 15 219.
$C_7H_{10}ClN_3O_4S_2$ 6-Methylamino-1.3-bis-[aminosulfonyl]-4-chlorbenzol (5-Chlor-2.4-disulfamyl-*N*-methylanilin) (F. 249°), Darst., Rk. 14 140; Rk. 6142*.
5-Chlor-2-methylaminosulfonyl-4-aminosulfonylanilin, Rk. 14 141.
$C_7H_{10}ClN_3S$ 2-*n*-Propylmercapto-4-chlor-6-aminopyrimidin (F. 97°) 15 596.
2-Isopropylmercapto-4-chlor-6-aminopyrimidin (F. 98°) 15 596.
$C_7H_{10}ClN_5$ 2-Chlor-4-dimethylamino-6-äthylenimino-1.3.5-triazin, Rk. 5023*.
4-Allylamino-2-amino-6-chlormethyl-*symm.*-triazin (F. 125—126°) 18 830.
$C_7H_{10}ClN_5O$ 6-Chlor-2-amino-7.9-dimethylpuriniumhydroxid, p-Tosylat 17 037.
$C_7H_{10}Cl_2$ 3.5-Dichlor-5-methylhexadien-(1.3) (Kp.14 72—73°) 7855.
1.3-Dichlor-5-methylhexadien-(2.4) (Kp.11 79—80°) 7855.
2-[2'.2'-Dichlorcyclopropyliden]-butan (Kp.11 54—55°) 16 656.
1.1-Dichlor-2-methyl-2-äthyl-3-methylencyclopropan (Kp.9,5 42—42,5°) 16 656.
Norcampherdichlorid (Kp.19 77—79°) 15 223.
1.1(7.7)-Dichlornorcaran (Kp.16 80—81°), Darst. 4899; IR-Spektrum 9283.
$C_7H_{10}Cl_2N_4$ 2.4-Bis-[chlormethyl]-6-dimethylamino-1.3.5-triazin (F. 34°) 18 981*.
$C_7H_{10}Cl_2O_2$ 2.3-Dichlorisobuttersäureallylester, herbicide Wrkg. auf Gurkenkeimlinge 14 926.
Pimelinsäuredichlorid 7477.
n-Butylmalonyldichlorid Rk. 3551*.
Diäthylmalonylchlorid, Rk. 3905*, 13 129*.
$C_7H_{10}Cl_2O_2S_2$ 2.2-Dimethyltrimethylen-bis-[chlorthiolformiat] (Neopentan-bis-[chlorthiolformiat]) 6431.
$C_7H_{10}Cl_2O_4$ 2.3-Dichlorpropylidendiacetat, Rk. 11 007*.
$C_7H_{10}Cl_2O_5S$ 1-Chlor-2-[chlormethyl]-2-sulfo-3-propylacrylat 7693*.
1-Chlor-2-[chlormethyl]-3-sulfo-2-propylacrylat 7693*.
$C_7H_{10}Cl_3NO_2$ 2-[*n*-Propyl]-5-trichlormethyloxazolidon-(4) 17 140*.
2-Äthyl-2-methyl-5-trichlormethyloxazolidon-(4) 2827*.
α-[2-Äthyl-2-methyl-5-trichlormethyloxazolidon-(4)] (F. 141—143°) 2827*.
β-[2-Äthyl-2-methyl-5-trichlormethyloxazolidon-(4) (F. 122—123°) 2827*.
3-Äthyl-5-methyl-2-trichlormethyloxazolidon-(4) (Kp.0,5 96°) 17 140*.
2.2.3-Trimethyl-5-trichlormethyloxazolidon-(4) (F. 101—102°) 17 140*.
$C_7H_{10}Cl_3O_3P$ Trichlormethylphosphonsäurediallylester (Diallyltrichlormethylphosphonat) (Kp.0,5 118°) 872.
$C_7H_{10}Cl_4N_2O_2$ *N.N'*-Bis-[dichloracetyl]-trimethylendiamin (F. 135—137°), Darst., amöbicide u. spermaticide Wrkg. 2814.
$C_7H_{10}Cl_4S$ 1-Trichlormethylmercapto-2-chlorcyclohexan (Kp.0,3 106—110°) 15 553.
$C_7H_{10}F_2N_2O$ Difluor-4.4.6-trimethyl-2-oxo-2.3.4.5-tetrahydropyrimidin 9902*.
$C_7H_{10}F_2O_2$ 1-Butyryl-1.1-difluoraceton 8412*.
$C_7H_{10}F_2O_3$ 2.2-Difluoracetessigsäurepropylester 8412*.
$C_7H_{10}F_2O_4$ 2.2-Difluormalonsäurediäthylester (Kp. 184°, Kp.1 35°) 8412*.
$C_7H_{10}F_3N$ *N*-Perfluorvinylpiperidin 8999.
$C_7H_{10}F_3NO_3$ *N*-Trifluoacetyl-L-valin (F. 86 bis 87°) 7696*.
$C_7H_{10}F_5N$ Diäthylperfluorpropenylamin 15 024*.
$C_7H_{10}F_5O_3P$ Perfluorpropenylphosphonsäurediäthylester (Kp.8 83°) 12 996.
$C_7H_{10}HgO_2$ Cyclopenten-(1)-ylquecksilberacetat (F. 119—120°) 17 719.
$C_7H_{10}JNO$ 1-Äthyl-2-jodpyridiniumhydroxid, Jodid (F. 158—159°) 12 294.
$C_7H_{10}J_2N_2O$ Dijod-4.4.6-trimethyl-2-oxo-2.3.4.5-tetrahydropyrimidin 9902*.
$C_7H_{10}NO_3P$ Phosphorsäuremonobenzylestermonoamid (Benzylphosphoramidat), Darst., Rk. v. Salzen 4178; R_F-Wert 8632; Rk. 11 932.
$C_7H_{10}N_2$ *n*-Propylpyrazin (Kp. 172—174°) 18 469.
2-Methyl-5-äthylpyrimidin (Kp.13 65—66°) 3443.
3-Isopropenyl-5-methylpyrazol, Darst., IR-Spektrum, Konstit. 10 781.
2-[2'(β)-Aminoäthyl]-pyridin [β-Pyridyl-(2)-äthylamin] (Kp.12 94°), Darst. 7522; (Rk., Salze) 844; Rk. 8347*, 16 311.
4-[2'(β)-Aminoäthyl]-pyridin (β-Pyridyl-(4)-äthylamin) (Kp.9 104°), Darst., Rk., Monopikrat 7522; Rk. 8347*, 16 311.
2-Aminomethyl-6-methylpyridin, Rk. 3443.
α(2)-Amino-γ(4)-äthylpyridin (F. 69—70°), Darst., Rk. 15 964; Rk. 7520.
α-Äthyl-γ-aminopyridin (Kp.4-5 128—130°) 1414*.
4-Amino-3-äthylpyridin (F. d. Hemihydrats 52—53°), Darst., Pikrat 3093; UV-, IR-Spektrum, Basenstärke 10 035.
2-Amino-4.6-dimethylpyridin, Rk. 129, 1951.
3-Amino-2.4-dimethylpyridin (F. 74—75°) 8248.

$C_7H_{10}N_2O_4S$ **[Propansultam-(1.3)-yl]-essigsäurecyanmethylester** (F. 79—80°) 12 254.
$C_7H_{10}N_2O_4S_2$ **Toluol-2.4-bis-sulfonamid** (F. 185 bis 186°), Darst. (IR-Spektrum) 1170; (Verw.) 9816*.
$C_7H_{10}N_2O_6$ *exo*-**5-Nitrato-***endo***-norbornylnitrat** 13 778.
2.2-Dinitrobutylacrylat (Kp.$_{2\mu}$ 74°) 5997.
3.3-Dinitrobutylacrylat (Kp.$_{2\mu}$ 78—80°) 5997.
α-Methylacrylsäure-2.2-dinitropropylester (Kp.$_{0,03}$ 71—72°) 9307.
$C_7H_{10}N_2S$ **5-Methyl-2-äthylmercaptopyrimidin** (Kp.$_{0,02}$ 78—79°) 3443.
2-Methylmercaptophenylhydrazin, Rk. 6138*.
5-Cyanpentylisothiocyanat (Kp.$_{0,27}$ 123 bis 125°) 14 622*.
Methyl-[thienyl-(2)]-acetamidin, Benzolsulfonat (F. 173°) 10 084.
$C_7H_{10}N_2S_2$ *N*^{1}.*N*^{1}**-Dimethyl-α-thiothenoesäurehydrazid** (F. 94—95°) 6745.
$C_7H_{10}N_3O_3P$ *m***-Pyridinazophosphonsäuredimethylester**, Rk. 13 215*.
$C_7H_{10}N_3O_5SSb$ *p***-Guanylaminosulfonylphenylstibonsäure**, Screening-Test am Na-Salz zur Prophylaxe v. Schistosomiasis japonica bei Mäusen 13 120.
$C_7H_{10}N_4$ **2.4-Dimethyl-6-aziridino-1.3.5-triazin** (F. 94°) 18 981*.
4-Methyl-6-[*N***-äthylidenhydrazino]-pyrimidin** (F. 145—146°) 12 300.
*N***-[Phenyl]-***N'***-aminoguanidin**, Rk. d. Hydrochlorids 7625*.
1-Isopropyl-4-cyan-3-aminopyrazol (F. 97°) 18 567*.
2-Isopropyl-3-amino-4-cyanpyrazol (F. 94 bis 95°) 6877*.
$C_7H_{10}N_4O$ **4-Hydroxy-6-methyltetrahydropteridin** (F. 112—116°) 13 410.
4-Amino-5-[äthoxymethylenamino]-pyrimidin (F. 130° korr.) 10 463.
2-Azido-1-äthylpyridiniumhydroxid, Fluoroborat (F. 87—88°) 16 302.
2-Amino-5-formamido-4.6-dimethylpyrimidin, Konstit.-Einfl. auf d. IR-Spektrum 14 812.
2-Methyl-4-amino-5-formylaminomethylpyrimidin, Ausgangsstoff für d. Thiamin-Synth. in Saccharomyces cerevisiae 8299.
3-Amino-5-methylpyrazin-2-carbonsäuremethylamid (F. 126—128°) 15 602.
2.6-Dimethylpyrimidin-4-carbonsäurehydrazid (F. 143—144°) 5670.
1-[Pyrazyl-(2')-carbonyl]-2-äthylhydrazin (F. 59—60°) 3192*.
2-Amino-6-methylnicotinsäurehydrazid (F. 179—180°) 2356.
$C_7H_{10}N_4O_2$ (s. *Lathyrin*).
*N***-[4-Methyl-6-aminopyrimidyl-(2)]-glycin** (F. 289—292° Zers.) 8250.
2.4-Diamino-5-carbäthoxypyrimidin (F. 206°) 3097.
1-Äthyl-4.5-imidazoldicarboxamid, Verw. 2468*.
$C_7H_{10}N_4O_2S$ (s. *Sulfaguanidin* [*Resulfon M, Sulgin, 4-Aminobenzolsulfonsäureguanidid, p-Aminobenzolsulfonylguanidin*]).
3-Methyl-6-methylamino-2-methylmercapto-5-nitroso-3H-pyrimidinon-(4) (F. 247 bis 248°) 17 415.
2-Methylmercapto-4-hydroxypyrimidin-5-essigsäurehydrazid (F. 209—210° Zers.) 3097.
$C_7H_{10}N_4O_3$ **3.6-Dimethoxy-4-formylamino-5-aminopyridazin** (F. 202—203°) 17 399.
1.3-Dimethyl-4-amino-5-formamidouracil, Rk. 12 465*.
5-Formamido-2-hydroxy-3-methyl-6-methylamino-3H-pyrimidinon-(4) 17 415.
2-Hydrazino-4-hydroxy-5-carbäthoxypyrimidin (F. 237°) 3097.
α-Cyan-β-semicarbazidoacrylsäureäthylester (F. 178—179°) 15 952.
6-[2'-Formyl-1'-methylhydrazino]-2-hydroxy-3-methyl-3H-pyrimidinon-(4) (F. 248°) 17 415.
1-Amino-3-methoxypyridon-(4)-carbonsäure-(6)-hydrazid (F. 264—265°) 11 920.
$C_7H_{10}N_4O_3S$ **1-[4'-Aminobenzolsulfonyl]-semicarbazid** (F. 226—227°) 2333.
$C_7H_{10}N_4O_4$ **2-Hydroxy-4-[2'-hydroxyäthylamino]-6-methyl-5-nitropyrimidin** (F. d. Hemihydrats 147,5—148,5°) 10 095.
$C_7H_{10}N_4O_4S_2$ **6-Methyl-7-sulfamoyl-3.4-dihydropyrido-[2.3:***e***]-1.2.4-thiadiazin-1.1-dioxid** (F. 277—278° Zers., korr.) 10 097.
$C_7H_{10}N_4O_6$ *N***-[2.2-Dinitro-2-carbamyläthyl]-methacrylamid** (F. 120°) 12 993.
$C_7H_{10}N_4O_{10}$ **4.4.6.6-Tetranitrohexansäuremethylester** (F. 36—37°) 5994.
*aci***-4.4.6.6-Tetranitrohexansäuremethylester** (F. 140° Zers.) 5994.
$C_7H_{10}N_4S$ **2-Isobutyl-***symm.***-triazolo-[3.4:***b***]-1.3.4-thiadiazol** (Kp.$_2$ 146°) 4908.
2-*n***-Propyl-5-methyl-***symm.***-triazolo-[3.4:***b***]-1.3.4-thiadiazol** (F. 67°) 4909.
2-Methyl-5-*n***-propyl-***symm.***-triazolo-[3.4:***b***]-1.3.4-thiadiazol** (Kp.$_1$ 142—144°) 4909.
2.5-Diäthyl-*symm.***-triazolo-[3.4:***b***]-1.3.4-thiadiazol** (F. 81°) 4909.
4.6-Dimethylpyrimidyl-(2)-thioharnstoff (F. 262—264°) 14 497.
4-Amino-2-methyl-5-thioformamidomethylpyrimidin, Verw. v. ^{35}S— durch Saccharomyces cerevisiae zur Biosynth. v. Thiamin 7973.
$C_7H_{10}N_4S_2$ **2-Methyl-4-amino-5-pyrimidylmethyldithiocarbaminsäure**, Prüf. d. Na-Salzes auf tuberkulostat. Wrkg. 10 552.
$C_7H_{10}N_4S_3$ **4-Methyl-2-methylmercaptothiazol-5-aldehydthiosemicarbazon** (F. 213 bis 214° Zers.), Darst., Prüf. auf Antiviruswirksamk. 7235.
$C_7H_{10}N_6$ *N***-[Puryl-(6)]-äthylendiamin**, Hydrochlorid (F. 289—290°) 17 400.
3-Amino-6-dimethylaminopyrazolo-[3.4:*d***]-pyrimidin** 15 696*.
$C_7H_{10}N_6O$ **4-Hydroxy-7-dimethylamino-6-methyl-7H-imidazo-[4.5:***d***]-triazin** (F. 161° Zers.) 10 468.
8-[β-Hydroxyäthylamino]-adenin (F. 262 bis 265°) 9719.
$C_7H_{10}N_6O_3$ **3^1-Acetyl-5-guanidino-1-methyl-4-nitroimidazol** (F. 270—272° Zers.) 18 116.
$C_7H_{10}N_6O_{12}$ *N***-[3.3-Dinitrobutyl]-2.2.2-trinitroäthylcarbaminat** 9957*.
*N***-[3.3.3-Trinitropropyl]-2.2-dinitropropylcarbaminat** (F. 103—104°) 9957*.
$C_7H_{10}N_8O$ **6-Hydrazinopurinessigsäure-(9)-hydrazid** 10 465.
$C_7H_{10}N_8O_{13}$ **Bis-[3.3.3-trinitropropylharnstoff]** (F. 170—171°) 10 052.
$C_7H_{10}N_8O_{14}$ *N***-[2-Nitraza-4.4-dinitropentyl]-2.2.2-trinitroäthylcarbaminat**, Rk. 9957*.
$C_7H_{10}O$ **α(2)-***n***-Propylfuran** (Kp.$_{760}$ 116°), IR-Spektrum 3396; Rk. 5628.
α-Isopropylfuran (Kp.$_{745}$ 107,4—108,4°) 12 288.
2-Methyl-5-äthylfuran 16 670.
Norbornenoxid vom F. 170—171° 8267.
*exo***-2.3-Epoxynorbornan (2.3-Epoxybicyclo-[2.2.1]-heptan)** (F. 125—126°) 2723, 7879.
Äthyl-[vinyläthinyl]-carbinol (Kp.$_9$ 65 bis 70°) 6769.
Hepten-(2)-in-(6)-ol-(4) (Kp.$_{32}$ 86°), Darst., magnet. Mol.-Rotat. 9287.
Dimethylvinyläthinylcarbinol [Dimethyl-[vinylacetylenyl]-carbinol, Methylhexen-(5)-in-(3)-ol-(2)] (Kp.$_2$ 55°), Darst., Rk. 14 480; Rk. 2698, 6769, 11 520, 16 838*.
2.3-Dimethylpenten-(1)-in-(4)-ol-(3) (Kp.$_{65}$ 66—70°) 12 387*.
1.4-Dihydrobenzylalkohol (Kp.$_{15}$ 85°) 18 808.
1-Äthinylcyclopentanol, IR-Spektrum 11 854; Rk. 7873, 9308.

Δ^4-Dehydronorborneol [2-Hydroxy-1.4-endomethylencyclohexen-(5), Bicyclo-[2.2.1]-hepten-(5)-ol-(2)], Bldg. v. exo-— 8267; Retentionszeit v. exo- u. endo-— 8569; Rk. 12 484*, 15 579, 18 814; (v. endo-—) 8267, 13 777.
endo-**Bicyclo-[3.2.0]-hepten-(2)-ol-(6)** (Kp.$_{48}$ 104°), Darst., Rk., Deriv., IR-Spektrum 4475.
exo-**Bicyclo-[3.2.0]-hepten-(2)-ol-(6)** (Kp.$_{48}$ 96,5—97,2°), Darst., Rk., Deriv., IR-Spektrum 4475.
Nortricyclanol (F. 108,5—109°) 8267, 13 777.
2-Methoxyhexen-(5)-in-(3) (Kp.$_{18}$ 33,5—34°) 8217.
1-Allyloxybutadien-(1.3) 10 272*.
Heptinal-(2) 12 249.
4.4-Dimethylpentin-(2)-al, Rk. 3417.
Dimethylpropargylacetaldehyd (Kp. 136 bis 138°), Darst. 15 941; (im Gemisch mit Dimethylallenylacetaldehyd) 10 426.
Heptadien-(2.4)-al (Kp.$_{15}$ 80—82°) 16 632.
4-Methylhexadien-(2.4)-al-(1), Rk. 10 274*.
Dimethylallenylacetaldehyd, Darst. 15 942; (im Gemisch mit Dimethylpropargylacetaldehyd) 10 426.
2-Vinylpenten-(4)-al 10 272*.
Cyclopenten-(2)-ylacetaldehyd (Kp.$_{12}$ 53 bis 56°) 2367.
Δ^1-Tetrahydrobenzaldehyd (Kp.$_5$ 51—52°) 11 895.
Δ^3-Tetrahydrobenzaldehyd [Cyclohexen-(3)-aldehyd] (Kp.$_{11}$ 52—53°), Darst., Rk. 11 895; Rk. 6142*, 8944, 10 067, 10 799, 18 661*.
5-Formylbicyclo-[2.1.1]-hexan (Kp.$_{25}$ 56 bis 58°) 15 223.
Heptadien-(3.5)-on-(2) (1.3-Pentadienylmethylketon), Rk. 7508, 15 528.
Heptadien-(1.2)-on-(4) (Kp.$_{10}$ 52—53°) 13 359.
Heptadien-(2.5)-on-(4) (Kp.$_{25}$ 72—74°) 8807*.
5-Methylhexadien-(1.4)-on-(3) (β.β-Dimethyldivinylketon) (Kp.$_{10}$ 43—45°), Darst. 8217; Vers. d. Darst. d. 2.4-Dinitrophenylhydrazons 3036.
Propenylisopropenylketon (Kp.$_{14}$ 51—52°), Rk. 17 379.
Dicyclopropylketon, NMR-Spektrum 18 062; Reaktivität bei d. Radiolyse 14 465; Rk. 9686.
2-Methylencyclohexanon 10 046.
2-Methyl-Δ^2-cyclohexenon, Darst. 10 046; (Rk., Deriv.) 10 437; Rk. 8584.
2-Methylcyclohexen-(5)-on-(1), Rk. 17 040.
3-Methylcyclohexen-(2)-on (Kp.$_{17}$ 84—85°), Darst. (Rk.) 12 285; (Deriv.) 7538; Rk. 78, 7864.
2-Äthylcyclopenten-(2)-on-(1) 10 437.
2.4-Dimethylcyclopenten-(2)-on-(1) (Kp.$_{22}$ 65—67°) 17 379.
Norcampher (Bicyclo-[2.2.1]-heptanon-(2), Ketobicyclo-[2.2.1]-heptan) (F. 95—96°), Darst. 11 176, 13 777; (Rk.) 6046, 17 764; (Rk., Deriv.) 8266; Bldg. 8267; Konstit.-Einfl. auf d. Cotton-Effekt v. — u. Deriv. 69; Vers. einer reduktiven Umlager. 6045; Red. 8933; Chlorier. 15 223; α-Aminoalkylier. 10 076; Rk. mit Grignardverb. 9819*.
Spiro-[4.2]-heptanon-(1), $\pi \rightarrow \pi^*$-Übergangsenergie 14 084.

$C_7H_{10}OS$ **Thienyl-(2)-äthylcarbinol,** Rk. 16 302.
1-[Thienyl-(3')]-propanol (Kp.$_{1,5}$ 78—80°) 10 826.
Furfuryl-(2)-äthylsulfid (Kp.$_2$ 40—41°) 15 920.
1-Äthylmercaptopenten-(3)-in-(1)-ol-(5) (Kp.$_2$ 98—99°) 15 920.

$C_7H_{10}OS_2$ **6-Oxo-2.4-dimercaptoheptadien-(2.4)** 6349.

$C_7H_{10}OSe$ **Äthyl-[selenienyl-(2)]-carbinol** (Kp.$_8$ 110°) 9699.

$C_7H_{10}O_2$ **Furyl-(2)-äthylcarbinol,** Rk. 16 302.
exo-**2.3(5.6)-Epoxybicyclo-[2.2.1]-heptanol-(5[2])** (F. 185—187°) 15 579, 18 814.
3.5-Dihydroxynortricyclen 10 278*.
1-Äthoxy-4.5-epoxypentin-(1) (Kp.$_3$ 63 bis 64°) 15 920.
Dihydroresorcinmethyläther, Rk. 10 440.
2.6-Dimethyl-2.3-dihydropyron-(4) (Kp.$_{10}$ 100°) 11 918.
2-Oxo-8-oxabicyclo-[3.2.1]-octan (Kp.$_{13}$ 89°) 17 405.
2-Ketotetrahydrocyclopenta-[*b*]-furan (Kp.$_{10}$ 118—120°) 2367.
5-Hydroxy-5-methylhexin-(3)-on-(2) (Kp.$_{0,02}$ 68—70°) 16 067*.
exo-**Bicyclo-[2.2.1]-heptanol-(2)-on-(6)** (F. 112—113°) 15 579.
2-Methoxycyclohexen-(2)-on (Kp.$_{20}$ 100 bis 117°) 10 068.
3-Methoxycyclohexen-(2)-on-(1), Rk. 5281.
3-Ketocyclopentylacetaldehyd 15 579.
2-Formylcyclohexanon, Rk. 6014, 14 483, 14 838, 15 199.
Methacryloylaceton, Polymerisat., Struktur u. Stabilität v. Poly-—-Chelaten 9742.
2-Acetylcyclopentanon (Kp.$_{12}$ 79—81°), Darst., Rk. 4903; Rk. 10 068, 14 838.
Cycloheptandion-(1.2), Deriv. 11 894.
Cycloheptandion-(1.4) (Kp.$_2$ 118—119°) 3070.
2-Methylcyclohexandion-(1.3) (2-Methyldihydroresorcin) (F. 208—209°), Darst. 10 440; Ketovinylier. 8589; Rk.: mit 1-Dimethylaminomethylnaphthol-(2) 16 666; mit Methylvinylketon 831; mit Äthylvinylketon 9323; mit Methyl-β-chlorvinylketon 805; mit 3-Vinyl-2-[butanon-(3)-yl-(1)]-cyclohexen-(2)-on-(1) 18 104; mit Acrylonitril 13 758.
1-Methylcyclohexandion-(3.5) (5-Methyldihydroresorcin, Dihydrorcin), Rk. 12 997, 15 584, 16 665, 18 109.
1.1-Dimethylcyclopentandion-(3.4) 7532.
Cyclopenten-(2)-onäthylenketal (Cyclopenten-(1)-on-(3)-äthylenketal), Darst., Rk. 10 080; Rk. 17 731.
Heptin-2-säure (Kp.$_{19}$ 135°) 18 792.
Heptadien-(2.4)-säure (F. 44°), Darst. (kristallinfl. Eig.) 16 632; (d. Gemisches aus — u. d. 3.5-Diensäure) 3048.
Heptadien-(2.5)-säure 8416*, 14 469.
Heptadien-(3.5)-säure-(1) (F. 55°) 3048.
5-Methylhexadien-(2.5)-säure (Kp.$_{13}$ 107 bis 112°) 14 469.
2.3.3-Trimethylcyclopropen-1-carbonsäure 3773.
Δ^1-Cyclohexencarbonsäure (F. 37—38°) 8232, 9325.
Cyclohexen-(3)-carbonsäure (Δ^3-Tetrahydrobenzoesäure, 4-Carboxycyclohexen), Darst. 8416*; Red. u. Verester. 3407; Oxydat. 8944; Addit. v. 2.4-Dinitrobenzolsulfenylchlorid (Kinetik) 11 150.
Δ^x-Cyclohexencarbonsäure (Tetrahydrobenzoesäure), Darst. 12 095*, 18 807.
Bicyclo-[2.1.1]-hexan-5-carbonsäure (F. 45 bis 52°) 15 223.
Hexin-(2)-säuremethylester, enzymat. Hydrolyse 6825.
Hexin-(3)-säuremethylester, enzymat. Hydrolyse 6825.
Hexin-(4)-säuremethylester, enzymat. Hydrolyse 6825.
Hexin-(5)-säuremethylester, enzymat. Hydrolyse 6825.
Sorbinsäuremethylester (Methylsorbat) (Kp.$_{16}$ 75°), Darst., Verw. 1832; Kernresonanzspektrum 18 421; Rk. 11 896.
Hexadien-(2.5)-säuremethylester (Kp.$_{34}$ 63 bis 66°), Darst. 8415*, 14 469; Rk. 3048.
Hexadien-(3.5)-säure-(1)-methylester (Kp.$_{20}$ 55—57°) 3048.
Vinylacrylsäureäthylester (Kp.$_{10}$ 55°), Rk. 13 039.
4-Methylpentadien-(2.4)-säuremethylester (Kp.$_{18}$ 64°) 5649.

Crotonsäureallylester, Rk. 8238, 8783*, 10 639*.
Acrylsäurecrotylester (Kp.$_{15}$ 55°) 10 639*.
Methallylacrylat, Rk. 5851*.
Vinyl-β.β-dimethylacrylat, Parameter d. Copolymerisat. d. — 1462.
β-Cyclopropylacrylsäuremethylester (Kp.$_{19}$ 76°) 5649.
Cyclopropylidenpropionsäuremethylester 5649.
Methylencyclopropylessigsäuremethylester (Kp.$_{25}$ 60—65°) 5649.
Methylencyclopropancarbonsäureäthylester (Kp. 150—153°) 5649.
Δ¹-Cyclopentenylacetat (Kp. 157—160°) 9671.
Cyclopenten-(1)-carbonsäure-(1)-methylester (Kp.$_{29}$ 78°) 15 623.
Verb. $C_7H_{10}O_2$ (F. 137—140°) aus Luffamarin 18 487.

$C_7H_{10}O_2S$ **6-Methyl-5.6-dihydro-4H-thiapyrancarbonsäure-(3)** (F. 96°) 11 905.
3-Carbomethoxy-5.6-dihydrothiapyran (Kp.$_{0,15}$ 64—66°) 12 463*.
2-Methyl-3-carbomethoxy-4.5-dihydrothiophen (Kp.$_{0,5}$ 52—54°) 12 463*.
α-Hydroxymethylen-δ-thiolcaprolacton (F. 65°) 11 905.
α-Acetyl-δ-thiavalerolacton (Kp.$_{0,15}$ 85 bis 86°) 12 463*.

$C_7H_{10}O_3$ **2.4.9-Trioxaadamantan**, Synth. v. Deriv. (Übersicht) 3054.
2-Methoxy-5-methoxymethylfuran (Kp.$_{60}$ 93—100°) 18 816.
5-Methylen-4-methyl-4-äthyl-1.3-dioxolanon-(2), Rk. 4723*.
1-Methyl-4-hydroxy-2-methoxycyclopenten-(1)-on-(3), Rk. 3071.
2.3-Dimethoxycyclopenten-(2)-on-(1) (Kp.$_{12}$ 120°) 3071.
Diacetylaceton, Verw. v. Salzen 4363*, 9545*, 19 035.
4-Hydroxyheptin-(6)-säure 3418.
4-Methoxy-4-methylpentin-(2)-säure (Kp.$_{0,5}$ 99—103°) 11 876.
4-Ketohexen-(5)-carbonsäure-(1) (F. d. Monohydrats 45—46,5°) 16 285.
4-Keto-3-methylenpentancarbonsäure-(1) (F. 66—67°) 16 285.
Cyclopentanon-(2)-yl-(1)-essigsäure (F. 50 bis 51° korr.) 6392.
3-Oxocyclopentylessigsäure (Cyclopentanon-3-essigsäure), Darst. (Rk.) 5654; (Deriv.) 15 579; Nichtbldg. 17 763.
Cyclohexanon-(2)-carbonsäure (2-Oxocyclohexancarbonsäure), Lsgm.-Einfl. auf d. Geschw.-Konst. d. Decarboxylier. 13 347; Rk. v. Estern 8490*.
Cyclohexanoncarbonsäure-(4) (4-Oxocyclohexancarbonsäure) (F. 67°) 5253, 8975.
2-Methylcyclopentanoncarbonsäure-(3), Riditanalyse d. Wrkg. v. — auf d. Wachstumsindices d. Nelson-Mäuseascitestumors 2766.
2.3-Epoxybuttersäureallylester (Kp.$_{25}$ 96 bis 98°) 8238.
Crotonsäure-2.3-epoxypropylester (Kp.$_{1,5}$ 60°) 10 639*.
Acrylsäure-2.3-epoxybutylester (Kp.$_5$ 36,5°) 10 639*.
2.3-Epoxy-2-methylpropylacrylat 5851*.
Glycidylmethacrylat (2.3-Epoxypropylmethacrylat) (Kp.$_2$ 77—78°), Darst., Rk. 2391; Rk. 15 622; Verw. 1102*, 18 328*, 18 690*.
Tetrahydrofuran-2-carbonsäurevinylester, Rk. 9367.
Pentin-(4)-ol-(2)-säureäthylester 4935.
Acrylsäure-2-vinyloxyäthylester, Rk. 6606*, 15 403*.
β-Formylcrotonsäureester, Rk. 5478*.
4-Acetoxypenten-(3)-al-(1), Rk. 10 274*.
5-Oxohexen-(3)-carbonsäure-(1)-methylester, Bldg., 2.4-Dinitrophenylhydrazon (F. 119—120°) 12 624.
β-Acetylacrylsäureäthylester (Kp.$_8$ 78—79°), Darst., IR- u. UV-Spektrum, Struktur 15 164; Rk. 10 844.
β-Acetylvinylpropionat 1029*.
Vinyl-[β-carbomethoxyäthyl]-keton, Rk. 1211.
1-Acetoxypenten-(3)-on-(2) (Kp.$_2$ 64—65°) 8217.
1-Acetoxypenten-(4)-on-(2) 8216.
2-Oxocyclopentylacetat (Kp.$_{2,0}$ 85—88°) 9671.
Cyclopentanon-2(o)-carbonsäuremethylester, Rk. 2719, 8413*.
Cyclopentanon-3-carbonsäuremethylester 1413*.
α-Propyltetronsäure (F. 126°), UV-, IR-Spektrum 15 905; Best. d. Enolisier. aus d. IR-Spektrum 12 968.
2-Methyl-2-acetylbutyrolacton (Kp.$_{20}$ 128°) 109.
γ-Acetyl-γ-methyl-γ-butyrolacton (Kp.$_{50}$ 135—140°) 18 464.
Diketenacetonaddukt, Wrkg. auf d. Kationentransport kalt konservierter Erythrocyten d. Menschen bei Inkubat. 14 941.
Verb. $C_7H_{10}O_3$ (F. 95—105° Zers.) durch Ozonosier. v. Norbornylen 16 845*.

$C_7H_{10}O_3S$ **3-Carbomethoxythiacyclohexanon-(4) (4-Ketothiacyclohexan-3-carbonsäuremethylester)** (Kp.$_4$ 112—113°) 10 399, 16 310.
2.3.4-Trimethylbutadien-(1.3)-sulton-(1.4), Rk. 3421, 3446.

$C_7H_{10}O_4$ (s. *Caronsäure*; *Teraconsäure*; *Terebinsäure*).
2-Allylbernsteinsäure (F. 96—97°), Darst., Rk. v. ¹⁴C-— 17 366; Verw. 3699*.
Cyclopentandicarbonsäure-(1.1) (F. 185 bis 192° Zers.) 3457.
trans-**Cyclopentandicarbonsäure-(1.2)** (F. 159—160°) 3059.
cis-**Cyclopentandicarbonsäure-(1.3) (Norcamphoronsäure)** (F. 121—122°) 15 038*, 15 219, 16 845*, 17 764, 18 132.
trans-**Cyclopentan-1.3-dicarbonsäure** (F. 86 bis 88,5°) 18 132.
2-Methylcyclobutandicarbonsäure-(1.1) (F. 161,7—162,8°) 15 908.
2.3-Epoxybuttersäure-2.3-epoxypropylester (Kp.$_{1,5}$ 96—97°) 8238.
Allyl-3.4-epoxy-2-hydroxybutyrat (3.4-Epoxy-2-hydroxybuttersäureallylester), Polymerisat. 8085*, 9170*, 11 754*, 17 231*.
2-Acetoxyglutardialdehyd 11 568.
2-Methyl-5-carbomethoxytetrahydrofuranon-(3), Rk. 11 197.
α-Keto-β-methyl-γ-formylbuttersäuremethylester (Kp.$_{13}$ 113°) 3071.
3-Acetoxypentandion-(2.4), Rk. 7149.
Dicarbäthoxycarben s. unter *Radikale* (*Spezielle Radikale*).
4-Acetoxycrotonsäuremethylester, positiv-inotrope Wrkg. auf d. Papillarmuskel d. Katze 18 191.
Allylidendiacetat, Verw. 14 728.
Itaconsäuredimethylester (Kp.$_{11}$ 100 bis 110°), Darst., Rk. 14 469; Polymerisat.-Wärme 6429; Rk. 5253, 9899*, 11 006*, 11 736*, 14 138.
Citraconsäuredimethylester, Kinetik d. Addit. v. Diphenyldiazomethan 13 350.
Mesaconsäuredimethylester, Kinetik d. Addit. v. Diphenyldiazomethan 13 350.
Allylglycidylcarbonat (Kp.$_{10}$ 52—53°) 2391.
Cyclopropan-1.2-dicarbonsäuredimethylester (Kp.$_{15}$ 94—96°) 15 912.
2.3-O-Isopropyliden-D-erythronsäure-(1→4)-lacton (F. 65—67,5°) 18 474.
4-Hydroxypentandicarbonsäure-(1.2)-lacton (F. 66—68°) 3059.
„Acetyllävulinsäure" (4-Acetoxy-4-hydroxyvaleriansäurelacton) (F. 78—79°) 127.
α-Carbäthoxy-γ-butyrolacton (Kp.$_{0,01}$ 85 bis 86°) 17 736.

$C_7H_{10}O_4S$ **Mesotetrahydrothiopyran-2.6-dicarbonsäure** (F. 208—209°) 7480.

$C_7H_{11}ClN_2O_2$ *N*-[Acrylamidomethyl]-3-chlorpropionamid, Darst., Antitumorwirksamk. 18 499.

$C_7H_{11}ClN_2S_2$ *n*-Amylmercapto-5-chlor-1.2.4-thiadiazol (Kp.$_{0,7}$ 102—104°) 8761*.

$C_7H_{11}ClN_2Si$ Bis-[cyanäthyl]-methylchlorsilan (Kp.$_2$ 85—110°) 4787*.

$C_7H_{11}ClO$ 2.4-Dimethyl-3-chlor-4.5-epoxypenten-(2) 12 838*.
1-Chlor-3-methylhexin-(5)-ol-(3), Darst., hypnot. Wrkg. 17 485.
4-Chlor-3-äthylpentin-(1)-ol-(3) (Kp.$_8$ 60 bis 62°) 14 320*.
5-Methoxymethyl-3-chlorcyclopenten 15 570.
3-Äthoxy-5-chlorcyclopenten 11 170.
4-Äthoxy-5-chlorcyclopenten 11 170.
5-Äthoxy-4-chlorcyclopenten 11 170.
Isobutyl-β-chlorvinylketon, Rk. 9320.
α-Chlorcycloheptanon (Kp.$_{10}$ 91—92°), Carbonyl-Valenzschwing. 8559; Toxizität 17 482.
2-Chlor-2-methylcyclohexanon-(1), Rk. 8958.
α.α.β-Trimethylbuten-(3)-säurechlorid, Rk. 11 523.
α-Butylacrylsäurechlorid Rk. 7693*.
Cyclohexancarbonsäurechlorid (Hexahydrobenzoesäurechlorid, Hexahydrobenzoylchlorid), Darst., Rk. v. D$_{(\alpha)}$— 13 351; Rk. 5024*, 7251*, 16 845*.

$C_7H_{11}ClOS_2$ 3-Chlor-2-butenyläthylxanthat 16 108*.

$C_7H_{11}ClO_2$ 2-Chlorcyclopentanon-(1)-äthylenketal 10 080.
2-Allyloxy-3-chlortetrahydrofuran, Rk. 5864.
5-Chlorpenten-(3)-carbonsäuremethylester (Kp.$_{12}$ 80—85°) 9515*.
5-Acetoxy-2-chlorpenten-(1) [4-Chlorpenten-(4)-ylacetat] (Kp.$_{10}$ 74°) 3419.
β-Chlor-α-methylcrotonsäureäthylester (Kp.$_{10}$ 61,1°), Darst., Rk. mit Äthylat (Kinetik) 7843.
Tetrahydropyranyl-(2)-acetylchlorid, Rk. 8243.
5-Ketoheptansäurechlorid (Kp.$_4$ 80°) 18 794.

$C_7H_{11}ClO_2S$ β-[2-Chlorallylmercapto]-äthylacetat (Kp.$_5$ 105—108°) 3419.

$C_7H_{11}ClO_3$ 2-Glycidoxy-3-chlortetrahydrofuran (Epoxid v. 2-Allyloxy-3-chlortetrahydrofuran) (Kp.$_{12}$ 126) 5864.
α-Chloracrylsäure-β-äthoxyäthylester, Additivität d. Kontrakt. bei d. Copolymerisat. 18 130.
1-Formoxy-5-methoxy-3-chlorpenten-(2) (Kp.$_{14}$ 102—103°) 2702.
Essigsäure-γ-acetyl-γ-chlorpropylester (Kp.$_{20}$ 115—125°) 4532.
α-Acetoxyisovaleriansäurechlorid, Rk. 10 930*.
β-Methyl-γ-carbomethoxybutyrylchlorid 811.
Adipinsäuremethylesterchlorid (Methyl-5-chloroformylvalerat) (Kp. 109—110°), Darst., Rk. 13 357, 14 842; Rk. 3983*.
Glutarsäureäthylesterchlorid (γ-Carbäthoxybutyrylchlorid), Rk. 10 092, 12 023*.

$C_7H_{11}ClO_4$ 2-Methoxyäthyl-2-chloracetoacetat, Rk. 14 297*.
Chlormalonsäurediäthylester, Rk. 17 000.

$C_7H_{11}ClO_4S$ Essigsäure-2-[2'-chlorallylsulfonyl]-äthylester (2-[2'-Chlorallylsulfonyl]-äthylacetat), Herst., Verw. 15 022*; Rk. 3419.

$C_7H_{11}ClO_5S$ 3-Chlor-2-sulfo-1-butylacrylat 7693*.
1-Chlor-3-sulfo-2-butylacrylat 7693*.
3-Chlor-1-sulfo-2-butylacrylat 7693*.
1-Chlor-2-sulfo-3-butylacrylat 7693*.
1-Chlor-2-methyl-2-sulfo-3-propylacrylat 7693*.
1-Chlor-2-methyl-3-sulfo-2-propylacrylat 7693*.

$C_7H_{11}Cl_2NO_3$ Dichloracetyl-DL-valin, Acylaseaktivität v. Ascitestumorzellen auf — 9373.

$C_7H_{11}Cl_2NO_3S$ Dichloracetyl-DL-methionin, Acylaseaktivität v. Ascitestumorzellen auf — 9373.

$C_7H_{11}Cl_2NO_5$ *N*-D-Ribosyldichloracetamid (F. 177—178°) 11 930.

$C_7H_{11}Cl_2N_3O$ Cyanessigsäure-*N*^{1}.*N*^{2}-bis-[β-chloräthyl]-hydrazid (F. 86—87°) 17 367.

$C_7H_{11}Cl_2O_3P$ 2-Chlor-3-chlormethylbutadien-(1.3)-phosphonsäuredimethylester (Kp.$_3$ 136°) 8949.

$C_7H_{11}Cl_2O_7$ α-Carbomethoxymethoxy-β.β-dichlorvinylphosphorsäuredimethylester (Kp.$_{0,32}$ 148—150°) 13 177*.

$C_7H_{11}Cl_3O$ 1.1.3-Trichlor-3-butoxypropen (1.3.3-Trichlorpropen-(2)-ylbutyläther) (Kp.$_{22}$ 106—108°), Darst., Rk. 11 876; Rk. 8942.

$C_7H_{11}Cl_3O_2$ 2-Dichlorpropoxy-3-chlortetrahydrofuran (Kp.$_{10}$ 135°) 5864.
Trichloressigsäureisoamylester, elektr. Eig. d. Syst. aus $TiCl_4$ u. — 7816.

$C_7H_{11}Cl_3O_2S$ Trichloräthenyl-*n*-amylsulfon 5093*.

$C_7H_{11}Cl_3O_3$ 5-Methyl-2-[trichlormethyl]-*m*-dioxan-5-methanol (F. 90—92°) 2830*.

$C_7H_{11}FO_4$ α-Methyl-α-acetoxy-β-fluorpropionsäuremethylester (Kp.$_{14}$ 82,5—83,5°) 12 261.

$C_7H_{11}F_3HgO_3$ 1.1.1-Trifluor-3-äthoxypropyl-(2)-mercuriacetat 16 283.

$C_7H_{11}F_3N_2O$ 1-Methyl-4-trifluoracetylpiperazin (Kp.$_{11}$ 82—84°) 18 938*.

$C_7H_{11}F_3O_2$ ω-Trifluorheptylsäure 1409*.

$C_7H_{11}F_3O_2S$ Trifluoräthenyl-*n*-amylsulfon 5093*.

$C_7H_{11}F_4NO$ α.β.β.β-Tetrafluorpropionsäurediäthylamid (Kp.$_{43}$ 106°) 15 024*.

$C_7H_{11}F_6N$ Diäthyl-1.1.2.3.3.3-hexafluorpropylamin 15 024*.

$C_7H_{11}F_7OSi$ γ-[1H.1H-Heptafluorbutoxy]-propylsilan (Kp.$_{43}$ 59,5°) 8947.

$C_7H_{11}F_7Si$ Dimethyl-3.3.4.4.5.5.5-heptafluorpentylsilan (Kp.$_{741}$ 111°), Darst., Hydrolyse (Kinetik) 6358.

$C_7H_{11}J$ 1-Jodheptin-(2), Rk. 12 627.

$C_7H_{11}JN_2O_2$ *N*-[Acrylamidomethyl]-3-jodpropionamid, Darst., Antitumorwirksamk. 18 499.

$C_7H_{11}N$ Dihydropyridyläthan, Deriv. 2087*.
β-Isopropylpyrrol [3(4)-Isopropylpyrrol] (Kp.$_{24}$ 80°), Darst. 2728, 3083; (Rk.) 2347; Rk. 3082.
1-Äthyl-3-methylpyrrol (Kp.$_{21}$ 54—55°) 15 929.
2.3.4-Trimethylpyrrol, Rk. 16 066*.
2.3.5-Trimethylpyrrol (Kp.$_{15}$ 83—84°) 17 025.
Dehydrochinuclidin 18 114.
Nortropidin, Verw. 6512*.
Bicyclo-[3.2.0]-hepten-(2)-yl-(6)-amin (Kp.$_{102}$ 95°) 4475.
1-Cyanhexen-(4) [Hepten-(5)-nitril] (Kp. 187°) 9312, 10 437.
2-Äthylpenten-(4)-säurenitril (Äthylallylacetonitril) (Kp.$_{760}$ 157°), Darst. 8582; Rk. 806.
2.2-Dimethylpenten-(4)-nitril (Kp. 147 bis 148,5°) 3060.
Cyclohexylcyanid (Hexahydrobenzonitril) (Kp.$_{20}$ 79—80°) 3263*, 11 004*.
Cyclopentylacetonitril (Kp. 185—186°) 17 764.
Cyclohexylisonitril (Cyclohexylisocyanid) (Kp.$_{13}$ 59—61°), Darst. 18 085; Kernresonanzspektrum 12 233.

$C_7H_{11}NO$ 3-Isobutylisoxazol (Kp.$_{30}$ 81—82°) 8601.
5-Isobutylisoxazol (Kp.$_{20}$ 66°) 11 914.
β-[*N*-Methylpyrryl-(2)]-äthanol 3260*, 19 006*.
N-Vinyl-2-piperidon, Verw. 13 270*.
5.6-Dimethyl-3.4-dihydropyridon-(2) (F. 125 bis 126°) 18 463.
N-Allylpyrrolidon-(2) (Kp.$_3$ 71,5°) 15 992.

N-Vinyl-3-methyl-2-pyrrolidon, Verw. 617*, 16 099*.
N-Vinyl-4-methyl-2-pyrrolidon, Verw. 617*, 16 099*.
N-Vinyl-5-methyl-2-pyrrolidon, Verw. 617*, 16 099*.
Pyrrolizidon-(1) (Kp.$_3$ 55—56°) 16 326.
2-Azabicyclo-[3.2.1]-octanon-(3) (Kp.$_{0,5}$ 85 bis 90°) 17 764.
3-Azabicyclo-[3.2.1]-octanon-(2) (F. 93 bis 94°) 17 764.
Nortropanon-(3) (Nortropinon), Darst. d. Pikrats (F. 167—169°) 17 404; IR-Spektren v. Deriv. 17 768; Rk. 6512*, 14 143; (v. Deriv.) 17 767.
Chinuclidon-(3), Darst., Rk. 12 295; Rk. 18 114.
4-Dimethylaminocyclopenten-(2)-on 17 731.
Dicyclopropylketonoxim, Rk. 9686; Verw. 15 694*.
Norcampheroxim, Rk. 17 764.
α-Picolinmethohydroxid, H-Isotopenaustausch d. Jodids 15 547.
γ-Picolinmethylhydroxid, Jodid 6769.
Cyclohexanoncyanhydrin [1-Cyancyclohexanol-(1)], Rk. 8231, 9515*.
4-Cyan-2.2-dimethylbutyraldehyd („Ibanitril"), Darst. 3060; Rk. 13 362.
[Cyanmethyl]-isobutylketon (Kp.$_{18}$ 125 bis 127°) 11 914.
γ-Methyl-δ-ketocapronsäurenitril, Konstit.-Best. aus d. IR-Spektrum 13 335.
Mesitononitril [4-Cyan-4-methylpentanon-(2)] (F. 12°) 3240*, 10 274*.
α-Isopropylacetylacetonitril, Rk. 5391*.
Cyclohexylisocyanat, Darst. 468; (Rk.) 8974; Rk. 4538, 9311.
Heptadien-(3.5)-säure-(1)-amid (F. 138 bis 139°) 3048.
Cyclohexen-(1)-carbonsäureamid, Rk. 12 624.
N-[Cyclopenten-(2)-yl]-acetamid (F. 71 bis 73°) 15 027*.
Benziminoäthyläther, Rk. d. Hydrochlorids 8064*.
N-Vinylvalero-δ-lactam, Verw. 13 270*.
3-Aminocyclohexancarbonsäurelactam, Dipolmoment, Konstit.-Einfl. auf UV- u. IR-Spektrum 10 400.
4-Aminocyclohexancarbonsäurelactam, Dipolmoment, Konstit.-Einfl. auf UV- u. IR-Spektrum 10 400.
$C_7H_{11}NOS$ 2.4-Dimethyl-5-[β-hydroxyäthyl]-thiazol (Kp.$_7$ 130°) 4532.
dl-trans-Hexahydrobenzoxazolthion (F. 140 bis 141°), Darst., Rk., Salze 9701; Rk. 9702.
4-Hydroxyhexahydrophenylisothiocyanat, Rk. 12 831*.
3-Allyl-4-methylthiazoliumhydroxid, Verh. d. Bromids gegen Alkalien 18 462.
$C_7H_{11}NOS_2$ 2-Methylmercapto-4-methyl-5-[β-hydroxyäthyl]-thiazol (Kp.$_5$ 151—153°), Darst., Rk., Pikrat 4532; Rk. 4533.
3-*n*-Butylrhodanin, tuberkulostat: Wrkg. 10 552.
$C_7H_{11}NO_2$ (s. *Arecaidin*; *Hypoglycin A* [*β-[Methylencyclopropyl]-alanin*; *β-Methylencyclopropyl-α-aminopropionsäure*]; *N-Oblivon* [*Methylpentinolcarbamat, 3-Carbamoyloxy-3-methylpentin-(1)*]).
Cyclohexylidennitromethan 16 625.
Cyclohexen-(1)-ylnitromethan 15 571, 16 625.
4- u. 5-Nitro-$Δ^1$-tetrahydrotoluol [Gemisch] (Kp.$_{25}$ 113—116°) 15 196.
1-Nitrobicyclo-[2.2.1]-heptan 11 176.
2-Nitrobicyclo-[2.2.1]-heptan (2-Nitronorbornan), Darst. 11 176; NMR-Spektrum, Konformat. v. endo-— 16 263.
7-Nitrobicyclo-[2.2.1]-heptan 11 176.
N-[β-Hydroxyäthyl]-furfuryl-(2)-amin, Rk. 1599.
N-Vinyl-5-äthyloxazolidinon-(2), Darst. 9521*; Verw. v. Poly-— 3657*.
N-[β-Hydroxyäthyl]-pyridiniumhydroxid, Chlorid 18 071.
α-Methoxymethylen-β-äthoxypropionitril (Kp.$_3$ 85—110°) 6963*.
1.1-Dimethoxy-2-methyl-3-cyanpropen-(2) (β-Formylcrotonsäurenitrildimethylacetal) (Kp.$_2$ 63—64°) 10 273*.
$Δ^1$-2.3-Dimethylpyrrolin-5-carbonsäure, Hydrochlorid (F. 153—154°) 1225.
Butylcyanessigsäure, Rk. 9328.
ε-Cyancapronsäure (Kp.$_{0,4}$ 134°) 1408*, 12 260.
Adipinsäuremethylestermononitril (δ-Cyanvaleriansäuremethylester) (Kp.$_3$ 90—150°) 4342*, 4343*, 17 205*.
α-Methyl-α-äthyl-α-cyanessigsäuremethylester (Kp. 190—192°) 4912.
Äthylcyanessigsäureäthylester (Kp. 204 bis 209°), Darst., Rk. 3458; Rk. 7531.
Cyanessigsäure-*n*-butylester (Kp.$_{25}$ 132 bis 145°), Darst., Rk. 18 491; Rk. 12 994.
Cyanessigsäure-*tert.*-butylester, Rk. 3816.
Crotyl-*N*-vinylcarbamat (Kp.$_{13}$ 106—107°) 18 432.
N.O-Cyclohexylen-(1.3)-carbamat, Konstit.-Einfl. auf UV-Spektrum auf ν(CO), Dipolmoment 10 401.
N.O-Cyclohexylen-(1.4)-carbamat, Konstit.-Einfl. auf UV-Spektrum auf ν(CO), Dipolmoment 10 401.
N-Acetylpiperidon-(2) (*N*-Acetyl-α-piperidon) (Kp.$_2$ 92°), Dipolmoment, UV-Maxima u. IR- ν(C = O) 18 418; Rk. 9003.
N-Isopropylsuccinimid (F. 64—65°) 121, 2347.
Carbazinoylmethylpyridiniumhydroxid (Carboxymethylpyridiniumhydrazidhydroxid), Rk. d. Chlorids 13 637*; Verw. d. Chlorids 2225*.
Trimethyltetrolobetain s. unter $C_7H_{12}NO_2$.
$C_7H_{11}NO_2S$ 2-Methyl-6-äthylthiomorpholindion-(3.5) (F. 97—98°) 3461.
4-Propargyl-1.4-thiazan-1.1-dioxid (F. 114 bis 114,5°) 18 471.
ε-Thiocyanatocapronsäure (Kp.$_1$ 166°) 18 436.
n-Butylthiocyanacetat, bakteriostat. Wrkg. 1278.
Brenztraubensäurethiomorpholid, IR-Spektrum 3037.
2.3.4-Trimethylbutadien-(1.3)-sultam-(1.4) (F. 115—120°) 3421.
N-Methyl-2.4-dimethylbutadien-(1.3)-sultam-(1.4) (F. 77—78°) 3420.
$C_7H_{11}NO_2S_2$ Dithiodiäthan-β.β'-dicarbonsäuremononitrilmonomethylester (Kp.$_{0,4}$ 129 bis 132°) 3624*.
N.N-Tetramethylendithiocarbaminsäurecarboxymethylester (Pyrrolidinodithiocarbonsäurecarboxymethylester) (F. 153 bis 154°), Darst. 11 176; (pflanzenwachstumsregulierende Aktivität) 14 198.
$C_7H_{11}NO_3$ (s. *Dimedion* [*5.5-Dimethyl-3-äthyloxazolidindion-(2.4)*]; *Mikasäure*; *Paramethadion* [*Paradion, 3.5-Dimethyl-5-äthyloxazolidindion-(2.4)*]).
N-[*tert.*-Butyl]-oxazolidindion-(2.4), Rk. 1709*.
3-Methyl-3-carboxypiperidon-(2) (F. 179° Zers.) 7521.
4-Äthylpyrrolidon-(2)-carbonsäure-(3) (F. 73°) 16 673.
4.4-Dimethylpyrrolidon-(2)-carbonsäure-(3) (F. 165° Zers.) 16 673.
2-[Aminomethyl]-cyclopentanon-3-carbonsäure (F. 250—270° Zers.) 576*.
2-Amino-3-carbäthoxy-4.5-dihydrofuran (2-Amino-4.5-dihydrofuran-3-carbonsäureäthylester) (F. 52—53°), Darst., Rk. 17 735; IR-Spektrum u. Imid-Enamid-Tautomerie 18 771.
2-Oxo-4-carbomethoxypiperidin (F. 115°) 7520.
1-Methyl-3-carbomethoxypyrrolidon-(5), Rk. 10 565*, 17 929*.
Pyroglutaminsäureäthylester, Rk. 2353.

N-[β-Hydroxyäthyl]-pyrrolidon-(2)-formiat (Kp.$_{1,5}$ 131—132°) 17 762.
α-D-Hydroxyisovaleriansäurecyanmethylester (Kp.$_{0,2}$ 93—101°) 11 159.
α-L-Hydroxyisovaleriansäurecyanmethylester (Kp.$_{0,2}$ 94—96°), Rk. 11 159.
β-Isocyanatobuttersäureäthylester, Rk. 17 716.
Carbonyl-β-alaninisopropylester 2169*.
(—)-1-Methyl-1-äthinylpropandiol-(1.2)-2-carbaminat (F. 93—94°) 949*.
N-Carbäthoxypyrrolidon-(2), Dipolmoment, UV-Maxima u. IR- ν(C = O) 18 418.
1-Carbäthoxypyrrolidon-(3) (Kp.$_{36}$ 156 bis 157°), Rk. 16 772*.
Methacryloyl-D-alanin (F. 130°) 17 060.
Methacryloyl-L-alanin (F. 130°) 17 060.
Methacryloyl-DL-alanin (F. 115,5°) 17 060.
Citraconsäureäthylamid (F. 124°) 4901.
N-*n*-Propylmaleinamidsäure (F. 98—99°) 1189.
Acrylamidoessigsäureäthylester 5260.
N.N-Dimethylmaleinamidsäuremethylester (Kp.$_{2\mu}$ 60°) 1190.
Allyloxamidsäureäthylester, Rk. 1409*.
1-Carbäthoxy-1-carbamoylcyclopropan (F. 126,5—127°) 17 736.
L-Leucin-*N*-carboxyanhydrid, Einw. v. HF 18 860.
Terebinsäureamid (F. 208,5°) 10 845.
γ-Isocaprolacton-α-carbonsäureamid (F. 132,5—133,5°) 17 736.
α-[Aminoäthoxymethylen]-γ-butyrolacton (F. 108—108,5°), Darst., Rk. 17 735; IR-Spektrum u. Imid-Enamid-Tautomerie 18 771.
α-Carbiminoäthoxy-γ-butyrolacton, Darst., Rk. d. Hydrochlorids 17 735; IR-Spektrum u. Imid-Enamid-Tautomerie d. Hydrochlorids 18 771.

$C_7H_{11}NO_3S$ 3-[β-Cyanatoäthylmercapto]-propionsäuremethylester (Kp.$_{0,6}$ 124—125°) 16 865*.

$C_7H_{11}NO_4$ *exo*-5-Nitrato-*endo*-norborneol (Kp.$_{0,5}$ 110—111°) 13 777.
1-Acetoxy-1-nitrocyclopentan (Kp.$_5$ 1,172°) 1591.
O-Acetyl-L-hydroxyprolin (4-Acetoxy-L-prolin), strukturelle Umwandl. v. Poly-— 498; Rk. mit $COCl_2$ 10 084.
α-Formylacetursäureäthylester 839.
N-Acetoacetylurethan, Rk. 10 466.

$C_7H_{11}NO_5$ *dl*-*N*-Acetyl-δ-hydroxy-γ-oxonorvalin (F. 119—124°), Spalt. d. Brucinsalzes in opt. Antipoden 13 501*.
N-Acetylglutaminsäure (Acetylglutamat), Darst. v. dl-— 15 027*; Hydrolyse v. DL-— durch Pilzacylasen 8292; Verhinder. d. Hemm. d. Carbamylphosphatsynthetase aus Froschleber durch Hydroxymercuribenzoat 2771.
Acetamidomalonsäuremonoäthylester, Rk. 126.
Acetamidomalonsäuredimethylester, Rk. 8413*, 10 433.
N-Carbäthoxy-*N.O*-bis-acetylhydroxylamin, Gemisch mit N-Carbäthoxy-O-acetylhydroxylamin 7114.

$C_7H_{11}NO_5S$ *N*-[Äthylmercaptoformyl]-L-asparaginsäure (F. 125—126°) 1199.

$C_7H_{11}NO_6$ Diäthylnitromalonat, Rk. 8578.

$C_7H_{11}NO_7$ DL-Serin-*N.N*-diessigsäure, Di-Na-Salz 14 472.

$C_7H_{11}NS$ *N.N*-Dimethyl-*N*-[thenyl-(2')]-amin 18 203*.
Cyclohexylisothiocyanat 1192.

$C_7H_{11}NS_2$ 2-[*n*-Propylmercapto]-4-methylthiazol 14 998*.

$C_7H_{11}N_2OPS_2$ *O*-[*m*-Methylmercaptophenyl]-thionophosphorsäurediamid (F. 99 bis 101°) 14 298*, 16 109*.
O-[*p*-Methylmercaptophenyl]-thionophosphorsäurediamid (F. 140—141°) 14 298*, 16 108*.

$C_7H_{11}N_2O_2PS$ 4-Methylmercaptophenylphosphorsäurediamid (F. 184—185°) 14 298*, 16 108*.

$C_7H_{11}N_3$ 2.4-Diäthyl-*symm.*-triazin (Kp.$_{35}$ 65 bis 80°) 1998.
Hexahydro-1.2.5(1.2.6)-triazazulen (F. 155,5—156,5°) 11 196.
4(5 ?)-Methyl-6-dimethylaminopyridazin (F. 90°) 12 297.
2-Amino-4-isopropylpyrimidin (F.117—118°) 6966*.
2.4.6-Trimethyl-5-aminopyrimidin (F. 174 bis 175°) 3815.
3-Amino-4-allyl-5-methylpyrazol (Kp.$_{10}$ 179 bis 186°) 5391*.
2.6-Bis-[aminomethyl]-pyridin, Rk. 14 441.
2.4.5-Triaminotoluol, Einw. auf Kultur-Lsg. v. Nocardia rugosa 6790.

$C_7H_{11}N_3O$ 2-*n*-Propyl-4-amino-6-hydroxypyrimidin (F. 290°) 8987.
2-Amino-4-äthoxy-6-methylpyrimidin, Konstit.-Einfl. auf d. IR-Spektrum 14 812.
2-Methyl-4-amino-6-äthoxypyrimidin (F. 122°) 9345.
2-Methoxy-6-amino-4.5-dimethylpyrimidin (F. 180—181°) 16 316.
4-Dimethylamino-6-methoxypyrimidin (Kp.$_{20}$ 136°) 7150.
2.3.4-Triaminoanisol 6773.
4-Dimethylamino-1.6-dihydro-1-methyl-6-oxopyrimidin (F. 156—157°) 7150.
Acetylhistamin (4-[β-Acetylaminoäthyl]-imidazol), IR-Spektrum 9283.
Butyraldehydcyanacethydrazon, papierchromatograph. Trenn. 10 215.
Methyläthylketoncyanacethydrazon, papierchromatograph. Trenn. 10 215.
Verb. $C_7H_{11}N_3O$ aus 2-Formyl-1-methylpyridiniumjodid + Hydrazinhydrat [Jodidsemihydrat (F. 158—160° Zers.)] 9337.

$C_7H_{11}N_3OS$ (s. *Ethioprim* [*2-Äthylmercapto-4-amino-5-hydroxymethylpyrimidin*]).
5-*tert.*-Butyl-2-thio-6-azauracil, Wrkg. auf Keimpflanzen 904.
2-Methylmercapto-4-amino-6-äthoxypyrimidin (F. 96°) 8704.
2-Methoxy-6-äthylmercapto-4-aminopyrimidin (F. 84°) 16 316.
2-Äthylmercapto-6-methoxy-4-aminopyrimidin (F. 117—118°) 16 316.
3-Mercapto-4-propyl-5-oxo-6-methyltriazin-(1.2.4) 719*.

$C_7H_{11}N_3O_2$ (s. *Girard-Reagens P* [*Pyridinioacethydrazid*{ *Chlorid* }]).
6-Propyl-3-methoxy-5-hydroxy-1.2.4-triazin, Wrkg. gegen Viren 6831.
2.4-Dimethoxy-5-amino-6-methylpyrimidin, Konstit.-Einfl. auf d. IR-Spektrum 14 812.
2-Methyl-4.6-dimethoxy-5-aminopyrimidin, Konstit.-Einfl. auf d. IR-Spektrum 14 812.
1.3.6-Trimethyl-5-aminouracil (F. 167°) 4539.
DL-α-Amino-β-imidazolyl-(4)-α-methylpropionsäure (DL-α-Methylhistidin), Darst. d. Dihydrochlorids (F. 184—185°) 6765; Hemm. d. Histamin-Bldg. in vivo durch — 17 471.
1-Methylhistidin (*gewöhnl.* Methylhistidin, β-[1-Methylimidazolyl-(4)]-alanin), Hemm.-Vermögen d. Dihydrochlorids gegenüber Histidindecarboxylase 3137; Inkubat. v. Carnosin-Anserin-Synthetase aus Kükenmuskeln mit — 6074; Identifizier. v. ^{14}C-— nach Methylier. v. Proteinen v. Rattenleberschnitten durch ^{14}C-Dimethylnitrosamin in vitro u. Hydrolyse 17 435; —-Geh. d. Kaninchenurins 17 474; Mess. u. Verteil. v. — in d. Ratte 14 590; Wrkg. v. L-Histidin auf d. Exkret. v. — v. normalen u. Vitamin-E-Mangel-Kaninchen 15 672.
2-Methylhistidin (β-[2-Methylimidazolyl-(5)]-alanin), Dissoziat.-Konst. v. — u. —-Cu-Komplexen 4849; Hemm.-Ver-

mögen d. Dihydrochlorids gegenüber Histidindecarboxylase 3137.

3-Methylhistidin (β-[1-Methylimidazolyl-(5)]-alanin), Dissoziat.-Konst. v. — u. —-Cu-Komplexen 4849; Hemm.-Vermögen gegenüber Histidindecarboxylase 3137; Identifizier. v. ^{14}C-—nach Methylier. v. Proteinen v. Rattenleberschnitten durch ^{14}C-Dimethylnitrosamin in vitro u. Hydrolyse 17 435; —-Geh. d. Kaninchenurins 17 474.

DL-**4-Methylhistidin**, Hemm.-Vermögen gegenüber Histidindecarboxylase 3137.

1-Isopropyl-4-carboxy-3-aminopyrazol (F. 141—142°) 18 567*.

Histidinmethylester, Darst., Rk. d. Dihydrochlorids v. L-— u. DL-— 3084; Rk. v. L-— 864, 6786, 14 325*, 15 334*; Verw. v. L-— 15 334*.

1-Methyl-3-amino-4-carbäthoxypyrazol (F. 92—93°) 950*, 1325*, 18 567*.

2-Methyl-3-amino-4-carbäthoxypyrazol, Rk. 949*, 1324*.

[3-Methylpyrazolyl-(5)]-dimethylcarbamat, Verw. v. Deriv. 8762*.

N-**[Carbamoylcyanmethyl]-acetimidoäthylester**, Rk. 10 467.

N-**Methyl-β-carbohydrazidopyridiniumhydroxid**, Verw. d. p-Toluolsulfonats zur Identifizier. v. Carbonylverb. 9459.

Isoniazidmethohydroxid (Isonicotinsäurehydrazidmethylhydroxid), Nachw. u. Best. v. Isoniazid als —-Jodid (F. 227—228°) 2082; Chemoprophylaxe d. Tuberkulose mit — -Sulfat 2817

$C_7H_{11}N_3O_2S$ **4-Hydrazinobenzolsulfonsäuremethylamid** (F. 137°) 2333.

$C_7H_{11}N_3O_2Se$ **4-Methyl-5-carbäthoxyselenazolyl-(2)-hydrazin** (F. 187° Zers.) 17 745.

$C_7H_{11}N_3O_3$ **1-[3′-Hydroxypropyl]-2-methyl-5-nitroimidazol** 1713*, 18 204*.

1-[2′-Hydroxyäthyl]-2-äthyl-5-nitroimidazol (F. 87—88°) 1713*, 18 204*.

N-**Cyanäthylglycylglycin**, Rk. 17 010.

Triacetylguanidin (F. 110—112° korr.) 8220.

$C_7H_{11}N_3O_3S$ **1-Hydroxy-2-hydrazinobenzol-4-sulfonsäuremethylamid**, Verw. 13 586*.

$C_7H_{11}N_3O_4S_2$ **5-Methyl-2.4-disulfamylanilin**, Rk. 6142*.

$C_7H_{11}N_3O_5$ **3.3-Dinitrohexylisocyanat** 18 637*.

$C_7H_{11}N_3O_5S_2$ **5-Methoxy-2.4-disulfamylanilin**, Rk. 6142*.

$C_7H_{11}N_3O_6$ **4.4-Dinitro-4-cyanbutyraldehyddimethylacetal** ($Kp._{0,4}$ 80—81°) 12 992.

$C_7H_{11}N_3S$ **1-[Thiazolyl-(2′)]-piperazin**, Rk. 18 938*.

$C_7H_{11}N_3S_2$ **Methyl-bis-[β-thiocyanäthyl]-amin** 4508.

$C_7H_{11}N_3Se$ **Aceton-[4-methylselenazolyl-(2)]-hydrazon** (F. 101°) 17 745.

Aceton-[5-methylselenazolyl-(2)]-hydrazon (F. 156—157° Zers.) 17 745.

$C_7H_{11}N_5$ **4-Allylamino-2-amino-6-methyl-*symm.*-triazin** (F. 117—119°) 18 831.

$C_7H_{11}N_5O$ **2-Morpholino-6-amino-1.3.5-triazin**, Wrkg. gegen Viren 6831.

2-Amino-4-hydroxy-6-methyltetrahydropteridin, Rk. 13 409.

6-[α-Vinyloxyäthyl]-2.4-diamino-*symm.*-triazin (F. 172—174°) 316*.

2-Dimethylamino-4-aminopyrimidin-5-carbonsäureamid (2-Dimethylamino-4-amino-5-carbamylpyrimidin) (F. 289 bis 290°), Darst., Verw., Hydrochlorid 13 131*; Rk., Hydrochlorid 15 697*.

$C_7H_{11}N_5OS$ **6-Mercapto-2-amino-7.9-dimethylpuriniumhydroxid**, Chlorid 17 037.

$C_7H_{11}N_5O_2$ **2-Amino-4-hydroxy-6-hydroxymethyltetrahydropteridin**, Folsäure-Synth. durch zellfreie Extrakte v. E. coli in Ggw. v. — 14 555.

5-Nitroso-2.4-diamino-6-isopropyloxypyrimidin (F. 244—246° Zers.), Darst., Rk. 9721; Rk. v. hydriertem — 5672.

1-Methyl-2-amino-4-methylamino-5-formylamino-6-oxodihydropyrimidin (F. 264 bis 266°), Darst. 8254; Rk. 9721.

$C_7H_{11}N_5O_2S$ **4-Hydrazinobenzolsulfonsäureguanidid** (F. 215°) 2333.

$C_7H_{11}N_5O_4S_2$ **2-Acetylamino-5-[*N*³-äthylureidosulfonyl]-1.3.4-thiadiazol**, Prüf. auf antikonvulsive Wrkg. 2078.

$C_7H_{11}N_5O_{10}$ *N*-**Methyl-2.2.4.4-tetranitropentylcarbaminat** 9957*.

$C_7H_{11}N_5O_{16}$ **3-*O*-Methyl-DL-galaktit-1.2.4.5.6-pentanitrat** (F. 99—100°) 10 097.

$C_7H_{11}O_5P$ **2-Äthylenphosphitoäthylacrylat** 2170*.

C_7H_{12} **Heptin-(1)** (Kp. 99°), Darst., Rk. 10 417; Bezieh. d. Dipolmomente v. Heptinen-(1) zur Hammett-Gleich. 3405; magnet. Rotat. 9287, 10 026; Lewis-Basizität gegenüber Säureamiden, Äthern bzw. Phenol 4865; Polymerisat. u. Copolymerisat. 18 851; Rk.: mit H-Atomen 18 393; mit Alkinolen 11 155; mit C_2H_5MgBr u. 1.4-Dichlorbutin-(2) 7852; Vers. d. Bldg. v. Harnstoffeinschlußverb. 15 544; Rk. mit Glyoxal u. Aceton 12 249.

Heptin-(2) ($Kp._{750}$ 110,5°), magnet. Rotat. 9287, 10 026.

Heptin-(3), Rk. 779.

2-Methylhexin-(3), Rk. 779.

2.2-Dimethylpentin-(3) (*tert.*-Butylmethylacetylen), Rk. 779, 17 687, 12 616.

Heptadiene, Darst. 17 201*; Unters. d. Radiolyse v. — durch UV- u. IR-Spektren 16 277.

1-Propylbutadien 17 364.

Heptadien-(1.6), Cyclopolymerisat. 8080; lösl. Homo- u. Copolymere aus 2.6-disubstituiertem — 8644.

Heptadien-(2.4) (1-Methyl-4-äthylbutadien), Darst. 16 486*; Bldg. v. — u. trans.trans-— (Mechanismus) 17 364.

2-Methylhexadien-(2.4), Darst. 109; Verw. 4720*.

3-Methylhexadien-(2.5) 7322*.

2.4-Dimethylpentadien-(1.3) (1.1.3-Trimethylbutadien) ($Kp._{745}$ 92—93°), Darst., Rk. 7110; strukturelle Richt. d. Kondens. v. — 7495; Rk. 17 002.

2-Isopropylbutadien-(1.3) ($Kp._{740}$ 85,6°), Darst., Rk. mit Maleinsäureanhydrid (Kinetik) 4134.

Cyclohepten (Kp. 114°), Darst. 8232; Darst., Addit. d. CCl-Radikals an — u. Abspalt. v. H (Kinetik) 3051; Bldg. 8932; (Rk.) 18 077; Methylaffinität 14 463.

Methylencyclohexan (Kp. 100—110°), Darst. 835; (Rk.) 17 749; Bldg. 13 351; IR-, UV- u. NMR-Spektren 15 900; Gaschromatographie v. Mischungen dreier Methylcyclohexene u. — 2109.

Methylcyclohexene, Rk. 4138; Gaschromatographie v. —-Gemischen u. Methylencyclohexan 2109.

1-Methylcyclohexen ($Kp._{743}$ 108°), Darst. 14 117; (Rk.) 7493; therm. Zers. 5247; Oxydat. 10 017, 10 817; Rk.: mit HCN 12 642; mit Propylen 15 018* [2 Ref.]; mit Bis-[3-methylbutyl-(2)]-boran u. Oxydat. 6378; mit Acetanhydrid (u. NH_3) 17 749; (u. $HClO_4$) 14 500.

3-Methylcyclohexen [1-Methylcyclohexen-(2)] ($Kp._{745}$ 99—100°), Darst. 7493, 14 117; Oxydat. 16 486*.

4-Methylcyclohexen (Kp. 101°), Darst. 14 117; Bldg. 5251; Addit.: v. Phosphin 12 618; v. 2.4-Dinitrobenzolsulfenylchlorid (Kinetik) 11 150; Best. in Automobilauspuffgasen 14 742.

Vinylcyclopentan (Kp. 98,8—99,0°) 13 787.

1.2-Dimethylcyclopenten, Rk. 7492.

5.5-Dimethylcyclopenten, Rk. 13 716.

3.3-Dimethylmethylencyclobutan ($Kp._{720}$ 72°) 18 805.

Bicyclo-[4.1.0]-heptan (Norcaran) 7109, 8932.

Bicyclo-[1.2.2]-heptan (Norbornan, Norcamphan), Darst. v. Deriv. 14 871; Best. d. Dipolmoments 13 777; Wechselwirkungskurve für nichtgebundene C- u. H-Atome u. ihre Anwend. 7096; Rk. 11 176, 15 579.

$C_7H_{12}AsNO$ Dimethylarsinopyridiniumhydroxid, Jodid (F. 194° Zers.) 1155.

$C_7H_{12}BN$ Pyridinäthylboran, Rk. 9514*.

$C_7H_{12}BrClFN$ 1-Diäthylamino-2-brom-3-chlor-3-fluorpropen-(1) ($Kp._{20}$ 85—86°) 10 052.

$C_7H_{12}BrClO$ 2-Bromäthyl-5-chlor-3-pentenyläther, Rk. 1007*.

2-Chloräthyl-5-brom-3-pentenyläther, Rk. 1007*.

$C_7H_{12}BrClO_4S_2$ 1-Methylsulfonyl-2-*n*-butylsulfonyl-1-chlor-2-bromäthylen 5093*.

$C_7H_{12}BrJO$ 2-Bromäthyl-5-jod-3-pentenyläther, Rk. 1007*.

$C_7H_{12}BrN$ 3-Bromnortropan, Rk. 6512*.

$C_7H_{12}Br_2N_2O_2$ *N.N'*-Bis-[3-brompropionyl]-diaminomethan, Darst., Antitumorwirksamk. 18 499.

$C_7H_{12}Br_2O$ 2-Bromäthyl-5-brom-3-pentenyläther, Rk. 1007*.

α-Brom-α-*sek.*-butylpropionylbromid ($Kp._{40}$ 114—121°) 5671.

$C_7H_{12}Br_2O_2$ α.δ-Dibromvaleriansäureäthylester 467.

α.β-Dibrom-*n*-buttersäure-*n*-propylester, bakteriostat. Wrkg. 1278.

α.β-Dibrompropionsäure-*n*-butylester, Rk. 4348*.

$C_7H_{12}ClJO$ 2-Chloräthyl-5-jod-3-pentenyläther, Rk. 1007*.

$C_7H_{12}ClN$ 3-Chlornortropan, Rk. 6512*.

ω-Chlor-*n*-önanthnitril ($Kp._{10}$ 121°) 5094*.

$C_7H_{12}ClNO$ 1-Methylnipecotoylchlorid, Rk. 13 496*.

***N*-Isopropyl-4-chlorcrotonamid** (F. 86°), Rk. 9869*.

Chloressigsäure-*N*-piperidid, Rk. 222*.

Brenztraubensäure-*N*-*n*-butylimidchlorid, Hydrolyse (Kinetik) 11 148.

Brenztraubensäure-*N*-*tert.*-butylimidchlorid, Hydrolyse (Kinetik) 11 148.

***N*-Chlormethyl-ω-caprolactam**, Rk. 17 763.

$C_7H_{12}ClNOS$ 2-Chlor-3-äthyl-4.5-dimethylthiazoliumhydroxid, Fluoroborat (F. 219 bis 221°) 16 301.

Äthyl-*N*-3-chlorallyl-*N*-methylthiocarbamat 5818*.

$C_7H_{12}ClNO_2$ α-Chloracrylsäure-β-dimethylaminoäthylester ($Kp._3$ 72—74°) 15 989.

***N*-[Tetrahydropyranyl-(2)]-α-chloracetamid** (F. 94,0—95,0°) 8977.

$C_7H_{12}ClNO_3$ 1-Allyloxy-3-chlorisopropylcarbamat (F. 33°) 11 194.

Chloracetyl-DL-valin, Hydrolyse durch Pilzacylasen 8292.

$C_7H_{12}ClNO_3S$ 2-Äthylbuten-(2)-carbonsäure-(1)-amid -*N*-sulfochlorid 6206*.

2-Äthyl-2-aminobutan-1-carbonsäurelactam-*N*-sulfochlorid ($Kp._{0,7}$ 95°) 6206*.

Verb. $C_7H_{12}ClNO_3S$ aus techn. n-Hexen-(1) u. Isocyanatosulfonylchlorid 6206*.

$C_7H_{12}ClNO_5$ *N*-[D-Ribosyl]-chloracetamid (F. 170—172°) 11 930.

$C_7H_{12}ClNS_2$ *N*-[2-Chlorallyl]-*N*-isopropyldithiocarbaminsäure, Cd-Salz (F. 109 bis 112°) 3626*.

$C_7H_{12}ClN_3O$ 2-Amino-4-chlor-6-methylpyrimidinäthylhydroxid, Jodid (F. 234 bis 235° Zers.) 11 907.

$C_7H_{12}ClN_3O_2$ *N*-[2-(α-Chloracetamido)-äthyl]-*N.N'*-äthylenharnstoff (F. 125—127°) 6232*, 12 483*.

$C_7H_{12}ClN_5$ (s. *Simazin* [*2-Chlor-4.6-bis-(äthylamino)-1.3.5-triazin*]).

4-Dimethylamino-2-amino-6-[α-chloräthyl]-*symm.*-triazin (F. 159—160°) 18 831.

$C_7H_{12}ClN_5O_2$ 2-Chlor-4.6-bis-[β-hydroxyäthylamino]-1.3.5-triazin (F. 201—202°) 15 218.

$C_7H_{12}Cl_2FN$ 1-Fluor-1.2-dichlor-3-diäthylaminopropen-(1) ($Kp._{15}$ 66—67°) 10 053.

$C_7H_{12}Cl_2F_4OSi$ Äthyl-[γ-(1.1.2.2-tetrafluoräthoxy)-propyl]-dichlorsilan (3'-[Äthyldichlorsilyl]-propyl-1.1.2.2-tetrafluoräthyläther), Raman-Spektrum 16 291; Rk. 17 724.

$C_7H_{12}Cl_2F_6OSi_2$ 1-[2'.2'.2'-Trifluoräthyl]-3-[3''.3''.3''-trifluorpropyl]-1.3-dichlor-1.3-dimethyldisiloxan ($Kp._{1,5}$ 72°) 4343*.

$C_7H_{12}Cl_2N_2O_2$ Bis-β-chlorpropionylmethylendiamid, Verw. 9570*.

Propyliden-bis-[chloracetamid] (F. 166°) 14 615*.

$C_7H_{12}Cl_2O$ 2.4-Dimethyl-3.4-dichlor-1.2-epoxypentan, Rk. 12 837*.

5-Methoxy-1.3-dichlorhexen-(2) ($Kp._{13}$ 85 bis 87°) 2702.

5-Äthoxy-1.3-dichlorpenten-(2) ($Kp._{12}$ 92 bis 93°), Darst. 2701; Rk. 2702, 7855.

2-Chloräthyl-5'-chlor-3'-pentenyläther ($Kp._{0,2}$ 64—70°) 1007*.

1.7-Dichlorheptanon-(4) ($Kp._{0,2}$ 72—85°) 15 173.

ω-Chlorönanthsäurechlorid, Rk. 18 106.

$C_7H_{12}Cl_2OS$ 5-*n*-Butyl-2.2-dichlor-1-thia-3-oxacyclopentan (?) ($Kp._{0,2}$ 96—100°) 15 553.

$C_7H_{12}Cl_2O_2$ *n*-Buttersäure-α.β-dichlor-*sek.*-propylester ($Kp._{1,3}$ 48—50°) 12 257.

Dichlorpropionsäure-*n*-butylester, herbicide Wrkg. auf Gurkenkeimlinge 14 926.

$C_7H_{12}Cl_2O_2S$ 1.2-Dichloräthenyl-*n*-amylsulfon 5093*.

$C_7H_{12}Cl_2O_3$ 1-Isopropoxy-3-chlorisopropylchlorformiat ($Kp._{30}$ 110°) 11 194.

$C_7H_{12}Cl_2O_4$ Methyl-4.6-dichlor-4.6-didesoxy-α-D-glucopyranosid (F. 119—121°) 4544.

isomeres (?) **Methyl-4.6-dichlor-4.6-didesoxy-α-D-glucopyranosid** (F. 119—121°) 4544.

$C_7H_{12}Cl_2O_4S_2$ 1-Methylsulfonyl-2-*n*-butylsulfonyl-1.2-dichloräthylen 5093*.

$C_7H_{12}Cl_2Sn$ Cyclopentylvinylzinndichlorid 4343*.

$C_7H_{12}Cl_3F_3OSi$ Äthyl-[γ-(2-chlor-1.1.2-trifluoräthoxy)-propyl]-dichlorsilan, Rk. 17 724.

$C_7H_{12}Cl_3NO_2$ *N*-[2.2.3-Trichlor-1-hydroxypropyl]-*n*-butyramid (F. 132°), Darst., pharmakolog. Wrkg. 5005.

***N*-[2.2.3-Trichlor-1-hydroxypropyl]-isobutyramid** (F. 136°), Darst., pharmakolog. Wrkg. 5005.

$C_7H_{12}Cl_3N_3O_2$ *N*-[*n*-Butylcarbamoyl]-trichloressigsäurehydroxyamidin 2880*.

$C_7H_{12}Cl_3O_2P$ 2-Chlor-5-äthoxy-Δ^1-pentenphosphonsäuredichlorid ($Kp._3$ 139—142°) 8949.

$C_7H_{12}Cl_4$ 1.1.1.7-Tetrachlorheptan 5094*.

$C_7H_{12}Cl_4S$ 2-Trichlormethylmercapto-1-chlorhexan ($Kp._{0,11}$ 81—86°) 15 553.

$C_7H_{12}FN_5$ 2-*n*-Propylamino-4-methylamino-6-fluor-*symm*-triazin (F. 180—182°) 14 664*.

2-Isopropylamino-4-methylamino-6-fluor-*symm.*-triazin (F. 166—168°) 14 664*.

2.4-Bis-[äthylamino]-6-fluor-*symm.*-triazin (F. 223—224°) 14 664*.

$C_7H_{12}F_6Si$ Methyl-bis-[3.3.3-trifluorpropyl]-silan, Hydrolyse (Kinetik) 12 982.

$C_7H_{12}HgO_5S$ 3-Acetoxymercuri-4-methoxysulfolan (F. 105° korr.) 15 955.

$C_7H_{12}J_2N_2O_2$ *N.N'*-Bis-[3-jodpropionyl]-diaminomethan, Darst., Antitumorwirksamk. 18 499.

$C_7H_{12}NO_4PS$ Cyancarbäthoxymethylthionophosphonsäuredimethylester ($Kp._{0,5}$ 100 bis 104°) 1385*.

$C_7H_{12}NO_5P$ Cyancarbäthoxymethylphosphonsäuredimethylester ($Kp._{1,1}$ 119—122°) 1385*.

$C_7H_{12}N_2$ 3-*n*-Butylpyrazol, Darst., antikonvulsive Wirksamk. 1699.

3.5-Diäthylpyrazol (F. 23—24°), Darst., Best. d. H-Bind. in CCl_4-Lsg. aus d. IR-Spektrum 12 970.

Heptin-(1)-ol-(4) (Kp.$_{12}$ 59°) 13 359.
Heptin-(2)-ol-(4) (Kp.$_{18}$ 78°) 11 526.
3-Methylhexin-(4)-ol-(3) (Kp.$_{7}$ 49—50°) 11 522.
3-Methylhexin-(5)-ol-(3), Darst., hypnot. Wrkg. 17 485.
3-Methylhexadien-(2.4)-ol-(1) (Kp.$_{15}$ 82°) 3088.
β-Vinyl-β-[2-propen-2-yl]-äthanol 19 006*.
Dicyclopropylcarbinol 9686.
Cyclohexen-(3)-ylmethanol (**Δ³-Tetrahydrobenzylalkohol**), Darst., Rk. 3407; Rk. 15 408*.
2-Methylencyclohexanol (Kp.$_{17}$ 77—79°) 11 868.
1-Methylcyclohexen-(2)-ol-(1) 16 486*.
3-Methyl-Δ²-cyclohexenol (Kp.$_{12}$ 70—71°) 78.
cis-**5-Methylcyclohexen-(2)-ol**, ^{18}O—, Rk. 6352.
trans-**5-Methylcyclohexen-(2)-ol**, Rk. 6352.
2-[Δ³-Cyclopentenyl]-äthanol 3050.
1-Vinylcyclopentanol-(1) (Kp.$_{30}$ 68—70°) 7873.
cis-**Bicyclo-[3.2.0]-heptanol-(2)**, Dublettcharakter d. OH-Absorpt. 8558.
trans-**Bicyclo-[3.2.0]-heptanol-(2)**, Dublettcharakter d. OH-Absorpt. 8558.
Norcamphanol-(1) (F. 154,5—155,5°) 6045.
gewöhnl. **Norborneol** [**Bicyclo-[2.2.1]-heptanol-(2)**], Darst., Rk. v. Deriv. 15 038*; Rk. 9819*, 15 223.
α(*endo*)-**Norborneol** [*endo*-**Norbornanol**, *endo*-**Bicyclo-[2.2.1]-heptanol-(2)**] (F. 149 bis 150°), Darst. 6045, 8267 [2 Ref.]; (Rk.) 6046; Bldg. 8933; Dublettcharakter d. OH-Absorpt. 8558; Dipolmoment u. Konfigurat. 13 777; Rententionszeit 8569; Isotopeneffekt bei d. Chromsäure-Oxydat. 13 715; Rk. 15 578.
β(*exo*)-**Norborneol** (F. 128—129°), Darst. 100, 6045, 7493, 7879, 8267, 15 038*; (Rk., Phenylurethan) 17 763; Bldg. 3050; Dublettcharakter d. OH-Absorpt. 8558; Dipolmoment u. Konfigurat. 13777; Retentionszeit 8569; Chromsäureoxydat. (Kinetik) 13 715.
Norborneol-(7) (**7-Hydroxynorbornan**), Dublettcharakter d. OH-Absorpt. 8558; Chromsäureoxydat. (Kinetik) 13 715.
5-Hydroxymethylbicyclo-[2.1.1]-hexan (Kp.$_{5}$ 65—69°) 15 223.
1-Methoxyhexin-(1) (Kp.$_{96}$ 77—78°), Darst. 15 922; Rk. 15 927.
5-Äthoxypentin-(1), Rk. 8949.
3-Methoxy-3-methylpentin-(1) (Kp. 102 bis 104°) 11 875.
2-Methoxy-2-methylpentin-(3) (Kp. 113 bis 115°) 11 876.
3-Äthoxy-3-methylbutin-(1) (Kp. 93—94°) 11 875.
1-Butoxypropin-(1) (Kp.$_{33}$ 55,2—55,4°) 15 922.
1-Methoxyhexadien-(2.4) 9674.
5-Methoxyhexadien-(1.3) 9674.
1-Äthoxypentadien-(1.3) (Kp.$_{60}$ 69—72°) 18 079.
1-Äthoxy-2-methylbutadien-(1.3) (Kp.$_{60}$ 62 bis 63°) 18 079.
1-Äthoxy-3-methylbutadien-(1.3) (Kp.$_{760}$ 135—137°) 7848, 18 078.
1-Methoxy-2-äthylbutadien-(1.3) (Kp.$_{100}$ 72°) 10 272*.
1-Methoxycyclohexen-(1) (Kp.$_{32}$ 52°) 10 817.
3-Methoxycyclohexen-(1) (Kp. 135—136°), Darst. 9671; Bldg. 11 868; Rk. 13 719.
4-Methoxycyclohexen, Rk. mit 2.4-Dinitrobenzolsulfenylchlorid (Kinetik) 11 150.
1-Äthoxycyclopenten (Kp.$_{60}$ 62—64°) 18 078.
Vinyl-[α-cyclopropyläthyl]-äther (Kp.$_{746}$ 115°) 10 067.
Bicyclo-[3.1.0]-hexanol-(2)-methyläther (Kp.$_{50}$ 60°) 17 734.
Hepten-(2)-al-(1) (**2-Heptenal**) (Kp.$_{50}$ 90 bis 91°), Darst. 10 270*; organolept. Eig. v. in verdorbenen Nahr.-Fetten auftretenden — 2582.
Hepten-(6)-aldehyd, Rk. 11 868.
2-Methylhexen-(2)-al-(1), Rk. 4719*.
3-Methylhexen-(4)-al-(1) 17 714.
5-Methylhexen-(2)-al-(1) (**2-Methylhexen-(4)-al-(6)**, **β-Isobutylacrolein**) (Kp.$_{50}$ 81 bis 83°) 9306, 10 270*.
2-Äthylpenten-(2)-al-(1), Rk. 4719*
Δ⁴-2-Äthylpentenal (**Äthylallylacetaldehyd**) (Kp. 142—144°) 3442, 10 425.
2.2-Dimethylpenten-(3)-al (Kp.$_{760}$ 127 bis 128°) 9687.
2.2-Dimethylpenten-(4)-al (**Dimethylallylacetaldehyd**) (Kp. 120—125°), Darst. 3060; (Rk., 2.4-Dinitrophenylhydrazon) 10 425; Rk. 3060, 4900.
2.2-Dimethylpenten-(3)-al-(5) (Kp.$_{50}$ 72 bis 73°) 10 270*.
2-Isobutylacrolein, Verw. 10 189*.
Cyclopentylacetaldehyd (Kp. 156°) 2368.
Hexahydrobenzaldehyd (**Cyclohexanaldehyd**, **Cyclohexylformaldehyd**) (Kp.$_{25}$ 62—63°), Darst. (Semicarbazon, 2.4-Dinitrophenylhydrazon) 10 067; (Rk.) 11 895; Rk. 7455, 14 615*.
Hepten-(2)-on-(4) 10 046.
Hepten-(3)-on-(2) (**Butylidenaceton**), Rk. 2346; (v. trans-—) 9694.
techn. **Hepten-(4)-on** 16 489*.
2-Methylhexen-(1)-on-(3) (Kp.$_{20}$ 42°) 8807*.
2-Methylhexen-(3)-on-(5) (**5-Methylhexen-(3)-on-(2)**, **Isobutylidenaceton**), Darst., Rk. 6752; Rk. 2346; (v. trans-—) 9695.
Isopropylpropenylketon 3073.
4-Methylhexen-(4)-on-(3) (Kp.$_{45}$ 75,5—76°) 9184*, 10 427.
5-Methylhexen-(1)-on-(3) (**Vinylisobutylketon**) (Kp.$_{65}$ 63—64°), Darst. (v. Deriv.) 8943; (Rk.) 2345.
3-Äthylpenten-(3)-on-(2) (Kp. 153—159°) 9184*, 10 427.
2.3-Dimethylpenten-(2)-on-(4) [**3.4-Dimethylpenten-(3)-on-(2)**] (Kp. 148°), Darst., Salze 17 748; Rk. 2346.
2.4-Dimethylpenten-(1)-on-(3) 10 046.
tert.-**Butylvinylketon**, Rk. 2704.
Cycloheptanon (**Suberon**) (Kp. 64—65°), Darst. 7854; (2.4-Dinitrophenylhydrazon) 10 068; (Konstit.-Einfl. auf d. UV- u. IR-Spektrum) 3393; Bldg. 15 940; IR-, UV- u. NMR-Spektren 15 900; mol. Anisotropie 5978; Carbonyl-Valenzschwing. 8559; Enthalpien d. verschied. Konformat. 5976; Red. 2327, 3051, 8232; Bromier. 11 196; reduktive Aminier. 18 099; Rk.: mit HCN 13 003; mit CH_2N_2 8564; mit heterocycl. Hydrazinen 1985; mit Chinolyl-(6)-hydrazin 17 036; mit o-Chlorphenylmagnesiumbromid 110; mit Furfurol 13 750; mit Benzoesäuremethylester bzw. Benzaldehyd 14 842; mit Diäthylcarbonat 8981.
2(α)-Methylcyclohexanon (Kp. 162—165°), Darst. 7493, 10 817, 10 818; (Hydrazon) 8584; (Semicarbazon) 5291, 8231, 8958, 10 440; (Rk.) 2732; Bldg. 9662; (Rk.) 12 259; IR-CO-Frequenz 15 898; Carbonyl-Valenzschwing. 8559; gaschromatograph. Verh. 18 422; Red. 8933, 10 437; Rk.: mit H_2O_2 809; mit HCl u. Verseif. 4512; Oximier. 12 642; Überführ. in 2.2-Dimethylcyclohexanon 17 410; Rk.: mit Acetylen 16 844*; mit CH_3J 14 482; mit Diäthylaminobutanon 11 177; mit tert.-Butylperbenzoat 2320.
3-Methylcyclohexanon, Darst. 7493; Strukturbest. aus d. Rotationsdispers. 12 597; Carbonyl-Valenzschwing. 8559; gaschromatograph. Verh. 18 422; Rk. 78, 4512, 10 823, 16 844*; papierchromatograph. Trenn. als Cyanacethydrazon 10 215.
4(p)-Methylcyclohexanon, Bldg., Rk. 12 258; Carbonyl-Valenzschwing. 8559; gaschromatograph. Verh. 18 422; Rk. 4511, 6393, 6511*, 13 565*; papierchromato-

graph. Trenn. als Cyanacethydrazon 10 215.
x-Methylcyclohexanon, Extraktions-Eig. 767; Rk. 15 406*.
Äthylcyclopentanon 10 437.
2.2-Dimethylcyclopentanon (Kp. 142—144°) 14 482.
2.3-Dimethylcyclopentanon, Rk. 107.
2.4-Dimethylcyclopentanon, Rk. 9733.
3.4-Dimethylcyclopentanon, Rk. 107.
2-Methyl-1-acetylcyclobutan (Kp. 140 bis 145°) 15 908.
3-Methyl-1-acetylcyclobutan (Kp. 140 bis 143°) 15 908.
2-*n*-Propylcyclobutanon (Kp.$_{100}$ 73—75°) 16 692.
1-Acetyl-2.2-dimethylcyclopropan (Kp.$_{78}$ 71 bis 73°) 108.

$C_7H_{12}OS$ 1-Thiacyclooctanon-(5) (F. 53,2 bis 54,2°), Darst., physikal. Eig., Rk. 15172.
2.4.4-Trimethyl-3-oxotetrahydrothiophen (Kp.$_{16}$ 78°) 7509.
Hepten-(1)-thiosäure-(7) (?) (Kp.$_{16}$ 90 bis 92°) 11 904.
2-Methylhexen-(2)-thiosäure-(6) (Kp.$_{16}$ 93°) 11 904.
Thiolmethacrylsäureisopropylester, antibakterielle u. antifungielle Aktivität 15 316.
n-Butylthiolacrylat, Rk. 1248.
sek.-Butylthiolacrylat (Kp.$_{10}$ 56°), Darst. 3625*; Rk. 1248.
Isobutylthiolacrylat (Kp.$_3$ 44—46°), Rk. 1248.
tert.-Butylthiolacrylat (Thiolacrylsäure-*tert.*-butylester), Darst. 3625*; Rk. 1248; antibakterielle u. antifungielle Aktivität 15 316.
δ-Methyl-δ-thiolcaprolacton, Ringöffnungs-Geschw. 11 904.
γ-Isopropyl-γ-thiolbutyrolacton (Kp.$_{12}$ 105°) 11 904.

$C_7H_{12}OS_2$ Cyclohexylxanthogensäure 15 187.
Cyclobutylmethanol-*S*-methylxanthat (Kp.$_{18}$ 128—129°) 18 805.
3-Butyrylmercaptopropylensulfid (Kp.$_{0,15}$ 61 bis 65°) 5390*.

$C_7H_{12}OS_3$ 3-[β-Methylmercaptopropionylmercapto]-propylensulfid (Kp.$_{0,01}$ 122°) 5390*.
3-[Äthylmercaptoacetylmercapto]-propylensulfid (Kp.$_{0,025}$ 112°) 5390*.

$C_7H_{12}O_2$ 4.5-Tetramethylen-1.3-dioxolan (Kp.$_{14}$ 56,5°) 17 024.
Cyclopentanonäthylenketal, Rk. 11 929.
4-Methyltetrahydrocyclopenta-1.3-dioxol (Kp.$_{23}$ 56—56,5°) 17 024.
3.4-Epoxycyclohexan-1-methanol 1800*.
2-Methyl-2-propargylpropandiol-(1.3) (F. 71 bis 72°) 3184*.
endo-endo-Dihydroxybicyclo-[2.2.1]-heptan, Bind.-Verhältnis zwischen Cu u. — 13 326.
Norbornandiol-(2.3) (2.3-Dihydroxynorbornan, 2.3-Dihydroxybicyclo-[2.2.1]-heptan), Darst. (v. cis-exo-—) 7844; (v. endo-cis-—) 8266; Bind.-Verhältnis zwischen Cu u. exo-exo-— 13 326; Chromsäureoxydat. v. cis-exo- u. cis-endo-— (Kinetik) 13 715.
Bicyclo-[2.2.1]-heptandiol-(2-*exo*-5-*exo*) (F. 183,5—184,5°) 18 814.
Bicyclo-[2.2.1]-heptandiol-(2-*exo*-5-*endo*) (F. 188—189°) 18 814.
exo-5-Hydroxy-*endo*-norborneol (F. 171,5 bis 172,5°) 13 778.
Bicyclo-[2.2.1]-heptandiol-(2-*endo*-5-*endo*) (F. 229—230°) 18 814.
exo-2.*syn*-7-Norbornandiol (*exo*-2.*syn*-7-Dihydroxynorbornan, Bicyclo-[2.2.1]-heptandiol-2-*exo*-7-*syn*) (F. 191—192°), Darst. 7844, 7879; (Rk., Bis-phenylurethan) 13 777; Dipolmoment u. Konfigurat. 13 777; Bind.-Verhältnis zwischen Cu u. — 13 326; Chromsäureoxydat. (Kinetik) 13 715.
exo-2.*anti*-7-Dihydroxynorbornan (Norbornan-7-*anti*-2-*exo*-diol) (F. 199—200°), Darst., Rk. 13 777; Chromsäureoxydat. (Kinetik) 13 716.
2-Äthoxy-2.3-dihydro-4H-pyran (2-Äthoxy-3.4-dihydro-2H-pyran), Rk. 14 513, 16 131*; Verw. 11 779*.
2-Methoxy-4-methyl-3.4-dihydro-2H-pyran, Rk. 11 001*.
2-Methoxy-5-methyl-3.4-dihydro-2H-pyran, Rk. 11 001*.
2α.3α-Epoxy-1β-methoxycyclohexan 13 719.
1-Äthoxy-3-methylbutin-(1)-ol-(3), Rk. 12 626, 15 927.
1.5-Dimethoxypentin-(2) (Kp.$_{13}$ 69—70°) 2702.
Propargylaldehyddiäthylacetal (Propinaldiäthylacetal) (Kp.$_{50}$ 66°), Darst., Verw. 12 094*; Rk. 468, 652*, 9308.
1-[2'-Methoxyäthoxy]-butadien-(1.3) (Kp.$_3$ 41°) 10 272*.
Divinylpropanal (Kp. 117—119°) 14 527.
1.2-Propylenglykoldivinyläther, Rk. 8782*.
1.3-Propandioldivinyläther, Rk. 8783*.
1-Isopropoxy-2-methylpropen-(1)-al-(3) [3-Isopropoxy-2-methylpropen-(2)-al-(1)] (Kp.$_{13}$ 83°), Darst., Rk. 3302*, 8782*, 15 031*, 15 693*; Rk. 19 049* [2 Ref.].
3.4-Epoxyheptanon-(2) (Kp.$_5$ 54,5—55°) 9695.
2-Methyl-3.4-epoxyhexanon-(5) (Kp.$_9$ 54 bis 55°) 9695.
1-Oxacyclooctanon-(5) (Kp.$_{22}$ 112—119°), Darst., IR-Spektrum 15 173.
2.2-Dimethyltetrahydropyron-(4) (Kp.$_5$ 50 bis 51°) 8217.
2.5-Dimethyltetrahydropyron-(4), Bldg. 2.4-Dinitrophenylhydrazon (F. 186—187°) 17 379.
2.3-Dimethyltetrahydropyranon-(5), Konstit., IR-Spektrum 13 335.
2-Methylhexen-(2)-on-(4)-ol-(6) 8942.
4-Hydroxycycloheptanon (Kp.$_2$ 104—105°) 3070.
1-Methylcyclohexanol-(3)-on-(4) (4-Methylcyclohexanol-(2)-on), Rk. 11 171, 12 279.
1-Acetylcyclopentanol-(1) (Kp. 150 bis 178°), Darst., Semicarbazon 8230; Bldg., Semicarbazon 8230; Rk. 15 939; (v. $^{18}O_{(CO)}$-—) 8935.
2.4-Dimethylcyclopentanol-(2)-on-(1) (F. 34—35°) 17 379.
2-Methoxyhexen-(5)-on-(4) 8216.
2-Methoxycyclohexanon, Rk. 4142.
[Formylmethyl]-isobutylketon 11 914.
α.β-Dimethyllävulinaldehyd (Kp.$_{11}$ 74—76°) 16 066*.
Heptandion-(2.3) (Kp.$_{743}$ 143—145°) 9695.
Heptandion-(2.4) 9707.
Dipropionylmethan, Verw. 5166.
2-Methylhexandion-(3.5), Aciditätsänder. in Abhängigk. v. d. Temp. 15 900.
2-Methylhexandion-(4.5) (Kp. 137—138°) 9695.
3-Methylhexandion-(2.4), Rk. 18 820.
3-Äthylpentandion-(2.4), Aciditätsänder. in Abhängigk. v. d. Temp. 15 900.
3.3-Dimethylpentandion-(2.4) (Kp.$_{20}$ 71 bis 72°), Darst. (Rk.) 14 838; (Konformat., UV-, IR-Spektren) 14 449.
Hepten-(2)-säure (β-*n*-Butylacrylsäure), Darst., Rk. v. cis-— 18 792; Darst. d. S-Benzylisothiuroniumsalzes 15 927; Rk. 16 839*.
trans-Hepten-(5)-säure (Kp.$_{14}$ 117°) 10 437.
Δ^6-Heptensäure (Kp.$_5$ 97°), Darst. 13 200*; Rk. 6208*, 18 634*.
3-Methylhexen-(2)-säure (Kp.$_{16}$ 116—117°) 18 793.
5-Methylhexen-(2)-säure-(1) (Kp.$_{15}$ 120°) 15 557.
2-Methylhexen-(2)-säure-(6), Rk. 11 903.
β-Äthylpenten-α,β-säure, Rk. 4260*.

2-Äthylbuten-(2)-carbonsäure-(1) (Kp.$_{0,2}$ 64 bis 65°) 6206*.
3.4-Dimethylpenten-(3)-säure 11 878.
α-Äthyl-β-methylcrotonsäure, Rk. 4260*.
α.α.β-Trimethylbuten-(3)-säure (Kp.$_{15}$ 100°) 11 523.
α-Butylacrylsäure, Rk. 7693*.
Hexahydrobenzoesäure (Cyclohexancarbonsäure) (F. 31°), Darst. 4138, 8781*, 12 095*, 16 282, 18 807; Bldg. 13 009; dielektr. Unters. d. Carbonsäuredimeren 10 783; Best. d. Dimerisat. aus d. IR-Spektrum v. — u. D-— in krist. u. fl. Zustand, in Lsg. u. in d. Dampfphase. 12 598; pKα-Wert 85; Konformat.-Einfl. auf d. pK-Wert 10 406; Rk. 13 565*; (v. D(α)-—) 13 351; Verw. v. Salzen 11 683*.
Cyclopentylessigsäure (Kp.$_{11}$ 120°) 6392.
1-Methylcyclopentancarbonsäure-(1) (Kp.$_{20}$ 117,5—134,5°) 4137, 14 838, 16 282.
2-Methylcyclopentancarbonsäure (Kp.$_2$ 79 bis 80°) 15 199.
3-Methylcyclopentancarbonsäure (Kp.$_2$ 89 bis 91°) 15 199.
cis-**Hexen-(2)-säuremethylester**, enzymat. Hydrolyse 6825.
trans-**Hexen-(2)-säuremethylester**, enzymat. Hydrolyse 6825.
cis-**Hexen-(4)-säuremethylester**, enzymat. Hydrolyse 6825.
trans-**Hexen-(4)-säuremethylester**, enzymat. Hydrolyse 6825.
Hexen-(5)-säuremethylester, enzymat. Hydrolyse 6825.
Penten-(2)-säureäthylester (β-Äthylacrylsäureäthylester) 3420, 15 927.
Penten-(4)-säureäthylester (Kp.$_{50}$ 68—69°) 3420.
(+)-α-Methyl-α-allylessigsäuremethylester (2-Methyl-Δ⁴-pentensäuremethylester) (Kp.$_{760}$ 138—138,5°) 3423.
rac. **-α-Methyl-α-allylessigsäuremethylester (2-Methyl-Δ⁴-pentensäuremethylester)** (Kp.$_{760}$ 135,0°) 3423.
Crotonsäurepropylester, Rk. 17 714.
Seneciosäureäthylester (β.β-Dimethylacrylsäureäthylester, Isopropylidenessigsäureäthylester) (Kp. 154—155°), Darst. 925, 1203; Rk. 17 046, 17 563*.
α-Isopropylacrylsäuremethylester 16 490*.
Trimethylacrylsäuremethylester (Kp.$_{11}$ 45°) 2329.
Acrylsäure-n-butylester (n-Butylacrylat) (Kp. 145—147°), Darst. 9317, 13 568*, 15 765*, 16 490*, 17 924*, 19 007*; Unters. d. inneren Beweg. bei Poly-— durch kernmagnet. Resonanz 18 856; Elastizität u. Konfigurat. v. mit Tetraäthylenglykoldimethacrylat vernetztem Poly-— u. Copolymerem aus — u. n-Butylmethacrylat 5316; Start-Geschw. d. Härt. v. aus Acrylonitril u. — bestehendem Acrylgummi 13 418; photoelast. Eig. v. Copolymeren aus — u. Styrol im Glaszustand 493; Plastizität d. Copolymeren aus — u. Acrylonitril 17 590; kinet. Best. d. Lebensdauer v. Polymerradikalen im nichtstationären Zustand 3475; Copolymerisat. mit Vinylidenchlorid 16 149*; (u. Acrylsäure) 6606*; Verw.: zur Herst. v. Polymeren 13 597*; zur Herst. v. Mischpolymeren 4003*, 11 744*; zur Herst. v. schlagfesten Kunststoffmassen 670*; in copolymeren Latices 316; eines —-halt. Mischpolymerisats als Klebemittel 18 689*; zur Herst. v. chem. modifiziertem Papier 19 072*; als polymeres Hydrosol in photograph. Papier 12 533*.
sek.-**Butylacrylat**, Elastizität u. Konfigurat. v. mit Tetraäthylenglykoldimethacrylat vernetztem Poly-— 5316.
Isobutylacrylat, Elastizität u. Konfigurat. v. mit Tetraäthylenglykoldimethacrylat vernetztem Poly-— 5316; Copolymerisat. mit Acrylsäure u. Vinylidenchlorid 6606*; Verw. in copolymeren Latices 316.
tert.-**Butylacrylat**, Bldg. 12 984; Elastizität u. Konfigurat. v. mit Tetraäthylenglykoldimethacrylat vernetztem Poly-— 5316.
Methacrylsäurepropylester (n-Propylmethacrylat), Elastizität u. Konfigurat. v. mit Tetraäthylenglykoldimethacrylat vernetztem Poly-— 5316; Rk. 5690; Verw. (v. polymerem —) 366*; (in einem Mischpolymerisat mit Styrol-Deriv.) 1484*.
Methacrylsäureisopropylester (Isopropylmethacrylat) (Kp.$_{70}$ 39—41°), Bldg. 15 927; Elastizität u. Konfigurat. v. mit Tetraäthylenglykoldimethacrylat vernetztem Poly-— 5316.
Äthacrylsäureäthylester, Rk. 5095*.
Essigsäurepenten-(4)-ylester 3420.
4-Acetoxypenten-(1) (Kp.$_{40}$ 60—63°) 108.
Prenolacetat (Kp.$_9$ 42—44°) 3780.
Cyclobutylmethanolacetat, Rk. 18 805.
Carbäthoxycyclobutan (Kp.$_{85}$ 85°), Darst., Kinetik d. alkal. Hydrolyse 85.
2-Methyl-1-acetoxycyclobutan (Kp. 139,5°) 15 908.
3-Methyl-1-acetoxycyclobutan (Kp. 140,5°) 15 908.
2-Methylcyclopropancarbonsäureäthylester (Kp.$_{38}$ 67°) 108, 6753.
7-Hydroxyheptansäurelacton (Kp.$_7$ 96—97°) 3262*.
α-Methyl-ε-caprolacton, Rk. 13 200*.
β-Methyl-ε-caprolacton, Rk. 13 200*.
γ-Methyl-ε-caprolacton, Rk. 4364*, 13 200*.
ε-Methyl-ε-caprolacton, Rk. 13 200*.
γ-Propylbutyrolacton (Kp.$_{15}$ 120°) 10 437.

$[C_7H_{12}O_2]_x$ *intramol.* **Poly-α.α.β-trimethyl-β-hydroxybuttersäureester**, Bldg., Struktur, Rk. 9003.

$C_7H_{12}O_2S$ **2-[Vinylthio]-äthylglycidyläther**, Rk. 7350*.
α-Äthylmercapto-β.β-dimethylacrylsäure 1571.
4-Acetoxypenthiophan (Kp.$_8$ 91°) 13 389.
4-Methylmercaptocrotonsäureäthylester (Kp.$_2$ 71—74°) 3419.

$C_7H_{12}O_3$ **6.7-Trimethylen-1.3.5-trioxepan** (Kp.$_{14}$ 74—75°) 17 024.
cis-**2-Äthoxy-3-hydroxy-2.3-dihydropyran** (Kp.$_{12}$ 78°) 11 567.
trans-**2-Äthoxy-3-hydroxy-2.3-dihydropyran** (Kp.$_{12}$ 83°) 11 567.
2-Methyl-2.5-dimethoxy-2.5-dihydrofuran (Kp.$_{760}$ 158—160°) 1222, 18 816.
4.4.6-Trimethyl-1.3-dioxanon-(2) (F. 97,5 bis 98°) 8972.
2-[Propionylmethyl]-dioxolan, Rk. 8601.
2.2-[Propylen-(1′.2′)-dioxy]-butanon-(3) (Kp.$_{15}$ 79—81°) 17 024.
cycl. **α-Keto-γ-hydroxyisocapronaldehydmethylacetal** (Kp.$_3$ 50—55°) 8220.
3-[β-Hydroxyäthyl]-pentandion-(2.4) (Kp.$_{0,1}$ 80°) 16 642.
Tetrahydropyranyl-(2)-essigsäure (F. 56 bei 58°) 3060, 6737, 18 635*.
trans-**7-Hydroxyhepten-(2)-säure** (Kp.$_{0,1}$ 152°) 3059.
α-Hydroxycyclohexancarbonsäure (F. 105 bis 106°) 8230.
1-Hydroxy-3-methylcyclopentancarbonsäure-(1) (F. 90—91°), deuterierte — 10 085.
2.2-Dimethylglutaraldehydsäure 3060.
α-Ketoheptansäure (F. 29°) 12 625.
Heptanon-(5)-säure-(1) (F. 47—48°), IR-spektroskop. Unters. d. Cyclolactol-Keton-Tautomerie 16 260.
6-Oxoheptansäure (Acetylvaleriansäure) (Kp.$_1$ 142—145°) 3983*, 16 489*.
3-Methyl-4-acetylbuttersäure 17 380.
γ-Methyl-δ-ketocapronsäure, Konstit., IR-Spektrum 13 335.
β-Äthyllävulinsäure, Rk. d. Na-Salzes 12 652.
α.α-Dimethyllävulinsäure (F. 76—76,5°) 1 598.
2-Acetoxytetrahydropyran (5-Acetoxypentanal) (Kp.$_5$ 60°), Vers. zur Darst. v.

opt. akt. — mit polarisierter β-Strahl. 18 771.
3-Acetoxytetrahydropyran 14 127.
(+)-Tetrahydrofurfuryl-(2)-acetat ($Kp._{18}$ 89 bis 90°), Darst., Rk. 14 127; Rk. 14 127.
(−)-Tetrahydrofurfurylacetat, Rk. 14 128.
dl-**Tetrahydrofurfuryl-(2)-acetat** 14 126.
2.3-Epoxypentansäureäthylester ($Kp._{14-16}$ 76 bis 84°) 4900.
α.β-Oxidoisovaleriansäureäthylester (3.3-Dimethylglycidsäureäthylester) ($Kp._7$ 65 bis 67°) 3059, 4898.
Acrylsäure-4-hydroxybutylester 6606*, 15 403*.
Methacrylsäure-2-hydroxypropylester, Rk. 2170*.
tert.-**Butylperacrylat,** Pfropfcopolymerisat. v. Styrol mit Methylacrylat- bzw. Methylmethacrylat-— 18 127.
Adipinaldehydsäuremethylester, Bldg., 2.4-Dinitrophenylhydrazon (F. 101—102°) 9671, 9672.
Äthyl-4-formylbutyrat 8783*.
1-Acetoxypentanon-(2) ($Kp._{16}$ 94—96°) 8217.
4-Oxohexansäuremethylester ($Kp._{14}$ 94,5 bis 106°) 3983*.
β-Oxovaleriansäureäthylester (Propionylessigsäureäthylester), Rk. 4541, 9691.
Lävulinsäureäthylester, IR—CO-Frequenz u. CO—CO-Wechselwrkg. 15 898; Rk. 798, 1202, 2333, 14 857.
3-Acetoxy-3-methylbutanon-(2), Rk. 9732.
Acetessigsäureisopropylester ($Kp._5$ 42—50°), Darst., Cu-Deriv. 12 624; Bldg. 462; Enol-Geh. 5983.
α-Methylacetessigsäureäthylester (Methylacetessigester) (Kp. 181—184°), Darst. 11 157, 12 987; (Rk.) 13 347; Abhängigk. d. Enolisier. v. Lsgm. 12 969, 15 905; durch Dowex 50-W 2 katalysierte Hydrolyse u. Decarboxylier. 10 040; Rk.: mit PCl_5 7843; mit Dehydrolinalool 16 488*; mit Phenolen 15 211; mit 1-Dimethylaminomethylnaphthol-(2) 16 681; mit 5-n-Pentadecylresorcin 15 210; mit Benzamidin 12 297; mit Malonsäureamidamidin 2356.
4-Hydroxy-7-hydroxyheptansäure-lacton ($Kp._2$ 65—68°) 3262*.
Verb. $C_7H_{12}O_3$ ($Kp._{0,1}$ 110°) aus 2.3-Dichlortetrahydrofuran u. Glycerinmonochlorhydrin 5865*.
$C_7H_{12}O_3S$ **1-Thiacyclooctanon-(5)-*S.S*-dioxid** (F. 124—127°) 15 172.
3-Allyloxysulfolan, Rk. 15 955.
Essigsäure-γ-acetyl-γ-mercaptopropylester, Rk. 4532.
Essigsäure-α-acetylmercaptoisopropylester ($Kp._{0,65-0,7}$ 56,5—58° korr.) 9301.
Monothionodiameisensäureisopropylesteräthylester, intermediäre Bldg. 14 478.
$C_7H_{12}O_3S_2$ ***S*-[Carbomethoxy]-butylxanthogenat** ($Kp._{0,35}$ 70—72°) 17 715.
$C_7H_{12}O_4$ (s. *Pimelinsäure*).
bicycl. **Pentaerythritdiformal (Pentaerythritformal),** Gewinn. 13 942*; Rk. 16 839*.
2.3-*O*-Isopropyliden-β-D-erythrofuranose (F. 32,5—34,5°) 18 474.
Methyl-3.4-anhydro-L-rhamnosid (F. 60 bis 63°) 16 323.
α-Äthyl-2.5-anhydro-L-arabofuranosid, aktivierende Wrkg. auf d. Bldg. d. Atmungsenzyme bei Hefen 16 008.
2.5-Dimethoxy-2.5-dihydrofurfurylalkohol ($Kp._{12}$ 106—112°) 10 785.
2.6-Diketoheptandiol-(1.7) 2753.
2-Hydroxy-2.3-dimethyllävulinsäure 17 000.
α-Methyladipinsäure (F. 55—57°), Darst. 7501, 14 838; Rk. 9512*.
α-Äthylglutarsäure 8416*.
α.α(2.2)-Dimethylglutarsäure (F. 82—83°), Darst. 3060; Rk. 15 698*; — als Stoffwechselprod. v. 2.2-Dimethylnonadecansäure beim Menschen 18 173.
β.β-Dimethylglutarsäure (F. 100—102°), Darst. 7865, 15 199; Bldg. 14 483; pK-Wert v. Metallsalzen 15 539; H-D-Austausch (Kinetik) 18 426.
rac.-**α.α'-Dimethylglutarsäure,** Vers. d. Darst. 7477.
Meso-α.α'-dimethylglutarsäure (F. 128,5 bis 129,5°), Vers. d. Darst. 7477; Bldg. 16 696.
α-Propylbernsteinsäure (F. 94°) 18 084.
α-Isopropylbernsteinsäure (F. 115°), Darst. 18 084; (Rk. v. D(+)-—) 18 795.
α-Methyl-α-äthylbernsteinsäure (F. 103 bis 104°) 6963*, 17 924*.
n-**Butylmalonsäure,** Assoziat. v. Ionen in Lsg. 11 119; Rk. 1976; Verw. v. Alkalisalzen 12 875*.
Diäthylmalonsäure, Rk. 6356.
2.2-Dimethyl-4-carbomethoxy-1.3-dioxolan, kernmagnet. Resonanzspektrum 4477.
2.3-Dihydroxypropylmethacrylat 5846*.
Adipinsäuremonomethylester ($Kp._2$ 123 bis 130°), Darst., Rk. 13 357; Rk. 13 397.
β-Methylglutarsäuremonomethylester 811.
Glutarsäuredimethylester, Darst., Rk. 9671; Bldg. 11 525; Rk. 2330.
Malonsäurediäthylester (Diäthylmalonat, Malonester) ($Kp._{19-20}$ 103—110°), Darst., Rk. 5998, 14 849; (v. Salzen) 12 987; (Na-Verb.) 11 911; Acidität v. — u. monosubstituierten — 14 081; kernmagnet. Resonanz-Unters. d. „pusch-and pull"-Effektes beim Ionenaustausch mit Piperidin 1938; Löslichk. in W. 439; durch Dowex 50-W2 katalysierte Hydrolyse u. Decarboxylier. 10 041; Rk.: mit $FClO_3$ 8412*; mit $LiAlH_4$ 807; Darst. v. Mo(VI)-Komplexen 6704; Überführ. in Kohlensuboxid 18 131; Phenylier, bzw. Phenylier. + Äthylier. 18 801; Rk. v. — bzw. Na-—: mit Azulenen 13 744; mit N-Heterocyclen + Benzoylchlorid 18 825; mit Pyridin 15 212; mit Indolinen 836; mit β-Pinenepoxid 14 520; mit 2-Brommethyltetrahydropyran bzw. 1-Bromhexen-(5) 12 622; mit Propargylbromid 3184*; mit 1-Bromoctin-(2) 5627; mit 1-Brompenten-(2)-in-(4) 3418; mit Allylbromid 12 017*; mit 4-Bromocten-(2) 11 874; mit 1-Chlorpenta- bzw. 1-Chlorhexadien-(2.4) 9674; mit 1-Brom-2.3-dimethylbuten-(2) 11 904; mit Alkylbromiden 11 157; mit 2-Halogenpentanen 3458; mit 1-Methylbutylbromid 17 558*; mit Tetrakosyljodid 7112; mit 1-Chlor-5.5-dimethylhexen-(2) u. 1.3-Dichlor-5.5-dimethylhexen-(2) 1188; mit ω.ω'-Dihalogenalkanen bzw. Bis-[hydroxymethyl]-cycloalkantosylaten 7505; mit Äthylenbromid 17 013, 17 366; mit 1.3-Dibrompropan 15 918; mit 1.8-Dibrom-2.7-dimethyloctadien-(2.6) 1955; mit 1.6-Dijod-3.4-bis-[jodmethyl]-hexan 1222; mit Pentaerythrittetrabromid u. Amylalkohol 1595; mit Cinnamylchlorid 1212; mit Cyclohexylbromid 13 009; mit 1.2-Dibromcyclohexan 3458; mit o-Xylylendibromid 4146; mit 1-Chlormethylnaphthalin bzw. 3-[Naphthyl-(1)]-propylbromid 4523; mit 1-[Naphthyl-(2)]-chloräthan 18 452; mit 2-[1-Methylnaphthyl-(2)]-äthylbromid 3441; mit substituierten β-[Naphthyl-(1)]-äthylchloriden 14 852; mit 3-[β-Bromäthyl]-8-methylacenaphthen bzw. 3-[β-Bromäthyl]-acenaphthen 8598; mit 3-Dimethylaminopropan 12 271; mit 2.6 Xylidin 1610*, 16 413*; mit 3-[N.N-Dimethylamino]-propylchlorid 5632; mit Nitroalkenen 16 644; mit 6-Bromhexanol-(1) 12 261; mit 1.2-Isopropyliden-5-jodxylose bzw. -5-tosylxylose 19 055; mit 2-[6-Methoxynaphthyl-(1)]-äthyläthylamin 15 613; mit α-Tetrahydropyranyl-2-chloräthyläther 13 029; mit β-Phenoxyäthylchlorid 17 697; mit 1.2-Dichlor-1.2-diäthoxyäthan 5998; mit 3.4-Dimethoxyphenäthylbromid 6022; mit Brommercaptanen 17 716; mit 2-Methylmercapto-

äthylchlorid 3459; mit 1.2.3.4-Tetrahydronaphthyl-(2)-harnstoff 309*; mit 4.5-Dimethylthiazolyl-(2)-guanidin 14 497; mit 5-Guanidino-1-methyl-4-nitroimidazol 18 116; mit Aldehyden 16 996; mit $^{14}CH_2O$ 18 433; mit Benzaldehyd 10 042, 11 521; (u. Acetonitril) 12 275; mit Azulenaldehyden 7882; mit Theophyllin-8-aldehyd 15 599; mit 6-Methoxynaphthaldehyd-(2) 13 781; mit 2.3.4-Trimethoxybenzaldehyd 5278; mit β-Chlorvinylketonen 804; mit 5-Methyl-1-phenylhexen-(1)-on-(3) 4141; mit α-Brompinakolin 14 471; mit α-Bromisobutyrophenon 6752; mit 2-Chlorcyclohexanon 10 856; mit 3-Methylcyclohexen-(2)-on 12 285; mit Cyclopenten-(1)-on-(3) 5654; mit ω-Chloralkyl-[thienyl-(2)]-ketonen 18 106; mit 6-Methoxy-2-bromacetylnaphthalin 13 010; mit Benzoldiazoniumsalzen 13 355; mit Tricarbonyltropyliumsalzen 3753; mit 2-Vinylpyridin-N-oxid 6033; mit Aminobenzoesäuren 17 056; Rk. d. Äthoxy-Mg-Verb. mit 5-Benzyloxy-10-methoxy-8-chlor-4-oxo-1.2.3.4-tetrahydroanthryl-(2)-essigsäure + $ClCOOC_2H_5$ 5311; Rk. v. — bzw. Na-—: mit Benzylidenlävulinsäuren 9691; mit Methacrylsäuremethylester 13 361; mit β-Brompropionsäurebenzylester 5253; mit α.β-Dibrompropionsäureäthylester 826; mit ω-Bromoctansäureäthylester bzw. n-Dokosylbromid 11 527; mit ω-Bromundecansäureäthylester 11 528; mit Cyclohepten-(1)-carbonsäureäthylester 8982; mit Chinolacetaten 9681; mit Phenyljodosoacetat (Mechanismus) 13 713; mit β-Nitrobutylacetat 15 919; mit p-Methylmercaptozimtsäureäthylester 18 441; mit Brassylsäuresemialdehydmonoäthylester 5470*; (bzw. Erucylbromid) 3626*; mit 8-Acetoxyoctanal 16 645; mit β-[2-Keto-3-methylcyclohexen-(6)-yl]-propionsäuremethylester 2339, 4148; mit 2-Keto-3-methyl-$Δ^{1,6}$-cyclohexenylessigsäuremethylester 4147; mit Na-Äthylcarbonat 10 061; mit Diphenylacetylchlorid 16 295; mit [4'-Methoxybiphenylyl-(4)]-acetylchlorid 3808; mit 3-Methoxybenzoylchlorid bzw. d. CH_3OMg-Verb. mit 3-Methoxybenzoesäure u. d. C_2H_5OMg-Verb. mit 3-Carboxymethyl-8.9-dimethoxy-1-oxo-5-chlor-10-methyl-1.2.3.4-tetrahydroanthracen 6790; Rk.: mit Mg-Äthylat u. γ-Carbäthoxybutyrylchlorid 12 024*; mit O-Acetylmandelsäurechlorid 16 273; d. C_2H_5OMg-Verb. mit Glutarsäuredichlorid, Verh. gegen 5-Ketosäurechloride 7537; mit isomeren Chloraniliden bzw. isomeren Toluididen 10 802; mit Tris-[formylamino]-methan 13 030; d. Na-Verb. mit N-Phenylpiperonylimidchlorid 14 515; mit Trifluoracetamidin 6411; mit Isonicotinsäurehydrazid 8346*; mit Phenylphosphonsäurecyclohexylimid 15 404*; mit 3-Benzolsulfonyloxychinuclidin 18 114; d. Na-Verb. mit 3-Phenyl-3-methylbutanol-(1)-tosylat 1973; d. Na-Verb. mit 3β-Acetoxy-22-tosyloxy-$Δ^5$-bisnorcholen bzw. d. 20-Isomeren 10 482; mit substituierten 4-Aminobenzolsulfonaziden 2333; gaschromatograph. Reinheits-Best. 8733.

Acetylisovaleroylperoxid ($Kp._2$ 40—41,5°) 13 724.

$C_7H_{12}O_4S$ **Carboxymethylmercaptopivalinsäure** ($Kp._{0,02}$ 154°) 7509.

2-[2'-Carboxyäthylmercapto]-2-methylpropionsäure (F. 53°) 7509.

2-Äthylmercaptoäthylmalonsäure (F. 78 bis 79° Zers.) 17 717.

4-Methylsulfonylcrotonsäureäthylester ($Kp._{1,2}$ 150°) 3419.

Allylsulfonylessigsäureäthylester ($Kp._{0,5}$ 118°) 3419.

β-[Allylsulfonyl]-äthylacetat ($Kp._{0,5}$ 128 bis 130°) 3419.

4-Keto-2-methylpenten-(2)-sulfonsäuremethylester, Bldg., UV- u. kernmagnet. Resonanzspektrum, 2.4-Dinitrophenylhydrazon 14 098.

$C_7H_{12}O_4S_2$ *rac.*-**α.α'-Dimercaptopimelinsäure** (F. 106—107°) 7479.

Meso-α.α'-dimercaptopimelinsäure (F. 82 bis 83°) 7479.

(+)-2.6-Dimethyl-3.5-dithiaheptandisäure {(+)-*S.S'*-**Methylen-bis-thiomilchsäure**}, F.-Diagramm mit (+)-β.β'-Thiodiisobuttersäure 10 803.

(—)-2.6-Dimethyl-3.5-dithiaheptandisäure [(—)-*S.S'*-**Methylen-bis-thiomilchsäure**], F.-Diagramme mit (—)-β.β'-Thiodiisobuttersäure 10 803.

$C_7H_{12}O_5$ (s. *Diacetin* [*Glycerindiacetat*]; *Diäthylbinsäure*).

1.3-Diglycidyloxypropanol-(2), Rk. 14 369.

4-Methylen-4-desoxymyoinosit (F. 207 bis 208°) 18 444.

1.6-Anhydro-β-D-galaktopyranose-2-*O*-methyläther (F. 115—116°), Rk. 6802.

Methyl-2.3-anhydro-α-D-allosid (F. 107 bis 109°) 17 767.

Methyl-2.6-anhydro-α-D-altropyranosid, Best. d. Bind.-Verhältnisses zwischen Cu u. — 13 326.

Methyl-3.6-anhydro-α-D-glucosid (F. 100 bis 104°) 17 766.

L-3-Desoxy-1-*O*-methylmyoinosose-(2) 16 657.

2.3-*O*-Isopropyliden-D-erythronsäure, Ca-Salzhemihydrat 18 474.

Trimethylacrylsäuremethylesterozonid ($Kp._{0,5}$ 29—30°) 2329.

Tartronsäurediäthylester 5998.

α-Methoxy-γ-formyloxyvaleriansäure (F. 68 bis 69°) 18 833.

3.4-Di-*O*-methyl-D-xylono-δ-lacton (F. 67°) 10 842.

$C_7H_{12}O_5S$ **2-Sulfoäthyl-α-äthylacrylat** 7693*.

2-Sulfo-1-propylmethacrylat 7693*.

2-Sulfo-1-butylacrylat 7693*.

3-Sulfo-1-butylacrylat 7693*.

4-Sulfo-1-butylacrylat 7693*.

1-Sulfo-2-butylacrylat 7693*.

3-Sulfo-2-butylacrylat 7693*.

2-Methyl-1-sulfo-2-propylacrylat 7693*.

2-Methyl-2-sulfo-1-propylacrylat 7693*.

$C_7H_{12}O_6$ (s. *Chinasäure*).

1.7-Anhydro-D-glycero-β-D-guloheptulopyranose, aktivierende Wrkg. auf d. Bldg. d. Atmungsenzyme bei Hefen 16 008.

2.7-Anhydro-β-D-altroheptulopyranose (**Sedoheptulosan**), Säurebehandl. 245; aktivierende Wrkg. auf d. Bldg. d. Atmungsenzyme bei Hefen 16 008.

2.7-Anhydro-β-D-altroheptulofuranose, papierchromatograph. Identifizier. 246.

2.7-Anhydro-β-D-glucoheptulopyranose, aktivierende Wrkg. auf d. Bldg. d. Atmungsenzyme bei Hefen 16 008.

2.7-Anhydro-β-L-guloheptulopyranose, aktivierende Wrkg. auf d. Bldg. d. Atmungsenzyme bei Hefen 16 008.

2.7-Anhydro-β-D-idoheptulopyranose, aktivierende Wrkg. auf d. Bldg. d. Atmungsenzyme bei Hefen 16 008.

2.7-Anhydro-β-D-mannoheptulopyranose, aktivierende Wrkg. auf d. Bldg. d. Atmungsenzyme bei Hefen 16 008.

4-*C*-Methylmyoinosose-(2) (F. 157—164° Zers.) 18 444.

3-*O*-Methyl-D-myoinosose-(1) (F. 156 bis 157°), Darst., Deriv. 16 657; Rk. 16 658.

5-*O*-Methyl-L-myoinosose-(1) (F. 153 bis 154°) 16 657.

L-1-*O*-Methylmyoinosose-(2) 16 657.

5-*O*-Methylmyoinosose-(2) (F. 162—163°) 16 657.

2-Oxo-β-methyl-D-galaktosid 3100.

3-Oxo-β-methyl-D-galaktosid 3100.

2-Oxomethyl-β-D-glucopyranosid 6780.

2-Tetrahydrofurfuryloxyäthylchlorid, Rk. 12 019*.
1-Hydroxy-3-chlor-5-äthoxypenten-(2) (Kp.$_{25}$ 130—131°) 2702.
1.5-Dimethoxy-3-chlorpenten-(2) (Kp.$_{20}$ 91 bis 92°) 2702.
ε-Chlorönanthsäure (Kp.$_{0,8}$ 98—99°) 12 259.
ε-Chlor-γ-methylcapronsäure (Kp.$_{2}$ 127 bis 128°) 12 258.
ω-Chlorcapronsäuremethylester (Kp.$_{12}$ 103°) 1409*.
Capronsäurechlormethylester, Rk. 12 277.
γ-Chlorvaleriansäureäthylester (Kp.$_{13-14}$ 86 bis 88°), Darst., Rk. 6753; Rk. 108.
δ-Chlorvaleriansäureäthylester, Rk. 16 271.
Chloressigsäureamylester, herbicide Wrkg. auf Gurkenkeimlinge 14 926.
Chlorameisensäure-n-hexylester (n-Hexylchlorformiat, n-Hexylchlorcarbonat) (Kp.$_{9}$ 43°), IR-Spektrum 2679; Rk. 9303, 16 638.

$C_7H_{13}ClO_2S$ 2-[2'-Chloräthylmercapto]-äthylpropionat (Kp.$_{0,5}$ 75—76° korr.) 9300.

$C_7H_{13}ClO_3$ Chlorameisensäurebutoxyäthylester, Rk. 3191*.

$C_7H_{13}ClO_4$ β-Äthoxy-β-äthoxyäthylchlorformiat, Rk. 661*.

$C_7H_{13}ClO_5$ Methyl-3-chlor-3-desoxy-α-D-glucopyranosid, Rk. 4544.
Methyl-4-chlor-4-desoxy-D-glucopyranosid, Rk. 4544.

$C_7H_{13}ClO_7$ Sorbitmonochlorformiat 9148*.

$C_7H_{13}ClSn$ Cyclopentamethylenvinylzinnchlorid 4343*.

$C_7H_{13}Cl_2N$ 1-[β-Chloräthyl]-2-chlormethylpyrrolidin (Kp.$_{1}$ 70—72°), Darst., Hydrochlorid 2354; Rk. d. Hydrochlorids 2358.

$C_7H_{13}Cl_2NOS$ Äthyl-N.N-di-[2-chloräthyl]-thiocarbamat 5818*.

$C_7H_{13}Cl_2NO_2$ Bis-[β-chloräthyl]-äthylcarbamat, antimitot. Wrkg. 6442.

$C_7H_{13}Cl_2O_3P$ Äthylphosphonsäure-[2.2-dichlorvinyl]-n-propylester (Kp.$_{0,5}$ 99,5—100,5°) 4884.
Äthylphosphonsäure-[2.2-dichlorvinyl]-isopropylester (Kp.$_{0,3}$ 87—88°) 4884.

$C_7H_{13}Cl_2O_5PS$ O-[Äthylsulfinyläthyl]-O-methyl-O-β.β-dichlorvinylphosphat 6184*, 13 546*.

$C_7H_{13}Cl_2O_6PS$ O-[Äthylsulfonyläthyl]-O-methyl-O-β.β-dichlorvinylphosphat 6184*, 13 546*.

$C_7H_{13}Cl_3FN$ 1-Fluor-1.1.2-trichlor-3-diäthylaminopropan (Kp.$_{2}$ 64—65°) 10 053.

$C_7H_{13}Cl_3N_2O$ N-Methyl-N-[β-dimethylaminoäthyl]-trichloracetamid 6875*.

$C_7H_{13}Cl_3O_2$ 1.2.3-Trichlor-1.3-diäthoxypropan (Kp. 83—85°) 2168*.

$C_7H_{13}Cl_4O_3P$ Äthylphosphonsäure-[1.2.2.2-tetrachloräthyl]-n-propylester (Kp.$_{0,3}$ 115 bis 117°) 4884.
Äthylphosphonsäure-[1.2.2.2-tetrachloräthyl]-isopropylester (Kp.$_{25}$ 99—102°) 4884.

$C_7H_{13}CrN_3O_3$ Tricarbonyldiäthylentriaminchrom 3754.

$C_7H_{13}FO_5$ Verb. $C_7H_{13}FO_5$ (F. d. Hydrates 179 bis 180°) aus Methyl-2.3-di-O-mesyl-4.6-O-benzyliden-α-D-glucosid + KF 17 766.

$C_7H_{13}F_3$ 1.1.1-Trifluorheptan (Kp. 100—100,5°) 13 565*.

$C_7H_{13}HgJO$ α-2-Methoxycyclohexylquecksilberjodid (F. 81,4—82,0°), Kinetik u. Mechanismus d. Desoxymercurier. 11 150.

$C_7H_{13}JO_2$ 5.6-Dimethyl-2-jodmethyldioxan (Kp.$_{0,05}$ 47—52°) 3904*.
7-Jodheptansäure (F. 49,5—50,5°) 3262*.

$C_7H_{13}JO_4$ Methyl-3.6-didesoxy-6-jod-D-galaktosid 13 398.

$C_7H_{13}JO_5$ Methyl-6-desoxy-6-jod-α-D-glucosid (F. 137—139°), Rk. 17 766; — als Übertrag.-Mittel bei d. Polymerisat. 7915.

$C_7H_{13}N$ (s. *Chinuclidin*; *Conidin* [*1-Azabicyclo-[4.2.0]-octan*]; *Nortropan*).
Tetrahydropyridyläthan, Deriv. 2087*.
Allylpyrrolidin 4715*.
3-Isopropenylpyrrolidin, Darst. v. Deriv. 7331*; Darst., Verw. v. Deriv. 4638*.
2.4.4-Trimethyl-Δ^1-pyrrolin, NMR-Spektrum 16 263.
Pyrrolizidin (Hexahydropyrrolizin), Darst. (v. Deriv.) 14 128; (v. —-Alkaloiden) 16 326; Biosynth. v. —-Alkaloiden 3862; Extrakt. hitzelabiler —-Alkaloide aus Pflanzen 17 810.
3-Azabicyclo-[3.3.0]-octan, Deriv. 17 386.
1-Azabicyclo-[3.2.1]-octan (1.3-Trimethylenpyrrolidin), d. Chinaalkaloiden analoge —-Deriv. 16 325; Rk. 9444*.
2-Azabicyclo-[3.2.1]-octan 17 764.
3-Azabicyclo-[3.2.1]-octan (F. 137—138,5°), Darst. (Hydrochlorid) 17 764; (v. Deriv.) 15 219.
N-Methyl-3-azabicyclo-[3.2.0]-heptan (Kp. 123—133°) 9329.
1-Aminoheptin-(2) (Kp.$_{15}$ 68°) 12 627.
Cyclopenten-(1)-yläthylamin (Kp.$_{14}$ 68°) 9688.
2-(Bicyclo-[2.2.1]-heptyl)-amin, Deriv. 18 980*.
3-Äthylamino-3-methylbutin-(1) (F. 50 bis 51°), Darst. (Rk., Hydrochlorid) 7481; (d. Hydrochlorids) 5630.
3-Dimethylamino-3-methylbutin-(1) (F. 99 bis 101°) 5631, 7484.
3-Diäthylaminopropin-(1), Rk. 18 851.
Dicyclopropylmethylamin 9686.
Heptansäurenitril (Heptannitril, Hexylcyanid) (Kp.$_{21}$ 59—60°), Darst. 14 477, 16 279; Massenspektrum 14 815; Rk. 806.
2-Methylamylcyanid, Massenspektrum 14 815.
α-Äthyl-α-propylacetonitril (Kp. 164—165°) 4912.
2.2-Dimethylvaleronitril (Kp. 148—149,5°) 3060.

$C_7H_{13}NO$ (s. *Nortropin* [*Nortropanol-(3α)*]; *Pseudonortropin* [*Nortropanol-(3β)*]).
3-Oxa-9-azabicyclo-[3.3.1]-nonan, N-Deriv. 2737.
2-Methyl-3.3-pentamethylenoxaziran (Kp.$_{8}$ 53°) 4900.
Tetrahydropyridyläthanol, Rk. v. Deriv. 2087*.
1-Allylpyrrolidinol-(3) (Kp.$_{44}$ 149—152°), Darst. u. klin. Prüf. 4240.
1-Äthylenimino-2-hydroxy-2-methylbuten-(3), Rk. 6132*, 7326*.
3-Hydroxychinuclidin, Rk. 18 114.
1-Dimethylaminopentin-(2)-ol-(5), Rk. 7855.
O-Methyl-ε-aminocaprolactim (Caprolactimmethyläther), Darst. d. Perbromids 11 159; Rk. 309*.
Hexylisocyanat, Rk. 12 760*.
α-Äthyl-β-dimethylaminoacrolein, Rk. 3443.
ζ-Önantholactam, Polymerisationsenthalpie 4480.
D(—)-β-Methyl-ε-caprolactam, opt. akt., strukturell homogenes Polyamid aus — 18 857.
2-Oxo-5-methylhexamethylenimin (4(γ)-Methyl-ε-caprolactam) (F. 44—45°), Darst., Rk. 5691; Reaktivität d. Amidgruppe 18 857.
2-Oxo-7-methylhexamethylenimin (6-Methyl-ε-caprolactam) (F. 91°), Darst., Polymerisat. 5691; Reinig. 8445*.
N-Methylcaprolactam (N-Methyl-ε-caprolactam), Polymerisationsenthalpie 4480; Reaktivität d. Amidgruppe 18 857; Vers. d. Bromier. 11 158.
4-Äthylpiperidon-(2) (Kp.$_{4}$ 124°) 7520.
5.5-Dimethyl-2-oxopiperidin (F. 126—127°) 3060.
N-Äthylpiperidon-(4), Rk. 18 204*.
2.5-Dimethylpiperidon-(4), Rk. 18 112.
4-Propylpyrrolidon-(2) (Kp.$_{9}$ 140°) 16 673.
1-Isopropylpyrrolidon-(2) (Kp.$_{7}$ 82,5°) 5632.
4-Isopropylpyrrolidon-(2) (F. 98°) 16 673.

N.N-Diäthyldithiocarbaminsäurecarboxymethylester (F. 82—84°) 11 176.

$C_7H_{13}NO_3$ (s. *Betonicin* [*Achillein, 1-Methyl-4-hydroxyprolinmethylbetain*]).
5-Nitroheptanon-(2) (Kp.5 103—108°) 14 116, 15 919.
5-Methyl-5-nitrohexanon-(2) (Kp.2 88 bis 91°) 15 919.
d-**(—)-4-[2'-Hydroxyäthyl]-3-methylmorpholon-(2)** (Kp.5 171—173°) 15 217.
3-[β-Hydroxypropyl]-5-methyloxazolidon-(2), Verw. 7690*.
Hexahydro-3-hydroxyanthranilsäure (F. 270 bis 276° Zers.) 12 337.
α-Amino-γ-keto-δ-methylcapronsäure (F. 187—192°) 18 485.
Morpholinoessigsäuremethylester (Kp.2 77°) 10 447.
Hydroxyprolinäthylester, Massenspektrum 13 705.
Norachilleinmethylester 7159.
β-Amino-β-äthoxyacrylsäureäthylester, Imid-Enamid-Tautomerie 18 771.
3-Äthoxy-3-iminopropionäureäthylester (Malonmonoimidsäurediäthylester), IR-Spektrum u. Imid-Enamid-Tautomerie d. Hydrochlorids 18 771; Rk. 15 918; (d. Hydrochlorids) 17 736.
N.N-[3-Oxapentamethylen]-carbaminsäureäthylester (Kp.0,1 54°) 9304.
D-Formylalloisoleucin, Rk. 18 484.
Acetylvalin, oxydative Radiolyse durch γ-Strahlen 11 588; Spalt. 2542*; Hydrolyse durch Pilzacylasen 8292.
α-[Acetamidomethyl]-buttersäure (Kp.3 125 bis 128°) 6733.
N-Isopropylsuccinamidsäure (F. 105—107°) 121.
N-Acetylalaninäthylester (F. 38—39°) 12 626.
β-Acetamidopropionsäureäthylester 17 716.
N-Propionylglycinäthylester (F. 51—52°) 12 626.
Trimethyltetrolobetain, parasympathomimet. Aktivität v. — u. —-Estern 2072.

$C_7H_{13}NO_3S$ **β-Hydroxyäthyl-2-methyl-3-cyanpropylsulfon** 8943.
S-Acetylcysteinäthylester, intramol. S-N-Acetyl-Übertragungsrk. d. Hydrochlorids (Kinetik) 11 143.
Morpholin-4-carbonsäure-2'-mercaptoäthylester (Kp.0,6 108°), Darst. 9303; Rk. 9303.
α-Methyl-α'-äthylthiodiessigsäure-α-monoamid (F. 144°) 3461.
isomeres **α-Methyl-α'-äthylthiodiessigsäure-α-monoamid** (F. 101—102°) 3461.
N-Acetylpenicillamin, Behandl. d. chron. Mercurialismus mit — 5011.
N-Acetylmethionin (F. 108—112°), Darst., Hydrolyse u. enzymat. Spalt. v. DL-— 1198; Darst. d. Dihydrostreptomycinsalzes v. DL-— 2833*; oxydative Radiolyse durch γ-Strahlen 11 588; Hydrolyse v. DL-— durch Pilzacylasen 8292; Verw. bei d. Mess. d. Acylaseaktivität in d. Leber v. mit 4-Dimethylaminoazobenzol gefütterten Ratten 9752, 9753; relatives Wachstum v. fünf Hefen auf einem S-freien, mit kleinen Mengen v. —ergänzten Nährboden 12 335.
N-[Propionyl]-cysteinmethylester (F. 57,5°) 3550*.

$C_7H_{13}NO_4$ **α-Aminopimelinsäure**, Bldg. 3148; Aktivier. in Algen 7566.
γ-Aminopimelinsäure 3148.
N-Isopropylasparaginsäure (F. 185°) 17 370.
4-Nitropentansäureäthylester, Rk. 18 084.
2-Methyl-4-nitropentansäuremethylester (Kp.3 91°), Darst. 16 644; Rk. 16 672, 18 084.
3-Methyl-4-nitropentansäuremethylester, Rk. 18 084.
3-Methyl-4-nitrobuttersäureäthylester (Kp.9 113°) 16 644.
β-Nitropentylacetat, Rk. 15 919.
Essigsäure-1-nitropentyl-(2)-ester (Kp.9 107,5°), Darst., fungistat. Wrkg. 15 650.
Glutaminsäure-γ-äthylester (γ-Äthylglutamat), Darst. d. Cu-Komplexes 9148*; Massenspektrum 13 705; fl.-krist. Strukturen v. D- u. L-— in Poly-—-Lsg. 4946; Rk. 1570.
N-Äthylasparaginsäure-β-methylester (F. 217°) 17 370.
Aminomalonsäurediäthylester, Rk. 3096, 5260.
N-[tert.-Butyloxycarbonyl]-glycin(N-Carbo-tert.-butoxyglycin) (F. 87—89°), Darst. 6765; (Rk.) 6210*; Rk. 6001.
2-Acetamido-2.5-didesoxy-D-arabinose 6419.

$C_7H_{13}NO_4S$ **S-[γ-Carboxypropyl]-cystein**, Verw. v. — u. —-Salzen 14 748*.
S-Carboxymethylcysteinäthylester, Verw. 14 748*.
DL-α-[Butansultam-(1.4)-yl]-propionsäure (F. 89—92°) 12 254.
[Butansultam-(1.4)-yl]-essigsäuremethylester 12 254.
S-Carboxymethylmethioninbetain 18 797.

$C_7H_{13}NO_5$ **N-2-Hydroxypropylasparaginsäure** 17 370.
N-2-Hydroxyäthylasparaginsäure-β-methylester (F. 198°) 17 370.
N.O-Bis-carbäthoxy-N-methylhydroxylamin (Kp.18 116°) 7114.
N-Acetyl-D-arabinosamin 13 766.
2-Acetamido-2-desoxy-β-D-arabinose (F. 161 bis 163°) 7154, 13 766.
N-Acetyl-D-lyxosamin 1611.
N-[α-D-Ribopyranosyl]-acetamid, Gemisch mit d. β-Isomeren 10 472.
N-[β-D-Ribopyranosyl]-acetamid (F. 172 bis 174°) 10 472.
2-Acetamido-2-desoxy-D-ribose (F. 138 bis 141°) 7154, 9350, 13 035.

$C_7H_{13}NO_6$ **DL-2.3-Dihydroxypropylamin-N.N-diessigsäure** 14 472.
N-Formylglucosamin (F. 156—158° korr.), Darst., Rk. v. α-D-— 8622; Rk. 5393*, 6877*, 14 622*.

$C_7H_{13}NO_7$ **Methyl-3-nitro-3-desoxy-β-D-hexopyranosid** (F. 204—205° Zers.) 477.

$C_7H_{13}NS$ **Isopropyl-3-cyanpropylsulfid** (Kp.1,2 73°) 8943.

$C_7H_{13}NS_2$ **2-[n-Butylmercapto]-Δ²-thiazolin** 14 998*.
5-Methylmercaptopentylisothiocyanat (Kp.10 155°) 1193.
Hexamethylendithiocarbaminsäure, Verw. d. Hexamethyleniminsalzes 17 590.
Cyclohexyldithiocarbaminsäure, Darst., Verw. 14 644*; Darst. d. Cyclohexylammoniumsalzes (F. 173—174°) 4530; Prüf. d. Na-Salzes auf tuberkulostat. Wrkg. 10 552.
N.N-Diäthylvinyldithiocarbamat (Kp.2 92 bis 93°) 96.

$C_7H_{13}NSi$ **N-Trimethylsilylpyrrol** (Kp. 152 bis 154°) 12 265.

$C_7H_{13}N_2O_9P$ **O-Phosphoryl-L-seryl-L-asparaginsäure**, Dephosphorylier. durch alkal. Intestinalphosphatase 887.

$C_7H_{13}N_3$ **3-Amino-4-isopropyl-5-methylpyrazol** (F. 68—70°) 5391*.
2-Amino-3a.4.5.6.7.7a-hexahydrobenzimidazol (F. 174°) 10 830.
$N^α.N^α$-Dimethylhistamin, Dipikrat (F. 231 bis 233°) 11 188.
Chinuclidonhydrazon (F. 87—90°) 12 295.
Cyanäthylpiperazin (Kp.0,5 110—112°), Rk. 7257*.
4-Methylpiperazinoacetonitril (F. 52—53°) 1950, 16 285.

$C_7H_{13}N_3O$ **2-Pentyl-5-amino-1.3.4-oxadiazol** (F. 146,5—147°) 10 096.
Cyclohexanonsemicarbazon, Rk. 8975.
Trimethylammoniopyrimidinhydroxid, O-Methylgruppenbest. in substituiertem —-Chlorid 5415.
2-Cyan-3-methylvaleriansäurehydrazid, Rk. 17 369.

$C_7H_{13}N_3O_2$ **2-[Hydrazinohydroxymethyl]-1-methylpyridiniumhydroxid**, Jodid (F. 127 bis 128° Zers.) 9337.
ε-Azido-γ-methylcapronsäure 12 260.
5-Azidovaleriansäureäthylester, Rk. 8994.
Allyloxamidsäuredimethylhydrazid (F. 147 bis 148°) 1409*.

$C_7H_{13}N_3O_3$ **2-Nitrocyclohexylharnstoff** (F. 193,5° Zers.) 14 840.
Butantricarbonsäure-(1.2.4)-triamid (F. 195 bis 196°) 5627.

$C_7H_{13}N_3O_6$ **2.3-Dimethyl-2.4.4-trinitropentan** (F. 83°) 1186.

$C_7H_{13}N_3S$ **2-Amino-5-pentyl-1.3.4-thiadiazol**, Rk. 15 333*.
Cyclohexanonthiosemicarbazon (F. 166°) 13 369.

$C_7H_{13}N_5$ **2-Methyl-4.5-diamino-6-dimethylaminopyrimidin**, Konstit.-Einfl. auf d. IR-Spektrum 14 812.

$C_7H_{13}N_5O$ **2.4.5-Triamino-6-isopropyloxypyrimidin** (F. 149—150°), Darst., Rk. 9721; Rk. 5672.
1-Dimethylamino-2-methyl-5-amino-4-aminocarbonylimidazol (F. 211° Zers.) 10 467.

$C_7H_{13}N_5O_3$ **3-Methyl-2-oxopyrrolidin-5.5-dicarbonsäuredihydrazid** (F. 183—184°) 2725.

$C_7H_{13}N_7O_8$ **1-[3'.3'-Dinitro-*n*-butyl]-3.5-dinitro-1.3.5-triazacyclohexan** (F. 118—120°) 6029.

$C_7H_{13}OP$ **1-Äthylphosphorinanon-(4)** (Kp.$_7$ 92°) 17 397.
1-Äthyl-3-methyl-3-phospholin-1-oxid, Rk. 1799*.

$C_7H_{13}O_4P$ ***n*-Pentyldimethylphosphorsäureester** (Kp.$_{0,05}$ 68°) 10 423.
Phosphorsäurediallylmethylester (Diallylmethylphosphat) (Kp.$_{0,5}$ 60°) 871.

$C_7H_{13}O_5P$ **Dimethylphosphitoäthylacrylat** 2170*.
Dimethylphosphonomethylmethacrylat (Kp.$_{0,04}$ 80—85°) 2170*.
1-Dimethylphophonoäthylacrylat 2170*.

$C_7H_{13}O_6P$ **2-Carboxy-1-methylvinylphosphorsäuretrimethylester** s. *Schädlingsbekämpfung-Spezialmittel (Phosdrin)*.

$C_7H_{13}O_7P$ **1-Crotonoylglycerin-2-phosphorsäure**, Einw. v. Metall-Ionen unter physiolog. Beding. 9415.

C_7H_{14} **Heptene**, Darst. 17 201*; Hyperfeinstruktur bei bestrahltem Al-Silicat mit — 9298; partielles molales Vol. v. — in Lsg. 16 584; Dehydrier. 12 090*; Oxork. 3981*, 4722*, 16 132*; Rk. mit Diboran 5474*, 16 487*; Copolymerisat. mit Äthylen 18 294*.
Hepten-(1) (Kp.$_{742}$ 95°), Darst., Rk. 13 367; Dipolmoment 10 783; magnet. Mol.-Rotat. 9286; krit. Temp. 9289; Gas-Fl.-Chromatographie v. —-KW-Stoffgemischen 15 902; Kinetik d. Epoxydat. 4129; Rk.-Wärme d. Addit. an Diboran 6722; Rk. mit $LiAlH_4$ 18 132; Oxo-Rk. 1793*, 15 021*; (im Gemisch mit Hepten-[2]) 6581*; Rk.: mit CO u. Methanol bzw. CO u. Äthanol 95; mit Paraffinen + Ameisensäure 4138; mit Heptanol-(1) bzw. Octanol-(1) bzw. Decanol-(1) 12 249; mit Diisobutyl-AlH 14 650*; Best. in Automobilauspuffgasen 14 742.
Hepten-(2), magnet. Mol.-Rotat. 9286; Epoxydat. 16 642; Ozonisier., reduktive Spalt. 13 355; Oxork. im Gemisch mit Hepten-(1) 6581*.
Hepten-(3), magnet. Mol.-Rotat. 9286; Dampf-Fl.-Gleichgew. im tern. Syst. Toluol/n-Heptan/— 15 170; Austausch v. H gegen T 1566; Oxydat. 16 486*; Addit. d. CCl_3-Radikals mittels Abspalt. v. H (Kinetik) 3051; Verteil.-Gaschromatographie (Auswahl v. Lsgm.) 18 378.
2-Methylhexen-(1) (Kp. 90—91°), Darst. 3048; (Rk.) 4340*; Raman- u. UV-Spektrum 16 622.
4-Methylhexen-(1), Darst. v. isotakt. (+)-Poly-— 18 652; opt. Aktivität v. Poly-(—)(S)-— in KW-Stoff-Lsg. 3830; Polymerisat. 7346*; Modifizieren v. krist. Poly-— 17 579*.
5-Methylhexen-(1), Rk. 7346*.
2-Methylhexen-(2) (Kp. 94—95°) 8229.
cis-**5-Methylhexen-(2)** (Kp. 89,5°) 4491.
trans-**5-Methylhexen-(2)** (Kp. 88,1°) 4491.
2-Methylhexen-(3) (Kp. 84—85°) 491.
2-Äthylpenten-(1) 4340*.
2.4-Dimethylpenten, Verteil.-Gaschromatographie (Auswahl v. Lsgm.) 18 378.
4.4-Dimethylpenten-(1) (Kp. 69—71°), Darst. 3420, 16 642; Rk. 101.
3-Äthylpenten-(2) (Methyldiäthyläthylen) (Kp. 93—95°), Darst. 7480; Abtrenn. v. anderen Olefinen 6206*; Rk. 14 499.
2.3-Dimethyl-2-penten (Trimethyläthyläthylen), Abtrenn. v. anderen Olefinen 6206*; Oxydat. v. Aldehyden in Ggw. v. — 4720*.
2.4-Dimethylpenten-(2) (Kp. 83—84°) 8229, 8973.
trans-**4.4-Dimethylpenten-(2)**, Rk. 101.
3-Methyl-2-äthylbuten-(1) (Kp. 91—93°) 835.
1-Methyl-1-*tert.*-butyläthylen 8932.
Cycloheptan (Kp. 117—118°), Darst., Rk. 2327; IR-, UV- u. NMR-Spektren 15 900; Konstit.-Einfl. auf d. Massenspektrum 1171; Berechn. d. Energien d. Konformat. 13 343; Enthalpien d. verschied. Konformat. 5976; Stereochemie 8921; Wechselwirkungskurve für nichtgebundene C- u. H-Atome u. ihre Anwend. 7096; Isomerisier. (Kinetik) 10 412; Rk. mit Butanol-(2) + Ameisensäure 4138; Verw. v. — u. Alkyl-Deriv. bei d. Herst. v. feste Phosphorsäuren enthaltenden Katalysatoren 2164*.
Methylcyclohexan (Kp. 101°), Vork. 13 263, 18 630; Darst., Rk. 18 439; Bldg. 7108, 8939, 10 017; (u. Rk. bei d. Ölvergas.) 17 618; neue Bezieh. zwischen d. physikal. Konst. v. — 3402; Berechn. u. Deut. d. Schwing.-Spektren 7826; Erkennen v. Carboniumionenbldg. aus d. UV-Spektrum 12 595; Rotat.-Isomerie-Gleichgew. in — 4440; Bezieh. zwischen Druck, Temp. u. Dichte 12 235; Berechn. d. Dampfdruck-Konst. d. Frost-Kalkwarf-Gleich. 18 065; Verdampfungsentropie u. d. Hildebrand-Regel 1176; krit. Temp. 9289; Voraussag. v. bin. Fl.-Dampf-Gleichgewichts-Daten 7094; Unters. über d. Zünd. v. — 1176; physikal. Eig. d. Syst. —/Perfluormethylcyclohexan 16 265; Berechn. azeotroper Daten im Syst. —/1-Mercaptobutan 73; Diffus. in Polyisobutylen 4862; Gas-Fl.-Chromatographie v. —-KW-Stoffgemischen 15 902; fl.-fl.-Extrakt. v. n-Heptan/—-Gemischen mit Anilin 4456; Löslichk. in Methanol 12 980; Trenn.: v. anderen KW-Stoffen 11 732*; v. Toluol 974; Isomerisier. (Kinetik u. Thermodynamik) 10 412; (kontinuierl.) 15 551; Oxydat. 16 489*; Dehydrier. 12 090*, 17 201*; Monochlorier. 8921; Rk.: mit H_2F_2 u. tert.-Butylbenzol 9518*; mit CO 3981*; Demethylier. 10 422; Rk. mit Olefinen bzw. Alkoholen + Ameisensäure 4138; Verw. als Lsgm. bei d. radiolyt. Bldg. reakt. H-Atome 769; gaschromatograph. Best. 13 513; Nachw. u. Best. in Koksofenbenzol 8119; Nachw. im Leichtöl (d. Hochtemp.-Verkok.) 16 542; (d. Tieftemp.-Verkok.) 16 543.
Äthylcyclopentan (Kp. 102—103,7°), Darst., Rk. 2327; Bldg. 7108, 13 721, 15 552; Bezieh. zwischen Druck, Temp. u. Dichte 12 235; Berechn.: d. Dampfdruck-Konst. d. Frost-Kalkwarf-Gleich. 18 064; azeotroper Daten v. —-Gemischen 73; Rk. 14 827.

1.1-Dimethylcyclopentan, Berechn. d. Dampfdruck-Konst. d. Frost-Kalkwarf-Gleich. 18 065; Nachw. u. Best. in Koksofenbenzol 8119.
1.2-Dimethylcyclopentan, Darst. v. cis- u. trans-— 107; Bldg. 15 552; Berechn.: d. Dampfdruck-Konst. d. Frost-Kalkwarf-Gleich. v. trans-— 18 065; azeotroper Daten im Syst. cis- bzw. trans-—/1-Mercaptobutan 73; Nachw. u. Best. v. cis- u. trans-— in Koksofenbenzol 8119.
1.3-Dimethylcyclopentan, Bldg. 15 552; Berechn.: d. Dampfdruck-Konst. d. Frost-Kalkwarf-Gleich. v. trans-— 18 065; azeotroper Daten im Syst. cis- bzw. trans-—/1-Mercaptobutan 73; Nachw. u. Best. v. trans-— in Koksofenbenzol (massenspektroskop.) 8119.
x.x-Dimethylcyclopentan, Bldg. durch Isomerisier. (Kinetik u. Thermodynamik) 10 412.
sek.-**Butylcyclopropan**, Frequenzen, Linienbreite u. -intensität d. Raman-Spektren 6716.
1.1.2.3-Tetramethylcyclopropan (Kp. 77 bis 78°) 16 655.
Olefingemisch C_7H_{14} (Kp. 78°) aus 2.3.3-Trimethylbutyl-(2)-dimethylamin 7480.

$C_7H_{14}BNO_2$ **2-Pyrrolidino-4-methyl-1.3.2-dioxaborolan** ($Kp._{5-10}$ 40°) 7331*.

$C_7H_{14}BrN$ *N*-**[β-Bromäthyl]-piperidin** ($Kp._{11}$ 83,5—86°) 11 882.
N(**1**)-**Methylpiperidyl-(3)-methylbromid**, Rk. 13 496*; (d. Hydrobromids) 14 618*.
N-**Methyl-4-brommethylpiperidin**, Hydrobromid (F. 155—157°) 3816.
N-**Methyl-3-[β-bromäthyl]-pyrrolidin**, Pikrat (F. 114—115°) 3816.
1-Diäthylamino-2-brompropen-(2), Rk. 8221.

$C_7H_{14}BrNO$ **α-Bromvaleriansäuredimethylamid**, Verw. 10 930*.
α-Brombuttersäure-*n*-propylamid, Verw. 10 930*.
α-Brombuttersäureisopropylamid, Verw. 10 930*.
N.N-**Diäthyl-β-brompropionamid** (**β-Brompropionsäurediäthylamid**) ($Kp._{0,075-0,1}$ 84 bis 94°), Darst., Wrkg. auf isoliertes Cholinesterasesyst. 12 375; Rk. 222*.

$C_7H_{14}BrNOS$ **2-Bromäthyl-*N.N*-diäthylthiolcarbamat** ($Kp._{10}$ 138—140°) 4691*.

$C_7H_{14}BrO_3P$ **Äthylphosphonsäureäthyl-1(3)-bromisopropenylester** ($Kp._1$ 72—74°) 10 055.

$C_7H_{14}Br_2$ **α.ω(1.7)-Dibromheptan**, Dipolmoment 11 508; Rk. 8791*, 12 300, 13 128*.
Meso-2.4-dimethyl-1.5-dibrompentan 13 360.

$C_7H_{14}Br_2Mg_2$ **Heptan-1.7-bis-magnesiumbromid**, Addit.-Verb. mit Glutarsäuremethylimid 7470.

$C_7H_{14}Br_2O$ **6.7-Dibromheptanol-(2)** ($Kp._{14}$ 150°) 12 622.

$C_7H_{14}ClF_3OSi$ **2'-Trimethylsilyläthyl-2-chlor-1.1.2-trifluoräthyläther** ($Kp._{747}$ 163,5°) 16 292.

$C_7H_{14}ClN$ *N*-**[β-Chloräthyl]-piperidin** (**1-[2'-Chloräthyl]-piperidin, β(2)-Piperidinoäthylchlorid**), Darst., Rk. d. Hydrochlorids (F. 231—232°) 450, 14 498; Rk.: mit 6.8-Dimethyl-5-chlor-1.2.3.4-tetrahydrochinolin 17 494*; mit Phenthiazin u. CS_2 2828*; mit sek. Aminen 9441*; mit Tetrahydro-β-naphthylamin 222*; mit Thiophenthiol-(2) 15 585; mit substituierten Aminomercaptanen 2829*; mit Phenyläthylbarbitursäure 2090*, 3905*; mit (Di-Na-)5-Phenyl-5-crotylbarbitursäure 2089*; mit 5-Phenyl-5-piperidinobarbitursäure 3905*; mit Pyridin-2-aldoxim 8719*; mit Phosphonsäureesterchloriden 6557*; Verw. 15 332*.
d-**2-[β-Chloräthyl]-piperidin**, Hydrochlorid (F. 213—214°) 3091.
l-**2-[β-Chloräthyl]-piperidin**, Hydrochlorid (F. 214—215°) 3091.
dl-**2-[β-Chloräthyl]-piperidin**, Hydrochlorid (F. 163—165°) 3090.
1(*N*)-Methyl-3-chlormethylpiperidin, Rk. 12 987, 14 328*; Verw. 8720*.
N-**Methyl-4-chlormethylpiperidin** (*N*-**Methylpiperidyl-4-methylchlorid**) ($Kp._{0,05}$ 55—60°), Darst., Rk. 3816; Rk. 9902*, 16 063*.
N-**Äthyl-3-chlorpiperidin**, Rk. 7519, 11 653*.
2.5-Dimethyl-4-chlorpiperidin ($Kp._{10}$ 78 bis 80°) 18 113.
3-Pyrrolinopropylchlorid(**γ-Chlorpyrrolidinopropan**), Darst., Rk. d. Hydrochlorids (F. 142—143°) 450; Darst., Verw. 8720*; Rk. 2831*, 5394*.
N-**Methyl-3-[β-chloräthyl]-pyrrolidin**, Pikrat (F. 112—113°) 3816.
1-Äthylpyrrolidyl-(3)-methylchlorid ($Kp._{36}$ 86—88°) 11 006*, 11 736*.
1-Chlor-2-[β-aminoäthyl]-cyclopentan, intermediäre Bldg. 9687.

$C_7H_{14}ClNO$ **3-Morpholinopropylchlorid** (**γ-Chlormorpholinopropan**) (F. 168—169°), Darst., Rk. d. Hydrochlorids 450; Darst., Verw. 8720*.
4-*n*-Propylamino-2-chlorbuten-(1)-ol-(3) (F. 37—38°) 17 368.
1-Dimethylamino-5-hydroxy-3-chlorpenten-(2) ($Kp._{18}$ 102—104°) 7854.
α.α-Diäthyl-β-aminopropionsäurechlorid 18 202*.
β-Chlorpropionsäurediäthylamid, Rk. 14 834.
N-**[*n*-Pentyl]-α-chloracetamid**, Rk. 18 569*.
N-**Formyl-[ε-chlor-*n*-hexyl]-amin**, Rk. 11 004*.
Chlorameisensäurediisopropylamid (*N.N*-**Diisopropylchlorformamid**) ($Kp._{10}$ 90°), Darst., Rk. 11 194; Solvolyse (Kinetik) 2693.

$C_7H_{14}ClNOS$ ***n*-Propyl-*N*-3-chlorpropylthiocarbamat** 5818*.
Äthyl-*N*-2-chloräthyl-*N*-äthylthiocarbamat 5818*.

$C_7H_{14}ClNO_2$ *N*-***n*-Butylcarbaminsäure-2-chloräthylester** ($Kp._{0,7}$ 96—97°), Rk. 9303.
N-**[2-Chlor-1-äthyläthyl]-carbaminsäureäthylester** ($Kp._{2-3}$ 89—90°) 7888.

$C_7H_{14}ClNO_3$ **1-*n*-Propoxy-3-chlorisopropylcarbamat** (F. 39°) 11 194.
1-Isopropoxy-3-chlorisopropylcarbamat (F. 62°) 11 194.

$C_7H_{14}ClNO_4S$ *N*-**[3-Chlorpropansulfonyl-(1)]-glykokolläthylester** (F. 54—55°) 12 254.

$C_7H_{14}ClNSi$ **δ-Dimethylchlorsilylvaleronitril** ($Kp._{11}$ 119°) 6358.
β-Cyanäthyldiäthylchlorsilan 2711.

$C_7H_{14}ClOPS$ **Methylthionophosphonsäurecyclohexylesterchlorid**, IR-Spektrum 9283.

$C_7H_{14}Cl_2$ **1.7-Dichlorheptan** ($Kp._{13}$ 106—107°), Darst., Rk. 12 295; Rk. 1797*.
1.1-Dichlor-3-methylhexan ($Kp._7$ 46—48°) 15 554.

$C_7H_{14}Cl_2N_2$ **1-Isopropyliden-2.2-bis-[2'-chloräthyl]-hydrazin**, Hydrochlorid (F. 150 bis 151°) 7115.

$C_7H_{14}Cl_2N_2O_2$ $N^1.N^1$-**Bis-[β-chloräthyl]-hydrazin-*N*²-carbonsäureäthylester** (F. 80°) 17 368.

$C_7H_{14}Cl_2O$ **1.2-Dichlorheptanol-(6)** ($Kp._{17}$ 132 bis 133°) 12 621.

$C_7H_{14}Cl_2O_2$ **1.3-Dichlor-1.3-diäthoxypropan**, Rk. 2168*.
Aceton-bis-[β-chloräthylketal] 8581.

$C_7H_{14}Cl_2Si$ **Hexen-(1)-ylmethyldichlorsilan** ($Kp._{17}$ 82,5°) 10 054.
Hexen-(5)-ylmethyldichlorsilan ($Kp._{75}$ 112 bis 113°) 10 054.

$C_7H_{14}Cl_3N$ **β-Chlorpropyl-bis-[β-chloräthyl]-amin**, klin. Applikat. 506.

$C_7H_{14}FO_2P$ **Methylphosphonsäurecyclohexylesterfluorid**, volumetr. Best. 8733.

$C_7H_{14}F_4OSi$ **2'-Trimethylsilyläthyl-1.1.2.2-tetrafluoräthyläther** (Kp.$_{746}$ 137°) 16 292.

$C_7H_{14}HgN_4O_4$ **4-Hydroxymercuri-5-methoxy-1.2-dicarbamylhexahydropyridazin** 847.

$C_7H_{14}HgO_2S$ **ω-[Äthylmercurimercapto]-*n*-valeriansäure** (F. 56—58°) 10 573*.

$C_7H_{14}Hg_2O_3$ **Bis-[propylquecksilber]-carbonat** (F. 77°) 12 954.
Bis-[isopropylquecksilber]-carbonat (F. 126°) 12 954.

$C_7H_{14}JN$ **α-Jod-γ-pyrrolidinopropan**, Hydrojodid 7299*.

$C_7H_{14}J_2$ **1.7-Dijodheptan** (Kp.$_{14}$ 160°) 12 295.

$C_7H_{14}J_2N_2O$ **1.1-Bis-[γ-jodpropyl]-harnstoff**, Rk. 5472*.

$C_7H_{14}NO_2PSe$ **2-Cyanäthylselenophosphonsäurediäthylester** (Kp.$_{0,15}$ 82—83°) 13 728.

$C_7H_{14}NO_3P$ **2-Cyanäthylphosphonsäurediäthylester** (Kp.$_{0,6-0,7}$ 107—111°) 13 949*.
α-Methylcyanmethylphosphonsäurediäthylester (**α-Cyanäthylphosphonsäurediäthylester**) (Kp.$_{0,3}$ 87—89°) 10 273*.
Cyanphosphonsäure-di-*n*-propylester (Kp.$_6$ 98—100°) 15 931.
Cyanphosphonsäurediisopropylester (Kp.$_{3,5}$ 75—78°) 15 931.

$C_7H_{14}NO_3PS_2$ **2-Carbamoylmethylmercapto-2-thiono-5.5-dimethyl-1.3.2-dioxaphosphorinan** (F. 96—98,5°) 18 833.
2-[*N*-Methylcarbamoyl]-methylmercapto-4.5-dimethyl-2-thiono-1.3.2-dioxaphospholan (F. 106—108°) 18 833.
Dithiophosphorsäure-*O.O'*-dimethylester-*S*-allylaminocarbonylmethylester (F. 57,5 bis 58°) 12 266.

$C_7H_{14}NO_4P$ **Dimethylamido-[3-carbomethoxy-propen-(2)-yl-(2)]-phosphit** (Kp.$_{0,5}$ 76 bis 80°) 4139.

$C_7H_{14}NO_5PS_2$ **Dithiophosphorsäure-*O.O'*-dimethylester-*S*-methoxycarbonylmethylaminocarbonylmethylester** (F. 41—42°) 12 267.
Dithiophosphorsäure-*O.O'*-dimethylester-*S*-äthyoxcarbonylaminocarbonylmethylester (F. 57,5—58°) 9870*, 12 267.

$C_7H_{14}N_2$ **1-Allylpiperazin** (Kp.$_{11}$ 62—64°) 7151.
3.4.5.5-Tetramethyl-Δ²-pyrazolin (Kp.$_{15}$ 68 bis 70°) 16 655.
3.3-Di-*n*-propyldiazirin (Kp.$_{11}$ 24—25°) 4901.
1.4-Diazabicyclo-[4.3.0]-nonan (Kp.$_{10}$ 74 bis 75°) 2360.
9-Azaindolizidin (Pyrazolido-[1.2:*a*]-piperidazin) (Kp.$_{13}$ 66°) 18 827.
1.8-Diazabicyclo-[4.3.0]-nonan (Kp. 155 bis 156°) 2360.
Diisopropylcarbodiimid, Verw. zur Aktivier. d. Polymerisat. v. Mononucleotiden 15 993.
ω-Aminoönanthonitril (7-Aminoheptannitril) (Kp.$_8$ 118°), Darst. 2905*; (Verw.) 2904*; Rk. 14 622*.
5-Amino-4.4-dimethylvaleronitril 3060.
β-[*n*-Butylamino]-propionitril (Kp.$_{37}$ 123 bis 124°), Rk. mit Phenylglycidyläther (Kinetik) 8574.
β-[*tert*.-Butylamino]-propionitril 16 491*.
2-Diäthylaminopropionitril, Rk. 8952.
3-Diäthylaminopropionitril, Rk. 8952.

$C_7H_{14}N_2O$ **Bispidinol**, Deriv. 3455.
***N*-Cyclohexylharnstoff**, Rk. 4537.
2-Oxo-4.4.6-trimethylhexahydropyrimidin (F. 202°) 15 216.
***N*-Methylprolinmethylamid** (F. 40°), Darst., Pikrat (F. 215—216°) 306*.
2-Acrylamidoäthyldimethylamin, Rk. 2541*.
1-Cyclopropylcarbonyl-2-isopropylhydrazin (F. 123—126°) 12 761*.
Isobuttersäureisopropylidenhydrazid (F. 90 bis 91°) 9310.

$C_7H_{14}N_2OS_2$ **Morpholino-*N.N*-dimethyldithioformamid (Morpholinothiocarbonyl-[*N.N*-dimethylsulfenamid], *N*-[Dimethylaminomercaptothiocarbonyl]-morpholin)** (F. 75—76°), Darst. 11 563; Vulkanisat.-Wrkg. 18 134.

$C_7H_{14}N_2O_2$ **2-[2'-Hydroxypropyl-(1')-amino]-5-methyl-Δ²-oxazolin**, Rk. 10 815.
2-Imino-3-[β-hydroxypropyl]-5-methyloxazolidin, Rk. 10 815.
1-Morpholinopropanon-(2)-oxim (F. 103 bis 104° korr.) 8255.
α.β-Dimethyllävulinaldehyddioxim (F. 145°) 16 066*.
***N*-[β-Cyanäthyl]-diäthanolamin**, Rk. 18 091.
Methylcyanmethylmorpholiniumhydroxid Rk. d. Jodids 17 144*.
Piperidyl-(4)-glycin, Darst. u. Prüf. d. Dihydrochlorids auf mikrobielle Hemmwrkg. 18 150.
1-Carbäthoxypiperidazin (Kp.$_{0,05}$ 50—53°) 18 827.
1(*N*)-Carbäthoxypiperazin, Rk. 3816, 4155, 5027*, 12 300, 18 938*.
***N*-[Tetrahydropyranyl-(2')]-2-aminoacetamid**, Salze 8977.
α-Methyladipinsäurediamid (F. 185—186°) 7501.
α-Methyl-α-isopropylmalonsäurediamid (F. 187—188°) 1189.
α.α-Diäthylmalonsäurediamid (F. 224° korr.) 1189, 13 201*.
Aceton-γ-hydroxybutyrylhydrazon (F. 78 bis 79°) 10 428.

$C_7H_{14}N_2O_2S$ **1-Methoxymethyl-2-methoxymethylmercapto-Δ²-imidazolin**, Vernetz.-Rk. mit Baumwolle 14 369.
***N*-Methoxymethyl-*N'*-vinyloxyäthylthioharnstoff** (F. 75—76°) 1434*, 6209*.

$C_7H_{14}N_2O_3$ ***N*-Methoxymethyl-*N'*-vinyloxyäthylharnstoff** 1434*, 6209*.
***N.N'*-Dimethoxymethyl-*N.N'*-äthylenharnstoff [*N.N'*-Dimethylolimidazolidinon-(2) dimethyläther]**, Rk. mit Carbonsäuren 16 536*; Vernetz.-Rk. mit Baumwolle 14 369.
2-[β-Hydroxyäthylimino]-3-[β-hydroxyäthyl]-oxazolidin, Rk. 10 815.
β-Ureidobuttersäureäthylester (F. 46—48°) 17 716.
Acetylornithin, — als Reserve-N bei Fumaroideen 14 660; Unterdrück. eines —-durchläss. Syst. bei E. coli 5708.
***N*-Isopropylglycylglycin** (F. 213—215°) 4542.
Alanylglycinäthylester, Rk. 10 429.
β-Alanylglycinäthylester, — als Trypsin-Substrat 13 431.
***N'*-Acetylhydrazin-*N*-carbonsäure-*tert*.-butylester** (F. 117—117,5°) 14 478.

$C_7H_{14}N_2O_3S$ ***S*-Propylcarbamoyl-*l*-cystein** (F. 179—180°), Darst., Toxizität gegenüber Streptococcus lactis *8039* 4585.
DL-**α-[Butansultam-(1.4)-yl]-propionsäureamid** (F. 147—148°) 12 254.

$C_7H_{14}N_2O_4$ **1.7-Dinitroheptan** (Kp.$_1$ 140—150°) 2901*.
3.5-Dinitroheptan 15 919.
2-Methyl-2.4-dinitrohexan (Kp.$_{0,75}$ 77°) 15 919.
2.3-Dimethyl-2.4-dinitropentan (Kp.$_{0,5}$ 80°) 15 919.
3.5-Dimethoxymethyl-1-oxa-3.5-diazacyclohexanon-(4) (3.5-Bis-[methoxymethyl]-4-oxotetrahydro-1.3.5-oxadiazin, Dimethylolurondimethyläther) (Kp.$_{0,5-1,5}$ 116—118°), Darst., (RF-Wert) 13 364; (Verw.) 15 411*; Vernetz.-Rk. mit Reyon 14 369.
2.6(α.ε)-Diaminopimelinsäure (α.α'-Diaminopimelinsäure, *gewöhnl.* Diaminopimelinsäure), — als neue natürl. Aminosäure (Übersicht) 4207; Vork.: in Bodenhydrolysaten 8385; in d. mycobakteriellen Zellwand 15 277; im Lysozym-lösl. Mucopeptid aus d. Zellwänden v. E. coli 9387; in d. Zellwand d. Bacillus megatherium 7569; in ruhenden Sporen v. Bacterium megatherium 4965; Biosynth. 2776; (Übersicht) 3138; Bldg.: in Ggw. v. N Succinyl-L-diaminopimelinglutamin-

2-[2'-Methylcyclopropyl]-propanol-(2) (Kp. 131—133°) 108.
1-[2'.2'-Dimethylcyclopropyl]-äthanol-(1) (Kp.11 43—45°) 108.
Cycloheptanol (Kp.684 180°), Darst., Rk. 8232; Bldg. 18 099; Rk. 1950, 11 364*.
1-Methylcyclohexanol-(1), Bldg. 12 246; (intermediär) 7493; (Rk.) 809; Erkennen v. Carboniumionenbldg. aus d. UV-Spektrum 12 595; Rk. 8958.
2-Methylcyclohexanol-(1), Darst. (v. cis- u. trans-—) 7493; (eines Gemisches v. cis- u. trans-—) 8933; Bldg. v. cis- u. trans-— 8933; Dublettcharakter d. OH-Absorpt. v. trans-— 8558; gaschromatograph. Verh. v. cis- u. trans-— 18 422; Epimisier. v. 2e-Methylcyclohexanol-(1a) 9662; Oxydat. 10 818, 14 838; Rk. mit Phenol 8958.
3-Methylcyclohexanol-(1), Darst. 1563, 15 017; Konstellationsanalyse aus d. IR-Spektrum v. cis- u. trans-— 14 448; gaschromatograph. Verh. v. cis- u. trans- — 18 422; Umlager. v. 3e-Methylcyclohexanol-(1a) in d. 1e-Form 14 458.
4-Methylcyclohexanol-(1), Darst., Rk. 17 012; Konstellationsanalyse v. cis - u. trans-— aus d. IR-Spektrum 14 448; gaschromatograph. Verh. v. cis- u. trans-— 18 422; Dehydratat. 5251; Umlager. v. 4e-Methylcyclohexanol-(1a) in d. 1e-Form 14 458.
1-Äthylcyclopentanol, Rk. 2327.
cis-**1.2-Dimethylcyclopentanol** (F. 23—24°) 7493.
1-Methoxyhexen-(5) (Kp. 125—130°) 12 621.
[Penten-(1)-yl-(3)]-äthyläther 7321*.
1-Äthoxy-3-methylbuten-(1), Rk. 13 371.
Amylvinyläther, Trenn. v. Alkoxyderiv. 9891*.
Vinylisoamyläther (Kp. 111,2—111,5°), Darst. 803; Einfl. v. Druck auf d. Kationenpolymerisat. v. — 6428.
tert.-**Amylvinyläther** 4873.
Neopentylvinyläther, Struktur 13 790; Rk. 6428, 17 267*, 18 652.
Allylbutyläther (Kp. 117,5—117,8°), Darst. 2166*, 8057*; (Rk.) 9316; (Verw.) 6962*, 10 636*; Rk. 9317.
n-**Butylpropenyl-(2)-äther**, Raman- u. UV-Spektrum 16 622.
trans-**1-Methyl-2-butoxyäthylen**, Rk. 6052.
trans-**1-Methyl-2-isobutoxyäthylen** (F.226°), Rk. 6052.
Cyclohexylmethyläther, Konstellationsanalyse aus d. IR-Spektrum 14 448.
Äthyl-[α-cyclopropyläthyl]-äther (Kp.741 111°) 10 067.
2.2-Dimethylvaleraldehyd (Dimethylpropylacetaldehyd) (Kp. 114—116°), Darst., 2.4-Dinitrophenylhydrazon 10 426; Rk. 3060.
2-Äthyl-3-methylbutanal (Kp.74 67—69°) 8997, 15 234.
Heptanon-(2) (Methylamylketon, *n*-Pentylmethylketon, 2-Oxoheptan) (Kp. 148 bis 151°), Darst. 7325*, 9512*, 16 839*; (Semicarbazon) 13 724; Bldg. 12 987, 14 558, 16 670; (2.4-Dinitrophenylhydrazon) 10 045; IR-Spektrum 15 533; dielektr. Relaxat. 13 338; (Temp.-Abhängigk.) 13 705; magnet. Mol.-Rotat. 9287; Rheochorwerte aus Molgew., Dichte u. Zähigk. 794; Extrakt.: v. Co(II)-Thiocyanat-Komplexen mit — 16 240; v. bestrahltem U durch — 767; — als Lsgm. für $UO_2(NO_3)_2$ 14 783; Reaktivität bei d. Radiolyse 14 465; Photolyse 14 825; Überführ. in Heptyl-(2')-hydrazin 7625*; Rk.: mit C_2H_2 9892*, 16 130*; mit 2-tert.-Butylphenol 8792*; mit α-Cyanstyrol 3064; mit Cyanessigsäureäthylester 18 792; mit Äthyloxalat 17 493*; papierchromatograph. Trenn. als Cyanacethydrazon 10 215.
Heptanon-(3) (Äthyl-*n*-butylketon), Darst., Rk. 16 651; Bldg. 16 670; dielektr. Relaxat. 13 338; magnet. Mol.-Rotat. 9287; Lsg.-Eig. v. bei verschied. Polymerisat.-Temp. hergestelltem Polyvinylacetat in — 14 163; Rk. 6356; papierchromatograph. Trenn. als Cyanacethydrazon 10 215.
Heptanon-(4) (Di-*n*-propylketon, Butyron) (Kp. 143°), Darst. 6963*, 7325*, 13 724; (2.4-Dinitrophenylhydrazon) 3981*; neue Bezieh. zwischen d. physikal. Konst. v. — 3402; IR-Absorptionsspektrum u. Dipolmoment v. —-Bortrifluorid 11 143; Konstit.-Einfl. auf d. Ionisationspotential 15 166; Best. d. CH_2-Gruppen aus d. $\delta(CH_2)$ 12 230; Temp.-Einfl. auf d. $\nu(CO)$ 14 811; Effekt d. H-Bind. v. — mit Chlf. auf d. Valenzschwingungsbande d. Carbonylgruppe 16 622; mol. Kerr-Konst., Dipolmoment, Polarisat., Konformat. 14 450; dielektr. Relaxat. 13 338; magnet. Mol.-Rotat. 9287; Löslichk. v. organ. Ag- u. Cs-Salzen in — 7070; Einfl. als Lsgm. auf d. Gestalt v. Polymethylmethacrylat in Lsg. 8644; Aminier. 4900; Rk.: mit $NaBH_4$ (Konstit.-Einfl.) 17 707; mit Acetylen 10 427; mit 2-tert.-Butylphenol 8792*; mit CH_2O 9334; (u. Dimethylamin) 17 033; mit Benzoesäuremethylester bzw. Benzaldehyd 14 842; mit Cyanmethylphosphonsäureestern 10 274*; Wrkg. auf Bakterien 3547; papierchromatograph. Trenn. als Cyanacethydrazon 10 215.
4-Methylhexanon-(2), Bldg., 2.4-Dinitrophenylhydrazon 6048.
Methylisoamylketon, Extrakt. v. Co(II)-Thiocyanat-Komplexen mit — 16 240.
2-Methylhexanon-(3) (Propylisopropylketon) (Kp.748 131,5—132°) 10 045, 12 619.
3.4-Dimethylpentanon-(2) 11 874.
Methylneopentylketon [4.4-Dimethylpentanon-(2)], Bldg. 5246, 12 616, 13 723; (2.4-Dinitrophenylhydrazon) 10 057; Rk. 8792*.
2.2-Dimethylpentanon-(3) (Äthyl-*tert.*-butylketon) (Kp. 126—127°) 2704, 12 616.
2.4-Dimethylpentanon-(3) (Diisopropylketon) (Kp. 124—126°), Vork. 7357; dielektr. Relaxat. 13 338; mol. Kerr-Konst., Dipolmoment, Polarisat., Konformat. 14 450; Extrakt. v. Co(II)-Thiocyanat-Komplexen mit — 16 240; Darst. v. Poly-— durch Polyrekombinat. 18 489; Rk.: mit H-Atomen 18 393; mit $NaBH_4$ (Konstit.-Einfl.) 17 707; mit C_2H_2 9892*, 16 130*; mit Na-Acetylid 7483; mit Äthyl-MgBr 9673, 15 548; (Kinetik) 14 093.
Verb. $C_7H_{14}O$ (Kp.13 100—102°) aus 2-Methylhexen-(2)-on-(4)-ol-(6) 8943.

$C_7H_{14}OS$ **4-Äthylthiacyclohexanol-(4)** (Kp.1 83°) 16 310.
Vinylbutoxymethylthioäther 7352*.
1-Äthylmercapto-2-äthoxypropen-(1) (Kp.11 72—74°) 15 921.
1-Äthoxy-2-äthylmercaptopropen-(1) (Kp.4 53—55°) 16 281.
4(„β")-Isopropylmercaptobutanon-(2) (Kp.12 80—81°), Rk. 13 866*.

$C_7H_{14}OS_2$ ***n*-Hexylxanthogenat**, Redoxpotential 12 828*.
Hexyl-(3)-xanthogenat (Kp.3 86—88°) 1491.
Pinakolylxanthat, Verw. zur Darst. v. tert.-Butyläthylen 98.
tert.-**Amylmethylxanthogenat** 4873.

$C_7H_{14}O_2$ (s. *n-Heptylsäure*).
2.2-Dimethyl-1.3-dioxepan (Kp. 136—137°) 10 097.
3.3.5.5-Tetramethyl-1.2-dioxacyclopentan, Protonenresonanz-Unters. zur Best. d. innermol. Behinderungspotentials in — 3771.
2-Hydroxy-3.3-dimethyltetrahydropyran 13 363.

trans-**2-Hydroxymethylcyclohexanol** 2328.
3-Hydroxycyclohexylcarbinol (Kp.$_{0,5}$ 115 bis 120°) 7130.
1.1-Bis-[hydroxymethyl]-cyclopentan [1.1-Dimethylolcyclopentan, Cyclopentan-1.1-dimethanol, 2.2-Tetramethylenpropandiol-(1.3)] (F. 92—93,5°), Darst., Rk. 834, 7505, 13 002; IR-Spektrum u. Thorpe-Ingold-Hypothese d. Valenzwinkelabweich. 18 415.
5.5-Dimethyl-*cis*-cyclopentandiol-(1.2) (1.1-Dimethyl-*cis*-cyclopentan-2.3-diol) (Kp.$_{0,3}$ 73°), Darst., Chromsäureoxydat. (Kinetik) 13 716; Best. d. Bind.-Verhältnisses zwischen Cu u. — 13 326.
1-Methoxy-1.6-epoxyhexan (Kp.$_{752}$ 135°) 6406.
2-Äthoxytetrahydropyran, Rk. 11 361* [3 Ref.], 18 635*.
2.6-Epoxy-1-methoxyhexan (Kp.$_{13}$ 63—65°) 12 621.
2-Methoxy-2-methyltetrahydropyran (Kp. 131—133° korr.) 5677.
2-Äthoxymethyltetrahydrofuran (Tetrahydrofurfuryläthyläther), Löslichk. v. Alkalimetallen in — 2656; Rk. 11 361* [2 Ref.].
n-**Butylglycidyläther** (Kp. 168,5°), Darst. 16 137*; Wrkg. auf d. Blut 15 312; chromatograph. Trenn. v. anderen Glycidyläthern 6532.
Isobutylglycidyläther (Kp. 159,5°), chromatograph. Trenn. v. anderen Glycidyläthern 6532.
1-Äthoxy-4-hydroxypenten-(1) (Kp.$_5$ 70 bis 71°) 15 920.
2-Allyloxy-3-hydroxybutan (Kp.$_{50}$ 90—93°) 3904*.
2-Methoxycyclohexanol, Gemisch mit Δ^2-Cyclohexenon 9672.
Acroleinacetal, Rk. 12 457*.
Methylketendiäthylacetal, Rk. 14 477.
Hepten-(3)-ylhydroperoxid 16 486*.
1-Methylcyclohexylhydroperoxid, Darst., Rk. 809; Rk. 3625*.
β-**Äthoxyvaleraldehyd** (Kp. 150—155°) 18 082.
β-**Äthoxy-*α*-methylbutyraldehyd** (Kp. 140 bis 145°) 18 082.
β-**Äthoxyisovaleraldehyd (3-Äthoxy-3-methylbutyraldehyd)** (Kp.$_{760}$ 147—148°) 7848, 18 082.
Dimethyläthoxymethylacetaldehyd (Kp. 139 bis 140°) 10 426.
4-Methylhexanol-(5)-on-(3) (Kp.$_{14}$ 83—87°) 10 427.
3-Äthylpentanol-(3)-on-(2), Rk. 10 426.
2.3-Dimethyl-4-ketopentanol (Kp. 97 bis 103°) 16 066*.
2-[Propyl-(2')]-butanol-(1)-on-(3), Rk. 3064.
4-Methoxy-4-methylpentanon-(2) („Pent-Oxone") (Kp.$_{10}$ 48°) Darst. 8415*, 15 185; Verw. als Lack-Lsgm. 8074.
4-Isopropoxybutanon-(2) (Kp.$_{50}$ 78°) 16 275.
3-Äthoxy-3-methylbutanon-(2) (Kp.$_{100}$ 75 bis 76°) 11 876.
Methylcyclohexylidenoxoniumhydroxid, Hexachloroantimonat (F. 94—96° Zers.) 18 080.
2-Methylhexansäure (Kp.$_{15}$ 104—105°) 11 874.
Isoheptylsäure, Entmisch. reziproker Systeme v. Salzen aus — u. anorgan. Säuren 3382.
2.2(*α.α*)-Dimethylvaleriansäure (Kp.$_{20}$ 109 bis 115°) 4137, 4342*.
α-*sek.*-**Butylpropionsäure** 5671.
2-Methyl-2-äthylbuttersäure (*α.α*-Diäthylpropionsäure) (Kp.$_{0,7}$ 64—66°), Darst. 6963*; 17 924*; Bldg. 4137; Verw. d. Li-Salzes 14 006*.
2-Äthyl-3-methylbutansäure (Kp.$_{17}$ 105°) 15 234.
2.2.3-Trimethylbuttersäure (F. 49°) 4137.
Capronsäuremethylester (Hexansäuremethylester) (Kp.$_{760}$ 152°), Darst.1734, 8415*; Bldg. (Mechanismus) 18 430; enzymat. Hydrolyse 6825.
3-Methylpentansäuremethylester (Kp.$_{760}$ 142°) 18 430.
4-Methylpentansäuremethylester (Isobutylessigsäuremethylester, Isocapronsäuremethylester) (Kp.$_{760}$ 142°) 143, 18 430.
n-**Valeriansäureäthylester (Äthylvalerat)** (Kp. 142—144°), Darst., Rk. 12 625, 13 009; Absorpt.-Spektren d. Lsg. v. SnJ_4 in — 4424; Einfl. d. KW-Stoffkette auf d. Löslichk. in W. 439; Rk. 18 393.
Isovaleriansäureäthylester, Einfl. auf Bakterien 3547.
Buttersäurepropylester (*n*-Propylbutyrat), Darst., Rk. 16 489*; Einfl. d. KW-Stoffkette auf d. Löslichk. in W. 439; Rk. 2168*.
Isopropylisobutyrat (Kp. 120,76°), Bezieh. zwischen Druck, Temp. u. Dichte 12 235.
α-**Äthylbuttersäuremethylester** (Kp.$_{760}$ 135,1 bis 137,2°) 95.
2.2(*α.α*)-Dimethylbuttersäuremethylester (Kp.$_{760}$ 133°) 95, 18 430.
tert.-**Butylessigsäuremethylester** (Kp. 124 bis 128°) 16 642.
Propionsäurebutylester (Butylpropionat), Darst. 14 317*; (Rk.) 16 489*; Dipolmoment d. Komplexes $TiCl_4$ · — 7816; Einfl. d. KW-Stoffkette auf d. Löslichk. in W. 439; Rk. 2168*, 18 393; Einfl. auf Bakterien 3547; Verw. 16 897*.
sek.-**Butylpropionat** 16 489*.
Propionsäure-*tert.*-butylester, Rk. 18 801.
Äthylpivalat, Rk. 11 529.
Essigsäureamylester (*n*-Pentylacetat, Amylacetat) (Kp. 120°), Geh. in Bieren 13 982, 17 247; Darst., Rk. 16 489*; Intensitäten d. Raman-Linien 12 598; [d. ν(CO)] 1549; Frequenzabhängigk. d. Ultraschallabsorpt. 9658; Einfl. d. KW-Stoffkette auf d. Löslichk. in W. 439; Gleichgewichtsverteil. für Adipinsäure-W.-— 7097; Rk. 14 098, 18 393; Wrkg. als Lockstoff 7667; Toxikologie u. Reiz-Wrkg. 2815; höchstzuläss. Konz. in d. Luft 7280; Verw. 6652*.
n-**Pentyl-(2)-acetat,** Rk. 4873.
Essigsäureisoamylester (Isoamylacetat), Dipolmoment d. Komplexes $TiCl_4$ · — 7816; Einw. v. —-Dämpfen auf d. Luftspitzenzähler 12 174; Verteil. v. HNO_3, H_2SO_4 u. H_3PO_4 zwischen W. u. — 14 793; Einfl. als Lsgm. auf d. Gestalt v. Polymethylmethacrylat in Lsg. 8644; Strecken v. polymeren KW-Stoffen in Ggw. v. — 12 517*; Extrakt.: v. Bi-Dithizonat mit — 18 037; v. Sb(V) in HCl-Lsg. mit — 10 763; Abtrenn. d. U v. Spalt-Prod. unter Anwend. v. Al_2O_3 u. — 14 783; Isolieren v. Gibberellsäure aus Fermentat.-Lsg. Gibberellsäure bildender Kulturen durch Extrakt. mit — 14 330*; Rk. 14 098; Bldg. durch d. Fadenpilz Chalaropsis thielavioides 9766; Toxikologie u. Reiz-Wrkg. 2815.
Pentyl-(3)-acetat (Kp. 132—134°) 4491.
tert.-**Amylacetat (*tert.*-Pentylacetat)** (Kp. 116—124°), Darst. 14 499; Rk. 4873.

$C_7H_{14}O_2S$ **1-Thionia-5-hydroxybicyclo-[3.3.0]-octanhydroxid,** Perchlorat 15 172.
5-Methyl-4-mercaptocapronsäure (Kp.$_{10}$ 135°) 11 904.
Isopropyl-3-carboxypropylsulfid (Kp.$_{1,2}$ 112°) 8943.
Essigsäure-2-propylmercaptoäthylester (Kp.$_{15}$ 103°) 8258.
Thiokohlensäurediisopropylester (Kp.$_{16}$ 59°) 4904.

$C_7H_{14}O_2S_2$ **Brenztraubensäurediäthylmercaptal** 1571.
Glyoxylsäuremethylesterdiäthylmercaptal (Kp.$_{11}$ 122°) 15 552.
Butylxanthogensäuremethoxymethylester (Kp.$_{1,5}$ 79°) 17 714.

$C_7H_{14}O_3$ **Hydroxymethyldimethyl-*m*-dioxan,** Verw. 7720*.
4-[2'-Hydroxyäthyl]-2.2-dimethyl-1.3-dioxolan (Kp.12 100—102°) 16 973.
***cis*-2-Äthoxy-3-hydroxytetrahydropyran** (Kp.12 80°) 11 568.
***trans*-2-Äthoxy-3-hydroxytetrahydropyran** (Kp.12 88°) 11 568.
2-Hydroxy-3-äthoxytetrahydropyran (Kp.2 68—69°) 1604.
2-Methoxy-2-methyl-3-hydroxytetrahydropyran (Kp.12 78—79° korr.) 5677.
2-Methoxycyclohexandiol-(1.3) 9672.
Glycidaldehydacetal, Rk. 1592.
Diäthylenglykolmonoallyläther (Kp.10 106°) 8580.
***β*-Hydroxyacroleinacetal,** Rk. 1192.
2-Methyl-1-hydroxycyclohexylhydroperoxid (*α*-Methylcyclohexanolhydroperoxid), Darst., Rk. 809, 12 259; Rk. 651*, 12 260, 18 435.
4-Methyl-1-hydroxycyclohexylhydroperoxid, Darst., Rk. 12 258; Rk. 1572, 12 260, 18 436.
***α*-Butoxyallylhydroperoxid** 9317.
Heptandiol-(3.4)-on-(2) (Kp.1 90°) 9695.
2-Methylhexandiol-(3.4)-on-(5) (Kp.2,5 84 bis 85°) 9695.
***β*-Ketovaleraldehyddimethylacetal** (Kp.12 80°), Rk. 9305.
1.5-Dimethoxypentanon-(3) (Kp.12 82—84°) 2702, 8217.
Methylglyoxaldiäthylacetal, Rk. 1832.
7-Hydroxyheptansäure 3262*.
2-Methylhexanol-(5)-säure-(6) (*δ*-Methyl-*α*-hydroxycapronsäure) (F. 61—62°) 8944, 10 061.
***α.α*-Diäthyl-*β*-hydroxypropionsäure,** Rk. 12 764*.
***ε*(*ω*)-Hydroxycapronsäuremethylester** 6581*, 9671.
2-[Hydroxymethyl]-valeriansäuremethylester (Kp.755 204—206°) 15 927.
***β*-Hydroxyvaleriansäureäthylester** 15 927.
***β*-Hydroxy-*β*-methylbuttersäureäthylester** (Kp.738 175—176°) 462.
***β*-Hydroxyisobuttersäureisopropylester** (Kp.12 84,5—86°) 15 927.
Milchsäure-*n*-butylester (Kp.17 81°) 13 362.
***α*- u. *β*-Äthoxybuttersäuremethylester** [Gemisch] 3415.
***α*-Äthyl-*β*-methoxypropionsäuremethylester,** Rk. 16 490*.
Äthyl-*α*-äthoxypropionat, Rk. 13 491*.
3-Äthoxypropionsäureäthylester, Rk. 5094*, 18 271*.
***n*-Butoxyessigsäuremethylester** (Kp.15 72°) 3415.
Essigsäuremethoxybutylester, Isolieren v. Gibberellsäure aus Fermentat.-Lsg. Gibberellsäure bildender Kulturen durch Extrakt. mit — 14 330*.
Essigsäuredimethylmethoxymethylcarbinylester (Kp.751 144—145°), Darst., saure Hydrolyse (Kinetik) 9664.
Diisopropylcarbonat, Rk. 13 565*.

$C_7H_{14}O_3S$ **3-Isopropoxysulfolan** (Kp.3 150 bis 155°) 15 954.
Thiodiglykolmonopropionat (Kp.0,002 95 bis 98° korr.) 9300.
Isobutyl-2-hydroxyäthylthiolcarbonat(Kp.0,1 81°) 9304.

$C_7H_{14}O_3S_2$ **Tetrahydrofuryl-(2)-propylthiosulfonsäure,** Rk. d. Na-Salzes 8720*.

$C_7H_{14}O_4$ (s. *Chalcose* [*3-Methyl-4.6-didesoxyhexose*]; *Cymarose*; *Oleandrose*; *Trachelanthinsäure*; *Viridiflorinsäure*).
Methyl-3.6-didesoxy-D-galaktosid 13 398, 14 510.
Methyl-3.6-didesoxy-D-mannosid 13 398.
1-*O*-Methyl-(—)-cyclohexan-1.3;2.4-tetrol (F. 127,5—128°) 16 657.
2-*O*-Methyl-(+)-cyclohexan-1.3;2.4-tetrol (F. 153—154°) 16 657.
D-*β*-Äthylnorpantoylsäure, Rk. mit *β*-Alanin in Ggw. v. Pantothensäuresynthetase 894.
2.2-Bis-[hydroxymethyl]-buttersäuremethylester (Kp.1,5 106—108°) 15 927.
***β*-Hydroxy-*α*-[hydroxymethyl]-buttersäureäthylester** (Kp.0,5 90—96°) 15 927.
Monobutyrin, Rk. 12 610; Einfl. auf d. Red. v. Tetrazoliumsalzen durch mit Aceton extrahierte Rinderherzmitochondrien 3493.
Diäthylenglykolmonomethylätheracetat, Verw. 8463*.
Diäthoxymethylacetat, Rk. 5297, 9960*, 9961*, 10 462.

$C_7H_{14}O_4S$ **3-[2'-Methoxyäthoxy]-sulfolan** 15 954.
Isopropyl-3-carboxypropylsulfon (F. 61 bis 66°) 8943.
Heptanon-(4)-sulfonsäure-(5), Ba-Salz 94.
2.4-Dimethylpentanon-(3)-sulfonsäure-(4), Ba-Salz 94.

$C_7H_{14}O_5$ (s. *Digitalose*; *Thevetose*).
Methyl-3-desoxy-D-galaktosid 13 398, 14 510.
Methyl-3-desoxy-*α*-D-galaktopyranosid (F. 138°) 14 510.
Methyl-3-desoxy-D-glucosid 16 323.
Methyl-3-desoxy-*α*-D-glucopyranosid, Rk. 13 349.
Methyl-3-desoxy-D-mannosid (F. 120—123°) 13 398, 16 323.
Methyl-3-desoxy-*α*-D-mannosid, Rk. 4545.
2-*O*-Methyl-3-desoxy-D-mannose 14 509.
Methyl-*α*-L-rhamnopyranosid, Rk. 7155.
3-*O*-Methyl-6-desoxytalose, Vork. 1273, 11 243.
2-*O*-Methylfucose, Vork. 343, 13 080.
2-*O*-Methylrhamnose, Vork. 13 080, 14 199; Best. v. L-— 10 587.
3-*O*-Methylrhamnose, Vork. 11 243.
4-*O*-Methyl-L-rhamnose 1632.
Äthyl-*α*-L-arabinofuranosid (F. 48—49°), Rk. 18 474.
L-1-Desoxy-5-*O*-methylmyoinosit 16 657.
L-2-Desoxy-1-*O*-methylmyoinosit 16 657.
2-Desoxy-5-*O*-methylmyoinosit (F. 215°) 16 657.
L-3-Desoxy-1-*O*-methylmyoinosit (F. 148 bis 149°) 16 657.
2.3-Di-*O*-methylarabinose, Bldg. 13 056; (im Gemisch mit 2.3.4-Tri-O-methyl-D-galaktose) 1632.
2.4-Di-*O*-methyl-L-arabinose 1632, 13 056.
2.5-Di-*O*-methyl-L-arabinose 13 056.
3.5-Di-*O*-methylarabinose 13 056.
2.3-Dimethyl-D-lyxose (F. 116—117°) 11 930.
2.3-Di-*O*-methyl-D-xylose (F. 100—101°), Bldg. 152, 1632, 11 773, 14 167, 17 960; (Anilinderiv.) 497, 13 056; Best. d. zur Oxydat. v. — verbrauchten Perjodats 17 513.
3.4-Di-*O*-methylxylose, Darst., Rk. v. D-— 10 842; Bldg. 14 166; Bldg., Lacton v. D-— 498.

$C_7H_{14}O_5S$ **Methyl-6-desoxy-6-mercapto-*α*-D-glucopyranosid,** — als Übertrag.-Mittel bei Polymerisat. 7916.
5-Carboxy-3-methylpentansulfonsäure, Ba-Salz 18 437.

$C_7H_{14}O_6$ (s. *Bornesit* [*1-O-Methylmyoinosit*]; *Laminit* [*4-O-Methylmyoinosit*]; *Ononit*; *Pinit* [*d-Inosit-3-methyläther*]; *Quebrachit* [*1-O-Methyl-L-inosit*]; *Sequoyit* [*5-O-Methylmyoinosit*]).
2-*O*-Methyl-(—)-inosit, Papierionophorese 11 513.
2.4-*O*-Methylen-D-glucit, Papierionophorese 11 513.
2.5-*O*-Methylen-D-mannit, Papierionophorese 11 513.
3.4-*O*-Methylen-D-mannit, Papierionophorese 11 513.
2.4-*O*-Methylen-D-sorbit (F. 163—164°) 14 830.
Methyl-*α*-D-altropyranosid, Papierionophorese 11 513.

Methylgalaktosid, Bldg. 9687; (v. D-—) 7548; (v. D- u. L-—) 18 890.
Methyl-α-D-galaktopyranosid (*gewöhnl.* **Methyl-α-D-galaktosid**) (F. 115—117°), Darst. 8622; Papierionophorese 11 513; Bind.-Verhältnis zwischen Cu u. — 13 326; Rk.: mit SO_2Cl_2 4544; mit Benzaldehyd 18 118; Spalt. durch Austern-α-D-Galaktosidase 8660; Nachw. 15 257.
Methyl-β-D-galaktopyranosid (*gewöhnl.* **Methyl-β-D-galaktosid**) (F. 178—179°), Darst. 8622; Bldg. 3100; Papierionophorese 11 513; induzierbarer Mechanismus für d. Speicher. v. — in E. coli 11 598.
Methyl-α-D-galaktofuranosid, Hydrolyse (Kinetik) 14 462.
Methyl-β-D-galaktofuranosid, Hydrolyse (Kinetik) 14 462.
2-O-Methyl-D-galaktose (F. 148—149°)1632, 13 056.
4-O-Methylgalaktose, Vork. 14 199.
Monomethylglucose (Methylglucopyranose), Darst. 14 828; Best. 10 587.
Methyl-α-D-glucosid (Methyl-α-D-glucopyranosid, *gewöhnl.* **α-Methlyglucosid)** (F. 165 bis 166°), Darst. 6779, 8261, 8262; Bldg. 8622; Struktur v. perjodatoxydiertem — 3100; IR-Spektrum u. Stereochemie 8563; Papierionophorese 11 513; Erhöh. d. Löslichk. v. Cu-Verb. in NH_3 bei Ggw. v. — 15 887; Bind.-Verhältnis zwischen Cu u. — 13 326; Überführ. in Methyl-3-amino-3-desoxy-α-D-mannopyranosid 1611, 10 100; Rk.: mit Vinylchlorid bzw. Acetylen 13 766; mit Glyoxal 17 038; mit 4.4-Bis-[4-hydroxyphenyl]-pentansäure 18 641*; mit Mesylchlorid 15 603; — als Übertrag.-Mittel bei d. Polymerisat. 7915; Polymere aus ungesätt. Bisacetalen v. Pentaerythrit u. —/Glycerin 17 423; Film-Bldg.-Eig. d. Ester d. — mit d. Säuren d. Dotteröls 16 857; Hydrolyse durch Austern-α-D-Glucosidase 8660; Einfl. auf d. Wrkg. v. β-Glucosidase aus Stachybotrys atra gegen p-Nitrophenyl-β-D-glucosid 10 875; Fermentat. durch Gen x in Kombinat. mit y_1 u. y_2 7920; Wrkg. v. 2.4-Dinitrophenol auf d. Akkumulat. v. — in Escherichia coli 17 801; Einfl.: auf d. Wachstum abgeschnittener Tomatenwurzeln 10 151; auf d. Transport v. D-Galaktose im Darm d. Hamsters 13 465; Nachw. 15 257.
Methyl-β-D-glucosid (Methyl-β-D-glucopyranosid) (F. 105°), Darst. 8262, 8622; (Rk.) 8261; IR-Spektrum u. Stereochemie 8563; Papierionophorese 11 513; Oxydat. 6779; — als Übertrag.-Mittel bei d. Polymerisat. 7915; Einfl. auf d. Wrkg. v. β-Glucosidase aus Stachybotrys atra gegen p-Nitrophenyl-β-D-glucosid 10 875.
Methyl-α-D-glucofuranosid, Hydrolyse (Kinetik) 14 462.
Methyl-β-D-glucofuranosid, Hydrolyse (Kinetik) 14 462.
2-O-Methyl-D-glucose (F. 154—158°), Darst. 9350; Bldg. 7179, 7528; Einfl. auf d. Wrkg. v. β-Glucosidase aus Stachybotrys atra gegen p-Nitrophenyl-β-D-glucosid 10 875.
3-O-Methyl-D-glucose, Vork. 16 028; Darst. 10 473; Bldg. 7179; Papierionophorese 11 513; Einfl. auf d. Wrkg. v. β-Glucosidase aus Stachybotrys atra gegen p-Nitrophenyl-β-D-glucosid 10 875; Bedeut. d. Na-Ionen beim akt. intestinalen $^{14}C_{(CH_3)}$-—-Transport 14 217; —-Transport im Darmepithel 18 539; Wrkg.: v. Digitalis auf d. akt. —-Transport im Darm 8336; auf d. Transport v. D-Galaktose im Darm d. Hamsters 13 465; Best. 10 587.
4-O-Methyl-D-glucose, Bldg., Phenylosazon 497, 14 166; Einfl. auf d. Wrkg. v. β-Glucosidase aus Stachybotrys atra gegen p-Nitrophenyl-β-D-glucosid 10 875.
6-O-Methyl-D-glucose, Bldg. 7179; (Phenylosazon) 7528; Einfl. auf d. Wrkg. v. β-Glucosidase aus Stachybotrys atra gegen p-Nitrophenyl-β-D-glucosid 10 875.
α-Methyl-D-idosid 18 118.
α-Methyl-D-mannosid (Methyl-α-D-mannopyranosid, *gewöhnl.* **α-Methylmannosid)** (F. 194—196°), Darst. 8621; Papierionophorese 11 513; Rk.: mit Glyoxal 17 038; mit Chlorameisensäurebenzylester bzw. -methylester 3819; Hydrolyse durch Austern- α-D-Mannosidase 8660; Nachw. 15 257.
Methyl-α-D-mannofuranosid (F. 117—119°), Darst. 8622; Hydrolyse (Kinetik) 14462.
Methyl-β-D-mannofuranosid, Darst. d. $CaCl_2$-Komplexes 8622; Hydrolyse (Kinetik) 14 462.
1-O-Methyl-D-fructose 7528.
3-O-Methyl-D-fructose 7528.
4-O-Methyl-D-fructose 7528.
6-O-Methyl-D-fructofuranose (?) 7528.

$C_7H_{14}O_6S_2$ **1.2-Di-[methylsulfonyl]-1-n-propylsulfonyläthylen** 5093*.

$C_7H_{14}O_7$ (s. *Galaktoheptulose*; *Mannoheptulose*; *Sedoheptulose*).
L-Glucoheptose, Papierionophorese 11 513.
D-Glyceroheptose, Papierionophorese 11513.

$C_7H_{14}O_8$ **d-Glucoheptonsäure,** Salze 2833*.

$C_7H_{14}S$ **3-Äthylpentamethylensulfid** (Kp.$_{43}$ 92 bis 92,5°) 15 591.
4-Äthylthiacyclohexan (Kp.$_{16}$ 66—67°) 16 310.
2-n-Propylthiophan (Kp.$_{743}$ 179,3—179,8°), IR-Spektrum, Darst. 788.
3-n-Propylthiophan (Kp.$_{733}$ 187,1—187,6°), Darst., IR-Spektrum 788.
2.3.5-Trimethylthiophan (Kp.$_{751}$ 161—162°), Darst., IR-Spektrum 788.

$C_7H_{14}S_2$ **1.2-Bis-[äthylmercapto]-propen-(1)** (Kp.$_2$ 76—91°) 15 921.

$[C_7H_{14}S_2]_x$ **Polysulfid** $[C_7H_{14}S_2]_x$ (F. 62°), Kristallisat.-Geschw. (Vgl.) 1247.

$C_7H_{14}S_3$ **Trithiokohlensäure-*tert.*-butylesteräthylester** (Kp.$_{0,57}$ 82—84°) 4881.

$C_7H_{14}Si$ **Trimethylbutin-(3)-ylsilan,** Konstit.-Einfl. auf d. ν(SiC) 11 504.
Trimethylbutadien-(1.3)-ylsilan, Konstit.-Einfl. auf d. ν(SiC) 11 504.
Trimethylbutadien-(2.3)-yl-silan, Konstit.-Einfl. auf d. ν(SiC) 11 504.

$C_7H_{15}BO_2$ **Cyclopentanboronsäuredimethylester** (Kp.$_{20}$ 60—62°) 100.

$C_7H_{15}BO_3$ **n-Amyl-[äthylen]-borat** (Kp.$_{17}$ 110°), Darst., magnetoopt. Drehung 2307.
Isoamyl-[äthylen]-borat (Kp.$_{15}$ 106°), Darst., magnetoopt. Drehung 2307.
2-n-Butoxy-1.3.2-dioxaborinan (Kp.$_{1-2}$ 75 bis 80°), Darst., Molgew., Polymerisationsgrad 2344.

$C_7H_{15}Br$ **n-Heptylbromid (1-Bromheptan)** (Kp. 179°), Darst., Rk. 11 156; Massenspektrum 14 814; Berechn. (d. DK u. d. dielektr. Verlustes aus d. Mikrowellenspektrum) 433; (v. Konst. d. Antoine-Gleich.) 4122; Verbrenn.- u. Bldg.-Wärme 1936; Rk. 2090*, 5021*; Stoffwechsel 6119; Identifizier. 13 514.
3-Heptylbromid (1-Äthylamylbromid), Massenspektrum 14 814; Rk. 5021*.
2-Brom-2-methylhexan 8229.

$C_7H_{15}BrHg$ **5-Brommercuri-2-methylhexan,** Alkylgruppen- u. Isotopenaustausch-Rk. v. ^{203}Hg-— (Kinetik) 11 146.

$C_7H_{15}BrMg$ **n-Heptylmagnesiumbromid,** Rk. 8944, 10 270*, 14 466.

$C_7H_{15}BrO$ **2-Butyl-3-brompropanol-(1)** (Kp.$_9$ 105—110°) 834.
2.2-Diäthyl-3-brompropanol-(1) (Kp.$_{12}$ 103°) 834.
1-Brom-2-n-butoxypropan (Kp.$_{17}$ 74—75°), Rk. 10 795.
2-Isobutoxypropylbromid (Kp.$_{20}$ 67°), Hydrolyse (Kinetik) 11 147.

Äthylphosphonsäureäthylisopropenylester ($Kp._{0,5}$ 56—57°) 10 055.
$C_7H_{15}O_3PS$ ***O.O*-Diäthyl-*O*-allylthiophosphat** ($Kp._4$ 82°) 8581.
***O.O*-Diäthyl-*S*-allylthiophosphat** ($Kp._5$ 107 bis 108°) 8581.
$C_7H_{15}O_4P$ **[1.2-Oxidopropyl-(2)]-phosphonsäurediäthylester,** Darst., Konstit., IR-Spektrum 1933.
***β*-Keto-*n*-propylphosphonsäurediäthylester,** Darst., Konstit., IR-Spektrum 1933.
***cycl.*2.2-Dimethyl-1.3-propandioläthylphosphat** ($Kp._{0,8}$ 109—112°) 18 632*.
$C_7H_{15}O_4PS$ **Thiophosphorsäurediäthyl-*S*-[acetylmethyl]-ester** ($Kp._{0,07}$ 82°) 18 798.
$C_7H_{15}O_5P$ **Carbomethoxymethylphosphonsäurediäthylester,** Rk. 1832, 1833.
Methylphosphonsäureäthyl-[carbäthoxymethyl]-ester ($Kp._2$ 106—107°) 2713.
Tetrahydrofurfuryldimethylphosphorsäureester ($Kp._{0,03}$ 94°) 10 423.
Trimethylphosphit-Butandion-(2.3)-Addukt (Diacetyl-Phosphorigsäuretrimethylester-Addukt) ($Kp._{0,2}$ 54—58°) 15 917 [2 Ref.], 18 272*.
$C_7H_{15}O_{10}P$ **Heptosephosphat,** Einfl. v. Mg^{2+} auf d. „nicht oxydative —-Bldg." im Skelettmuskel 6069.
Heptose-7-phosphat, mögl. Stoffwechselweg d. —-Bldg. aus Hexosemonophosphaten 18 875.
Heptulosephosphat, enzymat. Bldg. 18 880; Kapazität d. Rattengewebes zur Bldg. v. — bei Thiaminmangel 9792.
L-Galaktoheptulose-1-phosphat 8993.
Sedoheptulose-7-phosphat, — als Katalysator bei d. Bldg. v. Fructose-6-phosphat in einem Mehr-Enzym-Syst. 166, 11 965; Spalt. durch d. alkal. Phosphatase aus menschl. Leukocyten 13 072; Verwert. durch Enzymsyst. v. Mitochondrien aus Mäuse-Gehirn u. -Leber 9761; —-Stoffwechsel (in Pasteurella multocida) 7934; (bei Agrobacterium tumefaciens) 15 639; Einbau v. ^{14}C in — nach Behandl. v. Bäckerhefe mit ^{14}C-Glucose 2410; Wrkg. v. Inosin auf d. —-Geh. d. menschl. Erythrocyten bei d. Lager. in saurer Citratdextrose 12 357; Umwandl. v. Hexosemonophosphat in — in d. Rattenleber 2411, 16 363; Identifizier. in d. säurelösl. Rattenleberfrakt. 7578.
C_7H_{16} (s. *Heptan*)
Methylhexane, Rk. 12 090*, 17 201*.
2-Methylhexan (1.1-Dimethylpentan, Isoheptan), Bldg. 3047, 10 487; neue Bezieh. zwischen d. physikal. Konst. v. — 3402; physikal. Eig. v. —-KW-Stoffgemischen 2691; semiempir. Berechn. d. Stärken v. Einelektronenbind. in — 15 903; diamagnet. Susceptibilität 14 451; azeotrope Daten im Syst. —/1-Mercaptobutan 73; krit. Temp. 9289; Gas-Fl.-Chromatographie v. —-KW-Stoffgemischen 15 903;; Rk. 4138; Nachw. im Leichtöl d. Tieftemp.-Verkokung 16 542; Nachw. u. massenspektroskop. Best. in Koksofenbenzol 8119.
3-Methylhexan (2-Äthylpentan), Nachw u. Best. in Koksofenbenzol 8119; Darst., Rk. v. (+)-— 3047; Bldg. v. rac.-— 3047; Konstit.-Einfl. auf d. $\delta(CH_3)$ 3762; diamagnet. Susceptibilität 14 451; azeotrope Daten im Syst.—/1-Mercaptobutan 73; Gas-Fl.-Chromatographie v. —-KW-Stoffgemischen 15 903; Rk. 4138, 11 520.
3-Äthylpentan, Nachw. u. Best. in Koksofenbenzol 8119; Darst., Oxydat. v. $D_{(3)}$-— (Kinetik) 6357; Darst. im Gemisch mit 2.3-Dimethylpentan 10 423; Bldg. 3047; Bezieh. zwischen Druck, Temp. u. Dichte 12 235; Verdampfungsentropie u. d. Hildebrand-Regel 1176; Gas-Fl.-Chromatographie v. —KW-Stoffgemischen 15 903; Rk. 4138.
2.2-Dimethylpentan, Nachw. u. Best. in Koksofenbenzol 8119; Best. d. Neopentylgruppe im Raman- u. IR-Spektrum 2679; Konstit.-Einfl. auf d. $\delta(CH_3)$ 3762; semiempir. Berechn. d. Stärken v. Einelektronenbind. in — 15 903; diamagnet. Susceptibilität 14 451; azeotrope Daten im Syst. —/1-Mercaptopropan 73; Bezieh. zwischen Druck, Temp. u. Dichte 12 235; Verdampfungsentropie u. d. Hildebrand-Regel 1176; Gas-Fl.-Chromatographie (v. —-KW-Stoffgemischen) 15 903; (Änder. d. Verteil.-Koeff. mit d. Trägergas) 12 237; Rk. 11 520.
2.3-Dimethylpentan (Methyläthylisopropylmethan) (Kp. 90°), Nachw. u. Best. in Koksofenbenzol 8119; Darst. im Gemisch mit 3-Äthylpentan 10 423; Bldg. 3047, 8997, 9299; Bandenzuordn. im IR- u. Ramanspektrum 12 230; semiempir. Berechn. d. Stärken v. Einelektronenbind. in — 15 903; diamagnet. Susceptibilität 14 451; Bezieh. zwischen Druck, Temp. u. Dichte 12 235; azeotrope Daten im Syst. —/1-Mercaptobutan 73; Gas-Fl.Chromatographie v. —-KW-Stoffgemischen 15 903.
2.4-Dimethylpentan ($Kp._{752}$ 79—80°), Nachw. u. Best. in Koksofenbenzol 8119; Darst. 17 002; (im Gemisch mit gesätt. KW-Stoffen) 2691; Bldg. 3047; neue Bezieh. zwischen d. physikal. Konst. v. — 3402; semiempir. Berechn. d. Stärken v. Einelektronenbind. in — 15 903; diamagnet. Susceptibilität 14 451; Bezieh. zwischen Druck, Temp. u. Dichte 12 235; Verdampfungsentropie u. d. Hildebrand-Regel 1176; azeotrope Daten im Syst. —/1-Mercaptopropan 73; gaschromatograph. Best. d. Aktivitäts-Koeff. 10 407; Gas-Fl.-Chromatographie (v. —-KW-Stoffgemischen) 15 903; (Änder. d. Verteil.-Koeff. mit d. Trägergas) 12 237; Verw. als Lsgm.: für d. Verteil.-Gaschromatographie 18 378; bei d. radiolyt. Bldg. reakt. H-Atome 769; Radiolyse 11 518; Hydrogenolyse 11 520.
3.3-Dimethylpentan, Nachw. u. Best. in Koksofenbenzol 8119; diamagnet. Susceptibilität 14 451; Verdampfungsentropie u. d. Hildebrand-Regel 1176; Gas-Fl.-Chromatographie (v. —-KW-Stoffgemischen) 15 903; (Änder. d. Verteil.-Koeff. mit d. Trägergas) 12 237; Verw. 6215*.
2.2.3-Trimethylbutan, Darst. im Gemisch mit gesätt. KW-Stoffen 2691; Best. d. Neopentylgruppe im Raman- u. IR-Spektrum 2679; semiempir. Berechn. d. Stärken v. Einelektronenbind. in — 15 903; diamagnet. Susceptibilität 14 451; Verdampfungsentropie u. d. Hildebrand-Regel 1176; azeotrope Daten im Syst. —/1-Mercaptopropan 73; Gas-Fl.-Chromatographie v. —-KW-Stoffgemischen 15 903; — als Lsgm. für d. Verteil.-Gaschromatographie 18 378; Verw. 6215*.
$C_7H_{16}BrN$ **3-Diäthylaminopropylbromid (*N*-[3-Brompropyl]-diäthylamin),** Hydrobromid (F. 91—92°) 450, 8952.
***N*-Brommethyldi-*n*-propylamin** 8067*.
$C_7H_{16}BrNO_2$ ***N*-Methyl-*N*-[*β*-bromäthyl]-morpholiniumhydroxid,** Bromid 9312.
$C_7H_{16}Br_2Si$ ***n*-Heptyldibromsilan** (Kp. 235°) 3062.
$C_7H_{16}ClN$ **1-Dimethylamino-5-chlorpentan** 12 271.
1-Diäthylamino-2-chlorpropan (*N*-[2-Chlorpropyl]-diäthylamin), Darst., Rk. d. Hydrochlorids (F. 107° korr.) 8952; Rk. 8952.
1-Diäthylamino-3-chlorpropan (3(*γ*)-[Diäthylamino]-propylchlorid), Rk. 2828*, 5395*, 7127, 7513, 8719*.
***β*-Diäthylaminoisopropylchlorid,** Rk. 17 494*.

$C_7H_{16}ClNO_3$ **N-[3-Chlor-2-hydroxypropyl]-$N.N$-bis-[2′-hydroxyäthyl]-amin** 6384.
$C_7H_{16}Cl_2OSi$ **3-[Äthyldichlorsilyl]-propyläthyläther** (Kp.$_5$ 81—82°) 16 292.
$C_7H_{16}Cl_2Si$ **n-Hexylmethyldichlorsilan** (Kp.$_{31}$ 90°) 10 805.
$C_7H_{16}Cl_2Si_2$ **1-[Dimethyläthylsilyl]-2-[methyldichlorsilyl]-äthylen** (Kp.$_{45}$ 104°) 10 054.
$C_7H_{16}FO_3P$ **Methylphosphonsäurepinakolylesterfluorid,** Best. 8733.
$C_7H_{16}F_2Si$ **n-Heptyldifluorsilan** (Kp. 132,6°) 15 561.
$C_7H_{16}J_2Si$ **n-Heptyldijodsilan** (Kp. 269°) 15 561.
$C_7H_{16}NO_2P$ **N-[Dimethoxyphosphinyl]-piperidin** 2707.
$C_7H_{16}NO_2PS$ **Diäthylthiolphosphinsäure-S-[N-methylcarbamylmethylester]** (F. 80°) 16 110*.
$C_7H_{16}NO_3P$ **$N.N$-Pentamethylenphosphorsäuredimethylesteramid (N-[Dimethoxyphosphinyl]-piperidin)** (Kp.$_{1,0}$ 88°) 2707.
$C_7H_{16}NO_3PS$ **$N.N$-Dimethylthiocarbamylphosphonsäurediäthylester** (Kp.$_{0,013}$ 92—93°) 11 160.
$O.O$-Diäthyl-O-isopropylidenaminothiophosphat (F. 20°) 3240*.
$C_7H_{16}NO_3PS_2$ **Dithiophosphorsäure-$O.O'$-diäthylester-S-methylcarbamoylmethylester** (F. 27—28°) 12 267.
Dithiophosphorsäure-$O.O'$-dimethylester-S-[α-(methylcarbamoyl)-n-propylester] (F. 72—73°) 12 267.
Dithiophosphorsäure-$O.O'$-dimethylester-S-n-propylaminocarbonylmethylester (F. 63,5—64°) 12 266.
Dithiophosphorsäure-$O.O'$-dimethylester-S-isopropylaminocarbonylmethylester ($O.O$-Dimethyldithiophosphorylessigsäureisopropylamid) (F. 76—77°) 12 266, 17 183*.
$C_7H_{16}NO_3PS_3$ **$O.O$-Dimethyldithiophosphatoessigsäureäthylmercaptomethylamid** (F. 41 bis 42°) 9489*.
$C_7H_{16}NO_4P$ **$O.O$-Diäthyl-O-isopropylidenaminophosphat** (Kp.$_{0,009}$ 78—81°) 3240*.
$C_7H_{16}N_2$ **1-Methyl-1.5-diazacyclooctan,** Dihydrobromid (F. 215—217°) 19 016*.
1.4-Dimethylhomopiperazin (Kp.$_{750}$ 161°) 4172.
1(4)-n-Propylpiperazin (Kp.$_{90}$ 122—124°), Darst., Rk. 18 470; Rk. 18 938*; (v. Deriv.) 5022*.
N-Isopropylpiperazin, Rk. 17 494*.
2.3.5-Trimethylpiperazin 9902*.
x.x.x-Trimethylpiperazin, Reinig. 12 465*.
3.3-Di-n-propyldiaziridin (Kp.$_{11}$ 73—74°) 4900.
2(β)-[Piperidino]-äthylamin (1-[2′-Aminoäthyl]-piperidin, $N.N$-Pentamethylen-2-aminoäthylamin) (Kp.$_{18}$ 72—73°), Darst. 16 285; (Pikrat) 1950; Rk.: mit d. Hydrochlorid v. 1-β-Chloräthyl-2-chlormethylpyrrolidin 2359; mit N-Methyl-N-nitroso-N′-nitroguanidin 16 286; mit Tribromacetylbromid 6875*; mit 4-Dimethylamino-2.2-diphenylvalerylchloridsulfat 2826*; mit γ-Lactonen 16 490*.
2-[β-Aminoäthyl]-piperidin (Kp.$_{10}$ 87—91°) 16 312.
4-[2′(β)-Aminoäthyl]-piperidin (Kp.$_{10}$ 99 bis 100°), Darst. 17 391; (Dihydrochlorid) 16 312; (d. Dihydrochlorids) 7522.
Pipecolylmethylamin, Rk. 4920.
N-[γ-Aminopropyl]-pyrrolidin, Rk. 6875*.
***trans*-1.2-Diaminocycloheptan,** Dihydrochlorid (F. 245—246° Zers.) 7867.
4-Methyl-*trans*-1.2-diaminocyclohexan 7867.
Diäthylpropylendiamin, Rk., Verw. 10 332*.
N-Methyl-N-cyclohexylhydrazin (Kp.$_9$ 68 bis 69°) 6744.
$C_7H_{16}N_2O$ **γ-Morpholinopropylamin (N-[3(γ)-Aminopropyl]-morpholin)** (Kp.$_{748}$ 226°), Darst. 8255; (Rk.) 9717; Rk. 6875*, 11 536, 16 490*.
1-Methyl-2-morpholinoäthylamin (Kp.$_{20}$ 96—98°) 8255.
β-Piperidinoäthoxyamin, Rk. 8719*.
1-[3′-Hydroxypropyl]-piperazin (Kp.$_5$ 128 bis 132,5°) 7991*.
β-[4-Methylpiperazino]-äthanol, Rk. 8586.
1-[β-Hydroxyäthyl]-pyrrolidinyl-(3)-methylamin (Kp.$_{0,06}$ 86°) 14 138.
2-Aminoäthyl-5-amino-3-pentenyläther, NH_4-Salze 1007*.
1.3-Di-n-propylharnstoff (F. 102—103°) 5254.
1.3-Diisopropylharnstoff (F. 192°) 5254.
$N.N$-Diäthylcarbaminsäuredimethylamid, Vulkanisat.-Wrkg. 18 134.
Diäthylaminoacetonoxim (F. 40° korr.) 8953.
O-[β-Dimethylaminoäthyl]-acetonoxim (Kp.$_{12}$ 52—57°) 8719*.
N-Aminochinuclidiniumhydroxid (1-Amino-1.4-dimethylenpiperidiniumhydroxid), Chlorid 9444.
1-Amino-1.2-trimethylenpyrrolidiniumhydroxid, Chlorid 9444*.
α-Cyanisopropyltrimethylammoniumhydroxid, Rk. d. Jodids 17 144.
Isobuttersäureisopropylhydrazid (1-Isobutyryl-2-isopropylhydrazin) (F. 69—70°) 9310, 12 761*.
$C_7H_{16}N_2OS$ **n-Amyl-[isothioharnstoffmethyl]-äther** (F. 106—108° Zers.) 3911*.
$C_7H_{16}N_2OS_2$ **$O.S$-Bis-[dimethylaminomethyl]-xanthogenat** 2145*.
$C_7H_{16}N_2O_2$ **N-[2.3-Dihydroxypropyl]-piperazin,** Rk. 17 494*.
Carnitinnitril (γ-Dimethylamino-β-hydroxybuttersäurenitrilmethylhydroxid), Rk. d. Chlorids 17 206* [2 Ref.]; Best. 2806.
Lysinmethylester, opt. Trenn. v. — oder —-Dihydrochlorid 302*; Hemm. d. Hydrolyse d. Dihydrochlorids durch Plasmin aus menschl. Blut durch Sojabohnen-Trypsininhibitor 12 704.
DL-Ornithinäthylester, Darst., Prüf. d. Dihydrochlorids auf Spaltbark. durch Trypsin 15 645.
Diäthylaminoäthylcarbamat (F. 40°) 9311.
4(γ)-Hydroxybuttersäureisopropylhydrazid (PC 614) (F. 72—72,5°), Darst. 10 428; — als Monoaminoxydase-Hemmstoff 15 317.
$C_7H_{16}N_2O_2S$ **4-[γ-Aminopropyl]-tetrahydro-1.4-thiazindioxid (N-[3-Aminopropyl]-1-aza-4-thiacyclohexan-4.4-dioxid)** (Kp.$_{0,6}$ 185 bis 190°) 13 633*, 16 496*.
$C_7H_{16}N_2O_3$ **N-Hydroxymethyl-N'-butoxymethylharnstoff** (F. 99—100°), Darst., RF-Wert, Rk. 13 364.
$N.N'$-Bis-[2-methoxyäthyl]-harnstoff (F. 57 bis 61°) 5670.
$C_7H_{16}N_2O_3S$ **DL-Propioninsulfoximin** (F. 210 bis 211° Zers.) 17 717.
N^1-Äthansulfonyl-N^2-n-butylharnstoff (F. 108°) 10 803.
$C_7H_{16}N_2O_{22}S_5$ **Toluolkomplex** $C_7H_{16}N_2O_{22}S_5$ aus Nitroxylschwefelsäure + Toluol 12 631.
$C_7H_{16}N_2S$ **2-N'-Methylpiperazinoäthylmercaptan (N-[2-Mercaptoäthyl]-N'-methylpiperazin)** (Kp.$_{10}$ 95°) 9302, 9304, 9305.
Hexylthioharnstoff, Verw. 5115*.
$N.N$-Diäthyl-$N'.S$-dimethylisothioharnstoff (Kp.$_{10-11}$ 79—80°) 9516*.
$N.N'$-Diäthyl-$N.S$-dimethylisothioharnstoff (Kp.$_{10}$ 80°) 9516*.
$N^1.N^1$-Dimethylthiopivalinsäurehydrazid (F. 119—120°) 6745.
$C_7H_{16}N_2S_2$ **N-[5-Methylmercaptopentyl]-thioharnstoff** (F. 67,5°) 1193.
$N.N$-Diäthyldithiocarbaminsäure-β-aminoäthylester (2-Aminoäthyl-$N.N$-diäthyldithiocarbamat), Darst. d. Hydrobromids (F. 152° korr.) 5625; Darst., Rk. d. Hydrochlorids 11 176; (fungistat. Eig.) 96.
$C_7H_{16}N_3OPS$ **Bis-[dimethylamido]-thionophosphorsäure-2-cyanäthylester** 1006*.

$C_7H_{16}N_3O_2P$ **2-Cyanäthyl-*N.N.N'.N'*-tetramethyldiamidphosphat (Tetramethylphosphorsäurediamid-2-cyanäthylester),** Darst., Verw. 1006*; Verw. 17 586*.
$C_7H_{16}N_4$ **2-[β-Dimethylaminoäthylamino]-imidazolin** (Kp.$_{0,02}$ 128—130°) 16 285.
$C_7H_{16}N_4O$ ***N*-Isoamyl-*N'*-guanylharnstoff,** Darst.: d. Hemisulfats 7853; d. Co(III)-Komplexes 18 763; d. Cu-Komplexes 5967; d. Ni-Komplexes 6333.
Acetylagmatin, Vork. 3661, 3855.
$C_7H_{16}N_4O_2$ **L-Homoarginin (L-α-Amino-ε-guanidinocapronsäure),** Vork., Hydrochlorid 15 654; Wrkg. v. Trypsin u. Papain auf — 18 145.
L-Argininmethylester, Verw. als Testsubstrat in einer Trypsinkolonne 5333.
Propylbernsteinsäuredihydrazid (F. 164°) 1954.
Oxalsäure-2-isopropylhydrazid-2'-äthylhydrazid (F. 173—174°) 9309.
$C_7H_{16}N_4O_3$ **α-[1-Methyl-1-hydroxyäthyl]-bernsteinsäuredihydrazid** (F. 139°) 10 845.
$C_7H_{16}N_4O_4$ **1.7-Bis-[methoxymethyl]-methylendiharnstoff,** Darst., R_F-Wert 13 364.
$C_7H_{16}N_4O_5$ **Glucosaminsemicarbazon,** Rk. 14 623*.
$C_7H_{16}N_4O_6$ **1.1.7.7-Tetrakis-[hydroxymethyl]-methylendiharnstoff,** Darst., R_F-Wert 13 364.
$C_7H_{16}N_4O_6S_2$ ***N.N'*-Pentamethylen-bis-[*N*-nitrosomethansulfonamid]** (F. 94° Zers.) 10 424.
***N.N'*-Dimethyl-*N.N'*-dinitrosopentan-1.5-disulfonamid** (F. 87° Zers.) 10 424.
$C_7H_{16}N_5O_2P$ **x-[*O*-Isopropyldimethylamidophosphoryl]-3-amino-1.2.4-triazol** (F. 102 bis 108°) 11 186.
$C_7H_{16}N_6O$ **2.4-Diamino-6-[trimethylammoniomethyl]-1.3.5-triazin,** Chlorid (F. 275 bis 277°) 17 144*.
$C_7H_{16}N_6OS_2$ **2.2'-[*N*-Carbamyliminodiäthylen]-bis-[isothioharnstoff],** Dihydrochlorid (F. 193—194° Zers.) 5472*.
$C_7H_{16}O$ (s. *n-Heptylalkohol* [*n-Heptanol*]).
Heptanol-(2) (Kp. 160,4°), Darst. 8580; Bldg. 16 670; Trenn. v. Heptanol-(1) 9514*; Bezieh. zwischen d. gaschromatograph. Retentionsvol. v. — u. d. Trimethylsilyläther 4862; Rk. 17 922*.
Heptanol-(3) (Kp. 152°), Bldg. 16 670; Rk. 12 587, 18 072.
3-Methylhexanol-(1) 4340*.
Isoheptylalkohol, Verw. 17 884*.
2-Methylhexanol-(2) (Dimethyl-*n*-butylcarbinol) (Kp.$_{22}$ 63°), Darst. 14 481; Rk. 7325*; (d. MgBr-Verb.) 8229.
4-Methylhexanol-(2) (Kp. 148°) 6048.
2-Methylhexanol-(5) (Kp.$_{12}$ 60°) 108.
2-Methylhexanol-(3) (Kp.$_2$ 38—40°) 12 619.
3-Methylhexanol-(3) (Kp.$_{100}$ 87°), Darst. 11 526; Rk. v. (+)-— 6356.
5-Methylhexanol-(3) (Kp. 146—148°) 4491.
Triäthylcarbinol (1.1-Diäthylpropanol) (Kp. 143°), Darst. 15 548; Bldg. 15 548; Erkennen v. Carboniumionenbldg. aus d. UV-Spektrum 12 595; Wirksamk. als Tranquillizer u. Muskelrelaxans 9429.
2.2-Dimethylpentanol-(1) (Kp. 154°), Darst., p-Brombenzolsulfonat 85; Rk. 7349*.
2.4-Dimethylpentanol (Kp. 123°) 15 548.
2-Äthyl-3-methylbutanol (Kp.$_{50}$ 91,5°) 8997.
Dimethylisobutylcarbinol, Rk. d. MgBr-Verb. 8229.
4.4-Dimethylpentanol-(2) 101.
2.2(4.4)-Dimethylpentanol-(3) (Kp.$_5$30—32°) 101, 12 619.
Diisopropylcarbinol, Darst. 9673; Wechselwrkg. zwischen Nitromethan u. — in CCl_4 18 410; Extrakt. v. Pa, Nb u. Ta aus saurer Lsg. in — 3016.
2.2.3-Trimethylbutanol-(1) (Kp. 156—157°) 85.
***tert.*-Butyldimethylcarbinol** (Kp.$_{760}$ 131°), Bldg., Pinakolin 8211; Rk. 8932.
Isopropyl-*tert.*-butyläther, Bldg.- u. Verbrennungswärmen, Rk. 2685.
$C_7H_{16}OS$ **3-Mercapto-2.2-diäthylpropanol-(1)** (Kp.$_{13}$ 107—112°) 1953.
6-Methylmercaptohexanol (Kp.$_9$ 125°) 1192.
Thiepan-*S*-methohydroxid, Jodid (F. 161 bis 162°) 4563.
Tetrahydro-2-methylthiapyran-*S*-methohydroxid, Jodid (F. 141—142°) 4563.
Cyclopentyldimethylsulfoniumhydroxid, Jodid (F. 88—89°) 16 636.
***tert.*-Butylisopropylsulfoxid,** Rk. 1558.
$C_7H_{16}OS_2$ **2.3-Diäthylmercapto-*n*-propanol** (Kp.$_{10}$ 126—127°), Rk. 2146*.
$C_7H_{16}O_2$ **Heptandiol-(1.7) (1.7-Dihydroxyheptan)** (Kp.$_{13}$ 150°), Darst. 8579; (Rk.) 3059; Rk. 12 295.
Heptandiol-(2.3) (Kp.$_3$ 81°) 16 642.
2-Methylhexandiol-(1.3), Vers. d. Komplexbldg. mit Molybdationen 1924.
3-Methylhexandiol-(2.4), Verw. 14 975*.
2-Äthyl-1.5-pentandiol, Rk. 14 696*.
4.4-Dimethylpentandiol-(1.2) (Neopentylglykol) (Kp.$_{20}$ 140—141°), Darst. 16 642; Papierchromatographie (R_F-Wert) 18 649.
2-*n*-Butylpropandiol-(1.3), IR-Spektrum u. Thorpe-Ingold-Hypothese d. Valenzwinkelabweich. 18 415; Rk. 10 930*.
2-*n*-Butyl-(2')-propandiol-(1.3), IR-Spektrum u. Thorpe-Ingold-Hypothese d. Valenzwinkelabweich. 18 415.
2-Isobutylpropandiol-(1.3), IR-Spektrum u. Thorpe-Ingold-Hypothese d. Valenzwinkelabweich. 18 415; Rk. 10 930*.
2-*tert.*-Butylpropandiol-(1.3), IR-Spektrum u. Thorpe-Ingold-Hypothese d. Valenzwinkelabweich. 18 415.
2-Methyl-2-*n*-propylpropandiol-(1.3) (F. 59 bis 60°), Darst. 12 092*; Einfl. intramol. H-Bind. auf d. IR-Spektrum 1932; IR-Spektrum u. Thorpe-Ingold-Hypothese d. Valenzwinkelabweich. 18 415; Rk. 16 490*.
2-Methyl-2-[propyl-(2')]-propandiol-(1.3), IR-Spektrum u. Thorpe-Ingold-Hypothese d. Valenzwinkelabweich. 18 415.
2.2-Diäthylpropandiol-(1.3) (F. 61,5°), Darst., Rk., Bis-phenylurethan 14 099; Bldg. 1952, 8973; Einfl. intramol. H-Bind. auf d. IR-Spektrum 1932; IR-Spektrum u. Thorpe-Ingold-Hypothese d. Valenzwinkelabweich. 18 415; Chromsäureoxydat. (Kinetik) 13 715.
1.1.2.2-Tetramethyltrimethylenglykol (F. 138—140°) 9003.
4-Methoxy-4-methylpentanol-(2) („Pent-Oxol") (Kp.$_{760}$ 164—169°), Verw. als Lack-Lsgm. 8074.
Propylenglykolmonobutyläther, Rk. 7693*.
Pinakonmonomethyläther, Oxydat. (Kinetik) 4485.
Pentamethylenglykoldimethyläther, Löslichk. v. Alkalimetallen in — 2656.
Isovaleraldehyddimethylacetal (Kp. 125 bis 127°) 15 557.
Propionaldehyddiäthylacetal (1.1-Diäthoxypropan), Rk.: mit H_2O_2 5995; mit Alkylhydroperoxiden 2703; mit tert.-Butylhydroperoxid 7348*, 17 925*; mit Vinyläthyläther bzw. Propenyläthyläther 18 081; mit Trichlorlactamid 17 140*.
Acetondiäthylacetal(Acetondiäthylketal, 2.2-Diäthoxypropan) (Kp. 112—114°), NMR-Spektrum 14 816; Lewis-Basizität gegenüber Phenol bzw. Pyrrol 4864; Rk. 7848, 11 211, 13 199*, 18 081.
Äthylenglykol-*n*-butylmethyläther, Löslichk. v. Alkalimetallen in — 2656.
Diisopropylformal, NMR-Spektrum 14 816.
$C_7H_{16}O_2S$ **[β-Hydroxyäthyl]-[*sek.*-butoxymethyl]-sulfid** (Kp.$_{0,1}$ 58°) 5448*.
5-[Dimethylsulfonio]-pentanon-(2)-hydroxid, Salze 15 173.

$C_7H_{16}O_2Si$ **Methylvinyldiäthoxysilan,** Rk. 4744*.
β-Trimethylsilylpropionsäuremethylester (Kp. 69°) 12 630.

$C_7H_{16}O_3$ **Heptantriol-(1.4.7)** [**1.4.7-Trihydroheptan**] (Kp.$_1$ 180—185°), Darst., IR-OH-Banden u. intramol. H-Bind. 16 622.
4.4-Dimethylolpentanol-(3) 4720*.
Butoxypropylenglykol,Wrkg. u. biolog. Prüf. v. — als Repellent 8760.
1-Hydroxy-2.2-dimethyl-3-[β-hydroxyäthoxy]-propan (Kp.$_{9,5}$ 132,7°) 10 999*.
β-Hydroxyvaleraldehyddimethylacetal (Kp.$_{0,8}$ 47—48°) 9305.
Dipropylenglykolmonomethyläther (Kp.$_{12}$ 90 bis 91°) 8056.
1.1.3-Trimethoxybutan (Kp.$_{760}$ 152—154°), Darst. 8783*; Rk. 5093*, 10 272*.
1.3.3-Trimethoxybutan (Kp.$_{671}$ 150—151°) 8217.
Glykolaldehyddiäthylacetalmethyläther 1597.
Diäthylenglykoläthylmethyläther, Löslichk. v. Alkalimetallen in— 2656.
1-Hydroxy-1-*tert.*-butylperoxypropan, Rk. 2704.
Orthoameisensäuretriäthylester (Orthoameisenester, Triäthylorthoformiat, Triäthoxymethan), NMR-Spektrum 14 816; ^{13}C-Kernresonanzspektroskopie 8201; Vers. d. basenkatalysierten H-D-Austausches v. $^3H_1$-— 12 983; Rk.: mit Acetylenverb. 1953; mit Acetylen + C_2H_5MgBr 17 403; mit Vinylacetylenen 18 794; mit Tetradecin-(1) + C_2H_5MgBr 3184*; mit 5-Äthinyl-3.3'-biisooxazol + C_2H_5MgBr 5289; mit Azulenen 13 746; mit 4.6.8-Trimethylazulen 13 744; mit N-halt. organ. Verb. 15 951, 15 952; mit 2.6-Diäthylanilin 14 832; mit 1.2-Dianilinoäthan 1602; mit 4.5-Diaminopyrimidinen 10 462; (u. Fettsäureanhydriden) 13 580*; mit 2-Hydrazino-5-alkyl-1.3.4-thiadiazolen 4908; mit 4-Chlor-5-amino-6-hydrazinopyrimidin 10 463; mit 2-[o-Aminophenyl]-4-hydroxychinazolin bzw. Anthranilsäuremethylester bzw. 2-[o-Aminobenzamido]-benzoesäure 849; mit 4-Hydroxy-5.6-diaminopyrimidinhydrochlorid 2735; mit cis- bzw. trans-2-[5-Amino-6-chlorpyrimidinyl-(4)-amino]-cyclopentanol 5297; mit 16α.17α-Dihydroxysteroiden 4265*; mit Vinyläthern 18 081; mit 1-Alkoxy-2-methyl-3-hydroxypenten-(1)-in-(4) 8782*; mit Äthylpropenyläther 15 031*; mit Corticosteroidacetaten 11 211; mit 3.6-Dimethoxy-4.5-diaminopyridazin 17 399; mit Organo-Al-Verb. 11 525; mit p-Vinylphenyl-MgCl 7492; mit d. Grignard-Verb. v. o-Bromtoluol 15 933; mit 4-tert.-Butylcyclohexyl-(1)-MgBr 7100; mit p-Trimethylsilyl-MgBr 16 653; mit p-Tolylsulfonylmethyl-MgBr bzw. α-[p-Tolylsulfonyl]-isopropyl-MgBr 6379; mit 2-Chlor-4-mercapto-5-aminopyrimidin 6774; mit N-Alkylharnstoffen u. Nitroacetonitril 847; mit Guanidinen, Benzamidin bzw. Harnstoffen 15 603; mit 3-Phenylrhodanin 10 832; mit Aldehyden 3080; mit Polyeninaldehyden 19 050*; mit Citral 7849; mit 4.5-Dehydro-β-apocarotinal-(4) 15 071*; mit Guajazulen-3-aldehyd 7881; mit 3-Ketopregnan-Deriv. 14 247*; mit $\Delta^{1.4}$-Cholestadienon-(3) u. Alkoholen 14 873; mit 4-Brom-2-acetylthiophen 10 827; mit 2.4-Dihydroxyphenyl-[4-hydroxybenzyl]-keton 7517; mit [2-Hydroxy-4-benzyloxy-5-methylphenyl]-benzylketon 3090; mit 5.6.7.8-Tetrahydro-8-methylindandion-(1.5) 17 018; mit Progesteron 11 209; mit 19-Nor-6α-methyl-Δ^4-androsten-3.17-dion 10 851; mit 4.11-Dihydroxy-5.10-dimethyltetradecadien-(5.9)-dion-(2.13) 1956; mit Thiosemicarbazid 4908; mit 4-[Benzalhydrazino]-pyrimidinen 7900; mit 4-Methyl-1-alkylcinnoliniumsalzen 134; mit 2-Methylspiro-(4.5)-decano-[6.7:d]-thiazolmethojodid 7394*; mit quaternierten 2-Methylbenzimidazolen 4531; mit Chinaldiniumsalzen 8980; mit 2.7-Dimethyl-4-isopropyl-4.5.6.7-tetrahydrobenzothiazolmetho-p-toluolsulfonat 7393*; mit 2-Methyl-6.7-dihydro-4H-thiopyrano-[4.3:d]-thiazolmetho-p-toluolsulfonat bzw. -äthoäthylsulfat 7394*; mit 2.5-Dimethylbenz-1.3-dithiyliumperchlorat 13 015; mit 1-Methyl-4-cyan-5-aminopyrazol bzw. 1-Methyl-4-amino-5-cyanimidazol 2736; mit 2-Chlor-2-cyanvinyltrichlorsilan 15 028*; mit Nitroessigsäureestern 8785*; mit 4.4-Dimethyl-3-carboxytetralon-(1)-äthylester 1972; mit 1-Oxo-3-carboxy-7-methyl-1.2.3.4-tetrahydronaphthalinäthylester 2342; mit Cyanessigsäureäthylester 17 713; mit N-Acetoacetylurethan 10 466; mit Phthalylperoxid (Kinetik) 7845; mit 2-Methylmercapto-4-amino-5-carbamylpyrimidin 15 697*; mit 4-Aminoimidazol-5-hydroxamsäure 2734; mit 3-Amino-5-methylpyrazin-2-carbonsäuremethylamid 15 601; mit 1.5-Diamino-2-methyl-4-aminocarbonylimidazol 10 468; mit Aminomalonamidamidin bzw. Aminomalondiamidin 2735; mit 2-Aminobenzolsulfonamiden 5395*; mit o-Aminomethylbenzolsulfonamid 6418; Verw. 2166*.

$C_7H_{16}O_3S_2$ **2-Desoxy-D-ribosedimethylmercaptal,** Rk. 851.

$C_7H_{16}O_3Si$ **Äthyldimethoxysilylpropenyläther** (Kp.$_1$ 133°) 8584.

$C_7H_{16}O_4$ **Diäthylenglykolmono-[2-hydroxy]-propyläther,** Verw. 9896*.
Malonaldehydtetramethylacetal (1.1.3.3-Tetramethoxypropan), Darst. 18 270*; Rk. 13 030, 17 974*.

$C_7H_{16}O_4S$ **Heptaldehydbisulfit,** Fäll. als Benzylthiuroniumsalz 16 078.

$C_7H_{16}O_4S_2$ s. *Sulfonalone* [*Sulfonal*].

$C_7H_{16}O_6$ **3-*O*-Methyl-DL-galaktit** (F. 149—150°) 10 097.
2-*O*-Methyl-D-mannit, Komplexbldg. 1924.
Tetraoxanonamethylenglykoldimethyläther (Kp. 242,3°), physikal. Eig. 9363.
Methantricarbonsäuretriäthylester, Rk. 4138.

$C_7H_{16}O_6S_2$ **Pentan-1.5-disulfonsäuredimethylester** (F. 51—52°) 10 424.

$C_7H_{16}O_7$ (s. *Perseit* [*Glycerogalaheptit*]).
Mesoglyceroalloheptit, Papierionophorese 11 513.
D-Glycero-D-altroheptit, Papierionophorese 11 513.
D-Glycero-D-glucoheptit, Papierionophorese 11 513.
D-Glycero-L-glucoheptit, Papierionophorese 11 513.
Mesoglyceroguloheptit, Papierionophorese 11 513.
D-Glycero-D-idoheptit (F. 125—127°), Darst. 854; Papierionophorese 11 513.
Mesoglyceroidoheptit, Papierionophorese 11 513.
D-Glycero-D-mannoheptit (F. 152—153°) 854.
D-Glycero-D-taloheptit, Papierionophorese 11 513.

$C_7H_{16}O_{13}P_2$ **Sedoheptulose-1.7-diphosphat,** Einbau v. ^{14}C in — nach Behandl. v. Bäckerhefe mit ^{14}C-Glucose 2410; — als Katalysator bei d. Bldg. v. Fructose-6-phosphat 166, 11 965.

$C_7H_{16}S$ **1-Heptanthiol (*n*-Heptylmercaptan),** Bezieh. zwischen Massenspektrum u. Mol.-Struktur 9285; Identifizier. 14 634.
***tert.*-Heptanthiol,** Rk. 3625*.
Methyl-*n*-hexylsulfid (2-Thiaoctan), Bezieh. zwischen Massenspektrum u. Mol.-Struktur 9285; Rk. 1566.
Isopropyl-*n*-butylsulfid, Bezieh. zwischen Massenspektrum u. Mol.-Struktur 9285.

Isopropyl-*sek.*-butylsulfid, Bezieh. zwischen Massenspektrum u. Mol.-Struktur 9285.
Isopropyl-*tert.*-butylsulfid, Bezieh. zwischen Massenspektrum u. Mol.-Struktur 9285.
$C_7H_{16}S_2$ **1.1-Bis-[methylmercapto]-3-methylbutan** (Kp.$_{12}$ 70—71°) 15 557.
Propionaldehyddiäthylthioacetal (Kp.$_{12}$ 84,5 bis 85°) 15 920.
Isopropyl-*tert.*-butyldisulfid, Disproportionier.-Gleichgew. 4488.
$C_7H_{16}S_3$ **Trithioorthoameisensäuretriäthylester (Orthothioameisensäureäthylester)** (Kp.$_{10}$ 114—116°), Darst. 7477; Kinetik d. basenkatalysierten H-D-Austausches v. $^{2}H_1$-— 12 983.
$C_7H_{16}Si$ **Trimethylbuten-(3)-ylsilan [1-Trimethylsilylbuten-(3)]** (Kp. 112—113°), Darst. 10 082; Konstit.-Einfl.: auf UV-, IR- u. Raman-Spektrum 5234; auf d. ν(SiC) 11 504; Mol.-Refr. 5233.
Trimethylisobuten-(1)-ylsilan, Konstit.-Einfl. auf d. ν(SiC) 11 504; Mol.-Refr. 5233.
Trimethyl-α.β-dimethylvinylsilan, Rk. 9517*.
Trimethyl-β-methallylsilan (Trimethyl-[2-methylpropen-(2)-yl]-silan), Konstit.-Einfl. auf d. ν(SiC) 11 504; Mol.-Refr. 5233.
Dimethyläthylpropenylsilan, Konstit.-Einfl. auf d. ν(SiC) 11 504.
Dimethyläthylallylsilan, Konstit.-Einfl. auf d. ν(SiC) 11 504.
1.1-Dimethylsilacyclohexan (Kp. 129 bis 131°), Darst. 8972; Rk. 10 082.
$C_7H_{17}AsO_2$ ***n*-Propylarsonigsäurediäthylester**, Rk. 6739.
$C_7H_{17}AsO_3$ **Arsenigsäurediäthylpropylester** (Kp.$_{10}$ 56—59°) 6739.
***n*-Propylarsonsäurediäthylester** (Kp.$_{10}$ 120,5 bis 122,5°) 6739.
$C_7H_{17}BO$ ***n*-Propyl-*n*-butylborinsäure** 6386.
Diisopropylborinsäuremethylester (Kp. 117°) 7543.
$C_7H_{17}BO_2$ ***n*-Pentanboransäuredimethylester** (Kp.$_{20}$ 55—57°) 100.
$C_7H_{17}BO_3$ **[Äthoxypropyl]-dimethoxyboran** 4401*.
$C_7H_{17}BO_4$ **Mono-*n*-propylboronsäureglykolester** (Kp. 127°) 11 731*.
$C_7H_{17}BrGeMg$ **Triäthylgermanylmethylmagnesiumbromid**, Rk. 15 562.
$C_7H_{17}BrSi$ ***n*-Heptylbromsilan** (Kp. 194,5°) 15 561.
$C_7H_{17}ClN_2$ **1.3-Bis-[dimethylamino]-2-chlorpropan (1.3-Bis-[dimethylamino]-isopropylchlorid)** (Kp.$_8$ 60—61°), Darst., Rk. 817; Rk. 2828*, 2831*, 7993*.
$C_7H_{17}ClOSi$ **3-[Trimethylsiloxy]-1-chlorbutan** (Kp.$_{21}$ 59—60°) 12 638.
3-Chlor-2-methylpropyldimethylmethoxysilan (Kp.$_{751}$ 181°) 7486.
3-Chlorpropyldimethyläthoxysilan (Kp.$_{30}$ 87°) 7486.
$C_7H_{17}ClO_2Si$ **3-Chlor-2-methylpropylmethyldimethoxysilan** (Kp.$_{756}$ 193,5°) 7486.
Methylchlordiisopropoxysilan, Rk. 7129.
$C_7H_{17}ClO_3Si$ **3-Chlor-2-methylpropyltrimethoxysilan** (Kp.$_{747}$ 202,5°) 7486.
$C_7H_{17}ClSi$ ***n*-Heptylchlorsilan** (Kp. 176,8°) 15 561.
***n*-Butyldimethylchlormethylsilan** (Kp.$_{29}$ 77 bis 78°) 14 837.
3-Chlor-2-methylpropyltrimethylsilan (Kp.$_{73}$ 93°) 7486.
$C_7H_{17}FSi$ ***n*-Heptylfluorsilan** (Kp. 138,1°) 15 561.
$C_7H_{17}JSi$ ***n*-Heptyljodsilan** (Kp. 219,3°) 15 561.
$C_7H_{17}N$ ***n*-Heptylamin (1-Aminoheptan)**, Vork. 18 683; Darst., Pikrat 12 627; Dipolmoment 16 262; Phasengeschw. v. US-Wellen in — 3403; Thermodynamik d. Komplex-Bldg.-Gleichgew. zwischen NiDBH u. — in Bzl. 5242; innerkrist. Quell. u. zeolith. —-Aufnahme v. Ca-Mono-n-propylphosphorsäureester 6685; Rk. 136, 4639*, 7106, 7902, 13 014; Best. d. Cytotoxizität in menschl. Zellkulturen 4196; Verw. 12 506; Trenn. v. anderen Aminen 6161; Verw. zur Best. v. Alkylbenzolsulfonaten in Waschmitteln u. Abwässern 13 164.
Heptyl-(2)-amin (2-Aminoheptan), Rk. 2707, 13 763; gaschromatograph. Identifizier. 10 585.
4-Amino-*n*-heptan, Bldg. 4901; Rk. 13 014.
Methylhexylamin, Hydrochlorid (F. 180 bis 181°) 1195.
Pentyläthylamin, Rk. mit Brenztraubensäure-N-cyclohexylimidchlorid (Kinetik) 11 148.
2-Äthylamino-2-methylbutan (Kp. 115°) 7482.
***N*-*tert.*-Butylisopropylamin** (Kp. 98—99°) 16 412*.
$C_7H_{17}NO$ **5-Methylaminohexanol-(1)** (Kp.$_{80}$, 80—83°), Rk. 7255*.
3-Äthylamino-3-methylbutanol-(2) (Kp.$_{14}$ 68—69°) 5633.
1-Isopropylaminobutanol-(3) (Kp.$_{15}$ 92 bis 94°) 15 188.
***N*-Isopropyl-4-hydroxybutylamin** (Kp.$_1$ 85°) 121.
***N*-Isobutyl-3-aminopropanol-(1)**, Rk. 6210*.
1-Dimethylaminopentanol-(5) (5-Dimethylamino-1-hydroxypentan) (Kp.$_{25}$ 113 bis 115°) 7855, 12 271.
3-Dimethylamino-3-methylbutanol-(2) (Kp.$_{60}$ 90°) 7485.
α.β-Dimethyl-γ-dimethylaminopropanol 817.
γ-Dimethylamino-β.β-dimethylpropanol, Rk. 5261.
3(γ)-Diäthylaminopropanol, Rk. 1978, 6008, 8717*, 8952; Verw. 11 435*.
1-Diäthylaminopropanol-(2) (α-Methyl-β-diäthylaminoäthanol) (Kp.$_{760}$ 158—159°), Darst. 817; (Rk.) 8952; Rk. 2831*, 18 071.
3-*n*-Butoxypropylamin, Rk. 4732*.
α-Dimethylaminomethylisobutyläther, Rk. 3410.
Diäthylaminomethyläthyläther, Rk. 12 280, 12 840*.
***N.N*-Dimethylpiperidiniumhydroxid (1-Methylpiperidinmethylhydroxid)**, Darst., Rk. v. Salzen 18 077; Bldg. d. Jodids (F. 346—349°) 10 424; Nicotin-ähnl. Wrkg. d. Jodids 12 379.
Dimethylaminomethylcyclopropanmethylhydroxid, Jodid (F. 180—181°) 16 656.
$C_7H_{17}NO_2$ **Propyl-bis-[hydroxyäthyl]-amin**, Rk. 2589*.
***N*-Isopropyldiäthanolamin**, Rk. 14 816.
β-Aminopropionaldehyddiäthylacetal, Rk. 15 215.
1.1-Diäthoxy-2-methylaminoäthan, Rk. 6142*.
***N.N*-Dimethylformamiddiäthylacetal (Dimethylaminoformaldehyddiäthylacetal, Dimethylaminodiäthoxymethan)** (Kp. 135 bis 137°), Darst., Verw. 10 275*; Bldg. 18 083; Rk. 652*, 15 603.
4-Dimethylaminobutanon-(2)-methohydroxid (*N*-[β-Acetyläthyl]-trimethylammoniumhydroxid), Darst., Rk. d. Bromids (F. d. Halbhydrats 140°) 16 275; Rk. d. Bromids 18 097.
$C_7H_{17}NO_2S$ **Acetylthiocholin**, enzymat. Hydrolyse durch d. Froschrectus 9017; histochem. Unters. mit — über d. spezif. u. nichtspezif. Cholinesterase -Aktivität d. „tubercules quandrijumeaux antericurs" d. Ratte u. Maus 10 512.
$C_7H_{17}NO_3$ (s. *Acetylcholin*).
Aminopropyldiäthylenglykoläther, Rk. 5848*.
γ-Butyrobetain (*N*-Dimethyl-γ-aminobuttersäuremethohydroxid), Vork. 16 047; Isolier. u. mögl. Funkt. v. — im Hirnstoffwechsel 13 844; Stimulier.-hemmende Wrkg. d. Halogenids auf d. Meerschweinchenileum 11 266.

$C_7H_{17}NO_3S$ **α-Aminoheptansulfonsäure,** wachstumshemmende Wrkg. bei Bakterien 14 602.
4-Trimethylammoniumbutan-1-sulfonat 6400.
$C_7H_{17}NO_4$ s. *Carnitin.*
$C_7H_{17}NO_4S$ **4-Trimethylammoniosulfolanol-(3),** Jodid (F. 197—198° korr.) 15 955.
$C_7H_{17}NO_5$ ***N*-Methylglucamin (1-Desoxy-1-methylaminosorbit),** Rk. 9084*, 15 773*, 18 319*; Einfl.: d. Salzes mit Flavaspidsäure auf d. Adenosintriphosphatase-Aktivität im Herzmuskel d. Ratte 14 909; d. N-Methylglucaminate aus Filix mas-Extrakt u. Flavaspidsäure auf d. Rattenuterus 562; Verw.: als Kontrastmittel 8700 [2 Ref.], 11 663*; als Titersubstanz bei Säure-Titrat. mit Hochfrequenz-Endpunktanzeige 10 578.
$C_7H_{17}NO_5S$ ***N*-Methylmorpholinioäthansulfonsäurebetain** 9312.
$C_7H_{17}NO_6S_2$ ***N.N*-Di-[methylsulfonoxyäthyl]-methylamin,** Verw. 8126*.
$C_7H_{17}NO_9S_3$ **Tri-[methylsulfonoxymethyl]-methylamin,** Verw. 8126*.
$C_7H_{17}NS$ **2-Butylaminopropylmercaptan,** Prüf. auf Strahlenschutzwrkg. 1682.
***N*-Butyl-α-methylcysteamin,** Schutz-Wrkg. gegen Stickstofflost u. Röntgenbestrahl. bei Mäusen 17 072.
6-Methylmercaptohexylamin (Kp.$_{10}$ 104 bis 105°) 1192.
$C_7H_{17}NSi$ ***N.N*-Tetramethylentrimethylsilylamin** (Kp. 139—140°) 12 265.
$C_7H_{17}N_3$ **2(β)-[4′-Methylpiperazin]-äthylamin (1-Methyl-4-[β-aminoäthyl]-piperazin)** (Kp.$_{753}$ 207—212°), Darst. 1950, 16 285; Verw. d. Dihydrochlorids 7254*.
1-Isopropyl-4-aminopiperazin, Rk. 13 129*.
1-[*N*-Methylpiperidyl-(4′)]-2-methylhydrazin, Rk. 3551*.
$C_7H_{17}N_3O$ ***N*-Diäthylaminoäthylharnstoff,** Rk. 9331.
***N*-Acetyl-*N*-[dimethylaminoisopropyl]-hydrazin** (Kp.$_{11}$ 117—119°) 17 851*.
***N′*-Acetyl-*N*-[dimethylaminoisopropyl]-hydrazin** (F. 63—65°) 17 851*.
$C_7H_{17}N_3O_3S$ ***N*-[2-Aminoäthansulfonyl]-*N′*-[*n*-butyl]-harnstoff** 12 760*.
$C_7H_{17}N_3S$ **2-Aminoäthyl-*N.N′*-diäthylisothioharnstoff,** Dihydrobromid (F. 152—154°) 451.
***S*-[3-Isopropylaminopropyl]-isothioharnstoff,** Dihydrobromid (F. 134—135°) 451.
***S*-[2-Diäthylaminoäthyl]-isothioharnstoff,** Darst. d. Dihydrobromids (F. 196—197°) 451; Prüf. d. Dihydrochlorids auf Strahlenschutzwrkg. 1682.
***S*-2-Dimethylaminoäthyl-1′.3′-dimethylisothioharnstoff,** Prüf. d. Dihydrobromids auf Strahlenschutzwrkg. 1683.
3-Mercaptopropyl-*N*-isopropylguanidin, strahlenprotektive Wrkg. d. Hydrobromids 1683.
2-Mercaptoäthyl-*N′.N″*-diäthylguanidin, Prüf. d. Hydrobromids auf Strahlenschutzwrkg. 1683.
$C_7H_{17}N_5$ ***N*-[β-Pyrrolidinoäthyl]-*N′*-aminoguanidin,** Hydrojodid (F. 145°) 16 286.
***n*-Amylbiguanid,** Darst., Verw. d. Hydrochlorids 947*; Rk. 18 831; Wrkg. v. hypoglykäm. wirkendem — auf d. oxydative Phosphorylier. 18 904.
Isoamylbiguanid, Wrkg. v. hypoglykäm. wirkendem — auf d. oxydative Phosphorylier. 18 904.
***N′*-[Diäthylmethyl]-biguanid,** Hydrochlorid 947*.
$C_7H_{17}N_5O_2$ ***N*-[β-Diäthylaminoäthyl]-*N′*-nitroguanidin** (F. 119°) 16 286.
$C_7H_{17}N_5S_2$ ***N.N*-Bis-[β-isothioureidoäthyl]-methylamin,** Prüf. d. Dibromids auf Strahlenschutzwrkg. 1682.
$C_7H_{17}N_6OP$ **5-Methyl-x-[bis-(dimethylamido)-phosphoryl]-3-amino-1.2.4-triazol** (F. 91 bis 92°) 11 186.
$C_7H_{17}N_6PS$ **5-Methyl-x-[bis-(dimethylamido)-thiophosphoryl]-3-amino-1.2.4-triazol** 11 186.
$C_7H_{17}N_7$ **1.1-Diäthyltriguanid** 13 365.
$C_7H_{17}OPS_2$ **Dimethylthiolphosphinsäure-*S*-[1-methyl-2-äthylmercaptoäthylester]** (Kp.$_{0,01}$ 94°) 16 110*.
Diäthylthiolphosphinsäure-*S*-[äthylmercaptomethylester] (Kp.$_{0,01}$ 76°) 16 109*.
***O*-Äthyl-*S*-[β-äthylmercaptoäthylmethyl]-thiophosphinat (Gd-7),** Darst., Bezieh. zwischen chem. Struktur u. biolog. Aktivität v. — als Cholinesteraseinhibitor 4619.
$C_7H_{17}O_2PS$ **Methylthionophosphonsäure-di-*n*-propylester** (Kp.$_8$ 95—96°) 12 639.
Methylthionophosphonsäurediisopropylester (Kp.$_4$ 60—62°), Darst. 12 639; IR-Spektrum 9283.
$C_7H_{17}O_2PS_2$ **Methylthiophosphonsäure-*S*-[2-äthylmercaptoäthyl]-*O*-äthylester** 1569.
Methylthiophosphonsäure-*O*-[2-äthylmercaptoäthyl]-*O*-äthylester (Kp.$_{0,005-0,015}$ 66 bis 70°) 1569.
$C_7H_{17}O_2PS_3$ ***O.O*-Diäthyl-*S*-äthylmercaptomethyldithiophosphat** s. *Schädlingsbekämpfung-Spezialmittel* (*L-11-6, Thimet, Phorate*).
$C_7H_{17}O_2PS_4$ ***S*-[1-Äthylmercaptopropyl-(2)-sulfenyl]-thionothiolphosphorsäure-*O.O*-dimethylester** 4692*.
$C_7H_{17}O_3P$ **Dimethylisoamylphosphit** (Kp.$_3$ 47 bis 49°) 18 087.
Methyldi-*n*-propylphosphit (Kp.$_{16}$ 71—74°) 18 087.
***n*-Propylphosphonsäurediäthylester,** Rk. 2712.
Methylphosphonsäure-*tert*,-butyläthylester (Kp.$_{20}$ 100—102°) 17 362.
Methylphosphonsäure-di-*n*-propylester (Kp.$_{10}$ 95—96°) 12 639.
Methylphosphonsäurediisopropylester (Kp.$_{10}$ 78—79°), Darst. 12 639; Best. 8733.
$C_7H_{17}O_4P$ **Diäthyl-1-hydroxypropylphosphonat** 2170*.
Methyläthyl-*n*-butylphosphat (Kp.$_{0,1}$ 71°) 9675.
$C_7H_{17}O_5P$ **Methoxyäthyldiäthylphosphat** 18 633*.
$C_7H_{17}P$ ***n*-Heptylphosphin** (Kp. 150°), IR-Spektrum 14 447.
$C_7H_{18}Hg_6O_5$ **Tris-[methylquecksilber(II)]-oxoniumcarbonat** (F. 105° Zers.) 12 953.
$C_7H_{18}JNO$ **4-Jodbutyltrimethylammoniumhydroxid,** Jodid (F. 167—167,5°) 3091.
$C_7H_{18}NO_3P$ **Dimethylaminomethylphosphonsäurediäthylester** (Kp.$_{0,5}$ 83—85°) 8589.
$C_7H_{18}NO_5PS$ ***N*-[Methansulfonyl]-imidophosphorsäuretriäthylester** (Kp.$_{0,2}$ 109—110°) 11 884.
$C_7H_{18}N_2$ **Heptamethylendiamin-(1.7),** innerkrist. Quell. u. zeolith. —-Aufnahme v. Ca-Mono-n-propylphosphorsäureester 6685; Komplex-Bldg. mit $CrCl_3$ 4846; Trenn. v. anderen Aminen 6161; Eign. v. Cu-Komplexen mit — als Lichtfilter 3199.
***N.N*-Dimethylpentamethylendiamin (5-Dimethylaminopentylamin)** (Kp. 182°), Darst. 1951, 17 036; Rk. 16 036.
1-Amino-3-diäthylaminopropan [3(γ)-Diäthylaminopropylamin, *N.N*-Diäthyl-1.3-diaminopropan] (Kp.$_{22}$ 64°), Darst. 8953; (Rk.) 8952; Rk.: mit Acetylenchloriden 7481; mit 5-Chlor-8-hydroxychinolin u. Paraformaldehyd 3190*; mit Isobutyraldehyd 6134*; mit p-Benzochinonen 8718*; mit 2-Mercapto-4-amino-5-cyanpyrimidinen 4641*; mit 12-Keto-10.11-octadecensäure 9084*; mit 12-Keto-elaidinsäurederiv. 9084*; mit Cinnolincarbonsäure-(4)-chlorid 8987; Prüf. auf Verw. zur Isolier. d. Radula (Bezieh. zwischen Wirksamk. u. chem. Struktur) 15 994; Verw. 4719*, 4749*, 16 184*.
***N.N*-Diäthylpropylendiamin,** Rk. 16 490*; vgl. auch d. beiden nachsteh. Verb.

1-Amino-2-diäthylaminopropan ($Kp._{16}$ 57°) 8952.
2-Amino-1-diäthylaminopropan, Darst. 8953; Rk. 8952.
N.N-**Dimethyl-***N'*-**[***n*-**propyl]-äthylendiamin (Dimethylaminoäthyl-***n*-**propylamin),** Rk. 6132*, 14 246*, 17 495*.
N-**Methyl-***N'.N'*-**diäthyläthylendiamin** (*N*-**[2-Diäthylaminoäthyl]-methylamin)** (Kp. 150—155°), Darst. (Dipikrat) 1194; (Rk.) 8952; Rk. 9325; Verw. 12 881*.
N.N.N'.N'-**Tetramethylpropandiamin-(1.2),** Verw. 7028*.
N.N.N'.N'-**Tetramethylpropandiamin-(1.3),** Verw. 7028*.
Heptyl-(2)-hydrazin ($Kp._{15}$ 75—78°) 7625*.
2.4-Dimethylpentyl-(1)-hydrazin ($Kp._{25}$ 84 bis 85°) 17 002.
N'-*n*-**Amyl-***N.N*-**dimethylhydrazin** ($Kp._{765}$ 151,5—152,2°) 12 625.
N'-*sek.*-**Amyl-***N.N*-**dimethylhydrazin** ($Kp._{755}$ 134,7—135°) 12 625.
N'-**[α.β-Dimethylpropyl]-***N.N*-**dimethylhydrazin** ($Kp._{758}$ 130,5—131,3°) 12 625.
N'-*n*-**Propyl-***N.N*-**diäthylhydrazin** ($Kp._{758}$ 141,6°) 12 625.
N'-**Isopropyl-***N.N*-**diäthylhydrazin** ($Kp._{769}$ 128,7°) 12 625.
$C_7H_{18}N_2O$ **3-Diäthylamino-2-hydroxypropylamin,** Rk. 10 461.
1.3-Bis-[dimethylamino]-propanol-(2), Rk. 2831*, 4256*, 4261*.
$C_7H_{18}N_2O_2$ **2.2'-[3-Aminopropylimino]-diäthanol** [*N.N*-**Dihydroxyäthylpropandiamin-(1.3)**], Rk. 6137*; Verw. zur Isolier. d. Radula (Bezieh. zwischen Wirksamk. u. chem. Struktur) 15 994.
$C_7H_{18}N_2O_3$ (s. *Urecholin*).
Äthyldimethylammonioäthylcarbamathydroxid, Bromid (F. 180°) 9311.
$C_7H_{18}N_2O_4S_2$ *N.N'*-**Dimethylpentan-1.5-disulfonamid** (F. 148°) 10 423.
N.N'-**Pentamethylen-bis-[methansulfonamid]** (F. 110°) 10 424.
$C_7H_{18}N_2Si_2$ **Bis-[trimethylsilyl]-carbodiimid** (Kp. 164°) 13 690, 14 062 [2 Ref.].
$C_7H_{18}N_3O_2P$ *N.N.N'.N'*-**Tetramethyldiamido-***O*-**isopropylidenaminophosphat** 3240*.
$C_7H_{18}N_4$ **Diäthylaminoäthylguanidin,** Rk. d. Sulfats 4642*.
$C_7H_{18}N_4O$ **Kohlensäure-bis-[2-isopropylhydrazid]** (F. 142—143°) 9310.
$C_7H_{18}N_4O_3$ *N'.N''*-**Carbonyl-bis-[***N.N*-**dimethylformamidiniumhydroxid),** Dichlorid (F. 194—202°) 5097*.
$C_7H_{18}OSi$ *n*-**Butoxytrimethylsilan** (Kp. 125°), Darst. 8222; Bezieh. d. gaschromatograph. Retentionsvol. zu d. v. n-Butanol 4862.
Trimethylsilylisobutyläther, Bezieh. d. gaschromatograph. Retentionsvol. zu d. v. Isobutanol 4862.
tert.-**Butoxytrimethylsilan** (Kp. 105°), Darst. 8222; (Lewis-Basizität gegenüber Phenol bzw. Pyrrol) 4865; Konstit.-Einfl. auf d. chem. Verschieb. 11 856.
Triäthylmethoxysilan ($Kp._{747}$ 141°) 6003.
$C_7H_{18}OSi_2$ **Vinylpentamethyldisiloxan** (Kp. 120 bis 120,5°) 15 027*.
$C_7H_{18}O_2Sn$ **Trimethyl-***tert.*-**butylperoxystannan** ($Kp._{12}$ 56°) 4362*..
$C_7H_{18}O_3Si$ **Methyltriäthoxysilan,** Konstit.-Einfl. auf d. UV-Spektrum 5606; Lewis-Basizität gegenüber Phenol bzw. Pyrrol 4864; Rk. 7129, 8228; Verw. 1093*.
$C_7H_{18}O_6P_2$ **Methylen-bis-[methylphosphonsäureäthylester]** ($Kp._8$ 149—150°) 2712.
$C_7H_{18}Pb$ **Triäthylmethylblei,** Best. in Bzn. 5906.
$C_7H_{18}SSi$ *n*-**Butylmercaptotrimethylsilan** (Kp. 169°) 8222.
$C_7H_{18}Si$ *n*-**Heptylsilan** (Kp. 140,7°), Darst., Rk. 15 561; Rk. 3062.
n-**Butyltrimethylsilan** (Kp. 113°) 10 805.
tert.-**Butyltrimethylsilan** 3431.
Di-*n*-**propylmethylsilan,** Darst., Hydrolyse (Kinetik) 6357; Hydrolyse (Kinetik) 12 982.
Methyltriäthylsilan, Konstit.-Einfl. auf d. ν(SiC) 11 504.
$C_7H_{19}ClSi_2$ **Bis-[trimethylsilyl]-chlormethan** 418.
$C_7H_{19}NO$ *n*-**Butyltrimethylammoniumhydroxid** (*N.N*-**Dimethylbutylaminmethylhydroxid),** Darst. d. Jodids (F. 230°) 16 656; Verw. 10 713*.
$C_7H_{19}NO_2$ **2-Diäthylaminoäthanolmethohydroxid,** Darst. d. Jodids (F. 263°) 6738; Bldg. d. Bromids 5762.
$C_7H_{19}NO_2Si$ ω-**Aminobutylmethyldimethoxysilan** ($Kp._{6,5}$ 74°) 8948.
$C_7H_{19}NO_4$ **Methyltriäthanolammoniumhydroxid,** Rk. d. p-Toluolsulfonats 9516*.
$C_7H_{19}NSi$ *n*-**Butylaminotrimethylsilan** (Kp. 135°) 8222.
N-**[Trimethylsilyl]-diäthylamin** (*N.N*-**Diäthyltrimethylsilylamin)** (Kp. 124—128°), Darst. 12 265; Rk. 1573, 12 265.
$C_7H_{19}N_3$ (s. *Spermidin*).
N-**Methyl-bis-[3-aminopropyl]-amin (3.3'-Methylimino-bis-propylamin),** Rk. 150, 5099*, 5533*; Verw. zur Isolier. d. Radula (Bezieh. zwischen Wirksamk. u. chem. Struktur) 15 994.
Bis-*N.N*-**[2-aminoäthyl]-propylamin,** Rk. 5099*.
N.N'.N''-**Trimethyldiäthylentriamin** ($Kp._1$ 60°) 12 618.
1.3-Bis-[dimethylamino]-isopropylamin ($Kp._6$ 73—75°) 817.
N-**[1-Dimethylaminopentyl-(4)]-hydrazin** ($Kp._{11}$ 94—96°) 17 852*.
N-**Diäthylaminoisopropylhydrazin** ($Kp._{12}$ 75 bis 77°) 17 851*.
N'-**Äthyl-***N*-**[dimethylaminoisopropyl]-hydrazin** ($Kp._{12}$ 60—61°) 17 851*.
$C_7H_{19}N_3OS$ *S*-**[3-Dimethylaminopropyl]-isothioharnstoffmethylhydroxid. — Bromidhydrobromid,** Darst. 451; Prüf. auf Strahlenschutzwrkg. 1682.
$C_7H_{19}N_5$ *N*-**[β-Diäthylaminoäthyl]-***N'*-**aminoguanidin,** Hydrojodid (F. 80—81°) 16 286.
$C_7H_{19}N_5Si_2$ **1-Trimethylsilylamino-***N*-**trimethylsilyltetrazol** (F. 69—70°), Thermolyse 13 690.
$C_7H_{19}O_2PS_2$ *O*-**Äthyl-***S*-**[äthylmethylsulfoniummethyl]-methylthiophosphonat,** Darst., Bezieh. zwischen chem. Struktur u. biolog. Aktivität d. Sulfomethylats (*M-137*) als Cholinesteraseinhibitor 4619.
$C_7H_{20}BN$ **Triäthylaminmethylboran,** Rk. 9514*.
$C_7H_{20}N_2OSi_2$ **Bis-***N.N'*-**trimethylsilylharnstoff,** Rk. 14 062.
$C_7H_{20}O_2SSi_2$ **2.2.6.6-Tetramethyl-1-oxa-4-thia-2.6-disilacyclohexan-***S*-**methohydroxid,** Jodid (F. 153—155°) 4564.
$C_7H_{20}O_2SeSi_2$ **2.2.6.6-Tetramethyl-1-oxa-4-selena-2.6-disilacyclohexan-***Se*-**methohydroxid,** Jodid (F. 125° Zers.) 4564.
$C_7H_{20}Si_2$ **Hexamethyldisilylmethan** ($Kp._{756}$ 133°), Darst. 417; Massenspektrum 418; Konstit.-Einfl.: auf d. Ramanspektrum 5234; auf Dipolmoment u. DK 12 232; Temp.-Abhängigk.: v. Dichte u. Viscosität 5238; d. Oberflächenspann. 5241.
$C_7H_{21}ClO_2Si_3$ **1-Chlorheptamethyltrisiloxan,** Rk. 151.
$C_7H_{21}ClO_4Si_4$ **Heptamethylchlorcyclotetrasiloxan** ($Kp._{20}$ 85,5—86,5°) 1201.
$C_7H_{21}ClSi_3$ **Heptamethylchlortrisilan,** Vers. d. Darst. 814.
$C_7H_{21}JN_6P_4$ **Verb.** $C_7H_{21}JN_6P_4$ aus Phosphortri-N-methylimid u. CH_3J 13 323.
$C_7H_{21}NSi_2$ **Hexamethyl-***N*-**methyldisilazon,** Rk. 16 288.
$C_7H_{21}N_2O_{10}P_3$ **Hydroxyäthyläthylendiamin-tris-[***N.N.N'*-**methylphosphonsäure],** Hexa-Na-Salz 5848*.
$C_7H_{21}OSbSi$ **Heptamethylstibiosiloxan** (Kp. 59,5 bis 61°) 2713.
$C_7H_{22}N_3OP$ **Methyl-tris-[dimethylamido]-phosphoniumhydroxid,** Jodid 14 438.

$C_7H_{22}O_2Si_3$ **Bis-[trimethylsiloxy]-methylsilan (Heptamethyltrisiloxan)**, Rk. 6992*, 15 027*.
$C_7H_{22}O_4Si_4$ **Heptamethylcyclotetrasiloxan** (Kp.$_{50}$ 84,5°) 1201.
$C_7H_{22}O_5Si_4$ **Heptamethylhydroxycyclotetrasiloxan** (Kp.$_{20}$ 100°) 1201.
$C_7H_{24}O_3Si_4$ **Tris-[dimethylsiloxy]-methylsilan** (Kp. 164°) 4883.
$C_7H_{26}O_4Si_5$ *symm.*-Heptamethylpentasiloxan (Kp. 188°) 4883.

C_8-Gruppe

$C_8Br_2N_2O_2$ **3.6-Dibrom-2.5-dicyanbenzochinon** 821.
$C_8Br_4O_3$ **Tetrabromphthalsäureanhydrid**, Phosphorescenzabklingzeiten u. -spektren v. Komplexen mit Aromaten 13 704; Rk. 11 556; analyt. Verw. 6531.
$C_8ClF_{15}O$ **Perfluoroctanoylchlorid** (Kp. 128 bis 130°), Darst. 15 925; Rk. 6405 [2 Ref.].
$C_8ClF_{15}O_2S$ **Perfluor-[4-äthylcyclohexan]-sulfonylchlorid**, Rk. 6208*, 18 634*.
$C_8ClF_{17}O_2S$ **Perfluoroctansulfonylchlorid**, Rk. 4744*, 6208*, 18 634*.
$C_8Cl_2F_{15}J$ **1.2-Dichlor-8-jodperfluoroctan** (Kp.$_3$ 82°) 5624.
$C_8Cl_2F_{16}$ **α.ω-Dichlorperfluoroctan** (Kp.$_{200}$ 115°) 15 923.
$C_8Cl_2F_{16}Hg$ **Bis-[4-chloroktafluorbutyl-(2)]-quecksilber** (Kp.$_{760}$ 185°) 12 795*.
$C_8Cl_2N_2O_2$ **2.3-Dicyan-5.6-dichlorbenzochinon**, Elektronenaffinität in Ladungsübertragungskomplexen 13 341; — als Oxydat.-Mittel 6398, 8997 [2 Ref.]; Rk.: mit 6α-Methylprogesteron 5398*; mit 17α-Hydroxyprogesteron 5398*.
$C_8Cl_4F_6O_3$ **α.β-Dichlor-γ.γ.γ-trifluorcrotonsäureanhydrid** (Kp.$_{11}$ 103—104°) 16 841*.
$C_8Cl_4F_{14}$ **1.2.7.8-Tetrachlorperfluoroctan** (Kp.$_3$ 67—68°) 5624.
$C_8Cl_4O_3$ **Tetrachlorphthalsäureanhydrid** (F. 254,8°), Reinig. 1412*, 3987*; Phosphorescenzabklingzeiten u. -spektren v. Komplexen mit Aromaten 13 704; Absorpt.- u. Fluorescenzspektren u. Dipolmoment d. Mol.-Verb. mit Hexamethylbenzol 5612; Gleichgew.-Konst. d. Komplexbldg. mit Aza-KW-Stoffen 4865; Rk.: mit Cinnolin-Deriv. 8990; mit Dibenzofurano-[2.3:c]-carbazol bzw. Dibenzothieno-[2.3:c]-carbazol 11 556; mit Aminen 6027; mit Harnstoff 15 417*; mit Triäthylphosphit bzw. Triisopropylphosphit 10 450; analyt. Verw. 6531.
$C_8Cl_8O_2$ **Trichloressigsäurepentachlorphenylester**, Verw. 12 509.
$C_8F_5MnO_5$ **Perfluorpropenylmanganpentacarbonyl** 5597, 7447.
$C_8F_5MnO_6$ **Perfluorpropionylmanganpentacarbonyl** (F. 49—50°) 7447.
$C_8F_5O_6Re$ **Perfluorpropionylrheniumpentacarbonyl** (F. 81—83°) 7447.
$C_8F_7MnO_5$ **Perfluor-*n*-propylmanganpentacarbonyl** (Kp.$_{13}$ 66°), Darst. 5597; Bldg. 7447; Rk. 7082.
Perfluorisopropylmanganpentacarbonyl (Kp.$_{17}$ 73°) 5597.
$C_8F_7O_5Re$ **Perfluorpropylrheniumpentacarbonyl** 7447.
$C_8F_8FeO_4$ **Oktafluor-1-ferra-cyclopentantetracarbonyl** (F. 76,5—77°; Zers. 193°) 7082.
C_8F_{10} **Perfluoräthylbenzol** (Kp. 114—115°) 1204.
Perfluor-*p*-xylol (Kp. 117—118°) 1204.
$C_8F_{10}FeO_4$ **Tetracarbonyl-bis-[perfluoräthyl]-eisen** (F. 62—63,5°) 18 401.
$C_8F_{12}S$ **Tetrakis-[trifluormethyl]-thiophen** (Kp. 134—135) 3057.
$C_8F_{12}S_2$ **2.3.5.6-Tetrakis-[trifluormethyl]-*p*-dithiin** (Kp.$_{25}$ 54—55°) 3057.
$C_8F_{12}S_4$ **3.4.7.8-Tetrakis-[trifluormethyl]-1.2.5.6-tetrathiocin** (F. 110—111°) 3057.
$C_8F_{12}Se_2$ **2.3.5.6-Tetrakis-[trifluormethyl]-*p*-diselenin** (F. 55°) 3057.
C_8F_{14} **Perfluoroctadien-(1.7)** (Kp. 105—107°) 5624.
$C_8F_{14}N_2O$ **2.5-Bis-[perfluorpropyl]-1.3.4-oxadiazol** (Kp. 124°) 6405, 6406.
$C_8F_{14}O_2$ **Perfluoroctandion-(4.5)** (Kp.$_{760}$ 95°) 4876.
$C_8F_{14}O_3$ **Heptafluorbuttersäureanhydrid (Perfluorbuttersäureanhydrid)**, Rk. 6405, 9533*, 13 016, 16 862*.
C_8F_{16} **Perfluoräthylcyclohexan** 1204.
trans-**Perfluor-1.3-dimethylcyclohexan** 1799*.
Perfluor-1.4-dimethylcyclohexan 1204.
Perfluor-x.x-dimethylcyclohexan, Photolyse 11 362*; Einschluß v. — im Faujasit 5573, 5574.
$C_8F_{16}O$ **Perfluoroctanoylfluorid**, Photolyse 11 362*.
$C_8F_{16}O_3S$ **3-Perfluorhexyl-3.4.4-trifluor-2.2-dioxo-1.2-oxathiacyclobutan**, Rk. 1794*.
$C_8HBr_4NO_2$ **Tetrabromphthalsäureimid**, analyt. Verw. 6531.
$C_8HCl_4F_{11}O_2$ **3.5.7.8-Tetrachlorundekafluoroctansäure**, Verw. d. Zn-Salzes 1089*.
$C_8HCl_4NO_2$ **Tetrachlorphthalsäureimid**, analyt. Verw. 6531.
C_8HCl_5 **Pentachlorphenylacetylen** 7104.
$C_8HCl_6NO_2S$ **Trichlor-3-[trichlormethylsulfenyl]-benzoxazolon** (F. 215—217°) 6940*.
$C_8HF_{13}O_2$ **3-H-Tridekafluoroctandion-(4.5)** (Kp.$_{760}$ 108—110°) 4876.
C_8HF_{15} **ω-Hydroperfluorocten-(1)**, Darst. 1187; Polymerisat. 3644*.
$C_8HF_{15}O_2$ **Perfluoroctansäure** spezif. Leitfähigk. 5236; Assoziat. (Einfl. v. Zusätzen polarer KW-Stoffderiv.) 8931; Extrakt v. Metallen mit — in Chlf. 17 329; therm. Spalt. in d. Dampfphase 1187; Verester. 8947; Hemmwrkg. v. Perfluoroctanoat auf Bakterien-Elastase 5335; schmutzabweisende Eig. v. unter Verw. v. — hergestellten Faserpräparaten 13 255; Verw. d. Cr(III)-Komplexsalze zum Fetten v. Leder 713*.
$C_8HF_{15}O_3S$ **3-[ω-Hydroperfluorhexyl]-3.4.4-trifluor-2.2-dioxo-1.2-oxathiacyclobutan**, Rk. 1794*.
α-Fluorsulfonyl-ω-hydroperfluoroctanoylfluorid 1794*.
$C_8HJ_4NO_2$ **Tetrajodphthalsäureimid**, analyt. Verw. 6531.
$C_8HN_3O_2S_3$ **Verb.** $C_8HN_3O_2S_3$ (F. 288—289°), aus Verb. $C_8N_4S_3$ (aus 1.2-Dicyan-1.2-dimercaptoäthen u. H_2O_2) 13 177*.
C_8HN_5 **1.1.2.3.3-Pentacyanpropen**, Leitfähigk. d. Na-Salzes 15 900; pKa-Wert 11 510.
$C_8H_2BrCl_5$ *cis*-**ω-Brom-2.3.4.5.6-pentachlorstyrol** (F. 137,5—139°) 7104.
trans-**ω-Brom-2.3.4.5.6-pentachlorphenylstyrol** (F. 113—114,5°) 7104.
$C_8H_2Br_2N_2O_2$ **4.5-Dibrom-3.6-dihydroxyphthalsäuredinitril**, analyt. Verw. 16 072.
2.5-Dibrom-3.6-dihydroxyterephthalsäuredinitril 821.
$C_8H_2Br_3Cl_5$ **1.2.2-Tribrom-1-pentachlorphenyläthan** (F. 115—115,5°) 7104.
$C_8H_2ClF_6NO_2$ **4-Chlor-5-nitro-1.3-bis-[trifluormethyl]-benzol**, Rk. 4530.
$C_8H_2Cl_2N_2O_2$ **2.3-Dichlor-5.6-dicyanhydrochinon (4.5-Dichlor-3.6-dihydroxyphthalsäuredinitril, „Cyananilsäure" v. Richter)**, Identifizier. 821; analyt. Verw. 16 072.
$C_8H_2Cl_2O_3$ **3.4-Dichlorphthalsäureanhydrid**, Rk. 5857*.
3.6-Dichlorphthalsäureanhydrid, Phosphorescenzabklingzeiten u. -spektren d. — Komplexe mit Aromaten 13 704; Rk. 5857*.
4.5-Dichlorphthalsäureanhydrid, Darst., Rk. 2716; Rk. 5857*.
$C_8H_2Cl_4O_2$ **1.4-Bis-[chlorformyl]-2.5-dichlorbenzol**, Rk. 6969*.
$C_8H_2Cl_4O_2S$ **[2.3-Dichlorthenyliden-(5)]-malonsäuredichlorid** (F. 128—131°) 12 650.

$C_8H_2Cl_4O_4$ **Tetrachlorphthalsäure**, Reinig. 1412*, 3987*; Rk. 6213*; Verw. d. Alkylester 16 099*.
$C_8H_2Cl_5NO_2S$ **5.7-Dichlor-3-[trichlormethylsulfenyl]-benzoxazolon** (F. 105—110°) 6940*.
$C_8H_2Cl_6O_2$ **1.4.5.6.7.7-Hexachlorbicyclo-[2.2.1]-$\Delta^{2.5}$-heptadien-2-carbonsäure** (F. 205 bis 210°) 11 735*.
$C_8H_2Cl_6O_3$ **1.4.5.6.7.7-Hexachlorbicyclo-(2.2.1)-Δ^5-hepten-2.3-diol-cyclocarbonat** (F. 232 bis 233°) 11 735*.
$C_8H_2F_2O_3$ **3.6-Difluorbenzol-1.2-dicarbonsäureanhydrid** (F. 206—207°) 11 004*.
$C_8H_2F_{14}$ **1.5-Dihydroperfluorocten-(4)** (Kp.$_{100}$ 57—59°) 16 701.
1.8-Di-H-tetradekafluorocten-(4) 4876.
$C_8H_2F_{14}N_2O_2$ ***N.N*(1.2)-Bis-[perfluorbutyryl]-hydrazin** (F. 167—168°) 6405 [2 Ref.].
$C_8H_2F_{14}O_2$ **5-H-5-Hydroxytetradekafluoroctanon-(4)** (Kp.$_{90}$ 70—72°) 4876.
$C_8H_2F_{16}$ **α.ω-Dihydroperfluoroctan (1.8-Di-H-hexadekafluoroctan)** (Kp. 134—138°) 4876, 11 362*.
$C_8H_2F_{16}Hg$ **Bis-[4H-oktafluorbutyl-(2)]-quecksilber** (Kp. 172,5—173°) 12 795*.
$C_8H_2J_4O_4$ **Tetrajodphthalsäure. — Salze**, Darst., Verw. 9436; Verw. 11 664*.
$C_8H_2N_2O_2$ **2.3-Dicyanbenzochinon**, Rk. 5398* [2 Ref.].
$C_8H_2N_2O_4$ **2.5-Dicyan-3.6-dihydroxybenzochinon (Cyananilsäure)** 821.
$C_8H_2N_4OS_3$ **Verb. $C_8H_2N_4OS_3$** aus Verb. $C_8N_4S_3$ (aus 1.2-Dicyan-1.2-dimercaptoäthen u. H_2O_2) 13 177*.
$C_8H_3BrCl_3NO_2S$ **6-Brom-3-[trichlormethylsulfenyl]-benzoxazolon** (F.102—105°) 6939*.
$C_8H_3BrF_6$ **3.5-Bis-[trifluormethyl]-brombenzol** (Kp.$_{750}$ 148—151°) 17 014.
$C_8H_3BrMgN_2O_2$ **[3.3'-Diisoxazolyl-(5)]-äthinylmagnesiumbromid** 468, 5289.
$C_8H_3Br_2Cl_5$ **1-Pentachlorphenyl-1.2-dibromäthan** (F. 94—94,5°) 7103.
$C_8H_3Br_2F_9O_6Si$ **1.2-Dibromäthyl-tris-[trifluoracetoxy]-silan** (Kp. 195° Zers.) 2711.
$C_8H_3Br_2NO_2$ **5.7-Dibromisatin**, Rk. 14 139.
$C_8H_3Br_2O_4$ **4.5-Dibrom-3.6-dihydroxyphthalimid**, analyt. Verw. 16 072.
$C_8H_3ClN_2O_2$ **Chlorphenylen-2.4-diisocyanat (4-Chlor-1.3-phenylendiisocyanat, 3-Isocyanato-4-chlorphenylisocyanat)** (Kp.$_{10}$ 128 bis 129°), Darst., Kinetik d. Rk. mit 2-Äthylhexanol 8212; Verw. 2589*, 8129*.
4-Chlor-3.6-dihydroxyphthalsäuredinitril, analyt. Verw. 16 072.
$C_8H_3ClO_3$ **3-Chlorphthalsäureanhydrid**, Rk. 5018*.
4-Chlorphthalsäureanhydrid (F. 97,5 bis 98,5°), Darst. 3410; (Rk.) 2715; Rk. 9826*, 13 130*; Verw. 7752*.
x-Chlorphthalsäureanhydrid, Rk. 9960*.
$C_8H_3Cl_2NO_3$ **5-Nitroisophthalsäuredichlorid**, Rk. 653*.
3.5-Dichlorisatosäureanhydrid 13 629*.
$C_8H_3Cl_2NO_4$ **4.5-Dichlor-3.6-dihydroxyphthalimid**, analyt. Verw. 16 072.
$C_8H_3Cl_3N_2$ **2.4.6-Trichlorchinazolin** (F. 132 bis 134°) 6413.
$C_8H_3Cl_3N_2O_4S$ **6-Nitro-3-[trichlormethylsulfenyl]-benzoxazolon** (F. 138—140°) 6939*.
$C_8H_3Cl_3O_2S$ **3.5.6-Trichlorthianaphthen-1.1-dioxid** (F. 170—171°) 1224.
$C_8H_3Cl_3O_4$ **Trichloracetoxybenzochinon-(1.4)** 2319.
$C_8H_3Cl_4NO_2S$ **6-Chlor-3-[trichlormethylsulfenyl]-benzoxazolon** (F. 102—105°) 6940*.
$C_8H_3Cl_4NO_3$ **5-Nitro-1.1.3.3-tetrachlorphthalan** (F. 82—83°) 11 557.
$C_8H_3Cl_4NO_4$ **2.3.5.6-Tetrachlor-4-nitrophenylacetat**, Antifungusaktivität 17 805.
$C_8H_3Cl_5$ **Pentachlorstyrol** (F. 108°), Darst. 7104; Verw. 8782*.
$C_8H_3Cl_5O$ **2.3.4.5.6-Pentachlorphenylvinyläther** (F. 89—90°) 17 719.
Pentachlorphenylacetaldehyd (F. 141°) 7104.
Pentachlorphenylmethylketon (F. 91—91,5°) 7104.
$C_8H_3Cl_5O_2S$ ***S*-Pentachlorphenylthiolkohlensäure-*O*-methylester(*O*-Methyl-*S*-pentachlorphenylthiolcarbonat)**, Herst., Verw. 3606*, 13 547*.
$C_8H_3Cl_5O_3$ **2.3.4.5.6-Pentachlorphenoxyessigsäure**, pflanzenwachstumsregulator. Aktivität bei d. Ananaspflanze 1283; Hemm. d. Transportes v. Indolylessigsäure durch — bei Sonnenblumen 6471.
$C_8H_3Cl_5O_3S$ **Vinylsulfonsäure-2.3.4.5.6-pentachlorphenylester** (F. 93°) 8418*.
$C_8H_3Cl_5S$ **Vinylpentachlorphenylsulfid** (F. 74,6 bis 75,3°), Herst., Polymerisat. 18 663*; Copolymerisat. 18 663*.
$C_8H_3Cl_5S_3$ **Trithiokohlensäurepentachlorphenylestermethylester** (F. 133—134°) 4881.
$C_8H_3Cl_7NO_3P$ ***m*-Nitro-*p*-chlorphenyl-bis-[trichlormethyl]-phosphinoxid** (F. 172 bis 173°) 5271.
$C_8H_3Cl_7O$ **1.4.5.6.7.7-Hexachlorbicyclo-[2.2.1]-hepten-(5)-2-carbonsäurechlorid** (Kp.$_{0,1}$ 105°) 17 564*.
$C_8H_3FO_3$ **3-Fluorphthalsäureanhydrid**, Rk. 1971.
$C_8H_3F_3O_4$ **Trifluoracetoxybenzochinon-(1.4)** (F. 78°) 2319.
$C_8H_3F_4NO_3$ **5-Nitro-1.1.3.3-tetrafluorphthalan** (F. 57—58°) 11 557.
$C_8H_3F_5$ **2.3.4.5.6-Pentafluorstyrol**, Darst. 7322*; Elektronenspinresonanzspektrum v. γ-bestrahltem Poly-— 15 250.
$C_8H_3F_5O$ **5-Fluor-1.1.3.3-tetrafluorphthalan** (Kp. 141—142°) 11 557.
$C_8H_3F_9O_6Si$ **Vinyltris-[trifluoracetoxy]-silan** (Kp. 144,3°) 2711.
$C_8H_3F_{14}J$ **1.5.5-Trihydro-4-jodperfluoroctan** (Kp.$_{10}$ 56—57°) 16 701.
$C_8H_3F_{15}O$ **1.1-Dihydroperfluoroctylalkohol [1H.1H-Pentadekafluoroctanol-(1)]** (Kp.$_8$ 68,5°), Darst. 8947; Rk. 7723*.
$C_8H_3J_4NO_3$ **Tetrajodphthalaminsäure**, Na-Salz 12 768*.
$C_8H_3NO_2$ s. *Diatretin-II* [*Diatretinonitril, 7-Cyanhepten-(2)-diin-(4.6)-säure*].
$C_8H_3NO_5$ **3-Nitrophthalsäureanhydrid** (F. 163 bis 164°), Darst. 4527; (Rk.) 12 301; Aminomethylier. 3407; Rk.: mit HN_3 11 905; mit CH_2N_2 15 212; mit Anthranilsäure 6016.
4-Nitrophthalsäureanhydrid (F. 216—222°), Darst. 16 652; Rk. 11 905.
$C_8H_3N_3O_2$ **Nitrophthalonitril**, Verw. 4791*.
$C_8H_3N_3O_2S$ **5-Nitrothenyliden-2-malonsäuredinitril** (F. 146°) 7031*.
$C_8H_3N_3O_3$ **5-Nitrofurfuryliden-2-malonsäuredinitril** (F. 175°) 7031*.
$C_8H_3N_3O_6$ **5.7-Dinitroisatin**, Rk. 1224.
$C_8H_3N_5O_4$ **6-Nitro-1.2-benzisoxazol-3-carbonazid** 11 907.
$C_8H_4BrClF_2$ **β-Chlor-α.β-difluorvinyl-x-brombenzol**, Rk. 17 378.
$C_8H_4BrClF_2Hg$ **x-[β-Chlor-α.β-difluorvinyl]-brommercuribenzol** (F. 221—223°) 17 378.
$C_8H_4BrClHg$ ***p*-Bromphenyläthinylquecksilberchlorid**, polarograph. Daten in Dioxan 746.
$C_8H_4BrClN_2$ **6-Brom-4-chlorchinazolin** (F. 164 bis 166°) 14 138.
$C_8H_4BrClO_2$ **3-Brom-4-chlorphthalid** 12 302.
3-Brom-7-chlorphthalid 12 301.
$C_8H_4BrCl_5$ **1-Pentachlorphenyl-1-bromäthan** (F. 120—124°) 7103.
$C_8H_4BrF_3O$ ***m*-Bromphenyltrifluormethylketon** (Kp.$_{12}$ 83,5°) 7099.
$C_8H_4BrNOS_2Se$ **5-[5'-Bromselenenal-(2')]-thiazolidon-(4)-thion-(2)** 11 559.
$C_8H_4BrNO_2$ **4-Bromisatin**, α-Aminosäuredehydrogenasewrkg. (Bezieh. zur Konstit.) 12 326.
5-Bromisatin, α-Aminosäuredehydrogenasewrkg. (Bezieh. zur Konstit.) 12 326.
6-Bromisatin, α-Aminosäuredehydrogenasewrkg. (Bezieh. zur Konstit.) 12 326.

N-**Bromphthalimid**, Rk. mit Phenylessigsäure 8224; Halogenier. einfach ungesätt. Fettsäureketten in Allylstell. (Vgl.) 16 988.
$C_8H_4BrN_3O_3S_2$ **2-[5'-Bromthenoyl-(2')-amino]-5-nitrothiazol** (F. 224°), Darst., trichomonostat. Wirksamk. 16 021.
$C_8H_4BrN_3O_4$ **5.7-Dicarboxy-6-bromimidazo-[b]-pyridin** (F. 244° Zers.) 129.
$C_8H_4Br_2N_2O_2$ **2.4-Dihydroxy-6.8-dibromchinazolin**, Di-Na-Salz (F. 299—302°) 15 416*.
$C_8H_4Br_2O_4$ **4.6-Dibromisophthalsäure** (F. 245 bis 247°) 15 252.
2.5-Dibromterephthalsäure, Rk. 17 928*.
$C_8H_4Br_2S_2$ **5.5'-Dibrom-2.2'-bithienyl**, nematocide Aktivität 10 827.
$C_8H_4ClF_3O$ *o*-**Trifluormethylbenzoylchlorid** (Kp.$_{18-19}$ 92—93,5°), Darst., Rk. 17 014; Rk. 11 557.
m-**Trifluormethylbenzoylchlorid** (Kp.$_{29}$ 83,5°), Darst., Rk. 17 014; Rk. 18 476.
$C_8H_4ClHgMnO_3$ **[Cyclopentadienylmangantricarbonyl]-quecksilberchlorid (Chloromercuricyclopentadienylmangantricarbonyl)** (F. 135—136°) 2297.
$C_8H_4ClHgNO_2$ *p*-**Nitrophenyläthinylquecksilberchlorid**, polarograph. Daten in Dioxan 746.
$C_8H_4ClMnO_5$ **1-Chlorallylmagnanpentacarbonyl** (Kp.$_{0,5}$ 50°) 10 019.
$C_8H_4ClMnO_5S$ **Cyclopentadienylmangantricarbonylsulfochlorid** (F. 112—113°) 2297.
C_8H_4ClNO *o*-**Chlorbenzoylcyanid** (F. 39—40°) 11 887.
p-**Chlorbenzoylcyanid** (F. 41—42°) 11 887.
$C_8H_4ClNOS_2Se$ **5-[5'-Chlorselenenal-(2')]-thiazolidon-(4)-thion-(2)** (F. 243° Zers.) 11 559.
$C_8H_4ClNO_2$ **4-Chlorisatin**, α-Aminosäuredehydrogenasewirkg. (Bezieh. zur Konstit.) 12 326.
5-Chlorisatin, α-Aminosäuredehydrogenasewrkg. (Bezieh. zur Konstit.) 12 326.
6-Chlorisatin, Rk. 16 663; α-Aminosäuredehydrogenasewrkg. (Bezieh. zur Konstit.) 12 326.
7-Chlorisatin, Rk. 5668, 5669.
N-**Chlorphthalimid**, Rk. 14 476.
$C_8H_4ClN_3O_2$ **1-Chlor-7-nitrophthalazin** (F. 156 bis 159° Zers.) 11 906.
2-Chlor-7-nitrochinoxalin (F. 193—194°) 11 908.
$C_8H_4Cl_2CdS_2$ **Di-[5-chlorthienyl]-cadmium** 4715*.
$C_8H_4Cl_2Hg$ *p*-**Chlorphenyläthinylquecksilberchlorid**, polarograph. Daten in Dioxan 746.
$C_8H_4Cl_2N_2$ **1.4-Dichlorphthalazin**, Red. 1235.
2.4-Dichlorchinazolin (F. 116—118°) 2364, 14 138.
4.5-Dichlorchinazolin (F. 131,5—133°) 14 138.
4.7-Dichlorchinazolin (F. 131—134°) 14 138.
2.3-Dichlorchinoxalin, Rk. 4920, 13 761.
2.6-Dichlorchinoxalin (F. 153—155°) 1995.
$C_8H_4Cl_2N_2O_2$ **2.4-Dihydroxy-6.8-dichlorchinazolin** (F. 283—286°) 15 416*.
6.7-Dichlorchinoxalindion-(2.3), Best. d. Tautomerie aus d. IR-Spektrum 10 031.
3-[*m.p*-Dichlorphenyl]-sydnon, Halbstufenpotential 7835.
$C_8H_4Cl_2N_2S_2$ **4'-Chlorphenylmercapto-5-chlor-1.2.4-thiadiazol** (F. 50°) 8761*.
$C_8H_4Cl_2O_2$ **2.5-Dichlorterephthaldialdehyd**, Rk. 6968*.
Phthalsäuredichlorid (Phthalylchlorid, Phthaloylchlorid), Polykondens. mit Piperazin 13 793; (bzw. Diaminen) 13 793; Rk.: mit 2.5-Dimethylpiperazin 8086*; mit N.N-Bis-[β-chloräthyl]-hydrazin 17 367; mit 8-Hydroxychinolin 6034; mit 2.2.2-Trinitroäthylbernsteinsäure 5253; mit Malonsäuremonoäthylester 10 448; mit Chloracetamid 12 267; mit p-Methylthiobenzamid 3789.
Isophthalsäuredichlorid (Isophthaloylchlorid), Polykondens. mit Piperazin 13 793; (bzw. Diaminen) 13 793; Polyverester. mit zweiwert. Phenolen 18 131; Rk.: mit Tetrahydrofuran 16 506*; mit Aminen 9165*; mit Methylamin 14 114; mit 4.6-m-Xylendiamin 5152*; mit Mg-Acetessigester 653*; Verw. zur Herst. v. Cu-Phthalocyanin in d. α-Form 4733*.
Terephthalsäuredichlorid (Terephthalylchlorid, Terephthaloylchlorid), Polykondens. mit Piperazin 7544, 13 793; (bzw. Diaminen) 13 793; Polyverester. mit zweiwert. Phenolen 18 131 [2 Ref.]; Rk.: mit Tetrahydrofuran 16 506*; mit Aminen 9165*, 15 935; mit Methylamin 14 114; mit 2.4-Diaminotoluol 5153*; mit 1.2.4.5-Tetraaminobenzoltetrahydrochlorid 7546; mit Benzylalkohol 13 368; mit Dimethylbis-[4-hydroxyphenyl]-methan 1080*; mit Mg-Acetessigester 653*; mit Caprolactam 16 491*; Verh. gegen Natriumsacharat 7527; Verw. zur Herst. v. Cu-Phthalocyanin in d. α-Form 4733*.
$C_8H_4Cl_2O_2S_3$ **Bis-[5-chlorthienyl-(2)]-sulfon** 7691*.
$C_8H_4Cl_2O_3$ **2.4-Dichlorphenylglyoxylsäure** (F. 76°) 11 887.
$C_8H_4Cl_2O_4$ **Hydrochinon-bis-chlorcarbonsäureester**, Verw. 3281*.
$C_8H_4Cl_2O_4S$ **[2.3-Dichlorthenyliden-(5)]-malonsäure** (F. 217°) 12 649 [2 Ref.].
$C_8H_4Cl_2S_2$ **5.5'-Dichlor-2.2'-bithienyl** (F. 109°) 10 828.
$C_8H_4Cl_2S_3$ **Bis-[5-chlorthienyl-(2)]-sulfid** 7691*.
$C_8H_4Cl_2F_3O_3S$ *p*-**[2.2.2-Trifluor-1.1-dichloräthyloxy]-benzolsulfonsäurechlorid** 8950.
$C_8H_4Cl_3NO_2$ α-**Formylimino-2.4.6-trichlor-3-hydroxytoluol** (F. 228°) 823.
$C_8H_4Cl_3NO_2S$ **3-[Trichlormethylsulfenyl]-benzoxazolon-(2)** (F. 103—104°) 6939*.
$C_8H_4Cl_3NO_3S$ **1-[3'-Nitro-4'-chlorbenzolsulfinyl]-1.2-dichloräthylen** (F. 83°) 13 572*.
$C_8H_4Cl_3NO_4S$ **1.2-Dichlor-1-[3'-nitro-4'-chlorbenzolsulfonyl]-äthylen** (F. 107—108°) 13 572*.
$C_8H_4Cl_3N_3OS$ *N*-**Trichlormethylthio-1.2.3-benzotriazin-4-on** (F. 142—144°), Verw. 13 919*.
$C_8H_4Cl_4$ **Tetrachlorstyrol**, Verw. 8782*.
$C_8H_4Cl_4O$ **1.1.3.3-Tetrachlorphthalan (2.2.5.5-Tetrachlor-3.4-benzodihydrofuran)** 11 557.
$C_8H_4Cl_4O_2$ **2.4.5-Trichlorphenoxyacetylchlorid**, Rk. 14 838.
α.α.2.4-Tetrachlorphenylessigsäure (F. 68°) 11 887.
$C_8H_4Cl_4O_3$ **Tetrachlorphenoxyessigsäure**, pflanzenwachstumrsegulator. Aktivität bei d. Ananaspflanze 1283; Hemm. d. Transportes v. Indolylessigsäure durch — bei Sonnenblumen 6471.
$C_8H_4Cl_4O_3S$ **3.4.5.6-Tetrachlor-1.2-bis-hydroxymethylbenzolsulfit** (F. 132—135°) 6557*.
$C_8H_4Cl_4O_4$ *cis.trans.cis*-**Cyclobutantetracarbonsäure-(1.2.3.4)-tetrachlorid** (F. 76—77°), Darst., Rk. 17 731; Rk. 17 732.
trans.trans.trans-**Cyclobutantetracarbonsäure-(1.2.3.4)-tetrachlorid** (F. 63—65°) 17 732.
$C_8H_4Cl_4O_4S$ **3.4.5.6-Tetrachlor-1.2-bis-hydroxymethylbenzolsulfat** (F. 192—192,5°) 6557*.
$C_8H_4Cl_4O_4S_2$ **3.3a.6.6a-Tetrachlor-3a.3b.6a.6b-tetrahydrocyclobuta-[1.2:b;3.4:b']-dithiophen-1.1.4.4-tetroxid** (F. 231,5 bis 232°) 1224.
$C_8H_4Cl_4S_2Sn$ **Di-[5-chlorthienyl]-zinndichlorid** 4716*.
$C_8H_4Cl_6$ *p*-**Di-[trichlormethyl]-benzol (1.4-Bis-[trichlormethyl]-benzol)**, Verschieb.-Polarisat. 11 141; Rk. 2545*.
$C_8H_4Cl_6NO_3P$ *m*-**Nitrophenyl-bis-[trichlormethyl]-phosphinoxid** (F. 158—159°) 5271.

$C_8H_4Cl_6O$ **2-Hydroxymethyl-1.4.5.6.7.7-hexachlorbicyclo-[2.2.1]-heptadien-(2.5)** ($Kp._{0,2}$ 158—160°), Herst., Verw. v. Estern 14 296*.
1.4.5.6.7.7-Hexachlorbicyclo-[2.2.1]-Δ^5-hepten-2-aldehyd (F. 145—148°) 11 736*.
$C_8H_4Cl_6O_2$ **1.4.5.6.7.7-Hexachlorbicyclo-(2.2.1)-Δ^5-hepten-2-carbonsäure** (F. 181—182,5°) 11 735*.
$C_8H_4Cl_6O_4$ **1.1.4.4.5.6-Hexachlorcyclohexen-(5)-dicarbonsäure-(2.3)** (F. 255°) 13 733.
$C_8H_4Cl_7OP$ ***p*-Chlorphenyl-bis-[trichlormethyl]-phosphinoxid** (F. 148—149°) 5271.
$C_8H_4Cl_{12}O_4$ **2.4.6.8-Tetrakis-[trichlormethyl]-1.3.5.7-tetroxocan** (F. 219—220°), Darst., IR-Spektrum, Löslichk. 16 625.
$C_8H_4FNO_2$ **5-Fluorisatin**, Rk. 2724; α-Aminosäuredehydrogenasewrkg. (Bezieh. zur Konstit.) 12 326.
6-Fluorisatin, α-Aminosäuredehydrogenasewrkg. (Bezieh. zur Konstit.) 12 326.
$C_8H_4F_2HgN_4O_4$ **Quecksilber-di-[5-fluoruracil]** 951*.
$C_8H_4F_2O_2$ **Phthaloylfluorid**, Rk. 13 565*.
$C_8H_4F_2O_4$ **2.5-Difluorbenzol-1.3-dicarbonsäure** (F. 282—283°) 11 004*.
2.5-Difluorbenzol-1.4-dicarbonsäure (F. 325 bis 330°) 11 004*.
$C_8H_4F_3N$ ***m*-Trifluormethylbenzonitril**, Rk. 17 014.
$C_8H_4F_3NO$ ***m*-Trifluormethylphenylisocyanat** ($Kp._{83}$ 104°), Darst., Kinetik d. Rk. mit 2-Äthylhexanol 8212.
$C_8H_4F_3NS$ ***m*-Trifluormethylphenylthiocyanat** ($Kp._9$ 92—93°), Konstit.-Einfl. auf UV-, IR-Spektrum u. pK-Wert 10 402.
$C_8H_4F_4$ **7.7.8.8-Tetrafluorbenzocyclobuten** (Kp. 154—155°) 16 299.
***o*-Fluor-α.β.β-trifluorstyrol** (Kp. 125° korr.) 6364.
x.x.x.x-Tetrafluorstyrol 7322*.
$C_8H_4F_4O$ **1.1.3.3-Tetrafluorphthalan** (Kp. 153°) 11 557, 18 813.
***o*-[Trifluormethyl]-benzoylfluorid** (Kp. 175 bis 178°) 11 557, 13 565*.
***p*-[Trifluormethyl]-benzoylfluorid** (Kp. 156°) 13 565*.
$C_8H_4F_6$ **1.2(*o*)-Bis-[trifluormethyl]-benzol** (Kp. 140—144°) 3056, 13 565*.
1.3-Bis-[trifluormethyl]-benzol, Rk. 17 014.
***p*-Bis-[trifluormethyl]-benzol** (Kp. 113 bis 115°) 13 565*.
x-Di-[trifluormethyl]-benzol, Kernresonanz v. ^{19}F in — 16 935.
$C_8H_4F_6N_2O_2$ **5-Nitro-4-amino-1.3-bis-[trifluormethyl]-benzol** (F. 69—70°) 4530.
$C_8H_4F_{14}O_2$ **4.5-Di-H-tetradekafluoroctandiol-(4.5)** (F. 71—73°) 4876.
$C_8H_4F_{14}O_4S$ **Methyl-α-fluorsulfonyl-ω-hydroperfluoroctanoat** 1794*.
$C_8H_4F_{14}S$ **Bis-[2.2.3.3.4.4.4-heptafluorbutyl]-sulfid** 17 183*.
$C_8H_4F_{14}S_2$ **Bis-[2.2.3.3.4.4.4-heptafluorbutyl]-disulfid** 17 183*.
$C_8H_4F_{14}S_3$ **Bis-[2.2.3.3.4.4.4-heptafluorbutyl]-trisulfid** 17 183*.
$C_8H_4JNO_2$ **4-Jodisatin**, α-Aminosäuredehydrogenasewrkg. (Bezieh. zur Konstit.) 12 326.
5-Jodisatin, α-Aminosäuredehydrogenasewrkg. (Bezieh. zur Konstit.) 12 326.
6-Jodisatin, α-Aminosäuredehydrogenasewrkg. (Bezieh. zur Konstit.) 12 326.
$C_8H_4J_4O_2$ **2.3.4.6-Tetrajodbenzoesäuremethylester** (F. 149—150°) 15 029*.
$C_8H_4N_2$ **Phthalsäuredinitril (Phthalodinitril, Phthalonitril, *o*-Dicyanbenzol)** (F. 140°), Herst. 12 837*, 13 947*; Koppl.-Konst. u. chem. Verschieb. 14 081; Lsgm.-Einfl. auf d. IR-Frequenz u. -intensität d. Nitrilschwing. 15 896; Hydrier. 2547*, 5660; Rk. mit $SiCl_4$ bzw. Hexachlordisiloxan 17 409; Komplex-Bldg. mit Cu-Acetylacetonat u. Tetracyanäthylen 7450.
Isophthalsäuredinitril (Isophthalodinitril, Isophthalonitril), Herst. 12 837*, 13 947*; Hydrier. 5660, 14 113, 14 326*, 15 769*, 17 927*; Verseif. 1411*, 8412*, 8419*.
Terephthalsäuredinitril (Terephthalodinitril, Terephthalonitril, *p*-Dicyanbenzol) (F. 221 bis 223°), Darst. 11 885, 12 837*, 13 947*; (Rk.) 12 316; Hydrier. 14 113, 15 769*, 17 927*; Verseif. 1411*, 8412*, 8419*; Rk. mit CH_3OH 7111; Polykondens. mit 1.4-Bis-[1-hydroxymethyläthyl]-benzol 15 253.
$C_8H_4N_2O$ **Anthroxansäurenitril** (F. 58—59° korr.), Darst., Eig., Rk. 11 911.
Furfuralmalonitril (Furfurylidenmalodinitril, Furfurylidenmalonsäurenitril), Darst., Verw. 5109*; Inhibier. d. Polymerisat. v. Methylmethacrylat durch — 9002; bakteriostat. Wrkg. 1278.
$C_8H_4N_2O_2$ **5-Äthinyl-3.3'-diisooxazol** (F. 82 bis 83°), Darst., Rk. 5289; Rk. 468.
Phenylendiisocyanate, Rk. 3649*.
***m*-Phenylendiisocyanat (*m*-Isocyanatophenylisocyanat)** ($Kp._{15}$ 108°), Darst. 17 926*; (Kinetik d. Rk. mit 2-Äthylhexanol) 8212; Rk. 2611*.
***p*-Phenylendiisocyanat (*p*-Isocyanatophenylisocyanat)** ($Kp._{10}$ 108°), Darst., Kinetik d. Rk. mit 2-Äthylhexanol 8212; Gel-Bldg.-Mechanismus bei d. Rk. zwischen — u. Polyäthylenäthern 7917; Verw. 5902*.
2.3-Dicyanhydrochinon (3.6-Dihydroxyphthalsäuredinitril), Rk. 17 417; analyt. Verw. 16 072.
$C_8H_4N_2O_3S$ **2-Nitro-4-thiocyanatobenzaldehyd** (F. 108°) 9708.
$C_8H_4N_2O_4$ ***p*-Nitrophenylnitroacetylen** (F. 139 bis 139,5°) 15 195.
4-Nitroisatin, α-Aminosäuredehydrogenasewrkg. (Bezieh. zur Konstit.) 12 326.
6-Nitroisatin (F. 288—290° Zers.) 17 741.
3-Nitrophthalimid, Rk. 6764.
4-Nitrophthalimid, Rk. 6764.
$C_8H_4N_2O_8$ **3.6-Dinitrophthalsäure**, Mechanismus d. Farb-Rk. mit reduzierenden Zuckern 11 891; Verw.: zur Best. v. reduzierenden Zuckern 10 586; zur Best. v. Blut- u. Harnzucker 6905, 13 517.
Pyrazintetracarbonsäure (Tetracarboxypyrazin) (F. 205° Zers.) 7899, 10 839, 14 867.
$C_8H_4N_2O_9$ **Dinitrohydroxyterephthalsäure** (F. 177—178°) 11 535.
$C_8H_4N_2S_2$ **Benzo-[1.2:*d*;5.4:*d'*]-bis-thiazol** (F. 191—192°), Darst. 470; Darst., Rk. v. Deriv. 11 183.
$C_8H_4N_4$ **1.2.3.4-Tetracyancyclobutan** (F. 237 bis 239° Zers.) 3436.
***cis-trans-cis*-1.2.3.4-Tetracyancyclobutan** (F. 250° Zers.) 17 732.
$C_8H_4N_4Ni$ **Bis-[fumaronitril]-nickel(0)**, Trimerisier. v. Tolan an — 16 965.
$C_8H_4N_4O$ **2-Methoxy-1.1.3.3-tetracyanpropen**, Rk. d. Na-Salzes 1795*.
$C_8H_4N_4O_2$ **4.9-Diketo-4H.9H-dipyrazolo-[1.5:*a*; 1'.5':*d*]-pyrazin**, Rk. 9329.
$C_8H_4N_4O_{10}$ **5.6.7.8-Tetranitrobenzo-1.4-dioxan**, Red. 1988.
$C_8H_4N_6O_4$ **3.2;5.6-Bis-[2'.4'-dioxo-1'.2'.3'.4'-tetrahydropyrimidino]-pyrazin**, Deriv. 8066*.
$C_8H_4N_6S_2$ **3.6-Bis-[thiazolyl-(2)]-1.2.4.5-tetrazin** (F. 226,5° korr.) 7153.
$C_8H_4O_2$ **Benzocyclobutendion**, Rk. 11 554.
$C_8H_4O_2S$ **Thionaphthenchinon**, Rk. 14 139.
$C_8H_4O_3$ **Phthalsäureanhydrid** (F. 130—132°), Darst. 1412*, 3417, 4527, 4714*, 5091, 5842*, 6584*, 9898*, 11 004*, 11 727, 13 204*, 14 855, 15 769*, 18 639*; (moderne Verf.) 6960 [2 Ref.], 9890; V_2O_5 u. K_2SO_4 als Katalysatoren für die Herst. v. — 4345*; Bldg. 106, 11 872, 14 317, 18 452; Abtrenn.: aus d. Rk-Gemisch d. Naphthalinoxydat. 6589*; aus dem Gemisch mit Ortho- u. Isophthalsäure 10 641*; Reinig. 5102*, 12 100*; Absorptionsmaxima v. Mol.-Komplexen mit — 18 054; Elektronenaffinität in La-

dungsübertragungskomplexen 13 341; Schmelzen oder Konzentrieren 3626*; Vers. d. Red. mit KBH_4 1567; Chlorier. v. —-halt. Gemischen 2715; Rk.: mit H_2O_2 bzw. Na_2O_2 3625*; mit SF_4 13565*; mit HN_3 11 905; Veresterung 6732; Überführ. in 1-Hydrazino-5- bzw. 8-chlorphthalazin 12 301; Rk.: mit Aceperinaphthan 1597; mit 1.3.5-Triphenylbenzol 13 373; mit 1-Brom-4-chlornaphthalin, 3-Fluor-α-naphthylmagnesiumbromid bzw. m-Bromfluorbenzol 3797; mit Dodekahydrocarbazol 4152; mit Piperidazin 18 827; mit Thianaphthenen 7137; mit Aminen 6383; mit 3-[2.2-Äthylendioxycyclohexyl]-propylamin 11 922; mit Diaminen 11 871; mit CH_2N_2 15 212; mit Alkoholen 649*; mit (+)-3-Methylheptanol-(3) 6356; mit n-Butanol 9295; mit 3-Methylpentin-(1)-ol-(3) 577*; mit Phenolen 11 549; mit m-Kresol 17 417; mit Hydroxyspiro-[4.4]-nonanen 11 901; mit Aminoalkoholen 11 912; mit m-Aminophenol 17 752; mit Nitrobenzhydrolen 16 659; mit Diäthylenglykol u. Methacrylsäure 16 343; mit 2-Aminopropandiol 1196; mit Diäthanolamin 18 302*; mit Hexantriol-(1.3.5) 11 014*; mit Pentaerythrit, Polyoxyalkylenglykol, Leinölfettsäuren u. raffiniertem Leinöl 671*; mit 1-Aminophenoxy-2-aminoäthanen 13 130*; mit 4-Fluor-α-naphthyl-MgBr 18 826; mit Dimethylbenzylchlorsilan 16 292; mit o-Aminothiophenol 4156; mit Harnstoff 11 388*; mit Methyl-3-amino-3-desoxy-β-D-ribofuranosid 16 323; mit Diäthoxy- bzw. Dibutoxyacetonitril 15 186; mit Arylessigsäuren 12 273; mit Phenylessigsäuren 9341, 17 380; mit 2-Methylphenylessigsäure 15 953; mit 2.5-Dimethylphenylessigsäure 14 859; mit 4-Chlorphenylessigsäure 11 290*; mit Fluorphenylessigsäuren 7499; mit Chinolinsäure 7084; mit Aminosäuren 3085, 13 365; mit 11-Aminoundecansäure 6000; mit ε-Aminocapronsäure 810; mit 6-Aminopenicillansäure 17 772; mit Anthranilsäure 15 170; mit 2.6-Dimethyl-4-aminobenzoesäure 1578; Verh. gegen Natriumsaccharate 7527; Rk.: mit α-Amino-β-äthoxypropionsäure 2709; mit 4-Methoxyanthranilsäure bzw. 2-Aminobenzophenonen 6015; mit Malonsäure 8960; mit K-Terephthalat 18 274*; mit oxyalkylierten Säureamiden, Estern oder Äthern 13 998*; mit Laurinsäurediäthanolamid 3641*; mit β-Hydroxybuttersäure-2-[m-methoxyphenyl]-2-äthylbutyl-(1)-amid 5018*; mit α-Pyridincarbonsäurehydrazid 9826*; mit (±)-cis-5.8-Dihydroxy-1.4.5.8.9.10-hexahydronaphthoesäurelacton-(1→8) 13 038; mit Aminonucleosiden 2462*; mit Phosphorigsäureestern 10 450; katalyt. Zers. v. HNO_2 in Ggw. v. — 9267; Hydrolysierbark. v. α-Nitro-α-phenyl-acetophenon-o-carbonsäure in — 7844; Verw. als Härt.-Mittel für Epoxidkondensate 8084*; (Einfl. auf d. spannungsopt. Eig.) 6603; IR-spektroskop. Unters. d. —-Nachbehandl. v. Epoxyharzen 5688; Verw.: v. — u. Deriv. zur Herst. v. Anthrachinonen 5857*; zur Herst. v. Phthalocyaninen 15 417*; beim Verpasten v. Phthalocyaninen 14 333*; zur Best. v. Alkoholen 14 358; Best. v. Anthrachinon in Ggw. v. — 12 040; Polykondensat. bzw. Polykondensate mit Alkoholen s. *Plaste (Alkydharze)*.

$[C_8H_4O_3]_x$ **Isophthalsäurepolyanhydrid** 15 253.

$C_8H_4O_4$ **Δ²,²'-5H.5'H-Bifurandion-(5.5')** (F. 220°) 17 564*.

cis-**Δ²,²'-5H.5'H-Bifurandion-(5.5')** (F. 243 bis 245°) 17 564*.

cis-**Octatrien-(2.4.6)-diolid-(1.4;5.8)** (F. 259 bis 260°), Kristallstruktur 1180.

trans-**Octatrien-(2.4.6)-diolid-(1.4;5.8)** (F. 237—238°), Kristallstruktur 1180.

Phthaloylperoxid, Rk. 7844, 7845.

$C_8H_4O_6$ **1.2.3.4-Tetracarboxycyclobutandianhydrid (Cyclobutan-1.2.3.4-tetracarbonsäuredianhydrid)**, Darst. 3436; (v. cis. trans.cis-—) 5249.

$C_8H_4O_8S$ **Thiophentetracarbonsäure** 2724.

$C_8H_5AsF_6$ **Phenyl-bis-[trifluormethyl]-arsin** ($Kp._{760}$ 160°) 3432.

C_8H_5Br **Bromphenylacetylen**, Rk. 4934, 9308.

$C_8H_5BrClNO_2$ *p*-**Chlor-β-brom-β-nitrostyrol**, bakteriostat. Aktivität 10 144.

$C_8H_5BrCl_2O$ **3.4-Dichlor-ω-bromacetophenon**, Rk. 6414.

$C_8H_5BrCl_2O_2$ **α.α-Dichlor-*p*-bromphenylessigsäure** (F. 98—99°) 11 887.

$C_8H_5BrCl_6$ **1.2.3.4.7.7-Hexachlorbicyclo-[2.2.1]-hepten-(2)-yl-(5)-brommethan (1.4.5.6-Tetrachlor-1.4-endodichlormethylen-2-brommethyl-Δ⁵-cyclohexen)** (F. 76—78°), Darst. (Verw.) 6184*; (insekticide Wirksamk.) 8702.

C_8H_5BrMg **Phenylacetylenylmagnesiumbromid (Phenyläthinylmagnesiumbromid)**, Rk. 8243, 10 270*, 11 526.

C_8H_5BrMgS **Thianaphthenyl-(3)-magnesiumbromid**, Rk. 10 828.

$C_8H_5BrN_2O$ **2-[*p*-Bromphenyl]-1.3.4-oxadiazol**, integrale Scintillationswirksamk. 17 353.

6-Bromchinazolon-(4), Rk. 14 138.

m-**Brom-ω-diazoacetophenon** (F. 73,5 bis 75,0° korr.), Darst., Kinetik d. Zers. 9293.

p-**Brom-ω-diazoacetophenon** (F. 126,0 bis 126,5° korr.), Darst., Kinetik d. Zers. 9293; Kinetik d. Zers. 9293.

$C_8H_5BrN_2OS$ **3-*p*-Bromphenyl-4-oxo-1.2.3-thiadiazol** (F. 143°) 5486*.

$C_8H_5BrN_2O_2$ **6-Bromisatin-β-oxim**, IR-Spektrum 14 812.

7-Bromisatin-β-oxim, IR-Spektrum 14 812.

3-*m*-Bromphenylsydnon, Halbstufenpotential 7835.

3(*N*)-*p*-Bromphenylsydnon, Kristallstruktur 4482; Halbstufenpotential 7835.

$C_8H_5BrN_2O_4$ *o*-**Nitro-β-brom-β-nitrostyrol**, bakteriostat. Aktivität 10 144.

m-**Nitro-β-brom-β-nitrostyrol**, bakteriostat. Aktivität 10 144.

p-**Nitro-β-brom-β-nitrostyrol**, bakteriostat. Aktivität 10 144.

$C_8H_5BrO_2$ **4-Brom-*o*-phthaldialdehyd** (F. 99°) 9317.

$C_8H_5BrO_3$ **6-Brompiperonal**, Rk. 12 280.

p-**Bromphenylglyoxylsäure** (F. 89°) 11 887.

$C_8H_5BrO_4$ **3-Bromtropolon-6-carbonsäure** (F. 233—234°) 6014.

$C_8H_5Br_2ClO_3$ **2.5-Dibrom-4-chlorphenoxyessigsäure** (F. 172°) 17 004.

$C_8H_5Br_2N$ **2.6-Dibromphenylacetonitril**, Energie d. Ions 15 540.

3.5-Dibromphenylacetonitril, Energie d. Ions 15 540.

$C_8H_5Br_2NO_4$ **2.6-Dibrom-4-nitrobenzoesäuremethylester** (F. 142—145°) 1964.

$C_8H_5Br_2NO_5$ **2.4-Dibrom-5-nitrophenoxyessigsäure** (F. 152—154°) 17 004.

$C_8H_5Br_3$ **Phenyltribromäthylen**, bakteriostat. Wrkg. 1278.

1.1.2-Tribrom-3.4-benzocyclobuten 8972.

$C_8H_5Br_3O$ **2-Dibrommethyl-4-brombenzaldehyd** (F. 69°) 9317.

3.5.7-Tribrom-2-methyltropon (F. 64—65°) 18 096.

$C_8H_5Br_3O_2$ **5-Brommethyl-3.7-dibromtropolon** (F. 139—140°), Darst., Rk. 7494; Rk. 14 118.

3.5.7-Tribromtropolonmethyläther, Rk. 18 096.

$C_8H_5Br_3O_3$ **2.4.5-Tribromphenoxyessigsäure** (F. 172—173°) 17 004.

$C_8H_5Br_3O_3S$ **Vinylsulfonsäure-2.4.6-tribromphenylester** (F. 81,5—82,5°) 8419*.

$C_8H_5Br_4NO_2$ **4-Nitro-α.α.α'.α'-tetrabrom-*o*-xylol** (F. 109°) 9317.

$C_8H_5Br_5$ **4-Brom-α.α.α'.α'-tetrabrom-*o*-xylol** (F. 114°) 9317.

$C_8H_5Br_5O$ **2.6-Dibrom-4-methyl-4-tribrommethylcyclohexadien-(2.5)-on** (F. 99 bis 100°) 10 438.
C_8H_5Cl ***p*-Chlorphenylacetylen**, Rk. 17 564*.
$C_8H_5ClF_2O_3$ **2-Chlor-4.5-difluorphenoxyessigsäure**, Verw. 16 464*.
$C_8H_5ClJ_2O_2$ **3.5-Dijod-4-hydroxyphenylessigsäurechlorid** 821.
$C_8H_5ClMoO_3$ **Cyclopentadienylmolybdäntricarbonylchlorid**, Rk. 1541, 10 014.
$C_8H_5ClN_2$ **4-Chlorcinnolin**, Rk. 8987.
1-Chlorphthalazin, Rk. 1235.
4-Chlorchinazolin (F. 97—98°), Darst. 12 301; (Rk.) 14 138; Rk. 4159; (UV-Spektrum) 134.
5-Chlor-1.6-naphthyridin (F. 104—105°) 4917.
1-Chlor-2.7-naphthyridin (F. 117—118°) 4918.
$C_8H_5ClN_2O$ **2-[*p*-Chlorphenyl]-1.3.4-oxadiazol** (F. 134—135°) 15 952.
***p*-Chlor-ω-diazoacetophenon** (F. 114,0 bis 115,0° korr.), Darst., Kinetik d. Zers. 9293; Kinetik d. Zers. 9293.
5-Chlorphthalazon-(1) (F. 262—263°) 12 302.
8-Chlorphthalazon-(1) (F. 198—199°) 12 302.
2-Chlor-4-hydroxychinazolin, Rk. 2363.
5-Chlorchinazolon-(4), Rk. 14 138.
7-Chlorchinazolon-(4), Rk. 14 138.
2-Hydroxy-6-chlorchinoxalin (F. 300—305°) 1995.
α-Isonitroso-*p*-chlorphenylacetonitril (F. d. Dihydrats 107—109°) 5667.
Furfurylchlormalodinitril 3987*.
$C_8H_5ClN_2OS$ **3-*p*-Chlorphenyl-4-oxo-1.2.3-thiadiazol** (F. 159°) 5486*.
$C_8H_5ClN_2OS_2$ **3-*p*-Chlorphenyl-4-oxo-5-mercapto-1.2.3-thiadiazol** (F. 103—105°) 5486*.
$C_8H_5ClN_2O_2$ **6-Chlor-2.4-dihydroxychinazolin** (F. 360°) 6413.
2-Chlor-5.8-dihydroxychinoxalin (F. 211°) 11 927.
6-Chlorchinoxalindion-(2.3), Tautomerie aus d. IR-Spektrum 10 031.
3-[*m*(3')-Chlorphenyl]-sydnon, Herst., Verw. 1772*; Halbstufenpotential 7835.
3-*p*-Chlorphenylsydnon, Halbstufenpotential 7835.
3-Phenyl-4-chlorsydnon 1772*.
1-Cyan-2-chlor-6-methyl-4-nitrobenzol (F. 96—98° korr.) 1579.
5(6)-Chlorbenzimidazolyl-(2)-carbonsäure (F. 159°) 18 822.
$C_8H_5ClN_2O_3S$ **2-Phenyl-1.3.4-oxadiazol-5-sulfonylchlorid** 6873*.
$C_8H_5ClN_2O_6$ **2-Chlor-3.5-dinitrobenzoesäuremethylester** (F. 90°) 4920.
4-Chlor-3.5-dinitrobenzoesäuremethylester, Rk. 8223.
$C_8H_5ClN_2S$ **3-Phenyl-5-chlor-1.2.4-thiadiazol** (F. 42—50°) 8761*.
Thienylmethylchlormalodinitril 3987*.
$C_8H_5ClN_2S_2$ **3-Phenylmercapto-5-chlor-1.2.4-thiadiazol** (F. 58°) 8761*.
$C_8H_5ClN_6S$ **2-Chlor-6-[thiazolyl-(2')-amino]-purin** 16 686.
C_8H_5ClOS **6-Chlor-3-oxothionaphthen**, Rk. 17 741.
$C_8H_5ClO_2$ **3-Oxo-5-chlor-2.3-dihydrobenzofuran** (F. 114,5—116°) 12 654.
4-Chlorphthalid (F. 85—86°) 12 302.
7-Chlorphthalid (F. 146—147°) 12 302.
$C_8H_5ClO_2S_2$ **Thionaphthen-3(oder 2)-sulfonsäurechlorid** (F. 88—90°) 14 492.
$C_8H_5ClO_3$ ***p*-Chlorphenylglyoxylsäure** (F. 89 bis 90°) 11 887.
Piperonylsäurechlorid (F. 78—79°), Darst., Rk. 18 450; Rk. 1964, 14 515.
Phthalsäurechlorid, Rk. 3189*.
$C_8H_5ClO_3W$ **Cyclopentadienylwolframtricarbonylchlorid**, Rk. 1541, 10 014.
$C_8H_5ClO_4$ **4-Chlorphthalsäure** (F. 152—153°) 3410.
4-Chlorisophthalsäure (F. 293—295°) 12 637.
$C_8H_5Cl_2F_3O$ **2.2.2-Trifluor-1.1-dichloräthylphenyläther** (Kp. 181—182°) 8950.
$C_8H_5Cl_2F_{11}O_2$ **1.3-Dichlor-1.1.3.3-tetrafluor-2-methoxy-2-[2'.2'.3'.3'.4'.4'.4'-heptafluorbutoxy]-propan** (Kp.$_{17}$ 65—66°) 6582*.
$C_8H_5Cl_2JO_3$ **2.4-Dichlor-5-jodphenoxyessigsäure**, pflanzenwachstumsregulator. Aktivität bei d. Ananaspflanze 1283.
$C_8H_5Cl_2N$ **2.3-Dichlorindol** (F. 103—104°) 18 459.
4.6-Dichlorindol (Kp.$_4$ 130—132°) 18 459.
4.7-Dichlorindol (Kp.$_6$ 119—121°) 18 459.
5.7-Dichlorindol (F. 58—58,5°) 18 459.
2.4-Dichlorbenzylcyanid, Rk. 4346*.
2.5-Dichlorbenzylcyanid (F. 83—84°) 10 814.
3.4-Dichlorbenzylcyanid, Rk. 4346*.
$C_8H_5Cl_2NO$ **2.4-Dichlorphenoxyacetonitril**, — Stoffwechsel in Pflanzen 7953.
$C_8H_5Cl_2NO_2$ **α-Formylimino-2.6-dichlor-3-hydroxytoluol** (F. 213°) 823.
α-Formylimino-3.5-dichlor-4-hydroxytoluol (F. 169°) 823.
$C_8H_5Cl_2NO_2S$ **α-Acetoxy-α-[2.3-dichlorthienyl-(5)]-acetonitril** 12 651.
$C_8H_5Cl_2NO_2S_2$ ***p*-[Dichlormethylsulfonyl]-phenylisothiocyanat** (F. 108—112°) 1383*.
$C_8H_5Cl_2NO_3$ **2-Chlor-6-methyl-4-nitrobenzoesäurechlorid** (Kp.$_{11}$ 160—161°) 1579.
$C_8H_5Cl_2NO_4$ **2.6-Dichlor-4-nitrophenylacetat**, Antifungusaktivität 17 805.
$C_8H_5Cl_2NS$ **2.4-Dichlorbenzylisothiocyanat** (Kp.$_{0,53}$ 117—120°), Herst., therapeut. Verw. 5019*; bakteriostat. Wirksamk. 6828.
3.4-Dichlorbenzylisothiocyanat (Kp.$_{0,37}$ 124 bis 128°), Herst., therapeut. Verw. 5019*, 13 873*; bakteriostat. Wirksamk. 6828.
$C_8H_5Cl_3$ **2.4.5-Trichlorstyrol** 7321*.
x.x.x-Trichlorstyrol, Verw. 8782*.
$C_8H_5Cl_3N_4$ **6-[γ.γ.γ-Trichlorpropenyl]-purin**, Hydrochlorid 17 401.
$C_8H_5Cl_3O$ **2.4.6-Trichlorphenylvinyläther** (Kp.$_1$ 75—77°) 17 719.
$C_8H_5Cl_3OS$ **1.2-Dichlor-1-[4'-chlorbenzolsulfinyl]-äthylen**, Rk. 13 572*.
$C_8H_5Cl_3O_2$ **α.α.*p*-Trichlorphenylessigsäure** (F. 85 bis 86°) 11 887.
2.4.6-Trichlorphenylacetat (F. 49°) 10 457.
Chloressigsäure-2.4-dichlorphenylester (F. 42°) 11 155.
2.4-Dichlorphenoxyacetylchlorid, Rk. mit Oximen 14 838; Verh. gegen Natriumsaccharate 7527.
$C_8H_5Cl_3O_2S$ **1.2-Dichlor-1-[4'-chlorbenzolsulfonyl]-äthylen**, Rk. 13 572*.
Trichlormethylsulfensäurebenzoesäureanhydrid, selektive Hemm. d. N-Bind. bei Clostridium pasteurianum durch — 7570.
$C_8H_5Cl_3O_3$ **Monoäthoxytrichlorchinon** 1962.
2.3.4-Trichlorphenoxyessigsäure, pflanzenwachstumsregulator. Aktivität bei d. Ananaspflanze 1283.
2.3.5-Trichlorphenoxyessigsäure, Hemm. d. Transportes v. Indolylessigsäure durch — bei Sonnenblumen 6471.
2.3.6-Trichlorphenoxyessigsäure, pflanzenwachstumsregulator. Aktivität bei d. Ananaspflanze 1283.
2.4.5-Trichlorphenoxyessigsäure (2.4.5-T) (F. 157—159°), Darst. (Na-Salz) 15 025*; (d. Na-Salzes) 17 208*; (v. ^{36}Cl—) 14 467; Herst., Verw. d. Hydrazinsalzes 14 295*; 2.4.5-Trichlorphenol als Zwischen-Prod. zur Herst. v. — 18 273*; Synth. u. Bewert. v. mit — verwandten Pflanzenwuchsstoffen 5260; herbicide Aktivität (Vgl.) 10 056; Wirkungsvgl. zwischen d. Herbiciden *Selest* u. *Tributon* 9486; Verw.: in herbiciden u. algiciden Präp. 13 545*; in Kombinat. mit Dieselöl zur Auslese kranker Saatkartoffelpflanzen 9121; zur Bekämpf. d. Flatterbinse Juncus effusus L. 624; in *Spontox* zur Bekämpf. v. Calotropis gigantea 1379; zur Bekämpf. v. Un-

kräutern 624, 5443; bei d. Bekämpf. v. Holzpflanzen (möglichst geringe Schädig. d. Kiefern) 9864; pflanzenwachstumsregulator. Aktivität bei d. Ananaspflanze 1283; Wrkg.: auf Pflanzenhöhe, Internodienlänge u. Blühvorgang v. Alfalfa 18 607; d. Na-Salzes in gepufferten Lanolinpasten auf d. Zellstreck.-Effekt v. Hafercoleoptilen 8674; Einfl. auf d. Aufnahme v. 2.4-Dichlorphenoxyessigsäure bei Chlorella 16 027; Ansprechbark. v. Erbsenwurzeln auf — 16 026; Verh. v. Äpfeln u. Erdbeeren gegen — (Stoffwechsel) 3863; Stoffwechsel in Blättern d. roten u. schwarzen Johannisbeere 3862; Eindringen d. ^{14}C-Triäthanolaminsalzes in d. Blatt 6835; Bezieh. zwischen Wachstum, Atmung u. — -Behandl. in wachsenden Aprikosenfrüchten 15 377; Einfl. d. Behandl. mit d. Na-Salz vor d. Ernte auf d. Ascorbinsäure-Geh. v. Mango 14 196; Konstit.-Einfl. auf d. R_F-Wert 16 984.

2.4.6-Trichlorphenoxyessigsäure, Herst., Verw. d. Hydrazinsalzes 14 295*; Bldg. 11 338*; pflanzenwachstumsregulator. Aktivität bei d. Ananaspflanze 1283; Wirksamk. d. Na-Salzes in gepufferten Lanolinpasten auf d. Zellstreck.-Effekt v. Hafercoleoptilen 8674; Ansprechbark. v. Erbsenwurzeln auf — 16 026; Konstit.-Einfl. auf d. R_F-Wert 16 984; IR-spektroskop. Best. 8009; pflanzenwachstumsregulator. Aktvität bei d. Ananaspflanze 1283.

$C_8H_5Cl_3O_3S$ **Vinylsulfonsäure-2.4.5-trichlorphenylester** (F. 45°) 8418*.
Vinylsulfonsäure-2.4.6-trichlorphenylester (Kp.$_{0,1}$ 131—133°) 8418*.

$C_8H_5Cl_4NO$ *N*.**2.4.6-Tetrachloracetanilid**, Rk. 10 055.

$C_8H_5Cl_4NO_3S$ *N*-**Chloracetyl-3.5-dichlorsulfanilylchlorid** (F. 194—195°) 17 838.

$C_8H_5Cl_5$ **Pentachloräthylbenzol**, Rk. 11 361*.
Pentachlorphenyläthan (F. 54°), Rk. 7103.

$C_8H_5Cl_5Mg$ **Äthyltetrachlorphenylmagnesiumchlorid**, Herst. d. Tetrahydrofuran-Komplexes 11 361*; Rk. 7322*, 7691*.

$C_8H_5Cl_5O$ **1-Pentachlorphenyl-1-hydroxyäthan** (F. 124°), Darst., IR-Spektrum 7104.

$C_8H_5Cl_6OP$ **Phenyl-bis-[trichlormethyl]-phosphinoxid** (F. 133—134°) 5271.

$C_8H_5Cl_7$ **Verbindung** $C_8H_5Cl_7$ aus Hexachlorcyclopentadien u. Allylbromid 8703.

$C_8H_5CoF_5JO$ **Cyclopentadienylkobaltcarbonylpentafluoräthyljodid** (F. 138°) 18 399.

$C_8H_5CrO_3$ **Cyclopentadienylchromtricarbonyl** 1923.

$C_8H_5FN_2O_2$ **5-Fluorisatin-β-oxim**, IR-Spektrum 14 812.

$C_8H_5FN_2O_4$ **2.ω-Dinitro-4-fluorstyrol** (F. 69 bis 69,5°) 18 108.
5-Fluor-2.ω-dinitrostyrol (F. 85—86°) 17 388.

$C_8H_5FO_4$ **4-Fluorphthalsäure** (F. 146—147°) 15 937.

$C_8H_5F_2N$ **α.α-Difluorphenylacetonitril** 8412*.
2.4-Difluorfluorphenylessigsäurenitril (Kp.$_{10}$ 98°), Darst., Rk., UV-Spektrum 11 134.
2.5-Difluorphenylacetonitril, Rk., UV-Spektrum 11 134.
2.6-Difluorfluorphenylessigsäurenitril (Kp.$_{27}$ 109°), Darst., Rk., UV-Spektrum 11 134.

$C_8H_5F_3$ **α.β.β-Trifluorstyrol (Phenyltrifluoräthylen)**, Elektronenspinresonanzspektrum v. γ-bestrahltem Poly-— 15 250; Herst. v. —-halt Mischpolymeren 2564*.
x.x.x-Trifluorstyrol 7322*.
7.7.8-Trifluorbenzocyclobuten (Kp.$_{38}$ 74,5 °) 16 300.

$C_8H_5F_3N_2O_2S$ **6-Trifluormethyl-$\Delta^{2\,(\text{oder}\ 3)}$-benzo-1.2.4-thiadiazin-1.1-dioxid**, polarograph. Red. 17 702.

$C_8H_5F_3N_2O_2S_2$ **2-Amino-6-trifluormethansulfonylbenzthiazol** (F. 206—208°) 11 745*.

$C_8H_5F_3N_2S$ **2-Amino-6-trifluormethylbenzthiazol** (F. 115,5—116,5°) 11 745*.

$C_8H_5F_3N_4S$ **5-*m*-Trifluormethylphenylmercaptotetrazol** (F. 105—106°), Darst., Konstit.-Einfl. auf UV-, IR-Spektrum u. pK-Wert 10 402.

$C_8H_5F_3O$ **Trifluormethylphenylketon (Trifluoracetophenon)**, IR-Spektrum 2679; Energiebezieh. für Gas-Rk. mit Radikalen 16 994; Bromier. 7099.

$C_8H_5F_3O_2$ ***o*-Trifluormethylbenzoesäure (*o*-Carboxytrifluormethylbenzol)**, Bldg., Rk. 17 014; polarograph. Red. 17 702.
***m*-Trifluormethylbenzoesäure (*m*-Carboxytrifluormethylbenzol)** (F. 100—105°), Bldg., Rk. 17 014; polarograph. Red. 17 702.
***p*-Trifluormethylbenzoesäure (*p*-Carboxytrifluormethylbenzol)**, Rk. 3054; polarograph. Red. 17 702.
Trifluoressigsäurephenylester, Rk. 7696*, 8950.

$C_8H_5F_3O_2S$ **Thenoyltrifluoraceton (1.1.1-Trifluor-3-[thenoyl-(2')]-aceton, TTA)**, Komplexbldg. mit $Th(NO_3)_4$ 4844; Beständigk.-Konst. v. Mono- u. Bis-[thenoyltrifluoracetonato]-beryllium 16 611; Verteil.-Koeff. im Syst. —/$Sm(NO_3)_3$/CCl_4 3930; Zusammenstell. v. Extrakt.-Koeff. 14 057; Gleichgew.-Extrakt. v. Lanthaniden- u. Aktinidenelementen im Syst. —/Benzol 8178; Vgl. mit Bis-[2-äthylhexyl]-orthophosphorsäure bei d. Extrakt. 1-, 2- u. 3-wert. Kationen 2656; Verw. v. — bzw. —-halt. Gemischen zur Extrakt.: v. ^{90}Sr 4838; v. ^{90}Sr u. ^{90}Y aus Quellwässern 8376; v. Th 3921; v. Fe(III) aus NO_3^--halt. Lsg. 17 509; v. Pa(IV) aus HCl-halt. Lsg. 15 517; v. Pu(IV) 9227; v. Pu u. Np aus HNO_3-halt. Lsg. 10 763; v. Th(IV), Np (IV) u. Pu(IV) aus HNO_3-halt. Lsg. 10 763; v. Pu, Am u. Eu 11 485; v. Eu 18 390; Extrakt. v. Po in Ggw. v. — 6700; —-Komplexe als Inhibitoren d. Elektronentransports 160; Verw. v. Uranyl-— als Brennelement für Reaktoren 17 162*; Einfl. auf d. Fäll. v. Pu (III) u. Pu(IV) mit Alizarin 11 120.
***m*-Trifluormethylmercaptobenzoesäure**, Ionisations-Konst. 12 976.
***p*-Trifluormethylmercaptobenzoesäure**, Ionisations-Konst., Resonanz 12 976.

$C_8H_5F_3O_3$ **2-Furoyltrifluoraceton**, —-Komplexe als Inhibitoren d. Elektronentransports 160.
***m*-Trifluormethoxybenzoesäure**, Ionisations-Konst. 12 976.
***p*-Trifluormethoxybenzoesäure**, Ionisations-Konst., Resonanz 12 976.

$C_8H_5F_3O_3S$ **Phenylfluorsulfonyldifluorthiolacetat** (Kp.$_{5,5}$ 98—99°) 1793*.

$C_8H_5F_3O_4S$ **Phenylfluorsulfonyldifluoracetat** (Kp.$_{30}$ 91,5—92,5°) 1794*.

$C_8H_5F_4NO$ **5-Amino-1.1.3.3-tetrafluorphthalan** (Kp.$_2$ 87—88°) 11 557.

$C_8H_5F_5O$ **α-Pentafluorphenyläthanol** 7327*.

$C_8H_5F_6FeO_3P$ **[Cyclopentadienyleisentricarbonyl]-hexafluorophosphat** (Zers. bei 250 bis 255°) 1541.

C_8H_5Hg **Phenyläthinylquecksilber**, polarograph. Daten 746.

C_8H_5J **Phenyljodacetylen**, bakteriostat. Wrkg. 1278.

$C_8H_5JN_2OS$ **2-[*o*-Jodphenyl]-5-mercapto-1.3.4-oxadiazol**, Rk. 6874*.

$C_8H_5JN_2O_2$ **6-Jodisatin-β-oxim**, IR-Spektrum 14 812.

$C_8H_5JN_6S$ **2-Jod-6-[thiazolyl-(2')-amino]-purin** 16 686.

C_8H_5JOS **7-Jod-3-hydroxythionaphthen** (F. 151 bis 152,5°) 14 492.

$C_8H_5JO_2$ **3-Oxo-5-jod-2.3-dihydrobenzofuran** (F. 130—131°) 12 654.

$C_8H_5JO_4$ **Jodbenzoldicarbonsäure** 16 777*.

C_8H_5JS **3-Jodthionaphthen**, Rk. 8974.

$C_8H_5J_3$ **2.4.5-Trijodstyrol** (F. 122—124°) 1209.

$C_8H_5J_3O_4$ **3-Hydroxy-2.4.6-trijodphenoxyessigsäure** (F. 205°) 800.

$C_8H_5J_4NO_2$ **Tetrajodanthranilsäuremethylester** (F. 155—157°) 12 768*.
C_8H_5LiS **Thianaphthenyl-(2)-lithium**, Rk. 7135, 18 456.
$C_8H_5MnO_3$ **Cyclopentadienylmangantricarbonyl** (F. 75—76°), Herst. 5849*, 7700*, 8420*; (Verw.) 15 463*; Rk. 2297, 6705; Verw. 5910*.
$C_8H_5MnO_5$ **Allylmanganpentacarbonyl** (Kp.$_{15}$ 45°) 2905*, 10 019.
$C_8H_5MnO_5S$ **Cyclopentadienylmangantricarbonylsulfinsäure** (F. 95—105°) 2297.
$C_8H_5MnO_6$ **Propionylmanganpentacarbonyl** (F. 56—57°) 2905*.
$C_8H_5MoNaO_3$ **Cyclopentadienylmolybdäntricarbonylnatrium**, Rk. 7447.
C_8H_5NO **Indolon**, Vers. d. Darst. 5661; Darst. v. Deriv. 5660.
Benzoylcyanid, Bldg. 3412; Rk. 11 887.
o(2)-**Cyanbenzaldehyd**, Rk. 5478*, 14 615*.
m-**Cyanbenzaldehyd** (F. 76—78°), Darst. 11 885, 18 150; Rk. 5479*.
p-**Cyanbenzaldehyd**, Rk. 5478*, 5479*.
C_8H_5NOS (s. *Azulenoid* [*1-Thia-3-azaazulenon-(2)*]).
Benzothiazol-2-aldehyd (F. 72—73°), Darst. u. Prüf. auf d. Antiviruswirksamk. 7235; Verh. gegen 1.2.3.4-Tetrahydroxanthyliumtetrachloroferrat 10 091; Rk. mit m-Xylylendiphosphonsäuretetraalkylestern 5478*.
4-Rhodanbenzaldehyd (F. 78°) 8957.
Benzoylisothiocyanat, Rk. 8579, 14 484, 14 491, 14 839.
2-Thiocyantropon (F. 159—160°) 14 840.
2-Isothiocyanotropon, Nichtbldg. 14 839.
$C_8H_5NOS_2$ **2-Thio-4-oxodihydro-5.6-benz-1.3-thiazin** (F. 226°) 4644*.
C_8H_5NOSe **Benzoselenazol-2-aldehyd**, Verh. gegen 1.2.3.4-Tetrahydroxanthyliumtetrachloroferrat 10 091.
$C_8H_5NO_2$ (s. *Isatin*; *Phthalimid*).
p-**Nitrophenylacetylen** (F. 153°), Rk. 7863.
Oxazolo-[5.4:*b*]-tropon (F. 150—151°) 12 291.
4H-1.3-Benzoxazinon-(4), Deriv. 7526.
Benzoylisocyanat, Rk. 8579.
Indolchinon-(5.6), Identifizier. v. Sepiomelanin als 4:1-Copolymerisat v. — u. 2-Carboxyindolchinon-(5.6) 15 957.
Piperonylsäurenitril (3.4-Methylendioxybenzonitril) (F. 94°), Darst. 2699; Rk. 7153, 7896.
Terephthalsäuremononitril (F. 218—219°) 12 460*.
$C_8H_5NO_2S$ **3-Nitrobenzthiophen**, Bezieh. zwischen IR-Intensität u. Reaktivitätsindex 17 696.
4-Phenyl-1.3.2-oxathiazolon-(5) (F. 131°) 4160.
2.4-Dioxodihydro-5.6-benz-1.3-thiazin (F. 210°), Herst., Verw. 4643*; (v. Deriv.) 3192*.
Benzothiazol-2-carbonsäure (F. 92—93,5° Zers.), Darst. 7235; therm. Zers. v. —-Komplexsalzen 1927.
4-Carboxyphenylisothiocyanat, Rk. 4639*.
$C_8H_5NO_2S_2$ **5-Nitro-2.2'-bithienyl**, nematocide Aktivität 10 827.
$C_8H_5NO_3$ (s. *Anthroxansäure*; *Diatretin*-1 [*Diatretinamid, 7-Carbamoylhepten-(2)-diin-(4.6)-säure, trans-Octen-(2)-diin-(4.6)-säureamid-(8)-säure-(1)*]).
2.4-Dioxo-[5.6-benz]-2.3-dihydro-1.3-oxazin, Strahlenschutzwrkg. 930.
1.4-Benzoxazindion-(2.3), Test. auf antimikrobielle Aktivität 17 456.
4-Hydroxyisatin, α-Aminosäuredehydrogenasewrkg. (Bezieh. zur Konstitut.) 12 326.
$C_8H_5NO_4$ **6-Nitrophthalid**, Rk. 11 557. 11 906.
4-Hydroxy-1.4-benzoxazindion-(2.3) (F. 230 bis 233°), Darst., u. Test. auf antimikrobielle Aktivität 17 456.
3.6-Dihydroxyphthalimid, — als Fluorescenzredoxindicator 16 072.
$C_8H_5NO_5$ **5-Nitroisophthalaldehydsäure** 14 111.
$C_8H_5NO_6$ (s. *Berberonsäure* [*Pyridin-2.4.5-tricarbonsäure*]; *Trimesitinsäure* [*Pyridin-2.4.6-tricarbonsäure*]).
3-Nitrophthalsäure (F. 217—219°) 12 301.
4-Nitrophthalsäure, Bldg. 16 652; Kinetik d. Aminomethylier. 3407.
5-Nitroisophthalsäure 14 111.
2.3.6-Pyridintricarbonsäure, spektrophotometr. Unters. v. —-Fe(II)-Komplex 15 157.
$C_8H_5NO_8$ **Pyrrol-2.3.4.5-tetracarbonsäure** 14 128.
$C_8H_5N_2OPS_2$ **Phenylphosphoryldiisothiocyanat** (Kp.$_{0,3}$ 146—148°) 15 883.
$C_8H_5N_2PS_3$ **Phenylthiophosphoryldiisothiocyanat** (Kp.$_{0,08}$ 128—130°) 15 883.
$C_8H_5N_3$ **Pyrrol-2-[β.β'-dicyanäthylen]** (F. 129°) 7031*.
Aminophthalonitril, Verw. 4791*.
1-Amino-2.4-dicyanbenzol, Verw. 18 648*.
$C_8H_5N_3OS$ **Benzoxazolo-[2'.3'.5.4]-1.2.4-triazolthiol-(3)** 1865*.
$C_8H_5N_3O_2S$ **1-Mercapto-7-nitrophthalazin** (F. 222—225°) 11 906.
$C_8H_5N_3O_3$ **2-[*o*-Nitrophenyl]-1.3.4-oxadiazol** (F. 101—102°) 15 952.
2-[*m*-Nitrophenyl]-1.3.4-oxadiazol (F. 125 bis 126°) 15 952.
2-[*p*-Nitrophenyl]-1.3.4-oxadiazol (F. 156 bis 157°), Darst. 15 952; integrale Scintillationswirksamk. v. — 17 353.
2-Hydroxy-7-nitrochinoxalin (F. 268 bis 269°) 2759.
1.2-Dihydro-7-nitro-1-oxophthalazin (F. 237 bis 239°) 11 906.
m-**Nitro-ω-diazoacetophenon** (F. 139,5 bis 140,0° Zers., korr.), Darst., Kinetik d. Zers. 9293; Kinetik d. Zers. 9293.
p-**Nitro-ω-diazoacetophenon** (F. 118,0 bis 119,0° korr.), Darst., Kinetik d. Zers. 9293; Kinetik d. Zers. 9293; Rk. 18 083.
$C_8H_5N_3O_3S$ **2-[*p*-Nitrobenzyl]-5-mercapto-1.3.4-oxadiazol**, Rk. 6874*.
$C_8H_5N_3O_4$ **1.3-Dinitroindolizin** (F. 232—233°) 3455.
3.2-Dihydroxy-7-nitrochinoxalin (F. 363 bis 364°) 2759.
7-Nitroisatin-β-oxim, IR-Spektrum 14 812.
$C_8H_5N_3O_4S$ **2-[α-Furoylamino]-5-nitrothiazol** (F. 274°), Darst., trichomonostat. Wirksamk. 16 021.
$C_8H_5N_3O_8$ **5.6.7-Trinitrobenzo-1.4-dioxan** (F. 145—155° korr.) 1988.
Pikrylacetat (F. 86—87°) 10 457.
$C_8H_5N_3S_2$ **Benzthiazolo-[2'.3':5.4]-1.2.4-triazolthiol-(3)** 1865*.
$C_8H_5N_5$ **2-Methylamino-1.1.3.3-tetracyanpropen**, Salze 1795*.
$C_8H_5N_5O_6$ s. *Murexid* [*Ammoniumpurpurat*].
$C_8H_5N_5S$ **6-Phenyltetrazolo-[5.1.:*b*]-1.3.4-thiadiazol** (F. 103—104°) 4910.
$C_8H_5N_7O_2S$ **4-Nitro-5-[purinyl-(6')-mercapto]-imidazol** 15 697*.
C_8H_6 (s. *Pentalen*).
Phenylacetylen (Kp. 139,5—140,5°), Darst. (Rk. d. Na-Verb.) 16 309; (Lewis-Basizität gegenüber Säureamiden, Äthern bzw. Phenol) 4865; Bldg. 10 806, 14 095, 15 282; Elektronenspektrum 12 979; Wasserstoffresonanzspektrum (Verschieb. d. Acetylen-H in verschied. Lsgm.) 3767; Absorpt.- u. Emissionsspektren u. Rk. bei elektr. Entlad. 5977; Einfl. v. Poly-— auf d. Wärme- u. Licht-Beständigk. v. Polyvinylchlorid 11 580; Trimerisier. 827, 17 928*; Polymerisat. 9001, 14 526, 16 843* 18 851; (u. Copolymerisat.) 7914; Kinetik d. Hydrier. in elektrolythalt. Puffer-Lsg. 72; Struktur d. Komplexes mit $Fe_2(CO)_9$ 15 869; Erhitzen in Ggw. v. Metallcarbonyl-Verb. 6211*; Rk.: mit Metallcarbonylen 4347*; mit Co-Carbonylen 16 251; mit NOCl bzw. NO_2Cl 15 566; mit $(NH_4)_2$ S u. S 4721*; mit

Alkaliacetyliden 5842*; mit Divinylacetylen 15 031*; Vers. d. Rk. mit Dihalogencarbenen 3791; Rk.: mit Dicarbonyl-π-cyclopentadienyleisen(II)-chlorid 10 016; mit 3.6-Bis-[pyridyl-(2)]-1.2.4.5-tetrazin 9345; mit Äthyl-MgBr 8243; mit Triphenylgerman 421; mit Methyldichlorsilan 10 054; mit Selenophenol 11 886; mit Na-p-Tolylmercaptid (Kinetik) 6729; mit Aceton 17 923*; mit Piperidonen-(4) 9710; mit Pentanon-(4)-ol-(1) 16 655; mit p-Benzochinon in Ggw. v. Na 13 949*; mit Sydnonen 11 561; mit Bis-[cyanäthylen]-nickel bzw. Bis-[acrolein]-nickel 16 965; mit Dialkylformamid-acetalen 652*.
Bicyclo-[2.2.2]-octatrien, Deriv. 3056.
Benzocyclobutadien, intermediäre Bldg. eines Komplexes mit $Ni(CO)_4$ 15 938.

$C_8H_6AuBrS_2$ **Di-[thienyl-(2)]-goldbromid** 4716*.

C_8H_6BrClO **β-Brom-o-chloracetophenon**, Red. 9817*.
m-Chlorphenacylbromid (F. 39,5—40°) 15 913.
p-Chlorphenacylbromid (p-Chlor-ω-bromacetophenon) (F. 96°), Darst., Rk. 7861; Rk. 840, 6414, 14 496, 17 747.
p-Brom-ω-chloracetophenon, Rk. 17 744.

$C_8H_6BrCl_3O$ **1-[p-Bromphenyl]-2.2.2-trichloräthanol**, Rk. 14 121.
2-Bromäthyl-2.4.5-trichlorphenyläther (F. 45,5°) 5260.

C_8H_6BrFO **p-Fluor-ω-bromacetophenon**, Rk. 6414.

$C_8H_6BrFO_3$ **2-Brom-4-fluorphenoxyessigsäure** (F. 134—135°) 7861.

$C_8H_6BrF_3O$ **1-m-Bromphenyl-2.2.2-trifluoräthanol-(1)** ($Kp._{12}$ 115°), Darst., Rk. v. — u. deuteriertem — 7099.
2-Methoxy-5-brombenzotrifluorid ($Kp._{30}$ 120°) 1590.

$C_8H_6BrJ_3$ **2.4.5-Trijod-α-bromäthylbenzol** (F. 108—110°) 1209.

C_8H_6BrN **3-Bromindol** (F. 66—67°) 18 458.
4-Bromindol ($Kp._3$ 115—118°) 18 459.
5-Bromindol (F. 90—91,5°), Darst. (Pikrat) 18 459; (Verw.) 13 952*; Rk. 2724, 16 980.
6-Bromindol (F. 93,5—94°) 18 459.
7-Bromindol (F. 41,5—42°) 18 459.
α-Brombenzylcyanid, Rk. v. —-Deriv. 15 201.
p(4)-Bromphenylacetonitril (4-Brombenzylcyanid) ($Kp._{3-5}$ 145—150°), Darst., Rk. 9341, 16 992; Energie d. Ions 15 540.
α-Brom-p-tolunitril (F. 114°) 11 160.
4-Brom-2-methylbenzonitril (F. 62—63°) 14 121.

$C_8H_6BrNO_2$ **β-Brom-β-nitrostyrol** (F. 67—68°), Bldg. 15 566; Konjugat.-Einfl. auf d. Dipolmoment, Ramanspektrum 12 972; Prüf. auf bakteriostat. Aktivität 10 144.

$C_8H_6BrNO_2S_2$ **p-[Brommethylsulfonyl]-phenylisothiocyanat** (F. 145—152°) 1383*.

$C_8H_6BrNO_3$ **p(4)-Hydroxy-m(3)-brom-β-nitrostyrol** (F. 139°), Darst. u. fungistat. Wrkg. 15 650; Prüf. auf bakteriostat. Aktivität 10 144.
p-Nitrophenacylbromid (p-Nitro-ω-bromacetophenon), Rk. 840, 3812, 6414; analyt. Verw. 13 149.
4-Brom-3-nitroacetophenon, Rk. 7868.

$C_8H_6BrNO_3S$ **cis-1-Brom-2-[p-nitrophenylsulfinyl]-äthylen** (F. 122—123°) 11 161.
trans-1-Brom-2-[p-nitrophenylsulfinyl]-äthylen (F. 105°) 11 161.

$C_8H_6BrNO_4$ **p-Nitrophenylbromessigsäure** (F. 113°) 5694.
2-Brom-4-nitrobenzoesäuremethylester (F. 82—84°) 1964.

$C_8H_6BrN_3$ **6-Methyl-7-brompyrido-[2.3]-pyrazin** (F. 165—166° Zers.) 129.
7-Brom-8-methylpyrido-[2.3]-pyrazin (F. 204—206°) 129.

$C_8H_6BrN_3OSSe$ **2-[5'-Bromselenenal-(2')-hydrazino]-thiazolon-(4)** (F. 243° Zers.) 11 559.

$C_8H_6BrN_3O_2S_2$ **2-[p-Brombenzolsulfonamido]-1.3.4-thiadiazol** 17 850*.

$C_8H_6Br_2$ **1.2-Dibrombenzocyclobuten**, Rk. 15 938.

$C_8H_6Br_2FNO$ **2.6-Dibrom-4-fluoracetanilid** (F. 205°) 17 004.

$C_8H_6Br_2N_2O_2S$ **5-[4'.5'-Dibromthienyl-(2')]-5-methylhydantoin** (F. 215°) 8242.

$C_8H_6Br_2N_2O_3$ **2.6-Dibrom-4-nitroacetanilid** (F. 234°), Best. d. Resonanz aus d. ν(CO) 14 078.

$C_8H_6Br_2O$ **o-Bromphenacylbromid**, Rk. 4527.
p-Bromphenacylbromid (ω.p-Dibromacetophenon), Lage u. Intensität d. ν(C=O)-Bande 8558; Rk.: mit Äthylenthioharnstoff 840; mit Guanylthioharnstoff 14 496; mit Benzoylmethylentriphenylphosphoran 2717; mit 2.2'-Oxalyl-6-cyclohexylidencyclohexanon 15 583; mit Aceton- bzw. Benzaldehydselenosemicarbazon 17 744; mit d. Na-Salz v. Undecin-(10)-säure 10 050; mit 10-Hydroxydecen-(2)-säure bzw. verwandten Verb. 12 307; mit 6-Aminonicotinamid 6414; mit N-Acetoxy-2-amino-4-nitrobenzolsulfonsäure 17 005.
2.4-Dibromacetophenon (F. 68°) 9680.
2.5-Dibromacetophenon (F. 60°) 9681.
3.4-Dibromacetophenon (F. 64°) 9680.
3.7-Dibrom-2-methyltropon (F. 121—122°) 18 096.
ω-Brom-o-toluylbromid, Rk. 11 566.

$C_8H_6Br_2O_2$ **3.5-Dibrom-6-methyltropolon** (F. 151,5—153°) 18 096.
4.6-Dibrom-3-methyltropolon (F. 121—123°) 18 097.
3.7-Dibromtropolonmethyläther, Rk. 18 096.
3.5-Dibrom-o-toluylsäure (F. 195—197°) 18 096.
4.6-Dibrom-m-toluylsäure (2.4-Dibrom-5-methylbenzoesäure) (F. 181—183°), Bldg. 15 253, 18 096.

$C_8H_6Br_2O_2S$ **5-Mercaptomethyl-3.7-dibromtropolon** (F. 128°) 7494.

$C_8H_6Br_2O_3$ **3.5-Dibromresacetophenon** (F. 174°) 1961.
3.7-Dibrom-5-hydroxymethyltropolon 7494.
2.4-Dibromphenoxyessigsäure, Rk. 17 004; pflanzenwachstumsregulator. Aktivität bei d. Ananaspflanze 1283.
2.5-Dibromphenoxyessigsäure (F. 145 bis 146,5°) 17 004.
2.6-Dibromphenoxyessigsäure, pflanzenwachstumsregulator. Aktivität bei d. Ananaspflanze 1283.
3.5-Dibromphenoxyessigsäure, pflanzenwachstumsregulator. Aktivität bei d. Ananaspflanze 1283.
3.5-Dibrom-4-hydroxybenzoesäuremethylester (F. 125°) 15 252.

$C_8H_6Br_3NO$ **2.4.6-Tribromacetanilid**, Verw. 13 591*.

$C_8H_6Br_3NO_2$ **α.α.α'-Tribrom-3-nitro-o-xylol** (F. 67—68°) 9317.

$C_8H_6Br_4$ **α.α.α'.α'-Tetrabrom-o-xylol**, Darst., Rk. 9317; Rk. 8972.

$C_8H_6ClFO_2$ **Chlormethyl-2-hydroxy-5-fluorphenylketon** ($Kp._{10}$ 177°) 10 809.
Monochloressigsäure-p-fluorphenylester ($Kp._{10}$ 177°) 10 809.
o-Fluorphenoxyacetylchlorid ($Kp._{70-75}$ 150 bis 155°) 10 808.
p-Fluorphenoxyacetylchlorid ($Kp._{70-80}$ 140 bis 145°) 10 808.

$C_8H_6ClFO_3$ **2-Chlor-4-fluorphenoxyessigsäure** (F. 132—134°) 7861.

$C_8H_6ClF_2NO$ **N-Acetyl-2.4-difluor-5-chloranilin** (F. 141°) 7859.

C_8H_6ClJO **4-Jodphenylessigsäurechlorid** 821.

$C_8H_6ClMgNS$ **Methylbenzthiazolyl-(2)-magnesiumchlorid**, Rk. 7691*.

2-Methyl-5-benzothiazolylmagnesiumchlorid 1405*, 8781*.
C_8H_6ClN 3-Chlorindol (F. 95,5—96° Zers.) 18 458.
4-Chlorindol (Kp.$_4$ 129—130°), Darst., Pikrat 18 458; Tüpfelnachw. 3575.
5-Chlorindol (F. 71,5—72,5°), Darst., Pikrat 18 458; Tüpfelnachw. 3575.
6-Chlorindol (F. 88,5—89°), Darst., Pikrat 18 458; Rk. 12 102*.
7-Chlorindol (F. 58—58,5°) 18 458.
o-Chlorphenylacetonitril (Kp.$_4$ 101—104°), Darst., Rk. 4526; Rk. 5018*.
m-Chlorphenylacetonitril, Rk. 5018*.
p(4)-Chlorphenylacetonitril (*p*(4)-Chlorbenzylcyanid) (Kp.$_{18}$ 139—144°), Darst., Rk. 9342, 12 633; Rk. 4346*, 7896, 7898, 15 201, 15 202.
2-Chlor-6-methylbenzoesäurenitril (F. 82,0 bis 82,5° korr.) 1678.
C_8H_6ClNO α-Chlorbenzylisocyanat (Kp.$_{13}$ 120 bis 130°) 13 944*.
3-Chlor-4-methylphenylisocyanat (Kp.$_{26}$ 121—122,5°) 8212.
$C_8H_6ClNO_2$ α-Chlor-β-nitrostyrol (F. 51—53°) 15 566.
β-Nitro-*m*-chlorstyrol, Rk. 14 452.
β-Nitro-*p*(4)-chlorstyrol (F. 112—113°), Darst. u. fungistat. Wrkg. 15 650; Prüf. auf bakteriostat. Aktivität 10 144.
ω-Chlor-2-nitrostyrol (F. 55,5—56,5°) 8617.
ω-Chlormethylphthalimid, Rk. 8798*.
$C_8H_6ClNO_2S$ *cis*-2-[*p*-Nitrophenylmercapto]-1-chloräthylen (F. 92—93°) 10 436.
$C_8H_6ClNO_2S_2$ *p*-[Chlormethylsulfonyl]-phenylisothiocyanat (F. 140—144°) 1383*.
3-[Methylsulfonyl]-6-chlorphenylisothiocyanat (F. 110—112°) 1383*.
$C_8H_6ClNO_3$ *m*-Nitrophenacylchlorid, Red. 18 832.
2-Chlor-*p*-benzochinon-4-oximacetat, Kristallstruktur 10 788.
o-Nitrophenylacetylchlorid, Rk. 6763.
p-Nitrophenylacetylchlorid, Rk. 4902, 8065*, 12 638.
4-Methyl-3-nitrobenzoylchlorid, Rk. 5109*.
4-Nitro-3-methylbenzoylchlorid, Verw. 3634*.
$C_8H_6ClNO_3S$ *cis*-1-Chlor-2-[*p*-nitrophenylsulfinyl]-äthylen (F. 117—118°) 11 161.
trans-1-Chlor-2-[*p*-nitrophenylsulfinyl]-äthylen (F. 83—84°) 11 161.
$C_8H_6ClNO_4$ 2-Nitro-6-chlorphenylessigsäure (F. 190—192° korr.) 11 911.
1-Carboxy-2-chlor-6-methyl-4-nitrobenzol (F. 165—167° korr.) 1579.
2-Chlor-4-nitrophenylacetat, Antifungusaktivität 17 805.
4-Chlor-2-nitrobenzoesäure-methylester, Red. 6214*.
2-Methoxy-5-nitrobenzoesäurechlorid (F. 85,5—87,5°), Rk. 7627*.
2-Nitro-5-methoxybenzoylchlorid (F. 33 bis 34°) 9317.
$C_8H_6ClNO_4S$ *cis*-1-[*p*-Nitrophenylsulfonyl]-2-chloräthylen (F. 92—93°), Darst. 10 436; Kinetik d. nucleophilen Substitut. v. Cl durch OCH_3 bzw. OC_2H_5 12 614.
trans-1-[*p*-Nitrophenylsulfonyl]-2-chloräthylen, Kinetik d. nucleophilen Substitut. v. Cl durch OCH_3 bzw. OC_2H_5 12 614.
C_8H_6ClNS 2-Chlormethylbenzthiazol, Rk. 14 129.
2-Methyl-5-chlorbenzthiazol (F. 69°) 18 830.
2-Chlorbenzylisothiocyanat (Kp.$_{0,23}$ 94 bis 98°) 5019*.
4-Chlorbenzylisothiocyanat (Kp.$_{0,35}$ 105 bis 108°), Herst., therapeut. Verw. 5019*; bakteriostat. Wirksamk. 6828.
4-Chlorphenylmercaptoacetonitril, Rk. 1992.
$C_8H_6ClN_3$ 3-Methyl-6-chlorbenzo-1.2.4-triazin (F. 86°) 13 764.
3-Chlor-4-phenyl-1.2.4-triazol (F. 118°) 11 185.
2-Amino-7-chlorchinoxalin (F. 199—200°) 1995.

$C_8H_6ClN_3O$ 3-α-Pyridyl-5-chlormethyl-1.2.4-oxadiazol (F. 107—108°) 9704.
4-*p*-Chlorphenyl-3-hydroxy-1.2.4-triazol (F. 200°) 11 185.
$C_8H_6ClN_3OS$ 3-Mercapto-4-*p*-chlorphenyl-5-hydroxy-1.2.4-triazol (F. 216°) 2351.
$C_8H_6ClN_3OSSe$ 2-[5′-Chlorselenenal-(2′)-hydrazino]-thiazolon-(4) (F. 241° Zers.) 11 559.
$C_8H_6ClN_3O_2$ 3-Nitro-5-cyan-6-chlor-2.4-dimethylpyridin (F. 112—113°) 14 862.
4-[*p*-Chlorphenyl]-urazol (F. 236°) 11 185.
$C_8H_6ClN_3O_5$ 2-Chlor-4.6-dinitroacetanilid, Antifungusaktivität 17 805.
$C_8H_6ClN_3S$ 4-*p*-Chlorphenyl-3-mercapto-1.2.4-triazol (F. 214°) 2350.
$C_8H_6Cl_2$ 2.4-Dichlorstyrol (Kp.$_6$ 80—81°) 6051.
2.5-Dichlorstyrol, Darst. 7321*; Elektronenspinresonanzspektrum v. γ-bestrahltem Poly-— 15 250; photoelast. Eig. v. Poly-— im Glaszustand 493; Copolymerisat.: mit α-Methylstyrol 15 986; mit p-Styrolsulfonat 17 582*; als Sensibilisier.-Mittel 8782*.
3.4-Dichlorstyrol 7321*.
3.5-Dichlorstyrol 7321*.
$C_8H_6Cl_2FNO$ *N*-Acetyl-2.4-dichlor-5-fluoranilin (F. 127°) 7859.
2.6-Dichlor-4-fluoracetanilid (F. 160°) 17 003.
Fluordichloressigsäureanilid (F. 75°) 10 052.
$C_8H_6Cl_2JNO$ *N*-Acetyl-3.5-dichlor-4-jodanilin (F. 223—224°) 9735.
$C_8H_6Cl_2N_2O_3$ 2.4-Dichlor-6-nitroacetanilid, Antifungusaktivität 17 805.
2.6-Dichlor-4-nitroacetanilid, Antifungusaktivität 17 805.
techn. Nitrodichloracetanilid, Deriv. 10 190*.
$C_8H_6Cl_2N_2O_4S_2$ *p*-Bis-[chlorsulfonyliminomethyl]-benzol (F. 230—245°) 7328*.
$C_8H_6Cl_2N_4O$ 5-[2′.4′-Dichlorphenoxymethyl]-tetrazol, biolog. Aktivität 1283.
$C_8H_6Cl_2O$ 2.4-Dichlorphenylvinyläther (Kp.$_5$ 86 bis 88°) 17 719.
α.α-Dichloracetophenon, Rk. 6873*.
p-Chlorphenacylchlorid, Red. 18 832.
2.5-Dichloracetophenon, Rk. 16 291.
3.4-Dichloracetophenon, Rk. 11 167.
α-Chlorphenylacetylchlorid (Phenylchloracetylchlorid, α-Chlorphenylessigsäurechlorid), Rk. 5392*, 5994, 17 694.
p-Chlorphenylacetylchlorid, Rk. 16 651, 16 652.
2-Chlor-6-methylbenzoesäurechlorid (Kp.$_{21}$ 117—118°) 1678.
$C_8H_6Cl_2OS$ *trans*-1-Chlor-2-[*p*-chlorphenylsulfinyl]-äthylen (F. 63—65°) 11 161.
$C_8H_6Cl_2O_2$ 2-Hydroxy-3.5-dichloracetophenon, Rk. 11 188.
2.4-Dichlorphenylessigsäure, pflanzenwachstumsregulator. Aktivität bei d. Ananaspflanze 1284.
2.5-Dichlorphenylessigsäure, pflanzenwachstumsregulator. Aktivität bei d. Ananaspflanze 1284.
2.6-Dichlorphenylessigsäure, pflanzenwachstumsregulator. Aktivität bei d. Ananaspflanze 1284.
3.4-Dichlorphenylessigsäure, pflanzenwachstumsregulator. Aktivität bei d. Ananaspflanze 1284.
Chlorameisensäure-3-chlor-4-methylphenylester, Rk. 3191*.
3.4-Dichlorbenzoesäuremethylester 9317.
p-Chlorphenoxyacetylchlorid, Rk. 17 858*.
$C_8H_6Cl_2O_2S$ *cis*-1-Benzolsulfonyl-1.2-dichloräthylen (F. 70—72°) 16 650.
trans-1-Benzolsulfonyl-1.2-dichloräthylen (F. 60—61°) 16 650.
trans-1-[*m*-Chlorphenylsulfonyl]-2-chloräthylen, Kinetik d. nucleophilen Substitut. v. Cl durch OCH_3 bzw. OC_2H_5 12 614.
cis-1-[*p*-Chlorphenylsulfonyl]-2-chloräthylen (F. 37—38°), Darst. 10 436;

Kinetik d. nucleophilen Substitut. v. Cl durch OCH_3 bzw. OC_2H_5 12 614.
trans-**1-*p*-Chlorphenylsulfonyl-2-chloräthylen**, Kinetik d. nucleophilen Substitut. v. Cl durch OCH_3 bzw. OC_2H_5 12 614.
β-**[2.3-Dichlorthienyl-(5)]-acrylsäuremethylester** (F. 89°) 12 650.

$C_8H_6Cl_2O_3$ (s. *2.4-D-[2.4-Dichlorphenoxyessigsäure]*).
2.4-Dichlormandelsäure (*α*-**[2.4-Dichlorphenyl]-glykolsäure**) (F. 127—128°), Darst., Rk. 11 887; Wrkg. als Pflanzenwachstumsregulator 10 152; (bei d. Ananaspflanze) 1284.
α-**[3.4-Dichlorphenyl]-glykolsäure** (F. 120 bis 121°), Wrkg. als Pflanzenwachstumsregulator 10 152.
Dichlor-2-hydroxymethylbenzoesäure 6213*.
3.5-Dichlor-4-hydroxymethylbenzoesäure (F. 204°) 6213*.
2.3-Dichlorphenoxyessigsäure, pflanzenwachstumsregulator. Aktivität bei d. Ananaspflanze 1283; Konstit.-Einfl. auf d. R_F-Wert 16 984.
2.5-Dichlorphenoxyessigsäure, Rk. 14 467; pflanzenwachstumsregulator. Aktivität bei d. Ananaspflanze 1283; Konstit.-Einfl. auf d. R_F-Wert 16 984.
2.6-Dichlorphenoxyessigsäure, Bldg. 11 338*; Aufnahme v. — durch Lemna minor 6088; pflanzenwachstumsregulator. Aktivität bei d. Ananaspflanze 1283; Konstit.-Einfl. auf d. R_F-Wert 16 984; IR-spektroskop. Best. 8009.
3.4-Dichlorphenoxyessigsäure, pflanzenwachstumsregulator. Aktivität bei d. Ananaspflanze 1283; Konstit.-Einfl. auf d. R_F-Wert16 984.
3.5-Dichlorphenoxyessigsäure, Konstit.-Einfl. auf d. R_F-Wert 16 984.
Δ^4-**4.5-Dichlorcyclohexen-1.2-dicarbonsäureanhydrid** (F. 116—117°) 4134.

$C_8H_6Cl_2O_3S$ **2.4-Dichlorphenolvinylsulfonsäureester** 15 768*.

$C_8H_6Cl_2O_4$ *exo*-**4.5-Dichlor-3.6-endoxohexahydrophthalsäureanhydrid** (F. 165—165,5°) 1598.

$C_8H_6Cl_2S$ *cis*-**1-Phenylmercapto-1.2-dichloräthylen** ($Kp._{17}$ 133°) 16 650.
trans-**1-Phenylmercapto-1.2-dichloräthylen** ($Kp._{23}$ 140—142°) 16 650.
cis-**2-[*p*-Chlorphenylmercapto]-1-chloräthylen** ($Kp._7$ 121—122°) 10 436.

$C_8H_6Cl_2S_2Sn$ **Di-[*α*-thienyl]-zinndichlorid** 4716*.

$C_8H_6Cl_3JO$ **2.4.5-Trichlorphenyloxyäthyljodid** (F. 67—67,5°) 1960.

$C_8H_6Cl_3NO$ **2.4.6-Trichloracetanilid** 10 055.
α-**Chloracetyl-2.6-dichloranilin**, Rk. 7252*.
N-**[3.4-Dichlorphenyl]-2-chloracetamid** (*α*.**3.4-Trichloracetanilid**) (F. 106,5 bis 107°), Darst. 1957; (Hemmwrkg. gegenüber Influenzavirus) 15 284.

$C_8H_6Cl_3NO_3S$ *N*-**Acetyl-3.5-dichlorsulfanilylchlorid** 17 838.

$C_8H_6Cl_3NO_3S_2$ **Trichlormethyl-*p*-formamidobenzolthiolsulfonat** (F. 115—116°) 3605*.

$C_8H_6Cl_4$ **1.4-Bis-chlormethyl-2.5-dichlorbenzol**, Rk. 5479*.
1.4-Dimethyltetrachlorbenzol, Verschieb.-Polarisat. 11 141.

$C_8H_6Cl_4O$ *β*-**[2.4.5-Trichlorphenoxy]-äthylchlorid** (F. 54°) 8229.
1.4.5.6-Tetrachlorbicyclo-[2.2.1]-Δ^5-hepten-2-aldehyd ($Kp._{0,5}$ 90—91°) 11 736*.
2.4.4.6-Tetrachlor-1.5-dimethylcyclohexadien-(1.5)-on-(3) (F. 68°) 12 640.
2.4.6.6-Tetrachlor-1.5-dimethylcyclohexadien-(1.4)-on-(3) (F. 107—108°) 12 640.

$C_8H_6Cl_4O_2$ **3.4.5.6-Tetrachlor-1.2-bis-hydroxymethylbenzol** (F. 226° Zers.) 6557*.
1.4.5.6-Tetrachlorbicyclo-(2.2.1)-Δ^5-hepten-2-carbonsäure (F. 157—158°) 11 735*.
1.4.5.6-Tetrachlorbicyclo-(2.2.1)-Δ^5-hepten-endo-2-carbonsäure (F. 138—140°) 11 736*.

$C_8H_6Cl_4O_4$ **1.4-Bis-[dichloracetoxy]-butin-(2)** 14 998*.

$C_8H_6Cl_4S$ **Äthyltetrachlorthiophenol** 7691*.

$C_8H_6Cl_5N$ *N*-**Pentachlorphenyldimethylamin** (F. 54—55°) 10 277*.

$C_8H_6Cl_5NO$ *N*-**Pentachlorphenyläthanolamin** (F. 77—79°) 2908*, 10 277*.

$C_8H_6Cl_6O$ **1.4.5.6-Tetrachlor-1.4-endodichlormethylen-2-hydroxymethyl-Δ^5-cyclohexen** (F. 155—156°), Darst. u. Prüf. auf insekticide Wirksamk. 8702.

$C_8H_6CrO_3$ **Hydrogen-cyclopentadienyl-chromtricarbonyl**, Rk. 7080.

C_8H_6FN **5-Fluorindol** (F. 46—47°) 17 388.
6-Fluorindol (F. 75—76°), Darst., Rk. 18 108; Rk. 18 108.
o-**Fluorbenzylcyanid** (**2-Fluorphenylessigsäurenitril**) ($Kp._{20}$ 114—117°), Darst., Rk. 7499; (UV-Spektrum) 11 134.
m-**Fluorbenzylcyanid** (**3-Fluorphenylessigsäurenitril**) ($Kp._{20}$ 115—118°), Darst., Rk. 7499; (UV-Spektrum) 11 134.
p-**Fluorbenzylcyanid** (**4-Fluorphenylessigsäurenitril**) ($Kp._{20}$ 118—121°), Darst., Rk. 7499; (UV-Spektrum) 11 134.

$C_8H_6FN_3O_2S_2$ **2-[*p*-Fluorbenzolsulfonamido]-1.3.4-thiadiazol**, Deriv. 17 850*.

$C_8H_6F_2$ **Difluorstyrol** 7322*.
2.5-Difluor-*p*-chinodimethan, Rk. 15 029*.

$C_8H_6F_2JNO$ *N*-**Acetyl-3.5-difluor-4-jodanilin** (F. 158—159°) 9735.

$C_8H_6F_2N_2O_3$ **4-Nitro-2.5-difluoracetanilid** (F. 153—154°) 13 437.

$C_8H_6F_2O_4$ **2.5-Difluor-3.6-dimethoxybenzochinon-(1.4)** (F. 159,5°) 2319.

$C_8H_6F_3NO$ *N*-**Acetyl-2.4.5-trifluoranilin** (F. 130°) 7859.
o-**Trifluormethylbenzamid** (F. 160°) 11 557.

$C_8H_6F_3NO_3$ **2-Methoxy-5-nitrobenzotrifluorid** (F. 79—79,5° korr.) 1590.

$C_8H_6F_3NO_3S$ *N*-**Phenylfluorsulfonyldifluoracetamid** (F. 107—108°) 1794*.

$C_8H_6F_3NO_4$ **3-Trifluoracetylamino-6-methylpyronon-(2.4)** (F. 208°) 6029.

$C_8H_6F_3N_3O_4S_2$ s. *Flumethiazide [Ademol, 6-(Trifluormethyl)-1.2.4-benzothiadiazin-7-sulfonamid-1.1-dioxid]*.

$C_8H_6F_4$ *α.α.α'.α'*-**Tetrafluor-*p*-xylol** ($Kp._{20}$ 54°) 13 565*.

$C_8H_6F_4O$ **3.3.4.4-Tetrafluor-9-oxatricyclo-[4.2.1.$0^{2.5}$]-nonen-(7)** (F. 99,5—100° korr.) 16 300.
7.7.8.8-Tetrafluorbicyclo-[4.2.0]-octen-(3)-on-(2) 16 300.
7.7.8.8-Tetrafluorbicyclo-[4.2.0]-octen-(4)-on-(2) 16 300*.

$C_8H_6F_4O_5$ **6.6.7.7-Tetrafluor-3-oxabicyclo-[3.2.0-]heptandicarbonsäure-(2.4)** (F. 178 bis 179° korr.) 16 300.

$C_8H_6F_6NP$ **Bis-[trifluormethyl]-monophenylaminophosphin** (Kp. 182,1°) 14 834.

$C_8H_6F_6N_2$ **4.5-Diamino-1.3-bis-[trifluormethyl]-benzol** (F. 48—49°) 4530.

$C_8H_6F_8O_5$ **Perfluoroxydipropionsäuremethylester** ($Kp._{740}$ 179°) 7325*.

$C_8H_6FeO_2$ **Benzoleisendicarbonyl** 7700*.

C_8H_6JMgN **Indolyl-3-magnesiumjodid**, Rk. 17 741.

C_8H_6JN **3-Jodindol** 11 230.
5-Jodindol (F. 99—100°) 13 952*.

$C_8H_6JNO_3$ **2-Jodadrenochrom**, Darst., Rk. 13 015.

$C_8H_6JNO_4$ **2-Jod-3-nitrobenzoesäuremethylester** (F. 62—64°) 6415.

$C_8H_6JN_3O_3S$ **2-[*o*-Jodphenyl]-1.3.4-oxadiazol-5-sulfonamid** 6873*.

$C_8H_6J_2$ **2.4-Dijodstyrol** ($Kp._{0,2}$ 108—110°) 1209.
trans-**1.2-Dijodbenzocyclobuten** (F. 62—64°), Rk. 15 193.

$C_8H_6J_2O_2$ **3.5-Dijodanisaldehyd**, Rk. 141.

$C_8H_6J_2O_3$ **4-Hydroxy-3.5-dijodphenylessigsäure** (F. 253—256°), Bldg. 11 230; Rk. 140, 821; Wrkg. auf Glykolyse u. O_2-Aufnahme v. Ascites-Tumorzellen 15 634.

$C_8H_6J_2O_4$ **Dijod-*β*-resorcylsäuremethylester**, Verw. 5762.

$C_8H_6J_3NO_2$ **2.4.6-Trijod-3-acetylaminophenol** (F. 206—207°) 800.
3-Amino-2.4.6-trijodbenzoesäuremethylester (F. 161,5—163°), Herst., Verw. 14 326*, 18 571*.

$C_8H_6J_3N_3O_3$ **2.4.6-Trijod-5-amino-3-ureidobenzoesäure** (F. 218—220° Zers.) 18 571*.

$C_8H_6MnO_5S$ **Sulfinocyclopentadienylmangantricarbonyl**, UV-Spektrum 18 361.

$C_9H_6MnO_6S$ **Cyclopentadienylmangantricarbonylsulfonsäure**, p-Toluidinsalz (F. 209—210°) 2297.

$C_6H_6MoN_2O_4$ **Tetracarbonyldiacetonitrilmolybdän** 775.

C_8H_6N **Cyanbenzyl** s. unter *Radikale (Spezielle Radikale)*.

$C_8H_6N_2$ (s. *Chinoxalin [1.4-Diazanaphthalin]*; *Cinnolin*; *Phthalazin*).
1.3-Diazaazulen (F. 110—112°) 15 959.
1.3-Diazanaphthalin, π-Elektronenenergiezustände u. -dichten 8206.
1.5-Diazanaphthalin, π-Elektronenenergiezustände u. -dichten 8206.
1.7-Diazanaphthalin, π-Elektronenenergiezustände u. -dichten 8206.
1.8-Diazanaphthalin, π-Elektronenenergiezustände u. -dichten 8206.
1.5-Naphthyridin, Rk. 6035.
1.6-Naphthyridin (F. 25—27°) 4916.
2.7-Naphthyridin (F. 92—94°) 4917.

$[C_8H_6N_2]_x$ **Poly-[2.4-tolylencarbodiimid]** 17 940*.

$C_8H_6N_2O$ **2-Phenyl-1.3.4-oxadiazol** (F. 34 bis 35°), Darst. 15 951; integrale Scintillationswirksamk. v. — 17 353; — als Scintillat.-Zusatz für Polystyrol 16 258.
2-Pyridyl-(2')-oxazol ($Kp._{0,1}$ 70—75°) 5768*.
2-Pyridyl-(3')-oxazol 5768*.
2-Pyridyl-(4')-oxazol (F. 154—155°) 5768*.
2-Hydroxy-1.3-diazaazulen (F. 244°) 15 959.
4-Hydroxycinnolin, Darst., Rk. 1235; Rk. 16 317.
1-Hydroxyphthalazin (F. 183—184°), Darst. 1235; IR-Spektrum u. Tautomerie v. — u. —-Metallsalzen 8199.
4-Hydroxychinazolin (F. 217—218°) 134, 850, 12 301, 15 952.
5-Hydroxy-1.6-naphthyridin (F. 241—242°) 4917.
1-Hydroxy-2.7-naphthyridin (F. 255—262°) 4918.
Benzimidazol-2-aldehyd (F. 235° Zers.) 7235.
Chinazolon-(4) (F. 217—218°), Darst. (Rk., Salze) 6412; (v. Deriv.) 571*, 1993, 6773; Rk. 2737, 14 138; amöbicide Wrkg. v. —-Deriv. 13 483; —-Deriv. als potentielle Antimalariamittel u. Amöbicide 13 810.
2H-Pyrido-[1.2;*a*]-pyrimidon-(2), Rk. 131.
ω(α)-Diazoacetophenon (F. 47—48,5° korr.), Darst. 2708; therm. Zers. 11 896; Kinetik d. Zers. in wss. Essigsäure, Hammettsche Bezieh. 9293; (Darst.) 9293; Rk.: mit Diazoäthan 14 836; mit Äthylmercaptan 3055; mit Azodicarbonsäurediäthylester 18 083; v. $^{14}C_{(\alpha)}$— mit Äthylsulfenylchlorid 5993.
3-Phenylsydnon, polarograph. Red. 7834.
Chinazolin-3-oxid, Deriv. 13 132*.
Chinoxalin-*N*-oxid, Vers. d. Nitrier. 6773.
Picolinoylacetonitril (F. 93—94°) 7523.
α-Isonitrosophenylacetonitril (**α-Oximinophenylessigsäurenitril**) (F. 132—233°) 5667, 11 903.
Benzoylcyanamid, Rk. 6008.
***p*-Cyanformanilid**, Rk. 11 004*.
***m*-Cyanbenzoesäureamid** 1411*, 8412*.
***p*-Cyanbenzoesäureamid** (F. 222—123°) 1411*, 8412*.

$C_8H_6N_2OS$ **2-Phenyl-5-mercapto-1.3.4-oxadiazol**, Rk. 6874*.
2-Hydroxy-3-mercaptochinoxalin, Verw. v. Deriv. 2880*.
4-[Pyridyl-(2')]-Δ⁴-thiazolinon-(2), Hydrobromid (F. 266—268°) 5020*.
4-[Pyridyl-(3')]-Δ⁴-thiazolinon-(3), Hydrobromid (F. 276—278°) 5020*.
4-[Pyridyl-(4')]-Δ⁴-thiazolinon-(2), Hydrobromid (F. 248—249°) 5020*.
3-Phenyl-4-oxo-1.2.3-thiadiazol (F. 65°) 5486*.
2-Aminothiazolo-[5.4:*b*]-tropon, Nichtbldg. 14 839.
2-Thio-1H.3H-chinazolindion-(2.4), Deriv. 16 686.

$C_8H_6N_2O_2$ **5-Nitroindol** (F. 140—141°), Herst., Verw. 13 952*; Rk. 16 980.
7-Nitroindol (F. 94—97°) 13 952*.
2-[*o*-Hydroxyphenyl]-1.3.4-oxadiazol (F. 109°) 15 951.
2.4-Dihydroxychinazolin bzw. **Chinazolindion-(2.4)** [**1.2.3.4-Tetrahydrochinazolindion-(2.4)**] (F. 353—354°), Darst. 6413; (v. Deriv.) 11 926; Herst., Verw. v. Deriv. 15 416*; Rk. 2364, 9827*, 14 138.
2.3-Dihydroxychinoxalin bzw. **Chinoxalindion-(2.3)**, IR-Spektrum u. Tautomerie v. — u. —-Metallsalzen 8199; Tautomerie aus d. IR-Spektrum 10 031.
Phthalylhydrazid (Phthalsäurehydrazid), Bldg. 808, 2345; Prüf. auf Wachstumshemm. gegenüber Sarkom 180 bei Mäusen 5698.
2-Methylimidazo-*p*-benzochinon (F. 250° Zers.) 125.
4-Aminoisatin, α-Aminosäuredehydrogenasewrkg. v. — (Bezieh. zur Konstit.) 12 326.
3(*N*)-Phenylsydnon, Herst., Verw. 1772*; UV-Spektrum 1603; Halbstufenpotential 7835, 14 818; Photochromie 13 703; Rk. 11 562, 17 741.
α-Isatinoxim (F. 114—115°), analyt. Verw. 2839.
β-Isatinoxim (Isatin-3-oxim), Darst. 11 181; IR-Spektrum 14 812; analyt. Verw. 2839.
o*(2)-Nitrobenzylcyanid** (o*-Nitrophenylacetonitril**) (F. 82—84°), Darst. 2694, 11 911.
***m*(3)-Nitrobenzylcyanid** (F. 58,5—59,5°), Darst. 2694; Rk. 18 469.
p*(4)-Nitrobenzylcyanid** (p*-Nitrophenylacetonitril**) (F. 116°), Darst. 2694; (Rk.) 9341; Einfl. d. H-D-Austausches auf d. IR-Spektrum 4872; Berechn. d. Energie d. Ions 15 540; Rk.: mit 2-Methylindol 4902; mit 2.3-Dichlorthiophenaldehyd-(5) 12 649; mit α-Oxomercaptanen 3443; mit Tris-[formamido]-methan 18 468.
2-Nitro-5-methylbenzonitril, Red. 2733.
2-Methyl-4-nitrobenzonitril (F. 99°) 14 121.
Benzimidazolyl-(2)-carbonsäure, Rk. 18 821.
Benzimidazol-5-carbonsäure (F. 325° Zers.) 5283.
3-Aminophthalimid, Absorpt.- u. Fluorescenzspektrum 784; UV-Spektrum u. Temp.-Abhängigk. d. Wechselwrkg. zwischen —-Mol. in Dämpfen 18 055.
4-Aminophthalimid (F. 294°), Absorpt.- u. Fluorescenzspektrum 784; UV-Spektrum 7458; (u. Temp.-Abhängigk. d. Wechselwrkg. zwischen —-Mol. in Dämpfen) 18 055.

$C_8H_6N_2O_2S$ **2-[Nitromethyl]-benzthiazol**, Rk. 3811.
2-Nitrobenzylthiocyanat, bakteriostat. Wrkg. 1278.
4-Nitrobenzylisothiocyanat (F. 37—38°) 5019*.
2-Aminothiazolo-[5.4:*d*]-tropolon, Nichtbldg. 14 840.
3-Amino-2.4-dioxo-dihydro-5.6-benz-1.3-thiazin (F. 203°) 3192*.
Benzolazothiooxalsäure (F. 145° Zers.) 4907.

$C_8H_6N_2O_2S_2$ **2.6-Dimercaptobenzdioxazol**, Tetracyclingewinnung mittels Streptomycesarten in Ggw. v. — 228*.
2.4'-Bithiazolyl-4-carbonsäuremethylester, IR-Spektrum 10 030.

$C_8H_6N_2O_2Se$ **2-Methyl-6-nitrobenzselenazol** (F. 170—171°) 1985.
$C_8H_6N_2O_3$ **2.4.6-Trihydroxychinazolin** (F. 303 bis 304°) 6413.
m-**Urethanophenylisocyanat** 8212.
5-[2'-Hydroxyphenyl]-1.3.4-oxadiazolon, tuberkulostat. Wrkg. 14 562.
3-*p*-Hydroxyphenylsydnon, Halbstufenpotential 7835.
Chinazolondi-*N*-oxid (F. 151—152° Zers.) 6413.
2-Nitro-6-methoxybenzonitril, Rk. 431.
$C_8H_6N_2O_4$ **β.β-Dinitrostyrol** (F. 95—96°) 15195.
2(*o*).β-Dinitrostyrol (F. 106—107°), Darst. (Rk.) 8989; (fungistat. Wrkg.) 15 650; Prüf. auf bakteriostat. Aktivität 10 144.
3(*m*).β-Dinitrostyrol (F. 126°), Darst. u. fungistat. Wrkg. 15 650; Prüf. auf bakteriostat. Aktivität 10 144.
4(*p*).β-Dinitrostyrol (F. 206—207°), Darst. 8420*; (fungistat. Wrkg.) 15 650; Depolarisat. d. Raman-Linien 5974; Konjugat.-Einfl. auf d. Dipolmoment, Ramanspektrum 12 972; Dipolmoment, Konfigurat. 12 972; Rk. 6394; Prüf. auf bakteriostat. Aktivität 10 144.
N-**Formyl-*o*-nitrobenzamid** (F. 133—134°) 6413.
cis-trans-cis-**Cyclobutantetracarbonsäure-(1.2.3.4)-diimid** (F. 325°) 17 732.
$C_8H_6N_2O_4S$ **2-Mercapto-5-[3'.4'.5'-trihydroxyphenyl]-1.3.4-oxadiazol,** Verw. 12 474*.
$C_8H_6N_2O_4W$ **Tetracarbonyldiacetonitrilwolfram** 774.
$C_8H_6N_2O_5$ **2.4-Dinitrophenylvinyläther** (F. 51 bis 52°) 17 719.
$C_8H_6N_2O_6$ **5.7-Dinitrobenzo-1.4-dioxan** (F. 141 bis 143° korr.) 1989.
6.7-Dinitrobenzo-1.4-dioxan, Red. 1988.
2.4-Dinitrophenylessigsäure, Rk. 2181*.
3.5-Dinitro-*o*-toluylsäure 11 371*.
3-Amino-6-nitrophthalsäure (F. 242°) 11 892.
2.4-Dinitrophenylacetat (F. 70—72°), Darst., Rk. 10 457; Bldg. 8573; Rk. 11 521.
2.5-Dinitrophenylacetat (F. 101—102,5°) 2742.
Methyl-3.5-dinitrobenzoat (F. 111°), Darst. 6790; papierchromatograph. Abtrenn. u. Best. v. Methanol als — 4281.
$C_8H_6N_2O_6S_2$ **2.4-Dinitrophenylcarboxymethyldisulfid** (F. 138—139°) 9149*.
$C_8H_6N_2O_7$ **3.5-Dinitro-4-hydroxyphenylessigsäure** (F. 176—178°), Rk. 17 720.
3.5-Dinitrophenoxyessigsäure (F. 165 bis 167°), Wrkg. als Pflanzenwachstumsregulator 10 154.
3-Hydroxylamino-6-nitrophthalsäure (F. 178°) 11 892.
4.6-Dinitrobrenzcatechinmonoacetat (F. 126 bis 128°) 15 569.
3.5-Dinitrosalicylsäuremethylester, IR-Spektrum 1549.
3.5-Dinitro-4-hydroxybenzoesäuremethylester 8223.
$C_8H_6N_2S$ **2-Phenyl-1.3.4-thiadiazol** (F. 40—41°) 6767.
2-Mercapto-1.3-diazazulen, Darst., Rk. 15 959; Wrkg. auf d. Zellteil. bei Seeigeln 5696.
$C_8H_6N_2S_2$ **2-Phenyl-5-mercapto-1.3.4-thiadiazol** (F. 215—216°) 6767.
2.4-Dimercaptochinazolin, Rk. 14 138.
2.3-Dimercaptochinoxalin (**2.3-Chinoxalindithiol**), Rk. 10 712*, 15 742*; Verw. v. —-Deriv. 2880*.
$C_8H_6N_2S_3$ s. *Bismuthiol II.*
$C_8H_6N_4OS$ **Phenitrazol** [**3-Phenyl-5-nitrosaminothiadiazol-(1.2.4)**], analyt. Verw. 7270, 15 350.
$C_8H_6N_4O_2$ **1-Amino-7-nitrophthalazin** (F. 313 bis 315° Zers.) 11 906.
β-[Puryl-(6)]-acrylsäure 17 401.
$C_8H_6N_4O_2S$ **Bis-[4-hydroxypyrimidyl-(6)]-sulfid** (F. ca. 330° Zers.) 7151.
4-Hydroxy-2-methyl-6.7-dihydrothiazolo-[2.3:*f*]-purinon-(6) 9720.
$C_8H_6N_4O_3SSe$ **1-[5'-Nitroselenenal-(2')-amino]-2-thiohydantoin** (F. 248—250° Zers.) 7135.
$C_8H_6N_4O_3Se$ **1-[5'-Nitroselenenal-(2)]-2-cyanacetylhydrazin** (F. 241—242° Zers.) 7135.
$C_8H_6N_4O_4$ **3-Methyl-6-hydroxy-4-oxodihydropteridincarbonsäure-(7)** 8252.
6-Nitro-1.2-benzisoxazol-3-carbonsäurehydrazid (F. 174—177°) 11 907.
$C_8H_6N_4O_4S$ **1-[5'-Nitrofurfuryliden-(2')-amino]-2-thiohydantoin** (F. 232° Zers.) 1226.
$C_8H_6N_4O_4S_2$ **Bis-[uracilyl-(5)]-disulfid** 7992*.
Benzo-bis-[1.2.4-thiadiazin-1.1-dioxid] (**1.8-Dithia-2.4.5.7-tetraazatetrahydroanthracen-1.8-bis-dioxid**) 5674.
$C_8H_6N_4O_4Se$ **1-[5'-Nitroselenenal-(2')-amino]-hydantoin** (F. 263—264° Zers.) 7135.
5-[2'.4'-Diketoimidazolidinyl-(3')-iminomethyl]-2-nitroselenophen, polarograph. Verh. 10 786.
$C_8H_6N_4O_5$ (s. *Nitrofurantoin* [*Furadantin, Furadonin, Furadoine, Furazidin, Nifurantin, Nitrofurazon, 1-(5'-Nitrofurfuryliden-(2')-amino)-hydantoin*]).
5-[2'.5'-Diketoimidazolidinyl-(3)-iminomethyl]-2-nitrofuran, polarograph. Verh. 10 785.
$C_8H_6N_4O_6$ **Glyoxylsäure-2.4-dinitrophenylhydrazon,** Spektrum 11 588.
$C_8H_6N_4O_6S_2$ **Benzo-bis-[3-oxodihydro-1.2.4-thiadiazin-1.1-dioxid]** 5674.
$C_8H_6N_4O_8$ (s. *Alloxanthin*).
5-Amino-6.7.8-trinitrobenzo-1.4-dioxan (F. 224,5° korr.), Darst., Rk. 1989.
$C_8H_6N_4O_{10}$ **β-[2.4.6-Trinitrophenoxy]-äthylnitrat** (**2.4.6-Trinitrophenylglykolnitrat**) (F. 104—105°), Darst. 15 564; calorimetr. Best. v. physikal. Eig. 3692.
$C_8H_6N_4S$ **Benzimidazolo-[2'.3':5.4[-1.2.4-triazolthiol-(3)** 1865*.
$C_8H_6N_4S_2$ **4.6-Dirhodan-*m*-phenylendiamin,** Red. 470.
$C_8H_6N_4S_3$ **Bis-[6-thiono-1.6-dihydropyridazyl-(3)]-sulfid** (Zers. 266—267°) 6410.
$C_8H_6N_6S_2$ **3.6-Bis-[thiazolyl-(2)]-1.2-dihydro-1.2.4.5-tetrazin,** Rk. 7153.
$C_8H_6N_8O_2S$ **4-Nitro-5-[2'-aminopurinyl-(6')-mercapto]-imidazol** 15 697*.
C_8H_6O (s. *Cumaron* [*Benzofuran*]).
Phenylketen, Darst. 8232; Rk. 11 543.
C_8H_6OS **3-Hydroxythionaphthen,** Rk. 8240.
4-Hydroxythianaphthen, Rk. 15 207.
Thioindoxyl, Red. 16 672.
1-Thiophthalid, Rk. 122.
2-Thiophthalid (F. 59—60°) 122.
C_8H_6OSe **3-Hydroxyselenonaphthen,** UV-Absorptionsspektrum 8196.
$C_8H_6O_2$ **Octatriin-(1.4.7)-diol-3.6)** (F. 92°) 18 435.
o-**Phthalaldehyd** (**Phthaldialdehyd, Benzol-*o*-dialdehyd**), Darst. 2547*, 5623; (v. Deriv.) 9317; Rk.: mit PH_3 14 338*; mit H_2O_2 bzw. Peroxiden 8423*; mit Diazoäthan 14 110; mit Ketonen 5655, 5656; mit Triphenyl-[methoxymethyl]-phosphoniumchlorid 10 806; mit 1-Benzoyl-2-cyan-1.2-dihydrochinolin 15 214.
Isophthalaldehyd, Rk. 13 575*.
Terephthalaldehyd (**Terephthaldialdehyd**) (F. 104—106°), Herst. 6212*, 15 029*; (Rk.) 2813; Rotationsisomerie d. —-Anions 2681; Rk.: mit SF_4 13 565*; mit Reissert-Verb. 15 214; mit Rhodanin, 3-Äthyl bzw. 3-Phenylrhodanin 10 452; mit p-Aminobenzaldehydthiosemicarbazon 6876*; mit p-Xylylendicyanid 665*; mit 4-Nitro-1-methylbenzol-2-sulfonsäure 13 575*; mit N-Carbonylsulfamidsäurechlorid 7328*; mit Benzylphosphonsäureestern 6968*; mit m-Xylylendiphosphonsäuretetraalkylestern 5478*; mit α-Methylcyanmethylphosphonsäurediäthylester 10 273*.
x.x-Diformylbenzol, Rk. 14 954*.
Cumaranon-(3) (*gewöhnl.* **Cumaranon, 3-Oxo-2.3-dihydrobenzofuran**) (F. 97°),

sier. 4525; pflanzenwachstumsregulator. Aktivität bei d. Ananaspflanze 1284.
3-Chlorphenylessigsäure, pflanzenwachstumsregulator. Aktivität bei d. Ananaspflanze 1284.
4(*p*)-Chlorphenylessigsäure (F. 103—105°), Darst., Rk. 9342, 12 633; Bldg. 95; Rk. 11 290*.
Chlormethylbenzoesäuren, Rk. 19 011*.
***p*-Monochlormethylbenzoesäure** 11 371*.
2-Chlor-6-methylbenzoesäure (F. 105° korr.) 1678, 3410.
4-Chlor-2-methylbenzoesäure (F. 169—171°) 3410.
4-Chlor-3-methylbenzoesäure (F. 208°), Konstit.-Einfl. auf d. pK-Wert 17 357.
***o*-Chlorphenylacetat** ($Kp._{16}$ 108°) 10 457.
***p*-Chlorphenylacetat,** Friessche Verschieb. 841; Kinetik d. Rk. mit Tris-[hydroxymethyl]-aminomethan 5246.
Chloressigsäurephenylester (F. 44—45°) 11 155, 18 440.
***o*-Chlorbenzoesäuremethylester,** ^{13}C-Kernresonanzspektroskopie 8201.
***m*-Chlorbenzoesäuremethylester,** Intensität d. ν(CO) 15 535; Kinetik d. Verseif. 10 793.
***p*-Chlorbenzoesäuremethylester,** Intensität d. ν(CO) 15 535; Kinetik d. alkal. Hydrolyse 18 787; Rk. mit CuCN 11 885.
4-Methylsalicylchlorid (F. 39—42°) 1798*.
Phenoxyacetylchlorid ($Kp._{14}$ 117°), Darst., Rk. 10 051; Rk.: mit Aminen 11 543; mit Piperidolen-(4) 17 391; mit β-Aminopropanolen 1232; mit 1-Diäthylamino-2-phenylpropanol-(2) 17 722; mit 2-Methyl-1-[p-methoxyphenyl]-3-dimethylaminopropanol 1206; mit 4-Hydroxy-α-aminopropiophenonhydrochlorid 1711*; mit Oximen 14 838; mit Na-Diphenylessigsäureäthylester 12 988.
***o*-Methoxybenzoylchlorid,** Rk. 453.
***m*(3)-Methoxybenzoylchlorid,** Rk. 453, 6791.
***p*(4)-Methoxybenzoylchlorid (4-Methoxybenzoesäurechlorid, Anisoylchlorid),** Darst., Konstit.-Einfl. auf d. ν(CO) 14 811; Kinetik d. Hydrolyse 2693; Rk.: mit 2.5-Diäthylbenzofuran 5285; mit Thionaphthenen 15 207; mit Diäthylamin 1964; mit 1.2-Diisopropylhydrazin 6964*, 14 954*; mit 5-Brom-7-nitroindolin 15 606; mit α.β-Isopropyliden- bzw. α.γ-Benzylidenglycerin 447; mit Aminopropanolen 6748; mit 1-[2'-Hydroxyäthyl]-2-methyl-5-nitroimidazol 3189*; mit 4-[N-Äthyl-2'-(4''-äthoxyphenyl)-äthylamino]-butanol-(1) u. ähnl. Alkanolen 7256*; mit Thiophenol 12 635; mit Thioharnstoff 7872; mit Cumaronen 2086*; mit Alkyl- bzw. Arylcumaronen 10 566*; mit 2-Hydroxy-3.4-[diphenylmethylendioxy]-acetophenon 15 590; mit 3-[β-Carbomethoxyäthyl]-2-hydroxy-4.6-dimethoxyacetophenon 842; mit Pentanatriumsaccharat 7527.
Chlorameisensäurebenzylester (Chlorkohlensäurebenzylester, Benzylchlorformiat, Benzylchlorcarbonat, Carbobenzoxychlorid, Benzyloxycarbonylchlorid), Darst., Rk. 3819; IR-Spektrum 2679; Rk.: mit 10-Äthyl-9.10-dihydrophenazin 2363; mit Nortropanderiv. in Ggw. säurebindender Mittel 14 619*; mit Isopropylamin 18 476; mit 2-Bromäthylamin-HCl bzw. S-Benzyloxycarbonylaminoäthyl-L-cystein 15 559; mit 1.1'-Diaminoferrocen 17 729; mit Neoinosadiamin-(1.4)-dihydrochlorid 2742; mit N-Benzylidensphingosin 838; mit 2-Amino-2-desoxy-D-glucose- bzw. -D-galaktosehydrochlorid 6780; mit 11-Aminoundecansäure 6000; mit Sarkosin 11 931; mit 12-Amino-6-aza-5-oxododecancarbonsäure-(1) 13 397; mit Phenyl-3.4.6-tri-O-acetyl-2-amino-2-desoxy-β-D-glucosid 476; mit Cysteinestern 3550*; mit DL-Asparaginsäure 15 929; mit Methylen-L-asparagin 1200; mit Cephalosporin N 16 776*; mit Hydroxylaminen 7114.
2-Methylphenylchlorformiat, Verw. 12 091*.
3-Methylphenylchlorformiat, Verw. 12 091*.

$C_8H_7ClO_2S$ ***trans*-1-Phenylsulfonyl-2-chloräthylen,** Kinetik d. nucleophilen Substitut. v. Cl durch OCH_3 bzw. OC_2H_5 12 614.
***p*-Chlorphenylmercaptoessigsäure** (F. 105 bis 109°), Darst., Kinetik d. Oxydat. 4129.

$C_8H_7ClO_3$ **3.4-Dihydroxyphenacylchlorid (4-[ω-Chloracetyl]-brenzcatechin),** Rk. 6414, 10 189*, 15 584.
α-Chlor-2.5-kresotsäure, tumorhemmende Wrkg. 9376.
α-[2-Chlorphenyl]-glykolsäure (2-Chlormandelsäure), Bldg. v. akt.— 12 986; Wrkg. als Pflanzenwachstumsregulator 10 152; pflanzenwachstumsregulator. Aktivität bei d. Ananaspflanze 1284.
α-[3-Chlorphenyl]-glykolsäure (F. 99 bis 100°), Wrkg. als Pflanzenwachstumsregulator 10 152.
α-[4-Chlorphenyl]-glykolsäure (4-Chlormandelsäure) (F. 122—124°), Darst., Rk. 11 887; Wrkg. als Pflanzenwachstumsregulator 10 152.
2(*o*)-Chlorphenoxyessigsäure (2-CPA), Bldg. 11 338*; Konstit.-Einfl. auf d. R_F-Wert 16 984; Wuchsstoff-Wrkg. 3863; pflanzenwachstumsregulator. Aktivität bei d. Ananaspflanze 1283; —-Aufnahme durch Lemna minor 6088; Ansprechbark. v. Erbsenwurzeln auf — 16 026; Verh. v. Äpfeln u. Erdbeeren gegen — (Stoffwechsel) 3863; Stoffwechsel in Blättern d. roten u. schwarzen Johannisbeere 3862.
3-Chlorphenoxyessigsäure, Konstit.-Einfl. auf d. R_F-Wert 16 984; Wuchsstoff-Wrkg. 3863; pflanzenwachstumsregulator. Aktivität bei d. Ananaspflanze 1283; Ansprechbark. v. Erbsenwurzeln auf — 16 026.
4(*p*)-Chlorphenoxyessigsäure (4-CPA) (F. 158,5°), Herst., Verw. d. Hydrazinsalzes 14 295*; Bldg. 11 338*; IR-Spektrum u. H-Bind. 17 350, 17 697; Konstit.-Einfl. auf d. R_F-Wert 16 984 [2 Ref.]; Wuchsstoff-Wrkg. 3863; pflanzenwachstumsregulator. Aktivität bei d. Ananaspflanze 1283; Einfl.: auf d. Aufnahme v. 2.4-Dichlorphenoxyessigsäure bei Chlorella 16 027; auf d. Nachkommenschaft durch Behandl. junger Früchte d. Elternpflanzen v. Euphorbia pulcherrima mit — 8674; Ansprechbark. v. Erbsenwurzeln auf — 16 026; Verh. v. Äpfeln u. Erdbeeren gegen — (Stoffwechsel) 3863; Stoffwechsel in Blättern d. roten u. schwarzen Johannisbeere 3862.
x-Chlorphenoxyessigsäure, Hemm. d. Transportes v. Indolylessigsäure durch — bei Sonnenblumen 6471; Verw.: in Fungiciden 18 981*; in Unkrautbekämpf. Mittel 629*.
3-Chlor-Δ⁴-cyclohexen-1.2-dicarbonsäureanhydrid (F. 130—131°) 3417.
2-Hydroxy-5-methoxybenzoesäurechlorid 1964.

$C_8H_7ClO_3S$ ***p*-Chlorphenylsulfinylessigsäure** (F. 129—131°), Darst., Kinetik d. Oxydat. 4130.
Vinylsulfonsäure-*p*-chlorphenylester ($Kp._{0,1-0,2}$ 105—110°) 8418*.

$C_8H_7ClO_4$ **3-Chlorbrenzcatechinmonocarboxymethyläther** (F. 122—123,5°) 12 270.

$C_8H_7ClO_5S$ **Salicylsäuremethylestersulfochlorid,** Rk. 11 172.

$C_8H_7ClS_2$ **Chlordithioameisensäure-*m*-tolylester (*m*-Tolylchlordithioformiat)** ($Kp._{0,5}$ 93°), Darst. 4882; Rk. 4881.
Chlordithioameisensäure-*p*-tolylester ($Kp._{1,0}$ 102—104°), Darst. 4882; Rk. 14 111.

$C_8H_7ClS_3$ **Trithiokohlensäure-*p*-chlorphenylestermethylester** (Kp.$_{0,5}$ 137—140°) 4881.
$C_8H_7Cl_2JO$ **2.4-Dichlorphenyloxyäthyljodid** (F. 39,5—40°) 1960.
$C_8H_7Cl_2JO_2$ **β-[2.4-Dichlor-5-jodphenoxy]-äthanol** (F. 102—103,5°), ^{131}J-— 9673.
$C_8H_7Cl_2N$ **2.6-Dichlorbenzyliden-*N*-methylamin** (F. 56—60°) 5646.
$C_8H_7Cl_2NO$ **2.3-Dichloracetanilid** (F. 160°), Best. d. Resonanz aus d. ν(CO) 14 078.
2.4-Dichloracetanilid (F. 145°), Darst. 10 431; Best. d. Resonanz aus d. ν(CO) 14 078.
2.5-Dichloracetanilid (F. 134°), Bldg. 17 715; Best. d. Resonanz aus d. ν(CO) 14 078.
***m*-Chlorchloressigsäureanilid** (F. 96—98°) 14 113.
α.*p*-Dichloracetanilid, Rk. 18 569*.
Dichloracetanilid, Deriv. 10 190*.
$C_8H_7Cl_2NO_2$ **Nitrodichlor-*o*-xylol**, Isomerengemisch s. *Nitrowax.*
***N*-[2.5-Dichlorphenyl]-glycin** (F. 174 bis 175,5°) 17 715.
***N*-[3.4-Dichlorphenyl]-glycin** (F. 128 bis 129° Zers.), Wrkg. als Pflanzenwachstumsregulator 10 154.
***N*-Methyl-4.5-dichloranthranilsäure**, Rk. 13 628*.
2.5-Dichlorphenylcarbaminsäuremethylester (F. 70,2—71°) 11 371*.
***N*-Chloracetyl-4-chlor-2-aminophenol** (F. 180—183°) 18 089.
2.4-Dichlorphenoxyacetamid (2.4-Dichlorphenoxyessigsäureamid), wachstumsregulierende Aktivität 15 290; —-Stoffwechsel in Pflanzen 7953; Verw. in Unkrautbekämpfungsmittel 6938*.
$C_8H_7Cl_2NO_3$ ***exo*-4.5-Dichlor-3.6-endoxohexahydrophthalsäureimid** (F. 215,5—216°) 1598.
$C_8H_7Cl_2NO_3S$ ***p*-Chlorbenzolsulfonylglycinchlorid** (F. 130—131°) 6742.
$C_8H_7Cl_2NO_4$ **β-[2.4-Dichlor-5-nitrophenoxy]-äthanol** (F. 106,5—107,5°) 9673.
$C_8H_7Cl_2NS_2$ **3.4-Dichlorbenzyldithiocarbaminsäure**, Salze 13 873*.
$C_8H_7Cl_2N_3O_5S_2$ **5.6-Dichlor-3-hydroxymethyl-7-sulfamyl-1.2.4-benzothiadiazin-1.1-dioxid** (F. 278—280° Zers.) 4924.
$C_8H_7Cl_2N_3S$ **2.4-Dichlorbenzaldehydthiosemicarbazon** (F. 238°), Darst. (Cu-Verb.) 13 370; (Antiviruswirksamk.) 7236.
2.6-Dichlorbenzaldehydthiosemicarbazon (F. 235,7—236° Zers.), Darst., Antiviruswirksamk. 7236.
$C_8H_7Cl_2N_5$ **2.4-Dichlor-7-dimethylaminopteridin** (F. 172—175°), Rk. 14 245*.
$C_8H_7Cl_2O_2SSb$ ***p*-Carboxymethylmercaptophenylstibonigsäuredichlorid** (F. 120 bis 122°) 11 537.
$C_8H_7Cl_3$ **3.4.5-Trichlor-*o*-xylol**, dielektr. Effekte bei d. Verfestig. in elektr. oder magnet. Feldern 1934.
$C_8H_7Cl_3N_2$ ***N*-Phenyltrichloracetamidin**, IR-Spektrum d. Hydrochlorids (F. 182 bis 183° Zers.) 6343.
$C_8H_7Cl_3N_2O$ **1-Methylpyridon-(2)-trichloracetylimin** (F. 119—120°), IR- u. UV-Spektrum 8199.
1-Methylpyridon-(4)-trichloracetylimin (F. 191—192°), IR- u. UV-Spektrum 8199.
$C_8H_7Cl_3N_4O$ **6-[γ.γ.γ-Trichlor-β-hydroxypropyl]-purin** 17 401.
$C_8H_7Cl_3N_4O_2$ **8-[Trichlormethyl]-theobromin (3.7-Dimethyl-8-[trichlormethyl]-xanthin)** (F. 211—213°) 18 470.
$C_8H_7Cl_3O$ **1-Phenyl-2.2.2-trichloräthanol**, Rk. 14 121.
2.4.6-Trichlor-*m*-xylenol, Rk. 12 640.
β-[2.4-Dichlorphenoxy]-äthylchlorid (F. 31°) 8229.
2.4.6-Trichlorphenyläthyläther (F. 43—44°) 14 318*.
4-Trichlormethyl-4-methylcyclohexadien-(2.5)-on, Rk. 15 931.

$C_8H_7Cl_3O_3$ **2.4-Di-[chlormethyl]-perchlorylbenzol** 8780*.
$C_8H_7Cl_3Si$ **β-[Trichlorsilyl]-styrol** (Kp.$_{10}$ 133°) 10 054.
***p*-Trichlorsilylstyrol** (Kp.$_{,47}$ 71°) 18 444.
$C_8H_7Cl_4NO_2S_2$ **Methansulfon-*N*-trichlormethansulfenyl-4-chloranilid** s. *Schädlingsbekämpfung-Spezialmittel* (*Mesulfan*).
$C_8H_7Cl_4N_3O_4S_2$ **6-Chlor-3-trichlormethyl-3.4-dihydro-7-sulfamyl-1.2.4-benzothiadiazin-1.1-dioxid (Trichlormethylhydrochlorthiazide, PS 207)** (F. 301—302°), Darst. 4924; Red. 19 014*; klin. Prüf. d. K-Salzes bei Herzkrankh. 14 608.
$C_8H_7Cl_4O_2PS$ ***O*-[2.4.5-Trichlorphenyl]-*O*-äthylthiophosphorsäurechlorid** 10 248*.
$C_8H_7Cl_5N_2$ ***N*-Pentachlorphenyläthylendiamin** (F. 91—93°) 10 277*, 11 706*.
C_8H_7F ***o*-Fluorstyrol** (Kp.$_3$ 28—29°), Darst. 15 937; Rk. 17 051.
***m*-Fluorstyrol** (Kp.$_{13}$ 40—41°), Darst. 15 937; Rk. 17 051.
***p*-Fluorstyrol** (Kp.$_{52}$ 68—69°), Darst. 15 937; Mol.-Beweg. in Poly-— 9362; Rk. 17 051.
2-Fluor-*p*-chinodimethan, Rk. 4366*, 15 029*.
C_8H_7FJNO ***N*-Acetyl-3-fluor-4-jodanilin** (F. 151 bis 152°) 9735.
$C_8H_7FN_2O_3$ **1-[5′-Fluor-2′-nitrophenyl]-2-nitroäthanol** (F. 93—94°) 17 388.
$C_8H_7FN_4O_2S$ **2-Fluor-5-nitrobenzaldehydthiosemicarbazon** (F. 254°) 13 369.
C_8H_7FO ***p*-Fluoracetophenon** (Kp.$_{14}$ 85°), Darst., Rk. 15 937; Substituenten- u. Lsgm.-Einfl. auf d. UV-Spektrum 4473; Rk. 13 565*.
$C_8H_7FO_2$ **2-Hydroxy-3-fluoracetophenon** (F. 72 bis 73°) 15 589.
4-Fluor-2-hydroxyacetophenon (F. 24°) 1987.
2-Hydroxy-5-fluoracetophenon (F. 57 bis 58°) 841.
***o*-Fluorphenylessigsäure** (F. 64°) 7499.
***m*-Fluorphenylessigsäure** (F. 45°) 7499.
***p*-Fluorphenylessigsäure** (F. 86°) 4132, 7499.
Essigsäure-*o*-fluorphenylester (Kp.$_{11}$ 76,5 bis 77°), Rk. 15 589.
***m*-Fluorphenylacetat**, Rk. 1987.
***p*-Fluorphenylacetat**, Rk. 841.
***o*-Fluormethylbenzoat** (Kp.$_1$ 47°) 5220.
***p*-Fluorbenzoesäuremethylester**, Intensität d. ν(CO) 15 535.
$C_8H_7FO_3$ ***o*-Fluorphenoxyessigsäure** (F. 138 bis 139°), Darst., Hg-Salz 10 808; Rk. 10 808.
***p*(4)-Fluorphenoxyessigsäure** (F. 105°), Darst. (Hg-Salz) 10 808; (Rk.) 7861; Konstit.-Einfl. auf d. R_F-Wert 16 984; Wuchsstoff-Wrkg. 3863; pflanzenwachstumsregulator. Aktivität bei d. Ananaspflanze 1283.
$C_8H_7FO_3S$ ***p*-Fluorsulfonylacetophenon**, Rk. 3980*.
$C_8H_7FO_5S$ ***o*-Methoxycarbonylphenylfluorosulfat** (Kp.$_1$ 82°) 5220.
$C_8H_7F_2NO_4$ **Phenylcarbamoyl-difluormethansulfonsäure**, Anilinsalz (F. 218—219°) 1794*.
$C_8H_7F_2NO_4S$ **[Phenylcarbamoyl]-difluormethansulfonsäure**, Na-Salz 1794*.
$C_8H_7F_3N_2$ ***N*-Phenyltrifluoracetamidin**, IR-Spektrum d. Hydrochlorids (F. 179 bis 180° Zers.) 6343.
$C_8H_7F_3N_2O$ **2-Trifluormethyl-4-allyloxypyrimidin** (Kp.$_{0,4}$ 42°) 17 758.
2-Trifluormethyl-5-allylpyrimidin-(4) (F. 153—154°) 17 758.
$C_8H_7F_3O$ **1-Phenyl-2.2.2-trifluoräthanol-(1)**, Rk. v. — u. D_1-— (Isotopeneffekt) 7099.
C_8H_7HgNO s. *Germisan.*
$C_8H_7HgNS_2$ ***S*-Methylmercuri-2-mercaptobenzthiazol** (F. 114—115,5°), Darst., fungicide Wrkg. 5716.
C_8H_7J ***o*-Jodstyrol** 1209.
***p*-Jodstyrol** (F. 45—46°), Darst., Rk. 1209; Mol.-Beweg. in Poly-— 9362.

C_8H_7JO *p*-**Jodacetophenon,** Substituenten- u. Lsgm.-Einfl. auf d. UV-Spektrum 4473.

$C_8H_7JO_2$ **3-Jod-4-methoxybenzaldehyd,** Rk. 11 564, 14 501.

2-Hydroxy-3-jodacetophenon (F. 58—59°) 841, 15 589.

4-Jod-2-hydroxyacetophenon, Rk. 13 021.

2-Hydroxy-5-jodacetophenon (F. 90—91°) 841.

4-Jodphenylessigsäure (F. 135—136°) 821.

3-Jod-4-methylbenzoesäure (F. 205—206°) 18 801.

4-Jod-3-methylbenzoesäure (F. 198—199°) 1970.

o-**Jodbenzoesäuremethylester,** ^{13}C-Kernresonanzspektroskopie 8201.

m-**Jodbenzoesäuremethylester,** Intensität d. ν(CO) 15 535; Kinetik d. Verseif. 10 793.

p-**Jodbenzoesäuremethylester,** Intensität d. ν(CO) 15 535.

$C_8H_7JO_2S$ *S*-**[*o*-Jodphenyl]-thioglykolsäure** (F. 96—102°) 14 492.

$C_8H_7JO_3$ **2-Jodphenoxyessigsäure,** pflanzenwachstumsregulator. Aktivität bei d. Ananaspflanze 1283.

4-Jodphenoxyessigsäure, Konstit.-Einfl. auf d. R_F-Wert 16 984; Wuchsstoff-Wrkg. 3863.

$C_8H_7J_2NO_2$ **3.5-Dijod-4-hydroxyphenylessigsäureamid** (F. 193—194°) 821.

x.y-Dijod-*m*-acetylaminophenol (F. 237 bis 238°) 800.

$C_8H_7J_2N_3O_3$ **2.6-Dijod-5-amino-3-ureidobenzoesäure** (F. 202—204° Zers.) 18 571*.

$C_8H_7J_2O_2SSb$ *p*-**Carboxymethylmercaptophenylstibonigsäuredijodid** (F. d. Monohydrats 106—107°) 11 538.

$C_8H_7J_3$ **2.4.5-Trijodäthylbenzol** 1209.

C_8H_7Li **Styryllithium,** Rk. 11 170.

p-**Lithiumstyrol,** Umsetz. an Poly-— 11 583; 12 681.

$C_8H_7MnO_4$ **2-Butenylmangantetracarbonyl** (Kp.$_4$ 57°) 4786*.

1-Methyl-*π*-allylmangantetracarbonyl (Kp.$_7$ 68°) 10 019.

π-**Methallylmangantetracarbonyl** (*β*-**Methallylmangantetracarbonyl**) (Kp.$_{2,5}$ 50 bis 51°) 4786*, 10 019.

C_8H_7N (s. *Indol* [*Benzopyrrol*]; *Pyrrocolin*]*Indolizin*]).

Benzylcyanid (Phenylacetonitril, Phenylessigsäurenitril) (Kp.$_{10}$ 107—108°), Darst. 9319, 10 798, 11 004*, 13 732; Konstit.-Einfl. auf d. IR-Intensität 14 811; Einfl. d. H—D-Austausches auf d. IR-Spektrum 4872; Energie d. Ions 15 540; Hydrier. 803, 8578, 14 466, 16 129*; Red. mit B_2H_6 99; Kinetik d. Nitrier. 2694; Methylier. 14 459; (Hydrolyse) 1584; Formylier. d. Na-Verb. 12 988; Rk.: mit akt. Methylenen 11 134; mit 1.4-Dibrombutan 5275; d. Alkalisalzes mit Äthylchlorid 2172*; mit *α*-Halogenäthylbenzol-Deriv. bzw. 2-Brom-1-[3.4-dimethoxyphenyl]-propan bzw. 2-Brom-1-[3.4-methylendioxyphenyl]-propan 7896; Verh. gegen Pyridin 15 212; Rk.: mit 2-Vinylpyridin 16 684; mit Chinolin + Benzoylchlorid 18 825; mit 4-Chlorchinolin 9340; mit 2.5-Diphenyltetrazol 4159; mit Aminen 8955; mit Di-[chloräthyl]-amin-Deriv. 12 020*; mit o-Chlormethylanilinhydrochlorid 7898; mit 1-Methyl-2-hydroxy-4-methoxybenzol 3090; mit 2.6-Dibenzyloxy-1.4-dimethoxybenzol 1229; mit Propargylaluminiumbromid bzw. Allylaluminiumbromid 11 526; mit Benzaldehyden 15 201; mit Azulenaldehyden 7882; mit Acenaphthen-5-aldehyd 11 734*; mit 4-Hydroxy-3.5-di-tert.-butylbenzaldehyd bzw. Syringaaldehyd 6755; mit Δ^{α}-Alkenketonen bzw. Ketolen 3063; mit Acetophenon 12 275; mit Mercaptoaceton 4532; mit Isatinderiv. 16 674; mit p-Xylyldiazoniumfluoborat 19 014*; mit Chloracetonitril 6746; mit aromat. u. heterocycl. o-Aminonitrilen 7900; mit Salicylsäuremethylestern 5292; mit 2-Methoxybenzoesäuremethylester 5291; mit 3-Cyan-3-[o- bzw. p-methoxyphenyl]-brenztraubensäureäthylester 15 245; mit Glutarsäurediäthylester bzw. verwandten Verb. 4141; mit Alkylcarbonaten 18 087; d. Na-Verb. mit Diäthylcarbonat u. Butyljodid bzw. Amyljodid 454; mit Tris-[formamido]-methan 18 468; mit Thioamiden 6008.

Tolunitrile, Herst. 3263*, 13 947*; elektr. Entlad. (Bldg. v. niedermol. Polymeren) 17 054.

o-**Tolunitril** (*o*-**Cyantoluol, 2-Methylbenzonitril**) (Kp.$_{14}$ 88—89°), Darst. 11 885, 12 837*; ^{13}C-Kernresonanzspektroskopie 8201; Rk. 10 446, 15 961.

m-**Tolunitril** (*m*-**Cyantoluol**), Herst. 12 837*; ^{13}C-Kernresonanzspektroskopie 8201; Rk. 8419*.

p-**Tolunitril** (*p*-**Cyantoluol, 4-Methylbenzonitril**) (F. 27—28°), Darst. 11 004*, 12 837*, 14 477; Bldg. 6746; ^{13}C-Kernresonanzspektroskopie 8201; Bezieh. d. IR-Schwing. zur antibakteriellen Wrkg. d. entsprechenden Thiocarbaminsäureamids 7199; Einfl. d. Substituentengruppen auf d. Ionisationspotential 18 061; Red. 6579*; Oxydat. 12 460*; Verseif. 8419*; photochem. Bromier. 11 160.

7-Cyannorcaradien, Rk. 15 567.

Benzylisonitril (Benzylisocyanid) (Kp.$_{13}$ 95 bis 97°), Darst. 18 085; Kernresonanzspektrum 12 233.

p-**Toluisonitril** (Kp.$_6$ 20—21°) 14 477.

C_8H_7NO (s. *Indoxyl*).

1.3-Benzoxazin, Deriv. 15 595.

1.4-Benzoxazin, Synth. u. antimikrobielle Aktivität v. —-Deriv. 17 456.

2-Methylbenzoxazol, Kinetik d. H-Isotopenaustauschs u. Fähigk. zu Kondensat.-Rk. 15 547; UV-Spektrum u. Mechanismus d. Ringöffn. 11 852; Rk.: mit 3-Aryl-4-methyl-Δ^4-thiazolinthionen-(2) 7890; mit Dimethylsulfat 11 853.

5-Hydroxyindol, Vork. v. —-Deriv. in Bananen 6085; Einfl. auf d. Abbau v. Thyroxin u. Thyroxinderiv. 3871.

6-Hydroxyindol, Biosynth. 10 829.

Benzylisocyanat, Rk. 13 944*; (v. Deriv.) 18 201*.

o-**Tolylisocyanat,** Rk. 15 784.

m-**Methylphenylisocyanat** (Kp.$_{44}$ 96°) 8212.

p-**Tolylisocyanat** (*p*-**Methylphenylisocyanat**) (Kp.$_{10,5}$ 68—69°), Darst., Rk. 8212; Rk. mit Äthoxyacetylen 12 296; Vers. d. Rk. mit 2-Benzoyl-1-cyan-1.2-dihydroisochinolin 15 214.

Oxindol (F. 126—127°), Darst. 11 905; (v. Deriv.) 11 911; Rk. 17 397.

Isoindolinon-(1) (Phthalimidin), Darst. v. Deriv. 9152*, 14 129; Herst., Verw. v. Deriv. 10 287*; durch — hervorgerufene Wasserempfindlichk. v. Gerstenkörnern 13 444; Tierpharmakologie 939; klin. Pharmakologie 940.

Mandelsäurenitril (Benzaldehydcyanhydrin), Bldg. v. akt. — 5621; Vers. d. Darst. v. akt. — 18 770; Adsorpt. an Anionenaustauschern 794; Identifizier. als wachstumshemmende Substanz in Extrakten v. Pfirsichblütenknospen 2425.

m-**Cyanbenzylalkohol** (F. 28—29°), Best. d. Rotationsisomeren aus d. ν(OH) 11 506.

p-**Cyanbenzylalkohol,** Best. d. Rotationsisomeren aus d. ν(OH) 11 506.

o-**Methoxybenzonitril** (Kp.$_{4,7}$ 110—118°) 12 634.

p(**4**)-**Methoxybenzonitril (Anissäurenitril, *p*-Cyananisol)** (F. 61—62°), Darst. 2699, 6406; Bldg. 6746; Bezieh. d. IR-Schwing. zur antibakteriellen Wrkg. d. entsprechenden Thiocarbaminsäureamids 7199; Appearance-Potential u. Konstit. 16 975;

strahlungslose Desaktivier. 12 965; Rk. 7896, 7898.
p-**Anisylisonitril**, Rk. 4466.
N-**Acetylaziridin**, Rk. 14 472.

C_8H_7NOS **2-Hydroxymethylbenzothiazol** (F. 93 bis 94°) 7235.
2-Methyl-5-hydroxybenzthiazol 7691*.
4-Hydroxybenzylisothiocyanat, Verw. 12 390*.
m-**Methoxyphenylthiocyanat**, Darst., Konstit.-Einfl. auf UV-, IR-Spektrum u. pK-Wert 10 402.
p-**Methoxyphenylthiocyanat** (F. 35—36°), Darst., Konstit.-Einfl. auf UV-, IR-Spektrum u. pK-Wert 10 402.
p(4)-**Methoxyphenylisothiocyanat** (Kp. 280°), Darst. 14 112; Raman- u. IR-Spektrum 6343; Rk. 5283, 17 399.
4-Oxodihydro-1.3-benzothiazin, Deriv. 14 868.
Dihydro-5.6-benz-1.4-thiazinon-(3) (**Benzo-2.3-dihydro-3-keto-4H-1.4-thiazin**), polarograph. Verh. 11 858; Rk. 4922, 13 868*, 13 869*; (d. Li-Verb.) 13 868*,
3-Methylbenzthiazolon-(2) 4155.

$C_8H_7NOS_2$ **3-Hydroxymethylbenzthiazolinthion-(2)** (F. 128—129°), Dipolmoment 18 419.

$C_8H_7NOS_4$ *N*-*p*-**Hydroxyphenyl-bis-dithiocarbaminsäure**, Di-(NH_4)-Salz (F. 133—135°) 1206.

$C_8H_7NO_2$ *β*(*ω*)-**Nitrostyrol** (F. 60°), Herst. 3979*; Dipolmoment (Konfigurat.) 12 972; (IR-Spektrum) 3766; (Ramanspektrum) 12 972; Hydrier. 8578; Rk. mit nucleophilen Agentien 15 549; Vers. d. Rk. mit Morpholin, Bromier. 15 566; Rk.: mit HCN 10 274*; mit cycl. Ketonen 6394; mit Thioessigsäure 6004; mit Acetessigester bzw. Acetylaceton 16 663; über d. Einw. v. Stickstoffdioxid auf — 15195; bakteriostat. Aktivität 10 144.
m-**Nitrostyrol**, Rk. 16 840*.
p(4)-**Nitrostyrol**, Bldg. 4872; Rk. 2829*, 6205*.
5.6-Dihydroxyindol, Wrkg. d. Polyphenoloxydase auf — in Ggw. v. Thioharnstoff 16 009.
N-**Benzyloxyisocyanat**, Nichtbldg. 10 840.
m-**Methoxyphenylisocyanat** (Kp.$_{10}$ 95—96°) 8212.
p-**Methoxyphenylisocyanat** (Kp.$_{17}$ 109 bis 110°), Darst., Rk. 8212; Rk. 4154, 8631.
4-Methylpyridin-2.6-dialdehyd (F. 158,5°) 7142.
6-Methylpyridin-2.4-dialdehyd (F. 115,5°) 7142.
2-[2'-**Hydroxyäthyl**]-**nicotinsäurelacton** (F. 90—92°) 4916.
4-[2'-**Hydroxyäthyl**]-**nicotinsäurelacton** (F. 68—70°) 4917.
4-Oxo-2.3-dihydro-benzo-1.3-oxazin, 2-[Halogenalkyl]-deriv. 9153*.
Benzomorpholon 3990*.
1.4-Benzoxazinon-(3), Test. auf antimikrobielle Aktivität 17 456.
4-Aminophthalid (F. 158,5—159°) 12 302.
7-Aminophthalid (F. 116°) 12 302.
3-Hydroxyphthalimidin, Deriv. 4315*.
Dioxindol, Deriv. 16 663.
Äthyleniminobenzochinon, Arzneimittel gegen durch — bewirkte Hemm. d. anaeroben Glykolyse u. Atmung 13 490*.
α-**Phenylglyoxal**-*β*-**monoxim** (**Sa 321**), Hemm. d. enzymat. Acetylier. v. p-Sulfanilamid u. v. p-Aminoazobenzol durch — 11 970.
Salicylaldehydcyanhydrin, Adsorpt. an Anionenaustauschern 794.
p-**Hydroxybenzaldehydcyanhydrin**, Rk. 14 122; enzymat. Spalt. 4581.
2-Methoxy-4-cyanphenol (**Vanillonitril**), spektroskop. Unters. d. freien Hydroxyl-Valenzschwing. 7091; chem. Rk.-Fähigk. u. Hydroxylvalenzfrequenz im IR 7828.

$C_8H_7NO_2S$ **1-Nitro-4-furyl-(2')-butadien-(1.3)**, Depolarisat. d. Raman-Linien 5974.

$C_8H_7NO_2S_2$ *N*-[*p*-**Carboxyphenyl**]-**dithiocarbaminsäure**, K-Salz 1206.
m-[**Methylsulfonyl**]-**phenylisothiocyanat** (F. 77—78°) 1383*.
p-**Methylsulfonylphenylisothiocyanat** (F. 128 bis 130°) 1383*.
Benzothiazolyl-(2)-sulfinsäuremethylester (F. 72—74,5°) 15 932.
2 (oder **3**)-**Aminosulfonylthionaphthen** (**Thionaphthen-3** (oder **2**)-**sulfonsäureamid**) (F. 159—161°), Darst. 14 492; Bandenzuordn. zur *γ*(CH) 11 507.

$C_8H_7NO_2S_3$ **Methyl**-*p*-**nitrophenyltrithiocarbonat**, Nichtbldg. 4881.

$C_8H_7NO_3$ (s. *Noradrenochrom*; *Noradrenolutin* [*5.6-Dihydroxyindoxyl*]).
m-**Nitrostyroloxid**, Polymerisat.-Wärme 6429.
p(4)-**Hydroxy**-*β*-**nitrostyrol** (F. 168°), Darst. u. fungistat. Wrkg. 15 650; bakteriostat. Aktivität 10 144.
2-Methyl-4-nitrobenzaldehyd (Kp.$_{11}$ 158 bis 160°) 462.
3-Methyl-4-nitrobenzaldehyd (F. 64°) 462.
6-Nitro-3-methylbenzaldehyd (F. 39—41°) 4176.
2-Methyl-6'-methyl-*α*-**pyrono-[3'.4':4.5]-oxazol** (F. 123°) 6030.
6-Methyl-5-nitrosotropolon, Rk. 14 866.
α-**Nitroacetophenon** (F. 105°) 7844, 15 566.
o(2)-**Nitroacetophenon** (Kp.$_{14}$ 156—157,5°), Darst., Rk. 4145; UV-Spektrum 1166; Dipolmoment 18 061.
m(3)-**Nitroacetophenon** (F. 79—80°), Darst. 16 840*; (2.4-Dinitrophenylhydrazon) 18 832; (Rk.) 1563, 4145; UV-Spektrum 1166; Dipolmoment 18 061; Verh. gegen Alkylazide 7125; Überführ. in 5-Methyl-5-m-nitrophenylhydantoin 6402; Rk.: mit *α*-Methylbenzylamin 11 890; mit o-Aminobenzaldehyd 13 024; mit 3-Methyl-2-methylmercapto-6-[1-methylhydrazino]-3H-pyrimidinon-(4) 17 415.
p(4)-**Nitroacetophenon** (F. 80—81°), Darst. 6212*, 17 208*; (Deriv.) 7863; (Verw.) 3909*; UV-Spektrum 1166; Dipolmoment 18 061; Rk. 4144, 6402.
2-Hydroxy-1.4-benzoxazinon-(3), Test. auf antimikrobielle Aktivität 17 456.
4-Hydroxy-1.4-benzoxazinon-(3) (F. 168 bis 169°), Darst. u. Test. auf antimikrobielle Aktivität 17 456.
4-Pyridoxinsäurelacton, Best. v. Vitamin B_6 im Harn beim gesunden Menschen als — 14 934.
6-Methoxybenzoxazolinon, Bldg. in Mais- u. Weizenpflanzen 6834; Vork. im Süßmais u. Wrkg. auf d. Wachstum v. Xanthomonas stewartii 3864; Isolier. aus Weizen- u. Maispflanzen, antimikrobielle Wrkg. 16 875.
Piperonaloxim (F. 105—107°), Rk. 4137.
Isatinsäure, Darst., Rk. v. Salzen 13 031; Rk. 5315.
p-**Carboxybenzaldoxim** (F. 208°) 4494.
3.4-Methylendioxybenzoesäureamid (**Piperonalamid**) (F. 167—168,5°) 4137.
3-Formylaminotropolon (F. 167—168°) 12 291.
Oxanilsäure, Herst., Verw. d. Isopropylhydrazinsalzes (F. 120—121°) 12 387*; Decarboxylier. 2323, 14 096.
Phthalamidsäure, Rk. 2704, 11 911; Wrkg. v. N-Aryl-Deriv. auf d. Blüten-Bldg. d. Tomate 8306.
Terephthalamidsäure, Herst., Verw. v. Estern 13 574*; Verh. gegen Phosgen u. Alkohol 2705; Verw. d. Salze 10 326*.
N-**Formylsalicylamid** (*N*-**Formylsalicylsäureamid**) (F. 164°) 11 579, 15 952.
3-Hydroxy-*N*-**methylphthalimid**, Fluorescenzspektrum 5972.

4-Hydroxy-*N*-methylphthalimid, Fluorescenzspektrum 5972.

$C_8H_7NO_3S$ ***p*-Toluolsulfonylisocyanat (4-Methylbenzolsulfonylisocyanat),** Rk. 7623*, 9897*, 14 484, 18 202*.
***S*-Carbamylthiosalicylsäure** (F. 140°) 4644*.
***N*-Methylsaccharin** (F. 134—136°) 1195, 6418.

$C_8H_7NO_4$ (s. *Uvitonsäure [6-Methylpyridin-2.4-dicarbonsäure]*).
2.3-Dihydro-6-nitrobenzo-1.4-dioxin, Protonenresonanzspektrum 18 420.
2-Methoxy-5-nitrobenzaldehyd, Rk. 4162.
2-Nitro-5-methoxybenzaldehyd (F. 83°), Darst. 9317; Rk. 9326.
5-[β-Acetylvinyl]-2-nitrofuran, polarograph. Verh. 10 785.
2-Hydroxy-3-nitroacetophenon (F. 84 bis 84,5°), Darst. 841; (Rk.) 15 589; IR-Spektrum 1549.
4-Nitro-2-hydroxy-acetophenon, Rk. 16 663.
2-Hydroxy-5-nitroacetophenon (F. 101 bis 102°), Darst. (Deriv.) 12 272; (Rk.) 841; IR-Spektrum 1549; Rk. 14 134, 14 500, 16 663.
2-Nitro-3-hydroxyacetophenon (F. 135°) 4145.
4-Nitro-3-hydroxyacetophenon (F. 69—70°) 4145.
6-Nitro-3-hydroxyacetophenon (F. 148 bis 149°) 4145.
3-Nitro-4-hydroxyacetophenon (4-Acetyl-2-nitrophenol) (F. 135—136°), Darst., Rk. 4145; Konstit.-Einfl. auf d. UV-Spektrum, pK-Wert 1166; Rk. 16 662.
2.4-Dihydroxy-1.4-benzoxazinon-(3), enzymat. Bldg., Rk., antimikrobielle Wrkg. 16 876; antimikrobielle Aktivität 17 456.
α-Nitro-α-phenylessigsäure, Rk. d. Na-Salzes 13 764.
***o*-Nitrophenylessigsäure** (F. 139—141° korr.), Darst. 11 911; Rk. 1562, 17 396.
***m*-Nitrophenylessigsäure** (F. 118—119°), Wrkg. als Pflanzenwachstumsregulator 10 154.
3-Nitro-4-methylbenzoesäure, Red. 18 801.
4-Nitro-3-methylbenzoesäure (F. 211°), Konstit.-Einfl. auf d. pK-Wert 17 357.
Glykokoll-*p*-benzochinon 10 268.
3-Oximinomethylsalicylsäure, analyt. Verw. 15 345, 17 153.
4-Methylpyridin-2.6-dicarbonsäure (F. 248°) 7143.
***o*-Nitrophenylacetat,** — als Substrat bei d. Best. v. Serumcholinesteraseaktivität 3136, 8662.
***m*-Nitrophenylacetat** (F. 54—56°), Darst., Rk. 10 457; Rk. 5246.
***p*(4)-Nitrophenylacetat (Essigsäure-*p*-nitrophenylester)** (F. 76,5—78°), Darst. 8388 [2 Ref.]; (Rk.) 10 457; Friessche Verschiebung 12 271; Hydrolyse 18 860; (Kinetik) 4870, 5620; kinet. Beweis für d. Rk. d. Chloralat-Ions mit — 4483; Kinetik d. Rk. mit Tris-[hydroxymethyl]-aminomethan 5246; — als Acetylier.-Mittel 13 807; enzymat. Hydrolyse 3136; Hemm. d. Kreatinphosphokinase durch — 17 444; — als Substrat bei d. Best. v. Serumcholinesteraseaktivität 3136, 8662.
***o*-Nitrobenzoesäuremethylester,** ^{13}C-Kernresonanzspektroskopie 8201.
***m*-Nitrobenzoesäuremethylester,** Intensität d. ν(CO) 15 535; Kinetik d. Verseif. 10 793.
***p*-Nitrobenzoesäuremethylester,** Bldg. 11 901; Intensität d. ν(CO) 15 535; Kinetik d. Hydrolyse 10 793, 18 787.
***p*-Carboxycarbanilsäure,** Verw. 5118*.
3-Formamidosalicylsäure (F. 215—220°) 14 886.
Phenacylnitrat (F. 53,5—54°), polarograph. Verh. 1175.
Verb. $C_8H_7NO_4$ aus Roggenkeimlingen 6834.

$C_8H_7NO_4S$ (s. *Indican*).
[*o*-Nitrophenylmercapto]-essigsäure (*S*-[*o*-Nitrophenyl]-thioglykolsäure) (F. 154 bis 155°), Darst. 7124; Bldg. 7124; Rk. 4528.
***p*-Nitrophenylmercaptoessigsäure ([4-Nitrophenylthio]-essigsäure)** (F. 154°), Darst. (d.Na-Salzes) 9149*; (Kinetik d. Oxydat.) 4129.
***N*-Methylolsaccharin,** Rk. 16 906.

$C_8H_7NO_4S_2$ ***o*-Nitrophenylcarboxymethyldisulfid** (F. 119°) 9149*.

$C_8H_7NO_4Se$ **2-Acetoacetyl-5-nitroselenophen** (F. 97,5—98°) 15 206.

$C_8H_7NO_5$ **3-Nitro-5-methoxysalicylaldehyd,** IR-Spektrum 1549.
2-Nitrovanillin (F. 137—138°) 7140.
6-Nitroisovanillin, Rk. 5302.
3-Nitroresacetophenon (4-Acetyl-2-nitroresorcin) (F. 102°), Darst. 8950; Rk. 14 134, 14 500.
5-Nitroresacetophenon (F. 145°) 1961.
α-[*m*-Nitrophenyl]-glykolsäure (F. 131 bis 132°), Darst. u. Wrkg. als Pflanzenwachstumsregulator 10 152.
2-Nitrophenoxyessigsäure, Wuchsstoff-Wrkg. 3863; pflanzenwachstumsregulator. Aktivität bei d. Ananaspflanze 1283.
3(*m*)-Nitrophenoxyessigsäure (F. 151°), IR-Spektrum u. H-Bind. 17 697; Wuchsstoff-Wrkg. 3863; Wrkg. als Pflanzenwachstumsregulator 10 154; pflanzenwachstumsregulator. Aktivität bei d. Ananaspflanze 1283.
4(*p*)-Nitrophenoxyessigsäure, IR-Spektrum u. H-Bind. 17 697; Substituenten-Einfl. auf d. intramol. H-Bind. 17 350; Konstit.-Einfl. auf d. R_F-Wert 16 984; Wuchsstoff-Wrkg. 3863; pflanzenwachstumsregulator. Aktivität bei d. Ananaspflanze 1283.
4-Nitro-3-methoxybenzoesäure (F. 208°) 1590.
3-Methoxy-6-nitrobenzoesäure (F. 132°), Darst. 18 067; Rk. 9317.
4-Methoxy-2-nitrobenzoesäure (F. 195 bis 196°) 18 067.
3-Nitrosalicylsäuremethylester, IR-Spektrum 1549.
5-Nitrosalicylsäuremethylester, IR-Spektrum 1549.
4-Methoxycarbonyl-2-nitrophenol (F. 75 bis 76°), Konstit.-Einfl. auf d. UV-Spektrum, pK-Wert 1166.

$C_8H_7NO_5S$ ***p*-Nitrophenylsulfinylessigsäure** (F. 165,5—166° Zers.), Darst., Kinetik d. Oxydat. 4130.
4-Nitro-2-sulfostyrol, Deriv. 13 575*.

$C_8H_7NO_6$ ***N*-[2.4-Dinitrophenyl]-glycin,** Rk. 11 908.
5-Nitro-β-resorcylsäure-4-methyläther (F. 227° Zers.) 1962.
3-Methylpyrrol-2.4.5-tricarbonsäure 481.
2-Carbomethoxypyrrol-4.5-dicarbonsäure 15 957.

$C_8H_7NO_6S$ **3-Nitrophenylsulfonylessigsäure,** pK_α-Wert, Hammettsche Konst. 17 701.
4(*p*)-Nitrophenylsulfonylessigsäure (F. 167,5°), Darst. 4130; pK-Wert, Hammettsche Konst. 17 701.

$C_8H_7NO_7S$ **3-Nitro-4-acetoxybenzolsulfonsäure,** Hydrolyse d. K-Salzes 11 521.

C_8H_7NS **Benzothiazin,** über tricycl. Abkömmlinge d. — 15 595; chem. u. pharmakolog. Unters. v. —-Deriv. 14 942.
2-Methylbenzothiazol ($Kp._{30}$ 149—150°), Darst. 14 132; UV-Spektrum 11 852; IR-Spektrum v. Deriv. (Vgl.) 8604; Kinetik d. H-Isotopenaustauschs u. Fähigk. zu Kondensat.-Rk. 15 547; Rk.: mit 4-Methylmercapto-2.5.5-trimethylimidazolenin u. Methyl-p-toluolsulfonat 8486*; v. — u. Deriv. mit Orthoestern 5665.
4-Methylthiopheno-[2'.3':5.6]-pyridin ($Kp._9$ 112—115°) 3455.
4-Methylthiopheno-[3'.4':5.6]-pyridin ($Kp._9$ 104—107°) 3455.

4-Methylthiopheno-[4'.5':5.6]-pyridin (Kp.$_9$ 117—118°) 3455.
Benzylthiocyanat (Benzylrhodanid), IR-Spektrum 17 351; Rk. 11 153; bakteriostat. Wrkg. 1278; Einfl. auf d. Produkt. v. Chlortetracyclin bei submerser Kultur d. Streptomyces aureofaciens-Stammes 4587.
p-Tolylthiocyanat (Kp.$_{19}$ 130—132°), Darst., Konstit.-Einfl. auf UV-, IR-Spektrum u. pK-Wert 10 402.
Benzylisothiocyanat (Benzylsenföl) (Kp.$_{0,5-1}$ 80—82°), Herst., Verw. v. Deriv. 5019*; Raman- u. IR-Spektrum 6343; Verh. gegen 2-Vinylpyridin 16 684; —-Geh. äther. Öle 3656; bakteriostat. Wirksamk. 1278, 6828; Verw. 12 390*.
o-Tolylsenföl, Rk. 5227.
p-Tolylisothiocyanat (*p*-Tolylsenföl), Rk. 4906, 8605, 17 399.
p-Methylmercaptobenzonitril (F. 69,5—71°) 7490.

$C_8H_7NS_2$ 2-Methylmercaptobenzothiazol (*S*-Methyl-2-mercaptobenzthiazol) (F. 47 bis 48°), Dipolmoment 18 419; Rk. 8486*, 10 831, 18 413.

C_8H_7NSe 2-Methylbenzoselenazol (Kp.$_4$ 127°), UV-Spektrum 11 852; Rk. 1985.
2-Aminobenzoselenophen, Rk. 467.

$C_8H_7N_3$ 3-Methylbenzo-1.2.4-triazin (F. 90°) 13 764.
4-Phenyl-1.2.4-triazol (F. 120°) 2350.
2-Amino-1.3-diazaazulen (F. 294° Zers.) 15 959.
4-Aminochinazolin, Deriv. 7899.
2-Aminochinoxalin (F. 155—157°) 1995.
1-Amino-3-iminoisoindolenin, Verw. 3636*.

$C_8H_7N_3O$ 2-[Pyridyl-(4')]-5-methyl-1.3.4-oxdiazol (F. 149—151°) 8064*.
2-[*p*-Aminophenyl]-1.3.4-oxadiazol (F. 190°), Darst. 15 952; integrale Scintillationswirksamk. 17 353.
2-Amino-5-phenyl-1.3.4-oxadiazol (F. 236° Zers.) 3427, 10 096.
1-Phenyl-5-hydroxy-1.2.3-triazol (F. 124 bis 125° Zers.) 11 916.
3-Phenyl-5-hydroxy-1.2.4-triazol (F. 315 bis 317°) 3087, 8579.
4-Phenyl-3-hydroxy-1.2.4-triazol (F. 186°) 11 185.
1-Phenyl-1.2.3-triazolon-(5), Rk. 11 903.
α-Isonitroso-6-methylpyridyl-(2)-acetonitril (F. 209—210° Zers.) 5667.
7-Formylaminobenzimidazol, Rk. 11 195.
Benzimidazol-5-carbonsäureamid, Monohydrat (F. 247—248°) 5283.
2-Cyanacetylaminopyridin (F. 159,5°) 11 001*.

$C_8H_7N_3OS$ 5-[*o*-Methoxyphenyl]-1.2.3.4-thiatriazol (F. 104—105°) 6406.
5-[*p*-Methoxyphenyl]-1.2.3.4-thiatriazol (F. 104—105°) 6406.
3-Mercapto-4-phenyl-5-hydroxy-1.2.4-triazol (F. 192—193°), Darst., Rk. 2351; Rk. 11 185.
3-*p*-Aminophenyl-4-oxo-1.2.3-thiadiazol (F. 197°) 5486*.
2-Anilino-Δ^2-1.3.4-thiadiazolinon-(5), Identifizier. als 2.5-Dianilino-1.3.4-thiadiazol 8243.
Benzothiazol-2-carbonsäurehydrazid (F. 175 bis 175,6°) 7235.

$C_8H_7N_3O_2$ (s. *Luminol*).
4-Methyl-5-nitrobenzo-[c]-pyrazol (F. 259 bis 261°) 5288.
1-Methyl-5-nitrobenzimidazol (F. 209°) 6025, 12 290.
1-Methyl-6-nitrobenzimidazol(?) 6025.
2-Methyl-5(6)-nitrobenzimidazol, Dissoziat.-Konst. 791; Kinetik d. H-Isotopenaustauschs u. Fähigk. zu Kondensat.-Rk. 15 548.
6-Methylpyrido-[3.2:*d*]-pyrimidin-2.4-diol 950*.
8-Methylpyrido-[3.2:*d*]-pyrimidin-2.4-diol (F. 363°) 950*.

3-[β-Pyridyl]-4-methylsydnon (F. 143°) 6028.
4-Phenylurazol (F. 209°) 11 185, 11 916.
Furalcyanacethydrazon, papierchromatograph. Trenn. 10 215.

$C_8H_7N_3O_2S$ 5-[2'-Methylthiazolyl-(4')]-uracil 5270.
5-[2'-Hydroxy-4'-aminophenyl]-1.3.4-oxadiazol-2-thion, tuberkulostat. Wrkg. 14 562.
1-[Furfuryliden-(2')-amino]-2-thiohydantoin (F. 218°) 1226.

$C_8H_7N_3O_2S_2$ (2-[Benzolsulfonamido]-1.3.4-thiadiazol) (F. 188—190°), Herst. v. Deriv. 17 850*; IR- u. UV-Spektrum u. Tautomerie 8199.

$C_8H_7N_3O_3$ 2-Hydroxy-7-nitro-3.4-dihydrochinoxalin (F. 254—254,5° Zers.) 2759.
4-Hydroxy-2-methyl-6-nitrobenzimidazol, Wrkg. auf d. Viruswachstum 17 807.
4-Methoxy-6-nitrobenzimidazol, Wrkg. auf d. Viruswachstum 17 807.
6-Methoxy-4-nitrobenzimidazol, Wrkg. auf d. Viruswachstum 17 807.
1.2.3.4-Tetrahydro-7-nitro-2-oxochinoxalin (F. 262—264° Zers.) 11 908.
5-[2'-Hydroxy-4'-aminophenyl]-1.3.4-oxadiazolon, tuberkulostat. Wrkg. 14 562.
1-[Furfuryliden-(2')-amino]-hydantoin (F. 270° Zers.) 1226.
3-Nitro-5-cyan-6-hydroxy-2.4-dimethylpyridin (F. 265—268° Zers.) 14 862.
4-Hydroxypyrrolo-[2.3:*d*]-pyrimidin-5-essigsäure (Zers. 225—235°) 11 927.

$C_8H_7N_3O_4$ 2-Hydroxy-4-methoxy-6-nitrobenzimidazol, Wrkg. auf d. Viruswachstum 17 807.
3-Diazo-2-oxid-6-hydroxyisonicotinsäureäthylester (F. 162—164°) 13 953*.

$C_8H_7N_3O_4S$ *N*-[5'-Nitrofurfuryliden-(2')]-3-aminothiazolidon-(2) (F. 226,5—227°) 13 494*.
1-Methansulfonyl-5-carboxybenzotriazol (F. 125—128°) 6939*.

$C_8H_7N_3O_5$ (s. *Furazolidon* [*Furoxon, 3(N)-[5'-Nitrofurfuryliden-(2')-amino]-oxazolidon-(2), 5-[2'-Ketooxazolidinyl-(3')-iminomethyl]-2-nitrofuran*]).
2.3-Dinitroacetanilid, Rk. 11 195.
2.4-Dinitroacetanilid (F. 112°), Resonanz aus d. ν(CO) 14 078.
2.6-Dinitroacetanilid (F. 197°), Resonanz aus d. ν(CO) 14 078.
3.5-Dinitro-*o*-toluamid (3.5-Dinitro-2-methylbenzamid), therapeut. Verw. 1329*, 2834*; s. auch *Schädlingsbekämpfung-Spezialmittel* (*Zoalene*).

$C_8H_7N_3O_6$ 5-Amino-6.7-dinitrobenzo-1.4-dioxan (F. 202—203° korr.) 1989.
6-Amino-5.7-dinitrobenzo-1.4-dioxan (F. 164—165° korr.) 1989.
2.4.6-Trinitro-*m*-xylol, Herst., Rk. 13 574*; UV-Spektrum d. Rk.-Prod. mit Aceton 15 164; Komplexbldg. mit Pyridin u. UV-Spektrum d. Pyridinkomplexes 12 237.
N-[2.4-Dinitrophenyl]-glycin (F. 191 bis 191,5° Zers.) 2759.
3.5-Dinitro-2-methoxybenzamid, therapeut. Verw. 1329*, 2834*.
1-Phenyl-2.2-dinitroäthylnitrit 15 195.

$C_8H_7N_3O_7$ Äthylpikrinsäure, Rk. 3776.
Dimethylpikrinsäure, Rk. 3776.
Äthylpikryläther, Darst., Rk., IR-Spektrum 6350.
2-Nitro-1-[*o*-nitrophenyl]-äthylnitrat, Rk. 8989.

$C_8H_7N_3O_8$ β-[2.4-Dinitrophenoxy]-äthylnitrat (F. 68—69,5°), Darst., Rk. 15 564; physikal. Eig. 3692.

$C_8H_7N_3S$ 5-[*o*-Tolyl]-1.2.3.4-thiatriazol (F. 45 bis 46°) 6406.
5-[*p*-Tolyl]-1.2.3.4-thiatriazol (F. 97—98°) 6406.
2-Phenyl-5-amino-1.3.4-thiadiazol (F. 222 bis 223°), Darst. 6767; Rk. 12 293.

3-Mercapto-4-phenyl-1.2.4-triazol (F. 170°) 2350, 11 185.
3-Phenyl-5-mercapto-1.2.4-triazol (F. 255 bis 256°), Darst. v. — bzw. $^{14}C_{(3)}$-— 8579.
2-Amino-3-mercaptochinoxalin (F. 300°) 19 015*.

$C_8H_7N_3S_2$ **2-Mercapto-5-anilido-1.3.4-thiodiazol,** analyt. Verw. 4658.
Phenylthiuret, Rk. 8605.

$C_8H_7N_5$ **2-[Pyridyl-(2')-amino]-*symm.*-triazin,** Dihydrochloridtetrahydrat (F. 238—241°) 8617.

$C_8H_7N_5OS$ **7-Pyrisatin-β-thiosemicarbazon** (Zers. 285°) 2732.

$C_8H_7N_5O_2$ **8-Cyantheobromin** (F. 287—288°) 15 599.
8-Cyantheophyllin (F. 300° Zers.) 15 599.
α-[Benzotriazolyl-(1)-amino]-α-imino-essigsäure (F. 140°) 4157.
2-Acetylamino-4-oxodihydropteridin 8253.

$C_8H_7N_5O_3$ **5-Äthoxycarbonylpyrazin-2-carbonsäureazid** (F. 108,5—109,5°) 2358.
2-Acetylamino-4.6-dioxo-3.4.5.6-tetrahydropteridin 13 396.

$C_8H_7N_5O_3S$ **2-[5'-Nitrofurfuryliden-(2')-hydrazino]-5-methyl-1.3.4-thiadiazol** (F. 239°) 4907.
2-Methylmercapto-10-hydroxyhomopurin-9-carbonsäureamid (F. 278—282°) 3554*.

$C_8H_7N_5O_4$ **7-Methylaminocarbonyl-2.4.6-trioxo-1.2.3.4.5.6-hexahydropteridin** 13 395.

$C_8H_7N_5O_6S_3$ **2-[*p*-Nitrobenzolsulfonamido]-5-aminosulfonyl-1.3.4-thiadiazol,** antikonvulsive Wrkg. 2078.

$C_8H_7NaO_2$ **α-Natrium-phenylessigsäure,** Rk. d. Na-Salzes 8785*.

$C_8H_7O_3SSb$ ***p*-Carboxymethylmercaptophenylstibonigsäureanhydrid** (F. d. Monohydrats 167—168°) 11 538.

$C_8H_7O_5P$ **Phthalidyl-(3)-phosphonsäure,** Hydrat (F. 253—254° Zers.) 10 450.

C_8H_8 (s. *Styrol*).
Cyclooctatetraen, Darst. 7690*; (Rk., industrielle Bedeut.) 9321; Bldg. 16 965; Molekularstruktur 3772; Valenzbindungs-Resonanzstrukturen beim Triplettzustand d. — 3045; Mol.-Bahnberechn. 13 343; Elektronenspektrum d. —-Dianions 9280; photochem. Verh. 11 871; Dimerisier. 1973; elektrolyt. Red. 6721; Rk. mit K 1536; Komplex-Bldg. mit CuCl u. CuBr 10 393; Methylaffinität 14 463; Rk.: mit Cyclopentadienylkobaltdicarbonyl 1927; mit Durochinon 15 157; mit Tetracyanäthylen 10 445; Bldg. v. Photo-Addukt-biradikalen mit Bengalrosa 15 168; Wrkg. auf d. Geschw. d. reduktiven Photobleich. v. Eosin 4874.
Heptafulven, Dipolmoment 10 783.
***o*-Chinodimethan** 1215.
***p*-Chinodimethan,** Rk. v. — 4365*, 15 029*; (u. —-Deriv.) 15 029*.
1.4-Äthylenbenzol 18 854.
Bicyclo-[2.2.2]-octatrien-(2.5.7) (Barrelen), Darst. v. Deriv. 3056; MO-Betracht. über d. Elektronenspektrum 16 971.
Benzocyclobuten, Darst. v. Deriv. (Übersicht) 3054.

$C_8H_8AsClN_2S_5$ **4-Chlorthienyl-(3)-arsin-äthylen-bis-dithiocarbamat** 577*.

$C_8H_8AsF_3$ **Methylphenyltrifluormethylarsin** (Kp.$_{760}$ 186°) 3432.

C_8H_8BBrO **2-[Brommethyl]-6-methylbenzol-boronsäureanhydrid** 4509.

C_8H_8BN **2.1-Borazaronaphthalin** (F. 98—99,5°), Darst., Rk. 475; Ladungsübertragungs-spektrum d. π-Komplexes mit Tetracyanäthylen 18 413.

C_8H_8BNO **2-Hydroxy-2.1-borazaronaphthalin,** Rk. 8615.

$C_8H_8BrClN_2O_2$ **2-Brom-3-[äthoxycarbonyl-amino]-5-chlorpyridin** (F. 87°) 10 461.

C_8H_8BrClO ***o*-Chlorphenyläthylen-β-bromhydrin,** Herst., Rk. 5767*; Rk. 9817*.
1-Brom-2-[*o*-chlor-phenoxy]-äthan, Rk. 18 203*.
β-[*p*-Chlorphenoxy]-äthylbromid (Kp.$_{0,5}$ 140°) 1307.

$C_8H_8BrClO_2S$ **β-Bromäthylphenylsulfonyl-chlorid** 1813*.

$C_8H_8BrCl_2N_3O_4S_2$ **6-Brom-3-dichlormethyl-3.4-dihydro-7-sulfamyl-1.2.4-benzothiadiazin-1.1-dioxid** (F. 264—266°) 4924.
6-Chlor-3-chlorbrommethyl-3.4-dihydro-7-sulfamyl-1.2.4-benzothiadiazin-1.1-dioxid (F. 256°) 4924.

C_8H_8BrFO **1-Brom-2-[*o*-fluorphenoxy]-äthan** (Kp.$_{15}$ 118—121°) 18 203*.

C_8H_8BrJ ***o*-Jod-α-bromäthylbenzol** 1209.
***o*-Jod-β-bromäthylbenzol** 1209.
***p*-Jod-α-bromäthylbenzol** (F. 52—53°) 1209.
***p*-Jod-β-bromäthylbenzol** 1209.

$C_8H_8BrJO_2$ **4-Brom-5-jodveratrol** (F. 102,5 bis 104°) 16 300.

C_8H_8BrN **ω-Brom-2-aminostyrol** (F. 78,5 bis 79,5°) 8617.

C_8H_8BrNO **2.6-Dimethyl-4-bromnitrosobenzol** (F. 155°) 16 289.
3-[α-Brompropionyl]-pyridin, Rk. d. Hydrobromids 5020*.
3-Bromacetyl-6-methylpyridin, Rk. d. Hydrobromids 5020*.
***p*-Bromphenacylamin,** Darst. d. Hydrochlorids (F. 275° Zers., korr.) 2708; Rk. 2708.
***p*-Aminobromacetophenon,** Rk. 3054.
3-Bromacetophenonoxim, Kinetik d. Beckmann-Umlager. 3048.
***p*-Bromphenylessigsäureamid** (F. 191—192°) 8224.
***o*-Bromacetanilid** (F. 100°), Best. d. Resonanz aus d. ν(CO) 14 078.
***m*-Bromacetanilid** (F. 87°), Best. d. Resonanz aus d. ν(CO) 14 078.
***p*-Bromacetanilid** (F. 167°), Best. d. Resonanz aus d. ν(CO) 14 078; Dipolmoment u. Konformat. d. Acetylaminogruppe 16 976.
***N*-Bromacetanilid,** Wechselbezieh. d. H-Brückengleichgew. mit d. Acidität bei Säure-Basen-Rk. v. — 3404.

$C_8H_8BrNO_2$ **2-[2'-Nitrophenyl]-äthylbromid,** Rk. 7256*.
4(*p*)-Nitrophenyläthylbromid (β-[*p*-Nitrophenyl]-äthylbromid), Nitrier. 18 411; Methoxylier. 1562; Rk.: mit 2.3-Diphenylpiperidin 8065*; mit 4-(β-[Indolyl-(3)]-äthyl)-piperidin 4164; mit N-Methyl-N'-phenyläthylendiamin 18 565*; mit Äthyl-4-phenylisonipecotat 7256*; mit Phthalimid-Kalium 6405; mit 3-Pyridinsulfinsäure 2827*.
2.6-Dimethyl-4-nitrobrombenzol, Rk. 1578.
4-Brom-2-nitro-*m*-xylol, Rk. 7884.
4-Brom-5-nitro-*m*-xylol (F. 53—56° korr.) 7884.
2-Brom-4-aminobenzoesäuremethylester (F. 85—86°) 1964.

$C_8H_8BrNO_3$ **1-Brom-2-[*o*-nitrophenoxy]-äthan,** Rk. 18 203*.
β-[*p*-Nitrophenoxy]-äthylbromid (F. 64 bis 65°), Darst., Rk.-Fähigk. in Bezieh. zur adrenerg. hemmenden Aktivität 1307.

$C_8H_8BrNO_4$ **5-Nitro-3-bromveratrol** (F. 111 bis 112°) 4505.
3.4-Dimethoxy-6-bromnitrobenzol (F. 122 bis 124°) 17 376.
6-Brom-4-nitroresorcindimethyläther (F. 139°) 1961.

$C_8H_8BrN_3$ **5.7-Dimethyl-6-bromimidazo-[*b*]-pyridin** 129.

$C_8H_8BrN_3O$ **6-Brom-5.7-dimethyl-2-hydroxy-imidazolo-[4.5:*b*]-pyridin** (F. 336—338° Zers.) 2356.
5.7-Dimethyl-6-bromimidazo-[*b*]-pyridin-*N*$_{(4)}$-oxid (F. 246° Zers.) 130.

$C_8H_8BrN_3O_2$ ***p*-Tolylazobromnitromethan** (F. 139°) 6750.

$C_8H_8Br_2$ **Styroldibromid (α.β-Dibromäthylbenzol)** (F. 72—73°), Darst. 17 361; Verw. 15 424*.

o-Xylylendibromid (**α.α'-Dibrom-o-xylol, o-Bis-[brommethyl]-benzol**) (F. 93°), Rk. 3798, 4146, 15 200, 15 940; Identifizier. nach Rk. mit Äthylenthioharnstoff 13 514.
m-Xylylendibromid, Rk. 4133.
p-Xylylendibromid (**α.α'-Dibrom-p-xylol**) (F. 144°), Darst. 11 160; Rk. 9364, 18 853; Identifizier. nach Rk. mit Äthylenthioharnstoff 13 514.
4.6-Dibrom-m-xylol (**1.5-Dibrom-2.4-dimethylbenzol**) (F. 78°) 1999, 15 252.

$C_8H_8Br_2ClN_3O_4S_2$ **6-Chlor-3-dibrommethyl-3.4-dihydro-7-sulfamyl-1.2.4-benzothiadiazin-1.1-dioxid** (F. 247°) 4924.

$C_8H_8Br_2Cl_8$ **1.2-Dibrom-1.3.4.5.6.7.8.8-oktachloroctan** (F. 246—249°) 15 182.

$C_8H_8Br_2F_4$ **3.4-Dibrom-7.7.8.8-tetrafluorbicyclo-[4.2.0]-octan** (F. 41—42° korr.) 16 300.

$C_8H_8Br_2N_2O$ **3.5-Dibrom-o-toluylsäurehydrazid** (F. 175—176°) 18 097.

$C_8H_8Br_2O$ **1-Brom-2-[o-bromphenoxy]-äthan**, Rk. 18 203*.
2-Methyl-4.6-dibromanisol, Rk. 7860.

$C_8H_8Br_2O_4$ **Verb. $C_8H_8Br_2O_4$** (F. 224° Zers.) aus 3.5.5-Tris-[hydroxymethyl]-dihydrodesoxypatulinsäurelacton 17 752.

$C_8H_8Br_3OP$ **[β-Brom-β-phenyläthyl]-dibromphosphit** 7697*.

$C_8H_8Br_4Cl_2S_2$ **Bis-[3-brom-2-chlor-1-(brommethyl)-propenyl]-sulfid** (F. 95—96°) 9868*.

$C_8H_8ClF_2N_3O_4S_2$ **6-Chlor-3-difluormethyl-3.4-dihydro-7-sulfamyl-1.2.4-benzothiadiazin-1.1-dioxid** (F. 296—297°) 4924.

C_8H_8ClJ **Styroljodchlorid**, Darst. u. Abbau als Experiment für d. Strukturbeweis v. Styrol 2241.

C_8H_8ClJO **o-Chlorphenyloxyäthyljodid** (F. 35°) 1960.
p-Chlorphenyloxyäthyljodid (F. 59—60°) 1960.

C_8H_8ClN **ω-Chlor-2-aminostyrol** (F. 54—55,5°) 8617.
3-Chlorbenzyliden-N-methylamin (Kp.$_{14}$ 104°) 5646.
N-[p-Chlorbenzyliden]-methylamin, Rk. 8587, 9683.
Benzoesäure-N-methylimidchlorid (Kp.$_2$ 46 bis 47°), Hydrolyse (Kinetik) 11 148.

C_8H_8ClNO **p-Chlorphenacylamin**, Darst. d. Hydrochlorids (F. 270—271° Zers., korr.) 2708; Rk. 2708.
4-Chloracetophenonoxim, Beckmann-Umlager. (Kinetik) 3048.
N-Benzylcarbaminsäurechlorid, Rk. v. Deriv. 18 202*.
α-Chloracetanilid (**Chloressigsäureanilid, N-Phenylchloracetamid, N-Phenylcarbamylmethylchlorid**) (F. 135—138°), Darst. 9518*, 14 113; (Rk.) 18 439; Rk. 4170, 6511*.
o-Chloracetanilid (**N-Acetyl-2-chloranilin**) (F. 88°), Bldg. 17 715; Intensität d. Carbonylbande 15 897; Best. d. Resonanz aus d. ν(CO) 14 078; Cytotoxizität in menschl. Zellkulturen 4195.
m-Chloracetanilid (F. 150°), Best. d. Resonanz aus d. ν(CO) 14 078.
p-Chloracetanilid (F. 182—182,5°), Darst. 10 431; Bldg. 7496; Intensität d. Carbonylbande 15 897; Best. d. Resonanz aus d. ν(CO) 14 078; Dipolmoment u. Konformat. d. Acetylaminogruppe 16 976; Austauschrk. mit $^{14}C_{(1)}$-Essigsäure (Kinetik) 7105; alkal. Hydrolyse (Kinetik) 18 786.
o-Chlorphenylacetamid (F. 171—174°), Darst. 4526; Vers. d. Cyclisier. 4525; Herbicid-Wrkg. 14 292.
N-Chlorphenylacetamid, Rk. 14 476.
N-Formyl-N-methyl-p-chloranilin, Rk. 10 640*.

C_8H_8ClNOS **2-[2'-Chlorallylmercapto]-pyridin-1-oxid** 5447*,.

$C_8H_8ClNO_2$ **4-Nitrophenäthylchlorid** (**β-[p-Nitrophenyl]-äthylchlorid**), Rk. 4872, 18 411.
2-Chlormethyl-4-nitrotoluol (F. 57—60°), Darst., Rk. 12 738; Rk. 6966*.
1-Chlor-2-nitro-3.6-dimethylbenzol 1587.
1-Chlor-2-nitro-5.6-dimethylbenzol (F. 46 bis 47°) 1588.
1-Chlor-4-nitro-3.6-dimethylbenzol (F. 80 bis 80,5°) 1587.
N-[2(o)-Chlorphenyl]-glycin (F. 171—173°), Darst. 17 715; Absorpt.-Spektrum u. Struktur d. Cu(II)-Komplexes 14 028.
N-[4(p)-Chlorphenyl]-glycin, Absorpt.-Spektrum u. Struktur d. Cu(II)-Komplexes 14 028; Rk. 1982.
3-Carboxy-4-chlorbenzylamin (F. 295—297° Zers.) 12 637.
5-Chlor-3-methylanthranilsäure, Rk. 11 928.
2-Chlor-6-methyl-4-methoxycarbonylpyridin (F. 61—63° korr.) 9711.
2(o)-Chlor-4-aminobenzoesäuremethylester (F. 106°), Herst. 2908*, 14 326*; Rk. 2545*.
4-Chlor-2-aminobenzoesäuremethylester 6214*.
3-Chlorphenylcarbaminsäuremethylester 11 371*.
N-Chloracetyl-2-aminophenol (F. 140°) 18 089.
N-Chloracetyl-3-aminophenol (F. 134 bis 136°) 18 089.
N-Chloracetyl-4-aminophenol (**N-p-Hydroxyphenylchloracetamid**) (F. 141—147°) 18 089, 18 439.

$C_8H_8ClNO_2S$ **Vinylsulfonsäure-m-chloranilid**, Verw. 280*.
Vinylsulfonsäure-p-chloranilid, Verw. 280*.

$C_8H_8ClNO_2S_2$ **4-Chlor-2-nitrophenyläthyldisulfid** (F. 68,5°), Darst., Kinetik d. Disulfidspalt. 17 709.

$C_8H_8ClNO_3$ **1-[o-Chlorphenyl]-2-nitroäthanol**, tumorhemmende Wrkg. 9376.
3-Methoxy-4-nitrobenzylchlorid (F. 68°), Darst., Kinetik d. Hydrolyse 84.
2-Chlor-5-äthoxynitrobenzol, Rk. 8717*.
3-Chlor-4-methoxy-6-nitrotoluol, Rk. 2459*.
5-[2'-Chloräthoxy]-o-benzochinon-2-oxim, Kristallstruktur 10 788.

$C_8H_8ClNO_3S$ **p-Methoxybenzalsulfamidsäurechlorid** (F. 60—62°) 7328*.
N-Acetylsulfanilylchlorid (**Acetylsulfanilsäurechlorid, p-Acetamidobenzolsulfochlorid, p-Acetylaminobenzolsulfochlorid, p-Acetylaminobenzolsulfonsäurechlorid**), Trockn. 19 010*; elektrolyt. Red. 5608; Rk.: mit Hydrazinhydrat 2332; mit N.N-Bis-[β-chloräthyl]-hydrazinhydrochlorid 17 368; mit 3-Amino-5-methyl-6-chlorpyridazin 7525; mit 3-Amino-4.5-dimethylpyrazol 5391*; mit 5-Amino-1-phenyl-3-methylpyrazol 2085*; mit 3.4-Dimethyl-5-aminoisoxazol 14 495; mit substituierten 2-Aminothiazolen 10 453; mit 1-Aminobenzotriazol 4158; mit 3-Methoxy-5-brom-2-aminopyrazin 12 103*; mit 5-Äthoxy-8-aminochinoxalin 3460; mit 2.6-Bis-[β-methoxyäthoxy]-4-aminopyrimidin 16 316; mit cycl. Maleinsäurehydrazid 9344.

$C_8H_8ClNO_4$ **3-Acetamidoperchlorylbenzol** (F. 136—137°) 8780*.

$C_8H_8ClNO_4S$ **Äthyl-[p-chlor-m-nitrophenyl]-sulfon** (**2-Chlor-5-äthylsulfonyl-1-nitrobenzol**) (F. 99—101°) 1382*, 2084*.
N-p-Sulfophenylchloracetamid (F. 285° Zers.) 18 439.
p-Chlorbenzolsulfonylglycin (F. 173°) 6742.

C_8H_8ClNS **p-Chlorthiobenzoesäureimidomethylester** (**S-Methyl-p-chlorthiobenzimidester**), Darst. v. Salzen 6008; Rk. d. Hydrojodids 6746.

$C_8H_8ClNS_2$ **N-[Methyl-p-chlorphenyl]-dithiocarbaminsäure**, Na-Salz (F. d. Hydrats 310—315°) 1206.

$C_8H_8ClN_3O$ **o-Chlorbenzaldehydsemicarbazon,** Bldg. (Kinetik) 14 092; Rk. 9703.
m-Chlorbenzaldehydsemicarbazon, Rk. 9703.
p-Chlorbenzaldehydsemicarbazon, Bldg. (Kinetik) 14 092; Rk. 9703.

$C_8H_8ClN_3OS$ **2-Hydroxy-5-chlorbenzaldehydthiosemicarbazon** (F. 287—290°) 13 370.

$C_8H_8ClN_3O_4S_2$ **6-Chlor-3-methyl-7-sulfaminyl-1.2.4-benzthiadiazin-1.1-dioxid** (F. 332 bis 333°) 13 497*.
4-Methyl-6-chlor-7-aminosulfonyl-1.2.4-benzothiadiazin-1.1-dioxid (F. 280°) 14 140.

$C_8H_8ClN_3O_5$ **N-[β-Hydroxyäthyl]-4-chlor-2.6-dinitroanilin** (F. 98—99°) 11 195.

$C_8H_8ClN_3S$ **o-Chlorbenzaldehydthiosemicarbazon** (F. 221°), Darst., Cu-Verb. 13 370; Rk. 3806.
m-Chlorbenzaldehydthiosemicarbazon, Rk. 3806.
p-Chlorbenzaldehydthiosemicarbazon (F. 219°), Darst., Cu-Verb. 13 370; Rk. 3806.

$C_8H_8ClN_3Se$ **2-Chlorbenzaldehydselenocarbazon,** UV-Spektrum 2677.
3-Chlorbenzaldehydselenocarbazon, UV-Spektrum 2677.
4-Chlorbenzaldehydselenocarbazon, UV-Spektrum 2677.

$C_8H_8Cl_2$ **Styroldichlorid** 6967*.
m-Xylylendichlorid, Rk. 5477*, 11 005*.
p-Xylylendichlorid (**α.α'-Dichlor-p-xylol, p-Bis-[chlormethyl]-benzol, 1.4-Bis-[chlormethyl]-benzol**), Darst. 14 608; (Rk.) 2813; Verschieb.-Polarisat. 11 141; DK u. dielektr. Verlust 7463; Polykondens. 14 890, 15 987; Oxydat. 1412*, 3986*; Hydrolyse 18 639*; Verseif. 2906*; Rk.: mit tert.-Butylaminodiphenylphosphin 11 168; mit Phenyldiäthoxyphosphin 15 407*; mit Trimethylphosphit 5479*; mit 1.4-Dihydrobenzoesäure 18 808; mit Na-Sulfanilat 13 948*; mit Benzolsulfonsäuremethylamid 14 114.
2.3-Dichlor-5-vinylcyclohexadien-(1.3) (Kp.$_{4,2}$ 72—76°) 1223.
1.2-Dimethyl-4.6-dichlorbenzol, Rk. 9897*.
1.3-Dimethyl-4.6-dichlorbenzol, Rk. 9897*.
2.5-Dichlor-p-xylol, Rk. 9897*, 10 861, 11 582.
2-Dichlormethylenbicyclo-[2.2.1]-hepten-(5) (Kp.$_{25}$ 96°) 17 023.

$C_8H_8Cl_2FN_3O_4S_2$ **6-Fluor-3-dichlormethyl-3.4-dihydro-7-sulfamyl-1.2.4-benzothiadiazin-1.1-dioxid** (F. 266°) 4924.

$C_8H_8Cl_2MgO$ **Chlorphenetylmagnesiumchlorid,** Rk. 7322*.
3-Chlor-4-äthoxyphenylmagnesiumchlorid, Tetrahydrofuran-Komplex 11 361*.

$C_8H_8Cl_2NO_2P$ **p-Methylbenzoylamidophosphorsäuredichlorid** (F. 116—118°) 8588.

$C_8H_8Cl_2N_2O$ **1-Methylpyridon-(2)-dichloracetylimin** (F. 91—92°), IR- u. UV-Spektrum 8199.
N-[3.4-Dichlorphenyl]-glycinamid (F. 139 bis 140°), Wrkg. als Pflanzenwachstumsregulator 10 154.

$C_8H_8Cl_2N_2O_2$ **2.4-Dichlor-3-nitro-6-propylpyridin** (Kp.$_{0,28}$ 100,5°) 11 925.
N.N-Dimethyl-2.6-dichlor-4-nitroanilin, Antifungusaktivität 17 805.

$C_8H_8Cl_2N_4$ **1-Isopropyl-4.6-dichlorpyrazolo-[3.4:d]-pyrimidin** (F. 67—68°) 6877*.

$C_8H_8Cl_2N_4O$ **6-[γ.γ-Dichlor-β-hydroxypropyl]-purin** 17 401.

$C_8H_8Cl_2O$ **2.4-Dichlorphenylmethylcarbinol** (Kp.$_{6-7}$ 112—115°) 6052.
2.4-Dichlor-3.5-dimethylphenol, Verw. 13 501*.
2.6-Dichlor-3.4-dimethylphenol, bakteriostat. Wrkg. 1278.
p-Methoxybenzalchlorid (Kp.$_8$ 120—121°), Darst., Rk. 83; Rk. 6347.
3.4-Dichlorbenzylmethyläther (Kp.$_{16}$ 126,5 bis 127,2°) 9316.
β-[p-Chlorphenoxy]-äthylchlorid (F. 45°) 8229.
2.4-Dichlorphenetol, Rk. 11 361*.
4-Dichlormethyl-4-methylcyclohexadien-(2.5)-on (F. 54—55°), Bldg. 3050; Rk. 15 931.

$C_8H_8Cl_2OS$ **β-Hydroxyäthyl-2.4-dichlorphenylsulfid** (Kp.$_{25}$ 179°) 9680.
β-Hydroxyäthyl-3.4-dichlorphenylsulfid (Kp.$_{20}$ 210°) 9680.
β-Hydroxyäthyl-3.5-dichlorphenylsulfid (Kp.$_{20}$ 160°) 9680.
Äthyl-[4-hydroxy-3.6-dichlorphenyl]-sulfid (Kp.$_{11}$ 159—160°) 11 531.

$C_8H_8Cl_2OSe$ **2.3-Bis-[chlormethyl]-5-acetylselenophen** (F. 70—71°) 11 560.

$C_8H_8Cl_2O_2$ **2-[2'.4'-Dichlorphenoxy]-äthanol,** Dampfdruck u. Gefrierpunkt 14 082; Cytotoxizität in menschl. Zellkulturen 4195.
2.5-Dichlorhydrochinonmonoäthyläther (F. 62—63°) 1575.

$C_8H_8Cl_2O_2S$ **Äthyl-2.4-dichlorphenylsulfon** (Kp.$_{49}$ 195°) 9680.
Äthyl-2.5-dichlorphenylsulfon (F. 114°) 9680.
Äthyl-3.4-dichlorphenylsulfon (F. 89°) 9680.
Äthyl-3.5-dichlorphenylsulfon (F. 155°) 9680.
3.3a-Dichlor-3a.4.7.7a-tetrahydrothianaphthen-1.1-dioxid (F. 90—91°) 1223.
Propionsäure-[2.3-dichlorthenyl-(5)-ester] (Kp.$_{13}$ 147°) 12 650.
1-Chlor-1-phenyläthansulfonsäurechlorid, Rk. 4721*.
2-Chlor-2-phenyläthansulfochlorid, Rk. 8418*.

$C_8H_8Cl_2O_3$ **2.5-Dimethyl-4-chlorperchlorylbenzol** 8780*.
α-Methoxy-3.4-dichlorbenzylhydroperoxid 9317.

$C_8H_8Cl_2O_3S$ **β-Hydroxyäthyl-3.4-dichlorphenylsulfon** (Kp.$_{29}$ 230°) 9680.
β-Hydroxyäthyl-3.5-dichlorphenylsulfon (Kp.$_{30}$ 210°) 9680.
Äthyl-[4-hydroxy-3.5-dichlorphenyl]-sulfon (F. 147°) 11 532.
Äthyl-[4-hydroxy-3.6-dichlorphenyl]-sulfon, (F. 75°) 11 532.

$C_8H_8Cl_2O_4$ **Bis-α-chloracrylsäureäthylenglykolester,** Kontrakt. bei d. Copolymerisat. 18 130.
1.4-Bis-[chloracetoxy]-butin-(2) 14 998*.
Propargylpropandiol-(1.3)-di-[chlorcarbonat], Deriv. 3184*.

$C_8H_8Cl_2O_4S_2$ **2-Chlor-4-äthylsulfonylbenzolsulfonylchlorid** 2084*.

$C_8H_8Cl_2O_5S$ **2.4-Dichlorphenoxyäthylsulfat (2.4-DES),** Einfl. v. — im Boden auf d. Keimfähigk. v. Maissetzlingen 18 245; Unkraut-Bekämpf. in Erdbeerenkulturen mit — 15 738.

$C_8H_8Cl_2Pb$ **Phenylvinylbleidichlorid** 4716*.

$C_8H_8Cl_2S$ **2-Chloräthyl-p-chlorphenylsulfid,** Rk. 14 508.
Äthyl-2.4-dichlorphenylsulfid (Kp.$_{22}$ 155°) 9680.
Äthyl-2.5-dichlorphenylsulfid (Kp.$_{18}$ 143°) 9680.
Äthyl-3.4-dichlorphenylsulfid (Kp.$_{25}$ 160°) 9680.
Äthyl-3.5-dichlorphenylsulfid (Kp.$_{25}$ 150°) 9680.

$C_8H_8Cl_2Si$ **Phenylvinyldichlorsilan,** Rk. 16 288.
p-Dichlorsilylstyrol (Kp.$_{0,4}$ 47°) 18 444.

$C_8H_8Cl_2Sn$ **Phenylvinylzinndichlorid** 4343*, 4716*.

$C_8H_8Cl_3NO_2$ **[Pyridyl-(2)]-trichlormethylglykol** (F. 120°) 11 006*, 12 840*.

$C_8H_8Cl_3NO_2Si$ **β-[Nitrophenyl]-äthyltrichlorsilan** (Kp.$_{3,2}$ 145—152°) 6586*.

$C_8H_8Cl_3NO_5S_2$ **N-[Methoxymethyl]-3-chloranilin-4.6-disulfosäuredichlorid** (F. 165° Zers.) 15 028*.

$C_8H_9Cl_3N_3O$ 1-[β-Chloräthyl]-2′.5′-dichlor-pyrimidino-[6′.1′:2.3]-imidazolium-hydroxid, Chlorid (F. 168°) 8613.

$C_8H_8Cl_3N_3O_4S_2$ s. *Trichlormethiazid [Esmarin, Fluitran, Triflumen-Serono, 3-Dichlor-methyl-6-chlor-7-sulfamyl-3.4-dihydro-1.2.4-benzothiadiazin-1.1-dioxid].*

$C_8H_8Cl_3OP$ Bis-[chlormethyl]-p-chlorphenyl-phosphinoxid (F. 150—151°) 5271.

$C_8H_8Cl_3OPS$ O-[2-Chlor-4-äthylphenyl]-thio-phosphorsäuredichlorid 10 613*.

$C_8H_8Cl_3O_2PS$ O-[2.4-Dichlorphenyl]-O-äthyl-thiophosphorsäurechlorid 10 248*.

$C_8H_8Cl_3O_3PS$ O-[2.4.5-Trichlorphenyl]-O.O-dimethylthiophosphat (2.4.5-Trichlor-phenylthionophosphorsäuredimethylester) (F. 39—41°), Herst. 18 982*; (Verw. als Konservierungsmittel für Papier, Anstrichmittel u. Holz) 9490*, s. auch *Schädlingsbekämpfung-Spezialmittel (Dow-ET-14, Dow ET-57, Korlan, Ronnel, Trolene).*

$C_8H_8Cl_3O_4P$ 2.4.5-Trichlorphenyldimethyl-phosphat (2.4.5-Trichlorphenylphosphor-säuredimethylester), Hydrolyse d. Alkyl-phosphatbind. durch Ratten, Küchen-schaben u. Alkali 9061; s. auch *Schädlingsbekämpfung-Spezialmittel (O-Ronnel).*

$C_8H_8Cl_4N_4O_2$ 2.6-Dichlor-5-nitro-4-[bis-(β-chloräthyl)-amino]-pyrimidin (F. 97 bis 98°) 8613.

$C_8H_8Cl_4O_2SSi$ β-Chlorsulfonylphenyläthyl-trichlorsilan (F. 40—45°) 11 372*.

$C_8H_8Cl_5N_3$ 2.5.6-Trichlor-4-[bis-(β-chloräthyl)-amino]-pyrimidin (F. 67—68°) 8613.

$C_8H_8Cl_6S_2$ Bis-[2.3-dichlor-1-(chlormethyl)-propenyl]-sulfid (F. 72—73°), Herst., Verw. 9868*; Rk. 9868*.

$C_8H_8Cl_8$ 1.3.4.5.6.7.8.8-Oktachlorocten (?) 15 182.

C_8H_8FNO N-Acetyl-o-fluoranilin (F. 79°) 7859.

N-Acetyl-m-fluoranilin (F. 84°) 7859.

N-Acetyl-p-fluoranilin (p-Fluoracetanilid) (F. 152°), Darst. 7859; (Rk.) 13 437; Rk. 17 004.

$C_8H_8FNO_2$ N-[4-Fluorphenyl]-glycin, Absorpt.-Spektrum u. Struktur d. Cu(II)-Komplexes 14 028.

1-Amino-4-fluorbenzol-2-carbonsäure-methylester, Verw. 8072*.

o-Fluorphenoxyacetamid (F. 120°) 10 808.

p-Fluorphenoxyacetamid (F. 108) 10 808.

$C_8H_8FNO_3S$ 4-Methoxybenzalsulfamidsäure-fluorid (F. 83°) 7328*.

$C_8H_8FNO_4S$ N-[p-Fluorbenzolsulfonyl]-carbaminsäuremethylester, Rk. 3550*.

$C_8H_8FN_3S$ p-Fluorbenzaldehydthiosemicarbazon (F. 193°) 13 369.

$C_8H_8F_3NO$ 2-Methoxy-5-aminobenzotrifluorid (F. 59—60° korr.) 1590.

2-Amino-4-trifluormethylanisol, Rk. 7382*.

$C_8H_8F_3NO_2$ N-[m-Trifluormethylphenyl]-glycin (F. 128—130° Zers.), Wrkg. als Pflanzenwachstumsregulator 10 154.

$C_8H_8F_3NO_3$ 2-Methyl-4-carbäthoxy-5-trifluor-methyloxazol (Kp.$_1$ 81°) 95.

$C_8H_8F_3NO_4$ 4-Carbäthoxymethyl-2-[trifluor-methyl]-oxazolon-(5) 1571.

$C_8H_8F_3N_3O_3$ N-Trifluoracetyl-L-histidin (F. 207 bis 208°) 7696*.

$C_8H_8F_3N_3O_4S_2$ s. *Hydroflumethiazide [Dihydro-trifluoromethylthiazide, Rodiuran, Rontyl, Saluron, 6-Trifluormethyl-7-sulfamyl-3.4-dihydro-1.2.4-benzothiadiazin-1.1-dioxid, 6-Trifluormethyl-7-aminosulfonyl-3.4-di-hydrobenzo-1.2.4-thiodiazin-1.1-dioxid].*

$C_8H_8F_4$ 7.7.8.8-Tetrafluorbicyclo-[4.2.0]-octen-(3) (Kp.$_{102}$ 84—86°) 16 299.

$C_8H_8F_5N_5$ 4-Allylamino-2-amino-6-pentafluor-äthyl-symm.-triazin (F. 112—114°) 6777.

$C_8H_8F_6OS_2$ 2.3-Bis-[trifluormethyl]-6-äthoxy-5.6-dihydro-p-dithiin (Kp.$_2$ 79°) 3057.

$C_8H_8F_7N_5$ 4-Dimethylamino-2-amino-6-hepta-fluorpropyl-symm.-triazin (F. 151—153°) 6777.

$C_8H_8F_8O$ 1H.1H.5H-Oktafluorpentylallyläther (Kp.$_{749}$ 150—151°) 8947.

$C_8H_8FeO_3$ Tricarbonyl-1.3-pentadieneisen 15 528.

Tricarbonylisopreneisen 15 528.

$C_8H_8HgO_2$ Phenylquecksilberacetat (Phenyl-mercuriacetat), Bldg. 13 352; Rk. 8388 [2 Ref.], 15 982; Aktivier. v. Ochsen-leber-L-Glutamatdehydrogenase durch — 17 440; Einfl. auf d. Hydrolyse v. Phenyl-phosphat durch saure Mäuseleber-Phosphatase 3130; fungicide Aktivität 15 282; (Vgl.) 5716; Ionenaustauscheig. v. Fichtenholzschliff unter bes. Berücksichtig. d. fungiciden — 8465; Sterilisier. v. Saatbeeterde mit *Semex* (Vgl). 1002; Bekämpf. v. Clodosporium effusum mit *Tag-331* 17 179; Bekämpf. d. durch Piricularia oryzae bewirkten Reiswelke mit — 17 178; Überwind. d. W.-Empfindlichk. v. Gerstensamen durch Behandl. mit — 18 894; Wrkg.-Mechanismus auf d. Nieren 18 192; Verw. als Konservier.-Mittel in Fußboden-Polituren 5861; Best. v. Hg-Verb. im techn. — 15 343; Hg-Best. in *Verdasan* 1381; polarograph. Best. 14 257.

C_8H_8HgS Vinylmercurithiophenolat (F. 64 bis 65°) 17 719.

C_8H_8JNO 2.6-Dimethyl-4-jodnitrosobenzol (F. 153°) 16 289.

4-Jodphenylessigsäureamid (F. 198—199°) 821.

$C_8H_8JNO_2$ 2.6-Dimethyl-4-jodnitrobenzol (F. 67°) 16 289.

5-Jodpyridin-2-carbonsäureäthylester, Hydrolyse (Kinetik) 16 986.

$C_8H_8J_2$ 2.4-Dijodäthylbenzol (Kp.$_{0,2}$ 99—100°) 1209.

2.5-Dijodäthylbenzol 1208.

3.4-Dijodäthylbenzol 1208.

$C_8H_8J_2O_2$ 2.5-Dijodhydrochinondimethyläther, Rk. 10 449.

$C_8H_8J_2O_4$ 1.4-Bis-[jodacetoxy]-butin-(2) 14 998*.

C_8H_8MgO p-Vinylphenylmagnesiumhydroxid, Rk. v. Halogeniden 12 686.

$C_8H_8NO_3P$ O.O′-o-Phenylen-N-äthylenimido-phosphat (o-RC 4), antiglykolyt. Wrkg. u. strukturelle Veränder. 9375.

$C_8H_8N_2$ 3.4-Dihydrochinazolin (F. 125—126°), Darst. (Rk., Pikrat) 135; (v. —-Deriv.) 7897; UV-Spektrum 134.

2-Methylbenzimidazol (F. 178—180°), Darst. 4926, 7235, 14 867; IR-Spektrum 14 812; Dissoziat.-Konst. 791; Kinetik d. H-Isotopenaustauschs 15 548; Rk. mit H_2O_2 10 448; Pyridyläthylier. 2354; Komplexbldg. mit cancerogenen Fluorenen 506; Rk.: mit 3-Aryl-4-methyl-Δ^4-thiazolinthionen-(2) 7890; mit Benzyl-malonsäure-bis-[2.4-dichlorphenylester] 1976; mit Maleinanhydrid 14 095; Inaktivier. d. Herpes-simplex-Virus durch — 3511; therapeut. Verw. v. Deriv. 10 566*; v. — abgeleitete Azofarbstoffe 15 042.

5-Methylbenzimidazol, Herst., Verw. v. Deriv. 9440*; IR-Spektrum 14 812; Rk. 5283, 6024.

3-Methyl-3-phenyldiazirin (Kp.$_{11}$ 58—59°) 4901.

1.1′-Bis-pyrryl, Dissoziat. v. Deriv. 6761.

N-Phenyl-N′-methylcarbodiimid 13 732.

β-[Pyridyl-(2)]-propionitril (Kp.$_2$ 95—96°) 1234.

α(2)-Äthylisonicotinsäurenitril (Kp.$_{20}$ 106 bis 110°), Darst. 1414*; (Rk.) 17 493*; Rk. 3190*.

2-Cyan-4.6-dimethylpyridin (F. 52—53°), Rk. 7523.

4.6-Dimethyl-3-cyanpyridin (F. 58—59° korr.) 9711.

α-Amino-α-phenylacetonitril 13 017.

p-Aminobenzylcyanid, Rk. 18 469.

N-Cyanmethylanilin (Kp.$_{11}$ 163°), Rk. 1981.

4-Cyanbenzylamin, Rk. 5019*.

2-Amino-5-methylbenzonitril 2733.

2-Methyl-3-aminobenzonitril, Rk. 6420.

6-Hydroxy-2-methylpurinyl-(8)-mercapto-essigsäure, Monohydrat 9720.
4-Acetylaminobenzolsulfonazid (F. 110°) 2332.

$C_8H_8N_4O_3Se$ **β-[5-Nitroselenienyl-(2)]-acrolein-semicarbazon**, polarograph. Verh. 10 786.

$C_8H_8N_4O_4$ **1-[o-Nitrophenylazo]-1-nitroäthan** (F. 112°) 13 764.
1.3-Dimethyl-2.4.6.8-tetraoxooktahydro-pyrimido-[5.4:d]-pyrimidin 2362.
3.7-Dimethyl-2.4.6.8-tetraoxooktahydro-pyrimido-[5.4:d]-pyrimidin 2362.
5-[Uracilyl-(1')]-hydantoin (F. 346° Zers.) 13 394.
N-[5'-Nitrofurfuryliden-(2')]-1-aminoimidazolidon-(2) (1-[5'-Nitrofurfuryliden-amino]-imidazolidon-(2), NF-246) (F. 253 bis 260° Zers.), Herst., therapeut. Verw. 13 494*; Verteil. u. Exkret. 9062.
Acetaldehyd-2.4-dinitrophenylhydrazon, Konstit.-Einfl. auf d. UV-Spektrum 3035.
β-[5-Nitrofuryl-(2)]-acroleinsemicarbazon, polarograph. Verh. 10 786.
Theophyllin-8-carbonsäure 15 598.

$C_8H_8N_4O_4S_3$ **2-Benzolsulfonamido-1.3.4-thiadiazol-5-sulfonamid** (F. 236—238°) 7990*.

$C_8H_8N_4O_5$ **Glykolaldehyd-2.4-dinitrophenylhydrazon**, gaschromatograph. Abtrenn. 244.

$C_8H_8N_4O_6$ **5.7-Diamino-6.8-dinitrobenzo-1.4-dioxan** (F. 262—263° korr.), Darst., Rk., Konstit. 1989.
4-Carbomethoxy-2.6-dinitrophenylhydrazin (F. 171°) 8223.

$C_8H_8N_4S$ **5-Phenyl-2-hydrazino-1.3.4-thiadiazol**, Darst., Rk. 4908; Rk. 4909.
5-Benzylmercaptotetrazol (F. 134—135°), Konstit.-Einfl. auf UV-, IR-Spektrum u. pK-Wert 10 402.
5-p-Tolylmercaptotetrazol (F. 172—173°), Darst., Konstit.-Einfl. auf UV-, IR-Spektrum u. pK-Wert 10 402.

$C_8H_8N_6O$ **1-[N.N-Dimethylcarbamido]-5-amino-3.4-dicyanpyrazol** 17 930*.

$C_8H_8N_6O_{15}$ **4.4.4-Trinitrobuttersäureanhydrid** (F. 109,5—110°) 10 052.

$C_8H_8N_8$ **4-Amino-6-[3'-aminopyrazyl-(4')]-pyrazolo-[3.4:d]-pyrimidin** (F. 334—338°) 7900.

$C_8H_8N_8O_{18}$ **Bis-[2.2.2-trinitroäthyl]-3-nitraza-1.5-pentandioat** (F. 160—160,5°) 11 061*.

C_8H_8O (s. *Acetophenon [Phenylmethylketon]*; *Phthalan*).
Styroloxid (1-Phenyl-1.2-epoxyäthan), Herst. 13 950*; IR-Absorpt.-Spektrum v. Poly-— 13 052; Polymerisat.-Wärme 6429; Polymerisat. 7718*; (Katalysatorsyst.) 494; Red. 99, 18 630*; Oxydat. 15 184; Rk.: mit Alkalimetallen 10 636*; mit H_2S 4721*, 9301; mit NH_3 13 948*; mit PBr_3 7697*; (bzw. $POCl_3$) 7697*; mit HCl 440; mit KSCN 18 127; mit 4-(β-[Indolyl-(3)]-äthyl)-piperidin 4164; mit 3-Azabicyclo-[3.3.1]-nonan u. Dimethylamin 16 314; mit Aminopyridinen 18 114; v. Deriv. mit Benzylamin 15 913; mit Diäthylentriamin, Dipropylentriamin oder mit 1.2-Diaminopropan 15 790*; mit Salzen substituierter Hydrazine 15 026*; mit 1.3-Diaminopropanol-(2) 13 132*; mit Phenylglycidyläther (Kinetik) 8574; mit Phenoxyalkylaminen 1710*; mit 1-Methyl-2-phenoxyäthylamin 15 407*; mit Triphenylsilyllithium 18 428; mit Keten 15 926; mit Phosphonat-Carbanionen 1202; 0.0-Di-[2-äthylhexyl]-dithiophosphorsäure 711*; Verw.: als Härtemittel für photograph. Schichten 1102*; in Elektrolytkondensator 4674*; in Polymerisat.-Initiator-Syst. 11 026*; Best. 6531.
2-Vinylphenol (Kp.$_{17}$ 112°) 14 077.
4(p)-Vinylphenol, Herst. 7691*; enzymat. Bldg. 16 364.
Phenylvinyläther (Kp.$_{19}$ 57—59°), Darst. 17 719; Raman- u. UV-Spektrum 16 622; Rk. 17 762.
3-[Cyclopenten-(1')-yl-(1')]-propin-(2)-al, 2.4-Dinitrophenylhydrazon (F. 150°) 18 794.
Phenylacetaldehyd (Kp.$_{752}$ 138—140°), Darst. (Rk., Oxim) 6740; (2.4-Dinitrophenylhydrazon) 10 807, 14 467, 17 375; Polymerisat. 17 054; Rk.: mit Acetylen 10 799; mit Piperidin 3442, 17 755; mit Äthoxyacetylen 15 927; mit β.β-Diphenyläthenyl-MgBr 4892; mit Harnstoff 16 685; mit N.N'-Trimethylenharnstoff 6590*; mit 3-Aminopyrazolon-(5) 7138; mit Malonsäure 11 524; mit Halogenacetamid 14 615; mit 5-Chlor-2.4-disulfamylanilin 6142*; mit 4-Amino-6-trifluormethylbenzol-m-disulfonamid 11 929; mit m-Xylylendiphosphonsäuretetraalkylester 5478*; mit Cyanmethylphosphonsäureestern 10 274*; insekticide Wirksamk. v. Pyrethrum in Ggw. v. — 3290; Nachw. in Pflanzen 2045.
Toluylaldehyde (Tolylaldehyde), Rk. 5478*, 12 841*.
o-Toluylaldehyd (o-Tolualdehyd, o-Methylbenzaldehyd) (Kp.$_2$ 81—83°), Darst. 12 634, 17 922*; (im Gemisch mit d. p-Verb.) 1952; (Semicarbazon) 15 933; (p-Nitrophenylhydrazon) 17 375; (2.4-Dinitrophenylhydrazon) 10 058; (Rk.) 13 724; Basizität 10 034; Kinetik d. Semicarbazon-Bldg. 14 092; Rk.: mit Aminodiäthylacetal 128; mit Phthalid 15 953; Best. 16 078.
m-Tolualdehyd (m(3)-Methylbenzaldehyd) (Kp.$_{13}$ 81—82°), Darst. (Semicarbazon) 15 933; (d. Semicarbazons) 10 058; (Rk.) 13 724; Basizität 10 034; Nitrier. 4176; Rk.: mit Aminodiäthylacetal 128; mit 4-Rhodananilin 8957; mit Acetophenon 7871; mit Homophthalsäure 14 860.
p-Toluylaldehyd (p-Tolualdehyd, p(4)-Methylbenzaldehyd) (Kp. 204—205°), Isolier. bei d. Luftoxydat. v. p-Xylol 13 564; Darst. 2698, 6212*, 7698*; (im Gemisch mit d. o-Verb.) 1952; (Deriv.) 3065; (Semicarbazon) 15 933; (2.4-Dinitrophenylhydrazon) 16 997; (d. 2.4-Dinitrophenylhydrazons) 10 058; (Rk.) 13 724; Basizität 10 034; gemeinsame Disproportionier. mit Nitrosoverb. 4487; Rk.: mit 4.4'-Distyrylbenzol 4517; mit Chinaldin 15 213; mit 3.5-Dimethylisoxazol 15 208; mit 4-Chlor-o-phenylendiamin 6025; mit Diazoäthan 14 110; mit Phenylnitromethan 4518; Kinetik d. Semicarbazon-Bldg. 14 092; Rk.: mit 4-Rhodananilin 8957; mit Acetaldehyd in gärenden Zucker-Lsg. 16 878*; mit Aceton + NH_4-Acetat 3456; mit Butandion-(2.3)-methoxim-(2) 9518*; mit p-Chlorbenzylcyanid 15 202; mit Anthranilsäure 8488*; mit Cyanessigsäureäthylester 17 725; mit Carbamylmethylammonium-N-carbamylmethyldithiocarbamat 5664; Verh. gegen Anthranilamid 1993; Baeyer-Villiger-Rk. mit Perbenzoesäure 13 715; papierelektrophoret. Nachw. v. — als Bestandteil äther. Öle 14 706; papierchromatograph. Abtrenn. als Cyanacethydrazon 10 215.
Octadien-(3.5)-in-(1)-on-(7) 4723*.
2-Methyltropon, Hydrobromid (F. 125 bis 128° Zers.) 1867.
Spiro-[2.5]-octadien-(1.4)-on-(3), $\pi \rightarrow \pi^*$-Übergangsenergie 14 084.

C_8H_8OS **p-Methylmercaptobenzaldehyd** (Kp.$_8$ 145—148°) 18 440.
1-[α-Thienyl]-buten-(1)-on-(3), Rk. 13 384.
Thiopheno-[2'.3':3.2]-cyclohexanon (F. 34,5 bis 35,5°) 18 472.
α-Mercaptoacetophenon, Rk. 4532.
Thioessigsäure-S-phenylester (Kp.$_{1,5}$ 72 bis 74°) 7476.

$C_8H_8OS_2$ **Benzylxanthogensäure,** Co-Salz 14 440.
5-Methylbenz-1.3-dithiyliumhydroxid, Perchlorat 13 015.
Dithiosalicylsäuremethylester 2544*.
$C_8H_8OS_3$ **S-Methylbenzotrithioniumhydroxid,** Methylsulfat 7468.
C_8H_8OSe **Selenienal-(2)-aceton,** Rk. 9698.
2-Acetylselenophenol 17 757.
$C_8H_8O_2$ (s. *Anisaldehyd* [*Methoxybenzaldehyd*]; *Toluylsäure* [*Methylbenzoesäure*]).
Benzo-1.4-dioxan (1.4-Dioxatetralin, Brenzcatechinäthylenäther) ($Kp._6$ 82—83°), Darst. v. Deriv. 845, 846, 1988, 3814; UV-Spektrum, Kinetik d. Bromier. 11 863; Rk. mit γ- oder δ-Aminocarbonsäuren 13 208*; adrenerg. Blockier. mit — 17 099.
Vinylhydrochinon (F. 109—110°) 2012.
3-[2'-Methylfuryl-(5')]-propen-(2)-al ($Kp._{11}$ 109—112°), Darst., Rk., UV-Spektrum, Phenylhydrazon 7457; Rk. 15 205.
p-Hydroxyphenylacetaldehyd, — als Stoffwechselprod. v. Tyramin in Präparaten glatter Muskulatur in vitro 16 043.
2-Hydroxymethylbenzaldehyd ($Kp._{0,6}$ 104 bis 105°) 5656.
p-Hydroxymethylbenzaldehyd 15 029*.
2-Hydroxy-5-methylbenzaldehyd (F. 55 bis 56°), Rk. 3050.
4-Hydroxy-o-tolualdehyd (F. 109—110°) 15 931.
Phenoxyacetaldehyd ($Kp._4$ 64°) 8247.
5.6-Cyclopentenopyron-(2), Vers. d. Nitrier. 18 464.
α(ω)-Hydroxyacetophenon (Phenacylalkohol, Benzoylcarbinol), Darst. 15 184; polarograph. Verh. 1175; Spalt. 7125; Rk. mit p-Phenylbenzaldehyd u. Ammoniak 15 587; Reaktivität gegenüber Tetrazoliumblau 15 545; Wrkg. einer —-halt. Kombinat. auf d. postoperative Zunahme d. Capillarfragilität 1702; photograph. Verw. 11 795*.
o(2)-Hydroxyacetophenon, IR-Spektrum 1549, 10 028; (v. Metallhalogenidkomplexen) 8872; Bezieh. zwischen Halbstufenpotential u. Substitut. 17 701; Nitrier. 841, 15 589; Alkylier. 14 135; Rk.: mit Benzylchlorid 12 615; mit Dialkylentriaminen 5099*; mit n-Hexyl-MgBr 16 649; mit Aldehyden bzw. Carbonsäurechloriden 11 918; Verh. gegen Formaldehyd 13 021; Rk.: mit Phenylacetaldehyd 11 523; mit Dichlorbenzaldehyden 13 734; mit m-Nitrobenzaldehyd 14 500; mit Pyridinaldehyden 14 504; mit Benzophenon 4520; Vers. d. Rk. mit Pyridyl-(2)- bzw. -(4)-essigsäureäthylester 10 835; Rk.: mit Acetessigsäureäthylester 18 464; mit Benzylmalonsäure-bis-[2.4-dichlorphenylester] 11 188; mit Oxalsäurediestern 15 772*; Keton-Geh. in synthet. — 8364.
m(3)-Hydroxyacetophenon (3-Acetylphenol) (F. 93—94°), Darst., Rk. 1563; Bezieh. zwischen Halbstufenpotential u. Substitut. 17 701; Nitrier. 4144.
p(4)-Hydroxyacetophenon (p-Acetylphenol) (F. 109,8°), Darst. 13 662; Energie d. H-Bind. im Kristall 16 985; UV-Maximum 9278; IR-Spektrum 10 028; Bezieh. zwischen Halbstufenpotential u. Substitut. 17 701; Hydrier. 18 416; Verh. gegen Alkylazide 7125; Rk.: mit Dimethylamin bzw. Piperidin 14 479; v. Deriv. mit HCHO u. Piperidin- bzw. Morpholinhydrochlorid 2090*; mit Benzaldehyden 4144; Keton-Geh. in synthet. — 8364; Prüf. auf Gruppensensibilisier. 18 895.
4-Methyltropolon (F. 70—72°) 18 096.
5-Methyltropolon, Rk. 12 640.
Tropolonmethyläther, Rk. 15 959.
3.5-Dimethyl-o-benzochinon, Rk. 7489, 15 547.
4.5-Dimethyl-o-benzochinon, Rk. 7489, 15 037*, 15 547.
2.3-Dimethyl-1.4-benzochinon, Rk. 164, 17 385.
2.5-Dimethyl-p-benzochinon (p-Xylochinon) (F. 123,5—124°), Darst. 10 431, 16 843*; Bldg. 10 485; IR-Carbonylabsorpt. 18 772; ESR-Spektrum d. Semichinons 12 974; Komplex-Bldg.: mit $Ni(CO)_4$ 15 157; [u. Cyclooctadien-(1.5)] 12 221; Rk. mit Trimethyl- bzw. Triäthylphosphit 1575; „Hill-Rk." u. Bldg. v. ATP in Ggw. v. — 164; — als Acceptor-Mol. in Ladungsübertragungskomplexen 13 341; Einfl.: auf d. Succinatoxydase v. mit Aceton extrahierten Rinderherzmitochondrien 3492; auf d. Red. v. Tetrazoliumsalzen durch mit Aceton extrahierte Rinderherzmitochondrien 3493; Inaktivier. d. Herpes-simplex-Virus durch — 3511.
2.6-Dimethyl-p-benzochinon (2.6-Dimethylbenzochinon-(1.4), 3.5-Dimethylbenzochinon, m-Xylochinon) (F. 71—72°), Darst. 10 431, 15 573, 16 843*, 17 374; Bldg. 16 987; Hydrier. 3782; „Hill-Rk." u. Bldg. v. ATP in Ggw. v. — 164.
Phenylessigsäure (F. 78°), Darst. 4714*, 12 095*, 18 801; (S-Benzylisothiuroniumsalz) 18 809; (Rk.) 8956; Darst., Rk.: v. Deriv. 820; v. $^{14}C_{(COOH)}$— 5252; d. MgCl-Salzes v. $^{14}C_{(COOH)}$— 2371; Herst., Verw. v. Deriv. 5391*; Bldg. 843, 6364, 7109, 7139, 7503, 14 492, 15 567, 16 998; IR-Spektrum v. K-Hydrogenbisphenylacetat 18 771; IR- u. protonenmagnet. Resonanzspektrum v. K-Hydrogenbisphenylacetat 5928; opt. Aktivität d. Salzes mit Cinchonidin 17 349; Löslichk.: in Mineralsäuren 6351; d. Ag-Salzes in nichtwss. Lsgm. 7070; Stoffübertrag.-Koeff. in wss. Lsg. v. — 247; Grenz-Konz. u. empir. Gleich. d. Gleichgew.-Verteil. für Fl.-Fl.-Syst. mit — 17 675; Assoziat.-Konst. u. katalyt. Einfl. v. — auf d. Rk. v. Arylaminen mit —-Anhydrid 14 461; Oxydat. 10 430; Kinetik d. Hydrolyse v. —-Estern 4132; Cyclisier. v. —-Deriv. 15 695*; Verester. 9512*; Rk.: d. Na-Salzes mit Äthylen 6963*, 17 924*; mit $NaNH_2$ u. Benzylidenanilin 5645; v. Deriv. mit 2-Amino-5-alkyl- oder 2-Amino-4.5-dialkylanilinen 14 242*, 16 061*; v. Deriv. mit o-Phenylendiaminen 570*; v. Deriv. mit Bis-[ω-hydroxyalkyl]-piperazin bzw. Piperazin 1325*; mit 5-Pentadecylresorcin 10 059; mit Phenolen u. Phenoläthern 10 938*; mit 5-Phenylpentadien-(2.4)-al 2719; mit Zimtaldehyd 4129; mit aromat. Aldehyden 4516; mit Benzaldehyd 3791; d. Na-Salzes mit Orcacetophenon 8246; des Na-Salzes mit Halogenacetophenonen 13 021; mit Pyromellitsäure 4519; v. $^{14}C_{(COOH)}$— mit Chlorameisensäureäthylester 16 641; mit Phthalsäureanhydrid 9341, 17 380; mit N-Bromsuccinimid 8224; Einfl. auf d. Kinetik d. basenkatalysierten Bromier. v. Äthylnitroacetat 446; enzymat. Hydroxylier. 6826; —-Hemm. d. Oxydat. v. o-Phthalat durch Backhefe 17 439; —-halt. Nährlsg. zur Zücht. v. Bodenbakterien 10 524; — als Antimetabolit d. Acetats in Tetrahymena 17 807; pflanzenwachstumsregulator. Aktivität bei d. Ananaspflanze 1284; Ansprechbark. v. Erbsenwurzeln auf — 16 026; Einfl. auf d. Wurzelschlagen v. Senkreis u. d. Wachstum d. Sämlinge u. Setzlinge v. Bäumen 3148; Biosynth. v. Benzylpenicillin in Ggw. v. — 9767; Verw.: in Polymerisat.-Initiator-Syst. 11 026*; als Korrosionsinhibitor für Metalle 15 756; v. —-Salzen als Korros.-Schutzmittel für Kühlanlagen 11 683*; Nachw. u. colorimetr. Best. 13 149; Säulenchromatographie an Dowex 1-X2 18 540.

Norcaradiencarbonsäure 15 567.
Essigsäurephenylester (Phenylacetat) (Kp.$_{20}$ 90°), Intensität d. Raman-Linien d. ν(CO) 1549; Lsgm.-Einfl. auf d. ν(CO) 12 598; Lsgm.-Einfl. auf d. IR-Spektrum 10 400; Rk. mit Tris-[hydroxymethyl]-aminomethan (Kinetik) 5246; Vers. d. Rk. mit 2-Picolin-N-oxid 10 457; Rk. mit Salicylsäurephenylester 7333*; — als Substrat bei d. Unters. d. Esterasen d. Spinnmilbe Tetranychus urticae Koch 11 966.
Benzylformiat 1952.
Benzoesäuremethylester (Methylbenzoat) (Kp. 196—199°), Darst. 9317, 13 570*, 14 317*; (Überblick) 12 864; Bldg. 1589, 6756, 16 273; Konstit.-Einfl. auf d. Massenspektrum 10 782; UV-Spektrum (Best. d. Assoziat.-Konst. für d. Dimeren-Bldg.) 12 596; IR-Absorpt. v. ^{18}O-— 1549; Lsgm.-Einfl. auf d. IR-Spektrum 10 400; Intensität d. ν(CO) 15 535; ^{13}C-Kernresonanzspektroskopie 8201; Red. 10 799; Kinetik d. alkal. Hydrolyse 18 787; Kinetik d. Verseif. 10 793; O-Austausch (Kinetik) 18 787; Rk. mit SF_4 13 565*; Vers. d. Alkylier. 10 070; Rk.: mit Hydroxychinolizidinen 1234; mit Ketonen 14 841; mit Isobutyl-MgBr 8229; modifizierende Wrkg. bei d. Darst. v. hochmol. Verb. durch Polyrekombinat. 18 853.

$[C_8H_8O_2]_x$ **Polyvinylhydrochinon** 2012.
Poly-3-vinylbrenzcatechin 2012.
Poly-*p*-xylylenperoxid 15 029*.

$C_8H_8O_2S$ **Piperonylmercaptan** 12 280.
2.3-Dihydrothionaphthen-1.1-dioxid (F. 88 bis 89°) 16 672.
1.3-Dihydroisothianaphthendioxid-(2.2), Rk. 1215.
Phenylthioglykolsäure (α-Mercapto-α-phenylessigsäure) (Kp.$_4$ 145°) Darst., Rk. 11 546; Rk. 4160.
Phenylmercaptoessigsäure (F. 64,5—65,5° korr.), Darst. 4900; (Kinetik d. Oxydat.) 4129; Verw. auf kosmet. Gebiet 15 431.
2-Methylmercaptobenzoesäure, Rk. 14 088.
3-Methylmercaptobenzoesäure (F. 191 bis 192°), Rk. 14 088.
4(*p*)-Methylmercaptobenzoesäure (F. 194° Zers.), Darst. 7491; Rk. 14 088.
2-Mercaptobenzoesäuremethylester, Rk. 14 868.

$C_8H_8O_2S_2$ **5-Methyl-1.3-benzodithiolan-3.3-dioxid** (F. 67—69°) 18 065.
6-Methylbenzo-1.3-dithiolan-3.3-dioxid (F. 108—110°) 18 065.
3-[2′-Furoylmercapto]-propylensulfid (Kp.$_{0,1}$ 120°), Herst., therapeut. Verw. 5390*; Antituberkulosewirksamk. 17 123.

$C_8H_8O_3$ (s. *Anissäure* [*Methoxybenzoesäure*]; *Euresol* [*Resorcinmonoacetat*]; *Isovanillin* [*3-Hydroxy-4-methoxybenzaldehyd*]; *Mandelsäure*; *Nipagin* (*M*) [*Methylparaben, 4-Methoxycarbonylphenol, Methyl-p-hydroxybenzoat,p*(*4*)*-Hydroxybenzoesäuremethylester*]; *Orsellinaldehyd*; *Vanillin* [*3*(*m*)*-Methoxy-4*(*p*)*-hydroxybenzaldehyd, 2-Methoxy-4-formylphenol*]; *o-Vanillin* [*3-Methoxysalicylaldehyd, 2-Hydroxy-3-methoxybenzaldehyd*]).
3.4-Methylendioxybenzylalkohol (Piperonylalkohol) (F. 52,0—52,5°), Darst., Rk. 11 864; Rk. 7693*.
3-Methoxymethylendioxybenzol (F. 40—41°) 15 606.
2-Methoxy-4-hydroxybenzaldehyd (F. 157 bis 158°) 9318.
4-Methoxy-2-hydroxybenzaldehyd (F. 41 bis 42°), Darst. (2.4-Dinitrophenylhydrazon) 9708; (Rk.) 3090; Rk. 7984 [2 Ref.], 15 409*.
Phenylglyoxalhydrat, Rk. 9348.
2.4-Dihydroxyacetophenon (Resacetophenon, Acetylresorcin), Bromier. 16 682; Nitrier. u. Bromier. v. — u. —-Deriv. 1961; Rk.: mit Benzaldehyd 5292; mit Benzaldehyden 14 500; mit Acetobromglucose 13 768; analyt. Verw. d. —-Fe(III)-Komplexes 8356.
2.5-Dihydroxyacetophenon, Rk. 15 772*.
3.4-Dihydroxyacetophenon, Rk. 4144.
Acetobrenzcatechin, spektrometr. Unters. d. Chelat-Bldg. v. Mo(VI) u. — 10 382.
2-Hydroxy-3.6-dimethyl-*p*-benzochinon 18 486.
3-Methoxy-5-methyl-*o*-benzochinon, Rk. 7489.
2-Methyl-3-methoxy-*p*-benzochinon (3-Methoxytoluchinon) (F. 151,5—153,5°), Darst. 6463; — als akt. Prinzip d. Abwehrstoffe v. Diplopoden 15 292.
2-Methyl-5-methoxy-*p*-benzochinon, Darst. v. ^{3}H-— 925; Vers. d. Rk. mit Styrolen 13 380.
Furylmethacrylsäure 19 023.
***o*(2)-Hydroxyphenylessigsäure** (F. 148°), Bldg. bei d. enzymat. Hydroxylier. v. Phenylessigsäure 6826; Einfl. auf Enzyme d. Gehirns 13 433; — als neuer Bestandteil d. höheren Pflanzen 17 461; —-Ausscheid. bei Phenylketonurie 14 535; Säulenchromatographie an Dowex 1-X2 18 540.
***m*(3)-Hydroxyphenylessigsäure**, Bldg. bei d. enzymat. Hydroxylier. v. Phenylessigsäure 6826; Einfl. auf Enzyme d. Gehirns 13 433; — als Abbauprod.: v. Dihydroquercetin 1688; v. m-Tyrosin 16 359; Nachw. v. — im menschl. Urin 17 475.
***p*(4)-Hydroxyphenylessigsäure**, Bldg. 11 536; Rk. 821, 12 641; (v. Deriv.) 570*; Bldg. bei d. enzymat. Hydroxylier. v. Phenylessigsäure 6826; Eign. als Substrat für zwei Formen d. Tyrosinase aus Neurospora crassa 9763; Teilnahme an Jodier.-Rk. in Ggw. v. Peroxydase 11 230; pflanzenwachstumsregulator. Aktivität bei d. Ananaspflanze 1284; — als Stoffwechselprod. v. Tyramin in Präparaten glatter Muskulatur in vitro 16 043; Vgl. d. Ascorbinsäure-Geh. d. weißen Blutzellen u. d. Ausscheid. v. — durch ältere Patienten 4610; Nachw. im menschl. Urin 17 475; Säulenchromatographie an Dowex 1-X2 18 540.
2-Hydroxymethylbenzoesäure (F. 118—120°) 5656.
***p*-Hydroxymethylbenzoesäure**, Copolymerisate aus — u. Terephthalsäure-bis-[β-hydroxyäthylester] 10 489; Viscosimetrie v. Polyestern d. — 16 344.
3-Methylsalicylsäure (*o*-Kresotinsäure, 2-Hydroxy-3-methylbenzoesäure), Herst., Rk. v. Deriv. 13 495*; Zus. v. Cu(II)-Chelaten 13 696; Spalt. 18 802; glykogenolyt. Aktivität 6865; Verw. 13 918*.
4-Methylsalicylsäure (*m*-Kresotinsäure, 2-Hydroxy-4-methylbenzoesäure) (F. 178°), Bldg., Rk. 11 523; Darst. d. Salzes mit Benzoesäurechinolyl-(8)-ester 6034; Rk. 3986*; (v. Deriv.) 2716; glykogenolyt. Aktivität 6865; Verw. 13 918*.
***p*-Kresotinsäure (2.5-Kresotinsäure, 2-Hydroxy-5-methylbenzoesäure)**, Herst. 13 204*; Rk. 15 931; glykogenolyt. Aktivität 6865; in vitro-Meth. zur Prüf. d. percutanen Resorpt. v. — 1438; Verw. 13 918*.
6-Methylsalicylsäure (2-Hydroxy-6-methylbenzoesäure), Herst. 6585*, 8788*; Bldg.: aus Acetylcoenzym A 11 238; durch Penicillium griseofulvum Dierckx 179; Einbau v. 6-Methylsalicylat in Patulin durch Penicillium patulum 13 811.
3-Hydroxy-2-methylbenzoesäure (F. 145 bis 146°), Darst., Rk. 103; Rk. 7874.
3-Hydroxy-4-methylbenzoesäure (F. 206 bis 207°) 11 535.
4.2-Kresotinsäure, Rk. 15 931.

4-Hydroxy-3-methylbenzoesäure (F. 171°), Konstit.-Einfl. auf d. pK-Wert 17 357.

Phenoxyessigsäure (Phenylcarboxymethyläther) (F. 99°), Darst. 14 469; Herst., Verw. v. Deriv. 7668*; intramol. H-Bind. 17 350; IR-Spektrum u. H-Bind. 17 697; IR-Absorpt., ν(OH) u. ν(CO) 17 696; chromatograph. Verh. 16 984 [2 Ref.]; Rk. 1353*, 14 467, 15 036*, 17 843; Bldg. aus Phenoxymethylpenicillin durch enzymat. Hydrolyse 14 191; monosubstituierte — als Pflanzenwachstumsregulatoren 3863; Einfl. v. —-Deriv. auf d. Atmungsintensität u. d. Aktivität d. Atmungsenzyme beim Keimen v. Körnern mit Stärkereserve 8308; Aufnahme v. —-Deriv. durch Lemna minor 6088; Ansprechbark.v.Erbsenwurzeln auf — 16 026; Wrkg. v. —-Deriv. auf d. Aufnahme v. Aminosäuren durch d. Wurzeln v. Pflanzen 16 380; Hemm. d. Transportes v. Indolylessigsäure durch — bei Sonnenblumen 6471; physiolog. Wrkg. v. —-Deriv. gegenüber Pflanzen 9774; Pflanzenhormone v. —-Typ (Bezieh. zur Krebsforsch.) 3844; Toxizität v. —-Deriv. für d. weißen Senf (Sinapsis alba L.) 9121; Verw. v. —-Deriv. in herbiciden Mischungen 1006*, 17 901*.

Hydrochinonmonoacetat (F. 62—63°) 17 754.

Salicylsäuremethylester (Methylsalicylat, *o*-Hydroxybenzoesäuremethylester) ($Kp._{10}$ 85°), ^{13}C-Kernresonanzspektroskopie 8201; IR-Spektrum 1549; (Dipolmoment) 3766; Geruch u. Molekülschwing. 6861; Desassoziat. in „inerten" Lsgm. durch kernmagnet. Resonanz 16 977; Parachor 8204; Chelat-Verb.: mit Ti 14 801; mit Tetraalkoxid-Ti-Verb. 15 885; Rk.: mit SOF_4 5220; mit Aminen 455; mit Diaminen 7254*; mit Zr-Isopropylat 3383; mit 3-Bromveratrol 4505; mit 4-Bromveratrol 4554; mit Methylisocyanat 7695*; mit Chloral 8792*; mit Phenylacetonitril 5292; mit Phenylacetylchlorid 5644; mit N-[4'-Carbomethoxy-2'.6'-dinitrophenyl]-pyridiniumchlorid, Verh. gegen N-[4'-Carbomethoxy-2'-nitrophenyl]-pyridiniumtosylat8222;Stoffwechsel-Wrkg. 14 928; Stoffwechsel u. Toxizität 5010; Verw.: als Farbstoffüberträger 14 686; als Carrier 9158, 15 042; Best. 16 430.

***m*-Hydroxybenzoesäuremethylester** (Kp. 280°), Herst. 2172*; Intensität d. ν(CO) 15 535; Rk. 3793.

Pentadienal-(5)-acrylat, photograph. Verw. 3330*, 19 075*.

Acetoxycyclohexadienon, Rk. 18 094.

Tetrahydrophthalsäureanhydrid, Rk. 9826*, 13 998*; dielektr. Verh. v. mit — gehärteten Epoxidharzen 8642.

Δ^2-Cyclohexen-1.2-dicarbonsäureanhydrid (F. 73—75°) 7131.

Δ^4-Tetrahydrophthalsäureanhydrid (1.2.3.6-Tetrahydrophthalsäureanhydrid, 4.5-Dicarboxycyclohexenanhydrid, Cyclohexen-(3)-dicarbonsäure-(1.6)-anhydrid), Oxydat. 8944; Rk.: mit aliphat. Aminen 468; mit 3.20-Dioxo-21-hydroxypregnan-deriv. 14 249*; mit 2.4-Dinitrobenzolsulfenylchlorid (Kinetik) 11 150.

$C_8H_8O_3S$ ***p*-Formylphenylmethylsulfon**, UV-Spektrum 11 133.

(+)-Phenylsulfinylessigsäure (F. 119,5°), Darst., Kinetik d. Oxydat. Cinchonidinsalz 4130.

(—)-Phenylsulfinylessigsäure (F. 120,5°), Darst., Kinetik d. Oxydat., Cinchonidinsalz 4130.

(±)-Phenylsulfinylessigsäure (F. 116°), Darst., Kinetik d. Oxydat. 4130.

2-Methylsulfinylbenzoesäure (F. 172°) 14 089.

***m*-Carboxyphenylmethylsulfoxid** (F. 170°) 10 057.

α-Thenoylessigsäuremethylester, Rk. 3551*.

5-Acetylthiophen-2-carbonsäuremethylester, Halbstufenpotential 16 986.

Styrolsulfonsäure (Vinylbenzolsulfonsäure), Herst. u. Stabilisier. gegen Polymerisat. 1813*; Rekristallisat. d. Na-Salzes 10 038; Struktur v. Poly-— (Vgl.) 2010; Copolymerisat. v. —-Deriv. 17 582*; Verw. v. Copolymeren 10 298*.

Vinylsulfonsäurephenylester ($Kp._{0,1}$ 90 bis 91°) 8418*, 15 768*.

Benzolsulfonsäurevinylester ($Kp._2$ 102°) 12 271.

$C_8H_8O_4$ (s. *Dehydracetsäure*; *Isovanillinsäure [3-Hydroxy-4-methoxybenzoesäure]*; *Orsellinsäure*; *Vanillinsäure [4-Hydroxy-3-methoxybenzoesäure]*; *o-Vanillinsäure*).

3.6-Dihydroxybenz-1.2-dioxen (F. 127 bis 128°) 8424*.

2.4-Dihydroxy-3-methoxybenzaldehyd, Rk. 841.

5-Hydroxyvanillin (3-*O*-Methylgallusaldehyd) (F. 128—130°), Rk. 6751, 17 719.

Gallacetophenon, Rk. 15 590.

Phloroacetophenon (F. 218—220°) 8601.

4.5-Dimethoxybenzochinon-(1.2) (F. 294 bis 297° Zers.) 1260.

2.3-Dimethoxybenzochinon, Rk. mit Äthylcyanacetat 15 241; „Hill-Rk." u. Bldg. v. ATP in Ggw. v. — 164.

2.5-Dimethoxybenzochinon (F. 220° Zers.), Darst., Rk. 1577; Rk. 15 242.

2.6-Dimethoxy-*p*-benzochinon (F. 249°), Darst. 7515; Rk. mit Äthylcyanacetat 15 241; „Hill-Rk." u. Bldg. v. ATP in Ggw. v. — 164.

***p*-Hydroxymandelsäure**, Nachw. im menschl. Urin 17 475.

2.5-Dihydroxyphenylessigsäure (Homogentisinsäure) (F. 148°), Bldg.: bei d. enzymat. Hydroxylier. v. Phenylessigsäure 6826; durch Penicillium griseofulvum Dierckx 179; —-Ausscheid. bei Alkaptonurie 551, 2061.

3.4-Dihydroxyphenylessigsäure (Homoprotocatechusäure), Bldg. bei d. enzymat. Hydroxylier. v. Phenylessigsäure 6826; pflanzenwachstumsregulator. Aktivität bei d. Ananaspflanze 1284; Veränder. d. —-Bldg. im Dopamin-Stoffwechsel in vivo 17 836; — im Urin u. Blutplasma 921; — als Abbauprod. v. Dihydroquercetin im Organismus 1688.

3.5-Dihydroxyphenylessigsäure (F. 128 bis 128,5°), Darst., Rk. 13 388; Bldg. beim Abbau v. „Siphulin" 16 697.

3-Hydroxyphenoxyessigsäure, Rk. 800.

4-Hydroxyphenoxyessigsäure, Konstit.-Einfl. auf d. R_F-Wert 16 984.

2-Hydroxy-4-methoxybenzoesäure (β-Resorcylsäure-4-methyläther) (F. 156—157°), Darst. 8977; (Rk.) 1964; Rk. 1961; (v. Deriv.) 17 376; Bldg. durch Pilze 1276.

2-Hydroxy-5-methoxybenzoesäure (F. 145,5°) 1964, 13 204*.

2-Hydroxy-6-methoxybenzoesäure 4911.

3.4-Dimethyl-6-carboxy-α-pyron (F. 183 bis 184°), Bldg. bei d. Inkubat. v. Riboflavin mit aeroben Bakterien 6424; Isolier. u. Strukturbeweis v. — als einem bakteriellen Abbauprod. v. Riboflavin 8244.

***trans*-Hexen-(3)-in-(5)-1.1-dicarbonsäure** (F. 133—135° Zers.) 3418.

$\Delta^{3,4}$-Cyclohexadien-1.2-dicarbonsäure (F. 175—176°) 7131.

2-Hydroxy-4-formyloxyanisol (F. 57—58°) 18 110.

α-Resorcylsäuremethylester, Vers. d. Rk. mit 5-Methylcyclohexanon-2-carbonsäureäthylester 13 388.

β-Resorcylsäuremethylester (F. 115—117°), Darst., Rk. 9707; Verh. gegen Acetessigester + $SiCl_4$ 2730.

Protocatechusäuremethylester, Rk. 7155.
p-**Methoxybenzopersäure** 819.

$C_8H_8O_4S$ **Phenylsulfonylessigsäure** (F. 111 bis 112°) 4130.
p-**Carboxyphenylmethylsulfon**, UV-Spektrum 11 133.
Thiophen-2.5-diessigsäure (F. 166,5°) 4945.
3.4-Dimethylthiophen-2.5-dicarbonsäure 12 652.
Thiophen-2.4-dicarbonsäuredimethylester (F. 120—121°) 2724.
Thiophen-2.5-dicarbonsäuredimethylester (F. 147—148°) 2724.
Acetophenon-ω-sulfonsäure, Rk. 94.
Acetylphenylsulfonat, Leitfähigk. 1512.
endo-cis-**Bicyclo-[2.2.1]-hepten-(5)-carbonsäure-(2)-sulfonsäure-(8)-anhydrid** (F. 118—120° korr.) 12 251.

$C_8H_8O_4S_2$ **5-Methyl-1.3-dithiaindan-*S.S'*-bis-dioxid** (F. 166—167°), Rk. 4125.

$C_8H_8O_5$ **3.4-Dihydroxymandelsäure**, Kondensat.-Prod. mit Äthylendiamin 1236, 5673, 18 091; (Vgl.) 11 986; Vork. im Urin 921; — als Stoffwechselprod.: v. Adrenalin u. Metanephrin bei d. Ratte 537; v. Norepinephrin im Gehirn d. Katze 2052; v. $^3H_{(7)}$-Epinephrin-d-bitartrat bei normalen jungen Männern 4599.
Methronsäure (**5-Methyl-4-carboxyfuryl-(2)-essigsäure**) (F. 207°) 118.
2.3.6-Trihydroxybenzoesäuremethylester (F. 139,5—141°) 4725*, 12 389*.
Gallussäuremethylester (**Methylgallat**) (F. 197—198° Zers.), Darst. 9357; Rk. 3793, 7155; Bldg. durch anaerobe Methanolyse v. Tanninen 7157; Einfl. auf d. Cystein-Desulfhydrase-Aktivität v. E. coli 15 270; Verw. als Bestandteil v. synergist. Antioxydantien 15 808*.
Komensäureäthylester (F. 127°), UV-Spektrum 11 501.
Furan-2.5-dicarbonsäuredimethylester (F. 112°) 11 910, 18 493.

$C_8H_8O_5S$ **4-Hydroxyphenylsulfonylessigsäure**, pK_α-Wert, Hammettsche Konst. 17 701.
4-Methoxy-3-sulfobenzaldehyd, Rk. 3475.
α-**Sulfophenylessigsäure**, Ba-Salz als Pflanzenwachstumsregulator 10 152.
endo-cis-**5.6-Dihydroxybicyclo-[2.2.1]-heptancarbonsäure-(2)-sulfonsäure-(3)-lactonsulton** (F. 272—275° korr.) 12 251.

$C_8H_8O_6$ **2.5-Dihydroxy-3.6-dimethoxybenzochinon-(1.4)** (F. 236°) 2319.

$C_8H_8O_6S$ **3-Sulfo-2.5-kresotinsäure** (**6-Hydroxy-5-sulfo-*m*-toluylsäure**) 15 931.
5-Sulfo-4.2-kresotinsäure (**4-Hydroxy-5-sulfo-*o*-toluylsäure**) 15 932.

$C_8H_8O_8$ *cis.trans.cis*-**1.2.3.4-Tetracarboxycyclobutan** (F. 220—225°), Darst. 5249; Rk. 17 731.
trans.trans.trans-**1.2.3.4-Tetracarboxycyclobutan** (F. 261—264°), Darst. 5250; Rk. 17 731.
D-**Mannofuranose-2.3;5.6-dicarbonat** (F. 119—120°) 3820.

$C_8H_8O_8S_2$ **2.5-Dimesyloxychinon** (F. 182—183°) 1577.

C_8H_8S **1.3-Dihydrobenzo-[*c*]-thiophen** (**1.2-[2'-Thiatrimethylen]-benzol**), Rk. 3419, 14 857.
2.3-Dihydrobenzo-[*b*]-thiophen (**2.3-Dihydrothionaphthen, 1-Thiaindan**) (F. 90 bis 91°) 11 560, 16 672.
Styrolsulfid (Kp.$_{0,4}$ 49—50°) 18 127.
p-**Mercaptostyrol**, Poly-— 12 681.
Vinylphenylsulfid (Kp.$_1$ 60—62°) 17 719.
Thioacetophenon (Kp.$_{14}$ 105—106°) 5652.

$C_8H_8S_2$ **Dithiophenylessigsäure**, Rk. 9319.
Dithiobenzoesäuremethylester, Darst. 6382; Rk. 6382.

$C_8H_8S_3$ *m*-**Tolyltrithiocarbonat**, Rk. d. K-Salzes 4881.
Trithiokohlensäurephenylestermethylester (F. 37,5°) 4881.

C_8H_9 **Methylbenzyl** s. unter *Radikale* (*Spezielle Radikale*).

$C_8H_9AsN_2S_5$ **Thienyl-(3)-arsin-äthylen-bis-dithiocarbamat** 577*.

C_8H_9BO **2.6-Dimethylbenzolboronsäureanhydrid** (F. 144—147°) 4509.

$C_8H_9BO_2$ **6-Methylboronphthalid** (F. 115—125°) 4509.
p-**Vinylphenylboronsäure** (F. 200—205° Zers.) 12 686.

C_8H_9Br α(**1**)-**Bromäthylbenzol** (α-**Phenyläthylbromid**) (Kp.$_{17}$ 97,0°), Darst. 11 160; Massenspektrum 14 815; Rk.: mit Mg u. CuCl 18 775; mit J_2 1208; mit Na-Phenolat (Kinetik) 85; mit Allylmalonsäurediäthylester 12 017*.
β-**Bromäthylbenzol** (β(**2**)-**Phenyläthylbromid**) (Kp.$_{20}$ 103°), Massenspektrum 14 815; sek. D-Isotopeneffekt bei bimol. Eliminier. v. $D_{2(1\cdot1)}$-— 9297; Rk.: mit J_2 1209; mit Hydrazinhydrat 9309; Chlormethylier. 2015; Rk.: mit 4-(β-[Indolyl-(3)]-äthyl)-piperidin bzw. -pyridin 4164; mit 1-Methoxy-5-methylcyclohexadien-(1.4) 12 664; mit 1.4-Dihydro-2.6-dimethoxybenzol 16 664; mit Allyl-MgBr 18 466; mit Hexaäthyldistannan 5591; mit Methylmalonsäurediäthylester 1973; mit Na-Methylmalonsäurediäthylester 8599; mit 4-[2-Pyridincarbonyl]-morpholin 6136*; mit Glutarimid bzw. Succinimid 5678; Identifizier. nach Rk. mit Äthylenthioharnstoff 13 514.
o-**Methylbenzylbromid** (α-**Brom-*o*-xylol, Brommethyl-2-methylbenzol**), Massenspektrum 14 815; Rk. 7504, 15 953.
m-**Methylbenzylbromid** (α-**Brom-*m*-xylol, Brommethyl-3-methylbenzol**), Massenspektrum 14 815; Rk. 3410, 4133, 9712; Verw. 8348*.
p-**Methylbenzylbromid** (*p*-**Brommethyltoluol, Brommethyl-4-methylbenzol**) (F. 35°), Darst., Rk. 11 160; Massenspektrum 14 815; Rk.: mit Toluol 7504; mit Li-Thiophenolat bzw. Li-Methylat (Kinetik) 12 983; mit Dimethylsulfoxid 2698.
o(**2**)-**Bromäthylbenzol** (**1-Brom-2-äthylbenzol, 2-Äthylphenylbromid**) (Kp.$_{16}$ 79 bis 80°), Darst. 5643, 15 933; Massenspektrum 14 815; Dampfdruck u. Gefrierpunkt 14 082; Rk. 11 885.
m-**Bromäthylbenzol** (Kp.$_{18}$ 90—91°) 15 933.
4-Äthylphenylbromid, Massenspektrum 14 815.
1-Brom-2.3-dimethylbenzol (Kp.$_{14}$ 88—92°) 5643.
1-Brom-2.4-dimethylbenzol (**2.4-Dimethylphenylbromid, 4-Brom-*m*-xylol**) (Kp.$_{11}$ 84°), Darst., Rk. 1999; Massenspektrum 14 815; Rk. 11 885.
1-Brom-2.5-dimethylbenzol (**2.5-Dimethylphenylbromid, Brom-*p*-xylol**) (Kp.$_{18}$ 96°), Darst., Rk. 5643; Massenspektrum 14 815; Rk. 1999, 11 885.
1-Brom-2.6-dimethylbenzol (**2.6-Dimethylbrombenzol**) (Kp.$_{20}$ 90—93°) 3410, 5643, 8953.
1-Brom-3.4-dimethylbenzol (**3.4-Dimethylbrombenzol, 4-Brom-*o*-xylol**) (Kp.$_{13}$ 88 bis 90°), Darst. 5643; (Rk.) 15 937; Massenspektrum 14 815; Rk. 9317, 11 885.
1-Brom-3.5-dimethylbenzol (Kp.$_{14}$ 84—87°) 5643.

$C_8H_9BrClN_3O_4S_2$ **6-Chlor-3-brommethyl-3.4-dihydro-7-sulfamyl-1.2.4-benzothiadiazin-1.1-dioxid** (F. 216—217°) 4924, 6142*.

$C_8H_9BrClN_5$ **3-Chlor-4-bromphenylbiguanid**, Rk. 9348.

C_8H_9BrMg α-**Phenyläthylmagnesiumbromid**, Rk. 1196, 11 160.
β(**2**)-**Phenyläthylmagnesiumbromid**, Rk.: mit 2-Chlortetrahydropyran 8243; mit Dimethylsulfoxid 10 432; mit 7-Methyltetralon-(1) 4525; mit N-Phenäthyl-3-methylpiperidon-(4) 9710; mit Δ^9-Oktalindion-(1.4) 5280; mit Hydrozimtsäureäthylester 16 297.
2-Äthylphenylmagnesiumbromid, Rk. 5643.

O-[3-Chlor-4-nitrophenyl]-*O.O*-dimethylthiophosphat, Herst., Verw. 9490*; s. auch *Schädlingsbekämpfung-Spezialmittel (Amer Cyanamid, Chlorthion, Verbindung-4124).*
$C_8H_9ClN_2O$ *N*-Äthyl-*m*-chlor-*p*-nitrosoanilin (F. 110—112°) 459.
p-Nitroso-*m*-chlor-*N.N*-dimethylanilin (F. 137—138°) 458.
o-Chlorbenzylharnstoff (F. 143°) 10 838.
p-Chlorbenzylharnstoff (F. 122°) 10 838.
O-[*β*-Chloräthyl]-pyridin-2-aldoxim ($Kp._{0,15}$ 73—75°) 8720*.
$C_8H_9ClN_2O_2$ 2-[*o*-Nitrophenylamino]-äthylchlorid, Rk. 1324*.
2-Nitro-4-chlor-*N*-äthylanilin, Red. 6025.
N.N-Dimethyl-2-chlor-4-nitroanilin, Antifungusaktivität 17 805.
N.N-Dimethyl-2-nitro-4-chloranilin, Antifungusaktivität 17 805.
2-Methyl-4-chlor-5-carbäthoxypyrimidin, Darst., Rk. 3096; Rk. 17 759.
p-Chlorphenoxyessigsäurehydrazid (F. 159°) 10 428.
$C_8H_9ClN_2O_2S$ 2-Methylmercapto-4-chlor-5-carbäthoxypyrimidin, Rk. 3095; tumorhemmende Wrkg. 9376.
$C_8H_9ClN_2O_3$ 4-Chlor-2-hydroxy-3-nitro-6-propylpyridin (F. 182—183°) 11 925.
3-Chlorpyridazinyl-(6)-oxyessigsäureäthylester (F. 67°) 13 027.
3-Chlorpyridazon-(6)-yl-(1)-essigsäureäthylester ($Kp._{0,2}$ 131—135°) 13 027.
$C_8H_9ClN_2O_3S$ *N*-[*p*-Chlorbenzolsulfonyl]-*N'*-methylharnstoff (F. 192,7—193,5°) 7623*.
$C_8H_9ClN_2O_4S$ 3-Aminosulfonyl-4-chlor-6-methylaminobenzoesäure (F. 264°) 13 573*.
$C_8H_9ClN_2S$ 3-Allylmercapto-4 (bzw. -5)-methyl-6-chlorpyridazin (F. 80—81,5°) 1990.
$C_8H_9ClN_4$ 6-[*γ*-Chlorpropyl]-purin (F. 239 bis 243° Zers.) 17 401.
1-Isopropyl-4-chlor-pyrazolo-[3.4:*d*]-pyrimidin 6876*.
$C_8H_9ClN_4O$ 1-Methyl-6-äthoxy-3-chlorpyrazolo-[3.4:*d*]-pyrimidin (F. 67—69°) 17 760.
N-[*p*-Chlorphenyl]-*N'*-guanylharnstoff, Rk. 17 007.
$C_8H_9ClN_4O_2$ 8-Chlormethyltheobromin (F. 263°) 15 597.
8-Chlormethyltheophyllin (F. 241°) 15 597.
8-Chlorcaffein, Rk. 18 117.
$C_8H_9ClN_6$ 4.8-Bis-[methylamino]-6-chlorpyrimido-[5.4:*d*]-pyrimidin (F. 227—229°) 17 854*.
$C_8H_9ClN_{10}O_2$ 4.8-Disemicarbazido-6-chlorpyrimido-[5.4:*d*]-pyrimidin 17 854*.
C_8H_9ClO 1-Chlor-1-phenyläthanol-(2) ($Kp._{20}$ 86°) 440.
1-Phenyl-2-chloräthanol (Styrolchlorhydrin) ($Kp._{0,3}$ 88°) 441, 9149*.
α-[*o*-Chlorphenyl]-äthanol ($Kp._{15}$ 113—114°) 15 937.
α-[*m*-Chlorphenyl]-äthanol ($Kp._{14}$ 112 bis 113°) 15 937.
α-[*p*-Chlorphenyl]-äthanol (4-Chlorphenyl-methyl-carbinol) ($Kp._{15}$ 121—121,5°), Darst. (Rk.) 15 937; (Verw.) 7327*; Rk. 13 715, 17 493*.
2-*m*-Chlorphenyläthanol ($Kp._3$ 1100,5°), Best. d. Rotationsisomeren aus d. *ν*(OH) 11 506.
2-*p*-Chlorphenyläthanol, Darst. 101; (Verw.) 19 005*; Best. d. Rotationsisomeren aus d. *ν*(OH) 11 506.
β-[*p*-Hydroxyphenyl]-äthylchlorid, Rk. 7256*.
4-Chlormethyl-1.2-xylol, Rk. 15 914.
3-Chlor-2.6-dimethylphenol (F. 58—60°) 10 432.
2.6-Dimethyl-4-chlorphenol (F. 81—82°) 16 987.
5-Chlor-2.4-dimethylphenol (F. 90°) 10 432.
Chlorxylenol, bakteriostat. u. bactericide Wrkg. v. —-Lsg. 1706; Verw. 13 487, 14 612.
β-Chlorphenetol (2(*β*)-Phenoxyäthylchlorid, 2-Chloräthylphenyläther), Rk.: mit KCN 17 697; mit 4-Phenylpiperidinol-(4) 12 019*; mit Diäthanolamin u. Thionylchlorid 12 020*; Kinetik d. Decarboxylier. v. Malonsäure u. Oxanilsäure in — 14 096.
Methyl-[*α*-chlorbenzyl]-äther 18 078.
Chlormethylbenzyläther, Verh. gegen Cyclisier. 13 032.
o-Methoxybenzylchlorid, Rk. 15 245.
m-Chlormethylanisol, Appearance-Potential v. —-Ionen 16 975.
p-Methoxybenzylchlorid (*p*-Chlormethylanisol), Darst., Kinetik d. Solvolyse 83; Appearance-Potential v. —-Ionen 16 975; Rk. 5392*, 8236, 11 165, 11 191.
p-Chlor-*o*-kresylmethyläther (Ep. 37°) 14 318*.
Bicyclo-[2.2.1]-hepten-(5)-2-endocarbonsäurechlorid, Rk. 10 932*.
Bicyclo-[2.2.1]-hepten-(5)-2-exocarbonsäurechlorid, Rk. 10 932*.
C_8H_9ClOS *ω*-[Thienyl-(2)]-buttersäurechlorid ($Kp._{0,7}$ 102—104°) 18 472.
C_8H_9ClOSe 2-Chlormethyl-5-propionylselenophen ($Kp._8$ 148,5—149,5°) 11 560.
2-Methyl-3-chlormethyl-5-acetylselenophen (F. 69—70°) 11 560.
$C_8H_9ClO_2$ (s. *Chlorphenoxetol [β-(p-Chlorphenoxy)-äthanol]*).
2-Methoxy-5-chlorbenzylalkohol (F. 58°) 10 814.
$C_8H_9ClO_2S$ *p*-Methylsulfonylbenzylchlorid (F. 78,5—89°) 1946.
Phenyl-*β*-chloräthylsulfon (1-Chlor-2-phenylsulfonyläthan) (F. 56—57°), Darst., Rk. 11 162; Rk. 10 457.
Äthyl-4(*p*)-chlorphenylsulfon (F. 37—39°), Herst., Rk. 1382*; Rk. 2084*.
3.4-Dimethylbenzolsulfonylchlorid, Rk. 6506*, 15 333*.
$C_8H_9ClO_3$ 2.4-Dimethylperchlorylbenzol 8780*.
2.5-Dimethylperchlorylbenzol ($Kp._2$ 78°) 8780*.
2.6-Dimethoxy-3-chlorphenol, IR-Spektrum 3764.
$C_8H_9ClO_3S$ Äthansulfonsäure-*p*-chlorphenylester ($Kp._{10}$ 163—166°) 6370.
Benzolsulfonsäure-*β*-chloräthylester ($Kp._8$ 175—176°) 6369.
4-Methoxy-2-methylbenzolsulfonylchlorid, Rk. 3786.
$C_8H_9ClO_3S_2$ 3-Chlor-4-äthylmercaptobenzolsulfonsäure, Rk. 2084*.
$C_8H_9ClO_4S$ Phenyl-*β*-chloräthyläthersulfonsäure, Rk. 1353*.
3.4-Dimethoxybenzolsulfonsäurechlorid, Rk. 15 333*.
C_8H_9ClS Benzylmercaptomethylchlorid, Rk. 3429.
Phenyl-*β*-chloräthylsulfid (*β*-Phenylthioäthylchlorid, 1-Chlor-2-phenylmercaptan) ($Kp._{23}$ 134°), Darst., Rk.-Fähigk. in Bezieh. zur adrenerg. hemmenden Aktivität 1307; Rk. 10 457, 11 162.
Äthyl-*p*-chlorphenylsulfid (*p*-Chlorphenyläthylsulfid) ($Kp._{18}$ 123°) 1382*, 14 508.
C_8H_9ClSSn Divinylthienylzinnchlorid 4716*.
$C_8H_9Cl_2F_3O_2$ *α.β*-Dichlor-*γ.γ.γ*-trifluorcrotonsäure-*n*-butylester ($Kp._{746}$ 193°) 16 841*.
α.β-Dichlor-*γ.γ.γ*-trifluorcrotonsäure-*tert.*-butylester ($Kp._{12}$ 65—66°) 16 841*.
$C_8H_9Cl_2N$ 2.6-Dichlor-4-methyl-5-äthylpyridin, Rk. 12 103*.
2.6-Dichlor-*N*-benzylmethylamin ($Kp._{0,4}$ 67°) 5646.
$C_8H_9Cl_2NO$ 2-Methyl-3-hydroxy-4.5-bis-[chlormethyl]-pyridin, Hydrochlorid (F. 185 bis 195° Zers.) 15 614.
$C_8H_9Cl_2NO_2$ *β*-[2.4-Dichlor-5-aminophenoxy]-äthanol (F. 109,5°) 9673.
Dichloracet-4-hydroxy-*N*-methylanilid, Rk. 7622*.
N-Butyldichlormaleinimid (F. 38—41°) 629*, 6582*, 18 643*.

Bicyclo-[2.2.1]-hepten-(5)-carbonitril-(2) [2-Cyanbicyclo-[2.2.1]-hepten-(5)], Darst., Rk. 10 444; (v. endo- u. exo-—) 10 076.

C_8H_9NO **2.4-Dihydro-1.3-benzoxazin**, Deriv. 15 595.

3.4-Dihydro-2H-1.4-benzoxazin, Test. auf antimikrobielle Aktivität 17 456.

2-Methyl-3-phenyloxaziran ($Kp._{1,5}$ 66°) 4900.

1-Nitroso-2.5-xylol, Bind. v. — an Hämoglobin u. Hämoglobin-Verb. 12 002.

2.6-Dimethylnitrosobenzol (F. 137°) 16 289.

***C*-Phenyl-*N*-methylnitron**, Rk. 12 293.

β-[Pyridyl-(2)]-allylalkohol, Rk. 14 504.

2.6-Dimethylpyridin-4-aldehyd ($Kp._{0,5}$ 59 bis 60°) 7143.

4.6-Dimethylpyridin-2-aldehyd ($Kp._3$ 75°) 7142.

2-Acetonylpyridin (**α-[Pyridyl-(2)]-aceton**) ($Kp._2$ 75—78°), Darst., Pikrat 7893; Rk. 6041.

Äthylpyridyl-(2)-keton (**2-Propionylpyridin**) ($Kp._{17}$ 94—98°), Darst. (Deriv.) 10 046; (Semicarbazon) 14 110; Rk. 7523.

Äthylpyridyl-(3)-keton (**β-Propionylpyridin**) ($Kp._{18}$ 105—117°) 4163, 14 110.

Äthylpyridyl-(4)-keton (**4-Propionylpyridin**) ($Kp._{22}$ 120—123°), Darst., Pikrat 14 110; Rk. 7625*.

6-Methyl-2-acetylpyridin, Rk. 8607.

3-Acetyl-6-methylpyridin ($Kp._{11}$ 107—108°) 9711.

4-Oxo-4.5.6.7-tetrahydroindol (F. 188 bis 190°) 18 109.

1.2-[3'-Oxotetramethylen]-pyrrol, Einfl. d. Ringgröße auf d. UV-Spektrum bzw. d. ν(CO) 5604.

ω-Aminoacetophenon (**Phenacylamin**), Darst. d. Hydrochlorids (F. 186,5° Zers., korr.) 2708; Rk.: d. Hydrobromids 4518; d. Hydrochlorids 2708.

o(2)-Aminoacetophenon, Best. v. H-Brücken aus d. IR-Spektrum 432; Einw. v. Säuren auf d. Elektronenspektrum v. — 8557; Dipolmoment, innermol. H-Bind. 4857; Bezieh. zwischen Halbstufenpotential u. Substitut. 17 701; Rk.: mit SeO_2 5661; v. diazotiertem — mit KSeCN 17 757; Überführ. in 4-Hydroxycinnolin 1235; Rk.: mit Pyridyl-(4)-essigsäureäthylester-methojodid 10 836; mit Oxalylchlorid 9329; mit Phthalsäureanhydrid 6015; Bldg. bei d. enzymat. Oxydat. d. β-Indolylessigsäure 2029.

m(3)-Aminoacetophenon (F. 93—94°), Darst., Rk. 1563; Dipolmoment 4857; Bezieh. zwischen Halbstufenpotential u. Substitut. 17 701; Rk. 3813; Tüpfelnachw. 3575.

p(4)-Aminoacetophenon (F. 104—106°), Darst. 15 185; Best. v. H-Brücken aus d. IR-Spektrum 432; Dipolmoment 4857; Bezieh. zwischen Halbstufenpotential u. Substitut. 17 701; Rk.: mit 4.7-Dichlorchinolin 3813; mit Chlorochin u. BrCN 16 769; mit Allyl-MgBr 843; mit Phenyl-MgBr 17 361; mit Phenylisothiocyanat 11 536; mit Chloressigsäure 6334; mit p-Acetaminobenzolsulfonylhydrazin 303*; Kuppl. v. Tuberkulin-akt. Protein hC mit diazotiertem — 15 283; antituberkulöse Wrkg. einiger v. — abgeleiteter Azomethinketone 13 115.

Phenylacetaldoxim (F. 102°) 8578.

p-Tolu-*syn*-aldoxim (F. 78°), Rk. 14 477.

p-Tolu-*anti*-aldoxim, Rk. 14 477.

Acetophenonoxim, Kinetik d. Beckmann-Umlager. 3048; Vers. d. Hydrier. 8578; Rk. mit Aryloxyacetylchloriden 14 838; Stabilisier. v. Monovinylacetylen mit — 15 402*.

***N*-Methylsalicylaldimin** (**o-Hydroxybenzal-methylamin**), Herst. v. — u. Wärmebeständigk. d. Zn-Chelates 9270; Herst. v. Pd- u. Cu-Komplexen 6334; UV-Spektrum 15 532; Kristallspektren d. Komplexes mit Ni 1117; magnet. Susceptibilität d. Komplexes mit Ni(II) 16 581; Magnetismus v. Bis-[N-methylsalicylaldiminato]-Ni(II) 16 934.

o-Hydroxyacetophenonimin, UV-Spektrum 15 532.

Phenylacetamid (**Phenylessigsäureamid**) (F. 155—156°), Darst. 11 878; (Rk.) 18 440; Bldg. 16 684; Rk.: mit Gramin 15 207; mit Aldehyden 822; Verh. gegen Tris-[formamido]-methan 18 468.

Acetanilid (**Antifebrin**) (F. 115°), Darst. 3788; (Verw. v. Deriv.) 7622*, 18 565*; Bldg. 5652, 10 057, 18 798, 18 801; Lsgm.-Abhängigk. d. ν(N—H) 10 028; Best. d. Resonanz aus d. ν(CO) 14 078; Intensität d. Carbonylbande 15 897; Dipolmoment, Konformat. d. Acetylaminogruppe 16 976; Hydrier. 6011; Hydrolyse 15 180; (Kinetik) 18 786; Chlorier. 10 431; Nitrier. 1562; Rk.: mit 3-Bromphenyltrifluormethylsulfid 12 021*; mit Na-Äthylcarbonat 10 061; mit Säurechloriden 1213; mit Anhydriden aus Phosphaten u. Carbonsäurechloriden 7701*; Stabilisatorwrkg. auf H_2O_2-Zers. 17 331; Einfl. auf d. Photooxydat. v. 2.3.4.5-Tetraphenylfuran 9667; Rolle v. — bei Unters. v. Leberacylase v. mit 4-Dimethylaminoazobenzol gefütterten Ratten 9752; Biosynth. v. Pyocyanin in Ggw. v. — 6454 [2 Ref.]; Resorpt. durch d. kleine Intestinum v. Ratten 17 835; antagonist. Wrkg. gegenüber Bradykinin 8708; Wrkg. v. Verschlußikterus auf d. —-Stoffwechsel bei Kaninchen 17 083; — als Wärmestabilisator für Nitrocellulosefilme 3839; Verw. in Entwickler für latente elektrostat. Bilder 2240*; Best.: v. Antipyrin neben — 5016; v. Lidocain in Ggw. v. — 18 560.

N*-Benzylformamid** (N*-Formylbenzylamin**), Darst. 1952; Rk. 11 004*.

***N*-Formyl-*p*-toluidin**, Rk. 11 004*.

***N*-Methylformanilid** (**Formylmethylanilin**), Rk.: mit anorgan. Säurechloriden u. Vinyläthern 16 848*; mit Azulenen 13 746; mit 9.10-Dibromanthracen u. Butyl-Li 8971; mit Thionaphthen 13 385; mit 1.2.3-Thiadiazolen 5486*; mit 2-Chlorselenophen 9699; mit Ferrocen 6013, 15 943; mit N.N-Bis-[β-chloräthyl]-anilin 18 092; mit 3-Alkoxypyrenen 18 453; mit 3-Methoxymethylendioxybenzol 15 606; mit 2-Methoxy-5-brombenzotrifluorid 1590; mit p-Vinylphenyl-MgCl 7492; mit Mercaptanen 11 154; mit Cyanurhalogenid 10 639*; mit ω-[Thienyl-(2)]-carbonsäureestern 811; mit Dimethylsulfat 18 083.

o*-Toluamid** (o*-Toluylsäureamid, *o*-Methylbenzoesäureamid**) (F. 140—141°), Darst. 15 962; Darst., Rk. v. $^{14}C_{(Methyl)}$— 11 144; Vor-Auflauf-Herbicid-Wrkg. v. — 14 292; mkr. Identifizier. 17 874.

p*-Toluamid** (p*-Toluylsäureamid, 4-Methylbenzamid**), Herst. 4714*; Rk. 8977, 11 371*; mkr. Identifizier. 17 874.

***N*-Methylbenzamid**, Lsgm.-Einfl. auf d. IR-Spektrum 10 400.

Benzimidomethylester (**Methylbenzimidat**), Rk. 1226, 1997, 1998.

C_8H_9NOS **4.5-Methylensulfidpyridoxin** (**2-Methyl-3-hydroxy-4.5-[2'-thiatrimethylen]-pyridin**), Prüf. d. tox. Wrkg. 12 362.

2-Allylmercaptopyridin-1-oxid (F. 73—74°) 5447*.

Phenylthionocarbaminsäuremethylester, Rk. 14 477.

Thioglykolsäureanilid (***N*-Phenyl-α-mercaptoacetamid**), Säuredissoziat.-Konst. 5214; Rk. 8062*, 10 772.

***p*-Methylmercaptobenzoesäureamid** (F. 186°) 7491.

***N*-Methyl-2-mercaptobenzamid** (F. 90°) 14 869.

Äthyl-[*m*-amino-*p*-chlorphenyl]-sulfon (F. 82—85°) 1383*.
1-Dimethylaminobenzolsulfochlorid-(4), Rk. 5538*.
***N*-*p*-Chlorbenzylmethansulfonamid** (F. 134°) 10 424.
***N*-[*p*-Chlorphenyl]-*N*-methylmethansulfonamid** (F. 67—68°), IR-Spektrum 3395.
$C_8H_{10}ClNO_2S_2$ **3-Chlor-4-äthylmercaptobenzolsulfonamid** 2084*.
$C_8H_{10}ClNO_3S$ ***N*-[β-Hydroxyäthyl]-*p*-chlorbenzolsulfonamid** (F. 104—105°) 6742.
$C_8H_{10}ClNO_4S_2$ **2-Chlor-4-äthylsulfonylbenzolsulfonamid** (F. 161°) 2084*.
3-Chlor-4-äthylsulfonylbenzolsulfonamid (F. 156,5—157°) 2084*.
$C_8H_{10}ClNS$ ***p*-Chlorphenyl-2-mercaptoäthylamin** (Kp.$_{0,02}$ 112°) 9305.
$C_8H_{10}ClN_3O_2$ ***N*-[6-Chlorpyrimidyl-(2)]-glycinäthylester** (F. 75,5—76,5°) 15 967.
***N*-[6-Chlor-4-methylpyrimidyl-(2)]-glycinmethylester** (F. 102—104°) 15 967.
$C_8H_{10}ClN_3O_4S_2$ **2-Methyl-6-chlor-7-sulfamyl-3.4-dihydrobenzo-1.2.4-thiadiazin-1.1-dioxid** (F. 240—245°) 6142*.
3-Methyl-6-chlor-7-sulfamyl-3.4-dihydrobenzo-1.2.4-thiadiazin-1.1-dioxid (F. 258 bis 260°) 4923, 6143*.
4-Methyl-6-chlor-7-sulfamyl-3.4-dihydrobenzo-1.2.4-thiadiazin-1.1-dioxid-(4-Methyl-6-chlor-7-aminosulfonyl-3.4-dihydro-1.2.4-benzothiadiazin-1.1-dioxid) (F. 245°) 6142*, 14 140.
6-Chlor-5-methyl-3.4-dihydro-7-sulfamyl-1.2.4-benzothiadiazin-1.1-dioxid (F. 302 bis 303°) 4923.
$C_8H_{10}ClN_3S$ **4-[*o*-Chlorbenzyl]-thiosemicarbazid** (F. 141°) 10 810.
4-[*p*-Chlorbenzyl]-thiosemicarbazid (F. 156°) 10 810.
$C_8H_{10}ClN_5$ ***m*-Chlorphenylbiguanid** (***N*¹-[3-Chlorphenyl]-biguanid**), Bldg. d. Nicotinats (F. 188—189°) 6778; Rk. 18 832.
p*-Chlorphenylbiguanid** (N*¹-[4-Chlorphenyl]-diguanidin**), Rk. 6511*, 9348; bakteriostat. Wrkg. d. Hydrochlorids 1278; tuberkulostat. Wrkg. d. Hydrochlorids 16 733.
$C_8H_{10}ClOPS$ **Phenylthionophosphonsäureäthylesterchlorid**, Rk. 6557*.
$C_8H_{10}ClOPS_2$ ***O*-Äthyl-*p*-chlorphenylthionothiolphosphonat**, Rk. d. K-Salzes 9125*.
$C_8H_{10}ClO_2P$ **Phenylphosphonsäureäthylesterchlorid** (Kp.$_{0,3}$ 103°) 17 362.
$C_8H_{10}ClO_2PS$ ***O*-[4-Methylphenyl]-*O*-methylthiophosphorsäurechlorid** 10 248*.
$C_8H_{10}ClO_4P$ **Phosphorsäuremono-[5-chlor-2.4-dimethylphenyl]-ester** 10 432.
$C_8H_{10}ClP$ ***o*-Chlorphenyldimethylphosphin** (Kp.$_{0,25}$ 43°) 10 816.
$C_8H_{10}Cl_2$ **Dimerchlorbutadien**, Abtrenn. v. 2-Chlorbutadien-(1.3) 10 998*.
$C_8H_{10}Cl_2F_3NO$ **α.β-Dichlor-γ.γ.γ-trifluorcrotonsäure-*n*-butylamid** (Kp.$_{30}$ 167—168°) 16 841*.
$C_8H_{10}Cl_2NO_3P$ ***N*-Methylamidophosphorsäuremethyl-*o.p*-dichlorphenyldiester** (F. 54 bis 55°) 4647*.
$C_8H_{10}Cl_2N_2O_2$ **1.3-Dichlor-5.5-pentamethylenhydantoin** 15 036*.
$C_8H_{10}Cl_2OS$ ***n*-Propyl-[2.3-dichlorthenyl-(5)]-äther** (Kp.$_{13}$ 135°) 12 650.
Isopropyl-[2.3-dichlorthenyl-(5)]-äther (Kp.$_{13}$ 128°) 12 650.
$C_8H_{10}Cl_2OS_2$ **Propyl-2.3-dichlorthenyl-(5)-sulfoxid** (F. 106°) 5660.
$C_8H_{10}Cl_2O_2$ **2.2-Dichlordimedon** (F. 111°) 12 284.
$C_8H_{10}Cl_2O_3$ **Tetrahydrofuran-2.5-bis-acetylchlorid** 3115.
$C_8H_{10}Cl_2O_4$ **Dichlormaleinsäurediäthylester** 1570.
$C_8H_{10}Cl_2O_4S_3$ **2-[*n*-Butyl]-thiophen-3.5-disulfochlorid**, Darst., Rk. 8346*; Rk. 15 035*.
$C_8H_{10}Cl_2O_5$ **Bis-[chloracetoxy]-tetrahydrofuran**, Rk. 7694*.
$C_8H_{10}Cl_2Pb$ **Äthylphenylbleidichlorid** 4716*.
$C_8H_{10}Cl_2S_2$ **Propyl-2.3-dichlorthenyl-(5)-thioäther** (Kp.$_{15}$ 168°) 5660.
$C_8H_{10}Cl_2Si$ **Methylphenylchlormethylchlorsilan**, Rk. 871.
Dimethyl-*p*-chlorphenylchlorsilan, Rk. 871.
$C_8H_{10}Cl_3NSn$ **Dimethylaminophenylzinntrichlorid** 4716*.
$C_8H_{10}Cl_3N_3O_2S_2$ ***N*-Trichlormethylmercapto-*N'*.*N'*-dimethyl-*N*-[2-pyridyl]-sulfamid** (F. 94°) 15 741*.
$C_8H_{10}Cl_3OP$ **β-[Cyclohexen-(1)-yl-(1)]-β-chlorvinylphosphonsäuredichlorid** (Kp.$_2$ 132°) 8949.
$C_8H_{10}Cl_4$ **CCl_4-Norbornylen-Addukt** (Kp.$_9$ 132 bis 135°) 7844.
$C_8H_{10}Cl_4O$ **α.α'-Bis-[1.2-dichlorvinyl]-diäthyläther** (Kp.$_6$ 104—105°) 91.
$C_8H_{10}Cl_4Si_2$ ***p*-Bis-[methyldichlorsilyl]-benzol** (F. 56—57°) 13 732.
$C_8H_{10}Cl_6N_2O_2S_2$ **Dipropionyl-*N*.*N'*-bis-[trichlormethylmercapto]-hydrazid** 17 860*.
$C_8H_{10}Cl_6O_4$ **Bis-[α-hydroxy-β.β.β-trichloräthyl]-essigsäureäthylester** 15 927.
$C_8H_{10}FN$ **α-[*p*-Fluorphenyl]-äthylamin**, Abtrenn. durch Clathrat-Bldg. 15 158.
$C_8H_{10}FOPS$ **Phenylfluorthiophosphonsäureäthylester** (Kp.$_4$ 100—101°) 2337.
***p*-Tolylfluorthiophosphonsäuremethylester** (Kp.$_2$ 95°) 2337.
$C_8H_{10}FO_2P$ **Phenylfluorphosphonsäureäthylester** (Kp.$_2$ 95°) 2337.
$C_8H_{10}F_2O_4$ **Difluorfumarsäurediäthylester** 2169*.
Difluormaleinsäurediäthylester 2169*.
$C_8H_{10}F_3NO_2$ **4-Isobutyl-2-[trifluormethyl]-oxazolon-(5)** 1571.
$C_8H_{10}F_3N_3O$ **4-Amino-5-äthoxymethyl-2-trifluormethylpyrimidin** (F. 126—127°) 3827.
$C_8H_{10}F_3N_3O_5$ ***N*-Trifluoracetyltriglycin** (F. 225 bis 228°) 7697*.
$C_8H_{10}F_4$ **7.7.8.8-Tetrafluorbicyclo-[4.2.0]-octan** (Kp.$_{100}$ 82°) 16 299.
$C_8H_{10}F_4Si_2$ ***p*-Phenylen-bis-[difluormethylsilan]** (Kp.$_{32}$ 99°) 12 276.
$C_8H_{10}F_5O_3P$ **Perfluorcyclobuten-(1)-yl-phosphonsäurediäthylester** (Kp.$_5$ 80°) 12 996.
$C_8H_{10}F_6Sn$ **Bis-[trifluorvinyl]-diäthylstannan** (Kp.$_{12}$ 55—57°) 17 339.
$C_8H_{10}F_7N$ **Diäthylperfluorisobutenylamin** (Kp.$_{22}$ 77—78°) 15 024*.
$C_8H_{10}F_7O_3P$ **Perfluorisobutenylphosphonsäurediäthylester** (Kp.$_8$ 85°) 12 996.
$C_8H_{10}Hg$ **Phenyläthylquecksilber** (Kp.$_5$ 107 bis 108°) 443.
$C_8H_{10}HgN_2O_4S$ ***m*-Acetoxymercurisulfanilamid** 5665.
$C_8H_{10}HgS$ **[Äthylmercuri]-phenylsulfid** (F. 61°), UV-Spektrum 16 971.
$C_8H_{10}JN$ **α-[*p*-Jodphenyl]-äthylamin**, Abtrenn. durch Clathrat-Bldg. 15 158.
4-Jod-2.6-dimethylanilin (F. 51°), Darst. 16 289; Rolle v. — bei Jodier.-Rk. in Ggw. v. Peroxydase 11 230.
***p*-Jod-*N*.*N*-dimethylanilin**, Rk. 2334.
$C_8H_{10}JN_5$ ***p*-Jodphenylbiguanid**, Rk. 9348.
$C_8H_{10}J_2N_2$ **3-Amino-4.5-bis-[jodmethyl]-2-methylpyridin**, Vers. d. Darst. 15 614.
$C_8H_{10}J_2O_2$ **2.2-Dijoddimedon** (F. 139—140°) 12 284.
$C_8H_{10}LiN$ ***p*-Dimethylaminophenyllithium**, Rk. 6033, 13 491*.
$C_8H_{10}NO$ **Äthylphenylstickoxid** s. unter *Radikale (Spezielle Radikale)*.
$C_8H_{10}NO_5P$ **Dimethyl-*p*-nitrophenylphosphit** (Kp.$_{0,001-0,005}$ 85—87°) 16 817*.
***N*-Monophenylphosphorylglycin**, Bariumsalzdihydrat 9679.
$C_8H_{10}NO_5PS$ ***p*-Nitrophenylthiophosphorsäuredimethylester** s. *Schädlingsbekämpfung-Spezialmittel (E 605 f(orte), Folidol-M-50, Methylparathion, Wofatox)*.
$C_8H_{10}NO_6P$ (s. *Enzyme-Codecarboxylase [Pyridoxal-5-phosphat]*).
***p*-Nitrophenyldimethylphosphorsäureester (Dimethyl-*p*-nitrophenylphosphat)**

(Kp.$_{0,52}$ 151°), Darst. 9300; (Rk.) 9296, 10 423.

$C_8H_{10}NO_7P$ **4-Pyridoxsäurephosphat,** Hemm. d. enzymat. Oxydat. v. Pyridoxin- u. Pyridoxaminphosphaten durch — 10 509.

$C_8H_{10}N_2$ **1.2.3.4-Tetrahydrophthalazin,** Einfl. d. Hydrochlorids **(RO-5-0994)** auf d. Kontrakt. d. isolierten Rattencolons u. d. im Östrus befindl. Uterus 3540.
Tetrahydrochinoxalin, Rk. 1975, 13 409.
1.2.3.4-Tetrahydrochinazolin, UV-Spektrum 134.
5.6.7.8-Tetrahydrochinazolin (4.5-Tetramethylenpyrimidin), Darst. [d. Pikrats (F. 108—109°)] 10 645*; (v. Deriv.) 141.
1.2.3.4-Tetrahydro-1.6-naphthyridin (F. 155 bis 158°) 4917.
3-Methyl-3-phenyldiaziridin (F. 41—42°) 4900.
2-Allylaminopyridin, Rk. 12 239.
1-Aminoindolin (Kp.$_{12}$ 110—112°) 18 110.
Äthylpyridyl-(2)-ketimin (2-Pyridinaläthylimin) (Kp.$_{730}$ 192,5°), Darst., Rk. 10 045; Zers. d. Fe(II)-Komplexes v. — 14 433.
Pyridyl-(3)-äthylketimin (Kp.$_{3,5}$ 89°) 8979.
Acetaldehydphenylhydrazon, Rk. 4160, 15 026*.
1-Methyl-2-benzylidenhydrazin, Rk. 18 567*.
p-**Methylbenzamidin** 6746.

$C_8H_{10}N_2O$ **Benzylmethylnitrosamin,** gehinderte innere Rotat. u. kernmagnet. Resonanz 8202.
N-**Nitroso-***N*-**äthylanilin** 5098*.
o-**Nitrosodimethylanilin,** elektrometr. Titrat. 8732.
p-**Nitrosodimethylanilin** (*N.N*-**Dimethyl-***p*-**nitrosanilin**) (F. 86—87°), Depolarisat. d. Raman-Linien 5974; gemeinsame Disproportionier. v. — u. Aldehyden 4487; Red. 10 815. Rk.: mit $Na_3[Rh(CN)_5H_2O]$ 8179; mit 1.2.3-Triphenylfulven 6013; mit wässerig methanol. Alkali (Kinetik) 5619; mit 5-Äthoxy-3-hydroxythionaphthen 18 817; mit 1-[1.3.4-Thiadiazolyl-(2)]-Δ^2-pyrazolonen-(5) 4909; mit 3-[m-Tolyl]-2-thiohydantoin bzw. 4-Phenyl-2-methylthiazolmethojodid 11 184; mit Aceton- bzw. Benzaldehyd-[4-phenylselenazolyl-(2)-hydrazonen] 17 746; mit [4-Styrylbenzyl]-pyridiniumbromid 4514; mit N-[Xanthin-8-ylmethyl]-pyridiniumchloriden 15 598; mit 3-Methyl-1-trityl-1.2.4-triazoljodmethylat 16 677; mit 5- bzw. 6-Nitro-3-acetoxythionaphthen 8240; mit α-Acylacetamiden 16 289; mit N-[$\Delta^{1.8a}$-4-Keto-1β-(2'-tosyloxyäthyl)-7-äthylendioxy-4bβ-methyl-4aα.10aβ-dekahydrophenanthryl-(2)-methyl]pyridiniumbromid 6880*; bakteriostat. Wrkg. 1278; Verw.: zum Haltbarmachen v. Erntebindegarn gegen Nagetiere 7301*; als Stabilisier.-Mittel bei d. Abtrenn. v. Acetylenen aus Gasen 4719*; Tüpfelnachw. 3575; elektrometr. Titrat. 8732; Verw.: als colorimetr. Reagens auf Rh 6159; zur spektrophotometr. Rh-Best. 6159; zur Best. v. Corticosteronen 13 126, 16 058.
2-Methyl-4-allyloxypyrimidin (Kp.$_{0,5}$ 47°) 17 758.
Benzylharnstoff (F. 147—149°), Darst. 3434, 15 187; Rk. 3397, 18 202*; (v. Deriv.) 18 202*.
o(2)-**Methylphenylharnstoff** (*o*-**Tolylharnstoff**) (F. 195°), Darst. 15 187; UV-Spektrum 1546; Rk. 3397.
m-**Methylphenylharnstoff** (F. 145°), UV-Spektrum 1546.
p-**Methylphenylharnstoff** (*p*-**Tolylharnstoff**) (F. 183°), Darst. 15 187; UV-Spektrum 1546.
1(*N***)-Methyl-3(***N'***)-phenylharnstoff** (F. 150°) 3088, 11 881.
4-Acetyl-2.6-dimethylpyrimidin (F. 31—33°) 5670.
2-Methyl-5-allylpyrimidon-(4) (F. 138 bis 139°) 17 758.
2-Hydrazino-6-methyltropon (F. 121—123°) 18 096.
Glykolaldehydphenylhydrazon, Verw. 9124*.
Anisaldehydhydrazon, Rk. 8975.
4-Aminopyrrocoliniumhydroxid, Chlorid 9444*.
1-[2'-Cyanäthyl]-pyridiniumhydroxid, Salze 10 573*.
8-Cyannortropanon-3, Red. 17 768.
2(α)-Äthylisonicotinsäureamid (F. 131°), Darst., Rk. 17 493*; Rk. 3190*.
Glycylanilid (Aminoessigsäureanilid), Herst., Verw. v. Deriv. 10 564*; Kinetik d. durch Chymotrypsin katalysierten Kondensat. v. N-Benzoyl-L-tyrosin mit —8293.
2-Anilinoacetamid, Rk. 459.
m-**Acetamidoanilin** (*N*-**Acetyl-***m*-**phenylendiamin, 1-Amino-3-acetylaminobenzol),** Resonanzeffekt bei d. Radikalionbldg. 13 352; Rk. 18 410; Verw. für Azofarbstoffe 4731*, 6219*.
p-**Acetamidoanilin** (*N*-**Acetyl-***p*-**phenylendiamin,** *p*-**Aminoacetanilid, 1-Amino-4-acetylaminobenzol),** Rk.: mit β-[2.4-Dinitrophenyl]-äthylchlorid 18 410; mit Phenylisothiocyanat 11 536; v. diazotiertem — mit 3-Methylpyrazolon-(5) 16 675; mit Formylbenzalthiosemicarbazid 14 954*; mit Na-Glucuronat 18 476; mit γ- oder δ-Halogensulfonsäuren bzw. -halogeniden 7324*; Verw. für Farbstoffe 2180*, 3634*, 5859*; mkr. Nachw. als dibenzofuran-2-sulfonsaures Salz 17 513.
o-**Methylaminobenzamid** (*N*-**Methylanthranilsäureamid),** Darst., Rk. 134; Rk. 7897.
o-**Aminobenzoesäuremethylamid,** Rk. 850.
7-Cyanheptadien-(2.5)-säureamid (F. 109,5 bis 110,5°) 13 945*.
Phenylessigsäurehydrazid (F. 115—116°), Darst. v. $^{14}C_{(CO)}$— 16 641; Rk. 3427.
β-**Acetylphenylhydrazin,** Bldg. bei d. Direktoxydat. v. Acetat durch Hefe 6078; Methämoglobin-Bldg. u. Oxyhämoglobinzerstör. durch — 16 748; Einfl.: auf d. Stoffwechsel d. Phosphatkomponenten in roten Blutkörperchen 8321; auf d. N-Acetylneuraminsäuregeh. v. Erythrocyten 15 667.
p-**Methylbenzoesäurehydrazid,** Rk. 16 534*.
N^1-**Methylbenzhydrazid,** Rk. 6767.
α-**Hydroxyphenylacetamidin,** Zers.-Geschw. d. Ions u. Dissoziat.-Konst. 13 685.
p-**Methoxybenzamidin** 6746.
α-**Phenylacetamidoxim** 3778.
o-**Toluamidoxim** 3778.
p-**Toluamidoxim** 3778.

$C_8H_{10}N_2OS$ **2-Methylmercapto-4-allyloxypyrimidin** (Kp.$_{0,5}$ 88°) 17 758.
4-Isocyanatohexahydrophenylsenföl (Kp.$_{0,8}$ 116—120°) 11 366*.
2-Methylmercapto-5-allylpyrimidon-(4) (F. 155—157°) 17 758.
N^1-**Methyl-***p*-**hydroxythiobenzoesäurehydrazid** (F. 116—117°) 6744.
o-**Methoxythiobenzhydrazid** (F. 34—35°) 6382.
p-**Methoxythiobenzhydrazid** (F. 125—126°) 6382.
N-**Sulfinyl-***p*-**dimethylaminoanilin** (F. 72°) 10 799.

$C_8H_{10}N_2O_2$ **6.7-Diaminobenzo-1.4-dioxan** (F. 122—123° korr.) 1989.
3-Isopropyl-4-nitropyridin (Kp.$_{0,85}$ 82—84°) 3093.
3-Nitro-2.4.6-kollidin (3-Nitro-2.4.6-trimethylpyridin) (F. 38°), Darst., Rk. 8248; Red. 15 592.
α-[*m*-**Nitrophenyl]-äthylamin,** Clathrat-Bldg. d. Komplexes mit $Ni(SCN)_2$ 15 158.

1-Amino-3-acetylaminobenzol-6-sulfonsäure, Verw. 11 378*.
1-Amino-4-acetylaminobenzol-2-sulfonsäure, Verw. 10 288*.
N-**[4-Methoxybenzolsulfonyl]-harnstoff**, Rk. 18 098.
$C_8H_{10}N_2O_5S$ **1-Hydroxy-2-amino-6-acetylaminobenzol-4-sulfonsäure**, Verw. 14 332*.
$C_8H_{10}N_2O_6$ **2'-Carboxymethyl-2.1'-dinitro-1.1'-bicyclopropan** (F. 174—176° Zers.) 11 542.
$C_8H_{10}N_2O_7$ *trans*-**1-Nitro**-*cis*-**1-[β-nitropropionyl]**-*cis*-**2-carbomethoxycyclopropan** (F. 82,5—83,5°) 11 541.
$C_8H_{10}N_2S$ **1-Benzylthioharnstoff**, Salzbldg. mit dem Rk.-Prod. aus Glumamycin u. HCl 11 296*; Verw. 11 338*.
o-**Tolylthioharnstoff**, Rk. 15 154.
m-**Tolylthioharnstoff**, Rk. 15 154.
p-**Tolylthioharnstoff**, Rk. 15 154; Verw. 11 338*.
1(*N*)-Methyl-3(*N'*)-phenylthioharnstoff, Rk. 3088, 13 732.
S-**Benzylisothioharnstoff** (*S*-**Benzylpseudothioharnstoff**), Darst., Rk. v. Salzen 15 964; Darst. d. Tetrathionats 10 809; Bldg. d. Persulfats bzw. Sulfats 10 431; Rk. 3095, 4641*; (v. —-Hydrochlorid) 4156, 17 758; Cytotoxizität d. Hydrochlorids in menschl. Zellkulturen 4195; Best. v. Aldehyden als —-Salze 16 078.
Thianid (1314 Th, Präparat „1314", α-Äthylisonicotinsäurethioamid, 2-Äthylpyridin-4-carbonsäurethioamid) (F. 166°), Herst. (therapeut. Verw.) 3190*, 17 493*; (d. Hydrochlorids) 1414*; Wrkg. auf d. Makroorganismus 2070; spektrophotometr. Best. in pharmazeut. Präp. 9437.
Phenylthioacethydrazid (F. 70—71°), Darst., Rk. 6382; Rk. 6767.
*N*²-**Phenylthioessigsäurehydrazid** (F. 80 bis 81° u. 95—96°) 6745.
p-**Methylthiobenzhydrazid** (F. 137—138°) 6382.
*N*¹-**Methylthiobenzoesäurehydrazid** (F. 91 bis 92°), Darst. 6744; Rk. 6767.
*N*²-**Methylthiobenzoesäurehydrazid**, Hydrochlorid (F. 169—170°) 6744.
$C_8H_{10}N_2S_2$ **Phenylthiomethylisothioharnstoff**, Prüf. d. Hydrojodids auf Strahlenschutz 1682.
1.4-Dithiandiacetonitril-(2.5) (F. 184°) 10 838.
S-**Äthyl-2-pyridyldithiocarbaminsäure**, tuberkulostat. Wrkg. 10 552.
$C_8H_{10}N_2Se$ **3-Methyl-5-[selenienyl-(2')]-Δ²-pyrazolin** (Kp.₉ 129—130°) 9698.
$C_8H_{10}N_3O_5P$ **4-Nitrobenzolazophosphonsäuredimethylester**, Rk. 13 215*.
$C_8H_{10}N_4$ **1-[1'.3'.4'-Triazolyl-(5')]-2.5-dimethylpyrrol** (F. 203°) 3444.
3-[2'-Aminoäthyl]-pyrido-[2.1:*c*]-*symm.*-triazol 4647*.
Benzaldehydguanylhydrazon, antibakterielle Aktivität 15 650.
1-[1'-Cyanpropen-(1')-yl-(2')]-3-methyl-5-aminopyrazol (F. 85—86°) 15 409*.
$C_8H_{10}N_4O$ **1-Isopropyl-4-hydroxy-pyrazolo-[3.4:*d*]-pyrimidin** (F. 197—198°) 6876*.
6-[γ-Hydroxypropyl]-purin (F. 173—176°) 17 401.
5-Äthoxy-7-methyl-*symm.*-triazolo-[4.3:*a*]-pyrimidin (F. 149—150°) 6414.
5-Äthoxy-7-methyl-*symm.*-triazolo-[4.3:*c*]-pyrimidin (F. 104—105°) 1715*.
N-**Phenyl-*N'*-guanylharnstoff**, Rk. 17 007.
N-**Pyrimidyl-(2)-*N'*-allylharnstoff** (F. 99 bis 100°) 7626*.
1-Methyl-4-cyan-5-[äthoxymethylenamino]-pyrazol (F. 48—49° korr.) 2736.
1-Methyl-4-[äthoxymethylenamino]-5-cyanimidazol (F. 125—127° korr.) 2736.
$C_8H_{10}N_4OS$ **1.9-Dimethyl-2-methylmercaptopurinon-(6)** (F. 223—224°) 17 415.
1-[5'-Äthyl-1'.3'.4'-thiadiazolyl-(2')]-3-methyl-Δ²-pyrazolon-(5) (F. 173—174°) 4909.
o-**Thioureidobenzoylhydrazin** (F. 200°), Darst., tuberkulostat. Wrkg. 14 863.
m-**Thioureidobenzoylhydrazin** (F. 205°), Darst., tuberkulostat. Wrkg. 14 863.
p-**Thioureidobenzoylhydrazin** (F. 222°), Darst., tuberkulostat. Wrkg. 14 863.
$C_8H_{10}N_4O_2$ (s. *Coffein*; *Isocoffein* [*1.3.9-Trimethylisoxanthin*]).
3.3-Dimethyl-1-[o-nitrophenyl]-triazen (F. 34°), UV-Spektrum 14 806.
3.3-Dimethyl-1-[*m*-nitrophenyl]-triazen (F. 105°), UV-Spektrum 14 806.
3.3-Dimethyl-1-[*p*-nitrophenyl]-triazen (F. 148°), UV-Spektrum 14 807; Wrkg. auf d. Wachstum d. Nelson-Mäuseascitestumors 2766.
1-Isopropyl-4.6-dihydroxypyrazolo-[3.4:*d*]-pyrimidin (F. 286—287° Zers.) 6877*.
2-Methyl-4.7-dimethoxy-1H-imidazo-[4.5:*d*]-pyridazin (F. 212°) 17 399.
1.5-Dimethyl-6-methoxy-4-oxo-4.5-dihydropyrazolo-[3.4:*d*]-pyrimidin (F. 160 bis 161°) 949*.
2.5-Dimethyl-6-methoxy-4-oxo-4.5-dihydropyrazolo-[3.4:*d*]-pyrimidin (F. 176 bis 177°) 950*.
8-Methyltheobromin, Rk. 18 470.
1.8-Bis-[diazo]-octandion-(2.7), Rk. 9355.
4-Methyl-6-[*N*-(1-carboxyäthyliden)-hydrazino]-pyrimidin (F. 202° Zers.) 12 300.
N(5)-**Formyl-4-hydroxy-6-methyltetrahydropteridin** (F. 257—259° Zers.), Darst. 13 410.
2-Allylamino-4-hydroxypyrimidin-5-carbonsäureamid (F. 278° Zers.) 4642*.
3-Formylamino-5-methylpyrazin-2-carbonsäuremethylamid (F. 232—235°) 15 602.
α-**[β-Cyanäthyl]-α-acetamidocyanacetamid** (F. 158,5—160°) 12 263.
$C_8H_{10}N_4O_2S$ **2-Methyl-8-[β-hydroxyäthylmercapto]-hypoxanthin** 9720.
1-Dimethylsulfamoylbenzotriazol (F. 82 bis 83°) 6939*.
$C_8H_{10}N_4O_2S_2$ **Bis-[3-Methyl-4-oxothiazolidinyliden-(2)]-hydrazin** (F. 276—278° Zers.) 1602.
$C_8H_{10}N_4O_3$ **8-Hydroxymethyltheobromin** (F. 297°) 15 597.
8-Hydroxymethyltheophyllin, Rk. 223*, 15 597, 15 598, 16 063*.
4-Amino-5-[carbäthoxymethylenamino]-6-oxodihydropyrimidin, Monohydrat (F. 196°) 8252.
5-Äthoxycarbonylpyrazin-2-carbonsäurehydrazid (F. 141,5°) 2358.
$C_8H_{10}N_4O_3S$ **4-Amino-5-succinylamino-6-mercaptopyrimidin** 4543.
p-**[Semicarbazononomethyl]-benzolsulfonamid**, UV-Spektrum 11 133.
p-*N*-**Formylaminobenzolsulfonylguanidin** (F. 183—189°) 12 018*.
$C_8H_{10}N_4O_4$ **4-Dimethylamino-3.5-dinitroanilin** (F. 157,5—158°) 17 474.
3-Äthyl-2.4-dinitrophenylhydrazin, Rk. 6138*.
2.4-Dinitro-5-äthyl-phenylhydrazin, Rk. 6138*.
N.N'-**Tetramethylen-bis-sydnon** (F. 168 bis 170° Zers.), polarograph. Red. 7834.
C.C'-**Dimethyl-*N.N'*-äthylen-bis-sydnon** (F. 182—183° Zers.), polarograph. Red. 7834.
4.5-Bis-[acetylamino]-uracil 14 093.
4-Amino-5-succinylamino-6-hydroxypyrimidin (F. 268° Zers.) 4542.
5-Amino-4-imidazol-*N*-succinocarboxamid, — im Purinstoffwechsel bei Bakterien 6078.
$C_8H_{10}N_4O_4S_2$ **Benzo-bis-[dihydro-1.2.4-thiadiazin-1.1-dioxid]** (F. 292—293° Zers.) 5674.
$C_8H_{10}N_4O_5$ s. *Nidroxyzone* [*5-Nitrofurfurol-2'-[β-hydroxyäthyl]-semicarbazon*].
$C_8H_{10}N_4O_6$ **2.4-Diamino-3.5-dinitrophenyl-2'-hydroxyäthyläther** (F. 240—241° korr.) 1989.

$C_8H_{10}N_4O_{12}$ **Oxalsäure-bis-[2.2-dinitropropyl-ester]** (F. 109—110°) 9307.

$C_8H_{10}N_4S$ **1-Isopropyl-4-mercaptopyrazolo-[3.4:*d*]-pyrimidin** (F. 207—208°) 6877*.
6-Mercapto-2-methyl-8-äthylpurin (F. 270°) 10 462.
5-Äthyl-6-methyl-1.3.3a.7-tetrazainden-4-thiol (F. 270—273°) 5536*.
6-Äthyl-5-methyl-1.2.3a.4-tetrazainden-7-thiol (F. 238°) 5536*.
6-*n*-Propylmercaptopurin, — als Wachstumsinhibitor v. Milchsäurebakterien (Wechselwrkg. mit Folsäureanalogen) 5716.
6-Äthylmercapto-2-methylpurin (F. 221°) 10 462.
6-Äthylmercapto-8-methylpurin (F. 210,5°) 10 462.
6-Methylmercapto-2.8-dimethylpurin (F. 245°) 10 462.
***o*-Aminobenzaldehydthiosemicarbazon,** Rk. 3806.
***m*-Aminobenzaldehydthiosemicarbazon,** Rk. 3806.
***p*-Aminobenzaldehydthiosemicarbazon (4-Aminobenzalthiosemicarbazid),** Rk. 3806, 6876*, 14 954*; Wrkg. gegen Viren 6831.
1-Benzalthiocarbohydrazid, Rk. 16 678.

$C_8H_{10}N_4S_2$ **Hydrazin-*N.N'*-bis-[thiocarbonsäuremonophenyldiamid],** Verwendbark. als H_2S-Ersatz 4658.

$C_8H_{10}N_4Se$ **2-Aminobenzaldehydselenocarbazon** UV-Spektrum 2677.
4-Aminobenzaldehydselenocarbazon, UV-Spektrum 2677.

$C_8H_{10}N_6$ (s. *Dihydralazine* [*Nepresol, 1.4-Dihydrazinophthalazin*]).
2.4-Diamino-6.7-dimethylpteridin, Hemmwrkg. auf d. Wachstum u. d. Synth. d. Citrovorumfaktors durch Streptococcus faecalis 14 214; Wechselwrkg. mit Tryptophan bzw. Serotonin 4948.
4.8-Bis-[methylamino]-pyrimido-[5.4:*d*]-pyrimidin (F. 265°) 17 854*.
4-Amino-7-dimethylaminopyrimido-[4.5:*d*]-pyrimidin 15 697*.
2.4-Dihydrazinochinazolin, blutdrucksenkende Wrkg. d. Dihydrochlorids 18 549.
1-Phenyl-4-methyltetrazolon-(5)-hydrazon, Verw. 16 856*.

$C_8H_{10}N_6OS$ **2-[Formamidinomercaptomethyl]-4-hydroxy-6-methyl-1.3.3a.7-tetrazainden,** photograph. Verw. 3331*.

$C_8H_{10}N_6O_2$ ***N'*-Isonicotinoylamino-*N*-ureidoformamidin** (F. 186—187°) 15 952.

$C_8H_{10}N_6O_2S$ **6-Hydroxy-2-methylpurinyl-(8)-mercaptoessigsäurehydrazid** 9720.

$C_8H_{10}N_6O_3$ **Theophyllin-8-carbonsäurehydrazid** 15 598.

$C_8H_{10}N_8O_6S_4$ **2.2'-Succinyldiamino-bis-[1.3.4-thiadiazolyl-5-sulfonamid],** antikonvulsive Wrkg. 2078.

$C_8H_{10}N_8O_{14}$ ***N*-[3.3.3-Trinitropropyl]-3.3.5.5-tetranitropiperidin** (F. 142—144°) 6029, 12 528*.

$C_8H_{10}NaP$ **Phenyläthylphosphinnatrium,** Rk. 12 098*.

$C_8H_{10}Ni$ **π-Allylnickelcyclopentadienyl** 4468, 10 020.

$C_8H_{10}O$ (s. *Phenetol* [*Äthylphenyläther, Phenoxyäthyl*]; *Xylenol* [*Dimethylphenol*]).
Octadien-(4.6)-in-(1)-ol-(3) 4723*, 17 407.
Octadien-(3.5)-in-(1)-ol-(7) 4723*.
2-Methylheptadiin-(3.5)-ol-(2) (F. 46°) 11 522.
α-Phenyläthylalkohol (α(1)-Phenyläthanol, α-Methylbenzylalkohol, Methylphenylcarbinol, 1-Phenyl-1-hydroxyäthan) (Kp. 202°), Darst. 99, 255*, 5014, 6579*, 18 630*; Darst., Rk.: v. (—)— 1943; v. *l*— 14 893; Bldg. 2715, 4135, 6378, 8933; IR-Spektrum 7104; Bldg. d. 1-Phenyläthylkations 14 162; Hydrier. 14 481, 17 922*; Oxydat. 80, 1186, 1948; (Kinetik) 14 460; Überführ. in 1-Phenyläthylcarbamat 8788*; Rk.: mit Alkylenoxiden 15 768*; v. (+)-— mit Phthalsäure 1943; Verw. 9158.
β(2)-Phenyläthylalkohol (2-Phenyläthanol, [2-Hydroxyäthyl]-benzol) (Kp. 207°), Darst. 98, 99, 6378, 6740, 10 636*, 18 630*; Darst., Rk. 14 466; (v. $^{14}C_{(\alpha)}$-—) 5252; Herst., Verw. 19 005*; IR-Intensität 14 811; Best. d. Rotationsisomeren aus d. ν(OH) 11 506; Dublettcharakter d. OH-Absorpt. 8558; dielektr. Relaxat. in — 16 975; Grenz-Konz. u. empir. Gleich. d. Gleichgew.-Verteil. für Fl.-Fl.-Syst. mit — 17 675; gaschromatograph. Retentionszeit 7270; Löslichk. in W. 439; Best. d. VZ. für —-halt. quatern. Syst. 3292; Kinetik d. Dehydrier. 9668; Oxydat. 1186; Rk. mit NH_3 10 798; Überführ. in 2-Phenyläthylcarbamat 8789*; Rk.: mit Thioglykolen u. CH_2O 7693*; mit 2-Chlormethylanthrachinon 13 011; v. Alkali-Deriv. mit Carbonsäureamidhalogeniden 10 275*; mit Methylprotoanemonin 5094*, 9077*; Vork. im Bier 5881, 19 043; Bldg. während d. Gär. in einem keine Aminosäuren enthaltenden synthet. Medium 4964; Einfl. v. — als Parfümöl auf d. insekticide Wirksamk. v. Pyrethrum 3290; Verw.: zur Konservier. v. Augentropfen 13 124; zur Abtöt. v. Mikroben in Augenwässern 7245; eines —-halt. Präp. als Konservier.-Mittel für Silagen („Extra-Silo") 15 071; Best. 8096.
2(α)-Methylbenzylalkohol (Kp.$_{17}$ 115—117°), Darst. 5644; (Rk.) 12 634; Best. d. Rotationsisomeren aus d. ν(OH) 11 505.
***m*-Methylbenzylalkohol,** Best. d. Rotationsisomeren aus d. ν(OH) 11 506.
***p*-Methylbenzylalkohol (*p*-Tolylcarbinol, *p*-Hydroxymethyltoluol)** (F. 57—59°), Bldg. 13 718; Isolier. bei d. Luftoxydat. v. p-Xylol 13 564; Best. d. Rotationsisomeren aus d. ν(OH) 11 506; Oxydat. 6212*.
***o*-Äthylphenol,** Bldg. 2697; Bezieh. zwischen Halbstufenpotential u. Substitut. 17 701; Rk. 5285; (d. Al-Salzes) 16 289; gaschromatograph. Trenn. v. anderen Phenolen 6530; papierchromatograph. Trenn. v. Alkylphenolen 9841.
***m*(3)-Äthylphenol** (Kp. 218°), IR-Spektrum 3764; Hydroxyl-Valenzschwing. 7090; Bezieh. zwischen Halbstufenpotential u. Substitut. 17 701; Struktur v. —-Ionen an d. Appearance-Potential-Schwelle 16 975; Rk. 4920, 7869; gaschromatograph. Retentionszeit 7270.
***p*(4)-Äthylphenol** (Kp.219°), Herst. 11 370*, 17 562*; Bldg. 14 111, 17 733; Bezieh. zwischen Halbstufenpotential u. Substitut. 17 701; Struktur v. —-Ionen an d. Appearance-Potential-Schwelle 16 975; Hydrier. 4511; Rk.: mit CCl_4 10 438; mit $CHCl_3$ 2746, 5284, 8625; d. Al-Salzes mit Säurechloriden 16 289; gaschromatograph. Retentionszeit 7270; gaschromatograph. Trenn. v. anderen Phenolen 6530; papierchromatograph. Trenn. v. Alkylphenolen 9841.
x-Monoäthylphenol, — in Teersäuren u. Teerölen 355*.
Benzylmethyläther (Kp.$_{12}$ 56—59°), Darst., Rk. 9316; Nitrier. 1562; (Kinetik) 2694.
***o*(2)-Methylanisol (2-Methoxytoluol, Methyl-*o*-tolyläther, *o*-Kresylmethyläther)** (Kp. 171°), Bldg., Rk. 7874; Abtrenn. v. p-Isomeren 307*; UV- u. Fluorescenzspektrum 4474; Bromier.-Geschw. 11 863; Formylier. bzw. Acylier. 8227; Rk.: mit Propin 6969*; mit γ- oder δ-Aminocarbonsäuren 13 208*; mit Acetessigsäureäthylester bzw. 2.7-Dimethylcumarin 14 119; mit Dimethylformamid 7873; Vork. im Teakholz 18 683; garchromatograph. Retentionszeit 7270.
***m*(3)-Methylanisol (3-Methoxytoluol, *m*-Kresolmethyläther)** (Kp. 177°), Appearan-

ce-Potential u. Konstit. 16 975; Rk. 104, 3786; gaschromatograph. Retentionszeit 7270.

p(4)-**Methylanisol (4-Methoxytoluol, Methyl-*p*-kresyläther)** (Kp. 176°), Abtrenn. v. o-Isomeren 307*; Appearance-Potential u. Konstit. 16 975; DK u. dielektr. Verluste 18 417; Auflös. v. UCl_5 · PCl_5 unter Rk. in — 12 220; photochem. Bromier. 11 160; Alkylier. 6363; Rk.: mit Metallcarbonylen 13 205*; mit γ- oder δ-Aminocarbonsäuren 13 208*; mit Phenylacetylchlorid 13 390; gaschromatograph. Retentionszeit 7270.

Octatrien-(2.4.6)-al, π-Elektronenenergiedifferenz u. Halbstufenpotential 10 038; Rk. 9515*, 10 274*, 17 407.

2.5-Endomethylen-1.2.5.6-tetrahydrobenzaldehyd [2.5-Endomethylen-Δ³-tetrahydrobenzaldehyd, 2.5-Endomethylen-Δ³-cyclohexenaldehyd, Bicyclo-[2.2.1]-hepten-(5)-aldehyd-(2)] ($Kp._{22}$ 73°), Darst., Rk. 5654, 12 387*; Rk. 6590*, 8944, 14 615*.

Methylacetylcyclopentadien, Rk. 5160*.

2-Methylcycloheptadien-(3.5)-on ($Kp._{3,5}$ 58 bis 61°), Darst., Rk. 1967; photochem. Rk. 3413.

2.2-Dimethylcyclohexadien-(3.5)-on-(1) (6.6-Dimethylcyclohexadienon), photochem. Spalt. 12 624; Verh. gegen Triphenylphosphoniumbenzylen 18 101.

2-Propargylcyclopentanon ($Kp._{12}$ 76—77°) 15 942.

3-Methylenbicyclo-[2.2.1]-heptanon-(2) ($Kp._{11}$ 67,5—68,5°), Darst., Semicarbazon 10 077; Bertram-Walbaum-Rk. 15 578.

Methyltropyliumhydroxid, Darst., Kinetik d. H-Ionen-Übergangs d. Perchlorats (F. 111—112°) 4866; Bldg. d. Chloroplatinats 1867; Bldg.-Wärmen für d. —-Ion 16 975.

$C_8H_{10}OS$ **β-Vinyl-β-[α-thienyl]-äthanol** 19 006*.

1-Phenyl-2-mercaptoäthanol ($Kp._{3,7-4,1}$ 124,5—127° korr.) 9301.

2.3-Dimethyl-4-hydroxythiophenol (F. 106°) 13 714.

3.4-Dimethyl-5-hydroxythiophenol (F. 88 bis 89°) 13 713.

2-Hydroxy-5-methylmercaptotoluol ($Kp._5$ 136—138°) 3986*.

2-Methylmercapto-5-hydroxytoluol ($Kp._5$ 133°) 3986*.

***p*-Methoxyphenylmethanthiol** ($Kp._{23}$ 126 bis 128°) 7871.

***m*-Äthoxythiophenol** ($Kp._{3,5}$ 87,5°) 4882.

***p*-Äthoxythiophenol** ($Kp._{1,0}$ 77—78°) 4882, 7691*.

2-Methoxy-5-methylthiophenol, Rk. 6757.

3-Methoxy-4-methylthiophenol ($Kp._1$ 145°) 5642.

4-Methoxy-2-methylmercaptobenzol, Rk. 3786.

Methyl-[2-methoxyphenyl]-sulfid ($Kp._{15}$ 122°) 14 088.

Methyl-[3-methoxyphenyl]-sulfid ($Kp._{15}$ 116°) 14 088.

Methyl-[4-methoxyphenyl]-sulfid (F. 26°), Darst. (Rk.) 14 088; (UV-Spektrum) 9278.

4-Äthyl-5-methylthiophen-2-aldehyd 12 653.

***n*-Propyl-α-thienylketon** ($Kp._5$ 96—97°) 12 282.

Isopropyl-α-thienylketon ($Kp._{10}$ 110—111°) 12 282.

$C_8H_{10}OSe$ **2-Methyl-5-propionylselenophen** (F. 33—33,5°) 11 560.

2.3-Dimethyl-5-acetylselenophen ($Kp._{13}$ 130 bis 132°) 11 560.

$C_8H_{10}O_2$ (s. *β-Orcin [p-Xylorcin, 2.5-Dimethyl-1.3-dihydroxybenzol]; Phenoxetol [Äthylenglykolmonophenyläther, β-Phenoxyäthanol]; Tyrosol [p-Hydroxyphenyläthylalkohol]; Veratrol [o-Dimethoxybenzol]*).

1.1-Äthylendioxy-2-methylpenten-(2)-in-(4), Herst. 8782*; (therapeut. Verw.) 15 693*; Rk. 15 071*.

2.5-Dimethyl-1.2;5.6-dioxidohexin-(3), Rk. 15 928.

Styrolglykol (Phenyläthylenglykol), Rk. 8788*; Verw. 4674*.

Dihydroxymethylxylol (F. 145—146°) 2906*.

***p*-Xylylenglykol (*p*-Xylylendiol, Bis-[hydroxymethyl]-benzol)** (F. 115—116°), Darst. 2906*, 15 029*, 18 639*; Rk. 6212*, 11 364*; Verw. v. Polyestern aus — 3280*.

3-Äthylbrenzcatechin 2012.

3.4-Dimethylbrenzcatechin (F. 84—85°), Darst. 7121; IR-Spektrum 7828.

3.5-Dimethylbrenzcatechin (F. 72°), Darst. 7121; IR-Spektrum 7828; gaschromatograph. Retentionszeit 7270.

3.6-Dimethylbrenzcatechin (F. 99—101°), Darst. 7121; gaschromatograph. Retentionszeit 7270.

4.5-Dimethylbrenzcatechin, Bldg. 6423; IR-Spektrum 7828.

2.4-Dimethylresorcin (F. 110—111°), Bldg. 13 713; gaschromatograph. Retentionszeit 7270.

3.5-Dihydroxy-*o*-xylol (F. 136°) 3410.

Äthylhydrochinon (F. 113°) 2012.

2.3-Dimethylhydrochinon (*o*-Xylohydrochinon) (F. 227,5°), Darst. 7121, 17 386; Bldg. 13 713; Rk. 14 884, 17 719.

2.5-Dimethylhydrochinon (*p*-Xylohydrochinon) (F. 215—217°), Darst. 7121; Bldg. 10 485; ESR-Spektrum d. Oxydat.-Prod. 12 974.

2.6-Dimethylhydrochinon (*m*-Xylohydrochinon) (F. 150—151,5°), Darst. 7121; (Rk.) 17 374; Rk. 6713.

2-Methoxybenzylalkohol, Rk. 7874.

3(*m*)-Methoxybenzylalkohol ($Kp._9$ 129 bis 131°), Darst., Rk. 3409; Best. d. Rotationsisomeren aus d. ν(OH) 11 506.

4(*p*)-Methoxybenzylalkohol (*p*-Anisylalkohol), Best. d. Rotationsisomeren aus d. ν(OH) 11 506; Rk. 7693*, 17 371; Bldg. aus Anissäure durch d. Schimmelpilz Polystictus versicolor 1275.

Guäthol (Brenzcatechinmonoäthyläther, 2{*o*}-Äthoxyphenol), Darst. 11 396; spektroskop. Unters. d. freien Hydroxyl-Valenzschwing. 7091; Bezieh. zwischen Halbstufenpotential u. Substitut. 17 701.

***m*-Äthoxyphenol**, Bezieh. zwischen Halbstufenpotential u. Substitut. 17 701.

***p*-Äthoxyphenol (Hydrochinonmonoäthyläther)** (F. 64—66°), Darst. 1575; Bezieh. zwischen Halbstufenpotential u. Substitut. 17 701; Verw. 4004*, 9110*.

2-Methoxy-4-methylphenol ($Kp._{0,05}$ 60°), Darst., Phenylurethan 7121; Bezieh. zwischen Halbstufenpotential u. Substitut. 17 702; Rk. 6006; Verw. 9110*.

4-Methylguajacol (Kp. 221°), gaschromatograph. Retentionszeit 7270.

1-Methyl-2-hydroxy-4-methoxybenzol (F. 44°) 3090.

***m*(1.3)-Dimethoxybenzol (*m*-Methoxyanisol, Resorcindimethyläther, *O.O*-Dimethylresorcin)** (Kp. 217°), UV-Spektrum 16 621; IR-Spektrum 3764; Einfl. d. dielektr. Relaxat. auf d. Rotat. d. Methoxygruppe 6717; Appearance-Potential u. Konstit. 16 975; gaschromatograph. Retentionszeit 7270; Wander.-Geschw. an Kieselsäure-Celite-*503* 10 409; Red. 16 664; Jodier. 1971, 10 449; γ-Substitut. am — 8956; Formylier. 9317; Rk.: mit n-C_4H_9Li 6359; mit Phenylbrenztraubensäuren 12 643; mit Zimtsäuren 10 072; mit α-Acylaminosäuren 15 455*; mit γ-oder δ-Aminocarbonsäuren 13 208*; mit Cyanameisensäureäthylester 5263; mit Isobutyrylchlorid 13 390; mit Benzoylchlorid 2190*; mit Isobuttersäurediäthylamid 6966*; mit N-Arylmaleinimiden 448; mit 2-[3-Nitrophthalimido]-benzoylchlorid 6015; mit Phthalylperoxid (Kinetik) 7845.

p(1.4)-Dimethoxybenzol (p-Methoxyanisol, Hydrochinondimethyläther) (F. 57,2 bis 57,8°), NMR-Spektrum, Rk. 6798; Zuordn. d. niedrigsten Triplettzustandes in Bzl. 12 601; Einfl. d. dielektr. Relaxat. auf d. Rotat. d. Methoxygruppe 6717; Appearance-Potential u. Konstit. 16 975; DK u. u. dielektr. Verluste 18 417; gaschromatograph. Retentionszeit 7270; Wander.-Geschw. an Kieselsäure-Celite-*503* 10 409; Jodier. 1971; Nitrier. 124, 11 926; Rk.: mit J_2 u. HgO 13 376; mit 4-Chlorbenzotrichlorid 10 276*; mit Zimtsäuren 10 072; mit Fettsäurechloriden 7538; mit Phenylacetylchlorid 13 390; mit Metaphosphorsäureestern 4714*.
α-Phenyläthylhydroperoxid ($Kp._{0,2}$ 48,2°) 1948.
1-[α-Furyl]-butanon-(3), Rk. 1222.
3-Äthyl-6-methyl-α-pyron ($Kp._1$ 87—88°) 806.
3.4-Dimethyl-5-äthyliden-2.5-dihydrofuran-on-(2) ($Kp._{0,35}$ 58°) 17 210*.
[2-Hydroxycyclohexyliden-(1)]-essigsäure-lacton (F. 30°), Darst., Konstit.-Einfl. auf d. ν(CO) 9653.
[2-Hydroxy-Δ¹-cyclohexenyl]-essigsäure-lacton ($Kp._5$ 110°), Darst., Konstit.-Einfl. auf d. ν(CO) 9653.
2-Acetylcyclohexadien-(1.3)-ol 10 068.
2.3-Dimethyl-o-chinol, Rk. 5287.
Octadien-(3.5)-dion-(2.7) 4723*.
2-Acetylcyclohexen-(2)-on-(1) 10 068.
3-Acetylcyclohexen-(2)-on-(1) ($Kp._3$ 98 bis 100°) 4890.
Bicyclo-[3.3.0]-octandion-(2.8) (F. 63—64°) 5654.
Bicyclo-[3.3.0]-octandion-(3.7) (F. 82°) 1972.
Methylbenzylidenoxoniumhydroxid, Hexachloroantimonat (F. 166° Zers.) 18 080.
Octatrien-(2.4.6)-säure (F. 187°) 4498, 5093*, 8416*.
β-[Cyclopenten-(2)-yl]-acrylsäure (F. 48 bis 51°) 14 469.
Bicyclo-[2.2.1]-hepten-(5)-2-exocarbonsäure, Rk. 10 932*.
Nortricyclen-3-carbonsäure, Rk. v. —-Halogeniden 10 932*.
Sorbinsäurevinylester 17 558*.
β-[Vinyläthinyl]-äthanolacetat ($Kp._8$ 71°) 1952.
1.4-Dihydrobenzoesäuremethylester ($Kp._{15}$ 84°) 18 808.

$C_8H_{10}O_2S$ **Phenyläthylsulfon**, Verw. 18 631*.
Benzylmethylsulfon (F. 124—125°) 10 432.
p-Tolylmethylsulfon, Rk. 6380.
γ-[Thienyl-(2)]-buttersäure ($Kp._{20}$ 172 bis 174°) 811, 18 472.
Äthyl-[thienyl-(2)]-essigsäure ($Kp._{21}$ 161°) 10 084.
4-Isopropyl-2-carboxythiophen (4-Isopropylthiophen-2-carbonsäure) (F. 91—92°), Konstit.-Einfl. auf d. UV-Spektrum 10 025; Konstit.-Einfl. auf d. pK-Wert u. Kinetik d. Verester. 16 986.
3-Äthyl-4-methylthiophen-2-carbonsäure (F. 111—112°) 13 578*.
3-Methylthiophen-2-carbonsäureäthylester ($Kp._{12}$ 108—109°) 13 578*.
3.4-Dimethylthiophen-2-carbonsäuremethylester (F. 34°) 13 578*.
2.6-Dimethylbenzolsulfinsäure 7691*.
o-Toluolsulfinsäuremethylester 15 932.
p-Toluolsulfinsäuremethylester 15 932.

$C_8H_{10}O_2S_2$ **Benzolthiosulfonsäureäthylester**, Austausch v. S gegen ³⁵S 1562.

$C_8H_{10}O_3$ (s. *Filicinsäure*; *Vanillylalkohol* [*4-Hydroxy-3-methoxybenzylalkohol*]).
2.4-Dimethylolphenol (1-Hydroxy-2.4-dimethylolbenzol), Bldg. 10 416 [2 Ref.]; Verw. 6218*.
2.6-Dimethylolphenol 10 416 [2 Ref.].
3.4-Dihydroxyphenyläthanol 8691.
Pyrogallol-1.2-dimethyläther, Rk. 5264.
2-Hydroxy-5-methoxyanisol ($Kp._{0,2}$ 90—91°) 5265.
2.5-Dimethoxyphenol (2-Hydroxy-4-methoxyanisol) ($Kp._{0,2}$ 82—83°) 5265, 7895.
2.6-Dimethoxyphenol, chem. Rk.-Fähigk. u. Hydroxylvalenzfrequenz im IR 7828; spektroskop. Unters. d. freien Hydroxyl-Valenzschwing. 7091; Bezieh. zwischen Halbstufenpotential u. Substitut. 17 702.
3.4-Dimethoxyphenol (4-Hydroxyveratrol) (F. 80—81°), Darst. 8247; Darst., Rk. 10 064; (d. K-Salzes) 9683.
3.5-Dimethoxyphenol (Phloroglucindimethyläther), Rk. 5263, 12 643.
α-Methoxybenzylhydroperoxid 9317.
5-Epoxypropoxypentadienal-(1), photograph. Verw. 3330*, 19 075*.
5-[Äthoxymethyl]-furfurol 8062*.
6-[n-Propyl]-4-hydroxy-α-pyron, Rk. 4639*.
6-Formyl-3-methoxycyclohexen-(2)-on-(1) (F. 76—78°) 10 440.
6-Propyl-2.4-dioxo-2.3-dihydropyran (F. 93 bis 94°) 9707.
α-Aceto-γ-methyl-α-angelicalacton, Wrkg. auf d. Kationentransport kalt konservierter Erythrocyten d. Menschen bei Inkubat. 14 941.
2-Acetyldihydroresorcin, Rk. 15 199.
5.5-Dimethylcyclohexantrion-(1.3.6), 1.6-Bis-[2.4-dinitrophenylhydrazon] (F. 270 bis 272° Zers.) 4891.
α-Furylessigsäureäthylester 3260*.
5-Acetoxy-4-methylpentadien-(2.4)-al-(1), Rk. 10 274*.
5-Carbomethoxy-4-methylpentadien-(2.4)-al-(1), Rk. 10 274*.
Acrylsäurepenten-(2)-on-(4)-yl-(2)-ester ($Kp._1$ 123—165°) 3261*.
3-Acetoxycyclohexen-(2)-on-(1) ($Kp._4$ 112 bis 114°) 5281.
4-Acetoxy-Δ²-cyclohexenon-(1) (Δ²-Cyclohexenol-(4)-on-(1)-acetat) ($Kp._2$ 71°) 5281.
Crotonsäureanhydrid, Rk. 2395, 10 639*, 12 831*, 13 033.
Methacrylsäureanhydrid ($Kp._{9,4}$ 82°), Darst. 8218, 14 470; Rk. 7178, 11 947, 12 831*.
Hexahydrophthalsäureanhydrid, Rk. 5018*, 9826*; Verw. 14 892.
Hexahydroisophthalsäureanhydrid, Rk. 16 314.
cis-**2-Carboxycyclopentylessigsäureanhydrid**, Rk. 8984.
trans-**2-Carboxycyclopentylessigsäureanhydrid**, Rk. 8984.

$C_8H_{10}O_3S$ **p-Methylsulfonylbenzylalkohol** (F. 84,5—85°) 1946.
4-Hydroxy-2-methylphenylmethylsulfon, Rk. 7706*.
Acrylsäure-β-acryloylmercaptoäthylester ($Kp._2$ 72—80°) 3625*.
2.4-Dimethylbenzolsulfonsäure, Struktur u. Stabilität v. Cd-Komplexen 46.
2.5-Dimethylbenzolsulfonsäure, Struktur u. Stabilität v. Cd-Komplexen 46.
Äthansulfonsäurephenylester ($Kp._{15}$ 156,5 bis 157,5°) 6370.
Benzolsulfonsäureäthylester 6369.
o-Methylbenzolsulfonsäuremethylester, Kinetik d. Hydrolyse u. Solvolyse 10 041.
p-Methylbenzolsulfonsäuremethylester (p-Toluolsulfonsäuremethylester, Methyl-p-tosylat, Methyl-p-toluolsulfonat), Kinetik d. Hydrolyse u. Solvolyse 10 041; Kinetik d. Methanolyse 9663; Rk.: mit SO_3 u. aromat. Verb. 2172*; mit 8-Äthyl-1.8-diazabicyclo-[4.3.0]-nonan 2360; mit 1.3.4-Thiodiazolen 1986; mit 2-Methylmercaptobenzothiazol 10 831, 18 414; mit 2-Amino-6-mercaptopurin 17 037; mit 3.5-Dinitrobenz-2′-methylmercaptoanilid 11 164; mit 2- bzw. 4-Acetamidopyridin-1-oxid 3041; mit 4-[p-Nitrobenzolsulfonamido]-4′-dimethylaminostilben-$N_{(4)}$-methylbetain bzw. dessen Umlager.-Prod. 11 164; mit Vitamin-A-Amino-

verb. 8720*; Methylier. v. Trinatriumsaccharose mit — 7527; Best. d. Äquivalentgew. 9098.

$C_8H_{10}O_3S_2$ **Phenylmercaptoäthansulfonsäure**, Na-Salz 14 318*.

$C_8H_{10}O_4$ (s. *Penicillinsäure*).
3.4-Dihydroxyphenylglykol, — als Stoffwechselprod. v. Adrenalin 537, 16 385.
2.5-Dimethoxyresorcin, Rk. 7516.
4.5-Dimethoxyresorcin (F. 115—116°) 12 657.
2.5-Dimethoxyhydrochinon (F. 170°) 1577.
4-Methoxymethoxy-6-methylpyron-(2) (F. 57°) 10 455.
3-Acetyl-4-hydroxy-6-methyl-5.6-dihydropyron-(2) (F. 98—100°) 11 918.
Octantetraon-(2.4.5.7) (F. 120—121°) 18 460.
3.4-Dimethyl-6-carboxy-Δ^3-dihydro-α-pyron (F. 114—118°) 8244.
cis.cis-**3-Hydroxycyclohexan-1.2-dicarbonsäure-γ-lacton** (F. 113—114°) 7131.
Cyclohexanon-(2)-glyoxylsäure (F. 123 bis 124°) 8422*.
Octadien-(2.4)-disäure-(1.8) (F. 222—225°) 3048, 14 324*, 14 469.
Octadien-(2.5)-disäure-(1.8), Darst. v. cis- u. trans-— 14 469; Rk. 3048.
Octadien-(3.5)-disäure-(1.8) (F. 190°) 3048.
2.4-Dimethylmuconsäure (F. 202°) 17 750.
Δ^3-Cyclohexen-1.2-dicarbonsäure (F. 206 bis 208°) 7131.
3.4(5)-Dicarboxycyclohexen-(1) [Isomerengemisch] 87.
4.5-Dicarboxycyclohexen (Cyclohexen-(4)-dicarbonsäure-(1.2), Δ^4-Tetrahydrophthalsäure), pK-Wert v. cis- u. trans-— 15 540; Isomerisier. v. —-Deriv. 15 770*; Kinetik d. Rk. v. cis-— mit 2.4-Dinitrobenzolsulfenylchlorid 11 150; Rk. mit Steroiden 14 249*.
x-Cyclohexendicarbonsäure (Tetrahydrophthalsäure), Rk. 13 998*, 15 770*.
Glykoldiacrylat 17 561*.
Butin-(2)-diol-(1.4)-diacetat (F. 30—32°), Darst., Rk. 9299, 13 011; Ramanspektrum, Stereochemie 12 230.
2.3-Dicarbomethoxybutadien-(1.3) 15 765*.
Acetylendicarbonsäurediäthylester (Dicarbäthoxyacetylen) (Kp.₁ 63—64°), Darst. 6734; Rk.: mit 1.1.2-Trifluor-2-chlor-3-[cyclohexen-(1)-yl]-cyclobuten 8233; mit Polyalthylalkohol 17 770; mit o-Chinolacetaten 14 854; mit 2-Methyl-2-acetoxy-6-allyl-$\Delta^{3.5}$-cyclohexadienon 18 096; mit 2-[α-Acetamidoäthyl]-furan 12 838*; mit Limonin- bzw. Obakunon-Abbauprod. 12 677.
Diallyloxalat, Rk. 15 772*.
1-Cyclobuten-1.2-dicarbonsäuredimethylester, Verw. 4741*.
Verb. $C_8H_{10}O_4$ aus cis-$\Delta^{3.3'}$-5H.5'H-Bifurandion-(5.5') 17 564*.

$C_8H_{10}O_4S$ **2-Hydroxy-2-phenyläthansulfonsäure** 8414*.
o-**Tolylaldehydbisulfit**, Fäll. als Benzylthiuroniumsalz 16 078.
2.3-Dimethylphenolsulfonsäure-(4), Red. 13 714.
α-**Äthoxalyl-γ-thiabutyrolacton** (Kp.$_{0,05}$ 111°) 12 462*.

$C_8H_{10}O_5$ **3.5.7-Triketooctansäure**, Bedeut. als Vorstufe bei d. Biogenese d. Lycopodiumalkaloide 18 892.
7-Oxabicyclo-[2.2.1]-heptandicarbonsäure-(2.3) (3.6-Endoxohexahydrophthalsäure, Endothal), Darst. v. Deriv. 1598; pK-Wert v. exo-cis- u. exo-trans-— 15 540; Verw.: zur Unkrautbekämpf. auf Sportplätzen 5443; zur Unkraut-Bekämpf. beim Zuckerrübenanbau 9549; zur basalen Entblatt. v. Stangenbohnen 13 543.
trans.cis-**3-Hydroxy-Δ^4-cyclohexen-1.2-dicarbonsäure** (F. 190—193° Zers.) 7131.
trans.trans-**3-Hydroxy-Δ^4-cyclohexen-1.2-dicarbonsäure** (F. 168—169°) 7131.
4-Oxocyclohexandicarbonsäure (F. 149 bis 150° Zers.) 5253.
2.5-Diacetoxy-2.5-dihydrofuran, Bldg. 18 775; Rk. 18 815.

$C_8H_{10}O_6$ **Bis-[1-carboxycyclopropyl]-peroxid**, Rk. 8565.
Cyclopentan-1.2.4-tricarbonsäure (F. 138 bis 145°) 8944.
α-*trans*-**Monoäthylaconitat** 14 922.

$C_8H_{10}O_6S_2$ **Meso-2.3-bis-[acetylmercapto]-bernsteinsäure** (F. 183—185° korr.) 449.
rac.-**2.3-Bis-[acetylmercapto]-bernsteinsäure** (F. 150—151° korr.) 449.
Benzol-1.3-disulfonsäuredimethylester (F. 52—54°) 815.
Benzol-1.4-disulfonsäuredimethylester (F. 111—113°) 815.

$C_8H_{10}O_8$ *dl*-**Butantetracarbonsäure-(1.2.3.4)** (F. 234°), Darst. 8944; (Gemisch mit Meso-—) 15 928; (Rk.) 1221.
Mesobutan-1.2.3.4-tetracarbonsäure (F. 185°), Darst. 8944; (Gemisch mit d. DL-Verb.) 15 928.
Acetylcitronensäure, Ester 18 635*.
Diacetylweinsäure, Ester 18 635*.
Disuccinylperoxid (Peroxydibernsteinsäure), katalyt. Wrkg. v. Cu(II) auf d. Oxydat. v. Hydrochinon mit — 15 183; Einw. auf d. Mäuse-Ascitescarcinom in vivo 2403.

$C_8H_{10}Pd$ π-**Cyclopentadienylallylpalladium** (F. 60—62° Zers.), Darst. 10 020; IR-Spektrum 1501.
Cyclopentadienylpropenylpalladium 16 617.

$C_8H_{10}S$ β-**Phenyläthylmercaptan (2-Phenyläthanthiol)** (Kp.$_{16}$ 101—102°), Darst. 16 321; Rk. 3625*; Identifizier. 14 634.
Thioxylenol, Konstit.-Einfl. auf d. ν(SH) bzw. d. UV-Maximum 11 133.
2.3-Dimethylthiophenol (Kp.$_{38}$ 121—122,5°) 4882.
2.4-Dimethylthiophenol (Kp.$_{9,0}$ 80,5°) 4882.
2.5-Dimethylthiophenol (Kp.$_{0,62}$ 48—49°) 4882.
2.6-Dimethylthiophenol (Kp.$_{29}$ 104°) 4882.
3.4-Dimethylthiophenol (Kp.$_{3,6}$ 76,5—77°) 4882.
Benzylmethylsulfid (Kp.$_{18}$ 91—92°) 10 432.
4-Tolylmethylsulfid (4-Methylmercaptotoluol, Methyl-*p*-tolylthioäther, 1-[*p*-Methylphenyl]-1-thiaäthan) (Kp.$_{20}$ 104°), Darst. 11 161; (Rk.) 12 656; (UV-Spektrum) 9278; UV-Spektrum d. J_2-Komplexes 14 084.
Äthylphenylsulfid (Äthylmercaptobenzol), Herst. 3260*; Rk. 11 534.

$C_8H_{10}S_2$ *p*-**Xylylendimercaptan** 6431.
Phenyläthyldisulfid (Kp.$_{24}$ 123°), Herst. 1030*; Konstit.-Einfl. auf d. Disulfidspalt. (Kinetik) 17 709.

$C_8H_{10}S_3$ **Äthylphenyltrisulfid** 10 799.

$C_8H_{10}Se$ **2-[2'-Methylcyclopropyl-(1')]-selenophen** (Kp.₈ 74—75°) 9698.

$C_8H_{11}AsO$ **Phenoxydimethylarsin** (Kp. 204° Zers.) 1155.

$C_8H_{11}BClN$ **Phenyldimethylaminborchlorid**, π-Bind. u. gehemmte Rotat. 10 375.

$C_8H_{11}BO_2$ **Phenyläthyldihydroxyboran** 4401*.
2.6-Dimethylbenzolboronsäure (F. 125 bis 130°) 4509.
Phenylboronsäuredimethylester, Rk. 10 435.

$C_8H_{11}BO_4$ **2.6-Dimethoxybenzolboronsäure** (F. 100—115°), Darst. 6359; Rk. 6359.

$C_8H_{11}B_2NO_5$ **2-Acetamidobenzol-1.4-diboronsäure**, Rolle v. — bei d. Neutroneneinfangtherapie v. Hirntumoren 16 356.

$C_8H_{11}BrMg$ **Norbornylen-(5)-ylmethylmagnesiumbromid**, Rk. 2367.

$C_8H_{11}BrMgO_2$ **3-[Tetrahydropyranyl-(2')-oxy]-propin-(1)-ylmagnesiumbromid**, Rk. 15 562; (v. 3-Alkyl-Deriv.) 17 389.

$C_8H_{11}BrN_2O_4S_2$ **1-Äthyl-5-brombenzol-2.4-disulfonsäureamid** 6506*.

$C_8H_{11}BrO$ **1-[β-Bromäthinyl]-cyclohexanol-(1)**, hypnot. Wrkg. 14 943.

$C_8H_{11}BrO_2$ **5-Brompentin-(4)-diol-(1.2)-acetonid** (Kp.11 95°) 4936.
2-Methyl-3-methoxy-6-bromcyclohexen-(2)-on-(1) (F. 27—28°) 10 440.
2-Brom-5.5-dimethylcyclohexandion-(1.3) (**2-Bromdimedon**) (F. 185—186°) 4891, 7866, 12 284, 14 483.
4(6)-Brom-5.5-dimethylcyclohexandion-(1.3) (F. 150—151° Zers.), Darst., Rk. 4890; Rk. 3810, 4891.
$C_8H_{11}BrO_3$ **5-Brompentin-(4)-triol-(1.2.3)-acetonid-(2.3)** 4936.
$C_8H_{11}BrO_4$ **Brommaleinsäurediäthylester** (Kp.13 143°) 16 643.
$C_8H_{11}Br_2N_2O_4PS$ **3-[*O.O*-Diäthylthiophosphoryl-oxy]-4.5-dibrom-6-oxo-1.6-dihydro-pyridazin** (F. 120—123°) 6037.
$C_8H_{11}Br_3O$ **2.2.8-Tribromcyclooctanon-(1)**, Rk. 16 845*.
$C_8H_{11}Cl$ **3 (oder -4)-Chlor-5.5-dimethylhexen-(3)-in-(1) (?)** (Kp.20 52—53°) 3417.
Cyclohexylidenvinylchlorid (Kp.11 72°) 7483.
1-[α-Chlorvinyl]-cyclohexen-(1) [**1-[1'-Chloräthenyl]-cyclohexen-(1)**] (Kp.11 73°), Darst. 7483; Rk. 8233.
1-[β-Chlorvinyl]-cyclohexen-(1) (Kp.12 82°) 7483.
1-Äthinylcyclohexylchlorid (**1-Chlor-1-äthinylcyclohexan**) (Kp.12 58°), Darst. 7483; Rk. 7482.
2-Chlormethylbicyclo-[2.2.1]-hepten-(5) (**2.5-Endomethylen-Δ^3-tetrahydrobenzyl-chlorid**) (Kp.11 58—61°) 15 578, 18 854.
$C_8H_{11}ClHgO$ **2-Chlormercuri-5-*tert.*-butylfuran** (F. 164—165°) 3079.
$C_8H_{11}ClNO_3P$ ***N*-Methylamidophosphorsäure-methyl-*o*-chlorphenyldiester** (F. 49—51°) 4647*.
$C_8H_{11}ClN_2$ **2-Amino-4-chlor-*N*-äthylanilin** (F. 61°) 6025.
$C_8H_{11}ClN_2O$ **3-Butoxy-6-chlorpyridazin** (F. 48°) 1990.
3-Isobutoxy-6-chlorpyridazin (F. 66°) 1990.
2-Chlor-6-isopropoxy-4-methylpyrimidin (Kp.2 95°) 12 298.
4-Chlor-5-äthoxymethyl-2-methylpyrimidin, Rk. 5671.
$C_8H_{11}ClN_2OS$ **4-Methyl-5-äthyl-2-chloracetyl-aminothiazol** (F. 120°) 4905.
$C_8H_{11}ClN_2O_2S$ ***m*-Aminobenzolsulfon-β-chlor-äthylamid**, Verw. 16 855*.
1-Aminobenzol-4-sulfonsäure-β-chloräthyl-amid, Rk. 10 283*.
$C_8H_{11}ClN_2O_4S_2$ **Chlorbenzol-2.4-disulfonsäure-amid-(2)-dimethylamid-(4)** (F. 182°) 3185*.
$C_8H_{11}ClN_2O_5S_3$ **β-[3-Amino-4-chlorbenzolsul-fonylaminoäthyl]-thioschwefelsäure** (F. 231—233°) 2907*.
$C_8H_{11}ClN_2O_7$ **6-Carbomethoxy-4.4-dinitro-hexanoylchlorid**, Rk. 18 637*.
$C_8H_{11}ClN_4O$ **4-Amino-6-chlor-5-[1'-äthoxy-äthylidenamino]-pyrimidin** (F. 144°) 10 463.
2-Amino-4.6-dimethyl-5α-chloracetamido-pyrimidin (F. 226—227°) 3815.
$C_8H_{11}ClN_4O_4S_2$ **6-Chlor-3-aminomethyl-3.4-di-hydro-7-sulfamyl-1.2.4-benzothiadiazin-1.1-dioxid** (F. d. Acetonsolvats 178—180°) 4924.
$C_8H_{11}ClO$ **1-Chloräthinylcyclohexanol-(1)** (F. 50 bis 51°) 7483.
2-Chlor-1-äthinylcyclohexanol (Kp.1 57°) 14 320*.
8-Chloroctin-(2)-al (Kp.0,15 69—70°) 1953.
3-Chlor-5.5-dimethylcyclohexen-(2)-on-(1) (Kp.7 78°) 10 856.
$C_8H_{11}ClO_2$ **2-Chlordimedon** (F. 161°) 7866, 18 807.
Δ^1-2-Chlorcyclopentencarbonsäureäthyl-ester, Darst., Konfigurat., Dipolmoment 4120.
3-Propionoxy-5-chlorcyclopenten (Kp.1,5 70—73°) 11 171.
4-Propionoxy-5-chlorcyclopenten 11 171.
5-Propionoxy-4-chlorcyclopenten 11 171.
1-Chlorbicyclo-[2.1.1]-hexan-5-carbonsäure-methylester (Kp.7 81—82°) 15 224.
3.3-Pentamethylenglycidsäurechlorid 4898.
$C_8H_{11}ClO_2S_2$ **[Bis-(äthylmercapto)-methylen]-brenztraubensäurechlorid** (F. 77—85° Zers.) 12 262.
$C_8H_{11}ClO_3$ **Terpenylsäurechlorid** 10 845.
$C_8H_{11}ClO_5$ **2'-Acetoxyäthyl-2-chloracetoacetat**, Rk. 14 296*.
Chloroxalessigester, Rk. 17 739.
$C_8H_{11}ClO_7P_2$ ***P*-Äthyl-*P'*-[4-chlorphenyl]-pyrophosphat**, Bis-[cyclohexylammoni-um]-salz (F. 239°) 7851.
$C_8H_{11}ClSi$ **Äthylphenylchlorsilan**, Herst. 5477*; Rk. 11 002*.
Dimethylphenylchlorsilan, Konstit.-Einfl. auf d. ν(SiC) 11 504; Schwingungsspek-trum u. Bindungsverhältnisse 15 895; Rk. 5589, 11 733*.
$C_8H_{11}Cl_2F_7OSi$ **γ-[1H.1H-Heptafluorbutoxy]-propylmethyldichlorsilan** (Kp.14 96°) 8947.
$C_8H_{11}Cl_2NO$ ***N.N*-Diallyldichloracetamid**, amöbicide Wrkg. 7618.
$C_8H_{11}Cl_2NO_3$ **1-[2'.3'-Dichlorpropyl]-4-carb-oxypyrrolidon-(2)**, Ester 11 006*.
$C_8H_{11}Cl_2N_3O$ **2-Amyloxy-4.6-dichlor-1.3.5-tri-azin** (**2-Pentyloxy-4.6-dichlor-*symm.*-tri-azin**) (Kp.0,5 95—103°), Darst. 8258; (herbicide Wirksamk.) 18 160.
$C_8H_{11}Cl_2N_3O_2$ **4.6-Dichlor-2-[bis-(β-hydroxy-äthyl)-amino]-pyrimidin** (F. 137,5—139°) 8612.
4.6-Dihydroxy-2-[bis-(β-chloräthyl)-amino]-pyrimidin (F. 189°) 8613.
5-[Bis-(β{ 2' }-chloräthyl)-amino]-uracil (**Uracil-Lost**), Rk. 9719; therapeut. Spek-trum 157; Wrkg. auf Blut u. Blut u. Lymphe erzeugende Gewebe 13 426.
$C_8H_{11}Cl_2N_3O_3S$ **2-[β-Propansulfonyläthoxy]-4.6-dichlor-1.3.5-triazin** (F. 94—97°) 8258.
$C_8H_{11}Cl_2N_3S$ **4-[Bis-(2-chloräthyl)-amino]-2-mercaptopyrimidin** (***N.N*-Bis-(2-chlor-äthyl)-thiocytosin**) (F. d. Hydrats 150 bis 151° Zers.), Darst., Rk., Hemmwrkg. gegenüber Mikroben 11 193.
1-Amylmercapto-4.6-dichlor-1.3.5-triazin (Kp.1,5 129°) 8258.
1-Isoamylmercapto-4.6-dichlor-1.3.5-triazin (Kp.0,005 92—94°) 8258.
$C_8H_{11}Cl_2N_3S_2$ **2-[β(2')-Propylmercaptoäthyl-mercapto]-4.6-dichlor-1.3.5-triazin** (Kp.0,3 152°) 6938*, 8258.
$C_8H_{11}Cl_2O_4P$ **Phosphorsäurediallyl-[2.2-dichlor-vinyl]-ester** (**Diallyl-2.2-dichlorvinylphos-phat**) (Kp.0,5 105°) 872.
$C_8H_{11}Cl_3$ **2-Trichlormethylbicyclo-[2.2.1]-heptan** (Kp.9 92°) 17 023.
$C_8H_{11}Cl_3O_2$ **2.2.2-Trichlor-1-[1'-äthyl-1'-me-thylpropin-(2')-oxy-(1')]-äthanol** (**NC 1457**), antikonvulsive Wrkg. 9809.
$C_8H_{11}Cl_3O_6$ s. *Chloralose*.
$C_8H_{11}Cl_3O_7$ **2.2.2-Trichloräthanolglucuronid**, — als Stoffwechselprod. v. 1.1.1-Trichlor-äthan bei Ratten 9059.
$C_8H_{11}Cl_4N$ **Trichloressigsäure-*N*-cyclohexyl-imidchlorid** (Kp.12 129—131°) 11 148.
$C_8H_{11}FNO_2P$ **Fluorophenylamidophosphor-säureäthylester** (F. 49°) 53.
$C_8H_{11}F_3N_2O_3$ **1-Carbomethoxy-4-trifluoracetyl-piperazin** 18 938*,.
$C_8H_{11}F_3N_2O_4$ ***N*-Trifluoracetylglycylglycin-äthylester** 17 001.
$C_8H_{11}F_3O_2$ **Trifluoressigsäure-1-methylcyclo-pentylester**, Rk. 13 206*.
$C_8H_{11}F_6NO$ **β.β.β.β'.β'.β'-Hexafluorisobutter-säurediäthylamid** (F. 52—53°) 15 024*.
$C_8H_{11}JO_2$ **2-Joddimedon** (F. 165° Zers.) 7865, 7866.
3-Jod-2-hydroxycyclohexylessigsäure-γ-lacton (F. 65—66°) 79.
$C_8H_{11}N$ (s. *Xylidin* [*ar-Dimethylanilin*]).
2(α)-*n*-Propylpyridin (Kp.759 169—171°), Darst., Rk., Pikrat 18 112; Rk. 11 925.
3-*n*-Propylpyridin (Kp.746 186°), Darst., Pikrat 18 112; Rk. 12 839*, 14 329*.

4-*n*-Propylpyridin (Kp.$_{756}$ 188°), Darst., Pikrat 18 112; Verw. v. —-Komplex mit $Ni(SCN)_2$ zur Trenn. v. Gemischen aromat. Verb. 308*; gaschromatograph. Verh. 5417.

3-Isopropylpyridin (2-[Pyridyl-(3')]-propan) (Kp. 179—180°), Darst., Pikrat 845; UV-, IR-Spektrum u. Basenstärke 10 035; Dipolmoment 16 976; (Wechselwrkg. mit Bzl. u. CCl_4, Pikrat) 790; Rk. 3092, 12 839*.

4-Isopropylpyridin, gaschromatograph. Verh. 5417.

2-Methyl-4-äthylpyridin (Kp. 178°), Darst., Rk., UV- u. IR-Spektrum, gaschromatograph. Verh., Pikrat 5975.

2-Methyl-5-äthylpyridin, Herst. 18 279*; gaschromatograph. Verh. 5417; gaschromatograph. Retentionsvol. 5975; Dehydrier. 12 839*, 13 579*, 15 772*, 18 278*; Oxydat. 4163, 13 952*, 14 329*; Rk. mit CH_2O 18 278*; Verw.: als Stabilisier.-Mittel bei d. Abtrenn. v. Acetylenen 4719*; in Herbicid u. Fungicid 10 247*.

2-Methyl-6-äthylpyridin (Kp. 158—160°), Darst., Pikrat 6769; gaschromatograph. Verh. 5417; (UV- u. IR-Spektrum) 5975.

3-Methyl-4-äthylpyridin (4-Äthyl-β-picolin) (Kp. 195—197°), Darst., Rk. 16 683; gaschromatograph. Verh. 5417.

3-Methyl-5-äthylpyridin 11 568.

3-Äthyl-4-methylpyridin (β-Kollidin), Rk. 4875, 13 579*, 15 772*; Verw. v. —-Komplex mit $Ni(SCN)_2$ zur Trenn. v. Gemischen aromat. Verb. 308*; gaschromatograph. Verh. 5417.

2.3.6-Trimethylpyridin (Kp.$_{730}$ 165—175°), Darst., Pikrat 6769; Bldg., Oxydat. 15 962; gasphromatograph. Verh. 5417.

2.4.6-Trimethylpyridin (2.4.6(*symm.*)-Kollidin, *gewöhnl.* Kollidin) (Kp. 170—172°), Darst. (Deriv.) 2698; (Pikrat) 6769, 14 499, 17 750; (Rk.) 15 963; ^{13}C-Kernresonanzspektroskopie 8201; Protonenresonanzspektrum 3040; Dipolmoment, Konfigurat. v. —/Pyrol-Komplex 7098; Hyperkonjugat. in — 12 237; Hydrier. 16 312; Oxydat. 7142, 17 211*; Austausch v. H gegen T 1566; Rk. v. Carbonsäurehalogeniden mit W. bzw. Aminen in Ggw. v. — 2694; Herst. v. Trisulfenylamidinen in Ggw. v. — 2543*; Einfl. auf d. Kinetik d. Methanolyse v. γ-Phenyltetronsäureenolbenzoat 16 273, 16 274; — bei d. modifizierten Ag-Meth. nach Holmes für Zentralnervensyst. v. Insekten 11 589; gaschromatograph. Verh. 5417; polarograph. Best. 8355.

2-Allyl-*N*-methylpyrrol 7322*.

α(1)-Phenyläthylamin (α-Methylbenzylamin), Darst., spektropolarimetr. Unters. v. Deriv. v. akt. — 17 695; Darst., Rk.: v. (—)-— 11 889; v. rac.-— 1548; Bldg. 11 956; (Pikrat) 7850; Kristalldaten d. weinsauen Salzes 7805; Rotationsdispers. v. (+)- u. (—)-— 17 695; Methylier. 1947, 18 775; Überführ. in Phenacylaminhydrochlorid 2707; Rk.: mit 3-Nitroacetophenon 11 890; v. opt.-akt. — mit substituierten Benzoesäuren 18 088; mit N-[4-Methyl- bzw. 4-Methoxybenzolsulfonyl]-carbaminsäuremethylester 18 202*; Racematspalt. v. α-Phenylcarbonsäuren mit akt. — 454; opt. Spalt. v. Hydratropasäure bzw. α-Phenylbuttersäure mit akt. — 1584; Verw. v. —-Komplex mit $Ni(SCN)_2$ zur Trenn. v. aromat. KW-Stoffen durch Clathrat-Bldg. 15 158.

β(2)-Phenyläthylamin (1-Phenyl-2-aminoäthan) (Kp.$_{748}$ 196—198°), Übersicht über d. —-Gruppe (Arzneimittel) 8342; Darst. 99; (Pikrat) 299*; Darst., Rk. v. (+)- u. (—)-— 1548; Darst. (v. Deriv.) 6751; (d. Hydrochlorids) 17 925; Bldg. 8994, 13 768; (Rk.) 5677; (d. Hydrochlorids) 13 726; (d. Pikrats) 7850; Red. 13 770; Rk.: mit SCl_2 3020; mit Hexachlorbenzol 10 277*; mit 1-β-Chloräthyl-2-chlormethylpyrrolidinhydrochlorid 2359; mit CS_2 u. Formalin 2831*; d. Hydrochlorids mit Dicyandiamid 947*; mit 3.4.5.6-Tetrahydro-1.3-oxazinon-(2) 7903; mit Chloressigsäureäthylester 1957; mit 4-Hydroxycumarin-3-carbonsäureäthylester 4639*; v. —-Deriv. mit Benzyloxyessigsäure 5300; mit (±)-2-Carbomethoxy-3α-methoxy-4-acetoxy-6-formylcyclohexylessigsäuremethylester 13 773; mit Thionokohlensäurephenylesterchlorid 3911*; mit 3-Chlorbenzo-[f]-chinolin-2.6-dicarbonsäuredichlorid 8986; Bldg. im Boden nach Düng. mit Rapswurzeln 3600; Identifizier. v. —-Hydrochlorid in Leguminosen 13 814; —-Geh. im Mutterkorn im Verlauf d. Sklerotienreif. 14 238; — als Substrat bei Unters. mit Monoaminoxydase-Inhibitoren 9756; pH-Optimum für die Beständigk. v. Diaminoxydase aus Erbsen in Ggw. v. — 11 960; durch — hervorgerufene Neomorphosen bei Keimpflanzen 6835; Freisetz. v. Brenzcatechinaminen durch — (aus Suspensionen chromaffiner Granula) 10 917; (aus isolierten Granula d. Nebennierenmarks) 18 547; (aus d. isoliert durchströmten Nebenniere) 17 099; Freisetz. v. Noradrenalin aus d. perfundierten Kaninchenherzen durch — 10 159; Wrkg.: auf d. arteriellen Blutdruck 18 548; v. —-Deriv. auf d. elektrocorticale Aktivität u. d. Verh. v. Tieren 12 006; auf d. Reiz. peripherer Nervenendig. 10 175; Beeinfluss. d. —-Reizübertrag. im peripheren Sympathicus durch Tofranil 17 485; Verw.: in Resedorm 9074; v. —-Komplex mit $Ni(SCN)_2$ zur Trenn. v. aromat. KW-Stoffen durch Clathrat-Bldg. 15 158; Verh. beim papierchromatograph. Nachw. 9075.

***p*-Methylbenzylamin („*p*-Xylylamin"),** Darst. d. Hydrochlorids (F. 233—234°) 6579*; Rk. 18 202*.

2(*o*)-Aminoäthylbenzol (1-Amino-2-äthylbenzol, 2(*o*)-Äthylanilin) (Kp.$_{10}$ 94—96°), Darst., Rk. 15 933; (v. — u. diazotiertem —) 16 789; Bldg. 11 956; Bezich. zwischen Halbstufenpotential u. Substitut. 17 701; Konstit.-Einfl. auf d. chromatograph. Verh. an SiO_2 11 142; Dehydrocyclisier. 13 579*; Acylier. 7699*; Chloracetylier. 18 089; Überführ. in Thioindigofarbstoff 120; Rk.: v. diazotiertem — mit β-Naphthol 9159; mit Chloressigsäure 1603; Verw.: für Azofarbstoffe 17 215; bei d. Herst. v. Diphenylaminderiv. 7329*; gaschromatograph. Verh. 5417.

3-Aminoäthylbenzol, Verw. 7329*.

4(*p*)-Aminoäthylbenzol (4(*p*)-Äthylanilin) (Kp.$_9$ 93—95°), Darst. 15 933; Bezich. zwischen Halbstufenpotential u. Substitut. 17 701; Konstit.-Einfl. auf d. chromatograph. Verh. an SiO_2 11 142; Verw. 7329*; gaschromatograph. Verh. 5417.

***N*-Methylbenzylamin,** Bldg. 8572; Darst. d. Hydrochlorids 1195, 5645; Rk.: mit Paraformaldehyd u. A. 12 841*; mit 1-Amino-2-(α-chlor-p-tolyloxy)-4-hydroxyanthrachinon 1422*; mit Butyrylchlorid 6733; mit Brenztraubensäure-N-cyclohexylimidchlorid (Kinetik) 11 148.

***N*-Methyltoluidin** [Isomerengemisch] 460.

***N*-Methyl-*o*-toluidin,** Rk. 13 579*.

***N*-Methyl-*p*-toluidin,** Ketten-Übertrag. durch — bei d. Radikal-Polymerisat. v. Styrol u. Vinylacetat 9741.

***N*-Äthylanilin** (Kp. 204°), Darst. 821, 15 018* [2 Ref.]; (Acetyl-Deriv.) 16 290; Bldg. (p-Tosyl-Deriv.) 3065; (Rk.) 18 801; ν(NH) 10 028, 12 599; elektrochem. Potential im Syst. —/Essigsäure 5237; magnet.

Susceptibilität 3769; Komplexbldg. mit $ThCl_4$ 15 885; Nitrosier. 5098*, 11 733*; Acetylier. 7106; Rk.: mit Polyvinyl-chlorid (Kinetik) 14 891; mit 1.2-Dibrom-cyclohexan 13 372; mit 2.5-Bis-[chlor-methyl]-furan 2345; mit 1.3.5-Trinitro-benzol u. Trinitrotoluol (Kinetik) 6726; mit Arylguanylharnstoffen 17 007; mit 2.3.4-Tri-O-acetylglucopyranuronosyl-bromidmethylester 18 476; mit cycl. Butandiol-(1.3)-sulfat 15 188; Oxydat.: im höheren Tier 11 637; durch Mikro-somen aus Rattenlebern 10 877; Bezieh. zwischen d. Lipidlöslichk. u. d. Oxydat. durch Lebermikrosomen 13 473; Rolle v. — beim Lad.-Transport in biolog. Syst. 10 120; korrosionsinhibierende Wrkg. auf Armco-Fe 4086; Verw. 7329*, 8430*; Nachw. 3575, 17 513; Best. v. — in N-Äthyl-N-2-(hydroxyäthyl)-anilin mit IR-Absorpt.-Spektrum 7271.

N.N-**Dimethylanilin** (Kp. 192—195°), Darst. 3817, 4715*, 7327*; (Pikrat) 1230; (v. substituierten Pikraten) 3777; (Rk.) 14 318*; Bldg. 822; (Pikrat) 18 076; relative chem. C-bzw. H-Verschieb. 9286; Kristallstruktur d. Komplexes mit Chlor-anil 4126; Absorpt.-Spektrum: v. Jod-komplexen mit —-Deriv. 18 389; v. Komplexen mit m- u. p-Dinitropenzol 9280; UV-Spektrum v. —-Komplexen mit Chromtricarbonyl 18 361; UV- u. Fluorescenzspektrum 4474; IR-Absorpt.-Spektrum v. Salzen 6715; neue Bezieh. zwischen d. physikal. Konst. v. — 3402; Dipolmoment 15 167; DK u. dielektr. Verluste 18 418; Einfl. auf d. Polarisat. v. Fe-Elektroden 9247; magnet. Suscep-tibilität 3769; Bindungsdissoziations-energie 3772; tensametr. Unters. 18 017; Assoziat. mit Dimethylsulfoxid 16 268; chemorheolog. Unters. d. mit — vulkani-sierten fl. Polysulfidpolymeren 12 682; chromatograph. Verh. bei d. Adsorption an SiO_2 11 142; Löslichk. in $PSCl_3$ 5220; Hydroperoxidoxydat. (Kinetik) 18 790; Vers. d. Oxydat. 4487; Nitrier. 6009; Rk.: d. Hydrochlorids mit $NaBH_4$ 17 562*; mit Dekaboran (Kinetik) 439; mit $ThCl_4$ 15 885; mit $ZrCl_4$ 8547; Vers. d. Acetylier. 7106; Rk.: mit Polyvinyl-chlorid (Kinetik) 14 891; mit Geranyl-chlorid 8627; mit Cinnamylbromid 18 775; mit Benzylbromid (Kinetik) 3409; mit Dimethylaminodichlormethan 11 373*; mit $\Delta^{9,10}$-Oktalinnitrosochlorid 1593; mit m-Chlorphenol 5675; mit 1-Phenyl-3.3-dimethyl-1-hydroxyphthalan 17 025; mit Aryltellurtrihalogeniden 14 108; mit aromat. Aldehyden 7456; mit Thiophenaldehyden 12 652; mit p-Nitrobenzaldehyden bzw. diazotierten Toluidinen 462; mit Hydroxybenz-aldehyd 16 627; mit p-Trimethylsilyl-benzaldehyd 16 654; mit 2α.4α-Dibrom-cholestan-3-on 15 233; mit Antipyryl-phenylketon 122; mit diazotiertem Bis-[β-chloräthyl]-4-aminobenzylamin 4507; mit diazotierten Nitroanilinen 4887; mit 2-Aminopyridin-1-oxid 16 312; mit Tetra-cyanäthylen 5108*; mit d. Rk.-Prod. aus Isobuttersäurediäthylamid u. $POCl_3$ 6966*; mit 5-Diazoimidazolcarbonsäure-amid-(4) 18 820; mit tert.-Butylperbenzo-at 2320; Dismutat. v. $CH_3SiBrCl_2$ in Ggw. v. — 16 607; Zers. v. 1.1-Diphenyl-azoäthan u. 2.2′-Azo-bis-[2-methyl-propionitril] in — 4492; Kinetik d. De-carboxylier. v. Malonsäure u. Oxanil-säure in — 14 096; —-Hydrochlorid als Polymerisat.-Beschleuniger 9540*; — als Initiator bei d. Redoxpolymerisat. 14 528; — als Initiator bei d. Polymeri-sat.: v. Styrol 2010; v. Styrol u. Vinyl-acetat 9741; v. Methacrylsäuremethyl-ester 3477, 7544, 9365; Einfl. auf d. Proteolyse v. Casein durch Papain 9384; — als Lockstoff für Vollkerfe d. Stuben-fliege Musca domestica 7667; Verw. zum Nachw. denitrifizierender Bakterien 15 651; korrosionsinhibierende Wrkg. auf Armco-Fe 4086; Verw.: als Kupplungs-komponente 16 141; als Stabilisier.-Mittel bei d. Abtrenn. v. Acetylenen 4719*; katalyt. Wrkg.: bei d. Synth. v. Diallylzinndibromid 15 524; bei d. Herst. v. Tris-[β-chlorpropyl]-trithiophosphit 7697*; Tüpfelnachw. 3575; gaschromato-graph. Verh. 5417; gaschromatograph. Identifizier. 10 585; Best. im Gemisch mit Anilin u. Monomethylanilin 4282.

ω-*N.N*-**Dimethylaminofulven**, Rk. 3462.

2-Methylcyclopenten-(1)(oder -5)-ylaceto-nitril ($Kp._{11}$ 83—84°) 2367.

3-Methylcyclopenten-(1)(oder -5)-ylaceto-nitril ($Kp._{10}$ 78°) 2367.

Cyclohexylidenacetonitril, Darst., UV-Spektrum 5603.

1-Cyancyclohepten (**Δ^1-Cycloheptenylcy-anid**) ($Kp._{35}$ 118°), Darst. (Rk.) 8232, 8982, 13 003; (UV-Spektrum) 5603.

1-Methyl-4-cyancyclohexen-(1) 7495.

1-Methyl-5-cyancyclohexen-(1) 7495.

Bicyclo-[2.2.1]-heptancarbonitril-(2) (**2-Cyanbicyclo-[2.2.1]-heptan**), Darst. 10 444; Darst., Rk. v. endo- u. exo-— 10 076.

$C_8H_{11}NO$ (s. *Phenetidin* [*Äthoxyanilin, Amino-äthoxybenzol*]; *Promintic* [*2-(β-Methoxy-äthyl)-pyridin*]; *Tyramin*).

2-Methyl-4.5.6.7-tetrahydrobenzoxazol ($Kp._{16}$ 88—90°) 7394*.

3-[β-Hydroxyäthyl]-4-methylpyridin, Hydrochlorid (F. 108—110°) 16 325.

α-Phenyl-β-hydroxyäthylamin 10 815.

2-*m*-Aminophenyläthanol (F. 68—69°), Darst., Best. d. Rotationsisomeren aus d. ν(OH) 11 506.

2-*p*-Aminophenyläthanol, Best. d. Rota-tionsisomeren aus d. ν(OH) 11 506.

2-Anilinoäthanol (**Äthanolanilin, *N*-[β-Hydroxyäthyl]-anilin, *N*-Phenyläthanol-amin**), Darst. 7327*, 13 948*; Darst., Rk. d. Cinnamoyl-Deriv. 16 993; Chlo-rier. 14 114; Nitrosier. 459; Rk.: mit Tetrachlor-pyrimidino-[5.4:d]-pyrimidin 17 853*; mit Thioglykolen u. CH_2O zu Thioformalen 7693*; mit Tetracyan-äthylen 5108*; mit fetten Ölen 1408*; Verw. 2962*, 7715*, 8430*.

***o*-Methylaminobenzylalkohol** ($Kp._{0,3}$ 83 bis 85°) 7897.

2-Amino-4.6-dimethylphenol, Rk. 136; Verw. 1057*.

2.4-Dimethyl-5-aminophenol ($Kp._{0,1}$ 130 bis 150°) 11 167.

2.5-Dimethyl-4-aminophenol, photograph. Verw. 11 795*.

2.6-Dimethyl-4-aminophenol, photograph. Verw. 11 795*.

3.5-Dimethyl-4-aminophenol, photograph. Verw. 11 795*.

m*(3)-Dimethylaminophenol** (m*-Hydroxy-*N.N*-dimethylanilin**), Bldg. 4257*; Rk. 5108*, 13 388, 18 640*; Tüpfelnachw. 3575.

2-Methyl-3-methoxymethylpyridin ($Kp._{30}$ 107—110°) 3095.

4-Äthoxy-β-picolin ($Kp._{12}$ 109—111°) 16 683.

***p*-Aminobenzylmethyläther** 1228.

2-Phenoxyäthylamin, Rk. 1711*, 15 407*.

***p*-Methoxybenzylamin**, Darst. 9318; Bldg. d. Hydrochlorids 9683; Rk. 4641*.

1-Amino-2-methoxy-5-methylbenzol, Verw. für Azofarbstoffe 1037*, 1420*, 6219*, 7337*, 10 288*, 10 652*, 16 500*.

2-Amino-3-methylanisol ($Kp._{15}$ 114,5 bis 116,5°) 3409.

3-Methoxy-4-methylanilin (**3-Methoxy-*p*-toluidin**), Rk. 4391*, 11 166.

4-Methyl-*m*-anisidin, Rk. v. diazotiertem — 5642.

4-Methoxy-2-methylanilin, Rk. v. diazotiertem — 3410.
N-Methyl-p-anisidin, Rk. 18 410.
2-Bicyclo-[2.2.1]-heptylisocyanat (Kp.₅ 58 bis 60°) 18 980*.
1.2.5-Trimethylpyrrol-3-aldehyd (F. 96°), polarograph. Verh. 6346.
3.4.5-Trimethylpyrrol-2-aldehyd (F. 147°), polarograph. Verh. 6345.
2.4-Dimethyl-5-acetylpyrrol 3445.
N-Isopropylpyridon-(2), Verw. 15 401*.
4-Äthyl-1-methyl-1H-pyridon-(2) (Kp.₇ 127 bis 128°) 7142.
1-Methyl-3-äthyl-1H-pyridon-(6), Rk. 8610.
4-Methyl-5-äthylpyridon-(2) (F. 160—162°) 12 103*.
1.4.6-Trimethylpyridon-(2) (F. 89°), Kernresonanzspektrum 18 421.
4.5.6-Trimethylpyridon (F. 196°) 2356.
1.2.6-Trimethylpyridon-(4) 8978, 9706.
4-Propylpyridin-1-oxid, Dipolmoment 16 976.
3-Isopropylpyridin-N-oxid (Kp. 120—122°) 3092.
4-Isopropylpyridin-1-oxid, Dipolmoment 16 976.
4-Äthyl-β-picolin-N-oxid (F. 102°) 16 683.
2.3.6-Trimethylpyridin-N-oxid, Dihydrat (F. 63°) 15 963.
2.4.6-Trimethylpyridin-N-oxid (Kp.₂ 118°) 15 963, 17 750.
Dimethylanilin-N-oxid, Red. 1230.
2-Cyanmethylcyclohexanon [**Cyclohexanon-(2)-acetonitril-(1)**] 2707, 9687.
2-[2′-Cyanäthyl]-cyclopentanon (**1-[2′-Oxocyclopentyl]-2-cyanäthan**) (Kp.₃ 124 bis 125°), Darst. 15 571; Rk. 11 921.
2-Cyancycloheptanon, Rk. 14 845.
2-Methyl-5-cyancyclohexanon (Kp.₅ 140 bis 142°) 17 040.
β-[Cyclopenten-(2)-yl]-acrylsäureamid 14 469.

$C_8H_{11}NOS$ **4-Mercapto-5-desoxypyridoxin** (**2-Methyl-3-hydroxy-4-mercaptomethyl-5-methylpyridin**), tox. Wrkg. 12 362.
4-Desoxy-5-mercaptopyridoxin (**2-Methyl-3-hydroxy-4-methyl-5-mercaptomethylpyridin**), tox. Wrkg. 12 362.
3-[2′-Hydroxyäthylmercapto]-1-aminobenzol, Verw. 16 856*.
4-[2′-Hydroxyäthylmercapto]-1-aminobenzol, Verw. 16 856*.
Cycloheptano-[d]-Δ⁴-thiazolinon-(2) (F. 130 bis 140°) 2909*.
3-Methylcyclohexano-[d]-Δ⁴-thiazolinon-(2) (F. 63—64°) 2909*.
6-Methylcyclohexano-[d]-Δ⁴-thiazolinon-(2) (F. 175—177°) 2909*.
3-Äthylcyclopentano-[d]-Δ⁴-thiazolinon-(2) (Kp.₀,₂ 102—104°) 2909*.
Äthyl-[thienyl-(2)]-acetamid (F. 80°) 10 084.

$C_8H_{11}NOS_2$ **4.5-Dimercaptopyridoxin** (**2-Methyl-3-hydroxy-4.5-bis-[mercaptomethyl]-pyridin**) tox. Wrkg. 12 362.

$C_8H_{11}NO_2$ (s. *Hydroxytyramin* [*Dopamin*, *β-(3.4-Dihydroxyphenyl)-äthylamin*]; *Novadral* [*Lovadil*, *Normetol*, *m-Hydroxyphenyläthanolamin*, *β-3-Hydroxyphenyl-β-hydroxyäthylamin*, *1-(3′-Hydroxyphenyl)-2-aminoäthanol*]; *Octopamin* [*p-Hydroxyphenyläthanolamin*, *β-4-Hydroxyphenyl-β-hydroxyäthylamin*]).
2.4-Dimethyl-3-hydroxy-5-hydroxymethylpyridin (**4-Desoxyadermin**, **4-Desoxypyridoxin**), Darst., Hydrochlorid 14 862, 15 164; Wrkg. als Hemmstoff für Pyridoxalphosphokinasen 10 509; Mangel an 5-Pyridoxalphosphat in vivo durch — 2772; Einfl.: auf d. Glutamin-Asparaginsäuretransaminase d. Gehirns (Auftreten v. Krämpfen) 2440; auf d. Ausscheid. v. Tryptophan-Stoffwechselprod. 9428; patholog. Zustände bei d. Vitamin B_{12}-Resorpt. nach —-Angebot 9796; Cytotoxizität d. Hydrochlorids in menschl. Zellkulturen 4195; Wrkg. auf d. Wachstum d. Murphy-Sturm-Lymphosarkoms 10 504; Wachstumshemm. bei Sarkom 180 durch Kombinat. v. —-Salzen u. Säurehydraziden 5698; Verw. bei Organübertrag. 11 262.
2.4-Dihydroxy-6-propylpyridin (F. 279°) 11 925.
2.3-Dihydroxy-β-phenäthylamin, Rk. 3811.
2-Hydroxymethyl-3-methoxymethylpyridin (Kp.₀,₀₅ 120—125°) 3095.
1-Amino-4-hydroxyäthoxybenzol, Rk. 7089; Verw. 10 652*.
5-Amino-4-methoxybenzylalkohol, Verw. 3271*.
2-Amino-3-hydroxy-5-methoxytoluol, Rk. 8614.
Nicotinaldehyddimethylacetal, Verw. in Dona-Folorsan 18 928.
Isonicotinaldehyddimethylacetal, Verw. in Dona-Folorsan 18 928.
2.5-Dimethoxyanilin, Rk. 1971, 3453, 10 085; Verw. 16 500*; Tüpfelnachw. 3575.
3.4-Dimethoxyanilin (**4-Aminoveratrol**) (F. 87—88°), Darst., Rk. 8247, 10 064; Rk. v. — bzw. diazotiertem — 9683; Tüpfelnachw. 3575.
γ-Dimethylaminomethylenglutacondialdehyd 18 113.
Anhydrodimethylaminohexoseredukton, akute u. subakute Toxizität 18 921.
3-Acetylpyridinmethylhydroxid. — Jodid, Red. 13 422; Adduktbldg. mit Chloraceton (Kinetik) 8570.
2-Methyl-3-methoxymethylpyridin-1-oxid (F. 55—60°) 3095.
2-Carboxy-4-isopropylpyrrol (F. 186° Zers.) 2348, 2728.
3-Carboxy-4-isopropylpyrrol (F. 124—125°) 2728.
Cyclopentylcyanessigsäure, Rk. 9328.
1-Methylpyrrol-2-carbonsäureäthylester, Rk. 4902.
2-Methyl-3-carboäthoxypyrrol (**α-Methylpyrrol-β-carbonsäureäthylester**) (F. 68 bis 69°), Dipolmoment 6344; magnet. Gew.-Susceptibilität 6719; Rk. 6401.
2-Methylpyrrolcarbonsäure-(4)-äthylester (**5-Methyl-3-carbäthoxypyrrol**) (F. 73 bis 74°), Darst. 17 740; Dipolmoment 6344.
1-Methyl-2-carbomethoxypyridiniumhydroxid, Bromid (F. 173—174°) 5393*.
β-Hydromuconsäuremononitriläthylester (**5-Cyanpenten-(3)-säureäthylester**, **1-Cyanbuten-(2)-4-carbonsäureäthylester**) (Kp.₁₅ 145—150°) 9515*, 12 096*, 13 569*, 13 725.
Isopropylidencyanessigsäureäthylester, Rk. 6587*.
α-Cyanacrylsäure-n-butylester (Kp.₁₅ 94 bis 97°) 5096*, 18 491.
Cyclopentanoncyanhydrinacetat (Kp.₁₅ 120°) 8231.
2-[α-Acetamidoäthyl]-furan, Rk. 12 838*.
N-Methacryloylpyrrolidon-(2) (Kp.₁,₅ 127 bis 130°) 13 753.
N-n-Butylmaleinsäureimid (Kp.₈ 97°), Darst. 1190, 2706; Rk. 1223.
N-n-Butylisomaleinimid (Kp.₃ 80—83°) 2706.
Citraconsäureisopropylimid (F. 43—45°) 4901.
Hexahydrophthalimid (**Cyclohexan-1.2-dicarbonsäureimid**), Darst. 12 624; UV-Spektrum, ν(CO), Dipolmoment 10 401.
cis-3.4-Cyclopentanopiperidindion-(2.6) (F. 88—90°) 8984.
3-Methyl-3-azabicyclo-[3.3.0]-octandion-(2.4) (Kp.₂₉ 144—148°) 17 386.
N-Äthyl-3-azabicyclo-[3.2.0]-heptandion-(2.4) (F. 46—47°) 9328.
α-Cyan-γ.γ-dimethyl-δ-valerolacton (F. 77 bis 78°) 17 736.

$C_8H_{11}NO_2S$ **4-Mercaptopyridoxin** (**2-Methyl-3-hydroxy-4-mercaptomethyl-5-hydroxymethylpyridin**), tox. Wrkg. 12 362.

5-Mercaptopyridoxin (5-Thiopyridoxin, 2-Methyl-3-hydroxy-4-hydroxymethyl-5-mercaptomethylpyridin), Elektronenspin-Resonanzspektrum nach Röntgenbestrahlung 2682; tox. Wrkg. 12 362; Einfl. auf d. Toxizität v. Äthyleniminobenzochinon (Bayer E 39) 6117.
3-Äthylsulfonyl-1-aminobenzol, Verw. 16 856*.
4-Äthylsulfonyl-1-aminobenzol (*p*-Äthylsulfonylanilin), Rk. 1771*; Verw. 16 856*.
***p*-[Aminomethylphenyl]-methylsulfon**, UV-Spektrum 11 133.
Methyl-[*m*-amino-*p*-methylphenyl]-sulfon (F. 120—123°) 1383*.
4-Methyl-3-methansulfonyl-1-aminobenzol, Verw. 16 856*.
2-Äthoxymethylmercaptopyridin-1-oxid (F. 69,5—72°) 9336.
5-[*β*-Acetoxyäthyl]-4-methylthiazol (Kp.$_4$ 105—108°) 4533.
5-Methyl-3-aminothiophen-2-carbonsäureäthylester (F. 59—60°) 7331*.
***p*-Dimethylaminobenzolsulfinsäure** 7691*.
Äthansulfanilid, Rk. 15 185.
***N*-Benzylmethansulfonamid** (F. 65°) 10 424.
Methansulfo-*o*-toluidid, Rk. 15 185.
***N*-Phenyl-*N*-methylmethansulfonamid** (F. 77°), IR-Spektrum 3395.
***p*-Äthylbenzolsulfonsäureamid** (F. 108,5 bis 109,5°) 10 041.
2.4-Dimethylbenzolsulfonsäureamid (F. 138,5—139,5°), Darst. 10 041; Rk. d. Na-Salzes 7623*.
2.5-Dimethylbenzolsulfonamid, Rk. d. Na-Salzes 7623*.
3.4-Dimethylbenzolsulfonsäureamid (F. 145,5—146°) 10 041.
***N*-Methyl-*p*-toluolsulfamid** (F. 74—75°), Bldg. 17 016; UV-Spektrum 11 133; Rk. d. K-Salzes 9353.
***N.N*-Dimethylbenzolsulfonamid**, UV-Spektrum 11 133.

$C_8H_{11}NO_2S_2$ **4-Äthylmercaptobenzolsulfonamid** 2084*.
5-[*β*-Acetoxyäthyl]-2-mercapto-4-methylthiazol (F. 105°), Darst. 4532; Rk. 4532.
4-Methyl-2-methylmercaptothiazol-5-carbonsäureäthylester (F. 32,8—33°) 7235.
***N*-[Thenyl-(2)]-propansultam-(1.3)** (F. 29 bis 30°) 12 253.

$C_8H_{11}NO_3$ (s. *Hormone, Nebennierenhormone — Noradrenalin* [*Arterenol, Lev(o)arterenol, Levophed, Norepinephrin, Normetanephrin, Urosympathin, 1-(3'.4'-Dihydroxyphenyl)-2-aminoäthanol*]; *Vitamine — Vitamin B₆* [*Adermin, Pyridoxin, Pyridoxol*]).
2.4.5-Trihydroxyphenäthylamin, — als Metabolit d. 3.4-Dihydroxyphenäthylamins 14 927.
1-[2'-Carboxyäthyl]-pyridiniumhydroxid, Rk. d. Chlorids 12 616.
***N*-Methyl-4-methoxycarbonylpyridiniumhydroxid**, Methylsulfat (F. 76—82° korr.) 9711.
1-Acetoxy-2-methylpyridiniumhydroxid, Pikrat (F. 105—109° Zers.) 10 457.
Äthoxymethylencyanessigsäureäthylester (F. 52°), Darst., Rk. 17 713; Rk.: mit $NH_2OH \cdot HCl$ 8602; mit 1-[3-Methylbenzyl]-piperazin 9313; mit Aminoazobenzolen 15 774; mit substituierten Hydrazinen 15 696*; mit Isopropylhydrazin 6876*; mit N¹-Isopropyl-N²-benzylidenhydrazin 950*, 1324*; mit 1-Methyl-2-benzylidenhydrazin bzw. 1-Isopropyl-2-acetylhydrazin 18 567*; mit Cyclohexylhydrazin 6877*; mit S-Methylisothioharnstoff 15 696*; mit Benzhydrazid bzw. Semicarbazid 15 951.
***α*-Acetoxymethylen-*β*-äthoxypropionitril** (Kp.$_{10}$ 128—130°) 6963*.
***α*-Cyanlävulinsäureäthylester** (Kp.$_{0,01}$ 69 bis 72°) 17 739.
***N*-Methyl-5-methoxymethylfuran-2-carbonsäureamid** (Kp.$_2$ 144—147°) 11 178.
2-Acetamidocyclohexandion-(1.3), Rk. 16 666.
Maleinpyrrolididsäure (F. 95°) 1190.

$C_8H_{11}NO_3S$ **1-Amino-2-hydroxybenzol-5-äthylsulfon**, Verw. 1038*.
2-[1'-Hydroxy-2'-methylpropyl]-thiazol-4-carbonsäure, IR-Spektrum 10 030.
2-[1'-Hydroxy-*n*-propyl]-thiazol-4-carbonsäuremethylester, IR-Spektrum 10 030.
4-Äthoxybenzolsulfamid, Rk. 7623*.
Methansulfo-*o*-anisidid, Rk. 15 185.
***N*-Phenylamidoschwefelsäureäthylester** 5219.

$C_8H_{11}NO_4$ **2-Nitrodimedon [5.5-Dimethyl-2-nitrocyclohexandion-(1.3)]** (F. 102°), Darst. 12 284; (Rk.) 4141; Vers. d. Rk. mit Nitroolefinen 6394.
2.3-Diketopiperidincarbonsäure-(4)-äthylester (F. 148°) 14 327*.
5-Methyl-4-carbäthoxypyrrolidindion-(2.3) (F. 146—147°) 18 458.
***β.γ*-Diacetoxybutyronitril** (Kp.$_4$ 132—134°) 15 186.
Maleinmorpholidsäure (F. 120—121°) 1190.

$C_8H_{11}NO_4S$ **Essigsäure-2-[2'-cyanallylsulfonyl]-äthylester** 15 022*.
Thiocyanmalonsäurediäthylester, bakteriostat. Wrkg. 1278.
4-Aminophenetol-3-sulfonsäure, Verw. 9912*.
Dimethylanilin-4-sulfonsäure-*N*-oxid 15 774*.

$C_8H_{11}NO_4S_2$ **4-Äthylsulfonylbenzolsulfonamid** (F. 184—185°) 2084*.
3-Amino-4-methoxybenzylthioschwefelsäure (F. 218°) 2907*.
***β*-[4-Aminophenoxyäthyl]-thioschwefelsäure** (F. 253—256°) 2907*.

$C_8H_{11}NO_5$ **Acryloyl-L-glutaminsäure** (F. 118,5°) 17 060.
***α*-Acetyl-*β*-hydroxy-*N*-carbäthoxyacrylamid** (F. 57—58°) 10 466.

$C_8H_{11}NO_5S_2$ **2-Amino-4-äthylsulfonylbenzolsulfonsäure**, Rk. v. diazotiertem — 2084*.

$C_8H_{11}NO_6S$ **3-Hydroxymethyl-5-hydroxy-6-methylpyridyl-(4)-*α*-hydroxymethansulfonsäure** 14 243*.

$C_8H_{11}NO_6S_2$ ***p*-Aminophenyl-*β*-sulfatoäthylsulfon**, Verw. v. diazotiertem — 10 650*.

$C_8H_{11}NS$ **1-[Thienyl-(2')]-2-methyl-3-aminopropen-(1)**, Deriv. 14 955*.
2-Mercapto-2-phenyläthylamin (F. 97,5 bis 98,5°) 6004.
Phenyl-2-mercaptoäthylamin (2-Anilinoäthylmercaptan) (Kp.$_{0,5}$ 100°), Darst. 9305; (Rk.) 10 088.
***N*-Äthyl-*o*-aminothiophenol** ,Rk. 1611.
***p*-Methylmercaptobenzylamin** (Kp.$_6$ 144 bis 149°) 7491.
3-Äthylmercapto-1-aminobenzol, Verw. 16 856*.
4-Äthylmercapto-1-aminobenzol, Verw. 16 856*.
***N*.2.6-Trimethylthiopyridon-(4)** (F. 268°) 9706.

$C_8H_{11}N_2O_3P$ **Benzolazophosphonsäuredimethylester**, Rk. 13 215*.

$C_8H_{11}N_2O_6P$ **Pyridoxalphosphatoxim**, Hemm. d. enzymat. Oxydat. v. Pyridoxin- u. Pyridoxaminphosphaten durch — 10 509.

$C_8H_{11}N_2O_6PS$ **4-Sulfobenzolazophosphonsäuredimethylester**, Rk. 13 215*.

$C_8H_{11}N_2O_7PS$ ***o*-Nitrobenzolsulfonamidophosphorsäuredimethylester**, Na-Salz (F. 156 bis 158°) 18 093.
***m*-Nitrobenzolsulfonamidophosphorsäuredimethylester**, Na-Salz (F. d. Dihydrats 195—198°) 18 093.
***p*-Nitrobenzolsulfonamidophosphorsäuredimethylester**, Na-Salz (F. d. Dihydrats 188—190°) 18 093.

$C_8H_{11}N_3$ **1-Phenyl-3.3-dimethyltriazen**, Cytotoxizität in menschl. Zellkulturen 4195.

1-Benzylguanidin, Darst. d. Nitrats (F. 164—165°) 11 157; Rk. d. Sulfats 4642*.
p-Tolylguanidin, Rk. 8605, 15 603.

$C_8H_{11}N_3O$ 1-Methyl-1-phenylsemicarbazid, Rk. 3905*.
α-[β-Pyridylamino]-propionamid (F. 179°) 6028.
4.6-Dimethyl-2-aminonicotinsäureamid, Rk. 2356.
p-Acetamidophenylhydrazin, Rk. 6138*.
N.N-Bis-[2-cyanäthyl]-acetamid 10 812.
4.6-Dimethylpyridin-2-carbonsäurehydrazid (F. 77°) 7143.
2.6-Dimethylpyridin-4-carbonsäurehydrazid (F. 152°) 7143.

$C_8H_{11}N_3OS$ *p*-Methoxyphenylthiosemicarbazid, Verw. 12 148*.
2.6-Diaminobenzothiazolmethylhydroxid, Jodid (F. 271—273° Zers.) 11 907.

$C_8H_{11}N_3O_2$ 5.6.7-Triaminobenzo-1.4-dioxan 1988.
2-Amino-3-nitro-6-propylpyridin (F. 150°) 11 925.
2-Nitramino-6-propylpyridin (F. 97°) 11 925.
2-Nitro-4.6-diamino-*m*-xylol 13 574*.
2-Nitro-4-dimethylaminoanilin 14 688*.
3'.6'-Dimethyl-4.4'-diketo-3'.4'-dihydro-pyrimidino-[1'.2':1.2]-imidazolidin, UV-Spektrum 7459.
Pyridoxalhydrazon, Wrkg. auf d. Decarboxylier. v. Glutaminsäure im Gehirn 14 912.
2.5-Diamino-3-methylbenzoxazolium-hydroxid, Jodid 11 907.
3.6-Diamino-2-methyl-1.2-benzisoxazolium-hydroxid, Jodid (F. 244° Zers.) 11 907.
N.N-Bis-[β-cyanäthyl]-glycin, Rk. v. Deriv. 17 009.
6-Hydroxy-2-amino-4.5-dimethylnicotin-säureamid (F. 256° Zers.) 2356.
4-Äthoxy-6-methylpyrimidin-2-carbonamid (F. 122—123,5°) 6036, 6772.
p-Amino-*o*-methoxybenzoesäurehydrazid (F. 181—182°) 4536.

$C_8H_{11}N_3O_2S$ 4-Amino-2-methylmercapto-5-carbäthoxypyrimidin 3095.
S-Methylisothioureidomethylencyanessig-säureäthylester (F. 123—129°) 15 629*.
p-Toluolsulfonylguanidin, Rk. 16 848*.

$C_8H_{11}N_3O_2S_2$ *N*-[Uracilyl-(5')]-1.2-dithia-5-azepan (F. 190—193°) 9719.
4.6-Bis-[methylmercapto]-1.3.5-triazin-carbonsäure-(2)-äthylester 7152.

$C_8H_{11}N_3O_3$ 4-Amino-2-hydroxy-3-nitro-6-propylpyridin (F. 193°) 11 925.
1-[β-Hydroxyiminoäthyl]-2-[hydroxyimino-methyl]-pyridiniumhydroxid, Reaktivier. phosphorylierter Acetylcholinesterasen durch —-Chlorid 14 548.
N-[6-Hydroxy-4-methylpyrimidyl-(2)]-alanin (F. 274—276° Zers.) 15 966.
N-[6-Hydroxy-4-methylpyrimidyl-(2)]-β-alanin (F. 249—250° Zers.) 15 966.
2-*n*-Propylamino-4-hydroxypyrimidin-5-carbonsäure (F. 203°) 13 131*.
2-Isopropylamino-4-hydroxypyrimidin-5-carbonsäure (F. 188° Zers.) 13 131*.
rac.-Sarkomycinsemicarbazon 17 048.
2-Methylcyclopenten-(1)-on-3-carbonsäure-semicarbazon 17 048.
Lävulinsäurecyanessigsäurehydrazon, Piperazinsalz 18 935*.
N-[6-Hydroxy-4-methylpyrimidyl-(2)]-glycinmethylester, Darst. d. Hydrochlorids (F. 190—192°) 15 966; Rk. 15 967.
N-[6-Hydroxypyrimidyl-(2)]-glycinäthyl-ester, Darst. d. Hydrochlorids (F. 207 bis 208°) 15 966; Rk. 15 967.
3.6-Dimethoxy-4-acetamidopyridazin (F. 143°) 4169.
*N*α-Acetylhistidin, Rk. 14 330.

$C_8H_{11}N_3O_3S$ 2-Carboxymethylmercapto-4-[2'-hydroxyäthylamino]-pyrimidin (F. 169 bis 170°) 9346.
5-[β-Acetylmercaptoäthylamino]-uracil (F. 325—327°) 9719.
p-[Carbamylaminomethyl]-benzolsulfon-amid, UV-Spektrum 11 133.
p-Acetamidobenzolsulfonylhydrazin (4-Acetylaminobenzolsulfonsäurehydrazid, *N*-Acetylsulfanilsäurehydrazid) (F. 189°), Darst., Rk. 2332; Rk. 303*, 9331, 10 057.

$C_8H_{11}N_3O_4$ 4.6-Diäthoxy-5-nitropyrimidin (F. 61,5—62,0°) 18 116.
6-Hydroxy-2-[β-nitrobutyl]-2H-pyridazinon-(3) (F. 152—153°) 15 919.
1-[2'-Acetoxyäthyl]-2-methyl-5-nitroimid-azol (F. 74°) 1713*, 18 204*.
5-Äthylcarboxyamino-6-methyluracil (F. 265° Zers.), Darst., tumorhemmende Wrkg. 11 592.
5-[*N*-Methylcarbamoyl]-1.3-dimethyl-barbitursäure (F. 174°) 5651.

$C_8H_{11}N_3O_4S$ 1.3-Dimethyl-5-carboxymethyl-mercapto-6-aminouracil (F. 218—220°) 5023*.
2-Methylsulfonyl-4-amino-5-carbäthoxy-pyrimidin (F. 163—164°) 3097.

$C_8H_{11}N_3O_4S_2$ 6-Methyl-7-sulfamyl-3.4-dihydro-1.2.4-benzothiadiazin-1.1-dioxid (F. 263 bis 265°) 6142*, 16 064*.

$C_8H_{11}N_3O_5$ 5-Methyl-5-[β-carbamoyloxyäthyl]-malonylharnstoff (F. 227°), Darst., physiolog. Wrkg. 13 029.

$C_8H_{11}N_3O_5S$ 6-Aza-4-thiouridin 10 840.

$C_8H_{11}N_3O_5S_2$ 2-Methylmercapto-4-β-sulfo-äthylaminopyrimidin-5-carbonsäure, Dihydrat (F. 299—300°) 3096.
6-Methoxy-7-sulfamyl-3.4-dihydro-1.2.4-benzothiadiazin-1.1-dioxid (F. 254 bis 257°) 6142*, 16 064*.

$C_8H_{11}N_3O_6$ 6-Azauridin (6-Azauracilribosid), Darst., Rk. 10 840; Rk. 15 218; Einfl. auf d. Glycidmetabolismus d. Erythrocyten 15 996; Hemmwrkg.: auf d. Vermehr. v. Vaccinevirus 16 736; auf d. Synth. v. Myelomproteinen im Serum v. Plasmazellentumor (5563)-tragenden Mäusen 10 123; Verwert. v. $^{14}C_{(2)}$-— durch Sarkom-180-Zellen 18 869; Ausscheid. v. — bei Krebspatienten 158.

$C_8H_{11}N_3O_7$ 5-Carbomethoxy-3.3-dinitropentyl-isocyanat (Kp.$_5$ 140—150°) 10 052, 18 637*.
4-Carbäthoxy-2.2-dinitrobutylisocyanat 18 637*.

$C_8H_{11}N_3O_7S_2$ 5-Äthoxy-2.4-disulfamylnitro-benzol 8717*.

$C_8H_{11}N_3O_{10}$ 2.2.2-Trinitroäthylbernsteinsäure-dimethylester (Kp.$_3$ 137—140°) 5253.

$C_8H_{11}N_3S$ *p*-Aminobenzylisothioharnstoff, Prüf. d. Hydrobromids auf Strahlenschutz 1682.
p-Tolylthiosemicarbazid (*p*-Methylphenyl-thiosemicarbazid), Rk. 8224, 10 832; Verw. 12 148*.
2-Methyl-4-phenylthiosemicarbazid, Rk. 8243, 13 129*.

$C_8H_{11}N_5$ 6-[γ-Aminopropyl]-purin 17 401.
6-*n*-Propylaminopurin (F. 234°), Darst., physiolog. Aktivität 16 319; — als Wachstumsinhibitor v. Milchsäurebakterien (Wechselwrkg. mit Folsäureanalogen) 5716.
8-Äthylamino-6-methyl-*symm.*-triazolo-[4.3:*b*]-pyridazin (F. 204°), pharmakolog. dynam. Eig. 13 480.
2-Methyl-6-dimethylaminopurin (F. 281 bis 282°) 13 580*.
6-Dimethylamino-8-methylpurin (F. 235°) 10 462.
5-Dimethylamino-7-methyl-*symm.*-triazolo-[4.3:*c*]-pyrimidin (F. 72°) 1715*.
8-Dimethylamino-6-methyl-*symm.*-triazolo-[4.3:*b*]-pyridazin (F. 155°), pharmakodynam. Eig. 13 480.
Phenylbiguanid (*N'*-Phenyldiguanidin), Darst. v. Dicyanokobaltkomplexen d. — 11 128; Komplex-Bldg. mit Ni, Cu(II)

u. Co(III) (Absorpt.-Spektren) 17 674; tuberkulostat. Wrkg. d. Hydrochlorids 16 733; —-Hydrochlorid als Inhibitor d. Influenzavirusvermehr. 16 736; Beeinfluss. intrathorakaler Receptoren durch — (Vgl.) 2448.

$C_8H_{11}N_5O$ **1-Methyl-6-äthylaminopyrazolono-[3.4:*d*]-pyrimidin** (F. 255—256°) 17 760.
6-*n*-Propoxy-2-aminopurin (F. 208°) 10 464.
6-Isopropoxy-2-aminopurin (F. 177°) 10 464.
***N*-[Pyridyl-(2)-methylguanyl]-harnstoff,** Darst., pharmakolog. Wrkg. d. Pikrats (F. 193—194°) 13 474.
***N*-[Pyridyl-(3)-methylguanyl]-harnstoff,** Darst., pharmakolog. Wrkg. d. Nitrats (F. 175—177°) 13 474.
2-[Methoxyäthylamino]-4-amino-5-cyanpyrimidin 4641*.

$C_8H_{11}N_5O_2$ **3-Butyl-5.6.7.8-tetrahydro-*symm.*-triazolo-[4.3:*b*]-1.2.4-triazindion-(6.7)** (F. 285,5° Zers.) 10 096.
8-Aminocaffein, Verh. gegen Phenylaceton 18 117.

$C_8H_{11}N_5O_3S$ **Phenylbiguanid-*p*-sulfonsäure,** Komplex-Bldg. mit Ni, Cu(II) u. Co(III) (Absorpt.-Spektren) 17 674.

$C_8H_{11}N_5O_4$ **α-Cyan-β-semicarbazidoacrylsäure-*N*-äthoxycarbonylamid** (F. 173—174° Zers.) 15 952.

$C_8H_{11}N_5S$ **2-Methylmercapto-6-dimethylaminopurin,** Herst. 13 580*; Rk. 2461*.
3-Äthyl-4.5-dimethylthiazolin-(2)-iminodiazocyanid (F. 137—139° korr.) 16 302.
2-[Methylmercaptoäthylamino]-4-amino-5-cyanpyrimidin 4641*.

$C_8H_{11}N_7$ **6-Dimethylamino-4.8-diaminopyrimido-[5.4:*d*]-pyrimidin** (F. 292 bis 294°) 17 853*.

$C_8H_{11}N_7OS$ ***N'*-Isonicotinoylamino-*N*-[thiosemicarbazido-(4)]-formamidin** (F. 143 bis 144°) 15 952.

$C_8H_{11}O_2P$ **Bis-[hydroxymethyl]-phenylphosphin** 3067.
Äthylphenylphosphinsäure (F. 78—79°) 1208.

$C_8H_{11}O_2PS$ **Benzolthionophosphonsäureäthylester,** K-Salz 6557*.

$C_8H_{11}O_3P$ **Monoäthylphenylphosphonat,** Darst. d. Ba-Salzes 7852; Bldg. 8388.

$C_8H_{11}O_4P$ **Äthylphenylphosphat,** Darst. (Cyclohexylaminsalz) 8634; (d. Cyclohexylammoniumsalzes) 7851.
Methylbenzylphosphat (Methylbenzylorthophosphorsäureester, Phosphorsäuremethylesterbenzylester), Darst. (Cyclohexylaminsalz) 8635; (d. Cyclohexylaminsalzes) 8632; Darst., Rk. d. Tetramethylammoniumsalzes 10 423.
Dimethylphenylphosphat (Phosphorsäuredimethylphenylester) (Kp.$_{0,05}$ 88°), Darst., Rk. 10 423, 13 358; Rk. 15 559; R_F-Wert 8635.

$C_8H_{11}P$ ***p*-Äthylphenylphosphin** (Kp.$_{760}$ 200°), Darst. 12 619; IR-Spektrum 14 447.
Äthylphenylphosphin (Kp. 122—125°) 1208.
Phenyldimethylphosphin, Darst. 8421*, 16 293; Rk. 61, 1155.

C_8H_{12} **Octatrien-(1.4.5)** (Kp. 119—120°) 11 526.
Octatrien-(2.4.6) (F. 50° Zers.) 17 407.
3-Äthylhexen-(5)-in-(1) 11 526.
Cyclooctadien-(1.3) 12 277.
Cyclooctadien-(1.5), Herst. 19 012*, Bldg. v. cis.cis-— 87; Struktur v. Di-μ-chlorodi-1.5-cyclooctadien-dirhodium 14 049; Rk.: mit CuCl u. CuBr 10 393; mit $Fe(CO)_5$ 12 277; mit $Fe_3(CO)_{12}$ 15 527; mit $Ni(CO)_4$ u. Durochinon 12 220; mit $C_5H_5Co(CO)_2$ 18 399; mit CH_2 3796; mit Dehydrobenzol 6364.
Cyclohexylacetylen, Rk. 8790*, 15 031*.
1-Vinylcyclohexen-(1) (Kp.$_{39}$ 58—59°), Herst. 15 401*; Rk. 8236.
4-Vinylcyclohexen-(1) (Kp. 124), Austausch v. H gegen T 1566; Hydrier. u. Rk. mit Anthracen 11 540; Hydroborier. u. Oxydat. 10 415; Rk.: mit CH_2 3796; mit tert.-Butyloxy- u. tert.-Butylperoxyradikalen 9295; mit Bis-[3-methylbutyl-(2)]-boran 6378; mit Thiolessigsäure 9363.
x-Vinylcyclohexen, Oxo-Rk. 2173*; Rk. mit Peressigsäure 13 950*; Mischpolymerisat. v. konjugierten Diolefinen mit alkenylsubstituierten Aromaten in Ggw. v. — 6227*; Verw. als Copolymerisat.-Komponente 6227*.
5.5-Dimethylcyclohexadien-(1.3), Rk. 2327.
3-Cyclopentenylpropen-(1), Rk. 10 663*.
Tetramethylcyclobutadien, Rk. v. — 424.
Bicyclo-[4.2.0]-octen-(7), IR- u. Raman-Spektrum 4475.
Bicyclo-[3.3.0]-octen-(2), IR- u. Raman-Spektrum 4475.
Bicyclo-[3.2.1]-octen (F. 131°), Rk. 15 552.
Methylenbicyclo-[2.2.1]-heptan (Kp. 123°) 10 077.
***endo*-5-Methylnorbornen** (Kp. 115—116,5°) 11 150.
***exo*-5-Methylnorbornen** (Kp. 116,0—116,3°) 11 150.

$C_8H_{12}AlLi$ **Lithiumtetravinylalanat** 10 013, 14 800.

$C_8H_{12}BN$ **Phenylaminodimethylboran** (Kp.$_{12}$ 77°) 14 436.

$C_8H_{12}BNO_2$ **2-Aminophenäthylboronsäure,** Hydrochlorid (F. 190—192°) 8616.

$C_8H_{12}B_2O_3$ **Äthylphenyldiboronsäure** (?) 13 371.

$C_8H_{12}B_2O_9$ **Boracetat (Tetraacetyldiborat, Pyroborsäureessigsäureanhydrid),** Rk. 13 727; (Konstit.) 11 876.

$C_8H_{12}BrN_2O_3PS$ **Diäthyl-[6-brompyrazinyl-(2)]-thionophosphat** 7301*.

$C_8H_{12}BrO_5PS_2$ **2-[*O.O*-Diäthyldithiophosphato]-3-brom-3-formylacrylsäure** 9125*.

$C_8H_{12}Br_2O$ **1-[α.β-Dibromvinyl]-cyclohexanol-(1),** hypnot. Wrkg. 14 943.

$C_8H_{12}Br_2O_2$ **1-Dibromacetylcyclohexanol-(1)** (F. 53—54°) 9299.
2.3-Dibrom-2-methyl-3-methoxycyclohexanon-(1) 10 440.

$C_8H_{12}Br_2O_2S_2$ **2.3-Dibromallyl-2'-äthoxyäthylxanthat,** Verw. 16 108*.

$C_8H_{12}Br_2O_4$ **α.α-Dibromadipinsäuredimethylester,** Rk. 7478.
Meso-α.α'-dibromadipinsäuredimethylester, Rk. 9083*, 11 663*.
Dibrombernsteinsäurediäthylester, Hemmwrkg. auf Vermehr. u. Enzymtätigk. v. Saccharomyces cerevisiae 12 334; bakteriostat. Wrkg. 1278.

$C_8H_{12}Br_2O_6Si$ **1.2-Dibromäthyltriacetoxysilan** (?) 2711.

$C_8H_{12}ClFO_4$ **α-Fluor-α-methylmalonsäurechlormethylpropylester** 8412*.

$C_8H_{12}ClHgN_3O_3$ **3-Chlormercuri-4-methoxy-8-methyl-1.6.8-triazabicyclo-[4.3.0]-nonandion-(7.9)** (F. 238,5—240° korr.) 847.

$C_8H_{12}ClN$ **2-[γ-Chlorpropyl]-*N*-methylpyrrol** 7322*.

$C_8H_{12}ClNO$ **1-Cyan-3-chlor-5-äthoxypenten-(2)** (Kp.$_3$ 94—96°) 7855.
***N.N*-Diallyl-α-chloracetamid (Chloressigsäurediallylamid, Randox)** (Kp.$_{1,2}$ 89,5 bis 92°), Darst. 9149*; Rk. 2725; herbicide Wrkg. auf Gurkenkeimlinge 14 926; Bekämpf. d. Wildhafers Avena fatua L. in Sommergetreide mit — 624; Verw. 6938*.

$C_8H_{12}ClNOS$ ***N*-Chlormethyl-*dl*-*trans*-hexahydrobenzoxazolthion** (F. 72—75°), Darst., Rk. 9702; Rk. 9702.

$C_8H_{12}ClNO_2S_2$ ***N*-[Thenyl-(2)]-3-chlorpropan-1-sulfonsäureamid** (F. 60—61°) 12 253.

$C_8H_{12}ClNO_3$ ***N*-Chloracetyl-DL-2-amino-*trans*-hexen-(4)-säure** (F. 104—106°) 5255.

$C_8H_{12}ClNO_4$ **2'-Acetamidoäthyl-2-chloracetoacetat** (Kp.$_{0,001}$ 120°) 18 611*.

$C_8H_{12}ClN_2O_3PS$ **3-[*O.O*-Diäthylthiophosphoryloxy]-6-chlorpyridazin** (F. 46,5—47,5°) 6037.

zieren v. Kautschuk-Misch. 4564; — als Radikalbildner 3051, 4493; — als Polymerisat.-Katalysator 10 663*; (Wrkg. v. Polyphenolen u. Rolle d. O_2) 3112; Radikal-Polymerisat. in Ggw. v. — 7542; durch — initiierte Hochdruck-Polymerisat. d. Äthylens 865; Theorie d. Polymerisat. v. Isopren in Ggw. v. — 10 859; Polymerisat. v. Styrol in Ggw. v. — 14 891; Abbruch durch Primärradikale bei d. Vinylpolymerisat. in Ggw. v. — 3831; Polymerisat. u. Copolymerisat. v. Triäthanolamintrivinyläther in Ggw. v. — 9367; — als Initiator: bei d. Polymerisat. v. Acrylonitril 4561; bei d. Copolymerisat. v. Acrylonitril mit α-Vinylpyridin 14 164; bei d. Lsg.-Polymerisat. v. Vinylacetat 15 988; Kettenübertrag. durch Amine bei d. Radikal-Polymerisat. v. Styrol u. Vinylacetat in Ggw. v. — 9741; Telomerisat. v. α-Bromessigsäureestern mit Äthylen in Ggw. v. — 5093*; Copolymerisat. v. β-Aminoäthanolvinyläther mit Methacrylsäuremethylester in Ggw. v. — 9367; — als Initiator d. Polymerisat. v. 2.2-Dinitro-2-cyanäthanolmethacrylat 12 991.

$C_8H_{12}N_4O$ **N^1-Amino-N^2-[*p*-methoxyphenyl]-guanidin** 7252*.
6.8-Dimethyl-*symm.*-triazolo-[4.3:*b*]-pyridazinmethylhydroxid, pharmakodynam. Eig. d. Jodids 13 480.
1-[Pyrazyl-(2')-carbonyl]-2-isopropylhydrazin (F. 80—82°) 3192*.

$C_8H_{12}N_4OS$ **4-Formylpyridinthiosemicarbazonmethylhydroxid**, Jodid (F. 252°) 2732.

$C_8H_{12}N_4O_2$ **1-[3'-Nitro-4'-aminophenylamino]-2-aminoäthan**, Verw. d. Sulfats 11 036*.
2.4-Diamino-3-nitro-6-propylpyridin (F. 145,5°) 11 925.
N-[4-Methyl-6-aminopyrimidyl-(2)]-DL-alanin (F. 222—225° Zers.) 8250.
N-[6-Aminopyrimidyl-(2)]-glycinäthylester, Dihydrochlorid (F. 114—116°) 15 967.
2-Methyl-4-hydrazinopyrimidin-5-carbonsäureäthylester (F. 82—84°) 77 760.
2-[*n*-Propylamino]-4-hydroxypyrimidin-5-carbonsäureamid 4642*, 13 131*.
2-Isopropylamino-4-hydroxypyrimidin-5-carbonsäureamid 13 131*.
4-[Methyläthoxymethylenamino]-imidazol-5-carbonamid (F. 248°) 2735.

$C_8H_{12}N_4O_2S$ **4-Methyl-5-carbäthoxythiazolyl-(2)-guanidin** (F. 265—267°) 14 496.
5-Formamido-3-methyl-6-methylamino-2-methylmercapto-3H-pyrimidinon-(4) (F. 273—275°) 17 415.
3-Methyl-6-[2'-formyl-1'-methylhydrazino]-2-methylmercapto-3H-pyrimidinon-(4) (F. 217—218°) 17 415.

$C_8H_{12}N_4O_3$ **4-Butylamino-2-hydroxy-5-nitropyrimidin** (F. 205°) 848.
4-Amino-3-butyl-5-nitropyrimidon-(2) 848.
1.3-Diäthyl-4-amino-5-nitrosouracil, Rk. 8066*.
1-[Hydroxyäthyl]-theobromin, Rk. 2091*.
Brenztraubensäurenitril-4-[äthoxycarbonylmethyl]-semicarbazon (F. 122°) 10 086.
1-Cyan-1-nitro-2-[3'-butylureido]-äthylen 848.
Glycyl-L-histidin, Darst. 3086; (d. Hydrochlorids) 6765.
L-Histidylglycin (F. 175—180°) 3085.
α-[β-Carbamoyläthyl]-α-acetamidocyanacetamid (F. 234,5° Zers.) 12 263.
α-[β-Cyanäthyl]-α-acetamidomalonsäurediamid (F. 199,5°) 12 264.

$C_8H_{12}N_4O_4$ **2-Hydroxy-4-[3'-hydroxypropylamino]-6-methyl-5-nitropyrimidin** (F. 244,5—245,5°) 10 095.
3.4.7.8-Tetramethoxy-1.2.5.6-tetrazacyclooctatetraen-(2.4.6.8) (F. 322—323°), Verw. 2974*.
2.5-Diketopiperazin-3.6-diessigsäurediamid, Rk. 11 910, 11 911.

$C_8H_{12}N_4O_5$ **6-Azacytidin** (F. 217—219° Zers.), Darst., Rk. 10 840; — als Antimetabolit 15 218.

$C_8H_{12}N_4O_6$ **$N_{(4)}$-Hydroxy-6-azacytidin** (F. 234 bis 235,5°) 10 840.

$C_8H_{12}N_4O_8$ **N-[2.2-Dinitropropyl]-N-nitroaminoäthylacrylat** (F. 56—57°) 5997.

$C_8H_{12}N_4S$ **2-Isobutyl-5-methyl-*symm.*-triazolo-[3.4:*b*]-1.3.4-thiadiazol** (F. 77—78°) 4909.
2-*n*-Propyl-5-äthyl-*symm.*-triazolo-[3.4:*b*]-1.3.4-thiadiazol (F. 28°) 4909.
2-Äthyl-5-*n*-propyl-*symm.*-triazolo-[3.4:*b*]-1.3.4-thiadiazol ($Kp._1$ 150—152°) 4909.
2-Methyl-5-*n*-butyl-*symm*-triazolo-[3.4:*b*]-1.3.4-thiadiazol (F. 57°) 4909.
N^1-Amino-N^2-[*p*-methylmercaptophenyl]-guanidin, therapeut. Verw. 7252*.

$C_8H_{12}N_4S_2$ **α.α'-Dirhodanoazoisopropan** (F. 98°) 12 996.
Cyclohexyliden-5-mercapto-1.3.4-thiadiazolyl-(2)-hydrazin (F. 216—219° Zers.) 16 678.

$C_8H_{12}N_6$ **N-[Puryl-(6)]-trimethylendiamin**, Hydrochlorid (F. 325° Zers.) 17 400.
1.3-Bis-[methyltriazeno]-benzol (F. 125 bis 128°) 1589.
***o*-Phenylenguanidin**, magnet. Susceptibilität d. Co(II)-Komplexes 8158.

$C_8H_{12}N_6O$ **5-Pyrrolidinoazoimidazolcarbonsäureamid-(4)** (F. 254—258°) 18 821.

$C_8H_{12}N_6O_2$ **8-Hydrazinocoffein**, Rk. 17 761.

$C_8H_{12}N_6O_{12}$ **N-[4.4.4-Trinitrobutyl]-2.2-dinitropropylcarbaminat** 9957*.
N-Nitro-N-[3.3-dinitrobutyl]-2.2-dinitropropylcarbaminat (F. 70—72°) 7027*.

$C_8H_{12}N_6S$ **2.4-Bis[äthylamino]-6-rhodan-1.3.5-triazin** (F. 108°) 5818*.

$C_8H_{12}Na_2$ **Dinatriumoctadien** 10 272*, 15 926.

$C_8H_{12}O$ **2-*n*-Butylfuran** ($Kp._{747}$ 142°), Darst. 13 383; IR-Spektrum 3396.
α-Isobutylfuran ($Kp._{750}$ 128—128,5°) 16 671.
2-*tert.*-Butylfuran ($Kp._{737}$ 116—117°) 3079.
Tetramethylfuran, Rk. 2344.
***cis.cis*-Cyclooctadien-(1.5)-monoepoxid**, Rk. 87.
Vinylcyclohexenmonooxid ($Kp._{20}$ 68—69°) 148.
2-Methylhepten-(6)-in-(3)-ol-(2) 11 522.
Methyläthylvinyläthinylcarbinol, Rk. 16 838*.
β-4-Vinylphenyläthanol 19 006*.
1-Äthinylcyclohexanol-(1) ($Kp._{10}$ 68—70°), Darst. 16 844*; IR-Spektrum 11 854; Raman-Spektrum u. Konformat. 18 058; Hydratation 9733; Rk.: mit HOBr 9299; mit $SOCl_2$ 7483; mit W. u. CO_2 16 489*; mit Orthoameisensäureester 18 794; mit Diisobutylaluminiumhydrid 10 798; mit 5-Brompenten-(2)-in-(4)-säure 9308; hypnot. Wrkg. 14 943; Verw. 10 663*.
1-Propargylcyclopentanol, Darst. u. hypnot. Wrkg. 17 485.
***endo*-2-Methyl-5.6-dehydronorborneol** ($Kp._{14}$ 65—69°) 8267.
***exo*-2-Methyl-5.6-dehydronorborneol** (F. 54,8—55,8°) 8267.
2-Methoxy-2-methylhexen-(5)-in-(3) [**5-Methoxy-5-methylhexen-(1)-in-(3)**] ($Kp._{11}$ 33—34°), Darst., Rk. 8217; Rk. 2703.
Äthinylvinyl-*n*-butyläther (**1-*n*-Butoxybuten-(1)-in-(3)**), Rk. 1799*, 11 529.
Äthoxymethylcyclopentadien 15 570.
Δ^3-Cyclohexenylvinyläther ($Kp._{70}$ 48—48,5°) 78.
1-Methoxy-5-methylcyclohexadien-(1.4), Rk. 12 664.
Octinal-(2) 12 249.
Cyclohexylidenacetaldehyd ($Kp._{12}$ 77—80°) 18 082.
Cyclohexen-(1)-ylacetaldehyd ($Kp._{2,5-3,5}$ 53 bis 64°) 2368.
Cyclohexen-(2)-ylacetaldehyd ($Kp._{13}$ 65°), Darst., Rk., 2.4-Dinitrophenylhydrazon 78, 2368.

Cyclohexen-(3)-ylacetaldehyd (Kp.₁₀ 87 bis 127°) 2368.
1-Methylcyclohexen-(3)-aldehyd, Rk. 8944.
2-Methyl-Δ³-tetrahydrobenzaldehyd, Rk. 11 893.
1-Methyl-Δ¹-cyclohexen-5-aldehyd 7495.
1-Methyl-Δ¹-cyclohexen-4-aldehyd 7495.
2.5-Methylenhexahydrobenzaldehyd 5654.
4-Methylheptadien-(3.5)-on-(2), 2.4-Dinitrophenylhydrazon (F. 133°) 14 831.
6-Methylheptadien-(3.5)-on-(2), Vork. 7357.
1-Acetylcyclohexen-(1) (Methyl-Δ¹-cyclohexenylketon) (Kp.₁₄ 93°), Darst. (Rk., 2.4-Dinitrophenylhydrazon) 11 895; (Verw.) 4723*; Rk. 1596, 12 664.
4-Acetylcyclohexen 17 383.
2-Methyl-1-cyclopentylmethylketon, Rk. 4774*, 13 206*.
Cycloocten-(4)-on, Bldg. v. D_8— 87.
2-Äthylcyclohexen-(2)-on-(1) 10 437.
2.4-Dimethylcyclohexenon, Bldg. beim Abbau d. Antitumorsubstanz E-73 14 540.
3.5-Dimethyl-2-cyclohexen-1-on, Rk. 6651*.
4.4-Dimethylcyclohexen-(2)-on (Kp.₁₅ 72°), Darst., Rk., Deriv. 7864; Red. 13 371.
1.4-Dimethylcyclohexen-(1)-on-(3) (Kp.₈ 76—78°) 8590.
2-Allylcyclopentanon (Kp.₁₀ 65°) 15 940, 18 082.
2-Propylcyclopenten-(2)-on-(1) 10 437.
Bicyclo-[2.1.1]-hexyl-(5)-methylketon (Kp.₂₈ 75—77°) 15 223.
Bicyclo-[3.2.1]-octanon-(2) (F. 118—121°), Darst. 3407; Bldg. 15 909; Konstit.-Einfl. auf d. Cotton-Effekt v. — u. —Derivv. 69.
Bicyclo-[3.2.1]-octan-(6)-on, Konstit.-Einfl. auf d. Cotton-Effekt v. — u. —Derivv. 69.
Bicyclo-[3.2.1]-octanon-(8) (F. 134—136°) 13 740.
cis-**Bicyclo-[3.3.0]-octanon-(2)** 88, 17 385.
dl-**1-Methylnorcampher** (Kp.₁₂ 62°), Darst., Rk. 6046; Rk. 12 981.
endo-**3-Methylbicyclo-[2.2.1]-heptanon-(2)** (Kp.₈ 56,0—56,5°) 15 578.
dl-exo-**3-Methylnorcampher** (Kp.₁₆ 71°) 6046.
Spiro-[3.4]-octanon-(5) (Kp.₁₈ 67—69°) 13 740.

$C_8H_{12}OS$ **3-Äthinyl-4.4-dimethyl-3-hydroxytetrahydrothiophen** (F. 38°) 7510.
7-Ketooktahydrothionaphthen, Rk. 6138*.
7-Ketooktahydroisothionaphthen, Rk. 6138*.

$C_8H_{12}OS_2$ **1.4-Dithiaspiro-[4.5]-decanon-(7)** (Kp.₀,₆ 130—136°) 14 079.

$C_8H_{12}O_2$ (s. *Dimedon [Methon, 5.5-Dimethyldihydroresorcin, 5.5-Dimethylcyclohexandion-(1.3)]*).
2-[Pentin-(4')-yl-(1)]-1.3-dioxolan, Rk. 7852.
Pentin-(4)-diol-(1.2)-acetonid (Kp.₇₀ 84°) 4935.
Δ³-Cyclohexenon-(1)-äthylenketal (Kp.₁₀ 68 bis 69°) 5281.
Vinylcyclohexendioxid, Herst. 13 950*; Wrkg. auf d. Blut 15 312.
4-Vinylcyclohexendioxid, Rk. 16 347; Verw. 668*.
Isopropylfurylcarbinol [1-[Furyl-(2')]-2-methylpropanol-(1)] (Kp.₁₂ 83—84°) 13 383, 16 671.
Furyl-(2)-methyläthylcarbinol (Kp.₂₀ 79 bis 80°) 13 383.
Octen-(6)-in-(3)-diol-(2.5), Red. 17 407.
3-[Tetrahydropyranyl-(2')-oxy]-propin-(1), Rk. 5627.
1-Äthoxy-2-methyl-3-hydroxypenten-(1)-in-(4) (Kp.₀,₀₅ 63°) 8782*, 15 693*.
2-Methyldihydroresorcinmethyläther, Rk. 10 440.
1.4-Dihydro-2.6-dimethoxybenzol (Kp.₁₂ 86°) 16 664.
3.4-Dihydro-2.5-dimethyl-2-formyl-2H-pyran (Kp.₁₀ 50°), Darst., Rk. 10 642*; Rk. 10 799.
1-Formyl-4-methoxycyclohexen-(3) (Kp.₅ 80—85°) 141.
Tetrahydrofurfurylidenaceton (Kp.₂ 93—94°) 16 302.
3.5-Dimethylhexen-(2)-olid-(1.4), Erkennen v. — nach Rupe u. Lotz als 3.5-Dimethyl-Δ²-hexenolid-(1.5) 15 558.
3.5-Dimethyl-Δ²-hexenolid-(1.5) (F. 30°) 15 558.
β-n-**Butyl-Δα,β-γ-butenolid** (Kp.₁ 101 bis 101,5°), Darst., Konstit.-Einfl. auf d. ν(CO) 9653.
cis-**α-[2-Hydroxycyclopentyl]-propionsäurelacton** (Kp.₂ 73—74°) 5650.
trans-**α-[2-Hydroxycyclopentyl]-propionsäurelacton** (Kp.₂ 67°) 5650.
[2-Hydroxycyclohexyl]-essigsäurelacton, Darst., Konstit.-Einfl. auf d. ν(CO) 9653; Wrkg. v. trans-— auf d. Kationentransport kalt konservierter Erythrocyten d. Menschen bei Inkubat. 14 941.
Tetramethyldiketen, Elektronenbeug.-Unters. 2686.
1-Methyl-2-oxabicyclo-[3.2.1]-octanon-(3) (F. 35—36°) 12 982.
2-Keto-4(oder -6a)-methyltetrahydrocyclopenta-[*b*]-furan (Kp.₁₀ 111—112°) 2367.
4-Ketooktahydrobenzofuran, Rk. 6138*.
7-Ketooktahydrobenzofuran, Rk. 6138*.
1-Oxaspiro-[3.5]-nonanon-(3) 3054.
Octadien-(3.5)-on-(2)-ol-(7) 4723.
5-Hydroxy-5-methylheptin-(3)-on-(2) (Kp.₀,₀₁₅ 78—82°) 16 067*.
endo-**3-Methyl-*exo*-3-hydroxybicyclo-[2.2.1]-heptanon-(2)** 15 578.
Cyclohexandion-(1.2)-monoenoläthyläther (Kp.₁₆ 104—106°) 10 859.
3-Äthoxycyclohexen-(2)-on (Dihydroresorcinäthyläther) (Kp.₀,₁ 61—64°), Formylier. 18 807; Rk.: mit (Poly)phenylen 11 543; mit 4-Li-m-Terphenyl 11 544; mit Heptadecyl- bzw. Nonadecyl-MgBr 7537; mit n-Butyl-MgBr 7864; mit 6-Methoxynaphthyl-2-magnesiumbromid 114.
1.3-Dimethyl-2-äthoxycyclobuten-(2)-on-(4) (Kp.₁₂ 100—102°) 16 295.
2-Methyl-6-formylcyclohexanon, Rk. 15 199.
3-Methyl-6-formylcyclohexanon, Rk. 15 199.
4-Methyl-6-formylcyclohexanon, Rk. 15 199.
Δ³-Octendion-(2.5) (Kp.₃ 90—95°), antibakterielle Wrkg. 6828.
Octen-(4)-dion-(2.7) (F. 31—32°), Darst. 8415*; (Verw.) 4723*; Rk. 6782.
Δ⁴-Octendion-(3.6) (F. 52—53°), antibakterielle Wrkg. 6828.
3-Methylhepten-(4)-dion-(2.6) [5-Methylhepten-(3)-dion-(2.6)] (Kp.₁ 74—75,5°) 805, 8590.
α-Acetonylcyclopentanon, IR—CO-Frequenz u. CO—CO-Wechselwrkg. 15 898.
2-Acetylcyclohexanon (Kp.₁₀ 103—106°), Darst., Rk. 4903; Rk. 4880, 14 838, 16 665.
2.5-Dimethylcyclohexandion-(1.4) 10 485.
2.4.6-Trimethylpyryliumhydroxid, Darst., Rk.: v. Salzen 17 748; d. Perchlorats 14 499; Rk. d. Perchlorats 14 831, 17 750.
2.4-Octadiensäure 5093*.
4-Methylheptadien-(2.5)-säure (Kp.₆ 102 bis 104°) 14 469.
cis-**6-Methylheptadien-(2.5)-säure** (Kp.₅₅ 103 bis 107°) 14 469.
Δ²-*trans*-2.5-Dimethylhexadien-(2.4)-säure (F. 134°), Konstit. (Vgl.) 15 558.
Δ²-*cis*-3.5-Dimethylhexadien-(2.4)-säure (Δ²-*cis*-3.5-Dimethylsorbinsäure) (F. 67°) 15 558.
Δ²-*trans*-3.5-Dimethylhexadien-(2.4)-säure (Δ²-*trans*-3.5-Dimethylsorbinsäure) (F. 93°) 15 558.

6.6-Dimethylhexadien-(3.5)-säure-(1) (F. 48—50°) 12 623.
β-Cyclopentylacrylsäure (F. 47°) 8791*.
Cyclohexylidenessigsäure (F. 90—91°) 2731.
Cyclohexen-(1)-ylessigsäure (Kp.$_{13}$ 150 bis 155°) 2367.
Δ^{2}-Cyclohexenylessigsäure (Kp.$_{0,05}$ 91—93°) 79.
Cyclohexen-(3)-ylessigsäure (Kp.$_{0,5}$ 93—95°) 2366.
Cyclohepten-(1)-carbonsäure (F. 49—50°), Darst. 8232; (v. Deriv.) 16 845*.
Cyclohepten-(4)-carbonsäure 3407.
1-Methyl-Δ^{1}-cyclohexen-4-carbonsäure 7495.
1-Methyl-Δ^{1}-cyclohexen-5-carbonsäure 7495.
2-Methylcyclohexen-(4)-carbonsäure 8944.
***exo*-Bicyclo-[2.2.1]-heptancarbonsäure-(2)** (F. 57—58°) 4137.
***endo*-Norcaran-7-carbonsäure** (F. 77—78°) 12 985.
***exo*-Norcaran-7-carbonsäure** (F. 95—96°) 12 985.
Spiro-[3.3]-heptancarbonsäure-(2) (F. 25°) 7506.
Heptadien-(2.5)-säuremethylester (Kp.$_{20}$ 72 bis 75°), Darst. 8416*, 14 469; Rk. 3048.
Heptadien-(3.5)-säure-(1)-methylester (Kp.$_{20}$ 81—84°) 3048.
5-Methylhexadien-(2.5)-säuremethylester (Kp.$_{18}$ 65—69°) 14 469.
Sorbinsäureäthylester (Äthylsorbat, 1.3-Pentadiencarbonsäureäthylester) (Kp.$_{17}$ 87—90°), Darst., Rk. 1832; Assoziat. mit α- u. β-Cyclodextrinen 9747; Rk. 8783*, 13 324, 15 528.
Hexadien-(2.5)-säureäthylester (Kp.$_{10}$ 50 bis 55°) 8415*, 14 469.
2-Methylbuta-1.3-dien-1-carbonsäureäthylester (Kp.$_{12}$ 71—75°) 1833.
Penten-(4)-säureallylester 8785*.
Tetrolsäure-*sek.*-butylester (Kp.$_{12}$ 72—73°) 6734.
Crotonsäurecrotylester (Kp.$_{19}$ 82°) 10 639*.
Crotonsäuremethallylester (Kp.$_{40}$ 89—90°) 10 639*.
Crotylmethacrylat, Rk. 5851*.
Methallylmethacrylat, Rk. 5851*.
1-Acetoxyhexadien-(2.4) 9674.
5-Acetoxyhexadien-(1.3) 9674.
Cyclohexen-(1)-yl-(1)-acetat (Δ^{1}-Cyclohexenylacetat) (Kp.$_{25}$ 84—85°), Darst. 9671; [Konstit.-Einfl. auf d. ν(CO)] 3393; Bldg. 3775.
3-Acetoxycyclohexen (1-Acetoxy-Δ^{2}-cyclohexen) (Kp.$_{10}$ 63°), Darst. 6579*; (Rk.) 5281; Rk. 13 719.
Essigsäure-[bicyclo-[2.1.1]-hexyl-(5)-ester] (Kp.$_{30-31}$ 75—79°) 15 223.
Ameisensäurenorbornylester (Kp.$_{14}$ 67—69°) 15 223.
4-Carbomethoxycyclohexen, Kinetik d. Rk. mit 2.4-Dinitrobenzolsulfenylchlorid 11 150.
Δ^{1}-Cyclopentencarbonsäureäthylester (Cyclopenten-(1)-carbonsäure-(1)-äthylester) (Kp.$_{9}$ 66—67°) 8232, 15 623.
Bicyclo-[2.1.1]-hexan-5-carbonsäuremethylester (Kp.$_{18}$ 67—71°) 15 223.
Spiropentylessigsäuremethylester 5649.
Spiropentancarbonsäureäthylester (Kp.$_{17}$ 61 bis 69°) 466, 5649.

$C_8H_{12}O_2S$ **2.5-Bis-[1-hydroxyäthyl]-thiophen** 7327*.
1-Oxa-4-thiaspiro-[4.5]-decanon-(7) (Kp.$_{0,2}$ 98—110°) 14 079.
7-Ketooktahydroisothionaphthen-*S*-oxid, Rk. 6138*.
α-Acetyl-δ-thiolcaprolacton (Kp.$_{0,6}$ 88—90°) 11 905.
Hydroxyphenyldimethylsulfoniumhydroxid, Chlorid (Zers. 162°) 3986*.
2.6-Dimethyl-3-carboxy-5.6-dihydro-4H-thiapyran (F. 65°) 11 905.
3-Carbomethoxy-2-methyl-5.6-dihydrothiapyran (Kp.$_{0,4}$ 65—67°) 12 463*.
6-Methyl-3-carbomethoxy-5.6-dihydro-4H-thiapyran (Kp.$_{0,2}$ 63°) 11 905.

$C_8H_{12}O_3$ **Pentin-(4)-triol-(1.2.3)-acetonid-(2.3)** (Kp.$_{0,2}$ 60°) 4936.
2.5-Bis-[methoxymethyl]-furan (Kp.$_{0,4}$ 46 bis 47°) 1600.
5-Methylen-4.4-diäthyl-1.3-dioxolanon-(2), Rk. 4723*.
1.4-Dioxaspiro-[4.5]-decanon-(7) (Kp.$_{4,5}$ 103 bis 108°) 14 079.
1.4-Dioxaspiro-[4.5]-decanon-(8) (4.4-Äthylendioxycyclohexanon) (F. 68—70°) 11 894, 14 079.
2-Keto-5-hydroxy-5-*tert.*-butyl-Δ^{3}-dihydrofuran 14 471.
3.4-Dimethyl-5-hydroxy-5-äthyl-2.5-dihydrofuranon-(2) (Kp.$_{0,5}$ 112°) 17 210*.
2.2.5.5-Tetramethylfuranidindion-(3.4) 13 384.
3.4-Dimethyl-2.3-epoxyhexen-(4)-säure 9184*.
3.3-Pentamethylenglycidsäure, Na-Salz 4898.
2.5-Dimethyl-2.3-dihydro-1.4-pyran-2-carbonsäure 8416*.
1-Methoxy-4(5)-carbocyclohexen-(1) 87.
6-Methylhepten-(3)-on-(2)-säure-(1) (Kp.$_{21}$ 125—130°) 15 557.
***cis*-β-Pivaloylacrylsäure** (F. 84—85°) 14 472.
***trans*-β-Pivaloylacrylsäure [*trans*-5.5-Dimethyl-4-ketohexen-(2)-säure]** (F. 94 bis 95°) 14 471.
2-[α-Carboxyäthyl]-cyclopentanon (F. 66°) 5650.
2-Ketocyclohexyl-(1)-essigsäure (Cyclohexanon-(2)-yl-(1)-essigsäure) (F. 73—74°) 10 856, 15 935.
3-Oxocyclohexylessigsäure 5653.
3-Methylcyclohexanon-(4)-carbonsäure-(1) (F. 94) 13 361.
2-Acetylcyclopentancarbonsäure (Nornepetonsäure), Darst., Rk. 467; (v. trans-—-Ester) 489.
Crotonsäure-2.3-epoxybutylester (Kp.$_{1-2}$ 67 bis 78°) 10 639*.
Crotonsäure-2.3-epoxy-2-methylpropylester (Kp.$_{2}$ 66—68°) 10 639*.
2.3-Epoxybutylmethacrylat 5851*.
2.3-Epoxy-2-methylpropylmethacrylat (Kp.$_{0,6}$ 44—52°) 5851*.
4.5-Epoxypentylacrylat 1463*.
3.4-Epoxy-3-methylbutylacrylat 5851*.
2-Acetoxymethyl-2.3-dihydro-4H-pyran, Rk. 14 513.
1β-Acetoxy-2α.3α-epoxycyclohexan 13 719.
Hexadien-(2.5)-säuremonoglykolester (Kp.$_{8}$ 80—120°) 8415*.
Methacrylsäure-2-vinyloxyäthylester, Rk. 1408*, 6606*, 15 403*.
β-Allyloxyacrylsäureäthylester 17 758.
Hepten-(2)-al-(7)-säuremethylester 450.
α-Allylformylessigsäureäthylester 17 758.
4-Ketohexen-(5)-carbonsäure-(1)-methylester (Kp.$_{0,002}$ 36—38°) 16 285.
α-[Ketobutenyl]-propionsäuremethylester (Kp.$_{6}$ 104—105°) 805.
Propionylacrylsäureäthylester (Kp.$_{20}$ 95 bis 105°) 5094*, 6582*, 9077*.
δ-Methylenlävulinsäureäthylester 16 284.
2-Acetylbuten-(2)-säureäthylester (Kp.$_{20}$ 105 bis 110°) 5628.
β-Acetylvinyl-*n*-butyrat 1029*.
β-Acetylvinylisobutyrat 1029*.
1-Acetoxycyclohexanon-(2) (2-Oxocyclohexylacetat) (Kp.$_{12}$ 112—114°), Darst., Rk. 9671; Rk. 10 046.
4-Acetoxycyclohexanon (Kp.$_{7}$ 103—104°) 5281.
Cyclohexanon-4-carbonsäuremethylester (Kp.$_{0,8}$ 96—97°) 17 020.
Cyclopentanon-2-carbonsäureäthylester [2(α)-Carbäthoxycyclopentanon, 2-Äthoxycarbonylcyclopentanon, 2-Oxocyclo-

pentanoncarbonsäureäthylester] ($Kp._{13}$ 108—109°), Darst. 1563, 7106; Darst., Rk. v. — bzw. —-K-Salz 13 740; Rk.: mit aromat. Aminen 2355; mit Arylaminen 4915; mit 1-Dimethylaminomethylnaphthol-(2) 16 681; d. K-Verb. mit p-Methoxyphenyläthylbromid 2002; mit β-Chlorvinylketonen 805; mit diazotiertem p-Benzyloxyanilin 1414*; mit Crotonsäureäthylester 7878; mit α-Brompropionsäureäthylester5650;mitCarbonsäurehalogeniden 17 561*.

Cyclopentanon-3-carbonsäureäthylester, Darst. 826; (2.4-Dinitrophenylhydrazon) 1413*; Darst., Rk., 2.4-Dinitrophenylhydrazon v. d- bzw. *l*-— 461.

Cyclopentanon-x-carbonsäureäthylester, Keto-cis-trans-Enol-Gleichgew. aus d. IR-Absorptionsspektrum 18 057.

2-Methyl-5-oxocyclopentancarbonsäuremethylester ($Kp._{12}$ 90—92°) 18 466.

$C_8H_{12}O_3S$ **7-Ketooktahydroisothionaphthen-*S*-dioxid,** Rk. 6138*.

4.4-Dimethyl-3-oxotetrahydrothiophen-2-carbonsäuremethylester ($Kp._1$ 78—79°) 7509.

2-[Carbomethoxymethylmercaptomethylen]-butanon-(3) (F. 31°) 13 578*.

2-Acetylmercaptobuten-(2)-säureäthylester ($Kp._7$ 74°) 13 382.

γ-Acetylmercaptocrotonsäureäthylester 10 838.

$C_8H_{12}O_3S_2$ **3-β-[Methoxycarbonyl]-propionylmercaptopropylensulfid** ($Kp._{0,1}$ 120—124°) 5390*.

3-[Äthoxycarbonyl]-acetylmercaptopropylensulfid ($Kp._{0,15}$ 110—111°) 5390*, 12 761*.

$C_8H_{12}O_4$ **2.2-Dihydroxydimedon(?) (5.5-Dimethylcyclohexantrion-(1.2.3)-hydrat)** 14 483.

Terpenylsäure (F. 90°), Darst., Rk. 5304, 10 845; (v. rac-, (+)- u. (—)-—) 18 795.

α-Methylen-α′-methyladipinsäure [Hexen-(1)-dicarbonsäure-(2.5)], Rk. 9893*; (v. Estern) 8416*.

2-Methallylbernsteinsäure, Verw. 3699*.

Cyclohexandicarbonsäure-(1.1) (F. 177 bis 178° Zers.) 3457, 4892.

Hexahydrophthalsäure [Cyclohexandicarbonsäure-(1.2)], Darst. 6011; (v. cis-—) 7131, 8236; pK-Wert v. cis- bzw. trans-— 15 540; Konformat. u. pK-Wert v. trans-— 13 003; Salz v. cis- u. trans-— mit Hexamethylendiamin 8646; Verw. d. Allylester 16 099*.

Hexahydroisophthalsäure, plastifizierende Eig. v. —-Estern 13 415; Salz v. cis- u. trans-— mit Hexamethylendiamin 8646.

Hexahydroterephthalsäure (Cyclohexan-1.4-dicarbonsäure), Darst., Rk. v. cis- bzw. trans-— 17 012; Rk. v. trans-— mit Diaminen 7719*; Salz v. cis- u. trans-— mit Hexamethylendiamin 8646.

trans-**Norpinsäure,** Darst. v. akt. — 18 840.

(—)-*cis*-Umbellularsäure (F. 107—110°), Darst., Konfigurat. 4144.

(—)-*trans*-Umbellularsäure (F. 189—190°), Darst., Konfigurat. 4144.

3.4-Epoxy-2-hydroxyvaleriansäureallylester (Allyl-3.4-epoxy-2-hydroxyvaleriat), Rk. 11 754*; Verw. 8085*.

Acrylsäureepoxypropoxyäthylester, Verw. 3330*.

2.5-Dimethoxy-2.5-dihydro-2-furansäuremethylester, Rk. 4725*.

Tetrahydrofuranoyloxyaceton, Rk. 10 273*.

2.2-Dimethyl-5-carbomethoxytetrahydrofuranon-(3) ($Kp._{11}$ 110—112°) 11 197.

γ-Acetylacetessigester, Rk. v. α.α-Dialkylderiv. 222*.

Diacetylessigsäureäthylester ($Kp._{16}$ 103 bis 104°), Darst., Cu-Salz 8226; Rk. 8064*, 8423*, 15 410*.

Mono-*n*-butylmaleinat, Rk. 10 295*.

trans-**4-Acetoxy-4-methylpenten-(2)-säure** (F. 84,5—85°) 9730, 9731, 18 458.

β-Acetoxycrotonsäureäthylester (*O*-Acetylacetessigsäureäthylester), Konstit.-Einfl. auf d. IR-Spektrum 10 400; Rk. 8226.

trans-**4-Acetoxycrotonsäureäthylester** ($Kp._{12}$ 109—111°) 17 714.

β-Acetoxypropionsäureallylester ($Kp._{0,2}$ 52°) 15 765*.

cis-**Buten-(2)-diol-(1.4)-diacetat** ($Kp._{14}$ 114°), $^{14}C_{(2.3)}$-— 4620.

Methallylidendiacetat, Rk. 10 189*.

cis-**β-Methylglutaconsäuredimethylester** (F. 105°), KMR-Spektrum. Konfigurat. 12 973.

Maleinsäurediäthylester (Diäthylmaleat), Bldg. v. Harnstoffeinschluß-Verb. 13 344; Rk.: mit Vinylbenzylamin 12 461*; mit Methanol + P_2S_5 11 363*; mit Äthantricarbonsäure-(1.1.2)-triäthylester 1221; mit α-Halogenestern 18 098; mit α-Hydroxyisobuttersäureäthylester 11 197; Copolymere aus — u. Vinylacetat als Kettenmodell für Polyelektrolyte 7917; positiv-inotrope Wrkg. auf d. Papillarmuskel d. Katze 18 191.

Fumarsäurediäthylester (Diäthylfumarat), Bldg. v. Harnstoffeinschluß-Verb. 13 344; IR- u. Ramanspektrum d. Ozonisier.-Prod. 14 447; Thermolyse v. 2.5-Diphenyltetrazol in Ggw.v.— 14 094; „differentielle" Aufnahmetechnik d. spektrograph. Unters. d. Ozonisier. (Kinetik) 6714; Copolymerisat. 9743; Rk.: mit Cyclopentadien (Kinetik) 15 914; mit CH_2N_2 18 819; mit Diisobutylaluminiumhydrid 10 798; mit Isopropylmalonsäurediäthylester 2727; mit α-Halogenestern 18 097; mit Diazoessigsäureäthylester 16 644; mit Acetylricinolsäure-2-[2′-acetoxyäthoxy]-äthylester 5496*; positiv-inotrope Wrkg. auf d. Papillarmuskel d. Katze 18 191; gaschromatograph. Best.-Meth. für — in Pilzkulturen u. krankem Pflanzengewebe 8676.

Methylenmalonsäurediäthylester, Rk. 17 713.

cycl. **Äthylmalonsäureisopropylidenester** (F. 107°), UV- u. IR-Spektrum v. — u. D-— 12 968, 15 905.

cis-**1.3-Dicarbomethoxycyclobutan,** Rk. 8592.

$C_8H_{12}O_4S_2$ **1.4-Dithiandiessigsäure-(2.5)** (F. 180°) 10 838.

1.4-Dithian-2.5-dicarbonsäuredimethylester, Darst., Rk. 473; (v. trans-—) 4919.

1.4-Dithian-2.6-dicarbonsäuredimethylester ($Kp._{0,3}$ 128—130°) 473, 4919.

$C_8H_{12}O_5$ **5-Aldo-1.2-*O*-isopropyliden-D-xylopentofuranose,** Darst., Rk. 852; Rk. 6779.

trans-cis-**3-Hydroxycyclohexan-1.2-dicarbonsäure** (F. 189—191° Zers.) 7131.

trans.trans-**3-Hydroxycyclohexan-1.2-dicarbonsäure** (F. 187—189°) 7131.

β-Ketokorksäure (F. 96—97°) 13 009.

2-Methylheptanon-(4)-disäure-(1.7) (F. 122°) 18 084.

3-Methylheptanon-(4)-disäure-(1.7) (F. 91°) 18 084.

Shikimisäuremethylester (F. 116—117°) 7158.

2.5-Diacetoxytetrahydrofuran ($Kp._{10}$ 120 bis 132°), Darst., Rk. 13 013; Rk. 7694*.

2.3-Epoxy-2-methylpropandiol-(1.1)-diacetat, Rk. 10 189*.

[α-Acetoxy]-acetessigsäureäthylester ($Kp._{29}$ 151—156°) 16 644.

β-Ketoadipinsäuredimethylester ($Kp._{18}$ 150°) 118.

α-Keto-β-methylglutarsäuredimethylester ($Kp._{13}$ 136°) 3071.

Oxalessigsäurediäthylester, Darst. d. 2.4-Dinitrophenylhydrazons 18 809; Rk.: mit o-Aminophenol 3990*; mit 3-Brom-4-methoxyanilin 10 836; mit o-Aminothiophenol bzw. 2-Mercaptoäthylamin 18 822; mit Aldehyden oder Ketonen u.

Cyclopentylpropionylchlorid, Rk. 16 417*.
1-Methylcyclohexancarbonsäurechlorid (Kp.$_{22}$ 80—86°), Darst., Rk. 78; Rk. 12 281.
cis-**2-Methylcyclohexancarbonsäurechlorid**, Rk. 8231.
Hexahydro-*p*-toluylsäurechlorid (Kp.$_{11}$ 73 bis 74°), Rk. 1039*.

$C_8H_{13}ClOS_2$ **3-Chlor-2-butenylisopropylxanthat** 16 108*.

$C_8H_{13}ClO_2$ **1-Chlor-3-[1'.1'-dimethylpropinyl-oxy]-propanol-(2)** (Kp.$_{20}$ 73°) 13 567*.
4-Chlorcyclohexylessigsäure (Kp.$_{0,25}$ 112 bis 113°) 2366.
5-Chlorpenten-(3)-carbonsäureäthylester (Kp.$_{12}$ 90—95°) 9515*.
6-Ketocaprylsäurechlorid (Kp.$_{2}$ 95°) 18 794.
7-Oxooctanoylchlorid (Kp.$_{0,25}$ 90—92°) 4880.

$C_8H_{13}ClO_2S_2$ **2-Chlorallyl-2-äthoxyäthylxanthat**, Verw. 16 108*.

$C_8H_{13}ClO_3$ **1-Acetoxy-5-methoxy-3-chlor-penten-(2)** (Kp.$_{18}$ 121—122°) 2702.
Äthyl-α-chlor-α-propionylpropionat, Rk. 3696*.
Adipinsäureäthylesterchlorid, Rk. 4523, 18 472.
2.2-Dimethylglutarsäurechlorid-1-methyl-ester 15 698*.
γ-Carbäthoxyvalerylchlorid, Rk. 5109*.
β-Carbäthoxy-β.β-dimethylpropionylchlorid, Rk. 6754.

$C_8H_{13}ClO_3S_2$ **2-Chlorallyl-2-[2'-hydroxyäthoxy]-äthylxanthat**, Verw. 16 108*.

$C_8H_{13}ClO_4$ **2-Chloradipinsäuredimethylester** (Kp.$_{15}$ 145—150°) 11 530.

$C_8H_{13}ClO_4S$ **Essigsäure-2-[2'-chlorallylsulfon-yl]-propylester** 15 022*.

$C_8H_{13}ClO_5$ **Hydroxymethylchlormalonsäuredi-äthylester** (Kp.$_{1-2}$ 127—128°) 17 000.

$C_8H_{13}ClO_5S$ **Carbomethoxy-*S*-[2-chlor-2-carbo-methoxyäthyl]-äthylensulfoniumhydr-oxid(?)**, Rk. d. Chlorids 4919.

$C_8H_{13}ClPbS$ **Diäthylthienylbleichlorid** 4716*.

$C_8H_{13}Cl_2NO$ ***N*-[3.3-Dichlor-2-methylallyl]-morpholin** (Kp.$_{0,7-1}$ 70—73°) 10 977*.

$C_8H_{13}Cl_2NO_3$ **Dichloracetyl-DL-leucin**, Acylase-aktivität v. Ascitestumorzellen auf — 9373.

$C_8H_{13}Cl_2O_7P$ **α-[β-Acetoxyäthoxy]-β.β-dichlor-vinylphosphorsäuredimethylester** 13 177*.

$C_8H_{13}Cl_3N_2O_2$ **4-[2'-*N*-Trichloracetamidoäthyl]-morpholin**, Darst., Verw. 6875*; (d. Hydrochlorids) 7257*.

$C_8H_{13}Cl_3O$ **ω-Trichlorhexylmethylketon** 1409*.

$C_8H_{13}Cl_3O_2$ **ω-Trichlorheptylsäuremethylester**. (Kp.$_{1,4}$ 85—90°) 1409*.

$C_8H_{13}Cl_3O_2S$ **Trichloräthenyl-*n*-hexylsulfon** 5093*.

$C_8H_{13}Cl_3O_3$ **5-Äthyl-2-[trichlormethyl]-*m*-dioxan-5-methanol** (F. 103—104°) 2830*.
Trichloressigsäurebutoxyäthylester, herbicide Wrkg. auf Gurkenkeimlinge 14 926.

$C_8H_{13}F_3N_2O$ **1-Äthyl-4-trifluoracetylpiperazin** 18 938*.

$C_8H_{13}F_3O$ ***n*-Hexyltrifluormethylketon**, IR-Spektrum 2679.

$C_8H_{13}F_3O_2$ **Trifluoressigsäure-2.3-dimethyl-butyl-(2)-ester** (Kp.$_{68}$ 51—53°) 13 206*.

$C_8H_{13}F_3O_2S$ **Trifluoräthenyl-*n*-hexylsulfon** 5093*.

$C_8H_{13}HgJO$ **1-*exo*-Jodmercuri-2-*exo*-methoxy-bicyclo-[2.2.1]-heptan**, Desoxymercurier. (Kinetik) 16 993.

$C_8H_{13}HgNO_4$ **3-Hydroxymercuri-2-methoxy-1-succinimidopropan**, Verw. in Oradon 7986.
Succinamidsäure-[anhydro-3-hydroxymer-curi-2-methoxypropyl]-ester (F. 193 bis 196°), Darst., diuret. Wrkg. 10 923.

$C_8H_{13}J$ **1-Jodoctin-(2)**, Rk. 12 627.

$C_8H_{13}JO_4$ **1.2-Isopropyliden-5-jodxylose**, Rk. 190 55.

$C_8H_{13}N$ (s. *Granatenin*).
1-*n*-Propyl-3-methylpyrrol (Kp.$_{11}$ 52—53°) 15 929.
2-Methyl-3-isopropylpyrrol (Kp.$_{20}$ 90—91°) 3081.
2-Methyl-4-isopropylpyrrol (F. 129°), Darst. 2348, 2728; (Rk.) 2728; Rk. 3081.
2-Methyl-5-isopropylpyrrol, Rk. 18 457.
3-Äthyl-2.4-dimethylpyrrol (Kryptopyrrol), Darst., Rk. v. Salzen 17 386; NMR-Spektrum 16 263.
Tetramethylpyrrol, Verh. gegen Phenyliso-thiocyanat 18 107.
Tetrahydroisoindolin (Kp.$_{11}$ 74—76°), Darst., Hydrobromid 468; Rk. 7146.
$\Delta^{1,7a}$-Hexahydro-1-pyrindin (Kp.$_{13}$ 74—75°) 11 921.
1-[β-Aminoäthyl]-cyclohexadien-(1.4) (Kp.$_{4,5}$ 61—62°) 13 770.
3-Allylamino-3-methylbutin-(1) (F. 31°) 7481.
1-Dimethylaminohexen-(4)-in-(2) (Kp.$_{11}$ 56 bis 58°) 7856.
1-Dimethylaminohexen-(5)-in-(2) (Kp.$_{11}$ 45 bis 46°) 7855.
1-Dimethylaminohexen-(5)-in-(3) (Kp.$_{11}$ 56 bis 57°) 7855.
5-Dimethylaminohexen-(1)-in-(3) (Kp.$_{9}$ 62 bis 63°) 7855.
1-Dimethylaminohexatrien-(2.3.5) 7855.
1-Diäthylaminobuten-(1)-in-(3), IR-Spektrum u. H-Bind. 16 623.
Dimethylaminomethylcyclopentadien, Li-Verb. 17 726.
Octen-(5)-nitril [1-Cyanhepten-(4)] (Kp. 205°) 9312, 10 437.
2-*n*-Propylpenten-(4)-säurenitril (Kp.$_{28}$ 95°) 8582.
2-Isopropylpenten-(4)-säurenitril (Kp.$_{28}$ 88°) 8582.
3-Methylcyclopentylacetonitril (Kp.$_{10}$ 79°) 2367.
1-Methyl-1-cyancyclohexan (Kp. 181—182°) 3060.
Verb. $C_8H_{13}N$ (Kp.$_{25}$ 67°) aus Kainsäure 836.

$C_8H_{13}NO$ (s. *Tropinon* [*Tropanon-(3)*]).
6-Tropen-3α-ol, Darst. v. — u. Deriv. 14 329*; Darst., Rk. d. Hydrochlorids 18 569*; Rk. v. Deriv. 17 568*.
1-Formylpyrrolizidin (Kp.$_{1,5}$ 63—67°) 5301.
3-Methyl-5-dimethylaminopentadien-(2.4)-al (F. 45—48° korr.) 11 170.
***N*-Vinyl-ε-caprolactam**, Rk. 17 762 [2 Ref.]; Verw. 11 318*, 12 484*.
***N*-Allylpiperidon-(2)** (Kp.$_{2}$ 72,5°) 15 992.
***N*-Vinyl-4-äthylpyrrolidon-(2)**, Verw. 15 455*, 16 099*.
***N*-Vinyl-5-äthylpyrrolidon-(2)**, Verw. 617*, 16 099*.
***N*-Vinyl-3.3-dimethylpyrrolidon-(2)**, Verw. 617*, 15 455*, 16 099*.
3-Azabicyclo-[3.3.1]-nonanon-(9), Deriv. 10 834.
6-Methyl-4-oxo-6-azabicyclo-[3.2.1]-octan (Kp.$_{15}$ 106,5—107°) 17 405.
Tropinon-(2) (Tropanon-(2), 2-Oxotropan), Darst., Rk., Pikrat 5299; Darst., Salze v. (+)- u. (—)-— 17 405; Synth., opt. Spalt. u. Salze v. (±)-— 17 404; Bldg., Pikrat, Konstit. 18 477; IR-Spektrum (Vgl.) 18 836.
Tropanon-(6) (6-Oxotropan) (Kp.$_{7}$ 82°), Darst., Rk., Pikrat 5299; (Konstit.) 18 477.
Methylnorcampheroxim (F. 84—85°), Rk. 12 982.
1.2.4-Trimethylpyridiniumhydroxid, Kernresonanzspektrum d. Jodids (F. 178°) 18 421.
1.3.5-Trimethylpyridiniumhydroxid, Kernresonanzspektrum d. Jodids (F. 270°) 18 421.
5-Azaspiro-[4.4]-nonadienium-(2.7)-hydr-oxid, Salze 121.
1-Cyancycloheptanol (Kp.$_{12}$ 136—140°) 8982.
2-Cyanmethylcyclohexanol (Kp.$_{1,5}$ 106 bis 108°) 9688.
cis-**2-Methyl-1-cyancyclohexanol-(1)**, Rk. 8231.

trans-**2-Methyl-1-cyancyclohexanol-(1)**, Rk. 8231.
β-**Cyclopentyloxypropionitril** (Kp.$_{1,3}$ 77—79°) 1950.
γ-**Äthyl-*δ*-ketocapronsäurenitril**, Konstit.-Best. aus d. IR-Spektrum 13 335.
3.4-Dimethyl-4-cyanpentanon-(2) 3240*.
Cyclohepten-(1)-carbonsäureamid (F. 125 bis 127°) 8982.
exo-**Bicyclo-[2.2.1]-heptancarbonsäure-(2)-amid** (F. 187°) 4137.
Base $C_8H_{13}NO$ aus Dioscorin [Bldg., Nichtidentität v. — von Ayer mit Tropanon-(2)] 17 404.

$C_8H_{13}NOS$ **1-[Thienyl-(2')]-2-methyl-3-amino-propanol-(1)**, Deriv. 14 955*.
dl-trans-**2-Methylmercaptohexahydrobenzoxazol** (Kp.$_{15}$ 158—160°) 9701.
9-Methyl-3-thiagranatanin-7-on (F. 126 bis 128°) 480.
N-*n*-**Butylthiosuccinimid** (Kp.$_{0,2}$ 95—100°) 10 051.
N-**Isobutylthiosuccinimid** (Kp.$_{0,2}$ 70—75°) 10 051.

$C_8H_{13}NOS_2$ **2-Äthylmercapto-4-methyl-5-[*β*-hydroxyäthyl]-thiazol** (Kp.$_5$ 156—158°) 4532.
2-Methyl-6.7-dihydro-4H-thiopyrano-[4.3:*d*]-thiazolmethylhydroxyd, Rk. d. p-Toluolsulfonats 7394*.

$C_8H_{13}NO_2$ (s. *Arecolin*; *Bemegride* [*Eukraton, Glutamisol, Megimid, 3(β)-Methyl-3(β)-äthylglutarimid*]; *Oscin* [*Scopolin*]; *Retronecin*; *Scopin* [*6.7β-Epoxy-3α-hydroxytropan*]).
N-**[*β*-Hydroxyäthyl]-5-methylfurfuryl-(2)-amin** (Kp.$_9$ 138°) 1599.
N-**Methyl-5-methoxymethylfurfuryl-(2)-amin** (Kp.$_{15}$ 114—116°) 11 178.
9-Methyl-3-oxagranatanin-7-on (F. 79 bis 80°) 480.
2-Methyl-3-oxo-5-[dimethylaminomethyl]-2.3-dihydrofuran (Kp.$_{0,05}$ 55°), Darst., Rk. 15 035*; Rk. 7624*, 16 413*.
6*β*-Hydroxytropinon (F. 123°), Darst., Rk. 5299; IR-Spektrum (Vgl.) 18 836; Red. 18 477.
N-**[*β*-Vinyloxyäthyl]-pyrrolidon-(2)**, Rk. 17 762.
N-**Isobutyrylpyrrolidon**, Dipolmoment, UV-Maximum u. IR- ν(C = O) 18 418.
N-*tert.*-**Butylsuccinimid** (F. 49—50°) 121.
4-Dimethylaminocyclohexandion-(1.3), Hydrochlorid (F. 193° Zers.) 5276.
N-**Acetyl-*ε*-aminocaprolactam**, Dipolmoment, UV-Maximum u. IR- ν(C = O) 18 418; Vers. d. Bromier. 11 158.
4-Methoxy-*β*-picolinmethylhydroxyd, Jodid (F. 133°) 16 683.
4-Methylheptanol-(4)-on-(5)-nitril (**4-Methyl-4-hydroxyheptanon-(5)-säurenitril**) (Kp.$_{0,5}$ 106—107°) 5275, 11 171.
2-Carboxy-4-isopropenylpyrrolidin 4638*.
4-Dimethylamino-4-methylpentin-(2)-säure 7485.
Korksäuremononitril 14 323*.
ε-**Cyanoönanthsäure** (Kp.$_{0,75-0,8}$ 137—138°) 12 260.
(+)-Hypoglycin-A-methylester, Rk. 5276.
2-Imino-1-carbäthoxycyclopentan, Rk. 18 845.
4-Cyanvaleriansäureäthylester (Kp.$_{13}$ 114°) 7521.
δ-**Cyanvaleriansäureäthylester**, Rk. 2330.
α-**Methyl-*γ*-cyanbuttersäureäthylester** 7521.
α.α-**Diäthyl-*α*-cyanessigsäuremethylester** (Kp. 199—204°) 4912.

$C_8H_{13}NO_2S$ **5-[Pentyl-(2')]-thiazolidindion-(2.4)** (Kp.$_{0,15}$ 103°) 3461.
N-**Hydroxymethyl-*dl-trans*-hexahydrobenzoxazolthion** (F. 98—100°), Darst., Rk. 9702; Rk. 9702.
ε-**Thiocyanatoönanthsäure** 18 436.
Carbäthoxymethyl-3-cyanpropylsulfid (Kp.$_{0,0}$ 148°) 8943.

N-**Äthyl-2.4-dimethylbutadien-(1.3)-sultam-(1.4)** (F. 61—62°) 3420.
N-**Methyl-2.3.4-trimethylbutadien-(1.3)-sultam-(1.4)** (F. 87—87,5°) 3421.

$C_8H_{13}NO_2S_2$ *N.N*-**Pentamethylendithiocarbaminsäurecarboxymethylester** (F. 141 bis 143°) 11 176.

$C_8H_{13}NO_3$ (s. *Dioxone* [*Diossone, 5.5-Diäthyl-5.6-3H-dihydro-1.3-oxazindion-[2.4], 5.5-Diäthyltetrahydro-1.3-oxazin-2.4-dion*]).
2-[*α*-Aminoäthyl]-3.4-bis-[hydroxymethyl]-furan, Rk. v. — u. —-Hydrochlorid 11 294*.
2-[*β*-Nitroäthyl]-cyclohexanon (Kp.$_{15}$ 130 bis 132°) 9688.
Dimethylaminohexoseredukton, akute u. subakute Tolizität 18 921; durch — bei Mäusen hervorgerufenes Tanzsyndrom 14 898.
1-Hydroxypyrrolizidincarbonsäure-(1), Hydrochlorid (F. 165,5—167°) 16 326.
4-Propylpyrrolidon-(2)-carbonsäure-(3) (F. 91°) 16 673.
4-Isopropylpyrrolidon-(2)-carbonsäure-(3) (F. 165° Zers.) 16 673.
4-Äthyl-5-methylpyrrolidon-(2)-carbonsäure-(3) (F. 143°) 16 673.
4.4.5-Trimethylpyrrolidon-(2)-carbonsäure-(3) (F. 146—148°) 16 673.
2-Amino-3-carbäthoxy-5-methyl-4.5-dihydrofuran (F. 38,5—39°), Darst., Rk. 17 735; IR-Spektrum u. Imid-Enamid-Tautomerie 18 771.
1-Nitroso-1-acetoxycyclohexan (Kp.$_5$ 62 bis 78°) 1591.
5-[*β*-Methoxycarbonyläthyl]-pyrrolidon-(2) (F. 51°) 16 673.
Pyrrolidon-(2)-yl-(4)-essigsäureäthylester (F. 56—57°) 3816.
N-**[*β*-Acetoxyäthyl]-pyrrolidon-(2)** (*N*-**[*β*-Hydroxyäthyl]-pyrrolidon-(2)-acetat**) 12 290, 17 762.
3-Methyl-2-oxopyrrolidin-5-carbonsäureäthylester (F. 55—57°) 2725.
1-Äthyl-3-carbomethoxypyrrolidinon-(5) (Kp.$_{0,13}$ 104—106°) 9899*, 11 006*, 11 736*.
1-Methyl-3-carboäthoxypyrrolidinon-(5) (Kp.$_{19}$ 166—167°) 9899*.
5-Ketopicolinsäureäthylester, Hydrochlorid (F. 154—155°) 2353.
β-**Aminocrotonylessigsäureäthylester**, Dialkylderiv. 222*.
(—)-1-Äthyl-1-äthinylpropandiol-(1.2)-2-carbaminat (F. 76—78°) 949*.
(—)-1-Methyl-1-äthinylpropandiol-(1.2)-2-[*N*-methyl]-carbaminat (Kp.$_{0,02}$ 100 bis 101°) 949*.
Methacrylamidoacetaldehydäthylenglykolacetal (Kp.$_1$ 120—122°) 1867*.
2-Methyltetrahydrofuranon-(3)-carbonsäure-(5)-dimethylamid 11 198.
N-**Acetyl-DL-2-amino-3-methylpenten-(4)-säure** (F. 129—130°) 5256.
N-*n*-**Butylfumaramidsäure** (F. 198—199°) 1190.
N-*n*-**Butylmaleinamidsäure** (F. 85°) 1189.
N.N-**Diäthylmaleinamidsäure** (F. 41°) 1190.
N-*n*-**Propylcitraconamidsäure** (F. 140°) 1190.
isomere *N*-*n*-**Propylcitraconamidsäure** (F. 122°) 1190.
Citraconsäureisopropylamid (F. 118,5 bis 119°) 4901.
cis-**2-Carboxycyclopentylacetamid** 8984.
trans-**2-Carboxycyclopentylacetamid** 8984.
cis-**2-Carbamoylcyclopentylessigsäure** 8984.
trans-**2-Carbamoylcyclopentylessigsäure** 8984..
α-**[Aminoäthoxymethylen]-*α*-valerolacton** (F. 95—96°), Darst., Rk. 17 735; IR-Spektrum u. Imid-Enamid-Tautomerie 18 771.
α-**Carbiminoäthoxy-*γ*-valerolacton. — Hydrochlorid**, Darst., Rk. 17 735; IR-Spek-

trum u. Imid-Enamid-Tautomerie 18 771.

$C_8H_{13}NO_3S$ **N-Acetyl-β-mercaptoäthylamin-S-acetoacetat,** — als Acetyldonator bei enzymat. Thiolyse-Rk. 17 790.

$C_8H_{13}NO_3S_2$ **5-[β-Acetoxyäthyl]-4-methyl-4-hydroxythiazolidinthion-(2)** (F. 105°) 4532.

$C_8H_{13}NO_4$ **8.8-Dimethyl-1-aza-3.7.9-trioxa-spiro-[4.5]-decanon-(2)** (F. 164—165°) 18 086.

1-Nitro-3.3-dimethyl-4-acetoxybuten-(1) ($Kp._2$ 135°) 8942.

1-Acetoxy-1-nitrocyclohexan ($Kp._5$ 106°) 1591.

α-Isobutyryl-α-isonitrosoessigsäureäthylester 2728.

N-Allylasparaginsäure-β-methylester (F. 213°) 17 370.

N-Carbocyclopentoxyglycin, Dicyclohexylaminsalz (F. 160—162°) 5637.

DL-2-Acetamido-5-oxohexansäure (F. 102 bis 103°) 1225.

2-Acetamidoäthylacetoacetat ($Kp._{0,001}$ 150 bis 160°) 18 611*.

$C_8H_{13}NO_4S$ **Ribothiazolin,** Prüf. auf Strahlenschutz 1683.

Dimedon-2-sulfonsäureimin, Ammoniumsalz (F. 332—335° Zers.) 12 284.

$C_8H_{13}NO_5$ **3-Acetamido-1.6-anhydro-3-desoxy-β-D-altropyranose** (F. 159—160°) 9350.

3-Acetamido-1.6-anhydro-3-desoxy-β-D-gulopyranose (F. 196—198°) 2742.

3-Acetamido-1.6-anhydro-3-desoxy-β-D-idopyranose (F. 134—135°) 2742.

DL-Monomethyl-β-acetamidoglutarat (F. 131 bis 132°) 3853.

N-Acetylaminodiessigsäuredimethylester (F. 83,5—84°), Rk. 1980.

N-Acetyl-L-asparaginsäuredimethylester (F. 60—61°) 3039.

Formamidomalonsäurediäthylester, Rk. 18 108.

$C_8H_{13}NO_6$ **α-Nitro-β-acetoxybuttersäureäthylester,** Rk. 7139.

N-Carbomethoxymethylasparaginsäure-β-methylester (F. 164°) 17 370.

2-Acetamido-2-desoxy-4-O-formyl-β-D-arabinose (F. 155—156° Zers.) 13 766.

$C_8H_{13}NO_6S$ **L-[Butansultam-(1.4)-yl]-bernsteinsäure** (F. 167—170°) 15 556.

L-α-[Propansultam-(1.3)-yl]-glutarsäure (F. 135—140° Zers.) 15 556.

$C_8H_{13}NS_2$ **N-n-Butyldithiosuccinimid** ($Kp._{0,4}$ 110°) 10 051.

$C_8H_{13}N_2OPS_2$ **O-[p-Methylmercapto-m-methyl-phenyl]-thionophosphorsäurediamid (O-[p-Methylmercapto-m-tolyl]-thionophosphorsäurediamid)** (F. 112—113°) 14 298*, 16 109*.

$C_8H_{13}N_2O_2PS$ **O-[p-Methylmercapto-m-methyl-phenyl]-phosphorsäurediamid (O-[p-Methylmercapto-m-tolyl]-phosphorsäurediamid)** (F. 137—138°) 14 298*, 16 109*.

$C_8H_{13}N_2O_3P$ **Phenylhydrazinophosphonsäuredimethylester** 13 215*.

$C_8H_{13}N_2O_4PS$ **[2.3-Dihydro-3-oxopyridazinyl-(6)]-diäthylthiophosphat (3-[O.O-Diäthylthiophosphoryloxy]-6-oxo-1.6-dihydropyridazin)** (F. 90,5—91,5°) 6037, 9344.

$C_8H_{13}N_2O_5P$ **Pyridoxaminphosphat,** enzymat. Bldg. u. Best. 10 509; enzymat. Oxydat. 10 509; nichtenzymat. Transaminier. 173; Einfl. auf d. Pyridoxalphosphat-Abbau 508.

$C_8H_{13}N_2O_6PS_2$ **4-Sulfophenylhydrazino-N_1-sulfo-N_2-phosphonsäuredimethylester,** Na-Salz 13 215*.

$C_8H_{13}N_2P$ **4-Amino-1-äthyl-1.2.5.6-tetrahydrophosphorin-3-carbonsäurenitril** (F. 74,5 bis 75°) 17 397.

Bis-[2-cyanäthyl]-äthylphosphin, Rk. 17 397.

$C_8H_{13}N_3$ **3-Amino-5-aminomethyl-2.4-dimethylpyridin** 14 862.

2.3-Diamino-6-propylpyridin, Pikrat (F. 193,5—195°) 11 925.

2.3-Diamino-4.5.6-trimethylpyridin (F. 232°) 2357.

N-[Pyridyl-(2')-methyl]-1.2-diaminoäthan ($Kp._{0,04}$ 102°) 1160.

N-[Pyridyl-(3')-methyl]-1.2-diaminoäthan ($Kp._{0,04}$ 100—100,5°) 1160.

N-[Pyridyl-(4')-methyl]-1.2-diaminoäthan ($Kp._{0,1}$ 108,5°) 1160.

1-[2'-Aminoäthyl]-2-phenylhydrazin ($Kp._{0,3-0,4}$ 115—116°), Herst., Verw. 6213*; Rk. 10 247*.

$C_8H_{13}N_3O$ **4-Butylamino-2-hydroxypyrimidin** (F. 170—171°) 848.

3.4-Diamino-2-hydroxy-6-propylpyridin, Pikrat (F. 198°) 11 926.

2.6-Diamino-N-[β-hydroxyäthyl]-anilin 11 195.

2-Methyl-6-amino-5-äthoxymethylpyrimidin, Rk. 7627*.

[2.3.4-Trimethylpyrryl-(1)]-harnstoff (F. 213—215°) 16 066*.

Imidazolcarbonsäure-(1)-n-butylamid (F. 75 bis 76,5°) 8973.

Imidazolcarbonsäure-(1)-diäthylamid (F. 48 bis 49,5°) 468, 8973.

N-[1-Cyanbutyl]-N-[1-cyanäthyl]-hydroxylamin (F. 122—123°) 4882.

N.N-Bis-[1-cyanpropyl]-hydroxylamin (F. 138,5—139°) 4882.

N.N-Bis-[β-cyanäthyl]-äthanolamin, Rk. 18 091.

Methyl-n-propylketoncyanacethydrazon, papierchromatograph. Trenn. 10 215.

Diäthylketoncyanacethydrazon, papierchromatograph. Trenn. 10 215.

$C_8H_{13}N_3OS$ **5-Amyl-2-thio-6-azauracil,** Wrkg. auf Keimpflanzen 904.

2-Methylmercapto-4-amino-6-isopropoxypyrimidin (Kp. 123—126°) 8704.

$C_8H_{13}N_3OS_2$ **2-Acetylamino-5-n-butylmercapto-1.3.4-thiodiazol** (F. 138,5—139,5°) 1985.

$C_8H_{13}N_3O_2$ **5-Amyl-6-azauracil,** Wrkg. auf Keimpflanzen 904.

1.3-Diäthyl-4-aminouracil, Rk. 8066*.

Pyridoxhydrazin (2-Methyl-3-hydroxy-4-hydrazinomethyl-5-hydroxymethylpyridin), Dihydrochlorid (F. 186—189°) 13 783.

5-[Piperidyl-(4')]-hydantoin (F. 290—295° Zers.) 18 150.

1-Äthyl-4-carbäthoxy-3-aminopyrazol ($Kp._{0,06}$ 111°) 18 567*.

Histidinäthylester, Massenspektrum 13 705.

N-[Cyan-N-methylcarbamoylmethyl]-acetimidoäthylester, Rk. 10 467.

$C_8H_{13}N_3O_2S$ **4-[Bis-(2-hydroxyäthyl)-amino]-2-mercaptopyrimidin (N.N-Bis-[2-hydroxyäthyl]-thiocytosin)** (F. 204—208° Zers.), Darst., Rk., $HgCl_2$-Komplex, Hemmwrkg. gegenüber Mikroben 11 193.

1-[1'-Thiacyclopentyl-(3')]-3-methyl-5-aminopyrazol-S.S-dioxid (F. 217—218°) 15 409*.

1.2-Diaminobenzol-4-sulfonsäuredimethylamid, Rk. 15 410*.

4-Hydrazinobenzolsulfonsäureäthylamid (F. 138—139°) 2333.

4-Hydrazinobenzolsulfonsäuredimethylamid (F. 136—137°) 2333.

$C_8H_{13}N_3O_3$ **4-[Bis-(2-hydroxyäthyl)-amino]-pyrimidinol-(2),** Darst., Hemmwrkg. d. Hydrochlorids (F. 214—215° Zers.) gegenüber Mikroben 11 193.

3-[Morpholinomethyl]-hydantoin (F. 132 bis 133°) 10 087.

1-[β-Hydroxyäthyl]-4-carbäthoxy-3-aminopyrazol (F. 75°) 18 567*.

β-N-[γ-L-Glutamyl]-aminopropionitril, Bldg. durch Lathyrus odoratus 523.

$C_8H_{13}N_3O_3S_2$ **2-Acetylamino-5-n-butylsulfonyl-1.3.4-thiodiazol** (F. 190—192° Zers.) 1986.

$C_8H_{13}N_3O_4$ **4.6-Dihydroxy-2-[bis-(β-hydroxyäthyl)-amino]-pyrimidin** (F. 185—186°) 8612.

man-Spektrum 1550; Verw. v. —-Estern 16 510*.
4.4-Dimethylcyclohexen-(2)-ol ($Kp._{15}$ 82°) 13 371.
Bicyclo-[2.2.2]-octanol-(2) (F. 208—210°) 10 415.
Bicyclo-[2.3.1]-octanol-(2) (F. 197—198°) 10 415.
endo-**Bicyclo-[3.2.1]-octanol-(2)** 15 909.
exo-**Bicyclo-[3.2.1]-octanol-(2)** 15 909.
cis-**Bicyclo-[3.2.1]-octanol-(2)** (F. 178 bis 180°) 3407.
endo-cis-**Bicyclo-[3.3.0]-octanol-(2)** 88, 17 385.
1-Methylnorborneol, Rk. 12 982.
1-Methoxyheptin-(1) ($Kp._{10}$ 49—50°) 15 922.
2-Methoxy-2-methylhexin-(3) ($Kp._{100}$ 72 bis 74°) 11 876.
3-Methoxy-3-äthylpentin-(1) ($Kp._{90}$ 65 bis 67°) 11 875.
1-Äthoxyhexadien-(1.3) ($Kp._{100}$ 100°), Darst. 10 272*, 18 079.
3-Äthoxy-3-methylpentin-(1) ($Kp._{100}$ 58 bis 60°) 11 875.
1-Äthoxy-2-methylpentadien-(1.3) ($Kp._{26}$ 70,5—71°) 18 079.
1-Äthoxy-4-methylpentadien-(1.3) ($Kp._{9}$ 50°) 18 079.
1-Äthoxy-2.3-dimethylbutadien-(1.3) ($Kp._{22}$ 59°) 18 079.
3-*n*-Propoxy-3-methylbutin-(1) (Kp. 111 bis 113°) 11 875.
3-Isopropoxy-3-methylbutin-(1) (Kp. 98 bis 100°) 11 875.
Allylpenten-(5)-yläther (Kp. 135—140°), Darst. 2166*, 6962*, 8057*, 10 636*.
Allyl-3-methylbuten-(3)-yläther (Kp. 132 bis 136°) 2166*, 6962*, 8057*, 10 636*.
1-Butoxybutadien-(1.3) ($Kp._{16}$ 49—50°) 1799*.
Bis-[buten-(1)-yl-(3)]-äther 7321*.
Diisobutenyläther, Rk. 11 541.
Vinyl-[2-cyclopropylpropyl-(2)]-äther ($Kp._{761}$ 133,8°) 10 067.
1-Methoxymethylcyclohexen-(1) ($Kp._{52}$ 82 bis 84,5°) 12 277.
Cyclohexylvinyläther, Raman- u. UV-Spektrum 16 622; Polymerisat. 7543.
1-Äthoxycyclohexen-(1) ($Kp._{24}$ 63,5°), Darst. 10 817, 18 078; Rk. 15 571.
2-Methylencyclohexylmethyläther 11 868.
Octen-(2)-al-(1) (**β-Amylacrolein**) ($Kp._{16}$ 87—90°), Darst. 808, 10 270*; (Rk., Deriv.) 9306; Bldg. 14 363; — als Ursache v. Fehlgeschmack d. Milch 687.
2-Äthylhexen-(2)-al-(1) (**$Δ^2$-2-Äthylhexenal, 2(α)-Äthyl-3(β)-propylacrolein**) ($Kp._{14}$ 63°), Darst. 650*; (Dinitrophenylhydrazon) 3442; katalyt. Red. 4719*; Rk.: mit O_2 in Ggw. v. NH_3 12 457*; mit Acetylen 10 799; mit Harnstoff 16 685; mit Essigsäureanhydrid 10 189*.
2.4-Dimethylhexenal ($Kp._{760}$ 172°) 11 364*.
5.5-Dimethylhexen-(2)-al ($Kp._{10}$ 55—55,5°) 1188.
2.2.4-Trimethylpenten-(3)-al 9687.
α-Neopentylacrolein, Rk. 11 728*.
Äthyl-[α-methylallyl]-acetaldehyd 10 425.
Äthyl-[γ-methylallyl]-acetaldehyd 10 425.
Dimethyl-[α-methylallyl]-acetaldehyd (Kp. 142—144°) 10 425, 15 942.
Dimethyl-[β-methylallyl]-acetaldehyd (Kp. 146—148°) 10 425.
Dimethyl-[γ-methylallyl]-acetaldehyd (Kp. 154—156°) 15 941.
Cyclohexylacetaldehyd ($Kp._{15}$ 68—70°), Darst., Rk. 2368; Rk. 6590*.
3-Methylcyclopentylacetaldehyd ($Kp._{12}$ 63 bis 66°) 2368.
1-Methylcyclohexanaldehyd, Rk. 3060.
Octen-(3)-on-(2) ($Kp._{11}$ 69—70°) 10 270*.
3-Methylhepten-(3)-on-(2), Herst., Rk. 9184*; Rk. 9694.
6-Methylhepten-(3)-on-(2) ($Kp._{9}$ 78°) 9695, 15 557.
6-Methylhepten-(5)-on-(2) (**2-Methylhepten-(2)-on-(6)**, *gewöhnl.* **Methylheptenon**) (F. 137°), Darst. 8415*, 8784*, 16 488*; (Rk.) 12 995; 1-Chlor-3-methylbuten-(2) als Zwischen-Prod. zur Herst. v. — 18 268*; Rk.: mit Acetylen 6513*, 9892*, 16 130*; (u. Red.) 13 567*; mit Alkohol 16 281; mit Vinylmagnesiumbromid 678; mit m-Xylylendiphosphonsäuretetraalkylestern 5478*; mit Cyanmethylphosphonsäureestern 10 274*; Vork. im Fruchtöl v. Litsea Cubeba 10 672; Nachw. im Citronenöl 4753; —-Geh. im Lemongrasöl 2930, 7728; Wrkg. auf Bakterien 3547.
4-Methylhepten-(3)-on-(5), Isolier. als 2.4-Dinitrophenylhydrazon (F. 147°), Eig. 18 790.
4-Methylhepten-(6)-on-(3) (Kp. 153°) 3781, 18 082.
3-Methylhepten-(3)-on-(5) (**Homomesityloxid**) Rk. 2346, 8415*; 18 820.
2-Methylhepten-(3)-on-(5), Rk. 8415*.
2.2-Dimethyl-3-ketohexen-(4) [**5.5-Dimethylhexen-(2)-on-(4)**] 9321, 10 046.
Methylcyclohexylketon, Bldg. 17 922*; Rk. 13 565*.
Cyclooctanon ($Kp._{1,2}$ 73—75°), Darst., Rk. 8564, 10 818; Bldg. 15 941; (Semicarbazon) 3078; (Rk., 2.4-Dinitrophenylhydrazon) 5627; IR-Spektrum 15 172; (Vgl.) 18 097; Konstit.-Einfl. auf d. UV- u. IR-Spektrum (Darst.) 3393; IR-, UV- u. NMR-Spektrum 15 900; Carbonyl-Valenzschwing. 8559; Enthalpie 5976; Oxydat. 6581*; Rk.: mit Dikobaltoctacarbonyl 13 207*; mit HCN 13 003; mit Pyrrolidin 10 438; mit CH_3MgJ 7493; mit Organophosphorverb. 1832; mit Ameisensäuremethylester 14 845; mit Benzoesäuremethylester bzw. Benzaldehyd 14 842.
2-Methylcycloheptanon (F. 131—132°) 1867, 15 972.
2-Äthylcyclohexanon (Kp. 184—186°), Darst., Semicarbazon 10 437; Darst., Rk. 2732, 4512; (2.4-Dinitrophenylhydrazon) 10 438.
4-Äthylcyclohexanon (Kp. 191—194°) 4511, 5691.
2.2-Dimethylcyclohexanon (Kp. 169—171°), Darst. (Rk., Deriv.) 14 482, 17 410; (d. Oxins) 12 642; Rk. 7493.
2.5-Dimethylcyclohexanon (**1.4-Dimethylcyclohexanon-(2), 3.6-Dimethylcyclohexanon**) ($Kp._{15}$ 65—68°), Darst., Semicarbazon 8590; Berechn. d. Rotationsvermögens 68; Strukturbest. v. trans-— aus d. Rotationsdispers. 12 597.
3.3-Dimethylcyclohexanon, Rk. 5647.
cis-**3.5-Dimethylcyclohexanon**, Rk. 3098.
4.4-Dimethylcyclohexanon (F. 40—42°), Darst., Rk. 7865; Rk. 10 068.
2-Propylcyclopentanon 10 437.
2.2.4-Trimethylcyclopentanon (Kp. 155,5°) 107.
2.2.3-Trimethylcyclopentanon, Rk. 107.
2.4.4-Trimethylcyclopentanon (Kp. 160,5°) 107.

$C_8H_{14}OS$ **2.3-Dimethylhexen-(2)-thiosäure-(6)** ($Kp._{16}$ 106°) 11 904.
Thiolmethacrylsäure-*tert.*-butylester, antibakterielle u. antifungielle Aktivität 15 316.
γ.δ-Dimethyl-δ-thiolcaprolacton ($Kp._{10}$ 120°) 11 904.
γ-Methyl-γ-isopropyl-γ-thiolbutyrolacton ($Kp._{12}$ 110°) 11 904.

$C_8H_{14}OS_2$ **Bis-[2.3-epithiobutyläther]**, Verw. 4749*.
3-Äthoxyallylmercaptopropylensulfid ($Kp._{0,3}$ 116—118°) 5390*.
2-Methylcyclobutylmethanol-*S*-methylxanthat ($Kp._{14}$ 131—132°) 18 806.
3-Methylcyclobutylmethanol-*S*-methylxanthat ($Kp._{25}$ 138—139°) 18 805.

$C_8H_{14}O_2$ **Mesityloxidäthylenketal** (**Dioxolan d. Mesityloxids**), Rk. 10 197*.

— aus Gemischen mit Alkoholen 13 943*; Poymerisat.-Wärme 6429; Abbau v. polymerem — 12 683.
Isoamylacrylat, Elastizität v. —-Polymeren u. -Copolymeren 5316.
Hexen-(5)-yl-(1)-acetat [6-Acetoxyhexen-(1)], Rk. 2328, 12 622.
Hexen-(5)-yl-(2)-acetat, Rk. 2328.
5-Acetoxyhexen-(2) (Kp.$_{21}$ 53—55°) 108.
Cyclohexylacetat, Bldg. 10 066; Deutertier. u. KMR-Spektrum 16 263; Toxikologie u. Reiz-Wrkg. 2815.
Cyclopentylmethylacetat 10 066.
3-Methylcyclobutylmethanolacetat (Kp.$_{15}$ 64°), Rk. 18 805.
Carbäthoxycyclopentan (Kp.$_{28}$ 75°), Kinetik d. Hydrolyse 85.
2-Methylcyclobutancarbonsäureäthylester, Red. 14 096.
1-Carbäthoxy-2-äthylcyclopropan (Kp.$_{15}$ 55°) 1203.
2.2-Dimethylcyclopropancarbonsäureäthylester (Kp.$_{15}$ 90°) 6753.
1.2-Dimethylcyclopropancarbonsäure-(3)-äthylester (Kp. 167°) 10 817.
α-Äthyl-ε-caprolacton, Rk. 13 200*.
β-Äthyl-ε-caprolacton, Rk. 13 200*.
γ-Äthyl-ε-caprolacton, Rk. 13 200*.
δ-Äthyl-ε-caprolacton, Rk. 13 200*.
ε-Äthyl-ε-caprolacton, Rk. 13 200*.
α.α-Dimethyl-ε-caprolacton, Rk. 13 200*.
α.β-Dimethyl-ε-caprolacton, Rk. 13 200*.
β.β-Dimethyl-δ-caprolacton (Kp.$_{13}$ 122°) 1954.
γ-Butylbutyrolacton [Octanolid-(1.4)] (Kp.$_{15}$ 139°) 10 437, 12 622.
2-Methyl-3-isopropyl- oder **2-Isopropyl-3-methyl-4-hydroxybuttersäurelacton** 10 085.

$C_8H_{14}O_2S$ **Dimethallylsulfon**, Rk. 3420.
β.γ-Epithio-β-methylvaleriansäureäthylester (Kp.$_6$ 80—81°) 13 382.
4-Propionoxypenthiophan (Kp.$_{19}$ 102°) 13 389.
β-Äthylmercapto-*cis*-crotonsäureäthylester (Kp.$_{17}$ 113°) 7843.
β-Äthylmercapto-*trans*-crotonsäureäthylester (Kp.$_{17}$ 136°) 7843.
4-Allylmercaptobuttersäuremethylester (Kp.$_5$ 93,5°) 3419.

$C_8H_{14}O_2S_2$ (s. *Liposäure [α-Lipoinsäure, Thioctsäure, 6.8-Dithiocaprylsäure, α-5-(1.2-Dithiolan-3-yl)-pentansäure]*).
Dithiosuberinsäure, photograph. Verw. 8491*.
3-Butoxycarbonylmercaptopropylensulfid (Kp.$_{0,01}$ 103°) 5390*.

$C_8H_{14}O_2S_4$ **Di-*n*-propylxanthogendisulfid (Bis-[propyloxythiocarbonyl]-disulfid, „Diproxid")**, Darst. 15 187; Isotopenaustausch v. S 2693; Rolle v. — bei d. Emuls.-Polymerisat. v. Butadien mit Styrol 493.
Diisopropylxanthogendisulfid (F. 56,7°), Darst. 15 187; Rolle v. — bei d. Emuls.-Polymerisat. v. Butadien mit Styrol 493.

$C_8H_{14}O_3$ **6.7-Tetramethylen-1.3.5-trioxepan** (Kp.$_{14}$ 87,5—88°) 17 024.
6-Methyltetrahydrocyclopenta-1.3.5-trioxepin (Kp.$_{16}$ 83—85°) 17 024.
Diäthylenglykoldivinyläther, Rk. 8782*, 17 235*.
2.2-Tetramethylendioxybutanon-(3) (Kp.$_{16}$ 85—86,5°) 17 025.
2.2-[Butylen-(1.3)-dioxy]-butanon-(3) (Kp.$_{16}$ 78°) 17 025.
2-[Isobutyrylmethyl]-dioxolan, Rk. 8601.
5.5-Diäthyl-1.3-dioxanon-(2) (F. 44—45°) 8972.
1-[Tetrahydrofuryl-(2')]-butanol-(1)-on-(3) (Kp.$_2$ 102—103°) 16 302.
2-Methyl-5-hydroxymethylhexen-(2)-on-(4)-ol-(6) (F. 66—67°) 8942.
1-[α-Hydroxyacetyl]-cyclohexanol-(1) (F. 86 bis 87,5°) 9733.
1-Methoxy-2-methylhexandion-(3.4), Addit.-Verb. mit Tributylphosphit 18 273*.
4.8-Epoxyoctansäure (Kp.$_{15}$ 157°) 12 622.
Tetrahydrofurfurylpropionsäure (Kp.$_6$ 131 bis 136°) 3262*.
Cyclohexylglykolsäure, Darst. v. —-Estern 8944; Verw. v. —-Salzen 11 683*.
1-Hydroxycyclohexylessigsäure (F. 64°) 828.
4-Hydroxycyclohexylessigsäure (F. 110 bis 120,5°), Darst., Deriv. 12 641; Rk. 2366.
***trans*-2-[α-Carboxyäthyl]-cyclopentanol** (F. 58°) 5650.
α-Ketocaprylsäure (F. 32°) 12 625.
5-Oxooctansäure [Octanon-(5)-säure-(1)] (F. 34—35°), Bldg., Rk., Deriv. 4175; IR-spektroskop. Unters. d. Cyclolactol-Keton-Tautomerie 16 260.
7-Oxooctansäure (7-Ketooctansäure) 809, 4880.
3-Methyl-4-oxoheptansäure, Semicarbazon (F. 167—168°) 11 518.
2-Äthyl-3-ketohexansäure 13 347.
γ-Äthyl-δ-ketocapronsäure, IR-Spektrum, Konstit. 13 335.
β-Pivaloylpropionsäure (F. 65—66°) 14 471.
α.β-Epoxy-β-methylvaleriansäureäthylester, Rk. 13 382.
β.γ-Epoxy-β-methylvaleriansäureäthylester, Rk. 13 382.
Glycidyltrimethylacetat (Kp.$_{24}$ 90—91,5°) 11 561.
Tetrahydropyranyl-(2)-essigsäuremethylester (Kp.$_{26}$ 106—110°) 6737.
***trans*-7-Hydroxyhepten-(2)-säuremethylester** (Kp.$_{0,4}$ 110—113°) 3060, 6737.
Methacrylsäure-4-hydroxybutylester (Kp.$_{0,1-0,2}$ 80—95°) 1408*, 6606*, 15 403*.
Acrylsäure-5-hydroxypentylester 15 403*.
***trans*-2-Acetoxycyclohexanol** (Kp.$_{12}$ 122°) 5996.
1-Hydroxy-3-methylcyclopentancarbonsäure-(1)-methylester 10 085.
***cis*-3-Hydroxycyclopentancarbonsäureäthylester**, Rk. 17 709.
5-Methoxy-2-hexensäuremethylester (Kp.$_{20}$ 85°) 5093*.
β-Äthoxycrotonsäureäthylester (F. 31 bis 31,5°), Darst. 9675; (Rk.) 7843; Rk. 13 372.
α-Methyl-β-äthoxyacrylsäureäthylester, Rk. 13 390.
β-Äthoxyäthylmethacrylat, Polymerisat.-Wärme 6429.
β-Propoxyäthylacrylat, Reinig. 1432*.
***cis*-1-Äthoxycarbonyl-2-äthoxycyclopropan** 12 985.
***trans*-1-Äthoxycarbonyl-2-äthoxycyclopropan** 12 985.
Dimethylcarbäthoxymethylacetaldehyd (Kp.$_{10}$ 72—74°) 10 426.
5-Oxoheptansäuremethylester (Kp.$_{12,3}$ 108 bis 119°) 3983*.
6-Oxoheptansäuremethylester (5-Oxohexan-1-carbonsäuremethylester) (Kp.$_{14,2}$ 120°) 3983*, 12 624.
α.β-Dimethyllävulinsäuremethylester, Rk. 16 066*.
β-Oxocapronsäureäthylester (Butyrylessigsäureäthylester), Darst., Rk. 1197; Rk. 4541, 11 925.
γ-Ketocapronsäureäthylester (Kp.$_{18}$ 122 bis 126°) 16 284.
γ-Acetylbuttersäureäthylester, Rk. 11 904.
2-Methyl-3-ketopentansäureäthylester (Kp.$_5$ 62—67°) 12 619.
Isobutyrylessigsäureäthylester, Rk. 2728.
α-Methyllävulinsäureäthylester, 2.4-Dinitrophenylhydrazon (F. 90°) 5628.
α-Äthylacetessigester (α-Äthylacetessigsäureäthylester) (Kp.$_{18-20}$ 85—90°), Darst., Rk. 12 987; Lsgm.-Abhängigk. d. trans-Enolisier., UV-, IR-Spektrum 15 906; pK_H-Wert 14 081; Rk. mit NaOH 3459; Hydrolyse u. Decarboxylier. 10 040; Rk.: v. Alkali- oder Erdalkalideriv. mit organ. Halogeniden 17 558*; mit Phenolen 15 211; mit 1-Dimethyl-

aminomethylnaphthol-(2) 16 681; mit 5-n-Pentadecylresorcin 15 210; mit β-Acetyl-o-carboxyphenylhydrazin 10 086.
Dimethylacetessigsäureäthylester (Kp.₂₁ 82 bis 83°), Darst. 13 347; Bldg. 11 157; Rk. 11 158.
Pivalinsäureacetonylester, IR—CO-Frequenz u. CO—CO-Wechselwrkg. 15 898.
Acetessigsäurebutylester (Butylacetoacetat) Darst. 18 796. Verw. d. Ca-Chelats 7718*.
Acetessigsäure-*sek.*-butylester (Kp.₁₇ 91 bis 92°), Enol-Geh. 5983.
Acetessigsäure-*tert.*-butylester (Kp.₁₆ 79 bis 81°), Darst., Cu-Deriv. 12 624; Enol-Geh. 5983.
1-Acetoxy-2-methylpentanon-(4) (Kp.₁,₅ 83 bis 85°) 108.
Buttersäureanhydrid (Kp. 187—191°), Darst. 2320, 13 724; [v. Komplexverb. mit Mo(VI)] 6704; magnet. Mol.-Rotat. 9287; Rk.: mit HN_3 11 881; mit Pyridin 14 135; mit Arylaminen (Kinetik) 14 461; mit Anilin (Kinetik) 1249; mit 3-Aminoisocamphan 2004; mit m-Aminophenol 800; mit 2-Nitroresorcin 8950; mit Orthoameisensäuretriäthylester u. 4.5-Diaminopyrimidinen 13 580*; mit Furfurol 19 023; mit 14-Hydroxykodeinon 1614; mit 1-Methyl-2-[5-nitrofurfuryliden]-hydrazin 4268*; mit 3β-Acetoxy-17α-hydroxy-6-methyl-Δ^6-pregnen-20-on 2383; mit Pentanatriumsaccharat 7527; mit aromat. Oxalsäureestern 15 036*; mit N-n-Butylcarbaminsäure-2-mercaptoäthylester 9303.
Isobutyranhydrid, Rk. 7509.

$C_8H_{14}O_3S_2$ (*s. β-Liposäure* [*Liposäuresulfoxid, 5-[1.2-Dithiolan-3-yl]-pentansäure-S-oxid*]).
Dithiokohlensäure-*S*-[4-carboxybutylester]-*O*-äthylester (Kp.₀,₇₅ 154°) 18 437.
Carbäthoxyäthylxanthogensäureäthylester, Rk. 19 007*.

$C_8H_{14}O_4$ (s. *Korksäure* [*Suberinsäure, Octandisäure*]).
Äthylenglykoldiglycidäther (Äthylenglykol-bis-epoxypropyläther), Adsorpt. an Montmorillonit 13 307; Rk. 14 953*.
2.5-Dimethoxy-2.5-dihydro-2-methoxymethylfuran (Kp.₉ 90—94°) 18 816.
3.4-Dihydroxy-3.4-dimethylhexandion-(2.5) (F. 96—97°) 11 518.
α(2)-Methylpimelinsäure (F. 58°) 809, 10 476, 12 260, 14 838, 15 199.
β-Methylpimelinsäure (F. 43—45°) 15 199.
γ-Methylpimelinsäure (F. 51—53°) 15 199.
β-Äthyladipinsäure 18 480.
2.2(α.α bzw. „1.1“)-Dimethyladipinsäure (F. 86—88°), Darst., Rk. 14 482; Bldg. 13 407; — als Stoffwechselprod. v. 2.2-Dimethylstearinsäure beim Menschen 18 173.
2.3-Dimethylhexan-1.6-disäure (?) (F. 76 bis 80°) 8244.
(+)-2L.5D-Dimethyladipinsäure (F. 104,7 bis 105,3°) 10 050.
(—)-2D.5L-Dimethyladipinsäure (F. 104,7 bis 105,3°) 10 050.
techn.-**2.5-Dimethyladipinsäure**, Gewinn. v. Sebacinsäure aus —-halt. Gemischen 18 635*.
(—)-*threo*-3.4-Dimethyladipinsäure 5622.
α-Äthyl-β-methylglutarsäure 8416*.
β-Methyl-β-äthylglutarsäure, H-Austausch in wss. —-Lsg. 18 426.
α.α.α'-Trimethylglutarsäure (F. 96 96,5°) 11 540.
***n*-Butylbernsteinsäure** (F. 81°) 11 874.
α.α'-Diäthylbernsteinsäure (F. 180—200°) 18 085.
***n*-Amylmalonsäure** (F. 75—78°) 14 459.
Methyl-*sek.*-butylmalonsäure 5671.
2.2-Dimethyl-3-hydroxy-5-carbomethoxytetrahydrofuran (Kp.₀,₁ 90—95°) 11 197.
3.4-Dihydroxybutylmethacrylat (Kp.₀,₄ 121 bis 125°) 5846*.
2.2-Dimethylglutarsäure-1-methylester (F. 43,5—45°) 15 698*.
α-Acetoxybuttersäureäthylester 15 558.
β-Acetoxy-β-methylpropionsäureäthylester, Rk. 15 765*.
β-Propionoxyisobuttersäuremethylester, Rk. 15 765*.
Butandiol-(1.4)-diacetat, Verw. 16 896*.
Adipinsäuredimethylester (Kp.₁₂ 110,5°), Darst. 299*, 12 096*; (Rk.) 6581*, 9671; Bldg. 13 357; Rk. 12 833*, 13 565*.
Bernsteinsäurediäthylester, Darst. v. Komplexen mit Mo(VI) 6704; Löslichk. in W. 439; Rk.: mit $LiAlD_4$ 4877; mit SF_4 13 565*; mit Ketonen 11 534; mit Octanon-(2) 10 645*; mit m-Methoxyacetophenon 3188*, 6791; mit p-Methylacetophenon 14 850; mit Benzylcyanid 4141; mit α-Bromisobuttersäureäthylester bzw. α-Brompropionsäureäthylester 2330.
Methylmalonsäurediäthylester (Diäthylmethylmalonat), pK$_H$-Wert 14 081; Rk. v. — bzw. Na-—: mit n-Butylbromid 11 875; mit 2-Brombutan 5671; mit 1.3-Dibrompropan 15 200; mit Phenyläthylbromid 1973, 8599; mit rac.-1-[2-Bromäthyl]-7-isopropyltetralin 14 850; mit Benzylalkohol 5625; mit 1-Dimethylaminomethylnaphthol-(2) 16 681; mit Vinyl-β-chloräthyläther 13 029; mit Methylvinylketon 13 004; mit 1.10-Dimethyl-2-oxo-2.3.4.5.6.10-hexahydronaphthalin-7.8-epoxid 2003; mit p-Chlor-ω-bromacetophenon 7861; mit Ti-carbonyltropyliumchromperchlorat 3752; mit 6-Bromhexansäureäthylester 15 972; gaschromatograph. Reinheits-Best. 8733.
Di-*n*-propyloxalat (Oxalsäuredipropylester), Rk. 8944; Verw. 16 896*.
Diisopropyloxalat, Rk. 8944.

$C_8H_{14}O_4S$ **5-Desoxy-1.2-*O*-isopropyliden-5-mercapto-D-xylose** (F. 80—82°) 8619.
5-Desoxy-1.2-*O*-isopropyliden-5-mercapto-D-xylofuranose (F. 85—87°) 8619.
1-Carboxyäthylmercaptopivalinsäure (F. 83°) 7509.
4.4'-Thiodibuttersäure, Rk. 14 088.
2.2'-Thiodiisobuttersäure, Rk. 14 088.
(+)-β.β'-Thiodiisobuttersäure (2L.6D-Dimethyl-4-thiaheptandisäure) (F. 83,3 bis 84,2°), Darst., Konfigurat. 10 803.
2-Propylmercaptoäthylmalonsäure (F. 72° Zers.) 17 717.
4-Allylsulfonylbuttersäuremethylester (Kp.₀,₆ 146°) 3419.
α-Acetylmercapto-β-hydroxybuttersäureäthylester (Kp.₀,₇ 100°) 13 382.
β-Acetoxy-α-mercaptobuttersäureäthylester (Kp.₀,₈ 75—76°) 13 382.
Thioäpfelsäurediäthylester (Kp.₀,₃ 89°) 8258.
β.β'-Thiodipropionsäuredimethylester, Darst., Rk. 2724; Rk. 16 310.
Bis-[äthoxycarbonylmethyl]-sulfid (Thiodiglykolsäureester), Rk. 10 828, 12 652.

$C_8H_{14}O_4S_2$ **2.3.4.5.2'.3'.4'.5'-Oktahydro-1.1.1'.1'-tetroxybithienyl-(3.3')** (F. 296°) 1221.
γ.γ'-Dithiodibuttersäure (F. 107°), Konstit.-Einfl. auf d. UV-Spektrum, Bezieh. zur Alkalispalt. 14 074.
2.2'-Dithiodiisobuttersäure 14 089, 18 073.
(+)-β.β'-Dithiodiisobuttersäure (2L.7D-Dimethyl-4.5-dithiaoctandisäure) (F. 122,5 bis 123,7°), Darst., Konfigurat. 10 803.
β-Äthylmercapto-β-carboxymethylmercaptobuttersäure (F. 95°) 1191.
Dithiodiäthan-β.β'-dicarbonsäuredimethylester (Kp.₀,₄ 127—128°) 3624*.
rac.-**2.3-Bis-[methylmercapto]-bernsteinsäuredimethylester** (F. 71—72° korr.) 449.
Meso-2.3-bis-[methylmercapto]-bernsteinsäuredimethylester (F. 111—112° korr.) 449.

$C_8H_{14}O_4Se_2$ **(+)-α.α'-Diseleno-bis-[*n*-buttersäure]**, Konstit.-Einfl. auf d. Rotationsdispers., UV-Spektrum 12 228.

$C_8H_{14}O_5$ **1.2-*O*-Isopropyliden-D-xylose** 853.

2.3-*O*-Isopropyliden-α-D-lyxofuranose (Monoaceton-D-lyxose v. Levene u. Tipson) (F. 81,5—82,5°) 18 474.
3.4-*O*-Isopropyliden-D-arabinose 10 471.
2-[2'-Carboxyäthyl]-5-hydroxymethyl-1.3-dioxan, Ester u. Polyester 11 192.
γ.γ'-Oxydibuttersäure (F. 77—79°), Rk. 15 173.
Tetramethyldiglykolsäure (F. 153—155°) 13 384.
1-Äthoxy-1.2-diacetoxyäthan (Kp.$_{12}$ 99°) 11 567.
Diäthylenglykoldiacetat, Adsorpt. an Montmorillonit 13 307; Verw. 5152*.
Diäthylmethoxymalonat, Rk. 18 833.
Pyrokohlensäuredipropylester, Rk. 12 105*.
Pyrokohlensäurediisopropylester, Rk. 12 105*.
saures-tert.-**Butylsuccinperoxid,** Einw. auf d. Mäuse-Ascitescarcinom in vivo 2404.

$C_8H_{14}O_5S$ **2-Sulfoäthyl-α-propylacrylat** 7693*.
1-Sulfo-2-butylmethacrylat 7693*.
2-Sulfo-1-butylmethacrylat 7693*.
3-Sulfo-2-butylmethacrylat 7693*.
2-Methyl-1-sulfo-2-propylmethacrylat 7693*.
2-Methyl-2-sulfo-1-propylmethacrylat 7693*.
Acetylcyclohexylsulfonylperoxid, Kinetik d. Zers. 14 097.

$C_8H_{14}O_6$ **Bis-[2-methyl-1.3-dioxolanyl-(2)]-peroxid** (F. 66—70°) 5995.
1.3;2.4-Di-*O*-methylen-D-sorbit (F. 173 bis 174°) 14 830.
2.4;3.5-Di-*O*-methylen-D-sorbit (F. 192 bis 193°) 14 830.
4.6-*O*-Äthyliden-D-glucose, Rk. 853.
2.3-*O*-Isopropyliden-D-lyxonsäure, Ca-Salz-dihydrat 18 474.
Diäthyltartrat, Einfl. auf d. Bldg. v. ClO_3^- aus ClO_2^- 16 893.
3.6-Dioxaoctandisäuredimethylester (Kp.$_4$ 138—140°) 15 624.
Peroxydikohlensäurediisopropylester, Kinetik d. Radikalbldg. aus — 18 425.

$C_8H_{14}O_6S$ **1-Carboxyäthylsulfonylpivalinsäure** (F. 149,5—150,5°) 7509.
Thiodipropionsäuredimethylester-*S.S*-dioxid 2724.

$C_8H_{14}O_6S_2$ **D-Glucuronsäureäthylenmercaptal** 17 766.

$C_8H_{14}O_6Si$ **Äthyltriacetoxysiloxan,** Verw. 8088*.

$C_8H_{14}O_7$ **3^1.1-Anhydro-3-*C*-formyl-D-glycero-D-talo-heptit-3^1.6-pyranose** (F. 173,5 bis 174°) 854.
3.6.9-Trioxaundecandisäure 15 624.
2.3-Di-*O*-methyl-D-glucuronsäure 1633.
Glucuronsäureäthylester, Rk. 18 476.
Methyl-α-D-galakturonosidmethylester (F. 142—144°) 3100.
Tetramethylenglykoldiacetat, kernmagnet. Protonenresonanz 9288.

$C_8H_{14}O_8$ **Schleimsäuredimethylester** (F. 192 bis 194° Zers.) 13 351.
3-*C*-Carboxy-D-glycero-D-talo-heptitlacton (F. 167—168°) 854.

$C_8H_{14}Pb$ **Äthyltrivinylblei** 4716*.

$C_8H_{14}S$ **4-Propylidenthiacyclohexan** 16 310.
4-*n*-Propylthiacyclohexen-(3) 16 310.
4-[β-Mercaptoäthyl]-cyclohexen-(1) (Kp.$_{0,2}$ 46—48°) 9363.
1(2)-Mercapto-4-vinylcyclohexan (Kp.$_{15}$ 84 bis 87°) 9363.
techn.-**Vinylcyclohexanthiol,** Verw. 14 705*.

$[C_8H_{14}S]_X$ **Poly-4-[β-mercaptoäthyl]-cyclohexen-(1)** 9363.
Copolymerisat aus 1-[β-Mercaptoäthyl]-3(4)-mercaptocyclohexan u. 4-Vinylcyclohexen-(1) 9363.

$C_8H_{14}S_2$ **Cyclohexanoäthylendithioketal,** Vers. d. Diimid-Red. 13 348.
2.3.4.5.2'.3'.4'.5'-Oktahydrobithienyl-(3.3') (F. 91—92°) 1221.
Bis-[buten-(2)-yl-(2)]-disulfid 7691*.

$C_8H_{14}Se_2$ **1.1'-Diselenabicyclopentyl-(3.3')** (F. 105—106°) 1222.

$C_8H_{14}Si$ **1-Trimethylsilylpenten-(3)-in-(1),** Massenspektren u. Struktur 18 060.
1-Trimethylsilyl-3-methylbuten-(3)-in-(1), Massenspektren u. Struktur 18 060.

$C_8H_{14}Te_2$ **1.1'-Ditellurabicyclopentyl-(3.3')** (F. 145°) 1222.

$C_8H_{14}Ti$ **Cyclopentadienyltrimethyltitan** 8187.

$C_8H_{15}BO$ **Divinylborinsäurebutylester** 16 687.

$C_8H_{15}BO_2$ **Cyclohexenylbordimethoxid** 4716*.

$C_8H_{15}BO_3$ **Cyclohexyl-[äthylen]-borat** (Kp.$_{10}$ 120°), Darst., magnetoopt. Drehung 2307.

$C_8H_{15}Br$ **1-Bromocten-(1)** (Kp.$_{14}$ 72—73°) 18 793.
Octen-(2)-ylbromid, Rk. 12 261.
4-Bromocten-(2) (Kp.$_{10}$ 67—69°) 11 874.
1-Brom-2-methylhepten-(1) (Kp.$_{16}$ 74°) 18 793.
2-Brom-2.5-dimethylhexen-(4) (Kp.$_{13}$ 56 bis 60°) 108.
Cyclooctylbromid 18 070.
2-Äthylcyclohexylbromid, Massenspektrum 14 814.
1.2.2-Trimethylcyclopentylbromid (F. 43°), Rk. d. Li-Verb. 7532.

$C_8H_{15}BrGeMg$ **Triäthylgermanyläthinylmagnesiumbromid,** Rk. 15 562.

$C_8H_{15}BrMg$ **2-Cyclohexyläthylmagnesiumbromid,** Rk. 8243.

$C_8H_{15}BrO$ **1.5-Epoxy-6-bromoctan** (Kp.$_{13}$ 114 bis 115°) 12 622.
3-Methyl-6-bromhepten-(6)-ol-(2) (Kp.$_{21}$ 124°) 12 622.
2.2-Pentamethylen-3-brompropanol-(1) (Kp. 85—87°) 835.
cis-trans-**2-Brom-1-methoxyhepten** (Kp.$_{13}$ 87—98°) 15 921.
3-Brom-6-methylheptanon-(2) (Kp.$_{16}$ 96 bis 98°) 7168.

$C_8H_{15}BrO_2$ **8-Bromoctansäure** (F. 34—36°), Darst., Rk. 12 261; Rk. 6737.
erythro-**3.5-Dimethyl-6-bromhexansäure** (Kp.$_{0,5}$ 104°) 13 360.
α-Brom-*n*-önanthsäuremethylester (Kp.$_{12}$ 99°) 12 995.
α-Bromcapronsäureäthylester, Rk. 14 487.
ε(ω)-Bromcapronsäureäthylester (6-Bromhexansäureäthylester) (Kp.$_{17}$ 122—125°), Darst. 5093*, 11 527; Rk. 15 972.
δ-Brom-α-methylvaleriansäureäthylester (Kp.$_2$ 108—111°) 15 200.

$C_8H_{15}BrO_3$ **Bromessigsäurebutoxyäthylester,** herbicide Wrkg. auf Gurkenkeimlinge 14 926.

$C_8H_{15}Cl$ **Octenylchlorid,** Rk. 15 448*.
1-Chlor-5.5-dimethylhexen-(2) (Kp.$_{10}$ 47 bis 48°), Darst., Rk. 1188; Rk. 1188.
5-Chlor-2.4.4-trimethylpenten-(1) 5246.
1-Äthylcyclohexylchlorid (Kp.$_{23}$ 83—86°), Leitfähigk. in $SbCl_3$ 5980.

$C_8H_{15}ClHgO$ **1-Chlormercurioctanon-(2)** (F. 93°) 12 990.
α-2-Äthoxycyclohexylquecksilberchlorid (F. 60,8—61,5°), Kinetik u. d. Mechanismus d. Desoxymercurier. 11 150.

$C_8H_{15}ClN_2O$ **1-[3'-Chlorpropyl]-4-formylpiperazin,** Rk. 8349*.
Chlorameisensäure-*N'*-*tert.*-butyl-*N*-methyl-*N*-acetylamidin, Rk. 13 761.
Chlorameisensäure-*N'*-methyl-*N*-*tert.*-butyl-*N*-acetylamidin, Rk. 13 761.

$C_8H_{15}ClO$ **5-Chlor-4-methyl-3.4-epoxyheptan** (Kp.$_{14}$ 72—75°) 18 790.
2-Methoxymethyl-1-chlorcyclohexan (Kp.$_{49}$ 109—113°) 12 277.
8-Chloroctanal (Kp.$_{20}$ 123—124°) 1953.
8-Chloroctanon-(2) (Kp.$_5$ 92,5—94,5°) 16 642.
2-Methyl-2-chlorheptanon-(4) (Kp.$_{15}$ 59 bis 63°) 16 655.
5-Chlor-4-methylheptanon-(3) (Kp.$_{15}$ 80 bis 86°) 18 790.
4-Chlor-3.4-dimethylhexanon-(2), Rk. 18 820.
5-Chlor-2.5-dimethylhexanon-(3) (Kp.$_{12}$ 62 bis 70°) 16 655.

Caprylsäurechlorid (Caprylchlorid, Capryloylchlorid, Octanoylchlorid), Kinetik d. Hydrolyse 2693; Dehydrochlorier. im Gemisch mit Acetylchlorid 13 724; Rk.: mit Benzol 6741; mit Thiophen 8219; mit 6β-Methyl-5α.25D-spirostan-3β.5-diol 16 776*; mit L-α.γ-Diaminobuttersäure 18 485; Verw. 9917*.
3-Methylheptansäurechlorid (Kp.10 70—72°) 11 874.
α-Äthylcaproylchlorid (2-Äthylhexoylchlorid, Äthylbutylacetylchlorid), Rk. 11 543, 16 656, 17 564*.
α.α-Dimethyl-α-butylacetylchlorid (Kp.25 75 bis 78°) 4913.
Äthyl-[1-methylpropyl]-essigsäurechlorid 12 008.
α-Methyl-α-äthyl-α-propylacetylchlorid (Kp.33 82—84°) 4913.
α.α.α-Triäthylacetylchlorid Kp.17 67—68°) 4913.
1-Isopropylcyclopentyl-(1)-hypochlorit, Zers. 5246.

$C_8H_{15}ClOS_2$ **2-[2′-Chloräthylmercapto]-äthanthiol-n-butyrat** (Kp.0,1 99° korr.) 9301.
2-[2′-Chloräthylmercapto]-äthanthioliso-butyrat (Kp.0,05 112° korr.) 9301.

$C_8H_{15}ClO_2$ **1-Hydroxy-3-chlor-5-n-propoxy-penten-(2)** (Kp.22 132—134°) 2702.
1-Chlor-3-tetrahydropyranyloxypropan, Rk. 7993*, 8349*.
2-Chlorpropoxytetrahydropyran, Rk. 8349*.
1-Äthoxy-5-methoxy-3-chlorpenten-(2) (Kp.18 92—93°) 2702.
1-Methoxy-5-äthoxy-3-chlorpenten-(2) (Kp.20 99—100°) 2702.
Önanthsäurechlormetylester, Rk. 12 277.
6-Chlorhexansäureäthylester, Rk. 8059*.
γ-Chlor-γ-methylvaleriansäureäthylester (γ-Chlorisocapronsäureäthylester) 6753.
Buttersäure-γ-chlorbutylester (Kp.4 92 bis 94°) 12 277.
4-Chlor-n-hexylacetat (Kp.20 112—113°) 8216.
6-Chlorhexylacetat, Rk. 8215.

$C_8H_{15}ClO_2S$ **2-[2′-Chloräthylmercapto]-äthyl-n-butyrat** (Kp.0,15-0,2 79—83° korr.) 9300.
2-[2′-Chloräthylmercapto]-äthylisobutyrat (Kp.0,35 89—90° korr.) 9300.

$C_8H_{15}ClO_3$ **2-Chlor-4-äthoxybutylacetat** 2328.
Chloressigsäurebutoxyäthylester, herbicide Wrkg. auf Gurkenkeimlinge 14 926.

$C_8H_{15}ClO_4S_2$ **Bis-[n-propylsulfonyl]-1-chloräthylen** 5093*.
Bis-[isopropylsulfonyl]-1-chloräthylen 5093*.

$C_8H_{15}ClO_6S_3$ **1-Methylsulfonyl-2-äthylsulfonyl-2-propylsulfonylchloräthylen** 5093*.
Tris-[äthylsulfonyl]-chloräthylen 5093*.

$C_8H_{15}ClSn$ **Butyldivinylzinnchlorid** 4343*, 4716*.

$C_8H_{15}Cl_2N$ **N-n-Butyl-N-[3.3-dichlor-2-methyl-allyl]-amin** (Kp.1 63,5—64°) 10 977*.

$C_8H_{15}Cl_2NOS$ **n-Propyl-N.N-di-2-chloräthyl-thiocarbamat** 5818*.

$C_8H_{15}Cl_2NO_2$ **α.α′-Dichlorisopropyl-N-diäthylcarbamat (Dichlor-2-isopropyl-N-diäthylcarbamat)**, Wrkg.: auf experimentelle Tiertumoren 9376; auf transplantierbare Mäusetumoren 9378.

$C_8H_{15}Cl_2O_3P$ **Äthylphosphonsäure-[2.2-dichlor-vinyl]-n-butylester** (Kp.0,4 108—109°) 4884.
Äthylphosphonsäure-[2.2-dichlorvinyl]-isobutylester (Kp.0,3 98—101°) 4884.

$C_8H_{15}Cl_2O_4P$ **β.β-Dichlorvinylphosphorsäure-dipropylester** 3955*.

$C_8H_{15}Cl_2O_5P$ **Diäthyl-α-äthoxy-β.β-dichlorvinyl-phosphat** (Kp.1 120—127°) 5475*.

$C_8H_{15}Cl_2Ti$ **Dichlortitanoctoxid**, Verw. 9535*.

$C_8H_{15}Cl_3O_3$ s. *Mechloral [Chlorhexadol, 2-Methyl-2-hydroxy-4-(2′.2′.2′-trichlor-1′-hydroxyäthoxy)-pentan]*.

$C_8H_{15}Cl_4O_3P$ **Äthylphosphonsäure-[1.2.2.2-tetrachloräthyl]-n-butylester** (Kp.0,3 120 bis 122°) 4884.
Äthylphosphonsäure-[1.2.2.2-tetrachloräthyl]-isobutylester (Kp.0,35 116,5—120°) 4884.

$C_8H_{15}Cl_6O_8P_3S_2$ **Dithiophosphorsäure-O.O-bis-[1-(O.O-dimethylphosphono)-2.2.2-trichloräthyl]-ester** 12 269.

$C_8H_{15}F_3Si$ **Triäthylperfluorvinylsilan**, Rk. 17 684.

$C_8H_{15}F_3Sn$ **Triäthylperfluorvinylzinn** (Kp.12 66 bis 67°) 17 339, 17 684.

$C_8H_{15}J$ **Cyclooctyljodid** (Kp.12 110—115°), Rk. 16 636.

$C_8H_{15}JO_3$ **2-Methyl-3.3-dimethoxy-5-jod-methyltetrahydrofuran** 11 198.
Jodessigsäurebutoxyäthylester, herbicide Wrkg. auf Gurkenkeimlinge 14 926.

$C_8H_{15}N$ (s. *δ-Conicein [Oktahydropyrrocolin]; ε-Conicein; Granatanin; Tropan; Tropidin*).
1-Piperidinopropen-(1) (Kp.10 62—63°), Darst. 3442, 10 425; Rk. 8600, 11 543.
1-Pyrrolidinobuten-(1) (Kp.15 68—70°), Darst. 3442; (Rk.) 14 483; Rk. 3442, 8600.
1-Pyrrolidinoisobuten (1-Pyrrolidino-2-methylpropen) (Kp.12 43—44°), Darst., Rk. 10 425; Rk. 3073, 8600, 10 425; (d. quart. Ammoniumsalzes) 15 941.
2-Methyl-5-isopropyl-Δ¹(Δ²)-pyrrolin (Kp.12 45—49°) 18 456.
2-Methyl-5-isopropyl-Δ⁴-pyrrolin oder **2-Methyl-5-isopropylidenpyrrolidin** (Kp. 130—132°) 18 457.
2.4-Dimethyl-3-äthyl-Δ²-pyrrolin (Kp. 152 bis 155°) 17 386.
Cyclooctenimin [9-Azabicyclo-[6.1.0]-nonan] (Kp.25 94—97°) 3077.
3-Azabicyclo-[3.3.1]-nonan, Rk. 16 313.
3-Methylchinuclidin, Rk. 12 295.
***cis*-Oktahydro-1-pyrindin** (Kp.10 57—58°) 11 921.
***trans*-Oktahydro-1-pyrindin** (F. 29—31,5°) 11 921.
8-Methylconidin (Kp. 154—158°) 3091.
3-Methyl-3-azabicyclo-[3.3.0]-octan (Kp.48 69—70°) 17 387.
1-Aminooctin-(2) (Kp.10 75°) 12 627.
Cyclohexen-(1)-yläthylamin, Darst., Salze 9688; Rk. 5663, 19 014*.
2-Aminomethylbicyclo-[2.2.1]-heptan (2-Bicyclo-[2.2.1]-heptylmethylamin, 2-Aminomethylnorbornan), Darst. v. — u. —-Deriv. 15 578; Darst., Rk. v. endo- u. exo-— 10 076; Rk.: v. endo- u. exo-— 15 909; v. —-Hydrochlorid 18 980*.
3-Äthylamino-3-methylpentin-(1) (Kp.110 75 bis 76°) 7482.
3-n-Propylamino-3-methylbutin-(1) (F. 32°) 7481.
3-Isopropylamino-3-methylbutin-(1) (F. 28°) 7481.
4(1)-Diäthylaminobutin-(1{3}) (Kp.30 54,5 bis 57,5°), Darst., Rk. 11 882; IR-Spektrum u. H-Bind. 16 623.
4-Iminoocten-(2) 9321.
2.2-Dimethyl-3-iminohexen-(4) (Kp.23 160 bis 163°) 9321.
1-Isobutylidenamino-2-methylpropen (Kp. 143—144°) 3060.
Acetaldehydcyclohexylimid, Rk. 12 288.
α.α-Dimethyl-α-butylacetonitril (Kp.30 75,5°) 4912.
Dimethyl-*sek.*-butylacetonitril (Kp.765 172,8°) 85.
Dimethyl-*tert.*-butylacetonitril (F. 135 bis 136°) 85.
α-Methyl-α-äthyl-α-propylacetonitril (Kp.40 83°) 4912.
α.α.α-Triäthylacetonitril (Kp.10 60—64°) 4912.

$C_8H_{15}NO$ (s. *Hygrin; Isoretronecanol [1α-Hydroxymethyl-8β-pyrrolizidin]; Isopelletierin; Laburnin [(+)-Trachelanathamidin, 1α-Hydroxymethyl-8α-pyrrolizidin]; Lindelofidin [(+)-Isoretronecanol, 1β-*

1-Methyl-*cis*-2-äthylcyclopentan, Dampfdruck-Konst. d. Frost-Kalkwarf-Gleich. 18 065.
1-Methyl-*trans*-2-äthylcyclopentan, Dampfdruck-Konst. d. Frost-Kalkwarf-Gleich. 18 065.
1-Methyl-*cis*-3-äthylcyclopentan, Dampfdruck-Konst. d. Frost-Kalkwarf-Gleich. 18 065.
1-Methyl-*trans*-3-äthylcyclopentan, Dampfdruck-Konst. d. Frost-Kalkwarf-Gleich. 18 065.
1.1.2-Trimethylcyclopentan (Kp. 114°), Darst. 107; Dampfdruck-Konst. d. Frost-Kalkwarf-Gleich. 18 065.
1.1.3-Trimethylcyclopentan (Kp. 105°), Darst. 107; Dampfdruck-Konst. d. Frost-Kalkwarf-Gleich. 18 065; Berechn. azeotroper Daten im Syst. —/Toluol 73; Rk. 16 606.
1.2.3-Trimethylcyclopentan, Bldg. 15 552; Dampfdruck-Konst. d. Frost-Kalkwarf-Gleich. für cis-trans-Isomere v. — 18 065.
1.2.4-Trimethylcyclopentan, Bldg. 15 552; Dampfdruck-Konst. d. Frost-Kalkwarf-Gleich. für cis-trans-Isomere v. — 18 065; Berechn. azeotroper Daten im Syst. cis-trans-cis-—/Toluol 73; Nachw. u. Best. v. 1-trans-2-cis-— in Koksofenbenzol 8119.
Tetramethylcyclobutan, cis-trans-cis-1.2.3.4-Tetracyancyclobutan als mögl. Vorläufer für — 17 732.
1.1-Dimethyl-2-*n*-propylcyclopropan ($Kp._{745}$ 105,5°) 16 655.
1.1-Dimethyl-2-isopropylcyclopropan ($Kp._{762}$ 94—95°) 16 656.
Olefingemisch C_8H_{16} vom Kp. 105—114° aus 2-Methyl-3-äthylpentyl-(3)-dimethylamin 7480.
Olefingemisch C_8H_{16} vom Kp. 108—111° aus 2-Methyl-3-äthylpentyl-(2)-dimethylamin 7480.

$C_8H_{16}BNO$ **Divinylborinsäure-2-dimethylaminoäthylester** ($Kp._{0,1}$ 71—72°) 16 687.

$C_8H_{16}BrNO$ ***N*-[α-Bromisobutyl]-morpholin** 4640*, 8067*.
α-Brombuttersäure-*n*-butylamid, Verw. 10 930*.
α-Brombuttersäure-*sek.*-butylamid, Verw. 10 930*.
α-Brombuttersäurediäthylamid, Rk. 3184*, 10 930*.

$C_8H_{16}BrO_5P$ **Diäthylcarbäthoxybrommethylphosphonat** 1202.

$C_8H_{16}Br_2$ **1.8(α.ω)-Dibromoctan** ($Kp._{11}$ 140°), Darst., Rk. 11 157; Dipolmoment 11 508.
2.5-Dimethyl-2.5-dibromhexan (F. 66—67°) 109, 13 345.

$C_8H_{16}Br_2O$ **3-Methyl-6.7-dibromheptanol-(2)** ($Kp._{18}$ 156—160°) 12 622.

$C_8H_{16}ClF_3O_2Si$ **[1-Chlor-3.3.3-trifluorpropyl]-methyldiäthoxysilan** ($Kp._{60}$ 108°), Darst. 4744*.

$C_8H_{16}ClN$ ***N*-[β-Chloräthyl]-hexamethylenimin**, Rk. 17 494*.
3-Piperidinopropylchlorid(γ-Chlorpiperidinopropan), Darst. (d. Hydrochlorids) 450; (Verw.) 8720*.
β-*N*-Piperidinoisopropylchlorid, Rk. 18 100.
2-[β-Chlorpropyl]-piperidin, Hydrochlorid (F. 166—168°) 3090.
2-[*N*-Methylpiperidyl-2']-1-chloräthan, Rk. 4640*.
2-[β-Chloräthyl]-6-methylpiperidin, Hydrochlorid (F. 202—203°) 3090.
1-Äthyl-2-chlormethylpiperidin, Rk. 2828*.
1-Äthyl-2-methyl-3-chlorpiperidin, Rk. 2828*.
4-Pyrrolidinobutylchlorid, Hydrochlorid (F. 111—113°) 450.
2-Methyl-2-pyrrolidinopropylchlorid, Hydrochlorid 5390*.
1-Chlor-2-methyl-3-pyrrolidinopropan, Rk. 2831*, 18 206*.
1-[2'-Chloräthyl]-2.2-dimethylpyrrolidin, Rk. 9818*.
1-Propylpyrrolidyl-(3)-methylchlorid ($Kp._{19}$ 89—90°) 11 736*.
1-Chlor-2-[β-aminoäthyl]-cyclohexan ($Kp._{1,5}$ 91—93°) 9688.

$C_8H_{16}ClNO$ **4-Morpholinobutylchlorid**, Hydrochlorid (F. 151—152°) 450.
***N*-[α-Chlorisobutyl]-morpholin** 12 841*.
4-*n*-Butylamino-2-chlorbuten-(1)-ol-(3) ($Kp._{20}$ 128—129°) 17 368.
4-Diäthylamino-2-chlorbuten-(1)-ol-(3) ($Kp._{20}$ 98—99°) 17 368.
1-Dimethylamino-5-methoxy-3-chlorpenten-(2) ($Kp._{15}$ 87—88°) 7854.

$C_8H_{16}ClNOS$ ***n*-Butyl-*N*-3-chlorpropylthiocarbamat** 5818*.
***n*-Propyl-*N*-2-chloräthyl-*N*-äthylthiocarbamat** 5818*.

$C_8H_{16}ClNO_3$ **α-Chloracrylsäure-β-dimethylaminoäthylestermethylhydroxid**, p-Toluolsulfonat 15 990.
1-*n*-Butoxy-3-chlorisopropylcarbamat (F. 36,5°) 11 194.
1-Isobutoxy-3-chlorisopropylcarbamat ($Kp._{9}$ 150°) 11 194.

$C_8H_{16}ClNO_4S$ ***N*-[4-Chlorbutansulfonyl-(1)]-glykokolläthylester** (F. 62°) 12 254.
***N*-[4-Chlorbutansulfonyl-(2)]-glykokolläthylester** 12 255.

$C_8H_{16}ClN_3O_4S$ ***rac.*-*N*-[4-Chlorbutansulfonyl]-L-asparaginsäurediamid** (F. 155—157°) 15 556.

$C_8H_{16}ClO_2P$ **Cyclohexylphosphonsäureäthylesterchlorid**, Rk. 6557*.

$C_8H_{16}ClO_3PS_2$ ***O*-[2-Chlor-4-äthylmercaptobuten-(1)-yl-(3)]-*O.O*-dimethylthionophosphat** (***O*-[1-Äthylmercapto-3-chlorbuten-(3)-yl-(2)]-*O.O*-dimethylthionophosphat**) ($Kp._{0,5}$ 95—100° Zers.) 4315*, 17 902*.

$C_8H_{16}ClO_4P$ **Spiro-1.4.6.9-tetrahydroxy-5-phosphazoniumnonanchlorid** (94—95°) 14 338*.

$C_8H_{16}ClO_5PS$ **Thiophosphorsäurediäthyl-*S*-[2-acetoxy-2-chloräthyl]-ester** 18 798.

$C_8H_{16}ClO_6P$ **Äthylglycidyl-[β-hydroxy-γ-chlorpropyl]-phosphat**, Verw. 3330*, 19 075*.

$C_8H_{16}Cl_2$ **1.8-Dichloroctan**, Rk. 1797*.
2.5-Dichlor-2.5-dimethylhexan (F. 64°) 13 739.
1.1-Dichlor-3-methylheptan ($Kp._{6}$ 61—62°) 15 554.

$C_8H_{16}Cl_2NO_4P$ **Phosphorsäure-di-[2-chloräthyl]-estermorpholid** ($Kp._{0,01}$ 143°) 16 797*.

$C_8H_{16}Cl_2N_2$ ***N.N'*-Bis-[β-chloräthyl]-piperazin**, Dihydrochlorid 18 205*.
α.α'-Dichlor-α.α'-dimethylazopropan ($Kp._{5\cdot 10^{-3}}$ 40—42°) 12 996.

$C_8H_{16}Cl_2O$ **4.5-Dichlor-4-methylheptanol-(3)** [Diastereomerengemisch] 18 790.
4.5-Dichlor-4-methylheptanol-(3) vom F. 50,5—52,5° 18 790.
4.4'-Dichlordibutyläthyläther, Rk. 1322*, 14 831.

$C_8H_{16}Cl_2O_2$ **Butyraldehyd-bis-[β-chloräthylacetal]** ($Kp._{10}$ 118°) 15 621.
Glykol-bis-[1-chlorpropyl]-äther, Rk. 7322*.

$C_8H_{16}Cl_2O_4$ **Bis-[3-chlor-2-hydroxypropyl]-glykol**, Verw. 1483*.

$C_8H_{16}Cl_3O_3PS_2$ ***O.O*-Diäthyl-*O*-[1-äthylmercapto-2.2.2-trichloräthyl]-thiophosphat** 5819*.

$C_8H_{16}F_4OSi$ **3'-Trimethylsilylpropyl-1.1.2.2-tetrafluoräthyläther** ($Kp._{746}$ 156°) 16 292.

$C_8H_{16}Ge$ **Triäthyläthinylgerman (Triäthylgermylacetylen)**, Absorpt.-Spektrum 18 364; Hydrier. (Kinetik) 2326.
Dimethyldiallylgerman (Kp. 146—147°), Darst., Polymerisat. 6054; Copolymerisat. 15 990.
Diäthyldiäthenylgermanium, Absorpt.-Spektrum 18 364.

$C_8H_{16}HgO_2S$ **Äthylquecksilber-ω-mercaptocapronsäure** (F. 57—59°) 10 573*.

$C_8H_{16}JO_5P$ **Diäthylcarbäthoxyjodmethylphosphonat**, Rk. 1202.

Cystindimethylester, Rk. 1571; (v. *l*-—) 14 323*.
N.N'-**Äthylendicarbaminsäure-bis-[2-mercaptoäthylester]** (F. 101—104°) 9303.
2-Acetamidoäthanthiolsulfonsäure-2-acetamidoäthylester (F. 95—96°) 15 932.

$C_8H_{16}N_2O_5$ **Bis-[äthoxycarbonylaminomethyl]-äther,** Darst., R_F-Wert 13 364.
α-**Methylamino-*N*-D-ribosylacetamid** (F. 182° Zers.) 11 931.

$C_8H_{16}N_2O_5S$ *S*-**Methylglucosylisothioharnstoff,** Rk. 16 366.

$C_8H_{16}N_2O_6$ **1.8-Diamino-2.7-dioxo-3.4.5.6-galaktotetrahydroxyoctan,** cytostat. Wirksamk. v. diazotiertem — 15 634.
N-**Acetylglucosaminoxim** (F. 107°) 14 622*.

$C_8H_{16}N_2O_7$ **Diglykolbis-[methylolurethan],** Verw. 19 059*.

$C_8H_{16}N_2S$ *S*-[*n*-**Amyl]-2-mercapto-4.5-dihydroglyoxalin,** Identifizier. v. n-Amylhalogeniden als —-Salze 13 514.
S-**Isoamyl-2-mercapto-4.5-dihydroglyoxalin,** Identifizier. v. Isoamylhalogeniden als —Salze 13 514.
N-**Cyclohexyl-*N'*-methylthioharnstoff,** Rk. 13 732.
N.N-**Dimethyl-*N'.N'*-pentamethylenthioharnstoff** ($Kp._{0,8}$ 99°) 8785*.
N^2-**Cyclohexylthioessigsäurehydrazid** (F. 90 bis 91°) 6745.

$C_8H_{16}N_2S_2$ **Dipyrrolidinodisulfid,** antifungale Wirksamk. 18 194.
N.N-**Pentamethylendithiocarbaminsäure-β-aminoäthylester,** Hydrochlorid (F. 187 bis 189°) 11 176.
N.N-**Pentamethylendithiocarbaminsäure-dimethylamid** (*N*-[**Dimethylaminomercaptothiocarbonyl]-piperidin, Piperidino-*N.N*-dimethyldithioformamid, Piperidinothiocarbonyl-[*N.N*-dimethylsulfenamid]**), Darst. 11 563; Vulkanisat.-Wrkg. 18 134.
N.N-**Diisopropyldithiooxamid** (F. 104,0 bis 104,5° korr.) 4879.

$C_8H_{16}N_2S_4$ **Hexylen-1.6-bis-dithiocarbaminsäure,** Prüf. d. Na-Salzes auf tuberkulostat. Wrkg. 10 552.

$C_8H_{16}N_2Si$ *N*-**Trimethylsilyl-3.5-dimethylpyrazol** 12 265.

$C_8H_{16}N_3OPS$ *N'.N''*-**Diäthylen-*N'''*-morpholinothiophosphoramid,** Stabilisier. 15 694*.

$C_8H_{16}N_4O$ **Guanyl-*N*-*n*-hexylharnstoff,** Komplex-Verb. mit Ni 6333.

$C_8H_{16}N_4O_2$ **2-Oxo-4-äthyl-5-methyl-6-ureidohexahydropyrimidin** (F. 220°) 16 685.
1.6-Dimethyl-2-oxo-4-[3'-methylureido]-hexahydropyrimidin (F. 158°) 15 216.

$C_8H_{16}N_4O_3$ **Acetylarginin,** Darst. v. D- u. DL-— 7565; Rk. mit Reaktivfarbstoffen 14 330; Hydrolyse v. DL-— durch Pilzacylasen 8292.

$C_8H_{16}N_4O_5$ **1.3-Dimethylol-3'-methylolureidohexahydropyrimidon-(2),** Vernetz.-Rk. mit Baumwolle 14 369.

$C_8H_{16}N_4O_5S$ **Formylglucosaminthiosemicarbazon** (F. 186° Zers.) 14 622*.

$C_8H_{16}N_4O_6$ **Formylglucosaminsemicarbazon** (F. 158° Zers.) 14 622*.

$C_8H_{16}N_4S_2$ **1-[β-2'-Thioxoimidazolidinyl-(1')-äthyl]-3.3-dimethylthioharnstoff** (F. 160 bis 161°) 4530.

$C_8H_{16}N_5O_2PS$ **[4-Amino-2-methylmercaptopyrimidyl-(5)]-methylphosphorsäure-bis-[methylamid]** (F. 198—200° Zers.) 17 398.

$C_8H_{16}N_5O_2PS_2$ **2-[*O.O*-Diäthyldithiophosphatomethyl]-4.6-diamino-1.3.5-triazin** (F. 168 bis 169°) 7669*.
2-[*O.O*-Dimethyldithiophosphatomethyl]-4-amino-6-dimethylamino-1.3.5-triazin (F. 77—79°) 7669*.

$C_8H_{16}N_5O_3PS$ **2-[*O.O*-Diäthylthiolphosphatomethyl]-4.6-diamino-1.3.5-triazin** (F. 169°) 7669*.

$C_8H_{16}N_6$ *N.N'*-**Bis-[Δ^2-imidazolinyl-(2)]-äthylendiamin,** Dipikrat (F. 253—255°) 10 830.

$C_8H_{16}N_6O_3$ *N.N'*-**Dimethoxymethyl-*N''*-methylolmelamin,** Verw. 14 369.

$C_8H_{16}O$ **3-Propyltetrahydropyran,** Rk. 15 591.
2-Isopropyltetrahydropyran ($Kp._{750}$ 142,5°) 17 751.
2.2.6-Trimethyltetrahydropyran, Rk. 16 489*.
2.3.6-Trimethyltetrahydropyran (Kp. 128°) 12 621.
2-*n*-Butyltetrahydrofuran (Kp. 158°) 12 622.
α-**Isobutyltetrahydrofuran** ($Kp._{755}$ 149 bis 150°) 16 671.
2-Methyl-5-propyltetrahydrofuran ($Kp._{15}$ 90 bis 92°) 2344.
2.2.4.4-Tetramethyltetrahydrofuran 5246.
2.3.4.5-Tetramethyltetrahydrofuran, Rk. 7325*, 16 489*.
1.3-Epoxy-2.4.4-trimethylpentan, Rk. 16 489*.
3-Äthyl-3-isopropyloxetan (Kp. 155—157°) 835.
2-Isopropyl-3.3-dimethyloxetan (Kp. 135°) 8973.
Octen-(1)-oxid 14 327*.
1.2-Diisobutylenoxid, Rk. 15 026*; s. auch d. *nächst. Verb.*
2.3-Epoxy-2.4.4-trimethylpentan, Rk. 16 489*; s. auch d. *vorst. Verb.*
Octen-(2)-ol-(1) (γ-**Amylallylalkohol**) ($Kp._1$ 62—65°) 9306.
Octen-(5)-ol-(1) ($Kp._{13}$ 83—85°) 12 622.
cis-**Octen-(3)-ol-(2)** ($Kp._{21}$ 82°) 18 793.
trans-**Octen-(3)-ol-(2)** ($Kp._{15}$ 82,5—83°) 18 793.
Octen-(2)-ol-(4) ($Kp._{13}$ 77—80°) 11 874.
6-Methylhepten-(5)-ol-(1) ($Kp._{15}$ 75°) 8580.
2-Methylhepten-(6)-ol-(2) ($Kp._{17}$ 69°) 12 621.
3-Methylhepten-(6)-ol-(2) ($Kp._{24}$ 78—80°) 12 621.
4-Methylhepten-(3)-ol-(2) 16 486*.
4-Methylhepten-(3)-ol-(5) 16 486*.
4-Methylhepten-(6)-ol-(3) 3781.
4-Methylhepten-(1)-ol-(4) ($Kp._{100}$ 95°) 11 526.
2-Äthylhexen-(2)-ol-(1) ($Kp._{12}$ 79—81°), Herst. 14 320*; (Verw.) 4719*; Rk. 13 950*.
2.2.4-Trimethylpenten-(3)-ol-(1) (Kp. 163 bis 166°) 8973, 9687.
β-[**4-Methylpent-1-en-2-yl]-äthanol** 19 006*.
α-**Cyclohexyläthanol (Methylcyclohexylcarbinol)** ($Kp._{21}$ 91—92°) 14 481, 17 922*.
2-Cyclohexyläthanol ($Kp._4$ 77—78°), Darst. 6379; Rk. 8939.
1-Methyl-1-hydroxymethylcyclohexan, Rk. 8939.
cis-**1-Hydroxymethyl-4-methylcyclohexan** ($Kp._{12}$ 90—91°) 17 012.
trans-**1-Hydroxymethyl-4-methylcyclohexan** ($Kp._{15}$ 90—91°) 17 012.
2-[2'.2'-Dimethylcyclopropyl]-propanol-(2) ($Kp._{12}$ 41—43°) 108.
Cyclooctanol, Rk., Oxydat. 10 818; Rk.: mit Methylprotoanemonin 5094*, 9077*; mit Alkensulfonsäureestern 14 318*; mit Phosphorsäure- bzw. Thiophosphorsäurederiv. 13 177*.
1-Äthylcyclohexanol 9295.
2-Äthylcyclohexanol, Bldg., Naphthylurethan 9295; Oxydat. 4512.
cis-**3-Äthylcyclohexanol** ($Kp._{14}$ 93°), Darst., Rk. 1563; Bldg. 9296; Konstellationsanalyse aus d. IR-Spektrum 14 448.
trans-**3-Äthylcyclohexanol** ($Kp._{14}$ 81°), Darst., Rk. 1563; Bldg. 9296; Konstellationsanalyse aus d. IR-Spektrum 14 448.
4-Äthylcyclohexanol ($Kp._5$ 78°), Darst., Rk. 4511, 5691; Rk. 18 416.
cis-**1.2-Dimethylcyclohexanol** (F. 24—25°) 7493, 11 150.
trans-**1.2-Dimethylcyclohexanol** ($Kp._{25}$ 72,4 bis 72,9°) 11 150.
2.2-Dimethylcyclohexanol ($Kp._{742}$ 180 bis 181°) 7493.

2c.5c-Dimethylcyclohexanol-(1c), Konstellationsanalyse aus d. IR-Spektrum 14 448.
2c.5t-Dimethylcyclohexanol-(1c), Konstellationsanalyse aus d. IR-Spektrum 14 448.
2t-.5cDimethylcyclohexanol-(1c), Konstellationsanalyse aus d. IR-Spektrum 14 448.
2t.5t-Dimethylcyclohexanol-(1c), Konstellationsanalyse aus d. IR-Spektrum 14 448.
3.3-Dimethylcyclohexanol 7493.
3.4-Dimethylcyclohexanol, Rk. 107.
cis-**2-Isopropylcyclopentanol**, Konstellationsanalyse aus d. IR-Spektrum 14 448.
trans-**2-Isopropylcyclopentanol**, Konstellationsanalyse aus d. IR-Spektrum 14 448.
1-Methyl-2-*n*-propylcyclobutanol-(1) ($Kp._9$ 67—68°) 16 692.
isomeres **1-Methyl-2-*n*-propylcyclobutanol-(1)** ($Kp._{38}$ 82°) 16 692.
***n*-Butylbuten-(1)-yl-(2)-äther**, Raman- u. UV-Spektrum 16 622.
Cyclohexyläthyläther, Rk. 9892*.
cis-**3-Methylcyclohexylmethyläther**, Konstellationsanalyse aus d. IR-Spektrum 14 448.
trans-**3-Methylcyclohexylmethyläther**, Konstellationsanalyse aus d. IR-Spektrum 14 448.
4-Methylcyclohexylmethyläther (1-Methyl-4-methoxycyclohexan) ($Kp._{27}$ 60—70°), Darst. 12 641; Konstellationsanalyse v. cis- u. trans-— aus d. IR-Spektrum 14 448.
Äthoxymethylcyclopentan (Kp. 145—146°) 15 571.
Äthyl-[2-cyclopropylpropyl-(2)]-äther ($Kp._{761}$ 126,8°) 10 067.
***n*-Octanal (Octylaldehyd, Caprylaldehyd)** ($Kp._{700}$ 100—101°), Darst. 1793*, 18 435; (2.4-Dinitrophenylhydrazon) 806; (Red.) 6581*; Bldg. 14 467; polarograph. Verh. 15 901; Aldolkondensat. 7847; Rk.: mit Dialkalialkadienen 10 273*; mit Neophylchlorid 6741; mit 2-Aminopyridin 16 684; mit CH_2O 12 990; mit α-Hydroxyaminovaleronitril 4882; Nachw. in Citronenöl 4753; enzymat. Dehydrier. 14 543; papierchromatograph. Nachw. 9459; Identifizier. 16 078.
2-Methylheptanal ($Kp._{11}$ 51°) 8414*.
3-Methylheptaldehyd ($Kp._{10}$ 50—52°) 11 874.
2-Äthylhexanal (2-Äthyl-*n*-hexylaldehyd, 2-Äthylcapronaldehyd), Darst. 650*, 13 723; (2.4-Dinitrophenylhydrazon) 14 467; Oxydat. 4720*; Rk.: mit Dialkalialkadienen 10 273*; mit Pyrrolidin 10 425; mit Dicyclohexylamin 15 941; mit Methylcyclopropylketon 16 656.
2.4-Dimethylhexanal (Kp. 162°) 11 364*.
2-Äthyl-4-methylpentanal (Kp. 153°) 11 364*.
Dimethyl-*sek*.-butylacetaldehyd (Kp. 147 bis 148°) 10 426.
Octanon-(2) (Methylhexylketon) ($Kp._{690}$ 97 bis 101°), Darst. 4500; (Semicarbazon) 14 470; (2.4-Dinitrophenylhydrazon) 1186; Bldg. 1191, 15 910, 16 643; Ionisationspotential 15 166; magnet. Mol.-Rotat. 9287; Photolyse 16 692; Rk.: mit α-Cyanstyrol 3064; mit Bernsteinsäurediäthylester 10 645*; mit 1-Cyanformimidsäurehydrazid 5657; — als Lsgm. für Tribenzylamin bei d. Extrakt. v. Pa 3017; — als Extrakt.-Mittel für bestrahltes U 767.
Octanon-(3) 13 724.
Propylbutylketon, Ionisationspotential 15 166; papierchromatograph. Abtrenn. als Cyanacethydrazon 10 215.
6(2)-Methylheptanon-(2{ 6 }), Bldg., Semicarbazon (F. 151—152°) 4549; Rk. 6513*, 7168.
5-Methylheptanon-(3) 13 720.
Äthylisoamylketon, Bldg., 2.4-Dinitrophenylhydrazon 7166; — als Lsgm. bei d. Herst. v. Polyvinylacetat 14 163.
4-Äthylhexanon-(3) ($Kp._{10}$ 41—42°) 112.

$C_8H_{16}OS$ **4-*n*-Propylthiacyclohexanol-(4)** ($Kp._6$ 107°) 16 310.
Thiocaprylsäure, Rk. 17 229*.

$C_8H_{16}OS_2$ ***n*-Heptylxanthogenat**, Redoxpotential 12 828*.
5-Methylhexyl-(3)-xanthogenat ($Kp._5$ 93—98°) 4491.

$[C_8H_{16}OS_8]_x$ **Verb.** $[C_8H_{16}OS_8]_x$ aus Mercaptoäthanol u. $SOCl_2$ 9301.

$C_8H_{16}OSi$ **Propargyloxydiäthylmethylsilan** ($Kp._{745}$ 134,8°) 8221.

$C_8H_{16}O_2$ (s. *Caprylsäure* [*Octansäure, Heptancarbonsäure*]).
3.3.6.6-Tetramethyl-1.2-dioxacyclohexan (3.3.6.6-Tetramethyl-1.2-dioxan), Darst., NMR-Spektrum, Isomerisier. (Kinetik) 13 345; Best. d. innermol. Behinderungspotentials durch Protonenresonanz-Unters. 3770.
1.5-Epoxyoctanol-(6) ($Kp._{12}$ 82°) 12 622.
1.5-Epoxyoctanol-(7) ($Kp._{17}$ 119°) 6031.
6-Isopropyl-2-hydroxytetrahydropyran ($Kp._{12}$ 124—125°) 17 751.
2.5-Dimethyltetrahydropyranyl-(2)-methanol ($Kp._{1,1}$ 51°), Herst., Rk. 10 643*; Rk. 10 643*.
5-Isopropyltetrahydrofurfurylalkohol ($Kp._{14}$ 92°) 17 750.
5.6-Epoxyoctanol, Rk. 9538*.
2.3-Epoxy-2-äthylhexanol ($Kp._{0,3}$ 58°) 13 950*.
5.6-Dihydroxyocten-(1) (F. 74,5—75,5°) 13 036.
Cyclohexan-1.1-dimethanol [1.1-Bis-[hydroxymethyl]-cyclohexan, 2.2-Pentamethylenpropandiol-(1.3)] (F. 99°), Darst., Rk. 834, 7505; IR-Spektrum u. Thorpe-Ingold-Hypothese d. Valenzwinkelabweich. 18 415.
Cyclohexan-1.4-dimethanol (1.4-Bis-[hydroxymethyl]-cyclohexan), Darst. 7329*; Darst., Rk. v. cis- u. trans-— 17 011; Polykondens. v. cis- u. trans-— mit Dimethylterephthalat 12 683.
2-[α-Hydroxyäthyl]-cyclohexanol-(1), Rk. 17 848*.
β-[4-Hydroxycyclohexyl]-äthanol ($Kp._{20}$ 170 bis 175°) 12 641.
cis-**Cyclooctandiol-(1.4)** 87.
2.6-Dimethylcyclohexandiol-(1.4) ($Kp._{0,3}$ 85 bis 90°) 3782.
cis-**5.5-Dimethylcyclohexandiol-(1.3)**, Chromsäureoxydat. (Kinetik) 13 715.
trans-**5.5-Dimethylcyclohexandiol-(1.3)**, Chromsäureoxydat. (Kinetik) 13 715.
1.2.4-Trimethylcyclopentandiol-(1.2) ($Kp._6$ 84—86°) 17 380.
2-Äthoxy-4-methyltetrahydropyran, Rk. 18 635*.
1-*n*-Propoxymethyltetrahydrofuran, Löslichk. v. Alkalimetallen in — 2656.
2-*tert*.-Butoxytetrahydrofuran ($Kp._{13}$ 40 bis 42°) 1974, 2320.
***n*-Amylglycidyläther** (Kp. 188,0°), chromatograph. Abtrenn. 6532.
3-Äthoxymethylcyclopentanol ($Kp._{4,5}$ 83 bis 93°) 15 570.
1.3-Dimethyl-2-äthoxy-4-hydroxycyclobutan ($Kp._{12}$ 75—77°) 16 295.
1.1-Diäthoxybuten-(3) ($Kp._{12}$ 38°) 11 525.
Crotonaldehyddiäthylacetal, Rk. 10 837.
Vinyl-2-butoxyäthyläther, Abtrenn. v. 2-Butoxyäthanol 9891*.
1.1-Dimethoxycyclohexan, Rk. 13 199*.
Butyraldol, Rk. 16 685.
Isobutyraldol 16 487*.
β-Äthoxy-γ-methylvaleraldehyd ($Kp._{12}$ 61 bis 63°) 18 082.
5-Methoxy-2.2-dimethylvaleraldehyd ($Kp._{17}$ 79—84°) 13 363.

B-**Isobutylboracyclopentan** (Kp.$_{12-13}$ 31°) 3984*.
B-*n*-**Propyl-3-methylboracyclopentan** 3984*.
B-**Isopropyl-3-methylboracyclopentan** 3984*.

$C_8H_{17}BCl_2$ *n*-**Octyldichlorboran** 6579*.

$C_8H_{17}BOS$ **4-Butoxy-1-thia-4-boracyclohexan** (Kp.$_{0,1}$ 45—46°) 16 687.

$C_8H_{17}BO_2$ **Monocyclohexylboronsäuredimethylester** (Kp.$_{16}$ 70—71°) 5910*, 11 731*.

$C_8H_{17}BO_3$ *n*-**Hexyl-[äthylen]-borat** (Kp.$_{13}$ 125°), Darst., magnetoopt. Drehung 2307.

$C_8H_{17}Br$ **1-Bromoctan** (*n*-**Octylbromid**) (Kp. 201°), Massenspektrum 14 814; Berechn. d. DK u. d. dielektr. Verlustes aus d. Mikrowellenspektrum 433; Berechn. v. Konst. d. Antoine-Gleich. 4122; Verbrenn.- u. Bldg.-Wärme 1936; Rk.: mit C_2H_2 16 487*; mit 2-Nitro-4-dimethylaminoanilin 14 688*; mit d. Na-Salz d. α-Na-Essigsäure 8784*; mit 4-Phenylpiperidin-4-carbonsäurealkylesterhydrochlorid 5021*; mit Äthyl-4-phenylpiperidin-4-carboxylat 7991*; mit N.N-Dimethylundecin-(10)-säureamid 4498; mit K-Saccharin 1195; Stoffwechsel 6119; Identifizier. nach Rk. mit Äthylenthioharnstoff 13 514.
2-Bromoctan (*β*-**Octylbromid**), Konstit.-Einfl. auf d. opt. Drehung 68; Rk. v. (—)-— mit Thiocyanat (Stereochemie) 15 911.
1-Methylheptylbromid, Massenspektrum 14 814.
2-Äthylhexyl-(1)-bromid, Herst. 17 558*; Massenspektrum 14 814.
3-Brom-2.4-dimethylhexan (Kp.$_{37}$ 76—78°) 18 073.

$C_8H_{17}BrMg$ *n*-**Octylmagnesiumbromid**, Rk. 3074, 8944, 14 467.
1-Methylheptylmagnesiumbromid, Rk. 15 195.

$C_8H_{17}BrO$ **2-Äthyl-2-isopropyl-3-brompropanol-(1)** (Kp.$_1$ 110—120°) 835.

$C_8H_{17}Cl$ **1-Chloroctan** (*n*-**Octylchlorid**) (Kp. 182°), Massenspektrum 14 814; dielektr. Relaxat. 13 338; Berechn. v. Konst. d. Antoine-Gleich. 4122; Rk. 5988; Identifizier. nach Rk. mit Äthylenthioharnstoff 13 514.
2-Chloroctan, Rk. 15 554.
1-Methylheptylchlorid, Massenspektrum 14 814.
3-Chlor-3-methylheptan, Rk. 8790*.
2-Äthylhexylchlorid (**1-Chlor-2-äthylhexan**), Darst. 10 637*; Massenspektrum 14 814; gaschromatograph. Identifizier. nach katalyt. Dehalogenier. 10 585.
2-Chlor-2.4.4-trimethylpentan, Rk. 8790*.

$C_8H_{17}ClNO_3PS$ *O*-**[1-Amino-3-chlorbuten-(3)-yl-(2)]-*O.O*-diäthylthionophosphat** 4315*, 17 902*.

$C_8H_{17}ClN_2$ **1-[3'-Chlorpropyl]-4-methylpiperazin** (*N*-**Methyl-*N'*-[*γ*-chlorpropyl]-piperazin**), Rk.: mit „Iminodibenzyl" 18 117; mit 1.3-Dichlorphenothiazin 6141*; mit 3-Trifluormethyloxyphenthiazin 12 022*; mit 2-Methoxyxanthon bzw. mit substituierten Thiaxanthonen 5022*; mit 3-Acetylaminomethylphenothiazin 2091*; Verw. 8720*.
1-[2'-Chloräthyl]-4-äthylpiperazin, Rk. 2828*.

$C_8H_{17}ClN_2O$ **1-Chloracetyl-1.2-diisopropylhydrazin** (Kp.$_{0,03}$ 67°) 7251*.
N.N-**Dimethyl-*N'.N'*-pentamethylenchlorameisensäureamidiniumhydroxid**, Chlorid (F. 144—145°) 19 007*.

$C_8H_{17}ClN_2O_2S$ **1-[*γ*-Chlorpropyl]-4-methylsulfonylpiperazin**, Rk. 18 568*.

$C_8H_{17}ClO$ **8-Chloroctanol**, Rk. 1193.
5-Chlor-2.4.4-trimethylpentanol-(2) 5246.
2-Chlor-5-methoxyheptan (Kp.$_{15}$ 73—75°) 2344.
1-Chlorpropyl-*n*-amyläther, Rk. 7322*.
2.4.4-Trimethylpentyl-(2)-hypochlorit, Zers. 5246.

$C_8H_{17}ClO_2$ **1-*n*-Amyloxy-3-chlorisopropanol** (Kp.$_{20}$ 120—123°) 11 193.
γ-**Chlorbutyraldehyddiäthylacetal** (Kp.$_{14}$ 89—92°), Darst., Rk. 5301; Rk. 15 596.

$C_8H_{17}ClO_2Si$ **1-Diäthylchlorsilyloxy-1-methoxypropen-(1)** (Kp.$_3$ 67°) 12 630.
α-**Diäthylchlorsilylpropionsäuremethylester** (Kp.$_3$ 78—79°) 12 630.

$C_8H_{17}ClO_3$ **Orthochloressigsäuretriäthylester** (Kp.$_{17}$ 81,5—82,5°) 12 256.

$C_8H_{17}ClO_3S$ **Chlorsulfonsäureoctylester**, Rk. 18 435.
n-**Butansulfonsäure-*δ*-chlorbutylester** 6369.

$C_8H_{17}ClSi$ **Triäthyl-*α*-chlorvinylsilan**, Mol.-Refr. 5233.

$C_8H_{17}Cl_2N_2O_2P$ ***N.N*-Bis-*β*-chloräthyl-*N'.O*-[3-methyltrimethylen]-phosphorsäureesterdiamid (B 576)**, antimitot. Aktivität 15 629.

$C_8H_{17}Cl_2N_3O_2$ **1.3-Dichloracetonhydrazonocarbonylmethyltrimethylammoniumhydroxid**, Chlorid (F. 230°) 1196.

$C_8H_{17}Cl_2OP$ **Isooctylphosphonsäuredichlorid** (Kp.$_5$ 105,5—107,6°) 16 491*.

$C_8H_{17}Cl_3Si$ *n*-**Octyltrichlorsilan** 10 805.

$C_8H_{17}Cl_3Sn$ **Octylzinntrichlorid**, chromatograph. Abtrenn. v. anderen Organozinnverb. 16 427.

$C_8H_{17}F$ **1-Fluoroctan** (**Octylfluorid**) (Kp. 142°), Darst. 18 434; Berechn. v. Konst. d. Antoine-Gleich. 4122; Rk. 18 428.

$C_8H_{17}Ge$ **Triäthylgermyläthen**, Absorpt.-Spektrum 18 364.

$C_8H_{17}HgO_5P$ **Acetoxymercuriphosphonsäuredi-*n*-propylester** (F. 86,3—87,2°) 7299*.
Acetoxymercuriphosphonsäurediisopropylester (F. 146,2—146,8°) 7299*.

$C_8H_{17}J$ *n*-**Octyljodid** (**1-Jodoctan**), Massenspektrum 14 814; Berechn. v. Konst. d. Antoine-Gleich. 4122; Rk. 18 435.
sek.-**Octyljodid**, Massenspektrum 14 814.
2-Äthylhexyljodid, Massenspektrum 14 814.

$C_8H_{17}K$ *n*-**Octylkalium**, Einfl. auf d. Polymerisation v. Styrol 5686.

$C_8H_{17}Li$ **Octyllithium**, Rk. 4132.

$C_8H_{17}N$ (s. *Coniin* [*Cicutin*]).
4-Propylpiperidin, Rk. 14 505; (d. Na-Verb.) 8963.
4-Äthyl-3-pipecolin (Kp. 191°) 16 683.
2.2.6-Trimethylpiperidin, Darst., Pikrat (F. 151—152°) 18 457; ganglienblockierende Wrkg. 5379.
2.4.6-Trimethylpiperidin (Kp.$_{100}$ 82—85°), Darst. 16 312, 17 391; Rk. 6135*.
N-**Butylpyrrolidin**, Verw. v. —-Komplex mit Eisencarbonyl 10 998*.
1-Pyrrolidinoisobutan, Rk. 11 543.
N-*tert*.-**Butylpyrrolidin** (F. 146°) 121.
2-Butylpyrrolidin 8994.
2-Methyl-5-isopropylpyrrolidin 18 457.
2.2.5.5-Tetramethylpyrrolidin, Darst., Verw. v. 1-Alkyl-Deriv. 17 849*; Ganglien-blockierende Wrkg. 5379.
1-Aminoocten-(5) (Kp. 177°) 9312.
Cyclooctylamin, Bldg., Pikrat (F. 192°) 3078; pK-Best. 3040.
2.2-Dimethylcyclohexylamin (Kp. 159 bis 160°), Darst., Hydrochlorid 12 642; hypotensive u. gangliopleg. Wrkg. d. Hydrochlorids 10 923.
3-Äthylamino-3-methylpenten-(1) 7482.
3-Isopropylamino-3-methylbuten-(1) 7482.
N-**Äthylcyclohexylamin** (Kp. 160—167°) 6011.
N-**[1-Methylcyclohexyl-(1)]-methylamin** (***N*.1-Dimethylcyclohexylamin**) (Kp. 150 bis 151°), Darst., Hydrochlorid 12 642; hypotensive u. gangliopleg. Wrkg. d. Hydrochlorids 10 923.
N-**[*cis*-2-Methylcyclohexyl]-methylamin** (***cis*-*N*.2-Dimethylcyclohexylamin**) (Kp. 158—159°), Darst., Hydrochlorid 12 642; hypotensive u. gangliopleg. Wrkg. d. Hydrochlorids 10 923.

N-[*trans*-2-Methylcyclohexyl]-methylamin (***trans*-N.2-Dimethylcyclohexylamin**) (Kp. 160—162°), Darst., Hydrochlorid 12 642; hypotensive u. gangliopleg. Wrkg. d. Hydrochlorids 10 923.
1-Dimethylaminohexen-(1) (Kp.$_{15}$ 53°) 3442.
6-Dimethylaminohexen-(1) (Kp. 143—144°) 18 077.
N-Cyclohexyldimethylamin (**N.N-Dimethylcyclohexylamin, Dimethylaminocyclohexan, Hexahydrodimethylanilin**) (Kp. 160°), Darst. (Hydrochlorid) 12 642; (Verw.) 7669*; Bldg., Rk. 11 868; Rk.: mit Alkaliboranat 8059*; mit Trimethylboran u. H_2 8061*; mit Octadecylchlormethyläther u. Stearinsäurenitril 15 456*. Einfl. auf d. katalyt. Hydrier. v. Chlorbenzol (Kinetik) 14 098; Verw. 12 516* [2 Ref.]; (d. Salzes mit H_2S_7) 17 241*.
Butylidenbutylamin (Kp. 141—144°), Geschw. d. Addit. v. CH_3J an — 7104; Rk. mit n-Butylchloramin 13 202*.

$C_8H_{17}NO$ (s. *Conhydrin* [*2-(1'-Hydroxypropyl)-piperidin*]; *Sedridin* [*2-(β-Hydroxypropyl)-piperidin*]).
3-Isobutyltetrahydro-1.3-oxazin (Kp.$_{18}$ 75 bis 80°) 6210*.
Dimethylcyclohexylaminoxid, Hydrochlorid (F. 173°) 1049*.
β-N-Hexamethylenaminoäthylalkohol, Ester 8618.
3-Piperidinopropanol (Kp.$_{20}$ 115°) 450.
1-Piperidinopropanol-(2) (Kp.$_{760}$ 194 bis 195°) 18 071.
γ-[2-Piperidino]-propanol (**2-[γ-Hydroxypropyl]-piperidin**) (Kp.$_{756}$ 248°), Darst. 17 391; (Hydrochlorid) 17 391; Rk. 3091.
2-[1'-Methylpiperidyl-(2')]-äthanol (Kp.$_{0,3}$ 63—66°), Darst., Rk. 6409; Rk. 4261*
2-[β-Hydroxyäthyl]-6-methylpiperidin (F. 95—97°) 3090.
3-[β-Hydroxyäthyl]-4-methylpiperidin (Kp.$_{10}$ 139,5—141°) 16 325.
α-1.2.6-Trimethylpiperidol-(4) (F. 89 bis 89,5°) 8978.
β-1.2.6-Trimethylpiperidol-(4) (F. 31°) 8978.
2.2.6-Trimethyl-4-hydroxypiperidin, Rk. 9341.
4-Pyrrolidinobutanol (Kp.$_{20}$ 122°) 450.
1-n-Butylpyrrolidinol-(3) (Kp.$_{22}$ 120—124°), Darst., klin. Prüf. 4240; Rk. 7624*, 10 931*.
1-Isobutylpyrrolidinol-(3) (Kp.$_{23}$ 108 bis 110°), Darst., klin. Prüf. 4240.
1-*tert.*-Butylpyrrolidinol (Kp.$_{20}$ 113—114°), Darst., klin. Prüf. 4240.
2-Methyl-2-pyrrolidinopropanol, Rk. 5390*.
1-[n-Propyl]-2-hydroxymethylpyrrolidin (Kp.$_{0,05}$ 44°) 8063*.
1-n-Propyl-pyrrolidyl-(3)-methylalkohol (Kp.$_{24}$ 122—126°) 9899*, 11 736*.
1-Isopropyl-2-hydroxymethylpyrrolidin (Kp.$_{0,2}$ 54—56°) 8063*.
1-Isopropyl-pyrrolidyl-(3)-methylalkohol (Kp.$_{24}$ 122—122,5°) 9899*, 11 736*.
1-Hydroxy-2.2.5.5-tetramethylpyrrolidin, Ganglien-blockierende Wrkg. 5379.
(±)-*trans*-2-Aminocyclooctanol (F. 71 bis 72°) 3077.
2-[β-Aminoäthyl]-cyclohexanol (Kp.$_{1,5}$ 104 bis 106°) 9688.
Cyclohexyläthanolamin, Rk. 1408*.
***dl-trans*-2-Dimethylaminocyclohexanol** (Kp. 198°) 9702.
***cis*-3-Dimethylaminocyclohexanol** (Kp.$_{27}$ 130—131°) 11 868.
***techn.*-Dimethylaminocyclohexanol**, Rk. 9533*.
Piperidinomethyläthyläther, Rk. 12 280, 12 841*.
4-Äthoxycyclohexylamin, Rk. 4494.
Cyclopentyl-γ-aminopropyläther (Kp.$_3$ 60°) 1951.
α-Diäthylaminoisobutyraldehyd, polarograph. Unters. 7093.
1-Aminooctanon-(3), Hydrochlorid (F. 150 bis 151°) 12 627.
4-Amino-6-methylheptanon-(3) (E 9), durch — bedingte Wachstumshemm. in Schwanzregeneraten v. Xenopuslarven 9386.
3-Äthylamino-3-methylpentanon-(2) (Kp.$_{13}$ 66—69°) 5633.
3-Isopropylamino-3-methylbutanon-(2) (Kp.$_{17}$ 62—63°) 5633.
Methyl-δ-[N.N-dimethylamino]-butylketon (Kp.$_{11}$ 85—88°) 5632.
3-Diäthylaminobutanon-(2) (Kp.$_{12}$ 57 bis 58°) 8952.
1-Diäthylaminobutanon-(3) (**4-Diäthylaminobutanon-(2), Methyl-[β-diäthylaminoäthyl]-keton**), Überführ. in 7-Isopropyl-3-keto-6-methoxy-1.2.3.9.10.10a-hexahydrophenanthren 8596; Rk.: mit CH_3Br 16 275; mit Allyl-MgBr 844; mit 2-Methylcyclohexanon 11 177; mit trans-Dekalon-(1)-dicarbonsäure-(2.4)-dimethylester 8596; mit Acetylhydrazin 17 825*.
1-[N-Methyl-N-isopropylanmio]-butanon-(3) (Kp.$_{11}$ 63—64°) 17 852*.
Methyl-n-hexylketoxim, Red. 13 717.
Octanon-(3)-oxim, Red. 13 717.
3-Dimethylamino-3-methylbutin-(1)-methylhydroxid, Jodid (F. 210° Zers.) 5631.
1.1-Diäthyl-Δ^3-pyrroliniumhydroxid, Pikrat (F. 247—248° korr.) 120.
Conidinmethylhydroxid, Darst., Salze 3091.
5-Azaspiro-[4.4]-nonaniumhydroxid, Salze 121.
N-Methyl-3-azabicyclo-[3.2.0]-heptan-methylhydroxid, Jodid (F. 197—198°) 9329.
Caprylsäureamid, mkr. Identifizier. 17 874.
α.α-Dimethyl-α-butylacetamid (F. 93—93,5°) 4913.
α-Methyl-α-äthyl-α-propylacetamid (F. 40 bis 43°) 4913.
α.α.α-Triäthylacetamid (F. 106—108°) 4913.
N-Äthylhexansäureamid, Radikalstellenbldg. 4136.
Diäthylessigsäuredimethylamid (Kp.$_{14}$ 87—88°) 7480.
N-Butyryldiäthylamin, Red. 13 723.
Isobuttersäurediäthylamid, Rk. 6966*.
N-*tert.*-Amylpropionamid, Radikalstellenbldg. 4136.
N-Neopentylpropionamid, Radikalstellenbldg. 4136.
Äthyl-[1-methylpropyl]-acetamid 12 008.
N-Methylformylhexylamin, Rk. 10 640*.

$C_8H_{17}NOS$ **S-Caproylmercaptoäthylamin**, Rk. d. Hydrochlorides 15 331*.
Diisopropylthiolcarbaminsäuremethylester (Kp.$_{14}$ 96—96,5°) 4139.
α-n-Butyl-α-äthylmercaptoacetamid, Rk. 3462.

$C_8H_{17}NOS_2$ **Diisopropylaminomethylxanthogensäure**, Salze 2145*.
Äthylmercaptomethyl-N.N-diäthylthiolcarbamat (Kp.$_{10}$ 149,5—150°) 4691*.

$C_8H_{17}NO_2$ **2-Nitrooctan**, Rk. 5296; (Tautomerie) 15 910.
2-Nitro-2.4.4-trimethylpentan, Elektrolyse 17 360.
1-Morpholinobutanol-(1) (Kp.$_{20}$ 140°) 450, 6749.
N-Äthyl-5-aminomethyltetrahydrofurfurylalkohol (**5-Hydroxymethyltetrahydrofurfuryl-(2)-äthylamin**) (Kp.$_{0,22}$ 72—75°) 6971*, 7331*, 13 577*, 16 138*.
Normuscarin, Herst., Verw. 16 413*; pharmakolog. Wrkg. d. Hydrochlorids v. (+)-— 14 604.
Allonormuscarin, Darst. (Verw.) 16 413*; (v. Salzen) 15 035*.
Epinormuscarin 16 413*.
Epiallonormuscarin 16 413*.

1-Äthylmercapto-2-diäthylaminoäthen (Kp.₂ 80—80,5°) 16 281.

n-**Heptyl-dithiocarbaminsäure,** tuberkulostat. Wrkg. d. Salzes mit N-Äthylpiperidin 10 552.

$C_8H_{17}NSSi$ *n*-**Heptylisothiocyanatosilan** (Kp. 235°) 3062.

$C_8H_{17}NSi$ *n*-**Heptylcyansilan** (Kp. 204°) 3062.

$C_8H_{17}N_2OPS$ **Bis-[aziridino]-thionophosphonsäurebutylester (Thiophosphorsäure-bis-[*N.N*-äthylenamid]-butylester)** ($Kp._{0,5}$ 106 bis 108°) 10 565*, 15 930.

Bis-[aziridino]-thionophosphonsäureisobutylester ($Kp._{0,9}$ 120—123°) 10 565*.

Thiophosphorsäure-bis-[*N.N*-(1-methyläthylen)-amid]-äthylester ($Kp._{0,07}$ 40°) 15 930.

$C_8H_{17}N_2OS$ **4-Methylmercapto-1.2.5.5-tetramethylimidazoleniniumhydroxid,** Rk. d. Jodids 8486*.

$C_8H_{17}N_2O_2PS_2$ *S*-**[2-Cyan-2-dimethylamino-äthyl]-*O*-methyl-*O*-äthylthiolthionophosphat** 13 919*.

$C_8H_{17}N_2O_3P$ **Phosphorigsäuredi-[morpholylamid]** 14 666*.

$C_8H_{17}N_2O_4PS$ *O.O*-**Diäthyl-*O*-[3-oximino-2-butylidenamino]-thiophosphat** 3240*.

$C_8H_{17}N_2O_4PS_3$ *S*-**[2-Cyan-3-(*N.N*-dimethylsulfamoyl)-propyl]-*O.O*-dimethylthiolthionphosphat** 13 920*.

$C_8H_{17}N_3$ **Tropyl-(3)-hydrazin** ($Kp._{0,04}$ 87°) 7147.

n-**Octylazid,** Rk. 7125, 8994.

1-Äthyl-3-[3'-dimethylaminopropyl]-carbodiimid ($Kp._{60}$ 53—54°) 1192.

$C_8H_{17}N_3O$ *ω*-**[1-Methylpiperidyl-(4)]-*ω*-acetylhydrazin** (F. 74—76°), Herst. 11 737*; Rk. 13 129*.

Hexamethyleniminoacetamidoxim, Dihydrochlorid (F. 171—173°) 5772*, 15 038*.

$C_8H_{17}N_3OS$ *S*-**[3-Morpholinopropyl]-isothioharnstoff. — Dihydrobromid** (F. 221 bis 223°), Darst. 451; Prüf. auf Strahlenschutz 1683.

$C_8H_{17}N_3O_2$ **Acetyl-L-leucinhydrazid** (F. 143,5°) 5259.

N-**Acetyl-L-alaninisopropylhydrazid,** Prüf. auf Monoaminoxydase-Inhibitor-Wrkg. 13 855.

$C_8H_{17}N_3O_2S$ *n*-**Butylcarbamoyloxyäthylisothioharnstoff** 9303.

$C_8H_{17}N_3O_3$ **1-Carbäthoxy-4-butylsemicarbazid** (F. 111,5 —112°) 11 916.

Glycyl-L-lysin, Einfl. auf d. Hemm. d. Lysin-Nutz. in Bakterien durch S-[*β*-Aminoäthyl]-cystein 7570.

L-Lysylglycin, Einfl. auf d. Hemm. d. Lysin-Nutz. in Bakterien durch S-[*β*-Aminoäthyl]-cystein 7570.

L-Glutaminsäure-*α*-isopropylhydrazid, Antagonismus zwischen Harmalin u. — bei d. Wrkg. auf d. 5-Hydroxytryptamin- u. Noradrenalinstoffwechsel d. Hirns 9807.

L-1-*γ*-Glutamyl-2-isopropylhydrazin (F. 181 bis 182°) 947*.

$C_8H_{17}N_3O_4$ **L-*α.γ*-Diaminobutyryl-DL-threonin** 18 485.

$C_8H_{17}N_3S$ *S*-**[2-Piperidinoäthyl]-isothioharnstoff. — Dihydrobromid** (F. 226—227°), Darst. 451; Prüf. auf Strahlenschutz 1683.

S-**[3-Pyrrolidinopropyl]-isothioharnstoff. — Dihydrobromid** (F. 223—224°), Darst. 451; Prüf. auf Strahlenschutz 1683.

Önanthaldehydthiosemicarbazon (Heptylaldehydthiosemicarbazon) (F. 68°), Darst. (Cu-Verb.) 13 369; (Prüf. auf Antiviruswirksamk.) 7236.

$C_8H_{17}N_4O_2PS$ **5-Äthyl-x-[*O.O*-diäthylthiophosphoryl]-3-amino-1.2.4-triazol** 11 187.

$C_8H_{17}N_4O_3P$ **x-[*O.O*-Diisopropylphosphoryl]-3-amino-1.2.4-triazol** 11 187.

5-Äthyl-x-[*O.O*-diäthylphosphoryl]-3-amino-1.2.4-triazol 11 187.

$C_8H_{17}N_5$ *N*-**Methyldimethylaminopropyldicyandiamid** (F. 119—121°), Darst., pharmakolog. Wrkg. 13 474.

$C_8H_{17}N_5O_2$ *N*-*β*-**Piperidinoäthyl-*N'*-nitroguanidin** (F. 161°) 16 286.

$C_8H_{17}N_5O_3$ **1-*n*-Caproyl-5-aminoformylcarbohydrazid** (F. 238°) 3427.

$C_8H_{17}N_5O_4$ **L-Nitroargininäthylester,** Rk. d. Hydrochlorids 13 057.

$C_8H_{17}Na$ *n*-**Octylnatrium,** Einfl. auf d. Polymerisat. v. Styrol 3830.

$C_8H_{17}OPS_2$ **Diäthylthiolphosphinsäurevinylmercaptoäthylester** ($Kp._{0,01}$ 88°) 5819*, 18 249*.

$C_8H_{17}O_2P$ **1-Äthylphosphorinanon-(4)-methylhydroxid,** Jodid (F. 213—214°) 17 397.

$C_8H_{17}O_2PS$ **Cyclohexylthiolphosphonsäure-*O*-äthylester,** Verw. v Deriv. 15 742*.

$C_8H_{17}O_2PS_2$ **Vinylthiolphosphonsäure-*O*-äthyl-*S*-*β*-äthylmercaptoäthylester** ($Kp._2$ 141 bis 142°) 13 367.

Vinylthionophosphonsäureäthyl-*β*-äthylmercaptoäthylester ($Kp._4$ 135—136°) 13 367.

$C_8H_{17}O_2PS_3$ *O.O*-**Diäthylthionothiolphosphorsäurevinylmercaptoäthylester** ($Kp._{0,02}$ 90°) 5819*, 18 249*.

$C_8H_{17}O_3P$ **1-Methyl-2-oxopropyldiäthylphosphinat** 18 273*.

$C_8H_{17}O_3PS$ *O.O*-**Diäthyl-*O*-crotylthiophosphat** ($Kp._2$ 99—100°) 8581.

O.O-**Diäthyl-*S*-[*α*-methylallyl]-thiophosphat** ($Kp._2$ 110—112°) 8581.

O.O-**Diäthyl-*S*-[*γ*-methylallyl]-thiophosphat** ($Kp._5$ 124—125°) 8581.

Diäthylthiolphosphinsäure-*S*-[äthoxycarbonylmethylester] ($Kp._{0,01}$ 70°) 16 110*.

$C_8H_{17}O_3PS_2$ *O.O*-**Diäthylthiolphosphorsäurevinylmercaptoäthylester** ($Kp._{0,01}$ 86°) 5819*, 18 240*.

1-Äthylmercaptobuten-(3)-yl-(2)-thionophosphorsäuredimethylester 16 465*.

$C_8H_{17}O_4P$ **[2.3-Oxidobutyl-(2)]-phosphonsäurediäthylester,** Darst., IR-Spektrum, Konstit. 1933.

β-**Keto-*n*-butylphosphonsäurediäthylester,** Darst., IR-Spektrum, Konstit. 1933.

[2-Ketobutyl-(3)]-phosphonsäurediäthylester, Darst., IR-Spektrum, Konstit. 1933.

$C_8H_{17}O_4PS_2$ *O.O*-**Diäthyl-*S*-carbäthoxymethyldithiophosphat** (Kp. 105—107°), Rk. 7669*.

S-**Acetyl-*O*-[diäthylthionophosphoryl]-monothioglykol** 5642.

$C_8H_{17}O_4PS_3$ *S*-**[Methoxythiocarbonyl]-*O*-[diäthylthionophosphoryl]-monothioglykol** 5642.

$C_8H_{17}O_5P$ **2-[Methoxycarbonyl]-äthylphosphonsäurediäthylester** ($Kp._{0,4}$ 103—103,2°) 13 949*.

Phosphonessigsäuretriäthylester (Carbäthoxymethylphosphonsäurediäthylester, Diäthylcarbäthoxymethylphosphonat) ($Kp._{19}$ 158—160°), Herst., Rk. 1832; Rk. 1202.

Phosphonameisensäuremethylesterdi-*n*-propylester ($Kp._6$ 120—122°) 15 931.

Phosphonameisensäuremethylesterdiisopropylester ($Kp._1$ 85,5—86,5°) 15 931.

Äthylphosphonsäureäthyl-[carbäthoxymethyl]-ester ($Kp._1$ 88—89°) 2713.

$C_8H_{17}O_5PS$ *O*-**[Äthylsulfinyläthyl]-*O*-methyl-*O*-isopropenylphosphat** 6184*.

O.O-**Diäthyl-*S*-carbäthoxymethylthiolphosphat** ($Kp._{0,01}$ 96°), Rk. 7669*.

Acetyldiäthylthionophosphorylglykol 5642.

$C_8H_{17}O_6PS$ *O*-**[Äthylsulfonyläthyl]-*O*-methyl-*O*-isopropenylphosphat** 6184*.

$C_8H_{17}PS_3$ **Diäthylthionothiolphosphinsäurevinylmercaptoäthylester** ($Kp._{0,01}$ 92°) 5819*, 18 249*.

C_8H_{18} (s. *n-Octan*).

Monomethylheptane, Rk. 12 090*.

2-Methylheptan (Kp. 117°), Darst.12 621; Bldg., Rk. 12 985; Berechn. d. Stärken v. Einelektronenbind. in —-Ionen 15 903; Berechn. d. diamagnet. Susceptibilität 14 451; Berechn. azeotroper Daten im Syst. —/Toluol 73; Verdampfungsentropie u. Hildebrand-Regel 1176; Rk. 4138; Nachw.: im Leichtöl d. Tieftemp.-Verkok. 16 542; im Leichtöl d. Hochtemp.-Verkok. 16 542.
3-Methylheptan, Darst., Rk. v. (+)-— 6356; Bldg. 11 526; (Rk.) 12 985; Berechn. d. Stärken v. Einelektronenbind. in —-Ionen 15 903; Berechn. d. diamagnet. Susceptibilität 14 451; Löslichk. in Methanol 12 980; Rk. 4138, 8213; Nachw. im Leichtöl d. Hochtemp.-Verkok. 16 542.
4-Methylheptan, Bldg., Rk. 12 985; Konstit.-Einfl. auf d. $\delta(CH_3)$ 3762; Berechn. d. diamagnet. Susceptibilität 14 451.
3-Äthylhexan, Konstit.-Einfl. auf d. $\delta(CH_3)$ 3762; Berechn. d. diamagnet. Susceptibilität 14 451; Oxydat. (Kinetik) 6356; Rk. mit Methylengruppen 12 985.
2.2-Dimethylhexan (1.4.4-Trimethylpentan), Best. d. Neopentylgruppe im Raman- u. IR-Spektrum 2679; Konstit.-Einfl. auf d. $\delta(CH_3)$ 3762; Berechn. d. Stärken v. Einelektronenbind. in —-Ionen 15 903; Berechn. d. diamagnet. Susceptibilität 14 451; Berechn. azeotroper Daten im Syst. —/Mercaptobutan 73; Verdampfungsentropie u. Hildebrand-Regel 1176; Rk. 8584.
2.3-Dimethylhexan, Bandenzuordn. im IR- u. Ramanspektrum 12 230; Berechn. d. diamagnet. Susceptibilität 14 451.
2.4-Dimethylhexan, Berechn. d. Stärken v. Einelektronenbind. in —-Ionen 15 903; Rk. 11 152, 12 985.
2.5-Dimethylhexan, Berechn. d. Stärken v. Einelektronenbind. in —-Ionen 15 903; Berechn. d. diamagnet. Susceptibilität 14 451; physikal. Eig. in —-halt. binären Gemischen 2691; Berechn. azeotroper Daten im Syst. —/Toluol bzw. —/1-Mercaptobutan 73; Berechn. d. Parachors 6346; Bezieh. zwischen Druck, Temp. u. Dichte 12 235.
3.3-Dimethylhexan, Konstit.-Einfl. auf d. $\delta(CH_3)$ 3762; Berechn. d. diamagnet. Susceptibilität 14 451; Berechn. azeotroper Daten im Syst. —/1-Mercaptobutan 73.
3.4-Dimethylhexan, Bandenzuordn. im IR- u. Ramanspektrum 12 230; Berechn. d. Stärken v. Einelektronenbind. in —-Ionen 15 903; Berechn. d. diamagnet. Susceptibilität 14 451; physikal. Eig. in —-halt. binären Gemischen 11 526; Rk. 12 985.
2-Methyl-3-äthylpentan, Berechn. d. diamagnet. Susceptibilität 14 451.
3-Methyl-3-äthylpentan, Konstit.-Einfl. auf d. $\delta(CH_3)$ 3762; Berechn. d. diamagnet. Susceptibilität 14 451.
2.2.3-Trimethylpentan, Bldg., Rk. 12 985; Best. d. Neopentylgruppe im Raman- u. IR-Spektrum 2679; Berechn.: d. Stärken v. Einelektronenbind. in —-Ionen 15 903; d. diamagnet. Susceptibilität 14 451.
2.2.4-Trimethylpentan (Isooctan) ($Kp._{760}$ 99,2°), Herst. v. spektroskop. reinem — 12 033; Bldg. 5993, 8937; (Rk.) 12 985; Rektifizier. im Gemisch mit Toluol 14 269; Abtrenn. v. anderen KW-Stoffen 11 732*; Abtrenn. v. —-Dämpfen aus Gasgemischen 6535; Lsgm.-Effekte auf Intensitäten d. Ramanbanden v. — 17 349; UV-Spektrum v. J_2 in — 3761; Stärken v. Einelektronenbind. in —-Ionen 15 903; Best. d. CH_2-Gruppe aus d. $\delta(CH_2)$ 12 230; Best. d. Neopentylgruppe im Raman- u. IR-Spektrum 2679; DK v. $Rh_2(CO)_4Cl_2$ u. $Rh_2(CO)_4Br_2$ in — 17 647; Berechn. d. diamagnet. Susceptibilität 14 451; Bezieh. zwischen Druck, Temp. u. Dichte 12 235; krit. Temp. 9289; Zünd. 1176, 2274; (v. Gemischen mit Luft) 8529; physikal. Eig. v. binären —-halt. Gemischen 2691; Molekülhaufen-Bldg. im krit. Gebiet d. Syst. —/C_7F_{16} 7470; Mischungswärme v. Perfluor-n-heptan mit — 5982; Berechn. azeotroper Daten im Syst. —/1-Mercaptobutan 73; Viscosität: im Gemisch mit Methan 15 171; im Gemisch mit C_7F_{16} 17 662; Verteil. v. nichtionogenen, oberflächenaktiven Agentien zwischen W. u. — 4940; Fl.-Dampf-Gleichgewichts-Daten d. Systems —/Toluol 7094; Gas-Fl.-Chromatographie v. —-KW-Stoffgemischen 15 902; Sorpt. an Tetramethylammoniummontmorillonit 1521; partielles molales Vol. v. — in Lsg. 16 584; Löslichk. in Methanol 12 980; Löslichk.-Temp.-Kurven im Syst. —/Pentaerythrittetrakis-[perfluorborat] 5239; krit. Lsg.-Temp. v. — u. Dreiphasen-Bldg. im quatern. Syst. HCl/W./Tri-n-butylphosphat/— 14 056; Zellpotentiale u. Theorie d. Gaslöslichk. für Lsg. v. Gasen in — 15 875; Löslichk. u. Lsg.-Entropie v. He, N_2, Ar, O_2, CH_4, C_2H_6, CO_2 u. SF_6 in — 1152; — als Lsgm.: bei d. radiolyt. Bldg. reakt. H-Atome 769; bei d. Extrakt. v. Cs mit Carbonsäuren 16 954; Konvers. 11 057*; Radiolyse 10 044, 11 152, 11 518; Hydrier. 11 153; Oxydat. 4714*, 16 491*; Dehydrier. u. Aromatisier. 11 872; Austausch v. H gegen T 1566; Rk. mit CO_2 17 364; Ketten-Übertrag. d. Polyvinylacetat-Radikals an — 9742; Wrkg. auf d. Enzyme d. anaeroben Glykolyse 7935; Aktivier. d. Acetylcholinesterase d. Schabe durch — 16 720; Mechanismus d. —-Hemm. u. Reaktivier. d. Bernsteinsäure-Cytochrom-c-Reduktase 10 124; Vgl. v. dl- u. d-α-Tocopherol bei d. Reaktivier. d. DPNH-Cytochrom c-Reduktase eines —-behandelten Herzmuskelpräp. 1259; Einfl.: auf d. Stabilität v. Chlorophyll u. auf d. chlorophyll-empfindl. Photooxydat. 18 892; auf d. Rk. v. Phosphorylchlorid mit Gewebekomponenten 17 065; photograph. Verw. 2975*; Verw. als Extraktionsmittel für tert.-Isoamylene 13 941*; Nachw. im Leichtöl d. Hochtemp.-Verkok. 16 542.
2.3.3-Trimethylpentan, Bldg., Rk. 12 985; Berechn. d. diamagnet. Susceptibilität 14 451; physikal. Eig. v. bin. —-halt. Gemischen 2691.
2.3.4-Trimethylpentan, Bldg., Rk. 12 985; Berechn. azeotroper Daten im Syst. —/Toluol 73; gaschromatograph. Best. 13 513.
2.2.3.3-Tetramethylbutan, Bldg. 3412, 8937; Berechn. d. Stärken v. Einelektronenbind. in —-Ionen 15 903; Bezieh. zwischen Druck, Temp. u. Dichte 12 235.

$C_8H_{18}AlCl$ Di-*n*-butylaluminiumchlorid, Ätherat ($Kp._2$ 135—140°) 18 235*.
Diisobutylaluminiumchlorid, Entfern. v. — aus festen Polyolefinen 2559*; Best. v. Alkoxyverunreinig. in — 5415.

$C_8H_{18}BBr_2P$ Dibutylphosphinodibromboran (F. 111—113°) 14 437.

$C_8H_{18}BCl$ Di-*n*-butylchlorboran (Di-*n*-butylborinsäurechlorid), Mol.-Struktur d. Komplexes mit Pyridin 18 782; Rk.: mit W. 7543; mit N.N-Dimethylhydrazin 14 437; mit Dimethylaminotrimethylsilan 14 437; mit Grignard-Verb. 8423*, 9152*, 14 833.
Diisobutylborchlorid (Diisobutylborinsäurechlorid) ($Kp._{18}$ 67°), Darst. 7543; Verw. 18 658*.

$C_8H_{18}BF$ Di-*n*-butylfluoroboran ($Kp._{20}$ 47°) 5588.

$C_8H_{18}BNOS$ 4-[2'-Dimethylaminoäthoxy]-1-thia-4-boracyclohexan (F. 40—41°) 16 687.

N.N.N'.N'-**Tetramethylbuten-(2)-diamin-(1.4)**, Verw. 7028*.
Azoisobutan, Rk. 10 429.
2.2'-Azo-bis-isobutan (Kp. 108—109°), Rk. 3411.

$C_8H_{18}N_2O$ *N*-**[β-Aminoäthyl]-2.6-dimethylmorpholin**, Verw. 6875*.
Di-*n*-butylnitrosamin (*N*-**Nitrosodi-*n*-butylamin**), Darst. 5098*; Red. 18 637*; Erzeug. v. Blasenkrebs mit — 9011.
1-[β-Hydroxyäthyl]-1.5-diazacyclooctan (Kp.$_{14}$ 137—139°) 19 016*.
1-[3'-Hydroxy-2'-methylpropyl]-piperazin (Kp.$_{1}$ 120—125°) 7992*.
1-[3'-Hydroxypropyl]-4-methylpiperazin (**3-[4'-Methylpiperazino]-propanol**) (Kp.$_{3}$108 bis 110°), Darst. (Rk., Dihydrochlorid) 6409; (therapeut. Verw.) 7991*; Rk. 2831*, 4262*.
1-Isopropyl-3.3-diäthylharnstoff (F. 66°), therm. Dissoziation (Kinetik) 1948.
3-Diäthylaminobutanon-(2)-oxim 8953.
4-Methylmercapto-1.2.5.5-tetramethylimidazoleniniumhydroxid, Rk. d. Jodids 8486*.
9-Azaindolizidinmethylhydroxid, Jodid (F. 262—263°) 18 827.
Tropanhydraziniumhydroxid, Salze 10 195*.
ω-Aminocaprylsäureamid (F. 74—75°) 13 945*.
ε-Dimethylaminocapronsäureamid 17 036.
γ-Dimethylamino-α.α-dimethylbuttersäureamid, UV-Spektrum 8920.
Caprylsäurehydrazid, Rk. 10 096.
1-Trimethylacetyl-2-isopropylhydrazin (F.83 bis 84°) 12 761*.
1-Acetyl-1.2-diisopropylhydrazin (Kp.$_{12}$ 88 bis 89°) 7251.

$C_8H_{18}N_2OS$ **Hexyl-[isothioharnstoffmethyl]-äther** 3911*.

$C_8H_{18}N_2O_2$ *N.N'*-**Bis-[2-hydroxyäthyl]-piperazin** (*N.N'*-**Bis-[äthanol]-piperazin**) (F. 137,5—138° korr.) Darst. 7108, 18 205*; Best. 594.
1-[2'-Hydroxyäthoxyäthyl]-piperazin (*N*-**[β-Hydroxyäthoxyäthyl]-piperazin, 1-[Piperazino]-2-[2'-hydroxyäthoxy]-äthan**) (Kp.$_{0,25}$ 113°), Rk.: mit Iminodibenzylderiv. 16 061*; mit 10-[3'-{4''-Hydroxyäthoxyäthylpiperazinyl-(1'')}-propyl]-3-chlorphenthiazin 4643*; mit α-Chloracetophenon 17 494*; mit in 3 Stell. substituierten Phenthiazinyl-(10)-propyl-p-toluolsulfonaten 7993* [2 Ref.]; Verw. 8348*.
8-Amino-3-hydroxytropiniumhydroxid, Chlorid 10 195*.
Lysinäthylester, Massenspektrum 13 705; Rk. 2169*; (v. L-—) 6371; Meth. zur Red. d. fibrinolyt. Aktivität v. Endometriumzellen in Plasmakoagulum-Gewebekulturen unter Verw. v. — 18 168.
β-[2-Aminoäthylamino]-buttersäureäthylester, Dihydrochlorid (F. 111°) 13 033.

$C_8H_{18}N_2O_2S$ *N*-**Dimethylaminoäthylsulfolanyl-(3)-amin** 15 954.
N-**Methansulfonyl-*N'*.*N'*-diisopropylformamidin** (F. 65—66°), Darst., IR-Spektrum 11 503.

$C_8H_{18}N_2O_3$ **β-Ureidopropionaldehyddiäthylacetal** (F. 77°) 15 215.

$C_8H_{18}N_2O_3S$ **4-[β-Äthanolaminoäthyl]-tetrahydro-1.4-thiazindioxid** (F. 87°) 13 633*.
DL-Butioninsulfoximin (F. 214° Zers.) 17 717.
1-Methansulfonyl-4-[3'-hydroxypropyl]-piperazin, Rk. 17 140*.
Äthansulfamidoacetimidobutyläther, Rk. d. Hydrochlorids 12 839*.
*N*¹-**Propansulfonyl-*N*²-*n*-butylharnstoff** (F. 109°) 10 803.

$C_8H_{18}N_2O_4$ **2-Diäthylaminomethyl-2-nitropropandiol-(1.3)**, Hydrochlorid (F. 130 bis 131°) 18 086.
Bis-[2-methoxypropyl-(2)]-hyponitrit, Verw. 5494*.

$C_8H_{18}N_2O_5U$ **Monooctylamidouranylnitrat** 9272.

$C_8H_{18}N_2S$ *N.N.N'*-**Triäthyl-*S*-methylisothioharnstoff** (Kp.$_{12}$ 85°) 9516*.

$C_8H_{18}N_2S_2$ **1.4-Bis-[2-mercaptoäthyl]-piperazin** (F. 46—47°) 9305.
6-Methylmercaptohexylthioharnstoff (F. 73°) 1193.
Dimethylaminopropyldithiocarbaminsäureäthylester, Rk. 8059*.

$C_8H_{18}N_3OP$ *N.N*-**Diäthyl-*N'*.*N''*-diäthylenphosphoramid**, Stabilisier. 15 694*.

$C_8H_{18}N_4$ **1-[Pyrimidyl-(2')]-piperazin**, Rk. 18 938*.
N.N'-**Bis-[2-dimethylaminoäthyliden]-hydrazin**, Rk. 7145.

$C_8H_{18}N_4O$ *N*-*n*-**Hexyl-*N'*-guanylharnstoff**, Darst.: d. Hemisulfats (F. 133—135°) 7853; v. Cu-Komplexen 5967; v. Co(III)-Komplexen 18 763.

$C_8H_{18}N_4O_2$ *dl*-**2.3-Bis-[äthylamino]-butan-bisnitrosamin** (F. 77°) 11 871.
1-L-γ-Glutamyl-2-isopropylhydrazin (F. 181 bis 182°) 6583*.
1-[L-(+)-γ-Isoglutaminyl]-2-isopropylhydrazin (F. 91—93°) 947*, 6583*.
Butylbernsteinsäuredihydrazid (F. 157°) 1954.
Oxalsäure-bis-[2-propylhydrazid] (F. 193,5 bis 194,5°) 9309.
Oxalsäure-bis-[2-isopropylhydrazid] (F. 194 bis 195°) 9309.

$C_8H_{18}N_4O_2S$ **Dibutylsulfamoylazid**, Herst., Verw. 4341*; Verw. 1045*.

$C_8H_{18}N_4O_2S_2$ **Bis-[2-(aminoacetamido)-äthyl]-disulfid**, Bis-hydrogenoxalat (F. 184 bis 185°) 808.

$C_8H_{18}N_4O_3$ **1-Butoxymethylmethylendiharnstoff**, Darst., R$_F$-Wert 13 364.

$C_8H_{18}N_4O_4$ **Oxalsäure-2-isopropylhydrazid-2-[α-hydroxymethyl-β-hydroxyäthyl]-hydrazid** (F. 145—148°) 9309.

$C_8H_{18}N_4O_5$ *N*ω.*N*ω'-**Bis-[methoxymethyl]-bis-[carbamidomethyl]-äther**, Darst., R$_F$-Wert 13 364.

$C_8H_{18}N_4O_6$ **Oxalsäure-[2-(β.β'-dihydroxyisopropyl)-hydrazid]** (F. 175,5—176,5°) 9309.

$C_8H_{18}N_6O$ **α-Guanaminoäthyltrimethylammoniumhydroxid**, Jodid (F. 240°) 17 144*.
β-Guanaminoäthyltrimethylammoniumhydroxid, Chlorid (F. 109—111°) 17 144*.

$C_8H_{18}N_6O_3$ *N*¹.*N*³-**Diguanyl-2-desoxystreptamin**, Sulfat (F. 165—170°) 18 846.

$C_8H_{18}N_6O_4$ s. *Streptidin.*

$C_8H_{18}O$ (s. *n-Octylalkohol* [*n-Octanol, Octanol-(1)*]).
Octanole, Reinig. 650*.
Octanol-(2) (*sek.*-**Octylalkohol, Caprylalkohol**) (Kp.$_{740}$ 179—180°) (Kp. 176 bis 177°), Darst. 13 206*; Bldg. 98, 1191, 18 234*; Trenn. v. Heptanol-(1) 9514*; Rotationsdispers. v. akt. — im sichtbaren u. ultravioletten Spektralbereich 17 695; IR-spektrometr. Unters. d. Mol.-Assoziat. 14 810; Wasserstoffbrückenbind. in bin. —-halt. Flüssigkeitsgemischen 14 818; tensametr. Unters. 18 017; Löslichk. v. Paraffin in — 14 381; Extrakt. v. Co(II)-Thiocyanat-Komplexen mit — 16 240; Versuch d. opt. Spalt. v. dl-— 16 622; Red. d. p-Toluolsulfonats v. (—)-— 441; Oxydat. 80, 1186, 16 643; Rk.: mit 2.5-Dichlornitrobenzol 17 715; mit Isopropanol 8634; mit Hydrochinondipropanoläther u. Tetra-2-äthylbutylsilicat 17 209*; mit Nicotinsäure 1414*; mit Phthalsäureanhydrid 649*; v. (+)-— mit Diphenylborinsäure-1-methylheptylester 10 434; Einfl. auf d. K-Aufnahme durch Alcaligenes faecalis 14 558; polarograph. Best. 8355.
Octanol-(3), Bezieh. zwischen Druck, Temp. u. Dichte 12 235.
Propylbutylcarbinol, Oxydat. v. Cetan Ggw. v. — 12 981.

2-Methyl-2-isobutylpropandiol-(1.3), IR-Spektrum u. Thorpe-Ingold-Hypothese d. Valenzwinkelabweich. 18 415.
2-Methyl-2-*tert.*-butylpropandiol-(1.3), IR-Spektrum u. Thorpe-Ingold-Hypothese d. Valenzwinkelabweich. 18 415.
2-Äthyl-2-*n*-propylpropandiol-(1.3), IR-Spektrum u. Thorpe-Ingold-Hypothese d. Valenzwinkelabweich. 18 415.
2-Äthyl-2-isopropylpropandiol-(1.3) [**2-Äthyl-2-{*n*-propyl-(2')}-propandiol-(1.3)**], 834; IR-Spektrum u. Thorpe-Ingold-Hypothese d. Valenzwinkelabweich. 18 415.
7-Methoxyheptanol-(1) ($Kp._{13}$ 110°) 8580.
2-Hydroxy-5-methoxyheptan 2344.
Äthylenglykolmono-*n*-hexyläther (*n*-Hexoxyäthanol), photograph. Verw. 8129*.
Capronaldehyddimethylacetal 18 270*.
Butyraldehyddiäthylacetal (Diäthylbutyral, 1.1-Diäthoxybutan), Umsetz. zu Polyacetalen 8783*; Rk.: mit Vinyläthyläther 18 081; mit Peroxiden 17 925*; mit Cumolhydroperoxid 2703, 4362*; (bzw. mit tert.-Butylhydroperoxid) 7348*; mit Trichlorlactamid 17 140*.
Isobutyraldehyddiäthylacetal, Rk. 18 081.
Methyläthylketondiäthylketal, Rk. 18 081.
Di-*tert.*-butylperoxid (F. 111°), Darst. 2685; (Verw.) 2174*; chemorheolog. Unters. v. mit — vulkanisierten fl. Polysulfidpolymeren 12 682; Zers. 12 984, 16 637, 16 640; (im Gemisch mit tert.-Butylhypochlorit) 4135; Verzöger. d. monomol. Zers. v. — durch Druck 15 249; Kinetik d. Dissoziat. 14 464; Vers. d. Hydrier. 9668; Kinetik d. Hydrier. 9668; Photolyse 9296; Rk.: mit Propylenoxid + Toluol, Octen-(1) bzw. Cyclohexan 2691; mit 3.5-Dimethyl-3.5-dihydroxy-1.2-dioxolan 8600; mit Dibenzolchrom 11 944; Vers. d. Isomerisier. v. cis- u. trans-2-Chlorbuten-(2) durch — 5991; Herst. aliphat. Bromide aus Olefinen u. HBr in Ggw. v. — 17 558*; Rk. v. CO_2 mit C_2H_4 in Ggw. v. — 4493; Rk. v. Benzaldehyd mit Stickstoffoxiden in Ggw. v. — 3774; — als Initiator: bei d. Polymerisat. v. ungesätt. Verb. 11 944; bei d. Hochdruck-Äthylen-Polymerisat. 13 785; bei Blockpolymerisat. 2390; bei d. Darst. v. hochmol. Verb. durch Polyrekombinat. 11 582, 18 489, 18 853; Verw.: als Polymerisat.-Katalysator 5496*; zur Herst. v. lagerfäh. Polyester-Misch. 8443*; als Anspringmittel bei d. Herst. v. Alkylsulfonaten 18 318*; als Härt.-Mittel für Organosiloxanmassen 8088*; beim Bleichen v. Pelzen 15 457*.
$C_8H_{18}O_2S$ **Di-*n*-butylsulfon**, Verh. bei d. Pyrolyse 3419; Rk. mit Benzoin 3054; Einfl. auf d. reduktive Dehydroxymethylier. u. Dehydroxylier. primärer Alkohole 8939; Verw. 18 631*.
$C_8H_{18}O_2S_2$ ***n*-Butylthiolsulfonsäure-*S*-*n*-butylester**, R_F-Wert 18 953.
$C_8H_{18}O_2S_3$ **Dibutan-1-ol-3.3'-trisulfid** 4721*.
$C_8H_{18}O_2Si$ **Allylmethyldiäthoxysilan**, Verw. v. monomerem bzw. polymerem — 16 184*.
$C_8H_{18}O_2Zn$ **Zinn-*tert.*-butoxid**, Verw. 15 425*.
$C_8H_{18}O_3$ **Pentamethylglycerin** 8959.
[**Heptantriol-(1.4.7)**]**-1-methyläther** ($Kp._1$ 145—155°), Darst., IR—OH-Banden u. intramol. H-Bind. 16 622.
[**Heptantriol-(1.4.7)**]**-4-methyläther** ($Kp._{0,5}$ 150—155°), Darst., IR—OH-Banden u. intramol. H-Bind. 16 622.
Diäthylenglykolmono-*n*-butyläther (Butylcarbitol) ($Kp._{11}$ 112—114°), Darst., Rk. 8580; Dichte u. Brechungsindex 4119; Zers. v. 1.1-Diphenylazoäthan u. 2.2'-Azo-bis-[2-methylpropionitril] in — 4492; — als Immersionsmittel bei d. Phasenkontrastmikroskopie 17 898; Verw. 12 787*.
Diäthylenglykolmonoisobutyläther 8580.
Ortho-*n*-valeriansäuretrimethylester, NMR-Spektrum 14 816.
1.3-Dimethoxy-1-äthoxybutan, Rk. 5093*.
1-*tert.*-Butoxy-1.2-dimethoxyäthan ($Kp._{1,2}$ 38—42°) 1974.
1.1.1-Triäthoxyäthan (Orthoessigsäuretriäthylester) (Kp. 146,5—148°), Darst., Rk. 12 256; Lewis-Basizität gegenüber Phenol bzw. Pyrrol 4864; Rk.: mit aromat. prim. Aminen 14 832; mit 6-Chlor-4.5-diaminopyrimidin 10 463; mit p-Tolylsulfonylmethyl-MgBr 6379; mit 4-[Benzalamino]-pyrimidinen 7901; mit 2-Methylbenzthiazoljodäthylat 5665; mit Aminomalonamidamidin bzw. Aminomalondiamidin 2735; mit 2-Amino-5-chlorbenzolsulfonamid 18 471.
Äthoxyacetaldehyddiäthylacetal (Äthoxyacetal), Rk. 4923, 6142*.
Diäthylenglykolmethyl-*n*-propyläther, Löslichk. v. Alkalimetallen in — 2656.
Diäthylenglykoldiäthyläther (Bis-[2-äthoxyäthyl]-äther, Gewinn. aus d. wss. Lsg. 12 092*; NMR-Spektrum 14 816; Adsorpt. an Montmorillonit 13 307; Löslichk. v. Alkalimetallen in — 2656.
1-Methoxy-1-*tert.*-butylperoxypropan ($Kp._{17}$ 46—48°) 2704.
1-Äthoxy-1-propylperoxypropan ($Kp._{14}$ 51 bis 52°) 2703.
1-Äthoxy-1-*tert.*-butylperoxyäthan ($Kp._{11}$ 38 bis 40°) 2703.
$C_8H_{18}O_3S$ ***β*-Hydroxyäthylmercaptoacetaldehyddiäthylacetal**, Rk. 15 596.
Di-*n*-butylsulfit ($Kp._{11}$ 108—110°) 11 888, 13 565.
Diisobutylsulfit ($Kp._{13}$ 92—94°) 11 888.
$C_8H_{18}O_3S_2$ **2.2'-Oxy-bis-[äthylenoxy]-diäthanthiol** 8782*.
3.6-Didesoxy-D-galaktosedimethylmercaptal 14 510.
$C_8H_{18}O_3Si$ **Vinyltriäthoxysilan** ($Kp._{41}$ 78—80°), Darst., Copolymerisat.-Charakteristik 17 778; Mischpolymerisat. 12850; Überführ. in Silanolsole 6983*; therm. Zers. 6674; Rk.: mit Diäthylphosphin bzw. Diphenylphosphin bzw. Diäthylphosphinsulfid 16 288; mit Octylphenylphosphinoxid 12 098*; mit Perfluoroctansulfonylchlorid 4744*; Diffus.-Maske für Ge aus — 4098; Verw. v. monomerem oder polymerem — 16 184*.
$C_8H_{18}O_4$ **1.6-Dihydroxy-3.4-bis-[hydroxymethyl]-hexan** (F. 92°) 1221.
2.4.4-Trimethylolpentanol-(3) 4720*.
Triäthylenglykolmonoäthyläther, Verw. 14 975*.
Triäthylenglykoldimethyläther, NMR-Spektrum 14 816; Löslichk. v. Alkalimetallen in — 2656; Red. organ. Verb. in Ggw. v. — 15 763*.
1.1'.4.4'-Tetramethoxybutan, Vernetz.-Rk. mit Baumwolle 14 369.
$C_8H_{18}O_4S$ **Thiodiacetaldehyd-bis-[dimethylacetal]** ($Kp._{0,8}$ 80—84°) 480.
Octylsulfat, thermodynam. Berechn. v. Micellen d. Na-Salzes 16 586.
Di-*n*-butylsulfat, Rk. 5021*, 7322*, 9078*.
$C_8H_{18}O_4S_2$ (s. *Trional* [*Methylsulfonal*]).
3-Desoxy-D-galaktosedimethylmercaptal (F. 49—50°) 14 509.
3-Desoxy-D-mannosedimethylmercaptal, Rk. 17 037.
6-Desoxy-D-mannosedimethylmercaptal (F. 161,5—162,5°) 6419.
$C_8H_{18}O_5$ **Tetraäthylenglykol** ($Kp._{0,2}$ 132°), Rk. 8580.
Oxydiacetaldehyd-bis-[dimethylacetal] ($Kp._{14}$ 106—107°) 479.
[**2-Hydroperoxybutyl-(2)**]**-[2'-hydroxybutyl-(2')]-peroxid** 18 270*.
$C_8H_{18}O_5S$ **1-Desoxy-1-äthylmercapto-D-galaktit** (F. 148—149°) 3781.
1-Desoxy-1-äthylmercapto-D-mannit (F. 114 bis 115°) 3781.
$C_8H_{18}O_5S_2$ **D-Mannosedimethylmercaptal** (F. 144,5—145°) 6419.
$C_8H_{18}O_5Sn_2$ **Tetramethyl-1.3-bis-[acetoxy]-distannoxan**, IR-Spektrum 18 364.

propylphosphorsäureester 6685; Einfl. auf d. Konstit. d. V-Minerale Hewettit u. Metahewettit 6685; Erhöh. d. Histamin-Empfindlichk. nach —-Gaben bei Mäusen 5737; Verw.: in Reinig.-Mitteln 12 506*; d. Hydrochlorids bei Flotations-Verf. 16 435, 16 436.
2-Aminooctan (Kp.$_{10}$ 53—54°) 13 717.
3-Aminooctan (Kp.$_{16}$ 57—57,5°) 13 717.
4-Aminooctan (Kp.$_{12}$ 54—55°) 13 717.
1-Methylheptylamin, Verw. 13 164.
2-Äthylhexylamin, Rk.: mit 1-Oxa-4-thiacyclohexan-4.4-dioxid 16 495*; mit 3-Perfluorpentyl-3.4.4-trifluor-2.2-dioxo-1.2-oxathiacyclobutan 1794*; mit Salicylsäuremethylester 456; Kinetik d. therm. Dissoziat. v. N-Phenylphenylcarbamat in — 5992.
1.1.3.3(α.α.γ.γ)-Tetramethylbutylamin (*tert.*-Octylamin), Herst. v. —-Penicillinsalzen 15 335*; Dipolmoment 16 262; Rk. 13 717, 16 491*.
3-Äthylamino-3-methylpentan (Kp.$_{110}$ 81°) 7482.
2-Isopropylamino-2-methylbutan (Kp. 127°) 7482.
***N-tert.*-Amyl-2-propylamin** (Kp. 125—127°) 16 412*.
Dibutylamin (Kp. 159°), Herst., Verw. d. Salzes mit H_2S_7 7669*; Bldg. d. Hydrofluorids 16 701; Trenn. v. anderen Aminen 6161; IR-Absorpt.-Spektrum v. —-Salzen 6715; Rk.: mit NH_3 11 521; mit $B_{10}H_{14}$ 12 216; mit BCl_3 4343*, 15 930; Acetylier. 7106; Überführ. in Di-n-butylthiolcarbaminsäuremethylester 4139; Rk.: C_2H_2 u. CS_2 96; mit chlorierten Octadienen-(2.6) bzw. 2-Chlor-6-methylnonadien-(3.7) 17 721; mit Chloroform 18 794; (u. H_2S) 6736; mit 4.4-Dihydro-3-jodperfluorheptan 16 700; mit Pyrazolo-[3.4:d]-pyrimidinen 6877*; mit 2-Chlor-3.4-oxidobuten-(1) 17 368; mit Alkoholen + CO_2 11 366*; mit 4-Chlor-5-äthoxymethyl-2-methylpyrimidin 5671; mit Phenylglycidyläther (Kinetik) 8574; mit 2-Chlormethyl-5.6-dimethoxybenzimidazol 125; mit tert.-Butylhydroperoxid 16 262; mit Hexamethyldisilazan 12 265; mit Hexamethyldisilthian 8222; mit 1-Amino-2-[α-chlor-p-tolyloxy]-4-hydroxyanthrachinon 1422*; mit Na-2-[β-Hydroxyäthoxy]-1.1.3.3-tetracyanpropen 1796*; mit 8-Nitrotheophyllin-7-essigsäure 13 763; mit 4-tert.-Butylguajacolchloracetat 18 798; mit Äthyl- bzw. Isobutyl-2-hydroxyäthylthiolcarbonat bzw. 2-Piperidinoäthylmercaptan 9304; mit β-[Furyl-(2)]-acrylsäurechlorid 7507; mit α-Acetoxybutyrylchlorid 3184*; mit 5-Diazoimidazolcarbonsäureamid-(4) 18 821; Kinetik d. therm. Dissoziat. v. N-Phenylphenylcarbamat in — 5992; Charakterisier. mit (—)-Di-O-p-toluylweinsäure 3778; Wrkg. d. Hydrochlorids auf negatives AgJ-Sol 7798; Einfl. auf d. Polarisat. v. Fe-Elektroden 9247; Verw.: in Sterilisationslsg. 16 067*; zum Antistatischmachen v. synthet. Fasern 16 184*; bei d. Herst. v. Polystyrol 10 666*; bei d. Herst. v. Aminonucleosiden 2463*; mkr. Nachw. 17 513; gaschromatograph. Best. 7643; polarograph. Best. 10 952.
Di-*sek.*-butylamin, Rk. 16 262; Best. 16 430.
Diisobutylamin (Kp. 137—138°), Darst., Phenylthioharnstoff-Deriv. 3060; Rk. mit Chlf. 18 794; Kinetik d. therm. Dissoziat. v. N-Phenylphenylcarbamat in — 5992; mkr. Nachw. als dibenzofuran-2-sulfonsaures Salz 17 513.
***N-tert.*-Butyl-2-butylamin** (Kp.$_{750}$ 115 bis 117°) 16 412*.
Bis-[trimethylmethyl]-amin, Ganglienblockierende Wrkg. 5379.
Dimethyl-*n*-hexylamin (Kp. 128°) 7855.
***N-tert.*-Butyl-*N*-methylisopropylamin** (Kp. 130°) 16 412*.
Äthyldiisopropylamin (Diisopropylaminoäthan) (F. 126—128°), Darst. 1967; Rk. 948*.

$C_8H_{19}NO$ ((s. *Heptaminol*).
***N.N*-Di-*tert.*-butylhydroxylamin** (F. 65 bis 66°) 17 359.
techn. **Monooctanolamin,** Rk. 1408*.
2-Aminooctanol (Kp.$_1$ 106—112°) 13 019.
3-Äthylamino-3-methylpentanol-(2) (Kp.$_{21}$ 86—89°) 5633.
5-*n*-Propylaminopentanol, Rk. d. Hydrochlorids 12 763*.
3-Isopropylamino-3-methylbutanol-(2) (Kp.$_{14}$ 74—76°) 5633.
1-Butylaminobutanol-(3) (F. 28—29°) 15 188.
***N-tert.*-Butyl-4-hydroxybutylamin** (F. 41 bis 42°) 121.
4-Diäthylaminobutanol-(1) (Kp.$_3$ 77—78°) 6749.
α-Methyl-γ-diäthylaminopropanol 818.
***N-tert.*-Butyl-*N*-methyl-2-aminopropanol** 16 412*.
β-Diisopropylaminoäthanol (*N.N*-Diisopropyl-2-hydroxyäthylamin), Stabilitäts- u. Dissoziat.-Konst. d. Ag-Komplexes v. — 10 382; Rk. 8586.
1-Dimethylamino-5-methoxypentan (Kp.$_{34}$ 86—88°) 2703, 7855.
3-Dimethylamino-3-methylbuten-(1)-*N*-methylhydroxid, Jodid (F. 155—158° Zers.) 7485.
Trimethylcyclopentylammoniumhydroxid, Salze 18 076.
***N.N*-Dimethylhexamethyleniminium-hydroxid,** Salze 18 077.
1-Methylpiperidinäthylhydroxid, Unters. d. Nicotin-ähnl. Wrkg. d. Jodids 12 379.
***N*-Isopropylpyrrolidinmethylhydroxid,** Jodid (F. 290°) 121.

$C_8H_{19}NOS$ 2-[Diäthylaminoäthylmercapto]-äthanol ([β-Hydroxyäthyl]-[β'-diäthylaminoäthyl]-sulfid) (Kp.$_2$ 104°), Darst., Rk. 5447*; Rk. 14 617*.

$C_8H_{19}NO_2$ [2-Hydroxyäthyl]-[2'-hydroxy-2'-methylpentyl-(1')]-amin, Nachw. 7269.
Bis-[2-hydroxybutyl]-amin, Rk. 12 465*.
3.3-Imino-bis-[butanol-(2)], Rk. 5022*.
Dibutanolamin (*N*-Butyldiäthanolamin, Butyl-bis-[hydroxyäthyl]-amin), Rk. 1408*, 2589*. 14 816.
β-Aminobutyraldehyddiäthylacetal, Rk. 15 215.
γ-Aminobutyraldehyddiäthylacetal, Rk. 5300.
β-Methylaminopropionaldehyddiäthylacetal, Rk. 15 215.
1.1-Diäthoxy-2-dimethylaminoäthan, Rk. 6142*.
2-Hydroxycyclopentyltrimethylammonium-hydroxid, Ganglien-blockierende Potenzen d. geometr. Isomeren v. — (Vgl.) 9429.
1-Methylpiperidyl-(4)-methanolmethyl-hydroxid, Unters. d. Nicotin-ähnl. Wrkg. d. Jodids 12 379.
β-Dimethylaminopivalinaldehydmethyl-hydroxid, Jodid 835.
3-Dimethylamino-3-methylbutanon-(2)-*N*-methylhydroxid, Jodid (F. 213—214° Zers.) 7485.

$C_8H_{19}NO_3$ *N*-[1.4-Dioxanyl-(2)-methyl]-trimethylammoniumhydroxid 3904*.
γ-Butyrobetainmethylester (γ-Carbomethoxypropyltrimethylammoniumhydroxid), pharmakolog. Wrkg. d. Chlorids 9807; Acetylcholineffekt d. Bromids (F. 147 bis 149°) 12 371.
Propionylcholin, Darst., biolog. Wrkg. d. Jodids 15 666; enzymat. Hydrolyse durch d. Froschrectus 9017; —-Jodid als Substrat bei d. Unters. v. Esterasen d. Spinnmilbe 11 966; Wrkg. auf d. elektr. Aktivität einer Einzelelektroplax 18 553;

Mechanismus d. stimulierenden Wrkg. am isolierten Herzohr d. Kaninchens 6098.

Mecholyl (Methacholin, Acetyl-β-methylcholin-{ Salze }), Darst., biolog. Wrkg. d. Chlorids 15 666; Hydrolyse durch Cholinesterasen d. Herzens 17 080; Fehlen d. Rk. auf —-Chlorid bei langdauernder Cholinesterasehemm. bei Hunden 13 850; Verstärk. d. —-Wrkg. auf d. isolierte Ileum v. Meerschweinchen durch Cyanocobalamin, Folsäure, Riboflavin u. Neostigmin 9049; Prüf. d. antagonist. Wrkg. verschied. Substanzen gegenüber d. constrictor. Wrkg. d. —-Chlorids 10 924; Einfl.: auf d. Gefäß-Rk. im Hypophysenstiel 12 751; auf Blutzufluß, -abfluß u. Gew. d. Hundemilz 12 723; Bezieh. d.—-Testes zur Brenzcatechinamin-Ausscheid. 3176.

$C_8H_{19}NO_3S$ **4-Diäthylaminobutan-1-sulfonsäure** (F. 184—186° Zers.) 6400.

$C_8H_{19}NO_4$ **D(—)-Lactoylcholin,** Bezieh. zwischen Konstit. u. biolog. Wrkg. 15 666.

L(+)-Lactoylcholin, Bezieh. zwischen Konstit. u. biolog. Wrkg. 15 666.

DL-Lactoylcholin, Bezieh. zwischen Konstit. u. biolog. Wrkg. 15 666.

$C_8H_{19}NO_4S$ **2-Hydroxyäthyldimethylsulfolanyl-(3)-ammoniumhydroxid,** Jodid (F. 139 bis 140,5° korr.) 15 955.

$C_8H_{19}NO_5$ **DL-Glyceroylcholin,** Darst., biolog. Wrkg. d. Jodids (F. 104—105,5°) 15 666.

$C_8H_{19}NS$ ***n*-Hexyl-2-mercaptoäthylamin (2-*n*-Hexylaminoäthylmercaptan)** (Kp.$_7$ 97°) 9302, 9304 [2 Ref.].

Di-*n*-propyl-2-mercaptoäthylamin (Kp.$_{10}$ 77°) 9305.

Diisopropyl-2-mercaptoäthylamin (Kp.$_{13}$ 73°) 9305.

7-Methylmercaptoheptylamin (Kp.$_{10}$ 118°) 1193.

β-Hexylmercaptoäthylamin (Kp.$_{15}$ 128 bis 130°) 16 842*.

$C_8H_{19}NS_2Si$ ***S*-Trimethylsilyl-*N.N*-diäthyldithiocarbamat** 12 265.

$C_8H_{19}NSi$ ***N.N*-Pentamethylentrimethylsilylamin** (Kp. 158—160°) 12 265.

$C_8H_{19}N_2O_4PS$ ***O*-[2-Methyl-2-nitropropyl]-*O*-isopropyl-*N*-methylthiophosphorsäureamiddiester** 14 667*.

$C_8H_{19}N_3$ **1-[*n*-Butyl]-4-aminopiperazin,** Rk. 13 129*.

3(γ)-[4'-Methylpiperazino]-propylamin (Kp.$_{17}$ 113—114°) 1950, 15 594.

***N*-Piperidinoisopropylhydrazin** (Kp.$_{10}$ 99 bis 103°) 17 851*.

[*N*-Isopropylpiperidyl-(4)]-hydrazin (Kp.$_{0,7}$ 75—77°) 19 014*.

***N'*-Isopropyliden-*N*-[dimethylaminoisopropyl]-hydrazin** (Kp.$_{10}$ 63—64°) 17 851*.

$C_8H_{19}N_3O$ ***N*-Acetyl-*N*-[1-dimethylaminobutyl-(3)]-hydrazin** (Kp.$_{12}$ 114—115°) 17 851*.

***N'*-Acetyl-*N*-[1-dimethylaminobutyl-(3)]-hydrazin** (Kp.$_{0,2}$ 102—103°) 17 851*.

***N*-Acetyl-*N*-[β-diäthylaminoäthyl]-hydrazin** (Kp.$_1$ 106°) 17 851*.

***N'*-Acetyl-*N*-[β-diäthylaminoäthyl]-hydrazin** (Kp.$_{0,02}$ 120—122°) 17 851*.

$C_8H_{19}N_3S$ ***S*-[3-Diäthylaminopropyl]-isothioharnstoff,** Dihydrobromid (F. 195,5 bis 197,5°) 450.

***S*.2-Dimethylaminoäthyl-1'.3'.3'-trimethylisothioharnstoff,** Prüf. d. Hydrobromids auf Strahlenschutz 1683.

$C_8H_{19}N_5$ **Hexylbiguanid,** Dicyanokobaltkomplexe d. — 11 128.

***N*-β-Piperidinoäthyl-*N'*-aminoguanidin,** Hydrojodid (F. 114°) 16 286.

$C_8H_{19}N_5O_2$ ***N*-γ-Diäthylamino-*n*-propyl-*N'*-nitroguanidin** (F. 134°) 16 286.

$C_8H_{19}N_5S_2$ ***N.N*-Bis-[β-isothiuroniumäthyl]-äthylamin (*S*.2-Bis-[isothiuroniumäthyl]-äthylamin),** Prüf. d. Hydrobromids auf Strahlenschutz 1682.

$C_8H_{19}N_6OP$ **5-Äthyl-x-[bis-(dimethylamido)-phosphoryl]-3-amino-1.2.4-triazol** (F. 90°) 11 186.

$C_8H_{19}OP$ **Di-*n*-butylphosphinoxid** (F. 58—60°), Herst., Verw. 18 638*; Rk. 16 288.

$C_8H_{19}OPS_2$ **Diäthylthiolphosphinsäure-*S*-[β-äthylmercaptoäthylester]** (Kp.$_{0,01}$ 88°) 16 109*.

$C_8H_{19}O_2P$ **Diäthylbutylphosphonit (*n*-Butylphosphonigsäurediäthylester)** (Kp.$_{20}$ 78°), Herst. 4347*; Rk. 18 273*.

$C_8H_{19}O_2PS$ **Di-*n*-butylthiophosphit** (Kp.$_9$ 121 bis 122°) 12 623.

Diisobutylthiophosphit (Kp.$_{11}$ 109—110°) 12 623.

$C_8H_{19}O_2PS_2$ **Octyldithiophosphorsäure,** Verw. d. Zn-Salzes 7024, 19 069* [2 Ref.].

Diisobutyldithiophosphorsäure, IR-Reflex.-Unters. v. an Metall-Oberflächen adsorbiertem Zn-—5947.

Di-*n*-butyldithiophosphorsäure (Dithiophosphorsäure-*O.O*-di-*n*-butylester) (Kp.$_{2,5}$121 bis 122°), Darst., Verw. v. — u. —-Salzen 15 087, 18 333; IR-Spektrum 9283.

Äthylthiophosphonsäure-*O*-[2-äthylmercaptoäthyl]-*O*-äthylester (Kp.$_{0,070-0,080}$ 86 bis 91°) 1569.

Äthylthiophosphonsäure-*S*-[2-äthylmercaptoäthyl]-*O*-äthylester 1569.

Methylthiophosphonsäure-*O*-[2-äthylmercaptoäthyl]-*O*-propylester (Kp.$_{0,02}$ 78 bis 80°) 1569.

Methylthiophosphonsäure-*S*-[2-äthylmercaptoäthyl]-*O*-propylester 1569.

Methylthiophosphonsäure-*O*-[2-äthylmercaptoäthyl]-*O*-isopropylester (Kp.$_{0,015}$ 75 bis 79°) 1569.

Methylthiophosphonsäure-*S*-[2-äthylmercaptoäthyl]-*O*-isopropylester 1569.

***O*-Äthyl-*S*-γ-äthylmercaptopropylmethylthiophosphonat (Gd-78),** Darst., Bezieh. zwischen Struktur u. biolog. Aktivität v. — als Cholinesteraseinhibitor 4619.

$C_8H_{19}O_2PS_3$ ***S*-*N*-Propylmercaptomethyldithiophosphorsäurediäthylester** s. *Schädlingsbekämpfung-Spezialmittel* (*Verb. 12 009* [*Amer. Cyanamid*]).

***S*-Isopropylmercaptomethyldithiophosphorsäurediäthylester** s. *Schädlingsbekämpfung-Spezialmittel* (*Verb. 12 008* [*Amer. Cyanamid*]).

***O.O*-Diäthyl-*S*-[β-äthylmercaptoäthyl]-dithiophosphat** s. *Schädlingsbekämpfung-Spezialmittel* (*Disyston, Dithiosystox, M-74*).

$C_8H_{19}O_2PS_4$ ***S*-[β-Äthylmercaptoäthylsulfenyl]-thionothiolphosphorsäure-*O.O*-diäthylester** (Kp.$_{0,01}$ 96—98°) 4692*.

$C_8H_{19}O_3P$ ***n*-Butylphosphonsäure-*n*-butylester,** Salze 12 266.

***n*-Butylphosphonsäurediäthylester,** Rk. 2712.

Äthylphosphonsäureäthyl-*n*-butylester 2712.

Äthylphosphonsäuredi-*n*-propylester, Rk. 2712.

Di-*n*-butylphosphit (Dibutylhydrogenphosphit, Di-*n*-butylphosphorigsäure) (Kp.$_{10}$ 115—117°), Darst., Rk. 9300, 12 622; IR-Spektrum d. Na-Salzes 15 164; Verteil.-Koeff. für d. Extrakt. v. $UO_2(NO_3)_2$ mit — aus HNO_3-Lsg. 3377; Rk. v. — bzw. Na-—: mit Tetramethylendibromid 18 638*; mit n-Butylbromid bzw. n-Butylphosphonsäure-di-n-butylester 12 266; mit Myrtenylchlorid 10 845; mit Salicylaldehyd 9745; mit 5-Formyl-4-amino-2-methylmercaptopyrimidin 17 398; mit Dibutylchlormethylphosphonat 3785; mit Chloramin 2336; mit γ- Propansulton 19 010*.

Di-*sek.*-butylphosphit (Kp.$_3$ 69,5°) 9300.

Diisobutylphosphit (Diisobutylphosphorigsäure bzw. Phosphonsäurediisobutylester) (Kp.$_{12}$ 111—112°), Darst., Rk. 9300, 12 622; IR-Spektrum 14 447.

Di-*tert.*-butylphosphit, Darst., Rk. 9675; colorimetr. Best. 18 583.
Diäthyl-*n*-butylphosphit 18 087.
$C_8H_{19}O_3PS$ **Thiophosphorsäure-di-*n*-butylester,** IR-Spektrum d. Triäthylammoniumsalzes 9283.
$C_8H_{19}O_3PS_2$ ***O.O*-Diäthyl-*O*-[äthylmercaptoäthyl]-thionophosphat (2-Äthylmercaptoäthylthionophosphorsäurediäthylester),** Herst., Verw. 8762*, 13 546*; s. auch *Schädlingsbekämpfung-Spezialmittel* (*Demeton, Systox*).
***O.O*-Diäthyl-*S*-[2-äthylmercaptoäthyl]-thiophosphat (*S*-[2-Äthylmercaptoäthyl]-thiolphosphorsäurediäthylester,** Herst., Verw. 8762*; s. auch *Schädlingsbekämpfung-Spezialmittel* (*Demeton, Isosystox*).
$C_8H_{19}O_3PS_3$ ***O.O*-Diäthyl-*β*-äthylmercaptoäthyldithiophosphat-*S*-oxid** s. *Schädlingsbekämpfung-Spezialmittel* (*M-74-Sulfoxid*).
$C_8H_{19}O_4P$ **Mono-*n*-octylphosphat (Phosphorsäuremonooctylester),**Assoziat.797; Verw. 2132*, 18 685*.
Mono-[2-äthylhexyl]-orthophosphat (Mono-2-äthylhexylphosphorsäure), Polymerisat. 797; Isolier. v. Np als —-Komplex 3377.
Di-*n*-butylphosphat (Dibutylmonohydrogenphosphat, Di-*n*-butylphosphorsäure, Phosphorsäuredibutylester), Darst. 2336, 18 079; (Rk.) 12 266; Bldg. 15 518; (v. Uranyl-bis-[dibutylphosphat) 9272; Struktur v. — bzw. —-Salzen aus d. ^{31}P-Kernresonanz 15 125; Assoziat. 797; heterogenes Gleichgew. im Syst. H_2O/HNO_3/— 9265; Kinetik d. Pyrolyse 6730; Rk. mit $(C_4H_9)_4NOH$ 9272; Verw. zur Extrakt.: v. HNO_3 13 687; v. Ce-, Eu- u. Y-Nitrat 18 390; v. Metallen 17 329; v. Zr 8359, 10 945; v. Pa 3016; v. Pu 9636; v. Uranoxyden 4681*; v. U(IV) 1152; v. U(VI) 8178, 13 686; einer UCl_4, KCl u. CuCl enthaltenden Salzschmelze 8178; Einfl. v. Dibutylphosphat auf d. Trenn. v. U u. Pu 6289; Trenn. v. Mono-n-butylphosphat 961, 9458.
Diisobutylphosphat 12 266.
Butyldiäthylphosphat (Kp.$_3$ 83—86°), Herst. 7692*; Extrakt. v. Zr mit — 3016.
Methyl-*n*-propyl-*n*-butylphosphat (Kp.$_{0,08}$ 73°) 9675.
$C_8H_{19}O_4PS_2$ ***β*-Methoxymethylmercaptoäthylthionophosphorsäurediäthylester** (Kp.$_2$ 132°) 5447*.
$C_8H_{19}O_4PS_3$ ***O.O*-Diäthyl-*β*-äthylmercaptoäthyldithiophosphat-*S.S*-dioxid** s. *Schädlingsbekämpfung-Spezialmittel* (*M-74-Sulfon*).
$C_8H_{19}O_5P$ ***O.O*-Diäthyl-*O*-[*tert.*-butyl]-peroxyphosphat** (Kp.$_{0,003}$ 53—54°) 9172*.
$C_8H_{19}O_5PS_2$ ***O.O*-Diäthyl-*S*-[äthylsulfonyläthyl]-thiolphosphat** 13 546*.
$C_8H_{19}P$ ***n*-Octylphosphin** (Kp. 169°), IR-Spektrum 14 447; Rk. 1609.
Di-*n*-butylphosphin (Kp. 153°), IR-Spektrum 14 447; Einw. auf cis- u. trans-Buten-(2) in Ggw. v. Azoisobutyronitril 3051.
Diisobutylphosphin, Rk. 15 189.
***n*-Butyldiäthylphosphin** 10 816.
$C_8H_{19}PS_3$ **Diäthyldithiophosphinsäure-[2-äthylmercaptoäthylester]** 7491.
$C_8H_{20}AlNa$ **Natriumaluminiumtetraäthyl,** Bldg. 17 683; Einfl. auf d. Carbonyl-Bldg. aus Metallsalzen 1925.
$C_8H_{20}Al_2Cl_2$ **Tetraäthyldialuminiumdichlorid,** IR- u. Ramanspektrum 2257.
$C_8H_{20}As_2F_6O_4$ **Tetraäthoxyarsoniumhexafluoroarsenat(V)** (F. 63°) 17 681.
$C_8H_{20}BClN_2$ **Bis-[diäthylamino]-borchlorid,** Red. 14 436.
$C_8H_{20}BN$ ***N*-Dimethylcyclohexylborazan** (F. 49°), Darst. 8059*, 8061*, 17 562*; (Verw.) 3688*; 8848*.
Aminodibutylboran 14 436.
Dimethylaminodipropylboran (Kp.$_{12}$ 57 bis 59°) 14 437.
$C_8H_{20}BNa$ **Natriumtetraäthylborat** 2662, 10 769.
$C_8H_{20}BNaO_3$ **Natriumäthyltriäthoxyborat** 10 769.
$C_8H_{20}B_2O_4$ **Hypoborsäureäthylester (Tetraäthoxydibor)** (Kp.$_{0,2}$ 30—33°), Darst. 14 436; Rk. 11 489.
$C_8H_{20}Br_4Sb_2$ **Verb.** $C_8H_{20}Br_4Sb_2$ (F. 143,5°) aus Triäthylantimon durch Bromier. 10 767.
$C_8H_{20}ClO_4Sb$ **Tetraäthoxyantimonchlorid** (F. 89°) 7815.
$C_8H_{20}Cl_2N_2Si$ **Bis-[diäthylamino]-dichlorsilan** (Kp.$_{14}$ 101—104°) 13 722.
$C_8H_{20}Cl_2OSi_2$ **1-[3'-Chlor-2'-methylpropyl]-3-chlortetramethyldisiloxan** (Kp.$_{17}$ 105°) 7486.
$C_8H_{20}Cl_2OSn_2$ **1.1.3.3-Tetraäthyl-1.3-dichlordistannoxan** 6703.
$C_8H_{20}Cl_2Si_2$ **1-[Trimethylsilyl]-4-[methyldichlorsilyl]-butan** (Kp. 220—223°) 4188.
$C_8H_{20}Cl_4N_5P_3$ **2.2.4.6-Tetrachlor-4.6-bis-[diäthylamino]-cyclotriphosphazatrien** (F. 134°) ,Bldg. 18 041; IR-Spektrum 18 364.
$C_8H_{20}F_2N_2O_3P_2$ *symm.*-**Difluorodiphosphorsäure-bis-[diäthylamid]** (Kp.$_{0,001}$ 95—100°) 53.
$C_8H_{20}F_2OSn_2$ **1.3-Difluortetraäthyldistannoxan** 17 339.
$C_8H_{20}F_4Si_2$ **1.6-Bis-[difluormethylsilyl]-hexan** (Kp.$_{29}$ 100—102°) 12 276.
$C_8H_{20}Ge$ **Tetraäthylgerman** (Kp. 160—162°), Darst., Rk. 6801; NMR-Spektrum 434; mol. Susceptibilität 15 538; Rk. 17 338, 18 797.
$C_8H_{20}GeO_4$ **Orthogermaniumsäuretetraäthylester,** Dampfdruck u. Viscosität 3369.
$C_8H_{20}JNO$ **5-Jodpentyltrimethylammoniumhydroxid,** Jodid (F. 164—165°) 17 081.
$C_8H_{20}NOPS_3$ ***O*-Äthyl-*S*-[*β*-äthylmercaptoäthyl]-dimethylamidodithiophosphat** (Kp.$_{2,5}$ 136—137°) 15 190.
$C_8H_{20}NO_2PS$ **Diäthylamidothionophosphorsäurediäthylester,** IR-Spektrum 9283.
2-Diäthoxyphosphinthioäthyldimethylamin, Einfl. d. Oxalats (*217-AO*) auf d. Acetylcholinesterase bei Katzen (Vgl.) 14 910.
$C_8H_{20}NO_2PS_2$ ***O*-Äthyl-*O*-[*β*-äthylmercaptoäthyl]-dimethylamidothiophosphat** (Kp.$_{2,5}$ 112—114°) 15 190.
***O*-Äthyl-*S*-[*β*-äthylmercaptoäthyl]-dimethylamidothiophosphat** (Kp.$_{2,5}$ 122 bis 123°) 15 190.
$C_8H_{20}NO_3P$ **2-Dimethylaminoäthylphosphonsäurediäthylester** (Kp.$_1$ 100°) 8589.
Amidodi-*n*-butylphosphat (Kp.$_8$ 172—174°) 2336.
***N*-[*n*-Hexyl]-phosphorsäuredimethylesteramid** (Kp.$_{0,5}$ 119°) 2707.
Diäthylphosphorsäurediäthylamid (Kp.$_6$ 91°) 5476*.
$C_8H_{20}N_2$ **1.6-Diaminooctan** (Kp.$_1$ 75°) 7695*.
1.8-Diaminooctan (Octamethylendiamin) (Kp.$_1$ 94°), Darst. (Rk., Dihydrochlorid) 7695*; (Dibenzoyl-Deriv.) 7696*; (d. Dihydrochlorids) 11 730*; Darst., Rk. v. Salzen mit Dicarbonsäuren 4944; Rk. 15 595; Trenn. v. anderen Aminen 6161.
2.7-Diaminooctan (Kp.$_{10}$ 95°) 8946.
3.6-Diaminooctan (Kp.$_2$ 60°) 7695*.
dl-**4.5-Diaminooctan** (Kp. 138—140°) 11 871.
Meso-4.5-diaminooctan (Kp. 240—245°) 11 871.
dl-**3.4-Diamino-2.5-dimethylhexan** (Kp. 127°) 11 871.
Meso-3.4-diamino-2.5-dimethylhexan (Kp. 220°) 11871.
***N.N'*-Dimethylhexamethylendiamin,** Rk. 4257*, 6210*.
***N.N'*-Diäthyltetramethylendiamin,** Dihydrochlorid (F. 300—302°) 2814.
dl-**2.3-Bis-[äthylamino]-butan** (Kp. 165°) 11 871.
***N.N'*-Dipropyläthylendiamin,** Penicillin-G-Salz 14 886.

$C_8H_{20}Si$ Äthyldi-*n*-propylsilan (Kp.$_{754}$ 152,5°), Kinetik d. Adsorpt. an einen Pt-Kohle-Katalysator 11 513.
Di-*n*-propyldimethylsilan, Mol.-Refr. 5233.
Tetraäthylsilan (Tetraäthylsilicium, Siliciumtetraäthyl), Darst. 5101*, 5848*, 11 833, 13 203*; Bldg., Rk. 18 797; relative chem. C- bzw. H-Verschieb. 9286; Konstit.-Einfl. auf d. ν(SiC) 11 504; Mol.-Refr. 5233; spontane Zünd. 3730; Verbrenn.-Wärme 8885; Rk. 5475*, 5477*, 18 797.

$C_8H_{20}Si_2$ Trimethyl-[α-trimethylsilylvinyl]-silan (1.1-Bis-[trimethylsilyl]-äthylen), Darst. 417; Massenspektrum 418; Mol.-Refr. 5233; Rk. 418.
Trimethyl-[β-trimethylsilylvinyl]-silan, Mol.-Refr. 5233.
1.1.4.4-Tetramethyl-1.4-disilacyclohexan (Kp. 166—167°), Darst. 16 287; Bldg., Struktur 871.
1.1.2.3.3-Pentamethyl-1.3-disilacyclopentan, Bldg., Struktur 871.

$C_8H_{20}Sn$ Dibutylzinndihydrid, Rk. 8466, 18 042.
Zinntetraäthyl (Tetraäthylzinn, Tetraäthylstannan) (Kp. 175—181°), Bldg. 5591, 12 587; relative Vorzeichen d. X—H-Spinnkoppl.-Konst. 389; IR-Spektrum 1119; Verbrenn.-Wärme 8885; photochem. Zerfall 17 779; Rk. mit VCl_4 (Verw. d. Rk.-Prod. als Polymerisat.-Katalysator) 6608*; Rk. mit Isopropylbromid bzw. -chlorid 18 797; chromatograph. Trenn. v. anderen Organozinnverb. 16 426.

$C_8H_{21}AlN_2$ Dimethylamidodiisopropylamidoalan 4463.

$C_8H_{21}BClNSi$ Dimethylchlorsilylaminodipropylboran (Kp.$_1$ 77—79°) 14 438.

$C_8H_{21}BN_2O$ Bis-[äthylamino]-*n*-butoxyboran 10 766.

$C_8H_{21}BN_2S_2$ Dimethylaminopropyldithiocarbaminsäureäthylesterborin 8059*.

$C_8H_{21}BO_2$ Di-*n*-butylboreniumsäure, Na-Salz 6385.

$C_8H_{21}ClOSi_2$ 1-[3'-Chlorpropyl]-pentamethyldisiloxan (Kp.$_{39}$ 98°) 7486.

$C_8H_{21}NO$ Tetraäthylammoniumhydroxid, Darst.: v. —-Salzen 1795*; d. Boranats 17 562*; Darst., Rk. d. Trichlorids 1564; Isolier. v. $U(NO_3)_4$ als $[(C_2H_5)_4N]_2U(NO_3)_6$ 4110; Kristallstruktur d. Heptajodids 76; Absorpt.-Spektrum: v. Komplexsalzen mit U(VI) u. mit 4-wert. Actiniden 8532; d. Dichlorodibromo- u. d. Tetrabromoniccolats 381; Absorpt.-Spektrum u. Elektronenstruktur v. $[(C_2H_5)_4N]_2[MnBr_4]$ 11 448; UV-Spektrum d. Chlorids u. Bromids 5553; Leitfähigk.: v. —-Salzen 1512; d. Pikrats 18 774; Leitfähigk. u. Viscosität v. —-Pikrat halt. Syst. 6719; Wrkg. d. —- Ions: auf d. Vorgänge an Ni-Elektroden 13 670; auf d. polarograph. Stufen d. Syst. Eu(II)/Eu(III) 5566; Einfl. d. Bromids auf d. Elektrored. v. Anionen 5566; Einfl. v. La^{3+} auf d. polarograph. Red. v. $KBrO_3$ in Ggw. d. Bromids 3002; Einfl. v. —-Salzen auf d. katalyt. Strom organ. Verb. 6307; spezif. Adsorpt. d. Jodids an d. Grenzfläche Hg-W. u. d. Struktur d. elektr. Doppelschicht 11 106; Brechungsindex u. Dichte d. Bromids 2308; kinet. Salzeffekte durch —-Ionen 4838; Wrkg. d. Chlorids auf negatives AgJ-Sol 7798; Aktivitäts-Koeff. d. Jodids in wss. Lsg. 15 494; Löslichk. d. Chlorids in fl. HJ 1531; Dichte, Löslichk. u. Leitfähigk. d. Jodids in B_5H_9 11 484; Löslichk., Leitfähigk. u. Rk. d. Chlorids in S_2Cl_2 3015; Verh. gelöster Chloride gegenüber —-Chlorid 766; Verh. d. Fluorids bzw. Tetrafluoroborats in Benzoylfluorid als ionisierendem Lsgm. 8523 [2 Ref.]; Rk.: mit U, UO_3 oder U_3O_8 4110; d. Chlorids mit $AlCl_3$ 17 683; mit Jodo- u. Bromomolybdän(II)-Komplexen 15 887; v. —-Salzen mit n-C_4H_9Br (Gleichgew.-Konst.) 13 344; v. —-Azid mit p-Nitrofluorbenzol (Kinetik) 5614; d. Jodids mit Bis-[triphenylphosphin]-Tetracarbonylvanadin 18 398; v. —-Tetrabromopalladat(II) mit Tetraäthylammoniumbromid 9645; Verteil. v. — in Seeanemonen 6098; Resorpt. durch d. kleine Intestinum v. Ratten 17 835; Einfl. auf d. Luftwegsrk. bei narkotisierten Hunden 18 917; Aktivier. d. Trypsins durch —-Bromid 15 645; Histamin- u. Serotonin-freisetzende Eig. v. —-Bromid (Vgl.) 17 821; Einfl.: auf d. Transport v. ^{42}K v. Blut in d. Cerebrospinalliquor bei Katzen 9045; auf d. Blutdruck-Rk. bei d. Katze nach Histamin u. Pilocarpin 212; antagonist. Effekt v. Amino- u. Guanidinosäuren auf d. blutdrucksenkende Wrkg. v. —-Chlorid bei anästhesierten Hunden 3177; Einfl.: auf d. cardiovasculäre Wrkg. v. Phenoxybenzamin 937; d. —-Chlorids auf d. Wrkg. v. Angiotensin auf glatte Muskulatur 13 456; d. —-Chlorids auf d. Wrkg. v. Acetylcholin auf d. Erreg.-Leit. in myelinfreien Säugetiernervenfasern 12 007; Effekt v. —-Chlorid an K-depolarisierten markhalt. Nervenfasern 9423; Wrkg. v. —-Chlorid auf d. sympath. u. parasympath. postganglionäre Aktionspotential 15 319; Blocker-Wrkg. d. Bromids gegenüber d. Ganglion coeliacum 5379; Mechanismus d. durch —-Bromid bewirkten Ganglienblockier. 556, 11 644; Einfl. d. Chlorids auf d. Wrkg. d. Injekt. v. Nicotin in d. Kranzgefäße auf d. Herz 557; Verhinder. d. Schmerz u. Entzünd. hervorrufenden Wrkg. v. Nicotin u. Acetylcholin durch —-Bromid 2449; Wrkg. v. —-Chlorid (*Etamon*) auf d. Morphinanalgesie 13 117; photograph. Verw. 10 713*; Verw. d. Bromids in Heloplegan 9072; Best. d. Bromids 11 286, 13 887; analyt. Verw.: zur potentiometr. Titrat. v. Polyacryl- u. Polymethacrylsäure 5689; zur viscosimetr. u. konduktometr. Titrat v. Polymethacrylsäure 5689.

$C_8H_{21}NOSi$ Dimethyläthoxysilyldiäthylamin 12 265.
3-Trimethylsilylpropyldimethylaminoxid, Pikrat (F. 147—148°) 5102*.

$C_8H_{21}NO_2$ 1-Dimethylaminopentanol-(5)-*N*-methylhydroxid, Jodid (F. 131—132°) 7855.
3-Dimethylamino-3-methylbutanol-(2)-*N*-methylhydroxid, Jodid (F. 248—252° Zers.) 7485.
Triäthylaminoäthanol (Triäthylcholin), Stör. d. neuromuskulären Übertrag. durch — 14 231.

$C_8H_{21}NO_2Si$ γ-Aminopropylmethyldiäthoxysilan, Rk. 6233*.

$C_8H_{21}NO_2Si_2$ *N*-[Trimethylsilyl]-glycintrimethylsilylester (Kp.$_{15}$ 85°) 1574.

$C_8H_{21}NO_5$ Tetrakis-[β-hydroxyäthyl]-ammoniumhydroxid, Salzbldg. v. Deriv. d. — 16 645.

$C_8H_{21}NO_6P_2$ Diäthyl-*N*-[diäthylphosphoryl]-amidophosphat (Kp.$_{0,001}$ 79—80°), Darst. 11 884; (v. — u. deuteriertem —) 14 105.

$C_8H_{21}NSi$ *N*.*N*-Dimethyl-γ-aminopropyltrimethylsilan, Rk. 5101*.

$C_8H_{21}N_2OP$ Phosphorigsäuredi-[diäthylamid] (Kp.$_6$ 120°) 14 666*.

$C_8H_{21}N_2OPS_2$ *O*-[β-Äthylmercaptoäthyl]-bis-[dimethylamido]-thiophosphat (Kp.$_{1,5}$ 105 bis 106°) 15 190.
***S*-[β-Äthylmercaptoäthyl]-bis-[dimethylamido]-thiophosphat** (Kp.$_1$ 103—104°) 15 190.

$C_8H_{21}N_2O_2P$ Butylphosphorsäuretetramethyldiamid 5475*.

$C_8H_{21}N_3$ 3-[2'-Aminoäthyl]-hexamethylendiamin, Rk. 6210*.
Bis-*N*.*N*-[2-aminoäthyl]-butylamin, Rk. 5099*.

Bis-[β-(dimethylamino)-äthyl]-amin (Tetramethyldiäthylentriamin) (Kp. 195—197°), Darst. 1950; Verw. 16 184*.

***N*-[1-(*N*-Methyl-*N*-isopropylamino)-butyl-(3)]-hydrazin** (Kp.11 96—98°) 17 852*.

***N*-[1-Diäthylaminobutyl-(3)]-hydrazin** (Kp.11 95—96°) 17 852*.

***N'*-Isopropyl-*N*-[dimethylaminoisopropyl]-hydrazin** (Kp.12 64—65°) 17 851*.

$C_8H_{21}N_3O_2$ ***N.N'*-Bis-[β-hydroxyäthyl]-diäthylentriamin**, Darst. Rk. 12 458*; Rk. 13 570*.

$C_8H_{21}N_5$ ***N*-γ-Diäthylamino-*n*-propyl-*N'*-aminoguanidin**, Hydrojodid (F. 90—91°) 16 286.

$C_8H_{21}OP$ **Tetraäthylphosphoniumhydroxid**, Verw. als Katalysator 9005.

$C_8H_{21}O_2PS_2$ ***O*-Äthyl-*S*-β-[äthylmethylsulfoniumäthyl]-methylthiophosphonat (Gd-42)**, Darst. u. Bezieh. zwischen Struktur u. biolog. Aktivität v. —-Methylsulfat als Cholinesteraseinhibitor 4619.

$C_8H_{21}O_3PSi$ **[β-Dimethoxyphosphinyläthyl]-dimethyläthoxysilan** (Kp.0,5 119°) 5161*.

$C_8H_{22}AsOP$ **Dimethylarsinotriäthylphosphoniumhydroxid**, Salze 1155.

$C_8H_{22}BN$ ***N.N*-Dibutylborazan** 4343*.

***N.N*-Diäthyl-*n*-butylborazan** (Kp.14 125°) 8061*.

$C_8H_{22}B_2$ **Tetraäthyldiboran** (Kp. 112°) 5473*.

$C_8H_{22}B_2N_2$ **Hydrazino-*N.N'*-bis-[diäthylboran]** (Kp.15 77°) 14 437.

$C_8H_{22}Cl_2O_2Si_3$ **1.1.3.3-Tetramethyl-5.5-diäthyldichlortrisiloxan**, Rk. 1959.

$C_8H_{22}Cl_2O_4Si_4$ **1.5-Diäthyl-1.5-dichlortetramethylcyclotetrasiloxan** (Kp.1 126—128°), Darst., Rk. 1201; Rk. 2015.

$C_8H_{22}HgSi_2$ **Bis-[trimethylsilylmethyl]-quecksilber** (Kp.0,35 49—50°) 8948.

$C_8H_{22}NO_7P$ **Glycerylphosphorylcholin**, — im peripheren Nervensyst. 1677; — u. dessen Umwandl. im Nervengewebe u. in d. Leber 3889; Abbau v. Samen-— durch Sekrete aus d. weibl. Geschlechtstrakt 13 432.

$C_8H_{22}N_2O_2$ ***N.N'*-Dimethylpiperazindimethylhydroxid**, Dijodid (Zers. 227° korr.) 3817.

$C_8H_{22}N_2O_2Si$ **Bis-[*tert.*-butoxy]-diaminosilan**, Rk. 4511, 16 150*.

$C_8H_{22}N_2O_3Si$ ***N*-[3-Trimethoxysilylpropyl]-äthylendiamin** (Kp.15 140,5°) 6210*.

$C_8H_{22}N_2O_4Si$ **Diäthoxydi-[β-aminoäthoxy]-silan** 16 150*.

$C_8H_{22}N_2O_6P_2$ **Äthylendiamin-*N.N'*-bis-[methylphosphonsäuremonoäthylester]** 3606*.

$C_8H_{22}N_2O_8P_2$ **Bis-*N.N'*-[β-hydroxyäthyl]-äthylendiamin-bis-*N.N'*-methylphosphonsäure**, Tetra-Na-Salz 5848*.

$C_8H_{22}N_4$ **Aminoäthyldiäthylaminoäthylhydrazin** (Kp.13 124—126°) 2540*.

***N.N'*-Bis-[2-dimethylaminoäthyl]-hydrazin** (Kp.0,2 65°) 7145.

$C_8H_{22}OSi_2$ *symm.* **Tetraäthyldisiloxan**, Rk. 8584.

$C_8H_{22}OSi_2Sn$ **1.1.3.3.5.5-Hexamethyl-1.3-disila-2-oxa-5-stannacyclohexan** (Kp.21 95°), Herst. u. Verw. v. — 18 298*.

$C_8H_{22}O_2Si_2$ **Äthylenglykol-bis-[trimethylsilyl]-äther** 18 850.

$C_8H_{22}O_3Si_2$ *symm.*-**Tetramethyl-1.3-diäthoxydisiloxan** (Kp. 160—163°), Darst., Polykondens. 7547; Konstit.-Einfl. auf d. IR-Spektrum 5606.

$C_8H_{22}O_3Si_3$ **1.1.3.3-Tetramethyl-5.5-diäthylcyclotrisiloxan** (Kp.6 56°) 1959.

$C_8H_{22}O_5Si_2$ ***Si.Si'*-Diäthyltetramethoxydisiloxan**, Verbrenn.- u. Bldg.-Wärme 10 408.

$[C_8H_{22}O_{12}P_2Si_2]_x$ **Verb.** $[C_8H_{22}O_{12}P_2Si_2]_x$ aus Tetra-n-butoxysilan u. P_2O_5 5691.

$C_8H_{22}Si_2$ **1.1-Bis-[trimethylsilyl]-äthan** (Kp.760 150,5°), Darst. 417; Massenspektrum 418.

1.2-Bis-[trimethylsilyl]-äthan (Hexamethyl-1.2-disilyläthan) (Kp. 150—152°), Darst., Rk. 16 287; Massenspektrum 418; Konstit.-Einfl.: auf d. Raman-Spektrum 5234; auf Dipolmoment u. DK 12 232; Temp.-Abhängigk.: v. Dichte u. Viscosität 5238; d. Oberflächenspann. 5241.

$C_8H_{23}ClO_4Si_4$ **1-Äthyl-1-chlorhexamethylcyclotetrasiloxan** (Kp.20 135—138°) 1201.

Heptamethylchlormethylcyclotetrasiloxan, Rk. 18 494.

$C_8H_{23}NSi_2$ ***N.N*-Bis-[trimethylsilyl]-äthylamin** (Kp.50 84°) 9314.

$[C_8H_{23}N_3Si_3]_x$ **Poly-1.1.3.3.5.5-hexamethyl-2.4-äthylen-5-aminotrisilazan** 16 705.

$C_8H_{23}N_5$ **Tetraäthylenpentamin**, Gegenionenaktivität u. Gegenionenbind. in Lsg. v. —-Hydrochlorid 2014; Rk.: mit ungesätt. Fettsäuren oder deren Estern 5100*; mit γ-Lactonen 16 490*; Einfl. auf d. Initiier. v. Polymerisat.-Rk. durch Peroxide 3112; Verw.: zur Herst. v. Ionenaustauschern 12 044*; d. Oleats zum Stabilisieren v. KW-Stoffen 1086*; Verw. zum Stabilisieren: v. Dichlorstyrolen 13 575*; v. Isopropyläther 2899; Verw.: als Härter für Polyvinylchlorid 8441*; zum Antistatischmachen v. synthet. Fasern 16 184*.

$C_8H_{24}AlLiN_4$ **Lithiumaluminium-tetrakis-[dimethylamid]** 4463.

$C_8H_{24}B_2N_4$ **Tetrakis-[dimethylamino]-dibor (Tetradimethylaminodiboran, Hypoborsäuretetrakis-[dimethylamid])** (Kp.0,05 42,5°), Darst. 14 435; Bldg. 1154; Schwing.-Spektrum u. Struktur 15 487; Hydrolyse 5220, 11 489.

$C_8H_{24}Cl_2N_7P_3$ **2.4-Dichlor-2.4.6.6-tetrakis-[dimethylamino]-cyclotriphosphazatrien** (F. 104°), Bldg. 18 041; IR-Spektrum 18 364.

$C_8H_{24}Cl_2O_3Si_4$ **Oktamethyl-1.7-dichlortetrasiloxan**, Rk. 1958, 9896*.

Oktamethyl-3.5-dichlortetrasiloxan, Rk. 1959.

$C_8H_{24}Li_2N_2Si_3$ **Bis-[lithiumtrimethylsilylamino]-dimethylsilan** (F. 60—70° Zers.), Rk. 7444.

$C_8H_{24}Li_4N_4Si_4$ **Oktamethyl-*N.N'.N''.N'''*-tetralithium-1.3.5.7-aza-2.4.6.8-silacyclooctan**, Rk. 7444.

$C_8H_{24}N_2O_2$ **Dimethoniumhydroxid (Äthylenbis-[trimethylammoniumhydroxid])**, polarograph. Unters. d. interfaziellen Aktivität 8567; Aktivier. d. Trypsins durch — 15 645.

$C_8H_{24}N_2Si_2$ ***N.N*-Dimethyl-*N'.N'*-bis-[trimethylsilyl]-hydrazin** (Kp.12 67°) 7076.

$C_8H_{24}N_4O_2P_2$ **Diphosphor(IV)-säuretetrakis-[dimethylamid]** (Kp.1,5 145—150°) 54.

$C_8H_{24}N_4O_3P_2$ s. *Pestox III* [*Schradan, Oktamethylpyrophosphorsäuretetramid*].

$C_8H_{24}N_4O_4Si$ **Tetra-[β-aminoäthoxy]-silan** 16 150*.

$C_8H_{24}N_4O_8P_4$ *tetrameres* **Methoxyphosphonitril**, IR-Spektrum 18 364.

$C_8H_{24}N_4P_2$ **Tetrakis-[dimethylamino]-diphosphan** (F. 48°), Darst. 54; Kernresonanzspektrum 1935.

$C_8H_{24}N_4P_2S_2$ **Dithiodiphosphor(IV)-säuretetrakis-[dimethylamid]** (F. 227°) 54.

$C_8H_{24}N_4P_4$ **Oktamethylcyclotetraphosphornitrid**, Kristallstruktur 12 573; Rolle d. 3 d-Orbitale bei π-Bind. in — 15 508.

$C_8H_{24}N_4Ti$ **Tetrakis-[dimethylamino]-titan**, Rk. 56.

$C_8H_{24}O_2Si_2Sn$ **Bis-[trimethylsiloxy]-dimethylstannan** (F. 48°) 6702, 18 397.

$C_8H_{24}O_2Si_3$ **Bis-[trimethylsiloxy]-äthylsilan**, Rk. 15 027*.

lineares **Oktamethyltrisiloxan**, Bldg. 12 687; Selbstdiffus.-Koeff. 4481; Lewis-Basizität gegenüber Phenol bzw. Pyrrol 4864; Verw. als Faserdicht.-Material 18 589*.

$C_8H_{24}O_4Si_3$ **α.ω-Dimethoxyhexamethyltrisiloxan**, Konstit.-Einfl. auf d. IR-Spektrum 5606.

Dimethoxy-bis-[trimethylsiloxy]-silan (Kp. 174—175°) 17 724.

C_9-Gruppe

$C_9H_4Br_2O_2$ **2.2-Dibromindandion-(1.3)** (F. 175 bis 176°) 11 173.
$C_9H_4Br_3N$ **3.6.8-Tribromchinolin** 17 756.
$C_9H_4Cl_2N_4O_2S$ **2-[2'-Nitrophenylmercapto]-4.6-dichlor-1.3.5-triazin** (F. 148—149°) 8259.
$C_9H_4Cl_2N_4O_3$ **2-[2'-Nitrophenoxy]-4.6-dichlor-1.3.5-triazin** (F. 139—140°) 8259.
2-[4'-Nitrophenoxy]-4.6-dichlor-1.3.5-triazin (F. 201—202°) 8259.
$C_9H_4Cl_2O_2$ **2.2-Dichlorindandion-(1.3)** (F. 123 bis 124°) 11 173.
3.4-Dichlorphenylpropiolsäure (F. 182,3 bis 183,4°), Rk. 11 865.
$C_9H_4Cl_2O_4S$ **2-Chlorindandion-(1.3)-sulfonsäure-(2)-chlorid** (F. 98—99°) 11 173.
$C_9H_4Cl_3F_5O$ **1.4.5.10.10-Pentafluor-3.6.7-trichlor-4.7-endomethylen-4.7.8.9-tetrahydrophthalan** 15 380*.
$C_9H_4Cl_3F_5O_3S$ ***p*-[2.2.3.3.3-Pentafluor-1.1-dichlorpropyloxy]-benzolsulfonsäurechlorid** 8950.
$C_9H_4Cl_3JO_4$ **1-Trichloracetoxy-1-joda-2-oxa-3-oxoindan** 1184.
$C_9H_4Cl_3NO_2S$ ***N*-[Trichlormethylthio]-phthalimid** s. *Schädlingsbekämpfung-Spezialmittel (Phaltan).*
$C_9H_4Cl_3N_3O$ **2-[4'-Chlorphenoxy]-4.6-dichlor-1.3.5-triazin** (F. 111—112°) 8259.
$C_9H_4Cl_3N_3S$ **2-[4'-Chlorphenylmercapto]-4.6-dichlor-1.3.5-triazin** (F. 117—118°) 8259.
$C_9H_4Cl_3N_4$ **2.4-Dichlor-6-*o*-chloranilino-*symm.*-triazin** s. *Schädlingsbekämpfung-Spezialmittel (Dyren{ e }).*
$C_9H_4Cl_4O_2$ **2.3.4.5-Tetrachlorbenzoesäurevinylester**, Rk. 2755.
$C_9H_4Cl_4O_3$ **3.4.5.6-Tetrachlor-3.6-endomethylen-Δ^4-tetrahydrophthalsäureanhydrid** (1.4.5.6-Tetrachlorbicyclo-[2.2.1]-hepten-(5)-2.3-dicarbonsäureanhydrid) (F. 159 bis 160°), Darst., Rk. 8237; Red. 12 101*.
$C_9H_4Cl_5F_3O$ **1.10.10-Trifluor-3.4.5.6.7-pentachlor-4.7-endomethylen-4.7.8.9-tetrahydrophthalan** (F. 54—56°) 15 380*.
$C_9H_4Cl_6$ **5-Äthinyl-1.2.3.4.7.7-hexachlorbicyclo-[2.2.1]-2-hepten** (Kp.$_{1,5}$ 103—106°) 14 665*.
5.6-Dimethylen-1.2.3.4.7.7-hexachlorbicyclo-[2.2.1]-hepten-(2) (F. 85°) 6987*, 13 546*.
$C_9H_4Cl_6F_2O$ **1.3-Difluor-4.5.6.7.10.10-hexachlor-4.7-endomethylen-4.7.8.9-tetrahydrophthalan** (F. 181—182°) 10 614*.
10.10-Difluor-1.3.4.5.6.7-hexachlor-4.7-methylen-4.7.8.9-tetrahydrophthalan (F. 91°) 5447*.
$C_9H_4Cl_6O_2$ **2.3.6-Trichlorbenzyltrichloracetat** (F. 71—72°) 8761*.
$C_9H_4Cl_6O_4$ **3.6-*endo*-Dichlormethylen-3.4.5.6-tetrachlor-Δ^4-tetrahydrophthalsäure** (1.4.5.6.7.7-Hexachlorbicyclo-[2.2.1]-Δ^5-hepten-2.3-dicarbonsäure, 1.4.5.6-Tetrachlor-1.4-endodichlormethylen-2.3-dicarboxy-Δ^5-cyclohexen, Chlorendosäure) (F. 232°), Darst. (Prüf. auf insekticide Wirksamk.) 8702; (Verw.) 12 101* [2 Ref.]; Red. 12 101*; Best. in Feuerschutzanstrichen 8432.
Hexachlorendomethylentetrahydrophthalsäure, Verw. v. Estern 11 060*, 16 099*; Best. in Alkydharzen 8432.
$C_9H_4Cl_7FO$ **1-Fluor-3.4.5.6.7.10.10-heptachlor-4.7-endomethylen-4.7.8.9-tetrahydrophthalan** (F. 96 07°) 15 380.
$C_9H_4Cl_8O$ **1.3.4.5.6.7.8.8-Oktachlor-3a.4.7.7a-tetrahydro-4.7-methanophthalan** (1.3.4.5.6.7.10.10-Oktachlor-4.7-endomethylen-4.7.8.9-tetrahydrophthalan), Herst., Verw. 15 380*, s. auch *Schädlingsbekämpfung-Spezialmittel (Shell-SD-4402).*
$C_9H_4F_4O_3$ **1.1.3.3-Tetrafluorphthalan-5-carbonsäure** (F. 176—177°) 11 557.
$C_9H_4F_6O_2$ **2.3-Bis-[trifluormethyl]-benzoesäure** (F. 142—143°) 17 014.
$C_9H_4F_{15}NO_2$ **1.1-Dihydroperfluoroctylcarbamat**, Rk. 16 536*.
$C_9H_4F_{16}O$ **α.α.ω-Tri-H-nonylalkohol**, Rk. 15 924.
$C_9H_4J_2O_3$ **6.8-Dijod-7-hydroxycumarin** (F. 232°) 10 456.
$C_9H_4N_2O_5S_2$ **Bis-[5'-nitrothienyl-(2)]-keton** (F. 152—154°) 8600.
$C_9H_4N_4$ **2-Tricyanvinylpyrrol** (F. 211—213° Zers.) 5108*.
1.1.5.5-Tetracyan-1.3-pentadien, Verw. 5167*.
C_9H_4O **Nonatriin-(4.6.8)-en-(2)-al-(1)** (F. 114° Zers.) 4935.
$C_9H_4O_5$ **Tropolon-6.7-dicarbonsäureanhydrid** 6014.
Benzol-1.2.3-tricarbonsäureanhydrid (F. 198 bis 198,5°) 4132.
Trimellitsäureanhydrid (F. 172°), Darst. 860; Bldg. 2006, 18 480; Abtrenn. aus dem Gemisch mit Trimesinsäure 10 641*; Rk. 3056, 18 639*.
$C_9H_4O_6$ (s. *Stipitatonsäure*).
3-Hydroxytropolon-4.5-dicarbonsäureanhydrid (F. 258°) 6014.
$C_9H_4O_7$ s. *Puberulonsäure.*
$C_9H_5BCrF_4O_4$ **Cyclopentadienylchromtetracarbonyltetrafluoroborat** 7080.
$C_9H_5BrClNS$ **4-[*p*-Chlorphenyl]-2-bromthiazol** (F. 110°) 14 495.
$C_9H_5BrClN_3O_2$ **2-[3'-Brom-4'-chlorphenyl]-1.2.3-triazol-4-carbonsäure** (F. 215°) 15 605.
2-[4'-Brom-3'-chlorphenyl]-1.2.3-triazol-4-carbonsäure (F. 222°) 15 605.
$C_9H_5BrCl_6O$ **1-Brom-4.5.6.7.10.10-hexachlor-4.7-endomethylen-4.7.8.9-tetrahydrophthalan** (F. 74—75°) 15 380*.
$C_9H_5BrN_2O_2$ **6-Amino-7-brom-[chinolinchinon-(5.8)]** (F. 287—290°) 12 020*, 18 204*.
$C_9H_5BrN_2O_2S$ **3-*p*-Bromphenyl-4-oxo-5-formyl-1.2.3-thiadiazol** (F. 122°) 5486*.
$C_9H_5BrN_2O_3$ **3-[*p*-Bromphenyl]-isoxazolon-(5)-nitrosoderiv**, (F. 165—166°) 16 306.
C_9H_5BrO **3-Bromindenon-(1)**, Konstit. aus d. IR-Spektrum 10 029.
C_9H_5BrOS **7-Bromthiacumarin** (F. 105—106°) 9709.
$C_9H_5BrO_2$ **3-Bromcumarin** (F. 109°) 15 926.
7-Bromcumarin (F. 105°) 13 021.
$C_9H_5BrO_2S$ **2-Brom-5.6-methylendioxybenzothiophen** (F. 160—161°) 119.
$C_9H_5BrO_3$ **7-Brom-4-hydroxycumarin** (F. 243°) 13 021.
$C_9H_5BrO_4$ **3-Brom-6-methoxyphthalsäureanhydrid** (F. 211—212°) 7874.
$C_9H_5Br_2F_3$ **1-Phenyl-1.2-dibrom-2-trifluormethyläthylen** (Kp.$_{20}$ 110—111°) 13 733.
$C_9H_5Br_2N$ **3.6-Dibromchinolin** 17 756.
$C_9H_5Br_2NO$ **5.7-Dibrom-8-hydroxychinolin**, Darst. d. Na-Salzes 16 486*; Rk. 6034, 7690*.
$C_9H_5Br_2NO_2$ **3-Phenyl-4.4-dibromisoxazolon-(5)** (F. 76—77°) 16 306.
5-Cyanmethyl-3.7-dibromtropolon (F. 148 bis 151°) 7494.
$C_9H_5Br_2NS$ **4-[*p*-Bromphenyl]-2-bromthiazol** (F. 120°) 14 495.
$C_9H_5Br_2N_5$ **5'.7'-Dibromindolo-[2'.3':5.6]-3-amino-1.2.4-triazin** (F. 325°) 14 139.
$C_9H_5ClCrO_3$ **Chlorbenzolchromtricarbonyl** (F. 94 bis 96°) 2296, 6214*.
$C_9H_5ClF_2O_2$ **x-[β-Chlor-α.β-difluorvinyl]-benzoesäure** (F. 165—166°) 17 378.
C_9H_5ClJNO s. *Vioform [Enteroviojorm, Jodchlorhydroxychinolin, 5-Chlor-7-jod-8-hydroxychinolin].*
$C_9H_5ClN_2O$ **Cinnolincarbonsäure-(4)-chlorid** 8987.
$C_9H_5ClN_2O_2$ **6-Amino-7-chlor-[chinolinchinon-(5.8)]** (F. 303° Zers.) 12 020*, 18 204*.
3-Nitro-4-chlorisochinolin (F. 108—109°) 6770.
5-Chlor-8-nitroisochinolin, Red. 4164.
$C_9H_5ClN_2O_2S$ **3-*p*-Chlorphenyl-4-oxo-5-formyl-1.2.3-thiadiazol** (F. 131°) 5486*.

$C_9H_6ClNS_2$ **N-Chlormethyldithiophthalimid** (F. 115—117°) 6383.

$C_9H_6ClN_3OS_2$ **5-[p-Chlorphenylazo]-rhodanin** 10 938*.

$C_9H_6ClN_3O_2$ **4-Chlor-1-methyl-6-nitrophthalazin** (Zers. 160—161°) 11 907.

2-[m-Chlorphenyl]-1.2.3-triazol-4-carbonsäure (F. 202—204°) 15 605.

2-[p-Chlorphenyl]-1.2.3-triazol-4-carbonsäure (F. 232°) 15 605.

$C_9H_6ClN_3O_2S_2$ **3-[4'-Nitrobenzylmercapto]-5-chlor-1.2.4-thiadiazol** (F. 97°) 8761*.

$C_9H_6ClN_3O_3S_2$ **2-Benzoylamino-1.3.4-thiodiazol-5-sulfochlorid** (F. 209—210°) 1986.

$C_9H_6ClN_3S$ **5-[p-Chlorphenyl]-2.3-dihydro-1.2.4-triazinthion-(3)** (F. 208—210°) 9348.

$C_9H_6Cl_2F_6$ **1.1.2-Trifluor-2-chlor-3-methyl-3-[3'.3'.4'-trifluor-4'-chlorcyclobutenyl]-cyclobutan** (Kp.$_1$ 51—53°) 8234.

$C_9H_6Cl_2N_2O$ **3-m-Chlorphenyl-5-chlormethyl-1.2.4-oxadiazol** (F. 41—42°) 9704.

3-p-Chlorphenyl-5-chlormethyl-1.2.4-oxadiazol (F. 60—61°) 9704.

$C_9H_6Cl_2N_2OS$ **4-[2'-Hydroxy-3'.5'-dichlorphenyl]-2-aminothiazol** (F. 117°) 10 453.

4-Chlor-[2'-chloracetylamino]-benzothiazol (F. 187°) 4905.

6-Chlor-[2'-chloracetylamino]-benzothiazol (F. 202°) 4905.

2-Dichloracetylaminobenzothiazol (F. 188 bis 190°), IR- u. UV-Spektrum u. Tautomerie 8199.

$C_9H_6Cl_2N_2OS_2$ **[5.6-Dichlorbenzthiazolyl-(2)]-thiocarbaminsäure-O-methylester** 8390*.

$C_9H_6Cl_2N_2O_2S$ **[5.6-Dichlorbenzthiazolyl-(2)]-carbaminsäuremethylester** 8390*.

[5.7-Dichlorbenzoxazolyl-(2)]-thiocarbaminsäure-O-methylester 8390*.

$C_9H_6Cl_2N_2S_2$ **3-[4'-Chlorbenzylmercapto]-5-chlor-1.2.4-thiadiazol** (F. 52°) 8761*.

$C_9H_6Cl_2N_4$ **2.4-Dichlor-6-phenylamino-1.3.5-triazin (1-Anilino-3.5-dichlortriazin)** (F. 135—136°), Darst., Kinetik d. nucleophilen Substitut. 801; Verw. 19 020*.

$C_9H_6Cl_2N_4O_3S$ **2.4-Dichlor-6-phenylamino-1.3.5-triazin-4'-sulfonsäure**, Verw. 9907*, 10 651*.

1-[4'.6'-Dichlor-1'.3'.5'-triazinyl-(2')-amino]-benzol-3-sulfonsäure (m-[4'.6-Dichlor-symm.-triazinyl-(2)-amino]-benzolsulfonsäure), Darst., Verw. 9521*; Stabilisier. d. Na-Salzes 8067*; Verw. 4778*.

$C_9H_6Cl_2O$ **2.2-Chlorindanon-(1)**, Molekularstruktur, IR-Spektrum 10 028.

o-Chlorcinnamoylchlorid, Rk. 18 805.

$C_9H_6Cl_2O_2$ **1.2-Dichlor-4-crotylidencyclopenten-(1)-dion-(3.5)** (F. 126—128° Zers.) 18 446.

2.6-Dichlorzimtsäure, (F. 193—194°) 1832.

$C_9H_6Cl_2O_3$ **3-Chlor-4-acetoxybenzoesäurechlorid** 1964.

$C_9H_6Cl_2O_4$ **p-Dichloracetylsalicylsäure**, Rk. 1798*.

$C_9H_6Cl_3NO_3S$ **3.6-Endoxy-Δ⁴-tetrahydrophthalsäure-N-[trichlormethylmercapto]-imid** (F. 132—132,5°) 1599.

$C_9H_6Cl_3NO_4$ **p-Trichloracetylamidosalicylsäure**, Rk. 1798*.

$C_9H_6Cl_3NO_4S$ **1-[3'-Chlor-4'-methyl-5'-nitrobenzolsulfonyl]-1.2-dichloräthylen** (F. 158°) 13 572*.

$C_9H_6Cl_3NSn$ **[Chinolyl-(2)]-zinntrichlorid** 4716*.

[Chinolyl-(6)]-zinntrichlorid 4716*.

$C_9H_6Cl_3N_3O$ **1-[2'.4'.6'-Trichlorphenyl]-3-aminopyrazolon-(5)** (F. 218—220°) 15 918.

$C_9H_6Cl_4$ **Allyltetrachlorbenzol** 7322*.

5-Äthinyl-1.2.3.4-tetrachlorbicyclo-[2.2.1]-2-hepten 14 665*.

$C_9H_6Cl_4F_2O$ **10.10-Difluor-4.5.6.7-tetrachlor-4.7-methylen-4.7.8.9-tetrahydrophthalan** (F. 61—62°) 5447*.

2.3.5.6-Tetrachlorbenzylacetat 8761*.

$C_9H_6Cl_4O_3$ **2-Hydroxy-5-[α.β.β.β-tetrachloräthyl]-benzoesäure** (F. 162°) 9150*.

2.3.4.5-Tetrachlorphenoxyessigsäuremethylester, — zur Chemotherapie transplantierter u. spontaner Mäuse-Adenocarcinome 2403.

2.3.4.6-Tetrachlorphenoxyessigsäuremethylester, — zur Chemotherapie transplantierter u. spontaner Mäuse-Adenocarcinome 2403.

$C_9H_6Cl_5N$ **N-Pentachlorphenylallylamin** (F. 68 bis 69°) 10 277*.

$C_9H_6Cl_5NO_3S$ **exo-4.5-Dichlor-3.6-endoxohexahydrophthalsäure-N-[trichlormethylmercapto]-imid** 1599.

$C_9H_6Cl_6$ **1.4.5.6-Tetrachlor-1.4-endodichlormethylen-2-vinyl-Δ⁵-cyclohexen** (Kp.$_2$ 120 bis 123°), Darst. u. Prüf. auf insekticide Wirksamk. 8702.

$C_9H_6Cl_6O$ **4.5.6.7.10.10-Hexachlor-4.7-endomethylen-4.7.8.9-tetrahydrophthalan** (F. 240—247°), Herst., Verw. (Rk.) 15 380*; (v. Deriv.) 10 614*.

$C_9H_6Cl_6O_2$ **1.4.5.6.7.7-Hexachlorbicyclo-[2'.2'.1']-Δ⁵-hepten-2-essigsäure** (F. 121,5 bis 123°) 11 736*.

1.4.5.6.7.7-Hexachlor-3-methylbicyclo-[2'.2'.1']-Δ⁵-hepten-2-carbonsäure (F. 171 bis 172°) 11 736*.

Essigsäure-1.4.5.6.7.7-hexachlorbicyclo-[2'.2'.1']-5-heptenyl-(2)-ester (F. 38 bis 42°) 13 176*.

1.4.5.6.7.7-Hexachlorbicyclo-[2'.2'.1']-Δ⁵-hepten-2-carbonsäuremethylester (F. 57 bis 60°) 11 735*.

$C_9H_6Cl_6O_3S$ **1.9.10.11.12.12-Hexachlor-4.6-dioxa-5-thiatricyclo-[7.2.1.0$^{2.8}$]-dodecan-5-oxid (1.2.3.4.7.7-Hexachlorbicyclo-[2.2.1]-hepten-(2)-5.6-bis-[hydroxymethyl]-sulfit, 2.3-Bis-hydroxymethyl-1.4.5.6.7.7-hexachlor-[2.2.1]-bicyclohepten-(5)-sulfit)** (F. 96—99°), Herst. 12 101*, s. auch *Schädlingsbekämpfung-Spezialmittel (Cykoldan, Thiodan)*.

$C_9H_6Cl_6Si$ **1-Silacyclopentadien-(2.4)-Hexachlorcyclopentadien-Addukt** (F. 35°) 13 711.

$C_9H_6Cl_8$ **chloriertes 1.4.5.6-Tetrachlor-1.4-endodichlormethylen-2-vinyl-Δ⁵-cyclohexen** (Kp.$_{0,2}$ 144—147°), Darst. u. Prüf. auf insekticide Wirksamk. 8703.

5.6-Bis-chlormethyl-1.2.3.4.7.7-hexachlorbicyclo-[2'.2'.1']-hepten-(2) 6987*; s. auch *Schädlingsbekämpfung-Spezialmittel (Alodan)*.

$C_9H_6CrO_3$ **Benzolchromtricarbonyl** (F. 163 bis 165°), Darst. 2296, 2908*, 3753, 6214*, 13 205*; Elektronenspektrum u. Struktur 1524.

$C_9H_6CrO_4$ **Hydroxybenzolchromtricarbonyl** 13 205*.

$C_9H_6FNO_2$ **4-Fluor-7-methylisatin** (F. 241°), Synth., α-Aminosäuredehydrogenase-wrkg. 12 326.

5-Fluor-1-methylisatin (F. 151°) 2724.

$C_9H_6F_2$ **1.1-Difluorinden** 8412*.

$C_9H_6F_9N_3O_3$ **2.4.6-Tris-[β.β.β-trifluoräthoxy]-symm.-triazin** (F. 45—46°) 13 032.

$C_9H_6F_{14}O_2$ **4.4-Dimethoxyperfluorheptan** (Kp.$_{48}$ 71—72°) 6582*.

$C_9H_6Fe_2O_6S$ **μ-Methylthiolo-μ-vinylo-bis-[tricarbonyl]-dieisen** 18 400.

C_9H_6JNO **3-Phenyl-4-jodisoxazol** (F. 95,5 bis 96,5°) 15 209.

5-Phenyl-4-jodisoxazol (F. 30—32°) 15 209.

3-Jodcarbostyril (F. 250—250,5°) 1605.

$C_9H_6JNO_2$ **3-Jod-N-methylphthalimid** (F. 144°), Darst., IR-Spektrum, Kinetik d. Hydrolyse 3407.

4-Jod-N-methylphthalimid (F. 143°), Darst., IR-Spektrum, Kinetik d. Hydrolyse 3407.

$C_9H_6JNO_4S$ s. *Chiniofon [Ferron, Loretin, Yatren, 7-Jod-8-hydroxychinolin-5-sulfonsäure, 5-Sulfo-7-jodo-8-hydroxychinolin]*.

$C_9H_6JN_3O_2$ **2-[m-Jodphenyl]-1.2.3-triazol-4-carbonsäure** (F. 201°) 15 605.

$C_9H_7ClO_2S_2$ *m*-**Chlordithiobenzoesäurecarboxymethylester** (F. 124—126°) 6381.
p-**Chlordithiobenzoesäurecarboxymethylester** (F. 115—117°) 6381.
2-Methylthionaphthen-3-sulfonsäurechlorid (F. 117—118°) 14 492.
3-Methylthionaphthen-2-sulfonsäurechlorid (F. 137—139°) 14 492.
5-Methylthionaphthen-3(oder 2)-sulfonsäurechlorid (F. 96—97°) 14 492.

$C_9H_7ClO_3$ *trans*-α-**Chlorcumarsäure** (F. 195 bis 197°) 15 925.
p-**Chlorbenzoylessigsäure** (F. 217—219° Zers.), Darst., Kinetik d. Decarboxylier. v. — u. D(COOH)-— 13 346.
Benzo-1.4-dioxan-2-carbonsäurechlorid, Rk. 845.
Kaffeesäurechlorid, Rk. 7253*.
Acetylsalicylchlorid (*O*-**Acetylsalicylsäurechlorid,** *o*-**Acetoxybenzoylchlorid, 2-Acetoxybenzoesäurechlorid**) (F. 48—51°), Darst. 1798*; Rk.: mit Pyridin 18 201*; mit Aminen 455; mit Diäthylamin 1964; mit 1.2-Diisopropylhydrazin 6964*, 14 954*.
p-**Acetoxybenzoylchlorid [4-Acetoxybenzoesäurechlorid]** (Kp.$_{22}$ 160—162°), Darst.; Rk. 1964; Rk. 10 098.
Terephthalsäuremonomethylesterchlorid (4-Methoxycarbonylbenzoylchlorid), Rk. 3115, 13 369.

$C_9H_7ClO_4$ *p*-**Monochloracetylsalicylsäure,** Rk. 1798*.
3-Chlor-4-acetoxybenzoesäure (F. 160 bis 161°) 1964.
Benzoylchloracetylperoxid 13 724.
o-**Chlorbenzoylacetylperoxid** 13 724.
m-**Chlorbenzoylacetylperoxid** (F. 53—54°) 13 724.
p-**Chlorbenzoylacetylperoxid** (F. 49,5°) 13 724.

C_9H_7ClS 3-Chlormethylthionaphthen (3-Chlormethylthianaphthen) (Kp.$_{10}$ 138—139°), Darst., Rk. 13 385; Rk. 10 828.

$C_9H_7Cl_2F$ 1-Fluor-1.2-dichlor-3-phenylpropen-(1) (Kp.$_{5,5}$ 84—84,5°) 16 998.

$C_9H_7Cl_2F_3$ 1-Phenyl-1.2-dichlor-3.3.3-trifluorpropan (Kp.$_{15}$ 90—91°) 13 733.

$C_9H_7Cl_2N$ α.β-Dichlorhydrozimtsäurenitril, Rk. 7331*.

$C_9H_7Cl_2NO$ β-**[2.4-Dichlorphenoxy]-propionitril,** —-Stoffwechsel in Pflanzen 7953.

$C_9H_7Cl_2NO_2S$ α-**Propionyloxy**-α-**[2.3-dichlorthienyl-(5)]-acetonitril** (F. 127° Zers.) 12 651.

$C_9H_7Cl_2NO_4$ *p*-**Dichloracetylaminosalicylsäure,** Al-Salz 3550*.

$C_9H_7Cl_2NO_4S$ 1-[3'-Nitro-4'-methylbenzolsulfonyl]-1.2-dichloräthylen (F. 88°) 13 572*.

$C_9H_7Cl_2NO_5S$ 1-[3'-Nitro-4'-methoxybenzolsulfonyl]-1.2-dichloräthylen (F. 130°) 13 572*.

$C_9H_7Cl_2NS$ β-**[3.4-Dichlorphenyl]-äthylisothiocyanat,** bakteriostat. Wirksamk. 6828.

$C_9H_7Cl_2N_3$ 2.3-Dimethyl-6.7-dichlorpyrido-[2.3]-pyrazin (F. 197—199° Zers.) 129.

$C_9H_7Cl_2N_3O_3$ $N^1.N^3$-**[2.6-Dichlor-3-hydroxybenzyliden]-biuret** (F. 240°) 823.
$N^1.N^3$-**[3.5-Dichlor-4-hydroxybenzyliden]-biuret** (F. 201°) 824.

$C_9H_7Cl_2N_3O_6$ Dichloracet-4-hydroxy-*N*-methyl-3.5-dinitroanilid (F. 144—146°) 10 190*.

$C_9H_7Cl_2N_5$ 2-Amino-4-[*p*-chloranilino]-6-chlor-*symm.*-triazin (F. 200° Zers.) 8617.

$C_9H_7Cl_3$ 1-Phenyl-2-trichlormethyläthylen, Rk. 13 733.
Allyltrichlorbenzol 7322*.
1-[Propen-(2')-yl-(2')]-2.4.5-trichlorbenzol 7322*.

$C_9H_7Cl_3F_3N_3O_4S_2$ 3-Trichlormethyl-3.4-dihydro-7-aminosulfonyl-6-trifluormethyl-1H-1.2.3-benzothiadiazin-1.1-dioxid (F. 283—285° Zers.) 11 930.

$C_9H_7Cl_3N_2O_3$ α.α-**Diformamido-2.4.6-trichlor-3-hydroxytoluol** (F. 199°) 823.

$C_9H_7Cl_3O_2$ 2.3.6-Trichlorbenzylacetat (F. 57 bis 58°) 8761*.
Trichloressigsäurebenzylester, herbicide Wrkg. auf Gurkenkeimlinge 14 926.
β-**Chloräthyl-2.4-dichlorbenzoat,** Rk. 8618.

$C_9H_7Cl_3O_3$ α(2)-**[2'.4'.5'-Trichlorphenoxy]-propionsäure (2.4.5-Trichlor-α-phenoxypropionsäure, Kuron, 2.4.5-TP)** (F. 176°), Herst. 18 272*; pflanzenwachstumsregulator. Aktivität bei d. Ananaspflanze 1283; Vgl. d. herbiciden Aktivität 10 056; Verw.: bei d. Unkrautbekämpf. auf Sportplätzen 5443; zur Unkrautbekämpf. in Hochlandreis 9865.
2.4.5-Trichlorphenoxyessigsäuremethylester, Chemotherapie transplantierter u. spontaner Mäuse-Adenocarcinome mit — 2403; Toxizität für d. weißen Senf 9121.

$C_9H_7Cl_3O_3Si$ Trichlorsilyl-1.3-diketo-1.3.3a.4.7.7a-hexahydro-4.7-methanoisobenzofuran 3681*.

$C_9H_7Cl_3O_4$ 2-Hydroxy-5-[β.β.β-trichlor-α-hydroxyäthyl]-benzoesäure (F. 173—174°) 9150*.

$C_9H_7Cl_3O_5S_2$ 4-Äthyl-3.5-disulfobenzoesäuretrichlorid (F. 82—83°) 11 535.

$C_9H_7Cl_4N_3O_2$ *N*-**[*p*-Chlorphenylcarbamoyl]-trichloressigsäurehydroxyamidin** (F. 157 bis 158°) 2880*.

$C_9H_7Cl_5O$ Äthoxy-1.2.3.4.7-pentachlorbicyclo-[2.2.1]-2.5-heptadien (Kp.$_{1,5}$ 118°) 14 296*.

$C_9H_7Cl_5O_3S$ 2.3-Bis-hydroxymethyl-1.4.5.6.7-pentachlorbicyclo-[2.2.1]-hepten-(5)-sulfit (Kp.$_{0,3-0,4}$ 151—153°) 12 101*.

$C_9H_7CrNO_3$ Tricarbonylanilinchrom, Rk. 8910.

$C_9H_7F_3$ 1-Phenyl-2-trifluormethyläthylen (Kp.$_{760}$ 165—166°) 13 733.

$C_9H_7F_3N_2O_3$ 5-Acetamido-2-nitrobenzotrifluorid, Rk. 3066.

$C_9H_7F_3O$ *m*-**Trifluormethylstyroloxid** (Kp.$_{0,1}$ 40°) 15 913.
Benzyltrifluormethylketon, IR-Spektrum 2679.
p-**Tolyltrifluormethylketon,** Rk. 7099.

$C_9H_7F_3O_2$ 2-Methoxy-5-formylbenzotrifluorid, Vers. d. Darst. 1590.
m-**Trifluormethylphenylessigsäure** 15 914.

$C_9H_7F_3O_3$ α.α.α-**Trifluor-2.4-kresotsäuremethylester,** tumorhemmende Wrkg. 9377.
m-**[Trifluormethyl]-phenoxyessigsäure** (F. 94—96°), Wrkg. als Pflanzenwachstumsregulator 10 154.

$C_9H_7FeNO_3$ Tricarbonyl-1.3-pentadiencarbonsäurenitrileisen 15 528.

$C_9H_7J_3N_2O_3$ 3-Amino-2.4.6-trijodhippursäure (F. 234—237°) 14 326*.

$C_9H_7J_3N_2O_4$ 3-Amino-5-[hydroxyacetamido]-2.4.6-trijodbenzoesäure, Verw. v. Deriv. 18 939*.

$C_9H_7J_4NO_2$ Tetrajodanthranilsäureäthylester (F. 125—128°) 12 768*.

$C_9H_7MnO_3$ π-**Cyclohexadienylmangantricarbonyl** (F. 78°) 4847.
Methylcyclopentadienylmangantricarbonyl, Darst., Verw. 13 907*, 15 463*; UV-Spektrum 18 361; Isomerie bei —-Deriv. 1540; Rk. 16 613; Verw. 9573.

$C_9H_7MnO_5$ 2-Butenylmanganpentacarbonyl (Kp.$_4$ 56°) 10 019.
Methallylmanganpentacarbonyl (Kp.$_1$ 49 bis 51°), Darst. 2905*; (Verw.) 8476*.

$C_9H_7MnO_5S$ Methylsulfonylcyclopentadienyltricarbonylmangan(I) (F. 156—158°), Darst. 2297; UV-Spektrum 18 361.

$C_9H_7MnO_6$ Isobutyrylmanganpentacarbonyl (F. 58—60°), Darst. 2905*; (Verw.) 8476*.

C_9H_7N (s. *Chinolin*; *Isochinolin*).
5-Azaazulen (F. 34—35°) 3462.
1-Azanaphthalin, π-Elektronenernergiezustände u. -dichten 8206.
2-Azanaphthalin, π-Elektronenenergiezustände u. -dichten 8206.
Zimtsäurenitril (Cinnamonitril, Benzalacetonitril) (Kp.$_{10}$ 130°), Darst. 1202; (Verw.) 10 273*; Rk. 15 770*; (v. —-Deriv.) 16 965.

α-Cyanstyrol, Rk. 3063.
C_9H_7NO **3-Phenylisoxazol** (Kp.₂ 89—90°), Darst., Rk. 8601; Rk. 8601, 15 208.
5-Phenylisoxazol, Rk. 8601, 15 208.
5.8-Dihydroisochinolin-5.8-endoxid 17 756.
2-Hydroxychinolin bzw. Carbostyril [Chinolon-(2)] (F. 188—189°), Darst. 7691*, 17 755; (v. ^{14}C-—) 14 086; (Rk.) 1605; Bldg. 7894; (v. —-Deriv.) 12 296; Darst., Verw. v. Deriv. 1712*.
Chinolon-(2), Intensität d. Carbonylbande 15 896; Löslichk. 77; Rk. 6720; (v. —-Deriv.) 10 092; Einfl.: auf d. Pflanzenwachstum 18 520; auf isolierte Wurzelprotoplasten 17 464; Verw. 5532*.
3(β)-Hydroxychinolin, Löslichk. 77; Verw. 5394*.
3-Hydroxyisochinolin, Rk. 6720.
4-Hydroxychinolin bzw. Chinolon-(4) (F. 195—196°), Darst. 1231 [2 Ref.]; Intensität d. Carbonylbande 15 897; Löslichk. 77; Rk. 14 507.
5-Hydroxychinolin (F. 224°), Darst., Rk. 5667; Löslichk. 77.
6-Hydroxychinolin, Darst. 7691*; Löslichk. 77; Rk. 5667.
7-Hydroxychinolin, Löslichk. 77; Rk. 5667.
8-Hydroxychinolin [*gewöhnl.* **Hydroxychinolin, Oxin, Chinolinol-(8)**] (F. 76°), Darst. 11 008*; (v. —-Deriv.) 11 277; Darst. u. tuberkulostat. Wrkg. v. —-Deriv. 10 553; Herst., Verw. v. —-Komplexsalzen 4315*; Absorpt.-Spektren v. Komplexen: mit V(V) 18 005; mit Ag(I) 16 966; Fluorescenz- bzw. Phosphorescenzspektren v. —-Chelaten mit Seltenen Erden 2990; Dipolmoment 790; (IR-Spektrum) 3766; tensametr. Unters. 18 017; therm. Stabilität v. Erdalkalichelaten 7427; Gleichgew.-Extrakt. im Syst. Ag bzw. Sr/— (Übersicht) 8178; Szilard-Chalmers-Effekt v. Ca- u. W-Oxinaten 15 519; Verteil. v. ^{60}Co-markiertem Co zwischen d. wss. Lsg. d. Na-Salze v. Dicarbonsäuren u. —-Lsg. (Assoziat.-Unters.) 8901; Isotopenaustausch zwischen Zn-Oxinat u. markiertem Zn-Acetylacetonat 11 121; Extrakt. v. Po in Ggw. v. — 6700; — als stationäre Phase bei d. chromatograph. Trenn. v. KW-Stoffen 15 902; Löslichk. 77; (v. —-Deriv.) 3015; Stereoisomerie bei Metall-8-hydroxychinolinaten 8910; Hydrier. 4912; (v. —-Deriv.) 954*; Rk.: mit Molybdatocer(IV)-säure 2296; mit Sc(III), Th(IV) u. U(VI) 10 770; mit 5-Bromchinolin 5667; mit Paraformaldehyd u. 4-[p-Hydroxyphenyl]-2-aminothiazol 8610; mit 4-Chlorchinaldin-N-oxid 13 391; mit Äthensulfonsäuremethylester 14 318*; mit Diphenylphosphat 6345; Stabilisatorwrkg. auf d. H_2O_2-Zers. 17 331; Einfl.: auf d. Spalt. v. Trimethylamin-N-oxid 5243; auf d. katalyt. Ascorbinsäureoxydat. durch Cu-Ionen 9385; auf d. Xanthinoxydase 14 543; auf d. Oxydat. v. L-α-Glycerophosphat durch L-α-Glycerophosphatdehydrogenase 3848; Aktivier.: v. Phosphoglucomutase 3503; d. Oxalsäureoxydase in d. Blättern v. Bougainvillea spectabilis 14 908; d. enzymat. Oxydat. d. Cysteins 13 069; Hemmwrkg.: auf d. β-Mercaptopyruvattranssulfurase 3135; auf d. Diaminoxydase aus Erbsen 11 900; auf d. Thyroxindejodase aus Kaninchenmuskel 10 518; auf d. Thiooxydase aus Piricularia oryzae 18 876; bakteriostat. Wrkg. 1278; Kationenbind. u. antibakterielle Wrkg. 7571; Wrkg.: auf d. Entw. v. Bac. acetoethylicus u. Bact. coli 16 370; auf d. Einbau v. markiertem Phosphat in d. Phospholipide d. Affen-Tuberkelbacillus 3502; fungicide Aktivität v. *Chinosol* gegenüber Candidaarten 3511; fungicide Wrkg. v. Ca-8-Chinolinolat 8389, 12 340; Einfl. auf d. Entw. v. Schizomyceten bzw. Myceten 11 409; Wrkg. v. — auf Keim. u. Wachstum v. Alternaria tenuis, Clasterosporium carpophilum, Botrytis cinerea u. Monilia fructigena 6182; —-Estersalicylate als Antipilzmittel 6034; Umkehr. d. Fungitoxizität v. — durch Aminosäuren u. a. Chelatbildner 14 915; Wrkg.: auf d. Pflanzenwachstum 18 520; auf isolierte Wurzelprotoplasten 17 464; auf d. Wachstum v. Weizenwurzeln u. Blattscheideschnitten (Wechselbezieh. mit Indolyl-(3)-essigsäure) 4975; Hemmwrkg. auf d. Hyaluronsäurespalt. durch Leukocyten 4226; Einfl. auf d. Verteil. v. ^{60}Co in Albinoratten 16 045; D-Penicillamin als ein Antidot für — 8332; Verw.: als Antioxydans für Polyäthylen 11 580; d. Uranylverb. als Brennelement für Reaktoren 17 162*; in fl. Dielektrikum 12 049*; v. — u. —-Deriv. in elektrophotograph. Material 3696*; für Azofarbstoffe 5858*, 11 378*; d. Cu-Verb. zum Schutz v. Cellulosematerialien 7748; v. —-Deriv. zur Feststell. v. sauren u. bas. Rückständen auf Textilfasern 14 728; d. Sulfats in *pH-Poly-Gel* 18 558; mkr. Nachw. als dibenzofuran-2-sulfonsaures Salz 17 513; Best. mit dreiwertigem Eisen 3548; coulometr. Mikrobest. v. Metalloxinaten 16 074; Verw.: zur Extrakt. v. Spurenelementen aus Bodenextrakten 12 431; zur Extrakt. v. Mg 5409; zur Mg-Best. in Portlandzement 9480; zur photometr. Al-Best. in Silicaten 9835; Kinetik d. Fäll. v. Al-— aus bas. $AlCl_3$-Lsg. 12 211; Fluorimetrie u. Spektrofluorimetrie d. Oxinate v. Ga u. In 11 307; Verh. d. Ni-Oxinats in Chlf. 2298; Extrakt. d. —-Komplexe v. Ni u. Co mit organ. Lsgm. u. flammenphotometr. Best. d. Extrakte 13 884; Verw.: v. —-Deriv. zur spektrophotometr. Co-Best. 18 580; zur papierchromatograph. Best. v. Cu- u. Zn-8-Hydroxychinolinaten 7380; zur Best. v. Mn u. Cu 9097; zur spektrophotometr. Best. v. Nb u. Mo in U-Leg. 9836; zur Trenn. u. Best. v. Mikromengen Ru, Rh u. Pd 16 076; Unters. d. Fäll. v. Zr mit — in Ggw. v. Nb u. Ta 15 709.
Bibl.: Contribution à l'étude des propriétés biologiques, bactériologiques, toxicologiques et pharmacologiques du complexe cupro-di-orthoxyquinoléique [1704].

1-Hydroxyisochinolin (F. 209°), Darst. 11 924; Löslichk. 77.
Isochinolinol-(4), Rk. v. — u. —-Deriv. 6770.
Indol-3-aldehyd (β-Indolylaldehyd, 3-Formylindol), Darst. 6214*; (Rk.) 17 741; Rk. 2699, 5478*; Vork. im Blumenkohl 11 611; Bldg.: bei d. enzymat. Oxydat. d. β-Indolylessigsäure 2029; beim in vitro-Abbau v. ^{14}C-Auxin 11 259; —-Stoffwechsel in Pflanzen 7953; Abbau v. synthet. — durch Blumenkohlrosengewebe 14 199; Nachw. 5722; Tüpfeltest 14 635.
2-Methylindolon-(3) (F. 174°) 5661.
Chinolin-1(*N*)-oxid, H-Brücken-Bldg.-Energie, UV-Spektrum 14 808; Desoxydation d. Dihydrats 1231; Nitrierung 7893; Rk. mit PCl_3 1229, 1230; Überführung von — bzw. Deriv. in 2-Cyan-Deriv. 7893; Rk. mit Triphenylphosphit 1231; Addukt mit Tosylchlorid 1605.
Cyanphenylacetaldehyd (F. 157—158°) 12 988.
ω-Cyanacetophenon (Benzoylacetonitril) (F. 80—81°), Bldg. 8601; polarograph. Verh. 1175; Rk. 3443; 8413*, 17 741.
C_9H_7NOS **7-Aminothiacumarin** (F. 176—177°) 9709.
ω(α)-Thiocyanacetophenon (F. 72,5—73,5°), polarograph. Verh. 1175; Rk. 14 495.

p-**Acetylphenylisothiocyanat,** Raman- u. IR-Spektrum 6343; Verh. gegen JF_5 8585.
2a-Thiohomophthalimid [1-Thio-1.2.3.4-tetrahydroisochinolindion-(1'.3')], Rk. 6355.
8a-Thio-1-homophthalimid-(1.8) 6355.
N-**Methylmonothiophthalimid** (F. 94—96°) 6383.

$C_9H_7NOS_2$ **3-Methyl-2-thio-2.4-dioxodihydro-5.6-benz-1.3-thiazin** (F. 144°) 4644*.
3(*N*)-Phenylrhodanin (F. 195—197°), Darst. 4906; Hydrolyse 14 131; Rk.: mit aromat. Aldehyden 10 452; Rk.: mit Pyridin- bzw. Chinolinaldehyden 472; mit o-Nitrobenzaldehyd bzw. mit Anthranilsäure 8610; mit 2-Methylmercaptobenzthiazolmetho-p-toluolsulfonat 18 414; (bzw. Orthoameisensäuretriäthylester) 10 831; pharmakolog. Charakteristik 18 552; pharmakolog. u. toxikolog. Eig. v. —-Deriv. (Vgl.) 10 551; desensibilisierende Wrkg. 2446; antithyreoide Wrkg. u. Wrkg. auf d. Metamorphose v. Kaulquappen 914.

C_9H_7NOSe **[2-Acetylphenyl]-selenocyanat** (F. 82—83°) 17 757.

$C_9H_7NO_2$ **2.4-Dihydroxychinolin** bzw. **4-Hydroxychinolon-(2),** Löslichk. 77; Rk. 11 149, 13 919*, 17 566*, 17 755; Verw. 11 378*.
6.8-Dihydroxychinolin, Verw. 5858*.
x-Hydroxychinolon-(4) 13 210*.
1.3-Dihydroxyisochinolin, Rk. 13 919*, 17 566*.
2-Methyloxazolotropon, Rk. 12 291.
6-Oxo-2-methyl-4.5-benzoxazin (F. 77 bis 80°) 464.
2-Methyl-4H-1.3-benzoxazinon-(4) (F. 217°) 7526.
Acetylanthranil, Rk. 571*, 6016, 12 301.
3-Methyl-5.6-benz-1.4-oxazin-2-on (F. 98 bis 99°) 3990*.
2-Phenyloxazolon-(5) (F. 91—92°), Darst., Rk. 11 187; Verh. gegen HF 18 860; Rk.: mit aromat. KW-Stoffen bzw. Chlorbenzol 105; mit Adenin 17 401; mit Resorcindimethyläther 15 455*; Vers. d. Mannich-Rk. mit Formalin u. Piperidin bzw. Morpholin 18 820; Rk.: mit Hexafluoraceton 9334; mit Hydrocortison 11 941; mit Trifluoressigsäureanhydrid 13 016.
3-Phenylisoxazolon-(5) (F. 151—152°), Darst. 16 306; Rk. 11 903.
3-Aminocumarin (F. 127—128°), Darst., Rk. 2331; Rk. 840.
6-Aminocumarin, Rk. 18 465; Antiveratrinaktivität 12 752.
7-Aminocumarin, Verw. v. —-Deriv. 17 265*.
5-Methoxy-6H-indolon-(6), Identifizier. v. methyliertem Sepiomelamin als 4:1-Copolymerisat v. — u. 2-Carbomethoxy-5.6-methylendioxyindol 15 957.
1.4-Dioxo-1.2.3.4-tetrahydroisochinolin 6770.
N-**Methylisatin** (F. 132°), Darst. 13 031; Rk. 12 658, 16 675.
4-Methylisatin, α-Aminosäuredehydrogenasewrkg. v. — (Bezieh. zur Konstit.) 12 326.
5-Methylisatin, Rk. 4150, 10 092, 16 321; α-Aminosäuredehydrogenasewrkg. v. — (Bezieh. zur Konstit.) 12 326.
6-Methylisatin, α-Aminosäuredehydrogenasewrkg. v. — (Bezieh. zur Konstit.) 12 326.
4-Hydroxychinolin-*N*-oxid, Rk. 1230, 1231; Hemm. v. Photo-Rk. d. Chloroplasten durch —-Deriv. 8307.
Oxin-*N*-oxid, spektrophotometr. Unters. d. Fe(III)-Oxin-N-oxid-Komplexes 4466.
x-Hydroxychinolin-*N*-oxid, —-Hemm. d. Oxydat. v. Cytochrom c durch Mitochondrien 2026.
Homopiperonylsäurenitril (3.4-Methylendioxybenzylcyanid) ($Kp._{15}$ 155—165°) 5312, 7894.
Indolcarbonsäure-(2), Darst. v. Deriv. 3989*; UV-Spektren v. Deriv. 18 458; Rk. 1032*; Flecktest für d. —-Nachw. in Mikrobenkulturen 894.
Indolcarbonsäure-(3) (β-Indolylcarbonsäure, Indolyl-(3)-carbonsäure) (F. 214° Zers.), Darst., Rk., pKα-Wert u. Hammettsche Substituenten-Konst. 16 980; Vork. 10 520, 11 611; Biogenese v. — aus $^{14}C_{(3)}$-DL-Tryptophan bei Brassica oleracea L. 17 812; — als Stoffwechselprod. v. Indolyl-(3)-essigsäure im Weizenkoleoptilzylinder 3863; —-Stoffwechsel in Pflanzen 7953; Abbau v. synthet. — durch Blumenkohlrosengewebe 14 199; Flecktest für d. —-Nachw. in Mikrobenkulturen 894.
Cyanmethylbenzoat (Benzoyloxyacetonitril) (F. 25—26°), Darst., Rk. 3413.
Benzoyloxyacetonitril, Rk. 7516.
3-Cyanbenzoesäuremethylester (F. 64—65°) 11 885.
p(4)-**Cyanbenzoesäuremethylester** (F. 61 bis 63°) 6965*, 7111, 11 885.
N-**Methylphthalimid,** Bldg. 6355; Kinetik d. Hydrolyse v. Deriv. 3407; Rk. mit Bromessigsäureäthylester 14 129.

$C_9H_7NO_2S$ **3-Methyl-2.4-dioxodihydro-5.6-benz-1.3-thiazin** (F. 119°) 4644*.
3-Phenylthiazolidindion-(2.4) (F. 137°) 14 131.

$C_9H_7NO_2S_2$ **3-*p*-Hydroxyphenylrhodanin** (F. 147 bis 149°) 4906.
Benzothiazolyl-(2)-mercaptoessigsäure (*S*-[Benzthiazolyl-(2)]-thioglykolsäure, *S*-Carboxymethyl-2-mercaptobenzthiazol) (F. 153—155°), Dipolmoment 18 419; Rk. 469; Wachstumshemm. v. Pflanzen durch — 14 572.

$C_9H_7NO_2S_3$ **6-Mercaptobenzothiazolyl-(2)-thioglykolsäure** 469.

$C_9H_7NO_3$ *o*-**Nitrozimtaldehyd,** Rk. 3791, 15 196.
p-**Nitrozimtaldehyd** (F. 141—142°), Darst., Rk. 11 144; Bldg. 3080; Rk. 2181*; Prüf. auf fungicide Aktivität 10 144.
p-**Nitrophenylvinylketon,** Rk. 5266.
3-Amino-4-hydroxycumarin, Rk. des Hydrochlorids 840; tumorhemmende Wrkg. 9376.
3-Amino-7-hydroxycumarin (F. 250°) 841, 2331.
1.2-Dihydro-1.4-dihydroxy-2-oxochinolin (F. 275—276° Zers.) 11 191.
3-Methyl-2.4-dioxo-5.6-benzodihydro-1.3-oxazin (F. 146°) 7695*.
2-Hydroxyaminoindandion-(1.3) 18 063.
5-Methoxyisatin, Rk. 16 675; α-Aminosäuredehydrogenasewrkg. v. — (Bezieh. zur Konstit.) 12 326.
6-Methoxyisatin, α-Aminosäuredehydrogenasewrkg. v. — (Bezieh. zur Konstit.) 12 326.
Anthroxansäuremethylester (F. 67—68° korr.) 11 911.
N-**Carboxy-α-phenylglycinanhydrid,** Mechanismus d. Polymerisat. (Isotopie-Effekt) 5694.
N-**Methylisatosäureanhydrid** 134.
Salicylsäure-*O*-essigsäureimid 18 933*.
N-**Hydroxymethylphthalimid (*N*-Methylolphthalimid, Phthalimidomethanol),** Rk. 4529, 10 453, 16 906, 17 001.
3-Hydroxy-*N*-methylphthalimid (F. 169°) 3407.
4-Hydroxy-*N*-methylphthalimid (F. 250°) 3407.

$C_9H_7NO_3S$ **Benzoxazolyl-(2)-mercaptoessigsäure,** Wachstumshemm. v. Pflanzen durch — 14 572.
Dihydro-5.6-benz-1.4-thiazinon-(3)-2-carbonsäure (F. 155—156°) 13 869*.
Chinolin-8-sulfonsäure 6720, 16 313.

$C_9H_7NO_3S_2$ **3-[*m*-Nitrophenyl]-1.2-dithiolium-hydroxid** (F. 187—188,5 korr.), Darst., UV-Spektrum d. Hydrogensulfats 1179.
3-[*p*-Nitrophenyl]-1.2-dithioliumhydroxid (F. 220—222° Zers., korr.), Darst., UV-Spektrum d. Bromids 1179.
4-[*p*-Nitrophenyl]-1.2-dithioliumhydroxid, Darst., UV-Spektrum d. Hydrogensulfats 1178.

$C_9H_7NO_4$ **Methylendioxy-β-nitrostyrol**, Prüf. auf bakteriostat. Aktivität 10 144.
5-[5'-Nitrofuryl-(2')]-pentadien-(2.4)-al (F. 124—125°) 2175*, 3080.
3-Amino-5.7-dihydroxycumarin (F. 268°) 841.
3-Amino-7.8-dihydroxycumarin (F. 264°) 841.
trans-**o(2)-Nitrozimtsäure** (F. 244—245°), Darst. 3790; (Rk.) 2337; Rk. 8617.
m-**Nitrozimtsäure**, Rk. 3069, 14 111, 16 840*.
trans-*p*-**Nitrozimtsäure**, Rk. 11 144, 11 539, 18 805.
Acrylsäure-*p*-nitrophenylester (*p*-**Nitrophenylacrylat**) (F. 65—65,5°), Kinetik d. Hydrolyse v. Copolymerisaten (Darst.) 7177.
m-**Nitrobenzoesäurevinylester** (F. 54,4°), Polymerisat. (Vernetz.) 2755.
p-**Nitrobenzoesäurevinylester**, Polymersiat. (Vernetz.) 2755.
1-Carbomethoxyimino-4.5-dioxo-$\Delta^{2,6}$-cycloheptadien, Rk. 7899.
3-Hydroxyphthalimidincarbonsäure-(3) („**Phthalonamidsäure**") 6355.

$C_9H_7NO_4S$ *p*-**Cyanphenylsulfonylessigsäure**, Konstit.-Einfl. auf d. UV-Spektrum 11 134.
8-Hydroxychinolin-5-sulfonsäure, Reflex.-Spektrum: d. Ni^{2+}-Komplexes 2628; d. Co(II)-Verb. 17 298; IR-Absorpt.-Spektren v. Cu(II)-, Co(II)- u. Ni(II)-Chelaten 5185; Chelatbildung mit Zr-Komplexen 12 587; Verw. v. — u. —-Deriv. 5071*; photometr. Best. v. Mo(V) mit — 10 949.
6-Sulfamidocumarin, Verw. 3975*.
N-**Acetylsaccharin**, Verw. 9568*.
N-**Acetylsaccharin**, Konstit.-Einfl. auf d. IR-Spektrum 10 400.

$C_9H_7NO_4S_2$ *m*-**Nitrodithiobenzoesäurecarboxymethylester** (F. 145—147°) 6381.

$C_9H_7NO_5$ *m*-**Nitrobenzoylessigsäure**, Darst., Kinetik d. Decarboxylier. v. — u. D(COOH)-— 13 346.
p-**Nitrobenzoylessigsäure**, Rk. v. Estern 10 199*.
4-Hydroxy-2-carboxy-1.4-benzoxazinon-(3), Darst. u. Test. auf antimikrobielle Aktivität 17 456.
Ameisensäure-*p*-nitrophenacylester (F. 142,5°), colorimetr. Best. v. Ameisensäure als — 13 149.
Oxalsäure-*o*-carboxyanilid (F. 210°) 9323.
Phthalsäure-*o*-carbonsäureamid 4133.

$C_9H_7NO_6$ **6-Nitro-3.4-methylendioxybenzoesäuremethylester** (F. 102,5° korr.) 6773.
3-Nitrophthalsäure-1-methylester, Verw. 3408.
Essigsäure-{β-[5-nitrofuryl-(2)]-acrylsäure}-anhydrid (F. 126°) 835.

$C_9H_7NO_6S$ *S*-**[2-Carboxy-4-nitrophenyl]-thioglykolsäure** (F. 215—217° Zers.), Darst., Rk. 4527; Rk. 18 817.
S-**[2-Carboxy-5-nitrophenyl]-thioglykolsäure** (F. 194,5—196° Zers.) 4528.
5-Hydroxyindolylessigsäure-*O*-sulfatester, — als Stoffwechsel-Prod. v. 5-Hydroxytryptamin bei d. Ratte 16 747.

$C_9H_7NO_7$ **2-Methoxy-3.4-methylendioxy-6-nitrobenzoesäure** (F. 190—193°) 8624, 15 606.
3.4-Methylendioxy-5-methoxy-6-nitrobenzoesäure, Rk. 8624.
4-Carboxy-2-nitrophenoxyessigsäure, pflanzenwachstumsregulator. Aktivität bei d. Ananaspflanze 1283.

C_9H_7NS **2-Mercaptochinolin** (F. 178—179,5°), Darst., Rk., pK-Wert 6720; Rk. 15 697*; Prüf. auf Strahlenschutz 1682.
3-Mercaptochinolin (F. 58°), Darst., pK-Wert 6720.
4-Mercaptochinolin (F. 158—162° Zers.), Darst., Rk., pK-Wert 6720.
5-Mercaptochinolin (F. d. Monohydrats 87,5 bis 89°), Darst., Rk., pK-Wert 6720.
6-Mercaptochinolin ($Kp._{0,1}$ 114°), Darst., Rk., pK-Wert 6720.
8-Mercaptochinolin (Thiooxin) (F. des Dihydrats 58—59°), Darst. (pK-Wert) 6720; (Reinig., Rk., Salze) 16 313; analyt. Verw. 1725.
1-Mercaptoisochinolin (F. 171°), Darst., Rk., pK-Wert 6720.
3-Mercaptoisochinolin (F. 217°), Darst., pK-Wert 6720.

$C_9H_7NS_2$ *N*-**Vinylmercaptobenzothiazol**, Copolymerisat.-Verh. 2392.

$C_9H_7N_3$ **2-Phenyl-*symm.*-triazin** (F. 62—64°) 1998.
2-[Cyanmethyl]-benzimidazol, Rk. 15 409*.

$C_9H_7N_3O$ *N*-**Benzoyl-1.2.4-triazol** (F. 76—76,5°) 18 461.
Isonicotinsäureimidazolid (F. 95°) 18 460.

$C_9H_7N_3OS$ **5-Phenyl-2-thio-6-azauracil (3-Mercapto-5-hydroxy-6-phenyl-1.2.4-triazin)**, Wrkg. auf Keimpflanzen 904; photograph. Verw. 6277*.
N-**[Thiazolyl-(2)]-nicotinsäureamid**, Wrkg. auf d. Wachstum d. Keimlinge v. Sinapsis alba L. 8674.

$C_9H_7N_3OS_2$ **5-[Phenylazo]-rhodanin (5-[Benzolazo]-rhodanin)** (F. 242—244° Zers.), Herst., Verw. 10 938*; Rk. 4906.
4-Hydroxy-3-äthyl-5-[2'.2'-dicyanäthenyl-(1')]-thiazolin-2-thion, photograph. Verw. 5167*.

$C_9H_7N_3O_2$ **3(5)-[*p*-Nitrophenyl]-pyrazol** (F. 192°) 9330.
N-**Nitro-3(5)-phenylpyrazol** (F. 122°) 9330.
1-Phenyl-4-nitrosopyrazolon-(5), Verh. bei d. Acyllacton-Umlager. 11 903.
6.7-Diaminochinolinchinon-(5.8) (F. 160° Zers.) 4259*.
4-Isonitroso-1-phenylpyrazolon-(5), Rk. 12 586, 12 589.
3-Phenyl-4-isonitrosopyrazolon-(5), Rk. 10 086, 12 586, 12 589.
Chinolindiondioxim-(5.8), analyt. Verw. 18 580.
2-*m*-Carboxyphenyl-1.2.3-triazol (F. 205 bis 207°) 15 605.
5-Phenyl-1.3.4-oxadiazol-2-carbonamid (F. 163—168°) 5658.

$C_9H_7N_3O_2S$ **3-Mercapto-5-hydroxy-6-[β-(α'-furyl)-vinyl]-1.2.4-triazin** (F. 267—269°) 15 603.
1-[Methylmercapto]-7-nitrophthalazin (F. 180—181°) 11 906.
1.2-Dihydro-2-methyl-7-nitro-1-thionophthalazin (F. 161—162° Zers.) 11 906.
4-Hydroxy-3-äthyl-5-[2'.2'-dicyanäthenyl-(1')]-oxazolin-2-thion, photograph. Verw. 5167*.

$C_9H_7N_3O_2S_2$ **[2-Aminothiazolyl-(5)]-*p*-nitrophenylsulfid**, Rk. 6027.

$C_9H_7N_3O_3$ **2-Hydroxy-3-methyl-6-nitrochinoxalin** (F. 270°) 6773.
2-Hydroxy-3-methyl-7-nitrochinoxalin (F. 255°) 6773.
5-Nitro-6-methoxychinoxalin (F. 203°) 6773.
3-Amino-6.7-methylendioxychinazolon-(4) (F. 280,5° korr.) 6774.
2-Methyl-1.2-dihydro-7-nitro-1-oxophthalazin, Rk. 11 906.
4-Methyl-1.2-dihydro-7-nitro-1-oxophthalazin, Rk. 11 906.
α-**Diazo-*p*-nitropropiophenon**, Rk. 14 835.
3.5-Dioxo-6-[β-(α'-furyl)-vinyl]-2.3.4.5-tetrahydro-1.2.4-triazin (F. 256—258°) 15 603.
1-Acetyl-4-nitroindazol, UV-Spektrum 16 971.

1-Acetyl-5-nitroindazol, UV-Spektrum 16 971.
1-Acetyl-6-nitroindazol, UV-Spektrum 16 971.
1-Acetyl-7-nitroindazol, UV-Spektrum 16 971.
4-Azidobenzolpyruvinsäure, Verw. 9962*.
1-Isonicotinoylpyrazolidindion-(3.5) (F. 251 bis 252°) 8346*.
4-Acetoxybenzoesäureazid, Rk. 4639*.

$C_9H_7N_3O_3S$ 3-[4'-Methyl-3'-nitrophenyl]-4-oxo-1.2.3-thiadiazol (F. 154°) 5486*.

$C_9H_7N_3O_3S_2$ [4-Nitrobenzthiazolyl-(2)]-thiocarbaminsäure-*O*-methylester 8390*.
[6-Nitrobenzthiazolyl-(2)]-thiocarbaminsäure-*O*-methylester 8390*.

$C_9H_7N_3O_4$ Mono-*N*-methyl-6-nitrochinoxalindion-(2.3), Best. d. Tautomerie aus d. IR-Spektrum 10 031.
5-[*m*-Nitrophenyl]-hydantoin (F. 220° korr.) 6402.

$C_9H_7N_3O_4S$ *N*-*p*-Nitrobenzolsulfenylhydantoin (F. 169—172° Zers.) 14 475.
[4-Nitrobenzthiazolyl-(2)]-carbaminsäuremethylester 8390*.
[6-Nitrobenzthiazolyl-(2)]-carbaminsäuremethylester 8390*.

$C_9H_7N_3O_4S_2$ [2-Aminothiazolyl-(5)]-*p*-nitrophenylsulfon, Rk. 6027.

$C_9H_7N_3O_6$ *N*-Acetyl-3.5-dinitrobenzamid (F. 198—200°) 11 339*.
N-Formyl-3.5-dinitro-2-methylbenzamid 11 339*.

$C_9H_7N_3O_7$ 1.3.5-Trinitro-3.4;5.6-dimethanocyclohepten-(1)-on-(7) (Zers. 175°) 11 542.

$C_9H_7N_3O_8$ 2.4.6-Trinitrobenzoesäureäthylester, Kinetik d. Inhibier. d. Styrol-Polymerisat. durch — 14 525.

$C_9H_7N_3S$ 5-Phenyl-2.3-dihydro-1.2.4-triazinthion-(3) (F. 197—198°) 9348.

$C_9H_7N_3S_2$ 3-Methylmercapto-benzthiazolo-[2'.3':5.4]-1.2.4-triazol 1865*.
1-Phenyl-2.4-dithioketo-1.2.3.4-tetrahydro-1.3.5-triazin (F. 186—188°) 3462.

$C_9H_7N_5$ 3-Amino-1.2.4-triazacarbazol. — Hydrochlorid, bakteriostat. Wrkg. 1278; tuberkulostat. Wrkg. 16 732.
2-Dimethylamino-1.1.3.3-tetracyanpropen, Salze 1795*.

$C_9H_7N_5O_2S$ 2-[*m*-Nitrobenzylidenhydrazino]-1.3.4-thiadiazol (F. 232°) 4908.
2-[*p*-Nitrobenzylidenhydrazino]-1.3.4-thiadiazol (F. 254,5°) 4908.

$C_9H_7N_5O_{13}$ Glycerin-1-[2'.4'.6'-trinitrophenyl]-ätherdinitrat (F. 125—127°) 15 565.

$C_9H_7N_5S$ 6-[Thienyl-(2')-amino]-purin, — als Wachstumsinhibitor v. Milchsäurebakterien (Wechselwrkg. mit Folsäureanalogen) 5716.

$C_9H_7N_7O_2S$ 1-Methyl-4-nitro-5-[purinyl-(6')-mercapto]-imidazol (F. 243—244° Zers.) 15 697*.

$C_9H_7N_7S_2$ 2.4-Bis-[thiazolyl-(2)-amino]-*symm.*-triazin, Hydrochlorid 8617.

C_9H_8 (s. *Inden*).
Benzylacetylen, Nichtbldg. 10 071.
Phenylmethylacetylen [1-Phenylpropin-(1)], (Kp.18 77—79°), Darst., Lewis-Basizität gegenüber Säureamiden, Äthern bzw. Phenol 4865; Rk. 6211*, 16 251.

C_9H_8BrCl *m*-Chlorcinnamylbromid (Kp.1 100°) 11 145.
p-Chlorcinnamylbromid (F. 60—62°) 11 145.

$C_9H_8BrClN_2O_5S_2$ 2-[α'-Bromäthyl]-5-chlor-6-sulfamylsaccharin 15 694*.

$C_9H_8BrClN_4O_4$ Aceton-2-brom-3-chlor-4.6-dinitrophenylhydrazon (F. 141°) 16 291.

$C_9H_8BrClO_2$ α-Brom-*o*-chlorhydrozimtsäure (F. 117,5—118,5° korr.) 9686.
α-Brom-*m*-chlorhydrozimtsäure (F. 46,5 bis 47,5° korr.) 9686.
α-Brom-*p*-chlorhydrozimtsäure (F. 102,5 bis 103,5° korr.) 9686.

$C_9H_8BrClO_3$ 2.3-Dimethoxy-6-brombenzoesäurechlorid, Rk. 17 376.

$C_9H_8BrCl_3O$ 3-Brompropyl-2.4.5-trichlorphenyläther (F. 54°) 5260.

C_9H_8BrNO α-Brom-β-anilinoacrolein, Rk. 10 090.
2-Brom-5-azatetralon-(1) (F. 33—34°) 11 923.
β-Bromzimtsäureamid (F. 104—106°) 7479.

$C_9H_8BrNO_2$ *m*-Nitrocinnamylbromid (F. 85,7 bis 86,5°) 11 145.
p-Nitrocinnamylbromid (F. 52—55°) 11 145.

$C_9H_8BrNO_3$ 1-[4'-Hydroxy-3'-bromphenyl]-2-nitropropen-(1) (*p*-Hydroxy-*m*-brom-β-methyl-β-nitrostyrol) (F. 121—122°), Darst. u. fungistat. Wrkg. 15 650; Prüf. auf bakteriostat. Aktivität 10 144.
p-Methoxy-β-brom-β-nitrostyrol, Prüf. auf bakteriostat. Aktivität 10 144.

$C_9H_8BrNO_3S$ *N*-[β-Bromäthyl]-saccharin (F. 95—96°) 1194.

$C_9H_8BrNO_4$ 2-Brom-4-nitrobenzoesäureäthylester, Rk. 6214*.

$C_9H_8BrN_3$ 6.8-Dimethyl-7-brompyrido-[2.3]-pyrazin (F. 174—174,5° Zers.) 129.

$C_9H_8BrN_3OS$ *p*-Bromphenylglyoxal-1-thiosemicarbazon (F. 189—190°) 9348.

$C_9H_8BrN_3O_3$ 6-Bromimidazo-[*b*]-pyridin-7-carbonsäure-β-hydroxyäthylester (F. 208 bis 209°) 129.
Brombrenztraubensäureisonicotinoylhydrazon (F. 220°), Darst., tuberkulostat. Wrkg. 14 863.

$C_9H_8BrN_3S$ 5-[*p*-Bromphenylamino]-2-methyl-1.3.4-thiadiazol (F. 234°) 10 832.

$C_9H_8BrN_3Se$ 4-[*p*-Bromphenyl]-selenazolyl-(2)-hydrazin (F. 180°) 17 745.

$C_9H_8Br_2$ [2.2-Dibromcyclopropyl]-benzol (Kp.1 97°) 4889.

$C_9H_8Br_2ClNO_2$ 1-[*p*-Chlorphenyl]-1.2-dibrom-2-nitropropan, Prüf. auf bakteriostat. Aktivität 10 144.

$C_9H_8Br_2N_2O_2S$ *S*-[3.7-Dibromtropolonyl-(5)-methyl]-isothioharnstoff, Hydrobromid 7494.
5-[4'.5'-Dibromthienyl-(2')]-5-äthylhydantoin (F. 256°) 8242.
5-[4'.5'-Dibromthienyl-(2')]-5-methyl-3-methylhydantoin (F. 190°) 8242.

$C_9H_8Br_2N_2O_4$ 1-[*p*-Nitrophenyl]-1.2-dibrom-2-nitropropan, Prüf. auf bakteriostat. Aktivität 10 144.

$C_9H_8Br_2N_4O_4$ Aceton-2.3-dibrom-4.6-dinitrophenylhydrazon (F. 185°) 16 291.

$C_9H_8Br_2O$ *p*.α-Dibrompropiophenon, Rk. 14 496.
3.7-Dibrom-2-äthyltropon (F. 81—82°) 18 097.
3.5-Dibrom-2.6-dimethyltropon (?) (F. 116 bis 117°) 18 096.

$C_9H_8Br_2O_2$ 3.5-Dibrom-4-hydroxyphenyläthylketon, cytolog. Veränder. in d. Testikeln v. mit — behandelten Ratten 17 469.
3.5-Dibrom-2-methoxy-6-methyltropon (F. 151—152°) 18 096.
Dibrom-2-äthylbenzoesäure (F. 146—147°) 18 097.

$C_9H_8Br_2O_3$ 5-Methoxymethyl-3.7-dibromtropolon (F. 135°) 7494.
4.6-Dibrom-2-methylphenoxyessigsäure, pflanzenwachstumsregulator. Aktivität bei d. Ananaspflanze 1283.

$C_9H_8Br_3NO_3$ 1-[*p*-Hydroxy-*m*-bromphenyl]-1.2-dibrom-2-nitropropan, Prüf. auf bakteriostat. Aktivität 10 144.

$C_9H_8ClFO_2$ α-Chloräthyl-2-hydroxy-5-fluorphenylketon (Kp.5 185°) 10 809.
α-Chlorpropionsäure-*p*-fluorphenylester (Kp.15 185°) 10 809.
α-[*p*-Fluorphenoxy]-propionylchlorid (Kp.150 170°) 10 808.

$C_9H_8ClF_3$ [γ-Chlorpropyl]-trifluorbenzol 7322*.

$C_9H_8ClF_3N_2O$ *N*-[3-Trifluormethyl-4-chlorphenyl]-glykokollamid (F. 109—111°), Darst. u. Prüf. auf Wrkg. als Pflanzenwachstumsregulator 10 154.

$C_9H_8ClF_3N_2O_4S$ 3-Chlor-4-äthylamino-5-nitrophenyltrifluormethylsulfon (F. 62—63°) 4530.

C_9H_8ClN 3-Methyl-2-chlorindol (F. 113,5° Zers.) 18 459.
2-Methyl-3-chlorindol (F. 98° Zers.) 18 459.
5-Chlor-2-methylindol (F. 114—116°) 837.

C_9H_8ClNO 1-Chlor-1-methyl-2-nitrosostyrol 6735.
5-Chlor-6-methoxyindol (F. 109—110°), Rk. 2459*.
α-Chlor-β-anilinoacrolein, Rk. 10 090.

$C_9H_8ClNO_2$ 1-[4'-Chlorphenyl]-2-nitropropen-(1) [*p*-Chlor-β-methyl-β-nitrostyrol, 2-Nitro-1-[*p*-chlorphenyl]-propen-(1)] (F. 86,5—87,5°), Darst. u. fungistat. Wrkg. 15 650; Rk. 7622*; Prüf. auf bakteriostat. Aktivität 10 144.
1-[*p*-Nitrophenyl]-3-chlorpropen-(1), Depolarisat. d. Raman-Linien 5974.
4-Acetylaminobenzoylchlorid, Rk. 5772*.

$C_9H_8ClNO_2S$ Cinnamalsulfamidsäurechlorid (F. 82—84°) 7328*.

$C_9H_8ClNO_2S_2$ *p*-[2-Chloräthylsulfonyl]-phenylisothiocyanat (F. 126—128°) 1383*.
3-[Äthylsulfonyl]-6-chlorphenylisothiocyanat (F. 68°) 1383*.

$C_9H_8ClNO_3$ 2.5-Dimethyl-3-cyanperchlorylbenzol 8780*.
2.6-Dimethyl-3-nitrobenzoesäurechlorid (F. 63—65° korr.) 1578.
2.6-Dimethyl-4-nitrobenzoesäurechlorid (F. 58—60° korr.), Darst., Hydrier. 1578; Rk. 2694.
Malon-*o*-chloranilidsäure, Rk. 1210.
Malon-*m*-chloranilidsäure, Rk. 1210.
Malon-*p*-chloranilidsäure, Rk. 1210.

$C_9H_8ClNO_3S$ *N*-[β-Chloräthyl]-saccharin (F. 80 bis 81°) 1194.

$C_9H_8ClNO_4$ 3-Nitro-4-chlorbenzoesäuresäureäthylester, Rk. 15 695*.
p-Nitro-*o*-chlorbenzoesäureäthylester, Rk. 4536.

$C_9H_8ClNO_4S$ *p*-Nitrophenyl-β-chlor-β-carboxyäthylsulfid (F. 126—127°) 14 108.

$C_9H_8ClNO_6S$ *p*-Nitrophenyl-β-chlor-β-carboxyäthylsulfon (F. 146—147°) 14 108.

C_9H_8ClNS 2-Methyl-5-chlormethylbenzthiazol (F. 78,5° korr.) 1227.
2-Methyl-6-chlormethylbenzthiazol (F. 86° korr.) 1228.
β-[*p*-Chlorphenylmercapto]-propionitril (F. 54—55°) 4130.

$C_9H_8ClNS_2$ Chlorphenyl-β-thiocyanäthylsulfid, Verw. 16 817*.

$C_9H_8ClN_2O_3P$ *O*-[4-Chlorphenyl]-imidazolyl-(1)-phosphonat (*p*-Chlorphenylphosphorsäuremonoimidazolid) (F. 87°), Darst. (d. Na-Salzes) 8633; (Verw.) 10 278*; R_F-Wert 8635.

$C_9H_8ClN_3$ 2.3-Dimethyl-7-chlorpyrido-[2.3]-pyrazin (F. 152°) 129.
1-Phenyl-3-methyl-5-chlor-1.2.4-triazol (F. 84°) 16 301.
7-Chlor-1.2a.5-triaza-2a.3.4.5-tetrahydroacenaphthylen (F. 208—210°) 11 195.
1-Hydrazino-3-chlorisochinolin, blutdrucksenkende Wrkg. d. Hydrochlorids 18 549.

$C_9H_8ClN_3OS$ *p*-Chlorphenylglyoxal-1-thiosemicarbazon (F. 170—195° Zers.) 9348.

$C_9H_8ClN_3O_2$ *N*-[2-Chlorallyl]-*N*.4-dinitrosoanilin (F. 89—90°) 459.

$C_9H_8ClN_3O_3$ $N^1.N^3$-[3-Chlor-4-hydroxybenzyliden]-biuret (F. 180°) 823.
m-Nitrobenzaldehydchloracetylhydrazon (F. 207°) 97.

$C_9H_8ClN_3O_5$ 3-*N*-[5'-Nitrofurfuryliden-(2')-amino]-5-chlormethyloxazolidon-(2) (F. 196—197°) 2095*.

$C_9H_8ClN_3S$ 2.4-Diamino-5-*p*-chlorphenylthiazol, IR-Spektrum 10 030.

$C_9H_8ClN_5$ s. *Chlorazanilhydrochlorid* [*Daquin, Neourofort, Orpidan, Triazurol, p-Chlorphenyl-2.4-diamino-sym.-triazinhydrochlorid, 2-[4'-Chloranilino]-4-amino-1.3.5-triazin*].

$C_9H_8ClN_5S$ 1-[1'.2'.4'-Triazolyl]-3-[*m*-chlorphenyl]-thioharnstoff (F. 300°), Beeinfluss. d. Pflanzenwachstums durch — 9866*.
1-[1'.2'.4'-Triazolyl]-3-[*p*-chlorphenyl]-thioharnstoff (F. 300°), Beeinfluss. d. Pflanzenwachstums durch — 9866*.

$C_9H_8ClO_2$ *p*-Chlorzimtsäure, Rk. 16 840*.

$C_9H_8Cl_2$ 1.1-Dichlor-3-phenylpropen-(1) (Kp.$_{6,5}$ 95—95,5°) 16 998.
1-[Propen-(1')-yl-(1')]-3.5-dichlorbenzol 7322*.
Allyldichlorbenzol 7321*.
5.6-Dichlor-3a.7a-dihydroinden (Kp.$_{0,7}$ 74 bis 77°) 1223.
[2.2-Dichlorcyclopropyl]-benzol (Kp.$_{13}$ 114°) 4889.

$C_9H_8Cl_2F_3N_3O_4S_2$ 6-Trifluormethyl-3-dichlormethyl-3.4-dihydro-7-sulfamyl-1.2.4-benzothiadiazin-1.1-dioxid (F. 259 bis 260°) 4924.

$C_9H_8Cl_2NO_2P$ Cinnamoylamidophosphorsäuredichlorid 8588.

$C_9H_8Cl_2N_2O$ *N'*-2.5-Dichlorphenyl-*N*.*N*-äthylenharnstoff (F. 86—87°) 7886.
N'-3.4-Dichlorphenyl-*N*.*N*-äthylenharnstoff (F. 103°) 7886.
1-[2'.5'-Dichlorphenyl]-imidazolidinon-(2) (F. 176°) 7886.
1-[3'.4'-Dichlorphenyl]-imidazolidinon-(2) (F. 187°) 7886.

$C_9H_8Cl_2N_2O_2$ 2.4-Dichlorbrenztraubensäurephenylhydrazon (F. 196° Zers.) 18 460.
2.5-Dichlorbrenztraubensäurephenylhydrazon (F. 181,5—182,5°) 18 460.
3.5-Dichlorbrenztraubensäurephenylhydrazon (F. 201,5—202°) 18 460.
m-Chlor-*O*-[chloracetyl]-benzamidoxim (F. 124—125°) 9704.
p-Chlor-*O*-[chloracetyl]-benzamidoxim (F. 134—135°) 9704.

$C_9H_8Cl_2N_2O_3$ Dichloracet-*N*-methyl-3-nitroanilid (F. 94,5°) 10 190*.
Dichloracet-*N*-methyl-4-nitroanilid (F. 130°) 10 190*.

$C_9H_8Cl_2N_2O_4$ Dichloracet-4-hydroxy-*N*-methyl-3-nitroanilid (F. 111°) 10 190*.

$C_9H_8Cl_2O$ 2-Allyl-3.4-dichlorphenol (Kp.$_5$ 133 bis 138°) 10 976*.
β.β-Dichlorpropiophenon (F. 53°) 12 271.
2.4-Dichlorpropiophenon (Kp. 225°) 10 055.
2.5-Dichlorpropiophenon (Kp. 258°) 10 055.
3.4-Dichlorpropiophenon (F. 44°) 10 055.

$C_9H_8Cl_2OS$ β-Chlorthiolpropionsäure-*p*-chlorphenylester, Rk. 14 834.
Chlorthionameisensäure-3.5-dimethyl-4-chlorphenylester, Rk. 5265.

$C_9H_8Cl_2O_2$ 2-Benzoyl-2.2-dichloräthanol (F. 38 bis 40°) 6873*.
3.5-Dichlor-2-hydroxy-6-methylacetophenon (F. 104—105,5°) 6005.
2.3-Dichlor-3-phenylpropionsäure (F. 167 bis 168,6° korr.) 4899.
β-[2.4-Dichlorphenyl]-propionsäure (F. 74°) 10 055.
β-[2.5-Dichlorphenyl]-propionsäure (F. 92°) 10 055.
β-[3.4-Dichlorphenyl]-propionsäure (F. 71°), Darst. 10 055; pflanzenwachstumsregulator. Aktivität bei d. Ananaspflanze 1284.
Phenyl-α.β-dichlorpropionat, Rk. 11 530.
β-Chlorpropionsäure-*p*-chlorphenylester, Rk. 14 834.
α-Chlor-*m*-chlorphenylessigsäuremethylester (Kp.$_{0,5}$ 94°) 15 913.
2.6-Dichlorbenzylacetat 8761*.
2.4-Dichlor-5-methylphenylacetat (F. 39,5 bis 40,5°) 6005.
2.3-Dichlorbenzoesäureäthylester, Kinetik d. Hydrolyse 16 990.
2.4-Dichlorbenzoesäureäthylester, Kinetik d. Hydrolyse 16 990.
2.5-Dichlorbenzoesäureäthylester, Kinetik d. Hydrolyse 16 990.
2.6-Dichlorbenzoesäureäthylester, Vers. d. Hydrolyse 16 991.

3.4-Dichlorbenzoesäureäthylester, Kinetik d. Hydrolyse 16 990.
3.5-Dichlorbenzoesäureäthylester, Kinetik d. Hydrolyse 16 990.
2-Methyl-4-chlorphenoxyacetylchlorid, Rk. 14 838.

$C_9H_8Cl_2O_2S$ Allyl-2.5-dichlorphenylsulfon (F. 66°) 9680.
Allyl-3.5-dichlorphenylsulfon (Kp.$_{30}$ 205°) 9680.
cis-1-[*o*-Toluolsulfonyl]-1.2-dichloräthylen (F. 52—53°) 16 650.
trans-1-[*o*-Toluolsulfonyl]-1.2-dichloräthylen (F. 77—78°) 16 650.
1-[*p*-Toluolsulfonyl]-1.2-dichloräthylen, Darst. 16 635; Darst., Rk. v. cis- u. trans- — 16 650.
3.3a-Dichlor-3a.4.7.7a-tetrahydro-4.7-methanothianaphthen-1.1-dioxid (F. 150,5 bis 151,5°) 1223.
β-[2.3-Dichlorthienyl-(5)]-acrylsäureäthylester (F. 85,5°) 12 650.

$C_9H_8Cl_2O_3$ *α*-[2.4-Dichlorphenoxy]-propionsäure, Herst. 18 272*; pflanzenwachstumsregulator. Aktivität bei d. Ananaspflanze 1283.
β-[2.4-Dichlorphenoxy]-propionsäure (F. 94°), Herst. 18 272*; pflanzenwachstumsregulator. Aktivität bei d. Ananaspflanze 1284; —-Stoffwechsel in Pflanzen 7953.
3.4-Dichlor-*α*-phenoxypropionsäure, pflanzenwachstumsregulator. Aktivität bei d. Ananaspflanze 1283.
Methyldichlorphenoxyessigsäure, Trenn. d. Isomeren 3433.
α-Methoxy-[2.4-dichlorphenyl]-essigsäure (F. 114—116°), Wrkg. als Pflanzenwachstumsregulator 10 152.
α-Methoxy-[3.4-dichlorphenyl]-essigsäure (F. 88—91°), Wrkg. als Pflanzenwachstumsregulator 10 152.
2.4-Dichlorphenoxyessigsäuremethylester, — zur Chemotherapie transplantierter u. spontaner Mäuse-Adenocarcinome 2403; Toxizität für d. weißen Senf (Sinapsis alba L.) 9121.
2.5-Dichlorphenoxyessigsäuremethylester, — zur Chemotherapie transplantierter u. spontaner Mäuse-Adenocarcinome 2403.

$C_9H_8Cl_2O_4$ 2.4-Dichlor-5-methoxyphenoxyessigsäure, pflanzenwachstumsregulator. Aktivität bei d. Ananaspflanze 1283.
4.5-Dichlorguajacoxyessigsäure, physiolog. Wrkg. 9775.
4.5-Dichlor-3-methyl-3.6-endoxohexahydrophthalsäureanhydrid (F. 153 bis 153,5°) 1598.

$C_9H_8Cl_2S$ Allyl-2.4-dichlorphenylsulfid (Kp.$_{20}$ 168°) 9680.
Allyl-2.5-dichlorphenylsulfid (Kp.$_{15}$ 163°) 9680.
Allyl-3.5-dichlorphenylsulfid (Kp.$_{20}$ 160°) 9680.
cis-1-[*o*-Tolylmercapto]-1.2-dichloräthylen (Kp.$_{17}$ 142°) 16 650.
trans-1-[*o*-Tolylmercapto]-1.2-dichloräthylen (Kp.$_{15}$ 141—143°) 16 650.
cis-1-[*p*-Tolylmercapto]-1.2-dichloräthylen (Kp.$_{15}$ 146°) 16 650.
trans-1-[*p*-Tolylmercapto]-1.2-dichloräthylen (1.2-Dichlor-1-[*p*-tolylmercapto]-äthen) (Kp.$_{15}$ 142—144°), Darst., Rk. 16 635, 16 650; Dipolmoment 11 138.

$C_9H_8Cl_3N$ *N*-[2-Chloräthyl]-*p*-chlorbenzimidchlorid (Kp.$_{0,05}$ 115—123°) 11 887.

$C_9H_8Cl_3NO$ *N*-Benzyltrichloracetamid (F. 91 bis 92°) 7850.
Benzyltrichloracetimidat, Rk. 7850.
N-[3.4-Dichlorphenyl]-3-chlorpropionamid (F. 110—111°), Darst. 1957; Rk. 1957.

$C_9H_8Cl_3NOS$ Chloracetyl-2.6-dichlor-4-methylmercaptoanilid (F. 180—181°), Darst., lokalanästhet. Wrkg. 17 838.
O-[2.4.5-Trichlorphenyl]-*N.N*-dimethylthioncarbonat (F. 136—137°) 5266.

$C_9H_8Cl_3NOS_2$ Trichlormethyl-*p*-acetamidophenyldisulfid (F. 155°) 3605*.

$C_9H_8Cl_3NO_2$ [Trichlormethylmethylol]-benzamid, Rk. 12 434*.
2.4.5-Trichlorphenoxyessigsäure-*N*-methylamid, Wuchsstoff-Eig. u. antagonist. Wrkg. gegenüber d. freien Säure 16 380.

$C_9H_8Cl_3NO_2S$ *N*-[Trichlormethylmercapto]-tetrahydrophthalimid (*N*-Trichlormethylmercapto]-1.2.3.6-tetrahydrophthalimid, *N*-[Trichlormethylmercapto]-cyclohexen-(4)-1.2-dicarbonimid), Verw. in Fungicid 8389*; s. auch *Schädlingsbekämpfung-Spezialmittel* (*Captan, Orthocide*).

$C_9H_8Cl_3NO_3S$ 3.6-Endoxohexahydrophthalsäure-*N*-[trichlormethylmercapto]-imid (F. 157,5—158°) 1599.

$C_9H_8Cl_3NO_3S_2$ Trichlormethyl-*o*-acetamidobenzolthiolsulfonat (F. 87—88°) 3605*.
Trichlormethyl-*m*-acetamidobenzolthiolsulfonat (F. 124—125°) 3605*.
Trichlormethyl-*p*-acetamidobenzolthiolsulfonat (F. 156—158°) 3605*.

$C_9H_8Cl_3N_3O_2$ *N*-[Phenylcarbamoyl]-trichloressigsäurehydroxyamidin (F. 134—136°) 2880*.

$C_9H_8Cl_4N_4O_2$ 1.3-Dimethyl-8-trichlormethyl-7-chlormethylxanthin 18 470.

$C_9H_8Cl_4O$ [Tetrachlorphenylmethyl]-äthyläther 7322*.
γ-[2.4.5-Trichlorphenoxy]-propylchlorid (F. 45°) 8229.

$C_9H_8Cl_4O_3S$ 2.3-Bis-[hydroxymethyl]-1.4.5.6-tetrachlorbicyclo-[2'.2'.1']-hepten-(5')-sulfit (Kp.$_{2,1}$ 185—187°) 12 101*.

$C_9H_8Cl_4O_8$ Pentaerythrittetrachlorformiat (F. 95°) 8811*, 9148*.

$C_9H_8Cl_4S$ *α*-Trichlormethylmercapto-*β*-chloräthylbenzol 15 553.

$C_9H_8Cl_5N_2O_2PS$ *O.O*-Dimethylthiophosphorsäurepentachlorbenzylidenhydrazid (F. 182—183°) 2517*.

$C_9H_8Cl_6O$ 2-Äthoxy-1.4.5.6.7.7-hexachlorbicyclo-[2'.2'.1']-hepten-(5') (Kp.$_5$ 133—135°) 17 762.

$C_9H_8Cl_6OS$ *exo*-2-Äthylsulfinyl-1.4.5.6.7.7-hexachlorbicyclo-[2'.2'.1']-hepten-(5') (F. 122 bis 122,5°) 17 734.

$C_9H_8Cl_6O_2$ 1.4.5.6.7.7-Hexachlor-2.3-bis-[hydroxymethyl]-bicyclo-[2'.2'.1']-hepten-(5) (F. 205°), Darst. 12 101*; Darst., Rk. v. $^{14}C_{(2.3)}$-— 4620.

$C_9H_8Cl_6O_2S$ *exo*-2-Äthylsulfonyl-1.4.5.6.7.7-hexachlorbicyclo-[2'.2'.1']-hepten-(5) (F. 71—72,2°) 17 734.

$C_9H_8Cl_6S$ 2-Äthylmercapto-1.4.5.6.7.7-hexachlorbicyclo-[2'.2'.1']-hepten-(5) (Kp.$_3$ 124—125°) 17 734.

C_9H_8FN 5-Fluor-2-methylindol (F. 99—101°) 837.

$C_9H_8FNO_3$ 4-Acetamido-3-fluorbenzoesäure (F. 282—283° Zers.) 9735.

$C_9H_8FNO_3S$ *N*-[*o*-Fluorsulfonylphenyl]-acrylamid (F. 114°) 869.
N-[*m*-Fluorsulfonylphenyl]-acrylamid (F. 100°) 869.
N-[*p*-Fluorsulfonylphenyl]-acrylamid (F. 192°) 869.

$C_9H_8F_3NO$ *N*-Trifluoräthylsalicylaldimin, magnet. Eig. v. Ni(II)-Komplexen 16 935.
3-Acetamidobenzotrifluorid (F. 103—104°) 3066.

$C_9H_8F_3NO_3$ 2-Äthoxy-5-nitrobenzotrifluorid (F. 47,5—49,5°) 3066.
4-Äthoxy-3-nitrobenzotrifluorid (F. 30 bis 31°) 3066.

$C_9H_8F_3NO_3S$ *N*-Methyl-*N*-phenylfluorsulfonyldifluoracetamid (F. 69—71°) 1794*.

$C_9H_8F_4$ 3.3.4.4-Tetrafluortricyclo-[4.2.1.0^{2,5}]-nonen-(7) (Kp.$_{45}$ 67°) 16 300.
isomeres 3.3.4.4-Tetrafluortricyclo-[4.2.1.0^{2,5}]-nonen-(7) (Kp.$_{45}$ 70°) 16 300.

$C_9H_8F_7N_5$ 4-Allylamino-2-amino-6-heptafluorpropyl-*symm.*-triazin (F. 101—103°) 6777.

$C_9H_8FeO_3$ Cyclohexadien-(1.3)-eisentricarbonyl, Vers. d. Isomerisier. v. Cyclooctadien-(1.5) mit — 12 277.

$C_9H_8FeO_4$ Tricarbonyl-1.3-pentadienaldehydeisen 15 528.

$C_9H_8FeO_5S$ 3.4-Dimethyldioxothiophaneisentricarbonyl (F. 149—150°) 17 564*.

$C_9H_8HgO_2$ Vinylquecksilberbenzoat (F. 68 bis 69°) 17 718.

C_9H_8JMgN 3-Methylindolyl-(1)-magnesiumjodid 7885.

C_9H_8JN 2-Methyl-3-jodindol (F. 84°) 18 459.

$C_9H_8JNO_3$ *o*-Jodhippursäure, Verw. v. ^{131}J— 12 369.

$C_9H_8JN_3OS$ 3-Thiosemicarbazono-5-jod-2.3-dihydrobenzofuran (F. 212—213°) 12 654.

$C_9H_8J_2N_4O_4$ 2.6-Dijod-3.5-diureidobenzoesäure (F. 210° Zers.) 18 572*.

$C_9H_8J_2O_2$ 3.5-Dijod-4-hydroxyphenyläthylketon, cytolog. Veränder. in d. Testikeln v. mit — behandelten Ratten 17 469.

$C_9H_8J_2O_3$ 4-Hydroxy-3.5-dijodphenylpropionsäure (Dijoddesaminotyrosin), Rk. 140; (v. — u. Deriv.) 10 895.

$C_9H_8J_2O_4$ 3.5-Dijod-4-hydroxyphenylmilchsäure, biolog. Bldg. 13 099.
3-Hydroxy-x.y-dijodphenoxyessigsäuremethylester (F. 220°) 800.

$C_9H_8J_3N_3O_3$ 2.4.6-Trijod-5-amino-3-[ω-methylureido]-benzoesäure (F. 201° Zers.) 18 571*.
3.5-Diamino-2.4.6-trijodhippursäure (*N*-[3.5-Diamino-2.4.6-trijodbenzoyl]-aminoessigsäure) (F. 186° Zers.), Darst., Rk. 3910*; Verw. v. Deriv. 13 501*.

$C_9H_8N_2$ 1-Phenylpyrazol 11 561.
3(5)-Phenylpyrazol (F. 76°), Darst. 1179, 18 819; (Deriv.) 9330; Verw. 8083*.
4-Phenylpyrazol (F. 236—237°) 1179.
4-Methylcinnolin, Rk. 133.
2-Methylchinazolin, Darst. 7898; UV-Spektrum 134; Rk. 134.
4-Methylchinazolin, UV-Spektrum 134.
1-Methylphthalazin, UV-Spektrum 134.
5-Methyl-1.6-naphthyridin (F. 74—75°) 4917.
7-Methyl-1.6-naphthyridin (F. 86—87°) 4917.
3-Methyl-2.7-naphthyridin (F. 36—38°) 4918.
2-Aminochinolin, Absorptionsspektrum 7089; IR-Spektrum 17 352; Entropie d. Solvatat. 16 986.
3-Aminochinolin (F. 93°), Darst. 1605; Entropie d. Solvatat. 16 986; Rk. 6720.
4-Aminochinolin (F. 152—154°), Darst. 1231 [3 Ref.]; Absorptionsspektrum 7089; Entropie d. Solvatat. 16 986; Verw. v. Deriv. 17 848*.
5-Aminochinolin, Entropie d. Solvatat. 16 986; Rk. 5667, 7324*, 10 458.
6-Aminochinolin, Entropie d. Solvatat. 16 986; Rk. 7324*, 9759; (v. Deriv.) 10 194*.
8-Aminochinolin, Darst. v. Komplexen mit Co 4848, 10 391; Stabilität v. —-Komplexen zweiwert. Metalle 17 327; UV-Absorptionsspektrum 7090; Entropie d. Solvatat. 16 986; Rk. 7324*, 9759, 15 965.
1-Aminoisochinolin, Entropie d. Solvatat. 16 986.
3-Aminoisochinolin (F. 168—170°) 6770.
5-Aminoisochinolin, Rk. 7324*.
6-Aminoisochinolin, Rk. 7324*.
8-Aminoisochinolin (F. 173—174°) 4165.
Chinolinimin, Rk. 14 094.
Isochinolinimin, Rk. 14 094.

$C_9H_8N_2O$ 2-Methyl-5-phenyl-1.3.4-oxdiazol (F. 61—64°) 8064*.
2-[4'-Methylphenyl]-1.3.4-oxadiazol (2-[*p*-Methylphenyl]-1.3.4-oxadiazol), Eign. als Scintillat.-Zusatz für Polystyrol 16 258; integrale Scintillationswirksamk. 17 353.
2-[6'-Methylpyridyl-(2')]-oxazol (F. 55 bis 57°) 5768*.
2-Phenylaminooxazol (F. 106°), Darst., IR-Spektrum 3397.
4-[2'-Hydroxyphenyl]-imidazol (F. 174 bis 175°) 12 615.
2-Methyl-4-hydroxychinazolin bzw. 2-Methylchinazolon-(4) [3-Methylchinazolon-(1), 2-Methyl-3.4-dihydro-4-ketochinazolin] (F. 235°), Darst., Rk. 12 301; UV-Spektrum 9651; Rk. 222*, 12 301, 14 138.
2-Hydroxy-3-methylchinoxalin, Rk. 6773, 13 761.
5-Hydroxy-7-methyl-1.6-naphthyridin (F. 245°), Darst., Rk. 4917; Erkennen d. — v. Birkofer u. Kaiser als 1-Hydroxy-3-methyl-2.7-naphthyridin 4917.
1-Hydroxy-3-methyl-2.7-naphthyridin (F. 256—258°), Darst., Rk., Erkennen d. 5-Hydroxy-7-methyl-1.6-naphthyridins v. Birkofer u. Kaiser als — 4917.
6-Hydroxy-8-aminochinolin, Verw. 5858*.
6-Amino-8-hydroxychinolin, Verw. 5858*.
3-Aminoisochinolinol-(4), Hydrochlorid (F. 195—197°) 6770.
2-Methoxy-1.3-diazaazulen (F. 94°) 15 959.
5-Methoxychinoxalin, Rk. 6773.
6-Methoxychinoxalin, Rk. 6773.
3-Acetylindazol, Rk. 13 386.
4-Keto-3.4-dihydro-5H-benzo-2.3-diazepin [„2.3-Benzo-5H-diazepinon-(4)"] 2369
4-Methylphthalazon-(1), Rk. d. K-Salzes 222*.
6-Methylchinazolon-(4), Rk. 14 138.
***N*-Phenyl-5-pyrazolon,** Verw. v. Deriv. 8761*.
3-Phenylpyrazolon-(5) [3-Phenyl-Δ^2-pyrazolinon-(5)] (F. 236°), Darst. 9683; IR-Spektrum, Tautomerie 5975; Rk. 5287.
4-Phenylpyrazolon-(5), IR-Spektrum, Tautomerie 5975.
3-Aminocarbostyril 1605.
7-Aminocarbostyril (F. 290—291°) 9709.
2-Amino-2H-isochinolon-(3) (F. 172—173° Zers.) 2369.
α-Diazopropiophenon 5268.
1-Phenyl-3-diazoaceton (Phenacetyldiazomethan), Rk. 11 178, 18 083.
***m*-Methyl-ω-diazoacetophenon** (F. 62,2 bis 64,8° korr.), Darst., Kinetik d. Zers. in Eisessig, Hammettsche Bezieh. 9293; Kinetik d. Zers. in wss. Essigsäure, Hammettsche Bezieh. 9293.
***p*-Methyl-ω-diazoacetophenon** (F. 52,0 bis 52,8 korr.), Darst., Kinetik d. Zers. in Eisessig, Hammettsche Bezieh. 9293; Kinetik d. Zers. in wss. Essigsäure, Hammettsche Bezieh. 9293.
3H-1.4-Benzodiazepin-4-oxid, Zwischenprod. für —-Deriv. 13 133*.
5-Methyl-1.6-naphthyridin-6-oxid 4917.
4-Aminochinolin-*N*-oxid, Rk. 1230, 1231 [2 Ref.].
1-Acetylindazol, Konstit.-Einfl. auf d. IR-Spektrum 10 400.
2-Acetylindazol, Konstit.-Einfl. auf d. IR-Spektrum 10 400.
Cyanacetanilid (F. 198°) 11 001*.
***p*-Acetamidobenzonitril (4-Acetylaminobenzonitril)** (F. 202—203°), Darst. 6406; Bezieh. d. IR-Schwing. v. — zur antibakteriellen Wrkg. d. entsprechenden Thiocarbaminsäureamids 7199.

$C_9H_8N_2OS$ 4-[*p*-Hydroxyphenyl]-2-aminothiazol, Rk. 8610.
2-Benzyl-5-mercapto-1.3.4-oxadiazol, Rk. 6874*.
3-Methyl-4-[pyridyl-(2')]-Δ^4-thiazolinon-(2), Hydrobromid 5020*.
3-Methyl-4-[pyridyl-(3')]-Δ^4-thiazolinon-(2), Hydrobromid 5020*.
3-Methyl-4-[pyridyl-(4')]-Δ^4-thiazolinon-(2), Hydrobromid 5020*.
5-Methyl-4-[pyridyl-(3')]-Δ^4-thiazolinon-(2) 5020*.
4-[6'-Methylpyridyl-(3')]-Δ^4-thiazolinon-(2) 5020*.

o-Methoxyphenylacetylen, Rk. 17 564*.
2-Phenylacrolein, Verw. 10 189*.
o-Formylstyrol (Kp.$_{18}$ 113—115°) 7492.
m-Formylstyrol (Kp.$_1$ 74—78°) 7492.
p-Formylstyrol (p-Vinylbenzaldehyd) (Kp.$_1$ 75—80°), Darst. 7492; Rk. 12 461*, 17 207*.
Nonadiin-(5.7)-en-(2)-on-(4) 4938.
Vinylphenylketon, Bldg., Rk. 7143; polarograph. Red. 16 629; Rk. 2704, 5267, 7144, 14 131.
Indanon-(1) [Hydrindon-(1)] (F. 40—41°), Darst. 17 210*, 18 452; (v. Deriv.) 3438; (Rk.) 16 624; Red. 1217; Rk.: mit Pyrrolidin 4146; mit Pyridyl-(2)-Li 17 032; mit Phenyl-MgBr 10 821; mit o-Aminobenzaldehyd bzw. 7-Chlorisatin 5668; mit Nitrilen 12 275.
Indanon-(2), Rk. 5668, 13 387.

C_9H_8OS **3-Hydroxymethylthianaphthen,** Rk. 10 928.
5-Methoxybenzothiophen (F. 43—44°) 6763.
Thiochromanon-(4) (Kp.$_{1,2}$ 117—123°), Darst., Rk. 17 390; polarograph. Verh. 11 858; Rk. 4922; amöbicide Wrkg. v. Deriv. 13 483.
Thiolacrylsäurephenylester, antibakterielle u. antifungielle Aktivität 15 316.

$C_9H_8OS_2$ **[Thienyl-(3)]-[thienyl-(2')]-carbinol** (F. 67,5—68,5°) 10 826.
3-Phenyl-1.2-dithioliumhydroxid, Salze 1178.
4-Phenyl-1.2-dithioliumhydroxid, Salze 1178.

$C_9H_8O_2$ (s. *Atropasäure*; *Biformin* [*Nonatriin-(4.6.8)-diol-(1.2)*]; *Zimtsäure*).
Difurylmethan (Kp.$_{0,5}$ 42—44°) 11 910.
2-[Pentadiin-(2'.4')-yliden-(1')]-4-hydroxytetrahydrofuran 4936.
Chromonol (F. 181°), Konstit.-Einfl. auf d. IR-Spektrum 14 812.
5-[Furyl-(2')]-pentadien-(2.4)-al, Rk. 10 090.
6-Hydroxy-2-[β-formylvinyl]-fulven 3462.
β-Phenoxyacrolein, Rk. 13 943*.
1.4-Diformyl-2-methylbenzol, Rk. 6969*.
Chromanone, amöbicide Wrkg. v. Deriv. 13 483.
Chromanon-(2) (Dihydrocumarin), Rk. 472; — als Stoffwechselprod. natürl. vorkommender Cumarine 2816 [2 Ref.].
Chromanon-(4), Darst. v. Deriv. 13 021; Rk. 472.
Dihydroisocumarin, Deriv. 7139.
6-Hydroxyindanon-(1) (F. 151—153°) 11 653*.
Benzylglyoxal (F. 119°), Darst. 11 178; Darst. v. ^{14}C(CO)-—, Deriv. 5994.
ω-Formylacetophenon, Rk. 15 199.
Acetylbenzoyl [Methylphenylglyoxal, 1-Phenylpropandion-(1.2)], Darst. 5993; (v. Deriv.) 18 273*; Bldg. 3412; Rk. 16 319.
o-Vinylbenzoesäure (F. 94—95°) 7492.
m-Vinylbenzoesäure (F. 95—96°), Darst. 7492; Verw. 3699*.
p-Vinylbenzoesäure (Styrol-4-carbonsäure) (F. 136°), Darst. 9320; Rk. 12 682; Verw. 3699*; (v. Deriv.) 12 831*.
1.2-Benzo-Δ^1-cyclobuten-3-carbonsäure (F. 74,5—75,5°), Wrkg. auf d. Pflanzenwachstum 12 721.
Benzoesäurevinylester (Kp.$_1$ 57—59°) 17 718.

$C_9H_8O_2S$ **Phenylpropargylsulfon** (F.93°) 12 249.
Phenylpropinylsulfon (F. 68,5—69,5°) 12 250.
2-Methylthionaphthen-S.S-dioxid (F. 109 bis 110°) 11 560.
α(2)-Mercaptozimtsäure (β-Phenyl-α-mercaptoacrylsäure) (F. 128—132°), Darst. 10 088; Bldg. 13 383; Rk. 17 392.

$C_9H_8O_2S_2$ **Dithiobenzoesäurecarboxymethylester (Phenyldithioessigsäurecarboxymethylester)** (F. 126—127°), Darst. 6381; Rk.: mit NaN_3 6406; mit Hydrazinhydrat 6383; mit Alkyl- bzw. Arylhydrazinen 6744; mit N^1-Methylbenzhydrazid 6767.

$C_9H_8O_3$ (s. *Cumarinsäure*; *Cumarsäure* [*Hydroxyzimtsäure*]).
2-[Pentadiin-(2'.4')-yliden-(1')]-3.4-dihydroxytetrahydrofuran (F. 90° Zers.) 4936.
Nonatriin-(4.6.8)-triol-(1.2.3) (F. 60° Zers.) 4936.
3.4-Methylendioxyphenylacetaldehyd (Kp.$_{1-2}$ 126°) 6740.
3.4-Äthylendioxybenzaldehyd (F. 50—51°), Rk. 11 864.
5-Formyl-6-hydroxycumaran, Rk. 15 982.
Acetopiperon, Rk. 3823.
Styrolcarbonat (F. 55—56°), Rk. 8788*.
Indandiol-(1.3)-on-(2) 18 063.
1-[p-Hydroxyphenyl]-propandion-(1.2) (1-[p-Hydroxyphenyl]-2-methylglyoxal) (F. 85—87°), Rk. 1710*.
2-Methyl-5-acetylbenzochinon (F. 79,5°) 17 719.
β-Phenylglycidsäure, Na-Salz 6740.
Phenylbrenztraubensäure (Phenylpyruvat) (F. 147—150°), Bldg. 1983; Spektrum v. Deriv. 11 588; polarograph. Grenzströme 4479; Rk. 3800, 3811, 12 643, 15 955; enzymat. Red. 16 006; biolog. Aminier., Reinig. d. Enzyms 14 911; Rk. mit Asparagintransaminase 7937; nichtenzymat. Rk. zwischen α-Aminosäuren u. — (durch Cu(II)-Ionen u. Pyridin katalysierte Transaminier.) 1269; Bldg. v. Chlorogensäure aus — in Lolium perenne 14 195; Einfl. auf d. Phlorrhidzin-Synth. in Malus 17 808; —-Ausscheid. bei Phenylketonurie 14 535; Säulenchromatographie an Dower *1-X2* 18 540; Ferrichloridprobe auf — im Harn 12 734; Best. im Harn 8323; (v. Patienten mit Oligophrenia phenylpyruvica) 5367.
Benzoylessigsäure (F. 99,5—100° Zers.), Darst., Kinetik d. Decarboxylier. v. — u. D(COOH)-— 13 346; intramol. H-Bind. 17 350; Rk. v. Deriv. 12 466*.
p-Toluylameisensäure (p-Tolylglyoxylsäure) (F. 98—99°), Darst., Rk. 11 887; Bldg., Phenylhydrazon 11 554.
o-Acetylbenzoesäure (F. 116—117°), Darst., Rk. 8960; Rk. 7125, 14 855.
m-Acetylbenzoesäure (F. 171—172°) 12 997.
p-Acetylbenzoesäure (F. 206°) 12 316.
Phenylglycidester 8094.
Vinylsalicylat (Salicylsäurevinylester) (Kp.$_3$ 125°), Synth., Kinetik d. Polymerisat. 18 492; Rk. 321*; Verw. v. (Co-)Polymeren v. — 17 492*.
2-Acetoxybenzaldehyd, Rk. 14 615*.
4-Acetoxybenzaldehyd, Rk. 14 615*.
Isophthalaldehydsäuremethylester, Rk. 5479*.
Terephthalaldehydsäuremethylester, Rk. 5478*, 5479*.
Tropolonacetat, Rk. 12 291.
Essigsäurebenzoesäureanhydrid, Rk. 11 881.
Cyclohexadien-(2.5)-carbonsäure-(1)-essigsäureanhydrid (F. 91°) 18 809.
1-Methyl-Δ$^{2.4}$-cyclohexadien-1.2-dicarbonsäureanhydrid (F. 83—85°) 7501.
cis-endo-**5.6-Dicarboxynorbornenanhydrid,** Rk. mit 2.4-Dinitrobenzolsulfenylchlorid (Kinetik) 11 150.
cis-exo-**5.6-Dicarboxynorbornenanhydrid,** Rk. mit 2.4-Dinitrobenzolsulfenylchlorid (Kinetik) 11 150.
1.4-Endomethylen-Δ^5-cyclohexen-2.3-dicarbonsäureanhydrid (3.6-Endomethylen-Δ^4-tetrahydrophthalsäureanhydrid, Cyclopentadien-Maleinsäureanhydrid-Addukt) (F. 162—163°), Darst. v. ^{14}C-— 18 433; Rk. 9826*; Verw. 13 594*.
endo-**Bicyclo-[2.2.1]-hepten-(5)-2.3-dicarbonsäureanhydrid (*endo*-1.4-Endomethylen-Δ^5-cyclohexen-2.3-dicarbonsäureanhydrid),** Rk. 5658; (v. cis-—) 825.

exo-**Bicyclo-[2.2.1]-hepten-(5)-2.3-dicarbonsäureanhydrid** (*exo*-1.4-**Endomethylen-Δ^4-cyclohexen-2.3-dicarbonsäureanhydrid**) (F. 142—143°), Darst., Rk. 5659; Rk. v. cis-— 825.
Benzoylacetat, Rk. 4635*.

$C_9H_8O_3S$ **2-Carboxymethylmercaptotropon** (F. 191—193°) 14 839.

$C_9H_8O_3S_2$ *o*-**Hydroxydithiobenzoesäurecarboxymethylester** (**Dithiosalicylsäurecarboxymethylester**) (F. 124—125°), Darst. 6381; Rk. 6382, 6745.
p-**Hydroxydithiobenzoesäurecarboxymethylester** (F. 194—197°) 6381.

$C_9H_8O_4$ (s. *Acetylsalicylsäure* [*Aspirin*, *Ecotrin*, *o-Acetoxybenzoesäure*]; *Kaffeesäure* [*3.4-Dihydroxyzimtsäure*]).
Croweacinaldehyd (**2-Methoxy-3.4-methylendioxybenzaldehyd**) (F. 104—105°), Darst., Rk. 15 606; Rk. 5478*.
2-Methoxy-4.5-methylendioxybenzaldehyd, Rk. 15 982.
5-Hydroxy-6-methoxyphthalid (F. 177 bis 177,6°) 6762.
5-Methoxy-6-hydroxyphthalid (F. 208,4 bis 209°) 6762.
6-Methoxy-4-hydroxycumaranon-(3) (F. 146—147°) 4548.
Benzo-1.4-dioxan-2-carbonsäure, Rk. v. Deriv. 12 021*.
Benzo-1.4-dioxancarbonsäure-(6) (F. 135 bis 136°) 846.
Homopiperonylsäure (F. 126—128° korr.), Darst., Rk. 5311; Rk. d. Na-Salzes 9326.
2-[Carboxymethoxy]-benzaldehyd (**2-Formylphenoxyessigsäure**), Rk. 11 656*, 14 615*.
p-**[Carboxymethoxy]-benzaldehyd** (**4-Formylphenoxyessigsäure**), Rk. 3475; pflanzenwachstumsregulator. Aktivität bei d. Ananaspflanze 1283.
4-Oxo-4.5.6.7-tetrahydrocumaroncarbonsäure-(3) (F. 141°) 18 109.
3-Hydroxyphenylbrenztraubensäure, Stoffwechsel v. — in vivo 16 359.
4-(*p*)-Hydroxyphenylbrenztraubensäure (F. 216—218°), Darst., Rk. 8951, 11 535; Spektrum d. 2.4-Dinitrophenylhydrazons 11 588; Rolle bei d. Oxydat. v. red. Diphosphopyridinnucleotid durch pflanzl. Peroxydase 16 356; — als Lignin-Vorstufe in Gräsern 9031; Säulenchromatographie an Dowex *1-X2* 18 540.
3-Acetyl-4-hydroxybenzoesäure, Rk. 8594.
p-**Methoxyphenylglyoxylsäure** (F. 91°) 11 887.
Benzochinonpropionsäure, „Hill-Rk." u. Bldg. v. ATP in Ggw. v. — 164.
Phenylmalonsäure, Rk. 1975, 11 153.
Homophthalsäure, Rk. 14 860.
3-Methylphthalsäure 14 855.
4-Methylisophthalsäure (F. 330—332°) 11 885.
3.4-Methylendioxybenzoesäuremethylester (F. 52,5° korr.) 6773.
m-**Acetoxybenzoesäure**, Rk. 9002.
4-(*p*)-Acetoxybenzoesäure, Rk. 1964, 9002, 10 098.
Methylphthalat, Verw. 2975*.
Terephthalsäuremonomethylester, Darst. 8788*, 13 204*, 18 629; (eines —-halt. Gemisches) 2544*; (Rk.) 16 844*; Rk. 13 574*, 15 030*.
Acetylbenzoylperoxid, Rk. 1869; Einw. auf d. Mäuse-Ascitescarcinom in vivo 2403.
endo-cis-**5.6-Epoxy-1.4-endomethylencyclohexan-2.3-dicarbonsäureanhydrid** (F. 247—248°) 825.
exo-cis-**5.6-Epoxy-1.4-endomethylencyclohexan-2.3-dicarbonsäureanhydrid** (F. 207 bis 208°) 825.
3-Methyl-3.6-endoxo-Δ^4-tetrahydrophthalsäureanhydrid, Rk. 1598.
endo-cis-**5.6-Dihydroxybicyclo-[2.2.1]-heptandicarbonsäure-(2.3)-dilacton** (F. 276—277° korr.) 12 250.

$C_9H_8O_5$ (s. *Croweacinsäure*).
3.4.5-Trihydroxyzimtsäure, Deriv. 572*.
3.4.6-Trihydroxyzimtsäure 16 013.
5-Carboxyvanillin, Bldg. bei d. Oxydat. v. künstl. humifiziertem Sphagnum-Torf, R_F-Wert 16 698.
2.5-Dihydroxyphenylbrenztraubensäure, — im menschl. Harn 14 937.
3.4-Dihydroxyphenylbrenztraubensäure, Stoffwechsel v. — in vivo 16 359.
4-Hydroxy-2-methoxyphenylglyoxylsäure (F. 197°) 5263.
2-Hydroxybenzochinon-5-propionsäure, „Hill-Rk." u. Bldg. v. ATP in Ggw. v. — 164.
o-**Carboxymandelsäure**, Darst. 11 174; Bldg. 18 064; (UV-Spektrum) 5248.
2-Hydroxyhomoterephthalsäure, intermediäre Bldg. 11 535.
3-Hydroxy-4-methylphthalsäure 7860.
4-Hydroxy-5-methylisophthalsäure (Zers. bei 290—294°) 7860.
2-Carboxyphenoxyessigsäure, pflanzenwachstumsregulator. Aktivität bei d. Ananaspflanze 1283.
3(*m*)-Carboxyphenoxyessigsäure (F. 208,5 bis 209°), Darst., Rk. 15 252; Wrkg. als Pflanzenwachstumsregulator 10 154; (bei d. Ananaspflanze) 1283.
4(*p*)-Carboxyphenoxyessigsäure (F. 278°), Darst., Rk., Deriv. 15 252; pflanzenwachstumsregulator. Aktivität bei d. Ananaspflanze 1283.
4-Methoxyphthalsäure (F. 160—162°) 6041.
4-Methoxyisophthalsäure (F. 273—275°), Darst. 4141, 8227, 14 502; (Rk.) 2352, 5301; Bldg. 16 330.
Methoxyterephthalsäure (F. 270° Zers.) 5284.
2-Hydroxy-3.4-methylendioxybenzoesäuremethylester, Rk. 8624.

$C_9H_8O_5S$ *p*-**Formylphenylsulfonylessigsäure**, Konstit.-Einfl. auf d. UV-Spektrum 11 134.
S-**[2-Carboxy-4-hydroxyphenyl]-thioglykolsäure** (F. 197—199° Zers.) 18 817.
p-**Sulfophenylacrylat** 7693*.

$C_9H_8O_6$ **2.3-Dihydroxy-4-methoxyphenylglyoxylsäure** (F. 153° Zers.) 5264.
2.4-Dihydroxy-5-methoxyphenylglyoxylsäure (F. 164° Zers.) 5264.
2.4-Dihydroxy-6-methoxyphenylglyoxylsäure (F. 254° Zers.) 5263.
2.5-Dihydroxy-4-methoxyphenylglyoxylsäure (F. 175° Zers.) 5264.
4.5-Dihydroxy-2-methoxyphenylglyoxylsäure (F. 188° Zers.) 5264.
4-Carboxy-3-hydroxyphenoxyessigsäure (F. 226—228° Zers.) 2551*.

$C_9H_8O_6S$ *o*-**Cumarsäuresulfat**, — als Stoffwechselprod. v. Cumarin u. Dihydrocumarin im Harn 2816.

C_9H_8S **2H-1-Benzothiopyran** ($Kp._{0,85}$ 86—87°) 17 390.
4H-1-Benzothiopyran ($Kp._{0,85}$ 70—71,5°) 17 390.
2-Methylthionaphthen (**2-Methylbenzothiophen**) (F. 51—52°), Darst., Rk. 11 560, 14 492; Bandenzuordn. zur γ(CH) 11 507; Rk. 10 933*.
3-Methylthionaphthen, Darst., Rk. 14 492; Bandenzuordn. zur γ(CH) 11 507.
5-Methylthionaphthen, Darst., Rk. 14 492; Bandenzuordn. zur γ(CH) 11 507.
6-Methylthionaphthen, Bandenzuordn. zur γ(CH) 11 507.
7-Methylthionaphthen, Bandenzuordn. zur γ(CH) 11 507.
1-Phenylmercaptopropin-(1) ($Kp._{0,75}$ 78 bis 81°) 12 249.
1-Phenylmercaptopropin-(2) ($Kp._{0,5}$ 71°) 12 249.

$C_9H_8S_2$ **5-Methyl-2.2'-bithienyl** ($Kp._{14}$ 139 bis 140°) 10 828.
2-Methylthianaphthenthiol-(3) 15 585.

C_9H_9 **Cinnamyl** s. unter *Radikale* (*Spezielle Radikale*).

$C_9H_9AsClN_3S_4$ **4-Chlorpyridyl-(6)-arsin-äthylen-bis-dithiocarbamat** 577 *.

$C_9H_9AsN_4O_2S_4$ **2-Nitropyridyl-(4)-arsin-äthylen-bis-dithiocarbamat** 577 *.

$C_9H_9AsN_6O$ **Melarsenoxid,** Hemm. v. L-α-Glycerophosphatdehydrogenase durch — 3848.

C_9H_9BBrN **2-Methyl-3-brom-2.1-borazaronaphthalin** (F. 128—129,5°), Darst. 8617; Ladungsübertragungsspektrum d. π-Komplexes v. Tetracyanäthylen mit — 18 413.

C_9H_9BClN **2-Methyl-3-chlor-2.1-borazaronaphthalin** (F. 119—120,5°), Darst. 8617; Ladungsübertragungsspektrum d. π-Komplexes v. Tetracyanäthylen mit — 18 413.

C_9H_9BClNO **2-Methoxy-3-chlor-2.1-borazaronaphthalin** (F. 88—89,5°) 8617.

$C_9H_9BO_3$ **2-Phenyl-4-methyl-5-oxo-1.3.2-dioxaborolan** (Kp.$_{11}$ 127—128°) 15 210.

C_9H_9Br **Cinnamylbromid [1-Phenyl-3-brom-propen-(1)]** (Kp.$_1$ 88—90°), Darst. 11 145; Rk. 11 526, 13 757, 18 775.
- *p*-**Brom-α-methylstyrol,** Rk. 2389.

$C_9H_9BrCl_2O$ **3-Brompropyl-2.4-dichlorphenyläther** (Kp.$_3$ 140°) 5260.

$C_9H_9BrHgN_2O_2S$ ***p*-Acetoxymercuri-*m*-bromphenylthioharnstoff** (F. 275—276°) 1586.

C_9H_9BrMg **Cinnamylmagnesiumbromid,** Rk. 11 540.

$C_9H_9BrN_2$ **3-[*p*-Bromphenyl]-Δ²-pyrazolin,** Rk. 14 131.

$C_9H_9BrN_2O_2$ ***o*-Brombrenztraubensäurephenylhydrazon** (F. 178—179° Zers.) 18 459.
- *p*-**Brombrenztraubensäurephenylhydrazon** (F. 192,5° Zers.) 18 459.

$C_9H_9BrN_2O_2S$ **5-[5′-Bromthienyl-(2′)]-5-äthylhydantoin** (F. 167°) 8242.
- **5-[5′-Bromthienyl-(2′)]-3.5-dimethylhydantoin** (F. 192—193°) 8242.

$C_9H_9BrN_4O$ **5-Brom-3-dimethylaminobenzo-1.2.3-triazinon-(4)** (F. 160°) 11 659 *.
- **6-Brom-9-[tetrahydrofuryl-(2′)]-purin** (F. 106—108°) 15 247.

$C_9H_9BrN_4O_4$ **8-Bromtheophyllin-7-essigsäure** 13 762.

$C_9H_9BrN_4S$ **6-Brom-9-[tetrahydrothienyl-(2′)]-purin** (F. 120—121°) 15 247.

C_9H_9BrO **Indenbromhydrin,** Rk. 4146.
- **4-Bromindanol-(5)** (F. 71—72°) 103.
- **6-Bromindanol-(5),** Rk. 103.
- *m*-**Bromphenylallyläther** (Kp.$_{5,5}$ 105—106°) 10 791.
- α-**Brompropiophenon,** Rk. 17 738.
- β-**Brompropiophenon,** Rk. 1225.
- *o*-**Bromphenyläthylketon,** Rk. 9897 *.
- *p*-**Bromphenyläthylketon,** Rk. 9897 *.
- *m*-**Methylphenacylbromid** (Kp.$_{0,1}$ 92°) 15 913.
- *p*-**Methyl-ω-bromacetophenon,** Rk. 6414, 17 745.

C_9H_9BrOS ***p*-Methylmercaptophenacylbromid,** Rk. 839.

$C_9H_9BrO_2$ **3.4-[Dimethylmethylendioxy]-brombenzol** (Kp.$_8$ 97—102°) 17 376.
- **5-Brom-2-hydroxypropiophenon,** Rk. 13 021.
- **2-Hydroxy-4-methyl-5-bromacetophenon** (F. 86°) 6768.
- ω-**Brom-4-methoxyacetophenon (*p*-Methoxyphenacylbromid),** Rk. 2086 *, 3628 *, 6414, 14 496.
- **2-Brom-3.5.6-trimethylbenzochinon-(1.4)** 4878.
- α-**Bromhydrozimtsäure (2-Brom-3-phenylpropionsäure),** Rk. 8582, 17 392.
- **3-Brom-2-äthylbenzoesäure** (F. 100—101°) 18 097.
- **3-Brom-4-äthylbenzoesäure** (F. 165°) 18 801.
- **2.5-Dimethylphenylbromformiat,** Verw. 12 091 *.
- *p*-**Brommethylbenzoesäuremethylester** (F. 55—56°) 11 160.

$C_9H_9BrO_3$ **2.3-Dimethoxy-5-brombenzaldehyd,** Rk. 17 376.
- **6-Bromveratrumaldehyd,** Rk. 8597.
- **5-Brompäonol** (F. 172°) 1961.
- **5-Bromisopäonol** (F. 198°) 1961.
- **2-Brom-3-methylphenoxyessigsäure,** pflanzenwachstumsregulator. Aktivität bei d. Ananaspflanze 1283.
- **2-Brom-6-methylphenoxyessigsäure,** pflanzenwachstumsregulator. Aktivität bei d. Ananaspflanze 1283.
- **3-Brom-4-methylphenoxyessigsäure,** pflanzenwachstumsregulator. Aktivität bei d. Ananaspflanze 1283.
- **3-Brom-5-methylphenoxyessigsäure,** pflanzenwachstumsregulator. Aktivität bei d. Ananaspflanze 1283.
- **4-Brom-2-methylphenoxyessigsäure,** pflanzenwachstumsregulator. Aktivität bei d. Ananaspflanze 1283.
- **4-Brom-3-methylphenoxyessigsäure,** pflanzenwachstumsregulator. Aktivität bei d. Ananaspflanze 1283.
- **5-Brom-2-methylphenoxyessigsäure,** pflanzenwachstumsregulator. Aktivität bei d. Ananaspflanze 1283.
- **6-Brom-3-methoxy-2-methylbenzoesäure** (F. 104—105°) 7874.
- **2-Brom-4-methoxybenzoesäuremethylester** 1963.
- **3-Brom-4-methoxybenzoesäuremethylester** (F. 99—100°) 5301.

$C_9H_9BrO_4$ **2.3-Dimethoxy-5-methyl-6-brombenzochinon,** Einfl. auf d. Red. v. Tetrazoliumsalzen durch extrahierte Rinderherzmitochondrien 3493.
- **2.3-Dimethoxy-5-brombenzoesäure** (F. 118,5 bis 120°) 17 376.
- **2.3-Dimethoxy-6-brombenzoesäure** 17 375.
- **2-Bromveratrumsäure,** Rk. 6762.
- **5-Bromveratrumsäure** (F. 192,5—193°), Rk. 6762.
- **5-Brom-4-methoxy-2-hydroxybenzoesäuremethylester** (F. 143°) 1962.
- *endo-cis*-**5-Hydroxy-6-brombicyclo-[2.2.1]-heptandicarbonsäure-(2.3)-lacton-(3→5)** (F. 159—161° korr.), Rk. d. K-Salzes 12 250.
- *trans*-**5-Hydroxy-6-brombicyclo-[2.2.1]-heptandicarbonsäure-(2.3)-lacton-(3→5)** (F. 184—187° korr.) 12 250.

$C_9H_9Br_2NO$ **α.β-Dibrompropionsäureanilid** (F. 154—155°) 7479.

$C_9H_9Br_2NO_2$ **1.2-Dibrom-1-phenyl-2-nitropropan,** Rk. 15 566; bakteriostat. Aktivität 10 144.

$C_9H_9Br_2N_3O_2$ **Aceton-3.4-dibrom-6-nitrophenylhydrazon** (F. 151°) 16 291.

$C_9H_9Br_3O$ **2.4.6-Tris-[brommethyl]-phenol** 12 682.
- **3.4-Dimethyl-4-tribrommethylcyclohexadien-(2.5)-on** (F. 124—125°) 10 438.

C_9H_9Cl **α-Chlor-β-methylstyrol,** Rk. 16 840 *.
- **1-Chlor-2-phenylpropen-(1),** Gemisch mit 1-Chlor-2-phenylpropen-(2) 6735.
- β-**Benzylvinylchlorid,** Rk. 3259 *.
- **2-Chlor-1-phenylpropen-(1) (β-Chlor-β-methylstyrol),** Rk. 3259 *, 11 361 *, 16 840 *, 17 749.
- **2-Chlor-3-phenylpropen-(1),** Rk. 16 840 *.
- *cis*-**Cinnamylchlorid** (Kp.$_2$ 69—73°) 4128.
- *trans*-**Cinnamylchlorid [β-Chlormethylstyrol, 3-Chlorpropenylbenzol, 3-Chlor-1-phenyl-propen-(1)]** (Kp.$_2$ 94°), Darst. 4128; Leitfähigk. 5980; Rk.: mit J_2 15 568; mit NaSCN 11 540; mit CO + C_2H_2 14 469; mit sek. Aminen 10 447; mit d. Na-Verb. v. Malonsäurediäthylester 1212; mit N-[2-Methylaminopropyl]-propionanilid 18 565 *.
- **3-Chlor-2-phenylpropen-(1) [1-Chlor-2-phenylpropen-(2)],** Bldg. 10 017; Darst. im Gemisch mit 1-Chlor-2-phenylpropen-(1) 6735.
- **(+)-1-Phenylallylchlorid** (Kp.$_3$ 92—93°) 2691.

2-Chlor-β-phenylpropionsäure, pflanzenwachstumsregulator. Aktivität bei d. Ananaspflanze 1284.
3-Chlor-β-phenylpropionsäure, pflanzenwachstumsregulator. Aktivität bei d. Ananaspflanze 1284.
4-Chlor-β-phenylpropionsäure, pflanzenwachstumsregulator. Aktivität bei d. Ananaspflanze 1284.
p-**[2-Chloräthyl]-benzoesäure** (F. 187—188°) 652*.
Chloressigsäurebenzylester, herbicide Wrkg. auf Gurkenkeimlinge 14 926.
2.3-Dimethylphenylchlorformiat, Verw. 12 091*.
x-Xylylchlorformiat, Verw. 1792*.
2(β)-Chloräthylbenzoat ($Kp._{14}$ 137°), Darst. 1564; Rk. 8618.
o-**Chlorbenzoesäureäthylester**, Kinetik d. Hydrolyse (Konstit.-Einfl.) 16 990; (Lsgm.-Einfl. auf d. Substituenteneffekt) 18 786.
m-**Chlorbenzoesäureäthylester**, Kinetik d. Hydrolyse 10 041; (Konstit.-Einfl.) 16 990.
p-**Chlorbenzoesäureäthylester**, Kinetik d. Hydrolyse 10 041; (Konstit.-Einfl.) 16 990; Red. 6205*, 15 763*, 18 800; Rk. mit Hydrazinhydrat 15 934.
3-[*p*-Hydroxyphenyl]-propionsäurechlorid, Rk. 15 192.
β-Phenoxypropionylchlorid, Rk. 1232, 1604.
p-**Methoxyphenylacetylchlorid**, Rk. 1228, 2086*, 7517, 10 566*.
o-**Äthoxybenzoylchlorid**, Rk. 4638*.
4-Äthoxybenzoylchlorid, Rk. 1581, 6748, 7256*.
2-Methoxy-6-methylbenzoylchlorid ($Kp._{1,0}$ 94°) 6006.

$C_9H_9ClO_2S$ **Allyl-*p*-chlorphenylsulfon**, Rk. 3420.
cis-**1(2)-[*p*-Tolylsulfonyl]-2(1)-chloräthylen** (F. 45—46°), Darst. 10 436; Kinetik d. nucleophilen Substitut. v. Cl durch OCH_3 bzw. OC_2H_5 12 614.
trans-**1-[*p*-Tolylsulfonyl]-2-chloräthylen**, Kinetik d. nucleophilen Substitut. v. Cl durch OCH_3 bzw. OC_2H_5 12 614.
β-Mercapto-*p*-chlorhydrozimtsäure (F. 128°) 10 062.
β-[*p*-Chlorphenylmercapto]-propionsäure (F. 90,5—91,5°), Darst., Kinetik d. Oxydat. 4129.
p-**Chlorbenzylmercaptoessigsäure**, Darst. u. Wrkg. v. —-Deriv. auf d. Nervensyst. 17 005.

$C_9H_9ClO_3$ **2-Chlor-α-phenoxypropionsäure**, pflanzenwachstumsregulator. Aktivität bei d. Ananaspflanze 1283.
3-Chlor-α-phenoxypropionsäure, pflanzenwachstumsregulator. Aktivität bei d. Ananaspflanze 1283.
α-[*p*-Chlorphenoxy]-propionsäure (F. 108°), Darst., Rk. 10 428; pflanzenwachstumsregulator. Aktivität bei d. Ananaspflanze 1283.
2-Chlor-β-phenoxypropionsäure, pflanzenwachstumsregulator. Aktivität bei d. Ananaspflanze 1284.
4-Chlor-β-phenoxypropionsäure, pflanzenwachstumsregulator. Aktivität bei d. Ananaspflanze 1284.
α-Methoxy-[2-chlorphenyl]-essigsäure (F. 85 bis 85,5°), Wrkg. als Pflanzenwachstumsregulator 10 152.
α-Methoxy-[3-chlorphenyl]-essigsäure, Wrkg. als Pflanzenwachstumsregulator 10 152.
α-Methoxy-[4-chlorphenyl]-essigsäure (F. 83 bis 85°), Wrkg. als Pflanzenwachstumsregulator 10 152.
p-**Chlorbenzyloxyessigsäure**, Darst. v. —-Deriv. u. ihre Wrkg. auf d. Nervensyst. 17 005.
3-Chlor-2-methylphenoxyessigsäure, pflanzenwachstumsregulator. Aktivität bei d. Ananaspflanze 1283.
2-Methyl-4-chlorphenoxyessigsäure, Darst., Verw. 18 981*; (d. Hydrazinsalzes) 14 295*; Trenn. d. isomeren u. verwandten Säuren 3433; physiolog. Wrkg. 9775; Einfl.: auf d. Atmungsintensität u. d. Aktivität d. Atmungsenzyme beim Keimen v. Körnern mit Stärkereserve 8308; v. *Na-MCPA* auf d. Zellbldg. bei Amarantus retroflexus u. Chenopodium album 3149; Ansprechbark. v. Erbsenwurzeln auf — 16 026; Anwend. u. Wrkg. v. *MCPA* in Saatplatterbsen (Lathyrus sativus) 8030; —-Stoffwechsel (durch ein Bodenbakterium) 1654; (in Blättern d. roten u. schwarzen Johannisbeere) 3862; (in Äpfeln u. Erdbeeren) 3863; pflanzenwachstumsregulator. Aktivität bei d. Ananaspflanze 1283; herbicide Wrkg. 9774; (v. —, —-Salzen, Estern oder Amiden) 1771*; Eig. u. Anwend.-Möglichk. v. *Dikotex* 1763; Wrkg. v. *Leuna-M* (*Na-MCPA*): auf Bodenmikroorganismen 12 803; auf d. Wurzelwachstum verschied. Pflanzen 12 803; Anwend.: v. *MCPA* (zur Bekämpf. gewöhnl. Unkräuter in Indien) 624; (bei d. Unkrautbekämpf. auf Sportplätzen) 5443; v. *Dikotex-30* u. B gegen Unkräuter bei Leinsaaten 3236; vierjähr. Unkrautbekämpfungsvers. in Faserlein mit *Leuna-M*(*Na-MCPA*) 9864; Ertrag, Strohgütemerkmale u. Faserwerte bei Faserlein (Vers. mit NH_4-DNOC, *Na-MCPA* sowie Kombinat. beider Mittel) 8030; gleichzeit. Anwend. v. *Dikotex* u. Harnstoff bei d. Unkrautbekämpf. in Flachssaaten 4308; Anwend.: v. *Leuna-M* bei d. Bekämpf. d. Hohlsame (Bifora radians MB) 12 803; v. *MCPA* zur Unkrautbekämpf. in Reis 2514 [2 Ref.]; v. *MCP* zur Bekämpf. d. Flatterbinse Juncus effusus L. 624; Gefährd. v. Kulturen durch — 10 975.
5-Chlor-2-methylphenoxyessigsäure, pflanzenwachstumsregulator. Aktivität bei d. Ananaspflanze 1283.
2(6)-Methyl-6(2)-chlorphenoxyessigsäure, Trenn. d. isomeren u. verwandten Säuren 3433; pflanzenwachstumsregulator. Aktivität bei d. Ananaspflanze 1283.
4-Chlor-3-methylphenoxyessigsäure, pflanzenwachstumsregulator. Aktivität bei d. Ananaspflanze 1283.
2-Chlor-5-methylphenoxyessigsäure, pflanzenwachstumsregulator. Aktivität bei d. Ananaspflanze 1283.
3-Chlor-5-methylphenoxyessigsäure, pflanzenwachstumsregulator. Aktivität bei d. Ananaspflanze 1283.
2-Chlor-4-methylphenoxyessigsäure, pflanzenwachstumsregulator. Aktivität bei d. Ananaspflanze 1283.
3-Chlor-4-methylphenoxyessigsäure, pflanzenwachstumsregulator. Aktivität bei d. Ananaspflanze 1283.
β-Chloräthylsalicylat, Rk. 8618.
p-**Methoxyphenoxyacetylchlorid**, Rk. 1206.
o-**Veratroylchlorid**, Rk. 113.
2.5-Dimethoxybenzoylchlorid, Rk. 3799.
2.6-Dimethoxybenzoylchlorid, Hydrolyse (Kinetik) 2693.
Veratroylchlorid (Veratrumsäurechlorid, 3.4-Dimethoxybenzoylchlorid), Rk. 6964*, 7255*, 14 954*.

$C_9H_9ClO_3S$ *cis*-**1-[*p*-Chlorphenylsulfonyl]-2-methoxyäthylen** (F. 68—69°) 12 614.
trans-**1-[*p*-Chlorphenylsulfonyl]-2-methoxyäthylen** (F. 42—43°) 12 614.
β-[*p*-Chlorphenylsulfinyl]-propionsäure (F. 153—155°), Darst., Kinetik d. Oxydat. 4130.
Vinylsulfonsäure-2-methyl-4-chlorphenylester (F. 52—53°) 8418*.

$C_9H_9ClO_4$ **2-Hydroxymethyl-4-chlorphenoxyessigsäure** 16 065*.

2-Methyl-2.3-dihydro-4-phenyl-1.2.4-triazolon-(3) (F. 158°) 11 185.
3-Amino-1-phenylpyrazolon-(5), Rk. 7138, 17 204*.
3-Amino-2-methylchinazolon-(4) (F. 148°), UV-Spektrum 9651.
3-[*N*-Nitrosoanilino]-propionitril (F. 50 bis 51°) 458.
3-[*p*-Nitrosoanilino]-propionitril (F. 132 bis 133°) 459.
4-Acetamidoindazol, Spektrum im nahen UV 16 971.
5-Acetamidoindazol, Spektrum im nahen UV 16 971.
6-Acetamidoindazol, Spektrum im nahen UV 16 971.
7-Acetamidoindazol, Spektrum im nahen UV 16 971.
5(6)-Formamido-6(5)-methylbenzimidazol (F. 203—205° Zers.) 6790.
β-Cyanacetylphenylhydrazin (F. 104—105°) 11 001*.
1-Benzoyl-2-cyanomethylhydrazin (F. 154 bis 155°) 7991*.
3.4-Dimethylbenzoesäureazid 3064.

$C_9H_9N_3OS$ **2-Mercapto-4-hydroxy-5.7-dimethyl-pyrido-[2.3:*d*]-pyrimidin** (F. 285°) 6876*.
3-Methylmercapto-4-phenyl-5-hydroxy-1.2.4-triazol (F. 219°) 2351.
3-Thiosemicarbazono-2.3-dihydrobenzofuran (F. 176—178°) 12 654.
Formylbenzalthiosemicarbazid 14 954*.
Phenylglyoxal-1-thiosemicarbazon (F. 170 bis 171°) 9348.
6-Acetamido-2-aminobenzothiazol, Deriv. 11 907.

$C_9H_9N_3O_2$ **1-Äthyl-5-nitrobenzimidazol** (F. 131 bis 132°) 12 290.
1.2-Dimethyl-5-nitrobenzimidazol (F. 231 bis 232°) 12 290, 15 042.
1.2-Dimethyl-6-nitrobenzimidazol (F. 250°) 15 042.
2.4-Dihydroxy-5.7-dimethyl-pyrido-[2.3:*d*]-pyrimidin 6875*.
6-Äthylpyrido-[3.2:*d*]-pyrimidin-2.4-diol 950*.
6.8-Dimethylpyrido-[3.2:*d*]-pyrimidin-2.4-diol (F. 360°) 950*.
5-Methyl-1(oder 3)-acetyl-2-hydroxyimidazolo-[4.5:*b*]-pyridin (F. 258) 2357.
5-[*m*-Aminophenyl]-hydantoin (F. 165 bis 166° korr.) 6402.
5-[*p*-Aminophenyl]-hydantoin (F. 243 bis 245° Zers., korr.) 6402.
3-[2'-Hydroxy-5'-nitrosoanilino]-propionitril (F. 108—110°) 459.
γ-Carboxy-γ-cyanpimelinsäuredinitril (F. 84°), Na-Salz 13 362.
Verb. $C_9H_9N_3O_2$ (F. 280—281° Zers., korr.) aus o-Aminobenzaldehyd + NaCN + $(NH_4)_2CO_3$ 6404.

$C_9H_9N_3O_2S$ **Benzoylameisensäurethiosemicarbazon**, Rk. 2717.
***N*-[*p*-Nitrothiobenzoyl]-acetamidin** (F. 142°), Darst. 11 888; (d. Hydrochlorids) 6008.

$C_9H_9N_3O_2S_2$ (s. *Sulfathiazol* [*Cibazol, Norsulfazol, 2-Sulfamidothiazol, 2-{p-Aminobenzolsulfonamido}-thiazol, p-Aminobenzolsulfonsäure-{thiazolyl-(2)-amid}*]).
3-Methyl-1.3.4-thiadiazolon-(2)-benzolsulfonylimin (F. 151—153°), IR-, UV-Spektrum u. Tautomerie 8199.

$C_9H_9N_3O_3$ **1-Methyl-5-nitro-2-hydroxymethylbenzimidazol** (F. 165°) 12 290.
3-Methyl-7-nitro-2-hydroxy-3.4-dihydrochinoxalin (F. 224—225° Zers.) 2759.
6-Äthoxy-4-nitrobenzimidazol, Wrkg. auf d. Viruswachstum 17 807.
4-Methoxy-2-methyl-6-nitrobenzimidazol, Wrkg. auf d. Viruswachstum 17 807.
***N'*-[*p*-Nitrophenyl]-*N.N*-äthylenharnstoff** (F. 175—176°) 7886.
1-[*p*-Nitrophenyl]-imidazolidinon-(2) (F. 245°) 7886.
Acetonyliden-*o*-nitrophenylhydrazin, Rk. 9644.
α-[*p*-Nitrobenzoyl]-acetaldehydhydrazon (F. 173—173,2°) 14 836.
Brenztraubensäureisonicotinoylhydrazon (F. 216—217°) 14 863.
***p*-Methoxybenzyloxycarbonylazid** (F. 32°), Darst., Rk. 17 371; Rk. 17 372.

$C_9H_9N_3O_3S$ **Furfurylidenbrenztraubensäurethiosemicarbazon** (F. 171—172°) 15 603.
Mercaptobrenztraubensäureisonicotinoylhydrazon (F. 154°) 14 863.
2-Benzyl-1.3.4-oxadiazol-5-sulfonamid 6873*.
Acetylsulfanilylcyanamid (***p*-Acetylaminobenzolsulfocyanamid**), Rk. 16 061*, 19 011*; (d. NH_4-Salzes) 7252*.

$C_9H_9N_3O_4$ **3-Hydroxymethyl-7-nitro-2-hydroxy-3.4-dihydrochinoxalin** (F. 221—222° Zers.) 2759.
5-Nitro-4.7-dimethoxybenzimidazol (F. 210°) 125.
***N*-[5-Nitrofurfuryliden-(2)]-1-amino-pyrrolidon-(2) (NF-248)** (F. 233—233,5°), Herst., Verw. 13 494*; Verteil. u. Exkret. 9062.
3-[*N*.4-Dinitrosoanilino]-propionsäure (F. 102—103°) 459.

$C_9H_9N_3O_4S$ ***N*-[*p*-Nitrobenzolsulfenyl]-*N'*-acetylharnstoff** (F. 212—215° Zers.) 14 475.
***N*-[5-Nitrofurfuryliden-(2)]-3-amino-5-methylthiooxazolidon-(2)** (F. 226—227°) 2085*.
Benzol-1-azomalondialdehyd-4-sulfonsäureamid, Verw. 15 776*.

$C_9H_9N_3O_5$ **3-*N*-[5-Nitrofuryl-(2)-äthylidenamino]-oxazolidon-(2)** (F. 132,5—133°) 2095*.
3-*N*-[5-Nitrofurfuryliden-(2)-amino]-4-methyloxazolidon-(2) (F. 199—200°) 2095*.
3-*N*-[5-Nitrofurfuryliden-(2)-amino]-5-methyloxazolidon-(2) (F. 255—256°) 2095*.
5-Nitro-3-[ω-methylureido]-benzoesäure (F. 215° Zers.) 18 571*.
2-[*m*-Nitrophenyl]-hydantoinsäure (F. 186 bis 188° korr.) 6402.
2-Carbäthoxyformylamino-5-nitropyridin (F. 190°), Darst., trichomonostat. Wirksamk. 16 021.
***N*-Methyl-3.5-dinitro-2-methylbenzamid**, Verw. 1329*, 2834*.
2.6-Dinitro-4-methylacetanilid (F. 191°), Best. d. Resonanz aus d. ν(CO) 14 078.

$C_9H_9N_3O_6$ **1.3.5-Trinitro-3.4;5.6-dimethano-cyclohepten-(1) (Trismethylentrinitrobenzol)** (F. 150—151°), Darst., Rk. 11 563; KMR-Spektrum, Konstit. 11 509; Strukturunters. 11 542; Rk. 11 541.
3-*N*-[5'-Nitrofurfuryliden-(2')-amino]-5-hydroxymethyloxazolidon-(2) (F. 241 bis 243°) 2095*.
***N*-[2.4-Dinitrophenyl]-alanin** (F. 173—174°) 2759.
1-Acetamido-2.3-dinitro-4-methoxybenzol, Rk. 6773.

$C_9H_9N_3O_7$ **Isopropylpikryläther** (F. 94—95°), Darst., IR-Spektrum, Komplexe 6351.
***N*-[2.4-Dinitrophenyl]-serin** (F. 186—188°) 2759.

$C_9H_9N_3O_8$ **2'-Nitrocarbonylmethyl-2-formyl-2.1'-dinitro-1.1'-bicyclopropan** 11 542.
β-[4.6-Dinitro-*o*-tolyloxy]-äthylnitrat (F. 87 bis 89°) 15 564.
β-[2.4-Dinitro-*m*-tolyloxy]-äthylnitrat (?) (F. 94—96°) 15 564.

$C_9H_9N_3O_9$ **β-[2.4-Dinitro-3-methoxyphenoxy]-äthylnitrat** (F. 116—117°) 15 564.
β-[4.5-Dinitro-2-methoxyphenoxy]-äthylnitrat (F. 91—92°) 15 564.

$C_9H_9N_3S$ (s. *Amiphenazol* [*Amphisol, Daptazol, 2.4-Diamino-5-phenylthiazol{hydrochlorid}*]).
2-Amino-5-phenyl-1.3.4-thiodiazin, Rk. 18 449.

2-Methylamino-5-phenyl-1.3.4-thiadiazol (F. 187—190°) 12 293.
5-Phenylamino-2-methyl-1.3.4-thiadiazol (F. 191°) 10 832.
4-[p-Aminophenyl]-2-aminothiazol (F. 174°) 4905.
3-Mercapto-4-phenyl-5-methyl-1.2.4-triazol (F. 220°) 2350.
3-Methylmercapto-4-phenyl-1.2.4-triazol (F. 76°) 2350.
2-Methylamino-3-mercaptochinoxalin (F. 221—223°) 19 015*.
2-Amino-3-methylmercaptochinoxalin (F. 167—168°) 19 015*.
Indol-3-thiocarbonsäurehydrazid (F. 173 bis 174°) 6382.

$C_9H_9N_3S_2$ 2-Amino-5-benzylmercapto-1.3.4-thiodiazol, Rk. 1986, 7990*.
p-Tolylthiuret, Rk. 8605.

$C_9H_9N_3Se$ 4-Phenylselenazolyl-(2)-hydrazin (F. 144—145°), Darst., Rk., Hydrochlorid 17 745; Rk. 17 747.

$C_9H_9N_5$ (s. *Renolin, Amanozin* [*2-Anilino-4-amino-1.3.5-triazin*]).
2.4-Diamino-6-phenyl-*symm.*-triazin (4-Phenyl-2.6-diamino-1.3.5-triazin, Benzoguanamin), Ionisat.-Konst. 8204; Rk. 150; Verw. 17 217*.

$C_9H_9N_5O$ 2.4-Diamino-6-phenoxy-*symm.*-triazin, Ionisat.-Konst. 8204.
3-Ureido-5-phenyl-1.2.4-triazol, Verw. 16 864*.
3-Amino-1-phenyl-1.2.5-triazolcarbonsäure-(4)-amid, Rk. 8616.
2-Acetamido-4-methylpteridin (F. 181—183°) 6039.
1-Cyanformimidsäure-β-phenylcarbamoylhydrazid (F. 199—200° Zers.) 5658.

$C_9H_9N_5OS$ 1-[β-Methylmercaptopropionyl]-5-amino-3.4-dicyanpyrazol 17 929*.

$C_9H_9N_5O_2$ 2-Acetylamino-4-methoxypteridin (F. 215°) 8253.

$C_9H_9N_5O_3$ 4-Furfurylamino-5-nitro-6-aminopyrimidin (F. 174—175°) 3461.
2-Amino-4-hydroxy-6-lactylpteridin, Bldg. durch Autoxydat. nach enzymat. Red. d. gelben Pigmente aus Drosophila 4215.
3-Dimethylamino-6-nitrobenzo-1.2.3-triazinon-(4) (F. 168°) 11 659*.
2-Acetylamino-6-methoxy-4-oxo-3.4-dihydropteridin (F. 274—275° Zers.) 13 396.

$C_9H_9N_5O_3S$ 1-[β-Methylsulfonylpropionyl]-5-amino-3.4-dicyanpyrazol 17 929*.

$C_9H_9N_5O_3S_3$ *N*-[5-Amino-1.3.4-thiazolyl-(2)-thiocarbamyl]-sulfanilsäure, Na-Salz 4639*.

$C_9H_9N_5O_4$ 4-Methoxy-6-carboxy-8-methyl-2-amino-7-oxo-7.8-dihydropteridin (F. 252 bis 254° Zers.) 5672.
Adenylbernsteinsäure (6-[α.β-Dicarboxyäthylamino]-purin), Darst. 16 318; Bldg. bei d. Aminier. v. Inosinmonophosphat in d. Skelettmuskulatur 8287; Wechselwrkg. d. Folsäureanalogen u. — als Wachstumsinhibitor v. Milchsäurebakterien 5716; Verbrenn. in d. Säugerleber 7959.
1-Methyl-7-methylaminocarbonyl-2.4.6-trioxo-1.2.3.4.5.6-hexahydropteridin 13 395.
3-Methyl-7-methylaminocarbonyl-2.4.6-trioxo-1.2.3.4.5.6-hexahydropteridin 13 395.
2.4.6-Trioxo-1.2.3.4.5.6-hexahydropteridin-7-carbonsäuredimethylamid 13 395.

$C_9H_9N_5O_5$ s. *Erythropterin.*

$C_9H_9N_5O_6$ 8-Nitrotheophyllin-7-essigsäure, Salze 13 762, 13 763.

$C_9H_9N_5S$ 1-[1'.2'.4'-Triazolyl]-3-phenylthioharnstoff (F. 300°), Beeinfluss. d. Pflanzenwachstums durch — 9866*.
Benzimidazol-2-aldehydthiosemicarbazon (F. 258,5—259° Zers.), Darst., Antiviruswirksamk. 7235.

$C_9H_9N_6OP$ Tris-[imidazolyl-(1)]-phosphinoxid (F. 135—137°), Darst. 8634; Rk. 8635.

C_9H_{10} Vinylcycloheptatrien 18 044.
2-Methyl-p-chinodimethan, Rk. 4366*, 15 029*.
Propenylbenzol (1-Phenylpropen, β-Methylstyrol), Darst. 12 090*; (v. trans-—) 441; Bldg. 13 205*; Fünf-Spin-Syst. v. trans- — 17 355; Verschieb.-Polarisat. v. cis- u. trans-— 11 141; Konstit.-Frage d. dimeren Verb. v. —-Deriv. 13 001; Dimerisier. v. cis- u. trans-— 12 281; Oxydat. 10 017, 17 929*; Hydroborier. v. trans-— 101; Rk. mit $PdCl_2$ 10 018; Verh. gegen Acetylier. 17 749; Bldg. v. Photo-Adduktbiradikalen v. cis- u. trans-— mit Bengalrosa 15 168; gaschromatograph. Best. 9099.
Allylbenzol (Kp. 154—155°), Darst. 3420, 7321*, 7850; Eig. v. Poly-— (Einfl. d. CH_3-Gruppe) 4939; Polymerisat. 10 662*, 10 663*; (stereospezif.) 15 986; Copolymerisat. mit Maleinsäureanhydrid 17 776; Hydrier. u. Adsorpt. v. — am Pt-Katalysator 792; Oxydat. 4341*, 15 693*; Kinetik d. Epoxydat. 4129; Hydroborier. 101; Rk.: v. CCl_4-Addit.-Prod. an — u. —-Deriv. 10 073; mit Azomethinimin 14 094; Bldg. v. Photo-Adduktbiradikalen mit Bengalrosa 15 168; Rk.: mit Benzonitril 11 536; mit Acetanhydrid 17 749; Einfl. auf d. Viscosität v. Mineralölen 15 819.
α-Methylstyrol (Kp. 160—161°), Darst. 835, 8229, 11 892; Bldg. 10 017, 17 052, 17 209*; Abtrenn. 1797*, 2905*; protonmagnet. Resonanz 17 424; Verschieb.-Polarisat. 11 141; Austausch v. H gegen T 1566; Oxydat. 6579*; Erhitzen in fl. Phase in Ggw. v. J_2 oder einer J-Verb. 9519*; Rk.: mit S 1178; mit Nitrosylchlorid 6735; mit $HClO_4$+Acetanhydrid 14 500; Hydroborier. 101; Rk.: mit $NaBH_4$ 98; mit CO_2 15 946; mit Äthylen 15 018*; mit Dihalogencarbenen 4888; mit $\cdot N(CH_3)_2$-Radikal 1195; mit 2.6-Di-tert.-butylphenol 18 411; mit Anisol in Ggw. v. $BF_3 \cdot H_3PO_4$ u. $BF_3 \cdot O(C_2H_5)_2$ 13 734; mit Nonyl-MgBr 6741; mit HCHO 8214; Bldg. v. Photo-Adduktbiradikalen mit Bengalrosa 15 168; Rk.: mit Mercaptoessigsäure 11 552; mit Sydnonen 11 562; Einfl. auf d. Oxydat. v. Cumol 9896*; (Kinetik) 7472; Verw. d. ungesätt. Dimeren 7345*; gaschromatograph. Best. 9099; Polymerisat. bzw. Polymerisate s. *Plaste (Styrolpolymerisate).*
o-Methylstyrol (o-Vinyltoluol) (Kp.$_{20}$ 69°), Darst. 6586*, 15 937; (v. fast indenfreiem —) 9150*; Rk. 11 729*, 13 380; gaschromatograph. Best. 9099; Polymerisat. bzw. Polymerisate s. *Plaste (Styrolpolymerisate).*
m-Methylstyrol (m-Vinyltoluol) (Kp.$_{10}$ 54°), Darst. 15 937; gaschromatograph. Best. 9099; Polymerisat. bzw. Polymerisate s. *Plaste (Styrolpolymerisate).*
p-Methylstyrol (p-Vinyltoluol) (Kp.$_{20}$ 67 bis 68°), Darst. 15 937; Bldg. 7504; Rk. 101, 17 582*; gaschromatograph. Best. 9099; Polymerisat. bzw. Polymerisate s. *Plaste (Styrolpolymerisate).*
x-Methylstyrol (x-Vinyltoluol), Darst. 9898*, 17 563*, 18 268*; Bldg. 2174*, 11 520; Konstit.-Einfl. auf relative Scintillationsimpulshöhe u. Ionisationspotential 10 403; Pfropf. auf Styrol/Divinylbenzolmischpolymere 13 591*; Verw.: als Oxydat.-Verzögerer 9896*; zur Herst. v. Brennelementen für Reaktoren 17 162*; in photopolymerisierbarem Gemisch für Reprodukt.-Zwecke 3699*; Polymerisat. bzw. Polymerisate s. *Plaste (Styrolpolymerisate).*
α-Propenylfulven, Vers. d. Darst. v. Ferrocen-Deriv. aus — 17 728.
Phenylcyclopropan (Cyclopropylbenzol) (Kp.$_{12}$ 69°), Darst. 4889; Best. d. Konjugationseffekts aus d. Ramanspektrum 15 165;

H-D-Austausch (Kinetik) 15 168; Rk. 7863; (v. Deriv.) 15 567.

Indan (Kp. 177,82°), Darst. 11 369*; Bldg. 1185, 4875; Darst., Verw. v. Deriv. 11 653*; UV- u. IR-Spektrum, Best. im Tieftemp.-Teer 7021; Elektronenabsorpt.-Spektren v. —-Homologen 16 257; polarograph. Oxydat. 12 976; Rk. 17 210*; (v. Deriv.) 12 391*; Best. 8734, 9099.

Bicyclo-[2.2.1]-hepten-(5)-yl-(2)-acetylen [5-Äthinylbicyclo-[2.2.1]-hepten-(2)] ($Kp._{29}$ 54—55°), Darst., Salze 17 023; Verw. v. Deriv. 14 665*.

5.6-Dimethylenbicyclo-[2.2.1]-hepten-(2), Metallkomplexe v. — 18 044.

Bicyclo-[2.2.1]-heptadien-(2.5)-7-spiro-1'-cyclopropan ($Kp._{83}$ 68°), Darst., UV-Spektrum 12 966.

$C_9H_{10}AsN_3OS_4$ **2-Hydroxypyridyl-(5)-arsin-äthylen-bis-dithiocarbamat** 577*.

$C_9H_{10}AsN_3S_4$ **Pyridyl-(2)-arsin-äthylen-bis-dithiocarbamat** 577*.

$C_9H_{10}BN$ **2-Methyl-2.1-borazaronaphthalin** (F. 73—74°), Darst. 475; Ladungsübertragungsspektrum d. *π*-Komplexes v. Tetracyanäthylen mit — 18 413; Rk. 8617.

Chinolinboran (F. 20°) 16 843*.

Isochinolinboran (Zers. bei 50°) 16 843*.

$C_9H_{10}BNO$ **2-Methoxy-2.1-borazaronaphthalin** (F. 57—58°) 475.

$C_9H_{10}BrCl$ *p*-**[β-Bromäthyl]-benzylchlorid (β-[*p*-Chlormethylphenyl]-äthylbromid)** (F. 49—51°) 2015.

2-Chlor-5-brom-1-isopropylbenzol (Kp. 234 bis 236°) 15 931.

$C_9H_{10}BrNO$ *α*-**Bromhydrozimtsäureamid** (F. 129 bis 130° korr.) 9686.

2-Methyl-4-bromacetanilid (F. 158°), Best. d. Resonanz aus d. *ν*(CO) 14 078.

3-Methyl-4-bromacetanilid (F. 101°), Best. d. Resonanz aus d. *ν*(CO) 14 078.

2-Brom-4-methylacetanilid (F. 118°), Best. d. Resonanz aus d. *ν*(CO) 14 078.

3-Brom-4-methylacetanilid (F. 114°), Best. d. Resonanz aus d. *ν*(CO) 14 078.

$C_9H_{10}BrNOS$ *S*-*p*-**Brombenzoylmercaptoäthylamin**, Rk. d. Hydrochlorids 15 331*.

$C_9H_{10}BrNO_2$ **2-*n*-Propyl-5-bromnitrobenzol** ($Kp._1$ 105°) 10 791.

3-Brom-4-isopropylnitrobenzol ($Kp._5$ 125 bis 128°) 15 933.

2-Brom-4-aminobenzoesäureäthylester (F. 83°) 2908*, 6214*, 14 326*.

m-**Bromanästhesin**, Rk. 1589.

p-**Bromphenylurethan** 8585.

$C_9H_{10}BrNO_3$ **2-Brom-5-*N*-methyl-[β-hydroxyäthyl]-aminobenzochinon** (F. 110—115°) 11 371*.

$C_9H_{10}BrNO_4$ **2-[*p*-Bromphenyl]-2-nitropropandiol-(1.3)** (F. 65—66°) 12 274.

$C_9H_{10}BrN_2O_8P$ **5-Bromuridin-2'.3'-*cycl*.-phosphat,** — als Substrat d. Ribonuclease u. Polynucleotidphosphorylase 4956.

$C_9H_{10}BrN_3S$ *p*-**Bromacetophenonthiosemicarbazon** (F. 204°) 13 370.

$C_9H_{10}Br_2$ **2.5-Dibrom-1-isopropylbenzol** (Kp. 244—246°) 15 931.

$C_9H_{10}Br_2O$ **Dibrom-2.3.5-trimethylphenol** (F. 150°) 17 748.

$C_9H_{10}Br_2O_2$ **Dimethyl-3.5-dibrom-2-hydroxyphenylcarbinol** (F. 133—134°) 18 097.

$C_9H_{10}ClFO$ *γ*-**[*p*-Fluorphenoxy]-propylchlorid** ($Kp._{15}$ 130—133°) 7861.

$C_9H_{10}ClF_3N_2O_2S$ **3-Chlor-4-äthylamino-5-aminophenyltrifluormethylsulfon** (F. 110 bis 111°) 4530.

$C_9H_{10}ClJO_3$ **2.4.6-Trimethyl-3-jodperchlorylbenzol** 8780*.

$C_9H_{10}ClN$ **3-Chlor-5.6.7.8-tetrahydroisochinolin,** Rk. 8611.

N-**[2-Chlorallyl]-anilin** ($Kp._{15}$ 130—131°) 456.

N-**Allyl-*p*-chloranilin** ($Kp._{760}$ 267—270°), Darst., Rk. 837; Rk. 16 061*.

Benzoesäure-*N*-äthylimidchlorid ($Kp._1$ 47 bis 48°), Hydrolyse (Kinetik) 11 148.

$C_9H_{10}ClNO$ *ω*-**Amino-*o*-chlorpropiophenon,** Rk. v. Deriv. 9817*.

3-Dimethylaminobenzoylchlorid, Rk. d. Hydrochlorids 5024*.

α-**Chlorhydrozimtsäureamid** (F. 90—91° korr.) 9686.

2-Methyl-3-chloracetanilid (F. 164°), Best. d. Resonanz aus d. *ν*(CO) 14 078.

2-Methyl-4-chloracetanilid (F. 141°), Best. d. Resonanz aus d. *ν*(CO) 14 078.

2-Methyl-5-chloracetanilid (F. 139°), Best. d. Resonanz aus d. *ν*(CO) 14 078.

3-Methyl-4-chloracetanilid (F. 89°), Best. d. Resonanz aus d. *ν*(CO) 14 078.

3-Chlor-4-methylacetanilid (F. 100°), Best. d. Resonanz aus d. *ν*(CO) 14 078.

N-**Chlor-*N*-äthylbenzamid,** Rk. 14 476.

β-**Chlorpropionsäureanilid,** Rk. 14 834.

N-**Benzylchloracetamid (*N*-Chloracetylbenzylamin)** (F. 93—95°), Darst. 18 089; (Rk.) 18 439; Rk. 9079*, 18 569*.

Chloressigsäure-*o*-toluidid (F. 110—111°) 14 113.

Chloressigsäure-*m*-toluidid (*N*-*m*-Tolylchloracetamid) (F. 141°) 14 113, 18 439.

Chloressigsäure-*p*-toluidid (F. 161°) 14 113.

Chloressigsäure-*N*-methylanilid, Rk. 6023.

$C_9H_{10}ClNOS$ **2-Chlor-3-äthylbenzthiazolium-hydroxid,** Fluoroborat (F. 155—156°) 16 301.

O-**[*p*-Chlorphenyl]-*N*.*N*-dimethylthioncarbamat** (F. 58—59°) 5266.

$C_9H_{10}ClNOSe$ **2-Chlor-3-äthylbenzselenazolium-hydroxid,** Fluoroborat (F. 151—153°) 16 301.

$C_9H_{10}ClNO_2$ **2-*n*-Propyl-5-chlornitrobenzol** ($Kp._7$ 131—132°) 10 791.

6-Isopropyl-2-chlornicotinsäure 9711.

o-**Chlorphenylalanin** (F. 234—236° Zers., korr.) 9686.

m-**Chlorphenylalanin** (F. 239—241° Zers., korr.) 9686.

p-**Chlorphenylalanin** (F. 238—240° Zers., korr.) 9686.

2-[*o*-Chlorphenyl]-*β*-alanin, Hydrochlorid (F. 208°) 5018*.

2-[*m*-Chlorphenyl]-*β*-alanin, Hydrochlorid (F. 260—263°) 5018*.

N-**[*o*-Chlorphenyl]-alanin** (F. 148,5—149,5°) 17 715.

2-Äthyl-6-chlor-4-methoxycarbonylpyridin ($Kp._{2,5}$ 104—105°) 9711.

3-Carboxy-4-chlorbenzylaminmethylester, Hydrochlorid (F. 217—220°) 12 637.

Chloressigsäure-*o*-anisidid (*N*-*o*-Anisylchloracetamid) (F. 49°) 14 113, 18 439.

Chloressigsäure-*p*-anisidid (F. 121,5°) 14 113.

N-**Methyl-4-chlorcyclohexen-(4)-dicarbonsäure-(1.2)-imid** (F. 61°) 14 839.

p-**Chlorphenylurethan** 8585.

$C_9H_{10}ClNO_3$ *α*-**Chlormethyl-*o*-nitrobenzylmethyläther** 6967*.

α-**Chlormethyl-*m*-nitrobenzylmethyläther** 6967*.

α-**Chlormethyl-*p*-nitrobenzylmethyläther** 6967*.

3-Chlortyrosin (F. d. Hydrats 261—263° Zers.) 6751.

4-Chlor-5-methoxypyridincarbonsäure-(2)-äthylester (F. 147°) 9337.

2-Hydroxymethyl-4-chlorphenoxyacetamid, Verw. 16 065*.

N-**[2-Chlorphenoxymethyl]-carbaminsäuremethylester** 11 371*.

$C_9H_{10}ClNO_3S$ *p*-**Propionamidobenzolsulfonylchlorid** (F. 111—113°) 3605*.

p-**Tosylglycylchlorid (*p*-Toluolsulfonylglycinchlorid),** Rk. 4904, 11 160.

$C_9H_{10}ClNO_4$ **2-[*p*-Chlorphenyl]-2-nitropropandiol-(1.3)** (F. 76—77°) 12 274.

3-[*p*-Nitrophenoxy]-2-hydroxy-1-chlorpropan ($Kp._{10}$ 216—218°) 11 531.

$C_9H_{10}ClNO_4S$ *n*-**Propyl-[*p*-chlor-*m*-nitrophenyl]-sulfon** (F. 79—81°) 1382*.

Isopropyl-[*p*-chlor-*m*-nitrophenyl]-sulfon (F. 69—70°) 1382*.
1-Amino-3-[*β*-chlorpropionyl]-benzol-6-sulfonsäure, Verw. 14 687*.
3-Acetamido-4-methoxybenzolsulfonylchlorid (F. 136—140°), Darst., Rk. 3605*; Rk. 6183*.
***N*-[*p*-Chlorsulfonylphenyl]-carbaminsäureäthylester (*N*-Carbäthoxysulfanilsäurechlorid)** (F. 103°), Darst., Rk. 2332, 16 316; Rk. 16 315.
***p*-Chlorbenzolsulfonyl-*α*-alanin** (F. 155°) 6742.
***p*-Chlorbenzolsulfonyl-*β*-alanin** (F. 157,5°) 6742.

$C_9H_{10}ClNO_5$ **2.4.5-Trimethyl-3-nitroperchlorylbenzol** 8780*.

$C_9H_{10}ClNS$ ***p*-Chlorthiobenzoesäureimidoäthylester**, Salze 6008.

$C_9H_{10}ClNS_2$ ***S*-Äthyl-4-chlorphenyldithiocarbaminsäure**, Prüf. auf tuberkulostat. Wrkg. 10 552.
***N.N*-Dimethyldithiocarbaminsäure-*p*-chlorphenylester** (F. 101—103°) 14 112.

$C_9H_{10}ClN_3$ **2-Propyl-6-chlor-1-desazapurin**, Hemipikrat (F. 154—156°) 11 925.
6-Chlor-2-propyl-3-desazapurin, Pikrat (F. 176—178°) 11 926.

$C_9H_{10}ClN_3O$ **1-[*β*-Hydroxyäthyl]-5-chlor-7-aminobenzimidazol** (F. 190—193°) 11 195.

$C_9H_{10}ClN_3O_2$ **2.4-Diallyloxy-6-chlor-1.3.5-triazin** (Kp.$_{0,1}$ 96—98°) 17 901*.
Malonsäure-*o*-chloranilidmonohydrazid (F. 128°), Darst., Rk. 10 802; Rk. 12 634.
Malonsäure-*m*-chloranilidmonohydrazid (F. 179°) 10 802.
Malonsäure-*p*-chloranilidmonohydrazid (F. 188°), Darst. 10 802; Rk. 12 634.

$C_9H_{10}ClN_3O_4S_2$ **4-Äthyl-6-chlor-7-aminosulfonyl-1.2.4-benzothiadiazin-1.1-dioxid** (F. 260°) 14 140.

$C_9H_{10}ClN_3O_5S_2$ **6-Chlor-3-[*β*-hydroxyäthyl]-7-sulfamyl-1.2.4-benzothiadiazin-1.1-dioxid** (F. 320—321° Zers.), Darst. 4925; Rk. 4924.
6-Chlor-3-epoxyäthyl-3.4-dihydro-7-sulfamyl-1.2.4-benzothiadiazin-1.1-dioxid (F. 246°) 4924.
2-[2'-Aminoäthyl]-5-chlor-6-sulfamylsaccharin 15 694*.

$C_9H_{10}ClN_3S$ ***p*-Chloracetophenonthiosemicarbazon** (F. 202°) 13 370.

$C_9H_{10}ClN_5O$ **2-Chlor-6-morpholinopurin** (F. > 260° Zers.) 15 600.

$C_9H_{10}Cl_2$ **1.2-Dichlor-2-phenylpropan** (Kp.$_2$ 70 bis 72°) 6735.
o-**[*α*-Chloräthyl]-benzylchlorid**, Rk. 11 372*.
m-**[*α*-Chloräthyl]-benzylchlorid**, Rk. 11 372*.
p-**[*α*-Chloräthyl]-benzylchlorid**, Rk. 11 372*.
o-**[*β*-Chloräthyl]-benzylchlorid** (Kp.$_1$ 132 bis 133°), Darst. 2717; Rk. 6215*, 6771, 11 372*.
m-**[*β*-Chloräthyl]-benzylchlorid**, Rk. 6215*, 11 372*.
p-**[*β*-Chloräthyl]-benzylchlorid** (F. 32,5 bis 33,5°), Darst. 2717; Rk. 6215*, 11 372*.
p-**[*γ*-Chlorpropyl]-chlorbenzol** 7321*.
2.3-Dichlor-5-isopropenylcyclohexadien-(1.3) (Kp.$_{3,5}$ 84—85°) 1223.
2.5-Dichlor-1-isopropylbenzol 15 931.
Dichlormesitylen (F. 59—69°, Kp.$_{56}$ 124 bis 129°), Bldg (Mechanismus) 4131.
Δ^5-*cis*-2.3-Dichlorbicyclo-[2.2.1]-hepten-7-spiro-1'-cyclopropan (F. 96,5—99°), Darst., Rk., UV-Spektrum 12 966.

$C_9H_{10}Cl_2N_2O$ **3-[3'.4'-Dichlorphenyl]-1.1-dimethylharnstoff**, Einfl.: auf d. cycl. Photophosphorylier. in Abwesenh. v. O_2 6470; auf d. Photored. v. Methylrot u. Tetrazoliumblau durch Spinatchloroplasten u. Chromatophoren v. Rhodospirillum rubrum 12 696; Verw. in Herbiciden 6938*; Verw. v. *Diuron* zur Unkrautbekämpf.: in Weinbergen 276, 4307; (u. Obstgärten) 9865; im Baumwollbau 18 607, 18 978 [2Ref.].
3.5-Dichlor-2-hydroxy-6-methylacetophenonhydrazon (F. 155—156°) 6005.
4-Amino-*N*-dichloracet-*N*-methylanilid (F. 152—153°) 10 190*.

$C_9H_{10}Cl_2N_2OS$ **2.4-Dichlorphenoxyäthylisothioharnstoff**, Darst., Wuchsstoffaktivität d. Hydrobromids (F. 173°) 8309.

$C_9H_{10}Cl_2N_2O_2$ **3-Amino-*N*-dichloracet-4-hydroxy-*N*-methylanilid** (F. 108—109°) 10 190*.

$C_9H_{10}Cl_2N_2O_2S$ **Thenyliden-bis-[chloracetamid]** (F. 205°) 14 615*.

$C_9H_{10}Cl_2N_4$ **1-[*sek.*-Butyl]-4.6-dichlorpyrazolo-[3.4:*d*]-pyrimidin** (Kp.$_{0,2}$ 102°) 6877*.

$C_9H_{10}Cl_2N_4O$ **Cyclohexanonoxim-[2.4-dichlor-1.3.5-triazinyl-(6)]-äther** (F. 70—71°) 8259.

$C_9H_{10}Cl_2N_4O_2$ **8-[Dichlormethyl]-coffein** 18 470.

$C_9H_{10}Cl_2N_4O_3$ ***α.α*-Diureido-2.6-dichlor-3-hydroxytoluol** (F. 209°) 823.
***α.α*-Diureido-3.5-dichlor-4-hydroxytoluol** (F. 190°) 823.

$C_9H_{10}Cl_2O$ **1.3-Dichlor-2-phenylpropanol-(2)** (Kp.$_{0,5}$ 102°) 18 084.
γ-**[*p*-Chlorphenoxy]-propylchlorid** (Kp.$_{10}$ 145 bis 147°) 8229.
4-Dichlormethyl-4-äthylcyclohexadien-(2.5)-on-(1) (F. 61—62°) 2746, 8625.

$C_9H_{10}Cl_2OS$ ***n*-Propyl-[4-hydroxy-3.5-dichlorphenyl]-sulfid** (Kp.$_{13}$ 184—185°) 11 531.
***n*-Propyl-[4-hydroxy-3.6-dichlorphenyl]-sulfid** (Kp.$_{13}$ 195—196°) 11 531.

$C_9H_{10}Cl_2OSe$ **2.3-Bis-[chlormethyl]-5-propionylselenophen** (F. 79—80°) 11 560.

$C_9H_{10}Cl_2O_2$ ***α*-Chlor-*β*-hydroxy-*γ*-[*o*-chlorphenoxy]-propan**, Rk. 3189*.
3-[*p*-Chlorphenoxy]-2-hydroxy-1-chlorpropan (Kp.$_{20}$ 180—184°) 11 531.
Spiro-[3.3]-heptan-2.5-dicarbonsäuredichlorid (Kp.$_{15}$ 154°) 1596.

$C_9H_{10}Cl_2O_2S$ ***n*-Propyl-2.4-dichlorphenylsulfon** (Kp.$_{40}$ 220°) 9680.
***n*-Propyl-2.5-dichlorphenylsulfon** (F. 70 bis 71°) 9680.
Isopropyl-2.4-dichlorphenylsulfon (F. 118°) 9680.
Isopropyl-2.5-dichlorphenylsulfon (F. 127°) 9680.
Isopropyl-3.4-dichlorphenylsulfon (Kp.$_{35}$ 230°) 9680.
Isopropyl-3.5-dichlorphenylsulfon (Kp.$_{25}$ 205°) 9680.
3.3a-Dichlor-3a.4.7.7a-tetrahydro-5(6)-methylthianaphthen-1.1-dioxid (Kp.$_{0,6}$ 133—136°) 1223.
***n*-Buttersäure-[2.3-dichlorthenyl-(5)-ester]** (Kp.$_{13}$ 158°) 12 650.
Isobuttersäure-[2.3-dichlorthenyl-(5)-ester] (Kp.$_{12}$ 150°) 12 650.

$C_9H_{10}Cl_2O_3S$ ***n*-Propyl-[4-hydroxy-3.5-dichlorphenyl]-sulfon** (F. 142°) 11 532.
***n*-Propyl-[4-hydroxy-3.6-dichlorphenyl]-sulfon** (F. 56°) 11 532.

$C_9H_{10}Cl_2S$ **2-Äthylmercapto-5-chlorbenzylchlorid** (Kp.$_{11}$ 150—152°) 14 508.
***n*-Propyl-2.4-dichlorphenylsulfid** (Kp.$_{15}$ 170°) 9680.
***n*-Propyl-2.5-dichlorphenylsulfid** (Kp.$_{15}$ 160°) 9680.
Isopropyl-2.4-dichlorphenylsulfid (Kp.$_{21}$ 145°) 9680.
Isopropyl-2.5-dichlorphenylsulfid (Kp.$_{39}$ 150°) 9680.
Isopropyl-3.4-dichlorphenylsulfid (Kp.$_{20}$ 150°) 9680.
Isopropyl-3.5-dichlorphenylsulfid (Kp.$_{29}$ 150°) 9680.

$C_9H_{10}Cl_2Si$ ***β*-[Methyldichlorsilyl]-styrol** (Kp.$_{20}$ 127°) 10 054.

$C_9H_{10}Cl_3FN_2O_2S_2$ ***N*-Trichlormethylmercapto-*N'.N'*-dimethyl-*N*-[4-fluorphenyl]-sulfamid** (F. 100°) 15 471*.

$C_9H_{10}Cl_3NO_2$ 1-[Pyridyl-(4')]-1-methyl-2-[trichlormethyl]-äthylenglykol-(1.2) (F. 189 bis 190,5°) 11 006*, 12 840*.

$C_9H_{10}Cl_3N_2O_2PS$ *O.O*-Dimethylthiophosphorsäure-[2.3.6-trichlorbenzylidenhydrazid] (F. 123—124°) 2517*.

$C_9H_{10}Cl_3N_3O_4S_2$ 6-Chlor-3-[1'.1'-dichloräthyl]-3.4-dihydro-7-sulfamyl-1.2.4-benzothiadiazin-1.1-dioxid (F. 285°) 4924.
N-Trichlormethylmercapto-*N'*.*N'*-dimethyl-*N*-[4-nitrophenyl]-sulfamid (F. 192°) 15 741*.

$C_9H_{10}Cl_3OPS$ *O*-[2-Chlor-4-*n*-propylphenyl]-thiophosphorsäuredichlorid 10 613*.
***O*-[2-Chlor-4-isopropylphenyl]-thiophosphorsäuredichlorid** 10 613*.

$C_9H_{10}Cl_3O_2P$ Phenyltrichlormethylphosphinsäureäthylester (F. 83—84°) 5271.

$C_9H_{10}Cl_3O_3PS$ *O*-[2.4.5-Trichlorphenyl]-*O*-methyl-*O*-äthylthiophosphat 9489*.

$C_9H_{10}Cl_4N_2O_2S_2$ *N*-Trichlormethylmercapto-*N'*.*N'*-dimethyl-*N*-[2-chlorphenyl]-sulfamid (F. 126—129°) 15 741*.
***N*-Trichlormethylmercapto-*N'*.*N'*-dimethyl-*N*-[4-chlorphenyl]-sulfamid** (F. 100 bis 103°) 15 741*.

$C_9H_{10}Cl_4O_2$ 2.3-Bis-[hydroxymethyl]-1.4.5.6-tetrachlorbicyclo-[2.2.1]-hepten-(5) 12 101*.

$C_9H_{10}Cl_6N_4$ 2.4-Bis-[trichlormethyl]-6-diäthylamino-1.3.5-triazin (F. 52°) 18 891*.

$C_9H_{10}CoF_6OP$ π-Cyclopentadienyl-π-allylmonocarbonylkobalt(III)-hexafluorophosphat 60.

$C_9H_{10}FN$ 5-Fluor-2-methylindolin (Kp.$_{760}$ 225 bis 227°) 837.
***N*-Allyl-*p*-fluoranilin** (F. 228—233°) 837.

$C_9H_{10}FNO$ 2'-Fluor-*p*-acetotoluidid (F. 128 bis 130°) 9735.
***N*-Äthyl-*p*-fluorbenzamid** (F. 70°) 10 811.

$C_9H_{10}FNO_2$ *o*-Fluorphenylalanin, vollständ. Substitut. v. Phenylalanin durch — in d. Proteinen v. E. coli 4583.
***m*-Fluorphenylalanin,** vollständ. Substitut. v. Phenylalanin durch — in d. Proteinen v. E. coli 4583.
***p*-Fluorphenylalanin,** Inhibit. d. enzymat. Inaktivier. v. Oxytocin durch — 910; schnelle Umkehr. d. Äthioninhemm. d. Enzymindukt. in Pseudomonas aeruginosa durch — 11 960; Stimulier. d. Indukt. v. D(—)- u. L(+)-Milchsäure-Cytochrom-c-Reduktase in Hefe durch — 3495; Einfl.: auf d. Enzym-Aktivität für d. Methionin-Synth. in E. coli 2776; auf d. Glutamyltranspheraseaktivität in Zellen v. Säugetieren 12 704; auf d. Entw. einer verstärkten Tryptophansynthetaseaktivität durch zellfreie Extrakte v. Neurospora crassa 11 236; auf d. Bldg. v. Virulenzfaktoren durch Pasteurella pestis 11 248; auf d. Vermehr. d. Geflügelpestvirus 16 736; auf d. Produkt. v. Virusribonucleinsäure u. auf d. Verwertbark. d. Virusproteins bei d. Vermehr. d. Geflügelpestvirus 9391; auf d. Nucleinsäurestoffwechsel in mit d. Phagen T_5 infizierten E. coli 13 812; auf d. Oxydat. v. Octadecan durch einen paraffinverwertenden Pseudomonaden 4588; auf d. Aufnahme v. Tyrosin durch Rattenhirn 16 721, 17 479.
α-[*p*-Fluorphenoxy]-propionamid (F. 83°) 10 808.

$C_9H_{10}FNO_2S$ β-[*p*-Fluorphenyl]-cystein (F. 235 bis 238°), Synth., Prüf. auf tumorhemmende Wrkg. 11 591.

$C_9H_{10}FNO_3$ β-[*p*-Fluorphenyl]-β-hydroxy-α-aminopropionsäure, Synth., Prüf. auf tumorhemmende Wrkg. 11 591.

$C_9H_{10}FNO_4$ 2-[*p*-Fluorphenyl]-2-nitropropandiol-(1.3) (F. 59—60,5°) 12 274.

$C_9H_{10}F_3NO$ 3-Amino-4-äthoxybenzotrifluorid (F. 51,4—52,5°) 3066.
5-Amino-2-äthoxybenzotrifluorid (F. 55,5 bis 56,4°) 3066.

$C_9H_{10}F_3NO_4$ 4-[β-Carbäthoxyäthyl]-2-[trifluormethyl]-oxazolon-(5) 1571.

$C_9H_{10}F_3N_3OS$ 1-[Thiazolyl-(2')]-4-trifluoracetylpiperazin (F. 72—74°) 18 938*.

$C_9H_{10}F_3N_3O_4S_2$ 3-Methyl-3.4-dihydro-7-aminosulfonyl-6-trifluormethyl-2H-1.2.4-benzothiadiazin-1.1-dioxid (F. 247—250° Zers.) 11 929.

$C_9H_{10}FeO_3$ Hexadien-(1.3)-eisentricarbonyl 12 277.
Hexadien-(2.4)-eisentricarbonyl 12 277.

$C_9H_{10}Hg$ Benzylvinylquecksilber, IR-Spektrum 1119.

$C_9H_{10}HgO_2$ Benzylquecksilberacetat (F. 126°) 12 604.

$C_9H_{10}HgO_2S$ s. *Thiomersal* [*Merthiolat, Thimerosal, Na-Äthylmercurithiosalicylat*].

$C_9H_{10}HgO_3$ Phenylquecksilberlactat, Verw. 17 498*.

$C_9H_{10}JNO_3$ 3-Jodtyrosin (*gewöhnl.* **Monojodtyrosin**), Darst. v. T(5)-L-— 18 433; Bldg. bei Jodier.-Rk. in Ggw. v. Peroxydase 11 230; Vork. im Hydrolysat d. bei d. enzymat. Dejodier. d. Thyroxins u. seiner Deriv. gebildeten Ursprungssubstanz 10 518; enzymat. Entjodier. 4204, 10 518; Einw. v. pflanzl. Peroxydase auf L-— 12 324; Biosynth. v. proteingebundenem — durch Schafthyreoid-Mitochondrien u. -Mikrosomen 2038; Bldg. durch d. Muschel (Mytilus galloprovincialis L.) 2442; Vork. im Speichel 17 103; —-Geh.: v. Humanblutplasma 14 205; v. Schilddrüse u. Blut (Radio-J-Gleichgew.-Unters.) 18 901; —/3.5-Dijodtyrosin-Verhältnis d. Schilddrüsenproteine bei endem. Kropf 5734; radiopapierchromatograph. Nachw. d. Bldg. v. — in Schwimmkulturen v. Kaninchenschilddrüsen 9409; chromatograph. Nachw. v. —-Resten in jodiertem Rinderplasmaalbumin 4605; —-Aktivität bei überwinternden Chiroptera 11 620; —-Stoffwechsel: bei d. Larve eines Cyclostomen (Petromyzon planeri Bl.) in Na^{131}J-halt. W. 18 902; d. Schilddrüse 14 579; (bei nichttox. knot. Struma) 9783; (Einfl. v. thyreotropem Hormon, 6-Propylthiouracil u. Na-Perchlorat) 11 264; Einbau in Proteine durch isolierte Schilddrüsenzellen 7964; Glucuronidbldg. beim akt. Transport v. L-— durch d. Rattendarm 15 305; Trenn. v. Dijodtyrosin 17 874; automat. Analyse v. — u. a. J-halt. Aminosäuren in Auszügen J-halt. Proteine 18 529; Best. in Schilddrüsengewebe 10 895.

$C_9H_{10}JNO_4$ 2-[*p*-Jodphenyl]-2-nitropropandiol-(1.3) (F. 68—70°) 12 274.

$C_9H_{10}NO_5P$ *O*-[*N*-Vinylcarbamoyl]-*O*-phenylphosphorsäure, Triäthylammoniumsalz (F. 84—85° korr.) 18 432.

$C_9H_{10}NO_5PS$ 2-[*p*-Nitrophenoxy]-2-thiono-4-methyl-1.3.2-dioxaphospholan 18 832.

$C_9H_{10}N_2$ (s. *Myosmin*).
1-Phenyl-Δ^2-pyrazolin, Darst. 11 562; Verw. 10 958*, 16 837*.
3-Phenyl-Δ^2-pyrazolin (Kp.$_{12}$ 157°), Darst., Pikrat 11 912; Rk. 14 131.
5-Phenyl-Δ^2-pyrazolin (Kp.$_{12}$ 138°), Darst., Rk. 11 912; Rk. 18 818.
1.4-Dihydro-1-methylchinazolin, Darst. (Pikrat) 135; (v. Deriv.) 7897; UV-Spektrum 134.
3.4-Dihydro-2-methylchinazolin (Kp.$_{0,8}$ 126°), Darst. (Deriv.) 135; (Rk., Pikrat) 7897; UV-Spektrum 134.
3.4-Dihydro-3-methylchinazolin (F. 89 bis 91°), Darst., Pikrat 135; UV-Spektrum 134.
2-Äthylbenzimidazol, Rk. 2354.
1.2-Dimethylbenzimidazol (F. 227—228°), Darst., Verw. 15 042; UV-Spektrum 11 852.
1.5-Dimethylbenzimidazol 6024.
1.6-Dimethylbenzimidazol 6025.

$C_9H_{10}N_2S_2$ **2-Amino-6-äthylmercaptobenzthiazol** (F. 137—139°) 11 745*.
N.N-**Dimethylbenzothiazol-2-sulfenamid,** Verw. 12 862.

$C_9H_{10}N_4$ **1-Phenyl-5-äthyltetrazol** (F. 46,5 bis 47,5°) 12 626.
5-Benzyl-3-amino-1.2.4-triazol (F. 170 bis 170,5°) 11 186.
2.3-Dimethyl-8-aminopyrido-[3.4]-pyrazin (F. 187—189°) 129.
2.4-Diamino-6-methylchinazolin 9827*.
2.4-Diamino-8-methylchinazolin (F. 209°) 9827*.
4.6-Diamino-2-methylchinazolin (F. 244 bis 246°) 11 906.
4.6-Diamino-1-methylphthalazin (F. 274 bis 275° Zers.) 11 907.
1-Hydrazino-4-methylphthalazin, blutdrucksenkende Wrkg. 18 549.
5-Hydrazino-7-methyl-1.6-naphthyridin (F. 195°) 4917.
1-Hydrazino-3-methyl-2.7-naphthyridin (F. 208—211°) 4918.

$C_9H_{10}N_4O$ **9-[Tetrahydrofuryl-(2')]-purin,** Deriv. 15 246.
2-Amino-4-hydroxy-5.7-dimethylpyrido-[2.3:*d*]-pyrimidin 6875*.
N.N'-**Carbonyldi-[4-methylimidazol],** Rk. 10 278*.
N.N'-**Carbonyldi-[5-methylimidazol],** Rk. 10 278*.
3.4-Dihydro-3.6.7-trimethyl-4-oxopteridin (F. 241°) 7150.
1.6.7-Trimethylpteridon-(2) (F. d. Äthanolats 150°) 848.
3-Dimethylaminobenzo-1.2.3-triazinon-(4) (F. 116°) 11 659*.
N-**Cyanacetyl-bis-[cyanäthyl]-amin** (F. 122 bis 123°) 11 001*.

$C_9H_{10}N_4OS$ **6-Hydroxy-9-[tetrahydrothienyl-(2')]-purin** (F. 203—205°) 15 247.
[4-Methylthiazolyl-(2)]-[4'-methyl-6'-hydroxypyrimidyl-(2')]-amin (F. 326—327° Zers.) 14 497.
[5-Methylthiazolyl-(2)]-[4'-methyl-6'-hydroxypyrimidyl-(2')]-amin (F. 310—312° Zers.) 14 497.
6-Mercapto-9-[tetrahydrofuryl-(2')]-purin (Zers. bei 248—250°) 15 247.
1-[4'-Äthoxyphenyl]-tetrazolinthion-(5), Prüf. auf tuberkulostat. Wrkg. 10 552.
2-Azido-3-äthylbenzthiazoliumhydroxid. — **Fluoroborat** (F. 120—122°), Darst. 16 302; Rk. 16 302.

$C_9H_{10}N_4OSe$ **2-Azido-3-äthylbenzselenazoliumhydroxid, Fluoroborat** (F.158—161° Zers.) 16 302.

$C_9H_{10}N_4O_2$ **1.6.7-Trimethyl-1H.3H-pteridindion-(2.4)** 10 840.
3.6.7-Trimethyl-1H.3H-pteridindion-(2.4) 10 840.
6.7.8-Trimethyl-2.4-dioxotetrahydropteridin (F. 299—300° Zers.) 8253.
Purinessigsäure-(9)-äthylester (F. 121 bis 122° korr.) 10 465.
Benzoylguanylharnstoff, — als Inhibitor d. Influenzavirusvermehr. 16 736.
1-Carbamoylformimidsäure-*β*-benzoylhydrazid (F. 238—239° Zers.) 5658.

$C_9H_{10}N_4O_2S$ **[4.5-Dimethylthiazolyl-(2)]-[4'.6'-dihydroxypyrimidyl-(2')]-amin** 14 497.
6-Mercaptopurinessigsäure-(9)-äthylester 10 465.

$C_9H_{10}N_4O_2S_2$ s. *Sulfamethizole* [*N*-{*5-Methyl-1.3.4-thiadiazolyl-(2)*}-*sulfanilamid*].

$C_9H_{10}N_4O_3$ **2.4.8(4.6.8)-Trimethoxypyrimido-[5.4:*d*]-pyrimidin** (F. 225—226°) 2360, 17 853*.
1.3.6-Trimethyl-7-hydroxy-2.4-dioxo-1.2.3.4-tetrahydropteridin, pK-Wert im Grund- u. angeregten Zustand 12 965.
1.3-Dimethyl-6-methoxy-2.4-dioxo-1.2.3.4-tetrahydropteridin (F. 223—224°) 13 396.
1.3-Dimethyl-7-methoxy-2.4-dioxo-1.2.3.4-tetrahydropteridin, pK-Wert im Grund- u. angeregten Zustand 12 965.
Coffein-8-aldehyd (F. 165—169°), Darst., Rk. 15 598; Rk. 15 599.
8-Äthyl-6-methyl-2.4.7-trioxohexahydropteridin 8253.
1.3.7-Trimethyl-2.4.8-trioxohexahydropyrimido-[5.4:*d*]-pyrimidin (Hydroxyhomocoffein) (F. 272°) 2362.
1.3.8-Trimethyl-2.4.7-trioxo-1.2.3.4.7.8-hexahydropteridin, pK-Wert im Grund- u. angeregten Zustand 12 965.
1-Amino-7-nitrophthalazinmethylhydroxid, Jodid (F. 268—270° Zers.) 11 906.
3-[*N*.4-Dinitrosoanilino]-propionsäureamid (F. 119—120°) 459.

$C_9H_{10}N_4O_3S$ *β*-**[6-Hydroxy-2-methylpurinyl-(8)-mercapto]-propionsäure** 9720.
6-Hydroxy-2-methylpurinyl-(8)-mercaptoessigsäuremethylester (F. 250—251,5° Zers.) 9720.

$C_9H_{10}N_4O_4$ **1-[2'-Nitro-4'-methylphenylazo]-1-nitroäthan** (F. 144—145°) 13 764.
8-[*β*-Hydroxyäthyl]-6-methyl-2.4.7-trioxohexahydropteridin 8253.
1.3.7-Trimethyl-2.4.6.8-tetraoxooktahydropyrimido-[5.4:*d*]-pyrimidin (F. 320 bis 324°) 2362.
Propionaldehyd-2.4-dinitrophenylhydrazon (F. 154—155°) 10 156, 12 288.
Aceton-2.4-dinitrophenylhydrazon (F. 125°), Darst. 3802; Bldg. 7125, 13 784; IR-Spektrum 10 522; Indicatoreig. bei hohen pH-Werten 3201.
3-[5'-Nitrofurfurylidenamino]-hexahydropyrimidinon-(2) (NF-314) (F. 242,5 bis 244,5°), Darst. 4541; Verteil. u. Exkret. 9062.
3.5-Diureidobenzoesäure, Rk. 18 572*.
Theophyllin-7-essigsäure (1.3-Dimethylxanthin-7-essigsäure), Darst. (Vers. d. Bleitetraacetatspalt.) 18 071; (v. Deriv.) 13 762, 13 763; Komplexverb. mit Spartein (Beschleunig. d. Kristallisat.) 1716*; Erhöh. d. diuret. Wrkg. v. Hydrochlorothiazid bei Ratten durch d. Li-Salz 11 281.
Theobromin-1-essigsäure, Darst., Vers. d. Bleitetraacetatspalt. 18 071.
Isocoffein-8-carbonsäure (F. 250—260°) 12 659.
Theophyllin-8-carbonsäuremethylester (F. 258°) 15 598.
4.5-Bis-[*N*-acetylcarbamyl]-imidazol, Verw. 2468*.

$C_9H_{10}N_4O_4S$ **1-Hydroxymethyl-3-[5'-nitrofurfurylidenamino]-imidazolinthion-(2)** (F. 175°) 17 859*.
4-Äthoxycarbonylaminobenzolsulfonazid (F. 129—132°) 2333.

$C_9H_{10}N_4O_5$ **1-[2'-Nitro-4'-methoxyphenylazo]-1-nitroäthan** (F. 125°) 13 764.
Acetol-2.4-dinitrophenylhydrazon, gaschromatograph. Trenn. v. anderen Hydrazonen 244.

$C_9H_{10}N_4O_6$ **Glycerinaldehyd-2.4-dinitrophenylhydrazon,** gaschromatograph. Abtrenn. 244.
Dihydroxyaceton-2.4-dinitrophenylhydrazon, gaschromatograph. Abtrenn. 244.
N-**[5'-Nitro-2'-furfuryliden]-2-semicarbazidoessigsäuremethylester,** Toxizität bei Mäusen 16 399.
4-Carboxyamino-5-diacetylaminouracil 14 093.

$C_9H_{10}N_4S$ **9-[Tetrahydrothienyl-(2')]-purin,** Deriv. 15 246.
6-Allylmercapto-2-methylpurin (F. 212°) 10 462.
3-Methyl-5-phenyl-1.3.4-thiadiazolonhydrazon, Prüf. auf Monoaminoxydase-Inhibitor-Wrkg. 13 855.

$C_9H_{10}N_4S_2$ **6-Mercapto-9-[tetrahydrothienyl-(2')]-purin** (Zers. bei 255°) 15 247.
S-**Benzyl-3.5-dimercapto-4-amino-4.1.2-triazol** (F. 155,5—158,2°) 16 678.

$C_9H_{10}N_6O_2$ **1'.2'.4'-Triazolo-[4'.5':9.8]-coffein** (F. 233—234,5°) 17 761.

2.4-Dimethoxy-6-[*N.N*-bis-(cyanmethyl)-amino]-*symm*.-triazin, Röntgen-Pulveraufnahme 10 790.

$C_9H_{10}N_6O_{12}$ *cycl.* **Methylen-bis-amid** $C_9H_{10}N_6O_{12}$ (F. 224—225° Zers.) aus 2.2-Dinitro-2-cyanäthanol 12 993.

$C_9H_{10}N_{12}O_{22}$ *N.N'*-**Dinitro-2-nitraza-1.4-butan-bis-[2.2.2-trinitroäthyl]-dicarbaminat** (F. 113—114°) 8852*.

$C_9H_{10}O$ (s. *Chroman*; *Isochroman*; *Zimtalkohol*).

Benzyläthylenoxid, Rk. 12 762*, 13 132*, 15 026*.

Methylstyroloxid (1-Phenyl-1.2-epoxy-propan), Darst., Rk. v. cis- u. trans-— 441; Rk. 12 762*.

m-**Methylstyroloxid** (Kp.$_{0,1}$ 40°), Darst., Rk. mit Benzylamin (Kinetik) 15 913.

p-**Methylstyroloxid** (*p*-[**1.2-Epoxyäthyl]-toluol**) (Kp.$_{0,1}$ 51—52°), Darst., Rk. mit Benzylamin (Kinetik) 15 913; Mechanismus d. Rk. mit Benzylamin 16 992.

Nonadiin-(5.7)-en-(2)-ol-(4) 4938.

Phenylvinylcarbinol (α(1)-Phenylallylalkohol) (Kp.$_2$ 78°), Darst. 3259*, 7327*, 11 144, 11 522; Kinetik d. Chloriev. v. (—)— 2691.

2-Phenylallylalkohol [2-Phenylpropen-(2)-ol-(1)] (Kp.$_{60}$ 120 –130°) 835.

p-**Vinylbenzylalkohol** (F. 24°) 2718.

o(2)-**Allylphenol** (Kp.$_{23}$ 109°), Darst., intramol. Wechselwrkg. zwischen d. OH-Gruppe u. d. π-Elektronen aus d. ν(OH) 14 077; Gleichgew. freie/gebundene Form d. OH-Gruppen 14 077; Rk. 1797*, 3648*, 18 095.

p(4)-**Allylphenol,** Rk. 1797*; Prüf. auf Gruppensensibilisier. 18 895.

x-Monoallylphenol, Darst. 16 135*; Einfl. auf d. Viscosität v. Mineralölen 15 819, 15 820.

o(2)-**Isopropenylphenol,** Gleichgew. freie/gebundene Form d. OH-Gruppen 14 077; Rk. 4884.

m-**Isopropenylphenol** 15 405*.

trans-**2-Phenylcyclopropanol** (F. 41,5 bis 42°), Darst., Deriv. 16 656; durch freie Radikale katalysierte Umlager. 8932.

4-Indanol (Kp. 245°), gaschromatograph. Retentionszeit 7270.

5-Indanol (Kp. 255°), gaschromatograph. Retentionszeit 7270; Rk. 103, 2720, 15 947.

cis- u. *trans*-β-**Methoxystyrol** [Gemisch] (Kp.$_{15}$ 91—96°) 10 806.

Benzylvinyläther (F. 162°), Rk. 6428.

Allylphenyläther (Kp.$_{30,2}$ 119,5—120,5°), Umlager. 9686, 15 693*; (Kinetik) 8931; Kinetik d. Epoxydat. 4129; Rk. mit tert.-Butylperbenzoat 2320.

Propenylphenyläther 9686.

Isopropenylphenyläther (Phenyl-α-methylvinyläther, Phenylpropenyl-(2)-äther) (Kp.$_{11}$ 53,4—54°), Darst. 4884; Raman- u. UV-Spektrum 16 622; Rk. 8581.

p-**Methylphenylvinyläther** (Kp.$_5$ 58—60°) 17 719.

o-**Methoxystyrol,** Rk. 13 380.

m-**Methoxystyrol,** Rk. 13 380.

p-**Methoxystyrol,** Bldg., Rk. 14 144; Konstit.-Einfl. auf relative Scintillationsimpulshöhe u. Ionisationspotential 10 403; Polymerisat, durch Katalyse mit Jod (Best. d. Geschw.-Konst. d. Wachstums-Rk.) 6427; ion. Copolymerisat. 17 422; Hydroborier. 101; Überführ. in p-Methoxyacetophenon 16 839*; Rk.: mit Bis-[3-methyl-(2)]-boran u. Oxydat. 6378; mit Chinonen 13 380; mit N-Phenylsydnon 11 562.

Nonadiin-(2.8)-al (Kp.$_1$ 77°) 1953.

6.6-Dimethylheptadiin-(2.4)-al (Kp.$_{0,2}$ 40 bis 43°) 3417.

3-[Cyclohexen-(1')-yl-(1')]-propin-(2)-al-(1), Bldg., 2.4-Dinitrophenylhydrazon (F. 157—158°) 18 794.

α(2)-**Phenylpropionaldehyd (Hydratropaaldehyd),** Rk. 1196, 6142*. 6740, 10 425.

Hydrozimtaldehyd (3-Phenylpropionaldehyd) (Kp.$_{0,7}$ 53—54°), Darst. (Deriv.) 15 568; (2.4-Dinitrophenylhydrazon) 14 467; Bldg. 8932; Rk. 6142*, 6590*.

o-**Äthylbenzaldehyd** (Kp.$_9$ 81°) 15 933.

m-**Äthylbenzaldehyd** (Kp.$_{5,5}$ 73°) 15 933.

p-**Äthylbenzaldehyd** (Kp.$_7$ 75,5°) 15 933.

2.4-Dimethylbenzaldehyd (Kp.$_2$ 63—64°) 13 724.

2.5-Dimethylbenzaldehyd, Rk. 14 859.

2.6-Dimethylbenzaldehyd 8952.

3.4-Dimethylbenzaldehyd (Kp.$_{0,8}$ 68°), Darst. (Rk.) 15 914; (Hemmwrkg. gegenüber Influenzavirus) 15 286; papierchromatograph. Trenn. als Cyanacethydrazon 10 215.

x.x-Dimethylbenzaldehyd [Isomerengemisch] 1952.

Phenylaceton (Benzylmethylketon), Darst. 4341*, 16 840*; Bldg. 10 017; IR-Spektrum 15 533; Polymerisat. 10 860, 11 582; Red. in Ggw. v. 2.2-Diphenylbutyl-(1)-amin 5766*; oxydative Umlager. zu Hydratropasäure 8571; Rk.-Vermögen mit NaH 12 988; Cyanäthylier. 5274; Leuckart-Rk. 11 536; Rk.: mit Äthylenoxid 16 642; mit Methylamin 8264, 12 834*; mit Aminopropanen bzw. -äthanen 15 201; v. Deriv. mit Diphenylaminomethanderiv. 10 190*; mit Phenol in Ggw. v. NaOH 14 327*; mit 1.2.3.4-Tetrahydro-6.7-dimethoxyisochinolin u. HCHO 13 867*; mit aromat. Aldehyden 12 282; mit o-Phthalaldehyd 5655; mit Benzil 6012; Verh. gegen 8-Aminocaffein 18 117; Rk.: mit Methyltriphenylphosphoniumbromid 6361; mit Ameisensäureäthylester 8984; mit Bromessigsäureäthylester 1973, 3077; mit Jodessigsäureäthylester 4162; mit Äthyloxalat 17 493*; mit Oxalsäuremethylesterhydrazid bzw. Oxalsäuredihydrazid 9309; Biogenese bei Ephedra 9031; Nachw. v. ^{3}H-— im Urin nach Gabe v. tritiertem d-Desoxyephedrin 10 174.

Propiophenon (Äthylphenylketon) (Kp.214bis 216°), Darst. 16 652, 16 840*; (2.4-Dinitrophenylhydrazon) 14 110; (Verw. v. Deriv.) 2090*; Bldg. 11 546, 16 654; (2.4-Dinitrophenylhydrazon) 8973; (Keto-Enol-Tautomerie bei d. polarograph. Red.) 16 629; Vers. d. Bldg. bei d. Photolyse v. Acetophenon 11 870; IR-Spektrum 15 533; Temp.-Einfl. auf d. ν(CO) u. d. IR-Ringschwing. 14 811; Verbrenn.- u. Bldg.-Wärme 13 710; Kinetik d. Red. an Pd 90; Red., Nitrier. 10 791; Rk.: mit $NaBH_4$ (Konstit.-Einfl.) 17 708; mit SO_2Cl_2 441; Cyanäthylier. 5274; Claisen-Schmidt-Kondensat., Hydrier. 12 281; Überführ. in 3-Dimethylamino-2-methylpropionylbenzol 14 955*; Rk.: mit Piperidin u. S 6381; mit Alkylaziden 7125; mit 1-Brom-4-phenoxybutan 3094, 4915; mit Grignard-Reagens 6392; Verh. gegen Grignard-Verb. v. 3-Dimethylamino- bzw. 3-Pyrrolidino-3-methylbutin-(1) 7484; Addit. an α.β-ungesätt. Ketone 11 547; Rk. mit Methyltriphenylphosphoniumbromid 6361; Vers. d. Kondens. mit Nitrilen 12 275; Rk.: mit Acetonitril 15 201; mit Bromessigsäure 15 935.

3-Methylacetophenon, Bldg., 2.4-Dinitrophenylhydrazon 10 058.

p-**Methylacetophenon** (Kp. 222°), Darst. (Semicarbazon) 4887, 16 652; (2.4-Dinitrophenylhydrazon) 10 058; IR-Spektren v. Metallhalogenidkomplexen mit — 8872; Trimerisier. 13 373; Polymerisat. v. Styrol in — 12 311; Rk.: mit S + Morpholin 9342; mit Nitrophenylhydrazinen 16 291; mit Grignard-Reagens 6392; mit CH_2O u. Piperidin 14 505; mit Methylvinylketon + NH_3 6769; mit Acetonitril 12 275; mit Glyoxylsäure 14 123; mit Ameisensäureäthylester + Bromier. +

Rk. mit Thioharnstoff 14 132; mit Bernsteinsäurediäthylester 14 850; papierchromatograph. Trenn. als Cyanacethydrazon 10 215.
2.7-Dimethyltropon 1967.
1-Oxo-$\Delta^{3,4}$-tetrahydroinden (Kp.$_{1,5}$ 70 bis 71,5°) 14 123.

$C_9H_{10}OS$ **Thiochromanol-(4)** (F. 67—69°) 17 390.
1-Phenylmercapto-2.3-epoxypropan, Rk. 13 132*.
3-Phenoxypropen-1.2-sulfid (Kp.$_4$ 94—95°) 1414*.
Thiochroman-*S*-oxid (F. 31—33°) 17 390.
2-Methylmercapto-5-methylbenzaldehyd (Kp.$_{10}$ 150°) 12 656.
Thiopheno-[2'.3':3.2]-cycloheptanon (Kp.$_3$ 114,5—115,5°) 18 472.
***p*-Methylmercaptoacetophenon (Methyl-*p*-methylmercaptophenylketon)** (F. 74 bis 78°) 9896*, 11 370*.
Äthylthiolbenzoat, Verw. 3904*.
Benzylthiolacetat, Analyse d. ν(CO) 7091.

$C_9H_{10}OS_2$ **2.5-Dimethylbenz-1.3-dithiylium-hydroxid,** Perchlorat 13 015.

$C_9H_{10}OS_3$ **Trithiokohlensäure-*m*-methoxy-phenylestermethylester** (F. 59,5—60,5°) 4881.
Trithiokohlensäure-*p*-methoxyphenylester-methylester (F. 77,5—77,88°) 4881.

$C_9H_{10}OSe$ **[2-Acetylphenyl]-methylselenid** (F. 47 bis 48°) 17 757.
Benzylselenolacetat, Analyse d. ν(CO) 7091.

$C_9H_{10}O_2$ **3.7-Dioxa-1.2-benzocyclohepten** (Kp.$_{15}$ 107—108°), UV-Spektrum, Bromier. (Kinetik) 11 863.
3-Methylbenzo-1.4-dioxan 17 397.
Dimethylmethylendioxybenzol, Rk. 17 376.
Allylbrenzcatechin, Einfl. auf d. Viscosität v. Mineralölen 15 819.
1-Methoxy-2-phenylepoxyäthan (Kp.$_1$ 65 bis 67°) 9684.
3-Phenoxypropen-1.2-oxid (Phenylglycid-äther) (Kp. 243°), Hydrolyse, Rk. mit Phenol 15 565; Rk.: mit H_2S 4721*; (u. S) 301*; mit KSCN 1414*; mit Pyrrolidin 13 495*; (bzw. 1.2.5.6-Tetrahydropyridin) 3189*; mit Butylamin (Geschw.) 8574; mit Äthanol- bzw. Diäthanolamin 15 936; mit 1-[p-Hydroxyphenyl]-2-methylaminoäthanol 13 132; mit 1-[3'.4'-Dimethoxyphenyl]-2-aminopropanol 13 132*; Wrkg. auf d. Blut 15 312; Verw. 15 928; chromatograph. Trenn. v. anderen Glycidyläthern 6532.
***m*-Methoxystyroloxid,** Darst., Rk. mit Benzylamin (Kinetik) 15 913.
3-[*p*-Hydroxyphenyl]-propanal (Kp.$_{0,04}$ 119 bis 122°) 15 192.
3-Äthylsalicylaldehyd (Kp.$_{28}$ 117—118°) 5285.
5-Äthylsalicylaldehyd (Kp.$_{16}$ 115—116°) 5284.
2.6-Dimethyl-4-hydroxybenzaldehyd 1578.
4-Hydroxy-3.5-dimethylbenzaldehyd (F. 115 bis 116°), Darst. 10 431; (Rk., 2.4-Dinitrophenylhydrazon) 15 945.
***o*-Äthoxybenzaldehyd,** IR-Spektren v. Metallhalogenidkomplexen mit — 8872.
***p*-Äthoxybenzaldehyd,** Rk. 120.
2-Methoxy-3-methylbenzaldehyd 7873.
4-Methoxy-3-methylbenzaldehyd (Kp.$_{24}$ 128 bis 132°), Darst., Rk. (2.4-Dinitrophenylhydrazon) 7873; (Semicarbazon) 8227.
5.6.7.8-Tetrahydrocumarin [5.6-Cyclohexenopyron-(2)], Rk. 11 919, 18 464.
2-Methyl-4-oxo-4.5.6.7-tetrahydrocumaron (Kp.$_{12}$ 122°), Darst., Rk., 2.4-Dinitrophenylhydrazon 15 584; Rk. 18 109.
3-Methyl-4-oxo-4.5.6.7-tetrahydrocumaron 18 109.
Phenylacetylcarbinol [1-Hydroxy-1-phenyl-propanon-(2)] (Kp.$_{22}$ 138—140°), Darst. 16 878*; (Rk.) 14 615*; Rk. 1031*, 1710*, 3187*.
***o*-Hydroxypropiophenon** (Kp.$_6$ 110—114°), Darst., Rk. 5691; Rk. 2086*, 10 566*, 13 021, 18 464; Best. d. Keton-Geh. in —-Synth.-Prod. 8364.
***p*-Hydroxypropiophenon** (F. 147—148°), Darst. (Rk.) 5691; (Verw. v. Deriv.) 1711*; Red. 653*, 1413*, 8420*; Resorpt. durch d. kleine Intestinum v. Ratten 17 835; Prüf. auf Gruppensensibilisier. 18 895; Best. d. Keton-Geh. in —-Synth-Prod. 8364.
2-Acetonylphenol (F. 63—64°) 7489.
1-[4'-Hydroxyphenyl]-propanon-(2), Rk. 5766*, 8345*.
3-Methyl-2-hydroxyacetophenon (Kp.$_{10,5}$ 107°), IR-Spektrum 1549; Rk. 14 122.
2-Hydroxy-4-methylacetophenon, Bldg., Dinitrophenylhydrazon (F. 192°) 11 523; IR-Spektrum 1549; Rk. 6768.
2-Hydroxy-5-methylacetophenon, Konstit.-Einfl. auf d. IR-Spektrum 10 028; Rk. 9689, 11 188.
2-Hydroxy-6-methylacetophenon 6005.
3-Hydroxy-2-methylacetophenon (F. 121°) 103.
2-Methyl-4-hydroxyacetophenon (*p*-Acetyl-*m*-kresol) (F. 130—131°), Darst. 1214; Konstit.-Einfl. auf d. IR-Spektrum 10 028.
4-Hydroxy-3-methylacetophenon, Konstit.-Einfl. auf d. IR-Spektrum 10 028; Rk. 9689.
Phenoxyaceton [1-Phenoxypropanon-(2)] (Kp.$_{9-10}$ 102—104°), Darst. 8247; Rk. 15 194.
***o*(2)-Methoxyacetophenon,** Darst. 453; IR-Spektren v. Metallhalogenidkomplexen mit — 8872; Rk. 102, 10 834.
***m*(3)-Methoxyacetophenon** (Kp.$_{14}$ 128 bis 130°), Darst. (Rk.) 6790; (im Gemisch mit d. p-Deriv.) 453; Rk. 3188*.
***p*-Methoxyacetophenon (*p*-Acetylanisol)** (Kp. 38—39°), Darst. 453, 3777, 14 476, 16 662; (Semicarbazon) 16 652; (2.4-Dinitrophenylhydrazon) 16 839*; IR-Spektren v. Metallhalogenidkomplexen mit — 8872; pK_α-Wert d. Oniumions 16 979; Best. d. Sublimationswärme aus d. Sublimationsdruck 1554; Rk.: mit HCl 13 373; mit $K_2S_2O_7/H_2SO_4$ 7868; mit Acetonitril 12 275; mit Bromessigester 103, 6369; mit Diäthylcarbonat 13 347.
***cis*-Δ^4-Tetrahydroindandion-(1.3)** (F. 157,5 bis 158,5°), Darst., Rk. 8235; Rk. 14 123.
3.4.5-Trimethyl-*o*-benzochinon, π-Elektronenstruktur 9292.
3.4.6-Trimethyl-*o*-benzochinon, π-Elektronenstruktur 9292; Rk. 7489.
Trimethylbenzochinon-(1.4) (Pseudocumochinon) (F. 32°), Darst. 16 843*; (v. ^{3}H-—) 925; (Monoxim) 17 374; Rk. 164, 9328, 15 168.
Hydratropasäure (α-Phenylpropionsäure, α-Methylphenylessigsäure) (Kp.$_{13}$ 145°), Darst., Rk. 8956, 18 801; (v. akt.- u. dl-—) 1584 [2 Ref.]; (v. (+)-—) 14 459; Darst. v. (+)-— aus rac.-—, Rk. v. (+)-— 1946; Bldg. (v. R(—)-—) 18 836; (Deriv.) 8571; Konfigurat. v. (+)-— 18 836; Rk. 1946; Wrkg. auf d. Pflanzenwachstum 12 721.
Hydrozimtsäure (β-Phenylpropionsäure) (F. 49°), Darst. 6733, 9316, 12 661; (v. Deriv.) 16 067*; Bldg. 462, 8571, 11 122, 15 573, 16 654; IR-Spektrum 16 260; opt. Aktivität v. Salzen mit Cinchonidin 17 349; Vers d. Cyclisier. 18 452; Rk. 11 155, 12 767*; Einfl.: auf d. Umwandl. v. Chymotrypsinogen zu Chymotrypsin bei Papierelektrophorese 11 967; auf Enzyme d. Gehirns 13 433; —-Hemm. d. Hydrolyse v. Diäthyl-β-acetamido-glutarat bzw. Diäthyl-α-acetamidomalonat durch Chymotrypsin 3853.
2-Methylphenylessigsäure (*o*-Tolylessigsäure) (F. 88—89°), Darst. 5644; (Rk.)

2.3-Dihydroxy-5-methylacetophenon (F. 86 bis 88°) 6006.
Orcacetophenon, Rk. 8246.
2-Methyl-5-acetylhydrochinon (F. 145°) 17 719.
2-Hydroxy-3-methoxyacetophenon, Rk. 14 505.
2-Hydroxy-5-methoxyacetophenon, Rk. 11 917.
Acetovanillon (Acetoguajacon), Vork. 15 811; Bldg. 14 365; (R_F-Wert) 16 698; Isolier. 14 888; chem. Rk.-Fähigk. u. Hydroxylvalenzfrequenz im IR 7828; Rein-Darst. v. Vanillin aus mit — verunreinigten Roh-Prod. 13 947*.
2-Acetonyl-*o*-benzochinol, Vers. d. Darst., intermediäre Bldg. 7489.
Furyläthacrylsäure 19 023.
β-Phenylmilchsäure [2-Hydroxy-3-phenylpropionsäure] (F. 124—125°), Konfigurat. 16 006; Säulenchromatographie an Dowex *1-X2* 18 540; Einfl. auf d. Biosynth. v. Clavin-Alkaloiden 3862; Hemmwrkg. v. DL-— auf d. Bldg. v. Virulenzfaktoren durch Pasteurella pestis 11 248; Best. im Harn erwachsener Weißer u. Farbiger 11 627.
β-Phenyl-β-hydroxypropionsäure, Verw. v. Deriv. 15 693*.
***p*-Methylmandelsäure** (F. 145°) 18 429.
3-[*p*-Hydroxyphenyl]-propionsäure (F. 125 bis 127°), Darst., Rk. 15 192; Rolle bei d. Oxydat. v. red. Diphosphopyridinnucleotid durch pflanzl. Peroxydase 16 356.
***p*-Äthylsalicylsäure,** in vitro-Meth. zur Prüf. d. percutanen Resorpt. v. p-Äthylsalicylat 1438.
4-Äthyl-3-hydroxybenzoesäure (F. 169°) 11 535.
2-Äthyl-5-hydroxybenzoesäure (F. 155°) 14 111.
4-Hydroxy-3.5-dimethylbenzoesäure (F. 224 bis 225,5°) 18 803.
α-Phenoxypropionsäure (F. 112°), Darst. 18 272*; ν(OH)- u. ν(CO)-IR-Absorpt. 17 696; pflanzenwachstumsregulator. Aktivität bei d. Ananaspflanze 1283.
β-Phenoxypropionsäure (F. 97°), Darst., ν(OH)- u. ν(CO)-IR-Absorpt. 17 697; intramol. H-Bind. in — 17 350; Wrkg. v. chlorierter — auf d. Aufnahme v. Aminosäuren durch d. Wurzeln v. Pflanzen 16 380; pflanzenwachstumsregulator. Aktivität bei d. Ananaspflanze 1284; Prüf. v. Lost-Deriv. auf Antitumor-Wrkg. 3069.
Benzyloxyessigsäure ($Kp._{16}$ 183—185°), Darst., Rk. 5299; Rk. 5300.
2-Methylphenoxyessigsäure (*o*-Toloxyessigsäure), Darst., Verw. 18 981*; Trenn. d. isomeren u. verwandten Säuren 3433; Einfl. auf d. Atmungsintensität u. d. Aktivität d. Atmungsenzyme beim Keimen v. Körnern mit Stärkereserve 8308; Wuchsstoff-Wrkg. 3863; pflanzenwachstumsregulator. Aktivität bei d. Ananaspflanze 1283; herbicide Wrkg. 9774.
***m*(3)-Methylphenoxyessigsäure,** IR-Spektrum u. H-Bind. 17 697; Wuchsstoff-Wrkg. 3863; pflanzenwachstumsregulator. Aktivität bei d. Ananaspflanze 1283.
***p*(4)-Methylphenoxyessigsäure,** IR-Spektrum u. H-Bind. 17 697; Konstit.-Einfl. auf d. R_F-Wert 16 984; Substituenten-Einfl. auf d. intramol. H-Bind. in — 17 350; Wuchsstoff-Wrkg. 3863; pflanzenwachstumsregulator. Aktivität bei d. Ananaspflanze 1283; Verw. v. Salzen 11 683*.
α-Methoxyphenylessigsäure (F. 67—70°), Darst., Rk. 10 820; Wrkg. v. exzidierten, mit — behandelten Tomatenwurzeln auf Meloidogyne hapia 17 814; Abscheid. v. ^{14}C-— durch Wurzeln 186; Mechanismus d. Wurzelausscheid. v. — bei Bohnen 13 447; pflanzenwachstumsregulator. Aktivität bei d. Ananaspflanze 1284.
***p*-Methoxyphenylessigsäure (Homoanissäure)** (F. 85—86°), Bldg. 4132; Rk. 10 102, 12 641.
***o*-Äthoxybenzoesäure,** Rk. 4637*; Verw. 569*.
***p*(4)-Äthoxybenzoesäure** (F. 194,5—196,5°), Darst. 14 118; Bldg. 14 861; rickettsiostat. Wirksamk. 14 915.
3-Methoxy-2-methylbenzoesäure (F. 152°) 103, 7874.
4-Methoxy-2-methylbenzoesäure (F. 174 bis 175°) 3410.
2-Methyl-6-methoxybenzoesäure (F. 139 bis 141°) 3410, 6006.
4-Methoxy-3-methylbenzoesäure (F. 194°), Konstit.-Einfl. auf d. pK-Wert 17 357.
3-Methyl-5-methoxybenzoesäure, Rk. 14 111.
4-Methylbrenzcatechin-1-acetat ($Kp._{1}$ 110 bis 120°) 7121.
3-Methylbrenzcatechin-2-acetat (F. 80 bis 83°) 7121.
2-Methylhydrochinon-4-acetat (F. 99—100°) 7121.
Mandelsäuremethylester, Rk. 4867.
Glykolmonobenzoat (Hydroxäthylbenzoat) (F. 42°) 5642, 8419*.
***p*-Hydroxyphenylessigsäuremethylester** 12 641.
2-Hydroxy-4-methylbenzoesäuremethylester, Rk. 7168.
***o*-Kresotinsäuremethylester,** Rk. 7695*, 13 495*.
Salicylsäureäthylester (2-Hydroxybenzoesäureäthylester), Rk. 6011, 7690*.
***p*(4)-Hydroxybenzoesäureäthylester (4-Äthoxycarbonylphenol),** spektroskop. Unters. d. freien Hydroxyl-Valenzschwing. 7090; Assoziat. mit Oberflächenstabilisatoren 18 198; Kinetik d. alkal. Hydrolyse 10 041; Mannich-Rk. bzw. Methylier. 18 801; Überführ. in 4-Oxocyclohexancarbonsäure 5254; Rk. mit γ.γ-Dimethylallylbromid 12 024*; Wrkg. einfacher Konservierungsmittel-Kombinat. mit — (auf Escherichia coli) 4015; (auf Aspergillus niger u. Saccharomyces cerevisiae) 4015; Unters. d. binären Kombinat.-Wrkg. v. — mit Tetracyclin, Chlortetracyclin, Chloramphenicol u. Streptomycin 10 677; papierchromatograph. Identifizier. (in Wein) 18 307; (in Nahrungsmitteln) 4764.
***o*-Acetoxyanisol** 18 775.
***o*-Methoxybenzoesäuremethylester,** ^{13}C-Kernresonanzspektroskopie 8201; Rk. 5291, 13 208*.
***m*-Methoxybenzoesäuremethylester (*m*-Anissäuremethylester),** Intensität d. ν(CO) 15 535; Rk. 3792.
***p*(4)-Methoxybenzoesäuremethylester (Anissäuremethylester),** Bldg. 9317, 16 649; Intensität d. ν(CO) 15 535; Kinetik d. Verseif. 10 793; Umwandl. v. — durch d. Schimmelpilz Polystictus versicolor 1275.
2-Keto-1-methyl-$\Delta^{3.5}$-cyclohexadienylacetat („6-Methyl-6-acetoxycyclohexadienon", 2-Methyl-*o*-chinolacetat), Darst., Rk. 14 855; photochem. Spalt. 12 623; therm. Umlager. 7120; Dienon-Phenol-Umlager. (Mechanismus) 13 713; Rk.: mit Br_2 7860; mit PCl_5 10 431; mit Butadien, Cyclopentadien bzw. Maleinsäureanhydrid 116; mit CH_2N_2 5287; mit prim. bzw. sek. Aminen 11 166; mit Triphenylphosphoniumbenzylen 18 101.
4-Methyl-*p*-benzochinolacetat, therm. Umlager. 7120; Dienon-Phenol-Umlager. (Mechanismus) 13 713; Rk. mit Br_2 7860.
Δ^1-Cyclohepten-1.2-dicarbonsäureanhydrid (F. 56—57°) 13 004.
1-Methyl-Δ^1-cyclohexen-1.2-dicarbonsäureanhydrid (F. 69—70°) 7501.

d. Catechinamine im Harn d. Kindes 14 203; —-Ausscheid.: nach verschied. Stress-Situat. 2053; bei einem funktionellen, neutralen Tumor 13 798; bei Sympathicustumoren 10 499; Best. 537, 2401, 17 475.

2-Hydroxy-3.4-dimethoxybenzoesäure, Rk. 5264.

exo-cis-**5.6-Epoxy-1.4-endomethylencyclohexan-2.3-dicarbonsäure** (F. 159—160° Zers.) 825.

2.3.6-Trihydroxybenzoesäureäthylester 4725*.

Gallussäureäthylester (Äthylgallat), Einfl. auf d. Cystein-Desulfhydrase-Aktivität v. E. coli 15 270; Sichtbarmach. d. Tracheolen v. Rhodnius prolixus (Hemiptera) mit — 1635; Verw. 8455, 15 808*: Wert-Best. als Antioxydans 3902; Semimikro-Best. 1835.

3-*O*-Methylgallussäuremethylester, Rk. 15 970.

3.5-Dihydroxy-4-methoxybenzoesäuremethylester, Rk. 3793.

2-Carbäthoxy-5-methoxy-γ-pyron (Komensäureäthylestermethyläther) (F. 156°), Einfl. intermol. H-Bind. auf d. UV-Spektrum 11 501; Rk. 11 920.

Furfuraldiacetat 18 815.

endo-cis-**5.6-Dihydroxy-1.4-endomethylencyclohexan-2.3-dicarbonsäure-(2 →6)-lacton** (F. 202—204°) 825.

trans-**5.6-Dihydroxy-1.4-endomethylencyclohexan-2.3-dicarbonsäure-(2 →6)-lacton** (F. 204—205°) 825.

$C_9H_{10}O_5S$ 4-Methoxyphenylsulfonylessigsäure, pKα-Wert, Hammettsche Konst. 17 701.

$C_9H_{10}O_6$ (s. *Carolinsäure*).

2-Hydroxymethyl-5-hydroxy-6-[β-hydroxypropionyl]-pyron-(4) (F. 154,5°) 3089.

Äthylenglykolmonogallat, Bldg., R_F-Wert 7156.

$C_9H_{10}O_8S_2$ 4-Äthyl-3.5-disulfobenzoesäure 11 535.

$C_9H_{10}S$ Thiochroman (Kp.$_{10}$ 124—126°), Darst. 4922; (Rk.) 17 390; Rk. 10 091, 18 824.

2-Methyl-2.3-dihydrothionaphthen (Kp.$_{24,6}$ 123°) 11 560.

Vinylbenzylthiol 10 277*.

cis- u. *trans*-**β-Methylmercaptostyrol** [Gemisch] (Kp.$_{12}$ 126—127°) 10 807.

Benzylvinylsulfid, Rk. 11 947.

p-**Tolylmercaptoäthen** (Kp.$_{0,8-1,0}$ 42—43°), Konfigurat.-Best. als Dipolmoment, NMR- u. IR-Daten 11 138.

$C_9H_{10}S_2$ Dithiobenzoesäureäthylester (Kp.$_{13}$ 153 bis 154°), Darst. 6832, 7476; Rk. 6383.

$C_9H_{10}S_3$ Trithiokohlensäurebenzylestermethylester (Kp.$_{0,66}$ 139—141°) 4881.

Trithiokohlensäure-*o*-tolylestermethylester (F. 48°) 4881.

Trithiokohlensäure-*m*-tolylestermethylester (Kp.$_{0,7}$ 124—127°) 4881.

Trithiokohlensäure-*p*-tolylestermethylester (Kp.$_{0,31}$ 128,5—129°) 4881.

Trithiokohlensäurephenylesteräthylester (Kp.$_{0,6}$ 129—130°) 4881.

$C_9H_{11}AsN_2S_5$ 4-Methylthienyl-(3)-arsinäthylen-bis-dithiocarbamat 577*.

$C_9H_{11}AsN_4O_2S_5$ 4-Sulfonamidopyridyl-(6)-arsin-äthylen-bis-dithiocarbamat 577*.

$C_9H_{11}Br$ β-Brompropylbenzol (α-Methyl-β-phenyläthylbromid) (Kp.$_4$ 88—89°) 1588.

γ-Brompropylbenzol (1-Brom-3-phenylpropan), Massenspektrum 14 815; Rk. 6872*, 7125, 10 818, 11 894.

β-*o*-Tolyläthylbromid (Kp.$_{12}$ 106°) 1999.

β-*p*-Tolyläthylbromid (Kp.$_{13}$ 110°) 1999.

3.5-Dimethylbenzylbromid (α-Brommesitylen) (F. 37,5—38°) 3410, 15 937.

o-**Bromisopropylbenzol (1-Brom-2-isopropylbenzol)** (Kp.$_{17}$ 84—86°), Darst. 5643, 15 933; Massenspektrum 14 815.

m-**Bromisopropylbenzol** (Kp.$_{2,5}$ 65—67°) 15 933.

p-**Bromisopropylbenzol (4-Isopropylphenylbromid)**, Massenspektrum 14 815; Rk. 12 613.

2.4.6-Trimethylphenylbromid (2-Brommesitylen), Massenspektrum 14 815; Rk. 16 624.

3.4.5-Trimethylbrombenzol (5-Bromhemimellitol) (Kp.$_{17}$ 117—118°) 8953, 13 728.

$C_9H_{11}BrClN_3O_4S_2$ 6-Chlor-3-α-bromäthyl-3.4-dihydro-7-sulfamyl-1.2.4-benzothiadiazin-1.1-dioxid (F. 252—253°) 4924.

$C_9H_{11}BrMg$ 2-Phenylpropyl-(1)-magnesiumbromid, Rk. 14 485.

3-Phenylpropylmagnesiumbromid, Rk. 16 296.

1-Phenylpropyl-(2)-magnesiumbromid, Rk. 14 485.

p-**Isopropylphenylmagnesiumbromid**, Rk. 14 485.

Mesitylmagnesiumbromid, Darst., Rk. 4509; Rk.: mit $MnCl_2$ 3386; mit $PbBr_2$ 7079; mit Methylcyclopentadien 7700*; mit 2.2-Dimethylcycloheptanon-(1) 12 281; mit Trimethyl- bzw. Tri-n-butylphosphat 1203.

$C_9H_{11}BrN_2$ 4-Brom-1-methylamino-7-methyliminocycloheptatrien-(1.3.5) (F. 101°), Darst., Hydrobromid 7497; Rk. 3436.

$C_9H_{11}BrN_2O_5$ 5-Bromuracil-2′-desoxyribosid (5-Bromdesoxyuridin), Bldg. v. Bromuracil-substituierter Säugetier-Desoxyribonucleinsäure in Ggw. v.— 17 068; Einfl.: auf Thymidylatsynthetase 15 268; auf d. Polyoma-Virus 14 919; Auslös. v. Bakteriophagen-T2-Mutanten durch — 6805 [2 Ref.]; Revers. d. durch 5-Bromuracil induzierten BD-Mutanten v. Bakteriophagen T 4 durch — 13 440; Einfl. auf d. Wachstumshemm. v. Ep. 1-Zellen durch 5-Fluordesoxyuridin u. 5-Fluordesoxycytidin 11 228; Bedeut. d. —-Bldg. für d. Auswrkg. v. 5-Bromdesoxycytidin auf E. coli u. Bakteriophagen 10 145; Synth. v. Protein u. Desoxyribonucleinsäure in —-behandelten E. coli-Bakterien 1254; Wrkg.: auf d. Bldg. v. Virulenzfaktoren durch Pasteurella pestis 11 248; auf d. Wachstum u. auf d. Morphogenese v. Acetabularia mediterranea 15 629; auf Mol.-Veränder. u. Mutat. bei Salmonella typhi-murium 500; auf Keimpflanzen 904; auf d. Bldg. v. Wurzelhalsgallen 15 998; Wrkg.-Weise auf Säugetierzellen in Kulturen 15 257; Wrkg.: auf Amphibien-Embryos 6805; einer Kombinat. v. — u. 5-Joddesoxyuridin auf d. Wachstum transplantabler Nagetiertumore 3490; Einbau: v. exogenem — in Desoxyribonucleinsäure v. Säugetierzellen in vitro 18 863; in d. Desoxyribonucleinsäure menschl. Zellen u. seine Wrkg. auf d. Strahlenempfindlichk. 3121; Vers. d. Chemotherapie d. Krebses mit — 12 694.

$C_9H_{11}BrN_2O_6$ 5-Bromuridin, Rk. 4177; —-Deriv. als Substrate d. Ribonuclease u. Polynucleotidphosphorylase 4956; Wrkg. auf Keimpflanzen 904.

$C_9H_{11}BrN_4O_2$ 8-Brommethylcoffein (F. 206 bis 208°) 12 659.

$C_9H_{11}BrO$ 2-Phenyl-3-brompropanol-(1) (Kp.$_{0,1}$ 90—93°) 834.

2-*n*-Propyl-5-bromphenol (Kp.$_2$ 108—110°) 10 791.

β-Bromäthylbenzyläther, Rk. 6135*.

1-Phenoxy-2-brompropan (Kp.$_{0,6}$ 71—73°), Rk. 1710*.

3(γ)-Phenoxypropylbromid (Kp.$_{15}$ 133 bis 135°), Darst., chem. Rk.-Fähigk. v. — in Bezieh. zur adrenerg. hemmenden Aktivität 1307; Rk.: mit Bis-[pyridyl-(2)] methan 17 028; mit 1-[p-Hydroxyphenyl]-2-aminopropanol-(1) 1711*; mit C_6H_5MgBr in Ggw. v. $FeCl_3$ 10 795; mit 4-Phenylpiperidin-4-carbonsäureäthylester 1324*; mit K-Saccharin 1194.

1-Brom-2-[*o*-methylphenoxy]-äthan, Rk. 18 203*.

p-**Methoxyphenyläthylbromid,** Rk. 2002, 7255*.
4-Brom-2.6-dimethylanisol, Rk. 18 802.

$C_9H_{11}BrO_2$ *β*-[*p*-**Methoxyphenoxy]-äthylbromid** (Kp.$_{0,5}$ 142°), Darst., chem. Rk.-Fähigk. v. — in Bezieh. zur adrenerg. hemmenden Aktivität 1307.
2.3-Dimethoxybenzylbromid, Rk. 6041, 6043.
Veratrylbromid, Rk. 6043.

$C_9H_{11}BrO_3$ **Bromphloroglucintrimethyläther,** Rk. 2352.

$C_9H_{11}BrO_5S$ *endo-cis*-**5-Hydroxy-6-brombicyclo-[2.2.1]-heptancarbonsäure-(2)-methylestersulfonsäure-(3)-sulton** (F. 138° korr.) 12 251.
exo-trans-**5-Hydroxy-6-brombicyclo-[2.2.1]-heptancarbonsäure-(2)-methylestersulfonsäure-(3)-sulton** (F. 158—160° korr.) 12 251.

$C_9H_{11}BrS$ **1-Brom-3-phenylmercaptopropan,** Verw. 8715*.

$C_9H_{11}Br_2NO$ *N*-**Äthyl-2.6-dimethyl-3.5-dibrompyridon-(4)** (F. 248°) 9706.

$C_9H_{11}Cl$ **1-Phenyl-1-chlorpropan** (Kp.$_9$ 78,0 bis 78,8°) 82.
1-Phenyl-2-chlorpropan (*β*-**Chlor-*n*-propylbenzol**) (Kp. 81,0—82,0°), Bldg. 82; Massenspektrum 14 815.
1-Phenyl-3-chlorpropan (*γ*-**Chlorpropylbenzol**) (Kp.$_9$ 90—92°), Darst. 7321*; Bldg. 82; Massenspektrum 14 815; Konstit.-Einfl. auf d. IR-Intensitäten 14 811; Kinetik u. Mechanismus d. Substitut.-Rk. d. Cl gegen J 4490.
β-**Chlorisopropylbenzol,** Massenspektrum 14 815.
2-Phenyl-2-chlorpropan (*tert.*-**Cumylchlorid**), Solvolyse-Geschw. v. Deriv. 3405; Rk. mit H_2O_2 2174*.
β-[*o*-**Tolyl]-äthylchlorid** (Kp.$_7$ 106—110°) 14 851.
α-**Chloräthyl-x-methylbenzol,** Massenspektrum 14 815.
2-Äthylbenzylchlorid (Kp.$_{20}$ 105°) 5643.
p(4)-**Äthylbenzylchlorid** (*p*-**Äthylphenylchlormethan**) (Kp.$_{16}$ 100—102°), Darst. 5643, 15 933; Rk. 6395.
α-**Chlormethyl-x-äthylbenzol,** Massenspektrum 14 815.
2.4-Dimethylbenzylchlorid (Kp.$_{12}$ 99—102°), Darst., Rk. 5643; Rk. 2906*.
2.5-Dimethylphenylchlormethan (**Chlormethyl-*p*-xylol**), Darst. 2171*; Rk. 6395.
2.6-Dimethylbenzylchlorid (F. 31°) 5643.
3.4-Dimethylbenzylchlorid (Kp.$_{16}$ 105 bis 115°) 5643.
3.5-Dimethylbenzylchlorid (Kp.$_{15}$ 100—110°) 5643.
x-Monochlormethylxylol, Rk. 12 836*.
2-*n*-Propylphenylchlorid, Massenspektrum 14 815.
4-*n*-Propylphenylchlorid, Massenspektrum 14 815.
2-Isopropylphenylchlorid (*o*-**Chlorcumol**), Massenspektrum 14 815; Rk. 9670.
4-Isopropylphenylchlorid (*p*-**Chlorcumol,** *p*-**Chlorisopropylbenzol**), Massenspektrum 14 815; Rk. 1948, 9670, 12 613.
2.4.6-Trimethylchlorbenzol (**2.4.6-Trimethylphenylchlorid, Chlormesitylen**) (Kp.$_{50}$ 124—129°), Bldg. (Mechanismus) 4131; Massenspektrum 14 815; Rk. 12 613.
3.4.5-Trimethylchlorbenzol (Kp.$_{17}$ 105 bis 106°) 13 728.

$C_9H_{11}ClF_2O_2SSi$ *β*-**Chlorsulfonylphenyläthylmethyldifluorsilan** (Kp.$_{0,7}$ 131—135°) 11 372*.

$C_9H_{11}ClN_2$ **5-Chlor-7-methyl-1.2.3.4-tetrahydro-1.6-naphthyridin** (F. 166—167°) 4917.
N.N-**Dimethyl-*N'*-phenylchlorameisensäureamidin,** Hydrochlorid (F. 155—158°) 19 007*.

$C_9H_{11}ClN_2O$ **1-Äthyl-1-[*p*-chlorphenyl]-harnstoff** 19 011*.
N-[**4-Chlorphenyl]-*N.N'*-dimethylharnstoff** (**CMU, Monuron**), Wrkg. auf Bodenmikroorganismen 12 803; mitosebrechende Wrkg. 14 901; Resorpt. durch Wurzeln 18 159; Wrkg.: auf d. Wurzelwachstum 12 803; im Boden auf d. Keimfähigk. v. Maissetzlingen u. ihre Beständigk. 18 245; Vers. mit — zur Bekämpf. jegl. Vegetat. 15 738; Verw. zur Unkrautbekämpf. 252*, 6938*; (auf Sportplätzen) 5443; (bei Baumwollaussaaten) 18 978; (in Hochlandreis) 9865; (bei Spargel) 12 427; (in Obst- u. Weingärten) 9865; Unkrautbekämpf. mit *Telvar* in Pflanzporree 3237; Inhibier. d. herbiciden Wrkg. v. 1.1'-Äthylen-2.2'-dipyridyldibromid durch — 3864.
1-Amino-3-[*β*-chlorpropionylamino]-benzol, Verw. 11 378*.

$C_9H_{11}ClN_2OS$ **4-Chlorphenoxyäthylisothioharnstoff,** Synth. u. Best. d. Aktivität d. Hydrobromids als Wuchsstoff 8309.

$C_9H_{11}ClN_2O_2$ **4-Chlor-5-carbobutoxypyrimidin** (Kp.$_{0,7}$ 98—101°) 13 030.
α-[*p*-**Chlorphenoxy]-propionsäurehydrazid** (F. 136°) 10 428.

$C_9H_{11}ClN_2O_2S$ **2-Methylmercapto-4-chlorpyrimidin-5-essigsäureäthylester** (F. 38—39°) 3097.

$C_9H_{11}ClN_2O_3S$ *N*-[*p*-**Chlorbenzolsulfonyl]-*N'*-äthylharnstoff** (F. 147,5—148°) 7623*.

$C_9H_{11}ClN_2O_4S$ **4-[*β*-Chlorpropionylamino]-2-aminobenzol-1-sulfonsäure** (**1-Amino-3-[*β*-chlorpropionylamino]-benzol-6-sulfonsäure**), Verw. 3270*, 6218*, 11 017*, 18 284*.
1-Amino-4-[*β*-chlorpropionylamino]-benzol-2-sulfonsäure, Verw. 11 013*.
3-Methylaminosulfonyl-4-chlor-6-methylaminobenzoesäure (F. 235—237° Zers.) 13 573*.

$C_9H_{11}ClN_2O_5$ **5-Chlor-2'-desoxyuridin,** Einfl. auf Thymidylatsynthetase 15 268.

$C_9H_{11}ClN_2O_5S$ **3-Aminosulfonyl-4-chlor-6-[*β*-hydroxyäthylamino]-benzoesäure** (F. 245 bis 246° Zers.) 13 573*.

$C_9H_{11}ClN_2S$ **1-[*p*-Chlorphenyl]-1-äthyl-2-thioharnstoff,** Verw. 11 338*.

$C_9H_{11}ClN_4$ **1-[*sek.*-Butyl]-4-chlorpyrazolo-[3.4:*d*]-pyrimidin** (Kp.$_{10}$ 137—138°) 6877*.

$C_9H_{11}ClN_4O$ **1-Isopropyl-5-methyl-6-chlor-4-oxo-4.5-dihydropyrazolo-[3.4:*d*]-pyrimidin** (F. 103—104°) 949*, 1324*.
2-Isopropyl-5-methyl-6-chlor-4-oxo-4.5-dihydropyrazolo-[3.4:*d*]-pyrimidin (F. 150 bis 151°) 950*, 1324*.

$C_9H_{11}ClN_4O_2$ **1-[*β*-Chloräthyl]-theobromin,** Rk. 5770*, 14 139.
7-[*β*-Chloräthyl]-theophyllin, Rk. 5770*, 13 868*.
8-Chlormethylcoffein, Darst. 12 658; (Rk., Cl_2-Addukt) 18 470; Rk. 15 597, 17 761.
8-Chlormethylisocoffein (F. 185—185,5° Zers.) 12 659.

$C_9H_{11}ClN_4O_3$ *α.α*-**Diureido-2-chlor-3-hydroxytoluol** (F. 208°) 823.
7-[*β*-Hydroxyäthyl]-8-chlortheophyllin, Wrkg. auf d. Kontraktionskraft d. Herzmuskels 6499.

$C_9H_{11}ClO$ *erythro*-**1-Phenyl-2-chlorpropanol** (Kp.$_{0,8}$ 89°), Darst., Rk., p-Nitrobenzoat, Hydrolyse (Kinetik) 441.
threo-**1-Phenyl-2-chlorpropanol** (Kp.$_{0,2}$ 80°), Darst., Rk., Kinetik d. Hydrolyse 441.
β-**Chlortolyläthanol** 19 006*.
erythro-**1-Phenyl-1-chlorpropanol-(2),** Darst., Hydrolyse (Kinetik) 441.
threo-**1-Phenyl-1-chlorpropanol-(2)** (F. 30°), Darst., Hydrolyse (Kinetik) 441.
1-Chlor-3-phenylpropanol-(2), Rk. 17 392.
β-[*p*-**Chlorphenyl]-*n*-propanol** 19 005*.
3-[*p*-Chlorphenyl]-propanol (Kp.$_3$ 111 bis 112°), OH-*π*-Wechselwrkg. 11 506.
o-**Chlorphenyldimethylcarbinol,** Rk. 1948.
m-**Chlorphenyldimethylcarbinol,** Rk. 1948.
α-[**4-Chlortolyl-(2)]-äthanol** 7327*.
α-[**2-Chlortolyl-(4)]-äthanol** 7327*.

2-n-Propyl-5-chlorphenol (Kp.$_3$ 103—104°) 10 791.
4-Chlor-2-isopropylphenol, Rk. 15 770*, 15 771*.
3-Chlor-2.4.6-trimethylphenol (F. 84°) 10 432.
α-Chlormethylbenzylmethyläther, Rk. 6967*.
α-Chlorbenzyläthyläther, Rk. 7322*.
β-[p-Methoxyphenyl]-äthylchlorid, Rk. 7256*.
2(β)-Benzyloxyäthylchlorid, Rk. 7519, 12 020*.
3-Chlor-5-acetylnortricyclen 10 278*.

$C_9H_{11}ClOS$ **ω-Chlorbutyl-[thienyl-(2)]-keton** (F. 38—39°) 18 106.
ω-[Thienyl-(2)]-valeriansäurechlorid (Kp.$_{0,7}$ 102—105°) 18 472.

$C_9H_{11}ClO_2$ **p-Chlorphenylpropandiol**, Wirksamk. als Konservierungsmittel in Abhängigk. v. pH-Wert 15 325.
1-Phenoxy-3-chlorisopropanol (Kp.$_{10}$ 140 bis 145°) 11 194.
2.3-Dimethoxybenzylchlorid, Rk. 843.
3.4-Dimethoxybenzylchlorid (F. 50—50,5°), Darst., Solvolyse (Kinetik) 11 863; Rk. 6022, 11 004*.
3.5-Dimethoxybenzylchlorid (F. 46°) 3410.
α.α-Dimethyl-o-chlorbenzylhydroperoxid (Kp.$_{0,05}$ 73°) 1948.
α.α-Dimethyl-m-chlorbenzylhydroperoxid 1948.
α.α-Dimethyl-p-chlorbenzylhydroperoxid (F. 30—31°) 1948.

$C_9H_{11}ClO_2S$ **n-Propyl-p-chlorphenylsulfon** (F. 43—45°) 1382*.
Isopropyl-p-chlorphenylsulfon (F. 92—93°) 1382*.
4-Isopropylbenzolsulfonsäurechlorid, Rk. 15 333*, 18 202*.
2.4.5-Trimethylbenzolsulfonylchlorid, Rk. 4885.

$C_9H_{11}ClO_3$ **2.4.5-Trimethylperchlorylbenzol** 8780*.
2.4.6-Trimethylperchlorylbenzol 8780*.
3-[p-Chlorphenoxy]-propandiol-(1.2) 11 531.

$C_9H_{11}ClO_3S$ **2-Chloräthyl-p-toluolsulfonat** (**β-Tosyloxyäthylchlorid**), Rk. 1194, 3456, 4921.
n-Propansulfonsäure-p-chlorphenylester (Kp.$_{7,5}$ 166—167,5°) 6370.

$C_9H_{11}ClO_4S_2$ **4-Isopropylsulfonylbenzolsulfonylchlorid**, Rk. 2084*.

$C_9H_{11}ClO_5S$ **α-[p-Chlorbenzolsulfonyl]-glycerin** (F. 69—70°) 447.
β-[p-Chorbenzolsulfonyl]-glycerin (F. 82 bis 83°) 448.

$C_9H_{11}ClS$ **3-Chlormethyl-4-methylmercaptotoluol** (**2-Chlormethyl-4-methylthioanisol**) (Kp.$_6$ 137°), Darst., Rk. 12 656; Rk. 9125*.
n-Propyl-p-chlorphenylsulfid (Kp.$_{1,5}$ 96°) 1382*.
Isopropyl-p-chlorphenylsulfid (Kp.$_{50}$ 133°) 1382, 3261*.

$C_9H_{11}Cl_2F_3O_2$ **α.β-Dichlor-γ.γ.γ-trifluorcrotonsäure-n-amylester** (Kp.$_{746}$ 207—210°) 16 841*.

$C_9H_{11}Cl_2N$ **2.5-Dichlorphenylisopropylamin** (**Lilly 29816**), Wrkg. auf d. durch Ouabain u. Acetylstrophanthidin hervorgerufenen Herzarrhythmien 18 926.

$C_9H_{11}Cl_2NO$ **β-Hydroxy-N-methyl-3.4-dichlorphenäthylamin**, Blockier. d. adrenerg. β-Receptoren durch — 4247.
N-[3.4-Dichlorbenzyl]-N-[2′-hydroxyäthyl]-amin 10 562*.
N-[3.3-Dichlor-2-methylallyl]-pyridiniumhydroxid, Chlorid (F. 136—136,5°) 10 977*.

$C_9H_{11}Cl_2NO_2$ **N-n-Amyldichlormaleinimid** (Kp.$_{40}$ 172—176°) 629*.
N-Isoamyldichlormaleinimid (F. 56°) 629*.

$C_9H_{11}Cl_2NO_2Si$ **Methyl-β-nitrophenyläthyldichlorsilan** (Kp.$_3$ 154—162°) 6586*.

$C_9H_{11}Cl_2NO_3$ **Dichloradrenalin**, Blockier. d. adrenerg. β-Receptoren durch — 4247.

$C_9H_{11}Cl_2NS$ **n-Propyl-[3.5-dichlor-4-aminophenyl]-thioäther** 17 838.

$C_9H_{11}Cl_2N_3O$ **2-Cyclohexyloxy-4.6-dichlor-1.3.5-triazin** (Kp.$_{12}$ 168—169°) 8258.

$C_9H_{11}Cl_2N_3O_2$ **[2.4-Dichlor-symm.-triazinyl-(6)]-ketendiäthylacetal** (F. 64—66°) 6417.

$C_9H_{11}Cl_2N_3O_3$ **N-[Bis-(β-chloräthyl)-carbamoyl]-uracil**, Bedeut. als Cystostaticum 7186.

$C_9H_{11}Cl_2N_3S$ **2-Cyclohexylmercapto-4.6-dichlor-1.3.5-triazin** (F. 58—60°) 8258.

$C_9H_{11}Cl_2N_5$ **6-[Bis-(2′-chloräthyl)-amino]-purin** (F. 253—255°) 1007*.

$C_9H_{11}Cl_2O_2PS_3$ **S-[2.5-Dichlorphenylmercaptomethyl]-thiolthionophosphorsäuredimethylester** s. *Schädlingsbekämpfung-Spezialmittel* (*Geigy-30 494*).

$C_9H_{11}Cl_2O_5P$ **Dimethyl-[4-methoxy-2.5-dichlorphenyl]-phosphat** (F. 75—76°) 1575.

$C_9H_{11}Cl_3HgO$ **x-Chlormercuri-x-methoxy-2-dichlormethylenbicyclo-[2.2.1]-heptan** (F. 154,5—156°) 17 023.

$C_9H_{11}Cl_3NO_3P$ **N-Äthylamidophosphorsäure-methyl-2.4.5-trichlorphenyldiester** (F. 67 bis 68°) 4647*.

$C_9H_{11}Cl_3N_2O_2S_2$ **N-Trichlormethylmercapto-N′.N′-dimethyl-N-phenylsulfamid** (F. 98 bis 100°) 15 741*.

$C_9H_{11}Cl_3OSi$ **2.4.6-Trichlorphenoxytrimethylsilan** (Kp.$_2$ 110°) 1207.

$C_9H_{11}Cl_3O_2SSi$ **α-Chlorsulfonylphenyläthylmethyldichlorsilan** (F. 50—54°) 11 372*.
β-Chlorsulfonylphenyläthylmethyldichlorsilan (Kp.$_{0,8}$ 168—170°) 11 372*.

$C_9H_{11}Cl_3O_6$ **1.1.1-Trimethylolpropantrichlorformiat**, Rk. 8812*.

$C_9H_{11}Cl_3Si$ **3-Chlorpropylphenyldichlorsilan** (Kp.$_{10}$ 141—142°) 7486.
β-[p-Chlorphenyl]-äthylmethyldichlorsilan (Kp.$_2$ 124—126°), Darst., Rk. 14 479; Rk. 17 723.
Trichlorphenyltrimethylsilan (Kp.$_9$ 125 bis 132°) 17 722.

$C_9H_{11}Cl_6NO_4$ **Methyl-bis-[β-trichloracetoxyäthyl]-amin**, Hydrochlorid (F. 108°) 4508.

$C_9H_{11}FN_2O_5$ **2′-Desoxy-5-fluoruridin** (**5-Fluoruracil-2′-desoxyribosid**), Darst., Verw., Salze 951*; Bldg. v. bromuracilsubstituierter Säugetier-Desoxyribonucleinsäure in Ggw. v. — 17 068; Rk. mit Uridin- u. Desoxyuridinphosphorylasen aus d. Ehrlich-Ascites-Tumor 6814; Einfl.: auf Thymidylatsynthetase 15 268; auf d. Glutamyltranspheraseaktivität in Zellen v. Säugetieren 12 704; Mechanismus d. Wachstumshemm. v. H. Ep. 1-Zellen durch 5-Fluordesoxycytidin u. — 11 227; unausgeglichenes Wachstum in Gewebekulturen mit — bei Thymidinmangel 10 503; Hemmwrkg.: auf d. Bldg. v. Virulenzfaktoren durch Pasteurella pestis 11 248; auf d. Bldg. v. Wurzelhalsgallen 15 998; Umkehr. d. Toxizität v. 5-Fluoruracil u. — für Candida albicans durch Pyridoxin u. Pyridoxamin 14 561; Wrkg.: auf d. Wachstum u. auf d. Morphogenese v. Acetabularia mediterranea 15 629; auf Amphibien-Embryos 6805; cytostat. Wrkg. 12 694; Wrkg.: auf transplantierte Tumoren 1639; einer Kombinat. v. — u. 5-Joddesoxyuridin auf d. Wachstum transplantabler Nagetiertumore 3490; Bedeut. in d. Chemotherapie d. Krebses 18 872; Auswert. d. Hemm. v. Tumorgewebe d. Menschen durch — mittels eines in vitro-Tests 17 073; in vivo-Unters. über —-resistente Tumoren 1639; Rolle bei bösart. Erkrank. 14 906.

$C_9H_{11}FN_2O_6$ **5-Fluoruridin** (**5-Fluoruracil-N-ribosid**, **1-β-D-Ribofuranosyl-5-fluoruracil**) (FF. 151—152° u. 180—182°), Darst., Verw. 951*; (Absorptionsmaxima) 10 934*; Rk. mit Uridin- u. Desoxyuridinphosphorylasen aus d. Ehrlich-Ascites-

Tumor 6814; Einfl.: auf Thymidylatsynthetase 15 268; auf d. Wachstum u. auf d. Morphogenese v. Acetabularia mediterranea 15 629; auf d. Vermehr. d. Tabakmosaikvirus 521; auf transplantierte Tumoren 1639; in vivo-Unters. über —-resistente Tumoren 1638.

$C_9H_{11}FO$ **α-[2-Methyl-4-fluorphenyl]-äthanol** ($Kp._{10}$ 103—104°) 15 937.

$C_9H_{11}F_2N$ **α.α-Difluorbenzyldimethylamin** ($Kp._{15}$ 70—71°) 13 565*.

$C_9H_{11}F_3O_4$ **2.2-Dimethyl-4-trifluormethyl-5-carbäthoxy-1.3-dioxol** ($Kp._{0,1}$ 38°) 95.

$C_9H_{11}FeO_3$ **π-Cyclopentadienyläthyldicarbonyleisenhydroxid**, Perchlorat 14 803.

$C_9H_{11}HgNO$ ***N*-Phenylmercuripropionamid** (F. 95—96°) Polarographie 8566.

$C_9H_{11}J$ **γ-Jodpropylbenzol**, Massenspektrum 14 815.

2-Phenylpropyljodid, J-Austausch mit ^{131}J (Kinetik) 18 786.

***p*-Jodisopropylbenzol**, Rk. 12 613.

$C_9H_{11}JN_2O_5$ **5-Joddesoxyuridin**, Einbau in Desoxyribonucleinsäuren (Wrkg. auf d. Strahlenempfindlichk.) 3121; (Beeinfluss. durch Röntgenstrahlen) 1636; Rk. mit Uridin- u. Desoxyuridinphosphorylasen aus d. Ehrlich-Ascites-Tumor 6814; Einfl.: auf Thymidylatsynthetase 15 268; auf d. Wachstumshemm. v. Ep. 1-Zellen durch 5-Fluordesoxyuridin u. 5-Fluordesoxycytidin 11 228; Applikat. v. $^{131}J_{(5)}$-— bei d. Maus u. Ratte 16 714; Einfl. auf d. Wachstum transplantabler Nagetiertumore 3490; Vers. d. Chemotherapie d. Krebses mit — (Vortrag) 12 694.

$C_9H_{11}JN_4O_2$ **1-[β-Jodäthyl]-theobromin** (F. 134 bis 136°) 14 139.

$C_9H_{11}JO$ ***o*-Tolyloxyäthyljodid** 1960.

3-Äthyl-4-jodanisol, Rk. 1970.

$C_9H_{11}JO_2$ **2-Jod-3.5-dimethoxytoluol**, Rk. 8614.

$C_9H_{11}JO_3$ **4-Jodpyrogalloltrimethyläther**, Rk. 10 449.

$C_9H_{11}K$ **2-Phenylisopropylkalium**, Rk. 10 112.

Mesitylkalium, Verh. gegen Carboxylier. 9342.

$C_9H_{11}Li$ **Mesityllithium**, IR-Spektrum, Dissoziation 3037; Rk. 1203, 5668, 16 297.

$C_9H_{11}N$ **Butenylpyridin**, Rk. 19 061*.

5-Isopropenyl-2-methylpyridin 13 579*, 15 772*.

5-Äthyl-2-vinylpyridin, Darst., Verw. 18 278*; Rk. 2827*, 19 061*; Verw. v. Polymerisaten bzw. Mischpolymerisaten 18 562*; Best. 16 080, 18 954.

2.4-Dimethyl-6-vinylpyridin, Rk. 2354.

(±)-2-Benzylaziridin ($Kp._1$ 73—75°) 3078.

1-[*p*-Tolyl]-aziridin, Rk. 6020.

1.2.3.4-Tetrahydrochinolin, Darst. 8994; destruktive Hydrier. 16 837; Rk.: mit Furanaldehyden 15 205; mit Tetracyanäthylen 5108*; mit Malonsäure bzw. Benzylmalonsäure-bis-[2.4-dichlorphenylester] 1977; mit 2-Chlorcarbonyl-3-methylbenzo-1.4-dioxan 17 397; mit Chinolin-8-sulfonsäurechlorid 15 595; hypotensive Wrkg. v. —-Deriv. 10 180; Verw. 5532*.

5.6.7.8-Tetrahydrochinolin 16 837.

1.2.3.4-Tetrahydroisochinolin, Darst. v. Deriv. 128, 3811; Bldg. 12 287; (Hydrojodid) 7837; Rk.: mit Bromacetat 7146; v. Deriv. mit Ketonen u. HCHO 13 867*; mit Dicyandiamiden 4641*; mit Triäthylamin-Penicillin G 3909*; mit Chinolin-8-sulfonsäurechlorid 15 595; hypotensive Wrk. v. —-Deriv 10 180.

5.6.7.8-Tetrahydroisochinolin, Darst. v. Salzen 10 644*, 15 036*; Rk. 11 191.

2.3-Cyclopenteno-5-methylpyridin (F. 38,7 bis 41° korr.) 16 685.

2-Methylindolin (2-Methyl-2.3-dihydroindol) (Kp. 226—230°), Darst., Rk. 837; Rk. 15 205.

Cinnamylamin, Pikrat (F. 181—182°) 3078.

α-Phenylallylamin ($Kp._{0,07}$ 57°) 11 540.

***ar*-Vinylbenzylamin**, Rk. 12 461*; (d. Hydrochlorids) 17 207*.

***o*-Allylanilin**, Deriv. 837.

2-Aminoindan, Husten- u. Atem-depressor. Wrkg. d. Hydrochlorids 18 555.

Tranylcypromine (SKF *trans*-385, *trans*-2-Phenylcyclopropylamin) Rk. 15 567; — als Monoaminoxydaseinhibitor 3540; 12 006; 13 855; (Vgl.) 16 402; Zunahme v. Brenztraubensäure u. Milchsäure im Rattenblut infolge v. Monoaminoxyydasehemm. durch — 16 402; antidepressive Wrkg. 9807; antagorist. Wrkg. auf. d. aktiven Augenlidschluß durch Reserpin bei Ratten 5755; Einfl.; auf d. durch Tryptamin bei Ratten hervorgerufenen Krämpfe u. d. Hirnkonz. an Tryptamin 18 550; auf d. Serotoninkonz. d. Hirns u. damit verbundene Verhaltensänder. 2798.

***N*-Allylanilin** ($Kp._{720}$ 224°), Darst. (Acetylderiv.) 16 290; (Rk.) 836; Rk. 458.

***N*-Benzylidenäthylamin**, Rk. 8587, 9683.

2.6-Dimethylbenzylidenimin, Deriv. 8951.

Acetonanil ($Kp._{15}$ 104°), Darst. 11 525; Einfl. beim Mastizieren v. Kautschuk-Misch. 4564.

Äthylphenylketimin 2708.

5.6-Dimethylheptatrien-(2.4.6)-säurenitril 3423.

$C_9H_{11}NO$ **2.4.6-Trimethylnitrosobenzol** (F.120°) 16 289.

***N*-[2.3-Epoxypropyl]-anilin** ($Kp._{1-2}$ 99 bis 101°) 6384.

β-Vinyl-β-[2-pyridyl]-äthanol 19 006*.

5.6-Benzo-3-hydroxy-1.2.3.4-tetrahydropyridin, Verw. v. Deriv. 650*.

8-Hydroxy-1.2.3.4-tetrahydrochinolin (F. 115°), Darst., Rk., Hydrochlorid, Dibenzoylderiv. 4912; Rk. 954*.

***N*-[γ-Hydroxypropenyl]-anilin**, Verw. 15 774.

2-Bicyclo-[2.2.1]-5-heptenylmethylisocyanat ($Kp._5$ 72—74°), Rk. 18 980*.

2-Dimethylaminobenzaldehyd ($Kp._{11}$ 124°) 3794.

***p*-Dimethylaminobenzaldehyd** (F. 72—73°), Darst. 6214*, 11 373*; Red. 3074; Mechanismus d. Isotopenaustausches mit $H_2{}^{18}O$ 14 087; Rk. mit Hydroxylaminhydrochlorid 2699; $Cd(CN)_2$-Komplex-Bldg. durch Fäll. v. — mit $K_2[Cd(CN)_4]$ 3749; Rk.: mit Methyl-Heterocyclen bzw. Piperidiniumacetat 8979; mit symm.-Triazinen 11 928; mit Pyrrolen 3446; mit 4-Methylcinnolin bzw. dessen Methojodid 133; mit Diazoäthan 14 110; mit 5-Phenylamino-2-methyl-1.3.4-thiadiazol bzw. 5-Phenylamino-2.3-dimethyl-1.3.4-thiadiazoliumjodid bzw. 2.6-Dimethylchinolinäthojodid 10 832; mit 4-Chlor-o-phenylendiamin 6026; mit 4-Methyl-o-phenylendiamin 2349; mit 2.4-Diamino-6-methyl-5-nitropyrimidinen 6038; mit Poly-p-lithiumstyrol 11 583; mit 4-Rhodananilin 8957; mit Carbonylverb. 1832; mit Poly-(4-vinylacetophenon) 3475; mit 2.2.5.5-Tetraalkylfuranidon-(3)-en 13 013; mit 5-Methyl-2-phenyliminothiazolidon-(4) 9703; mit 3-o-Tolyl-2-[o-tolylimino]-thiazolidon-(4) 8603; mit Melubrin, Novalgin u. Aminoantipyrin 2823 [2 Ref.]; mit 2-Methyl-4.5.6.7-tetrahydrobenzoxazoläthojodid 7394*; mit 2-Methyl-5.6.7.8-tetrahydro-4-cycloheptathiazoläthojodid 9960*; mit 2.7-Dimethyl-4-isopropyl-4.5.6.7-tetrahydrobenzothiazolmetho-p-toluolsulfonat 7393*; mit 4.5-Cyclohepteno-2-methylthiazoljodäthylat 11 196; mit 2-Methyl-6.7-dihydro-4H-thiopyrano-

15 588; Rk. 3072, 7887; (d.Hydrochlorids) 10 467.

$C_9H_{11}NOS$ **3-Allylcyclopentano-[*d*]-Δ^4-thiazolinon-(2)** (Kp.$_{0,45}$ 118—120°) 2909*.

4-Methylthiopheno-[2'.3':5.6]-pyridinmethylhydroxid, Jodid (F. 217—219°) 3455.

4-Methylthiopheno-[4'.5':5.6]-pyridinmethylhydroxid, Jodid (F. 217—219°) 3455.

2.3-Dimethylbenzthiazoliumhydroxid (2-Methylbenzthiazolmethylhydroxid), Darst., UV-Spektrum d. Methylsulfats (F. 144—145°) 11 853; Rk. v. Salzen mit p-Dimethylaminobenzaldehyd (Kinetik) 6363; Rk. d. Jodids: mit 5-Äthoxymethylen-3-phenylrhodanin, β-Anilinoacroleinanil bzw. Glutacondialdehyddianil 10 832; mit [4-Methylmercapto-1.5.5-trimethylimidazolenin-(2)]-[3'-methylbenzothiazol-(2')]-monomethincyaninperchlorat 8487*; Verw. d. Methylsulfats 6280*.

2-Methallylmercaptopyridin-1-oxid 5447*.

2.4.6-Trimethylthionylanilin (Kp.$_{760}$ 239 bis 241° Zers.) 11 888.

***S*-Benzoylmercaptoäthylamin (1-Benzoylmercapto-2-aminoäthan),** Darst. d. Hydrobromids (F. d. Hemihydrats 197° korr.) 5625; Rk. d. Hydrochlorids 15 331*.

***N*-Phenyläthylthiourethan (Phenylthionocarbaminsäureäthylester)** (F. 70°), Darst., Rk. 18 470; Rk. 14 477.

Thioglykolsäure-*p*-toluidid (*N*-*p*-Tolyl-α-mercaptoacetamid) (F. 126—128°), Säuredissoziat.-Konst. in Dioxan/W. u. Chelatbldg. mit zweiwert. Metallen 5214; Rk. 8062*.

2-Methyl-5-acetamidothiophenol, Rk. 8423*, 15 410*.

***N*-Äthyl-2-mercaptobenzamid** (F. 88°) 14 869.

Methyl-4-acetylaminophenylsulfid (F. 130 bis 132°) 14 107.

***p*-Methoxythiobenzoesäureimidomethylester (*S*-Methyl-*p*-methoxythiobenzimidoester),** Darst. v. Salzen 6008; Rk. d. Hydrojodids 6746.

$C_9H_{11}NOS_2$ **2-[α-Thienyl]-3-methyl-1.3-thiazanon-(4)** (F. 80,6—83,4°) 15 037*.

2-Methylmercaptobenzothiazolmethylhydroxid, Darst., Rk. d. p-Toluolsulfonats (F. 162°) 10 831, 18 414; Rk. d. Jodids 11 184.

***p*-Phenetyldithiocarbamidsäure (4-Äthoxyphenyldithiocarbaminsäure),** Darst., Rk. 8605; tuberkulostat. Wrkg. d. Salzes mit N-Äthylpiperidin 10 552.

$C_9H_{11}NOSe$ **2.3-Dimethylbenzoselenazoliumhydroxid,** Darst., UV-Spektrum d. Methylsulfats (F. 237—238°) 11 853.

$C_9H_{11}NO_2$ (s. *Phenylalanin* [*α-Benzylglykokoll, β-Phenyl-α-alanin*]).

4-[1'.1'-Äthylendioxyäthyl]-pyridin (F. 49 bis 50°) 7141.

***m*-Aminobenzaldehydäthylenglykolacetal,** Rk. 1867*.

2-Aminomethylbenzo-1.4-dioxan, Rk. 846.

β-[3.4-Methylendioxyphenyl]-äthylamin (Homopiperonylamin) (Kp.$_{13}$ 144—146°) 5300, 7894.

1-Nitro-2-phenylpropan 6735.

***o*-Isopropylnitrobenzol** (Kp.$_9$ 103—105°) 15 933.

***p*-Isopropylnitrobenzol** (Kp.$_9$ 117—119°) 15 933.

4-Nitrohemimellitol 7859.

5-Nitrohemimellitol 7859.

5-Nitropseudocumol (3.4.6-Trimethylnitrobenzol), Darst., Rk. 8953; Verw. 12 474*.

Nitromesitylen, Berechn. d. Resonanzenergien u. Bindungsabstände 5983.

1-{Bicyclo-[2.2.1]-Δ^5-heptenyl-(2)}-2-nitroäthen (Kp.$_{0,6}$ 102—104°) 5654.

6.7-Dihydroxy-1.2.3.4-tetrahydrochinolin, Rk. 6408.

2.6-Dimethyl-4-methoxynitrosobenzol (F. 122°) 16 289.

β-Aminoäthoxybenzaldehyd, Rk. v. Deriv. 4638*.

1.3.5-Trimethylpyrrol-2.4-dialdehyd (F. 152 bis 153°), polarograph. Verh. 6346.

1.2.5-Trimethylpyrrol-3.4-dialdehyd, polarograph. Verh. 6346.

4-[Pyridyl-(2')]-butanol-(4)-on-(2) (F. 75 bis 76°) 14 505.

4-Hydroxy-α-aminopropiophenon, Rk. v. — u. —-Acetat 1711*.

2-Hydroxy-5-aminopropiophenon (F. 81°), Darst., Rk., Hydrochlorid, Glykosurie-Wrkg. an Ratten 15 569.

***p*-Methoxyphenacylamin,** Darst. d. Hydrochlorids (F. 200° Zers., korr.) 2708; Rk. 2708.

1-Methyl-2.5-diacetylpyrrol, Konstellat. 5660.

1-Phenyl-2-oximinopropanol-(1) (F. 115 bis 116°) 18 794.

1-Phenyl-1-oximinopropanol-(2) (F. 129 bis 130°) 18 794.

2.3-Dimethylbenzoxazoliumhydroxid (2-Methylbenzoxazolmethylhydroxid), Darst., UV-Spektrum u. Ringöffn. d. Methylsulfats (F. 203—204°) 11 853; Kondens. d. Tosylats mit p-Dimethylaminobenzaldehyd (Kinetik) 6363.

***N*-Benzylglycin,** Darst. d. Hydrochlorids (F. 225—228°) 2741; Potential d. Halbneutralisat. 13 707.

***N*-[2-Methylphenyl]-glycin (*o*-Toluidinoessigsäure),** Absorpt.-Spektrum u. Struktur d. Cu(II)-Komplexes 14 028; Rk. 1603.

***N*-[4-Methylphenyl]-glycin (*p*-Tolylglycin),** Darst., Rk. 1981; Absorpt.-Spektrum u. Struktur d. Cu(II)-Komplexes 14 028.

***N*-Methyl-*N*-phenylglycin** Absorpt.-Spektrum u. Struktur d. Cu(II)-Komplexes 14 028.

(+)-2-Phenyl-2-aminopropionsäure (F. 295° Zers.), Darst., Rk. 1947; Rk. 1947.

(—)-2-Phenyl-2-aminopropionsäure 1947.

***rac.*-2-Phenyl-2-aminopropionsäure,** Rk. 1947.

β-Phenyl-β-aminopropionsäure, Vork. 6866; Rk. v. DL-— mit Pantoat in Ggw. v. Pantothensäuresynthetase 894; pflanzenwachstumsregulator. Aktivität bei d. Ananaspflanze 1284.

***N*-Phenylalanin** (F. 161—162°) 17 715.

β-Anilinopropionsäure, Rk. 458.

***m*-Aminohydrozimtsäure,** Hydrochlorid (F. 180—181°) 3069.

***Bz*-Aminophenylpropionsäure,** Darst., Verw. v. Deriv. 3910*; Verw. v. Deriv. 16 777*.

***N*-Äthylanthranilsäure** (F. 152—153°) 16 290.

***N.N*-Dimethylanthranilsäure,** Rk. 5109*.

***N.N*-Dimethyl-*m*-aminobenzoesäure,** Tüpfelnachw. 3575.

2.6-Dimethyl-4-aminobenzoesäure (F. 196 bis 198° korr.) 1578.

***p*-Dimethylaminobenzoesäure,** Stabilisier. v. Vitamin A durch Verester. mit —-Halogeniden 11 659*; Verw. zur Nachw.-Rk. v. Saponinen 13 489.

***cis*-5-Cyan-3-äthylsorbinsäure** (F. 54°) 17 750.

***trans*-5-Cyan-3-äthylsorbinsäure** (F. 146°) 17 750.

Pyridyl-(2)-essigsäureäthylester, Rk. 570*, 10 835.

Pyridyl-(4)-essigsäureäthylester, Rk. 10 835.

Nicotinsäure-*n*-propylester (Kp.$_{25}$ 138,5 bis 139,5°) 3038.

Nicotinsäureisopropylester (Kp.$_{30}$ 125 bis 127°) 3038.

2-Methylnicotinsäureäthylester (2-Methyl-3-äthoxycarbonylpyridin) (Kp.$_{15}$ 115 bis 117°), Darst. 9711; Rk. 3095, 4916.

6-Methyl-3-äthoxycarbonylpyridin (Kp.5 102 bis 104°) 9710.
α-Methylisonicotinsäureäthylester (2-Methyl-4-äthoxycarbonylpyridin) (Kp.14 120—122°), Darst. 9711; (Rk.) 17 493*; Rk. 3190*.
3-Methyl-4-äthoxycarbonylpyridin (Kp.6 98 bis 100°) 9711.
4.6-Dimethylpyridin-2-carbonsäuremethylester (Kp.1 90°) 7143.
2-Äthyl-4-methoxycarbonylpyridin (Kp.9 107—108°) 9711.
2.6-Dimethylpyridin-4-carbonsäuremethylester (F. 45°) 7143.
Phenylglycinmethylester 2708.
Glycinbenzylester (Glykokollbenzylester) (F. 118—120° Zers.), Darst. 13 570*; (v. Salzen) 1956; (Kinetik d. Hydrolyse) 14 089; Rk.: d. Hydrochlorids mit Succindialdehyd + Acetondicarbonsäure 17 404; d. Hydrochlorids mit N-Trityl-L-asparagin 11 731*; d. p-Toluolsulfonats mit N-Carbobenzoxy-L-pyroglutaminsäuredicyclohexylaminsalz 5635; mit N-Tosyl-S-benzyl-L-cystein bzw. dessen Säurechlorid 17 370; d. Hydrochlorids mit N-[Bis-(p-nitrobenzyl)-phosphoryl]-L-phenylalanin bzw. Carbobenzoxy-L-phenylalanin 9678.
Anthranilsäureäthylester, Darst., Verw. 4752; Lsgm.-Einfl. auf d. Substituenteneffekt bei d. Hydrolyse (Kinetik) 18 786; Rk. mit Isothiocyanaten 6383.
***m*(3)-Aminobenzoesäureäthylester** (Kp.760 294—295°), Darst., Rk. 3098, 9684; Kinetik d. alkal. Hydrolyse 10 041.
***p*(4)-Aminobenzoesäureäthylester (Anästhesin, Benzocain),** Darst. 5014; (Benzoylderiv.) 10 815; Best. v. H-Brücken aus d. IR-Spektrum 432; Analyse d. ν(NH) 12 599; π-Elektronen-Donor-Acceptor-Komplexe v. Chloranil mit — 15 177; Kinetik: d. intermol. Amid-Bldg. d. Syst. Anilin— 13 349; d. Hydrolyse 10 041, 10 793; Diazotier. (u. Fluorier.) 10 811; (u. Jodier.) 4886; Rk.: mit Diäthylaminoäthanol 8713; mit p-Nitrosobenzaldehyd 11 891; Verh. gegen Fructose 6020; Rk.: mit Acridin- u. Acridonchinonen 12 465*; mit dl-α-Brompropionsäure 3097; mit Dehydracetsäure, ihrem Na-Salz bzw. 3-Acetyl-4-hydroxycumarin 6768; v. diazotiertem — mit Acetamidomalonsäuremonoäthylester bzw. Phenylacetamidomalonsäuremonomethylester 126; mit Cyclopentanon-2-carbonsäuremethylester 2719; Einw. auf Säureanhydride (kinet. Unters.) 14 461; Rk.: mit 2.3.4.6-Tetrajodbenzoylchlorid 15 030*; mit 3-Amino-2.4.6-trijodbenzoesäurechlorid 16 777*; Verh. gegenNetzmittel 12 384; Einfl.: auf d. mit d. Atmung gekoppelte Phosphorylier. 3541; v. Desoxycorticosteron u. Hyaluronidase auf d. Entw. d. Wrkg. d. zentral wirkenden — 558; Gruppensensibilisier. mit — 18 925; cancerogene Wirksamk. 11 956; Verw.: zur anion. Desaktivier. v. Polystyrol 15 250; in Lokalanalgetica 18 563*; in Nidoxital 5014; in Rhusticon 4252; in Spectrocin 1319; in Sulgan 18 197; in Transvasin 9073; mikrokristalloskop. Identifizier. 11 286; Best. (in Salben) 13 864; (v. Lidocain in Ggw. v. —) 18 560.
3-Methyl-2-aminobenzoesäuremethylester, Deriv. 14 615*.
1-Phenyläthylcarbamat (F. 73,5—75°) 8788*.
2-Phenyläthylcarbamat (F. 91—91,5°) 8789*.
Phenyl-*N.N*-dimethylcarbamat, Resistenz d. Stubenfliege (Musca domestica) gegenüber — 15 314.
Phenylurethan (Carbanilsäureäthylester, *N*-Phenylcarbaminsäureäthylester) (F. 53°), Darst., Rk. 16 316; Bldg. 12 994; Rk. 2332, 7862; Einfl. auf d. celluläre Synth. durch Tetrahymena pyriformis GL 5721; physiolog. Einw. bei Lepidium sativum 526; cancerogene Wirksamk. 11 956; Eign. als Wärmestabilisator für Nitrocellulosefilme 3839; papierchromatograph. Identifizier. 16 789.
3-Methylphenylcarbaminsäuremethylester 11 371*.
4-Methylphenylcarbaminsäuremethylester 11 371*.
Buten-(2)-ylidencyanessigsäureäthylester (Kp.1 110°) 17 713.
7-Cyanheptadien-(2.5)-säuremethylester (Kp.13 140—150°) 8415*, 13 945*, 14 469.
2'-Hydroxy-*p*-acetotoluidid (F. 169—170°) 9735.
***o*-[*N*-Acetylmethylamino]-phenol** (F. 154°), Bldg. (Mechanismus), UV-Spektrum 11 853.
α-Hydroxy-α-methylphenylacetamid 13 685.
***N*-[2-Hydroxyäthyl]-benzamid,** Rk. 11 886.
4-Formamido-3.5-dimethylphenol, Tetrabutylammoniumsalz (F. d. Solvats 189° Zers.) 6004.
***N*-Formyl-*N*-methyl-*p*-anisidin,** Rk. 10 640*.
***o*-Methoxyacetanilid** (F. 86°), Best. d. Resonanz aus d. ν(CO) 14 078.
***m*-Methoxyacetanilid** (F. 80°), Best. d. Resonanz aus d. ν(CO) 14 078.
***p*-Methoxyacetanilid** (F. 130°), Best. d. Resonanz aus d. ν(CO) 14 078; Intensität d. Carbonylbande 15 897; alkal. Hydrolyse (Kinetik) 18 786; Acetylier. 841.
2-Methoxy-6-methylbenzamid (F. 159 bis 160°) 6006.
***N*-Methyl-*p*-methoxybenzamid** (F. 119,5 bis 120,5°) 11 165, 12 376.
***N*-[Cyclopentenyl-(3)]-succinimid (*N*-[Cyclopenten-(2)-yl]-succinimid)** (Kp.8 138 bis 140°), Darst., Rk. 15 027*; Rk. 8418*.
***N*-Methyl-1.2.3.6-tetrahydrophthalimid [*N*-Methylcyclohexen-(4)-dicarbonsäure-(1.2)-imid]** (F. 67°) 468, 14 839.
3.6-Methanocyclohexan-1.2-dicarbonsäureimid, Konstit.-Einfl. auf UV-Spektrum u. ν(CO), Dipolmoment 10 401.
Methyl-*p*-methoxybenzimidat (F. 36°), Rk. 1997.

$C_9H_{11}NO_2S$ **α-[2-Pyridyläthylmercapto]-essigsäure,** Verw. 19 075*.
α-[4-Pyridyläthylmercapto]-essigsäure, Verw. 19 075*.
***N*-Phenylcarbaminsäure-2-mercaptoäthylester** (F. 61—62°), Darst., Rk. 9303; therm. Zers. 9305.
Vinylsulfonsäure-*m*-toluidid, Verw. 280*.
Vinylsulfonsäure-*p*-toluidid, Verw. 280*.
1-[*p*-Toluolsulfonyl]-aziridin, Rk. 6020.
3-Anilinopropansulfonsäuresultam (F. 119 bis 120°) 7324*.

$C_9H_{11}NO_2Si$ **Phenyl-[β-cyanäthyl]-silandiol** (F. 79—82°) 10 066.

$C_9H_{11}NO_3$ (s. *Adrenalon*; *Styramate* [*Sinaxar, 2-Hydroxy-2-phenyläthylcarbamat*]; *p-Tyrosin*).
β-[3.4-Methylendioxyphenyl]-β-hydroxyäthylamin (*dl*-3.4-Methylendioxy-α-aminomethylbenzylalkohol) (F. 72°), Darst. (Hydrochlorid) 7904; (Rk., Deriv.) 18 090.
Methyl-2-nitrophenäthyläther 1562.
Methyl-3-nitrophenäthyläther 1562.
Methyl-4-nitrophenyläthyläther (F. 62,5 bis 63°) 1562.
3-Äthoxy-6-nitrotoluol (F. 52°), Darst., Rk., Umäther. (Mechanismus) 18 067.
4-Äthoxy-2-nitrotoluol (F. 13°), Darst., Rk., Umäther. (Mechanismus) 18 067.
2.3-Dimethyl-6-nitroanisol (Kp.9 125 bis 130°) 7121.
2.6-Dimethyl-4-methoxynitrobenzol (F. 50°) 16 289.
4-Äthylendioxymethyl-1-methyl-1H-pyridon-(2) (F. 63—65°) 7142.

DL-*erythro*-**3.4-Dihydroxyphenylserin**, enzymat. Decarboxylier. durch Octopus 16 760.
Gallussäureäthanolamid, Einfl. auf d. Cystein-Desulfhydrase-Aktivität v. Escherichia coli 15 270.
$C_9H_{11}NO_5S$ *cis*-**1-[*p*-Nitrophenylsulfonyl]-2-methoxyäthylen** (F. 155—156°) 12 614.
trans-**1-[*p*-Nitrophenylsulfonyl]-2-methoxyäthylen** (F. 142—143°) 12 614.
2-Nitro-4-[methylsulfonyl]-phenoläthyläther (F. 133—134°) 15 190.
4-Nitro-2-[methylsulfonyl]-phenoläthyläther (F. 141—142°) 15 191.
1-Äthylaminobenzol-2-carbonsäure-4-sulfonsäure, Verw. 16 499*.
p-**Nitrobenzolsulfonsäureisopropylester** (F. 53—54°) 4507.
Carbobenzoxyaminomethansulfonsäure, wachstumshemmende Wrkg. bei Bakterien 14 602.
N-**[3-Methoxybenzolsulfonyl]-carbaminsäuremethylester** 18 202*.
N-**[4-Methoxybenzolsulfonyl]-carbaminsäuremethylester**, Rk. 18 202*.
$C_9H_{11}NS$ *N.N*-**Dimethylthiobenzamid**, Rk. 3088.
S-**Äthylthiobenzimid (Thiobenzoesäureimidoäthylester)**, Darst. v. Salzen 6008; Rk. d. Hydrochlorids 6382.
S-**Methyl-*p*-methylthiobenzimidester (*p*-Methylthiobenzoesäureimidomethylester)**, Darst. v. Salzen 6008; Rk. d. Hydrojodids 6746.
$C_9H_{11}NS_2$ **1-Thiobenzoylmercapto-2-aminoäthan**, Hydrobromid (F. 212° korr.) 5625.
N-**Phenyldithiocarbaminsäureäthylester (*S*-Äthylphenyldithiocarbaminsäure)**, Isotopenaustausch v. S in — 2693; Prüf. auf tuberkulostat. Wrkg. 10 552.
$C_9H_{11}N_2O_8P$ *cycl.* **Uridin-2'.3'-phosphat**, Darst., Rk. 17 427; IR-Spektrum d. Ba-Salzes 789; protonenmagnet. Resonanz 16 627; R_F-Wert 14 142; Wrkg. in photograph. Emuls. 18 342.
$C_9H_{11}N_3$ **2-Propyl-1-desazapurin**, Pikrat (F. 151°) 11 925.
3-Amino-2-phenyldihydropyrazol (F. 106 bis 107°) 10 644*.
2-Anilino-Δ^2-imidazolin (F. 135°) 10 830.
1.3-Dimethyl-6-aminoindazol, Rk. 15 816*.
2-Dimethylaminobenzimidazol (F. 312 bis 313°) 10 830.
3(γ)-Phenylpropylazid ($Kp._{0,25}$ 55°), Darst., Rk. 7125; Photolyse 8994.
N-**[β-Cyanäthyl]-*N*-phenylhydrazin** 17 006.
N-**[β-Cyanäthyl]-*N'*-phenylhydrazin**, Rk. 10 644*.
1.3.5-Tricyanhexan (α-Methyl-γ-cyanpimelinsäurenitril) 13 362.
$C_9H_{11}N_3O$ **6-Hydroxy-2-propyl-1-desazapurin**, Hemipikrat (F. 142°) 11 925.
6-Hydroxy-2-propyl-3-desazapurin (F. 257 bis 258°) 11 926.
5.6.7-Trimethyl-2-hydroxyimidazolo-[4.5:*b*]-pyridin (F. 362—365° Zers.) 2357.
1-[β-Hydroxyäthyl]-4-aminobenzimidazol (F. 182°) 11 195.
1-[β-Hydroxyäthyl]-7-aminobenzimidazol (F. 188,5°) 11 195.
4-Amino-6-äthoxybenzimidazol, Wrkg. auf d. Viruswachstum 17 807.
1-Pyridyl-3-allylharnstoff, Deriv. 10 193*.
o-**Methylbenzaldehydsemicarbazon**, Bldg. (Kinetik) 14 092.
p-**Methylbenzaldehydsemicarbazon**, Bldg. (Kinetik) 14 092.
1-Nicotinoyl-2-isopropylidenhydrazin 12 763*.
Acetonisonicotinoylhydrazon (*N*-Isopropylidenisonicotinsäurehydrazid), antituberkulöse Wrkg. 13 116; Prüf. auf Wachstumshemm. bei Sarkom 180 bei Mäusen 5698.
$C_9H_{11}N_3OS$ *o*-**Methoxybenzaldehydthiosemicarbazon** (F. 210,5—211° Zers.), Darst., Prüf. auf Antiviruswirksamk. 7236.
m-**Methoxybenzaldehydthiosemicarbazon**, Rk. 3806.
p-**Methoxybenzaldehydthiosemicarbazon (*p*-Anisaldehydthiosemicarbazon)** (F. 178°), Darst., Cu-Verb. 13 370; Rk. 3806; Best. d. Cytotoxizität in menschl. Zellkulturen 4195.
1-Acetyl-4-phenylthiosemicarbazid 17 852*.
p-**Acetamidothiobenzhydrazid** (F. 235—240° Zers.) 6382.
$C_9H_{11}N_3OS_2$ **Benzylxanthogenthiosemicarbazid** (F. 118,5—120°) 7252*.
$C_9H_{11}N_3OSe$ **2-Methoxybenzaldehydselenosemicarbazon**, UV-Spektrum 2677.
3-Methoxybenzaldehydselenosemicarbazon, UV-Spektrum 2677.
4-Methoxybenzaldehydselenosemicarbazon, UV-Spektrum 2677.
$C_9H_{11}N_3O_2$ **5-Amino-4.7-dimethoxybenzimidazol**, Dihydrochlorid (F. 230—231°) 125.
2-Amino-4-hydroxy-6-formyl-5.6.7.8-tetrahydrochinazolin 141.
5-Äthyl-6'-methyl-4.4'-diketo-3'.4'-dihydropyrimidino-[1'.2':1.2]-Δ^2-imidazolin, UV-Spektrum 7459.
3'.5'.6'-Trimethyl-4.4'-diketo-3'.4'-dihydropyrimidino-[1'.2':1.2]-Δ^2-imidazolin, UV-Spektrum 7459.
o-**Methoxybenzaldehydsemicarbazon**, Bldg. (Kinetik), pK_a'-Wert 14 092.
p-**Methoxybenzaldehydsemicarbazon**, Bldg. (Kinetik) 14 092.
3-[*p*-Nitrosoanilino]-propionamid (F. 173 bis 174°) 459.
Isonicotinsäure-*N*-äthoxymethylenhydrazid (F. 150—151°) 15 951.
1-Acetyl-4-phenylsemicarbazid (F. 164° u. 174°) 11 185.
Malonsäureanilidmonohydrazid (F. 186°) 10 802.
$C_9H_{11}N_3O_2S$ **2-Hydroxy-3-methoxybenzaldehydthiosemicarbazon** (F. 231,8—232,4° Zers.), Darst., Prüf. auf Antiviruswirksamk. 7236.
$N^1.N^1$-**Dimethyl-*m*-nitrobenzoesäurehydrazid** (F. 135—136°) 6745.
$C_9H_{11}N_3O_2S_2$ **2-Aminobenzothiazol-6-sulfonsäuredimethylamid** (F. 230°), Verw. 11 016*.
$C_9H_{11}N_3O_3$ **5-Amino-3-[ω-methylureido]-benzoesäure** (F. 190° Zers.) 18 571*.
2-Isobutyroylamino-5-nitropyridin (F. 100°), Darst., trichomonostat. Wirksamk. 16 021.
DL-α-**Alanin-*p*-nitroanilid**, Hydrochlorid (F. 245—247° Zers.) 13 366.
N-**Methyl-*N*-[*m*-nitrophenyl]-glycinamid** (F. 160—161°), Darst., Prüf. auf Wrkg. als Pflanzenwachstumsregulator 10 154.
5-Nitro-2-aminobenzol-1-carbonsäuredimethylamid, Verw. 2182*.
Isonicotinsäure-N^2-[1.3-dihydroxyisopropyliden]-hydrazid (F. 146—146,5°) 9310.
$C_9H_{11}N_3O_3S_2$ **Acetylsulfanilylthioharnstoff** 16 061*, 19 011*.
$C_9H_{11}N_3O_4$ **1-Carboxymethylamino-4-nitro-3-methylaminobenzol**, Hydrochlorid (F. d. Monohydrats 104—105° Zers.), Darst., Verw. 2182*; Verw. 18 669*.
4-Nitro-2-carbäthoxyphenylhydrazin, Rk. 6138*.
p-**Nitro-*o*-äthoxybenzoesäurehydrazid** (F. 143—143,5°) 4536.
1-Acetyl-1-äthyl-2-[5'-nitrofurfuryliden]-hydrazin (F. 172—174°) 4268*.
$C_9H_{11}N_3O_4S$ *N*-**Methansulfonyl-*N'*-methyl-*N'*-[*p*-nitrophenyl]-formamidin** (F. 166 bis 167°), Darst., IR-Spektrum 11 503.
p-**Acetylaminobenzolsulfonylharnstoff**, Rk. 10 642*.
$C_9H_{11}N_3O_4S_2$ **4.6-Dimethyl-7-aminosulfonyl-1.2.4-benzothiadiazin-1.1-dioxid** (F. 310°) 14 140.
$C_9H_{11}N_3O_6$ **Dinitrocyanessigsäurecyclohexylester** ($Kp._{0,07}$ 70—75°) 12 994.

12 090*; Radikalkettenhalogenier. durch tert.-Butylhypochlorit 81; vergleichende Biochemie d. — (Übersicht) 2404; Best. 3926, 9099.
o-**Äthyltoluol (*o*-Methyläthylbenzol, 1-Methyl-2-äthylbenzol)** (Kp. 165,15°), Darst. 7321*; Bldg. 4875; (Kinetik) 9662; Trenn. v. Isomeren 307*, 15 158; Elektronenpolarisierbark. 15 903; Berechn. d. krit. Zustandsdaten 18 064; Dehydrier. 6586*, 9150*; Best. 3926, 9099.
m-**Äthyltoluol (1-Methyl-3-äthylbenzol)** (Kp. 161,31°), Darst. 12 090*, 17 201*; Bldg. (Kinetik) 9662; Trenn. v. Äthyltoluolen 15 158; Elektronenpolarisierbark. 15 903; Berechn. d. krit. Zustandsdaten 18 064; Best. 3926, 9099.
p-**Äthyltoluol (1-Methyl-4-äthylbenzol)** (Kp. 161,99°), Darst. 7321*; (Rk.) 17 733; Bldg. 7504, 9299; (Kinetik) 9662; Trenn. v. Isomeren 307*, 15 158; neue Bezich. zwischen d. physikal. Konst. 3402; Elektronenpolarisierbark. 15 903; Berechn. d. krit. Zustandsdaten 18 064; Best. 3926, 9099.
x-Äthyltoluol, Darst. 17 563*; Bldg. 460; Rk. 11 520.
Trimethylbenzole 8790*, 11 538.
Trimethylencyclohexane 11 020*, 18 852.
1.2.4-Trimethylencyclohexan 11 020*.
1.3.5-Trimethylencyclohexan 11 020*.
1-Cyclopropylcyclohexadien-(1.4) ($Kp._{732}$ 179°) 7863.
3-Cyclopentadienylbuten-(1), Rk. 10663*.
4-Cyclopentadienylbuten-(1), Rk. 10 663*
6-Methyl-6-äthylfulven (F. 135,7—138° Zers.), Bldg., Gleichgew. d. Dien-Synth. mit Tetracyanäthylen 11 517.
Spiro-[4.4]-nonadien-(1.3), UV-Spektrum 12 966.
Tetracyclo-[3.3.1.0$^{2.4}$.0$^{6.8}$]-nonan ($Kp._9$ 45 bis 46°), Darst. 3796; IR-Spektrum 9283.

$C_9H_{12}BNO_2$ **2-[*N*-Methylanilino]-1.3.2-dioxaborolan** 7331*.

$C_9H_{12}BNO_4$ ***p*-Boronophenylalanin**, Auswert. d. Verwendbark. v. — für d. Neutroneneinfangtherapie v. Hirntumoren (Tier-Vers.) 16 356.

$C_9H_{12}BrClO_3$ **1-Carboxycyclohexan-1-[α-bromessigsäure]-chlorid** 4891.

$C_9H_{12}BrHgN_3O_2$ **1-[β-Pyridyl]-3-[β-hydroxy-γ-brommercuripropyl]-harnstoff** (F. 108°) 10 193*.

$C_9H_{12}BrN$ **4-[Pyridyl-(3')]-butylbromid** 5295.
3-Phenylaminopropylbromid, Hydrobromid (F. 128,5—129,5° korr.) 8248.
1-Methylamino-2-brom-2-phenyläthan, pharmakolog. Wrkg. d. Hydrochlorids 5003.
2-[4'-Methylphenylamino]-äthylbromid, Hydrobromid (F. 178,9° korr.) 8248.
β-Bromäthyl-*N*-methylanilin ($Kp._1$ 100°), Rk. 6557*.
***N*-Brommethyl-*N*-methyl-*N*-benzylamin** 4640*.
2-*n*-Propyl-5-bromanilin ($Kp._6$ 134—136°) 10 791.
4-Amino-2-bromisopropylbenzol ($Kp._5$ 115 bis 118°) 15 933.
4-Amino-3-bromisopropylbenzol ($Kp._3$ 107 bis 110°) 15 933.
2-Brom-3.4.6-trimethylanilin, Hydrochlorid 8953.
***N*-Brommethyl-*N*-methyl-*N*-benzylamin** 8067*.
***o*-Brombenzyldimethylamin** ($Kp._{11}$ 103 bis 107°) 18 088.
3-Brombenzyldimethylamin ($Kp._{9,8}$ 105 bis 108°) 3410.

$C_9H_{12}BrNO$ ***N*-[3-Brom-2-hydroxypropyl]-aminobenzol**, Verw. v. Deriv. 1036*.

$C_9H_{12}BrNO_2$ **β-[3-Methoxy-4-hydroxy-5-bromphenyl]-äthylamin**, Rk. 13 037.
3-Brom-2.4-diäthoxypyridin (F. 55—55,5° korr.) 14 862.
5-Brom-2.4-diäthoxypyridin (F. 71—72° korr.) 14 862.

$C_9H_{12}BrNO_4S_2$ **3-Brom-4-äthylsulfonyl-5-methylbenzolsulfonamid** (F. 182—183°) 2084*.

$C_9H_{12}BrN_2O_9P$ **5-Bromuridin-5'-monophosphat**, Darst., Ba-Salz 4177; Rk. 4178.

$C_9H_{12}BrN_3O$ **5-Brom-2-aminobenzoesäure-*asymm.*-dimethylhydrazid** (F. 168—170°) 11 659*.

$C_9H_{12}BrN_3O_2$ **5-Brom-2-amino-3-carbomethoxyamino-4.6-dimethylpyridin** (F. 212°) 2357.

$C_9H_{12}BrN_3O_5$ **5-Bromdesoxycytidin**, Wrkg. auf E. coli u. Bakteriophagen 10 145.

$C_9H_{12}BrN_5$ ***N'*-*m*-Brombenzylbiguanid**, Nitrat 947*.
***N*^{1}-[2-Methyl-4-bromphenyl]-biguanid**, Nicotinat (F. 192—195°) bzw. Isonicotinat 194—198°) 6778.

$C_9H_{12}Br_2O$ **2-Oxa-1.2-dihydro-*endo*-dicyclopentadiendibromid** (F. 101—102°) 5659.

$C_9H_{12}Br_2O_2$ **3-Methoxy-5.5-dimethyl-4.6(?)-dibromcyclohexen-(2)-on-(1)** (F. 129 bis 130°) 4890.

$C_9H_{12}ClHgN_3O_2$ **1-[β-Pyridyl]-3-[β-hydroxy-γ-chlormercuripropyl]-harnstoff** 10 193*.

$C_9H_{12}ClN$ **x-Chlor-3-*tert.*-butylpyridin**, Pikrat (F. 152—153°) 3094.
y-Chlor-3-*tert.*-butylpyridin, Pikrat (F. 149 bis 150°) 3094.
[β-Chloräthyl]-benzylamin, Hydrochlorid (F. 195°) 4507.
β-[*N*-Methyl-*N*-phenylamino]-äthylchlorid, Rk. 5647.
***N*-Chlormethyl-*N*-methyl-*N*-benzylamin** 12 841*.
***N*-[α-Chlorbenzyl]-*N.N*-dimethylamin** 4640*, 8067*.
2-*n*-Propyl-5-chloranilin ($Kp._{1,5}$ 104—105°) 10 791.
6-Chlor-*N*-äthyl-3-methylanilin, Rk. 5109*.

$C_9H_{12}ClNO$ **DL-*threo*-3-Phenyl-3-chlor-2-aminopropanol**, Darst. d. Hydrochlorids 5267; Rk. d. Hydrochlorids 7887.
1-[*p*-Chlorphenyl]-2-aminopropanol, Rk. 13 132*.
***N*-[3-Chlor-2-hydroxypropyl]-anilin**, Darst. 6384; Verw. v. Deriv. 1036*.
***N*-[2-Chlorbenzyl]-*N*-[2-hydroxyäthyl]-amin** 10 562*.
***N*-[4-Chlorbenzyl]-*N*-[2-hydroxyäthyl]-amin** ($Kp._{0,7}$ 126—131°) 10 562*.
4-Chlor-2.3.5.6-tetramethylpyridin-*N*-oxid, Sesquihydrat (F. 153—154°) 3093.

$C_9H_{12}ClNOS$ **3-[2'-Hydroxy-3'-chlorpropylmercapto]-1-aminobenzol**, Verw. 16 856*.
4-[2'-Hydroxy-3'-chlorpropylmercapto]-1-aminobenzol, Verw. 16 856*.

$C_9H_{12}ClNO_2$ **3-[*p*-Chlorphenoxy]-2-hydroxypropylamin**, Hydrochlorid (F. 270°) 11 531.
10-Chlor-9-keto-2-oxatetrahydro-*endo*-dicyclopentadienoxim (F. 145—147°) 5659.

$C_9H_{12}ClNO_2S$ ***n*-Propyl-[*m*-amino-*p*-chlorphenyl]-sulfon** (F. 95—96°) 1383*.
Isopropyl-[*m*-amino-*p*-chlorphenyl]-sulfon (F. 105—106°) 1383*.

$C_9H_{12}ClNO_2S_2$ **3-Chlor-4-äthylmercaptobenzolsulfonmethylamid** (F. 86°) 2084*.

$C_9H_{12}ClNO_4S_2$ **3-Chlor-4-äthylsulfonylbenzolsulfonmethylamid** (F. 142—143°) 2084*.

$C_9H_{12}ClN_2O_2PS$ ***O.O*-Dimethylthiophosphorsäure-[2-chlorbenzylidenhydrazid]** (F. 51 bis 52°) 2517*.

$C_9H_{12}ClN_3O$ **2.4.6-Trimethyl-5α-chloracetamidopyrimidin** (F. 155—156°) 3815.

$C_9H_{12}ClN_3O_2$ ***N*-[6-Chlor-4-methylpyrimidyl-(2)]-glycinäthylester** (F. 74,5—75,5°) 15 967.
4-[Chloracetamido]-2-methyl-6-äthoxypyrimidin (F. 139°) 9346.

$C_9H_{12}ClN_3O_2S_2$ **2-Methyl-6-chlor-7-[methylaminosulfonyl]-3.4-dihydro-1.2.4-benzothiadiazin**, klin. Unters. d. diuret. Wrkg. 4247.

$C_9H_{12}ClN_3O_3$ **5-[2'-Chloracetylamino]-1.3.6-trimethyluracil** (F. 174°) 4539.

$C_9H_{12}N_3O_7P$ *cycl.* **Cydidin-2'.3'-monophosphat** (*cycl.* **2'.3'-Cytidylsäure**), protonenmagnet. Resonanz 16 627; R_F-Wert 14 142; enzymat. Hydrolyse 13 400; Kinetik d. Ribonuclease-Einw. auf — 9380; Einfl. auf d. Pankreas-Ribonuclease-Aktivität in Harnstoff-Lsg. 18 877; Wrkg. in photograph. Emuls. 18 342.

$C_9H_{12}N_3P$ **Tris-[2-cyanäthyl]-phosphin** (F. 98 bis 99°), Darst., Rk. 4503; Rk. 3755, 12 276; Bis-—-$NiCl_2$- bzw. Bis-—-$NiBr_2$/Hydrid-Red.-Mittel als Katalysator-Syst. für d. Polymerisat. v. Acetylenen u. verwandten Verb. 18 851.

$C_9H_{12}N_3PS$ **Tris-[2-cyanäthyl]-phosphinsulfid** (F. 141—142°) 4504.

$C_9H_{12}N_4$ **2-Propyl-1-desazaadenin**, Pikrat (F. 280°) 11 925.
2-Propyl-3-desazaadenin, Pikrat (F. 270° Zers.) 11 926.
2-Cyclopentyl-3-amino-4-cyanpyrazol (F. 113—114°) 7625*.

$C_9H_{12}N_4O$ **Bis-[1-methylpyrazolyl-(4)]-carbinol** (F. 97,5—99°) 5663.
Bis-[1-methylpyrazolyl-(5)]-carbinol (F. 107—107,5°) 5663.
1-[*sek.*-Butyl]-4-hydroxypyrazolo-[3.4:*d*]-pyrimidin (F. 174—175°) 6877*, 15 696*.
2.8-Diäthylhypoxanthin 2735.
4-Hydroxy-5-dimethylaminomethylpyrrolo-[2.3:*d*]-pyrimidin (Zers. bei 260—300°) 11 927.
5-Propoxy-7-methyl-*symm.*-triazolo-[4.3:*c*]-pyrimidin (F. 80—81°) 1715*.
***N*-Benzyl-*N'*-guanylharnstoff** (F. 142 bis 143,5°), Darst. (Rk., Deriv.) 17 008; (v. Cu-Komplexen) 5967.
***N*-Phenyl-*N*-methyl-*N'*-guanylharnstoff**, Hydrochlorid (F. 237—238° Zers.) 17 008.
1.7-Diaminophthalazinmethylhydroxid, Jodid (F. 297—299° Zers.) 11 907.
3.6-Diaminochinoxalinmethylhydroxid, Jodid (F. 233—235° Zers.) 11 908.

$C_9H_{12}N_4OS$ **9-Butyl-2-hydroxy-8-mercaptopurin** (Zers. bei ca. 330°) 848.
1-[5-*n*-Propyl-1.3.4-thiadiazolyl-(2)]-3-methyl-Δ^2-pyrazolon-(5) (F. 143—144°) 4909.

$C_9H_{12}N_4O_2$ **1-[*sek.*-Butyl]-4.6-dihydroxypyrazolo-[3.4:*d*]-pyrimidin** (F. 225—227°) 6877*, 15 696*.
1-Isopropyl-5-methyl-4.6-dioxo-4.5.6.7-tetrahydropyrazolo-[3.4:*d*]-pyrimidin (F. 235—236°) 949*, 1324*.
2-Isopropyl-4.6-dioxo-5-methyl-4.5.6.7-tetrahydropyrazolo-[3.4:*d*]-pyrimidin (F. 232—233°) 950*, 1325*.
8-Methylcoffein, Rk. 18 470; qual. Rk. auf — in Ggw. anderer Purin-Verb. 3183.
2-Methyl-5-[dimethylaminomethyl]-furan-3-carbonsäureazid 15 035*.
β-Isonicotinoylhydrazinopropionsäureamid 14 619*.
Malonsäure-α-phenyldihydrazid (F. 140° korr.) 8975.

$C_9H_{12}N_4O_3$ (s. *Cordalin [7-(β-Hydroxyäthyl)-theophyllin]*).
1-[β-Hydroxyäthyl]-theobromin, Darst., Vers. d. Bleitetraacetatspalt. 18 071; Wrkg. auf d. Kontraktionskraft d. Herzmuskels 6499.
8-Hydroxymethylcoffein (F. 222—225°) 12 659, 15 597.
8-Hydroxymethylisocoffein (F. 253—255°) 12 659.
1.3.7.9-Tetramethylharnsäure, Kristallstruktur 5985; Mol.-Geometrie eines krist. 1:1-Komplexes zwischen — u. Pyren 15 544.
Pyridoxalsemicarbazon (F. 231—232°) 14 243*.
3-Amino-1.2-dimethyl-5-nitroindazoliumhydroxid, Rk. d. Jodids 11 907.
2-Amino-1.3-dimethyl-5-nitrobenzimidazoliumhydroxid, Jodid (F. 304—305° Zers.) 11 908.
1-Methyl-4-amino-5-[carbäthoxymethylenamino]-6-oxodihydropyrimidin (F. 179°) 8252.
3-Amino-5-methylpyrazin-2-carbonsäure-2'-carboxyäthylamid (F. 207—209°) 15 602.
1-Äthyl-4-acetylcarbamyl-5-imidazolcarboxamid, Verw. 2468*.
1-Äthyl-5-acetylcarbamyl-4-imidazolcarboxamid, Verw. 2468*.
5-Nitro-2-aminobenzoesäure-*asymm.*-dimethylhydrazid (F. 255—256°) 11 659*.
***O*-Hydrazinocarbonylmethylsalicylsäurehydrazid** (F. 164—166°) 12 653.

$C_9H_{12}N_4O_3S$ ***p*-Acetylaminobenzolsulfoguanidin** (F. 264—266°), Darst., Verw. 7252*; Rk. 16 848*.

$C_9H_{12}N_4O_4$ **3-Oxo-4.5-bis-[acetylamino]-6-methoxy-2.3-dihydropyridazin** (F. 270 bis 273° Zers.) 17 399.

$C_9H_{12}N_4O_4S$ **1-[4'-Acetylaminobenzolsulfonyl]-semicarbazid** (F. 235°) 2332.

$C_9H_{12}N_4O_{12}$ **Malonsäure-bis-2.2-dinitropropylester** (F. 37—39°) 9307.

$C_9H_{12}N_4S$ **1-[*sek.*-Butyl]-4-mercaptopyrazolo-[3.4:*d*]-pyrimidin** (F. 152—155°) 6877*.
1-Isopropyl-4-methylmercaptopyrazolo-[3.4:*d*]-pyrimidin (F. 41—42°), Rk. 6877*.
6-*n*-Butylmercaptopurin, Wechselwrkg. d. Folsäureanalogen u. — als Wachstumsinhibitor v. Milchsäurebakterien 5716.
6-[2'-Methylpropylmercapto]-purin, Wechselwrkg. d. Folsäureanalogen u. — als Wachstumsinhibitor v. Milchsäurebakterien 5716.
6-*n*-Propylmercapto-2-methylpurin (F. 197°) 10 462.
6-*n*-Propylmercapto-8-methylpurin (F. 213,5°) 10 462.
6-Äthylmercapto-2.8-dimethylpurin (F. 221°) 10 462.
6-Methylmercapto-2-methyl-8-äthylpurin (F. 235°) 10 462.
***m*-Aminoacetophenonthiosemicarbazon** (F. 148°) 13 370.

$C_9H_{12}N_5O_4PS$ **[Bis-(äthylenimido)-phosphoryl]-uracil-(5)-thiocarbamat** 9569*.

$C_9H_{12}N_6$ **Triäthylenmelamin (T. E. M., Cyanursäuretriaziridyl, 2.4.6-Triäthylenimino-1.3.5-triazin, 2.4.6-Tri-[aziridinyl-(1)]-*symm.*-triazin)**, Stabilisier. 15 694*; Isomerisier. 6019; physiolog. Wrkg. u. Best. 6504; Purinalkaloide als Sensibilisatoren für — bei d. Pflanzenkaryokinese 2397; Wrkg.: auf d. Gewebe v. Hühnerembryonen 15 629; auf d. Genitalentw. beim Kaninchen 4570; auf d. Fortpflanzungsfähigk. v. Mäusespermatozoen 3491; auf d. Fertilität (männl. Mäuse) 5699; (weibl. Mäuse) 16 001; auf d. Cortisonabbau in d. Rattenleber 16 354; Einbau radioakt. Substanz als Anzeige für Stoffwechseländer. d. Leber nach Anwend. v. — 8653; Prüf.: auf antimitot. Wirksamk. mittels in vitro kultivierter Yoshida-Sarkom-Zellen 18 871; auf Cytotoxizität gegenüber normalen menschl. u. tier. Zellen 4195; Einfl. auf menschl. normale u. neoplast. Zellen in Gewebekulturen 14 172; cytostat. Wrkg. auf ein breites Tumorspektrum 7555; Wrkg.: d. Rücktransfus. vor Verabreich. einer letalen Dosis v. — entnommenen nichtkonservierten, autologen Knochenmarks 3123; auf d. Wachstumsindices d. Nelson-Mäuseascitestumors (Riditanalyse) 2766; auf d. Wachstum d. Galliera-Sarkoms d. Ratte 13 800; als Indicator d. Hauttumorbldg. bei d. Maus 11 956; chemotherapeut. Unters. mit — an transplantierbaren Mäusetumoren 9378; Wrkg. einer kombinierten Behandl. durch Bestrahl. u. mit — gegen experimentelle Tiertumoren 9376; Ausscheid.- u. Verteil.-Unters. mit ^{14}C-— bei Krebskranken 16 354; Behandl. v. Blasentumoren mit — (Übersicht) 5325; Verw. 7395*.

N-[**Puryl-(6)]-piperazin,** Hydrochlorid 17 401.
2.3.6.7.10.11-Hexahydrotriimidazo-[1.2:*a*; 1'.2':*c*;1''.2'':*e*]-*symm.*-triazin (F. 320°) 6020.

$C_9H_{12}N_6O$ ***p*-Biguanidobenzamid,** Best. d. Cytotoxizität in menschl. Zellkulturen 4196.

$C_9H_{12}N_6O_3$ **1-Anilinoformyl-5-aminoformylcarbohydrazid** (F. 242°) 3427.

$C_9H_{12}N_6O_4$ **2^s.3^s-Diacetyl-5-guanidino-1-methyl-4-nitroimidazol** (F. 212—213°) 18 116.

$C_9H_{12}N_6O_5$ **8-Azaguanosin** [**2-Amino-9-[β-D-ribofuranosyl]-6-hydroxy-8-azapurin, 5-Amino-3β-D-ribofuranosyl-6.7-dihydro-3H-*vic.*-triazolo-[4.5:*d*]-pyrimidinon-(7)**], Rk. 10 465, 15 601.

$C_9H_{12}N_6O_{17}$ **3-*O*-Vinylcarbamoyl-D-mannitpentanitrat** (F. 136—137°) 5999.

$C_9H_{12}N_8O_{16}$ ***N.N'*-Dinitromethylen-bis-[2.2-dinitropropyldicarbaminat]** 8852*.

$C_9H_{12}N_{10}O_{18}$ **2-Nitraza-1.4-butan-bis-[2.2.2-trinitroäthyl]-dicarbamat** (F. 65—67°) 7027*.

$C_9H_{12}O$ (s. *Felicur* [*α-Hydroxyphenylpropan, 1-Phenylpropanol*]).
2-Methyl-4.5.6.7-tetrahydrocumaron (Kp. 178—180°) 15 584.
2-Oxa-1.2-dihydrodicyclopentadien (Endomethylentetrahydrophthalan), Darst. (Verw. v. Deriv.) 5447*; (Rk., Phenylazid-Addukt v. endo- u. exo-—) 5658.
2-Tropyläthanol, Rk. 4866.
2-Phenylpropanol-(1) (2-Phenyl-2-methyläthanol-(1), β-Methyl-β-phenyläthanol) ($Kp._{26}$ 121°), Darst. 98, 99, 101; (v. akt.-—) 1584; (Verw.) 19 005*; Bldg., Deriv. 10 794.
3-Phenylpropanol-(1) (Hydrozimtalkohol), Darst. 101; (p-Nitrobenzoat) 1598; Bldg. 7911, 10 795; Dublettcharakter d. OH-Absorpt. 8558; Wechselwrkg. zwischen OH-Gruppe u. π-Elektronen 11 506; dielektr. Relaxat. in — bei niedr. Temp. 16 975; Rk. 1562, 7693*, 8939, 10 798, 13 032; Best. d. VZ. für d. quatern. Syst. Phenyläthylalkohol, —, Phenyläthylacetat u. Laurinsäure 3292.
1-Phenylpropanol-(2) (Methylbenzylcarbinol, β-Hydroxy-α-phenylpropan) ($Kp._{15}$ 98—100°), Darst. 101; (Rk., Deriv.) 10 795; Konstit.-Einfl. auf d. opt. Drehung v. D-— 68; Rk. 1588, 11 536.
Dimethylphenylcarbinol [Cumylalkohol, α.α-Dimethylbenzylalkohol, 2-Phenylpropanol-(2)] ($Kp._3$ 52°), Darst. 799; (Rk.) 8787*; (Verw.) 7327*; Bldg. 3112, 5319; IR-Absorpt.-Spektrum 16 260; Best. d. Rotationsisomeren aus d. ν(OH) 11 505; Rk. 1948, 7693*, 8229, 17 209*.
α-[*o*-Tolyl]-äthanol ($Kp._{16}$ 106°) 15 937.
α-[*m*-Tolyl]-äthanol ($Kp._{10}$ 102°) 15 937.
α-[*p*-Tolyl]-äthanol (Methyl-*p*-tolylcarbinol) ($Kp._{12}$ 104—105°), Darst., Rk. 15 937; dielektr. Relaxat. 14 080; Rk. 2088*.
β-*o*-Tolyläthanol ($Kp._{13}$ 113—114°) 1999, 14 851, 19 005*.
2-*m*-Methylphenyläthanol, Best. d. Rotationsisomeren aus d. ν(OH) 11 506.
2-*p*-Tolyläthanol (2-*p*-Methylphenyläthanol) ($Kp._{14}$ 115°), Darst. 101; (Rk.) 1999; Best. d. Rotationsisomeren aus d. ν(OH) 11 506.
α-Methyl-3.6-endomethylentetrahydrobenzylalkohol, Deriv. 12 484*.
2-Äthylbenzylalkohol 5643.
2.4-Dimethylbenzylalkohol (F. 27—28°) 2906*, 3410.
2.6-Dimethylbenzylalkohol (F. 91—92°) 5643.
3.5-Dimethylbenzylalkohol ($Kp._{10}$ 115 bis 117,5°) 3410, 5643.
2-*n*-Propylphenol (Kp. 220°), gaschromatograph. Retentionszeit 7270.
3-*n*-Propylphenol (Kp. 228°), IR-Spektrum 7828; gaschromatograph. Retentionszeit 7270.
4-*n*-Propylphenol (Kp. 233°), Darst., Rk. 5691; gaschromatograph. Retentionszeit 7270; papierchromatograph. Trenn. v. Alkylphenolen 9841.
2(*o*)-Isopropylphenol (Kp. 216°), Isolier. 13 604; Bldg. 2697; IR-Spektrum 7828; spektroskop. Unters. d. freien Hydroxyl-Valenzschwing. 7090; Rk. 12 979; (d. Al-Salzes) 16 289; gaschromatograph. Retentionszeit 7270.
3(*m*)-Isopropylphenol (Kp. 228°), Isolier. 13 604; IR-Spektrum 3764; gaschromatograph. Retentionszeit 7270; Verw. 16 555*.
***p*(4)-Isopropylphenol** (Kp. 231°), Darst. 11 370*, 17 563*; Bldg. 11 153; IR-Spektrum 7828; spektroskop. Unters. d. freien Hydroxyl-Valenzschwing. 7090; Rk. 4512, 18 416; (d. Al-Salzes) 16 289; gaschromatograph. Retentionszeit 7270.
2-Äthyl-3-methylphenol (F. 27,5°) 103.
2-Äthyl-4-methylphenol, IR-Spektrum 7828.
2-Äthyl-5-methylphenol (3-Methyl-6-äthylphenol) (Kp. 224,2°), IR-Spektrum 7828; gaschromatograph. Retentionszeit 7270.
3-Äthyl-2-methylphenol (F. 71,5°), Darst., Rk. 103; gaschromatograph. Retentionszeit 7270.
3-Äthyl-4-methylphenol, IR-Spektrum 7828.
3-Äthyl-5-methylphenol (Kp. 233°), Bldg. 17 748; gaschromatograph. Retentionszeit 7270.
4-Äthyl-2-methylphenol (Kp. 222°), gaschromatograph. Retentionszeit 7270.
4-Äthyl-3-methylphenol (Kp. 229°), IR-Spektrum 7828; gaschromatograph. Retentionszeit 7270.
5-Äthyl-2-methylphenol (Kp. 223°), gaschromatograph. Retentionszeit 7270.
2.3.4-Trimethylphenol (Kp. 236°), gaschromatograph. Retentionszeit 7270.
2.3.5-Trimethylphenol (Isopseudocumenol) (F. 95°), Darst., Phenylurethan 17 748; spektroskop. Unters. d. freien Hydroxyl-Valenzschwing. 7090; Rk. 16 843*; gaschromatograph. Retentionszeit 7270.
2.3.6-Trimethylphenol (Kp. 226°), gaschromatograph. Retentionszeit 7270.
2.4.5-Trimethylphenol (F. 70°), Darst., Rk. 12 278; gaschromatograph. Retentionszeit 7270.
2.4.6-Trimethylphenol (Mesitol) (F. 92°), Darst. 3623*, 3624*, 13 572*; (Rk.) 14 474; (Verw.) 12 099*; Rk. 10 431, 14 855; gaschromatograph. Retentionszeit 7270.
3.4.5-Trimethylphenol (2.6-Dimethyl-*p*-kresol) (F. 105—106°), Darst. 17 749; Verw. 16 131*; gaschromatograph. Retentionszeit 7270.
Methylphenäthyläther (Kp. 192—193°), Rk. 1561.
(+)-1-Phenyl-1-methoxyäthan 1944.
(—)-1-Phenyl-1-methoxyäthan 1943, 1944.
Benzyläthyläther, Darst. 3415; (v. (+)- u. (—)-D(α)-—) — 8564; (Kinetik) 3409; stereochem. Konfigurat. v. D(α)-— 8563; Einfl. auf d. Absorptionsspektrum v. 3-Methyllumiflavin 8207.
1-Äthoxycycloheptatrien-(1.3.5) ($Kp._4$ 52 bis 53°) 15 571.
7-Äthoxycycloheptatrien (Tropyläthyläther) ($Kp._8$ 62°) 4866.
***n*-Propylphenyläther** ($Kp._{748}$ 189—190°), Rk. 2697.
Isopropylphenyläther ($Kp._{748}$ 176—177°), Rk. 2697.
2-Äthylanisol (Kp. 187°), gaschromatograph. Retentionszeit 7270.
4(*p*)-Äthylanisol ($Kp._{730}$ 193—194°), Darst. 17 733; gaschromatograph. Retentionszeit 7270.

2.3-Dimethylanisol (Kp. 199°), gaschromatograph. Retentionszeit 7270.
2.4-Dimethylanisol (2.4-Dimethylphenylmethyläther) (Kp. 192°), Rk. 14 848; gaschromatograph. Retentionszeit 7270.
2.5-Dimethylanisol (Kp. 193°), gaschromatograph. Retentionszeit 7270.
2.6-Dimethylanisol (Kp. 182°), Konstit.-Einfl. auf UV- u. Fluorescenzspektrum 4474; gaschromatograph. Retentionszeit 7270.
3.4-Dimethylanisol (Kp. 204°), gaschromatograph. Retentionszeit 7270.
3.5-Dimethylanisol (Kp. 193°), gaschromatograph. Retentionszeit 7270
Nonin-(4)-en-(2)-al-(1) 10 270*.
4-*tert.*-Butylpenten-(4)-in-(2)-al-(1), Bldg., 2.4-Dinitrophenylhydrazon (F. 130,5°) 18 794.
4-Methyloctatrien-(2.4.6)-al-(1), Rk. 10 274*.
Norbornylen-(5)-ylacetaldehyd (Kp.$_{8}$ 76 bis 78°) 2368.
2-Methyl-Δ^{5}-bicyclo-[2.2.1]-hepten-2-aldehyd, Rk. 10 799.
2.5-Endoäthylen-Δ^{3}-tetrahydrobenzaldehyd, Rk. 5478*.
Nonatrienon (Kp.$_{4}$ 104°) 9515*.
6-Methyloctatrien-(3.5.7)-on-(2), Rk. 7508.
2.7-Dimethylcycloheptadien-(3.5)-on (Kp.$_{3,5}$ 61—63°) 1967.
2-Propargylcyclohexanon (Kp.$_{12}$ 93—95°) 15 942.
2-Allylcyclohexen-(2)-on (Kp.$_{15}$ 98—103°) 7864.
1-Oxo-Δ^{2}-hexahydroinden (Kp.$_{1}$ 55—57°) 14 123.
(Bicyclo-[2.2.1]-hepten-(5)-yl)-methylketon (2.5-Endomethylen-Δ^{3}-cyclohexenylmethylketon) (Kp.$_{13}$ 77—78°), Darst., Rk. 12 387*; Rk. 222*, 6590*, 12 392*.
4-Methylbicyclo-[3.3.0]-$\Delta^{1,5}$-octenon-(2) (Kp.$_{18}$ 117°) 7878.
1.2-Dimethyltropyliumhydroxid, Salze 1967.

$C_9H_{12}OS$ 3-Phenyl-2-mercaptopropanol-(1) (Kp.$_{0,1}$ 88°) 17 392.
3-Phenyl-1-mercaptopropanol-(2) (Kp.$_{0,65}$ 106—110°) 17 392.
p-Methoxybenzylmethylsulfid (Kp.$_{2}$ 92 bis 93°) 10 432.
n-Butyl-α-thienylketon (Kp.$_{6}$ 106—107°) 12 282.
Isobutyl-α-thienylketon (Kp.$_{5}$ 92—93°) 12 282.
tert.-Butyl-α-thienylketon (Kp.$_{5}$ 101—102°) 12 282.
5-Propyl-2-acetylthiophen, Rk. 16 683.
2-Thia-$\Delta^{9,10}$-oktalon-(6) (F. 90,5—91,5°), Darst., Konstit.-Einfl. auf d. UV-Spektrum 10 399.

$C_9H_{12}OS_2$ *endo*-Bicyclo-[3.2.0]-hepten-(2)-yl-(6)-[*S*-methylxanthogenat] (Kp.$_{0,4}$ 87°), Darst., Pyrolyse (Mechanismus) 4475.
exo-Bicyclo-[3.2.0]-hepten-(2)-yl-(6)-[*S*-methylxanthogenat] (Kp.$_{1,3}$ 92—96°), Darst., Pyrolyse (Mechanismus) 4475.

$C_9H_{12}O_2$ Dehydronorcampheräthylenketal (Kp.$_{33}$ 100°) 15 579.
α-Methyl-β-[5-methylfuryl-(2)]-allylalkohol (Kp.$_{3}$ 124—125°) 11 910.
3-Phenylpropandiol-(1.2) (3(γ)-Phenylpropylenglykol) (Kp.$_{12}$ 162°) 15 693*, 17 392.
2-Phenylpropandiol-(1.3) (Kp.$_{16}$ 189°) 834.
1-[*p*-Hydroxyphenyl]-propanol-(1), Deriv. 1711*.
4-Hydroxy-3.5-dimethylbenzylalkohol (F. 104—104,5°) 10 431.
4-Propylbrenzcatechin (F. 58—59°) 18 095.
2-*n*-Propylresorcin (F. 99,0—101,5°) 10 792.
2.4.6-Trimethylresorcin, gaschromatograph. Retentionszeit 7270.
Trimethylhydrochinon (F. 170—172°) 17 374.
1-[*p*-Methoxyphenyl]-1-hydroxyäthan, Bldg. 6378; Ermittl. v. d. Übergangszustand bei d. Chromsäure-Oxydat. v. — bestimmenden Faktoren 13 715.
2-[*m*-Methoxyphenyl]-äthanol, Best. d. Rotationsisomeren aus d. ν(OH) 11 506.
2-[*p*-Methoxyphenyl]-äthanol (β-*p*-Anisyläthanol) (Kp.$_{10}$ 138—140°), Darst. 101, 6378; (Verw.) 19 006*; Best. d. Rotationsisomeren aus d. ν(OH) 11 506.
Phenoxypropanol, Glykolyse-Hemm. durch halogeniertes — bei Speichelsedimenten 7192.
β-[*o*-Tolyloxy]-äthanol, Rk. 15 563.
β-[*m*-Tolyloxy]-äthanol, Rk. 15 563.
Hydrochinonmonopropyläther, Verw. 6279*.
4-Äthoxy-2-hydroxytoluol (F. 47—48°) 18 807.
Äthyl-*p*-hydroxyanisol, Verw. 1792*.
2-Methoxy-3.4-dimethylphenol (Kp.$_{0,8}$ 70 bis 80°) 7121.
3.5-Dimethylguajacol, IR-Spektrum 7828.
2.4-Dimethyl-6-methoxyphenol (4.6-Dimethylguajacol) (F. 32°), Darst., Rk. 7121; IR-Spektrum 7828.
2.3-Dimethyl-6-methoxyphenol (F. 94 bis 95°) 7121.
2.5-Dimethylhydrochinonmonomethyläther (F. 86—88°) 1575.
4-Methoxy-3.5-dimethylphenol (F. 85,5 bis 86,5°) 7121.
Benzaldehyddimethylacetal (Kp. 196°) 10 820.
4-Methoxybenzylmethyläther (Kp.$_{17}$ 113 bis 115°) 9316.
2.4-Dimethoxytoluol (Kp.$_{30}$ 110—120°) 3090.
2-Methyl-1.4-dimethoxybenzol (2.5-Dimethoxytoluol) (Kp.$_{0,2}$ 46—51°), Darst., NMR-Spektrum 6798.
4-Methylveratrol (Kp. 219°), gaschromatograph. Retentionszeit 7270.
Cumolhydroperoxid (Isopropylbenzolhydroperoxid) (Kp.$_{0,003}$ 46°), Darst. 4344*, 6584*, 9896*, 17 563*; (in Ggw. eines Alkalisalzes einer organ. Säure) 15 405*; (in Ggw. einer organ. N-Base) 15 768*; (Rk.) 9671; (Verw.) 2174*; Kinetik d. Bldg. u. therm. Zers. 4486; Bldg. in Ggw. v. Phthalocyaninen (Kinetik) 4485; Bldg. (Einfl. v. Na-Hydroxid sowie Mn- u. Co-Salzen) 9668; Konzentrieren v. — 6604*, 16 135*; IR-Absorpt.-Spektrum 16 260; intramol. H-Bind. in — 16 625; Austausch v. H gegen T 1566; Hydrier. (Kinetik) 9668; Oxydat. 17 922*; therm. Behandl. in Ggw. v. Trialkaliphosphat 8787*, 3985*, 10 276*; (kontinuierl. Aufarbeit. d. entstehenden Rk.-Gemisches aus Aceton, α-Methylstyrol u. Phenol) 2905*; Zers. 9517*; (durch Säure) 11 364*; (in Ggw. d. Phthalocyanine v. Co u. Cu) 4486; (Reinig. d. erhaltenen Acetons) 6208*; Mechanismus d. Zerfalls unter d. Einw. d. Salze v. Metallen verschied. Wertigk. 11 866; Zers. v. — bzw. —-Deriv., Rk. mit Phenyldimethylcarbinol 1947; Säure-Zers. (Kinetik) 15 915; Rk. mit Hydrazin 14 823; Einw. auf Styrol in Ggw. v. SO_2 16 702; Rk.: mit 3.5.5-Trimethyl-1.2-dioxacyclopentan 13 209*; mit Acetalen 17 925*; mit Butyraldehyddiäthylacetal 2703, 4362*; (u. Önanthaldehyddiäthylacetal) 7348*; mit CH_2O u. Aminen 1027; mit o-Phthaldialdehyd 8424*; mit 9.10-Bis-[carboxymethylmercapto]-9.10-dihydroanthracen 11 552; durch — initiierte Radikal-Polymerisat. 11 582; Mechanismus u. Wirksamk. d. Einfl. v. Polyamin-Syst. während d. Polymerisat. in Ggw. v. — 3112; Mechanismus d. Emuls.-Polymerisat. v. Styrol mit — als Initiator 14 891; Einfl. auf d. Oxydat. v. Butylbenzolen u. Äthylbenzol in fl. Phase in Ggw. v. Alkali, Kobaltstearat u. Auramin 10 044; chemorheolog. Unters. v. mit — vulkanisierten fl. Polysulfidpolymeren 12 682; spezif. mutagene Wrkg. auf d.

Rückmutat. zweier Loci v. E. coli *15 T 9-13* 12 318; Einw. auf d. Mäuse-Ascitescarcinom in vivo 2403; Verw. 15 808*, 18 209*; spektrophotometr. Best. 4662.
1-[5'-Methylfuryl-(2')]-butanon-(3) (Kp.$_8$ 92,5—93°) 2346.
9-Keto-2-oxatetrahydro-*endo*-dicyclopentadien (Kp.$_3$ 105—106°) 5659.
9-Keto-2-oxatetrahydro-*exo*-dicyclopentadien (Kp.$_{0,6}$ 79—80°) 5659.
2-Acetylcycloheptadien-(1.3)-ol (Kp.$_{10}$ 102°) 10 068.
2.3.5-Trimethyl-*o*-chinol, Rk. 5287.
Mesityl-*p*-chinol, Rk. 13 714.
6-Acetyl-3-methylcyclohexen-(2)-on-(1) (Kp.$_{13}$ 126—130°) 18 277*.
2-Allylcyclohexandion-(1.3) (F. 128°), Darst., Rk. 1967; Rk. 1954.
2.6.6-Trimethylcyclo-2-hexen-1.4-dion (Kp.$_{11}$ 92—94°) 9194*.
***cis*-Hydrindandion-(1.3)** (F. 86—86,5°), Darst., Rk. 8236; Rk. 14 123.
Hydrindandion-(1.7) (F. 36°) 5654.
1.6-Diketospiro-[4.4]-nonan (F. 37—37,5°) 11 901.
Bicyclo-[3.3.1]-nonandion-(2.6) 3454.
Nonaen-(2)-in-(4)-säure (F. 48°) 16 632.
Norbornylen-(5)-ylessigsäure (Kp.$_{12}$ 139°) 2367.
5-*endo*-Methylbicyclo-[2.2.1]-hepten-(2)-*exo*-carbonsäure-(5), NMR-Spektrum, Konformat. 16 263.
5-*exo*-Methylbicyclo-[2.2.1]-hepten-(2)-*endo*-carbonsäure-(5), NMR-Spektrum, Konformat. 16 263.
6-*endo*-Methylbicyclo-[2.2.1]-hepten-(2)-*exo*-carbonsäure-(5), NMR-Spektrum, Konformat. 16 263.
6-*exo*-Methylbicyclo-[2.2.1]-hepten-(2)-*endo*-carbonsäure-(5), NMR-Spektrum, Konformat. 16 263.
1.4-Dihydrobenzoesäureäthylester (Kp.$_{15}$ 91°) 18 808.
5-Acetoxynorbornen (Dehydronorbornylacetat), Darst., Rk. 6046; Rk. 15 579.
Bicyclo-[2.2.1]-hepten-(2)-carbonsäure-(5)-methylester (5-Carbomethoxynorbornen) (Kp.$_5$ 63,5°), Darst., Copolymerisat.-Charakteristika 4562; Rk. v. endo- u. exo-— 11 150.
5-*n*-Propyl-6-methylpyron-(2), Rk. 18 464.
3.6-Diäthyl-α-pyron (Kp.$_1$ 74—76°) 806.
β-Cyclopentyl-$\Delta^{\alpha,\beta}$-γ-butenolid (Kp.$_2$ 120 bis 121°), Darst., Konstit.-Einfl. auf d. ν(CO) 9653.
3.4-Dimethyl-5-propyliden-2.5-dihydrofuranon-(2) (Kp.$_{0,15}$ 55°) 17 210*.
cis-**Nornepetalacton** (Kp.$_{0,05}$ 50—55°) 490.

$C_9H_{12}O_2S$ **Benzyläthylsulfon**, Rk. d. Na-Verb. 9666.
***o*-Methylbenzylmethylsulfon** (F. 76—77°) 10 432.
***p*-Methylbenzylmethylsulfon** (F. 131 bis 131,5°) 10 432.
Äthyl-*p*-tolylsulfon (F. 53—55°) 11 161.
δ-[Thienyl-(2)]-valeriansäure (F. 41—43°) 811, 18 472.
3-Isobutylthiophen-2-carbonsäure (F. 84°) 13 578*.
Thienyl-(2)-äthylcarbinolacetat (Kp.$_6$ 93 bis 94°) 16 303.
Methyl-[thienyl-(2)]-essigsäureäthylester (Kp.$_{14}$ 108°) 10 084.
5-Äthylthiophen-3-carbonsäureäthylester, Konstit.-Einfl. auf d. Hydrolyse (Kinetik) 16 986.
3-Äthyl-4-methylthiophen-2-carbonsäuremethylester (Kp.$_{0,05}$ 87—88°) 13 578*.
Benzolsulfinsäure-*n*-propylester 15 932.
Benzolsulfinsäureisopropylester 15 932.

$C_9H_{12}O_2S_2$ ***p*-Toluolthiosulfonsäureäthylester** (Kp.$_4$ 115°), Darst. 1562; Austausch v. S gegen ^{35}S 1562.

$C_9H_{12}O_3$ ***exo*-2.3-Epoxy-3.5-äthylendioxybicyclo-[2.2.1]-heptan** (Kp.$_{0,25}$ 53°) 15 579.
2.6-Dimethylol-4-methylphenol, Rk. 14 705*.
3-Phenoxypropandiol-(1.2) (Glycerin-1-phenyläther, „Phenoxyglycerin") (F. 69 bis 70°) 8247, 15 028*, 15 565.
3-Methoxy-4-hydroxyphenyläthanol, Bldg. aus 3.4-Dihydroxyphenyläthylamin bei d. Ratte (Unters. mit ^{14}C) 8691.
3.4-Dimethoxybenzylalkohol (Veratrylalkohol) (Kp.$_9$ 165—168°), Darst., Rk., Phenylurethan 11 864; Rk. 6794.
β-[*o*-Methoxyphenoxy]-äthanol, Rk. 15 563.
β-[*m*-Methoxyphenoxy]-äthanol, Rk. 15 563.
1.2.3-Trimethoxybenzol (Pyrogalloltrimethyläther), Bldg. 10 449; Rk. 5278, 6015, 13 208*.
1.2.4-Trimethoxybenzol, Darst., Rk. 7518; Rk. 4140, 5265.
1.3.5(*symm.*)-Trimethoxybenzol (Phloroglucintrimethyläther) (F. 52—53°), Bldg. aus Trimethoxybenzaldehyd (Mechanismus) 15 912; Wander.-Geschw. an Kieselsäure-Celite-*503* 10 409; Mechanismus d. säurekatalysierten aromat. H-Austausches bei $T_{(2)}$-— 13 348; Oxydat. 7515; Rk.: mit Aldehyden bzw. Aldehydacetalen 1592; mit Phenylbrenztraubensäuren 12 643; mit Cyanameisensäureäthylester 5263.
5-Methylen-4.4-spiropentamethylen-1.3-dioxolanon-(2), Rk. 4723*.
6-Propyl-α-desoxykojisäure, Verh. gegen Acrylnitril 5290.
6-Propyl-2.4-dioxo-2.3-dihydropyranmethyläther 9707.
6-Hydroxymethylen-3-äthoxycyclohexen-(2)-on (F. 93—93,5°) 18 807.
Acetoveratron, Rk. 10 441.
1-Acetonylcyclohexandion-(2.6), Darst., Rk. 15 584; Rk. 18 109.
δ-Butylidenacetoacrylsäure 5845*.
2-Keto-3-methyl-$\Delta^{1,6}$-cyclohexenylessigsäure (F. 95°) 4147.
1-[α-Furyl]-propanol-(3)-acetat, Rk. 1222.
Furfuryl-*n*-butyrat (Kp.$_{764}$ 212—213°), chem. u. physikal. Kennzahlen, Geruchs- u. Geschmacksnote, Verw. 3290.
***exo*-2.3-Epoxy-5-acetoxybicyclo-[2.2.1]-heptan** (Kp.$_{0,25}$ 64°) 15 579.
4-Carbäthoxycyclohexen-(2)-on, Vers. d. Darst. 14 118.
4-Carbäthoxycyclohexen-(3)-on (Kp.$_{0,3}$ 83 bis 84,5°) 14 118.
2-Vinyl-2-carbomethoxycyclopentanon (Kp.$_{21}$ 119—123°) 15 868.
***d*-2-Methylencyclopentanon-3-carbonsäureäthylester** 461.
***l*-2-Methylencyclopentanon-3-carbonsäureäthylester** 461.
2-Acetylcyclopentanon-*exo*-enolacetat (Kp.$_{12}$ 118—119°) 4903.
***endo*-3-Acetoxynorcampher** 8266.
5-*exo*-Acetoxybicyclo-[2.2.1]-heptanon-(2) (Kp.$_{1,2}$ 88—90°) 18 814.
***cis*-Cycloheptan-1.2-dicarbonsäureanhydrid** (Kp.$_{0,5}$ 126—127°) 13 004.
β-[1'-Hydroxy-2'-ketocyclohexyl-(1')]-propionsäurelacton (γ.γ-[2-Oxopentamethylen]-γ-butyrolacton) (F. 59°) 5275, 11 171.

$C_9H_{12}O_3S$ ***p*-Methoxybenzylmethylsulfon** (F. 110,5—111°) 10 432.
2-Thia-$\Delta^{5,10}$-oktalon-(6)-*S.S*-dioxid (F. 219,0—220,5°), Konstit.-Einfl. auf d. UV-Spektrum 10 399.
β-Mercapto-β-[furyl-(2)]-propionsäureäthylester (Kp.$_{13}$ 123°) 10 062.
2.4.6-Trimethylbenzolsulfonsäure (Mesitylensulfonsäure), Bezieh. zwischen Struktur u. Stabilität d. Komplexe mit Cd 46; Sulfonier. (Kinetik) 7103.
Pseudocumolsulfonsäure, UV-Spektrum 8209.
***n*-Propansulfonsäurephenylester** (Kp.$_{35}$ 183 bis 185°) 6370.

n-**Propylbenzolsulfonat**, Rk. 444.
p-**Toluolsulfonsäureäthylester (Äthyl-*p*-toluolsulfonat)**, Bldg. 17 016; Rk.: mit 1.3.4-Thiodiazolen 1986; mit o-Brombenzyldimethylamin 18 088; mit erythro- u. threo-Phenyl-1-benzylpiperidyl-(2)-methanol 9078*; mit threo-N-Benzylpiperidyl-(2)-phenylmethanol 18 204*; Überführ.: in Phenyläthoxy-1-benzylpiperidyl-(2)-methanhydrochlorid-hydrat 5021*; in Äthylzink-p-toluolsulfonat 5100*.
p-**Äthylbenzolsulfonsäuremethylester**, Kinetik d. Hydrolyse u. Solvolyse 10 041.
2.4-Dimethylbenzolsulfonsäuremethylester, Kinetik d. Hydrolyse u. Solvolyse 10 041.
3.4-Dimethylbenzolsulfonsäuremethylester, Kinetik d. Hydrolyse u. Solvolyse 10 041.
$C_9H_{12}O_3SZn$ **Äthylzink-*p*-toluolsulfonat** 5100*.
$C_9H_{12}O_3S_2$ **4-Isopropylmercaptobenzolsulfonsäure**, Rk. d. Na-Salzes 2084*.
$C_9H_{12}O_4$ (s. *Antiarol* [*3.4.5-Trimethoxyphenol*]).
2.4.6-Trimethylolphenol (F. 84—85°), Darst. 19 010*; Bldg. 10 416; Struktur eines räumlich gebauten, aus — erhaltenen Polykondensates 12 682; Verw. d. Salze 1859*.
3-Methoxy-4-hydroxyphenylglykol, — als Stoffwechselprod. v. $^3H_{(7)}$-Epinephrin-d-bitartrat bei normalen jungen Männern 4599; Nachw.d.Adrenalinmetaboliten 3.4-Dihydroxyphenylglykol als ^{3}H-— mittels einer Brenzcatechin-O-methyltranspherase 16 385; Best. 537.
2.3-Dimethoxy-5-methylhydrochinon, Rk. 14 884.
1-Hydroxymethoxy-3.5-dimethoxybenzol (F. 63°) 7515.
β-**[2-Oxo-3-methoxycyclopenten-(5)-yl]-propionsäure**, — als Teilstruktur einer aus Isodelphonon erhaltenen Carbonsäure $C_{24}H_{33}NO_8$ 14 144.
2.6-Dioxocyclohexylpropionsäure (F. 187 bis 188°) 1211.
2.6-Dicarboxy-1.6-heptadien, Rk. 7351*, 8644.
*Δ*²-**Cyclohexenylmalonsäure** (F. 165—167°) 3458.
*Δ*¹ ᵒᵈᵉʳ ²-**Cyclohepten-1.2-dicarbonsäure** (F. 186—187°) 13 004.
1-Methyl-*Δ*³-cyclohexen-1.2-dicarbonsäure (F. 236° Zers.) 7501.
Bicyclo-[2.2.1]-heptandicarbonsäure-(2.3) [3.6-Endomethylenhexahydrophthalsäure], plastifizierende Eig. v. —-Estern 13 415; pK-Werte v. endo-cis- u. trans-— 15 540.
Spiro-[3.3]-heptandicarbonsäure-(2.2) (F. 200° Zers.) 7506.
dl-**Spiro-[3.3]-heptan-2.5-dicarbonsäure (Fecht-Säure)** (F. 212°) 1595.
Cyclopentanon-(2)-oxalylsäure-(1)-äthylester (F. 31—32° korr.) 6392.
7-Acetoxyheptadien-(2.5)-säure (Kp.₆ 120 bis 130°) 8416*.
6-Methyl-6-acetoxyhexadien-(3.5)-säure-(1) (F. 86—87°) 12 623.
1-Methyl-3-hydroxycyclohexan-1.2-dicarbonsäure-⟨1—3⟩-*γ*-lacton (F. 182 bis 183°) 7501.
cis-**2-Methyl-3-hydroxycyclohexan-1.2-dicarbonsäure-⟨1—3⟩-*γ*-lacton** (F. 177,5 bis 178,5°) 7501.
cis.cis-**3-Hydroxycyclohexan-1.2-dicarbonsäure-*γ*-lactonmethylester** (F. 48—49°) 7131.
δ-**Oxoazelainsäuredilacton** 1211.
2.6-Dimethyl-4.4-dihydroxyheptandisäuredilacton (F. 140°) 18 084.
isomeres **2.6-Dimethyl-4.4-dihydroxyheptandisäuredilacton** (F. 112—114°) 18 084.
$C_9H_{12}O_4S$ *α*-**Äthoxalyl-*δ*-thiavalerolacton** (Kp.₀,₂ 115—117°) 12 463*.
$C_9H_{12}O_5$ **2-Carboxy-4.4-äthylendioxycyclohexanon** (F. 143—146°) 11 894.
1-Methyl-3-hydroxy-*Δ*⁴-cyclohexen-1.2-dicarbonsäure (F. 191—194° Zers.) 7501.
cis.cis-**2-Methyl-3-hydroxy-*Δ*⁴-cyclohexen-1.2-dicarbonsäure** (F. 143,5—144° Zers.) 7500.
1.3-Bis-[carboxymethyl]-cyclopentanon-(2) (F. 175—176° korr.) 6392.
α-**Methyl-*α*-[3-ketobutenyl]-malonsäuremethylester**, Rk. 805.
α-**Methyl-*γ*-carboxypimelinsäureanhydrid** (F. 82°) 13 361.
$C_9H_{12}O_6$ *trans*-**Cyclopropan-1.2.3-tricarbonsäuretrimethylester** (F. 57°) 18 098.
5.6-Isopropylidenascorbinsäure, Rk. 10 935*.
1.2-*O*-Isopropyliden-D-glucofuranurono-(6→3)-lacton, Rk. 8620.
$C_9H_{12}O_7$ **1-Methoxycarbonylchinid**, Rk. 10 069.
$C_9H_{12}O_7S$ **3-Methoxy-4-hydroxyphenyläthylenglykolsulfat**, — als Stoffwechselprod. v. $^3H_{(7)}$-DL-Noradrenalin beim mit Disulfiram behandelten Meerschweinchen 11 987; mögl. Stoffwechselprod. v. $^{14}C_{(1)}$-Normetanephrin beim Meerschweinchen 7610.
$C_9H_{12}S$ **2-Phenylpropanthiol**, Rk. 3625*.
3-Phenylpropanthiol, Rk. 3625*.
β-*o*-**Tolyläthanthiol** (Kp.₂₀ 121—122°) 1999.
β-*p*-**Tolyläthanthiol** (Kp.₁₆ 112°) 1999.
2.4.5-Trimethylthiophenol (F. 92°) 4885.
Mesitylmercaptan, Einfl. auf d. photochem. Red. v. Benzophenon zu Benzpinakon durch Isopropanol 14 465.
Methyl-*β*-phenyläthylsulfid, Vers. d. Darst. 10 432; Rk. 16 636.
o-**Methylbenzylmethylsulfid** (Kp.₁₉ 114 bis 115°) 10 432.
p-**Methylbenzylmethylsulfid** (Kp.₂₂ 114 bis 115°) 10 432.
n-**Propylphenylsulfid** (Kp.₅₀ 133°) 3261*.
Isopropylphenylsulfid (Kp.₅₀ 120°) 3261*.
Äthyl-*p*-tolylthioäther (Kp.₁₂ 97—100°) 11 161.
$C_9H_{12}S_2$ *S*-**Cyclopentyl-2-mercaptothiophen** (Kp.₃ 122—124°) 17 739.
$C_9H_{12}S_3$ **4-Methylmercapto-2-[2′-methylmercapto-*Δ*¹-propenyl]-thiophen**, Rk. 118.
$C_9H_{12}Si$ **Phenylmethylvinylsilan** 871.
$C_9H_{13}As$ **Methyläthylphenylarsin** (Kp.₁₀ 85 bis 86°) 12 276.
$C_9H_{13}BO_2$ **Mesitylenboronsäure** 4509.
$C_9H_{13}BrMgSi$ *p*-**Trimethylsilylphenylmagnesiumbromid**, Rk. 16 653.
$C_9H_{13}BrN_2$ *p*-**Brom-*N*-benzyläthylendiamin** 457.
$C_9H_{13}BrN_2O_2$ **Pyridin-4-aldoxim-*γ*-brompropylhydroxid**, Reaktivier. phosphorylierter Acetylcholinesterasen durch —-Bromid 14 548.
Pyridin-4-aldoxim-*β*-bromisopropylhydroxid, Reaktivier. phosphorylierter Acetylcholinesterasen durch —-Bromid 14 548.
$C_9H_{13}BrN_2O_4S_2$ **5-Bromtoluol-2.4-disulfonsäuremethylamid** (F. 189,5—190°) 9816*.
$C_9H_{13}BrN_2O_{12}P_2$ **5-Bromuridin-5′-diphosphat**, Bldg. 4177; — als Substrat d. Ribonuclease u.Polynucleotidphosphorylase 4956.
$C_9H_{13}BrN_3O_8P$ **5-Bromuridin-5′-phosphoramidat** 4178.
$C_9H_{13}BrO$ **9-*exo*-Brom-2-oxatetrahydro-*endo*-dicyclopentadien** (Kp.₀,₅ 83—84°) 5659.
9-Brom-2-oxatetrahydro-*exo*-dicyclopentadien (Kp.₀,₆ 83—84°) 5659.
2-Bromspiro-(4.4)-nonanon-(1) (F. 39 bis 40°) 9961*.
α-**Cyclohexylacrylsäurebromid**, Rk. 7693*.
$C_9H_{13}BrOSi$ **4-Bromphenoxytrimethylsilan**, Rk. 14 837.
$C_9H_{13}BrO_2$ **3-Methoxy-5.5-dimethyl-6(oder 4)-bromcyclohexen-(2)-on-(1)** (F. 90—91°), Darst. (Rk.) 4890; (2.4-Dinitrophenylhydrazon) 4891; Rk. 3810.
4-Brombicyclo-[2.2.2]-octan-1-carbonsäure, Änder. d. freien Ionisationsenergie 3406.
ω-**Brom-*β*-methylsorbinsäureäthylester**, Rk. 1832.

Methyl-β-phenyläthylamin, β-Phenylisopropylamin, 1-Phenyl-2-aminopropan]; *Cumidin*; *Mesidin*; *Pseudocumidin*).
2-Isobutylpyridin (Kp.$_{55}$ 110—111°) 18 112.
3-*n*-Butylpyridin, Rk. 12 839*.
3-*sek.*-Butylpyridin (Kp.$_{15}$ 95—97°) 4163.
3-*tert.*-Butylpyridin (Kp. 190—192°) 3092.
4-*n*-Butylpyridin 14 135.
4-Isobutylpyridin (Kp.$_{8,5}$ 63—66°) 18 112.
4-*tert.*-Butylpyridin (Kp.$_{765}$ 197°), Dipolmoment 16 976; (Pikrat) 790.
4-*n*-Propyl-β-picolin (Kp. 205—207°) 16 683.
5-Isopropyl-2-methylpyridin, Rk. 13 579*, 15 772*.
2.4-Diäthylpyridin, Rk. 12 839*.
2.5-Diäthylpyridin, Darst. 18 279*; Rk. 12 839*.
3.4-Diäthylpyridin 11 569.
3.5-Diäthylpyridin 14 328*, 17 565*.
2-Äthyl-3.5-dimethylpyridin (Kp.$_{725}$ 190 bis 195°) 6769.
6-Äthyl-2.4-dimethylpyridin (Kp. 181,5 bis 182°) 14 500.
3-Äthyl-2.6-dimethylpyridin (Kp.$_{17}$ 91 bis 93°) 14 499.
4-Äthyl-2.6-dimethylpyridin, Darst. (Pikrat) 14 499; (Rk., Pikrolonat) 17 748.
2.3.4.6-Tetramethylpyridin (Kp. 199—200°), Darst. (Pikrat) 14 499; (Rk., Salze) 17 748.
2.3.5.6-Tetramethylpyridin (F. 77—78°), Darst., Pikrat 6769, 14 499; UV- u. IR-Spektrum u. Basenstärke 10 035.
1-Phenyl-1-aminopropan (α-Phenylpropylamin, α-Äthylbenzylamin), Darst. 11 536; (Rk. v. (+)- u. (—)-—) 5606; Trenn. v. o-, m- u. p-Xylol durch Clathrat-Bldg. mit [Ni(SCN)] [(C_6H_5 — CH·(C_2H_5) — NH_2)$_4$] 15 158; Rk. 18 202*; (v. opt.-akt. —) 5605.
3-Phenylpropylamin (Kp.$_{10}$ 97,5—98,5°), Darst. (Rk.) 1957; (Pikrat) 299*; (d. Hydrochlorids) 15 568.
1-[*o*-Tolyl]-äthylamin, Trenn. v. o-, m- u. p-Xylol durch Clathrat-Bldg. mit [Ni(SCN)] [(o-CH_3—C_6H_4—CH(CH_3)—NH_2)$_4$] 15 158.
1-[*p*-Tolyl]-äthylamin, Trenn. v. o-, m- u. p-Xylol durch Clathrat-Bldg. mit [Ni(SCN)] [p-CH_3—C_6H_4—CH(CH_3) — NH_2)$_4$] 15 158; Rk. 2708, 18 202*.
***o*-Propylanilin** 5477*.
***p*-Propylanilin** 5477*.
***o*-Isopropylanilin** (Kp.$_{20}$ 108—110°), UV- u. IR-Spektrum u. Basenstärke 10 035; Konstit.-Einfl. auf d. chromatograph. Verh. an SiO_2 11 142; Rk. 120, 13 579*.
***m*-Isopropylanilin** (Kp.$_4$ 80—82°) 13 604.
5-Äthyl-2-methylanilin (4-Äthyl-2-aminotoluol) (Kp.$_3$ 78—79°) 1970.
2-Methyl-6-äthylanilin 16 412*.
Amino-*o*-äthyltoluole, biolog. Bldg. aus Ponceau 3 R 11 956.
Amino-*m*-äthyltoluole, biolog. Bldg. aus Ponceau 3 R 11 956.
Amino-*p*-äthyltoluole, biolog. Bldg. aus Ponceau 3 R 11 956.
1-Amino-2.3.4-trimethylbenzol 11 956.
3-Amino-1.2.4-trimethylbenzol 11 956.
6-Amino-1.2.4-trimethylbenzol 11 956.
3.4.5-Trimethylanilin (1-Amino-3.4.5-trimethylbenzol) (F. 68—72° korr.), Darst., Rk. 8953; Bldg. 11 956; Rk. 12 636.
α-Methylaminoäthylbenzol (α.*N*-Dimethylbenzylamin) (Kp.$_{25}$ 84—87°), Darst. 12 376; Verw. 8430*.
***N*-Methyl-*N*-[β-phenyläthyl]-amin** (Kp. 170 bis 210°) 837.
2-Methyl-*N*-benzylmethylamin (Kp.$_{11}$ 80°) 5646.
***N*-Propylanilin** (Kp. 222°), Darst. (Hydrochlorid) 822; (Acetylderiv.) 16 290; magnet. Suscoptibilität 3769; korrosionsinhibierende Wrkg. auf Armco-Fe 4086; Tüpfelnachw. 3575.
***N*-Isopropylanilin (Phenylisopropylamin)** (Kp.$_{15}$ 93—103°), Darst., Hydrochlorid 821; Vers. d. Rk. mit Sulfolen-(3) 15 954; Verw. 3901.
***N*-Äthyl-*m*-toluidin,** Best. (v. m-Toluidin in —) 4662; (in N-Äthyl-N-[2.3-dihydroxypropyl]-m-toluidin) 9841.
***N*-Äthyl-x-toluidin** 460.
***N*-Methyl-2.6-dimethylanilin,** Rk. 16 060*.
1-Dimethylamino-2-methylhexadien-(1.5)-in-(3) (Kp.$_2$ 55—58°) 1197.
***N.N*-Dimethylbenzylamin (Benzyldimethylamin)** (Kp. 178—179°), Darst., Rk., Deriv. v. $^{14}C_{(\alpha)}$-— 11 144; Rk. 1422*, 1588, 1609, 17 709; enzymat.Demethylier. v. ^{14}C-— u. Bezieh. zur Lipidlöslichk. 16 360; Verw. 14 892, 16 184*; (v. Salzen) 3283*.
***N*-Äthyl-*N*-methylanilin (Methyläthylanilin)** (Kp.$_{758}$ 204—205°), Darst., Rk. 13 000; magnet. Susceptibilität 3769; Rk. 7472; Tüpfelnachw. 3575.
2-Methyl-*N.N*-dimethylanilin, Konstit.-Einfl. u. UV- u. Fluorescenzspektrum 4474; Rk. 13 205*.
***N.N*-Dimethyl-*m*-toluidin,** Tüpfelnachw. 3575.
***N.N*-Dimethyl-*p*-toluidin,** Ketten-Übertrag. durch — bei d. Radikal-Polymerisat. v. Styrol u. Vinylacetat 9741; Verw. 10 666*; Tüpfelnachw. 3575.
Nonin-(5)-säure-(9)-nitril (Kp.$_{12}$ 104—106°) 6386.
1-Cyancycloocten (Kp.$_{10}$ 100—101°) 13 003.
Cyclohepten-(1)-ylacetonitril (Kp.$_{18}$ 116 bis 120°) 2367, 8982.
2.4-Dimethyl-Δ^3-cyclohexencarbonsäurenitril (Kp.$_{24}$ 102—103°) 824.
3.5-Dimethyl-Δ^3-cyclohexencarbonsäurenitril 824.
α-Äthyl-α-[cyclopenten-(3)-yl]-acetonitril (Kp.$_{30}$ 115°) 7531.

$C_9H_{13}NO$ (s. *Isis 55/S 1* [*1-[4'-Hydroxyphenyl]-2-aminopropan*]; *Norephedrin* [*Phenylpropanolamin*]).
3.4-Hexamethylenisoxazol 14 845.
4.5-Hexamethylenisoxazol (Kp.$_{14}$ 124 bis 125°) 14 845.
β-Pyridylmethyläthylcarbinol (Kp.$_{10}$ 124 bis 126°) 4163.
Phenylalaninol, Rk. 3078.
3-[*m*-Aminophenyl]-propanol, OH-π-Wechselwrkg. 11 506.
3-[*p*-Aminophenyl]-propanol (F. 54—55°), OH-π-Wechselwrkg. 11 506.
***N*-[3-Hydroxypropyl]-anilin,** Rk. 8248.
β-[3-Methylphenyl]-β-hydroxyäthylamin, Hydraminspalt. (Mechanismus) 16 993.
β-[4-Methylphenyl]-β-hydroxyäthylamin (F. 68—69°), Hydraminspalt. (Mechanismus) 16 993.
2-[4'-Methylphenylamino]-äthanol (Kp.$_{0,1}$ 95—97°) 8248.
***N*-Methyltyramin** 3860.
5-Äthylamino-2-hydroxytoluol, Rk. 13 638*.
3-Äthylamino-*p*-kresol (3-Hydroxy-6-methyl-*N*-äthylanilin), Rk. 459, 13 210*.
***N*-β-Hydroxyäthyl-*N*-methylanilin,** Rk. 5109*.
o- u. ***p*-Dimethylaminomethylphenol** [Gemisch] 18 640*.
4-*n*-Propoxy-β-picolin (Kp.$_4$ 94—96°) 16 683.
4-Isopropyloxy-β-picolin (Kp.$_4$ 93°) 16 683.
2-[β-Äthoxyäthyl]-pyridin 6033.
(+)-1-Methyl-2-phenoxyäthylamin 15 194.
(—)-1-Methyl-2-phenoxyäthylamin 15 194.
***rac.*-1-Methyl-2-phenoxyäthylamin,** Darst., Rk., Salze 15 194; Rk. 1710*; 3187*, 15 407*.
β-Benzyloxyäthylamin, Rk. 1580.
α-[*p*-Methoxyphenyl]-äthylamin, Trenn. v. o-, m- u. p-Xylol durch Clathrat-Bldg. mit [Ni(SCN)] [(p-CH_3O—C_6H_4—CH·(CH_3)—NH_2)$_4$] 15 158; Rk. 2708, 18 202*.

2.4-Dimethyl-3-carbäthoxypyrrol, Rk. 6401.
2.4-Dimethylpyrrol-5-carbonsäureäthylester, Rk. 17 025.
5-Cyan-4-äthyl-4-pentensäuremethylester ($Kp._{5,8}$ 129—130°) 3983*.
2-Cyan-3-methylpenten-(2)-säureäthylester ($Kp._{10}$ 114—115°), Darst., Rk. 17 369; Rk. 3779.
α-Methyl-α-allylcyanessigsäureäthylester ($Kp._{25}$ 118°) 8582.
1-Cyanbuten-(2)-4-carbonsäureisopropylester (β-Hydromuconsäuremononitrilisopropylester) ($Kp._{0,7}$ 92—96°) 12 096*, 13 569*.
Cyanessigsäurecyclohexylester ($Kp._{0,24}$ 91 bis 92°), Rk. 12 994.
Cyclohexanoncyanhydrinacetat (1-Acetoxy-1-cyancyclohexan) (F. 48—50°), Darst., Rk. 8232; Rk. 9325.
Furan-2-carbonsäurediäthylamid ($Kp._3$ 108 bis109°) 11 910.
***N*-Methyldimethacrylamid (Bis-[methacryloyl]-*N*-methylamin)** (F. 90,5—91,5°) 7177.
α-Äthyl-α'-isopropylmaleinimid (F. 97°) 3083.
Citraconsäure-*n*-butylimid ($Kp._{15}$ 106—108°) 4901.
***N*-Methylcyclohexan-1.3-dicarbonsäureimid,** Konstit.-Einfl. auf UV-Spektrum u. ν(CO), Dipolmoment 10 401.
3-Äthyl-3-azabicyclo-[3.3.0]-octandion-(2.4) ($Kp._{0,1}$ 68—72°) 17 386.
***N*-*n*-Propyl-3-azabicyclo-[3.2.0]-heptandion-(2.4)** (F. 31—31,5°) 9328.
***N*-Acetyl-3-aminocyclohexancarbonsäurelactam,** Dipolmoment, Konstit.-Einfl. auf UV- u. IR-Spektrum 10 400.
***N*-Acetyl-4-aminocyclohexancarbonsäurelactam,** Dipolmoment, Konstit.-Einfl. auf UV- u. IR-Spektrum 10 400.

$C_9H_{13}NO_2S$ 3-[2'.3'-Dihydroxypropylmercapto]-1-aminobenzol, Verw. 16 856*.
4-[2'.3'-Dihydroxypropylmercapto]-1-aminobenzol, Verw. 16 856*.
***p*-[α-Aminoäthylphenyl]-methylsulfon,** Konstit.-Einfl. auf d. UV-Spektrum 11 133.
***p*-[β-Aminoäthylphenyl]-methylsulfon,** Konstit.-Einfl. auf d. UV-Spektrum 11 133.
***p*-[Aminomethylphenyl]-äthylsulfon,** Konstit.-Einfl. auf d. UV-Spektrum 11 133.
Äthyl-[*m*-amino-*p*-methylphenyl]-sulfon (F. 87—89°) 1383*.
4-Methyl-3-äthansulfonyl-1-aminobenzol, Verw. 16 856*.
3-[3'-Hydroxypropyl]-cyclopentano-[*d*]-Δ^4-thiazolinon-(2) ($Kp._{0,17}$ 150—155°) 2909*.
2-*n*-Propoxymethylmercaptopyridin-1-oxid (F. 80,5—83,5°) 9336.
2-Isopropoxymethylmercaptopyridin-1-oxid, Hydrochlorid (F. 101,5°) 9336.
γ-[5-Aminomethylthienyl-(2)]-buttersäure (F. 213—214°) 811.
Crotonsäure-4-isothiocyanatobutylester 12 831*.
***N*-Acetyl-*dl*-*trans*-hexahydrobenzoxazolthion** (F. 84—85°) 9701.
***p*-*n*-Propylbenzolsulfonsäureamid** (F. 109,5 bis 111°) 10 041.
***p*-Isopropylbenzolsulfonsäureamid** (F. 106 bis 107°), Darst. 10 041; Rk. 7623*.
2.4.6-Trimethylbenzolsulfonsäureamid (F. 143,5—145°) 10 041.
Pseudocumolsulfonamid (F. 172—174° korr.) 8953.
Äthansulfo-*o*-toluidid, Rk. 15 185.
***N*-Äthyl-*p*-toluolsulfonamid,** Verw. 6274*.
Toluol-α-sulfonsäuredimethylamid (F. 100 bis 101°) 7123.
***N.N*-Dimethyl-*p*-toluolsulfonamid** (F. 79°), Bldg. 17 026; Konstit.-Einfl. auf d. UV-Spektrum 11 133.
***N*-Allyl-2.4-dimethylbutadien-(1.3)-sultam-(1.4)** ($Kp._{0,03}$ 138—141°) 3420.

$C_9H_{13}NO_2S_2$ 2-Methylmercapto-4-methyl-5-[β-acetoxyäthyl]-thiazol ($Kp._5$ 134°) 4532.
Δ^2-Pyrrolino-*N*-dithiocarbonsäure-α-methyl-α-carboxy-äthylester (F. 177 bis 179°), Darst., pflanzenwachstumsregulierende Aktivität 14 198.
4-*n*-Propylmercaptobenzolsulfonamid 2084*.
4-Isopropylmercaptobenzolsulfonamid 2084*.
***N*-Tosyldimethylsulfimin** (F. 160—160,5°) 15 555.
***N*-[Thenyl-(2)]-butansultam-(1.4)** (F. 65 bis 66°) 12 253.

$C_9H_{13}NO_2Si$ Trimethyl-[picolinoyloxy]-silan ($Kp._2$ 91°), Darst., Kristallstruktur, Konstit.-Einfl. auf d. UV-Spektrum 5232.

$C_9H_{13}NO_3$ (s. *Corbadrin* [*Corbasil, 2-Methylnoradrenalin*]; *Hormone-Nebennierenhormone, Adrenalin* [*Epinephrin, Suprarenin, 1-(3'.4'-Dihydroxyphenyl)-2-methylaminoäthanol-(1)*]).
1-{Bicyclo-[2.2.1]-Δ^5-heptenyl-(2)}-2-nitroäthanol, Na-Salz 5654.
3-Hydroxy-4-methoxymethyl-5-hydroxymethyl-2-methylpyridin, polarograph. Best. 10 561.
Resorcinäthanolmethylamin, sympathomimet. Wrkg. 10 174.
β-*O*-Methylnorepinephrin 14 927.
Normetanephrin (Normetadrenalin, 3-*O*-Methylnoradrenalin, 3-*O*-Methylnorepinephrin, Noradrenalin-3-methyläther), Einfl.: auf d. Kontrakt. d. Nickhaut d. reserpinbehandelten Katze 7213; auf d. Kontrakt. d. isolierten Rattencolons u. d. im Östrus befindl. Uterus 3540; v. Disulfiram auf d. Stoffwechsel d. $^{14}C_{(1)}$-— beim Meerschweinchen 7610; pharmakolog. Wirksamk. (Beeinfluss. durch Cocain) 7590; relativer Verlust d. pharmakolog. Wrkg. im Vgl. mit Noradrenalin 6096; reversible Monoaminoxydase-Inhibitoren mit — als Substrat 9756; — als Stoffwechselprod.: v. Adrenalin im Harn bei d. Ratte 10 894; v. Norepinephrin bei d. Ratte 7963; Ausscheid. im Harn bei Phäochromocytom 9754; DL-—-Hydrochlorid als ein Antagonist d. Reserpin-induzierten Augenlid-Ptosis 5374; Best. (differentialfluorimetr.) 16 746; (im normalen menschl. Urin) 4222.
3.4.5-Trimethoxyanilin, Rk. 3989*.
1-Methyl-4-äthylendioxymethylpyridiniumhydroxid, Methylsulfat 7142.
1-Allyl-3-carbomethoxypyrrolidinon-(5) ($Kp._{21}$ 178—179°) 9899*.
1-Allyl-4-carbomethoxypyrrolidon-(2) ($Kp._{0,8}$ 120°) 11 006*.
Äthylpicolinatmethohydroxid, Jodid (F. 107 bis 109°) 5393*.
α-Cyan-β-methyllävulinsäureäthylester ($Kp._{0,01}$ 76—84°) 17 739.
γ-Carbäthoxy-δ-ketocapronitril, Rk. 17 739.
***N*-Methyl-5-äthoxymethylfuran-2-carbonsäureamid** ($Kp._2$ 152—153°) 11 178.
***N*-Äthyl-5-methoxymethylfuran-2-carbonsäureamid** ($Kp._2$ 156—158°) 11 178.
4.4-Dimethylcyclohexandion-(2.6)-carbonsäureamid (F. 148—149°) 10 856.
2-Carbamoyl-5.5-dimethylcyclohexandion-(1.3) (F. 145—146°) 3448, 5651 [2 Ref.].
Acetylhypoglycin-A, Rk. 8591.
Maleinpiperididsäure (F. 80—81°) 1190.
Citraconpyrrolididsäure (F. 110°) 1190.
***N*-[3-Hydroxycyclopentyl]-succinimid** (F. 83,5—84,5°) 8418*, 16 134*.

$C_9H_{13}NO_3S$ *N.N*-Dimethylbenzylaminschwefeltrioxid (F. 217°) 1588.
β-Succinimidothiopropionsäureäthylester (F. 34°) 7251*.
Äthansulfo-*o*-anisidid, Rk. 15 185.

1-Pyridiniobutan-3-sulfobetain (F. 241 bis 242°) 12 253.

N-**Furfurylbutansultam-(1.4)** (F. 55—55,5°) 12 253.

$C_9H_{13}NO_3S_2$ **3-Methylsulfonyläthylcyclopentano-[*d*]-Δ^4-thiazolinon-(2)** (Kp.$_{0,35}$ 132°) 2909*.

4-*n*-Propylsulfinylbenzolsulfonamid (F. 138°) 2084*.

4-Isopropylsulfinylbenzolsulfonamid (F. 148,5°) 2084*.

$C_9H_{13}NO_4$ **2-Nitro-5.5-dimethyl-3-oxocyclohexen-(1)-yl-methyläther** (F. 130°) 4142.

α-**Carboxymethyl-α'-isopropylsuccinimid** (F. 146°) 2727.

5-Methyl-4-carbäthoxypyrrolidindion-(2.3)-methyläther (F. 94—96°) 18 458.

6-Methyl-5-carbäthoxytetrahydropyronimin-(2), Erkennen d. — v. Albertson als 2-Methyl-1.4.5.6-tetrahydropyridincarbonsäure-(3)-äthylester 17 739.

α-**Carboxy-α-methyl-γ-cyanbuttersäureäthylester**, Rk. 7521.

β-**[Cyanmethyl]-glutarsäuredimethylester** (Kp.$_{2,5}$ 137,5—138°) 9728.

α-**Cyanbernsteinsäurediäthylester** (Kp.$_{0,01}$ 77 bis 82°) 17 735.

Verb. $C_9H_{13}NO_4$ (F. 93—95°) aus α-Carboxymethyl-α'-isopropylmaleinimid 2727.

$C_9H_{13}NO_4S$ **3-Phenyl-2-aminopropylsulfat („Phenylalaninhydrogensulfat")** 3078.

Essigsäure-2-[2'-cyanallylsulfonyl]-propylester 15 022*.

N-**Sulfatoäthyl-*m*-toluidin**, Verwendbark. als Kupplungsreagens für d. colorimetr. Best. aromat. Amine 5042.

$C_9H_{13}NO_4S_2$ **4-*n*-Propylsulfonylbenzolsulfonamid** (F. 143—145°) 2084*.

4-Isopropylsulfonylbenzolsulfonamid (F. 155,5—156,5°) 2084*.

4-Äthylsulfonyl-3-methylbenzolsulfonamid (F. 165—166°) 2084*.

$C_9H_{13}NO_5$ **5-Nitrofurfuroldiäthylacetal** (Kp.$_3$ 112—122°), Darst., Rk. 3080; Rk. 17 860*

2-Carboxy-3-carboxymethyl-4-acetylpyrrolidin 3446.

β-**2-Carboxy-3-carboxymethyl-4-acetylpyrrolidin** (F. 192° Zers.) 8719*.

α-*allo*-**2-Carboxy-3-carboxymethyl-4-acetylpyrrolidin** (F. 205° Zers.), Darst. (Verw.) 8719*; (Semicarbazon) 3803; (Rk., Semicarbazon) 2348; Bldg. 3083.

β-*allo*-**2-Carboxy-3-carboxymethyl-4-acetylpyrrolidin** (F. 213° Zers.) 8719*.

Isocyanatobernsteinsäurediäthylester (Kp.$_{10}$ 130°) 10 448.

Methacryloyl-D-glutaminsäure (F. 130°) 17 060.

Methacryloyl-L-glutaminsäure (F. 130°) 17 060.

Acetamidomethylenbernsteinsäuremonoäthylester (F. 174°) 1199.

$C_9H_{13}NO_5PS$ **2.6-Dimethyl-3-nitro-*O*-[4-pyridyl]-*O.O*-dimethylthionophosphat** 17 539*.

$C_9H_{13}NO_5S$ **2-[β-Cyanatoäthylmercapto]-bernsteinsäuredimethylester** (Kp.$_{0,1}$ 120 bis 130°) 16 865*.

L-α-**[Butansultam-(1.4)-yl]-glutarsäureanhydrid** (F. 172—198°) 15 556.

$C_9H_{13}NO_6$ α-**Nitroglutaconsäurediäthylester** (Kp.$_{0,2}$ 125—130°) 7139.

2-Nitro-2-[hydroxymethyl]-buten-(3)-ol-(1)-diacetat 3416.

Acetamido-3-oxobutylmalonsäure (F. 97 bis 98° Zers.) 1225.

$C_9H_{13}NO_8$ L-**Glutaminsäure-*N.N*-diessigsäure**, Di-Na-Salz 14 472.

$C_9H_{13}NS$ **2-Methyl-5.6.7.8-tetrahydro-4H-cycloheptathiazol (4.5-Cyclohepteno-2-methylthiazol)** (Kp.$_{16}$ 115—116°) 9960*, 11 196.

2-Benzylaminoäthylmercaptan (*N*-Benzylcysteamin) (Kp.$_{0,7}$ 101°), Darst. 9302, 9303, 9305; Rk. 10 088; Schutz-Wrkg. gegen Stickstofflost u. Röntgenbestrahl. bei Mäusen 17 072.

p-**Tolyl-2-mercaptoäthylamin** (Kp.$_{0,02}$ 91°) 9305.

β-**Benzylmercaptoäthylamin** (Kp.$_{0,15}$ 78 bis 80°) 9719.

3-*n*-Propylmercapto-1-aminobenzol, Verw. 16 856*.

N-**Äthyl-2.6-dimethylthiopyridon-(4)** (F. 248°) 9706.

$C_9H_{13}NS_2$ **2-[*p*-Tolyldisulfido]-äthylamin**, Hydrochlorid (F. 136—137°) 15 933.

$C_9H_{13}N_2O_3P$ *m*-**Toluolazophosphonsäuredimethylester**, Rk. 13 215*.

$C_9H_{13}N_2O_8P$ s. *Desoxyuridylsäuren* [*Desoxyuridinmonophosphate*].

$C_9H_{13}N_2O_9P$ s. *Pseudouridylsäure* [*5-Ribosyluracilnucleotid, 5-Ribouracilmonophosphat*]; *Uridylsäuren* [*Uridinmonophosphate*].

$C_9H_{13}N_2O_{10}P$ **5-Hydroxyuridin-5'-phosphat**, Ba-Salz 4177.

$C_9H_{13}N_2O_{14}P_3$ **Uridin-2'.3'-cyclophosphat-5'-pyrophosphat** 13 401.

$C_9H_{13}N_3$ **1-[Pyridyl-(2')]-piperazin**, Rk. 18 938*.

dl-*cis*-**2.3-Dimethyl-1.2.3.4-tetrahydro-1.4.5-triazanaphthalin** (F. 111,5—112,5° korr.) 17 402.

dl-*cis*-**2.3-Dimethyl-1.2.3.4-tetrahydro-1.4.6-triazanaphthalin** (F. 149—150° korr.) 17 402.

3.4-Xylylguanidin, Darst. u. Hemmwrkg. d. Nitrats gegenüber Influenzavirus 15 286.

N-**[γ-Picolyliden]-*N'*-isopropylhydrazin**, Reserpin-antagonist. Wrkg. d. Hydrochlorids 18 549.

$C_9H_{13}N_3O$ (s. *Iproniazid* [*Iprazid, Marsalid, Marsilid, Isonicotinsäureisopropylhydrazid, N¹-Isonicotinoyl-N²-isopropylhydrazin*{ *phosphat* }]).

4-Morpholino-6-methylpyrimidin (Kp.$_{30}$ 160 bis 173°) 6772 [2 Ref.].

p-**Phenetylguanidin**, Rk. d. Carbonats 8605.

Cyclohexanoncyanacethydrazon, papierchromatograph. Trenn. 10 215.

2-Methylcyclopentanoncyanacethydrazon, papierchromatograph. Trenn. 10 215.

3-Methylcyclopentanoncyanacethydrazon, papierchromatograph. Trenn. 10 215.

DL-α-**Alanin-*p*-aminoanilid**, Hydrochlorid (F. 267—269°) 13 366.

2-Amino-4.5.6-trimethylnicotinsäureamid (F. 208—209°) 2356.

Nicotinoyl-(1)-2-isopropylhydrazin (*N*$_2$-Isopropyl-*N*$_1$-nicotinoylhydrazin) (F. 104 bis 105°) 1714*, 5393*, 11 656*, 12 763*.

$C_9H_{13}N_3OS$ **1-[2'-Methylallyl]-3-methyl-6-amino-2-thiouracil** (F. 212,5—213,5°) 5670.

4-[*p*-Äthoxyphenyl]-thiosemicarbazid, Rk. 2351; Prüf. auf tuberkulostat. Wrkg. 10 552; Verw. 12 148*.

2.6-Diaminobenzothiazoläthylhydroxid, Jodid (F. 235—236° Zers.) 11 907.

$C_9H_{13}N_3O_2$ (s. *Aminoisometradine* [*Rolicton, 1-Methylallyl-3-methyl-6-aminotetrahydropyrimidindion*]; *Aminometradine* [*Allacil, Mictine, 1-Allyl-3-äthyl-6-aminouracil*]).

o-**Nitro-*N*-benzyläthylendiamin** 457.

m-**Nitro-*N*-benzyläthylendiamin**, Dihydrochlorid (F. 236—240°) 457.

p-**Nitro-*N*-benzyläthylendiamin**, Dihydrochlorid (F. 244° Zers.) 457.

4-[*p*-Äthoxyphenyl]-semicarbazid (F. 150°), Darst., Rk. 11 185; Rk. 9682.

4-Morpholino-6-methylpyrimidin-1-oxid, Monohydrat (F. 116—117°) 6771.

4-Methylpyridazon-(1)-*N*-essigsäure-*N'*-dimethylamid (F. 158—159°) 222*.

p-**Amino-*o*-äthoxybenzoesäurehydrazid** (F. 174,5—175,5°) 4536.

$C_9H_{13}N_3O_2S$ **2-Äthylmercapto-4-aminopyrimidin-5-carbonsäureäthylester**, Wrkg. auf Keimpflanzen 904.

4-Methylamino-2-methylmercapto-5-carbäthoxypyrimidin (F. 93—94°) 3096.

Methylmercaptomethylpyrimidyldimethylcarbamat s. *Schädlingsbekämpfung-Spezialmittel* (*T 32 B. P. D*).
N-**Methansulfonyl-*N'*-methyl-*N'*-[*p*-amino-phenyl]-formamidin** (F. 137—138°), Darst., IR-Spektrum 11 503.
$C_9H_{13}N_3O_3$ **1-Morpholinomethyl-3-hydroxy-6-oxo-1.6-dihydropyridazin** (F. 187 bis 187,5°) 6037.
2-Isobutylamino-4-hydroxypyrimidin-5-carbonsäure (F. 197° Zers.) 13 131*.
N-**[6-Hydroxypyrimidyl-(2)]-β-alaninäthylester**, Hydrochlorid (F. 163,5 bis 164,5°) 15 966.
N-**[6-Hydroxy-4-methylpyrimidyl-(2)]-glycinäthylester**, Darst. d. Hydrochlorids (F. 175—177°) 15 966; Rk. 15 967.
N-**[*n*-Butyl]-uracil-5-carbonsäureamid** (F. 290—291°) 6412.
N-**Butylorotsäureamid** (F. 275—276°) 6412.
Isonicotinsäure-*N*²-[1.3-dihydroxyisopropyl]-hydrazid (F. 124—127°) 9310.
$C_9H_{13}N_3O_3S$ *N*-**[*p*-Toluolsulfonyl]-glycinhydrazid**, Rk. 8786*.
α-**[*p*-Acetylaminobenzolsulfonyl]-α-methylhydrazin**, Rk. 10 058.
p-**Aminobenzolsulfamidoacetimidomethyläther**, Rk. d. Hydrochlorids 12 839*.
$C_9H_{13}N_3O_4$ **4.5-Dimethoxy-3-nitro-2-methylphenylhydrazin**, Rk. 6138*.
Desoxycytidin, Vork. 5324; Bldg. d. Hydrochlorids (F. 174° Zers.), Isolier. u. Unters. d. Zuckerbestandteils 17 432; IR-Spektrum v. — u. —-Hydrochlorid 789; Konstit.-Einfl. auf d. chem. Verschieb. 6718; Wrkg. v. Ribonuclease u. Desoxyribonuclease auf d. Einbau v. tritiiertem — in Ribonucleinsäuren u. Desoxyribonucleinsäuren in menschl. Krebszellen (HeLa) in Kulturen 16 715; Geschw. d. DNS-Synth. in Lactobacillus leichmanii in Ggw. v. — 13 082; Einfl. auf d. period. Desoxyribonucleinsäure-Synth. in synchronisierten Alcaligenes faecalis-Kulturen 876; Aufnahme v. ³²P-Desoxycytidylat in d. — d. Desoxyribonucleinsäure in vitro 4198; Abbau durch Gerstenextrakte 4574; Wrkg.: auf d. Regenerat. d. Knochenmarks in bestrahlten Mäusen 1305; in photograph. Emuls. 18 342.
O-**[β-Dimethylaminoäthyl]-5-nitrofuran-2-aldoxim** (Kp.₁ 120—125°) 8719*.
DL-**β-Imidazolyl-(4)-α-methyl-α-nitropropionsäureäthylester** (F. 119—121°) 6765.
$C_9H_{13}N_3O_4S$ **4-Äthoxycarbonylaminobenzolsulfonsäurehydrazid** (F. 169—170°) 2333.
$C_9H_{13}N_3O_4S_2$ **4-Methyl-6-methyl-7-aminosulfonyl-3.4-dihydrobenzo-1.2.4-thiadiazin-1.1-dioxid** (F. 245°) 14 141.
$C_9H_{13}N_3O_5$ (s. *Cytidin* [*Cytosinribosid*]).
6-Azathymidin, Hemmwrkg.: auf d. Trans-N-glykosidase v. Thermobacter acidophilus 13 430; auf d. Nucleinsäurebiosynth. 17 070.
1-β-D-Arabinofuranosylcytosin, Antitumorwirksamk. d. Hydrochlorids 3845.
$C_9H_{13}N_3O_5S_2$ **4-Äthyl-3.5-disulfobenzoesäuretriamid** (F. 269° Zers.) 11 535.
$C_9H_{13}N_3O_6S_2$ **5-Methyl-2.4-di-*N*-methylsulfamylnitrobenzol** 8717* [2 Ref.].
$C_9H_{13}N_3O_7$ **4-Carbopropoxy-3.3-dinitrobutylisocyanat** 18 637*.
$C_9H_{13}N_3O_7S_2$ **5-Propoxy-2.4-disulfamylnitrobenzol** 8717*.
$C_9H_{13}N_3S$ *S*-**[2-Anilinoäthyl]-isothioharnstoff**, Dihydrobromid (F. 217—218°) 451.
2-Aminoäthyl-*N*-phenylisothioharnstoff, Dihydrobromid (F. 221—222°) 451.
2-Mercaptoäthyl-*N'*-phenylguanidin, Prüf. d.Hydrobromids auf Strahlenschutzwrkg. 1683.
4-[*o*-Methylbenzyl]-thiosemicarbazid (F. 152°) 10 810.
4-[*m*-Methylbenzyl]-thiosemicarbazid (F. 106°) 10 810.
4-[*p*-Methylbenzyl]-thiosemicarbazid (F. 156°) 10 810.
p-**Äthylphenylthiosemicarbazid**, Verw. 12 148*.
$C_9H_{13}N_3S_2$ **1-Cyclohexyl-2.4-dithioketo-1.2.3.4-tetrahydro-1.3.5-triazin** (F. 202—203°) 3462.
$C_9H_{13}N_5$ **1-[*sek.*-Butyl]-4-aminopyrazolo-[3.4:*d*]-pyrimidin** (F. 131—132°) 6877*.
2.8-Diäthyladenin (F. 242°) 2736.
8-Isopropylamino-6-methyl-*symm.*-triazolo-[4.3:*b*]-pyridazin (F. 168°), pharmakodynam. Eig. 13 480.
6-*n*-Butylaminopurin (F. 228—229°), Darst., physiolog. Aktivität 16 319; Wechselwrkg. d. Folsäureanalogen u. — als Wachstumsinhibitor v. Milchsäurebakterien 5716.
2-Diäthylaminopurin, IR-Spektrum 3397.
6-Diäthylaminopurin (F. 217—219°), Darst. 11 007*; (physiolog. Aktivität) 16 319; Wechselwrkg. d. Folsäureanalogen u. — als Wachstumsinhibitor v. Milchsäurebakterien 5716.
6-Dimethylamino-2.8-dimethylpurin (F. 266,5°) 10 462.
1-Benzylbiguanid, Darst. u. Eig. v. Dicyanokobaltkomplexen d. — 11 128; Verseif. d. p-Toluolsulfonats 17 008.
*N*¹-**[*o*-Tolyl]-biguanid**, Rk. 6778.
*N*¹-*m*-**Tolyldiguanid**, Darst., Hemmwrkg. d. Hydrochlorids gegenüber Influenzavirus 15 286; Rk. 6777.
*N*¹-*p*-**Tolyldiguanid**, Darst., Hemmwrkg d. Hydrochlorids gegenüber Influenzavirus 15 286; Rk. 9348.
1-Phenyl-1-methylbiguanid, Verseif. d. Hydrochlorids 17 008.
$C_9H_{13}N_5O$ **6-*n*-Butoxy-2-aminopurin** (F. 175°) 10 464.
6-[3'-Methoxypropylamino]-purin, Wechselwrkg. d. Folsäureanalogen u. — als Wachstumsinhibitor v. Milchsäurebakterien 5716.
p-**Methoxyphenylbiguanid**, Rk. 9348.
N-**[Pyridyl-(2)-äthylguanyl]-harnstoff**, Darst. u. pharmakolog. Wrkg. d. Dihydrochlorids (F. 198—200°) 13 474.
N-**[Pyridyl-(4)-äthylguanyl]-harnstoff**, Darst. u. pharmakolog. Wrkg. d. Dihydrochlorids (F. 220—221°) 13 474.
$C_9H_{13}N_5O_2$ **6-[Bis-(2'-hydroxyäthyl)-amino]-purin** (F. 229—229,5°) 1007*.
6-[β-Hydroxyäthylamino]-9-[β-hydroxyäthyl]-purin (F. 158—160°) 6141*.
3-Pentyl-5.6.7.8-tetrahydro-*symm.*-triazolo-[4.3:*b*]-1.2.4-triazindion-(6.7) (F. 276°) 10 096.
7-[β-Aminoäthyl]-theophyllin, Wrkg. d. Hydrochlorids auf d. Kontraktionskraft d. Herzmuskels 6499.
$C_9H_{13}N_5O_2S$ **7-[β-Hydroxyäthylmercaptoäthyl]-guanin**, Bldg. d. Monohydrats durch Rk. v. Lost mit Nucleinsäuren in vitro u. Hydrolyse 17 437.
$C_9H_{13}N_5O_3$ **5.6.7.8-Tetrahydro-2-amino-4-hydroxy-6-lactylpteridin**, enzymat. Red. d. gelben Pigments aus Drosophila zu — 4214.
1-Methyl-2.4-diamino-5-[carbäthoxymethylenamino]-6-oxodihydropyrimidin, Monohydrat (F. 236—238° Zers.) 8254.
2-Amino-4-methylamino-5-[carbäthoxymethylenamino]-6-oxodihydropyrimidin, Hemihydrat (F. 240° Zers.) 8254.
3.5-Bis-[methylamino]-pyrazin-2-carbonsäure-6-carbonsäuremethylamid (F. 214°) 8066*.
$C_9H_{13}N_5O_4S$ **7-[β-Hydroxyäthylsulfonyläthyl]-guanin** 17 437.
$C_9H_{13}N_6O_4P$ **[Bis-äthyleniminophosphoryl]-*N*-uracilharnstoff** 9569*.
$C_9H_{13}N_6O_8P$ **5-Amino-3β-D-ribofuranosyl-6.7-dihydro-3H-*vic.*-triazolo-[4.5:*d*]-pyrimidinon-(7)-phosphat** [Gemisch d. 2'-u. 3'-Phosphats], Ba-Salz 15 601.

2-Amino-6-hydroxy-8-aza-9-[β-D-ribofuranosyl]-purin-5'-phosphat (8-Azaguanylsäure), Ba-Salz 10 465.

$C_9H_{13}N_7$ 4.6.8-Tri-[methylamino]-pyrimido-[5.4:*d*]-pyrimidin (F. 188—189°) 17 855*.

$C_9H_{13}N_7O$ 2-Hydrazino-6-morpholinopurin (F. 245—247°) 15 600.

$C_9H_{13}OP$ Phenylmethyl-β-hydroxyäthylphosphin 8421*.

$C_9H_{13}O_2PS_2$ Methylthionophosphonsäure-*O*-methylester-*O*-*o*-methylmercaptophenylester (Kp.0,01 104°) 16 109*.
Methylthionophosphonsäure-*O*-methylester-*O*-*p*-methylmercaptophenylester (Kp.0,01 108°) 16 109*.

$C_9H_{13}O_2PS_3$ *S*-Benzylsulfenylthionothiolphosphorsäure-*O.O*-dimethylester 4692*.

$C_9H_{13}O_3PS$ *O.O*-Dimethyl-*S*-benzylthiophosphat 11 153.
O-[4-Methylphenyl]-*O.O*-dimethylthiophosphat 9490*.

$C_9H_{13}O_3PS_2$ Methylthionophosphonsäure-*O*-methylester-*O*-*p*-methylsulfinylphenylester (Kp.0,01 110°) 16 109*.

$C_9H_{13}O_4P$ Methyl-β-phenyläthylorthophosphorsäureester, Tetramethylammoniumsalz (F. 151°) 10 423.
Benzyldimethylphosphorsäureester (Kp.0,05 100°) 10 423.
Phosphorsäureisopropylesterphenylester (Isopropylphenylphosphat), Darst. 8632; (Cyclohexylaminsalz) 8634; Bldg. 7851.

$C_9H_{13}O_4PS$ *O*-[4-Methoxyphenyl]-*O.O*-dimethylthiophosphat, Verw. 9490*.

$C_9H_{13}O_4PS_2$ Methylthionophosphonsäure-*O*-methylester-*O*-*p*-methylsulfonylphenylester (F. 67°) 16 109*.

$C_9H_{13}O_5P$ Dimethyl-[*p*-methoxyphenyl]-phosphat (Kp.0,05 118—121°) 1575.

$C_9H_{13}O_6PS$ 2-[*O.O*-Dimethylthiolphosphatomethyl]-5-methoxypyron-(4) 10 248*.

$C_9H_{13}P$ Methylphenyläthylphosphin 17 378.

$C_9H_{13}PS_3$ *S*-Phenylmercaptomethyldimethyldithiophosphinat 8038*.

C_9H_{14} (s. *Apopinen*).
3-Methyl-2-vinylcyclohexen 10 825.
1.4-Dihydromesitylen, Rk. 15 527.
4-Cyclopentenylbuten-(1), Rk. 10 663*.
1-*tert.*-Butylcyclopentadien-(1.3) (Kp.28 45°) 8790*, 10 077.
2-*tert.*-Butylcyclopentadien-(1.3), Gemisch (Kp.28 47—48°) mit 1-tert.-Butylcyclopentadien-(1.3) 10 078.
1-Cyclopropylcyclohexen-(1) (Kp.747 168,3°) 7863.
4-Cyclopropylcyclohexen, Bldg. im Gemisch mit 3-Vinylnorcaran 3796.
3-Vinylnorcaran, Bldg. im Gemisch mit 4-Cyclopropylcyclohexen 3796; IR-Spektrum 9283.

$C_9H_{14}BN$ [Methylphenylamino]-dimethylboran, Best. d. gehinderten Rotat. aus d. Kernresonanz 3398.

$[C_9H_{14}BPSi]_x$ Poly-trimethylsilyl-phenylborinophosphin 14 437.

$C_9H_{14}BrN$ 1-Brom-3-pyrrolidino-3-methylbutin-(1), Vers. d. Darst. 7484.

$C_9H_{14}BrNO$ 5-*n*-Propyl-6-methyl-5-brom-Δ^4-dihydropyridon-(2) (F. 113—114°) 18 464.
5-Isopropyl-6-methyl-5-brom-Δ^4-dihydropyridon-(2) (F. 107—109°) 18 464.

$C_9H_{14}BrN_2O_{15}P_3$ 5-Bromuridin-5'-triphosphat 4177.

$C_9H_{14}Br_2$ 2.5-Bis-[brommethyl]-spiro-[0.0]-heptan (Kp.0,4 90—92°) 1596.

$C_9H_{14}Br_2O$ *cis*-2-Methyl-1-[*trans*-α.β-dibromvinyl]-cyclohexanol-(1) (Kp.4 115—116°) 9299.
trans-2-Methyl-1-[*trans*-α.β-dibromvinyl]-cyclohexanol-(1) (Kp.4 114—115,5°) 9299.

$C_9H_{14}Br_2O_2$ 5.6-Dibrom-5-*n*-propyl-6-methyltetrahydropyron-(2) 18 463.

$C_9H_{14}ClHgN_3O_3$ 3-Chlormercuri-4-*n*-propoxy-1.6.8-triazabicyclo-[4.3.0]-nonandion-(7.9) (F. 198° Zers., korr.) 847.

$C_9H_{14}ClNO$ Brenztraubensäure-*N*-cyclohexylimidchlorid, Hydrolyse (Kinetik), Rk. mit Aminen 11 148.

$C_9H_{14}ClNOS$ Äthyl-*N*-3-chlorallyl-*N*-allylthiocarbamat 5818*.

$C_9H_{14}ClNO_2$ 9-Chloracetyl-3-oxa-9-azabicyclo-[3.3.1]-nonan (F. 77—79°) 2738.

$C_9H_{14}ClNO_2S_2$ *N*-[Thenyl-(2)]-4-chlorbutan-1-sulfonsäureamid (F. 67—68°) 12 253.

$C_9H_{14}ClNO_3S$ *N*-Furfuryl-4-chlorbutan-1-sulfonsäureamid (F. 59°) 12 253.

$C_9H_{14}ClNS$ *N*-[*n*-Butyl]-5-chlorthenyl-(2)-amin (Kp.8,4 129—132°) 18 455.
N.N-Diäthyl-5-chlorthenyl-(2)-amin (Kp.10,4 105—108°) 18 455.

$C_9H_{14}ClN_3O_2$ 1-*n*-Propyl-3-äthyl-5-chlor-6-aminouracil, Rk. 5023*.

$C_9H_{14}ClN_3O_4S_2$ 6-*n*-Propylamino-1.3-bis-[aminosulfonyl]-4-chlorbenzol (F. 188°) 14 140.

$C_9H_{14}ClN_3O_5S_2$ 6-[β-Methoxyäthylamino]-1.3-bis-[aminosulfonyl]-4-chlorbenzol (F. 165°) 14 140.

$C_9H_{14}ClN_5$ 4-Piperidino-2-amino-6-chlormethyl-*symm.*-triazin (F. 160—162°), Darst., Rk. 18 831; Rk. 7669*.

$C_9H_{14}ClOP$ *o*-Chlorphenyldimethylphosphinmethylhydroxid, Jodid (F. 303—305°) 10 816.

$C_9H_{14}Cl_2$ 1.9-Dichlornonin-(4) (Kp.5 107—115°) 18 097.
1.3-Dichlor-5-methyloctadien-(2.6) (Kp.10 91—93°), Darst. 1189; Rk. 17 721 [2 Ref.].

$C_9H_{14}Cl_2FN_5$ 4-Isoamylamino-2-amino-6-dichlorfluormethyl-*symm.*-triazin (F. 132 bis 134°) 6776.

$C_9H_{14}Cl_2O$ 3.5-Dichlor-5-methyl-7-methoxyheptadien-(1.3) (Kp.6 105—108°) 7856.
1.3-Dichlor-5-methyl-7-methoxyheptadien-(2.4) (Kp.8 86—89°) 7856.
1-Äthoxy-7.7-dichlornorcaran (Kp.1 64 bis 64,5°) 15 571.
4-Dichlormethyl-4-äthylcyclohexanon (F. 58°) 2746, 8625.

$C_9H_{14}Cl_2O_2$ Azelainsäurechlorid, Rk. 10 864, 13 793 [2 Ref.].
Dipropylmalonylchlorid, Rk. 3905*, 13 129*.

$C_9H_{14}Cl_2O_4$ β-Dichlormethyl-β-äthyladipinsäure (F. 126°) 2746, 8625.

$C_9H_{14}Cl_3NO_2$ α-[2-*n*-Butyl-2-methyl-5-trichlormethyloxazolidon-(4)] (F. 133—134°) 2827*.
β-[2-*n*-Butyl-2-methyl-5-trichlormethyloxazolidon-(4)] (F. 101—102°) 2827*.

$C_9H_{14}Cl_3NSi_2$ Trichlorsilyltrimethylsilylphenylamin (F. 15°) 9269.

$C_9H_{14}Cl_4N_2O_2$ *N.N'*-Bis-[dichloracetyl]-pentamethylendiamin (F. 146—148°), Darst., amöbicide u. spermaticide Wrkg. 2814.

$C_9H_{14}LiNSi$ Lithiumtrimethylsilylphenylamid 9269.

$C_9H_{14}NO_2PS_2$ *O*-[*o*-Methylmercaptophenyl]-*O*-äthyl-thionophosphorsäureamid (F. 50 bis 51°) 14 298*, 16 109*.
O-[*m*-Methylmercaptophenyl]-*O*-äthylthionophosphorsäureamid (Kp.0,01 106 bis 111°) 14 298*.
O-[*p*-Methylmercaptophenyl]-*O*-äthylthionophosphorsäureamid (F. 139—140°) 14 298*, 16 109*.
O-[*p*-Methylmercapto-*m*-tolyl]-*O*-methylthionophosphorsäureamid (F. 88—90°) 14 298*, 16 109*.
O-[*p*-Methylmercaptophenyl]-*O*-methylthionophosphorsäure-*N*-methylamid (F. 147—150°) 14 298*, 16 109*.

$C_9H_{14}NO_3PS$ *O*-[*p*-Methylmercaptophenyl]-*O*-äthylphosphorsäureamid (F. 78—79°) 14 298*, 16 109*.
O-[*p*-Methylmercapto-*m*-tolyl]-*O*-methylphosphorsäureamid (F. 80—81°) 14 298*, 16 109*.

$C_9H_{14}N_2$ (s. *Pheniprazinehydrochlorid* [*Catron, Cavodil, IB-516, Phenitrazin, β-Phenyl-*

isopropylhydrazin, 1-Phenyl-2-hydrazinopropan, 1(α)-Methyl-2(β)-phenyläthylhydrazin]).
n-Pentylpyrazin (Kp.$_{11}$ 94—96°) 18 469.
Isopentylpyrazin (Kp.$_{12}$ 90—93°) 18 469.
2(6?)-Amino-3-*tert.*-butylpyridin (F. 128 bis 129°) 3093.
4-Amino-2.3.5.6-tetramethylpyridin (F. 197 bis 198°), Darst. d. Hemihydrats, Pikrat 3093; UV- u. IR-Spektrum u. Basenstärke 10 035.
2-Butylaminopyridin (F. 38—40°) 15 212.
3-Isopropyl-4-methylaminopyridin (F. 95 bis 96°), Darst., Pikrat 3093; UV- u. IR-Spektrum u. Basenstärke 10 035.
2-[β-Dimethylaminoäthyl]-pyridin (Kp.$_{13}$ 108—109°) 844.
4-Dimethylamino-3-äthylpyridin (Kp.$_{0,8}$ 82 bis 83°), Darst., Pikrat 3094; UV- u. IR-Spektrum u. Basenstärke 10 035.
4-Dimethylamino-3.5-dimethylpyridin (Kp.$_{0,4}$ 69—70°), Darst., Pikrat 3094; UV- u. IR-Spektrum u. Basenstärke 10 035.
1.3-Diamino-2-phenylpropan (Kp.$_7$ 126 bis 127°), Rk. 16 261.
N-Phenyl-1.3-diaminopropan, Rk. 16 490*.
N-Benzyläthylendiamin, Bldg. 6213*; (Dihydrochlorid) 457.
N-Phenyl-N-methyldiaminoäthan, Rk. 16 496*.
2-Amino-4.5-dimethyl-N-methylanilin, Rk. 8207.
N-Methyl-N-äthyl-p-phenylendiamin 13 000.
N-Methyl-N'-phenyläthylendiamin, Rk. 18 565*.
N.N.N'-Trimethyl-m-phenylendiamin, Rk. 11 163.
N.N-Dimethyl-N'-methyl-p-phenylendiamin, Rk. 5538*; (d. Hydrochlorids) 10 190*.
γ-Phenylpropylhydrazin (Kp. 265—267°) 6744.
2-Phenylpropyl-(1)-hydrazin (Kp.$_{0,1}$ 70°) 15 030*.
α-Äthylbenzylhydrazin 15 030*.
α-Propylphenylhydrazin, Rk. 4172.
1-Phenyl-2-propylhydrazin (Kp.$_{0,3}$ 85°) 15 030*.
N-Methyl-5-allyl-2-cyanpyrrolidin (Kp.$_2$ 68—70°) 14 091, 15 036*.
3α-Cyantropan (F. 64—66°) 11 199.
3β-Cyantropan (Kp.$_{0,4}$ 74°) 11 200.

$C_9H_{14}N_2O$ **2.2.5.5-Tetramethylpyrazolo-[4'.5':3.4]-2.5-dihydrofuran** (F. 223°) 13 384.
N-Hydroxypropyl-m-phenylendiamin (Kp.$_{0,29-0,40}$ 174—182°), Darst., Verw. 15 790*; Verw. 5116*.
1-[β-Phenylhydrazino]-propanol-(2), IR-Spektrum 10 780.
4-n-Butoxy-6-methylpyrimidin (Kp.$_7$ 90 bis 95°) 6035.
2-Propoxy-4.6-dimethylpyrimidin, Rk. 7148.
3-Isopropyl-4-methylaminopyridin-N-oxid, Pikrat (F. 164—165°) 3093.
2-[β-Dimethylaminoäthyl]-pyridin-N-oxid (Kp.$_{0,1}$ 150—160°) 6033.
4-Dimethylamino-3-äthylpyridin-N-oxid (Kp.$_1$ 178—180°) 3094.
4-Dimethylamino-3.5-dimethylpyridin-N-oxid (F. 83—84°) 3094.
Tropinoncyanhydrin, Konfigurat. 14 143.
Chinuclidyliden-(3)-essigsäureamid (F. 201 bis 203°) 18 114.

$C_9H_{14}N_2OS$ **2-Methylmercapto-4-n-propoxy-6-methylpyrimidin** (Kp.$_9$ 130—137°) 4538.
3-n-Propyl-6-methyl-2-methylmercaptopyrimidon-(4) 4538.
5-Äthyl-3.6-dimethyl-2-methylmercaptopyrimidon-(4) (F. 114—116°) 4540.
5-n-Butyl-6-methyl-2-thiouracil, Rk. 4541.
N[1]-Butyl-α-thiofuroesäurehydrazid, Hydrochlorid (F. 134—137°) 6745.

$C_9H_{14}N_2O_2$ **[2-Hydroxy-3-phenoxy]-propylhydrazin**, Reserpin-antagonist. Wrkg. d. Dihydrochlorids 18 549.
o-Methoxyphenoxyäthylhydrazin, Reserpin-antagonist. Wrkg. d. Oxalats 18 549.
4-Cyclohexyl-5-aminoisoxazolon-(3) (F. 133 bis 137° Zers.), Darst., Deriv. 11 183; IR-Spektrum, Konstit. 11 137.
4-Cyclohexyl-3-aminoisoxazolon-(5) (F. 190 bis 191° Zers.), Darst., Deriv. 11 183; IR-Spektrum, Konstit. 11 137.
3-Ureido-5.5-dimethylcyclohexen-(2)-on (F. 211—211,5° Zers.) 5651.
3-n-Butyl-6-methyluracil (F. 176—177°) 4539.
5-n-Butyl-6-methyluracil (F. 243°) 4541.
5-Isobutyl-6-methyluracil (F. 244°) 4541.
5-n-Propyl-3.6-dimethyluracil (F. 198°) 4541.
5-Cyclopropyl-5-n-propylhydantoin (F. 163°) 8242.
5-Cyclopropyl-5-isopropylhydantoin (F. 193°) 8242.
2-Methyl-3.4-dioxopiperido-[1.2:a]-piperazin, Rk. 4920.
8-Äthyl-7.9-diketo-1.8-diazabicyclo-[4.3.0]-nonan (Kp.$_{0,1}$ 106—108°) 2360.
***cis*-3-Methylcyclohexan-[1-spiro-5']-hydantoin** (F. 274°) 4512.
***trans*-3-Methylcyclohexan-[1-spiro-5']-hydantoin** (F. 237—238°) 4512.
***cis*-4-Methylcyclohexan-[1-spiro-5']-hydantoin** (F. 215—216°) 4511.
***trans*-4-Methylcyclohexan-[1-spiro-5']-hydantoin** (F. 281—282°) 4511.
3-Methyl-5.5-pentamethylenhydantoin, Verh. gegen Aminomethylier. 10 087.
Pyridin-2-aldoximpropylhydroxid, Reaktivier. phosphorylierter Acetylcholinesterasen durch d. Jodid 14 548.
Pyridin-2-aldoximisopropylhydroxid, Reaktivier. phosphorylierter Acetylcholinesterasen durch d. Jodid 14 548.
4-n-Butoxy-6-methylpyrimidin-N-oxid (F. 82—83,5°) 6035.
1.2-Bis-[β-cyanäthoxy]-propan (Propandiol-(1.2)-bis-[β-cyanäthyläther]), Rk. 17 010; Verw. 12 486*.
3-Carbamoylmethyl-5-oxopyrrolizidin (F. 150—156° u. F. 170—178°) 14 129.
Nicotinsäureamidisopropylhydroxid, Adduktbldg. d. Jodids (F. 185—186°) mit Chloraceton (Kinetik) 8570.
N.N'-Trimethylen-bis-[acrylamid], Darst., Antitumorwirksamk. 18 499.
2.6-Dicarbamoylheptadien-(1.6), Rk. 8644.
Spiro-[3.3]-heptan-2.5-dicarbonsäurediamid (F. 248,5—249°) 1596.

$C_9H_{14}N_2O_2S$ **5-[1'-Methylbutyl]-2-thiobarbitursäure** (F. 151°) 3458, 3459.
3-Propylsulfonylamino-1-aminobenzol, Verw. 2916*.
3-Isopropylsulfonylamino-1-aminobenzol, Verw. 2916*.
3-Äthylsulfonylamino-4-methyl-1-aminobenzol, Verw. 2916*.
N-[Pyrryl-(2)-methyl]-butansultam-(1.4) (F. 67—68°) 12 253.

$C_9H_{14}N_2O_2S_2$ **N-[4-Methylthiazolyl-(2)-methyl]-butansultam-(1.4)** (F. 67—68°) 12 253.

$C_9H_{14}N_2O_3$ (s. *Pyridostigmin* [*Mestinon*]).
2-Acetyl-4-*sek.*-butyl-5-aminoisoxazolon-(3), IR-Spektrum, Konstit. 11 137.
2-Acetyl-4-*sek.*-butyl-3-aminoisoxazolon-(5), IR-Spektrum, Konstit. 11 137.
5-[1'-Methylbutyl]-barbitursäure 17 713.
1-Methylbarbital, Hemm. d. renalen Ausscheidungstransportes organ. Säuren durch — 13 478.
6-Carboxy-2-n-butyl-4.5-dihydro-2H-pyridazinon-(3) (F. 72°) 8611.
2-Aminocarbonyl-4-dimethylaminocyclohexandion-(1.3), Darst. 5276; (d. Hydrochlorids) 7867.
2-[Acetamidohydroxymethyl]-1-methylpyridiniumhydroxid, Jodid (F. 143—146°) 9337.

2-Methyl-1-äthinylcyclohexanol (Kp.$_{10}$ 71 bis 72°), Darst. 17 844*; Rk. v. cis- u. trans- — 9299, 15 165.
3-Methyl-1-äthinylcyclohexanol (Kp.$_{10}$ 75 bis 77°) 16 844*.
2.4-Dimethyl-1-äthinylcyclopentanol-(1) (Kp.$_{20}$ 82—84°) 9733.
α-[Δ^3-2.5-Endomethylencyclohexenyl]-äthanol (Kp.$_{12}$ 89—91°) 222*, 6590*.
2-Äthoxy-2-methylhexen-(5)-in-(3) [**5-Äthoxy-5-methylhexen-(1)-in-(3)**] (Kp.$_{16}$ 46—47°), Darst., Rk. 8217; Rk. 2703.
1-Methoxy-1-äthinylcyclohexan (Kp.$_{14}$ 57 bis 59°) 11 875.
Cyclohexen-(1)-ylmethylvinyläther (Kp.$_2$ 83°) 13 372.
3-Methyl-Δ^3-cyclohexenylvinyläther (Kp.$_{12}$ 59—60°) 79.
1-[β-Äthoxyvinyl]-cyclopenten (Kp.$_9$ 78°) 18 079.
Apopinenepoxid (F. 43°) 16 658.
Diäthylpropargylacetaldehyd, Darst. im Gemisch mit Diäthylallenylacetaldehyd, 2.4-Dinitrophenylhydrazon 10 426.
Diäthylallenylacetaldehyd, Darst. im Gemisch mit Diäthylpropargylacetaldehyd, 2.4-Dinitrophenylhydrazon 10 426.
Nonadien-(2.4)-al (Kp.$_{0,1}$ 56—58°) 16 632.
Nonadien-(2-*trans*-6-*cis*)-al-(1) (Kp.$_{11}$ 89 bis 90°) 10 270*.
3-Methyloctadien-(2.6)-al (Kp.$_3$ 72—73°) 18 081.
2-Cyclohexylacrolein, Verw. 10 189*.
2-Methylencyclohexylacetaldehyd (Kp.$_{14}$ 82°) 13 372.
1-Methyl-Δ^1-cyclohexenylacetaldehyd (Kp.$_{10}$ 73—75°) 79.
2-Oxononin-(7) 8945.
Nonadien-(3.5)-on-(2) (Kp.$_{0,8}$ 63,5—64°) 9306.
1.3-Diallylpropanon-(2) [**Nonadien-(1.8)-on-(5)**] 18 082.
5-Methyloctadien-(1.4)-on-(3), Rk. 9695.
2.5-*cis*-4-Äthylheptadien-(3.5)-on-(2), Bldg., 2.4-Dinitrophenylhydrazon (F. 87°) 14 831.
1.1-Diallylpropanon-(2) [**3-Allylhexen-(5)-on-(2)**] 18 082.
Cyclohexylidenaceton, Rk. 4774*, 13 206*.
Δ^1-Cyclohexenylaceton (Kp. 170—190°) 78.
1-Acetyl-1-methyl-Δ^2-cyclohexen (Kp.$_{10}$ 58 bis 67°) 12 664.
1-Acetyl-2-methylcyclohexen, Rk. 4774*, 13 206*.
3- u. 4-Methyl-Δ^3-tetrahydroacetophenon [Gemisch] (Kp.$_{30}$ 99—102°) 15 196.
2-Allylcyclohexanon (Kp.$_{12}$ 79—80°), Darst. (Oxim, 2.4-Dinitrophenylhydrazon) 10 439; (2.4-Dinitrophenylhydrazon) 15 940.
1-Oxo-3-isopropylcyclohexen-(2) 7532.
2-Äthyl-5-methylcyclohexenon, Rk. 7159.
1.1.3-Trimethylcyclohexen-(2)-on-(4) [**2.4.4-Trimethylcyclohexen-(2)-on-(1)**] (Kp. 194—196°), Darst. (Semicarbazon, Oxim) 2747; (2.4-Dinitrophenylhydrazon) 8266.
2-[α- u. γ-Methallyl]-cyclopentanon [Gemisch] 10 439.
cis*-Hydrindanon-(1)** [cis*-Hexahydroindanon-(1)**] (Kp.$_1$ 57—58°), Darst., Deriv. 14 124; Konstit.-Einfl. auf d. Cotton-Effekt v. — u. Deriv. 69.
***trans*-Hexahydroindanon-(1)**, Konstit.-Einfl. auf d. Cotton-Effekt v. — u. Deriv. 69.
***cis*-Hexahydroindanon-(2)**, Konstit.-Einfl. auf d. Cotton-Effekt v. — u. Deriv. 69.
***trans*-Hexahydroindanon-(2)**, Konstit.-Einfl. auf d. Cotton-Effekt v. — u. Deriv. 69.
Hydrindanon-(4), Rk. 6138*.
***trans*-Perhydrindanon-(5)**, Rk. 15 573.
Bicyclo-[4.2.1]-nonanon-(9) (Kp.$_{10}$ 73—74°) 15 940.
Bicyclo-[2.2.1]-heptyl-(2)-methylketon, Rk. 11 233*, 12 391*, 12 392*.
dl-exo-**1.3-Dimethylnorcampher** (Kp.$_{40}$ 92,5 bis 93°) 6046.
Spiro-[4.4]-nonanon-(1) (Kp.$_{13}$ 82,5—83°), Darst., Oxim 13 740; Rk. 9961*.

$C_9H_{14}OS$ **3-Äthinyl-3-hydroxy-2.4.4-trimethyltetrahydrothiophen** (F. 78°) 7510.
endo-**2-Äthylsulfinylbicyclo-[2.2.1]-hepten-(5)** (?) (F. 36—37°) 17 734.
exo-**2-Äthylsulfinylbicyclo-[2.2.1]-hepten-(5)** (?) (Kp.$_{0,025}$ 62—63°) 17 734.
Benzyldimethylsulfoniumhydroxid, Darst. d. p-Toluolsulfonats (F. 124—124,8°), Kinetik u. Isotopeneffekt d. Rk. mit NaOH 13 718.
Cyclohexylthiolacrylat 3625*.

$C_9H_{14}OSi$ *o*-**[Trimethylsilyl]-phenol** 1207.

$C_9H_{14}O_2$ (s. *Apocampholensäure*; *Isolauronolsäure*).
2.6-Dimethylpropylen-1.5-dioxan, Rk. 8065*.
9-*exo*-Hydroxy-2-oxatetrahydro-*endo*-dicyclopentadien (Kp.$_{0,1}$ 100—102°) 5659.
9-Hydroxy-2-oxatetrahydro-*exo*-dicyclopentadien (Kp.$_{0,7}$ 95—97°) 5659.
2-Allyl-2-propargylpropandiol-(1.3) (Kp.$_{0,05-0,07}$ 82—87°) 3184*.
„**1.1.4-Trimethyldihydroresorcin**“, Rk. 7532.
endo-cis-**2.3-Bis-[hydroxymethyl]-bicyclo-[2.2.1]-hepten-(5)** (F. 85—86°) 5658.
exo-cis-**2.3-Bis-[hydroxymethyl]-bicyclo-[2.2.1]-hepten-(5)** (Kp.$_{0,6}$ 114—116°) 5659.
Methyl-β-methoxyäthylvinyläthinylcarbinol, Rk. 7856.
1-Isopropoxy-2-methyl-3-hydroxypenten-(1)-in-(4) 8782*, 15 031*, 15 693*, 19 049*.
2-Äthoxy-3-hydroxybicyclo-[2.2.1]-hepten-(5) (Kp.$_{12}$ 82°) 11 567.
Penten-(4)-in-(2)-al-(1)-diäthylacetal (Kp.$_{20}$ 85°) 18 794.
5-Ketooktahydro-1.2-benzopyran, Rk. 6138*.
8-Ketooktahydro-1.2-benzopyran, Rk. 6139*.
5-Ketohexahydroisochroman, Rk. 6138*.
2-Hydroxymethylencyclooctanon (Kp.$_{14}$ 108°) 14 845.
3.3-Dimethyl-6-hydroxymethylencyclohexanon (Kp.$_{10}$ 75—80°) 5647.
1.4.5-Trimethylcyclohexen-(3)-ol-(1)-on-(2) (Kp.$_2$ 77—79°) 12 278.
2.6.6-Trimethylcyclo-2-hexen-1-ol-4-on (Kp.$_{0,1}$ 110—112°) 9194*.
1-Allylcyclohexanol-(1)-on-(2) (Kp.$_{13}$ 100 bis 101°) 11 171.
1-Methylbicyclo-[2.2.2]-octanol-(4)-on-(2) (F. 60°) 9327.
1-Keto-6-hydroxyspiro-[4.4]-nonan (Kp.$_{0,8}$ 90—114°), Darst., Rk. 11 901; (Deriv. v. cis- u. trans-—) 11 901.
3-Methoxy-5.5-dimethylcyclohexen-(2)-on-(1) (Kp.$_{1,5}$ 80—81°) 4890.
Isophoronoxid (Kp.$_7$ 60,5—61°), Rk. 16 692.
2-Formyl-3.5-dimethylcyclohexanon, Na-Verb. 3098.
6-Methylocten-(4)-dion-(3.7) [**3-Methylocten-(4)-dion-(2.6)**] (Kp.$_1$ 82—83°) 805, 8590.
2-Acetylcycloheptanon, Chlorier., Cu-Komplex (F. 210—211°) 10 068.
α-Acetonylcyclohexanon, IR—CO-Frequenz u. CO—CO-Wechselwrkg. 15 898.
4-Propionylcyclohexanon 8975.
2-Methyl-2-acetylcyclohexanon (Kp.$_3$ 74 bis 76°) 14 838.
1-Methyl-1-acetylcyclohexanon-(4) (Kp.$_{15}$ 133°) 9327.
2-Propylcyclohexandion-(1.3) (F. 136 bis 137°) 1967.
2.5.5-Trimethylcyclohexandion-(1.3) (**2-Methyldimedon**), Darst., Rk. 17 381; Rk.: mit H_2O_2 14 483; mit Isobutanol 7864; Verh. gegen Harnstoff 5651; Rk. mit Methyl-β-chlorvinylketon 805.

2.6.6-Trimethylcyclohexan-1.4-dion (F. 63 bis 65°) 9194*.
4-Äthyl-2.6-dimethylpyrryliumhydroxid, Darst. (v. Salzen) 17 748; (d. Perchlorats) 14 499; (Rk. d. Perchlorats) 13 740; Red. d. Perchlorats 14 831.
6-Äthyl-2.4-dimethylpyryliumhydroxid, Perchlorat (F. 201—202°) 14 500.
2.3.4.6-Tetramethylpyryliumhydroxid, Darst. (v. Salzen) 17 748; (d. Perchlorats) 14 499.
2.3.5.6-Tetramethylpyryliumhydroxid, Perchlorat (F. 82,5—83,5°) 14 499.
Nonin-2-säure (Kp.$_{17}$ 153°) 18 792.
Nonadien-(2.4)-säure-(1) (F. 23°), Darst., kristallinfl. Eig. 16 632.
5-[*n*-Propyl]-3-methylpentadien-(2.4)-säure (F. 70—72°) 17 563*.
5-Isopropyl-3-methylpentadien-(2.4)-säure (F. 57—59°) 17 563*.
3-Propenylhexen-(4)-säure (Kp.$_{13}$ 127°) 17 713.
Δ^2-*cis*-2.3.5-Trimethylhexadien-(2.4)-säure (**Δ^2-*cis*-2.3.5-Trimethylsorbinsäure**) (F. 44°) 15 558.
3-*exo*-Methylen-2.5-dimethylhexen-(4)-säure (Kp.$_{0,01}$ 74—76°) 15 558.
Cycloheptylidenessigsäure, Gemisch mit Cyclohepten-(1)-ylessigsäure 8982.
Cyclohepten-(1)-ylessigsäure, Gemisch mit Cycloheptylidenessigsäure 8982.
α-Cyclohexylacrylsäure, Darst. 8781*; Rk. 7693*.
1-Methyl-Δ^2-cyclohexenylessigsäure (Kp.$_{0,05}$ 93—95°) 79.
***cis*-2.3-Dimethyl-Δ^3-cyclohexen-1-carbonsäure** (F. 80—81°) 831.
3-Isopropylidencyclopentancarbonsäure-(1) (F. 50—51°) 139, 9355.
Bicyclo-[2.2.2]-octan-1-carbonsäure, Änder. d. freien Ionisationsenergie 3406.
Bicyclo-[2.2.1]-heptyl-(2)-essigsäure, Rk. 11 293*.
5-*endo*-Methylbicyclo-[2.2.1]-heptan-*exo*-carbonsäure-(5), NMR-Spektrum, Konformat. 16 263.
5-*exo*-Methylbicyclo-[2.2.1]-heptan-*endo*-carbonsäure-(5), NMR-Spektrum, Konformat. 16 263.
6-*endo*-Methylbicyclo-[2.2.1]-heptan-*exo*-carbonsäure-(5), NMR-Spektrum, Konformat. 16 263.
6-*exo*-Methylbicyclo-[2.2.1]-heptan-*endo*-carbonsäure-(5), NMR-Spektrum, Konformat. 16 263.
Spiro-[3.4]-octancarbonsäure (F. 39°) 7505.
Heptin-2-säureäthylester (Kp.$_{16}$ 97,5°) 18 792.
Heptin-(6)-säureäthylester, Rk. 1953.
Hexadien-(2.5)-säureisopropylester (Kp.$_5$ 36 bis 42°) 8415*, 14 469.
3-Methylhexadien-(2.4)-säureäthylester (Kp.$_{16}$ 87°) 3088.
Penten-(3)-ylmethacrylat, Rk. 5851*.
Penten-(4)-ylmethacrylat, Rk. 1463*.
Cyclohexylacrylat, Elastizität u. Konfigurat. v. mit Tetraäthylenglykoldimethacrylat vernetztem Poly— 5316; Verw. 4353*.
Cyclohepten-(1)-yl-(1)-acetat (Kp.$_4$ 64°), Darst., Konstit.-Einfl. auf d. ν(CO) 3394.
Cyclohexylidenessigsäuremethylester (Kp.$_{0,4}$ 53—54°) 1832.
3-Acetoxymethylcyclohexen (Cyclohexen-(3)-ylmethylacetat) 2328, 3407.
1-Methyl-Δ^1-cyclohexen-4-carbonsäuremethylester, Gemisch mit 1-Methyl-Δ^1-cyclohexen-5-carbonsäuremethylester 7495.
1-Methyl-Δ^1-cyclohexen-5-carbonsäuremethylester, Gemisch mit 1-Methyl-Δ^1-cyclohexen-4-carbonsäuremethylester 7495.
Δ^1-Cyclohexencarbonsäureäthylester (Kp.$_{35}$ 109°) 8232.
Cyclopenten-(2)-ylessigsäureäthylester 17 734.
***O*-Acetyldicyclopropylcarbinol** 9686.
***exo*-Norbornylacetat (*exo*-Bicyclo-[2.2.1]-heptyl-(2)-acetat),** Bldg. 3050; Rk. 18 814.
5-Acetoxymethylbicyclo-[2.1.1]-hexan (Kp.$_9$ 69—71°) 15 223.
Nonen-(8)-ol-(5)-säure-(1)-lacton (Kp.$_{11}$ 136—137°) 1954.
5-*n*-Propyl-6-methyl-3.4-dihydropyron-(2) (Kp.$_3$ 84—85°) 18 463.
2.3.5-Trimethylhexen-(2)-olid-(1.5) (F. 47°) 15 558.
2-Ketotetrahydrocyclohepta-[*b*]-furan (Kp.$_{10}$ 146—150°) 2367.
3-Hydroxy-2.3-dimethylcyclohexan-1-carbonsäurelacton (F. 79—80°) 831.
β-[2-Hydroxycyclopentyl]-buttersäurelacton (Kp.$_{2,5}$ 124—125°) 7878.
Campholytolacton 18 101.
***cis*-1.2.2-Trimethyl-4-hydroxycyclopentancarbonsäure-(1)-lacton** 4930.
δ-Hydroxycamphenilonsäurelacton (F. 94 bis 96°) 139.

$C_9H_{14}O_3S$ **4-Methoxy-7-ketooktahydrothionaphthen,** Rk. 6138*.
4-Hydroxy-3-methylphenyldimethylsulfoniumhydroxid, Chlorid (Zers. 149°) 3986*.
2.6-Dimethyl-3-carbomethoxy-5.6-dihydro-4H-thiapyran (Kp.$_{0,01}$ 58°) 11 905.

$C_9H_{14}O_3Si$ **β-Phenyläthylmethylsilandiol** (F. 80 bis 81°) 14 479.

$C_9H_{14}O_3$ ***exo*-6.6-Äthylendioxybicyclo-[2.2.1]-heptanol-(2)** (Kp.$_{0,10}$ 68°) 15 579.
Furfuroldiäthylacetal, Rk. 18 081.
5-Methylen-4-methyl-4-butyl-1.3-dioxolanon-(2), therm. Spalt. 4723*.
4-Hydroxymethylen-2.2.5.5-tetramethylfuranidon-(3), Rk. 13 383.
6-Hydroxymethyl-3-äthoxycyclohexen-(2)-on (F. 72,5—73°) 18 807.
5-Methyl-1.2;4.5-diepoxyoctanon-(3) (Kp.$_1$ 84,5—85,5°) 9695.
3-Hydroxynonen-(8)-dion-(2.5) 10 638*.
2-Hydroxy-2-methyldimedon (F. 101—102°) 14 483.
Nonantrion-(2.5.8), Adsorpt. aus wss. Lsg. an Montmorillonit 13 307; IR-Spektren v. Komplexen mit Ca-Montmorillonit 11 811.
3-Methyl-4-äthyl-2.3-epoxyhexen-(4)-säure (Kp.$_{2,3}$ 69,5—74,5°) 9184*.
3.4-Oxido-2.3-dimethylcyclohexan-1-carbonsäure (F. 127—128°) 831.
4-Hydroxybicyclo-[2.2.2]-octan-1-carbonsäure, Änder. d. freien Ionisationsenergie 3406.
***cis*-Nornepetalsäure** (Kp.$_{0,05}$ 105—110°) 490.
***trans*-Nornepetalsäure** (Kp.$_{0,05}$ 100—105°) 489.
Nonen-(8)-on-(5)-säure-(1) (F. 27—28°) 1954.
5-Methyl-3-acetylhexen-(4)-säure (Kp.$_{0,2}$ 114—118°) 6752.
3-Methylcyclohexanonessigsäure-(3) (F. 51 bis 53° korr.) 12 285.
3.6-Dimethyl-3-carboxycyclohexanon, Deriv. 13 004.
β-[2-Oxocyclopentyl]-buttersäure (Kp.$_{1,9}$ 154—155°) 7878.
1.1-Dimethylcyclopentanon-(2)-yl-(5)-essigsäure (F. 80°) 15 225.
3.4-Dimethyl-2.3-epoxyhexen-(4)-säuremethylester (Kp.$_5$ 87—97°), Herst. als Riechstoff 9184*.
3.4-Epoxypentylmethacrylat 5851*.
4.5-Epoxypentylmethacrylat (Kp.$_{0,8}$ 67 bis 72°) 1463*.
2.3-Epoxybuttersäure-penten-(4)-ylester (Kp.$_5$ 96°) 8238.
4-Hydroxyheptin-(6)-säureäthylester (Kp.$_{0,1}$ 75—76°) 3418.
5-Methoxymethyl-3-acetoxycyclopenten (Kp.$_{4,5}$ 84°) 15 570.
Acrylsäure-4-vinyloxybutylester, Rk. 6606*, 15 403*.

Acetylmalonsäurediäthylester, Rk. 16 681.

Dimethylacetoxyacetylcarbinylacetat (Kp.$_2$ 96—96,5°) 9733.

2.3-Isopropyliden-5-*O*-methyl-D-ribono-1 →4-lacton (Kp.$_{10-5}$ 90—100°) 10 428.

2-Hydroxy-3-äthyl-3-[β-carboxyäthyl]-5-oxotetrahydrofuran (F. 102—103°) 8625.

2.2'-Isopropyliden-„α"-D-isosaccharinsäurelacton (F. 55—56°) 6432.

$C_9H_{14}O_5S$ 2-Sulfocyclohexylacrylat 7693*.

Dimedon-2-sulfonsäuremethylester (F. 69 bis 70°) 12 284.

$C_9H_{14}O_6$ (s. *Isocamphoronsäure*; *Triacetin* [*Glycerintriacetat*]).

1.3;2.4;5.6-Tri-*O*-methylen-D-sorbit (F. 208 bis 210°) 14 830.

Hexantricarbonsäure-(1.3.5) (α-Methyl-γ-carboxypimelinsäure) (F. 95°) 13 361.

Hexan-1.4.5-tricarbonsäure (F. 147°) 5650.

α-Isopropyltricarballylsäure (F. 170°) 2727.

3.4-Diacetyl-2-desoxy-D-ribopyranose 851.

Acetoxymalonester, Rk. 5998.

$C_9H_{14}O_6S_2$ 4.4-Bis-[carboxymethylmercapto]-valeriansäure (F. 154,5—157°) 11 880.

$C_9H_{14}O_7$ 1.2-*O*-Isopropyliden-D-glucofuranuronsäure 853.

β-Hydroxy-β.β-bis-[äthoxycarbonyl]-propionsäure 15 926.

Lactyllactylmilchsäure, Verw. 3549*.

Citronensäuretrimethylester (F. 75—76°), vollständ. Ionisationsschema für Citronensäure in Ggw. v. — 11 510; Wrkg.-Weise bei d. Autoxydat. v. Methyllinolat 18 880.

Isopropyliden-D-glucuronolacton (F. 119 bis 120°) 2048.

Verb. $C_9H_{14}O_7$ (F. 203—205°) aus Fructose 5675.

$C_9H_{14}O_8P_2$ Phenyl-2-methoxyäthylpyrophosphorsäure, Darst., Di-Li-Salzhydrat 8631; RF-Wert 8635.

2.3.5-Trimethylhydrochinondiphosphat, Rk. 4878.

$C_9H_{14}S$ 2-Isoamylthiophen, IR-Spektrum 14 079.

2-Äthyl-5-*n*-propylthiophen, IR-Spektrum 14 079.

Thiaadamantan, Bldg., Verbrennungswärme 793.

2-Thiaadamantan 3454.

$C_9H_{14}S_2$ Isobutyl-α-thenylsulfid, Rk. 11 154.

S-Pentyl-2-mercaptothiophen (Kp.$_9$ 122 bis 123°) 17 739.

S-Isopentyl-2-mercaptothiophen (Kp.$_{3,5}$ 116 bis 118°) 17 739.

$C_9H_{14}Si$ Dimethylbenzylsilan (Kp.$_{15}$ 70°), Darst., Hydrolyse (Kinetik) 6358.

Phenyltrimethylsilan (Kp.$_{20}$ 65°), Massenspektrum 418; Konstit.-Einfl. auf d. ν(SiC) 11 504; Mol.-Refr. 5233; Depolarisat. u. Intensität d. Rayleigh-Diffus., opt. Anisotropie 14 075; Temp.-Abhängigk. v. Dichte u. Viscosität 5238; Temp.-Abhängigk. d. Oberflächenspann. 5241.

$C_9H_{15}Al$ Tri-[propen-(2)-yl-(2)]-aluminium 4716*.

$C_9H_{15}B$ Bortriallyl, kernmagnet. Resonanz v. ^{11}B in — 10 366; oxydative Polymerisat. 9744.

Tripropenylboran (Kp.$_{13}$ 58°) 15 766*.

$C_9H_{15}BO_3$ Borsäuretriallylester (Kp.$_{14}$ 73°), Darst., magnetoopt. Dreh. 2306.

C_9H_5Br 1-Bromnonin-(2)-Komplex mit Hexamethylentetramin 12 627.

$C_9H_{15}BrN_2O_3$ s. *Sedamyl* [*Acetylcarbromal*].

$C_9H_{15}BrO$ 4-Äthyl-2-methyl-3-brom-1.2-epoxyhexen-(3) 12 838*.

2-Bromcyclononanon (Kp.$_{0,15}$ 54°), Darst., Konstit.-Einfl. auf d. ν(CO) u. UV-Spektrum 3394.

1-[ω-Brombutyl]-cyclopentanon-(2) (Kp.$_2$ 114—115°) 13 740.

α-Hexylacrylsäurebromid, Rk. 7693*.

$C_9H_{15}BrO_2$ *cis*-2-Methyl-1-bromacetylcyclohexanol-(1) (F. 68—68,5°) 9733.

trans-2-Methyl-1-bromacetylcyclohexanol-(1) (Kp.$_{2,5}$ 119,5—120°) 9733.

2.4-Dimethyl-1-[α-bromacetyl]-cyclopentanol-(1) 9733.

γ-Brom-β-methylcrotonsäurebutylester, 1570.

6-Bromhepten-(6)-ol-(2)-acetat (Kp.$_{20}$ 119°) 12 622.

$C_9H_{15}BrO_4$ [β-Bromäthyl]-malonsäurediäthylester, Rk. 17 735.

5-Brom-1.2-diacetoxypentan 14 127.

2-Brom-1.5-diacetoxypentan 14 127.

1-Brom-2.5-diacetoxypentan 14 127.

$C_9H_{15}Br_2NO$ 5-*n*-Propyl-6-methyl-5.6-dibrompiperidon-(2) (F. 70—72°) 18 463.

5-Isopropyl-6-methyl-5.6-dibrompiperidon-(2) (F. 79—80°) 18 463.

α.β-Dibrompropionsäurecyclohexylamid (F. 175—176°) 7479.

$C_9H_{15}Br_3N_2O$ 1-[2-*N*-Tribromacetamidoäthyl]-piperidin 6875*.

$C_9H_{15}Br_3O_2$ 6.6.7-Tribromheptyl-(2)-acetat (Kp.$_3$ 136°) 12 622.

$C_9H_{15}Br_4O_4P$ Monoallyl-bis-[dibrompropyl]-phosphat, Verw. 5494*.

$C_9H_{15}Br_6O_4P$ Tris-[dibrompropyl]-phosphat, Verw. 5494*.

$C_9H_{15}Cl$ 1-Chlornonin-(4) (Kp.$_{15}$ 35—37°), Darst., Rk.9340; Harnstoffeinschlußverb. 15 544.

3-Chlor-3.6-dimethylheptin-(1) (Kp.$_{15}$ 57 bis 59°) 7483.

2-Chlor-2.5.5-trimethylhexin-(3), Rk. 779.

3-Chlor-3-isopropyl-4-methylpentin-(1) (Kp.$_{15}$ 57—60°) 7483.

3-Chlor-5-methyloctadien-(1.6), Rk. 17 721 [2 Ref.].

1-Chlor-5-methyloctadien-(2.6), Rk. 17 721 [2 Ref.].

1-(Bicyclo-[2.2.1]-heptyl)-äthylchlorid (Kp.$_{12}$ 70—74°), Rk. 12 392*.

$C_9H_{15}ClN_2O_2S$ *N*-[Pyrryl-(2)-methyl]-4-chlorbutan-1-sulfonsäureamid (F. 81°) 12 253.

$C_9H_{15}ClN_2O_2S_2$ *N*-[4-Methylthiazolyl-(2)-methyl]-4-chlorbutan-1-sulfonsäureamid (F. 61°) 12 253.

$C_9H_{15}ClO$ 1-Chlor-6-methyloctin-(4)-ol-(6) 3058.

1-[1'-Chlorpropen-(1')-yl-(1')]-cyclohexanol-(1) 7327*.

5-Isopropoxymethyl-3-chlorcyclopenten 15 570.

3-*tert*.-Butoxy-5-chlorcyclopenten 11 171.

4-*tert*.-Butoxy-5-chlorcyclopenten 11 171.

5-*tert*.-Butoxy-4-chlorcyclopenten 11 171.

β-Chloräthylcyclohexylketon (Kp.$_7$ 92 bis 94°) 570*.

α-Chlorcyclononanon (Kp.$_8$ 102,5—103,5°), Carbonyl-Valenzschwing. 8559.

1-[2'-Chlorpropyl-(2')]-cyclohexanon-(4) 5246.

3-Propylhexen-(4)-säurechlorid (Kp.$_{17}$ 85°) 17 714.

α-Hexylacrylsäurechlorid, Rk. 7693*.

1-Methylcyclohexylessigsäurechlorid (Kp.$_{15}$ 95—100°) 78.

3-Methylcyclohexylessigsäurechlorid (Kp.$_{18}$ 102—103°) 78.

Dihydroisolauronolsäurechlorid (Kp.$_{16}$ 87°) 5273.

7.7-Dimethylnorbornyl-(1)-hypochlorit, Rk. 5246.

$C_9H_{15}ClOS_2$ 3-Chlor-2-butenyl-*sek*.-butylxanthat 10 108*.

$C_9H_{15}ClOS_3$ 2-Chlorallyl-2-[2'-propylmercapto]-äthylxanthat, Verw. 16 108*.

$C_9H_{15}ClO_2$ 2-Acetoxymethyl-1-chlorcyclohexan (Kp.$_3$ 91—93°) 12 277.

4-Methoxycyclohexylessigsäurechlorid, Gemisch d. Stereoisomeren (Kp.$_{21}$ 100 bis 115°) 12 641.

$C_9H_{15}ClO_3$ 1-Acetoxy-5-äthoxy-3-chlorpenten-(2) (Kp.$_{14}$ 120—121°) 2702.

Äthyl-5-chlorformylcaproat, Rk. 5777*.

Korksäuremethylesterchlorid (Kp.$_{11}$ 134 bis 136°), Darst., Rk. 1524; Rk. 4523.

tert.-**Butyl-α-carbäthoxyacetylchlorid** 14 110.
Diäthylmalonsäuremonoäthylesterchlorid, Rk. 4914.
$C_9H_{15}ClO_3S_2$ **3-Chlor-2-butenyl-2-[2'-hydroxyäthoxy]-äthylxanthat** 16 108*.
$C_9H_{15}ClO_5$ **1-Hydroxyäthylchlormalonsäurediäthylester** (Kp.$_{0,7-1}$ 122—125°) 17000.
$C_9H_{15}ClSn$ **Tri-[propen-(2)-yl-(2)]-zinnchlorid** 4716*.
$C_9H_{15}Cl_2N$ **N-[3.3-Dichlor-2-methylallyl]-piperidin** (Kp.$_{0,1}$ 53—56°) 10 977*.
$C_9H_{15}Cl_2NO_4$ **Methyl-bis-[β-monochloracetoxyäthyl]-amin** (F. 102°) 4508.
$C_9H_{15}Cl_2O_3P$ **2-Chlor-3-chlormethylbutadien-(1.3)-phosphonsäurediäthylester** (Kp.$_2$ 142,5°) 8949.
$C_9H_{15}Cl_3N_2O$ **1-[2-N-Trichloracetamidoäthyl]-piperidin** 6875*.
1-[3-N-Trichloracetamidopropyl]-pyrrolidin 6875*.
$C_9H_{15}Cl_3N_2O_2$ **4-[3-N-Trichloracetamidopropyl]-morpholin,** Darst. (Verw., Hydrochlorid) 6875*; (d. Hydrochlorids) 7257*.
$C_9H_{15}Cl_6O_4P$ **Tris-[β.γ-dichlorpropyl]-phosphat** 7697*.
$C_9H_{15}CoO_6S_3$ **Monocobalt-tri-α-mercaptopropionsäure,** Darst., Verw. v. Estern u. Salzen 2457*.
$C_9H_{15}FO_4$ **α-Äthyl-α-fluormalonsäurediäthylester** (Kp.$_{0,2}$ 48°) 8412*.
$C_9H_{15}F_3N_2O$ **1-[2-N-Trifluoracetamidoäthyl]-piperidin** 6875*.
1-Propyl-4-trifluoracetylpiperazin 18 938*.
$C_9H_{15}F_3O_3S$ **α-Trifluormethylallyl-n-amylsulfit** (Kp.$_5$ 80—82°) 8208.
γ-Trifluormethylallyl-n-amylsulfit (Kp.$_4$ 100 bis 102°) 8208.
$C_9H_{15}J$ **1-Jodnonin-(2),** Komplex mit Hexamethylentetramin (Zer. 170°) 12 627.
$C_9H_{15}J_6O_3P$ **Tris-[β.γ-dijodpropyl]-phosphit** 7697*.
$C_9H_{15}MoN_3O_3S_3$ **Tricarbonyl-tris-[thioacetamid]-molybdän** 14 803.
$C_9H_{15}N$ **3-Piperidinobutin-(1),** partielle Hydrier. 15 401*.
4-Piperidinobutin-(1) (Kp.$_{11}$ 65—67°) 11 882.
3-Pyrrolidino-3-methylbutin-(1) (F. 74 bis 76°) 7484.
3-Äthyl-4-isopropylpyrrol (Kp.$_{24}$ 105—108°) 3082.
5-Äthyl-4-isopropylpyrrol (Kp.$_{22}$ 97°) 3082.
2.5-Dimethyl-4-isopropylpyrrol (Kp.$_{17}$ 94°) 3082.
1-Pyrrolidinocyclopenten-(1) (Kp.$_{12}$ 88 bis 89°), Darst., Rk. 10 438, 16 685; Rk. 15 940.
trans-**Oktahydrochinolin** 11 192.
$\Delta^{1,8a}$-Oktahydrochinolin, Rk. 11 921.
Oktahydroisochinolin, Racemate v. opt.-akt. —-Deriv. 13 953*, 18 279*.
2-Methyl-3a.4.7.7a-tetrahydroisoindolin (Kp.$_{10}$ 62—88°) 468.
1-Dimethylamino-5-methylhexen-(4)-in-(2) (Kp.$_{11}$ 68—69°) 7856.
1-Dimethylamino-5-methylhexen-(5)-in-(2) (Kp.$_{10}$ 54—55°) 7855.
1-Dimethylamino-5-methylhexen-(5)-in-(3) (Kp.$_{10}$ 64—65°), Darst., Pikrat 7855; Rk. 7856.
5-Dimethylamino-5-methylhexen-(1)-in-(3) (Kp.$_{12}$ 69—70°) 7855.
1-Bicyclo-[2.2.1]-hepten-(5)-yl-(2)-äthylamin, Rk. 12 392*.
1-{Bicyclo-[2.2.1]-Δ^5-heptenyl-(2)}-2-aminoäthan (Kp.$_{0,6}$ 48°) 5654.
Triallylamin, Myocarditis durch — 5752.
3-Methylocten-(2)-säurenitril (Kp.$_{15}$ 97,5°) 18 792.
3-Methyl-3-äthylhexen-(4)-säurenitril (Kp.$_{0,5}$ 52°) 17 713.
2-Butylpenten-(4)-säurenitril (Kp.$_{30}$ 102°) 8582.
Cycloheptylacetonitril (Kp.$_{10}$ 102°) 2367.
$C_9H_{15}NO$ (s. *Pseudopelletierin*).
3-Morpholino-3-methylbutin-(1) (F. 78 bis 79°) 7481.
1-Morpholinocyclopenten-(1) (Kp.$_{25}$ 126°)' Darst., Rk. 10 438, 12 278; Rk.: mit H_2S 12 278; mit Propargylbromid u. Äthyldicyclohexylamin 15 942; mit Isocyanaten bzw. Senfölen 14 484; mit Acetylchlorid 4903; mit Benzoylchlorid 14 842.
Methyl-[dimethylaminomethyl]-vinyläthinylcarbinol (Kp.$_3$ 69—71°) 1197.
β-2.5-Dimethyl-4-äthinylpiperidol-(4) (F. 131—132°), Rk. 13 757.
γ-2.5-Dimethyl-4-äthinylpiperidol-(4) (F. 93 bis 94°), Rk. 13 757.
isomeres **2.5-Dimethyl-4-äthinylpiperidol-(4),** Rk. 13 757.
1-Diallylamino-2.3-epoxypropan, Rk. 13 132*.
Dekahydrochinolinisonitron (F. d. H_2O_2-Addukts 280—282°) 4165.
6-Dimethylamino-4-methylhexadien-(2.4)-al-(1), Rk. 10 274*.
4-Pyrrolidinopenten-(3)-on-(2), Rk. 17 389.
Dekahydro-4-ketochinolin [Dekahydrochinolon-(4)], Stereochemie v. —-Deriv. u. Einfl. v. Substituenten auf d. anästhesierende Wrkg. v. —-Deriv. 9338; Rk., Hydrochlorid 14 136.
1-Oxochinolizidin (Kp.$_{0,15-0,2}$ 65—70°) 1234.
2-Oxochinolizidin, Darst., Rk. 1234; katalyt. Hydrier. 2374.
3-Oxochinolizidin (Kp.$_{0,25}$ 63—65°) 1234.
1-Dimethylamino-2-methylhexadien-(2.5)-on-(4) (Kp.$_5$ 65—68°) 1197.
Butyl-(1)-pyridiniumhydroxid, Bldg. d. Bromids (Kinetik) 16 635.
4-Äthyl-β-picolinmethylhydroxid, Jodid (F. 122°) 16 683.
1-Äthyl-2.4-dimethylpyridiniumhydroxid (2.4-Lutidinäthohydroxid), Darst. d. Jodids (F. 106°) 18 421; Kernresonanzspektrum d. Jodids 18 421.
1-Äthyl-2.6-pyridiniumhydroxid (2.6-Lutidinäthohydroxid), Darst. d. Jodids (F. 240 bis 242°) 18 421; Kernresonanzspektrum d. Jodids 18 421.
Phenyltrimethylammoniumhydroxid (Dimethylanilinmethylhydroxid), Darst. (d. Äthensulfonats) 14 318*; (d. Salzes mit 2-Methylamino-1.1.3.3-tetracyanpropen) 1795*; Bldg. d. Perchlorats 15 233; Extrakt. v. Metallionen mit —-Jodid in 1.2-Dichloräthan 10 763; Bezieh. zwischen d. Lipidlöslichk. d. Chlorids u. d. Oxydat. durch Lebermikrosomen 13 473; Verw. d. Chlorids 14 698*.
β-Cyclohexyloxypropionitril, Rk. 17 010.
2.4-Dimethyl-6-oxoheptansäurenitril (Kp.$_{760}$ 151°) 17 750.
3-Methyl-3-cyanheptenon-(5) 3240*.
3.4-Dimethyl-3-cyanhexenon-(5) 3240*.
γ-n-Propyl-δ-ketocapronsäurenitril, Konstit.-Best. aus d. IR-Spektrum 13 335.
Sorbinsäureisopropylamid (F. 139—139,5°) 7478.
Acrylsäurecyclohexylamid (F. 113—114°) 7479.
1-N-Acetyl-N-äthylaminocyclopenten 12 306.
N.N-Dimethyl-α-[cyclopenten-(2)-yl]-acetamid (Kp.$_{0,25}$ 85°) 2367.
N.N-Dimethylbicyclo-[2.1.1]-hexan-5-carbonsäureamid (Kp.$_8$ 105—105,5°) 15 223.
N-Allyl-ε-caprolactam (Kp.$_3$ 97,5°) 15 992.
5-n-Propyl-6-methyl-3.4-dihydropyridon-(2) (F. 67—69°) 18 463.
5-Isopropyl-6-methyl-3.4-dihydropyridon-(2) (F. 99—100°) 18 463.
cis-**2.3-Cycloheptanopyrrolidon-(5)** (F. 68 bis 70°) 8983.
trans-**2.3-Cycloheptanopyrrolidon-(5)** (F. 136—136,5°) 8983.
cis(?)-**2-Aminomethylcycloheptancarbonsäurelactam** (F. 81—85°) 8983.
trans(?)-**2-Aminomethylcycloheptancarbonsäurelactam** (F. 165—167°) 8983.

$C_9H_{15}N_3O_{10}P_2$ (s. *Desoxycytidindiphosphorsäure* [*Desoxycytidindiphosphat*]).
Desoxycytidin-3'.5'-diphosphat, Best. bei d. Differentialanalyse d. Pyrimidinverteil. in Desoxyribonucleinsäuren als Charakterisier.-Meth. 10 121.
$C_9H_{15}N_3O_{11}P_2$ (s. *Cytidindiphosphorsäure* [*Cytidin-5'-diphosphate*]).
Cytidin-2'.5'-diphosphat 17 419.
Cytidin-3'.5'-diphosphat 17 419.
$C_9H_{15}NS_4$ **Methyl-bis-[2-thiothiazolidinomethyl]-amin,** Verw. 13 638*.
$C_9H_{15}N_3OP$ **Tris-[2-cyanäthyl]-aminophosphoniumhydroxid** 12 276.
$C_9H_{15}N_4O_7P$ **Cytidin-5'-amidophosphat,** Darst., Rk. d. Dicyclohexylguanidiniumsalzes (F. 180—183° Zers.) 17 419; Rk. 854; (d. Dicyclohexylguanidiniumsalzes) 854.
$C_9H_{15}N_5$ **4-Piperidino-2-amino-6-methyl-*symm.*-triazin** (F. 192—193°) 18 831.
2-Pyrrolidino-4-amino-5-[aminomethyl]-pyrimidin 4642*.
***N*-Cyclohexyl-2.4-diamino-1.3.5-triazin** 2091*.
$C_9H_{15}N_5O_3$ **2-Amino-4-[β-hydroxyäthylamino]-5-nitroso-6-isopropyloxypyrimidin** (F. 156 bis 158° Zers.) 5672.
$C_9H_{15}N_5O_4S_2$ **2-Acetylamino-5-[N^3-*n*-butylureidosulfonyl]-1.3.4-thiadiazol,** Prüf. auf antikonvulsive Wrkg. 2078.
$C_9H_{15}N_6O_{14}P_3$ **8-Azaguaninribonucleosid-5'-triphosphat,** Wrkg. auf d. Aminosäureinkorporat. in vitro in Mikrosomenproteine 2019.
$C_9H_{15}N_6O_{16}P$ **Phosphorsäuretris-2.2-dinitropropylester** (F. 146—147°) 9307.
$C_9H_{15}N_9O$ **2.8-Dihydrazino-6-morpholinopurin** 15 600.
$C_9H_{15}N_9O_{15}$ **2.2.4.8.10.10-Hexanitro-4.8-diazaundecanol-(6)-nitrat** (F. 158—159°) 18 438.
$C_9H_{15}OP$ **Triallylphosphinoxid** (F. 15—17°), Darst. 11 531; (Rk.) 871; Rk. 15 052*.
Phenyltrimethylphosphoniumhydroxid, kathod. Red. d. Jodids 8421*.
$C_9H_{15}O_3$ **Verb.** $C_9H_{15}O_3$ (F. 156—159°) aus Luffamarin 18 487.
$C_9H_{15}O_3P$ **Bis-[hydroxymethyl]-phenylmethylphosphoniumhydroxid,** Jodid 3068.
Phosphorigsäuretriallylester (Triallylphosphit) (Kp.$_{0,5}$ 70°) 871, 3984*, 4002*.
Allylphosphonsäurediallylester (Kp.$_{0,5}$ 82°) 871.
$C_9H_{15}O_4P$ **Tris-[hydroxymethyl]-phenylphosphoniumhydroxid,** Chlorid 3067.
Phosphorsäuretriallylester (Triallylphosphat) (Kp.$_{0,5}$ 78°), Darst., Rk. 871; Verteil.-Koeff. für die Extrakt. v. $UO_2(NO_3)_2$ mit — aus HNO_3-Lsg. 3377.
$C_9H_{15}O_5P$ **1.2-Propylenphosphitoäthylmethacrylat** 2170*.
Äthylenphosphitopropylmethacrylat (Kp.$_{0,09}$ 73—80°) 2170*.
$C_9H_{15}O_6P$ **Tris-[2-carboxyäthyl]-phosphin,** Hydrochlorid (F. 175—177°) 4504.
$C_9H_{15}O_7P$ **Tris-[2-carboxyäthyl]-phosphinoxid** (F. 155—156°) 4504.
Triglycidylphosphat, Wrkg. auf d. Blut 15 312.
$C_9H_{15}O_8P$ **2-[2'-Acetoxyäthoxycarbonyl]-äthenyldimethylphosphat** 14 297*, 18 612*.
$C_9H_{15}Sc$ **Tri-[propen-(2)-yl-(2)]-scandium** 4716*.
C_9H_{16} **Nonin-(1)** (Kp.$_{753}$ 151°), Harnstoffeinschlußverb. 15 544; magnet. Mol.-Rotat. 9287, 10 026.
Nonin-(2), Harnstoffeinschlußverb. 15 544.
Nonin-(3), Harnstoffeinschlußverb. 15 544.
Nonin-(4) [Nonin-(5)], Vers. d. Bldg. v. Harnstoffeinschlußverb. 15 544; magnet. Mol.-Rotat. 9287.
3-Methyloctin-(1) (Kp.$_{30}$ 45—46°) 15 554.
2.2.5-Trimethylhexin-(3), Komplex-Bldg. mit Pt-Verb. 779.
2.3-Dimethylheptadien-(2.6) (Kp. 121°) 12 621.
2-Allyl-4-methylpenten-(1) 7322*.
2-Neopentylbutadien-(1.3) (Kp.$_{740}$ 125°), Darst., Rk. mit Maleinsäureanhydrid (Kinetik) 4134.
cis-**Cyclononen,** Bldg. 8932; Konstit.-Einfl. auf d. ν(C=C) 3394.
trans-**Cyclononen,** Konstit.-Einfl. auf d. ν(C=C) 3394.
1-Methylcycloocten (Kp.$_{740}$ 164°) 7493.
3-Cyclohexylpropen-(1), Rk. 10 663*.
Tetrahydrocumole 17 016.
1-Isopropylcyclohexen 14 117.
3-Isopropylcyclohexen (Kp.$_{760}$ 149,6°), Darst. 14 117; (IR-Spektrum) 18 416.
4-Isopropylcyclohexen (Kp.$_{760}$ 154,0°), Darst. 14 117; (IR-Spektrum) 18 416.
1-Methyl-2-äthylcyclohexen-(1), Darst., Frequenzen, Linienbreite u. -intensität d. Raman-Spektrums 6716.
2.3.3-Trimethyl-Δ^1-cyclohexen (Kp.$_{742}$ 144 bis 145°) 12 642.
α-**Cyclogeraniolen** (Kp. 135°), Isolier. als Nitrosat 11 540; Bldg., Rk. 2747; Rk. 8266.
Tetrahydromesitylen, Rk. einer Misch. aus —, Mesitylen u. 1.4-Dihydromesitylen 15 528.
Cyclopropylcyclohexan (Kp.$_{747}$ 157,5—158°) 7863.
cis-**Hydrindan** (Kp.$_{746}$ 166,5°), Bldg. 8932; relative Stabilität, thermodynam. Daten d. Isomerisier. 440; polarograph. Oxydat. 12 976.
trans-**Hydrindan** (Kp.$_{741}$ 160°), relative Stabilität, thermodynam. Daten d. Isomerisier. 440.
Bicyclo-[6.1.0]-nonan (Kp.$_8$ 43°) 8932.
Bicyclo-[3.3.1]-nonan, Umlager. 17 384.
Kohlenwasserstoffgemisch C_9H_{16} (Kp. 138 bis 140°) aus d. Oxydat.-Prod. v. Dihydroisophorol 11 540.
$C_9H_{16}BrCl_3$ **1.1.1-Trichlor-3-bromnonan** (Kp.$_{0,2}$ 84—85°) 3474.
$C_9H_{16}BrNO$ **β-Brompropionsäurecyclohexylamid** (F. 104—105°) 7478.
$C_9H_{16}BrO_4P$ **Bis-[allyl]-mono-[brompropyl]-phosphat,** Verw. 5494*
$C_9H_{16}Br_2O$ **2-Methyl-4-äthyl-3.4-dibrom-1.2-epoxyhexan,** Rk. 12 838*.
$C_9H_{16}ClN$ **3-[β-Chloräthyl]-chinuclidin,** Hydrochlorid (F. 161—163°) 18 114.
α-**Diallylaminopropylchlorid,** Rk. 9902*.
ω-**Chlorpelargonnitril** (Kp.$_{10}$ 140°) 5094*.
Propionsäure-*N*-cyclohexylimidchlorid (Kp.$_{0,02}$ 43—44°), Hydrolyse (Kinetik) 11 148.
$C_9H_{16}ClNO$ **β-Chlorpropionsäurecyclohexylamid** (F. 109—110°) 7478.
α-**Keto-β.β-dimethyl-*n*-buttersäure-*N*-isopropylimidchlorid,** Hydrolyse (Kinetik) 11 148.
α-**Ketoisovaleriansäure-*N*-*n*-butylimidchlorid,** Hydrolyse (Kinetik), Rk. mit Isopropylamin 11 148.
$C_9H_{16}ClNOS$ **Äthyl-*N*-3-chlorallyl-*N*-*n*-propylthiocarbamat** 5818*.
***n*-Butyl-*N*-3-chlorallyl-*N*-methylthiocarbamat** 5818*.
$C_9H_{16}ClNO_3Si$ **2-Chlor-2-cyanvinyltriäthoxysilan** (Kp.$_{0,5}$ 57°) 15 028*.
$C_9H_{16}ClN_3$ **1-[3'-Chlorpropyl]-4-cyanmethylpiperazin,** Rk. d. Dihydrochlorids (F. 186°) 7257*.
$C_9H_{16}ClN_3O_2$ ***N*-[3-(α-Chloracetamido)-propyl]-tetrahydro-2-pyrimidon** 12 483*.
$C_9H_{16}ClN_5$ (s. *Propazin* [*2-Chlor-4.6-bis-isopropylamino-symm.-triazin*]).
4-*n*-Amylamino-2-amino-6-chlormethyl-*symm.*-triazin (F. 118—119°) 18 831.
4-Isoamylamino-2-amino-6-chlormethyl-*symm.*-triazin (F. 103—105°) 18 831.
$C_9H_{16}Cl_2N_2O_4$ **Trimethylen-bis-[*N*-β-chloräthylcarbamat]** (F. 110°) 96.
$C_9H_{16}Cl_2O$ **5-*n*-Propoxy-1.3-dichlorhexen-(2)** (Kp.$_{19}$ 120—123°) 2702.

2-[3'-Methylbutyl-(2')]-3-amino-4-carbamylpyrazol (F. 227—228°), Darst., Rk. 7625*, 15 696*; Verw. 6877*.

$C_9H_{16}N_4OS$ 1-Propyl-2-mercapto-4-oxo-6-propylaminotriazin-(1.3.5), Verw. 719*.
*N*α-[5-Methyl-1.3.4-thiadiazolyl-(2)]-*N*β-[α-äthoxy-*n*-butyliden]-hydrazin (F. 147°) 4908.
*N*α-[5-Äthyl-1.3.4-thiadiazolyl-(2)]-*N*β-[α-äthoxy-*n*-propyliden]-hydrazin (F. 102°) 4908.
*N*α-[5-*n*-Propyl-1.3.4-thiadiazolyl-(2)]-*N*β-[α-äthoxyäthyliden]-hydrazin (F. 109°) 4908.

$C_9H_{16}N_4O_2$ *N.N'*-Trimethylen-bis-(1-äthyleniminocarboxamid), Verw. 18 343*.
Malonsäure-bis-[isopropylidenhydrazid] (F. 181—183°) 9310.

$C_9H_{16}N_4O_3S_2$ 2-[*N*-Propylbutyrylamido]-1.3.4-thiadiazol-5-sulfonamid 6874*.

$C_9H_{16}N_4O_4$ 2-[*N.N*-Bis-(β-hydroxyäthyl)-amino]-4.6-dimethoxy-*symm.*-triazin, Röntgen-Pulveraufnahme 10 790.
Pantothensäureazid, Deriv. 15 331*.

$C_9H_{16}N_4O_6$ 5-Amino-4-D-ribitylaminouracil (4-Ribitylamino-5-amino-2.6-dihydroxypyrimidin), intermediäre Bldg. 8252; Rk. 3815; Mechanismus d. Riboflavinbiosynth. aus — 13 433.

$C_9H_{16}N_4O_8$ 2.2-Dimethyl-4-[2'.4'.4'-trinitro-2-azapentyl]-dioxolan (F. 84,5—86°) 18 438.

$C_9H_{16}N_4O_{11}P_2$ Diphospho-[5-amino-4-carboxamidoimidazol]-nucleotid, Bldg. v. P¹-Inosyl-(5')-P²-adenyl-(5')-pyrophosphat aus — durch Enzyme aus Taubenleberextrakten 18 878.

$C_9H_{16}N_4S_2$ 1.3-Bis-[4'.5'-dihydroglyoxalinyl-mercapto-(2')]-propan, Identifizier. v. 1.3-Dihalogenpropanen als —- Salze 13 514.

$C_9H_{16}N_6$ 2.4-Bis-[dimethylamino]-6-äthylenimino-1.3.5-triazin (F. 74°) 5023*.

$C_9H_{16}N_6O_4$ 3.5-Diäthyl-4-[2'.2'-dinitropropyl-(1')-amino]-1.2.4-triazol (F. 103°) 13 754.

$C_9H_{16}N_6O_9$ Bis-[3.3-dinitrobutyl]-harnstoff (F. 120—121°) 10 052.

$C_9H_{16}N_8O_{13}$ 6-Hydroxy-2.2.4.8.10.10-hexanitro-4.8-diazaundecan (F. 168,5—169°) 18 438.

$C_9H_{16}O$ (s. *Camphenilol*; *Nopinol*).
1.5-Epoxy-7-methylocten-(6) (Kp.$_{755}$ 175°) 6031, 12 622.
2-*tert.*-Butyl-2.3-dihydro-γ-pyran (Kp.$_{88,5}$ 86,5°) 17 751.
2.2.4.5-Tetramethyl-3.6-dihydro-α-pyran (Kp.$_{754}$ 149°) 3088.
3.4-Dimethylheptin-(1)-ol-(4) (Kp.$_{16}$ 68°) 11 526.
Dipropyläthinylcarbinol {3-[*n*-Propyl]-hexin-(1)-ol-(3)} (Kp.$_{12}$ 69—71°) 10 427.
Diisopropyläthinylcarbinol (Kp.$_{25}$ 67—68°) 7483.
3-Methyl-2-äthylhexadien-(2.4)-ol-(1) (Kp.$_{15}$ 97°) 3088.
2.3.4-Trimethylhexadien-(2.4)-ol-(1) (Kp.$_{15}$ 95°) 3088.
2.3.5-Trimethylhexadien-(2.4)-ol-(1) (Kp.$_{15}$ 90°) 3088.
1-[Cyclohexen-(1)-yl]-propanol-(3) (Kp.$_{11}$ 111°) 8580.
2-Methyl-1-vinylcyclohexanol, Raman-Spektrum u. Konformat. v. cis- u. trans- 18 058; Rk. 10 825.
1.5.5-Trimethylcyclohexen-(2)-ol-(1) (Kp.$_6$ 59—60,5°) 16 692.
2.4.4-Trimethylcyclohexen-(2)-ol-(1) [1.1.3-Trimethylcyclohexen-(2)-ol-(4)] (Kp. 193°), Darst., Rk. 2747, 8266; Rk. 13 371.
2.4.6-Trimethylcyclohexen-(3)-ol (Kp.$_{12}$ 85 bis 97°) 3782.
cis-β-Hydrindanol (Form I), Konstellationsanalyse aus d. IR-Spektrum 14 448.
cis-β-Hydrindanol [Form II], Konstellationsanalyse aus d. IR-Spektrum 14 448.
trans-β-Hydrindanol, Konstellationsanalyse aus d. IR-Spektrum 14 448.
Hydrindanol-(5) (Kp.$_{22}$ 119—120°) 2720.
trans-Perhydrindanol-(5e) (Kp.$_{13}$ 111°) 15 574.
α-[2.5-Endomethylenhexahydrophenyl]-äthanol [Bicyclo-[2.2.1]-heptyl-(2)-methylcarbinol] (Kp.$_{13}$ 88—90°) 6590*, 12 392*.
7.7-Dimethylnorborneol-(2), Dublettcharakter d. OH-Absorpt. 8558.
2.2-Dimethylnorborneol-(5), Dublettcharakter d. OH-Absorpt. 8558.
1-Methoxyoctin-(1) (Kp.$_{1,05}$ 67,4—67,5°) 15 922.
1-Äthoxyheptin-(1) (Kp.$_2$ 57—58,5°), Rk. 15 927, 15 953, 16 294.
3-Methoxy-3.5-dimethylhexin-(1) (Kp.$_{40}$ 57—59°) 11 875.
3-*n*-Propoxy-3-methylpentin-(1) (Kp.$_{96}$ 76 bis 78°) 11 875.
3-Isopropoxy-3-methylpentin-(1) (Kp.$_{75}$ 54 bis 56°) 11 875.
3-Äthoxy-3-äthylpentin-(1) (Kp.$_{100}$ 78—80°) 11 875.
1-*n*-Butoxy-3-methylbutadien-(1.3) (Kp.$_{45}$ 92—94°) 18 079.
Cyclohexylallyläther (Kp.$_{38}$ 81—83,5°) 2166*, 6962*, 7321*, 8057*, 10 636*.
Cyclohexylpropenyl-(2)-äther, Raman- u. UV-Spektrum 16 622.
1-Propoxycyclohexen-(1) (Kp.$_2$ 67°) 10 817.
5-Äthoxymethyl-3-methylcyclopenten (Kp.$_{34}$ 68—69°) 15 571.
α-Hexylacrolein, Rk. 12 838*.
β-Hexylacrolein (Nonen-(2)-al-(1)) (Kp.$_{20}$ 97—105°), Darst. (p-Nitrophenylhydrazon, Semicarbazon) 9306; (2.4-Dinitrophenylhydrazon) 11 908; — als Ursache v. Fehlgeschmack d. Milch 687.
2-Äthyl-4-methylhexenal (Kp. 187°) 11 364*.
2-Propyl-4-methylpentenal (Kp. 178—179°) 11 364*.
2-Isopropyl-4-methylpentenal (Kp. 175°) 11 364*.
Diäthylallylacetaldehyd (Kp.$_{10}$ 55—56°) 10 426.
Cycloheptylacetaldehyd (Kp.$_{19}$ 98—103°) 2368.
1-Methylcyclohexylacetaldehyd (Kp.$_{11}$ 82 bis 85°), Darst. (Deriv.) 79; (Rk., Semicarbazon) 2368.
Nonen-(1)-on-(5) (Kp.$_{17}$ 81°) 18 082.
5-Methylocten-(5)-on-(4) (Kp.$_{50}$ 107,9°) 10 427.
2.3-Dimethylhepten-(2)-on-(6) (Kp. 185 bis 189°), Darst., Semicarbazon 17 367; Rk. 12 995.
2.6-Dimethylhepten-(2)-on-(4) 10 046.
4.6-Dimethylhepten-(4)-on-(3) (Kp.$_{15}$ 74 bis 78°) 9184*.
3-[*n*-Propyl]-hexen-(3)-on-(2) (Kp.$_{15}$ 70 bis 80°), Darst., Rk. 10 427; (v. cis-s-cis- u. trans-s-trans-—) 10 427.
3-Allylhexanon-(2) (Kp.$_{17}$ 71°) 18 082.
2.2.5-Trimethylhexen-(4)-on-(3) 827, 12 281.
Cyclohexylaceton 2691.
[1-Methylcyclohexl]-methylketon (Kp.$_{17}$ 75°), Darst., Rk. 12 281; Rk. d. Enolats 12 280.
cis-2-Methyl-1-acetylcyclohexan (Kp.$_7$ 58 bis 62°) 8231.
trans-2-Methyl-1-acetylcyclohexan (Kp.$_5$ 49,5—51°) 8231.
Cyclononanon, Darst., Konstit.-Einfl. auf d. UV- u. IR-Spektrum 3393; Carbonyl-Valenzschwing. 8559; Rk. 10 438.
2-Äthylcycloheptanon (Kp. 198—202°), Darst. (Semicarbazon, 2.4-Dinitrophenylhydrazon) 8983; (2.4-Dinitrophenylhydrazon) 10 439.
2.2-Dimethylcycloheptanon-(1), Darst., Rk., Semicarbazon (F. 172—173°) 12 281; Rk. d. Enolats 12 280.
3.3-Dimethylcycloheptanon (Kp. 178—180°) 17 410.
2-Propylcyclohexanon (Kp.$_{13}$ 82—83°), Darst. (Rk., Semicarbazon) 10 439;

trans-4-Methylcyclohexan-1-carbonsäuremethylester (Kp.$_{13}$ 74—75°) 17 012.
2.2-Dimethylcyclopentancarbonsäuremethylester 3436.
γ-Isopropyl-ε-caprolacton, Rk. 13 200*.
α-Äthyl-β-methyl-ε-caprolacton, Rk. 13 200*.
β-Äthyl-α-methyl-ε-caprolacton, Rk. 13 200*.
Trimethyl-ε-caprolactone, Rk. 4364*.
α.α.δ-Trimethyl-ε-caprolacton, Rk. 13 200*.
β.β.δ-Trimethyl-ε-caprolacton, Rk. 13 200*.
Nonanol-(5)-säure-(1)-lacton (δ-Pelargolacton) (Kp.$_{11}$ 137—137,5°) 1954 [2 Ref.].
γ-Nonalacton, Wrkg. auf d. Kationentransport kalt konservierter Erythrocyten d. Menschen bei Inkubat. 14 941.

$C_9H_{16}O_2S$ β-Äthylmercapto-α-methylcrotonsäureäthylester (Kp.$_9$ 112—113°) 7843.

$C_9H_{16}O_2S_2$ Propylenglykol-bis-[2.3-epithiopropyl]-äther, Verw. 4749*.

$C_9H_{16}O_3$ (s. *Isogeronsäure*).
Diallylglycerin, Rk. 9538*.
1-Äthylendioxy-3-[β-hydroxyäthyl]-cyclopentan (Kp.$_{0,005}$ 88°) 5654.
4-Isopropyl-5.5-dimethyl-1.3-dioxanon-(2) (Kp.$_2$ 132°) 8972.
2.2-[2′.2′-Dimethylpropylen-(1.3)-dioxy]-butanon-(3) (Kp.$_{13}$ 79—80°) 17 025.
2.2-[Pentylen-(2′.4′)-dioxy]-butanon-(3) (Kp.$_{14}$ 75,5—76°) 17 025.
[1-(α-Isobutyryl)-γ-hydroxypropyl]-äthylenoxid oder 2-Hydroxymethyl-3-isobutyryltetrahydrofuran (Kp.$_{20}$ 130—135°) 2726.
cis-2-Methyl-1-hydroxyacetylcyclohexanol-(1) (F. 76—77,5°) 9733.
2.4-Dimethyl-1-[α-hydroxyacetyl]-cyclopentanol-(1) 9733.
4-Oxocyclohexanaldehyddimethylacetal (Kp.$_5$ 92—96°) 141.
2.4-Dimethyl-3-hydroxy-6-oxoheptanal 3782.
β-[2-Oxocyclohexyl]-buttersäure 17 380.
5-Hydroxy-2.3.5-trimethylhexen-(2)-säure (F. 86—87°) 15 558.
δ-Hydroxycamphenilonsäure 139.
(+)-*cis*-1.2.2-Trimethyl-4-hydroxycyclopentancarbonsäure-(1) (F. 215—217°) 4930.
3-Hydroxy-2.2.3-trimethylcyclopentan-1-carbonsäure (F. 118—119°) 18 101.
4-Methoxycyclohexylessigsäure (Kp.$_{0,5}$ 125 bis 135°), Darst. u. Deriv. 12 641.
Nonanal-(9)-säure (8-Formyloctansäure), Bldg. 5470*; (Äthylester-2.4-dinitrophenylhydrazon) 11 908.
4-Äthyl-4-formylhexansäure, Rk. 2745.
α-Ketononansäure (F. 43°) 12 625.
Nonanon-(5)-säure-(1) (F. 42—43°), IR-spektroskop. Unters. d. Cyclolactol-Keton-Tautomerie 16 260.
6-Ketononansäure (F. 37—38°) 17 561*.
γ-*n*-Propyl-δ-ketocapronsäure, IR-Spektrum, Konstit. 13 335.
3-Isobutyllävulinsäure 6752.
2.3-Epoxy-4.4-dimethylpentansäureäthylester (Kp.$_4$ 68°) 4900.
3-Methyl-3-hydroxyhexen-(4)-säureäthylester (Kp.$_{15}$ 93°) 3088.
Methacrylsäure-5-hydroxypentylester (Kp.$_{0,03-0,04}$ 85—90°) 1408*, 6606*, 15 403*.
4-Hydroxycyclohexylessigsäuremethylester (Kp.$_{21}$ 95—134°), Darst., Eig., Rk. 12 641.
Hexahydrosalicylsäureäthylester (Kp.$_{19}$ 115 bis 119°) 6011.
2-Methyl-5-hydroxycyclopentancarbonsäureäthylester 18 466.
β-Äthoxy-α-methylcrotonsäureäthylester (F. —5°) 7843.
β-Butoxyäthylacrylat, Verw. 4353*.
4.4-Dimethylglutaraldehydsäureäthylester (Kp.$_{0,95}$ 60—60,5°) 13 362.
6-Oxooctansäuremethylester (Kp.$_{14}$ 125 bis 131°) 3983*.
6-Oxoheptansäureäthylester, Rk. 15 971.
Isovalerylessigsäureäthylester (Kp.$_{11}$ 80 bis 82°), Rk. 12 997.
α-Methyl-γ-acetylbuttersäureäthylester (α-Methyl-δ-ketocapronsäureäthylester), Rk. 6023, 10 061.
Acetessigsäure-*n*-amylester (Kp.$_{15}$ 102 bis 105°), Enol-Geh. 5983.
Acetessigsäure-*sek*.-amylester (Kp.$_9$ 89 bis 92°), Enol-Geh. 5983.
Acetessigsäure-*tert*.-amylester (Kp.$_9$ 83 bis 84°), Enol-Geh. 5983.
α-*n*-Propylacetessigsäureäthylester (Kp.$_{8-9}$ 82—85°), Darst., Rk. 12 987; Lsgm.-Abhängigk. d. trans-Enolisier. 15 906; durch Dowex 50-W2 katalysierte Hydrolyse u. Decarboxylier. 10 040; Rk. 13 867*.
α-Isopropylacetessigsäureäthylester (α-Acetylisovaleriansäureäthylester) (Kp.$_{9-10}$ 83—86°), Darst. 12 987, 17 558*; pK$_H$-Wert 14 081; Lsgm.-Abhängigk. d. trans-Enolisier. 15 906; durch Dowex 50-W2 katalysierte Hydrolyse u. Decarboxylier. 10 040; Rk. mit 2-Hydrazino-1.3.4-thiadiazolen 4909.
2-Methyl-2-äthylacetessigsäureäthylester, Rk. 11 158.
4-Oxohexyl-(3)-propionat 11 518.
3-Acetoxyheptanon-(4), Rk. 10 046.
Blastmycinolactol [2-*n*-Butyl-3.4-dihydroxyvaleriansäure-1.4-lacton] (F. 49 bis 50°) 11 606.

$C_9H_{16}O_3S$ 1-Thionia-5-acetoxybicyclo-[3.3.0]-octanhydroxid, Perchlorat (F. 162—163° Zers.) 15 173.
5-Methyl-4-acetylmercaptocapronsäure (Kp.$_{0,1}$ 112—114°) 11 904.

$C_9H_{16}O_3S_2$ Dithiokohlensäure-*S*-[5-carboxypentylester]-*O*-äthylester (Kp.$_1$ 167°) 18 437.
Carboisopropoxyäthylxanthogensäureäthylester, Rk. 19 007*.

$C_9H_{16}O_4$ (s. *Azelainsäure* [*Nonandisäure*]).
5.6-Didesoxy-1.2-*O*-isopropyliden-α-D-xylo-hexofuranose (F. 77—78°) 8620.
3.3-Dimethyl-5.5-dimethyloltetrahydropyranon-(4) (F. 69°) 9335.
1.1-Diäthoxypentandion-(2.4), Rk. 14 243*.
D-β.β-Pentamethylenbisnorpantoylsäure, Rk. mit β-Alanin in Ggw. v. Pantothensäure-synthetase 894.
2.2-Dimethylpimelinsäure, — als Stoffwechselprod. v. 2.2-Dimethylnonadecansäure beim Menschen 18 173.
β-Isopropyladipinsäure (F. 73—74°) 18 416.
Trimethyladipinsäuren, Darst., Rk. 107.
α.α.γ-Trimethyladipinsäure, Rk. v. Gemischen aus — u. α.γ.γ-Trimethyladipinsäure 12 457*.
α.α.β′(oder α.β′.β′)-Trimethyladipinsäure 11 540.
α.γ.γ-Trimethyladipinsäure, Rk. v. Gemischen aus α.α.γ-Trimethyladipinsäure u. — 12 457*.
α-Äthyl-α′-propylbernsteinsäure (F. 180°) 18 085.
α-Äthyl-α′-isopropylbernsteinsäure (F. 212°) 18 085.
n-Hexylmalonsäure, Rk. 16 847*.
4.5-Dihydroxypentylmethacrylat (Kp.$_{0,15}$ 130—135°) 5846*.
Korksäuremonomethylester (Kp.$_{11}$ 162 bis 184°) 4524.
n-Butylmalonsäuremonoäthylester, Rk. 15 558.
tert.-Butyl-α-carbäthoxyessigsäure (Kp.$_4$ 124—127°) 14 110.
6-Acetoxyheptansäure-(1) 12 624.
7-Acetoxyheptansäure (Kp.$_7$ 155°) 3262*.
Pimelinsäuremethylester 1735.
α-Methyladipinsäuredimethylester (Kp.$_{1,5}$ 65—66°) 14 838.
Glutarsäurediäthylester (Kp.$_{1,4}$ 84—85°), Darst. (Rk. v. $^{14}C_{(3)}$-—) 18 433; (v. Mo

(VI)-Komplexen) 6704; Bldg. 12 024*; Einfl. d. KW-Stoffkette auf d. Löslichk. in W. 439; Rk. 4141, 14 490.
α.α-Dimethylglutarsäuredimethylester (Kp.$_{20}$ 117—119°) 15 698*.
Bernsteinsäuremethyl-*tert.*-butylester, Rk. 2330.
Äthylbutylmalonat, Rk. 5851*.
Äthylmalonsäurediäthylester (Kp.$_{10}$ 85 bis 86°), Darst. (Rk.) 7466; (pK$_H$-Wert) 14 081; Red. 834; durch Dowex 50—W2 katalysierte Hydrolyse u. Decarboxylier. 10 041; Rk.: mit $FClO_3$ 8412*; d. Na-Verb. mit 1.3-Dibrompropan 15 201; mit 2-Halogenpentan 3458, 3459; mit Brombenzol + $NaNH_2$ 18 801; mit rac.-1-[2'-Bromäthyl]-7-äthyltetralin bzw. -7-methyltetralin 14 850; mit Nitroalkenen 16 644; mit Phenol 16 847*; d. Na-Verb. mit 1.2-Dichlor-1.2-diäthoxyäthan 5998; mit Picolylchloriden bzw. 2-Vinylpyridin 13 393; d. Na-Verb. mit Acrylsäureanilid 5260; mit substituierten Salicylsäurehydraziden 8347*.
Dimethylmalonester, gaschromatograph. Reinheits-Best. 8733.
β-Acetoxypropionsäurebutylester (Kp.$_1$ 72°) 15 765*.
1.2-Diacetoxypentan (Kp. 216—217°), Darst. 14 127; [Rk. v. (—)-—] 14 127.
1.4-Diacetoxypentan, Darst. 14 127; [Rk. v. (+)-—] 14 128.
1.5-Diacetoxypentan 14 127.
α-2.4-Diacetoxypentan (Kp.$_3$ 59°), Darst., Konfigurat. 11 944.
β-2.4-Diacetoxypentan (F. 22—23°), Darst., Konfigurat. 11 944.

$C_9H_{16}O_4S$ **2-Butylmercaptoäthylmalonsäure** (F. 67—68° Zers.) 17 717.
β-Methyl-β-acetoxy-δ-methylmercaptovaleriansäure (Kp.$_{0,1}$ 123—125°) 13 866*.
Carboxymethylmercaptopivalinsäuredimethylester (Kp.$_{0,05}$ 104—106°) 7509.

$C_9H_{16}O_4S_2$ **1.1-Bis-[carboxymethylmercapto]-3-methylbutan** (?) (Kp.$_{14}$ 70—110°) 15 557.

$C_9H_{16}O_5$ ***O*².*O*³.*O*⁴-Trimethyl-1.6-anhydroidopyranose** (Kp.$_{10}$ 117—119°) 18 118.
***O*².*O*³.*O*⁴-Trimethyl-1.6-anhydrogulopyranose** (F. 41—42,5°) 18 118.
Methyl-2.3-isopropyliden-D-lyxopyranosid (F. 49—52°) 11 930.
Methyl-2.3-*O*-isopropyliden-D-ribofuranosid 3102.
Methyl-3.5-*O*-isopropyliden-β-D-xylofuranosid, Rk. 5269.
Methyl-3.5-*O*-isopropyliden-α.β-D-xylofuranosid, Rk. 16 688.
Monoperazelainsäure, Verw. 12 877*.
2-Methyl-3.3-dimethoxy-5-carbomethoxytetrahydrofuran (Kp. 75—88°) 11 198.
***saures-tert.*-Butylglutarperoxid**, Einw. auf d. Mäuse-Ascitescarcinom in vivo 2404.

$C_9H_{16}O_5S$ **2-Sulfoäthyl-α-butylacrylat** 7693*.

$C_9H_{16}O_6$ **Methyl-2-*O*-vinyl-α-D-glucopyranosid** (F. 126—127,5°) 13 766.
Methyl-3-*O*-vinyl-α-D-glucopyranosid 13 766.
Methyl-4-*O*-vinyl-α-D-glucopyranosid 13 766.
Methyl-6-*O*-vinyl-α-D-glucopyranosid 13 766.
1.2-*O*-Isopropyliden-D-glucose, Papierionophorese (Verf. u. Ergebnisse für vier Elektrolyte) 11 513.
1.2-*O*-Isopropyliden-D-glucofuranose, Rk. 6779.
1.2-*O*-Isopropyliden-α-D-glucofuranose, Tosylier. 8620.
2.3-*O*-Isopropyliden-D-fructofuranose, Rk. 18 119.
4-*C*-Hydroxymethyl-1.2-*O*-isopropyliden-L-*threo*-pentofuranose (F. 97—99°) 6779.
Diperazelainsäure, Verw. 12 877* [2 Ref.].
2.4-Di-*O*-methyl-3-*O*-acetoxymethylerythrose 18 119.
2.3.6-Tri-*O*-methylgalaktofuranolacton (F. 98—99°) 4565.

$C_9H_{16}O_6S_2$ **D-Galakturonsäuremethylesteräthylenmercaptal** (F. 164—166°) 17 766.

$C_9H_{16}O_7$ **2.3.4-Tri-*O*-methyl-D-glucuronsäure** 1634, 18 134.

$C_9H_{16}O_8$ **Pentamethylenglykoldiacetat**, kernmagnet. Protonenresonanz 9288.

$C_9H_{16}O_9$ **Mannoglycerat**, Vork. in d. Rotalge Bornetia secundiflora 18 514.

$C_9H_{16}S$ **4-Butylidenthiacyclohexan**, Gemisch mit 4-n-Butylthiacyclohexen-(3) 16 310.
4-*n*-Butylthiacyclohexen-(3), Gemisch mit 4-Butylidenthiacyclohexan 16 310.
1-Äthylmercaptoheptin-(1) (Kp.$_8$ 70—71°) 15 921.

$C_9H_{17}Br$ **1-Bromnonen-(2)** (Kp.$_{11}$ 88—89°) 1967.
1-Brom-2-methylocten-(1) (Kp.$_{20}$ 92—93°) 18 793.
Cyclononylbromid (Kp.$_{0,75}$ 80,2—80,3°), Darst., Rk. mit Jodid (Kinetik) 18 070.

$C_9H_{17}BrN_2O_3$ **2.2-Diäthyl-3-brompropanol-(1)-allophanat** (F. 110—110,5°) 835.

$C_9H_{17}BrO$ **1.5-Epoxy-7-methyl-6-bromoctan** (Kp.$_{14}$ 110—120°) 12 622.
***cis-trans*-2-Brom-1-methoxyocten-(1)** (Kp.$_{10}$ 97—114°) 15 922.

$C_9H_{17}BrO_2$ **α-Brom-*n*-caprylsäuremethylester** (**α-Bromoctansäuremethylester**) (Kp.$_{11}$ 113°), Darst. 12 995; Rk. 1974.
α-Bromönanthsäureäthylester, Rk. 4138.
7-Bromheptansäureäthylester (Kp.$_{2,5}$ 95 bis 105°) 3262*.
***erythro*-3.5-Dimethyl-6-bromhexansäuremethylester** (Kp.$_{16}$ 126—128°) 13 360.
δ-Brom-α-äthylvaleriansäureäthylester (Kp.$_{12}$ 130°) 15 201.
α-Brom-α-*sek.*-butylpropionsäureäthylester (Kp.$_{33}$ 116°) 5671.
3-Brom-2.2-diäthylpropanol-(1)-acetat, Rk. 1953.

$C_9H_{17}BrS$ **1-Äthylmercapto-2-bromhepten-(1)** (Kp.$_{2-3}$ 108—115°) 15 921.

$C_9H_{17}Cl$ **2-Chlornonen-(1)** (Kp.$_{20}$ 79°) 3419.
1-Chlornonen-(2), Rk. 15 448*.
2-Chlor-2.4-dimethylhepten-(3) 7110.
2-[γ-Chlorpropyl]-4-methylpenten-(1) 7322*.
Methyl-β-chloräthylcyclohexan, Rk. 15 762.

$C_9H_{17}ClHgO$ **α-2-Propoxycyclohexylquecksilberchlorid** (F. 57,5—58,5°), Kinetik u. Mechanismus d. Desoxymercurier. 11 150.
α-2-Isopropoxycyclohexylquecksilberchlorid (F. 94,8—95,5°), Darst., Kinetik u. Mechanismus d. Desoxymercurier. 11 151.

$C_9H_{17}ClHgO_2$ **α-2-[2'-Methoxyäthoxy]-cyclohexylquecksilberchlorid** (F.121,5—122,5°), Kinetik u. Mechanismus d. Desoxymercurier. 11 151.

$C_9H_{17}ClNO_5PS_2$ ***N*-[*O.O*-Diäthyldithiophosphatacetyl]-2-chloräthylcarbamat** 9870*.

$C_9H_{17}ClN_2O$ **Chlorameisensäure-*N.N'*-diisopropyl-*N*-acetylamidin**, Rk. 13 732, 13 761.

$C_9H_{17}ClO$ **1-Chlorpropylcyclohexyläther**, Rk. 7322*.
2-Äthoxymethyl-1-chlorcyclohexan (Kp.$_{50}$ 122—124°) 12 277.
α.α-Dimethyl-α-amylacetylchlorid (Kp.$_{26}$ 93 bis 95°) 4913.
α-Methyl-α-äthyl-α-butylacetylchlorid (Kp.$_{28}$ 97—100°) 4913.
α.α-Diäthyl-α-propylacetylchlorid (Kp.$_{26}$ 97 bis 98°) 4913.
3.5.5-Trimethylhexanoylchlorid, Rk. 8083*.

$C_9H_{17}ClOS_2$ **2-[2'-Chloräthylmercapto]-äthanthiol-*n*-valerat** (Kp.$_{0,1}$ 104—106° korr.) 9301.
2-[2'-Chloräthylmercapto]-äthanthioliso-valerat (Kp.$_{0,3}$ 121—123° korr.) 9301.

$C_9H_{17}ClO_2$ **1.5-Diäthoxy-3-chlorpenten-(2)** (Kp.$_{12}$ 99—101°) 2702.
9-Chlornonansäure (Kp.$_{0,1}$ 108—112°), Darst., Ammonolyse (Kinetik) 16 271.

Isovaleriansäure-γ-chlorbutylester (Kp.5 93—95°) 12 277.
n-Octylchlorameisensäureester, Rk. 17 968*.
Chlorameisensäure-(+)-1-methylheptylester [(+)-1-Methylheptylchlorformiat] (Kp.5 60—61°), Darst., Kinetik d. Solvolyse 11 862.
α-Äthylhexylchlorameisensäureester, Rk. 17 968*.
2-Äthylhexylchlorcarbonat, IR-Spektrum 2679.
Diisobutylchlorameisensäureester, Verw. 17 968*.

$C_9H_{17}ClO_2S$ **2-Chlorallyl-n-hexylsulfon** (Kp.1,0 133—134°), Darst., Eig., Rk. 3419.
DL-6-Chlor-8-mercaptooctansäuremethylester, Bestimmungsmeth. mit Streptococcus faecalis *10 C 1* 4990.
2-[2'-Chloräthylmercapto]-äthyl-n-valerat (Kp.0,15-0,2 82—90° korr.) 9300.
2-[2'-Chloräthylmercapto]-äthylisovalerat (Kp.1,1 119—124° korr.) 9300.

$C_9H_{17}ClO_4$ **β-n-Butoxy-β-äthoxyäthylchlorformiat** (Kp.11-12 121—125°) 661*.

$C_9H_{17}ClS$ **2-Chlorallyl-n-hexylsulfid** (Kp.5 95°) 3419.
Butylchlorpentenylsulfid 6962*.
Isobutylchlorpentenylsulfid 6962*.

$C_9H_{17}Cl_2NO$ **α,δ-Dichlorvaleriansäure-n-butylamid** (Kp.1 134—135°), Rk. 306*.

$C_9H_{17}Cl_2NOS$ **N.N-Di-2-chlorpropylthiocarbaminsäureäthylester** 5818*.
n-Butyl-N.N-di-2-chloräthylthiocarbamat 5818*.
Isobutyl-N.N-di-2-chloräthylthiocarbamat 5818*.

$C_9H_{17}Cl_2NO_4$ **5-Desoxy-5-[bis-(2-chloräthyl)-amino]-β-D-ribofuranose**, Hydrochlorid 3102.

$C_9H_{17}Cl_2O_6P$ **Diäthyl-[3-carbomethoxy-2.3-dichlorpropyl-(2)]-phosphat** (Kp.2 143 bis 146°) 4140.

$C_9H_{17}FNO_5PS_2$ **N-[O.O-Diäthylthiophosphatoacetyl]-2-fluoräthylcarbamat** (F. 71 bis 73°) 9870*.

$C_9H_{17}N$ (s. *Chinolizidin* [*Oktahydrochinolizin*]).
1-Piperidinobuten-(1) (Kp.14 73,5°), Darst. 3442, 10 425; Rk. 3442, 11 543, 15 943, 18 791.
3-Piperidinobuten-(1) (Kp.8 47—48°) 15 401*.
1-Piperidinoisobuten (**1-Piperidino-2-methylpropen**) (Kp.12 54—55°), Darst. 10 425; Rk. 3073, 10 425, 11 543, 15 941.
1.2.2.6-Tetramethyl-Δ⁶-piperidein, ganglienblockierende Wrkg. 5379.
2.2.6.6-Tetramethyl-Δ³-piperidein, ganglienblockierende Wrkg. 5379.
3-Pyrrolidino-3-methylbuten-(1) (Kp.16 56°) 7485.
2-Isopropyl-3.3-dimethyl-Δ¹-pyrrolin, NMR-Spektrum 16 263.
1.2.2.5.5-Pentamethyl-Δ³-pyrrolin (Kp. 140 bis 145°) 17 850*.
cis-**2.3-Cycloheptanopyrrolidin** (Kp.22 100 bis 104°) 8983.
cis(?)-**3.4-Cycloheptanopyrrolidin** 8983.
trans(?)-**3.4-Cycloheptanopyrrolidin** 8983.
1-Azabicyclo-[5.3.0]-decan, Pikrat (F. 214 bis 215° Zers.) 7507.
Dekahydrochinolin, Darst. 14 136; (u. Stereochemie d. Hydrochlorids) 14 136; Darst., Rk., Hydrochlorid (v. cis- u. trans-—) 11 921; (v. trans-—) 4166; Stereochemie u. anästhesierende Wrkg. v. Deriv. 9338; Oxydat. v. cis-— 4165; Verw. 5532*.
Dekahydroisochinolin, Deriv. 10 834.
Hexahydro-2.3-cyclopentano-5-methylpyridin (Kp.91 85°) 16 685.
3-Äthyl-1-azabicyclo-[4.2.0]-octan (**7-Äthylconidin**) 3091.
6.8-Dimethylconidin (Kp. 170—172°) 3091.
1-Aminononin-(2) (Kp.7 82°) 12 627.
2-Dimethylamino-2-methylhexin-(3) 7484.
3-Isopropylamino-3-methylpentin-(1) (Kp.90 79°), Darst., Hydrochlorid 7482; Rk. 5631, 5632.
3-Äthylamino-3-äthylpentin-(1) (Kp.70 83°) 7482.
1-Diäthylaminopentin-(4), IR-Spektrum u. H-Bind. 16 623.
3-n-Butylamino-3-methylbutin-(1) (F. 24°) 7481.
3-sek.-Butylamino-3-methylbutin-(1) (Kp. 139°) 7481.
3-Isobutyl-3-methylbutin-(1) (Kp. 140 bis 142°) 7481.
3-tert.-Butylamino-3-methylbutin-(1) (F. 24°), Darst., Rk., Hydrochlorid 7481; Rk. 5630.
3-[N-Isopropyl-N-methylamino]-3-methylbutin-(1) (Kp.135 96—98°) 5631.
Diisopropyl-N-propargylamin, Verw. 13 575*.
2-Äthyl-2-[cyclopenten-(3')-yl]-äthylamin (Kp.30 97—100°) 7531.
1-{Bicyclo-[2.2.1]-heptyl-(2)}-2-aminoäthan (Kp.1,8 61°) 5654.
N-tert.-Butyl-3-methylcrotonaldimin (Kp.10 50—54°) 5630.
Propionaldehydcyclohexylimid, Rk. 12 287.
Acetoncyclohexylimin (Kp.16 70—72°), Darst., Rk. 12 287; Rk. 4900.
Pelargonsäurenitril (**n-Octylcyanid**), Darst. 3263*; Massenspektrum 14 815.
α-Methylcaprylsäurenitril 3263*.
α-Äthylönanthsäurenitril 3263*.
α,α-Dimethyl-α-amylacetonitril (Kp.18 79 bis 81°) 4912.
α-Propylcapronsäurenitril 3263*.
α-Methyl-α-äthyl-α-butylacetonitril (Kp.21 84—86°) 4912.
α,α-Diäthyl-α-propylacetonitril (Kp.18 81 bis 82°) 4912.

$C_9H_{17}NO$ **9-Äthyl-3-oxa-9-azabicyclo-[3.3.1]-nonan** (Kp.3 67—67,5°) 2738.
1-Dimethylamino-5-hydroxy-5-methylhexin-(2) 2703.
N-Isobutyl-N-[propin-(2)-yl]-äthanolamin (Kp.0,7 59°) 14 242*.
1-Cyclopentylpyrrolidinol-(3) (F. 50 bis 51°), Darst. u. klin. Prüf. 4241.
1-Hydroxychinolizidin (Kp.15 92—93°) 1234.
2-Hydroxychinolizidin (F. 103—104°) 2374.
epimeres **2-Hydroxychinolizidin** (F. 89—90°) 1234, 2374.
3-Hydroxychinolizidin (Kp.0,3 83—86°) 1234.
Dekahydrochinolinol-(4), Darst. 14 136; [d. cis-—-Hydrochloride (F. 275 u. 230°)] 14 136.
8-Hydroxydekahydrochinolin (Kp.12 123 bis 124°) 4912.
3-[β-Hydroxyäthyl]-chinuclidin (Kp.5 135°) 18 114.
3α-Granatanol (**9-Methylgranatanin-3α-ol**) (F. 69—70°) 480, 4547.
Granatanol-(3β) (**9-Methylgranatanin-3β-ol**) (F. 99—100°), Darst., Pikrat 480, 8263; Bldg. 4547.
1-Dimethylamino-5-methoxyhexin-(2) (Kp.16 90—91°) 7854.
1-Dimethylamino-5-äthoxypentin-(2) (Kp.13 89—90°) 2703, 7854.
3-[3'-Methoxypropylamino]-3-methylbutin-(1) (Kp.2 53°) 7481.
Octylisocyanat, Rk. 9311, 12 976, 18 319*.
α-Piperidinobutanal (**α-Piperidinobutyraldehyd**) (Kp.12 86—90°), Darst., Rk., Pikrat 2731; polarograph. Unters. 7093.
α-Piperidinoisobutyraldehyd (Kp.13 77 bis 78°), Darst., Rk., Oxim 2731; kernmagnet. Resonanzspektrum 11 856.
1-Piperidinobutanon-(2) (Kp.22 102—104°), Darst. (Rk.) 18 791; (kernmagnet. Resonanzspektrum, Pikrat) 11 856.
3-Pyrrolidino-3-methylbutanon-(2) (Kp.16 87,5—88°) 7485.
Methylisopelletierin 12 707.
Triacetonamin [**2.2.6.6-Tetramethylpiperidon-(4)**], Rk. 5021*, 12 393*, 18 565*.

1-Dimethylamino-5-methylhexen-(4)-on-(3) (Kp.$_2$ 65°) 2703.
1-Dimethylamino-5-methylhexen-(5)-on-(3) (Kp.$_4$ 70—72°) 7856.
2-Dimethylaminomethylcyclohexanon, Darst. d. Hydrochlorids (F. 152°) 12 286; Rk. 9687, 11 868, 17 034.
2-Dimethylaminomethyl-3-methylcyclopentanon (Kp.$_8$ 100°) 14 515.
4-Propylcyclohexanonoxim (Kp.$_{0,3}$ 65 bis 97°) 5691.
4-Isopropylcyclohexanonoxim (Kp.$_6$ 113 bis 115°) 5691.
3.3.5-Trimethylcyclohexanonoxim (F. 84 bis 85°) 5691.
Methyl-*n*-hexylketoncyanhydrin 5621.
β-Cyanäthylhexyläther, Rk. 18 091.
***N*-Butyrylpiperidin,** Rk. 13 723.
***N*-Propyl-*N*-[buten-(1)-yl]-acetamid** (Kp.$_{14}$ 106—107°) 4879.
***N*-Acetyl-*N*-äthylaminocyclopentan** 12 306.
***N*-Formylcyclooctylamin,** Rk. 11 004*.
***N*-[2.2-Dimethylcyclohexyl]-formamid** (Kp.$_{0,5}$ 110—111°) 12 642.
***N*-Formyläthylcyclohexylamin,** Rk. 10 640*.
Hexahydrobenzoyldimethylamid (***N.N*-Dimethylhexahydrobenzamid**), Darst., Rk. v. D(α)-— (Kp.$_{1,6}$ 83°) 13 351; Rk. 13 565*.
1-Methylcyclohexylacetamid (F. 113—114°) 79.
Äthylallylessigsäureimidoäthylester (Kp.$_{25}$ 82—83°) 806.
Hexahydrobenziminoäthyläther, Rk. d. Hydrochlorids 8064*.
3-Äthyl-4-propylpyrrolidon-(2) (Kp.$_3$ 128 bis 130°) 16 673.
3-Äthyl-4-isopropylpyrrolidon-(2) (F. 67°) 16 673.
2-Oxo-5-*n*-propylhexamethylenimin (**5-*n*-Propyl-ε-caprolactam**) (F. 81—82°) 5691.
2-Oxo-5-isopropylhexamethylenimin (**5-Isopropyl-ε-caprolactam**) (F. 82,5—83,5°) 5691.

$C_9H_{17}NOS$ **1′.4-Dimethyl-1.3-oxathiolan-2-spiro-4′-piperidin** 17 392.
1′.5-Dimethyl-1.3-oxathiolan-2-spiro-4′-piperidin 17 392.
β-Mercaptopropionsäurecyclohexylamid (F. 65—67°) 7479.
2-Propyl-5-äthylthiamorphol{in}on-(3) (F. 51—53°) 2091*.
2-Propyl-5.5-dimethylthiamorphol{in}on-(3) (F. 91—93°) 2091*.
2.2-Diäthyl-4-methylthiamorphol{in}on-(3) (Kp.$_{0,6}$ 109—110°) 2091*.
2.2-Diäthyl-5-methylthiamorphol{in}on-(3) (F. 53—55°) 2091*.
***N*-[3-(Äthylmercapto)-propyl]-γ-butyrolactam** (Kp.$_5$ 154—155°) 6418.

$C_9H_{17}NOSi$ **β-[γ-(Trimethylsilyl)-allyloxy]-propionitril** (Kp.$_6$ 94—96°) 8221.

$C_9H_{17}NO_2$ **1′.4-Dimethyl-1.3-dioxolan-2-spiro-4′-piperidin** 17 392.
3-Amino-1.5-dioxaspiro-[5.5]-undecan (Kp.$_{0,12}$ 90—91°) 18 086.
***trans*-2-Nitrononen-(2),** Bezieh. zwischen physikal. Eig. 16 981.
***trans*-3-Nitrononen-(2),** Bezieh. zwischen physikal. Eig. 16 981.
***trans*-3-Nitrononen-(3),** Bezieh. zwischen physikal. Eig. 16 981.
***trans*-4-Nitrononen-(3),** Bezieh. zwischen physikal. Eig. 16 981.
***trans*-4-Nitrononen-(4),** Bezieh. zwischen physikal. Eig. 16 981.
***trans*-5-Nitrononen-(4),** Bezieh. zwischen physikal. Eig. 16 981.
2-*tert*.-Butyl-4-methyl-4-hydroxymethyl-Δ²-oxazolin (F. 59—60°) 15 960.
3α-Hydroxy-8-[2′-hydroxyäthyl]-nortropan (F. 104—106°) 17 768.
3β-Hydroxy-8-[2′-hydroxyäthyl]-nortropan 17 768.
Ekgoninol, stereospezif. Synth. v. epimeren Deriv. 5298.
***N*-Isopropyl-*N*-[1-hydroxybutin-(2)-yl]-äthanolamin** (Kp.$_{0,75}$ 147—150°) 14 242*.
***N*-β-Hydroxyäthyl-*N*-[1-äthylpropin-(2)-yl]-äthanolamin** (Kp.$_{1,3}$ 122—128°) 14 242*.
β-Morpholinopivalinaldehyd, Rk. 8255.
Methyl-γ-[morpholino]-propylketon (Kp.$_{0,5}$ 81°) 5632.
3-Methyl-4-morpholinobutanon-(2) (Kp.$_{31-32}$ 136—139°) 8255.
DL-**2-Methylnormuscaron** (Kp.$_{0,1}$ 70—73°) 11 197.
Tropanon-(2)-methylhydroxid (**„Tropinon-(2)-methylhydroxid"**), Jodid (F. 307 bis 308° Zers.) 5299, 17 405.
Tropanon-(3)-methylhydroxid, Jodid (F. 273 bis 274° Zers.) 17 404.
Tropanon-(6)-methylhydroxid (**6-Oxotropanmethylhydroxid**), Jodid (F. 303—304° Zers.) 5299, 18 477.
α-Piperidinobuttersäure (F. 158—159,5° Zers.) 1974.
γ-Piperidinobuttersäure, Hydrochlorid (F. 190—192°) 5632.
***N*-Butylprolin** (F. 125°) 306*.
Cyclohexylalanin, Bldg. 14 485; (v. Acetat aus dem Benzolring v. L-— bei Ratten) 14 550.
***cis*-2-Aminocycloheptylessigsäure** (F. 173 bis 174°) 8983.
***trans*-2-Aminomethylcycloheptancarbonsäure** (F. 174—176°) 8983.
1-Amino-*cis*-2-äthylcyclohexancarbonsäure (F. 340°) 4512.
1-Amino-*trans*-2-äthylcyclohexancarbonsäure (F. 320°) 4512.
1-Amino-*cis*-4-äthylcyclohexancarbonsäure (F. 360—370°) 4511.
1-Amino-*trans*-4-äthylcyclohexancarbonsäure (F. 306—308°) 4512.
Ameisensäure-*N.N*-hexamethylen-β-aminoäthylester (Kp.$_6$ 120—122°) 8618.
Piperidinoessigsäureäthylester (Kp.$_1$ 68°), Darst., Pikrat, Hydrochlorid 8238, 10 447; Rk. 11 185.
1-Methyl-2-methoxycarbonylmethylpiperidin (Kp.$_{29}$ 119—121°) 9712.
1-Methyl-2-äthoxycarbonylpiperidin (Kp.$_{36}$ 114—115°) 9712.
1-Methyl-3-äthoxycarbonylpiperidin (Kp.$_{17}$ 97—99,5°) 9712, 16 311.
2-Methylnipecotinsäureäthylester, Rk. 9712.
1-Methyl-4-äthoxycarbonylpiperidin (Kp.$_{18}$ 103—105°) 9711.
1-Äthyl-4-methoxycarbonylpiperidin (Kp.$_{18}$ 103—106°) 9711.
1.2-Dimethyl-4-methoxycarbonylpiperidin (Kp.$_{7,5}$ 93—95°) 9712.
α-Pyrrolidinobuttersäuremethylester 1975.
2.3-Dimethylpyrrolidincarbonsäure-(4)-äthylester (Kp.$_8$ 90—92°) 17 740.
L-**Prolin-*tert*.-butylester,** Rk. 97.
DL-**Prolin-*tert*.-butylester,** Hydrochlorid (F. 140,5—141°) 4503.
Acrylsäure-β-diäthylaminoäthylester (Kp.$_{12}$ 150°) 3261*.
1-Aminocyclohexancarbonsäureäthylester, Rk. 11 190.
4-Carbäthoxycyclohexylamin, Rk. 4494.
***N*-[Tetrahydropyranyl-(2)]-*n*-butyramid** (F. 51,5—52,5°) 1228, 8977.
***N*-[Tetrahydropyranyl-(2)]-isobutyramid** (F. 111,0°) 8977.
***N.N*-Diäthyl-3.3-dimethylglycidsäureamid** (Kp.$_{0,15}$ 79°) 4898.
***N.N*-Diäthyllävulinsäureamid** (Kp.$_{0,85}$ 90 bis 91°) 4899.
***N.N*-Diäthylisopropylglyoxylsäureamid** (Kp.$_{11,5}$ 106—110°) 4899.
α-Isobutyl-α-acetamidoaceton, Rk. 14 623*.
***N*-[α-Methoxyäthyl]-ε-caprolactam** (Kp.$_{2,5}$ 85—86°) 17 762.
***N*-Butoxymethylpyrrolidon-(2)** 17 763.

$C_9H_{17}NO_2S$ **2-Methyl-3-piperidinotrimethylensulfon** (Kp.$_{0,001}$ 121°) 8600.

2.2-Dimethyl-3-pyrrolidinotrimethylensulfon (F. 68°) 8600.
1-Butoxy-2-[2-thiocyanäthoxy]-äthan s. *Schädlingsbekämpfung-Spezialmittel (Lethane 384)*.
$C_9H_{17}NO_2S_2$ *N.N*-Di-*n*-propyldithiocarbaminsäurecarboxymethylester (F. 72—73°), Darst. u. pflanzenwachstumsregulierende Aktivität 14 198.
S-[1-Carbäthoxy-1-methyläthyl]-*N.N*-dimethyldithiocarbaminat (F. 36—38°), Darst., pflanzenwachstumsregulierende Aktivität 14 198.
$C_9H_{17}NO_3$ 6-Methoxy-3.3-dimethyl-1-nitrohexen-(1) (Kp.$_{4,2}$ 109—110,5°) 13 363.
(+)-3.6-Dimethyl-4-[2'-hydroxypropyl]-morpholon-(2) (Kp.$_{17}$ 175—182°) 15 217.
2-Methyl-5-trimethylammoniomethyl-2.3-dihydrofuranon-(3)-hydroxid, Wirkungsspektrum 3176.
γ-[Morpholino]-valeriansäure, Hydrochlorid (F. 155—158°) 5632.
4-Hydroxycyclohexylalanin 14 485.
6-Dimethylamino-4-ketohexancarbonsäure-(1), Hydrochlorid (F. 116—117°) 16 285.
3-Dimethylaminomethyl-4-ketopentancarbonsäure-(1), Hydrochlorid (F. 131 bis 132°) 16 285.
α-Morpholinobuttersäuremethylester 1974.
γ-Morpholinobuttersäuremethylester (Kp.$_{1,5}$ 90—92°) 5632.
1-[2'-Hydroxyäthyl]-4-methoxycarbonylpiperidin (Kp.$_3$ 124—126°) 9712.
5-Methoxyhexahydropyridincarbonsäure-(2)-äthylester (Kp.$_{0,1}$ 70°) 9338.
β-[β'-Vinyloxyäthylamino]-isobuttersäuremethylester 9367.
Trimethyltetrolobetainäthylester, parasympathomimet. Aktivität d. Jodids 2072.
2.2-Dimethyl-3-hydroxytetrahydrofurancarbonsäure-(5)-dimethylamid 11 197.
Acetyl-L-leucinmethylester (F. 41,5—42,5°) 5259.
Acetyl-DL-leucinmethylester (F. 77°) 5259.
2-Carbamoyl-3-methylvaleriansäureäthylester (F. 101,5—102,5°) 17 369.
α-[Acetamidomethyl]-buttersäureäthylester (F. 78,7°) 6733.
N-Acetylglycin-*n*-amylester, gaschromatograph. Trenn. 11 678.
1-Carbäthoxy-3-äthyl-3-hydroxypyrrolidin (Kp.$_{0,08}$ 116—118°) 16 772*.
$C_9H_{17}NO_3S$ 2-Äthyl-3-morpholinotrimethylensulfon (F. 114°) 8600.
α-Methyl-α'-*n*-butylthiodiessigsäure-α-monoamid (F. 143—144°) 3461.
isomeres α-Methyl-α'-*n*-butylthiodiessigsäure-α-monoamid (F. 82—83°) 3461.
S-Carboxymethylthioessigsäurepiperididiumhydroxid, Bromid (F. 168—169°) 6381.
N-[Äthylmercaptoformyl]-DL-leucin (F. 89 bis 90°) 1199.
Tropinmesylat (F. 85—86,5°) 11 199.
N-Tetrahydrofurfurylbutansultam (F. 55 bis 56,5°) 12 253.
$C_9H_{17}NO_3S_2$ *S*-[Carbäthoxyäthoxymethyl]-*N.N*-dimethyldithiocarbaminat (F. 34—36°), Darst., pflanzenwachstumsregulierende Aktivität 14 198.
$C_9H_{17}NO_4$ 2-[β-Hydroxyäthylaminomethyl]-2.5-dimethoxy-2.5-dihydrofuran (Kp.$_{1,5}$ 120—122°) 1222.
2-Acetoxy-2-nitroheptan (Kp.$_5$ 110°) 1591.
4-Acetoxy-4-nitroheptan (Kp.$_5$ 103°) 1591.
N-Butylasparaginsäure-β-methylester (F. 231°) 17 370.
L-Glutaminsäurediäthylester, Darst., Rk. d. Hydrochlorids (F. 117—118°) 2353; Rk. 142, 5678, 15 556; (d. Hydrochlorids) 5634.
DL-Glutaminsäurediäthylester, Rk. 15 560, 18 821.
N.N-Dimethylaminomalonsäurediäthylester, Rk. 9700.
ε-Carbäthoxyaminocapronsäure (F. 47 bis 48°) 15 991.
Methylcarbamyl-β-hydroxy-α.α.β-trimethylbuttersäure (F. 61—62°) 7695*.
Acetylcarnitin, Wrkg. auf d. Fettsäureoxydat. durch d. Herzmuskel 18 876.
$C_9H_{17}NO_4S$ *S*-[β-Carbäthoxymethyl]-cysteinäthylester, Verw. 14 748*.
$C_9H_{17}NO_5$ (s. *Wuchsstoffe-Pantothensäure*).
6-Amino-6-desoxy-1.2-*O*-isopropyliden-D-glucofuranose, Rk. 13 033.
Methyl-3-acetamido-3.6-didesoxy-L-glucopyranosid 7155.
Methyl-*N*-acetylmycosaminid (Methyl-3-acetamido-3.6-didesoxy-α-D-mannopyranosid) (F. 168—170°) 6419.
Methyl-3-acetamido-3.6-didesoxy-α-L-talopyranosid 7155.
$C_9H_{17}NO_5S_2$ *S*-[β-D-Glucosaminyl-(1)]-äthylxanthogenat, Hydrochlorid (F. 148—149° Zers., korr.) 7154.
$C_9H_{17}NO_6$ *N*-[2-Desoxyglucose]-aminoaceton, Rk. 6878*, 14 623*.
N.N-Bis-[2-hydroxyäthyl]-α-aminoglutarsäure (F. 151—154° Zers.) 15 217.
1-Acrylamido-1-desoxy-D-glucit, Rk. 5317, 10 492.
Methyl-*N*-acetyl-α-D-glucosaminopyranosid (F. 192—194°) 8622.
Methyl-*N*-acetyl-β-D-glucosaminopyranosid (F. 196—197°) 8622.
Methyl-2-acetylamino-2-desoxy-β-D-galaktopyranosid (F. 191°) 6780.
Methyl-3-acetamido-3-desoxy-α-D-mannopyranosid (F. 242,5—243,5°) 6419, 10 100.
Methyl-3-acetamido-3-desoxy-β-D-hexopyranosid (F. 214—215°) 477.
$C_9H_{17}NO_6S$ *N*-α-Mercaptopropionyl-*d*-glucosamin (*N*-α-Mercaptopropionyl-2-desoxy-2-amino-D-glucopyranose) (F. 210° Zers.) 5382, 14 511.
N-β-Mercaptopropionyl-*d*-glucosamin (*N*-β-Mercaptopropionyl-2-desoxy-2-amino-D-glucopyranose) (F. 194—196° Zers.) 5382, 14 511.
$C_9H_{17}NO_6S_2$ *N*-α.β-Dimercaptopropionylglucosamin, Vers. d. Darst. 14 511.
$C_9H_{17}NO_7$ (s. *Muramsäure*).
1-Desoxy-1-alanino-D-fructose, Bldg. (Mechanismus) 2314.
N-Carbäthoxyglucosamin, Rk. 6878*, 14 622*.
$C_9H_{17}NO_8$ s. *Neuraminsäure*.
$C_9H_{17}NS$ *n*-Pentyl-3-cyanpropylsulfid (Kp.$_{1,5}$ 100—108°) 8943.
Thioisobutyrylpiperidin (Kp.$_3$ 130°) 6381.
$C_9H_{17}NS_2$ 7-Methylmercaptoheptylisothiocyanat (Kp.$_{0,3}$ 117°) 1193.
N.N-Di-*n*-propylvinyldithiocarbamat (Kp.$_8$ 123—124°) 96.
S-1.3-Dimethylbuten-(2)-yl-*N.N*-dimethyldithiocarbamat (F. 56—57°) 3052.
$C_9H_{17}N_3O$ 2-Heptyl-5-amino-1.3.4-oxadiazol (F. 151,5—152,5°) 10 096.
1-Cyclohexyl-4-ketohexahydro-1.3.5-triazin (F. 205°) 309*.
1-Äthyl-3-[2'-morpholinoäthyl]-carbodiimid, Verw. 12 689.
Cyclohexylacetaldehydsemicarbazon (F. 161 bis 162,5°) 78.
$C_9H_{17}N_3O_2$ Allyloxamidsäure-*n*-butylhydrazid 1409*.
Allyloxamidsäuremethylisopropylhydrazid 1409*.
$C_9H_{17}N_3O_3$ 2-Cyclohexyl-1.3-bis-[hydroxylamino]-3-iminopropanon-(1) (F. 167 bis 170°) 11 183.
2.4-Dimethoxy-6-dimethylaminopyrimidinmethylhydroxid, Rk. d. Chlorids 1608.
Hexantricarbonsäure-(1.3.5)-triamid (F. 169°) 13 361.
$C_9H_{17}N_3O_4$ Glycylalaninglycinäthylester, Rk. 12 465*.
$C_9H_{17}N_3O_4S$ *opt.-akt.*-α-[Butansultam-(1.4)-yl]-glutarsäurediamid (F. 132—135°) 15 556.
rac.-α-[Butansultam-(1.4)-yl]-glutarsäurediamid (F. 121—134°) 15 556.

$C_9H_{18}N_2O_2S_4$ **Methylen-bis-dimethylamino-methylxanthogenat** 2145*.

$C_9H_{18}N_2O_3$ ***N*-[2-Vinyloxyäthyl]-*N*-methyl-*N'*-[äthoxymethyl]-harnstoff** 1434*, 6209*.
***N.N'*-Bis-[α-methoxyäthyl]-*N.N'*-äthylenharnstoff** 6590*.
4-Diäthylaminomethyl-4-hydroxymethyl-oxazolidon-(2) (F. 51—54°) 18 086.
Alanylleucin, oxydative Radiolyse durch γ-Strahlen 11 588.
Sarkosyl-L-leucin, Bezieh. zwischen Protonen- u. Metallbind. in Komplexen bei — 11 514.
D-Alanyl-ε-aminocapronsäure 15 644.
L-Alanyl-ε-aminocapronsäure 15 644.
ε-Aminocaproyl-D-alanin (F. 155°) 15 644.
ε-Aminocaproyl-L-alanin 15 644.
Glycyl-L-leucinmethylester, Hydrobromid (F. 151—153°) 7116.
Diglycin-*tert.*-amylester, Hydrochlorid (F. 160—161°) 12 264.

$C_9H_{18}N_2O_4$ (s. *Lysopin; Meprobamat [Cirpon, Equanil, Meprotan, Miltown, Tranquiline, Trelmar, Tropan, 2-Methyl-2-n-propyl-1.3-propandioldicarbamat]*).
1.9-Dinitrononan (Kp.$_{0,2}$ 141—142°) 2901*.
2-[β-Hydroxyäthylimino]-3-[β-(β'-hydroxyäthoxy)-äthyl]-oxazolidin, Rk. 10 815.
***N*-Aminoecgoniumhydroxid (2-Carboxy-3-hydroxy-8-aminotropaniumhydroxid),** Chlorid (F. 186°) 10 195*.
2-*n*-Butylpropandiol-(1.3)-dicarbamat (F. 137,5—138,5°) 10 930*.
2-Isobutylpropandiol-(1.3)-dicarbamat (F. 145—146,5°) 10 930*.

$C_9H_{18}N_2O_4S$ **L-γ-Amino-α-[butansultam-(1.4)-yl]-buttersäuremethylester,** Hydrochlorid 15 557.
[Butansultam-(1.4)-yl]-essigsäure-3-hydroxypropylamid (F. 109—110°) 12 254.

$C_9H_{18}N_2O_6$ ***N.N'*-Diacetyl-D-lyxosylidendiamin** (F. 232—233°) 13 398.

$C_9H_{18}N_2S$ **2-Amino-5-hexylthiazolin,** Salicylat (F. 95—97°) 13 019.
***S*-[*n*-Hexyl]-2-mercapto-4.5-dihydroglyoxalin,** Identifizier. v. n-Hexylhalogeniden als —-Salze 13 514.
Cyclohexyläthylisothioharnstoff, Prüf. d. Hydrobromids auf Strahlenschutzwrkg. 1682.
Hexamethyleniminopropionsäurethioamid, Rk. 15 038*.

$[C_9H_{18}N_2S]_x$ **Poly-[*N*-oktamethylenthioharnstoff]** 4904.

$C_9H_{18}N_3OP$ **Tris-[2-methylaziridinyl]-phosphinoxid (MAPO),** NMR-Spektrum 1935.
Phosphoramid (Pentamethylenamid d. Diäthyleniminophosphorsäure), Einfl. auf d. Glycidmetabolismus d. Erythrocyten 15 996.

$C_9H_{18}N_3O_3P$ **[Bis-2-methyläthylenimidophosphoryl]-urethan** 9569*.

$C_9H_{18}N_3O_3PS_2$ ***S*-[2-Cyan-3-ureidopropyl]-*O.O*-diäthylthiolthionophosphat** 13 919*.

$C_9H_{18}N_4$ **5-Heptyl-3-amino-1.2.4-triazol** 11 186.
5-*n*-Heptyl-2-amino-1.3.4-triazol, tuberkulostat. Wrkg. 16 733.
2-[β-Pyrrolidinoäthylamino]-imidazolin (Kp.$_{0,04-0,05}$ 162—163°) 16 285.

$C_9H_{18}N_4O$ s. *Amidinomycin [3-Aminocyclopentancarbonsäure-(2-guanyläthylamid)]*.

$C_9H_{18}N_4O_2$ **2-Methyl-3-oxo-5-dimethylaminomethyltetrahydrofuransemicarbazon** (F. 172—174°) 7624*.
***trans*-Cycloheptan-1.2-dicarbonsäuredihydrazid** (F. 156—157°) 13 003.

$C_9H_{18}N_4O_3$ **N^ω-Propionyl-L-arginin** 17 001.
1.3-Bis-[β-acetamidoäthyl]-harnstoff 5254.

$C_9H_{18}N_4O_4$ s. *Octopin.*

$C_9H_{18}N_5O_3PS$ **2-[*O.O*-Diäthylthiolphosphatomethyl]-4-amino-6-methylamino-1.3.5-triazin** (F. 81—83°) 7669*.

$C_9H_{18}N_6O_2$ **Methylguanaminomethylmorpholiniumhydroxid,** Jodid 17 144*.

$C_9H_{18}N_6O_3$ **2.4.6-Tris-[β-hydroxyäthylamino]-1.3.5-triazin** (F. 100—101°) 15 218.

$C_9H_{18}N_6O_6$ **2.4.6-Tris-[dihydroxymethylamino]-1.3.5-triazin (Hexamethylolmelamin),** Rk. 3284*; tumorhemmende Wrkg. 9376; Verw. 19 060*.

$C_9H_{18}O$ **1.5-Epoxy-7-methyloctan** (Kp.$_{755}$ 168°) 6031.
2-*tert.*-Butyltetrahydropyran (Kp.$_{750}$ 157°) 17 751.
3-*n*-Butyltetrahydropyran, Rk. 15 591.
3-Isobutyltetrahydropyran, Rk. 15 591.
2-Amyltetrahydrofuran 4935.
Nonen-(4)-ol-(1), Gemisch mit Nonanal 11 525.
Nonen-(1)-ol-(3) (Kp.$_{11}$ 87—88°) 1967.
7-Methylocten-(5)-ol-(1) (Kp.$_{12}$ 95°) 12 622.
5-Äthylhepten-(4)-ol-(1), Gemisch mit 5-Äthylhepten-(5)-ol-(1) 16 999.
5-Äthylhepten-(5)-ol-(1), Gemisch mit 5-Äthylhepten-(4)-ol-(1) 16 999.
3.4-Dimethylhepten-(1)-ol-(4) (Kp.$_{98}$ 105°) 11 526.
2.3-Dimethylhepten-(6)-ol-(2) (Kp.$_{18}$ 79°) 12 621.
4.6-Dimethylhepten-(3)-ol-(2) (Kp.$_{14}$ 75 bis 76°) 18 793.
3-Cyclohexylpropanol-(1), Bldg. (Mechanismus) 16 641; reduktive Dehydroxymethylier. 8939.
1-Cyclohexylpropanol-(2) 2691.
***cis*-2-Isopropylcyclohexanol,** Konstellationsanalyse aus d. IR-Spektrum 14 448.
***trans*-2-Isopropylcyclohexanol,** Konstellationsanalyse aus d. IR-Spektrum 14 448.
3-Isopropylcyclohexanol, Darst. 1563; Konstellationsanalyse v. cis- u. trans-— aus d. IR-Spektrum 14 448.
4-Propylcyclohexanol (Kp.$_{12}$ 89—92°) 5691.
4-Isopropylcyclohexanol (Kp.$_{40}$ 123°), Darst., Rk. 18 416; Konstellationsanalyse v. cis- u. trans-— aus d. IR-Spektrum 14 448.
1.2.2-Trimethylcyclohexanol-(1) (Kp.$_{10}$ 63 bis 65°) 12 642.
1.3.3-Trimethylcyclohexanol-(1) (F. 71,5 bis 72,5°) 16 692.
1.1.3-Trimethylcyclohexanol-(4) (Kp. 192 bis 193°) 2747.
3.5.5-Trimethylcyclohexanol (1.1.3-Trimethylcyclohexanol-(5), Dihydroisophorol) (F. 56,5°), Konstit. d. Dehydratat.-Prod. 11 540; Rk. 12 458*; Verw. 17 492*.
2.4-Dimethyl-1-äthylcyclopentanol-(1) (Kp.$_{18}$ 81—82°) 9733.
Heptylvinyläther, Trenn. v. Alkoxyderiv. 9891*.
3-Methoxy-4-methylhepten-(6) [Diastereomerengemisch] (Kp.$_{50}$ 70°) 3781.
***n*-Butylpenten-(1)-yl-(2)-äther,** Raman- u. UV-Spektrum 16 622.
***n*-Nonylaldehyd (Nonanal, Pelargonaldehyd)** (Kp.$_{17}$ 83—85°), Vork. 8818; Darst. im Gemisch mit Nonen-(4)-ol-(1) 11 525; Bldg. 1190, 6209*; (2.4-Dinitrophenylhydrazon) 7538; Stabilisier. 10 958*; polarograph. Verh. 15 901; magnet. Mol.-Rotat. 9287; Rk. 4720*, 7847, 14 371, 16 684; Einfl. auf Bakterien 3547; Verhältnis d. Germinationsselbsthemm. zum oxydativen Stoffwechsel d. Uredosporen v. Rostpilzen in Ggw. u. Abwesenh. v. — 4966; — als endogener Keimstimulator v. Weizenrostsporen 14 561; Identifizier. 4753; papierchromatograph. Nachw. im Aldehydgemisch 9459.
2-Äthyl-4-methylhexanal (Kp. 178°) 11 364*.
2-Isopropyl-4-methylpentanal (Kp. 166°) 11 364*.
Diäthylpropylacetaldehyd (Kp.$_{10}$ 55—57°) 10 426.
Nonanon-(2) [Methylheptylketon] (Kp.$_{10}$ 78°), Vork. 17 242; (u. Nachw.) 14 717; Darst. 13 724, 16 999; (Semicarbazon) 9306; magnet. Mol.-Rotat. 9287; Micellen-

1.5-Diäthoxypentanon-(3) (Kp.$_{14}$ 97—98°) 2702.
α-Hydroxypelargonsäure, Ester 8944.
β-Hydroxypelargonsäure (F. 58—59°) 12 625.
9(ω)-Hydroxypelargonsäure (9-Hydroxynonansäure) (F. 49,5—51°), Darst. 13 355; Rk. 15 990; (v. Deriv.) 13 726.
β-Äthyl-β-hydroxyönanthsäure (F. 38°) 12 624.
β.γ-Dimethyl-β-hydroxyönanthsäure (Kp.$_1$ 93—94°) 12 624.
β-n-Propyl-β-hydroxycapronsäure (Kp.$_{1,5}$ 137—138°) 12 624.
2-Äthylbutoxypropionsäure, Verw. d. Cd-Salzes 15 423*, 15 787*.
β-Hydroxyönanthsäureäthylester (Kp.$_{15}$ 110—116°) 15 927.
7-Hydroxyheptansäureäthylester (Kp.$_{2,5}$ 102 bis 105°) 3262*.
δ-Methyl-α-hydroxycapronsäureäthylester (Kp.$_{750}$ 203°) 10 061.
α-Hydroxyvaleriansäure-n-butylester (Kp.$_{18}$ 105°) 13 362.
α.α.β-Trimethyl-β-hydroxybuttersäureäthylester (Kp.$_{14}$ 84°), Darst., Rk. 11 523; Rk. 7694*.
β-Methyl-β-hydroxybuttersäure-*tert.*-butylester (Kp.$_5$ 58—59°) 12 624.

$C_9H_{18}O_3S$ **DL-6-Hydroxy-8-mercaptooctansäuremethylester**, Bestimmungsmeth. mit Streptococcus faecalis *10 C 1* 4990.
β-Methyl-β-hydroxy-δ-isopropylmercaptovaleriansäure (Kp.$_{0,1}$ 137—139°) 13 866*.
Thiodiglykolmono-n-valerat (Kp.$_4$ 121° korr.) 9300.
4-Propionoxypenthiophanmethylhydroxid, Darst., Wrkg d. Jodids als Parasympathicomimeticum 13 389.
n-Hexyl-2-hydroxyäthylthiolcarbonat (Kp.$_{0,05}$ 109°) 9303.

$C_9H_{18}O_3Si$ **3-Trimethylsiloxybuten-(2)-säureäthylester** (Kp.$_7$ 76—78°) 8948.

$C_9H_{18}O_4$ **3.3-Dimethyl-5.5-dimethyloltetrahydropyranol-(4)** (F. 128°) 9335.
Äthylenpropylendiglykolmethylglycidyläther, Rk. 15 426*.
Triäthylenglykolmonoallyläther (Kp.$_{0,4}$ 92 bis 93°) 8580.
3-Äthoxy-7-hydroxyheptansäure 18 635*.
3.5-Dimethoxyhexansäuremethylester (Kp.$_{20}$ 110°) 5093*.
Adipinaldehydsäuremethylesterdimethylacetal (Kp.$_{12}$ 107—117°) 9671, 9672.
α.α-Diäthoxypropionsäureäthylester, Rk. 5270.
β.β-Diäthoxypropionsäureäthylester (Kp.$_8$ 68°) 17 758.

$C_9H_{18}O_5$ **Methyl-4.6-di-O-methyl-3-desoxy-α-D-mannosid** 14 509.
2.3.4-Trimethylrhamnose, Bldg. 15 277; (Anilid v. L-—) 13 056.
2.4.6-Tri-O-methyl-3-desoxy-D-mannose (Kp.$_1$ 140°) 14 509.
Methyl-2.3.5-tri-O-methyl-α-L-arabinosid 18 474.
Methyl-2.3.5-tri-O-methyl-β-L-arabinosid 18 474.
2.2.4.4-Tetramethylolpentanon-(3) (F. 92°) 9334.
β-Hydroxy-γ-methyl-α.α-bis-[hydroxymethyl]-buttersäureäthylester (F. 51 bis 52°) 15 927.
Di-*tert.*-butyldiperoxycarbonat (Kp.$_{0,3}$ 48°), Mechanismus d. therm. Zers. (Kinetik) 1565.

$C_9H_{18}O_5S$ **Isopropylthiogalaktosid**, in vitro-Synth. v. induzierter β-Galaktosidase in einer Subcellularfrakt. v. E. coli in Ggw. v. — 8660.

$C_9H_{18}O_6$ *trimeres* **Acetonperoxid** (F. 93°) 2329.
3.4-O-Isopropyliden-D-mannit, Papierionophorese 11 513.
Methyl-2-O-äthyl-α-D-glucopyranosid (F. 136°) 13 767.
Methyl-2-O-äthyl-α.β-D-glucofuranosid 13 767.
2.3.4-Tri-O-methyl-D-galaktose, Bldg. (Anilid) 13 056, 18 134; (im Gemisch mit 2.3-Di-O-methyl-L-arabinose) 1632.
2.3.5-Tri-O-methyl-D-galaktose 1632.
2.3.6-Tri-O-methyl-D-galaktose 1633.
2.4.6-Tri-O-methylgalaktose, Bldg. 15 277, 16 375; (Deriv.) 10 865, 13 056, 18 134.
Methyl-3.4-di-O-methyl-α-D-glucopyranosid (F. 53,5—55,5°) 15 603.
2.3.4-Tri-O-methyl-D-glucose, Darst., Rk. 17 039; Bldg. 13 056, 15 277, 18 119; (Anilid) 13 056, 14 166; (Rk.) 497; Rk. 8262; Identifizier. im Hydrolysat v. methyliertem Leukosin u. Laminarin aus Braunalgen 18 155.
2.3.6-Tri-O-methylglucose, Bldg. 6630, 15 277; (Deriv.) 1633, 2017; Auffass. d. — v. Takeda als 2.4.6-Tri-O-methylglucose 10 119.
2.4.6-Tri-O-methylglucose, Bldg. 6056, 7179; (Anilid) 6803; Auffass. d. 2.3.6-Tris-O-methylglucose v. Takeda als — 10 119; Papierionophorese 11 513; Identifizier. im Hydrolysat v. methyliertem Leukosin u. Laminarin aus Braunalgen 18 155.
3.4.6-Tri-O-methyl-D-glucose (F. 91—94,5°) 13 767, 15 604.
3.5.6-Tri-O-methyl-D-glucose, Papierionophorese 11 513.
x.x.x-Trimethylglucose 14 828.
2.3.6-Tri-O-methyl-D-mannose 2017, 6630, 18 495.
2.4.6-Trimethylmannose, Bldg. 15 277; (Anilid) 18 495.
1.4.6-Tri-O-methyl-D-fructose 18 119.
3.4.6-Tri-O-methyl-D-fructose (3.4.6-D-Tri-O-methylfructofuranose), Bldg. 9770, 18 119; (v. β-—) 17 059.
Verb. $C_9H_{18}O_6$ aus D-Glucosediäthylmercaptal + CH_3J 9350.

$C_9H_{18}O_8$ (s. *Floridosid*; *Isofloridosid* [*1-O-(α-D-Galaktopyranosido)-D- u. L-glycerin*]).
Anhydroenneaheptit 12 830*.
1-Glyceryl-D-β-glucosid 10 874.

$C_9H_{18}O_{10}S_2$ **Methyl-2.6-di-O-methylsulfonyl-α-D-glucopyranosid** (F. 146—147°) 15 603.

$C_9H_{18}S$ **3-n-Butylpentamethylensulfid** (Kp.$_{12}$ 95,5—96°) 15 591.
4-n-Butylthiacyclohexan (Kp.$_{12}$ 90°) 16 310.
3-Isobutylpentamethylensulfid (Kp.$_{25}$ 104°) 15 591.
2-n-Amylthiacyclopentan (Kp.$_{31}$ 113°) 15 954.
3-n-Amylthiophan (Kp.$_{10}$ 92—93°), Darst., IR-Spektrum 788.
3-Isoamylthiophan (Kp.$_{10}$ 87—88°), Darst., IR-Spektrum 788.
3-Propyl-2.5-dimethylthiophan (Kp.$_{747}$ 197 bis 198°), Darst. 1980; (IR-Spektrum) 788.
1-Äthylmercaptohepten-(1) (Kp.$_{12}$ 87—90°) 15 921.
Cyclooctylmethylsulfid (Kp.$_{12}$ 99—101°) 16 636.

$C_9H_{18}S_2$ **[1.3-Dimethylbuten-(2)-yl]-isopropyldisulfid** 14 100 [2 Ref.].

$[C_9H_{18}S_2]_x$ **Polysulfid** $[C_9H_{18}S_2]_x$ (F. 65°), Kristallisat.-Geschw. (Vgl.) 1247.

$C_9H_{18}S_3$ **Hexamethyl-1.3.5-trithian** (Kp.$_{11}$ 111 bis 112°) 7476.
Trithiokohlensäuredibutylester (Kp.$_{0,32}$ 105,5°) 4881.

$C_9H_{18}Si$ **Diäthylmethylbutin-(3)-ylsilan**, Konstit.-Einfl. auf d. ν(SiC) 11 504.
1-Trimethylsilyl-3.3-dimethylbutin-(1) (Kp.$_{60}$ 57°) 10 418.
Diäthylmethylbutadien-(1.3)-ylsilan, Konstit.-Einfl. auf d. ν(SiC) 11 504; Mol.-Refr. 5233.
Diäthylmethylbutadien-(2.3-)ylsilan, Konstit.-Einfl. auf d. ν(SiC) 11 504.

$C_9H_{19}B$ **1-[n-Butyl]-boracyclohexan** (Kp.$_{10}$ 60 bis 62°) 8423*, 14 834.

$C_9H_{19}Br$ **n-Nonylbromid (1-Bromnonan)** (Kp.$_{7,5}$ 86—87°), Darst., Rk. 11 156;

Massenspektrum 14 814; Berechn.: d. DK u. d. dielektr. Verlustes aus d. Mikrowellenspektrum 433; v. Konst. d. Antoine-Gleich. 4122; Rk. 5021*; Identifizier. 13 514.

$C_9H_{19}BrMg$ ***n*-Nonylmagnesiumbromid**, Rk. 6741, 8944.

$C_9H_{19}BrN_2$ **1-[*γ*-Brompropyl]-1.5-diazacyclooctan**, Dihydrobromid (F. 216—218° Zers.) 19 016*.

$C_9H_{19}Cl$ ***n*-Nonylchlorid (1-Chlornonan)**, Massenspektrum 14 814; Berechn. v. Konst. d. Antoine-Gleich. 4122.

2-Chlor-5-methyloctan (Kp.$_{15}$ 85°) 2344.

$C_9H_{19}ClO$ **9-Chlornonanol**, Rk. 1193.

***n*-Octylchlormethyläther**, Rk. 3911*.

Chlormethyl-2-äthylhexyläther, Rk. 3911*.

$C_9H_{19}ClO_2$ **1-*n*-Hexyloxy-3-chlorisopropanol** (Kp.$_{18}$ 130—135°) 11 193.

$C_9H_{19}ClS$ **Octylchlormethylsulfid**, Rk. 6962*.

8-Chloroctylmethylsulfid (Kp.$_{0,2}$ 86°) 1193.

$C_9H_{19}F$ **1-Fluornonan**, Berechn. v. Konst. d. Antoine-Gleich. 4122.

$C_9H_{19}F_3O_3Si$ **3.3.3-Trifluorpropyltriäthoxysilan** (Kp.$_{27}$ 81°) 8947, 12 982.

$C_9H_{19}J$ ***n*-Nonyljodid (1-Jodnonan)**, Massenspektrum 14 814; Berechn. v. Konst. d. Antoine-Gleich. 4122.

$C_9H_{19}N$ (s. *Cyclopentamin* [*Clopan*]).

1-Piperidinobutan 18 791.

4-Butylpiperidin (Kp. 192°), Darst., Rk. 14 135; Rk. d. Na-Verb. 8963.

4-*n*-Propyl-3-pipecolin (Kp. 193—195°) 16 683.

1-Äthyl-2.3-dimethylpiperidin (Kp.$_{750}$ 155 bis 165°) 16 312.

2.2.6.6-Tetramethylpiperidin, Rk. 3552*, 16 062*; Ganglien-blockierende Wrkg. 5379.

2-Pyrrolidinopentan, Deriv. 17 852*.

2-Pyrrolidino-2-methylbutan (Kp.$_{38}$ 80°) 7485.

2-Äthyl-2.5.5-trimethylpyrrolidin 17 850*.

1.2.2.5.5-Pentamethylpyrrolidin, Darst., Verw., Hydrochlorid (F. 228—231°) 17 850*; Ganglien-blockierende Wrkg. 5379.

1.2.2-Trimethylcyclohexylamin (Kp. 167 bis 168°), Darst., Rk., Hydrochlorid 12 642; hypotensive u. gangliopleg. Wrkg. d. Hydrochlorids 10 923.

2.2.6-Trimethylcyclohexylamin, Darst. d. Hydrochlorids (F. 265° korr.) 12 642; hypotensive u. gangliopleg. Wrkg. d. Hydrochlorids 10 923.

2-Methylamino-6-methylhepten-(5), Verw. d. Tartrats als Isometh 4251.

3-Isopropylamino-3-methylpenten-(1) (Kp.$_{90}$ 84°) 7482.

3-Äthylamino-3-äthylpenten-(1) (Kp.$_{70}$ 84°) 7482.

3-*tert.*-Butylamino-3-methylbuten-(1) (Kp. 140°) 7482.

***n*-Propylcyclohexylamin**, Darst. d. Hydrochlorids (F. 249—250°) 12 288; — als Neurosympathicomimeticum 10 917.

***N*-[2.2-Dimethylcyclohexyl]-methylamin (*N*.2.2-Trimethylcyclohexylamin)** (Kp. 166—167°), Darst., Hydrochlorid 12 642; hypotensive u. gangliopleg. Wrkg. d. Hydrochlorids 10 923.

Di-*n*-propylallylamin, Rk. 822.

Diisopropylallylamin, Rk. 821; Verw. 13 575*.

Dimethylcycloheptylamin (Kp.$_{18}$ 74,5 bis 76°), Rk. 18 077.

Cyclohexylmethyldimethylamin, Darst. 11 868; (Rk. v. D$_{(\beta)}$-—) 13 351; Bldg. 13 350.

***N*.*N*-1-Trimethylcyclohexylamin (*N*-[1-Methylcyclohexyl-(1)]-dimethylamin)** (Kp. 165—167°), Darst., Hydrochlorid 12 643; hypotensive u. gangliopleg. Wrkg. d. Hydrochlorids 10 923.

***N*-[*cis*-2-Methylcyclohexyl]-dimethylamin** (Kp. 169—170°), Darst., Hydrochlorid 12 642; hypotensive u. gangliopleg. Wrkg. d. Hydrochlorids 10 923.

***N*-[*trans*-2-Methylcyclohexyl]-dimethylamin** (Kp. 166—168°), Darst., Hydrochlorid 12 642; hypotensive u. gangliopleg. Wrkg. d. Hydrochlorids 10 923.

$C_9H_{19}NO$ **4-Piperidinobutanol-(1)** (Kp.$_{20}$ 126°) 450, 6749.

1-Piperidinobutanol-(2) (Kp.$_{13}$ 92—94°) 11 856, 18 791.

1-Piperidinobutanol-(3) (*α*-Methyl-*γ*-piperidinopropanol) (Kp.$_{15}$ 99—101°), Darst., Rk. 15 188; Rk. 6747, 6748.

2-Piperidinoisobutanol-(1) (F. 52°) 2731.

2-[*β*-Hydroxyäthyl]-5-äthylpiperidin (Kp.$_{6}$ 123—125°) 3090.

2-[*β*-Hydroxyäthyl]-4.6-dimethylpiperidin (F. 127—128°) 3090.

3-Pyrrolidino-3-methylbutanol-(2) (Kp.$_{18}$ 99°) 7485.

1-[*n*-Butyl]-2-hydroxymethylpyrrolidin (Kp.$_{0,4}$ 61°) 8063*.

1-Butylpyrrolidyl-(3)-methylalkohol (Kp.$_{19}$ 130—131°) 9899*, 11 736*.

6-Dimethylamino-4-methylhexen-(1)-ol-(4) (Kp.$_{18}$ 111—112°) 844.

***trans*-2-[3'-Aminopropyl]-cyclohexanol** (Kp.$_{12}$ 148—152°) 11 922.

1-Cyclohexylaminopropanol-(2), Dampfdruck u. Gefrierpunkt 14 082.

Cyclohexyl-[3-hydroxypropyl]-amin, Nachw. 7269.

***cis*-[2-Hydroxycyclohexylmethyl]-dimethylamin** (F. 38—39°) 11 868.

***trans*-[2-Hydroxycyclohexylmethyl]-dimethylamin** (Kp.$_{13}$ 97—98°) 11 868.

2-Dimethylaminomethyl-3-methylcyclopentanol (Kp.$_{7}$ 100°) 14 515.

4-*n*-Propoxy-*β*-pipecolin (Kp.$_{5}$ 89—91°) 16 683.

Diäthylaminopivalinaldehyd, Darst., Rk., Oxim 8954; Rk. 6142*, 6876*.

1-Aminononanon-(3) (*n*-Hexyl-*β*-aminoäthylketon), Darst. (v. Salzen) 3428; (d. Hydrochlorids) 12 627.

1-Dimethylaminoheptanon-(2), kernmagnet. Resonanzspektrum 11 856.

1-Dimethylaminoheptanon-(3) (Kp.$_{12-13}$ 81 bis 83°) 12 627.

1-Dimethylamino-5-methylhexanon-(3) (Kp.$_{12}$ 79—80°) 7856.

1-Dimethylamino-2-methylhexanon-(4) (Kp.$_{10}$ 78—79°) 1197.

3-Isopropylamino-3-methylpentanon-(2) (Kp.$_{18}$ 78°) 5632.

3-Äthylamino-3-äthylpentanon-(2) (Kp.$_{18}$ 82—83°) 5633.

1-Diäthylaminopentanon-(3) (Kp.$_{13}$ 82 bis 83,5°) 12 023*, 15 698*.

Methyl-*γ*-[diäthylamino]-propylketon (Kp. 180—183°) 5632.

3-[*tert.*-Butylamino]-3-methylbutanon-(2) (Kp.$_{19}$ 78—79°) 5633.

3-Methyl-4-diäthylaminobutanon-(2), Rk. 817.

***N*.*N*-Di-*n*-propylaminoaceton** (Kp.$_{5}$ 53 bis 54°) 15 929.

1-Pyrrolidinoisobuten-*N*-methylhydroxid, Salze 10 425.

Conidinäthylhydroxid, Bromid (F. 199 bis 200° Zers.) 3091.

3-Methyl-3-azabicyclo-[3.3.0]-octanmethylhydroxid, Jodid (F. 205—206°) 17 387.

Chinuclidinäthylhydroxid, Jodid (F. 291 bis 293°) 12 295.

Triäthylpropargylammoniumhydroxid, IR-Spektrum d. Bromids 15 941; Verw. d. Chlorids 12 087*.

Pelargonsäureamid, mkr. Identifizier. 17 874.

***α*.*α*-Dimethyl-*α*-amylacetamid** (F. 100 bis 102°) 4913.

***α*-Methyl-*α*-äthyl-*α*-butylacetamid** (F. 24 bis 25°) 4913.

***α*.*α*-Diäthyl-*α*-propylacetamid** (F. 68,5 bis 70°) 4913.

Tetramethylpentansäureamid (F. 68—69,5°) 3079.
tert.-**Butylisovaleroylamid** (F. 92—94°) 5630.
N-*tert.*-**Amylbutyramid**, Radikalstellenbldg. 4136.
N-*n*-**Hexylpropionamid**, Radikalstellenbldg. 4136.
N-**Octylformamid** 1952.
N.N-**Di**-*n*-**butylformamid** (Kp.$_{0,1}$ 63°) 1952, 18 794.
N.N-**Diisobutylformamid** 1952, 18 794.

$C_9H_{19}NOS$ **1-[*N*-Methyl-*N*-(β-methylmercapto-äthyl)-amino]-2-methylbutanon-(3)** (Kp.$_{60}$ 142—150°) 6747.
Äthyl-*N.N*-di-*n*-**propylthiolcarbamat**, Best. in Böden 8388.

$C_9H_{19}NO_2$ **α.α-Dimethyl-γ-morpholinopropanol** (Kp.$_{70}$ 107—112°) 6747.
5-Hydroxymethyltetrahydrofurfuryl-(2)-isopropylamin (Kp.$_{50}$ 85—88°) 16 138*.
DL-**2-Methylnormuscarin** 11 197.
DL-**2-Methylnorepimuscarin** 11 197.
2.2-Diäthoxy-*N*-methylpyrrolidin (Kp.$_{18}$ 65 bis 67°) 10 275*.
1-Dimethylamino-5-methoxyhexanon-(3) (Kp.$_{13}$ 92—94°), Darst., Rk. 7855; Rk. 7855.
1-Dimethylamino-5-äthoxypentanon-(3) (Kp.$_{10}$ 108°) 2703, 7855.
1-[*N*-Methyl-*N*-(β-methoxyäthyl)-amino]-2-methylbutanon-(3) (Kp.$_{60}$ 122—130°) 6747.
N-**Methyltropiniumhydroxid**, Bldg. d. Jodids 17 367; Unters. d.Nicotin-ähnl.Wrkg. d. Jodids v. α-— 12 379; Schmerz u. Entzünd., hervorgerufen durch Nicotin, Acetylcholin u. strukturell verwandte Verb. u. deren Verhinder. durch d. Jodid v. α-— 2449.
Tropan-6β-ol-methylhydroxid, Bromid 5299.
Piperidinoacetonmethohydroxid, polarograph. Verh. d. Jodids (F. 127°) 4479.
2-Dimethylaminomethylcyclopentanon-methylhydroxid, Jodid (F. 167—169°) 17 033.
ω-Aminopelargonsäure (F. 185—186°), Darst., Hydrochlorid 812; Bldg. 10 640*; Polyamidierungsprozeß im festen Zustand 17 055.
2-Äthyl-3-propyl-4-aminobuttersäure (F. 179—182° Zers.) 16 674.
2-Äthyl-3-isopropyl-4-aminobuttersäure (F. 192—194° Zers.) 16 674.
ω-Aminocaprylsäuremethylester (Kp.$_{15}$ 110 bis 120°) 14 323*.
(—)-α-Aminoheptansäureäthylester, Hydrochlorid 14 459.
7-Aminoheptansäureäthylester (Kp.$_1$ 78 bis 82°), Darst. 8059*; Rk. 18 329*.
L-**β-Homoleucinäthylester**, Rk. 17 716.
ω-Aminocapronsäureisopropylester (Isopropyl-ω-aminocaproat) (Kp.$_{17}$ 110°) 5099*, 12 834*.
D-**Valin-*tert.*-butylester**, Hydrochlorid (F. 144—146°) 7116.
DL-**Valin-*tert.*-butylester**, Hydrochlorid (F. 118—118,5°) 4501, 4503.
DL-**Norvalin-*tert.*-butylester**, Hydrochlorid (F. 107—108,5°) 4503.
δ-Dimethylaminovaleriansäureäthylester (Kp.$_{15}$ 98°) 12 271.
N-**Methyl-γ-aminobuttersäurebutylester**, Stimulier.-hemmende Wrkg. auf d. Meerschweinchenileum 11 266.
γ-[Diäthylamino]-buttersäuremethylester (Kp.$_{12}$ 82—83°) 5632.
α.α-Diäthyl-β-aminopropionsäureäthylester (Kp.$_8$ 85—90°) 18 202*.
2-Methyl-3-[*tert.*-butylamino]-propionsäuremethylester 16 491*.
3-Äthylamino-3-methylbutanol-(2)-acetat (Kp.$_{21}$ 88—92°) 5633.
N-*n*-**Hexylcarbaminsäureäthylester** (Kp.$_{11}$ 129°) 9304.
Önanthsäuremonoäthanolamid 18 316.
α-Hydroxyisovaleriansäure-*tert.*-butylamid, Rk. 10 930*.

$C_9H_{19}NO_2S$ **9-Methyl-3-thiagranatanin-7α-ol-methylhydroxid**, Jodid (F. 314° Zers.) 480.
9-Methyl-3-thiagranatanin-7β-olmethylhydroxid, Jodid (F. 297,5° Zers.) 480.
N-*n*-**Hexylcarbaminsäure-2-mercaptoäthylester** (Kp.$_{0,3}$ 134°) 9303.
2-Äthoxyäthyl-*N.N*-diäthylthiolcarbamat (Kp.$_{10}$ 132,5—133°) 4691*.
N-**Isopropyl-2.4-dimethylbutansultam-(1.4)** (F. 107—109°) 3421.

$C_9H_{19}NO_3$ *N*-**Methyl-2.6-diäthoxymorpholin** (Kp.$_{25}$ 105—107°) 3099.
1-[Bis-(2'-methoxyäthyl)-amino]-2.3-epoxypropan, Rk. 13 132*.
dl-**Dehydromuscarin**, pharmakolog. Wrkg. d. Jodids 14 604.
9-Methyl-3-oxagranatanin-7α-olmethylhydroxid, Salze 480.
9-Methyl-3-oxagranatanin-7β-olmethylhydroxid, Jodid (F. 300°) 480.
Muscaron, Darst. v. Salzen 11 198; Struktur u. pharmakolog. Wrkg. 14 603; Wirkungsspektrum v. — u. Deriv. 3176.
DL-**Allomuscaron**, Darst. d. Jodids (F. 140 bis 141° korr.) 11 198; pharmakolog. Wrkg. 14 604; Wirkungsspektrum 3176.
Piperidinoessigsäuremethylestermethylhydroxid, Jodid (F. 163—164°) 10 447.
6-Carbäthoxyaminohexanol-(1) (F. 47 bis 48°) 15 991.
(—)-1-Äthyl-1-propylpropandiol-(1.2)-2-carbaminat (Kp.$_{0,05}$ 98—102°) 949*.
(—)-1-Methyl-1-propylpropandiol-(1.2)-2-[*N*-methyl]-carbaminat (Kp.$_{0,05}$ 90—91°) 949*.
(—)-1.1-Diäthylpropandiol-(1.2)-[*N*-methyl]-carbaminat 449*.
2-Trimethylacetylamino-2-methylpropandiol-(1.3) (F. 135—136°) 15 960.

$C_9H_{19}NO_3S$ DL-**Pentioninsulfoxid** (F. 228—230° Zers.) 17 717.

$C_9H_{19}NO_3Si$ **Triäthoxy-β-cyanäthylsilan** (Kp.$_{3,8}$ 102°) 4786*, 8947.

$C_9H_{19}NO_4$ (s. *Dexpanthenol* [*Ilopan, Panthenol, Pantothenol, Pantothenylalkohol, 2.4-Dihydroxy-N-(3'-hydroxypropyl)-3.3-dimethylbutyramid, α.γ-Dihydroxy-β.β'-dimethylbutyrylamidopropanol*]).
5-Nitrononandiol-(4.6) (F. 70°), Darst., UV-Spektrum, Rk. 7455.
2-Hydroxy-6-methoxy-3.3-dimethyl-1-nitrohexan 13 363.
Acetaldehydäthyl-[3-nitro-3-methylbutyl-(2)]-acetal (Kp.$_8$ 94—97°) 10 048.
2-[β-Hydroxyäthylaminomethyl]-2.5-dimethoxytetrahydrofuran (Kp.$_{1,5}$ 124,5 bis 125°) 1222.
N.N-**Bis-[2-hydroxypropyl]-α-aminopropionsäure** (F. d. Hydrats 158—159°) 15 217.
Morpholinoessigsäureäthylestermethylhydroxid, Jodid (F. 132—133°) 8238, 10 447.

$C_9H_{19}NO_4S$ DL-**Pentioninsulfon** (F. 258° Zers.) 17 717.

$C_9H_{19}NO_5$ **1-Propylamino-1-desoxy-D-glucose** (F. 85—87° korr.) 14 511.
2-Amino-2-desoxy-3.5.6-tri-*O*-methyl-D-mannose, Hydrochlorid 10 473.
Succinylcholin (Bernsteinsäuremonocholinester), —Chlorid als Krampfgift 6111; Muskelerregbark. durch — 5758; Einfl. auf d. polarograph. Verh. d. Cystins in Bezieh. zur Blockier. v. Nervenreizen durch — 10 178.

$C_9H_{19}NO_5S$ **2-[D-*galakto*-Pentahydroxypentyl-(1')]-tetrahydro-1.3-thiazin** (F. 142° Zers., korr.) 14 512.
2-[D-*gluco*-Pentahydroxypentyl-(1')]-tetrahydro-1.3-thiazin (F. 160° Zers., korr.) 14 511.
2-[D-*manno*-Pentahydroxypentyl-(1')]-tetrahydro-1.3-thiazin (F. 148° Zers., korr.) 14 512.

$C_9H_{19}NO_7$ **Triglykolbismethylolurethan,** Verw. 19 059*.

$C_9H_{19}NS$ ***N.N*-Dibutylthioformamid** (Kp.$_{14}$ 153 bis 154°) 6736.

$C_9H_{19}NS_2$ ***n*-Octyldithiocarbaminsäure,** Prüf. d. Salze mit N-Äthylpiperidin auf tuberkulostat. Wrkg. 10 552.

***N.N*-Di-*n*-butyldithiocarbaminsäure,** Best. d. C-N-Bindungsordn. d. Cu-Salzes aus d. IR-Spektrum 788; Verw.: v. Salzen als Vulkanisat.-Beschleuniger 17 590; d. Ni-Salzes zum Schutz v. Kautschuk gegen Atmosphärilien 9746; d. Ni-Salzes als Stabilisator für Polyvinylchlorid 10 665*; Prüf. d. Na-Salzes auf tuberkulostat. Wrkg. 10 552.

$C_9H_{19}N_2OPS$ **Thiophosphorsäure-bis-[*N.N*-äthylenamid]-[3-methylbutylester]** (Kp.$_{0,045}$ 73°) 15 930.

Thiophosphorsäure-bis-[*N.N*-(1-methyläthylen)-amid]-propylester (Kp.$_{0,035}$ 70°) 15 930.

$C_9H_{19}N_2O_2PS_2$ ***S*-[2-Cyan-2-dimethylaminoäthyl]-*O.O*-diäthylthiolthionophosphat** 13 919*.

$C_9H_{19}N_2O_3P$ **Tetramethyldiamido-[3-carbomethoxypropen-(2)-yl-(2)]-phosphit** (Kp.$_{0,5}$ 85—88°) 4140.

$C_9H_{19}N_2O_3PS$ **Tetramethyldiamido-[3-carbomethoxypropen-(2)-yl-(2)]-thionophosphat** (Kp.$_{0,5}$ 112—114°) 4140.

$C_9H_{19}N_2O_4PS_3$ ***S*-[2-Cyan-3-(methylsulfonamido)-propyl]-*O.O*-diäthylthiolthionphosphat** 13 919*.

$C_9H_{19}N_2O_7P$ ***P*-Phosphoryl-D-seryl-L-leucin,** Dephosphorylier. durch alkal. Intestinalphosphatase 887.

***O*-Phosphoryl-L-seryl-L-leucin,** Dephosphorylier. durch alkal. Intestinalphosphatase 887.

L-Leucyl-(*O*-phosphoryl)-L-serin, Dephosphorylier. durch alkal. Intestinalphosphatase 887.

$C_9H_{19}N_3$ **3.5.3'-Triäthyldiaziridino-[1'.2':1.2]-1.2.4-triazolidin** (F. 104—105,5°) 12 288.

***ω*-[1-Methylpiperidyl-(4)]-*ω'*-isopropylidenhydrazin** (Kp.$_{0,3}$ 68—70°) 11 737*, 16 848*, 17 566*.

***N*-Methylpiperidon-(4)-isopropylhydrazon,** Prüf. auf Monoaminoxydase-Inhibitor-Wrkg. 13 855.

1-Isopropyl-3-[3'-dimethylaminopropyl]-carbodiimid (Kp.$_{0,7}$ 57—59°) 1192.

$C_9H_{19}N_3O$ **4-Äthylhexanon-(3)-semicarbazon** (F. 160,5—162°) 112.

1-Diäthylaminocarbonylpiperazin, Rk. 12 300.

Hexamethyleniminopropionamidoxim, Darst. v. Salzen 15 038*; Herst., Verw. d. Dihydrochlorids (*SU-4029*) 5772*; pharmakolog. Wrkg. d. Dihydrochlorids 18 191.

***ω*-[1-Methylpiperidyl-(4)]-*ω'*-propionylhydrazin** (F. 94—96°), Darst. 11 737*; Rk. 13 129*.

***ω*-[1-Äthylpiperidyl-(4)]-*ω'*-acetylhydrazin** (F. 113—114°), Darst. 11 737*; Rk. 13 129*.

***N*-[1-Dimethylaminopentyliden-(4)]-*N'*-acetylhydrazin** (Kp.$_{0,2}$ 114—115°) 17 852*.

***N*-Diäthylaminoisopropyliden-*N'*-acetylhydrazin** (F. 107—108°) 17 851*.

$C_9H_{19}N_3OS$ ***S*-[4-Morpholinobutyl]-isothioharnstoff,** Darst. d. Dihydrobromids (F. 192 bis 194°) 451; Prüf. d. Bromidhydrobromids auf Strahlenschutzwrkg. 1683.

$C_9H_{19}N_3O_2$ ***ε*-Aminocaproyl-L-alaninamid** (F. 122°) 15 644.

$C_9H_{19}N_3O_3$ **Glycyl-L-lysinmethylester,** Spaltbark. d. Dihydrochlorids durch Trypsin 10 132.

$C_9H_{19}N_3S$ ***S*-[3-Piperidinopropyl]-isothioharnstoff,** Darst. d. Dihydrobromids (F. 202 bis 204°) 451; Prüf. d. Bromidhydrobromids auf Strahlenschutzwrkg. 1683.

***S*-[4-Pyrrolidinobutyl]-isothioharnstoff,** Darst. d. Dihydrobromids (F. 206—207°) 451; Prüf. d. Bromidhydrobromids auf Strahlenschutzwrkg. 1683.

1-[*α*-Dimethylaminopropyl]-1.3-diazacyclohexan-2-thion 8038*.

1-[*β*-Diäthylaminoäthyl]-1.3-diazacyclopentan-2-thion, Salze 8038*.

Octylaldehydthiosemicarbazon (F. 96°) 13 369.

$C_9H_{19}N_4O_2P$ **[Bis-äthyleniminophosphoryl]-*N*-diäthylharnstoff** 9569* [2 Ref.].

$C_9H_{19}N_5$ **5-Heptyl-3.4-diamino-1.2.4-triazol** (F. 188—189°) 10 096.

$C_9H_{19}N_5O_2$ ***N*-[*β*-Hexamethyleniminoäthyl]-*N'*-nitroguanidin** (F. 155°) 16 286.

$C_9H_{19}N_5O_3$ **L-Arginyl-L-alanin,** Acetat (F. 173 bis 175°) 5641.

$C_9H_{19}N_5O_4$ **Arginylserin** 11 967.

Serylarginin 11 967.

$C_9H_{19}N_6O_3P$ **5-Carbäthoxy-x-[bis-(dimethylamido)-phosphoryl]-3-amino-1.2.4-triazol** (F. 151—154°) 11 186.

$C_9H_{19}O_2PS_3$ ***S*-[Cyclohexylmercaptomethyl]-thiolthionophosphorsäuredimethylester** (Kp.$_{0,01}$ 117°) 1386*.

$C_9H_{19}O_3P$ **3-Methylbuten-(3)-phosphonsäurediäthylester** (Kp.$_{15}$ 70°) 8949.

Carbmethoxymethylphosphonsäuredipropylester 1832*.

$C_9H_{19}O_3PS$ **Diäthylthiolphosphinsäure-*S*-[1-äthoxycarbonyl-1-methylmethyl]-ester** (Kp.$_{0,01}$ 80°) 16 110*.

$C_9H_{19}O_3PS_2$ ***S*-[Cyclohexylmercaptomethyl]-thiolphosphorsäuredimethylester** (Kp.$_{0,01}$ 123°) 1386*.

$C_9H_{19}O_3PS_3$ ***S*-[Cyclohexylsulfinylmethyl]-thiolthionophosphorsäuredimethylester** 1386*.

$C_9H_{19}O_4P$ **3-Methylbuten-(2)-yl-(1)-diäthylphosphat** (Kp.$_8$ 116°) 8958.

$C_9H_{19}O_4PS$ ***β*-[Diäthylphosphono]-thiolpropionsäureäthylester** (Kp.$_{0,8}$ 156°) 14 834.

$C_9H_{19}O_4PS_3$ ***S*-[Äthoxythiocarbonyl]-*O*-[diäthylthionophosphoryl]-monothioglykol** 5642.

$C_9H_{19}O_5P$ ***β*-[Diäthylphosphono]-propionsäureäthylester** (Kp.$_{0,9}$ 116°) 14 834.

***α*-Methylphosphonessigsäuretriäthylester** (Kp.$_{0,2}$ 80—81°) 1832.

***n*-Propylphosphonsäureäthyl-[carbäthoxymethyl]-ester** (Kp.$_2$ 122—123°) 2713.

1-Methyl-2-oxobutylphosphorsäurediäthylester 18 273*.

1-Äthyl-2-oxopropylphosphorsäurediäthylester 18 273*.

$C_9H_{19}O_5PS_2$ ***S*-[Cyclohexylsulfonylmethyl]-thiolphosphorsäuredimethylester** 1386*.

$C_9H_{19}O_7P$ **5-Desoxy-5-diäthylphosphono-D-ribose** 3821.

$C_9H_{19}O_{11}P$ **Glycerylphosphorylinosit,** enzymat. Spalt. durch Präp. v. Phospholipase B 8295.

1-Glyceryl-2-myoinositylphosphat 107.

C_9H_{20} (s. *n-Nonan*).

2-Methyloctan, Vork. 16 542; Bldg. 9669, 12 985; Verdampf.- u. Verbrennungswärme 4123.

3-Methyloctan (Kp.$_{755}$ 143—144°), Vork. 16 542; Darst., Rk. 17 712; Bldg. 9669, 12 985; Verdampf.- u. Verbrennungswärme 4123.

4-Methyloctan, Vork. 16 542; Bldg. 12 985; Berechn. d. diamagnet. Susceptibilität 14 451; Verdampf.- u. Verbrennungswärme 4123.

3-Äthylheptan, Bldg. 12 985; Verdampf.- u. Verbrennungswärme 4123.

4-Äthylheptan, Vork. 13 263; Bldg. 12 985; Verdampf.- u. Verbrennungswärme 4123.

2.2-Dimethylheptan, Bldg. 12 985; Verdampf.- u. Verbrennungswärme 4123.

2.3-Dimethylheptan, Bldg. 12 985; Bandenzuordn. im IR- u. Ramanspektrum 12 230; Verdampf.- u. Verbrennungswärme 4123.

N-Carbäthoxyhexamethylendiamin (Kp.10 163—165°), Darst., Rk. 15 991; Rk. 16 897*.
1-[α-Hydroxypropionyl]-1.2-diisopropylhydrazin (F. 65—67°) 7251*.
1-Methoxyacetyl-1.2-diisopropylhydrazin (Kp.12 109—110°) 7251*.
$C_9H_{20}N_2O_3$ 1.3-Bis-[γ-methoxypropyl]-harnstoff (F. 47—49°) 5254.
β-Ureidobutyraldehyddiäthylacetal 15 215.
β-[1-Methylureido]-propionaldehyddiäthylacetal 15 215.
$C_9H_{20}N_2O_3S$ *N*¹-Butansulfonyl-*N*²-*n*-butylharnstoff (F. 103°) 10 803.
$C_9H_{20}N_2S$ *N.N'*-Dibutylthioharnstoff, Rk. 5472*.
$C_9H_{20}N_2S_2$ *N*-[7-Methylmercaptoheptyl]-thioharnstoff (F. 79°) 1193.
$C_9H_{20}N_4$ 2-[β-Diäthylaminoäthylamino]-imidazolin (F. 50°) 16 285.
$C_9H_{20}N_4O_2$ β-Alanyl-L-lysinamid (F. 201—204°), Spaltbark. d. Dihydrochlorids durch Trypsin 10 132.
Azelainsäuredihydrazid, Darst., tuberkulostat. Wrkg. 6080.
Isoamylbernsteinsäuredihydrazid (F. 156°) 1954.
Malonsäure-bis-[2(β)-isopropylhydrazid] (F. 128—129°), Darst. 9310; Prüf. auf blutdrucksenkende Wrkg. 18 549.
$C_9H_{20}N_6O$ α-Guanaminoisopropyltrimethylammoniumhydroxid, Jodid (F. 184 bis 186°) 17 144.
$C_9H_{20}N_6OS_2$ 2.2'-[*N*-Carbamyliminoditrimethylen]-bis-[isothioharnstoff], Dihydrojodid (F. 147—149° Zers.) 5472*.
2.2'-[*N*-Carbamyliminodiäthylen]-bis-[*N*-methylisothioharnstoff], Dihydrochlorid (F. 145—148°) 5472*.
$C_9H_{20}O$ Nonanol-(1) (Nonylalkohol), Darst. 13 355, 16 487*; Bldg. 1190; innerkrist. Quellung u. zeolith. —-Aufnahme v. Ca-Mono-n-propylphosphorsäureester 6685; Einfl. auf d. Konstit. d. V-Minerale Hewettit u. Metahewettit 6685; Oxydat. 16 643; Dehydrier. 15 764*; Rk.: mit $POCl_3$ 9515*; mit Hexen-(1) bzw. Octen-(1) 12 249; mit Thioglykolen u. CH_2O 7693*; mit N.N-Dimethylaminomethylferrocenbromäthylat 17 731; Verester. 12 090*; Verw. 14 975*.
5-Methyloctanol-(4) (Kp.15 75—82°) 10 427.
3-Äthylheptanol-(1) 4340*.
5-Äthylheptanol-(1) (Kp.30 109°) 16 999.
Diisobutylcarbinol, Darst. 10 796; Rk. 9892*; Verw. 18 596*.
2.5.5-Trimethylhexanol-(2) (Kp.25 72—74°) 16 642.
2-Propyl-4-methylpentanol (Kp. 192 bis 192,5°) 11 364*.
Diisopropyläthylcarbinol (Kp. 177°) 9673, 15 548.
n-Butyl-*n*-amyläther 3416.
$C_9H_{20}OS$ 8-Methylmercaptooctanol (Kp.10 143 bis 145°) 1193.
Methyloctylsulfoxid, Rk. 11 370*.
$C_9H_{20}OSi$ Triäthyl-2.3-epoxypropylsilan (Kp. 196—198°) 3431.
Propenyltriäthylsilyläther (Kp.6 49—50°) 8584.
2-[Triäthylsiloxy]-propen-(1) (Kp.1 80 bis 81°) 7858.
$C_9H_{20}O_2$ Nonandiol-(1.2) (F. 33—35°) 4936.
Nonandiol-(1.9) (Nonamethylenglykol) (F. 44,2°) 8941, 13 355.
2-Isobutyl-1.5-pentandiol (Kp.2-3 115 bis 121°) 18 632*, 19 006*.
2-*n*-Hexylpropandiol-(1.3), IR-Spektrum u. Thorpe-Ingold-Hypothese d. Valenzwinkelabweich. 18 415.
2-Methyl-2-*n*-amylpropandiol-(1.3), IR-Spektrum u. Thorpe-Ingold-Hypothese d. Valenzwinkelabweich. 18 415.
2-Methyl-2-[*n*-amyl-(2')]-propandiol-(1.3), IR-Spektrum u. Thorpe-Ingold-Hypothese d. Valenzwinkelabweich. 18 415.
2-Methyl-2-[*n*-amyl-(3')]-propandiol-(1.3), IR-Spektrum u. Thorpe-Ingold-Hypothese d. Valenzwinkelabweich. 18 415.
2-Methyl-2-isoamylpropandiol-(1.3), IR-Spektrum u. Thorpe-Ingold-Hypothese d. Valenzwinkelabweich. 18 415.
2-Methyl-2-*tert.*-amylpropandiol-(1.3), IR-Spektrum u. Thorpe-Ingold-Hypothese d. Valenzwinkelabweich. 18 415.
2-Äthyl-2-*n*-butylpropandiol-(1.3), Einfl. intramol. H-Bind. auf d. IR-Spektrum 1932; IR-Spektrum u. Thorpe-Ingold-Hypothese d. Valenzwinkelabweich. 18 415; Chromsäureoxydat. (Kinetik) 13 715.
2-Äthyl-2-[*n*-butyl-(2')]-propandiol-(1.3), IR-Spektrum u. Thorpe-Ingold-Hypothese d. Valenzwinkelabweich. 18 415.
2-Äthyl-2-isobutylpropandiol-(1.3), IR-Spektrum u. Thorpe-Ingold-Hypothese d. Valenzwinkelabweich. 18 415.
2.2-Di-*n*-propylpropandiol-(1.3) (F. 59°), Darst., Rk., Bis-phenylurethan 14 099; IR-Spektrum u. Thorpe-Ingold-Hypothese d. Valenzwinkelabweich. 18 415.
2.2-Bis-[propyl-(2')]-propandiol-(1.3), IR-Spektrum u. Thorpe-Ingold-Hypothese d. Valenzwinkelabweich. 18 415.
2-Hydroxy-5-methoxyoctan (Kp.15 96—100°) 2344.
3-Äthoxy-2.2-diäthylpropanol-(1) 1952.
Dimethylönanthaldehydacetal, Rk. 4889.
Pentanaldiäthylacetal, Rk. 13 761.
Isovaleraldehyddiäthylacetal (Kp. 158°) 15 557.
Propionaldehyddipropylacetal, Rk. 5995.
$C_9H_{20}O_2S$ Äthylmercaptopropionaldehyddiäthylacetal, Rk. 222*, 577*.
$C_9H_{20}O_2S_2$ 1.1-Bis-[β-hydroxyäthylmercapto]-3-methylbutan (Kp.14 83°) 15 557.
$C_9H_{20}O_2Si$ 1-Methyldiäthylsilyloxy-1-methoxypropen-(1) (Kp.6 61°) 12 630.
Propionsäuretriäthylsilylester (Kp.8 68 bis 68,5°) 12 630.
$C_9H_{20}O_3$ 3-Äthoxy-1.7-heptandiol (Kp.3 150 bis 170°) 16 131*.
1.1.3-Trimethoxyhexan, Rk. 5093*.
Diäthylenglykol-*n*-butylmethyläther, Löslichk. v. Alkalimetallen in — 2656.
1.1.3-Trimethoxy-2-äthylbutan, Rk. 10 272*.
Orthopropionsäuretriäthylester, NMR-Spektrum 14 816; Rk. 2735, 5665, 10 462, 14 832.
Äthoxypropionaldehyddiäthylacetal, Rk. 222*, 577*.
1-Äthoxy-1-*tert.*-butylperoxypropan (Kp.31 67°) 2703, 4362*, 7348*, 17 925*.
$C_9H_{20}O_4$ 1.1.5.5-Tetramethoxypentan, Rk. 16 131*.
Tetraäthoxymethan (Orthokohlensäuretetraäthylester) (Kp.159°) ¹³C-Kernresonanzspektroskopie 8201; Lewis-Basizität gegenüber Phenol bzw. Pyrrol 4864; Rk. 13 744.
1.1-Bis-[*n*-propylperoxy]-*n*-propan (Kp.10 83—85°) 5996.
1.1-Diisopropylperoxy-*n*-propan (Kp.12 70 bis 72°) 5996.
$C_9H_{20}O_4S_2$ L-Arabinosediäthylmercaptal, Rk. 9350.
$C_9H_{20}O_4Si_2$ 3.3.9.9-Tetramethyl-2.4.8.10-tetraoxa-3.9-disilaspiro-[5.5]-undecan (F. 135°) 2757.
$C_9H_{20}O_5$ 2.2.4.4-Tetramethylolpentanol-(3) (F. 105—106°) 9335.
1.2.4.5-Tetra-*O*-methylribit 7179.
1.2.3.5-Tetra-*O*-methyl-D-xylit (Kp.0,02 38 bis 45°) 10 842.
$C_9H_{20}O_6S_2$ α.ω-Bis-[methylsulfonyloxy]-heptan, Konstit.-Einfl. auf d. physikal. Eig. 11 136.
$C_9H_{20}S$ 1-Nonanthiol (*n*-Nonylmercaptan), Bezieh. zwischen Massenspektrum u. Mol.-Struktur 9285; Identifizier. 14 634.
$C_9H_{20}S_2$ 1-Mercaptopropyldipropylsulfid 94.

1.1-Bis-[äthylmercapto]-3-methylbutan (Kp.$_{15}$ 110—111°) 15 557.
$C_9H_{20}S_3$ **1.2.2-Tris-[äthylmercapto]-propan** (Kp.$_1$ 97—98°) 15 921.
$C_9H_{20}S_4$ **Tetramethylmercaptomethylmethan,** Gefrierpunktskurven im bin. Syst. —-Tetraäthylmercaptomethylmethan 73.
$C_9H_{20}Si$ **Hexen-(1)-yltrimethylsilan** (Kp. 159°) 10 054.
Hexen-(5)-yltrimethylsilan 10 054.
Trimethyl-[2-methylpenten-(4)-yl]-silan, Konstit.-Einfl. auf d. ν(SiC) 11 504. Mol.-Refr. 5233.
cis-**1-Trimethylsilyl-3.3-dimethylbuten-(1)** (Kp. 149,5—150°) 10 417.
trans-**1-Trimethylsilyl-3.3-dimethylbuten-(1)** (Kp.$_{60}$ 62—63°) 10 417.
Triäthylpropen-(1)-ylsilan, Mol.-Refr. 5233.
Triäthylallylsilan (Kp. 172°), Darst., Rk. 3431; Konstit.-Einfl. auf d. ν(SiC) 11 504; Mol.-Refr. 5233.
Triäthyl-α-methylvinylsilan, Mol.-Refr. 5233.
$C_9H_{21}Al$ **Tripropylaluminium,** Bldg. 5988; Rk. 18 633*; Verw.: zur Aktivier. v. Al 5101*; als Katalysator 5477*, 5866*, 9917*, 15 017, 19 011*; Best. d. Alkoxyverunreinig. in — 5415.
$C_9H_{21}AlO$ **Di-*n*-propylaluminiumpropoxid,** Best. d. Alkoxids in — 5415.
Di-*n*-propylaluminiumisopropoxid, Best. d. Alkoxids in — 5415.
$C_9H_{21}AlO_3$ **Aluminiumisopropoxid (Aluminiumisopropylat),** Wechselwrkg. mit Kautschuk 11 030; Verw. 9921*.
$C_9H_{21}AsO_2$ **Methylarsonigsäuredi-*n*-butylester** (Kp.$_{13}$ 93—95°) 6739.
$C_9H_{21}AsO_3$ **Methylarsonsäure-di-*n*-butylester** (Kp.$_5$ 129,5—130°) 6739.
***n*-Propylarsonsäure-di-*n*-propylester** (Kp.$_2$ 101—102,5°) 6739.
$C_9H_{21}B$ **Bortripropyl** (Kp.$_{12}$ 45°), Darst. 303*, 12 835*, 14 472; Rk. 3984*, 5909*, 11 731*, 16 844*; Verw. 10 998*.
Triisopropylbor, Rk. 7543.
$C_9H_{21}BO$ **Äthyl-*n*-propylborinsäure-*n*-butylester** (Kp.$_{40}$ 82—84°) 6385.
Diisopropylborinsäureisopropylester (Kp.$_{32}$ 51°), Rk. 7543.
$C_9H_{21}BO_2$ **Dihydroxynonylboran** 4401*.
$C_9H_{21}BO_3$ **Tri-*n*-propylborat (Orthoborsäure-tri-*n*-propylester)** (Kp. 177°), Darst. 2542* [2 Ref.], 3984*, 12 093*, 13 942*, 16 488*; (Mol.-Refr., Dipolmoment u. magnet. Suszeptibilität) 15 903; (magnetoopt. Dreh.) 2306; Kerr-Konst., scheinbares Dipolmoment, Konformat. 14 450; Rk. 14 836.
Triisopropylborat (Orthoborsäuretriisopropylester) (Kp. 140°), Darst. 3984*, 10 273*, 13 942*; (Mol.-Refr., Dipolmoment u. magnet. Suszeptibilität) 15 903; (magnetoopt. Dreh.) 2306; Kerr-Konst., scheinbares Dipolmoment, Konformat. 14 450; Rk. 11 909, 14 836, 15 038*.
$C_9H_{21}B_3O_3$ ***n*-Propylboroxol,** Rk. 303*.
$C_9H_{21}B_3O_6$ **2.4.6-Tri-*n*-propoxyboroxin (*n*-Propylmetaborat),** Darst. 9146*; (IR-Spektrum) 3038.
2.4.6-Triisopropoxyboroxin (Isopropylmetaborat) (F. 52—54°), Darst. 9146*; (IR-Spektrum) 3038.
$C_9H_{21}BrO_3Ti$ **Triisopropoxytitanbromid** (Kp.$_{1,5}$ 100,5°) 13 692.
$C_9H_{21}Br_2Sb$ **Triisopropylantimondibromid** (F. 80°) 10 768.
$C_9H_{21}ClN_2$ **1-[Dimethylamino]-2-[dimethylaminomethyl]-3-chlorbutan,** Rk. 2830*.
$C_9H_{21}ClO_3Si$ **3(γ)-Chlorpropyltriäthoxysilan** (Kp.$_{30}$ 124°), Darst. 7486; Rk. 12 098*.
$C_9H_{21}Ga$ **Tri-*n*-propylgallium** (Kp.$_{760}$ 184°) 5222.
$C_9H_{21}N$ ***n*-Nonylamin (1-Aminononan),** Darst., Pikrat 12 627; Ramanspektrum 9283; Phasengeschw. v. US-Wellen in — 3403; Thermodynamik d. Komplexbldg.-Gleichgew. zwischen NiDBH u. — in Bzl. 5242; innerkrist. Quellung u. zeolith. —-Aufnahme v. Ca-Mono-n-propylphosphorsäureester 6685; Verw. 15 043*; Trenn. v. anderen Aminen 6161.
tert.-**Nonylamin,** Rk. 16 491*.
3.3.5-Trimethylhexylamin, Verw. 6228*.
Methyloctylamin, Hydrochlorid (F. 179 bis 180°) 1195.
3-Äthylamino-3-äthylpentan (Kp.$_{70}$ 88°) 7482.
3-Isopropylamino-3-methylpentan (Kp.$_{90}$ 87°) 7482.
3-[Butyl-(2')-amino]-3-methylbutan, Hydrochlorid (F. 137—139°) 5630.
N-*tert*.-**Butyl-3-pentylamin** (Kp. 145°) 16 412*.
tert.-**Butylisoamylamin** (Kp.$_{125}$ 90°) 5630.
2-*tert*.-**Butylamino-2-methylbutan** (Kp. 144°) 7482.
3-Dimethylaminoheptan (Kp. 159—160°) 18 073.
1-Dimethylamino-5-methylhexan (Kp. 159°) 7855.
3-Äthylpentyl-(3)-dimethylamin (Kp.$_{18}$ 58 bis 59°) 7480.
2.3-Dimethylpentyl-(3)-dimethylamin (Kp. 163—165°) 7480.
2.3.3-Trimethylbutyl-(2)-dimethylamin (Kp. 160—162°) 7480.
3-[*N*-Isopropyl-*N*-methylamino]-3-methylbutan (Kp.$_{110}$ 90—91°) 5631.
Tri-*n*-propylamin, Bldg. 13 721; Thermodynamik d. Wechselwrkg. zwischen — u. NiDBH in Bzl. 5242; Bldg.-Konst. v. Komplexen d. AlH_3 mit — 4108; Rk.: mit BCl_3 4343*; mit Alkaliboranat 8059*; mit tert.-Butylhydroperoxid 16 262; mit 1-Amino-2-(α-chlor-p-tolyloxy)-4-hydroxyanthrachinon 1422*; mit Theophyllin-7-essigsäure bzw. ihrem 8-Nitro-Deriv. 13 763; Verw. als Katalysator: bei d. Rk. v. H_2S mit Cyclohexenoxid 301*; bei d. Rk. v. Phenylisocyanat mit Thiolen (Kinetik) 13 350; Trenn. v. anderen Aminen 6161; gaschromatograph. Best. 7643.
Triisopropylamin, Verw. 6961*, 7697*.
$C_9H_{21}NO$ **Methylheptaminol,** Mechanismus d. Herz- u. Gefäßwrkg. 17 131.
3-Isopropylamino-3-methylpentanol-(2) (Kp.$_{17}$ 87—89°) 5633.
3-Äthylamino-3-äthylpentanol-(2) (Kp.$_{15}$ 96 bis 97°) 5633.
3-[*tert*.-Butylamino]-3-methylbutanol-(2) (Kp.$_{14}$ 79—82°) 5633.
1-Dimethylamino-2-methylhexanol-(2) (Kp.$_5$ 66—67,5°) 1197.
5-Diäthylaminopentanol-(2) (α-Methyl-δ-diäthylaminobutanol), Rk. 1329*, 9341.
α.β-Dimethyl-γ-diäthylaminopropanol (Kp.$_{14}$ 85—87°) 817.
2-Hydroxypropyldipropylamin, Rk. 9533*.
***n*-Hexyl-γ-aminopropyläther** (Kp.$_7$ 85 bis 86°) 1951.
1-Dimethylamino-5-äthoxypentan (Kp.$_9$ 70°) 2703.
Diäthylaminomethyl-*n*-butyläther, Rk. 12 841*.
Trimethyl-[hexen-(4)-yl-(1)]-ammoniumhydroxid, Chlorid 14 869.
Trimethylcyclohexylammoniumhydroxid, Darst., Rk. v. Salzen 18 076; Darst. d. Jodids 12 642; Bldg. d. Jodids 11 868; Rk. v. — u. —-tert.-Butylat 11 868.
Heptyl-(3)-dimethylaminoxid, therm. Zers. (Mechanismus) 18 072.
$C_9H_{21}NOS$ **α.β-Dimethyl-γ-[*N*-methyl-*N*-(β-methylmercaptoäthyl)-amino]-propanol** (Kp.$_{50}$ 145—152°) 6747.
$C_9H_{21}NOS_2Si$ **Dimethyläthoxysilyl-*N*.*N*-diäthyldithiocarbamat** 12 265.
$C_9H_{21}NO_2$ **α.β-Dimethyl-γ-[*N*-methyl-*N*-(β-methoxyäthyl)-amino]-propanol** (Kp.$_{60}$ 132—140°) 6747.

3-Äthylmercaptopropylthionophosphorsäurediäthylester, Gemisch mit dem isomeren Thiolphosphat 8762*.

$C_9H_{21}O_3PS_3$ *O.O*-**Diäthyl**-*S*-**[2.3-di-(methylmercapto)-propyl]-thiolphosphat** 2146*.

$C_9H_{21}O_4P$ **Mononoxylphosphat,** Di-Na-Salz 9515*.

Methyl-*n*-octylorthophosphorsäureester, Tetramethylammoniumsalz (F. 164°) 10 423.

Äthyl-*n*-propyl-*n*-butylphosphat (Kp.$_{0,05}$ 70°) 9675.

Tri-*n*-propylphosphat (Phosphorsäuretripropylester), IR-Spektrum v. — u. d. Komplex mit BCl_3 3717; Rk. 4883, 7490.

Triisopropylphosphat (Phosphorsäuretriisopropylester) (Kp.$_{0,5}$ 49—51°), Darst. 9675; Rk. 4883.

$C_9H_{21}O_4PS_2$ *β*-**Äthoxymethylmercaptoäthylthionophosphorsäurediäthylester** (Kp.$_2$ 138°) 5447*.

$C_9H_{21}O_4PS_3$ *β*-**[*β*'-Hydroxyäthylmercaptomethylmercapto]-äthylthionophosphorsäurediäthylester** 5448*.

$C_9H_{21}O_6PS$ **3-Phosphonopropansulfonsäurediisopropylester** 1008*.

3-[Diäthylphosphono]-propansulfonsäureäthylester (Kp.$_{0,4}$ 165—171°) 1008*.

$C_9H_{21}P$ *n*-**Nonylphosphin** (Kp. 187°), IR-Spektrum 14 447.

Hexylpropylphosphin (Kp. 194°), IR-Spektrum 14 447.

Tri-*n*-propylphosphin, Absorpt.-Spektrum d. Ni(II)-Komplexes 4424; strukturelle Konfigurat. d. SCN-Gruppe in AgSCN · P (n - C_3H_7) 4451; Thermodynamik d. Wechselwrkg. zwischen — u. NiDBH in Bzl. 5242; Rk. 16 243; katalyt. Wrkg. auf d. Aldehyd-Polymerisat. 17 054.

Tri-isopropylphosphin, Absorpt.-Spektrum d. Ni(II)-Komplexes 4424.

$C_9H_{21}PS_4$ *S*-**[2.3-Di-(äthylmercapto)-propyl]-dimethyldithiophosphinat** (Kp.$_{0,01}$ 104°) 2146*.

$C_9H_{22}AlNaO$ **Natriumdiäthylmethylbutoxyaluminat** 10 769.

$C_9H_{22}BrNO$ **3-Brompropyltriäthylammoniumhydroxid,** Bromid 450.

$C_9H_{22}GeO$ **3-Triäthylgermylpropanol-(1)** (Kp.$_{0,9}$ 85°) 2326.

$C_9H_{22}NOPS_2$ **Methyldithiophosphonsäure-*O*-äthylester-*S*-[*β*-diäthylaminoäthylester]** (Kp.$_{0,01}$ 67°) 6557*.

$C_9H_{22}NO_3P$ *N*-**Isopropylamidodiisopropylphosphat** (Kp.$_1$ 86—89°) 11 884.

$C_9H_{22}N_2$ **Nonamethylendiamin,** Rk. 672*, 13 793, 17 977*.

4-Diäthylamino-2-aminopentan, Rk. 9084*.

5-Diäthylamino-2-aminopentan, Rk.: mit 1-[p-Chlorphenyl]-4-chlorpyrazolo-[3.4:d]-pyrimidin 3554*; mit 6.9-Dichloracridin-10-oxid-Verb. 11 658*; mit 9-Phenoxyacridin-N-oxid 10 462; mit 6.9-Dichlor-2-methoxyacridin-10-oxid 8347*; (u. Phenol) 2176*; mit Perylen-3.4.9.10-tetracarbonsäuredianhydrid 10 332*.

1-Amino-3-diäthylamino-2.2-dimethylpropan (Kp.$_{52}$ 105°) 8954.

γ-**Di-*n*-propylaminopropylamin** (Kp.$_5$ 77 bis 80°) 9717.

N.N'-**Diäthylpentamethylendiamin,** Dihydrochlorid (F. 288—290°) 2814.

N.N.N'.N'-**Tetraäthyldiaminomethan,** Rk. 4639*, 8066*.

N'-*n*-**Amyl**-*N.N*-**diäthylhydrazin** (Kp.$_{758}$ 180 bis 181,6°) 12 625.

N'-**[*α.β*-Dimethylpropyl]**-*N.N*-**diäthylhydrazin** (Kp.$_{751}$ 168,6°) 12 625.

N.N.N'-**Tri-*n*-propylhydrazin** (Kp.$_{756}$ 176,1 bis 177,8°) 12 625.

$C_9H_{22}N_2O_2$ **2.2-Bis-[dimethylaminomethyl]-propandiol-(1.3)** 3433.

$C_9H_{22}N_2O_2$ *γ*-**Aminobutyrylcholin,** pharmakolog. Eig. 561; Einfl. auf d. Neuronen d. Rückenmarks d. Säugetiere 9053.

Triäthylammonioäthylcarbamat, Bromid (F. 140°) 9311.

$C_9H_{22}OSi$ **Trimethylsilyl-*n*-hexyläther,** Bezieh. d. gaschromatograph. Retentionsvol. zu d. v. n-Hexanol 4862.

Trimethylsilyl-[2-methylamyl]-äther, Bezieh. d. gaschromatograph. Retentionsvol. zu d. v. 2-Methylpentanol 4862.

Triäthyl-*n*-propoxysilan (Kp.$_{743}$ 173°) 6003.

$C_9H_{22}O_3SSi$ **Triisopropoxysilanthiol** (Kp. 188°) 15 881.

$C_9H_{22}O_4P_2S_4$ **Methylen-bis-[*O.O*-diäthylthionothiolphosphat] (Bis-[*O.O*-diäthyldithiophosphato]-methan, Dimercaptomethan-bis-[dithiophosphorsäurediäthylester])** (Kp.$_{0,01}$ 125°), Darst., Verw. 1386*, 3240*; s. auch *Schädlingsbekämpfung-Spezialmittel* (*Ethion* [*Äthion*]).

$C_9H_{22}O_5P_2S_2$ *O.O*-**Dimethyl**-*S*-**[1-diäthylphosphono-1-hydroxypropyl]-thiolthionophosphat** 5072*.

$C_9H_{22}O_6P_2$ **Methylendiphosphonsäuretetraäthylester,** Darst., Rk. 13 323; Rk. 1202.

Methylenbis-[äthylphosphonsäureäthylester] (Kp.$_9$ 153—154°) 2712.

$C_9H_{22}O_6P_2S_2$ *O.O.O'.O'*-**Tetraäthyl**-*S.S'*-**methylen-bis-[phosphorthioat],** Verw. 14 666*.

$C_9H_{22}Si$ *n*-**Hexyltrimethylsilan** (Kp. 161—163°) 10 805.

$C_9H_{22}Si_2$ **1-[Äthyldimethylsilyl]-2-[trimethylsilyl]-äthylen** (Kp.$_{762}$ 166°) 10 054.

$C_9H_{23}BN_2$ **Bis-[*n*-butylamino]-methylboran** (Kp.$_{30}$ 110—123°) 12 265.

$C_9H_{23}NO_2$ *N*-**[*β.β*-Diäthyl-*β*-hydroxyäthyl]-trimethylammoniumhydroxid,** Rk. 8961.

$C_9H_{23}NO_2Si_2$ *N*-**[Trimethylsilyl]-alanintrimethylsilylester** (Kp.$_{15}$ 76°) 1574.

N-**[Trimethylsilyl]**-*β*-**alanintrimethylsilylester** (Kp. $_{0,1}$ 42°) 1574.

N-**[Trimethylsilyl]-sarkosintrimethylsilylester** (Kp.$_{25}$ 93°) 1574.

$C_9H_{23}NO_3$ s. *Muscaridin* [*Trimethyl-[4.5-dihydroxyhexyl-(1)]-ammoniumhydroxid*].

$C_9H_{23}NO_3Si$ *γ*-**Aminopropyltriäthoxysilan** (Kp.$_9$ 92°), Darst. 8948; Rk. 4743*, 6233*, 6967*, 13 948*; Verw. 16 543*.

$C_9H_{23}NO_6P_2$ *N*-**Methyl**-*N.N*-**bis-[diäthylphosphoryl]-amin** (Kp.$_{0,3}$ 105—106°) 14 105.

N-**[Diäthylphosphoryl]-imidomethyldiäthylphosphat,** Gemisch mit N-Methyl-N.N-bis-[diäthylphosphoryl]-amin 14 105.

$C_9H_{23}NO_{10}P_2$ **Triäthylenglykolmethylaminobis-*N*-methylphosphonsäure,** Tetra-Na-Salz 5848*.

$C_9H_{23}NSi$ *N.N*-**Di-*n*-propyltrimethylsilylamin** (Kp. 163—164°) 12 265.

$C_9H_{23}N_3$ **Bis-*N.N*-[3-aminopropyl]-propylamin,** Rk. 5099*.

Pentamethyldiäthylentriamin, Verw. 16 184*.

1-Diäthylamino-4-hydrazinopentan, Reserpin-antagonist. Wrkg. 18 549.

N'-**Isopropyl**-*N*-**[1-dimethylaminobutyl-(3)]-hydrazin** (Kp.$_{12}$ 85—87°) 17 851*.

$C_9H_{23}O_3PS_2$ *O*-**Äthyl**-*S*-*γ*-**[äthylmethylsulfonium]-propylmethylthiophosphonat,** Darst., Bezieh. zwischen chem. Struktur u. biolog. Aktivität d. Sulfomethylats (*Gd-79*) als Cholinesteraseinhibitor 4619.

$C_9H_{23}O_4PSi$ **[*β*-(Dimethoxyphosphinyl)-äthyl]-methyldiäthoxysilan** (Kp.$_{3,0}$ 125,5—129°) 5161*.

$C_9H_{23}O_4P_3S_3$ **Tris-[methylthionophosphonsäure]-diisopropylester,** IR-Spektrum 9283.

$C_9H_{24}BN$ *N*-**Tri-*n*-propylborazan** (Kp.$_{10}$ 116 bis 118°) 3688*, 4343*, 8059*, 8848*.

N-**Triäthyl**-*B*-**propylborazan** 16 844*.

$C_9H_{24}BNSi$ **Trimethylsilylaminodipropylboran** (Kp.$_9$ 70—71°) 14 437.

$C_9H_{24}BN_3$ **Tri-[*n*-propylamino]-boran** 2542*.

Tri-[isopropylamino]-boran (Kp.$_{21}$ 87—89°), Darst. 2542*; Rk. 12 264, 17 234*.

$C_9H_{24}BN_3O_3$ **Orthoborsäure-[1.1'.1''-aminotripropyl-(2)]-ester** (F. 154°), Mol.-Refr.

FSC
www.fsc.org
MIX
Papier | Fördert
gute Waldnutzung
FSC® C083411

Kolibri 360 GmbH
Ferdinand-Jühlke-Straße 7
99095 Erfurt, Deutschland
produktsicherheit@kolibri360.de